# PRINCIPLES OF ELECTRIC CIRCUITS

## CONVENTIONAL CURRENT VERSION

# PRINCIPLES OF ELECTRIC CIRCUITS

## CONVENTIONAL CURRENT VERSION

토머스 플로이드(Thomas L. Floyd) 지음

박병훈, 유태훈, 윤동원, 이찬주, 추호성 옮김

■ 옮긴이 소개 ■

박병훈(bhpark@induk.ac.kr)
인덕대학 컴퓨터전자과 교수

유태훈(thyoo@dongyang.ac.kr)
동양미래대학 전기전자통신공학부 교수

윤동원(dwyoon@hanyang.ac.kr)
한양대학교 융합전자공학부 교수

이찬주(microwaves@naver.com)
신한대학교 IT융합공학부 교수

추호성(hschoo@hongik.ac.kr)
홍익대학교 전자전기공학부 교수

**회로이론** 제8판

Principles of Electric Circuits: Conventional Current Version, 8th Edition

지은이 | 토머스 플로이드(Thomas L. Floyd)
옮긴이 | 박병훈, 유태훈, 윤동원, 이찬주, 추호성
발행인 | 채희선
발행처 | 성진미디어
발행일 | 2015년 8월 15일
등　록 | 제311-2010-23호

전　화 | (02)374-4363
팩　스 | (02)375-4362
주　소 | 서울특별시 은평구 증산동 248 중앙하이츠상가 B101호

ISBN 978-89-98308-14-8

값 35,000원

# 옮긴이 머리말

오늘날 전기·전자·컴퓨터·정보통신은 거의 모든 산업의 핵심을 이루고 있으며 우리의 일상생활 속으로도 벌써 깊숙이 들어와 자리를 잡고 있다. 이와 같은 분야의 밑바탕을 이루고 있는 학문이 바로 회로이론이다. 다시 말해, 라디오와 TV에서 최첨단의 기술을 응용한 휴대폰과 휴머노이드 로봇에 이르기까지 전기·전자와 관련이 있는 여러 가지 기기나 장치의 가장 기본이 되는 동작원리를 알려 주는 것이 회로이론이다. 따라서 전기·전자·컴퓨터·정보통신 관련 분야를 공부하는 학생들과 이들 분야의 업무를 수행하고 있거나 앞으로 수행할 뜻이 있는 사람들은 회로이론에서 다루는 기본 원리와 기초 개념을 확실하게 습득할 수 있도록 노력해야 한다. 특히 기기나 장치의 하드웨어를 제대로 이해하기 위해서는 회로이론의 도움이 없어서는 안 된다고까지 말할 수 있다.

이 책의 원서인『*Principles of Electric Circuits*』은 지금까지 미국의 여러 대학에서 회로이론 교육에 사용되어 온 스테디셀러이자 베스트셀러 교재로, 1981년 첫 판이 나온 뒤 최신 개정판인 8판이 발행되기까지 끊임없이 내용이 수정 및 보완되었다. 우리나라에서도 2002년에 6판까지 번역이 되어 지금도 많은 대학에서 이 책을 사용하고 있다. 6판이 출간된 지 이미 6년이 지났으므로 그동안 고치고 더한 내용이 모두 들어 있는 원서 8판을 새롭게 번역하게 되었다.

다른 책에 견주어 8판의 특징을 간추려 보면 다음과 같다.

- **광범위한 내용 수록:** 전기 회로와 여기에 사용되는 여러 가지 부품을 이해하는 데 기초가 되는 내용을 거의 하나도 빠짐없이 다루고 있다.
- **쉽고 자세한 설명 방식:** 설명하는 방식이 어느 책보다도 쉽고 자세하므로 내용을 이해하는 데 큰 도움이 되고 있다.
- **다양한 그림과 그래프 활용:** 까다롭고 복잡한 이론이나 응용 사례를 뛰어난 그림과 그래프를 적절히 사용하여 설명하고 있다.
- **다양한 회로의 실제 응용 예 수록:** 회로이론을 실제 상황에 적용하는 능력을 습득할 수 있도록 기본이 되는 회로 법칙과 해석 방법을 명쾌하게 설명한 다음, 이를 적용하여 다양한 회로를 해석하고 특히 회로의 실제 응용 예를 다루어 이론과 '실제 세계' 사이의 연관성을 파악하는 데 중점을 두고 있다.
- **회로의 고장진단 강조:** 회로에서 고장의 원인을 찾아내고 분석하는 능력을 기를 수 있도록 다양한 전기 회로와 전기 장치의 고장 사례를 자세히 살펴보고 있다.

- **컴퓨터를 활용한 회로의 시뮬레이션:** Multisim 프로그램으로 다양한 회로를 시뮬레이션해 보도록 하여 이론과 실무 능력을 동시에 갖출 수 있도록 하고 있다.
- **다양한 유형의 문제 수록:** 예제, 퀴즈, 주관식 문제, 객관식 문제, 단답형 문제, 서술형 문제 등을 많이 수록하여 본문에서 배운 이론과 개념을 확실히 이해하도록 돕고 있다.

이 책은 대학의 전기·전자·컴퓨터·통신 관련 학과에서 직류 회로와 교류 회로를 두 학기 동안 가르치기에 적합하도록 만들어졌다. 보통 첫 번째 학기에는 직류 회로(1장~10장)를 다루고, 두 번째 학기에는 교류 회로(11장~21장)를 다룬다. 여러 가지 사정으로 한 학기 동안에 직류와 교류를 모두 다루어야 하는 경우에는 강의시간 수, 교과목의 목표, 수강생의 수준 등을 잘 고려하여 전체 주제 가운데 꼭 필요한 것들을 골라내어 적절히 배치하면 충분히 운영할 수 있다. 또한 실제 응용 사례와 고장진단 사례와 같은 실제적인 측면을 강조하고 있는 이 책의 특징과 쉽고 자세한 설명 방식을 고려하면 현재 산업체의 관련 분야에 종사하는 사람들이 참고하기에도 적합한 책이라고 할 수 있다.

전기·전자·통신 공학 분야를 공부하는 학생들에게 당부하고 싶은 말이 있다. 공학이란 지식을 실용적인 문제에 적용하는 학문을 말한다. 즉, 공학을 전공한 사람은 어떤 것을 '아는 것'에 그치지 않고 그것을 직접 '하는 것'으로 나아가야 한다. 회로이론이란 회로에서 일어나는 여러 가지 전기현상을 다루는 학문이므로 회로의 동작을 분석하는 데 꼭 필요한 기본 개념, 원리, 법칙을 이해하고 이를 실생활이나 산업현장의 실제 문제에 적용할 수 있도록 회로를 설계, 조립, 시험하는 데 필요한 기술(회로 제작 기술, 계측기 사용 기술, 고장진단과 수리 기술 등)을 함께 습득해야 한다. 이렇게 하려면 이론을 배운 다음에는 다음 세 가지 사항을 해 보아야 한다.

(1) 예제와 연습문제에서 다양한 회로를 손으로 풀어 해석한다.
(2) Multisim, PSpice와 같은 프로그램으로 시뮬레이션을 하여 회로를 해석한다.
(3) 직접 브레드보드, 만능기판에 회로를 꾸미고 계측기(멀티미터, 오실로스코프)로 측정하여 회로를 해석한다.

되도록이면 한 회로를 가지고 세 가지를 모두 해 보고, 사정이 있는 경우에는 적어도 (1)과 (2), 또는 (1)과 (3)을 함께 하여 이론과 실제 세계와의 연관성을 익히도록 한다. **이론을 머릿속뿐만 아니라 실제 상황 속에서 함께 확인해야 한다!** 따라서 회로이론의 실험실습 교과목에서 회로를 제작하는 방법, 계측기를 사용하는 방법을 잘 배우도록 한다. 이 책의 실험책인 『*Experiments in Basic Circuits: Theory and Application*』(David Buchla)의 번역판이 『기초회로실험: 원리와 응용』(유태훈 옮김)으로 나와 있으니 참고하기 바란다.

이제 여러분들은 회로 분야에서 첫 발을 내밀고 있다. 그런 여러분들이 이론을 모두 이해하고 관련 현장 기술을 모두 익히는 데는 오랜 시간이 필요하고 험난한 과정이 기다리고 있을지도 모른다. 그렇지만 '소걸음으로 천리를 가는' 마음가짐으로 한 걸음씩 꾸준히 나아가면 언젠가 그 목표를 이루게 될 것이다.

이 책이 나오기까지 세심한 기획, 편집, 교정을 해 주신 (주)피어슨에듀케이션코리아의 관계자 여러분들께 감사드린다. 잘못된 내용을 찾으셨거나 의견이 있으신 분들은 책에 실린 이메일로 보내주기 바란다. 끝으로, 이 책이 회로이론을 공부하는 사람들에게 많은 도움이 되길 바란다.

옮긴이 씀

# 머리말

『회로이론(*Principles of Electric Circuits: Conventional Current Version*), 8판』에서는 전기 부품과 전기 회로의 기초가 되는 모든 내용을 빠짐없이 다루고 이해하기 쉽도록 설명하고 있다. 기본이 되는 회로 법칙과 해석 방법을 설명하고 이들을 적용하여 여러 종류의 회로를 해석하고 있다. 회로의 실제 응용 예에 중점을 둔 8판에서는 이에 대한 새로운 내용을 많이 추가하였고 거의 모든 장에서 [회로 응용]이라는 제목으로 특별한 응용 주제를 다루고 있다. 8판에서도 이전 판들과 마찬가지로 고장진단을 중요하게 취급하여 여러 장에서 별도의 절을 할애하여 이에 대한 내용을 다루고 있다.

### 8판에서 새로워진 부분

- 본문의 레이아웃과 디자인
- Multisim 파일을 이용한 [예제] 수록
- Multisim 파일을 이용한 [고장진단과 분석 문제] 수록
- 페이저 관련 내용을 "11장, 교류 전압과 전류의 기초"로 옮김
- 복소수 관련 내용을 "15장, *RC* 회로"로 옮김
- 대부분의 장에 새로운 문제 추가
- CD-ROM에 각 장의 파워포인트(PowerPoint®) 슬라이드 수록

### 8판의 특징

- 각 장의 첫 페이지에 [이 장의 차례], [이 장의 목표], [핵심 용어], [인터넷 학습자료], [이 장의 소개] 수록
- 각 절의 맨 앞부분에 [개요]와 [학습 내용] 수록
- 각 장의 맨 끝 절에 [회로 응용] 수록
- 내용의 이해를 돕는 많은 그림 수록
- 전기의 역사에서 중요한 인물들의 전기를 본문의 내용과 관련이 있는 부분에 짤막하게 수록
- [안전수칙]을 본문의 내용과 관련이 있는 적절한 곳에 특별한 로고와 함께 수록

- 각 장마다 많은 [예제] 수록
- [예제]와 함께 [관련 문제]를 수록하고 해답을 각 장의 맨 끝에 첨부
- 각 절의 맨 끝에 [복습문제]를 수록하고 해답을 각 장의 맨 끝에 첨부
- 많은 장에 [고장진단] 수록
- 각 장의 끝에 [요약] 수록
- 각 장의 끝에 [핵심 용어] 수록
- 각 장의 끝에 [주요 공식]을 정리하여 수록
- 각 장의 끝에 [자기 진단] 문제를 수록하고 해답을 각 장의 맨 끝에 첨부
- 각 장의 끝에 회로에 어떤 변화나 고장이 생길 때 그 회로에 일어나는 현상에 대한 학생들의 이해력을 테스트하는 [퀴즈] 문제를 수록하고 각 장의 맨 끝에 첨부
- 각 장에 수록한 문제들을 절에 따라 구분하고 난이도가 높은 문제는 *로 표시. 문제 가운데 홀수번호 문제의 해답을 책의 뒷부분에 수록
- 책의 맨 뒤에 수록한 [용어 해설]에서 본문에 굵은체로 표기한 핵심 용어들을 정의
- 관습적인 전류 방향(전자가 흐르는 방향과 반대 방향)을 사용하여 설명(전자의 방향을 사용하여 설명한 판은 따로 있음)

## 학생용 학습 보조자료 * MultiSIM 회로파일 다운로드(http://blog.daum.net/park18391)

『***Experiments in Basic Circuits, Eighth Edition***』: 데이비드 부클라(David Buchla)가 쓴 실험책(ISBN: 0-13-170181-9). 해답은「*Instructor's Resource Manual*」에 수록되어 있다.

『***Experiments in Electric Circuits, Eighth Edition***』: 브라이언 스탠리(Brian Stanley)가 쓴 실험책(ISBN: 0-13-170180-9). 해답은「*Instructor's Resource Manual*」에 수록되어 있다.

**Multisim® CD-ROM**: 책과 함께 제공되는 CD-ROM에는 본문에서 참고로 하는 Multisim 회로 파일이 저장되어 있다. 이 회로 파일 중에는 일부러 결함을 숨겨놓은 것도 많이 있다. CD-ROM에 있는 모든 회로 파일들은 Multisim 2001®, Multisim 7®, Multisim 8® 포맷으로 제공된다. Multisim 프로그램을 제작한 일렉트로닉스 워크벤치(Electronics Workbench)에서 후속 버전을 개발하고 있으므로 이 책의 웹 사이트인 www.prenhall.com/floyd에 가장 최신판의 Multisim 회로 파일을 게시하기로 하겠다.

Multisim 소프트웨어가 있어야 이 파일들을 수행시킬 수 있다. 이 소프트웨어를 구입하고 싶은 사람은 www.prenhall.com/ewb에서 주문하면 된다. 이 회로 파일을 이용하는 목적은 강의실의 이론수업, 교과서 학습, 실험실의 실습수업을 보완하는 것이지만, 이것 없이도 이 책으로 직류/교류 회로를 공부하는 데 큰 문제는 없다.

**학습용 웹 사이트**(www.prenhall.com/floyd): 이 웹 사이트는 학생들이 자신의 이해 수준을 테스트하고 샘플 문제들을 풀어 볼 수 있는 기회를 제공한다.

## 강사용 강의 보조자료

강의 보조자료에 온라인으로 접속하려면 접속암호(access code)가 있어야 한다. **www.prenhall.com**로 가서 **Instructor Resource Center**라는 링크를 클릭한 다음, 다시 **Register Today**를 클

릭하여 등록을 하고 강사용 접속암호를 요청하면 된다. 등록 후 48시간 이내에 접속암호를 동봉한 등록확인 이메일을 받게 될 것이다. 암호를 받으면 사이트로 가서 로그온을 한 다음 필요한 자료를 다운로드할 수 있다.

**PowerPoint® 슬라이드**: 데이비드 부클라(David M. Buchla)가 만든 파워포인트 슬라이드에는 본문에서 다루는 중요한 개념들이 잘 설명되어 있다. 슬라이드마다 요약 내용과 더불어 각 장의 예제, 핵심 용어 정의, 퀴즈가 정리되어 있다. 강의실에서 프레젠테이션용으로 이 책의 내용을 설명하는 데 아주 적합한 자료라고 할 수 있다. 다른 PowerPoint® slides 폴더에는 이 책에 있는 모든 그림 파일들이 담겨 있다. CD-ROM이나 인터넷으로 이 자료들을 이용할 수 있다.

**Instructor's Resource Manual**: 책에 있는 각 장의 [문제] 해답, [회로 응용] 해답, 테스트 항목 파일, Multisim 회로 파일 요약, 앞서 소개한 두 실험책의 해답이 담겨 있다. 책과 온라인으로 제공된다.

**Prentice Hall TestGen**: 컴퓨터로 이용하는 전자 문제은행이다. CD-ROM과 온라인으로 제공된다.

## 장의 특징 설명

### 장 도입부

각 장의 첫 페이지는 그림 P-1의 형식으로 되어 있다. 장 번호, 장 제목, 각 장을 구성하는 여러 절의 목록, 각 장의 목표, 핵심 용어 목록, 회로 응용 소개, 학습용 인터넷 웹 사이트 안내, 각 장

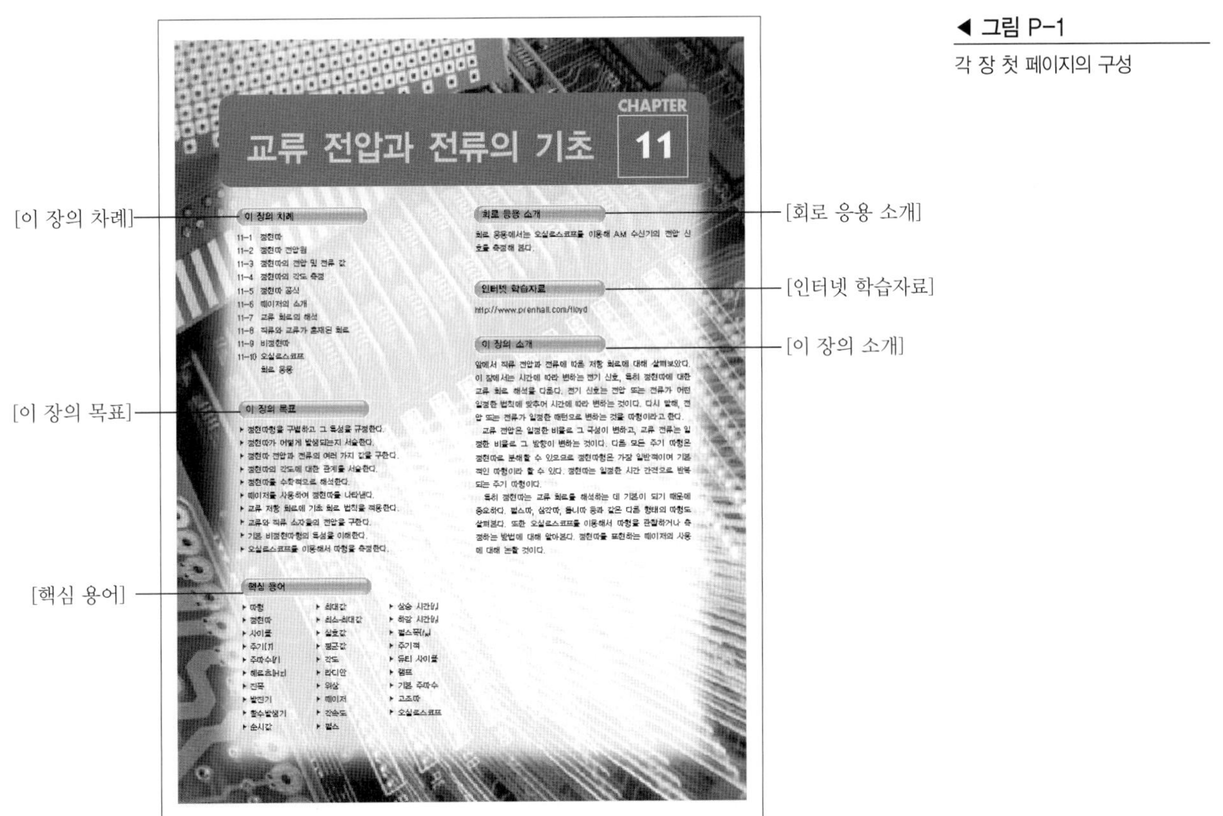


◀ 그림 P-1
각 장 첫 페이지의 구성

▶ 그림 P-2

각 절의 맨 앞부분과 뒷부분의 구성

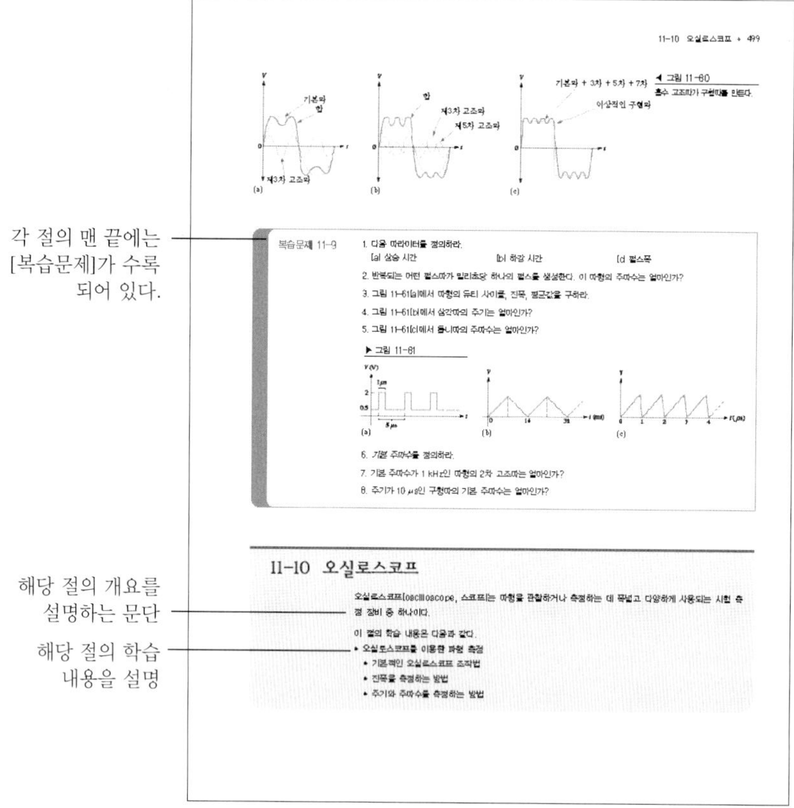


의 소개로 구분되어 있다.

### 절 도입부

장을 구성하는 각 절의 맨 앞부분에서는 개요와 학습할 내용을 간결하게 설명한다. 그림 P-2의 형식으로 되어 있다.

### 절 마무리

장을 구성하는 각 절의 맨 뒷부분에는 그 절에서 다룬 주요 개념을 강조하는 복습 문제나 예제가 수록되어 있다. 그림 P-2의 형식으로 되어 있다.

### 예제와 관련 문제

기본이 되는 개념이나 특정한 과정을 설명하고 확실한 이해를 돕기 위해 각 장마다 다양한 예제를 수록하였다. 각 예제의 바로 뒤에 관련 문제를 두고 학생들이 앞서 푼 예제와 비슷한 문제를 다시 풀어 보게 하여 문제를 확실히 이해할 수 있도록 하였다. 예제 중에서는 Multisim 회로를 사용하는 것도 있다. 그림 P-3의 형식으로 되어 있다.

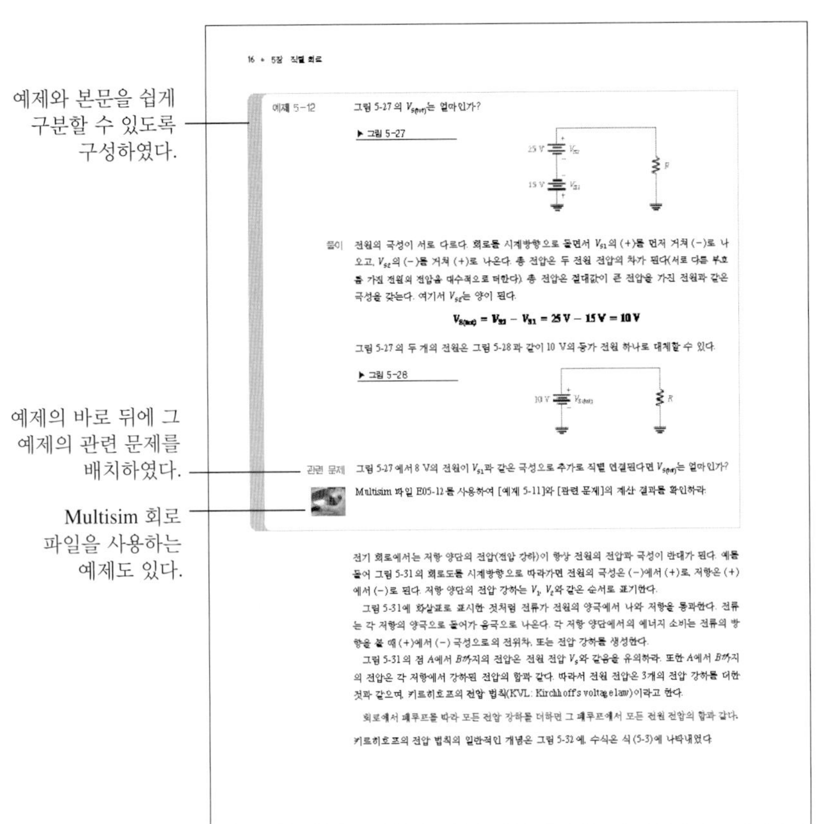

◀ 그림 P-3

예제와 관련 문제의 구성

예제와 본문을 쉽게 구분할 수 있도록 구성하였다.
예제의 바로 뒤에 그 예제의 관련 문제를 배치하였다.
Multisim 회로 파일을 사용하는 예제도 있다.
16 ◆ 5장 직렬 회로
예제 5-12 그림 5-27의 $V_{S(tot)}$는 얼마인가?
▶ 그림 5-27
25 V $V_{S2}$
15 V $V_{S1}$
R
풀이 전원의 극성이 서로 다르다. 회로를 시계방향으로 돌면서 $V_{S1}$의 (+)를 먼저 거쳐 (−)로 나오고, $V_{S2}$의 (−)를 거쳐 (+)로 나온다. 총 전압은 두 전원 전압의 차가 된다(서로 다른 부호를 가진 전원의 전압을 대수적으로 더한다). 총 전압은 절대값이 큰 전압을 가진 전원과 같은 극성을 갖는다. 여기서 $V_{S2}$는 양이 된다.
$V_{S(tot)} = V_{S2} - V_{S1} = 25\text{ V} - 15\text{ V} = 10\text{ V}$
그림 5-27의 두 개의 전원은 그림 5-28과 같이 10 V의 등가 전원 하나로 대체할 수 있다.
▶ 그림 5-28
10 V $V_{S(tot)}$
R
관련 문제 그림 5-27에서 8 V의 전원이 $V_{S1}$과 같은 극성으로 추가로 직렬 연결된다면 $V_{S(tot)}$는 얼마인가?
Multisim 파일 E05-12를 사용하여 [예제 5-11]와 [관련 문제]의 계산 결과를 확인하라.
전기 회로에서는 저항 양단의 전압(전압 강하)이 항상 전원의 전압과 극성이 반대가 된다. 예를 들어 그림 5-31의 회로도를 시계방향으로 따라가면 전원의 극성은 (−)에서 (+)로, 저항은 (+)에서 (−)로 된다. 저항 양단의 전압 강하는 $V_1$, $V_2$와 같은 순서로 표기한다.
그림 5-31에 화살표로 표시한 것처럼 전류가 전원의 양극에서 나와 저항을 통과한다. 전류는 각 저항의 양극으로 들어가 음극으로 나온다. 각 저항 양단에서의 에너지 소비는 전류의 방향을 볼 때 (+)에서 (−) 극성으로의 전위차, 또는 전압 강하를 생성한다.
그림 5-31의 점 A에서 B까지의 전압은 전원 전압 $V_S$와 같음을 유의하라. 또한 A에서 B까지의 전압은 각 저항에서 강하된 전압의 합과 같다. 따라서 전원 전압은 3개의 전압 강하를 더한 것과 같으며, 키르히호프의 전압 법칙(KVL: Kirchhoff's voltage law)이라고 한다.
회로에서 폐루프를 따라 모든 전압 강하를 더하면 그 폐루프에서 모든 전원 전압의 합과 같다.
키르히호프의 전압 법칙의 일반적인 개념은 그림 5-32에, 수식은 식 (5-3)에 나타내었다.

## 고장진단 절

많은 장에는 해당 장에서 다루는 주제와 관련이 있는 고장진단 절을 별도로 구성하여 논리적인 사고력을 기르고 APM법(Analysis, Planning, Measurement: 분석, 계획, 측정)을 적용할 수 있는 경우에는 이를 사용하는 방법을 익히도록 하였다. 고장을 더욱 빠르게 찾을 수 있는 반분법(half-splitting method) 등의 고장진단 방법도 적합한 경우에 적용해 본다.

## 회로 응용 절

1장과 21장을 제외한 모든 장의 맨 마지막에 있는 이 특별한 절에는 해당 장에서 다루는 주제의 실제 응용 예가 실려 있다. 여기서는 실제 회로기판을 회로도와 비교하고, 회로를 분석하고, 계측기로 회로를 측정하여 동작을 살펴보고, 경우에 따라서는 간단한 실험 절차를 만들어 보는 따위의 여러 가지 실습활동을 하게 된다. 실습 결과와 해답은 『*Instructor's Resource Manual*』에 수록되어 있다. 각 장의 회로 응용은 그림 P-4와 같은 형식으로 구성되어 있다.

## 장의 끝부분

각 장의 끝에는 교육효과를 높이기 위해 다음 항목들을 수록하였다.

- 요약
- 핵심 용어
- 주요 공식

▶ 그림 P-4
회로 응용 절의 구성

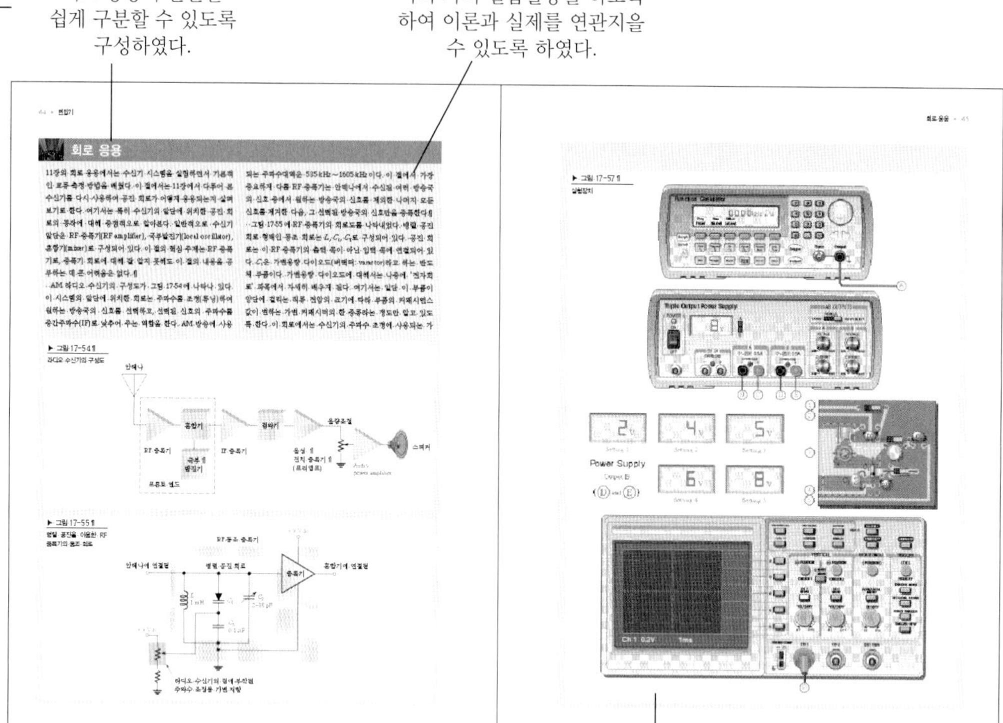


- 자기 진단 문제
- 퀴즈
- 문제
- 복습문제 해답, 관련 문제 해답, 자기 진단 해답, 퀴즈 해답

## 이 책의 강의방법에 대한 제안

### 강의 주제의 선택과 활용방법

이 책은 두 학기 강의용으로 사용할 수 있도록 만들어진 것으로, 직류 회로(1장~10장)를 첫 번째 학기에 다루고 교류 회로(11장~21장)를 두 번째 학기에 다루도록 한다. 한 학기 동안에 직류와 교류를 모두 다룰 수도 있지만, 이 경우에는 여러 주제 가운에 꼭 필요한 것을 골라내고 내용을 간추려야 할 것이다.

시간상의 제약이나 교과목의 특정한 교육 방향 때문에 전체 주제 중에서 강의에서 다루어야 할 주제들을 골라내야 할 경우가 많이 있다. 이때 적용할 수 있는 몇 가지 선택 방법이 있다. 한 가지 알아둘 것은 여기에서 가볍게 다루거나 생략하도록 제안한 주제라고 해서 다른 주제에 견주어 중요하지 않은 것은 아니며 다만 특정 교육과정에서는 그 주제를 다루지 않아도 되므로 그렇게 한 것이라는 점이다. 강의의 성격, 강의 수준, 강의시간이 교과목에 따라 다르므로 교과목별로 특정 주제를 생략하거나 단축하는 문제를 고려해야 한다. 따라서 다음의 제안을 길잡이 정도로 생각하여 참고하기 바란다.

1. 생략을 고려해 볼 수 있는 장
   - 8장 회로이론과 변환
   - 9장 가지, 망, 절점 해석
   - 10장 자기와 전자기
   - 18장 수동 필터
   - 19장 교류 회로의 해석 이론
   - 20장 리액티브 회로의 시간 응답
   - 21장 전력 응용에서의 3상 시스템
2. 회로 응용과 고장진단 절을 생략해도 나머지 부분에 영향을 주지 않는다.
3. 절별로 검토하여 강사의 판단에 따라 특정 주제를 생략하거나 가볍게 다루고 넘어갈 수 있다.

강사의 판단에 따라 책에 있는 주제들을 책의 순서와 상관없이 강의해도 좋다. 예를 들어, 교류 회로와 관련된 커패시터와 인덕터(12장, 13장)의 내용 중에서 교류 회로와 관련된 12-6, 12-7, 13-5, 13-6절을 두 번째 학기의 교류강좌로 미루고 나머지 절들을 첫 학기 직류강좌의 뒷부분에서 다룰 수 있다. 다른 방법으로, 12장과 13장 모두를 두 번째 학기에서 다루되, 12장(커패시터)에 이어 곧바로 15장(*RC* 회로)을 다루고, 13장(인덕터)에 이어 16장(*RL* 회로)을 다룰 수도 있다.

### 회로 응용 절

이 절은 학생들의 참여를 유도하고 기본 개념과 여러 부품들의 실제 응용을 가르치는 데 유용한 특별 주제이다. 이 절을 활용하는 방법을 제시해 보면 다음과 같다.

- 해당 장에서 배운 개념과 부품들을 실제 상황에 적용하는 방법을 설명하는 필수 주제로 활용한다. 숙제로 낼 수 있다.
- 특별점수를 더해 주는 숙제로 활용한다.
- 수업 중에 학생들 사이의 토론과 협력을 장려하고 학습한 내용을 알아야 하는 이유를 이해하도록 도와주는 자료로 활용한다.

### 리액턴스 회로의 학습 방법

15장, 16장, 17장은 모두 리액턴스 회로라는 공통점이 있으므로 다음에 제시하는 두 가지 방법으로 강의할 수 있다.

첫 번째 방법은 부품별로 공부하는 것이다. 즉, 15장 *RC* 회로의 모든 내용을 다루고, 그 다음에 16장 *RL* 회로의 모든 내용을, 끝으로 17장 *RLC* 회로의 모든 내용을 차례대로 공부한다.

두 번째 방법은 회로의 종류별로 공부하는 것이다. 즉 15장, 16장, 17장에서 먼저 직렬 리액턴스 회로를 다루는 절들만 모두 공부하고, 그 다음에 병렬 리액턴스 회로를 다루는 절들을, 끝으로 직·병렬 회로를 다루는 절들을 차례대로 공부한다. 두 번째 방법을 쉽게 사용할 수 있도록 15장, 16장, 17장을 다음과 같이 주제별로 구분하였다. 1부: 직렬 회로, 2부: 병렬 회로, 3부: 직·병렬 회로, 4부: 특별 주제. 따라서 직렬 리액턴스 회로를 세 장의 1부에서 모두 다루고, 병렬 리액턴스 회로를 세 장의 2부에서 모두 다루며, 직·병렬 리액턴스 회로를 세 장의 3부에서 모두 다룬다. 끝으로 특별 주제를 세 장의 4부에서 모두 다룬다.

## 이 책을 사용하는 학생들에게

어떤 분야이든 직업교육에는 많은 노력이 필요하며 전자공학 분야도 예외는 아니다. 새로운 내용을 배우는 가장 좋은 방법은 읽고, 생각하고, 직접 해 보는 것이다. 이 책에서는 장을 구성하는 각 절마다 개요와 학습 내용을 소개하고 다양한 예제, 문제, 복습문제들을 수록하여 여러분들이 공부하는 것을 돕고 있다.

본문의 각 절을 꼼꼼히 읽고 읽은 내용을 생각해 보도록 한다. 한 절을 여러 번 읽어야 할 경우도 있을 것이다. 예제를 풀 때는 한 단계씩 차례대로 밟아가도록 하고, 풀이를 끝마친 다음에는 그 예제의 관련 문제를 풀도록 한다. 각 절을 끝마친 다음에는 복습문제를 푼다. 관련 문제와 복습문제의 해답은 각 장의 맨 끝에 있다.

장을 끝마친 다음에는 그 장의 뒷부분에 있는 요약, 핵심 용어 해설, 주요 공식들을 복습하도록 한다. 객관식 자기 진단 및 퀴즈도 풀어보고 장의 맨 뒤에 있는 해답과 맞추어 본다. 마지막으로 문제를 풀어 본다. 여러분들의 이해 정도를 알아보고 개념을 확실히 잡는 데 가장 좋은 방법이 문제를 풀어 보는 것이다. 문제 중에서 홀수번호 문제의 해답은 책의 뒷부분에 실려 있다.

## 전자공학 분야의 직업 종류

전자공학 분야는 매우 다양하므로 많은 영역에 여러 가지 직업들이 있다. 현재 많은 곳에서 전자공학을 응용하고 있으며 새로운 기술이 빠른 속도로 개발되고 있으므로 전자공학의 미래는 매우 밝다고 볼 수 있다. 우리 삶의 영역에서 전자공학 기술에 의해 개선되지 않은 분야를 거의 찾아볼 수 없다. 전기·전자공학의 원리에 대한 기본 지식을 확실하게 보유하고 계속해서 배워나가는 사람들에 대한 수요는 언제나 있게 마련이다.

이 책에서 다루는 기본 원리를 완벽하게 이해하는 것이 얼마나 중요한지는 아무리 강조해도 지나치지 않다. 회사는 완벽한 기본 지식과 능력을 갖추고 새로운 개념과 기술을 열심히 습득하려고 하는 사람들을 채용하고 싶어 한다. 여러분이 기본을 충실히 갖추고 있어야 회사가 여러분이 맡게 될 직무에 대한 교육을 시킬 수 있게 된다.

전자공학 기술을 보유하고 있는 사람들이 지원할 수 있는 직업의 종류는 다양하다. 이 가운데 가장 대표적인 분야를 살펴보면 다음과 같다.

### 서비스센터 기술자(Service Shop Technician)

이 직종의 기술자는 수리를 위해 판매사(딜러)나 제조사에 맡겨진 상업용, 가정용 전자제품을 수리하고 조정하는 업무를 수행한다. 제품의 예를 들어 보면 TV, VCR, CD 플레이어, DVD 플레이어, 스테레오 장치, 무전기(Citizens Band Radio), 컴퓨터 하드웨어 등이 있다. 이 직종에서는 자영업도 가능하다.

### 제조 기술자(Industrial Manufacturing Technician)

이 직종의 기술자는 조립라인 단계나 유지보수 단계에서 전자제품을 테스트하고 제품의 테스트와 제조에 사용되는 전자 시스템, 전자기계 시스템의 고장을 진단하고 수리하는 업무를 수행한다. 거의 모든 제품의 제조설비에는 전자적으로 제어되는 자동화 장비들이 사용되고 있다.

### 연구 기술자(Laboratory Technician)

이 직종의 기술자는 연구실에서 새로운 제품이나 후속 제품의 초기 모델을 만들어 시험하는 업무를 수행한다. 이들은 제품의 개발과정에서 엔지니어들과 긴밀한 업무관계를 맺는 것이 보통이다.

**현장서비스 기술자(Field Service Technician)**

이 직종의 기술자는 컴퓨터 시스템, 레이더 장치, 자동 예금 입·출입 장치(현금자동지급기), 방범장치 등과 같은 전자장치들의 사용 장소나 설치 장소로 찾아가 서비스를 제공하고 문제가 있는 경우에 수리를 하는 업무를 수행한다.

**보조 엔지니어(Engineering Assistant/Associate Engineer)**

이 직종의 기술자는 엔지니어와 긴밀하게 협력하면서 개념을 직접 실행에 옮기고, 전자제품의 기초적인 연구·개발을 하는 업무를 수행한다. 이들이 프로젝트의 최초 설계에서부터 초기 제조 단계까지 참여하게 되는 경우도 많이 있다.

**전문 문서작성자(Technical Writer)**

전문 문서작성자는 수집된 기술 정보를 이용하여 매뉴얼(사용설명서)을 작성하고 시청각 자료를 제작한다. 특정 시스템 전반에 대한 폭넓은 지식을 갖추고 있어야 하며 그 시스템의 원리, 동작을 분명하게 설명할 수 있는 능력도 필수적이다.

**기술 영업(Technical Sales)**

첨단제품의 영업을 하기 위해서는 기술교육을 받은 사람들이 필요하다. 기술 영업사원은 기술적인 개념들을 이해하고 있어야 하며 제품의 기술적인 사항들을 구매가능성이 있는 고객에게 전달할 수 있는 능력을 갖추는 것이 아주 중요하다. 이 직종에서는 전문 문서작성자와 비슷하게 말과 글로 자신을 표현할 수 있는 능력이 필수적이다. 실제로 어떤 기술직종에서든 관계없이 어떤 생각이나 내용을 전달하는 것은 매우 중요하다. 이것은 데이터를 분명하게 기록하고 절차와 결론, 그리고 조처를 취한 내용을 다른 사람에게 설명할 수 있어야 그 사람에게 어떤 일이 어떻게 진행되고 있는지 확실히 이해시킬 수 있기 때문이다.

## 전자공학이 걸어온 길

전기 회로의 공부를 시작하기 전에 오늘날의 전자기술을 있게 한 몇 가지 중요한 발전의 역사를 간략하게 살펴보자. 현재 우리에게 친숙한 단위나 양의 이름들 중에는 전기 및 전자기학 분야의 초기 개척자들의 이름에서 따온 것이 많이 있다. 이 가운데 잘 알려진 이름으로 옴(Ohm), 암페어(Ampere), 볼트(Volta), 패럿(Farad), 헨리(Henry), 쿨롱(Coulomb), 에르스텟(Oersted), 헤르츠(Hertz) 등을 들 수 있다. 우리가 아주 잘 알고 있는 프랭클린(Franklin)과 에디슨(Edison)은 엄청난 공헌을 한 덕분에 전기와 전자공학의 역사에서 매우 중요한 자리를 차지하고 있다. 이 선구자들의 일대기를 옆에 보이는 것과 같은 형태로 본문의 적절한 위치에 수록하였다.

**BIOGRAPHY**

게오르그 시몬 옴 (Georg Simon Ohm, 1787~1854)

바바리아(Bavaria) 지방에서 태어난 옴은 전류, 전압 및 저항의 관계를 수식화한 그의 연구에 대한 명성을 얻기 위해서 많은 세월 동안 분투하였다. 이 수학적인 관계식은 오늘날 옴의 법칙으로 알려져 있으며, 저항의 단위는 그의 이름을 따서 명명되었다.

### 초기 전자공학

전자공학 분야에서 실시된 초기 실험은 진공관 속의 전류에 관한 것이었다. 가이슬러(Heinrich Geissler, 1814～1879)는 공기를 빼내어 진공으로 만든 유리관에 전압을 가하면 전류가 흘러 관 속이 밝게 빛나는 것을 발견하였다. 그 후에 크룩스(William Crookes, 1832～1919)는 진공관 속에 흐르는 전류가 미립자의 흐름일 것이라고 발표하였다. 에디슨(Thomas Edison, 1847～

1931)은 탄소 필라멘트와 금속판으로 만든 전구로 실험하면서 가열된 필라멘트에서 (+)로 대전된 금속판으로 전류가 흐르는 것을 발견하였다. 그는 이 전구에 대한 특허권을 얻었지만 그 권한을 사용하지는 못하였다.

이 시기에는 진공관 속을 흐르는 입자의 특성을 측정하려는 실험이 많이 행해졌다. 톰슨(Joseph Thompson, 1856~1940)은 오늘날 우리가 **전자**라고 말하고 있는 이 입자의 특성을 측정하였다.

전신기를 사용한 최초의 무선통신이 이루어진 시기가 1844년까지 거슬러 올라가긴 하지만 전자공학이란 본디 진공관 증폭기의 발명으로 사용되기 시작된 20세기의 개념이다. 플레밍(John A. Fleming)이 1904년에 발명한 초기의 진공관은 플레밍 밸브라는 이름으로 불렸는데, 전류가 한쪽 방향으로만 흐를 수 있는 최초의 진공관 다이오드였다. 1907년에 디포리스트(Lee deForest)는 진공관에 그리드를 추가한 오디오트론이란 이름의 새로운 장치를 발명하여 미약한 신호를 증폭할 수 있도록 하였다. 디포리스트는 제어전극을 추가하여 전자공학의 혁명을 예고했던 것이다. 그는 오디오트론의 성능을 개선하여 미국 대륙을 횡단하는 전화 서비스와 라디오 방송을 가능하게 하였다. 1912년에 캘리포니아의 산호세에서는 정기적인 음악 방송이 이루어졌다.

1921년에 미국 상무부장관이던 후버(Herbert Hoover)는 한 라디오 방송국에 최초로 방송허가를 내주었는데, 그로부터 채 2년도 안 되는 기간 동안에 600개 이상의 방송허가를 추가로 내주었다. 1920년대 말에는 많은 가정에서 라디오를 들었다. 암스트롱은 슈퍼헤테로다인 라디오(superheterodyne radio)라는 새로운 방식의 라디오를 발명하여 고주파 통신의 문제점을 해결하였다. 1923년에 미국의 발명가 즈보리킨(Vladimir Zworykin)은 텔레비전 수상관을 최초로 발명하였고 1927년에 판스워스(Philo T. Farnsworth)는 텔레비전 전체 시스템에 대한 특허를 신청하였다.

1930년대에는 금속관, 자동이득제어(automatic gain control), 지향성 안테나 등 라디오에 관련된 부분에서 많은 발전이 이루어졌다. 또한 이 시대에 최초의 전자컴퓨터가 개발되었다. 오늘날 우리가 사용하는 컴퓨터의 기원은 미국의 아이오와주립대학교(Iowa State University)의 애터너소프(John Atanasoff)가 발명한 장치이다. 1937년에 그는 2진법을 사용하여 복잡한 수학 계산을 할 수 있는 기계의 개발을 계획하였다. 그는 대학원생이던 베리(Clifford Berry)와 함께 1939년에 개발을 완료하여 ABC(Atanasoff-Berry Computer)라는 이름을 붙였는데 이 ABC의 논리 회로로는 진공관이, 메모리로는 커패시터가 사용되었다. 1939년에 영국의 부트(Henry Boot)와 랜들(John Randall)은 초고주파 발진기(microwave oscillator)인 마그네트론(magnetron)을 발명하였다. 같은 해에 미국의 러셀(Russell)과 베어리언(Sigurd Varian)은 클라이스트론 관(klystron tube)을 발명하였다.

2차 세계대전 동안에 전자공학이 급속도로 발전하였다. 마그네트론과 클라이스트론의 발명으로 레이더와 고주파 통신이 가능해졌다. 음극선관(CRT: cathode ray tube)을 개량하여 레이더에 사용하였다. 전쟁 기간에 컴퓨터의 개발도 계속해서 이루어졌다. 1946년 미국 펜실베이니아대학교(University of Pennsylvania)에서 폰노이만(John von Neumann)은 최초로 프로그램 내장 방식의 컴퓨터인 에니악(Eniac)을 개발하였다. 1940년 말에 가장 중요한 발명품인 트랜지스터가 개발되었다.

### 고체전자공학(Solid-state Electronics)

초기 라디오에 사용된 광석 검파기(crystal detector)가 오늘날 고체전자부품의 원조라고 할 수 있다. 그러나 고체전자공학 시대의 시작을 알린 것은 1947년 벨연구소에서 발명된 트랜지스터이다. 발명자는 브래튼(Walter Brattain), 바딘(John Bardeen), 쇼클리(William Shockley)이다. 트랜지스터가 발명된 바로 그 해에 인쇄회로기판(PCB: Printed Circuit Board)이 처음으로 세상에 소개되었다. 1951년 펜실베이니아 앨런타운에서 트랜지스터가 상업용으로 제조되기 시작하였다.

1950년대의 가장 중요한 발명품은 집적회로(IC: Integrated Circuit)이다. 1958년 12월 텍사스 인스트루먼츠(Texas Instruments)의 킬비(Jack Kilby)가 처음으로 집적회로를 개발하였다. 이 발명품이 사실상 컴퓨터 시대를 열었으며 의료, 통신, 제조, 오락 산업에 엄청난 변화를 가져왔다. 그 이후 지금까지 셀 수 없이 많은 칩(집적회로)이 제조되고 있다.

1960년대에는 우주경쟁 시대가 개막되었고 소형화와 컴퓨터 개발에 박차를 가하였다. 우주경쟁은 전자공학 분야의 급격한 변화를 가져온 원동력이 되었다. 1965년 페어차일드 반도체회사(Fairchild Semiconductor)의 위들러(Bob Widlar)는 최초로 오피 앰프(op-amp)를 성공적으로 설계하였다. 개발에 성공한 이 μA709라는 이름의 오피 앰프에는 래치업(latch-up)을 비롯한 여러 가지 문제점이 있었다. 그 이후, 역사상 가장 유명한 오피 앰프인 741이 페어차일드에서 개발되었다. 이 오피 앰프는 산업계의 표준이 되어 이후 수십 년 동안 오피 앰프 설계에 큰 영향을 끼쳤다.

1971년 페어차일드를 그만둔 사람들이 모여 설립한 새로운 회사에서 최초의 마이크로프로세서를 세상에 내놓았다. 이 회사가 인텔(Intel)이며 만든 프로세서의 이름이 4004칩으로 성능은 에니악(Eniac)과 같았다. 같은 해에 인텔은 8008이라는 최초의 8비트 프로세서를 내놓았다. 1975년에 알테어(Altair)에 의해 최초의 개인용 컴퓨터(personal computer)가 세상에 소개되었는데, 1975년 「포퓰러사이언스(*Popular Science*)」 1월호의 표지에 이 컴퓨터가 크게 다루어졌다. 휴대용 계산기(pocket calculator)와 광집적회로(optical integrated circuit)도 1970년대에 새롭게 등장하였다.

1980년대에는 미국 전체의 절반이 넘는 가정에서 공중파 텔레비전 방송 대신 케이블 방송을 시청하고 있었다. 1980년대를 통틀어 인쇄회로기판(PCB)의 검사와 조정의 자동화, 전자제품의 신뢰성과 속도의 향상, 소형화가 계속 진행되었다. 장비와 계측기 안에 컴퓨터가 들어가고 가상계측기도 만들어졌다. 작업의 표준도구로 컴퓨터가 사용되기 시작하였다.

1990년대에는 인터넷이 널리 사용되었다. 1993년에 130개에 지나지 않았던 웹 사이트의 수가 오늘날 수백만 개로 늘어났다. 많은 회사들이 앞 다투어 홈페이지를 개설하였다. 인터넷과 더불어 무선방송 분야에서도 여러 가지 발전이 이루어지기 시작하였다. 1995년 미국연방통신위원회(FCC)는 '디지털 오디오 방송 서비스(Digital Audio Radio Service)'라는 새로운 서비스용으로 주파수 스펙트럼을 할당하였으며, 1996년에는 미국의 차세대 텔레비전 방송용 디지털 텔레비전 규격을 채택하였다.

21세기가 시작되는 2001년 1월에 가장 중요한 과학기술 기사는 쉬지 않고 폭발적으로 성장하는 인터넷에 관련된 것이었다. 2000년에서 2005년 사이에 북미의 인터넷 사용은 100% 이상 늘어났다. 같은 기간 동안에 세계의 나머지 지역에서는 거의 200% 정도 늘어났다. 컴퓨터의 처리속도는 끊임없이 빨라지고 있으며 저장매체의 용량도 놀랄 만한 속도로 증가하고 있다.

트랜지스터를 대체할 수 있는 차세대 반도체 소재인 탄소 나노튜브(carbon nanotube)로 컴퓨터 칩을 만드는 연구가 진행되고 있다.

## 감사의 글

『*Principles of Electric Circuit*』의 개정판을 만드는 데 여러 유능한 분들이 도움을 주었다. 책에 잘못된 부분이 없도록 내용을 철저히 검토하고 대조하였다. 이 책을 만드는 데 프렌티스 홀(Prentice Hall) 출판사에 계신 여러분들의 많은 노력이 있었다. 렉스 데이비드슨(Rex Davidson), 케이트 린스너(Kate Linsner)는 여러 단계의 제작과정에서 큰 기여를 해 주었다. 루이스 포터(Lois Porter)는 이번에도 믿을 수 없을 정도로 세심하게 원고를 편집해 주었다. 제인 로페즈(Jane Lopez)는 책에 들어간 여러 그림과 그래프를 훌륭하게 그려 주었다. 데이비드 부클라(David Buchla)는 이 개정판을 위해 상당히 많은 자료를 제공해 주었고 여러 가지 건의도 해 주었다. 전판과 마찬가지로 캐리 시드너(Cary Snyder)는 이 판에서 필요한 Multisim 회로 파일을 만들어 주었다.

토머스 플로이드(Thomas L. Floyd)

# 차례

CHAPTER 1

# 물리량과 단위

## 이 장의 차례



## 이 장의 목표

▶ SI 표준을 살펴본다.
▶ 과학표기법(십의 거듭제곱)을 사용하여 물리량을 표현한다.
▶ 과학표기법과 미터법 접두기호를 사용하여 큰 수와 작은 수를 표현한다.
▶ 미터법 접두기호를 사용하여 단위를 변환한다.

## 핵심 용어

▶ 공학표기법
▶ 국제기호체계(SI)
▶ 과학표기법
▶ 미터법 접두기호
▶ 십의 거듭제곱
▶ 지수

## 인터넷 학습자료

http://www.prenhall.com/floyd

## 이 장의 소개

전자공학에서 사용되는 단위를 익히고 미터법에 사용되는 접두기호를 사용하여 다양한 방법으로 전기량을 표현해 본다. 컴퓨터와 계산기를 사용하거나 또는 옛날 방식으로 계산을 하더라도 과학표기법과 공학표기법은 필수적인 것이다.

## 안전수칙

전기 작업을 할 때는 항상 안전을 고려해야 한다. 이 책에서 안전수칙은 안전의 중요성을 상기시킬 것이며, 안전한 작업환경을 위한 유용한 조언을 제공할 것이다. 기본적인 안전 유의사항들은 2장에서 소개될 것이다.

# 1-1 측정 단위계

19세기까지 무게와 측정 단위계(unit of measurement)는 상업적인 목적으로 이용되었다. 기술의 진보와 함께 과학자와 공학자들은 국제적인 표준 측정 단위계가 필요하였다. 1875년 프랑스에서 열린 학술회의에서 18개국의 대표들은 국제적인 표준을 설립하고자 조약을 맺었다. 오늘날 모든 공학과 과학 분야에서는 개선된 단위계의 국제기호체계(SI*: Le Système International d'Unités)를 사용한다.

이 절의 학습 내용은 다음과 같다.

- **SI 표준의 의미**
  - SI 표준 단위계의 정의
  - SI 보조 단위계의 정의
  - 유도된 SI 단위계의 의미

## 표준 및 유도 단위계

SI 체계는 7개의 표준 단위계(fundamental units, **기본 단위계**(base units)라고도 한다)와 두 개의 보조 단위계(supplementary units)로 구성된다. 모든 측정값들은 표준 단위와 보조 단위를 조합해서 표시할 수 있다. 표 1-1은 표준 단위계를, 표 1-2는 보조 단위계를 열거한 것이다.

표준 전기 단위는 암페어(ampere)이며, 전류의 단위이다. 전류는 약자로 $I$(intensity)로 표시하며 기호는 A(ampere)로 나타낸다. 시간($t$)의 표준 단위를 초(second)로 정의한 것처럼 암페어도 유일한 단위이다. 그 밖의 다른 전기적 또는 자기적 단위(전압, 전력, 자속 등)는 정의에 따라서 다양한 표준 단위계의 조합을 사용하며, 이를 **유도 단위**(derived units)라고 한다.

예를 들면 전압의 유도 단위는 볼트(V)인데, 표준 단위로는 $m^2 \cdot kg \cdot s^{-3} \cdot A^{-1}$으로 정의한다. 앞

표 1-1 SI 표준 단위계

| 물리량 | 단위 | 기호 |
|---|---|---|
| 길이(length) | 미터(Meter) | m |
| 질량(mass) | 킬로그램(Kilogram) | kg |
| 시간(time) | 초(Second) | s |
| 전류(electric current) | 암페어(Ampere) | A |
| 온도(temperature) | 켈빈(Kelvin) | K |
| 광도(luminous intensity) | 칸델라(Candela) | cd |
| 물질의 양(amount of substance) | 몰(Mole) | mol |

표 1-2 SI 보조 단위계

| 물리량 | 단위 | 기호 |
|---|---|---|
| 평면각(plane angle) | 라디안(Radian) | r |
| 입체각(solid angle) | 스테라디안(Steradian) | sr |

* 모든 굵은체 용어는 책 뒷부분의 용어 해설에 수록되어 있다. 짙은 회색의 굵은체 용어는 핵심 용어이며 각 장의 끝부분에 다시 정의되어 있다.

의 예에서 볼 수 있듯이 표준 단위계의 조합으로 나타내는 방식은 매우 귀찮고 실용적이지 못하다. 따라서 볼트라는 유도 단위를 사용한다.

문자 기호는 물리량과 그 단위를 나타내는 데 모두 사용된다. 기호 중 하나는 물리량의 이름을 나타내고, 또 다른 하나는 측정된 물리량의 단위를 나타낸다. 예를 들어 *P*는 **전력**(power)을 나타내고, W는 전력의 단위인 **와트**(watt)를 나타낸다. 또 다른 예로 전압을 들 수 있다. 이 경우, 같은 문자가 물리량의 이름과 단위를 동시에 표현한다. 기울임꼴의 *V*는 전압을 나타내고 기울임꼴이 아닌 V는 전압의 단위인 볼트(volt)를 나타낸다. 대체로 기울임꼴의 문자는 물리량 그 자체를 나타내는 기호이고, 기울임꼴이 아닌 문자는 물리량의 단위를 나타낸다.

표 1-3은 가장 중요한 전기량을 유도된 SI 단위 및 기호와 함께 나열한 것이고, 표 1-4는 자기량을 유도된 SI 단위 및 기호와 함께 열거한 것이다.

**표 1-3** SI 기호로 표시한 전기량 및 유도 단위

| 물리량 | 기호 | SI 단위 | 기호 |
|---|---|---|---|
| 커패시턴스(capacitance) | $C$ | 패럿(Farad) | F |
| 전하량(charge) | $Q$ | 쿨롱(Coulomb) | C |
| 컨덕턴스(conductance) | $G$ | 지멘스(Siemens) | S |
| 에너지(energy) | $W$ | 줄(Joule) | J |
| 주파수(frequency) | $f$ | 헤르츠(Hertz) | Hz |
| 임피던스(impedance) | $Z$ | 옴(Ohm) | Ω |
| 인덕턴스(inductance) | $L$ | 헨리(Henry) | H |
| 전력(power) | $P$ | 와트(Watt) | W |
| 리액턴스(reactance) | $X$ | 옴(Ohm) | Ω |
| 저항(resistance) | $R$ | 옴(Ohm) | Ω |
| 전압(voltage) | $V$ | 볼트(Volt) | V |

**표 1-4** SI 기호로 표시한 자기량 및 유도 단위

| 물리량 | 기호 | SI 단위 | 기호 |
|---|---|---|---|
| 자계 강도(magnetic field intensity) | $H$ | 암페어-턴/미터(Ampere-turns/meter) | At/m |
| 자속(magnetic flux) | $\phi$ | 웨버(Weber) | Wb |
| 자속 밀도(magnetic flus density) | $B$ | 테슬라(Tesla) | T |
| 기자력(magnetomotive force) | $F_m$ | 암페어-턴(Ampere-turn) | At |
| 투자율(permeability) | $\mu$ | 웨버/암페어-턴·미터 (Webers/Ampere-turn·meter) | Wb/At·m |
| 릴럭턴스(reluctance) | $\mathfrak{R}$ | 암페어-턴/웨버 (Ampere-turns/Weber) | At/Wb |

**복습문제 1-1**

1. 표준 단위계와 유도 단위계의 차이는 무엇인가?
2. 표준 전기량의 단위는 무엇인가?
3. *SI*는 무엇의 약자인가?
4. 표 1-3을 참조하지 않고, 가능한 한 많은 전기량과 그 기호, 단위 및 단위의 기호를 열거하라.
5. 표 1-4를 참조하지 않고, 가능한 한 많은 자기량과 그 기호, 단위 및 단위의 기호를 열거하라.

# 1-2 과학표기법

전기 및 전자공학 분야에서는 매우 작은 양이나 큰 양을 동시에 접하게 된다. 예를 들어, 전류의 값은 단지 수천 분의 일 암페어이거나, 수백만 분의 일 암페어 정도밖에 되지 않는 반면에 저항 값은 수천에서 수백만 옴에 이르는 것을 자주 발견하게 된다.

이 절의 학습 내용은 다음과 같다.

- **물리량을 과학표기법(십의 거듭제곱)을 사용하여 표현하는 방법**
  - 십의 거듭제곱을 이용하여 수를 나타내는 방법
  - 십의 거듭제곱을 이용하여 계산을 수행하는 방법

**과학표기법**(scientific notation)은 크고 작은 수들을 쉽게 표현하는 데뿐만 아니라 이런 수를 계산하는 데도 편리하다. 과학표기법에서는 물리량이 1과 10 사이의 수와 10의 거듭제곱의 곱으로 표현된다. 예를 들어 150,000을 과학표기법으로 나타내면 $1.5 \times 10^5$으로 표현하며, 또 다른 물리량 0.00022는 $2.2 \times 10^{-4}$으로 표시한다.

## 십의 거듭제곱

표 1-5에는 양과 음의 지수를 갖는 십의 거듭제곱 표현에 대한 몇 가지 예와 이에 대응하는 소수를 열거하였다. **십의 거듭제곱**(power of ten)은 십을 밑수로 하는 지수 형태로 $10^x$과 같이 표현된다. **지수**(exponent)는 수를 소수로 표현할 때 소수점이 오른쪽 또는 왼쪽으로 얼마만큼 이동해야 하는가를 가리킨다. 만약 십의 거듭제곱의 지수가 양수이면 이를 같은 값의 십진수 소수로 나타내기 위해서는 소수점을 오른쪽으로 이동시키면 된다. 예를 들면, 4의 지수를 갖는

**표 1-5** 양과 음의 지수를 갖는 십의 거듭제곱의 예

| | |
|---|---|
| $10^6 = 1{,}000{,}000$ | $10^{-6} = 0.000001$ |
| $10^5 = 100{,}000$ | $10^{-5} = 0.00001$ |
| $10^4 = 10{,}000$ | $10^{-4} = 0.0001$ |
| $10^3 = 1{,}000$ | $10^{-3} = 0.001$ |
| $10^2 = 100$ | $10^{-2} = 0.01$ |
| $10^1 = 10$ | $10^{-1} = 0.1$ |
| $10^0 = 1$ | |

경우는 다음과 같다.

$$10^4 = 1 \times 10^4 = 1.0000. = 10{,}000$$

만약 십의 거듭제곱의 지수가 음수이면 소수점을 왼쪽으로 이동시켜야 같은 값의 소수를 나타낼 수 있다. 예를 들면, −4의 지수를 갖는 경우는 다음과 같다.

$$10^{-4} = 1 \times 10^{-4} = .0001. = 0.0001$$

**예제 1–1** 아래의 각 수를 과학표기법을 사용하여 (1에서 10 사이의 수와 십의 거듭제곱의 곱의 형태로) 나타내어라.

(a) 200 (b) 5000 (c) 85,000 (d) 3,000,000

**풀이** (a) $200 = \mathbf{2 \times 10^2}$ (b) $5000 = \mathbf{5 \times 10^3}$
(c) $85{,}000 = \mathbf{8.5 \times 10^4}$ (d) $3{,}000{,}000 = \mathbf{3 \times 10^6}$

**관련 문제** 4750을 과학표기법을 사용하여 (1에서 10 사이의 수와 십의 거듭제곱의 곱의 형태로) 나타내어라.

**예제 1–2** 아래의 각 수를 과학표기법을 사용하여 (1에서 10 사이의 수와 십의 음의 거듭제곱의 형태로) 나타내어라.

(a) 0.2 (b) 0.005 (c) 0.00063 (d) 0.000015

**풀이** (a) $0.2 = \mathbf{2 \times 10^{-1}}$ (b) $0.005 = \mathbf{5 \times 10^{-3}}$
(c) $0.00063 = \mathbf{6.3 \times 10^{-4}}$ (d) $0.000015 = \mathbf{1.5 \times 10^{-5}}$

**관련 문제** 0.00738을 과학표기법을 사용하여 (1에서 10 사이의 수와 십의 음의 거듭제곱의 형태로) 나타내어라.

**예제 1–3** 아래의 각 수를 정규 십진수로 나타내어라.

(a) $1 \times 10^5$ (b) $2 \times 10^3$ (c) $3.2 \times 10^{-2}$ (d) $2.50 \times 10^{-6}$

**풀이** (a) $1 \times 10^5 = \mathbf{100{,}000}$ (b) $2 \times 10^3 = \mathbf{2000}$
(c) $3.2 \times 10^{-2} = \mathbf{0.032}$ (d) $2.50 \times 10^{-6} = \mathbf{0.0000025}$

**관련 문제** $9.12 \times 10^3$을 정규 십진수로 나타내어라.

## 십의 거듭제곱을 이용한 계산

십의 거듭제곱 표현은 매우 작거나 큰 수의 덧셈, 뺄셈, 곱셈 및 나눗셈에 유용하게 사용된다.

### 덧셈

십의 거듭제곱을 이용한 덧셈의 과정은 다음과 같다.

**1.** 같은 수의 거듭제곱이 되도록 지수를 일치시킨다.
**2.** 거듭제곱을 제외한 나머지 수만 더하여 합을 구한다.
**3.** 과정 2에서 계산된 결과와 과정 1에서 일치된 거듭제곱부를 곱셈 기호와 함께 덧붙여 쓴다.

예제 1-4 $2 \times 10^6$과 $5 \times 10^7$을 위 과정에 맞추어 더하라.

풀이 **1.** 지수가 같도록 나타낸다: $(2 \times 10^6) + (50 \times 10^6)$.
**2.** 십의 거듭제곱부를 제외한 나머지 수를 더한다: $2 + 50 = 52$.
**3.** 일치된 거듭제곱부를 곱셈 기호와 함께 덧붙여 쓴다: $52 \times 10^6 = \mathbf{5.2 \times 10^7}$.

관련 문제 $3.1 \times 10^3$과 $5.5 \times 10^4$을 더하라.

### 뺄셈

십의 거듭제곱을 이용한 뺄셈의 과정은 다음과 같다.

**1.** 같은 수의 거듭제곱이 되도록 지수를 일치시킨다.
**2.** 거듭제곱을 제외한 나머지 수만 빼고 차를 구한다.
**3.** 과정 2에서 계산된 결과와 일치된 거듭제곱부를 곱셈 기호와 함께 덧붙여 쓴다.

예제 1-5 $7.5 \times 10^{-11}$에서 $2.5 \times 10^{-12}$을 위 과정에 맞추어 빼라.

풀이 **1.** 지수가 같도록 나타낸다: $(7.5 \times 10^{-11}) - (0.25 \times 10^{-11})$.
**2.** 십의 거듭제곱부를 제외한 나머지 수를 뺀다: $7.5 - 0.25 = 7.25$.
**3.** 일치된 거듭제곱부를 곱셈 기호와 함께 덧붙여 쓴다: $\mathbf{7.25 \times 10^{-11}}$.

관련 문제 $2.2 \times 10^{-5}$에서 $3.5 \times 10^{-6}$을 빼라.

### 곱셈

십의 거듭제곱을 이용한 곱셈의 과정은 다음과 같다.

**1.** 거듭제곱을 제외한 나머지 수만 곱한다.
**2.** 십의 거듭제곱부의 대수합을 곱셈 기호와 함께 과정 1의 결과에 덧붙여 쓴다(지수부를 통일시킬 필요 없음).

**예제 1-6** $5 \times 10^{12}$과 $3 \times 10^{-6}$을 위 과정에 맞추어 곱하라.

풀이 거듭제곱을 제외한 나머지 수를 곱하고, 거듭제곱부의 대수합을 함께 쓴다.

$$(5 \times 10^{12})(3 \times 10^{-6}) = 15 \times 10^{12+(-6)} = 15 \times 10^{6} = \mathbf{1.5 \times 10^{7}}$$

관련 문제 $3.2 \times 10^{6}$과 $1.5 \times 10^{-3}$을 곱하라.

### 나눗셈

십의 거듭제곱을 이용한 나눗셈의 과정은 다음과 같다.

**1.** 거듭제곱을 제외한 나머지 수만 나눈다.

**2.** 십의 거듭제곱부의 대수차를 곱셈 기호와 함께 과정 1의 결과에 덧붙여 쓴다(지수부를 통일시킬 필요 없음).

**예제 1-7** $5.0 \times 10^{8}$을 $2.5 \times 10^{3}$으로 나누어라.

풀이 나눗셈은 다음과 같이 분수로 나타낼 수 있다.

$$\frac{5.0 \times 10^{8}}{2.5 \times 10^{3}}$$

수들을 나누고 8에서 3을 뺀다.

$$\frac{5.0 \times 10^{8}}{2.5 \times 10^{3}} = 2 \times 10^{8-3} = \mathbf{2 \times 10^{5}}$$

관련 문제 $8 \times 10^{-6}$을 $2 \times 10^{-10}$으로 나누어라.

**복습문제 1-2**

1. 과학표기법에서는 양의 거듭제곱과 음의 거듭제곱 모두 사용할 수 있다. (참 또는 거짓)
2. 100을 십의 거듭제곱 형태로 나타내어라.
3. 다음 수를 과학표기법으로 나타내어라.
   (a) 4350 (b) 12,010 (c) 29,000,000
4. 다음 수를 과학표기법으로 나타내어라.
   (a) 0.760 (b) 0.00025 (c) 0.000000597
5. 다음 연산을 하라.
   (a) $(1 \times 10^{5}) + (2 \times 10^{5})$ (b) $(3 \times 10^{6})(2 \times 10^{4})$
   (c) $(8 \times 10^{3}) \div (4 \times 10^{2})$ (d) $(2.5 \times 10^{-6}) - (1.3 - 10^{-7})$

# 1-3 공학표기법과 미터법 접두기호

공학표기법은 과학표기법의 특수한 형태로서 크거나 작은 물리량을 표현하는 기술 분야에서 널리 사용된다. 전자공학 분야에서 공학표기법은 전압, 전류, 저항, 커패시턴스, 인덕턴스 및 무수히 많은 값들을 표현하는 데 사용된다. 미터법 접두기호는 공학표기법의 십의 거듭제곱이 3의 배수가 되는 경우에 간략하게 표시하는 방법이다.

이 절의 학습 내용은 다음과 같다.

- **공학표기법과 미터법 접두기호를 사용하여 물리량을 표현하는 방법**
  - 미터법의 접두기호
  - 공학표기법의 십의 거듭제곱을 미터법 접두기호로 변환하는 방법
  - 미터법 접두기호를 사용하여 전기적인 물리량을 표현하는 방법
  - 미터법 접두기호의 단위 변환

## 공학표기법

공학표기법은 과학표기법과 유사하다. 그러나 **공학표기법**(engineering notation)에서 소수점 왼쪽에서 한 자리로부터 세 자리의 범위 숫자와 십의 거듭제곱의 지수가 3의 배수로 구현된다. 예를 들면 숫자 33,000은 공학표기법으로는 $33 \times 10^3$이며, 과학표기법으로는 $3.3 \times 10^4$으로 표시한다. 또 다른 예로 숫자 0.045는 공학표기법으로는 $45 \times 10^{-3}$이며, 과학표기법으로는 $4.5 \times 10^{-2}$이다.

**예제 1-8** 다음 수를 공학표기법으로 나타내어라.

(a) 82,000 (b) 243,000 (c) 1,956,000

풀이 (a) $\mathbf{82 \times 10^3}$
(b) $\mathbf{243 \times 10^3}$
(c) $\mathbf{1.956 \times 10^6}$

관련 문제 36,000,000,000을 공학표기법으로 나타내어라.

**예제 1-9** 다음 수를 공학표기법으로 나타내어라.

(a) 0.0022 (b) 0.000000047 (c) 0.00033

풀이 (a) $\mathbf{2.2 \times 10^{-3}}$
(b) $\mathbf{47 \times 10^{-9}}$
(c) $\mathbf{330 \times 10^{-6}}$

관련 문제 0.0000000000056을 공학표기법으로 나타내어라.

**표 1-6** 미터법 접두기호와 해당하는 십의 거듭제곱 값

| 미터법 접두기호 | 기호 | 십의 거듭제곱 | 값 |
|---|---|---|---|
| 펨토(femto) | f | $10^{-15}$ | 천조분의 일 |
| 피코(pico) | p | $10^{-12}$ | 일조분의 일 |
| 나노(nano) | n | $10^{-9}$ | 십억분의 일 |
| 마이크로(micro) | $\mu$ | $10^{-6}$ | 백만분의 일 |
| 밀리(milli) | m | $10^{-3}$ | 천분의 일 |
| 킬로(kilo) | k | $10^{3}$ | 천 |
| 메가(mega) | M | $10^{6}$ | 백만 |
| 기가(giga) | G | $10^{9}$ | 십억 |
| 테라(tera) | T | $10^{12}$ | 일조 |

## 미터법 접두기호

**미터법 접두기호**(metric prefix)는 공학 분야에서 가장 많이 사용되는 십의 거듭제곱을 나타낼 경우 사용된다. 표 1-6은 십의 거듭제곱에 해당하는 미터법 접두기호를 열거하였다.

미터법 접두기호는 V, A 및 Ω과 같은 측정 단위를 갖는 숫자와 항상 함께 사용되며, 단위 기호 앞에 쓰인다. 예를 들면 0.025암페어는 공학표기법으로는 $25 \times 10^{-3}$ A로 나타낸다. 이 값을 미터법 접두기호를 이용하면 25 mA로 표현할 수 있으며 25밀리암페어라고 읽는다. 여기서 접두기호 milli는 $10^{-3}$을 대신한 것이다. 또 다른 예를 들면 100,000,000 ohm은 $100 \times 10^{6}$ Ω으로 쓸 수 있고, 이 값은 미터법 접두기호를 사용하면 100 MΩ으로 쓰고 100메가옴이라고 읽는다. 접두기호 mega는 $10^{6}$ 대신 사용되었다.

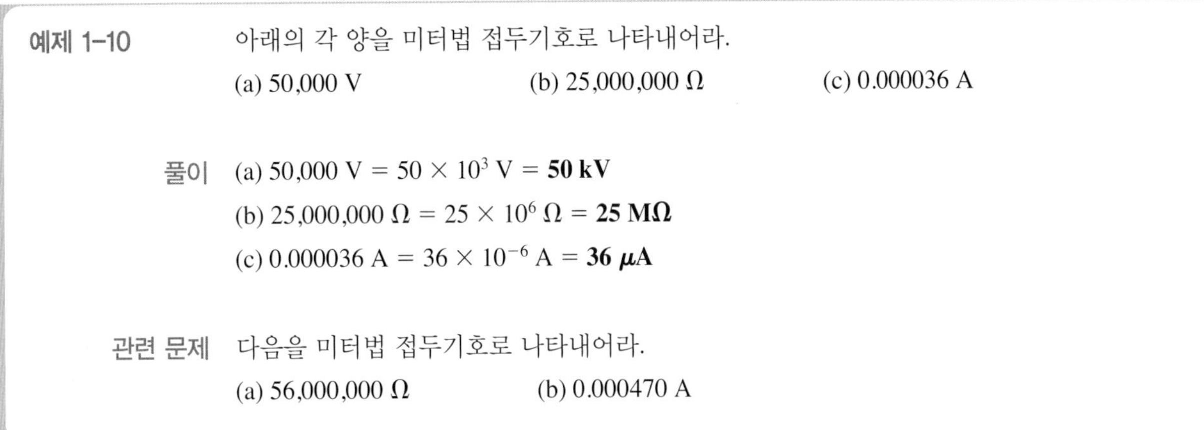

**예제 1-10** 아래의 각 양을 미터법 접두기호로 나타내어라.

(a) 50,000 V (b) 25,000,000 Ω (c) 0.000036 A

**풀이**

(a) $50{,}000\ \text{V} = 50 \times 10^{3}\ \text{V} = \mathbf{50\ kV}$

(b) $25{,}000{,}000\ \Omega = 25 \times 10^{6}\ \Omega = \mathbf{25\ M\Omega}$

(c) $0.000036\ \text{A} = 36 \times 10^{-6}\ \text{A} = \mathbf{36\ \mu A}$

**관련 문제** 다음을 미터법 접두기호로 나타내어라.

(a) 56,000,000 Ω (b) 0.000470 A

## 계산기 활용법

모든 과학용 또는 그래프 기능을 가진 계산기는 다양한 형식으로 숫자를 입력하거나 표시하는 기능을 갖고 있다. 과학표기법 또는 공학표기법은 지수표기(10의 지수)법의 특별한 경우이다. 대부분의 계산기는 어떤 수의 지수를 입력하기 위한 EE(또는 EXP)라는 라벨을 가진 키를 갖고

있다. 지수표기법을 사용하여 숫자를 입력하기 위해서는 부호를 포함한 밑수를 먼저 입력하고, EE 키를 누른 후 부호를 포함하는 지수를 입력한다.

과학용 또는 그래프 기능을 가진 계산기들은 10의 지수를 나타내기 위한 디스플레이 창을 갖고 있다. 어떤 계산기들은 디스플레이 창의 우측에 작은 윗첨자로 지수를 표현한다.

**47.0 $^{03}$**

다른 종류의 계산기에서는 숫자 다음에 작은 영문자 E 그리고 지수로 표시한다.

**47.0E03**

밑수 10은 일반적으로 따로 표시하지는 않지만 포함되어 있다고 가정하거나 E로 표시한다는 점에 주의하라. 따라서 직접 써야 할 경우에는 밑수 10을 포함시켜야 하며, 위의 계산기 디스플레이 창에 표시된 숫자는 $47.0 \times 10^3$이라고 써야 한다.

어떤 계산기에는 SCI 또는 ENG와 같은 2차 또는 3차 함수 키를 사용하여 과학표기 또는 공학표기 모드를 변환한다. 이때 숫자를 일반적인 십진수 형태로 입력하면 계산기가 자동으로 적당한 형식으로 변환한다. 또 다른 계산기는 메뉴를 통한 모드 선택 기능을 제공하기도 한다.

특정 계산기의 지수표기법을 알기 위해서는 사용자 설명서를 참고하는 것이 바람직하다.

**복습문제 1-3**

1. 아래 숫자를 공학표기법을 사용하여 나타내어라.
   (a) 0.0056 (b) 0.0000000283 (c) 950,000 (d) 375,000,000,000
2. 다음 십의 거듭제곱을 미터법 접두기호로 나타내어라.
   $10^6$, $10^3$, $10^{-3}$, $10^{-6}$, $10^{-9}$, $10^{-12}$
3. 0.000001 A를 적당한 미터법 접두기호를 사용하여 나타내어라.
4. 250,000 W를 적당한 미터법 접두기호를 사용하여 나타내어라.

# 1-4 미터법 단위 변환

mA(milliamperes)를 $\mu$A(microamperes)로 바꾸는 것처럼 접두기호가 있는 단위를 변환하는 것이 필요하거나 편리할 때가 있다. 접두기호는 숫자의 소수점을 오른쪽 또는 왼쪽으로 적절히 이동시켜 변환한다.

이 절의 학습 내용은 다음과 같다.

- **미터법의 단위 변환**
  - milli, micro, nano 및 pico 간의 변환
  - kilo와 mega 간의 변환

미터법 단위의 변환은 다음을 기본 원칙으로 한다.

**1.** 범위가 큰 단위에서 작은 단위로 변환할 때는 소수점을 오른쪽으로 이동시킨다.
**2.** 범위가 작은 단위에서 큰 단위로 변환할 때는 소수점을 왼쪽으로 이동시킨다.
**3.** 변환될 단위의 십의 거듭제곱수의 지수 차이를 파악하여 소수점을 몇 자리 이동시켜야 하

는지 결정한다.

예를 들어, mA를 μA로 바꾸는 경우 소수점을 오른쪽으로 세 자리 이동시켜야 한다. 왜냐하면 두 단위(mA는 $10^{-3}$ A이고 μA는 $10^{-6}$ A이다) 사이에는 세 자리 차이가 있기 때문이다. 다음의 예제를 통해 단위 변환을 연습해 보자.

**예제 1-11** 0.15 mA를 μA 단위로 바꾸어라.

풀이 소수점을 오른쪽으로 세 자리 이동시킨다.

$$0.15\ \text{mA} = 0.15 \times 10^{-3}\ \text{A} = 150 \times 10^{-6}\ \text{A} = \mathbf{150\ \mu A}$$

관련 문제 1 mA를 μA 단위로 바꾸어라.

**예제 1-12** 4500 μV를 mV 단위로 바꾸어라.

풀이 소수점을 왼쪽으로 세 자리 이동시킨다.

$$4500\ \mu\text{V} = 4500 \times 10^{-6}\ \text{V} = 4.5 \times 10^{-3}\ \text{V} = \mathbf{4.5\ mV}$$

관련 문제 1000 μV를 mV 단위로 바꾸어라.

**예제 1-13** 5000 nA를 μA 단위로 바꾸어라.

풀이 소수점을 왼쪽으로 세 자리 이동시킨다.

$$5000\ \text{nA} = 5000 \times 10^{-9}\ \text{A} = 5 \times 10^{-6}\ \text{A} = \mathbf{5\ \mu A}$$

관련 문제 893 nA를 μA 단위로 바꾸어라.

**예제 1-14** 47,000 pF를 μF 단위로 바꾸어라.

풀이 소수점을 왼쪽으로 여섯 자리 이동시킨다.

$$47{,}000\ \text{pF} = 47{,}000 \times 10^{-12}\ \text{F} = 0.047 \times 10^{-6}\ \text{F} = \mathbf{0.047\ \mu F}$$

관련 문제 10,000 pF을 μF 단위로 바꾸어라.

**예제 1-15** 0.00022 $\mu$F을 pF 단위로 바꾸어라.

풀이 소수점을 오른쪽으로 여섯 자리 이동시킨다.

$$0.00022\,\mu\text{F} = 0.00022 \times 10^{-6}\,\text{F} = 220 \times 10^{-12}\,\text{F} = \mathbf{220\,pF}$$

관련 문제 0.0022 $\mu$F을 pF 단위로 바꾸어라.

**예제 1-16** 1800 k$\Omega$을 M$\Omega$ 단위로 바꾸어라.

풀이 소수점을 왼쪽으로 세 자리 이동시킨다.

$$1800\,\text{k}\Omega = 1800 \times 10^{3}\,\Omega = 1.8 \times 10^{6}\,\Omega = \mathbf{1.8\,M\Omega}$$

관련 문제 2.2 k$\Omega$을 M$\Omega$ 단위로 바꾸어라.

서로 다른 미터법 접두기호로 표시된 값을 가감 연산을 수행할 때는, 먼저 한 값을 다른 값의 접두기호와 같도록 변환시킨다.

**예제 1-17** 15 mA와 8000 $\mu$A를 더하고 그 결과를 mA 단위로 나타내어라.

풀이 8000 $\mu$A를 8 mA로 변환하고 더한다.

$$\begin{aligned}15\,\text{mA} + 8000\,\mu\text{A} &= 15 \times 10^{-3}\,\text{A} + 8000 \times 10^{-6}\,\text{A}\\ &= 15 \times 10^{-3}\,\text{A} + 8 \times 10^{-3}\,\text{A} = 15\,\text{mA} + 8\,\text{mA} = \mathbf{23\,mA}\end{aligned}$$

관련 문제 2873 mA와 10,000 $\mu$A를 더하고 그 결과를 mA 단위로 나타내어라.

**복습문제 1-4**

1. 0.01 MV를 kV 단위로 바꾸어라.
2. 250,000 pA를 mA 단위로 바꾸어라.
3. 0.05 MW와 75 kW를 더하고 그 결과를 kW 단위로 표시하라.
4. 50 mV와 25,000 $\mu$V를 더하고 그 결과를 mV 단위로 표시하라.

## 요약

- SI는 Le Système International d'Unités의 약자이며, 단위계의 표준화된 기호체계이다.
- 표준 단위계는 다른 SI 단위를 유도할 수 있는 SI 단위계를 사용하며, 7개의 표준 단위가 있다.
- 과학표기법은 매우 크거나 작은 수를 나타내는 방법이며, 1에서 10 사이의 숫자(소수점 왼쪽 한 자리)와 10의 거듭제곱의 곱으로 표시한다.
- 공학표기법은 과학표기법의 한 형태로 어떤 물리량을 소수점 왼쪽에서 1~3자리의 숫자와 지수가 3의 배수인 10의 거듭제곱의 곱으로 표시한다.
- 미터법 접두기호는 공학표기법에서 10의 거듭제곱의 지수를 대신한다.

## 핵심 용어

**SI**: 모든 과학 및 공학 분야에서 사용되는 표준화된 국제 단위체계; 프랑스어 Le Système International d'Unités의 약자

**공학표기법**(engineering notation): 어떤 수를 1~3자리 수와 지수가 3의 배수인 십의 거듭제곱의 곱으로 표시하는 방법

**과학표기법**(scientific notation): 어떤 수를 1과 10 사이의 수와 10의 거듭제곱의 곱으로 표시하는 방법

**미터법 접두기호**(metric prefix): 공학표기법에서 십의 거듭제곱을 표시하는 접두사

**십의 거듭제곱**(power of ten): 밑수 10과 지수로 구성된 수의 표시 방법; 숫자 10의 몇 제곱 형태로 표시함.

**지수**(exponent): 밑수(base number)를 몇 번 제곱하는지 표시하는 수

## 자기 진단

**1.** 다음 중 전기량이 아닌 것은 무엇인가?
(a) 전류 (b) 전압 (c) 시간 (d) 전력

**2.** 전류의 단위는 무엇인가?
(a) V (b) W (c) A (d) J

**3.** 전압의 단위는 무엇인가?
(a) Ω (b) W (c) V (d) F

**4.** 저항의 단위는 무엇인가?
(a) A (b) H (c) Hz (d) Ω

**5.** Hz는 어떤 양의 단위인가?
(a) 전력 (b) 인덕턴스 (c) 주파수 (d) 시간

**6.** 15,000 W와 같은 양은 무엇인가?
(a) 15 mW (b) 15 kW (c) 15 MW (d) 15 $\mu$W

**7.** $4.7 \times 10^3$과 같은 양은 무엇인가?
(a) 470 (b) 4700 (c) 47,000 (d) 0.0047

**8.** $56 \times 10^{-3}$과 같은 양은 무엇인가?
(a) 0.056 (b) 0.560 (c) 560 (d) 56,000

**9.** 3,300,000을 공학표기법으로 옳게 표현한 것은 무엇인가?
(a) $3300 \times 10^3$ (b) $3.3 \times 10^{-6}$ (c) $3.3 \times 10^6$ (d) (a)와 (c) 모두

**10.** 10밀리암페어를 표현한 것은 어느 것인가?

(a) 10 MA (b) 10 $\mu$A (c) 10 kA (d) 10 mA

**11.** 5000볼트를 표현한 것은 어느 것인가?

(a) 5000 V (b) 5 MV (c) 5 kV (d) (a)와 (c) 모두

**12.** 20,000,000옴을 표현한 것은 어느 것인가?

(a) 20 m$\Omega$ (b) 20 MW (c) 20 M$\Omega$ (d) 20 $\mu\Omega$

## 문제

### 1-2 과학표기법

**1.** 다음 수들을 과학표기법으로(1에서 10 사이의 수 곱하기 양의 십의 거듭제곱 형태) 나타내어라.

(a) 3000 (b) 75,000 (c) 2,000,000

**2.** 다음 분수들을 과학표기법으로(1에서 10 사이의 수 곱하기 음의 십의 거듭제곱 형태) 나타내어라.

(a) 1/500 (b) 1/2000 (c) 1/5,000,000

**3.** 다음 수들을 과학표기법으로 나타내어라.

(a) 8400 (b) 99,000 (c) $0.2 \times 10^6$

**4.** 다음 수들을 과학표기법으로 나타내어라.

(a) 0.0002 (b) 0.6 (c) $7.8 \times 10^{-2}$

**5.** 다음 수들을 과학표기법으로 나타내어라.

(a) $32 \times 10^3$ (b) $6800 \times 10^{-6}$ (c) $870 \times 10^8$

**6.** 다음 수들을 정규 십진수 형태로 나타내어라.

(a) $2 \times 10^5$ (b) $5.4 \times 10^{-9}$ (c) $1.0 \times 10^1$

**7.** 다음 수들을 정규 십진수 형태로 나타내어라.

(a) $2.5 \times 10^{-6}$ (b) $5.0 \times 10^2$ (c) $3.9 \times 10^{-1}$

**8.** 다음 수들을 정규 십진수 형태로 나타내어라.

(a) $4.5 \times 10^{-6}$ (b) $8 \times 10^{-9}$ (c) $4.0 \times 10^{-12}$

**9.** 다음의 덧셈을 수행하라.

(a) $(9.2 \times 10^6) + (3.4 \times 10^7)$ (b) $(5 \times 10^3) + (8.5 \times 10^{-1})$

(c) $(5.6 \times 10^{-8}) + (4.6 \times 10^{-9})$

**10.** 다음의 뺄셈을 수행하라.

(a) $(3.2 \times 10^{12}) - (1.1 \times 10^{12})$ (b) $(2.6 \times 10^8) - (1.3 \times 10^7)$

(c) $(1.5 \times 10^{-12}) - (8 \times 10^{-13})$

**11.** 다음의 곱셈을 수행하라.

(a) $(5 \times 10^3)(4 \times 10^5)$ (b) $(1.2 \times 10^{12})(3 \times 10^2)$

(c) $(2.2 \times 10^{-9})(7 \times 10^{-6})$

**12.** 다음의 나눗셈을 수행하라.

(a) $(1.0 \times 10^3) \div (2.5 \times 10^2)$ (b) $(2.5 \times 10^{-6}) \div (5.0 \times 10^{-8})$

(c) $(4.2 \times 10^8) \div (2 \times 10^{-5})$

### 1-3 공학표기법과 미터법 접두기호

**13.** 다음 수들을 공학표기법을 사용하여 나타내어라.

(a) 89,000 (b) 450,000 (c) 12,040,000,000,000

**14.** 다음 수들을 공학표기법을 사용하여 나타내어라.

(a) $2.35 \times 10^5$ (b) $7.32 \times 10^7$ (c) $1.333 \times 10^9$

**15.** 다음 수들을 공학표기법을 사용하여 나타내어라.

(a) 0.000345 (b) 0.025 (c) 0.00000000129

**16.** 다음 수들을 공학표기법을 사용하여 나타내어라.

(a) $9.81 \times 10^{-3}$ (b) $4.82 \times 10^{-4}$ (c) $4.38 \times 10^{-7}$

**17.** 다음 덧셈을 수행하고 그 결과를 공학표기법을 사용하여 나타내어라.

(a) $(2.5 \times 10^{-3}) + (4.6 \times 10^{-3})$ (b) $(68 \times 10^6) + (33 \times 10^6)$

(c) $(1.25 \times 10^6) + (250 \times 10^3)$

**18.** 다음 곱셈을 수행하고 그 결과를 공학표기법을 사용하여 나타내어라.

(a) $(32 \times 10^{-3})(56 \times 10^3)$ (b) $(1.2 \times 10^{-6})(1.2 \times 10^{-6})$

(c) $100(55 \times 10^{-3})$

**19.** 다음 나눗셈을 수행하고 그 결과를 공학표기법을 사용하여 나타내어라.

(a) $50 \div (2.2 \times 10^3)$ (b) $(5 \times 10^3) \div (25 \times 10^{-6})$

(c) $560 \times 10^3 \div (660 \times 10^3)$

**20.** 문제 13의 각 수를 미터법 접두기호를 사용하여 단위를 Ω으로 나타내어라.

**21.** 문제 15의 각 수를 미터법 접두기호를 사용하여 단위를 A로 나타내어라.

**22.** 다음을 미터법의 접두기호를 사용하여 나타내어라.

(a) $31 \times 10^{-3}$ A (b) $5.5 \times 10^3$ V (c) $20 \times 10^{-12}$ F

**23.** 다음을 미터법의 접두기호를 사용하여 나타내어라.

(a) $3 \times 10^{-6}$ F (b) $3.3 \times 10^6$ Ω (c) $350 \times 10^{-9}$ A

**24.** 다음을 미터법의 접두기호를 사용하여 나타내어라.

(a) $2.5 \times 10^{-12}$ A (b) $8 \times 10^9$ Hz (c) $4.7 \times 10^3$ Ω

**25.** 다음 물리량들의 미터법 접두기호를 십의 거듭제곱을 이용하여 나타내어라.

(a) 7.5 pA (b) 3.3 GHz (c) 280 nW

**26.** 다음 물리량들을 공학표기법을 이용하여 나타내어라.

(a) 5 μA (b) 43 mV (c) 275 kΩ (d) 10 MW

### 1-4 미터법 단위 변환

**27.** 다음에 지시된 변환을 수행하라.

(a) 5 mA를 μA로 (b) 3200 μW를 mW로

(c) 5000 kV를 MV로 (d) 10 MW를 kW로

**28.** 다음 물음에 답하라.

(a) 1 mA는 몇 μA인가? (b) 0.05 kV는 몇 mV인가?

(c) 0.02 kΩ은 몇 MΩ인가? (d) 155 mW는 몇 kW인가?

**29.** 다음 물리량의 덧셈을 하라.

(a) 50 mA + 680 μA (b) 120 kΩ + 2.2 MΩ (c) 0.02 μF + 3300 pF

**30.** 다음 연산을 수행하라.

(a) 10 kΩ ÷ (2.2 kΩ + 10 kΩ) (b) 250 mV ÷ 50 $\mu$V (c) 1 MW ÷ 2 kW

## 복습문제 해답

### 1-1 측정 단위계

**1.** 표준 단위계로 유도 단위계를 정의한다.

**2.** A(ampere)

**3.** SI는 Système International의 약자이다.

**4.** 스스로 전기량 목록을 작성한 후 표 1-3을 참조하라.

**5.** 스스로 자기량 목록을 작성한 후 표 1-4를 참조하라.

### 1-2 과학표기법

**1.** 참

**2.** $10^2$

**3.** (a) $4.35 \times 10^3$ (b) $1.201 \times 10^4$ (c) $2.9 \times 10^7$

**4.** (a) $7.6 \times 10^{-1}$ (b) $2.5 \times 10^{-4}$ (c) $5.97 \times 10^{-7}$

**5.** (a) $3 \times 10^5$ (b) $6 \times 10^{10}$ (c) $2 \times 10^1$ (d) $2.37 \times 10^{-6}$

### 1-3 공학표기법과 미터법 접두기호

**1.** (a) $5.6 \times 10^{-3}$ (b) $28.3 \times 10^{-9}$ (c) $950 \times 10^3$ (d) $375 \times 10^9$

**2.** 메가(M), 킬로(k), 밀리(m), 마이크로($\mu$), 나노(n), 피코(p)

**3.** 1 $\mu$A(1마이크로암페어)

**4.** 250 kW(250킬로와트)

### 1-4 미터법 단위 변환

**1.** 0.01 MV = 10 kV

**2.** 250,000 pA = 0.00025 mA

**3.** 0.05 MW + 75 kW = 50 kW + 75 kW = 125 kW

**4.** 50 mV + 25,000 $\mu$V = 50 mV + 25 mV = 75 mV

## 관련 문제 해답

**1-1** $4.75 \times 10^3$

**1-2** $7.38 \times 10^{-3}$

**1-3** 9120

**1-4** $5.81 \times 10^4$

**1-5** $1.85 \times 10^{-5}$

**1-6** $4.8 \times 10^3$

**1-7** $4 \times 10^4$

**1-8** $36 \times 10^9$

**1-9** $5.6 \times 10^{-12}$

**1-10** (a) 56 MΩ (b) 470 μA

**1-11** 1000 μA

**1-12** 1 mV

**1-13** 0.893 μA

**1-14** 0.01 μF

**1-15** 2200 pF

**1-16** 0.0022 MΩ

**1-17** 2883 mA

## 자기 진단 해답

**1.** (c) **2.** (c) **3.** (c) **4.** (d) **5.** (c) **6.** (b) **7.** (b) **8.** (a)
**9.** (d) **10.** (d) **11.** (d) **12.** (c)

CHAPTER 2

# 전압, 전류 및 저항

## 이 장의 차례



## 이 장의 목표

- 원자의 기본 구조를 알아본다.
- 전하의 개념을 설명한다.
- *전압, 전류* 및 *저항*의 각 성질을 살펴본다.
- 전압원과 전류원을 살펴본다.
- 다양한 형태와 크기의 저항을 정의하고 그 성질을 살펴본다.
- 기초적인 전기 회로를 설명한다.
- 기초 회로 측정을 한다.
- 전기적인 위험 요소를 인지하고 안전절차를 숙지한다.

## 핵심 용어

- 가감저항기
- 감전
- 개회로
- 도체
- 디지털 멀티미터
- 미국전선규격
- 반도체
- 볼트
- 부하
- 암페어
- 옴
- 원자
- 자유전자
- 저항
- 저항계
- 저항기
- 전류
- 전류계
- 전류원
- 전압
- 전압계
- 전압원
- 전위차계
- 전자
- 전하
- 절연체
- 접지
- 지멘스
- 컨덕턴스
- 쿨롱
- 폐회로
- 회로

## 회로 응용 소개

마지막 절의 회로 응용 편에서는 자동차 전등 장치의 일부를 모의실험하는 실제 회로를 통해 이론이 어떻게 적용되는지를 살펴본다. 자동차 전등은 전기 회로의 간단한 예이다. 전조등과 미등을 켜는 것은 자동차 전지에 전등을 연결하여 전압을 인가하고 회로에 전류가 흐르게 하는 일이다. 전류는 전등이 빛을 발하게 한다. 전등은 자체적으로 전류의 양을 제한하는 저항의 성질을 갖고 있다. 대부분의 자동차의 계기판 전등은 밝기 조절이 가능하다. 조절 손잡이를 움직여 이를 조절하는데, 이는 회로의 저항값을 변화시켜서 전류에 변화를 주는 것이다. 전등에 흐르는 전류의 양이 전등의 밝기를 결정한다.

## 인터넷 학습자료

http://www.prenhall.com/floyd

## 이 장의 소개

전자공학 기술을 실무에 응용하기 위해서는 그 바탕이 되는 관련 이론을 이해해야 한다. 이론을 숙지하면 그 기술을 실무에 어떻게 응용할지 알 수 있다. 이 장을 비롯한 전 단원을 통해 기술 이론을 실제 회로 응용에 적용하는 방법들을 다루게 된다.

이 장에서는 전압, 전류 및 저항에 대한 이론적 개념을 다룰 것이다. 이러한 물리량이 단위와 함께 어떻게 표현되고 측정되는지를 배운다. 기본 전기 회로를 이루는 주요 구성 소자들과 이들이 어떻게 서로 어우러져 회로를 이루게 되는지를 습득한다.

전압과 전류를 발생시키는 다양한 장치들을 살펴보고, 아울러 전기 회로에서 저항 성질을 띠는 다양한 소자들을 다룬다. 퓨즈와 회로 차단기 등 보호장치들의 동작원리를 논의할 것이며, 전기 회로에 보편적으로 사용되는 기계적 스위치를 소개한다. 측정계기를 사용하여 전압, 전류 및 저항을 다루며 측정하는 법을 배우게 된다.

어떤 전기 회로에서나 전압은 중요한 요소이다. 전압은 회로가 작동하도록 하는 전하의 위치 에너지이다. 전류 역시 전자 회로가 동작되는 데 필요하지만, 전류를 생성하기 위해서는 전압이 필요하다. 전류는 회로 내에서 전자의 이동으로 설명된다. 회로에서 저항은 전류의 양을 제한한다. 물이 흐르는 원리는 전기 회로에 대한 이해를 돕는다. 전압은 파이프를 통하여 물을 흐르게 하는 데 필요한 압력과 같다. 도선을 통하여 흐르는 전류는 파이프를 통해 흐르는 물과 같다고 생각하면 된다. 저항은 밸브를 조정하여 물의 흐름을 제한하는 장치로 생각할 수 있다.

# 2-1 원자 구조

모든 물체는 원자로 이루어져 있고, 모든 원자는 전자, 양성자 및 중성자로 이루어져 있다. 이 절에서는 전자각과 궤도를 비롯한 원자구조와 가전자, 이온, 그리고 에너지 준위에 관하여 살펴볼 것이다. 원자 내부에서 전자의 구성에 따라서 도체 또는 반도체가 전류를 잘 흐르게 하는지를 결정하는 중요한 요소가 된다.

이 절의 학습 내용은 다음과 같다.

- **기본적인 원자 구조**
  - *핵*, *양성자*, *중성자* 및 *전자*의 정의
  - *원자 번호*의 정의
  - *전자각*의 정의
  - 가전자에 대한 설명
  - 이온화에 대한 설명
  - 자유전자에 대한 설명
  - *도체*, *반도체* 및 *절연체*의 정의

**원자**(atom)는 물질의 특성을 유지하는 **원소**(element)의 가장 작은 입자이다. 물질을 이루는 구성 요소로 109개의 원소가 알려져 있는데, 이들은 각각 고유의 원자 구조를 갖고 있다. 고전적인 보어(Bohr)의 모델에 의하면, 그림 2-1에 나타나 있듯이 원자는 중앙의 핵을 중심으로 궤도를 도는 전자로 이루어진 행성 모양의 구조를 갖고 있다. **핵**(nucleus)은 양(+)으로 대전된 입자인 **양성자**(proton)와 극성이 없는 **중성자**(neutron)로 이루어져 있다. 음(−)으로 대전된 입자를 **전자**(electron)라고 한다.

▶ 그림 2-1

보어의 원자 모델에 따르면 핵 주위를 원형 궤도를 따라 전자가 돌고 있다. 전자 뒤의 꼬리는 전자가 이동함을 뜻한다.

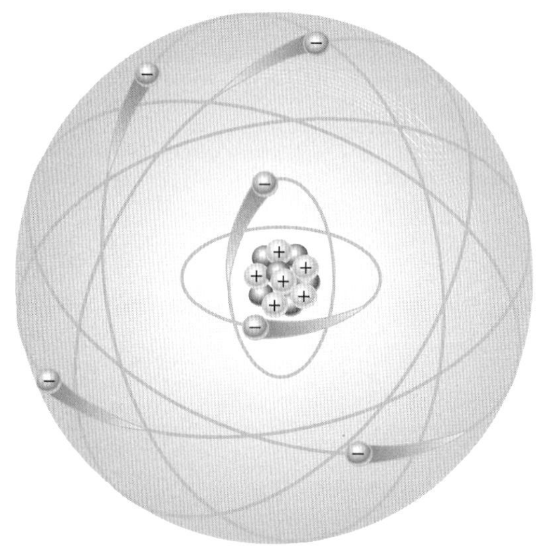


각 형태의 원자는 다른 원소의 원자들과 구분이 되도록 특정한 수의 전자와 양성자를 갖는다. 예를 들어 가장 간단한 원자인 수소 원자는 하나의 양성자와 하나의 전자를 갖고 있으며, 그림 2-2(a)와 같다. 또 다른 예로 그림 2-2(b)의 헬륨 원자에는 두 개의 양성자와 두 개의 중성자를 가진 핵과 핵 주위를 도는 두 개의 전자가 있다.

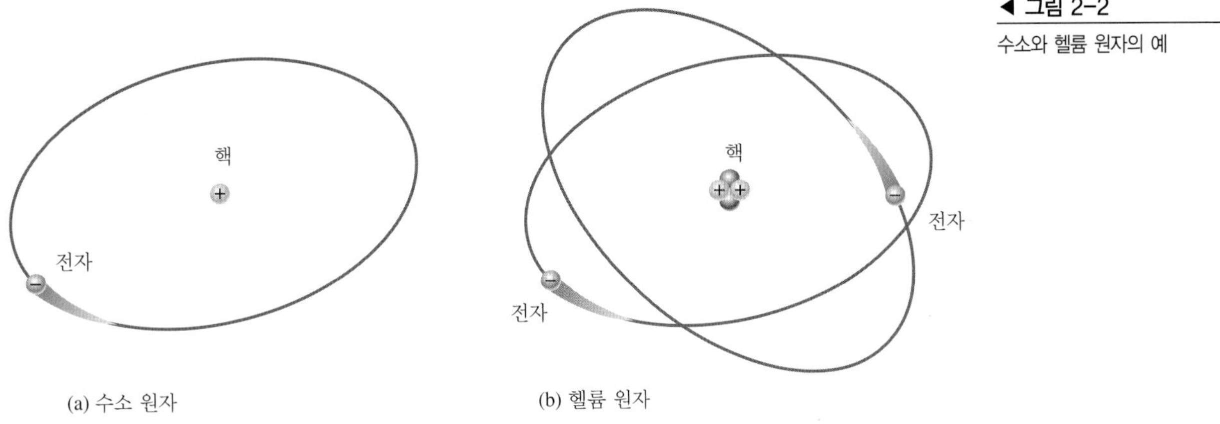


◀ 그림 2-2
수소와 헬륨 원자의 예

## 원자 번호

모든 원소는 **원자 번호**(atomic number)에 따라 주기율표에 순서대로 배열되어 있다. 원자 번호는 핵 속의 양성자 수와 같다. 예를 들어, 수소는 원자 번호가 1이며 헬륨은 원자 번호가 2이다. 정상(중성) 상태에서, 원소의 모든 원자는 양성자와 같은 수의 전자를 갖고 있다. 즉, 양전하와 음전하가 상쇄되어 전체적으로는 0의 전하를 갖게 되고 전기적으로 평형을 이루고 있다.

## 전자각, 궤도 및 에너지 준위

보어 모델에 따르면 전자는 원자의 핵으로부터 특정 거리를 두고 궤도를 그리며 돌고 있다. 원자 내에서 각 궤도는 서로 다른 에너지 준위에 해당하며 이를 **각**(shell)이라고 한다. 이 각들은 1, 2, 3과 같이 차례로 번호를 붙이며 핵에서 가장 가까운 것이 1번이 된다. 핵에서 멀리 떨어진 전자들은 더 높은 에너지 준위에 있으며, 핵에서 가까운 전자들은 에너지 준위가 낮다.

원자의 보어 모델을 바탕으로 수소의 선 스펙트럼은 전자가 흡수 또는 방출하는 에너지의 양은 에너지 준위의 차이에 해당하는 에너지의 양과 동일함을 알려 준다. 그림 2-3은 수소원자 내부의 에너지 준위를 나타낸다. 가장 낮은 상태($n = 1$)를 **기저 상태**(ground state)라고 하며, 첫 번째 각에 하나의 전자를 갖는 가장 안정한 상태를 의미한다. 만약에 이 전자가 광자 하나를 흡수하여 특정한 양의 에너지를 얻는 경우에 더 높은 에너지 준위로 올라간다. 이 높은 에

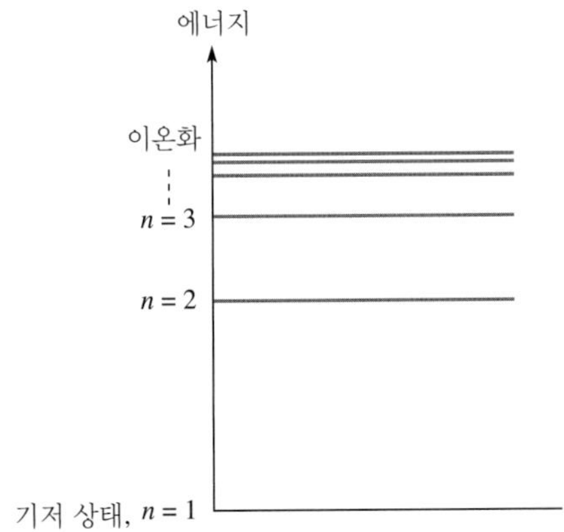


◀ 그림 2-3
수소의 에너지 준위

너지 상태에서 동일한 에너지를 갖는 광자를 방출하면 에너지를 잃고 다시 기저 상태로 내려간다. 에너지 준위 사이의 이러한 이동은 발광 다이오드(LED: light-emitting diode)에서 다양한 빛이 나는 것과 같은 전자공학의 다양한 현상을 설명할 수 있다.

보어의 연구 다음으로 에린 슈뢰딩거(Erin Schroedinger, 1887~1961)는 더 복잡한 원자를 설명하는 수학적 이론을 제안하였다. 그는 진동으로 인한 3차원 정재파 패턴을 갖는 가장 단순한 경우를 고려하여, 전자가 파동성을 갖는다고 제안하였다. 슈뢰딩거는 특정한 파장을 가진 구형 전자의 정재파에 대한 이론을 세웠다. 이 파동역학의 원자 모델은 보어의 모델처럼 수소의 전자 에너지에 대하여 동일한 방정식으로 표현된다. 그러나 파동역학 모델에서는 원자 내에서 주어진 형태의 방향성이 고려되며, 구형 외의 좀더 복잡한 구조를 갖는 복잡한 원자들이 설명 가능하다. 두 모델 모두 핵 근처의 전자는 멀리 떨어진 전자보다 적은 에너지를 가지며 이는 에너지 준위의 기본적인 개념이 된다.

원자 내에서 불연속적인 에너지 준위의 개념은 여전히 원자를 이해하는 기본적인 개념이며, 파동역학 모델은 다양한 원자들의 에너지 준위를 예측하는 데 매우 유용하다. 원자의 파동역학 모델에서 전자각의 수가 사용되며, 이를 에너지 방정식에서는 **주 양자수**(principal quantum number)라고 한다. 3개의 서로 다른 양자수는 원자 내의 서로 다른 전자를 설명하며, 원자 내의 모든 전자들은 각각 고유의 양자수의 집합을 갖고 있다.

원자가 크리스털과 같은 구조의 일부분일 경우, 불연속 에너지 준위는 넓어져서 에너지 대역을 형성한다. 에너지 대역은 고체전자공학에서는 매우 중요한 개념이며, 이 에너지 대역을 이용하여 도체, 반도체 및 절연체를 구별한다.

## 가전자

전자는 원자의 핵으로부터 먼 거리의 궤도에 있을수록 더 큰 에너지를 가지고, 핵과 가까운 원자에 비하여 구속력이 약하다. 이는 양(+)으로 대전된 핵과 음(−)으로 대전된 전자 사이의 인력이 핵으로부터의 거리와 반비례하기 때문이다. 최고의 에너지 준위를 가진 전자는 원자의 최외각에 존재하며, 상대적으로 원자에 대한 구속력은 약하다. 이 최외각은 **가전자각**(valence shell)으로 알려져 있으며, 이 최외각에 있는 전자를 **가전자**(valence electron) 또는 최외각 전자라고 한다. 이러한 가전자는 화학적 반응이나 물질의 구조 내의 결합 등에 영향을 주며, 물질의 전기적 특성을 결정한다.

## 에너지 준위와 이온화 에너지

만약에 전자가 충분한 에너지를 가진 광자를 흡수하게 되면 전자는 원자로부터 탈출하여 **자유전자**(free electron)가 된다. 이 과정은 그림 2-3에서 이온화 에너지 준위로 설명된다. 원자 또는 원자군이 순전하 상태로 남게 되는 경우를 **이온**(ion)이라고 한다. 중성의 수소 원자(H)가 전자를 하나 잃게 되면 양전하 상태가 되며, **양이온**(positive ion)이 되고 $H^+$라고 표시한다. 반대로 전자를 얻게 되면, 이를 **음이온**(negative ion)이라고 한다.

## 구리 원자

구리는 **전기** 응용 회로에서 가장 보편적으로 사용되는 금속이다. 구리 원자는 4개의 전자각에 핵 주위를 돌고 있는 29개의 전자를 갖고 있다. 각 전자각의 존재할 수 있는 전자 수는 $N$이 전자각의 수라 할 때 $2N^2$의 수식에 적용하면 미리 예측할 수 있다. 어느 원자이든지 첫 번째 전자각은 2개까지 전자를 가질 수 있으며, 두 번째 전자각은 8개, 세 번째 전자각은 18개, 그리고 네 번째 전자각은 32개까지 가질 수 있다.

구리 원자를 그림 2-4에 나타내었다. 최외각인 네 번째, 즉 가전자각에는 1개의 가전자(최외각 전자)만 존재한다는 점을 주목하라. 구리 원자의 이 최외각의 가전자가 충분한 열 에너지를 얻으면 부모 원자로부터 벗어나 자유전자가 된다. 상온에서 구리 원자는 이러한 자유전자가 풍부하게 존재하며 원자에 구속되지 않고 자유롭게 이동이 가능하다. 이러한 자유전자 때문에 구리는 가장 우수한 전도체 중 하나이며 전류가 잘 흐른다.

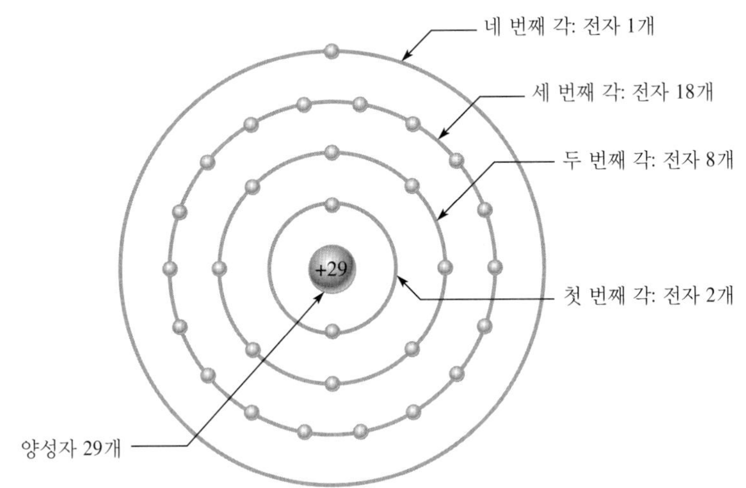


◀ **그림 2-4**
구리 원자

## 물질의 종류

전자공학에서 사용되는 물질의 종류는 도체, 반도체 및 절연체의 세 가지로 나눈다.

### 도체

**도체**(conductor)는 전류가 흐를 수 있는 물질이다. 이들은 많은 수의 자유전자를 갖고 있으며, 그 구조는 1~3개까지의 최외각 전자로 특징지어진다. 대부분의 금속은 훌륭한 도체이다. 은이 가장 좋은 도체이며, 구리가 그 다음이다. 구리는 은보다 값이 싸서 가장 보편적으로 사용되는 도체이다. 전기 회로에서는 구리선이 도선으로 가장 많이 사용된다.

### 반도체

**반도체**(semiconductor)는 도체만큼 자유전자를 갖지 못해 전류를 흐르게 하는 능력이 도체보다 떨어진다. 반도체의 원자 구조에는 4개의 최외각 전자가 있다. 그러나 독특한 성질 때문에 어떤 반도체 물질은 다이오드, 트랜지스터 및 집적 회로와 같은 **전자** 소자의 바탕이 되기도 한다. 실리콘과 게르마늄은 잘 알려진 반도체 물질이다.

### 절연체

**절연체**(insulator)는 전류를 잘 전도시키지 못하는 물질이다. 사실, 절연체는 전류가 필요하지 않은 곳에서 전류를 막기 위해 사용된다. 도체와 비교하여, 절연체는 거의 자유전자를 갖지 않으며 그 원자 구조를 보면 4개 이상의 최외각 전자가 있다.

**복습문제 2-1**

1. 음전하의 기본 입자는 무엇인가?
2. *원자*를 정의하라.
3. 일반적인 원자의 구성요소는 무엇인가?
4. *원자 번호*를 정의하라.
5. 모든 물질이 같은 원자의 형태를 갖는가?
6. 자유전자란 무엇인가?
7. 원자 구조에서 전자각이란 무엇인가?
8. 도체의 예를 두 가지 들어라.

## 2-2 전하

앞 절에서 살펴본 바와 같이 전자는 음전하를 대표하는 가장 작은 입자이다. 물질 안에 여분의 전자가 존재하면 전체 물질은 음전하를 띠게 되고 전자가 부족해지면, 전체적으로 양전하의 성질을 띠게 된다.

이 절의 학습 내용은 다음과 같다.

- **전하의 개념**
  - 전하의 단위 명기
  - 전하의 종류 명기
  - 인력과 척력에 대한 논의
  - 주어진 전자의 개수로 총 전하량 구하기

BIOGRAPHY

찰스 오거스틴 쿨롱 (Charles Augustin Coulomb, 1736~1806)

프랑스 태생의 쿨롱은 군대 기술자로 오랫동안 근무하였다. 건강이 악화되어 제대한 후에는 과학연구에 시간을 보냈다. 두 전하 사이에 작용하는 힘은 거리의 제곱에 반비례한다는 연구로 전기 및 자기에 관한 업적은 잘 알려져 있다. 그의 업적을 기려 전하량의 단위를 그의 이름을 따서 명명하였다.

전자의 전하량과 양성자의 전하량의 크기는 같다. **전하**(charge)는 전자가 많거나 또는 부족해서 발생하는 물질의 전기적인 특성으로 기호 $Q$로 나타낸다. 정전기는 물질 전체에 양전하 또는 음전하가 존재하는 현상이다. 예를 들면 금속 표면이나 다른 사람과 닿을 때, 또는 건조대에서 옷이 서로 달라붙을 때 등 일상생활에서 누구나 정전기 현상을 경험하게 된다.

그림 2-5와 같이 반대 극성의 전하를 가진 물질끼리는 서로 끌어당기고, 같은 극성의 전하를 가진 물질끼리는 서로 밀어낸다. 인력과 척력에서 증명되듯 전하 간에는 힘이 작용한다. 이러한 힘을 **전기장**(electric field)이라 하며, 그림 2-6에 나타나 있듯이 눈에 보이지 않는 힘의 선으로 표현되어 있다.

### 쿨롱: 전하의 단위

전하($Q$)의 단위는 쿨롱(coulomb)이고 기호는 C로 표시한다.

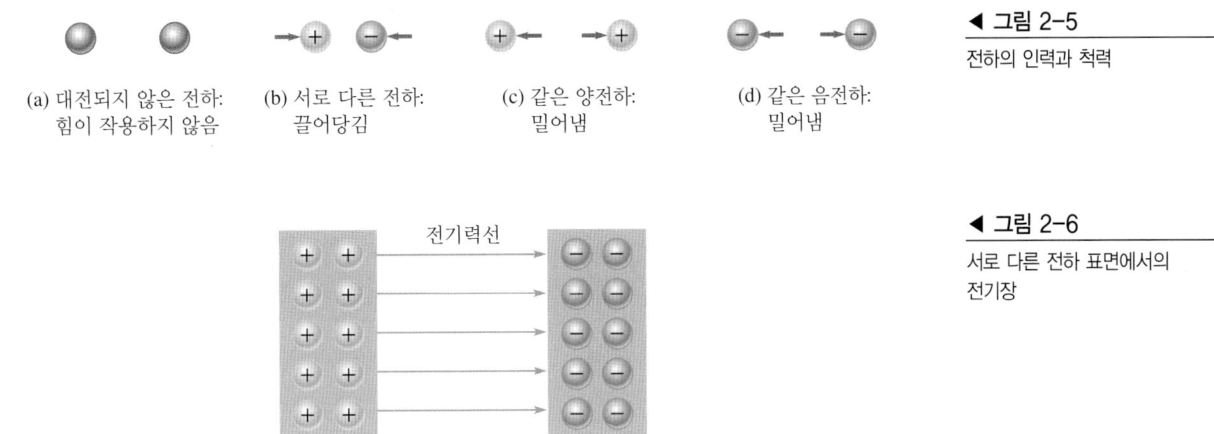


(a) 대전되지 않은 전하: 힘이 작용하지 않음
(b) 서로 다른 전하: 끌어당김
(c) 같은 양전하: 밀어냄
(d) 같은 음전하: 밀어냄

◀ 그림 2-5
전하의 인력과 척력

◀ 그림 2-6
서로 다른 전하 표면에서의 전기장

**1쿨롱은 $6.25 \times 10^{18}$개의 전자가 갖는 전하량이다.**

전자 한 개는 $1.6 \times 10^{-19}$ C의 전하량을 갖는다. 주어진 수의 전자 안에 포함된 총 전하량 $Q$는 다음의 공식으로 구할 수 있다.

$$Q = \frac{\text{전자의 수}}{6.25 \times 10^{18}\text{개/C}} \qquad (2\text{-}1)$$

## 양전하와 음전하

중성, 즉 전자와 양성자의 수가 같고, 따라서 순전하가 존재하지 않는 경우를 생각해 보자. 만약 최외각 전자가 에너지를 얻어 원자로부터 떨어져 나가면 원자는 양성을 띠게 되고(양성자가

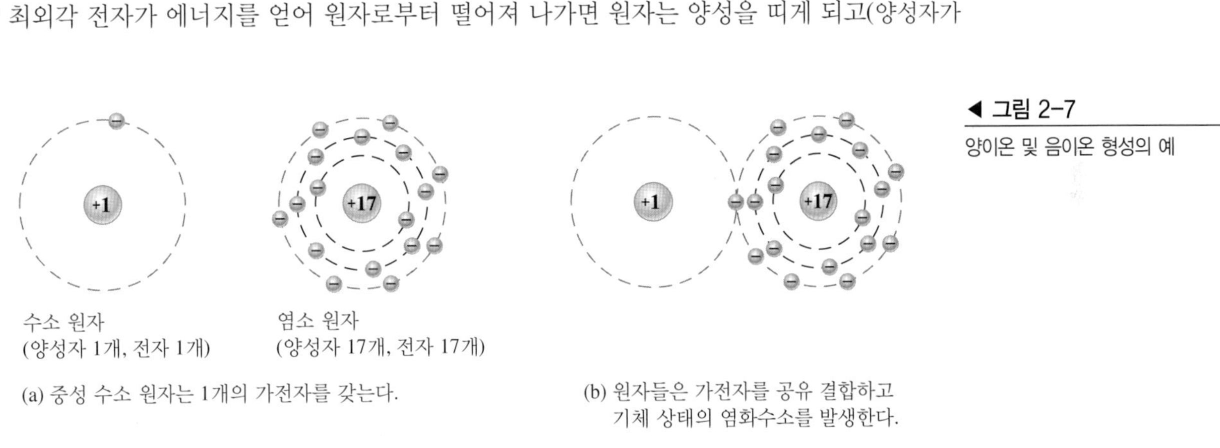


(a) 중성 수소 원자는 1개의 가전자를 갖는다.
(b) 원자들은 가전자를 공유 결합하고 기체 상태의 염화수소를 발생한다.

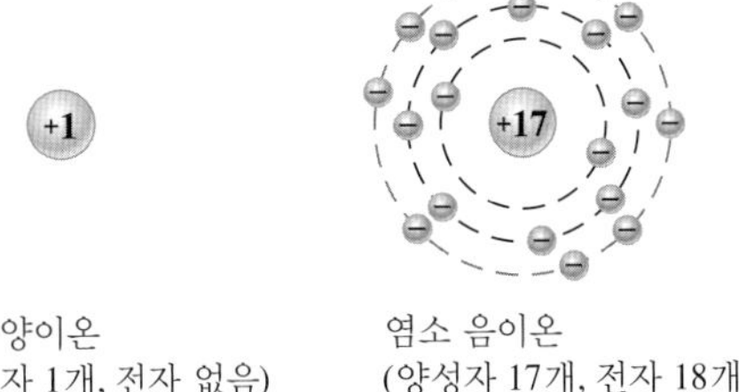


(c) 물에 용해되면 기체 염화수소는 수소 양이온과 염소 음이온으로 분리된다. 염소는 수소에서 떨어져 나온 전자를 보유하며, 용액 속에서 양이온과 음이온 상태로 존재한다.

◀ 그림 2-7
양이온 및 음이온 형성의 예

전자보다 많음) 양이온이 된다. 또한 원자가 외부에서 전자를 최외각으로 유입하면, 음성을 띠게 되고 음이온이 된다.

최외각 전자를 자유전자로 만드는 데 필요한 에너지의 양은 외각에 있는 전자의 수에 달려 있다. 원자는 최대 8개의 최외각 전자를 가질 수 있다. 원자의 최외각이 많이 채워져 있을수록 원자는 더욱 안정되어 있기 때문에 자유전자를 만들기 위해 더 많은 에너지가 필요하다. 그림 2-7은 수소 원자의 최외각 전자 하나가 염소 원자로 끌려가면서 양이온과 음이온을 만드는 과정을 보여준다. 그 결과 기체 염화수소(HCl)가 생성된다. 기체 HCl이 물에 용해되면 염산이 된다.

**예제 2-1** $93.8 \times 10^{16}$개의 전자에는 몇 C의 전하가 포함되어 있는가?

풀이

$$Q = \frac{\text{전자의 수}}{6.25 \times 10^{18}\text{개/C}} = \frac{93.8 \times 10^{16}\text{개 전자}}{6.25 \times 10^{18}\text{개/C}} = 15 \times 10^{-2}\,\text{C} = \mathbf{0.15\,C}$$

관련 문제 3 C의 전하 안에 몇 개의 전자가 있는가?

**복습문제 2-2**

1. 전하의 기호는 무엇인가?
2. 전하의 단위와 단위 기호는 무엇인가?
3. 무엇이 양전하와 음전하를 발생시키는가?
4. $10 \times 10^{12}$개의 전자가 가진 전하량은 몇 C인가?

## 2-3 전압, 전류 및 저항

전압, 전류 및 저항은 모든 전기 회로에서 존재하는 기본적인 물리량이다. 전압은 전류를 생성하고, 저항은 회로 안에서 전류량을 제한한다. 이러한 세 물리량의 관계는 3장의 옴의 법칙에서 설명한다.

이 절의 학습 내용은 다음과 같다.

- ***전압, 전류, 저항*의 정의 및 특성**
  - 전압에 관한 공식의 표현 및 단위의 정의
  - 전류에 관한 공식의 표현 및 단위의 정의
  - 전자의 이동
  - 저항 단위의 정의

### 전압

앞에서 보았듯이 양전하와 음전하 사이에 인력이 존재한다. 인력을 극복하고 전하를 특정 위치로 옮기는 데는 특정량의 에너지가 일의 형태로 소비된다. 모든 반대 극성의 전하는 전하 사이가 떨어져 있기 때문에 특정한 위치 에너지를 갖는다. 전하당 위치 에너지의 차를 전기 위치

에너지의 차(전위차) 또는 **전압**(voltage)이라 한다. 전압은 전자 회로를 구동하는 힘이며, 전류를 형성하는 힘이다.

지면에서 몇 미터 위에 위치한 수조를 생각해 보자. 이 수조를 채우기 위해 펌프질을 한다면 일의 형태로 일정량의 에너지를 소비하게 된다. 수조에 물이 차면 이것은 특정한 양의 위치 에너지를 갖게 되는데, 수조에 가두었던 물을 흘려보냄으로써 이 에너지로 일을 할 수 있다.

전압은 기호로 $V$로 표시하며, 단위 전하($Q$)당 에너지 또는 일($W$)로 정의한다.

$$V = \frac{W}{Q} \tag{2-2}$$

여기서 $V$는 전압이고 단위는 볼트(V), $W$는 에너지이며 단위는 줄(J), $Q$는 전하량이며 단위는 쿨롱(C)이다.

전압의 단위는 볼트이며, 기호는 V로 표기한다.

**1쿨롱의 전하를 한 점에서 다른 곳으로 이동시킬 때 1줄의 에너지가 사용된 경우에 두 지점 사이의 전위차(전압)를 1볼트라고 한다.**

**BIOGRAPHY**

알렉산드로 볼타 (Alessandro Volta, 1745~1827)

이탈리아 사람인 볼타는 정전기를 발생시키는 장치를 발명하였으며, 또한 메탄 가스를 발견하였다. 볼타는 서로 다른 금속체 사이의 작용에 대하여 연구를 하였고, 1800년에 처음으로 전지를 개발하였다. 이러한 그의 업적을 기려 전기 위치 에너지, 즉 전위차(전압)와 전압의 단위는 볼트(volt)를 사용한다.

**예제 2-2** 10 C의 전하에 50 J의 에너지가 사용되었다면 전압은 얼마인가?

풀이

$$V = \frac{W}{Q} = \frac{50\ \text{J}}{10\ \text{C}} = \mathbf{5\ V}$$

관련 문제 두 점 사이의 전압이 12 V일 때 50 C의 전하를 이동시키는 데 필요한 에너지는 얼마인가?

## 전류

전압은 전자가 회로를 통해 이동할 수 있도록 에너지를 제공한다. 이러한 전자의 흐름을 전류라고 하며, 이것이 전기 회로를 작동하게 한다.

앞서 살펴본 바와 같이, 도체나 반도체 물질 내에는 자유전자가 존재한다. 그림 2-8과 같이 전자는 물질 내에서 원자와 원자 사이를 임의의 방향으로 무질서하게 이동한다.

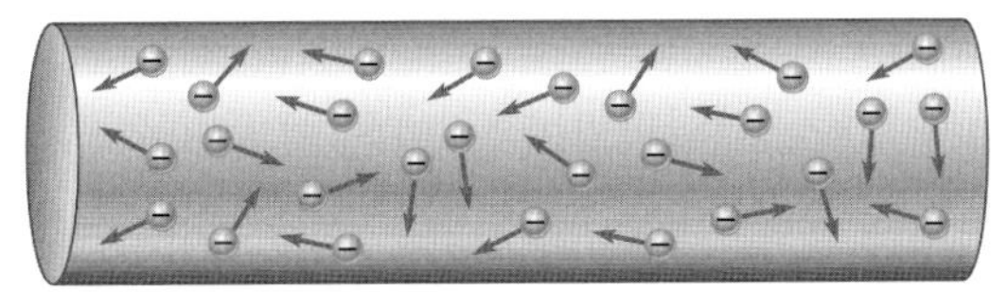

◀ 그림 2-8
물질 내에서 자유전자의 무질서한 운동

만약 도체나 반도체에 전압이 인가되면, 그림 2-9에 나타나 있듯이 한쪽은 양이 되고 다른 쪽은 음이 된다. 왼쪽 끝단의 음전압에 의해 발생된 척력은 자유전자(음전하)를 오른쪽으로 이동시킨다. 오른쪽 끝단의 양전압에 의해 발생된 인력은 자유전자를 오른쪽으로 당긴다. 그 결과 그림 2-9와 같이 자유전자는 물체의 음극 측에서 양극 측으로 움직인다.

▶ 그림 2-9

도체나 반도체 양단에 전압이 인가될 때 음에서 양으로 이동하는 전자

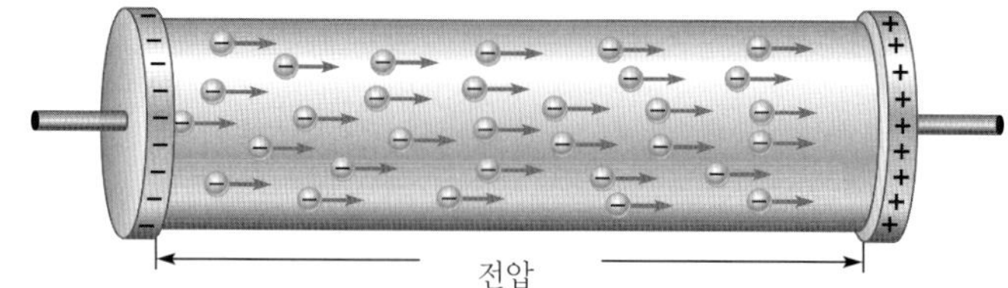


이와 같이 물체의 음극에서 양극으로 자유전자가 이동하는 것을 전류라 하며, 기호 $I$로 표기한다.

BIOGRAPHY

안드레 마리 앙페르 (André Marie Ampère, 1775~1836)

프랑스에서 태어난 앙페르는 1820년에 19세기 장(field) 이론의 기초가 되는 전기와 자기 이론을 개발하였다. 또한 전하의 흐름(전류)을 측정하는 장치를 최초로 만들었다. 전류의 단위는 그의 이름을 따서 명명되었다.

**전류(current)는 전하 흐름의 변화율이다.**

도체 내의 전류는 단위 시간 동안 한 점을 지나는 전자의 수(전하량 $Q$)로 결정된다.

$$I = \frac{Q}{t} \tag{2-3}$$

여기서 $I$는 전류이고 단위는 암페어(A), $Q$는 전하이며 단위는 쿨롱(C), 그리고 $t$는 시간이며 단위는 초(s)이다.

**1암페어(1 A)는 1초 동안 1 C의 전하(다수의 전자들)가 어느 한 단면을 지날 때의 전류량이다.** 그림 2-10에서 1 C이란 $6.25 \times 10^{18}$개의 전자가 가진 전하량임을 기억하자.

▶ 그림 2-10

물질 내에서 1 A의 전류(1 C/s)에 대한 정의

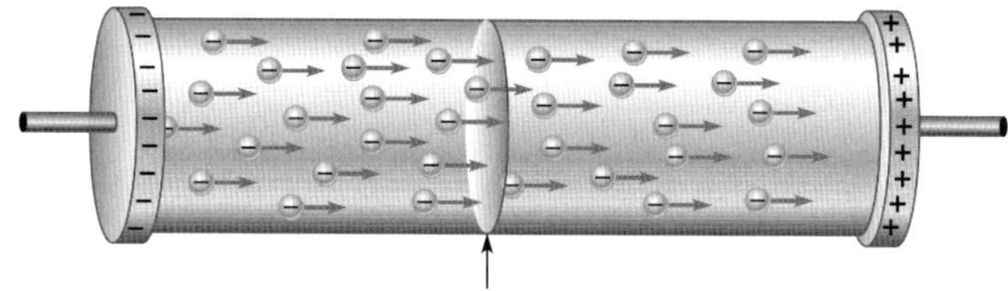

이 단면적을 통하여 1초 동안 총 전하량 1 C에 해당하는 다수 개의 전자들이 이동할 때 1 A의 전류가 흐른다고 한다.

**예제 2-3** 10 C의 전하가 2초 동안 도선의 한 단면을 지났다면 전류는 몇 A인가?

**풀이**

$$I = \frac{Q}{t} = \frac{10\text{ C}}{2\text{ s}} = \mathbf{5\ A}$$

**관련 문제** 램프의 필라멘트에 8 A의 전류가 흐른다면, 1.5초 동안 몇 C의 전하가 이 필라멘트를 통과하는가?

## 저항

물질에 전류가 흐르면, 자유전자는 물질 내를 운동하다 때때로 원자와 충돌한다. 이러한 충돌

로 전자는 얼마간의 에너지를 잃게 되고, 그 결과 전자들의 운동에 제한을 받는다. 충돌이 많아질수록 전류의 운동은 더욱 제한된다. 물질의 종류에 따라 그 제한 정도가 달라진다. 전자의 흐름을 방해하는 이러한 물질의 특성을 저항이라 한다.

**저항(resistance)은 전류의 흐름을 방해한다.**

저항의 단위는 옴이며, 그리스 문자 오메가(Ω)를 기호로 사용한다.

**물체에 1 V의 전압이 인가되었을 때 1 A의 전류가 흐른다면 1옴(1 Ω)의 저항이 존재한다.**

저항의 회로 기호는 그림 2-11에 나타내었다.

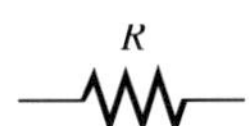


◀ 그림 2-11
저항의 회로 기호

BIOGRAPHY

게오르그 시몬 옴 (Georg Simon Ohm, 1787~1854)

바바리아(Bavaria) 지방에서 태어난 옴은 전류, 전압 및 저항의 관계를 수식화한 그의 연구에 대한 명성을 얻기 위해서 많은 세월 동안 분투하였다. 이 수학적인 관계식은 오늘날 옴의 법칙으로 알려져 있으며, 저항의 단위는 그의 이름을 따서 명명되었다.

## 컨덕턴스

저항의 역수는 $G$로 표기되는 **컨덕턴스**(conductance)이다. 이는 전류 흐름의 용이성을 나타낸다. 공식은 다음과 같다.

$$G = \frac{1}{R} \tag{2-4}$$

컨덕턴스의 단위는 **지멘스**(siemens)이며, S로 표기한다. 예를 들어, 22 kΩ 저항의 컨덕턴스는 다음과 같다.

$$G = \frac{1}{22\ \text{k}\Omega} = 45.5\ \mu\text{S}$$

이전에 사용하던 단위인 mho(ohm 철자의 반대)는 사용하지 않는 단위이다.

**복습문제 2-3**

1. *전압*을 정의하라.
2. 전압의 단위는 무엇인가?
3. 10 C의 전하에 24 J의 에너지를 사용하였다면 전압은 얼마인가?
4. *전류*를 정의하고 그 단위를 말하라.
5. 1 C의 전하를 구성하는 데 몇 개의 전자가 필요한가?
6. 도선의 한 점에서 4 s 동안에 20 C의 전하가 이동하였다면 전류는 몇 A인가?
7. *저항*을 정의하라.
8. 저항의 단위는 무엇인가?
9. 1옴의 정의는 무엇인가?

# 2-4 전압원과 전류원

**전압원**(voltage source)은 전기 에너지 또는 기전력(emf: electromotive force)을 공급해 주며 일반적으로 전압이라고 알려져 있다. 이러한 전압은 화학 에너지, 빛 에너지 그리고 기계적인 운동과 결합된 자기 에너지로부터 얻을 수 있다. 전류원은 부하에 일정한 전류를 공급한다.

이 절의 학습 내용은 다음과 같다.

- **전압원과 전류원**
  - 전압원의 여섯 가지 예
  - 배터리의 기본 동작
  - 태양전지 셀이 전압을 발생시키는 방법
  - 발전기의 동작원리
  - 전원 공급기가 동작하는 방법

BIOGRAPHY

어니스트 베르너 본 지멘스 (Ernst Werner von Siemens, 1816~1872)

프러시아(Prussia)에서 태어난 지멘스는 결투에 입회인으로 참가한 죄로 감옥에 있는 동안 화학 실험을 시작하게 되어 처음으로 전기도금 장치를 발명하게 된다. 1837년 지멘스는 초기 전신 장치를 개량하며 전신 장치의 발전에 많은 공헌을 한다. 컨덕턴스의 단위는 그의 이름을 따서 명명되었다.

## 전압원

### 이상적인 전압원

이상적인 전압원(ideal voltage source)은 회로에서 얼마의 전류가 필요하든지 항상 일정한 전압을 공급할 수 있어야 한다. 이상적인 전압원은 실제로 존재할 수 없지만 실용적으로 가깝게 근사시킬 수는 있다. 특별한 경우가 아니라면 우리는 이상적인 전압원을 가정한다.

전압원은 직류(dc) 또는 교류(ac)로 나누며, 그림 2-12(a)는 직류 전압원의 기호이고, 그림 2-12(b)는 교류 전압원의 기호이다. 교류 전압원은 교재의 뒷부분에서 설명할 것이다.

이상적인 직류 전압원의 전압 대 전류 그래프를 *VI* 특성이라고 하며 그림 2-13에 나타내었다. 그림에서 제한된 범위의 특정한 전류에 대하여 일정한 전압이 공급됨을 알 수 있다. 실제의 경우 전압원이 회로에 연결되면 전류가 증가할 때 전압은 약간 감소한다. 저항과 같은 부하에 전압원을 연결하면 전류는 항상 흐른다.

▶ 그림 2-12

전압원의 기호

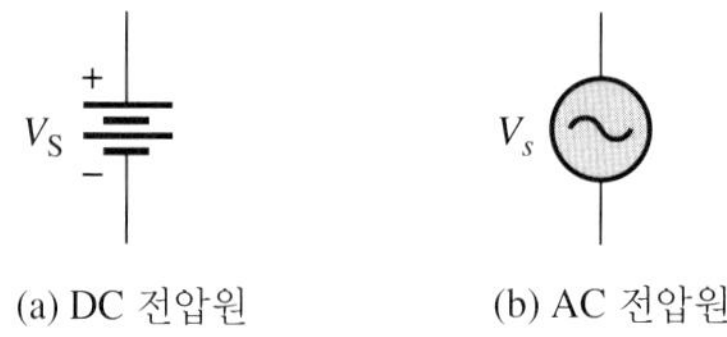


(a) DC 전압원 (b) AC 전압원

▶ 그림 2-13

이상적인 전압원의 *VI* 특성

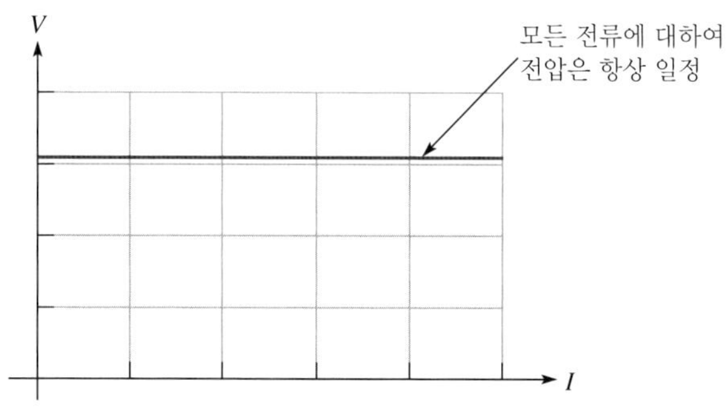

## 직류 전압원의 종류

### 전지

**전지**(battery)는 화학 에너지를 전기 에너지로 변환하는 전압원의 한 종류이다. 전지는 하나 이상의 전기-화학 셀이 전기적으로 연결되어 있다. 셀은 네 가지 기본 요소, 즉 양의 전극, 음의 전극, 전해액, 격리판으로 구성되어 있다. **양극**(positive electrode)은 화학적 반응에 의해 전자가 부족한 상태이며, **음극**(negative electrode)은 화학반응에 의해 전자가 과잉 상태이다. **전해액**(electrolyte)은 양극과 음극 사이에 전하가 이동할 수 있는 경로를 제공하고, **격리판**(separa-tor)은 양극과 음극을 분리한다. 전지 셀의 기본적인 구조는 그림 2-14에 나타내었다.

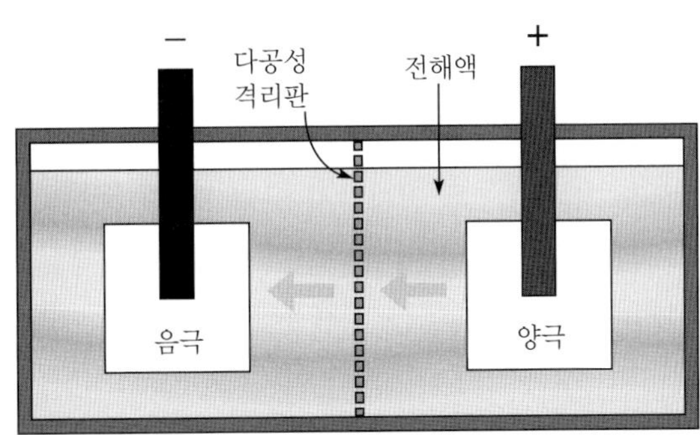


◀ 그림 2-14
전지 셀의 구조

전지 셀의 전압은 그 안에서 사용되는 물질에 의해 결정된다. 각 전극의 화학반응은 각 전극에 고정된 전위를 제공한다. 예를 들어, 납산 셀의 양극에서 −1.685 V의 전위가 생성되고 음극에서는 +0.365 V의 전위가 생성된다. 이것은 셀의 두 전극 사이의 전압이 2.05 V임을 의미하며, 이는 표준적인 납산 전극의 전위이다. 산의 농도와 같은 요인들이 이 값에 어느 정도 영향을 미치기 때문에 상용 납산 셀의 일반적인 전압은 2.15 V이다. 전지 셀의 전압은 셀의 화학작용에 달려 있다. 니켈카드뮴 셀은 약 1.2 V이고, 리튬 셀은 거의 4 V까지 나온다.

전지 셀의 전압은 그 화학적 성질에 의해 결정되지만, 용량은 다양하며 셀 안의 물질의 양에 따라 달라진다. 원래 셀의 **용량**(capacity)은 셀에서 얻을 수 있는 전자의 수에 의해 결정되며 어떤 시간 동안 공급이 가능한 전류의 양으로 측정된다.

전지는 일반적으로 다수개의 셀로 구성하며, 이 셀은 내부에서 전기적으로 서로 연결되어 있다. 셀을 연결하는 방법과 셀의 형태에 따라서 전지의 전압과 용량이 결정된다. 그림 2-15(a)처럼 한 셀의 양극이 다음 셀의 음극과 연결되어 있다면, 전지 전압은 각 셀의 전압의 합과 같다. 이를 직렬 연결이라 한다. 전지의 용량을 증가시키려면 그림 2-15(b)와 같이 여러 개의 셀의 양극은 양극끼리, 음극은 음극끼리 함께 연결하면 된다. 이를 병렬 연결이라 한다. 또한 많은 양의 물질을 포함한 큰 셀들을 이용하면, 전압은 그대로이지만 전류의 공급용량을 높일 수 있다.

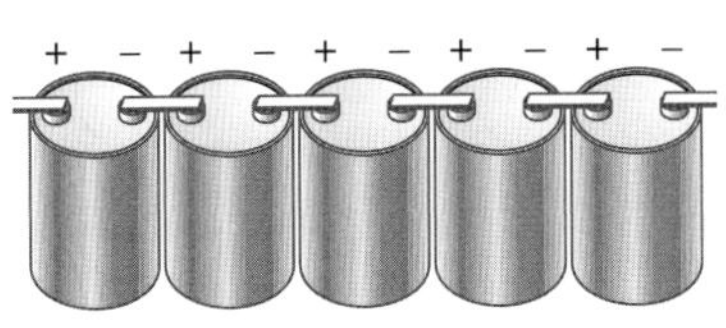


(a) 직렬 연결 전지

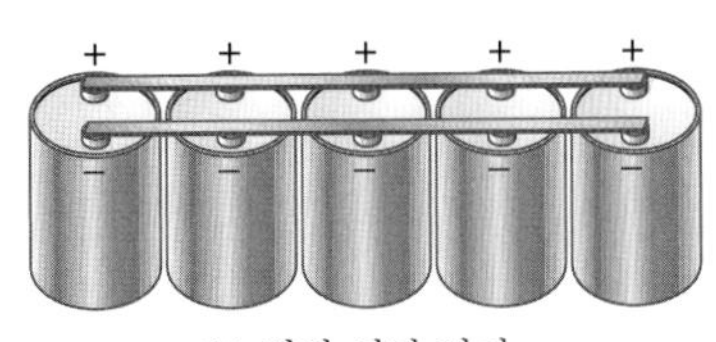


(b) 병렬 연결 전지

◀ 그림 2-15
전지를 구성하는 셀의 연결

전지는 크게 1차와 2차의 두 가지로 분류된다. 1차 전지는 한 번 일어난 화학반응을 다시 일으킬 수 없어 한 번 사용하고 버리는 종류이다. 2차 전지는 화학적 역반응이 가능한 것으로 재충전해서 반복하여 사용할 수 있는 종류이다.

다양한 형태, 모양, 크기의 전지가 존재한다. 일반적으로 AAA, AA, C, D 및 9 V 전지를 많이 사용한다. AAA보다 적은 AAAA 크기의 전지는 잘 사용하지 않는다. 보청기, 시계 또는 소형 제품에 사용되는 전지들은 납작하고 둥근 형태인데 보통 단추형 전지 또는 동전형 전지라고 한다. 커다란 다중 셀 전지는 랜턴이나 산업용으로 사용되며 자동차용 전원으로 잘 알려져 있다.

다양한 형태나 크기 외에도 전지는 화학적 구성에 따라서 보통 다음과 같이 분류된다. 이 같은 분류에 따라서 일반적으로 다양한 물리적인 구조가 가능하다.

- 알카라인–이산화망간(Alkaline-$MnO_2$): 1차 전지로서 팜톱 컴퓨터, 사진 관련 장비, 장난감, 라디오 및 녹음기 등에 주로 이용된다.
- 리튬–이산화망간(Lithium-$MnO_2$): 1차 전지로서 사진 및 전자 장비, 연기 감지 장치, 전자수첩, 메모리 백업 장치와 통신 장비 등에 많이 사용된다.
- 공기 아연(Zinc air): 1차 전지로서 보청기, 의료용 모니터 장비, 페이저 및 주파수 응용 장비에 사용된다.
- 산화은(Silver oxide): 1차 전지로서 시계, 사진 관련 장비, 보청기 그리고 많은 용량이 필요한 전자제품에 사용된다.
- 니켈–금속 수소화물(Nickel-metal hydride): 충전이 가능한 2차 전지로 휴대용 컴퓨터, 휴대전화기, 캠코더 및 휴대용 가전제품에 사용된다.
- 납산(Lead-acid): (충전 가능한) 2차 전지로서 자동차, 선박 및 유사한 응용에 널리 사용된다.

## 태양전지 셀

태양전지 셀(solar cells)의 작용은 빛 에너지가 전기 에너지로 전환되는 과정인 **광기전력 효과**(photovoltaic effect)에 바탕을 두고 있다. 기본적인 태양전지 셀은 접합면을 이루며 결합되어 있는 서로 다른 반도체 물체로 된 두 개의 층으로 이루어져 있다. 한 층이 빛에 노출되면 많은 전자들이 모원자로부터 접합면으로 탈출할 수 있는 충분한 에너지를 갖게 되며 접합면을 넘어간다. 그 결과 접합의 한 면에 음이온이 형성되고 반대 면에 양이온이 형성되어, 전위차(전압)가 유발된다. 그림 2-16은 기본적인 태양전지 셀의 구조를 나타낸다.

▶ 그림 2–16

태양전지 셀의 구조

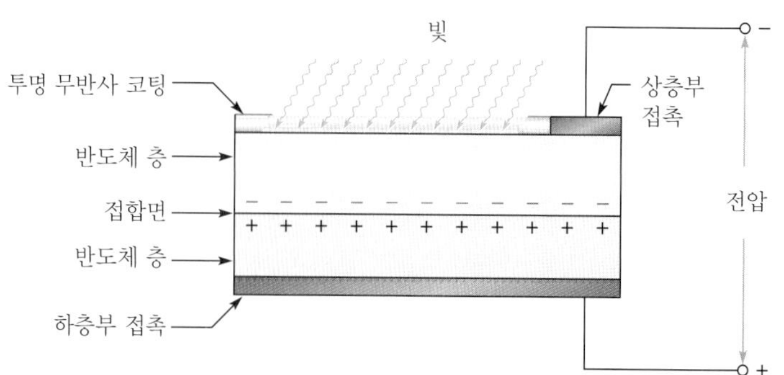

## 발전기

**발전기**(generator)는 전자기 유도(electromagnetic induction) 원리(10장 참조)에 의해 기계 에너지를 전기 에너지로 바꾼다. 도체가 자기장 안에서 회전하면 전압이 도체 양단에 유도된다. 일반적인 발전기를 그림 2-17에 나타내었다.

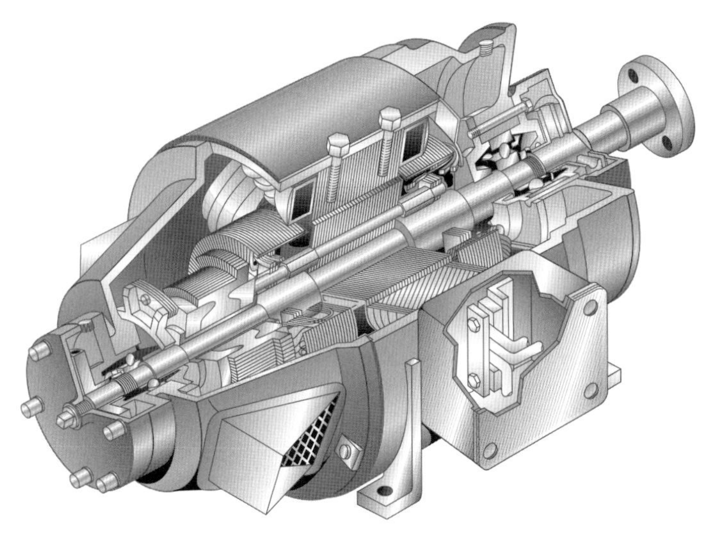

◀ 그림 2-17
직류 전압 발전기의 단면도

## 전자 전원 공급기

**전자 전원 공급기**(electronic power supply)는 벽의 콘센트에서 나오는 교류 전압을 두 단자 사이에서 나오는 일정한 크기의 직류 전압으로 바꿔 주는 역할을 한다. 그림 2-18(a)는 이 과정을 보여준다. 일반적인 상용 전원 공급기를 그림 2-18(b)에 나타내었다.

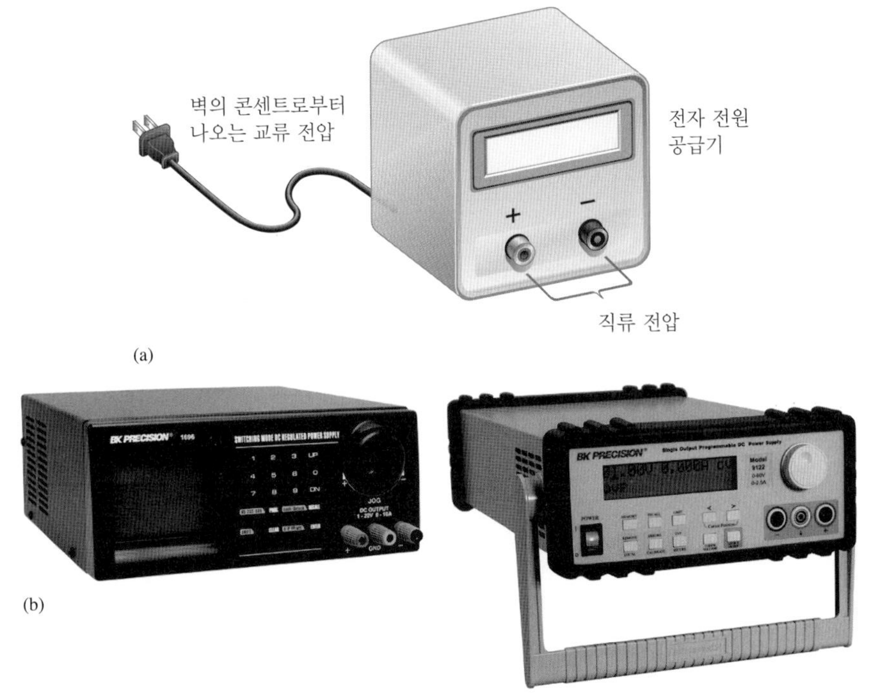


◀ 그림 2-18
전자 전원 공급기(B+K Precision 제공)

### 열전지

**열전지**(thermocouple)는 온도를 감지하는 데 주로 사용되는 열전기(thermoelectric)형의 전압원이다. 열전지는 서로 다른 두 금속 접합으로 만들어졌으며, 온도에 따라서 금속 접합에서 전압이 발생하는 **제벡 효과**(Seebeck effect)를 바탕으로 동작한다.

열전지의 표준형은 어떠한 금속을 사용하였는가에 따라서 달라진다. 이러한 표준형 열전지는 주어진 온도 범위에서 예측 가능한 전압을 발생시킨다. 가장 널리 알려진 것은 K형으로 크롬엘과 알루멜이라는 금속으로 만들어졌다. 다른 형의 전지들은 문자 E, J, N, B, R 및 S로 표시한다. 대부분의 열전지들은 도선이나 프로브 형태로 만들어진다.

### 압전 센서

이 센서들은 **압전 효과**(piezoelectric effect)를 이용하여 전압원처럼 작동한다. 압전 물질에 외부적인 힘을 가하면 기계적인 일그러짐이 발생하면서 전압이 유기된다. 수정과 세라믹은 대표적인 압전 물질이다. 압전 센서는 압력 센서, 힘 센서, 가속도계, 마이크로폰, 초음파 장치 등 많은 곳에 응용된다.

## 전류원

### 이상적인 전류원

이상적인 전압원이 어떤 부하에도 항상 일정한 전압을 공급하는 것처럼 이상적인 **전류원**(current source)은 부하에 무관하게 일정한 전류를 공급할 수 있다. 이상적인 전압원과 마찬가지로 이상적인 전류원은 존재할 수 없지만 실용적으로 근사시킬 수 있다. 특별히 언급하지 않는 한 이상적인 경우를 가정한다.

전류원의 기호는 그림 2-19(a)와 같다. 이상적인 전류원의 *IV* 특성은 그림 2-19(b)와 같이 수평선으로 표시된다. 전압에 무관하게 전류원을 통하여 일정한 전류가 발생함을 주목하라.

▶ 그림 2-19
전류원

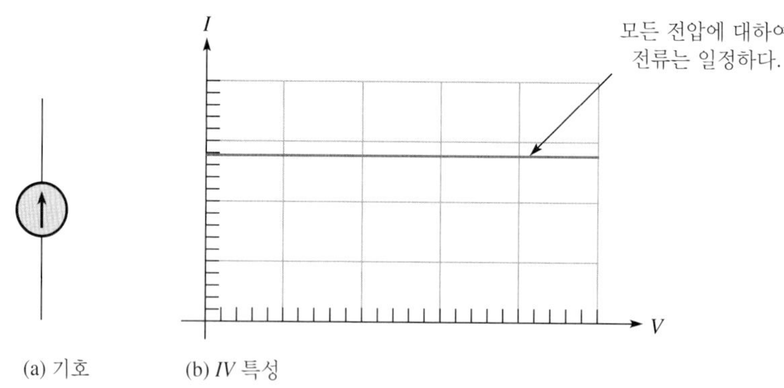

(a) 기호 (b) *IV* 특성

### 실제 전류원

전원 공급기는 보통 실험실에서 가장 일반적인 전원으로 사용하는 전압원을 생각한다. 그러나 전원 공급기로 또한 전류원도 생각할 수 있다. 일반적인 상업용 정전류원은 그림 2-20에 소개하였다.

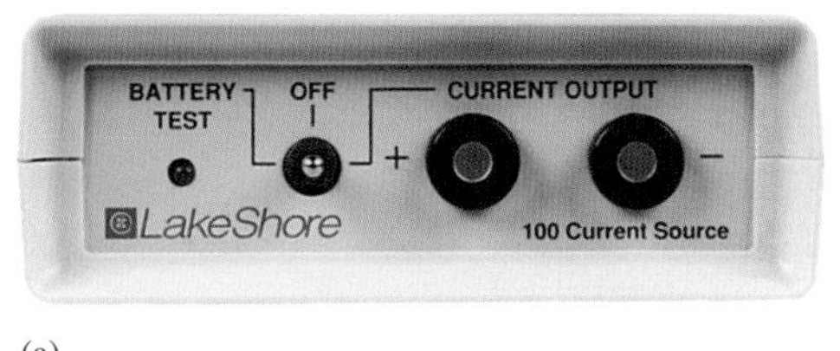


(a)

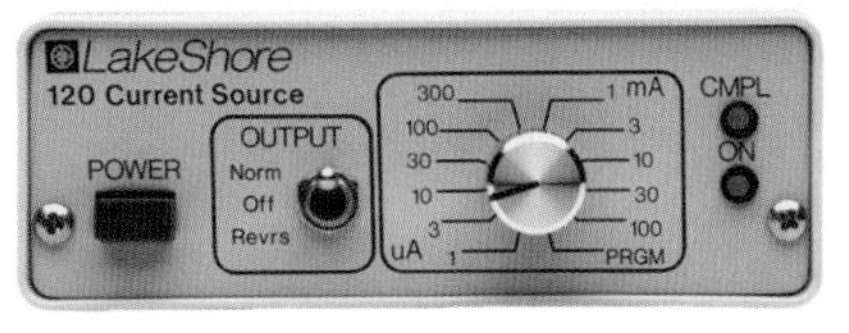


(b)

◀ 그림 2-20
일반적인 상업용 전류원(Lake Shore Cryotronics 제공)

대부분의 트랜지스터 회로에서 트랜지스터는 전류원으로 동작한다. 그림 2-21의 트랜지스터 특성 곡선에 나타난 것처럼 *IV* 특성 곡선의 일부분은 수평선이 된다. 그래프에서 평평한 부분은 어떤 범위의 전압에 대하여 트랜지스터의 전류가 일정하다는 것을 의미한다. 전류가 일정한 영역은 정전류원으로 사용된다.

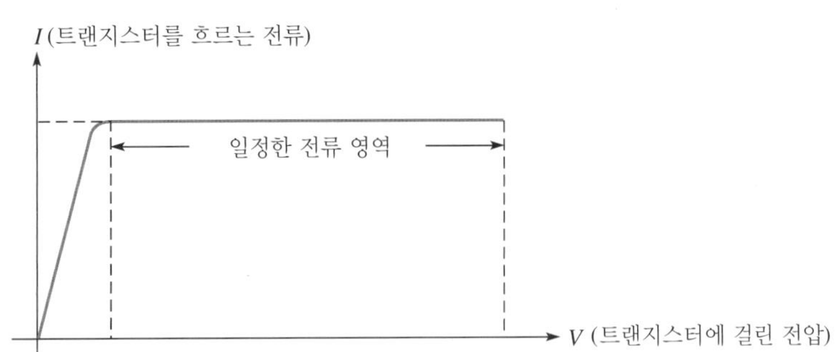


◀ 그림 2-21
일정한 전류가 흐르는 구간을 보여주는 트랜지스터 특성 곡선

정전류원의 가장 일반적인 응용은 그림 2-22에 간략하게 나타낸 정전류 전지 충전기로 사용되는 경우이다. 정류 회로는 집 벽의 콘센트로부터 교류 전압을 일정한 직류 전압으로 변환하는 직류 전압원의 역할을 한다. 이 전압은 전지와 병렬로 연결되고, 전지를 충전하기 위하여 정전류원과 직렬로 연결된다. 전지의 전압은 초기에는 낮은 상태이지만 일전한 충전 전류를 공급받고 시간이 지나면서 상승하게 된다. 전류원 양단의 전압 차이는 정류기와 전지의 전압의 차이와 같으며, 충전지 전압은 시간이 지나면서 증가한다.

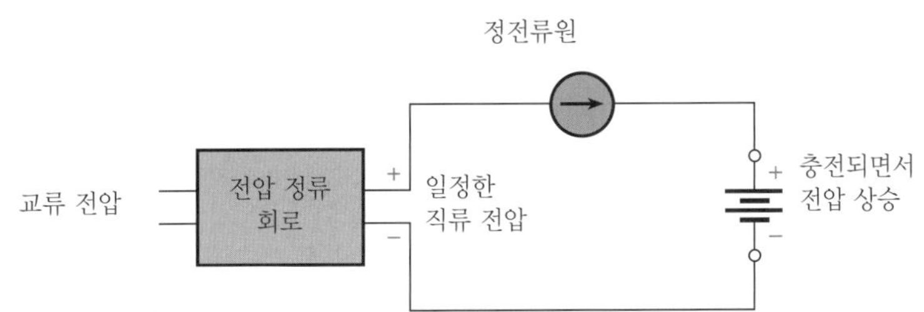


◀ 그림 2-22
전지 충전기(전류원의 응용 예)

**복습문제 2-4**

1. 전압원을 정의하라.
2. 전지로부터 전압이 발생하는 원리를 설명하라.
3. 태양전지 셀이 전압을 발생하는 원리를 설명하라.
4. 발전기로부터 전압이 생성되는 원리를 설명하라.
5. 전자 전원 공급기에 대하여 설명하라.
6. 전류원을 정의하라.
7. 전류원으로 사용되는 전자부품은 무엇인가?

## 2-5 저항

특정 저항 값을 갖도록 특별히 제작된 소자를 **저항**(또는 저항기, resistor)이라 한다. 저항은 기본적으로 전류를 제한하고, 전압을 분배하고, 때로는 열을 발생시키는 데 응용된다. 저항은 모양과 크기가 다양하지만, 크게 고정 저항과 가변 저항으로 분류할 수 있다.

이 절의 학습 내용은 다음과 같다.

- **다양한 종류와 값을 가진 저항의 식별 및 분류**
  - 고정 저항과 가변 저항의 구별
  - 저항의 크기에 따른 허용 전력이 결정되는 방법
  - 저항의 색띠 부호를 읽는 방법 및 저항 값의 다양한 명칭법
  - 저항을 만드는 방법

### 고정 저항

고정 저항은 만들 때 그 값이 정해져 쉽게 바뀌지 않는 저항으로, 다양의 크기의 저항을 선택

▶ 그림 2-23

일반적인 고정 저항

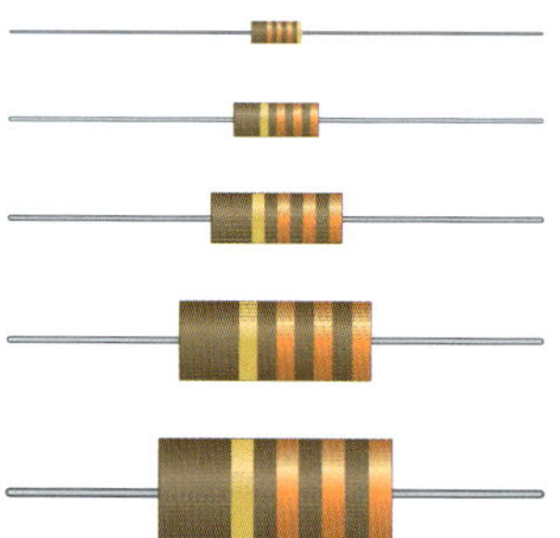

(a) 다양한 전력 정격을 갖는 탄소 합성형 저항

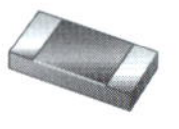

(b) 금속 필름 칩 저항

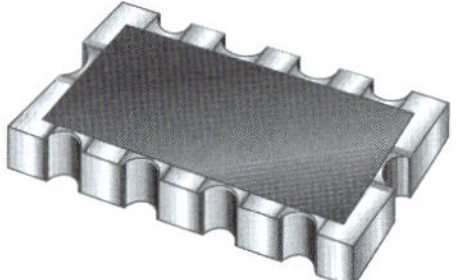

(c) 칩 저항 어레이

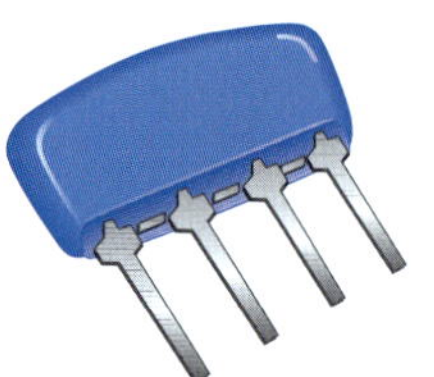

(d) 저항 네트워크(simm)

(e) 저항 네트워크(표면실장형)

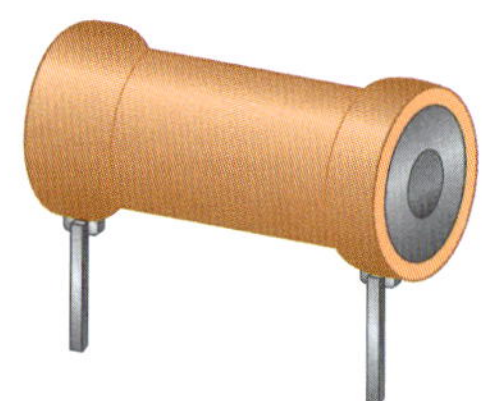

(f) PCB 삽입용 래디얼 리드 저항

할 수 있다. 저항은 다양한 재료와 방법으로 만들어진다. 그림 2-23에 일반적인 저항들을 소개하였다.

일반적인 고정 저항의 하나는 탄소 합성형으로, 이는 곱게 간 탄소, 절연주입물과 합성수지 접합제 등을 혼합하여 만든다. 탄소와 절연주입물의 비가 저항 값을 결정한다. 혼합물은 막대 형태로 만들어져 도체 리드선을 통해 연결된다. 이렇게 만들어진 저항은 보호를 위해 저항 전체를 절연물 코팅을 하여 감싼다. 그림 2-14(a)는 일반적인 탄소 합성형 저항의 구조를 나타낸다.

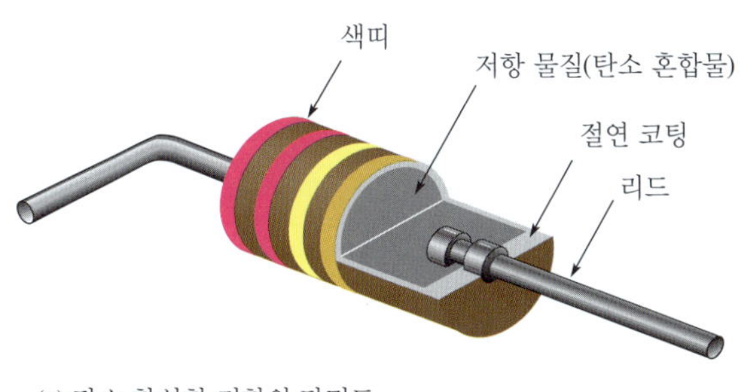

(a) 탄소 합성형 저항의 단면도


(b) 소형 칩 저항의 단면도

◀ 그림 2-24
두 종류의 고정 저항

칩형 저항은 고정 저항의 또 다른 형태로 SMT(surface mount technology, 표면실장기술) 소자의 범주에 들어간다. 이런 형태는 크기가 작은 장점이 있어 소형 회로에 적절하다. 그림 2-24(b)는 칩 저항의 구조를 나타낸다.

또 다른 형태의 고정 저항으로는 탄소 피막형, 금속 피막형 및 권선형이 있다. 피막형 저항은 저항 물질이 고급 세라믹 봉 위에 고르게 침전되어 있다. 저항 성질을 가진 피막으로는 탄소(탄소 피막)나 니켈크롬(금속 피막) 등이 있다. 이런 형태의 저항은 그림 2-25(a)와 같이 나선형 기법을 이용하여 봉 주위에 나선형으로 피막을 벗겨내어 원하는 저항 값을 얻는다. 이 방법을 이용하면 **허용오차**(tolerance)가 매우 작은 저항을 얻을 수 있다. 피막형 저항은 그림 2-25(b)와 같이 저항 네트워크 형태로도 이용된다.

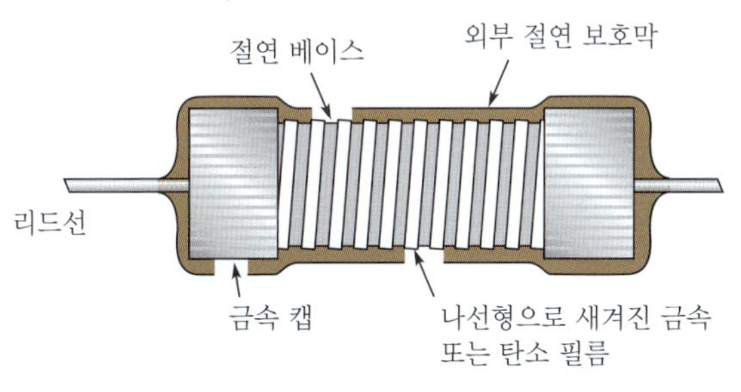

(a) 나선형 기법을 필름 저항

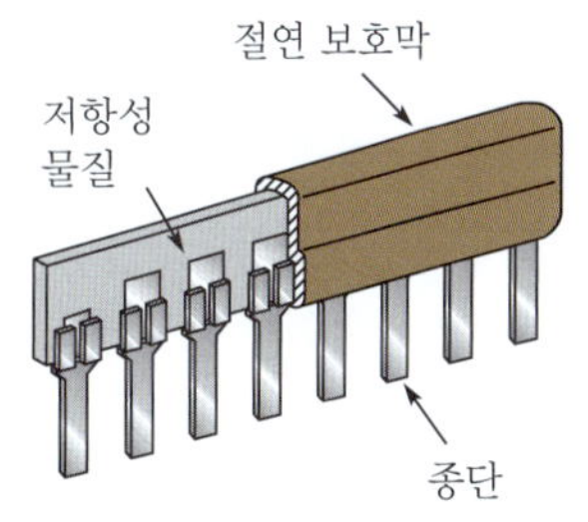

(b) 저항 네트워크

◀ 그림 2-25
일반적인 필름 저항의 구조

권선형 저항은 절연봉에 저항 성질을 띤 도선을 감고 밀봉하여 제작한다. 일반적으로 권선형 저항은 고전력 정격이 필요한 응용 회로에 이용된다. 도선을 코일 형태로 감아서 제작하므로 권선형 저항은 인덕턴스가 크고 따라서 고주파에서는 사용하지 않는다. 일반적인 권선형 저항은 그림 2-26과 같다.

▶ 그림 2-26
권선형 전력용 저항

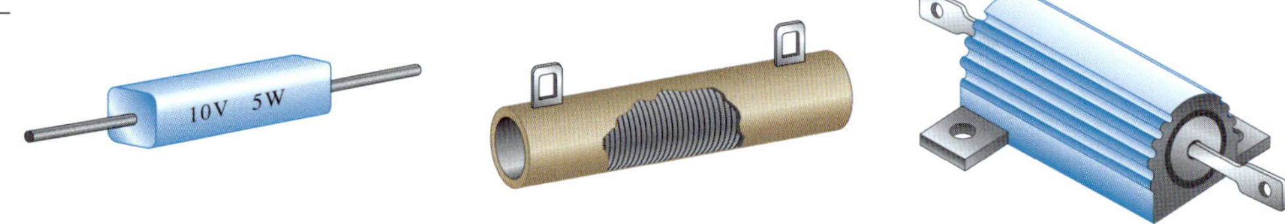


## 저항의 색띠 부호

5%, 10%의 허용오차를 갖는 고정 저항은 저항 값과 오차를 표시하는 4개의 색띠로 부호화되어 있다. 이 색띠 체계를 그림 2-27에 나타내었으며, 색띠 부호는 표 2-1에 열거하였다.

▶ 그림 2-27
색띠 부호의 저항

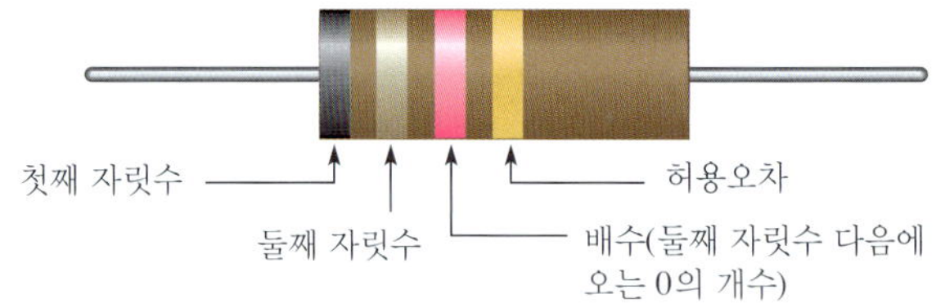


저항의 색띠 부호를 읽는 방법은 다음과 같다.

1. 저항의 한쪽 끝에서 가장 가까이 있는 띠부터 읽기 시작한다. 첫째 띠는 저항 값의 첫 번째 자릿수를 의미한다. 저항의 어느 쪽이 시작 위치인지 명확하지 않을 때는 금색 또는 은색띠가 아닌 띠부터 시작하면 된다.
2. 둘째 띠는 저항 값의 두 번째 자릿수이다.

표 2-1 저항의 4색띠 부호

| | 자릿수 | 색상 |
|---|---|---|
| 저항 값, 앞에서부터 세 색띠:<br>첫 번째 색띠—첫째 자릿수<br>두 번째 색띠—둘째 자릿수<br>세 번째 색띠—배수(둘째 자릿수 다음에 오는 0의 개수) | 0 | 흑색 |
| | 1 | 갈색 |
| | 2 | 적색 |
| | 3 | 주황색 |
| | 4 | 황색 |
| | 5 | 녹색 |
| | 6 | 청색 |
| | 7 | 보라색 |
| | 8 | 회색 |
| | 9 | 백색 |
| 네 번째 색띠—허용오차 | ±5% | 금색 |
| | ±10% | 은색 |

3. 셋째 띠는 두 번째 수 뒤에 추가될 영(0)의 개수나 곱해야 할 수를 나타낸다.
4. 넷째 띠는 허용오차를 나타내며 주로 금색이나 은색이다.

예를 들어, 5%의 허용오차란 **실제** 저항 값이 색띠로 표현된 저항 값의 ±5% 이내임을 의미한다. 따라서 5%의 허용오차를 가진 100 Ω의 저항은 낮게는 95 Ω에서 높게는 105 Ω 사이의 저항 값을 가질 수 있다.

10 Ω 이하의 저항은 셋째 띠가 금색이나 은색이다. 금색은 0.1을 곱해야 함을 의미하고, 은색은 0.01을 곱해야 함을 의미한다. 예를 들어 적색, 보라색, 금색, 은색 순의 색띠를 가진 저항은 ±10% 오차를 가진 2.7 Ω이 된다. 표준 저항 값 표는 부록 A에 실려 있다.

**예제 2-4** 그림 2-28에 있는 저항의 색띠로부터 저항 값과 허용오차를 구하라.

▶ 그림 2-28

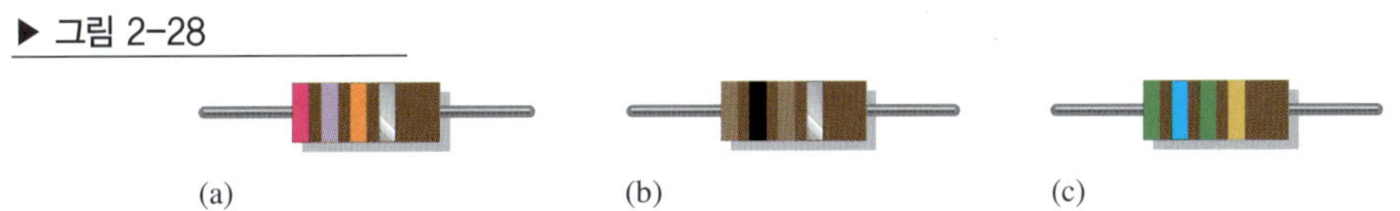

(a) (b) (c)

**풀이** **(a)** 첫째 띠: 적색 = 2, 둘째 띠: 보라색 = 7, 셋째 띠: 주황색 = 영 3개, 넷째 띠: 은색 = 10% 오차

$$R = \mathbf{27{,}000\ \Omega \pm 10\%}$$

**(b)** 첫째 띠: 갈색 = 2, 둘째 띠: 흑색 = 0, 셋째 띠: 갈색 = 영 1개, 넷째 띠: 은색 = 10% 오차

$$R = \mathbf{100\ \Omega \pm 10\%}$$

**(c)** 첫째 띠: 녹색 = 5, 둘째 띠: 청색 = 6, 셋째 띠: 녹색 = 영 5개, 넷째 띠: 금색 = 5% 오차

$$R = \mathbf{5{,}600{,}000\ \Omega \pm 5\%}$$

**관련 문제** 어떤 저항이 황색, 보라색, 적색 띠를 가지며 넷째 띠는 금색인 경우, 몇 옴이며 오차는 몇 퍼센트인가?

## 5색띠 부호

2%나 1% 또는 그 이하의 허용오차를 갖는 정밀 저항의 경우, 일반적으로 다섯째 색띠로 부호화되며 그림 2-29와 같다. 색띠가 한쪽 끝에서 가까운 곳에서 시작하여 첫째 띠는 첫 번째 자릿수, 둘째 띠는 두 번째 자릿수, 셋째 띠는 세 번째 자릿수이고, 넷째 띠는 곱하는 수, 그리고 다섯째 띠는 허용오차를 나타낸다. 표 2-2는 5색띠 부호표이다.

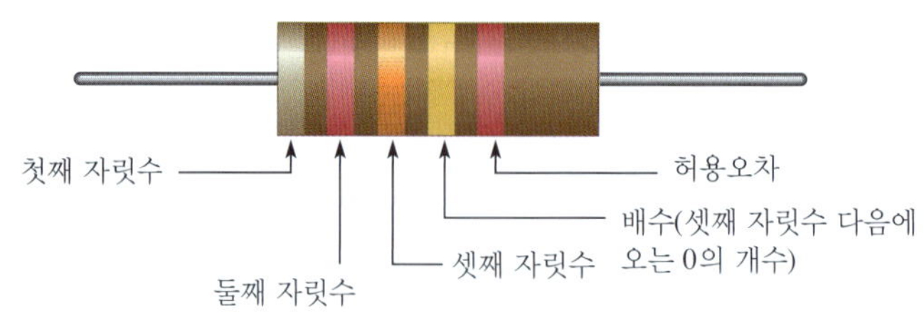


▶ 그림 2-29
5색띠 부호의 저항

표 2-2 저항의 5색띠 부호

| | 숫자 | 색상 |
|---|---|---|
| 저항 값, 앞에서부터 세 색띠:<br><br>첫 번째 색띠—첫째 자릿수<br>두 번째 색띠—둘째 자릿수<br>세 번째 색띠—셋째 자릿수<br>네 번째 색띠—배수(셋째 자릿수 다음에 오는 0의 개수) | 0 | 흑색 |
| | 1 | 갈색 |
| | 2 | 적색 |
| | 3 | 주황색 |
| | 4 | 황색 |
| | 5 | 녹색 |
| | 6 | 청색 |
| | 7 | 보라색 |
| | 8 | 회색 |
| | 9 | 백색 |
| 네 번째 색띠—배수 | 0.1 | 금색 |
| | 0.01 | 은색 |
| 다섯 번째 색띠—허용오차 | ±2% | 적색 |
| | ±1% | 갈색 |
| | ±0.5% | 녹색 |
| | ±0.25% | 청색 |
| | ±0.1% | 보라색 |

## 저항의 신뢰도 띠

어떤 저항의 경우, 추가된 색띠가 1000시간의 사용 기간 동안 발생하는 오차율로서 신뢰도를 표시하기도 한다. 이러한 신뢰도 색띠 부호를 표 2-3에 나타내었다. 예를 들어 4색띠를 사용하는 저항에서 다섯째 띠가 갈색인 경우, 이러한 그룹의 저항을 표준 상태에서 1000시간의 사용 기간 동안 1% 정도의 저항들만이 오차를 일으킨다는 것을 뜻한다.

표 2-3 신뢰도 색띠

| 색상 | 1000시간 동작 시 오차율 |
|---|---|
| 갈색 | 1.0% |
| 적색 | 0.1% |
| 주황색 | 0.01% |
| 황색 | 0.001% |

저항도 다른 부품들과 마찬가지로 신뢰도를 보장하기 위해서는 정해진 정격 범위 이내에서 사용되어야만 한다.

**예제 2-5** 그림 2-30에 있는 저항의 색띠로부터 저항 값과 허용오차를 구하라.

▶ **그림 2-30**

(a) (b) (c)

**풀이** **(a)** 첫째 띠: 적색 = 2, 둘째 띠: 보라색 = 7, 셋째 띠: 흑색 = 0, 넷째 띠: 금색 = ×0.1, 다섯째 띠: 적색 = ±2% 오차

$$R = 270 \times 0.1 = \mathbf{27\ \Omega \pm 2\%}$$

**(b)** 첫째 띠: 황색 = 4, 둘째 띠: 흑색 = 0, 셋째 띠: 적색 = 2, 넷째 띠: 흑색 = 0, 다섯째 띠: 갈색 = ±1% 오차

$$R = \mathbf{402\ \Omega \pm 1\%}$$

**(c)** 첫째 띠: 주황색 = 3, 둘째 띠: 주황색 = 3, 셋째 띠: 적색 = 2, 넷째 띠: 주황색 = 3, 다섯째 띠: 녹색 = ±0.5% 오차

$$R = \mathbf{332{,}000\ \Omega \pm 0.5\%}$$

**관련 문제** 어떤 저항기가 황색, 보라색, 녹색, 금색 띠를 가지며, 다섯째 띠는 적색인 경우 몇 옴이며 오차는 몇 퍼센트인가?

## 저항의 라벨 부호

모든 저항들이 색띠 부호를 사용하는 것은 아니다. 표면실장형 저항을 비롯한 많은 저항들이 저항 값과 허용오차를 인쇄하는 표기법을 사용한다. 이러한 라벨 부호는 숫자 또는 숫자와 알파벳 문자의 조합으로 이루어져 있다. 어떠한 경우 저항의 크기가 충분히 크다면 전체 저항 값과 허용오차를 표면에 그대로 인쇄하기도 한다.

### 숫자 라벨링

이 표기법은 그림 2-31과 같이 세 자리 숫자를 사용하여 저항 값을 표기한다. 첫 번째와 둘째 자릿수는 저항 값을, 세 번째 자릿수는 처음 두 자릿수 다음의 0의 개수 또는 배수를 의미한다. 이러한 표기법을 사용하여 10 Ω 또는 그 이상의 값을 나타낼 수 있다.

▶ 그림 2-31
세 자리 숫자 라벨링 표기법의 예

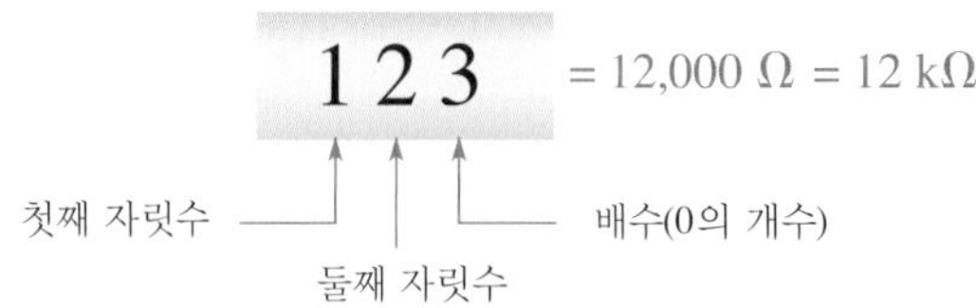


### 문자와 숫자의 조합 라벨링

저항 표기법의 또 다른 방법으로 숫자와 문자를 모두 사용하여 세 자리나 네 자리 라벨을 사용한다. 이 방식의 라벨링은 세 자리 숫자로만 이루어지거나 두 자리 또는 세 자리 숫자와 R, K 및 M의 영문자 중 하나로 구성하는 방식이다. 영문자는 배수를 나타내는 데 사용되고, 위치는 소수점을 의미한다. 영문자 R은 1을 곱해 주며(숫자 다음에 0이 없음), K는 1000을(숫자 다음에 3개의 0을 표시) 그리고 M은 1,000,000(숫자 다음에 6개의 0을 표시)을 곱해 준다. 이 방식에서 세 자리 숫자와 문자 없이 구성된 100에서 999 사이의 값은 저항 값을 세 자리 수로 표시한다. 그림 2-32는 이 방식의 저항 라벨링을 이용한 세 가지 예를 보인다.

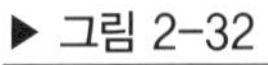

▶ 그림 2-32
문자와 숫자의 조합으로 이루어진 저항 라벨 방식

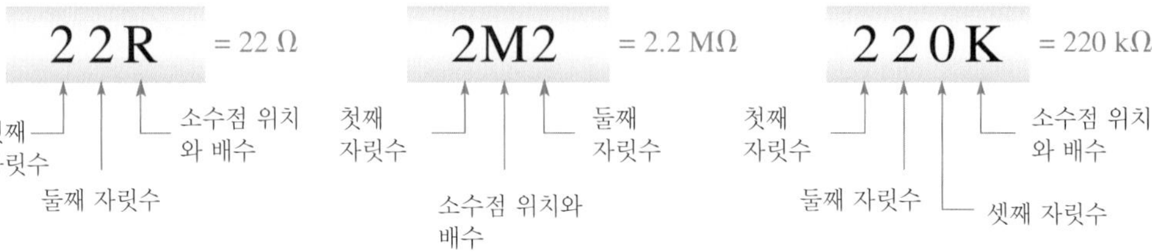


**예제 2-6** 다음 문자와 숫자로 이루어진 저항의 라벨로부터 저항 값을 구하라.

(a) 470 (b) 5R6 (c) 68K (d) 10M (e) 3M3

**풀이** (a) 470 = **470 Ω** (b) 5R6 = **5.6 Ω** (c) 68K = **68 KΩ**
(d) 10M = **10 MΩ** (e) 3M3 = **3.3 MΩ**

**관련 문제** 1K25로 인쇄된 저항의 저항 값은 얼마인가?

저항의 허용오차에 대한 라벨 표기법의 경우에는 F, G 및 J를 이용한다.

$$F = \pm 1\% \qquad G = \pm 2\% \qquad J = \pm 5\%$$

예를 들어 620F는 620 Ω의 저항이 허용오차 ±1%를 의미하며, 4R6G는 4.6 Ω의 저항이 허용오차 ±2%, 그리고 56KJ는 56 KΩ의 저항이 허용오차 ±5%를 뜻한다.

## 가변 저항

가변 저항은 이름처럼 저항 값을 수동 또는 자동으로 쉽게 변화시킬 수 있음을 의미한다.

가변 저항의 두 가지 기본적인 역할은 전압을 분배하거나, 전류량을 조절하는 것이다. 전압을 분배하는 데 사용되는 가변 저항을 **전위차계**(potentiometer)라고 한다. 전류의 양을 조절하기 위해 사용되는 가변 저항은 **가감저항기**(rheostat)라고 한다. 가변 저항기들의 회로 기호는 그림 2-33에 나타내었다. 그림 2-33(a)에 나타나 있듯이 전위차계는 3개의 단자를 가진 장치이다. 단자 1과 2 사이는 고정된 저항 값을 가지며 이는 전체 저항 값이 된다. 단자 3은 움직일 수 있도록 **접촉자**(wiper)와 연결되어 있다. 따라서 단자 3을 움직임으로써 단자 1과 3 사이 또는 2와 3 사이의 저항을 변화시킬 수 있다.

◀ 그림 2-33

전위차계와 가감저항기의 회로 기호와 전위차계의 기본 구조

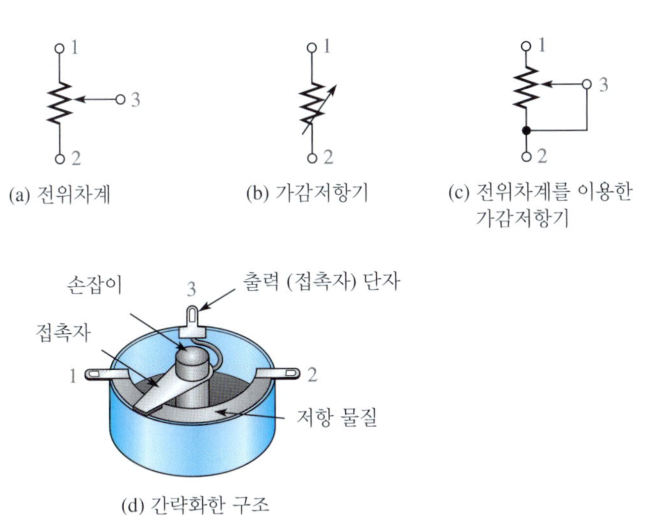


그림 2-33(b)는 두 개의 단자를 가진 가감저항기를 나타낸다. 그림 2-33(c)는 전위차계의 단자 3을 단자 1 또는 2와 연결하여 가감저항기가 되도록 한 것이다. 그림 2-33(d)는 전위차계의 구조를 간략화한 그림이다. 일반적인 전위차계(가감저항기는 쉽게 유추가 가능하다)의 몇 가지 예를 그림 2-34에 나타내었다.

◀ 그림 2-34

일반적인 전위차계의 예와 구조도

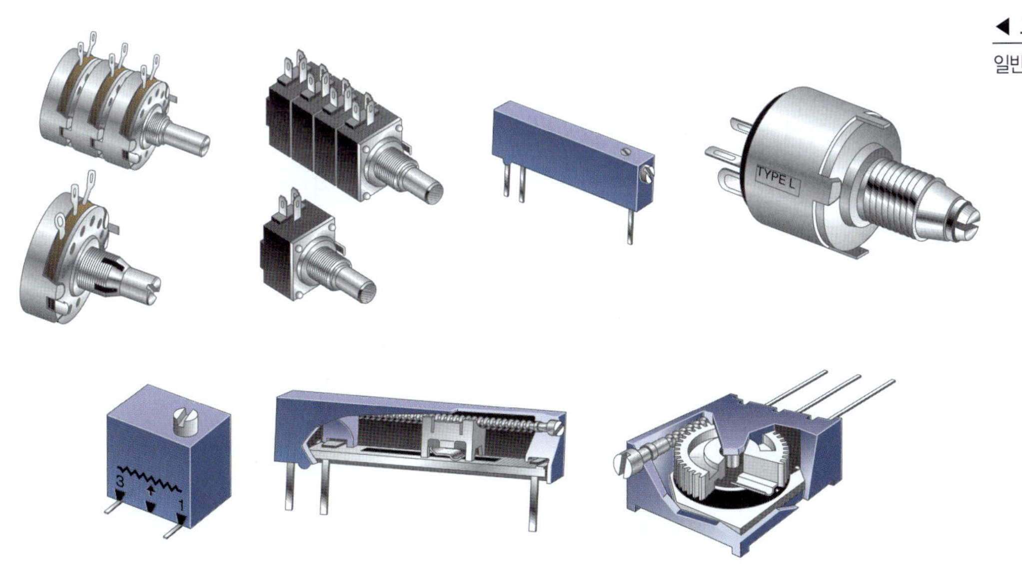

전위차계와 가감저항기는 그림 2-35와 같이 선형, 비선형(테이퍼형)으로 구분할 수 있다. 그림에서 100 Ω의 저항을 예로 들었다. 그림 2-35(a)와 같은 선형 전위차계는 가동 단자 3의 위치 또는 가동된 거리에 선형적으로 비례한 저항 값을 얻는다. 예를 들어, 전체 연결점에서 반만큼 이동하면 저항 값도 전체 저항 값의 반이 된다. 전체 연결점에서 4분의 1만큼 이동하면 저항 값도 전체 저항 값의 4분의 1이 되고, 4분의 3만큼 이동하면 저항 값도 전체 저항 값의 4분의 3이 된다.

▶ 그림 2-35

선형 및 비선형 전위차계의 예

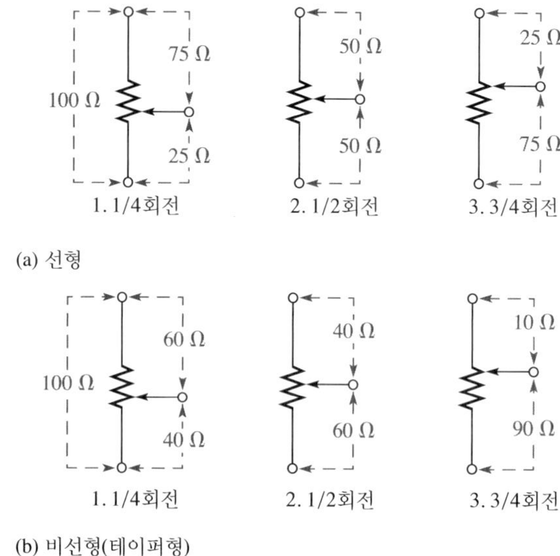


**비선형(테이퍼형)** 전위차계의 경우, 저항 값이 가동 단자의 위치에 따라서 비선형적으로 변한다. 즉, 가동 단자를 반만큼 움직인다고 저항 값도 전체 저항 값의 반이 되지는 않는다. 이러한 개념을 그림 2-35(b)에 나타내었다.

양 끝단에 고정 전압을 인가하고 중간 가동 단자로부터 가변된 전압을 얻을 수 있으므로 전위차계는 전압 제어 장치에 이용된다. 가감저항기는 가동 단자로부터 가변된 전류를 얻으므로 전류 제어 장치에 이용된다.

### 자동 가변 저항기의 두 가지 종류

**서미스터**(thermistor)는 온도 변화에 민감하게 반응하는 가변 저항의 한 종류이다. 만약 온도 계수가 음이면 저항은 온도에 반비례하여 변화하고, 만약 온도 계수가 양이면 저항 값은 온도에 비례하여 변화한다.

**광전도 셀**(photoconductive cell)의 저항 값은 빛의 세기의 따라서 변화한다. 이 셀 역시 음의 온도 계수를 갖고 있다. 이들 소자의 기호는 그림 2-36과 같으며, 그리스 문자 람다(λ)는 종종 광전도 셀 기호와 함께 사용된다.

▶ 그림 2-36

빛 또는 열에 따라서 변하는 저항성 소자의 기호

(a) 서미스터

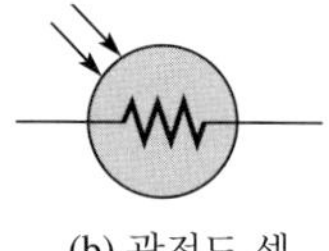

(b) 광전도 셀

**복습문제 2-5**

1. 저항의 두 가지 주된 범주는 무엇인가? 이들의 차이를 간단히 설명하라.
2. 저항의 4색띠 부호에서 각 띠가 의미하는 것을 설명하라.
3. 그림 2-37에서 각 저항의 값과 오차를 구하라.

▶ 그림 2-37

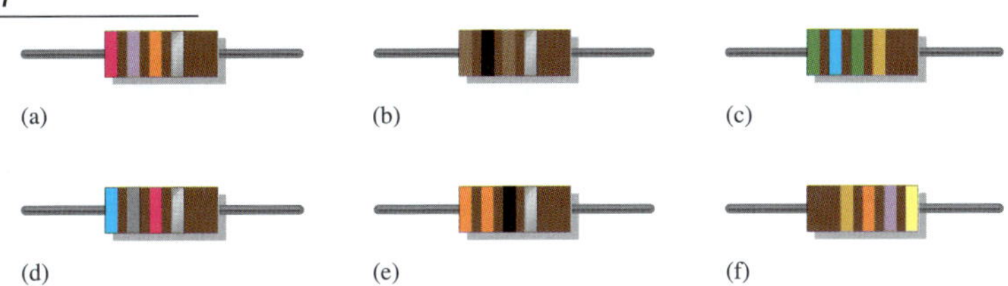


4. 그림 2-38로부터 330 Ω, 2.2 kΩ, 56 kΩ, 100 kΩ과 39 kΩ의 저항을 찾아라.

▶ 그림 2-38

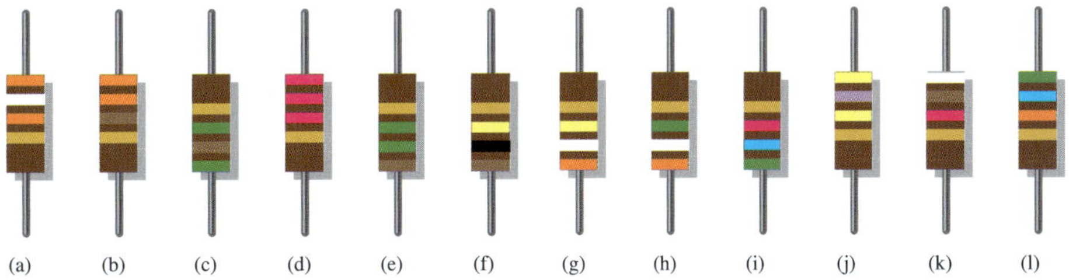

(a) (b) (c) (d) (e) (f) (g) (h) (i) (j) (k) (l)

5. 다음 문자와 숫자로 이루어진 저항의 라벨로부터 저항 값을 구하라.
   (a) 33R (b) 5K6 (c) 900 (d) 6M8
6. 전위차계와 가감저항기의 차이는 무엇인가?
7. 서미스터란 어떤 소자인가?

# 2-6 전기 회로

기본적인 전기 회로는 전압, 전류 및 저항 등을 사용하는 부품들이 유용한 기능을 할 수 있도록 배열한 것이다.

이 절의 학습 내용은 다음과 같다.

- **기본적인 전기 회로**
  - 회로도와 실제 회로의 비교
  - *개회로*와 *폐회로*의 정의
  - 보호 소자들의 다양한 형태
  - 스위치의 다양한 형태
  - 도선의 크기와 규격 번호의 관계
  - *접지*와 *공통단자*의 정의

**안전수칙**

감전을 피하기 위해서 전압원이 연결되어 있는 회로를 절대로 만져서는 안 된다. 회로를 취급할 경우나 부품을 제거 또는 교체할 경우 반드시 전압원의 연결을 해제해야 한다.

## 전류의 방향

전기를 발견한 후 처음 몇 년간 전류는 양전하가 이동한다고 생각했다. 그러나 1890년대에 이르러 도체 내에서 전하를 운반하는 것은 전자라는 것이 밝혀졌다.

오늘날 통용되는 전류의 흐름 방향에 대한 이론에는 다음 두 가지가 있다. **전자 흐름 방향**(electron flow direction)은 전기전자공학 분야에서 선호되는 것으로, 전류가 전압원의 음극에서 출발하여 양극으로 들어간다고 생각한다. **전통적 전류 방향**(conventional current direction)은 전압원의 양극에서 출발하여 음극으로 들어간다고 생각한다. 전통적 전류 방향을 따르면, 전압원의 전압은 상승(음에서 양으로)되고 저항 양단의 전압은 강하(양에서 음으로)된다.

사실 전류의 흐름을 눈으로 확인할 수 없으므로 전류의 방향이 어느 쪽이든 **일관되게** 사용한다면 별 차이가 없다. 회로를 해석하기 위한 목적에서 보면 전류의 방향이 회로 해석의 결과에 영향을 주지는 않는다. 해석 시 전류의 방향을 선택하는 것은 다분히 해석자의 선호도 문제이며 각 방법마다 선호하는 많은 부류의 사람들이 있다.

이 책에서는 전통적인 전류 방향을 채택해 사용한다. 전자 흐름 방향을 사용하는 이 책의 다른 판본도 이용이 가능하다.

## 기본 회로

기본적으로 전기 **회로**(circuit)는 전압원과 부하, 그리고 이들 사이를 오가는 전류의 경로로 이루어진다. 그림 2-39에 기본 전기 회로의 그림을 나타내었다. 두 개의 도체(도선)로 전지를 램프에 연결하였다. 전지는 전압원이고, 램프는 전압원으로부터 전류를 끌어내는 **부하**(load)이다. 두 도선은 전압원의 양극에서 부하를 지나 전압 전원의 음극으로 되돌아가는 전류의 경로를 만든다. 전류는 저항을 가진 램프의 필라멘트를 지나면서 빛을 낸다. 전지를 전류가 지나는 것은 화학작용에 의한 것이다.

▶ 그림 2-39

간단한 전기 회로

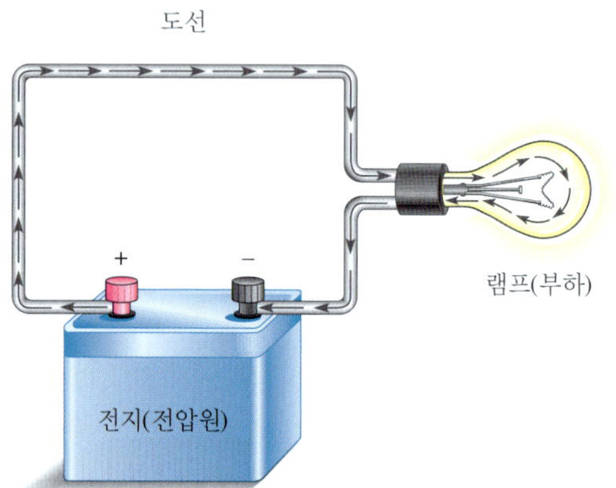


실제 회로에서는 대개 전원의 한 단자가 공통단자 또는 접지에 연결되어 있다. 예를 들어, 대부분의 자동차는 전지의 음극이 자동차 금속 섀시에 연결되어 있다. 섀시는 자동차의 전기 장치의 접지 역할을 하여 회로를 구성하는 도체 역할을 한다.

### 전기 회로도

그림 2-39와 같은 단순한 전기 회로는 각 소자에 해당되는 표준 기호들을 이용하여 그림 2-40과 같은 **회로도**(schematic)로 표시된다. 회로도는 회로의 다양한 소자들이 어떻게 상호연결되어 있는지를 구조적으로 보여주어 회로의 동작을 이해하기 쉽도록 한다.

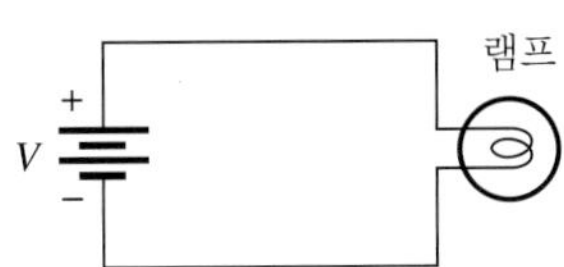


◀ 그림 2-40
그림 2-39 회로의 회로도

## 회로의 전류 제어와 보호

그림 2-39에 예를 든 회로는 **폐회로**(closed circuit)이다. 즉, 완전히 연결된 전류의 경로가 존재한다. 전류의 경로가 끊어져 있으면, **개회로**(open circuit)라고 한다.

### 스위치

**스위치**(switch)는 회로의 개방 또는 단락 상태를 조절하는 데 사용된다. 예를 들어, 스위치는 그림 2-41과 같이 램프를 켜거나 끄기 위해 사용된다. 각 회로의 실제 모양은 회로도와 함께 그려져 있다. 그림에 나타난 스위치의 형태는 단극-단발(SPST: single-pole-single-throw)형 토글 스위치이다. 극(pole)이라는 용어는 스위치에서 움직일 수 있는 손잡이를 뜻하는 것이고, 발(throw)이라는 용어는 한 번의 스위치 작동(한 번의 극의 작용)으로 영향을 주게 될 연결점(개방이든 단락이든)의 개수를 나타낸다.

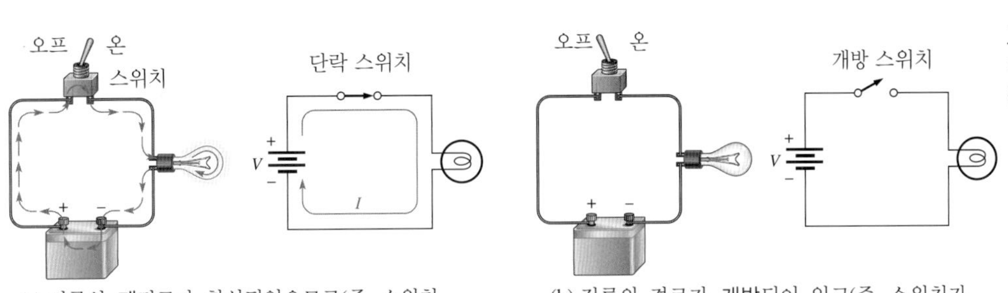


(a) 전류의 폐경로가 형성되었으므로(즉, 스위치가 온 상태이거나 스위치가 닫혀 있으므로), 폐회로에 전류가 흐른다.

(b) 전류의 경로가 개방되어 있고(즉, 스위치가 오프 상태이거나 스위치가 열려 있으므로), 개방 회로에는 전류가 흐르지 못한다.

◀ 그림 2-41
제어를 위하여 SPST 스위치를 사용한 개회로와 폐회로의 예

그림 2-42는 두 개의 램프를 점등하기 위해 단극-쌍발(SPDT: single-pole-double-throw)형의 스위치를 사용한 다소 복잡한 회로를 보여주고 있다. 그림 2-42(b), (c)에 나타난 것처럼 한 램프를 점등하면 다른 하나는 꺼진다.

그림 2-43(a)와 (b)에 표시된 SPST 및 SPDT 스위치 외에도 다음과 같은 여러 종류의 스위치 또한 중요하다.

- 쌍극-단발(DPST: double-pole-single-throw): DPST 스위치는 동시에 두 개의 접점을 열거나 닫을 수 있다. 기호는 그림 2-43(c)에 나타내었다. 점선은 수동 손잡이가 기계적으로 연

▶ 그림 2-42
두 개의 램프를 제어하는 SPDT 스위치의 예

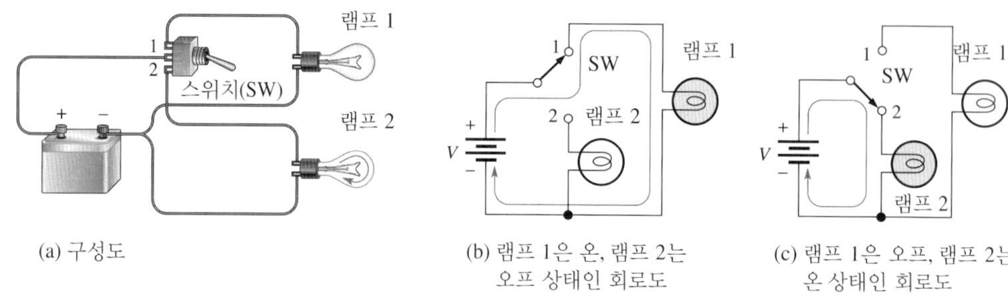


(a) 구성도 (b) 램프 1은 온, 램프 2는 오프 상태인 회로도 (c) 램프 1은 오프, 램프 2는 온 상태인 회로도

▶ 그림 2-43
스위치 기호

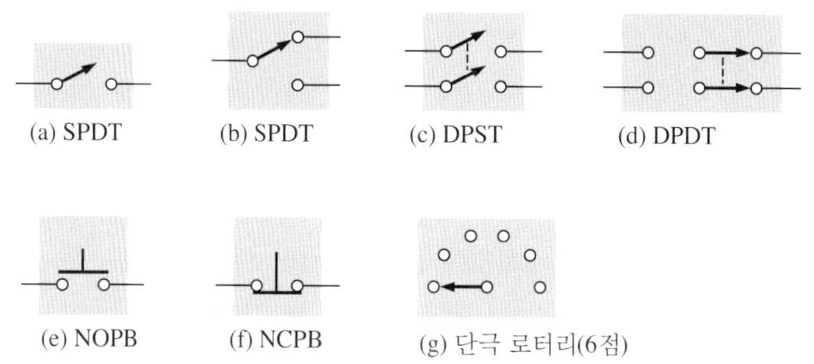

(a) SPDT (b) SPDT (c) DPST (d) DPDT (e) NOPB (f) NCPB (g) 단극 로터리(6점)

결되어 한 번의 스위치 동작으로 동시에 움직임을 의미한다.

- 쌍극-쌍발(DPDT: double-pole-double-throw): DPDT 스위치는 한 쌍의 접점이 두 개의 접점 중 하나를 열거나 닫을 수 있게 한다. 기호는 그림 2-43(d)에 나타내었다.
- 푸시버튼(PB: push-button): 그림 2-43(e)에서와 같이 평상시 열려 있는 푸시버튼(NOPB: normally open PB)은 버튼을 누를 때 연결되고, 버튼을 놓으면 개방되는 스위치이다. 평상시 닫혀 있는 푸시버튼(NCPB: normally closed PB)은 그림 2-43(f)와 같이 버튼을 누를 때 개방되고, 버튼을 놓으면 단락되는 스위치이다.
- 로터리 스위치(rotary switch): 로터리 스위치는 손잡이를 돌려 여러 접점 중 하나와 연결하는 장치로, 그림 2-43(g)는 간단한 6점 로터리 스위치를 보여준다.

그림 2-44는 여러 형태의 기계식 스위치를 보여주며, 그림 2-45는 토글 스위치의 구조도를 보여준다.

▶ 그림 2-44
일반적인 기계식 스위치

토글 스위치 로커 스위치 PCB 실장용 푸시버튼 스위치 푸시버튼 스위치

로터리 스위치 PCB 실장용 DIP 스위치

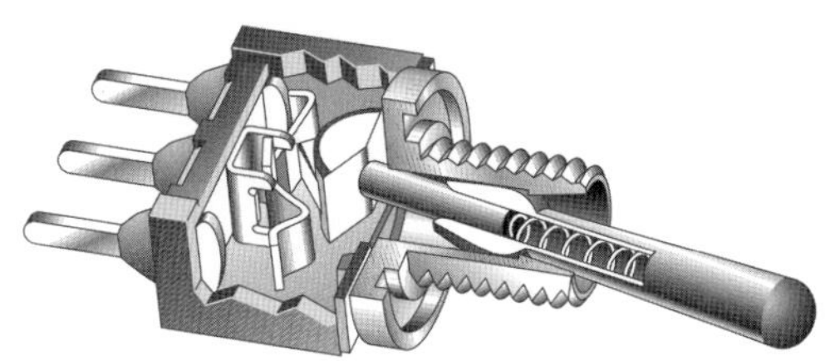

◀ 그림 2-45
일반적인 토글 스위치의 단면도

## 반도체 스위치

트랜지스터는 스위치로서 많은 응용범위에서 널리 사용된다. 트랜지스터는 SPST 스위치의 등가로 사용될 수 있다. 트랜지스터의 동작 상태를 제어하여 회로의 개폐가 가능하다. 두 종류의 트랜지스터 기호와 기계적인 스위치 동작을 그림 2-46에 나타내었다.

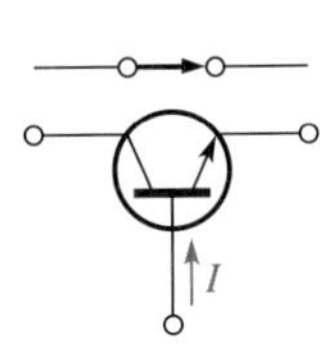


전류가 흘러서
단락 스위치로 동작

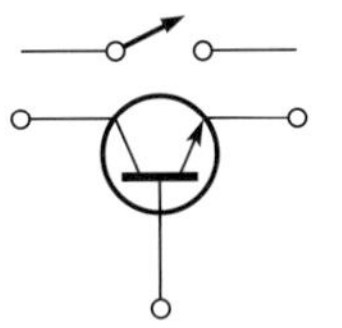

전류가 흐르지 못하여
개방 스위치로 동작

(a) 바이폴라 트랜지스터

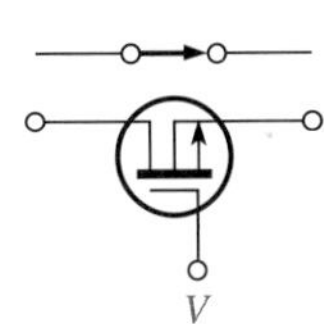


전압이 인가되어
단락 스위치로 동작

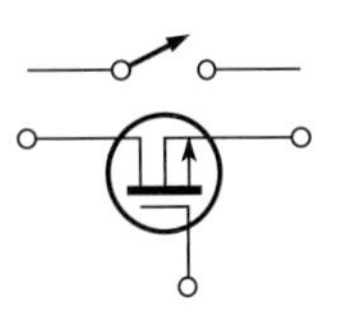

전압이 인가되지 않아
개방 스위치로 동작

(b) 전계효과 트랜지스터

◀ 그림 2-46
트랜지스터 스위치

아주 간단한 동작 설명은 다음과 같다. **바이폴라 트랜지스터**(bipolar transistor)는 전류에 의하여 제어된다. 그림 2-46(a)와 같이 특정한 단자에 전류가 공급되면 트랜지스터는 단락 스위치로 동작하고, 그 단자에 전류가 흐르지 않으면 트랜지스터는 개방 스위치로 동작한다. 또 다른 종류는 전압에 의하여 제어되는 **전계효과 트랜지스터**(field-effect transistor)이다. 그림 2-46(b)와 같이 특정 단자에 전압이 인가되면 이 트랜지스터는 단락 스위치로 동작하고, 단자에 전압이 인가되지 않으면 개방 스위치로 동작한다.

## 보호 소자

**퓨즈**(fuse)나 **회로 차단기**(circuit breaker)는 회로의 오동작이나 이상 현상에 의해 과전류가 흐를 때 의도적으로 회로를 개방 상태로 만들기 위해 사용된다. 예를 들어, 20 A의 퓨즈나 회로 차단기는 20 A 이상의 전류가 흐르면 개방된다.

퓨즈와 회로 차단기의 기본적인 차이점은 퓨즈가 나가면 새로운 것으로 갈아야 하지만, 차단기는 다시 설정하여 재사용할 수 있다는 것이다. 이들 소자는 과전류로부터 회로를 보호하고, 과전류로 인한 도선과 다른 소자들의 과열로부터 회로의 손상을 막는다. 몇 가지 일반적인 퓨즈와 차단기를 회로도와 함께 그림 2-47에 나타내었다.

외형에 따라서 퓨즈는 기본적으로 카트리지형과 플러그형(나사형)의 두 가지로 나눈다. 카트리지형 퓨즈는 그림 2-47(a)와 같이 리드를 갖는 다양한 형태의 외형과 다양한 접속 방식을 갖는다. 일반적인 플러그형 퓨즈는 그림 2-47(b)와 같다. 퓨즈의 동작은 도선이나 금속 재료의 융해점을 바탕으로 한다. 온도가 상승하면 퓨즈 물질의 온도도 같이 상승하고 정해진 전류를 초과하면 물질의 융해점에 도달하여 회로는 개방되고, 전력 공급은 차단된다.

▶ 그림 2-47
일반적인 퓨즈와 회로 차단기 및 회로 기호

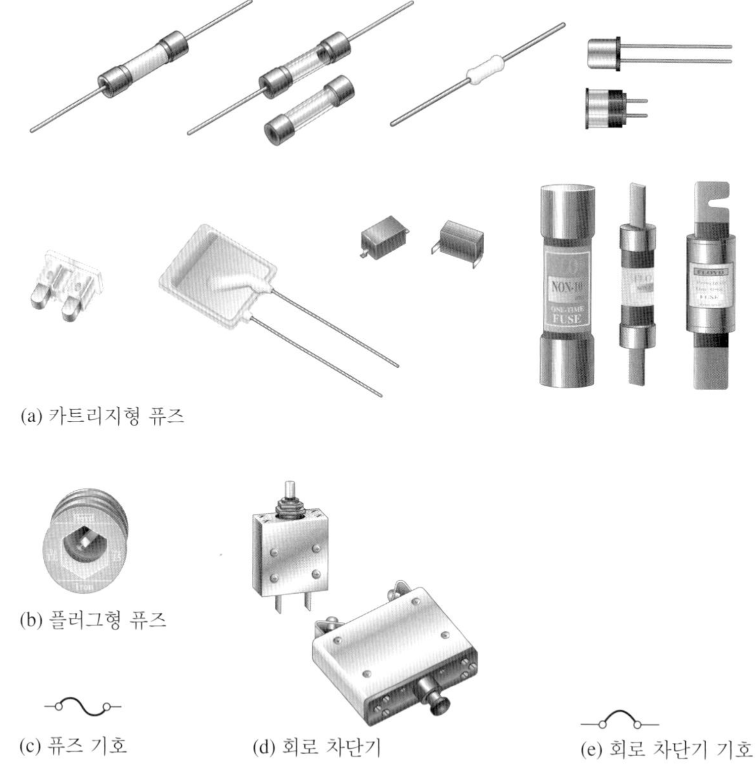

(a) 카트리지형 퓨즈
(b) 플러그형 퓨즈
(c) 퓨즈 기호
(d) 회로 차단기
(e) 회로 차단기 기호

퓨즈는 응답 방식에 따라서 빠른 응답형과 시간지연형 퓨즈 두 가지로 분류한다. 빠른 응답형을 F형, 시간지연형을 T형이라고 한다. 정상 동작 시에는 대부분의 퓨즈는 전원에 회로에 인가되는 순간과 같은 경우처럼 정해진 전류를 초과하는 간헐적인 서지 전류를 견딘다. 시간이 경과하면 짧은 서지 전류나 정격 전류에도 퓨즈가 견디는 능력은 감소한다. 시간지연형 퓨즈는 일반적으로 빠른 응답형 퓨즈보다 서지 전류에 좀더 많이 그리고 오랜 시간을 견딘다. 퓨즈의 회로 기호는 그림 2-47(c)와 같다.

전형적인 회로 차단기는 그림 2-47(d)와 같으며 기호는 그림 2-47(e)와 같다. 일반적으로 회로 차단기는 전류의 발열 현상 또는 전류로부터 발생하는 자계를 이용하여 과도한 전류를 검출한다. 발열 현상을 이용하는 회로 차단기는 정격 전류를 초과하면 바이메탈 스프링이 접점을 개방한다. 한 번 개방되면 접점 스위치는 수동으로 리셋할 때까지는 기계 장치가 개방된 상태를 유지한다. 자계를 이용한 회로 차단기는 과도 전류에 의하여 발생한 충분한 자기력이 접점을 개방하며 기계적으로 리셋해야만 한다.

## 도선

전기 응용 회로에 가장 보편적으로 사용되는 전도성 재료의 형태가 도선이다. 도선은 직경이 다양하게 생산되며, 이들은 **미국전선규격**(AWG: American Wire Gauge)의 표준 크기에 따라서 분류된다. 도선의 게이지 번호가 커지면 직경은 작아진다. 도선의 크기는 그림 2-48과 같이 도선의 단면적으로 나타내기도 한다. 도선의 단면적의 단위는 CM으로 표기되는 **서큘러 밀**(circular mil)이다. 1 CM은 0.001인치의 직경을 가진 도선의 단면적이다. 따라서 도선의 단면

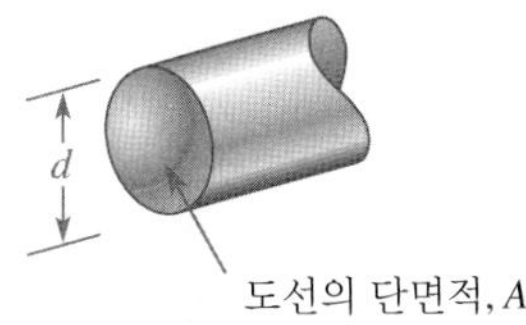


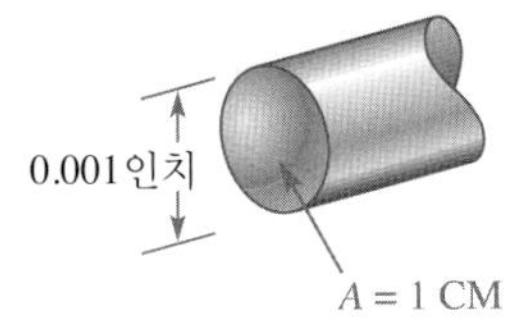


◀ 그림 2-48
도선의 단면

적을 1000분의 1인치(1 mil)로 표시하고 제곱함으로써 다음과 같이 나타낼 수 있다.

$$A = d^2 \tag{2-5}$$

여기서 $A$는 단면적이며 단위는 CM, $d$는 직경이며 단위는 mil이다. 표 2-4는 AWG 크기를 단면적과 20°C에서 1000피트당 저항과 함께 열거한 것이다.

**표 2-4** 구리선의 미국전선규격(AWG) 크기 및 저항

| AWG # | 면적(CM) | 저항 (Ω/1000 FT AT 20°C) | AWG # | 면적(CM) | 저항 (Ω/1000 FT AT 20°C) |
|---|---|---|---|---|---|
| 0000 | 211,600 | 0.0490 | 19 | 1,288.1 | 8.051 |
| 000 | 167,810 | 0.0618 | 20 | 1,021.5 | 10.15 |
| 00 | 133,080 | 0.0780 | 21 | 810.10 | 12.80 |
| 0 | 105,530 | 0.0983 | 22 | 642.40 | 16.14 |
| 1 | 83,694 | 0.1240 | 23 | 509.45 | 20.36 |
| 2 | 66,373 | 0.1563 | 24 | 404.01 | 25.67 |
| 3 | 52,634 | 0.1970 | 25 | 320.40 | 32.37 |
| 4 | 41,742 | 0.2485 | 26 | 254.10 | 40.81 |
| 5 | 33,102 | 0.3133 | 27 | 201.50 | 51.47 |
| 6 | 26,250 | 0.3951 | 28 | 159.79 | 64.90 |
| 7 | 20,816 | 0.4982 | 29 | 126.72 | 81.83 |
| 8 | 16,509 | 0.6282 | 30 | 100.50 | 103.2 |
| 9 | 13,094 | 0.7921 | 31 | 79.70 | 130.1 |
| 10 | 10,381 | 0.9989 | 32 | 63.21 | 164.1 |
| 11 | 8,234.0 | 1.260 | 33 | 50.13 | 206.9 |
| 12 | 6,529.0 | 1.588 | 34 | 39.75 | 260.9 |
| 13 | 5,178.4 | 2.003 | 35 | 31.52 | 329.0 |
| 14 | 4,106.8 | 2.525 | 36 | 25.00 | 414.8 |
| 15 | 3,256.7 | 3.184 | 37 | 19.83 | 523.1 |
| 16 | 2,582.9 | 4.016 | 38 | 15.72 | 659.6 |
| 17 | 2,048.2 | 5.064 | 39 | 12.47 | 831.8 |
| 18 | 1,624.3 | 6.385 | 40 | 9.89 | 1049.0 |

**예제 2-7** 직경이 0.005인치인 도선의 단면적은 얼마인가?

풀이

$$d = 0.005\text{ in.} = 5\text{ mils}$$
$$A = d^2 = 5^2 = \mathbf{25\ CM}$$

관련 문제 직경이 0.0015인치인 도선의 단면적은 얼마인가?

### 도선의 저항

구리선이 훌륭한 도체이긴 하지만 다른 도체들과 마찬가지로 저항 성질을 갖고 있다. 도선의 저항은 (a) 물질의 종류, (b) 도선의 길이, (c) 단면적 등 세 가지 물리적 성질과 관련된다. 온도 역시 저항에 영향을 미치는 요인이다.

모든 도체는 **저항률**(resistivity)을 가지며 $\rho$로 표기한다. 각 물체의 저항률은 정해진 온도에서 일정한 값을 갖는다. 길이 $l$, 단면적이 $A$인 도선의 저항은 다음 식으로 구할 수 있다.

$$R = \frac{\rho l}{A} \tag{2-6}$$

위 식은 저항률과 길이가 증가하면 저항이 증가하고, 단면적이 증가하면 저항이 감소함을 보여준다. 옴의 단위로 저항을 나타내므로 길이는 피트(ft), 단면적은 서큘러 밀(circular mil), 저항률은 CM-Ω/ft로 하여 계산한다.

**예제 2-8** 길이 100 ft, 단면적 810.1 CM인 구리선의 저항을 구하라. 단, 구리의 저항률은 10.37 CM-Ω/ft이다.

풀이

$$R = \frac{\rho l}{A} = \frac{(10.37\text{ CM-}\Omega/\text{ft})(100\text{ ft})}{810.1\text{ CM}} = \mathbf{1.280\ \Omega}$$

관련 문제 길이 100 ft, 단면적 810.1 CM인 구리선의 저항을 표 2-4에서 찾아보아라. 앞의 계산 결과와 비교하라.

앞에서 본 것처럼 표 2-4는 20°C에서 1000 ft당 다양한 표준 크기에 대한 도선의 저항을 Ω으로 나타내어 나열한 것이다. 예를 들어, 1000 ft의 AWG 14 구리선은 2.525 Ω의 저항을 갖는다. 1000 ft의 AWG 22 구리선은 16.14 Ω의 저항을 갖는다. 길이가 일정한 경우 가느다란 도선일수록 큰 저항을 갖는다. 따라서 전압이 일정하면, 굵은 도선일수록 더 많은 전류가 흐른다.

## 접지

**접지**(ground)는 전기 회로의 기준점이다. **접지**라는 용어는 회로의 한쪽 끝에 8피트 길이의 금속 봉을 연결하여 땅에 묻음으로써 유래되었다. 이런 방법의 접지를 **대지 접지**(earth ground)라고 한다. 가정용 배선에서 대지 접지는 녹색 또는 피복이 없는 구리선을 의미한다. 대지 접지는 보통 안전을 위하여 장비의 금속 섀시나 금속 전기 상자에 연결한다. 불행하게도 이 규칙을 따르지 않는 경우는 금속 섀시가 접지되어 있지 않다면 안전에 문제가 발생한다. 따라서 어떠한 장비나 장비를 취급하기 전에 금속 섀시가 대지 접지와 같은 전위인가 확인하는 것이 바람직하다.

또 다른 접지 방식은 **기준 접지**(reference ground)이다. 전압은 항상 어떤 점을 기준으로 약속된다. 따라서 그 점을 정확하게 명명하지 않는 경우는 일반적으로 기준 접지라고 생각하면 된다. 기준 접지는 회로 내에서 0 V를 의미한다. 기준 접지는 대지 접지의 전위차와 완전히 다를 수도 있다. 기준 접지는 또한 **공통단자**(common)라고도 하며 COM 또는 COMM이라는 이름으로도 쓴다. 실습실에서 실험용 회로기판상에서 배선을 하는 경우 공통 도체의 역할을 버스 선(실험용 회로기판상에 특정한 방향으로 긴 선) 중의 하나를 사용한다.

접지 기호 세 개를 그림 2-49에 나타내었다. 아쉽지만 대지 접지와 기준 접지를 구별하는 별도의 기호는 없다. 기호 (a)는 대지 접지와 기준 접지에 모두 사용되며 (b)는 섀시 접지, (c)는 하나 이상의 공통 접속이 사용되는 경우(한 회로 내에서 아날로그와 디지털 접지가 사용되는 경우) 또 다른 기준 기호를 표시하기 위한 여분의 기호이다. 이 책에서는 기호 (a)만 사용할 것이다.

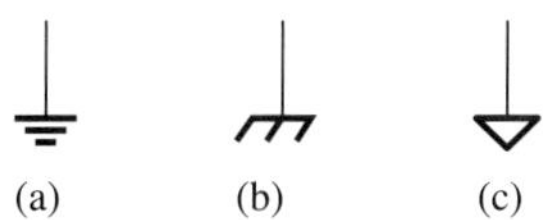


◀ 그림 2-49
일반적인 접지의 회로 기호

실습실에서 사용하는 전원 공급기 같은 장비에서는 녹색 단자로 대지 접지를 표시한다. 그림 2-50은 출력단이 세 개인 전원 공급기이다. 세 개의 전원 공급 단자는 같은 섀시 안에 있지만 대지 접지와는 분리되어 있다. 대지 접지가 필요한 경우 전면 패널의 좌측에 녹색 단자와 연결하며, 이 단자는 교류 플러그의 중앙(둥근) 핀과 내부적으로 연결되어 있다.

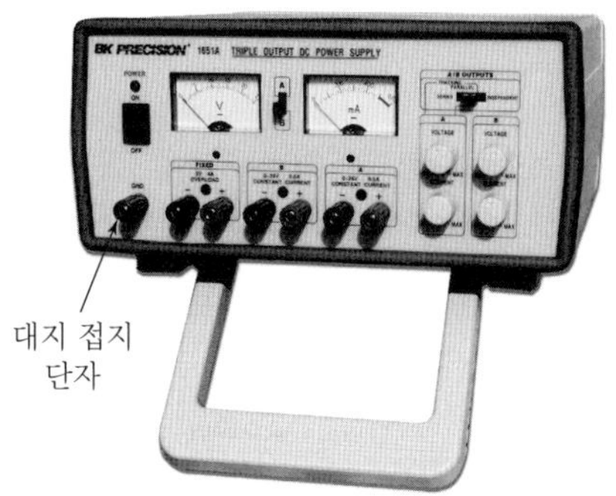


◀ 그림 2-50
3중 출력 전원 공급기
(B+K Precision 제공)

회로에 (+)를 공급해야 할 경우 대지 접지가 사용되지 않았다면 회로의 기준점(공통점)은 전원 공급 장치의 (−) 단자가 된다. (−) 전압이 필요한 경우라면 (+) 단자가 기준점이 된다. 대부분 회로에서는 (+)와 (−) 전압이 모두 필요하므로 이러한 경우에는 한 전원 공급기의 (+) 단자와 또 다른 공급기의 (−) 단자를 서로 연결하여 기준점을 만든다. 그림 2-51은 이러한 연결을 설명한다. 이 예에서 대지 접지는 사용되지 않았다. 이 회로기판의 예에서 증폭기 회로에서 두 점 사이의 공통 연결이 필요한 경우 전원 공급기의 기준점 또는 공통단자를 서로 연결하였음을 주목하라. 회로 도면상에 접지 기호가 없는 경우 공통 단자 또는 기준점은 일반적으로 회로의 구성에 따라서 전압원의 (+) 또는 (−) 중 하나로 가정한다.

▶ 그림 2-51

응용 회로에서 접지 사용의 예

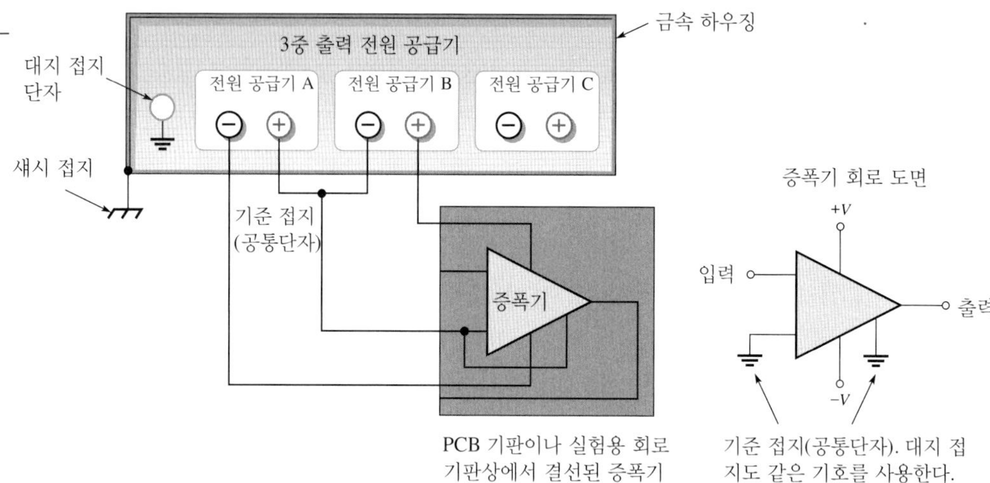


그림 2-52는 접지와 함께 표시된 간단한 회로를 나타낸다. 전류는 12 V 전원의 양극에서 나와 램프를 지나 접지와 연결된 음극으로 돌아간다. 접지는 전류가 전원으로 되돌아가는 경로를 제공하는데, 이는 접지가 전기적으로 모두 같은 기능을 하기 때문이다. 회로 최상단의 전압은 접지점에 대해 +12 V가 된다.

▶ 그림 2-52

접지와 연결된 간단한 회로

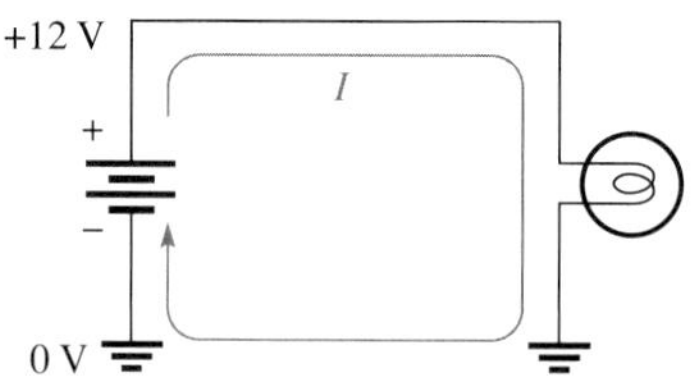


**복습문제 2-6**

1. 전기 회로의 기본 요소들은 무엇인가?
2. 개회로란 무엇인가?
3. 폐회로란 무엇인가?
4. 퓨즈와 회로 차단기의 차이는 무엇인가?
5. AWG 3과 AWG 22 중 어느 것의 직경이 큰가?
6. 전기 회로에서 접지(공통단자)란 무엇인가?

# 2-7 기초 회로 측정

전자공학 기술자들은 전압, 전류와 저항을 측정하는 방법을 모르면 제 역할을 할 수 없다.

이 절의 학습 내용은 다음과 같다.

- **기본적인 전기 회로의 측정**
  - 회로에서 전압을 바르게 측정하는 방법
  - 회로에서 전류를 바르게 측정하는 방법
  - 회로에서 저항을 바르게 측정하는 방법
  - 측정기를 설정하고 측정값을 읽는 방법

전자공학에서는 전압, 전류 및 저항을 측정해야 할 때가 많다. 전압을 측정하는 장치를 **전압계**(voltmeter), 전류를 측정하는 장치를 **전류계**(ammeter), 저항을 측정하는 장치를 **저항계**(ohmmeter)라 한다. 보통 이 세 가지 장치를 하나로 합친 장치를 **멀티미터**(multimeter)라 하며, 측정하고자 하는 기능을 스위치로 선택할 수 있게 되어 있다.

## 측정기 기호

이 책에서는 그림 2-53과 같은 측정기를 나타내는 회로 내의 특정 기호를 사용할 것이다. 필요에 따라서 가장 알기 쉽게 전압계, 전류계 및 저항계를 다음 네 가지 기호 중 하나를 선택하여 사용할 것이다. 회로에서 특정 값을 나타내야 할 때는 디지털 미터의 기호로 나타낼 것이다. 특정 값 대신 상대적(relative) 측정값이나 물리량의 변화를 나타내야 할 때는 막대 그래프나 아날로그 미터(지시침) 기호로 나타낼 것이다. 변화의 증감을 표시하기 위해 화살표를 사용하기도 할 것이다. 특별히 측정값이나 변화 등을 나타낼 필요가 없을 때는 일반 기호를 사용한다.

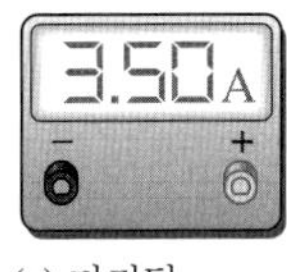

(a) 디지털

(b) 막대 그래프

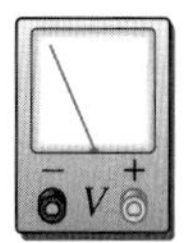

(c) 아날로그

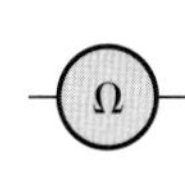

(d) 일반 기호

◀ 그림 2-53
이 책에서 사용된 계측기 기호의 예. 각 기호는 각각 전류계(A), 전압계(V), 및 저항계(Ω)를 나타내는 데 사용된다.

## 전류 측정하기

그림 2-54는 전류계로 전류를 측정하는 방법이다. 그림 2-54(a)는 저항에 흐르는 전류를 측정하는 간단한 회로이다. 우선 주의할 것은 예상되는 전류보다 큰 범위의 전류로 전류계를 설정해야 한다는 것이며, 그림 2-54(b)에서와 같이 전류의 경로를 개방하고 전류계를 그 사이에 접속해야 한다. 그리고 그림 2-54(c)와 같이 전류계를 삽입한다. 극성은 전류가 양의 단자로 들어와 음의 단자로 나가도록 연결한다.

▶ 그림 2-54
전류 측정을 위한 전류계 연결도

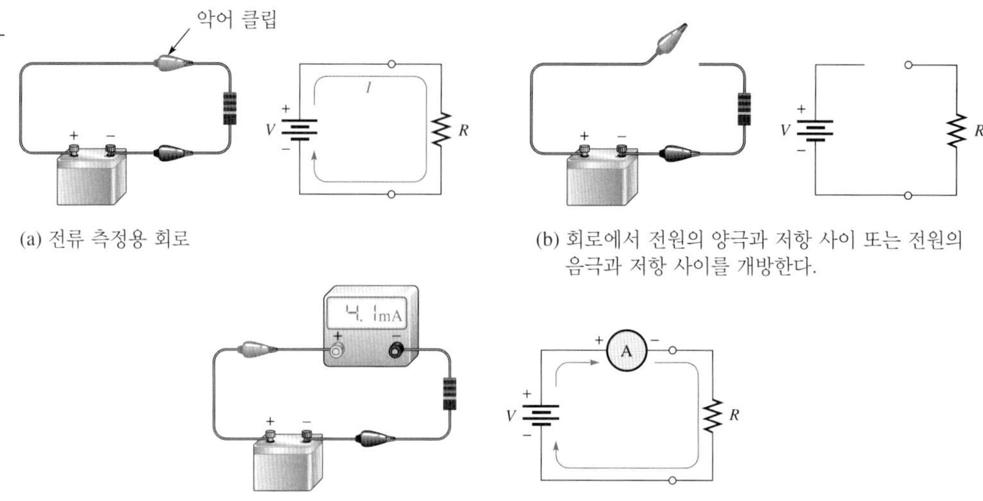


(a) 전류 측정용 회로

(b) 회로에서 전원의 양극과 저항 사이 또는 전원의 음극과 저항 사이를 개방한다.

(c) 극성에 주의하며 전류계를 전류 경로 사이에 삽입한다 (양극은 양극에 음극은 음극에).

## 전압 측정하기

전압을 측정하려면, 전압을 측정할 소자 양단에 전압계를 연결한다. 이와 같은 연결을 병렬 연결이라 한다. 측정기의 음의 단자는 회로의 음극 쪽에, 양의 단자는 양극 쪽에 연결해야 한다. 그림 2-55는 저항 양단의 전압을 측정하기 위해 전압계를 연결한 모습이다.

▶ 그림 2-55
전압 측정을 위한 전압계 연결도

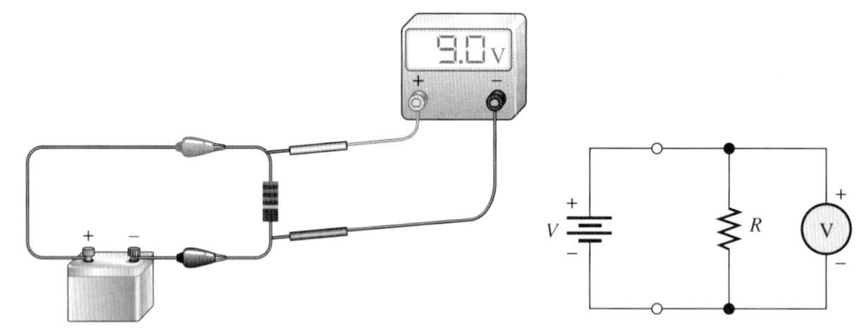

**안전수칙**

회로 작업을 할 때는 반지나 귀금속 장신구를 착용하지 않는다. 이러한 것들이 회로와 접촉하게 되면 쇼크를 받거나 회로에 손상을 가져올 수 있다.

## 저항 측정하기

저항을 측정하려면, 전원을 끄고, 저항의 한쪽 또는 양쪽 끝단을 회로에서 분리한다. 그리고 저항 양단에 저항계를 연결한다. 그림 2-56에 그 과정을 나타내었다.

▶ 그림 2-56
저항 측정을 위한 저항계 연결도

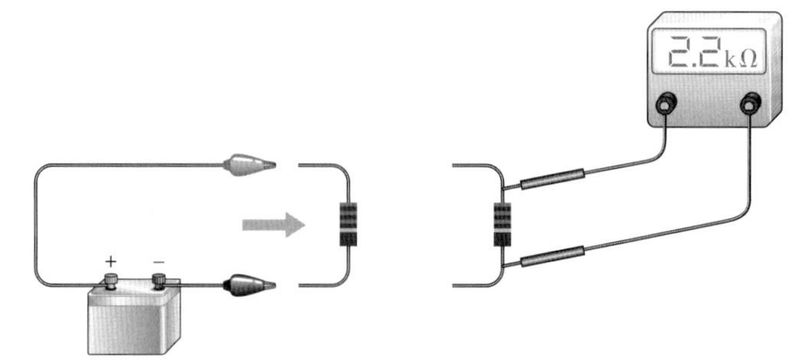


(a) 계측기를 보호하고 잘못된 측정을 피하기 위하여 회로에서 저항을 분리한다.

(b) 저항 값을 측정한다(극성은 무시한다).

## 디지털 멀티미터

**DMM**(digital multimeter)은 전압, 전류 및 저항을 측정하는 복합적인 기능의 계측기이며, 가장 널리 사용되는 형태의 전자 측정계기이다. 일반적으로 DMM은 아날로그 멀티미터보다 기능이 많고 눈금을 읽기가 용이하며, 정밀도와 신뢰도 면에서 우수하다. 그러나 아날로그 멀티미터는 DMM에 비해 적어도 하나의 장점을 갖고 있는데, 디지털 멀티미터의 응답 속도가 느려 놓치는 짧은 시간의 변화와 경향을 아날로그 멀티미터는 따라잡을 수 있다는 점이다. 그림 2-57은 일반적인 DMM의 종류를 보여준다.

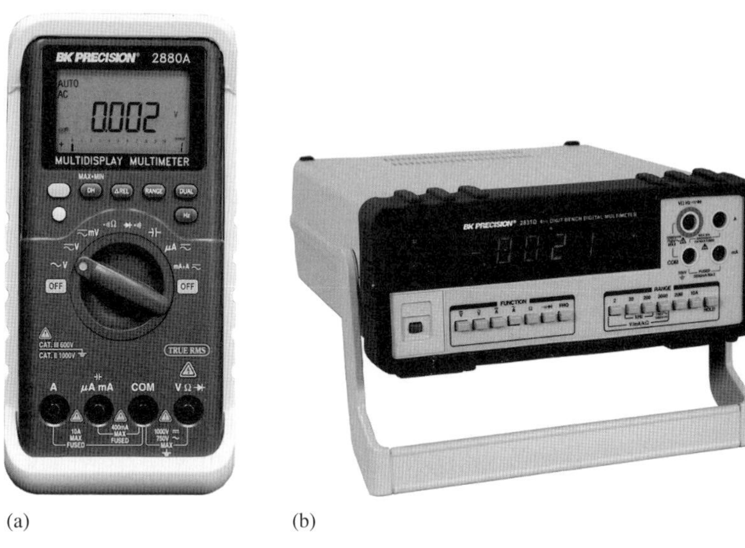

(a) (b)

◀ 그림 2-57
일반적인 디지털 멀티미터
(B+K Precision 제공)

### DMM 기능

대부분의 DMM이 포함하고 있는 기능은 다음과 같다.

- 저항
- 직류 전압과 전류
- 교류 전압과 전류

어떤 DMM은 트랜지스터나 다이오드 시험, 전력 측정, 오디오(음성) 증폭기의 데시벨 측정 등과 같은 특별한 기능을 제공하기도 한다. 몇몇 계기는 수동으로 기능을 선택하도록 되어 있지만 대부분은 자동으로 기능과 범위가 선택되도록 되어 있으며, 이를 **자동범위선택기능**(autoranging)이라 한다.

### DMM 표시화면

DMM에는 LCD(liquid-crystal display, 액정화면)나 LED(light-emitting diode, 발광 다이오드) 표시기 등이 사용된다. 건전지로 구동하는 DMM에는 보통 LCD가 사용되는데, 이는 전류를 적게 소모하기 때문이다. 건전지로 구동되는 LCD 화면을 가진 전형적인 DMM은 주로 9 V 건전지로 구동되며, 수백 시간에서 2000시간 이상 사용할 수 있다. LCD 화면의 단점은 (a) 어두운 곳에서 화면을 읽기가 어렵거나 불가능하고, (b) 응답 시간이 느리다는 것이다. 그에 반해 LED

는 어두운 곳에서도 읽을 수 있고 응답 시간도 빠르지만 LCD보다 많은 전류가 필요하기 때문에 휴대용 기기에서는 건전지 사용시간이 짧아지게 된다.

LCD와 LED 모두 DMM은 7-세그먼트 형식을 갖는다. 그림 2-58(a)와 같이 디스플레이의 각 숫자가 7개의 분리된 세그먼트로 이루어져 있다. 그림 2-58(b)와 같이 10개의 숫자가 적절한 세그먼트를 활성화하여 표시된다. 7개의 세그먼트 외에 소수점 또한 포함되어 있다.

▶ 그림 2-58
7-세그먼트 디스플레이

## 분해도

DMM의 **분해도**(resolution)는 측정기가 측정 가능한 물리량의 최소 증가분이다. 이 양이 작으면 작을수록 더 높은 분해도를 갖는다. 측정기의 분해도를 결정하는 한 요인은 화면에 몇 자리 수를 나타내는가 하는 것이다.

대부분의 DMM이 $3^1/_2$자리의 수로 표현되므로 여기서도 이를 적용할 것이다. $3^1/_2$자리의 DMM에서 3자리는 0에서 9까지를 나타내고 나머지 자리는 0과 1만 나타낼 수 있다. 이와 같이 0과 1만 나타내는 **반자리 수**(half-digit)는 가장 높은 자리 수로 사용된다. 예를 들어, 그림 2-59(a)와 같이 0.999 V로 표시되었다고 가정하자. 만약 전압이 0.001 V 증가하여 1 V가 된다면, 화면은 그림 2-59(b)처럼 1.000 V로 수정될 것이다. 여기서 '1'이 바로 반자리 수이다. 따라서 0.001 V씩 변화하는, 즉 0.001 V의 분해도를 갖는 기기가 된다.

이제 전압이 1.999 V로 증가했다고 가정하자. 그림 2-59(c)처럼 화면에 나타날 것이다. 만약 전압이 2 V가 되도록 0.001 V를 증가시킨다면 반자리 수는 2.00을 표시하기 위해 '2'를 표시할 수는 없다. 따라서 그림 2-59(d)처럼 반자리 수는 빈칸이 되고 단지 3자리의 수만 나타난다. 따라서 $3^1/_2$자리의 기기지만 이 경우 분해도가 0.001 V가 아닌 0.01 V가 되는 것이다. 19.99 V까지의 측정 전압에 대해 분해도는 0.01 V가 된다. 또한 20.0 V에서 199.9 V의 전압을 측정할 때는 분해도가 0.1 V가 되고, 200 V에서는 1 V의 분해도를 갖는다.

DMM의 분해 능력은 측정기 내부 회로와 피측정량의 표본화 속도에 따라 달라질 수 있다. $4^1/_2$에서 $8^1/_2$자리의 디스플레이를 갖는 DMM도 생산되고 있다.

▶ 그림 2-59
$3^1/_2$자리 DMM이 측정값에 따라서 분해도가 어떻게 달라지는가를 보여준다.

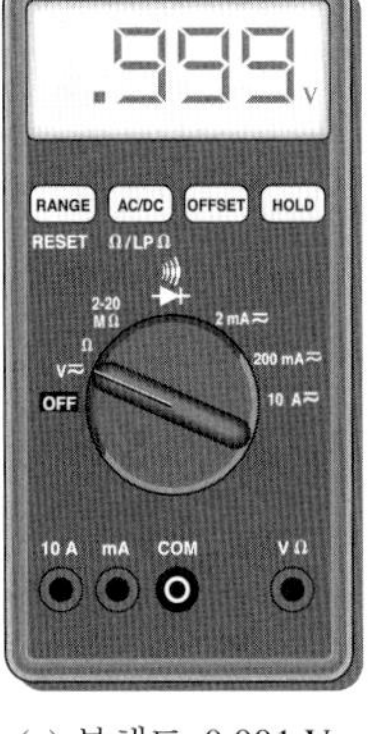

(a) 분해도: 0.001 V

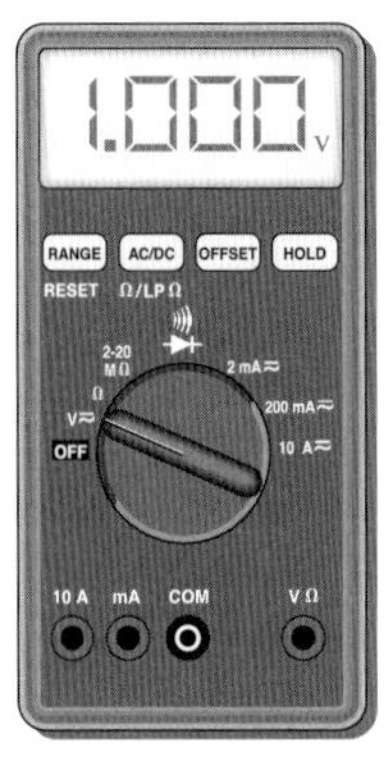

(b) 분해도: 0.001 V

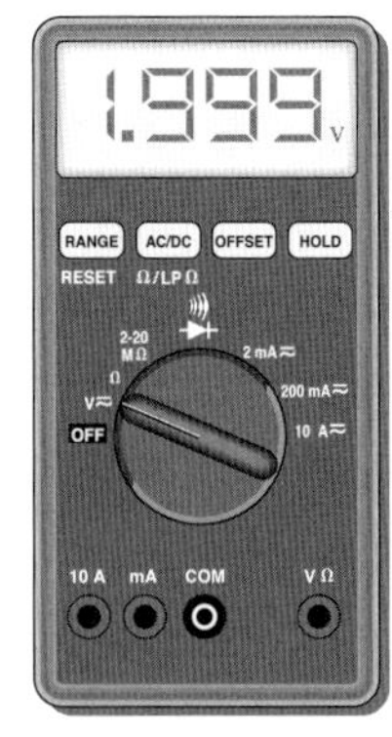

(c) 분해도: 0.001 V

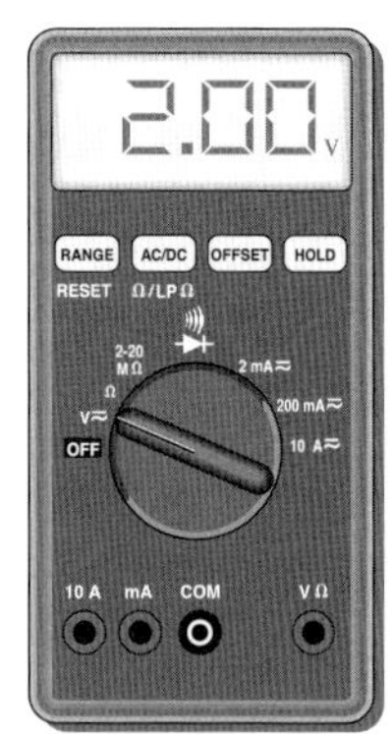

(d) 분해도: 0.01 V

### 정밀도

**정밀도**(accuracy)는 측정값이 물리량의 참값을 정확히 나타내는 정도를 말한다. DMM의 정밀도는 직접적으로는 측정기의 내부 회로와 교정값에 달려 있다. 전형적인 측정기의 경우 0.01%에서 0.5% 범위의 정밀도를 가지며, 정밀 실험용 측정기의 경우 0.002%의 정밀도를 갖기도 한다.

## 아날로그 멀티미터 눈금 읽기

비록 DMM이 멀티미터 중 가장 많이 사용되지만 아날로그 멀티미터를 사용해야 하는 경우가 가끔 있다. 그림 2-60은 전형적인 아날로그 멀티미터를 보여준다. 이 기기는 저항은 물론 직류 전류와 교류 전류 등을 모두 측정할 수 있다. 직류 전압, 직류 전류, 교류 전압, 저항 등 네 가지 선택 기능을 갖고 있다. 대부분의 아날로그 멀티미터가 이와 비슷한 기능을 갖고 있다.

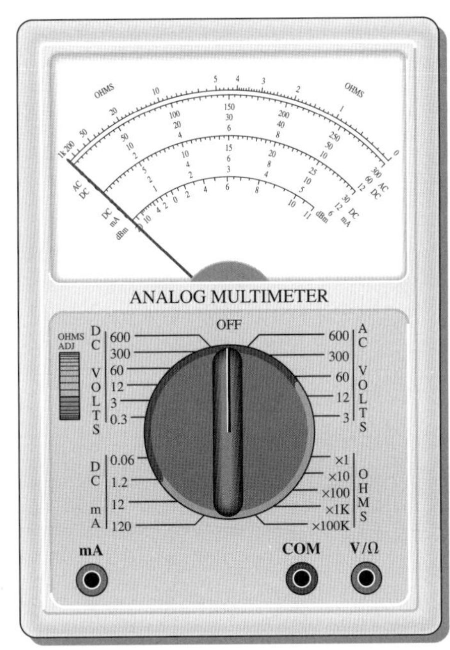


◀ 그림 2-60
일반적인 아날로그 멀티미터

각 기능마다 선택 스위치를 이용하여 여러 개의 범위 선택이 가능하다. 예를 들어 직류 전압의 경우 0.3 V, 3 V, 12 V, 60 V, 300 V, 600 V의 범위가 있다. 따라서 0.3 V에서 600 V까지의 직류 전압을 측정할 수 있다. 직류 전류의 경우 0.06 mA에서 120 mA까지 측정이 가능하다. 저항계는 ×1, ×10, ×100, ×1000, ×100,000을 선택할 수 있다.

### 저항 눈금

저항은 측정기 맨 위의 눈금을 읽는다. 저항 눈금은 비선형적으로 매겨져 있어 각 눈금의 크기가 일정하지 않다. 그림 2-60을 보면, 오른쪽에서 왼쪽으로 갈수록 눈금이 좁아지는 것을 알 수 있다.

저항의 실제 값은 스위치가 가리키는 배수를 곱해야 한다. 예를 들어, 스위치가 ×100에 설정되어 있고 지시침이 20을 가리키고 있다면 20 × 100 = 2000 Ω이 된다.

또 다른 예로, 스위치가 ×10에 있고 지시침이 1과 2 사이의 일곱 번째 작은 눈금을 가리키고 있다면 17 Ω(1.7 × 10)이 된다. 만약 같은 저항을 측정하면서 스위치를 ×1에 두었다면 지시침은 눈금 15와 20 가운데의 작은 눈금에 온다. 물론 저항 값은 전과 같은 17 Ω이며, 이는 스위치 설정 값을 여러 범위로 하여 측정할 수 있음을 보여준다. 그리고 설정 범위를 바꾸기 전에 반드시 측정침을 서로 맞닿게 하고 지시침의 위치를 조절하여 영을 가리키도록 **영점 조정**을 해야 한다.

### 교류-직류 전압 및 직류 전류 눈금

측정기의 눈금 중 'AC', 'DC'라고 표기된 위에서 두 번째, 세 번째 및 네 번째 눈금줄은 각각 DC VOLTS와 AC VOLTS의 눈금이다. 위쪽의 ac-dc 눈금줄은 끝에 300으로 표시되어 있으며 0.3, 3, 300 등 3의 배수로 범위가 설정된다. 예를 들어, 기능 선택 스위치가 DC VOLTS의 3을 선택한 상태라면 300이 적힌 눈금은 전체 눈금이 3 V를 나타낸다. 스위치가 300을 선택하고 있으면 300 V를 나타낸다. 60으로 끝나는 중간의 ac-dc 눈금줄은 0.06, 60 및 600의 범위가 설정된 경우 사용된다. 예를 들어, 기능 선택 스위치가 DC VOLTS의 60을 선택한 상태라면 60이 적힌 눈금은 전체 눈금이 60 V를 나타낸다. 12로 끝나는 아래쪽의 ac-dc 눈금줄은 1.2, 12 및 120의 스위치가 설정된 경우 이용되고, 3개의 DC mA 눈금은 앞과 유사한 방법으로 전류 측정에 이용된다.

**예제 2-9** 그림 2-61의 아날로그 멀티미터의 스위치가 다음과 같은 상태일 때 전압, 전류 및 저항의 측정값을 구하라.

(a) 스위치는 DC VOLTS, 범위는 60 V로 설정되어 있다.
(b) 스위치는 DC mA, 범위는 12 mA로 설정되어 있다.
(c) 스위치는 OHMS, 범위는 ×1 K으로 설정되어 있다.

▶ 그림 2-61

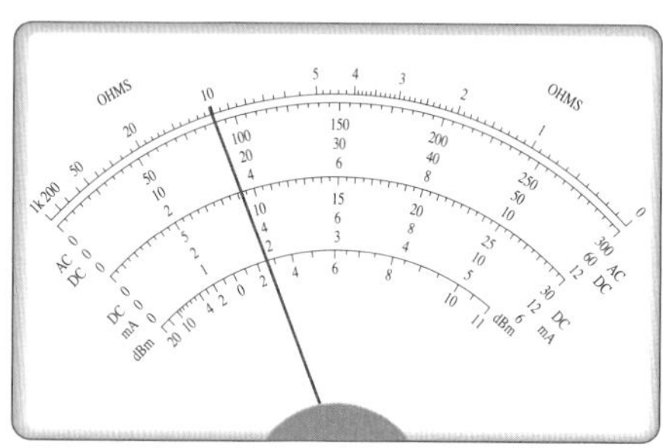

**풀이** (a) AC-DC의 중간 눈금줄로부터 읽으면 **18 V**가 된다.
(b) AC-DC의 아래 눈금줄로부터 읽으면 약 **3.8 mA**가 된다.
(c) 맨 위 저항 눈금줄로부터 읽으면 약 **10 kΩ**이 된다.

**관련 문제** 그림 2-61에서 스위치 ×100의 저항 측정으로 옮기고, (c)에서 측정한 것과 같은 저항을 측정한다고 가정할 때 지시침은 어떻게 변화하겠는가?

**복습문제 2–7**

1. (a) 전류, (b) 전압 및 (c) 저항을 측정하는 측정기를 말하라.
2. 그림 2–42의 회로에서 각 램프에 흐르는 전류를 측정할 수 있도록 두 개의 전류계를 연결하라(극성 주의). 한 개의 전류계로 같은 측정을 할 수 있는 방법은 무엇인가?
3. 그림 2–42의 회로에서 램프 2의 전압을 측정할 수 있도록 전압계를 연결하라.
4. DMM 표시화면의 일반적인 두 가지 종류를 들고, 각각의 장단점을 논하라.
5. DMM의 *분해도*를 정의하라.
6. 그림 2–60의 멀티미터로 직류 전압을 측정하기 위해 범위를 3 V 스위치로 선택하였다. 지시침이 위쪽 ac–dc 눈금줄의 150을 가리킨다면 전압은 얼마인가?
7. 275 V 직류 전압을 측정하려면 그림 2–60의 멀티미터를 어떻게 설정해야 하며, 어느 눈금줄을 읽는 것이 좋겠는가?
8. 20 kΩ 이상의 저항을 측정하려면 범위설정 스위치를 어디에 설정해야 하는가?

## 2–8 전기 안전

안전은 전기를 취급할 때 가장 중요한 요소이다. 감전이나 화상의 가능성은 언제나 존재하므로 항상 주의를 요한다. 전압이 신체의 두 부위에 가해지면 전류의 경로가 형성되고, 이 전류로 인한 전기 쇼크가 발생한다. 전기부품들은 보통 높은 온도에서 동작하므로 부품을 만졌을 때 피부 화상을 입을 수도 있다. 또한 전기로 인한 화재의 위험성도 존재한다.

이 절의 학습 내용은 다음과 같다.

- **전기의 위험성 인식 및 적절한 안전 절차의 연습**
  - 감전의 원인
  - 신체를 통한 다양한 전류 경로
  - 전류가 신체에 미치는 영향
  - 전기를 취급하는 경우에 지켜야 하는 예방조치

### 감전

**감전**(electrical shock)의 원인은 전압이 아니라 신체를 통과하는 전류이다. 물론 전류가 흐르면 저항 양단에 전위차가 형성된다. 신체의 한 부위에 전압이 가해지고 또 다른 부위에 다른 전압이 가해지거나 금속 섀시와 같은 접지면과 닿는 경우에 신체를 통하여 전류가 흐르게 된다. 전류의 경로는 전압이 가해지는 위치에 따라서 달라진다. 감전의 강도는 전압의 세기와 신체에 형성되는 전류의 경로에 따라 다르다. 그 전류의 경로에 따라서 신체의 기관이나 조직도 영향을 받는다.

### 신체에 미치는 전류의 영향

전압과 저항에 따라서 전류의 양이 결정된다. 신체의 저항은 체질량, 피부 수분, 전압이 가해진 신체의 접촉 부분 등 많은 요인에 따라서 달라진다. 표 2-5는 다양한 전류[mA]에 따른 영향이다.

표 2-5 전류가 신체에 미치는 영향. 체질량에 따라서 변함

| 전류[mA] | 신체 영향 |
|---|---|
| 0.4 | 미세하게 느낌 |
| 1.1 | 감지 임계점 |
| 1.8 | 쇼크, 고통이나 근육제어의 손상은 없음 |
| 9 | 고통스러운 쇼크, 근육제어 손상 있음 |
| 16 | 고통스러운 쇼크, 이탈 임계점 |
| 23 | 심각한 고통스러운 쇼크, 근육 위축, 호흡곤란 |
| 75 | 심실세동 임계점 |
| 235 | 심실세동, 5초 이상 지속되는 경우 치명적임 |
| 4,000 | 심장마비(심실세동 없음) |
| 5,000 | 조직 화상 |

## 신체 저항

인간 신체의 저항은 측정하는 두 곳의 위치에 따라서 달라지지만 보통 10 kΩ에서 50 kΩ 사이이다. 피부의 수분 또한 저항에 영향을 준다. 저항과 전압을 이용하면 표 2-5에 열거된 전류의 영향을 유추할 수 있다. 예를 들어 신체상의 두 곳의 저항이 10 KΩ이고 전압이 90 V가 인가되었다면 9 mA의 전류가 계산되고 이는 고통스러운 쇼크를 주는 데 충분하다.

## 안전 유의사항

전기 또는 전자 장비를 취급할 때 지켜야 할 중요한 사항은 많다. 몇 가지 중요한 유의사항을 여기서 언급한다.

- 어떤 전압원도 만지지 않는다. 회로의 일부를 만져야 할 필요가 있는 경우에는 회로 작업을 하기 전에 먼저 전원을 꺼라.
- 혼자서 작업하지 않는다. 긴급 상황에 대비하여 전화기를 이용할 수 있게 한다.
- 피곤하거나 졸음을 유발하는 약을 복용하였을 경우에는 작업을 하지 않는다.
- 회로 작업을 할 때는 반지, 시계 및 귀금속류를 착용하지 않는다.
- 작업 절차를 정확히 모르거나 어떠한 위험이 있는지 잘 모르는 경우에는 장비를 취급하지 않는다.
- 장비는 접지 단자가 있는 전원 코드를 사용한다.
- 전원 코드의 접지 단자가 없거나 구부러지지 않고 바른 상태인지 항상 확인한다.
- 공구들이 잘 유지보수되었는지 확인한다. 금속장비의 손잡이 부분이 절연이 잘 되었는지 확인한다.
- 공구들을 잘 취급하고 작업장을 깨끗하게 유지한다.
- 납땜이나 배선 작업을 할 경우에는 보안경을 착용한다.
- 맨손으로 회로의 일부를 만져야 할 경우에는 항상 전원을 내리고 커패시터를 방전시켜라.
- 비상 전원 차단 스위치와 비상구의 위치를 알아두어라.

- 안전을 위한 연동 스위치와 같은 안전장치를 함부로 변경하거나 훼손하지 마라.
- 항상 신발을 착용하고 마른 상태를 유지하라. 금속이나 젖은 마루 위에 서지 않는다.
- 젖은 손으로 장비를 취급하지 않는다.
- 회로의 전원이 꺼진 상태라고 가정하지 마라. 취급하기 전에 신뢰성 있는 계측기로 이중으로 검토하라.
- 실험 중인 회로에 필요 이상의 전류가 공급되는 것을 막기 위해서 전원 공급기에 리미터를 설정하라.
- 커패시터 같은 소자들은 전원이 제거된 후에도 오랫동안 치명적인 전하를 축적할 수 있다. 따라서 이런 소자를 다룰 경우에는 적당한 방법으로 방전을 시켜야 한다.
- 회로를 연결하는 경우 가장 높은 전압은 맨 나중에 연결한다.
- 전원 공급기의 단자를 만지지 않는다.
- 절연된 피복 도선을 이용하고, 절연체로 씌워진 커넥터나 클립을 사용한다.
- 케이블이나 도선을 가능한 한 짧게 연결하라. 극성을 가진 부품을 바르게 연결하라.
- 안전하지 않은 모든 조건들을 보고하라.
- 모든 작업장과 실습실의 규칙을 숙지하고 따른다. 장비 근처에서 음료수를 마시거나 음식을 먹지 않는다.
- 만약에 감전되어 도체에서 떨어지지 않는 경우, 즉시 전원 스위치를 내려라. 전원을 내릴 수 없는 경우에는 부도체로 된 물체를 이용하여 신체와 접촉된 부위를 떼어내어라.

**복습문제 2-8**

1. 전기적인 접촉이 발생한 경우 육체적인 고통이나 신체 상해의 원인은 무엇인가?
2. 전기 회로를 취급할 때 반지를 끼어도 무방하다. (참 또는 거짓)
3. 전기를 취급할 때 젖은 마루에 서 있어도 안전하다. (참 또는 거짓)
4. 조심만 한다면 회로의 전원을 끄지 않고도 회로를 다시 배선해도 무방하다. (참 또는 거짓)
5. 감전으로 인하여 큰 상처를 입거나 사망할 수도 있다. (참 또는 거짓)

## 회로 응용

이 절에서는 램프에 전류를 흘려 불이 오도록 직류 전압을 인가한다. 저항에 의해 전류가 어떻게 제어되는지를 알 수 있다. 여기서 실험해 볼 회로는 자동차의 계기판 회로이며 계기판의 밝기를 증감시킬 수 있도록 하였다.

자동차의 계기판 회로는 이 회로의 전압원인 12 V 전지에 의해 동작된다. 이 회로는 가감저항기처럼 연결된 전위차계를 사용하며, 계기판의 손잡이를 조정하여 계기판을 밝혀 주는 램프에 흐르는 전류의 양을 설정한다. 램프의 밝기는 램프에 흐르는 전류의 양에 비례한다. 전조등에 사용되는 것과 같은 스위치가 온-오프 동작을 위해 사용된다. 회로가 단락될 경우 회로를 보호할 목적으로 퓨즈가 사용된다.

▶ 그림 2-62

자동차 계기판 회로의 회로도

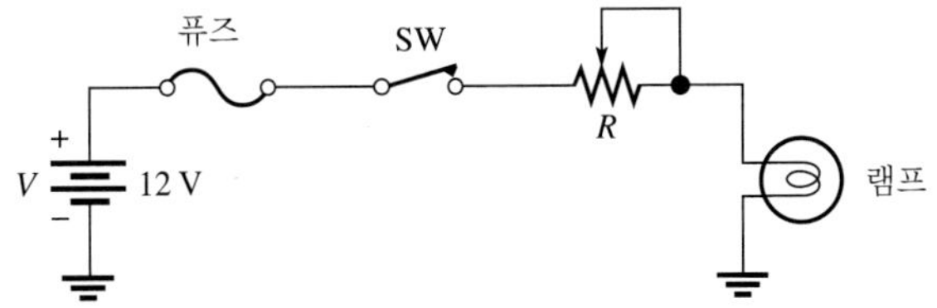

그림 2-62는 계기판 회로의 회로도를 보여준다. 그림 2-63은 실제로 자동차에 사용되는 소자는 아니지만 그와 같은 기능

을 하는 소자들을 실험용 회로기판(breadboard) 위에 제작해 본 것이다. 실험실에서 사용되는 직류 전원 공급기가 실제 자동차 전지 대신에 사용되었다. 그림 2-63의 회로기판은 실험대에서 회로를 제작할 때 흔히 사용되는 것이다.

## 실험대

그림 2-63은 실험용 회로기판에 제작된 회로, 직류 전원 공급기와 디지털 멀티미터 등을 보여준다. 전원은 회로에 12 V의 전압을 공급할 수 있도록 연결하였다. 멀티미터는 회로의 전류, 전압 및 저항을 측정하기 위해 사용되었다.

▶ 그림 2-63

자동차 계기판 회로를 실험하기 위한 실험대 준비

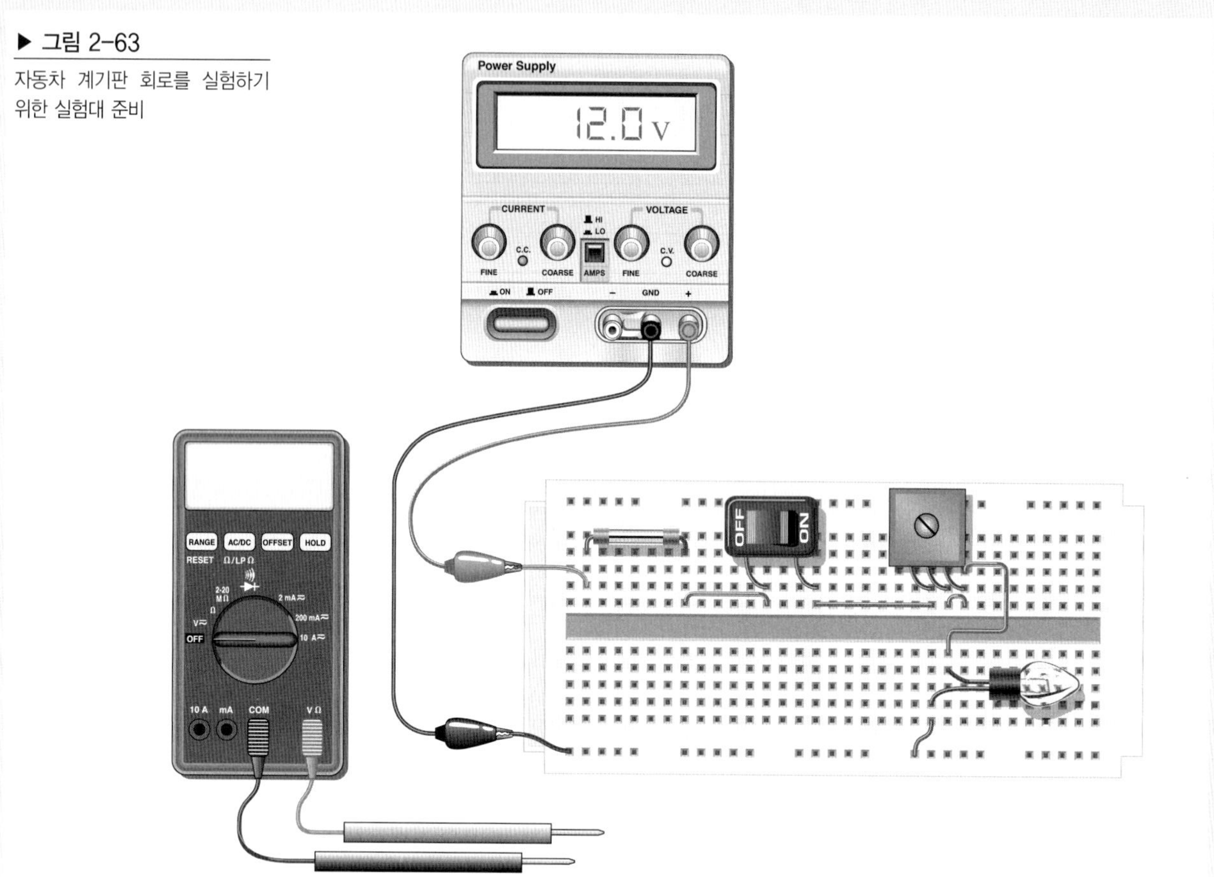


▶ 그림 2-64

일반적인 실험용 회로기판

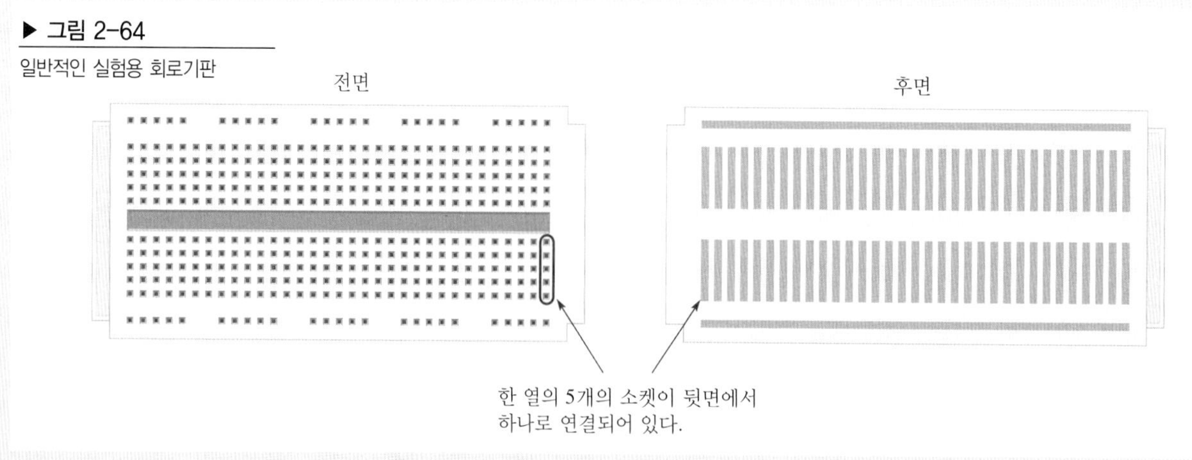

◆ 회로의 각 소자를 파악하고 그림 2-63의 실험용 회로기판이 그림 2-62의 회로도와 같이 연결되었는지 확인한다.

◆ 회로의 각 소자를 사용한 목적을 설명한다.

그림 2-64에 나타나 있듯이, 일반적인 회로기판은 각 소자의 핀이나 도선이 삽입될 수 있는 작은 소켓의 열로 구성되어 있다. 이러한 구조에서 한 열에 있는 5개의 소켓이 서로 연결되어 있어, 기판의 밑에서 본 그림과 같이 전기적으로 같은 점의 역할을 한다. 기판의 바깥쪽에 배열된 소켓들도 모두 이와 같이 연결되어 있다.

## 멀티미터로 전류 측정하기

전류를 측정할 수 있도록 멀티미터를 전류계로 설정한다. 전류를 측정하기 위하여 회로와 직렬로 연결되어야 하므로 회로를 먼저 차단시켜야 한다. 그림 2-65를 참고하라.

◆ 그림 2-62의 회로도를 전류계를 삽입하여 다시 그려라.

◆ A, B, C의 측정 중 램프가 가장 밝은 것은? 그 이유를 설명하라.

◆ 전류계의 측정값이 A에서 B가 되게 하는 회로의 변경 방법을 열거하라.

◆ C처럼 측정되게 하는 회로의 조건을 열거하라.

## 멀티미터로 전압 측정하기

전압을 측정할 수 있도록 멀티미터를 전압계로 설정한다. 전압을 측정하고자 하는 회로의 두 점에 전압계를 연결한다. 그림 2-66을 참고하라.

◆ 어느 소자의 양단에서 전압 측정이 가능한가?

◆ 그림 2-62의 회로도에 전압계를 삽입하여 다시 그려라.

◆ A와 B 중 램프가 더 밝은 것은? 그 이유를 설명하라.

◆ 전압계의 측정 결과가 A에서 B가 되게 하는 회로의 변경 방법을 열거하라.

## 멀티미터로 저항 측정하기

저항을 측정할 수 있도록 멀티미터를 저항계로 설정한다. 저항을 측정하기 전에 측정하고자 하는 저항은 회로에서 분리한다. 그리고 회로의 소자를 분리하기 전에는 반드시 전원을 끈다. 그림 2-67을 참고하라.

▶ 그림 2-65

전류 측정. 원 안의 숫자는 멀티미터와 회로 간의 연결점을 가리킨다.

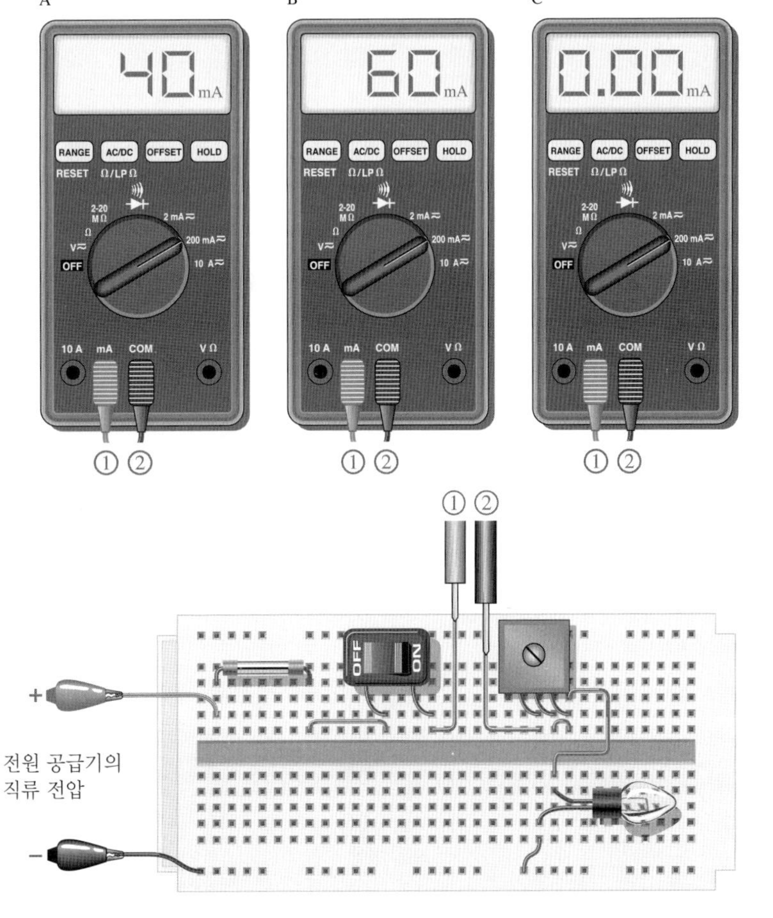

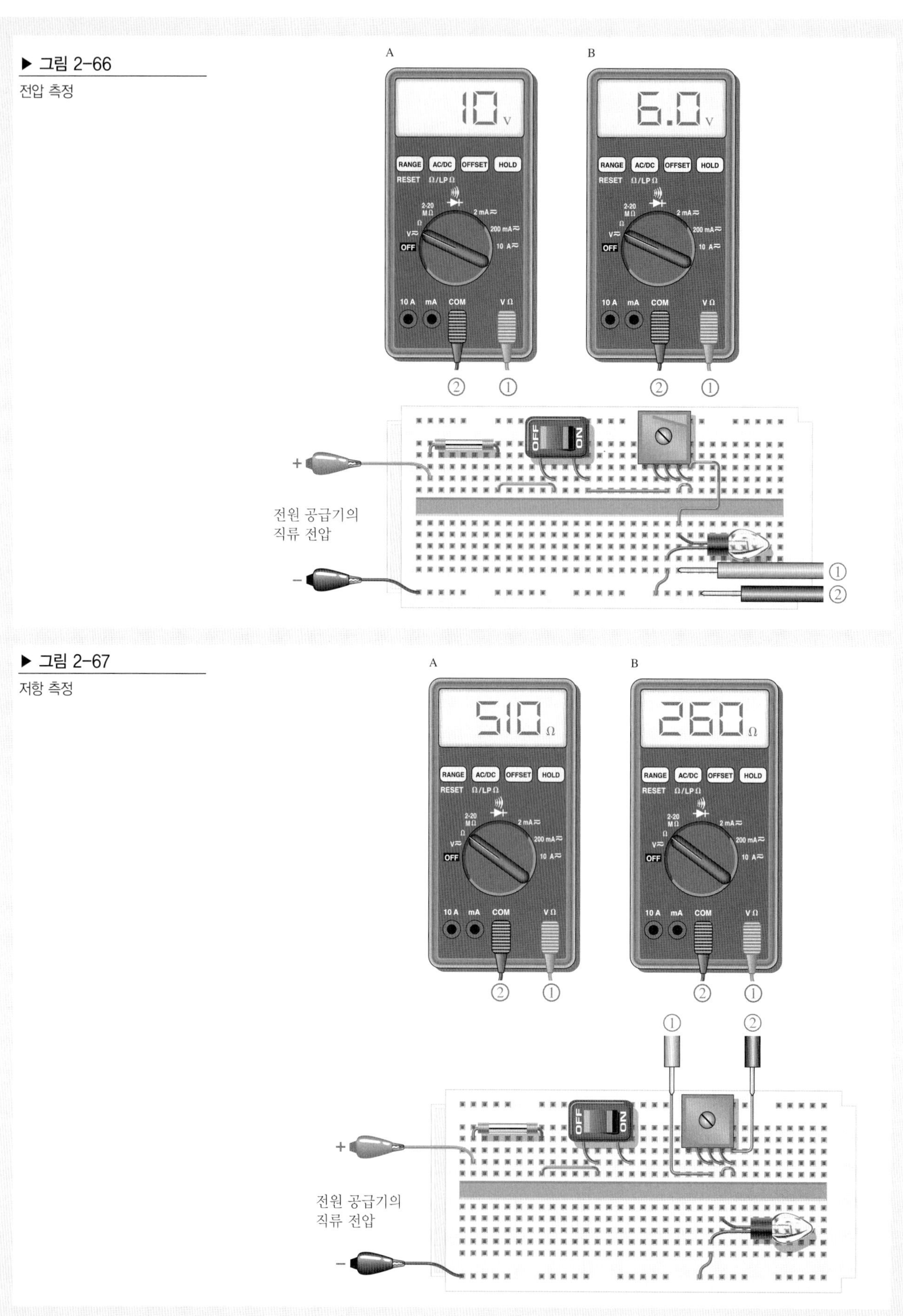


▶ 그림 2-66
전압 측정

▶ 그림 2-67
저항 측정

◆ 저항 측정이 가능한 소자는 무엇인가?
◆ 회로를 다시 연결하고 전원을 인가하였을 때, A와 B의 측정 결과 중 램프가 더 밝은 것은? 그 이유를 설명하라.

**복습문제**

1. 만약 계기판 회로에 인가되는 직류 전원 전압이 감소한다면 램프의 빛의 양은 어떻게 되겠는가? 설명하라.
2. 빛을 더 밝게 하기 위해서 전위차계의 저항은 크게 조절해야 하는가, 아니면 작게 조절해야 하는가?

## 요약

◆ 원자는 각 물질의 고유 특성을 지닌 가장 작은 입자이다.
◆ 원자의 최외각 전자(가전자)가 궤도를 벗어나면 자유전자가 된다.
◆ 자유전자는 전류가 흐르는 것이 가능하게 한다.
◆ 같은 극성의 전하는 서로 밀어내고 반대 극성의 전하는 서로 끌어당긴다.
◆ 전류를 생성하기 위해서는 반드시 회로에 전압을 인가해야 한다.
◆ 저항은 전류를 제한한다.
◆ 기본적으로 전기 회로는 전원과 부하, 그리고 전류의 경로(도선)로 구성되어 있다.
◆ 개회로는 전류의 경로가 개방되어 있는 회로이다.
◆ 폐회로는 전류의 완전한 경로가 형성된 회로이다.
◆ 전류계는 전류의 경로인 도선의 사이에 연결한다.
◆ 전압계는 전류의 경로 양단에 걸쳐 연결한다.
◆ 저항계는 저항 양단에 걸쳐 연결한다(저항은 회로에서 분리되어야 한다).
◆ 1 C은 $6.25 \times 10^{18}$개의 전자가 가진 전하량이다.
◆ 1 V는 1 C의 전하를 한 점에서 다른 점으로 이동시킬 때 1 J의 에너지가 사용된 경우 두 점 사이의 전위차(전압)이다.
◆ 1 A는 1 C의 전하가 도선의 한 단면을 1초 동안 지날 때의 전류량이다.
◆ 1 Ω은 1 V의 전압이 인가된 도체에 1 A의 전류가 흐를 때 도체의 저항이다.
◆ 그림 2-68은 이 장에서 소개된 전기 회로 기호이다.

▶ 그림 2-68

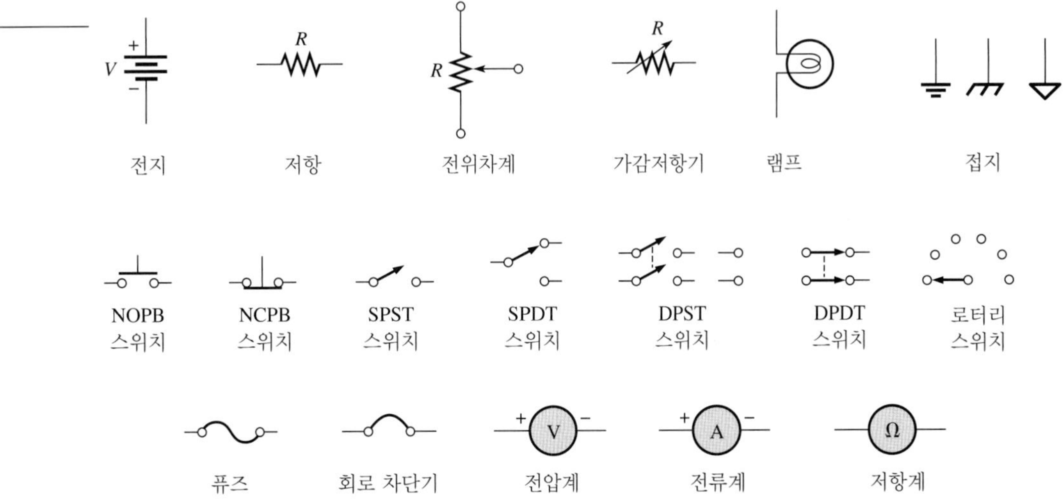

## 핵심 용어

**AWG**(American wire gage, 미국전선규격): 도선의 직경을 바탕으로 한 미국전선규격

**가감저항기**(rheostat): 두 개의 단자를 가진 가변 저항

**감전**(electrical shock): 신체에 전류가 흐르기 때문에 발생하는 신체적인 감각

**개회로**(open circuit): 전류의 완전한 경로가 형성되지 못한 개방 회로

**도체**(conductor): 전류가 잘 흐르는 물질로, 대표적인 물질로는 구리가 있음.

**디지털 멀티미터**(DMM: Digital multimeter): 전압, 전류 및 저항을 모두 측정할 수 있는 전자 장비

**반도체**(semiconductor): 도체와 절연체 중간 정도의 전도성을 가진 물체. 실리콘, 게르마늄 등

**볼트**(Volt, V): 전압 또는 기전력의 단위

**부하**(load): 회로의 출력단에 연결되어 전류를 소모하고 일을 하는 회로 소자

**암페어**(ampere, A): 전류의 단위

**옴**(Ohm, Ω): 저항의 단위

**원자**(atom): 각 물질의 고유 특성을 지닌 가장 작은 입자

**자유전자**(free electron): 모원자에서 떨어져 나와 물체의 원자 구조 내에서 원자와 원자 사이를 자유롭게 오가는 최외각 전자(가전자)

**저항**(resistance): 전류를 흐르지 못하게 하는 성질. 단위는 옴(Ω).

**저항계**(ohmmeter): 저항을 측정하는 계기

**전류**(current): 전하(전자) 흐름의 변화율

**전류계**(ammeter): 전류를 측정하기 위한 장비

**전류원**(current source): 부하가 변해도 항상 일정한 전류를 공급하는 장치

**전압**(voltage): 전자를 회로의 한 점에서 다른 점으로 이동하게 하는 단위 전하당 에너지

**전압계**(voltmeter): 전압을 측정하기 위한 계기

**전위차계**(potentiometer): 세 개의 단자를 가진 가변 저항

**전자**(electron): 물체를 구성하는 기본 입자. 전자는 음전하를 띰.

**전하**(charge): 전자의 과잉이나 부족으로 인해 발생하는 물체의 전기적 특성. 전하는 양전하와 음전하가 있음.

**절연체**(insulator): 정상 상태에서는 전류가 흐르지 않는 물체

**접지**(ground): 회로의 공통단자 또는 기준점

**지멘스**(Siemens, S): 컨덕턴스의 단위

**컨덕턴스**(conductance): 회로에서 전류를 흘리는 능력. 단위는 지멘스(S).

**쿨롱**(Coulomb, C): 전하의 단위. 1 C은 $6.25 \times 10^{18}$개의 전자로 구성되어 있음.

**폐회로**(closed circuit): 전류의 경로가 형성되어 있는 회로

**회로**(circuit): 원하는 결과를 얻기 위한 전기 소자들의 상호연결. 기본 전기 회로는 전원과 부하, 그리고 전류의 경로(도선)로 구성되어 있음.

## 주요 공식

**2-1** $$Q = \frac{\text{전자의 수}}{6.25 \times 10^{18}\text{개/C}}$$ 전하

**2-2** $$V = \frac{W}{Q}$$ 전압은 에너지 나누기 전하

| | | |
|---|---|---|
| 2-3 | $I = \frac{Q}{t}$ | 전류는 전하 나누기 시간 |
| 2-4 | $G = \frac{1}{R}$ | 컨덕턴스는 저항의 역수 |
| 2-5 | $A = d^2$ | 단면적은 직경의 제곱 |
| 2-6 | $R = \frac{\rho l}{A}$ | 저항은 저항률 곱하기 길이 나누기 단면적 |

## 자기 진단

**1.** 원자 번호 3인 중성 원자에는 몇 개의 전자가 있는가?
(a) 1 (b) 3
(c) 없음 (d) 원자의 종류에 따라 다름

**2.** 전자 궤도는 무엇이라 불리는가?
(a) 각(shell) (b) 여러 개의 핵(nuclei)
(c) 전파 (d) 원자가(valence)

**3.** 전압이 인가되어도 전류가 흐르지 않는 물체를 무엇이라 하는가?
(a) 여파기 (b) 도체 (c) 절연체 (d) 반도체

**4.** 양으로 대전된 물체와 음으로 대전된 물체가 가까이 놓이면 어떻게 되는가?
(a) 밀어낸다 (b) 중성이 된다
(c) 끌어당긴다 (d) 전하를 교환한다

**5.** 전자 한 개의 전하량은 얼마인가?
(a) $6.25 \times 10^{-18}$ C (b) $1.6 \times 10^{-19}$ C
(c) $1.6 \times 10^{-19}$ J (d) $3.14 \times 10^{-6}$ C

**6.** **전위차**를 다른 말로 하면 무엇인가?
(a) 에너지 (b) 전압
(c) 핵으로부터 전자의 거리 (d) 전하

**7.** 에너지의 단위는 무엇인가?
(a) W (b) C (c) J (d) V

**8.** 다음 중 에너지원이 아닌 것은 무엇인가?
(a) 전지 (b) 태양전지 셀 (c) 발전기 (d) 전위차계

**9.** 다음 중 전기 회로에서 가능하지 않은 경우는 무엇인가?
(a) 전압은 있고 전류는 없는 경우 (b) 전류는 있고 전압은 없는 경우
(c) 전압과 전류가 있는 경우 (d) 전류와 전압이 모두 없는 경우

**10.** 전류의 정의는 무엇인가?
(a) 자유전자 (b) 자유전자가 흐르는 변화율
(c) 전자를 움직이는 데 필요한 에너지 (d) 자유전자의 전하량

**11.** 회로에 전류가 흐르지 않는 경우는 무엇인가?
(a) 스위치가 닫혔을 경우 (b) 스위치가 열렸을 경우

(c) 전압이 없을 경우 (d) (a)와 (c)의 경우

(e) (b)와 (c)의 경우

**12.** 저항의 가장 큰 목적은 무엇인가?

(a) 전류를 증가시킨다. (b) 전류를 제한한다.

(c) 열을 발생시킨다. (d) 전류의 변화를 방지한다.

**13.** 전위차계와 가감저항기는 무엇의 종류인가?

(a) 전압원 (b) 가변 저항기 (c) 고정 저항기 (d) 회로 차단기

**14.** 주어진 회로의 전류는 22 A를 넘지 않는다. 어느 퓨즈를 사용하는 것이 가장 적당한가?

(a) 10 A (b) 25 A

(c) 20 A (d) 퓨즈는 필요하지 않다

## 문제

### 2-2 전하

**1.** 구리 원자의 핵이 가지고 있는 전하량은 얼마인가?

**2.** 염소 원자의 핵이 가지고 있는 전하량은 얼마인가?

**3.** $50 \times 10^{31}$개의 전자에는 얼마의 전하가 있는가?

**4.** 몇 개의 전자가 모여야 80 $\mu$C의 전하가 되는가?

### 2-3 전압, 전류 및 저항

**5.** 다음 경우의 전압을 구하라.

(a) 10 J/C (b) 5 J/2 C (c) 100 J/25 C

**6.** 저항을 통하여 100 C의 전하를 움직이는 데 500 J의 에너지가 사용되었다. 저항 양단의 전압은 얼마인가?

**7.** 저항을 통하여 40 C의 전하를 움직이는 데 800 J의 에너지를 사용하였다면 전지의 전압은 얼마인가?

**8.** 회로에서 12 V의 전지가 2.5 C의 전하를 움직이는 데 필요한 에너지는 얼마인가?

**9.** 2 A의 전류가 흐르는 저항이 1000 J의 전기 에너지를 15초 동안 열로 변환한다면 저항 양단의 전압은 얼마인가?

**10.** 다음 경우의 전류를 구하라.

(a) 1초 동안 75 C (b) 0.5초 동안 10 C (c) 2초 동안 5 C

**11.** 3초 동안 6/10 C의 전하가 한 점을 지날 때 전류는 얼마인가?

**12.** 전류가 5 A인 경우 10 C의 전하가 한 점을 지나는 데 걸리는 시간은 얼마인가?

**13.** 전류가 1.5 A인 경우 0.1초 동안 한 점을 지나는 전하는 얼마인가?

**14.** $5.74 \times 10^{17}$개의 전자가 250 ms 동안 도선을 통과한다면 전류는 몇 A인가?

**15.** 다음의 각 저항에 대한 컨덕턴스를 구하라.

(a) 5 Ω (b) 25 Ω (c) 100 Ω

**16.** 다음의 컨덕턴스에 해당하는 저항을 구하라.

(a) 0.1 S (b) 0.5 S (c) 0.02 S

## 2-4 전압원과 전류원

**17.** 일반적인 전압원 네 가지를 열거하라.

**18.** 전기 발전기는 어떤 원리를 바탕으로 하는가?

**19.** 전자 전원 공급기는 다른 전압원과 어떻게 다른가?

**20.** 어떤 전류원이 1 KΩ의 부하에 100 mA의 전류를 공급한다면 저항이 500 Ω으로 감소하는 경우에 부하에 흐르는 전류는 얼마인가?

## 2-5 저항

**21.** 다음 4색띠 저항의 저항 값과 오차를 구하라.

(a) 적색, 보라색, 주황색, 금색 (b) 갈색, 회색, 적색, 은색

**22.** 문제 21의 저항에 대해 허용오차 내에서의 최대와 최소 저항 값을 구하라.

**23.** 4색띠 저항을 사용하고 5% 오차를 가정한 경우, 저항 330 Ω, 2.2 kΩ, 56 kΩ, 100 kΩ, 39 kΩ의 저항에 대응하는 색띠를 구하라.

**24.** 다음 4색띠 저항의 저항 값과 오차를 구하라.

(a) 갈색, 흑색, 흑색, 금색

(b) 녹색, 갈색, 녹색, 은색

(c) 청색, 회색, 흑색, 금색

**25.** 4색띠 저항을 사용하고 5% 오차를 가정한 경우, 다음 저항에 대응하는 색띠를 구하라.

(a) 0.47 Ω (b) 270 kΩ (c) 5.1 MΩ

**26.** 다음 5색띠 저항의 저항 값과 오차를 구하라.

(a) 적색, 회색, 보라색, 적색, 갈색

(b) 청색, 흑색, 황색, 금색, 갈색

(c) 백색, 주황색, 갈색, 갈색, 갈색

**27.** 5색띠 저항을 사용하고 1% 오차를 가정한 경우, 다음 저항에 대응하는 색띠를 구하라.

(a) 14.7 kΩ (b) 39.2 Ω (c) 9.76 kΩ

**28.** 선형 전위차계의 조정 가능한 중간 단자가 기계적으로 중간 위치에 오도록 조절되었다. 전위차계 전체 저항이 1000 Ω일 때 전위차계의 중간 단자와 각 끝 단자 사이의 저항은 얼마인가?

**29.** 4K7과 같이 표기된 저항 값은 얼마인가?

**30.** 다음과 같이 표시된 저항기의 저항 값과 허용오차를 구하라.

(a) 4R7J (b) 5602M (c) 1501F

## 2-6 전기 회로

**31.** 그림 2-69(a)에서 스위치가 2의 위치에 있을 때 전류의 경로를 그려라.

**32.** 그림 2-69(d)에서 스위치 위치를 어느 쪽이든 하나로 정하고, 과전류로부터 회로를 보호하는 퓨즈를 삽입하여 회로를 다시 그려라.

**33.** 그림 2-69에서 동시에 모든 램프를 켤 수 있는 회로가 있다. 어느 회로인지 골라라.

▶ 그림 2-69

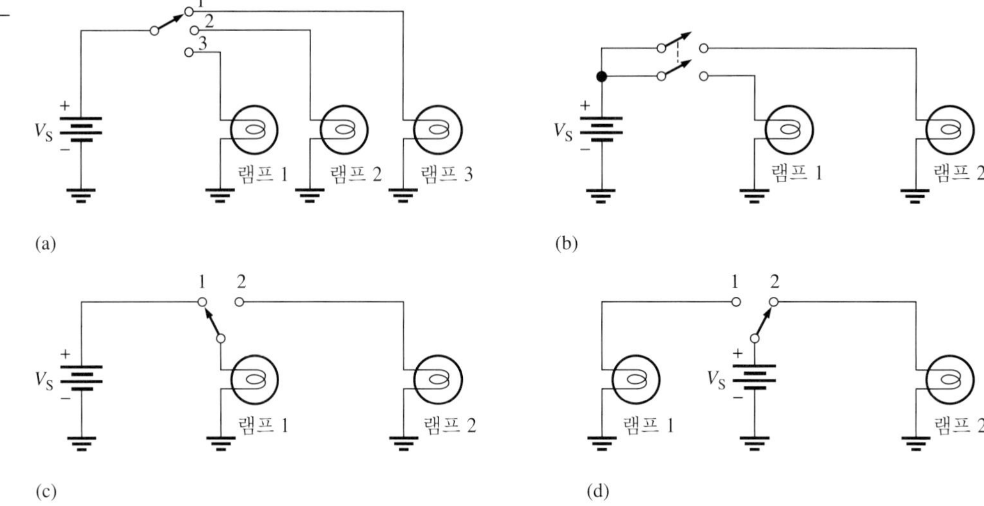


**34.** 그림 2-70의 회로에 연결된 저항 중 스위치의 위치에 관계없이 항상 전류가 흐르는 저항은 무엇인가?

▶ 그림 2-70

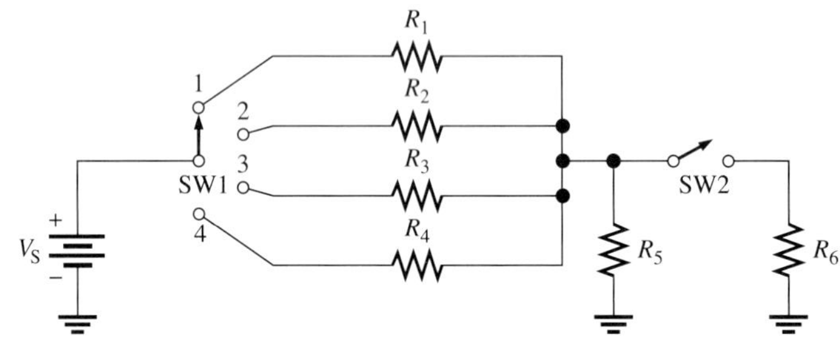


***35.** 두 개의 전압원($V_{S1}$과 $V_{S2}$)이 동시에 두 개의 저항($R_1$과 $R_2$) 중 하나에 다음과 같이 연결되도록 스위치를 설치하라.

$V_{S1}$은 $R_1$, $V_{S2}$는 $R_2$에 연결

$V_{S1}$은 $R_2$, $V_{S2}$는 $R_1$에 연결

**36.** 그림 2-71에 스테레오 시스템의 각 부분을 블록으로 나타내었다. 조절 손잡이 하나로 전축, 녹음기, AM 라디오, FM 라디오, CD 플레이어를 증폭기에 연결하는 데 스위치가 어떻게 이용되는지를 보여라. 단, 한 번에 한 부분만이 증폭기에 연결될 수 있다.

▶ 그림 2-71

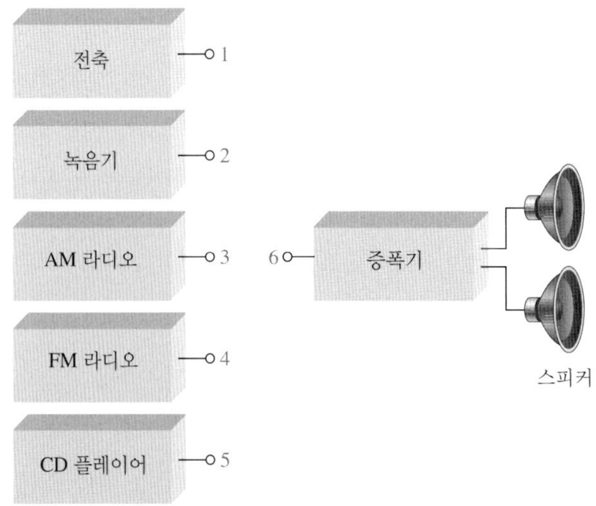

### 2-7 기초 회로 측정

**37.** 그림 2-72의 회로에서 전원 전압과 전류를 측정하기 위한 전압계와 전류계를 표시하라.

**38.** 그림 2-72에서 회로의 저항 $R_2$를 측정하는 방법을 설명하라.

▶ 그림 2-72

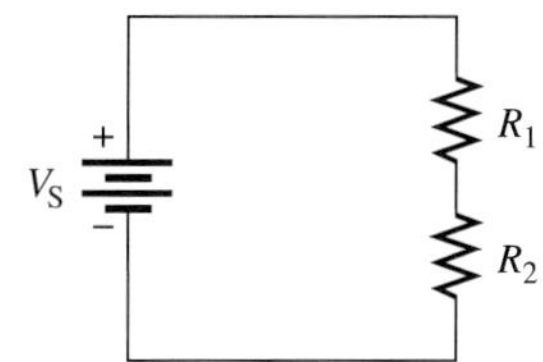


**39.** 그림 2-73에서 스위치가 1의 위치에 있을 때 각 멀티미터의 전압은 얼마인가? 스위치가 2의 위치일 때는?

▶ 그림 2-73

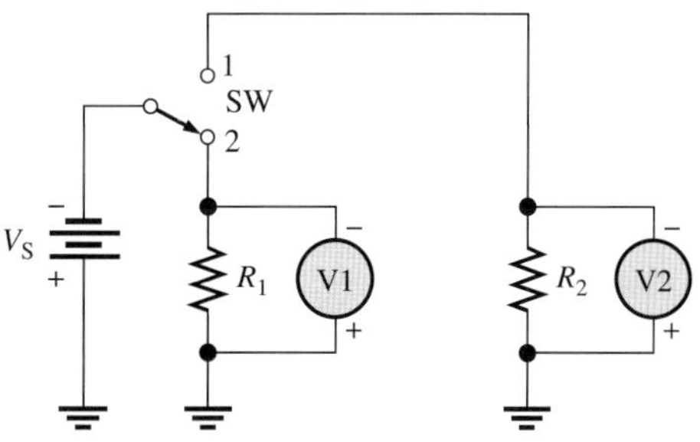


**40.** 그림 2-73에서 스위치의 위치에 관계없이 전압 전원으로부터 전류를 측정할 수 있도록 전류계를 연결하는 방법을 설명하라.

**41.** 그림 2-70에서 각 저항을 통해 흐르는 전류와 전지에서 공급되는 전류를 측정할 수 있도록 전류계를 적절한 위치에 삽입하라.

**42.** 그림 2-70에서 각 저항 양단의 전압을 측정할 수 있도록 전압계를 적절한 위치에 삽입하라.

**43.** 그림 2-74에서 아날로그 멀티미터의 전압은 얼마인가?

▶ 그림 2-74

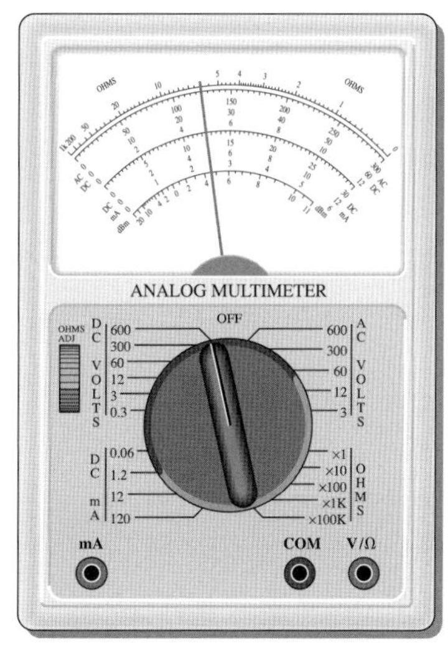

**44.** 그림 2-75의 저항계 눈금에 나타난 저항은 얼마인가?

**45.** 저항계의 눈금과 스위치 설정이 다음과 같은 경우에 해당되는 저항을 구하라.

(a) 지시침은 2, 스위치는 ×10

(b) 지시침은 15, 스위치는 ×100,000

(c) 지시침은 45, 스위치는 ×100

**46.** $4\frac{1}{2}$자리 DMM의 최대 분해도는 얼마인가?

**47.** 다음의 각 값을 측정하기 위해 그림 2-76의 회로에 그림 2-75의 멀티미터를 연결하는 방법을 설명하라.

(a) $I_1$　　(b) $V_1$　　(c) $R_1$

▶ 그림 2-75

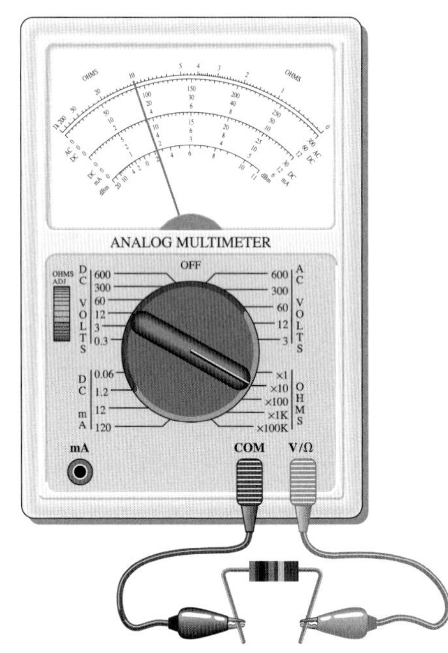


▶ 그림 2-76

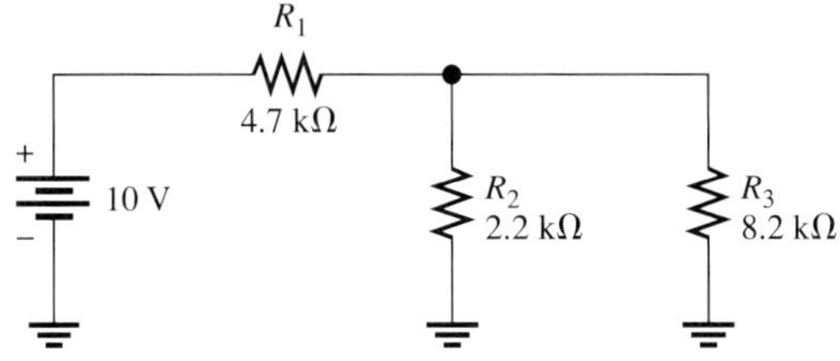


## 복습문제 해답

### 2-1 원자 구조

**1.** 전자는 음전하의 기본 입자이다.

**2.** 원자는 각 물질의 고유 특성을 지닌 가장 작은 입자이다.

**3.** 원자는 양으로 대전된 핵과 핵 주위의 궤도를 도는 전자들로 이루어진다.

**4.** 원자 번호는 핵 안의 양성자 수이다.

**5.** 아니다. 각 물질은 다른 종류의 원자를 갖고 있다.

**6.** 자유전자는 모원자로부터 벗어난 외각 전자이다.

**7.** 전자각이란 원자의 핵을 주위를 돌고 있는 전자들의 에너지대이다.

**8.** 구리와 은

## 2-2 전하

**1.** $Q$ = 전하

**2.** 전하의 단위: C(쿨롱)

**3.** 양전하와 음전하는 각각 최외각 전자(가전자)를 잃거나 얻음으로써 발생한다.

**4.** $$Q = \frac{10 \times 10^{12}\text{개}}{6.25 \times 10^{18}\text{개/C}} = 1.6 \times 10^{-6}\text{C} = 1.6\ \mu\text{C}$$

## 2-3 전압, 전류 및 저항

**1.** 전압은 단위 전하당 에너지이다.

**2.** 전압의 단위는 V이다.

**3.** $V = W/Q$ = 24 J/10 C = 2.4 V

**4.** 전류는 전자 흐름의 변화율이며, 단위는 A이다.

**5.** 전자수/전하량 = $6.25 \times 10^{18}$

**6.** $I = Q/t$ = 20 C/4 s = 5 A

**7.** 저항은 전류를 방해하는 성질이다.

**8.** 저항의 단위는 옴(Ω)이다.

**9.** 1 V의 전압이 1 A의 전류를 흐르게 할 때 1 Ω의 저항이 존재한다.

## 2-4 전압원과 전류원

**1.** 전압원은 부하가 변동해도 일정한 전압을 공급하는 장치이다.

**2.** 전지는 화학 에너지를 전기 에너지로 변환시킨다.

**3.** 태양전지 셀은 광기전력 효과를 이용하여 빛 에너지를 전기 에너지로 변화시킨다.

**4.** 발전기는 전자기 유도 법칙을 바탕으로 자기장 속에서 회전하는 도체에 의하여 전압이 발생한다.

**5.** 전자 전원 공급기는 교류 전압을 직류 전압으로 변환시킨다.

**6.** 전류원은 부하가 변동해도 일정한 전류를 공급하는 장치이다.

**7.** 트랜지스터

## 2-5 저항

**1.** 저항기의 두 가지 범주는 고정 저항과 가변 저항이다. 고정 저항의 저항 값은 변화시킬 수 없는 반면, 가변 저항의 저항 값은 변화시킬 수 있다.

**2.** 첫째 띠: 저항 값의 첫 번째 수, 둘째 띠: 저항 값의 두 번째 수, 셋째 띠: 배수(앞의 두 수에 붙는 영의 개수), 넷째 띠: % 허용오차

**3.** (a) 27 kΩ ± 10% (b) 100 Ω ± 10%
(c) 5.6 MΩ ± 5% (d) 6.8 kΩ ± 10%
(e) 33 Ω ± 10% (f) 47 kΩ ± 5%

**4.** 330 Ω: (b), 2.2 kΩ: (d), 56 kΩ: (e), 100 kΩ: (f), 39 kΩ: (a)

**5.** (a) 33R = 33 Ω (b) 5K6 = 5.6 KΩ (c) 900 = 900 Ω (d) 6M8 = 6.8 MΩ

**6.** 가감저항기는 단자가 두 개이고, 전위차계는 단자가 세 개이다.

**7.** 서미스터는 온도 변화에 따라 값이 변하는 저항이다.

### 2-6 전기 회로

**1.** 전기 회로는 전원과 부하, 그리고 전류의 경로(도선)로 구성되어 있다.

**2.** 개회로는 전류의 경로가 형성되지 않은 회로이다.

**3.** 폐회로는 전류의 완전한 경로가 형성된 회로이다.

**4.** 퓨즈는 재사용이 불가능하지만, 회로 차단기는 다시 설정이 가능하다.

**5.** AWG 3이 크다.

**6.** 접지는 공통단자 혹은 기준점이다.

### 2-7 기초 회로 측정

**1.** (a) 전류계는 전류를 측정한다.
(b) 전압계는 전압을 측정한다.
(c) 저항계는 저항을 측정한다.

**2.** 그림 2-77 참조

▶ 그림 2-77

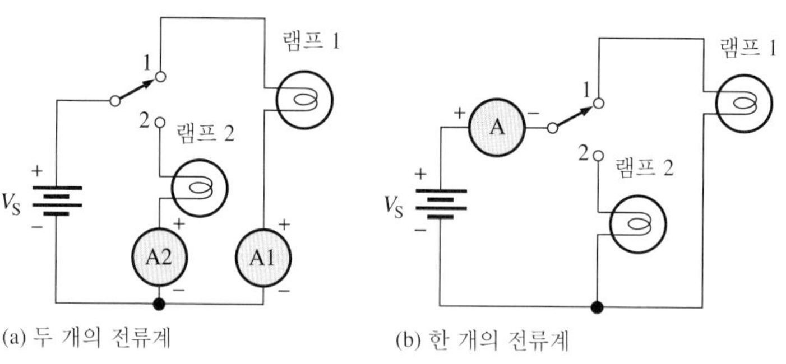


(a) 두 개의 전류계 (b) 한 개의 전류계

**3.** 그림 2-78 참조

▶ 그림 2-78

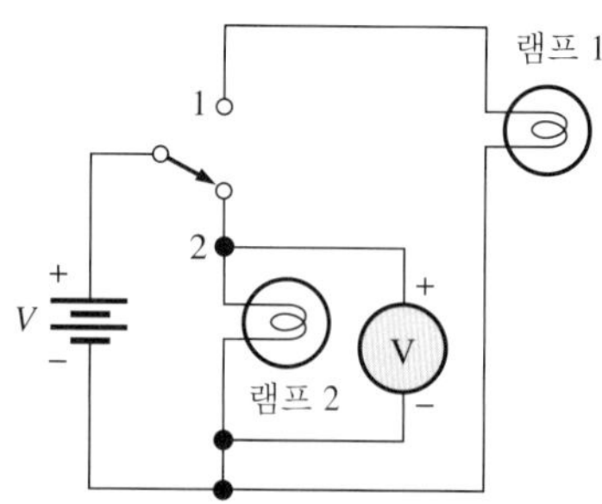


**4.** 두 가지 DMM 표시화면은 LCD와 LED이다. LCD는 전류 소모가 적은 반면, 어두운 곳에서는 읽기가 어렵고 응답 속도가 느리다. LED는 어두운 곳에서도 읽을 수 있고 응답이 빠르다. 그러나 LCD보다 더 많은 전류를 소비한다.

**5.** 분해도는 미터가 측정할 수 있는 물리량의 최소 증가값이다.

**6.** 1.5 V

**7.** 범위설정 스위치를 300에 놓고 ac-dc의 위쪽 눈금줄을 읽는다.

**8.** ×1000

### 2–8 전기 안전

**1.** 전류

**2.** 거짓

**3.** 거짓

**4.** 거짓

**5.** 참

### 회로 응용

**1.** 전압이 감소하면 빛의 양도 적어지는데, 이는 전류가 감소하기 때문이다.

**2.** 저항이 작을수록 더 많은 빛을 발한다.

## 관련 문제 해답

**2-1** $1.88 \times 10^{19}$개의 전자

**2-2** 600 J

**2-3** 12 C

**2-4** 4700 Ω ± 5%

**2-5** 47.5 Ω ± 2%

**2-6** 1.25 kΩ

**2-7** 2.25 CM

**2-8** 1.280 Ω, 계산 결과와 동일하다.

**2-9** 지시침은 '100'이 적힌 왼쪽으로 움직일 것이다.

## 자기 진단 해답

**1.** (b) **2.** (a) **3.** (c) **4.** (c) **5.** (b) **6.** (b) **7.** (c) **8.** (d)
**9.** (b) **10.** (b) **11.** (e) **12.** (b) **13.** (b) **14.** (c)

CHAPTER 3

# 옴의 법칙

## 이 장의 차례



## 이 장의 목표

- 옴의 법칙을 설명한다.
- 회로의 전류를 계산한다.
- 회로의 전압을 계산한다.
- 회로의 저항을 계산한다.
- 고장진단의 기본적인 접근 방법을 설명한다.

## 핵심 용어

- 고장진단
- 선형
- 옴의 법칙

## 회로 응용 소개

회로 응용에서는 실제 회로에서 옴의 법칙이 어떻게 적용되는지를 살펴볼 것이다. 기존의 실험도구를 새로운 곳에 응용하기 위해 수정해야 한다. 이 실험도구는 스위치로 여러 가지 저항 값을 선택할 수 있는 저항 상자인데 새로운 회로에 응용하기 위해 필요한 수정사항을 결정해야 하며 수정이 완료되면 시험 절차를 만들어야 할 것이다.

## 인터넷 학습자료

http://www.prenhall.com/floyd

## 이 장의 소개

2장에서는 전압, 전류 및 저항의 개념을 살펴보았으며, 기본적인 전기 회로에 대해서도 소개하였다. 이 장에서는 전압, 전류 그리고 저항의 상관관계를 알아보고, 간단한 회로의 해석 방법도 배운다.

옴의 법칙은 전기 회로를 해석하는 데 유일하면서도 가장 중요한 수단으로, 어떻게 적용하는지 반드시 알고 있어야 한다.

1826년 옴은 전류, 전압 및 저항이 명확하고 예측 가능한 방법으로 서로 연관되어 있음을 발견하였다. 옴은 이러한 관계를 오늘날 옴의 법칙으로 알려진 공식으로 표현하였다. 이 장에서는 옴의 법칙과 이 법칙을 이용하여 회로의 문제를 해결하는 방법을 배울 것이다. 분석, 계획 및 측정(APM) 방법을 이용한 일반적인 고장진단 기법 또한 소개할 것이다.

## 3-1 전류, 전압 및 저항의 관계

옴의 법칙은 회로에서 전압, 전류 및 저항의 상관관계를 수학적으로 보여준다. 옴의 법칙은 어떤 물리량을 구하느냐에 따라서 세 가지 형태의 식으로 표현된다. 전류와 전압은 선형적으로 비례하고, 전류와 저항은 반비례한다는 것을 배운다.

이 절의 학습 내용은 다음과 같다.

- **옴의 법칙**
  - *V*, *I*와 *R*의 상관관계
  - *I*를 *V*와 *R*의 함수로 표현
  - *V*를 *I*와 *R*의 함수로 표현
  - *R*을 *V*와 *I*의 함수로 표현
  - 그래프를 통해 살펴본 *I*와 *V*의 비례관계
  - 그래프를 통해 살펴본 *I*와 *R*의 반비례관계
  - 왜 *I*와 *V*가 선형적 비례관계에 있는가를 설명

옴(Ohm)은 실험에 의해 저항의 양단에 인가하는 전압이 증가하면 저항에 흐르는 전류 역시 증가하고, 전압이 감소하면 전류 역시 감소한다는 것을 알았다. 예를 들어 전압이 두 배가 되면 전류도 두 배가 되며, 전압이 반으로 감소하면 전류도 반으로 감소한다. 그림 3-1에 이 관계를 멀티미터에 측정되는 전압과 전류의 상대적인 값으로 나타내었다.

▶ 그림 3-1
저항이 일정한 경우 전압의 변화가 전류에 미치는 영향

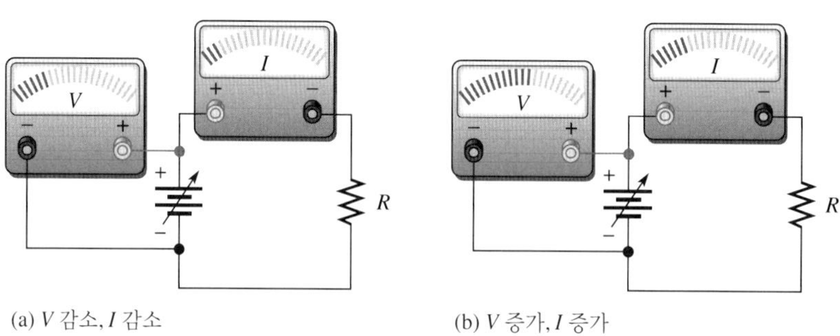


(a) *V* 감소, *I* 감소 (b) *V* 증가, *I* 증가

또한 옴의 법칙은 전압이 일정하게 유지되면, 저항이 작을수록 전류가 커지고 저항이 클수록 전류가 작아진다는 것을 말해 준다. 예를 들어 저항이 반으로 줄면 전류는 두 배로 커지며, 저항이 두 배로 증가하면 전류는 반으로 감소한다. 이러한 개념을 그림 3-2에서 멀티미터의 지시 값으로 나타내었으며, 여기서 전압은 일정하게 유지하고 저항을 증가시켰다.

▶ 그림 3-2
전압이 일정한 경우 저항의 변화가 전류에 미치는 영향

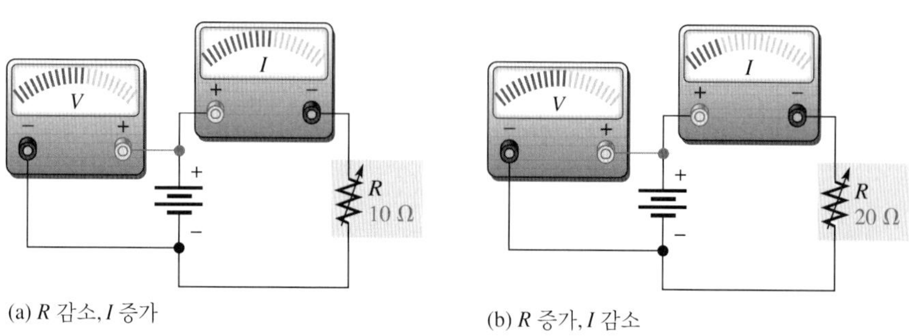


(a) *R* 감소, *I* 증가 (b) *R* 증가, *I* 감소

**옴의 법칙**(Ohm's law)에서 전류는 전압에 비례하고 저항에 반비례한다. 그림 3-1과 3-2의 회로는 옴의 법칙을 설명한 것으로, 다음과 같은 수식으로 표현된다.

$$I = \frac{V}{R} \tag{3-1}$$

여기서 $I$는 전류이며 단위는 A, $V$는 전압이고 단위는 V이고, $R$은 저항이고 단위는 Ω이다. $R$의 값이 일정한 경우, $V$의 값이 증가하면 $I$의 값도 증가하고, $V$의 값이 감소하면 $I$도 감소한다. 마찬가지로 $V$가 일정한 경우, $R$이 증가하면 $I$는 감소함을 알 수 있다.

식 (3-1)을 사용하면, 전압과 저항을 알고 있을 때 전류를 구할 수 있다. 식 (3-1)을 정리하여 전압과 저항에 관한 식도 얻을 수 있다.

$$V = IR \tag{3-2}$$

$$R = \frac{V}{I} \tag{3-3}$$

식 (3-2)를 사용하면, 전류와 저항을 알고 있을 때 전압을 구할 수 있다. 식 (3-3)을 이용하면 전압과 전류를 알고 있을 경우 저항을 구하고자 할 때 사용할 수 있다.

식 (3-1), (3-2) 및 (3-3)은 모두 같은 수식이다. 이들 식은 단지 옴의 법칙을 세 가지의 다른 형태로 표현한 것에 불과하다.

## 전류와 전압의 선형적 비례관계

저항 회로에서 전류와 전압은 선형적으로 비례한다. **선형**(linear)의 의미는 저항 값이 상수라고 가정한 경우, 어느 한쪽이 특정 백분율로 증가하거나 감소하면 다른 쪽도 같은 백분율로 증가하거나 감소함을 의미한다. 예를 들어, 저항 양단의 전압이 3배가 되면 전류도 3배가 된다.

**예제 3–1** 그림 3-3의 회로에서 전압이 이전보다 3배 증가한다면 전류도 3배 증가함을 보여라.

▶ 그림 3–3

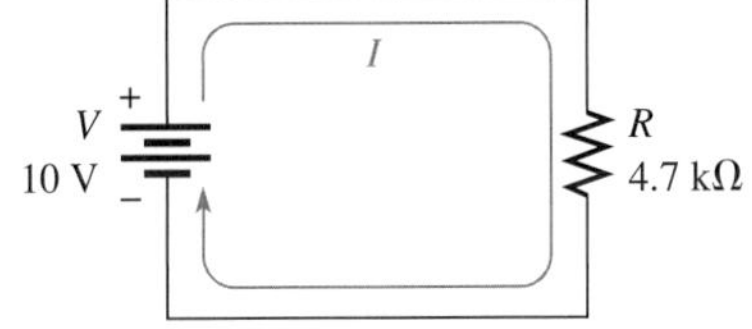


**풀이** 전압이 10 V일 때, 전류는

$$I = \frac{V}{R} = \frac{10\text{ V}}{4.7\text{ k}\Omega} = \mathbf{2.13\text{ mA}}$$

전압을 30 V로 하면, 전류는

$$I = \frac{V}{R} = \frac{30\text{ V}}{4.7\text{ k}\Omega} = \mathbf{6.38\text{ mA}}$$

전압이 3배가 되어 30 V가 될 때 전류도 2.13 mA에서 6.38 mA로 된다.

**관련 문제** 그림 3-3의 회로에서 전압이 이전보다 4배 증가한다면 전류도 4배 증가하는가?

저항이 고정 값을 가진 경우를 생각해 보자. 그림 3-4(a)에서 저항의 값이 10 Ω일 때 10 V에서 100 V 범위의 여러 전압에 대응하는 전류 값을 계산해 보자. 전류 값은 3-4(b)와 같다. $I$ 값 대 $V$ 값의 그래프를 그림 3-4(c)에 나타내었다. 결과가 직선 그래프임을 주목하라. 즉, 이 그래프는 전압의 변화가 전류의 변화와 선형적 비례관계에 있음을 알려 준다. 저항 값 $R$이 얼마이든 $R$이 상수이면, $I$ 대 $V$의 그래프는 항상 직선이 된다.

▶ **그림 3-4**

회로 (a)에 대한 전류 대 전압의 그래프

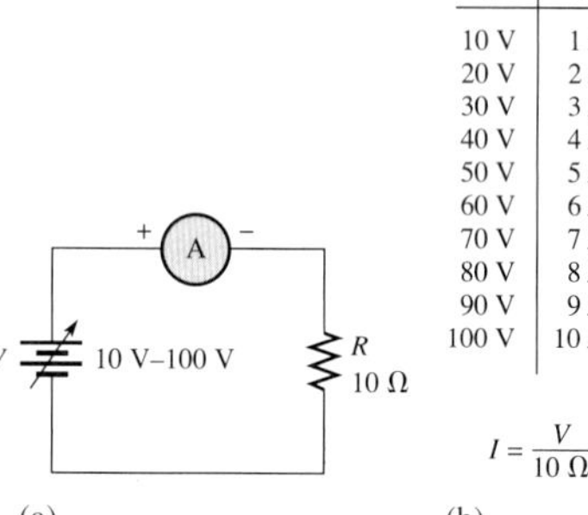


(a)

| $V$ | $I$ |
|---|---|
| 10 V | 1 A |
| 20 V | 2 A |
| 30 V | 3 A |
| 40 V | 4 A |
| 50 V | 5 A |
| 60 V | 6 A |
| 70 V | 7 A |
| 80 V | 8 A |
| 90 V | 9 A |
| 100 V | 10 A |

$$I = \frac{V}{10\ \Omega}$$

(b)

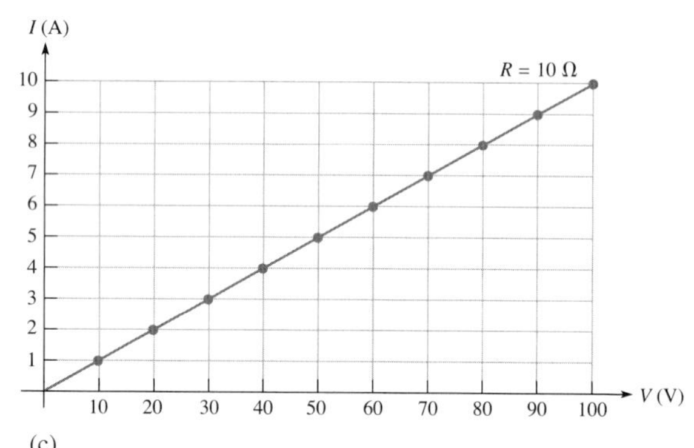


(c)

**예제 3-2** 25 V로 동작되는 회로의 전류를 측정하였다. 전류계는 50 mA를 가리키고 있다. 한참 후에 전류가 40 mA로 떨어졌음을 알았다. 저항은 변화하지 않았다고 가정하면 전압원이 변화한 것이라는 결론이 나온다. 전압은 얼마나 변했으며 그 값은 얼마인가?

**풀이** 전류가 50 mA에서 40 mA로 떨어져 20% 감소하였다. 전압이 전류와 선형적 비례관계에 있으므로 전압은 전류와 같은 비율로 감소했을 것이다. 25 V의 20%는 다음과 같다.

$$\text{전압 변화} = (0.2)(25\text{ V}) = \mathbf{5\text{ V}}$$

이 변화분을 처음 전압 값에서 빼면 새로운 전압 값이 된다.

$$\text{새 전압} = 25\text{ V} - 5\text{ V} = \mathbf{20\text{ V}}$$

여기서 새로운 전압 값을 구하는 데 저항은 필요치 않음을 유의하자.

**관련 문제** 같은 조건에서 전류가 0 A로 떨어졌다면 전압은 얼마인가?

## 전류와 저항의 반비례관계

이미 예시한 바와 같이 옴의 법칙, $I = V/R$에 의해 전류는 저항과 반비례한다. 저항이 감소하면 전류는 증가하고, 저항이 증가하면 전류는 감소한다. 예를 들어 전압이 변하지 않을 때 저항이 반으로 줄어들면 전류는 2배가 되고, 저항이 2배가 되면 전류는 반으로 준다.

전압이 일정한 경우를 고려해 보자. 예를 들어, 그림 3-5(a) 회로처럼 10 V의 고정 전압에 대해 10 Ω과 100 Ω 사이의 저항 값들에 대응하는 전류를 구해 보자. 그 결과 값들은 그림 3-5(b)에 나타내었다. $I$ 값 대 $R$ 값의 그래프를 그림 3-5(c)에 나타내었다.

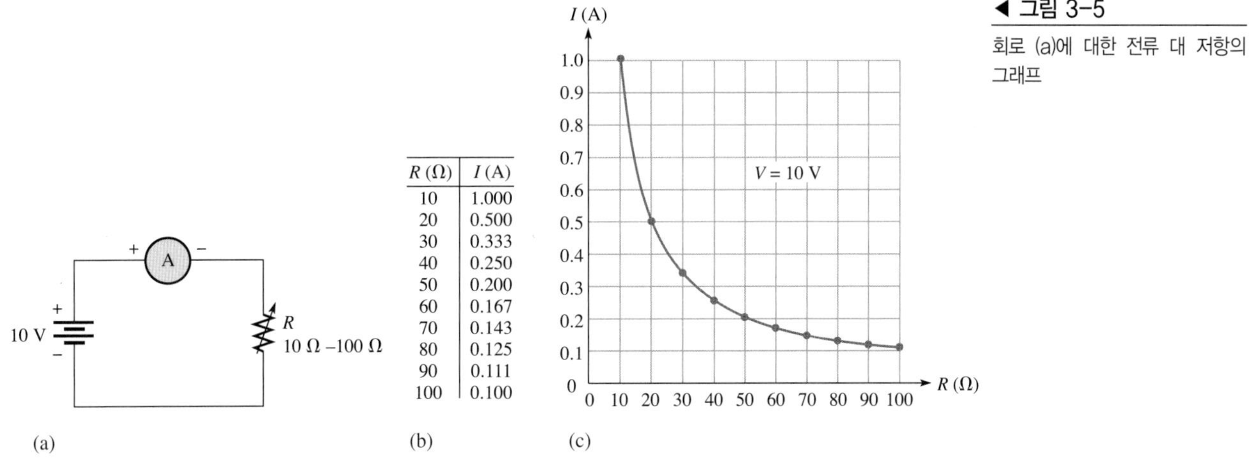


| R (Ω) | I (A) |
|---|---|
| 10 | 1.000 |
| 20 | 0.500 |
| 30 | 0.333 |
| 40 | 0.250 |
| 50 | 0.200 |
| 60 | 0.167 |
| 70 | 0.143 |
| 80 | 0.125 |
| 90 | 0.111 |
| 100 | 0.100 |

◀ **그림 3-5**
회로 (a)에 대한 전류 대 저항의 그래프

**복습문제 3-1**

1. 옴의 법칙은 세 가지 기본 물리량의 관계를 정의한다. 이 세 가지 양은 무엇인가?
2. 전류를 구하기 위한 옴의 법칙을 써라.
3. 전압을 구하기 위한 옴의 법칙을 써라.
4. 저항을 구하기 위한 옴의 법칙을 써라.
5. 만약 고정 저항에 전압이 3배로 인가되면, 전류는 증가하는가 감소하는가? 그리고 얼마나 증가 또는 감소하는가?
6. 만약 고정 저항에 전압이 반으로 줄어 인가되면, 전류는 얼마나 변화하는가?
7. 저항에 일정한 전압을 인가하여, 1 A의 전류를 측정할 수 있었다. 만약 저항 값이 두 배인 다른 저항으로 대체하면 측정되는 전류의 값은 얼마인가?
8. 회로에 두 배의 전압을 인가하고, 저항을 반으로 줄이면 전류는 증가하는가 감소하는가? 그리고 얼마나 증감하는가?
9. $V$ = 2 V이고 $I$ = 10 mA인 회로에서 $V$가 1 V로 변화되면 $I$는 얼마인가?
10. 특정 전압 값에서 $I$ = 3 A라면 전압이 2배로 되었을 때는 어떻게 되겠는가?

## 3-2 전류 계산

이 절에서는 옴의 법칙 $I = V/R$로부터 전류를 구하는 방법을 살펴본다.

이 절의 학습 내용은 다음과 같다.

- **회로의 전류를 계산하는 방법**
  - 전압과 저항을 알고 있을 때 옴의 법칙을 사용하여 전류를 구하는 방법
  - 미터법 접두기호로 표현된 전압과 저항의 사용

다음의 예에서 공식 $I = V/R$을 이용한다. A 단위의 전류를 구하기 위해서 전압은 V, 저항은 Ω 단위로 표현되어야 한다.

**예제 3-3** 그림 3-6의 회로에 흐르는 전류는 얼마인가?

▶ 그림 3-6

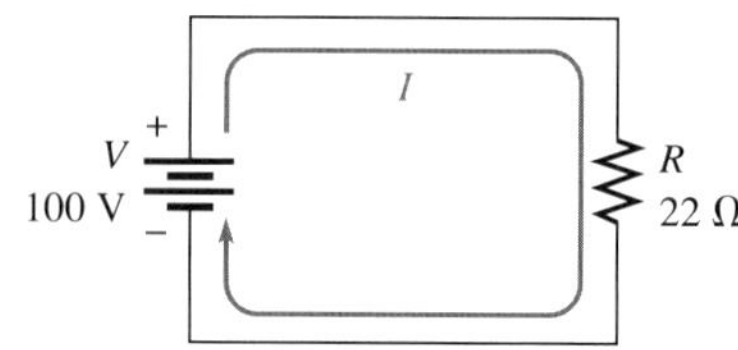


풀이 식 $I = V/R$에 $V$ 대신 100 V와 $R$ 대신 22 Ω을 대입한다.

$$I = \frac{V}{R} = \frac{100\ \text{V}}{22\ \Omega} = \mathbf{4.55\ A}$$

관련 문제 그림 3-6에서 $R$이 33 Ω으로 바뀌면 전류는 얼마인가?

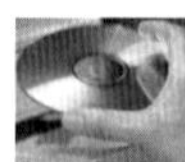

Multisim 파일 E03-03을 사용하여 [예제 3-3]과 [관련 문제]의 계산 결과를 확인하라.

**예제 3-4** 그림 3-6의 회로에서 $R$이 47 Ω으로, 전압이 50 V로 바뀌면 전류는 얼마인가?

풀이 식 $I = V/R$에 $V$ 대신 50 V와 $R$ 대신 47 Ω을 대입한다.

$$I = \frac{V}{R} = \frac{50\ \text{V}}{47\ \Omega} = \mathbf{1.06\ A}$$

관련 문제 $V = 5$ V, $R = 1000$ Ω이면 전류는 얼마인가?

## 미터법 접두기호를 사용한 단위

전자공학에서는 수천 옴이나 수백만 옴의 크기를 가진 저항이 흔히 사용된다. 크기가 큰 저항을 나타내기 위하여 접두기호 kilo(k)나 mega(M)를 사용하여 나타낸다. 수천 옴의 저항은 kΩ을 사용하고 수백만 옴의 저항은 MΩ을 사용하여 표현한다. 다음의 예는 전류를 계산할 때 kΩ과 MΩ을 어떻게 사용하는가를 보여준다. V를 kΩ으로 나누면 mA가 되고, V를 MΩ으로 나누면 결과는 $\mu$A가 된다.

**예제 3-5** 그림 3-7의 전류를 계산하라.

▶ 그림 3-7

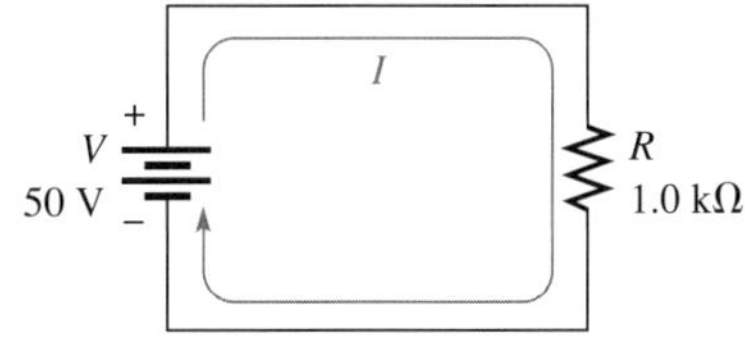


**풀이** 1.0 kΩ은 $1 \times 10^3\ \Omega$임을 상기하라. 공식 $I = V/R$에 $V$ 대신 50 V와 $R$ 대신 $1 \times 10^3\ \Omega$을 대입한다.

$$I = \frac{V}{R} = \frac{50\text{ V}}{1.0\text{ k}\Omega} = \frac{50\text{ V}}{1 \times 10^3\ \Omega} = 50 \times 10^{-3}\text{ A} = \mathbf{50\text{ mA}}$$

**관련 문제** 그림 3-7에서 $R$이 10 kΩ으로 바뀌면 전류는 얼마인가?

[예제 3-5]에서 $50 \times 10^{-3}$ A는 50 mA로 표현한다. 이런 표현은 V를 kΩ으로 나눌 때 유용하다. 전류는 [예제 3-6]과 같이 mA로 표현된다.

**예제 3-6** 그림 3-8의 회로에서 전류는 몇 mA인가?

▶ 그림 3-8

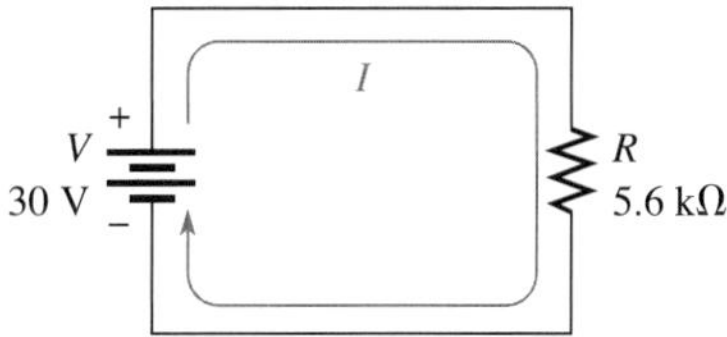


**풀이** V를 kΩ으로 나누면 mA의 전류를 얻을 수 있다.

$$I = \frac{V}{R} = \frac{30\text{ V}}{5.6\text{ k}\Omega} = \mathbf{5.36\text{ mA}}$$

**관련 문제** $R$이 2.2 kΩ으로 바뀌면 전류는 몇 mA인가?

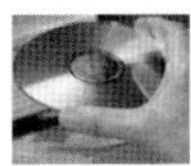

Multisim 파일 E03-06을 사용하여 [예제 3-6]과 [관련 문제]의 계산 결과를 확인하라.

만약 MΩ 저항에 V의 전압이 인가되면, [예제 3-5]와 [예제 3-6]에서 전류는 μA가 된다.

**예제 3-7** 그림 3-9의 회로에서 전류를 구하라.

▶ 그림 3-9

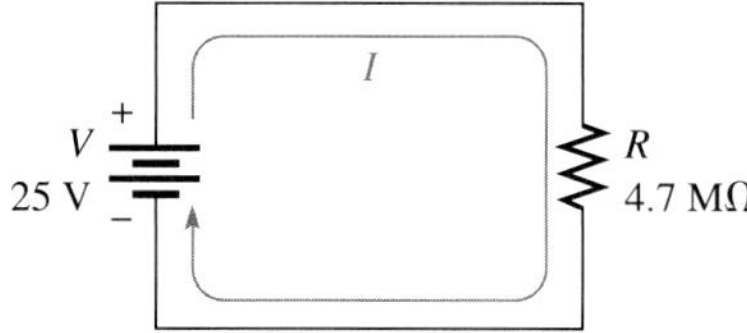


풀이 4.7 MΩ은 $4.7 \times 10^6\ \Omega$임을 상기하라. $V$ 대신 25 V와 $R$ 대신 $4.7 \times 10^6\ \Omega$을 대입하라.

$$I = \frac{V}{R} = \frac{25\text{ V}}{4.7\text{ M}\Omega} = \frac{25\text{ V}}{4.7 \times 10^6\ \Omega} = 5.32 \times 10^{-6}\text{ A} = \mathbf{5.32\ \mu A}$$

관련 문제 그림 3-6의 회로에서 $V$가 100 V로 증가되면 전류는 얼마인가?

**예제 3-8** 그림 3-9의 회로에서 $R$이 1.8 MΩ으로 바뀌면 새로운 전류는 얼마인가?

풀이 V를 MΩ으로 나누면 μA의 전류를 얻을 수 있다.

$$I = \frac{V}{R} = \frac{25\text{ V}}{1.8\text{ M}\Omega} = \mathbf{13.9\ \mu A}$$

관련 문제 그림 3-6의 회로에서 $R$이 두 배가 되면 새로운 전류는 얼마인가?

반도체 회로 등에서는 대개 50 V 이하의 전압이 사용된다. 그러나 고전압도 자주 사용되고 있다. 예를 들어 텔레비전 수신기의 고전압 전원은 20,000 V(20 kV)에 이르고, 발전소에서 송전되는 전압은 345,000 V(345 kV)에 달한다. 다음의 두 예제는 kV 크기의 전압을 사용하여 전류를 계산하는 방법을 보여준다.

**예제 3-9** 24 kV의 전압이 12 kΩ 저항에 인가될 때 전류는 얼마인가?

풀이 kV가 kΩ으로 나누어지므로 접두기호는 서로 약분되고, 전류는 A 단위가 된다.

$$I = \frac{V}{R} = \frac{24\text{ kV}}{12\text{ k}\Omega} = \frac{24 \times 10^3\text{ V}}{12 \times 10^3\ \Omega} = \mathbf{2\ A}$$

관련 문제 1 kV의 전압이 27 kΩ 저항에 인가될 때 전류는 몇 mA인가?

**예제 3-10** 50 kV의 전압이 100 MΩ 저항에 인가될 때 전류는 얼마인가?

**풀이** 이 경우, 50 kV를 100 MΩ으로 나누어 전류를 구한다. 50 kV 대신 $50 \times 10^3$ V와 100 MΩ 대신 $100 \times 10^6$ Ω을 대입한다.

$$I = \frac{V}{R} = \frac{50\text{ kV}}{100\text{ M}\Omega} = \frac{50 \times 10^3\text{ V}}{100 \times 10^6\,\Omega} = 0.5 \times 10^{-3}\text{ A} = \mathbf{0.5\text{ mA}}$$

분자의 십의 거듭제곱 수에서 분모의 거듭제곱 수를 빼면 됨을 상기하라. 따라서 50은 100으로 나누어져 0.5가 되고 3에서 6을 빼 $10^{-3}$이 된다.

**관련 문제** 10 kV의 전압이 6.8 MΩ 저항에 인가될 때 전류는 얼마인가?

**복습문제 3-2** 문제 1~4에서, 전류 $I$를 구하라.

1. $V$ = 10 V이고 $R$ = 5.6 Ω
2. $V$ = 100 V이고 $R$ = 560 Ω
3. $V$ = 5 V이고 $R$ = 2.2 kΩ
4. $V$ = 15 V이고 $R$ = 4.7 MΩ
5. 4.7 MΩ 저항에 20 kV의 전압이 인가되면 전류는 얼마인가?
6. 22 MΩ에 10 kV가 인가되면 전류는 얼마인가?

## 3-3 전압 계산

이 절에서는 옴의 법칙, $V = IR$로부터 전압을 구하는 방법을 살펴본다.

이 절의 학습 내용은 다음과 같다.

- **회로의 전압을 계산하는 방법**
  - 전류와 저항을 알고 있을 때 옴의 법칙을 사용하여 전압을 구하는 방법
  - 미터법 접두기호로 표현된 전류와 저항의 사용

다음의 예에서 사용되는 식은 $V = IR$이다. V 단위의 전압을 구하기 위해서 전류는 A, 저항은 Ω 단위로 표현되어야 한다.

**예제 3-11** 그림 3-10의 회로에 5 A의 전류가 흐르기 위해서는 얼마의 전압이 필요한가?

▶ 그림 3-10

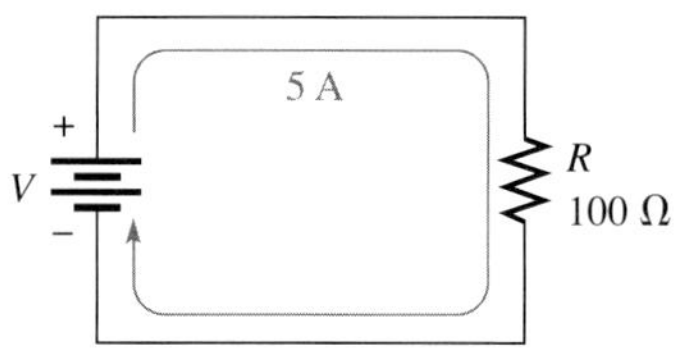


**풀이** 식 $V = IR$에 $I$ 대신 5 A, $R$ 대신 100 Ω을 대입한다.

$$V = IR = (5\text{ A})(100\,\Omega) = \mathbf{500\text{ V}}$$

따라서 100 Ω 저항을 통하여 5 A의 전류가 흐르기 위해서는 500 V의 전압이 필요하다.

**관련 문제** 그림 3-10에서 12 A의 전류를 생성하려면 전압은 얼마나 필요한가?

## 미터법 접두기호를 사용한 단위

다음의 두 예제는 전압을 계산할 때 mA와 μA 크기의 전류를 사용하는 방법을 보여준다.

**예제 3-12** 그림 3-11의 회로에서 전압은 얼마인가?

▶ 그림 3-11

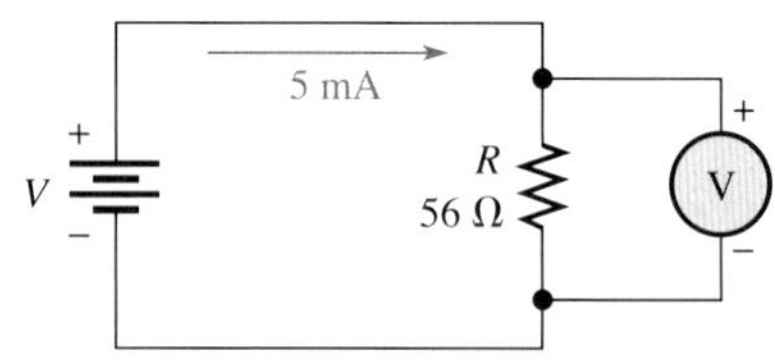


**풀이** 5 mA는 $5 \times 10^{-3}$ A와 같다. 식 $V = IR$에 $I$와 $R$의 값을 대입한다.

$$V = IR = (5\text{ mA})(56\,\Omega) = (5 \times 10^{-3}\text{ A})(56\,\Omega) = 280 \times 10^{-3}\text{ V} = \mathbf{280\text{ mV}}$$

mA에 Ω을 곱하면 mV를 얻는다.

**관련 문제** 그림 3-11에서 $R = 33\,\Omega$이고 $I = 1.5$ mA일 때, $R$ 양단의 전압은 얼마인가?

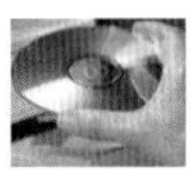

Multisim 파일 E03-12를 사용하여 [예제 3-12]와 [관련 문제]의 계산 결과를 확인하라.

**예제 3-13** 10 Ω 저항에 8 μA의 전류가 흐른다면 전압은 얼마인가?

풀이 8 $\mu$A는 $8 \times 10^{-6}$ A와 같다. 식 $V = IR$에 $I$와 $R$의 값을 대입한다.

$$V = IR = (8\,\mu\text{A})(10\,\Omega) = (8 \times 10^{-6}\,\text{A})(10\,\Omega) = 80 \times 10^{-6}\,\text{V} = \mathbf{80\,\mu V}$$

$\mu$A에 $\Omega$을 곱하면 $\mu$V를 얻는다.

관련 문제 47 Ω 저항에 3.2 $\mu$A의 전류가 흐른다면 전압은 얼마인가?

다음의 두 예제는 전압을 계산할 때 kΩ과 MΩ 크기의 저항을 사용하는 방법을 보여준다.

**예제 3-14** 그림 3-12의 회로에 10 mA의 전류가 흐른다면 전압은 얼마인가?

▶ 그림 3-12

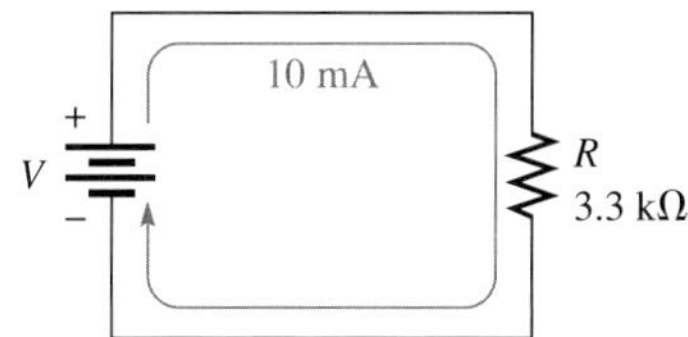


풀이 10 mA는 $10 \times 10^{-3}$ A와 같고 3.3 kΩ은 $3.3 \times 10^{3}$ Ω과 같다. 식 $V = IR$에 $I$와 $R$의 값을 대입한다.

$$V = IR = (10\,\text{mA})(3.3\,\text{k}\Omega) = (10 \times 10^{-3}\,\text{A})(3.3 \times 10^{3}\,\Omega) = \mathbf{33\,V}$$

$10^{-3}$과 $10^{3}$은 서로 상쇄됨에 유의하라. 따라서 mA와 kΩ은 곱함으로써 서로 상쇄되고 결과의 단위는 V이다.

관련 문제 그림 3-12의 회로에 25 mA의 전류가 흐른다면 전압은 얼마인가?

Multisim 파일 E03-14를 사용하여 [예제 3-14]와 [관련 문제]의 계산 결과를 확인하라.

**예제 3-15** 4.7 MΩ 저항에 50 $\mu$A의 전류가 흐른다면 전압은 얼마인가?

풀이 50 $\mu$A는 $50 \times 10^{-6}$ A와 같고 4.7 MΩ은 $4.7 \times 10^{6}$ Ω과 같다. 식 $V = IR$에 $I$와 $R$의 값을 대입한다.

$$V = IR = (50\,\mu\text{A})(4.7\,\text{M}\Omega) = (50 \times 10^{-6}\,\text{A})(4.7 \times 10^{6}\,\Omega) = \mathbf{235\,V}$$

$10^{-6}$과 $10^{6}$은 서로 상쇄됨에 유의하라. 따라서 $\mu$A와 MΩ은 곱함으로써 서로 상쇄되고 결과의 단위는 V이다.

관련 문제 3.9 MΩ 저항에 450 $\mu$A의 전류가 흐른다면 전압은 얼마인가?

**복습문제 3-3** 문제 1~7에서, 전압 $V$를 구하라.

1. $I$ = 1 A이고 $R$ = 10 Ω
2. $I$ = 8 A이고 $R$ = 470 Ω
3. $I$ = 3 mA이고 $R$ = 100 Ω
4. $I$ = 25 μA이고 $R$ = 56 Ω
5. $I$ = 2 mA이고 $R$ = 1.8 kΩ
6. $I$ = 5 mA이고 $R$ = 100 MΩ
7. $I$ = 10 μA이고 $R$ = 2.2 MΩ
8. 4.7 kΩ 저항에 100 mA의 전류가 흐른다면 인가될 전압은 얼마인가?
9. 3.3 kΩ 저항에 3 mA의 전류가 흐른다면 인가될 전압은 얼마인가?
10. 6.8 Ω 저항성 부하에 2 A의 전류를 공급하는 전지의 전압은 얼마인가?

## 3-4 저항 계산

이 절에서는 옴의 법칙, $R = V/I$로부터 저항을 구하는 방법을 살펴본다.

이 절의 학습 내용은 다음과 같다.

- **회로의 저항을 계산하는 방법**
  - 전류와 전압을 알고 있을 때 옴의 법칙을 사용하여 저항을 구하는 방법
  - 미터법 접두기호로 표현된 전류와 전압의 사용

다음의 예제에서 사용되는 식은 $R = V/I$이다. Ω 단위의 저항을 구하기 위해서는 전류는 A, 전압은 V 단위로 표현되어야 한다.

**예제 3-16** 그림 3-13의 회로에서 전지로부터 3.08 A의 전류를 끌어내기 위한 저항을 구하라.

▶ 그림 3-13

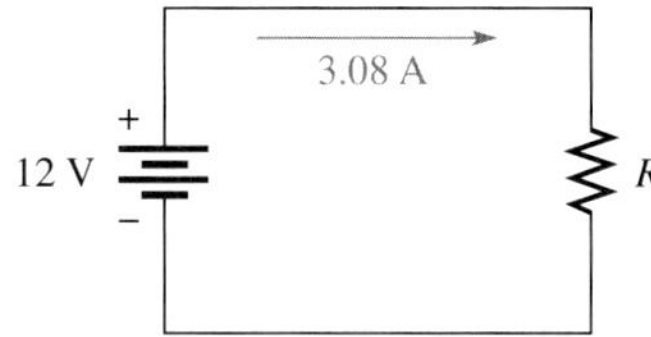


풀이 식 $R = V/I$에 $V$ 대신 12 V와 $I$ 대신 3.08 A를 대입한다.

$$R = \frac{V}{I} = \frac{12\text{ V}}{3.08\text{ A}} = \mathbf{3.90\ \Omega}$$

관련 문제 그림 3-13의 회로에서 전류가 5.45 A로 바뀌면 저항은 얼마인가?

## 미터법 접두기호를 사용한 단위

다음의 두 예제는 저항을 계산할 때 mA와 $\mu$A 크기의 전류를 사용하는 방법을 보여준다.

**예제 3-17** 그림 3-14의 전류계가 4.55 mA, 전압계가 150 V를 가리킨다면 저항은 얼마인가?

▶ 그림 3-14

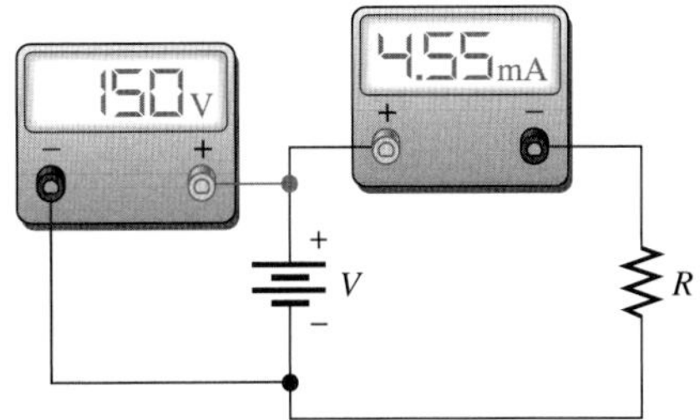


**풀이** 4.55 mA는 $4.55 \times 10^{-3}$ A와 같다. $R = V/I$에 전압과 전류의 값을 대입한다.

$$R = \frac{V}{I} = \frac{150\,\text{V}}{4.55\,\text{mA}} = \frac{150\,\text{V}}{4.55 \times 10^{-3}\,\text{A}} = 33 \times 10^{3}\,\Omega = \mathbf{33\,k\Omega}$$

V를 mA로 나누면 k$\Omega$의 저항을 얻는다.

**관련 문제** 전류계가 1.10 mA, 전압계가 75 V를 가리킨다면 저항은 얼마인가?

Multisim 파일 E03-17을 사용하여 [예제 3-17]과 [관련 문제]의 계산 결과를 확인하라.

**예제 3-18** 그림 3-14의 회로에서 저항이 바뀌었다. 전지의 전압은 여전히 150 V를 유지하고 전류계가 68.2 $\mu$A를 가리킨다면 새로운 저항은 얼마인가?

**풀이** 68.2 $\mu$A는 $68.2 \times 10^{-6}$ A와 같다. $R = V/I$에 전압과 전류의 값을 대입한다.

$$R = \frac{V}{I} = \frac{150\,\text{V}}{68.2\,\mu\text{A}} = \frac{150\,\text{V}}{68.2 \times 10^{-6}\,\text{A}} = 2.2 \times 10^{6}\,\Omega = \mathbf{2.2\,M\Omega}$$

V를 $\mu$A로 나누면 M$\Omega$의 저항을 얻는다.

**관련 문제** 그림 3-14의 회로에서 저항이 바뀌었다. 전지의 전압은 여전히 150 V를 유지하고 전류계가 48.5 $\mu$A를 가리킨다면 새로운 저항은 얼마인가?

**복습문제 3-4** 문제 1~5에서, 저항 $R$을 구하라.

1. $V$ = 10 V이고 $I$ = 2.13 A
2. $V$ = 270 V이고 $I$ = 10 A
3. $V$ = 20 kV이고 $I$ = 5.13 A
4. $V$ = 15 V이고 $I$ = 2.68 mA
5. $V$ = 5 V이고 $I$ = 2.27 μA
6. 저항 양단의 전압이 25 V이고 전류계가 53.2 mA를 가리킨다면 저항은 얼마인가? kΩ과 Ω 단위로 각각 나타내어라.

# 3-5 고장진단의 기초

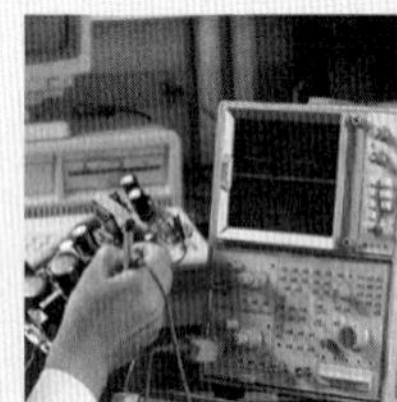

기술자들은 고장난 회로나 시스템을 진단하고 수리할 수 있어야 한다. 이 절에서는 간단한 예제를 통하여 고장진단의 일반적인 접근 방법에 관하여 학습한다. 고장진단 분야는 이 교재에서 중요한 부분이며, 많은 장에서 고장진단에 관한 절과 기술 발전을 위한 Multisim 회로를 포함한 고장진단 문제를 다룰 것이다.

이 절의 학습 내용은 다음과 같다.

- **고장진단의 기본적인 접근 방법**
  - 고장진단의 3단계
  - 반분법(half-splitting)의 의미
  - 전압, 전류 및 저항의 세 가지 기본적인 측정법의 설명 및 비교

**고장진단**(troubleshooting)은 회로나 시스템에 대한 지식을 바탕으로 논리적인 사고를 통하여 제 기능을 다하지 못하는 것을 올바르게 동작하도록 하는 것이다. 고장진단의 기본적인 접근 방식은 **분석**(analysis), **계획**(planning), **측정**(measuring)의 세 단계로 이루어진다. 이러한 세 단계를 약자로 APM이라고 한다.

## 분석

회로 고장진단의 첫 단계는 오류의 원인이나 증세를 분석하는 것이다. 이 분석 과정은 특정한 문제에 답을 하는 것으로부터 시작된다.

**1.** 이전에는 회로가 정상적으로 동작하였는가?
**2.** 이전에는 정상이었다면, 어떤 조건 때문에 불량이 되었는가?
**3.** 불량의 증상은 무엇인가?
**4.** 불량의 원인은 무엇이 가능한가?

## 계획

고장진단 과정의 두 번째 단계는 오류의 원인을 분석한 후에 논리적인 계획을 수립하는 것이다. 회로에 대한 작업지식은 고장진단을 계획하는 데 선행조건이다. 회로의 동작원리를 잘 모르는 경우에는 회로도, 동작 설명서 및 관련 정보들을 시간을 가지고 검토한다. 특히 다양한 테스트 포인트에서 특정한 전압을 표시한 회로도는 중요하다. 고장진단에서는 논리적인 사고가 가장 중요하지만 그 자체로 문제를 해결하지는 못한다.

## 측정

세 번째 단계는 주의 깊은 측정을 통하여 가능한 오류의 경우의 수를 좁혀가는 것이다. 이러한 측정 방법은 문제를 해결하는 방법을 확정짓거나 또는 새로운 방향을 제시하는 경우도 있다. 때때로 전혀 기대하지 않았던 결과를 얻을 수도 있다.

## APM의 예

사고 과정(thought process)은 APM 과정의 일부이며 간단한 예를 통하여 설명한다. 그림 3-15와 같이 전원 $V_S$ 120 V와 직렬로 8개의 장식용 12 V 전구를 일렬로 연결한 경우를 생각해 보자. 이 회로는 정상적으로 잘 동작하였으나 다른 곳으로 옮긴 후에 동작하지 않는다고 가정하자. 새 위치에서 플러그를 연결하였으나 전구에 불이 들어오지 않는다면 어디서부터 고장을 찾아야 하는가?

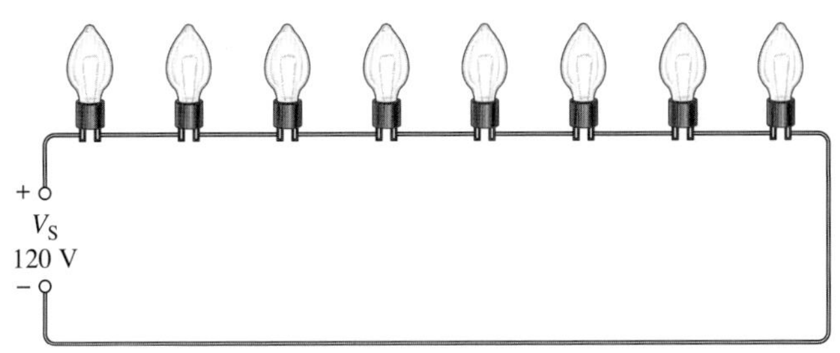


◀ 그림 3-15
전압원과 직렬로 연결된 전구

### 분석의 사고 과정

이러한 경우 분석을 위하여 다음과 같이 생각할 수 있다.

- 회로를 옮기기 전에는 동작하였으므로, 문제는 새로 옮긴 장소에서 전원이 연결되지 않은 것일 수 있다.
- 아마도 배선이 헐거워져서 이동하면서 분리되었을 것이다.
- 전구가 타버렸거나 소켓에서 빠졌을 가능성도 있다.

이러한 이유로 가능한 원인과 발생할 수 있는 오류를 생각해 볼 수 있다. 사고 과정은 다음처럼 계속된다.

- 처음에 제대로 동작하였다는 사실은 원래 회로의 배선이 잘못되었을 가능성은 없다는 것을 의미한다.
- 경로가 개방되어서 오류가 생긴 것이라면 연결이 잘못되거나 전구가 타버린 것과 같은 하나 이상의 고장일 것 같지는 않다.

이제 문제를 분석하고 회로에서 오류발생 지점을 찾아내기 위한 계획을 세워야 한다.

### 계획의 사고 과정

계획의 첫 번째 단계는 새로운 위치에서 전압을 측정하는 것이다. 전압이 올바르게 인가되었다면 문제는 전압의 직렬 연결 내부에 존재한다. 전압이 측정되지 않는다면 옥내분배함에서 회로 차단기를 검토하라. 차단기를 다시 올리기 전에 왜 차단기가 작동하여 내려갔는지를 생각해야 한다. 전압이 정상이라고 가정하면 문제는 전구의 연결에 있다는 것을 의미한다.

계획의 두 번째 단계는 직렬 전구의 저항을 측정하거나 전구 양단의 전압을 측정하는 것이다. 저항을 측정하느냐 또는 전압을 측정하느냐 하는 문제는 중요하지 않고, 측정하기 편리한 것을 선택하면 된다. 우연성을 포함하여 모든 발생 가능한 완벽한 고장진단 계획은 만들어질 수 없다. 진행 과정에서 그 계획을 수시로 변경할 필요가 있다.

### 측정 과정

새 위치에서 멀티미터로 전압을 측정해 봄으로써 계획의 첫 부분을 진행한다. 전압이 120 V가 측정되었다면 전압이 인가되지 않았을 가능성은 배제해야 한다. 전압은 인가되었지만 전구는 꺼져 있고 전류가 흐르지 않는 것은 전류의 경로가 개방되었음을 의미한다. 전구가 타버렸거나, 전구의 소켓이 망가졌거나 배선이 끊어진 경우일 것이다.

다음은 끊어진 곳을 찾기 위해 멀티미터로 각 전구의 저항을 측정하는 대신에 전체 저항의 절반을 측정하도록 한다. 한 번에 전구 회로의 반을 측정하면 개방된 지점을 찾는 데 필요한 수고를 줄일 수 있다. 이러한 기법을 고장진단 절차 중에서 **반분법**(half-splitting)이라고 한다.

개방된 지점을 포함하여 무한대의 저항을 나타내는 절반을 확인하고, 다시 오류가 있는 반을 반분법을 이용하여 계속 측정한다. 이러한 방식으로 범위를 좁혀가면서 고장난 전구나 연결 부위를 찾아간다. 이 과정을 그림 3-16에서 보여주며, 그림에서는 7번째 전구가 타버렸다고 가정한다.

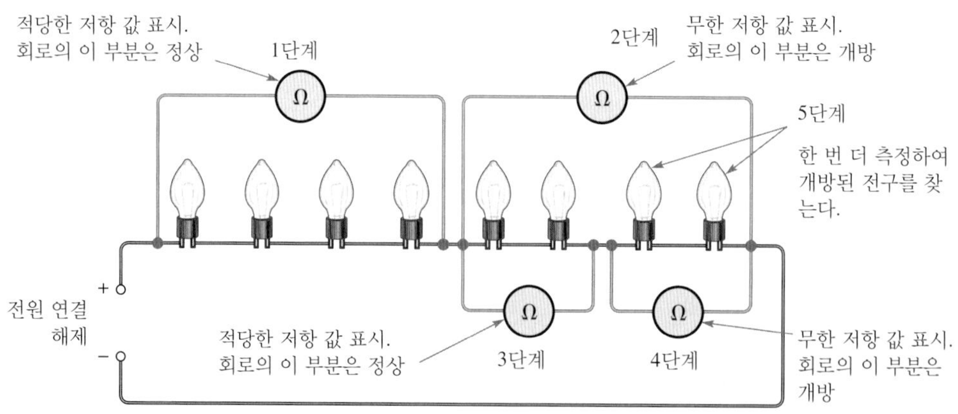


▶ 그림 3-16
고장진단을 위한 반분법의 예: 단계의 번호는 멀티미터의 측정 순서를 의미한다.

이 그림에서 보는 것처럼 이 경우에 반분법을 사용하면 개방된 전구를 찾는 데 최대 5번의 측정이 필요하다. 왼쪽부터 시작해서 개개의 전구를 측정한다면 7번 측정해야 한다. 반분법은 어떤 경우에는 측정 횟수를 줄여주지만 때로는 그렇지 않다. 측정 단계의 수는 어디서부터 어떤 순서로 측정하느냐에 따라 달라진다.

불행하게도 대부분의 고장진단은 이 예제보다 훨씬 어렵다. 그러나 어떠한 경우라도 분석과 계획은 효과적인 고장진단에 필수적인 요소이다. 측정 과정에서 계획은 종종 수정된다. 고장진단에 숙달된 기술자는 발생 원인으로부터 측정을 통하여 탐색 범위를 점차로 좁혀간다. 어떤 경우 고장진단이나 수리 비용이 교체 비용과 비슷한 저가 제품일 경우는 그냥 폐기하기도 한다.

## 전압, 저항 및 전류 측정의 비교

2-7절에서 배운 것처럼 회로에서 전압, 전류 또는 저항을 측정할 수 있다. 전압을 측정하기 위해서 전압계는 부품과 병렬로 연결한다. 즉, 부품의 양쪽 단자에 각각 전압의 테스트 봉을 접촉시킨다. 이 때문에 세 가지 측정 방법 중에서 전압 측정이 가장 용이하다.

저항을 측정하기 위해 저항계도 부품과 병렬로 연결한다. 그러나 전압원을 먼저 제거하고 때로는 저항을 회로에서 떼어내어야 한다. 그러므로 저항 측정은 전압 측정보다 좀더 복잡하다.

전류를 측정할 경우 전류계는 부품과 직렬로 연결한다. 따라서 전류계는 전류 경로 내에 나란하게 삽입되어야 한다. 따라서 전류계를 연결하기 전에 부품의 리드나 도선을 분리해야 한다. 보통의 경우 전류 측정이 가장 까다롭다.

**복습문제 3-5**

1. 고장진단을 위한 APM 접근 방법의 3단계는 무엇인가?
2. 반분법의 기본 개념을 설명하라.
3. 회로에서 전압 측정이 전류 측정보다 쉬운 이유는 무엇인가?

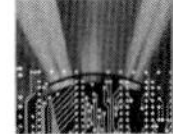

# 회로 응용

이 절에서는 실험실 시험 장치로 사용되던 저항 상자를 검사한 후에 새로운 요구사항을 만족할 수 있도록 회로를 수정할 것이다. 이 과제를 수행하기 위해서는 옴의 법칙에 대한 여러분들의 지식을 적용해야 한다.

상세 규격은 다음과 같다.

1. 모든 저항을 스위치로 선택할 수 있지만 한 번에 하나만 선택할 수 있다.
2. 가장 작은 저항은 10 Ω이다.
3. 연이어 선택될 수 있는 인근 저항 값들은 10배의 차이로 증감된다.
4. 최대 저항 값은 1.0 MΩ이다.
5. 상자 안에 저항 양단의 최대 전압은 4 V이다.
6. 4 V의 전압 강하에 대해 10 mA ±10%로 전류를 제한하는 저항과 5 mA ± 10%로 전류를 제한하는 저항이 추가로 필요하다.

### 수정 전의 저항 상자

저항 상자의 윗면과 아랫면을 그림 3-17에 나타내었다. 스위치는 로터리형이다.

## 회로도

◆ 그림 3-17로부터 저항 값을 결정하고 수정 전의 회로도를 그린다. 그리고 상자 윗면에 *R*과 함께 표시된 저항의 번호를 적는다.

## 새로운 요구조건을 충족시킬 회로도

◆ 다음의 요구사항대로 회로도를 그린다.

1. 스위치에 의해 선택된 하나의 저항은 상자 윗면에 있는 단자 1과 2를 통해 연결한다.
2. 10 Ω에서 1.0 MΩ까지 10배씩 커지는 저항을 스위치로 선택할 수 있도록 한다.
3. 각 저항은 오름차순으로 배열된 인접 스위치 순서대로 선택한다.
4. 그림 3-17(b)에서 보듯이 스위치 위치 1에서 선택되는 저항은 4 V의 전압 강하에 10 mA ± 10%로 전류를 제한하고, 스위치 위치 8에서 선택되는 저항은 4 V의 전압 강하에 5 mA ± 10%로 전류를 제한한다.
5. 모든 저항은 10%의 허용오차를 갖는 표준 저항이다. 표준 저항 값은 부록 A를 참조하라.

◆ 기존 저항 상자가 위 사항들을 충족할 수 있도록 수정해야 할 부분을 결정하고, 저항 값, 배선, 새로운 소자 등을 포함하는 상세한 목록을 만든다. 쉽게 참조하기 위하여 회로도의 각 기준점에 번호를 붙인다.

## 시험 절차

◆ 새로운 요구조건을 충족하는 저항 상자로 수정한 후에 적절히 동작하는지 검사해야 한다. 어떤 측정기기를 사용하여 어떻게 검사할 것인가를 결정한다. 그리고 단계별로 시험 절차를 상세히 기술한다.

## 회로의 고장진단

◆ 저항 상자의 단자 1과 2 양단에 저항계를 연결하여 다음과 같을 때 예상되는 문제점을 찾는다.

1. 스위치가 3의 위치에 있을 때 저항계에 무한대 저항 값이 나타난다.
2. 스위치의 모든 위치에서 저항계에 무한대 저항 값이 나타난다.
3. 스위치가 6의 위치에 있을 때 저항계에 잘못된 저항 값이 나타난다.

## 복습문제

1. 이러한 응용에 옴의 법칙을 어떻게 활용할지 설명하라.
2. 4 V의 전압이 인가될 때 각 저항의 전류를 구하라.

▶ 그림 3-17

(a) 윗면

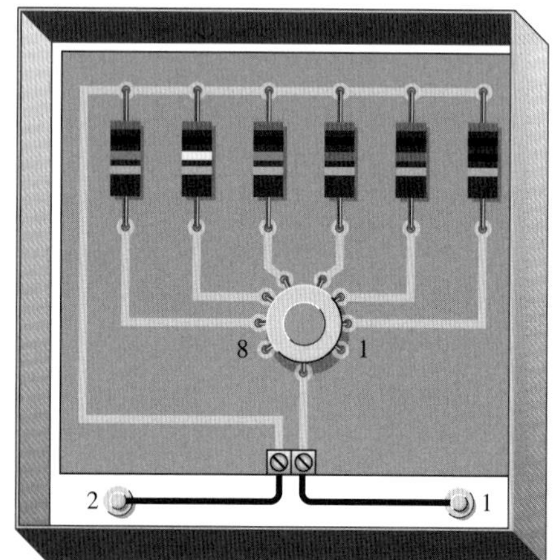

(b) 아랫면

## 요약

- 전압과 전류는 선형적 비례관계에 있다.
- 옴의 법칙은 전압, 전류 및 저항의 관계를 나타낸다.
- 전류는 전압에 비례한다.
- 전류는 저항에 반비례한다.
- 1 kΩ은 1000 Ω이다.
- 1 MΩ은 1,000,000 Ω이다.
- 1 $\mu$A는 1,000,000분의 1 A이다.
- 1 mA는 1000분의 1 A이다.
- 전류를 계산하려면 $I = V/R$을 이용하라.
- 전압을 계산하려면 $V = IR$을 이용하라.
- 저항을 계산하려면 $R = V/I$를 이용하라.
- APM은 분석, 계획 및 측정으로 이루어지는 고장진단의 3단계 접근법이다. 반분법은 문제점을 찾는 데 필요한 측정 횟수를 줄이는 데 사용되는 기법이다.

## 핵심 용어

**고장진단**(troubleshooting): 회로나 시스템의 오류를 찾고 확인하고 수정하는 체계적인 접근 방법

**선형**(linear): 직선관계의 특징을 가짐

**옴의 법칙**(Ohm's law): 전류는 전압과 비례하고 저항과 반비례한다는 것을 나타내는 법칙

## 주요 공식

**3-1** $I = \frac{V}{R}$ 전류를 구하는 옴의 법칙

**3-2** $V = IR$ 전압을 구하는 옴의 법칙

**3-3** $R = \frac{V}{I}$ 저항을 구하는 옴의 법칙

## 자기 진단

**1.** 옴의 법칙은 무엇인가?

(a) 전류는 전압 곱하기 저항과 같다.

(b) 전압은 전류 곱하기 저항과 같다.

(c) 저항은 전류 나누기 전압과 같다.

(d) 전압은 전류 제곱 곱하기 저항과 같다.

**2.** 저항 양단의 전압이 2배로 되면 전류는 어떻게 되는가?

(a) 3배 (b) 반 (c) 2배 (d) 변하지 않음

**3.** 20 Ω 저항에 10 V가 인가되면 전류는 얼마인가?

(a) 10 A (b) 0.5 A (c) 200 A (d) 2 A

**4.** 1.0 kΩ의 저항에 10 mA의 전류가 흐를 때 저항 양단의 전압은 얼마인가?

(a) 100 V (b) 0.1 V (c) 10 kV (d) 10 V

**5.** 저항 양단에 20 V의 전압이 인가되어 6.06 mA의 전류가 흐른다면 저항은 얼마인가?
(a) 3.3 kΩ (b) 33 kΩ (c) 330 Ω (d) 3.03 kΩ

**6.** 4.7 kΩ 양단의 저항에 250 μA의 전류가 흐른다면 전압 강하는 얼마인가?
(a) 53.2 V (b) 1.18 mV (c) 18.8 V (d) 1.18 V

**7.** 2.2 MΩ의 저항이 1 kV 전압원에 연결되었다. 이때 전류는 대략 얼마인가?
(a) 2.2 mA (b) 0.455 mA (c) 45.5 μA (d) 0.455 A

**8.** 10 V의 전지에서 전류를 1 mA로 제한하는 저항 값은 얼마인가?
(a) 100 Ω (b) 1.0 kΩ (c) 10 Ω (d) 10 kΩ

**9.** 110 V 전원에서 전기 난방기로 2.5 A가 흐른다. 난방기의 저항은 얼마인가?
(a) 275 Ω (b) 22.7 mΩ (c) 44 Ω (d) 440 Ω

**10.** 플래시용 전구에 흐르는 전류가 20 mA이고 전지의 총 전압이 4.5 V이다. 전구의 저항은 얼마인가?
(a) 90 Ω (b) 225 Ω (c) 4.44 Ω (d) 45 Ω

## 퀴즈

**1.** 고정 저항에 흐르는 전류가 10 mA에서 12 mA로 변하였다. 저항 양단의 전압은?
(a) 증가한다 (b) 감소한다 (c) 변하지 않는다

**2.** 고정 저항 양단의 전압이 10 V에서 7 V로 변하였다면, 저항을 통과하는 전류는?
(a) 증가한다 (b) 감소한다 (c) 변하지 않는다

**3.** 가변 저항 양단 전압이 5 V이다. 저항을 감소시키면 전류는?
(a) 증가한다 (b) 감소한다 (c) 변하지 않는다

**4.** 저항 양단의 전압이 5 V에서 10 V로, 전류는 1 mA에서 2 mA로 증가되었다면, 저항 값은?
(a) 증가한다 (b) 감소한다 (c) 변하지 않는다

그림 3-14를 보면서 다음 물음에 답하라.

**5.** 전압계의 눈금이 175 V라면, 전류계의 눈금은?
(a) 증가한다 (b) 감소한다 (c) 변하지 않는다

**6.** 저항 $R$을 더 큰 값으로 대치하고 전압계가 150 V를 유지하는 경우, 전류는?
(a) 증가한다 (b) 감소한다 (c) 변하지 않는다

**7.** 회로에서 저항을 제거하여 개방 상태로 만들면, 전류는?
(a) 증가한다 (b) 감소한다 (c) 변하지 않는다

**8.** 회로에서 저항을 제거하여 개방 상태로 만들면, 전압은?
(a) 증가한다 (b) 감소한다 (c) 변하지 않는다

그림 3-21을 보면서 다음 물음에 답하라.

**9.** 가변 저항 값을 증가시키면, 발열체를 통과하는 전류는?
(a) 증가한다 (b) 감소한다 (c) 변하지 않는다

**10.** 가변 저항 값을 증가시키면, 전원 전압은?
(a) 증가한다 (b) 감소한다 (c) 변하지 않는다

**11.** 퓨즈가 개방되었다면, 발열체 양단의 전압은?

(a) 증가한다 (b) 감소한다 (c) 변하지 않는다

**12.** 전원 전압을 증가시키면, 발열체 양단의 전압은?

(a) 증가한다 (b) 감소한다 (c) 변하지 않는다

**13.** 퓨즈의 정격을 높은 것으로 대치하면, 가변 저항을 통과하는 전류는?

(a) 증가한다 (b) 감소한다 (c) 변하지 않는다

그림 3-23을 보면서 다음 물음에 답하라.

**14.** 램프가 타버린 경우(개방), 전류는?

(a) 증가한다 (b) 감소한다 (c) 변하지 않는다

**15.** 램프가 타버린 경우(개방), 램프 양단의 전압은?

(a) 증가한다 (b) 감소한다 (c) 변하지 않는다

## 문제

### 3-1 전류, 전압 및 저항의 관계

**1.** 한 개의 전압원과 한 개의 저항으로 구성된 회로에서 다음의 경우 전류는 어떻게 변하는가?

(a) 전압이 3배로 된다.

(b) 전압이 75%만큼 감소한다.

(c) 저항이 2배로 된다.

(d) 저항이 35%만큼 감소한다.

(e) 전압이 2배로, 저항은 반으로 감소한다.

(f) 전압이 2배로, 저항도 2배로 된다.

**2.** $V$와 $R$을 알 때 $I$를 구하는 식은 무엇인가?

**3.** $I$와 $R$을 알 때 $V$를 구하는 식은 무엇인가?

**4.** $V$와 $I$를 알 때 $R$을 구하는 식은 무엇인가?

**5.** 그림 3-18의 회로에 가변 전압원이 연결되어 있다. 0 V부터 100 V까지 10 V 단위로 전압을 증가시켰다. 각 전압에 대한 전류를 구하고 $V$ 대 $I$의 그래프를 그려라. 그래프가 직선으로 나타나는가? 그래프에서 알 수 있는 것은 무엇인가?

▶ 그림 3-18

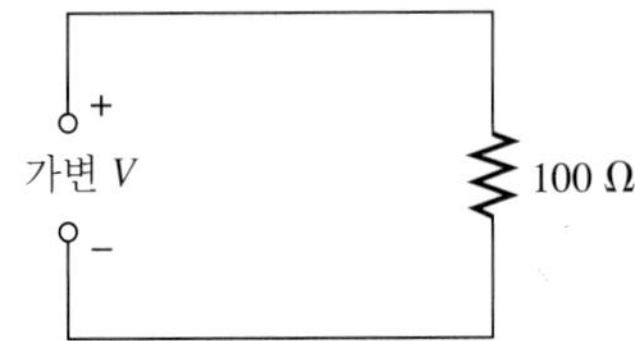


**6.** 어떤 회로에서 $V$ = 1 V일 때 $I$ = 5 mA이다. 같은 회로에 다음의 전압이 인가될 때 각 전류를 구하라.

(a) $V$ = 1.5 V (b) $V$ = 2 V (c) $V$ = 3 V

(d) $V$ = 4 V (e) $V$ = 10 V

**7.** 그림 3-19는 3개의 저항에 대한 전압 대 전류의 그래프이다. $R_1, R_2, R_3$를 구하라.

▶ 그림 3-19

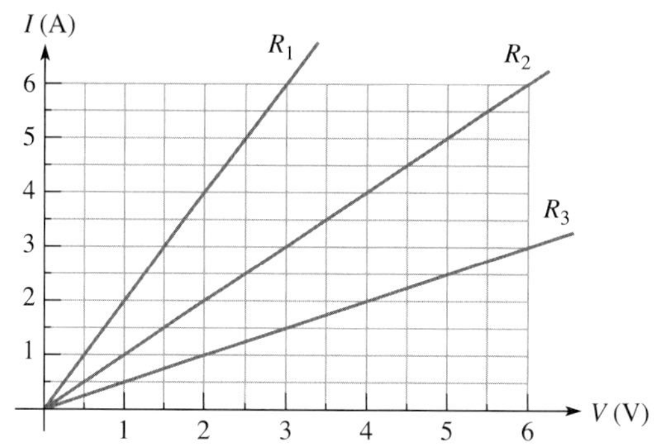


**8.** 4색띠 저항이 회색, 적색, 적색, 금색일 때 $I-V$ 관계를 그려라.

**9.** 5색띠 저항이 갈색, 녹색, 회색, 갈색, 적색일 때 $I-V$ 관계를 그려라.

**10.** 그림 3-20의 회로 중 가장 큰 전류가 흐르는 회로와 가장 적은 전류가 흐르는 회로는 어느 것인가?

▶ 그림 3-20

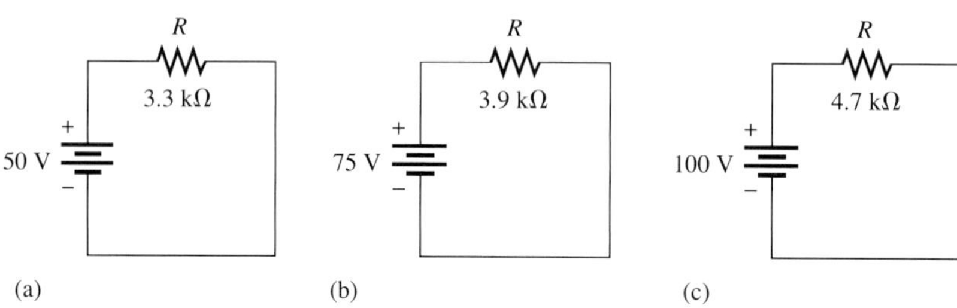


***11.** 10 V 전지로 동작되는 회로의 전류를 측정하고 있다. 전류계의 지시침이 50 mA를 가리켰으나 30 mA로 떨어졌다. 저항은 바뀌지 않았다면 전압이 변한 것이다. 전지의 전압은 얼마나 변하였으며 그 값은 얼마인가?

***12.** 저항에 흐르는 전류를 100 mA에서 150 mA로 바꾸기 위해서는 20 V 전원을 바꾸어야 한다. 전원의 전압을 얼마나 바꾸어야 하는가? 그 값을 구하라.

**13.** 다음의 각 저항에 대한 전류 대 전압의 그래프를 그려라. 전압은 10 V에서 100 V까지 10 V씩 증가시켜라.

(a) 1.0 Ω　(b) 5.0 Ω　(c) 20 Ω　(d) 100 Ω

**14.** 문제 13의 결과 그래프에서 전압과 전류는 선형적인 비례관계를 보이는가? 그 결과를 설명하라.

### 3-2 전류 계산

**15.** 다음의 경우에 대한 전류를 구하라.

(a) $V = 5$ V, $R = 1.0$ Ω　(b) $V = 15$ V, $R = 10$ Ω

(c) $V = 50$ V, $R = 100$ Ω　(d) $V = 30$ V, $R = 15$ kΩ

(e) $V = 250$ V, $R = 5.6$ MΩ

**16.** 다음의 경우에 대한 전류를 구하라.

(a) $V = 9$ V, $R = 2.7$ kΩ　(b) $V = 5.5$ V, $R = 10$ kΩ

(c) $V = 40\text{ V}, R = 68\text{ k}\Omega$ (d) $V = 1\text{ kV}, R = 2.2\text{ k}\Omega$

(e) $V = 66\text{ kV}, R = 10\text{ M}\Omega$

**17.** 10 Ω 저항이 12 V 전지에 연결되어 있다. 저항에 흐르는 전류는 얼마인가?

**18.** 저항의 색띠가 주황색, 주황색, 적색, 금색이다. 저항에 12 V 전원이 인가될 때 예상되는 최대 및 최소 전류는 얼마인가?

**19.** 4색띠 저항에 25 V 전원이 인가되었다. 저항의 색띠가 황색, 보라색, 주황색, 은색일 때 전류를 구하라.

**20.** 5색띠 저항에 12 V 전원이 인가되었다. 저항의 색띠가 주황색, 보라색, 황색, 금색, 갈색일 때 전류를 구하라.

**21.** 20번 문제에서 전압이 두 배가 되면 0.5 A용 퓨즈는 타버릴 것인가? 그 이유를 설명하라.

*__22.__ 그림 3-21의 가변 저항기는 발열체의 전류를 제어하기 위해 사용된다. 가변 저항기가 8 Ω 이하일 때, 발열체는 타버린다. 100 V 전압이 발열체에 인가되어 최대 전류가 흐를 때 회로를 보호하기 위한 퓨즈의 용량은 얼마인가? 가변 저항에서 강하된 전압은 발열체의 전압과 전원 전압의 차이다.

▶ 그림 3-21

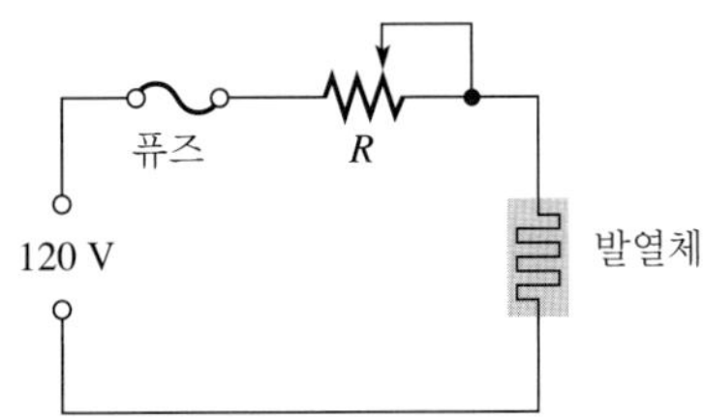


### 3-3 전압 계산

**23.** 다음의 각 $I$와 $R$에 대한 전압을 구하라.

(a) $I = 2\text{ A}, R = 18\ \Omega$ (b) $I = 5\text{ A}, R = 56\ \Omega$

(c) $I = 2.5\text{ A}, R = 680\ \Omega$ (d) $I = 0.6\text{ A}, R = 47\ \Omega$

(e) $I = 0.1\text{ A}, R = 560\ \Omega$

**24.** 다음의 각 $I$와 $R$에 대한 전압을 구하라.

(a) $I = 1\text{ mA}, R = 10\ \Omega$ (b) $I = 50\text{ mA}, R = 33\ \Omega$

(c) $I = 3\text{ A}, R = 5.6\text{ k}\Omega$ (d) $I = 1.6\text{ mA}, R = 2.2\text{ k}\Omega$

(e) $I = 250\ \mu\text{A}, R = 1.0\text{ k}\Omega$ (f) $I = 500\text{ mA}, R = 1.5\text{ M}\Omega$

(g) $I = 850\ \mu\text{A}, R = 10\text{ M}\Omega$ (h) $I = 75\ \mu\text{A}, R = 47\ \Omega$

**25.** 전압원에 연결된 27 Ω 저항에 흐르는 전류가 3 A로 측정되었다. 전원의 전압은 얼마인가?

**26.** 그림 3-22에서 지정된 각 전류를 얻기 위해 필요한 전원 전압을 구하라.

▶ 그림 3-22

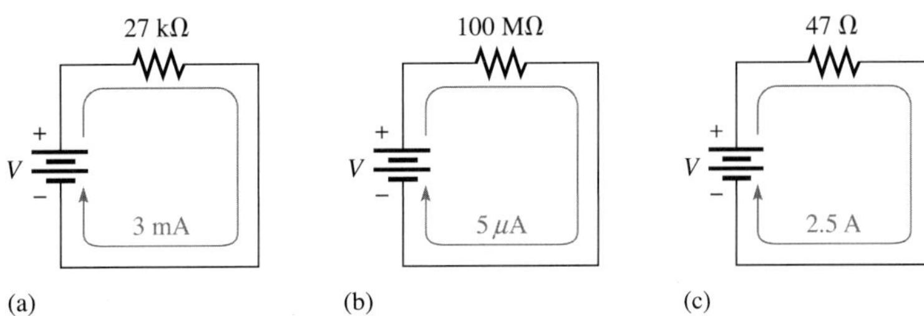

**27.** 6 V의 전원이 100 Ω 저항에 길이 12 ft, 단면적 AWG 18인 두 개의 구리선으로 연결되어 있다. 전체 저항은 100 Ω 저항에 양 도선의 저항을 포함시켜야 한다. 다음을 구하라.

(a) 전류

(b) 저항에서 전압 강하

(c) 각 도선에서 전압 강하

## 3-4 저항 계산

**28.** 다음의 각 $V$와 $I$에 대한 가감저항기의 저항을 구하라.

(a) $V = 10\text{ V}, I = 2\text{ A}$

(b) $V = 90\text{ V}, I = 45\text{ A}$

(c) $V = 50\text{ V}, I = 5\text{ A}$

(d) $V = 5.5\text{ V}, I = 10\text{ A}$

(e) $V = 150\text{ V}, I = 0.5\text{ A}$

**29.** 다음의 각 $V$와 $I$에 대한 가감저항기의 저항을 구하라.

(a) $V = 10\text{ kV}, I = 5\text{ A}$

(b) $V = 7\text{ V}, I = 2\text{ mA}$

(c) $V = 500\text{ V}, I = 250\text{ mA}$

(d) $V = 50\text{ V}, I = 500\ \mu\text{A}$

(e) $V = 1\text{ kV}, I = 1\text{ mA}$

**30.** 어떤 저항에 6 V의 전압이 인가되었다. 2 mA의 전류가 측정되었다면 저항은 얼마인가?

**31.** 그림 3-23(a)의 전구의 필라멘트는 그림 3-23(b)와 같은 등가 저항 값을 갖고 있다. 만약 전구가 120 V, 0.8 A에서 동작한다면, 램프가 켜진 경우에 필라멘트의 저항 값은 얼마인가?

▶ 그림 3-23

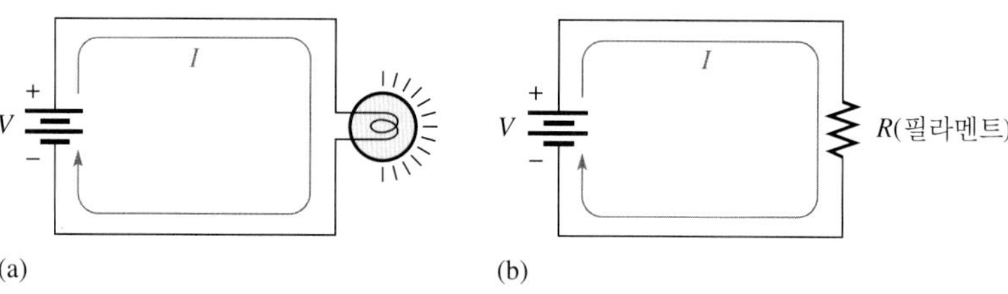


**32.** 저항 값이 얼마인지 모르는 전기 소자가 있다. 12 V의 전지와 전류계만 갖고 있다. 저항 값을 어떻게 구하면 되는지를 결정하고, 필요한 회로 연결을 그려라.

**33.** 그림 3-24의 가변 저항기를 조절하여 전류량을 변화시킬 수 있다. 가변 저항기로 전류가 750 mA가 되게 조절하였다. 이때 조절된 가변 저항기의 저항은 얼마인가? 전류가 1 A가 되도록 조절하려면 저항 값은 얼마가 되어야 하는가? 이 회로에서 발생할 수 있는 문제는 무엇인가?

▶ 그림 3-24

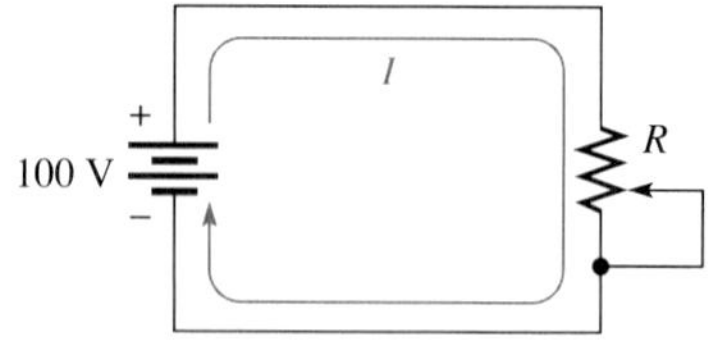

*34. 가변 저항기로 밝기를 조절하고 2 A 퓨즈로 과전류를 방지하는 120 V 램프 조절 회로가 있다. 가변 저항기를 조절할 때 퓨즈를 태우지 않는 최소 저항은 얼마인가? 램프의 저항은 15 Ω이라 가정하라.

35. 문제 34에서 110 V의 회로와 1 A의 퓨즈인 경우에 다시 계산하라.

### 3-5 고장진단의 기초

36. 그림 3-25의 전구 회로에서, 직렬 저항 값이 다음과 같을 때 고장난 전구를 찾아라.

▶ 그림 3-25

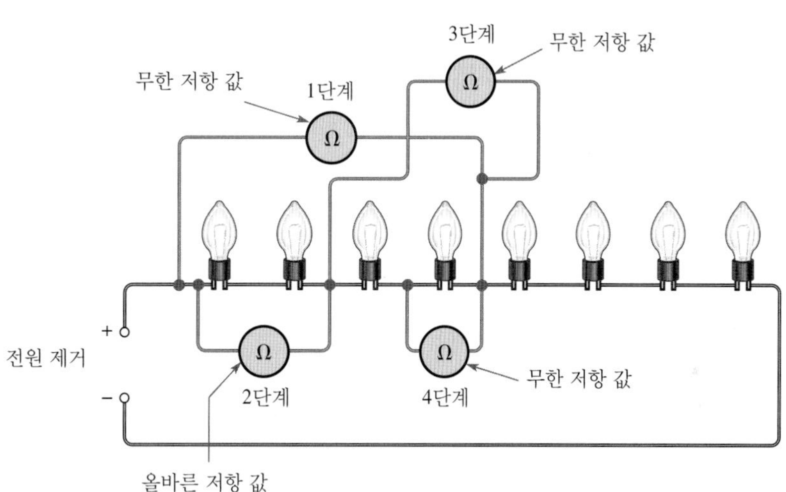


37. 32개의 전구가 직렬로 연결되어 있고, 그 중의 하나가 고장났다. 회로의 왼쪽 절반부터 반분법을 사용하여 측정한다. 왼쪽으로부터 7번째 저항이 고장났다면, 저항 측정을 몇 번 해야만 고장난 전구를 찾을 수 있는가?

### Multisim 고장진단과 분석

Multisim CD-ROM을 사용하여 다음 문제를 풀어 보라.

38. CD-ROM에서 P03-38 파일을 열고, 세 회로 중 적절히 동작하지 않는 것을 골라라.

39. P03-39 파일을 열고, 저항 값을 구하라.

40. P03-40 파일을 열고, 전류와 전압을 구하라.

41. P03-41 파일을 열고, 전원 전압과 저항을 구하라.

42. P03-42 파일을 열고, 회로의 문제점을 찾아라.

## 복습문제 해답

### 3-1 전류, 전압 및 저항의 관계

1. 전류, 전압 및 저항
2. $I = V/R$
3. $V = IR$
4. $R = V/I$
5. 전압이 3배가 되면 전류도 3배가 된다.

**6.** 전압이 반이 되면 전류도 원래 값의 반이 된다.

**7.** 0.5 A

**8.** 전압이 2배, 저항이 반이 되면, 전류는 4배가 된다.

**9.** $I = 5\text{ mA}$

**10.** $I = 6\text{ A}$

## 3-2 전류 계산

**1.** $I = 10\text{ V}/5.6\ \Omega = 1.79\text{ A}$

**2.** $I = 100\text{ V}/560\ \Omega = 179\text{ mA}$

**3.** $I = 5\text{ V}/2.2\text{ k}\Omega = 2.27\text{ mA}$

**4.** $I = 15\text{ V}/4.7\text{ M}\Omega = 3.19\ \mu\text{A}$

**5.** $I = 20\text{ kV}/4.7\text{ M}\Omega = 4.26\text{ mA}$

**6.** $I = 10\text{ kV}/2.2\text{ k}\Omega = 4.55\text{ A}$

## 3-3 전압 계산

**1.** $V = (1\text{ A})(10\ \Omega) = 10\text{ V}$

**2.** $V = (8\text{ A})(470\ \Omega) = 3.76\text{ kV}$

**3.** $V = (3\text{ mA})(100\ \Omega) = 5\ 300\text{ mV}$

**4.** $V = (25\ \mu\text{A})(56\ \Omega) = 1.4\text{ mV}$

**5.** $V = (2\text{ mA})(1.8\text{ k}\Omega) = 3.6\text{ V}$

**6.** $V = (5\text{ mA})(100\text{ M}\Omega) = 500\text{ kV}$

**7.** $V = (10\ \mu\text{A})(2.2\text{ M}\Omega) = 22\text{ V}$

**8.** $V = (100\text{ mA})(4.7\text{ k}\Omega) = 470\text{ V}$

**9.** $V = (3\text{ mA})(3.3\text{ k}\Omega) = 9.9\text{ V}$

**10.** $V = (2\text{ A})(6.8\ \Omega) = 13.6\text{ V}$

## 3-4 저항 계산

**1.** $R = 10\text{ V}/2.13\text{ A} = 4.7\ \Omega$

**2.** $R = 270\text{ V}/10\text{ A} = 27\ \Omega$

**3.** $R = 20\text{ kV}/5.13\text{ A} = 3.9\text{ k}\Omega$

**4.** $R = 15\text{ V}/2.68\text{ mA} = 5.6\text{ k}\Omega$

**5.** $R = 5\text{ V}/2.27\ \mu\text{A} = 2.2\text{ M}\Omega$

**6.** $R = 25\text{ V}/53.2\text{ mA} = 0.47\text{ k}\Omega = 470\ \Omega$

## 3-5 고장진단의 기초

**1.** 분석, 계획 및 측정

**2.** 반분법은 오류가 존재하는 회로의 나머지 반을 계속하여 분리하면서 오류를 찾는 방법이다.

**3.** 전압은 부품과 병렬로, 전류는 부품과 직렬로 연결하여 측정한다.

### 회로 응용

**1.** 새로운 저항 값에 대해, $R = V/I$

**2.** $I = 4\ \text{V}/10\ \Omega = 400\ \text{mA}$; $I = 4\ \text{V}/100\ \Omega = 40\ \text{mA}$; $I = 4\ \text{V}/1.0\ \text{k}\Omega = 4\ \text{mA}$; $I = 4\ \text{V}/10\ \text{k}\Omega = 400\ \mu\text{A}$; $I = 4\ \text{V}/100\ \text{k}\Omega = 40\ \mu\text{A}$; $I = 4\ \text{V}/1.0\ \text{M}\Omega = 4\ \mu\text{A}$

## 관련 문제 해답

**3-1** 그렇다
**3-2** 0 V
**3-3** 3.03 A
**3-4** 0.005 A
**3-5** 0.005 A
**3-6** 13.6 mA
**3-7** 21.3 μA
**3-8** 2.66 μA
**3-9** 37.0 mA
**3-10** 1.47 mA
**3-11** 1200 V
**3-12** 49.5 mV
**3-13** 0.150 mV
**3-14** 82.5 V
**3-15** 1755 V
**3-16** 2.20 Ω
**3-17** 68.2 kΩ
**3-18** 3.30 MΩ

## 자기 진단 해답

**1.** (b) **2.** (c) **3.** (b) **4.** (d) **5.** (a) **6.** (d) **7.** (b) **8.** (d)
**9.** (c) **10.** (b)

## 퀴즈 해답

**1.** (a) **2.** (b) **3.** (a) **4.** (c) **5.** (a) **6.** (b) **7.** (b) **8.** (c)
**9.** (b) **10.** (c) **11.** (b) **12.** (a) **13.** (c) **14.** (b) **15.** (c)

CHAPTER 4

# 에너지와 전력

## 이 장의 차례



## 이 장의 목표

- *에너지*와 *전력*을 정의한다.
- 전기 회로의 전력을 계산한다.
- 전력을 고려하여 적절한 저항을 선택한다.
- 에너지 변환과 전압 강하를 설명한다.
- 전원 공급기와 그 특성을 설명한다.

## 핵심 용어

- 암페어시
- 에너지
- 와트(W)
- 전력
- 전압 강하
- 전원 공급기
- 줄(J)
- 킬로와트시
- 효율

## 회로 응용 소개

앞 장에서 소개된 저항 상자에 이번 장에서 배운 이론들이 어떻게 적용될 수 있는지 살펴본다. 저항 상자를 모든 저항에 최대 4 V의 전압이 인가될 회로를 검사하는 데 사용한다고 가정하라. 각 저항에서의 전력의 정격을 구할 것이며, 충분하지 않다면 적합한 정격을 갖는 저항으로 대체할 것이다.

## 인터넷 학습자료

http://www.prenhall.com/floyd

## 이 장의 소개

3장에서는 옴의 법칙을 통하여 전류, 전압과 저항의 관계를 배웠다. 이들 세 가지 전기 회로의 기본 물리량으로부터 전력이라는 네 번째 물리량을 생각할 수 있다. 전력과 $I$, $V$ 그리고 $R$과의 특별한 관계에 대해 살펴볼 것이다.

에너지가 일을 할 수 있는 능력이라면 전력은 에너지가 사용되는 속도이다. 전류는 회로를 통과하면서 전기 에너지를 실어 나른다. 자유전자가 회로의 저항 성분을 지날 때 저항 물질 속의 원자와 충돌하면서 에너지를 내놓는다. 전자가 내놓은 에너지는 열 에너지로 변환된다. 전기 에너지가 사용되는 속도를 회로의 전력이라 한다.

## 4-1 에너지와 전력

전류가 저항을 지나게 되면 전기 에너지는 열이나 빛과 같은 다른 형태의 에너지로 변환된다. 이런 현상을 잘 보여주는 예로 전구가 손을 댈 수 없을 정도로 뜨거워지는 것을 들 수 있다. 필라멘트를 지나는 전류는 빛과 함께 원하지 않는 열도 발생하게 되는데, 이는 필라멘트가 저항을 갖고 있기 때문이다. 전기 소자는 주어진 시간 동안에 일정량의 에너지를 소비할 수 있어야 한다.

이 절의 학습 내용은 다음과 같다.

- ***에너지와 전력의 정의***
  - 전력을 에너지로 표현하는 방법
  - 전력의 단위
  - 에너지의 일반 단위
  - 에너지와 전력을 계산하는 방법

**에너지(energy)는 일을 하는 능력이고 전력(power)은 에너지를 사용하는 속도이다.**

다시 말해, $P$로 표시되는 전력은 단위 시간에 사용되는 에너지의 양($W$)이며 다음과 같이 표현된다.

$$P = \frac{W}{t} \tag{4-1}$$

여기서 $P$는 전력이고 단위는 와트(watt, W), $W$는 에너지이며 단위는 줄(joule, J) 그리고 $t$는 시간이며 단위는 초(second, s)로 각각 표현된다. 기울임꼴의 $W$는 에너지를 나타내는 기호이고, 기울임꼴이 아닌 W는 전력의 단위인 와트의 기호임에 유의하라. **줄**(J)은 에너지를 나타내는 SI 단위이다.

J 단위의 에너지를 초 단위의 시간으로 나누면 W 단위의 전력이 된다. 예를 들어, 50 J의 에너지를 2초 동안 사용했다면 전력은 50 J/2 s = 25 W이다. 정의하자면,

**1와트(W)는 1줄의 에너지를 1초 동안 사용할 때의 전력량이다.**

따라서 1초 동안 사용된 줄의 수는 항상 와트의 수와 일치한다. 예를 들어, 75 J을 1초 동안 사용했다면, 전력은 $P = W/t$ = 75 J/1 s = 75 W이다.

전자공학에서는 1 W도 되지 않는 작은 전력이 흔히 사용된다. 작은 전류나 전압처럼 적은 양의 전력을 표시하기 위하여 미터법의 접두기호를 사용한다. mW, μW뿐만 아니라 특별한 응용에서는 pW도 자주 사용된다.

전력회사에서 kW와 MW의 단위가 일반적으로 사용된다. 라디오나 텔레비전 방송국에서도 신호 전송을 위하여 대전력을 사용한다. 전기 발전기에서는 흔히 마력(horsepower, hp)으로 표시하며 1마력 = 746 W이다.

전력은 에너지가 사용되는 속도이므로, 식 (4-1)에서 표현되었듯이 임의의 시간 동안 사용된 전력은 에너지 소비를 나타낸다. 전력($W$)에 시간($t$)을 곱하면, 에너지 $W$(J)를 얻는다.

$$W = Pt$$

**BIOGRAPHY**

제임스 와트 (James Watt, 1736~1819)

와트는 스코틀랜드 출신의 발명가이며 증기기관을 산업용으로 쓸 수 있도록 개선한 업적이 잘 알려져 있다. 와트는 로터리 엔진을 포함한 여러 개의 발명 특허를 갖고 있다. 전력의 단위는 그의 업적을 기려 명명되었다.

**예제 4-1** 100 J의 에너지가 5초 동안 사용되었다. 전력은 몇 와트인가?

풀이

$$P = \frac{\text{에너지}}{\text{시간}} = \frac{W}{t} = \frac{100\text{ J}}{5\text{ s}} = \mathbf{20\ W}$$

관련 문제 30초 동안 발생된 전력이 100 W이다. 몇 J의 에너지가 사용되었는가?

**예제 4-2** 적절한 접두기호를 사용하여 다음 전력 값을 표현하라.

(a) 0.045 W (b) 0.000012 W (c) 3500 W (d) 10,000,000 W

풀이 (a) 0.045 W = **45 mW** (b) 0.000012 = **12 μW**

(c) 3500 W = **3.5 kW** (d) 10,000,000 W = **10 MW**

관련 문제 접두기호를 사용하지 않고 다음 전력 값을 와트로 표현하라.

(a) 1 mW (b) 1800 μW (c) 1000 mW (d) 1 μW

## 에너지의 킬로와트시(kWh) 단위

앞에서 줄은 에너지의 단위로 정의되었다. 그러나 에너지를 나타내는 또 다른 표현 방법이 있다. 전력이 와트로 표현되고, 시간이 초(s)로 표현되므로 에너지의 단위를 와트초(Ws), 와트시(Wh) 또는 킬로와트시(kWh) 등으로 나타낼 수 있다.

전기 요금은 전력이 아닌 사용한 에너지에 기초하여 지불한다. 전력을 공급하는 회사에서는 매우 큰 에너지를 취급하므로 대부분 킬로와트시(kWh)의 단위를 사용한다. 한 시간 동안에 1000와트의 전력을 사용하였다면 1**킬로와트시**(kilowatt-hour)의 에너지를 사용한 것이다. 예를 들어, 100 W의 전구를 10시간 사용한다면 1 kWh의 에너지를 사용하는 것이다.

$$W = Pt = (100\text{ W})(10\text{ h}) = 1000\text{ Wh} = 1\text{ kWh}$$

BIOGRAPHY

제임스 P. 줄 (James Prescott Joule, 1818~1889)

줄은 영국 물리학자로 전기와 열역학의 연구로 잘 알려져 있다. 도체의 전류에 의하여 발생하는 열 에너지의 양은 도체의 저항과 시간에 비례한다는 관계식을 정립하였다. 에너지의 단위는 그의 업적을 기리기 위하여 명명되었다.

**예제 4-3** 다음 에너지의 소비를 kWh로 나타내어라.

(a) 1시간 동안 1400 W (b) 2시간 동안 2500 W (c) 5시간 동안 100,000 W

풀이 (a) 1400 W = 1.4 kW

$W = Pt = (1.4\text{ kW})(1\text{ h}) = \mathbf{1.4\ kWh}$

(b) 2500 W = 2.5 kW

$W = (2.5\text{ kW})(2\text{ h}) = \mathbf{5\ kWh}$

(c) 100,000 W = 100 kW

$W = (100\ \text{kW})(5\ \text{h}) = \mathbf{500\ kWh}$

관련 문제 250 W의 전구를 8시간 동안 켰다면 몇 kWh를 사용한 것인가?

**복습문제 4-1**

1. *전력*을 정의하라.
2. 에너지와 시간으로 전력의 공식을 세워라.
3. *와트*를 정의하라.
4. 다음의 전력들을 가장 적절한 단위로 표현하라.
   (a) 68,000 W (b) 0.005 W (c) 0.000025 W
5. 100 W를 10시간 동안 사용한다면 소비되는 에너지(kWh)는 얼마인가?
6. 2000 Wh를 kWh로 변환하라.
7. 360,000 Ws를 kWh로 변환하라.

# 4-2 전기 회로의 전력

전기 회로에서 전기 에너지가 열 에너지로 바뀔 때 발생하는 열은 회로의 저항 성분에 전류가 흘러 생성되는 원하지 않는 결과일 때가 종종 있다. 그러나 전기히터와 같은 경우에는 열의 생성이 회로의 기본 목적일 수도 있다. 어떤 경우이든 전기나 전자 회로에서 전력은 자주 다루어진다.

이 절의 학습 내용은 다음과 같다.

- **회로의 전력을 계산하는 방법**
  - *I*와 *R*을 알고 전력을 구하는 방법
  - *V*와 *I*를 알고 전력을 구하는 방법
  - *V*와 *R*을 알고 전력을 구하는 방법

저항에 전류가 흐를 때, 그림 4-1과 같이 전자의 충돌은 전기 에너지의 변환 결과로 열을 발생시킨다. 전기 회로에서 소모 전력은 저항과 전류의 양에 따라서 변한다.

$$P = I^2R \tag{4-2}$$

여기서 $P$는 전력이며 단위는 W, $I$는 전류이며 단위는 A, $R$은 저항이며 단위는 Ω이다. $IR$ 대신 $V$를 대입($I^2$은 $I \times I$)하여 $V$와 $I$의 식을 구할 수 있다.

$$P = I^2R = (I \times I)R = I(IR) = (IR)I$$

$$P = VI \tag{4-3}$$

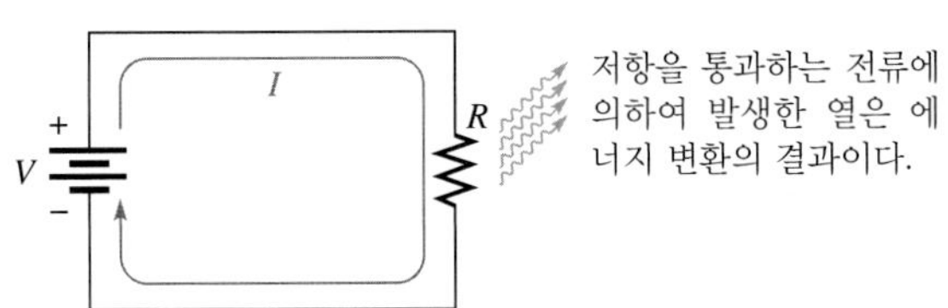


◀ 그림 4-1

전기 회로에서 전력 소모는 저항에 의한 열 에너지로 나타난다.

$I$ 대신 $V/R$를 대입함(옴의 법칙)으로써 또 다른 전력 표현식을 구할 수 있다.

$$P = VI = V\left(\frac{V}{R}\right)$$

$$P = \frac{V^2}{R} \qquad (4\text{-}4)$$

전력과 전류, 전압 및 저항 사이의 관계를 표시한 앞의 수식들을 **와트의 법칙**(Watt's law)이라 한다. 각 식에서 $I$는 A, $V$는 V, $R$은 Ω의 단위로 표현한다. 저항에서 전력을 계산하려면, 어떤 정보를 갖고 있느냐에 따라 세 개의 전력식 중 하나를 이용할 수 있다. 예를 들어 전압과 전류의 값을 안다면, 식 $P = VI$를 이용하여 전력을 계산한다. 만약 $I$와 $R$을 알고 있다면, 식 $P = I^2R$을 이용하여 전력을 계산한다. $V$와 $R$을 알고 있다면, 식 $P = V^2/R$을 이용하여 전력을 계산한다.

**예제 4-4** 그림 4-2의 각 회로의 전력을 계산하라.

▶ 그림 4-2

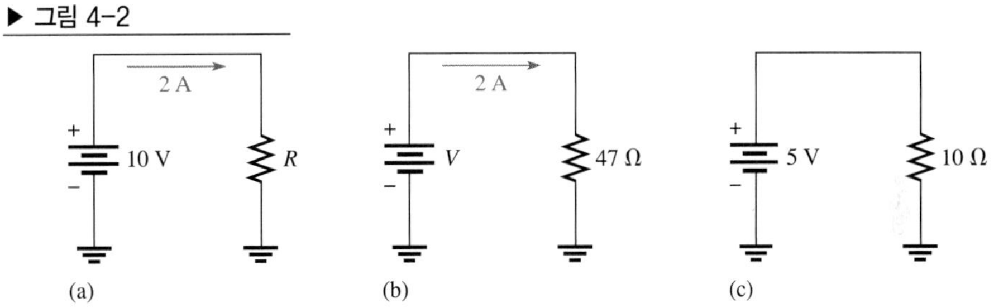


**풀이** 회로 (a)에서 $V$와 $I$를 알고 있다. 따라서 식 (4-3)을 이용한다.

$$P = VI = (10\text{ V})(2\text{ A}) = \mathbf{20\text{ W}}$$

회로 (b)에서 $I$와 $R$을 알고 있다. 따라서 식 (4-2)를 이용한다.

$$P = I^2R = (2\text{ A})^2(47\ \Omega) = \mathbf{188\text{ W}}$$

회로 (c)에서 $V$와 $R$을 알고 있다. 따라서 식 (4-4)를 이용한다.

$$P = \frac{V^2}{R} = \frac{(5\text{ V})^2}{10\ \Omega} = \mathbf{2.5\text{ W}}$$

**관련 문제** 그림 4-2의 각 회로를 다음과 같이 변환할 때 전력을 구하라.

- 회로 (a): $I$는 두 배, $V$는 동일
- 회로 (b): $R$은 두 배, $I$는 동일
- 회로 (c): $V$는 반으로, $R$은 동일

**예제 4-5** 100 W의 전구가 120 V에서 동작한다. 얼마의 전류가 필요한가?

**풀이** 식 $P = VI$를 이용하며, 전류에 대해 풀기 위해 양변의 위치를 바꾼다.

$$VI = P$$

다시 정리하고

$$I = \frac{P}{V}$$

$P$에 100 W, $V$에 120 V를 대입하면 다음의 결과를 얻는다.

$$I = \frac{P}{V} = \frac{100\text{ W}}{120\text{ V}} = 0.833\text{ A} = \mathbf{833\text{ mA}}$$

**관련 문제** 110 V 전원으로부터 전구에 545 mA의 전류가 흐른다. 전력은 얼마가 소모되었는가?

**복습문제 4-2**

1. 저항에 10 V가 인가되어 3 A의 전류가 흐른다면 전력은 얼마인가?
2. 그림 4-3의 전원이 생성하는 전력은 얼마인가? 저항의 전력은 얼마인가? 두 값이 같은가? 그 이유는 무엇인가?

▶ 그림 4-3

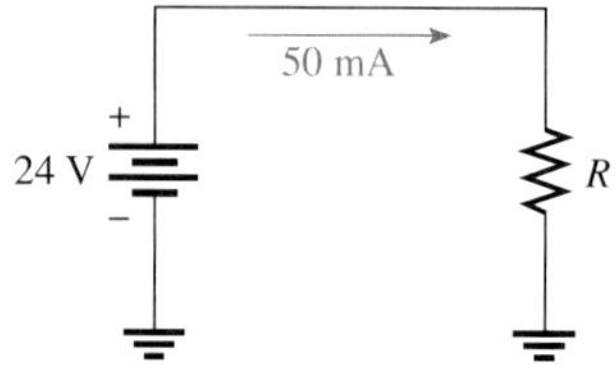


3. 56 Ω의 저항에 5 A의 전류가 흐른다면, 전력 소모는 얼마인가?
4. 4.7 kΩ의 저항에 20 mA의 전류가 흐른다면, 소비된 전력은 얼마인가?
5. 5 V의 전압이 10 Ω의 저항에 인가되었다. 전력 소모는 얼마인가?
6. 8 V의 전압이 2.2 kΩ의 저항에 인가될 때 소비되는 전력은 얼마인가?
7. 0.5 A가 흐르는 75 W 전구의 저항은 얼마인가?

# 4-3 저항의 전력 정격

앞서 배운 것처럼 저항에 전류가 흐르면 저항은 열을 발생한다. 저항이 낼 수 있는 열의 한계값은 전력 정격(또는 정격 전력이라고도 함)으로 명기한다.

이 절의 학습 내용은 다음과 같다.

- **전력을 고려한 적절한 저항의 선택**
  - *전력 정격*의 정의
  - 저항의 물리적 특성이 어떻게 정격을 결정하는지를 설명
  - 저항계로 저항의 오류를 조사

**전력 정격**(power rating)은 저항이 과열로 인하여 손상을 입지 않고 소모할 수 있는 최대 전력이다. 전력 정격은 저항의 값이 아니라 그 물리적 구성 성분, 크기, 그리고 저항의 모양에 주로 관계된다. 모든 기타 조건이 같으면, 저항의 표면적이 넓을수록 전력도 더 많이 소모할 수 있다. 그림 4-4에 나타난 것과 같이 실린더형 저항의 표면적은 길이($l$) 곱하기 원둘레($c$)와 같다. 양쪽 끝부분의 면적은 무시한다.

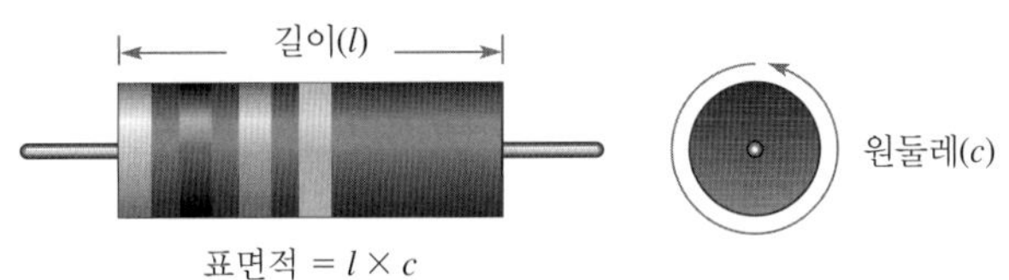


◀ 그림 4-4
저항의 전력 정격은 그 표면적과 직접적인 관계가 있다.

금속피막 저항은 표준 전력 정격이 그림 4-5와 같이 1/8 W에서 1 W의 범위에 있다. 다른 종류의 저항에 대한 전력 정격은 다양하다. 예를 들어 권선 저항기는 225 W 또는 그 이상의 정격을 가지며, 그림 4-6에 이들 저항을 나타내었다.

◀ 그림 4-5
표준 전력 정격이 1/8 W, 1/4 W, 1/2 W, 1 W인 금속피막 저항의 상대적인 크기

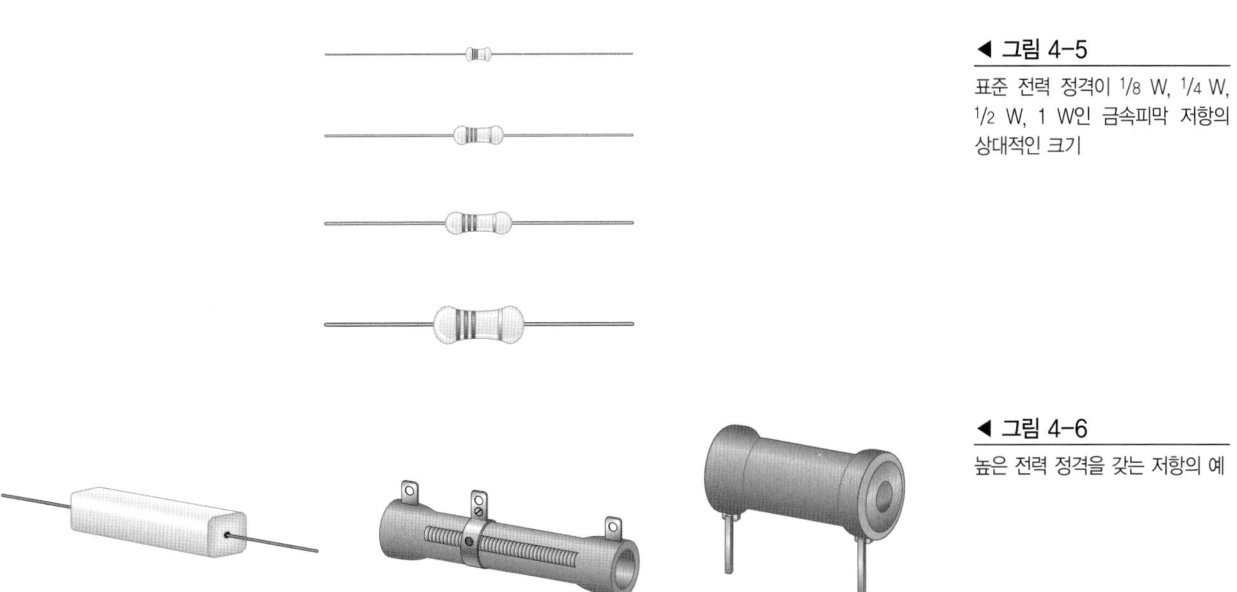

(a) 축-리드 권선형 (b) 가변 권선형 (c) PCB용 래디얼 리드

◀ 그림 4-6
높은 전력 정격을 갖는 저항의 예

회로에 저항이 사용될 때는 전력 정격이 그 회로에서 다루어지는 최대 전력보다 커야 한다. 예를 들어, 응용 회로에서 0.75 W를 소비하는 저항은 정격이 예상 소비 전력보다 조금 큰 크기인 표준값 1 W는 되어야 한다. 가능하면 안전한 여분을 두고 실제 전력보다 더 큰 정격을 사용해야만 한다.

**예제 4-6** 그림 4-7의 각 금속피막 저항에 대한 적절한 전력 정격($^1/_8$ W, $^1/_4$ W, $^1/_2$ W, 1 W)을 선택하라.

▶ 그림 4-7

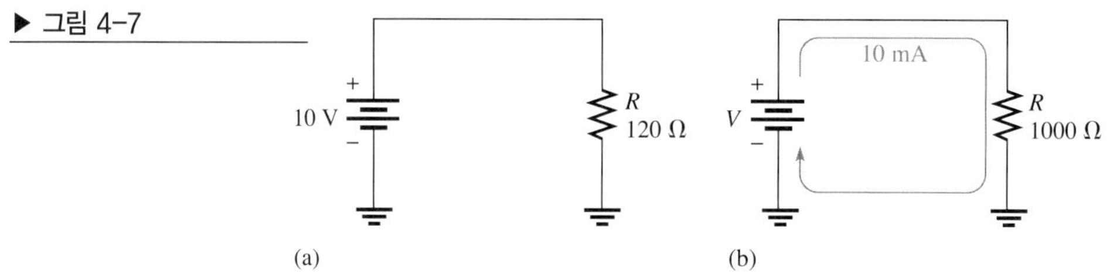


풀이 그림 4-7(a)에서 실제 전력은 다음과 같다.

$$P = \frac{V^2}{R} = \frac{(10\ \text{V})^2}{120\ \Omega} = \frac{100\ \text{V}^2}{120\ \Omega} = 0.833\ \text{W}$$

실제 전력보다 높은 전력 정격을 선택한다. 이 경우 **1 W**를 선택해야 한다.

그림 4-7(b)에서 실제 전력은 다음과 같다.

$$P = I^2R = (10\ \text{mA})^2(1000\ \Omega) = (10 \times 10^{-3}\ \text{A})^2(1000\ \Omega) = 0.1\ \text{W}$$

이 경우 적어도 **$^1/_8$ W(0.125 W)** 이상의 정격을 가진 저항이 사용되어야 한다.

관련 문제 어떤 저항이 0.25 W의 전력을 소비해야 한다. 어떤 표준 정격이 사용되어야 하는가?

저항의 전력이 정격보다 높아지면, 저항은 과열된다. 그 결과 저항이 타서 끊어지거나 저항값이 크게 달라진다.

과열로 손상을 입은 저항은 타거나 달라진 겉모습으로 확인할 수 있다. 겉으로 판단이 되지 않으나 의심스러운 저항의 경우, 개방되거나 값이 바뀐 것인지 저항계로 검사할 수 있다. 저항 측정 시 저항의 한쪽 또는 양쪽 리드를 회로에서 분리하여 측정해야 함을 상기하자.

## 저항계로 저항 측정하기

일반적인 아날로그 멀티미터와 디지털 멀티미터를 그림 4-8(a)와 (b)에 각각 나타내었다. 그림 4-8(a)의 디지털 멀티미터의 경우, 선택 스위치는 Ω을 선택한다. 디지털 멀티미터는 자동범위 기능이 있으므로 수동으로 범위 스위치를 선택할 필요가 없고, 저항 값은 직접 디지털 판독값

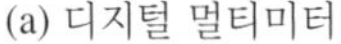
(a) 디지털 멀티미터

(b) 아날로그 멀티미터

◀ 그림 4-8

일반적인 휴대용 멀티미터
(a): Fluke Corporation 제공
(b): B+K Precision 제공

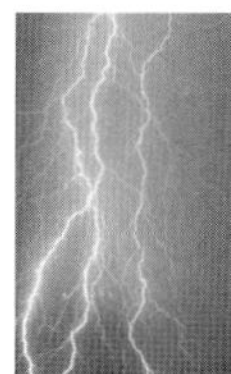

**안전수칙**

저항은 정상적인 동작 상태 아래에서 매우 뜨거워진다. 화상을 방지하기 위하여 전원이 회로에 공급된 상태에서는 회로 부품에 손대지 않는다. 전원이 꺼진 후에도 회로 부품이 식는 데는 시간이 걸린다.

을 읽으면 된다. 아날로그 멀티미터의 크고 둥근 스위치는 **범위설정 스위치(range switch)**라 한다. 양쪽 미터가 OHMS로 설정되어 있음을 유의하라.

그림 4-8(b)의 아날로그 멀티미터에서 각 설정 값은 미터의 저항 눈금줄(맨 윗줄)에 곱할 양이다. 예를 들어 지시침이 저항 눈금 50을 가리키고 범위 스위치가 ×10에 설정되어 있다면, 측정된 저항 값은 50 × 10 Ω = 500 Ω이 된다. 저항이 끊어지면 지시침은 범위 스위치 설정값에 관계없이 왼쪽 끝에서 움직이지 않을 것이다(∞는 무한대를 의미).

**예제 4-7** 그림 4-9의 각 회로에서 저항이 과열로 손상을 입을 것인지 결정하라.

▶ 그림 4-9

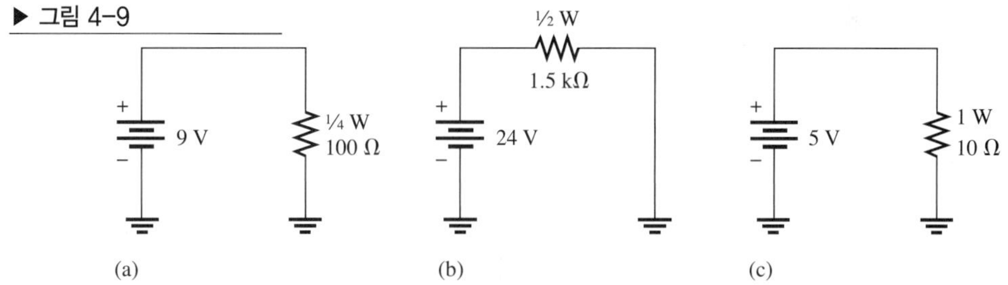


**풀이** 그림 4-9(a)의 회로는 다음과 같다.

$$P = \frac{V^2}{R} = \frac{(9\text{ V})^2}{100\ \Omega} = 0.810\text{ W} = 810\text{ mW}$$

정격이 1/4 W(0.25 W)인 저항은 이 전력을 다루기에 충분하지 않다. 이 저항은 과열되면 타서 끊어져 버릴 것이다.

그림 4-9(b)의 회로는 다음과 같다.

$$P = \frac{V^2}{R} = \frac{(24\text{ V})^2}{1.5\text{ k}\Omega} = 0.384\text{ W} = 384\text{ mW}$$

정격이 $^1/_2$ W(0.5 W)인 저항은 이 전력을 다루기에 충분하다.

그림 4-9(c)의 회로는 다음과 같다.

$$P = \frac{V^2}{R} = \frac{(5\text{ V})^2}{10\ \Omega} = 2.5\text{ W}$$

정격이 1 W인 저항은 이 전력을 다루기에 충분하지 않다. 이 저항은 과열되면 타서 끊어져 버릴 것이다.

**관련 문제** 0.25 W, 1.0 kΩ의 저항 양단에 12 V의 전지가 연결되어 있다. 전력 정격은 적절한가?

**복습문제 4-3**

1. 저항과 연관된 두 가지 중요한 값을 말하라.
2. 저항의 물리적 크기로 어떻게 취급할 수 있는 전력을 결정할 수 있는가?
3. 금속피막 저항의 표준 전력 정격을 열거하라.
4. 0.3 W를 취급할 수 있는 저항이 있다. 이 금속피막 저항이 에너지를 적절히 소비하기 위한 최소 전력 정격은 얼마인가?

# 4-4 에너지 변환과 저항의 전압 강하

앞서 배운 것과 같이 저항에 전류가 흐르면 전기 에너지는 열 에너지로 변환된다. 이 열은 저항 물질의 원자 구조 내에서 자유전자의 충돌에 의해 발생된다. 충돌이 일어나면 열이 발생하고, 전자는 물질 내를 이동하면서 획득한 에너지의 일부를 내놓게 된다.

이 절의 학습 내용은 다음과 같다.

- **에너지 변환과 전압 강하**
  - 회로의 에너지 변환의 원인
  - *전압 강하*의 정의
  - 에너지 변환과 전압 강하의 관계

그림 4-10에서 전자로 구성된 전하는 전지의 음의 단자로부터 나와 회로를 통과하고 양의 단자로 되돌아간다. 음극에서 나오는 순간 전자들의 에너지는 최대이다. 서로 연결된 저항을 통하여 전자가 이동하면서 전류의 경로를 형성한다(이와 같은 연결을 직렬 연결이라고 하며 5장에서 배우게 될 것이다). 저항을 통하여 전자가 이동하면서 그들 에너지의 일부를 열로 잃어버린다. 그러므로 전자는 저항으로 들어갈 때가 저항을 빠져나올 때보다 더 많은 에너지를 갖고 있다. 그림 4-10에서 색의 농도가 약해지는 것으로 이를 표시하였다. 전자가 회로를 통과하여 다시 양극으로 돌아갈 때 전자는 가장 낮은 에너지 준위에 있다.

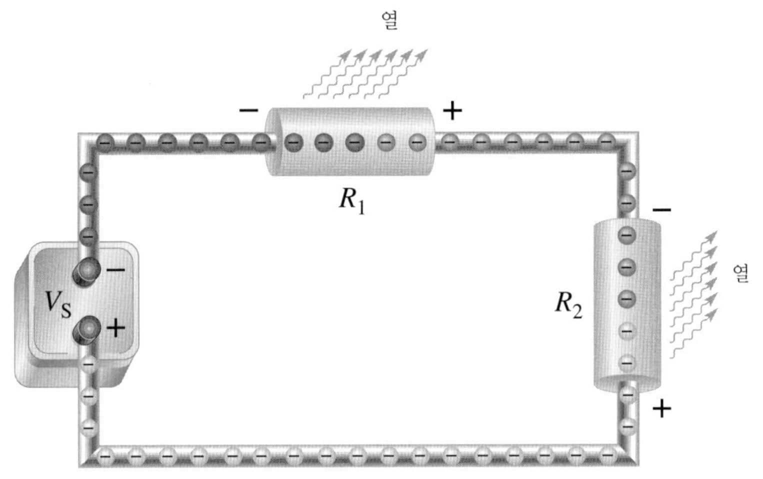


◀ 그림 4-10

전자(전하)들이 저항을 통과하면서 에너지 손실이 발생한다. $V = W/Q$와 같으므로 전압 강하가 생긴다.

전압은 전하당 에너지($V = W/Q$)와 같고 전하는 전자의 특성을 띠고 있음을 상기하자. 전지의 전위차로 인하여 음극에서 방출되는 모든 전자들에게 얼마간의 에너지가 전달된다. 회로의 각 지점에서 흐르는 전자의 수는 동일하지만, 회로의 저항을 통과할 때마다 에너지는 감소한다.

그림 4-10에서 $R_1$의 좌측에서 전압은 $W_{enter}/Q$와 같고 $R_1$의 우측 전압은 $W_{exit}/Q$와 같다. $R_1$으로 유입되는 전자의 수와 유출되는 전자의 수가 동일하므로 $Q$는 일정하다. 그러나 에너지 $W_{exit}$는 $W_{enter}$보다 적다. 따라서 $R_1$의 우측 전압은 좌측의 전압보다 낮다. 에너지 손실 때문에 발생하는 저항 양단의 전압 감소를 **전압 강하**(voltage drop)라 한다. $R_1$의 우측 전압은 좌측의 전압보다 좀 덜 음의 성질(더 양의 성질)을 띠고 있다. 전압 강하는 −나 + 기호로 표시한다(+는 좀 덜 음의 전압 또는 좀 더 양의 전압을 의미한다).

전자는 $R_1$에서 약간의 에너지를 잃고 감소된 에너지 준위의 상태로 $R_2$로 들어간다. $R_2$를 통과하면서 더 많은 에너지를 잃고 따라서 $R_2$를 통해서 또 다른 전압 강하가 발생한다.

**복습문제 4-4**

1. 저항에서 에너지 변환이 발생하는 근본적인 이유는 무엇인가?
2. 전압 강하란 무엇인가?
3. 전통적인 전류 방향에서 전압 강하의 극성은 어떻게 표시되는가?

# 4-5 전원 공급기

일반적으로 **전원 공급기**(power supply)는 부하에 전력을 공급하는 장치이다. 부하는 전원 공급기의 출력단에 연결된 전기 소자 또는 회로이며, 공급기로부터 전류를 공급받는다.

이 절의 학습 내용은 다음과 같다.

- **전원 공급기와 그 특성**
  - 축전지의 *암페어시 정격*의 정의
  - 전자 전원 공급기의 효율

그림 4-11은 부하 장치와 연결되어 있는 전원 공급기를 보여준다. 부하는 전구에서 컴퓨터까지 무엇이든 될 수 있다. 전원 공급기는 두 출력단에서 전압을 생산하며 그림에서와 같이 부하에 전류를 제공한다. $IV_{OUT}$의 곱은 공급기가 공급하고, 부하가 소비하는 전력을 나타낸다. 주어진 출력 전압($V_{OUT}$)에 대해, 부하에 더 많은 전류가 흐른다는 것은 공급기로부터 더 많은 전력이 공급됨을 의미한다.

▶ 그림 4-11

전원 공급기와 부하

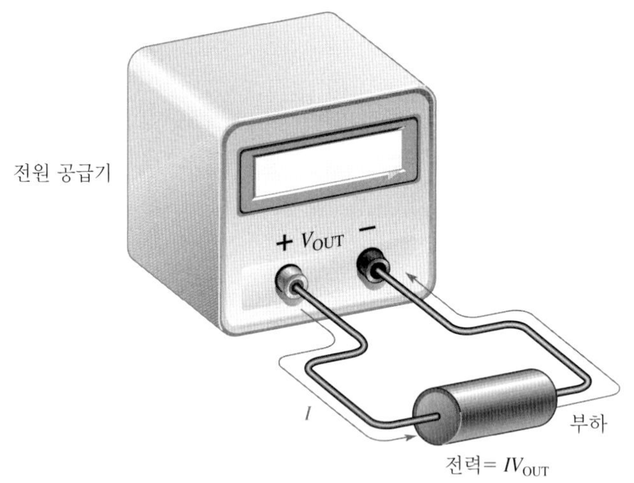


전원 공급기는 단순한 전지부터 정확한 출력 전압이 자동 유지되는 정전압 전자 회로에 이르기까지 다양한 종류가 있다. 전지는 화학 에너지를 전기 에너지로 변화시키는 직류 전원이다. 전자 전원 공급기는 벽면의 콘센트로부터 보통 220 V의 교류를 전자 부품에 알맞은 크기의 직류 정전압으로 바꾼다.

## 전지의 암페어시 정격

전지는 화학 에너지를 전기 에너지로 변화시키는 직류 전원이다. 화학 에너지원이 유한하므로 전지는 전력 공급 시간을 제한하는 용량을 갖고 있다. 이 용량은 암페어시(ampere-hour, Ah)의 단위로 측정한다. **암페어시 정격**(ampere-hour rating)은 정해진 전압에서 부하에 일정한 전류를 계속 공급할 수 있는 시간의 길이를 결정한다.

1 Ah의 정격은 전지가 정격 전압 아래에서 1암페어의 전류를 1시간 동안 부하에 공급할 수 있음을 의미한다. 같은 전지가 2 A의 전류를 계속 공급한다면 30분 동안 사용할 수 있다. 전지가 더 많은 전류를 공급해야 한다면 전지의 수명은 더욱 짧아진다. 실제로 전지는 명시된 전류와 출력 전압으로 표기된다. 예를 들어, 12 V의 자동차 축전지는 3.5 A에서 70 Ah의 정격을 갖는다. 이는 정해진 전압으로 3.5 A의 전류를 20시간 동안 공급할 수 있음을 나타낸다.

**예제 4-8** 70 Ah로 표시된 전지로 2 A의 전류를 몇 시간 동안 공급할 수 있는가?

**풀이** 암페어-시간 정격은 전류 곱하기 시간($x$)이다.

$$70\text{ Ah} = (2\text{ A})(x\text{ h})$$

$x$에 대해서 풀면,

$$x = \frac{70\text{ Ah}}{2\text{ A}} = \mathbf{35\text{ h}}$$

**관련 문제** 어떤 전지가 10 A를 6시간 동안 공급하였다. Ah 정격은 얼마인가?

## 전원 공급기의 효율

전원 공급기의 효율은 중요한 특성이다. **효율**(efficiency)은 회로의 입력 전력에 대한 부하로 전달되는 출력 전력의 비로 나타낸다.

$$\text{효율} = \frac{P_{\text{OUT}}}{P_{\text{IN}}} \tag{4-5}$$

효율은 종종 백분율로 나타낸다. 예를 들어 입력 전력이 100 W이고 출력 전력이 50 W이면, 효율은 (50 W/100 W) × 100% = 50%이다.

모든 전원 공급기는 자체에도 전력이 공급되어야 한다. 예를 들어, 보통 전원 공급기는 벽의 콘센트에서 나오는 교류 전력을 입력으로 사용한다. 출력은 보통 직류 정전압이다. 출력 전력은 항상 입력 전력보다 작은데, 이는 전체 전력의 일부가 전원 공급기 내부 회로를 구동하는 데 사용되어야 하기 때문이다. 이러한 내부에서 소모된 양을 일반적으로 **전력 손실**(power loss)이라 한다. 출력 전력은 입력 전력에서 내부의 전력 손실분을 뺀 것이다.

$$P_{\text{OUT}} = P_{\text{IN}} - P_{\text{LOSS}} \tag{4-6}$$

고효율은 손실되는 전력이 적고 주어진 입력 전력에 대해 높은 비율의 출력 전력을 얻음을 의미한다.

**예제 4-9** 입력 전력이 25 W인 전원 공급기가 있다. 이 기기는 20 W의 출력 전력을 낼 수 있다. 효율은 얼마인가? 전력 손실은 얼마인가?

**풀이**

$$\text{효율} = \frac{P_{\text{OUT}}}{P_{\text{IN}}} = \frac{20\text{ W}}{25\text{ W}} = \mathbf{0.8}$$

백분율로 나타내면

$$\text{효율} = \left(\frac{20\text{ W}}{25\text{ W}}\right)100\% = 80\%$$

전력 손실은

$$P_{\text{LOSS}} = P_{\text{IN}} - P_{\text{OUT}} = 25\text{ W} - 20\text{ W} = \mathbf{5\text{ W}}$$

**관련 문제** 92%의 효율을 가진 전원 공급기가 있다. $P_{IN}$이 50 W이면 $P_{OUT}$은 얼마인가?

**복습문제 4-5**

1. 전원 공급기로부터 부하 장치에 공급되는 전류가 증가한다면, 부하는 증가하는가 감소하는가?
2. 전원 공급기가 출력 전압 10 V를 생산한다. 만약 부하에 0.5 A의 전류를 공급한다면 부하의 전력은 얼마인가?
3. 전지가 100 Ah의 정격을 갖고 있다면 부하에 5 A의 전류를 얼마 동안 공급할 수 있는가?
4. 문제 3의 전지가 12 V 소자라면, 특정 전류에 대한 부하의 전력은 얼마인가?
5. 실험실에서 사용되고 있는 전원 공급기는 1 W의 입력 전력으로 동작된다. 750 mW 출력 전력을 낼 수 있다면 효율은 얼마인가? 전력 손실을 구하라.

# 회로 응용

이 응용에서는 3장에서 수정한 저항 상자를 다시 살펴볼 것이다. 앞서 모든 저항은 정확하게 선택되었음을 확인하였다. 이번에는 각 저항이 충분한 전력 정격을 가졌음을 확인해야 한다. 전력 정격이 충분하지 않다면 적합한 저항으로 대체해야 한다.

## 전력 정격

3장에서 수정된 저항 상자의 각 저항은 전력 정격이 1/8 W라 가정하자. 저항 상자는 그림 4-12에 나타내었다.

◆ 최대 4 V에 대해 각 저항의 전력 정격이 적절한지 결정하라.

◆ 정격이 적절하지 않다면 최대 전력을 취급할 수 있는 최소 정격을 결정하라. 표준 정격인 1/8 W, 1/4 W, 1/2 W, 1 W, 2 W, 5 W 중에서 선택하라.

◆ 3장에서 만든 회로도에 각 저항의 정격을 추가로 기입하라.

## 복습문제

1. 적절하지 않은 전력 정격의 저항은 몇 개인가?
2. 저항이 최대 10 V에서 동작되어야 한다면 어느 저항이 바뀌어야 하며, 최소 전력 정격은 얼마인가?

▶ 그림 4-12

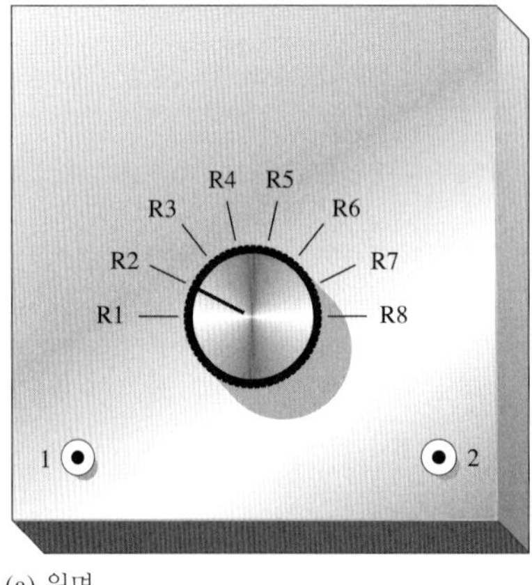

(a) 윗면

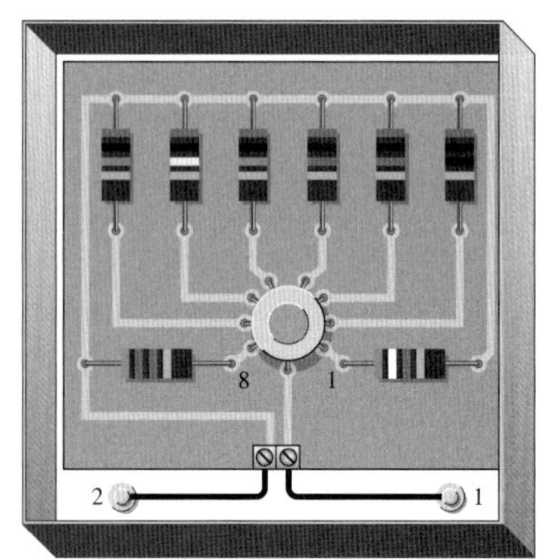

(b) 아랫면

## 요약

- 저항의 전력 정격(W)은 안전하게 취급할 수 있는 최대 전력을 결정한다.
- 크기가 큰 저항은 작은 저항보다 열의 형태로 더 많은 전력을 소비할 수 있다.
- 저항은 회로에서 취급될 것으로 예상되는 최대 전력보다 큰 전력 정격을 가져야 한다.
- 전력 정격은 저항 값과 무관하다.
- 저항이 과열되면 일반적으로 끊어지고 못쓰게 된다.
- 에너지는 일을 하는 능력이고 전력 곱하기 시간과 같다.
- kWh는 에너지의 단위이다.
- 1 kWh는 1000 W의 전력을 1시간 동안 사용한 것과 같으며, 1 kWh의 값을 만족하는 경우라면 전력 곱하기 시간의 어떠한 조합도 상관없다.
- 전원 공급기는 전기 및 전자 소자를 구동하는 데 사용되는 에너지원이다.
- 전지는 화학 에너지를 전기 에너지로 변환하는 전원 공급기의 한 종류이다.
- 전원 공급기는 상용 에너지(전력회사의 교류)를 여러 크기의 직류 정전압으로 바꾼다.
- 공급기의 출력 전력은 출력 전압 곱하기 부하 전류이다.
- 부하는 전원 공급기로부터 전류를 끌어내는 장치이다.
- 전지의 용량은 Ah로 측정된다.
- 1 Ah는 1 A의 전류가 1시간 동안 사용되는 것과 같으며, 같은 값을 갖는 경우라면 전류 곱하기 시간의 어떠한 조합도 상관없다.
- 효율이 높은 회로는 효율이 낮은 회로보다 손실되는 전력이 적다.

## 핵심 용어

**암페어시 정격**(Ampere-hour rating): 전류(A)와, 전지가 전류를 부하에 전달할 수 있는 시간의 길이(h)를 곱하여 결정된 값

**에너지**(energy): 일을 하는 능력

**와트**(watt, W): 전력의 단위. 1 W는 1 J의 에너지가 1초 동안 사용될 때의 전력

**전력**(power): 에너지 사용 속도

**전압 강하**(voltage drop): 에너지 손실로 인하여 저항 양단에서 발생하는 전압 감소

**전원 공급기**(power supply): 부하에 전력을 공급하는 장치

**킬로와트시**(kilowatt-hour, kWh): 전력회사에서 주로 사용하는 에너지의 단위

**효율**(efficiency): 회로의 입력 전력에 대한 출력 전력의 비를 백분율로 나타낸 것

## 주요 공식

| | | |
|---|---|---|
| **4-1** | $P = \frac{W}{t}$ | 전력은 에너지 나누기 시간과 같다. |
| **4-2** | $P = I^2R$ | 전력은 전류 제곱 곱하기 저항과 같다. |
| **4-3** | $P = VI$ | 전력은 전압 곱하기 전류와 같다. |
| **4-4** | $P = \frac{V^2}{R}$ | 전력은 전압 제곱 나누기 저항과 같다. |
| **4-5** | 효율 $= \frac{P_{OUT}}{P_{IN}}$ | 전원 공급기의 효율 |
| **4-6** | $P_{OUT} = P_{IN} - P_{LOSS}$ | 출력 전력은 입력 전력에서 전력 손실만큼 작다. |

## 자기 진단

**1.** 전력은 다음의 무엇으로 정의되는가?

(a) 에너지 (b) 열
(c) 에너지가 사용되는 속도 (d) 에너지를 사용하는 시간

**2.** 200 J의 에너지가 10초 동안 소비되었다. 전력은 얼마인가?

(a) 2000 W (b) 10 W (c) 20 W (d) 2 W

**3.** 10,000 J의 에너지를 사용하는 데 300 ms가 걸린다면, 전력은 얼마인가?

(a) 33.3 kW (b) 33.3 W (c) 33.3 mW

**4.** 50 kW는 몇 W인가?

(a) 500 W (b) 5000 W (c) 0.5 MW (d) 50,000 W

**5.** 0.045 W는 다음 중 어느 것과 같은가?

(a) 45 kW (b) 45 mW (c) 4,500 $\mu$W (d) 0.00045 MW

**6.** 10 V와 50 mA의 전력은 얼마인가?

(a) 500 mW (b) 0.5 W (c) 500,000 $\mu$W (d) (a), (b), (c) 모두

**7.** 10 kΩ 저항에 10 mA의 전류가 흐를 때 전력은 얼마인가?

(a) 1 W (b) 10 W (c) 100 mW (d) 1000 $\mu$W

**8.** 2.2 kΩ 저항에서 0.5 W의 전력을 소비한다면 전류는 얼마인가?

(a) 15.1 mA (b) 0.227 mA (c) 1.1 mA (d) 4.4 mA

**9.** 330 Ω 저항에서 2 W의 전력을 소비한다면 전압은 얼마인가?

(a) 2.57 V (b) 660 V (c) 6.6 V (d) 25.7 V

**10.** 500 W의 전력을 24시간 동안 사용한다면 얼마의 kWh를 사용한 것인가?

(a) 0.5 kWh (b) 2400 kWh (c) 12,000 kWh (d) 12 kWh

**11.** 75 W를 10시간 사용했다면 몇 Wh인가?

(a) 75 Wh (b) 750 Wh (c) 0.75 Wh (d) 7500 Wh

**12.** 100 Ω 저항은 최대 35 mA의 전류를 전달해야 한다. 정격은 적어도 얼마이어야 하는가?

(a) 35 W (b) 35 mW (c) 123 mW (d) 3500 mW

**13.** 1.1 W까지 취급할 수 있는 저항의 전력 정격은 얼마인가?

(a) 0.25 W (b) 1 W (c) 2 W (d) 5 W

**14.** 22 Ω, 1/2 W의 저항과 220 Ω, 1/2 W의 저항이 10 V 전원 양단에 연결되어 있다. 어느 저항이 과열되겠는가?

(a) 22 Ω (b) 220 Ω
(c) 둘 다 (d) 모두 과열되지 않는다

**15.** 저항계의 지시침이 무한대를 가리킨다면, 측정된 저항은 얼마인가?

(a) 과열 (b) 단락 (c) 개방 (d) 반대로 연결되었다

**16.** 12 V의 전지가 600 Ω 부하에 연결되어 있다. 이 조건하에서 50 Ah로 정격이 표기되어 있다. 부하에 얼마 동안 전류를 공급할 수 있는가?

(a) 2500시간 (b) 50시간 (c) 25시간 (d) 4.16시간

**17.** 어떤 전원은 8 A의 전류를 2.5시간 동안 공급할 수 있다. Ah 정격은 얼마인가?

(a) 2.5 Ah (b) 20 Ah (c) 8 Ah

**18.** 어떤 전원 공급기가 0.6 W의 전력을 입력받아 0.5 W의 전력을 출력한다. 백분율 효율은 얼마인가?

(a) 50% (b) 60% (c) 83.3% (d) 45%

## 퀴즈

**1.** 고정 저항을 통과하는 전류가 10 mA에서 12 mA로 변화하였다. 저항의 전력은?
(a) 증가한다 (b) 감소한다 (c) 변하지 않는다

**2.** 고정 저항의 양단 전압이 10 V에서 7 V로 변화하였다. 저항의 전력은?
(a) 증가한다 (b) 감소한다 (c) 변하지 않는다

**3.** 가변 저항에 5 V가 인가되었다. 저항을 감소시킨 경우, 저항에서 전력은?
(a) 증가한다 (b) 감소한다 (c) 변하지 않는다

**4.** 저항 양단의 전압을 5 V에서 10 V로 증가시키고, 전류를 1 mA에서 2 mA로 증가시켰다. 이 경우 전력의 변화는?
(a) 증가한다 (b) 감소한다 (c) 변하지 않는다

**5.** 전지에 연결된 부하 저항을 증가시켰다면, 전지가 공급할 수 있는 전류의 시간은?
(a) 증가한다 (b) 감소한다 (c) 변하지 않는다

**6.** 전지가 부하에 공급하는 전류의 시간이 감소하였다면, Ah 정격은?
(a) 증가한다 (b) 감소한다 (c) 변하지 않는다

**7.** 전지가 부하에 공급하는 전류가 증가하였다면, 전지의 수명은?
(a) 증가한다 (b) 감소한다 (c) 변하지 않는다

**8.** 전지에 부하를 연결하지 않은 경우, Ah 정격은?
(a) 증가한다 (b) 감소한다 (c) 변하지 않는다

그림 4-11을 보면서 다음 물음에 답하라.

**9.** 전원 공급기의 출력 전압이 증가하면, 일정한 부하에 전달하는 전력은?
(a) 증가한다 (b) 감소한다 (c) 변하지 않는다

**10.** 출력 전압이 일정하고 부하 전류가 감소하면, 이때 부하 전력의 변화는?
(a) 증가한다 (b) 감소한다 (c) 변하지 않는다

**11.** 출력 전압이 일정하고 부하 저항이 증가하면, 이때 부하 전력의 변화는?
(a) 증가한다 (b) 감소한다 (c) 변하지 않는다

**12.** 회로에서 부하를 제거하여 개방 상태가 되면, 이상적인 전원 공급기의 출력 전압은?
(a) 증가한다 (b) 감소한다 (c) 변하지 않는다

## 문제

### 4-1 에너지와 전력

**1.** 전력의 단위(W)가 1 V × 1 A와 같음을 입증하라.

**2.** $3.6 \times 10^6$ J이 1 kWh임을 보여라.

**3.** 에너지가 350 J/s의 속도로 소비된다면 전력은 얼마인가?

**4.** 7500 J의 에너지가 5시간 동안 소비된다면 몇 와트인가?

**5.** 50 ms 동안 1000 J은 몇 와트인가?

**6.** 다음을 kW로 바꾸어라.
(a) 1000 W (b) 3750 W (c) 160 W (d) 50,000 W

**7.** 다음을 MW로 바꾸어라.
(a) 1,000,000 W (b) $3 \times 10^6$ W (c) $15 \times 10^7$ W (d) 8700 kW

**8.** 다음을 mW로 바꾸어라.

(a) 1 W (b) 0.4 W (c) 0.002 W (d) 0.0125 W

**9.** 다음을 $\mu$W로 바꾸어라.

(a) 2 W (b) 0.0005 W (c) 0.25 mW (d) 0.00667 mW

**10.** 다음을 W로 바꾸어라.

(a) 1.5 kW (b) 0.5 MW (c) 350 mW (d) 9000 $\mu$W

**11.** 어떤 전자 소자는 100 mW의 전력을 사용한다. 이를 24시간 동안 사용한다면 몇 J의 에너지를 소비한 것인가?

***12.** 300 W의 전구를 연속적으로 30일 동안 계속 사용한다면, 몇 kWh의 에너지를 소비한 것인가?

***13.** 31일이 지난 후 전기요금 고지서에 1500 kWh를 사용한 것으로 기재되어 있다. 일일 평균 전력은 얼마인가?

**14.** $5 \times 10^6$ Wm(watt-minutes)을 kWh로 변환하라.

**15.** 6700 Ws(watt-seconds)를 kWh로 변환하라.

**16.** 47 Ω의 저항에 5 A의 전류가 흘러 25 J의 에너지를 소비하려면 몇 초의 시간이 필요한가?

## 4-2 전기 회로의 전력

**17.** 75 V의 전원이 부하에 2 A를 공급한다면 부하의 저항 값은 얼마인가?

**18.** 저항 양단에 5.5 V의 전압이 인가되어 3 mA의 전류가 흐른다면 전력은 얼마인가?

**19.** 전기 난방기가 120 V, 3 A에서 동작한다. 얼마의 전력을 사용하는가?

**20.** 4.7 kΩ의 저항에 500 mA의 전류가 흐르면 생성되는 전력은 얼마인가?

**21.** 100 $\mu$A를 전송하는 10 kΩ의 저항에서 소모하는 전력은 얼마인가?

**22.** 680 Ω의 저항 양단에 60 V의 전압을 인가할 때 전력은 얼마인가?

**23.** 56 Ω 저항이 1.5 V 전지에 연결되어 있다. 저항의 전력 소비는 얼마인가?

**24.** 저항에 2 A의 전류가 흐르면서 100 W의 전력을 소비한다면, 이 저항은 얼마인가? 전압은 필요한 만큼의 임의의 값으로 인가되었다고 가정하라.

**25.** 12 V의 전원이 10 Ω의 저항에 연결되어 있다.

(a) 2분 동안 얼마의 에너지가 소비되는가?

(b) 1분 후에 저항을 회로에서 분리시키면 전력은 2분 동안의 전력보다 큰가 작은가, 아니면 같은가?

## 4-3 저항의 전력 정격

**26.** 회로의 6.8 kΩ 저항이 타버렸다. 이것을 같은 저항 값의 다른 저항으로 대체해야 한다. 만약 저항이 10 mA를 전송한다면, 이 저항의 전력 정격은 얼마여야 하는가? 모든 표준 전력 정격의 저항을 사용할 수 있다고 가정하라.

**27.** 어떤 종류의 전력용 저항은 3 W, 5 W, 8 W, 12 W, 20 W의 정격을 갖고 있다. 특별히 8 W를 취급하는 저항이 필요한 응용 회로를 만들 때, 위의 값보다 20%의 최소 여유분을 갖는다면 어느 정격의 저항을 사용할 것인가? 그 이유는 무엇인가?

## 4-4 에너지 변환과 저항의 전압 강하

**28.** 그림 4-13의 각 회로에 대해 저항에서 강하된 전압의 극성을 바르게 표시하라.

▶ 그림 4-13

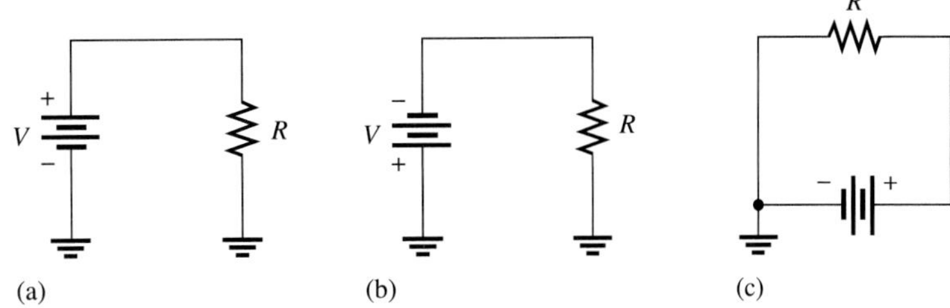


### 4-5 전원 공급기

**29.** 50 Ω 부하가 1 W의 전력을 사용한다. 전원 공급기의 출력 전압은 얼마인가?

**30.** 알카라인 D 셀 전지가 10 Ω 부하에서 평균 전압 1.25 V를 90시간 동안 공급할 수 있다. 전지의 수명이 다하는 동안 부하에 공급 가능한 평균 전력은 얼마인가?

**31.** 문제 30의 전지에서 90시간 동안 전달되는 총 에너지는 몇 J인가?

**32.** 어떤 전지가 1.5 A의 전류를 24시간 동안 공급할 수 있다. Ah는 얼마인가?

**33.** 80 Ah의 전지에서 10시간 동안 공급할 수 있는 전류는 얼마인가?

**34.** 전지의 정격이 650 mAh라면 48시간 동안 얼마만큼의 전류를 공급할 수 있는가?

**35.** 입력 전력이 500 mW이고 출력 전력이 400 mW이면 손실된 전력은 얼마인가? 이 전원 공급기의 효율은 얼마인가?

**36.** 85%의 효율로 동작하려면 입력 전력이 5 W일 때 출력 전력은 얼마여야 하는가?

*__37.__ 어떤 전원 공급기가 연속적으로 2 W를 부하에 공급하고 있다. 효율은 60%이다. 24시간 동안 이 전원 공급기가 몇 kWh를 공급하는가?

### Multisim 고장진단과 분석

Multisim CD-ROM을 사용하여 다음 문제를 풀어 보라.

**38.** P04-38 파일을 열고, 전류, 전압 및 저항을 구하라. 측정된 값을 사용하여 전력을 계산하라.

**39.** P04-39 파일을 열고, 전류, 전압 및 저항을 구하라. 이 값을 사용하여 전력을 계산하라.

**40.** P04-40 파일을 열고, 램프의 전류를 측정하라. 램프의 전력 및 전압 정격을 사용하여, 구한 값이 맞는지 확인하라.

## 복습문제 해답

### 4-1 에너지와 전력

**1.** 전력은 에너지가 사용되는 속도이다.

**2.** $P = W/t$

**3.** 와트는 전력의 단위이다. 1와트는 1 J의 에너지가 1초 동안 사용될 때의 전력이다.

**4.** (a) 68,000 W = 68 kW (b) 0.005 W = 5 mW (c) 0.000025 W = 25 $\mu$W

**5.** $W$ = (0.1 kW)(10 h) = 1 kWh

**6.** 2000 Wh = 2 kWh

**7.** 360,000 Ws = 0.1 kWh

### 4-2 전기 회로의 전력

**1.** $P$ = (10 V)(3 A) = 30 W

**2.** $P = (24\text{ V})(50\text{ mA}) = 1.2\text{ W}$; 1.2 W; 두 값은 같다. 이는 전원에 의해 생성되는 모든 에너지는 저항에서 소비되기 때문이다.

**3.** $P = (5\text{ A})^2(56\ \Omega) = 1400\text{ W}$

**4.** $P = (20\text{ mA})^2(4.7\text{ k}\Omega) = 1.88\text{ W}$

**5.** $P = (5\text{ V})^2/10\ \Omega = 2.5\text{ W}$

**6.** $P = (8\text{ V})^2/2.2\text{ k}\Omega = 29.1\text{ mW}$

**7.** $R = 75\text{ W}/(0.5\text{ A})^2 = 300\ \Omega$

### 4-3 저항의 전력 정격

**1.** 저항은 저항 값과 전력 정격을 갖고 있다.

**2.** 큰 표면적의 저항이 전력을 많이 소비한다.

**3.** 0.125 W, 0.25 W, 0.5 W, 1 W

**4.** 0.3 W에 적합한 정격은 0.5 W이다.

### 4-4 에너지 변환과 저항의 전압 강하

**1.** 에너지의 변환은 원자 구조 내에서의 자유전자의 충돌에 의해 발생된다.

**2.** 전압 강하는 에너지 손실에 기인하는 저항 양단의 전압 감소 현상이다.

**3.** 전압 강하는 전자가 흐르는 방향에서 (−)에서 (+)로 발생한다.

### 4-5 전원 공급기

**1.** 전류가 증가하면 부하도 증가한다.

**2.** $P = (10\text{ V})(0.5\text{ A}) = 5\text{ W}$

**3.** $t = 100\text{ Ah}/5\text{ A} = 20$시간

**4.** $P = (12\text{ V})(5\text{ A}) = 60\text{ W}$

**5.** 효율 $= (0.75\text{ W}/1\text{ W})100\% = 75\%$; $P_{\text{LOSS}} = 1000\text{ mW} - 750\text{ mW} = 250\text{ mW}$

### 회로 응용

**1.** 2

**2.** 10 Ω, 10 W; 100 Ω, 1 W; 400 Ω, 1/4 W

## 관련 문제 해답

**4-1** 3000 J

**4-2** (a) 0.001 W (b) 0.0018 W (c) 1 W (d) 0.000001 W

**4-3** 2 kWh

**4-4** (a) 40 W (b) 376 W (c) 625 mW

**4-5** 60 W

**4-6** 0.5 A

**4-7** 그렇다

**4-8** 60 Ah

**4-9** 46 W

## 자기 진단 해답

**1.** (c) **2.** (c) **3.** (a) **4.** (d) **5.** (b) **6.** (d) **7.** (a) **8.** (a)
**9.** (d) **10.** (d) **11.** (b) **12.** (c) **13.** (c) **14.** (a) **15.** (c) **16.** (a)
**17.** (b) **18.** (c)

## 퀴즈 해답

**1.** (a) **2.** (b) **3.** (a) **4.** (a) **5.** (a) **6.** (c) **7.** (b) **8.** (c)
**9.** (a) **10.** (b) **11.** (b) **12.** (c)

CHAPTER 5

# 직렬 회로

## 이 장의 차례



## 이 장의 목표

- 직렬 회로를 이해한다.
- 직렬 회로의 전류를 구한다.
- 직렬 회로의 합성 저항을 구한다.
- 직렬 회로에 옴의 법칙을 적용한다.
- 직렬 전압원의 전체 전압을 구한다.
- 키르히호프의 전압 법칙을 적용한다.
- 직렬 회로를 전압 분배기로 이용한다.
- 직렬 회로의 전력을 구한다.
- 접지에 대한 전압을 측정한다.
- 직렬 회로의 고장을 진단한다.

## 핵심 용어

- 개방
- 기준 접지
- 단락
- 전압 분배기
- 직렬
- 키르히호프의 전압 법칙

## 회로 응용 소개

회로 응용에서는 고정된 기준 전압을 선택하여 전자 장비에 사용할 수 있도록 해 주는 전압 분배기의 회로기판을 점검할 것이다. 이 전압 분배기는 12 V 전지에 연결되어 있다.

## 인터넷 학습자료

http://www.prenhall.com/floyd

## 이 장의 소개

3장에서는 옴의 법칙을, 4장에서는 저항의 전력을 배웠다. 이 장에서는 이러한 개념을 저항이 직렬로 연결되어 있는 회로에 적용한다.

저항성 회로에는 직렬과 병렬의 두 가지 기본적인 형태가 있다. 이 장에서는 직렬 회로를 살펴볼 것이다. 병렬 회로는 6장에서, 직렬과 병렬의 혼합 회로는 7장에서 다룬다. 이 장에서는 직렬 회로에 옴의 법칙이 어떻게 적용되는지 살펴보고, 또 다른 중요한 회로 법칙인 키르히호프의 전압 법칙에 대해 학습한다. 전압 분배기를 포함한 직렬 회로의 다양한 응용 회로를 보게 될 것이다.

저항이 직렬로 연결되어 있고 전압이 이 직렬 저항열에 인가된다면 전류의 경로는 하나만 존재하며, 따라서 직렬로 연결된 각 저항에는 같은 크기의 전류가 흐른다. 직렬 연결된 모든 저항의 값을 더하면 전체 합성 저항 값이 되며, 각 저항에 강하된 전압을 모두 더하면 직렬 연결된 전체 저항에 인가된 전압과 같다.

# 5-1 저항의 직렬 연결

저항이 직렬로 연결되면 전류가 흐를 수 있는 경로가 하나뿐인 '줄(띠)'의 형태를 이룬다.

이 절의 학습 내용은 다음과 같다.

- **직렬 저항 회로의 구분**
  - 물리적인 저항의 배열을 회로도로 나타내는 방법

그림 5-1(a)의 회로도는 점 $A$와 $B$ 사이에 직렬로 연결되어 있는 두 개의 저항을 보여준다. 그림 5-1(b)는 세 개의 직렬 저항을, 그림 5-1(c)는 네 개의 직렬 저항을 보여준다. 물론 직렬 회로의 저항의 수는 몇 개든지 가능하다.

▶ 그림 5-1

직렬 저항

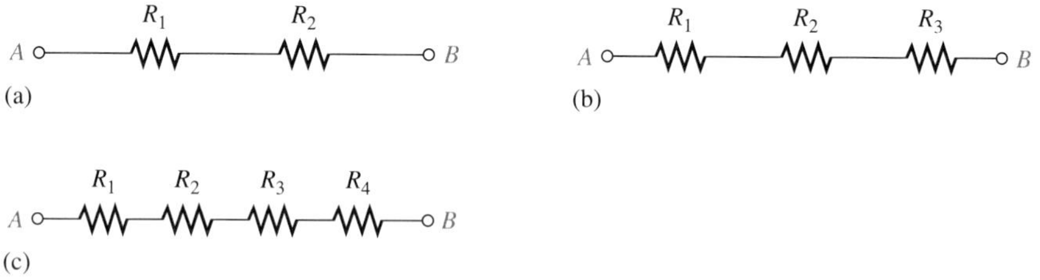

그림 5-1에서 전압원이 점 $A$와 $B$ 사이에 연결된 경우, 전류가 한 지점에서 다른 점으로 이동할 수 있는 방법은 각 저항을 모두 거쳐 가는 것뿐이다. 다음은 직렬 회로에 대한 설명이다.

**직렬(series) 회로는 두 점 사이의 전류의 경로가 하나만 존재하므로 모든 직렬 저항을 통과하는 전류는 동일하다.**

실제 회로도에서는 그림 5-1처럼 직렬 회로를 눈으로 쉽게 확인하기 어렵다. 예를 들어, 그림 5-2는 전압이 인가된 직렬 저항의 여러 가지 배열을 나타낸 것이다. 그러나 배열이 다르더라도 두 점 사이의 전류 경로가 하나이면, 그 두 점 사이의 저항들은 직렬이다.

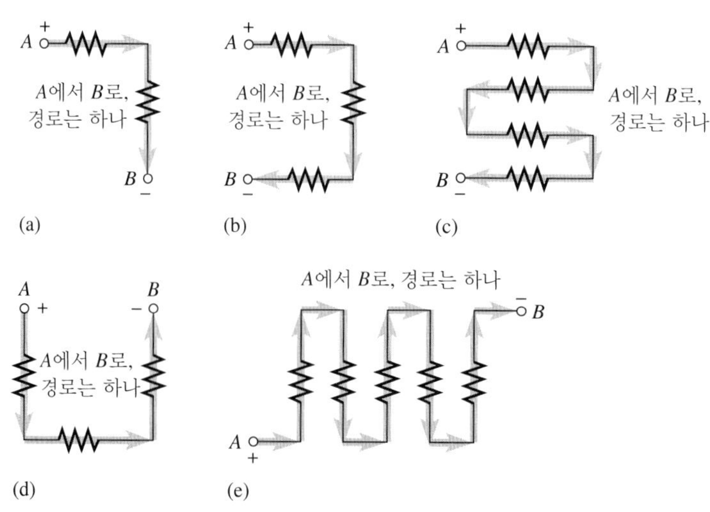


▶ 그림 5-2

직렬 저항의 몇 가지 예(전류의 경로가 오직 하나이므로 모든 점에서 전류가 동일함에 유의하라.)

**예제 5-1** 그림 5-3의 회로기판에 5개의 저항을 배열하였다. 저항 $R_1$의 양(+) 단자에서 시작하여 두 번째는 $R_2$, 세 번째는 $R_3$의 순서로 직렬로 연결하라. 이 연결에 대한 회로도를 그려라.

**▶ 그림 5-3**

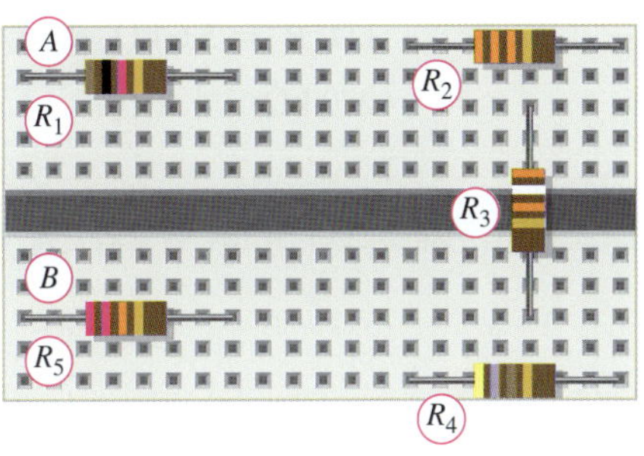


**풀이** 배선은 그림 5-4(a)와 같이 연결한다. 회로도는 그림 5-4(b)와 같다. 회로도는 실제 회로 구성도의 저항 배열과 다를 수 있음을 유의하라. 회로도는 회로 구성 소자들이 어떻게 전기적으로 연결되어 있는지를 보여주는 반면, 회로 구성도는 실제로 소자들이 어떻게 배열되고 물리적으로 상호연결되어 있는지를 보여준다.

**▶ 그림 5-4**

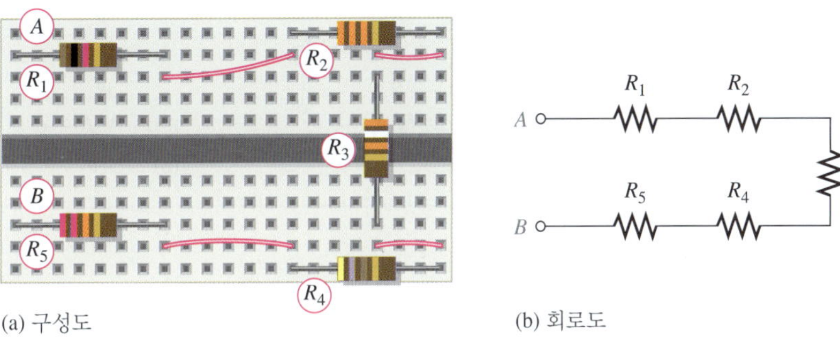


(a) 구성도 (b) 회로도

**관련 문제** (a) 그림 5-4(a)의 회로 구성도에서 홀수 번호의 저항이 먼저 오고 짝수 번호의 저항이 뒤에 오도록 도선을 다른 방법으로 연결하라.

(b) 각 저항의 저항 값을 구하라.

**예제 5-2** 그림 5-5의 인쇄회로기판(PCB)에 저항들이 전기적으로 어떻게 연결되어 있는지 설명하라. 각 저항의 값을 구하라.

**▶ 그림 5-5**

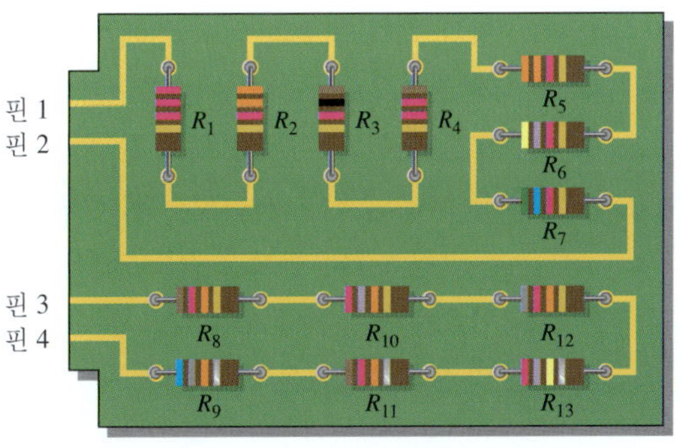

**풀이** $R_1$에서 $R_7$까지의 저항이 서로 직렬로 PCB의 핀 1과 2 사이에 연결되어 있다.

$R_8$에서 $R_{13}$까지는 또 다른 직렬 연결이며 PCB의 핀 3과 4 사이에 연결되어 있다.

각 저항 값은 $R_1 = 2.2\ \text{k}\Omega$, $R_2 = 3.3\ \text{k}\Omega$, $R_3 = 1.0\ \text{k}\Omega$, $R_4 = 1.2\ \text{k}\Omega$, $R_5 = 3.3\ \text{k}\Omega$, $R_6 = 4.7\ \text{k}\Omega$, $R_7 = 5.6\ \text{k}\Omega$, $R_8 = 12\ \text{k}\Omega$, $R_9 = 68\ \text{k}\Omega$, $R_{10} = 27\ \text{k}\Omega$, $R_{11} = 12\ \text{k}\Omega$, $R_{12} = 82\ \text{k}\Omega$, $R_{13} = 270\ \text{k}\Omega$이다.

**관련 문제** 그림 5-5의 핀 2와 3을 서로 연결한다면 회로에는 어떤 변화가 일어나는가?

**복습문제 5-1**

1. 직렬 회로에서 저항은 어떻게 연결되는가?
2. 직렬 회로를 어떻게 확인하는가?
3. 그림 5-6의 각 회로도에 대해 단자 *A*에서 *B* 사이에 각 저항군들이 번호 순서대로 직렬로 연결되도록 회로도를 완성하라.
4. 그림 5-6의 각 저항군끼리 서로 직렬로 연결하라.

▶ 그림 5-6

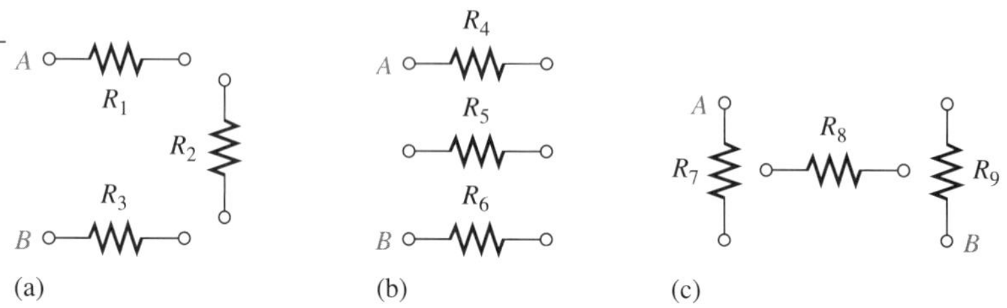

# 5-2 직렬 회로의 전류

직렬 회로의 모든 점에서 전류의 양은 같다. 즉, 직렬 회로의 각 저항에 흐르는 전류는 그 저항과 직렬 연결된 나머지 모든 저항에 흐르는 전류와 동일하다.

이 절의 학습 내용은 다음과 같다.

- **직렬 회로의 전류를 구하는 방법**
  - 직렬 회로의 모든 점에서 흐르는 전류는 같음을 확인

그림 5-7에는 직류 전압원과 직렬로 연결된 세 개의 저항이 있다. 화살표로 나타낸 전류의 방향과 같이 회로의 어느 점에서나 그 점으로 유입되는 전류는 그 점에서 유출되는 전류와 같다. 각 저항으로 유입되는 전류는 각 저항에서 유출되는 전류와 같음을 유의하자. 이는 전류가 이 경로를 벗어나 다른 곳으로 갈 수 있는 길이 없기 때문이다. 따라서 회로의 각 부분의 전류는 다른 부분의 전류와 동일하다. 전원의 양(+) 측에서 음(−) 측 사이에 오직 한 경로만 존재한다.

그림 5-7의 전지가 직렬 저항에 1 A의 전류를 공급한다고 가정하자. 전지의 양(+) 단자에서 나오는 전류는 1 A이다. 그림 5-8과 같이 전류계를 회로의 몇 부분에 연결한다면 모든 전류계의 눈금은 1 A를 가리킨다.

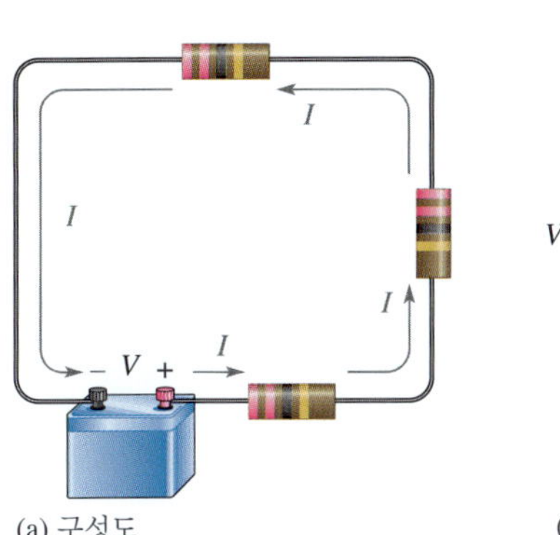


(a) 구성도



(b) 회로도

◀ 그림 5-7

직렬 회로의 어느 점에서나 유입 전류와 유출 전류는 같다.

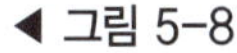

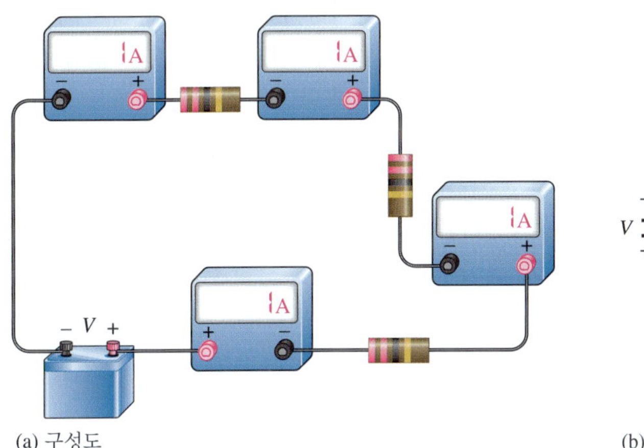


(a) 구성도

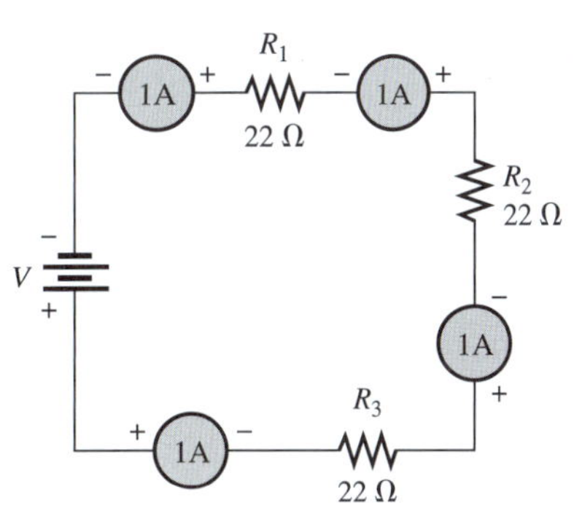


(b) 회로도

◀ 그림 5-8

직렬 회로의 모든 점에서 전류는 같다.

**복습문제 5-2**

1. 10 Ω과 4.7 Ω의 저항이 직렬로 연결된 회로에서 10 Ω의 저항에 1 A의 전류가 흐른다면, 4.7 Ω의 저항에 흐르는 전류는 얼마인가?
2. 그림 5-9의 점 *A*와 *B* 사이에 밀리암페어 단위의 전류계가 연결되어 있다. 눈금은 50 mA를 가리킨다. 전류계를 점 *C*와 *D* 사이로 옮긴다면 눈금은 얼마를 가리키는가? *E*와 *F* 사이로 옮길 경우에는 얼마를 가리키는가?

▶ 그림 5-9

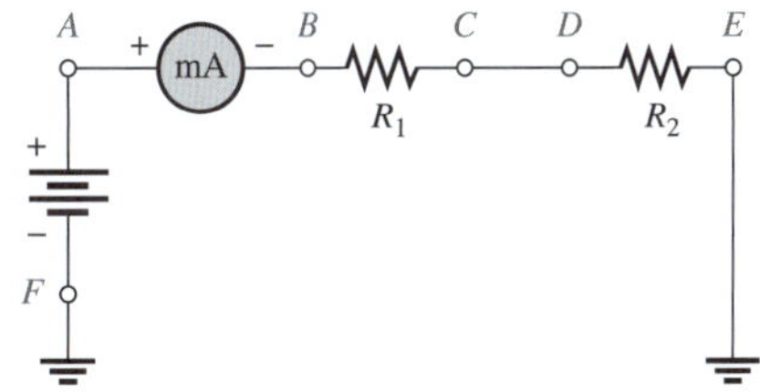


3. 그림 5-10에서 전류계 1이 가리키는 전류는 얼마인가? 전류계 2가 가리키는 전류는 얼마인가?

▶ 그림 5-10

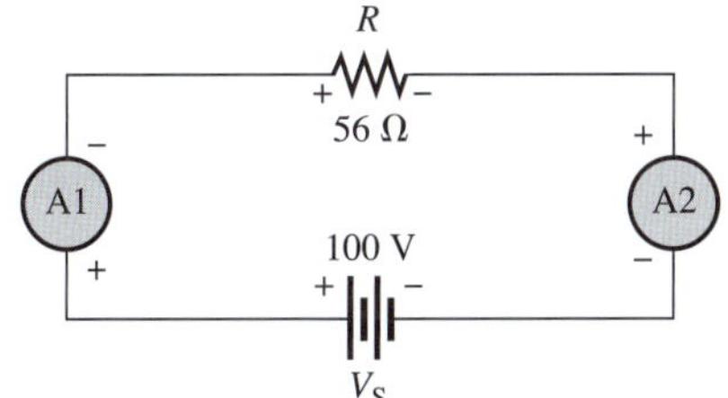


4. 직렬 회로에서의 전류에 대해 설명하라.

# 5-3 직렬 회로의 합성 저항

직렬 회로의 합성 저항은 직렬로 연결된 각 저항의 합과 같다.

이 절의 학습 내용은 다음과 같다.

- **직렬 회로의 합성 저항을 구하는 방법**
  - 저항이 직렬로 연결되면 저항을 더하는 이유
  - 직렬 저항 공식의 적용

## 직렬 저항의 값 더하기

저항들이 직렬로 연결되면 각 저항의 값을 더하는데, 이는 각 저항이 자신의 저항 값에 비례적으로 전류의 흐름을 방해하기 때문이다. 직렬로 연결된 저항의 수가 늘어날수록 더 많이 전류의 흐름을 방해한다. 전류의 흐름을 더 많이 방해한다는 것은 더 많은 저항이 존재함을 의미한다. 따라서 직렬 회로에 저항이 추가될 때마다 그 합성 저항은 증가한다.

그림 5-11은 직렬 저항이 추가됨에 따라 합성 저항이 커지는 것을 보여준다. 그림 5-11(a)에는 10 Ω 저항 하나만이 있다. 그림 5-11(b)에는 10 Ω 저항이 추가로 직렬 연결되어 합성 저항이 20 Ω이 됨을 보여준다. 그림 5-11(c)와 같이 세 번째 10 Ω 저항이 앞의 두 저항과 직렬로 연결되면 합성 저항은 30 Ω이 된다.

▶ 그림 5-11

직렬 저항이 추가됨에 따라서 합성 저항이 증가

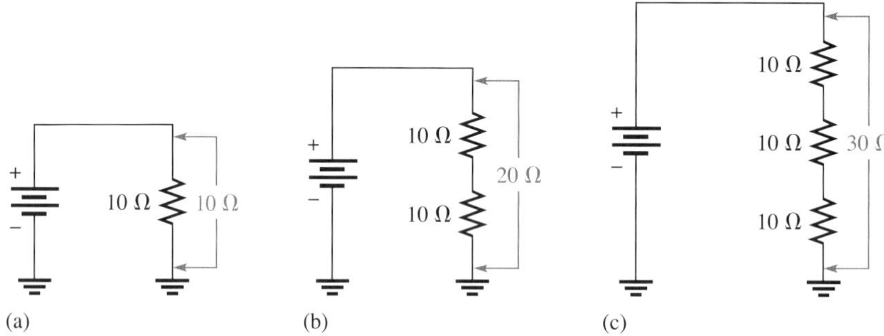


## 직렬 저항 공식

각 저항들이 직렬로 연결되면 합성 저항의 값은 각 저항의 합과 같다.

$$R_T = R_1 + R_2 + R_3 + \cdots + R_n \qquad (5\text{-}1)$$

여기서 $R_T$는 합성 저항이며, $R_n$은 직렬 연결의 마지막 저항이다($n$은 직렬로 연결된 저항의 수와 같으며 양의 정수이다). 예를 들어 직렬로 연결된 저항이 4개이면 $n = 4$가 되고, 합성 저항을 구하는 식은 다음과 같다.

$$R_T = R_1 + R_2 + R_3 + R_4$$

만약 직렬로 연결된 저항이 6개라면 $n = 6$이 되고, 합성 저항의 식은 다음과 같다.

$$R_T = R_1 + R_2 + R_3 + R_4 + R_5 + R_6$$

직렬 회로의 합성 저항을 계산하는 방법을 보여주기 위해 $V_S$가 전원 전압인 그림 5-12의 $R_T$를 구해 보자. 회로에는 5개의 저항이 직렬로 연결되어 있다. 전체 저항을 구하려면 다음과 같이 값을 더하기만 하면 된다.

$$R_T = 56\ \Omega + 100\ \Omega + 27\ \Omega + 10\ \Omega + 47\ \Omega = 240\ \Omega$$

그림 5-12에서 저항을 더하는 순서는 문제가 되지 않는다. 따라서 회로에서 저항의 위치를 물리적으로 바꾸어도 전체 합성 저항 값이나 전류에 영향을 미치지 않는다.

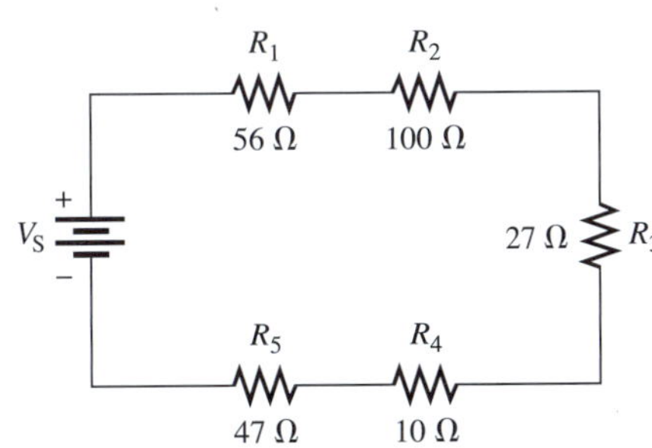


◀ 그림 5-12

5개의 직렬 저항의 예

**예제 5-3** 그림 5-13의 저항을 직렬로 연결하고, 합성 저항 $R_T$를 구하라.

▶ 그림 5-13

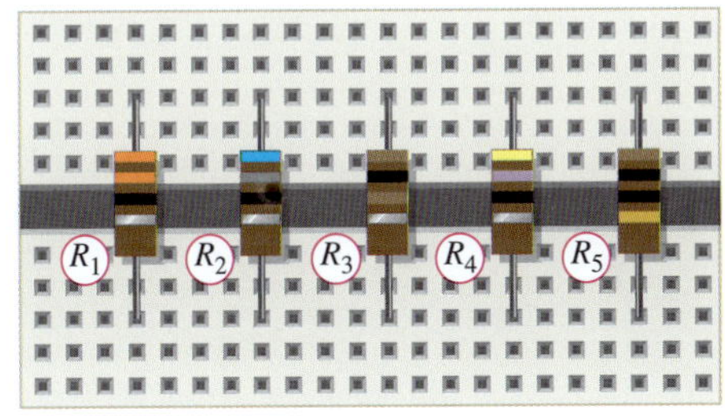


**풀이** 그림 5-14와 같이 연결하였으며, 다음과 같이 모든 저항을 더해 합성 저항을 구한다.

$$R_T = R_1 + R_2 + R_3 + R_4 + R_5 = 33\ \Omega + 68\ \Omega + 100\ \Omega + 47\Omega + 10\ \Omega = \mathbf{258\ \Omega}$$

▶ 그림 5-14

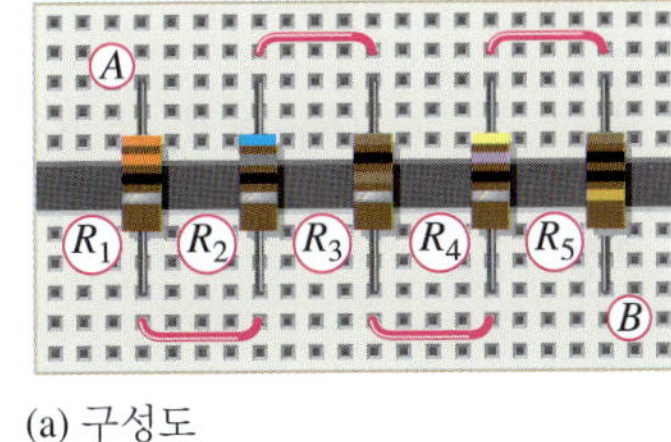


(a) 구성도

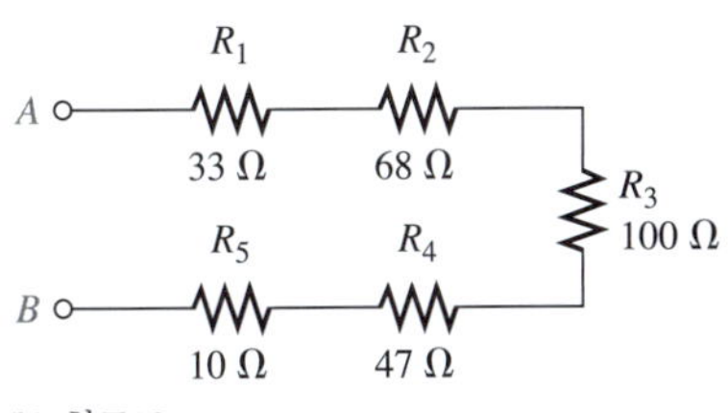


(b) 회로도

**관련 문제** 그림 5-14(a)에서 저항 $R_2$와 $R_4$의 위치를 서로 바꾼다면 직렬 합성 저항은 얼마인가?

**예제 5-4** 그림 5-15의 회로에서 합성 저항($R_T$)은 얼마인가?

▶ 그림 5-15

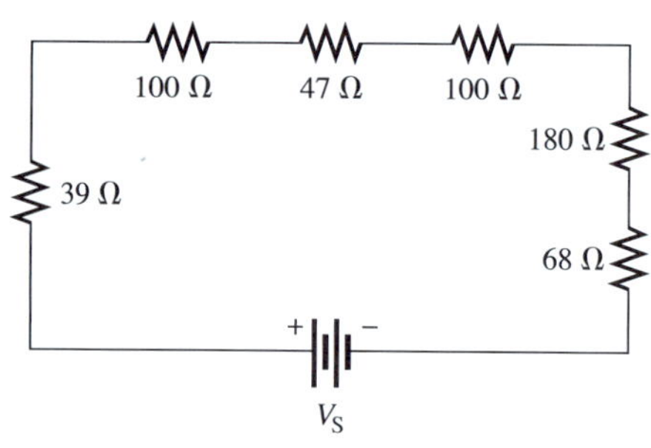


**풀이** 모든 값을 더한다.

$$R_T = 39\ \Omega + 100\ \Omega + 47\ \Omega + 100\ \Omega + 180\ \Omega + 68\ \Omega = \mathbf{534\ \Omega}$$

**관련 문제** 다음 직렬 저항의 직렬 합성 저항은 얼마인가? 1.0 kΩ, 2.2 kΩ, 3.3 kΩ, 그리고 5.6 kΩ.

**예제 5-5** 그림 5-16의 회로에서 $R_4$의 값을 구하라.

▶ 그림 5-16

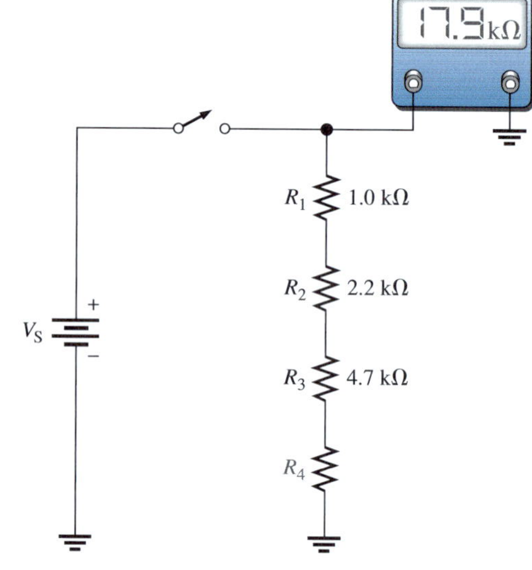


**풀이** 저항계 표시화면에서 $R_T$ = 17.9 kΩ이다.

$$R_T = R_1 + R_2 + R_3 + R_4$$

$R_4$는 다음과 같이 구한다.

$$R_4 = R_T - (R_1 + R_2 + R_3) = 17.9\,\text{k}\Omega - (1.0\,\text{k}\Omega + 2.2\,\text{k}\Omega + 4.7\,\text{k}\Omega) = \mathbf{10\,k\Omega}$$

**관련 문제** 그림 5-16의 회로에서 저항계가 14.7 kΩ을 나타낸다면 $R_4$의 값을 구하라.

### 같은 값을 갖는 직렬 저항

회로에서 같은 값을 갖는 저항들이 직렬로 연결되어 있을 때 직렬 합성 저항 값을 구하는 간단한 방법이 있다. 이때는 단순히 직렬로 연결된 저항의 수에 저항 값을 곱하면 된다. 근본적으로 각 저항을 더하는 것과 같은 것이다. 예를 들어 5개의 100 Ω이 직렬로 연결되어 있으면 100 Ω 저항 5개의 합성 저항 $R_T$는 5(100 Ω) = 500 Ω이 된다. 이에 대한 수식은 다음과 같다.

$$R_T = nR \tag{5-2}$$

여기서 $n$은 같은 저항 값을 갖는 저항의 개수이고, $R$은 저항 값이다.

**예제 5-6** 직렬로 연결된 22 Ω 저항 8개의 $R_T$를 구하라.

**풀이** 각 저항 값을 더하여 $R_T$를 구한다.

$$R_T = 22\ \Omega + 22\ \Omega + 22\ \Omega + 22\ \Omega + 22\ \Omega + 22\ \Omega + 22\ \Omega + 22\ \Omega = \mathbf{176\ \Omega}$$

곱셈을 이용하면 훨씬 간편하다.

$$R_T = 8(22\ \Omega) = \mathbf{176\ \Omega}$$

**관련 문제** 직렬로 연결된 3개의 1.0 kΩ과 2개의 720 Ω의 $R_T$를 구하라.

**복습문제 5-3**

1. 다음의 1.0 Ω, 2.2 Ω, 3.3 Ω, 4.7 Ω 저항들이 직렬 연결되어 있다. 합성 저항은 얼마인가?
2. 다음의 100 Ω, 2개의 56 Ω, 4개의 12 Ω, 330 Ω 저항들이 직렬 연결되어 있다. 합성 저항은 얼마인가?
3. 다음의 1.0 kΩ, 2.7 kΩ, 5.6 kΩ과 560 kΩ 저항을 하나씩 갖고 있다. 약 13.8 kΩ의 합성 저항을 얻기 위해서는 저항 하나가 더 필요하다. 필요한 저항은 얼마인가?
4. 12개의 56 Ω이 직렬로 연결된 경우 합성 저항 $R_T$를 구하라.
5. 20개의 5.6 kΩ과 30개의 8.2 kΩ이 직렬 연결되어 있다. $R_T$를 구하라.

## 5-4 옴의 법칙 응용

몇 가지 예들을 통해 직렬 회로의 기본 개념과 옴의 법칙을 직렬 회로 해석에 적용한다.

이 절의 학습 내용은 다음과 같다.

- **직렬 회로에 옴의 법칙을 적용**
  - 직렬 회로의 전류를 구하는 방법
  - 직렬로 연결된 저항 양단의 전압을 구하는 방법

다음은 직렬 회로를 해석할 경우 기억해야 하는 요점들이다.

**1.** 직렬 저항의 각 저항을 통과하는 전류는 전체 전류와 동일하다.

**2.** 총 전압과 전체 합성 저항을 안다면 옴의 법칙을 이용하여 전체 전류를 구할 수 있다.

$$I_T = \frac{V_T}{R_T}$$

**3.** 직렬 저항($R_x$) 중 하나에서 발생하는 전압 강하를 안다면, 옴의 법칙을 이용하여 전체 전류를 구할 수 있다.

$$I_T = \frac{V_x}{R_x}$$

**4.** 전체 전류를 안다면 옴의 법칙을 이용하여 임의의 저항의 전압 강하를 구할 수 있다.

$$V_R = I_T R_x$$

**5.** 저항의 전압 강하의 극성은 전압원의 양극에서 가까운 쪽의 저항의 끝단이 양(+)이 된다.

**6.** 저항을 통과하는 전류의 방향은 저항의 양극에서 음극 방향으로 흐르는 것으로 정의한다.

**7.** 직렬 회로가 개방되면 전류가 흐르지 못하게 되고, 각 저항의 전압 강하는 0이다. 개방된 지점의 양단에는 전체 전압이 걸린다.

옴의 법칙을 사용하여 직렬 회로 해석의 몇 가지 예제를 다루어 보자.

**예제 5-7** 그림 5-17의 회로에서 전류를 구하라.

▶ 그림 5-17

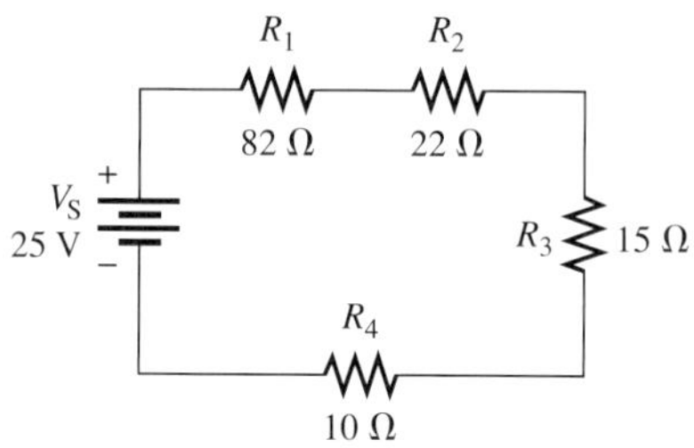


**풀이** 전류는 전원 전압 $V_S$와 합성 저항 $R_T$로부터 구할 수 있다. 먼저, 합성 저항을 계산하라.

$$R_T = R_1 + R_2 + R_3 + R_4 = 82\ \Omega + 22\ \Omega + 15\ \Omega + 10\ \Omega = 129\ \Omega$$

다음, 전류를 구하기 위해 옴의 법칙을 이용한다.

$$I = \frac{V_S}{R_T} = \frac{25\ \text{V}}{129\ \Omega} = 0.194\ \text{A} = \mathbf{194\ mA}$$

여기서 $V_S$는 총 전압이고, $I$는 총 전류이다. 회로의 모든 점에 같은 전류가 존재함을 상기하라. 각 저항에는 194 mA의 전류가 흐른다.

관련 문제 그림 5-17의 회로에서 $R_4$가 100 Ω으로 바뀔 때 전류를 구하라.

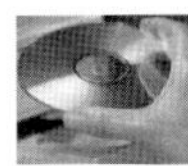

Multisim 파일 E05-07을 사용하여 [예제 5-7]과 [관련 문제]의 계산 결과를 확인하라.

예제 5-8 그림 5-18의 회로에서 전류가 1 mA이다. 이 전류에 대해 전원 전압 $V_S$는 얼마여야 하는가?

▶ 그림 5-18

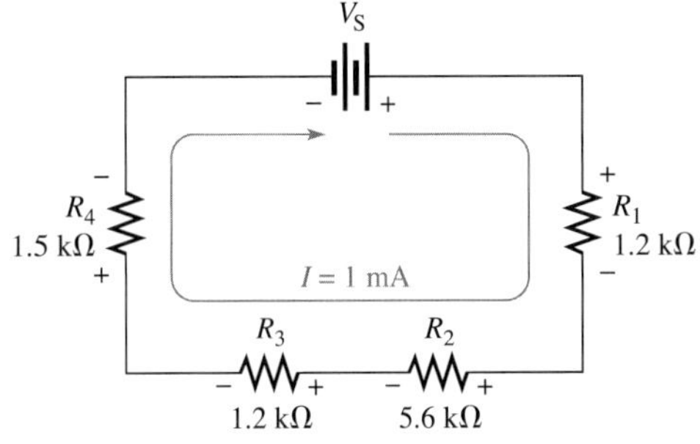


풀이 $V_S$를 구하기 위해 먼저 $R_T$를 구한다.

$$R_T = R_1 + R_2 + R_3 + R_4 = 1.2\,\text{k}\Omega + 5.6\,\text{k}\Omega + 1.2\,\text{k}\Omega + 1.5\,\text{k}\Omega = 9.5\,\text{k}\Omega$$

다음, $V_S$를 구하기 위해 옴의 법칙을 이용한다.

$$V_S = IR_T = (1\,\text{mA})(9.5\,\text{k}\Omega) = \mathbf{9.5\,V}$$

관련 문제 같은 전류에 대해, 저항 5.6 kΩ이 3.9 kΩ으로 바뀐다면 $V_S$를 계산하라.

Multisim 파일 E05-08을 사용하여 [예제 5-8]과 [관련 문제]의 계산 결과를 확인하라.

예제 5-9 그림 5-19의 회로에서 각 저항 양단의 전압을 계산하고 $V_S$를 구하라. 전류가 5 mA로 제한되었다면 최대 얼마까지 $V_S$를 증가시킬 수 있는가?

▶ 그림 5-19

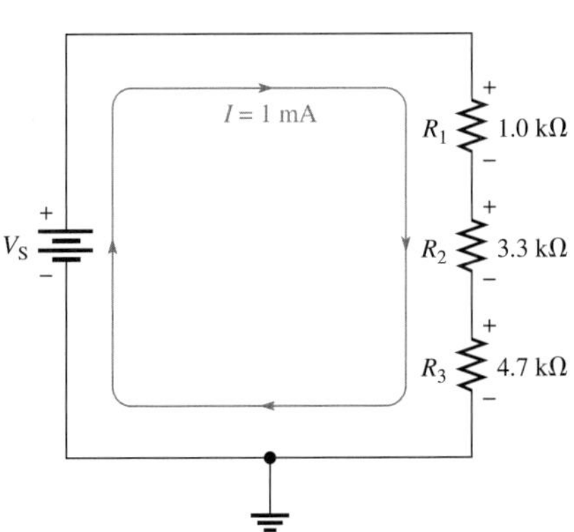

**풀이** 옴의 법칙에 의해, 각 저항 양단의 전압은 각 저항 값과 그곳에 흐르는 전류를 곱하면 된다. $V = IR$의 옴의 법칙을 이용하여 각 저항에 인가된 전압을 구하라. 각 저항에는 같은 전류가 흐름을 상기하자. 저항 $R_1$ 양단의 전압($V_1$으로 표시)은 다음과 같다.

$$V_1 = IR_1 = (1\text{ mA})(1.0\text{ k}\Omega) = \mathbf{1\ V}$$

저항 $R_2$ 양단의 전압($V_2$로 표시)은 다음과 같다.

$$V_2 = IR_2 = (1\text{ mA})(3.3\text{ k}\Omega) = \mathbf{3.3\ V}$$

저항 $R_3$ 양단의 전압($V_3$로 표시)은 다음과 같다.

$$V_3 = IR_3 = (1\text{ mA})(4.7\text{ k}\Omega) = \mathbf{4.7\ V}$$

$V_S$를 구하기 위해 먼저 $R_T$를 구한다.

$$R_T = 1.0\text{ k}\Omega + 3.3\text{ k}\Omega + 4.7\text{ k}\Omega = 9\text{ k}\Omega$$

전원 전압 $V_S$는 전류 곱하기 합성 저항과 같다.

$$V_S = IR_T = (1\text{ mA})(9\text{ k}\Omega) = \mathbf{9\ V}$$

각 저항에서 강하된 전압을 모두 더해도 같은 값 9 V를 가짐에 유의하라.

$V_S$는 $I = 5$ mA가 될 때까지 증가시킬 수 있다. $V_S$의 최대값은 다음과 같이 구한다.

$$V_{S(max)} = IR_T = (5\text{ mA})(9\text{ k}\Omega) = \mathbf{45\ V}$$

**관련 문제** $I = 1$ mA를 유지하면서 $R_3 = 2.2\text{ k}\Omega$으로 바꿀 때, $V_1$, $V_2$, $V_3$, $V_S$ 및 $V_{S(max)}$를 계산하라.

Multisim 파일 E05-09를 사용하여 [예제 5-9]와 [관련 문제]의 계산 결과를 확인하라.

**예제 5-10** 어떤 저항은 저항 값을 나타내는 색띠 부호가 없고 저항 표면에 그 값을 표기하기도 한다. 그림 5-20의 회로기판을 조립할 때, 실수로 저항 값이 적힌 부분을 아래로 하여 장착하였고 저항 값에 대한 별다른 문서도 없다. 저항을 회로에서 떼어내지 않고 옴의 법칙을 이용하여 각 저항의 값을 구하라. 멀티미터와 전원 공급기는 사용할 수 있지만, 멀티미터의 저항 측정 기능은 사용할 수 없다.

▶ 그림 5-20

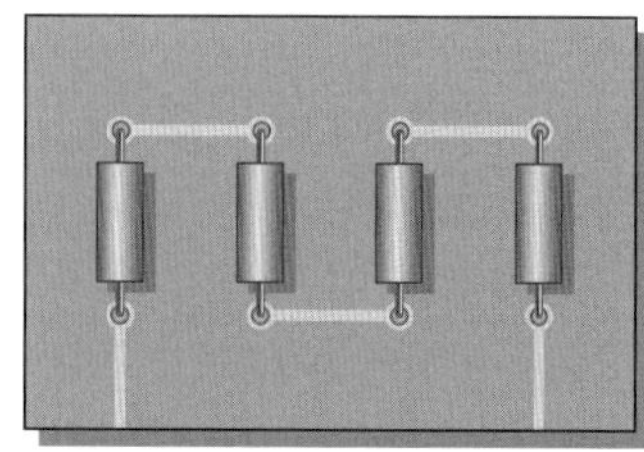

**풀이** 저항이 모두 직렬로 연결되어 있으므로 각 저항에 흐르는 전류는 같다. 그림 5-21과 같이 12 V 전원(어떤 전압 값이라도 상관없음)과 전류계를 이용하여 전류를 측정한다. 전압계의 위치를 차례대로 각 저항 양단으로 옮기며 저항 양단의 전압을 측정한다. 예를 들기 위해, 그림의 회로기판의 저항 근처에 표기해 둔 값이 측정된 전압 값이라 가정한다.

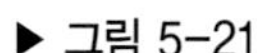
▶ 그림 5-21

각 저항 양단에서의 전압 측정값을 표시해 두었다.

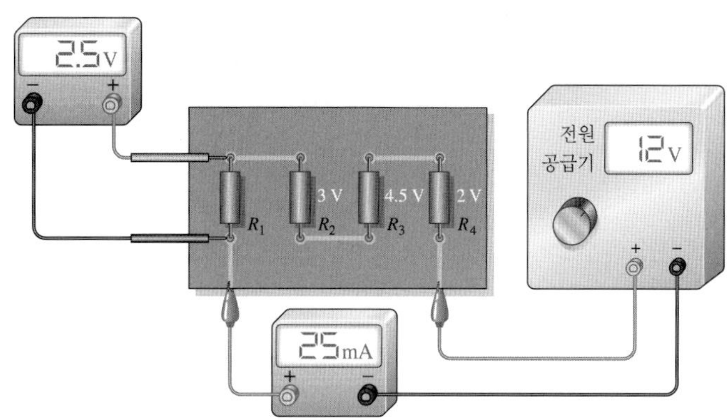


측정된 전압과 전류의 값을 옴의 법칙에 대입하여 각 저항의 값을 구한다.

$$R_1 = \frac{V_1}{I} = \frac{2.5\text{ V}}{25\text{ mA}} = \mathbf{100\ \Omega}$$

$$R_2 = \frac{V_2}{I} = \frac{3\text{ V}}{25\text{ mA}} = \mathbf{120\ \Omega}$$

$$R_3 = \frac{V_3}{I} = \frac{4.5\text{ V}}{25\text{ mA}} = \mathbf{180\ \Omega}$$

$$R_4 = \frac{V_4}{I} = \frac{2\text{ V}}{25\text{ mA}} = \mathbf{80\ \Omega}$$

가장 큰 저항에서 가장 큰 전압이 강하됨을 유의하라.

**관련 문제** 저항을 쉽게 구하는 방법은 무엇인가?

**복습문제 5-4**

1. 10 V 전지를 3개의 100 Ω 저항에 직렬로 연결하였다. 각 저항을 흐르는 전류는 얼마인가?
2. 그림 5-22의 회로에 50 mA의 전류를 공급하기 위해서는 얼마의 전압이 필요한가?

▶ 그림 5-22

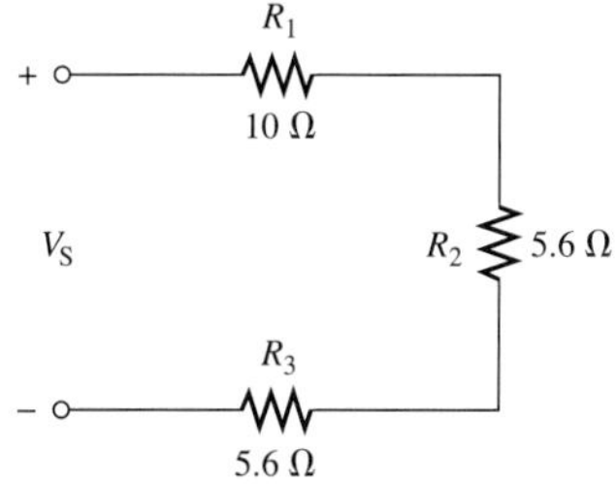


3. 그림 5-22의 전류가 50 mA이면 각 저항 양단에서 강하되는 전압은 얼마인가?
4. 5 V 전원에 같은 크기의 저항 4개가 직렬로 연결되어 있다. 전류는 4.63 mA로 측정되었다. 각 저항의 값은 얼마인가?

## 5-5 전압원의 직렬 연결

전압원은 부하에 일정한 크기의 전압을 공급하는 에너지원이다. 전지나 전원 공급기 등은 직류 전압원의 실질적인 예이다.

이 절의 학습 내용은 다음과 같다.

- **직렬로 연결된 전압원의 전압을 구하는 방법**
  - 동일한 극성으로 직렬 연결된 전원의 총 전압을 구하는 방법
  - 반대 극성으로 직렬 연결된 전원의 총 전압을 구하는 방법

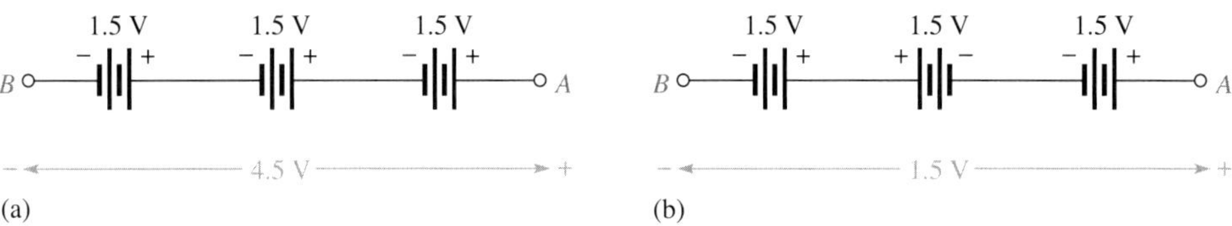


▶ 그림 5-23
직렬 연결된 전압원은 대수합으로 구한다.

두 개 이상의 전압원이 직렬로 연결되면, 총 전압은 각 전원 전압의 대수합과 같다. 대수합이란 직렬로 연결된 전원의 극성이 고려되어야 함을 의미한다. 서로 반대 극성을 가진 전원의 경우 반대 부호를 가진 전압으로 표시한다.

$$V_{S(tot)} = V_{S1} + V_{S2} + \cdots + V_{Sn}$$

그림 5-23(a)와 같이 전압원의 극성이 모두 같은 방향일 때, 더할 경우 모든 전압은 같은 부호를 갖는다. 단자 $A$와 $B$ 사이에 전체 전압은 4.5 V인데, $A$가 $B$보다 양의 극성을 갖는다.

$$V_{AB} = 1.5\text{ V} + 1.5\text{ V} + 1.5\text{ V} = +4.5\text{ V}$$

전압에 첨자가 $AB$와 같이 이중으로 된 것은 점 $B$에 대한 $A$의 전압을 의미한다.

그림 5-23(b)에서는 가운데 전압원의 극성이 다른 전원과 반대이므로 덧셈을 할 때 반대 부호를 갖는다. 이 경우 단자 $A$와 $B$ 사이의 총 전압은 다음과 같다.

$$V_{AB} = +1.5\text{ V} - 1.5\text{ V} + 1.5\text{ V} = +1.5\text{ V}$$

단자 $A$는 $B$보다 1.5 V 더 양의 극성을 갖고 있다.

전압원이 직렬로 연결되는 예는 손전등이다. 손전등에 1.5 V의 전지를 두 개 삽입하면 직렬로 연결되어 총 3 V가 된다. 총 전압을 증가시키기 위하여 전지나 전압원을 직렬로 연결하려면 항상 한 전지의 (+) 단자와 다른 전지의 (−) 단자를 연결해야 한다. 이렇게 연결하는 예를 그림 5-24에 나타내었다.

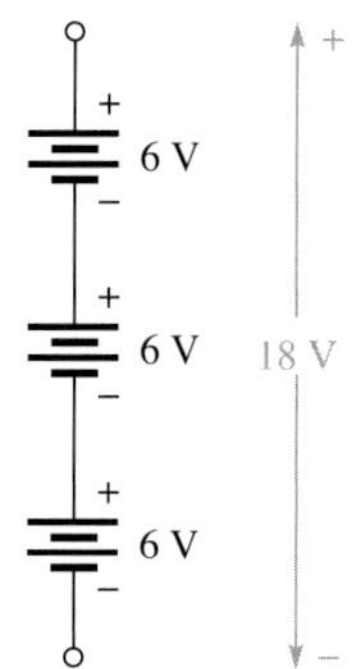


◀ 그림 5-24
18 V를 얻기 위하여 세 개의 6 V 전지를 직렬 연결

**예제 5-11** 그림 5-25의 총 전원 전압($V_{S(tot)}$)은 얼마인가?

▶ 그림 5-25

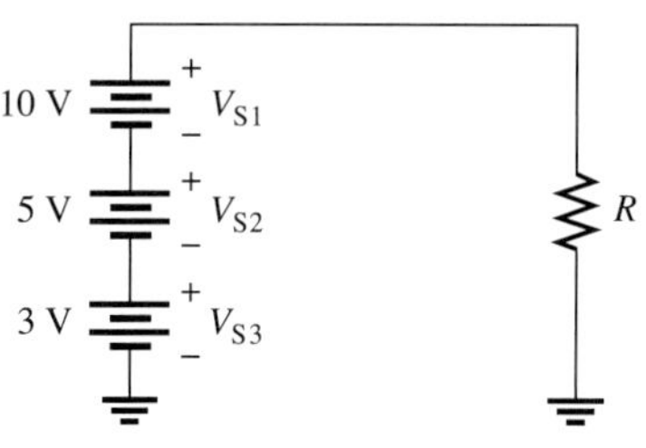


**풀이** 각 전원의 극성이 같다(각 전원이 회로에서 같은 방향으로 연결되어 있다). 따라서 총 전압은 세 전압을 더하여 구한다.

$$V_{S(tot)} = V_{S1} + V_{S2} + V_{S3} = 10\text{ V} + 5\text{ V} + 3\text{ V} = \mathbf{18\text{ V}}$$

그림 5-26에서와 같이 위 세 개의 전원은 18 V의 등가 전원 하나로 대체할 수 있다.

▶ 그림 5-26

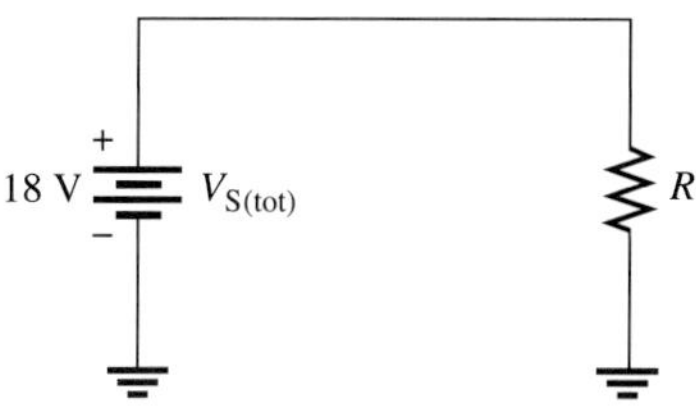


**관련 문제** 만약 그림 5-25에서 $V_{S3}$를 거꾸로 연결한다면 총 전원 전압은 얼마인가?

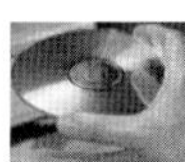

Multisim 파일 E05-11을 사용하여 [예제 5-11]과 [관련 문제]의 계산 결과를 확인하라.

**예제 5-12** 그림 5-27의 $V_{S(tot)}$는 얼마인가?

▶ 그림 5-27

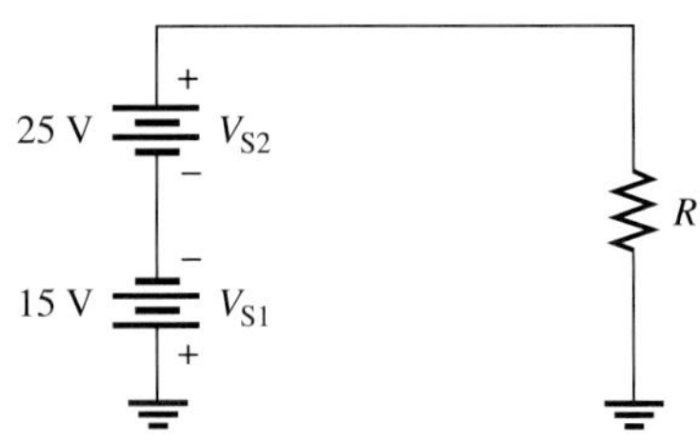


**풀이** 전원의 극성이 서로 다르다. 회로를 시계 방향으로 돌면서 $V_{S1}$의 (+)를 먼저 거쳐 (−)로 나오고, $V_{S2}$의 (−)를 거쳐 (+)로 나온다. 총 전압은 두 전원 전압의 차가 된다(서로 다른 부호를 가진 전원의 전압을 대수적으로 더한다). 총 전압은 절대값이 큰 전압을 가진 전원과 같은 극성을 갖는다. 여기서 $V_{S2}$는 양이 된다.

$$V_{S(tot)} = V_{S2} - V_{S1} = 25\text{ V} - 15\text{ V} = \mathbf{10\text{ V}}$$

그림 5-27의 두 개의 전원은 그림 5-28과 같이 10 V의 등가 전원 하나로 대체할 수 있다.

▶ 그림 5-28

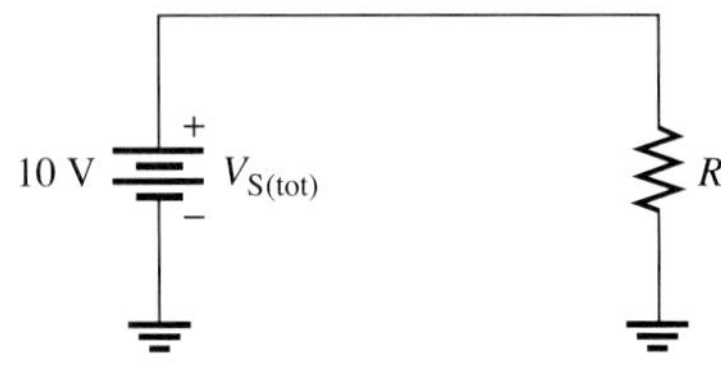


**관련 문제** 그림 5-27에서 8 V의 전원이 $V_{S1}$과 같은 극성으로 추가로 직렬 연결된다면 $V_{S(tot)}$는 얼마인가?

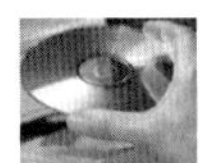

Multisim 파일 E05-12를 사용하여 [예제 5-12]와 [관련 문제]의 계산 결과를 확인하라.

**복습문제 5-5**

1. 4개의 1.5 V 손전등용 건전지가 (+)에서 (−)로 직렬 연결되어 있다. 이 전지들의 전체 전압은 얼마인가?
2. 60 V의 전압을 공급하기 위해서는 12 V 전지 몇 개를 직렬로 연결해야 하는가? 이 경우 전지의 연결을 회로도로 그려라.
3. 그림 5-29의 저항 회로는 트랜지스터 증폭기를 바이어스하기 위해 사용된다. 두 저항 양단에 30 V의 전압을 인가하기 위해 15 V의 전원 공급기 두 개를 어떻게 연결하면 되는지 설명하라.
4. 그림 5-30의 각 회로에서 총 전원 전압을 구하라.
5. 그림 5-30의 각 회로를 하나의 등가 전압원으로 나타내어라.

▶ 그림 5-29

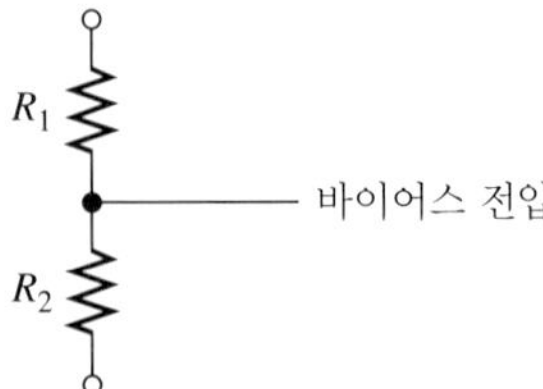

▶ 그림 5-30

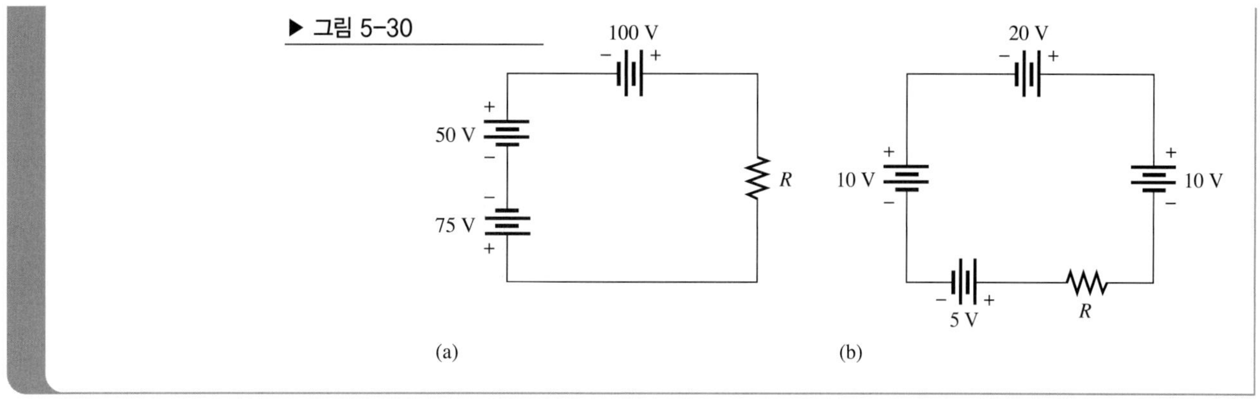


# 5-6 키르히호프의 전압 법칙

키르히호프의 전압 법칙은 기본 회로 법칙으로 '폐회로의 모든 전압의 대수합은 0이다', 즉 '전압 강하의 합은 전원 전압의 합과 같다'라는 사실을 말해 준다.

이 절의 학습 내용은 다음과 같다.

- **키르히호프 전압 법칙의 적용**
  - 키르히호프 전압 법칙에 대한 설명
  - 전압 강하의 대수합으로 전원 전압을 구하는 방법
  - 미지의 전압 강하를 구하는 방법

전기 회로에서는 저항 양단의 전압(전압 강하)이 항상 전원의 전압과 극성이 반대가 된다. 예를 들어 그림 5-31의 회로도를 시계 방향으로 따라가면 전원의 극성은 (−)에서 (+)로, 저항은 (+)에서 (−)로 된다. 저항 양단의 전압 강하는 $V_1$, $V_2$와 같은 순서로 표기한다.

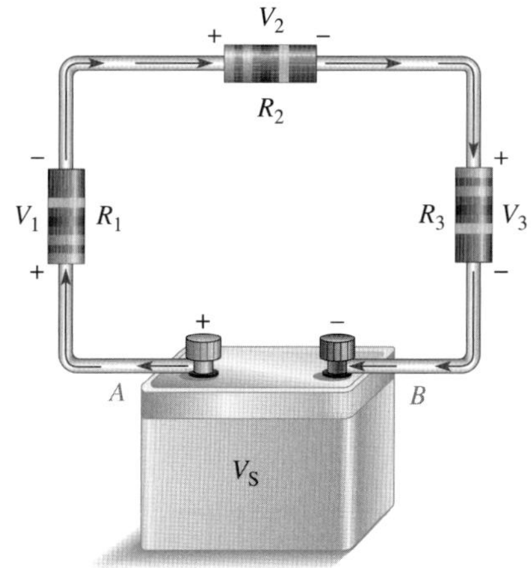


◀ 그림 5-31
폐루프에서 전압의 극성 표시

그림 5-31에 화살표로 표시한 것처럼 전류가 전원의 양극에서 나와 저항을 통과한다. 전류는 각 저항의 양극으로 들어가 음극으로 나온다. 각 저항 양단에서의 에너지 소비는 전류의 방향을 볼 때 (+)에서 (−) 극성으로의 전위차, 또는 전압 강하를 생성한다.

그림 5-31의 점 $A$에서 $B$까지의 전압은 전원 전압 $V_S$와 같음을 유의하라. 또한 $A$에서 $B$까지의 전압은 각 저항에서 강하된 전압의 합과 같다. 따라서 전원 전압은 세 개의 전압 강하를 더한 것과 같으며, **키르히호프의 전압 법칙**(KVL: Kirchhoff's voltage law)이라고 한다.

**회로에서 폐루프를 따라 모든 전압 강하를 더하면 그 폐루프에서 모든 전원 전압의 합과 같다.**

키르히호프 전압 법칙의 일반적인 개념은 그림 5-32에, 수식은 식 (5-3)에 나타내었다.

$$V_S = V_1 + V_2 + V_3 + \cdots + V_n \tag{5-3}$$

여기서 첨자 $n$은 전압 강하의 수를 나타낸다.

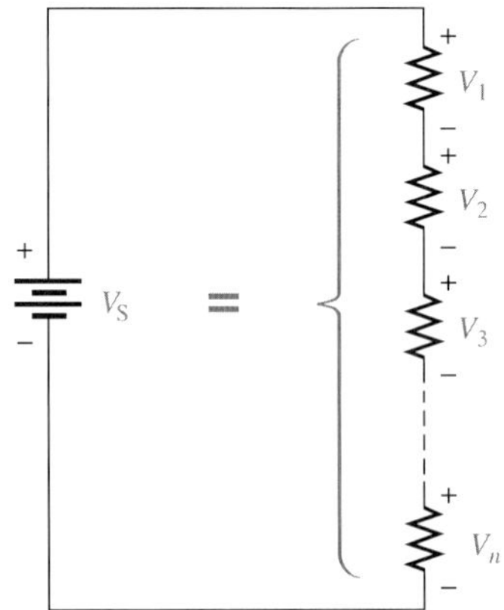


▶ 그림 5-32

$n$개의 전압 강하의 합은 전원 전압과 같다.

만약 폐루프를 따라 강하된 모든 전압을 더하고, 여기서 전원 전압을 빼면 0이 된다. 이것은 전압 강하의 합이 항상 전원 전압과 동일하기 때문이다.

**폐회로를 따라 모든 전압(전압 강하와 전원 전압 모두)을 대수적으로 더하면 0이 된다**.

따라서 키르히호프의 전압 법칙은 식 (5-4)와 같이 다르게 표현할 수 있다.

$$V_S - V_1 - V_2 - V_3 - \cdots - V_n = 0 \tag{5-4}$$

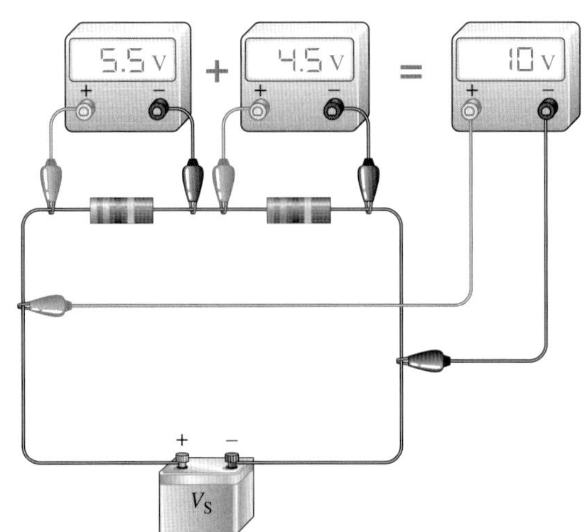


▶ 그림 5-33

키르히호프의 전압 법칙을 증명하는 실험

그림 5-33과 같이 회로를 구성하여 각 저항과 전원의 전압을 측정함으로써 키르히호프의 전압 법칙을 확인해 볼 수 있다. 저항의 전압을 더하면, 그 합은 전원 전압과 같다. 저항의 수는 무관하다.

다음의 세 가지 예제를 통하여 키르히호프의 전압 법칙을 회로 문제를 해결하는 데 적용해 보자.

**예제 5-13** 두 개의 전압 강하를 가진 그림 5-34의 회로도에서 전원 전압 $V_S$를 구하라. 단, 퓨즈에서 전압 강하는 없다.

▶ 그림 5-34

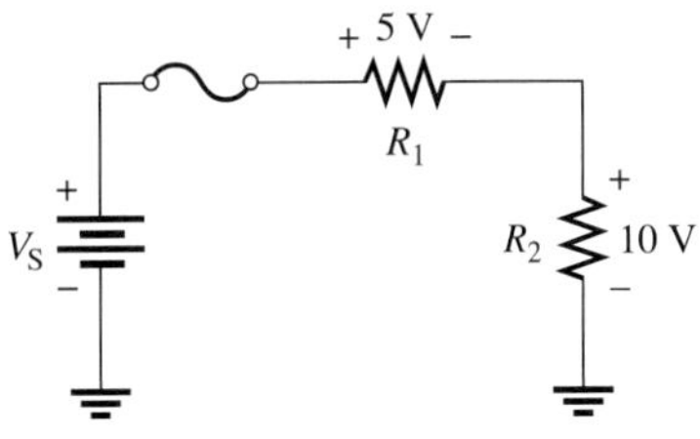


**풀이** KVL(식 (5-3))에 의해, 전원 전압(인가된 전압)은 전압 강하의 합과 같다. 강하된 전압을 더하면 전원 전압의 값이 된다.

$$V_S = 5\text{ V} + 10\text{ V} = \mathbf{15\text{ V}}$$

**관련 문제** $V_S$가 30 V로 증가할 때 두 강하된 전압을 구하라. 만약에 퓨즈가 타버려서 끊어졌다면 퓨즈를 포함해서 각 부품에서 전압 강하는 얼마인가?

**예제 5-14** 그림 5-35에서 미지의 전압 강하 $V_3$를 구하라.

▶ 그림 5-35

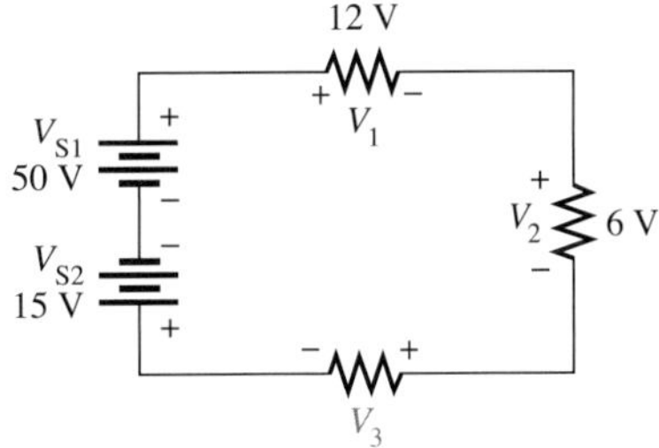


**풀이** KVL(식 (5-4))에 의해, 폐회로를 따라 모든 전압을 대수적으로 합한 것은 0이다. $V_3$를 제외한 모든 전압 강하는 알고 있다. 이들 값을 수식에 대입한다.

$$-V_{S2} + V_{S1} - V_1 - V_2 - V_3 = 0$$
$$-15\text{ V} + 50\text{ V} - 12\text{ V} - 6\text{ V} - V_3 = 0\text{ V}$$

이제 알고 있는 값들을 하나로 묶고, 17 V를 우변으로 옮긴 후 (−) 부호를 없앤다.

$$17\text{ V} - V_3 = 0\text{ V}$$
$$-V_3 = -17\text{ V}$$
$$V_3 = \mathbf{17\text{ V}}$$

$R_3$ 양단에서 강하된 전압은 17 V이고, 극성은 그림 5-35에 나타낸 것과 같다.

관련 문제 그림 5-35에서 $V_{S2}$의 극성이 반대로 될 때, $V_3$를 구하라.

**예제 5-15** 그림 5-36에서 $R_4$의 값을 구하라.

▶ 그림 5-36

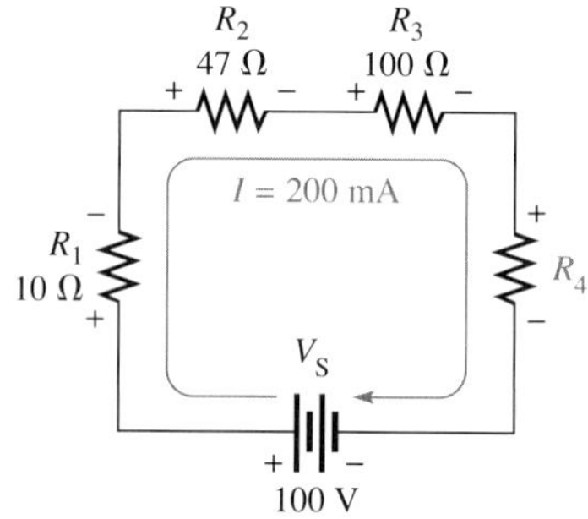


풀이 이 문제에서는 옴의 법칙과 KVL(식 (5-3))을 동시에 이용한다.

먼저 옴의 법칙에 의해, 알고 있는 각 저항의 전압 강하를 구한다.

$$V_1 = IR_1 = (200\text{ mA})(10\ \Omega) = 2.0\text{ V}$$
$$V_2 = IR_2 = (200\text{ mA})(47\ \Omega) = 9.4\text{ V}$$
$$V_3 = IR_3 = (200\text{ mA})(100\ \Omega) = 20\text{ V}$$

그 다음, 값을 모르는 저항 양단의 강하된 전압 $V_4$를 구하기 위해 키르히호프의 전압 법칙을 사용한다.

$$V_S - V_1 - V_2 - V_3 - V_4 = 0\text{ V}$$
$$100\text{ V} - 2.0\text{ V} - 9.4\text{ V} - 20\text{ V} - V_4 = 0\text{ V}$$
$$68.6\text{ V} - V_4 = 0\text{ V}$$
$$V_4 = 68.6\text{ V}$$

이제 $V_4$를 알고 있으므로 옴의 법칙을 이용하여 다음과 같이 $R_4$를 구한다.

$$R_4 = \frac{V_4}{I} = \frac{68.6\text{ V}}{200\text{ mA}} = \mathbf{343\ \Omega}$$

343 Ω은 330 Ω의 표준 허용오차 범위(+5%) 내에 포함되므로 가장 적당한 저항은 330 Ω이다.

**관련 문제** 그림 5-36의 $R_4$를 구하라. 단, $V_S = 150$ V이고 $I = 200$ mA이다.

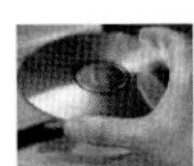

Multisim 파일 E05-15를 사용하여 [예제 5-15]와 [관련 문제]의 계산 결과를 확인하라.

**복습문제 5-6**

1. 키르히호프의 전압 법칙을 두 가지로 설명하라.
2. 50 V의 전원이 직렬 저항에 연결되어 있다. 전압 강하의 합은 얼마인가?
3. 크기가 같은 두 저항이 10 V 전지 양단에 직렬로 연결되어 있다. 각 저항의 전압 강하는 얼마인가?
4. 25 V 전원과 세 개의 저항으로 직렬 회로를 구성하였다. 강하된 전압 중 하나는 5 V이고, 다른 하나는 10 V이다. 세 번째 전압 강하는 얼마인가?
5. 직렬로 연결된 전압 강하가 다음과 같다: 1 V, 3 V, 5 V, 8 V, 7 V. 이 직렬 회로의 총 전압은 얼마인가?

## 5-7 전압 분배기

직렬 회로는 전압 분배기의 역할을 한다. 이 절에서는 이 용어의 의미를 살펴볼 것이며, 전압 분배기가 왜 직렬 회로의 중요한 응용 중 하나인지 알게 될 것이다.

이 절의 학습 내용은 다음과 같다.

- **직렬 회로를 전압 분배기로 이용**
  - 전압 분배기 공식의 적용
  - 전위차계(가변 저항기)를 가변 전압 분배기로 사용
  - 전압 분배기의 응용 예

전압원과 직렬로 연결된 저항은 **전압 분배기**(voltage divider)의 역할을 한다. 저항의 개수와는 무관하지만 두 개의 저항이 직렬로 연결된 그림 5-37의 회로를 검토해 보자. 저항 $R_1$과 $R_2$ 양단 두 곳에서 전압 강하가 발생한다. 회로도에 나타낸 것처럼 전압 강하는 각각 $V_1$과 $V_2$이다. 각 저항에 흐르는 전류는 동일하므로 전압 강하의 크기는 저항의 크기에 비례한다. 예를 들어, 저항 $R_2$가 $R_1$의 두 배이면 전압 $V_2$도 $V_1$의 두 배가 된다.

즉, 폐경로에서 직렬로 연결된 저항들의 전압 강하의 크기는 각각의 저항 값에 비례하여 분배된다. 예를 들어 그림 5-37에서 $V_S$는 10 V이고, $R_1$은 50 Ω, $R_2$는 100 Ω이면, $V_1$은 총 전압의

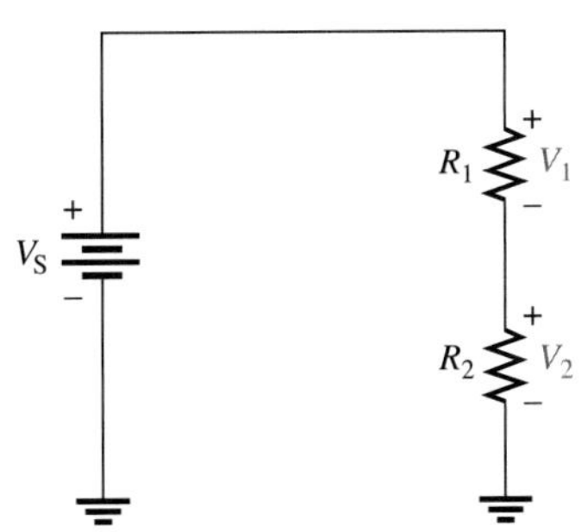


◀ 그림 5-37
두 개의 저항으로 구성된 전압 분배기

3분의 1인 3.33 V가 되는데, 이는 저항 $R_1$이 합성 저항 150 Ω의 3분의 1이기 때문이다. 마찬가지로 $V_2$는 $V_S$의 3분의 2인 6.67 V가 된다.

## 전압 분배기 공식

몇 단계를 거쳐 전압이 직렬 저항에 어떻게 분배되는지를 공식화할 수 있다. 그림 5-38과 같이 $n$개의 직렬 저항으로 구성된 회로를 가정해 보자. 저항의 수는 몇 개이든 관계없다.

▶ 그림 5-38

$n$개의 저항으로 구성된 전압 분배기

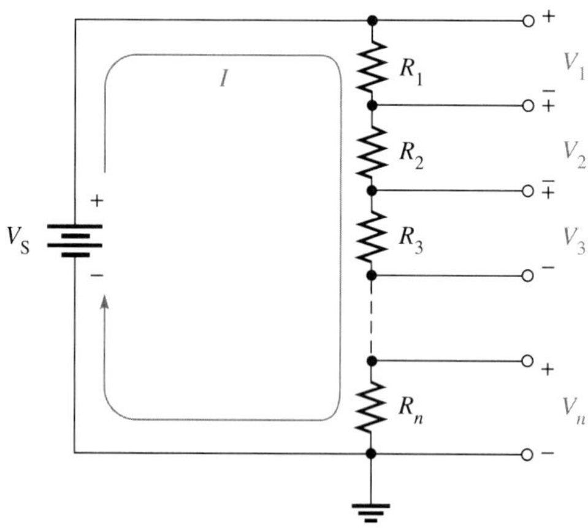


임의의 저항 양단에서 강하된 전압을 $V_x$라 하자. 여기서 $x$는 특정한 저항 또는 저항들의 조합의 번호를 나타낸다. 옴의 법칙에 의하면, $R_x$의 전압 강하는 다음과 같다.

$$V_x = IR_x$$

전류는 전원 전압 나누기 합성 저항 값과 같다($I = V_S/R_T$). 예를 들어, 그림 5-38에서 합성 저항은 $R_1 + R_2 + R_3 + \cdots + R_n$이다. $V_x$ 식에 I 대신 $V_S/R_T$를 대입하면 그 결과는 다음과 같다.

$$V_x = \left(\frac{V_S}{R_T}\right)R_x$$

항을 재정리하면 다음 식과 같다.

$$V_x = \left(\frac{R_x}{R_T}\right)V_S \qquad (5\text{-}5)$$

식 (5-5)는 일반적인 전압 분배기의 공식이며, 이는 다음과 같이 설명할 수 있다.

**직렬 회로의 어느 특정 저항 또는 저항의 조합에서 전압 강하는 합성 저항 값에 대한 특정 저항의 비에 전원 전압을 곱한 값과 같다.**

**예제 5-16** 그림 5-39의 전압 분배기에서 $V_1$($R_1$ 양단의 전압)과 $V_2$($R_2$ 양단의 전압)를 구하라.

▶ 그림 5-39

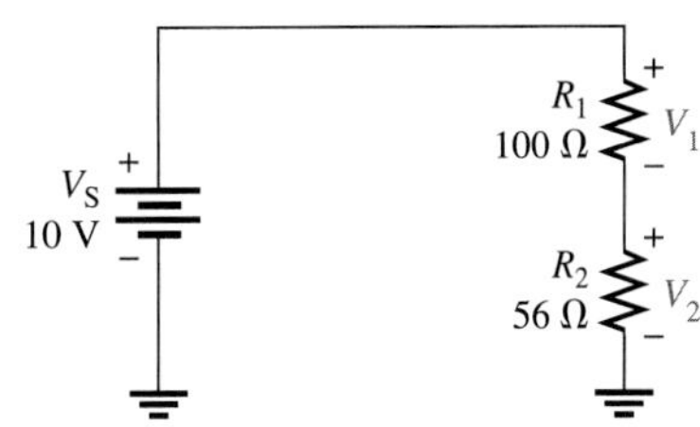


**풀이** $V_1$을 구하기 위해 $x = 1$일 때의 전압 분배 공식 $V_x = (R_x/R_T)V_S$를 사용한다. 합성 저항은 다음과 같다.

$$R_T = R_1 + R_2 = 100\ \Omega + 56\ \Omega = 156\ \Omega$$

$R_1$은 100 Ω, $V_S$는 10 V이다. 이들 값을 전압 분배 공식에 대입하면 다음과 같다.

$$V_1 = \left(\frac{R_1}{R_T}\right)V_S = \left(\frac{100\ \Omega}{156\ \Omega}\right)10\ \text{V} = \mathbf{6.41\ V}$$

$V_2$를 구하는 방법에는 KVL과 전압 분배 공식을 이용하는 두 가지 방법이 있다. KVL을 이용하면($V_S = V_1 + V_2$), $V_S$와 $V_1$을 다음과 같이 대입한다.

$$V_2 = V_S - V_1 = 10\ \text{V} - 6.41\ \text{V} = \mathbf{3.59\ V}$$

$V_2$를 구하는 두 번째 방법은 $x = 2$일 때의 전압 분배 공식을 이용하는 것이다.

$$V_2 = \left(\frac{R_2}{R_T}\right)V_S = \left(\frac{56\ \Omega}{156\ \Omega}\right)10\ \text{V} = \mathbf{3.59\ V}$$

**관련 문제** 그림 5-39에서 $R_2$를 180 Ω으로 대치하였을 때 $R_1$과 $R_2$ 양단의 전압을 구하라.

Multisim 파일 E05-16을 사용하여 [예제 5-16]과 [관련 문제]의 계산 결과를 확인하라.

**예제 5-17** 그림 5-40의 전압 분배기에서 각 저항에서 강하되는 전압을 계산하라.

▶ 그림 5-40

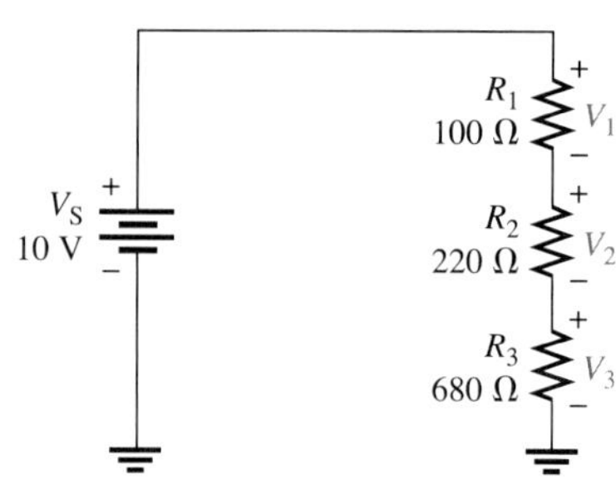


**풀이** 회로를 잠시 살펴본 후 다음 사항들을 고려해 보자. 합성 저항은 1000 Ω이다. 총 전압의 10%가 $R_1$ 양단에 걸리는데, 이는 $R_1$이 총 저항의 10%이기 때문이다(100 Ω은 1000 Ω의 10%). 마찬가지로 총 전압의 22%가 $R_2$ 양단에 걸리는데, 이는 $R_2$가 합성 저항의 22%이기 때문이다(220 Ω은 1000 Ω의 22%). 마지막으로, 총 전압의 68%가 $R_3$ 양단에 걸리는데 이는 680 Ω이 1000 Ω의 68%이기 때문이다.

문제의 값들이 편한 수로 되어 있어 암산으로도 쉽게 구할 수 있다($V_1 = 0.10 \times 10\text{ V} = 1\text{ V}$, $V_2 = 0.22 \times 10\text{ V} = 2.2\text{ V}$, $V_3 = 0.68 \times 10\text{ V} = 6.8\text{ V}$). 항상 이렇지는 않지만, 잠시만 생각해 보면 계산 과정을 줄이면서 효과적으로 결과를 얻을 수 있다. 이 문제 역시 쉽게 결과를 짐작할 수 있어, 계산 오류로 나온 잘못된 결과를 쉽게 파악할 수 있을 것이다 .

답은 이미 알고 있지만 수식으로 이 문제를 계산하여 검증해 보자.

$$V_1 = \left(\frac{R_1}{R_T}\right)V_S = \left(\frac{100\ \Omega}{1000\ \Omega}\right)10\text{ V} = \mathbf{1\ V}$$

$$V_2 = \left(\frac{R_2}{R_T}\right)V_S = \left(\frac{220\ \Omega}{1000\ \Omega}\right)10\text{ V} = \mathbf{2.2\ V}$$

$$V_3 = \left(\frac{R_3}{R_T}\right)V_S = \left(\frac{680\ \Omega}{1000\ \Omega}\right)10\text{ V} = \mathbf{6.8\ V}$$

키르히호프의 전압 법칙에서 말하듯 각 전압을 더하면 전원 전압과 같음에 유의하라. 이것 역시 결과를 검증하는 좋은 방법이다.

**관련 문제** 그림 5-40의 $R_1$과 $R_2$가 680 Ω으로 바뀐다면 전압 강하는 얼마인가?

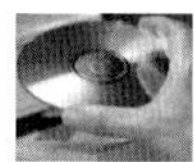

Multisim 파일 E05-17을 사용하여 [예제 5-17]과 [관련 문제]의 계산 결과를 확인하라.

**예제 5-18** 그림 5-41의 전압 분배기에서 다음 점들 사이의 전압을 구하라.

(a) $A-B$ (b) $A-C$ (c) $B-C$ (d) $B-D$ (e) $C-D$

▶ 그림 5-41

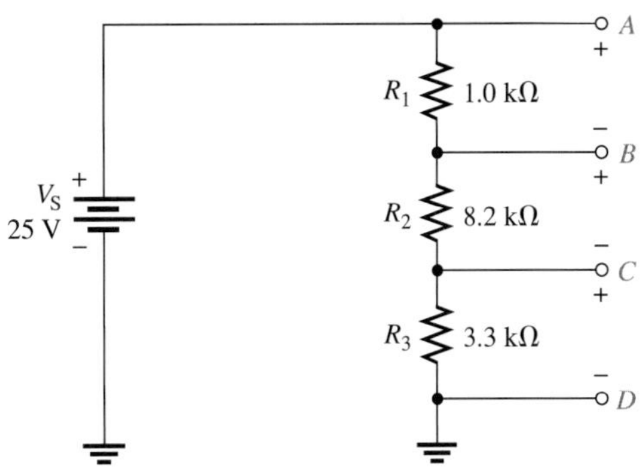


**풀이** 먼저 $R_T$를 구한다.

$$R_T = R_1 + R_2 + R_3 = 1.0\,\text{k}\Omega + 8.2\,\text{k}\Omega + 3.3\,\text{k}\Omega = 12.5\,\text{k}\Omega$$

다음은 각 전압을 구하기 위해 전압 분배 공식을 이용한다.

(a) $A-B$ 사이의 전압은 $R_1$ 양단의 전압 강하이다.

$$V_{AB} = \left(\frac{R_1}{R_T}\right)V_S = \left(\frac{1.0\,\text{k}\Omega}{12.5\,\text{k}\Omega}\right)25\text{ V} = \mathbf{2\,V}$$

(b) $A-C$ 사이의 전압은 $R_1$과 $R_2$ 양단의 전압 강하를 합한 것이다. 이 경우 식 (5-5)의 $R_x$는 $R_1 + R_2$이다.

$$V_{AC} = \left(\frac{R_1 + R_2}{R_T}\right)V_S = \left(\frac{9.2\,\text{k}\Omega}{12.5\,\text{k}\Omega}\right)25\text{ V} = \mathbf{18.4\,V}$$

(c) $B-C$ 사이의 전압은 $R_2$ 양단의 전압 강하이다.

$$V_{BC} = \left(\frac{R_2}{R_T}\right)V_S = \left(\frac{8.2\,\text{k}\Omega}{12.5\,\text{k}\Omega}\right)25\text{ V} = \mathbf{16.4\,V}$$

(d) $B-D$ 사이의 전압은 $R_2$와 $R_3$ 양단의 전압 강하를 합한 것이다. 이 경우 식 (5-5)의 $R_x$는 $R_2 + R_3$이다.

$$V_{BD} = \left(\frac{R_2 + R_3}{R_T}\right)V_S = \left(\frac{11.5\,\text{k}\Omega}{12.5\,\text{k}\Omega}\right)25\text{ V} = \mathbf{23\,V}$$

(e) $C-D$ 사이의 전압은 $R_3$ 양단의 전압 강하이다.

$$V_{CD} = \left(\frac{R_3}{R_T}\right)V_S = \left(\frac{3.3\,\text{k}\Omega}{12.5\,\text{k}\Omega}\right)25\text{ V} = \mathbf{6.6\,V}$$

실험실에서 회로를 구성하고 전압계로 각 점 사이의 전압을 구해 보면 위의 계산 결과를 검증할 수 있다.

**관련 문제** $V_S$가 두 배가 되었을 때 위 문제를 반복하라.

Multisim 파일 E05-18을 사용하여 [예제 5-18]과 [관련 문제]의 계산 결과를 확인하라.

## 조절 가능한 전압 분배기로서의 전위차계

2장에서 전위차계(potentiometer)는 세 개의 단자를 가진 가변 저항기임을 배웠다. 전압원에 연결되어 있는 전위차계의 구성도와 회로도를 그림 5-42(a)와 (b)에 각각 나타내었다. 양 끝의 두 단자에는 1과 2로 번호가 표기되어 있고, 가운데 조절 가능한 접촉 단자는 3으로 표기하였음에 주목하자. 전위차계는 전압 분배기로 동작하는데, 그림 5-42(c)와 같이 총 저항을 두 개의 저항으로 나누어 생각해 볼 수 있다. 단자 1과 3 사이의 저항($R_{13}$)이 한 부분이고, 단자 3과 단자 2 사이의 저항($R_{32}$)이 또 다른 부분이다. 따라서 이 전위차계는 수동으로 조절하는 두 개의 저항으로 구성된 전압 분배기와 동일하다.

▶ 그림 5-42
전압 분배기로 사용된 전위차계

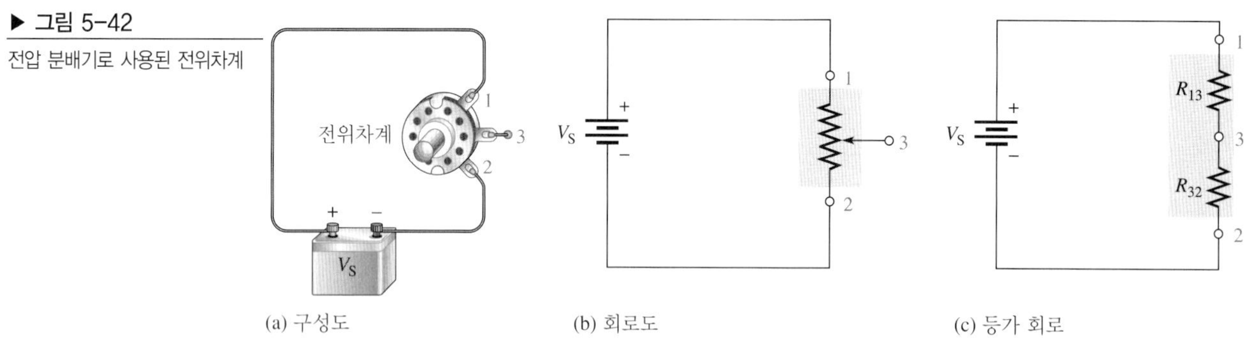


(a) 구성도 (b) 회로도 (c) 등가 회로

그림 5-43은 접촉 단자 3을 움직이면 어떤 현상이 일어나는지를 보여준다. 그림 5-43(a)의 접촉 단자는 정확히 가운데 위치하여 양쪽의 저항 크기가 같다. 만약 단자 3과 2 사이에 전압계를 설치하여 전압을 측정해 보면, 총 전원 전압의 반이 된다는 것을 알 수 있다. 그림 5-43(b)와 같이 접촉 단자가 위로 움직이면 단자 3과 2 사이의 저항이 증가하고 전압 역시 이에 비례하여 증가한다. 그림 5-43(c)와 같이 접촉 단자가 아래로 움직이면 단자 3과 2 사이의 저항이 감소하고 전압 역시 이에 비례하여 감소한다.

▶ 그림 5-43
전압 분배기의 조절

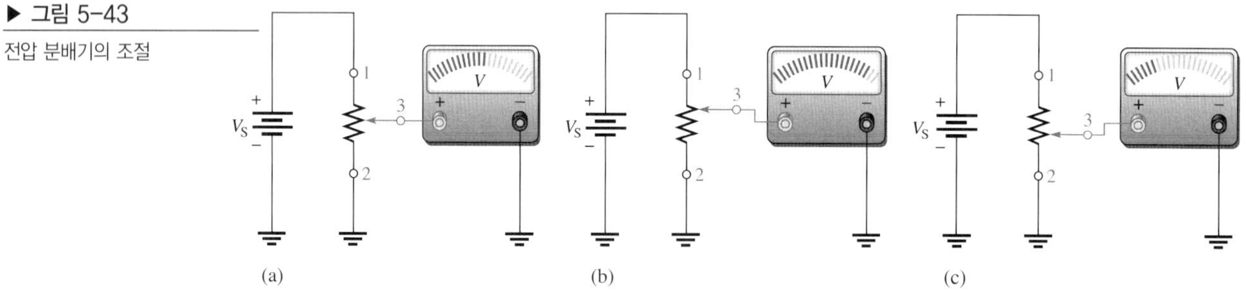


(a) (b) (c)

## 전압 분배기의 응용

라디오나 TV 수신기의 볼륨 조절은 전위차계를 전압 분배기로서 응용하는 일반적인 예이다. 음량의 크기는 오디오 신호와 연관된 전압의 크기에 의존하므로, 전위차계를 조정하여 볼륨을 크게 하거나 작게 할 수 있으며, 이는 수신기의 볼륨 조절 손잡이를 돌리는 것과 같다. 그림 5-44는 전위차계가 일반적인 수신기의 볼륨 조절에 어떻게 이용되는지를 보여준다.

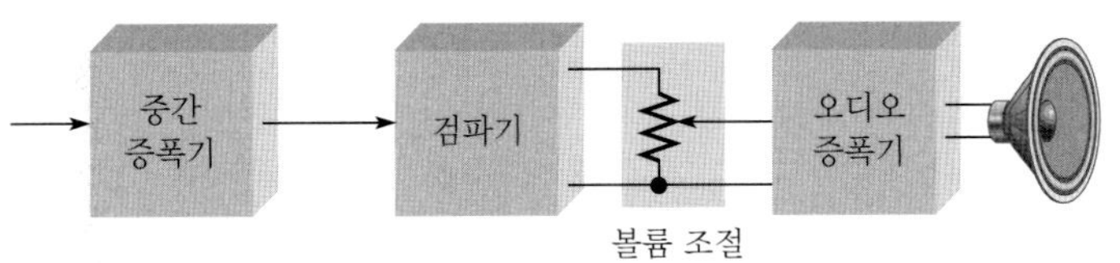


◀ 그림 5-44
라디오 수신기의 볼륨 조절에 사용되는 가변 전압 분배기

그림 5-45는 전압 분배기의 다른 응용 예로서, 전압 분배기가 자동차 연료탱크의 연료 레벨 센서로 사용되는 예이다. 그림 5-45(a)에서와 같이 부표가 위로 이동하면 연료탱크가 차 있는 상태이고 부표가 아래로 이동하면 연료탱크가 비어 있는 상태이다. 그림 5-45(b)의 부표는 전위차계의 접촉 단자와 기계적으로 연결되어 있다. 접촉 단자의 위치에 비례하여 출력 전압이 변하는데, 연료탱크의 연료가 감소하면 센서의 출력 전압 역시 감소한다. 이 출력 전압은 탱크의 연료 양을 표시하는 디지털 표시화면을 제어하는 계기판 회로에 전달된다. 그림 5-45(c)는 이 시스템의 회로도이다.

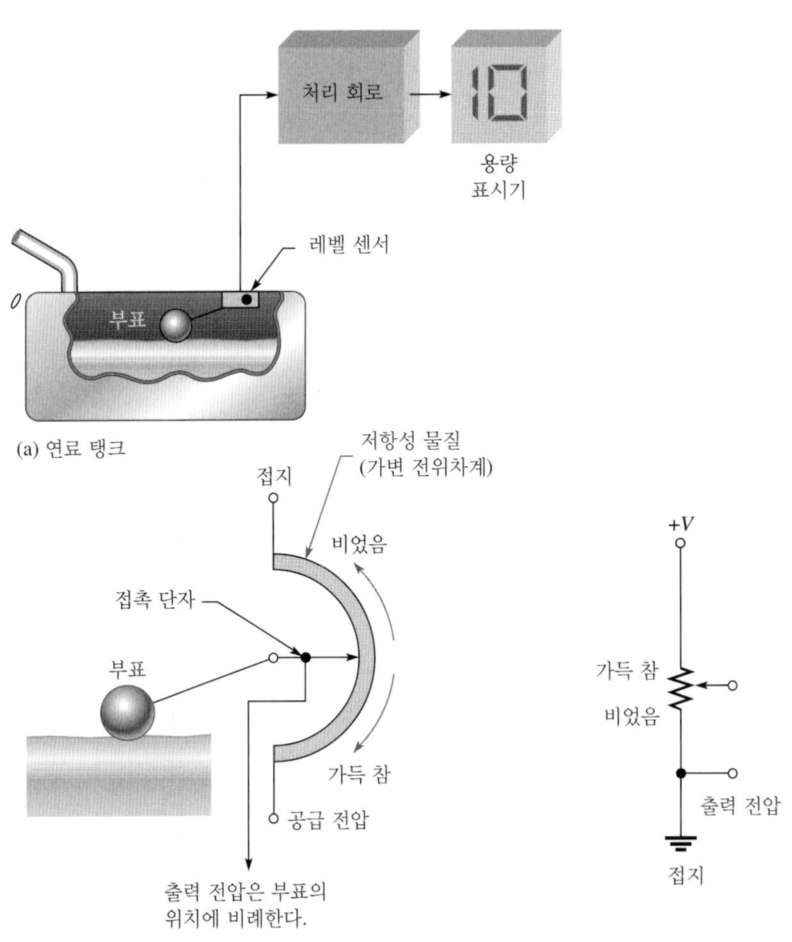


◀ 그림 5-45
레벨 센서로 사용된 전위차계 전압 분배기

전압 분배기의 또 다른 응용 예는 트랜지스터 증폭기의 직류 동작 전압(바이어스) 설정에 사용되는 것이다. 그림 5-46은 이러한 목적으로 사용된 전압 분배기를 보여준다. 다음 과정에서 트랜지스터 증폭기와 바이어스에 대해 살펴볼 것이므로, 여기서는 전압 분배기의 기본 원리만

이해하는 것이 중요하다.

이들 예는 전압 분배기의 수많은 응용 사례 중 세 가지에 불과하다.

▶ 그림 5-46

전압 분배기를 트랜지스터 증폭기의 바이어스 공급 회로로 응용하였다. 트랜지스터의 베이스 전압은 전압 분배 공식 $V_{base} = (R_2/(R_1 + R_2))V_S$에 의하여 결정된다.

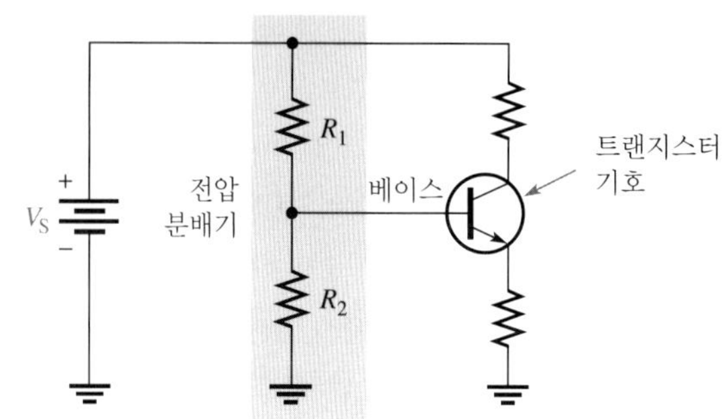


**복습문제 5-7**

1. 전압 분배기란 무엇인가?
2. 직렬 전압 분배기 회로에는 몇 개의 저항이 있는가?
3. 전압 분배기의 일반식을 써라.
4. 같은 크기의 직렬 저항 두 개가 10 V 전원 양단에 연결되어 있다면, 각 저항의 전압은 얼마인가?
5. 47 kΩ 저항과 82 kΩ 저항이 전압 분배기로 연결되어 있다. 전원 전압은 100 V이다. 회로도를 그리고, 각 저항에서 강하되는 전압을 구하라.
6. 그림 5-47의 회로는 가변 전압 분배기이다. 전위차계가 선형적이라면, 단자 *A*와 *B* 사이에서 5 V, *B*와 *C* 사이에서 5 V를 얻기 위해서는 접촉 단자 *B*가 어느 위치에 오도록 조정해야 하는가?

▶ 그림 5-47

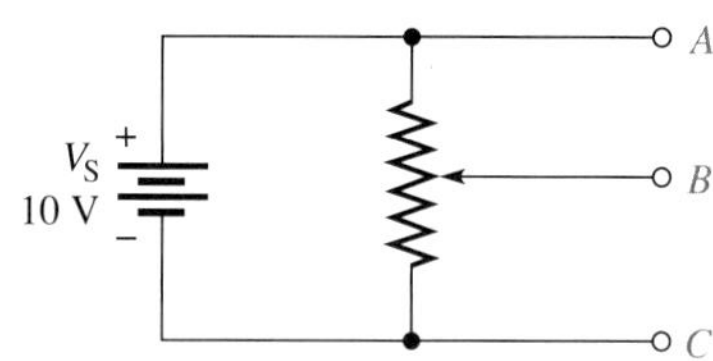


## 5-8 직렬 회로의 전력

직렬 회로의 각 저항에서 소비되는 전력을 대수적으로 더하면 총 전력이 된다.

이 절의 학습 내용은 다음과 같다.

- **직렬 회로의 전력을 구하는 방법**
  - 전력 공식 중 하나를 적용

직렬 회로의 총 전력은 직렬로 연결된 각 저항의 전력의 합과 같다.

$$P_T = P_1 + P_2 + P_3 + \cdots + P_n \tag{5-6}$$

여기서 $P_T$는 총 전력이고, $P_n$은 직렬로 연결된 마지막 저항의 전력이다.

4장에서 배운 전력에 관한 식을 직렬 회로에 그대로 적용할 수 있다. 직렬 저항들에는 같은 전류가 흐르므로 총 전력을 계산할 때 다음 식들을 이용한다.

$$P_T = V_S I$$
$$P_T = I^2 R_T$$
$$P_T = \frac{V_S^2}{R_T}$$

여기서 $I$는 회로에 흐르는 전류이고, $V_S$는 직렬 회로 전체의 전압이며, $R_T$는 합성 저항이다.

**예제 5-19** 그림 5-48의 직렬 회로에서 총 전력을 구하라.

▶ 그림 5-48

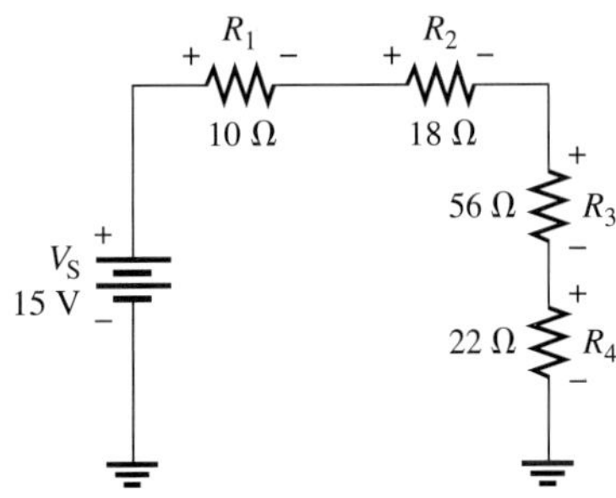


**풀이** 전원 전압은 15 V이다. 합성 저항은 다음과 같다.

$$R_T = R_1 + R_2 + R_3 + R_4 = 10\ \Omega + 18\ \Omega + 56\ \Omega + 22\ \Omega = 106\ \Omega$$

$V_S$와 $R_T$를 알고 있으므로 식 $P_T = V_S^2/R_T$을 이용한다.

$$P_T = \frac{V_S^2}{R_T} = \frac{(15\ \text{V})^2}{106\ \Omega} = \frac{225\ \text{V}^2}{106\ \Omega} = 2.12\ \text{W}$$

각 저항의 전력을 별도로 구하고 이들을 더해도 같은 결과를 얻을 수 있다. 먼저 전류를 구한다.

$$I = \frac{V_S}{R_T} = \frac{15\ \text{V}}{106\ \Omega} = 142\ \text{mA}$$

다음에 식 $P = I^2R$을 이용하여 각 저항의 전력을 계산하라.

$$P_1 = I^2R_1 = (142\ \text{mA})^2(10\ \Omega) = 200\ \text{mW}$$
$$P_2 = I^2R_2 = (142\ \text{mA})^2(18\ \Omega) = 360\ \text{mW}$$
$$P_3 = I^2R_3 = (142\ \text{mA})^2(56\ \Omega) = 1.12\ \text{W}$$
$$P_4 = I^2R_4 = (142\ \text{mA})^2(22\ \Omega) = 441\ \text{mW}$$

총 전력은 이들 값을 더하여 구한다.

$$P_T = P_1 + P_2 + P_3 + P_4 = 200\ \text{mW} + 360\ \text{mW} + 1.12\ \text{W} + 441\ \text{mW} = \mathbf{2.12\ W}$$

이 결과는 식 $P_T = V_S^2/R_T$로 구한 결과와 같다.

관련 문제 $V_S$가 30 V로 증가하면 그림 5-48 회로의 전력은 얼마인가?

저항에서 전력의 크기는 매우 중요한데, 이는 각 저항들이 회로에서 예상되는 전력을 취급할 수 있을 만큼 충분한 전력 정격을 가져야 하기 때문이다. 다음의 예제는 직렬 회로에서 전력과 관계된 실제적인 고려사항을 다룬다.

**예제 5-20** 그림 5-49의 각 저항에 표시된 전력 정격(1/2 W)이 실제 전력을 취급할 수 있을 만큼 충분한지 검토하라. 만약 정격이 적당하지 않으면 필요한 최소 정격을 명시하라.

▶ 그림 5-49

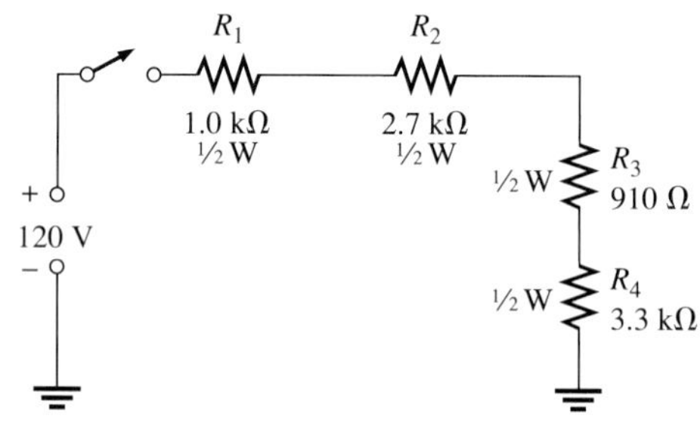


풀이 먼저 합성 저항을 구한다.

$$R_T = R_1 + R_2 + R_3 + R_4 = 1.0\,\text{k}\Omega + 2.7\,\text{k}\Omega + 910\,\Omega + 3.3\,\text{k}\Omega = 7.91\,\text{k}\Omega$$

그 다음에 전류를 계산한다.

$$I = \frac{V_S}{R_T} = \frac{120\,\text{V}}{7.91\,\text{k}\Omega} = 15\,\text{mA}$$

그리고 각 저항의 전력을 구한다.

$$P_1 = I^2R_1 = (15\,\text{mA})^2(1.0\,\text{k}\Omega) = \mathbf{225\,mW}$$
$$P_2 = I^2R_2 = (15\,\text{mA})^2(2.7\,\text{k}\Omega) = \mathbf{608\,mW}$$
$$P_3 = I^2R_3 = (15\,\text{mA})^2(910\,\Omega) = \mathbf{205\,mW}$$
$$P_4 = I^2R_4 = (15\,\text{mA})^2(3.3\,\text{k}\Omega) = \mathbf{743\,mW}$$

$R_2$와 $R_4$의 경우, 실제 전력이 1/2 W를 넘어, 이를 취급하기에 불충분한 정격을 갖고 있으므로 스위치를 닫으면 저항이 타버릴 것이다. 따라서 이들 저항은 1 W 정격의 저항으로 바뀌어야 한다.

관련 문제 그림 5-49에서 전원이 240 V로 증가할 때 각 저항의 최소 전력 정격을 구하라.

**복습문제 5-8**

1. 직렬 회로에서 각 저항의 전력을 알 때 총 전력을 구하는 방법은 무엇인가?
2. 직렬 회로의 저항들이 다음과 같이 전력을 소비한다: 2 W, 5 W, 1 W, 8 W. 회로의 총 전력은 얼마인가?
3. 회로에 100 Ω, 330 Ω, 680 Ω의 저항이 직렬로 연결되어 있다. 회로에는 1 A의 전류가 흐른다. 총 전력은 얼마인가?

# 5-9 전압 측정

전압은 상대적인 값이다. 즉, 회로의 한 점에서 전압은 반드시 다른 점의 전압을 기준으로 측정된다. 예를 들어, 회로의 어느 점의 전압이 +100 V라는 것은 회로의 지정된 기준점보다 100 V만큼 높다는 것이다. 일반적으로 이 기준점을 접지점 또는 공통점이라고 한다.

이 절의 학습 내용은 다음과 같다.

- **접지를 기준으로 한 전압의 측정**
  - 회로에서 접지의 확인 및 결정
  - *기준 접지*의 정의

2장에서 **접지**의 개념을 배웠다. 그림 5-50에서와 같이 대부분의 전자 장비에서 PCB상의 넓은 도체면이나 금속 섀시를 **기준 접지**(reference ground) 또는 **공통**(common)으로 사용한다.

그림 5-51에 나타낸 것과 같이 기준 접지는 회로의 모든 점에 대해 0 V의 전위를 갖는다. 그림 5-51(a)에서는 전원의 음극이 접지되어 있으며, 모든 점의 전압은 접지에 비해 (+) 값을 갖는다. 그림 5-51(b)에서는 전원의 양극이 접지되어 있다. 모든 다른 점의 전압은 접지에 비해 (−) 값을 갖는다. 접지에 연결된 회로의 모든 점은 접지를 통해 서로 연결되어 있으므로 전기적으로 같은 점의 역할을 한다.

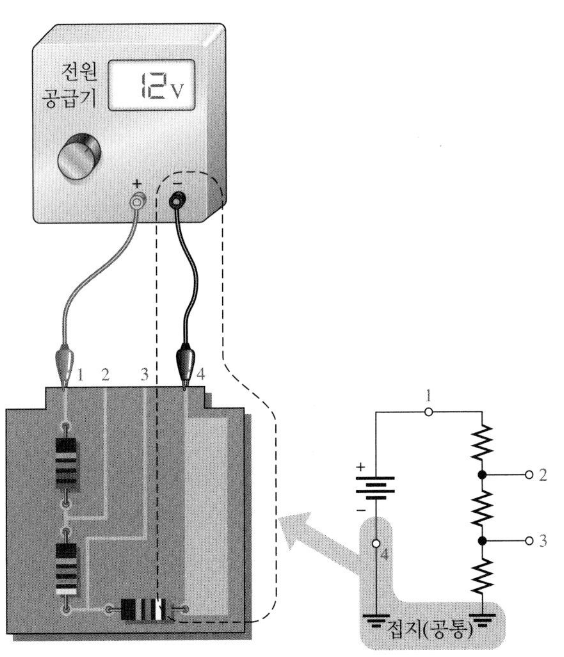


◀ **그림 5-50**
회로에서 접지의 간단한 예

▶ 그림 5-51
음의 접지와 양의 접지의 예

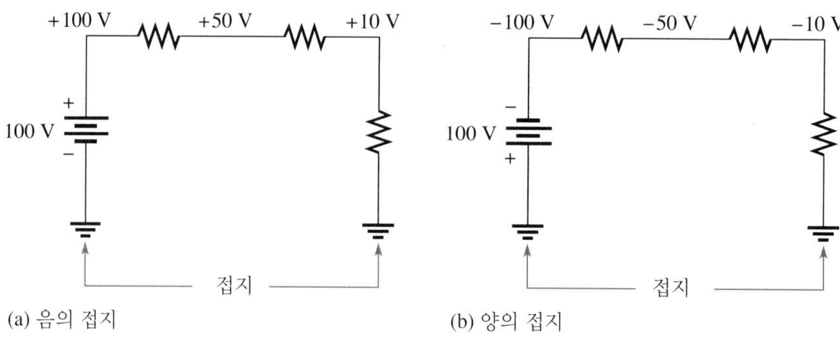

(a) 음의 접지 (b) 양의 접지

## 접지점을 기준으로 한 전압의 측정

회로의 접지점을 기준으로 전압을 측정할 때 측정기의 한 단자는 회로의 접지에 연결하고, 또 다른 단자는 전압을 측정하고자 하는 점에 연결한다. 그림 5-52와 같이 음극이 접지된 회로에서는 멀티미터의 음의 단자를 회로 접지에 연결한다. 그리고 전압계의 양의 단자를 회로의 양의 전압을 측정할 곳에 연결한다. 전압계로 접지에 대하여 양의 전압을 갖는 점 $A$의 전압을 읽는다.

▶ 그림 5-52
음의 접지에 대한 전압 측정

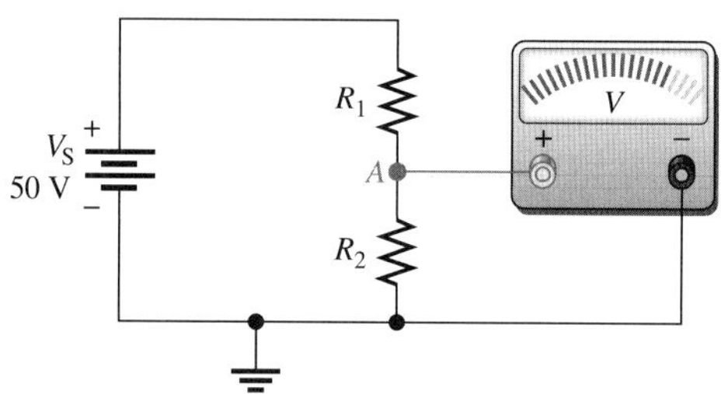


양극이 접지된 회로에서는 전압계의 양의 단자를 회로 접지에 연결하고 그림 5-53과 같이 멀티미터의 음의 단자를 회로의 음의 전압을 측정할 곳에 연결한다. 이 경우 전압계는 점 $A$가 접지에 비해 음의 전압을 가짐을 보여준다.

▶ 그림 5-53
양의 접지에 대한 전압 측정

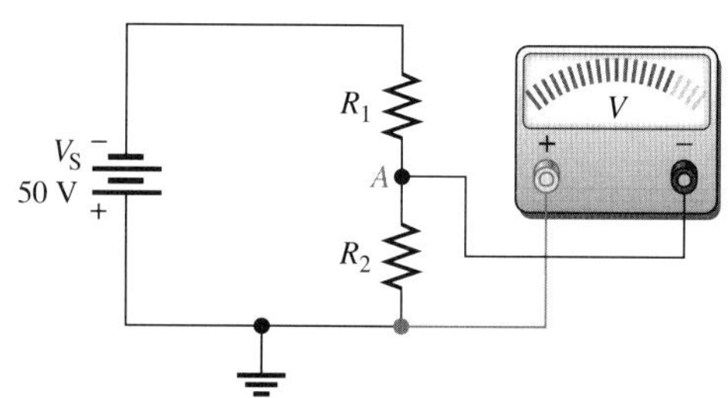


회로의 여러 점에서 전압을 측정할 경우, 접지 단자를 회로의 한 군데에 고정시킨다. 그리고 다른 쪽 단자로는 측정점들을 옮겨가며 전압을 측정한다. 이를 그림 5-54에 나타내었으며, 그림 5-55는 등가 회로도를 보여준다.

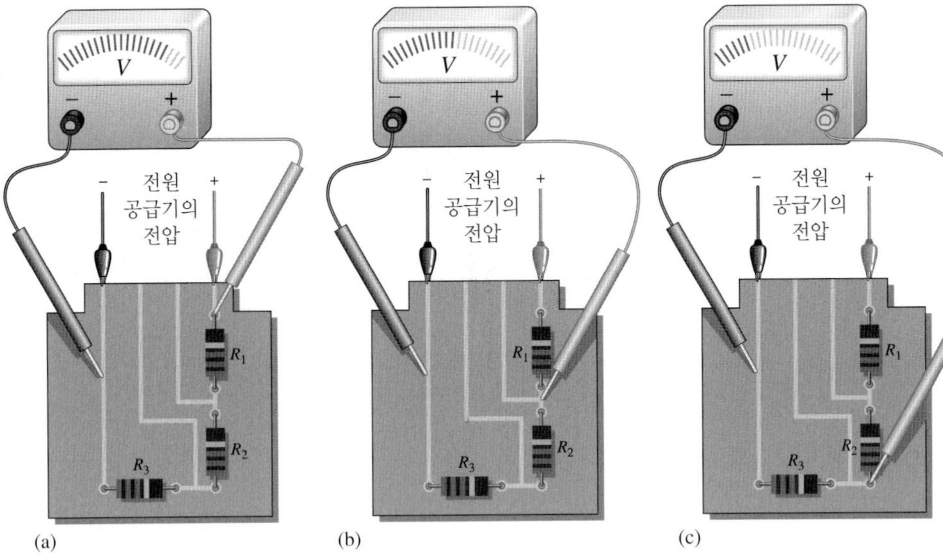

◀ 그림 5-54

접지를 기준으로 회로 내의 여러 점의 전압을 측정하는 방법

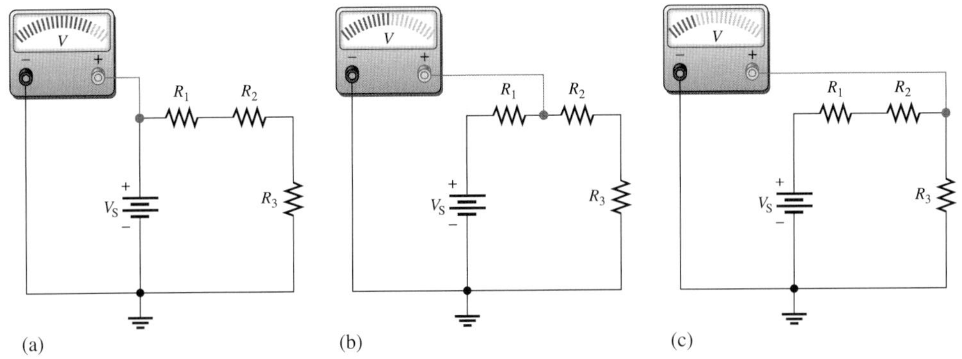

◀ 그림 5-55

그림 5-54의 등가 회로

## 접지되지 않은 저항의 전압 측정

저항의 어느 쪽 단자도 접지와 연결되지 않았더라도 그림 5-56과 같이 저항 양단에서 전압을 측정할 수 있다. 그러나 계측기가 전력선 접지와 분리되지 않았다면 전압계의 음(−)의 단자는 접지이므로 이 단자가 연결되는 저항의 한쪽은 접지가 되므로 회로 작동에 이상을 가져올 수 있다. 이러한 경우에는, 그림 5-57에 나타낸 것과 같이 다른 측정 방법을 이용한다. 즉, 저항의 두 단자에서 전압을 접지에 대해 각각 측정한다. 이렇게 측정된 두 전압의 차가 그 저항의 전압 강하가 된다.

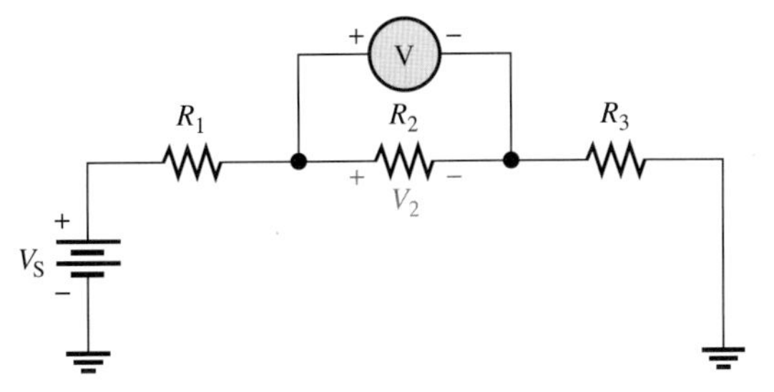


◀ 그림 5-56

저항 양단의 전압 측정

▶ 그림 5-57

$R_2$ 양단의 전압을 측정하기 위하여 접지에 대하여 따로따로 두 번 측정한다. $V_A - V_B$를 $V_{AB}$로 표현하는 것을 주의하라. 여기서 두 번째 첨자 $B$는 기준을 의미한다.

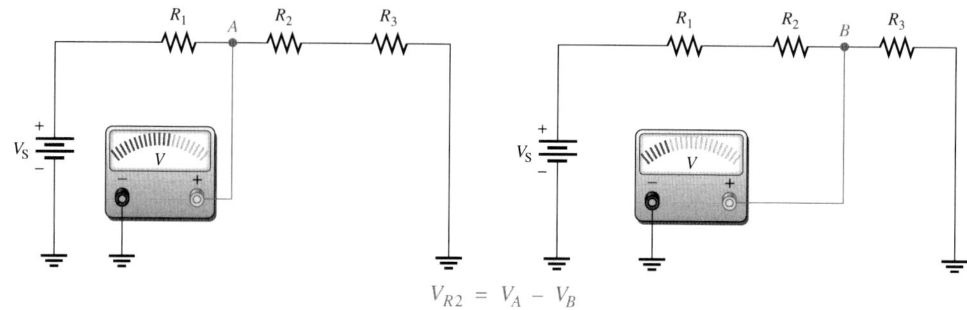


$V_{R2} = V_A - V_B$

**예제 5-21** 그림 5-58의 각 회로에서 접지에 대하여 지정된 점의 전압을 구하라. 각 저항의 양단에서 강하되는 전압은 25 V로 가정하라.

▶ 그림 5-58

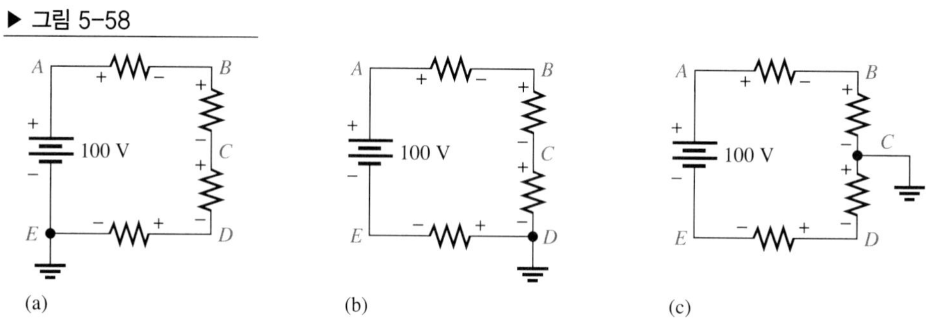


**풀이** 회로 (a)에서 전압의 극성은 그림에 나타난 것과 같다. 점 $E$는 접지되어 있다. 첨자는 그 점에서의 전압을 나타낸다. 접지에 대한 각 점의 전압은 다음과 같다.

$$V_E = \mathbf{0\ V},\quad V_D = \mathbf{+25\ V},\quad V_C = \mathbf{+50\ V},\quad V_B = \mathbf{+75\ V},\quad V_A = \mathbf{+100\ V}$$

회로 (b)에서 전압의 극성은 그림에 나타난 것과 같다. 점 $D$는 접지되어 있다. 접지에 대한 각 점의 전압은 다음과 같다.

$$V_E = \mathbf{-25\ V},\quad V_D = \mathbf{0\ V},\quad V_C = \mathbf{+25\ V},\quad V_B = \mathbf{+50\ V},\quad V_A = \mathbf{+75\ V}$$

회로 (c)에서 전압의 극성은 그림에 나타난 것과 같다. 점 $C$는 접지되어 있다. 접지에 대한 각 점의 전압은 다음과 같다.

$$V_E = \mathbf{-50\ V},\quad V_D = \mathbf{-25\ V},\quad V_C = \mathbf{0\ V},\quad V_B = \mathbf{+25\ V},\quad V_A = \mathbf{+50\ V}$$

**관련 문제** 그림 5-58의 회로에서 점 $A$가 접지되었다면, 접지에 대한 각 점의 전압은 얼마인가?

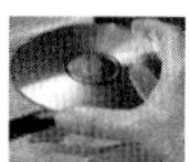

Multisim 파일 E05-21을 사용하여 [예제 5-21]과 [관련 문제]의 계산 결과를 확인하라.

**복습문제 5-9**

1. 회로의 기준점을 무엇이라 하는가?
2. 회로의 전압은 일반적으로 접지를 기준으로 한다. (참 또는 거짓)
3. 금속 상자나 섀시는 기준 접지로 종종 이용된다. (참 또는 거짓)

# 5-10 고장진단

개방된 저항이나 접속 또는 회로의 한 부분이 다른 부분과 단락되는 현상은 직렬 회로를 포함한 모든 회로에서 자주 일어나는 문제이다.

이 절의 학습 내용은 다음과 같다.

- **직렬 회로의 고장진단**
  - 개방 회로의 조사
  - 단락 회로의 조사
  - 개방과 단락의 주요 원인

## 개방 회로

직렬 회로에서 자주 일어나는 고장은 회로가 끊어지는 것(**개방**, open)이다. 예를 들어, 그림 5-59와 같이 저항이나 전구가 타버리면 전류의 경로가 끊어지고 개방 회로가 된다.

**직렬 회로에서 개방은 전류를 흐르지 못하게 막아버린다.**

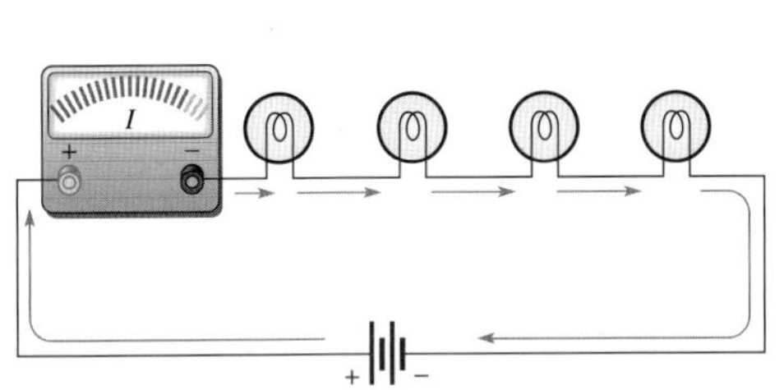


(a) 전류가 흐르는 정상 회로

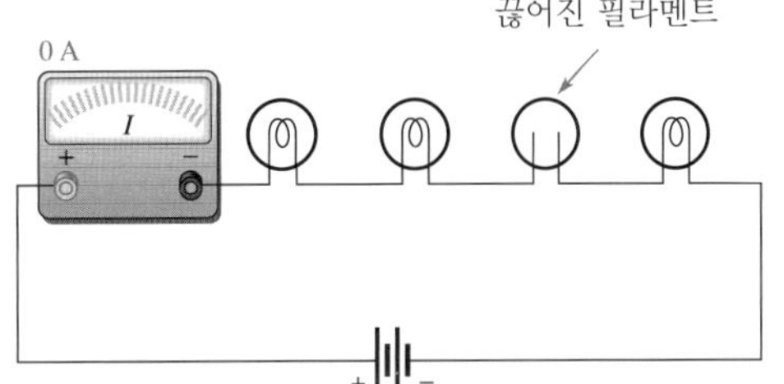


(b) 전류가 흐르지 못하는 개방 회로

◀ 그림 5-59
개방되면 전류가 흐르지 못한다.

### 개방 회로의 고장진단

3장에서 고장진단을 위한 분석, 계획 및 측정의 APM 과정을 소개하였다. 또한 반분법을 배우고 저항계를 사용하는 예제를 다루었다. 이제 동일한 원리를 저항 측정 대신에 전압 측정에 적용한다. 잘 아는 것처럼 아무것도 분리할 필요가 없기 때문에 전압 측정이 가장 용이하다.

분석을 시작하기 전에 오류가 있는 회로를 육안으로 검토하는 것은 좋은 방법이다. 때때로 검게 그을린 저항이나, 끊어진 전구의 필라멘트, 느슨한 배선, 헐거운 접속 등은 이러한 방법으로 찾을 수 있다. 그러나 저항이나 다른 부품들은 외관상 아무런 손상 없이 개방되는 것이 일반적인 경향이다. 육안 검사로 아무런 하자가 발견되지 않는다면 APM 방법을 진행한다.

직렬 회로가 개방된 경우 전원 전압은 개방단에 모두 나타난다. 그 이유는 개방되면 직렬 회로를 통하여 전류가 흐르지 못하기 때문이다. 전류가 흐르지 않는다면 어떠한 저항(부품)에도 전압 강하가 발생할 수 없다. $IR = (0\ \text{A})R = 0\ \text{V}$이므로 저항 양단의 전압은 동일하다. 그림 5-60과 같이 회로 내에 다른 전압 강하가 없으므로 직렬 회로 양단에 인가된 전압이 개방된 부품 양단에 나타난다. 키르히호프의 전압 법칙에 따라 다음과 같이 전원 전압이 개방 저항 양단에 나타난다.

$$V_S = V_1 + V_2 + V_3 + V_4 + V_5 + V_6$$
$$V_4 = V_S - V_1 - V_2 - V_3 - V_5 - V_6$$
$$= 10\ \text{V} - 0\ \text{V} - 0\ \text{V} - 0\ \text{V} - 0\ \text{V} - 0\ \text{V}$$
$$V_4 = V_S = 10\ \text{V}$$

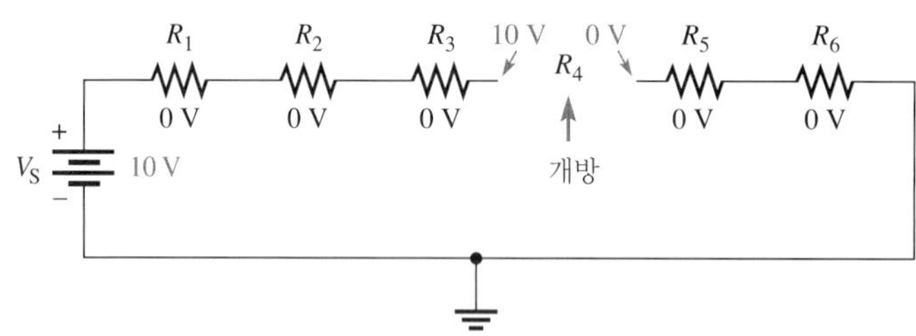


▶ 그림 5-60
전원 전압은 개방 직렬 전압의 양단에 나타난다.

### 전압 측정을 통한 반분법의 예

네 개의 저항이 직렬로 연결된 회로를 가정한다. 저항 중 하나가 개방되었다고 문제의 증세(전압은 인가되었지만 전류가 흐르지 않는다)를 **분석**하였으며, 반분법을 사용하여 전압을 **측정**하고, 개방된 저항을 찾고자 하는 **계획**을 세웠다. 이러한 경우의 측정 순서는 그림 5-61과 같다.

1단계: $R_1$과 $R_2$ 양단의 전압(회로의 좌측 절반)을 측정한다. 전압이 0 V이므로 두 저항 중 어느 것도 개방되지 않았다.

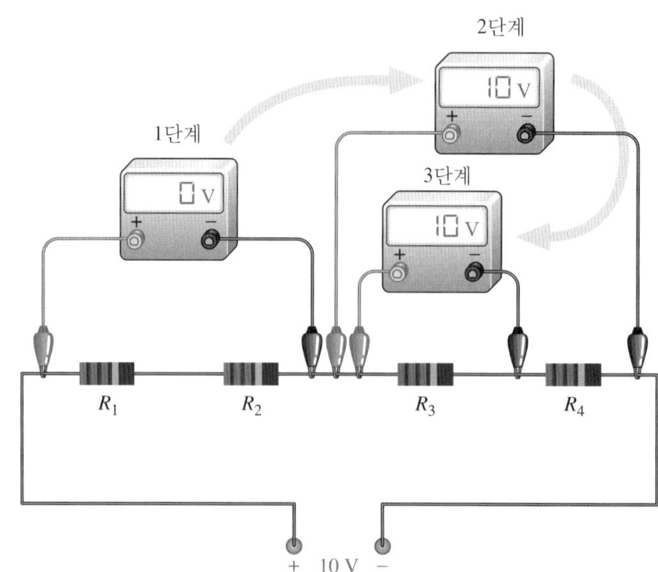


▶ 그림 5-61
반분법을 이용한 직렬 회로가 개방된 경우의 고장진단

2단계: 저항 $R_3$와 $R_4$ 양단의 전압을 측정한다. 전압은 10 V이므로 회로의 우측 절반 중에 개방된 소자가 있다. 따라서 저항 $R_3$나 $R_4$가 개방된 저항이다(회로가 잘못 연결된 경우는 제외한다).

3단계: $R_3$ 양단의 전압을 측정한다. $R_3$ 양단 전압은 10 V이므로 $R_3$가 개방되었음을 확인하였다. 만약에 $R_4$ 양단의 전압을 측정하였다면 0 V였을 것이다. 이 결과 또한 $R_3$가 불량 소자임을 입증하는 결과인데, 왜냐하면 부품은 하나밖에 남지 않았고 양단 전압은 10 V일 것이다.

## 단락 회로

두 도체가 서로 마주 닿거나, 땜납이나 잘라낸 도선 등과 같은 외부 물질이 회로의 두 부분에 우연히 연결되어 원하지 않는 단락 회로가 발생한다. 이러한 경우는 특히 소자들이 고밀도로 실장된 회로에서 자주 일어난다. 그림 5-62는 인쇄회로기판(PCB)상에서 단락 회로가 발생하는 주요 원인들이다.

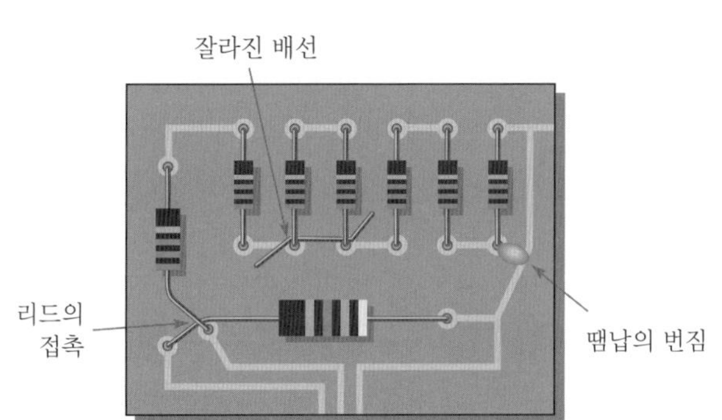


◀ 그림 5-62
PCB 단락의 예

**단락**(short)이 발생하면, 직렬 저항의 일부분이 바이패스되고(모든 전류가 단락된 곳으로 흐르고) 그림 5-63과 같이 합성 저항이 줄어든다. 따라서 전류가 증가한다.

**직렬 회로가 단락되면 정상 회로보다 전류가 증가한다.**

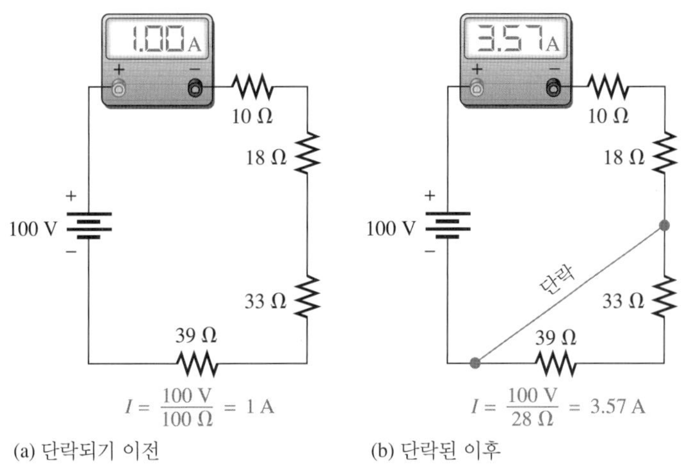


(a) 단락되기 이전　　(b) 단락된 이후

◀ 그림 5-63
직렬 회로에서 단락이 미치는 영향의 예

### 단락 회로의 고장진단

단락은 고장진단이 매우 어렵다. 고장진단의 어떤 경우라도 문제의 회로를 먼저 육안으로 검사하는 것이 바람직하다. 회로 단락의 경우는 배선끼리의 접촉, 납의 번짐 및 단자가 다른 부품과 접촉되거나 하는 경우가 종종 주요 원인이다. 부품이 손상된 경우 대부분의 경우 개방되고 단락은 드문 경우이다. 게다가 회로의 한 부분이 단락되면 단락으로 인하여 많은 전류가 흘러서 다른 부분이 과열되기도 한다. 그 결과로 두 가지 오류인 개방과 단락이 번갈아서 발생한다.

직렬 회로가 단락되면, 단락된 부분에서 전압 강하는 0이다. 비록 단락으로 인하여 드물게 일정한 저항 값을 갖는 경우도 있지만 단락은 0이나 거의 0에 가까운 저항을 갖는다. 이러한 경우를 **저항성 단락(resistive short)**이라고 하며, 설명을 쉽게 하기 위하여 모든 단락의 경우는 저항을 0이라고 가정한다.

단락 회로의 고장진단을 위하여 0 V의 전압이 측정될 때까지 각 저항 양단의 전압을 측정해본다. 이 경우는 반분법을 사용하지 않고 직접 차례로 찾아본다. 반분법을 이용하면 회로의 각 지점에서 정확한 전압을 알고 있어서 측정값과 비교를 해야만 한다. [예제 5-22]는 단락 지점을 찾기 위하여 반분법을 사용한 예이다.

**예제 5-22** 네 개의 직렬 저항으로 구성된 회로에서 원래보다 더 많은 전류가 흐르기 때문에 회로 내에 단락이 발생하였다고 생각한다. 그림 5-64는 회로의 각 지점에서 정상적으로 동작하는 경우의 전압을 표시하였다. 표시한 전압은 전원의 음의 단자를 기준으로 한 전압이다. 단락된 지점을 찾아보라.

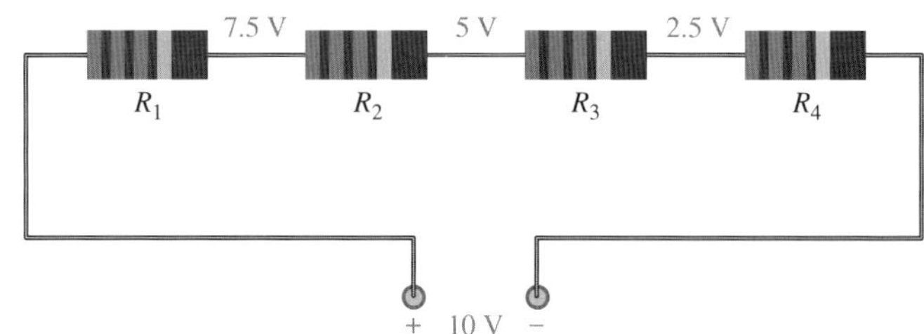


▶ 그림 5-64
단락이 발생하기 이전 직렬 회로의 올바른 전압을 표시하였다.

**풀이** 단락의 고장진단을 위하여 반분법을 사용하였다.

1단계: $R_1$과 $R_2$ 양단의 전압을 측정한다. 정상 전압(5 V)보다 높은 6.67 V가 측정되었다. 단락 지점에서 전압이 적게 걸릴 것이므로 정상보다 낮은 전압을 찾는다.

2단계: 전압계를 옮기고 $R_3$와 $R_4$ 양단의 전압을 측정한다. 정상 전압(5 V)보다 낮은 3.33 V가 측정되었다. 이 결과는 회로의 우측 절반, 즉 $R_3$ 또는 $R_4$가 단락되었음을 의미한다.

3단계: 다시 전압계를 옮기고 $R_3$ 양단의 전압을 측정한다. $R_3$의 전압이 3.3 V이면 $R_4$가 단락되어 0 V가 되었음을 의미한다. 그림 5-65는 이러한 고장진단 기법의 예를 보여주고 있다.

▶ 그림 5-65

직렬 회로에서 반분법을 사용한 단락의 고장진단 과정

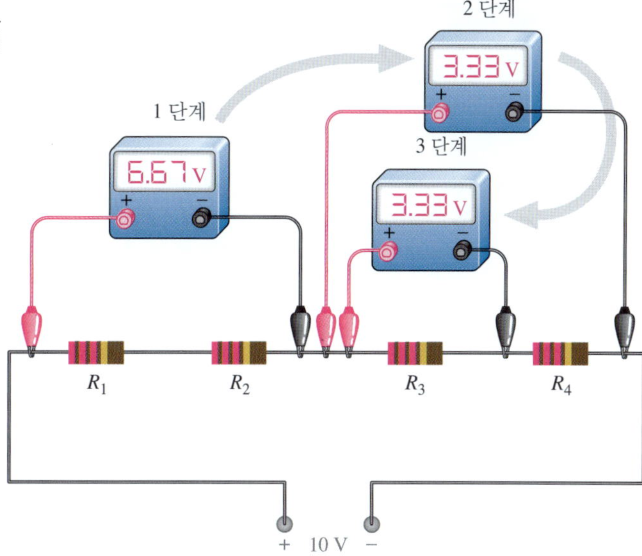


관련 문제 그림 5-65에서 $R_1$이 단락되었다고 가정하자. 1단계의 측정 결과는 어떻게 되겠는가?

**복습문제 5-10**

1. *단락*을 정의하라.
2. *개방*을 정의하라.
3. 직렬 회로가 개방되면 어떤 현상이 일어나는가?
4. 실제 상황에서 개방 회로가 되는 두 가지 일반적인 요인을 말하라. 단락 회로가 되는 요인은 무엇인가?
5. 저항이 잘못되었다면 주로 개방된 것이다. (참 또는 거짓)
6. 직렬 저항에 24 V의 총 전압이 인가되었다. 저항 중의 하나가 끊어졌다면 이 저항 양단의 전압은 얼마인가? 양호한 저항 양단의 전압은 얼마인가?

## 회로 응용

이 절에서는 전압 분배기 회로기판을 조사하고 수정해 본다. 이 기판은 6.5 Ah의 정격을 가진 12 V 전지로부터 5개의 서로 다른 크기의 전압을 얻는 데 사용될 것이다. 전압 분배기는 아날로그-디지털 변환기(ADC)의 전자 회로에 양(+)의 기준 전압을 공급하기 위한 것이다. 여기서 우리가 할 일은 전지의 음극을 기준으로 다음의 10.4 V, 8.0 V, 7.3 V, 6.0 V 및 2.7 V의 전압들이 허용오차 범위 ±5% 내에서 제대로 공급되는지를 확인하는 것이다. 만약 기존의 회로가 지정된 전압을 공급하지 못한다면 올바르게 수정해야 한다. 물론, 저항의 전력 정격이 이 작업에 적절한지를 확인해야 하고 전지가 이 전압 분배기와 연결될 때 얼마나 오래 사용될 수 있는지를 결정해야 한다.

### 회로도

◆ 그림 5-66에 주어진 저항 값들을 구하고 전압 분배기 회로도를 그린다. 기판의 모든 저항의 정격은 1/4 W이다.

### 전압

◆ 12 V 전지의 양극이 핀 3에, 음극이 핀 1에 연결되어 있을 때 전지의 음극을 기준으로 각 핀의 전압을 구하라. 다음의 상세 규격과 전압을 비교하라.

핀 1: 12 V 전지의 음극
핀 2: 2.7 V ± 5%
핀 3: 12 V 전지의 양극

핀 4: 10.4 V ± 5%

핀 5: 8.0 V ± 5%

핀 6: 7.3 V ± 5%

핀 7: 6.0 V ± 5%

◆ 만약 주어진 회로의 출력 전압이 위의 규격과 같지 않으면 이 규격을 만족할 수 있도록 회로를 수정하라. 저항 값과 올바른 정격을 표시하여 수정된 회로의 회로도를 그려라.

## 전지

◆ 전압 분배기 회로를 12 V 전지에 연결하였을 때 총 전류를 구하고, 6.5 Ah의 전지로 얼마 동안 사용할 수 있는지 구하라.

## 시험 절차

◆ 전압 분배기를 어떻게 시험할 것인지와 이를 위해 어떤 측정 장비가 필요한지 결정하라. 그리고 이 시험 절차를 상세하게 단계별로 나타내어라.

## 고장진단

◆ 다음의 각 경우에 대해 가능성이 가장 높은 고장 원인을 결정하라(전압은 전지의 음극, 즉 기판의 핀 1에 대한 전압이다).

1. 회로기판의 어떤 점에도 전압은 0 V
2. 핀 3과 4에 12 V, 나머지 모든 핀에 0 V
3. 핀 1에만 0 V, 나머지 핀에 모두 12 V
4. 핀 6에 12 V, 핀 7에 0 V
5. 핀 2에 3.3 V

## 복습문제

1. 그림 5-66의 전압 분배기 회로에 12 V 전지가 연결될 때 소모되는 총 전력은 얼마인가?
2. 6 V 전지의 양극이 핀 3에, 음극이 핀 1에 연결될 때 전압 분배기의 출력 전압은 얼마인가?
3. 전압 분배기가 양(+)의 기준 전압을 공급하기 위하여 전자 회로에 연결될 때, 기판의 어느 핀을 전자 회로의 접지와 연결해야 하는가?

▶ 그림 5-66

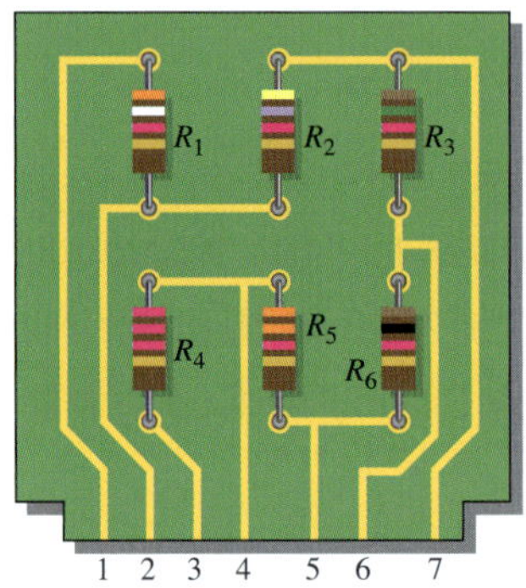


## 요약

- 직렬 회로의 모든 점에서 전류는 동일하다.
- 전체 직렬 저항의 크기는 직렬 회로의 각 저항의 크기의 합과 같다.
- 직렬 회로에서 특정 두 점 사이의 합성 저항은 이 두 점 사이에 직렬로 연결된 모든 저항의 합과 같다.
- 직렬 회로의 모든 저항의 크기가 같으면 전체 저항은 저항의 개수에 그 저항 값을 곱한 값과 같다.
- 직렬로 연결된 전압원은 대수적으로 더한다.
- 키르히호프의 전압 법칙(KVL): 회로의 폐루프를 따라 강하된 전압을 모두 더하면 그 폐루프의 전원 전압의 합과 같다.
- 키르히호프 전압 법칙의 다른 표현: 회로의 폐루프에서 모든 전압(전원과 전압 강하)을 대수적으로 합하면 0이다.
- 회로의 전압 강하는 항상 전체 전원 전압의 극성과 반대이다.
- 관습적으로 전류는 전원의 양극에서 나와 음극으로 들어간다.

- 관습적으로 전류는 저항의 양극으로 들어가 상대적인 음극으로 나온다.
- 전압 강하는 저항 양단의 에너지 준위의 감소 때문에 발생한다.
- 전압 분배기는 저항의 직렬 배열이다.
- 전압 분배기라는 이름은, 직렬로 연결된 저항 회로에서 어느 저항의 전압 강하가 전체 저항에 대한 각 저항의 비율에 비례하여 전체 전압에서 나누어진 전압이 됨을 의미한다.
- 전위차계는 조절 가능한 전압 분배기로 이용될 수 있다.
- 저항 회로의 총 전력은 직렬 회로를 구성하는 각 저항의 전력을 합한 것과 같다.
- 접지는 이를 기준으로 하는 회로의 모든 점에 대해 0 V이다.
- **음의 접지**란 전원의 음극이 접지됨을 의미한다.
- **양의 접지**란 전원의 양극이 접지됨을 의미한다.
- 개방된 소자의 양단 전압은 항상 전원 전압과 같다.
- 단락된 소자의 양단 전압은 항상 0 V이다.

## 핵심 용어

**개방**(open): 전류의 경로가 끊어진 회로의 상태

**기준 접지**(reference ground): 조립 회로를 감싼 금속 상자나 회로기판의 넓은 도체 부분을 공통 또는 기준점으로 접지하는 방법

**단락**(short): 두 점 사이에 0이나 비정상적으로 작은 저항의 경로가 있는 회로. 보통 부주의하게 회로를 다루는 경우에 발생함.

**전압 분배기**(voltage divider): 직렬로 연결된 저항에서 하나 이상의 출력 전압을 제공하는 회로

**직렬**(series): 전기 회로에서 두 점 사이에 하나의 전류 경로만이 존재하는 소자들의 연결 상태

**키르히호프의 전압 법칙**(KVL: Kirchhoff's voltage law): "회로의 폐루프를 따라 강하된 전압을 모두 더하면 그 폐루프의 전원 전압의 합과 같다" 또는 "회로의 폐루프에서 모든 전압의 대수합은 0이다."

## 주요 공식

| | | |
|---|---|---|
| **5-1** | $R_T = R_1 + R_2 + R_3 + \cdots + R_n$ | $n$개 직렬 저항의 합성 저항 |
| **5-2** | $R_T = nR$ | 동일한 값의 $n$개 직렬 저항의 합성 저항 |
| **5-3** | $V_S = V_1 + V_2 + V_3 + \cdots + V_n$ | 키르히호프의 전압 법칙 |
| **5-4** | $V_S - V_1 - V_2 - V_3 - \cdots - V_n = 0$ | 키르히호프의 전압 법칙 |
| **5-5** | $V_x = \left(\frac{R_x}{R_T}\right)V_S$ | 전압 분배기 공식 |
| **5-6** | $P_T = P_1 + P_2 + P_3 + \cdots + P_n$ | 총 전력 |

## 자기 진단

**1.** 5개의 저항이 직렬로 연결되어 있는 회로의 첫 번째 저항에 2 mA의 전류가 흐른다. 두 번째 저항에서 나오는 전류는

(a) 2 mA와 같다 (b) 2 mA보다 작다 (c) 2 mA보다 크다

**2.** 4개의 직렬 저항으로 구성된 회로의 세 번째 저항에서 나오는 전류를 측정하려면 전류계는 어느 곳에 설치해야 하는가?
(a) 세 번째와 네 번째 저항 사이 (b) 두 번째와 세 번째 저항 사이
(c) 전원의 양(+) 단자 (d) 회로의 아무 점이라도 상관없다

**3.** 2개의 직렬 저항에 세 번째 저항을 직렬로 연결하면 합성 저항은
(a) 변하지 않는다 (b) 증가한다
(c) 감소한다 (d) 3분의 1만큼 증가한다

**4.** 4개의 직렬 저항으로 구성된 회로에서 저항 하나를 제거하면, 전류는
(a) 제거된 저항으로 흐르는 전류만큼 감소한다
(b) 4분의 1만큼 감소한다
(c) 4배가 된다
(d) 증가한다

**5.** 100 Ω, 220 Ω과 330 Ω의 저항 3개로 구성된 직렬 회로가 있다. 합성 저항은 얼마인가?
(a) 100 Ω보다 작다 (b) 세 저항의 평균값이다
(c) 550 Ω (d) 650 Ω

**6.** 9 V 전지가 68 Ω, 33 Ω, 100 Ω, 47 Ω의 직렬 저항에 연결되었다. 전류의 크기는 얼마인가?
(a) 36.3 mA (b) 27.6 A (c) 22.3 mA (d) 363 mA

**7.** 손전등에 1.5 V의 전지 4개를 넣다가 실수로 하나를 거꾸로 넣었다. 전구 양단의 전압은 얼마인가?
(a) 6 V (b) 3 V (c) 4.5 V (d) 0 V

**8.** 만약 직렬 회로의 모든 전압 강하와 전원 전압을 극성을 고려하여 더하면 그 결과는 무엇과 같은가?
(a) 전원 전압 (b) 전압 강하의 합
(c) 영 (d) 전원 전압과 모든 전압 강하의 합

**9.** 직렬 회로에 6개의 저항이 있고 각 저항에서 5 V가 강하되었다. 전원 전압은 얼마인가?
(a) 5 V (b) 30 V
(c) 저항에 따라 다르다 (d) 전류에 따라 다르다

**10.** 직렬 회로가 4.7 kΩ, 5.6 kΩ와 10 kΩ의 저항으로 구성되어 있다. 양단의 전압이 가장 큰 저항은 어느 것인가?
(a) 4.7 kΩ (b) 5.6 kΩ
(c) 10 kΩ (d) 주어진 정보로 결정하기는 불가능하다

**11.** 다음의 직렬 회로 중 100 V의 전원과 연결될 때 가장 많은 전력을 소비하는 것은 어느 것인가?
(a) 1개의 100 Ω 저항 (b) 2개의 100 Ω 저항
(c) 3개의 100 Ω 저항 (d) 4개의 100 Ω 저항

**12.** 어떤 회로의 총 전력이 1 W이다. 같은 크기의 5개 직렬 저항 각각이 소비하는 전력은 얼마인가?
(a) 1 W (b) 5 W (c) 0.5 W (d) 0.2 W

**13.** 직렬 저항 회로에 전류계를 연결하고 전원을 결 때 멀티미터에 0이 측정되었다. 조사해야 할 것은 무엇인가?
(a) 끊어진 도선 (b) 단락된 저항 (c) 개방된 저항 (d) (a)와 (c)

**14.** 직렬 저항 회로에 전류가 필요 이상으로 많이 나왔다. 조사해야 할 것은 무엇인가?
(a) 개방 회로 (b) 단락 (c) 작은 저항 (d) (a)와 (c)

## 퀴즈

그림 5-70을 보면서 다음 물음에 답하라.

**1.** 한 전류계의 전류가 증가하면, 나머지 두 전류계의 전류는?
(a) 증가한다 (b) 감소한다 (c) 변하지 않는다

**2.** 전원 전압이 감소하면, 각 전류계의 전류는?
(a) 증가한다 (b) 감소한다 (c) 변하지 않는다

**3.** $R_1$을 다른 값으로 교체한 경우 $R_1$을 통과하는 전류가 증가하였다면, 나머지 각 전류계의 전류는?
(a) 증가한다 (b) 감소한다 (c) 변하지 않는다

그림 5-73을 보면서 다음 물음에 답하라.

**4.** 점 $A$와 $B$ 사이에 10 V의 전압원을 연결하고 스위치의 위치는 1에서 2로 전환되었다면 전원으로부터 공급되는 총 전류는?
(a) 증가한다 (b) 감소한다 (c) 변하지 않는다

**5.** 문제 4의 조건에서 $R_3$를 통과하는 전류는?
(a) 증가한다 (b) 감소한다 (c) 변하지 않는다

**6.** 스위치가 1의 위치에 있고 $R_3$가 단락되었다면 $R_2$를 통과하는 전류는?
(a) 증가한다 (b) 감소한다 (c) 변하지 않는다

**7.** 스위치가 2의 위치에 있고 $R_3$가 단락되었다면 $R_5$를 통과하는 전류는?
(a) 증가한다 (b) 감소한다 (c) 변하지 않는다

그림 5-77을 보면서 다음 물음에 답하라.

**8.** 스위치의 위치가 $A$에서 $B$로 전환되었다면, 회로의 전류는?
(a) 증가한다 (b) 감소한다 (c) 변하지 않는다

**9.** 스위치의 위치가 $B$에서 $C$로 전환되었다면, $R_4$ 양단의 전압은?
(a) 증가한다 (b) 감소한다 (c) 변하지 않는다

**10.** 스위치의 위치가 $C$에서 $D$로 전환되었다면, $R_3$를 통과하는 전류는?
(a) 증가한다 (b) 감소한다 (c) 변하지 않는다

그림 5-84(b)를 보면서 다음 물음에 답하라.

**11.** $R_1$을 1.2 k$\Omega$으로 대치하였을 경우, $A$와 $B$ 사이의 전압은?
(a) 증가한다 (b) 감소한다 (c) 변하지 않는다

**12.** $R_2$ 와 $R_3$의 위치를 서로 바꾸었다면, $A$와 $B$ 사이의 전압은?
(a) 증가한다 (b) 감소한다 (c) 변하지 않는다

**13.** 전원 전압을 8 V에서 10 V로 증가시켰다면, $A$와 $B$ 사이의 전압은?
(a) 증가한다 (b) 감소한다 (c) 변하지 않는다

그림 5-91을 보면서 다음 물음에 답하라.

**14.** 9 V 전원이 5 V로 감소되었다면, 회로의 전류는?
(a) 증가한다 (b) 감소한다 (c) 변하지 않는다

**15.** 9 V 전원의 극성을 반대 방향으로 연결한 경우, 접지에 대한 $B$점의 전압은?
(a) 증가한다 (b) 감소한다 (c) 변하지 않는다

## 문제

### 5-1 저항의 직렬 연결

**1.** 그림 5-67의 각 저항들을 점 $A$와 $B$ 사이에 직렬로 연결하라.

▶ 그림 5-67

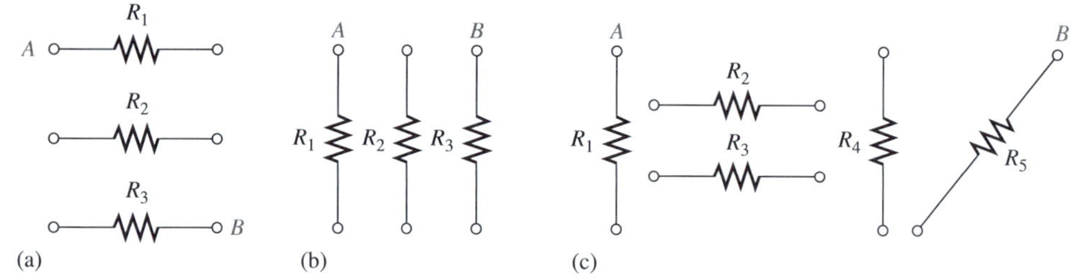


**2.** 그림 5-68의 저항들 중 직렬로 구성된 것은 어느 것인가? 모든 저항을 직렬로 연결하기 위해 어느 핀들을 상호연결해야 하는가?

▶ 그림 5-68

**3.** 그림 5-68의 회로기판에서 핀 1과 8 사이의 저항 값을 구하라.

**4.** 그림 5-68의 회로기판에서 핀 2와 3 사이의 저항 값을 구하라.

**5.** 그림 5-69의 양면 PCB에서 각 직렬 저항군을 확인하라. 기판의 여러 부분에서 윗면과 아랫면이 상호연결되고 있음을 유의하라.

▶ 그림 5-69

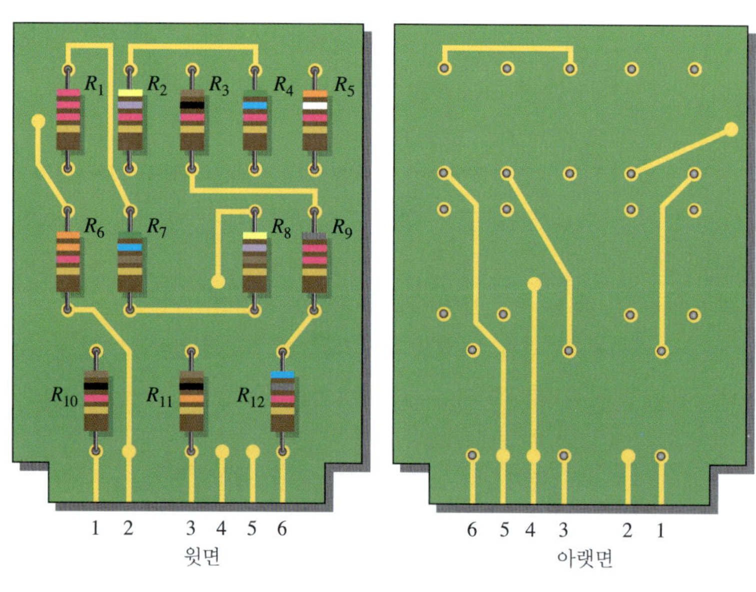

### 5-2 직렬 회로의 전류

**6.** 합성 전압이 12 V이고 합성 저항이 120 Ω일 때 직렬 회로의 각 저항을 통해 흐르는 전류는 얼마인가?

**7.** 그림 5-70의 전원에서 공급되는 전류가 5 mA이다. 회로의 각 전류계의 눈금은 얼마인가?

▶ 그림 5-70

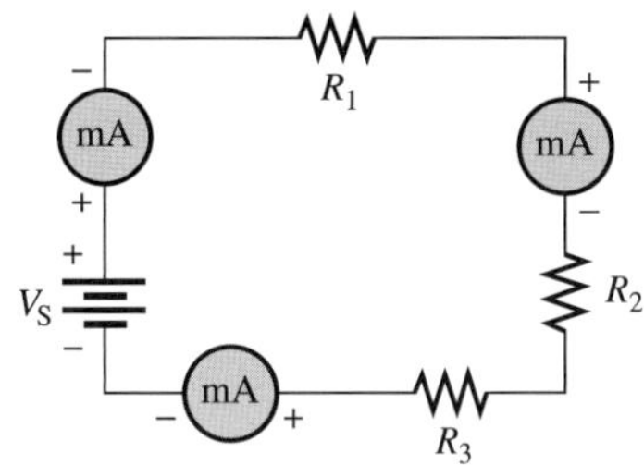


**8.** 그림 5-68의 PCB에서 $R_1$에 흐르는 전류를 측정하기 위해 전압원과 전류계를 어떻게 연결하는지 보여라. 이와 같은 설정으로 어느 저항의 전류가 측정 가능한가?

***9.** 1.5 V 전지들과 스위치, 그리고 전구 3개를 사용하여, 스위치 한 개로 직렬 전구 1개나 2개 또는 3개에 4.5 V를 인가하도록 구성하라. 회로도를 그려라.

### 5-3 직렬 회로의 합성 저항

**10.** 직렬로 1.0 Ω, 2.2 Ω, 5.6 Ω, 12 Ω 및 22 Ω 저항이 연결되어 있다. 합성 저항은 얼마인가?

**11.** 다음 각 저항군의 합성 저항을 구하라.

(a) 560 Ω과 1000 Ω
(b) 47 Ω과 56 Ω
(c) 1.5 kΩ, 2.2 kΩ, 10 kΩ
(d) 1.0 MΩ, 470 kΩ, 1.0 kΩ, 2.2 MΩ

**12.** 그림 5-71의 각 회로에 대해 $R_T$를 구하라.

▶ 그림 5-71

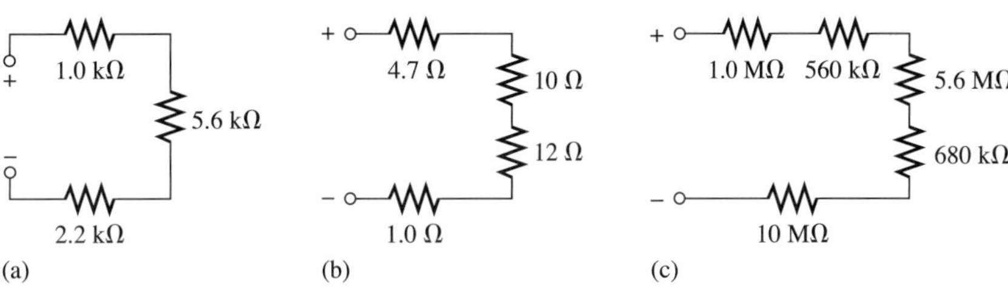


**13.** 12개의 5.6 kΩ 저항이 직렬 연결되어 있을 때 합성 저항은 얼마인가?

**14.** 6개의 56 Ω, 8개의 100 Ω 그리고 2개의 22 Ω이 직렬로 연결되어 있다. 합성 저항은 얼마인가?

**15.** 그림 5-72의 합성 저항이 17.4 kΩ이면, $R_5$는 얼마인가?

▶ 그림 5-72

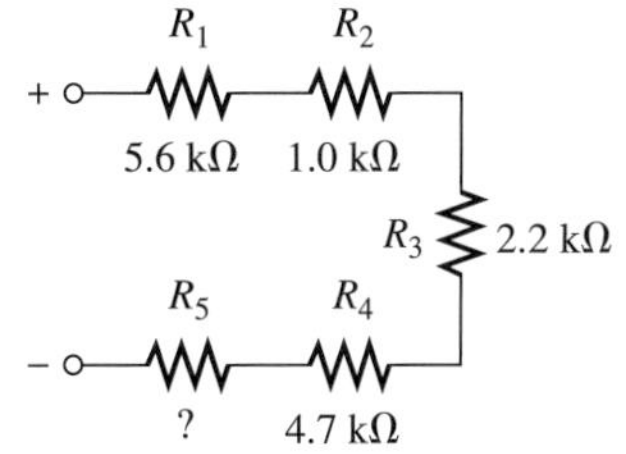

***16.** 실험실에 10 Ω, 100 Ω, 470 Ω, 560 Ω, 680 Ω, 1.0 kΩ, 2.2 kΩ 및 5.6 kΩ 저항이 무한정 있다. 다른 표준 저항들은 모두 사용하여 재고가 없다. 18 kΩ의 저항을 사용해야 하는 실험을 한다면, 이를 위해 위의 저항들 중 어떤 저항들을 직렬로 연결하면 되겠는가?

**17.** 그림 5-71에서 3개의 회로 모두가 직렬로 연결된다면 합성 저항은 얼마인가?

**18.** 그림 5-73에서 각 스위치의 위치에 대해 *A*에서 *B* 사이의 합성 저항은 얼마인가?

▶ 그림 5-73

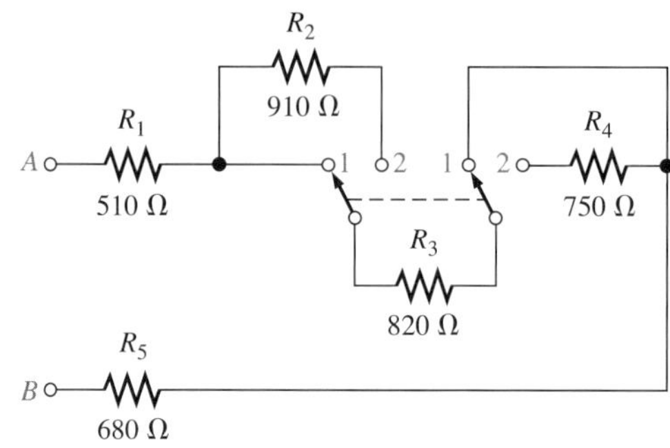


## 5-4 옴의 법칙 응용

**19.** 그림 5-74에서 각 회로의 전류는 얼마인가?

**20.** 그림 5-74에서 각 저항의 전압 강하를 구하라.

▶ 그림 5-74

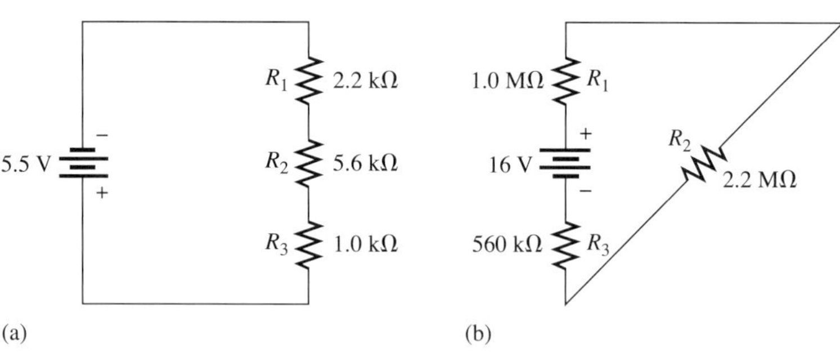


**21.** 3개의 470 Ω 저항이 48 V 전원에 직렬로 연결되어 있다.

(a) 이 회로의 전류는 얼마인가?

(b) 각 저항 양단의 전압은 얼마인가?

(c) 저항의 최소 전력 정격은 얼마인가?

**22.** 4개의 크기가 같은 저항이 5 V 전지에 직렬로 연결되어 2.23 mA의 전류가 측정되었다. 각 저항의 값은 얼마인가?

**23.** 그림 5-75에서 각 저항의 값은 얼마인가?

**24.** 그림 5-76의 $V_{R1}$, $R_2$, $R_3$를 구하라.

▶ 그림 5-75

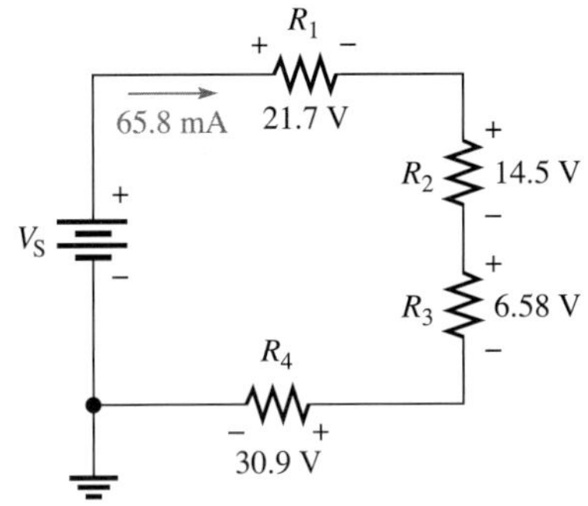

▶ 그림 5-76

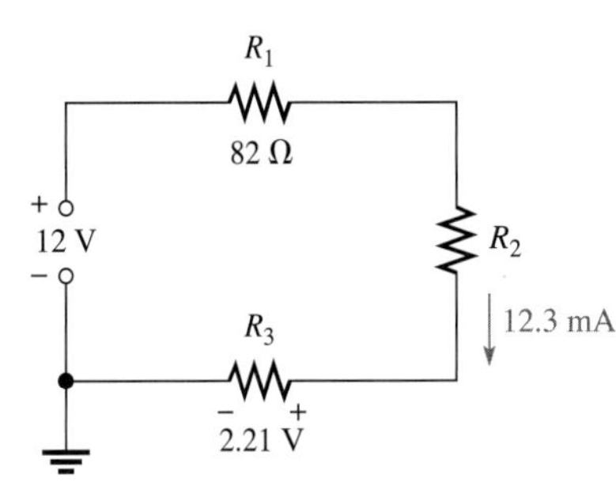


**25.** 그림 5-77의 스위치가 $A$점에 있을 경우에 전류는 7.84 mA이다.

(a) $R_4$의 저항 값은 얼마인가?

(b) 스위치의 위치가 $B$, $C$ 및 $D$인 경우에 전류 값은 얼마인가?

(c) 스위치가 어느 위치에 있을 때 1/4 A의 퓨즈가 탈 것인가?

**26.** 그림 5-78의 각 다점 스위치 위치에 대해 멀티미터로 측정한 전류를 구하라.

▶ 그림 5-77

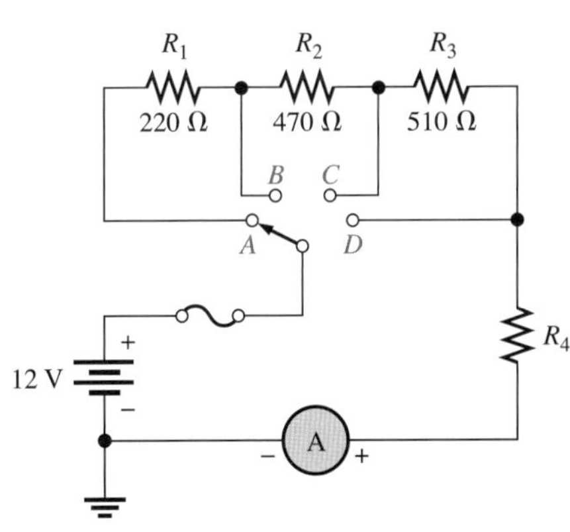


▶ 그림 5-78

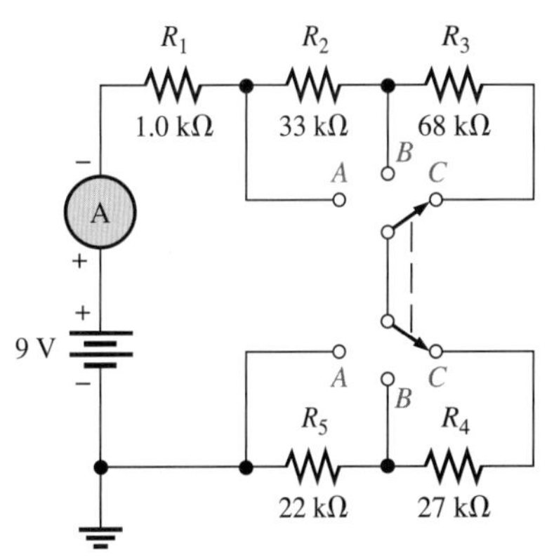


## 5-5 전압원의 직렬 연결

**27.** 5 V와 9 V 전원을 극성을 서로 같은 방향으로 직렬로 연결한다면 총 전압은 얼마인가?

**28.** 12 V와 3 V 전원의 극성을 서로 반대로 연결한다면 총 전압은 얼마인가?

**29.** 그림 5-79의 각 회로에 대해 총 전원 전압을 구하라.

▶ 그림 5-79

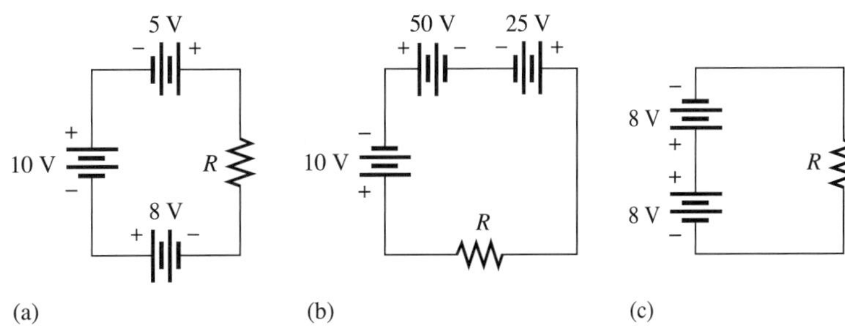

### 5-6 키르히호프의 전압 법칙

**30.** 3개의 직렬 저항에서 전압 강하가 5.5 V, 8.2 V 및 12.3 V로 측정되었다. 이 저항이 연결된 회로의 전원 전압을 구하라.

**31.** 5개의 저항이 20 V 전원에 직렬로 연결되어 있다. 이들 중 4개의 저항에서 각각 1.5 V, 5.5 V, 3 V와 6 V의 전압이 강하되었다. 다섯 번째 저항에서 강하된 전압은 얼마인가?

**32.** 그림 5-80의 각 회로에 지정되지 않은 전압 강하를 구하라. 미지의 전압 강하를 측정하기 위해 어떻게 전압계를 연결해야 하는지 보여라.

▶ 그림 5-80

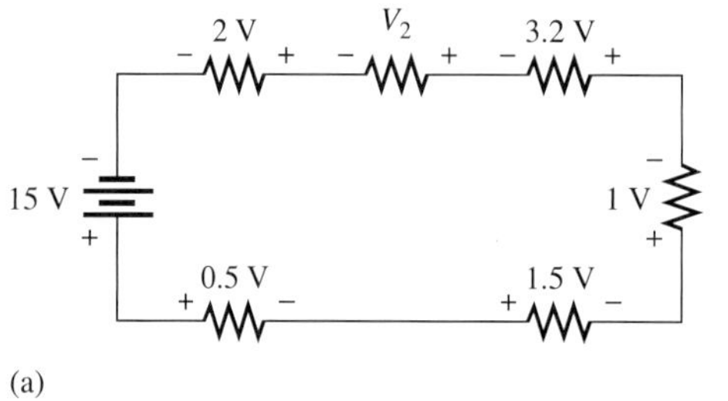


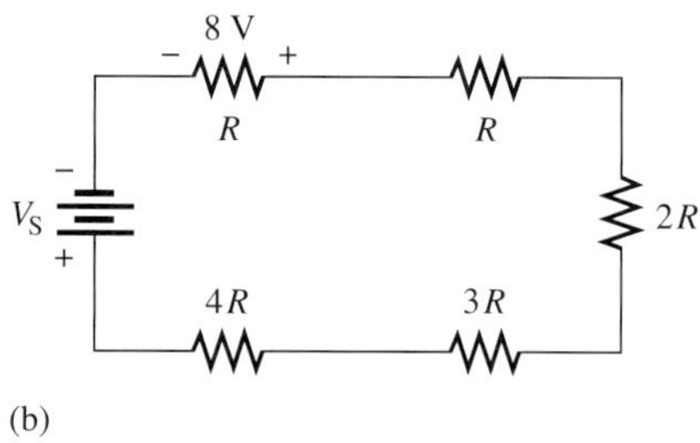


**33.** 그림 5-81의 회로에서 저항 $R_4$를 구하라.

**34.** 그림 5-82에서 저항 $R_1$, $R_2$, $R_3$를 구하라.

▶ 그림 5-81

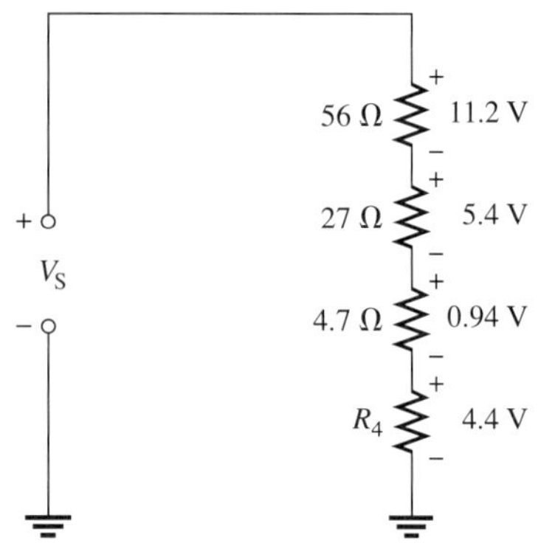


▶ 그림 5-82

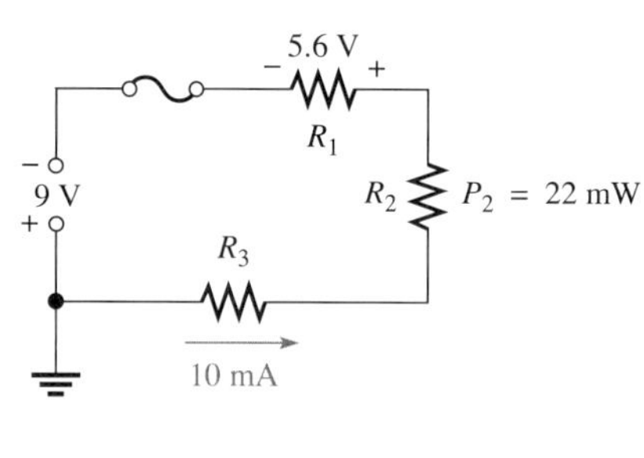


**35.** 그림 5-83의 각 스위치 위치에 대한 $R_5$ 양단의 전압을 구하라. 각 점의 전류는 $A$: 3.35 mA, $B$: 3.73 mA, $C$: 4.50 mA, $D$: 6.00 mA이다.

**36.** 문제 35의 결과를 이용하여 그림 5-83의 각 스위치 위치에 대한 각 저항의 전압을 구하라.

▶ 그림 5-83

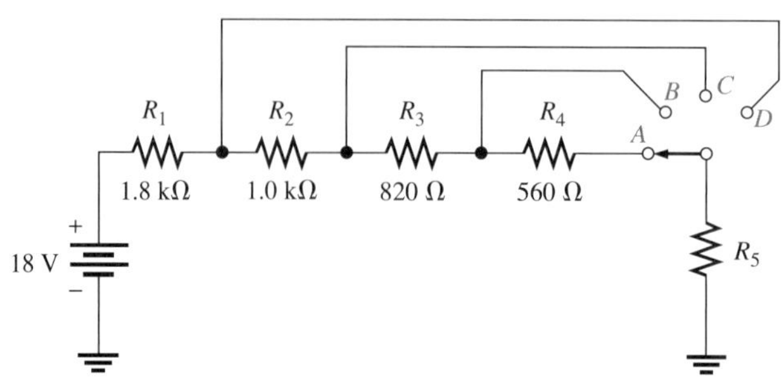

## 5-7 전압 분배기

***37.** 직렬 저항의 합성 저항이 560 Ω이다. 이들 중 27 Ω의 저항에서 강하될 전압은 총 전압의 몇 퍼센트인가?

**38.** 그림 5-84의 각 전압 분배기에 대해 점 *A*와 *B* 사이의 전압을 구하라.

▶ 그림 5-84

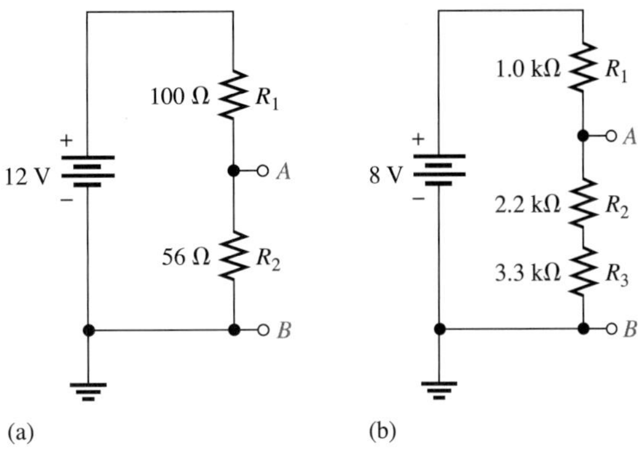


**39.** 그림 5-85(a)에서 접지에 대하여 출력 단자 *A*, *B*와 *C*의 전압을 구하라.

**40.** 그림 5-85(b)의 전압 분배기 회로에서 최소 전압 및 최대 전압을 구하라.

▶ 그림 5-85

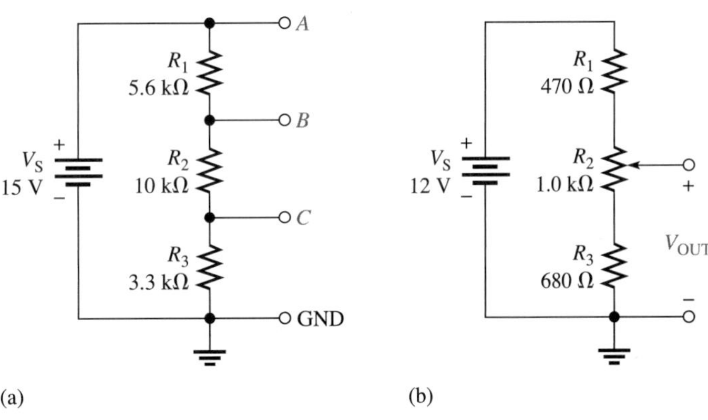


***41.** 그림 5-86에서 각 저항의 전압은 얼마인가? *R*은 최소 크기를 가진 저항이며, 나머지는 그림에 나타난 것과 같이 *R*의 배수의 크기를 갖고 있다.

▶ 그림 5-86

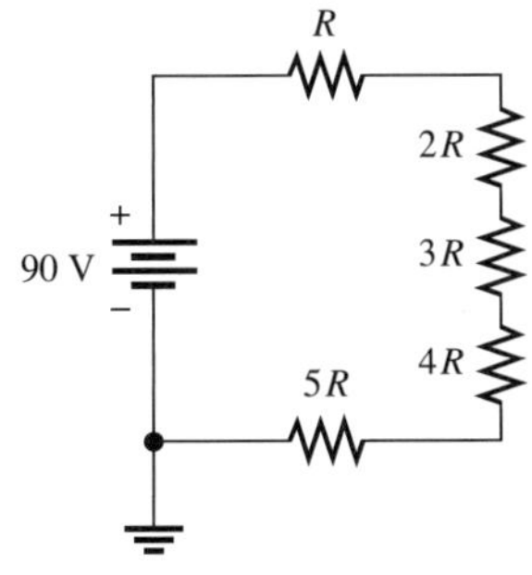

**42.** 그림 5-87에서 각 점의 전압을 전지의 음극을 기준으로 하여 구하라.

**43.** 그림 5-88의 $R_1$ 양단에 10 V의 전압이 걸린다면 다른 각 저항의 전압은 얼마인가?

▶ 그림 5-87

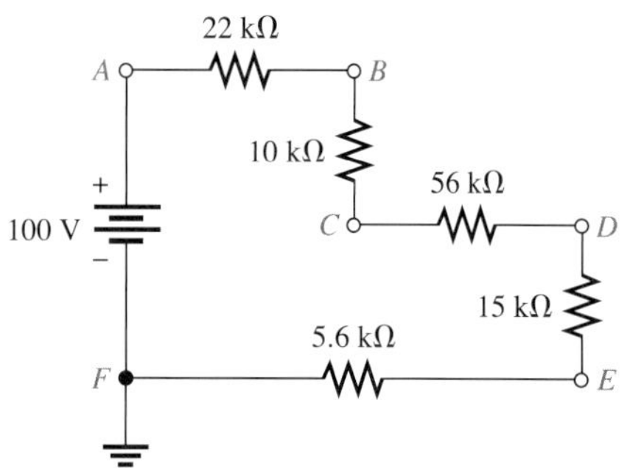

▶ 그림 5-88

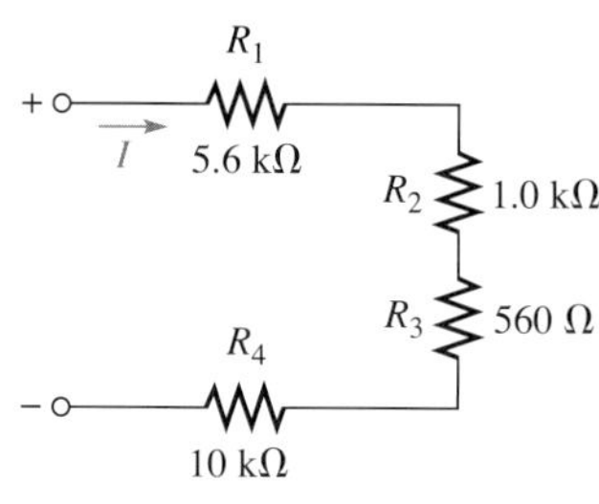


***44.** 부록 A에 주어진 표준 저항 값 표를 참고하여, 30 V 전원으로 접지에 대해 각각 8.18 V, 14.7 V 및 24.6 V의 전압을 얻을 수 있는 전압 분배기를 설계하라. 전원에서 공급되는 전류는 1 mA로 제한되어 있다. 저항의 수, 저항 값, 전력 정격 등이 명시되어야 한다. 회로의 배열과 저항의 배치를 나타내는 회로도를 작성해야 한다.

***45.** 1 V에서 120 V의 전원으로, ±1%의 허용오차 범위 내에서 최소 10 V에서 최대 100 V까지의 출력 전압을 가변적으로 공급할 수 있는 가변 전압 분배기를 설계하라. 최대 전압은 전위차계가 최대 저항을 가질 때, 최소 전압은 전위차계가 최소 저항(0 Ω)을 가질 때 얻어야 한다. 최대 전류는 10 mA이다.

### 5-8 직렬 회로의 전력

**46.** 각각 50 mW를 취급할 수 있는 5개의 저항이 있다. 총 전력은 얼마인가?

**47.** 그림 5-88의 총 전력은 얼마인가? 문제 43의 결과를 이용하라.

**48.** 1/4 W 정격의 1.2 kΩ, 2.2 kΩ, 3.9 kΩ 및 5.6 kΩ이 직렬로 연결되어 있다. 전력 정격을 초과하지 않고 이 직렬 저항에 인가될 수 있는 최대 전압은 얼마인가? 과전압이 인가되면 어느 저항이 가장 먼저 타는가?

**49.** 그림 5-89의 $R_T$를 구하라.

▶ 그림 5-89

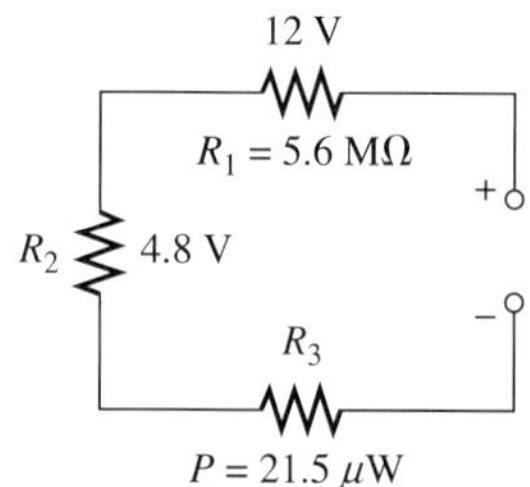


**50.** 1/8 W 저항, 1/4 W 저항과 1/2 W 저항으로 구성된 직렬 회로가 있다. 합성 저항은 2400 Ω이다. 이 회로의 모든 저항이 동작할 때 최대 전력을 소비한다면 다음 값을 구하라.

(a) $I$ (b) $V_T$ (c) 각 저항의 크기

## 5-9 전압 측정

**51.** 그림 5-90에서 접지에 대해 각 점의 전압을 구하라.

**52.** 그림 5-91에서 직접 저항 양단에 멀티미터를 연결하지 않고 어떻게 $R_2$ 양단의 전압을 측정할 수 있는가?

**53.** 그림 5-91에서 접지에 대해 각 점의 전압을 구하라.

▶ 그림 5-90

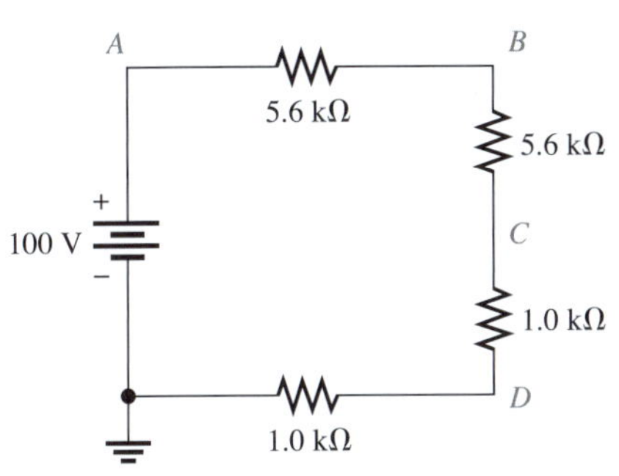


▶ 그림 5-91

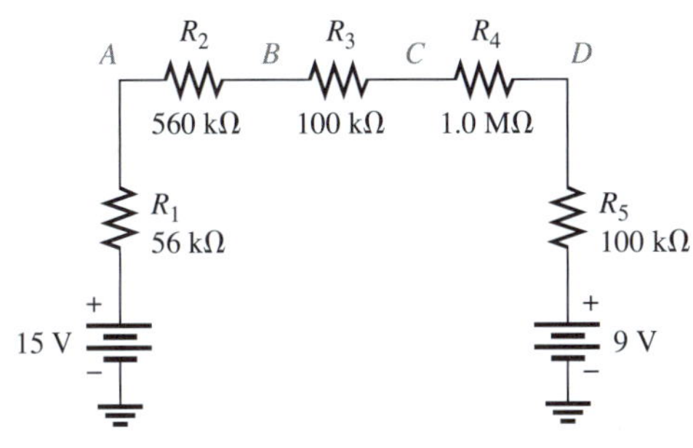


## 5-10 고장진단

**54.** 5개의 저항이 직렬로 12 V 전지에 연결되어 있다. $R_2$를 제외한 나머지 모든 저항에서 0 V가 측정되었다. 이 회로의 문제는 무엇인가? $R_2$ 양단의 전압은 얼마로 측정되었겠는가?

**55.** 그림 5-92의 멀티미터를 관찰하여 이 회로의 문제를 찾아라. 어느 소자가 문제인가?

▶ 그림 5-92

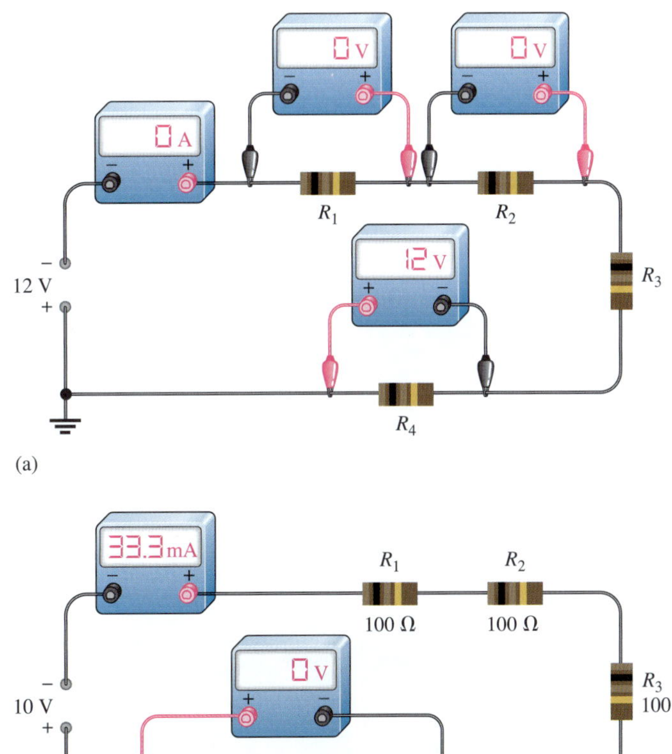

**56.** 그림 5-91(b)의 $R_2$가 단락되었다면 전류는 어떻게 되는가?

***57.** 표 5-1은 그림 5-93에서 PCB의 저항을 측정한 결과이다. 이것은 올바른 값인가? 그렇지 않다면 무엇이 문제인가?

***58.** 그림 5-93의 PCB의 핀 5와 6 사이에 15 kΩ의 저항이 측정되었다. 이것은 올바른 값인가? 그렇지 않다면 무엇이 문제인가?

***59.** 그림 5-93의 PCB를 조사하던 중 핀 1과 2 사이에 17.83 kΩ의 저항이 측정되었다. 또한 핀 2와 4 사이에 13.6 kΩ의 저항이 측정되었다. 이것은 올바른 값인가? 그렇지 않다면 무엇이 문제인가?

***60.** 그림 5-93의 PCB의 핀 2와 4, 핀 3과 5를 서로 직렬로 연결하여 3개의 저항군 모두가 직렬로 연결되도록 하였다. 전압원이 핀 1과 6 양단에 인가되고 전류계가 직렬로 연결되어 있다. 전원의 전압을

표 5-1

| 측정 핀 번호 | 저항 |
|---|---|
| 1과 2 | ∞ |
| 1과 3 | ∞ |
| 1과 4 | 4.23 kΩ |
| 1과 5 | ∞ |
| 1과 6 | ∞ |
| 2와 3 | 23.6 kΩ |
| 2와 4 | ∞ |
| 2와 5 | ∞ |
| 2와 6 | ∞ |
| 3과 4 | ∞ |
| 3과 5 | ∞ |
| 3과 6 | ∞ |
| 4와 5 | ∞ |
| 4와 6 | ∞ |
| 5와 6 | 19.9 kΩ |

▶ 그림 5-93

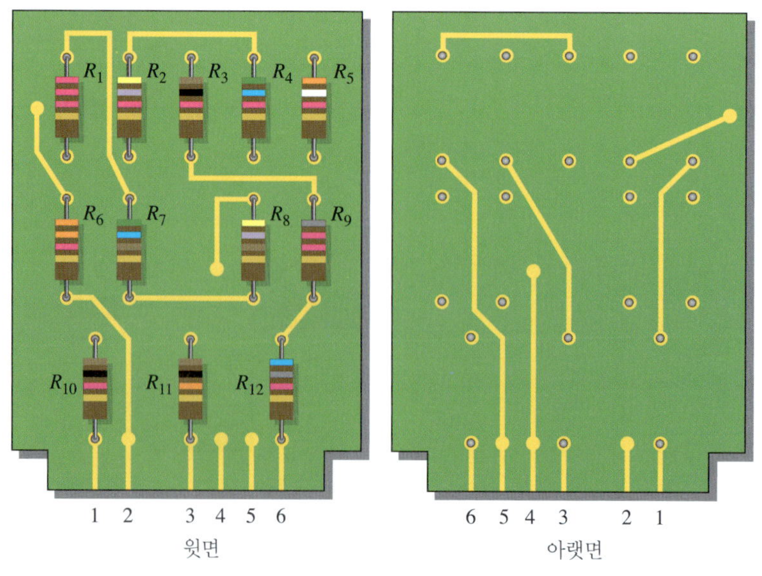

증가시키자 전류가 증가함을 관찰하였다. 갑자기 전류가 0으로 되고 타는 냄새를 맡았다. 모든 저항은 $^1/_2$ W이다.

(a) 무슨 일이 일어났는가?

(b) 이 문제를 해결하기 위해 특별히 어떤 일을 해야 하는가?

(c) 몇 V의 전압에서 오류가 발생되는가?

## Multisim 고장진단과 분석

Multisim CD-ROM을 사용하여 다음 문제를 풀어 보라.

**61.** P05-61 파일을 열고, 직렬 합성 저항을 구하라.

**62.** P05-62 파일을 열고, 개방된 회로가 있는지 측정하고, 있다면 어느 것인지 확인하라.

**63.** P05-63 파일을 열고, 미지의 저항의 크기를 구하라.

**64.** P05-64 파일을 열고, 미지의 전원 전압을 구하라.

**65.** P05-65 파일을 열고, 단락된 저항이 있으면 찾아라.

## 복습문제 해답

### 5-1 저항의 직렬 연결

**1.** 직렬 저항은 각 저항의 한쪽 단자를 다른 저항의 한쪽 단자와 서로 연결하는 것이다.

**2.** 직렬 회로에는 전류의 경로가 하나만 존재한다.

**3.** 그림 5-94 참조

**4.** 그림 5-95 참조

▶ 그림 5-94

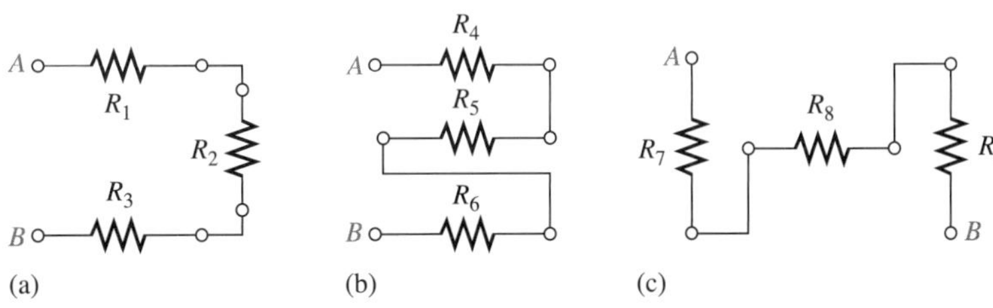


▶ 그림 5-95

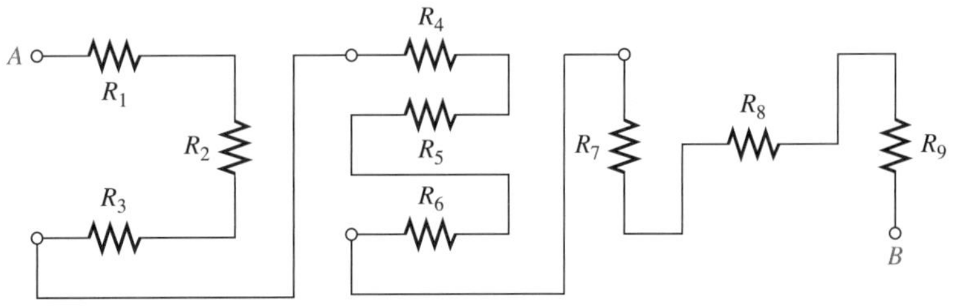


### 5-2 직렬 회로의 전류

**1.** $I = 1$ A

**2.** 전류계로 $C$와 $D$ 사이에 50 mA, $E$와 $F$ 사이에 50 mA가 측정된다.

**3.** $I = 100\ \text{V}/56\ \Omega = 1.79\ \text{A}$; 1.79 A

**4.** 직렬 회로에서 모든 점의 전류는 동일하다.

## 5-3 직렬 회로의 합성 저항

**1.** $R_T = 1.0\ \Omega + 2.2\ \Omega + 3.3\ \Omega + 4.7\ \Omega = 11.2\ \Omega$

**2.** $R_T = 100\ \Omega + 2(56\ \Omega) + 4(12\ \Omega) + 330\ \Omega = 590\ \Omega$

**3.** $R = 13.8\ \text{k}\Omega - (1.0\ \text{k}\Omega + 2.7\ \text{k}\Omega + 5.6\ \text{k}\Omega + 560\ \Omega) = 3.94\ \text{k}\Omega$

**4.** $R_T = 12(56\ \Omega) = 672\ \Omega$

**5.** $R_T = 20(5.6\ \text{k}\Omega) + 30(8.2\ \text{k}\Omega) = 358\ \text{k}\Omega$

## 5-4 옴의 법칙 응용

**1.** $I = 10\ \text{V}/300\ \Omega = 33.3\ \text{mA}$

**2.** $V_S = (5\ \text{mA})(21.2\ \Omega) = 1.06\ \text{V}$

**3.** $V_1 = (5\ \text{mA})(10\ \Omega) = 0.5\ \text{V}$; $V_2 = (50\ \text{mA})(5.6\ \Omega) = 0.28\ \text{V}$;
$V_3 = (50\ \text{mA})(5.6\ \Omega) = 0.28\ \text{V}$

**4.** $R = 1/4(5\ \text{V}/4.63\ \text{mA}) = 270\ \Omega$

## 5-5 전원의 직렬 연결

**1.** $V_T = 4\ (1.5\ \text{V}) = 6.0\ \text{V}$

**2.** $60\ \text{V}/12\ \text{V} = 5$; 그림 5-96 참조

▶ 그림 5-96

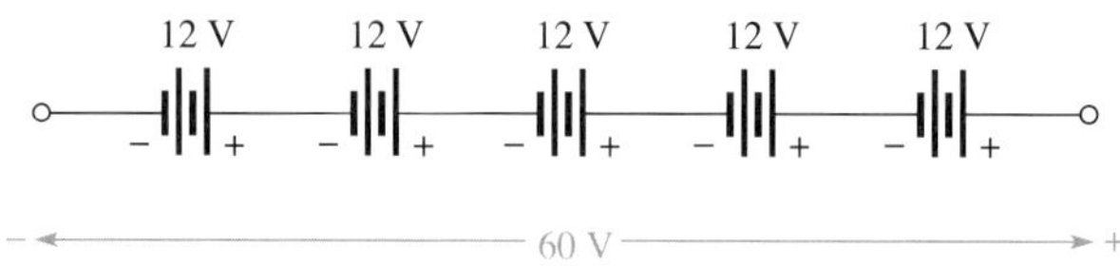


**3.** 그림 5-97 참조

**4.** (a) $V_{S(tot)} = 100\ \text{V} + 50\ \text{V} - 75\ \text{V} = 75\ \text{V}$

(b) $V_{S(tot)} = 20\ \text{V} + 10\ \text{V} - 10\ \text{V} - 5\ \text{V} = 15\ \text{V}$

**5.** 그림 5-98 참조

▶ 그림 5-97

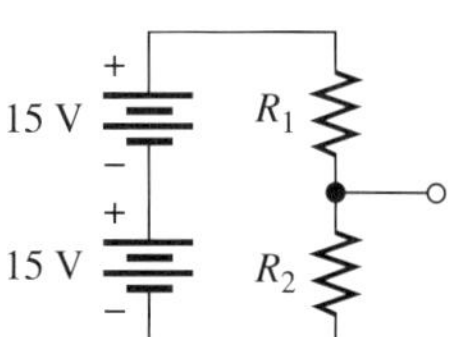


▶ 그림 5-98

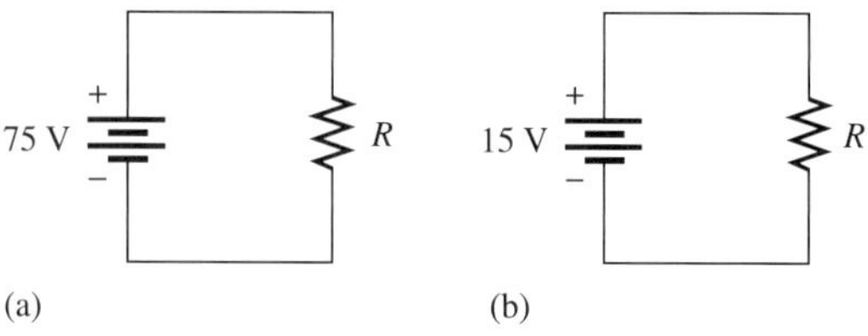

### 5-6 키르히호프의 전압 법칙

**1.** (a) 폐회로를 따라 모든 전압을 더하면 0이 된다.
(b) 모든 전압 강하를 더하면 모든 전원 전압을 더한 것과 같다.

**2.** $V_T = V_S = 50\ V$

**3.** $V_1 = V_2 = 5\ V$

**4.** $V_3 = 25\ V - 10\ V - 5\ V = 10\ V$

**5.** $V_S = 1\ V + 3\ V + 5\ V + 8\ V + 7\ V = 24\ V$

### 5-7 전압 분배기

**1.** 전압 분배기는 저항들이 직렬로 연결된 회로로서, 저항 양단 간 또는 여러 저항 양단 간의 전압이 전체 저항에 대한 비율에 비례하여 전체 전압에서 배분되는 회로이다.

**2.** 2개 이상의 저항으로 전압 분배기를 구현한다.

**3.** $V_x = (R_x/R_T)V_S$

**4.** $V_R = 10\ V/2 = 5\ V$

**5.** $V_{47} = (47\ k\Omega/129\ k\Omega)100\ V = 36.4\ V$; $V_{82} = (82\ k\Omega/129\ k\Omega)100\ V = 63.6\ V$; 그림 5-99 참조

**6.** 접촉 단자를 중앙에 위치시킨다.

▶ 그림 5-99

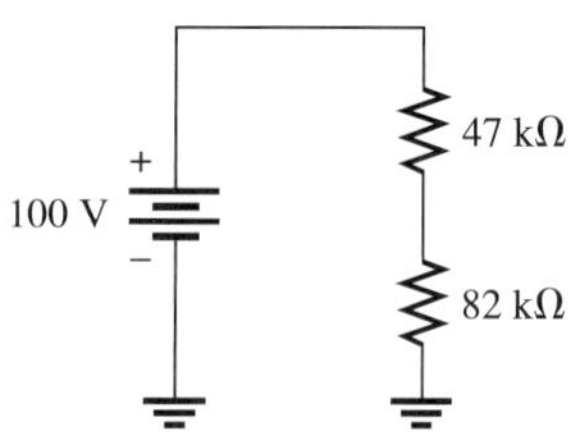


### 5-8 직렬 회로의 전력

**1.** 전체 전력을 구하려면 각 저항의 전력을 더한다.

**2.** $P_T = 2\ W + 5\ W + 1\ W + 8\ W = 16\ W$

**3.** $P_T = (1\ A)^2(1110\ \Omega) = 1110\ W$

### 5-9 전압 측정

**1.** 회로의 기준점을 접지 또는 공통이라고 한다.

**2.** 참

**3.** 참

### 5-10 고장진단

**1.** 단락 회로는 회로의 일부가 바이패스되어 0의 저항을 가진 경로를 의미한다.

**2.** 개방 회로는 전류의 경로가 끊어진 회로이다.

**3.** 회로가 개방되면 전류는 흐를 수 없다.

**4.** 개방은 스위치나 회로 소자의 오류로 생길 수 있다. 단락은 스위치나 도선의 잘린 조각, 납땜 등에 의해 발생될 수 있다.

**5.** 참. 저항이 잘못되면 주로 개방된 것이다.

**6.** 개방된 저항 $R$ 양단에 24 V; 양호한 저항 양단에 0 V

### 회로 응용

**1.** $P_T = (12\text{ V})^2/16.6\text{ k}\Omega = 8.67\text{ mW}$

**2.** 핀 2: 1.41 V, 핀 6: 3.65 V, 핀 5: 4.01 V, 핀 4: 5.20 V, 핀 7: 3.11 V

**3.** 핀 3을 접지와 연결한다.

## 관련 문제 해답

**5-1** (a) 그림 5-100 참조

(b) $R_1 = 1.0\text{ k}\Omega$, $R_2 = 33\text{ k}\Omega$, $R_3 = 39\text{ k}\Omega$, $R_4 = 470\ \Omega$, $R_5 = 22\text{ k}\Omega$

▶ 그림 5-100

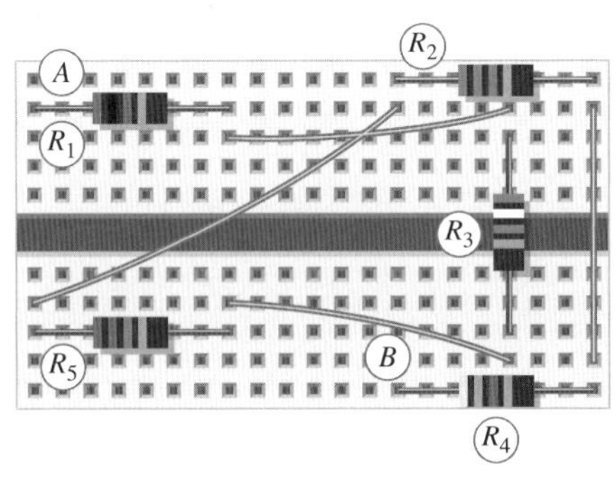


**5-2** 기판의 모든 저항이 직렬이다.

**5-3** 258 Ω

**5-4** 12.1 kΩ

**5-5** 6.8 kΩ

**5-6** 4440 Ω

**5-7** 114 mA

**5-8** 7.8 V

**5-9** $V_1 = 1\text{ V}$, $V_2 = 3.3\text{ V}$, $V_3 = 2.2\text{ V}$; $V_S = 6.5\text{ V}$; $V_{S(max)} = 32.5\text{ V}$

**5-10** 저항계를 사용한다.

**5-11** 12 V

**5-12** 2 V

**5-13** 10 V와 20 V; $V_{fuse} = V_S = 30\text{ V}$; $V_{R1} = V_{R2} = 0\text{ V}$

**5-14** 47 V

**5-15** 593 Ω, 10%의 허용오차를 갖는 경우에 표준 저항 560 Ω이 가장 근접한 값이다.

**5-16** $V_1 = 3.57\text{ V}$; $V_2 = 6.43\text{ V}$

**5-17** $V_1 = V_2 = V_3 = 3.33\text{ V}$

**5-18** $V_{AB} = 4\text{ V}$; $V_{AC} = 36.8\text{ V}$; $V_{BC} = 32.8\text{ V}$; $V_{BD} = 46\text{ V}$; $V_{CD} = 13.2\text{ V}$

**5-19** 8.49 W

**5-20** $P_1 = 0.92\text{ W}(1\text{ W})$; $P_2 = 2.49\text{ W}(5\text{ W})$; $P_3 = 0.838\text{ W}(1\text{ W})$; $P_4 = 3.04\text{ W}(5\text{ W})$

**5-21** $V_A = 0$ V; $V_B = -25$ V; $V_C = -50$ V; $V_D = -75$ V; $V_E = -100$ V

**5-22** 3.33 V

## 자기 진단 해답

**1.** (a) **2.** (d) **3.** (b) **4.** (d) **5.** (d) **6.** (a) **7.** (b) **8.** (c)
**9.** (b) **10.** (c) **11.** (a) **12.** (d) **13.** (d) **14.** (d)

## 퀴즈 해답

**1.** (a) **2.** (b) **3.** (a) **4.** (b) **5.** (b) **6.** (c) **7.** (a) **8.** (a)
**9.** (a) **10.** (b) **11.** (b) **12.** (c) **13.** (a) **14.** (a) **15.** (b)

CHAPTER 6

# 병렬 회로

## 이 장의 차례



## 이 장의 목표

- 병렬 저항 회로를 식별한다.
- 각 병렬 가지 양단의 전압을 계산한다.
- 키르히호프의 전류 법칙을 적용한다.
- 병렬 회로의 합성 저항을 계산한다.
- 병렬 회로에 옴의 법칙을 적용한다.
- 병렬 연결된 전류원의 전체 영향을 계산한다.
- 전류 분배기로 병렬 회로를 이용한다.
- 병렬 회로에서 전력을 계산한다.
- 병렬 회로의 몇 가지 기본 응용 예를 살펴본다.
- 병렬 회로의 고장을 진단한다.

## 핵심 용어

- 가지
- 병렬
- 전류 분배기
- 절점
- 키르히호프의 전류 법칙

## 회로 응용 소개

회로 응용에서는 패널에 장착된 전원 공급기를 변형하여 부하에 전달되는 전류를 표시하는 밀리암미터를 추가해 본다. 저항을 병렬 연결하여 전류의 측정범위를 넓히는 방법이 소개될 것이다. 매우 작은 값이지만 전류 범위를 선택하기 위하여 사용되는 스위치가 갖고 있는 저항의 문제점이 소개되고, 스위치 접촉 저항의 영향이 설명될 것이다. 또한 접촉 저항 문제를 해결하는 방법이 제시된다. 최종적으로, 전류계 회로가 전원 공급기에 장착될 것이다. 여러분이 이해하고 있는 옴의 법칙, 전류 분배기, 저항 색띠 부호 등의 지식과 더불어 이 장에서 배울 기본적인 전류계와 병렬 회로에 관한 지식은 유용하게 사용될 것이다.

## 인터넷 학습자료

http://www.prenhall.com/floyd

## 이 장의 소개

5장에서는 직렬 회로를 배웠으며, 옴의 법칙과 키르히호프의 전압 법칙이 어떻게 적용되는지를 공부하였다. 또한 단일 전압원으로부터 원하는 전압을 얻기 위한 전압 분배기로서 직렬 회로가 어떻게 사용되는지를 살펴보았다. 직렬 회로에서의 개방과 단락에 의한 영향도 또한 고찰하였다.

이 장에서는 병렬 회로에서 옴의 법칙이 어떻게 사용되는지 살펴볼 것이며, 키르히호프의 전류 법칙을 습득하게 될 것이다. 또한 자동차 점등과 옥내 배선 그리고 아날로그 전류계의 내부 배선 등의 병렬 회로 응용 예를 살펴볼 것이다. 그리고 병렬 합성 저항을 구하는 방법, 고장난 저항을 찾아내는 방법을 배울 것이다.

저항을 병렬로 연결하고 그 병렬 회로에 전압을 인가하면 각 저항에는 개별적인 전류가 흐르게 된다. 병렬 연결된 저항이 늘어날수록 병렬 회로의 합성 저항은 감소하게 된다. 병렬 연결된 각 저항의 양단 전압은 전체 병렬 회로에 인가된 전압과 같다.

# 6-1 저항의 병렬 연결

동일한 두 점 사이에 두 개 이상의 저항이 각각 연결되어 있을 때, 이 저항들은 서로 병렬 연결 상태에 있게 된다. 병렬 회로에는 두 개 이상의 전류 경로가 존재한다.

이 절의 학습 내용은 다음과 같다.

- **병렬 저항 회로의 구분**
  - 병렬 저항의 물리적 배열을 회로도에 변환

각 전류 경로를 **가지**(branch)라 하는데, **병렬**(parallel) 회로는 두 개 이상의 가지를 갖는다. 그림 6-1(a)에는 병렬 연결된 두 개의 저항을 나타내었다. 그림 6-1(b)와 같이 전원 전류($I_T$)는 점 $A$에서 나누어진다. 전류 $I_1$은 $R_1$을 통하여 흐르고 전류 $I_2$는 $R_2$를 통하여 흐르게 된다. 처음 두 병렬 저항에 그림 6-1(c)에서와 같이 추가로 저항을 연결하면 점 $A$와 $B$ 사이에는 추가 전류 경로가 생기게 된다. 위쪽 점들은 전기적으로 점 $A$와 같고, 아래쪽 점들은 전기적으로 점 $B$와 같다.

▶ 그림 6-1

병렬 연결된 저항들

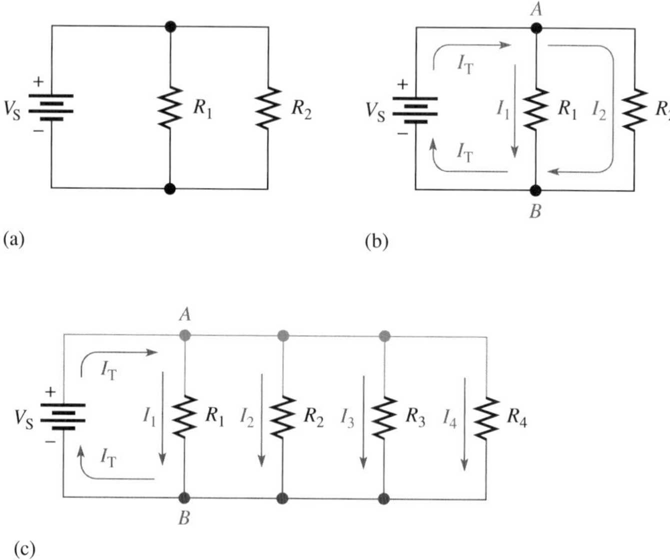


그림 6-1에서 저항들은 확실히 병렬로 연결되어 있다. 간혹 실제 회로도에서 병렬관계가 명확하지 않을 수도 있다. 병렬 회로가 어떻게 그려져 있는가에 상관없이 병렬 회로를 인식할 수 있는 것이 중요하다.

병렬 회로를 식별하는 방법은 다음과 같다.

**만약 동일한 두 점 사이에 두 개 이상의 전류 경로(가지)가 있고, 그 두 점 사이의 전압이 각 가지들에 걸쳐 나타난다면, 그 두 점 사이에는 병렬 회로가 있는 것이다.**

그림 6-2에서는 $A$와 $B$로 표시된 두 점 사이를 여러 가지 형태로 나타낸 병렬 저항을 보여주고 있다. 이들 각 경우에서 주목할 점은, 전류는 점 $A$에서 $B$로 가는 두 경로를 따라 흐르며, 각 가지 양단의 전압은 동일하다는 것이다. 그림 6-2의 예에서는 단지 두 개의 병렬 경로만을 나타내었지만, 여러 개의 저항을 병렬로 연결할 수도 있다.

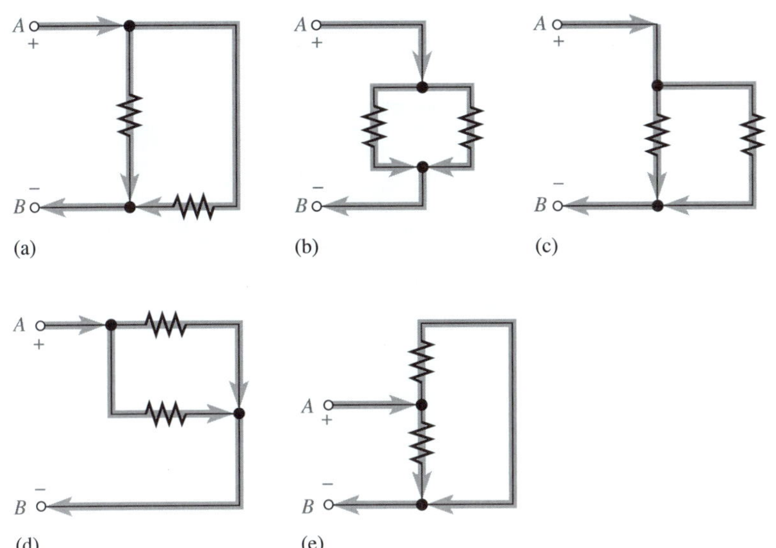


◀ 그림 6–2
두 개의 병렬 경로를 갖는 회로의 예

**예제 6–1** 그림 6-3에서와 같이 프로토보드(protoboard) 위에 다섯 개의 저항이 놓여 있다. $A$와 $B$ 사이에 모든 저항들을 병렬로 연결시켜라. 이 연결을 나타내는 회로도를 각 저항 값을 포함하여 그려라.

▶ 그림 6–3

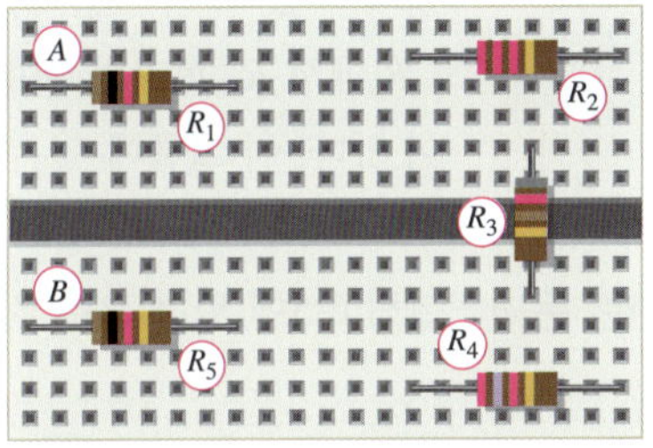


**풀이** 그림 6-4(a)의 조립도와 같이 선들을 연결할 수 있다. 구성 회로도는 그림 6-4(b)와 같다. 다시 한 번 주목할 점은 회로도가 저항들의 실제 물리적 배열을 보일 필요는 없다는 것이다. 회로도는 소자들이 전기적으로 어떻게 연결되어 있는가를 보여준다.

▶ 그림 6–4

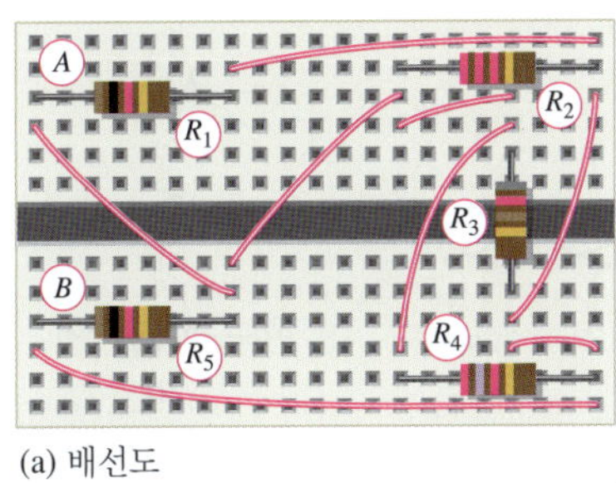

(a) 배선도

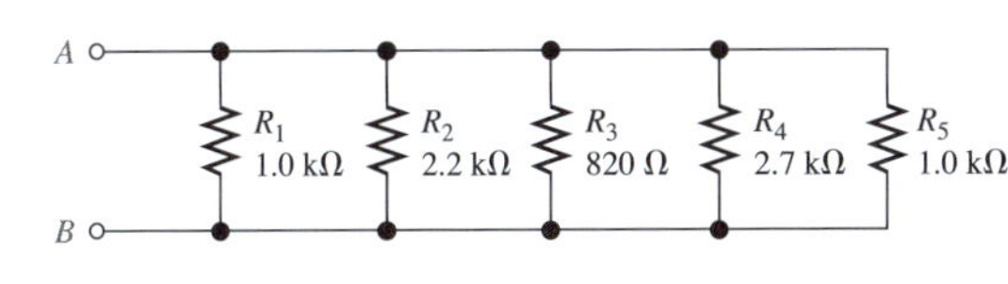

(b) 회로도

**관련 문제** 만약 $R_2$를 제거한다면, 이 회로는 어떻게 연결시켜야 하는가?

**예제 6-2** 그림 6-5에서 저항들을 병렬 연결 그룹으로 나누고 각 저항 값을 구하라.

▶ **그림 6-5**

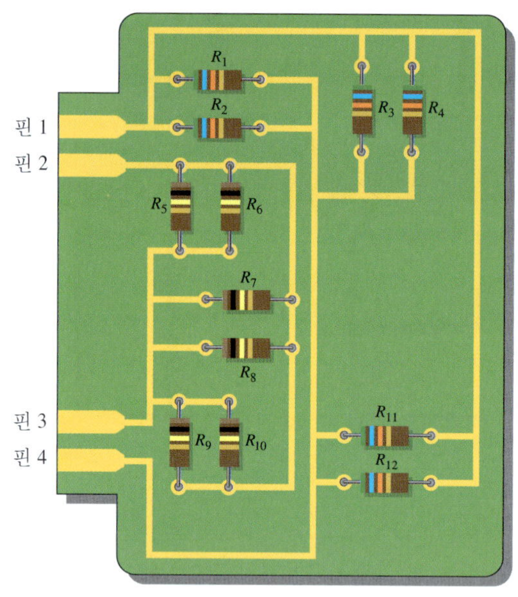


**풀이** $R_1$에서 $R_4$까지의 저항과 $R_{11}$, $R_{12}$ 저항이 병렬 연결되어 있다. 이 병렬 조합은 핀 1과 4에 연결되어 있다. 이 그룹에 있는 각 저항 값은 56 kΩ이다.

$R_5$에서 $R_{10}$까지의 저항들이 모두 병렬 연결되어 있다. 이 병렬 조합은 핀 2와 3에 연결되어 있다. 이 그룹에 있는 각 저항 값은 100 kΩ이다.

**관련 문제** 그림 6-5에 있는 모든 저항을 어떻게 병렬로 연결할 수 있는가?

**복습문제 6-1**

1. 병렬 회로에서 저항들은 어떻게 연결되는가?
2. 병렬 회로임을 어떻게 식별하는가?
3. 그림 6-6의 각 부분에서 점 *A*와 *B* 사이의 저항들을 병렬 연결하여 회로도를 완성하라.
4. 그림 6-6에서 병렬 저항들의 각 그룹을 서로 연결하라.

▶ **그림 6-6**

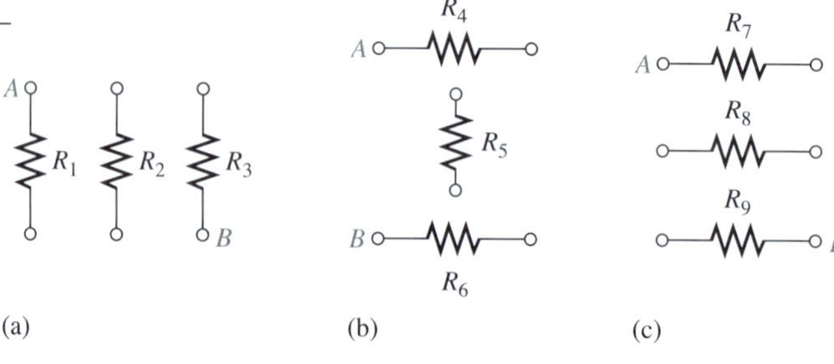

# 6–2 병렬 회로의 전압

병렬 회로의 어느 한 가지 양단 전압은 그 병렬 회로의 다른 가지들의 양단 전압과 같다. 병렬 회로의 각 전류 경로를 가지라고 한다.

이 절의 학습 내용은 다음과 같다

- **각 병렬 가지 양단 전압의 계산**
  - 병렬 연결된 저항들의 양단 전압이 동일한 이유에 대한 설명

병렬 회로에서의 전압을 설명하기 위해 그림 6-7(a)를 살펴보자. 병렬 회로의 왼쪽 부분의 점 $A, B, C, D$는 전압이 동일하므로 전기적으로 같은 점이다. 이 점들은 전지의 음(−)단자에 한

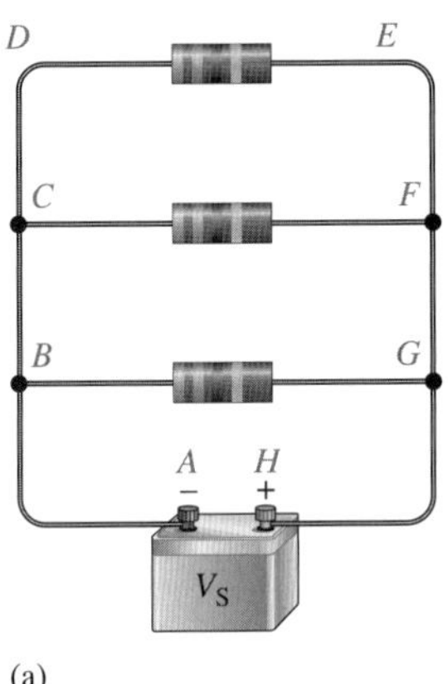

(a)

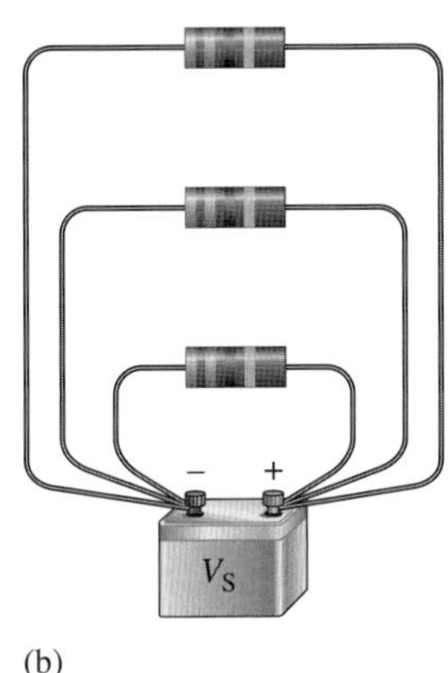

(b)

◀ 그림 6–7

병렬 연결에서 각 가지의 양단 전압은 동일하다.

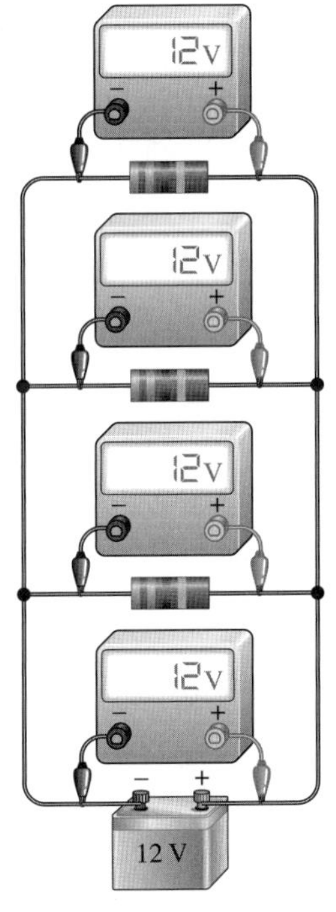

(a) 그림

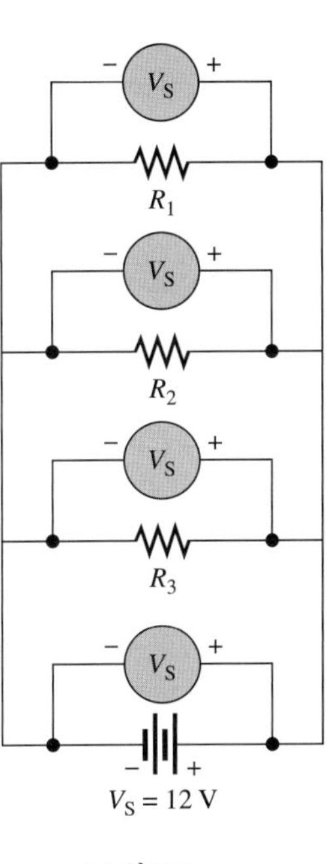

(b) 회로도

◀ 그림 6–8

병렬 연결된 저항 양단에는 동일 전압이 나타난다.

개의 전선으로 연결되어 있다고 생각할 수 있다. 회로 오른쪽 부분의 점 $E, F, G, H$는 전원의 양(+)단자의 전압과 동일한 전압을 갖는다. 따라서 각 병렬 저항들의 양단 전압은 같고, 각각 전원 전압과 같다. 그림 6-7의 병렬 회로는 사다리 모양임을 주목하라.

그림 6-7(b)는 (a)와 같은 회로인데, 다소 다른 방식으로 그린 것이다. 여기서 각 저항의 왼쪽 부분은 모두 전지의 음(−)단자의 한 점에 연결되어 있다. 각 저항의 오른쪽 부분은 모두 전지의 양(+)단자의 한 점에 연결되어 있다. 저항들은 그림 6-7(a)에서와 마찬가지로 모두 전원 양단에 병렬로 연결되어 있는 것이다.

그림 6-8에는 세 개의 병렬 저항 양단에 12 V 전지가 연결되어 있다. 각 저항 양단의 전압과 전지 양단의 전압을 측정해 보면 그 측정값이 동일하다. 이 사실에서 알 수 있듯이 병렬 회로의 양단에는 동일한 전압이 나타난다.

**예제 6-3** 그림 6-9에서 각 저항 양단의 전압을 구하라.

▶ 그림 6-9

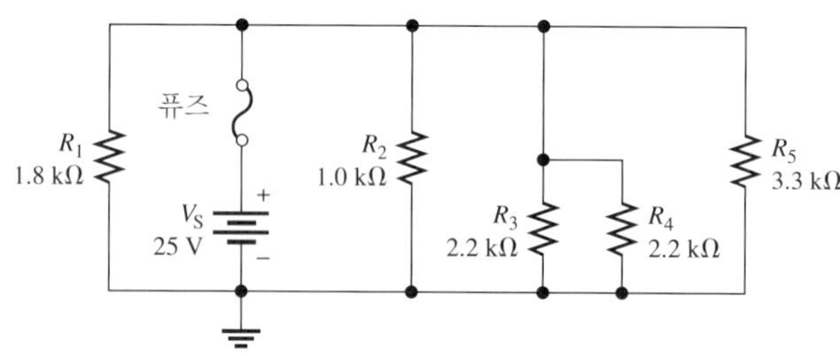


**풀이** 5개의 저항이 병렬 연결되어 있으므로 각 저항 양단의 전압은 인가된 전압원의 전압과 동일하다. 퓨즈 양단의 전압 강하는 없다. 저항 양단의 전압은 다음과 같다.

$$V_1 = V_2 = V_3 = V_4 = V_5 = V_S = \mathbf{25\ V}$$

**관련 문제** 위 회로에서 $R_4$를 제거하면, $R_3$ 양단 전압은 얼마인가?

Multisim 파일 E06-03을 사용하여 [예제 6-3]과 [관련 문제]의 계산 결과를 확인하라.

**복습문제 6-2**

1. 10 Ω과 22 Ω의 저항이 5 V 전원에 병렬 연결되어 있다. 각 저항 양단의 전압은 얼마인가?
2. 그림 6-10과 같이 $R_1$ 양단에 전압계가 연결되어 있다. 전압계의 측정값은 118 V이다. 만약 전압계를 옮겨서 $R_2$ 양단에 연결한다면 전압계가 나타내는 전압 값은 얼마이겠는가? 전원 전압은 얼마인가?
3. 그림 6-11에서 전압계 1과 전압계 2가 나타내는 전압 값은 얼마인가?
4. 병렬 회로의 각 가지 양단 전압들은 어떤 관계인가?

▶ 그림 6-10

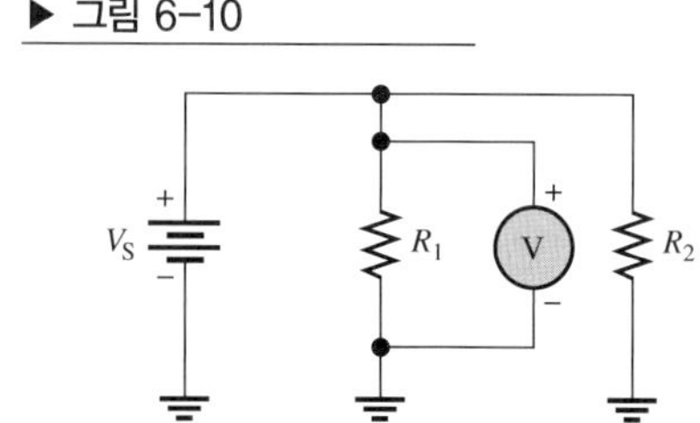


▶ 그림 6-11

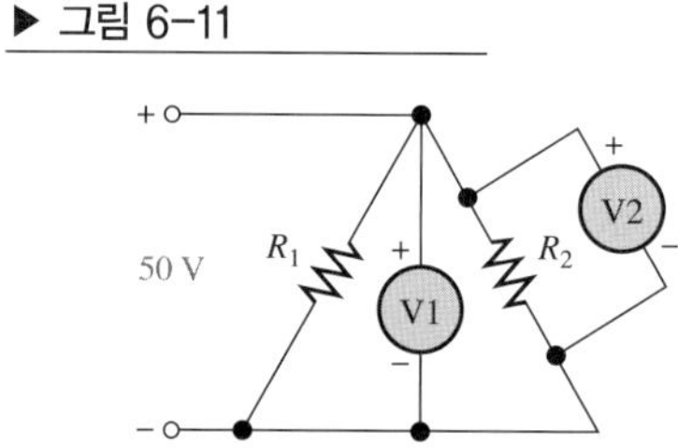

# 6–3 키르히호프의 전류 법칙

키르히호프의 전압 법칙은 하나의 폐회로 내에서의 전압을 다루게 된다. 키르히호프의 전류 법칙은 여러 경로로 흐르는 전류에 적용된다.

이 절의 학습 내용은 다음과 같다.

- **키르히호프 전류 법칙의 적용**
  - 키르히호프 전류 법칙에 대한 설명
  - *절점*의 정의
  - 가지 전류를 합한 총 전류의 계산
  - 미지의 가지 전류를 계산

**키르히호프의 전류 법칙**(KCL: Kirchhoff's current law)은 다음과 같다.

**임의의 절점으로 유입되는 전류의 총합(전체 유입 전류)은 이 절점에서 유출되는 전류의 총합(전체 유출 전류)과 같다.**

**절점**(node)이란 두 개 이상의 소자가 연결된 회로 내의 임의의 한 점 또는 접합점이다. 병렬 회로에서 절점 또는 접합점은 병렬 가지가 모이는 한 점이다. 예를 들면, 그림 6-12에서 점 $A$는 하나의 절점이고 점 $B$도 또 다른 하나의 절점이다. 전원의 양(+)단자에서 출발하여 전류의 흐름을 따라가 보자. 전원으로부터 유출되는 총 전류 $I_T$는 절점 $A$로 **유입**된다. 이 지점에서 전류는 그림에서 나타낸 것 같이 세 개의 가지로 나뉘어 흐르게 된다. 세 개의 가지 전류($I_1, I_2, I_3$) 각각은 절점 $A$에서 **유출**된 것이다. 키르히호프의 전류 법칙은 절점 $A$로 유입되는 총 전류가 절점 $A$에서 유출되는 총 전류와 같다는 것이다. 즉,

$$I_T = I_1 + I_2 + I_3$$

이제, 그림 6-12에서 세 가지를 지나는 전류를 따라가면 절점 $B$에서 다시 모이게 됨을 알 수 있다. 전류 $I_1, I_2, I_3$는 절점 $B$로 유입되며, $I_T$는 절점 $B$에서 유출된다. 따라서 절점 $B$에서 키르

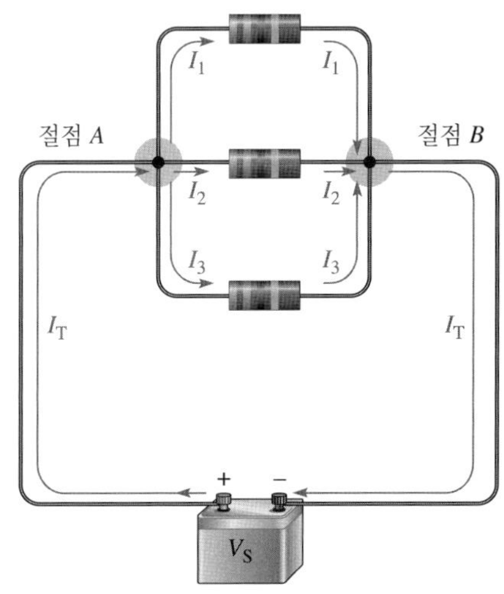


◀ 그림 6–12

키르히호프의 전류 법칙: 하나의 절점으로 유입되는 전류와 그 절점에서 유출되는 전류는 같다.

히호프의 전류 법칙에 관한 식은 절점 $A$에서와 동일하다.

$$I_T = I_1 + I_2 + I_3$$

그림 6-13은 여러 개의 가지가 회로 내의 한 점에 연결되어 있는 일반화된 회로 절점을 나타낸 것이다. $I_{IN(1)}$부터 $I_{IN(n)}$은 절점으로 유입되는 전류이다($n$은 임의의 수). $I_{OUT(1)}$에서 $I_{OUT(m)}$은 절점에서 유출되는 전류이다($m$은 임의의 수이지만 $n$과 같을 필요는 없다). 키르히호프의 전류 법칙에 따라, 절점으로 유입되는 전류의 합은 절점으로부터 유출되는 전류의 합과 같아야 한다. 그림 6-13을 참조하여, 키르히호프 전류 법칙의 일반식을 유추해 보면 다음과 같다.

$$I_{IN(1)} + I_{IN(2)} + \cdots + I_{IN(n)} = I_{OUT(1)} + I_{OUT(2)} + \cdots + I_{OUT(m)} \tag{6-1}$$

식 (6-1) 우변의 모든 항을 좌변으로 옮기면, 이 항들의 부호는 음이 되고, 우변은 영(0)이 된다.

$$I_{IN(1)} + I_{IN(2)} + \cdots + I_{IN(n)} - I_{OUT(1)} - I_{OUT(2)} - \cdots - I_{OUT(m)} = 0$$

▶ 그림 6-13
키르히호프의 전류 법칙을 나타내는 일반화된 회로 절점

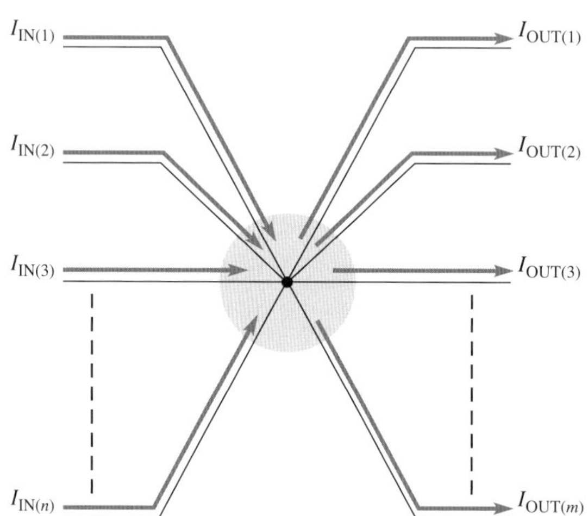


앞의 식에 근거하여 키르히호프의 전류 법칙은 다음과 같은 방법으로도 설명될 수 있다.

**하나의 절점에서 유입되고 유출되는 전류들의 대수적인 총합은 영(0)이다.**

그림 6-14에 나타낸 것처럼 회로를 연결하고 각 가지 전류와 전원으로부터의 총 전류를 측정해 봄으로써 키르히호프의 전류 법칙을 증명할 수 있다. 가지 전류를 다 더하면 그 합은 전체 전류와 같게 된다. 이 법칙은 가지의 수에 관계없이 성립한다.

다음 세 개의 예제를 통해 키르히호프의 전류 법칙을 이용하는 방법을 알아보자.

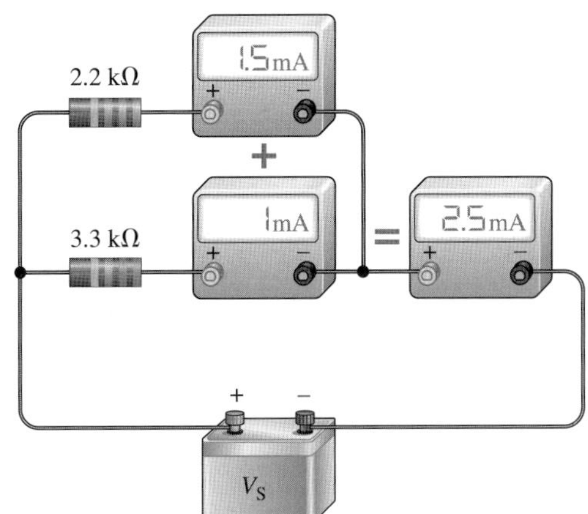


◀ 그림 6-14
키르히호프의 전류 법칙 예제 그림

**예제 6-4** 그림 6-15의 회로에 가지 전류를 나타내었다. 절점 $A$로 유입되는 총 전류와 절점 $B$에서 유출되는 총 전류를 구하라.

▶ 그림 6-15

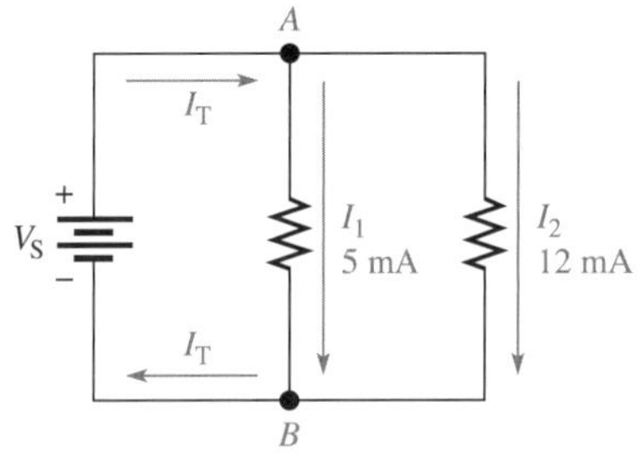


**풀이** 절점 $A$에서 유출되는 총 전류는 두 개의 가지 전류의 합과 같다. 따라서 절점 $A$로 유입되는 총 전류는 다음과 같다.

$$I_T = I_1 + I_2 = 5\,\text{mA} + 12\,\text{mA} = \mathbf{17\,mA}$$

절점 $B$로 유입되는 총 전류는 두 개의 가지 전류의 합이다. 따라서 절점 $B$에서 유출되는 총 전류는 다음과 같다.

$$I_T = I_1 + I_2 = 5\,\text{mA} + 12\,\text{mA} = \mathbf{17\,mA}$$

위의 식은 $I_T - I_1 - I_2 = 0$으로 표현될 수도 있다.

**관련 문제** 만약 그림 6-15의 회로에 세 번째 가지가 더해지고 3 mA가 흐른다면, 절점 $A$에 유입되는 전류와 절점 $B$에서 유출되는 총 전류는 얼마인가?

**예제 6-5** 그림 6-16에서 $R_2$에 흐르는 전류 $I_2$를 계산하라.

▶ 그림 6-16

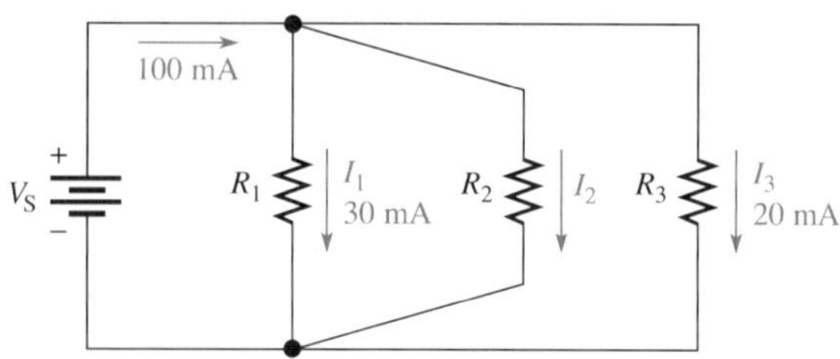


풀이 세 가지의 접합점에 유입되는 총 전류는 $I_T = I_1 + I_2 + I_3$이다. 그림 6-16에서 $R_1$과 $R_3$를 통해 흐르는 가지 전류와 총 전류를 알 수 있다. $I_2$에 대하여 구하면 다음과 같다.

$$I_2 = I_T - I_1 - I_3 = 100\,\text{mA} - 30\,\text{mA} - 20\,\text{mA} = \mathbf{50\,mA}$$

관련 문제 그림 6-16의 회로에 네 번째 가지가 더해지고 네 번째 가지에 12 mA가 흐를 때, $I_T$와 $I_2$를 구하라.

**예제 6-6** 그림 6-17에서 전류계 A3와 A5에 의해 측정되는 전류 값을 구하기 위해 키르히호프의 전류 법칙을 이용하라.

▶ 그림 6-17

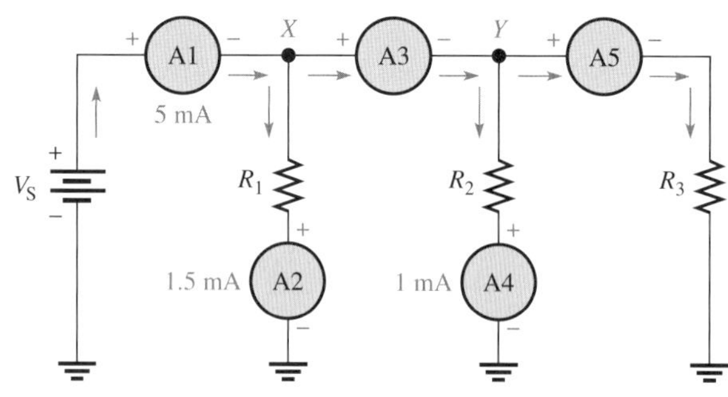


풀이 절점 $X$로 유입되는 총 전류는 5 mA이다. 절점 $X$에서는 저항 $R_1$을 통해서 흐르는 1.5 mA 전류와 A3를 통해서 흐르는 전류, 두 개의 전류가 유출된다. 절점 $X$에 적용된 키르히호프의 전류 법칙은 다음과 같다.

$$5\,\text{mA} = 1.5\,\text{mA} + I_{A3}$$

$I_{A3}$에 대하여 정리하면 다음을 얻는다.

$$I_{A3} = 5\,\text{mA} - 1.5\,\text{mA} = \mathbf{3.5\,mA}$$

절점 $Y$로 유입되는 총 전류는 $I_{A3} = 3.5$ mA이다. 절점 $Y$에서는 저항 $R_2$를 통해서 흐르는 1 mA 전류와 A5와 $R_3$를 통해서 흐르는 전류인 두 개의 전류가 유출된다. 절점 $Y$에 키르히호프의 전류 법칙을 적용하면 다음과 같다.

$$3.5\,\text{mA} = 1\,\text{mA} + I_{A5}$$

이를 $I_{A5}$에 대해 풀면 다음을 얻는다.

$$I_{A5} = 3.5\,\text{mA} - 1\,\text{mA} = \mathbf{2.5\,mA}$$

**관련 문제** 그림 6-17에서 $R_3$ 아래에 전류계를 연결하면 전류계에서 측정되는 전류 값은 얼마이겠는가? 전지의 음(−)단자 아래에 두면 어떠하겠는가?

**복습문제 6-3**

1. 키르히호프의 전류 법칙을 두 가지 방법으로 설명하라.
2. 하나의 절점에 총 전류 2.5 mA가 유입되고 그 절점에서 세 개의 병렬 가지로 나뉘어져 전류가 유출된다. 세 개의 병렬 가지 전류의 합은 얼마인가?
3. 그림 6-18에서 100 mA와 300 mA의 전류가 절점에 유입된다. 이 절점에서 유출되는 전류량은 얼마인가?
4. 그림 6-19의 회로에서 $I_1$을 구하라.
5. 하나의 절점에 두 개의 가지 전류가 유입되고, 동일한 절점에서 두 개의 가지 전류가 유출된다. 절점으로 유입되는 전류 중 하나는 1 mA이고, 유출되는 전류 중 하나는 3 mA이다. 이 절점에 유입되고 유출되는 총 전류는 8 mA이다. 이때 절점으로 유입되는 미지의 전류 값과 유출되는 미지의 전류 값을 구하라.

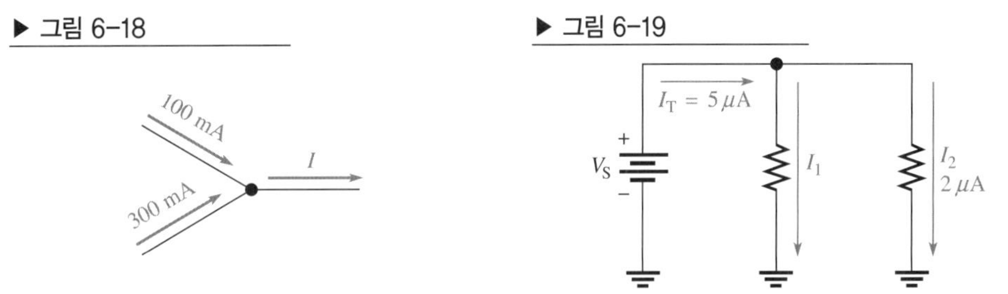


## 6-4 병렬 회로의 합성 저항

저항들을 병렬로 연결하면 회로의 합성 총 저항은 감소한다. 병렬 회로의 합성 총 저항 값은 가장 작은 저항 값보다 항상 작다. 예를 들어, 10 Ω 저항과 100 Ω 저항을 병렬로 연결하면 합성 저항 값은 10 Ω보다 작다.

이 절의 학습 내용은 다음과 같다.

- **병렬 회로의 합성 저항 계산**
  - 저항을 병렬로 연결하면 합성 저항 값이 감소하는 이유에 대한 설명
  - 병렬 합성 저항 계산 공식의 적용

아는 바와 같이 저항이 병렬 연결되면 전류 경로는 두 개 이상이 된다. 전류 경로 수는 병렬 가지 수와 같다.

그림 6-20(a)는 직렬 회로이기 때문에 단지 한 개의 전류 경로만이 존재한다. $R_1$을 통해 $I_1$ 크

기의 전류가 흐르게 된다. 만약 그림 6-20(b)와 같이 저항 $R_2$가 $R_1$에 병렬 연결되면, $R_2$를 통해 추가 전류 $I_2$가 흐르게 된다. 병렬 저항이 추가됨에 따라 전원에서 나오는 총 전류는 증가하게 된다. 전원이 정전압원이라고 가정하면 전원에서 나오는 총 전류의 증가는 옴의 법칙에 따라 합성 저항이 감소함을 의미한다. 저항을 병렬로 추가 연결하면 합성 저항은 감소하고 총 전류는 증가하게 된다.

▶ 그림 6-20

저항을 병렬로 추가 연결하면 합성 저항은 감소하고 총 전류는 증가한다.

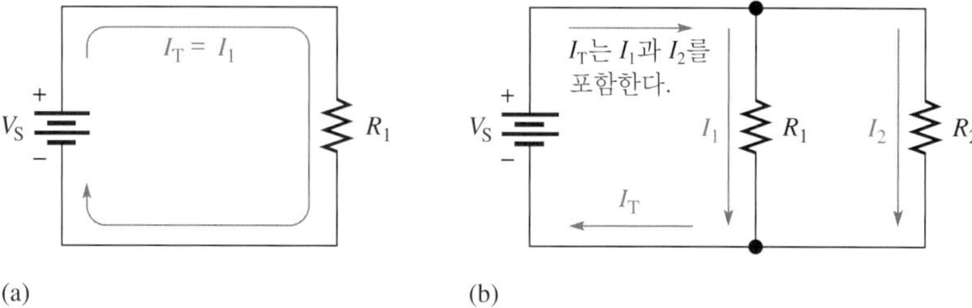


## 병렬 합성 저항 공식

그림 6-21의 회로는 $n$개의 저항이 병렬로 연결된 일반적인 경우를 나타낸 것이다($n$은 임의의 수). 키르히호프의 전류 법칙에 의해서 전류 방정식은 다음과 같다.

$$I_T = I_1 + I_2 + I_3 + \cdots + I_n$$

▶ 그림 6-21

$n$개의 저항이 병렬로 연결된 회로

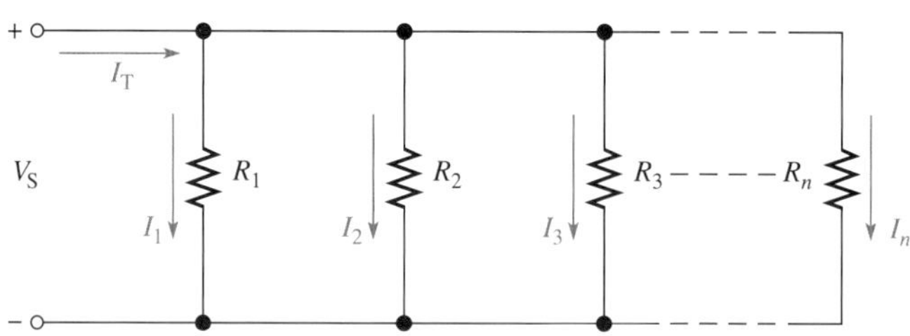


$V_S$는 각 병렬 저항의 양단 전압이기 때문에, 옴의 법칙에 의해 $I_1 = V_S/R_1$, $I_2 = V_S/R_2$ 등이다. 위의 전류 방정식에 대입하면 다음과 같이 된다.

$$\frac{V_S}{R_T} = \frac{V_S}{R_1} + \frac{V_S}{R_2} + \frac{V_S}{R_3} + \cdots + \frac{V_S}{R_n}$$

양변을 $V_S$로 나눠 주면 다음과 같이 저항 성분만 남게 된다.

$$\frac{1}{R_T} = \frac{1}{R_1} + \frac{1}{R_2} + \frac{1}{R_3} + \cdots + \frac{1}{R_n}$$

저항의 역수($1/R$)를 컨덕턴스(conductance)라고 하며 $G$로 표기한다는 것을 상기하자. 컨덕턴스의 단위는 지멘스(S)이다. $1/R_T$에 대한 식을 컨덕턴스의 항으로 나타내면 다음과 같다.

$$G_T = G_1 + G_2 + G_3 + \cdots + G_n$$

$1/R_T$에 대한 식의 양변에 역수를 취하면 다음과 같은 $R_T$에 대한 식을 얻는다.

$$R_T = \frac{1}{\left(\frac{1}{R_1}\right) + \left(\frac{1}{R_2}\right) + \left(\frac{1}{R_3}\right) + \cdots + \left(\frac{1}{R_n}\right)} \qquad (6\text{-}2)$$

식 (6-2)는 모든 $1/R$(또는 컨덕턴스, $G$) 항을 더하고 그 합의 역수를 취함으로써 병렬 합성 저항을 구할 수 있음을 보여준다.

$$R_T = \frac{1}{G_T}$$

**예제 6-7** 그림 6-22의 회로에서 점 $A$와 $B$ 사이의 병렬 합성 저항을 구하라.

▶ 그림 6-22

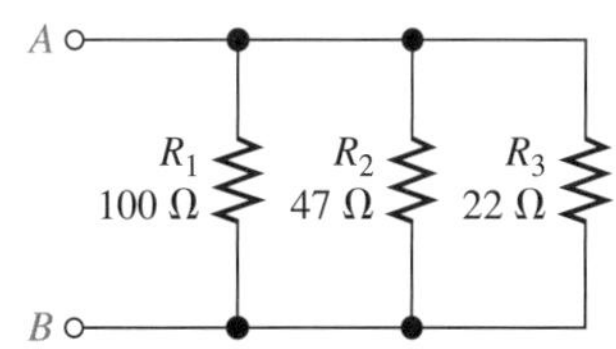


**풀이** 각 저항 값을 알면, 식 (6-2)를 이용하여 병렬 합성 저항을 계산한다. 우선 각 세 저항의 역수인 컨덕턴스를 구한다.

$$G_1 = \frac{1}{R_1} = \frac{1}{100\ \Omega} = 10\ \text{mS}$$

$$G_2 = \frac{1}{R_2} = \frac{1}{47\ \Omega} = 21.3\ \text{mS}$$

$$G_3 = \frac{1}{R_3} = \frac{1}{22\ \Omega} = 45.5\ \text{mS}$$

다음 $G_1, G_2, G_3$를 더하고 그 합의 역수를 취하여 $R_T$를 계산한다.

$$R_T = \frac{1}{G_T} = \frac{1}{10\ \text{mS} + 21.3\ \text{mS} + 45.5\ \text{mS}} = \frac{1}{76.8\ \text{mS}} = \mathbf{13.0\ \Omega}$$

이 계산이 맞는지를 쉽게 확인하는 방법은 $R_T$의 값(13.0 Ω)이 병렬 저항 값 중 최소값, 이 문제의 경우 $R_3$(22 Ω)보다 작은지를 확인해 보는 것이다.

**관련 문제** 그림 6-22에서 33 Ω의 저항이 병렬로 연결된다면 $R_T$의 값은 얼마인가?

## 계산기 활용법

병렬 저항 공식은 식 (6-2)를 이용하여 계산기로 쉽게 풀 수 있다. 일반적인 절차는 다음과 같다. $R_1$의 값을 입력한 후 $x^{-1}$ 키를 눌러 역수를 취한다(몇몇 계산기에서 역수는 2차 기능이다). 다음으로 + 키를 누른다. 그러고 나서 $R_2$의 값을 입력하고 $x^{-1}$ 키를 이용하여 역수를 취하고 + 키를 누른다. 모든 저항 값이 입력될 때까지 이 과정을 반복한다. 그 다음 엔터 키를 누른다. 마지막으로 $x^{-1}$ 키를 누른 후 $R_T$를 구하기 위하여 엔터 키를 누른다. 이제 병렬 합성 저항 값이 표시될 것이다. 계산기에 따라 표현 방식이 다양할 것이다. 예를 들어, 계산기에서 [예제 6-7]의 해답을 구하는 과정은 다음과 같다.

1. 100을 입력한다. 화면에 100이 표시된다.
2. $x^{-1}$(또는 2nd 키를 누른 후 $x^{-1}$)을 누른다. 화면에 $100^{-1}$이 표시된다.
3. +를 누른다. 화면에 $100^{-1}$ +가 표시된다.
4. 47을 입력한다. 화면에 $100^{-1} + 47$이 표시된다.
5. $x^{-1}$(또는 2nd 키를 누른 후 $x^{-1}$)을 누른다. 화면에 $100^{-1} + 47^{-1}$이 표시된다.
6. +를 누른다. 화면에 $100^{-1} + 47^{-1}$ +가 표시된다.
7. 22를 입력한다. 화면에 $100^{-1} + 47^{-1} + 22$가 표시된다.
8. $x^{-1}$(또는 2nd 키를 누른 후 $x^{-1}$)을 누른다. 화면에 $100^{-1} + 47^{-1} + 22^{-1}$이 표시된다.
9. 엔터 키를 누른다. 화면에 결과 값인 76.7311411992$\text{E}^{-3}$이 표시된다.
10. $x^{-1}$(또는 2nd 키를 누른 후 $x^{-1}$)을 누른 후 엔터 키를 누른다. 화면에 결과 값인 13.0325182758E0이 표시된다.

10단계에서 표시되는 수는 합성 저항 값으로 단위는 옴이다. 반올림하면 13.0 Ω이다.

## 두 개의 저항이 병렬 연결된 경우

식 (6-2)는 임의의 개수의 저항이 병렬 연결되었을 때 합성 저항을 구하는 일반식이다. 실제 경우에는 두 저항이 병렬 연결된 회로를 자주 접하게 된다. 또한 임의의 개수의 저항이 병렬 연결된 회로의 $R_T$를 계산하는 또 다른 방법으로 두 개씩 병렬 저항을 나누어서 계산하는 방법이 있다. 식 (6-2)를 기초로 병렬 연결된 두 저항에 대한 합성 저항을 구하는 공식은 다음과 같다.

$$R_T = \frac{1}{\left(\frac{1}{R_1}\right) + \left(\frac{1}{R_2}\right)}$$

분모를 통분하면 다음과 같이 되며

$$R_T = \frac{1}{\left(\frac{R_1 + R_2}{R_1 R_2}\right)}$$

위 식은 다음과 같이 정리될 수 있다.

$$R_T = \frac{R_1R_2}{R_1 + R_2} \tag{6-3}$$

식 (6-3)을 설명하면 다음과 같다.

**병렬 연결된 두 저항의 합성 저항은 두 저항의 곱을 두 저항의 합으로 나눈 것과 같다.**

이 방정식을 종종 '곱 나누기 합' 공식이라 한다.

**예제 6-8** 그림 6-23의 회로에서 전압원에 연결된 합성 저항을 구하라.

▶ 그림 6-23

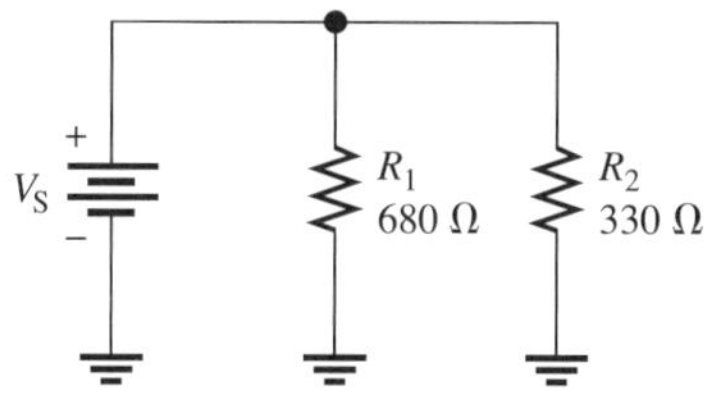


**풀이** 식 (6-3)을 이용한다.

$$R_T = \frac{R_1R_2}{R_1 + R_2} = \frac{(680\ \Omega)(330\ \Omega)}{680\ \Omega + 330\ \Omega} = \frac{224{,}400\ \Omega^2}{1010\ \Omega} = \mathbf{222\ \Omega}$$

**관련 문제** 그림 6-23에서 $R_1$을 220 Ω으로 대치했을 때 $R_T$ 값을 구하라.

## 동일 값의 저항들이 병렬 연결된 경우

병렬 회로의 또 다른 특별한 경우는 동일한 저항 값을 갖는 저항들을 병렬 연결하는 것이다. 이러한 경우 $R_T$를 쉽게 계산하는 방법이 있다.

만일 병렬 연결된 저항들이 동일한 저항 값을 갖는다면 각 저항 값을 $R$로 놓을 수 있다. 예를 들면 $R_1 = R_2 = R_3 = \cdots = R_n = R$이다. 식 (6-2)로부터, $R_T$를 구하기 위한 특별한 공식으로 전개할 수 있다.

$$R_T = \frac{1}{\left(\frac{1}{R}\right) + \left(\frac{1}{R}\right) + \left(\frac{1}{R}\right) + \cdots + \left(\frac{1}{R}\right)}$$

분모 내의 항들을 살펴보면 동일한 항 $1/R$이 $n$번 더해진 것이 된다($n$은 병렬 연결된 동일한 저항 값을 갖는 저항의 개수이다). 따라서 공식은 다음과 같이 표현된다.

$$R_T = \frac{1}{n/R}$$

또는

$$R_T = \frac{R}{n} \qquad (6\text{-}4)$$

식 (6-4)는 동일한 저항 값($R$)을 갖는 임의의 개수($n$)의 저항이 병렬 연결되었을 때, $R_T$는 저항 값($R$)을 병렬 연결된 저항의 개수로 나눈 값과 같다는 것을 나타내고 있다.

**예제 6-9** 증폭기의 출력단에 저항이 8 Ω인 스피커 4개가 병렬 연결되어 있다. 증폭기 출력 양단에 연결된 합성 저항은 얼마인가?

**풀이** 8 Ω 저항 4개가 병렬 연결되어 있다. 식 (6-4)를 이용하면 다음과 같이 된다.

$$R_T = \frac{R}{n} = \frac{8\ \Omega}{4} = \mathbf{2\ \Omega}$$

**관련 문제** 만약 두 개의 스피커가 제거된다면 출력단에 연결된 합성 저항은 얼마인가?

## 미지의 병렬 저항 값 구하기

때때로 원하는 합성 저항 값을 얻기 위해 연결해야 하는 저항 값이 얼마인지 결정해야 하는 경우가 있다. 예를 들면, 이미 알고 있는 합성 저항 값을 구하기 위해 두 개의 병렬 저항을 이용하는 것이다. 만약 하나의 저항 값을 임의로 선택하였거나 알고 있다면 다른 하나의 저항 값은 두 개의 병렬 연결 저항식 (6-3)을 이용하여 계산할 수 있다. 이때 미지의 저항 $R_x$를 계산하기 위한 공식은 다음과 같이 유도된다.

$$\frac{1}{R_T} = \frac{1}{R_A} + \frac{1}{R_x}$$

$$\frac{1}{R_x} = \frac{1}{R_T} - \frac{1}{R_A}$$

$$\frac{1}{R_x} = \frac{R_A - R_T}{R_A R_T}$$

$$R_x = \frac{R_A R_T}{R_A - R_T} \qquad (6\text{-}5)$$

여기서 $R_x$는 미지의 저항이고, $R_A$는 알고 있거나 이미 선택된 값이다.

**예제 6-10** 두 저항을 병렬 연결하여 가능한 한 150 Ω에 가까운 저항 값을 얻고자 한다. 이용할 수 있는 하나의 저항 값이 330 Ω이면 다른 하나의 저항 값은 얼마여야 하는가?

**풀이** $R_T$ = 150 Ω 그리고 $R_A$ = 330 Ω이다. 그러므로

$$R_x = \frac{R_A R_T}{R_A - R_T} = \frac{(330\ \Omega)(150\ \Omega)}{330\ \Omega - 150\ \Omega} = 275\ \Omega$$

가장 근접하는 표준 값은 **270 Ω**이다.

**관련 문제** 만약 130 Ω의 합성 저항 값을 얻고 싶다면 330 Ω과 270 Ω의 병렬 조합에 얼마의 저항을 추가로 병렬 연결해야 하는가? 먼저 병렬 연결된 330 Ω과 270 Ω의 합성 저항을 구한 뒤 이를 단일 저항으로 간주하라.

## 병렬 저항의 표기

편의상 때때로 병렬 저항은 두 평행 수직선으로 표기한다. 예를 들어, $R_1$과 $R_2$가 병렬 연결된 것은 $R_1 \parallel R_2$로 표기할 수 있다. 또한 여러 개의 저항이 서로 병렬 연결된 경우도 같은 방법으로 표시할 수 있다. 예를 들어

$$R_1 \parallel R_2 \parallel R_3 \parallel R_4 \parallel R_5$$

는 $R_1$에서 $R_5$까지가 모두 병렬 연결되었음을 나타낸다.

이 표기법은 또한 저항 값을 가지고도 사용될 수 있다. 예를 들어

$$10\ \text{k}\Omega \parallel 5\ \text{k}\Omega$$

은 10 kΩ 저항과 5 kΩ 저항이 병렬 연결된 것을 의미한다.

**복습문제 6-4**

1. 병렬로 연결되는 저항의 개수가 증가하면 합성 저항은 증가하는가 아니면 감소하는가?
2. 병렬 합성 저항은 어떤 값보다 항상 작은가?
3. 임의의 개수의 저항이 병렬 연결되었을 때 합성 저항 $R_T$를 구하는 일반화된 공식은 무엇인가?
4. 두 개의 저항이 병렬 연결되었을 때 합성 저항을 구하는 특별한 공식은 무엇인가?
5. 같은 크기의 저항 $n$개가 병렬 연결되었을 때 합성 저항을 구하는 특별한 공식은 무엇인가?
6. 그림 6-24에서 $R_T$를 구하라.
7. 그림 6-25에서 $R_T$를 구하라.
8. 그림 6-26에서 $R_T$를 구하라.

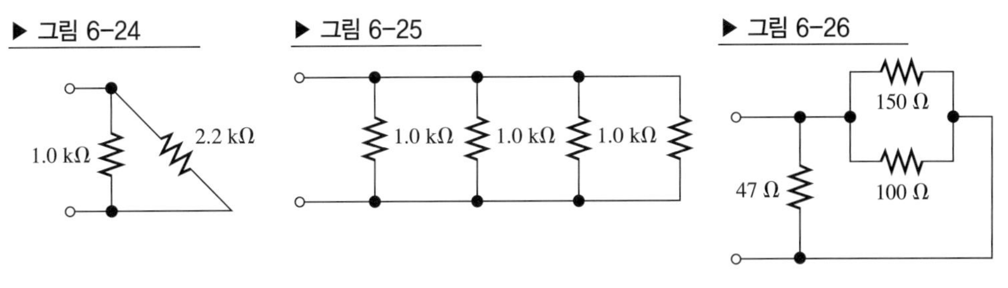

▶ 그림 6-24 ▶ 그림 6-25 ▶ 그림 6-26

# 6-5 옴의 법칙 응용

옴의 법칙은 병렬 회로 해석에도 적용될 수 있다.

이 절의 학습 내용은 다음과 같다.

- **병렬 회로에서 옴의 법칙 적용**
  - 병렬 회로에서 전체 전류의 계산
  - 병렬 회로에서 각 가지 전류의 계산
  - 병렬 회로 양단 전압의 계산
  - 병렬 회로의 저항 값 계산

다음 예제는 병렬 회로에서 전체 전류, 가지 전류, 전압 및 저항 값을 구하는 데 옴의 법칙이 어떻게 적용되는지를 보여준다.

**예제 6-11** 그림 6-27에서 전지로부터 흐르는 총 전류를 구하라.

▶ 그림 6-27

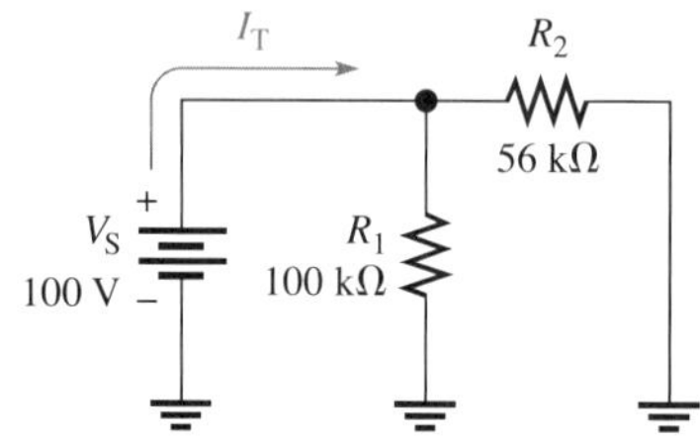


**풀이** 전지에서 발생되어야 하는 전류량은 병렬 합성 저항 값에 의해서 결정되므로, 먼저 $R_T$를 계산한다.

$$R_T = \frac{R_1R_2}{R_1 + R_2} = \frac{(100\,\text{k}\Omega)(56\,\text{k}\Omega)}{100\,\text{k}\Omega + 56\,\text{k}\Omega} = \frac{5600\,\text{k}\Omega^2}{156\,\text{k}\Omega} = 35.9\,\text{k}\Omega$$

전지의 전압이 100 V이다. 옴의 법칙을 사용하여 $I_T$를 구하면 다음과 같다.

$$I_T = \frac{V_S}{R_T} = \frac{100\,\text{V}}{35.9\,\text{k}\Omega} = \mathbf{2.79\,mA}$$

**관련 문제** 그림 6-27에서 $R_2$를 120 kΩ으로 바꾼다면 $I_T$는 얼마인가? $R_1$에 흐르는 전류는 얼마인가?

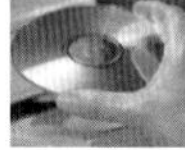

Multisim 파일 E06-11을 사용하여 [예제 6-11]과 [관련 문제]의 계산 결과를 확인하라.

**예제 6-12** 그림 6-28의 병렬 회로에서 각 저항에 흐르는 전류를 구하라.

▶ 그림 6-28

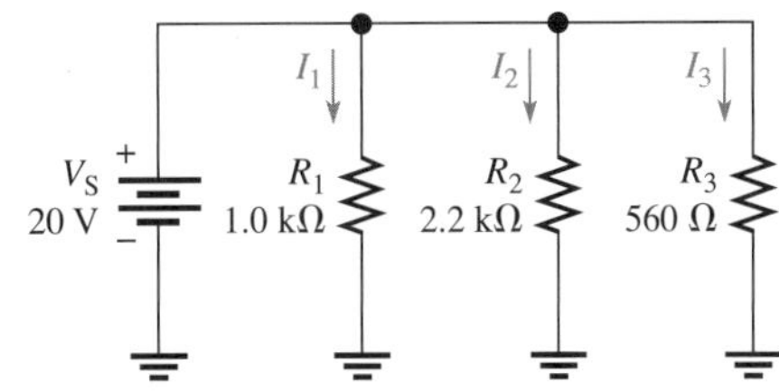


**풀이** 각 가지의 저항 양단 전압은 전원 전압과 같다. 즉, $R_1$ 양단의 전압은 20 V, $R_2$ 양단의 전압도 20 V, $R_3$의 전압도 20 V이다. 각 저항을 통해 흐르는 전류는 다음과 같이 계산된다.

$$I_1 = \frac{V_S}{R_1} = \frac{20\text{ V}}{1.0\text{ k}\Omega} = \mathbf{20\text{ mA}}$$

$$I_2 = \frac{V_S}{R_2} = \frac{20\text{ V}}{2.2\text{ k}\Omega} = \mathbf{9.09\text{ mA}}$$

$$I_3 = \frac{V_S}{R_3} = \frac{20\text{ V}}{560\ \Omega} = \mathbf{35.7\text{ mA}}$$

**관련 문제** 그림 6-28의 회로에 910 Ω의 저항을 병렬로 추가하였을 때 모든 가지 전류를 구하라.

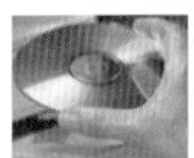

Multisim 파일 E06-12를 사용하여 [예제 6-12]와 [관련 문제]의 계산 결과를 확인하라.

**예제 6-13** 그림 6-29에서 병렬 회로 양단의 전압 $V_S$를 구하라.

▶ 그림 6-29

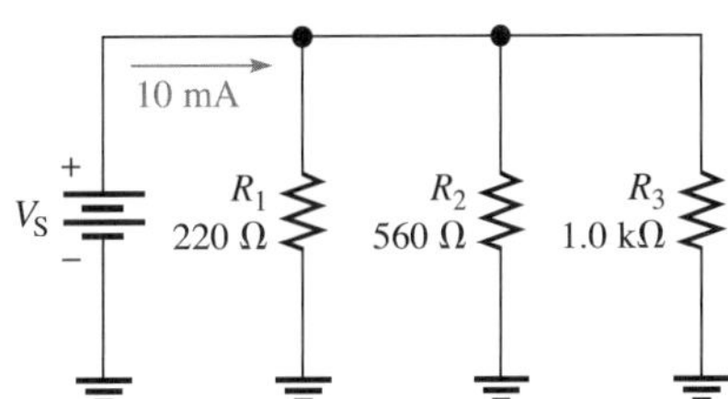


**풀이** 이 병렬 회로로 유입되는 총 전류는 10 mA이다. 만약 전체 합성 저항을 알고 있다면, 옴의 법칙을 적용하여 전압 $V_S$를 구할 수 있다. 전체 합성 저항은 다음과 같다.

$$R_T = \frac{1}{G_1 + G_2 + G_3}$$

$$= \frac{1}{\left(\frac{1}{R_1}\right) + \left(\frac{1}{R_2}\right) + \left(\frac{1}{R_3}\right)}$$

$$= \frac{1}{\left(\frac{1}{220\ \Omega}\right) + \left(\frac{1}{560\ \Omega}\right) + \left(\frac{1}{1.0\ \mathrm{k}\Omega}\right)}$$

$$= \frac{1}{4.55\ \mathrm{mS} + 1.79\ \mathrm{mS} + 1\ \mathrm{mS}} = \frac{1}{7.34\ \mathrm{mS}} = 136\ \Omega$$

따라서 전원 전압은 다음과 같다.

$$V_S = I_T R_T = (10\ \mathrm{mA})(136\ \Omega) = \mathbf{1.36\ V}$$

**관련 문제** 그림 6-29에서 저항 $R_3$가 680 Ω으로 감소되고, $I_T$가 10 mA인 경우 전압을 구하라.

Multisim 파일 E06-13을 사용하여 [예제 6-13]과 [관련 문제]의 계산 결과를 확인하라.

**예제 6-14** 그림 6-30의 회로기판에는 세 개의 저항이 병렬 연결되어 있다. 세 개의 저항 중 두 개의 저항 값은 색띠 부호를 통해 알 수 있지만, 맨 위에 있는 저항은 표시가 분명하지 않다(아마도 색띠가 마모된 것 같다). 전류계와 직류 전원 공급기만 사용하여 미지의 저항 $R_1$ 값을 구하라.

▶ 그림 6-30

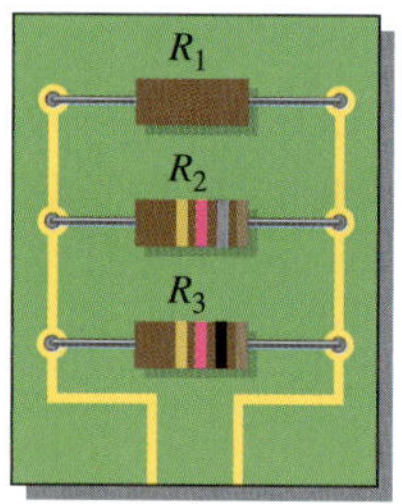


**풀이** 병렬 연결된 세 저항의 합성 저항을 구할 수 있다면, 병렬 저항 공식을 이용하여 미지의 저항 값을 계산할 수 있다. 전압과 총 전류를 알고 있다면, 옴의 법칙을 이용하여 합성 저항을 계산할 수 있다.

그림 6-31에서, 12 V 전원(임의의 값)을 저항들의 양단에 연결하고 총 전류를 측정한다. 이 측정된 값들을 이용하여 다음과 같이 합성 저항 값을 구한다.

▶ 그림 6-31

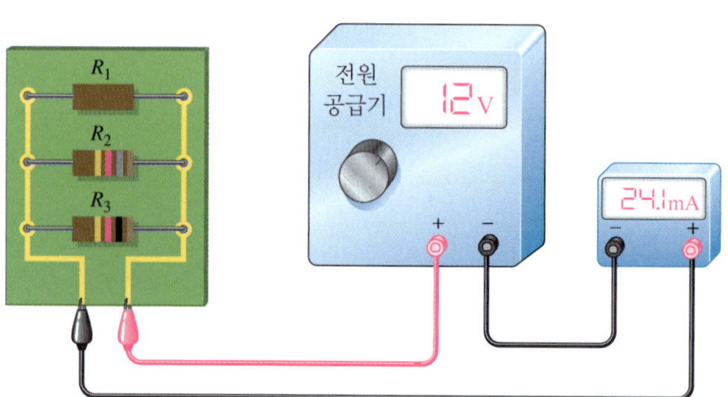

$$R_T = \frac{V}{I_T} = \frac{12\text{ V}}{24.1\text{ mA}} = 498\ \Omega$$

미지의 저항 값을 구하면 다음과 같다.

$$\frac{1}{R_T} = \frac{1}{R_1} + \frac{1}{R_2} + \frac{1}{R_3}$$

$$\frac{1}{R_1} = \frac{1}{R_T} - \frac{1}{R_2} - \frac{1}{R_3} = \frac{1}{498\ \Omega} - \frac{1}{1.8\text{ k}\Omega} - \frac{1}{1.0\text{ k}\Omega} = 453\ \mu\text{S}$$

$$R_1 = \frac{1}{453\ \mu\text{S}} = \mathbf{2.21\ k\Omega}$$

**관련 문제** 회로에서 $R_1$을 제거하지 않고 저항계(ohmmeter)를 이용하여 $R_1$의 값을 어떻게 구하는지 설명하라.

**복습문제 6-5**

1. 병렬로 연결된 세 개의 680 Ω 저항 양단에 10 V 전지가 병렬 연결되었다. 전지에서 유출되는 총 전류는 얼마인가?
2. 그림 6-32의 회로에서 20 mA의 전류가 흐르게 하기 위한 전원 전압은 얼마인가?

▶ 그림 6-32

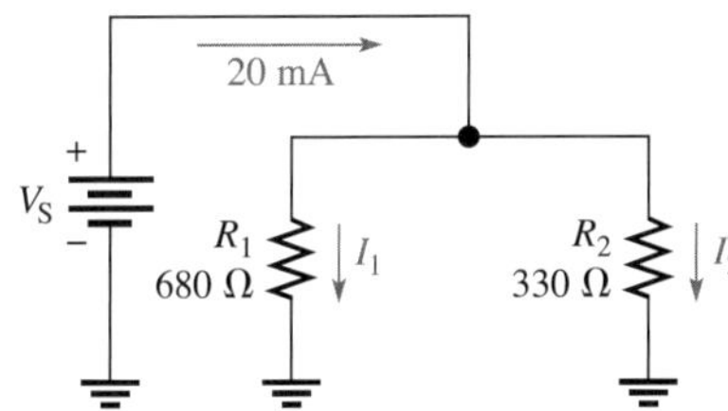


3. 그림 6-32의 각 저항을 통해 흐르는 전류는 얼마인가?
4. 같은 값의 저항 4개를 병렬로 12 V의 전원에 연결하였더니 전원으로부터 5.85 mA의 전류가 흘렀다. 각 저항 값은 얼마인가?
5. 1.0 kΩ과 2.2 kΩ의 저항이 병렬 연결되어 있다. 이 병렬 조합에 총 100 mA의 전류가 흐른다. 저항 양단의 전압 강하는 얼마인가?

# 6-6 전류원의 병렬 연결

2장에서 학습했듯이, 전류원은 부하의 저항이 변하더라도 일정 전류를 부하에 공급하는 에너지원의 한 형태이다. 트랜지스터가 전류원으로 사용될 수 있다. 따라서 전자 회로에서 전류원은 중요하다. 비록 트랜지스터에 대한 내용은 이 책의 범위는 아니지만, 병렬 연결된 전류원의 동작에 대해서 이해해야 한다.

이 절의 학습 내용은 다음과 같다.

- **병렬 연결된 전류원의 전체 전류 계산**
  - 같은 방향으로 병렬 연결된 전류원의 전체 전류 계산
  - 반대 방향으로 병렬 연결된 전류원의 전체 전류 계산

일반적으로 병렬 연결된 전류원에 의한 총 전류는 각 전류원의 전류 값의 대수적인 합과 같다. 여기서 대수적인 합이란 전류원을 병렬로 연결할 때 방향을 고려해야 한다는 의미이다. 예를 들면, 그림 6-33(a)에서 병렬로 연결된 세 개의 전류원은 같은 방향으로(절점 $A$로) 전류를 공급한다. 따라서 절점 $A$로 유입되는 총 전류는 다음과 같다.

$$I_T = 1\,A + 2\,A + 2\,A = 5\,A$$

그림 6-33(b)에서, 1 A 전원은 다른 두 전원과는 반대 방향으로 전류를 공급한다. 이 경우 절점 $A$로 유입되는 총 전류는 다음과 같다.

$$I_T = 2\,A + 2\,A - 1\,A = 3\,A$$

▶ 그림 6-33

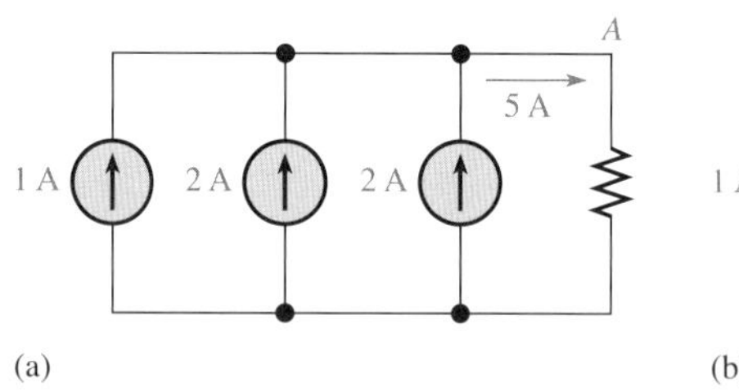


(a)

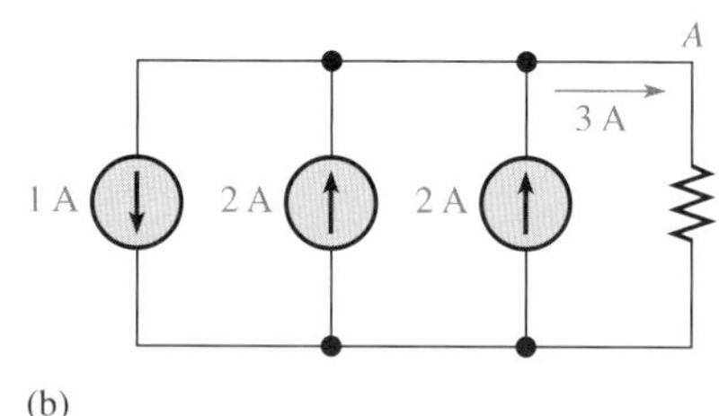


(b)

**예제 6-15** 그림 6-34에서 $R_L$에 흐르는 전류를 구하라.

▶ 그림 6-34

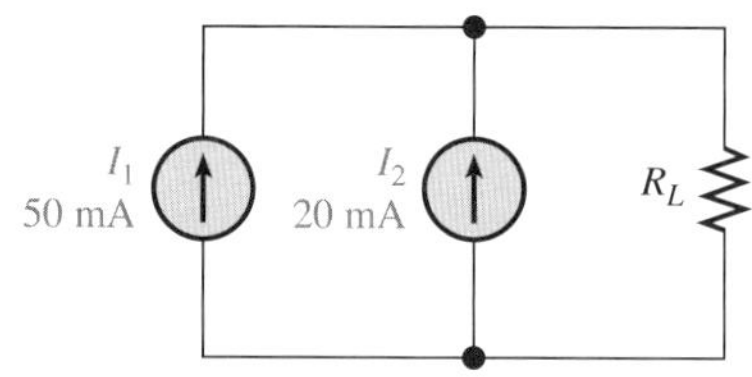


**풀이** 두 전류원이 동일한 방향으로 있으므로 $R_L$에 흐르는 전류는 다음과 같다.

$$I_{R_L} = I_1 + I_2 = 50\,mA + 20\,mA = \mathbf{70\,mA}$$

**관련 문제** $I_2$의 방향을 반대로 하였을 때 $R_L$을 통하여 흐르는 전류를 구하라.

**복습문제 6-6**

1. 네 개의 0.5 A 전류원이 같은 방향으로 병렬 연결되어 있다. 부하 저항에 흐르는 전류는 얼마인가?
2. 300 mA의 전체 전류를 얻기 위하여 몇 개의 100 mA 전류원을 병렬 연결해야 하는가? 이 전류원들의 연결을 나타내는 회로도를 그려라.
3. 트랜지스터 증폭 회로에서, 그림 6-35와 같이 트랜지스터는 10 mA의 전류원으로 나타낼 수 있다. 트랜지스터 증폭 회로에서 두 개의 트랜지스터가 병렬로 동작한다. 여기서 저항 $R_E$에 흐르는 전류는 얼마인가?

▶ 그림 6-35

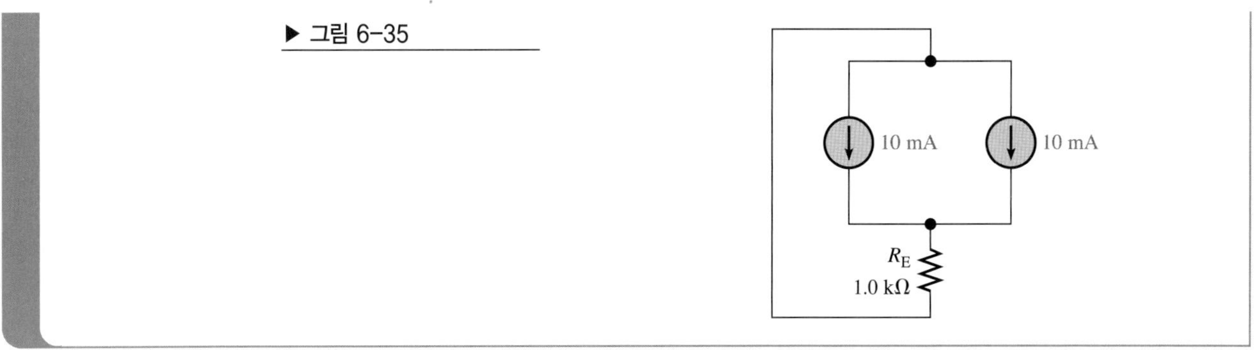


## 6-7 전류 분배기

병렬 가지의 접합점에 유입되면 전류는 몇 개의 각 가지 전류로 '나누어지기' 때문에 병렬 회로는 전류 분배기의 역할을 하게 된다.

이 절의 학습 내용은 다음과 같다.

- **전류 분배기로서 병렬 회로의 이용**
  - 전류 분배기 공식의 응용
  - 미지의 가지 전류 계산

병렬 회로에서 병렬 가지의 접합점으로 유입되는 총 전류는 각 가지로 분배된다. 따라서 병렬 회로는 **전류 분배기**(current divider)의 역할을 한다. 이러한 전류 분배기의 원리를 그림 6-36의 두 개의 가지 병렬 회로로 설명하였는데, 여기서 총 전류 $I_T$의 일부는 $R_1$을 통해 흐르고 나머지 일부는 $R_2$를 통해 흐른다.

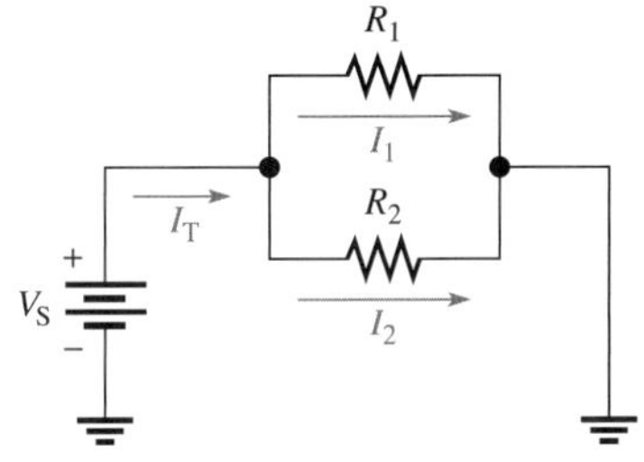


◀ 그림 6-36
총 전류는 두 개의 가지로 분배된다.

병렬로 연결된 각 저항 양단에는 같은 전압이 걸리므로, 가지 전류는 저항 값에 반비례한다. 예를 들어, $R_2$의 크기가 $R_1$의 두 배라면 $I_2$의 크기는 $I_1$의 절반이 된다. 다시 말해,

**총 전류는 저항 값에 반비례하게 병렬 저항에 분배되어 흐른다.**

옴의 법칙에 따라, 큰 저항이 연결된 가지에는 좀더 적은 전류가 흐르고 작은 저항이 연결된 가지에는 좀더 많은 전류가 흐른다. 만약 모든 가지의 저항이 동일하다면, 각 가지에 흐르는 전류는 모두 동일하게 된다.

그림 6-37은 가지 저항에 따라 전류가 어떻게 분배되는지를 나타내기 위해 특정 값을 보여 주고 있다. 이 경우 위 가지의 저항 값이 아래 가지 저항 값의 10분의 1이나, 위 가지 전류는

아래 가지 전류의 10배가 되는 것에 주목하라.

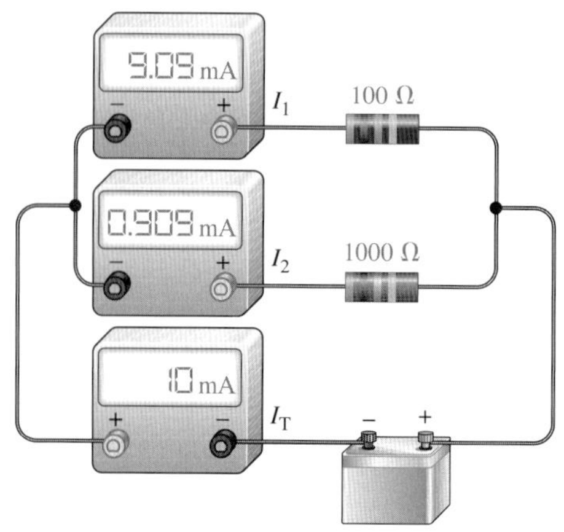


▶ 그림 6-37
보다 작은 저항이 연결된 가지에는 보다 많은 전류가 흐르고, 보다 큰 저항이 연결된 가지에는 보다 적은 전류가 흐른다.

## 전류 분배기 공식

그림 6-38에서 여러 개의 병렬 저항 사이로 전류가 어떻게 분배되는지 결정하는 공식을 유도할 수 있다. 여기서 $n$은 저항들의 총 개수이다.

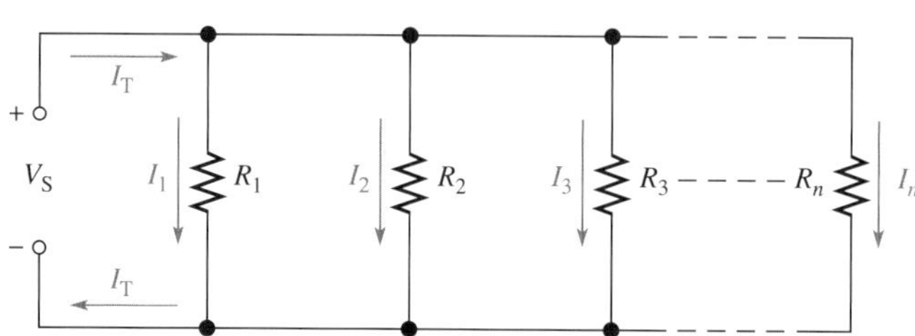


▶ 그림 6-38
$n$개의 가지로 구성된 병렬 회로

어느 한 병렬 저항을 통해 흐르는 전류를 $I_x$라 하자. 여기서 $x$는 $x$번째 가지 저항을 나타낸다 (1, 2, 3, ...). 옴의 법칙에 따라 그림 6-38에서 임의의 한 저항에 흐르는 전류는 다음과 같이 나타낼 수 있다.

$$I_x = \frac{V_S}{R_x}$$

전원 전압 $V_S$는 각 병렬 저항 양단에 걸리며, $R_x$는 임의의 한 병렬 저항을 나타낸다. 전체 전원 전압 $V_S$는 총 전류와 병렬 합성 저항의 곱과 같다.

$$V_S = I_T R_T$$

$I_x$를 얻기 위한 수식에서 $V_S$에 $I_T R_T$를 대입하면 다음과 같이 된다.

$$I_x = \frac{I_T R_T}{R_x}$$

항들을 정리하면 다음 식을 얻을 수 있다.

$$I_x = \left(\frac{R_T}{R_x}\right)I_T \qquad (6\text{-}6)$$

여기서 $x = 1, 2, 3, \ldots$ 이다.

식 (6-6)은 일반적인 전류 분배기 공식이며, 임의의 가지 수를 갖는 병렬 회로에 적용된다.

**임의의 가지를 흐르는 전류($I_x$)는, 병렬 합성 저항($R_T$)을 그 가지 저항($R_x$)으로 나눈 다음 병렬 가지들의 접합점으로 유입되는 총 전류($I_T$)를 곱한 것과 같다.**

예제 6-16 그림 6-39의 회로에서 각 저항에 흐르는 전류를 구하라.

▶ 그림 6-39

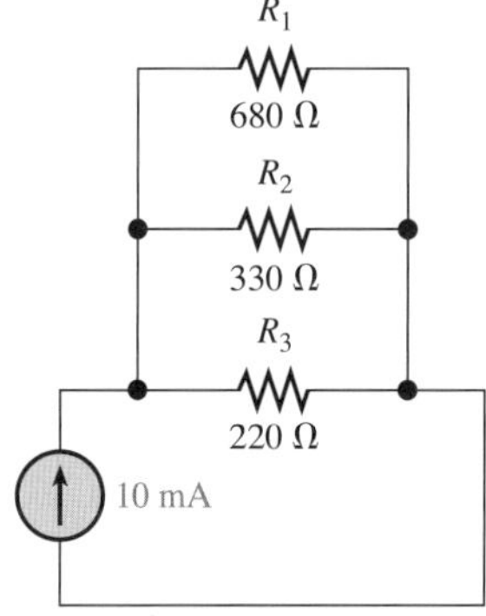


풀이 먼저 전체 병렬 저항을 계산한다.

$$R_T = \frac{1}{\left(\frac{1}{R_1}\right)+\left(\frac{1}{R_2}\right)+\left(\frac{1}{R_3}\right)} = \frac{1}{\left(\frac{1}{680\ \Omega}\right)+\left(\frac{1}{330\ \Omega}\right)+\left(\frac{1}{220\ \Omega}\right)} = 111\ \Omega$$

총 전류 값은 10 mA이다. 식 (6-6)을 이용하여 각 가지의 전류를 계산한다.

$$I_1 = \left(\frac{R_T}{R_1}\right)I_T = \left(\frac{111\ \Omega}{680\ \Omega}\right)10\text{ mA} = \mathbf{1.63\ mA}$$
$$I_2 = \left(\frac{R_T}{R_2}\right)I_T = \left(\frac{111\ \Omega}{330\ \Omega}\right)10\text{ mA} = \mathbf{3.36\ mA}$$
$$I_3 = \left(\frac{R_T}{R_3}\right)I_T = \left(\frac{111\ \Omega}{220\ \Omega}\right)10\text{ mA} = \mathbf{5.05\ mA}$$

관련 문제 그림 6-39에서 $R_3$를 제거하였을 때 각 저항에 흐르는 전류를 구하라.

### 두 개의 가지에 대한 전류 분배기 공식

그림 6-40에서와 같이 두 병렬 저항은 실제 회로에서 종종 볼 수 있다. 식 (6-3)으로부터 다음을 알 수 있다.

▶ 그림 6-40

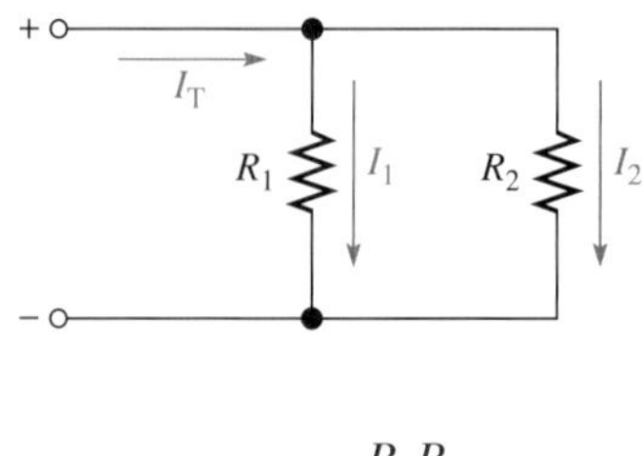


$$R_T = \frac{R_1R_2}{R_1 + R_2}$$

일반적인 전류 분배기 공식인 식 (6-6)을 이용하면 $I_1$과 $I_2$에 대한 식을 다음과 같이 나타낼 수 있다.

$$I_1 = \left(\frac{R_T}{R_1}\right)I_T \text{ 그리고 } I_2 = \left(\frac{R_T}{R_2}\right)I_T$$

$R_T$에 $R_1R_2/(R_1 + R_2)$를 대입하여 항들을 정리하면 다음과 같다.

$$I_1 = \frac{\left(\frac{\cancel{R_1}R_2}{R_1 + R_2}\right)}{\cancel{R_1}}I_T \text{ 그리고 } I_2 = \frac{\left(\frac{R_1\cancel{R_2}}{R_1 + R_2}\right)}{\cancel{R_2}}I_T$$

따라서 두 개의 가지를 갖는 특별한 경우에 대한 전류 분배기 공식은 다음과 같다.

$$I_1 = \left(\frac{R_2}{R_1 + R_2}\right)I_T \quad (6\text{-}7)$$

$$I_2 = \left(\frac{R_1}{R_1 + R_2}\right)I_T \quad (6\text{-}8)$$

식 (6-7)과 (6-8)에서 어느 한 가지의 전류는 반대쪽 가지의 저항을 두 저항의 합으로 나눈 다음, 총 전류를 곱하여 구할 수 있음에 주목하라. 전류 분배기 공식을 적용할 때는 병렬 가지로 유입되는 총 전류를 알아야만 한다.

**예제 6-17** 그림 6-41에서 $I_1$과 $I_2$를 구하라.

▶ 그림 6-41

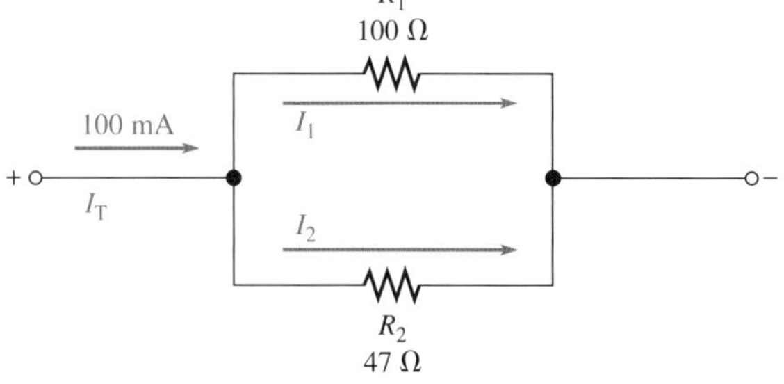


**풀이** 식 (6-7)을 이용하여 $I_1$을 구한다.

$$I_1 = \left(\frac{R_2}{R_1 + R_2}\right)I_T = \left(\frac{47\ \Omega}{147\ \Omega}\right)100\text{ mA} = \mathbf{32.0\ mA}$$

식 (6-8)을 이용하여 $I_2$를 구한다.

$$I_2 = \left(\frac{R_1}{R_1 + R_2}\right)I_T = \left(\frac{100\ \Omega}{147\ \Omega}\right)100\text{ mA} = \mathbf{68.0\ mA}$$

**관련 문제** 그림 6-41에서 $R_1 = 56\ \Omega$, $R_2 = 82\ \Omega$이고 $I_T$가 동일하다면, 각 가지 전류는 얼마가 되겠는가?

**복습문제 6-7**

1. 일반적인 전류 분배기 공식은 무엇인가?
2. 가지가 두 개인 회로에서 각 가지 전류를 구하기 위한 특별한 공식 두 개는 무엇인가?
3. 다음 저항 값으로 전압원과 병렬로 연결된 회로가 있다: 220 kΩ, 100 kΩ, 82 kΩ, 47 kΩ, 22 kΩ. 어떤 저항에 가장 큰 전류가 흐르겠는가? 가장 작은 전류가 흐르는 저항은 무엇인가?
4. 그림 6-42의 회로에서 $I_1$과 $I_2$를 구하라.
5. 그림 6-43에서 $R_3$에 흐르는 전류를 구하라.

▶ 그림 6-42 ▶ 그림 6-43

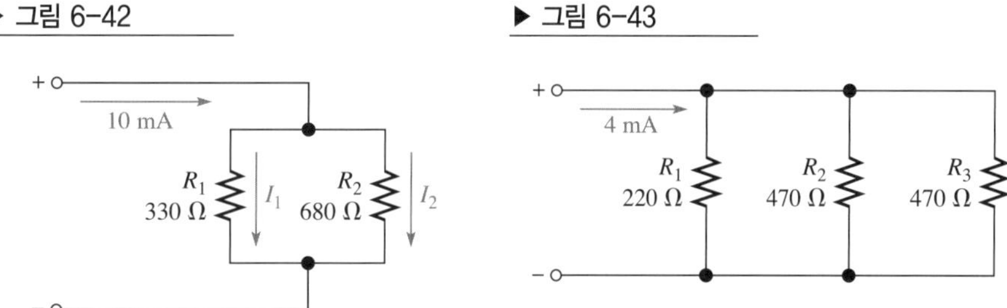


## 6-8 병렬 회로의 전력

병렬 회로에서 총 전력은 직렬 회로에서와 마찬가지로 각 저항에서의 전력을 모두 합한 것이다.

이 절의 학습 내용은 다음과 같다.

- **병렬 회로의 전력 계산**

식 (6-9)는 $n$개의 저항들이 병렬 연결되었을 때 총 전력을 간단하게 구하는 공식이다.

$$P_T = P_1 + P_2 + P_3 + \cdots + P_n \qquad (6\text{-}9)$$

여기서 $P_T$는 총 전력이고, $P_n$은 $n$번째 병렬 저항에서의 전력이다. 위의 식에서 알 수 있듯이 총 전력은 직렬 회로에서와 마찬가지로 각 전력의 합으로 나타난다.

4장에서의 전력 공식이 병렬 회로에도 바로 적용된다. 다음 공식으로 총 전력 $P_T$를 계산할 수 있다.

$$P_T = VI_T$$
$$P_T = I_T^2 R_T$$
$$P_T = \frac{V^2}{R_T}$$

여기서 $V$는 병렬 회로 양단의 전압이고, $I_T$는 병렬 회로로 유입되는 총 전류이며, $R_T$는 병렬 회로의 합성 저항이다. [예제 6-18]과 [예제 6-19]는 병렬 회로에서 총 전력이 어떻게 계산되는지를 보여준다.

**예제 6-18** 그림 6-44의 병렬 회로에서 총 전력을 구하라.

▶ 그림 6-44

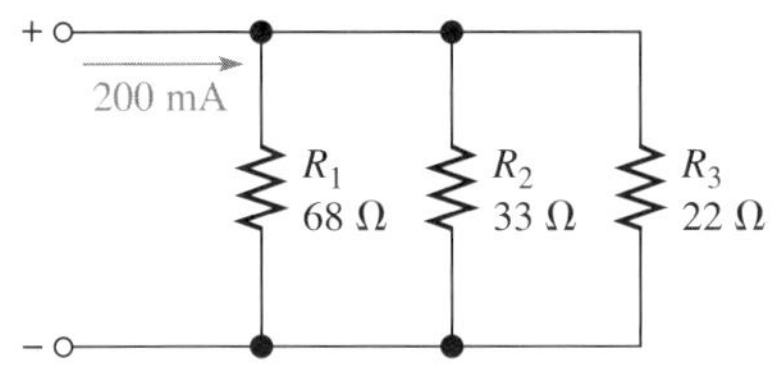


**풀이** 총 전류는 200 mA이다. 합성 저항은 다음과 같다.

$$R_T = \frac{1}{\left(\frac{1}{68\ \Omega}\right) + \left(\frac{1}{33\ \Omega}\right) + \left(\frac{1}{22\ \Omega}\right)} = 11.1\ \Omega$$

$I_T$와 $R_T$를 알고 있으므로, 이용하기 가장 간단한 전력 공식은 $P_T = I_T^2 R_T$이다.

$$P_T = I_T^2 R_T = (200\text{ mA})^2(11.1\ \Omega) = \mathbf{444\ mW}$$

각 저항에서의 전력을 구한 다음 이를 모두 더한 값이 위의 결과와 동일함을 검증해 보자. 먼저 회로의 각 가지 양단 전압을 구한다.

$$V = I_T R_T = (200\text{ mA})(11.1\ \Omega) = 2.22\text{ V}$$

모든 병렬 가지 양단 전압은 같다는 것을 상기하자.

다음으로, $P = V^2/R$을 이용하여 각 저항의 전력을 계산한다.

$$P_1 = \frac{(2.22\text{ V})^2}{68\ \Omega} = 72.5\text{ mW}$$
$$P_2 = \frac{(2.22\text{ V})^2}{33\ \Omega} = 149\text{ mW}$$
$$P_3 = \frac{(2.22\text{ V})^2}{22\ \Omega} = 224\text{ mW}$$

총 전력 값을 얻기 위해 위의 전력 값들을 더한다.

$$P_T = 72.5\text{ mW} + 149\text{ mW} + 224\text{ mW} = 446\text{ mW}$$

이 계산은 개개의 전력의 합이 전력 공식으로 구한 총 전력과 동일(근사)하다는 것을 보여준다. 두 값 사이의 차이는 유효숫자를 세 번째 자리로 반올림했기 때문이다.

관련 문제 그림 6-44에서 총 전류를 두 배로 했을 경우 총 전력을 구하라.

예제 6-19 그림 6-45와 같이 스테레오 시스템의 한 채널에서 증폭기가 두 개의 스피커를 구동시킨다. 스피커의 최대 전압*이 15 V라면 증폭기는 얼마의 전력을 스피커에 전달할 수 있어야 하는가?

▶ 그림 6-45

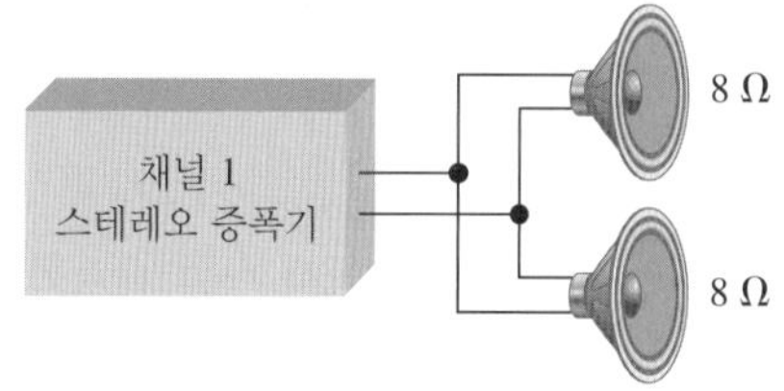


풀이 스피커는 증폭기 출력단에 병렬로 연결되어 있으므로 스피커 양단의 전압은 동일하다. 각각의 스피커의 최대 전력은 다음과 같다.

$$P_{\max} = \frac{V_{\max}^2}{R} = \frac{(15\text{ V})^2}{8\ \Omega} = 28.1\text{ W}$$

총 전력은 각각의 스피커에서의 전력의 합이므로, 증폭기가 이 스피커 시스템에 전달할 수 있어야만 하는 총 전력은 각 스피커에서의 전력의 두 배이다.

$$P_{\text{T(max)}} = P_{(\max)} + P_{(\max)} = 2P_{(\max)} = 2(28.1\text{ W}) = \mathbf{56.2\text{ W}}$$

관련 문제 위의 증폭기가 최대 18 V를 발생시킬 수 있다면, 스피커에 전달되는 최대 총 전력은 얼마인가?

* 이 경우에 전압은 교류이다. 그러나 이후에 알게 되겠지만, 교류 전압에 대한 전력도 직류 전압에서와 같이 계산된다.

복습문제 6-8

1. 병렬 회로에서 각 저항의 전력을 알고 있다면 전체 전력은 어떻게 구하는가?
2. 병렬 회로의 저항에서 전력이 다음과 같이 소비된다: 238 mW, 512 mW, 109 mW, 876 mW. 이 회로에서 총 전력은 얼마인가?
3. 1.0 kΩ, 2.7 kΩ, 3.9 kΩ의 저항이 병렬로 연결된 회로에서, 이 병렬 회로로 유입되는 총 전류는 1 A이다. 총 전력은 얼마인가?

# 6-9 병렬 회로의 응용

병렬 회로는 실제적으로 모든 전자 시스템에서 어떤 형태로든 찾아볼 수 있다. 이러한 많은 응용에서 부품 간의 병렬관계는 뒤에서 다루어질 몇몇 고급 주제에 대한 이해 없이는 확실하게 구분하기 어려울 것이다. 지금부터 주변에서 일반적으로 친숙하게 접할 수 있는 병렬 회로의 응용 예를 살펴보기로 하자.

이 절의 학습 내용은 다음과 같다.

- **병렬 회로의 몇 가지 기본 응용 예**
  - 자동차 점등 시스템의 검토
  - 옥내 배선의 검토
  - 여러 측정범위를 갖는 전류계의 기본 동작에 대한 설명

## 자동차

직렬 회로에 비해 병렬 회로가 갖는 장점 중의 하나는 가지들 중의 하나가 개방되어도 다른 가지에 영향을 미치지 않는다는 것이다. 예를 들면, 그림 6-46은 자동차 점등 시스템의 개략도를 나타낸 것이다. 자동차의 전조등 중 어느 하나가 고장난다 하더라도 이는 다른 전등들의 고장을 야기하지 않는데, 이것은 전등들이 서로 병렬로 연결되어 있기 때문이다.

▶ 그림 6-46

자동차 외부 점등 시스템의 개략도

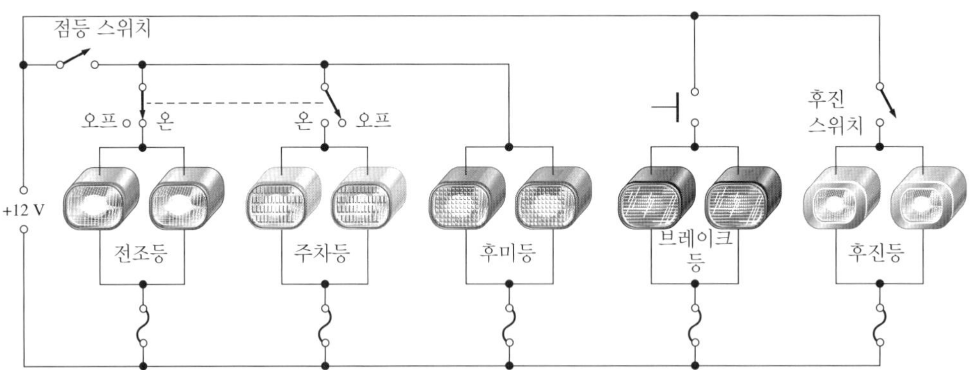


브레이크등은 전조등과 후미등에 독립적으로 점등된다는 점에 유의하라. 브레이크등은 운전자가 브레이크 페달을 밟아서 브레이크등 스위치가 닫힐 때 점등된다. 전조등과 후미등은 점등 스위치가 닫혀야 점등된다. 전조등이 점등되면 주차등은 소등되고 반대로 주차등이 점등되면 전조등은 소등된다. 만약 이들 중 한 개의 전등이 끊어지더라도(개방) 다른 조명등에는 계속 전류가 흐른다. 후진 기어를 넣으면, 후진등이 점등된다.

## 옥내 배선

병렬 회로의 또 다른 일반적인 응용 예는 옥내 전기 배선이다. 가정의 모든 전등과 가전제품은 서로 병렬로 배선되어 있다. 그림 6-47은 스위치로 제어되는 두 개의 전등과 세 개의 벽면 콘센트가 서로 병렬로 연결된 전형적인 옥내 배선의 예를 보여주고 있다.

## 아날로그 전류계

병렬 회로는 아날로그(바늘 타입) 전류계나 밀리단위 전류계에서 사용되고 있다. 아날로그 측정기가 예전에 사용되었던 것처럼 흔히 사용되지는 않지만, 여전히 패널미터와 같은 용도로 사용되고 있으며, 아날로그 멀티미터도 여전히 이용되고 있다. 다양한 전류 값을 측정하기 위하여 전류계의 여러 측정범위를 선택할 수 있으므로, 병렬 회로는 아날로그 전류계 동작에서 중요한 부분을 담당하고 있는 것이다.

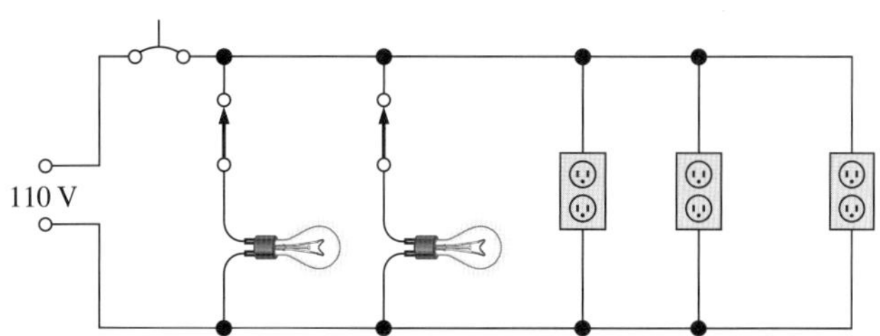


◀ 그림 6-47
옥내 배선에 이용된 병렬 회로의 예

전류에 비례하여 지침을 움직이는 전류계의 구조는 **계기 구동장치**(meter movement)라 불리는데, 이는 나중에 살펴볼 자기적 원리를 기초로 한 것이다. 지금은 주어진 계기 구동장치가 특정 크기의 저항과 최대 전류를 갖는다는 정도만 알고 있어도 충분하다. **최대 편향 전류**(full-scale deflection current)라 불리는 이 최대 전류는 지침이 눈금판의 최대값까지 움직이게 한다. 예를 들어, 어떤 계기 구동장치가 50 Ω의 저항과 1 mA의 최대 편향 전류를 갖는다고 하자. 이 구동장치를 가진 계기는 그림 6-48(a)와 (b)에 나타낸 것처럼 1 mA 이하의 전류만 측정할 수 있다. 1 mA보다 큰 전류는 그림 6-48(c)에 나타낸 것처럼 지침이 눈금판 최대값을 약간 지나서 고정(또는 정지)되며, 이는 측정 장치에 손상을 줄 수 있다.

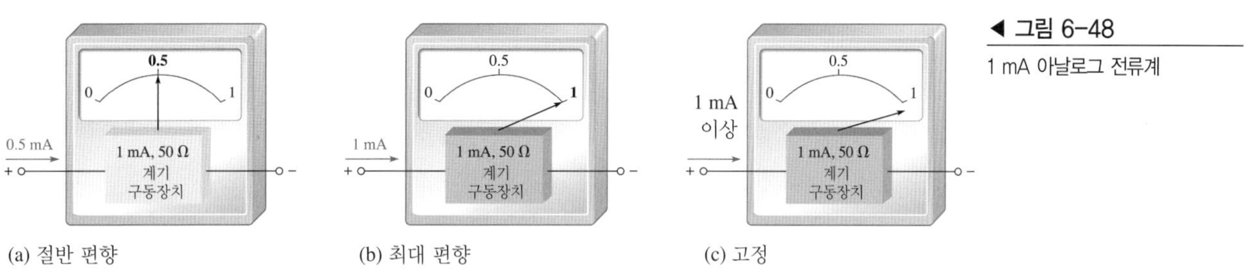


◀ 그림 6-48
1 mA 아날로그 전류계

그림 6-49에는 1 mA 계기 구동장치에 병렬로 저항을 연결한 간단한 전류계를 나타내었는데, 이 병렬 저항을 **분류 저항**(shunt resistor)이라 한다. 이 분류 저항을 연결하는 목적은 전류 측정범위를 확장하기 위해 계기 구동장치 주위로 전류의 일부분을 바이패스(bypass)시키기 위한 것이다. 그림 6-49는 분류 저항기를 통해 9 mA, 계기 구동장치를 통해 1 mA의 전류가 흐르는 것을 보여주고 있다. 따라서 10 mA까지 측정이 가능하다. 실제 전류 값을 구하려면 간단히 계기의 지시 값에 10을 곱하면 된다.

다중-범위 측정 전류계에는 여러 개의 최대 전류 측정범위 설정을 선택할 수 있는 측정범위 스위치가 있다. 각 스위치의 위치에서, 해당하는 특정 양의 전류는 저항 값으로 계산된 병렬 저항을 통해서 바이패스된다. 이 예에서 구동장치로 흐르는 전류는 1 mA를 결코 초과하지 않

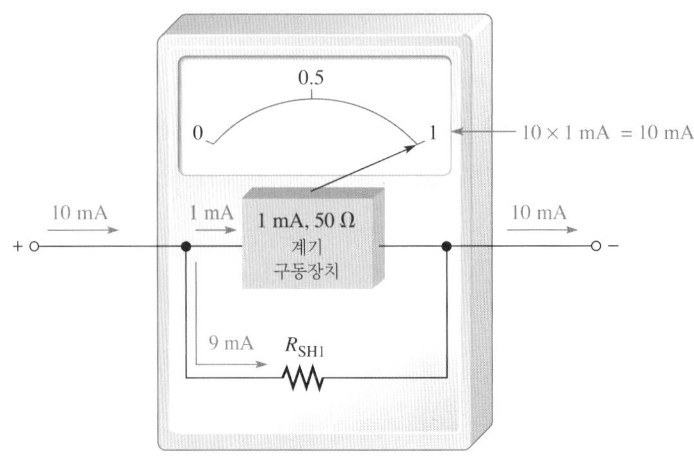


▶ 그림 6-49
10 mA 아날로그 전류계

는다.

그림 6-50은 1 mA, 10 mA, 100 mA의 세 가지 측정범위를 가진 전류계를 나타내고 있다. 측정범위 스위치가 1 mA에 있을 때, 전류계로 유입되는 모든 전류는 전류계의 구동장치를 통해서 흐른다. 측정범위 스위치를 10 mA로 설정하면 9 mA까지는 $R_{SH1}$을 통해서, 그리고 1 mA까지는 구동장치를 통해서 흐르게 된다. 측정범위 스위치를 100 mA로 설정하면 99 mA까지는 $R_{SH2}$를 통해 흐르고 구동장치는 여전히 최대 1 mA만 흐르게 된다.

설정된 측정범위에 따라 지시 눈금값을 보정해야 한다. 예를 들어 그림 6-50에서 50 mA의 전류를 측정한다면 지침은 눈금판에서 0.5를 지시할 것이며, 전류 값을 구하려면 0.5에 100을 곱해야만 한다. 이 경우 구동장치로는 0.5 mA(절반 편향)가 흐르고 나머지 49.5 mA는 $R_{SH2}$를 통해 흐른다.

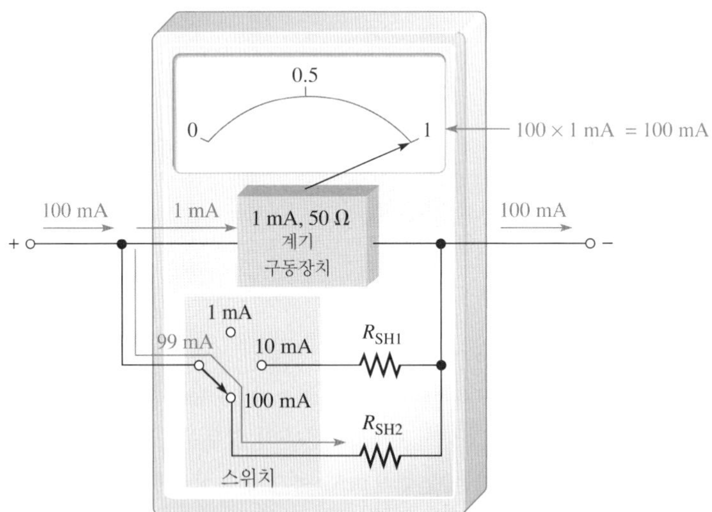


▶ 그림 6-50
세 개의 측정범위를 가진 아날로그 전류계

## 회로상에서 전류계의 영향

이미 알고 있듯이, 전류계는 회로의 전류를 측정하기 위해 회로에 직렬로 연결된다. 이상적으로, 전류계는 측정하려는 전류 값을 변화시켜서는 안 된다. 그러나 실제로는 전류계의 내부 저항이 회로 저항에 직렬로 연결되어 있으므로 전류계가 회로에 어느 정도 영향을 미치는 것은 피할 수가 없다. 그러나 대부분의 경우 전류계의 내부 저항은 회로의 저항에 비해 대단히 작기 때문에 무시할 수 있다.

예를 들어, 전류계의 구동장치 저항($R_M$)이 50 Ω이고 최대 측정 전류($I_M$)가 0.1 mA라면 구동장치 양단에 걸리는 최대 전압 강하는 다음과 같다.

$$V_M = I_M R_M = (0.1\text{ mA})(50\ \Omega) = 5\text{ mV}$$

측정범위 10 mA에 대한 분류 저항($R_{SH}$)은 다음과 같다.

$$R_{SH} = \frac{V_M}{I_{SH}} = \frac{5\text{ mV}}{9.9\text{ mA}} = 0.505\ \Omega$$

앞에서 살펴보았듯이, 측정범위가 10 mA일 때 전류계의 합성 저항은 전류계 구동장치 저항과 분류 저항이 병렬로 연결된 것이다.

$$R_{M(tot)} = R_M \| R_{SH} = 50\ \Omega \| 0.505\ \Omega = 0.5\ \Omega$$

**예제 6-20** 0.1 mA, 50 Ω의 구동장치를 가진 10 mA 전류계는 그림 6-51의 회로에서 전류에 어느 정도의 영향을 주겠는가?

▶ 그림 6-51

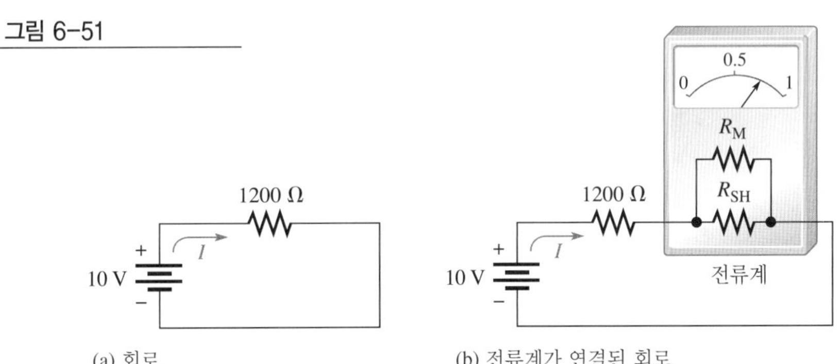


(a) 회로 (b) 전류계가 연결된 회로

**풀이** (전류계가 설치되지 않은) 회로에 흐르는 원래 전류 값은 다음과 같다.

$$I_{orig} = \frac{10\text{ V}}{1200\ \Omega} = 8.3333\text{ mA}$$

이 정도의 전류 값을 측정하기 위해 전류계의 측정범위를 10 mA로 설정한다. 10 mA의 측정범위에서 전류계의 저항은 0.5 Ω이다. 전류계가 회로에 연결되면 전류계의 저항은 1200 Ω 저항과 직렬로 연결된다. 따라서 합성 저항은 1200.5 Ω이 된다.

전류계를 연결하면 회로에서 측정되는 전류는 약간 감소하게 된다.

$$I_{meas} = \frac{10\text{ V}}{1200.5\ \Omega} = 8.3299\text{ mA}$$

전류계를 연결하였을 때 전류는 원래 회로의 전류 값에 비해 오직 **3.4 μA** 또는 **0.04%**만큼만 차이가 나게 된다.

그러므로 측정 계기는 정확하게 측정해야 할 양을 변화시켜서는 안 되기 때문에 전류계는 필요한 전류 값을 크게 변화시키지 않는다.

**관련 문제** 그림 6-51에서 회로 저항이 1200 Ω보다 큰 12 kΩ이라면 측정된 전류는 원래 전류 값과 어느 정도 차이가 나겠는가?

**복습문제 6-9**

1. 그림 6-51의 전류계의 경우, 전류계가 회로에 연결되었을 때 최대 저항 값은 얼마이겠는가? 이때 측정할 수 있는 최대 전류는 얼마인가?
2. 분류 저항은 전류계 구동장치의 저항보다 상당히 큰 저항 값을 갖는가 아니면 상당히 작은 저항 값을 갖는가? 또한 그 이유는 무엇인가?

## 6-10 고장진단

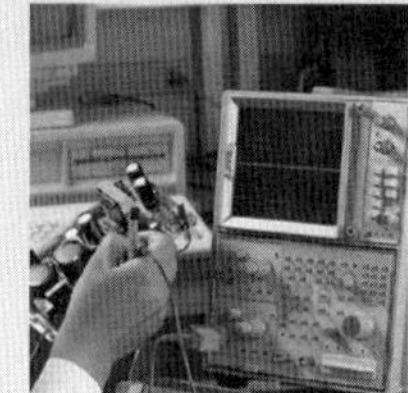

전류가 흐르는 경로가 끊어져 전류가 흐르지 않는 개방 회로를 상기해 보자. 이 절에서는 병렬 회로의 가지가 개방되면 어떤 일이 발생하는지 살펴본다.

이 절의 학습 내용은 다음과 같다.

- **병렬 회로의 고장진단**
  - 회로에서 개방 상태 점검

### 가지 개방

그림 6-52와 같이 스위치를 병렬 회로의 한 가지에 연결하면, 스위치로 회로 경로를 연결하거나 개방할 수 있다. 그림 6-52(a)와 같이 스위치가 닫혔을 때, $R_1$과 $R_2$는 병렬 연결 상태로 있게 되며 합성 저항은 50 Ω이 된다(100 Ω 저항 두 개의 병렬 연결). 전류는 두 저항을 통해 흐른다. 그림 6-52(b)와 같이 스위치를 개방하면, $R_1$은 회로로부터 제거되어 합성 저항은 100 Ω이 된다. 이제 전류는 $R_2$를 통해서만 흐른다. 일반적으로

**병렬 가지에서 회로가 개방되면 합성 저항은 증가하고, 총 전류는 감소하며, 총 전류는 남아있는 각 병렬 경로를 통해 계속 흐르게 된다.**

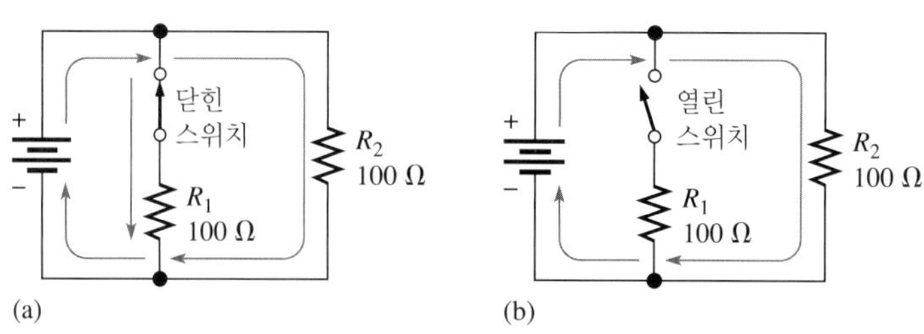


▶ 그림 6-52
스위치를 개방했을 때, 총 전류는 감소하고 $R_2$에 흐르는 전류에는 변화가 없다.

총 전류의 감소량은 개방된 가지에 흐르던 전류량과 같다. 그 외의 다른 가지에 흐르는 전류는 전과 동일하다.

그림 6-53의 램프 회로를 살펴보자. 12 V 단일 전원에 4개의 전구가 병렬로 연결되어 있다. 그림 6-53(a)에서, 각 전구를 통해 전류가 흐른다. 한 개의 전구가 고장이 났다고 가정하면, 그림 6-53(b)와 같이 하나의 개방 경로가 형성된다. 개방 경로에는 전류가 흐르지 않기 때문에 불이 꺼지게 된다. 그러나 병렬로 연결된 나머지 전구를 통해 전류는 계속 흘러 불은 계속 켜져 있게 된다. 개방된 가지는 병렬 가지 양단의 전압을 변화시키지 않는다. 병렬 가지의 양단 전압은 12 V를 계속 유지하고, 각 가지에 흐르는 전류도 동일하다.

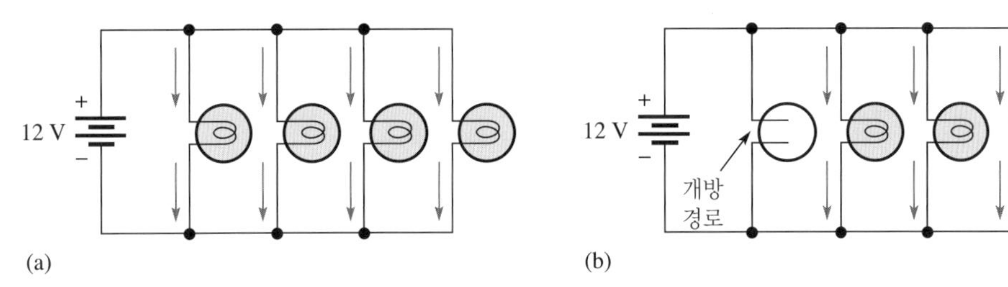


◀ 그림 6-53
하나의 램프가 개방되면, 다른 가지 전류에는 변화가 없고 총 전류가 감소하게 된다.

병렬 회로는, 병렬 연결된 한 개 이상의 전구에 불이 나가더라도 다른 전구에는 불이 들어오기 때문에 조명 시스템에서 직렬 회로보다 이점을 갖는다는 사실을 알 수 있다. 직렬 회로에서는 하나의 전구라도 고장이 나면 전류 경로가 완전히 차단되므로 나머지 전구들도 역시 모두 꺼지게 된다.

병렬 회로에서 어느 하나의 저항이 개방되더라도 모든 가지 양단에는 같은 전압이 존재하기 때문에 가지 양단 전압 측정만으로는 개방된 저항의 위치를 알 수 없다. 따라서 단순히 전압만 측정해서는 어느 저항이 개방되었는지 말할 수 없다. 그림 6-54에서 설명된 것처럼 정상적인 저항들의 양단 전압과 개방된 저항 양단 전압은 항상 동일하다(중간에 있는 저항이 개방되었음을 유의하라).

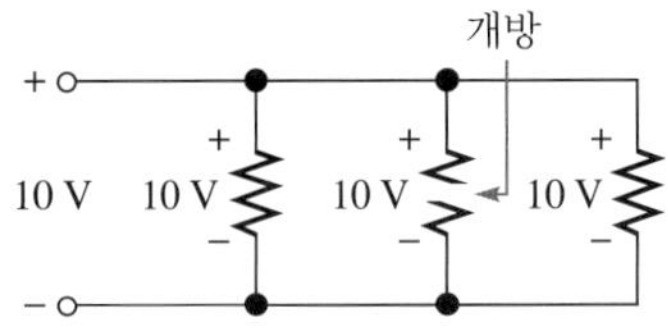


◀ 그림 6-54
병렬 가지는 (개방 여부에 상관없이) 동일한 전압을 갖는다.

눈으로만 검사하여 개방 저항을 찾아낼 수 없다면, 전류계를 사용해야 한다. 전류를 측정하기 위해서는 전류계를 회로에 직렬로 연결해야 하므로 전류 측정은 전압 측정보다 어렵다. 전류계를 직렬로 연결하기 위해서는, 전선을 끊거나 PC 기판 연결을 연결하지 않은 상태로 두거나, 또는 소자의 한쪽 끝부분을 회로기판에서 들어올려야만 한다. 물론, 전압 측정 시에는 전압계 단자를 소자 양단에 연결하기만 하면 되기 때문에 이 같은 절차는 전압 측정 시에는 필요하지 않다.

## 전류 측정으로 개방 가지 찾기

개방이 의심되는 가지를 가진 병렬 회로에서, 총 전류를 측정하여 개방된 곳을 찾을 수 있다. **병렬 연결된 저항이 개방되었을 때, 총 전류 $I_T$는 정상적인 값보다 항상 작다.** 가지 양단의 전압과 $I_T$의 값을 알면, 모든 저항이 다른 값을 가질 때 몇 번의 계산만으로 개방된 저항 값을 구할 수 있다.

그림 6-55(a)에 나타나 있는 두 개의 가지를 갖는 회로를 살펴보자. 한 개의 저항이 개방되면, 총 전류는 정상적인 저항에 흐르는 전류와 같을 것이다. 옴의 법칙으로 각 저항에 흐르는 전류 값을 알 수 있다.

$$I_1 = \frac{50\ \text{V}}{560\ \Omega} = 89.3\ \text{mA}$$

$$I_2 = \frac{50\ \text{V}}{100\ \Omega} = 500\ \text{mA}$$

$$I_T = I_1 + I_2 = 589.3\ \text{mA}$$

만약 그림 6-55(b)에 나타낸 것처럼 $R_2$가 개방되면, 총 전류는 89.3 mA이다. 만약 그림 6-55(c)에 나타낸 것처럼 $R_1$이 개방되면, 총 전류는 500 mA이다.

▶ 그림 6-55

전류 측정으로 개방된 경로 찾기

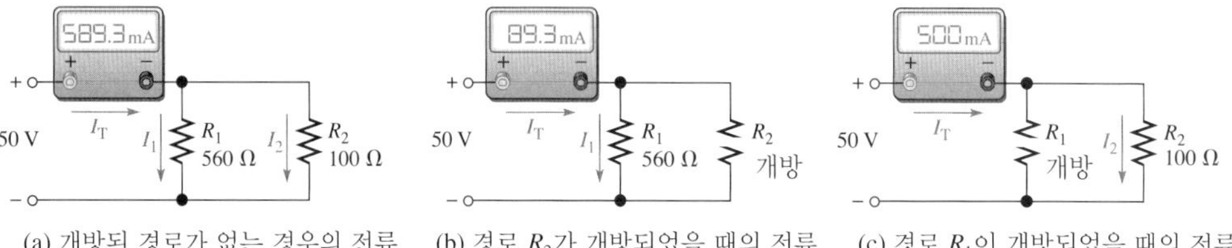


(a) 개방된 경로가 없는 경우의 전류 (b) 경로 $R_2$가 개방되었을 때의 전류 (c) 경로 $R_1$이 개방되었을 때의 전류

이러한 과정은 서로 다른 저항 값을 갖는 임의의 개수의 가지들에 적용될 수 있다. 만약 병렬 저항 값이 모두 같다면, 전류가 흐르지 않는 가지를 찾을 때까지 각 가지에 흐르는 전류를 점검해야 한다. 이것이 개방된 저항이다.

**예제 6-21** 그림 6-56에서, 총 전류는 31.09 mA, 병렬 가지 양단의 전압은 20 V이다. 개방된 저항이 있는가? 만약 있다면 어느 저항인가?

▶ 그림 6-56

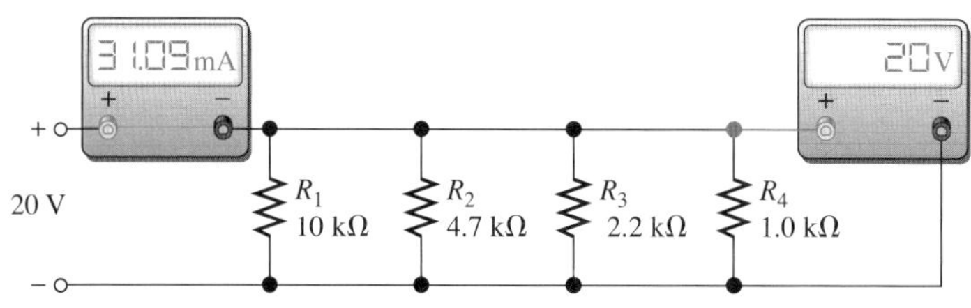


**풀이** 각 가지에 흐르는 전류를 계산한다.

$$I_1 = \frac{V}{R_1} = \frac{20\text{ V}}{10\text{ k}\Omega} = 2\text{ mA}$$

$$I_2 = \frac{V}{R_2} = \frac{20\text{ V}}{4.7\text{ k}\Omega} = 4.26\text{ mA}$$

$$I_3 = \frac{V}{R_3} = \frac{20\text{ V}}{2.2\text{ k}\Omega} = 9.09\text{ mA}$$

$$I_4 = \frac{V}{R_4} = \frac{20\text{ V}}{1.0\text{ k}\Omega} = 20\text{ mA}$$

총 전류는 다음과 같다.

$$I_T = I_1 + I_2 + I_3 + I_4 = 2\text{ mA} + 4.26\text{ mA} + 9.09\text{ mA} + 20\text{ mA} = 35.35\text{ mA}$$

언급한 바와 같이 실제 측정 전류는 31.09 mA로 정상 값보다 4.26 mA가 작으므로 4.26 mA가 흐르는 가지가 개방되어 있음을 의미한다. 따라서 **$R_2$가 개방되었다**.

**관련 문제** 그림 6-56에서 만약 $R_2$가 아닌 $R_4$가 개방된다면 측정된 총 전류는 얼마인가?

## 저항 측정으로 개방 가지 찾기

점검할 병렬 회로를, 전압원 및 연결될 수 있는 다른 회로로부터의 연결을 끊을 수 있다면, 합성 저항을 측정하여 개방된 가지의 위치를 확인할 수 있다.

컨덕턴스 $G$는 저항의 역수($1/R$)이며, 단위는 지멘스(S)임을 상기하자. 병렬 회로의 총 컨덕턴스는 모든 저항의 컨덕턴스의 합과 같다.

$$G_T = G_1 + G_2 + G_3 + \cdots + G_n$$

개방된 가지의 위치를 확인하기 위해서는 다음 단계를 수행한다.

**1.** 각 저항 값을 이용하여 총 컨덕턴스를 계산한다.

$$G_{T(calc)} = \frac{1}{R_1} + \frac{1}{R_2} + \frac{1}{R_3} + \cdots + \frac{1}{R_n}$$

**2.** 저항계로 합성 저항을 측정하고, 측정값으로부터 총 컨덕턴스를 계산한다.

$$G_{T(meas)} = \frac{1}{R_{T(meas)}}$$

**3.** 1단계에서 계산된 총 컨덕턴스와 2단계에서 측정된 총 컨덕턴스의 차를 구한다. 그 결과가 개방된 가지의 컨덕턴스이고 이 값의 역수($R = 1/G$)로 저항 값을 구할 수 있다.

$$R_{open} = \frac{1}{G_{T(calc)} - G_{T(meas)}} \tag{6-10}$$

**예제 6-22** 그림 6-57의 PC 기판에서 개방된 가지를 점검하라.

▶ 그림 6-57

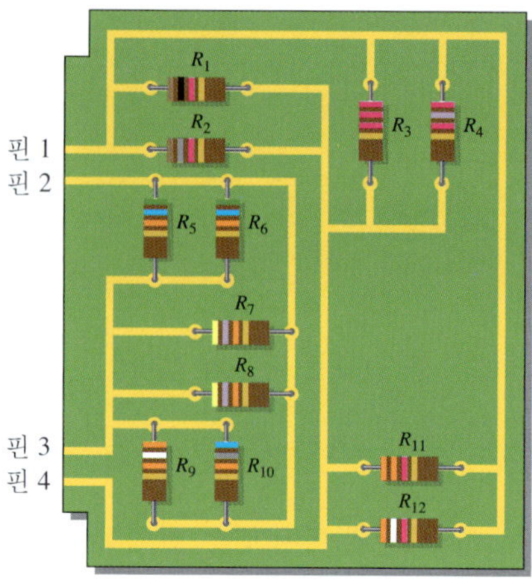


**풀이** 기판 위에는 두 개의 분리된 병렬 회로가 있다. 핀 1과 핀 4 사이의 회로를 다음과 같이 점검한다(저항 중 한 개가 개방되었다고 가정한다).

**1.** 각 저항 값을 이용하여 총 컨덕턴스를 계산한다.

$$G_{T(calc)} = \frac{1}{R_1} + \frac{1}{R_2} + \frac{1}{R_3} + \frac{1}{R_4} + \frac{1}{R_{11}} + \frac{1}{R_{12}}$$
$$= \frac{1}{1.0\,\text{k}\Omega} + \frac{1}{1.8\,\text{k}\Omega} + \frac{1}{2.2\,\text{k}\Omega} + \frac{1}{2.7\,\text{k}\Omega} + \frac{1}{3.3\,\text{k}\Omega} + \frac{1}{3.9\,\text{k}\Omega} = 2.94\,\text{mS}$$

**2.** 저항계로 총 저항을 측정해서, 측정된 총 컨덕턴스를 계산한다. 측정 저항 값을 402 Ω으로 가정한다.

$$G_{T(meas)} = \frac{1}{402\,\Omega} = 2.49\,\text{mS}$$

**3.** 1단계에서 계산된 총 컨덕턴스와 2단계에서 측정된 총 컨덕턴스의 차를 구한다. 그 결과가 개방된 가지의 컨덕턴스이고 이 값의 역수를 취하여 저항 값을 구할 수 있다.

$$G_{open} = G_{T(calc)} - G_{T(meas)} = 2.94\,\text{mS} - 2.49\,\text{mS} = 0.45\,\text{mS}$$
$$R_{open} = \frac{1}{G_{open}} = \frac{1}{0.45\,\text{mS}} = 2.2\,\text{k}\Omega$$

**저항 $R_3$가 개방되어 있어 교체해야 한다.**

**관련 문제** 그림 6-57의 PC 기판 위에 핀 2와 핀 3 사이의 저항계가 9.6 kΩ을 가리키고 있다. 이것이 맞는가? 맞지 않다면 어느 저항이 개방되었는가?

## 단락된 가지

병렬 회로에서 가지가 단락되면, 전류가 과도하게 증가하게 되어 퓨즈가 나가거나 차단기가 동작하게 된다. 단락된 가지를 절연시키기가 어렵기 때문에 까다로운 고장진단 문제를 야기하게 된다.

펄스계(pulser)와 전류 탐침기(current tracer)는 종종 회로의 단락된 부분을 찾기 위하여 사용된다. 펄스계와 전류 탐침기는 디지털 회로에서만 사용할 수 있는 것이 아니라 임의의 회로에서 유용하게 사용될 수 있다. 펄스계는 펜 모양의 도구로 회로 내에서 단락된 경로로 흐르는 전류 펄스를 발생하는 부분을 찾아내는 데 사용된다. 전류 탐침기도 펜 모양의 도구로 전류 펄스를 감지한다. 탐침기를 이용하여 전류를 따라가다 보면, 전류 경로를 확인할 수 있다.

**복습문제 6-10**

1. 정전압원 양단에 병렬 회로가 있다고 가정하자. 만약 병렬 가지가 개방된다면 회로의 전압과 전류에는 어떤 변화가 생기는가?
2. 하나의 가지가 개방되면 합성 저항은 얼마인가?
3. 병렬로 연결되어 있는 몇 개의 전구 가운데 한 개가 개방된다면, 나머지 전구들에는 계속 불이 켜져 있겠는가?
4. 병렬 회로의 각 가지에 100 mA의 전류가 흐른다. 만약 하나의 가지가 개방된다면, 남아 있는 각 가지에 흐르는 전류는 얼마인가?
5. 세 개의 가지를 갖는 회로에 정상적으로 다음과 같은 가지 전류가 흐른다: 100 mA, 250 mA, 120 mA. 측정된 총 전류가 350 mA라면 어떤 가지가 개방되었는가?

## 회로 응용

이번 회로 응용에서는 부하로 흐르는 전류를 측정하기 위하여 세 개의 범위를 갖는 전류계를 직류 전원 공급기에 연결시킨다. 앞에서 배운 바와 같이, 병렬 저항들은 전류계의 범위를 늘리기 위하여 사용될 수 있다. 이 병렬 저항들을 **분류**(shunt) 저항이라 하는데, 계측 구동장치 주위로 전류를 바이패스시켜, 원래 설계된 구동장치의 최대 전류보다 더 높은 전류를 효과적으로 측정할 수 있게 된다.

### 전원 공급기

그림 6-58은 래크마운트 방식(rack-mounted) 전원 공급기이다. 전압계는 출력 전압을 나타내는데, 전압 조정기를 사용하여 0 V부터 10 V까지 조절할 수 있다. 전원 공급기는 부하에 2 A까지 공급이 가능하다. 그림 6-59에는 전원 공급기의 기본적인 블록도를 나타내었다. 전원 공급기는 벽면 콘센트에서 나오는 교류 전압을 직류 전압으로 변환시켜 주는 정류기

▶ **그림 6-58**
래크마운트 방식 전원 공급기의 전면부

(rectifier)와 출력 전압을 일정하게 유지시켜 주는 레귤레이터(regulator)로 구성된다.

25 mA, 250 mA, 2.5 A의 세 개의 측정범위를 선택할 수 있는 스위치가 달린 전류계를 전원 공급기에 연결하는 것이 필요하다. 이렇게 연결하기 위해서는, 계기 구동장치와 각각 병렬 연결하는 스위칭이 가능한 두 개의 분류 저항기가 이용된다. 요구되는 분류 저항 값이 너무 작지 않은 한 이러한 방법은 잘 동작하게 된다. 그러나 매우 작은 분류 저항 값에서는 문제가 있는데 그 이유는 다음에 설명한다.

## 분류 회로

최대 편향 25 mA와 6 Ω의 저항을 갖는 전류계가 선택되었다.* 두 개의 분류 저항이 추가되어야 한다(250 mA 최대 편향에 대한 것과 2.5 A 최대 편향에 대한 것). 내장된 계기 구동장치는 25 mA 범위를 제공한다. 이것을 그림 6-60에 나타내었다. 범위 선택은 50 mΩ의 접촉 저항을 가진 1극 3상 회전 스위치로 할 수 있다. 스위치의 접촉 저항은 20 mΩ보다 작은 값에서부터 약 100 mΩ까지이다. 주어진 스위치의 접촉 저항은 온도, 전류, 사용량에 따라 달라질 수 있으며, 따라서 특정한 값의 적정한 허용오차는 존재할 수 없다. 또한 스위치는 MBB(make-before-break) 형태인데, 이는 기존 위치에 접촉한 스위치가 새로운 위치에 접촉하기 전까지는 차단되지 않는다는 의미이다.

2.5 A 범위에 대한 분류 저항 값은 다음과 같이 구할 수 있는데, 여기서 계기 구동장치 양단의 전압은 다음과 같다.

$$V_M = I_M R_M = (25\text{ mA})(6\ \Omega) = 150\text{ mV}$$

최대 편향에 대한 분류 저항을 흐르는 전류는 다음과 같다.

$$I_{SH2} = I_{FULL\ SCALE} - I_M = 2.5\text{ A} - 25\text{ mA} = 2.475\text{ A}$$

전체 분류 저항은 다음과 같다.

$$R_{SH2(tot)} = \frac{V_M}{I_{SH2}} = \frac{150\text{ mV}}{2.475\text{ A}} = 60.6\text{ m}\Omega$$

낮은 옴의 정밀 저항은 일반적으로 여러 제조사를 통해 1 mΩ에서 10 Ω 또는 그 이상의 값이 가능하다.

그림 6-60에서 스위치 접촉 저항 $R_{CONT}$는 $R_{SH2}$와 직렬로 나타남에 주목하라. 전체 분류 저항 값은 60.6 mΩ이어야만 하기 때문에, 분류 저항 값 $R_{SH2}$는 다음과 같다.

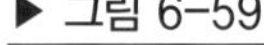

▶ 그림 6-59

직류 전원 공급기의 기본 블록도

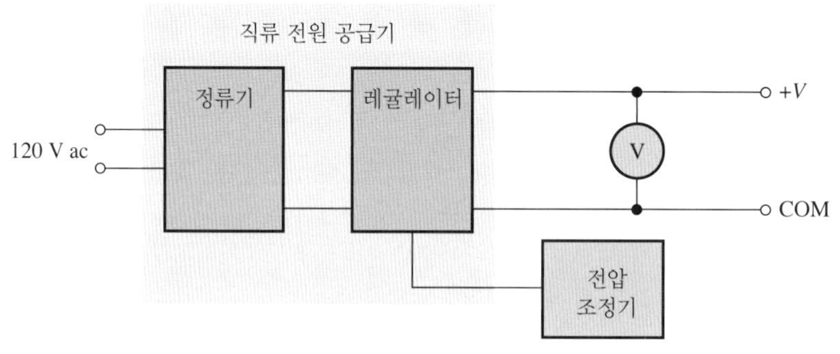


▶ 그림 6-60

세 개의 전류 범위를 제공하도록 변형된 전류계

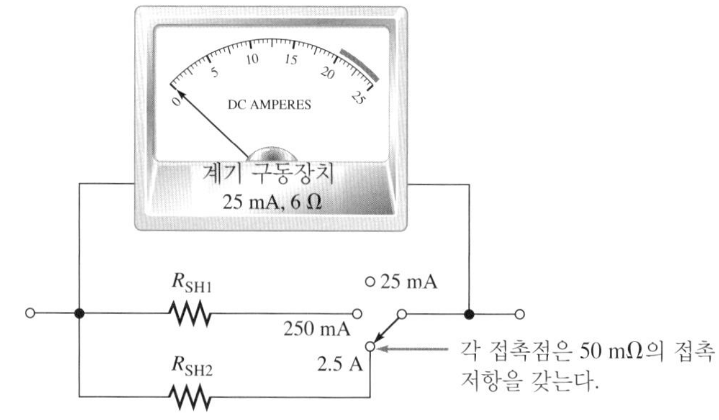


* www.simpsonelectric.com의 Simpson model 1227 밀리단위 전류계를 참조하라.

$$R_{SH2} = R_{SH2(tot)} - R_{CONT} = 60.6\,\text{m}\Omega - 50\,\text{m}\Omega = 10.6\,\text{m}\Omega$$

위의 값 또는 근사값이 사용 가능하다 하더라도, 이 경우 문제점은 스위치 접촉 저항이 $R_{SH2}$ 값의 거의 두 배가 되고, 접촉 저항 값의 변화는 계측기에서 정확도를 크게 떨어뜨리게 된다는 것이다. 앞에서 살펴보았듯이, 이 접근 방법은 이러한 특별한 요구조건들에는 맞지 않는다.

## 다른 접근 방법

그림 6-61에는 표준 분류 저항 회로의 변형을 나타내었다. 분류 저항 $R_{SH}$는 두 개의 더 높은 전류 범위 설정을 위하여 병렬로 연결되어 있고, 25 mA 설정을 위하여 2극 3상 스위치를 사용하여 차단되어 있다. 이 회로는 접촉 저항을 무시할 수 있도록 매우 큰 저항 값을 사용하여 스위치 접촉 저항의 영향을 피할 수 있게 한다. 이 계측기 회로의 단점은 더욱 복잡한 스위치가 필요하다는 것과 입력에서 출력으로의 전압 강하가 이전의 분류 회로에서보다 크다는 것이다.

250 mA 범위에서, 최대 편향에 대하여 계기 구동장치에 흐르는 전류는 25 mA이다. 계기 구동장치 양단의 전압은 150 mV이다.

$$I_{SH} = 250\,\text{mA} - 25\,\text{mA} = 225\,\text{mA}$$

$$R_{SH} = \frac{150\,\text{mV}}{225\,\text{mA}} = 0.67\,\Omega = 670\,\text{m}\Omega$$

이 $R_{SH}$ 값은 스위치 접촉 저항 값으로 예상된 20 mΩ보다 30배나 더 크므로 접촉 저항의 영향은 최소화된다.

2.5 A 범위에서, 최대 편향에 대하여 계기 구동장치에 흐르는 전류는 여전히 25 mA이다. 이는 또한 $R_1$을 흐르는 전류이다.

$$I_{SH} = 2.5\,\text{A} - 25\,\text{mA} = 2.475\,\text{A}$$

$A$에서 $B$까지의 계측기 회로 양단에 걸리는 전압은 다음과 같다.

$$V_{AB} = I_{SH}R_{SH} = (2.475\,\text{A})(670\,\text{m}\Omega) = 1.66\,\text{V}$$

$R_1$을 구하기 위하여 키르히호프의 전압 법칙과 옴의 법칙을 적용한다.

$$V_{R1} + V_M = V_{AB}$$

$$V_{R1} = V_{AB} - V_M = 1.66\,\text{V} - 150\,\text{mV} = 1.51\,\text{V}$$

$$R_1 = \frac{V_{R1}}{I_M} = \frac{1.51\,\text{V}}{25\,\text{mA}} = 60.4\,\Omega$$

이 값은 스위치의 접촉 저항보다 훨씬 크다.

- 그림 6-61에서 각 범위 설정에 대하여, $R_{SH}$에 의하여 소비되는 최대 전력을 구하라.
- 그림 6-61에서 스위치가 2.5 A에 범위에 설정되어 있고 전류가 1 A일 때, $A$에서 $B$ 사이의 전압은 얼마인가?
- 계기가 250 mA를 가리킨다. 스위치가 250 mA 위치에서 2.5 A 위치로 이동되었을 때, $A$에서 $B$까지의 계측기 회로 양단에 걸리는 전압 변화는 얼마인가?
- 계기 구동장치가 6 Ω 대신에 4 Ω의 저항 값을 갖는다고 가정하자. 그림 6-61의 회로에서 변화되는 것들을 설명하라.

## 전원 공급기 변형의 구현

일단 적절한 값들을 얻게 되면, 저항들은 기판 위에 위치하게 되고 그 다음 전원 공급기에 장착된다. 저항들과 범위 스위치들은 그림 6-62와 같이 전원 공급기에 연결된다. 계기 회로 양단의 전압 강하가 출력 전압에 미치는 영향을 줄이기 위하여, 전류계 회로는 전원 공급기의 정류기 회로와 레귤레이터 회로 사이에 연결된다. 레귤레이터는, 계기 회로를 통하여 들어오는 레귤레이터 입력 전압이 변할지라도, 출력 직류 전압을 어떤 범위 내의 일정한 값으로 유지시켜 준다.

그림 6-63은 범위 조정용 회전 스위치와 밀리단위 전류계가 장착된 변형된 전원 공급기 앞면 판넬을 보여준다. 전원 공급

▶ 그림 6-61

스위치 접촉 저항의 영향을 제거 또는 최소화하기 위하여 재설계된 계측기 회로. 스위치는 2극 3상 MBB 회전 형태이다.

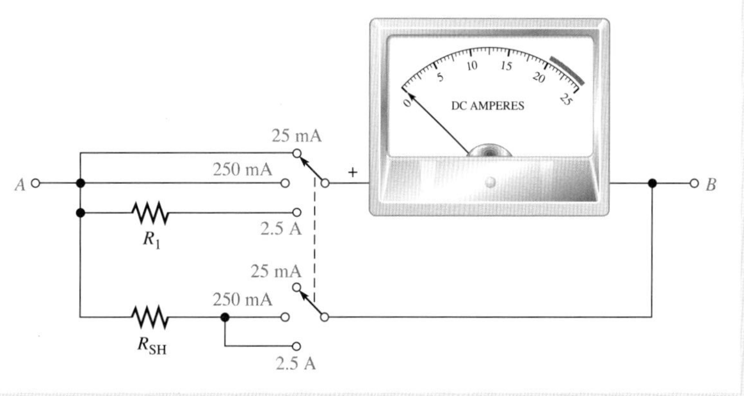

▶ **그림 6-62**

세 개의 범위 밀리단위 전류계를 가진 직류 전원 공급기의 블록도

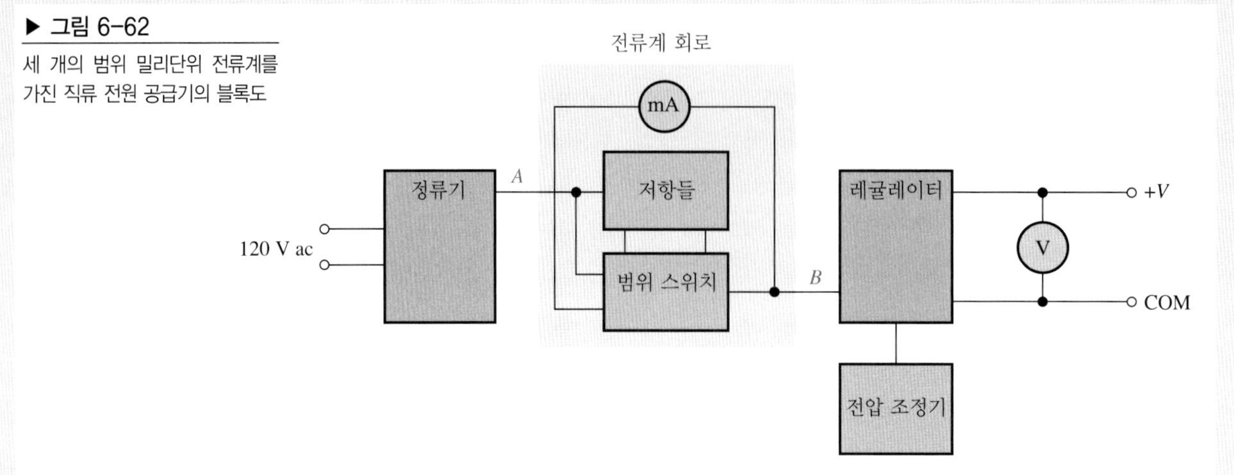


▶ **그림 6-63**

밀리단위 전류계와 전류 범위 선택 스위치가 추가된 전원 공급기

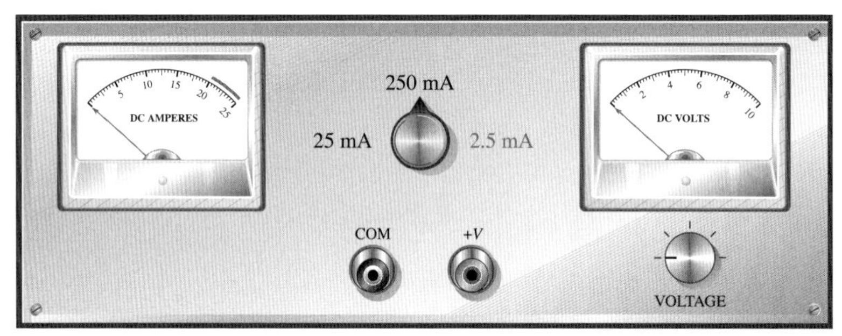


기가 안전하게 동작하기 위한 최대 전류는 2 A이기 때문에, 눈금의 붉은색 부분은 2.5 A 범위에서 초과 전류를 나타낸다.

## 복습문제

1. 계기가 250 mA 범위에서 설정되었을 때, 어느 저항에 가장 큰 전류가 흐르겠는가?
2. 그림 6-61에서 세 개의 전류 선택 범위 각각에 대하여 계기 회로 *A*에서 *B*까지의 총 저항 값을 구하라.
3. 왜 그림 6-61의 회로가 그림 6-60의 회로 대신에 사용되었는지 설명하라.
4. 스위치 범위가 250 mA로 설정되어 있고, 지침이 15를 가리키고 있다면 전류 값은 얼마인가?
5. 그림 6-61의 세 개의 스위치 범위 설정 각각에 대하여 그림 6-64의 전류계에 나타나는 전류 값은 얼마인가?

▶ **그림 6-64**

## 요약

- 병렬 저항들은 두 점(절점) 사이에 연결된다.
- 병렬 연결 조합은 한 개 이상의 전류 경로를 갖는다.
- 병렬 합성 저항은 저항의 최소값보다 더 작다.
- 병렬 회로의 모든 가지 양단의 전압은 동일하다.
- 병렬 연결된 전류원은 대수적으로 더한다.
- 키르히호프의 전류 법칙: 한 접합점으로 유입되는 전류의 합(총 유입 전류)은 그 접합점에서 유출되는 전류의 합(총 유출 전류)과 같다.
- 한 접합점에서 유입되고 유출되는 총 전류의 대수적인 합은 0이다.
- 병렬 가지의 접합점으로 유입되는 총 전류는 각 가지로 나누어지기 때문에, 병렬 회로는 전류 분배기이다.
- 병렬 회로의 모든 가지 저항이 동일하다면 각 가지에 흐르는 전류도 모두 동일하다.
- 병렬 저항 회로의 총 전력은 병렬 회로를 구성하고 있는 개개의 저항들의 전력을 합한 것과 같다.
- 병렬 회로의 총 전력은 총 전류, 합성 저항 또는 총 전압을 이용하여 전력 공식으로 계산할 수 있다.
- 병렬 회로의 어느 한 가지가 개방되면 합성 저항은 증가하고 따라서 총 전류는 감소한다.
- 병렬 회로 가지 중 하나가 개방되어도 나머지 가지를 통하여 흐르는 전류에는 변화가 없다.

## 핵심 용어

**가지**(branch): 병렬 회로에서 전류 경로

**병렬**(parallel): 두 절점 사이에 두 개 또는 그 이상의 전류 경로가 연결된 전기 회로 관계

**전류 분배기**(current divider): 병렬 가지 저항에 반비례하여 전류가 분배되는 병렬 회로

**절점**(node): 회로에서 두 개 또는 그 이상의 소자가 연결되는 점. **접합점**(junction)이라고도 함.

**키르히호프의 전류 법칙**(Kirchhoff's current law): 하나의 절점에 유입되는 총 전류는 그 절점에서 유출되는 총 전류와 같다는 것에서 출발하는 전류 법칙. 동일한 의미로, 한 절점에서 유입되고 유출되는 전류의 대수적인 합은 0이다.

## 주요 공식

**6-1** $I_{\text{IN}(1)} + I_{\text{IN}(2)} + \cdots + I_{\text{IN}(n)} = I_{\text{OUT}(1)} + I_{\text{OUT}(2)} + \cdots + I_{\text{OUT}(m)}$ 키르히호프의 전류 법칙

**6-2** $R_{\text{T}} = \dfrac{1}{\left(\dfrac{1}{R_1}\right) + \left(\dfrac{1}{R_2}\right) + \left(\dfrac{1}{R_3}\right) + \cdots + \left(\dfrac{1}{R_n}\right)}$ 병렬 합성 저항

**6-3** $R_{\text{T}} = \dfrac{R_1 R_2}{R_1 + R_2}$ 두 개의 병렬 저항에 대한 특별한 경우

**6-4** $R_{\text{T}} = \dfrac{R}{n}$ $n$개의 동일한 병렬 저항에 대한 특별한 경우

**6-5** $R_x = \dfrac{R_A R_{\text{T}}}{R_A - R_{\text{T}}}$ 미지의 병렬 저항 값

**6-6** $I_x = \left(\dfrac{R_{\text{T}}}{R_x}\right) I_{\text{T}}$ 일반적인 전류 분배기 공식

6-7 $I_1 = \left(\dfrac{R_2}{R_1 + R_2}\right)I_T$ 두 개의 가지를 갖는 전류 분배기 공식

6-8 $I_2 = \left(\dfrac{R_1}{R_1 + R_2}\right)I_T$ 두 개의 가지를 갖는 전류 분배기 공식

6-9 $P_T = P_1 + P_2 + P_3 + \cdots + P_n$ 총 전력

6-10 $R_{open} = \dfrac{1}{G_{T(calc)} - G_{T(meas)}}$ 개방 가지 저항

## 자기 진단

**1.** 병렬 회로에서 각 저항은 ( )을 갖는다.

(a) 동일 전류 (b) 동일 전압

(c) 동일 전력 (d) (a), (b), (c) 모두

**2.** 1.2 kΩ 저항과 100 kΩ 저항을 병렬로 연결하면 합성 저항은 얼마인가?

(a) 1.2 kΩ 이상

(b) 100 Ω과 1.2 kΩ 사이

(c) 90 Ω과 100 Ω 사이

(d) 90 Ω 이하

**3.** 330 Ω, 270 Ω, 68 Ω의 저항이 병렬로 연결되어 있다. 합성 저항은 대략 얼마인가?

(a) 668 Ω (b) 47 Ω (c) 68 Ω (d) 22 Ω

**4.** 8개의 저항이 병렬 연결되어 있다. 두 개의 최소 저항 값이 각각 1.0 kΩ이다. 이때 합성 저항은 얼마인가?

(a) 8 kΩ 이하 (b) 1.0 kΩ 이상 (c) 1.0 kΩ 이하 (d) 500 Ω 이하

**5.** 병렬 회로 양단에 추가 저항을 연결하면 합성 저항은 어떻게 되는가?

(a) 감소한다 (b) 증가한다

(c) 동일하다 (d) 추가 저항 값만큼 증가한다

**6.** 병렬 회로에서 하나의 저항을 제거하면 합성 저항은 어떻게 되는가?

(a) 제거한 저항 값만큼 감소한다 (b) 동일하다

(c) 증가한다 (d) 두 배가 된다

**7.** 접합점으로 유입되는 하나의 전류가 500 mA이고 동일한 접합점으로 나머지 하나의 전류 300 mA가 유입된다. 그 접합점에서 유출되는 총 전류는 얼마인가?

(a) 200 mA (b) 알 수 없다 (c) 800 mA (d) 둘의 합보다 크다

**8.** 390 Ω, 560 Ω, 820 Ω의 저항이 전압원 양단에 병렬로 연결되었다. 최소 전류가 흐르는 저항은 어느 것인가?

(a) 390 Ω (b) 560 Ω

(c) 820 Ω (d) 전압 값 없이는 계산이 불가능하다

**9.** 병렬 회로로 유입되는 총 전류의 갑작스런 감소는 무엇을 의미하는가?

(a) 단락 (b) 저항의 개방

(c) 전원 전압의 강하 (d) (b) 또는 (c)

**10.** 네 개의 가지를 갖는 병렬 회로에서, 각 가지에 10 mA의 전류가 흐르고 있다. 어느 한 가지가 개방

되면 나머지 세 가지에 흐르는 전류는 얼마인가?

(a) 13.3 mA (b) 10 mA (c) 0 A (d) 30 mA

**11.** 세 개의 가지를 갖는 어떤 병렬 회로에서 $R_1$에 10 mA, $R_2$에 15 mA, $R_3$에 20 mA가 흐른다. 총 전류를 측정했더니 35 mA라면 다음 중 어떤 상태라 할 수 있는가?

(a) $R_1$ 개방 (b) $R_2$ 개방

(c) $R_3$ 개방 (d) 회로는 정상적으로 동작 중

**12.** 세 개의 가지로 구성된 병렬 회로로 유입되는 총 전류가 100 mA이고 두 개의 가지 전류가 40 mA와 20 mA라면 세 번째 가지 전류는 얼마인가?

(a) 60 mA (b) 20 mA (c) 160 mA (d) 40 mA

**13.** PC 기판상의 다섯 개의 병렬 저항 중 하나를 완전히 단락시켰다. 가장 그럴듯한 결과는 어느 것인가?

(a) 단락 저항은 타버릴 것이다.

(b) 다른 저항들 중 하나 이상이 타버릴 것이다.

(c) 전원 공급기의 퓨즈가 끊어질 것이다.

(d) 저항 값이 변화할 것이다.

**14.** 네 개의 병렬 가지에서 각각 소비 전력은 1 W이다. 총 소비 전력은 얼마인가?

(a) 1 W (b) 4 W (c) 0.25 W (d) 16 W

## 퀴즈

그림 6-68을 보면서 다음 물음에 답하라.

**1.** 스위치가 그림과 같이 있을 때 $R_1$이 개방되면, 단자 $A$에서의 전압은 접지에 대하여 어떻게 되는가?

(a) 증가한다 (b) 감소한다 (c) 변하지 않는다

**2.** 스위치가 $A$에서 $B$로 움직였을 경우 총 전류는?

(a) 증가한다 (b) 감소한다 (c) 변하지 않는다

**3.** 스위치가 $C$에 있고 $R_4$가 개방되었을 경우 총 전류는?

(a) 증가한다 (b) 감소한다 (c) 변하지 않는다

**4.** 스위치가 $B$에 있을 동안 $B$와 $C$ 사이가 단락된다면 총 전류는?

(a) 증가한다 (b) 감소한다 (c) 변하지 않는다

그림 6-74(b)를 보면서 다음 물음에 답하라.

**5.** $R_2$가 개방된다면 $R_1$에 흐르는 전류는?

(a) 증가한다 (b) 감소한다 (c) 변하지 않는다

**6.** $R_3$가 개방된다면 개방된 $R_3$ 양단의 전압은?

(a) 증가한다 (b) 감소한다 (c) 변하지 않는다

**7.** $R_1$이 개방된다면 개방된 $R_1$ 양단의 전압은?

(a) 증가한다 (b) 감소한다 (c) 변하지 않는다

그림 6-75를 보면서 다음 물음에 답하라.

**8.** 가변 저항 $R_2$의 저항 값을 증가시키면 $R_1$에 흐르는 전류는?

(a) 증가한다 (b) 감소한다 (c) 변하지 않는다

**9.** 퓨즈가 개방된다면 가변 저항 $R_2$ 양단의 전압은?

(a) 증가한다 (b) 감소한다 (c) 변하지 않는다

**10.** 가변 저항 $R_2$가 와이퍼(wiper)와 접지 사이에서 단락된다면, 단락된 가지에 흐르는 전류는?

(a) 증가한다 (b) 감소한다 (c) 변하지 않는다

그림 6-79를 보면서 다음 물음에 답하라.

**11.** 스위치가 $C$에 있는 동안 2.25 mA 전원이 개방된다면, $R$에 흐르는 전류는?

(a) 증가한다 (b) 감소한다 (c) 변하지 않는다

**12.** 스위치가 $B$에 있는 동안 2.25 mA 전원이 개방된다면, $R$에 흐르는 전류는?

(a) 증가한다 (b) 감소한다 (c) 변하지 않는다

그림 6-87을 보면서 다음 물음에 답하라.

**13.** 핀 4와 핀 5가 같이 단락된다면, 핀 3과 핀 6 사이의 저항은?

**14.** $R_1$의 아래쪽 연결이 $R_5$의 위쪽 연결과 단락되어 있다면, 핀 1과 핀 2 사이의 저항은?

(a) 증가한다 (b) 감소한다 (c) 변하지 않는다

**15.** $R_7$이 개방되었다면 핀 5와 핀 6 사이의 저항은?

(a) 증가한다 (b) 감소한다 (c) 변하지 않는다

## 문제

### 6-1 저항의 병렬 연결

**1.** 그림 6-65(a)에서 저항들을 전지 양단에 어떻게 병렬로 연결하는지 보여라.

**2.** 그림 6-65(b)에서 PC 기판상의 저항들이 모두 병렬로 연결되어 있는지 아닌지를 설명하라.

▶ 그림 6-65

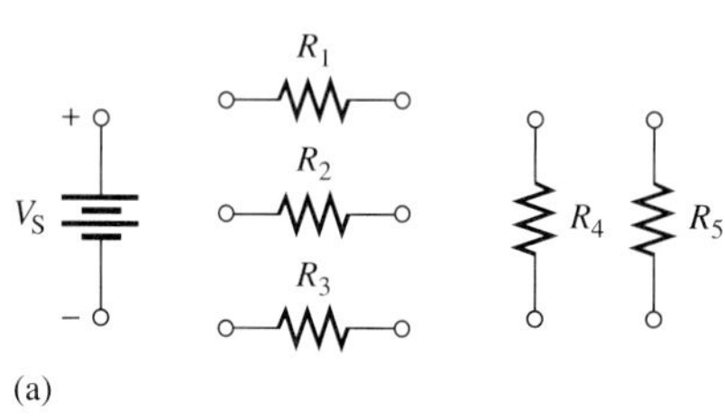


(a)

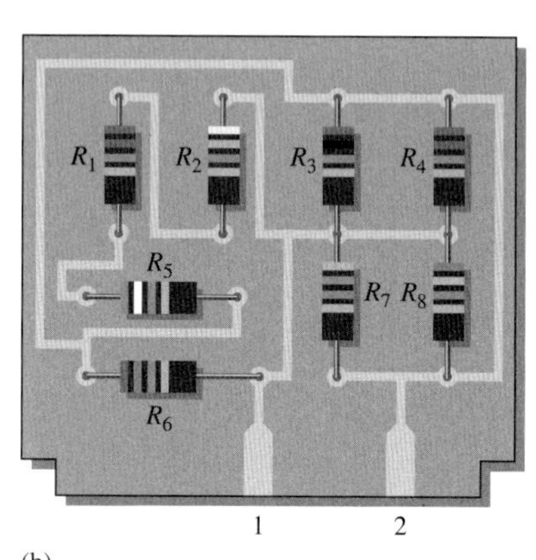


(b)

***3.** 그림 6-66의 양면 PC 기판상에서 병렬로 연결된 저항 그룹은 어느 것인지 분류하라.

▶ 그림 6-66

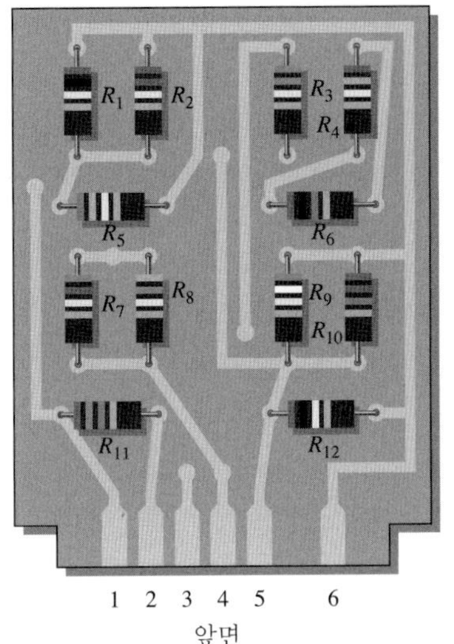


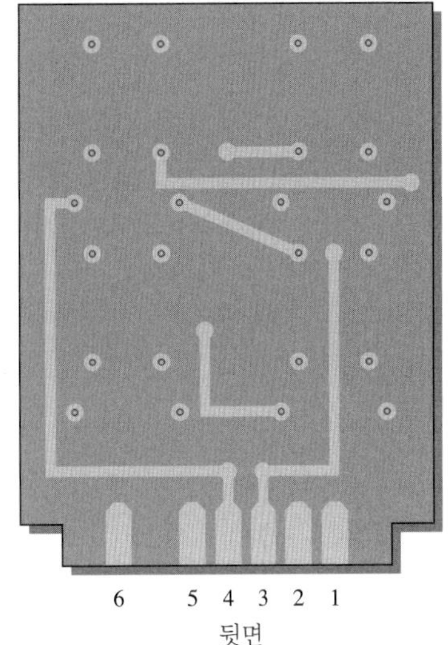


### 6-2 병렬 회로의 전압

**4.** 합성 전압이 12 V이고 합성 저항 값이 550 Ω일 때, 각 병렬 저항에 흐르는 전류와 각 병렬 저항 양단의 전압은 얼마인가? 저항은 네 개가 있고 모두 같은 저항 값을 갖는다.

**5.** 그림 6-67에서 전압원이 100 V이다. 각 계기에는 몇 V가 나타나는가?

▶ 그림 6-67

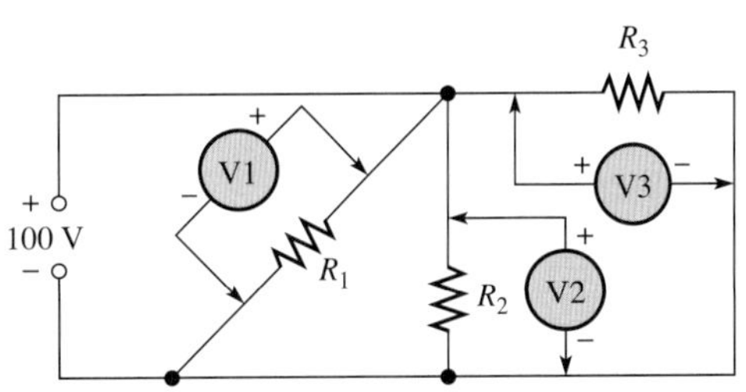


**6.** 그림 6-68의 각 스위치 위치에서 전압원에서 바라보았을 때 회로의 총 저항은 얼마인가?

**7.** 그림 6-68의 각 스위치 위치에서 각 저항 양단에 걸리는 전압은 얼마인가?

**8.** 그림 6-68의 각 스위치 위치에서 전압원에서 발생되는 총 전류는 얼마인가?

▶ 그림 6-68

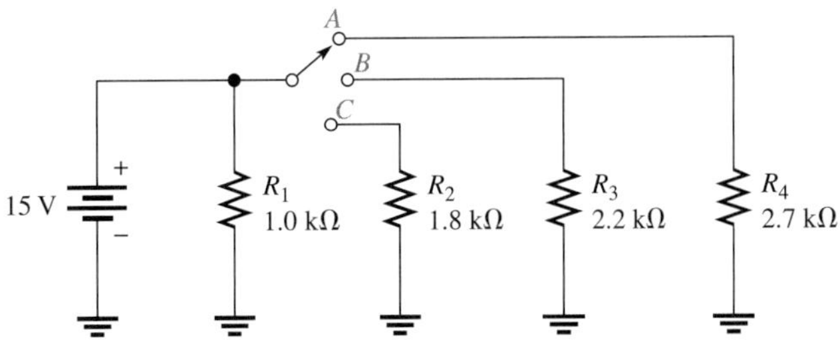

### 6-3 키르히호프의 전류 법칙

**9.** 세 개의 가지를 갖는 병렬 회로에서 같은 방향으로 각각 250 mA, 300 mA, 800 mA의 전류가 측정되었다. 이 세 개 가지의 접합점으로 유입되는 전류 값은 얼마인가?

**10.** 다섯 개의 병렬 저항으로 총 500 mA 전류가 유입되고 있다. 네 개의 저항에 흐르는 전류는 50 mA, 150 mA, 25 mA, 100 mA이다. 다섯 번째 저항에 흐르는 전류는 얼마인가?

**11.** 그림 6-69의 회로에서 저항 $R_2$, $R_3$, $R_4$를 구하라.

▶ 그림 6-69

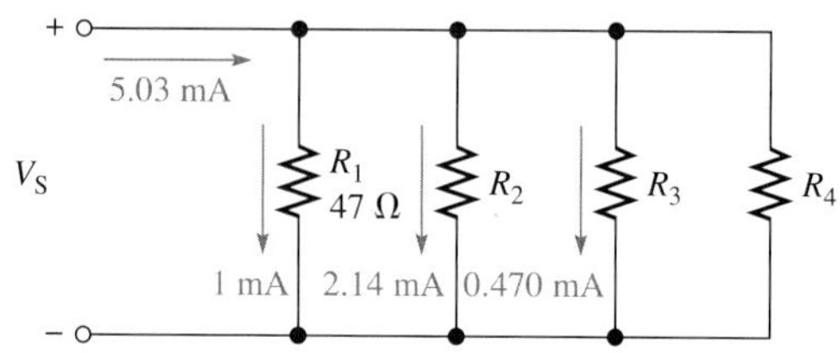


***12.** 어느 방에서 전기 회로는 1.25 A가 흐르는 천장 전등과 네 개의 벽면 콘센트를 갖고 있다. 각각 0.833 A가 흐르는 두 개의 테이블 램프가 두 개의 콘센트에 꽂혀 있고, 10 A가 흐르는 전기 히터는 세 번째 콘센트에 꽂혀 있다. 이 모든 제품들이 사용될 때, 이 방의 간선에는 얼마나 많은 전류가 흐르겠는가? 만약 간선이 15 A 회로 차단기에 의해 보호되고 있다면, 네 번째 콘센트로부터는 얼마 만큼의 전류를 흘릴 수 있겠는가? 이 배선의 회로도를 그려라.

***13.** 병렬 회로의 합성 저항이 25 Ω이다. 총 전류가 100 mA라면 병렬 회로 한 부분을 구성하고 있는 220 Ω의 저항을 통해 흐르는 전류는 얼마인가?

### 6-4 병렬 회로의 합성 저항

**14.** 1.0 MΩ, 2.2 MΩ, 5.6 MΩ, 12 MΩ, 22 MΩ의 저항이 병렬로 연결되어 있다. 합성 저항 값을 구하라.

**15.** 다음 병렬 저항 그룹의 합성 저항 값을 구하라.

(a) 560 Ω과 1000 Ω (b) 47 Ω과 56 Ω

(c) 1.5 kΩ, 2.2 kΩ, 10 kΩ (d) 1.0 MΩ, 470 kΩ, 1.0 kΩ, 2.7 MΩ

**16.** 그림 6-70의 각 회로에서 총 저항 $R_T$를 구하라.

▶ 그림 6-70

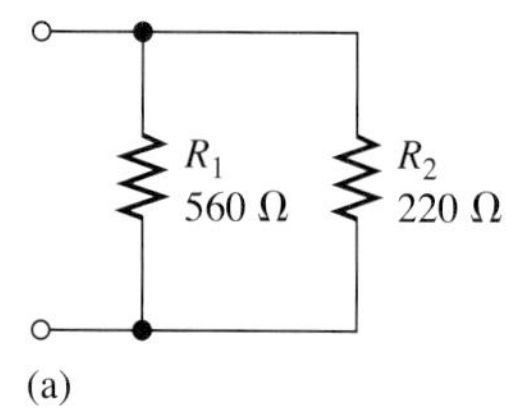


(a)

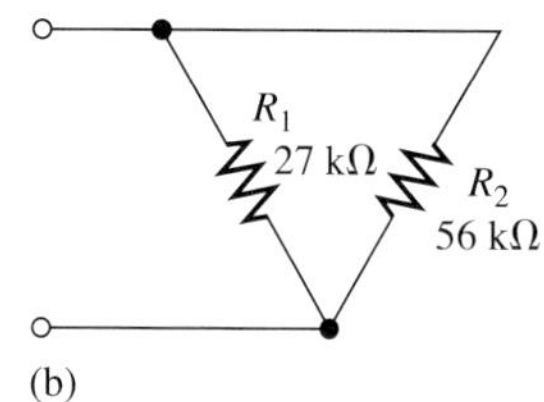


(b)

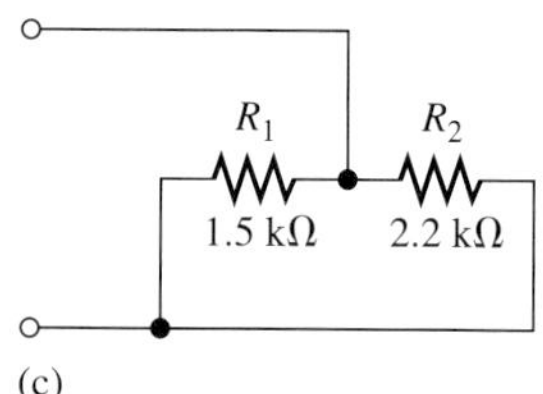


(c)

**17.** 12개의 6.8 kΩ 저항이 병렬 연결되어 있을 때 합성 저항 값은 얼마인가?

**18.** 470 kΩ 저항 5개, 1000 Ω 저항 10개, 100 Ω 저항 2개가 모두 병렬 연결되어 있다. 세 그룹의 합성 저항 값은 각각 얼마인가?

**19.** 문제 18번에서 병렬 회로 전체에 대한 총 저항을 구하라.

**20.** 만약 그림 6-71의 총 저항 값이 389.2 Ω이라면, $R_2$의 값은 얼마인가?

▶ 그림 6-71

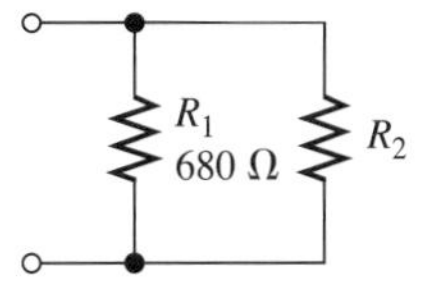


**21.** 그림 6-72에서 다음 조건에 대하여 점 $A$와 접지 사이의 총 저항 값은 얼마인가?

(a) SW1과 SW2를 개방했을 때 (b) SW1을 닫고 SW2를 개방했을 때
(c) SW1을 개방하고 SW2를 닫았을 때 (d) SW1과 SW2를 닫았을 때

▶ 그림 6-72

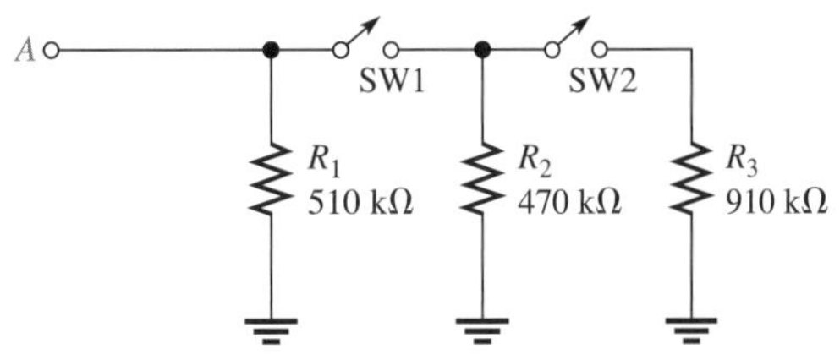


## 6-5 옴의 법칙 응용

**22.** 그림 6-73의 각 회로에서 총 전류는 얼마인가?

▶ 그림 6-73

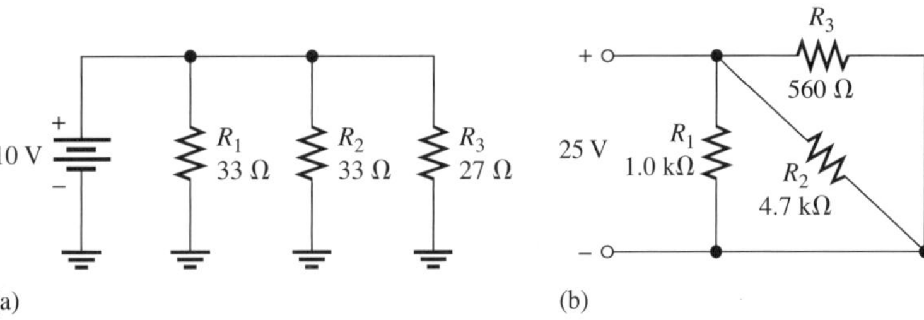


**23.** 세 개의 33 Ω 저항을 110 V 전원과 병렬로 연결하였다. 전원에서 유출되는 전류는 얼마인가?

**24.** 같은 값을 갖는 네 개의 저항이 병렬로 연결되어 있다. 병렬 회로 양단에 5 V가 공급되어 있고 전원에서 유출되는 전류는 1.11 mA이다. 각 저항 값은 얼마인가?

**25.** 여러 형태의 장식용 전구가 병렬로 연결되어 있다. 만약 전구세트가 110 V 전원에 연결되어 있고 각 전구의 필라멘트가 2.2 kΩ의 발열 저항을 갖는다면, 각 전구에 흐르는 전류는 얼마인가? 전구를 직렬로 연결하는 것보다 병렬로 연결하는 것이 좋은 이유는 무엇인가?

**26.** 그림 6-74의 각 회로에서 용량이 적혀 있지 않은 미지의 값들을 구하라.

▶ 그림 6-74

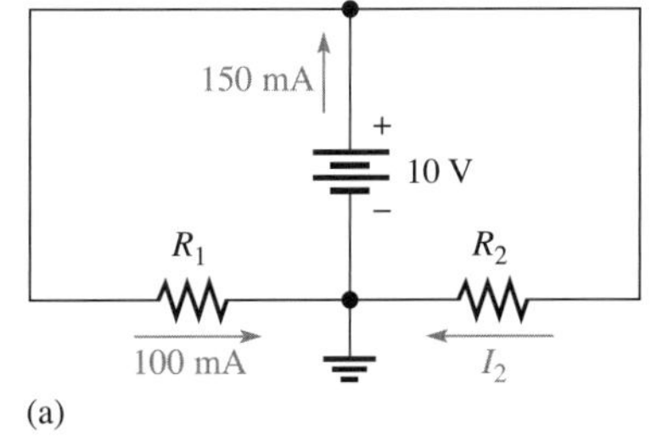


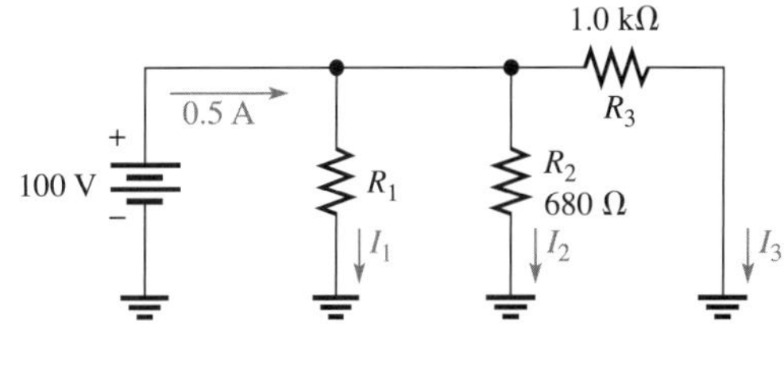

**27.** 그림 6-75에서 0.5 A의 퓨즈가 끊어지기 전까지 100 Ω의 가변 저항을 최소 얼마까지 조절할 수 있는가?

▶ 그림 6-75

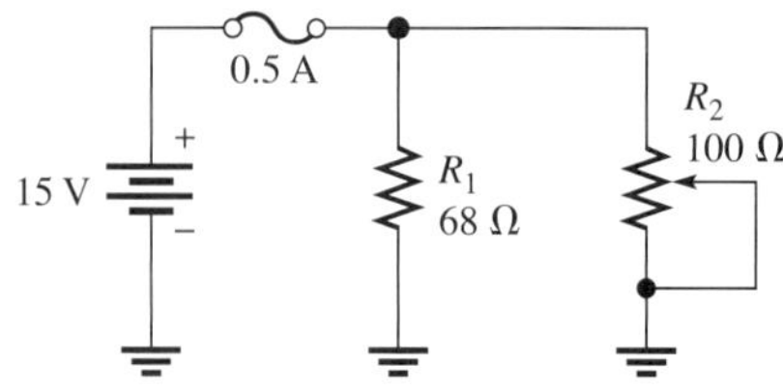


**28.** 그림 6-76에서 전원에서 유출되는 총 전류와 각 스위치 위치에서 각 저항에 흐르는 전류를 구하라.

▶ 그림 6-76

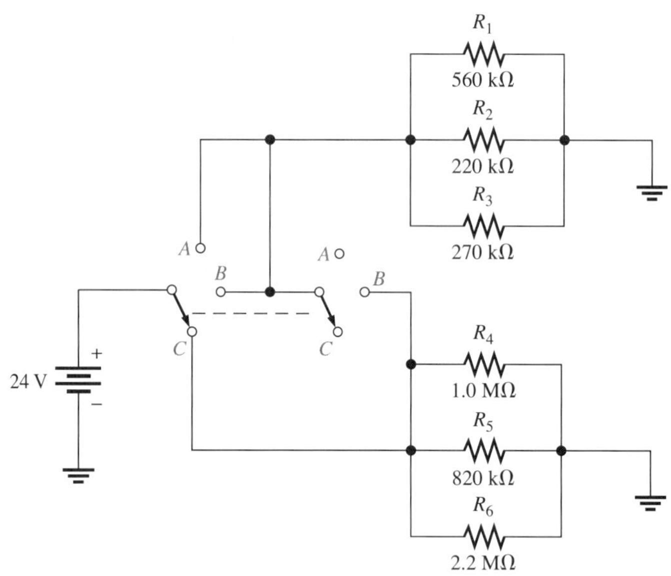


**29.** 그림 6-77에서 미지의 값들을 구하라.

▶ 그림 6-77

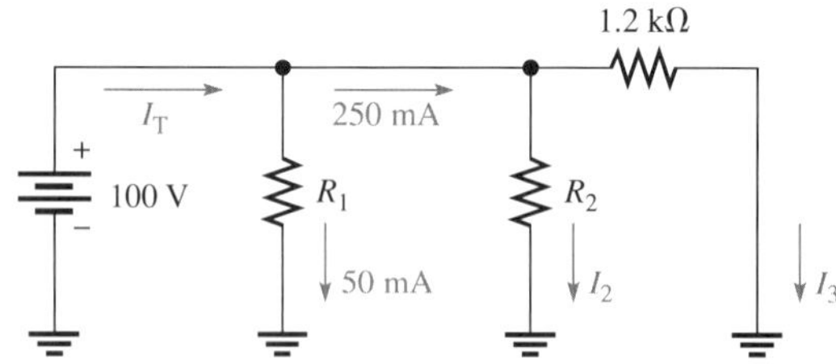


## 6-6 전류원의 병렬 연결

**30.** 그림 6-78의 각 회로에서 $R_L$을 통하여 흐르는 전류를 구하라.

▶ 그림 6-78

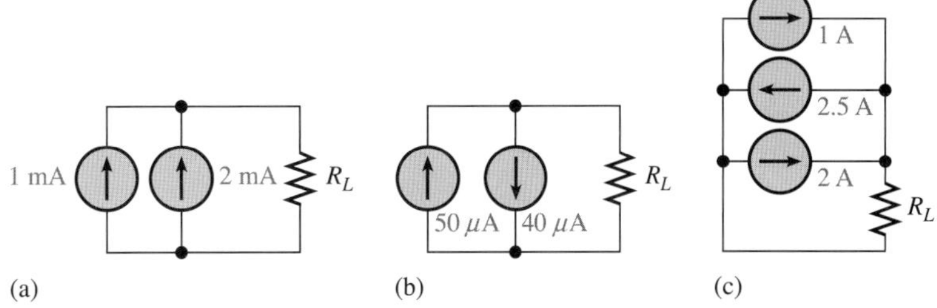


**31.** 그림 6-79에서 다점 스위치의 각 위치에서 저항을 통해 흐르는 전류를 구하라.

▶ 그림 6-79

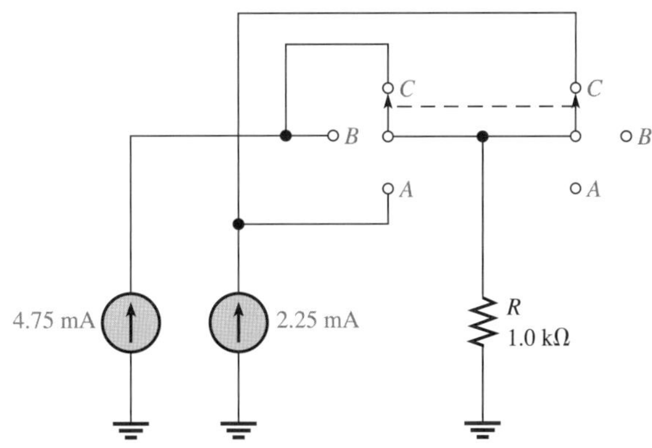


## 6-7 전류 분배기

**32.** 그림 6-80의 각 계기에서 측정되는 전류는 얼마인가?

▶ 그림 6-80

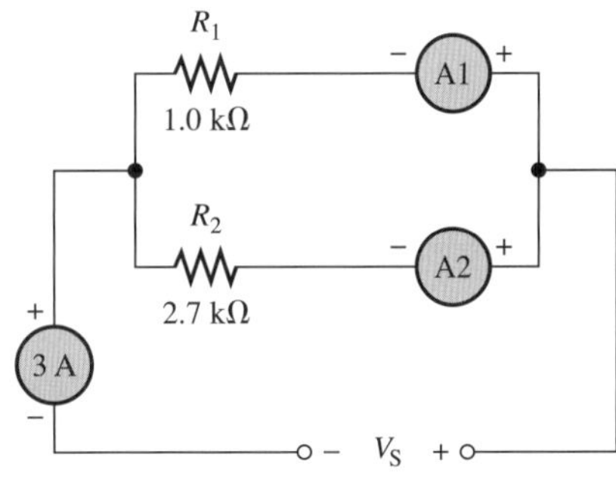


**33.** 그림 6-81의 전류 분배기에서 각 가지에 흐르는 전류를 구하라.

▶ 그림 6-81

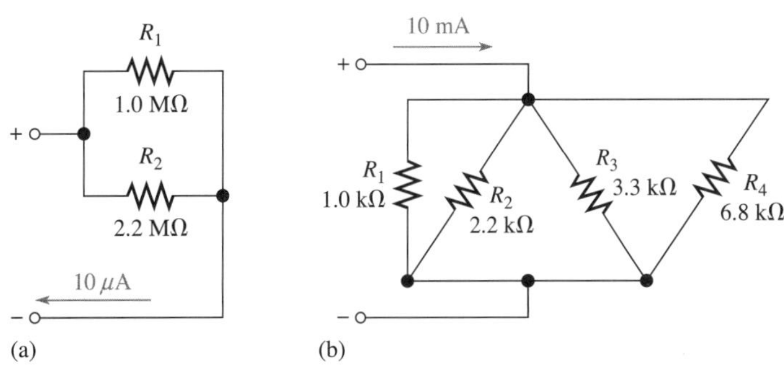

**34.** 그림 6-82에서 각 저항을 통하여 흐르는 전류는 얼마인가? $R$은 가장 작은 값의 저항이고, 나머지 저항들은 그 값의 배수이다.

▶ 그림 6-82

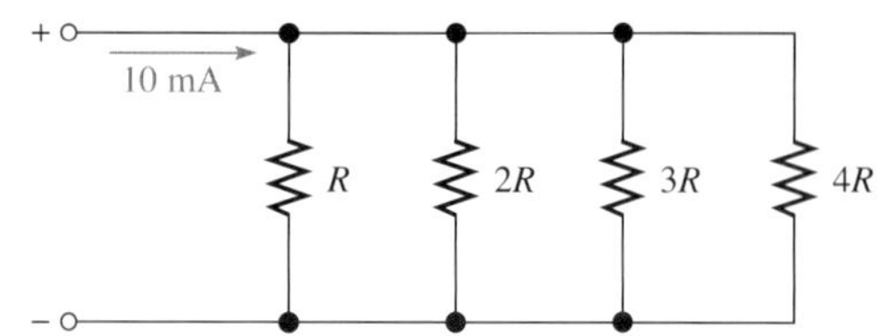


**35.** 그림 6-83에서 모든 저항 값을 구하라. $R_T = 773\ \Omega$이다.

▶ 그림 6-83

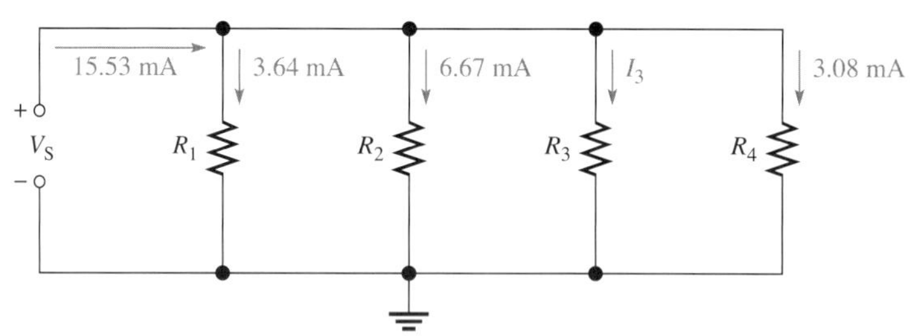


***36.** (a) 그림 6-49의 전류계에서 전류계 구동장치의 저항 값이 50 Ω이라면 분류 저항 $R_{SH1}$의 값은 얼마여야 하는가?

(b) 그림 6-50의 계기 회로에서 $R_{SH2}$의 값은 얼마여야 하는가($R_M = 50\ \Omega$)?

***37.** 높은 전류를 측정할 때 50 mV 감소시키기 위해 설계된 특별한 분류 저항들을 제조사들로부터 구할 수 있다. 측정을 하기 위하여 50 mV, 10 kΩ의 최대 편향 전압계를 분류 저항 양단에 연결하였다.

(a) 50 A 측정에 50 mV 계기를 사용하기 위해서 요구되는 분류 저항 값은 얼마인가?

(b) 계기를 통하여 흐르는 전류는 얼마인가?

### 6-8 병렬 회로의 전력

**38.** 5개의 병렬 저항이 각각 250 mW씩을 다룬다. 총 전력은 얼마인가?

**39.** 그림 6-81의 각 회로에서 총 전력을 구하라.

**40.** 110 V 양단에 6개의 전구가 병렬로 연결되어 있다. 각 전구의 정격이 75 W이다. 각 전구를 통하여 흐르는 전류는 얼마이며, 또한 총 전류는 얼마인가?

***41.** 그림 6-84에서 미지의 값들을 구하라.

▶ 그림 6-84

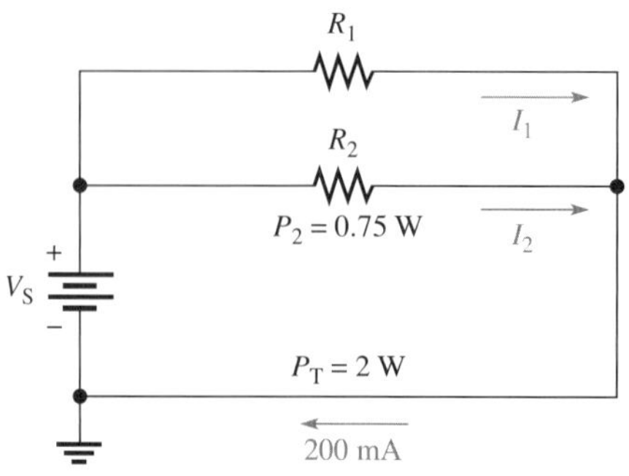

***42.** $^1/_2$ W 저항만으로 구성된 병렬 회로가 있다. 합성 저항이 1.0 kΩ이고 총 전류는 50 mA이다. 만약 각 저항이 최대 전력 수준의 반만 사용할 때 다음을 구하라.

(a) 저항의 수 (b) 각 저항 값

(c) 각 가지에 흐르는 전류 (d) 인가 전압

## 6-10 고장진단

**43.** 문제 40에서 한 전구가 타버렸다면, 남아 있는 각 전구를 통해 흐르는 전류는 얼마인가? 총 전류는 얼마인가?

**44.** 그림 6-85에서, 전류 및 전압 측정값을 나타내고 있다. 개방된 저항이 있는가? 만약 있다면 어느 저항인가?

▶ 그림 6-85

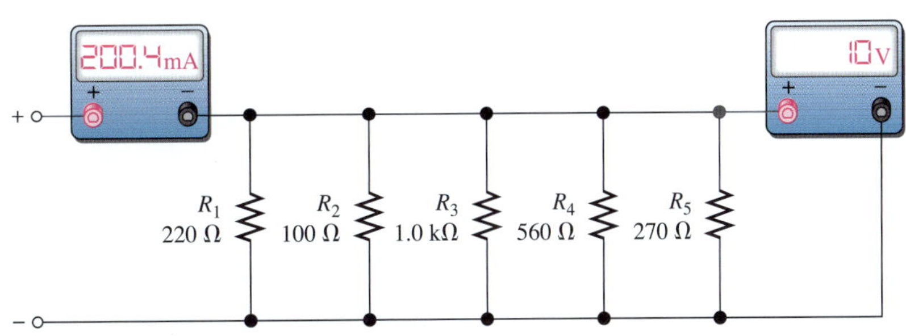


**45.** 그림 6-86의 회로에서 잘못된 것은 무엇인가?

**46.** 계기가 5.55 mA를 나타낼 때, 그림 6-86의 회로에서 잘못된 것은 무엇인가?

▶ 그림 6-86

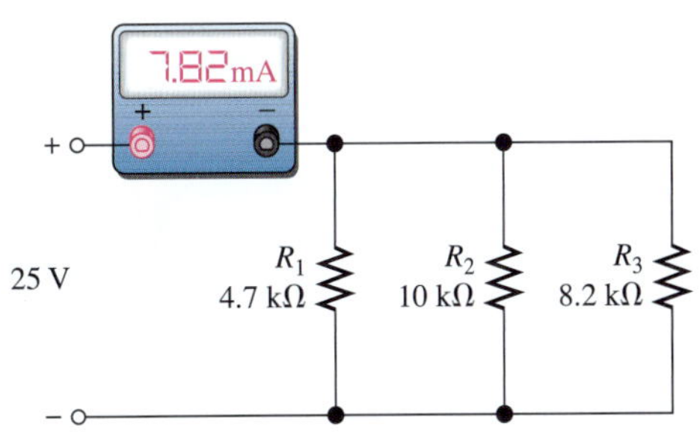


***47.** 개방된 소자가 없는지 확인하기 위하여 그림 6-87의 회로기판을 점검하기 위한 시험 절차를 서술하라. 기판에서 소자들은 제거하지 말고 점검해야 한다. 자세히 단계별로 그 절차를 작성하라.

***48.** 그림 6-88의 회로기판에서, 핀 2와 핀 4 사이가 단락되었을 때 다음 핀들 사이의 저항 값을 구하라.

(a) 1과 2 (b) 2와 3 (c) 3과 4 (d) 1과 4

***49.** 그림 6-88의 회로기판에서, 핀 3과 핀 4 사이가 단락되었을 때 다음 핀들 사이의 저항을 구하라.

(a) 1과 2 (b) 2와 3 (c) 3과 4 (d) 1과 4

▶ 그림 6-87

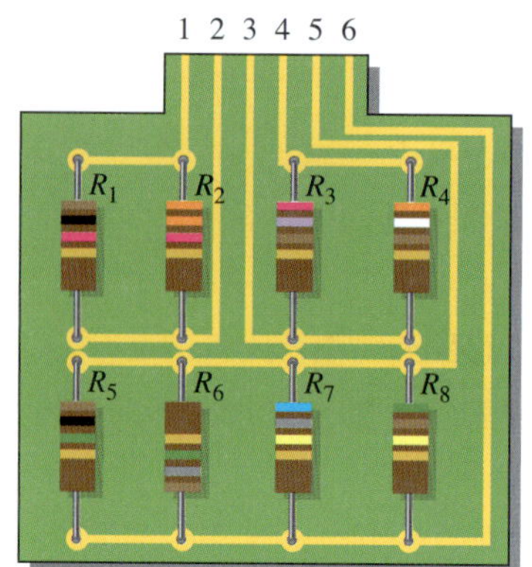


▶ 그림 6-88

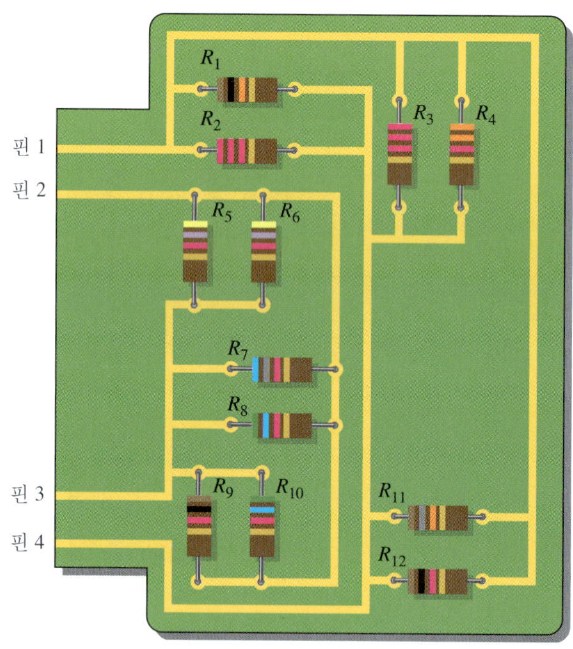


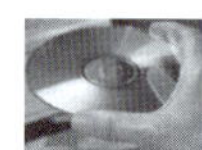

## Multisim 고장진단과 분석

Multisim CD-ROM을 사용하여 다음 문제를 풀어 보라.

**50.** P06-50 파일을 열고 병렬 합성 저항 값을 측정하라.

**51.** P06-51 파일을 열고 개방된 저항이 있는지 측정하라. 있다면 어느 것인가?

**52.** P06-52 파일을 열고 미지의 저항 값을 구하라.

**53.** P06-53 파일을 열고 미지의 전압원을 구하라.

**54.** P06-54 파일을 열고 회로에 고장이 있는지 검사하라.

## 복습문제 해답

### 6-1 저항의 병렬 연결

**1.** 병렬 저항들은 분리되어 있는 동일한 두 점 사이에 연결된다.

**2.** 병렬 회로는 주어진 두 점 사이에 한 개 이상의 전류 경로를 갖는다.

**3.** 그림 6-89 참조

▶ 그림 6-89

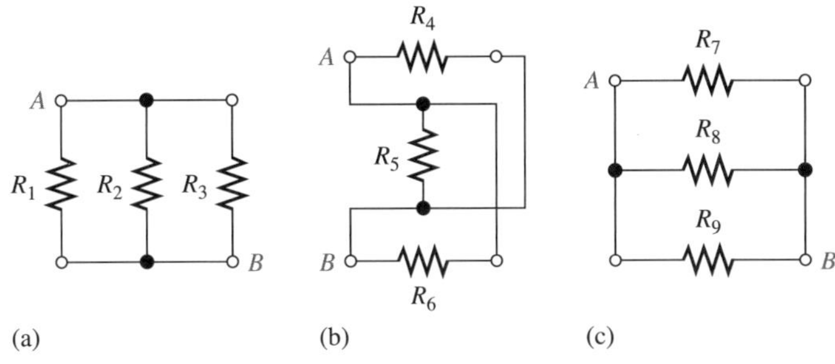


**4.** 그림 6-90 참조

▶ 그림 6-90

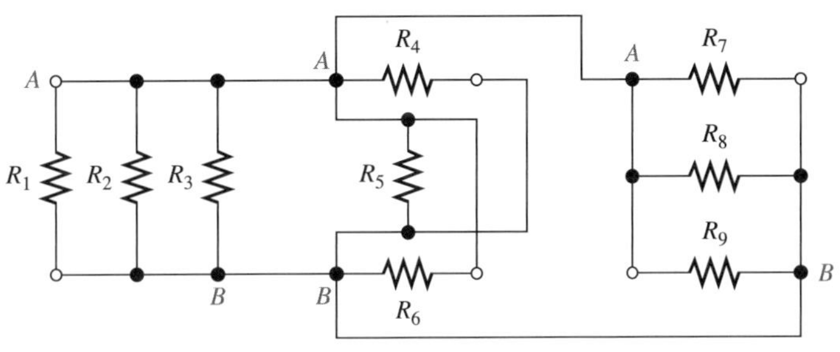


### 6-2 병렬 회로의 전압

**1.** $V_{10\Omega} = V_{22\Omega} = 5\text{ V}$

**2.** $V_{R2} = 118\text{ V}, V_S = 118\text{ V}$

**3.** $V_{R1} = 50\text{ V}$ 그리고 $V_{R2} = 50\text{ V}$

**4.** 모든 병렬 가지 양단의 전압은 동일하다.

### 6-3 키르히호프의 전류 법칙

**1.** 키르히호프의 전류 법칙: 한 접합점에서 모든 전류의 대수적인 합은 영이다. 한 접합점으로 유입되는 전류의 합과 접합점으로부터 유출되는 전류의 합은 같다.

**2.** $I_1 = I_2 = I_3 = I_T = 2.5\text{ mA}$

**3.** $I_{OUT} = 100\text{ mA} + 300\text{ mA} = 400\text{ mA}$

**4.** $I_1 = I_T - I_2 = 3\ \mu\text{A}$

**5.** $I_{IN} = 8\text{ mA} - 1\text{ mA} = 7\text{ mA}, I_{OUT} = 8\text{ mA} - 3\text{ mA} = 5\text{ mA}$

### 6-4 병렬 회로의 합성 저항

**1.** 병렬 저항이 추가될수록 $R_T$는 감소한다.

**2.** 총 병렬 저항은 가지 저항의 최소값보다 작다.

**3.** $R_T = \dfrac{1}{(1/R_1) + (1/R_2) + \cdots + (1/R_n)}$

**4.** $R_T = R_1R_2/(R_1 + R_2)$

**5.** $R_T = R/n$

**6.** $R_T = (1.0\ \text{k}\Omega)(2.2\ \text{k}\Omega)/3.2\ \text{k}\Omega = 688\ \Omega$

**7.** $R_T = 1.0\ \text{k}\Omega/4 = 250\ \Omega$

**8.** $R_T = \dfrac{1}{1/47\ \Omega + 1/150\ \Omega + 1/100\ \Omega} = 26.4\ \Omega$

## 6-5 옴의 법칙 응용

**1.** $I_T = 10\ \text{V}/22.7\ \Omega = 44.1\ \text{mA}$

**2.** $V_S = (20\ \text{mA})(222\ \Omega) = 4.44\ \text{V}$

**3.** $I_1 = 4.44\ \text{V}/680\ \Omega = 6.53\ \text{mA}, I_2 = 4.44\ \text{V}/330\ \Omega = 13.5\ \text{mA}$

**4.** $R_T = 12\ \text{V}/5.85\ \text{mA} = 2.05\ \text{k}\Omega, R = (2.05\ \text{k}\Omega)(4) = 8.2\ \text{k}\Omega$

**5.** $V = (100\ \text{mA})(688\ \Omega) = 68.8\ \text{V}$

## 6-6 전류원의 병렬 연결

**1.** $I_T = 4(0.5\ \text{A}) = 2\ \text{A}$

**2.** 세 개의 전원, 그림 6-91 참조

**3.** $I_{R_E} = 10\ \text{mA} + 10\ \text{mA} = 20\ \text{mA}$

▶ 그림 6-91

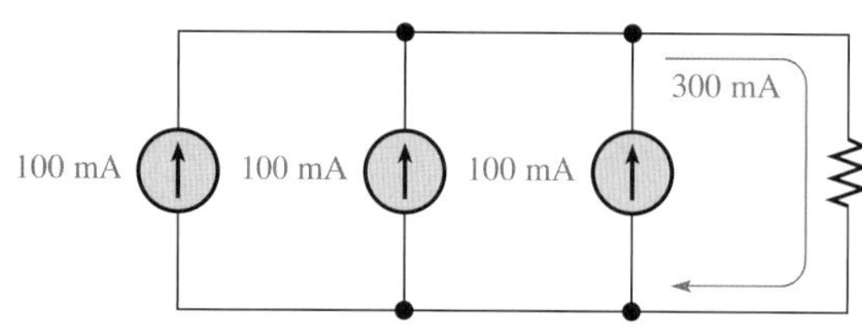


## 6-7 전류 분배기

**1.** $I_x = (R_T/R_X)I_T$

**2.** $I_1 = \left(\dfrac{R_2}{R_1 + R_2}\right)I_T, I_2 = \left(\dfrac{R_1}{R_1 + R_2}\right)I_T$

**3.** 22 kΩ에 최대 전류가 흐른다. 220 kΩ에 최소 전류가 흐른다.

**4.** $I_1 = (680\ \Omega/1010\ \Omega)10\ \text{mA} = 6.73\ \text{mA}, I_2 = (330\ \Omega/1010\ \Omega)10\ \text{mA} = 3.27\ \text{mA}$

**5.** $I_3 = (114\ /470\ \Omega)4\ \text{mA} = 970\ \mu\text{A}$

## 6-8 병렬 회로의 전력

**1.** 총 전력을 구하기 위해서 각 저항의 전력을 더한다.

**2.** $P_T = 238\ \text{mW} + 512\ \text{mW} + 109\ \text{mW} + 876\ \text{mW} = 174\ \text{W}$

**3.** $P_T = (1\text{ A})^2(615\ \Omega) = 615\text{ W}$

## 6-9 병렬 회로의 응용

**1.** $R_{max} = 50\ \Omega$, $I_{max} = 1\text{ mA}$

**2.** 계기의 구동장치를 통해 흐르는 전류보다 분류 저항으로 더 큰 전류가 흘러야 하기 때문에 $R_M$보다 $R_{SH}$가 더 작다.

## 6-10 고장진단

**1.** 가지가 개방되었을 때 전압의 변화는 없다. 총 전류는 감소한다.

**2.** 하나의 가지가 개방된다면, 병렬 합성 저항은 증가한다.

**3.** 남아 있는 전구들은 계속 불이 켜져 있다.

**4.** 남아 있는 모든 가지의 전류는 100 mA이다.

**5.** 120 mA가 흐르는 가지가 개방되었다.

## 회로 응용

**1.** $R_{SH}$에 가장 큰 전류가 흐른다.

**2.** 25 mA 범위: $R_{AB} = R_M = 6\ \Omega$

250 mA 범위: $R_{AB} = R_M \parallel R_{SH} = 6\ \Omega \parallel 670\text{ m}\Omega = 603\text{ m}\Omega$

2.5 A 범위: $R_{AB} = (R_1 + R_M) \parallel R_{SH} = (60.4\ \Omega + 6\ \Omega) \parallel 670\text{ m}\Omega = 66.4\ \Omega \parallel 670\text{ m}\Omega = 663\text{ m}\Omega$

**3.** 그림 6-61에서 계측 회로는 스위치 접촉 저항의 영향을 무시한다.

**4.** 150 mA

**5.** 25 mA 범위: 7.5 mA

250 mA 범위: 75 mA

2.5 A 범위: 750 mA

## 관련 문제 해답

**6-1** 그림 6-92 참조

▶ 그림 6-92

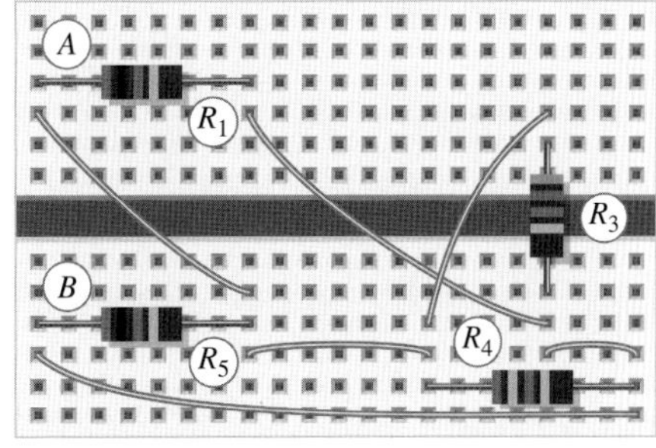


**6-2** 핀 1을 핀 2에 연결하고 핀 3을 핀 4에 연결한다.

**6-3** 25 V

**6-4** 20 mA가 절점 $A$에 유입되고 절점 $B$에서 유출된다.

**6-5** $I_T = 112$ mA, $I_2 = 50$ mA

**6-6** 2.5 mA, 5 mA

**6-7** 9.33 Ω

**6-8** 132 Ω

**6-9** 4 Ω

**6-10** 1044 Ω

**6-11** 1.83 mA, 1 mA

**6-12** $I_1 = 20$ mA, $I_2 = 9.09$ mA, $I_3 = 35.7$ mA, $I_4 = 22.0$ mA

**6-13** 1.28 V

**6-14** 저항계로 $R_T$를 측정하고 $R_1 = 1/[(1/R_T) - (1/R_2) - (1/R_3)]$을 이용하여 $R_1$을 계산한다.

**6-15** 30 mA

**6-16** $I_1 = 3.27$ mA, $I_2 = 6.73$ mA

**6-17** $I_1 = 59.4$ mA, $I_2 = 40.6$ mA

**6-18** 1.78 W

**6-19** 81 W

**6-20** 0.0347 $\mu$A

**6-21** 15.4 mA

**6-22** 잘못되었음, $R_{10}$(68 kΩ)이 개방되어야 한다.

## 자기 진단 해답

**1.** (b) **2.** (c) **3.** (b) **4.** (d) **5.** (a) **6.** (c) **7.** (c) **8.** (c)
**9.** (d) **10.** (b) **11.** (a) **12.** (d) **13.** (c) **14.** (b)

## 퀴즈 해답

**1.** (c) **2.** (a) **3.** (c) **4.** (a) **5.** (c) **6.** (c) **7.** (c) **8.** (c)
**9.** (b) **10.** (c) **11.** (b) **12.** (c) **13.** (a) **14.** (c) **15.** (a)

CHAPTER 7

# 직·병렬 회로

## 이 장의 차례



## 이 장의 목표

- 직·병렬 관계를 구별한다.
- 직·병렬 회로를 해석한다.
- 전압 분배기를 해석한다.
- 회로에 연결된 전압계의 부하 효과를 구한다.
- 사다리형 회로망을 해석한다.
- 휘트스톤 브리지를 해석 및 응용한다.
- 직·병렬 회로의 고장을 진단한다.

## 핵심 용어

- 분압기 전류
- 불평형 브리지
- 평형 브리지
- 휘트스톤 브리지

## 회로 응용 소개

회로 응용에서는 서미스터와 결합하여 휘트스톤 브리지가 온도 조절용으로 어떻게 사용되는지 알아본다. 이 회로 응용은 수조 안의 용액 온도를 일정하게 유지시키기 위한 가열장치의 동작 여부를 제어하도록 설계된다.

## 인터넷 학습자료

http://www.prenhall.com/floyd

## 이 장의 소개

5장과 6장에서 각각 직렬 회로와 병렬 회로에 대하여 살펴보았다. 이 장에서는 직렬 및 병렬 연결된 저항들로 조합된 직·병렬 회로에 대하여 알아볼 것이다. 실제로 많은 상황에서, 한 회로 내에서의 직·병렬 조합을 접하게 되며, 앞에서 배운 직렬 회로 및 병렬 회로 해석 방법을 적용하게 된다.

직·병렬 회로의 중요한 형태들이 이 장에서 소개된다. 이러한 회로로는 부하 저항을 갖는 전압 분배기, 사다리형 회로망, 휘트스톤 브리지 등이 포함된다.

직·병렬 회로의 해석에는 옴의 법칙, 키르히호프의 전압/전류 법칙, 그리고 앞의 두 장에서 배운 합성 저항과 전력을 구하는 방법이 이용된다. 부하가 연결된 전압 분배기는 실제 상황에서 자주 접하기 때문에, 이에 대한 내용은 중요하다. 그 한 예가 트랜지스터 증폭기의 전압 분배기 바이어스 회로인데 후행 과목에서 공부하게 될 것이다. 사다리형 회로망은 디지털 기초 과목에서 다루게 될 디지털-아날로그 변환 등을 포함하는 몇몇 분야에서 중요하다. 휘트스톤 브리지는 미지의 소자 값을 측정하기 위한 여러 시스템에 사용된다.

# 7-1 직·병렬 관계의 구별

직·병렬 회로는 직렬 및 병렬 전류 경로의 조합으로 구성된다. 회로에서 소자들이 직·병렬 관계를 가지고 어떻게 연결되어 있는가를 구별하는 것이 중요하다.

이 절의 학습 내용은 다음과 같다.

- **직·병렬 관계의 구별**
  - 주어진 회로에서 각 저항들 간 연결 관계의 인식
  - PC 기판상에서 직·병렬 관계의 결정

그림 7-1(a)는 간단한 직·병렬 저항의 조합을 나타낸 것이다. 점 *A*에서 점 *B*까지의 저항 성분은 $R_1$이다. 점 *B*에서 점 *C*까지의 저항 성분은 $R_2$와 $R_3$의 병렬 값인 $(R_2 \parallel R_3)$이다. 점 *A*에서 점 *C*까지의 총 저항 성분은 그림 7-1(b)에 나타난 것처럼 $R_2$와 $R_3$의 병렬 조합에 $R_1$이 직렬 연결된 것이다.

▶ 그림 7-1
간단한 직·병렬 저항 회로

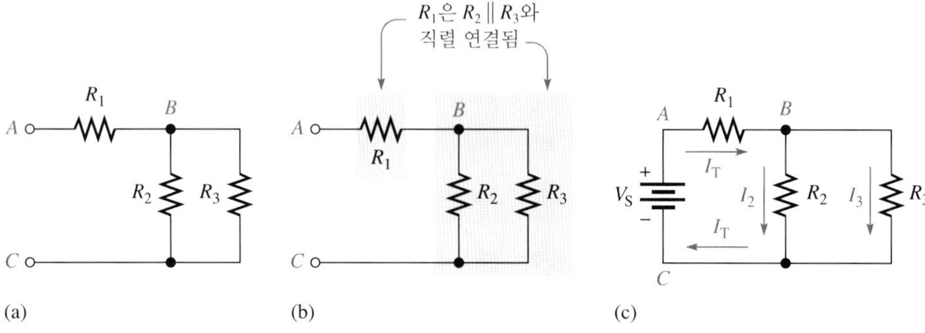


그림 7-1(a)의 회로를 그림 7-1(c)에 나타낸 것처럼 전압원에 연결하면 총 전류는 $R_1$을 지나, 점 *B*에서 두 병렬 경로로 나누어진다. 이 두 개의 가지 전류는 그림에서와 같이 다시 합해져 총 전류는 전원의 음(−)의 단자로 흘러들어간다.

이제 직·병렬 관계를 설명하기 위해, 그림 7-1(a)의 회로를 보다 복잡하게 만들어 보자. 그림 7-2(a)에서 또 다른 저항($R_4$)을 $R_1$에 직렬 연결한다. 점 *A*와 *B* 사이의 저항 성분은 이제 $R_1 + R_4$가 되며, 이 직렬 조합은 그림 7-2(b)에 나타난 것처럼 $R_2$와 $R_3$의 병렬 조합에 직렬로 연결된다.

▶ 그림 7-2
회로에서 $R_1$에 직렬로 더해진 $R_4$

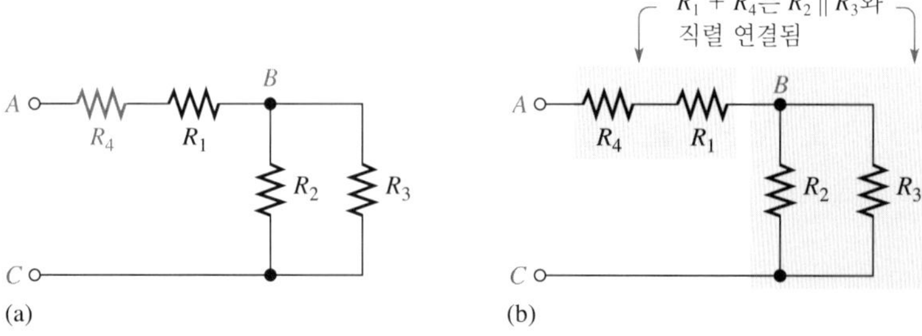

그림 7-3(a)에서 $R_5$는 $R_2$와 직렬 연결되어 있다. $R_2$와 $R_5$의 직렬 조합은 $R_3$와 병렬로 연결되어 있다. 이 전체의 직·병렬 조합은 그림 7-3(b)와 같이 $R_1$과 $R_4$의 직렬 조합과 직렬로 연결되어 있다.

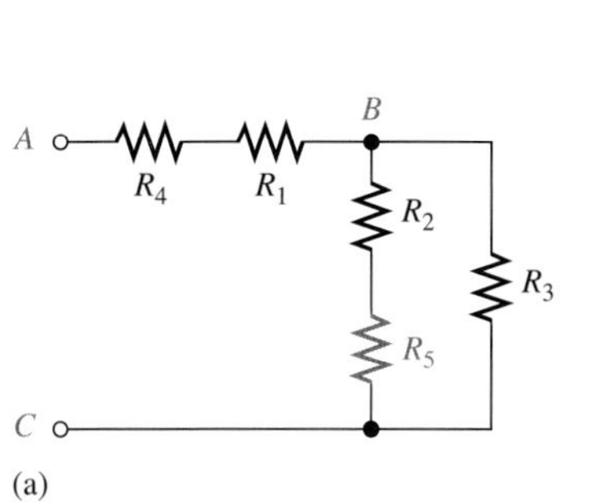


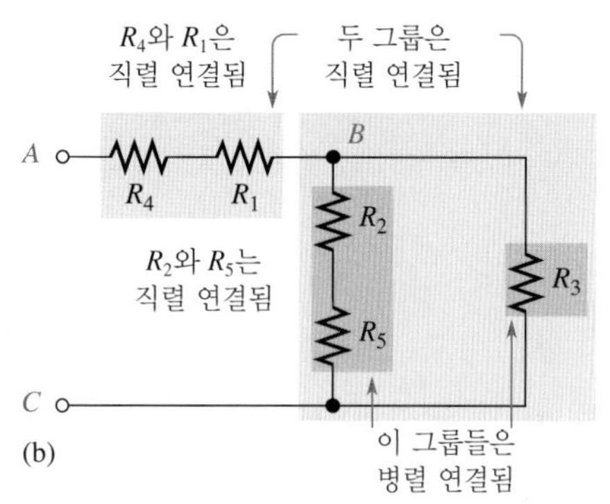


◀ 그림 7-3

회로에서 $R_2$에 직렬로 더해진 $R_5$

그림 7-4(a)에서 $R_6$는 $R_1$과 $R_4$의 직렬 조합에 병렬로 연결되어 있다. 그림 7-4(b)에서와 같이 $R_1, R_4, R_6$의 직·병렬 조합은 $R_2, R_3, R_5$의 직·병렬 조합과 직렬로 연결되어 있다.

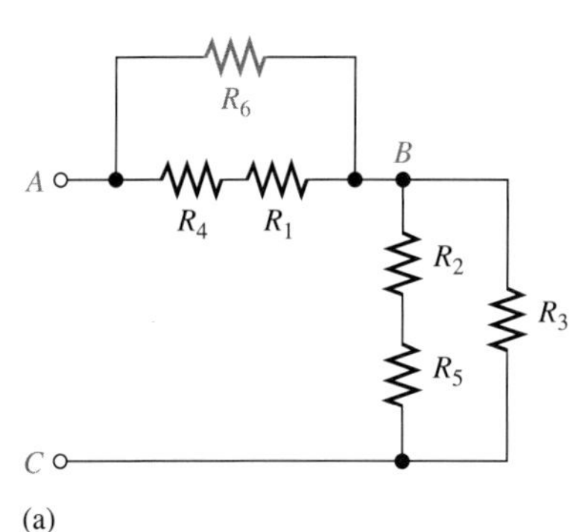


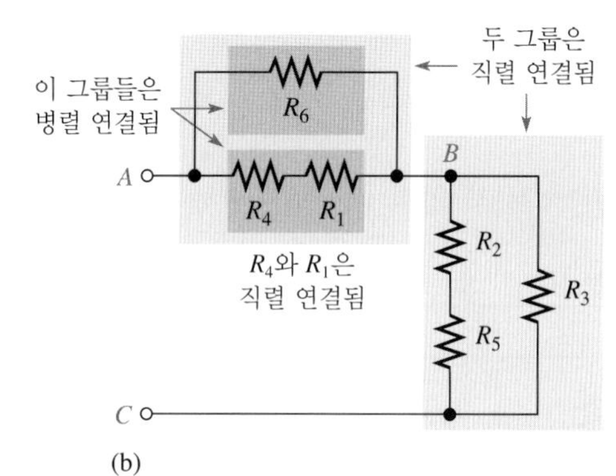


◀ 그림 7-4

회로에서 $R_1$과 $R_4$의 직렬 조합과 병렬로 더해진 $R_6$

**예제 7-1** 그림 7-5에서 직·병렬 관계를 구별하라.

▶ 그림 7-5

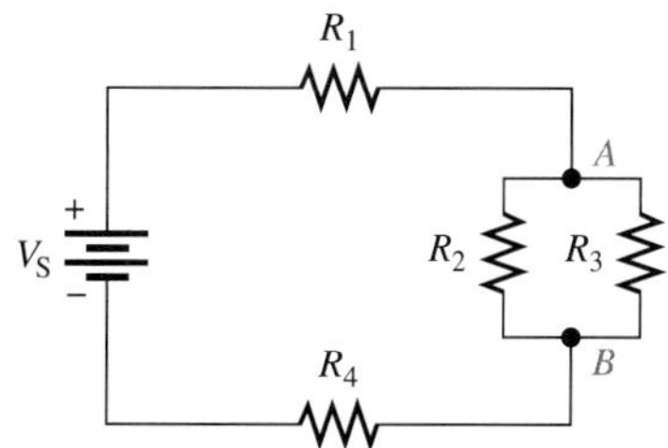


풀이 전원의 양의 단자에서 시작하여 전류 경로를 따라가 보자. 전원에서 흘러나온 모든 전류는 회로의 나머지 부분과 직렬로 연결된 $R_1$을 지나야만 한다.

총 전류는 점 $A$에 도달해서 두 개의 전류 경로를 만나게 된다. 일부는 $R_2$를 지나게 되고 일부는 $R_3$를 지나게 된다. $R_2$와 $R_3$는 서로 병렬 연결되어 있고, 이 병렬 조합은 $R_1$과 직렬로 연결되어 있다.

$R_2$와 $R_3$를 지난 전류는 점 $B$에서 다시 만나게 된다. 따라서 총 전류가 $R_4$를 통해 흐르게 된다. 저항 $R_4$는 $R_2$, $R_3$의 병렬 조합과 $R_1$과 직렬로 연결되어 있다. 이 전류들을 그림 7-6에 나타내었으며, 여기서 $I_T$는 총 전류이다.

▶ 그림 7-6

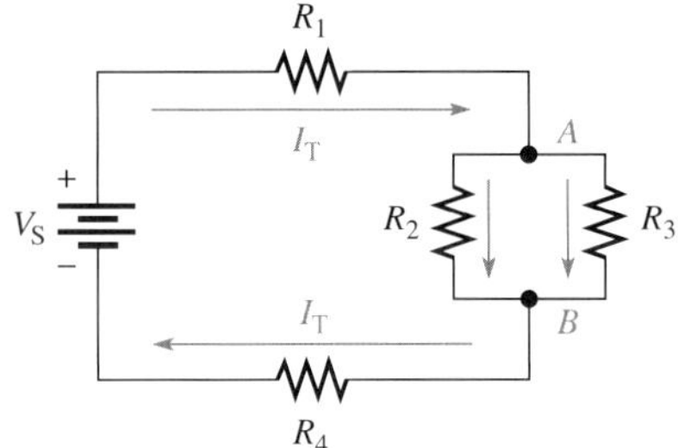


요약하면, $R_1$과 $R_4$는 다음 식과 같이 $R_2$와 $R_3$의 병렬 조합과 직렬로 연결되어 있다.

$$R_1 + R_2 \| R_3 + R_4$$

**관련 문제** 만약 또 다른 저항 $R_5$가 그림 7-6의 점 $A$와 전원의 음(−)단자 사이에 연결된다면 다른 저항들과의 관계는 어떻게 되는가?

**예제 7-2** 그림 7-7에서 직·병렬 관계를 구별하라.

▶ 그림 7-7

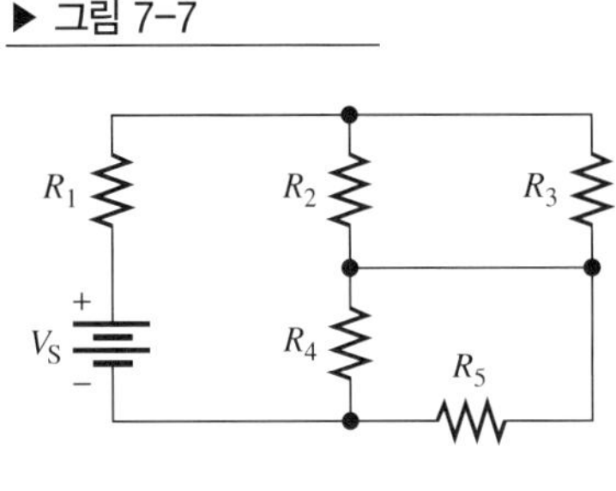


▶ 그림 7-8

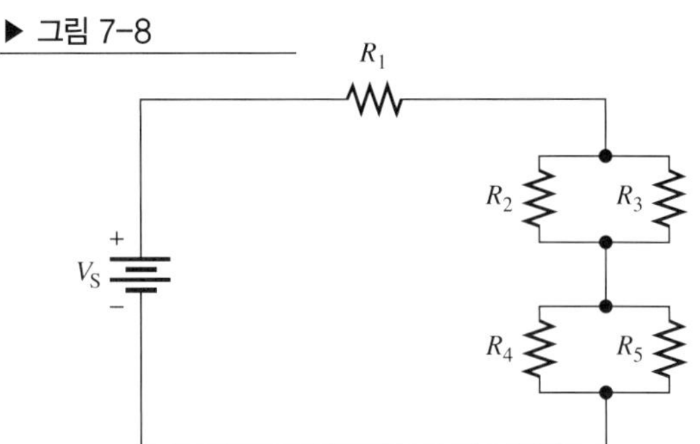


**풀이** 때로는 회로를 다른 모양으로 다시 그려 보면 어떤 특별한 회로 배열을 더 쉽게 알아볼 수 있다. 이 경우 회로도를 그림 7-8과 같이 다시 그렸으며, 이것은 직·병렬 관계를 더 명확하게 보여준다. 이제 $R_2$와 $R_3$가 서로 병렬이고, 또한 $R_4$와 $R_5$가 서로 병렬임을 알 수 있다. 이 두 병렬 조합은 서로 직렬 연결되어 있고, $R_1$과도 직렬 연결되어 있으며, 다음 식과 같이 표현된다.

$$R_1 + R_2 \| R_3 + R_4 \| R_5$$

**관련 문제** 그림 7-8에서 만약 하나의 저항을 $R_3$의 아래쪽 끝과 $R_5$의 위쪽 끝 사이에 연결시키면 그림 7-8의 회로에 어떤 영향을 미치게 되는가?

**예제 7-3** 그림 7-9에서 단자 $A$와 $D$ 사이의 직·병렬 관계를 설명하라.

▶ 그림 7-9

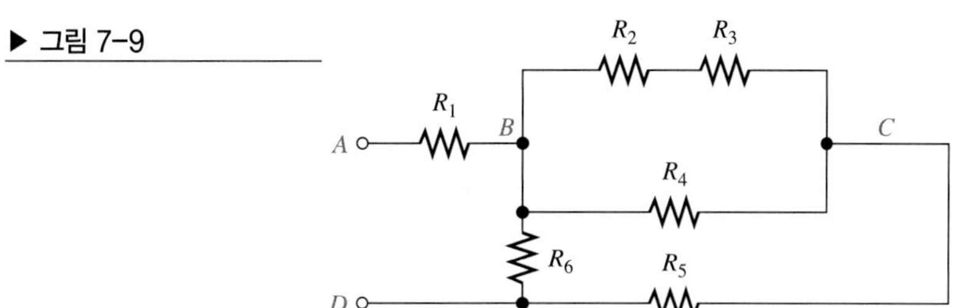


**풀이** 절점 $B$와 $C$ 사이에 두 개의 병렬 경로가 있다. 아래쪽 경로는 $R_4$로 구성되고, 위쪽 경로는 $R_2$와 $R_3$의 직렬 조합으로 구성되어 있다. 이 병렬 조합은 $R_5$와 직렬 연결되어 있다. $R_2$, $R_3$, $R_4$, $R_5$의 조합은 $R_6$와 병렬 연결되어 있다. 저항 $R_1$은 다음 식과 같이 앞에서의 전체 조합과 직렬로 연결되어 있다.

$$R_1 + R_6 \parallel (R_5 + R_4 \parallel (R_2 + R_3))$$

**관련 문제** 만약 그림 7-9에서 $C$와 $D$ 사이에 하나의 저항이 추가된다면, 이때의 병렬 관계를 설명하라.

**예제 7-4** 그림 7-10에서 각 단자 쌍 사이의 총 저항에 대하여 설명하라.

▶ 그림 7-10

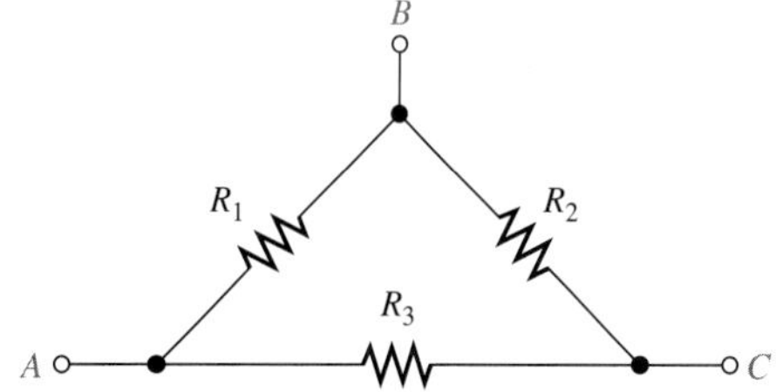


**풀이** **1.** $A$와 $B$ 사이: $R_1$은 $R_2$와 $R_3$의 직렬 조합과 병렬이다.

$$R_1 \parallel (R_2 + R_3)$$

**2.** $A$와 $C$ 사이: $R_3$는 $R_1$과 $R_2$의 직렬 조합과 병렬이다.

$$R_3 \parallel (R_1 + R_2)$$

**3.** $B$와 $C$ 사이: $R_2$는 $R_1$과 $R_3$의 직렬 조합과 병렬이다.

$$R_2 \parallel (R_1 + R_3)$$

**관련 문제** 새로운 저항 $R_4$가 점 $C$와 접지 사이에 연결된다면 그림 7-10에서 각 단자와 접지 사이의 합성 저항을 설명하라.

일반적으로 인쇄회로기판상의 소자 배열은 실제 회로의 직·병렬 연결과 유사하지 않다. 회로를 쉽게 이해할 수 있는 형태로 소자를 재배열하여 종이에 그려 봄으로써 직·병렬 관계를 확인할 수 있다.

**예제 7-5** 그림 7-11의 인쇄회로기판상에서 저항들의 직·병렬 관계를 설명하라.

▶ 그림 7-11

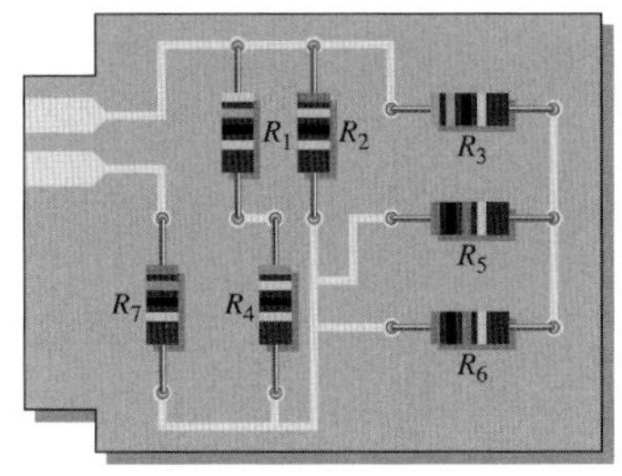


**풀이** 그림 7-12(a)에 기판상의 저항 배열을 그대로 회로도에 나타내었다. 그림 7-12(b)에는 직·병렬 관계를 좀더 명확하게 나타내기 위해 저항을 재배열하였다. 저항 $R_1$과 $R_4$는 직렬, $R_1 + R_4$는 $R_2$와 병렬, $R_5$와 $R_6$는 병렬이면서 이 병렬 조합은 $R_3$와 직렬이다. $R_3$, $R_5$, $R_6$의 직·병렬 조합은 $R_1 + R_4$의 직렬 조합 및 $R_2$와 각각 병렬이다. 앞에서 언급한 전체 직·병렬 조합은 $R_7$과 직렬이다. 그림 7-12(c)에 이 관계들을 나타내었다. 이 관계들을 식으로 정리하면 다음과 같다.

$$R_{AB} = (R_5 \parallel R_6 + R_3) \parallel R_2 \parallel (R_1 + R_4) + R_7$$

▶ 그림 7-12

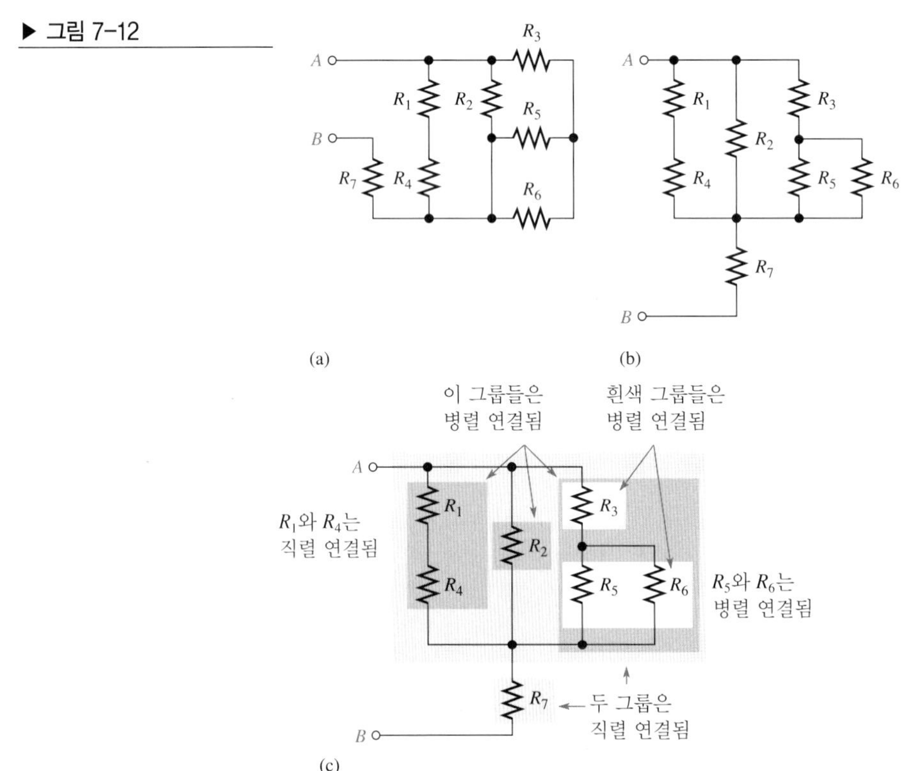


**관련 문제** 위의 회로에서 저항 $R_5$를 제거한다면, $R_3$와 $R_6$의 관계는 어떻게 되는가?

**복습문제 7-1**

1. *직·병렬 저항 회로*를 정의하라.
2. 어떤 직·병렬 회로가 다음과 같이 기술된다. $R_1$과 $R_2$는 병렬이다. 이 병렬 조합은 $R_3$와 $R_4$의 또 다른 병렬 조합과 직렬이다. 이 회로를 그려라.
3. 그림 7-13의 회로에서 저항들의 직·병렬 관계를 설명하라.
4. 그림 7-14에서 병렬 연결된 저항들은 어느 것인가?

▶ 그림 17-13

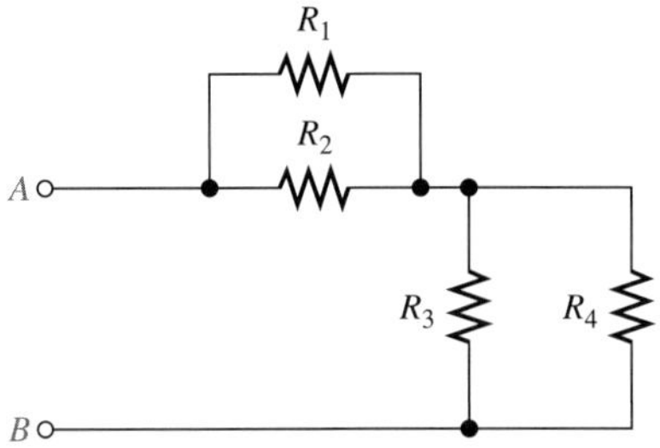

▶ 그림 17-14

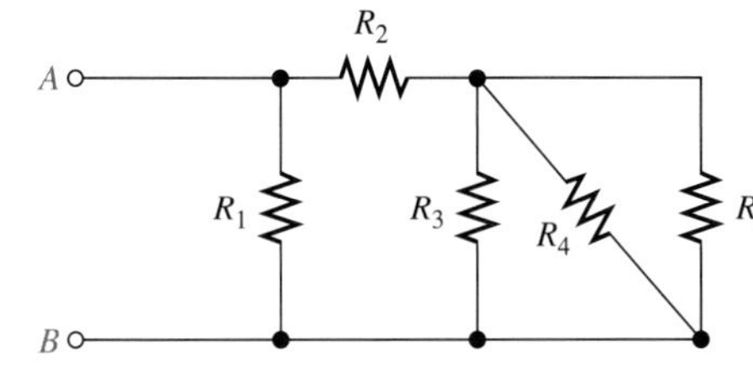


5. 그림 7-15에서 병렬 배열을 설명하라.
6. 그림 7-15에서 병렬 조합들은 직렬 연결되어 있는가?

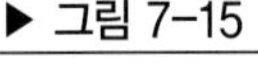

▶ 그림 7-15

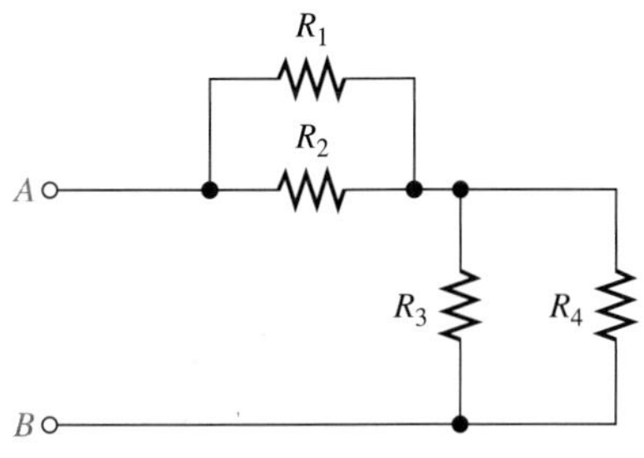


# 7-2 직·병렬 회로의 해석

직·병렬 회로의 해석은 우리가 필요로 하는 정보와 알고 있는 회로 값이 무엇인가에 따라 여러 가지 방법으로 접근할 수 있다. 이 절에서의 예제들은 모든 경우를 다 나타내는 것이 아니라 직·병렬 회로의 해석에 대한 접근 방법을 알려 주고 있다.

이 절의 학습 내용은 다음과 같다.

- **직·병렬 회로 해석**
  - 합성 저항의 계산
  - 모든 전류 값의 계산
  - 모든 전압 강하의 계산

옴의 법칙, 키르히호프의 법칙, 전압 분배 공식, 전류 분배 공식을 알고 이 법칙들이 어떻게 적용되는지를 안다면 대부분의 저항 회로 해석 문제를 해결할 수 있다. 또한 직렬 조합과 병렬 조합을 구별하는 능력도 필요하다. 불평형 휘트스톤 브리지와 같은 몇몇 회로들은 기본적인 직·병렬 조합을 갖지 않는다. 이러한 경우에는 다른 방법들이 필요한데 이것은 추후에 다루어진다.

## 합성 저항

5장에서는 직렬 합성 저항을 구하는 방법을 살펴보았으며, 6장에서는 병렬 합성 저항을 구하는 방법을 살펴보았다. 직·병렬 회로의 합성 저항($R_T$)을 구하기 위해서는, 직·병렬 관계를 정의한 후 앞에서 살펴본 계산을 수행하면 된다. 다음 두 예제를 통해 일반적인 접근 방법을 살펴보자.

**예제 7-6** 그림 7-16에서 단자 $A$와 $B$ 사이의 합성 저항 $R_T$를 구하라.

▶ 그림 7-16

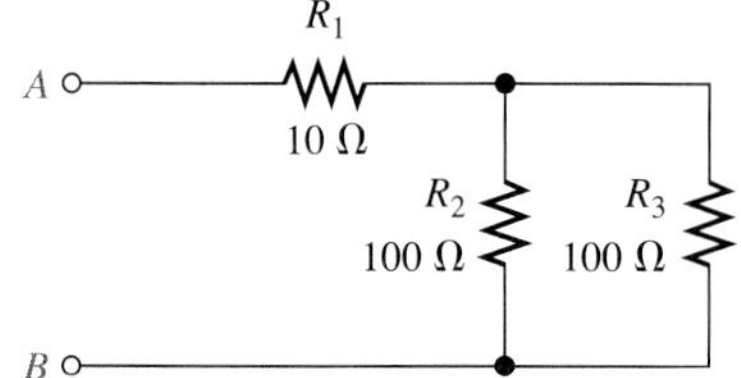


**풀이** 먼저 $R_2$와 $R_3$의 병렬 등가 저항을 계산한다. $R_2$와 $R_3$가 동일한 값이므로 식 (6-4)를 이용하면 다음을 얻는다.

$$R_{2\|3} = \frac{R}{n} = \frac{100\ \Omega}{2} = 50\ \Omega$$

여기서 $R_{2\|3}$는 회로의 일부분에 대한 합성 저항을 표시한 것이므로, 전체 회로에 대한 합성 저항 $R_T$와 구별하기 위하여 사용하였다.

$R_1$과 $R_{2\|3}$가 직렬이므로 이제 다음과 같이 두 값을 더하면 된다.

$$R_T = R_1 + R_{2\|3} = 10\ \Omega + 50\ \Omega = \mathbf{60\ \Omega}$$

**관련 문제** $R_3$를 82 Ω으로 변화시킬 경우 그림 7-16에서 $R_T$를 구하라.

**예제 7-7** 그림 7-17에서 전지의 양(+)단자 및 음(−)단자 사이의 합성 저항을 구하라.

▶ 그림 7-17

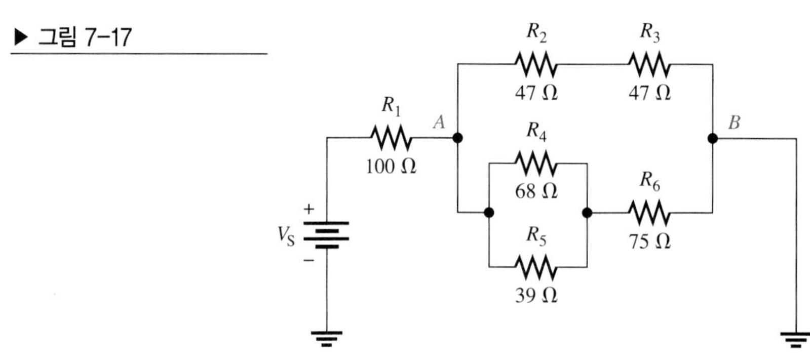

**풀이** 위쪽 가지에서, $R_2$와 $R_3$는 직렬로 연결되어 있다. 이 직렬 조합을 $R_{2+3}$으로 나타내면 이 값은 $R_2 + R_3$와 같다.

$$R_{2+3} = R_2 + R_3 = 47\ \Omega + 47\ \Omega = 94\ \Omega$$

아래쪽 가지에서, $R_4$와 $R_5$는 서로 병렬로 연결되어 있다. 이 병렬 조합을 $R_{4\|5}$로 나타낸다.

$$R_{4\|5} = \frac{R_4 R_5}{R_4 + R_5} = \frac{(68\ \Omega)(39\ \Omega)}{68\ \Omega + 39\ \Omega} = 24.8\ \Omega$$

또한 아래쪽 가지에서, $R_4$와 $R_5$의 병렬 조합은 $R_6$와 직렬로 연결되어 있다. 이 직·병렬 조합을 $R_{4\|5+6}$로 표시하자.

$$R_{4\|5+6} = R_6 + R_{4\|5} = 75\ \Omega + 24.8\ \Omega = 99.8\ \Omega$$

그림 7-18에는 원래 회로의 간략화된 등가 회로를 나타내었다.

▶ 그림 7-18

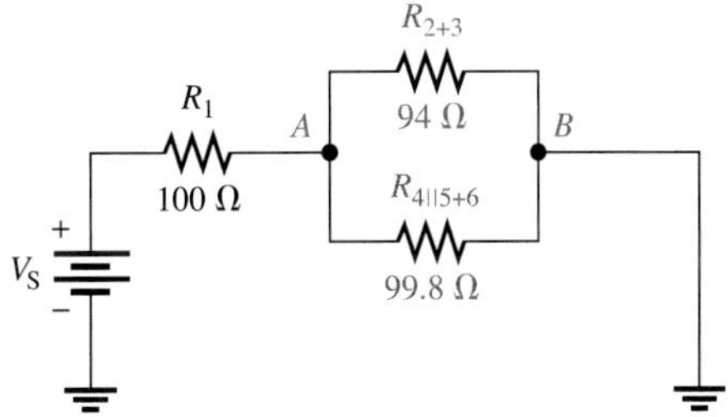


이제 $A$와 $B$ 사이의 등가 저항을 구할 수 있는데, 이것은 $R_{2+3}$와 $R_{4\|5+6}$의 병렬 합성 저항이다. 이 등가 저항은 다음과 같이 계산된다.

$$R_{AB} = \frac{1}{\dfrac{1}{R_{2+3}} + \dfrac{1}{R_{4\|5+6}}} = \frac{1}{\dfrac{1}{94\ \Omega} + \dfrac{1}{99.8\ \Omega}} = 48.4\ \Omega$$

마지막으로, 합성 저항은 $R_1$과 $R_{AB}$가 직렬 연결된 것이므로 다음과 같이 구할 수 있다.

$$R_T = R_1 + R_{AB} = 100\ \Omega + 48.4\ \Omega = \mathbf{148.4\ \Omega}$$

**관련 문제** 그림 7-17에서, $A$와 $B$ 사이에 68 Ω의 저항이 병렬로 추가될 경우 $R_T$를 구하라.

## 총 전류

일단 합성 저항과 전원 전압을 알고 있으면 옴의 법칙을 적용하여 회로의 총 전류를 구할 수 있다. 총 전류는 전원 전압을 합성 저항으로 나눈 값이다.

$$I_T = \frac{V_S}{R_T}$$

예를 들어 전원 전압을 30 V로 가정하면, [예제 7-7](그림 7-17)의 회로에서 총 전류는 다음과 같다.

$$I_T = \frac{V_S}{R_T} = \frac{30\ \text{V}}{148.4\ \Omega} = 202\ \text{mA}$$

## 가지 전류

전류 분배 공식, 키르히호프의 전류 법칙, 옴의 법칙 및 이들의 조합을 이용하면 직·병렬 회로의 임의의 가지에 흐르는 전류를 구할 수 있다. 주어진 전류를 구하기 위해 여러 번 이들 공식의 적용을 반복해야 하는 경우도 있다. 다음의 두 예제는 이 과정을 이해하는 데 도움이 될 것이다(전류 변수($I$)의 아래첨자는 $R$의 아래첨자와 대응된다. 예를 들면 $R_1$에 흐르는 전류는 $I_1$으로 표시한다).

**예제 7-8** 그림 7-19에서 $R_2$에 흐르는 전류와 $R_3$에 흐르는 전류를 구하라.

▶ 그림 7-19

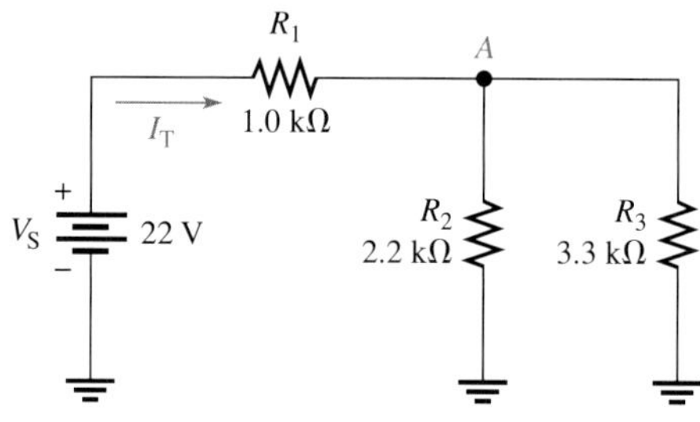


**풀이** 먼저 직·병렬 관계를 구분하라. 다음에, 절점 $A$로 얼마나 많은 전류가 유입되는지를 구하라. 이것이 회로의 총 전류이다. $I_T$를 구하기 위해서는 $R_T$를 알아야만 한다.

$$R_T = R_1 + \frac{R_2R_3}{R_2 + R_3} = 1.0\ \text{k}\Omega + \frac{(2.2\ \text{k}\Omega)(3.3\ \text{k}\Omega)}{2.2\ \text{k}\Omega + 3.3\ \text{k}\Omega} = 1.0\ \text{k}\Omega + 1.32\ \text{k}\Omega = 2.32\ \text{k}\Omega$$

$$I_T = \frac{V_S}{R_T} = \frac{22\ \text{V}}{2.32\ \text{k}\Omega} = 9.48\ \text{mA}$$

$R_2$를 통해 흐르는 전류를 구하기 위해 6장에서 살펴본 두 개의 가지에 대한 전류 분배 법칙을 이용하라.

$$I_2 = \left(\frac{R_3}{R_2 + R_3}\right)I_T = \left(\frac{3.3\ \text{k}\Omega}{5.5\ \text{k}\Omega}\right)9.48\ \text{mA} = \mathbf{5.69\ mA}$$

이제 $R_3$에 흐르는 전류를 구하기 위해 키르히호프의 전류 법칙을 이용한다.

$$I_T = I_2 + I_3$$

$$I_3 = I_T - I_2 = 9.48\ \text{mA} - 5.69\ \text{mA} = \mathbf{3.79\ mA}$$

**관련 문제** 그림 7-19에서 4.7 kΩ의 저항을 $R_3$에 병렬 연결한다. 새로 연결한 저항에 흐르는 전류를 구하라.

Multisim 파일 E07-08을 사용하여 [예제 7-8]과 [관련 문제]의 계산 결과를 확인하라.

**예제 7-9** $V_S = 50$ V일 때 그림 7-20에서 $R_4$에 흐르는 전류를 구하라.

▶ 그림 7-20

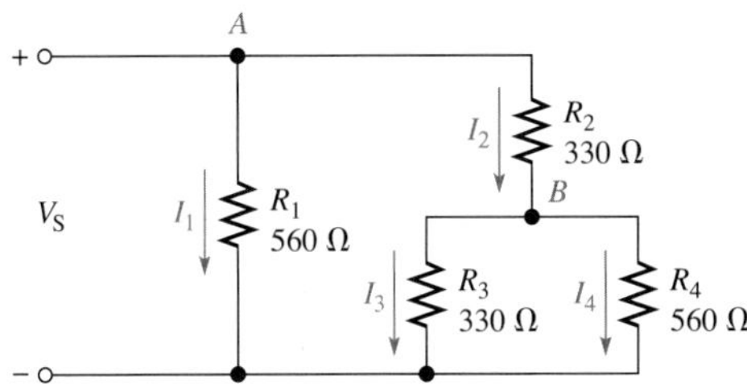


**풀이** 먼저 절점 $B$로 유입되는 전류($I_2$)를 구한다. 일단 이 전류 값을 알면, $R_4$에 흐르는 $I_4$를 구하기 위해 전류 분배 공식을 이용하라.

이 회로에는 두 개의 주된 가지가 있음을 유의하자. 가장 왼쪽 가지는 $R_1$으로만 구성되어 있다. 가장 오른쪽 가지는 $R_3$와 $R_4$의 병렬 조합과 직렬 연결된 $R_2$로 이루어져 있다. 이들 두 주된 가지 양단의 전압은 50 V로 동일하다. 가장 오른쪽 주된 가지의 등가 저항($R_{2+3\|4}$)을 계산하고 나서 옴의 법칙을 적용한다. 이 주된 가지에 흐르는 전류는 $I_2$이다. 따라서

$$R_{2+3\|4} = R_2 + \frac{R_3R_4}{R_3 + R_4} = 330\ \Omega + \frac{(330\ \Omega)(560\ \Omega)}{890\ \Omega} = 538\ \Omega$$

$$I_2 = \frac{V_S}{R_{2+3\|4}} = \frac{50\ \text{V}}{538\ \Omega} = 93\ \text{mA}$$

$I_4$를 구하기 위해 전류 분배 공식을 이용한다.

$$I_4 = \left(\frac{R_3}{R_3 + R_4}\right)I_2 = \left(\frac{330\ \Omega}{890\ \Omega}\right)93\ \text{mA} = \mathbf{34.5\ mA}$$

**관련 문제** $V_S = 20$ V일 때, 그림 7-20에서 $R_1$과 $R_3$에 흐르는 전류를 구하라.

## 전압 강하

5장에서 살펴본 전압 분배 공식, 키르히호프의 전압 법칙, 옴의 법칙 및 이들의 조합을 이용하면 직·병렬 회로의 임의의 부분 양단 전압을 구할 수 있다. 다음 세 개의 예제는 이러한 공식들의 사용을 설명하고 있다($V$의 아래첨자는 $R$의 아래첨자에 대응된다. $V_1$은 $R_1$ 양단 전압, $V_2$는 $R_2$ 양단 전압 등).

**예제 7-10** 그림 7-21에서 절점 $A$에서 접지까지의 전압 강하를 구하라. 그러고 나서 $R_1$의 양단 전압($V_1$)을 구하라.

▶ 그림 7-21

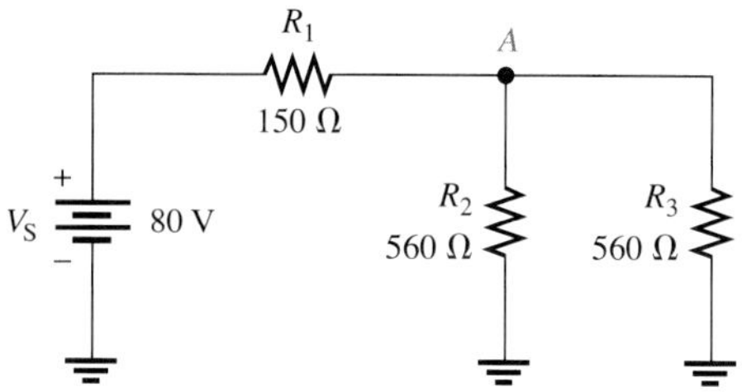


**풀이** 이 회로에서 $R_2$와 $R_3$는 병렬 연결되어 있다. 두 저항의 값이 서로 같으므로 절점 $A$와 접지 사이의 등가 저항은 다음과 같다.

$$R_A = \frac{560\ \Omega}{2} = 280\ \Omega$$

그림 7-22에 나타낸 등가 회로에서 $R_1$은 $R_A$에 직렬이다. 전원에서 바라본 회로의 합성 저항은 다음과 같다.

$$R_T = R_1 + R_A = 150\ \Omega + 280\ \Omega = 430\ \Omega$$

▶ 그림 7-22

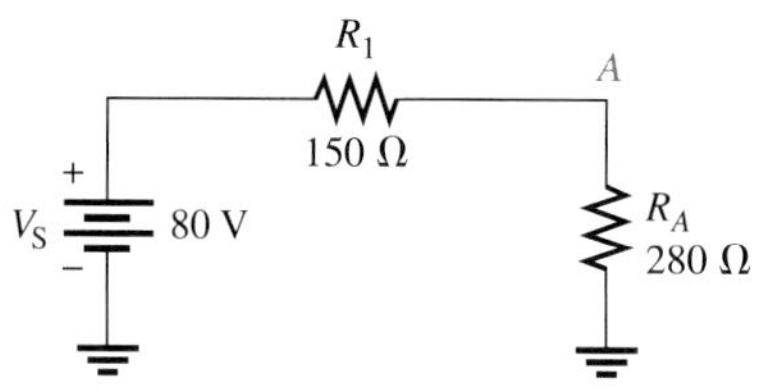


전압 분배 공식을 이용하여 그림 7-21의 병렬 조합 양단의 전압(절점 $A$와 접지 사이)을 구해 보면 다음과 같다.

$$V_A = \left(\frac{R_A}{R_T}\right)V_S = \left(\frac{280\ \Omega}{430\ \Omega}\right)80\text{ V} = \mathbf{52.1\ V}$$

이제 키르히호프의 전압 법칙을 이용하여 $V_1$을 구한다.

$$V_S = V_1 + V_A$$
$$V_1 = V_S - V_A = 80\text{ V} - 52.1\text{ V} = \mathbf{27.9\ V}$$

**관련 문제** 그림 7-21에서 $R_1$이 220 Ω으로 바뀌었을 경우 $V_A$와 $V_1$을 구하라.

Multisim 파일 E07-10을 사용하여 [예제 7-10]과 [관련 문제]의 계산 결과를 확인하라.

**예제 7-11** 그림 7-23의 회로에서 각 저항 양단의 전압 강하를 구하라.

▶ 그림 7-23

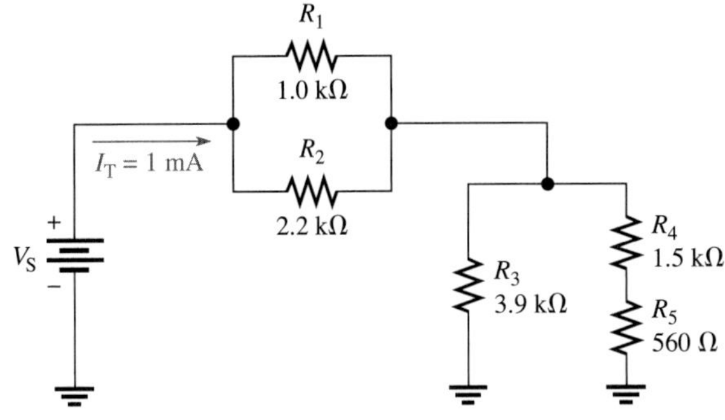


**풀이** 전원 전압은 주어지지 않았지만, 그림으로부터 총 전류는 알 수 있다. $R_1$과 $R_2$가 병렬이므로 동일한 전압이 걸린다. $R_1$에 흐르는 전류는

$$I_1 = \left(\frac{R_2}{R_1 + R_2}\right)I_T = \left(\frac{2.2\text{ k}\Omega}{3.2\text{ k}\Omega}\right)1\text{ mA} = 688\ \mu\text{A}$$

$R_1$과 $R_2$의 양단 전압은

$$V_1 = I_1R_1 = (688\ \mu\text{A})(1.0\text{ k}\Omega) = \mathbf{688\ mV}$$
$$V_2 = V_1 = \mathbf{688\ mV}$$

$R_4$와 $R_5$의 직렬 조합은 가지 저항 $R_{4+5}$를 형성한다. $R_3$에 흐르는 전류를 구하기 위해 전류 분배 공식을 적용한다.

$$I_3 = \left(\frac{R_{4+5}}{R_3 + R_{4+5}}\right)I_T = \left(\frac{2.06\text{ k}\Omega}{5.96\text{ k}\Omega}\right)1\text{ mA} = 346\ \mu\text{A}$$

$R_3$ 양단의 전압은

$$V_3 = I_3R_3 = (346\ \mu\text{A})(3.9\text{ k}\Omega) = \mathbf{1.35\ V}$$

$R_4$와 $R_5$를 흐르는 전류들은 이들 저항이 직렬로 연결되어 있으므로 동일하다.

$$I_4 = I_5 = I_T - I_3 = 1\text{ mA} - 346\ \mu\text{A} = 654\ \mu\text{A}$$

$R_4$와 $R_5$의 양단 전압은 다음과 같이 계산된다.

$$V_4 = I_4R_4 = (654\ \mu\text{A})(1.5\text{ k}\Omega) = \mathbf{981\ mV}$$
$$V_5 = I_5R_5 = (654\ \mu\text{A})(560\ \Omega) = \mathbf{366\ mV}$$

**관련 문제** 그림 7-23의 회로에서 전원 전압 $V_S$는 얼마인가?

Multisim 파일 E07-11을 사용하여 [예제 7-11]과 [관련 문제]의 계산 결과를 확인하라.

**예제 7-12** 그림 7-24에서 각 저항 양단의 전압 강하를 구하라.

▶ 그림 7-24

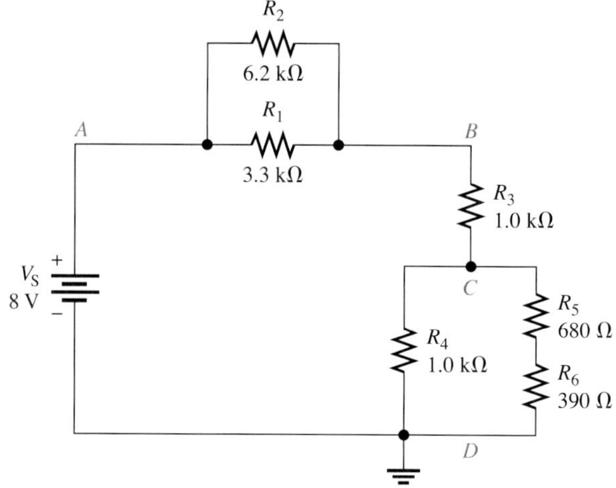


**풀이** 전체 전압이 그림에 주어져 있으므로, 전압 분배 공식을 이용하여 이 문제를 풀 수 있다. 먼저, 각 병렬 조합들을 등가 저항으로 줄여야 한다. $R_1$과 $R_2$는 $A$와 $B$ 사이에서 병렬로 연결되어 있으므로 다음과 같이 구할 수 있다.

$$R_{AB} = \frac{R_1 R_2}{R_1 + R_2} = \frac{(3.3\,\text{k}\Omega)(6.2\,\text{k}\Omega)}{9.5\,\text{k}\Omega} = 2.15\,\text{k}\Omega$$

$R_4$는 $C$와 $D$ 사이에서 $R_5$와 $R_6$의 직렬 조합($R_{5+6}$)과 병렬로 연결되어 있으므로, 이들 값을 합성하면

$$R_{CD} = \frac{R_4 R_{5+6}}{R_4 + R_{5+6}} = \frac{(1.0\,\text{k}\Omega)(1.07\,\text{k}\Omega)}{2.07\,\text{k}\Omega} = 517\,\Omega$$

등가 회로는 그림 7-25에 나타내었다. 이 회로의 합성 저항은 다음과 같다.

$$R_T = R_{AB} + R_3 + R_{CD} = 2.15\,\text{k}\Omega + 1.0\,\text{k}\Omega + 517\,\Omega = 3.67\,\text{k}\Omega$$

▶ 그림 7-25

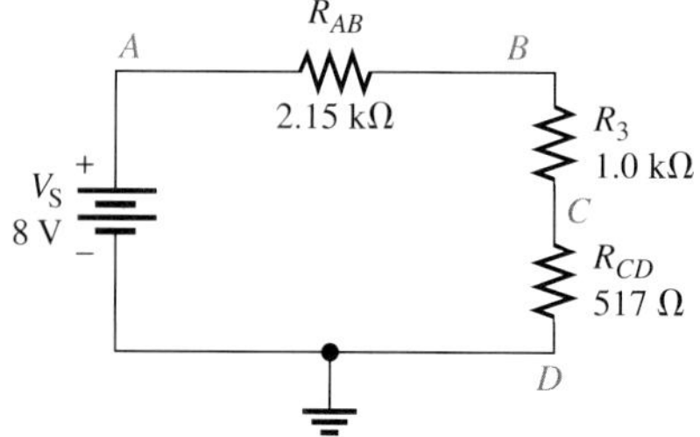


이제 등가 회로에서 전압들을 구하기 위하여 전압 분배 공식을 이용한다.

$$V_{AB} = \left(\frac{R_{AB}}{R_T}\right)V_S = \left(\frac{2.15\,\text{k}\Omega}{3.67\,\text{k}\Omega}\right)8\text{ V} = 4.69\text{ V}$$

$$V_{CD} = \left(\frac{R_{CD}}{R_T}\right)V_S = \left(\frac{517\,\Omega}{3.67\,\text{k}\Omega}\right)8\text{ V} = 1.13\text{ V}$$

$$V_3 = \left(\frac{R_3}{R_T}\right)V_S = \left(\frac{1.0\,\text{k}\Omega}{3.67\,\text{k}\Omega}\right)8\text{ V} = \mathbf{2.18\,V}$$

그림 7-24에서 $V_{AB}$는 $R_1$과 $R_2$의 양단 전압과 같으므로

$$V_1 = V_2 = V_{AB} = \mathbf{4.69\,V}$$

$V_{CD}$는 $R_4$의 양단 전압이자 $R_5$와 $R_6$의 직렬 조합의 양단 전압이다. 따라서

$$V_4 = V_{CD} = \mathbf{1.13\,V}$$

이제 $V_5$와 $V_6$를 구하기 위해 $R_5$와 $R_6$의 직렬 조합에 대하여 전압 분배 공식을 적용한다.

$$V_5 = \left(\frac{R_5}{R_5 + R_6}\right)V_{CD} = \left(\frac{680\,\Omega}{1070\,\Omega}\right)1.13\text{ V} = \mathbf{718\,mV}$$

$$V_6 = \left(\frac{R_6}{R_5 + R_6}\right)V_{CD} = \left(\frac{390\,\Omega}{1070\,\Omega}\right)1.13\text{ V} = \mathbf{412\,mV}$$

**관련 문제** 그림 7-24의 회로에서 $R_2$를 제거할 경우, $V_{AB}$, $V_{BC}$ 및 $V_{CD}$를 구하라.

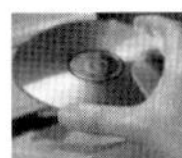

Multisim 파일 E07-12를 사용하여 [예제 7-12]와 [관련 문제]의 계산 결과를 확인하라.

**복습문제 7-2**

1. 직·병렬 회로 해석에 필요한 회로 법칙과 공식들을 열거하라.
2. 그림 7-26의 회로에서 $A$와 $B$ 사이의 합성 저항을 구하라.
3. 그림 7-26에서 $R_3$에 흐르는 전류를 구하라.
4. 그림 7-26에서 $R_2$ 양단의 전압 강하를 구하라.
5. 그림 7-27에서 전원에서 바라본 $R_T$와 $I_T$를 구하라.

▶ 그림 7-26

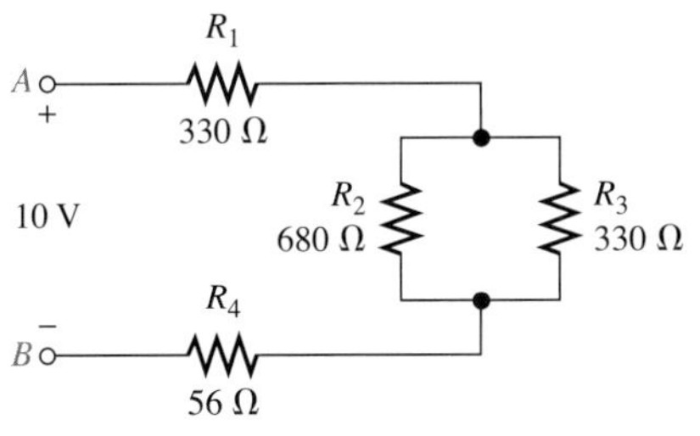

▶ 그림 7-27

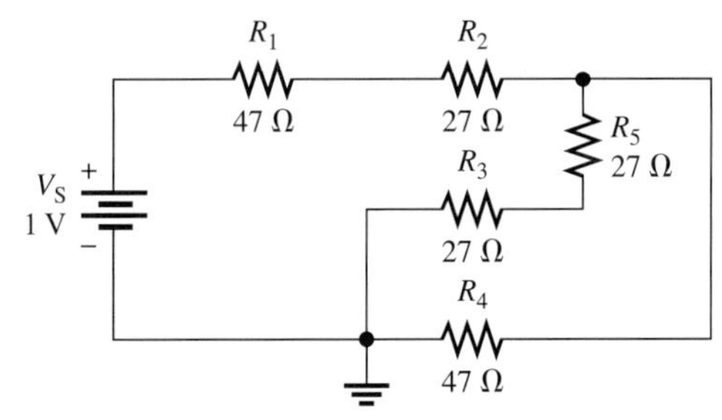

# 7-3 부하 저항을 갖는 전압 분배기

5장에서는 전압 분배기를 살펴보았다. 이 절에서는 부하 저항이 전압 분배기 회로 동작에 어떤 영향을 주는지 살펴볼 것이다.

이 절의 학습 내용은 다음과 같다.

- **부하가 연결된 전압 분배기의 해석**
  - 부하 저항이 전압 분배기 회로에 미치는 효과
  - *분압기 전류*의 정의

그림 7-28(a)의 전압 분배기는 두 저항의 크기가 같으므로 출력 전압($V_{OUT}$) 5 V가 나오게 된다. 이 전압은 **무부하 시 출력 전압**(unloaded output voltage)이다. 그림 7-28(b)에서와 같이 부하 저항 $R_L$을 출력과 접지 사이에 연결하면, 그 출력 전압은 $R_L$ 값에 따라 감소한다. 이는 부하 저항이 $R_2$와 병렬 연결되므로, 절점 $A$와 접지 사이의 부하 저항 성분이 감소되고, 그 결과 병렬 조합 양단의 전압이 감소되기 때문이다. 이것은 전압 분배기에 부하를 연결했을 때 연결된 부하에 의한 한 가지 효과이다. 또 다른 부하 효과로는 회로의 합성 저항이 감소되기 때문에 전원으로부터 보다 많은 전류가 흘러나오게 된다.

▶ 그림 7-28

무부하 및 부하 시의 출력 전압 분배기

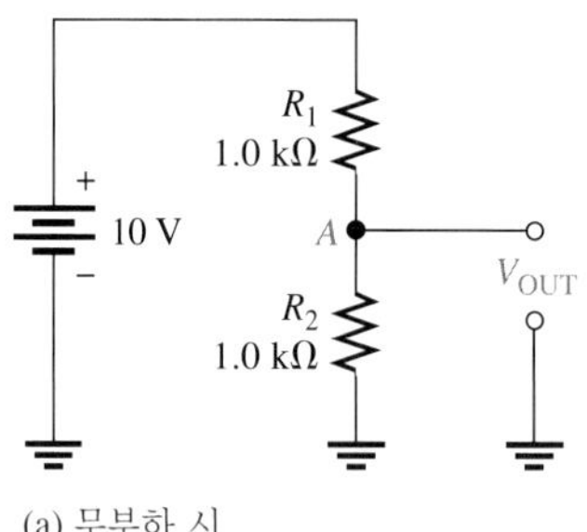


(a) 무부하 시

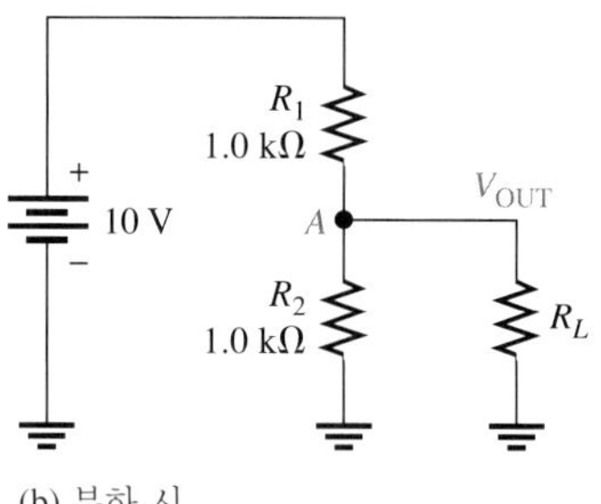


(b) 부하 시

$R_L$이 $R_2$에 비해 커질수록, 그림 7-29에 나타낸 것처럼, 출력 전압은 무부하 시의 출력 전압에 가까워진다. 두 개의 저항이 병렬로 연결되고 하나의 저항이 다른 저항에 비해 매우 클 경우, 합성 저항의 크기는 크기가 더 작은 저항 값에 근사하게 된다.

▶ 그림 7-29

부하 저항의 영향

(a) 부하가 없을 때

(b) $R_L$이 $R_2$보다 그렇게 크지 않을 때

(c) $R_L$이 $R_2$보다 매우 클 때

**예제 7-13** (a) 그림 7-30에서 전압 분배기의 무부하 출력 전압을 구하라.

(b) $R_L = 10\ \text{k}\Omega$과 $R_L = 100\ \text{k}\Omega$의 두 부하 저항 값에 대해 그림 7-30의 전압 분배기의 부하 출력 전압을 구하라.

▶ 그림 7-30

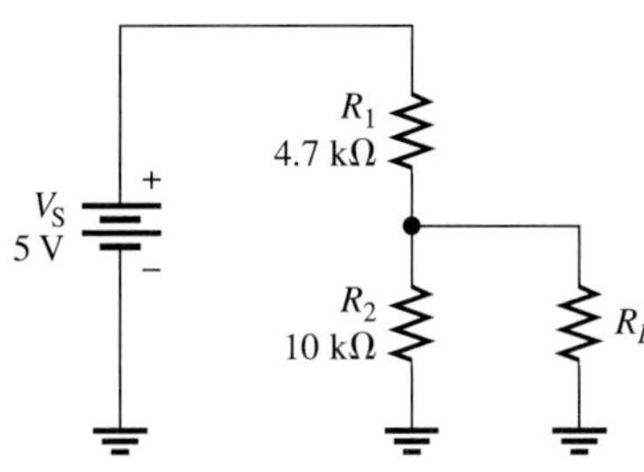


**풀이** (a) 무부하 시 출력 전압은

$$V_{\text{OUT(unloaded)}} = \left(\frac{R_2}{R_1 + R_2}\right)V_S = \left(\frac{10\ \text{k}\Omega}{14.7\ \text{k}\Omega}\right)5\ \text{V} = \mathbf{3.40\ V}$$

(b) $10\ \text{k}\Omega$ 부하 저항 연결 시, $R_L$은 $R_2$에 병렬이므로 합성 저항은 다음과 같다.

$$R_2 \| R_L = \frac{R_2 R_L}{R_2 + R_L} = \frac{100\ \text{M}\Omega}{20\ \text{k}\Omega} = 5\ \text{k}\Omega$$

등가 회로를 그림 7-31(a)에 나타내었다. 부하 시 출력 전압은

$$V_{\text{OUT(loaded)}} = \left(\frac{R_2 \| R_L}{R_1 + R_2 \| R_L}\right)V_S = \left(\frac{5\ \text{k}\Omega}{9.7\ \text{k}\Omega}\right)5\ \text{V} = \mathbf{2.58\ V}$$

$100\ \text{k}\Omega$ 부하 연결 시, 출력과 접지 사이의 저항 값은 다음과 같다.

$$R_2 \| R_L = \frac{R_2 R_L}{R_2 + R_L} = \frac{(10\ \text{k}\Omega)(100\ \text{k}\Omega)}{110\ \text{k}\Omega} = 9.1\ \text{k}\Omega$$

그림 7-31(b)에 등가 회로를 나타내었다. 부하 시 출력 전압은 다음과 같다.

$$V_{\text{OUT(loaded)}} = \left(\frac{R_2 \| R_L}{R_1 + R_2 \| R_L}\right)V_S = \left(\frac{9.1\ \text{k}\Omega}{13.8\ \text{k}\Omega}\right)5\ \text{V} = \mathbf{3.30\ V}$$

▶ 그림 7-31

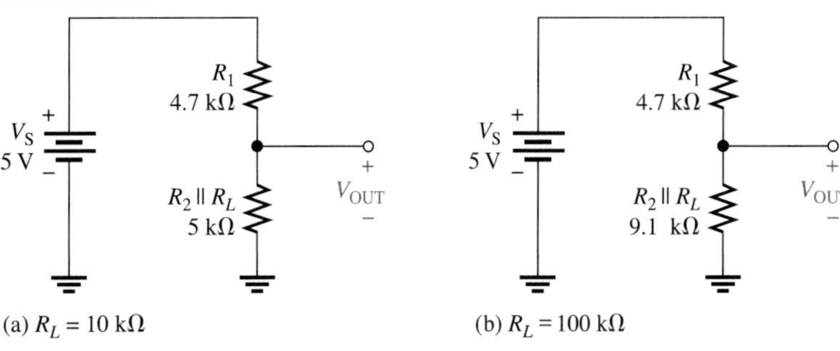


(a) $R_L = 10\ \text{k}\Omega$ (b) $R_L = 100\ \text{k}\Omega$

더 작은 $R_L$ 값에 대한 $V_{OUT}$의 감소값은

$$3.40\text{ V} - 2.58\text{ V} = 0.82\text{ V}$$

더 큰 $R_L$ 값에 대한, $V_{OUT}$의 감소값은

$$3.40\text{ V} - 3.30\text{ V} = 0.10\text{ V}$$

이것은 전압 분배기에서 $R_L$의 부하 효과를 설명해 준다.

관련 문제 1.0 MΩ의 부하 저항에 대해 그림 7-30에서 $V_{OUT}$을 구하라.

Multisim 파일 E07-13을 사용하여 [예제 7-13]과 [관련 문제]의 계산 결과를 확인하라.

## 부하 전류와 분압기 전류

다단 부하 전압 분배기 회로에서, 전원에서 나오는 총 전류는 **부하 전류**(load current)라 부르는 부하 저항에 흐르는 전류와 분배 저항에 흐르는 전류들로 나누어진다. 그림 7-32는 2단 또는 두 개의 출력 전압을 갖는 전압 분배기를 보여주고 있다. 총 전류 $I_T$는 $R_1$을 지나 절점 $A$로 유입되는데, 여기서 $R_{L1}$을 흐르는 $I_{RL1}$과 $R_2$를 흐르는 $I_2$로 나눠진다. 절점 $B$에서 전류 $I_2$는 $R_{RL2}$를 흐르는 $I_{RL2}$와 $R_3$를 흐르는 $I_3$로 나눠진다. 전류 $I_3$를 **분압기 전류**(bleeder current)라고 하며, 이것은 회로의 총 전류에서 총 부하 전류를 뺀 나머지이다.

$$I_{\text{BLEEDER}} = I_T - I_{RL1} - I_{RL2} \tag{7-1}$$

▶ 그림 7-32

2단 부하 전압 분배기에서의 전류

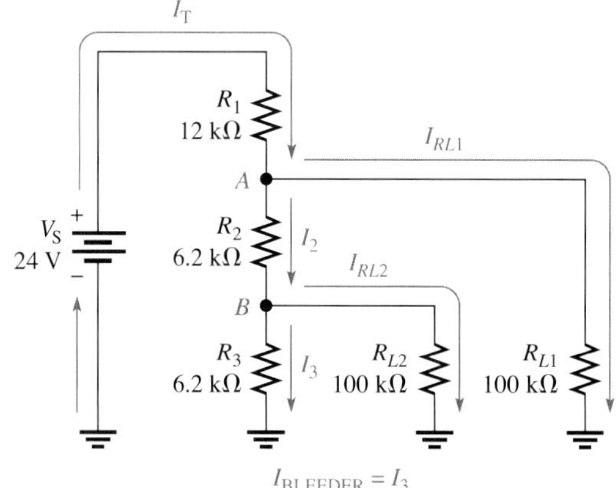

**예제 7-14** 그림 7-32의 2단 부하 전압 분배기에서 부하 전류 $I_{RL1}$과 $I_{RL2}$, 분압기 전류 $I_3$를 구하라.

**풀이** 절점 $A$와 접지 사이의 등가 저항은 $R_3$와 $R_{L2}$의 병렬 조합과 직렬 연결된 $R_2$와의 연결 조합이 100 kΩ의 부하 저항 $R_{L1}$과 병렬 연결된 것이다. 먼저 저항 값들을 구하라. $R_3$와 $R_{L2}$의 병렬 연결 등가 저항은 $R_B$로 나타내었다. 그림 7-33(a)에 이것에 대한 등가 회로를 나타내었다.

$$R_B = \frac{R_3 R_{L2}}{R_3 + R_{L2}} = \frac{(6.2\,\text{k}\Omega)(100\,\text{k}\Omega)}{106.2\,\text{k}\Omega} = 5.84\,\text{k}\Omega$$

▶ 그림 7-33

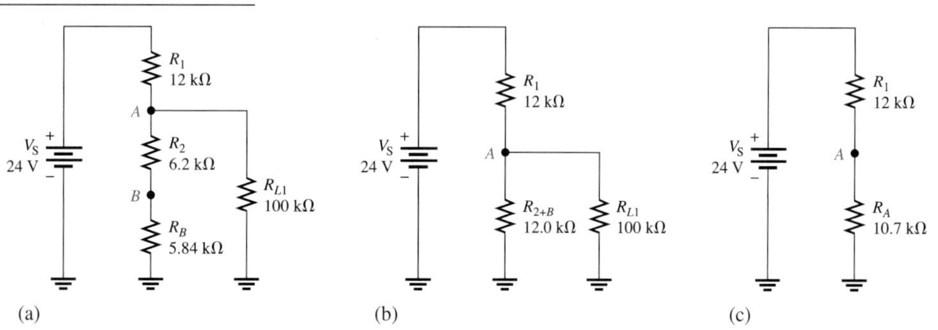


$R_2$와 $R_B$의 직렬 연결은 $R_{2+B}$로 나타내었으며, 그림 7-33(b)에 등가 회로를 나타내었다.

$$R_{2+B} = R_2 + R_B = 6.2\,\text{k}\Omega + 5.84\,\text{k}\Omega = 12.0\,\text{k}\Omega$$

$R_{L1}$과 $R_{2+B}$의 병렬 연결은 $R_A$로 나타내었으며, 그림 7-33(c)에 등가 회로를 나타내었다.

$$R_A = \frac{R_{L1} R_{2+B}}{R_{L1} + R_{2+B}} = \frac{(100\,\text{k}\Omega)(12.0\,\text{k}\Omega)}{112\,\text{k}\Omega} = 10.7\,\text{k}\Omega$$

$R_A$는 절점 $A$와 접지 사이의 총 저항이다. 위 회로에서 총 저항은 다음과 같다.

$$R_T = R_A + R_1 = 10.7\,\text{k}\Omega + 12\,\text{k}\Omega = 22.7\,\text{k}\Omega$$

그림 7-33(c)의 등가 회로를 이용해서 다음과 같이 $R_{L1}$ 양단 전압을 구한다.

$$V_{RL1} = V_A = \left(\frac{R_A}{R_T}\right)V_S = \left(\frac{10.7\,\text{k}\Omega}{22.7\,\text{k}\Omega}\right)24\text{ V} = 11.3\text{ V}$$

$R_{L1}$을 흐르는 부하 전류는

$$I_{RL1} = \frac{V_{RL1}}{R_{L1}} = \left(\frac{11.3\text{ V}}{100\,\text{k}\Omega}\right) = \mathbf{113\,\mu A}$$

절점 $A$에서의 전압과 그림 7-33(a)의 등가 회로를 이용해서 절점 $B$에서의 전압을 구하라.

$$V_B = \left(\frac{R_B}{R_{2+B}}\right)V_A = \left(\frac{5.84\,\mathrm{k\Omega}}{12.0\,\mathrm{k\Omega}}\right)11.3\,\mathrm{V} = 5.50\,\mathrm{V}$$

$R_{L2}$를 흐르는 부하 전류는

$$I_{RL2} = \frac{V_{RL2}}{R_{L2}} = \frac{V_B}{R_{L2}} = \frac{5.50\,\mathrm{V}}{100\,\mathrm{k\Omega}} = \mathbf{55\,\mu A}$$

분압기 전류는

$$I_3 = \frac{V_B}{R_3} = \frac{5.50\,\mathrm{V}}{6.2\,\mathrm{k\Omega}} = \mathbf{887\,\mu A}$$

**관련 문제** 그림 7-32에서 부하 전류에 영향을 미치지 않으면서 어떻게 분압기 전류를 줄일 수 있겠는가?

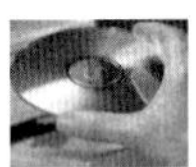

Multisim 파일 E07-14를 사용하여 [예제 7-14]와 [관련 문제]의 계산 결과를 확인하라.

## 양극 전압 분배기

그림 7-34에는 하나의 전원에서 양의 전압과 음의 전압 모두를 만드는 전압 분배기의 한 예를 나타내었다. 전원의 양의 단자나 음의 단자 모두 접지나 공통 단자로 연결되어 있지 않음에 유의하라. 절점 $A$와 $B$에서의 전압은 접지에 대해 양의 값을 가지며 절점 $C$와 $D$에서의 전압은 접지에 대해 음의 값을 갖는다.

▶ 그림 7-34

양극 전압 분배기. 양의 전압과 음의 전압은 접지에 대한 상대적인 양이다.

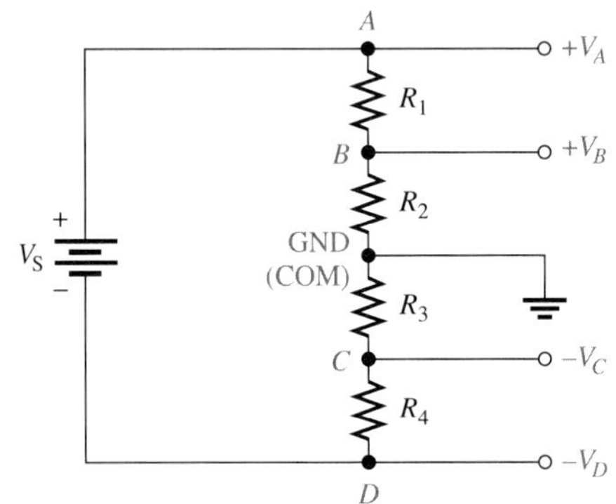

**복습문제 7-3**

1. 전압 분배기 출력단에 부하 저항이 연결되었다. 부하 저항은 출력 전압에 어떤 영향을 미치는가?
2. 큰 값의 부하 저항이 작은 값의 부하 저항보다 출력 전압을 더 작게 변화시킨다. (참 또는 거짓)
3. 그림 7-35의 전압 분배기에서 접지에 대한 무부하 출력 전압을 구하라. 또한 출력단에 10 kΩ의 부하 저항을 연결하였을 때 출력 전압을 구하라.

▶ 그림 7-35

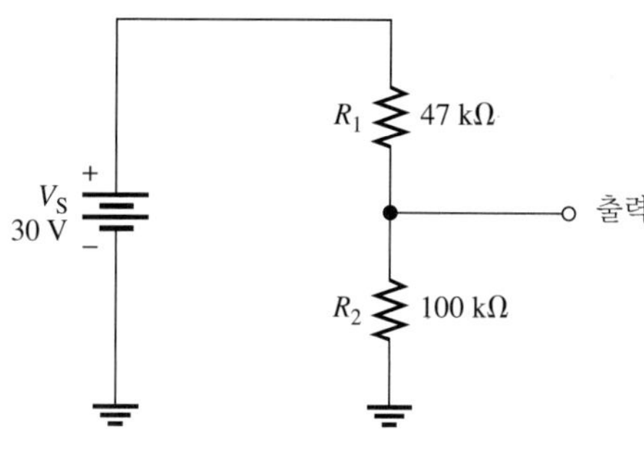


# 7-4 전압계의 부하 효과

앞서 살펴본 것처럼, 전압계는 저항 양단의 전압을 측정하기 위해 저항에 병렬로 연결되어야 한다. 내부 저항이 있기 때문에, 전압계는 회로에서 부하처럼 작용하며 어느 정도는 측정하고자 하는 전압에 영향을 미친다. 지금까지는 전압계의 내부 저항이 매우 크고, 보통 측정하고자 하는 회로에 미치는 영향이 작기 때문에 부하 효과(loading effect)를 무시해 왔다. 그러나 전압계의 내부 저항이 연결하고자 하는 회로의 저항 성분에 비해 충분히 크지 않다면, 부하 효과에 의해 측정 전압은 실제의 전압 값보다 더 작아지게 될 것이다. 따라서 이 효과를 항상 주의해야 한다.

이 절의 학습 내용은 다음과 같다.

- **회로에서 전압계의 부하 효과 결정**
  - 회로에서 전압계가 부하가 되는 이유의 설명
  - 전압계의 내부 저항에 대한 토의

예를 들어 전압계가 그림 7-36(a)와 같이 회로에 연결되었을 때, 그림 7-36(b)에서와 같이 전압계 내부 저항은 $R_3$와 병렬로 나타난다. 점 $A$와 $B$ 사이의 저항은 전압계 내부 저항 $R_M$의 부하 효과에 의해 그림 7-36(c)에 나타낸 것처럼 $R_3 \| R_M$으로 변하게 된다.

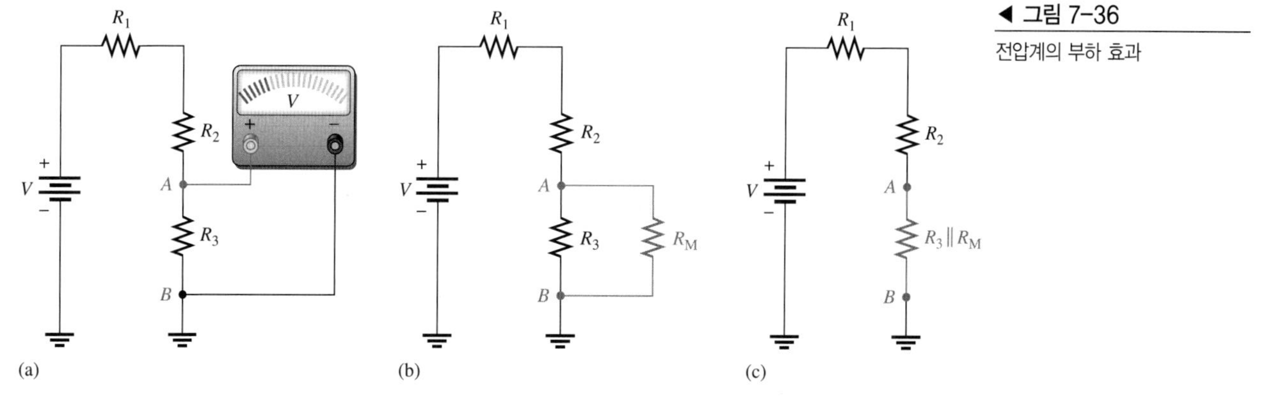


◀ 그림 7-36
전압계의 부하 효과

만약 $R_M$이 $R_3$에 비해 매우 크다면 점 $A$와 $B$ 사이의 저항은 약간만 변하게 되고, 전압계는 실제 전압을 나타내게 된다. 만약 $R_M$이 $R_3$에 비해 충분히 크지 않다면 점 $A$와 $B$ 사이의 저항은 상당히 줄어들게 되며, $R_3$ 양단의 전압은 전압계의 부하 효과로 인해 변하게 된다. 일반적으로 만약 부하 효과가 10%보다 작으면, 요구되는 정확도에 따라서, 대개 무시할 수 있다.

전압계의 종류로는 내부 저항이 감도 계수(sensitivity factor)에 의해 결정되는 전자기형 아날로그 전압계(VOM이라 함)와, 내부 저항이 보통 최소 10 MΩ 이상인 디지털 전압계(가장 보편적으로 사용되는 형태이며 DMM이라 함)가 있다. 디지털 전압계는 내부 저항이 훨씬 크기 때문에 전자기형보다 부하 효과 문제가 거의 없다.

**예제 7-15** 그림 7-37에서 디지털 전압계는 각 회로에서 측정되는 전압에 얼마나 영향을 미치는가? 이 전압계의 내부 저항($R_M$)은 10 MΩ이라 가정한다.

▶ 그림 7-37

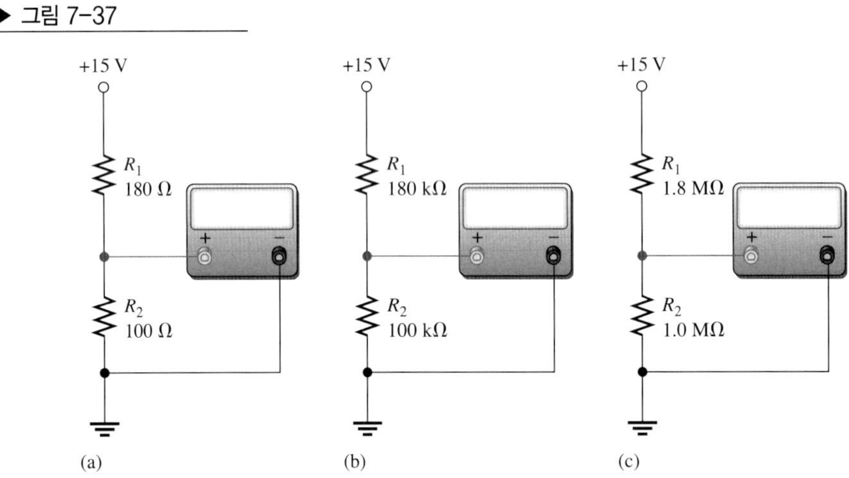


**풀이** 작은 차이를 보다 명확하게 보여주기 위해, 이 예제에서는 결과들을 세 자리 수 이상으로 나타내었다.

(a) 그림 7-37(a)를 참고하라. 전압 분배기 회로에서 $R_2$ 양단의 무부하 전압은 다음과 같다.

$$V_2 = \left(\frac{R_2}{R_1 + R_2}\right)V_S = \left(\frac{100\ \Omega}{280\ \Omega}\right)15\text{ V} = 5.357\text{ V}$$

이 계기의 저항 성분은 $R_2$와 병렬로 연결되어 있다.

$$R_2 \parallel R_M = \left(\frac{R_2 R_M}{R_2 + R_M}\right) = \frac{(100\ \Omega)(10\text{ M}\Omega)}{10.0001\text{ M}\Omega} = 99.999\ \Omega$$

전압계에 의해 실제로 측정되는 전압은 다음과 같다.

$$V_2 = \left(\frac{R_2 \parallel R_M}{R_1 + R_2 \parallel R_M}\right)V_S = \left(\frac{99.999\ \Omega}{279.999\ \Omega}\right)15\text{ V} = 5.357\text{ V}$$

전압계는 부하 효과를 미치지 않는다.

(b) 그림 7-37(b)를 참고하라.

$$V_2 = \left(\frac{R_2}{R_1 + R_2}\right)V_S = \left(\frac{100\text{ k}\Omega}{280\text{ k}\Omega}\right)15\text{ V} = 5.357\text{ V}$$

$$R_2 \parallel R_M = \frac{R_2R_M}{R_2 + R_M} = \frac{(100\text{ k}\Omega)(10\text{ M}\Omega)}{10.1\text{ M}\Omega} = 99.01\text{ k}\Omega$$

전압계에 의해 실제로 측정되는 전압은 다음과 같다.

$$V_2 = \left(\frac{R_2 \parallel R_M}{R_1 + R_2 \parallel R_M}\right)V_S = \left(\frac{99.01\text{ k}\Omega}{279.01\text{ k}\Omega}\right)15\text{ V} = 5.323\text{ V}$$

전압계의 부하 효과에 의해 전압이 매우 조금 감소했다.

(c) 그림 7-37(c)를 참고하라.

$$V_2 = \left(\frac{R_2}{R_1 + R_2}\right)V_S = \left(\frac{1.0\text{ M}\Omega}{2.8\text{ M}\Omega}\right)15\text{ V} = 5.357\text{ V}$$

$$R_2 \parallel R_M = \frac{R_2R_M}{R_2 + R_M} = \frac{(1.0\text{ M}\Omega)(10\text{ M}\Omega)}{11\text{ M}\Omega} = 909.09\text{ k}\Omega$$

실제로 측정되는 전압은 다음과 같다.

$$V_2 = \left(\frac{R_2 \parallel R_M}{R_1 + R_2 \parallel R_M}\right)V_S = \left(\frac{909.09\text{ k}\Omega}{2.709\text{ M}\Omega}\right)15\text{ V} = 5.034\text{ V}$$

전압계의 부하 효과에 의해 전압이 현저히 줄었다. 전압이 측정되는 곳 양단의 저항 값이 크면 클수록, 부하 효과도 더 커진다.

**관련 문제** 만약 전압계 저항이 20 MΩ이라면 그림 7-37(c)에서 $R_2$ 양단의 전압을 구하라.

**복습문제 7-4**

1. 왜 전압계가 회로에 잠재적으로 부하를 줄 수 있는지 설명하라.
2. 만약 내부 저항이 10 MΩ인 전압계로 1.0 kΩ 저항 양단의 전압을 측정한다면, 부하 효과를 고려해야 하는가?
3. 만약 내부 저항이 10 MΩ인 전압계로 3.3 MΩ 저항 양단의 전압을 측정한다면, 부하 효과를 고려해야 하는가?

# 7-5 사다리형 회로망

저항으로 구성된 사다리형 회로망은 직·병렬 회로의 특별한 형태이다. *R*/2*R* 사다리형 회로망은 디지털-아날로그 변환에서 전압을 어떤 값으로 낮추는 데 보편적으로 사용된다. 디지털-아날로그 변환 과정은 다른 과목에서 배우게 된다.

이 절의 학습 내용은 다음과 같다.

- **사다리형 회로망 해석**
  - 3단 사다리형 회로망에서 전압의 계산
  - *R*/2*R* 사다리형 회로망의 해석

그림 7-38에 나타낸 것과 같은 사다리형 회로망의 해석 방법 중 한 가지는 전원에서 가장 먼 쪽부터 시작하여 한 번에 한 단계씩 간략화해 나가는 것이다. [예제 7-16]에 설명된 것처럼 이러한 방식으로 어떤 가지에 흐르는 전류나 어떤 절점에서의 전압을 구할 수 있다.

▶ 그림 7-38

기본적인 3단 사다리형 회로망

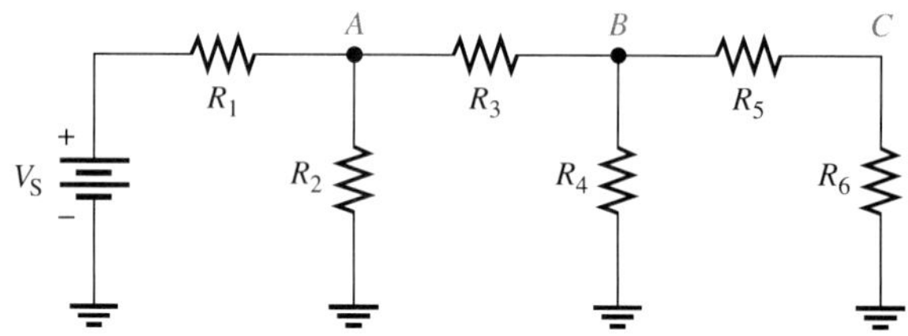


예제 7-16

그림 7-39의 사다리형 회로망에서 각 저항에 흐르는 전류와 각 절점에서의 접지에 대한 전압을 구하라.

▶ 그림 7-39

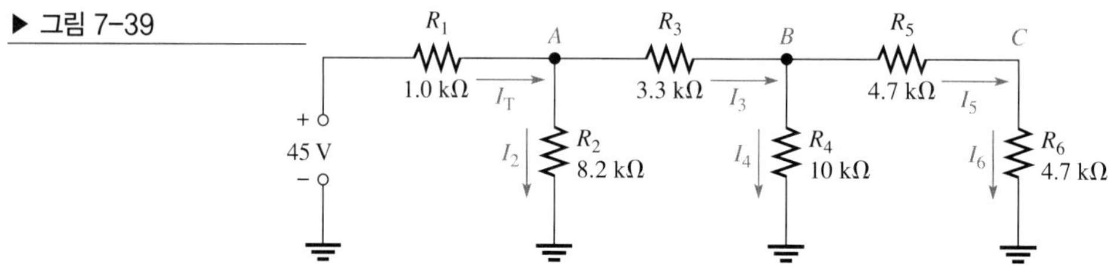


풀이 각 저항에 흐르는 전류를 구하기 위해서는 전원에서 유출되는 총 전류($I_T$)를 알아야 한다. $I_T$를 구하려면 전원에서 '바라본' 합성 저항을 구해야 한다.

회로도의 오른쪽에서 시작하여 단계별로 $R_T$를 계산한다. 먼저, $R_5$와 $R_6$의 직렬 조합이 $R_4$와 병렬로 연결되어 있다. 절점 $B$ 왼쪽의 회로를 무시하면 절점 $B$와 접지 사이의 저항은 다음과 같다.

$$R_B = \frac{R_4(R_5 + R_6)}{R_4 + (R_5 + R_6)} = \frac{(10\,\text{k}\Omega)(9.4\,\text{k}\Omega)}{19.4\,\text{k}\Omega} = 4.85\,\text{k}\Omega$$

$R_B$를 이용하여 그림 7-40과 같은 등가 회로를 그릴 수 있다.

▶ 그림 7-40

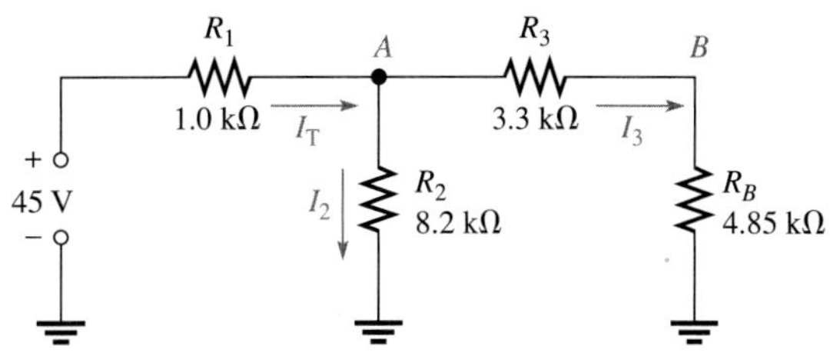


다음으로, 절점 $A$의 왼쪽 회로를 무시하면 절점 $A$와 접지 사이의 저항($R_A$)은 $R_3$와 $R_B$의 직렬 조합에 $R_2$가 병렬 연결된 것이다. 저항 $R_A$를 계산한다.

$$R_A = \frac{R_2(R_3 + R_B)}{R_2 + (R_3 + R_B)} = \frac{(8.2\,\text{k}\Omega)(8.15\,\text{k}\Omega)}{16.35\,\text{k}\Omega} = 4.09\,\text{k}\Omega$$

$R_A$를 이용해서 그림 7-40의 등가 회로를 그림 7-41과 같이 더 간략화할 수 있다.

▶ 그림 7-41

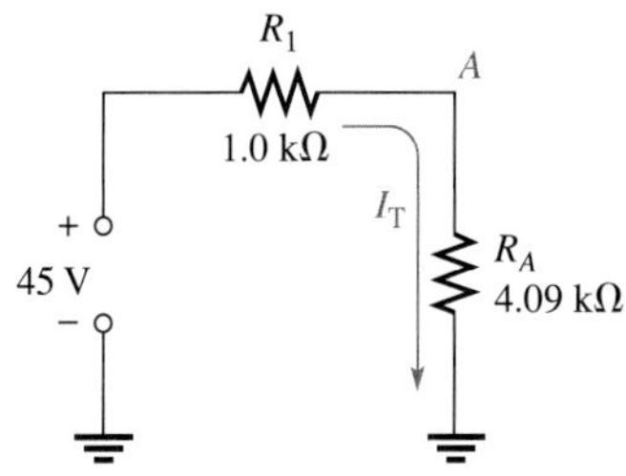


마지막으로, 전원에서 '바라본' 총 저항은 $R_A$와 $R_1$의 직렬 연결이다.

$$R_T = R_1 + R_A = 1.0\,\text{k}\Omega + 4.09\,\text{k}\Omega = 5.09\,\text{k}\Omega$$

총 전류는 다음과 같다.

$$I_T = \frac{V_S}{R_T} = \frac{45\,\text{V}}{5.09\,\text{k}\Omega} = \mathbf{8.84\,mA}$$

그림 7-40에 나타낸 것처럼 $I_T$는 절점 $A$로 유입된 후, $R_3 + R_B$를 포함하는 가지와 $R_2$ 로 나뉘어 흐른다. 이 예제에서는 가지 저항 값들이 거의 동일하므로 총 전류의 반은 $R_2$로 흐르고 나머지 반은 절점 $B$로 흘러들어간다. 따라서 $R_2$와 $R_3$로 흐르는 전류는 각각 다음과 같다.

$$I_2 = \mathbf{4.42\,mA}$$
$$I_3 = \mathbf{4.42\,mA}$$

만약 가지 저항 값들이 동일하지 않다면 전류 분배 공식을 사용하라. 그림 7-39에 나타낸 것처럼 $I_3$는 절점 $B$로 유입된 후, $R_5 + R_6$를 포함하는 가지와 $R_4$로 나뉘어 흐른다. 그러므로 $R_4, R_5, R_6$를 흐르는 전류를 다음과 같이 계산할 수 있다.

$$I_4 = \left(\frac{R_5 + R_6}{R_4 + (R_5 + R_6)}\right)I_3 = \left(\frac{9.4\,\text{k}\Omega}{19.4\,\text{k}\Omega}\right)4.42\,\text{mA} = \mathbf{2.14\,mA}$$
$$I_5 = I_6 = I_3 - I_4 = 4.42\,\text{mA} - 2.14\,\text{mA} = \mathbf{2.28\,mA}$$

$V_A$, $V_B$, $V_C$를 계산하기 위해 옴의 법칙을 적용하면 다음과 같다.

$$V_A = I_2R_2 = (4.42\,\text{mA})(8.2\,\text{k}\Omega) = \mathbf{36.2\,V}$$
$$V_B = I_4R_4 = (2.14\,\text{mA})(10\,\text{k}\Omega) = \mathbf{21.4\,V}$$
$$V_C = I_6R_6 = (2.28\,\text{mA})(4.7\,\text{k}\Omega) = \mathbf{10.7\,V}$$

**관련 문제** 만약 $R_1$을 2.2 kΩ으로 증가시킬 경우, 그림 7-39에서 각 저항에 흐르는 전류와 각 절점에서의 전압을 다시 구하라.

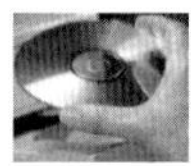

Multisim 파일 E07-16을 사용하여 [예제 7-16]과 [관련 문제]의 계산 결과를 확인하라.

## R/2R 사다리형 회로망

기본적인 $R/2R$ 사다리형 회로망을 그림 7-42에 나타내었다. 이 이름은 저항 값의 관계에서 유래한 것이다. $R$은 하나의 공통 값을 나타내고, 하나의 저항 집단의 저항 값은 다른 저항 집단의 두 배이다. 이러한 형태의 사다리형 회로는 디지털 부호를 음성, 음악 또는 기타 형태의 아날로그 신호로 변환하는 응용, 예를 들면 디지털 녹음 및 재생과 같은 분야에서 이용된다. 이러한 응용 분야를 **디지털-아날로그(D/A) 변환**이라 한다.

▶ 그림 7-42

기본적인 4단 *R/2R* 사다리형 회로망

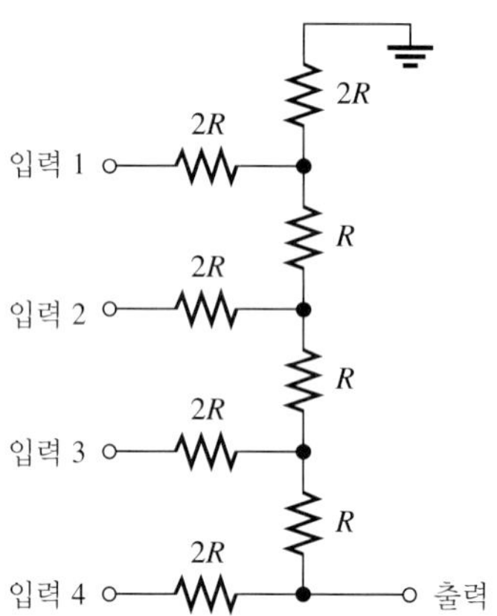


그림 7-43의 4단 회로를 이용하여 기본적인 $R/2R$ 사다리형 회로의 일반적인 동작을 검토해보자. 추후에 디지털 기초 과목에서 이러한 형태의 회로가 구체적으로 어떻게 D/A 변환에 이용되는지 배우게 될 것이다.

이 예에서 사용되는 스위치들은 디지털(2진) 입력을 모의실험한다. 스위치의 한쪽 단자는 접지(0 V)에 연결되어 있고, 나머지 다른 한쪽 단자는 양의 전압($V$)에 연결되어 있다. 이 회로의 해석은 다음과 같다. 먼저, 그림 7-43에서 스위치 SW4가 $V$ 위치에 연결되어 있고 나머지 스위치들은 접지에 연결되어 있다고 가정하면 입력은 그림 7-44(a)와 같다.

절점 $A$와 접지 사이의 합성 저항은 먼저 절점 $D$와 접지 사이의 $R_1$과 $R_2$를 병렬 연결하여 구할 수 있다. 그림 7-44(b)에는 간략화된 회로를 나타내었다.

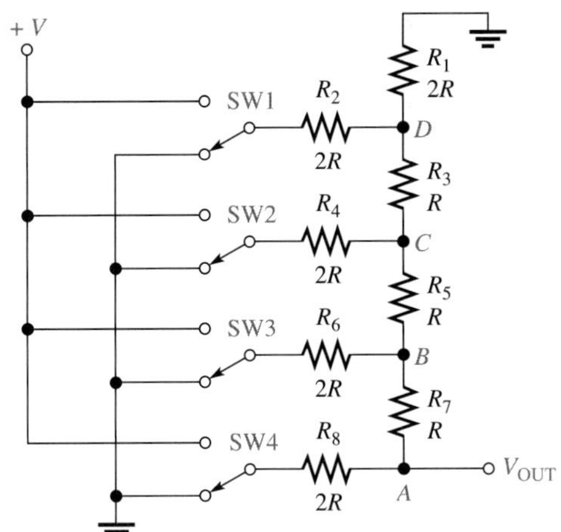


◀ 그림 7-43

2진(디지털) 부호를 모의실험하기 위한 스위치 입력을 가진 *R*/2*R* 사다리형 회로

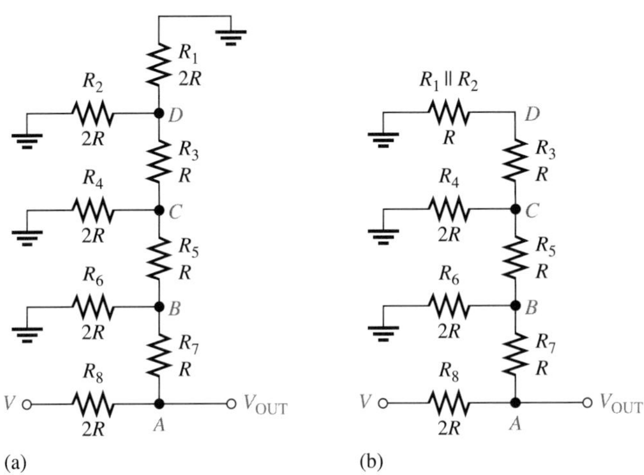


◀ 그림 7-44

*R*/2*R* 사다리형 회로 해석을 위한 간략화

$$R_1 \parallel R_2 = \frac{2R}{2} = R$$

점 *C*와 접지 사이는 그림 7-44(c)와 같이 $R_1 \parallel R_2$와 $R_3$가 직렬 연결되어 있다.

$$R_1 \parallel R_2 + R_3 = R + R = 2R$$

다음으로, 절점 $C$와 접지 사이는 그림 7-44(d)와 같이 위의 조합과 $R_4$가 병렬 연결된다.

$$(R_1 \parallel R_2 + R_3) \parallel R_4 = 2R \parallel 2R = \frac{2R}{2} = R$$

이러한 간략화 과정을 계속해 나가면 그 결과 그림 7-44(e)의 회로가 되며, 여기서 출력 전압은 전압 분배기 공식을 이용하여 다음과 같이 표현된다.

$$V_{\text{OUT}} = \left(\frac{2R}{4R}\right)V = \frac{V}{2}$$

그림 7-43에서 스위치 SW3만 $V$에 연결하고 나머지 스위치들은 접지에 연결하여, 위의 해석 방법을 따르면 그림 7-45와 같이 간략화된 회로를 얻게 된다.

▶ **그림 7-45**

그림 7-43에서 SW3에 입력 $V$만 연결된 경우의 간략화된 사다리형 회로

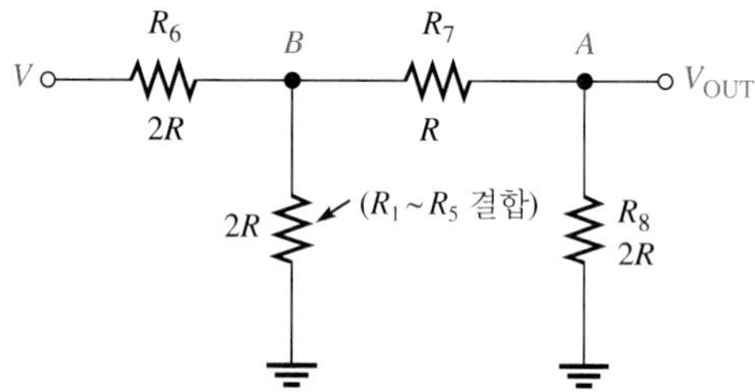


이 경우에 대한 해석은 다음과 같다. 절점 $B$와 접지 사이의 저항은

$$R_B = (R_7 + R_8) \parallel 2R = 3R \parallel 2R = \frac{6R}{5}$$

전압 분배기 법칙을 이용하여, 접지에 대한 절점 $B$에서의 전압을 다음과 같이 나타낼 수 있다.

$$V_B = \left(\frac{R_B}{R_6 + R_B}\right)V = \left(\frac{6R/5}{2R + 6R/5}\right)V = \left(\frac{6R/5}{10R/5 + 6R/5}\right)V = \left(\frac{6R/5}{16R/5}\right)V$$
$$= \left(\frac{6R}{16R}\right)V = \frac{3V}{8}$$

따라서 출력 전압은 다음과 같다.

$$V_{\text{OUT}} = \left(\frac{R_8}{R_7 + R_8}\right)V_B = \left(\frac{2R}{3R}\right)\left(\frac{3V}{8}\right) = \frac{V}{4}$$

이 경우 출력 전압($V/4$)은 스위치 SW4가 $V$에 연결된 경우의 출력 전압($V/2$)의 절반이라는 사실에 주목하라.

그림 7-43의 나머지 스위치 입력들에 대해서도 같은 방법으로 해석하면 다음과 같은 출력 전압을 얻게 된다. SW2가 $V$에 연결되고 나머지 스위치들은 접지에 연결된 경우,

$$V_{\text{OUT}} = \frac{V}{8}$$

SW1이 $V$에 연결되고 나머지 스위치들은 접지에 연결된 경우,

$$V_{\mathrm{OUT}} = \frac{V}{16}$$

한 개 이상의 입력이 동시에 $V$에 연결될 때 전체 출력은 8-4절에서 다룬 중첩의 원리에 따라 각 출력들의 합으로 나타난다. 여러 입력 레벨에 대한 출력 전압들 간의 이러한 특별한 관계는 $R/2R$ 사다리형 회로의 디지털–아날로그 변환 응용에서 중요하다.

**복습문제 7–5**

1. 기본적인 4단 사다리형 회로를 그려라.
2. 그림 7–46의 사다리형 회로에서 전원에서 바라본 회로 합성 저항을 계산하라.
3. 그림 7–46에서 총 전류는 얼마인가?
4. 그림 7–46에서 $R_2$에 흐르는 전류는 얼마인가?
5. 그림 7–46에서 접지에 대한 절점 $A$에서의 전압은 얼마인가?

▶ 그림 7–46

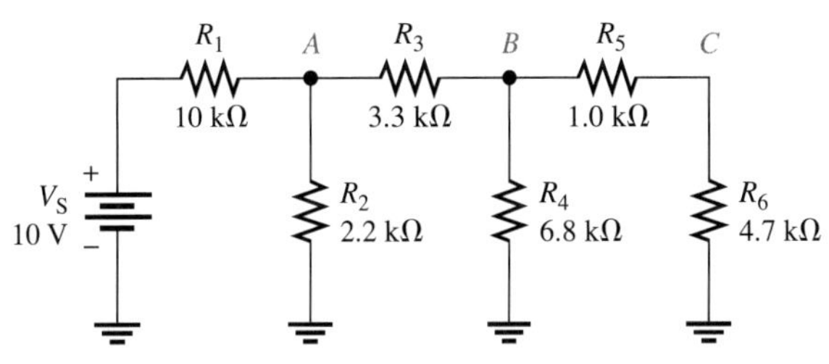


## 7–6 휘트스톤 브리지

휘트스톤 브리지 회로는 저항을 정확히 측정하는 데 사용될 수 있다. 그러나 브리지 회로는 변형, 온도, 압력과 같은 물리량을 측정하는 데 변환기와 함께 가장 보편적으로 사용된다. 변환기는 물리적 특성의 변화를 감지하고 그 변화를 저항의 변화와 같은 전기적인 양으로 바꾸어 주는 장치이다. 예를 들어 스트레인 게이지는 힘, 압력, 변위와 같은 기계적인 요인에 의한 저항의 변화를 보여준다. 서미스터는 온도 변화에 의한 저항의 변화를 보여준다. 휘트스톤 브리지는 평형 또는 불평형 조건에서 동작 가능하다. 동작조건은 응용 유형에 달려 있다.

이 절의 학습 내용은 다음과 같다.

- **휘트스톤 브리지의 해석 및 응용**
  - 브리지의 평형조건 구하기
  - 평형 브리지를 이용한 미지의 저항 값 계산
  - 브리지의 불평형조건 구하기
  - 불평형 브리지를 이용한 측정에 대한 논의

**휘트스톤 브리지**(Wheatstone bridge) 회로는 가장 보편적으로 그림 7-47(a)의 '다이아몬드' 형태로 나타난다. 네 개의 저항과 '다이아몬드'의 위와 아래 점 양단에 연결된 하나의 직류 전압원으로 구성된다. 점 $A$와 $B$ 사이의 '다이아몬드' 왼쪽 및 오른쪽 점 양단에 걸쳐 출력 전압을

취한다. 그림 7-47(b)에는 직·병렬 형태를 좀더 명확하게 보여주기 위해 약간 다른 방법으로 회로를 나타내었다.

▶ 그림 7-47
휘트스톤 브리지

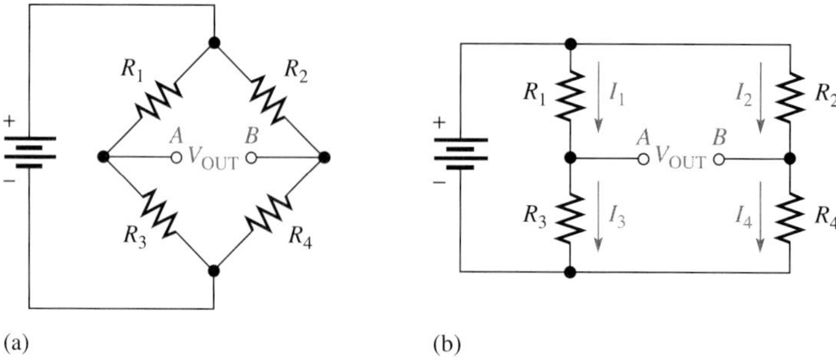


## 평형 휘트스톤 브리지

그림 7-47의 휘트스톤 브리지는 단자 $A$와 $B$ 사이의 출력 전압($V_{OUT}$)이 0일 때 **평형 브리지**(balanced bridge) 조건에 있게 된다.

$$V_{OUT} = 0\text{ V}$$

브리지가 평형일 때, $R_1$과 $R_2$ 양단의 전압은 같고($V_1 = V_2$), $R_3$와 $R_4$ 양단의 전압도 같다($V_3 = V_4$). 그러므로 전압비는 다음과 같이 나타낼 수 있다.

$$\frac{V_1}{V_3} = \frac{V_2}{V_4}$$

옴의 법칙에 따라 $V$를 $IR$로 치환하면 다음과 같이 된다.

$$\frac{I_1R_1}{I_3R_3} = \frac{I_2R_2}{I_4R_4}$$

$I_1 = I_3$이고 $I_2 = I_4$이므로, 모든 전류 성분을 약분하면 저항 성분만의 비가 된다.

$$\frac{R_1}{R_3} = \frac{R_2}{R_4}$$

$R_1$에 대해 정리하면 다음 공식을 얻는다.

$$R_1 = R_3\left(\frac{R_2}{R_4}\right)$$

이 공식은 브리지가 평형일 때 다른 저항 값들로부터 $R_1$의 저항 값을 구할 수 있게 해 준다. 임의의 다른 저항 값 역시 이러한 방법으로 구할 수 있다.

### 미지의 저항 값을 구하기 위한 휘트스톤 브리지의 이용

그림 7-47에서 $R_1$은 $R_X$라는 미지의 값을 갖는다고 가정하자. 저항 $R_2$와 $R_4$는 고정된 값을 가지

며, 따라서 저항비 $R_2/R_4$ 또한 고정된 값을 갖는다. $R_X$는 임의의 값이 될 수 있기 때문에, $R_3$는 평형조건을 성립시키기 위해 $R_1/R_3 = R_2/R_4$를 만족하도록 조정되어야 한다. 그러므로 $R_3$는 가변 저항이며 $R_V$라 부르겠다. $R_X$가 브리지에 있을 때 $R_V$는 출력 전압이 0이 되는, 브리지가 평형이 될 때까지 조정된다. 그러면 미지의 저항 값은 다음과 같이 구해진다.

$$R_X = R_V\left(\frac{R_2}{R_4}\right) \tag{7-2}$$

$R_2/R_4$의 비는 비례 계수이다.

검류계라 불리는 구형 측정장치가 평형조건을 찾아내기 위해 출력 단자 $A$와 $B$ 사이에 연결될 수 있다. 검류계는 어떤 방향의 전류도 감지하는 매우 민감한 전류계이다. 그것은 중앙눈금 지점이 0이라는 점에서 일반 전류계와 다르다. 최신 계기에서는, 브리지 출력 양단에 연결된 증폭기의 출력이 0 V일 때 평형조건을 나타낸다.

식 (7-2)로부터, 평형에서의 $R_V$ 값에 비례 계수 $R_2/R_4$를 곱하면 $R_X$의 실제 저항 값이 된다. 만약 $R_2/R_4 = 1$이면 $R_X = R_V$가 되고, 만약 $R_2/R_4 = 0.5$이면 $R_X = 0.5R_V$ 등등이 된다. 실제 브리지 회로에서 $R_V$의 조정 위치는 비율상 또는 몇몇 다른 표시 방법에서 실제 $R_X$ 값을 나타내도록 보정될 수 있다.

**예제 7-17** 그림 7-48에 나타낸 평형 브리지에서 $R_X$ 값을 구하라.

▶ 그림 7-48

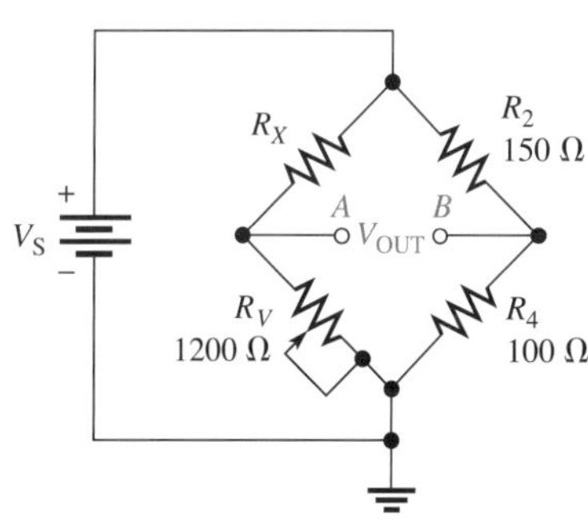


**풀이** 비례 계수는 다음과 같다.

$$\frac{R_2}{R_4} = \frac{150\ \Omega}{100\ \Omega} = 1.5$$

$R_V$가 1200 Ω으로 설정되었을 때, 브리지가 평형($V_{OUT} = 0$ V)이므로, 미지의 저항 값은 다음과 같다.

$$R_X = R_V\left(\frac{R_2}{R_4}\right) = (1200\ \Omega)(1.5) = \mathbf{1800\ \Omega}$$

**관련 문제** 그림 7-48에서 브리지가 평형이 되게 하기 위해 $R_V$를 2.2 kΩ으로 조정해야 한다면 $R_X$는 얼마인가?

Multisim 파일 E07-17을 사용하여 [예제 7-17]과 [관련 문제]의 계산 결과를 확인하라.

## 불평형 휘트스톤 브리지

**불평형 브리지**(unbalanced bridge) 상태는 $V_{OUT}$이 0이 아닐 때 발생한다. 불평형 브리지는 기계적 변형, 온도, 압력 등 여러 형태의 물리량을 측정하는 데 사용된다. 그림 7-49에 나타낸 것처럼 브리지 한쪽 편에 변환기를 연결하여 이러한 물리량들을 측정할 수 있다. 변환기의 저항 값은 측정하려는 파라미터의 변화에 비례하여 변화한다. 만약 브리지가 알고 있는 점에서 평형 상태라면, 출력 전압으로 표시되는, 평형 상태에서 벗어난 정도는 측정되고 있는 파라미터의 변화량을 나타낸다. 그러므로 측정하고자 하는 파라미터 값은 브리지의 불평형 정도를 가지고 결정할 수 있다.

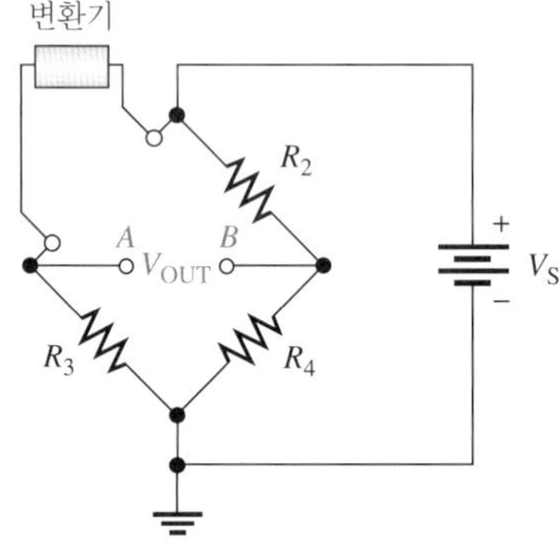


▶ 그림 7-49
변환기를 사용하여 물리적 파라미터를 측정하는 브리지 회로

### 온도 측정을 위한 브리지 회로

만약 측정하고자 하는 것이 온도라면, 변환기는 온도 변화에 대해 저항 값이 민감하게 변하는 저항기인 서미스터가 될 수 있다. 서미스터 저항은 온도 변화에 따라 예측 가능한 방식으로 변화한다. 온도 변화는 서미스터 저항 값의 변화를 유발하고, 서미스터 저항 값의 변화는 브리지가 불평형 상태로 감에 따라 브리지 출력 전압의 변화를 유발한다. 출력 전압은 온도에 비례한다. 그러므로 출력 양단에 연결된 전압계는 온도를 나타내기 위해 보정될 수 있거나, 또는 출력 전압은 온도 판독 표시장치를 구동하기 위하여 디지털 형태로 증폭되고 변환될 수 있다.

온도 측정에 사용되는 브리지 회로는 기준 온도에서는 평형이 되고 측정 온도에서는 불평형이 되도록 설계된다. 예를 들어, 25°C에서 브리지가 평형이 된다고 하자. 서미스터는 25°C에서 알고 있는 저항 값을 가질 것이다. 간단히 하기 위하여, 다른 세 개의 브리지 저항들은 25°C에서의 서미스터 저항 값과 같다고 가정하자. 즉, $R_{therm} = R_2 = R_3 = R_4$이다. 이 특별한 경우에, 출력 전압($\Delta V_{OUT}$)의 변화는 다음 공식에 의해 $R_{therm}$의 변화에 관계된다는 것을 나타낼 수 있다.

$$\Delta V_{OUT} \cong \Delta R_{therm}\left(\frac{V_S}{4R}\right) \tag{7-3}$$

변수 앞의 Δ(그리스 문자 델타)는 변수의 변화를 나타낸다. 이 공식은 브리지가 평형일 때 브리지의 모든 저항 값들이 같은 경우에만 적용된다. 유도 과정은 부록 B에 나타내었다. $R_1 = R_2$이고 $R_3 = R_4$(그림 7-47 참조)이기만 하면 모든 저항이 같지 않더라도 브리지는 처음부터 평형이 될 수 있으나, $\Delta V_{OUT}$에 대한 공식은 더 복잡해질 것이라는 것을 명심하라.

**예제 7-18** 만약 서미스터가 50°C 온도에 노출되어 있고 25°C에서 서미스터 저항이 1.0 kΩ이라면, 그림 7-50에서 온도 측정용 브리지 회로의 출력 전압을 구하라. 50°C에서 서미스터의 저항 값은 900 Ω으로 감소한다고 가정하라.

▶ 그림 7-50

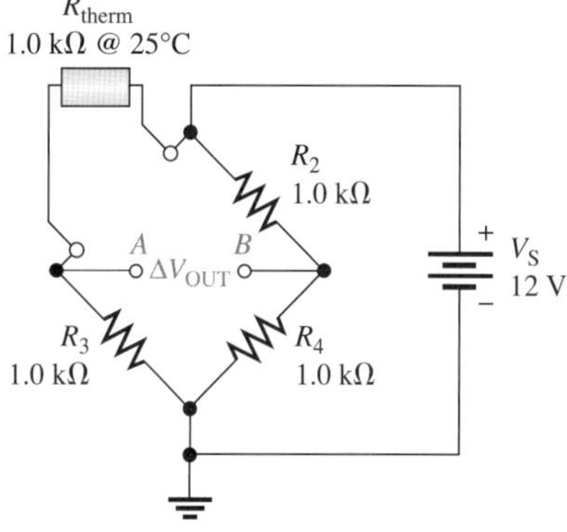


**풀이**

$$\Delta R_{therm} = 1.0\,\text{k}\Omega - 900\,\Omega = 100\,\Omega$$

$$\Delta V_{OUT} \cong \Delta R_{therm}\left(\frac{V_S}{4R}\right) = 100\,\Omega\left(\frac{12\,\text{V}}{4\,\text{k}\Omega}\right) = 0.3\,\text{V}$$

25°C에서 브리지가 평형일 때 $V_{OUT} = 0$ V이며 0.3 V 변화했기 때문에 온도 50°C에서 출력 전압은 다음과 같이 된다.

$$V_{OUT} = \mathbf{0.3\,V}$$

**관련 문제** 만약 온도가 60°C로 증가하여 그림 7-50에서 서미스터 저항 값이 850 Ω으로 감소한다면, $V_{OUT}$은 얼마인가?

## 불평형 휘트스톤 브리지의 다른 응용

스트레인 게이지를 갖는 휘트스톤 브리지는 어떤 힘을 측정하는 데 사용될 수 있다. 스트레인 게이지는 외부 힘의 영향으로 압축되거나 늘려졌을 때 저항의 변화를 나타내는 장치이다. 스트레인 게이지의 저항 값이 변화함에 따라 이전의 평형 브리지는 불평형 상태가 된다. 이러한 불평형은 출력 전압이 0에서 변하게 하는 원인이 되며, 이 변화를 측정하여 변형된 정도를 구할 수 있다. 스트레인 게이지에서 저항 값의 변화는 매우 작다. 스트레인 게이지는 매우 민감하기 때문에 이 작은 변화로도 휘트스톤 브리지를 불평형으로 만들게 된다. 예를 들어, 스트레인 게이지를 갖는 휘트스톤 브리지는 무게 저울로 흔히 쓰인다.

몇몇 저항성 변환기는 매우 작은 저항 변화를 가지며, 이러한 변화는 직접 측정으로는 정확하게 측정하기 어렵다. 특히 스트레인 게이지는 가는 전선의 늘어남이나 줄어듦을 저항의 변화로 바꾸어 주는 가장 유용한 저항성 변환기 중의 하나이다. 변형에 의하여 게이지의 전선이 늘어나면, 저항은 약간 증가한다. 그리고 전선이 줄어들면 전선의 저항은 감소한다.

스트레인 게이지는 작은 부품의 무게를 재기 위해 사용되는 저울부터 큰 트럭의 무게를 재기 위해 사용되는 저울까지 여러 형태의 저울에서 사용된다. 일반적으로 게이지는 무거운 것을 저울에 올려놓으면 변형이 일어나는 특별한 알루미늄 블록 위에 설치되어 있다. 스트레인 게이지는 매우 정교하여 적절한 위치에 설치되어 있어야 하기 때문에, 전체 조립은 보통 부하 셀이라는 단일 장치로 되어 있다. 사용 용도에 따라 제조사들로부터 여러 가지 크기와 형태의 다양한 부하 셀을 구할 수 있다. 네 개의 스트레인 게이지로 구성된, S 형태의 전형적인 부하 셀이 그림 7-51(a)에 설명되어 있다. 부하가 저울에 놓여지면 두 개의 게이지는 늘어나고 두 개의 게이지는 줄어들도록 게이지들이 설치되어 있다.

▶ 그림 7-51

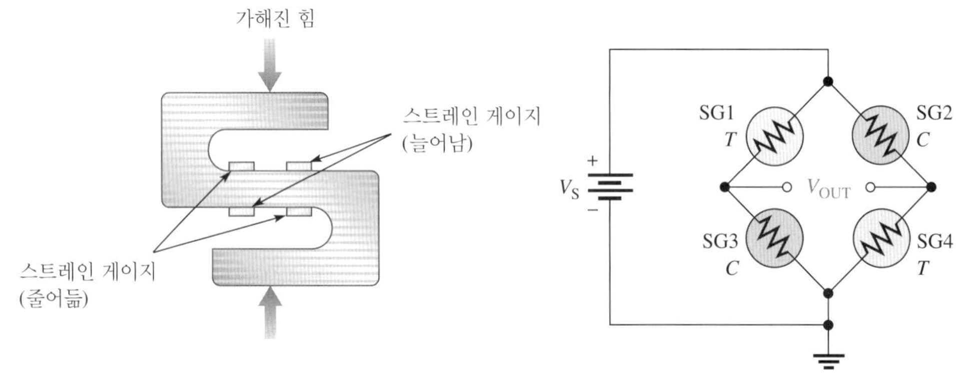


(a) 네 개의 능동 스트레인 게이지를 갖는 전형적인 부하 셀 (b) 휘트스톤 브리지

부하 셀은 보통 그림 7-51(b)처럼 반대 방향의 대각선으로 늘어남($T$)과 줄어듦($C$)의 스트레인 게이지를 갖는 휘트스톤 브리지에 연결되어 있다. 브리지 출력은 화면에서 읽을 수 있도록 하기 위해, 또는 데이터 처리를 위하여 컴퓨터로 전송하기 위해 보통 디지털로 변환된다. 휘트스톤 브리지 회로의 주된 장점은 저항에서의 매우 작은 차이도 정확하게 측정할 수 있다는 것이다. 네 개의 능동 변환기의 사용은 측정 감도를 증가시키며, 브리지 회로를 계측용에 있어서 이상적인 회로로 만들어 준다. 휘트스톤 브리지 회로는 정확도를 떨어뜨리게 되는 온도 변화와 연결선들의 선 저항을 보상하는 추가적인 이점이 있다.

저울뿐만 아니라 스트레인 게이지도 압력 측정기, 변위 및 가속 측정기(몇 개만 나열하였다) 등의 여러 다른 형태의 계측기에서 휘트스톤 브리지와 함께 사용된다. 압력 측정기에서 스트레인 게이지는 탄력성의 격판에 붙어 있어 변환기에 압력이 가해지면 늘어난다. 굽힘 정도는 압력에 관계되며, 다시 매우 작은 저항의 변화로 변환된다.

**복습문제 7-6**

1. 기본적인 휘트스톤 브리지 회로를 그려라.
2. 브리지의 평형조건은 무엇인가?
3. 그림 7-48에서 $R_V$ = 3.3 kΩ, $R_2$ = 10 kΩ, $R_4$ = 2.2 kΩ일 때 미지의 저항 값은 얼마인가?
4. 불평형조건에서 휘트스톤 브리지는 어떻게 사용되는가?

# 7-7 고장진단

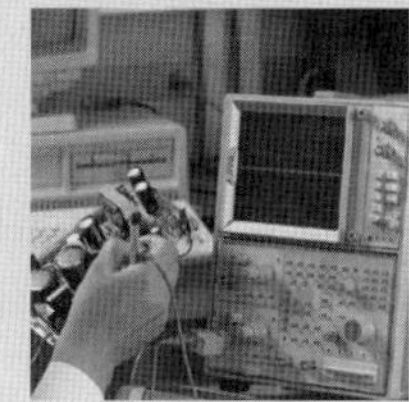

고장진단이란 회로에서 동작 실패나 문제점을 확인하고 위치를 찾는 과정이다. 직렬 및 병렬 회로에 관련하여 몇몇 고장진단 기법과 논리적 사고의 응용을 이미 살펴보았다. 고장진단의 기본 전제는 회로의 고장진단을 성공적으로 할 수 있도록 무엇을 찾아야 하는지를 먼저 알아야 하는 것이다.

이 절의 학습 내용은 다음과 같다.

- **직·병렬 회로의 고장진단**
  - 회로에서 개방의 효과 이해
  - 회로에서 단락의 효과 이해
  - 개방과 단락의 위치 확인

개방과 단락은 전기 회로에서 일어나는 전형적인 문제들이다. 5장에서 언급되었던 것처럼, 만약 저항이 타버린다면 회로는 개방될 것이다. 잘못된 납땜 연결, 단선 및 접촉 불량 또한 개방 경로의 원인이 될 수 있다. 납땜 덩어리와 같은 이상 물질 조각, 절연이 벗겨진 전선 등은 종종 회로에서 단락을 일으키는 원인이 될 수 있다. 단락은 두 점 간의 경로 저항 값이 0이 되는 것이다.

완전 개방이나 완전 단락뿐만 아니라 회로에서는 부분 개방이나 부분 단락도 생길 수 있다. 부분 개방은 무한대로 큰 값까지는 아니지만, 보통 저항 값보다는 훨씬 크다. 부분 단락은 0은 아니지만 보통 저항 값보다는 훨씬 작다.

다음 세 개의 예제를 통해서 직·병렬 회로에서의 고장진단을 살펴보자.

**예제 7-19** 그림 7-52에서 전압계의 지시 값을 보고 APM 방법을 적용해서 잘못된 것이 있는지를 알아보자. 만약 잘못된 것이 있다면 단락인지 개방인지를 구분하라.

▶ 그림 7-52

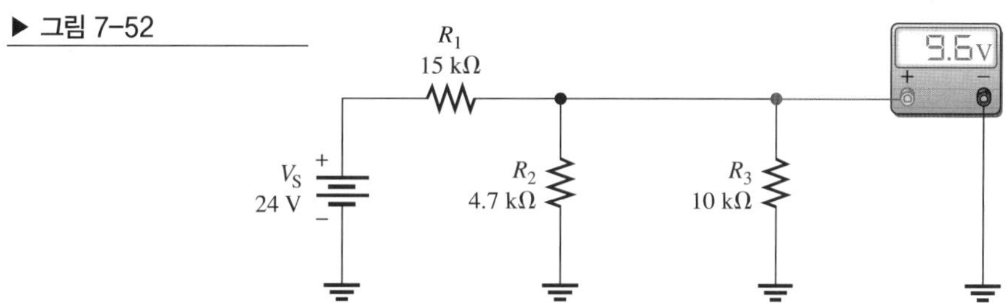


**풀이** 1단계: 분석

다음과 같이 전압계가 지시해야 하는 값을 알아보자. $R_2$와 $R_3$가 병렬이므로, 합성 저항 값은 다음과 같다.

$$R_{2\|3} = \frac{R_2R_3}{R_2 + R_3} = \frac{(4.7\,\text{k}\Omega)(10\,\text{k}\Omega)}{14.7\,\text{k}\Omega} = 3.20\,\text{k}\Omega$$

전압 분배기 공식으로 병렬 조합 양단의 전압을 구한다.

$$V_{2\|3} = \left(\frac{R_{2\|3}}{R_1 + R_{2\|3}}\right)V_S = \left(\frac{3.2\,\text{k}\Omega}{18.2\,\text{k}\Omega}\right)24\text{ V} = 4.22\text{ V}$$

따라서 4.22 V가 전압계에 표시되어야 할 전압 값이다. 그러나 계기에서는 $R_{2\|3}$의 양단이 9.6 V로 표시되어 있다. 이 값은 잘못된 것이고, 실제 값보다 크기 때문에 $R_2$나 $R_3$가 아마도 개방되었을 것이다. 왜 그럴까? 만약 이들 두 저항 중 하나가 개방되면, 계기에 연결된 양단 저항 값이 예상 값보다 더 커지기 때문이다. 더 큰 저항 값은 이 회로에서 더 크게 전압을 강하시키게 된다.

2단계: 계획

$R_2$가 개방되었다고 가정하고 개방 저항을 구하는 것으로 시작하자. 만약 그렇다면, $R_3$ 양단의 전압은 다음과 같다.

$$V_3 = \left(\frac{R_3}{R_1 + R_3}\right)V_S = \left(\frac{10\,\text{k}\Omega}{25\,\text{k}\Omega}\right)24\text{ V} = 9.6\text{ V}$$

측정 전압도 역시 9.6 V이므로 이 계산 결과는 $R_2$가 개방되었음을 보여준다.

3단계: 측정

전력을 끊고 $R_2$를 제거한다. 개방된 것을 확인하기 위해 저항 값을 측정한다. 그렇지 않다면, 개방 여부를 검사하기 위하여 전선, 납땜 또는 $R_2$ 주위의 접촉 상태를 검사한다.

관련 문제 그림 7-52에서 $R_3$가 개방되었다면, 전압계의 지시 값은 어떻게 되겠는가? 만약 $R_1$이 개방되었다면 어떻게 되겠는가?

예제 7-20 그림 7-53에서 전압계로 24 V를 측정한다고 가정하자. 고장 발생 여부를 결정하고, 만약 발생했다면 어떤 문제인지 설명하라.

▶ 그림 7-53

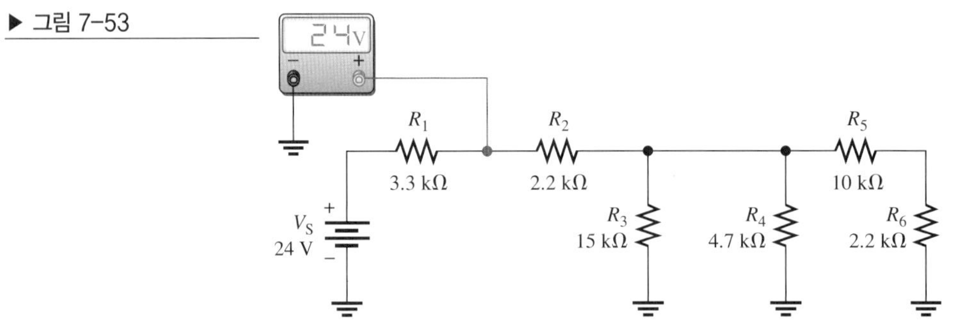


풀이 1단계: 분석

$R_1$ 저항 양측의 전압이 +24 V이므로 $R_1$ 양단의 전압 강하는 없다. 전원으로부터 $R_1$으로 흐르는 전류가 없으므로 이는 회로에서 $R_2$가 개방되었거나 $R_1$이 단락된 것을 나타낸다.

2단계: 계획

가장 가능성이 높은 고장은 $R_2$의 개방이다. 만약 $R_2$가 개방되었다면, 전원으로부터 전류가 흐르지 않을 것이다. 이를 확인하기 위해 전압계로 $R_2$ 양단을 측정하라. 만약 $R_2$가 개방되었다면, 계기는 24 V를 가리킬 것이다. $R_2$의 오른쪽은 다른 어떤 저항에도 저항 양단의 전압 강하를 유발하는 전류가 흐르지 않으므로 0 V가 될 것이다.

3단계: 측정

$R_2$가 개방 상태라는 것을 확인하기 위한 측정 방법을 그림 7-54에 나타내었다.

▶ 그림 7-54

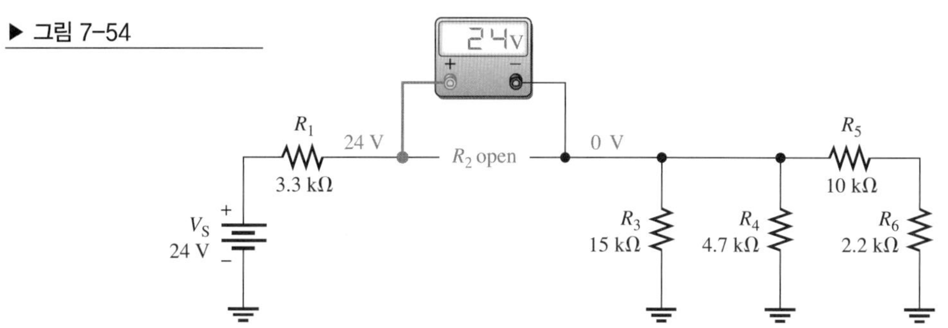


관련 문제 그림 7-53에서 다른 고장은 없다고 가정하면 개방된 $R_5$의 양단 전압은 얼마인가?

**예제 7-21** 그림 7-55에는 두 개의 전압계가 측정된 전압 값들을 나타내고 있다. 논리적인 사고와 회로 동작 지식을 적용해서 회로에 개방 또는 단락이 있는지를 확인하라. 만약 있다면 그 위치는 어디인가?

▶ 그림 7-55

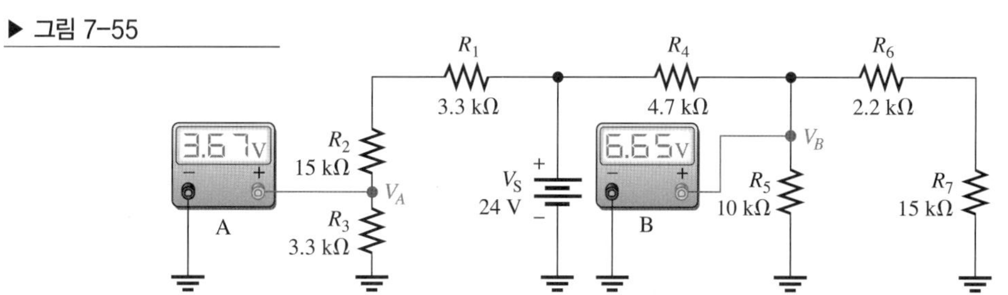


풀이 1단계: 전압계의 지시 값이 올바른지 확인해 보자. $R_1, R_2, R_3$는 전압 분배기의 역할을 한다. 다음과 같이 $R_3$의 양단 전압($V_A$)을 계산한다.

$$V_A = \left(\frac{R_3}{R_1 + R_2 + R_3}\right)V_S = \left(\frac{3.3\,\text{k}\Omega}{21.6\,\text{k}\Omega}\right)24\text{ V} = 3.67\text{ V}$$

전압계 A의 지시 값은 올바르다. 이것은 $R_1, R_2, R_3$가 연결되어 있으며 고장이 없다는 것을 나타낸다.

2단계: 전압계 B의 지시 값이 올바른지 알아보자. $R_6 + R_7$이 $R_5$에 병렬로 연결되어 있다. $R_5, R_6, R_7$의 직·병렬 조합은 $R_4$와 직렬로 연결되어 있다. 다음과 같이 $R_5, R_6, R_7$ 조합의 등가 저항을 계산한다.

$$R_{5\|(6+7)} = \frac{R_5(R_6 + R_7)}{R_5 + R_6 + R_7} = \frac{(10\,\text{k}\Omega)(17.2\,\text{k}\Omega)}{27.2\,\text{k}\Omega} = 6.32\,\text{k}\Omega$$

$R_{5\|(6+7)}$과 $R_4$는 전압 분배기를 형성하며, 전압계 B가 $R_{5\|(6+7)}$ 양단의 전압을 측정한다. 이것이 정확한가? 다음과 같이 확인해 보자.

$$V_B = \left(\frac{R_{5\|(6+7)}}{R_4 + R_{5\|(6+7)}}\right)V_S = \left(\frac{6.32\,\text{k}\Omega}{11\,\text{k}\Omega}\right)24\text{ V} = 13.8\text{ V}$$

따라서 실제 측정된 전압 값(6.65 V)은 이점에서 올바르지 않다. 이 문제를 마무리하기 위해서는 논리적인 사고가 필요하다.

3단계: 만약 $R_4$가 개방되었다면, 전압계는 0 V를 나타낼 것이므로 $R_4$는 개방되지 않았다. 만약 $R_4$가 단락되었다면 전압계는 24 V를 나타내었을 것이다. 실제 전압이 훨씬 작으므로 $R_{5\|(6+7)}$은 계산된 6.32 kΩ보다 작아야 한다. 가장 가능성이 높은 문제는 $R_7$ 양단의 단락이다. 만약 $R_7$의 위쪽에서 접지까지 단락되었다면 $R_6$는 $R_5$와 병렬 연결된다. 이 경우에는

$$R_5 \| R_6 = \frac{R_5R_6}{R_5 + R_6} = \frac{(10\,\text{k}\Omega)(2.2\,\text{k}\Omega)}{12.2\,\text{k}\Omega} = 1.80\,\text{k}\Omega$$

그러면 $V_B$는 다음과 같다.

$$V_B = \left(\frac{1.80\,\text{k}\Omega}{6.5\,\text{k}\Omega}\right)24\text{ V} = 6.65\text{ V}$$

이 $V_B$ 값은 전압계 B의 지시 값과 일치한다. 따라서 $R_7$ 양단이 단락된 것이다. 만약 이것이 실제 회로에 발생했다면, 단락의 물리적인 원인을 찾아보아야 할 것이다.

**관련 문제** 그림 7-55에서 $R_2$가 단락된 것이 유일한 고장이라면, 전압계 A는 얼마를 지시하겠는가? 전압계 B는 얼마를 지시하겠는가?

**복습문제 7-7**

1. 일반적인 회로 고장의 두 가지 형태를 들어라.
2. 그림 7-56에서 회로의 저항 하나가 개방되었다. 계기의 지시 값을 근거로 하여 어느 저항이 개방되었는지 구하라.

▶ 그림 7-56

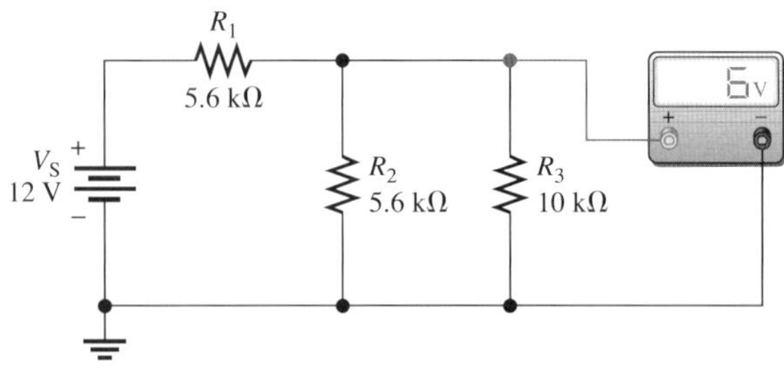

3. 그림 7-57에서 다음과 같은 고장이 발생했을 때, 접지에 대하여 절점 $A$에서 측정되는 전압은 얼마인가?
(a) 고장 없음 (b) $R_1$ 개방 (c) $R_5$ 양단 단락 (d) $R_3$와 $R_4$ 개방 (e) $R_2$ 개방

▶ 그림 7-57

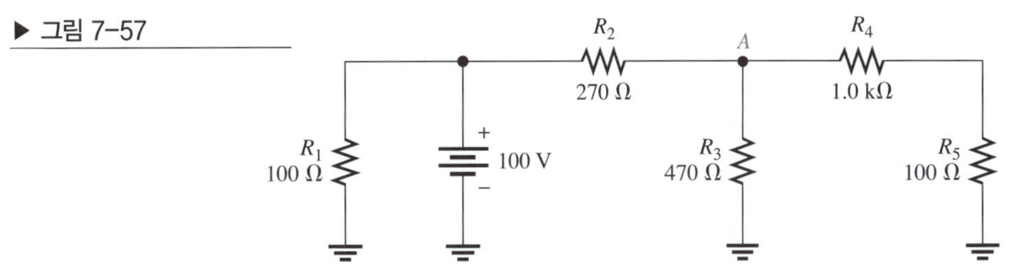


## 회로 응용

휘트스톤 브리지는 물리적인 파라미터를 저항 값의 변화로 변환하기 위하여 감지기를 사용하는 측정 응용에서 널리 사용된다. 현대의 휘트스톤 브리지는 자동화되어 있다. 지능형 인터페이스 모듈로 출력을 화면표시나 데이터 처리를 위해 원하는 단위로 바꾸고 조정할 수 있다(예를 들어, 저울에서는 출력이 파운드로 표시될 것이다).

휘트스톤 브리지는 큰 정밀도를 갖는 공 측정(null measurement)이 가능하다. 또한 휘트스톤 브리지는 온도 변화를 보상하기 위하여 설계될 수 있고, 특히 감지기의 저항 변화가 매우 작을 때 많은 저항 측정에 큰 장점을 갖는다. 보통 브리지의 출력 전압은 브리지에 대하여 최소 부하 효과를 갖는 증폭기에 의해 증가된다.

### 온도 제어기

이 응용에서 휘트스톤 브리지 회로는 온도 제어기에서 쓰인다. 감지기는 서미스터이며('thermal resistor'), 그것은 온도 변화에 따라 저항 값을 변화시키는 저항성 감지기이다. 서미스터는 온도에 따라 양 또는 음 저항 특성을 가질 수 있다. 이 회로에서 서미스터는 휘트스톤 브리지에 있는 저항 중 하나이지만 기판에서 떨어진 한 지점의 온도를 감지하기 위해 회로기판에서 가까운 거리에 위치한다.

출력 임계 전압 값의 변화는 10 kΩ의 가변 저항 $R_3$로 제어된다. 이 경우 증폭기는 집적 회로인 연산 증폭기('op-amp')로 구현된다. **증폭기**(amplifier)라는 용어는 전자공학에서 입력 전압이나 전류의 증폭된 파형을 출력하는 장치를 기술할 때 쓰인다. **이득**(gain)이라는 용어는 증폭되는 양을 의미한다. 이 회로에서 연산 증폭기는 브리지의 한쪽 전압과 또 다른 한쪽 전압을 비교하는 데 사용되는 **비교기**(comparator)로 설정된다.

비교기의 장점은 불평형 브리지에서 매우 민감하여 브리지가 불평형일 때는 큰 출력을 만든다. 사실, 너무 민감해서 브리지가 완벽하게 평형이 되도록 조정하는 것이 불가능하다. 심지어 아주 작은 불평형도 최대 또는 최소 부근의 전압으로 출력될 수 있다(전원 공급기 전압). 이러한 점은 히터나 온도에 관련된 다른 장치를 켜는 데 있어서 편리하다.

### 제어 회로

이 응용에서는 그림 7-58(a)에서와 같이 미지근한 온도를 유지하는 데 필요한 액체를 저장하는 탱크를 갖고 있다. 이 온

▶ 그림 7-58

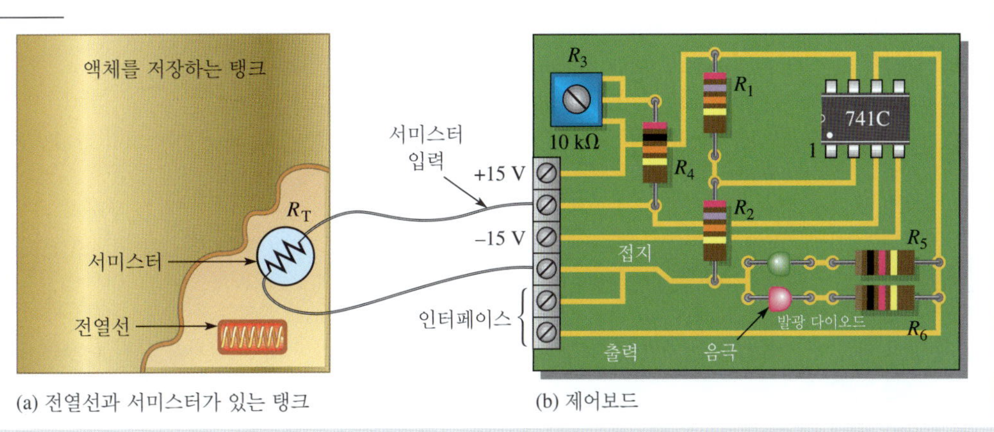


(a) 전열선과 서미스터가 있는 탱크 (b) 제어보드

▶ 그림 7-59

연산 증폭기와 발광 다이오드 출력 지시기

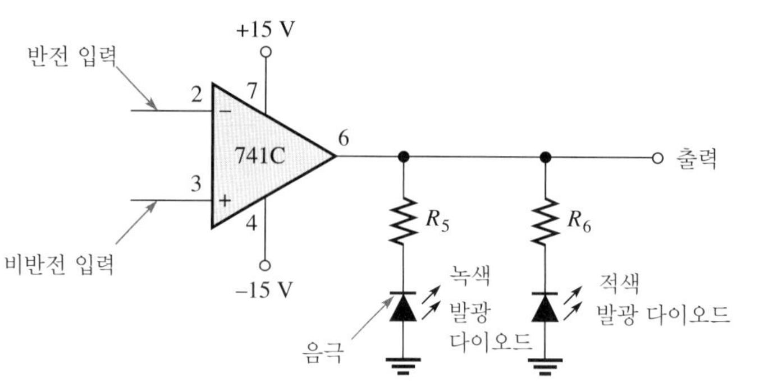


도 조절기용 회로기판을 그림 7-58(b)에 나타내었다. 이 회로기판은 온도가 매우 낮을 때 가열장치를 (여기에 보이진 않았지만 인터페이스를 통하여) 조절한다. 탱크에 위치한 서미스터는 그림과 같이 증폭기 입력 중 하나와 접지 사이에 연결된다.

여기서 증폭기는 이런 응용에서 잘 동작하는 값 싸고 인기 있는 소자인 741C 연산 증폭기이다. 이 연산 증폭기는 두 개의 입력단과 하나의 출력단 그리고 (−), (+) 입력 전압 단자를 갖고 있다. 출력단에 연결된 발광 다이오드를 갖는 연산 증폭기에 대한 회로도 기호를 그림 7-59에 나타내었다. 적색 발광 다이오드는 연산 증폭기 출력이 양의 전압일 때 불이 들어오며, 그것은 가열장치가 켜져 있는 상태를 나타낸다. 녹색 발광 다이오드는 출력이 음의 전압일 때 불이 들어오며, 그것은 가열장치가 꺼져 있음을 나타낸다.

◆ 설명한 대로 회로기판을 이용하여 그림 7-59의 회로도를 완성하라. 연산 증폭기 입력들은 휘트스톤 브리지에 연결된다. 모든 저항 값들을 나타내어라.

## 서미스터

서미스터는 두 개의 금속 산화물의 혼합물이며, 온도에 따라 큰 저항 값의 변화를 보인다. 온도 제어 회로에서 서미스터는 탱크의 온도를 감지하는 지점 근처 보드 밖에 위치하고 있으며 서미스터 입력단과 접지 사이에 연결되어 있다.

서미스터는 지수 방정식으로 표현되는 비선형 저항-온도 특성을 갖는다.

$$R_T = R_0 e^{\beta\left(\frac{T_0 - T}{T_0 T}\right)}$$

여기서

$R_T$ = 주어진 온도에서의 저항 값

$R_0$ = 기준 온도에서의 저항 값

$T_0$ = 절대 온도 단위(K)에서의 기준 온도, 보통 298 K, 섭씨로는 25°C

$T$ = 절대 온도

$\beta$ = 제조사가 제공하는 상수(K)

자연로그의 밑이 $e$인 이 지수 방정식은 과학용 계산기로 쉽게 풀 수 있다. 지수 방정식은 다음 장에서 다룬다.

이 응용에서 사용되는 서미스터는 25°C에서 25 kΩ으로 규정된 저항 값과 4615 K의 $\beta$ 값을 갖는 Thermometrics RL2006-13.3K-140-D1 서미스터이다. 편의상 이 서미스터 저항 값을 온도의 함수로 그림 7-60에 도시하였다. 그림에서 음의 기울기는 이 서미스터가 음의 온도 계수(NTC)를 갖는다는 것을 의미한다. 즉, 온도가 증가함에 따라 저항 값은 감소한다.

한 예로서, $T$ = 50°C에서 저항 값을 구하는 계산 과정을 살펴보자. 먼저 50°C를 절대 온도 K로 바꿔야 한다.

$$T = °C + 273 = 50°C + 273 = 323\text{ K}$$

또한

$$T_0 = °C + 273 = 25°C + 273 = 298\text{ K}$$

$$R_0 = 25\text{ k}\Omega$$

$$R_T = R_0 e^{\beta\left(\frac{T_0 - T}{T_0 T}\right)}$$

$$= (25\text{ k}\Omega)e^{4615\left(\frac{298-323}{298\times 323}\right)}$$

$$= (25\text{ k}\Omega)e^{-1.198}$$

$$= (25\text{ k}\Omega)(0.302)$$

$$= 7.54\text{ k}\Omega$$

계산기를 사용해서 먼저 지수 값 $\beta(T_0 - T)/(T_0T)$를 구하라. 그 다음 $e^{\beta\left(\frac{T_0 - T}{T_0 T}\right)}$의 값을 구하라. 마지막으로 $R_0$를 곱한다. 많은 계산기에서 $e^x$은 2차 기능으로 되어 있다.

◆ 지수 방정식을 사용해서 40°C에서 서미스터의 저항 값을 계산하고, 그 결과를 그림 7-60과 비교하여 계산 결과가 맞는지 확인하라. 방정식에서 온도는 절대 온도라는 것을 기

▶ 그림 7-60

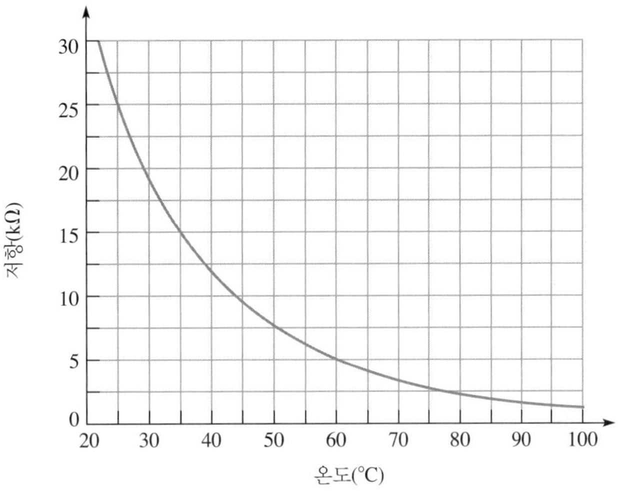


억하라(K = °C + 273).

- 25°C에서 브리지가 평형이 되도록 설정해야 하는 $R_3$의 저항 값을 계산하라.
- 서미스터의 온도가 40°C일 때 브리지 출력 전압(연산 증폭기의 입력)을 계산하라. 25°C에서 브리지는 평형이었으며 서미스터의 저항 값만 변화한다고 가정하라.
- 만약 기준 온도를 0°C로 설정하려면, 회로를 어떻게 간단하게 바꾸어야 하는가? 계산하여 수정된 회로가 잘 동작함을 보이고, 수정된 회로도를 그려라.

### 복습문제

1. 25°C에서 서미스터의 양단 전압은 7.5 V이다. 소비되는 전력을 구하라. 이것으로 인하여 온도 측정에 어떤 부하 효과가 존재하게 되는가?
2. 온도가 증가함에 따라 부하 효과는 증가, 감소 또는 아무런 변화가 없게 되는가? 그 이유를 설명하라.
3. 1/8 W 저항을 이 장치에서 사용할 수 있는가? 그 이유를 설명하라.
4. 출력단에서 왜 한 번에 오직 하나의 발광 다이오드만 동작하는가?

## 요약

- 직·병렬 회로는 직렬 및 병렬 전류 경로 조합이다.
- 직·병렬 회로의 합성 저항을 구하려면, 직렬과 병렬 관계를 확인하고 5장과 6장에서 배운 직렬 및 병렬 저항에 관한 공식을 적용한다.
- 총 전류를 구하려면, 옴의 법칙을 적용하고 총 전압을 합성 저항으로 나눈다.
- 가지 전류를 구하기 위해서는 전류 분배기 공식, 키르히호프의 전류 법칙, 또는 옴의 법칙을 적용한다. 각 회로 문제에 따라 가장 적당한 방법을 선택한다.
- 직·병렬 회로의 임의의 부분 양단의 전압 강하를 구하기 위해서는 전압 분배기 공식, 키르히호프의 전압 법칙, 또는 옴의 법칙을 이용한다. 각 회로 문제에 따라 가장 적당한 방법을 선택한다.
- 전압 분배기 출력단에 부하 저항이 연결되면, 출력 전압은 감소한다.
- 부하 효과를 최소화시키기 위해서는, 부하 저항과 연결되는 저항 값에 비해 부하 저항이 커야 한다.
- 사다리형 회로망의 합성 저항을 구하기 위해서는 전원에서 가장 먼 지점에서 시작하여 단계적으로 저항 성분을 줄여나간다.
- 평형 휘트스톤 브리지는 미지의 저항 값을 측정하는 데 사용될 수 있다.
- 출력 전압이 0일 때 브리지는 평형 상태이다. 평형 상태에서는 브리지의 출력 단자 양단에 연결된

부하에 흐르는 전류는 0이 된다.

- 불평형 휘트스톤 브리지는 변환기를 사용하여 물리량을 측정하는 데 사용될 수 있다.
- 개방과 단락은 전형적인 회로의 고장 유형이다.
- 저항이 타버리는 경우 그 저항은 보통 개방된다.

## 핵심 용어

**분압기 전류**(bleeder current): 회로의 총 전류에서 총 부하 전류를 뺀 나머지 전류

**불평형 브리지**(unbalanced bridge): 평형 상태에서 벗어난 양에 비례하는 출력 전압으로 표시되는 불평형 상태의 브리지 회로

**평형 브리지**(balanced bridge): 출력 양단의 전압이 0 V가 되는 평형 상태에 있는 브리지 회로

**휘트스톤 브리지**(Wheatstone bridge): 평형 상태를 이용하여 정확히 측정될 수 있는 미지의 저항을 가진 네 가지 형태의 브리지 회로. 저항 값의 벗어남 정도는 불평형 상태를 이용해서 측정할 수 있음.

## 주요 공식

**7-1** $I_{\text{BLEEDER}} = I_{\text{T}} - I_{RL1} - I_{RL2}$ 분압기 전류

**7-2** $R_X = R_V\left(\dfrac{R_2}{R_4}\right)$ 휘트스톤 브리지에서 미지 저항 값

**7-3** $\Delta V_{\text{OUT}} = \Delta R_{\text{therm}}\left(\dfrac{V_{\text{S}}}{4R}\right)$ 서미스터 브리지 출력

## 자기 진단

**1.** 그림 7-61에 관한 다음 설명 중에서 옳은 것은 무엇인가?

(a) $R_1$과 $R_2$는 $R_3$, $R_4$, $R_5$와 직렬이다.

(b) $R_1$과 $R_2$는 직렬이다.

(c) $R_3$, $R_4$, $R_5$는 병렬이다.

(d) $R_1$과 $R_2$의 직렬 조합은 $R_3$, $R_4$, $R_5$의 직렬 결합과 병렬이다.

(e) 정답은 (b)와 (d)

▶ 그림 7-61

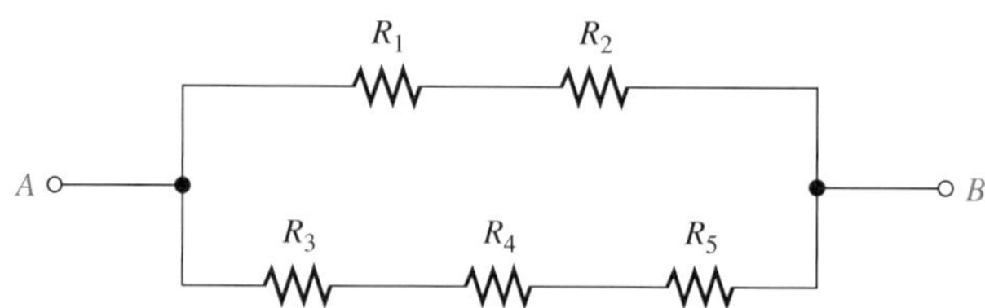


**2.** 그림 7-61의 합성 저항은 다음 공식 중 어느 것으로 구할 수 있는가?

(a) $R_1 + R_2 + R_3 \| R_4 \| R_5$  (b) $R_1 \| R_2 + R_3 \| R_4 \| R_5$

(c) $(R_1 + R_2) \| (R_3 + R_4 + R_5)$  (d) 답이 없다

**3.** 그림 7-61의 저항 값이 모두 같다면 단자 $A$와 $B$에 전압을 인가할 때 전류는

(a) $R_5$에서 최대이다　　(b) $R_3$, $R_4$, $R_5$에서 최대이다
(c) $R_1$과 $R_2$에서 최대이다　　(d) 모든 저항에서 동일하다

**4.** 1.0 kΩ의 저항 두 개가 직렬 연결되고 이 직렬 조합에 2.2 kΩ의 저항이 병렬 연결되어 있다. 한 개의 1.0 kΩ 저항의 양단 전압이 6 V이다. 2.2 kΩ 저항의 양단 전압은 얼마인가?

(a) 6 V　(b) 3 V　(c) 12 V　(d) 13.2 V

**5.** 330 Ω 저항과 470 Ω 저항을 병렬 연결하고 이를 1.0 kΩ 저항 네 개의 병렬 조합과 직렬로 연결했다. 이 회로 양단에 100 V 전원을 연결하였다. 최대 전류가 흐르는 저항 값은 얼마인가?

(a) 1.0 kΩ　(b) 330 Ω　(c) 470 Ω

**6.** 문제 5에 기술된 회로에서 최대 전압이 걸리는 저항은 어느 것인가?

(a) 1.0 kΩ　(b) 470 Ω　(c) 330 Ω

**7.** 문제 5의 회로에서 총 전류의 몇 퍼센트가 하나의 1.0 kΩ 저항에 흐르는가?

(a) 100%　(b) 25%　(c) 50%　(d) 31.3%

**8.** 어떤 전압 분배기의 출력이 무부하 시 9 V이다. 부하를 연결하면 출력 전압은 어떻게 되는가?

(a) 증가한다　(b) 감소한다　(c) 불변이다　(d) 0이 된다

**9.** 두 개의 10 kΩ 저항이 직렬 연결되어 구성된 전압 분배기가 있다. 다음의 부하 저항 중 어느 것이 출력 전압에 가장 영향을 미치겠는가?

(a) 1 MΩ　(b) 20 kΩ　(c) 100 kΩ　(d) 10 kΩ

**10.** 부하 저항을 전압 분배기 회로의 출력단에 연결하면 전원에서 유출되는 전류는 어떻게 되는가?

(a) 감소한다　(b) 증가한다　(c) 동일하다　(d) 차단된다

**11.** 사다리형 회로망에서 단순화는 어느 곳에서부터 시작해야 하는가?

(a) 전원　(b) 전원에서 가장 먼 저항
(c) 중앙　(d) 전원에서 가장 가까운 저항

**12.** 4단 $R/2R$ 사다리형 회로망에서 가장 작은 저항의 값이 10 kΩ이라면, 가장 큰 저항의 값은 얼마인가?

(a) 구할 수 없다　(b) 20 kΩ　(c) 50 kΩ　(d) 100 kΩ

**13.** 평형 휘트스톤 브리지의 출력 전압은

(a) 전원 전압과 동일하다　　(b) 0이다
(c) 브리지 내의 모든 저항 값에 의해 결정된다　　(d) 미지의 저항 값에 의해 결정된다

**14.** 휘트스톤 브리지의 저항 값이 $R_V = 8$ kΩ, $R_2 = 680$ Ω, $R_4 = 2.2$ kΩ이라면 미지의 저항 값은 얼마인가?

(a) 2473 Ω　(b) 25.9 kΩ　(c) 187 Ω　(d) 2890 Ω

**15.** 매우 큰 저항 값을 가진 회로 내의 어떤 지점의 전압을 측정하고 있는데 측정된 전압이 계산 값보다 조금 작다. 이 결과의 원인으로 가능한 것은 무엇인가?

(a) 한 개 이상의 저항 값이 빠졌다　　(b) 전압계의 부하 효과
(c) 전원 전압이 너무 낮다　　(d) 앞의 보기 모두

## 퀴즈

그림 7-62(b)를 보면서 다음 물음에 답하라.

**1.** 만약 $R_2$가 개방된다면 총 전류는?

(a) 증가한다 (b) 감소한다 (c) 변하지 않는다

**2.** 만약 $R_3$가 개방된다면 $R_2$에 흐르는 전류는?

(a) 증가한다 (b) 감소한다 (c) 변하지 않는다

**3.** 만약 $R_4$가 개방된다면 $R_4$의 양단 전압은?

(a) 증가한다 (b) 감소한다 (c) 변하지 않는다

**4.** 만약 $R_4$가 단락된다면 총 전류는?

(a) 증가한다 (b) 감소한다 (c) 변하지 않는다

그림 7-64를 보면서 다음 물음에 답하라.

**5.** 만약 $R_{10}$이 개방이고 단자 $A$와 $B$ 사이에 10 V가 적용된다면, 총 전류는?

(a) 증가한다 (b) 감소한다 (c) 변하지 않는다

**6.** 단자 $A$와 $B$ 사이에 10 V가 걸린 상태에서 만약 $R_1$이 개방된다면, $R_1$ 양단의 전압은?

(a) 증가한다 (b) 감소한다 (c) 변하지 않는다

**7.** 만약 $R_3$의 왼쪽 접촉점과 $R_5$의 밑쪽 접촉점 사이가 단락된다면, $A$와 $B$ 사이의 합성 저항 값은?

(a) 증가한다 (b) 감소한다 (c) 변하지 않는다

그림 7-68을 보면서 다음 물음에 답하라.

**8.** 만약 $R_4$가 개방된다면 점 $C$에서의 전압은?

(a) 증가한다 (b) 감소한다 (c) 변하지 않는다

**9.** 만약 점 $D$와 접지 사이가 단락된다면, $A$와 $B$ 사이의 전압은

(a) 증가한다 (b) 감소한다 (c) 변하지 않는다

**10.** 만약 $R_5$가 개방된다면 $R_1$을 흐르는 전류는?

(a) 증가한다 (b) 감소한다 (c) 변하지 않는다

그림 7-74를 보면서 다음 물음에 답하라.

**11.** 만약 출력 단자 $A$와 $B$ 양단에 10 kΩ의 부하 저항이 연결된다면, 출력 전압은?

(a) 증가한다 (b) 감소한다 (c) 변하지 않는다

**12.** 만약 문제 11에서 언급된 10 kΩ의 부하 저항이 100 kΩ의 부하 저항으로 대치된다면, $V_{OUT}$은?

(a) 증가한다 (b) 감소한다 (c) 변하지 않는다

그림 7-75를 보면서 다음 물음에 답하라.

**13.** 만약 $V_2$와 $V_3$의 스위치 단자 사이가 단락된다면, 접지에 대한 $V_1$의 전압은?

(a) 증가한다 (b) 감소한다 (c) 변하지 않는다

**14.** 스위치의 위치가 그림과 같고 $V_3$의 스위치 단자가 접지에 단락되었다면, $R_L$ 양단의 전압은?

(a) 증가한다 (b) 감소한다 (c) 변하지 않는다

**15.** 만약 $R_4$가 그림과 같이 스위치와 개방된다면, $R_L$ 양단의 전압은?

(a) 증가한다 (b) 감소한다 (c) 변하지 않는다

그림 7-80을 보면서 다음 물음에 답하라.

**16.** 만약 $R_4$가 개방된다면, $V_{OUT}$은?

(a) 증가한다 (b) 감소한다 (c) 변하지 않는다

**17.** 만약 $R_7$이 접지에 단락된다면, $V_{OUT}$은?

(a) 증가한다 (b) 감소한다 (c) 변하지 않는다

## 문제

### 7-1 직·병렬 관계의 구별

**1.** 다음의 직·병렬 조합을 구체화하여 그려라.

(a) $R_2$와 $R_3$의 병렬 조합과 직렬 연결된 $R_1$

(b) $R_2$와 $R_3$의 직렬 조합과 병렬 연결된 $R_1$

(c) 저항 네 개의 병렬 조합과 직렬로 연결된 $R_2$를 포함하는 가지와 병렬 연결된 $R_1$

**2.** 다음의 직·병렬 회로를 구체화하여 그려라.

(a) 각 가지가 두 개의 직렬 저항으로 구성될 때, 가지 세 개의 병렬 조합

(b) 각 병렬 회로가 두 개의 저항으로 구성될 때, 병렬 회로 세 개의 직렬 조합

**3.** 그림 7-62의 각 회로에서, 전원에서 바라본 저항들의 직·병렬 관계를 구별하라.

▶ 그림 7-62

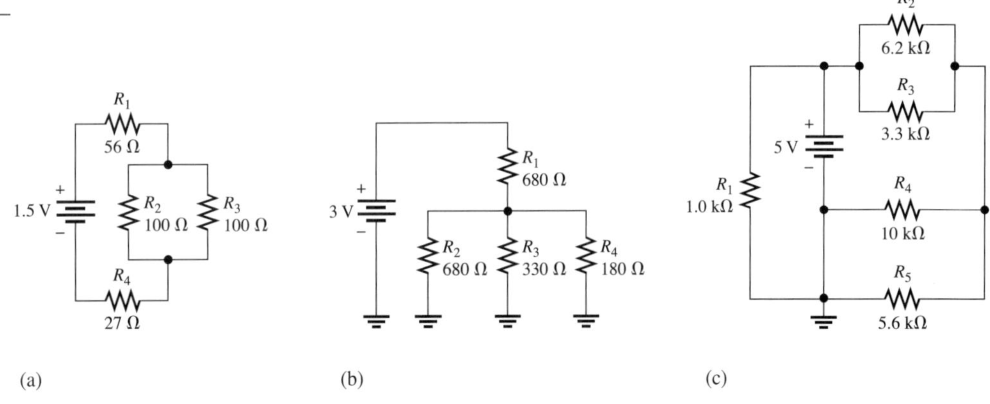


**4.** 그림 7-63의 각 회로에서, 전원에서 바라본 저항들의 직·병렬 관계를 구별하라.

▶ 그림 7-63

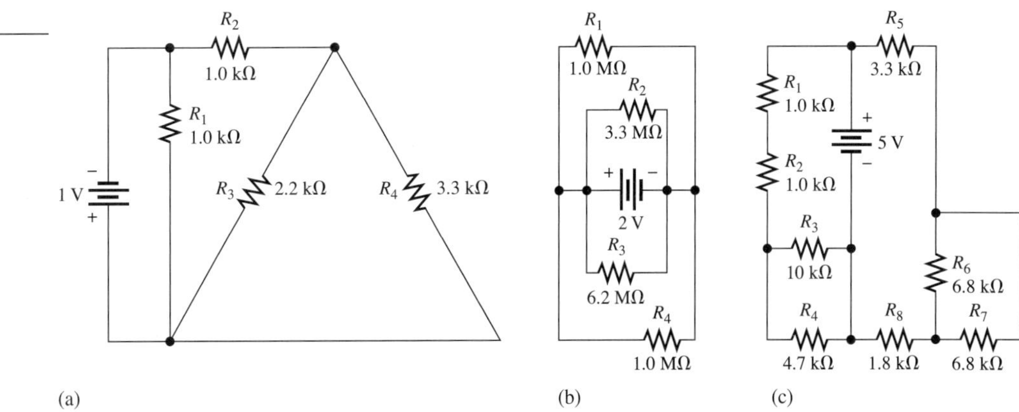

**5.** 그림 7-64의 저항 값이 나타난 인쇄회로기판의 회로도를 그리고, 직·병렬 관계를 구별하라.

▶ 그림 7-64

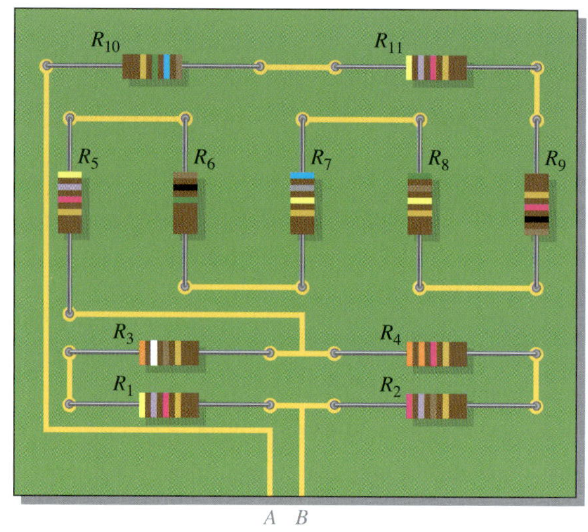


***6.** 그림 7-65의 인쇄회로기판 양면의 회로도를 그리고 저항 값을 표기하라.

***7.** 그림 7-63(c)의 회로용 인쇄회로기판을 설계하라. 전지는 기판 외부에 연결되어야 한다.

▶ 그림 7-65

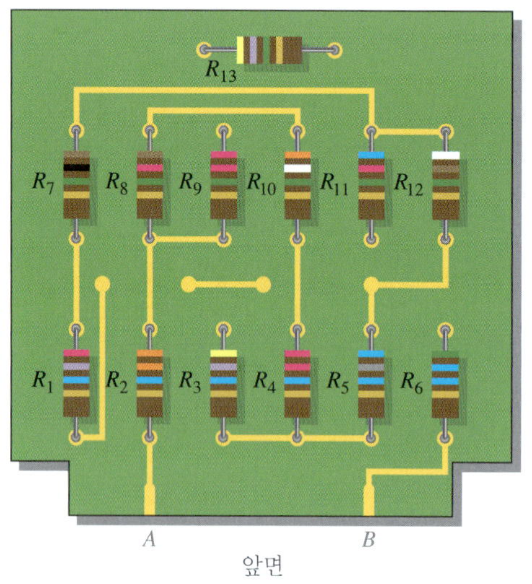


앞면

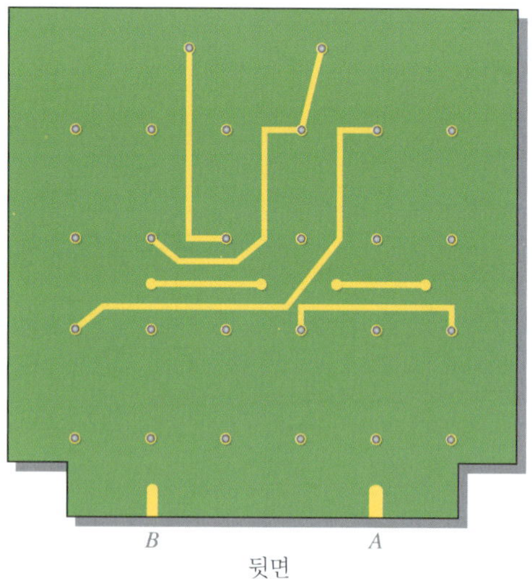


뒷면

7-2 직·병렬 회로의 해석

**8.** 어떤 회로가 두 개의 병렬 저항으로 구성되어 있다. 합성 저항 값이 667 Ω이다. 저항 중 하나는 1.0 kΩ이다. 나머지 저항 값은 얼마인가?

**9.** 그림 7-62의 각 회로에서, 전원에서 나타나는 합성 저항을 구하라.

**10.** 그림 7-63의 각 회로에 대하여 문제 9를 반복하라.

**11.** 그림 7-62의 각 회로에서, 각 저항에 흐르는 전류를 구한 후 각 전압 강하를 계산하라.

**12.** 그림 7-63의 각 회로에서, 각 저항에 흐르는 전류를 구한 후 각 전압 강하를 계산하라.

**13.** 그림 7-66에서 모든 스위치 조합에 따른 $R_T$를 구하라.

▶ 그림 7-66

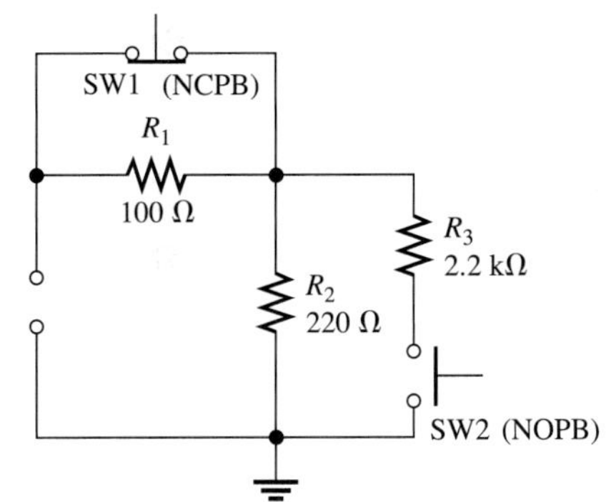


▶ 그림 7-67

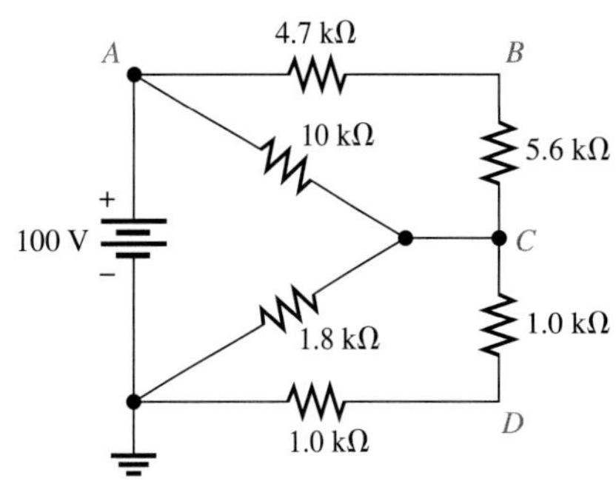


**14.** 전원이 제거된 그림 7-67에서 $A$와 $B$ 사이의 저항을 구하라.

**15.** 그림 7-67에서 접지에 대하여 각 절점에서의 전압을 구하라.

**16.** 그림 7-68에서 접지에 대하여 각 절점에서의 전압을 구하라.

**17.** 그림 7-68에서, 저항 양단에 직접 계기를 연결하지 않고 $R_2$ 양단의 전압을 측정하는 방법은 무엇인가?

▶ 그림 7-68

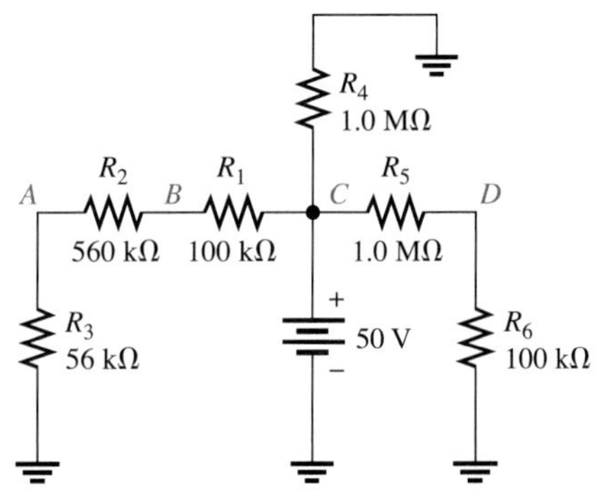


**18.** 전압원에서 바라본 그림 7-67 회로의 저항 값을 구하라.

**19.** 전압원에서 바라본 그림 7-68 회로의 저항 값을 구하라.

**20.** 그림 7-69에서 전압 $V_{AB}$를 구하라.

▶ 그림 7-69

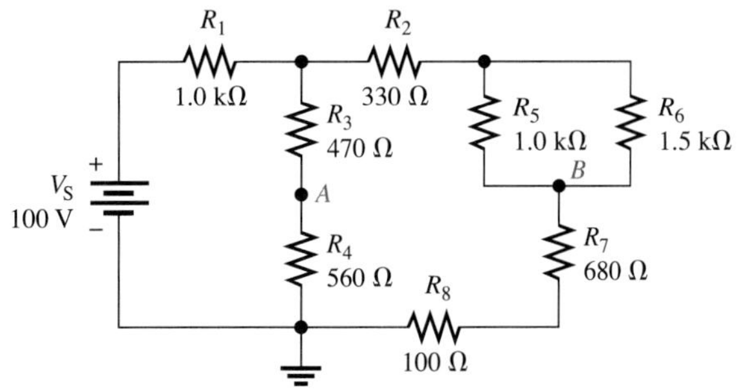

***21.** (a) 그림 7-70에서 $R_2$의 값을 구하라. (b) $R_2$에서 소비되는 전력을 구하라.

▶ 그림 7-70

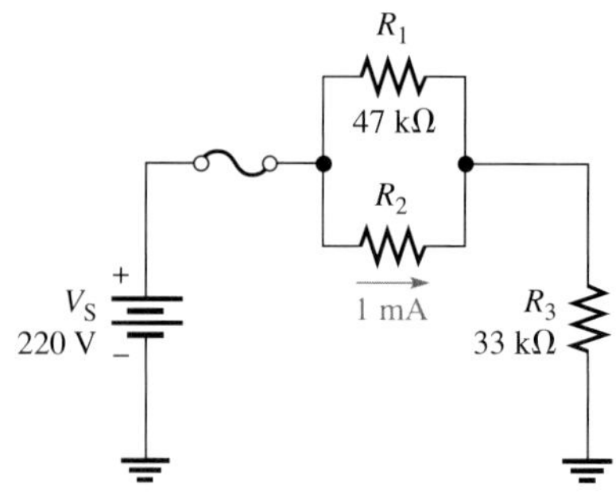


***22.** 그림 7-71에서 절점 $A$와 각각의 다른 절점($R_{AB}, R_{AC}, R_{AD}, R_{AE}, R_{AF}, R_{AG}$) 사이의 저항 값을 구하라.

▶ 그림 7-71

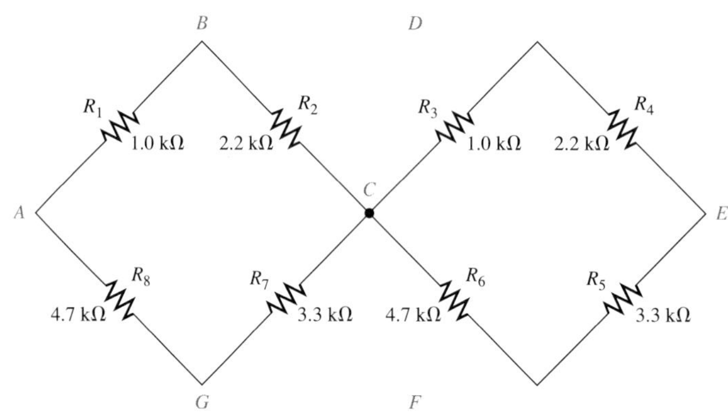


***23.** 그림 7-72에서 다음 절점들, $AB$, $BC$, $CD$ 사이의 저항 값을 구하라.

▶ 그림 7-72

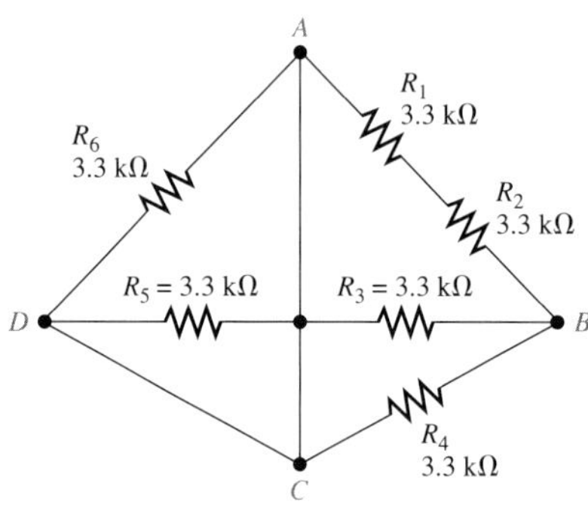


***24.** 그림 7-73에서 각 저항 값을 구하라.

▶ 그림 7-73

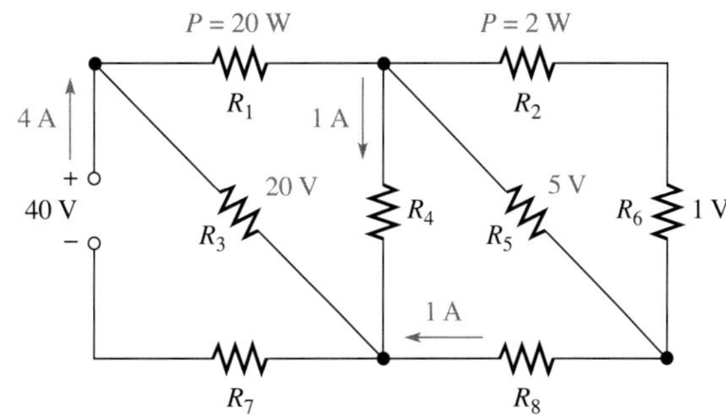


### 7-3 부하 저항을 갖는 전압 분배기

**25.** 56 kΩ 저항 두 개와 15 V 전원으로 구성된 전압 분배기가 있다. 무부하 시 출력 전압을 구하라. 만약 출력단에 1.0 MΩ 부하 저항을 연결한다면 출력 전압은 얼마인가?

**26.** 두 개의 출력 전압을 얻기 위해 12 V 전지 출력이 분배되었다. 두 개의 분기점을 제공하기 위하여 3.3 kΩ 저항 세 개를 사용하였다. 출력 전압을 구하라. 만약 두 개의 출력 중 더 높은 값에 10 kΩ의 부하를 연결하였다면, 부하 시 출력 전압은 얼마인가?

**27.** 10 kΩ 부하와 47 kΩ 부하 중 주어진 전압 분배기에 대하여 출력 전압을 더 작게 감소시키는 것은 어느 것인가?

**28.** 그림 7-74에서, 출력 단자 양단에 부하가 걸리지 않았을 때 출력 전압을 구하라. *A*와 *B* 사이에 100 kΩ의 부하가 연결되면, 출력 전압은 얼마인가?

**29.** 그림 7-74에서 *A*와 *B* 사이에 33 kΩ의 부하가 연결되었을 때 출력 전압을 구하라.

**30.** 그림 7-74에서 전지에서 출력 단자 양단에 무부하 시 전원에서 나오는 연속 전류를 구하라. 33 kΩ의 부하를 가질 때, 흐르는 전류는 얼마인가?

▶ 그림 7-74

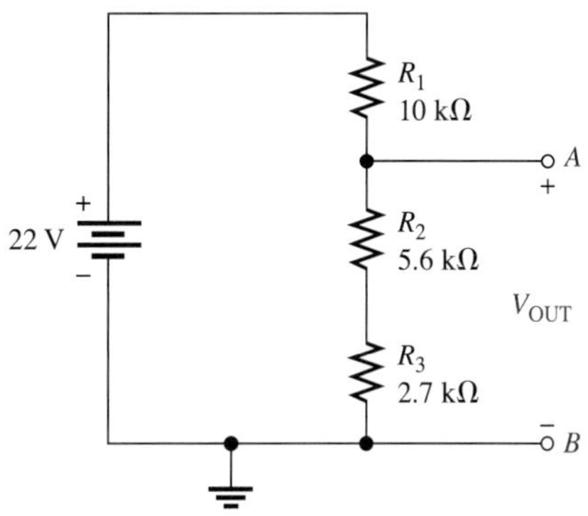


***31.** 다음 사양에 맞는 전압 분배기의 저항 값을 구하라. 무부하조건에서 전원에서 나오는 전류는 5 mA를 초과하지 않는다. 전압원은 10 V이고, 요구되는 출력은 5 V와 2.5 V이다. 회로를 그려라. 1.0 kΩ의 부하가 차례대로 각 분기점에 연결된다면 출력 전압에 미치는 영향을 설명하라.

**32.** 그림 7-75의 전압 분배기는 스위치로 연결되는 부하를 갖는다. 스위치의 각 위치에 대한 각 분기점에서의 전압($V_1$, $V_2$, $V_3$)을 구하라.

▶ 그림 7-75

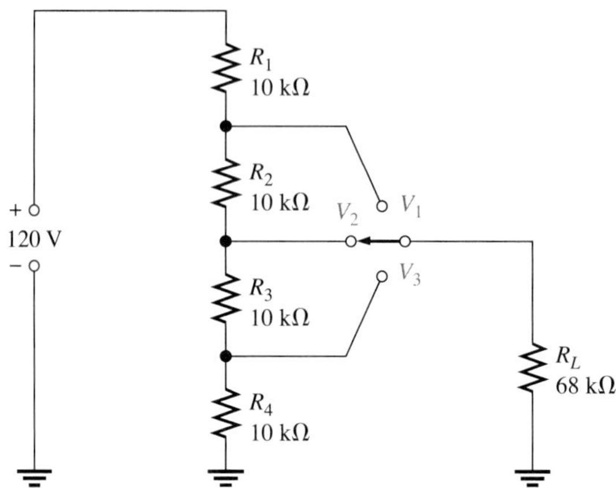


***33.** 그림 7-76에는 FET(field-effect transistor) 증폭기의 dc 바이어스 배열을 나타내었다. 바이어스란 적절한 증폭기 동작을 위해 필요한 직류 전압 레벨을 설정하는 일반적인 방법이다. 이 시점에서는 트랜지스터 증폭기에 대해 아는 바가 없더라도, 회로의 직류 전압과 전류는 이미 살펴본 방법을 이용하여 구할 수 있다.

(a) $V_G$와 $V_S$를 구하라.  (b) $I_1, I_2, I_D, I_S$를 구하라.

(c) $V_{DS}$와 $V_{DG}$를 구하라

▶ 그림 7-76

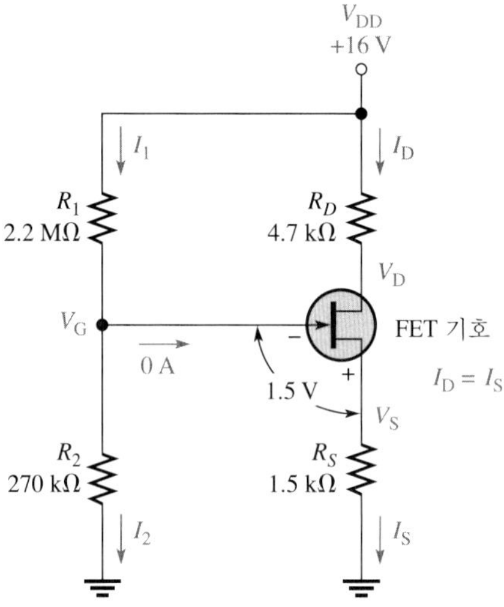


***34.** 무부하 시 6 V 출력, 1.0 kΩ의 부하 양단에 최소 5.5 V를 제공하기 위한 전압 분배기를 설계하라. 전원 전압은 24 V이고 유출되는 무부하 전류는 100 mA를 초과하지 않는다.

### 7-4 전압계의 부하 효과

**35.** 다음 전압 범위 설정 값 중 전압계가 회로에서 최소 부하를 나타내는 것은 어느 것인가?

(a) 1 V  (b) 10 V  (c) 100 V  (d) 1000 V

**36.** 다음 각 범위 설정 값에 대해 20,000 Ω/V 전압계의 내부 저항 값을 구하라.

(a) 0.5 V  (b) 1 V  (c) 5 V  (d) 50 V

(e) 100 V  (f) 1000 V

**37.** 문제 36에 언급된 전압계가 그림 7-62(a)에서 $R_4$ 양단의 전압을 측정하는 데 사용된다.

(a) 어느 범위가 사용되어야 하는가?

(b) 계기에 의해 측정되는 전압은 실제 전압보다 얼마나 더 작은가?

**38.** 전압계가 그림 7-62(b)의 회로에 있는 $R_4$ 양단 전압을 측정하는 데 사용될 때 문제 37을 반복하라.

### 7-5 사다리형 회로망

**39.** 그림 7-77에 나타낸 회로에서 다음을 계산하라.

(a) 전원 양단의 합성 저항

(b) 전원에서 유출되는 총 전류

(c) 910 Ω 저항에 흐르는 전류

(d) $A$와 $B$ 사이의 전압

**40.** 그림 7-78의 사다리형 회로망에서 합성 저항과 절점 $A, B, C$에서의 전압을 구하라.

▶ 그림 7-77

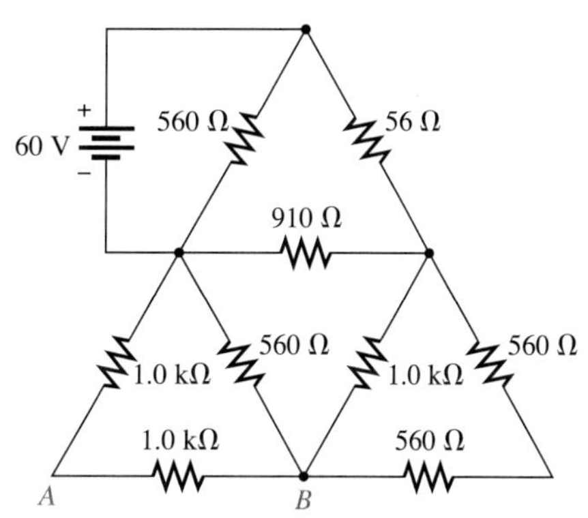


▶ 그림 7-78

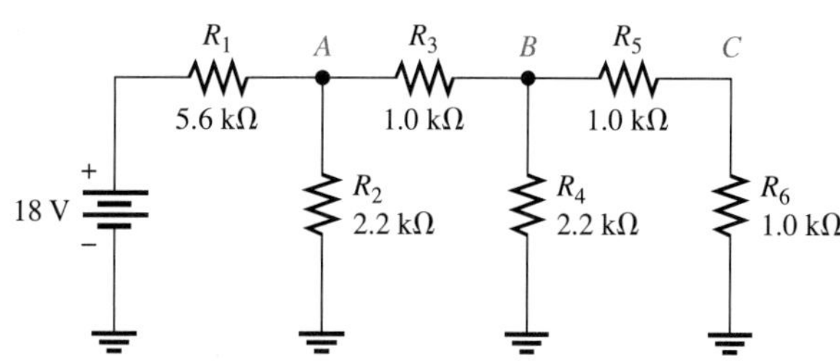


***41.** 그림 7-79의 사다리형 회로망의 단자 $A$와 $B$ 사이의 합성 저항 값을 구하라. 또한 $A$와 $B$ 사이가 10 V일 때 각 가지에 흐르는 전류를 구하라.

**42.** 그림 7-79에서 $A$와 $B$ 사이의 전압이 10 V일 때 각 저항 양단에 걸리는 전압은 얼마인가?

▶ 그림 7-79

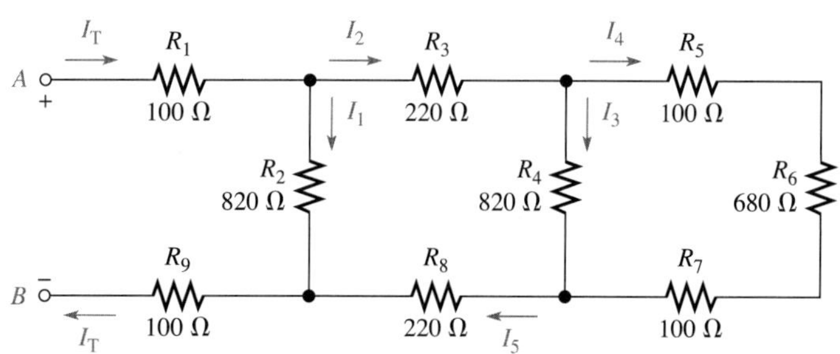

***43.** 그림 7-80에서 $I_T$와 $V_{OUT}$을 구하라.

▶ 그림 7-80

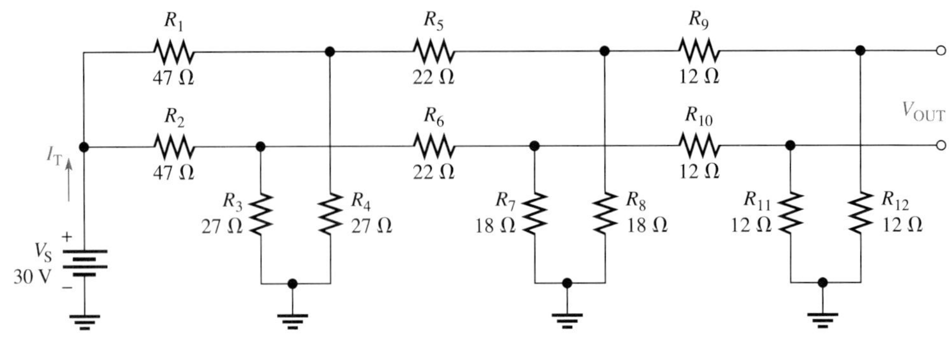


**44.** 그림 7-81의 $R/2R$ 사다리형 회로망에 대하여 다음 조건에서 $V_{OUT}$을 구하라.

(a) 스위치 SW2를 +12 V에 연결하고 나머지 스위치는 접지에 연결

(b) 스위치 SW1을 +12 V에 연결하고 나머지 스위치는 접지에 연결

▶ 그림 7-81

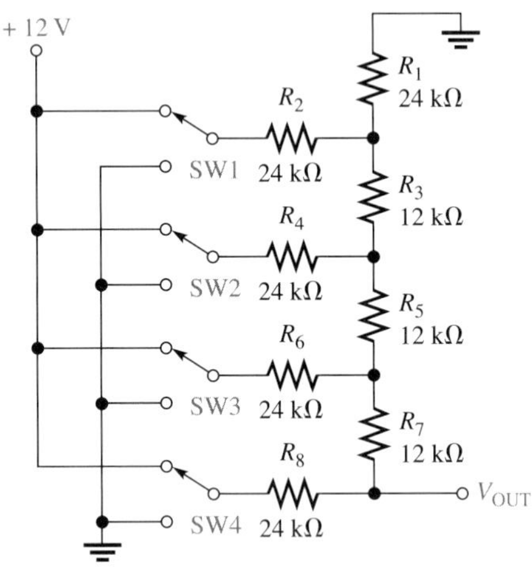


**45.** 다음 조건에 대하여, 문제 44를 반복하라.

(a) SW3과 SW4를 +12 V에 연결하고, SW1과 SW2를 접지에 연결

(b) SW3과 SW1을 +12 V에 연결하고, SW2와 SW4를 접지에 연결

(c) 모든 스위치를 +12 V에 연결

### 7-6 휘트스톤 브리지

**46.** 미지 값의 저항을 휘트스톤 브리지 회로에 연결하였다. 평형조건을 위한 브리지 파라미터는 다음과 같이 설정하였다. $R_V$ = 18 kΩ, $R_2/R_4$ = 0.02. $R_X$는 얼마인가?

**47.** 부하 셀은 각 게이지당 변형되지 않았을 때 120.000 Ω(표준값)의 저항 값을 갖는 네 개의 동일한 스트레인 게이지를 갖고 있다. 부하가 더해지면, 그림 7-82와 같이 늘어난 게이지의 저항은 60 mΩ 증가하여 120.060 Ω이 되고, 줄어든 게이지의 저항은 60 mΩ 감소하여 119.940 Ω이 된다. 부하 시 출력 전압은 얼마인가?

***48.** 60°C의 온도에서 그림 7-83의 불평형 브리지의 출력 전압을 구하라. 서미스터의 온도 저항 특성은 그림 7-60에 나타나 있다.

▶ 그림 7-82

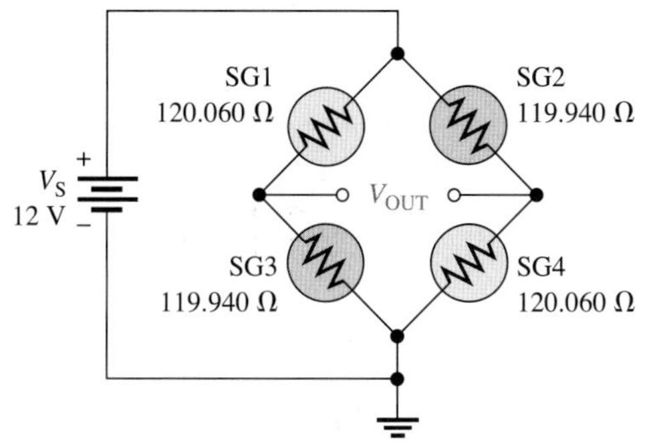


▶ 그림 7-83

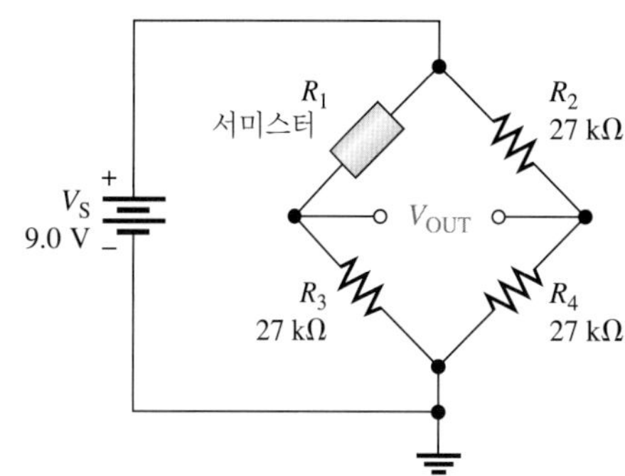


## 7-7 고장진단

**49.** 그림 7-84에서 전압계 지시 값은 옳은가?

▶ 그림 7-84

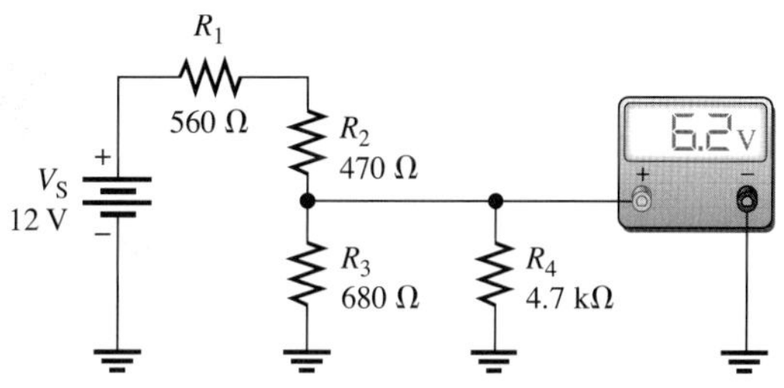


**50.** 그림 7-85에서 계기 지시 값은 옳은가?

▶ 그림 7-85

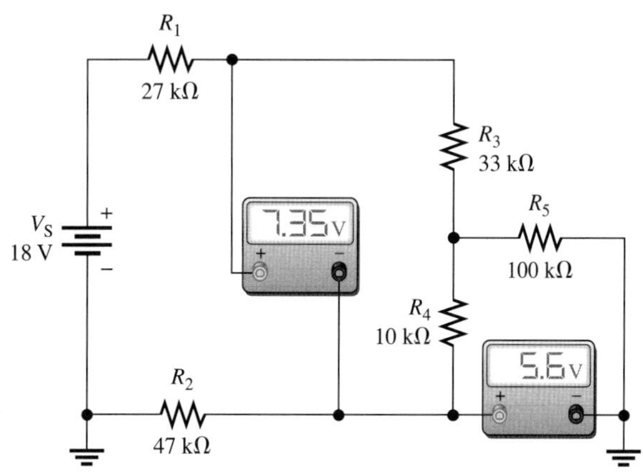

**51.** 그림 7-86에 하나의 고장이 있다. 계기 지시 값을 근거로 어떤 고장인지 설명하라.

▶ 그림 7-86

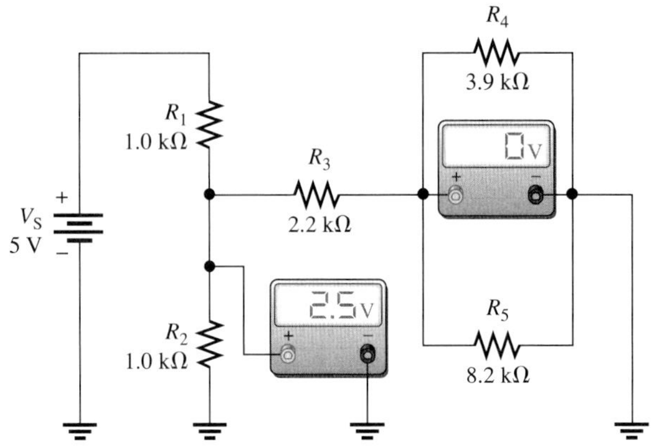


**52.** 그림 7-87의 계기를 보고 회로에 고장이 있는지 확인하라. 있다면 어떤 고장인가?

▶ 그림 7-87

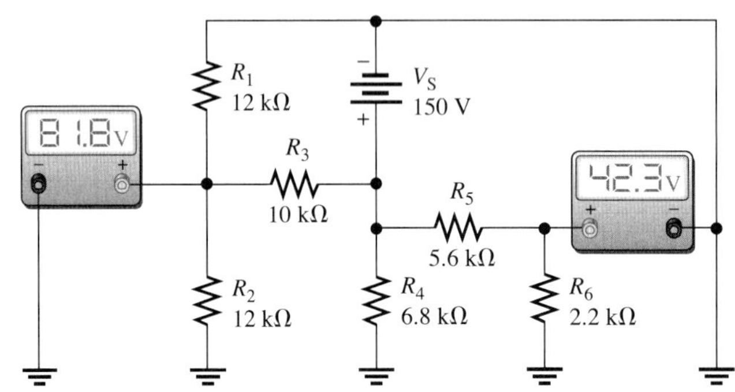


**53.** 그림 7-88의 계기 지시 값을 점검하고 결함이 있으면 어느 것인지 확인하라.

▶ 그림 7-88

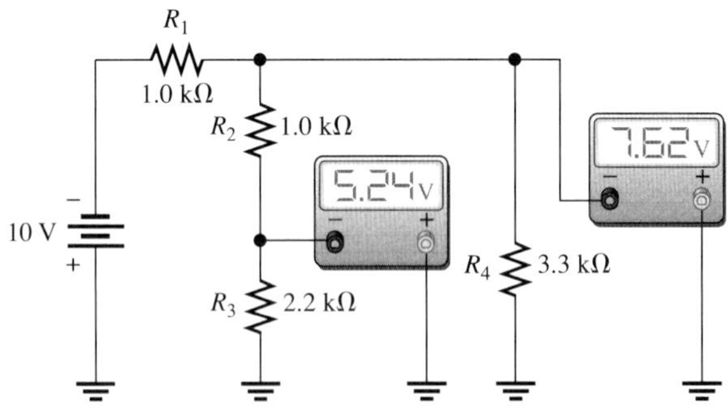


**54.** 그림 7-89에서 $R_2$가 개방된다면 점 $A$, $B$, $C$의 전압은 얼마인가?

▶ 그림 7-89

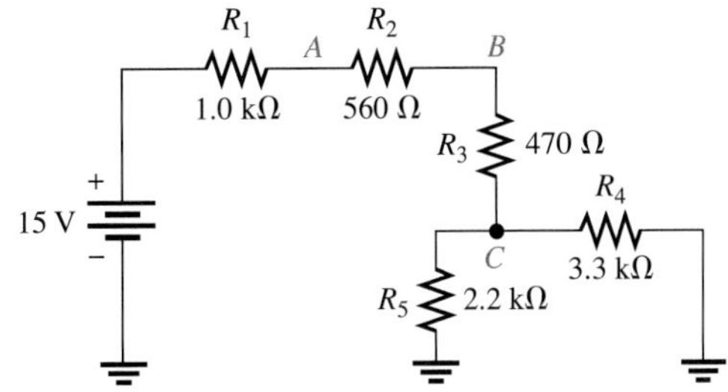


### Multisim 고장진단과 분석

Multisim CD-ROM을 사용하여 다음 문제를 풀어 보라.

**55.** P07-55 파일을 열고, 합성 저항 값을 측정하라.

**56.** P07-56 파일을 열고, 개방 저항이 있는지 측정을 통해 알아본다. 개방 저항이 있다면 어느 것인가?

**57.** P07-57 파일을 열고, 미지의 저항 값을 구하라.

**58.** P07-58 파일을 열고, 부하 저항이 각 저항의 전압 값에 얼마나 영향을 주는지 구하라.

**59.** P07-59 파일을 열고, 만약 단락된 저항이 하나 있다면 어떤 저항인지 구하라.

**60.** P07-60 파일을 열고, 브리지가 대략 평형을 이룰 때까지 $R_X$ 값을 조정하라.

## 복습문제 해답

### 7-1 직·병렬 관계의 구별

**1.** 직·병렬 저항 회로는 직렬 및 병렬 연결로 구성된 회로이다.

**2.** 그림 7-90을 참조하라.

**3.** $R_3$와 $R_4$의 병렬 조합과 저항 $R_1$과 $R_2$는 직렬로 연결되어 있다.

**4.** $R_3$, $R_4$, $R_5$는 병렬 연결되어 있다. 또한 직·병렬 조합 $R_2 + (R_3 \| R_4 \| R_5)$는 $R_1$과 병렬 연결되어 있다.

**5.** 저항 $R_1$과 $R_2$가 병렬 연결되어 있고, $R_3$과 $R_4$도 병렬 연결되어 있다.

**6.** 그렇다. 병렬 조합들은 직렬 연결되어 있다.

▶ 그림 7-90

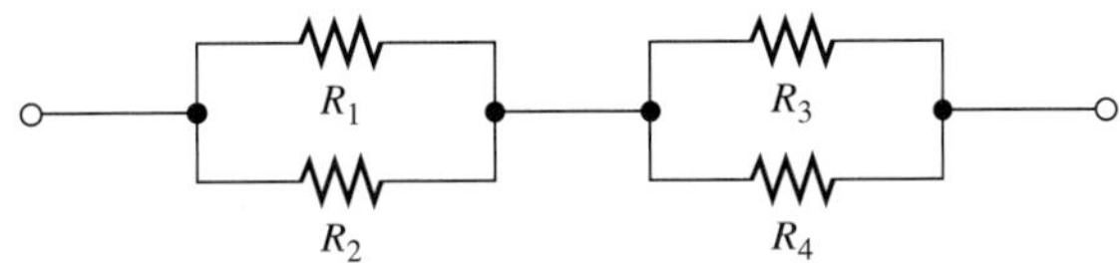


### 7-2 직·병렬 회로의 해석

**1.** 전압 분배기 및 전류 분배기 공식, 키르히호프의 법칙, 그리고 옴의 법칙은 직·병렬 회로의 해석에 사용될 수 있다.

**2.** $R_T = R_1 + R_2 \| R_3 + R_4 = 608\ \Omega$

**3.** $I_3 = [R_2/(R_2 + R_3)]I_T = 11.1\ \text{mA}$

**4.** $V_2 = I_2R_2 = 3.65\ \text{V}$

**5.** $R_T = 47\ \Omega + 27\ \Omega + (27\ \Omega + 27\ \Omega) \| 47\ \Omega = 99.1\ \Omega$, $I_T = 1\ \text{V}/99.1\ \Omega = 10.1\ \text{mA}$

### 7-3 부하 저항을 갖는 전압 분배기

**1.** 부하 저항은 출력 전압을 감소시킨다.

**2.** 참

**3.** $V_{OUT(unloaded)} = (100\ k\Omega/147\ k\Omega)30\ V = 20.4\ V$, $V_{OUT(loaded)} = (9.1\ k\Omega/56.1\ k\Omega)30\ V = 4.87\ V$

### 7-4 전압계의 부하 효과

**1.** 전압계는 회로에 대하여 부하로 작용하게 된다. 그 이유는 전압계의 내부 저항이 전압계와 접속되는 회로의 저항과 병렬로 연결되어 이들 두 점 간의 저항 값이 감소되며 회로 전류의 일부를 전압계로 흘리기 때문이다.

**2.** 아니다. 계기의 저항이 1.0 kΩ보다 훨씬 크기 때문이다.

**3.** 그렇다.

### 7-5 사다리형 회로망

**1.** 그림 7-91을 참조하라.

**2.** $R_T = 11.6\ k\Omega$

**3.** $I_T = 10\ V/11.6\ k\Omega = 859\ \mu A$

**4.** $I_2 = 640\ \mu A$

**5.** $V_A = 1.41\ V$

▶ 그림 7-91

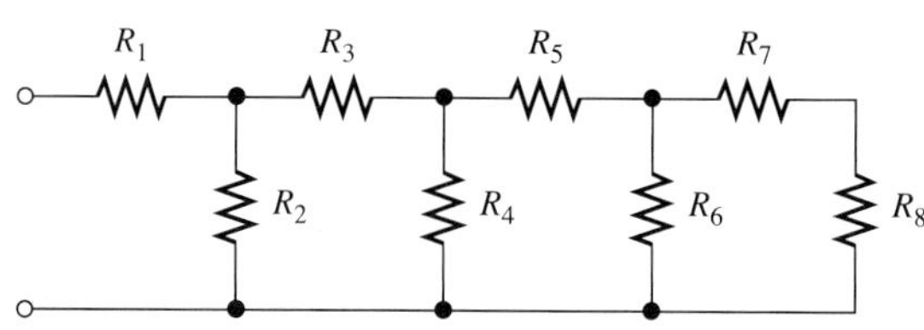


### 7-6 휘트스톤 브리지

**1.** 그림 7-92를 참조하라.

**2.** $V_A = V_B$일 때, 즉 $V_{OUT} = 0$일 때 브리지는 평형 상태이다.

**3.** $R_X = 15\ k\Omega$

**4.** 불평형 브리지는 변환기에 감지된 양(transducer-sensed quantities)을 측정하는 데 사용된다.

▶ 그림 7-92

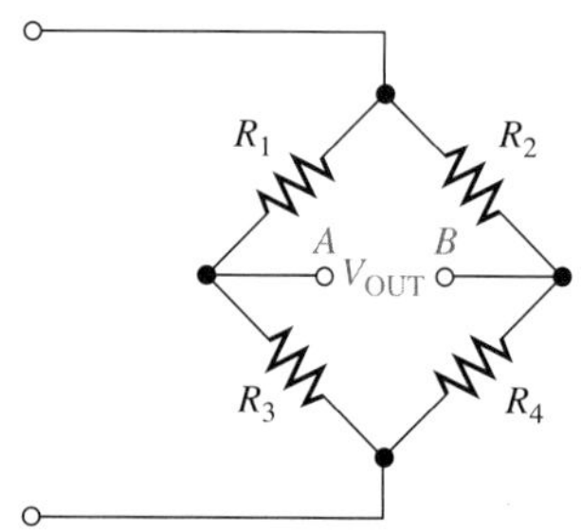

### 7-7 고장진단

**1.** 일반적인 회로 고장은 개방과 단락이다.

**2.** 10 kΩ 저항($R_3$)이 개방이다.

**3.** (a) $V_A = 55$ V (b) $V_A = 55$ V (c) $V_A = 54.2$ V (d) $V_A = 100$ V (e) $V_A = 0$ V

### 회로 응용

**1.** $P = 2.25$ W, 그렇다, 매우 작은 영향

**2.** 부하의 감소

**3.** 그렇다. 최악의 경우 $R_{THERM} = 0$이고, 따라서 $R_3 + R_4$의 양단 전압은 15 V이며, 1/8 W보다 작은 전력을 만든다.

**4.** 연산 증폭기의 출력 전압은 오직 최대 또는 최소 레벨에만 있을 수 있으며, 그것은 한 번에 하나의 발광 다이오드만 켜지게 하며, 두 개가 동시에 켜지지는 않는다.

## 관련 문제 해답

**7-1** 새로운 저항은 $R_4 + R_2 \| R_3$와 병렬이다.

**7-2** 단락되었기 때문에 저항은 아무 영향을 미치지 않는다.

**7-3** 새로운 저항은 $R_5$와 병렬이다.

**7-4** 점 $A$에서 접지까지: $R_T = R_4 + R_3 \| (R_1 + R_2)$
점 $B$에서 접지까지: $R_T = R_4 + R_2 \| (R_1 + R_3)$
점 $C$에서 접지까지: $R_T = R_4$

**7-5** $R_3$와 $R_6$는 직렬

**7-6** 55.1 Ω

**7-7** 128.3 Ω

**7-8** 2.38 mA

**7-9** $I_1 = 35.7$ mA, $I_3 = 23.4$ mA

**7-10** $V_A = 44.8$ V, $V_1 = 35.2$ V

**7-11** 2.04 V

**7-12** $V_{AB} = 5.48$ V, $V_{BC} = 1.66$ V, $V_{CD} = 0.86$ V

**7-13** 3.39 V

**7-14** $R_1, R_2, R_3$는 비례적으로 증가한다.

**7-15** 5.19 V

**7-16** $I_1 = 7.16$ mA, $I_2 = 3.57$ mA, $I_3 = 3.57$ mA, $I_4 = 1.74$ mA, $I_5 = 1.85$ mA,
$I_6 = 1.85$ mA, $V_A = 29.3$ V, $V_B = 17.4$ V, $V_C = 8.70$ V

**7-17** 3.3 kΩ

**7-18** 0.45 V

**7-19** 5.73 V, 0V

**7-20** 9.46 V

**7-21** $V_A = 12$ V, $V_B = 13.8$ V

## 자기 진단 해답

**1.** (e) **2.** (c) **3.** (c) **4.** (c) **5.** (b) **6.** (a) **7.** (b) **8.** (b)
**9.** (d) **10.** (b) **11.** (b) **12.** (b) **13.** (b) **14.** (a) **15.** (d)

## 퀴즈 해답

**1.** (b) **2.** (a) **3.** (a) **4.** (a) **5.** (b) **6.** (a) **7.** (b) **8.** (c)
**9.** (c) **10.** (c) **11.** (b) **12.** (a) **13.** (b) **14.** (b) **15.** (a) **16.** (a)
**17.** (a)

CHAPTER 8

# 회로 이론과 변환

## 이 장의 차례



## 이 장의 목표

- 직류 전압원의 특성을 기술한다.
- 전류원의 특성을 기술한다.
- 전원의 변환을 수행한다.
- 중첩 정리를 회로 해석에 적용한다.
- 회로를 간단히 해석하기 위해 테브냉 정리를 적용한다.
- 회로를 간단히 해석하기 위해 노튼 정리를 적용한다.
- 최대 전력 전달 이론을 적용한다.
- 델타-와이 및 와이-델타 변환을 수행한다.

## 핵심 용어

- 노튼 정리
- 단자 등가성
- 중첩 정리
- 최대 전력 전달
- 테브냉 정리

## 회로 응용 소개

회로 응용으로 7장에서 배운 휘트스톤 브리지를 이용한 온도 측정 및 제어 회로를 다룬다. 이 회로의 측정에 테브냉 정리 및 기타 회로 해석 기법들을 이용할 것이다.

## 인터넷 학습자료

http://www.prenhall.com/floyd

## 이 장의 소개

앞에서 옴의 법칙과 키르히호프의 법칙을 이용하여 여러 형태의 회로를 해석하는 방법을 배웠다. 어떤 형태의 회로는 이러한 기본 법칙만을 이용하여 해석하기가 어렵기 때문에 회로 해석을 간단히 하기 위한 추가적인 방법들이 필요하다.

이번 장에서 다룰 정리와 변환들은 어떤 형태의 회로에 대한 해석을 보다 용이하게 만든다. 이러한 방법들은 옴의 법칙과 키르히호프의 법칙을 대체하는 것이 아니고 어떤 상황하에서 두 법칙과 함께 사용될 것이다.

모든 전기 회로는 전압원 또는 전류원으로 구동되므로 이러한 소자들이 어떻게 동작하는지 이해하는 것은 중요하다. 중첩 정리는 여러 개의 전원을 갖는 회로를 해석하는 데 도움이 될 것이다. 테브냉 정리 및 노튼 정리는 해석이 용이하도록 회로를 간단한 등가 회로로 줄이는 방법을 제공한다. 최대 전력 전달 정리는 주어진 회로가 최대 전력을 부하에 공급하는 것이 중요한 응용 분야에서 사용된다. 그 예로서, 스피커에 최대 전력을 전달시키는 음성 증폭기를 들 수 있다. 델타-와이 및 와이-델타 변환은 온도나, 압력, 찌그러짐과 같은 물리량을 측정하는 장치에서 흔히 볼 수 있는 브리지 회로 해석에 종종 이용된다.

# 8-1 직류 전압원

2장에서 살펴본 바와 같이, 직류 전압원은 전자 응용에 있어서 대표적인 에너지원 중 하나이다. 따라서 직류 전압원의 특성을 이해하는 것은 중요하다. 직류 전압원은 부하 저항이 변화할 때도 부하에 일정한 전압을 공급한다.

이 절의 학습 내용은 다음과 같다.

- **직류 전압원의 특성을 기술**
  - 실제 전압원과 이상적인 전원의 비교
  - 부하가 실제 전압원에 미치는 영향에 대한 논의

그림 8-1(a)는 우리가 많이 보아온 이상적인 직류 전압원을 나타내는 기호이다. 단자 *A*와 *B* 양단의 전압은 출력 양단에 연결되는 부하 저항 값에 관계없이 일정하게 유지된다. 그림 8-1(b)는 부하 저항 $R_L$이 연결된 것을 보여준다. 전원 전압 $V_S$ 전체가 $R_L$의 양단에 걸리게 된다. 이상적으로는, $R_L$이 0 이외의 임의의 값으로 변화되더라도 전압은 일정하게 유지될 것이다. 이상적인 전압원의 내부 저항은 영이다.

▶ 그림 8-1

이상적인 직류 전압원

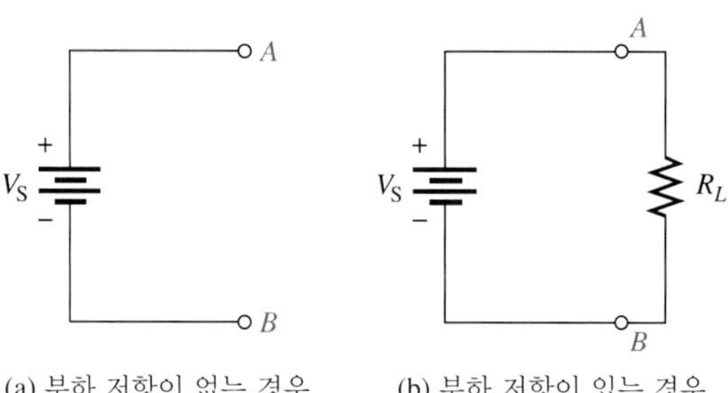


실제로, 이상적인 전압원은 존재하지 않는다. 그러나 어느 특정한 출력 전류 범위 안에서 동작할 때 조정된 전원 공급기는 이상적인 전원에 가까울 수 있다. 모든 전압원은 물리적 또는 화학적 구성의 결과로 어느 정도의 고유한 내부 저항을 갖게 된다. 따라서 전압원은 그림 8-2(a)에 나타난 바와 같이 이상 전원에 저항이 직렬 연결된 것으로 나타낼 수 있다. 여기서 $R_S$는 내부 전원 저항이고, $V_S$는 전원 전압이다. 무부하일 경우, 출력 전압(*A*부터 *B*까지의 전압)은 $V_S$이다. 이 전압을 **개방 회로 전압**(open circuit voltage)이라고 한다.

▶ 그림 8-2

실제 전압원

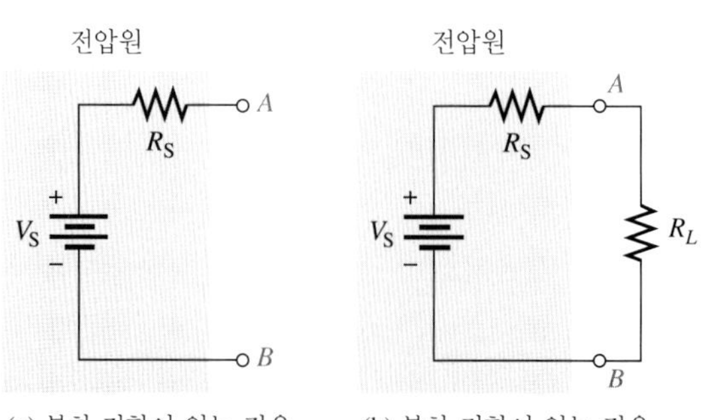

## 전압원의 부하

그림 8-2(b)에 나타난 것처럼 출력 단자 양단에 부하 저항이 연결되었을 때 전원 전압 전부가 $R_L$ 양단에 걸리는 것은 아니다. $R_S$와 $R_L$이 직렬로 연결되어 있기 때문에 얼마의 전압은 $R_S$ 양단에 걸리게 된다.

만약 $R_S$가 $R_L$에 비해 매우 작다면, 전원 전압 $V_S$의 거의 대부분이 더 큰 저항 값의 $R_L$에 걸리기 때문에 전원은 이상적인 전원에 근접하게 된다. 내부 저항 $R_S$ 양단에서는 매우 작은 전압 강하가 일어나게 된다. $R_L$이 $R_S$보다 매우 큰 값으로 변화하는 한 전원 전압의 대부분은 출력 양단에서 그대로 유지되어 출력 전압에는 거의 변화가 없게 된다. $R_L$이 $R_S$에 비해 크면 클수록 출력 전압 변화가 더 작게 생기게 된다. [예제 8-1]은 $R_L$이 $R_S$보다 대단히 클 때 $R_L$의 변화가 출력 전압에 미치는 영향을 보여준다.

**예제 8-1** 그림 8-3에서 $R_L$이 100 Ω, 560 Ω, 1.0 kΩ의 값을 가질 때 전원의 전압 출력을 구하라.

▶ 그림 8-3

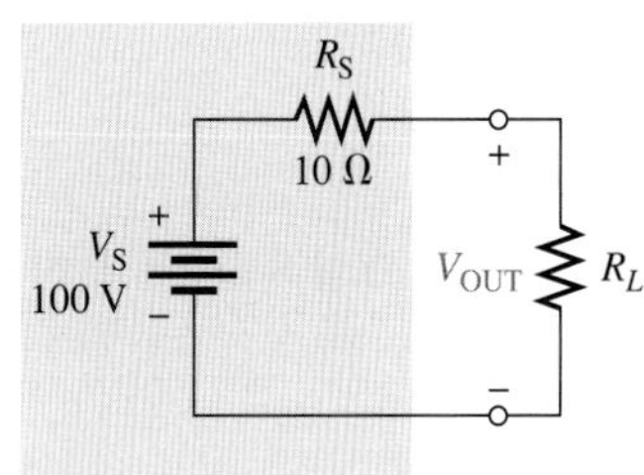


**풀이** $R_L$ = 100 Ω일 때, 출력 전압은

$$V_{OUT} = \left(\frac{R_L}{R_S + R_L}\right)V_S = \left(\frac{100\ \Omega}{110\ \Omega}\right)100\ \text{V} = \mathbf{90.9\ V}$$

$R_L$ = 560 Ω일 때,

$$V_{OUT} = \left(\frac{560\ \Omega}{570\ \Omega}\right)100\ \text{V} = \mathbf{98.2\ V}$$

$R_L$ = 1.0 kΩ일 때,

$$V_{OUT} = \left(\frac{1000\ \Omega}{1010\ \Omega}\right)100\ \text{V} = \mathbf{99.0\ V}$$

$R_L$이 적어도 $R_S$의 10배 이상이므로 위의 세 가지 $R_L$ 값에 대한 출력 전압은 전원 전압 $V_S$의 10% 이내에 있음을 주지하라.

**관련 문제** 그림 8-3에서 $R_S$ = 50 Ω이고, $R_L$ = 10 kΩ일 경우 $V_{OUT}$을 구하라.

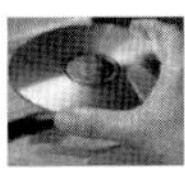

Multisim 파일 E08-01을 사용하여 [예제 8-1]과 [관련 문제]의 계산 결과를 확인하라.

부하 저항이 전원 내부 저항에 비해 더 작아질수록 출력 전압은 눈에 띄게 감소한다. [예제 8-2]는 더 작은 $R_L$에 대한 영향을 보여주고 있으며, 출력 전압이 개방 회로 전압 값에 근접한 값을 유지하기 위해서는, $R_L$이 $R_S$보다 대단히(적어도 10배 이상) 커야 한다는 것을 확인시켜 주고 있다.

**예제 8-2** 그림 8-3에서 $R_L = 10\ \Omega$일 때와, $R_L = 1.0\ \Omega$일 경우 $V_{OUT}$을 구하라.

풀이 $R_L = 10\ \Omega$일 경우, 출력 전압은

$$V_{OUT} = \left(\frac{R_L}{R_S + R_L}\right)V_S = \left(\frac{10\ \Omega}{20\ \Omega}\right)100\ \text{V} = \mathbf{50\ V}$$

$R_L = 1.0\ \Omega$일 경우,

$$V_{OUT} = \left(\frac{1.0\ \Omega}{11\ \Omega}\right)100\ \text{V} = \mathbf{9.09\ V}$$

관련 문제 그림 8-3에서 부하 저항이 없을 경우 $V_{OUT}$은 얼마인가?

**복습문제 8-1**

1. 이상적인 전압원을 나타내는 기호는 무엇인가?
2. 실제 전압원을 그려라.
3. 이상적인 전압원의 내부 저항은 무엇인가?
4. 부하는 실제 전압원의 출력 전압에 어떤 영향을 미치는가?

# 8-2 전류원

2장에서 살펴본 것처럼, 전류원은 부하 저항이 변할 때도 이상적으로 부하에 일정한 전류를 공급하는 또 다른 에너지원의 한 형태이다. 어느 특정 형태의 트랜지스터 회로에서 전류원의 개념은 중요하다.

이 절의 학습 내용은 다음과 같다.

- **전류원의 특성을 기술**
  - 실제 전류원과 이상적인 전원의 비교
  - 부하가 실제 전류원에 미치는 영향

그림 8-4(a)는 이상적인 전류원을 나타내는 기호를 보여주고 있다. 화살표는 전원 전류 $I_S$의 방향을 의미한다. 이상적인 전류원은 부하의 값에 관계없이 부하에 일정한 전류를 공급한다. 이 개념이 그림 8-4(b)에 나타나 있는데, 여기서 부하 저항은 단자 $A$와 $B$ 사이에 있는 전류원에

연결되어 있다. 이상적인 전류원의 내부 병렬 저항 값은 무한대이다.

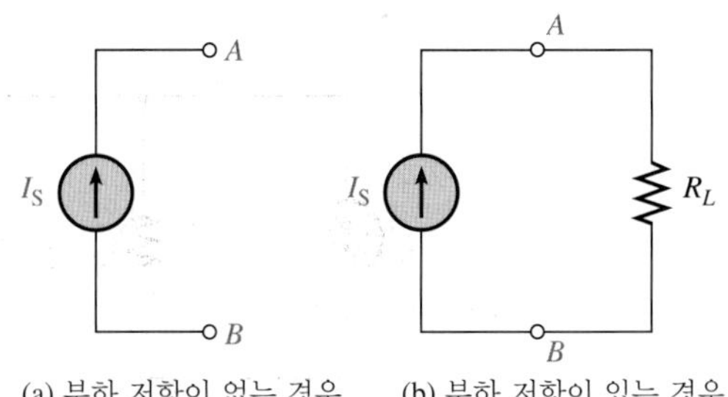


(a) 부하 저항이 없는 경우 (b) 부하 저항이 있는 경우

◀ 그림 8-4
이상적인 전류원

트랜지스터는 기본적으로 전류원으로 동작하며, 따라서 전류원의 개념을 이해하는 것은 중요하다. 트랜지스터의 등가 모델에는 전류원을 포함한다는 것을 알 수 있을 것이다.

이상적인 전류원은 대부분의 회로 해석에서 사용될 수 있지만 실제의 회로 소자는 이상적이지 않다. 실제적인 전류원을 그림 8-5에 나타내었다. 여기서 내부 저항은 이상적인 전류원에 병렬로 연결되어 있다.

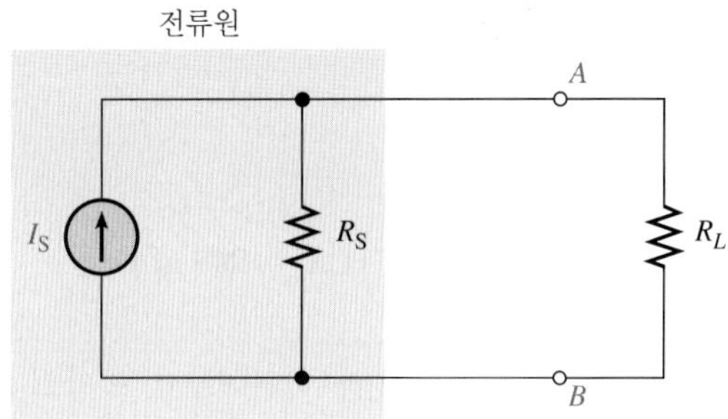


◀ 그림 8-5
부하가 연결된 실제 전류원

만약 내부 전원 저항 $R_S$가 부하 저항보다 매우 크다면, 실제 전원은 이상적인 것에 가깝게 된다. 그 이유가 그림 8-5의 실제 전류원에 예시되어 있다. 전류 $I_S$의 일부는 $R_S$를 통해 흐르고 다른 일부는 $R_L$을 통해 흐른다. 내부 전원 저항 $R_S$와 부하 저항 $R_L$은 전류 분배기의 역할을 한다. 만약 $R_S$가 $R_L$보다 매우 크다면 전류의 대부분은 $R_L$을 통하여 흐르고 $R_S$에는 거의 흐르지 않는다. $R_L$이 $R_S$보다 매우 작은 한, $R_L$이 크게 변할지라도 $R_L$을 통하여 흐르는 전류는 거의 일정하게 유지된다.

정전류원을 가정하면, $R_S$가 부하 저항에 비해 매우 커서 $R_S$를 무시할 수 있다고 간주할 수 있다. 이것은 전원을 이상적인 것으로 단순화시켜 해석을 더욱 쉽게 한다.

[예제 8-3]은 $R_L$이 $R_S$에 비해 매우 작을 때 $R_L$의 변화가 부하 전류에 미치는 영향을 보여준다. 일반적으로 괜찮은 전류원으로 동작하기 위해서는 $R_L$이 $R_S$보다 적어도 10배 이상 작아야 한다($10R_L \leq R_S$).

**예제 8-3** 그림 8-6에서 $R_L$이 100 Ω, 560 Ω, 1.0 kΩ일 때 각각 부하 전류($I_L$)를 구하라.

▶ 그림 8-6

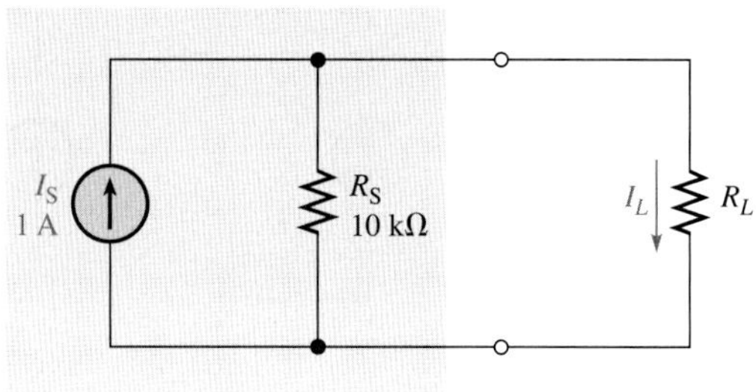


**풀이** $R_L$ = 100 Ω일 때, 부하 전류는 다음과 같다.

$$I_L = \left(\frac{R_S}{R_S + R_L}\right)I_S = \left(\frac{10\text{ k}\Omega}{10.1\text{ k}\Omega}\right)1\text{ A} = \mathbf{990\text{ mA}}$$

$R_L$ = 560 Ω일 때,

$$I_L = \left(\frac{10\text{ k}\Omega}{10.56\text{ k}\Omega}\right)1\text{ A} = \mathbf{947\text{ mA}}$$

$R_L$ = 1.0 kΩ일 때,

$$I_L = \left(\frac{10\text{ k}\Omega}{11\text{ k}\Omega}\right)1\text{ A} = \mathbf{909\text{ mA}}$$

각 경우에 있어서 $R_L$이 $R_S$보다 적어도 1/10배 이하이므로 각각의 $R_L$ 값에 대한 부하 전류 $I_L$은 전원 전류의 10% 이내임을 주지하라.

**관련 문제** 그림 8-6에서 $R_L$의 값이 얼마일 때 부하 전류가 750 mA가 되는가?

**복습문제 8-2**

1. 이상적인 전류원의 기호는 무엇인가?
2. 실제 전류원을 그려라.
3. 이상적인 전류원의 내부 저항은 무엇인가?
4. 부하는 실제 전류원의 부하 전류에 어떤 영향을 미치는가?

# 8-3 전원 변환

회로의 해석에서 때때로 전압원을 등가 전류원으로, 또는 전류원을 등가 전압원으로 변환하는 것이 유용할 때가 있다.

이 절의 학습 내용은 다음과 같다.

- **전원 변환의 수행**
  - 전압원을 전류원으로 변환하는 방법
  - 전류원을 전압원으로 변환하는 방법
  - *단자 등가성*의 정의

## 전압원에서 전류원으로의 변환

전원 전압 $V_S$를 내부 전원 저항 $R_S$로 나누면 등가 전원 전류 값을 얻는다.

$$I_S = \frac{V_S}{R_S}$$

$R_S$의 값은 전압원일 때와 전류원일 때 모두 같은 값이다. 그림 8-7에 예시된 것처럼 전류의 화살표 방향은 음(−)에서 양(+)으로 향한다. 등가 전류원은 $R_S$와 병렬이다.

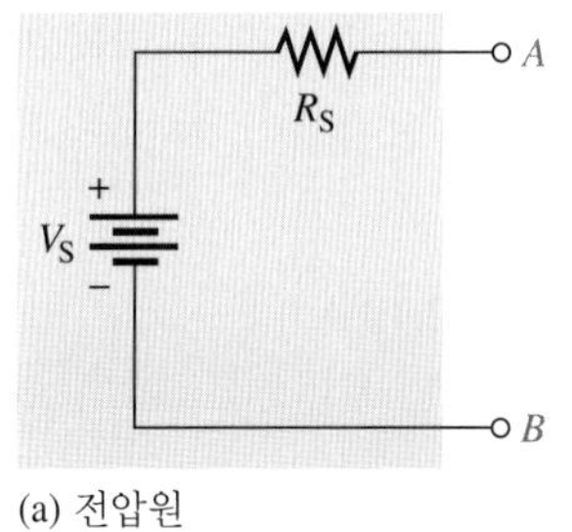

(a) 전압원

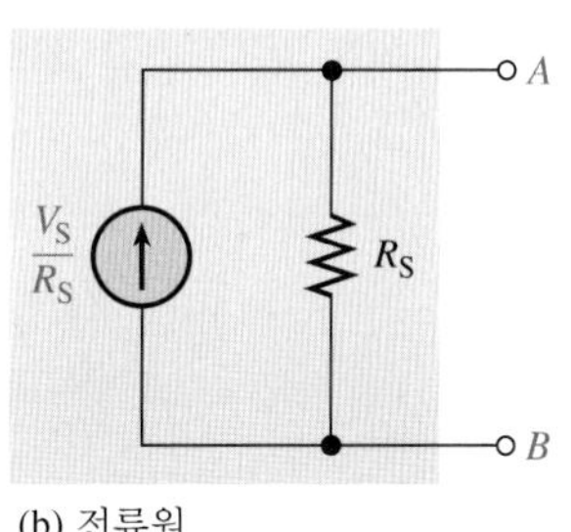

(b) 전류원

◀ 그림 8-7
전압원에서 등가 전류원으로의 변환

두 전원이 등가라는 것은 두 전원에 연결된 어떤 주어진 부하 저항에 대해 동일한 부하 전압 및 부하 전류가 두 전원에 의해 공급됨을 의미한다. 이 개념을 **단자 등가성**(terminal equivalency)이라고 한다.

그림 8-7의 전압원과 전류원은 그림 8-8과 같이 각 전원에 부하 저항을 연결한 후 부하 전류를 계산함으로써, 두 전원이 서로 등가임을 보일 수 있다. 전압원에 대해, 부하 전류는 다음과 같다.

$$I_L = \frac{V_S}{R_S + R_L}$$

전류원에 대해,

$$I_L = \left(\frac{R_S}{R_S + R_L}\right)\frac{V_S}{R_S} = \frac{V_S}{R_S + R_L}$$

▶ 그림 8-8
부하를 가진 등가 전원

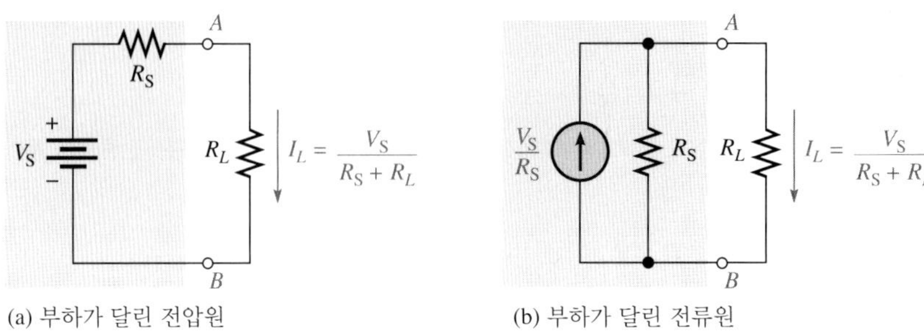

(a) 부하가 달린 전압원 (b) 부하가 달린 전류원

앞에서 볼 수 있듯이 $I_L$에 대한 두 식은 같다. 이 방정식들은 부하 또는 단자 $A$와 $B$에 대하여 두 전원이 등가임을 보여준다.

**예제 8-4** 그림 8-9에서 전압원을 등가 전류원으로 변환하고 등가 회로임을 나타내어라.

▶ 그림 8-9

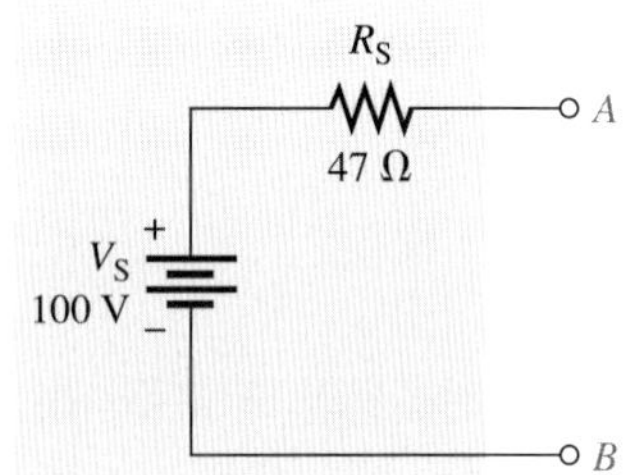


**풀이** 등가 전류에 대한 내부 저항 $R_S$의 값은 전압원의 내부 저항과 같다. 그러므로 등가 전류원은 다음과 같다.

$$I_S = \frac{V_S}{R_S} = \frac{100\ \text{V}}{47\ \Omega} = 2.13\ \text{A}$$

그림 8-10에는 등가 회로를 나타내었다.

▶ 그림 8-10

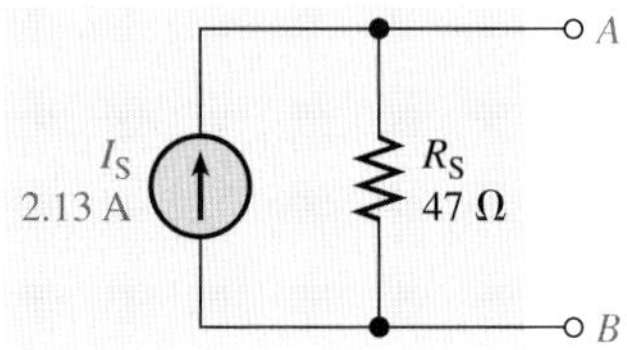


**관련 문제** $V_S = 12$ V이고, $R_S = 10\ \Omega$인 전압원에 대하여 등가인 전류원의 $I_S$와 $R_S$를 구하라.

## 전류원에서 전압원으로의 변환

전원 전류 $I_S$에 내부 전원 저항 $R_S$를 곱하면 등가 전원의 전압 값이 된다.

$$V_S = I_S R_S$$

여기서 $R_S$는 동일하게 남게 된다. 전압원의 극성은 전류 방향으로 음(−)에서 양(+)이 된다. 그림 8-11과 같이 등가 전압원은 $R_S$와 직렬 연결된 전압이다.

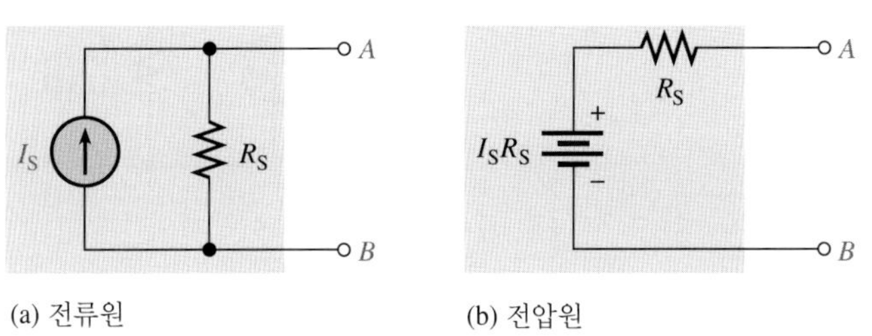


(a) 전류원 (b) 전압원

◀ 그림 8-11
전류원에서 등가 전압원으로의 변환

**예제 8-5** 그림 8-12에서 전류원을 등가 전압원으로 변환하고 등가 회로를 나타내어라.

▶ 그림 8-12

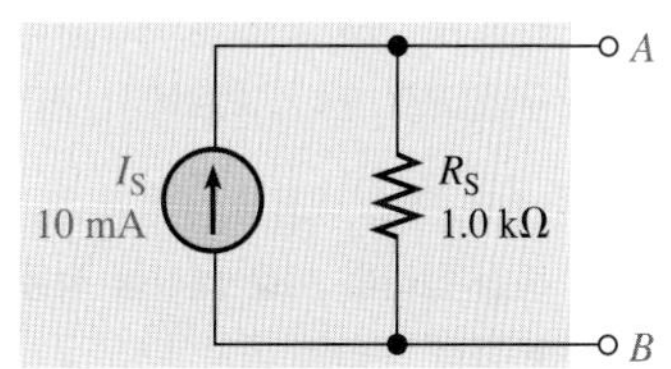


**풀이** $R_S$의 값은 전류원에서의 것과 같다. 그러므로 등가 전압원은 다음과 같이 된다.

$$V_S = I_SR_S = (10\,\text{mA})(1.0\,\text{k}\Omega) = 10\,\text{V}$$

그림 8-13에는 등가 회로를 나타내었다.

▶ 그림 8-13

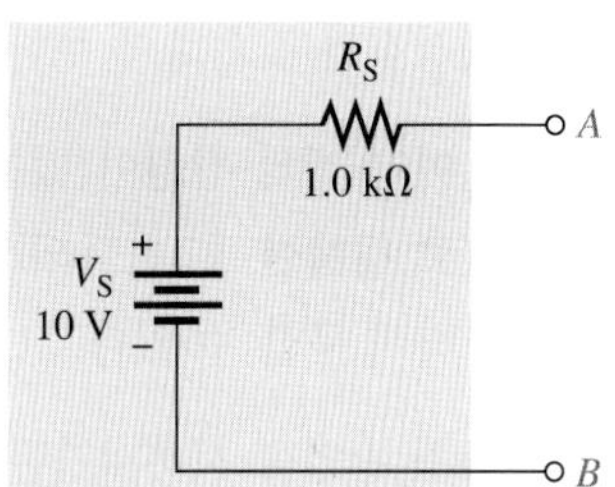


**관련 문제** $I_S = 500$ mA이고 $R_S = 600\ \Omega$인 전류원에 대하여 등가인 전압원의 $V_S$와 $R_S$를 구하라.

**복습문제 8-3**

1. 전압원을 전류원으로 변환하는 공식을 작성하라.
2. 전류원을 전압원으로 변환하는 공식을 작성하라.
3. 그림 8-14의 전압원을 등가 전류원으로 변환하라.
4. 그림 8-15의 전류원을 등가 전압원으로 변환하라.

▶ 그림 8-14 ▶ 그림 8-15

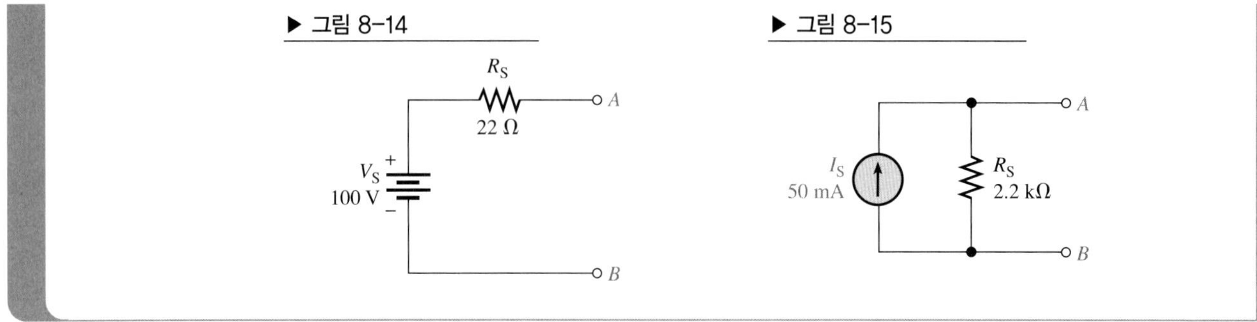


# 8-4 중첩 정리

일부 회로는 한 개 이상의 전압원 또는 전류원을 필요로 한다. 예를 들면 대부분의 증폭기는 교류와 직류 전원의 두 가지 전압원으로 동작한다. 게다가 어떤 증폭기는 적절한 동작을 위해 양과 음의 직류 전압원을 모두 필요로 한다. 회로에서 여러 개의 전원이 사용될 때, 중첩 정리가 회로 해석 방법을 제공한다.

이 절의 학습 내용은 다음과 같다.

- **중첩 정리를 회로 해석에 적용**
  - 중첩 정리의 설명
  - 중첩 정리를 적용하는 단계를 작성

중첩 방법은 여러 개의 전원이 있는 회로에서 한 번에 하나의 전원만 남기고 다른 전원들은 내부 저항으로 대체하여 전류를 구하는 방법이다. 이상적인 전압원은 내부 저항이 0이며 이상적인 전류원은 내부 저항이 무한대임을 상기하라. 적용 범위를 단순화하기 위해 모든 전압원은 이상적인 것으로 간주한다. **중첩 정리**(superposition theorem)의 일반적인 서술은 다음과 같다.

**여러 개의 전원이 있는 회로의 어느 특정 가지의 전류는, 다른 모든 전원은 그 내부 저항으로 대체한 후, 하나의 전원이 단독으로 동작할 때 공급되는 그 특정 가지에서의 전류를 결정하여 구할 수 있다. 그 가지의 총 전류는 그 가지에서의 개별 전류들의 대수적인 합이다.**

중첩 방법을 적용시키는 단계는 다음과 같다.

1단계: 회로에서 한 번에 하나의 전압(또는 전류)원만 남기고 다른 전압(또는 전류)원은 각각 그들의 내부 저항으로 대체시킨다. 이상적인 전원에서 단락은 내부 저항이 0임을 나타내고 개방은 내부 저항이 무한대임을 나타낸다.

2단계: 회로에 오직 하나의 전원만 있는 것으로 생각하여 원하는 특정 전류(또는 전압)를 구한다.

3단계: 회로에서 다음 전원을 취한 후 1단계와 2단계를 반복한다. 각 전원에 대하여 이를 반복한다.

4단계: 주어진 가지에서 실제 전류를 구하기 위해 각 개별 전원에 의한 전류 값들을 대수적으로 더한다(만약 전류가 같은 방향이면 더한다. 만약 전류가 서로 다른 방향이면, 최종 전류 방향이 원래 값이 더 큰 전류의 방향과 같아지도록 뺀다). 일단 전류를 구하면 옴의 법칙을 이용하여 전압도 구할 수 있다.

그림 8-16에서 두 개의 이상적인 전압원이 있는 직·병렬 회로에 대하여 중첩 정리의 적용 예를 설명하였다. 이 그림을 통해 각 단계를 살펴보자.

◀ 그림 8-16

중첩 정리의 예

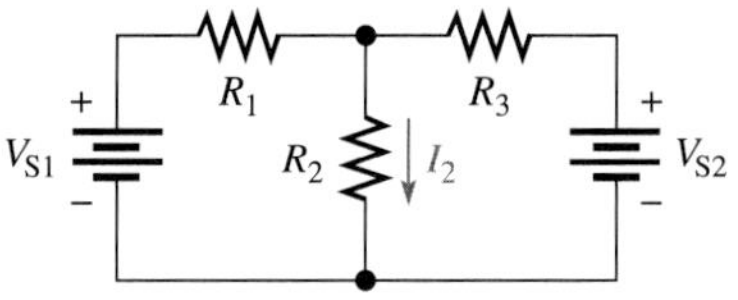

(a) 문제: $I_2$를 구한다.

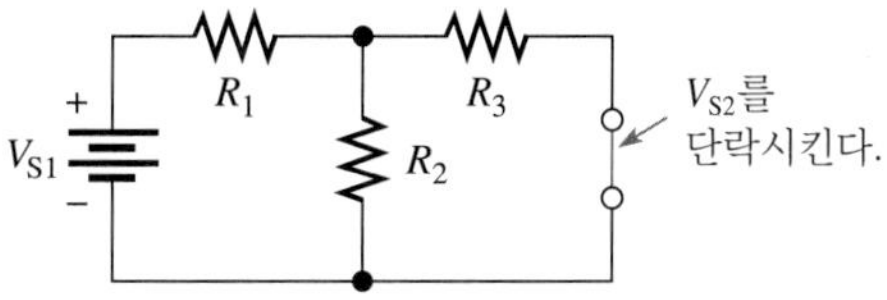

(b) $V_{S2}$를 0의 저항 값으로 대체한다(단락).

$V_{S2}$를 단락시킨다.

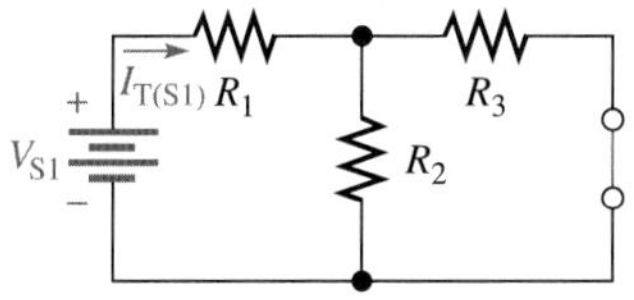

(c) $V_{S1}$에 의한 $R_T$와 $I_T$를 구한다.

$R_{T(S1)} = R_1 + R_2 \| R_3$

$I_{T(S1)} = V_{S1}/R_{T(S1)}$

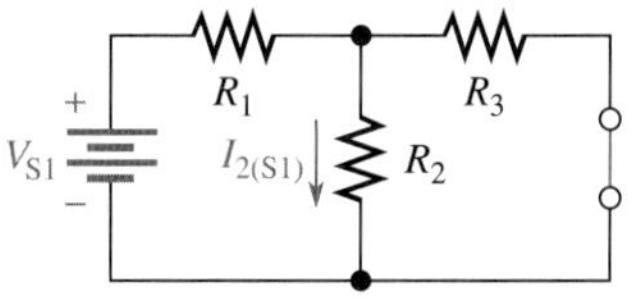

(d) $V_{S1}$에 의한 $I_2$를 구한다(전류 분배기).

$$I_{2(S1)} = \left(\frac{R_3}{R_2 + R_3}\right) I_{T(S1)}$$

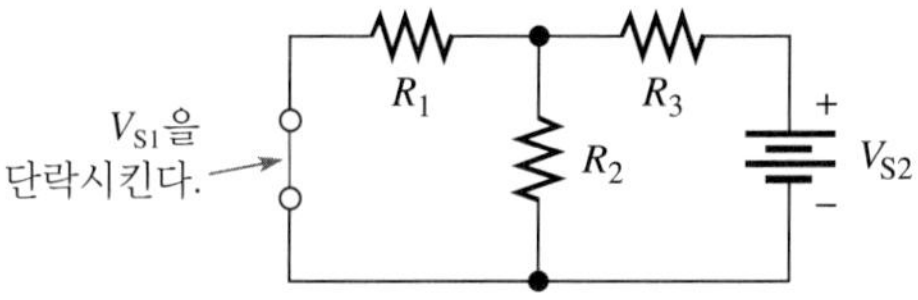

$V_{S1}$을 단락시킨다.

(e) $V_{S1}$을 0의 저항 값으로 대체한다(단락).

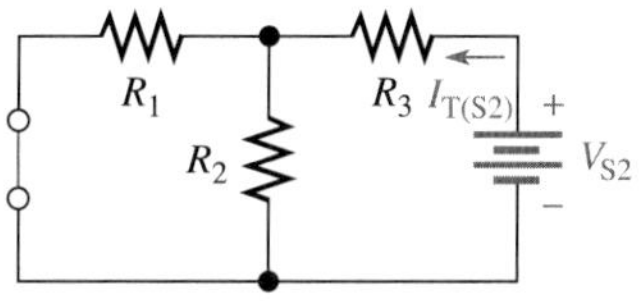

(f) $V_{S2}$에 의한 $R_T$와 $I_T$를 구한다.

$R_{T(S2)} = R_3 + R_1 \| R_2$

$I_{T(S2)} = V_{S2}/R_{T(S2)}$

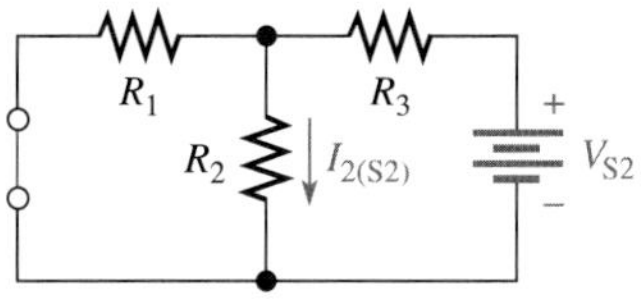

(g) $V_{S2}$에 의한 $I_2$를 구한다.

$$I_{2(S2)} = \left(\frac{R_1}{R_1 + R_2}\right) I_{T(S2)}$$

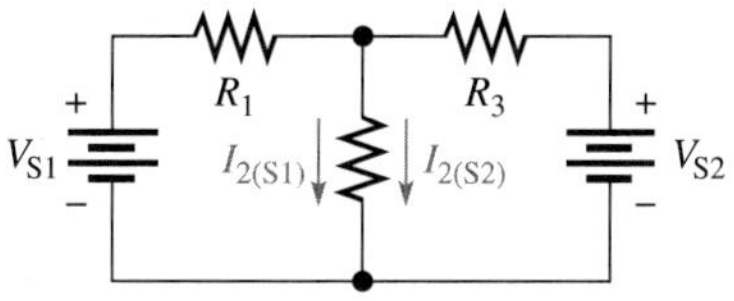

(h) 원래 전원으로 복원한다. 실제의 $I_2$를 구하기 위해 $I_{2(S1)}$와 $I_{2(S2)}$를 더한다(두 전류는 모두 같은 방향이다). $I_2 = I_{2(S1)} + I_{2(S2)}$

**예제 8-6** 중첩 정리를 이용하여 그림 8-17에서 $R_2$에 흐르는 전류를 구하라.

▶ 그림 8-17

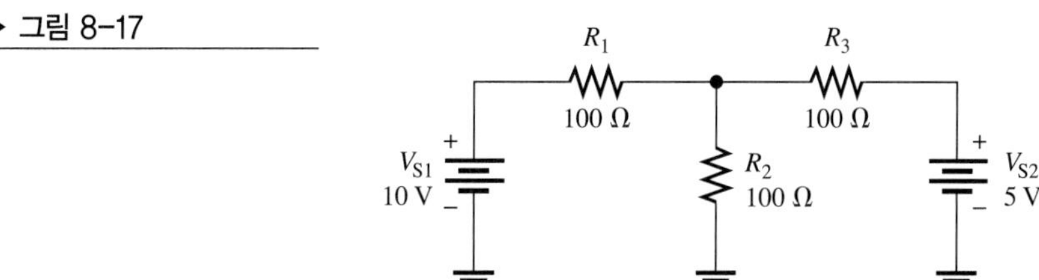

풀이 1단계: 그림 8-18과 같이 $V_{S2}$를 단락시키고 전압원 $V_{S1}$에 의하여 $R_2$에 흐르는 전류를 구한다. $I_2$를 구하기 위해 전류 분배기 공식(식 (6−6))을 이용한다. $V_{S1}$에 의하여 다음 값을 얻는다.

$$R_{T(S1)} = R_1 + \frac{R_3}{2} = 100\ \Omega + 50\ \Omega = 150\ \Omega$$

$$I_{T(S1)} = \frac{V_{S1}}{R_{T(S1)}} = \frac{10\ \text{V}}{150\ \Omega} = 66.7\ \text{mA}$$

$V_{S1}$에 의하여 $R_2$에 흐르는 전류는 다음과 같다.

$$I_{2(S1)} = \left(\frac{R_3}{R_2 + R_3}\right)I_{T(S1)} = \left(\frac{100\ \Omega}{200\ \Omega}\right)66.7\ \text{mA} = 33.3\ \text{mA}$$

이 전류는 $R_2$를 지나 아래 방향으로 흐른다는 것을 주목하라.

▶ 그림 8-18

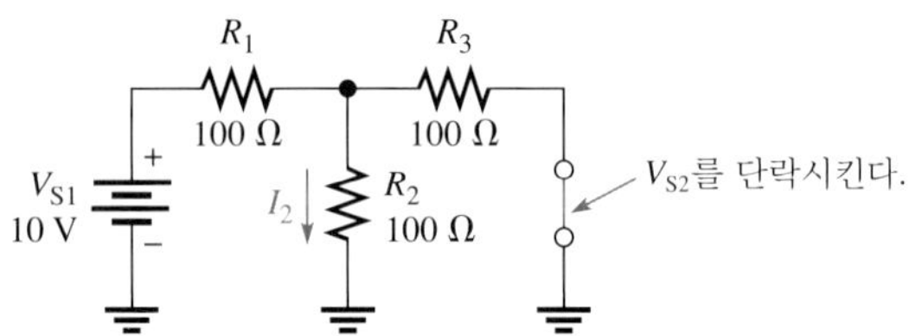


2단계: 그림 8-19와 같이 $V_{S1}$을 단락시키고 전압원 $V_{S2}$에 의하여 $R_2$에 흐르는 전류를 구한다. $V_{S2}$에 의하여 다음 값을 얻는다.

$$R_{T(S2)} = R_3 + \frac{R_1}{2} = 100\ \Omega + 50\ \Omega = 150\ \Omega$$

$$I_{T(S2)} = \frac{V_{S2}}{R_{T(S2)}} = \frac{5\ \text{V}}{150\ \Omega} = 33.3\ \text{mA}$$

$V_{S2}$에 의하여 $R_2$에 흐르는 전류는 다음과 같다.

$$I_{2(S2)} = \left(\frac{R_1}{R_1 + R_2}\right)I_{T(S2)} = \left(\frac{100\ \Omega}{200\ \Omega}\right)33.3\ \text{mA} = 16.7\ \text{mA}$$

이 전류는 $R_2$를 지나 아래 방향으로 흐른다는 것을 주목하라.

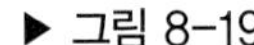
▶ 그림 8-19

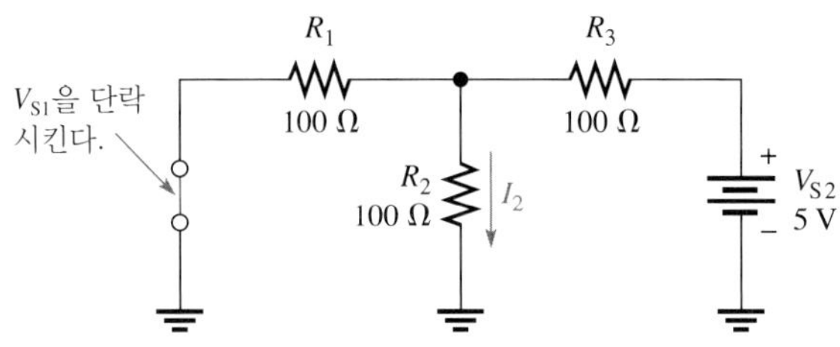


3단계: 두 전류 성분은 $R_2$를 지나 아래 방향으로 흐르므로 대수적인 부호가 동일하다. 따라

서 $R_2$에 흐르는 총 전류를 구하기 위해 두 값을 더한다.

$$I_{2(tot)} = I_{2(S1)} + I_{2(S2)} = 33.3\,\text{mA} + 16.7\text{mA} = \mathbf{50\,mA}$$

**관련 문제** 그림 8-17에서 $V_{S2}$의 극성이 반대가 되었을 때 $R_2$에 흐르는 전류를 구하라.

Multisim 파일 E08-06을 사용하여 [예제 8-6]과 [관련 문제]의 계산 결과를 확인하라.

**예제 8-7** 그림 8-20의 회로에서 $R_2$에 흐르는 전류를 구하라.

▶ 그림 8-20

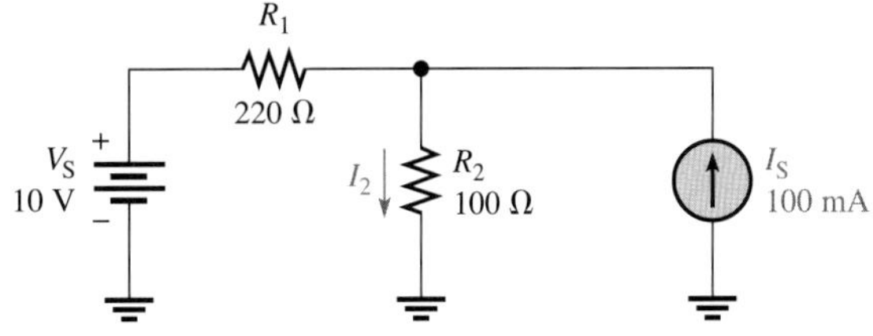


**풀이** 1단계: 그림 8-21과 같이 $I_S$를 개방하고 $V_S$에 의해 $R_2$에 흐르는 전류를 구한다.

▶ 그림 8-21

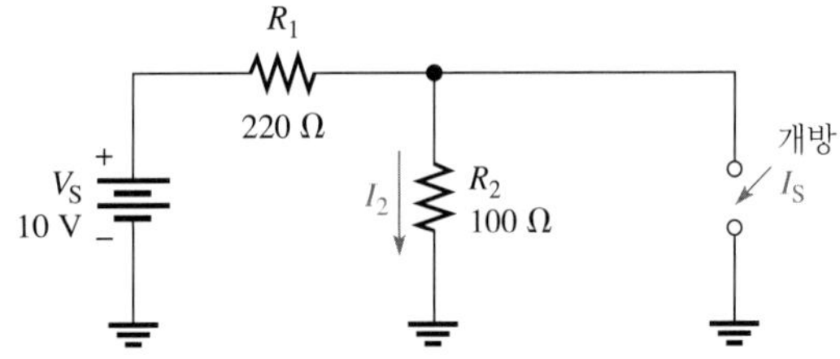


$V_S$에 의한 전류는 모두 $R_2$에 흐름을 주목하라. $V_S$에서 볼 때

$$R_T = R_1 + R_2 = 320\,\Omega$$

$V_S$에 의해 $R_2$에 흐르는 전류는 다음과 같다.

$$I_{2(V_S)} = \frac{V_S}{R_T} = \frac{10\text{ V}}{320\,\Omega} = 31.2\,\text{mA}$$

이 전류는 $R_2$를 지나 아래 방향으로 흐른다는 것을 주목하라.

2단계: 그림 8-22와 같이 $V_S$를 단락하고 $I_S$에 의해 $R_2$에 흐르는 전류를 구한다.

▶ 그림 8-22

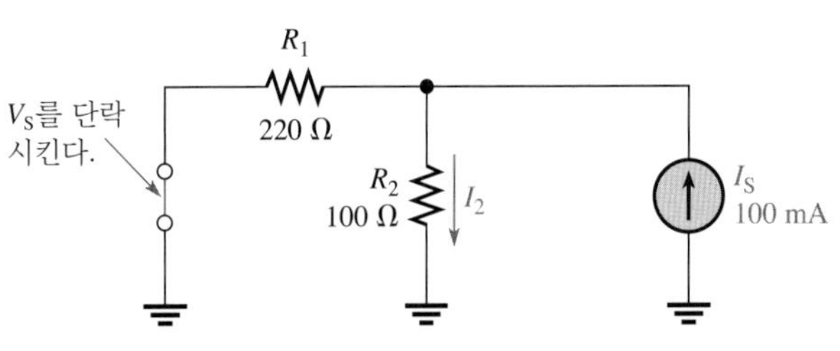

$I_S$에 의해 $R_2$에 흐르는 전류를 구하기 위하여 전류 분배기 공식을 이용한다.

$$I_{2(I_S)} = \left(\frac{R_1}{R_1 + R_2}\right)I_S = \left(\frac{220\ \Omega}{320\ \Omega}\right)100\ \text{mA} = 68.8\ \text{mA}$$

이 전류 또한 $R_2$를 지나 아래 방향으로 흐른다는 것을 주목하라.

3단계: 두 전류 모두 같은 방향으로 $R_2$에 흐르므로, 총 전류를 구하기 위해 이들을 더한다.

$$I_{2(\text{tot})} = I_{2(V_S)} + I_{2(I_S)} = 31.2\ \text{mA} + 68.8\ \text{mA} = \mathbf{100\ mA}$$

관련 문제 그림 8-20에서 $V_S$의 극성이 반대가 되었을 때 $I_S$ 값은 어떻게 되는가?

**예제 8-8** 그림 8-23에서 100 Ω 저항에 흐르는 전류를 구하라.

▶ 그림 8-23

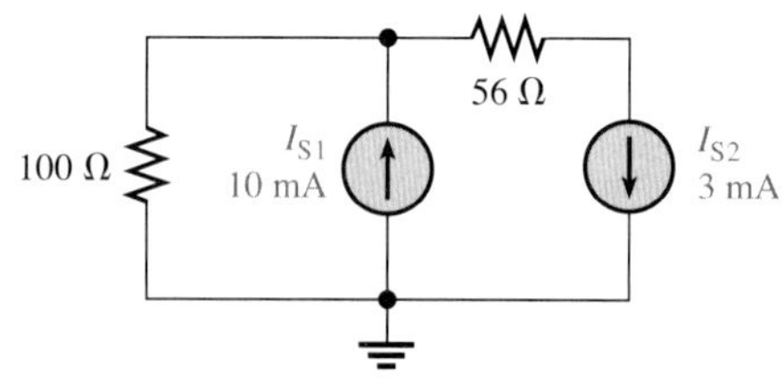


풀이 1단계: 그림 8-24와 같이 전원 $I_{S2}$를 개방하고 전류원 $I_{S1}$에 의해 100 Ω 저항에 흐르는 전류를 구한다. 그림에서 보듯이, 전류원 $I_{S1}$에서 유출된 총 전류 10 mA는 100 Ω 저항을 지나 아래 방향으로 흐른다.

▶ 그림 8-24

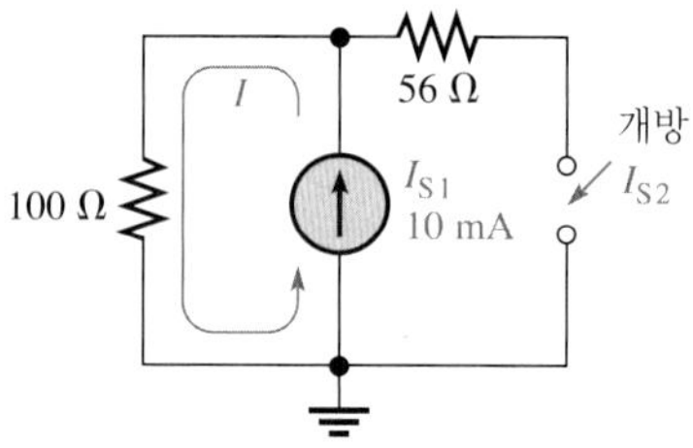


2단계: 그림 8-25와 같이 전원 $I_{S1}$을 개방하고 전원 $I_{S2}$에 의해 100 Ω 저항에 흐르는 전류를 구한다. 전원 $I_{S2}$에서 유출된 3 mA 모두 100 Ω 저항을 지나 위 방향으로 흐른다는 것을 주목하라.

▶ 그림 8-25

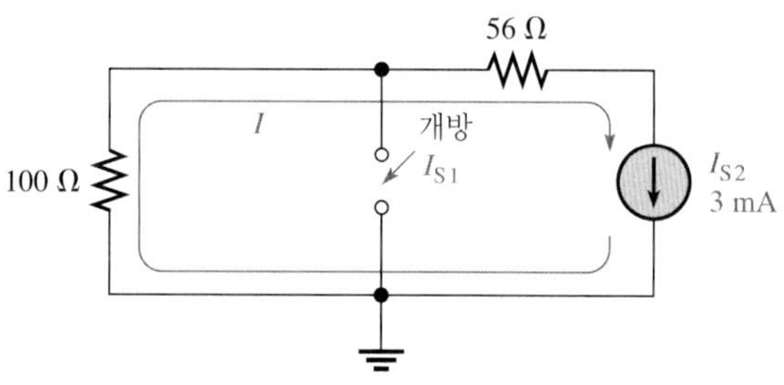

3단계: 100 Ω 저항에 흐르는 총 전류를 구하기 위해, 두 전류가 서로 반대 방향이므로 큰 전류에서 작은 전류를 뺀다. 최종 총 전류는 전원 $I_{S1}$에서 유출된 더 큰 전류의 방향으로 흐른다.

$$I_{100\Omega(\text{tot})} = I_{100\Omega(I_{S1})} - I_{100\Omega(I_{S2})}$$
$$= 10\,\text{mA} - 3\,\text{mA} = \mathbf{7\,mA}$$

최종 전류는 저항을 지나 아래 방향으로 흐른다.

관련 문제 그림 8-23에서 100 Ω 저항을 68 Ω으로 바꾸면, 68 Ω에 흐르는 전류는 얼마가 되는가?

**예제 8-9** 그림 8-26에서 $R_3$에 흐르는 총 전류를 구하라.

▶ 그림 8-26

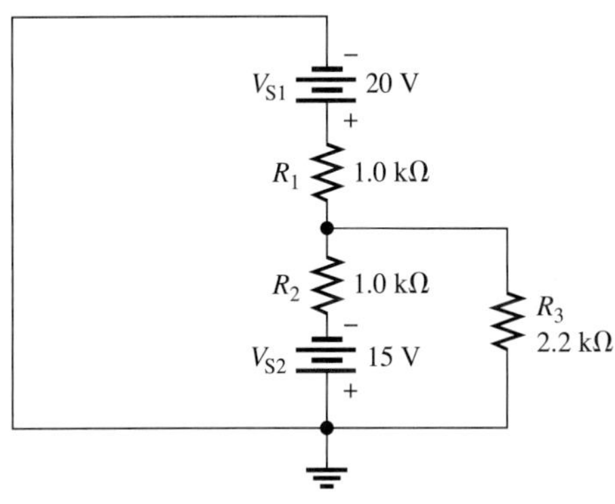


풀이 1단계: 그림 8-27과 같이 전원 $V_{S2}$를 단락하고 전원 $V_{S1}$에 의해 $R_3$에 흐르는 전류를 구한다.

▶ 그림 8-27

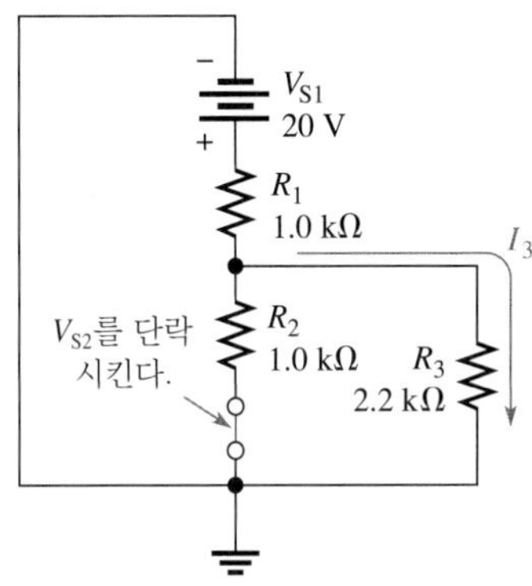


$V_{S1}$에서 볼 때,

$$R_{T(S1)} = R_1 + \frac{R_2 R_3}{R_2 + R_3} = 1.0\,\text{k}\Omega + \frac{(1.0\,\text{k}\Omega)(2.2\,\text{k}\Omega)}{3.2\,\text{k}\Omega} = 1.69\,\text{k}\Omega$$

$$I_{T(S1)} = \frac{V_{S1}}{R_{T(S1)}} = \frac{20\,\text{V}}{1.69\,\text{k}\Omega} = 11.8\,\text{mA}$$

이제 전원 $V_{S1}$에 의해 $R_3$에 흐르는 전류를 구하기 위하여 전류 분배기 공식을 적용한다.

$$I_{3(S1)} = \left(\frac{R_2}{R_2 + R_3}\right)I_{T(S1)} = \left(\frac{1.0\,k\Omega}{3.2\,k\Omega}\right)11.8\,mA = 3.69\,mA$$

이 전류는 $R_3$를 지나 아래 방향으로 흐른다는 것을 주목하라.

2단계: 그림 8-28과 같이 전원 $V_{S1}$을 단락하고 전원 $V_{S2}$에 의한 전류 $I_3$를 구한다.

▶ 그림 8-28

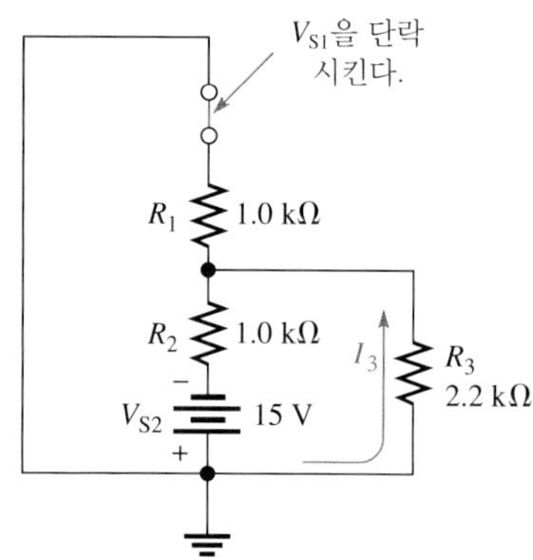


$V_{S2}$에서 볼 때,

$$R_{T(S2)} = R_2 + \frac{R_1R_3}{R_1 + R_3} = 1.0\,k\Omega + \frac{(1.0\,k\Omega)(2.2\,k\Omega)}{3.2\,k\Omega} = 1.69\,k\Omega$$

$$I_{T(S2)} = \frac{V_{S2}}{R_{T(S2)}} = \frac{15\,V}{1.69\,k\Omega} = 8.88\,mA$$

이제 전원 $V_{S2}$에 의해 $R_3$에 흐르는 전류를 구하기 위하여 전류 분배기 공식을 적용한다.

$$I_{3(S2)} = \left(\frac{R_1}{R_1 + R_3}\right)I_{T(S2)} = \left(\frac{1.0\,k\Omega}{3.2\,k\Omega}\right)8.88\,mA = 2.78\,mA$$

이 전류는 $R_3$를 지나 위 방향으로 흐른다는 것을 주목하라.

3단계: $R_3$에 흐르는 총 전류는 다음과 같이 계산한다.

$$I_{3(tot)} = I_{3(S1)} - I_{3(S2)} = 3.69\,mA - 2.78\,mA = 0.91\,mA = \mathbf{910\,\mu A}$$

이 전류는 $R_3$를 지나 아래 방향으로 흐른다.

관련 문제 그림 8-26에서 $V_{S1}$을 12 V로 바꾸고 극성을 반대로 할 경우 $I_{3(tot)}$를 구하라.

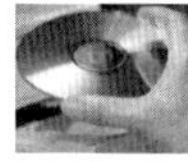

Multisim 파일 E08-09를 사용하여 [예제 8-9]와 [관련 문제]의 계산 결과를 확인하라.

정전압 직류 전원 공급기는 이상적인 전압원에 가깝지만, 많은 교류 전원은 그렇지 않다. 예를 들어, 함수발생기는 일반적으로 이상적인 전원과 직렬로 연결된 저항 값으로 나타나는 50

Ω 또는 600 Ω의 내부 저항을 갖는다. 또한 초기 상태의 전지의 경우 이상적으로 볼 수 있으나, 시간이 지남에 따라 내부 저항 값이 증가한다. 중첩 정리를 적용할 때, 전원이 이상적이지 않을 때를 구별하고 그것을 등가 내부 저항으로 대체하는 것이 중요하다.

전류원은 전압원처럼 흔히 사용되지 않으며, 또한 항상 이상적인 것으로 볼 수 없다. 많은 트랜지스터의 경우에서처럼 전류원이 이상적이지 않을 경우, 전류원은 중첩 정리가 적용될 때 등가 내부 저항 값으로 대체될 수 있다.

**복습문제 8-4**

1. 중첩 정리를 설명하라.
2. 여러 개의 전원이 존재하는 회로 해석에 중첩 정리가 유용한 이유는 무엇인가?
3. 중첩 정리를 적용할 때 이상적인 전압원은 단락시키고, 이상적인 전류원은 개방시키는 이유는 무엇인가?
4. 중첩 정리를 이용하여, 그림 8-29에서 $R_1$에 흐르는 전류를 구하라.
5. 중첩 정리를 적용한 결과, 두 전류가 회로의 한 가지에서 서로 반대 방향으로 흐른다면 최종 전류는 어느 방향으로 흐르는가?

▶ 그림 8-29

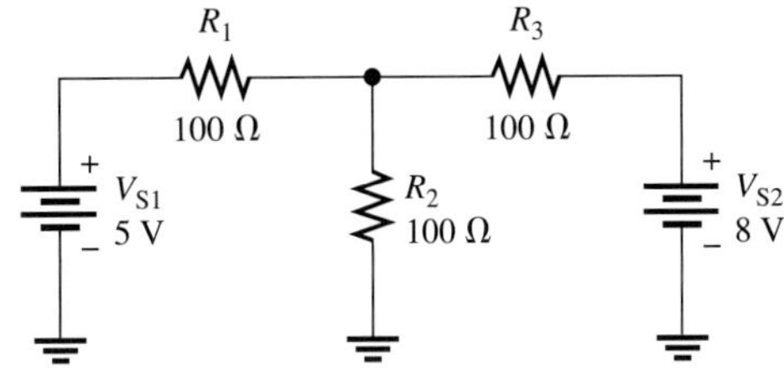


# 8-5 테브냉 정리

테브냉 정리는 회로를 표준 등가 형태로 단순화시키는 방법을 제공한다. 이 정리는 복잡한 회로의 해석을 단순화하는 데 이용될 수 있다.

이 절의 학습 내용은 다음과 같다.

- **회로 해석을 단순화하기 위한 테브냉 정리의 적용**
  - 테브냉 등가 회로의 형태 설명
  - 테브냉 등가 전압원 구하기
  - 테브냉 등가 저항 구하기
  - 테브냉 정리와 관련해서 단자 등가성의 설명
  - 회로의 한 부분을 테브냉 등가 회로화하기
  - 브리지 회로를 테브냉 등가 회로화하기

임의의 2단자 저항 회로의 테브냉 등가 형태는 그림 8-30과 같이 배열된 등가 전압원($V_{TH}$)과 등가 저항($R_{TH}$)으로 구성된다. 등가 전압 및 등가 저항 값은 원래 회로의 값에 의해 결정된다. 어떠한 저항 회로도 두 개의 출력 단자에 대한 복잡도에 관계없이 간략화될 수 있다.

▶ 그림 8-30
테브냉 등가 회로의 일반적인 형태는 전압원에 저항이 직렬로 연결된 형태이다.

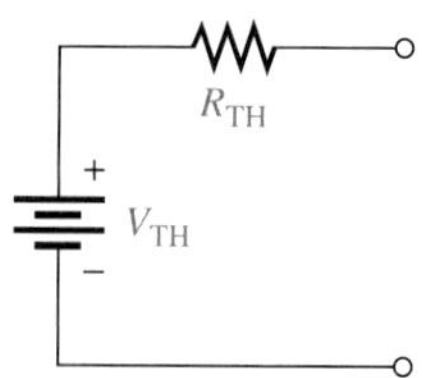


등가 전압 $V_{TH}$는 전체 테브냉 등가 회로의 한 부분이다. 나머지 다른 한 부분은 $R_{TH}$이다.

**테브냉 등가 전압($V_{TH}$)은 회로에서 두 출력 단자 사이의 개방 회로(무부하) 전압이다.**

이들 두 단자 사이에 연결되는 임의의 소자는 $R_{TH}$와 직렬로 연결된 $V_{TH}$를 효과적으로 '바라볼 수' 있게 된다. **테브냉 정리**(Thevenin's theorem)에 의해 정의된 것과 같이,

**테브냉 등가 저항($R_{TH}$)은 주어진 회로에서 모든 전원을 그 내부 저항으로 대체했을 때, 회로의 두 단자 사이에 나타나는 합성 저항 값이다.**

BIOGRAPHY

레옹 찰스 테브냉 (Leon Charles Thevenin, 1857~1926)

레옹 찰스 테브냉은 프랑스 파리에서 태어났다. 그는 1876년에 에콜 폴리테크니크(Ecole Polytechnique)를 졸업하고, 1878년 텔레그래프 엔지니어(Telegraph Engineer)에 입사하여 처음에는 장거리 지중 전신선 개발에 참여하였다. 그동안 테브냉은 전기 회로 측정 문제에 지대한 관심을 갖게 되었고, 후에 복잡한 회로 계산을 가능하게 한 테브냉 정리를 탄생시켰다.

테브냉 등가 회로는 원래 회로와 똑같지는 않지만, 출력 전압과 출력 전류 관점에서는 동일하게 작용한다. 그림 8-31과 같이 다음 실험을 해 보자. 복잡한 저항 회로를 상자에 넣고 출력 단자만 노출시킨다. 그런 다음 그 회로의 테브냉 등가 회로를 같은 모양의 상자에 넣고 다시 출력 단자만 노출시킨다. 각 상자의 출력 단자 양단에 동일한 부하 저항을 연결한다. 그 다음, 그림처럼 각 부하의 전압과 전류를 측정하기 위해 전압계와 전류계를 연결한다. 측정값은 동일(허용오차 변화는 무시)하게 될 것이며, 어느 상자에 원래 회로가 들어 있고 어느 상자에 테브냉 등가 회로가 들어 있는지 구분할 수 없게 될 것이다. 즉, 전기 측정을 토대로 한 관찰 결과로는 두 회로가 동일한 것으로 나타난다. 두 출력 단자의 '관점'에서 두 회로는 동일하게 보이기 때문에, 이 조건은 **단자 등가성**(terminal equivalency)으로도 알려져 있다.

▶ 그림 8-31
어느 상자에 원래 회로가 들어 있고, 어느 상자에 테브냉 등가 회로가 들어 있는가? 계측기 결과만 보아서는 알 수 없다.

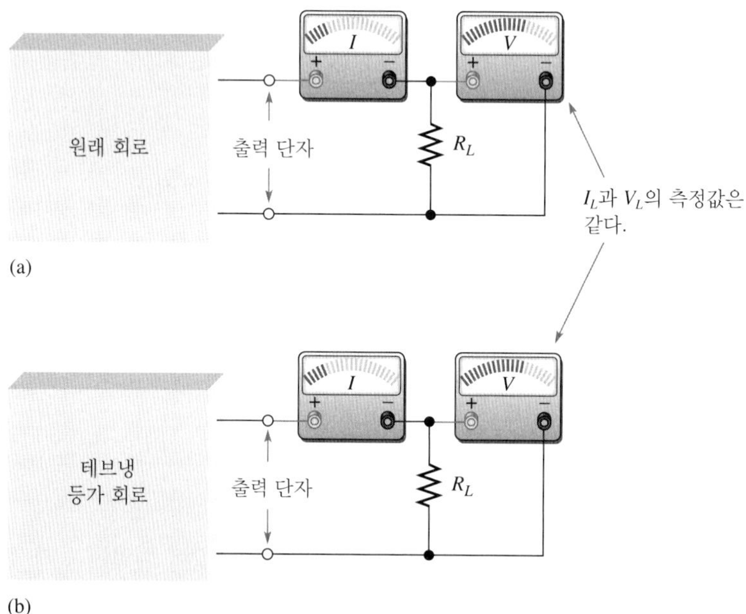


어떤 회로의 테브냉 등가를 구하기 위해서는, 출력 단자에서 볼 때의 등가 전압 $V_{TH}$와 등가 저항 $R_{TH}$를 구한다. 단자 $A$와 $B$ 사이의 테브냉 등가를 구하는 예를 그림 8-32에 나타내었다.

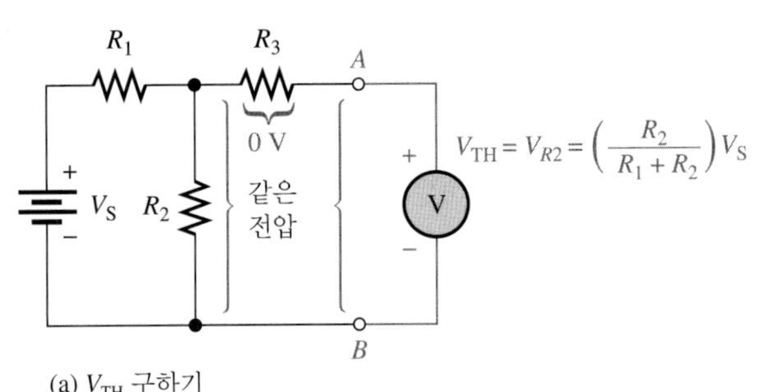


(a) $V_{TH}$ 구하기

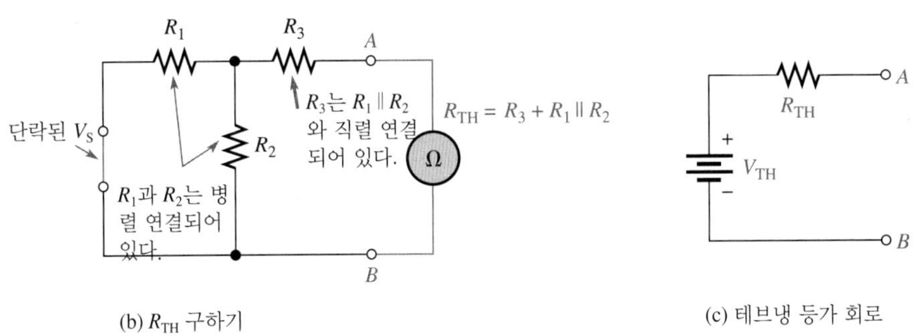


(b) $R_{TH}$ 구하기

(c) 테브냉 등가 회로

◀ 그림 8-32

테브냉 정리를 적용하여 회로를 단순화하는 예

그림 8-32(a)에서, 단자 $A$와 $B$ 양단의 전압이 테브냉 등가 전압이다. 이 회로에서 $R_3$에는 전류가 흐르지 않으며 따라서 $R_3$ 양단의 전압 강하가 없으므로 $A$와 $B$ 사이의 전압은 $R_2$ 양단의 전압과 같다. 이 예에서 테브냉 전압은 다음과 같이 표현된다.

$$V_{TH} = \left(\frac{R_2}{R_1 + R_2}\right)V_S$$

그림 8-32(b)에서, 전원을 단락(내부 저항이 0)시켰을 때 단자 $A$와 $B$ 사이의 저항이 테브냉 등가 저항이다. 이 회로에서 $A$와 $B$ 사이의 저항은 $R_1$과 $R_2$의 병렬 조합이 $R_3$와 직렬 연결된 조합이다. 따라서 $R_{TH}$는 다음과 같이 표현된다.

$$R_{TH} = R_3 + \frac{R_1R_2}{R_1 + R_2}$$

테브냉 등가 회로는 그림 8-32(c)에 나타내었다.

**예제 8-10** 그림 8-33에서 회로의 $A$와 $B$ 사이의 테브냉 등가 회로를 구하라.

▶ 그림 8-33

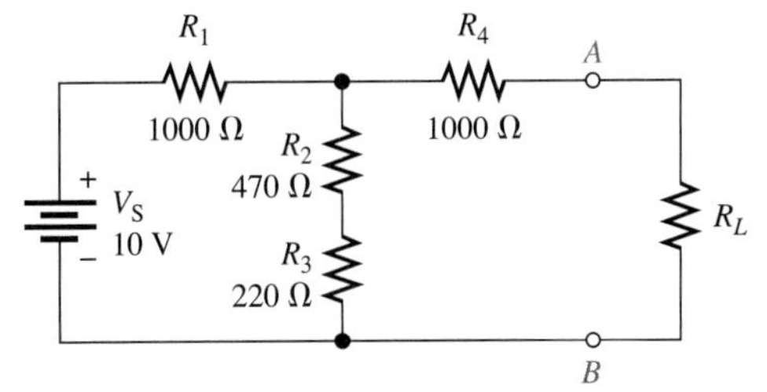

**풀이** 먼저 $R_L$을 제거한다. 그러면 그림 8-34(a)와 같이 전류가 흐르지 않으므로 $V_4 = 0$ V가 되기 때문에 $V_{TH}$는 $R_2 + R_3$ 양단의 전압과 같아진다.

$$V_{TH} = \left(\frac{R_2 + R_3}{R_1 + R_2 + R_3}\right)V_S = \left(\frac{690\ \Omega}{1690\ \Omega}\right)10\text{ V} = \mathbf{4.08\ V}$$

$R_{TH}$를 구하기 위해, 우선 내부 저항을 0으로 하여 전원을 단락시킨다. 그러면 그림 8-34(b)와 같이 $R_1$은 $R_2 + R_3$와 병렬 연결되고 $R_4$는 $R_1$, $R_2$, $R_3$의 직·병렬 조합에 직렬 연결된다.

$$R_{TH} = R_4 + \frac{R_1(R_2 + R_3)}{R_1 + R_2 + R_3} = 1000\ \Omega + \frac{(1000\ \Omega)(690\ \Omega)}{1690\ \Omega} = \mathbf{1410\ \Omega}$$

최종 테브냉 등가 회로는 그림 8-34(c)에 나타내었다.

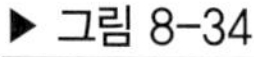
▶ 그림 8-34

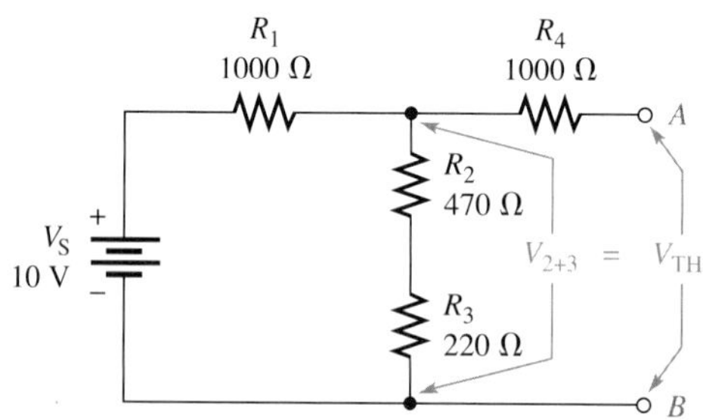


(a) $A$와 $B$ 사이의 전압은 $V_{TH}$이고 $V_{2+3}$와 같다.

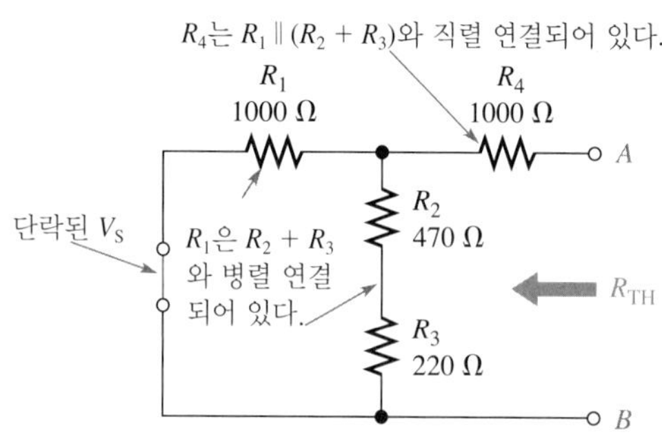


(b) 단자 $A$와 $B$에서 볼 때, $(R_2 + R_3)$와 병렬 연결된 $R_1$ 조합에 $R_4$가 직렬 연결된 것으로 나타난다.

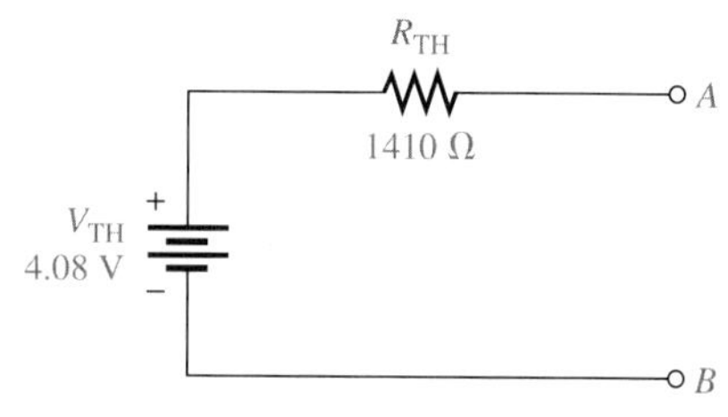


(c) 테브냉 등가 회로

**관련 문제** 560 Ω의 저항이 $R_2$와 $R_3$ 양단에 병렬 연결된 경우 $V_{TH}$와 $R_{TH}$를 구하라.

Multisim 파일 E08-10을 사용하여 [예제 8-10]과 [관련 문제]의 계산 결과를 확인하라.

## 관점에 따라 결정되는 테브냉 등가성

어떤 회로에 대한 테브냉 등가는 회로를 '바라보는' 두 출력 단자의 위치에 따라 달라진다. 그림 8-33에서 $A$와 $B$로 표시된 두 단자 사이에서 회로를 바라보자. 주어진 회로는 출력 단자를 어떻게 보느냐에 따라 한 개 이상의 테브냉 등가를 가질 수 있다. 예를 들어 그림 8-35의 회로를 단자 $A$와 $C$ 사이에서 바라본 것은, 단자 $A$와 $B$ 사이 또는 단자 $B$와 $C$ 사이에서 바라본 것과 전혀 다른 결과를 얻게 된다.

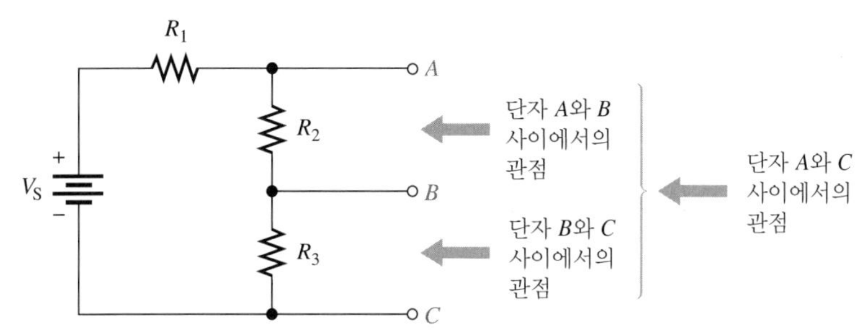


◀ 그림 8-35
회로를 바라보는 출력 단자에 따라 결정되는 테브냉 등가

그림 8-36(a)에서 단자 $A$와 $C$ 사이에서 바라보았을 때 $V_{TH}$는 $R_2 + R_3$ 양단의 전압이고, 전압 분배기 공식을 이용하여 다음과 같이 나타낼 수 있다.

$$V_{TH(AC)} = \left(\frac{R_2 + R_3}{R_1 + R_2 + R_3}\right)V_S$$

또한 그림 8-36(b)와 같이, 단자 $A$와 $C$ 사이의 저항 값은 $R_1$과 $R_2 + R_3$의 병렬 연결이며(전원은 단락시킨다) 다음과 같이 나타낼 수 있다.

$$R_{TH(AC)} = \frac{R_1(R_2 + R_3)}{R_1 + R_2 + R_3}$$

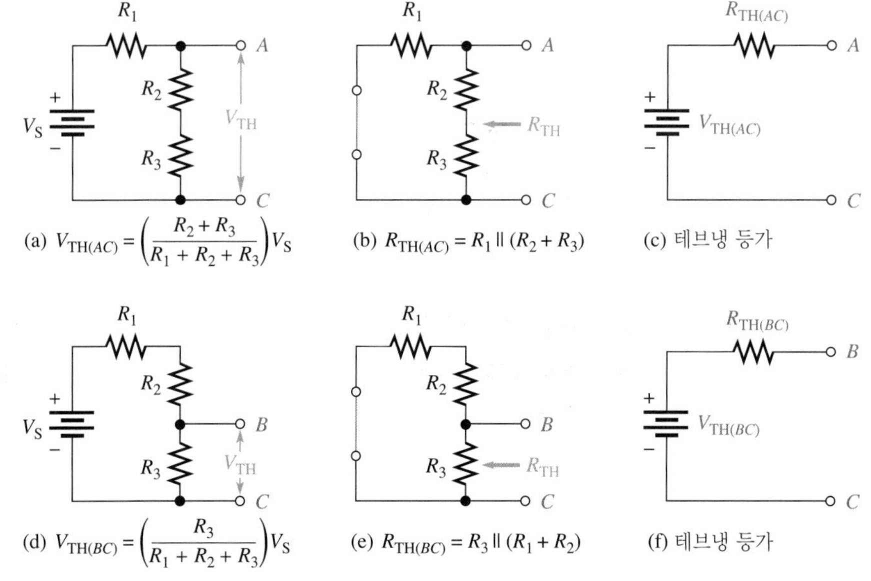


◀ 그림 8-36
두 개의 다른 단자 집합에서의 테브냉 등가 회로화의 예. 그림 (a), (b), (c)가 하나의 단자 집합을 나타내고, 그림 (d), (e), (f)가 다른 하나의 단자 집합을 나타낸다($V_{TH}$와 $R_{TH}$의 값은 각 경우에 있어서 다르다).

최종 테브냉 등가 회로는 그림 8-36(c)에 나타내었다.

그림 8-36(d)에 나타낸 것처럼 단자 $B$와 C 사이에서 보았을 때 $V_{TH}$는 $R_3$ 양단의 전압이며, 다음과 같이 나타낼 수 있다.

$$V_{TH(BC)} = \left(\frac{R_3}{R_1 + R_2 + R_3}\right)V_S$$

그림 8-36(e)와 같이 단자 $B$와 $C$ 사이의 저항 값은 $R_1$과 $R_2$의 직렬 조합에 병렬로 연결된 $R_3$이다.

$$R_{TH(BC)} = \frac{R_3(R_1 + R_2)}{R_1 + R_2 + R_3}$$

최종 테브냉 등가는 그림 8-36(f)에 나타내었다.

### 회로 한 부분의 테브냉화

많은 경우에, 회로의 한 부분만을 테브냉화하는 것은 도움이 된다. 예를 들어 회로의 한 특정한 저항에서 바라본 등가 회로를 알아야 한다면, 그 저항을 제거하고 그 저항이 연결되어 있던 사이의 점들에서 바라본 회로의 나머지 부분에 대하여 테브냉 정리를 적용한다. 그림 8-37은 회로의 일부를 테브냉화하는 것을 설명하고 있다.

▶ 그림 8-37

회로의 일부분을 테브냉화하는 예. 이 경우 회로는 부하 저항 $R_3$의 관점에서 테브냉화된다.

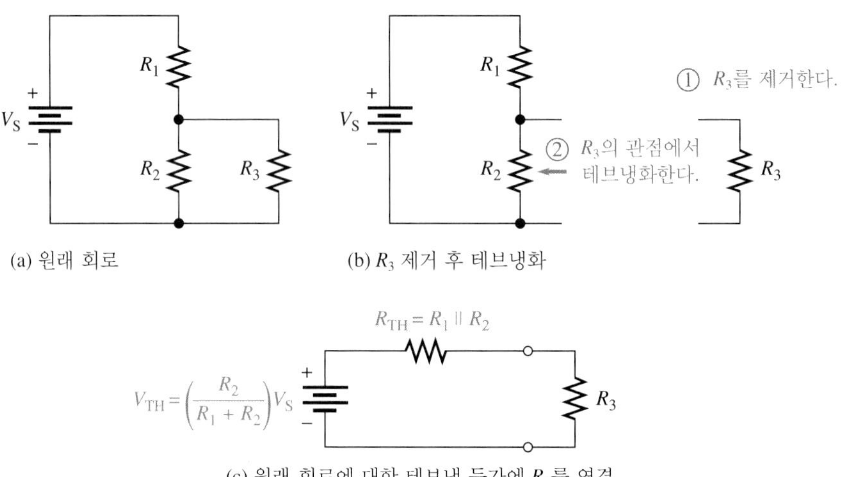


(a) 원래 회로

(b) $R_3$ 제거 후 테브냉화

(c) 원래 회로에 대한 테브냉 등가에 $R_3$를 연결

이러한 접근 방법을 이용하면, 저항 값이 여러 개 있을 때도 옴의 법칙만을 사용하여 어느 특정 저항에 대한 전압과 전류를 쉽게 구할 수 있다. 이 방법은 각각의 다른 저항 값에 대해 원래 회로를 다시 해석할 필요가 없게 된다.

## 브리지 회로의 테브냉화

테브냉 정리의 유용성은 휘트스톤 브리지 회로에 적용될 때 가장 잘 드러난다. 예를 들면 그림 8-38과 같이 부하 저항이 휘트스톤 브리지의 출력 단자에 연결되어 있을 때, 이 회로는 간단한 직 병렬 배열이 아니기 때문에 해석하기가 어렵다. 다른 저항과 직렬 또는 병렬로 연결된 저항이 존재하지 않는다.

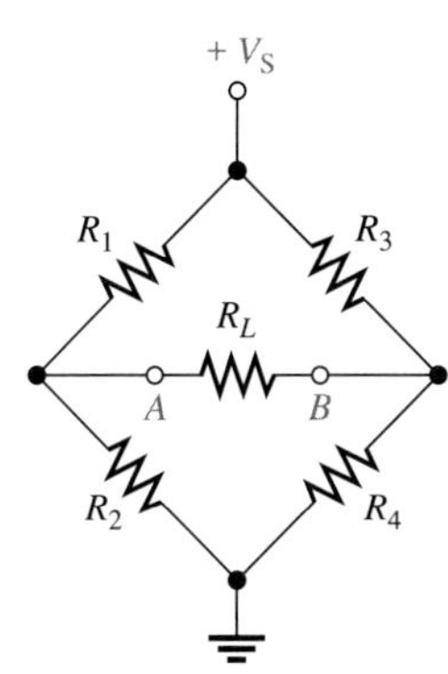


◀ 그림 8-38
출력 단자들 사이에 연결된 부하 저항이 있는 휘트스톤 브리지는 간단한 직·병렬 회로가 아니다.

테브냉 정리를 이용하여, 그림 8-39에 단계적으로 나타낸 바와 같이 브리지 회로를 부하 저항에서 바라본 등가 회로로 단순화시킬 수 있다. 이 그림의 각 단계를 주의해서 보자. 일단 브리지에 대한 등가 회로를 구하면, 임의의 부하 저항 값에 대해 전압과 전류를 쉽게 구할 수 있다.

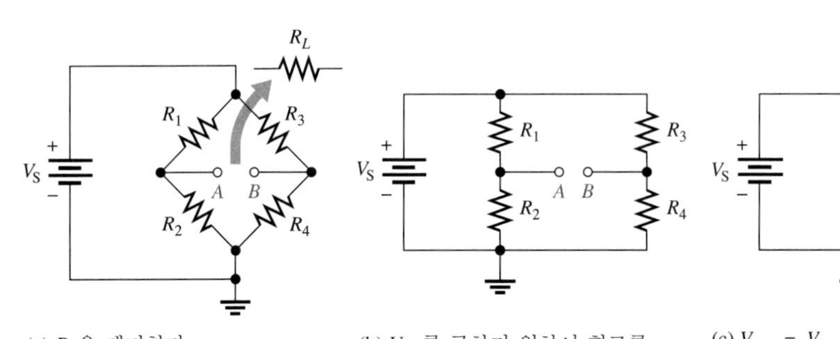


◀ 그림 8-39
테브냉 정리를 이용한 휘트스톤 브리지의 간략화

(a) $R_L$을 제거한다.

(b) $V_{TH}$를 구하기 위하여 회로를 다시 그린다.

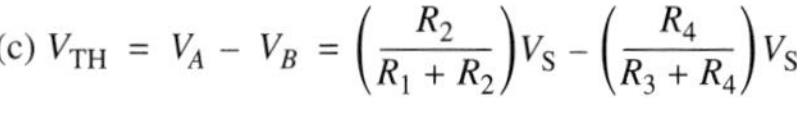

(c) $V_{TH} = V_A - V_B = \left(\frac{R_2}{R_1 + R_2}\right)V_S - \left(\frac{R_4}{R_3 + R_4}\right)V_S$

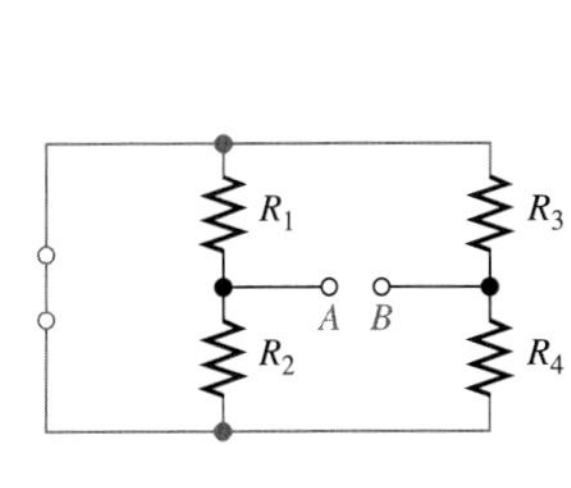


(d) $V_S$를 단락시킨다.
주의 : 옅은 색 선은 그림 (e)에서의 옅은 색 선과 동일한 전압점을 나타낸다.

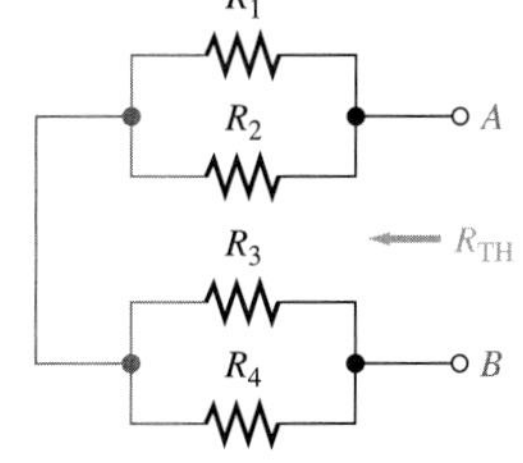


(e) $R_{TH}$를 구하기 위하여 회로를 다시 그린다.

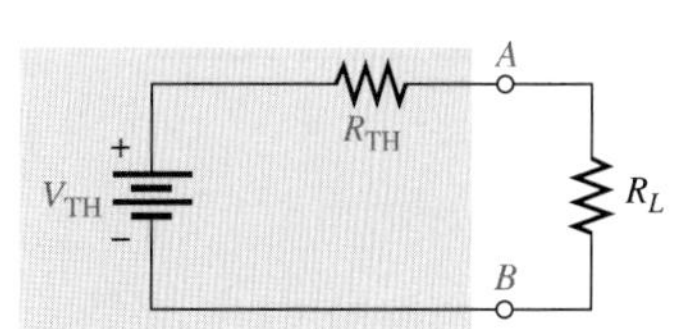


(f) $R_L$을 다시 연결한 테브냉 등가 회로

**예제 8-11** 그림 8-40의 브리지 회로에서, 부하 저항 $R_L$에 대한 전압과 전류를 구하라.

▶ 그림 8-40

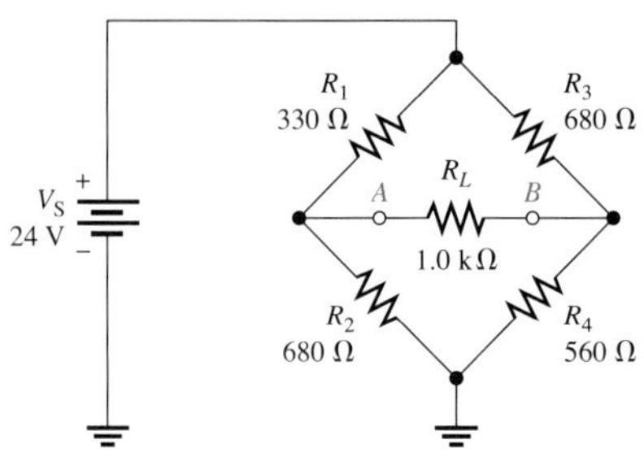


풀이 1단계: $R_L$을 제거한다.

2단계: 그림 8-39에서와 같이 단자 $A$와 $B$ 사이에서 바라본 브리지를 테브냉화하기 위해, 먼저 $V_{TH}$를 구한다.

$$V_{TH} = V_A - V_B = \left(\frac{R_2}{R_1 + R_2}\right)V_S - \left(\frac{R_4}{R_3 + R_4}\right)V_S$$
$$= \left(\frac{680\ \Omega}{1010\ \Omega}\right)24\ V - \left(\frac{560\ \Omega}{1240\ \Omega}\right)24\ V = 16.16\ V - 10.84\ V = 5.32\ V$$

3단계: $R_{TH}$를 구한다.

$$R_{TH} = \frac{R_1 R_2}{R_1 + R_2} + \frac{R_3 R_4}{R_3 + R_4}$$
$$= \frac{(330\ \Omega)(680\ \Omega)}{1010\ \Omega} + \frac{(680\ \Omega)(560\ \Omega)}{1240\ \Omega} = 222\ \Omega + 307\ \Omega = 529\ \Omega$$

4단계: 테브냉 등가 회로 형태로 만들기 위하여 $V_{TH}$와 $R_{TH}$를 직렬로 연결한다.

5단계: 등가 회로의 단자 $A$와 $B$에 부하 저항을 연결하고, 그림 8-41과 같이 부하 전압과 전류를 구한다.

$$V_L = \left(\frac{R_L}{R_L + R_{TH}}\right)V_{TH} = \left(\frac{1.0\ k\Omega}{1.529\ k\Omega}\right)5.32\ V = \mathbf{3.48\ V}$$
$$I_L = \frac{V_L}{R_L} = \frac{3.48\ V}{1.0\ k\Omega} = \mathbf{3.48\ mA}$$

▶ 그림 8-41

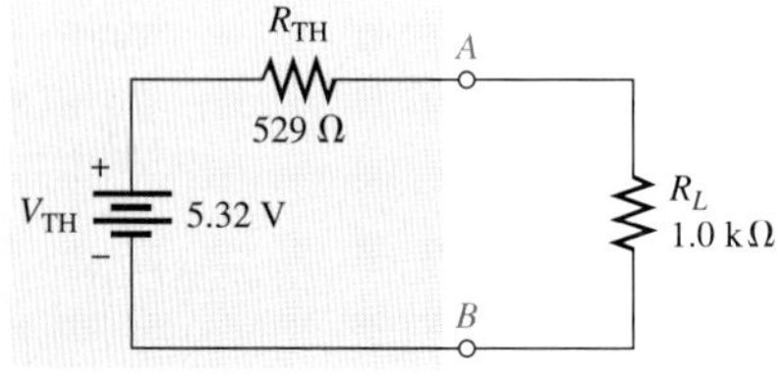


**관련 문제** $R_1 = 2.2\ k\Omega, R_2 = 3.3\ k\Omega, R_3 = 3.9\ k\Omega, R_4 = 2.7\ k\Omega$일 때, $I_L$을 구하라.

Multisim 파일 E08-11을 사용하여 [예제 8-11]과 [관련 문제]의 계산 결과를 확인하라.

### 다른 접근 방법

휘트스톤 브리지를 테브냉화하는 또 하나의 방법은 다른 관점에서 생각하는 것이다. 그림 8-42(a), (b)와 같이 단자 *A*와 *B* 사이에서 바라보는 것 대신에, 단자 *A*와 접지, 그리고 단자 *B*와 접지에서 바라보는 방법이 있을 수 있다. 최종 등가 회로는 그림 8-42(c)와 같이 여전히 접지를 포함하는 두 개의 테브냉 회로가 마주보는 형태로 단순화된다. 테브냉 저항을 계산할 때, 전압원은 단락시킨다. 따라서 두 개의 브리지 저항은 단락된다. 그림 8-42(a)에서는 $R_3$와 $R_4$가 단락되고, 그림 8-42(b)에서는 $R_1$과 $R_2$가 단락된다. 각 경우에, 남은 두 개의 저항은 테브냉 저항 형태에 병렬로 나타난다. 부하 저항은 그림 8-42(d)와 같이 두 개의 반대 방향의 전원을 갖는 간단한 직렬 회로 사이에 위치할 수 있다. 이 방법의 장점은 등가 회로에서 여전히 접지를 나타낼 수 있다는 것이며, 따라서 이것은 등가 회로에 중첩 정리를 적용하여 접지에 대한 단자 *A* 또는 *B*의 전압을 쉽게 구할 수 있게 한다.

◀ 그림 8-42

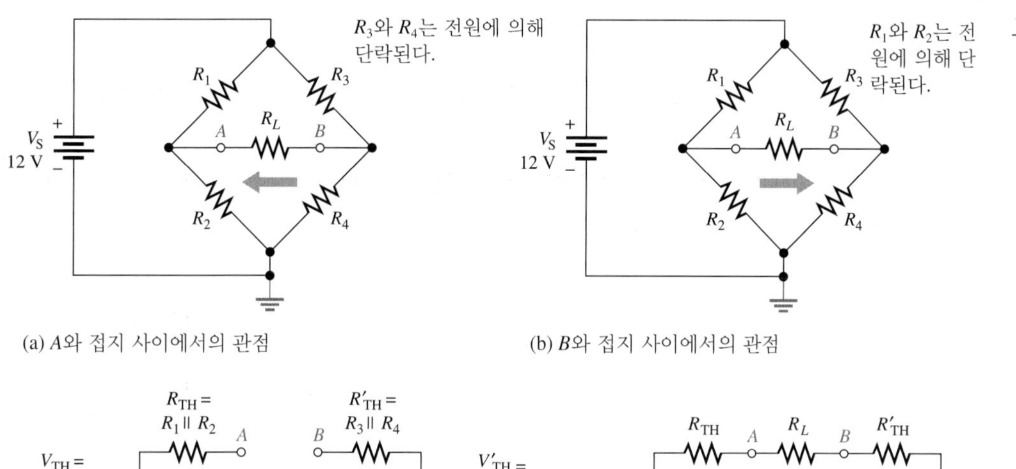


(a) *A*와 접지 사이에서의 관점

(b) *B*와 접지 사이에서의 관점

(c) 테브냉 회로가 마주보고 있는 등가 형태

(d) 부하 저항의 연결

## 테브냉 정리 요약

테브냉 등가 회로는, 바뀌는 원래 회로에 관계없이 항상 등가 전압원과 등가 저항이 직렬로 연결된 형태라는 것을 기억하라. 테브냉의 정리의 요점은 연결된 어떤 외부 부하에 관한 한 등가 회로가 원래 회로를 대신할 수 있다는 것이다. 테브냉 등가 회로의 단자 양단에 연결된 임의의 부하 저항에는 그 부하 저항이 원래 회로의 양단에 연결되었을 때와 같은 전류가 흐르고 같은 전압이 걸린다.

테브냉 정리를 적용하는 과정을 요약하면 다음과 같다.

1단계: 테브냉 등가 회로를 구하려는 두 단자 사이를 개방한다(부하는 제거한다).

2단계: 개방된 두 단자 사이의 전압($V_{TH}$)을 구한다.

3단계: 모든 전원을 그 내부 저항 값으로 대체시키고(이상적인 전압원은 단락시키고 이상적인 전류원은 개방시킨다), 개방된 두 단자 사이의 저항 값($R_{TH}$)을 구한다.

4단계: 원래 회로에 대한 완전한 테브냉 등가를 만들기 위해 $V_{TH}$와 $R_{TH}$를 직렬 연결한다.

5단계: 테브냉 등가 회로의 양단에 1단계에서 제거했던 부하 저항을 연결한다. 이제 옴의 법칙을 이용하여 부하 전류와 부하 전압을 구할 수 있다. 이것은 원래 회로의 부하 전류와 부하 전압과 동일하게 된다.

## 측정에 의한 $V_{TH}$와 $R_{TH}$ 결정

테브냉 정리는 주로 회로 해석을 간단하게 하기 위해 이론적으로 적용되는 해석 도구이다. 그러나 다음과 같은 일반적인 측정 방법으로도 실제 회로에 대한 테브냉 등가를 구할 수 있다. 이 과정을 그림 8-43에 설명하였다.

1단계: 회로 출력 단자에서 부하를 제거한다.

2단계: 개방 단자 전압을 측정한다. 사용할 전압계의 내부 저항은 부하 효과를 무시할 수 있도록 회로의 $R_{TH}$보다 훨씬 커야(적어도 10배 이상) 한다($V_{TH}$는 개방 단자 전압).

3단계: 출력 단자 양단에 가변 저항(가감저항)을 연결한다. 가변 저항을 최대값으로 설정하는데 최대값은 $R_{TH}$보다 커야 한다.

▶ 그림 8-43

측정에 의한 테브냉 등가 결정

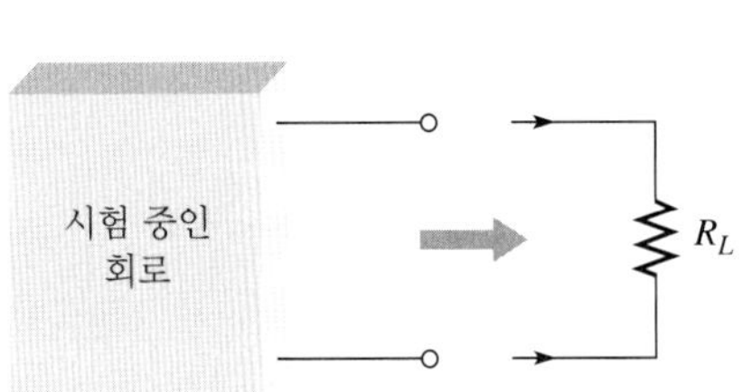


1단계: 출력 단자를 개방한다(부하 제거).

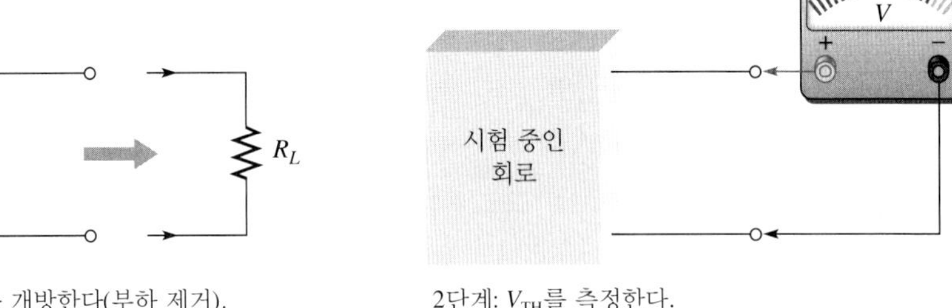


2단계: $V_{TH}$를 측정한다.

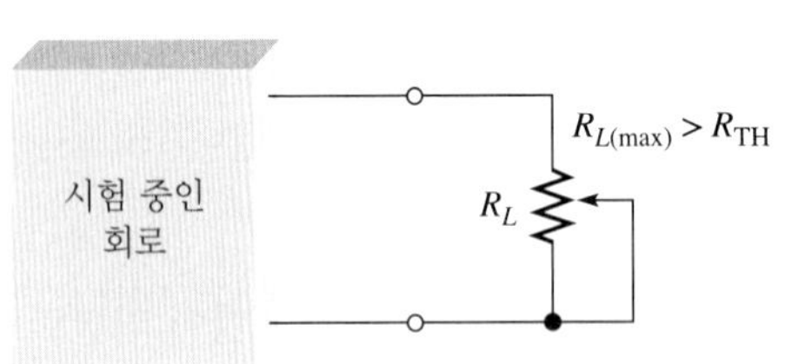


3단계: 단자 양단에 최대값으로 설정한 가변 부하 저항을 연결한다.

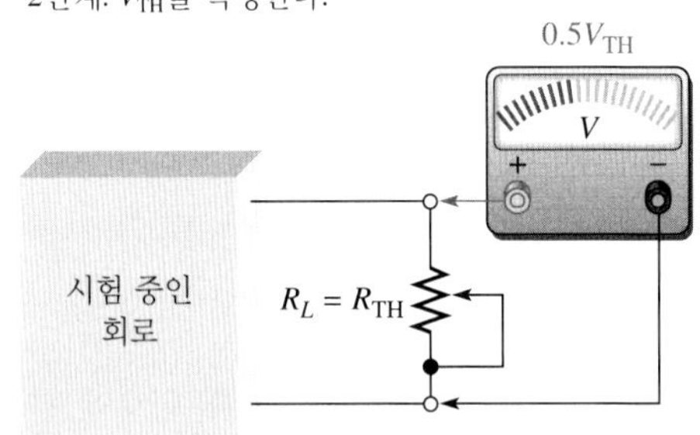


4단계: $V_L = 0.5V_{TH}$가 될 때까지 $R_L$을 조정한다. $V_L = 0.5V_{TH}$일 때, $R_L = R_{TH}$이다.

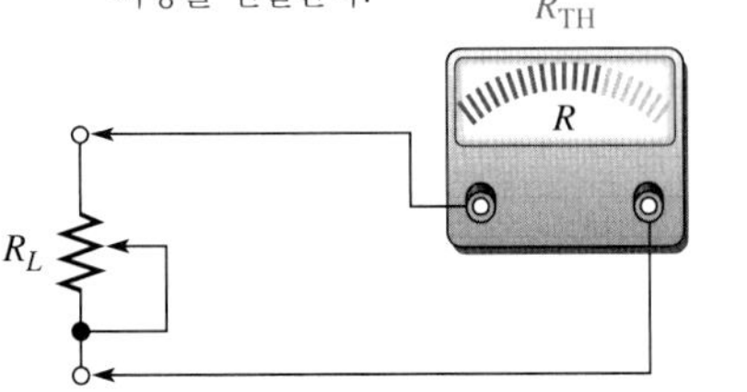


5단계: 시험 중인 회로에서 $R_L$을 제거하고 $R_{TH}$를 구하기 위하여 저항 값을 측정한다.

4단계: 단자 접압이 $0.5V_{TH}$와 같아질 때까지 가변 저항을 조절한다. 이때 가변 저항의 저항 값은 $R_{TH}$와 같다.

5단계: 단자에서 가변 저항을 떼어내고 저항계로 저항 값을 측정한다. 이 측정된 저항 값은 $R_{TH}$와 동일하다.

실제 회로에서 전압원을 단락시키거나 전류원을 개방시키는 것은 실행 불가능하므로, $R_{TH}$를 구하는 이 과정은 이론적인 과정과는 다르다. 또한 $R_{TH}$를 측정할 때 회로는 필요한 전류를 가변 저항 부하에 공급할 수 있어야 하고, 가변 저항은 요구되는 전력을 취급할 수 있어야 한다. 이러한 조건들로 인해 이러한 과정을 실행하기 불가능한 경우가 발생할 수도 있다.

## 실제 응용의 예

아직 트랜지스터 회로를 배우지는 않았지만, 기본적인 증폭기를 이용하여 테브냉 등가 회로의 유용성을 설명할 수 있다. 트랜지스터 회로는 종속 전류원과 테브냉 등가 회로를 포함하는 기본적인 요소들로 모델링될 수 있다. 모델링이란 일반적으로 회로의 가장 중요한 부분만 남기고 매우 작은 영향을 미치는 부분을 제거하여 복잡한 회로를 수학적으로 단순화시키는 것이다.

대표적인 직류 트랜지스터 모델을 그림 8-44에 나타내었다. 이와 같은 형태의 트랜지스터(양극성 접합 트랜지스터)는 베이스(B), 콜렉터(C), 이미터(E)로 명명된 3개의 단자들을 갖고 있다. 이 경우에, 이미터 단자는 입력이자 출력이기 때문에 이것을 공통이라 한다. 종속 전류원(다이아몬드 형태의 기호)은 베이스 전류 $I_B$에 의해 조절된다. 이 예에서, 종속 전원에서 유출되는 전류는 $\beta I_B$로 표현되는 베이스 전류보다 200배 더 크다. 여기서 $\beta$는 트랜지스터 이득 파라미터로 이 경우에 $\beta = 200$이다.

트랜지스터는 직류 증폭 회로의 한 부분이고, 출력 전류를 예측하기 위하여 이 기본 모델을 사용할 수 있다. 출력 전류는 입력 회로만으로 공급할 수 있는 것보다 더 크다. 예를 들어, 전원은 6.8 kΩ의 내부 저항을 갖는 태양 전지와 같은 작은 변환기를 나타낼 수 있다. 이것을 등가 테브냉 전압과 등가 테브냉 저항으로 나타내었다. 부하는 전원이 직접 제공할 수 있는 전류보다 더 높은 전류를 필요로 하는 임의의 장치가 될 수 있다.

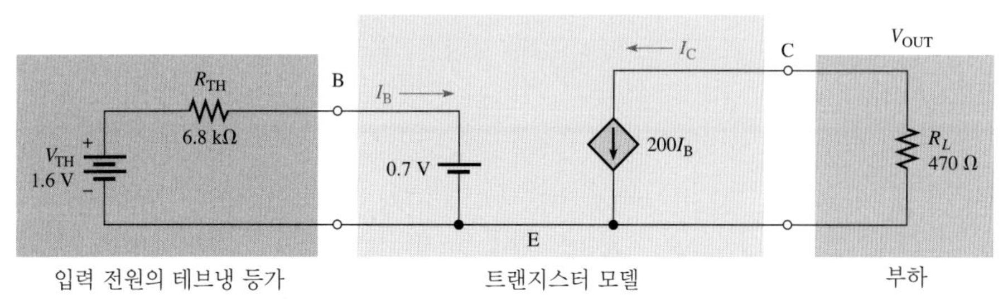


◀ 그림 8–44
직류 트랜지스터 회로. 다이아몬드 형태의 기호는 종속 전류원을 나타낸다.

**예제 8–12**

(a) 그림 8-44에서 회로의 왼쪽 부분에 대하여 KVL을 작성하라. $I_B$를 구하라.

(b) 종속 전류원에서 유출되는 전류를 구하라. 이 전류는 $I_C$이다.

(c) 부하 저항 $R_L$에서 출력 전압과 전력을 구하라.

(d) 만약 부하 저항이 테브냉 회로에 바로 연결되었을 경우 (c)에서 구한 전력과 부하에 전달되는 전력을 비교하라.

풀이 (a) $V_{TH} - R_{TH}I_B - 0.7\text{ V} = 0$

$$I_B = \frac{V_{TH} - 0.7\text{ V}}{R_{TH}} = \frac{1.6\text{ V} - 0.7\text{ V}}{6.8\text{ k}\Omega} = \mathbf{132\ \mu A}$$

(b) $I_C = \beta I_B = 200(132\ \mu\text{A}) = \mathbf{26.5\ mA}$

(c) $V_{OUT} = I_C R_L = (26.5\text{ mA})(470\ \Omega) = \mathbf{12.4\ V}$

$$P_L = \frac{V_{OUT}^2}{R_L} = \frac{(12.4\text{ V})^2}{470\ \Omega} = \mathbf{327\ mW}$$

(d) $P_L = I_B^2 R_L = (132\ \mu\text{A})^2(470\ \Omega) = 8.19\ \mu\text{W}$

부하 저항에서 전력은 테브냉 입력 회로가 같은 부하에 전달할 수 있는 전력보다 327 mW/8.19 μW = 39,927배 더 크다. 이것은 트랜지스터가 전력 증폭기로 동작할 수 있음을 설명한다.

관련 문제 트랜지스터의 베이스(B)에서 입력 전압을 구하라. 이 값을 $V_{OUT}$과 비교하라. 증폭기는 입력 전압을 얼마나 증폭시키는가?

**복습문제 8-5**

1. 테브냉 등가 회로의 두 가지 구성 요소는 무엇인가?
2. 테브냉 등가 회로의 일반적인 형태를 그려라.
3. $V_{TH}$는 어떻게 정의되는가?
4. $R_{TH}$는 어떻게 정의되는가?
5. 그림 8-45의 원래 회로에 대해, 출력 단자 $A$와 $B$에서 바라본 테브냉 등가 회로를 그려라.

▶ 그림 8-45

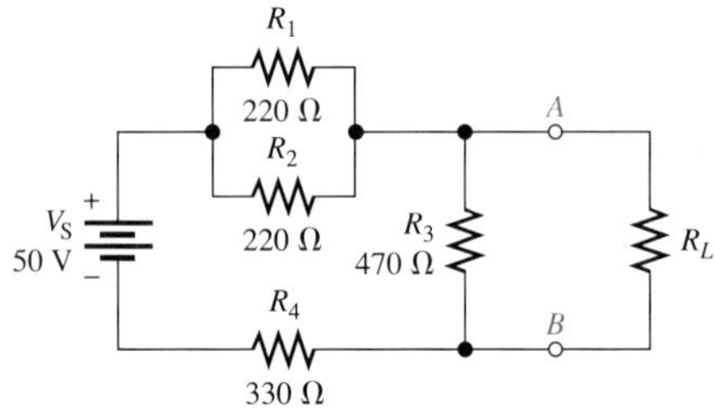


## 8-6 노튼 정리

테브냉 정리와 마찬가지로, 노튼 정리도 보다 복잡한 회로를 더 간단한 등가 형태로 줄이는 방법을 제공한다. 테브냉 정리와의 기본적인 차이점은, 노튼 정리는 등가 전류원이 등가 저항에 병렬로 연결된다는 것이다.

이 절의 학습 내용은 다음과 같다.

- **회로를 단순화하기 위한 노튼 정리의 적용**
  - 노튼 등가 회로의 형태
  - 노튼 등가 전류원 구하기
  - 노튼 등가 저항 구하기

**노튼 정리**(Norton's theorem)는 2단자 선형 회로를 전류원과 병렬 연결된 저항의 등가 형태로 단순화시키는 방법이다. 노튼 등가 회로의 형태를 그림 8-46에 나타내었다. 원래의 2단자 회로가 얼마나 복잡한지에 관계없이 언제나 이러한 등가 형태로 줄일 수 있다. 등가 전류원은 $I_N$으로 나타내고, 등가 저항은 $R_N$으로 나타낸다. 노튼 정리를 적용하려면 $I_N$과 $R_N$의 두 값을 어떻게 구하는지 알아야만 한다. 주어진 회로에 대해 일단 이 두 값을 알면, 완전한 노튼 등가 회로를 얻기 위해서는 단순히 이 두 값을 병렬로 연결하면 된다.

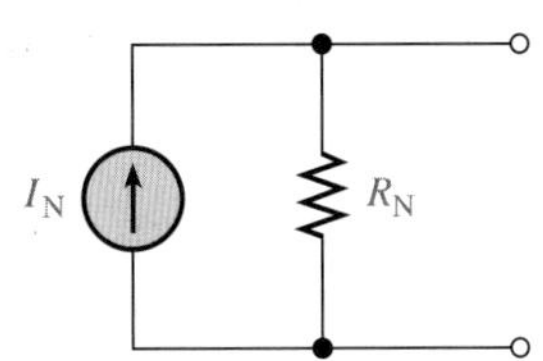


◀ 그림 8-46
노튼 등가 회로 형태

## 노튼 등가 전류($I_N$)

**노튼 등가 전류($I_N$)는 회로의 두 출력 단자 사이의 단락-회로 전류이다.**

두 출력 단자 사이에 연결된 소자는 전류원 $I_N$과 병렬 연결된 $R_N$을 사실상 '바라보게' 된다. 예를 들어, 그림 8-47(a)와 같이 회로의 두 출력 단자 사이에 연결된 저항($R_N$)을 갖는 저항성 회로가 있다고 가정하자. $R_L$에서 '바라본' 노튼 등가 회로를 구해 본다. $I_N$을 구하기 위해 그림 8-47(b)와 같이 단자 $A$와 $B$를 단락시키고 두 단자 사이에 흐르는 전류를 계산한다. [예제 8-13]은 $I_N$을 구하는 방법을 설명한다.

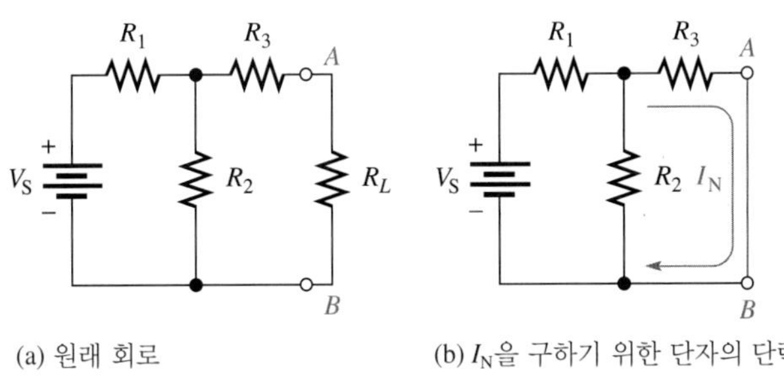

(a) 원래 회로　　(b) $I_N$을 구하기 위한 단자의 단락

◀ 그림 8-47
노튼 등가 전류 $I_N$ 구하기

**예제 8-13**　그림 8-48(a)에서 상자 안의 회로에 대해 $I_N$을 구하라.

▶ 그림 8-48

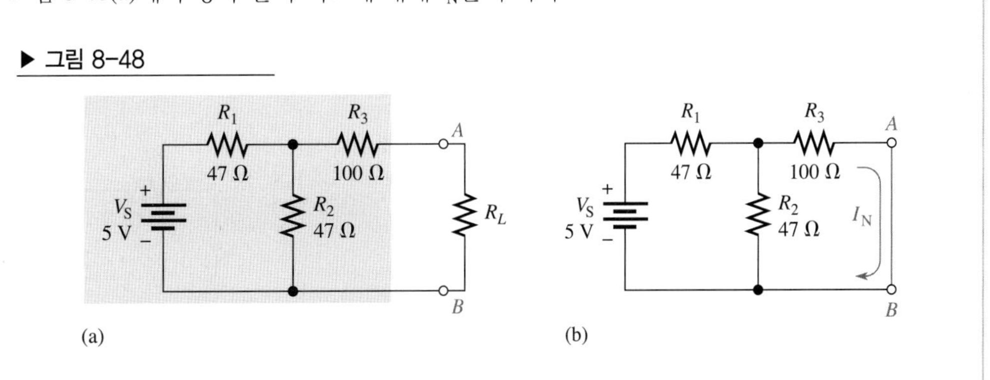

풀이 그림 8-48(b)와 같이 단자 $A$와 $B$를 단락시킨다. $I_N$은 단락된 곳에 흐르는 전류이다. 먼저, 전압원에서 바라본 총 저항은

$$R_T = R_1 + \frac{R_2 R_3}{R_2 + R_3} = 47\ \Omega + \frac{(47\ \Omega)(100\ \Omega)}{147\ \Omega} = 79\ \Omega$$

전원에서 유출되는 총 전류는

$$I_T = \frac{V_S}{R_T} = \frac{5\ \text{V}}{79\ \Omega} = 63.3\ \text{mA}$$

이제 $I_N$(단락된 곳에 흐르는 전류)을 구하기 위하여 전류 분배기 공식을 적용한다.

$$I_N = \left(\frac{R_2}{R_2 + R_3}\right) I_T = \left(\frac{47\ \Omega}{147\ \Omega}\right) 63.3\ \text{mA} = \mathbf{20.2\ mA}$$

이것이 등가 노튼 전류원 값이다.

관련 문제 그림 8-48(a)에서 $R_2$의 값이 두 배로 될 경우 $I_N$을 구하라.

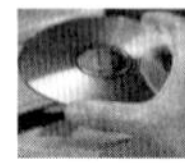

Multisim 파일 E08-13을 사용하여 [예제 8-13]과 [관련 문제]의 계산 결과를 확인하라.

## 노튼 등가 저항($R_N$)

노튼 등가 저항($R_N$)은 $R_{TH}$와 같은 방법으로 정의된다.

**노튼 등가 저항 $R_N$은 주어진 회로의 모든 전원을 각 전원의 내부 저항 값으로 대체시킨 후 두 출력 단자 사이에서 바라본 합성 저항이다.**

[예제 8-14]는 $R_N$을 구하는 방법을 설명하고 있다.

**예제 8-14** 그림 8-48(a)에서 상자 안의 회로에 대하여 $R_N$을 구하라([예제 8-13] 참조).

풀이 먼저 그림 8-49와 같이 $V_S$를 단락시켜 0으로 만든다. 단자 $A$와 $B$에서 보면, $R_1$과 $R_2$의 병렬 조합이 $R_3$와 직렬로 연결되었음을 알 수 있다. 그러므로

▶ 그림 8-49

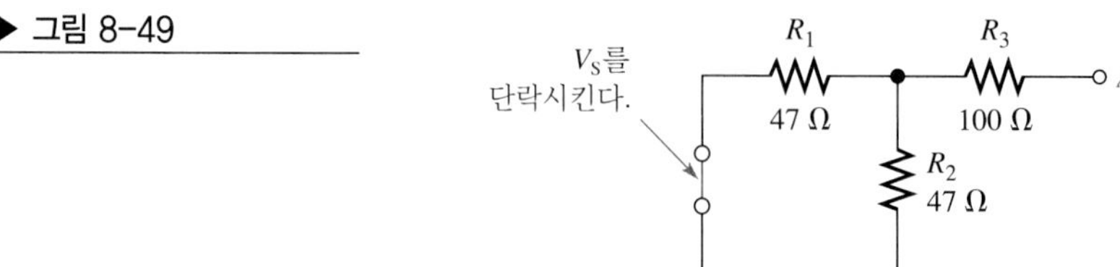

$$R_N = R_3 + \frac{R_1}{2} = 100\ \Omega + \frac{47\ \Omega}{2} = \mathbf{124\ \Omega}$$

**관련 문제** 그림 8-48(a)에서 $R_2$의 값이 두 배가 될 경우 $R_N$을 구하라.

[예제 8-13]과 [예제 8-14]를 통해 노튼 등가 회로의 두 등가 소자 $I_N$과 $R_N$을 구하는 방법을 살펴보았다. 이 값들은 임의의 선형 회로에 대하여 구할 수 있음을 기억하라. 일단 이 두 값을 알면, [예제 8-15]에서와 같이 노튼 등가 회로를 구성하기 위해서는 그들을 병렬로 연결해야 한다.

**예제 8-15** 그림 8-48(a)의 원래 회로에 대한 완전한 노튼 등가 회로를 그려라(예제 8-13).

**풀이** [예제 8-13]과 [예제 8-14]에서 $I_N$ = 20.2 mA와 $R_N$ = 124 Ω을 구했다. 노튼 등가 회로는 그림 8-50에 나타내었다.

▶ 그림 8-50

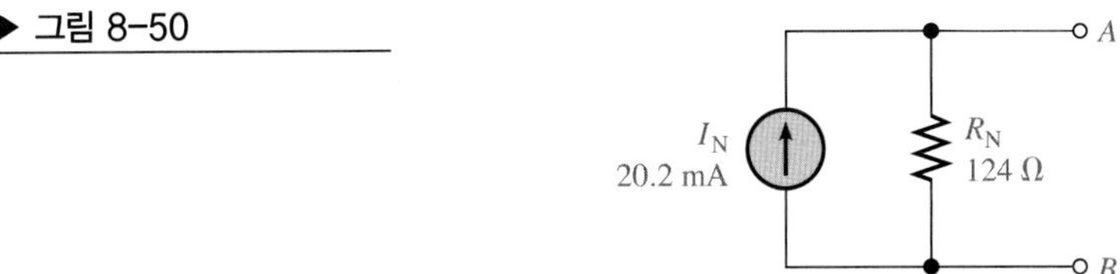


**관련 문제** 모든 저항 값이 두 배로 될 경우 그림 8-48(a)의 회로에 대한 $R_N$을 구하라.

## 노튼 정리 요약

노튼 등가 회로의 출력 단자 사이에 연결된 부하 저항에는 원래 회로의 출력 단자에 연결되었을 때와 동일한 전류가 흐르고 동일한 전압이 걸린다. 노튼 정리를 이론적으로 적용시키는 절차를 요약하면 다음과 같다.

1단계: 노튼 등가 회로를 구하고 싶은 두 단자를 단락시킨다.
2단계: 단락된 단자를 통해 흐르는 전류($I_N$)를 구한다.
3단계: 모든 전원을 그들의 내부 저항 값으로 대체시키고(이상적인 전압원은 단락시키고 이상적인 전류원은 개방시킨다) 개방된 두 단자 사이의 저항 값($R_N$)을 구한다($R_N = R_{TH}$).
4단계: 원래 회로에 대한 완전한 노튼 등가를 만들기 위하여 $I_N$과 $R_N$을 병렬로 연결한다.

또한 노튼 등가 회로는 8-3절에서 살펴본 전원 변환 방법을 이용하여 테브냉 등가 회로로부터 유도할 수 있다.

## 실제 응용의 예

디지털 광도계에서 전압 증폭기는 노튼 등가 회로와 종속 전압원을 이용하여 모델링된다. 광도계 블록도를 그림 8-51에 나타내었다. 광도계는 감지기로 광전지를 사용한다. 광전지는 입사광에 비례하여 매우 작은 전류를 발생시키는 전류원이다. 이것은 전류원이기 때문에 이 광전지를 모델링하는 데 노튼 회로가 사용될 수 있다. 광전지에서 유출되는 매우 작은 양의 전류는 $R_N$ 양단에 걸리는 작은 입력 전압으로 변환된다. 아날로그-디지털 변환기를 구동시키기에 충분한 레벨로 전압을 증가시키기 위해 직류 증폭기가 사용된다.

▶ 그림 8-51

광도계 블록도

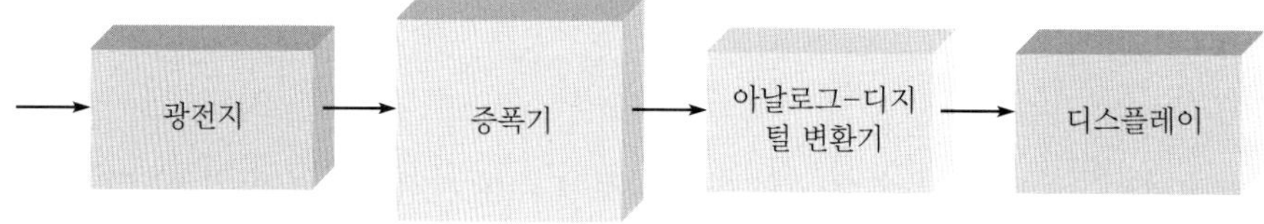


이 응용에 있어서, 광도계 블록도의 첫 번째 두 블록에만 관심을 갖는다. 이들은 그림 8-52와 같이 모델화된다. 광전지는 입력에서 노튼 회로로 모델화된다. 노튼 회로의 출력은 증폭기의 입력 저항에 공급되며, 여기서 전류 $I_N$은 작은 전압 $V_{IN}$으로 변환된다. 편의상, 부하 저항 $R_L$로 간단히 모델화한 아날로그-디지털 변환기를 동작시키기 위하여 증폭기는 이 전압을 33까지 증가시킨다. 33의 값은 이 증폭기의 이득이 된다.

▶ 그림 8-52

광전지 및 증폭기 모델. 다이아몬드 형태의 기호는 종속 전압원을 나타낸다.

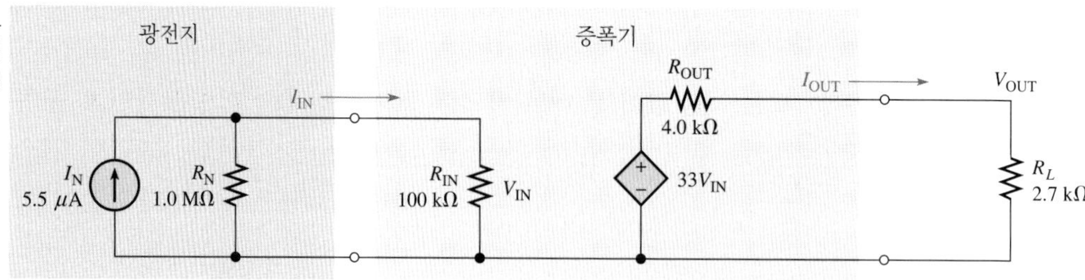


**예제 8-16** 그림 8-52를 참조하라.

(a) $I_{IN}$을 구하기 위하여 입력 노튼 회로에 전류 분배기 법칙을 적용하라.

(b) $V_{IN}$을 구하기 위하여 옴의 법칙을 이용하라.

(c) 종속 전압원에서의 전압을 구하라. 이것의 이득은 33이다.

(d) $V_{OUT}$을 계산하기 위해 전압 분배기 법칙을 적용하라.

풀이

(a) $I_{IN} = I_N\left(\frac{R_N}{R_N + R_{IN}}\right) = (5.5\,\mu\text{A})\left(\frac{1.0\,\text{M}\Omega}{1.1\,\text{M}\Omega}\right) = \mathbf{5\,\mu A}$

(b) $V_{IN} = I_{IN}R_{IN} = (5\,\mu\text{A})(100\,\text{k}\Omega) = \mathbf{0.5\,V}$

(c) $33V_{IN} = (33)(0.5\,\text{V}) = \mathbf{16.5\,V}$

(d) $V_{OUT} = (33\,V_{IN})\left(\frac{R_L}{R_L + R_{OUT}}\right) = (16.5\,\text{V})(0.403) = \mathbf{6.65\,V}$

관련 문제 광전지가 동일한 전류원과 2.0 MΩ의 노튼 등가 저항으로 대체된다면, 출력 전압은 얼마인가?

**복습문제 8-6**

1. 노튼 등가 회로의 두 구성 요소는 무엇인가?
2. 노튼 등가 회로의 일반적인 형태를 그려라.
3. $I_N$은 어떻게 정의되는가?
4. $R_N$은 어떻게 정의되는가?
5. 그림 8-53에서 $R_L$에서 바라본 노튼 회로를 구하라.

▶ 그림 8-53

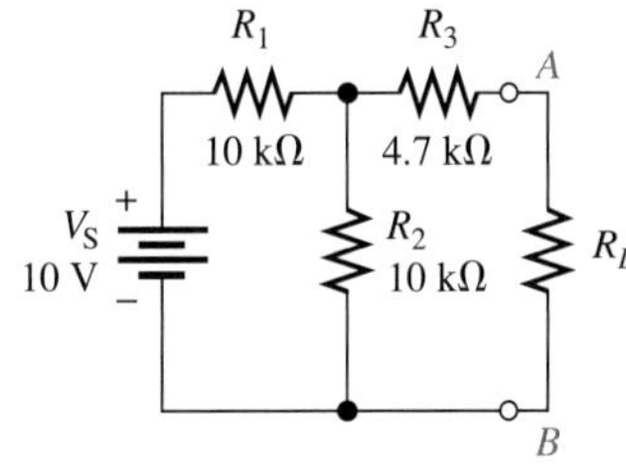


# 8-7 최대 전력 전달 이론

최대 전력 전달 이론은 전원에서 전달되는 전력을 최대로 하기 위한 부하의 값을 알아야 할 때 중요하다.

이 절의 학습 내용은 다음과 같다.

- **최대 전력 전달 이론의 적용**
  - 최대 전력 전달 이론에 대한 설명
  - 주어진 회로로부터 최대 전력이 전달되도록 하기 위한 부하 저항 값의 결정

**최대 전력 전달 이론**(maximum power transfer theorem)은 다음과 같다.

**주어진 전원 전압에 대하여, 부하 저항 값이 내부 전원 저항 값과 같을 때 전원에서 부하로 최대 전력이 전달된다.**

회로의 전원 저항 $R_S$는 테브냉 정리를 이용하여 출력 단자에서 바라본 등가 저항이다. 출력 저항과 부하가 있는 테브냉 등가 회로를 그림 8-54에 나타내었다. $R_L = R_S$일 때, 주어진 $V_S$ 값에 대하여 전압원에서 $R_L$로 최대 전력이 전달된다.

최대 전력 전달 이론의 실제적인 응용은 스테레오, 라디오, 확성 장치 같은 오디오 시스템을 포함한다. 이들 시스템에서 스피커의 저항 값이 부하가 된다. 스피커를 구동하는 회로는 전력 증폭기이다. 이 시스템은 전형적으로 스피커에 최대 전력이 전달되도록 최적화되어 있다. 따라서 스피커의 저항 값은 증폭기의 내부 전원 저항 값과 같아야 한다.

▶ 그림 8-54

$R_S = R_L$일 때 최대 전력이 부하에 전달된다.

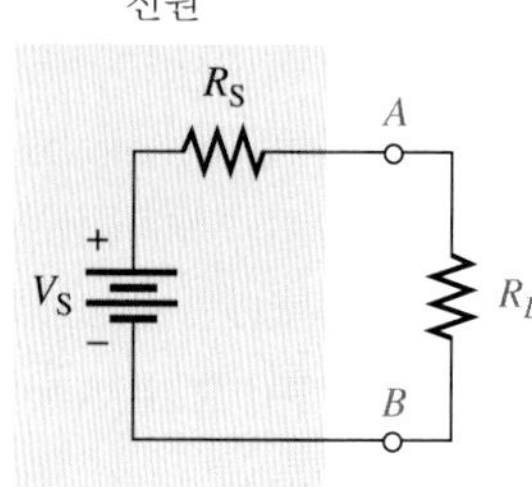


[예제 8-17]은 $R_L = R_S$일 때 최대 전력이 공급됨을 보여준다.

**예제 8-17** 그림 8-55에서 전원은 75 Ω의 내부 전원 저항 값을 갖는다. 다음과 같은 각 부하 저항 값에 대해 부하 전력을 구하라.

(a) 0 Ω (b) 25 Ω (c) 50 Ω (d) 75 Ω (e) 100 Ω (f) 125 Ω

부하 저항 값에 따른 부하 전력을 나타내는 그래프를 그려라.

▶ 그림 8-55

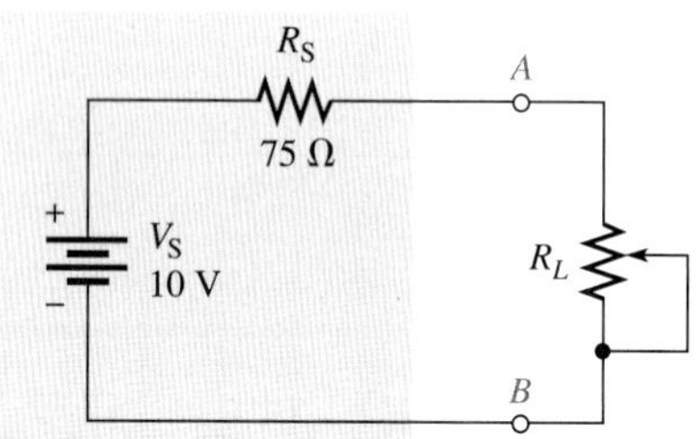


**풀이** 각 부하 저항 값에 대한 부하 전력 $P_L$을 구하기 위해 옴의 법칙($I = V/R$)과 전력 공식($P = I^2R$)을 이용하라.

(a) $R_L = 0\ \Omega$일 경우,

$$I = \frac{V_S}{R_S + R_L} = \frac{10\text{ V}}{75\ \Omega + 0\ \Omega} = 133\text{ mA}$$

$$P_L = I^2R_L = (133\text{ mA})^2(0\ \Omega) = \mathbf{0\ mW}$$

(b) $R_L = 25\ \Omega$일 경우,

$$I = \frac{V_S}{R_S + R_L} = \frac{10\text{ V}}{75\ \Omega + 25\ \Omega} = 100\text{ mA}$$

$$P_L = I^2R_L = (100\text{ mA})^2(25\ \Omega) = \mathbf{250\ mW}$$

(c) $R_L = 50\ \Omega$일 경우,

$$I = \frac{V_S}{R_S + R_L} = \frac{10\text{ V}}{125\ \Omega} = 80\text{ mA}$$

$$P_L = I^2R_L = (80\text{ mA})^2(50\ \Omega) = \mathbf{320\ mW}$$

(d) $R_L = 75\ \Omega$일 경우,

$$I = \frac{V_S}{R_S + R_L} = \frac{10\text{ V}}{150\ \Omega} = 66.7\text{ mA}$$

$$P_L = I^2R_L = (66.7\text{ mA})^2(75\ \Omega) = \mathbf{334\ mW}$$

(e) $R_L = 100\ \Omega$일 경우,

$$I = \frac{V_S}{R_S + R_L} = \frac{10\text{ V}}{175\ \Omega} = 57.1\text{ mA}$$

$$P_L = I^2R_L = (57.1\text{ mA})^2(100\ \Omega) = \mathbf{326\ mW}$$

(f) $R_L = 125\ \Omega$일 경우,

$$I = \frac{V_S}{R_S + R_L} = \frac{10\text{ V}}{200\ \Omega} = 50\text{ mA}$$

$$P_L = I^2R_L = (50\text{ mA})^2(125\ \Omega) = \mathbf{313\ mW}$$

부하 저항이 내부 전원 저항과 동일한 $R_L = 75\ \Omega$일 때 부하 전력이 최대가 됨을 주목하라. 부하 저항 값이 이 값보다 작거나 또는 클 경우 그림 8-56의 그래프 곡선처럼 전력은 떨어진다.

▶ 그림 8-56

$R_L = R_S$일 때 부하 전력이 최대임을 보여주는 곡선

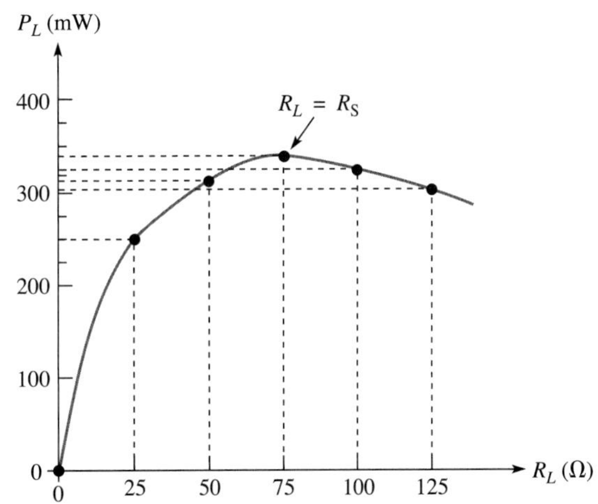


**관련 문제** 그림 8-55에서 전원 저항 값이 600 Ω이라면, 부하에 전달될 수 있는 최대 전력은 얼마인가?

**복습문제 8-7**

1. 최대 전력 전달 이론을 설명하라.
2. 어떠할 때 전원에서 부하로 최대 전력이 전달되는가?
3. 주어진 회로가 50 Ω의 내부 전원 저항을 갖고 있다. 최대 전력이 전달되기 위한 부하 값은 얼마인가?

# 8-8 델타-와이(Δ-Y) 및 와이-델타(Y-Δ) 변환

델타 형태의 회로와 와이 형태의 회로 사이의 배열 변환은 어떤 특정한 3단자 회로 응용에서 유용하다. 부하가 있는 휘트스톤 브리지 회로의 해석이 그 예이다.

이 절의 학습 내용은 다음과 같다.

- **Δ-Y 및 Y-Δ 변환 수행**
  - Δ-Y 변환을 브리지 회로에 적용

저항으로 이루어진 델타(Δ) 회로는 그림 8-57(a)와 같은 3단자 배열이다. 와이(Y) 회로는 그림 8-57(b)에 나타내었다. 문자 첨자는 델타 회로의 저항들을 나타내며, 숫자 첨자는 와이 회로의 저항들을 나타낸다.

▶ **그림 8-57**
델타 및 와이 회로

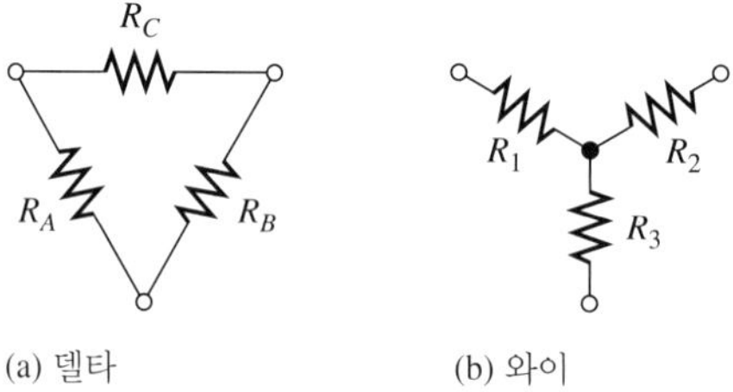


(a) 델타　　(b) 와이

## Δ-Y 변환

그림 8-58과 같이 델타 안에 와이가 위치하고 있다고 생각하는 것이 편리하다. 델타를 와이로 변환하기 위해서는 $R_1, R_2, R_3$를 $R_A, R_B, R_C$로 나타내야 한다. 그 변환 규칙은 다음과 같다.

**와이에서 각 저항은 두 인접한 델타 가지의 저항들의 곱을 세 개의 델타 저항들의 합으로 나눈 것이다.**

▶ **그림 8-58**
변환 공식을 위한 'Δ 안에 있는 Y'

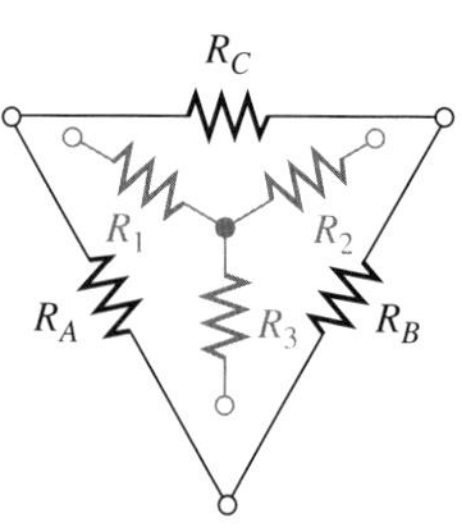


그림 8-58에서 $R_A$와 $R_C$는 $R_1$에 인접해 있다. 따라서

$$R_1 = \frac{R_A R_C}{R_A + R_B + R_C} \tag{8-1}$$

또한 $R_B$와 $R_C$는 $R_2$에 인접해 있다. 그러므로

$$R_2 = \frac{R_B R_C}{R_A + R_B + R_C} \tag{8-2}$$

그리고 $R_A$와 $R_B$는 $R_3$에 인접해 있다. 그러므로

$$R_3 = \frac{R_A R_B}{R_A + R_B + R_C} \tag{8-3}$$

## Y-Δ 변환

와이를 델타로 변환하려면 $R_A, R_B, R_C$를 $R_1, R_2, R_3$로 나타내야 한다. 변환 규칙은 다음과 같다.

**델타 회로에서 각 저항은 한 번에 두 개씩 취한 와이 저항들의 모든 가능한 곱의 합을 맞은편 Y 저항으로 나눈 것이다.**

그림 8-58에서 $R_2$는 $R_A$의 맞은편에 있다. 따라서

$$R_A = \frac{R_1R_2 + R_1R_3 + R_2R_3}{R_2} \tag{8-4}$$

또한 $R_1$은 $R_B$의 맞은편에 있다. 그러므로

$$R_B = \frac{R_1R_2 + R_1R_3 + R_2R_3}{R_1} \tag{8-5}$$

그리고 $R_3$는 $R_C$의 맞은편에 있다. 그러므로

$$R_C = \frac{R_1R_2 + R_1R_3 + R_2R_3}{R_3} \tag{8-6}$$

**예제 8-18** 그림 8-59의 델타 회로를 와이 회로로 변환하라.

▶ 그림 8-59

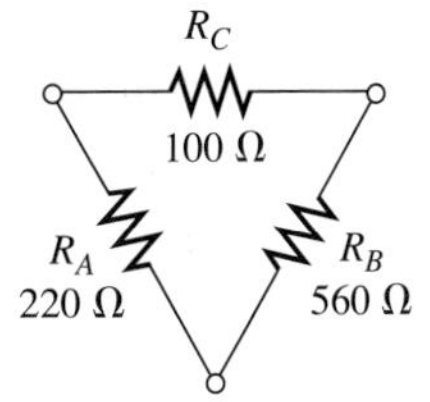

$R_C$ 100 Ω, $R_A$ 220 Ω, $R_B$ 560 Ω

**풀이** 식 (8-1), (8-2), (8-3)을 이용한다.

$$R_1 = \frac{R_A R_C}{R_A + R_B + R_C} = \frac{(220\ \Omega)(100\ \Omega)}{220\ \Omega + 560\ \Omega + 100\ \Omega} = \mathbf{25\ \Omega}$$

$$R_2 = \frac{R_B R_C}{R_A + R_B + R_C} = \frac{(560\ \Omega)(100\ \Omega)}{880\ \Omega} = \mathbf{63.6\ \Omega}$$

$$R_3 = \frac{R_A R_B}{R_A + R_B + R_C} = \frac{(220\ \Omega)(560\ \Omega)}{880\ \Omega} = \mathbf{140\ \Omega}$$

최종 와이 회로를 그림 8-60에 나타내었다.

▶ 그림 8-60

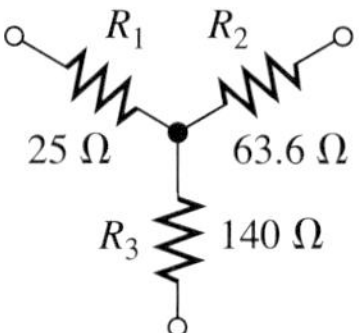


관련 문제 $R_A = 2.2\ \text{k}\Omega, R_B = 1.0\ \text{k}\Omega, R_C = 1.8\ \text{k}\Omega$일 경우 델타 회로를 와이 회로망으로 변환하라.

**예제 8-19** 그림 8-61의 와이 회로를 델타 회로로 변환하라.

▶ 그림 8-61

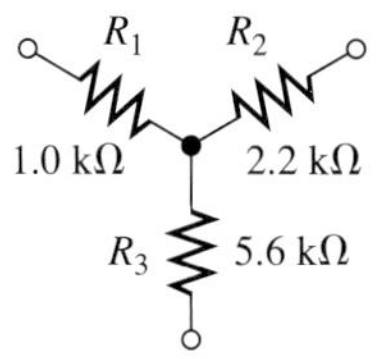

R1 R2
1.0 kΩ 2.2 kΩ
R3 5.6 kΩ

풀이 식 (8-4), (8-5), (8-6)을 이용한다.

$$R_A = \frac{R_1R_2 + R_1R_3 + R_2R_3}{R_2}$$
$$= \frac{(1.0\ \text{k}\Omega)(2.2\ \text{k}\Omega) + (1.0\ \text{k}\Omega)(5.6\ \text{k}\Omega) + (2.2\ \text{k}\Omega)(5.6\ \text{k}\Omega)}{2.2\ \text{k}\Omega} = \mathbf{9.15\ k\Omega}$$

$$R_B = \frac{R_1R_2 + R_1R_3 + R_2R_3}{R_1}$$
$$= \frac{(1.0\ \text{k}\Omega)(2.2\ \text{k}\Omega) + (1.0\ \text{k}\Omega)(5.6\ \text{k}\Omega) + (2.2\ \text{k}\Omega)(5.6\ \text{k}\Omega)}{1.0\ \text{k}\Omega} = \mathbf{20.1\ k\Omega}$$

$$R_C = \frac{R_1R_2 + R_1R_3 + R_2R_3}{R_3}$$
$$= \frac{(1.0\ \text{k}\Omega)(2.2\ \text{k}\Omega) + (1.0\ \text{k}\Omega)(5.6\ \text{k}\Omega) + (2.2\ \text{k}\Omega)(5.6\ \text{k}\Omega)}{5.6\ \text{k}\Omega} = \mathbf{3.59\ k\Omega}$$

최종 델타 회로를 그림 8-62에 나타내었다.

▶ 그림 8-62

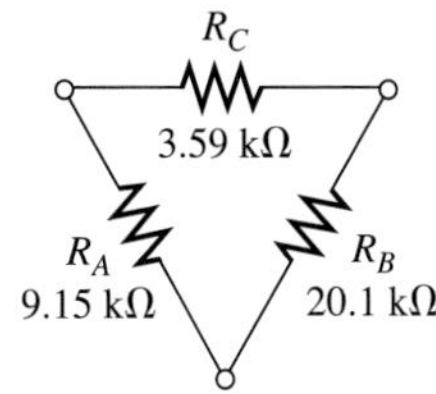


관련 문제 $R_1 = 100\ \Omega, R_2 = 330\ \Omega, R_3 = 470\ \Omega$일 경우 와이 회로를 델타 회로로 변환하라.

## 브리지 회로에 Δ-Y 변환 적용

8-5절에서 테브낭 정리를 이용하여 브리지 회로를 단순화하는 방법을 살펴보았다. 이제 해석을 더 용이하게 하기 위해, Δ−Y 변환을 이용하여 브리지 회로를 직·병렬 형태로 변환하는 방법을 살펴볼 것이다.

그림 8-63에는 $R_A, R_B, R_C$로 구성된 델타(Δ) 회로를 Y 회로로 변환하는, 즉, 등가 직·병렬 회로로 만드는 방법을 나타내었다. 이 변환에는 식 (8-1), (8-2), (8-3)이 이용된다.

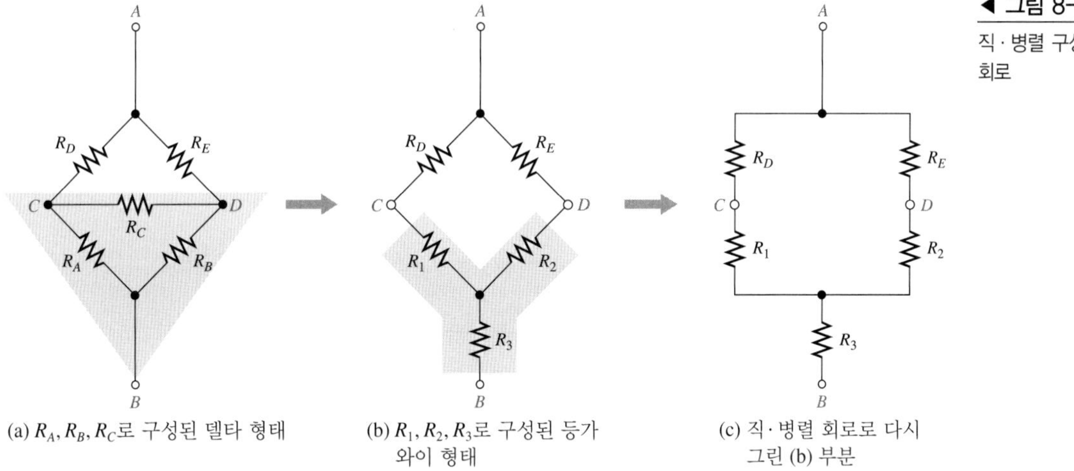


(a) $R_A, R_B, R_C$로 구성된 델타 형태

(b) $R_1, R_2, R_3$로 구성된 등가 와이 형태

(c) 직·병렬 회로로 다시 그린 (b) 부분

◀ 그림 8-63
직·병렬 구성으로 변환한 브리지 회로

브리지 회로에서, 부하는 단자 $C$와 $D$ 사이에 연결된다. 그림 8-63(a)에서 $R_C$는 부하 저항을 나타낸다. 단자 $A$와 $B$ 양단에 전압을 인가할 때 $C$에서 $D$까지의 전압($V_{CD}$)은 다음과 같이 그림 8-63(c)의 등가 직·병렬 회로를 이용하여 구할 수 있다. 단자 $A$에서 $B$까지의 합성 저항은 다음과 같다.

$$R_{\text{T}} = \frac{(R_1 + R_D)(R_2 + R_E)}{(R_1 + R_D) + (R_2 + R_E)} + R_3$$

그러면

$$I_T = \frac{V_{AB}}{R_T}$$

그림 8-63(c)에서 회로의 병렬 부분의 저항 값은

$$R_{T(p)} = \frac{(R_1 + R_D)(R_2 + R_E)}{(R_1 + R_D) + (R_2 + R_E)}$$

왼쪽 가지에 흐르는 전류는

$$I_{AC} = \left(\frac{R_{T(p)}}{R_1 + R_D}\right)I_T$$

오른쪽 가지에 흐르는 전류는

$$I_{AD} = \left(\frac{R_{T(p)}}{R_2 + R_E}\right)I_T$$

단자 $A$에 대한 단자 $C$에서의 전압은

$$V_{CA} = V_A - I_{AC}R_D$$

단자 $A$에 대한 단자 $D$에서의 전압은

$$V_{DA} = V_A - I_{AD}R_E$$

단자 $C$에서 단자 $D$까지의 전압은

$$\begin{aligned} V_{CD} &= V_{CA} - V_{DA} \\ &= (V_A - I_{AC}R_D) - (V_A - I_{AD}R_E) = I_{AD}R_E - I_{AC}R_D \end{aligned}$$

$V_{CD}$는 그림 8-63(a)의 브리지 회로에서 부하($R_C$) 양단에 걸린 전압이다.
$R_C$에 흐르는 부하 전류는 옴의 법칙으로 구할 수 있다.

$$I_{R_C} = \frac{V_{CD}}{R_C}$$

**예제 8-20** 그림 8-64의 브리지 회로에서 부하 저항 양단 전압과 부하 저항에 흐르는 전류를 구하라. 식 (8-1), (8-2), (8-3)을 이용하여 편의상 저항을 표시하였음을 주의하라. $R_C$는 부하 저항이다.

▶ 그림 8-64

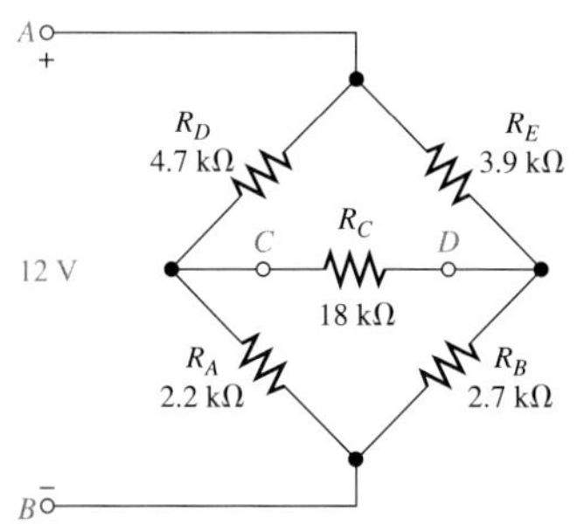

풀이 먼저 $R_A, R_B, R_C$로 구성된 델타를 와이로 변환한다.

$$R_1 = \frac{R_A R_C}{R_A + R_B + R_C} = \frac{(2.2\,\text{k}\Omega)(18\,\text{k}\Omega)}{2.2\,\text{k}\Omega + 2.7\,\text{k}\Omega + 18\,\text{k}\Omega} = 1.73\,\text{k}\Omega$$

$$R_2 = \frac{R_B R_C}{R_A + R_B + R_C} = \frac{(2.7\,\text{k}\Omega)(18\,\text{k}\Omega)}{22.9\,\text{k}\Omega} = 2.12\,\text{k}\Omega$$

$$R_3 = \frac{R_A R_B}{R_A + R_B + R_C} = \frac{(2.2\,\text{k}\Omega)(2.7\,\text{k}\Omega)}{22.9\,\text{k}\Omega} = 259\,\Omega$$

최종 등가 직·병렬 회로를 그림 8-65에 나타내었다.

다음으로, 그림 8-65에서 $R_T$와 가지 전류를 구한다.

$$R_T = \frac{(R_1 + R_D)(R_2 + R_E)}{(R_1 + R_D) + (R_2 + R_E)} + R_3$$

$$= \frac{(6.43\,\text{k}\Omega)(6.02\,\text{k}\Omega)}{6.43\,\text{k}\Omega + 6.02\,\text{k}\Omega} + 259\,\Omega = 3.11\,\text{k}\Omega + 259\,\Omega = 3.37\,\text{k}\Omega$$

$$I_T = \frac{V_{AB}}{R_T} = \frac{12\,\text{V}}{3.37\,\text{k}\Omega} = 3.56\,\text{mA}$$

▶ 그림 8-65

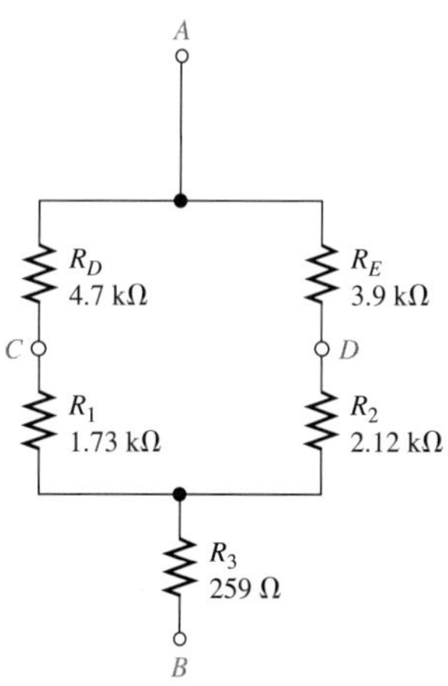


회로의 병렬 부분의 합성 저항 $R_{T(P)}$는 3.11 kΩ이다.

$$I_{AC} = \left(\frac{R_{T(p)}}{R_1 + R_D}\right) I_T = \left(\frac{3.11\,\text{k}\Omega}{1.73\,\text{k}\Omega + 4.7\,\text{k}\Omega}\right) 3.56\,\text{mA} = 1.72\,\text{mA}$$

$$I_{AD} = \left(\frac{R_{T(p)}}{R_2 + R_E}\right) I_T = \left(\frac{3.11\,\text{k}\Omega}{2.12\,\text{k}\Omega + 3.9\,\text{k}\Omega}\right) 3.56\,\text{mA} = 1.84\,\text{mA}$$

단자 $C$에서 단자 $D$까지의 전압은

$$V_{CD} = I_{AD} R_E - I_{AC} R_D = (1.84\,\text{mA})(3.9\,\text{k}\Omega) - (1.72\,\text{mA})(4.7\,\text{k}\Omega)$$
$$= 7.18\,\text{V} - 8.08\,\text{V} = \mathbf{-0.9\,V}$$

$V_{CD}$는 그림 8-64의 브리지 회로에서 부하($R_C$) 양단 전압이다.

$R_C$에 흐르는 부하 전류는 다음과 같다.

$$I_{R_C} = \frac{V_{CD}}{R_C} = \frac{-0.9\ \text{V}}{18\ \text{k}\Omega} = \mathbf{-50\ \mu A}$$

관련 문제 다음 저항 값들에 대해 그림 8-64에서 부하 전류 $I_{R_C}$를 구하라. $R_A = 27\ \text{k}\Omega$, $R_B = 33\ \text{k}\Omega$, $R_D = 39\ \text{k}\Omega$, $R_E = 47\ \text{k}\Omega$, $R_C = 100\ \text{k}\Omega$.

Multisim 파일 E08-20을 사용하여 [예제 8-20]과 [관련 문제]의 계산 결과를 확인하라.

**복습문제 8-8**

1. 델타 회로를 그려라.
2. 와이 회로를 그려라.
3. 델타-와이 변환 공식을 기술하라.
4. 와이-델타 변환 공식을 기술하라.

# 회로 응용

휘트스톤 브리지 회로는 7장에서 소개되었고, 이번 장에서는 테브냉 정리 사용에 포함되어 확장되었다. 7장의 회로 응용에서는 브리지의 하나의 가지에 온도 측정을 위한 서미스터를 사용했었다. 브리지는, 액체로 채워진 탱크에서 히터를 켜기 위해 하나의 극성에서 반대 극성으로 바꾸도록 스위칭하여 출력의 온도를 설정하는 서미스터의 저항 값과 가변 저항의 저항 값을 비교하기 위해 사용되었다. 이번 회로 응용에서도 유사한 회로를 다루게 될 것이나, 이번 경우에는 온도가 특정 범위 안에 있다는 것을 시각적으로 나타내는 표시를 제공하기 위한 탱크 온도를 관찰하는 데 사용될 것이다.

## 온도 관찰

온도를 관찰하는 기본적인 측정 회로는 부하로 동작하는 직렬 저항과 전류계를 갖는 휘트스톤 브리지이다. 이 계측기는 최대 50 $\mu$A의 감지도를 갖는 아날로그 계기판 계측기이다. 휘트스톤 브리지의 온도 측정 회로를 그림 8-66(a)에 나타내었고, 계측기 계기판은 그림 8-66(b)에 나타내었다.

## 서미스터

서미스터는 25°C에서 25 kΩ의 특정 저항 값과 4615K의 $\beta$를 갖는 Thermometrics RL2006-13.3K-140-D1 서미스터로 7장의 회로 응용에서 사용된 것과 동일하다. $\beta$는 온도-저항 특성 형태를 결정하는 제조사에 의해 제공되는 상수이다. 앞에서 주어진 것처럼, 서미스터 저항에 대한 지수 방정식은 다음과 같이 근사화된다.

$$R_T = R_0 e^{\beta\left(\frac{T_0 - T}{T_0 T}\right)}$$

여기서

$R_T$ = 주어진 온도에서의 저항 값
$R_0$ = 기준 온도에서의 저항 값
$T_0$ = K 단위의 기준 온도(전형적으로 298 K, 이것은 25°C에 해당)
$T$ = 온도(K)
$\beta$ = 제조사에 의해 제공되는 상수(K)

이 방정식의 그래프는 그림 7-60에 주어져 있다. 이 회로 응용에서, 서미스터 저항 값 계산 결과가 이 그래프와 일치함을 확인할 수 있다.

## 온도 측정 회로

휘트스톤 브리지는 20°C에서 평형이 되도록 설계되어 있다. 이 온도에서 서미스터 저항 값은 약 33 kΩ이다. $R_T$에 대한 방정식에 온도(켈빈(Kelvin) 단위의 절대온도)를 대입하여 이 값을 확인할 수 있다. K 단위의 온도는 °C + 273임을 기억하라.

◆ $R_T$에 대한 방정식에 대입하여, 50°C(계측기의 최대 눈금 편

▶ 그림 8-66

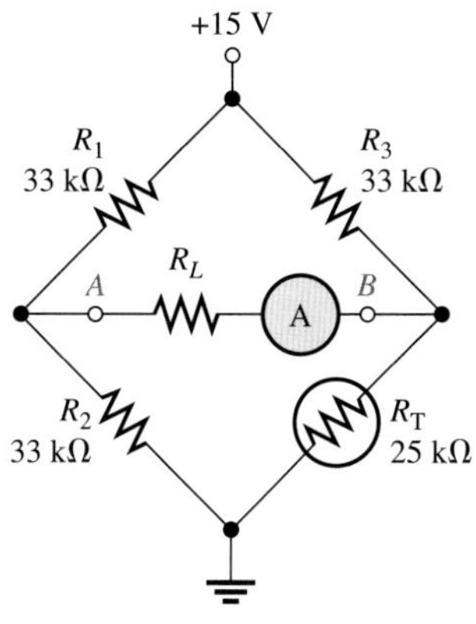


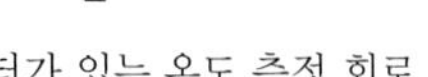

(a) 서미스터가 있는 온도 측정 회로

(b) 계측기 계기판

향)의 온도에서 서미스터의 저항 값을 계산한다.

- 그림 8-42와 같이 접지 기준을 그대로 유지하면서 두 개의 서로 마주보는 테브냉 회로를 구성하여 단자 *A*와 *B* 사이의 브리지를 테브냉화한다. 서미스터 온도는 50°C이고, 서미스터 저항 값은 이전에 계산된 값이라고 가정한다. 이 온도에서 부하는 생략하고 테브냉 회로를 그려라.
- 도시한 테브냉 회로에 대해 부하 저항을 나타내어라. 부하는 최대 눈금(50°C)에서 50 $\mu$A의 전류를 갖는 전류계와 직렬 연결된 저항이다. 두 전원에 대하여 중첩 이론을 적용하고 옴의 법칙(최대 눈금 편향을 전류로 이용하여)으로 합성 저항 값을 계산하여 필요한 부하 저항 값을 구할 수 있다. 필요한 부하 저항 값을 구하기 위하여 합성 저항 값에서 각 가지의 테브냉 저항 값을 뺀다. 계측기의 저항 값은 무시한다. 테브냉 회로에서 계산된 값을 나타내어라.
- 최저 및 최고 제한 온도(30°C와 40°C)에서 서미스터 저항 값을 계산한다. 각 온도에 대한 테브냉 회로를 그리고, 부하 저항에 흐르는 전류를 구하라.

### 계측기 눈금

온도를 관찰하기 위해서는 온도가 원하는 범위에 있다는 것을 나타내기 위하여 계측기상에 세 가지 색 밴드로 표시하는 것이 필요하다. 원하는 범위는 최저 30°C에서 40°C 사이이다. 계측기는, 20°C에서 30°C까지는 매우 추운 범위, 30°C에서 40°C까지는 적절한 동작 범위, 40°C에서 50°C까지는 매우 더운 범위를 나타내야 한다. 계측기의 최대 눈금 편향은 50°C로 설정되어야 한다.

- 탱크에서의 온도를 어떻게 계측기가 빠르게 시각적 표시로 나타내도록 하겠는가를 설명하라.

### 복습문제

1. 35°C일 때, 계측기에서 전류는 얼마인가?
2. 50 $\mu$A 계측기 대신에 100 $\mu$A 계측기가 사용된다면 어떤 변화가 필요한가?

## 요약

- 이상 전압원의 내부 저항 값은 0이다. 이것은 부하 저항 값에 관계없이 단자 양단에 일정 전압을 제공하게 된다.
- 실제 전압원의 내부 저항 값은 0이 아니다.
- 이상적인 전류원의 내부 저항 값은 무한대이다. 이것은 부하 저항 값에 관계없이 일정 전류를 제공하게 된다.
- 실제 전류원의 내부 저항 값은 유한하다.
- 중첩 정리는 여러 개의 전원을 가진 회로에서 유용하다.
- 테브냉 정리는 임의의 2단자 선형 저항성 회로를 간략화시키기 위해, 등가 전압원과 등가 저항을 직

렬 연결로 구성하여 등가 형태를 만든다.

◆ 테브냉과 노튼 정리에서 사용된 것처럼 **등가성**이란 용어는 주어진 부하 저항이 등가 회로에 연결되었을 때, 부하가 원래 회로에 연결되었을 때와 동일한 전압이 걸리고 동일한 전류가 흐름을 나타낸다.

◆ 노튼 정리는, 임의의 2단자 선형 저항성 회로를 간략화시키기 위해, 등가 전류원과 등가 저항을 병렬 연결로 구성하여 등가 형태를 만든다.

◆ 부하 저항 값이 전원의 내부 저항 값과 같을 때 전원에서 부하로 최대 전력이 전달된다.

## 핵심 용어

**노튼 정리**(Norton's theorem): 2단자 선형 회로를 하나의 전류원과 이에 병렬로 연결된 저항으로 구성되는 등가 회로로 간략화시키는 방법

**단자 등가성**(terminal equivalency): 주어진 부하 저항이 서로 다른 두 전원에 연결되었을 때 동일한 부하 전압과 동일한 부하 전류가 두 전원에 의해 공급된다는 개념

**중첩 정리**(superposition theorem): 전원이 한 개 이상인 회로를 해석하기 위한 방법

**최대 전력 전달 이론**(maximum power transfer theorem): 주어진 전원 전압에 대하여, 전원에서 부하로의 최대 전력 전달은 부하 저항 값이 내부 전원 저항 값과 같을 때 발생한다.

**테브냉 정리**(Thevenin's theorem): 2단자 선형 회로를 전압원과 이에 직렬로 연결된 저항으로 구성되는 등가 회로로 간략화시키는 방법

## 주요 공식

Δ–Y 변환

**8-1** $$R_1 = \frac{R_A R_C}{R_A + R_B + R_C}$$

**8-2** $$R_2 = \frac{R_B R_C}{R_A + R_B + R_C}$$

**8-3** $$R_3 = \frac{R_A R_B}{R_A + R_B + R_C}$$

Y–Δ 변환

**8-4** $$R_A = \frac{R_1 R_2 + R_1 R_3 + R_2 R_3}{R_2}$$

**8-5** $$R_B = \frac{R_1 R_2 + R_1 R_3 + R_2 R_3}{R_1}$$

**8-6** $$R_C = \frac{R_1 R_2 + R_1 R_3 + R_2 R_3}{R_3}$$

## 자기 진단

**1.** $V_S$ = 10 V인 이상적인 전압원 양단에 100 Ω의 부하를 연결시켰다. 부하 양단의 전압은 얼마인가?

(a) 0 V (b) 10 V (c) 100 V

**2.** $V_S$ = 10 V이고 $R_S$ = 10 Ω인 전압원 양단에 100 Ω의 부하를 연결시켰다. 부하 양단의 전압은 얼마인가?

(a) 10 V (b) 0 V (c) 9.09 V (d) 0.909 V

**3.** $V_S$ = 25 V이고 $R_S$ = 5 Ω의 값을 갖는 어떤 전압원이 있다. 등가 전류원의 값은 얼마인가?

(a) 5 A, 5 Ω (b) 25 A, 5 Ω (c) 5 A, 125 Ω

**4.** $I_S$ = 3 μA이고 $R_S$ = 1.0 MΩ의 값을 갖는 어떤 전류원이 있다. 등가 전압원의 값은 얼마인가?

(a) 3 μV, 1.0 MΩ (b) 3 V, 1.0 MΩ (c) 1 V, 3.0 MΩ

**5.** 두 개의 전원 회로에서, 하나의 전원이 단독으로 주어진 가지에 10 mA를 흘린다. 다른 전원 단독으로 같은 가지에 반대 방향으로 8 mA를 흘린다. 이 가지에 흐르는 실제 전류는 얼마인가?

(a) 10 mA (b) 18 mA (c) 8 mA (d) 2 mA

**6.** 테브냉 정리는 어떤 회로를 (　　　)으로 구성된 등가 형태로 바꾼다.

(a) 전류원과 직렬 저항 (b) 전압원과 병렬 저항
(c) 전압원과 직렬 저항 (d) 전류원과 병렬 저항

**7.** 주어진 회로에 대하여 테브냉 등가 전압은 어떻게 구하는가?

(a) 출력 단자를 단락시켜서 (b) 출력 단자를 개방시켜서
(c) 전압원을 단락시켜서 (d) 전압원을 제거하고 단락으로 대체시켜서

**8.** 개방 출력 단자 양단 전압이 15 V인 어떤 회로가 있는데, 10 kΩ의 부하를 출력 단자 양단에 연결하면 출력 단자 전압이 12 V가 된다. 이 회로에 대한 테브냉 등가는 어느 것인가?

(a) 10 kΩ과 직렬 연결된 15 V (b) 10 kΩ과 직렬 연결된 12 V
(c) 2.5 kΩ과 직렬 연결된 12 V (d) 2.5 kΩ과 직렬 연결된 15 V

**9.** 전원에서 부하로 최대 전력이 전달되는 때는 언제인가?

(a) 부하 저항이 매우 클 때 (b) 부하 저항이 매우 작을 때
(c) 부하 저항이 전원 저항의 두 배일 때 (d) 부하 저항이 전원 저항과 같을 때

**10.** 문제 8에서 설명된 회로에서, 최대 전력은 어디로 전달되는가?

(a) 10 kΩ 부하 (b) 2.5 kΩ 부하 (c) 무한히 큰 저항 값의 부하

## 퀴즈

그림 8-69를 보면서 다음 물음에 답하라.

**1.** $R_4$ 양단이 단락된다면, $R_5$ 양단 전압은?

(a) 증가한다 (b) 감소한다 (c) 변하지 않는다

**2.** 2 V 전원이 개방된다면, $R_1$ 양단 전압은?

(a) 증가한다 (b) 감소한다 (c) 변하지 않는다

**3.** $R_2$가 개방된다면, $R_1$에 흐르는 전류는?

(a) 증가한다 (b) 감소한다 (c) 변하지 않는다

그림 8-77을 보면서 다음 물음에 답하라.

**4.** $R_L$이 개방된다면, 접지에 대한 출력 단자에서의 전압은?

(a) 증가한다 (b) 감소한다 (c) 변하지 않는다

**5.** 5.6 kΩ 저항 중 하나가 단락된다면, 부하 저항기에 흐르는 전류는?

(a) 증가한다 (b) 감소한다 (c) 변하지 않는다

**6.** 5.6 kΩ 저항 중 하나가 단락된다면, 전원에서 유출되는 전류는?

(a) 증가한다 (b) 감소한다 (c) 변하지 않는다

그림 8-79를 보면서 다음 물음에 답하라.

**7.** 증폭기의 입력이 접지와 단락된다면, 양쪽 전압원에서 나오는 전류는?

(a) 증가한다 (b) 감소한다 (c) 변하지 않는다

그림 8-82를 보면서 다음 물음에 답하라.

**8.** $R_1$이 실제로 10 kΩ 대신 1.0 kΩ이라면, 예상되는 $A$와 $B$ 사이의 전압은?

(a) 증가한다 (b) 감소한다 (c) 변하지 않는다

**9.** 10 MΩ 부하 저항이 $A$에서 $B$까지 연결된다면, $A$와 $B$ 사이의 전압은?

(a) 증가한다 (b) 감소한다 (c) 변하지 않는다

**10.** $R_4$ 양단이 단락된다면, $A$와 $B$ 사이의 전압 크기는?

(a) 증가한다 (b) 감소한다 (c) 변하지 않는다

그림 8-84를 보면서 다음 물음에 답하라.

**11.** 220 Ω의 저항이 개방된다면, $V_{AB}$는?

(a) 증가한다 (b) 감소한다 (c) 변하지 않는다

**12.** 330 Ω 저항 양단이 단락된다면, $V_{AB}$는?

(a) 증가한다 (b) 감소한다 (c) 변하지 않는다

그림 8-85(d)를 보면서 다음 물음에 답하라.

**13.** 680 Ω 저항이 개방된다면, $R_L$에 흐르는 전류는?

(a) 증가한다 (b) 감소한다 (c) 변하지 않는다

**14.** 47 Ω 저항이 단락된다면, $R_L$ 양단의 전압은?

(a) 증가한다 (b) 감소한다 (c) 변하지 않는다

## 문제

### 8-3 전원 변환

**1.** $V_S$ = 300 V이고, $R_S$ = 50 Ω인 값을 갖는 전압원이 있다. 이것을 등가 전류원으로 변환하라.

**2.** 그림 8-67에서 실제 전압원을 등가 전류원으로 변환하라.

▶ 그림 8-67

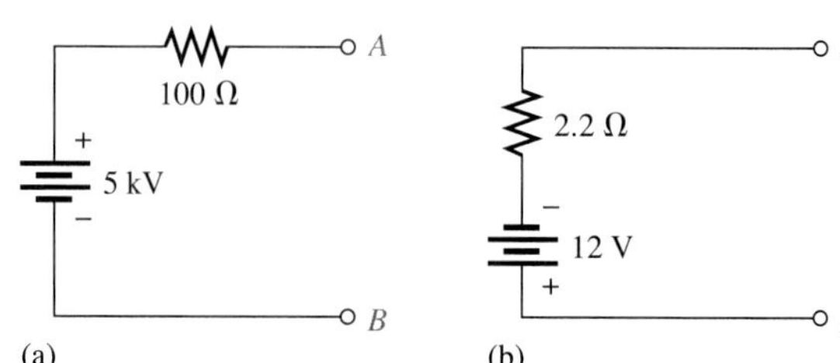

**3.** 갓 만들어진 D셀 건전지가 1.6 V의 단자 전압을 갖고 있고, 매우 짧은 시간에 단락시켜 8.0 A까지 공급할 수 있다. 건전지의 내부 저항은 얼마인가?

**4.** 문제 3에서 D셀에 대한 전압 및 전류원 등가 회로를 그려라.

**5.** $I_S = 600$ mA이고 $R_S = 1.2$ kΩ인 전류원이 있다. 이것을 등가 전압원으로 변환하라.

**6.** 그림 8-68에서 실제 전류원을 등가 전압원으로 변환하라.

▶ 그림 8-68

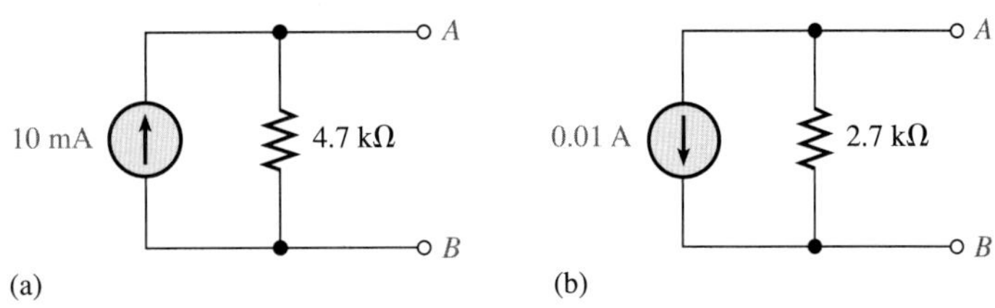


## 8-4 중첩 정리

**7.** 중첩 방법을 이용하여, 그림 8-69에서 $R_5$에 흐르는 전류를 구하라.

**8.** 중첩 방법을 이용하여 그림 8-69의 가지 $R_2$에 흐르는 전류와 양단 전압을 구하라.

▶ 그림 8-69

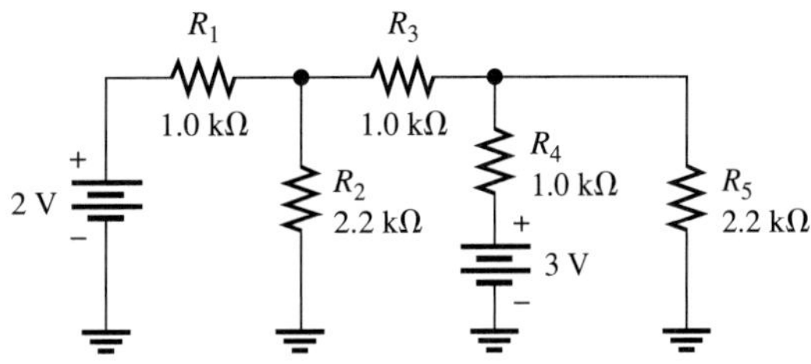


**9.** 중첩 방법을 이용하여, 그림 8-70에서 $R_3$에 흐르는 전류를 구하라.

▶ 그림 8-70

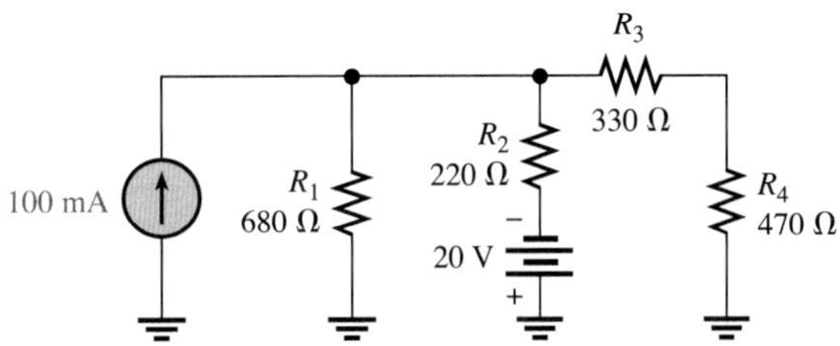


**10.** 중첩 정리를 이용하여, 그림 8-71의 각 회로에서 부하 전류를 구하라.

▶ 그림 8-71

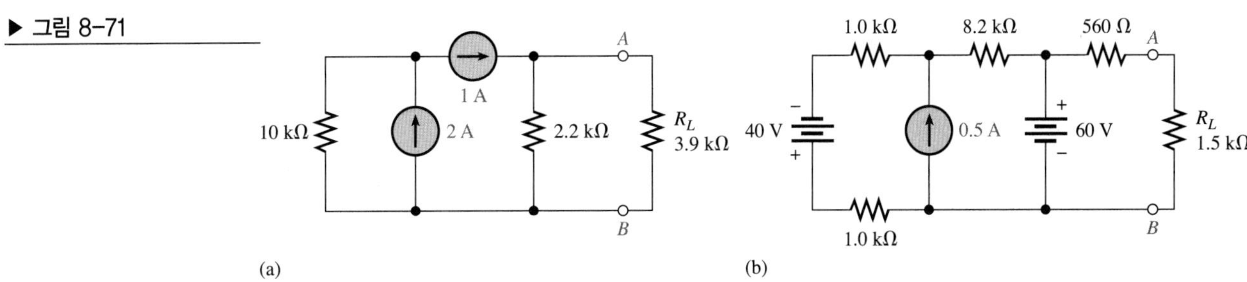

**11.** 비교기 회로를 그림 8-72에 나타내었다. 입력 전압 $V_{IN}$은 기준 전압 $V_{REF}$와 비교되어, 출력은 만약 $V_{REF} > V_{IN}$이면 음의 값이, $V_{REF} < V_{IN}$이면 양의 값이 발생된다. 비교기는 입력에 부하를 걸지 않는다. 만약 $R_2$가 1.0 kΩ이면 기준 전압의 범위는 얼마인가?

**12.** $R_2$가 10 kΩ일 때, 문제 11을 반복하라.

▶ 그림 8-72

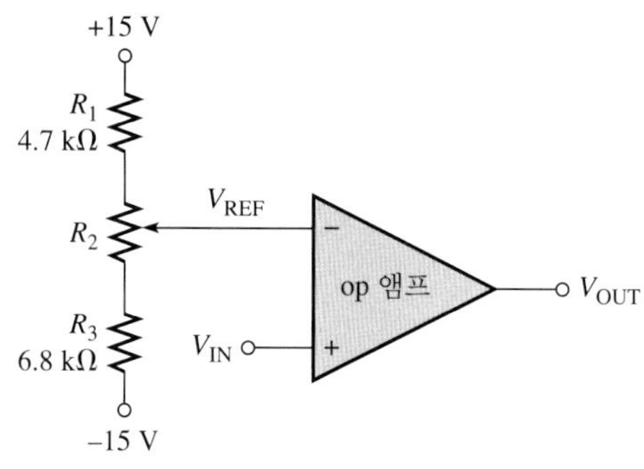


***13.** 그림 8-73에서 점 $A$와 $B$ 사이의 전압을 구하라.

▶ 그림 8-73

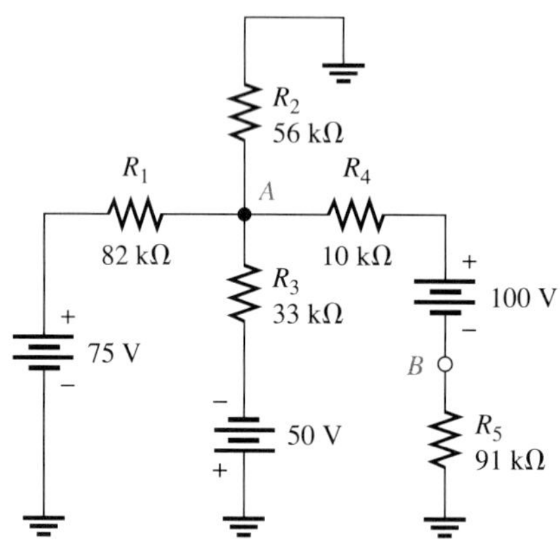


**14.** 그림 8-74의 스위치들을 순차적으로 SW1부터 닫는다. 각 스위치를 닫은 후 $R_4$에 흐르는 전류를 구하라.

▶ 그림 8-74

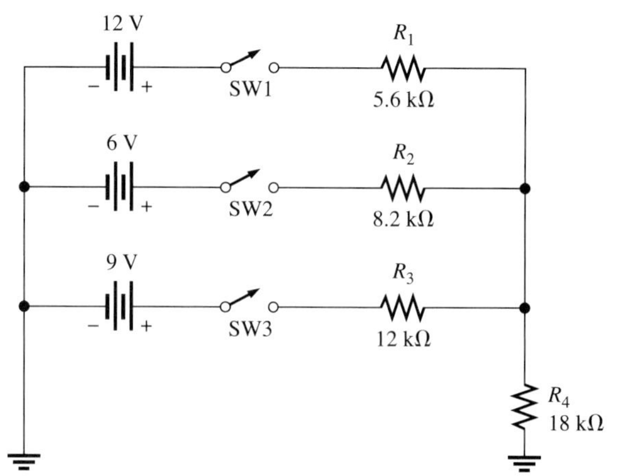

*15. 그림 8-75는 두 개의 사다리형 회로망을 보여주고 있다. 단자 A들이 연결되었을 때(A-A)와 단자 B들이 연결되었을 때(B-B) 각 건전지에 의해 공급되는 전류를 구하라.

▶ 그림 8-75

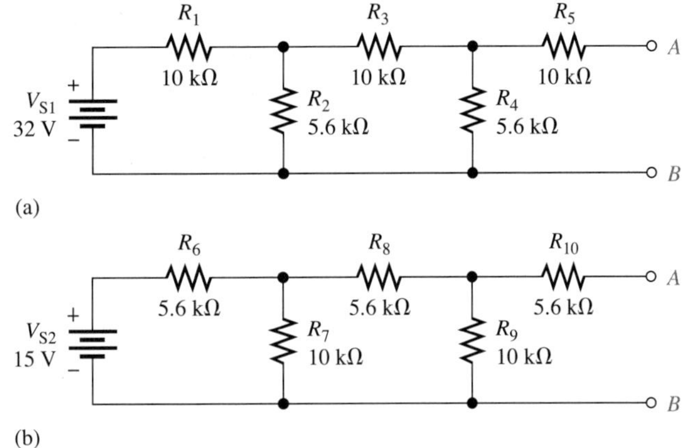


## 8-5 테브냉 정리

16. 그림 8-76의 각 회로에 대하여 단자 A와 B에서 바라본 테브냉 등가를 구하라.

▶ 그림 8-76

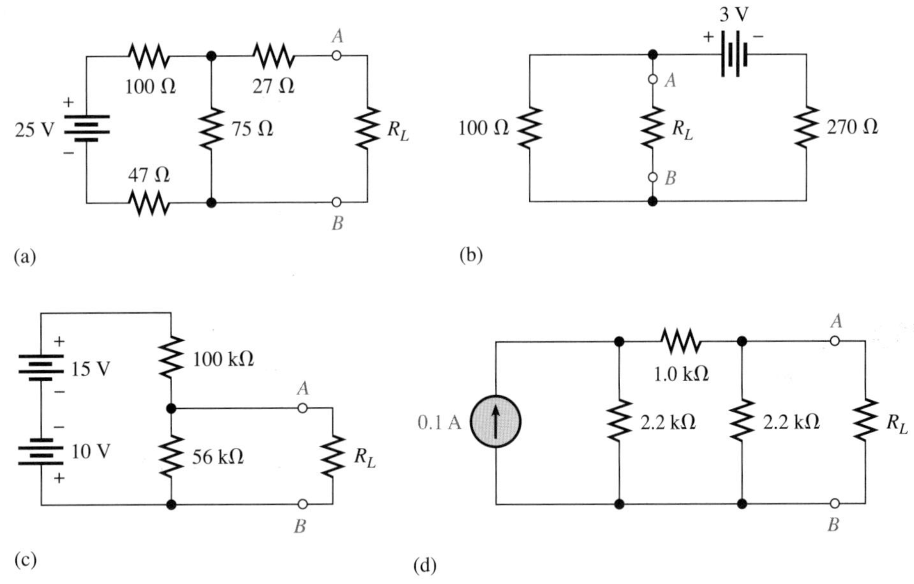


17. 테브냉 정리를 이용하여, 그림 8-77에서 부하 $R_L$에 흐르는 전류를 구하라.

▶ 그림 8-77

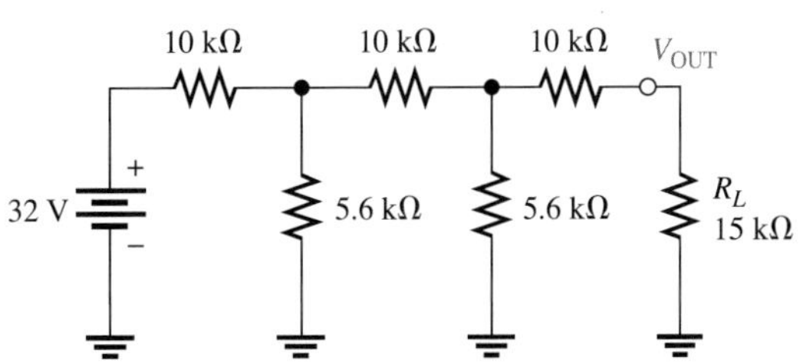

***18.** 테브냉 정리를 이용하여, 그림 8-78에서 $R_4$ 양단의 전압을 구하라.

▶ 그림 8-78

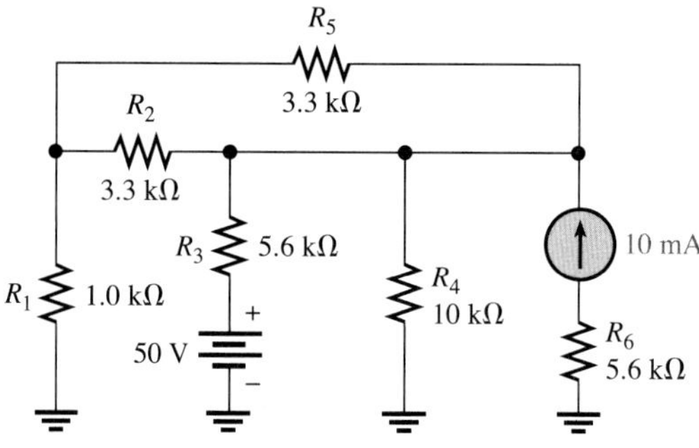


**19.** 그림 8-79에서, 증폭기의 외부 회로에 대한 테브냉 등가를 구하라.

▶ 그림 8-79

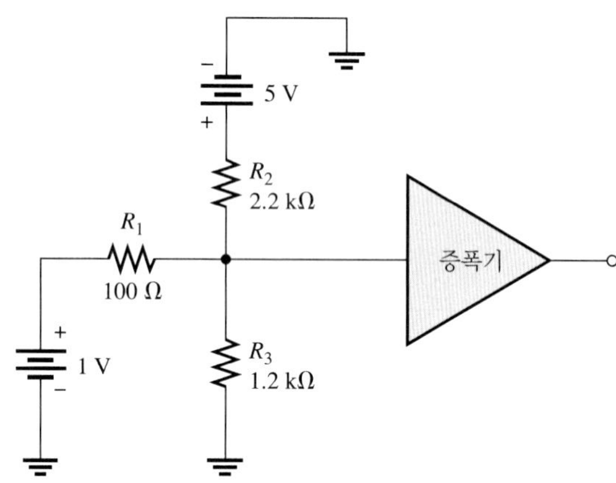


**20.** 그림 8-80에서, $R_8$이 1.0 kΩ, 5 kΩ, 10 kΩ일 때 점 $A$로 유입되는 전류를 구하라.

▶ 그림 8-80

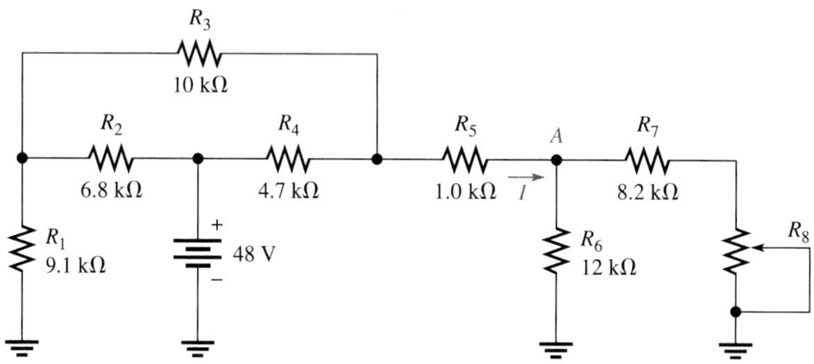

***21.** 그림 8-81의 브리지 회로에서 부하 저항에 흐르는 전류를 구하라.

▶ 그림 8-81

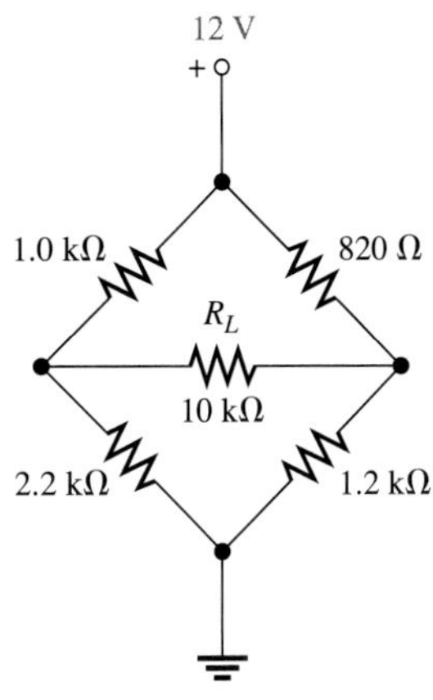


**22.** 그림 8-82의 회로에서 단자 *A*와 *B*에서 바라본 테브냉 등가를 구하라.

▶ 그림 8-82

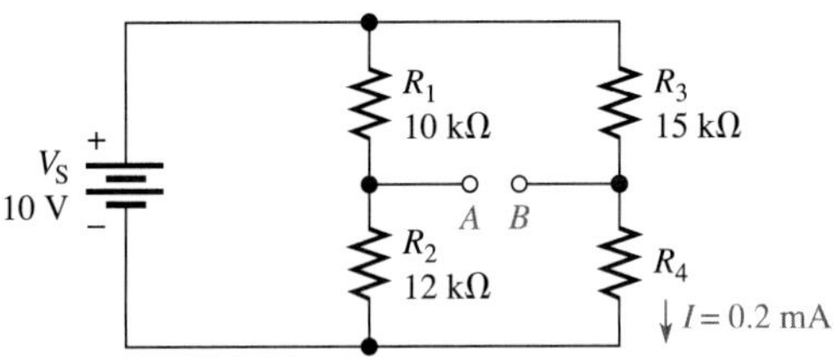


### 8-6 노튼 정리

**23.** 그림의 8-76의 각 회로에 대하여, $R_L$에서 바라본 노튼 등가를 구하라.

**24.** 노튼 정리를 이용하여, 그림 8-77에서 부하 저항 $R_L$에 흐르는 전류를 구하라.

***25.** 노튼 정리를 이용하여, 그림 8-78에서 $R_5$ 양단의 전압을 구하라.

**26.** 노튼 정리를 이용하여, 그림 8-80에서 $R_8$ = 8 kΩ일 때 $R_1$에 흐르는 전류를 구하라.

**27.** 그림 8-81에서 $R_L$을 제거한 브리지 회로의 노튼 등가 회로를 구하라.

**28.** 그림 8-83에서 단자 *A*와 *B* 사이의 회로를 노튼 등가 회로로 줄여라.

▶ 그림 8-83

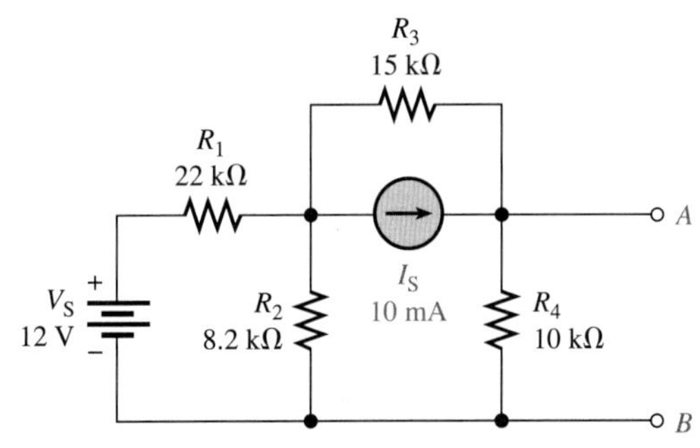

**29.** 그림 8-84의 회로에 노튼 정리를 적용하라.

▶ 그림 8-84

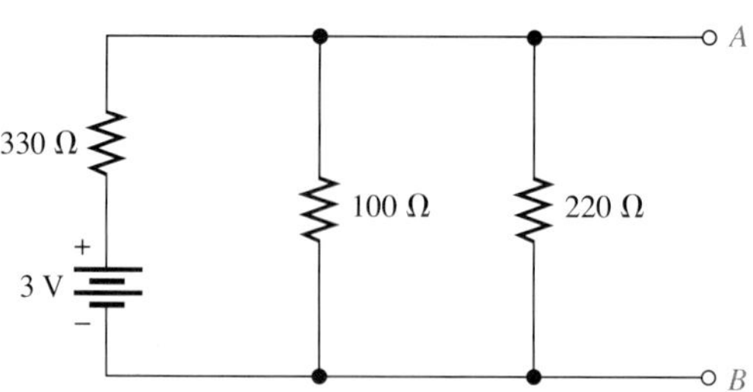


## 8-7 최대 전력 전달 이론

**30.** 그림 8-85의 각 회로에서, 부하 $R_L$에 최대 전력이 전달되고자 한다. 각 경우에 있어서 적절한 $R_L$의 값을 구하라.

▶ 그림 8-85

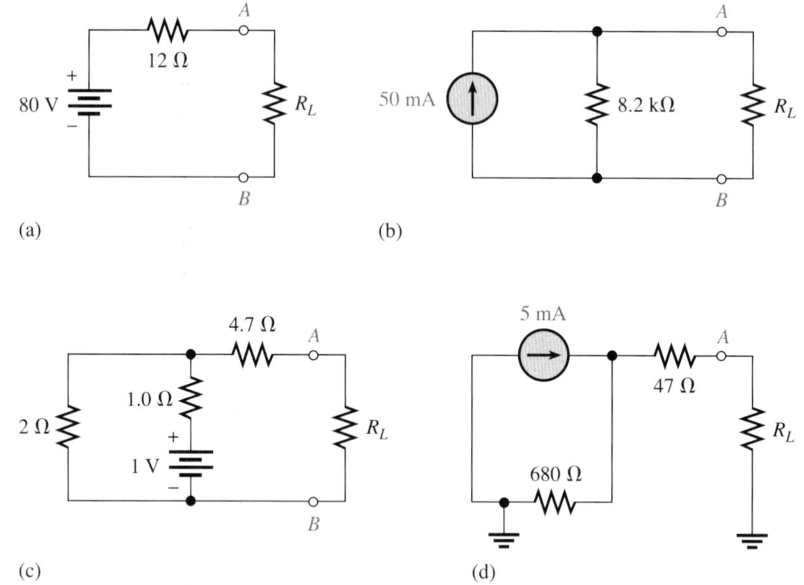


**31.** 그림 8-86에서 최대 전력이 전달되기 위한 $R_L$의 값을 구하라.

▶ 그림 8-86

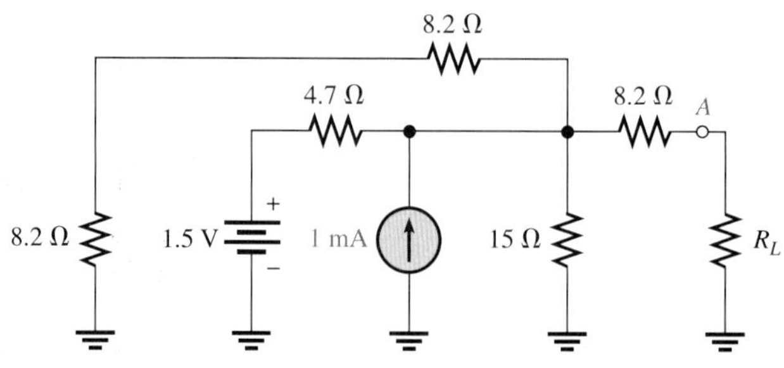

*32. 그림 8-86에서 $R_L$이 최대 전력을 전달하는 저항 값보다 10% 높을 때, 부하에 전달되는 전력 값은 얼마인가?

*33. 그림 8-87에서 테브냉화된 전원으로부터 사다리형 회로망으로 최대 전력이 전달될 때, $R_4$와 $R_{TH}$의 값은 얼마인가?

▶ 그림 8-87

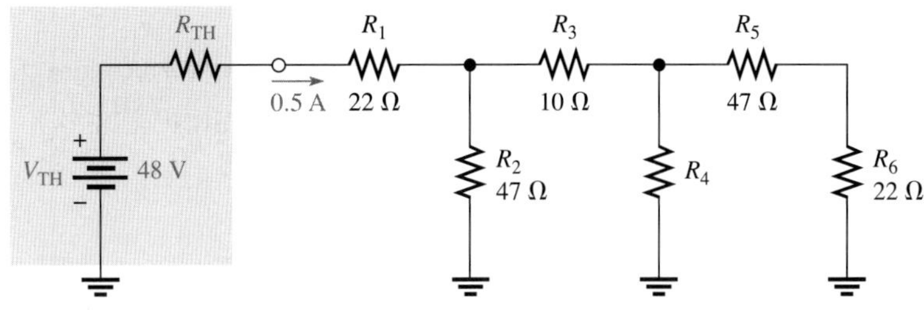


## 8-8 델타-와이(Δ-Y) 및 와이-델타(Y-Δ) 변환

**34.** 그림 8-88에서 각 델타 회로망을 와이 회로망으로 변환하라.

▶ 그림 8-88

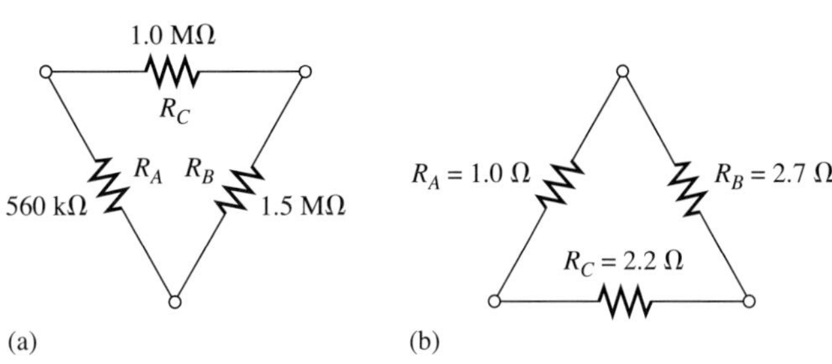


**35.** 그림 8-89에서 각 와이 회로망을 델타 회로망으로 변환하라.

▶ 그림 8-89

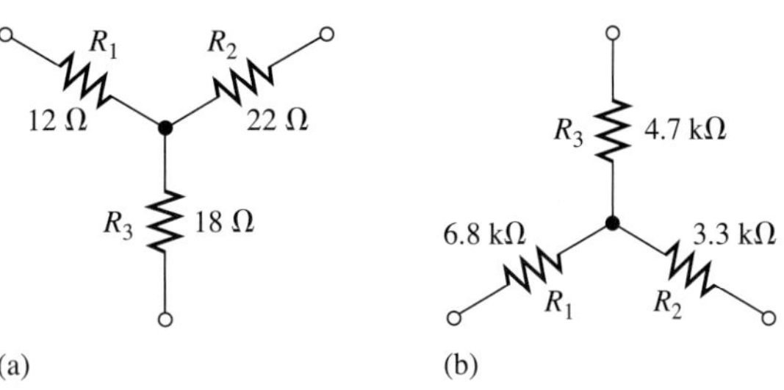

***36.** 그림 8-90의 회로에서 모든 전류를 구하라.

▶ 그림 8-90

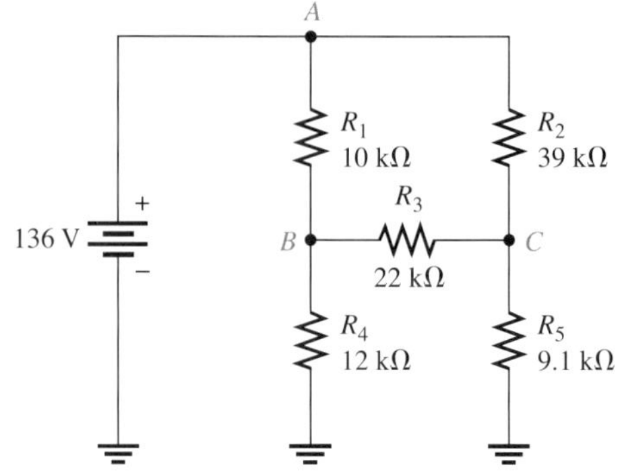

### Multisim 고장진단과 분석

Multisim CD-ROM을 사용하여 다음 문제를 풀어 보라.

**37.** P08-37 파일을 열고, 각 저항을 흐르는 전류가 올바른지 확인하라. 만약 틀렸다면, 고장은 무엇인가?

**38.** P08-38 파일을 열고, 단자 *A*와 접지 사이의 회로에 대한 테브냉 등가 회로를 측정에 의해 구하라.

**39.** P08-39 파일을 열고, 단자 *A*와 접지 사이의 회로에 대한 노튼 등가 회로를 측정에 의해 구하라.

**40.** P08-40 파일을 열고, 고장이 있는지 점검하라.

**41.** P08-41 파일을 열고, 최대 전력을 전달하기 위하여 단자 *A*와 *B* 사이에 연결해야 하는 부하 저항 값을 구하라.

## 복습문제 해답

### 8-1 직류 전압원

**1.** 이상적인 전압원은 그림 8-91을 참조하라.

**2.** 실제 전압원은 그림 8-92를 참조하라.

**3.** 이상적인 전압원의 내부 저항 값은 0 Ω이다.

**4.** 전압원의 출력 전압은 부하 저항 값에 따라 변화한다.

▶ 그림 8-91

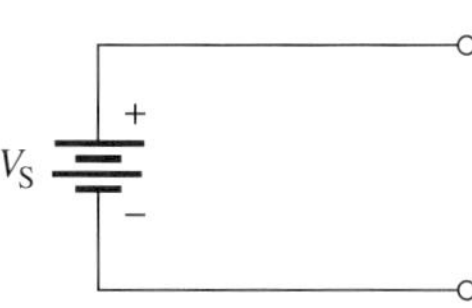


▶ 그림 8-92

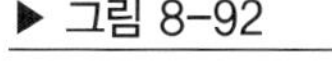

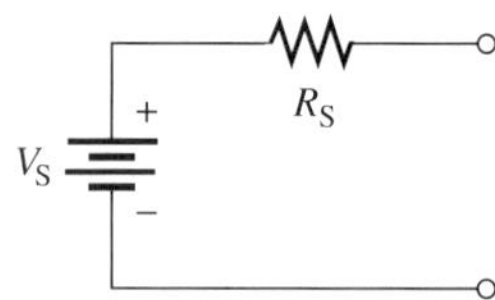


### 8-2 전류원

**1.** 이상적인 전류원은 그림 8-93을 참조하라.

**2.** 실제 전류원은 그림 8-94를 참조하라.

**3.** 이상적인 전류원은 무한대의 내부 저항 값을 갖는다.

**4.** 전류원에서 공급되는 부하 전류는 부하 저항 값에 반비례하여 변화한다.

▶ 그림 8-93

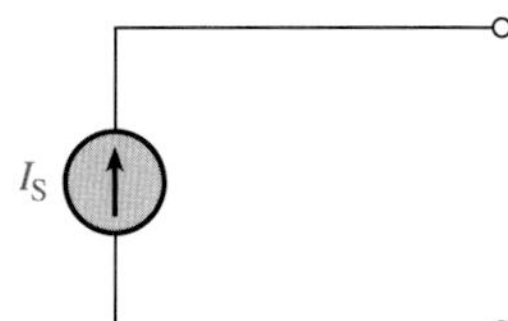


▶ 그림 8-94

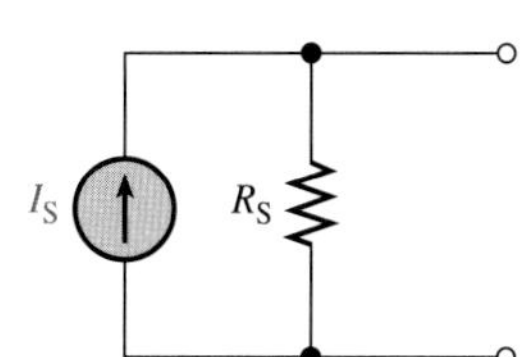


## 8-3 전원 변환

**1.** $I_S = V_S/R_S$

**2.** $V_S = I_S R_S$

**3.** 그림 8-95 참조

**4.** 그림 8-96 참조

▶ 그림 8-95

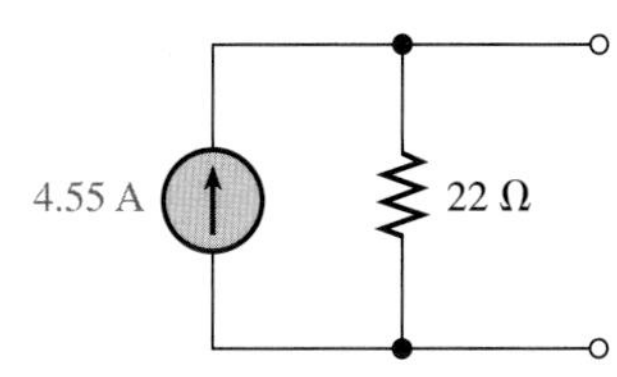


▶ 그림 8-96

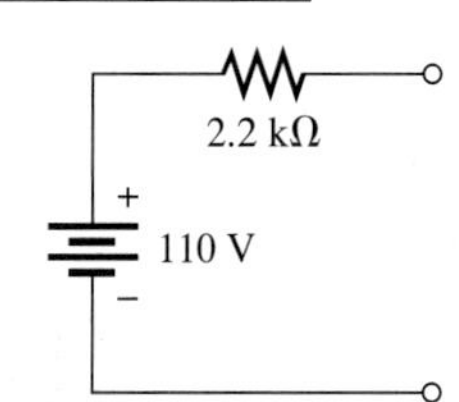


## 8-4 중첩 정리

**1.** 중첩 정리란 여러 개의 전원이 있는 선형 회로에서 임의의 가지에 흐르는 총 전류는 다른 전원들은 그 내부 저항 값으로 대체하고 각 전원이 단독으로 존재할 때 전류들의 대수적인 합과 같다는 것이다.

**2.** 중첩 정리는 각 전원을 독립적으로 취급할 수 있게 해 준다.

**3.** 이상적인 전압원의 내부 저항은 영으로 단락된 것이고, 이상적인 전류원의 내부 저항은 무한대로 개방된 것이다.

**4.** $I_{R1} = 6.67$ mA

**5.** 최종 전류는 더 큰 전류의 방향으로 흐른다.

## 8-5 테브냉 정리

**1.** 테브냉 등가 회로는 $V_{TH}$와 $R_{TH}$로 구성된다.

**2.** 테브냉 등가 회로의 일반 형태로 그림 8-97을 참조하라.

**3.** $V_{TH}$는 회로에서 두 단자 사이의 개방 회로 전압이다.

**4.** $R_{TH}$는 모든 전원을 그 내부 저항으로 대체하고 회로의 두 단자에서 바라본 저항 값이다.

**5.** 그림 8-98 참조

▶ 그림 8-97

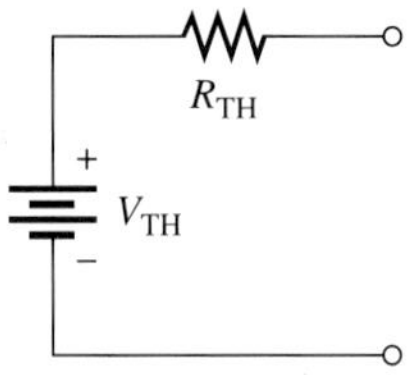

▶ 그림 8-98

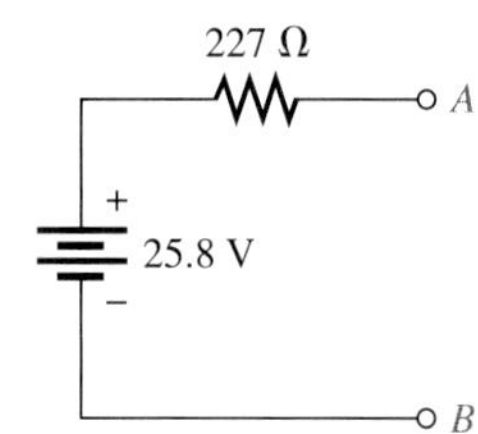


## 8-6 노튼 정리

**1.** 노튼 등가 회로는 $I_N$과 $R_N$으로 구성된다.

**2.** 노튼 등가 회로의 일반 형태로 그림 8-99를 참조하라.

**3.** $I_N$은 회로의 두 단자 사이의 단락 회로 전류이다.

**4.** $R_N$은 회로의 두 개방 단자에서 바라본 저항 값이다.

**5.** 그림 8-100 참조

▶ 그림 8-99

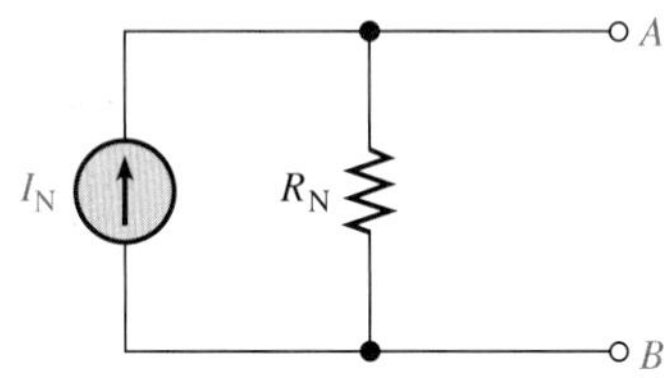


▶ 그림 8-100

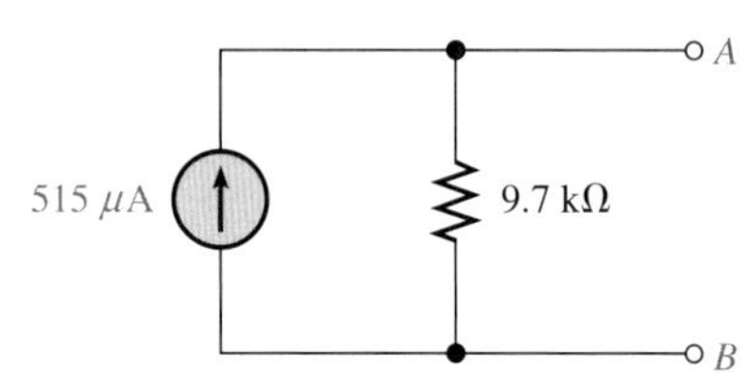


## 8-7 최대 전력 전달 이론

**1.** 주어진 전원 전압에 대하여, 최대 전력 전달 이론이란 부하 저항이 내부 전원 저항과 같을 때 전원에서 부하로 최대 전력이 전달된다는 것이다.

**2.** $R_L = R_S$일 때 부하로 최대 전력이 전달된다.

**3.** $R_L = R_S = 50\ \Omega$

## 8-8 델타-와이(Δ-Y) 및 와이-델타(Y-Δ) 변환

**1.** 델타 회로는 그림 8-101 참조

**2.** 와이 회로는 그림 8-102 참조

▶ 그림 8-101

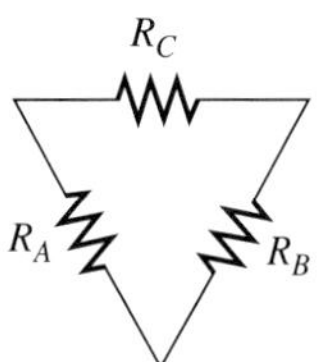


▶ 그림 8-102

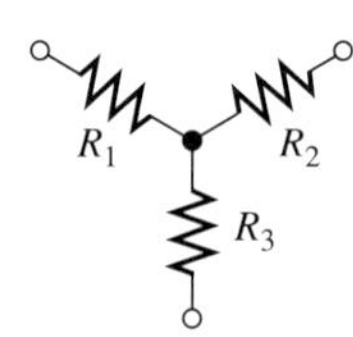

**3.** 델타-와이 변환 공식은 다음과 같다.

$$R_1 = \frac{R_A R_C}{R_A + R_B + R_C}$$

$$R_2 = \frac{R_B R_C}{R_A + R_B + R_C}$$

$$R_3 = \frac{R_A R_B}{R_A + R_B + R_C}$$

**4.** 와이-델타 변환 공식은 다음과 같다.

$$R_A = \frac{R_1 R_2 + R_1 R_3 + R_2 R_3}{R_2}$$

$$R_B = \frac{R_1 R_2 + R_1 R_3 + R_2 R_3}{R_1}$$

$$R_C = \frac{R_1 R_2 + R_1 R_3 + R_2 R_3}{R_3}$$

### 회로 응용

**1.** 27.8 $\mu$A

**2.** 50°C에서 합성 직렬 저항으로 47.1 kΩ을 필요로 한다(브리지 암, 서미스터, 제한된 저항). 이 직렬 저항은 26.2 kΩ까지 줄어야 한다(47.1 kΩ − (16.5 kΩ + 4.38 kΩ)).

## 관련 문제 해답

**8-1** 99.5 V

**8-2** 100 V

**8-3** 3.33 kΩ

**8-4** 1.2 A, 10 Ω

**8-5** 300 V, 600 Ω

**8-6** 16.6 mA

**8-7** $I_S$는 영향을 받지 않는다.

**8-8** 7 mA

**8-9** 5 mA

**8-10** 2.36 V, 1240 Ω

**8-11** 1.17 mA

**8-12** 0.7 V, $V_{OUT}$은 베이스(B)에서 $V_{IN}$보다 더 큰 17.7이다.

**8-13** 25.4 mA

**8-14** 131 Ω

**8-15** $R_N$ = 248 Ω

**8-16** 6.93 V

**8-17** 41.7 mW

**8-18** $R_1 = 792\ \Omega, R_2 = 360\ \Omega, R_3 = 440\ \Omega$

**8-19** $R_A = 712\ \Omega, R_B = 2.35\ \text{k}\Omega, R_C = 500\ \Omega$

**8-20** $0.3\ \mu\text{A}$

## 자기 진단 해답

**1.** (b) **2.** (c) **3.** (a) **4.** (b) **5.** (d) **6.** (c) **7.** (b) **8.** (d)
**9.** (d) **10.** (b)

## 퀴즈 해답

**1.** (a) **2.** (b) **3.** (b) **4.** (a) **5.** (b) **6.** (a) **7.** (a) **8.** (a)
**9.** (b) **10.** (a) **11.** (a) **12.** (a) **13.** (a) **14.** (a)

# CHAPTER 9 가지, 망, 절점 해석

## 이 장의 차례



## 이 장의 목표

- 연립방정식을 풀기 위한 세 가지 방법을 검토한다.
- 회로에서 미지 값을 구하기 위하여 가지 전류 방법을 이용한다.
- 회로에서 미지 값을 구하기 위하여 망 해석법을 이용한다.
- 회로에서 미지 값을 구하기 위하여 절점 해석법을 이용한다.

## 핵심 용어

- 가지
- 망
- 연립방정식
- 절점
- 행렬
- 행렬식

## 회로 응용 소개

회로 응용에서는 이 장에서 다룬 방법들을 이용하여 증폭기 모델을 해석할 것이다.

## 인터넷 학습자료

http://www.prenhall.com/floyd

## 이 장의 소개

앞 장에서는 중첩 이론, 테브냉 정리, 노튼 정리, 최대 전력 전달 이론, 그리고 몇 가지 회로 변환 방법들에 대해 살펴보았다. 이러한 이론과 변환 방법들은 직류나 교류에 대한 여러 유형의 회로 문제를 푸는 데 유용하다.

이 장에서는 또 다른 세 가지 회로 해석 방법이 소개된다. 옴의 법칙과 키르히호프의 법칙을 기초로 하는 이러한 방법들은 두 개 이상의 전압원이나 전류원이 있는 다중망 회로 해석에 특히 유용하다. 이 장에서 소개되는 방법들은 단독으로, 또는 이전 장에서 다룬 기법들과 접목시켜서 사용될 수 있다. 문제를 풀어 경험해 봄으로써 어떤 해석 방법이 특정한 문제에 가장 적합한지를 깨치게 되며, 여러 가지 해석 방법 중 선호되는 한 가지 방법을 심화시킬 수 있을 것이다.

가지 전류 방법에서는 다중망 회로의 여러 가지에 흐르는 전류를 구하기 위해 키르히호프의 법칙을 적용하게 될 것이다. 망은 회로에서 완전한 전류 경로이다. 망 전류 방법에서는 가지 전류보다는 망 전류에 대하여 풀게 될 것이다. 절점 전압 방법에서는 회로에서 독립 절점에서의 전압을 구하게 될 것이다. 알다시피, 절점은 두 개 이상의 소자가 만나는 접합점이다.

## 9–1 회로 해석에서의 연립방정식

이 장에서 다루는 회로 해석 방법은 연립방정식 풀이에 의하여 두 개 이상의 미지 전압과 전류를 구할 수 있게 해 준다. 가지 전류, 망 전류, 절점 전압 방법을 포함하는 이러한 해석 방법은 미지수의 개수와 동일한 방정식의 개수를 갖는다. 여기서 다루어질 범위는 두 개의 미지수(2차)를 갖는 방정식과 세 개의 미지수(3차)를 갖는 방정식으로 제한된다. 이 방정식들은 이 절에서 다루는 방법 중의 한 가지를 이용하여 미지수를 연립해서 풀 수 있을 것이다.

이 절의 학습 내용은 다음과 같다.

- **연립방정식을 풀기 위한 세 가지 방법**
  - 표준형으로 연립방정식을 기술
  - 대수 대입을 이용하여 연립방정식 풀기
  - 행렬식을 이용하여 연립방정식 풀기
  - 계산기를 이용하여 연립방정식 풀기

**연립방정식**(simultaneous equations)은 $n$개의 미지수가 포함된 $n$개의 방정식으로 구성되는데, 여기서 $n$은 2 이상의 수이다. 방정식의 개수는 미지수의 개수와 동일해야 한다. 예를 들어 두 개의 미지수를 풀기 위해서는 두 개의 방정식이 있어야 하고, 세 개의 미지수를 풀기 위해서는 세 개의 방정식이 있어야 한다.

### 2차 표준형 방정식

두 개의 변수를 갖는 방정식을 **이차 방정식**(second-order equation)이라고 한다. 회로 해석에서 변수들은 전류나 전압과 같은 미지수로 나타낼 수 있다. 변수 $x_1$과 $x_2$를 풀기 위해서는 표준형으로 표현된 변수들을 포함하는 두 개의 방정식이 있어야 한다.

표준형에서 변수 $x_1$은 각 방정식의 첫 번째 위치에 있고, 변수 $x_2$는 각 방정식의 두 번째 위치에 있다. 계수를 가진 변수는 방정식의 좌측에 있고 상수는 우측에 있다.

표준형으로 기술된 두 개의 이차 연립방정식은 다음과 같다.

$$a_{1,1}x_1 + a_{1,2}x_2 = b_1$$
$$a_{2,1}x_1 + a_{2,2}x_2 = b_2$$

이 연립방정식에서 'a'는 변수 $x_1$과 $x_2$의 계수이고 회로 소자 값을 나타낼 수 있다. 계수의 아래 첨자는 두 개의 수를 포함한다는 것에 주목하라. 예를 들어 $a_{1,1}$은 $x_1$의 계수로서 **첫 번째** 방정식에서 나타나고, $a_{2,1}$은 $x_1$의 계수로서 **두 번째** 방정식에서 나타난다. 'b'는 상수이고 전압원을 나타낼 수 있다. 이 표기법은 방정식을 풀기 위해서 계산기를 사용할 때 유용할 것이다.

**예제 9-1** 다음 두 개의 방정식이 두 개의 미지 전류 $I_1$과 $I_2$를 갖는 특정 회로를 나타낸다고 가정하자. 계수는 회로에서 저항 값이고 상수는 전압 값이다. 방정식을 표준형으로 기술하라.

$$2I_1 = 8 - 5I_2$$
$$4I_2 - 5I_1 + 6 = 0$$

**풀이** 다음과 같이 표준형으로 방정식을 재배열하라.

$$2I_1 + 5I_2 = 8$$
$$5I_1 + 4I_2 = -6$$

**관련 문제** 두 방정식을 표준형으로 변환하라.

$$20x_1 + 15 = 11x_2$$
$$10 = 25x_2 + 18x_1$$

3차 방정식은 세 개의 변수와 상수항을 포함한다. 이차 방정식과 마찬가지로 각 변수는 계수를 갖는다. 변수 $x_1, x_2, x_3$를 구하기 위해서는 그 변수를 포함하는 세 개의 연립방정식이 있어야 한다. 표준형으로 표기된 세 개의 3차 연립방정식에 대한 일반형은 다음과 같다.

$$\mathrm{a}_{1,1}x_1 + \mathrm{a}_{1,2}x_2 + \mathrm{a}_{1,3}x_3 = \mathrm{b}_1$$
$$\mathrm{a}_{2,1}x_1 + \mathrm{a}_{2,2}x_2 + \mathrm{a}_{2,3}x_3 = \mathrm{b}_2$$
$$\mathrm{a}_{3,1}x_1 + \mathrm{a}_{3,2}x_2 + \mathrm{a}_{3,3}x_3 = \mathrm{b}_3$$

**예제 9-2** 다음과 같이 세 개의 방정식이 세 개의 미지 전류 $I_1, I_2, I_3$를 갖는 특정 회로를 나타낸다고 가정하자. 계수는 회로에서 저항 값이고 상수는 알고 있는 전압 값이다. 방정식을 표준형으로 기술하라.

$$4I_3 + 2I_2 + 7I_1 = 0$$
$$5I_1 + 6I_2 + 9I_3 - 7 = 0$$
$$8 = 1I_1 + 2I_2 + 5I_3$$

**풀이** 다음과 같이 방정식은 표준형으로 재배열된다.

$$7I_1 + 2I_2 + 4I_3 = 0$$
$$5I_1 + 6I_2 + 9I_3 = 7$$
$$1I_1 + 2I_2 + 5I_3 = 8$$

**관련 문제** 세 개의 방정식을 표준형으로 변환하라.

$$10V_1 + 15 = 21V_2 + 50V_3$$
$$10 + 12V_3 = 25V_2 + 18V_1$$
$$12V_3 - 25V_2 + 18V_1 = 9$$

## 연립방정식의 풀이

연립방정식을 푸는 세 가지 방법은 대수 대입법, 행렬식 방법, 계산기를 사용하는 방법이다.

### 대입에 의한 풀이

먼저, 변수들 중 하나를 나머지 다른 변수들의 항으로 만든 후 대수적으로 대입하여 2차 또는 3차 표준형 연립방정식을 풀 수 있다. 그러나 그 과정이 꽤 길어질 수 있기 때문에, 이 방법을 이차 방정식에 제한하여 적용할 것이다. 다음과 같은 연립방정식을 고려해 보자.

$$2x_1 + 6x_2 = 8 \quad (\text{식 } 1)$$
$$3x_1 + 6x_2 = 2 \quad (\text{식 } 2)$$

1단계: 식 1에서 $x_1$을 $x_2$의 항으로 구하라.

$$\begin{aligned} 2x_1 &= 8 - 6x_2 \\ x_1 &= 4 - 3x_2 \end{aligned}$$

2단계: $x_1$에 대한 결과를 식 2에 대입하고 $x_2$에 대하여 풀어라.

$$\begin{aligned} 3x_1 + 6x_2 &= 2 \\ 3(4 - 3x_2) + 6x_2 &= 2 \\ 12 - 9x_2 + 6x_2 &= 2 \\ -3x_2 &= -10 \\ x_2 &= \frac{-10}{-3} = 3.33 \end{aligned}$$

3단계: $x_2$에 대한 값을 단계 1에서의 $x_1$에 대한 식에 대입하라.

$$x_1 = 4 - 3x_2 = 4 - 3(3.33) = 4 - 9.99 = -5.99$$

### 행렬식에 의한 풀이

행렬식 방법은 행렬 대수의 한 부분으로, 두 개나 세 개의 변수를 갖는 연립방정식의 풀이에 대한 '상세한 설명서'를 제공한다. **행렬**(matrix)은 숫자들의 배열이고, **행렬식**(determinant)은 행렬에 대한 효과적인 풀이로 결과는 특정한 값이 된다. 이차 행렬식은 두 개의 변수에 대하여 사용되고 삼차 행렬식은 세 개의 변수에 대하여 사용된다. 해를 구하기 위해서는 이러한 방정식들이 표준형으로 되어야 한다.

이차 방정식에 대한 행렬식 방법을 설명하기 위해서, 다음과 같이 표준형으로 표기된 두 개의 방정식에서 $I_1$과 $I_2$를 구해 보자.

$$\begin{aligned} 10I_1 + 5I_2 &= 15 \\ 2I_1 + 4I_2 &= 8 \end{aligned}$$

먼저, 미지 전류 계수의 행렬에서 특성 행렬식을 만든다. 행렬식의 첫 번째 열은 $I_1$의 계수로 구성되고, 두 번째 열은 $I_2$의 계수로 구성된다. 행렬식은 다음과 같다.

첫 번째 열 → ← 두 번째 열

$$\begin{vmatrix} 10 & 5 \\ 2 & 4 \end{vmatrix}$$

이 특성 행렬식의 계산에는 세 가지 단계가 필요하다.

1단계: 좌측 열의 첫 번째 숫자와 우측 열의 두 번째 숫자를 서로 곱한다.

$$\begin{vmatrix} 10 & 5 \\ 2 & 4 \end{vmatrix} = 10 \times 4 = 40$$

2단계: 좌측 열의 두 번째 숫자와 우측 열의 첫 번째 숫자를 서로 곱한다.

$$\begin{vmatrix} 10 & 5 \\ 2 & 4 \end{vmatrix} = 2 \times 5 = 10$$

3단계: 단계 1에서 계산된 값에서 단계 2에서 계산된 값을 뺀다.

$$40 - 10 = 30$$

이 결과가 특성 방정식의 값이다(이 경우 30).

다음, 또 다른 행렬식을 구성하기 위해 특성 행렬식의 첫 번째 열에 있는 $I_1$의 계수들을 방정식의 우측에 있는 상수(고정 값)들로 대치한다.

$$\begin{vmatrix} 15 & 5 \\ 8 & 4 \end{vmatrix}$$

$I_1$의 계수들을 방정식 우측에 있는 상수들로 대치한다.

$I_1$의 행렬식을 다음과 같이 계산한다.

$$\begin{vmatrix} 15 & 5 \\ 8 & 4 \end{vmatrix} = 15 \times 4 = 60$$

$$\begin{vmatrix} 15 & 5 \\ 8 & 4 \end{vmatrix} = 60 - (8 \times 5) = 60 - 40 = 20$$

이 행렬식의 값은 20이다.

이제 다음과 같이 $I_1$에 대한 행렬식을 특성 행렬식으로 나누어 $I_1$을 계산한다.

$$I_1 = \frac{\begin{vmatrix} 15 & 5 \\ 8 & 4 \end{vmatrix}}{\begin{vmatrix} 10 & 5 \\ 2 & 4 \end{vmatrix}} = \frac{20}{30} = 0.667\text{ A}$$

$I_2$를 구하기 위해, 특성 행렬식의 두 번째 열에 있는 $I_2$의 계수들을 방정식 우측에 있는 상수들로 대치하여 또 다른 행렬식을 구성한다.

$$\begin{vmatrix} 10 & 15 \\ 2 & 8 \end{vmatrix}$$

$I_2$의 계수들을 방정식 우측에 있는 상수들로 대치한다.

이 행렬식을 앞에서 구한 특성 행렬식으로 나누어 $I_2$를 계산한다.

$$I_2 = \frac{\begin{vmatrix} 10 & 15 \\ 2 & 8 \end{vmatrix}}{30} = \frac{(10 \times 8) - (2 \times 15)}{30} = \frac{80 - 30}{30} = \frac{50}{30} = 1.67\text{ A}$$

**예제 9-3** 다음과 같은 미지 전류에 대한 방정식을 풀어라.

$$2I_1 - 5I_2 = 10$$
$$6I_1 + 10I_2 = 20$$

**풀이** 다음과 같이 특성 행렬식을 계산하라.

$$\begin{vmatrix} 2 & -5 \\ 6 & 10 \end{vmatrix} = (2)(10) - (-5)(6) = 20 - (-30) = 20 + 30 = 50$$

$I_1$에 대해 풀면

$$I_1 = \frac{\begin{vmatrix} 10 & -5 \\ 20 & 10 \end{vmatrix}}{50} = \frac{(10)(10) - (-5)(20)}{50} = \frac{100 - (-100)}{50} = \frac{200}{50} = \mathbf{4\text{ A}}$$

$I_2$에 대해 풀면

$$I_2 = \frac{\begin{vmatrix} 2 & 10 \\ 6 & 20 \end{vmatrix}}{50} = \frac{(2)(20) - (6)(10)}{50} = \frac{40 - 60}{50} = \mathbf{-0.4\text{ A}}$$

회로 문제에서, 결과가 음의 부호를 가지면 실제 전류의 방향이 가정된 방향과 반대라는 것을 나타낸다.

곱셈은 $2 \times 10$과 같은 곱셈 부호를 사용하거나 또는 (2)(10)과 같이 괄호로 나타낼 수 있다.

**관련 문제** 다음 방정식을 $I_1$에 대해 풀어라.

$$5I_1 + 3I_2 = 4$$
$$I_1 + 2I_2 = -6$$

3차 행렬식은 확장법(expansion method)으로 계산할 수 있다. 다음과 같은 표준형으로 표현된 세 개의 방정식에서 미지 전류 값을 구하는 것으로 이 방법을 설명할 것이다.

$$\begin{aligned} 1I_1 + 3I_2 - 2I_3 &= 7 \\ 0I_1 + 4I_2 + 1I_3 &= 8 \\ -5I_1 + 1I_2 + 6I_3 &= 9 \end{aligned}$$

위 방정식의 계수 행렬에 대한 특성 행렬식은 앞에서의 2차 행렬식에서 사용된 것과 유사한 방법으로 구할 수 있다. 아래와 같이 첫 번째 열은 $I_1$의 계수로 구성되고, 두 번째 열은 $I_2$의 계수로 구성되며, 세 번째 열은 $I_3$의 계수로 구성된다.

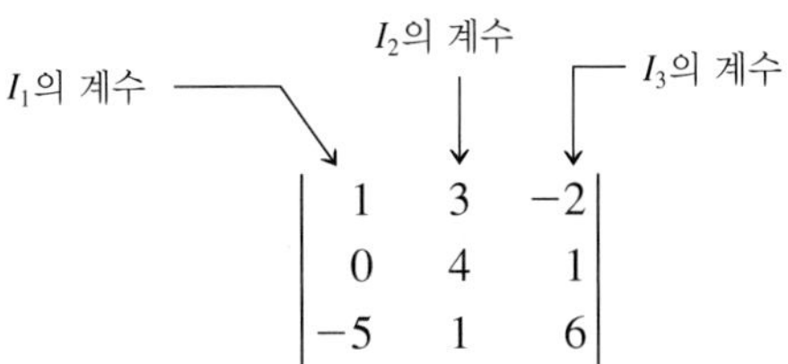


이 3차 행렬식은 다음과 같이 확장법으로 계산된다.

1단계: 첫 번째 2개의 열을 행렬식 바로 우측에 다시 쓴다.

$$\left|\begin{matrix} 1 & 3 & -2 \\ 0 & 4 & 1 \\ -5 & 1 & 6 \end{matrix}\right|\begin{matrix} 1 & 3 \\ 0 & 4 \\ -5 & 1 \end{matrix}$$

2단계: 각각 3개의 계수로 이루어진 3개의 아래 방향의 대각선 그룹을 표시한다.

$$\left|\begin{matrix} 1 & 3 & -2 \\ 0 & 4 & 1 \\ -5 & 1 & 6 \end{matrix}\right|\begin{matrix} 1 & 3 \\ 0 & 4 \\ -5 & 1 \end{matrix}$$

3단계: 각 대각선 방향의 계수들을 곱한 후 그 결과들을 더한다.

$$\left|\begin{matrix} 1 & 3 & -2 \\ 0 & 4 & 1 \\ -5 & 1 & 6 \end{matrix}\right|\begin{matrix} 1 & 3 \\ 0 & 4 \\ -5 & 1 \end{matrix}$$

$$(1)(4)(6) + (3)(1)(-5) + (-2)(0)(1) = 24 + (-15) + 0 = 9$$

4단계: 각각 3개의 계수로 이루어진 위 방향의 대각선 그룹에 대해 2단계와 3단계를 반복하라.

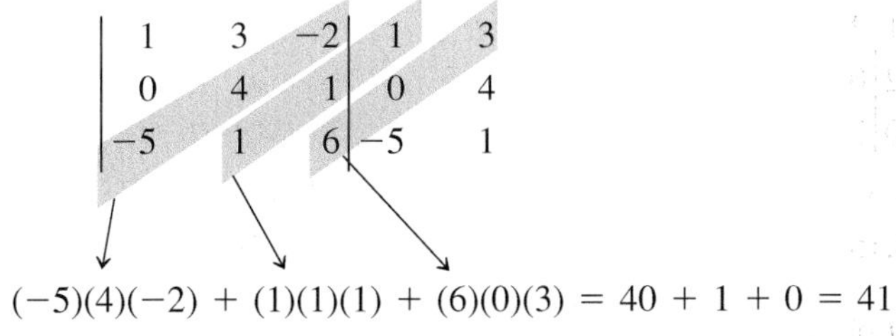

$$(-5)(4)(-2) + (1)(1)(1) + (6)(0)(3) = 40 + 1 + 0 = 41$$

5단계: 3단계의 결과에서 4단계의 결과를 빼서 특성 행렬식의 값을 얻는다.

$$9 - 41 = -32$$

다음, 특성 방정식에서 $I_1$의 계수 자리에 방정식 우측에 있는 상수를 대입해서 또 다른 행렬식을 만든다.

$$\begin{vmatrix} 7 & 3 & -2 \\ 8 & 4 & 1 \\ 9 & 1 & 6 \end{vmatrix}$$

앞의 각 단계에서 설명된 방법을 이용하여 이 행렬식을 계산한다.

$$\left|\begin{matrix} 7 & 3 & -2 \\ 8 & 4 & 1 \\ 9 & 1 & 6 \end{matrix}\right| \begin{matrix} 7 & 3 \\ 8 & 4 \\ 9 & 1 \end{matrix}$$

$$= [(7)(4)(6) + (3)(1)(9) + (-2)(8)(1)] - [(9)(4)(-2) + (1)(1)(7) + (6)(8)(3)]$$
$$= (168 + 27 - 16) - (-72 + 7 + 144) = 179 - 79 = 100$$

이 행렬식을 특성 행렬식으로 나누어 $I_1$을 구한다. 결과에서 음의 부호는 실제 흐르는 전류 방향이 처음 가정한 전류 방향과 반대임을 나타낸다.

$$I_1 = \frac{\begin{vmatrix} 7 & 3 & -2 \\ 8 & 4 & 1 \\ 9 & 1 & 6 \end{vmatrix}}{\begin{vmatrix} 1 & 3 & -2 \\ 0 & 4 & 1 \\ -5 & 1 & 6 \end{vmatrix}} = \frac{100}{-32} = -3.125\text{ A}$$

$I_2$와 $I_3$도 유사한 방법으로 구할 수 있다.

**예제 9-4** 다음 방정식에서 $I_2$ 값을 구하라.

$$2I_1 + 0.5I_2 + 1I_3 = 0$$
$$0.75I_1 + 0I_2 + 2I_3 = 1.5$$
$$3I_1 + 0.2I_2 + 0I_3 = -1$$

**풀이** 다음과 같이 특성 행렬식을 계산한다.

$$\left|\begin{matrix} 2 & 0.5 & 1 \\ 0.75 & 0 & 2 \\ 3 & 0.2 & 0 \end{matrix}\right| \begin{matrix} 2 & 0.5 \\ 0.75 & 0 \\ 3 & 0.2 \end{matrix}$$

$$= [(2)(0)(0) + (0.5)(2)(3) + (1)(0.75)(0.2)] - [(3)(0)(1) + (0.2)(2)(2) + (0)(0.75)(0.5)]$$
$$= (0 + 3 + 0.15) - (0 + 0.8 + 0) = 3.15 - 0.8 = 2.35$$

다음과 같이 $I_2$에 대한 행렬식을 계산한다.

$$\begin{vmatrix} 2 & 0 & 1 \\ 0.75 & 1.5 & 2 \\ 3 & -1 & 0 \end{vmatrix} \begin{matrix} 2 & 0 \\ 0.75 & 1.5 \\ 3 & -1 \end{matrix}$$

$$= [(2)(1.5)(0) + (0)(2)(3) + (1)(0.75)(-1)] - [(3)(1.5)(1) + (-1)(2)(2) + (0)(0.75)(0)]$$
$$= [0 + 0 + (-0.75)] - [4.5 + (-4) + 0] = -0.75 - 0.5 = -1.25$$

마지막으로 두 행렬식을 나눈다.

$$I_2 = \frac{-1.25}{2.35} = -0.532\text{ A} = \mathbf{-532\text{ mA}}$$

**관련 문제** 이 예제에서 사용된 방정식에서 $I_1$의 값을 구하라.

### 계산기에 의한 풀이

계산기에는 일반적으로 연립방정식을 풀기 위한 행렬 알고리즘이 내장되어 있어 결과를 매우 쉽게 얻을 수 있게 해 준다. 두 개의 '설명서' 방법대로, 계산기에 데이터를 입력하기 전에 먼저 방정식을 표준형으로 바꾸는 것이 중요하다. 연립방정식의 해를 제공하는 계산기는 방정식의 일반적인 형태에 있어서 일반적으로 앞서 언급한 표기법을 사용한다. 변수는 $x_1, x_2$ 등으로 나타내고, 계수는 $a_{1,1}, a_{1,2}, a_{2,1}, a_{2,2}$ 등으로 나타내며, 상수는 $b_1, b_2$ 등으로 나타낸다.

어느 특정한 방정식에 대한 데이터를 계산기에 입력하는 전형적인 순서를 그림 9-1의 3개의 연립방정식에 대하여 일반적인 방법으로 설명한다.

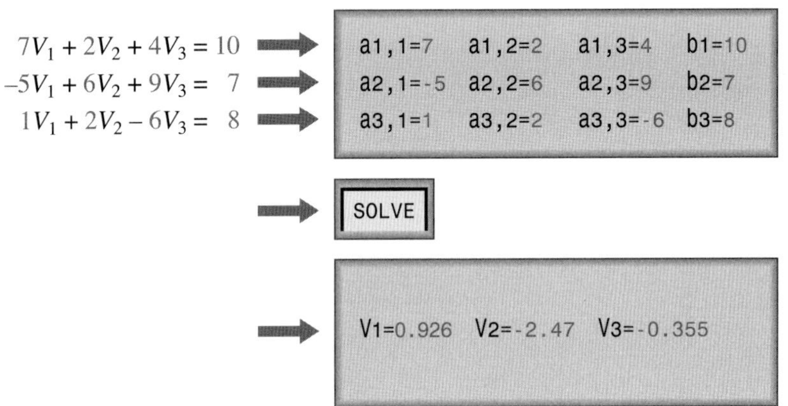


◀ 그림 9-1

다른 공학용 계산기를 사용할 수도 있지만, 다음 두 예제에서 계산 절차를 설명하기 위해 TI-86과 TI-89 계산기를 사용한다. 만약 계산기가 연립방정식 기능이 있다면 정확한 계산 절차를 위하여 사용자 설명서를 참고하라.

**예제 9-5** 세 개의 미지수를 갖는 다음과 같은 세 개의 연립방정식을 풀기 위하여 TI-86 계산기를 사용하라.

$$8I_1 + 4I_2 + 1I_3 = 7$$
$$2I_1 - 5I_2 + 6I_3 = 3$$
$$3I_1 + 3I_2 - 2I_3 = -5$$

**풀이** 그림 9-2와 같이 방정식의 개수를 입력하기 위하여 2nd 키를 누른 다음, SIMULT를 누른다.

▶ 그림 9-2

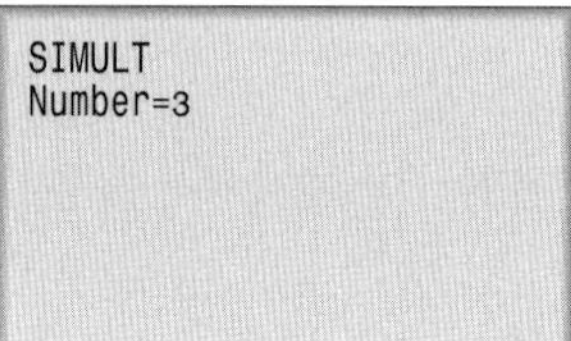


3을 입력한 후 ENTER를 누르면 첫 번째 방정식 화면이 나온다. 그림 9-3(a)의 화면과 같이 각 숫자 키를 이용하여 계수 8, 4, 1과 상수 7을 입력한 후 ENTER 키를 누른다. 마지막 숫자를 입력하고 ENTER를 누르면 두 번째 방정식 화면이 나타난다. 그림 9-3(b)와 같이 계수 2, −5, 6과 상수 3을 입력한다(음수 값은 먼저 (−) 키를 눌러서 입력한다). 마지막으로 그림 9-3(c)와 같이 세 번째 방정식의 계수(3, 3, −2)와 상수 −5를 입력한다.

▶ 그림 9-3

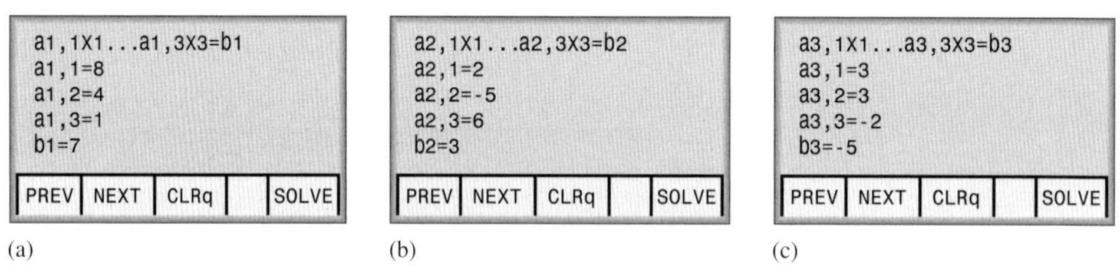


F5 키인 SOLVE를 선택하면 그림 9-4에 표시된 결과가 나타난다. X1은 $I_1$, X2는 $I_2$, X3는 $I_3$이다.

▶ 그림 9-4

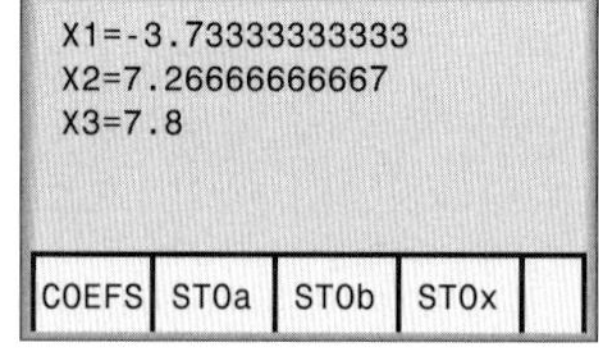


**관련 문제** a1,2를 4에서 −3으로, a2,3을 6에서 2.5로, 그리고 b3을 −5에서 8로 바꾸어 방정식을 작성하고 수정된 방정식을 풀어라.

**예제 9-6** [예제 9-5]에서 주어졌던 것과 같은 세 개의 연립방정식을 풀기 위해 TI-89 티타늄 계산기를 사용하라.

$$8I_1 + 4I_2 + 1I_3 = 7$$
$$2I_1 - 5I_2 + 6I_3 = 3$$
$$3I_1 + 3I_2 - 2I_3 = -5$$

**풀이** Home 화면에서 연립방정식 아이콘을 선택한다.

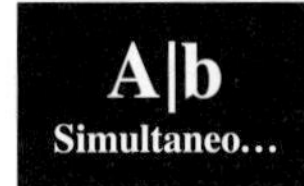


ENTER를 누른다. New를 선택한 후 다시 ENTER를 누른다. 그 다음, 방정식의 개수와 미지수의 개수를 정하고 ENTER를 누른다. 그림 9-5(a)와 같이 연립방정식 화면상에서 계수와 상수를 입력한다. 각 숫자를 입력한 후에 ENTER를 누른다.

▶ 그림 9-5

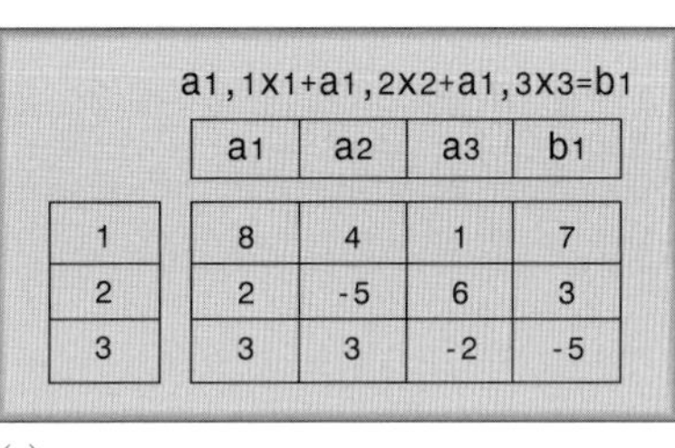


(a) (b)

계수와 상수를 입력한 후, 해를 구하기 위해 F5 키를 누른다. 그림 9-5(b)의 화면에 표시된 것처럼 결과는 분수로 나타난다. 이 결과는 십진수로 나타내었던 TI-86의 결과와 같다.

**관련 문제** TI-89를 사용하여 [예제 9-5]와 관련된 문제를 반복하라.

**복습문제 9-1**

1. 다음 행렬식을 계산하라.

(a) $\begin{vmatrix} 0 & -1 \\ 4 & 8 \end{vmatrix}$ (b) $\begin{vmatrix} 0.25 & 0.33 \\ -0.5 & 1 \end{vmatrix}$ (c) $\begin{vmatrix} 1 & 3 & 7 \\ 2 & -1 & 7 \\ -4 & 0 & -2 \end{vmatrix}$

2. 다음 연립방정식에 대한 특성 행렬식을 세워라.

$$2I_1 + 3I_2 = 0$$
$$5I_1 + 4I_2 = 1$$

3. 문제 2에서 $I_2$를 구하라.

4. $I_1$, $I_2$, $I_3$, $I_4$에 대한 다음과 같은 연립방정식을 풀기 위해서 계산기를 사용하라.

$$100I_1 + 220I_2 + 180I_3 + 330I_4 = 0$$
$$470I_1 + 390I_2 + 100I_3 + 100I_4 = 12$$
$$120I_1 - 270I_2 + 150I_3 - 180I_4 = -9$$
$$560I_1 + 680I_2 - 220I_3 + 390I_4 = 0$$

5. 문제 4의 방정식들에서, 첫 번째 방정식의 상수를 8.5로, 두 번째 방정식의 $I_3$ 계수를 220으로, 네 번째 방정식의 $I_1$ 계수를 330으로 바꾸어라. 새로운 방정식에서 전류를 구하라.

# 9–2 가지 전류 방법

가지 전류 방법은 키르히호프의 전압 및 전류 법칙을 이용하여 연립방정식을 세워서 회로의 각 가지에 흐르는 전류를 구하는 회로 해석 방법이다. 일단 가지 전류를 알게 되면 전압을 구할 수 있다.

이 절의 학습 내용은 다음과 같다.

- **회로에서 미지 값을 구하기 위한 가지 전류 방법의 이용**
  - 회로에서 망과 절점의 구별
  - 가지 전류 방정식 세우기
  - 가지 전류 방정식 풀기

그림 9-6에는 세 가지 회로 해석 방법을 설명하기 위해 9장 전체에 걸쳐 기본 모델로 사용될 회로를 나타내었다. 이 회로는 두 개의 폐루프(closed-loop)로 되어 있다. **망**(loop, 루프)이란 회로 내에서 완전한 전류 경로로, 폐루프 집합은 '창유리' 집합으로 볼 수 있으며 여기서 각 창유리는 하나의 망을 나타낸다. 또한 회로에는 $A, B, C, D$로 나타낸 4개의 절점이 있다. **절점**(node)이란 두 개 이상의 소자가 연결되는 점이다. **가지**(branch)는 두 절점을 연결하는 경로이고 이 회로에는 $R_1$을 포함하는 가지, $R_2$를 포함하는 가지, $R_3$를 포함하는 가지 등 세 개의 가지가 존재한다.

▶ 그림 9–6

망, 절점, 가지를 나타내는 회로

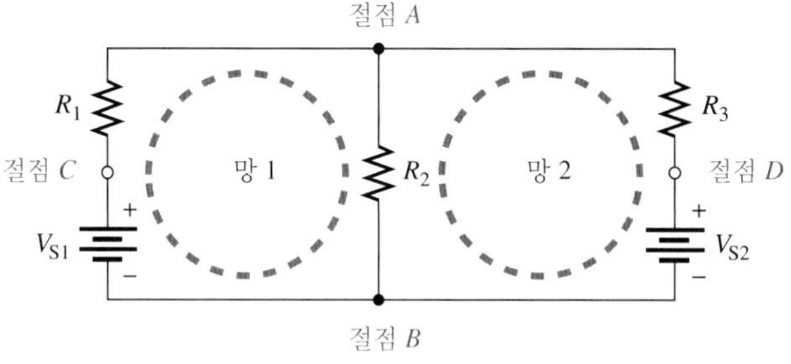


다음은 가지 전류 방법을 적용할 때 사용되는 일반적인 단계이다.

1단계: 각 회로 가지에서 임의의 방향으로 전류를 할당한다.

2단계: 할당된 가지 전류 방향에 따라 저항에 걸리는 전압의 극성을 나타낸다.

3단계: 각 폐루프를 따라 키르히호프의 전압 법칙을 적용한다(전압의 대수적인 합은 0이다).

4단계: 모든 가지 전류가 포함되도록 하는 최소 개수의 절점에서 키르히호프의 전류 법칙을 적용한다(절점에서 전류의 대수적인 합은 0이다).

5단계: 3단계와 4단계에서 구한 방정식을 가지 전류 값에 대하여 푼다.

이러한 단계들을 그림 9-7로 설명한다. 먼저, 가지 전류 $I_1, I_2, I_3$를 그림 9-7에 보인 방향으로 할당한다. 이 시점에서는 실제 전류 방향을 걱정하지 마라. 두 번째로, $R_1, R_2, R_3$ 양단의 전압 강하의 극성을 할당된 전류 방향에 따라 나타낸다. 세 번째로, 키르히호프의 전압 법칙을 두 개의 망에 적용하면 다음과 같은 방정식이 되는데, 여기서 저항 값은 미지 전류의 계수가 된다.

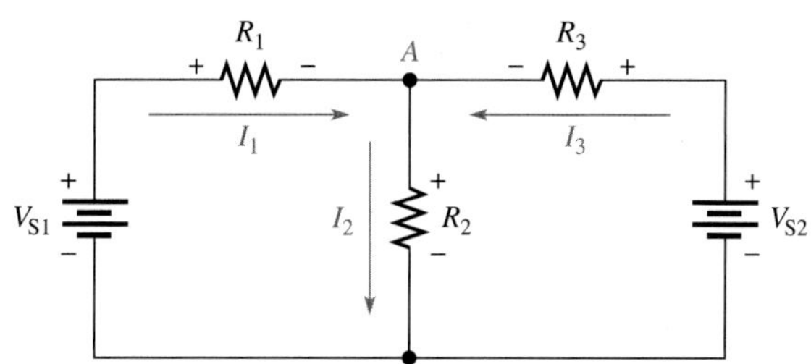


◀ **그림 9-7**

가지 전류 해석을 보이기 위한 회로

방정식 1: $R_1I_1 + R_2I_2 - V_{S1} = 0$ 망 1에 대하여

방정식 2: $R_2I_2 + R_3I_3 - V_{S2} = 0$ 망 2에 대하여

네 번째로, 다음과 같이 모든 가지 전류가 지나는 절점 $A$에 키르히호프의 전류 법칙을 적용한다.

방정식 3: $I_1 - I_2 + I_3 = 0$

음의 부호는 $I_2$가 절점에서 유출된다는 것을 나타낸다. 마지막으로 다섯 번째, 세 개의 방정식을 세 개의 미지 전류 $I_1, I_2, I_3$에 대해 풀어야 한다. [예제 9-7]은 **치환** 방법으로 어떻게 방정식을 푸는지를 보여준다.

**예제 9-7** 그림 9-8의 각 가지 전류를 구하기 위해 가지 전류 방법을 사용하라.

▶ **그림 9-8**

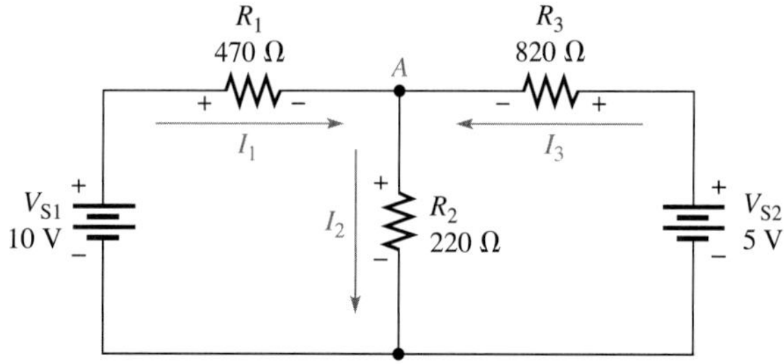


**풀이** 1단계: 그림 9-8과 같이 가지 전류를 할당한다. 이 시점에서는 전류 방향을 임의로 가정할 수 있으며, 만약 실제 전류 방향이 할당된 전류 방향과 반대라면 최종 결과는 음의 부호를 갖게 될 것이라는 점을 명심하기 바란다.

2단계: 그림과 같이 할당된 전류 방향에 따라 저항의 전압 강하 극성을 표시한다.

3단계: 좌측 망을 따라 키르히호프의 전압 법칙을 적용하면 다음과 같은 식을 얻는다.

$$470I_1 + 220I_2 - 10 = 0$$

우측 망에 대해서는 다음과 같이 된다.

$$220I_2 + 820I_3 - 5 = 0$$

여기서 모든 저항 값들의 단위는 옴이고 전압 값들의 단위는 볼트이다. 편의상 단위는 생략한다.

4단계: 절점 $A$에서 전류 방정식은 다음과 같다.

$$I_1 - I_2 + I_3 = 0$$

5단계: 방정식을 다음과 같이 대입하여 푼다. 먼저 $I_1$을 $I_2$와 $I_3$의 항으로 나타낸다.

$$I_1 = I_2 - I_3$$

이제 좌측 망 방정식에서 $I_1$에 $I_2 - I_3$를 대입한다.

$$470(I_2 - I_3) + 220I_2 = 10$$
$$470I_2 - 470I_3 + 220I_2 = 10$$
$$690I_2 - 470I_3 = 10$$

다음, 우측 망 방정식을 세우고 $I_2$를 $I_3$의 항으로 나타낸다.

$$220I_2 = 5 - 820I_3$$
$$I_2 = \frac{5 - 820I_3}{220}$$

바로 위 $I_2$에 대한 식을 $820I_2 - 470I_3 = 10$에 대입해서 풀면 다음과 같다.

$$690\left(\frac{5 - 820I_3}{220}\right) - 470I_3 = 10$$
$$\frac{3450 - 565800I_3}{220} - 470I_3 = 10$$
$$15.68 - 2571.8I_3 - 470I_3 = 10$$
$$-3041.8I_3 = -5.68$$
$$I_3 = \frac{5.68}{3041.8} = 0.00187\ \text{A} = \mathbf{1.87\ mA}$$

이제 $I_3$의 값을 암페어 단위로 하여 우측 망 방정식에 대입한다.

$$220I_2 + 820(0.00187) = 5$$

$I_2$를 구하면 다음과 같다.

$$I_2 = \frac{5 - 820(0.00187)}{220} = \frac{3.47}{220} = 0.0158 = \mathbf{15.8\ mA}$$

$I_2$와 $I_3$의 값을 절점 $A$에서의 전류 방정식에 대입하면 다음을 얻는다.

$$I_1 - 0.0158 + 0.00187 = 0$$
$$I_1 = 0.0158 - 0.00187 = 0.0139\ \text{A} = \mathbf{13.9\ mA}$$

관련 문제 그림 9-8에서 5 V 전원의 극성이 반대로 되었을 때 가지 전류를 구하라.

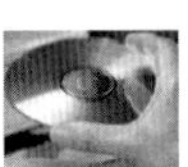

Multisim 파일 E09-07을 사용하여 [예제 9-7]과 [관련 문제]의 계산 결과를 확인하라.

**복습문제 9-2**

1. 가지 전류 방법에서 사용되는 기본 회로 법칙은 무엇인가?
2. 가지 전류가 할당될 때, 할당된 방향이 실제 전류 방향과 일치하는지 유의해야 한다. (참 또는 거짓)
3. 망이란 무엇인가?
4. 절점이란 무엇인가?

# 9-3 망 전류 방법

망 전류 방법(메시(mesh) 전류 방법이라고도 함)에서는 가지 전류 대신 망 전류를 이용한다. 주어진 가지에 전류계를 두면 가지 전류가 측정된다. 가지 전류와는 달리 망 전류는 실제 물리적인 전류보다는 수학적인 양이고, 가지 전류 방법보다 회로 해석이 다소 쉽다.

이 절의 학습 내용은 다음과 같다.

- **회로의 미지 값을 구하기 위한 망 해석의 이용**
  - 망 전류의 할당
  - 각각의 망에 키르히호프의 전압 법칙 적용
  - 망 방정식 세우기
  - 망 방정식 풀기

망 해석의 체계적인 방법은 다음 단계들과 같고 이는 그림 9-9에서 설명된다. 그림 9-9는 가지 전류 해석에서 사용된 것과 같은 회로 구성으로 되어 있다. 이 회로는 기본 원리를 잘 보여주고 있다.

1단계: 망 전류의 방향은 임의의 방향으로 할당해도 무방하지만, 일관성을 위해 각 폐로망의 망 전류를 시계 방향(CW)으로 설정한다. 이 방향이 실제 전류 방향이 아닐 수도 있지만 이는 문제되지 않는다. 망 전류 수는 회로의 모든 소자에 흐르는 전류가 포함되도록 설정해야 한다.

2단계: 설정된 전류의 방향에 따라 각 망에서 전압 강하 극성을 표시한다.

3단계: 각 폐로망을 따라 키르히호프의 전압 법칙을 적용한다. 하나 이상의 망 전류가 어느 소자에 흐를 때 이에 따른 전압 강하를 모두 포함하여 나타낸다. 이렇게 함으로써 각 폐로망에 대하여 하나의 방정식이 생긴다.

4단계: 치환이나 행렬식을 이용해서 망 전류에 대하여 방정식을 푼다.

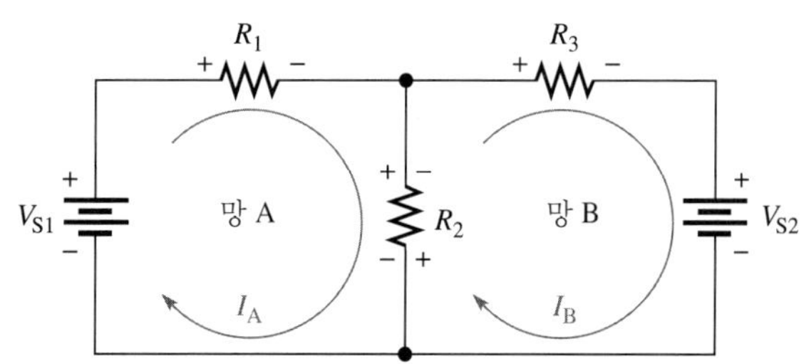


◀ 그림 9-9

첫 번째, **망 전류**(loop current) $I_A$와 $I_B$를 그림 9-9와 같이 시계 방향으로 설정한다. 회로의 최외각 주위로 흐르는 망 전류를 할당할 수도 있지만, 이미 $I_A$와 $I_B$가 모든 소자에 흐르기 때문에 이는 불필요하다.

두 번째, $R_1$, $R_2$, $R_3$ 양단의 전압 강하의 극성은 망 전류의 방향에 따라 결정된다. $R_2$는 두 개 망의 공통 소자이므로 $R_2$에 흐르는 $I_A$와 $I_B$는 서로 반대 방향임을 주목하라. 그러므로 각각의 망 전류에 따른 두 개의 전압 극성을 별도로 표시하였다. 실제로 $R_2$에 흐르는 전류를 두 개로 나눌 수는 없다. 그러나 망 전류는 기본적으로 회로 해석을 위해서 사용되는 수학적인 수치임을 유념하라. 전압원의 극성은 고정되어 있으며 망 전류 할당에 영향을 받지 않는다.

세 번째, 키르히호프의 전압 법칙을 두 개의 망에 적용하면 다음과 같은 두 개의 방정식을 얻는다.

$$R_1I_A + R_2(I_A - I_B) = V_{S1} \quad \text{망 A에 대하여}$$
$$R_3I_B + R_2(I_B - I_A) = -V_{S2} \quad \text{망 B에 대하여}$$

$I_A$는 망 A에서 양의 부호이고, $I_B$는 망 B에서 양의 부호임을 주목하라.

네 번째, 계산이 용이하도록 방정식에서 같은 항들을 모으고 표준형으로 재배치하여 각 방정식에서 같은 위치에 위치하도록 한다. 즉, $I_A$ 항을 첫 번째에, $I_B$ 항을 두 번째에 위치하게 한다. 방정식은 다음과 같은 형태로 정리된다. 일단 망 전류가 구해지면 모든 가지 전류도 구할 수 있다.

$$(R_1 + R_2)I_A - R_2I_B = V_{S1} \quad \text{망 A에 대하여}$$
$$-R_2I_A + (R_2 + R_3)I_B = -V_{S2} \quad \text{망 B에 대하여}$$

가지 전류 방법으로는 세 개의 방정식이 필요한 동일한 회로에 대하여 망 전류 방법은 단지 두 개의 방정식만 필요하다는 것에 주목하라. 마지막 방정식 두 개(네 번째 단계에서 구한)는 망 해석이 더 쉬운 형태가 된다. 이 마지막 두 방정식을 살펴보면, 망 A에 대하여 망의 합성 저항 $R_1 + R_2$에 $I_A$(망 전류)가 곱해진다는 것을 주목하라. 또한 망 A의 방정식에서, 두 망에 공통된 저항 $R_2$는 다른 망 전류 $I_B$와 곱해진 후 첫 번째 항에서 빼지게 된다. 항목이 재배열된 것만 다를 뿐 동일한 형태를 망 B의 방정식에서도 볼 수 있다. 이상으로부터 단계 1에서 4까지 적용할 수 있는 간략화된 규칙을 구하면 다음과 같다.

**(망에서 저항의 총합) 곱하기 (망 전류) 빼기 (두 망에 공통된 저항) 곱하기 (이웃한 망 전류)는 (망에 있는 전압원)과 동일하다.**

[예제 9-8]에서 회로의 망 전류 해석에 이 규칙을 적용한 것을 설명한다.

**예제 9-8** 망 전류 방법을 이용하여 그림 9-10에서 가지 전류를 구하라.

▶ 그림 9-10

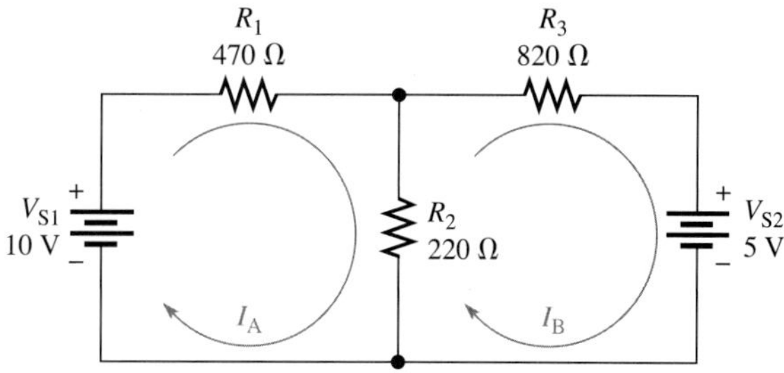


**풀이** 그림 9-10과 같이 망 전류($I_A$와 $I_B$)를 설정한다. 저항 값의 단위는 옴이고 전압 값의 단위는 볼트이다. 두 개의 망 방정식을 세우기 위해 앞서 설명된 규칙을 이용하라.

$$(470 + 220)I_A - 220I_B = 10$$
$$690I_A - 220I_B = 10 \quad \text{망 A에 대하여}$$

$$-220I_A + (220 + 820)I_B = -5$$
$$-220I_A + 1040I_B = -5 \quad \text{망 B에 대하여}$$

$I_A$를 구하기 위해 행렬식을 이용한다.

$$I_A = \frac{\begin{vmatrix} 10 & -220 \\ -5 & 1040 \end{vmatrix}}{\begin{vmatrix} 690 & -220 \\ -220 & 1040 \end{vmatrix}} = \frac{(10)(1040) - (-5)(-220)}{(690)(1040) - (-220)(-220)} = \frac{104000 - 1100}{717600 - 48400} = \frac{102900}{669200} = 13.9\text{ mA}$$

$I_B$에 대해서 풀면 다음 결과를 얻는다.

$$I_B = \frac{\begin{vmatrix} 690 & 10 \\ -220 & -5 \end{vmatrix}}{669200} = \frac{(690)(-5) - (-220)(10)}{669200} = \frac{-3450 - (-2200)}{669200} = -1.87\text{ mA}$$

$I_B$에서 음의 부호는 설정된 방향이 실제 전류 방향과 반대임을 의미한다.

이제 실제 가지 전류를 구한다. $I_A$는 $R_1$에서만 흐르기 때문에 그것 역시 가지 전류 $I_1$이다.

$$I_1 = I_A = \mathbf{13.9\text{ mA}}$$

$I_B$는 $R_3$에서만 흐르기 때문에 그것 역시 가지 전류 $I_3$이다.

$$I_3 = I_B = \mathbf{-1.87\text{ mA}}$$

음의 부호는 원래 $I_B$에 설정된 방향과 반대 방향을 의미한다.

처음에 설정된 것에 따르면 망 전류 $I_A$와 $I_B$는 반대 방향으로 $R_2$에 흐른다. 가지 전류 $I_2$는 $I_A$와 $I_B$의 차이 값이다.

$$I_2 = I_A - I_B = 13.9\text{ mA} - (-1.87\text{ mA}) = \mathbf{15.8\text{ mA}}$$

일단 가지 전류를 알면 옴의 법칙을 이용하여 전압을 구할 수 있다는 것을 명심하라. 이 결과들은 가지 전류 방법으로 구한 [예제 9-7]의 결과와 같다는 것을 주목하라.

**관련 문제** 계산기를 이용해서 두 개의 망 전류를 구하라.

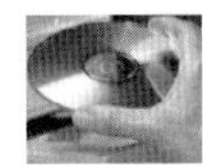

Multisim 파일 E09-08을 사용하여 [예제 9-8]과 [관련 문제]의 계산 결과를 확인하라.

## 두 개 이상의 망을 갖는 회로

망 전류 방법은 임의의 개수의 망을 갖는 회로에도 확장 적용 가능하다. 물론 망이 많아질수록 해를 구하는 일이 더 어려워지지만 계산기를 이용하면 연립방정식을 간단하게 풀 수 있다. 우리가 다루게 될 대부분의 회로는 세 개보다 많은 개수의 망을 갖지 않는다. 망 전류는 실제 물리적인 전류가 아니라 해석을 위하여 설정된 수학적인 수치임을 유념하라.

우리가 이미 다루었던 널리 사용되는 회로는 휘트스톤 브리지이다. 휘트스톤 브리지는 본래 독립형 계측기로 설계되었지만 대부분 다른 기계로 대체되어 왔다. 그러나 휘트스톤 브리지 회로는 자동 계측기와 결합되어 앞에서 설명한 것처럼, 저울 산업 및 다른 측정용 응용에서 널리 사용된다.

브리지 파라미터를 구하는 한 가지 방법은, 브리지의 각 가지 전류와 부하 전류를 바로 구할 수 있는, 브리지에 대한 망 방정식을 세우는 것이다. 그림 9-11에는 세 개의 망을 가진 휘트스톤 브리지를 나타내었다. [예제 9-9]에는 이 브리지에서 모든 전류들을 어떻게 구하는지 설명한다.

▶ 그림 9-11

세 개의 망을 가진 휘트스톤 브리지

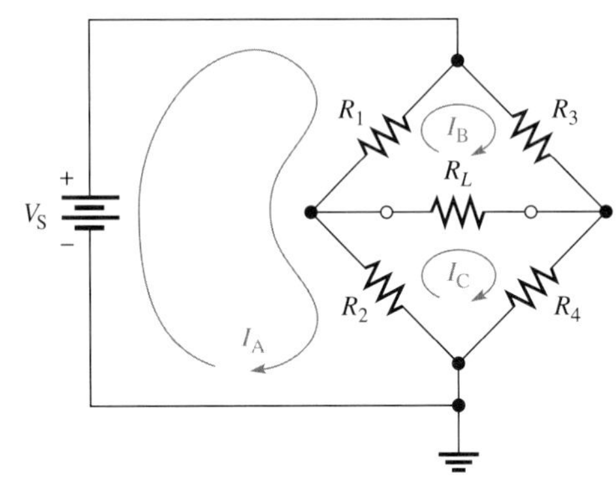

**예제 9-9** 그림 9-12의 회로에서 망 전류를 구하라. 각 저항에서의 전류(가지 전류)를 구하기 위하여 망 전류를 이용하라.

▶ 그림 9-12

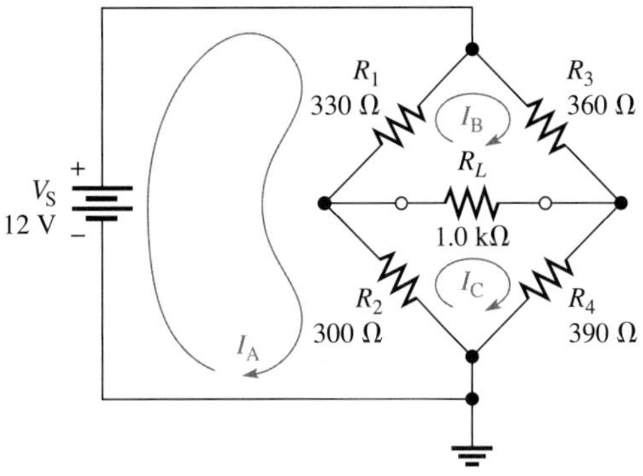


**풀이** 그림 9-12와 같이 세 개의 시계 방향 망 전류($I_A$, $I_B$, $I_C$)를 설정하라. 그 다음 망 방정식을 세운다. 망에 대한 방정식은 다음과 같다.

$$\text{망 A: } -12 + 330(I_A - I_B) + 330(I_A - I_C) = 0$$
$$\text{망 B: } 330(I_B - I_A) + 360I_B + 1000(I_B - I_C) = 0$$
$$\text{망 C: } 300(I_C - I_A) + 1000(I_C - I_B) + 390I_C = 0$$

표준형으로 방정식을 재배열하라.

$$\text{망 A: } 630I_A - 330I_B - 300I_C = 12\text{ V}$$
$$\text{망 B: } -330I_A + 1690I_B - 1000I_C = 0$$
$$\text{망 C: } -300I_A - 1000I_B + 1690I_C = 0$$

이 방정식을 치환법으로 풀 수 있지만, 이 방법은 세 개의 미지수가 있을 때는 지루한 작업이 된다. 행렬식 방법이나 바로 계산기로 푸는 것이 더 간단한 방법이다. 단위는 문제 마지막까지 생략한다.

확장법을 이용하여 특성 행렬식을 계산하면 다음과 같다.

$$\left|\begin{array}{ccc|cc} 630 & -330 & -300 & 630 & -330 \\ -330 & 1690 & -1000 & -330 & 1690 \\ -300 & -1000 & 1690 & -300 & -1000 \end{array}\right|$$
$$= [(630)(1690)(1690) + (-330)(-1000)(-300) + (-300)(-330)(-1000)]$$
$$-[(-300)(1690)(-300) + (-1000)(-1000)(630) + (1690)(-330)(-330)]$$
$$= 635202000$$

$I_A$에 대해서 풀면,

$$\frac{\begin{vmatrix} 12 & -330 & -300 \\ 0 & 1690 & -1000 \\ 0 & -1000 & 1690 \end{vmatrix}}{635202000} = \frac{(12)(1690)(1690) - (12)(-1000)(-1000)}{635202000} = 0.0351\text{ A} = 35.1\text{ mA}$$

$I_B$에 대해서 풀면,

$$\frac{\begin{vmatrix} 630 & 12 & -300 \\ -330 & 0 & 1000 \\ -300 & 0 & 1690 \end{vmatrix}}{635202000} = \frac{(12)(-1000)(-300) - (-330)(12)(1690)}{635202000} = 0.0162\text{ A} = 16.2\text{ mA}$$

$I_C$에 대해서 풀면,

$$\frac{\begin{vmatrix} 630 & -330 & 12 \\ -330 & 1690 & 0 \\ -300 & -1000 & 0 \end{vmatrix}}{635202000} = \frac{(12)(-330)(-1000) - (-300)(1690)(12)}{635202000} = 0.0158\text{ A} = 15.8\text{ mA}$$

$R_1$에 흐르는 전류는 $I_A$와 $I_B$의 차이 값이다.

$$I_1 = (I_A - I_B) = 35.1\text{ mA} - 16.2\text{ mA} = \mathbf{18.9\text{ mA}}$$

$R_2$에 흐르는 전류는 $I_A$와 $I_C$의 차이 값이다.

$$I_2 = (I_A - I_C) = 35.1\text{ mA} - 15.8\text{ mA} = \mathbf{19.3\text{ mA}}$$

$R_3$에 흐르는 전류는 $I_B$이다.

$$I_3 = I_B = \mathbf{16.2\text{ mA}}$$

$R_4$에 흐르는 전류는 $I_C$이다.

$$I_4 = I_C = \mathbf{15.8\text{ mA}}$$

$R_L$에 흐르는 전류는 $I_B$와 $I_C$의 차이 값이다.

$$I_L = (I_B - I_C) = 16.2\text{ mA} - 15.8\text{ mA} = \mathbf{0.4\text{ mA}}$$

관련 문제 이 예제에서 망 전류를 검증하기 위해 계산기를 이용하라.

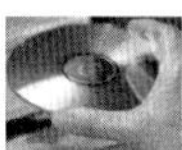

Multisim 파일 E09-09를 사용하여 [예제 9-9]와 [관련 문제]의 계산 결과를 확인하라.

또 다른 유용한 세 개의 망 회로는 브리지-T(bridged-T) 회로이다. 이 회로는 리액턴스를 가진 소자를 이용하는 ac 필터 회로에 주로 적용되지만, 여기서는 세 개의 망 회로 풀이를 설명하기 위해 소개된다. 부하 저항성 브리지-T 회로를 그림 9-13에서 나타내었다.

저항은 보통 kΩ(또는 MΩ)의 단위를 가지므로 만약 저항들이 방정식에서 정확하게 단위로 표시된다면 연립방정식의 계수들은 매우 큰 값이 될 것이다. kΩ의 단위를 갖는 방정식을 간단하게 시작하고 풀기 위해 방정식에서 kΩ을 생략하고, 만약 전압의 단위가 볼트라면 전류의 단위를 mA로 인식하는 것은 흔한 관행이다. 다음 브리지-T 회로의 예제가 이 아이디어를 설명한다.

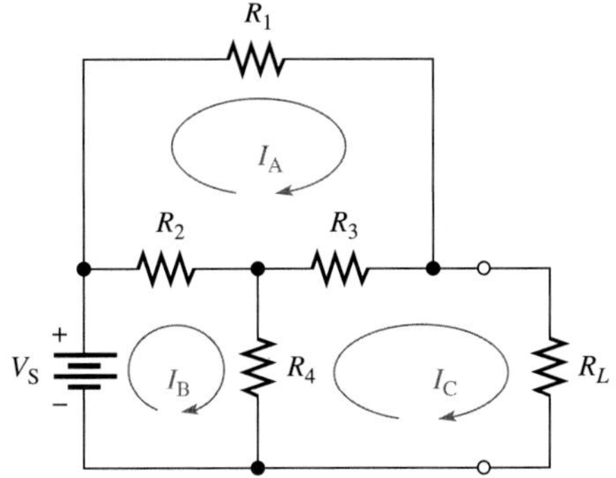


◀ 그림 9-13

**예제 9-10** 그림 9-14에는 세 개의 망을 갖는 브리지-T 회로를 나타내었다. 망 전류에 대한 표준형 방정식을 세워라. 계산기로 방정식을 풀고 각 저항에서 전류를 구하라.

▶ 그림 9-14

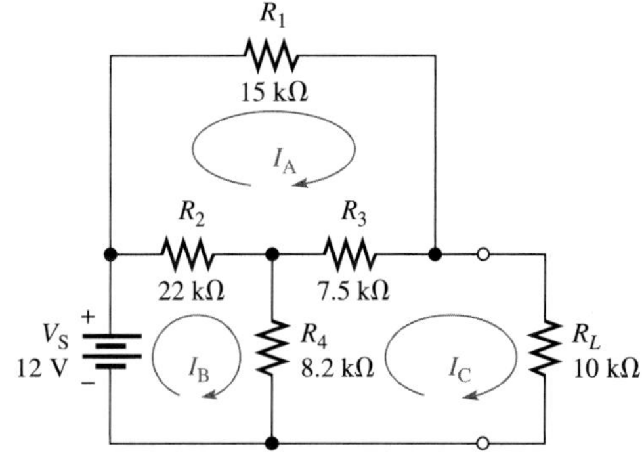


**풀이** 그림 9-14와 같이 망 전류($I_A, I_B, I_C$)를 시계 방향으로 설정한다. 망 방정식을 세우지만 저항 값에서 k는 생략한다. 전류는 mA가 될 것이다.

망 A: $22(I_A - I_B) + 15I_A + 7.5(I_A - I_C) = 0$

망 B: $-12 + 22(I_B - I_A) + 8.2(I_B - I_C) = 0$

망 C: $8.2(I_C - I_B) + 7.5(I_C - I_A) + 10I_C = 0$

표준형으로 방정식을 재배열한다.

망 A: $44.5I_A - 22I_B - 7.5I_C = 0$

망 B: $-22I_A + 30.2I_B - 8.2I_C = 12$

망 C: $-7.5I_A - 8.2I_B + 25.7I_C = 0$

**계산기에 의한 풀이:** 계산기에 의한 풀이는 방정식의 수(3), 계수, 상수의 입력이 필요하다. 계산기 SOLVE 기능은 그림 9-15와 같은 결과를 만들어낸다. 저항의 단위가 kΩ이기 때문에 망 전류의 단위는 mA이다. 각 저항에서 전류를 구하라. $R_1$에서 전류는 $I_A$이다.

$$I_1 = \mathbf{0.512\ mA}$$

▶ 그림 9-15

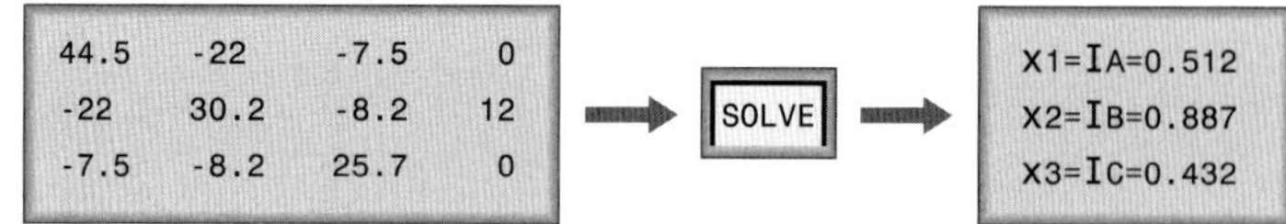


$R_2$에서 전류는 $I_A$와 $I_B$의 차이 값이다.

$$I_2 = (I_A - I_B) = 0.512\text{ mA} - 0.887\text{ mA} = \mathbf{-0.375\text{ mA}}$$

음의 부호는 전류 방향이 $I_A$와 반대임을 나타내며, 저항의 양의 부분은 우측이다.
$R_3$에서 전류는 $I_A - I_C$이다.

$$I_3 = 0.512\text{ mA} - 0.432\text{ mA} = \mathbf{0.08\text{ mA}}$$

$R_4$에서 전류는 $I_B - I_C$이다.

$$I_4 = I_B - I_C = 0.887\text{ mA} - 0.432\text{ mA} = \mathbf{0.455\text{ mA}}$$

$R_L$에서 전류는 $I_C$이다.

$$I_L = \mathbf{0.432\text{ mA}}$$

관련 문제 각 저항 양단의 전압을 구하라.

Multisim 파일 E09-10을 사용하여 [예제 9-10]과 [관련 문제]의 계산 결과를 확인하라.

**복습문제 9-3**

1. 망 전류는 반드시 실제 가지에 흐르는 전류를 나타내는가?
2. 망 방법을 이용해서 전류를 구할 때, 음의 값을 얻었다면 이것은 무엇을 의미하는가?
3. 망 전류 방법에서 사용되는 회로 법칙은 무엇인가?

## 9-4 절점 전압 방법

다중망 회로를 해석하는 또 다른 방법으로 절점 전압 방법이 있다. 절점 전압 방법은 키르히호프의 전류 법칙을 이용해서 회로 내의 각 절점 전압을 구하는 것에 기초한다. 절점은 두 개 이상의 소자가 모이는 접합점임을 상기하라.

이 절의 학습 내용은 다음과 같다.

- **회로에서 미지의 값을 구하기 위한 절점 해석의 이용**
  - 전압을 알지 못하는 절점의 선택 및 전류의 가정
  - 각 절점에서 키르히호프의 법칙 적용
  - 절점 방정식을 세우고 풀기

절점 전압 회로 해석 방법의 일반적인 단계는 다음과 같다.

1단계: 절점의 수를 정한다.

2단계: 기준 절점 하나를 선택한다. 모든 전압은 기준 절점에 대하여 상대적인 값이다. 전압을 알지 못하는 각 절점에 대하여 전압 명칭을 설정한다.

3단계: 기준 절점을 제외하고, 전압을 알지 못하는 각 절점에서 전류를 설정한다. 방향은 임의로 정한다.

4단계: 전류가 가정된 각 절점에 키르히호프의 전류 법칙을 적용시킨다.

5단계: 전압의 항으로 전류 방정식을 세우고, 옴의 법칙을 이용해서 미지의 절점 전압에 대해 방정식을 푼다.

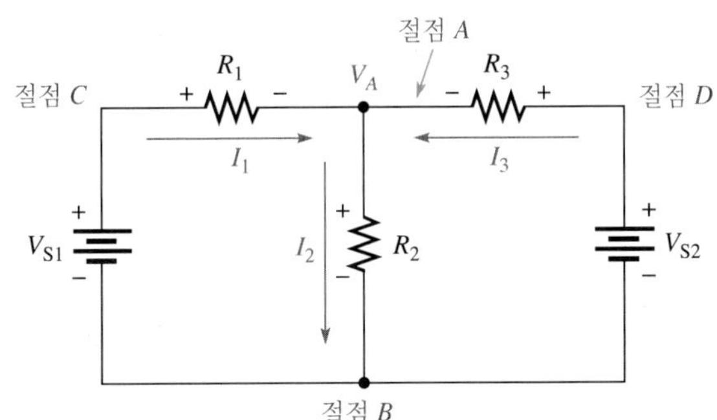


◀ 그림 9-16
절점 전압 해석에 대한 회로

절점 전압 해석에 대한 일반적인 접근법을 설명하기 위해 그림 9-16을 사용할 것이다. 먼저, 절점을 정한다. 이 경우 그림에 표시된 것과 같이 4개의 절점이 있다. 두 번째, 기준으로 절점 $B$를 사용하자. 기준 절점을 회로의 기준 접지로 생각하라. 절점 전압 $C$와 $D$는 이미 알고 있는 전원 전압이다. 절점 $A$에서의 전압만이 알지 못하는 값으로, $V_A$로 표시하자. 세 번째, 그림에 나타낸 것처럼 절점 $A$에서의 가지 전류를 임의로 설정한다. 네 번째, 절점 $A$에서 키르히호프의 전류 방정식은 다음과 같다.

$$I_1 - I_2 + I_3 = 0$$

다섯 번째, 옴의 법칙을 이용하여 회로 전압의 항으로 전류를 표시하라.

$$I_1 = \frac{V_1}{R_1} = \frac{V_{S1} - V_A}{R_1}$$

$$I_2 = \frac{V_2}{R_2} = \frac{V_A}{R_2}$$

$$I_3 = \frac{V_3}{R_3} = \frac{V_{S3} - V_A}{R_3}$$

전류 방정식에 이 항들을 대입해서 풀면, 다음과 같이 된다.

$$\frac{V_{S1} - V_A}{R_1} - \frac{V_A}{R_2} + \frac{V_{S2} - V_A}{R_3} = 0$$

$V_A$만이 미지수이므로 항들을 한데 묶고 재배열하여 하나의 방정식을 풀면 된다. 일단 전압을 알면, 모든 가지 전류를 구할 수 있다. [예제 9-11]에서 이 방법을 자세히 설명한다.

**예제 9-11** 그림 9-17에서 절점 전압 $V_A$를 구한 후, 가지 전류를 구하라.

▶ 그림 9-17

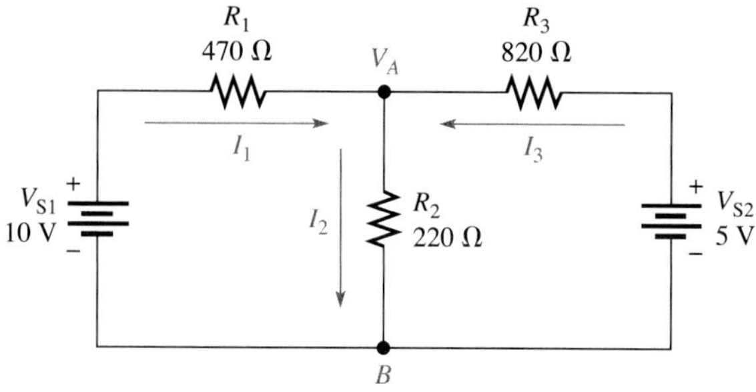


**풀이** 기준 절점을 $B$로 선택한다. 그림 9-17에 나타낸 것처럼 이 미지의 절점 전압은 $V_A$이다. 이것만이 미지의 전압이다. 절점 $A$에서 가지 전류를 그림과 같이 설정한다. 전류 방정식은 다음과 같다.

$$I_1 - I_2 + I_3 = 0$$

옴의 법칙을 이용해서 전류 대신에 전압의 항으로 방정식을 세운다.

$$\frac{10 - V_A}{470} - \frac{V_A}{220} + \frac{5 - V_A}{820} = 0$$

이 항을 재배열하여 풀면 다음과 같이 된다.

$$\frac{10}{470} - \frac{V_A}{470} - \frac{V_A}{220} + \frac{5}{820} - \frac{V_A}{820} = 0$$

$$-\frac{V_A}{470} - \frac{V_A}{220} - \frac{V_A}{820} = -\frac{10}{470} - \frac{5}{820}$$

$V_A$에 대하여 풀기 위해 방정식의 양변에 있는 항들을 한데 묶고 통분한다.

$$\frac{1804V_A + 3854V_A + 1034V_A}{847880} = \frac{820 + 235}{38540}$$

$$\frac{6692V_A}{847880} = \frac{1055}{38540}$$

$$V_A = \frac{(1055)(847880)}{(6692)(38540)} = \mathbf{3.47\ V}$$

이제 가지 전류를 구할 수 있다.

$$I_1 = \frac{10\text{ V} - 3.47\text{ V}}{470\ \Omega} = \mathbf{13.9\ mA}$$

$$I_2 = \frac{3.47\text{ V}}{220\ \Omega} = \mathbf{15.8\ mA}$$

$$I_3 = \frac{5\text{ V} - 3.47\text{ V}}{820\ \Omega} = \mathbf{1.87\ mA}$$

이 결과들은 가지 및 망 전류 방법을 이용한 [예제 9-7]과 [예제 9-8]에서 같은 회로에 대한 결과와 같다.

**관련 문제** 5 V 전원의 극성이 바뀌었을 때 그림 9-17에서 $V_A$를 구하라.

Multisim 파일 E09-11을 사용하여 [예제 9-11]과 [관련 문제]의 계산 결과를 확인하라.

[예제 9-11]은 절점 방법에 대한 명백한 장점을 설명하였다. 가지 전류 방법은 세 개의 미지 전류에 대한 세 개의 방정식이 필요하였다. 망 전류 방법은 연립방정식의 개수를 줄이지만 저항에서 가상의 망 전류를 실제 전류로 변환하는 별도의 과정이 필요하였다. 그림 9-17의 회로에 대한 절점 방법은 방정식을 하나로 줄일 수 있었다. 여기서 모든 전류들은 하나의 미지 전압의 항으로 나타내어졌다. 또한 절점 전압 방법은 미지의 전압을 구하는 데 이점이 있으며, 전류보다 더 쉽게 바로 측정된다.

## 휘트스톤 브리지에 대한 절점 전압 방법

절점 전압 방법은 휘트스톤 브리지에 적용할 수 있다. 휘트스톤 브리지는 그림 9-18에 나타낸 전류를 바탕으로 구분된 절점들로 나타낼 수 있다. 절점 $D$가 보통 기준 절점으로 선택되며, 절점 $A$는 전원 전압과 같은 전위를 갖는다.

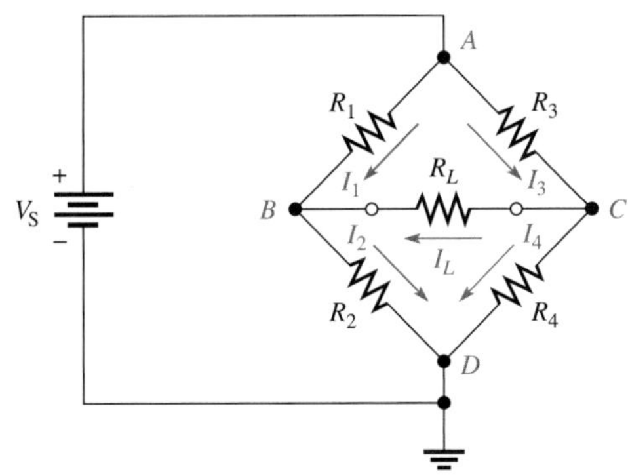


◀ 그림 9-18
절점이 설정된 휘트스톤 브리지

두 개의 미지 전압($B$와 $C$)에 대한 방정식을 세울 때, 일반적인 단계에서 기술된 것 같이 전류 방향을 정하는 것이 필요하다. $R_L$에서 전류 방향은 브리지 저항 값에 따라 변한다. 만약 설정된 방향이 실제 방향과 반대라면, 결과 값으로 음의 전류가 나오게 될 것이다.

그 다음, 각 미지 절점에 대하여 키르히호프의 전류 법칙을 적용한다. 각 전류는 다음과 같이 옴의 법칙을 이용하여 절점 전압의 항으로 표현된다.

절점 $B$:

$$I_1 + I_L = I_2$$
$$\frac{V_A - V_B}{R_1} + \frac{V_C - V_B}{R_L} = \frac{V_B}{R_2}$$

절점 $C$:

$$I_3 = I_L + I_4$$
$$\frac{V_A - V_C}{R_3} = \frac{V_C - V_B}{R_L} + \frac{V_C}{R_4}$$

방정식들은 표준형으로 되어 있으며 지금까지 배웠던 방법들로 풀 수 있다. 다음 예제는 [예제 9-9]에서 망 방정식으로 풀었던 휘트스톤 브리지에 대하여 위의 방법으로 푸는 것을 설명한다.

**예제 9-12** 그림 9-19의 회로에 대해, 절점 $B$와 $C$에서 절점 전압을 구하라. 절점 $D$는 기준 절점이고, 절점 $A$는 전원과 같은 전압을 갖는다. 각 저항에 흐르는 전류를 계산하기 위하여 구한 결과들을 이용하라. [예제 9-9]에서 망 전류 방법의 결과와 비교하라.

▶ 그림 9-19

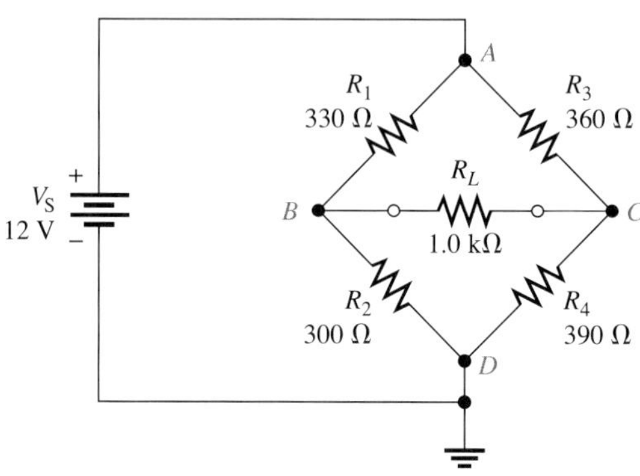


**풀이** 절점 $B$와 절점 $C$에서 절점 전압 항으로 나타나도록 키르히호프의 전류 법칙을 적용한다. 계수들을 보다 쉽게 다루기 위하여 모든 저항 값을 kΩ 단위로 나타내고 전류는 mA 단위로 나타낸다.

절점 $B$:

$$I_1 + I_L = I_2$$
$$\frac{V_A - V_B}{R_1} + \frac{V_C - V_B}{R_L} = \frac{V_B}{R_2}$$
$$\frac{12 - V_B}{0.330\,\mathrm{k\Omega}} + \frac{V_C - V_B}{1.0\,\mathrm{k\Omega}} = \frac{V_B}{0.300\,\mathrm{k\Omega}}$$

절점 $C$:

$$I_3 = I_L + I_4$$
$$\frac{V_A - V_C}{R_3} = \frac{V_C - V_B}{R_L} + \frac{V_C}{R_4}$$
$$\frac{12\,\mathrm{V} - V_C}{0.360\,\mathrm{k\Omega}} = \frac{V_C - V_B}{1.0\,\mathrm{k\Omega}} + \frac{V_C}{0.390\,\mathrm{k\Omega}}$$

각 절점의 방정식을 표준형으로 재배열한다. 편의상 단위는 문제 마지막까지 생략한다.

절점 $B$: 절점 $B$에 대한 방정식에서 각 항에 $R_1R_2R_L$을 곱하고 표준형으로 나타내기 위해 공통 항들을 묶는다.

$$R_2R_L(V_A - V_B) + R_1R_2(V_C - V_B) = R_1R_LV_B$$
$$(1.0)(0.30)(12 - V_B) + (0.33)(0.30)(V_C - V_B) = (0.33)(1.0)V_B$$
$$0.729V_B - 0.099V_C = 3.6$$

절점 $C$: 절점 $C$에 대한 방정식에서 각 항에 $R_3R_4R_L$을 곱하고 표준형으로 나타내기 위해 공통 항들을 묶는다.

$$R_4R_L(V_A - V_C) = R_3R_4(V_C - V_B) + R_3R_LV_C$$
$$(1.0)(0.39)(12 - V_C) = (0.36)(0.39)(V_C - V_B) + (0.36)(1.0)V_C$$
$$0.1404V_B - 0.8904V_C = -4.68$$

치환법, 행렬식 또는 계산기를 이용하여 두 개의 연립방정식을 풀 수 있다. 행렬식 방법으로 풀면 다음과 같다.

$$0.729V_B - 0.099V_C = 3.6$$
$$0.1404V_B - 0.8904V_C = -4.68$$

$$V_B = \frac{\begin{vmatrix} 3.6 & -0.099 \\ -4.68 & -0.8904 \end{vmatrix}}{\begin{vmatrix} 0.729 & -0.099 \\ 0.1404 & -0.8904 \end{vmatrix}} = \frac{(3.6)(-0.8904) - (-0.099)(-4.68)}{(0.729)(-0.8904) - (0.1404)(-0.099)} = \mathbf{5.78\ V}$$

$$V_C = \frac{\begin{vmatrix} 0.729 & 3.6 \\ 0.1404 & -4.68 \end{vmatrix}}{\begin{vmatrix} 0.729 & -0.099 \\ 0.1404 & -0.8904 \end{vmatrix}} = \frac{(0.729)(-4.68) - (0.1404)(3.6)}{(0.729)(-0.8904) - (0.1404)(-0.099)} = \mathbf{6.17\ V}$$

**관련 문제** 옴의 법칙을 사용하여, 각 저항에 흐르는 전류를 구하라.

Multisim 파일 E09-12를 사용하여 [예제 9-12]와 [관련 문제]의 계산 결과를 확인하라.

## 브리지-T 회로에 대한 절점 전압 방법

브리지-T 회로에도 절점 전압 방법을 적용하여 두 개의 미지수를 가진 2차 방정식을 구한다. 휘트스톤 브리지의 경우처럼 그림 9-20에서 볼 수 있듯이 4개의 절점을 갖는다. 절점 $D$는 기준이고 절점 $A$는 전원 전압이므로 두 개의 미지 전압은 $C$와 $D$이다. 회로에서 부하 저항의 영향은 보통 가장 중요한 문제이기 때문에 절점 $C$에서 전압은 초점이 된다. 연립방정식의 계산기에 의한 풀이는 절점 $C$에 대한 방정식에서만 부하가 변할 때 영향을 받기 때문에 다양한 부하들의 영향에 대해 간단하게 해석한다. [예제 9-13]에서 이 아이디어를 설명한다.

▶ 그림 9-20

절점이 설정된 브리지-T 회로

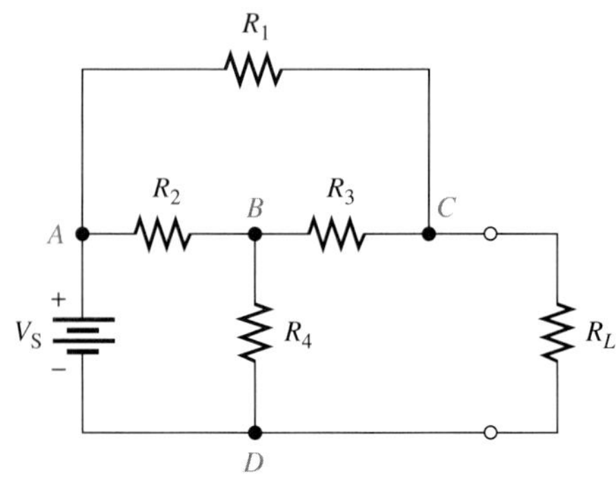


**예제 9-13** 그림 9-21의 회로는 [예제 9-10]과 같다.

(a) 절점 해석과 계산기를 이용하여 $R_L$ 양단의 전압을 구하라.

(b) 부하 저항이 15 kΩ으로 바뀌었을 때 부하 전압에서 영향을 구하라.

▶ 그림 9-21

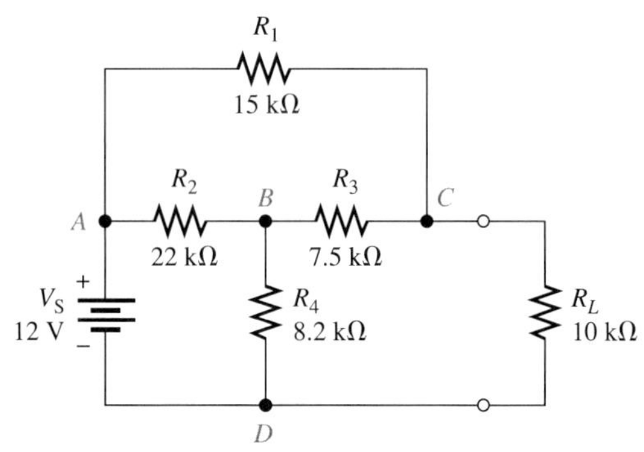


**풀이** (a) 절점 전압의 항에서 절점 $B$와 $C$에 키르히호프의 전류 법칙을 적용하라. 계수를 더 쉽게 다루기 위하여 모든 저항을 kΩ으로 표시한다. 전류는 mA가 될 것이다.

절점 $B$:

$$I_2 = I_3 + I_4$$

$$\frac{V_A - V_B}{R_2} = \frac{V_B - V_C}{R_3} + \frac{V_B}{R_4}$$

$$\frac{12 - V_B}{22\ \text{k}\Omega} = \frac{V_B - V_C}{7.5\ \text{k}\Omega} + \frac{V_B}{8.2\ \text{k}\Omega}$$

절점 $C$:

$$I_1 + I_3 = I_L$$

$$\frac{V_A - V_C}{R_1} + \frac{V_B - V_C}{R_3} = \frac{V_C}{R_L}$$

$$\frac{12\ \text{V} - V_C}{15\ \text{k}\Omega} + \frac{V_B - V_C}{7.5\ \text{k}\Omega} = \frac{V_C}{10\ \text{k}\Omega}$$

각 절점에 대한 방정식을 표준형으로 재배열하라. 편의상 단위는 문제 마지막까지 생략한다.

절점 $B$: 분모를 제거하기 위하여 절점 $B$에 대한 방정식에서 각 항에 $R_2R_3R_4$를 곱한다. 표준형으로 나타내기 위해 공통 항들을 묶는다.

$$R_3R_4(V_A - V_B) = R_2R_4(V_B - V_C) + R_2R_3V_B$$
$$(7.5)(8.2)(12 - V_B) = (22)(8.2)(V_B - V_C) + (22)(7.5)V_B$$
$$406.9V_B - 180.4V_C = 738$$

절점 $C$: 절점 $C$에 대한 방정식에서 각 항에 $R_1R_3R_L$을 곱하고 표준형으로 나타내기 위해 공통 항들을 묶는다.

$$R_3R_L(V_A - V_C) + R_1R_L(V_B - V_C) = R_1R_3V_C$$
$$(7.5)(10)(12 - V_C) + (15)(10)(V_B - V_C) = (15)(7.5)V_C$$
$$150V_B - 337.5V_C = -900$$

계산기에 의한 풀이: 표준형으로 표현된 두 방정식은 다음과 같다.

$$406.9V_B - 180.4V_C = 738$$
$$150V_B - 337.5V_C = -900$$

그림 9-22와 같이 $V_B$와 $V_C$를 구하기 위해 계산기에 방정식의 개수(2), 계수, 상수를 입력한다. 결과를 확인해 보면, 이 전압은 부하 전류가 0.432 mA라는 것을 의미함을 주목하라. 이것은 [예제 9-10]에서 망 전류 방법으로 구한 결과와 동일하다.

▶ 그림 9-22

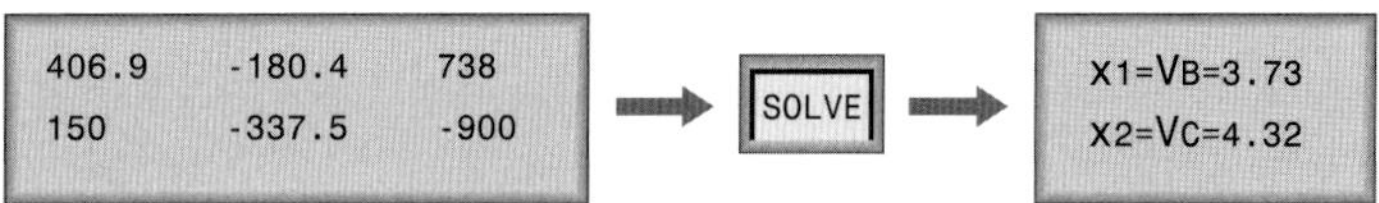


(b) 15 kΩ 부하 저항의 부하 전압을 계산하는 것은 절점 $B$에 대한 방정식에는 영향을 미치지 않음을 주목하라. 절점 $C$에서의 방정식은 다음과 같이 다시 쓸 수 있다.

$$\frac{12\text{ V} - V_C}{15\text{ k}\Omega} + \frac{V_B - V_C}{7.5\text{ k}\Omega} = \frac{V_C}{15\text{ k}\Omega}$$
$$(7.5)(15)(12 - V_C) + (15)(15)(V_B - V_C) = (15)(7.5)V_C$$
$$225V_B - 450V_C = -1350$$

절점 $C$에 대한 방정식에서 파라미터를 바꾸고 SOLVE 키를 누른다. 그 결과는 다음과 같다.

$$V_C = V_L = \mathbf{5.02\text{ V}}$$

관련 문제 15 kΩ의 부하 저항에 대해서, 절점 $B$에서의 전압은 얼마인가?

Multisim 파일 E09-13을 사용하여 [예제 9-13]과 [관련 문제]의 계산 결과를 확인하라.

**복습문제 9-4**

1. 절점 전압 방법에 대한 기본적인 회로 법칙은 무엇인가?
2. 기준 절점이란 무엇인가?

## 회로 응용

종속 전원은 8장에서 다루어졌고 트랜지스터와 증폭기의 모델링에 적용되었었다. 이 회로 응용에서는 이 장에서 소개된 방법을 이용하여 특정한 형태의 증폭기가 어떻게 모델링되고 해석되는지를 보게 될 것이다. 증폭기가 어떻게 동작하는지를 배우는 것은 이 책의 범위를 넘어서는 것이기 때문에 여기서의 주안점은 아니며, 그것은 추후 다른 과목에서 다루게 될 것이다. 여기서의 주안점은 회로 해석 방법을 회로 모델에 적용하는 것이다. 여기서 증폭기는 간단히 해석 방법을 실제 회로에 어떻게 적용할 수 있는지 설명하는 예로서 사용된다.

연산 증폭기는 신호 처리를 위한 아날로그 응용에서 널리 사용되는 집적 회로이다. 연산 증폭기 기호는 그림 9-23(a)에 나타내었다. 등가 종속 전원 모델은 9-23(b)에 나타내었다. 종속 전원 이득($A$)은 그것이 어떻게 구성되는지에 따라서 양이 될 수도 있고 음이 될 수도 있다.

변환기가 입력으로 주어졌을 때 연산 증폭기 회로의 효과를 자세하게 계산할 필요가 있다고 가정하자. pH 측정기와 같은 몇몇 변환기는 높은 직렬 저항을 갖는 작은 전원 전압으로 표현된다. 여기서 보이는 변환기는 10 kΩ의 테브냉 등가 저항이 직렬로 연결된 작은 테브냉 직류 전압원으로 모델링된다.

실제 증폭기는 외부 소자들이 연결된 연산 증폭기를 이용하여 만들어진다. 그림 9-24(a)에는 두 개의 다른 외부 저항과 함께 전원의 테브냉 저항을 포함하는 증폭기 구성의 한 유형을 나타내었다. $R_S$는 테브냉 전원 저항을 나타낸다. $R_L$은 부하 저항으로 연산 증폭기에서 접지로 연결되어 있고, $R_F$는 출력에서 입력으로 연결된 피드백 저항이다. 피드백이란 대부분의 연산 증폭기 회로에서 사용되는, 단순히 출력에서 입력으로 돌아가는 경로이다. 추후에 다른 과목에서 배우게 되겠지만 피드백은 많은 장점이 있다.

그림 9-24(b)는 해석 목적으로 사용하게 될 전원, op-앰프, 부하의 등가 회로 모델이다. op-앰프가 반전 증폭기(출력은 입력의 반대 부호를 갖는다)이기 때문에 op-앰프 블록에서 문자 $A$로 나타낸 종속 전원의 내부 이득은 음의 값을 갖는다. 이 내부 이득은 일반적으로 매우 높은 값이다. 비록 이것이 매우 큰 값이라 하더라도, 외부 소자와 연결된 회로의 실제 이득은 내부 이득보다는 외부 소자에 의해 조절되기 때문에 훨씬 작은 값을 갖게 된다.

이 응용에서 회로에 대한 특정한 값들을 설정된 전류들과 함께 그림 9-25에 나타내었다. 모든 값들은 방정식에서 계수 입력을 간편하게 하기 위해서 kΩ 단위로 나타내었다. 비록 op-앰프 회로가 출력 전압을 구하는 데 매우 훌륭하고 간단한

▶ 그림 9-23

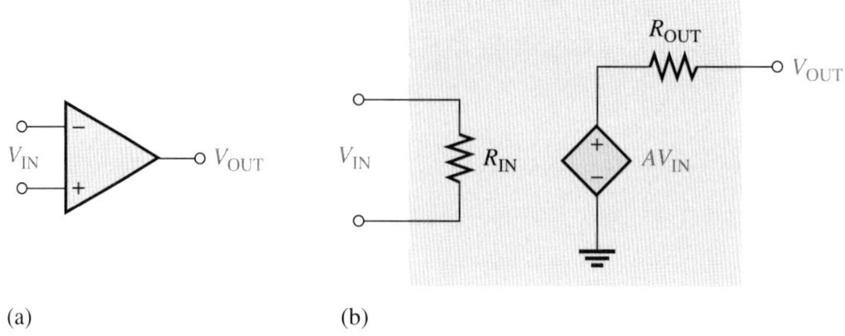


(a) (b)

▶ 그림 9-24

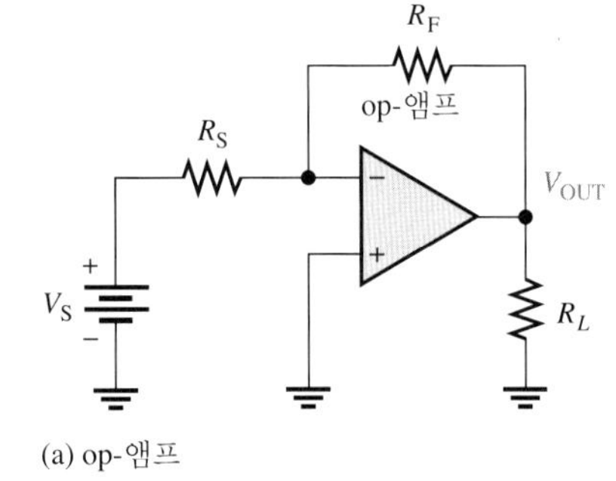


(a) op-앰프

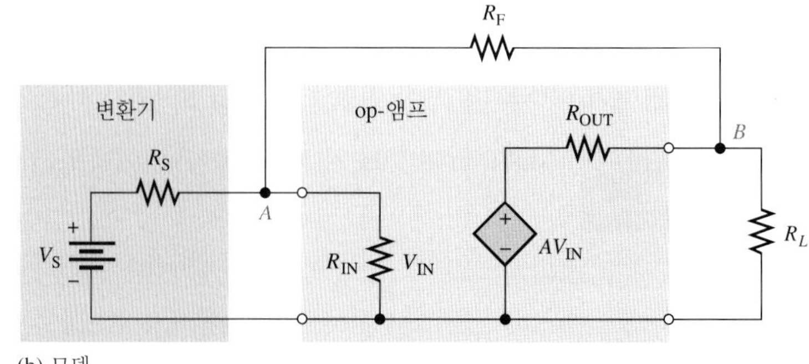


(b) 모델

▶ 그림 9-25

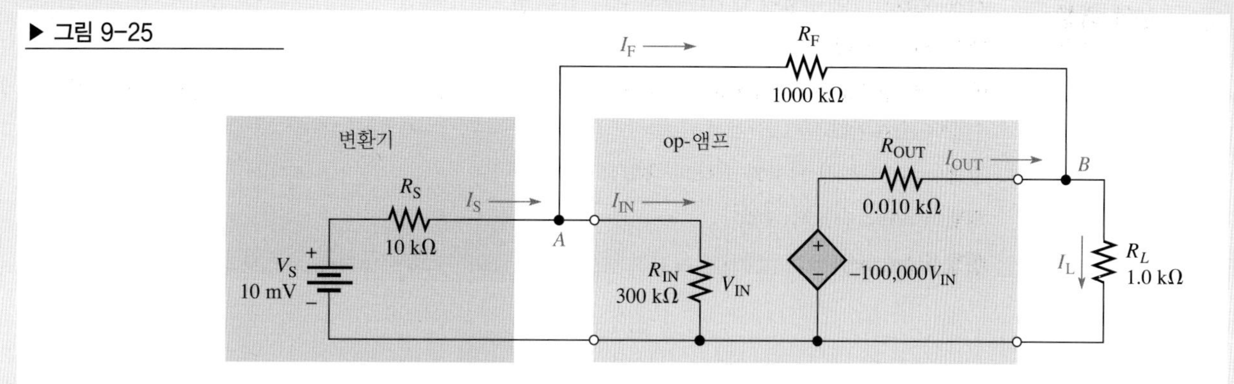


근사법이지만, 혹시 정확한 출력을 알기 원할지도 모른다. 정확한 출력 전압을 구하기 위해 이 장에서 얻은 지식을 이 회로에 적용할 수 있다.

그림 9-25의 증폭기 모델은 미지 전압들을 갖는 오로지 두 개의 절점 $A$와 $B$만 있기 때문에 절점 전압 방법으로 가장 쉽게 해석될 수 있다. 절점 $A$에서 전압은 $V_A$로 나타내며 op-앰프의 입력($V_{IN}$)과 동일하다. 절점 $B$에서 전압은 $V_B$로 나타내며 또한 출력(또는 부하 전압)은 $V_L$로 나타낸다. 전류 명칭과 방향은 그림에 보인 바와 같이 설정된다.

## 해석

절점 방정식을 기술하기 위하여 각 미지 절점에서 키르히호프의 전류 법칙을 적용한다.

절점 $A$: $I_S = I_F + I_{IN}$

절점 $B$: $I_{OUT} + I_F = I_L$

다음으로, 옴의 법칙을 적용하고 $V_{IN} = V_A$로 놓는다. op-앰프의 내부 전원 전압이 $AV_{IN}$이므로, 이것을 $V_A$와 $V_B$의 항으로 미지 값들을 표현하기 위하여 $AV_A$로 기술한다.

$$\text{절점 } A\text{: } \frac{V_S - V_A}{R_S} = \frac{V_A}{R_{IN}} + \frac{V_A - V_B}{R_F}$$

$$\text{절점 } B\text{: } \frac{AV_A - V_B}{R_{OUT}} + \frac{V_A - V_B}{R_F} = \frac{V_B}{R_L}$$

방정식을 표준형으로 기술하면 다음과 같다.

$$\text{절점 } A\text{: } -\left(\frac{1}{R_S} + \frac{1}{R_{IN}} + \frac{1}{R_F}\right)V_A + \left(\frac{1}{R_F}\right)V_B = -\left(\frac{1}{R_S}\right)V_S$$

$$\text{절점 } B\text{: } -\left(\frac{A}{R_{OUT}} + \frac{1}{R_F}\right)V_A + \left(\frac{1}{R_L} + \frac{1}{R_{OUT}} + \frac{1}{R_F}\right)V_B = 0$$

- 그림 9-25에서 주어진 값들을 표준형 방정식에 대입한다. $V_{IN}$과 $V_L$을 구하기 위해 방정식을 풀어라(저항은 kΩ 단위로 입력될 수 있다).
- 입력 전류 $I_{IN}$과 피드백 저항에 흐르는 전류 $I_F$를 계산하라.

## 복습문제

1. 만약 부하 저항 $R_L$이 두 배가 된다면 출력 전압은 변하는가?
2. 만약 피드백 저항 $R_F$가 두 배가 된다면 출력 전압은 변하는가?

## 요약

- 연립방정식은 치환, 행렬식 또는 그래픽 계산기로 풀 수 있다.
- 방정식의 개수는 미지수의 개수와 같아야 한다.
- 2차 행렬식은 대각선 방향으로 곱한 다음 부호를 고려한 후 더하여 계산한다.
- 3차 행렬식은 확장 방법으로 계산한다.
- 가지 전류 방법은 키르히호프의 전압 법칙과 전류 법칙에 기초한다.
- 망 전류 방법은 키르히호프의 전압 법칙에 기초한다.
- 망 전류는 실제로 가지에 흐르는 전류일 필요는 없다.
- 절점 전압 방법은 키르히호프의 전류 법칙에 기초한다.

## 용어 해설

**가지**(branch): 두 절점을 연결하는 하나의 전류 경로

**망**(loop): 회로에서 닫힌 전류 경로

**연립방정식**(simultaneous equations): $n$개의 미지수를 포함하는 $n$개 방정식의 집합으로, 여기서 $n$은 2 이상의 숫자이다.

**절점**(node): 두 개 이상의 소자의 접합점

**행렬**(matrix): 수들의 배열

**행렬식**(determinant): 연립방정식에서 계수와 상수들의 배열로 구성된 행렬의 풀이

## 자기 진단

**1.** 그림 9-6에서 전압원의 값을 안다고 가정하면, (  )가 있다.
(a) 3개의 필요한 망 (b) 1개의 미지 절점 (c) 2개의 필요한 망
(d) 2개의 미지 절점 (e) (b)와 (c) 모두

**2.** 가지 전류의 방향 설정에서
(a) 방향은 중요하다 (b) 모두 같은 방향이어야 한다
(c) 한 절점으로 모여야 한다 (d) 방향은 중요하지 않다

**3.** 가지 전류 방법은 어떤 법칙을 이용하는가?
(a) 옴의 법칙 및 키르히호프의 전압 법칙
(b) 키르히호프의 전압 및 전류 법칙
(c) 중첩 정리와 키르히호프의 전류 법칙
(d) 테브냉 정리와 키르히호프의 전압 법칙

**4.** 두 개의 연립방정식에 대한 특성 행렬식은 다음 중 무엇을 갖는가?
(a) 2행과 1열 (b) 1행과 2열 (c) 2행과 2열

**5.** 어떤 행렬식의 첫 번째 행이 2와 4이고, 두 번째 행이 6과 1이다. 이 행렬식의 값은 얼마인가?
(a) 22 (b) 2 (c) −22 (d) 8

**6.** 행렬식을 계산하기 위한 확장 방법은
(a) 2차 행렬식에만 좋다 (b) 2차와 3차 행렬식에만 좋다
(c) 어떤 행렬식에도 좋다 (d) 계산기를 사용하는 것보다 쉽다

**7.** 망 전류 방법은 무엇에 기초하는가?
(a) 키르히호프의 전류 법칙 (b) 옴의 법칙
(c) 중첩 정리 (d) 키르히호프의 전압 법칙

**8.** 절점 전압 방법은 무엇에 기초하는가?
(a) 키르히호프의 전류 법칙 (b) 옴의 법칙
(c) 중첩 정리 (d) 키르히호프의 전압 법칙

**9.** 절점 전압 방법에 있어서 맞는 것은?
(a) 전류들은 각 절점에서 할당된다.
(b) 전류들은 기준 절점에서 할당된다.
(c) 전류의 방향은 임의의 방향으로 할당될 수 있다.
(d) 전류는 전압을 알 수 없는 절점에만 할당된다.
(e) (c)와 (d) 둘 다

**10.** 일반적으로 절점 전압 방법은
(a) 망 전류 방법보다 방정식 수가 더 많다
(b) 망 전류 방법보다 방정식 수가 더 적다
(c) 망 전류 방법의 방정식 수와 같다

## 퀴즈

그림 9-26을 보면서 다음 물음에 답하라.

**1.** $R_2$가 개방된다면, $R_3$에 흐르는 전류는?
(a) 증가한다 (b) 감소한다 (c) 변하지 않는다

**2.** 6 V 전원이 단락된다면, 접지에 대한 점 $A$에서의 전압은?
(a) 증가한다 (b) 감소한다 (c) 변하지 않는다

**3.** $R_2$가 접지와의 연결이 끊어지면, 접지에 대한 점 $A$에서의 전압은?
(a) 증가한다 (b) 감소한다 (c) 변하지 않는다

그림 9-27을 보면서 다음 물음에 답하라.

**4.** 전류원이 개방되지 못하면, $R_2$에 흐르는 전류는?
(a) 증가한다 (b) 감소한다 (c) 변하지 않는다

**5.** $R_2$가 개방된다면, $R_3$에 흐르는 전류는?
(a) 증가한다 (b) 감소한다 (c) 변하지 않는다

그림 9-30을 보면서 다음 물음에 답하라.

**6.** $R_1$이 개방된다면, 단자 $A$와 $B$ 사이의 전압의 크기는?
(a) 증가한다 (b) 감소한다 (c) 변하지 않는다

**7.** $R_3$가 10 Ω으로 대체되면, $V_{AB}$는?
(a) 증가한다 (b) 감소한다 (c) 변하지 않는다

**8.** 점 $B$가 전원의 음의 단자에 단락되면, $V_{AB}$는?
(a) 증가한다 (b) 감소한다 (c) 변하지 않는다

**9.** 전원의 음의 단자가 접지에 연결되면, $V_{AB}$는?
(a) 증가한다 (b) 감소한다 (c) 변하지 않는다

그림 9-32를 보면서 다음 물음에 답하라.

**10.** 전압원 $V_{S2}$가 개방되지 못한다면, 접지에 대한 점 $A$에서의 전압은?
(a) 증가한다 (b) 감소한다 (c) 변하지 않는다

**11.** 점 $A$에서 접지로 단락된다면, $R_3$에 흐르는 전류는?
(a) 증가한다 (b) 감소한다 (c) 변하지 않는다

**12.** $R_2$가 개방된다면, $R_3$에 걸리는 전압은?
(a) 증가한다 (b) 감소한다 (c) 변하지 않는다

## 문제

### 9-1 회로 해석에서의 연립방정식

**1.** 치환법을 이용하여, 다음과 같은 $I_{R1}$과 $I_{R2}$에 대한 방정식을 풀어라.

$$100I_1 + 50I_2 = 30$$
$$75I_1 + 90I_2 = 15$$

**2.** 각 행렬식을 계산하라.

(a) $\begin{vmatrix} 4 & 6 \\ 2 & 3 \end{vmatrix}$ (b) $\begin{vmatrix} 9 & -1 \\ 0 & 5 \end{vmatrix}$ (c) $\begin{vmatrix} 12 & 15 \\ -2 & -1 \end{vmatrix}$ (d) $\begin{vmatrix} 100 & 50 \\ 30 & -20 \end{vmatrix}$

**3.** 행렬식을 이용하여 다음과 같은 두 전류에 대한 방정식을 풀어라.

$$-I_1 + 2I_2 = 4$$
$$7I_1 + 3I_2 = 6$$

**4.** 각 행렬식을 계산하라.

(a) $\begin{vmatrix} 1 & 0 & -2 \\ 5 & 4 & 1 \\ 2 & 10 & 0 \end{vmatrix}$ (b) $\begin{vmatrix} 0.5 & 1 & -0.8 \\ 0.1 & 1.2 & 1.5 \\ -0.1 & -0.3 & 5 \end{vmatrix}$

**5.** 각 행렬식을 계산하라.

(a) $\begin{vmatrix} 25 & 0 & -20 \\ 10 & 12 & 5 \\ -8 & 30 & -16 \end{vmatrix}$ (b) $\begin{vmatrix} 1.08 & 1.75 & 0.55 \\ 0 & 2.12 & -0.98 \\ 1 & 3.49 & -1.05 \end{vmatrix}$

**6.** [예제 9-4]에서 $I_3$를 구하라.

**7.** 행렬식을 이용하여 다음 방정식에서 $I_1, I_2, I_3$를 구하라.

$$2I_1 - 6I_2 + 10I_3 = 9$$
$$3I_1 + 7I_2 - 8I_3 = 3$$
$$10I_1 + 5I_2 - 12I_3 = 0$$

***8.** 계산기를 이용하여 다음 방정식에서 $V_1, V_2, V_3, V_4$를 구하라.

$$16V_1 + 10V_2 - 8V_3 - 3V_4 = 15$$
$$2V_1 + 0V_2 + 5V_3 + 2V_4 = 0$$
$$-7V_1 - 12V_2 + 0V_3 + 0V_4 = 9$$
$$-1V_1 + 20V_2 - 18V_3 + 0V_4 = 10$$

**9.** 문제 1에서 두 개의 연립방정식을 계산기를 이용하여 풀어라.

**10.** 문제 7에서 세 개의 연립방정식을 계산기를 이용하여 풀어라.

### 9-2 가지 전류 방법

**11.** 그림 9-26에서 절점 $A$에 표시된 전류 설정에 대한 키르히호프의 전류 방정식을 기술하라.

**12.** 그림 9-26에서 각 가지 전류를 구하라.

**13.** 그림 9-26의 각 저항 양단의 전압 강하를 구하고 실제 극성을 표시하라.

▶ 그림 9-26

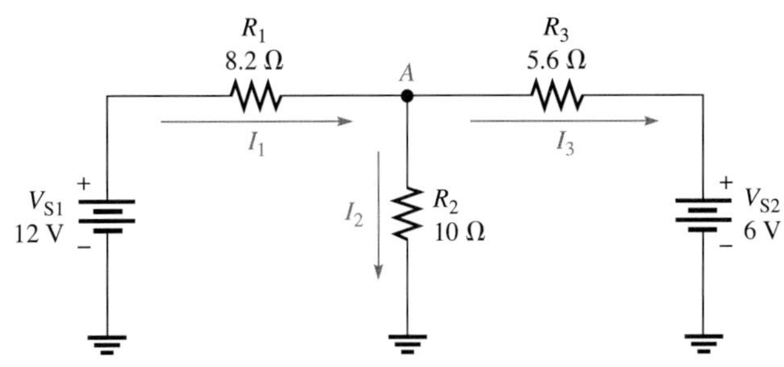


*14. 그림 9-27에서 각 저항에 흐르는 전류를 구하라.

15. 그림 9-27에서 전류원 양단(점 *A*와 *B*) 전압을 구하라.

▶ 그림 9-27

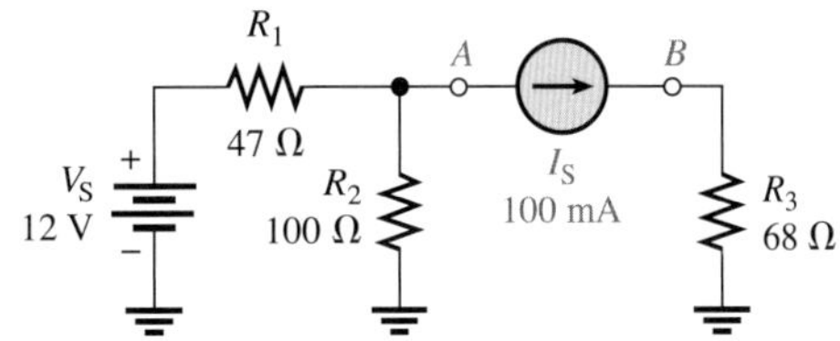


## 9-3 망 전류 방법

16. 다음 방정식에 대한 특성 행렬식을 기술하라.

$$0.045I_A + 0.130I_B + 0.066I_C = 0$$
$$0.177I_A + 0.0420I_B + 0.109I_C = 12$$
$$0.078I_A + 0.196I_B + 0.029I_C = 3.0$$

17. 그림 9-28에서 망 전류 방법을 이용하여 망 전류를 구하라.

18. 그림 9-28에서 가지 전류를 구하라.

19. 그림 9-28에서 각 저항에 대한 전압과 극성을 구하라.

▶ 그림 9-28

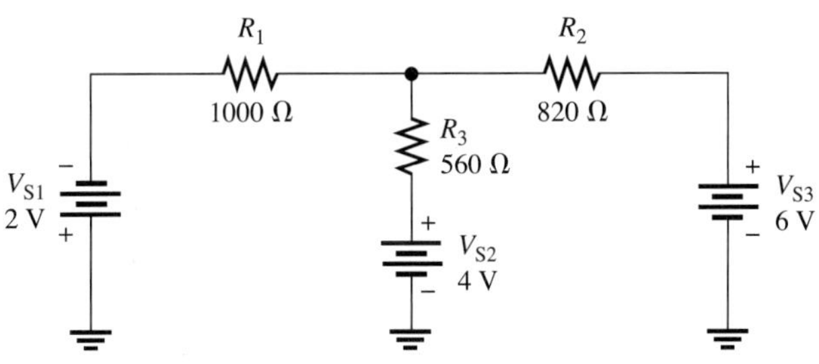


20. 그림 9-29에서 회로에 대한 망 방정식을 기술하라.

21. 그림 9-29에서 계산기를 이용하여 망 전류를 구하라.

22. 그림 9-29에서 각 저항에 흐르는 전류를 구하라.

▶ 그림 9-29

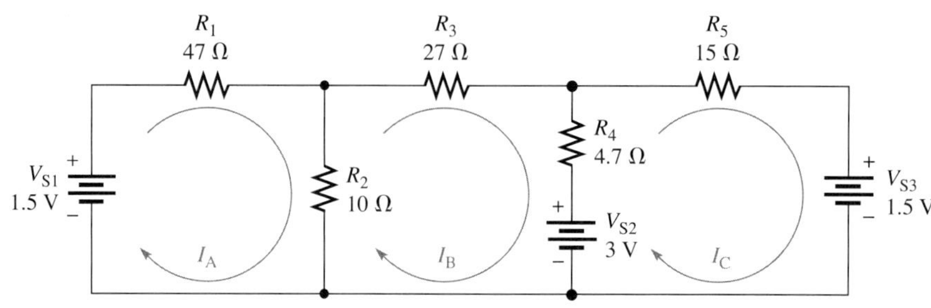


**23.** 그림 9-30에서 개방 브리지 단자 *A*와 *B* 양단의 전압을 구하라.

**24.** 그림 9-30에서 10 Ω의 저항이 단자 *A*에서 단자 *B*로 연결되었을 때 그것에 흐르는 전류는 얼마인가?

▶ 그림 9-30

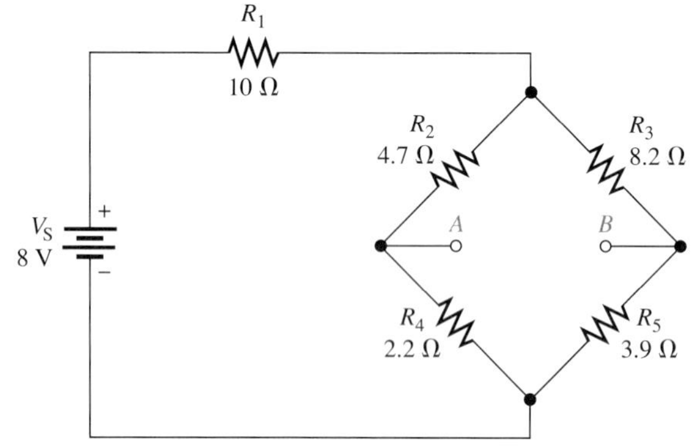


**25.** 그림 9-31에서 브리지-T 회로에 대한 망 방정식을 표준형으로 기술하라.

▶ 그림 9-31

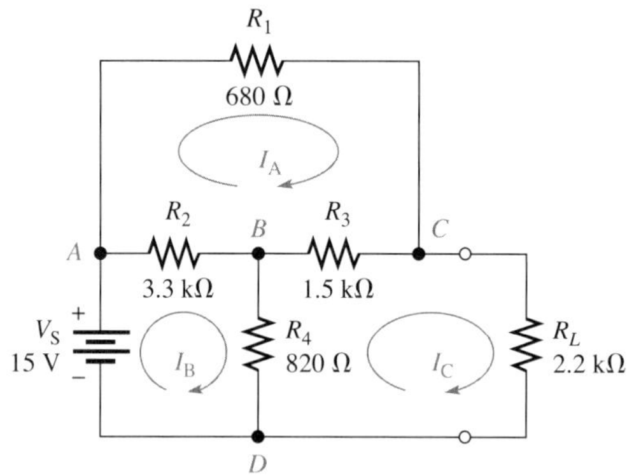


## 9-4 절점 전압 방법

**26.** 그림 9-32에서 접지에 대한 점 *A*에서의 전압을 구하기 위해 절점 전압 방법을 이용하라.

**27.** 그림 9-32에서 가지 전류 값은 얼마인가? 각 가지에 흐르는 전류의 실제 방향을 표시하라.

**28.** 그림 9-29에 대한 절점 전압 방정식을 기술하라. 절점 전압을 구하기 위하여 계산기를 사용하라.

▶ 그림 9-32

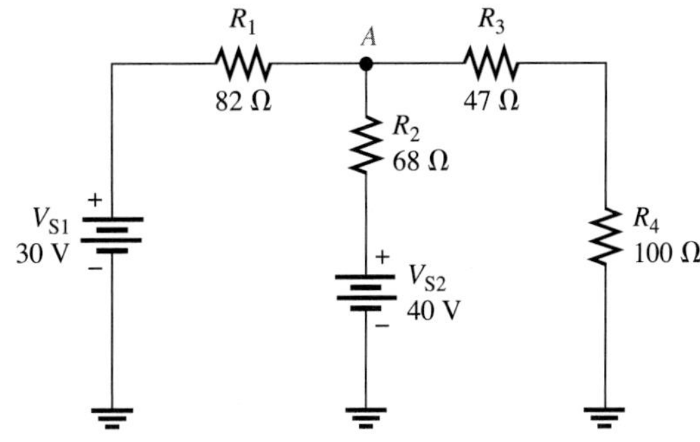


**29.** 그림 9-33에서 접지에 대한 점 $A$와 $B$에서의 전압을 구하기 위해 절점 해석법을 이용하라.

▶ 그림 9-33

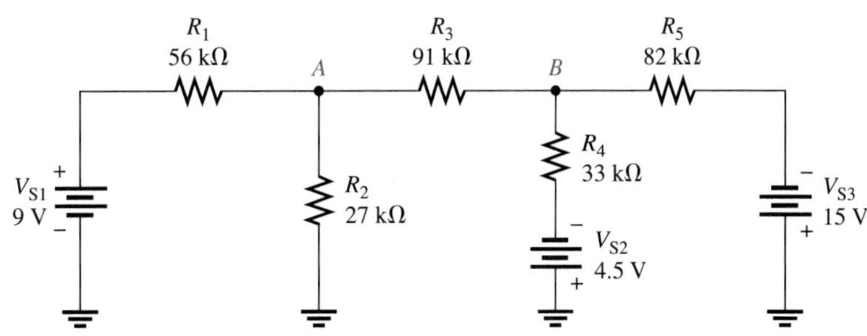


***30.** 그림 9-34에서 점 $A, B, C$에서의 전압을 구하라.

▶ 그림 9-34

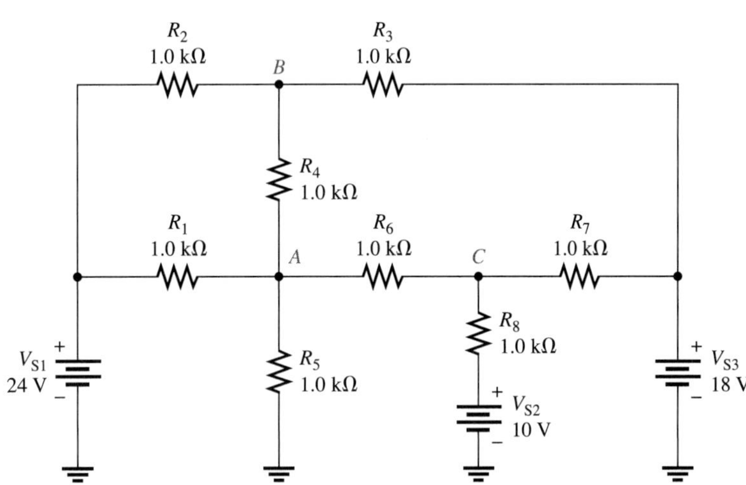

***31.** 그림 9-35에서 각 미지 절점에서 모든 전류와 전압을 구하기 위해 절점 해석법, 망 해석법, 또는 다른 절차를 사용하라.

▶ 그림 9-35

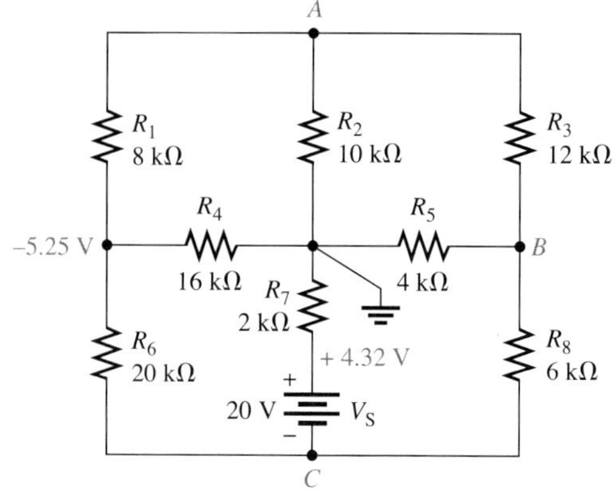

## Multisim 고장진단과 분석

Multisim CD-ROM을 사용하여 다음 문제를 풀어 보라.

**32.** P09-32 파일을 열고, 각 저항에 흐르는 전류를 측정하라.

**33.** P09-33 파일을 열고, 각 저항에 흐르는 전류를 측정하라.

**34.** P09-34 파일을 열고, 접지에 대한 절점 *A*와 *B*에서의 전압을 측정하라.

**35.** P09-35 파일을 열어라. 고장이 있는지 살펴보고 만약 있다면 어떤 고장인지 명시하라.

**36.** P09-36 파일을 열고, 접지에 대한 출력 단자 1, 2에서의 전압을 측정하라.

**37.** P09-37 파일을 열고, 고장이 무엇인지 구하라.

**38.** P09-38 파일을 열고, 고장이 무엇인지 구하라.

**39.** P09-39 파일을 열고, 고장이 무엇인지 구하라.

## 복습문제 해답

### 9-1 회로 해석에서의 연립방정식

**1.** (a) 4 (b) 0.415 (c) −98

**2.** $\begin{vmatrix} 2 & 3 \\ 5 & 4 \end{vmatrix}$

**3.** −0.286 A = −286 mA

**4.** $I_1 = -.038893513289$

$I_2 = .084110232475$

$I_3 = .041925798204$

$I_4 = -.067156192401$

**5.** $I_1 = -.056363148617$

$I_2 = .07218287729$

$I_3 = .065684612774$

$I_4 = -.041112571034$

### 9-2 가지 전류 방법

**1.** 가지 전류 방법에서는 키르히호프의 전압 법칙 및 전류 법칙이 사용된다.

**2.** 거짓, 그러나 설정한 전류 방향에 일관되게 방정식을 기술한다.

**3.** 망이란 회로 내에서의 닫힌 경로이다.

**4.** 절점이란 두 개 이상의 소자의 접합점이다.

### 9-3 망 전류 방법

**1.** 아니다. 망 전류가 가지 전류와 똑같을 필요는 없다.

**2.** 음의 값은 방향이 반대임을 의미한다.

**3.** 키르히호프의 전압 법칙은 망 해석에 사용된다.

### 9-4 절점 전압 방법

**1.** 키르히호프의 전류 법칙은 절점 해석 방법의 기초가 된다.

**2.** 기준 절점은 모든 회로 전압의 기준이 되는 접합점이다.

### 회로 응용

**1.** 출력 전압이 변하지 않는다.

**2.** 출력 전압이 두 배가 된다.

## 관련 문제 해답

**9-1** $20x_1 - 11x_2 = -15$
$18x_1 + 25x_2 = 10$

**9-2** $10V_1 - 21V_2 - 50V_3 = -15$
$18V_1 + 25V_2 - 12V_3 = 10$
$18V_1 - 25V_2 + 12V_3 = 9$

**9-3** 3.71 A

**9-4** −289 mA

**9-5** $X_1 = -1.76923076923; X_2 = -18.5384615385; X_3 = -34.4615384615$

**9-6** 9-5에 대한 답과 동일한 결과를 얻게 된다.

**9-7** $I_1 = 17.2$ mA; $I_2 = 8.74$ mA; $I_3 = -8.44$ mA

**9-8** $I_1 = X_1 = .013897190675(\approx 13.9 \text{ mA}); I_2 = X_2 = -.001867901972(\approx -1.87 \text{ mA})$

**9-9** 구한 답이 맞다.

**9-10** $V_1 = 7.68$ V, $V_2 = 8.25$ V, $V_3 = 0.6$ V, $V_4 = 3.73$ V, $V_L = 4.32$ V

**9-11** 1.92 V

**9-12** $I_1 = 18.8$ mA, $I_2 = 19.3$ mA, $I_3 = 16.2$ mA, $I_4 = 15.8$ mA, $I_L = 0.39$ mA

**9-13** $V_B = 4.04$ V

## 자기 진단 해답

**1.** (e) **2.** (d) **3.** (b) **4.** (c) **5.** (c) **6.** (b) **7.** (d) **8.** (a)
**9.** (e) **10.** (b)

## 퀴즈 해답

**1.** (a) **2.** (b) **3.** (a) **4.** (a) **5.** (c) **6.** (b) **7.** (a) **8.** (a)
**9.** (c) **10.** (b) **11.** (b) **12.** (b)

CHAPTER 10

# 자기와 전자기

## 이 장의 차례



## 이 장의 목표

- 자기장의 원리를 설명한다.
- 전자기의 원리를 설명한다.
- 여러 종류의 전자기 소자 동작원리를 설명한다.
- 자기 히스테리시스를 설명한다.
- 전자기 유도의 원리를 논의한다.
- 전자기 유도가 응용되는 분야를 설명한다.

## 핵심 용어

- 렌츠의 법칙
- 릴럭턴스
- 릴레이
- 보자력
- 솔레노이드
- 스피커
- 암페어-권수(At)
- 웨버(Wb)
- 유도 전류($i_{ind}$)
- 유도 전압($v_{ind}$)
- 자기원동력(mmf)
- 자기장
- 자속
- 전자기
- 전자기 유도
- 전자기장
- 테슬라
- 투자율
- 패러데이의 법칙
- 히스테리시스
- 힘의 선

## 회로 응용 소개

회로 응용에서는 전자기 릴레이가 방범 경보 시스템에 어떻게 사용되는지와 기본적인 경보 시스템의 검사 절차에 대해 살펴볼 것이다.

## 인터넷 학습자료

http://www.prenhall.com/floyd

## 이 장의 소개

이 장은 직류 회로의 범위에서 다소 벗어나 자기와 전자기의 개념을 소개한다. 릴레이, 솔레노이드, 스피커와 같은 소자들의 동작은 부분적으로 자기와 전자기의 원리를 따른다. 전자기 유도는 13장의 주제인 인덕터 또는 코일이라는 전기 소자에서 중요한 부분이다.

자석에는 영구자석과 전자석의 두 가지 형태가 있다. 영구자석은 외부의 자극 없이 두 극 사이에 일정한 자기장을 유지한다. 전자석은 전류가 흐를 때만 자기장을 발생시킨다. 전자석은 기본적으로 자기 코어 물질을 둘러싸고 감겨 있는 코일이다.

# 10-1 자기장

영구자석은 자석을 둘러싼 자기장을 갖는다. **자기장**(magnetic field)은 N극에서 나와 S극으로 들어가 자석 내부에서 다시 N극으로 되돌아가는 방사상의 **힘을 나타내는 선**(lines of force)으로 구성된다.

이 절의 학습 내용은 다음과 같다.

- **자기장의 원리**
  - *자속*의 정의
  - *자속 밀도*의 정의
  - 물질이 자석이 되는 방법
  - 자기 스위치의 동작

그림 10-1의 막대자석과 같은 영구자석은 힘의 선 또는 자속선으로 구성된 자기장으로 둘러싸여 있다. 그림에는 간단히 힘의 선을 몇 개만 보였다. 그러나 3차원적으로 자석을 둘러싼 많은 힘의 선이 있다고 생각하자. 자력선은 가장 작은 크기로 작아지고 접촉 없이 서로 뒤섞일 수 있다. 이 효과로 자석을 둘러싼 자기장이 연속적으로 형성된다.

▶ 그림 10-1

막대자석 주위의 자력선

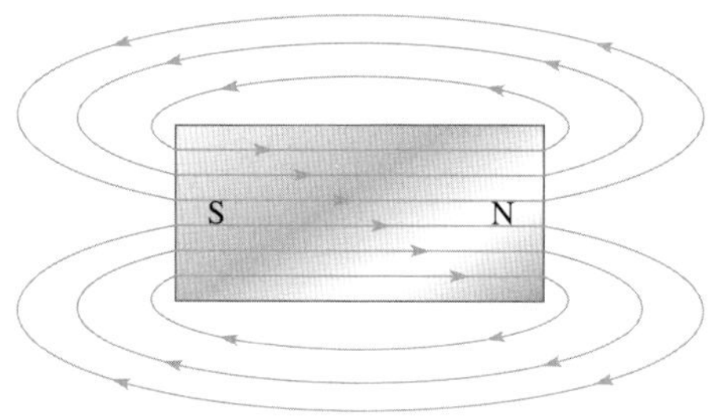


실선은 자기장 내의 많은 자력선 중 일부만 나타낸 것이다.

두 자석을 서로 다른 극끼리 가까이 두면, 그림 10-2(a)와 같이 자기장 때문에 인력이 발생한다. 서로 같은 극끼리 가까이 두면 그림 10-2(b)와 같이 척력이 발생한다.

종이, 유리, 나무, 플라스틱 같은 비자성 물질이 자기장 내부에 있을 때 자력선의 형태는 그림 10-3(a)와 같이 변하지 않는다. 그러나 철과 같은 자성 물질이 자기장 내부에 있으면 자력선은 공기보다는 철을 통과하기 위해 경로를 바꾸려 한다. 이렇게 경로를 바꾸는 것은 공기보다 철에서 자기력 통과가 더 쉽기 때문이다. 그림 10-3(b)가 이러한 원리를 보여주고 있다. 자력선이 자성을 가진 철이나 그 외의 물질을 지나는 성질은 외부 환경에 민감한 회로에서 잔여 자기장이 통과하는 것을 방지하는 자력선의 차폐물 설계에 사용될 수 있다.

**BIOGRAPHY**

빌헬름 에드워드 베버 (Wilhelm Eduard Weber, 1804~1891)

베버는 다음에 언급할 가우스와 함께 일한 독일의 물리학자이다. 독립적으로 절대 전기 단위 시스템을 만들었으며 또한 빛의 전자기 원리 개발에 결정적인 역할을 수행했다. 그의 업적을 기려 자속의 단위로 그의 이름을 사용한다.

## 자속($\phi$)

N극에서 나와 S극으로 들어가는 자력선의 묶음을 $\phi$(그리스 문자 파이)로 표시하며 **자속**(magnetic flux)이라고 한다. 자기장에서 자력선의 수는 자속의 값을 결정한다. 자력선의 수가

◀ 그림 10-2
인력과 척력

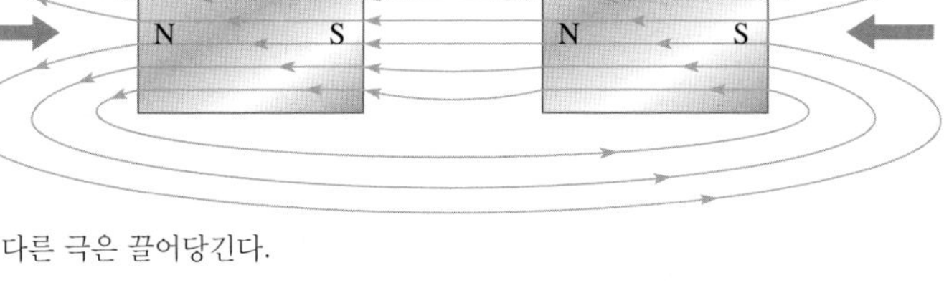


(a) 다른 극은 끌어당긴다.

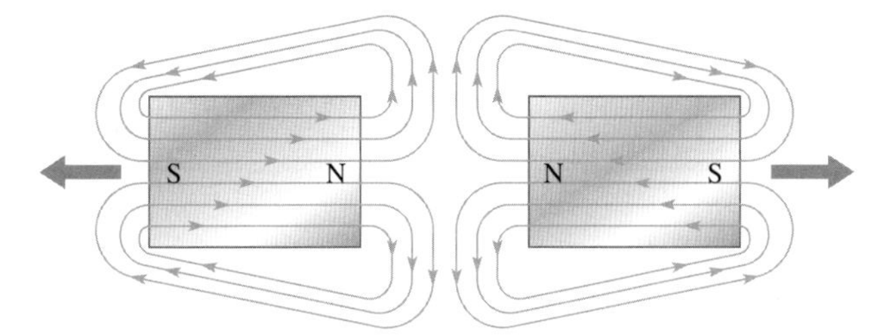


(b) 같은 극은 밀어낸다.

◀ 그림 10-3
자기장 내에서 (a) 비자성 물질과 (b) 자성 물질의 영향

S N N
유리
(a)

S
철
(b)

많을수록 자속의 값이 크고 자기장의 힘도 세다.

자속의 단위는 **웨버**(weber, Wb)이다. 1웨버는 $10^8$개의 자력선과 같다. 웨버는 매우 큰 단위라서 실제로는 대개 마이크로웨버($\mu$Wb)가 사용된다. 1마이크로웨버는 100개의 자력선과 같다.

## 자속 밀도($B$)

**자속 밀도**(magnetic flux density)는 자기장에 수직한 단위 면적당 자속의 양이다. 자속의 기호는 $B$이며 SI 단위는 **테슬라**(tesla, T)이다. 1테슬라는 제곱미터당 1웨버($Wb/m^2$)이다. 다음은 자속 밀도 식이다.

$$B = \frac{\phi}{A} \tag{10-1}$$

**BIOGRAPHY**

니콜라 테슬라
Nikola Tesla,
(1856~1943)

테슬라는 크로아티아(그 당시는 오스트리아-헝가리)에서 태어났다. 그는 교류 인덕턴스 전동기, 다상 교류 시스템, 테슬라 코일 변압기, 무선 통신 및 형광등을 개발한 전기 기술자이다. 1884년 미국에 처음 왔을 때 에디슨과 함께 일했으며 나중에는 웨스팅하우스에서 근무하였다. 그의 업적을 기려 자속밀도의 SI 단위는 그의 이름을 사용한다.

여기서 $\phi$는 자속(Wb)이고, $A$는 제곱미터($m^2$)로 표시한 자기장의 단면적이다.

**예제 10-1** 그림 10-4에서 보여주고 있는 두 개의 자기 코어에서 자속과 자속 밀도를 비교하라. 그림은 자성을 띤 물질의 단면을 보여주고 있다. 각각의 점은 100개의 선과 1 μWb로 가정하자.

▶ **그림 10-4**

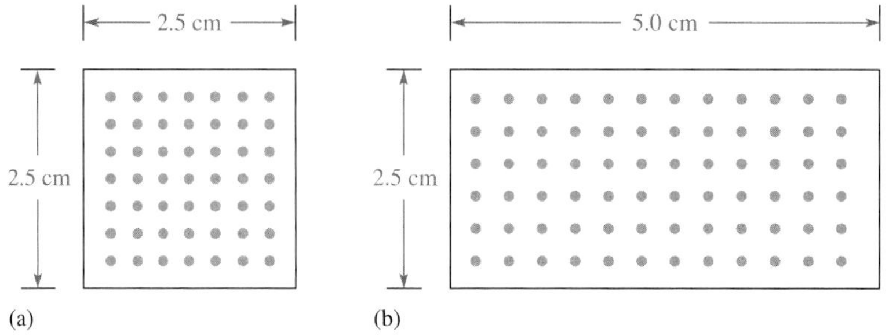

**풀이** 자속은 간단히 선의 개수이다. 그림 10-4(a)의 점은 49개이다. 각각의 점은 1 μWb이므로 그림 10-4(a)의 자속은 49 μWb이다. 그림 10-4(b)의 점은 72개여서 자속이 72 μWb이다.

그림 10-4(a)의 자속을 계산하기 위해 먼저 면적을 계산하자.

$$A = l \times w = 0.025\,\text{m} \times 0.025\,\text{m} = 6.25 \times 10^{-4}\,\text{m}^2$$

그림 10-4(b)의 면적은 다음과 같다.

$$A = l \times w = 0.025\,\text{m} \times 0.050\,\text{m} = 1.25 \times 10^{-3}\,\text{m}^2$$

자속 밀도를 계산하기 위해 식 (10-1)을 이용하자. 그림 10-4(a)의 자속 밀도는

$$B = \frac{\phi}{A} = \frac{49\,\mu\text{Wb}}{6.25 \times 10^{-4}\,\text{m}^2} = 78.4 \times 10^{-3}\,\text{Wb/m}^2 = 78.4 \times 10^{-3}\,\text{T}$$

이고, 그림 10-4(b)의 자속 밀도는 다음과 같다.

$$B = \frac{\phi}{A} = \frac{72\,\mu\text{Wb}}{1.25 \times 10^{-3}\,\text{m}^2} = 57.6 \times 10^{-3}\,\text{Wb/m}^2 = 57.6 \times 10^{-3}\,\text{T}$$

표 10-1의 데이터는 두 코어를 비교한 것이다. 큰 자속을 가진 코어가 반드시 큰 자속 밀도를 갖지는 않는다는 것을 기억하자.

**표 10-1**

| | 자속(Wb) | 면적($m^2$) | 자속 밀도(T) |
|---|---|---|---|
| 그림 10-4(a) | 49 μWb | $6.25 \times 10^{-4}\,\text{m}^2$ | $78.4 \times 10^{-3}\,\text{T}$ |
| 그림 10-4(b) | 72 μWb | $1.25 \times 10^{-3}\,\text{m}^2$ | $57.6 \times 10^{-3}\,\text{T}$ |

**관련 문제** 그림 10-4(a)에서 자속은 같고 코어가 5 cm × 5 cm일 때 자속 밀도는 어떻게 되는가?

**예제 10-2** 어떤 자성 물질 내부의 자속 밀도가 0.23 T이고 물질의 단면적이 0.38 in.$^2$이다. 물질을 통과하는 자속을 구하라.

**풀이** 먼저 0.38 in.$^2$를 제곱미터 단위로 변환해야 한다. 39.37 in. = 1m이므로, 면적은

$$A = 0.38\text{ in.}^2[1\text{ m}^2/(39.37\text{ in.})^2] = 245 \times 10^{-6}\text{ m}^2$$

이고, 물질을 통과하는 자속은 다음과 같다.

$$\phi = BA = (0.23\text{ T})(245 \times 10^{-6}\text{ m}^2) = \mathbf{56.4\ \mu Wb}$$

**관련 문제** $A = 0.05$ in.$^2$ 이고 $\phi = 1000\ \mu$Wb일 때 $B$를 구하라.

## 가우스

자속 밀도를 나타낼 때 SI 단위계에서는 테슬라(T)가 사용되지만 CGS(centimeter-gram-second) 단위계의 **가우스**(gauss)도 종종 사용된다($10^4$가우스 = 1 T). 자속을 측정하는 데 사용되는 장비로는 가우스미터가 있다. 가우스 단위는 지구장(지역에 따라 0.3~0.6가우스 정도)과 같은 작은 자기장의 단위로 사용하기 편리하다.

**BIOGRAPHY**

칼 프리드리히 가우스 Karl Friedrich Gauss, (1777~1855)

가우스는 18세기 많은 수학 이론들을 반증한 독일의 수학자이다. 후에 그는 지자기의 체계적인 관측을 위한 전 세계적인 단위계를 만들기 위해 웨버와 함께 일하였다. 전자기에 대한 그들의 가장 중요한 연구 이론은 이후 다른 사람들에 의해 전신(telegraphy)의 개발에 적용되었다. 그의 업적을 기려 자속밀도의 CGS 단위는 그의 이름을 사용한다.

## 물질은 어떻게 자석이 되는가

철, 니켈, 코발트 같은 강자성체는 자석의 자기장에 두면 자화된다. 영구자석에 클립이나 못, 쇳가루 따위가 붙는 것을 본 기억이 있을 것이다. 이 경우 자석에 붙은 물질은 영구자석의 자기장의 영향으로 자화되어(실질적으로 자석이 된다), 자석을 끌어당긴다. 자기장을 제거하면 일반적으로 물질은 자력을 잃는다.

강자성체는 원자구조상 미소한 자구들을 갖는다. 이러한 자구들은 N극과 S극을 갖는 매우 작은 막대자석으로 볼 수 있다. 물질이 외부 자기장에 노출되지 않으면 자구들은 그림 10-5(a)와 같이 마구잡이로 정렬된다. 물질을 자기장에 두면 자구들은 그림 10-5(b)와 같이 일정하게 정렬한다. 그러므로 물질 자체가 실제적으로 자석이 된다.

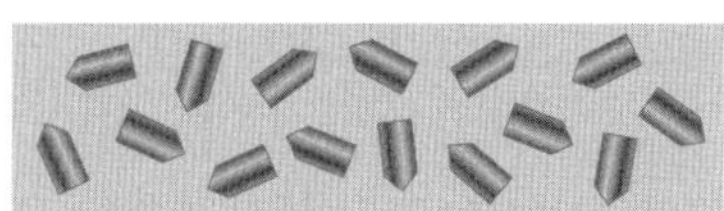

(a) 비자성 물질에서 자구는 임의의 방향을 갖는다.

N 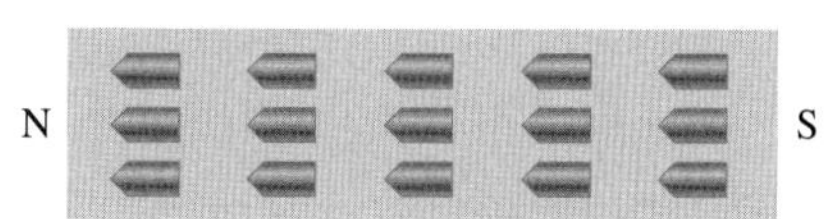 S

(b) 자성 물질에서 자구는 정렬된다.

◀ **그림 10-5**

(a) 비자성 물질과 (b) 자성 물질의 자구

## 응용

영구자석은 평상시 닫혀 있는(NC: normally closed) 자기 스위치와 같이 스위치로 사용될 수 있다. 그림 10-6(a)와 같이 자석이 스위치에 가까이 있으면 금속 막대가 NC 위치를 유지한다. 그림 10-6(b)와 같이 자석을 멀리 두면 스프링이 금속 막대를 끌어올려 접촉을 끊는다.

▶ 그림 10-6

자기 스위치의 동작

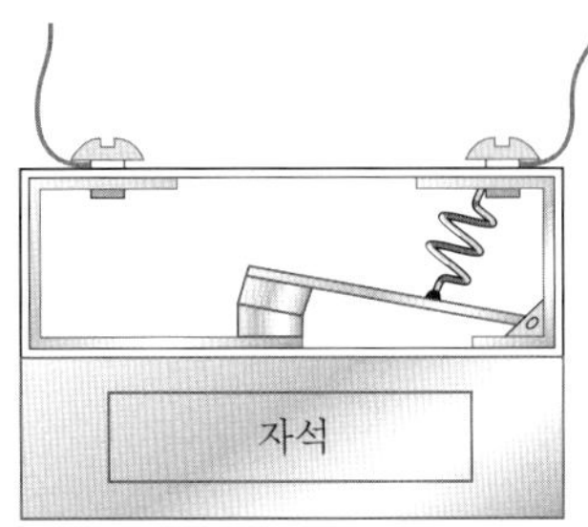


(a) 연결은 자석이 근처에 있을 때 닫힌다.

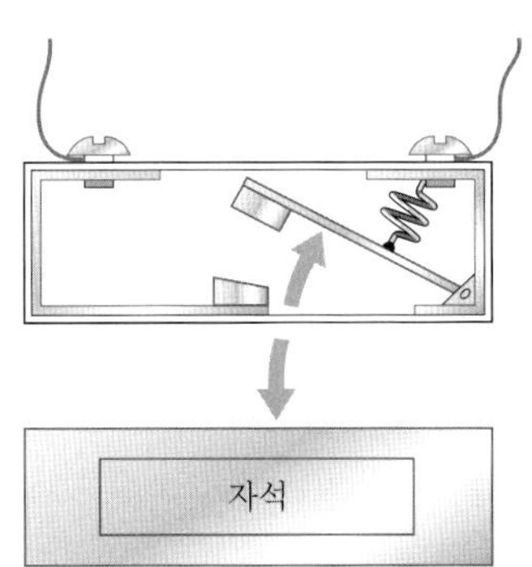


(b) 연결은 자석이 멀어질 때 열린다.

이러한 종류의 스위치는 창문이나 문을 통한 침입을 감시하는 보안 시스템에 주로 사용된다. 그림 10-7과 같이 하나의 전송기에 자기 스위치들을 연결함으로써 여러 문에 대한 침입 여부도 알 수 있다. 이 스위치 중에서 어느 한 스위치가 열릴 때, 전송기는 활성화되어 중앙 수신기와 경보 장치에 신호를 보낸다.

▶ 그림 10-7

일반적인 보안 시스템의 연결

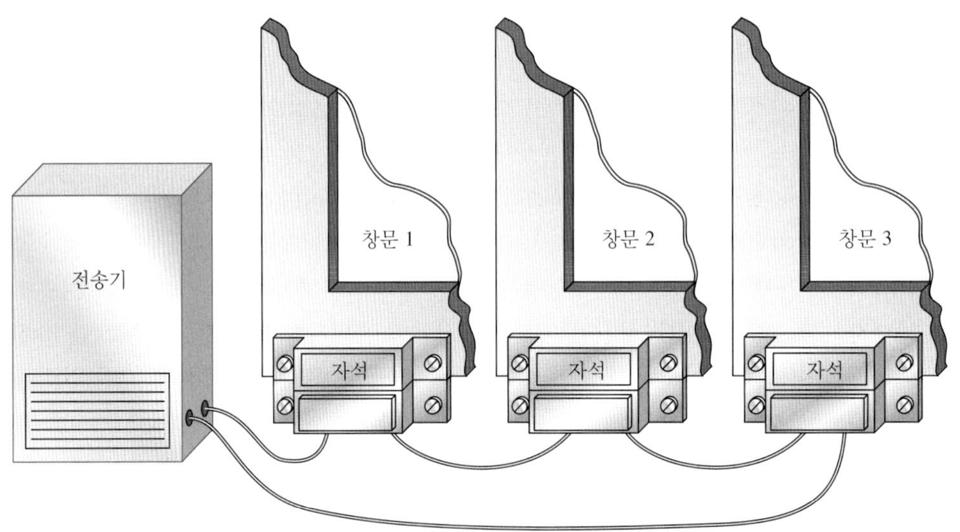


**복습문제 10-1**

1. 두 자석의 N극을 가까이 하면 서로 밀어내는가 아니면 끌어당기는가?
2. 자속이란 무엇인가?
3. $\phi$ = 4.5 $\mu$Wb이고 $A$ = 5 × $10^{-3}$ $m^2$일 때 자속 밀도는 얼마인가?

# 10-2 전자기

**전자기**(electromagnetism)는 도체에 흐르는 전류로 생성되는 자기장이다.

이 절의 학습 내용은 다음과 같다.

- **전자기의 원리**
  - 자력선 방향의 결정
  - *투자율*의 정의
  - *릴럭턴스*의 정의
  - *자기원동력*의 정의
  - 기초 전자석에 대한 설명

그림 10-8과 같이 전류는 도체 주위에 **전자기장**(electromagnetic field)이라 불리는 자기장을 생성한다. 자기장의 보이지 않는 자력선이 도체 주위를 동심원 모양으로 연속적으로 둘러싼다. 막대자석과 다르게 도선을 둘러싼 자기장은 N극과 S극을 갖지 않는다. 전류의 방향을 전통적인 방법으로 표기하였을 때 도체를 둘러싼 자력선의 방향은 그림과 같이 나타난다. 전류의 방향이 바뀌면 자력선의 방향은 반시계 방향이 된다.

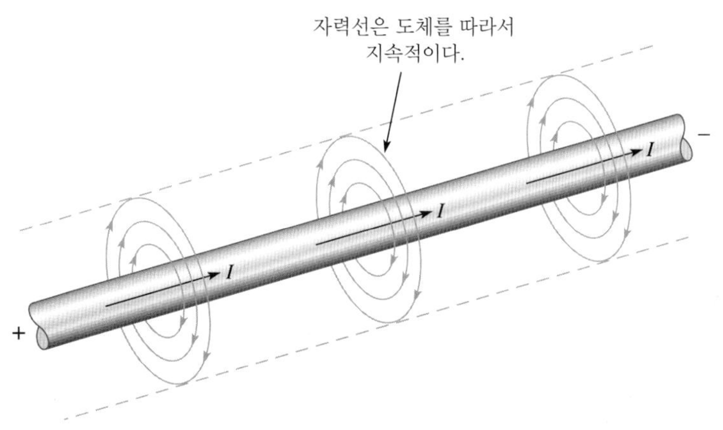


◀ 그림 10-8

전류가 흐르는 도체를 둘러싼 자기장. 짙은 색의 화살표는 보편적인 전류의 방향을 나타낸다.

자기장은 우리의 눈에 보이지 않지만 가시화할 수 있다. 예를 들어, 전류가 흐르는 도선에 수직으로 종이를 삽입하고 종이 위에 쇳가루를 뿌리면 그림 10-9(a)와 같이 동심원 모양의 자력선을 따라 쇳가루가 모인다. 그림 10-9(b)는 전자기장에 둔 나침반의 N극이 자력선의 방향을

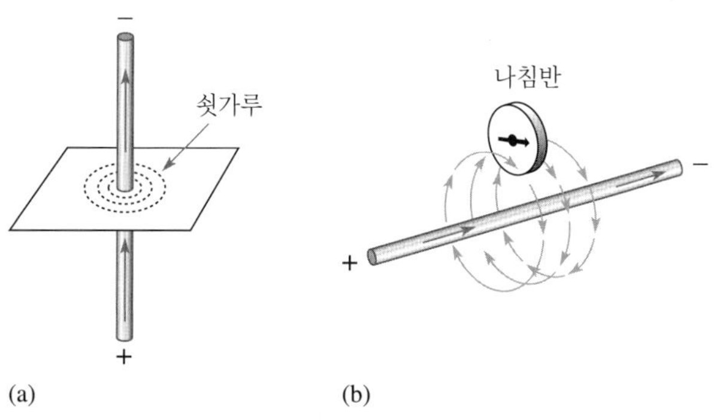


◀ 그림 10-9

전자기장의 가시적 효과

지시하는 그림이다. 전자기장은 도체에 가까울수록 강해지고 도체에서 멀어질수록 약해진다.

### 오른손 법칙

자력선의 방향을 기억하기 쉽게 그림 10-10으로 나타내었다. 엄지손가락을 전류가 흐르는 방향에 맞추고, 도선을 감싸 쥘 때 나머지 손가락이 가리키는 것이 자력선의 방향이다.

▶ 그림 10-10

오른손 법칙. 오른손 법칙은 전류를 표현한다.

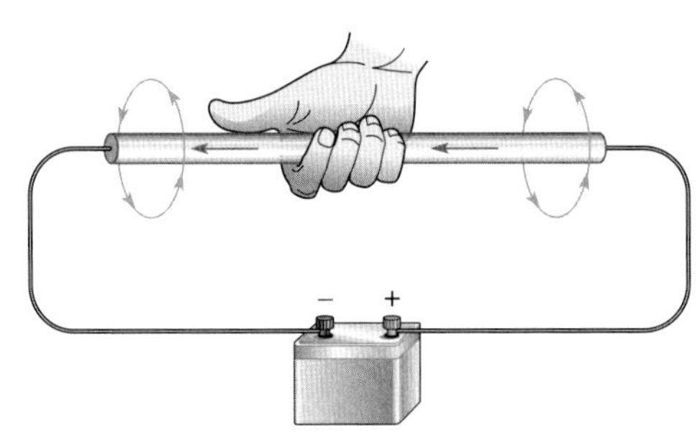


## 전자기의 특성

전자기장에 관련된 몇 가지 중요한 특성은 다음과 같다.

### 투자율($\mu$)

주어진 물질에서 자기장을 얼마나 쉽게 발생시키는지를 그 물질의 **투자율**(permeability)로 나타낸다. 투자율이 클수록 자기장은 더 쉽게 형성된다.

투자율의 기호는 $\mu$(그리스 문자 뮤)이고, 그 값은 물질에 따라 다르다. 진공의 투자율($\mu_0$)은 $4\pi \times 10^{-7}$ Wb/At·m(웨버/암페어-권수·미터)이고 투자율의 기준으로 사용된다. 강자성체는 일반적으로 진공보다 수백 배 큰 투자율을 가지며, 큰 투자율은 이 물질이 자기장을 쉽게 발생시킨다는 것을 나타낸다. 강자성체에는 철, 강철, 니켈, 코발트, 그리고 이들의 합금 등이 있다.

물질의 **비투자율**(relative permeability, $\mu_r$)은 진공의 투자율에 대한 물질의 절대 투자율의 비이다.

$$\mu_r = \frac{\mu}{\mu_0} \qquad (10\text{-}2)$$

비투자율은 투자율의 비율이므로 $\mu_r$은 단위가 없는 값이다. 철과 같은 자기 물질은 수백의 비투자율을 가지며, 투과성이 높은 물질은 10만 이상의 비투자율을 갖는 경우도 있다.

### 릴럭턴스($\mathcal{R}$)

물질에서 자기장 발생을 억제하는 것을 **릴럭턴스**(reluctance)라고 한다. 릴럭턴스 값은 다음 식과 같이 자기 경로의 길이($l$)에 직접 비례하며 투자율($\mu$)과 물질의 단면적($A$)에 반비례한다.

$$\mathcal{R} = \frac{l}{\mu A} \qquad (10\text{-}3)$$

자기 회로에서 릴럭턴스는 전기 회로의 저항과 유사하다. 릴럭턴스의 단위는 미터 단위의 길이 $l$, 제곱미터 단위의 단면적 $A$, 웨버/암페어-권수·미터 단위의 $\mu$로 다음과 같이 유도할 수 있다.

$$\mathcal{R} = \frac{l}{\mu A} = \frac{\cancel{\text{m}}}{(\text{Wb/At}\cdot\cancel{\text{m}})(\cancel{\text{m}^2})} = \frac{\text{At}}{\text{Wb}}$$

At/Wb는 암페어-권수/웨버이다.

식 (10-3)은 도선의 저항을 정의한 식 (2-6)과 유사하다. 식 (2-6)은 다음과 같다.

$$R = \frac{\rho l}{A}$$

전도성($\sigma$)은 고유 저항($\rho$)에 상반된다. 따라서 $\rho$를 $1/\sigma$로 대치하면 식 (2-6)은 다음과 같이 나타낼 수 있다.

$$R = \frac{l}{\sigma A}$$

도선의 저항을 나타내는 위의 식을 식 (10-3)과 비교해 보자. 길이($l$)과 단면적($A$)은 두 식에서 같은 의미를 갖는다. 전기 회로에서 전도성($\sigma$)은 자기 회로에서의 투자율($\mu$)과 유사하다. 또한 전기 회로의 저항($R$)은 자기 회로의 릴럭턴스($\mathcal{R}$)와 유사하다. 일반적으로 자기 회로의 릴럭턴스는 물질의 크기와 형태에 따라 50,000 At/Wb 또는 그 이상의 값을 갖는다.

**예제 10-3** 저탄소강으로 만들어진 도넛 모양의 코어인 토러스(torus)의 릴럭턴스를 계산하라. 토러스의 내부 반경은 1.75 cm이고 외부 반경은 2.25 cm이다. 저탄소강의 투자율은 $2 \times 10^{-4}$ Wb/At·m로 가정하자.

**풀이** 길이와 면적을 계산하기 전에 센티미터를 미터로 변환해야 한다. 주어진 치수로부터 두께(직경)는 0.5 cm = 0.005 m이다. 따라서 단면적은 다음과 같다.

$$A = \pi r^2 = \pi(0.0025)^2 = 1.96 \times 10^{-5}\,\text{m}^2$$

길이는 2.0 cm의 평균 직경을 측정한 토러스의 원주와 같다.

$$l = C = 2\pi r = 2\pi(0.020\,\text{m}) = 0.125\,\text{m}$$

식 (10-3)으로부터 릴럭턴스를 구하면 다음과 같다.

$$\mathcal{R} = \frac{l}{\mu A} = \frac{0.125\,\text{m}}{(2 \times 10^{-4}\,\text{Wb/At}\cdot\text{m})(1.96 \times 10^{-5}\,\text{m}^2)} = \mathbf{31.9 \times 10^6\,At/Wb}$$

**관련 문제** 투자율이 $5 \times 10^{-4}$ Wb/At·m인 주강이 주철 코어를 대신하면 릴럭턴스는 어떻게 되는가?

**예제 10-4** 비투자율이 800인 연강이 있다. 길이가 10 cm이고 단면적이 1.0 cm × 1.2 cm인 연강 코어의 릴럭턴스를 계산하라.

**풀이** 우선, 연강의 투자율을 결정하자.

$$\mu = \mu_0\mu_r = (4\pi \times 10^{-7}\ \text{Wb/At}\cdot\text{m})(800) = 1.00 \times 10^{-3}\ \text{Wb/At}\cdot\text{m}$$

다음으로 길이를 미터로, 단면적을 제곱미터로 변환하자.

$$l = 10\ \text{cm} = 0.10\ \text{m}$$
$$A = 0.010\ \text{m} \times 0.012\ \text{m} = 1.2 \times 10^{-4}\ \text{m}^2$$

식 (10-3)으로부터 릴럭턴스를 구하면 다음과 같다.

$$\mathcal{R} = \frac{l}{\mu A} = \frac{0.10\ \text{m}}{(1.00 \times 10^{-3}\ \text{Wb/At}\cdot\text{m})(1.2 \times 10^{-4}\ \text{m}^2)} = \mathbf{8.33 \times 10^5\ At/Wb}$$

**관련 문제** 비투자율이 4000인 78% 퍼멜로이(Permalloy)로 만든 코어의 릴럭턴스는 얼마인가?

### 자기원동력(mmf)

앞서 배운 것처럼 도선에 흐르는 전류는 자기장을 생성한다. 자기장을 생성하는 힘을 **자기원동력**(mmf: magnetomotive force)이라고 한다. 자기원동력은 물리적으로 실제 존재하는 힘이 아닌 전하 변화량(전류)에 의한 결과이어서 다소 오해의 소지가 있다. 자기원동력의 단위인 **암페어-권수**(ampere-turn, At)는 전류가 1번 감겨진 도선을 지날 때를 기본으로 한다. 자기원동력에 관한 식은 다음과 같다.

$$F_m = NI \tag{10-4}$$

여기서 $F_m$은 자기원동력이고, $N$은 도선을 감은 권수(turn), 그리고 $I$는 암페어 단위의 전류이다.

그림 10-11은 자성 물질을 감고 있는 도선에 전류를 흘릴 때, 자기 경로를 따라서 자속을 만드는 힘이 발생되는 모습을 보여준다. 자속의 양은 아래의 식과 같이 자기원동력의 크기와 물질의 릴럭턴스로 결정된다.

$$\phi = \frac{F_m}{\mathcal{R}} \tag{10-5}$$

자속($\phi$)은 전류와 유사하고, 자기원동력($F_m$)은 전압, 릴럭턴스($\mathcal{R}$)는 저항과 비슷해서 식 (10-5)는 자기 회로의 옴의 법칙이라고 한다.

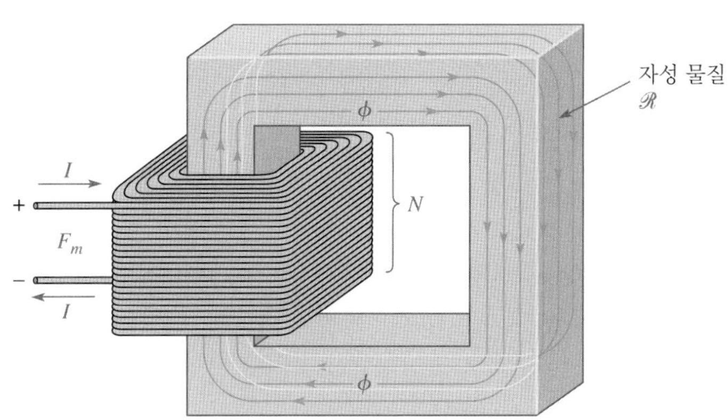


◀ 그림 10-11
기초 자기 회로

**예제 10-5** 물질의 릴럭턴스가 $2.8 \times 10^5$ At/Wb일 때 그림 10-12의 자기 경로에 발생하는 자속은 얼마인가?

▶ 그림 10-12

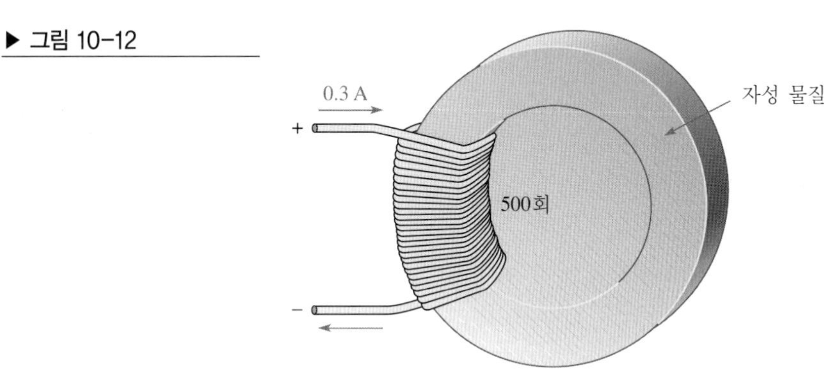


**풀이**

$$\phi = \frac{F_m}{\mathcal{R}} = \frac{NI}{\mathcal{R}} = \frac{(500\text{ t})(0.300\text{ A})}{2.8 \times 10^5\text{ At/Wb}} = \mathbf{536\ \mu Wb}$$

**관련 문제** 그림 10-12에서 물질의 릴럭턴스가 $7.5 \times 10^3$ At/Wb이고 권수가 300, 전류가 0.18 A이면 자속은 얼마인가?

**예제 10-6** 400회 감은 권선에 0.1 A의 전류가 흐른다.

(a) 자기원동력은 얼마인가?

(b) 자속이 250 μWb이면 회로의 릴럭턴스는 얼마인가?

**풀이** (a) $N = 400$ and $I = 0.1$ A

$F_m = NI = (400\text{ t})(0.1\text{ A}) = \mathbf{40\ At}$

(b) $$\mathcal{R} = \frac{F_m}{\phi} = \frac{40\text{ At}}{250\ \mu\text{Wb}} = \mathbf{1.60 \times 10^5\ At/Wb}$$

**관련 문제** $I = 85$ mA이고 $N = 500$인 경우 예제를 반복하라. 자속은 500 μWb이다.

### 전자석

전자석은 앞에서 설명한 특성에 기초한다. 쉽게 자화되는 물질을 가운데 두고 그 둘레를 코일로 감으면 간단한 전자석을 만들 수 있다.

전자석의 모양은 사용하는 분야에 따라 다양하게 제작될 수 있다. 예를 들어, 그림 10-13은 U자 모양의 자기 코어를 보여주고 있다. 그림 10-13(a)처럼 코일이 전원에 연결되어 전류가 흐르면, 표기된 바와 같이 자기장이 형성된다. 전류가 그림 10-13(b)와 같이 반대 방향으로 흐르면 자기장의 방향도 반대가 된다. N극과 S극을 가깝게 하면 두 극 사이의 공극(air gap)이 작아지고 작아진 공극으로 인해 릴럭턴스가 감소해서 자기장이 쉽게 형성된다.

▶ 그림 10-13

코일에 흐르는 전류의 방향이 반대가 되면 자기장의 방향도 반대가 된다.

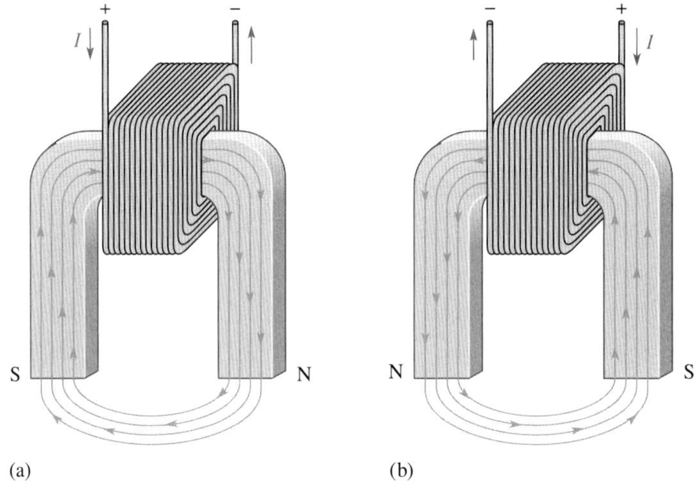


> **복습문제 10-2**
> 1. 자기와 전자기의 차이를 설명하라.
> 2. 전자석에서 코일에 흐르는 전류의 방향이 반대로 될 때 자기장은 어떻게 되는가?
> 3. 자기 회로에 대한 옴의 법칙을 말하라.
> 4. 문제 3에서 각각의 양을 전기에 대응하는 양과 비교하라.

## 10-3 전자기 소자

테이프 리코더, 전기 모터, 스피커, 솔레노이드, 릴레이와 같은 많은 종류의 유용한 소자들이 전자기를 동작의 기본 원리로 한다.

이 절의 학습 내용은 다음과 같다.

- **여러 종류의 전자기 소자의 동작원리**
  - 솔레노이드와 솔레노이드 밸브의 동작원리
  - 릴레이의 동작원리
  - 스피커의 동작원리
  - 기본 아날로그 계기 구동장치
  - 자기 디스크와 테이프 읽기/쓰기의 동작원리
  - 자기-광 디스크의 개념

## 솔레노이드

**솔레노이드**(solenoid)는 **플런저**(plunger)라고 불리는 움직이는 철심이 있는 전자석 소자의 한 형태이다. 이 철심의 동작은 전자기장과 기계적 스프링의 힘에 의해 결정된다. 그림 10-14에 솔레노이드의 기본 구조를 나타내었다. 솔레노이드는 속이 빈 비자성 원통에 코일을 감은 형태이다. 고정된 철심은 축의 한 끝에 고정하고 움직이는 철심(플런저)은 고정 철심에 스프링으로 연결되어 있다.

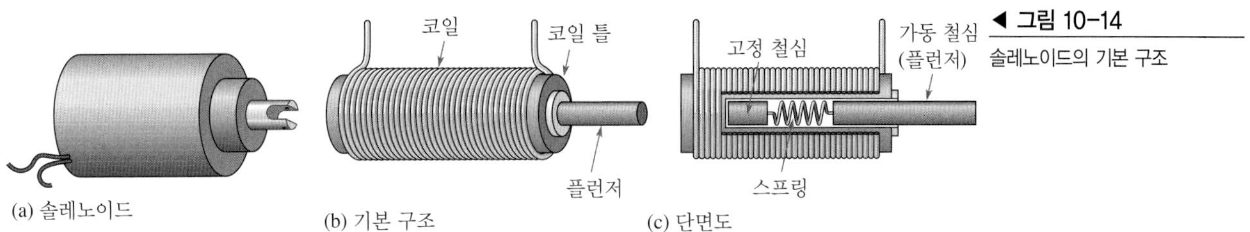


◀ 그림 10-14
솔레노이드의 기본 구조

그림 10-15는 전류가 흐를 때와 흐르지 않을 때의 기본적인 솔레노이드 동작을 보여주고 있다. 휴지기(또는 전류가 가해지지 않은 경우) 동안 플런저는 확장된 상태이다. 코일에 전류가 흘러 두 개의 철 코어를 자화시켜 전자기장이 발생하여 솔레노이드가 동작한다. 고정 철심의 S극이 가동 철심의 N극을 안쪽으로 끌어당겨 플런저는 안쪽으로 들어가고 스프링은 압축된다. 코일에 전류가 흐르는 동안 플런저는 자기장의 인력에 의해 안쪽으로 들어간 상태로 유지된다. 전류가 제거되면 자기장이 없어지고 압축된 스프링이 팽창하며 플런저를 밖으로 밀어낸다. 솔레노이드는 밸브의 열림과 닫힘, 자동차의 자동 잠금장치 등에 응용된다.

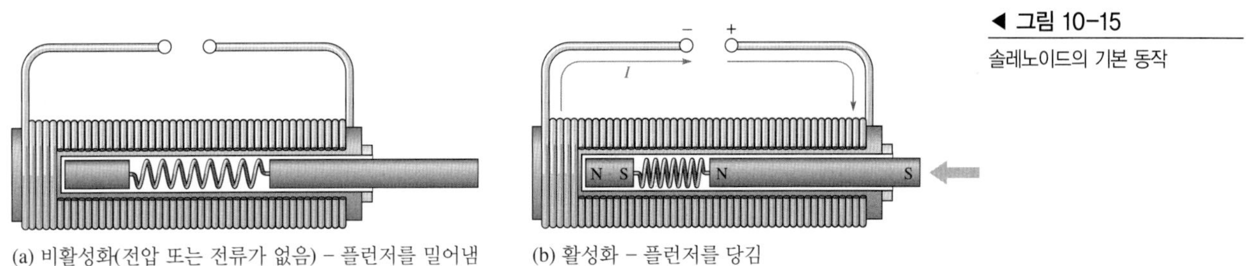


◀ 그림 10-15
솔레노이드의 기본 동작

### 솔레노이드 밸브

산업적 제어에서 **솔레노이드 밸브**(solenoid valve)는 공기, 물, 스팀, 기름, 냉각제 그리고 다른 유체의 흐름을 제어하는 분야에 많이 사용되고 있다. 솔레노이드 밸브는 기체(공기) 및 유압(기름) 시스템의 기계 장치를 제어하는 데 흔하게 쓰이고 있으며, 항공과 의료 분야에서도 활용되고 있다. 솔레노이드 밸브는 포트를 열거나 닫기 위해 플런저를 움직일 수 있으며, 차단 플랩을 일정 양만 회전시킬 수도 있다.

솔레노이드 밸브는 솔레노이드 코일과 밸브 본체의 두 가지 기본 장치로 나뉜다. 솔레노이드 코일은 밸브를 열거나 닫기 위해 필요한 자기장을 제공하고, 밸브 본체는 파이프와 버터플라이 밸브로 구성되어, 코일 부분과는 방수 봉인하여 분리된다. 그림 10-16은 솔레노이드 밸브의 한 가지 형태에 대한 단면을 보여주고 있다. 솔레노이드가 활성화될 때 버터플라이 밸브는 평상시 닫혀 있는(NC) 밸브를 열거나 평상시 열려 있는(NO) 밸브를 닫는다.

▶ 그림 10-16
솔레노이드 밸브의 기본 구조

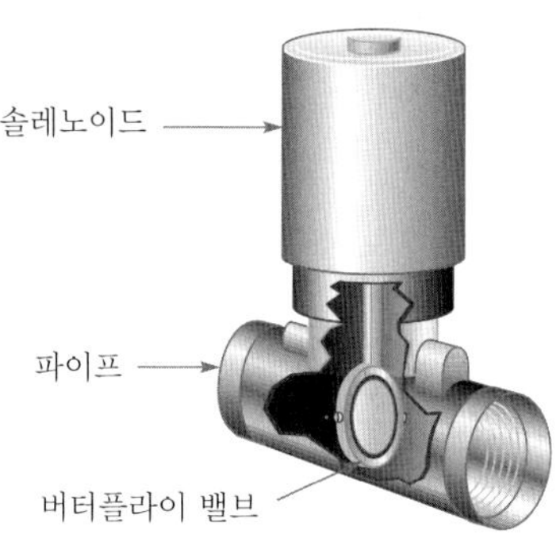


솔레노이드 밸브는 평상시 열림 혹은 평상시 닫힘 등과 같이 다양한 형태로의 구현이 가능하다. 솔레노이드 밸브는 사용하는 유체(가스 또는 물), 기압, 경로 및 크기에 따라 등급이 결정된다. 하나의 밸브가 하나 이상의 라인을 제어할 수도 있으며, 하나의 밸브가 움직이기 위해 한 개 이상의 솔레노이드를 가질 수도 있다.

## 릴레이

**릴레이**(relay)는 기계적인 움직임 대신에 전기적 접점을 여닫는다는 점에서 솔레노이드와 다르다. 그림 10-17은 각각 하나의 평상시 닫혀 있는(NC) 접점과 평상시 열려 있는(NO) 접점을 갖는 아마추어형 릴레이(armature-type relay, single pole-double throw)를 보여준다. 코일에 전류가 흐르지 않을 때, 아마추어에 연결된 스프링에 의해 위쪽 접점과 접촉해서 그림 10-17(a)와 같이 단자 1과 2가 연결된다. 코일에 전류가 흘러 릴레이가 동작하면 전자기장에 인력이 발생해서 아마추어를 아래로 끌어당기고, 아래쪽 접점과 접촉해서 그림 10-17(b)와 같이 단자 1과 3이 연결된다. 일반적인 릴레이의 형태는 그림 10-17(c)와 같고, 릴레이 기호는 그림 10-17(d)와 같다.

폭넓게 사용되는 다른 형태의 릴레이가 그림 10-18의 리드 릴레이(reed relay)이다. 리드 릴레이는 아마추어 릴레이와 같이 전자기 코일을 사용한다. 접점은 자성 물질의 얇은 리드이고, 대개 코일 내부에 위치한다. 코일에 전류가 흐르지 않으면 리드는 그림 10-18(b)와 같이 접점이 열린 상태를 유지한다. 코일에 전류가 흐르면 그림 10-18(c)와 같이 리드가 자화되어 서로를 끌어당겨 접촉한다.

리드 릴레이는 속도와 신뢰도, 그리고 접촉 시 발생하는 전기 불꽃이 적다는 점에서 아마추어 릴레이보다 우수하다. 그러나 리드 릴레이는 조절할 수 있는 전류 용량이 아마추어 릴레이보다 작고 기계적 충격에 약하다.

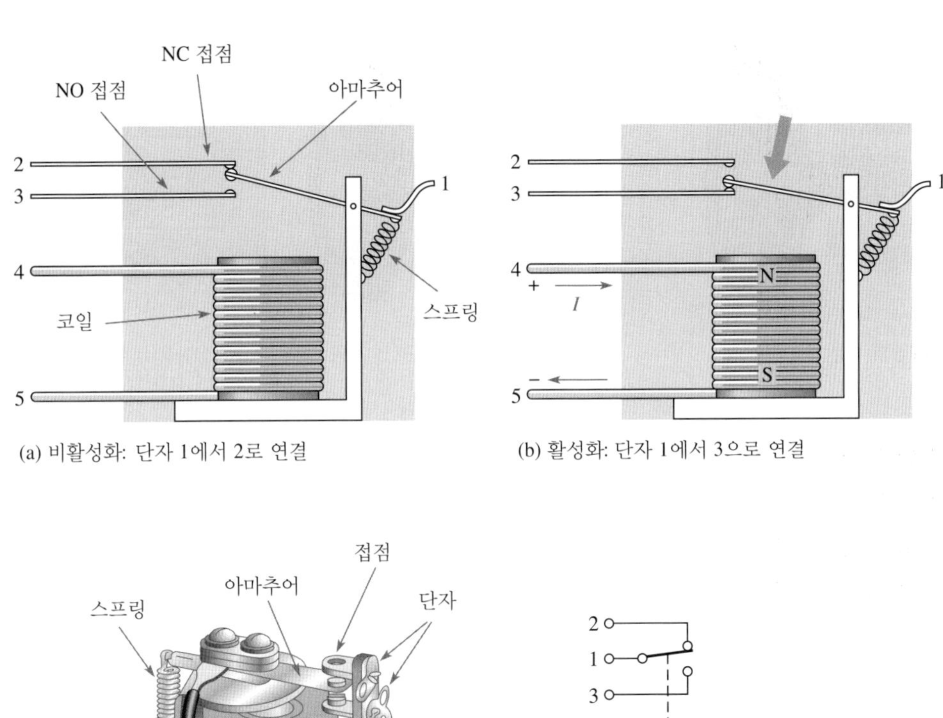


(a) 비활성화: 단자 1에서 2로 연결 (b) 활성화: 단자 1에서 3으로 연결

(c) 일반적인 릴레이 구조 (d) 기호

◀ 그림 10-17
아마추어형 릴레이의 기본 구조

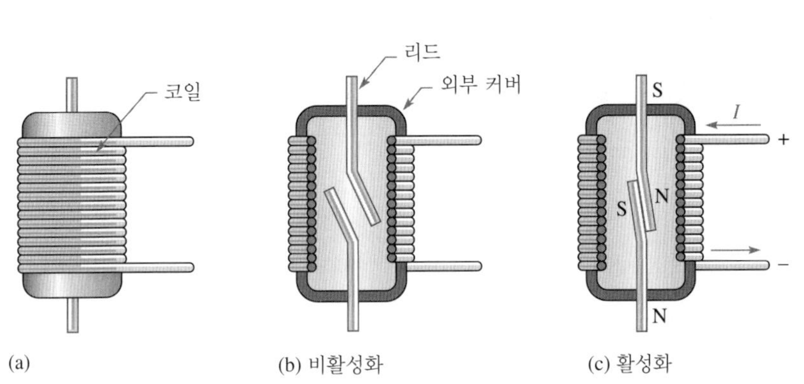


(a) (b) 비활성화 (c) 활성화

◀ 그림 10-18
리드 릴레이의 기본 구조

## 스피커

**스피커**(speaker)는 전기 신호를 음파로 바꾸는 전자기 소자이다. 영구자석 스피커는 일반적으로 전축, 라디오, TV 등에 사용되며 전자기 이론에 따라 동작한다. 일반적인 형태의 스피커는 그림 10-19(a)와 같이 영구자석과 전자석 두 개로 이루어진다. 스피커의 콘은 종이와 비슷한 진동판으로 만드는데, 이것은 전자석 형태로 코일이 감겨진 공동의 원통에 붙어 있다. 영구자

▶ 그림 10-19
스피커의 기본 동작

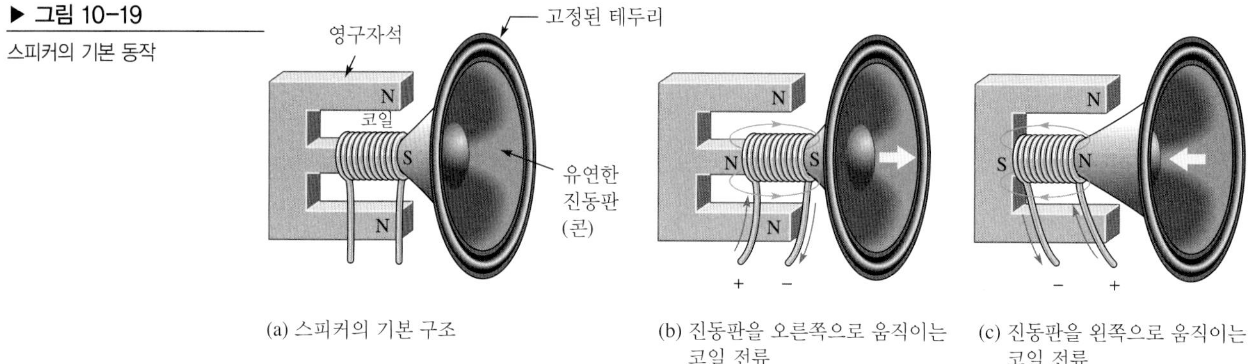


(a) 스피커의 기본 구조 (b) 진동판을 오른쪽으로 움직이는 코일 전류 (c) 진동판을 왼쪽으로 움직이는 코일 전류

석의 한쪽 극은 원통형 코일 내부에 위치한다. 코일에 어느 한쪽 방향으로 전류가 흐르면 영구자석의 자기장과 전자기장의 상호작용으로 그림 10-19(b)와 같이 원통은 오른쪽으로 움직인다. 코일에 반대 방향으로 전류가 흐르면 그림 10-19(c)와 같이 왼쪽으로 원통이 움직인다.

원통형 코일에 흐르는 전류의 방향에 따라 원통형 코일이 움직이고 여기에 붙어 있는 유연한 진동판 또한 안쪽과 바깥쪽으로 움직이게 된다. 코일에 흐르는 전류의 양이 자기장의 강도를 결정하며 이것으로 진동판의 움직임을 제어할 수 있다.

그림 10-20에서 볼 수 있듯이, 코일에 음향 신호(음성이나 음악)가 가해지면, 코일의 전류는 흐르는 방향과 크기가 변한다. 진동판은 음향 신호에 대응하는 비율과 크기에 따라 안쪽과 바깥쪽으로 진동하게 된다. 진동판의 진동은 똑같은 방법으로 진동판 주위의 공기를 진동시킨다. 이 공기 진동은 음파로 공기를 통해 전달된다.

▶ 그림 10-20
스피커는 음향 신호 전압을 음파로 변환시킨다.

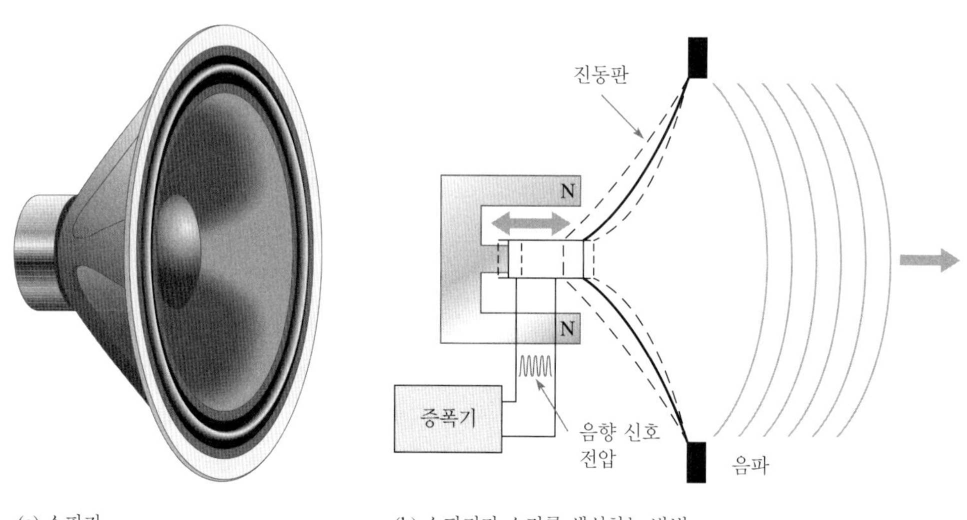


(a) 스피커 (b) 스피커가 소리를 생성하는 방법

## 계기 구동장치

다르송발(d'Arsonval) 계기 구동장치는 아날로그 멀티미터에 가장 폭넓게 사용된다. 이 형태의 계기 구동장치에서 지침은 코일에 흐르는 전류의 양에 비례하여 편향된다. 그림 10-21은 기본적인 다르송발 계기 구동장치를 보여준다. 베어링으로 지지하는 부속에 코일을 감아 영구자석

의 두 극 사이에 둔다. 지침은 가동 부품에 붙인다. 코일에 전류가 흐르지 않을 때 스프링에 의해 지침은 가장 왼쪽(영점)을 지시한다. 코일에 전류가 흐르면 전자기력이 코일에 작용하여 오른쪽으로 회전하게 된다. 회전하는 정도는 전류의 양에 따라 결정된다.

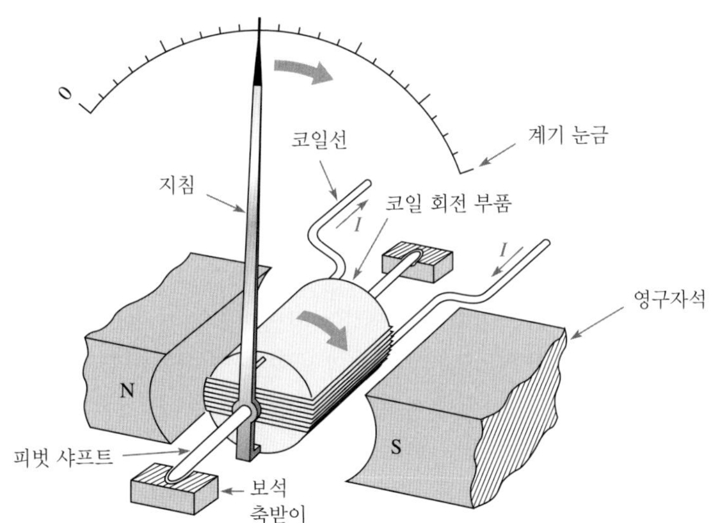


◀ 그림 10-21
기본적인 다르송발 계기 구동장치

그림 10-22는 자기장의 상호작용이 어떻게 코일이 감겨진 부품을 회전시키는지를 보여준다. 한 번 감긴 코일에 전류는 ⊕에서 지면 안으로 들어가고, ⊙에서 지면 밖으로 나온다. 들어가는 전류는 시계 방향의 전자기장을 발생시키며 이 전자기장이 영구자석의 위쪽 자기장을 강하게 한다. 그 결과 오른쪽에 있는 코일은 아래 방향으로 힘을 받는다. 밖으로 나오는 전류는 반시계 방향의 전자기장을 발생시키며 이 전자기장이 영구자석의 아래쪽 자기장을 강하게 한다. 그 결과 왼쪽에 있는 코일은 위 방향으로 힘을 받는다. 이 두 힘이 코일을 스프링 힘에 대항해서 시계 방향으로 회전시킨다. 이때의 전류 값에서 자기장에 의한 힘과 스프링의 힘은 균형을 이룬다. 전류가 제거되면 스프링의 힘이 지침을 영점으로 되돌려 놓는다.

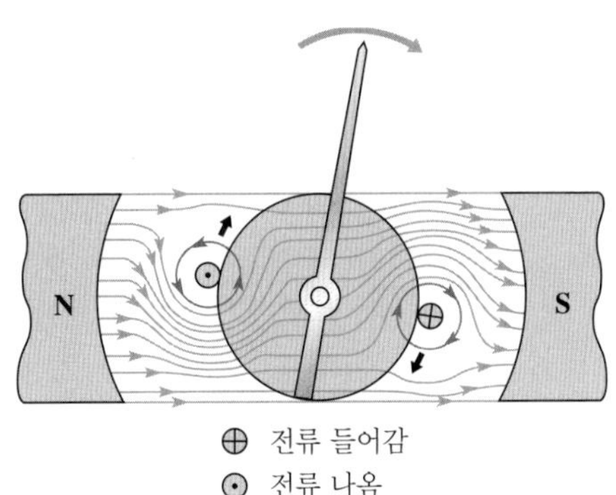


◀ 그림 10-22
전자기장과 영구자석의 자기장이 상호작용할 때 발생된 힘이 코일 부품 및 지침을 시계 방향으로 움직이게 한다.

## 자기 디스크와 테이프 읽기/쓰기 헤드

자기 디스크 또는 테이프 표면의 읽기/쓰기 동작을 간략화해서 그림 10-23에 나타내었다. 쓰

▶ 그림 10-23
자기 표면상의 읽기/쓰기 동작

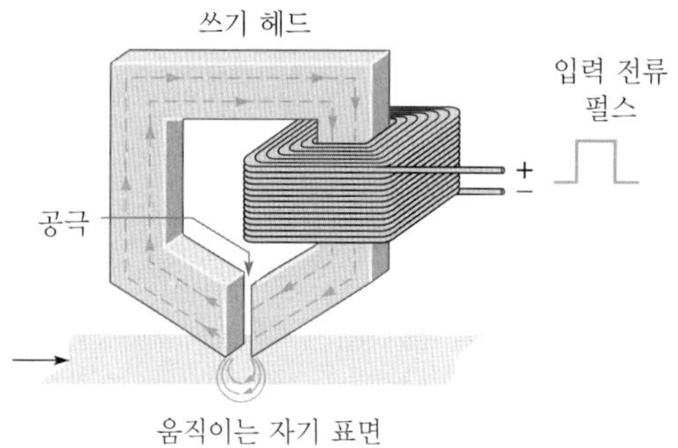


(a) 쓰기 헤드의 자력선은 움직이는 자기 표면의 낮은 릴럭턴스 경로를 따라 흐른다.

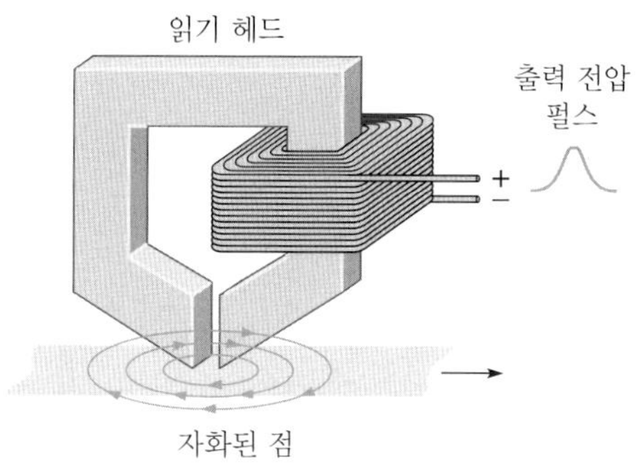


(b) 읽기 헤드가 자화된 점을 통과할 때 출력단에 유도 전압이 나타난다.

기 헤드가 자기 표면의 작은 조각을 자화시키는 방법으로 자기 표면에 데이터 비트(1 또는 0)를 쓴다. 그림 10-23(a)에 나타나 있듯이 자속의 방향은 코일에 흐르는 펄스 전류의 방향으로 제어한다. 쓰기 헤드에 있는 공극에서 자속은 저장장치의 표면을 자기 경로로 삼는다. 자기 표면의 작은 점은 자기장의 방향으로 자화된다. 자화된 작은 점의 한 극성은 1로 표시하고 반대 극성은 0으로 표시한다. 한 번 표면이 자화되면, 그 위에 반대 방향의 자기장으로 덮어쓰기 전까지 그 극성을 유지한다.

자화된 표면에 읽기 헤드가 지나가면 자화된 점은 읽기 헤드에 자기장을 생성하여 권선에 전압 펄스를 유기한다. 이 펄스의 극성은 자화된 점의 방향에 따라 다르며 이것으로 저장된 비트가 1인지 0인지를 표시한다. 그림 10-23(b)에 이 과정을 나타내었다. 읽기와 쓰기 헤드는 대개 하나의 소자로 만든다.

## 자기–광 디스크

자기–광 디스크는 전자기와 레이저 광선을 이용해서 자기 표면에 데이터를 읽고 쓴다. 자기–광 디스크는 자기 플로피 디스크와 하드 디스크처럼 트랙과 섹터로 포맷된다. 그러나 레이저 광선은 극히 작은 점까지 정확한 방향 조절이 가능하므로, 자기–광 디스크는 표준 자기 하드 디스크보다 훨씬 많은 양의 데이터를 저장할 수 있다.

그림 10-24(a)는 저장되기 전 디스크의 단면으로 전자석은 디스크의 하단에 위치한다. 화살표로 표시한 작은 자석 조각은 모두 같은 방향으로 자화되어 있다.

그림 10-24(b)와 같이 자석 조각의 방향과 반대 방향으로 외부 자기장을 인가하고 1이 저장될 정확한 지점을 고출력 레이저 광선으로 가열하여 디스크에 쓰기를 실행한다. 광–자기 합금으로 만든 디스크는 상온에서는 자화가 어렵다. 그러나 레이저 광선에 의해 가열된 한 점은 전자석으로 형성된 외부 자기장 때문에 기존의 자화된 방향과 반대가 된다. 쓰기 헤드의 자기장으로 선택되는 여러 개의 0 중에서 레이저 광선이 가해지는 한 점만 0이 저장되고, 레이저 광선이 가해지지 않은 자석 조각들은 원래의 위 방향을 유지한다.

그림 10-24(c)와 같이 디스크로부터 데이터를 읽을 경우, 외부 자기장을 제거한 후 디스크의 읽을 지점에 낮은 전력의 레이저 광선을 쪼인다. 기본적으로 1이 기록된 점(반대 방향으로 자화된 지점)에서 레이저 광선은 그 편광이 천이되어 반사한다. 반면에 0이 기록된 지점에서 반사

◀ 그림 10-24
광-자기 디스크의 기본 개념

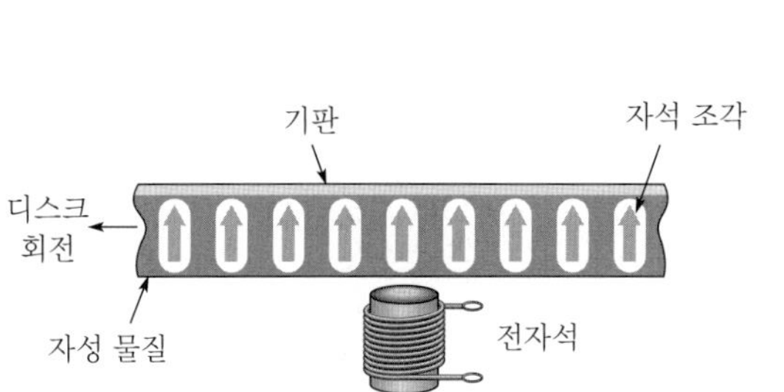


(a) 저장되기 전 디스크의 단면

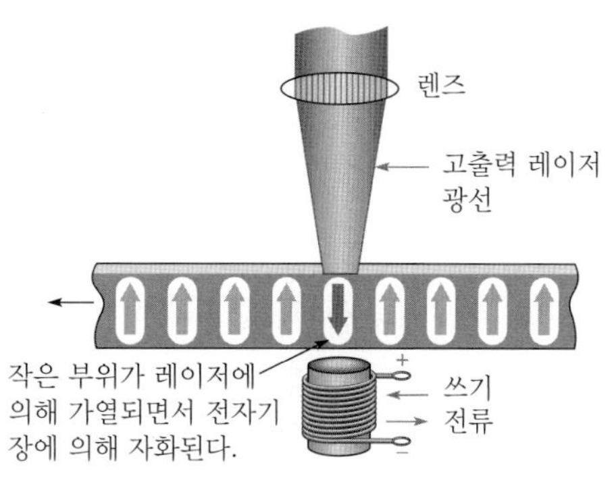


(b) 쓰기: 높은 전력의 레이저 빔이 작은 부위를 가열시키고, 가열된 부분의 자기 소자가 전자기장에 의해 정렬된다.

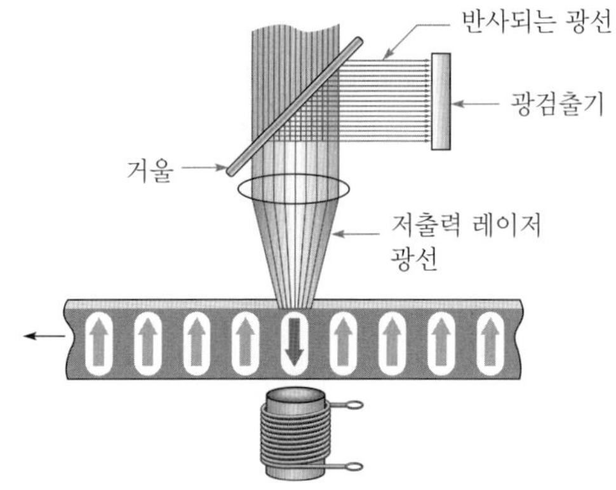


(C) 읽기: 극성이 바뀐 자기 소자에 의한 낮은 전력의 레이저 빔은 극성이 바뀌어 반사된다. 자기 극성이 바뀌지 않으면, 반사되는 빔의 극성도 변하지 않는다.

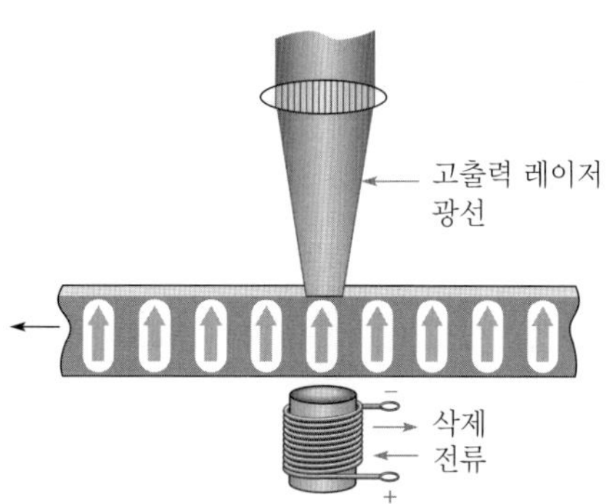


(d) 지우기: 높은 전력의 레이저 빔이 작은 부분을 가열하는 동안 전자기장의 방향을 반대로 한다. 이는 자기 소자들이 원래의 방향을 갖도록 한다.

된 레이저 광선의 편광은 변하지 않는다. 광검출기가 반사되는 레이저 광선의 편광을 감지하여 저장된 데이터가 1인지 0인지 결정한다.

그림 10-24(d)는 외부 자기장의 방향을 반대로 바꾸고 고출력 레이저 광선을 쪼이는 방법으로 원래의 자석 방향을 복구하여 기록을 지우는 동작을 보여준다.

**복습문제 10-3**

1. 솔레노이드와 릴레이의 차이를 설명하라.
2. 솔레노이드의 가동부를 무엇이라고 하는가?
3. 릴레이의 가동부를 무엇이라고 하는가?
4. 다르송발 계기 구동장치의 기초가 되는 기본 법칙은 무엇인가?

# 10-4 자기 히스테리시스

물질에 자화력이 가해질 때, 물질 내부의 자속 밀도는 어떤 특정한 형태로 변화한다.

이 절의 학습 내용은 다음과 같다.

- **자기 히스테리시스에 대한 설명**
  - 자계 강도에 대한 식을 쓰는 방법
  - 히스테리시스 곡선에 대한 논의
  - *보자력*의 정의

## 자계 강도(*H*)

물질에서 **자계 강도**(magnetic filed intensity 또는 **자화력**(magnetizing force))는 아래 방정식에서 표현한 것처럼 물질의 단위 길이($l$)당 자기원동력($F_m$)으로 정의한다. 자계 강도($H$)의 단위는 At/m 이다.

$$H = \frac{F_m}{l} \tag{10-6}$$

여기서 $F_m = NI$이다. 자계 강도는 코일의 권수, 코일에 흐르는 전류, 그리고 물질의 길이에 의존한다. 자계 강도는 물질의 종류와는 관계가 없다.

$\phi = \mathrm{F}_m/\mathcal{R}$ 이므로, $F_m$이 커짐에 따라 자속도 증가하며, 마찬가지로 자계 강도($H$) 또한 증가한다. 자속 밀도($B$)가 단위 단면적당 자속($B = \phi/A$)임을 상기하면, $B$ 또한 $H$에 비례한다. 두 값($B$와 $H$)의 관계를 나타내는 곡선을 $B$-$H$ 곡선 또는 히스테리시스 곡선이라고 한다. $B$와 $H$ 모두에 영향을 미치는 파라미터를 그림 10-25에 나타내었다.

▶ 그림 10-25

자화력($H$)과 자속 밀도($B$)를 결정하는 파라미터

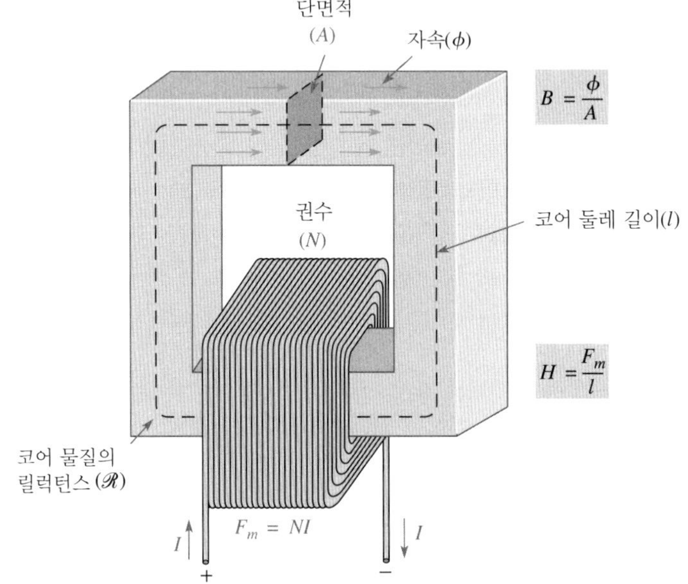

## 히스테리시스 곡선과 보자력

**히스테리시스**(hysteresis)는 자계 강도로 자성 물질을 자화시킬 때 발생하는 지연 특성이다. 코일에 흐르는 전류를 변화시켜 자계 강도($H$)를 크게 하거나 작게 할 수 있고, 코일에 인가되는 전압의 극성을 반대로 하여 자계 강도의 방향도 바꿀 수 있다.

그림 10-26은 히스테리시스 곡선을 그리는 과정을 보여준다. 먼저 자기 코어가 자화되지 않았다고, 즉 $B = 0$이라고 가정하자. 자계 강도($H$)가 0에서부터 증가하면 그림 10-26(a)와 같이 자속 밀도($B$)도 이에 비례해서 증가한다. $H$가 어떤 특정 값에 도달하면 $B$의 변화가 줄어든다. $H$가 더욱 증가하여 그림 10-26(b)와 같이 어떤 값($H_{sat}$)에 도달하면, $B$는 포화값($B_{sat}$)이 된다. 일단 포화 상태에 도달하면 $H$가 더 증가해도 $B$는 증가하지 않는다.

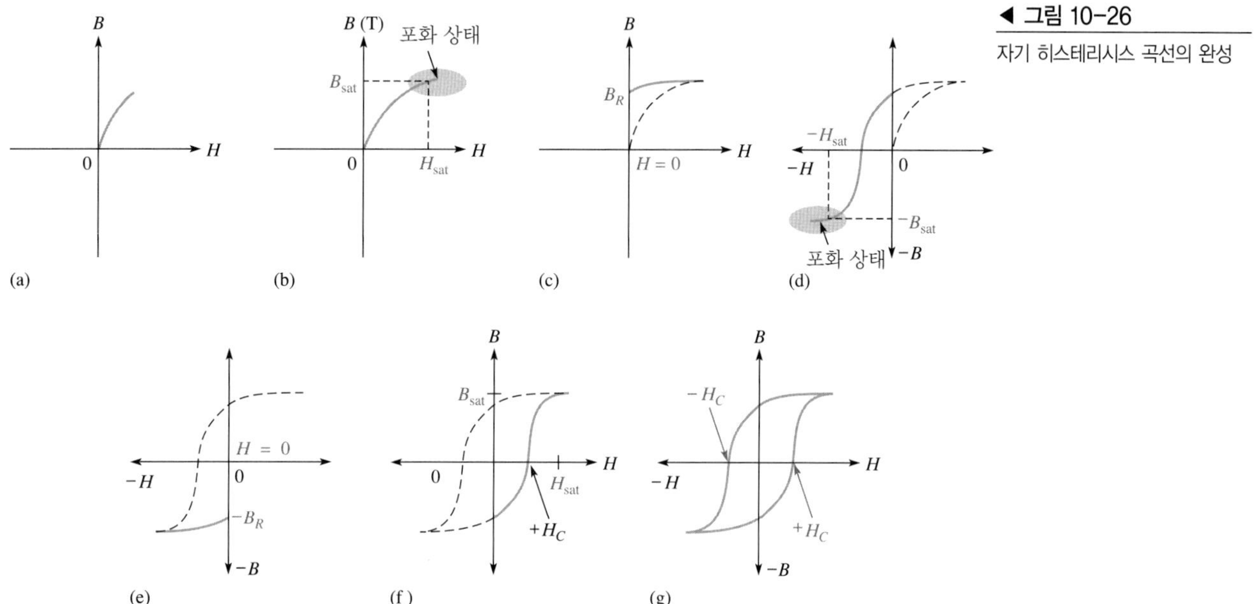


◀ 그림 10-26
자기 히스테리시스 곡선의 완성

이제 $H$가 0까지 감소된다고 하면, $B$는 그림 10-26(c)와 같이 다른 경로를 따라 잔류값($B_R$)까지 감소한다. 이는 자계 강도가 0이 되어도 물질이 자화 상태를 유지함을 나타낸다. 자계 강도가 없는 상태에서 물질이 자화된 상태를 유지하는 능력을 **보자력**(retentivity)이라 한다. 물질의 보자력은 포화 상태로 자화된 다음 유지할 수 있는 최대 자속을 나타내며, $B_R$과 $B_{sat}$의 비율로 표시한다.

코일에 흐르는 전류의 방향을 반대로 함으로써 자계 강도의 방향을 반대 방향으로 반전시킬 수 있으며, 이를 곡선에서 음의 $H$ 값으로 표시한다. 역방향으로 $H$를 증가시키면, 그림 10-26(d)와 같이 어떤 값($-H_{sat}$)에서 포화되어 자속 밀도가 음의 최대값이 된다.

자계 강도가 제거되면($H = 0$) 자속 밀도는 그림 10-26(e)와 같이 음의 잔류값($-B_R$)이 된다. 자계 강도가 양의 방향으로 $H_{sat}$가 될 때 자속 밀도는 그림 10-26(f)와 같이 곡선을 따라 $-B_R$ 값에서부터 최대값으로 되돌아간다.

완전한 $B$-$H$ 곡선은 그림 10-26(g)이고 이 곡선을 **히스테리시스 곡선**(hysteresis curve)이라고 한다. 자속 밀도가 0이 되도록 만드는 자계 강도를 **항자력**(coercive force), $H_C$라 한다.

낮은 값의 보자력을 갖는 물질은 자기장을 유지하기 힘들지만 높은 보자력을 갖는 물질은 보자력($B_R$)이 $B$의 포화값과 거의 비슷하다. 응용되는 분야에 따라, 자성 물질의 보자력은 장점이자 단점이 될 수 있다. 예를 들어, 영구자석과 자기 테이프의 경우 높은 보자력이 요구되지만 녹음기의 읽기/쓰기 헤드는 낮은 보자력이 요구된다. 교류 전동기에서는 전류의 방향이 바뀔 때마다 잔류 자기장을 제거해야 하고, 따라서 에너지의 낭비가 일어나므로 큰 보자력은 바람직하지 않다.

**복습문제 10-4**

1. 코일이 감긴 코어에서 코일에 흐르는 전류를 증가시키면 자속 밀도는 어떻게 되는가?
2. *보자력*을 정의하라.
3. 왜 녹음기의 읽기/쓰기 헤드는 낮은 보자력이 필요하고, 자기 테이프는 높은 보자력이 필요한가?

# 10-5 전자기 유도

자기장 속으로 도체가 이동하면 도체의 양단에 전압이 발생한다. 이 법칙은 전자기 유도로 알려져 있으며 발생되는 전압은 유도 전압이다. 전자기 유도 법칙으로 변압기, 발전기 및 기타 여러 소자를 만든다.

이 절의 학습 내용은 다음과 같다.

- **전자기 유도 법칙에 대한 논의**
  - 자기장 속의 도체에 전압이 유도되는 방법
  - 유도 전압 극성의 결정
  - 자기장에서 도체가 받는 힘에 대한 논의
  - 패러데이의 법칙
  - 렌츠의 법칙

## 상대적인 움직임

도선이 자기장을 가로질러 움직일 때 자기장과 도선은 상대적으로 움직인다. 마찬가지로 고정된 도선을 자기장이 빠르게 지날 때도 상대적인 움직임이 있다. 어느 경우든 이 상대적인 움직임은 그림 10-27에서 보인 것처럼 도선에 **유도 전압**(induced voltage, $v_{ind}$)을 유도한다. 소문자 $v$는 순시 전압을 나타낸다. 전압은 도선이 자기선을 자를 경우에만 유도된다.

유도 전압의 크기는 자속 밀도와 자기장에 노출된 도선의 길이, 그리고 도선과 자기장이 상대적으로 움직이는 비율로 결정된다. 빠른 상대 속도는 보다 큰 전압을 유도한다. 도선의 유도 전압은 다음과 같다.

$$v_{ind} = Blv \tag{10-7}$$

여기서 $v_{ind}$는 유도 전압을, $B$는 자속 밀도(T)를, $l$은 자기장에 노출되어 있는 도선의 길이(m)를, 그리고 $v$는 상대 속도(m/s)를 의미한다.

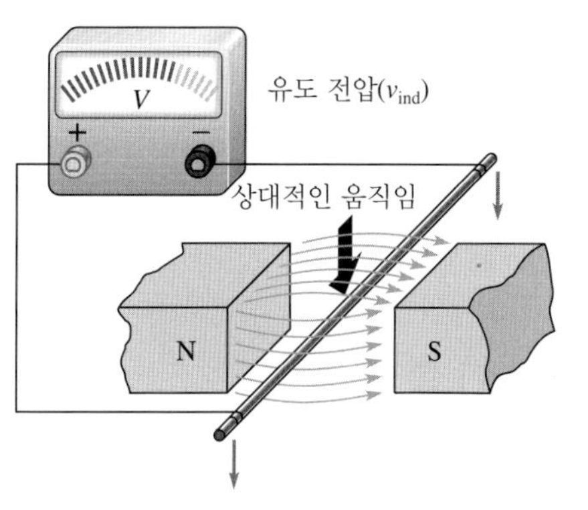


(a) 도체가 아래쪽으로 움직인다.

(b) 자기장이 위쪽으로 움직인다.

◀ 그림 10-27
도선과 자기장 사이의 상대적인 움직임

## 유도 전압의 극성

그림 10-27의 도체가 자기장에 대해 한쪽 방향으로 움직일 때와 다른 방향으로 움직일 때 서로 반대 방향의 유도 전압이 발생한다. 도선이 아래쪽으로 움직일 경우 유도 전압의 극성을 그림 10-28(a)에 표시하였다. 도선이 위쪽으로 움직일 때 발생되는 전압의 극성은 그림 10-28(b)에 표시하였다.

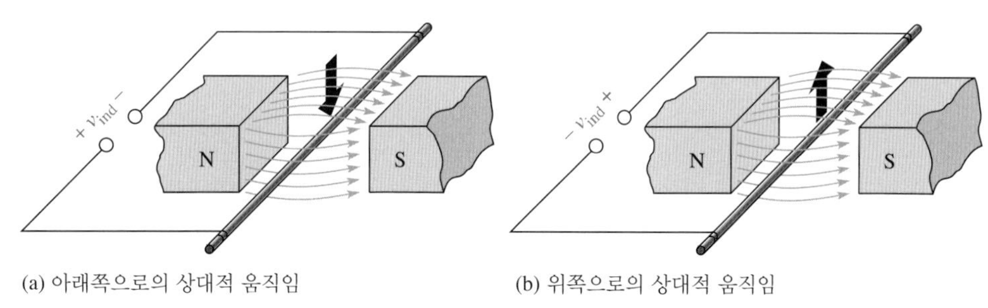


(a) 아래쪽으로의 상대적 움직임

(b) 위쪽으로의 상대적 움직임

◀ 그림 10-28
움직이는 방향에 따른 유도 전압의 극성

## 유도 전류

그림 10-28의 도선에 부하 저항이 연결된 경우, 도선이 자기장과 상대적으로 움직이면 그림 10-29와 같이 전압이 유도되어 부하에 전류가 흐르게 된다. 이 전류를 **유도 전류**(induced current, $i_{ind}$)라고 한다. 소문자 $i$는 순시 전류를 나타낸다.

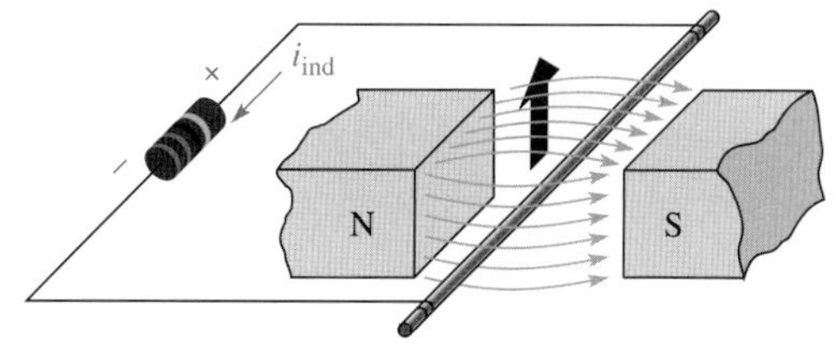


◀ 그림 10-29
자기장을 통과해서 움직이는 도선에 연결된 부하에 흐르는 유도 전류

도체가 자기장을 가로질러 움직임으로써 전압이 발생하고, 그 결과 부하에 전류가 흐르는 동작은 발전기의 기본 원리이다. 하나의 도선은 작은 유도 전류를 발생시키므로 실질적으로 발전기에서는 권수가 많은 코일을 사용한다. 움직이는 자기장 속에 도체가 있는 개념은 전기 회로에서 인덕턴스의 기본 원리이다.

## 자기장에서 전류가 흐르는 도체가 받는 힘(전동기 동작)

그림 10-30(a)는 자기장 속에 있는 도선에서 전류가 흘러나오는 그림이다. 전류의 흐름으로 생성된 전자기장은 영구자석의 자기장과 상호작용을 일으킨다. 도선 위쪽의 자력선이 전자력선의 방향과 반대이므로, 도선 위에 있는 영구자석의 자력선은 도선 아래로 휘어진다. 그러므로 도선 위의 자속 밀도가 감소하고 자기장이 약화되며, 도선 아래쪽의 자속 밀도는 증가하고 자기장의 세기가 커진다. 그 결과 도체에 위쪽 방향으로 힘이 가해져서 도체는 자기장이 약한 쪽으로 움직이려 한다.

▶ 그림 10-30
자기장에서 전류가 흐르는 도체가 받는 힘(전동기 동작)

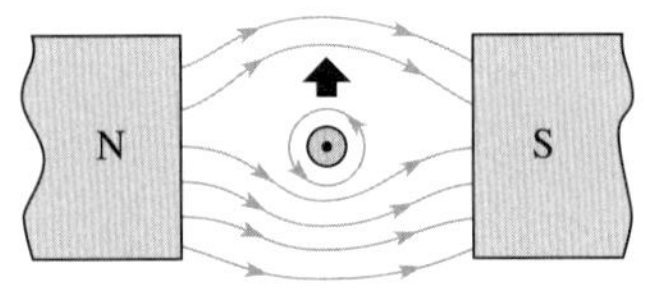


(a) 위쪽으로의 힘: 위는 약한 자계, 아래는 강한 자계

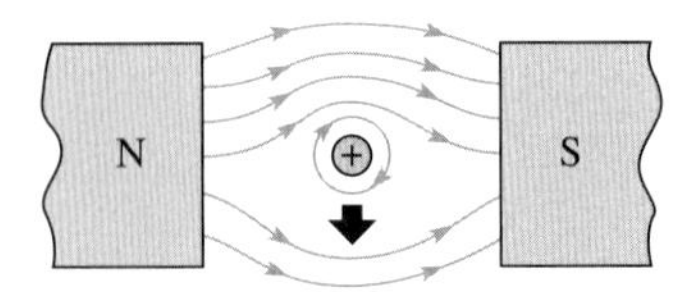


(b) 아래쪽으로의 힘: 위는 강한 자계, 아래는 약한 자계

⊙ 전류 나옴
⊕ 전류 들어감

그림 10-30(b)는 전류가 흘러들어갈 때 도체에 가해지는 힘이 아래 방향임을 나타내고 있다. 이 힘이 전동기의 기본 원리이다. 이러한 원리의 발명은 산업혁명을 일으키는 요소 중의 하나가 되었다.

**BIOGRAPHY**

마이클 패러데이 (Michael Faraday, 1791~1867)
패러데이는 전자기학의 이해에 크게 기여한 영국의 물리학자이자 화학자이다. 그는 코일 안쪽의 자석을 움직임으로써 전기가 생성될 수 있음을 발견했고 처음으로 전기 전동기를 개발하였다. 후에 전자기 발생기와 변압기를 개발했다. 오늘날 전자기 유도의 원리를 패러데이의 법칙이라고 한다. 또한 커패시턴스의 단위인 패럿은 그의 이름에서 유래한다.

## 패러데이의 법칙

마이클 패러데이(Michael Faraday)는 1831년 **전자기 유도**(electromagnetic induction)의 원리를 발견하였다. 영구자석을 코일에서 움직일 때 코일에 전압이 유도되고, 폐회로가 구성되었을 때 유도 전압이 유도 전류의 원인이 됨을 발견했다. 패러데이의 두 가지 발견은 다음과 같다.

**1.** 코일에 유도되는 전압의 크기는 코일에 대한 자기장의 변화율($d\phi/dt$)에 직접 비례한다.
**2.** 코일에 유도되는 전압의 크기는 코일을 감은 권수($N$)에 직접 비례한다.

그림 10-31에 패러데이의 첫 번째 발견을 나타내었다. 막대자석을 코일에서 이동시키면, 자기장의 변화가 생긴다. 그림 10-31(a)에서 자석이 어떤 비율로 움직이면 어떤 값의 유도 전압이 발생한다. 그림 10-31(b)에서 자석이 코일에서 좀더 빠르게 움직이면 더 큰 전압이 유도된다.

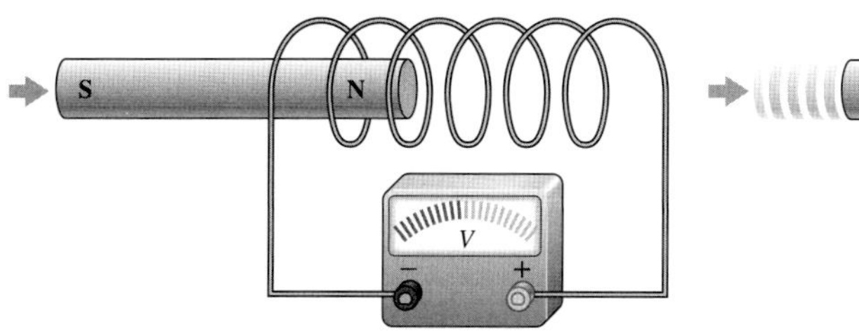


(a) 자석이 오른쪽으로 천천히 움직였을 때, 코일에서 자계는 변화하며 전압이 유도된다.

(b) 자석이 오른쪽으로 빨리 움직이면, 코일에서 자계는 더욱 급격하게 변하며 큰 전압이 유도된다.

◀ **그림 10-31**
패러데이의 첫 번째 발견 시연: 코일에 유도되는 전압의 크기는 코일에 대한 자기장의 변화율에 직접 비례한다.

패러데이의 두 번째 발견을 그림 10-32에 나타내었다. 그림 10-32(a)는 자석을 코일에 대해 움직여서 코일에 전압을 유도하는 것을 나타낸다. 그림 10-32(b)는 동일한 속도로 더 많이 감긴 코일에 대해 자석이 움직이는 그림이다. 코일을 많이 감을수록 더 큰 유도 전압이 발생한다.

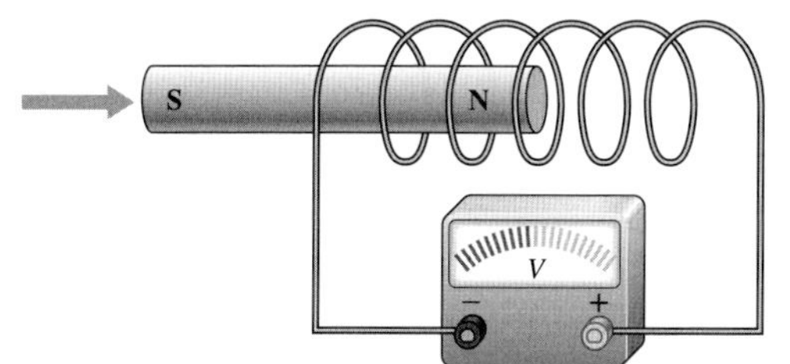


(a) 자석이 코일을 통해 움직이며, 전압을 유도한다.

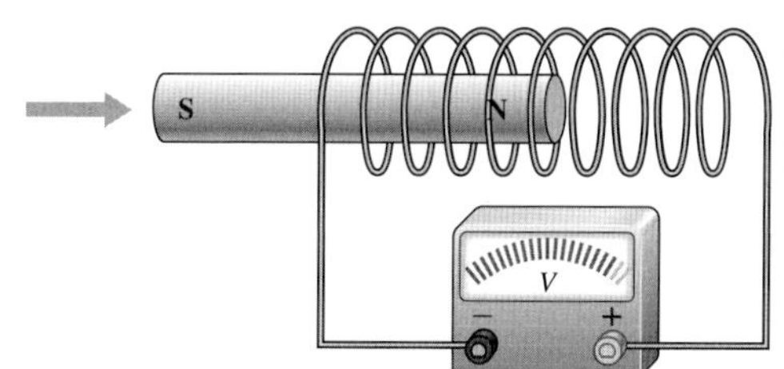


(b) 자석이 더 많은 권수를 갖는 코일을 통해 같은 속도로 움직이며, 이때 더 큰 전압을 유도한다.

◀ **그림 10-32**
패러데이의 두 번째 발견 시연: 코일에 유도되는 전압의 크기는 코일을 감은 권수에 직접 비례한다.

**패러데이의 법칙**(Faraday's law)을 서술하면 다음과 같다.

**도선의 코일에서 유도되는 전압은 코일을 감은 권수 곱하기 자속 밀도의 변화율과 같다.**

패러데이의 법칙을 수식으로 나타내면 다음과 같다.

$$v_{\text{ind}} = N\left(\frac{d\phi}{dt}\right) \tag{10-8}$$

**예제 10-7** 8000 μWb/s의 비율로 변하는 자기장에 500회 감은 코일을 둘 때 이 코일에 유도되는 전압을 패러데이의 법칙을 이용하여 구하라.

**풀이**

$$v_{\text{ind}} = N\left(\frac{d\phi}{dt}\right) = (500\text{ t})(8000\ \mu\text{Wb/s}) = \mathbf{4.0\ V}$$

**관련 문제** 50 μWb/s의 비율로 변하는 자기장에 250회 감은 코일을 둘 때 이 코일에 유도되는 전압을 구하라.

### 렌츠의 법칙

패러데이의 법칙에 의하면 자기장의 변화가 코일에 전압을 유도하며, 이때 유도되는 전압의 크기는 자기장의 변화율과 코일의 권수에 직접 비례한다. **렌츠의 법칙**(Lenz's law)은 유도 전압의 방향 또는 극성을 정의한다.

**코일에 흐르는 전류가 변할 때, 전자기장 변화의 결과로 유도 전압이 발생한다. 유도 전압의 극성은 이러한 전류의 변화 방향에 반대되는 방향이다.**

복습문제 10-5

1. 정지된 자기장에 있는 정지된 도체에 전압이 유도되는가?
2. 자기장 속에서 움직이는 도체의 속도가 증가할 때, 유도 전압의 크기는 증가하는가 감소하는가, 아니면 일정한가?
3. 자기장 속의 도체에 전류가 흐를 때 어떤 일이 벌어지는가?

## 10-6 전자기 유도의 응용

전자기 유도의 응용 가운데 두 가지 대표적인 응용은 자동차 크랭크축 위치 센서와 직류 발전기이다. 많은 종류의 응용이 있지만, 이 두 가지가 대표적이다.

이 절의 학습 내용은 다음과 같다.

- **전자기 유도의 몇 가지 응용**
  - 크랭크축 위치 센서의 동작원리
  - 직류 발전기의 동작원리

### 자동차 크랭크축 위치 센서

자동차의 크랭크축 위치를 감지하는 엔진 센서도 전자기 유도를 응용한 것이다. 자동차에서 사용되는 전자 엔진 제어기는 점화 시간을 결정하거나 연료 제어 시스템을 조정하는 데 크랭크축의 위치를 사용한다. 그림 10-33은 기본 개념을 보여준다. 둥근 철판은 확장 축을 이용해서 자동차 크랭크축에 붙어 있다. 둥근 철판에 붙어 있는 돌출된 철편(tab)은 특정한 크랭크축의 위치를 나타낸다.

크랭크축과 함께 둥근 철판이 회전함으로써 영구자석의 공극을 돌출된 철편이 주기적으로 지나게 된다. 철이 공기보다 훨씬 작은 릴럭턴스를 가지므로(자기장은 공기보다 철에서 훨씬 쉽게 발생된다) 공극에 철편이 들어올 때 자속이 급격하게 증가하고, 그 결과 코일에 전압이 유도된다. 이 과정을 그림 10-34에 나타내었다. 전자 엔진 제어 회로는 유도된 전압을 크랭크축 위치를 나타내는 지시계로 사용한다.

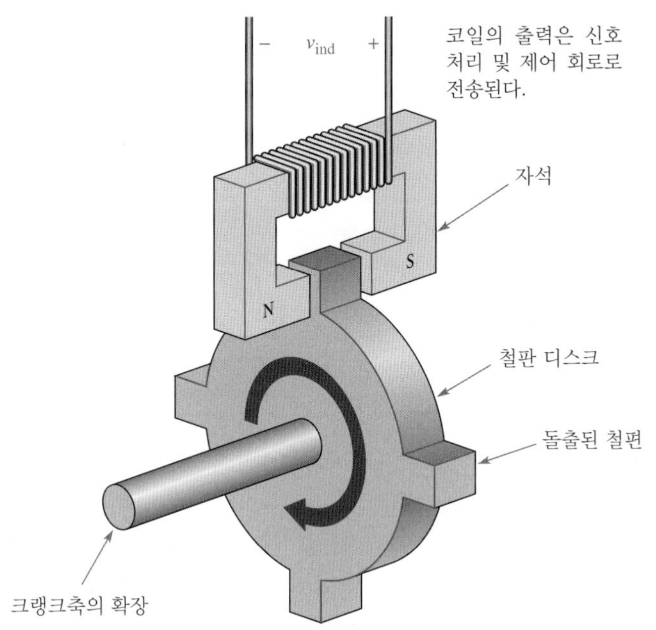


◀ 그림 10-33
돌출된 철편이 자석의 공극을 통과할 때 전압이 발생하는 크랭크축 위치 센서

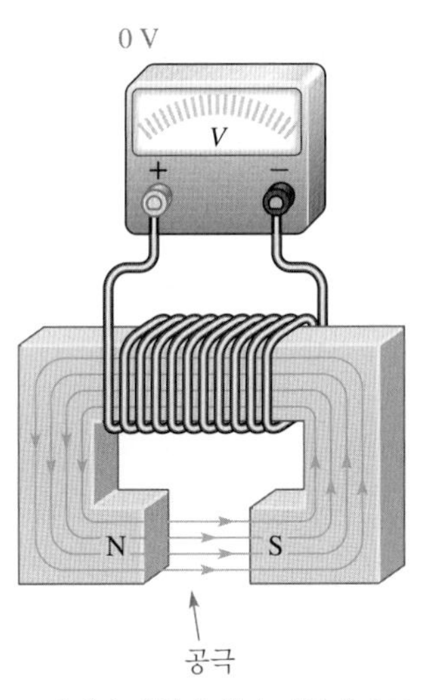


(a) 자계가 변하지 않아 전압이 유도되지 않는다.

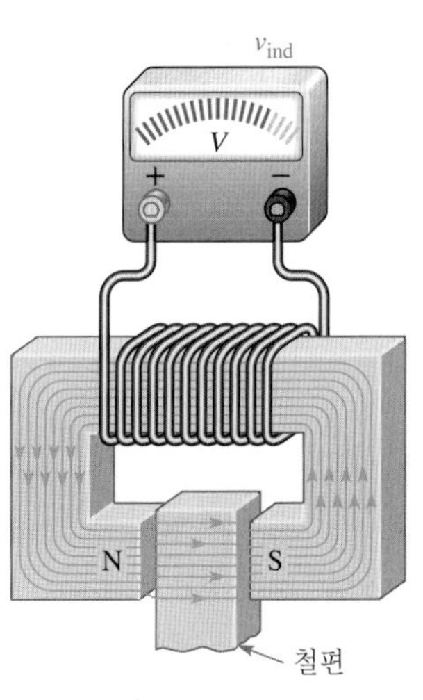


(b) 철편의 삽입으로 공극에 리액턴스가 줄어들고 자속은 순간적으로 증가하여 순시 전압이 유도된다.

◀ 그림 10-34
자석의 공극을 철편이 통과함으로써 자기장의 변화가 코일에 감지되어 전압이 유도된다.

## 직류 발전기

그림 10-35는 영구자석이 만드는 자기장과 단일 루프 도선으로 간단하게 구성된 직류 발전기이다. 도선의 각 끝은 분리된 링에 연결되어 있다. 전도성 금속 링은 **정류자**(commutator)라고 한다. 자기장에서 도선 루프가 회전함에 따라 분리된 정류자 링도 회전한다. 서로 분리된 링의 절반이 **브러시**(brush)라는 고정된 접점과 마찰하여 도선 루프가 외부 회로와 연결된다.

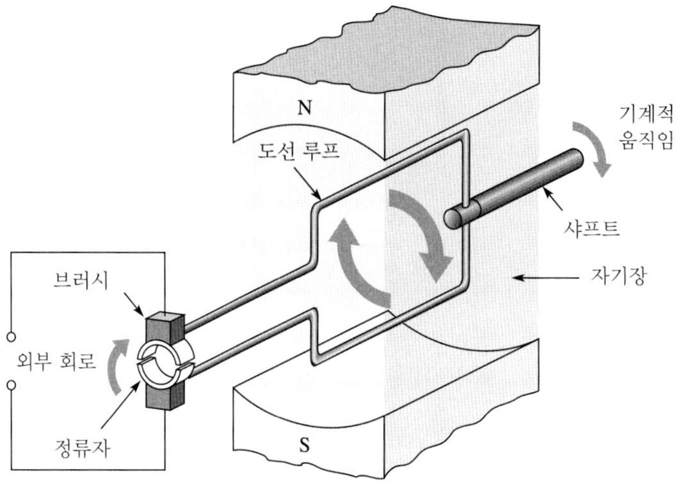


▶ 그림 10-35
간략화한 직류 발전기

자기장에서 루프가 회전하면, 그림 10-36과 같이 각도가 변하면서 자속을 자른다. 점 A에서 루프가 회전하면, 도선 루프는 자기장과 평행하게 움직이게 된다. 그러므로 이 순간 자속을 자르는 비율은 0이다. 루프가 점 *A*에서 *B*로 회전하면 자속을 자르는 비율이 증가한다. 점 *B*에서 루프는 자기장에 대해 직각으로 움직이므로 최대의 자속을 자른다. 점 *B*에서 *C*로 루프가 회전하면, 자속을 자르는 비율이 감소하여 *C*에서 최소(0)가 된다. 점 *C*에서 *D*까지 루프가 회전할 때, 자속을 자르는 비율이 증가하여 점 *D*에서 최대가 되고 다시 점 *A*에서 최소가 된다.

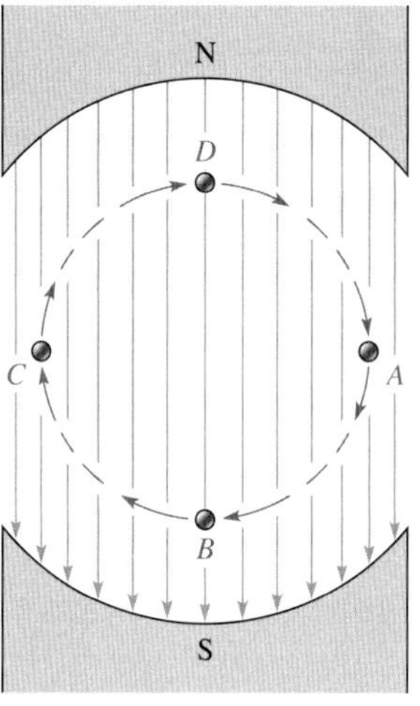


▶ 그림 10-36
자기장을 자르는 도선 루프의 단면

도선이 자기장을 통해 움직일 때 패러데이의 법칙에 의한 전압이 유도되며, 유도 전압의 크기는 도선을 루프로 감은 수(권수: number of turns)와 자기장에 대한 도선의 움직임의 변화율에 비례한다. 자속을 자르는 비율이 움직이는 각도에 따라 변하므로, 자속에 대해 도선이 움직이는 각도가 유도 전압의 크기를 결정한다.

그림 10-37은 자기장에서 단일 루프가 회전할 때 외부 회로에 전압이 어떻게 유도되는지를 보여준다. 루프가 순간적으로 수평 지점에 있다고 가정하면 이때 유도 전압은 0이다. 루프가 회전을 계속하면 그림 10-37(a)와 같이 점 *B*에서 최대의 전압이 유도된다. 그 다음 점 *B*에서 *C*로 루프가 계속 회전하면 전압은 그림 10-37(b)와 같이 점 *C*에서 0으로 감소한다.

◀ **그림 10-37**

기본 직류 발전기의 동작

(a) 위치 $B$: 루프는 자속선과 수직으로 움직이며 전압은 최대가 된다.

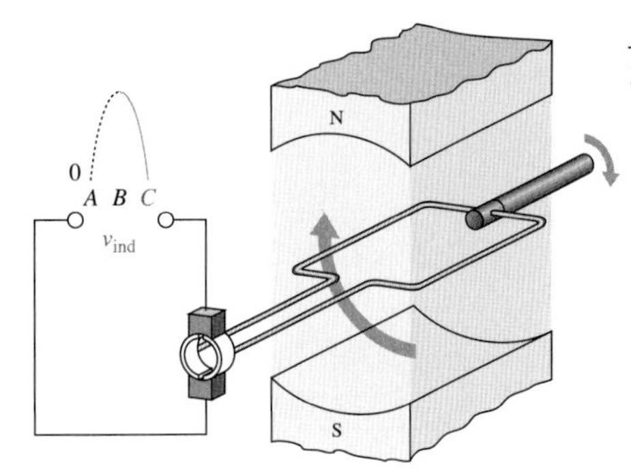


(b) 위치 $C$: 루프는 자속선과 수평으로 움직이며 전압은 0이다.

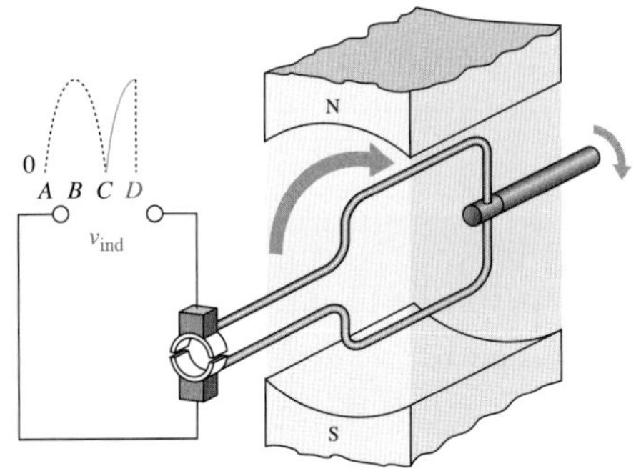


(c) 위치 $D$: 루프는 자속선과 수직으로 움직이며 전압은 최대가 된다.

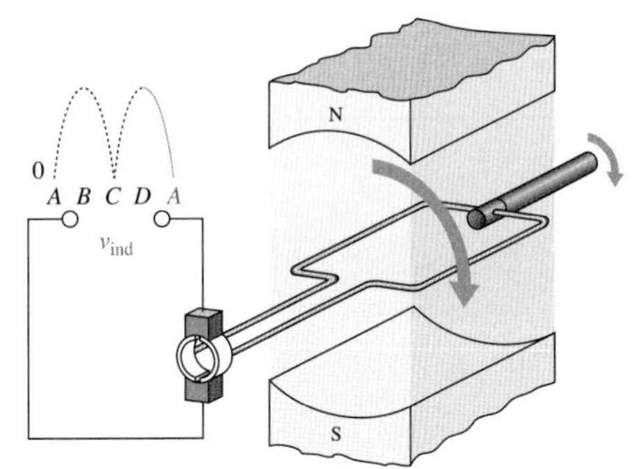


(d) 위치 $A$: 루프는 자속선과 수평으로 움직이며 전압은 0이다.

그림 10-37(c)와 (d)에 나타낸 한 사이클 중, 후반의 1/2사이클 동안 브러시는 이전에 접촉되었던 정류자 절편과 반대로 스위치되어 출력단 전압의 극성이 동일하게 유지된다. 그러므로 루프가 점 $C$에서 $D$, 그리고 다시 $A$로 회전하는 동안 전압은 점 $C$에서 0, 점 $D$에서 최대, 다시 점 $A$에서 0으로 변화된다.

그림 10-38은 루프가 몇 번의 회전(그림의 경우 3회전)을 거치는 동안 유도 전압의 변화를 보여준다. 이때 발생된 전압은 극성이 바뀌지 않았으므로 직류 전압이다. 그러나 전압은 0과 최대값 사이에서 진동한다.

◀ **그림 10-38**

직류 발전기에서 루프의 3회전 동안 걸리는 유도 전압

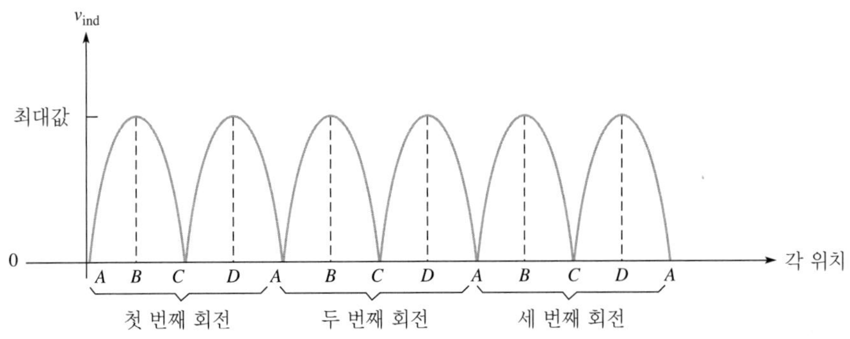


더 많은 루프가 더해지면 각 루프에 발생되는 유도 전압은 출력단에서 결합된다. 각 루프의 유도 전압들이 서로 편차가 있기 때문에 합성 전압은 최대값이나 0이 되지는 않는다. 두 개의 루프로 생성되어 조금 완만해진 직류 전압을 그림 10-39에 나타내었다. 필터를 사용해서 진동하는 전압을 완만하게 만들면 거의 일정한 직류 전압을 얻을 수 있다(필터는 18장에서 다룬다).

▶ 그림 10-39

두 개의 루프로 만든 발전기의 유도 전압. 유도 전압의 변화가 상당히 많이 감소한다.

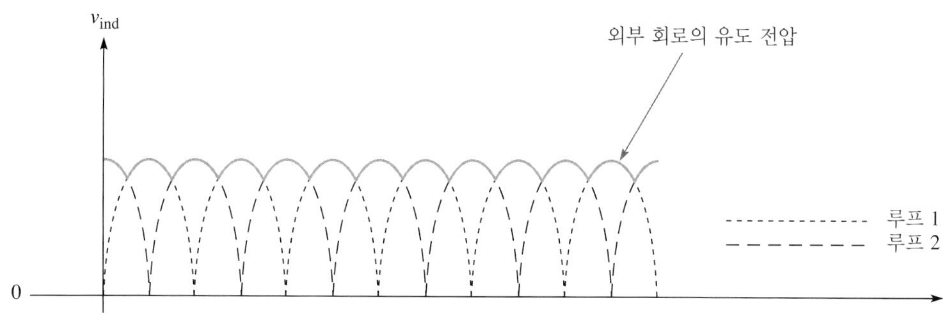


**복습문제 10-6**

1. 철편이 자석의 공극에 있는 채로 크랭크축 위치 센서의 철판이 멈추면 전압이 유도되는가?
2. 기본 직류 발전기의 루프가 갑자기 더 빠른 속도로 회전하면 유도 전압은 어떻게 변하는가?

## 회로 응용

릴레이는 제어 활용 부분에서 사용되는 전자기 소자 중 흔한 형태이다. 릴레이는 전지로 인가할 수 있는 낮은 전압으로 110 V의 교류 콘센트 같은 훨씬 높은 전압을 스위치하는 데 사용된다. 릴레이가 기본적인 방범 경보 시스템에서 어떻게 쓰이는지 살펴볼 것이다.

그림 10-40의 회로도는 릴레이를 가청 경보와 방범등을 켜는 데 사용하는 간단한 침입 경보 시스템이다. 시스템은 9 V 전지로 동작하므로 만약 집 전력이 꺼지더라도 가청 경보는 지속적으로 작동한다.

검파 스위치는 평상시 열린(NO) 자기 스위치로 창문과 문에 병렬로 연결된다. 릴레이는 9 V의 코일 전압에서 동작하고 대략 50 mA의 전류를 흐르게 하는 세 개의 폴과 두 개의 스로(tripple-pole-double-throw)로 구성된 소자이다. 침입이 발생했을 때 스위치 중 한 개는 닫혀 전지로부터 릴레이 코일로 전류가 흘러 릴레이에 전류가 흐르고 평상시 열린 접점 세 개의 세트가 닫히게 된다. *A*의 접점이 닫혀 경보가 울리고 전지로부터 2 A의 전류가 흐른다. *C*의 접점이 닫혀 집의 전등 회로가 켜진다. 닫힌 *B*의 접점은 침입자가 문이나 창문을 닫고 나가도 지속적으로 릴레이를 활성화한다. 만약 검파 스위치에 병렬로 연결된 접점 *B*가 없다면, 문이나 창문이 닫히면 경보

▶ 그림 10-40

간략화된 방범 경보 시스템

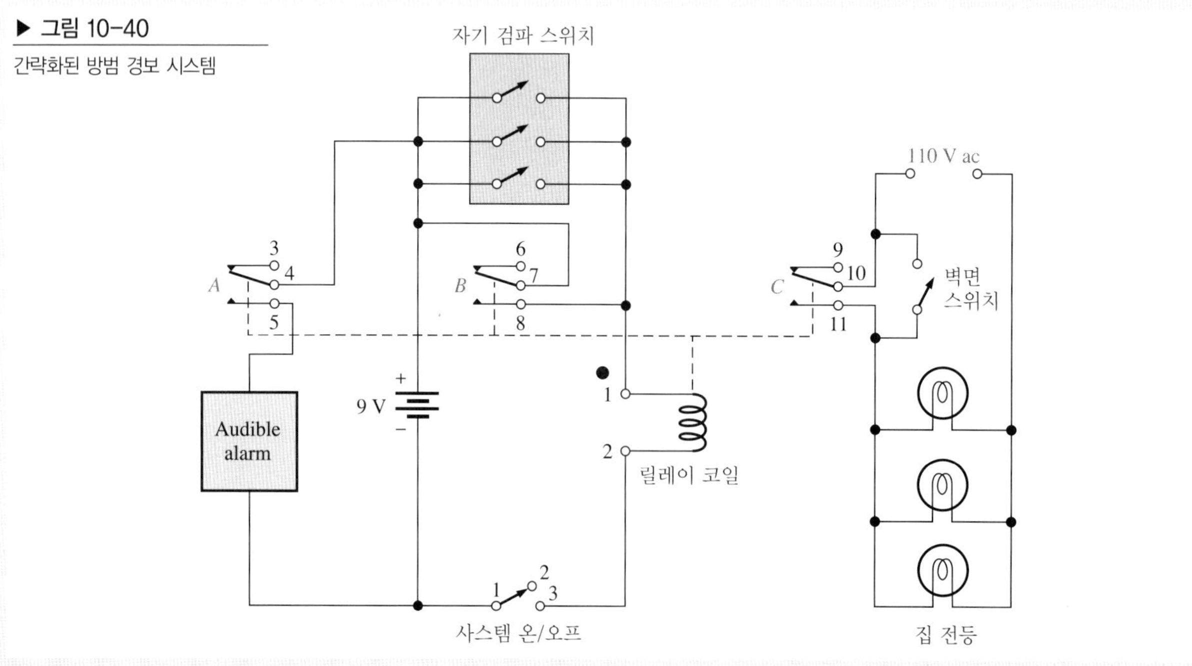

와 조명은 즉시 꺼진다.

회로도에 나타낸 것과는 달리, 릴레이의 접점은 코일과 물리적으로 가깝게 위치한다. 회로도는 명확한 해석을 위해 이와 같이 그려 놓았다. 그림 10-41은 패키지로 제공된 전체 릴레이이다. 또한 핀 개략도와 릴레이의 내부 회로도도 보여주고 있다.

### 시스템 상호연결

◆ 그림 10-40의 경보 시스템을 만들기 위해 그림 10-42의 블록도를 설계하고 시스템 요소들의 연결을 위한 도선들을 설계하라. 구성 요소 중에 연결 핀은 글자로 나타내었다.

### 시험 절차

◆ 도선의 배치가 완결된 침입 경보 시스템을 확인하기 위해 각각의 세부적인 과정을 설계하라.

### 복습문제

1. 검파 스위치의 역할은 무엇인가?
2. 그림 10-40의 릴레이에서 접점 *B*의 역할은 무엇인가?

▶ 그림 10-41

세 개의 폴과 두 개의 스로(tripple-pole-double-throw)로 구성된 릴레이

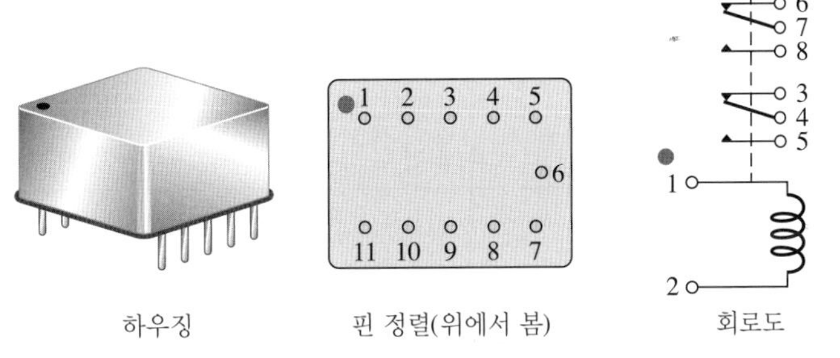


▶ 그림 10-42

침입 경보 소자의 나열

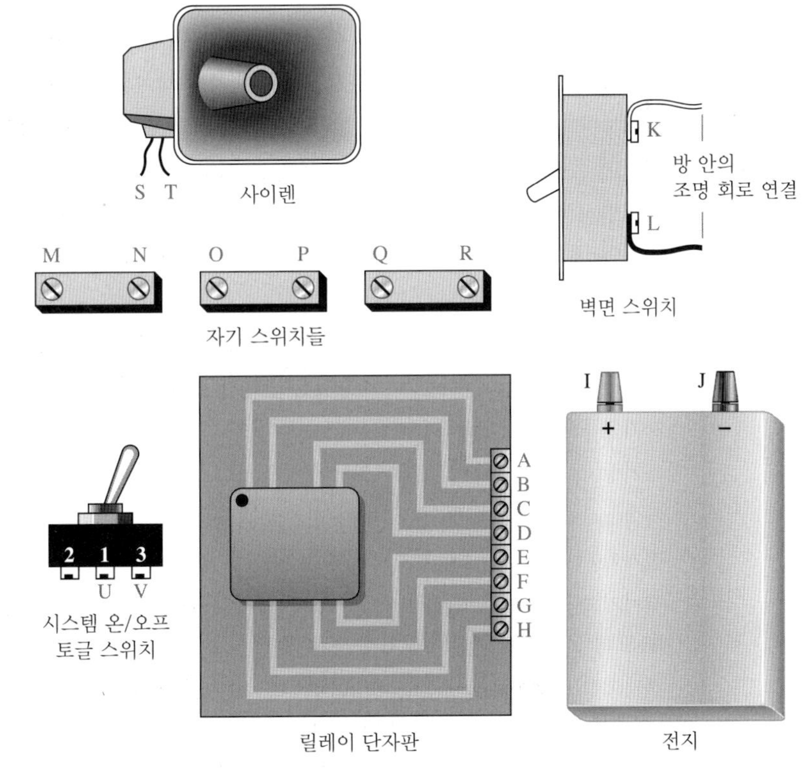

## 요약

- 자석의 서로 다른 극끼리는 끌어당기고, 같은 극끼리는 밀어낸다.
- 자석이 될 수 있는 물질을 강자성체라고 한다.
- 도체에 전류가 흐르면, 도체 주위로 전자기장이 발생된다.
- 오른손 법칙을 이용하면 도체 주위의 전자력선의 방향을 알 수 있다.
- 전자석은 기본적으로 자기 코어 주위에 도선을 감은 것이다.
- 자기장에서 도체가 움직이거나 도체에 대해서 자기장이 움직이면 도체에 전압이 유도된다.
- 도체와 자기장 사이의 상대적 움직임이 빨라지면, 유도 전압의 크기가 커진다.
- 표 10-2에 자기량과 단위를 요약하였다.

표 10-2

| 기호 | 물리량 | SI 단위 |
|---|---|---|
| $B$ | 자속 밀도 | 테슬라(T) |
| $\phi$ | 자속 | 웨버(Wb) |
| $\mu$ | 투자율 | 웨버/암페어-권수·미터(Wb/At·m) |
| $\mathcal{R}$ | 릴럭턴스 | 암페어-권수/웨버(At/Wb) |
| $F_m$ | 자기원동력 | 암페어-권수(At) |
| $H$ | 자계 강도 | 암페어-권수/미터(At/m) |

## 핵심 용어

**렌츠의 법칙**(Lenz's law): 코일에 흐르는 전류가 변할 때, 자기장 변화의 결과로 유도 전압이 발생하며 유도 전압의 극성은 항상 전류의 변화 방향에 반대되는 방향이다. 전류는 순간적으로 변하지 않는다.

**릴럭턴스**(reluctance): 물질의 자기장 생성을 방해하는 것

**릴레이**(relay): 전자기로 제어되는 기계 소자로서 전기 접점이 자화 전류에 의해 온-오프(on-off)된다.

**보자력**(retentivity): 한 번 자화된 물질이 자기장이 제거된 뒤에도 자화된 상태를 유지하는 능력

**솔레노이드**(solenoid): 전자기로 제어되는 기계 소자로서 축 또는 플런저가 자화 전류에 의해 활성화되어 기계적 움직임을 갖는다.

**스피커**(speaker): 전기 신호를 음성으로 전환시키는 전자기 소자

**암페어-권수**(ampere-turn, At): 자기원동력(mmf)의 단위

**웨버**(weber, Wb): 자속의 SI 단위로, $10^8$개의 선을 의미한다.

**유도 전류**(induced current, $i_{ind}$): 도선이 자기장에서 움직일 때 도선에 유도되는 전류

**유도 전압**(induced voltage, $v_{ind}$): 자기장 변화의 결과로 생성되는 전압

**자기원동력**(mmf: magnetomotive force): 자기장을 만드는 힘. 단위는 암페어-권수.

**자기장**(magnetic field): 자석이 N극에서 S극으로 방사되어 생기는 힘의 장

**자속**(magnetic flux): 영구자석이나 전자석의 N극과 S극 사이의 힘의 선

**전자기**(electromagnetism): 도체에 흐르는 전류에 의해 자기장이 생성

**전자기 유도**(electromagnetic induction): 도체와 자기장 또는 전자기장 사이의 상대적인 움직임으로 인해 도체에 전압이 발생되는 과정 또는 현상

**전자기장**(electromagnetic field): 도체에 흐르는 전류에 의해 도체 주위에 발생되는 자력선 그룹

**테슬라**(tesla, T): 자속 밀도의 SI 단위

**투자율**(permeability): 물질이 얼마나 쉽게 자기장을 만들 수 있는지를 나타내는 척도

**패러데이의 법칙**(Faraday's law): 코일에 유도되는 전압은 코일을 감은 횟수에 자속의 변화율을 곱한 것과 같다.

**히스테리시스**(hysteresis): 자성 물질에 자계 강도가 주어졌을 때 자화가 지연되는 특성

**힘의 선**(lines of force): N극에서 S극으로 방사되는 자기장의 자속선

## 주요 공식

| | | |
|---|---|---|
| **10-1** | $B = \frac{\phi}{A}$ | 자속 밀도 |
| **10-2** | $\mu_r = \frac{\mu}{\mu_0}$ | 비투자율 |
| **10-3** | $\mathcal{R} = \frac{l}{\mu A}$ | 릴럭턴스 |
| **10-4** | $F_m = NI$ | 자기원동력 |
| **10-5** | $\phi = \frac{F_m}{\mathcal{R}}$ | 자속 |
| **10-6** | $H = \frac{F_m}{l}$ | 자계 강도 |
| **10-7** | $v_{\text{ind}} = Blv$ | 움직이는 도선의 유도 전압 |
| **10-8** | $v_{\text{ind}} = N\left(\frac{d\phi}{dt}\right)$ | 패러데이의 법칙 |

## 자기 진단

**1.** 두 막대자석의 S극을 서로 가까이 하면 어떻게 되는가?
(a) 인력이 발생한다 (b) 척력이 발생한다
(c) 상승력이 발생한다 (d) 영향이 없다

**2.** 자기장은 ( )으로 만들어진다.
(a) 양전하와 음전하 (b) 자기 영역 (c) 자속 (d) 자석 극

**3.** 자력선의 방향은 ( )이다.
(a) N극에서 S극 (b) S극에서 N극
(c) 자석의 내부에서 외부 (d) 앞에서 뒤

**4.** 자기 회로의 릴럭턴스는 무엇과 비슷한가?
(a) 전기 회로의 전압 (b) 전기 회로의 전류
(c) 전기 회로의 전력 (d) 전기 회로의 저항

**5.** 자속의 단위는 무엇인가?
(a) 테슬라 (b) 웨버 (c) 암페어-권수 (d) 암페어-권수/웨버

**6.** 자기원동력의 단위는 무엇인가?
(a) 테슬라 (b) 웨버 (c) 암페어-권수 (d) 암페어-권수/웨버

**7.** 자속 밀도의 단위는 무엇인가?
(a) 테슬라 (b) 웨버 (c) 암페어-권수 (d) 전자-볼트

**8.** 가동 축을 전자기로 움직이게 하는 것은 무엇의 기초인가?

(a) 릴레이 (b) 회로 차단기 (c) 자기 스위치 (d) 솔레노이드

**9.** 자기장에 있는 도선에 전류가 흐르면 도선은 어떻게 되는가?

(a) 도선은 과열될 것이다 (b) 도선은 자화될 것이다

(c) 도선에 힘이 가해질 것이다 (d) 자기장이 상쇄될 것이다

**10.** 변화하는 자기장에 코일이 있다. 코일의 권수가 증가하면 코일에 유도되는 전압은 어떻게 되는가?

(a) 변화 없다 (b) 감소한다

(c) 증가한다 (d) 터무니없이 커진다

**11.** 일정한 자기장 속에서 도체가 앞뒤로 일정한 비율로 움직일 때 도체에 유도되는 전압은 어떻게 되는가?

(a) 일정하다 (b) 극성이 바뀐다

(c) 감소한다 (d) 증가한다

**12.** 그림 10-33의 크랭크축 위치 센서에서 코일에 유도되는 전압은 무엇 때문인가?

(a) 코일의 전류 (b) 디스크의 회전

(c) 자기장을 통과하는 철편 (d) 디스크 회전 속도의 증가

## 문제

### 10-1 자기장

**1.** 자기장의 단면적이 증가하고 자속은 일정할 때, 자속 밀도는 증가하는가 감소하는가?

**2.** 어떤 자기장의 단면적이 0.5 $m^2$이고 이때 자속이 1500 $\mu$Wb이다. 자속 밀도를 구하라.

**3.** 자속 밀도가 $2500 \times 10^{-6}$ T이고 단면적이 150 $cm^2$이면 자성 물질의 자속은 얼마가 되는가?

**4.** 주어진 위치에서 지구 자기장이 0.6가우스라고 하자. 자속 밀도를 테슬라로 표현하라.

**5.** 자속 밀도가 100,000 $\mu$T인 강한 영구자석이 있다. 자속 밀도를 가우스로 표현하라.

### 10-2 전자기

**6.** 그림 10-9의 도체에 흐르는 전류의 방향이 반대로 되면 나침반의 지침이 어떻게 되는가?

**7.** 절대투자율이 $750 \times 10^{-6}$ Wb/At·m인 강자성체의 비투자율은 얼마인가?

**8.** 길이가 0.28 m, 단면적이 0.08 $m^2$, 절대투자율이 $150 \times 10^{-7}$ Wb/At·m인 물질의 릴럭턴스를 계산하라.

**9.** 3 A의 전류가 50번 감은 코일에 흐를 때 자기원동력은 얼마인가?

### 10-3 전자기 소자

**10.** 일반적으로 솔레노이드가 동작할 때 플런저는 튀어나오는가 들어가는가?

**11.** (a) 솔레노이드가 동작할 때 플런저를 움직이는 힘은 무엇인가?

(b) 플런저를 휴지기의 위치로 되돌리는 힘은 무엇인가?

**12.** 그림 10-43의 회로에서 스위치 1(SW1)이 닫힐 때 어떤 일이 발생하는지 설명하라.

**13.** 다르송발 구동장치의 코일에 전류가 흐를 때 무엇이 지침을 돌아가게 만드는가?

▶ 그림 10-43

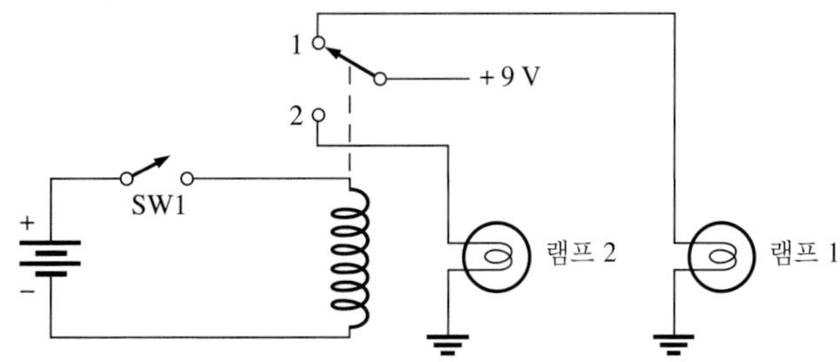


### 10-4 자기 히스테리시스

**14.** 문제 9에서 코어의 길이가 0.2 m이면 자화력은 얼마인가?

**15.** 그림 10-44에서 어떻게 하면 코어의 물리적 특성을 변화시키지 않고 자속 밀도를 변화시킬 수 있는가?

**16.** 그림 10-44에서 다음을 계산하라.

(a) $H$ (b) $\phi$ (c) $B$

▶ 그림 10-44

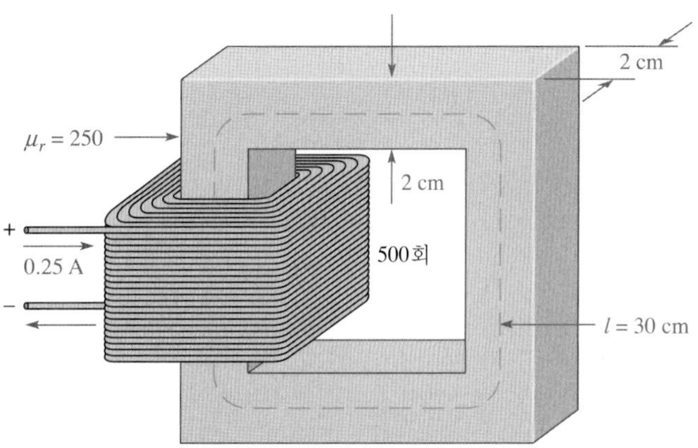


**17.** 그림 10-45의 히스테리시스 곡선을 보고 가장 보자력이 큰 물질을 선택하라.

▶ 그림 10-45

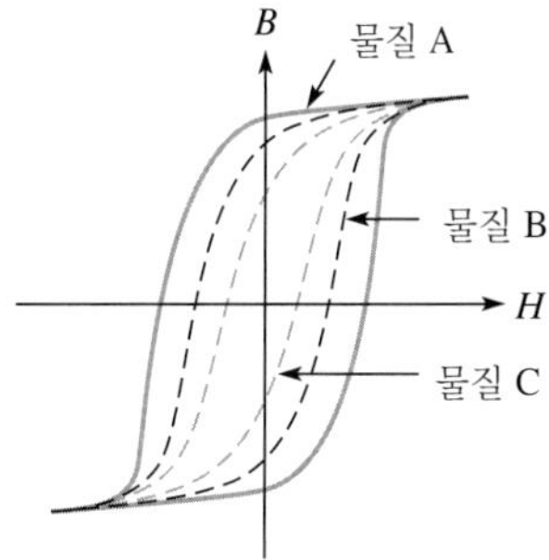


### 10-5 전자기 유도

**18.** 패러데이의 법칙에 따르면, 자속의 변화율이 2배가 될 때 유도 전압은 어떻게 되는가?

**19.** 자기장에서 수직으로 움직이는 도선에 전압을 결정하는 세 가지 요소는 무엇인가?

**20.** 자기장이 3500 × $10^{-3}$ Wb/s의 비율로 변한다. 50회 감은 코일을 이 자기장에 두면 몇 볼트의 전압이 유도되는가?

**21.** 렌츠의 법칙은 어떤 점에서 패러데이의 법칙과 상호 보완관계에 있는가?

### 10-6 전자기 유도의 응용

**22.** 그림 10-33에서 철판 디스크가 회전하지 않으면 전압이 유도되지 않는데, 그 이유는 무엇인가?

**23.** 그림 10-35에서 정류자와 브러시의 역할을 설명하라.

***24.** 기본 직류 발전기가 초당 60번 회전한다. 직류 출력이 최대가 되는 횟수는 1초에 몇 번인가?

***25.** 문제 24의 직류 발전기에 두 번째 루프가 첫 번째 루프와 90도 각도로 더해졌다고 가정하자. 출력 전압이 어떻게 발생되는지 시간에 대한 전압의 변화를 그림으로 그려라. 이때 최대 전압은 10 V 이다.

## 복습문제 해답

### 10-1 자기장

**1.** N극이 서로 밀어낸다.

**2.** 자속은 자기장을 만드는 힘의 선의 집합이다.

**3.** $B = \phi/A = 900\ \mu\text{T}$

### 10-2 전자기

**1.** 전자기는 도체에 전류가 흐름으로써 생성된다. 전자기장은 도체에 전류가 흐를 때만 존재한다. 자기장은 전류와 관계없이 존재한다.

**2.** 전류의 방향이 반전되면 자기장의 방향 또한 반대로 된다.

**3.** 자속($\phi$)은 자기원동력($F_m$)을 릴럭턴스($\mathcal{R}$)로 나눈 것과 같다.

**4.** 자속: 전류, 자기원동력: 전압, 릴럭턴스: 저항

### 10-3 전자기 소자

**1.** 솔레노이드는 단지 움직임만 있다. 릴레이는 전기 접점을 닫는다.

**2.** 솔레노이드의 가동 부분은 플런저이다.

**3.** 릴레이의 가동 부분은 아마추어이다.

**4.** 다르송발 구동장치는 자기장의 상호작용에 기초한다.

### 10-4 자기 히스테리시스

**1.** 전류를 증가시키면 자속 밀도가 증가한다.

**2.** 보자력은 물질이 자화력이 제거된 상태에서 자화된 상태를 유지하는 능력이다.

**3.** 헤드는 자기력이 제거된 뒤에 자화 상태로 있으면 안 되지만, 테이프는 자화 상태로 있어야 한다.

### 10-5 전자기 유도

**1.** 전압이 유도되지 않는다.

**2.** 유도 전압은 증가한다.

**3.** 전류가 도체에 흐르면 도체가 힘을 받는다.

### 10-6 전자기 유도의 응용

**1.** 공극에 전압이 유도되지 않는다.

**2.** 보다 빠른 회전은 유도 전압을 증가시킨다.

### 회로 응용

**1.** 침입 감지 스위치의 접점이 닫히는 것은 창문이나 문을 통해 침입이 일어났음을 가리킨다.

**2.** 접점 $B$는 침입이 감지된 경우 릴레이가 동작 상태를 유지하게 해 준다.

## 관련 문제 해답

**10-1** 자속 밀도가 증가한다.

**10-2** 31.0 T

**10-3** 릴럭턴스가 $12.8 \times 10^6$ At/Wb로 감소한다.

**10-4** $1.66 \times 10^5$ At/Wb

**10-5** 7.2 mWb

**10-6** (a) $F_m = 42.5$ At

(b) $\mathcal{R} = 85 \times 10^3$ At/Wb

**10-7** 12.5 mV

## 자기 진단 해답

**1.** (b) **2.** (c) **3.** (a) **4.** (d) **5.** (b) **6.** (c) **7.** (a) **8.** (d)
**9.** (c) **10.** (c) **11.** (b) **12.** (c)

# 교류 전압과 전류의 기초

CHAPTER 11

## 이 장의 차례



## 이 장의 목표

- 정현파형을 구별하고 그 특성을 규정한다.
- 정현파가 어떻게 발생되는지 서술한다.
- 정현파 전압과 전류의 여러 가지 값을 구한다.
- 정현파의 각도에 대한 관계를 서술한다.
- 정현파를 수학적으로 해석한다.
- 페이저를 사용하여 정현파를 나타낸다.
- 교류 저항 회로에 기초 회로 법칙을 적용한다.
- 교류와 직류 소자들의 전압을 구한다.
- 기본 비정현파형의 특성을 이해한다.
- 오실로스코프를 이용해서 파형을 측정한다.

## 핵심 용어

- 각도
- 각속도
- 고조파
- 기본 주파수
- 듀티 사이클
- 라디안
- 램프
- 발진기
- 사이클
- 상승 시간($t_r$)
- 순시값
- 실효값
- 오실로스코프
- 위상
- 정현파
- 주기($T$)
- 주기적
- 주파수($f$)
- 진폭
- 최대값
- 최소-최대값
- 파형
- 펄스
- 펄스폭($t_W$)
- 페이저
- 평균값
- 하강 시간($t_f$)
- 함수발생기
- 헤르츠(Hz)

## 회로 응용 소개

회로 응용에서는 오실로스코프를 이용해 AM 수신기의 전압 신호를 측정해 본다.

## 인터넷 학습자료

http://www.prenhall.com/floyd

## 이 장의 소개

앞에서 직류 전압과 전류에 따른 저항 회로에 대해 살펴보았다. 이 장에서는 시간에 따라 변하는 전기 신호, 특히 정현파에 대한 교류 회로 해석을 다룬다. 전기 신호는 전압 또는 전류가 어떤 일정한 법칙에 맞추어 시간에 따라 변하는 것이다. 다시 말해, 전압 또는 전류가 일정한 패턴으로 변하는 것을 파형이라고 한다.

교류 전압은 일정한 비율로 그 극성이 변하고, 교류 전류는 일정한 비율로 그 방향이 변하는 것이다. 다른 모든 주기 파형은 정현파로 분해할 수 있으므로 정현파형은 가장 일반적이며 기본적인 파형이라 할 수 있다. 정현파는 일정한 시간 간격으로 반복되는 주기 파형이다.

특히 정현파는 교류 회로를 해석하는 데 기본이 되기 때문에 중요하다. 펄스파, 삼각파, 톱니파 등과 같은 다른 형태의 파형도 살펴본다. 또한 오실로스코프를 이용해서 파형을 관찰하거나 측정하는 방법에 대해 알아본다. 정현파를 표현하는 페이저의 사용에 대해 논할 것이다.

# 11-1 정현파

정현파는 교류 전류(ac: alternating current)와 교류 전압의 일반적인 형태이다. 정현파는 정현곡선파 또는 간단히 정현파라고 한다. 전력회사가 일반 가정에 공급하는 전기는 정현곡선의 전압과 전류의 모양이다. 덧붙여서, 다른 형태의 주기 **파형**(waveforms)은 고조파(harmonics)라고 불리는 정현파 여러 개가 합성된 것이다.

이 절의 학습 내용은 다음과 같다.

- **정현파형의 구별 및 그 특성의 규정**
  - 주기의 결정
  - 주파수의 결정
  - 주기와 주파수의 관계 정의

정현파는 두 가지 방법, 즉 일반적으로 신호발생기로 알려진 교류 발전기나 전자 발진 회로를 이용해서 발생시킬 수 있다. 그림 11-1은 정현파 전압원을 나타내는 기호이다.

▶ 그림 11-1
정현파 전압원의 기호

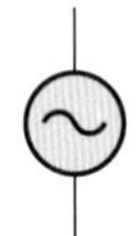

그림 11-2의 그래프는 **정현파**(sine wave)의 일반적인 모양이며, 이 정현파는 교류 전류 또는 교류 전압이 될 수 있다. 전압(또는 전류)은 수직축에 표시하고 시간($t$)은 수평축에 표시한다. 시간에 대해 전압(또는 전류)이 어떻게 변하는지 관찰하라. 전압(또는 전류)은 0에서 출발해서 양(+)의 최대값까지 증가하고, 다시 0으로 되돌아온다. 그 다음 음(−)의 최대값까지 증가하고 다시 0으로 되돌아옴으로써 완전한 1사이클이 완성된다.

▶ 그림 11-2
정현파의 1사이클

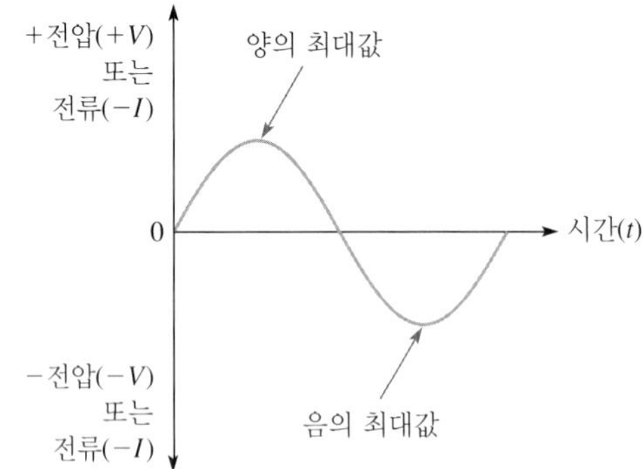


## 정현파의 극성

정현파는 그 값이 0일 때를 기준으로 극성이 바뀐다. 즉, 양에서 음의 값으로 또는 음에서 양의 값으로 변한다. 정현파 전압원($V_s$)이 그림 11-3과 같이 저항 회로에 인가되면, 시간에 대해 변하는 정현파 전류가 흐른다. 전압의 극성이 변하면, 전류의 방향도 이에 대응하여 방향이 변하게 된다.

인가된 전압 $V_s$가 양의 범위에서 변할 때 전류의 방향은 그림 11-3(a)와 같다. 인가된 전압 $V_s$가 음의 범위에서 변할 때 전류의 방향은 그림 11-3(b)와 같이 반대 방향이 된다. 양의 범위에 대한 변화와 음의 범위에 대한 변화가 정현파의 1**사이클**(cycle)을 만든다.

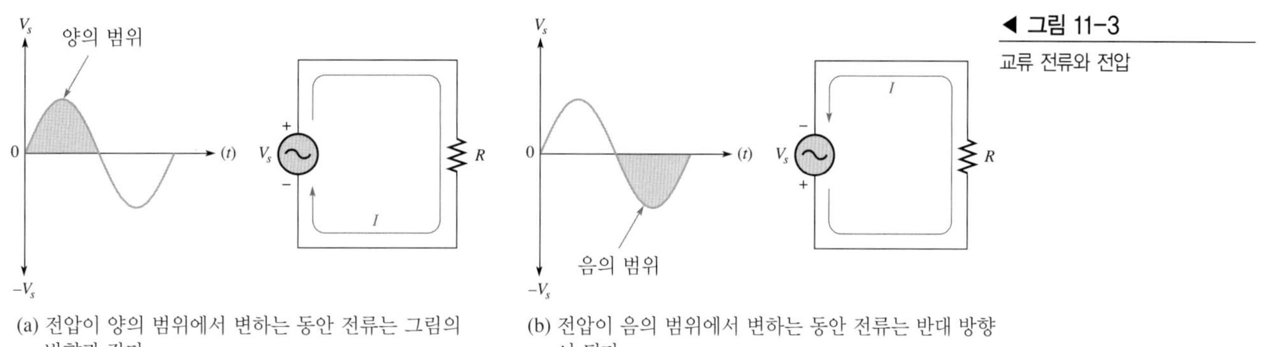


(a) 전압이 양의 범위에서 변하는 동안 전류는 그림의 방향과 같다.

(b) 전압이 음의 범위에서 변하는 동안 전류는 반대 방향이 된다.

◀ 그림 11-3
교류 전류와 전압

## 정현파의 주기

정현파는 시간($t$)에 대해 일정한 방식으로 변한다.

**하나의 완전한 사이클이 완성되기 위해 필요한 시간을 주기(period, $T$)라고 한다.**

그림 11-4(a)는 정현파의 주기를 보여주고 있다. 일반적으로 정현파는 그림 11-4(b)와 같이 동일한 사이클을 따라 반복적으로 변한다. 정현파는 반복되는 사이클이 모두 같으므로, 정현파의 주기는 일정하다. 그림 11-4(a)와 같이 정현파의 주기는 0의 교차점과 이에 대항하는 다음 0의 교차점 사이를 측정하여 구할 수 있다. 또한 주어진 사이클의 최대점과 이에 대응하는 다음 사이클의 최대점 사이를 측정함으로써 주기를 구할 수 있다.

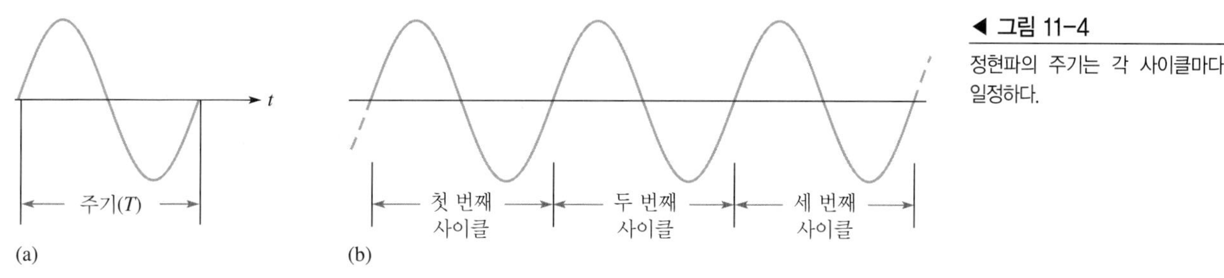


◀ 그림 11-4
정현파의 주기는 각 사이클마다 일정하다.

**예제 11-1** 그림 11-5에서 정현파의 주기는 얼마인가?

▶ 그림 11-5

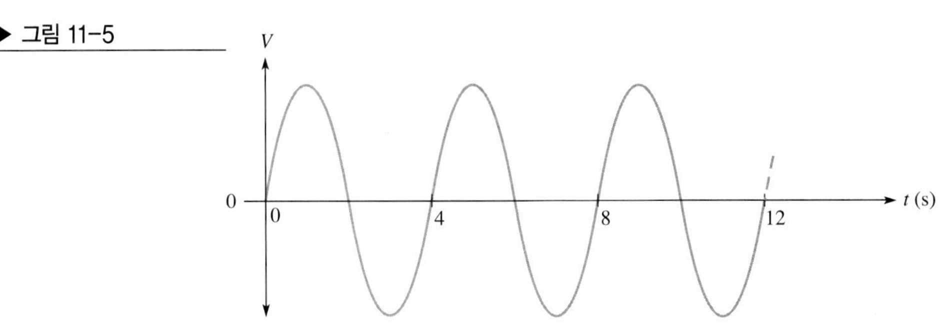


풀이 그림 11-5에서 각 사이클이 완성되는 데 4초가 걸렸다. 그러므로 주기는 4초이다.

$$T = \mathbf{4\,s}$$

관련 문제 12초 동안 5사이클이 지나간 정현파의 주기는 얼마인가?

**예제 11-2** 그림 11-6에서 정현파의 주기를 측정하는 세 가지 방법을 설명하라. 몇 개의 사이클이 그림에 나타나 있는가?

▶ 그림 11-6

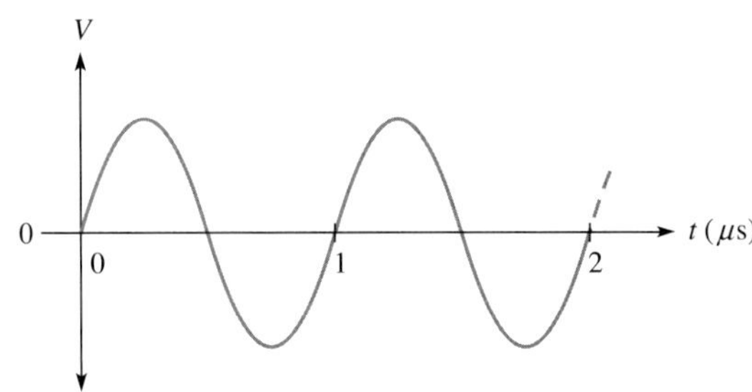


풀이 방법 1: 어느 한 사이클에서 0을 지나는 점과 다음 사이클에서 0을 지나는 점 사이를 측정하여 주기를 구한다(기울기가 대응하는 0 교차점에서 같아야 한다).

방법 2: 어느 한 사이클의 양의 최대값과 다음 사이클의 양의 최대값 사이를 측정하여 주기를 구한다.

방법 3: 어느 한 사이클의 음의 최대값과 다음 사이클의 음의 최대값 사이를 측정하여 주기를 구한다.

이 세 가지 측정 방법을 그림 11-17에 나타내었다. 그림에서 **정현파 2사이클**을 갖는다. 어떠한 대응점을 이용하든지 주기는 동일하다는 점에 주의하자.

▶ **그림 11-7**

정현파의 주기 측정

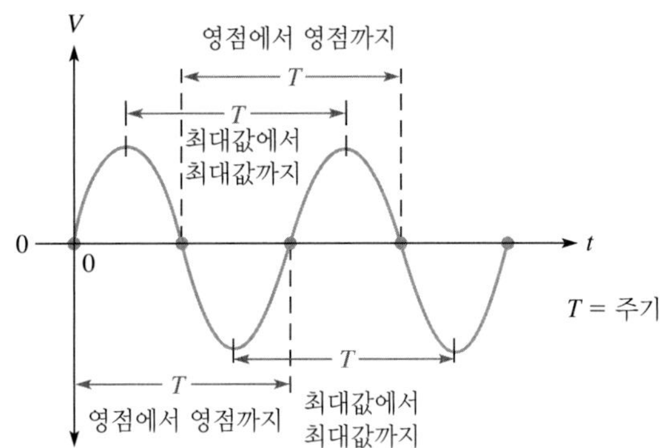


**관련 문제** 양의 최대가 1 ms에서 생겼고 다음 양의 최대가 2.5 ms에서 발생한다면 주기는 얼마인가?

## 정현파의 주파수

**주파수(frequency, $f$)는 1초 동안 포함되는 정현파의 사이클 수이다.**

1초 동안 포함하는 사이클이 많을수록 주파수가 높다. 주파수($f$)의 단위는 **헤르츠**(Hz)이다. 1 Hz는 초당 1사이클과 같고 60 Hz는 초당 60사이클과 같다. 그림 11-8에 두 개의 정현파를 보였다. 그림 11-8(a)의 정현파는 1초 동안 2개의 사이클을 포함하고, 그림 11-8(b)는 1초 동안 4개의 사이클을 포함한다. 그러므로 그림 11-8(b)의 정현파 주파수는 그림 11-8(a)의 정현파 주파수의 2배이다.

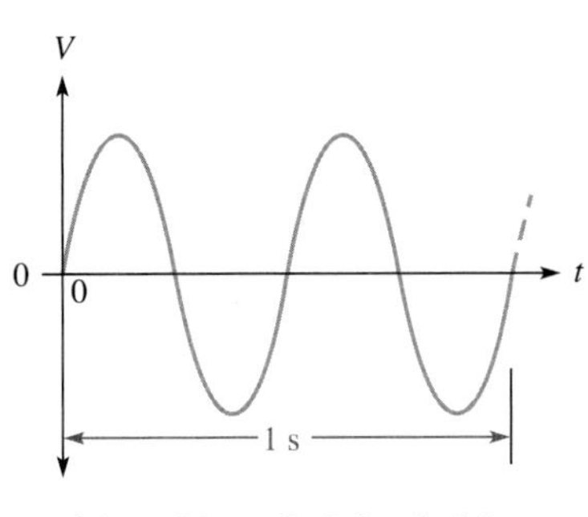


(a) 낮은 주파수: 초당 사이클이 적음

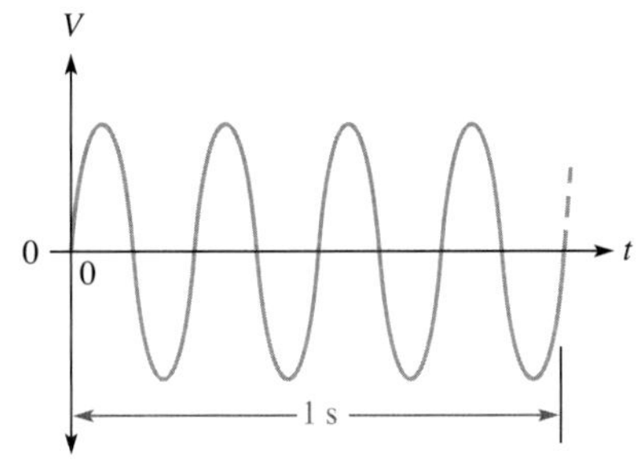


(b) 높은 주파수: 초당 사이클이 많음

◀ **그림 11-8**

주파수 예

BIOGRAPHY

하인리히 루돌프 헤르츠 (Heinrich Rudolf Hertz, 1857~1894)

독일의 물리학자인 헤르츠는 처음으로 전자기파를 방송하고 수신했다. 그는 실험실에서 전자기파를 생성하고 측정하였다. 또한 전자기파의 반사와 굴절 특성이 빛과 같음을 증명하였다. 그의 업적을 기려 주파수의 단위로 그의 이름을 사용한다.

## 주파수와 주기의 관계

주파수($f$)와 주기($T$) 사이에는 다음 식과 같은 관계가 성립한다.

$$f = \frac{1}{T} \tag{11-1}$$

$$T = \frac{1}{f} \tag{11-2}$$

$f$와 $T$는 서로 역수관계에 있다. 하나를 알면 계산기의 $x^{-1}$나 $1/x$ 키를 눌러 다른 하나를 구할 수 있다. 주기가 긴 정현파는 주기가 짧은 정현파보다 1초당 더 작은 수의 사이클을 가지므로 이러한 역수관계가 적절함을 알 수 있다.

**예제 11-3** 그림 11-9에서 더 높은 주파수를 갖는 정현파는 어느 것인가? 두 파형으로부터 주파수와 주기를 구하라.

▶ 그림 11-9

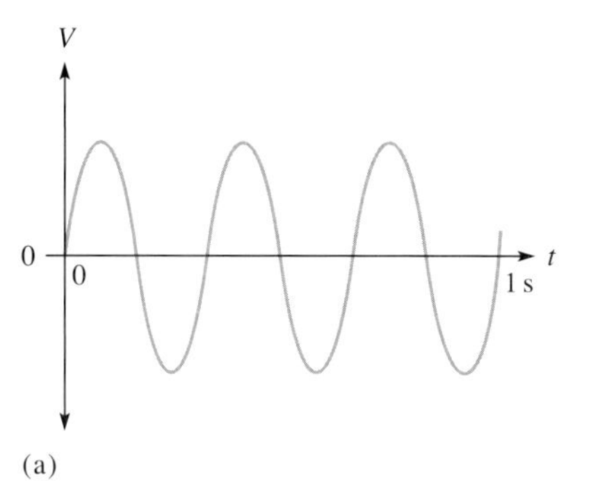

(a)

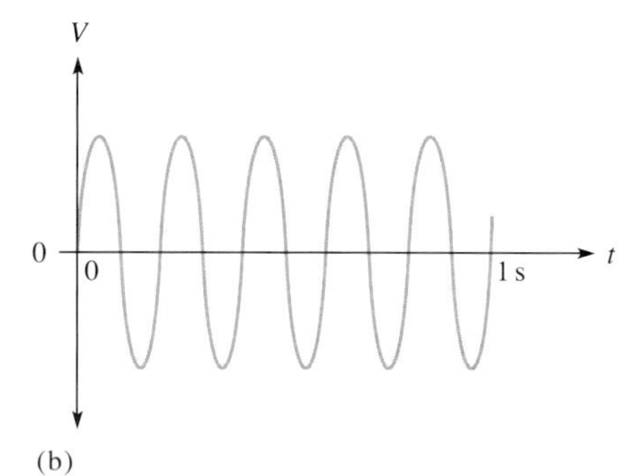

(b)

**풀이** 그림 11-9(b)의 정현파가 그림 11-9(a)의 정현파보다 1초 동안 더 많은 사이클을 갖기 때문에 그림 11-9(b)의 정현파의 주파수가 높다.

그림 11-9(a)는 1초에 3사이클을 가지므로

$$f = \mathbf{3\ Hz}$$

이고, 1사이클에 0.333초가 걸리므로 주기는 다음과 같다.

$$T = 0.333\ \text{s} = \mathbf{333\ ms}$$

그림 11-9(b)는 1초에 5사이클을 가지므로

$$f = \mathbf{5\ Hz}$$

이고, 1사이클에 0.2초가 걸리므로 주기는 다음과 같다.

$$T = 0.2\ \text{s} = \mathbf{200\ ms}$$

**관련 문제** 주어진 정현파의 음의 최대값 사이가 50 $\mu$s이면, 주파수는 얼마인가?

**예제 11-4** 어떤 정현파의 주기가 10 ms이다. 주파수는 얼마인가?

**풀이** 식 (11-1)을 이용하자.

$$f = \frac{1}{T} = \frac{1}{10\,\text{ms}} = \frac{1}{10 \times 10^{-3}\,\text{s}} = \mathbf{100\,Hz}$$

**관련 문제** 어떤 정현파가 20 ms 동안 4사이클을 갖는다. 주파수는 얼마인가?

**예제 11-5** 정현파의 주파수가 60 Hz이다. 주기는 얼마인가?

**풀이** 식 (11-2)를 이용하자.

$$T = \frac{1}{f} = \frac{1}{60\,\text{Hz}} = \mathbf{16.7\,ms}$$

**관련 문제** $T = 15\ \mu\text{s}$이면, $f$는 얼마인가?

**복습문제 11-1**

1. 정현파의 1사이클을 설명하라.
2. 어느 점에서 정현파의 극성이 바뀌는가?
3. 정현파 1사이클 동안 몇 개의 최대점이 있는가?
4. 정현파의 주기는 어떻게 측정하는가?
5. *주파수*를 정의하고 단위를 설명하라.
6. $T = 5\ \mu\text{s}$일 때 $f$를 구하라.
7. $f = 120$ Hz일 때 $T$를 구하라.

# 11-2 정현파 전압원

정현파 전압을 발생시키는 방법에는 기본적으로 전자기적인 방법과 전자적인 방법, 두 가지가 있다. 정현파는 교류 발전기를 이용해 전자기적으로 발생시킬 수 있고, 발진 회로를 이용해 전자적으로 발생시킬 수도 있다.

이 절의 학습 내용은 다음과 같다.

- **정현파가 생성되는 방법**
  - 교류 발전기의 기본 동작
  - 교류 발전기에서 주파수에 영향을 주는 인자
  - 교류 발전기에서 전압에 영향을 주는 인자

## 교류 발전기

그림 11-10은 영구자석과 단일 도선 루프로 간략하게 구성한 교류 **발전기**(generator)이다. 도선 루프의 양쪽 끝은 각각 분리된 **슬립 링**(slip ring)이라고 부르는 도전성 링에 연결되어 있다. 모터 같은 기계 장치가 도선 루프와 연결된 샤프트를 회전시킨다. N극과 S극 사이의 자기장 내에서 도선 루프가 회전함으로써 슬립 링 또한 회전한다. 슬립 링은 브러시를 통해 외부의 부하와 루프를 연결한다. 이 교류 발전기와 그림 10-35의 직류 발전기를 비교하면 링과 브러시 배열이 다름을 알 수 있다.

▶ 그림 11-10

간략화된 교류 발전기

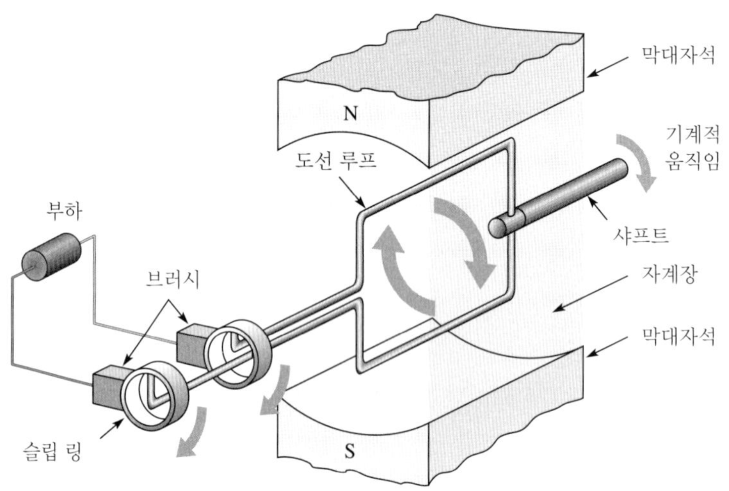


자기장 속의 도체가 움직일 때 전압이 유도된다는 것을 10장에서 살펴보았다. 그림 11-11은 도선 루프가 회전함으로써 기본 교류 발전기가 정현파를 생성하는 모습을 보여준다. 오실로스코프는 전압의 파형을 표시하는 데 사용된다.

먼저, 그림 11-11(a)는 도선 루프가 처음 1/4회전한 모습이다. 유도 전압이 0이 되는 수평 위치에서 유도 전압이 최대가 되는 수직 위치까지 이동한다. 특히 수평 위치에 있을 때 도선 루프는 자석의 N극과 S극 사이에 존재하는 자속과 나란히 움직인다. 따라서 자속을 자르지 않으므로 유도 전압은 0이다. 루프가 처음 1/4사이클을 회전하는 동안 자속을 자르는 비율은 점차 증가하여 루프가 자속과 수직이 되는 위치에 도달할 때 자속을 자르는 비율이 최대가 된다. 그러므로 1/4사이클 동안 유도 전압은 0에서 시작해서 최대값까지 크기가 증가한다. 그림 11-11(a)에 나타나 있듯이 이때의 회전은 0부터 양의 최대값까지의 유도 전압을 생성하는 정현파 사이클의 1/4에 해당된다.

그림 11-11(b)는 처음 1/2회전을 완료한 모습이다. 루프가 회전하면서 자속을 자르는 비율이 감소됨에 따라 전압은 양의 최대값에서 0으로 감소한다.

그림 11-11(c)와 (d)의 나머지 반 바퀴 회전 동안, 루프는 지금까지와 반대 방향으로 자기장을 자른다. 따라서 발생되는 전압의 극성이 처음 반 바퀴 회전할 때와 반대 극성을 나타낸다. 루프가 완전히 한 바퀴 회전하면, 정현파 전압의 완전한 사이클이 완성된다. 루프가 지속적으로 회전함으로써 정현파의 사이클 또한 반복적으로 발생한다.

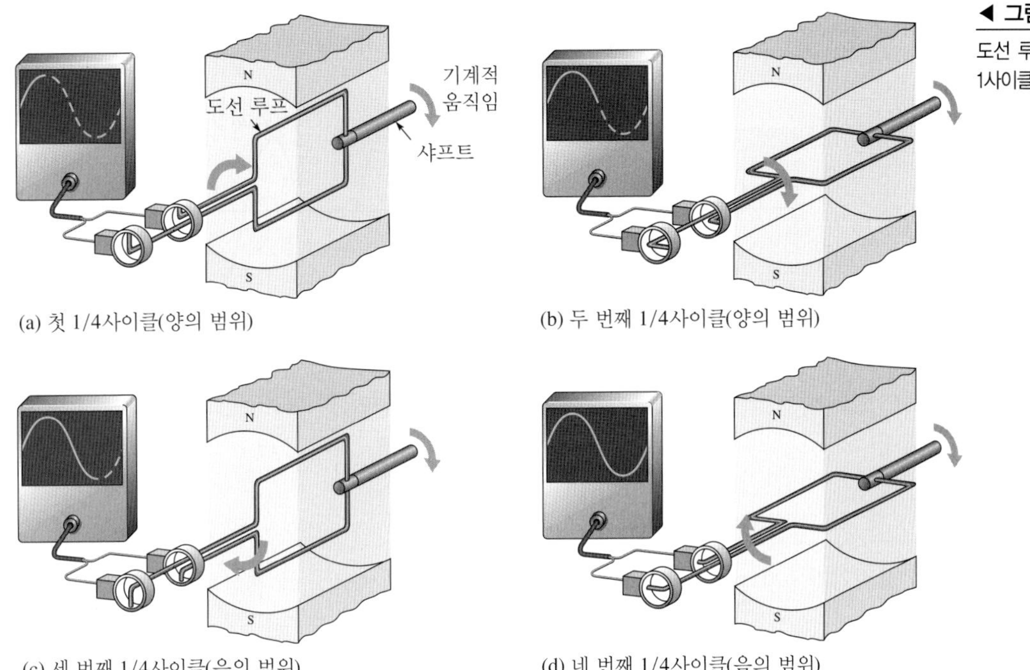


◀ 그림 11-11
도선 루프가 1회전할 때 발생하는 1사이클의 정현파 전압

## 주파수

기본 교류 발전기에서 자기장의 도체가 한 번 회전할 때 정현파 전압 1사이클이 발생되는 것을 보았다. 즉, 도체가 회전하는 비율은 정현파 전압이 한 사이클을 완료하는 데 걸리는 시간을 결정한다. 예를 들어, 도체가 1초에 60회전을 한다면 이때 발생되는 정현파의 주기는 1/60 s이고, 여기에 대응하는 주파수는 60 Hz이다. 따라서 그림 11-12와 같이 도체의 회전 속도가 빨라지면 유도되는 전압의 주파수도 높아진다.

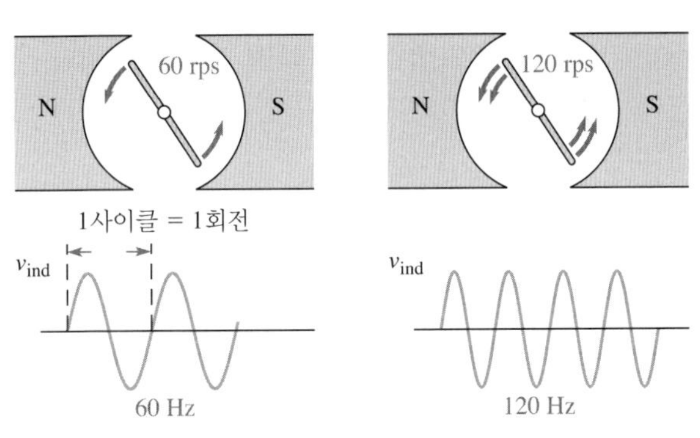


◀ 그림 11-12
교류 발전기에서 주파수는 도선 루프의 회전 속도에 비례한다.

더 높은 주파수를 얻기 위한 다른 방법으로는 자석의 극수를 늘리는 것이 있다. 앞에서 자석의 극이 2개인 경우를 예로 들어 발전기의 동작원리를 살펴보았다. 도체는 1회전 동안 하나의 N극과 하나의 S극을 지나므로 하나의 정현파 사이클을 만든다. 그림 11-13과 같이 자석의 극을 2개 대신 4개로 할 경우 한 사이클은 반 바퀴 회전으로 만들어진다. 이는 동일한 회전 속도에 대해 주파수가 두 배로 됨을 의미한다.

▶ 그림 11-13

동일한 회전 속도에 대해 2극보다 4극이 더 높은 주파수를 발생한다.

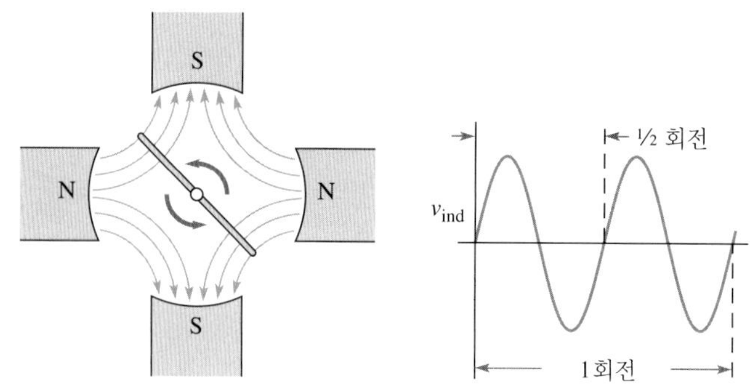


쌍을 이루는 극의 수와 초당 회전 수로 나타낸 주파수에 관한 식은 다음과 같다.

$$f = (\text{쌍을 이루는 극의 수})(\text{rps}) \tag{11-3}$$

**예제 11-6** 4극의 발전기가 100 rps의 속도로 회전한다. 출력 전압의 주파수를 계산하라.

**풀이**

$$f = (\text{쌍을 이루는 극의 수})(\text{rps}) = 2(100\text{ rps}) = \mathbf{200\ Hz}$$

**관련 문제** 4개의 극을 갖는 발전기의 출력 주파수가 60 Hz이면, rps는 얼마인가?

### 전압 진폭

도체에 유도되는 전압은 코일을 감은 권수와 자기장에 대해 움직이는 변화율에 의존한다. 그러므로 도체의 회전 속도가 증가할 때, 유도 전압의 주파수만 증가하는 것이 아니라 전압의 크기도 커진다. 유도 전압의 최대값인 **진폭**(amplitude) 또한 커진다. 일반적으로 고정된 주파수를 사용하므로, 실제 유도 전압의 크기를 키우기 위해 도선 루프를 더 감는 방법을 사용한다.

## 전자 신호발생기

신호발생기는 전자 회로와 시스템의 시험과 제어에 사용되는 정현파를 전자적으로 발생시키는 장비이다. 제한된 주파수 범위에서 단 하나의 파형만 발생시키는 특수 목적 장비로부터 넓은 폭의 가변 주파수 범위에서 여러 가지 파형을 발생시키는 장비에 이르기까지 다양한 신호발생기가 있다. 모든 신호발생기는 기본적으로 주기적인 파형을 만들어내는 전자 회로인 **발진기**(oscillator)로 구성되어 있으며, 진폭과 주파수의 조정이 가능하다.

### 함수발생기와 임의파형발생기

**함수발생기**(function generator)는 한 개 이상의 파형을 만들 수 있는 장비이다. 이 장비는 정현파와 삼각파뿐만 아니라 펄스 파형도 제공한다. 그림 11-14(a)는 일반적인 함수발생기를 보여준다.

임의파형발생기는 다양한 형태와 특성을 갖는 신호뿐만 아니라 정현파, 삼각파, 펄스와 같은 표준 신호도 만들 수 있다. 파형은 수학적이거나 도식적인 입력으로 정의될 수 있다. 그림 11-14(b)는 일반적인 임의파형발생기를 보여준다.

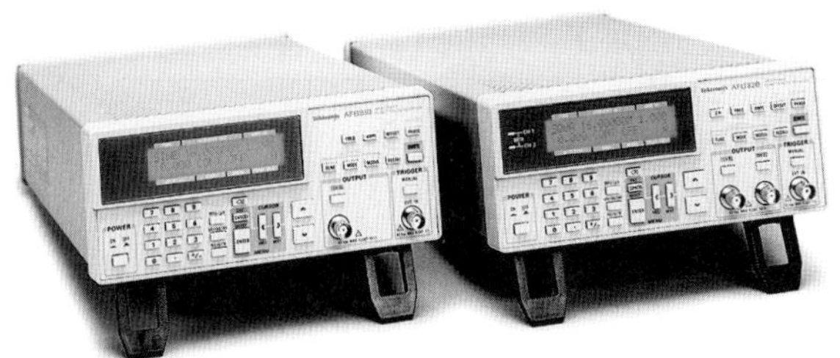

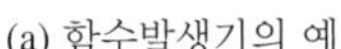

(a) 함수발생기의 예

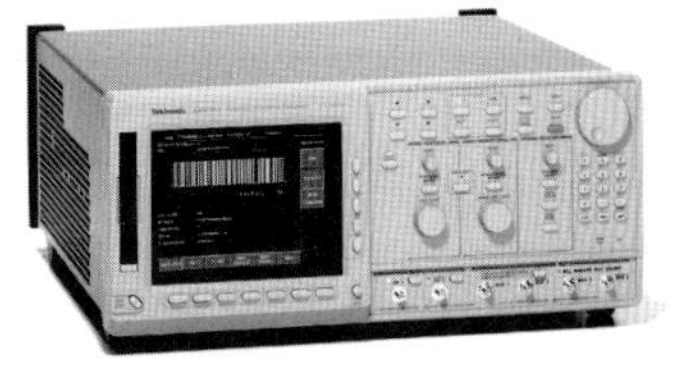

(b) 일반적인 임의파형발생기

◀ 그림 11-14

일반적인 신호발생기



**복습문제 11-2**

1. 정현파 전압을 발생시키는 기본적인 두 가지 방법은 무엇인가?
2. 교류 발전기에서 회전 속도와 주파수 사이에는 어떤 관계가 있는가?
3. 발진기란 무엇인가?

# 11-3 정현파의 전압 및 전류 값

정현파의 전압과 전류의 진폭을 수치로 표시하는 다섯 가지 방법이 있다. 즉, 순시값, 최대값, 최소-최대값, 실효값(rms), 평균값으로 표시한다.

이 절의 학습 내용은 다음과 같다.

- **정현파의 전압 및 전류 값 구하기**
  - 어떤 점의 순시값 구하기
  - 최대값 구하기
  - 최소-최대값 구하기
  - *rms*의 정의
  - 완전한 사이클에 대한 평균값이 0인 이유에 대한 설명
  - 1/2사이클의 평균값 구하기

## 순시값

그림 11-15에 나타나 있듯이 어떤 시간에 대응하는 정현파의 한 점에서 전압(또는 전류)은 **순시값**(instantaneous value)을 갖는다. 이 순시값은 곡선을 따라 다른 위치에서 다른 값을 갖는다. 순시값은 양의 범위에서 변하는 동안은 양의 값이고 음의 범위에서 변하는 동안은 음의 값이다. 전압과 전류의 순시값 기호는 그림 11-15(a)와 같이 각각 소문자 $v$, $i$를 사용한다. 그림에는 전압에 대한 곡선만 나타냈지만 $v$ 대신에 $i$를 쓰면 전류에 대한 곡선으로 사용할 수 있다. 그림 11-15(b)에 예로 든 순시 전압 값은 1 $\mu$s일 때 3.1 V, 2.5 $\mu$s일 때 7.07 V, 5 $\mu$s일 때 10 V, 10 $\mu$s일 때 0 V, 11 $\mu$s일 때 −3.1 V이다.

▶ 그림 11-15
순시값

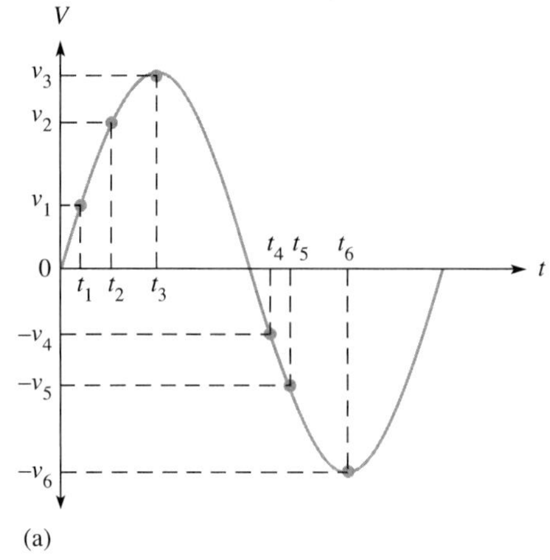

(a)

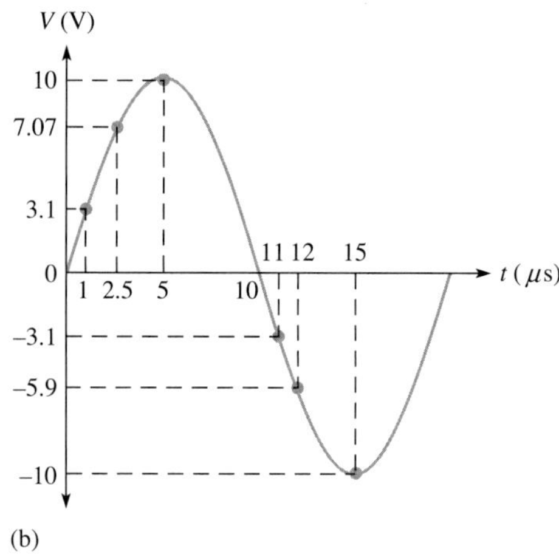

(b)

## 최대값

정현파의 **최대값**(peak value)은 영(0)점을 기준으로 전압(또는 전류)의 양 또는 음의 최대가 되는 값이다. 양과 음의 최대값들이 같은 **크기**(magnitude)를 가지므로, 정현파는 단일 최대값으로 표현된다. 그림 11-16에 이것을 나타내었다. 정현파의 최대값은 일정하며, $V_p$ 또는 $I_p$로 표시한다.

▶ 그림 11-16
최대값

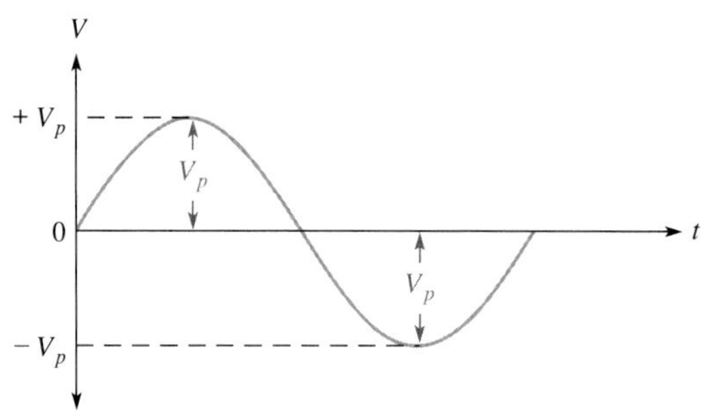


## 최소-최대값

그림 11-17과 같이 정현파의 **최소-최대값**(peak-to-peak value)은 전압 또는 전류의 양의 최대값부터 음의 최대값까지의 값이다. 이 값은 아래의 식과 같이 항상 최대값의 두 배가 된다. 최소-최대 전압 또는 전류 값은 각각 $V_{pp}$ 또는 $I_{pp}$로 표시한다.

$$V_{pp} = 2V_p \tag{11-4}$$

$$I_{pp} = 2I_p \tag{11-5}$$

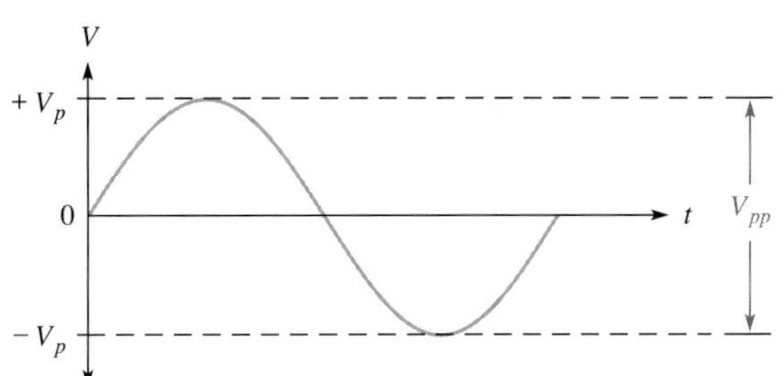


◀ 그림 11-17
최소-최대값

## 실효값(rms 값)

rms는 제곱근-평균-제곱(root-mean-square)의 약자이다. 대부분의 교류 전압계는 rms 값을 표시한다. 가정의 콘센트 110 V는 rms 값이다. **rms 값**은 **실효값**(effective value)이라고도 하며, 정현파 전압의 rms 값은 실제 정현파의 가열 효과를 측정한 것이다. 예를 들어, 그림 11-18(a)와 같이 교류(정현파) 전압원에 저항을 연결하면, 저항에 소비되는 전력으로 얼마만큼의 열이 발생한다. 그림 11-18(b)는 동일한 저항이 직류 전압원에 연결되어 있다. 저항이 교류 전압원에 연결되었을 때와 동일한 양의 열을 발생시키도록 직류 전압을 조절할 수 있다.

**정현파 전압의 rms 값은 저항에 정현파 전압으로 발생시키는 열과 동일한 양의 열을 발생시키는 직류 전압의 값과 같다.**

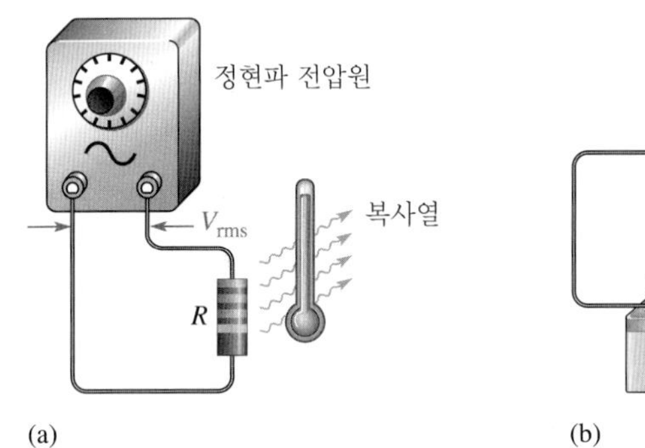


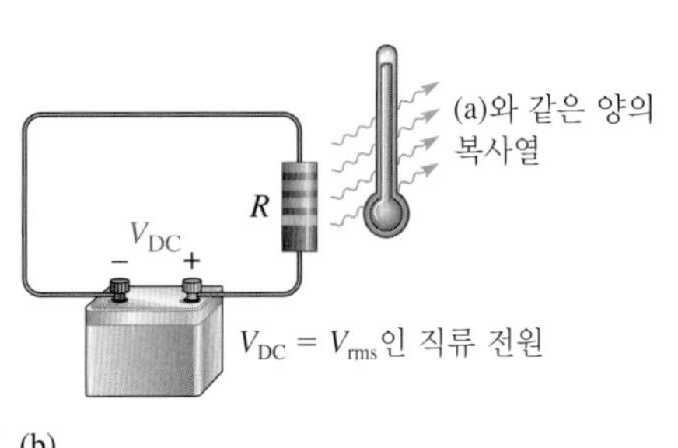


◀ 그림 11-18
두 장치에서 동일한 양의 열이 발생할 때, 정현파 전압은 직류 전압과 같은 rms 값을 갖는다.

정현파 전압과 전류에 대한 최대값은 부록 B에 유도된 다음 식을 이용해 rms 값으로 변환할 수 있다.

$$V_{rms} = 0.707V_p \tag{11-6}$$

$$I_{rms} = 0.707I_p \tag{11-7}$$

위 식을 이용해서 rms 값으로 최대값을 계산할 수 있다.

$$V_p = \frac{V_{rms}}{0.707}$$

$$V_p = 1.414V_{rms} \tag{11-8}$$

마찬가지로

$$I_p = 1.414I_{\text{rms}} \tag{11-9}$$

최소-최대값을 구하기 위해서는 최대값을 두 배하면 된다.

$$V_{pp} = 2.828V_{\text{rms}} \tag{11-10}$$

그리고

$$I_{pp} = 2.828I_{\text{rms}} \tag{11-11}$$

## 평균값

하나의 완전한 사이클을 취한 정현파의 평균값은 양의 값(영 교차점보다 위의 값)과 음의 값(영 교차점보다 아래의 값)이 상쇄되므로 항상 0이다.

전원 공급기의 전압 측정 같은 특정 용도에 이용하기 위해 정현파의 평균값은 완전한 사이클 대신 1/2사이클을 취해서 구한다. **평균값**(average value)은 1/2사이클 동안 정현파가 만드는 총 면적을 라디안으로 표시한 수평축의 거리로 나눈 것이다. 이를 부록 B에 유도하였고, 아래와 같이 최대값을 사용하여 표현할 수 있다.

$$V_{\text{avg}} = \left(\frac{2}{\pi}\right)V_p$$

$$V_{\text{avg}} = 0.637V_p \tag{11-12}$$

$$I_{\text{avg}} = \left(\frac{2}{\pi}\right)I_p$$

$$I_{\text{avg}} = 0.637I_p \tag{11-13}$$

**예제 11-7** 그림 11-19의 정현파에 대한 $V_p$, $V_{pp}$, $V_{\text{rms}}$와 1/2사이클에 대한 $V_{\text{avg}}$를 구하라.

▶ 그림 11-19

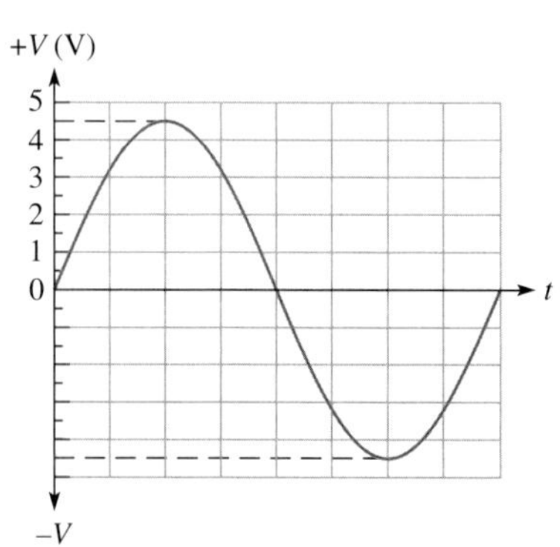


**풀이** $V_p$ = **4.5 V**는 그래프를 통해 바로 읽을 수 있다. 이 값으로부터 다른 값을 계산한다.

$$V_{pp} = 2V_p = 2(4.5\text{ V}) = \mathbf{9\ V}$$
$$V_{\text{rms}} = 0.707V_p = 0.707(4.5\text{ V}) = \mathbf{3.18\ V}$$
$$V_{\text{avg}} = 0.637V_p = 0.637(4.5\text{ V}) = \mathbf{2.87\ V}$$

관련 문제 $V_p = 25$ V일 때, 정현파 전압에 대한 $V_{pp}$, $V_{\text{rms}}$, $V_{\text{avg}}$를 구하라.

**복습문제 11-3**

1. 각 경우에 대해 $V_{pp}$를 구하라.
   (a) $V_p = 1$ V (b) $V_{\text{rms}} = 1.414$ V (c) $V_{\text{avg}} = 3$ V
2. 각 경우에 대해 $V_{\text{rms}}$를 구하라.
   (a) $V_p = 2.5$ V (b) $V_{pp} = 10$ V (c) $V_{\text{avg}} = 1.5$ V
3. 각 경우에 대해 1/2사이클의 $V_{\text{avg}}$를 구하라.
   (a) $V_p = 10$ V (b) $V_{\text{rms}} = 2.3$ V (c) $V_{pp} = 60$ V

## 11-4 정현파의 각도 측정

앞에서 보았듯이 정현파는 수평축을 시간으로 놓고 측정할 수 있다. 그러나 완전한 1사이클을 나타내는 시간 또는 사이클의 임의의 구간은 주파수에 따라 다르므로 정현파의 특정 부분을 도 단위나 라디안 단위의 각도로 표시하기도 한다.

이 절의 학습 내용은 다음과 같다.

- **정현파의 각도관계**
  - 각도로 정현파를 측정하는 방법
  - *라디안*의 정의
  - 라디안을 도로 변환하는 방법
  - 정현파의 위상각 구하기

정현파 전압은 교류 발전기로 발생시킬 수 있다. 교류 발전기의 회전자가 360° 회전함으로써 출력 전압이 정현파의 완전한 1사이클이 된다. 따라서 정현파의 각도 측정은 그림 11-20과 같이 발전기 회전자의 회전각과 관계된다.

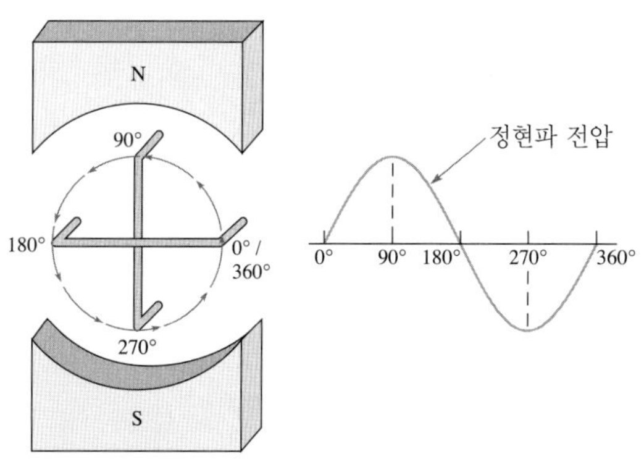


◀ 그림 11-20
교류 발전기에서 회전자의 회전과 정현파의 관계

## 각도 측정

**도**(degree)는 원의 1/360 또는 1회전에 대응하는 각도 측정 방법이다. **라디안**(radian)은 반지름의 길이만큼 원주 위에 호를 잡았을 때 중심각 크기로 정의한다. 1라디안은 그림 11-21과 같이 57.3°와 같다. 360°는 $2\pi$라디안이다.

▶ 그림 11-21

라디안(rad)과 도(°)의 관계를 보여주는 각도 측정

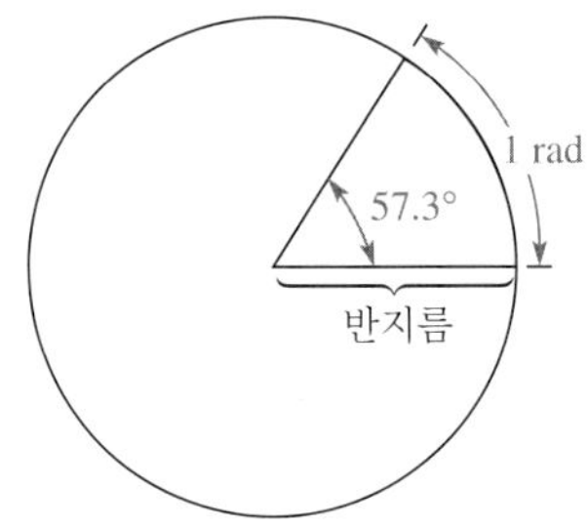


**그리스 문자 $\pi$(파이)는 모든 원의 반지름에 대한 원주의 비로서 대략 3.1416의 상수 값을 갖는다.**

과학기술용 계산기는 $\pi$ 함수를 갖고 있어서 실제의 수치를 입력할 필요가 없다.

표 11-1은 도의 여러 값과 이에 대응하는 라디안 값을 보여준다. 이들 각도 측정을 그림 11-22에 나타내었다.

표 11-1

| 도(°) | 라디안(rad) |
|---|---|
| 0 | 0 |
| 45 | $\pi/4$ |
| 90 | $\pi/2$ |
| 135 | $3\pi/4$ |
| 180 | $\pi$ |
| 225 | $5\pi/4$ |
| 270 | $3\pi/2$ |
| 315 | $7\pi/4$ |
| 360 | $2\pi$ |

▶ 그림 11-22

0°에서 시작해서 반시계 방향으로 움직이는 각도 측정

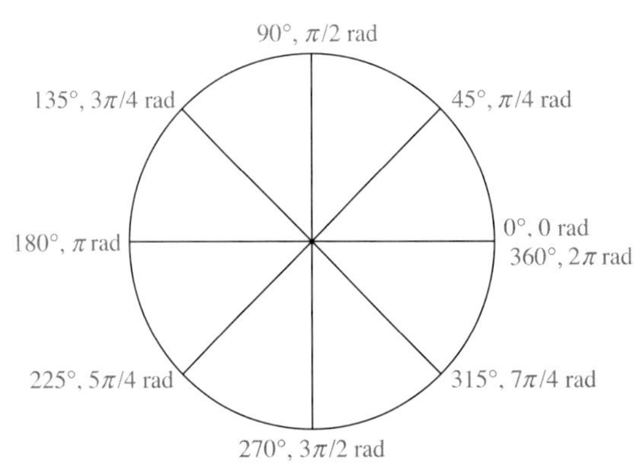

## 라디안/도 변환

도는 식 (11-14)를 이용해서 라디안으로 변환할 수 있다.

$$\text{rad} = \left(\frac{\pi \text{ rad}}{180°}\right) \times \text{degrees} \tag{11-14}$$

마찬가지로 라디안도 식 (11-15)를 이용해서 도로 변환할 수 있다.

$$\text{degrees} = \left(\frac{180°}{\pi \text{ rad}}\right) \times \text{rad} \tag{11-15}$$

**예제 11-8** (a) 60°를 라디안으로 바꿔라.
(b) $\pi/6$라디안을 도로 바꿔라.

**풀이** (a) $\text{rad} = \left(\frac{\pi \text{ rad}}{180°}\right)60° = \boldsymbol{\frac{\pi}{3}}\ \textbf{rad}$ (b) $\text{degrees} = \left(\frac{180°}{\pi \text{ rad}}\right)\left(\frac{\pi}{6}\text{rad}\right) = \mathbf{30°}$

**관련 문제** (a) 15°를 라디안으로 바꿔라. (b) $5\pi/8$라디안을 도로 바꿔라.

## 정현파의 각도

정현파의 각도 측정은 완전한 사이클에 대해 360° 또는 $2\pi$라디안을 기본으로 한다. 1/2사이클은 180° 또는 $\pi$라디안, 1/4사이클은 90° 또는 $\pi/2$라디안이다. 그림 11-23(a)에 정현파의 완전한 사이클에 대한 도 단위의 각도를 보였다. 그림 11-23(b)는 동일한 점을 라디안으로 나타낸 것이다.

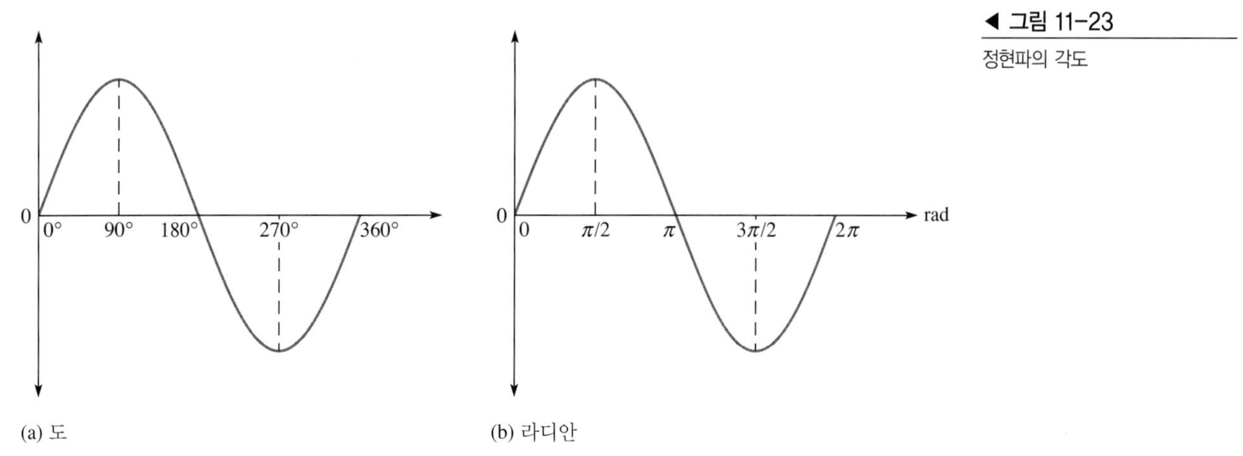


◀ 그림 11-23
정현파의 각도

## 정현파의 위상

정현파의 **위상**(phase)은 정현파의 특정 위치를 기준점에 대해 상대적인 각도로 측정한 것이다. 그림 11-24는 기준으로 사용될 정현파의 한 사이클을 보여준다. 양의 방향으로 수평축 0을 교차하는 첫 번째 지점이 0°(0 rad)이고, 양의 최대가 90°($\pi/2$ rad)이다. 음의 방향으로 수평축 0을 교차하는 점이 180°($\pi$ rad)이고, 음의 최대가 270°($3\pi/2$ rad)이다. 사이클은 360°($2\pi$ rad)에 완성된다. 정현파가 이 기준에 대해 왼쪽이나 오른쪽으로 이동하면 위상이 천이(shift)되었다고 한다.

▶ 그림 11-24

위상 기준

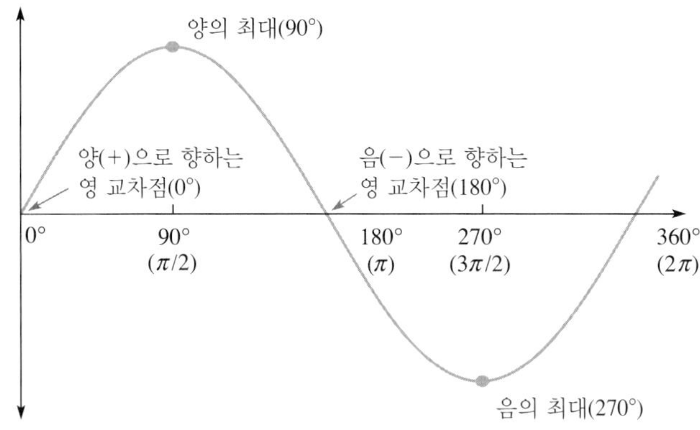


그림 11-25는 정현파의 위상 천이를 보여주고 있다. 그림 11-25(a)에서 정현파 $B$는 오른쪽으로 90°($\pi/2$ rad) 이동하였다. 따라서 정현파 $A$와 정현파 $B$ 사이에 90° 위상 차이가 있다. 시간이 수평축의 오른쪽으로 증가하므로 시간축에서 정현파 $B$의 양의 최대는 정현파 $A$의 양의 최대 이후가 된다. 이 경우, 정현파 $B$는 정현파 $A$보다 90° 또는 $\pi/2$라디안 **뒤진다**(lag)고 말한다. 다른 말로 정현파 $A$가 정현파 $B$보다 90° 빠르다고 한다.

▶ 그림 11-25

위상 천이의 예

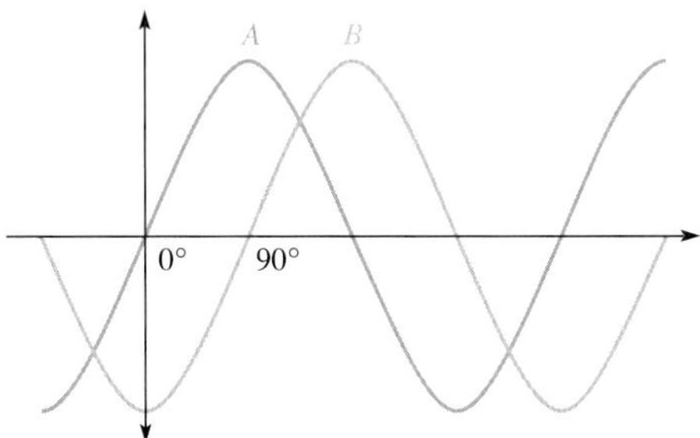


(a) $A$는 $B$를 90° 앞선다. 또는 $B$는 $A$보다 90° 뒤진다.

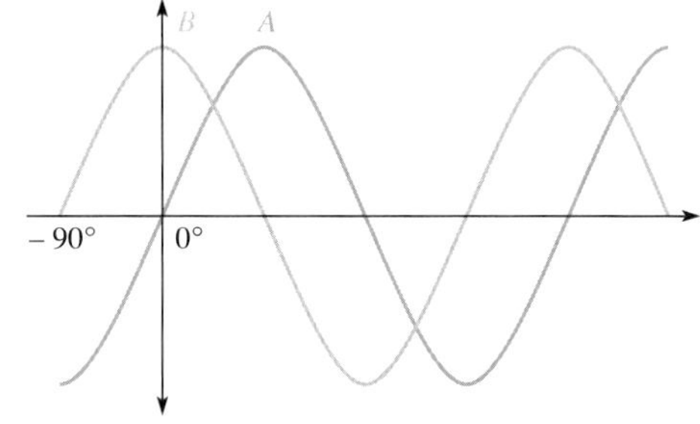


(b) $B$는 $A$를 90° 앞선다. 또는 $A$는 $B$보다 90° 뒤진다.

그림 11-25(b)에서 정현파 $B$는 왼쪽으로 90° 이동하였다. 그러므로 정현파 $A$와 정현파 $B$ 사이에는 90° 위상 차이가 있다. 이 경우 정현파 $B$의 양의 최대는 정현파 $A$보다 먼저 발생한다. 그러므로 정현파 $B$는 90° **앞선다**(lead)라고 말한다.

**예제 11-9** 그림 11-26(a)와 (b)에서 두 개의 정현파 사이의 위상각은 얼마인가?

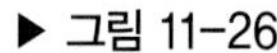

▶ 그림 11-26

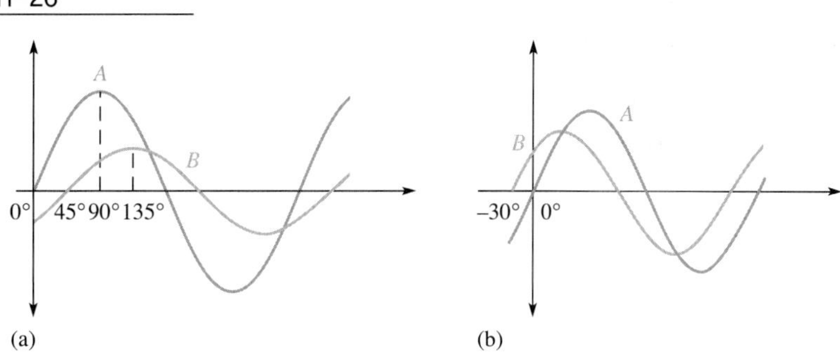


**풀이** 그림 11-26(a)에서 정현파 $A$가 0°에서 0점을 교차한다. 그리고 이에 대응하는 정현파 $B$의 영 교차점은 45°이다. 두 정현파 사이에 45°의 위상차가 나고, 정현파 $B$가 정현파 $A$보다 뒤진다.

그림 11-26(b)에서 정현파 $B$가 −30°에서 0점을 교차한다. 그리고 이에 대응하는 정현파 $A$의 영 교차점은 0°이다. 두 정현파 사이에 30°의 위상차가 나고, 정현파 $B$가 정현파 $A$보다 앞선다.

**관련 문제** 어떤 정현파의 양(+)으로 향하는 영 교차점이 15°이고 두 번째 정현파의 양(+)으로 향하는 영 교차점이 23°라면 두 정현파 사이의 위상각은 얼마인가?

실제 오실로스코프를 이용해서 두 파형 사이의 위상차를 측정할 때는 진폭을 동일하게 해서 측정해야 한다. 오실로스코프의 입력 채널 수직축을 조정해서 다른 파형과 진폭이 일치하도록 조절할 수 있다. 이러한 절차는 정확한 중심에서 두 파형을 측정하지 않아 발생하는 오류를 방지해 준다.

**복습문제 11-4**

1. 정현파가 0°에서 양의 방향으로 0점을 교차할 때, 아래의 점에서 각도는 얼마인가?
   (a) 양의 최대 (b) 음의 방향 영 교차점
   (c) 음의 최대 (d) 완전한 한 사이클이 끝나는 점
2. 1/2사이클은 ______° 또는 ______ rad에서 완성된다.
3. 1사이클은 ______° 또는 ______ rad에서 완성된다.
4. 그림 11-27의 두 정현파 사이의 위상각을 구하라.

▶ 그림 11-27

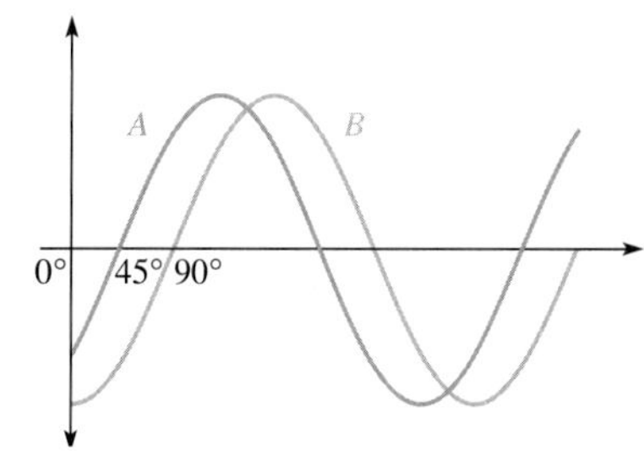

# 11-5 정현파 공식

전압 또는 전류 값을 수직축에, 각도(도 또는 라디안)를 수평축에 표시해서 정현파를 그래프로 나타낼 수 있다. 이 그래프의 수학적인 표현도 가능하다.

이 절의 학습 내용은 다음과 같다.

- **정현파형을 수학적으로 분석**
  - 정현파 공식에 대한 설명
  - 정현파 공식을 이용한 순시값 구하기

그림 11-28은 정현파 1사이클의 일반적인 그래프이다. 진폭(amplitude) $A$는 수직축의 전압 또는 전류의 최대값이고 각도는 수평축을 따라 증가한다. 변수 $y$는 주어진 각도 $\theta$에 대한 전압 또는 전류의 순시값이다. 기호 $\theta$는 그리스 문자 세타(theta)이다.

▶ 그림 11-28

정현파 한 사이클 동안의 진폭과 위상

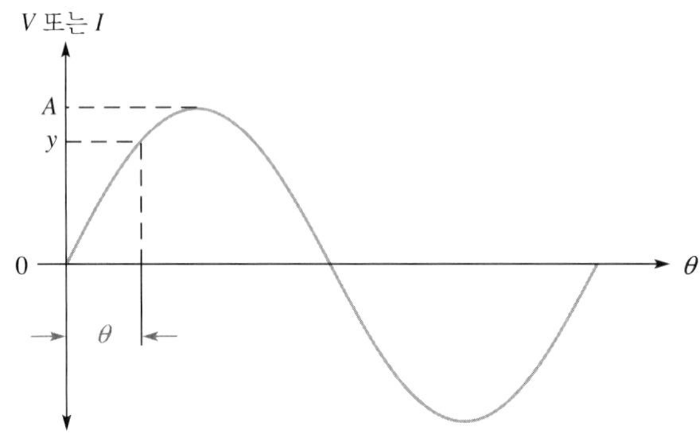


정현파 곡선은 일정한 수학공식을 따른다. 그림 11-28의 정현파 곡선에 대한 일반적인 표현은 다음과 같다.

$$y = A \sin \theta \tag{11-16}$$

즉, 정현파의 어느 점에 대한 순시값 $y$는 최대값 $A$ 곱하기 그 점의 각도 $\theta$의 사인값과 같다. 예를 들어, 어느 정현파 전압의 최대값이 10 V이면 수평축에서 60°인 지점에서 순시 전압은 다음과 같이 계산할 수 있다. 여기서 $y = v$이고, $A = V_p$이다.

▶ 그림 11-29

$\theta = 60°$일 때 전압 정현파의 순시값

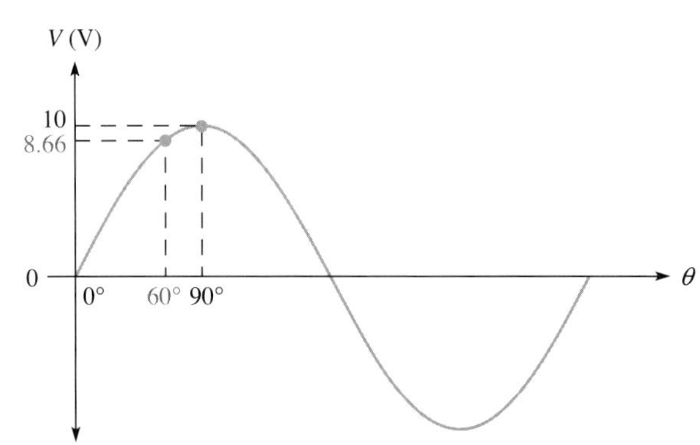

$$v = V_p \sin\theta = (10\text{ V})\sin 60° = (10\text{ V})(0.866) = 8.66\text{ V}$$

그림 11-29에 이 점의 순시값을 나타내었다. 계산기의 키를 이용해서 어떤 각도이든 사인값을 구할 수 있다. 계산기의 각도 모드를 도로 놓고 검산하라.

## 위상이 천이된 정현파의 표현

수직축을 기준점으로 삼았을 경우 그림 11-30(a)와 같이 정현파가 기준점에 대해 오른쪽으로 어떤 각 $\phi$만큼 천이(뒤진다)되었을 때, 위상이 천이된 정현파에 대한 일반적인 표현은 다음과 같다.

$$y = A\sin(\theta - \phi) \tag{11-17}$$

여기서 $y$는 순시 전압과 전류를, $A$는 최대값(진폭)을 나타낸다. 그림 11-30(b)와 같이 정현파가 기준점에 대해 왼쪽으로 어떤 각 $\phi$만큼 천이(앞선다)되었을 때 위상이 천이된 정현파에 대한 일반적인 표현은 다음과 같다.

$$y = A\sin(\theta + \phi) \tag{11-18}$$

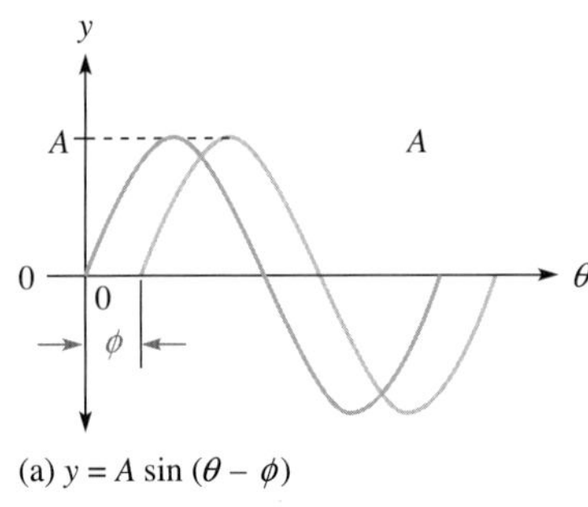

(a) $y = A\sin(\theta - \phi)$

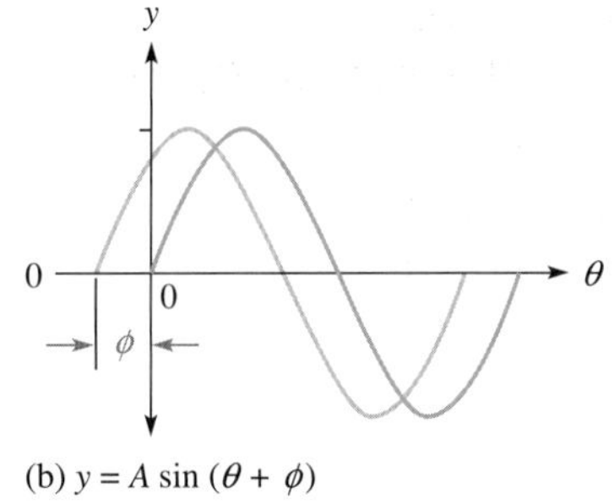

(b) $y = A\sin(\theta + \phi)$

◀ 그림 11-30
위상이 천이된 정현파

**예제 11-10** 그림 11-31에서 각 전압 정현파에 대해 수평축의 90°를 기준점으로 하여 순시값을 구하라.

▶ 그림 11-31

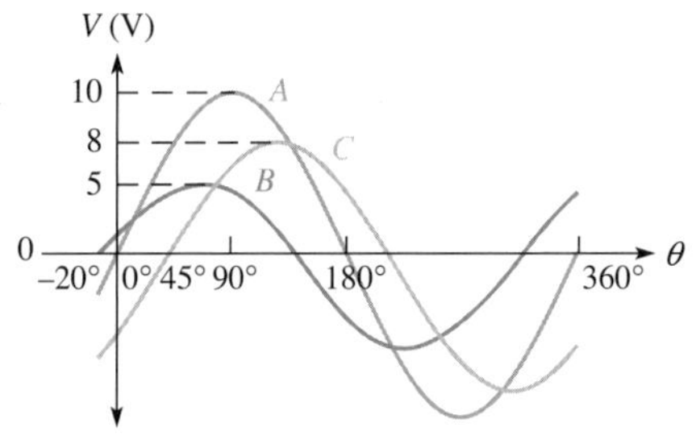


풀이 정현파 $A$를 기준으로, 정현파 $B$는 $A$보다 20° 왼쪽으로 천이되어 $A$보다 앞선다. 정현파 $C$는 $A$보다 오른쪽으로 45° 천이되었고, 따라서 $A$보다 뒤진다.

$$v_A = V_p \sin\theta$$
$$= (10\text{ V})\sin(90°) = (10\text{ V})(1) = \mathbf{10\text{ V}}$$

$$v_B = V_p\sin(\theta + \phi_B)$$
$$= (5\text{ V})\sin(90° + 20°) = (5\text{ V})\sin(110°) = (5\text{ V})(0.9397) = \mathbf{4.70\ V}$$
$$v_C = V_p\sin(\theta - \phi_C)$$
$$= (8\text{ V})\sin(90° - 45°) = (8\text{ V})\sin(45°) = (8\text{ V})(0.7071) = \mathbf{5.66\ V}$$

관련 문제 전압 정현파의 최대값이 20 V이다. 영 교차점으로부터 65°되는 점에서 순시값은 얼마인가?

**복습문제 11-5**

1. 그림 11-29의 정현파에 대해 120°일 때의 순시값을 계산하라.
2. 0을 기준으로 10° 앞선 정현파가 45°일 때의 순시값을 결정하라($V_p$ = 10 V).
3. 0을 기준으로 25° 앞선 정현파가 90°일 때의 순시값을 결정하라($V_p$ = 5 V).

# 11-6 페이저의 소개

페이저는 크기와 방향(각도)을 동시에 표현하는 도식적인 방법을 제공한다. 페이저는 특히 정현파를 크기와 위상각으로 표현할 때 유용하며, 또한 다음 장에서 다루게 될 리액턴스 회로 해석에도 유용하게 사용된다.

이 절의 학습 내용은 다음과 같다.

- **페이저를 사용하여 정현파를 나타내는 방법**
  - *페이저*의 정의
  - 페이저와 정현파를 표시하는 공식과의 관계
  - 페이저도를 그리는 방법
  - 각속도에 대한 논의

이미 알고 있는 바와 같이 수학과 과학에서 벡터는 크기와 방향을 갖는 양이다. 힘, 속도, 가속도 등이 벡터의 예이다. 벡터를 설명하는 가장 간단한 방법은 크기와 각도, 두 양을 설정하는 것이다.

전자공학에서 **페이저**(phasor)는 벡터와 유사하지만, 일반적으로 페이저는 정현파처럼 시간에 따라 변하는 양을 나타낸다. 그림 11-32에 페이저를 나타내었다. 페이저에서 '화살표'의 길이는 크기를 나타내며, 각 $\theta$(0°를 기준으로 함)는 그림 11-32(a)에서 양의 각에 대해 나타낸 것처럼 위치를 나타낸다. 그림 11-32(b)에 예로 든 페이저는 크기가 2이고, 위상각이 45°이다. 그림 11-32(c)의 페이저는 크기가 3이고 위상각이 180°이며, 그림 11-32(d)의 페이저는 크기가 1

▶ 그림 11-32

페이저의 예

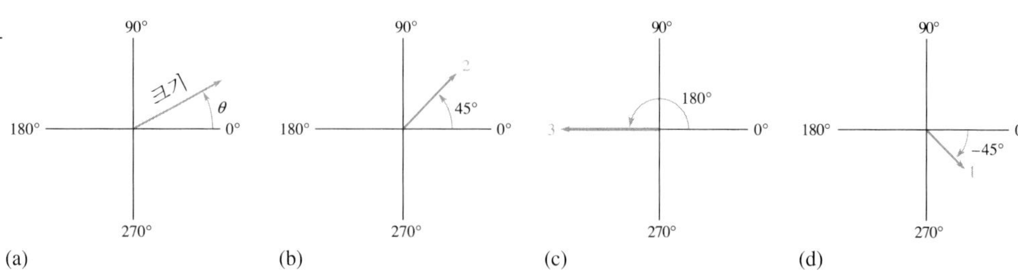

이고 위상각이 −45°(또는 +315°)이다. 양의 각도는 기준(0°)에서 반시계 방향으로 잰 각도이고, 음의 각도는 기준에서 시계 방향으로 잰 각도이다.

## 정현파의 페이저 표현

정현파의 완전한 사이클을 페이저의 360° 회전으로 나타낼 수 있다.

**어느 점에서 정현파의 순시값은 페이저 화살표의 끝점에서 수평축까지의 수직거리와 같다.**

그림 11-33은 0°에서 360°까지 페이저가 정현파를 어떻게 그리는지 보여준다. 교류 발전기가 회전하면서 유도 전압이 발생하는 개념과 연관시킬 수 있다. 페이저의 길이는 정현파의 최대값과 같다(90°와 270° 지점에서 발생). 페이저의 각은 0°부터 측정하며, 이 각도는 대응하는 정현파의 각도와 같다.

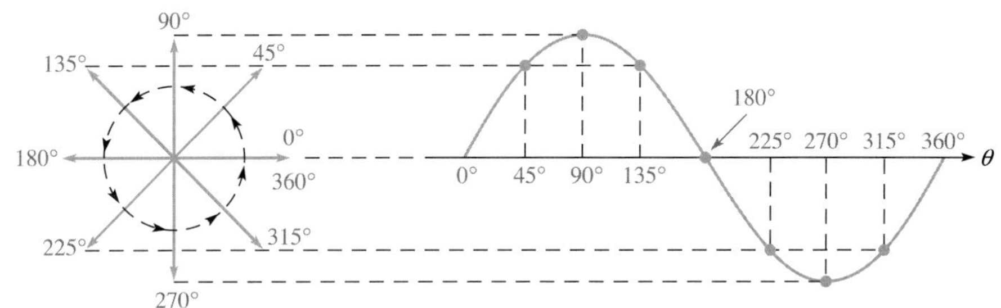


◀ 그림 11-33
회전 페이저 움직임에 의한 정현파 표현

## 페이저와 정현파 공식

특정 각도를 페이저로 표현해 보자. 그림 11-34는 전압 페이저의 각이 45°일 때와 이에 대응되는 정현파 위의 점을 보여준다. 이 점에서 정현파의 순시값은 페이저의 위치와 길이로 결정된다. 앞서 언급했듯이, 페이저의 화살표 끝점에서 수평축까지의 수직거리가 그 지점에서 정현파의 순시값을 나타낸다.

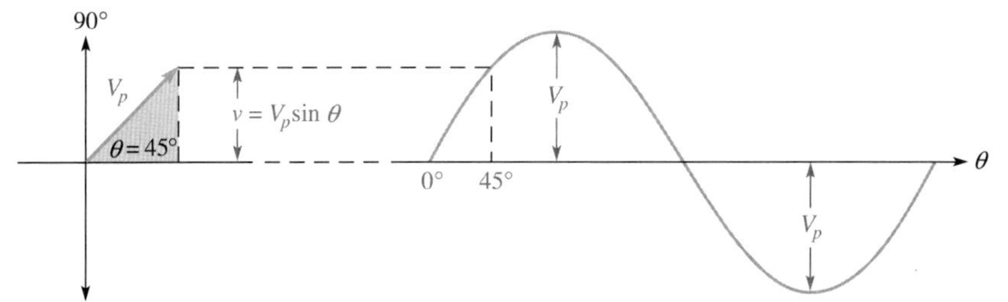


◀ 그림 11-34
정현파 공식의 직각삼각형 유도

페이저 화살표 끝점에서 수평축까지 수직선을 그리면 그림 11-34에서 보듯이 직각삼각형이 만들어진다. 페이저의 길이는 삼각형 빗변의 길이이고, 수직투영이 대변이다.

**삼각법에 따라, 직각삼각형에서 대변은 각도 $\theta$의 사인값 곱하기 빗변의 길이와 같다.**

페이저의 길이는 정현파 전압의 최대값, $V_p$이다. 따라서 순시값인 삼각형의 대변은 다음과 같이 나타낼 수 있다.

$$v = V_p \sin\theta$$

이 식은 이전에 순시 정현파 전압을 계산하는 수식이었음을 상기하자. 비슷한 공식이 정현파 전류에도 적용된다.

$$i = I_p \sin\theta$$

## 양과 음의 페이저 각도

페이저의 위치는 양의 각도 또는 음의 각도로 나타낼 수 있다. 양의 각도는 0°에서 반시계 방향으로 측정하며, 음의 각도는 0°에서 시계 방향으로 측정한다. 어떤 양의 각도 $\theta$에 대응하는 음의 각도는 그림 11-35(a)와 같이 $\theta - 360°$이다. 그림 11-35(b)에서 특정 각도의 예를 보였다. 이 경우 페이저의 각도는 +225° 또는 −135°로 나타낼 수 있다.

▶ 그림 11-35

양과 음의 페이저 각도

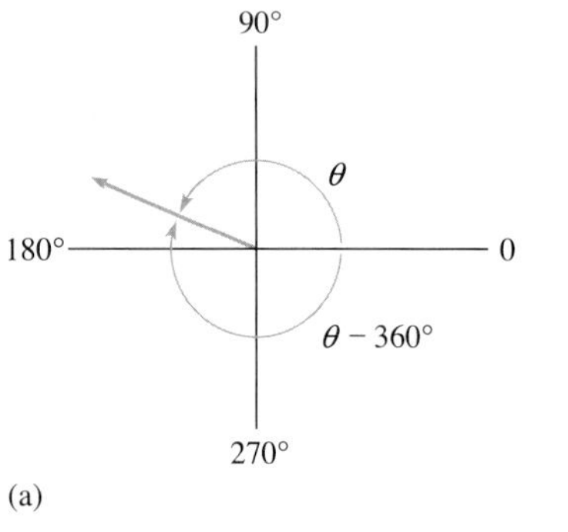


(a)

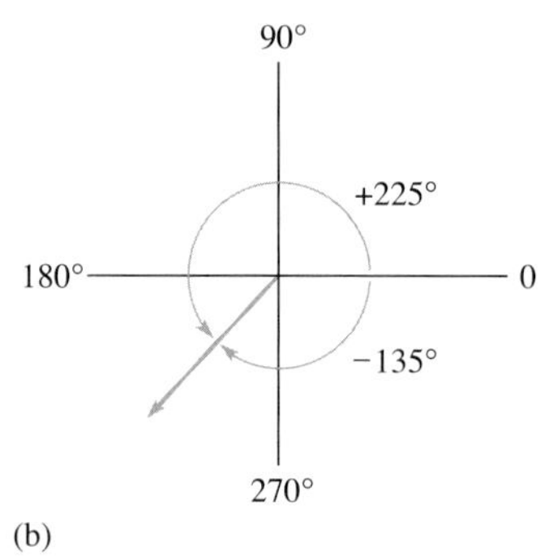


(b)

**예제 11-11** 그림 11-36의 각 페이저에서 순시값을 결정하라. 또한 각각 양의 각을 동일한 음의 각으로 표현하라. 각각의 페이저 길이는 정현파의 최대값이다.

▶ 그림 11-36

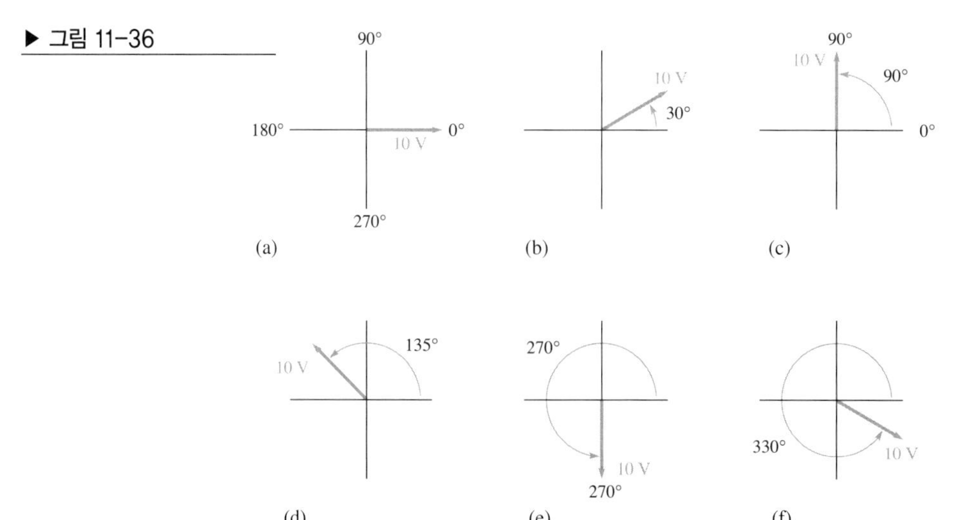

풀이 (a) $v = (10\text{ V})\sin 0° = (10\text{ V})(0) = \mathbf{0\ V}$
$0° - 360° = \mathbf{-360°}$

(b) $v = (10\text{ V})\sin 30° = (10\text{ V})(0.5) = \mathbf{5\ V}$
$30° - 360° = \mathbf{-330°}$

(c) $v = (10\text{ V})\sin 90° = (10\text{ V})(1) = \mathbf{10\ V}$
$90° - 360° = \mathbf{-270°}$

(d) $v = (10\text{ V})\sin 135° = (10\text{ V})(0.707) = \mathbf{7.07\ V}$
$135° - 360° = \mathbf{-225°}$

(e) $v = (10\text{ V})\sin 270° = (10\text{ V})(-1) = \mathbf{-10\ V}$
$270° - 360° = \mathbf{-90°}$

(f) $v = (10\text{ V})\sin 330° = (10\text{ V})(-0.5) = \mathbf{-5\ V}$
$330° - 360° = \mathbf{-30°}$

관련 문제 각도가 45°이고 길이가 15 V인 페이저가 있을 때 정현파의 순시값은 얼마인가?

## 페이저도

페이저도를 이용하면 동일한 주파수를 갖는 둘 또는 그 이상의 정현파 사이의 상호관계를 볼 수 있다. 동일한 주파수를 갖는 둘 이상의 정현파 사이 또는 정현파와 어떤 기준 사이의 위상각이 결정되면 사이클 내에서 그 위상각은 일정하므로, 정해진 지점에서의 페이저로 완전한 정현파를 나타낼 수 있다. 예를 들어, 그림 11-37(a)에 나타낸 두 개의 정현파는 그림 11-37(b)와 같은 페이저도로 나타낼 수 있다. 그림에서 볼 때, 정현파 *B*는 정현파 *A*를 30° 앞서고, 페이저 길이로 알 수 있듯이 진폭은 *A*보다 작다.

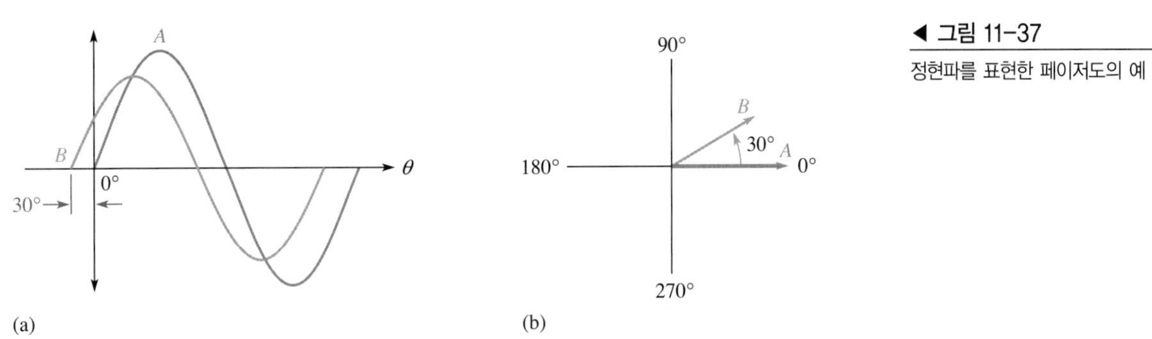


◀ 그림 11-37
정현파를 표현한 페이저도의 예

예제 11-12 그림 11-38의 정현파를 페이저도를 사용하여 표현하라.

▶ 그림 11-38

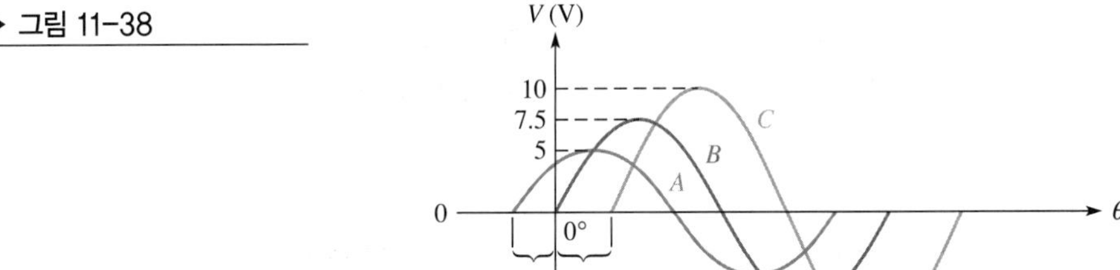

**풀이** 그림 11-39는 정현파를 표현한 페이저도이다. 페이저의 길이는 정현파의 최대값을 표현한다.

▶ 그림 11-39

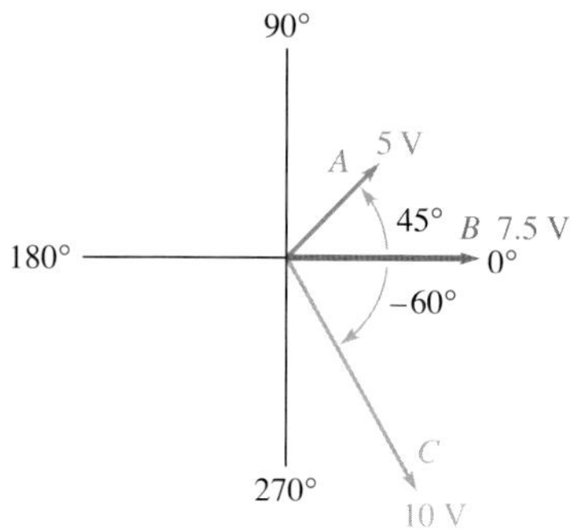


**관련 문제** 그림 11-38에서 정현파 $C$보다 25°가 뒤지고 5 V의 최대값을 갖는 정현파를 페이저도로 표현하라.

## 페이저의 각속도

정현파의 한 사이클은 페이저가 360° 회전한 것으로 그린다. 페이저의 회전 속도가 빠를수록 더 빠른 사이클을 갖는 정현파를 그릴 것이다. 따라서 주기와 주파수는 페이저의 회전 속도와 관계된다. 회전 속도를 **각속도**(angular velocity)라고 부르며, $\omega$(그리스 소문자 오메가)라고 쓴다.

페이저가 360° 또는 $2\pi$라디안 회전할 때, 하나의 완전한 사이클이 그려진다. 따라서 페이저가 $2\pi$라디안 회전하는 데 필요한 시간이 정현파의 주기이다. 페이저가 $2\pi$라디안 회전하는 데 필요한 시간이 주기 $T$와 같으므로 각속도는 다음과 같이 표현할 수 있다.

$$\omega = \frac{2\pi}{T}$$

$f = 1/T$로부터

$$\omega = 2\pi f \tag{11-19}$$

페이저가 각속도 $\omega$로 회전할 때, $\omega t$는 페이저가 어떤 순간 지나가는 시점의 각이다. 따라서 아래의 관계식이 성립한다.

$$\theta = \omega t \tag{11-20}$$

$\omega$에 $2\pi f$를 대입하면 $\theta = 2\pi ft$가 된다. 각도와 시간의 관계식을 이용하면, 정현파 전압의 순시값에 대한 식, $v = V_p\sin\theta$는 다음과 같이 쓸 수 있다.

$$v = V_p\sin 2\pi ft \tag{11-21}$$

주파수와 최대값을 알고 있다면, 정현파 곡선에서 시간의 어느 점이든 순시값을 계산할 수 있다. $2\pi ft$의 단위는 라디안이며, 계산기를 라디안 모드로 하여 구할 수 있다.

**예제 11-13** $V_p = 10$ V이고 $f = 50$ kHz일 때 양의 값으로 가는 영 교차점에서 3 $\mu$s 순간의 정현파 전압의 값은 얼마인가?

**풀이**

$$v = V_p \sin 2\pi ft$$
$$= (10\text{ V})\sin[2\pi(50\text{ kHz})(3 \times 10^{-6}\text{ s})] = \mathbf{8.09\text{ V}}$$

**관련 문제** $V_p = 50$ V이고 $f = 10$ kHz일 때 양의 값으로 가는 영 교차점에서 12 $\mu$s 순간의 정현파 값은 얼마인가?

**복습문제 11-6**

1. 페이저란 무엇인가?
2. 1500 Hz의 주파수를 갖는 정현파를 표현한 페이저의 각속도는 얼마인가?
3. 어떤 페이저의 각속도가 628 rad/s이다. 주파수는 얼마인가?
4. 그림 11-40의 정현파를 표현한 페이저도를 그려라. 최대값을 사용하라.

▶ 그림 11-40

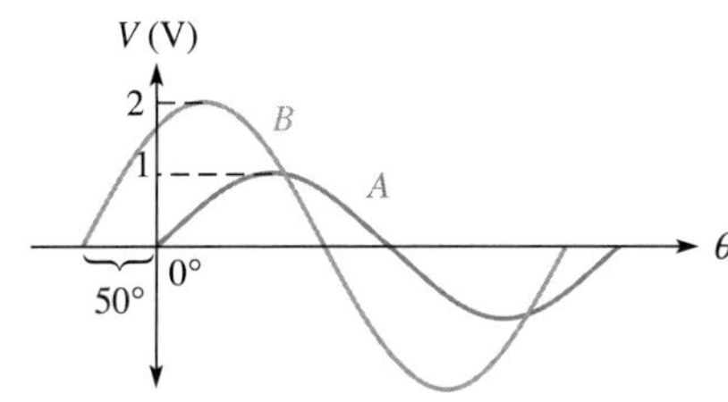


# 11-7 교류 회로의 해석

정현파 전압과 같이 시간에 따라 변하는 교류 전압이 회로에 인가될 때도 앞에서 배운 회로 법칙을 사용할 수 있다. 옴의 법칙과 키르히호프의 법칙은 직류 회로에서와 동일한 방법으로 교류 회로에 적용된다.

이 절의 학습 내용은 다음과 같다.

- **교류 저항 회로에 기본 회로 법칙을 적용**
  - 교류 전원이 있는 저항 회로에 옴의 법칙을 적용
  - 교류 전원이 있는 저항 회로에 키르히호프의 전압 및 전류 법칙을 적용
  - 저항이 있는 교류 회로에서 전력을 결정

그림 11-41의 회로와 같이 저항에 정현파 전압이 인가되면 회로에 정현파 전류가 흐른다. 전압이 0이 될 때 전류도 0이 되고, 전압이 최대가 될 때 전류도 최대가 된다. 전압의 극성이 바뀌면 전류의 방향도 바뀐다. 결과적으로 전압과 전류는 서로 위상이 같다.

교류 회로에 옴의 법칙을 사용할 때는 전압과 전류를 일관된 값으로 통일하여(모두 최대값, 모두 rms 값, 모두 평균값 등) 사용해야 한다. 키르히호프의 전압 및 전류 법칙을 직류 회로에서 사용한 것처럼 교류 회로에도 사용한다. 그림 11-42는 정현파 전압원이 있는 저항 회로에 키르

▶ 그림 11-41

정현파 전압은 정현파 전류를 발생시킨다.

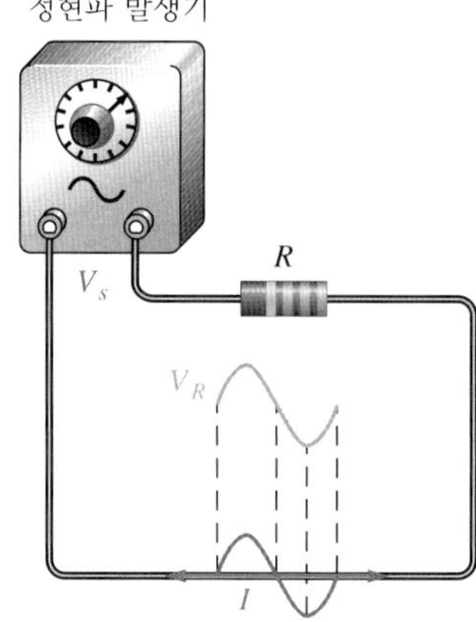


▶ 그림 11-42

교류 회로에서 키르히호프의 전압 법칙

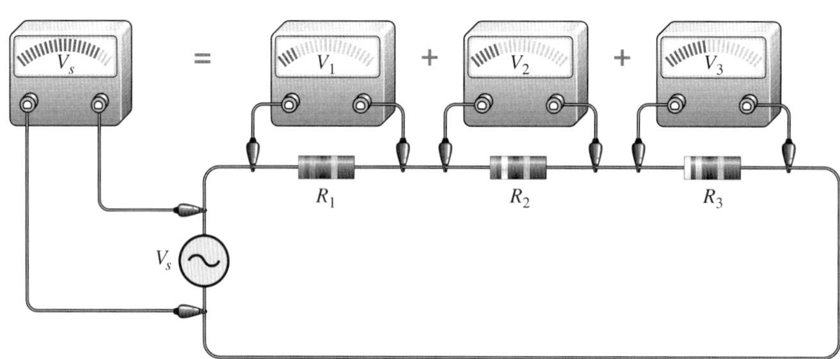


히호프의 전압 법칙을 사용한 것이다. 그림으로 쉽게 알 수 있듯이 전압 전원은 직류 회로에서와 동일하게 각 저항의 전압 강하의 총합과 같다.

저항이 있는 교류 회로에서 전력은 rms의 전류와 전압 값을 사용해서 직류 회로와 같이 계산할 수 있다. 정현파 전압의 rms 값은 동일한 열 효과를 보이는 직류 전압 값임을 상기하자. 저항이 있는 교류 회로의 일반적인 전력 공식은 다음과 같다.

$$P = V_{\text{rms}}I_{\text{rms}}$$
$$P = \frac{V_{\text{rms}}^2}{R}$$
$$P = I_{\text{rms}}^2R$$

**예제 11-14** 그림 11-43의 회로에 흐르는 rms 전류와 각 저항에 걸리는 rms 전압을 구하라. 전압원은 rms 값이다. 또한 전체 전력도 구하라.

▶ 그림 11-43

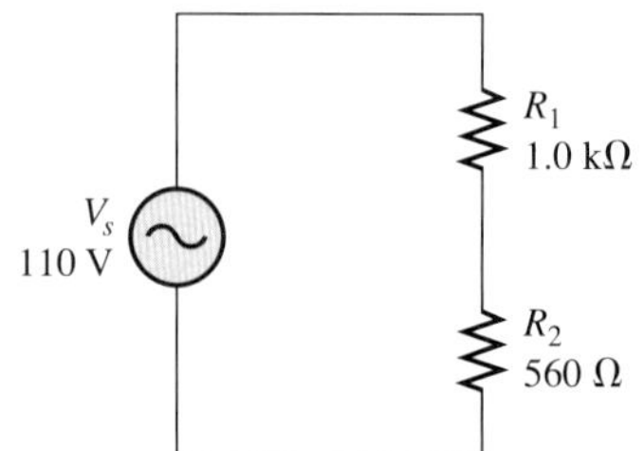

**풀이** 회로의 전체 저항은 다음과 같다.

$$R_{tot} = R_1 + R_2 = 1.0\,\text{k}\Omega + 560\,\Omega = 1.56\,\text{k}\Omega$$

옴의 법칙을 이용해서 rms 전류를 계산한다.

$$I_{\text{rms}} = \frac{V_{s(\text{rms})}}{R_{tot}} = \frac{110\,\text{V}}{1.56\,\text{k}\Omega} = \mathbf{70.5\,mA}$$

각 저항에 발생하는 전압 강하의 rms 값은 다음과 같다.

$$V_{1(\text{rms})} = I_{\text{rms}}R_1 = (70.5\,\text{mA})(1.0\,\text{k}\Omega) = \mathbf{70.5\,V}$$
$$V_{2(\text{rms})} = I_{\text{rms}}R_2 = (70.5\,\text{mA})(560\,\Omega) = \mathbf{39.5\,V}$$

전체 전압은 다음과 같다.

$$P_{tot} = I_{\text{rms}}^2 R_{tot} = (70.5\,\text{mA})^2(1.56\,\text{k}\Omega) = 7.75\,\text{W}$$

**관련 문제** 전압원의 최대값이 10 V일 때 예제를 반복하라.

Multisim 파일 E11-14를 사용하여 [예제 11-14]와 [관련 문제]의 계산 결과를 확인하라.

**예제 11-15** 그림 11-44의 모든 수치는 rms 값이다.

(a) 그림 11-44(a)에서 미지 전압의 최대값을 구하라.

(b) 그림 11-44(b)에서 전체 rms 전류를 구하라.

(c) $V_{\text{rms}} = 24$ V일 때, 그림 11-44(b)에서 전체 전력을 구하라.

▶ **그림 11-44**

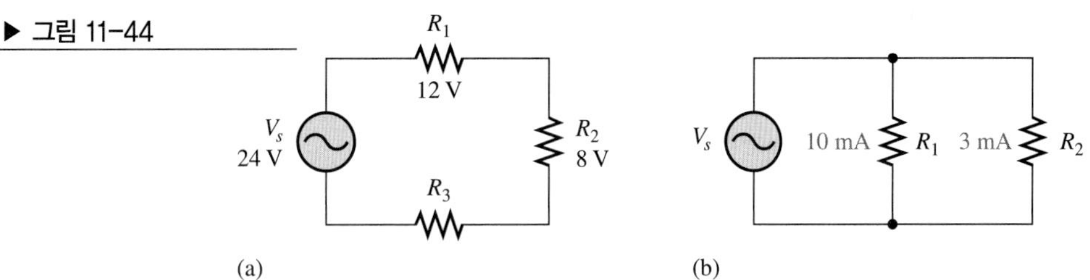


**풀이** (a) 키르히호프의 전압 법칙을 이용하여 $V_3$를 구한다.

$$V_s = V_1 + V_2 + V_3$$
$$V_{3(\text{rms})} = V_{s(\text{rms})} - V_{1(\text{rms})} - V_{2(\text{rms})} = 24\,\text{V} - 12\,\text{V} - 8\,\text{V} = 4\,\text{V}$$

rms 값을 최대값으로 변환한다.

$$V_{3(p)} = 1.414V_{3(\text{rms})} = 1.414(4\,\text{V}) = \mathbf{5.66\,V}$$

(b) 키르히호프의 전류 법칙을 이용하여 $I_{tot}$를 구한다.

$$I_{tot(\text{rms})} = I_{1(\text{rms})} + I_{2(\text{rms})} = 10\,\text{mA} + 3\,\text{mA} = \mathbf{13\,mA}$$

(c) $P_{tot} = V_{\text{rms}}I_{\text{rms}} = (24\text{ V})(13\text{ mA}) = \mathbf{312\,mW}$

**관련 문제** 직렬 회로가 다음과 같은 전압 강하를 갖는다: $V_{1(\text{rms})} = 3.50\text{ V}$, $V_{2(p)} = 4.25\text{ V}$, $V_{3(\text{avg})} = 1.70\text{ V}$. 전압원의 최소-최대값을 구하라.

**복습문제 11-7**

1. 1/2사이클 평균값이 12.5 V인 정현파 전압이 330 Ω의 저항에 인가되었다. 회로에 흐르는 전류의 최대값은 얼마인가?
2. 직렬 저항 회로에 발생하는 전압 강하가 각각 6.2 V, 11.3 V, 7.8 V이다. 전압원의 rms 값은 얼마인가?

## 11-8 직류와 교류가 혼재된 회로

실제 회로는 직류와 교류가 혼재되어 있는 경우가 많다. 예를 들어, 증폭기 회로는 교류 신호 전압과 직류 구동 전압이 혼재되어 있다. 이것은 8장에서 언급한 중첩 원리의 가장 일반적인 적용이다.

이 절의 학습 내용은 다음과 같다.

- **교류와 직류가 혼재되었을 때 전체 전압을 계산하는 방법**

그림 11-45는 직류 전압원과 교류 전압원이 직렬로 연결된 회로이다. 저항 양단의 전압을 측정하면, 두 전압이 산술적으로 더해져서 직류 전압에 교류 전압이 '더해진다'.

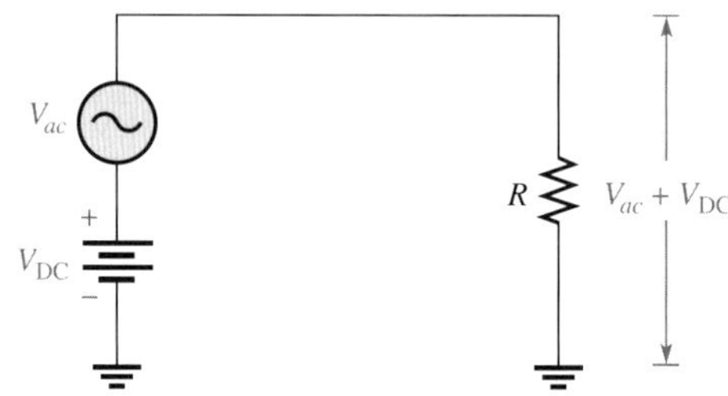


▶ 그림 11-45
직류와 교류 전압의 혼재

만일 $V_{DC}$가 정현파 전압의 최대값보다 클 경우, 더해진 전압은 극성이 절대로 바뀌지 않는 정현파가 되어 음양의 변화가 교대로 일어나지 않는다. 즉, 그림 11-46(a)와 같이 직류 전압이 더해진 정현파를 얻을 수 있다. 만일 $V_{DC}$가 정현파의 최대값보다 작은 경우, 그림 11-46(b)와 같이 음의 1/2사이클 동안 정현파는 일부 음의 값을 갖게 되므로 전압의 극성이 교대로 변한다. 어느 경우이든 정현파의 최대 전압 값은 $V_{DC} + V_p$가 되고, 최소 전압 값은 $V_{DC} - V_p$가 된다.

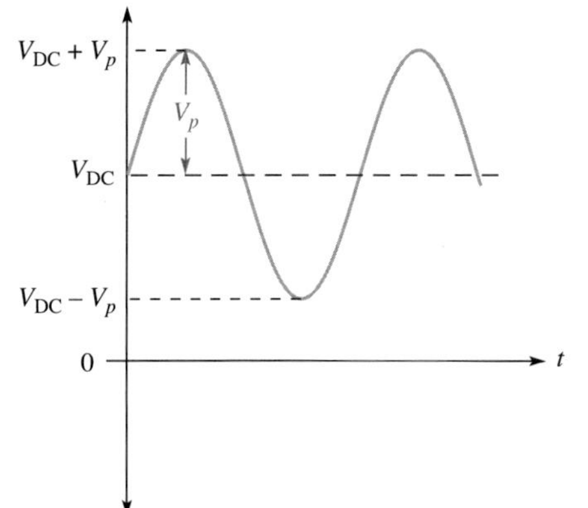


(a) $V_{DC} > V_p$. 정현파는 절대 음의 값을 갖지 않는다.

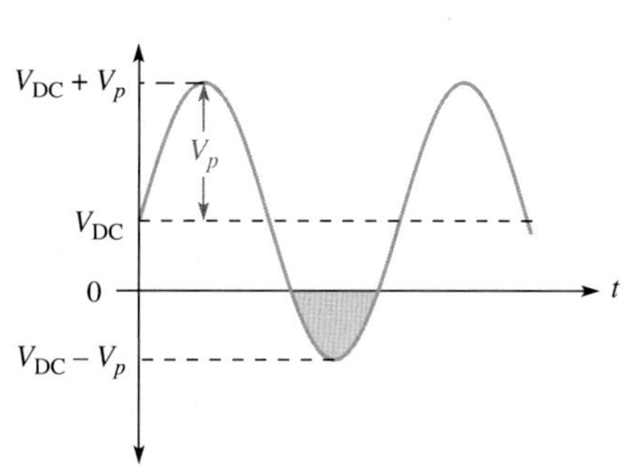


(b) $V_{DC} < V_p$. 정현파는 회색 영역이 나타내고 있는 사이클 일부분 동안 극성이 바뀐다.

◀ 그림 11-46
dc 준위가 있는 정현파

**예제 11-16** 그림 11-47의 회로에서 각각 저항에 걸리는 전압의 최대값과 최소값을 계산하라.

▶ 그림 11-47

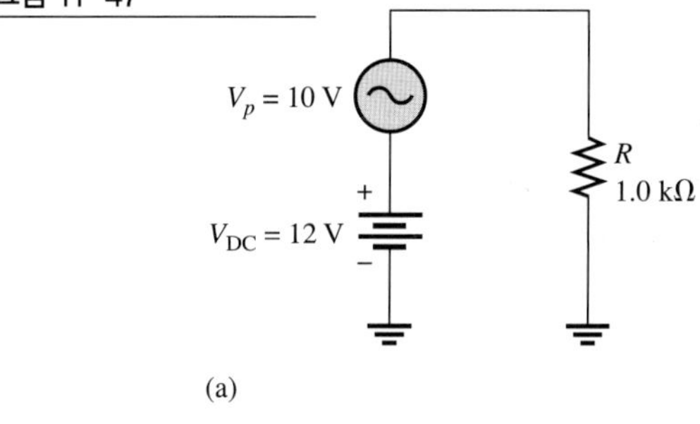


(a)

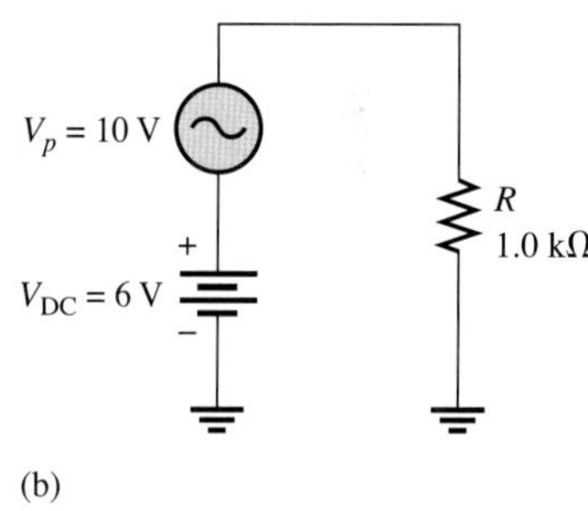


(b)

**풀이** 그림 11-47(a)에서 $R$에 걸리는 최대 전압은

$$V_{max} = V_{DC} + V_p = 12\text{ V} + 10\text{ V} = \mathbf{22\text{ V}}$$

이고, $R$에 걸리는 최소 전압은 다음과 같다.

$$V_{min} = V_{DC} - V_p = 12\text{ V} - 10\text{ V} = \mathbf{2\text{ V}}$$

따라서 $V_{R(tot)}$은 그림 11-48(a)와 같이 +22 V ~ +2 V 범위에서 변하는, 교번하지 않는 정현파이다.

그림 11-47(b)에서 $R$에 걸리는 최대 전압은

$$V_{max} = V_{DC} + V_p = 6\text{ V} + 10\text{ V} = \mathbf{16\text{ V}}$$

이고, $R$에 걸리는 최소 전압은 다음과 같다.

$$V_{min} = V_{DC} - V_p = \mathbf{-4\text{ V}}$$

따라서 $V_{R(tot)}$은 그림 11-48(b)와 같이 +16 V ~ −4 V 범위에서 변하는, 교번 정현파이다.

▶ 그림 11-48

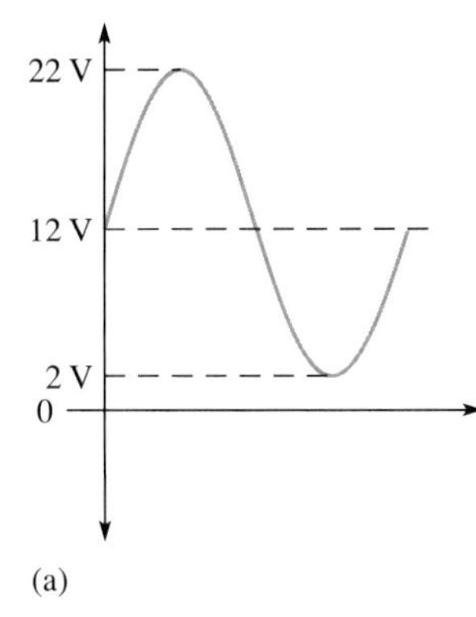

(a)

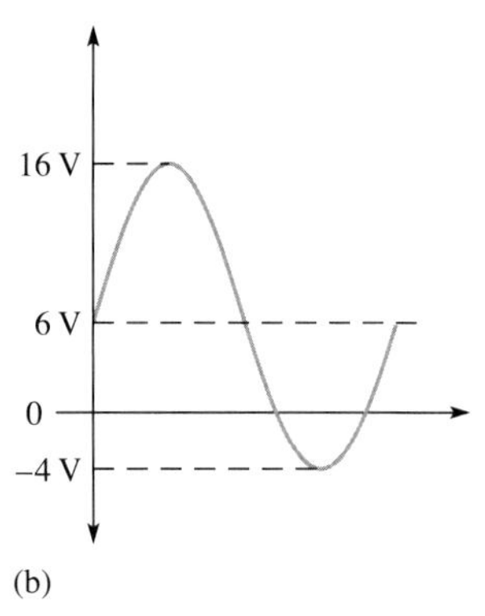

(b)

관련 문제 그림 11-48(a)의 파형이 교번하지 않는 정현파이고 그림 11-48(b)의 파형이 교번하는 정현파인 이유를 설명하라.

Multisim 파일 E11-16A와 E11-16B를 사용하여 [예제 11-16]과 [관련 문제]의 계산 결과를 확인하라.

**복습문제 11-8**

1. $V_p = 5$ V인 정현파에 직류 전압 +2.5 V가 더해졌을 때 전압의 양의 최대값은 얼마인가?
2. 문제 1에서 전압의 극성이 교번하는가?
3. 문제 1에서 직류 전압 −2.5 V가 더해지면 전압의 양의 최대값은 얼마가 되는가?

# 11-9 비정현파

전자 회로에서 정현파는 중요하지만, 교류 또는 시간에 따라 변하는 파형에 정현파만 있는 것은 아니다. 전자 회로에 사용되는 다른 주요 파형으로는 펄스파와 삼각파가 있다.

이 절의 학습 내용은 다음과 같다.

- **기본 비정현파의 특성**
  - 펄스파의 특성
  - *듀티 사이클*의 정의
  - 삼각파와 톱니파의 특성
  - 파형의 고조파 성분에 대한 설명

## 펄스파

기본적으로 **펄스**(pulse)는 어떤 전압 또는 전류 값(**기준선**: baseline)에서 어떤 크기의 진폭으로 급격히 천이(**선행 모서리**: leading edge)되고, 얼마간의 시간 뒤에 다시 급격히 원래의 전압 또는 전류 값으로 천이(**후행 모서리**: trailing edge)하는 것으로 설명할 수 있다. 다른 수준(level)으로의 천이를 **스텝**(step)이라고 한다. 이상적인 펄스는 동일한 진폭의 상승, 하강 두 스텝으로 이루어진다. 선행 또는 후행 모서리가 양의 방향으로 진행할 때, 이것을 **상승 모서리**(rising edge)라고 하며 선행 또는 후행 모서리가 음의 방향으로 진행할 때, 이것을 **하강 모서리**(falling edge)라고 한다.

그림 11-49(a)는 선행 모서리가 양의 방향으로 진행한 후 **펄스폭**(pulse width)이라고 하는 시간 후에 음의 방향으로 후행 모서리가 진행하는 이상적인 상승 펄스이다. 그림 11-49(b)는 이와 반대로 이상적인 하강 펄스이다. 기준선에서 측정한 펄스의 높이가 그 펄스의 전압(또는 전류) 값이 된다.

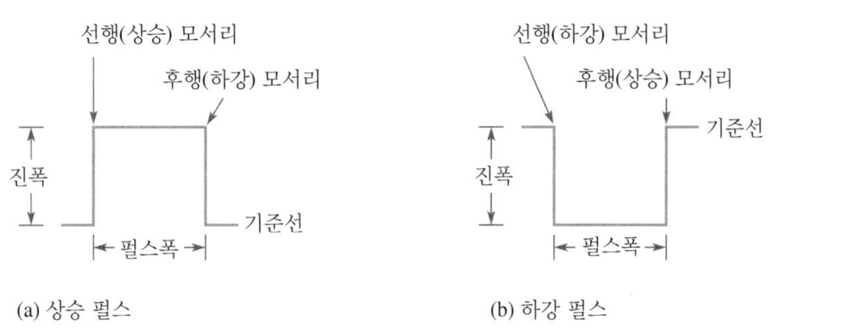


(a) 상승 펄스 (b) 하강 펄스

◀ 그림 11-49
이상적인 펄스

여러 응용분야에서는 모든 펄스를 간단하게 이상적인 펄스(스텝이 순간적으로 바뀌며, 파형은 완벽한 사각형)로 간주한다. 그러나 실제 펄스는 결코 이상적이지 않다. 모든 펄스는 이상적인 경우와 다른 특성을 갖는다.

실제로 펄스는 한 값에서 다른 값으로 순간적인 변화가 불가능하다. 그림 11-50(a)와 같이 천이(스텝)에는 항상 시간이 필요하다. 상승 모서리, 즉 펄스가 낮은 값에서 높은 값으로 진행하는 동안 어느 정도 시간이 흐른다. 이 시간을 **상승 시간**(rise time), $t_r$이라고 한다.

**상승 시간은 펄스가 전체 진폭의 10%에서 시작해서 90%까지 도달하는 데 필요한 시간이다.**

하강 모서리, 즉 펄스가 높은 수준에서 낮은 수준으로 진행하는 동안 걸리는 시간을 **하강 시간**(fall time), $t_f$라고 한다.

**하강 시간은 펄스가 전체 진폭의 90%에서 시작해서 10%까지 도달하는 데 필요한 시간이다.**

실제 펄스의 경우 상승 모서리와 하강 모서리가 수직이 아니므로 펄스폭, $t_W$에 대한 정확한 정의가 필요하다.

**펄스폭은 전체 진폭의 50%에 해당하는 상승 모서리의 한 점과 전체 진폭의 50%에 해당하는 하강 모서리의 한 점 사이의 시간 간격이다.**

그림 11-50(b)에 펄스폭을 나타내었다.

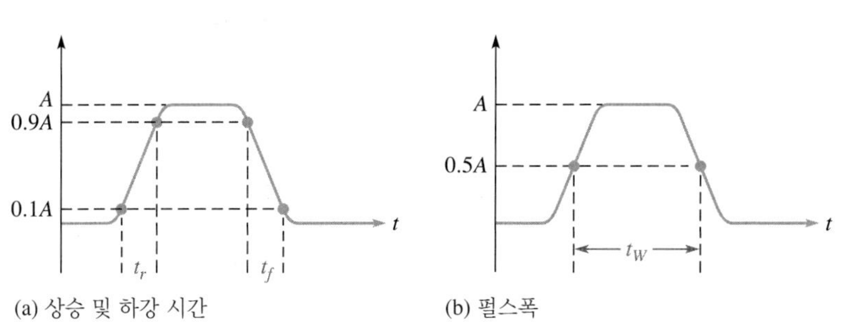


(a) 상승 및 하강 시간 (b) 펄스폭

◀ 그림 11-50
실제 펄스

### 펄스의 반복

어떠한 파형이든 일정한 시간 간격으로 반복되는 파는 **주기적**(periodic)이라고 한다. 주기적 펄스파의 몇 가지 예를 그림 11-51에 나타내었다. 각각의 경우 펄스는 규칙적인 시간 간격으로 반복된다. 펄스가 반복되는 비율이 **펄스 반복 주파수**(pulse repetition frequency)이고 이 주파수가 파형의 기본 주파수가 된다. 주파수는 헤르츠 또는 초당 펄스 수로 나타낼 수 있다. 어느 펄스의 한 점과 다음 펄스의 대응점 사이의 시간이 주기, $T$이다. 주파수와 주기 사이의 상호관계는 정현파의 경우인 $f = 1/T$와 같다.

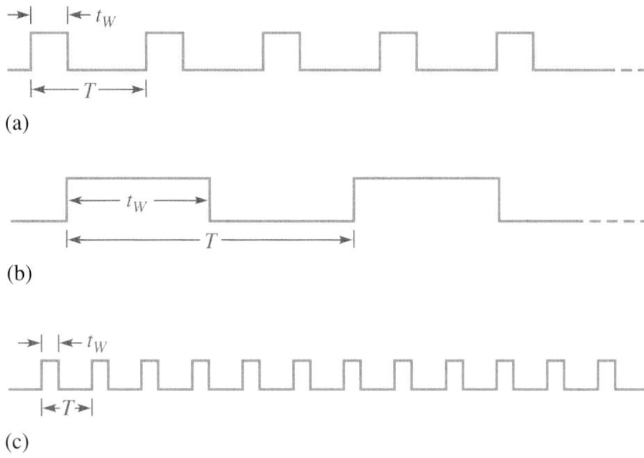


▶ 그림 11-51
반복적인 펄스 파형

반복되는 펄스파의 매우 중요한 특성이 듀티 사이클(duty cycle)이다.

**듀티 사이클은 통상 백분율로 표시하며, 주기($T$)에 대한 펄스폭($t_W$)의 비율이다.**

$$\text{듀티 사이클 백분율} = \left(\frac{t_W}{T}\right)100\% \qquad (11\text{-}22)$$

**예제 11-17** 그림 11-52의 펄스파에 대한 주기, 주파수, 듀티 사이클을 계산하라.

▶ 그림 11-52

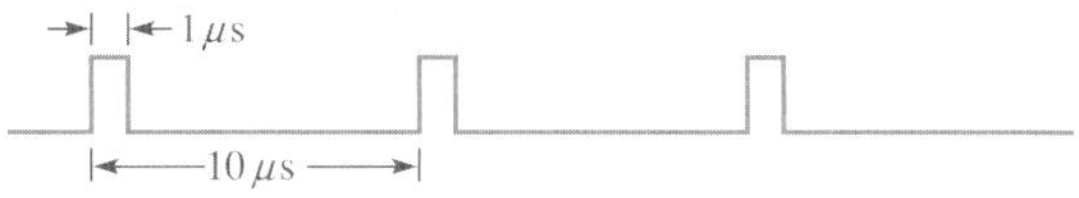

**풀이**

$$T = \mathbf{10\ \mu s}$$

$$f = \frac{1}{T} = \frac{1}{10\ \mu\text{s}} = \mathbf{100\ kHz}$$

$$\text{듀티 사이클 백분율} = \left(\frac{1\ \mu\text{s}}{10\ \mu\text{s}}\right)100\% = \mathbf{10\%}$$

**관련 문제** 어떤 펄스파의 주파수가 200 kHz이고 펄스폭이 0.25 μs이다. 듀티 사이클을 계산하라.

### 구형파

구형파는 듀티 사이클이 50%인 펄스파이다. 따라서 펄스폭이 주기의 1/2과 같다. 그림 11-53은 구형파를 보여주고 있다.

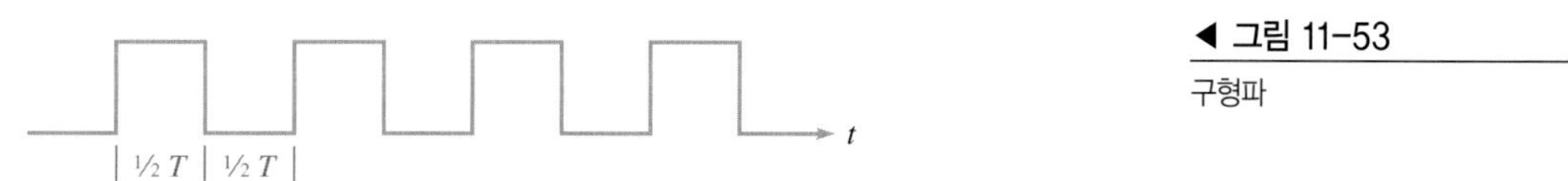


◀ 그림 11-53
구형파

### 펄스파의 평균값

펄스파의 평균값($V_{avg}$)은 듀티 사이클에 펄스의 진폭을 곱하고 기준선(baseline)의 레벨 값을 더한 것이다. 이때 상승 펄스의 경우에는 낮은 쪽, 하강 펄스의 경우에는 높은 쪽의 레벨이 기준선이다. 공식은 다음과 같다.

$$V_{avg} = \text{기준선} + (\text{듀티 사이클})(\text{진폭}) \qquad (11\text{-}23)$$

다음의 예제는 평균값의 계산을 보여주고 있다.

**예제 11-18** 그림 11-54의 파형에 대해 각각의 평균값을 계산하라.

▶ 그림 11-54

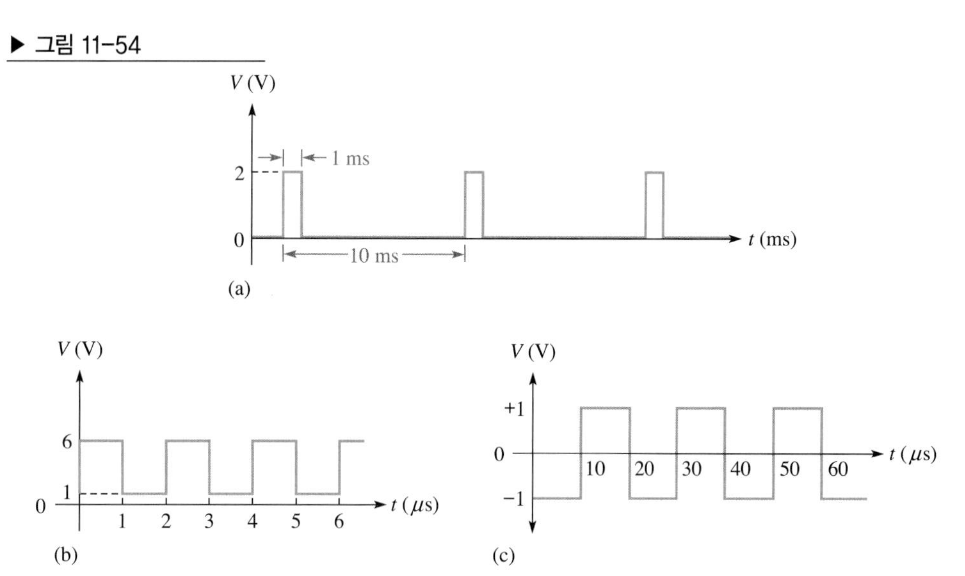


**풀이** 그림 11-54(a)에서 펄스파의 기준선은 0 V이고, 진폭은 2 V, 듀티 사이클은 10%이다. 평균값은 다음과 같다.

$$V_{avg} = \text{기준선} + (\text{듀티 사이클})(\text{진폭})$$
$$= 0\text{ V} + (0.1)(2\text{ V}) = \mathbf{0.2\ V}$$

그림 11-54(b)의 파형은 기준선이 +1 V, 진폭은 5 V, 듀티 사이클은 50%이다. 평균값은 다음과 같다.

$$V_{avg} = \text{기준선} + (\text{듀티 사이클})(\text{진폭})$$
$$= 1\text{ V} + (0.5)(5\text{ V}) = 1\text{ V} + 2.5\text{ V} = \mathbf{3.5\text{ V}}$$

그림 11-54(c)는 기준선이 −1 V, 진폭이 2 V인 구형파이다. 평균값은 다음과 같다.

$$V_{avg} = \text{기준선} + (\text{듀티 사이클})(\text{진폭})$$
$$= -1\text{ V} + (0.5)(2\text{ V}) = -1\text{ V} + 1\text{ V} = \mathbf{0\text{ V}}$$

이 교번하는 구형파는 교번하는 정현파와 같이 평균값이 0이다.

관련 문제 그림 11-54(a)에서 파형의 기준선이 1 V로 이동했을 때, 평균값은 얼마인가?

## 삼각파와 톱니파

삼각파와 톱니파는 전압 또는 전류의 램프로 만든다. **램프**(ramp)는 전압 또는 전류의 선형적인 증가 또는 감소를 가리킨다. 그림 11-55에 증가하는 램프와 감소하는 램프를 보였다. 그림 11-55(a)에서 램프는 양의 기울기를 갖고, 그림 11-55(b)에서 램프는 음의 기울기를 갖는다. 전압 램프의 기울기는 $\pm V/t$이고, 단위는 V/s이다. 전류 램프의 기울기는 $\pm I/t$이고, 단위는 A/s이다.

▶ 그림 11-55
램프

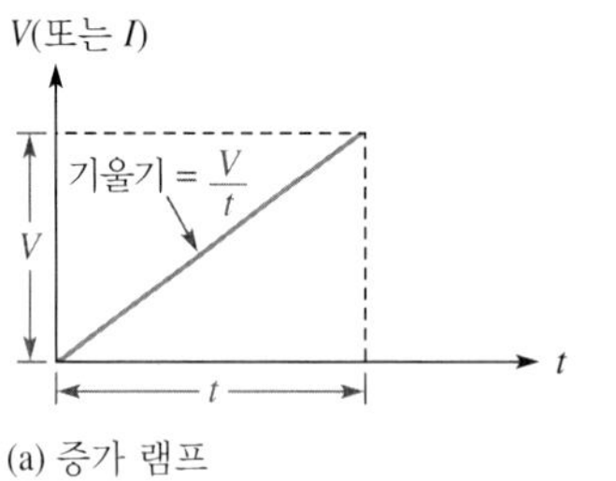

(a) 증가 램프

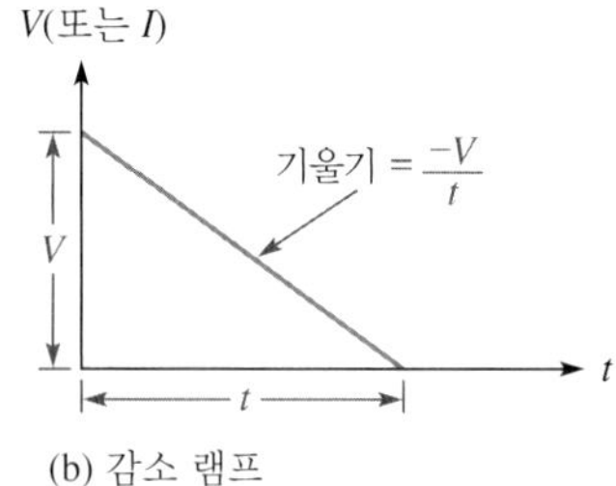

(b) 감소 램프

예제 11-19 그림 11-56에서 전압 램프의 기울기는 얼마인가?

▶ 그림 11-56

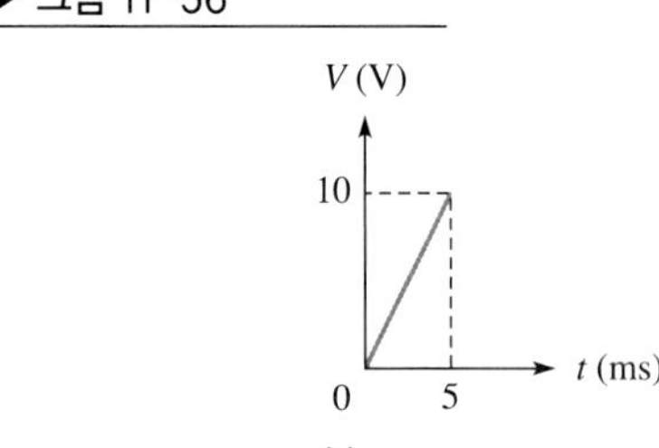

(a)

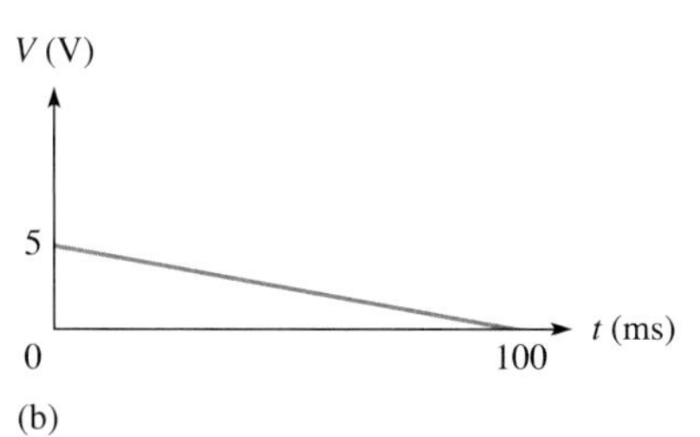

(b)

풀이 그림 11-56(a)에서 전압은 5 ms 동안 0 V에서 +10 V로 증가한다. 따라서 $V = 10$ V이고 $t = 5$ ms이다. 기울기는 다음과 같다.

$$\frac{V}{t} = \frac{10\text{ V}}{5\text{ ms}} = \mathbf{2\ V/ms}$$

그림 11-56(b)에서 전압은 100 ms 동안 +5 V에서 0 V로 감소한다. 따라서 $V = -5$ V이고 $t = 100$ ms이다. 기울기는 다음과 같다.

$$\frac{V}{t} = \frac{-5\text{ V}}{100\text{ ms}} = \mathbf{-0.05\ V/ms}$$

**관련 문제** 어떤 전압 램프의 기울기가 +12 V/$\mu$s이다. 램프가 0에서 시작했다면 시간이 0.01 ms일 때 전압은 얼마가 되는가?

## 삼각파

그림 11-57은 동일한 기울기로 증가하는 램프와 감소하는 램프로 이루어진 **삼각파**(triangular waveform)이다. 이 삼각파의 주기는 그림과 같이 하나의 최대값에서 다음 최대값까지 걸리는 시간으로 측정한다. 이 삼각파는 교류이며 평균값이 0이다.

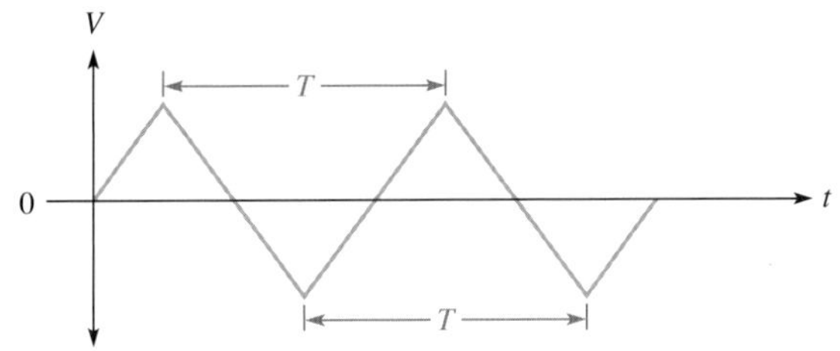


◀ 그림 11-57
평균값이 0인 교류 삼각파

그림 11-58은 평균값이 0이 아닌 삼각파를 그린 것이다. 삼각파의 주파수는 정현파와 동일한 방법, 즉 $f = 1/T$로 구한다.

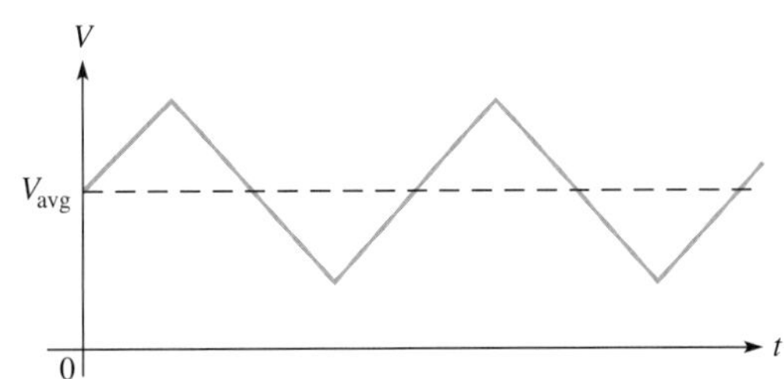


◀ 그림 11-58
평균값이 0이 아닌 비교류 삼각파

## 톱니파

실제로 **톱니파**(sawtooth waveform)는 지속 시간이 짧은 램프와 지속 시간이 상대적으로 상당히 긴 램프, 두 개로 이루어진 삼각파의 특별한 경우이다. 톱니파는 여러 전자 시스템에 사용되고 있다. 예를 들어, TV 수신기에서 화면을 발생시키는 전자빔의 제어에 톱니파 전압 또는 전류를 이용한다. 하나의 톱니파는 전자빔을 수평 방향으로 움직이고, 다른 하나의 톱니파는 전자빔을 수직 방향으로 움직인다. 톱니파 전압을 종종 **스윕 전압**(sweep voltage)이라고 부른다.

그림 11-59는 톱니파의 예이다. 상대적으로 지속 시간이 긴 증가하는 램프와 뒤이어 상대적으로 지속 시간이 짧은 감소하는 램프로 구성되어 있다는 점에 주목하자.

▶ 그림 11-59
교류 톱니파

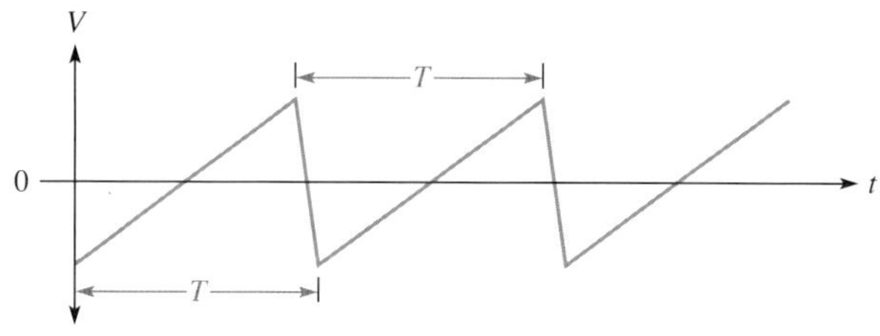


## 고조파

반복되는 비정현파는 기본 주파수와 고차 주파수의 합으로 이루어진다. **기본 주파수**(fundamental frequency)는 파형의 반복되는 비율을 말하며, **고조파**(harmonics)는 기본 주파수의 정수배가 되는 높은 주파수의 정현파이다.

### 홀수 고조파

**홀수 고조파**(odd harmonics)는 기본 주파수의 홀수배 주파수를 갖는 고조파이다. 예를 들어, 1 kHz 구형파는 1 kHz의 기본파와 3 kHz, 5 kHz, 7 kHz 등의 고조파로 이루어져 있다. 고조파 주파수가 3 kHz인 경우 제3차 고조파라고 하며, 5 kHz인 경우는 제5차 고조파라고 한다.

### 짝수 고조파

**짝수 고조파**(even harmonics)는 기본 주파수의 짝수배 주파수를 갖는 고조파이다. 예를 들어, 어떤 파의 기본 주파수가 200 Hz라면, 제2차 고조파 주파수는 400 Hz, 제4차 고조파 주파수는 800 Hz, 그리고 제6차 고조파 주파수는 1200 Hz이다. 이들이 짝수 고조파이다.

### 합성파

순수 정현파를 변화시켜서 고조파를 발생시킨다. 비정현파는 기본파와 고조파의 합성이다. 어떤 파형은 홀수 고조파만으로, 또 어떤 파형은 짝수 고조파만으로 이루어져 있다. 파형은 그 파가 갖고 있는 고조파 성분으로 결정된다. 일반적으로 기본파와 낮은 차수의 고조파가 파형을 결정하는 데 중요한 역할을 한다.

구형파는 기본파와 홀수 고조파 성분으로 이루어진 파형의 대표적인 예이다. 기본파와 각 홀수 고조파 성분이 매 시간마다 산술적으로 더해져 구형파 모양의 곡선을 형성하는 과정을 그림 11-60에 나타내었다. 그림 11-60(a)에서 기본파와 제3차 고조파는 구형파와 비슷한 파형을 만들기 시작한다. 그림 11-60(b)에서 기본파와 제3차 고조파 그리고 제5차 고조파는 더욱더 구형파와 비슷한 파형을 만든다. 제7차 고조파까지 포함된 그림 11-60(c)의 결과는 훨씬 더 구형파와 비슷하다. 더 많은 고조파 성분이 포함됨으로써 주기적인 구형파가 완성된다.

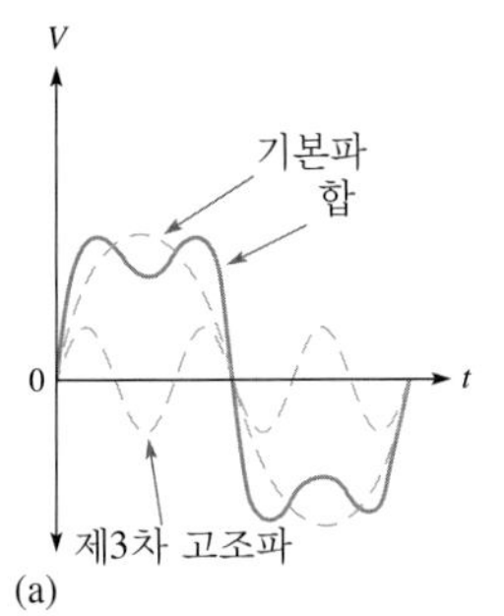


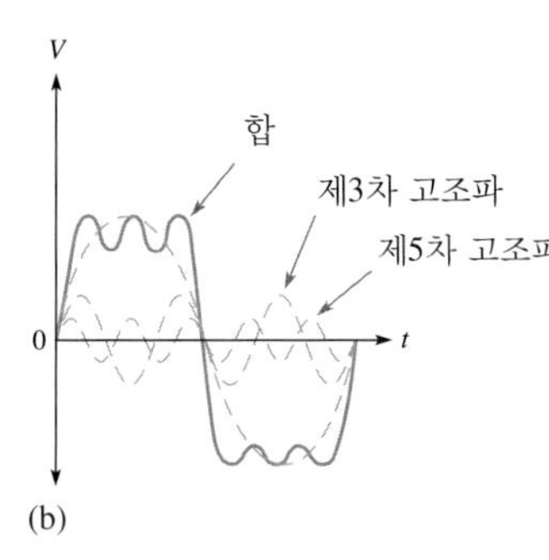


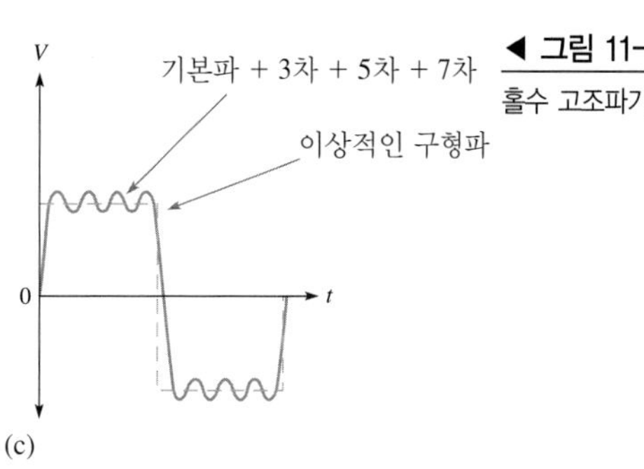


◀ 그림 11-60

홀수 고조파가 구형파를 만든다.

**복습문제 11-9**

1. 다음 파라미터를 정의하라.
   (a) 상승 시간　(b) 하강 시간　(c) 펄스폭
2. 반복되는 어떤 펄스파가 밀리초당 하나의 펄스를 생성한다. 이 파형의 주파수는 얼마인가?
3. 그림 11-61(a)에서 파형의 듀티 사이클, 진폭, 평균값을 구하라.
4. 그림 11-61(b)에서 삼각파의 주기는 얼마인가?
5. 그림 11-61(c)에서 톱니파의 주파수는 얼마인가?

▶ 그림 11-61

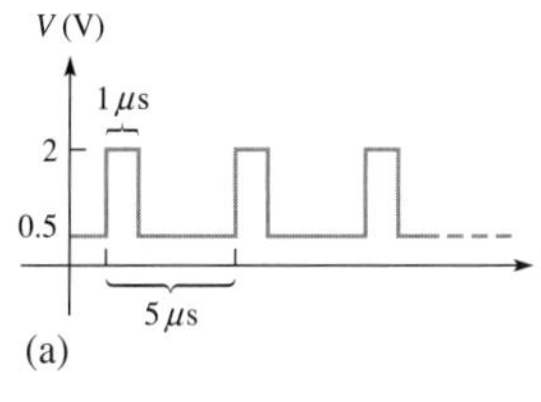


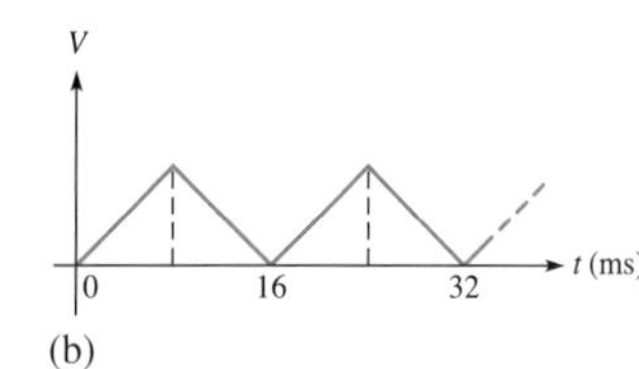


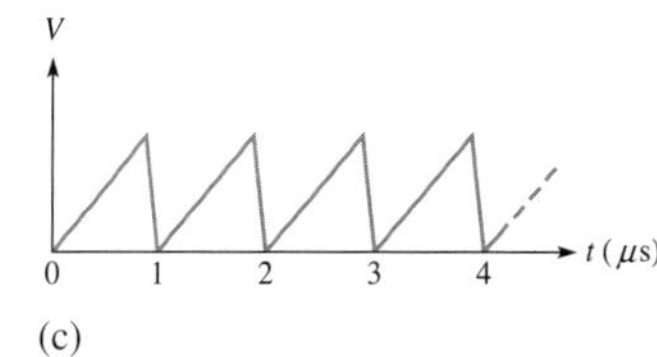


6. *기본 주파수*를 정의하라.
7. 기본 주파수가 1 kHz인 파형의 2차 고조파는 얼마인가?
8. 주기가 10 μs인 구형파의 기본 주파수는 얼마인가?

# 11-10 오실로스코프

오실로스코프(oscilloscope, 스코프)는 파형을 관찰하거나 측정하는 데 폭넓고 다양하게 사용되는 시험 측정 장비 중 하나이다.

이 절의 학습 내용은 다음과 같다.

- **오실로스코프를 이용한 파형 측정**
  - 기본적인 오실로스코프 조작법
  - 진폭을 측정하는 방법
  - 주기와 주파수를 측정하는 방법

**오실로스코프**(oscilloscope)는 전기 신호를 측정하여 화면에 그래프로 표현해 주는 그래프 표시 장비이다. 대부분의 경우에 이 장비는 시간에 따른 신호의 변화를 그래프로 보여준다. 화면에 표시된 수평축은 시간을, 수직축은 전압을 나타낸다. 오실로스코프를 사용하여 신호의 진폭, 주기, 주파수 등을 측정할 수 있다. 또한 펄스파의 펄스폭, 듀티 사이클, 상승 시간, 하강 시간도 측정할 수 있다. 대부분의 스코프들은 적어도 두 신호를 동시에 표시할 수 있으며, 신호들의 시간관계를 관찰할 수 있다. 그림 11-62는 일반적인 오실로스코프이다.

▶ 그림 11-62
일반적인 오실로스코프


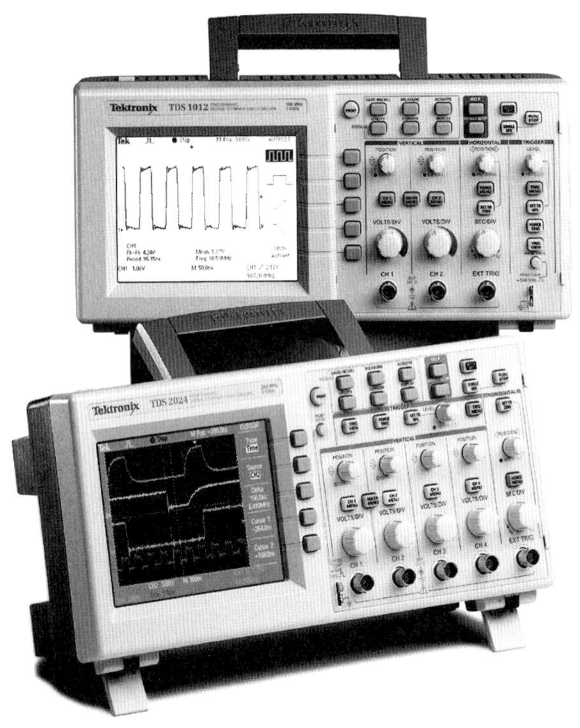


디지털 파형을 관찰할 수 있는 오실로스코프에는 아날로그와 디지털의 두 가지 형태가 있다. 그림 11-63(a)의 아날로그 스코프는 측정된 파형으로 CRT(cathode-ray tube) 전자빔이 화면

▶ 그림 11-63
아날로그와 디지털 오실로스코프 비교

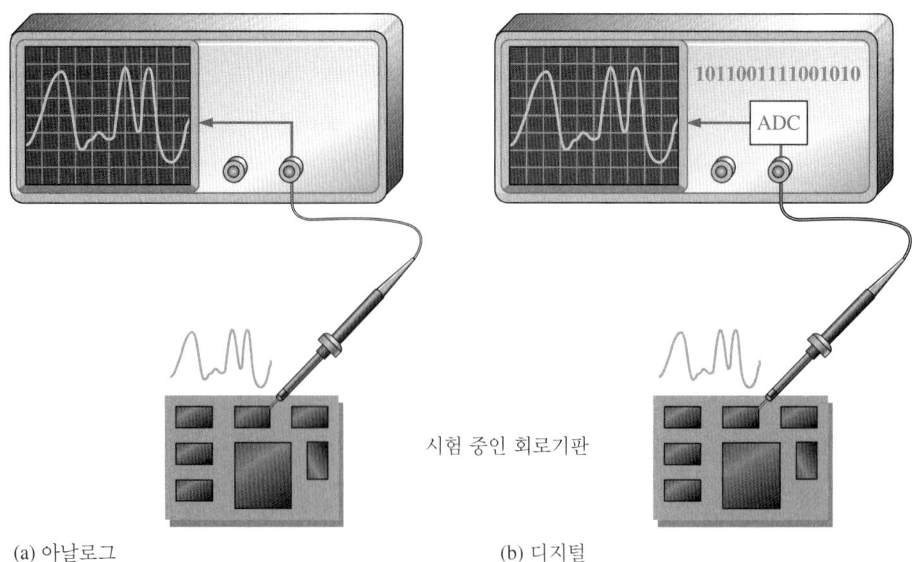

전체를 스윕(sweep)하는 동안 그 움직임을 위 또는 아래로 제어하는 방식으로 동작한다. 그 결과 화면에서 파형 패턴 추적이 가능하다. 디지털 스코프는 그림 11-63(b)와 같이 측정된 파형을 아날로그-디지털 변환기(ADC)에서 표본화 과정을 통해 디지털 정보로 전환시킨다. 디지털 정보는 다시 파형을 스크린에 재현하기 위해 사용된다.

디지털 스코프가 아날로그 스코프보다 널리 사용되고 있다. 하지만 두 가지 모두 많은 응용에 사용될 수 있으며, 상황에 따라 각각의 스코프가 보다 적절히 쓰일 수 있다. 아날로그 스코프는 '실시간'으로 파형을 보여준다. 디지털 스코프는 한 번 또는 무작위로 발생하는 일시적인 펄스의 측정에 용이하다. 또한 측정된 파형에 대한 정보를 디지털 스코프에 저장할 수 있기 때문에 임의의 시간 후에 파형을 보거나 출력할 수 있으며 컴퓨터나 다른 수단을 통해 면밀히 해석할 수 있다.

### 아날로그 오실로스코프의 기본 동작

전압 측정을 위해 스코프의 프로브(probe)는 실제 전압이 존재하는 회로의 지점에 연결되어야 한다. 일반적으로 신호 크기를 10배 감쇠시킬 수 있는 ×10 프로브를 사용한다. 신호는 프로브에서 수직 회로로 진행하며, 신호의 실제 진폭과 스코프의 수직 제어 설정에 따라 추가적인 감쇠 혹은 증폭을 진행한다. 수직 회로는 CRT의 수직 편향판을 구동한다. 또한 신호는 수평 회로를 활성화하는 동기 회로로 진행되며, 수평 회로는 톱니파를 이용하여 화면 전반에 걸쳐 전자빔의 반복적인 수평 스윕을 일으킨다. 빔은 파형의 형태로 화면에 실선으로 나타나기 위해 초당 많은 스윕을 한다. 그림 11-64는 기본적인 동작원리를 보여주고 있다.

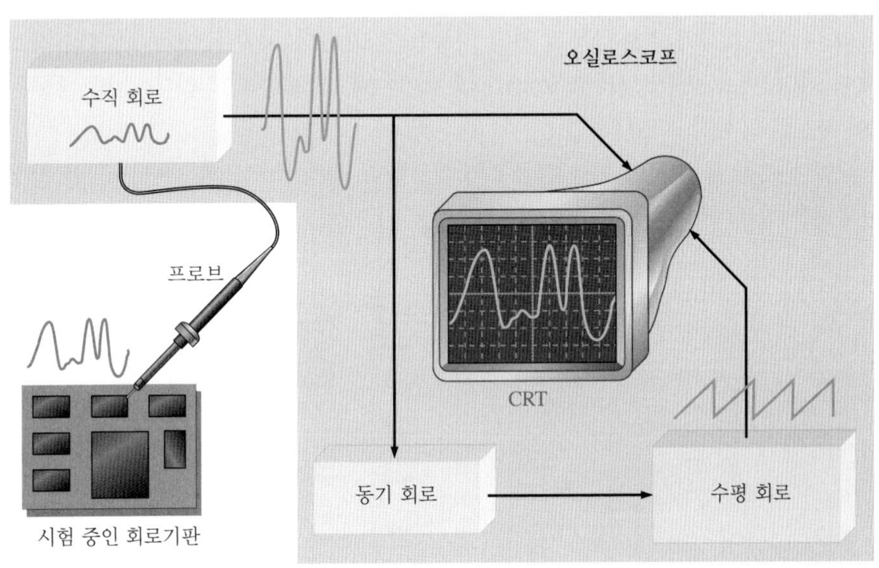


◀ 그림 11-64
아날로그 오실로스코프의 블록도

### 디지털 오실로스코프의 기본 동작

디지털 스코프는 일부분은 아날로그 스코프와 유사하다. 하지만 디지털 스코프는 아날로그 스코프보다 복잡하고, 일반적으로 CRT보다는 LCD 화면인 경우가 많다. 디지털 스코프는 실제 파형을 표시하기보다는 우선 아날로그 파형으로 측정하여 아날로그-디지털 변환기를 통해 디지털 형태로 변환한다. 디지털 데이터는 저장되거나 처리되며 데이터는 원래의 아날로그 형태로 표시하기 위해 복구-표시 회로(reconstruction and display circuits)로 이동한다. 그림 11-65는 디지털 오실로스코프의 일반적인 블록도이다.

▶ 그림 11-65
디지털 오실로스코프의 블록도

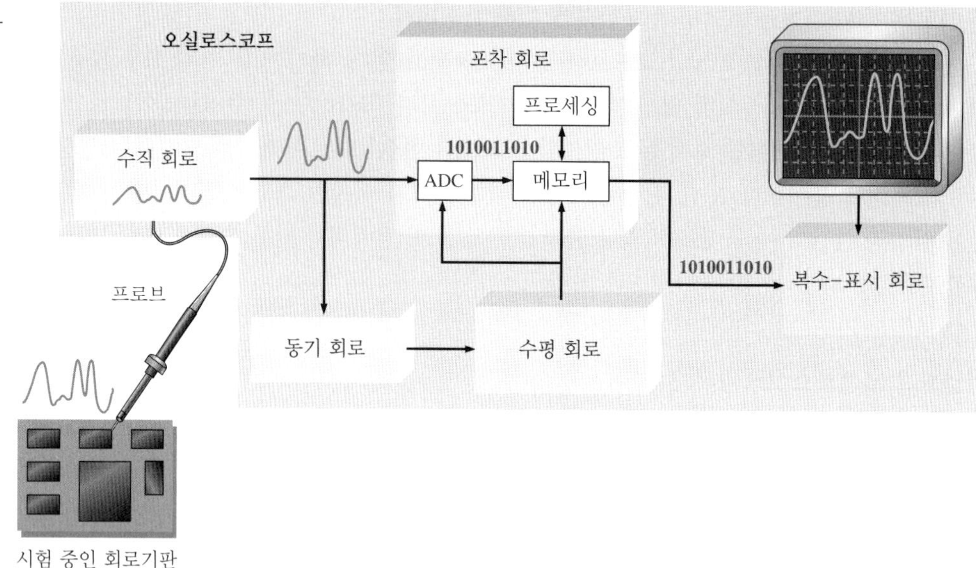


## 오실로스코프 제어

그림 11-66은 전형적인 두 채널 오실로스코프의 전면 패널의 모습이다. 이 장비는 모델과 제작자에 따라 다르지만, 대부분은 공통된 특정 기능을 갖고 있다. 예를 들어 두 개의 수직 섹션은 위치 제어, 채널 메뉴 버튼, 그리고 Volts/Div 제어 부분을 포함하고 있다. 수평 섹션은 Sec/Div 제어 부분을 포함하고 있다.

주된 제어 부분들 중 몇몇 부분을 지금부터 설명한다. 특정 스코프의 보다 상세한 설명은 사용자 설명서를 참조하라.

▶ 그림 11-66
일반적인 두 채널 오실로스코프. 화면 아래 숫자는 수직(전압)과 수평(시간) 크기에 대한 각 부분의 값을 가리키고 스코프의 수평과 수직 제어를 사용하여 다양하게 바꿀 수 있다.

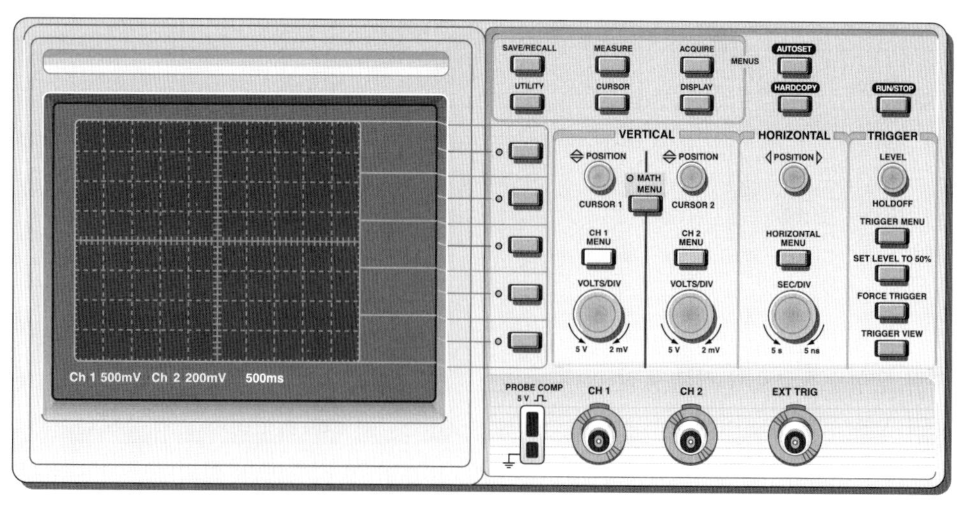

### 수직 제어

그림 11-66의 스코프 수직 제어 섹션에는 두 개의 채널(Ch1과 Ch2)에 동일한 제어기가 있다. 위치 제어기는 화면에서 표시된 파형을 수직 방향으로 올리거나 내릴 수 있다. 그림 11-67(a)에서 화면에 나타난 커플링(ac, dc 또는 접지)과 Volts/Div의 조밀 조절 장치 같은 몇 가지 항목들은 메뉴 버튼을 통해 선택할 수 있다. Volts/Div 제어는 화면에서 각각의 수직 분할이 의미하는 전압의 크기를 조절할 수 있다. 각 채널의 Volts/Div 설정은 화면의 아래쪽에 표시된다. Math 메뉴 버튼은 그림 11-67(b)에 나타난 것처럼 신호의 덧셈, 뺄셈과 같이 입력 파형에 실행하는 연산을 제공한다.

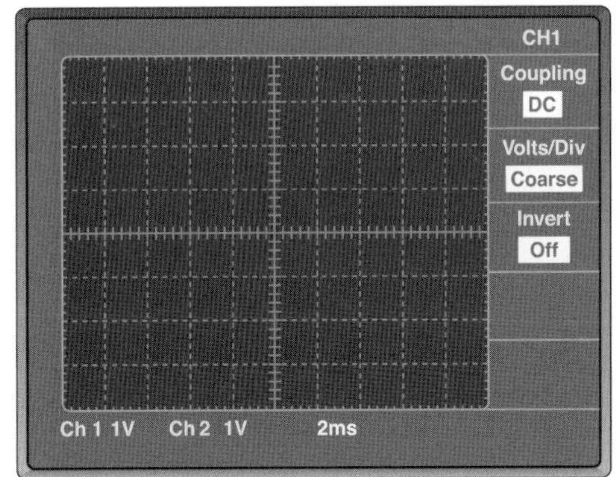

(a) 채널 메뉴 선택의 예

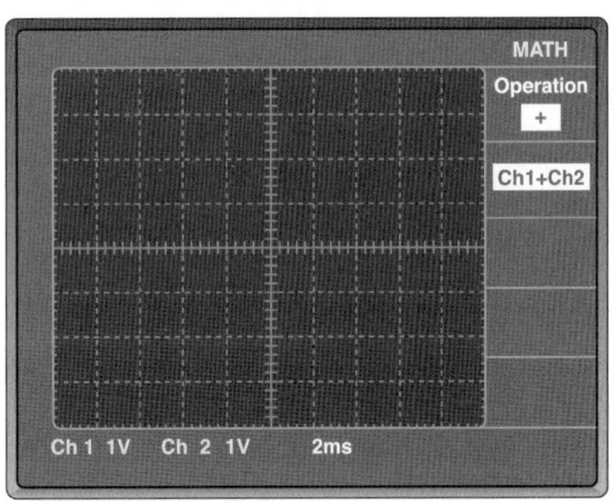


(b) Math 메뉴 선택의 예

◀ 그림 11-67
스코프 화면은 메뉴 선택의 예를 보여준다.

### 수평 제어

수평 부분의 제어는 양 채널 모드에 적용된다. 위치 제어(Position control)는 화면에 표현된 파형을 수평 방향으로 왼쪽 또는 오른쪽으로 움직이게 한다. 메뉴 버튼은 주요 기저 시간(main time base), 파형의 부분적 확장, 그리고 다른 요소들과 같이 화면에 나타나는 몇 가지 항목들의 선택을 제공한다. Sec/Div 제어는 각각의 수평 분할이 의미하는 값 또는 주요 기저 시간을 조절한다. Sec/Div 설정은 화면의 아래 부분에 표시된다.

### 동기 제어

동기(Trigger) 섹션에서 준위(Level) 제어는 입력 파형을 표현하기 위해 스윕을 시작하는 동기 파형의 위치를 결정한다. 메뉴 버튼은 그림 11-68에서 나타내고 있는 모서리(edge) 또는 비탈(slope) 동기, 동기 소스(source), 동기 형태 및 다른 요소를 포함한 몇 가지 항목들의 선택을 제공한다. 또한 외부의 동기 신호 입력도 가능하다.

동기는 화면의 파형을 안정시키고, 한 번 또는 무작위로 발생하는 펄스에 적절히 동기한다. 그림 11-69는 동기된 신호와 동기되지 않은 신호를 비교하고 있다. 동기되지 않은 신호는 다수의 파형을 나타내며 화면에 표류하는 경향이 있다.

▶ 그림 11-68

동기 메뉴의 예

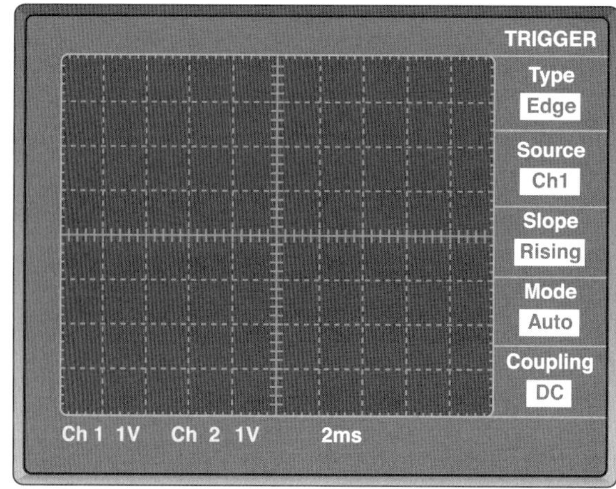


▶ 그림 11-69

오실로스코프를 통한 비동기 파형과 동기 파형의 비교

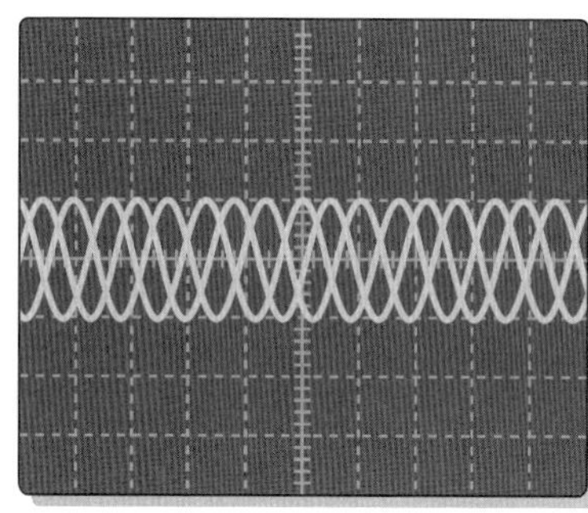

(a) 비동기 파형 화면

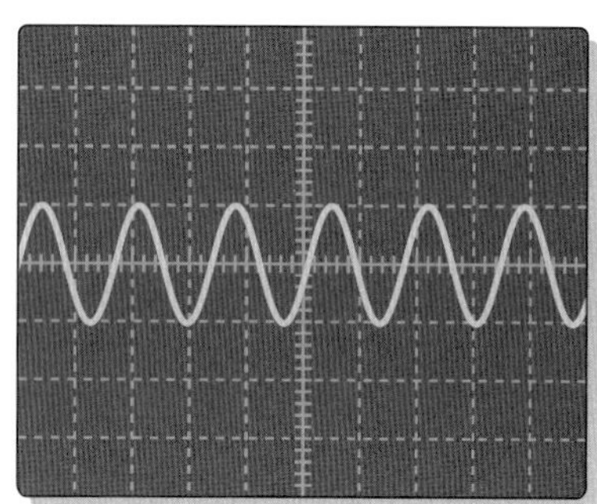

(b) 동기 파형 화면

## 스코프로의 신호 커플링

커플링은 오실로스코프에 측정할 신호 전압을 연결하는 방식이다. 직류와 교류의 커플링 모드는 수직 메뉴에서 선택된다. 직류 커플링은 직류 성분이 포함된 파형이 표시될 수 있도록 한다. 교류 커플링은 직류 성분을 차단하여 0 V가 중심인 파형을 보인다. 접지 모드는 채널 입력단을 접지면에 연결하여 0 V의 기준이 화면에서 어디인지 볼 수 있게 한다. 그림 11-70은 직류 성분을 포함한 정현파형의 직류 커플링과 교류 커플링 결과를 보여주고 있다.

▶ 그림 11-70

직류 성분을 포함한 같은 파형의 화면

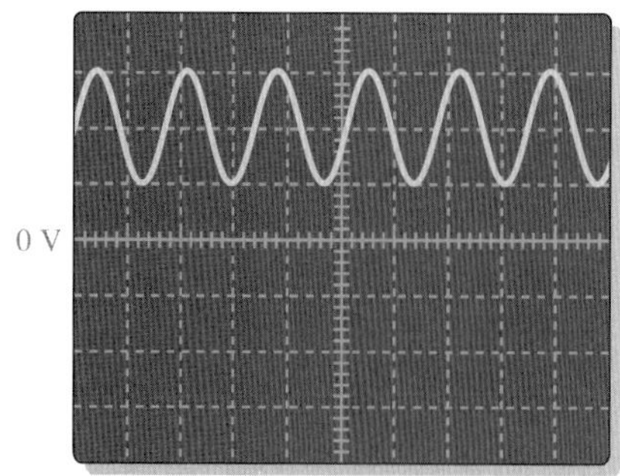


(a) 직류 커플링 파형

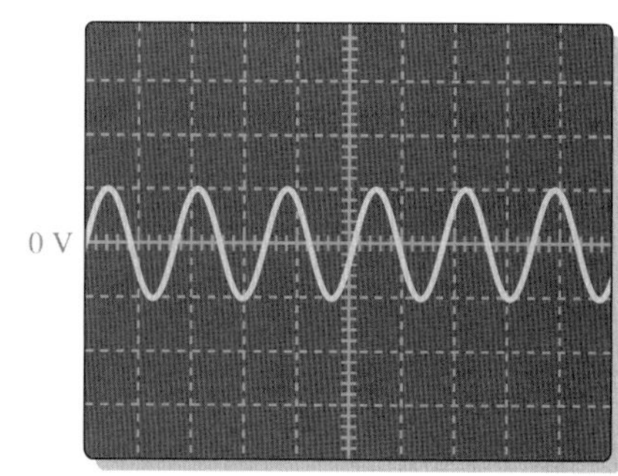


(b) 교류 커플링 파형

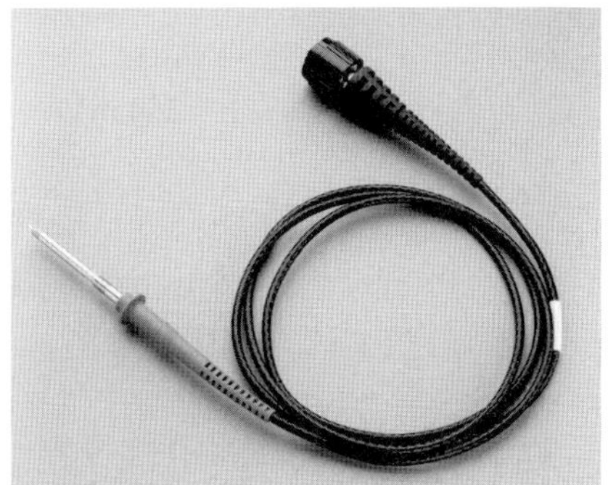

◀ 그림 11-71
오실로스코프 전압 프로브.


그림 11-71은 스코프에서 신호를 연결할 때 사용하는 전압 프로브이다. 모든 장비들은 로딩 효과로 측정하는 회로에 영향을 준다. 따라서 대부분의 스코프는 로딩 효과를 최소화하기 위해 높은 직렬 저항을 갖는다. 스코프의 입력 저항보다 10배 큰 직렬 저항을 가진 프로브를 ×10(10배) 프로브라고 한다. 직렬 저항이 없는 프로브는 ×1 프로브라고 한다. 오실로스코프는 사용되는 프로브 종류의 감쇠를 보정한다. 대부분의 장비는 ×10 프로브를 사용한다. 하지만 매우 작은 신호를 측정하고자 할 때는 ×1 프로브가 가장 좋은 선택일 것이다.

스코프의 입력 커패시턴스를 보상하기 위해 프로브를 맞추는 과정이 있다. 대부분의 스코프는 프로브 보상을 위해 보정된 구형파를 프로브 보상 출력으로 제공한다. 측정 전에 프로브는 신호 왜곡을 제거하기 위해 적절한 보상을 해야 한다. 일반적으로 나사나 다른 수단으로 프로브의 보상을 조절한다. 그림 11-72는 세 가지 프로브 조건에 대한 스코프의 파형을 보여주고 있으며, 각각 적절한 보상, 부족한 보상, 초과한 보상임을 알 수 있다. 초과한 보상이나 부족한 보상으로 파형이 나타나면 적절한 보상 구형파에 도달되도록 프로브를 보상해야 한다.

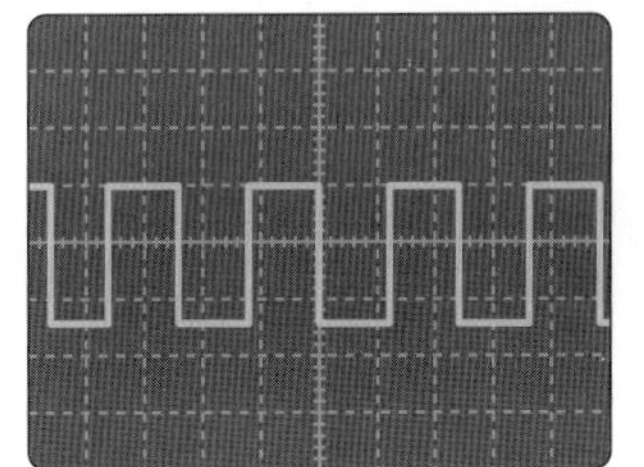

적절한 보상

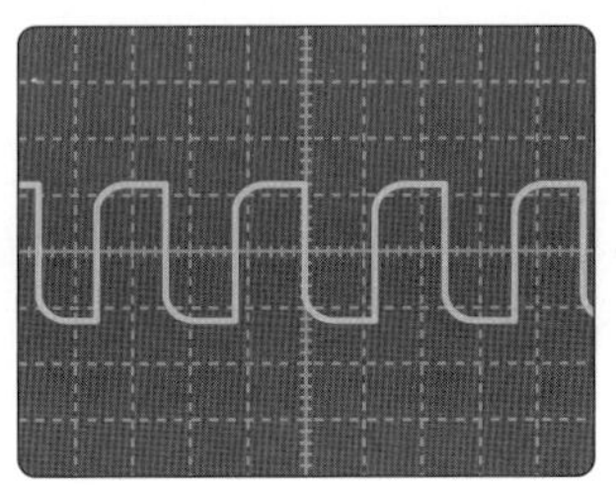

부족한 보상

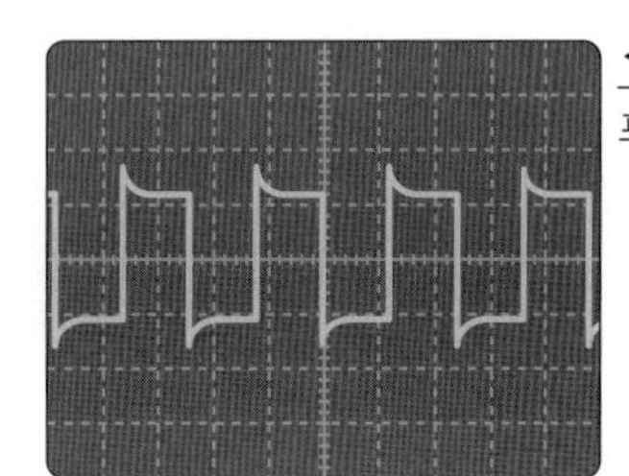

초과한 보상

◀ 그림 11-72
프로브 보상 상황

**예제 11-20** 그림 11-73의 디지털 스코프 화면 표시와 화면 아래에 표시된 Volts/Div와 Sec/Div의 설정을 통해 각 정현파의 최소-최대값과 주기를 결정하라. 정현파는 수직적으로 화면의 중심에 놓여 있다.

**풀이** 그림 11-73(a)에서 수직축 눈금을 보면

$$V_{pp} = 6\text{칸} \times 0.5\ \text{V/칸} = \mathbf{3.0\ V}$$

수평축 눈금으로부터(1사이클에 10칸임)

$$T = 10\text{칸} \times 2\ \text{ms/칸} = \mathbf{20\ ms}$$

그림 11-73(b)에서 수직축 눈금을 보면

$$V_{pp} = 5\text{칸} \times 50\ \text{mV/칸} = \mathbf{250\ mV}$$

수평축 눈금으로부터(1사이클에 6칸임)

$$T = 6\text{칸} \times 0.1\ \text{ms/칸} = 0.6\ \text{ms} = \mathbf{600\ \mu s}$$

그림 11-73(c)에서 수직축 눈금을 보면

$$V_{pp} = 6.8\text{칸} \times 2\ \text{V/칸} = \mathbf{13.6\ V}$$

수평축 눈금으로부터(1/2사이클에 10칸임)

$$T = 20\text{칸} \times 10\ \mu\text{s/칸} = \mathbf{200\ \mu s}$$

그림 11-73(d)에서 수직축 눈금을 보면

$$V_{pp} = 4\text{칸} \times 5\ \text{V/칸} = \mathbf{20\ V}$$

수평축 눈금으로부터(1사이클에 2칸임)

$$T = 2\text{칸} \times 2\ \mu\text{s/칸} = \mathbf{4\ \mu s}$$

▶ 그림 11-73

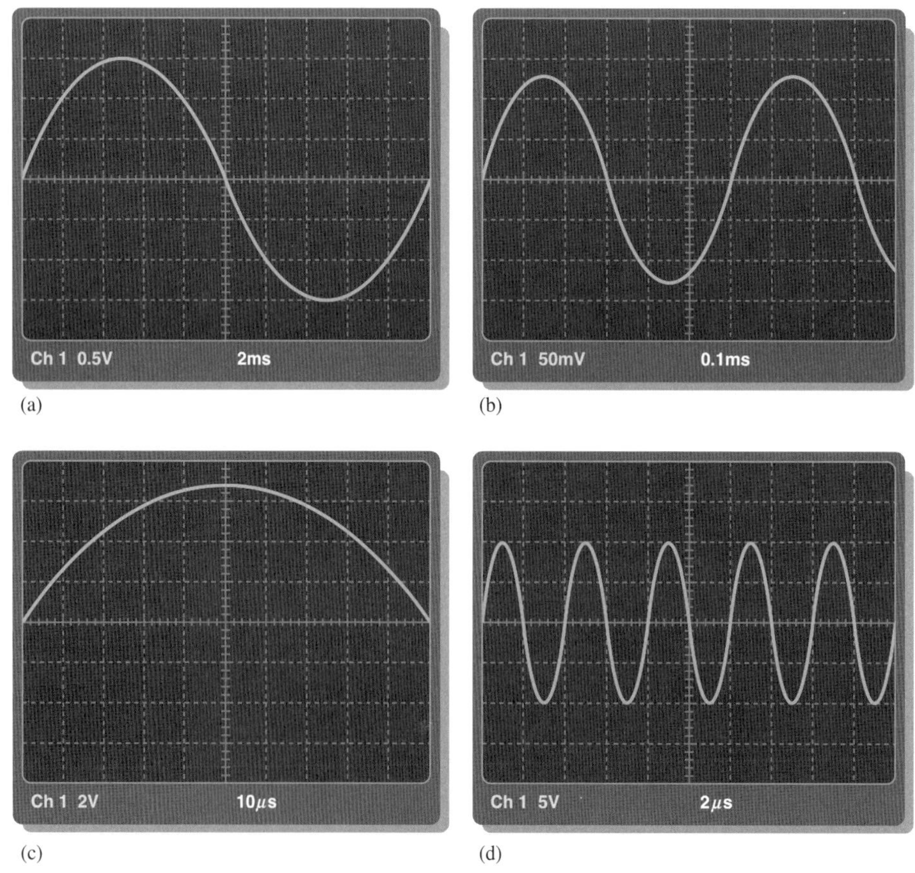


(a) (b) (c) (d)

**관련 문제** 그림 11-73에 표시된 파형의 주파수와 rms 값을 계산하라.

**복습문제 11-10**

1. 아날로그와 디지털 오실로스코프의 중요 차이점은 무엇인가?
2. 전압은 스코프 화면에서 수평축과 수직축 중 어느 축을 읽어야 하는가?
3. 오실로스코프에서 Volts/Div 제어는 무엇인가?
4. 오실로스코프에서 Sec/Div 제어는 무엇인가?
5. 전압 측정에 사용되는 ×10 프로브는 언제 사용하는가?

## 회로 응용

이 장에서 배운 것처럼 비정현파형은 다양한 고조파 주파수의 조합으로 이루어진다. 각각의 고조파들은 어떤 주파수를 갖는 정현파형이다. 어떤 정현파 주파수는 들을 수 있다. 즉, 인간의 귀에 들리는 주파수이다. 하나의 가청 주파수 또는 순수 정현파를 음질이라고 하며, 약 300 Hz에서 15 kHz까지의 주파수 범위를 갖고 있다. 스피커를 통해 음질을 재생하여 사람이 들을 수 있으며, 소리 크기는 전압의 크기에 따라 결정된다. 기본적인 라디오 수신기의 다양한 지점에 신호의 주파수와 크기를 측정하기 위해, 정현파 특성에 대한 지식과 오실로스코프의 사용법에 대한 지식을 활용할 것이다.

실질적인 음성이나 라디오 수신기에 의해 청취하는 음악 신호는 다른 전압을 가진 많은 고조파 주파수를 포함하고 있다. 음성이나 음악 신호는 계속해서 변하며 그것들의 고조파 성분도 계속 변한다. 그러나 하나의 정현파 주파수를 보내고 수신기에서 수신할 때, 스피커로부터 일정한 음질을 들을 것이다.

비록 이 시점에서 증폭기와 수신기 시스템의 지식에 대해 면밀히 알지는 못하지만, 수신기의 다양한 지점에서의 신호를 관찰할 수 있다. 그림 11-74는 일반적인 AM 수신기의 블록도를 나타내고 있다. AM은 증폭 변조를 말하며, 이 주제는 다른 과목에서 배울 것이다. 그림 11-75는 기본적인 AM 신호를 보여주고 있다. 보이는 것처럼 정현파형의 진폭이 변한다. 높은 라디오 주파수(RF) 신호는 **캐리어(carrier)**라고 한다. 그것의 진폭은 가청 주파수(여기서는 음질)와 같은 낮은 주파수 신호에 의해 변조된다. 일반적으로 가청 신호는 복잡한 음성이거나 음악 파형이다.

### 오실로스코프 측정

그림 11-74의 수신기 블록도에서 번호로 표기된 몇 개의 테스트 지점에서의 오실로스코프 화면을 그림 11-76에 나타내었다. 모든 경우에 화면의 위쪽 파형은 채널 1이고 아래쪽 파형은 채널 2이다. 화면의 아래쪽에 표기된 것은 두 채널 모두에 해당한다.

1번 지점에서 신호는 AM 신호이지만 짧은 시간 때문에 진폭의 변화를 볼 수 없다. 파형이 너무 퍼져 있어 진폭 변화가 있는 변조된 가청 신호를 볼 수 없다. 즉, 단지 캐리어의 한 사이클만 볼 수 있다. 3번 지점에서는 기본 시간이 변조 신호의 완전한 한 사이클을 볼 수 있도록 결정되어 높은 캐리어 주파

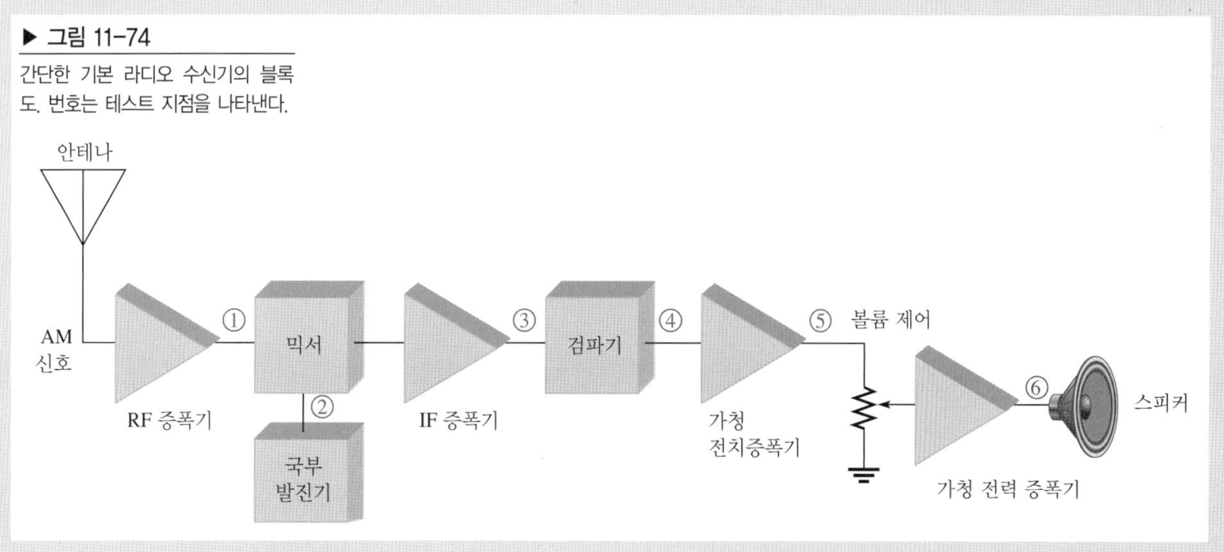


▶ **그림 11-74**
간단한 기본 라디오 수신기의 블록도. 번호는 테스트 지점을 나타낸다.

▶ 그림 11-75

진폭 변조(AM) 신호의 예

▶ 그림 11-76

그림 11-74의 테스트 지점에 대응되는 번호

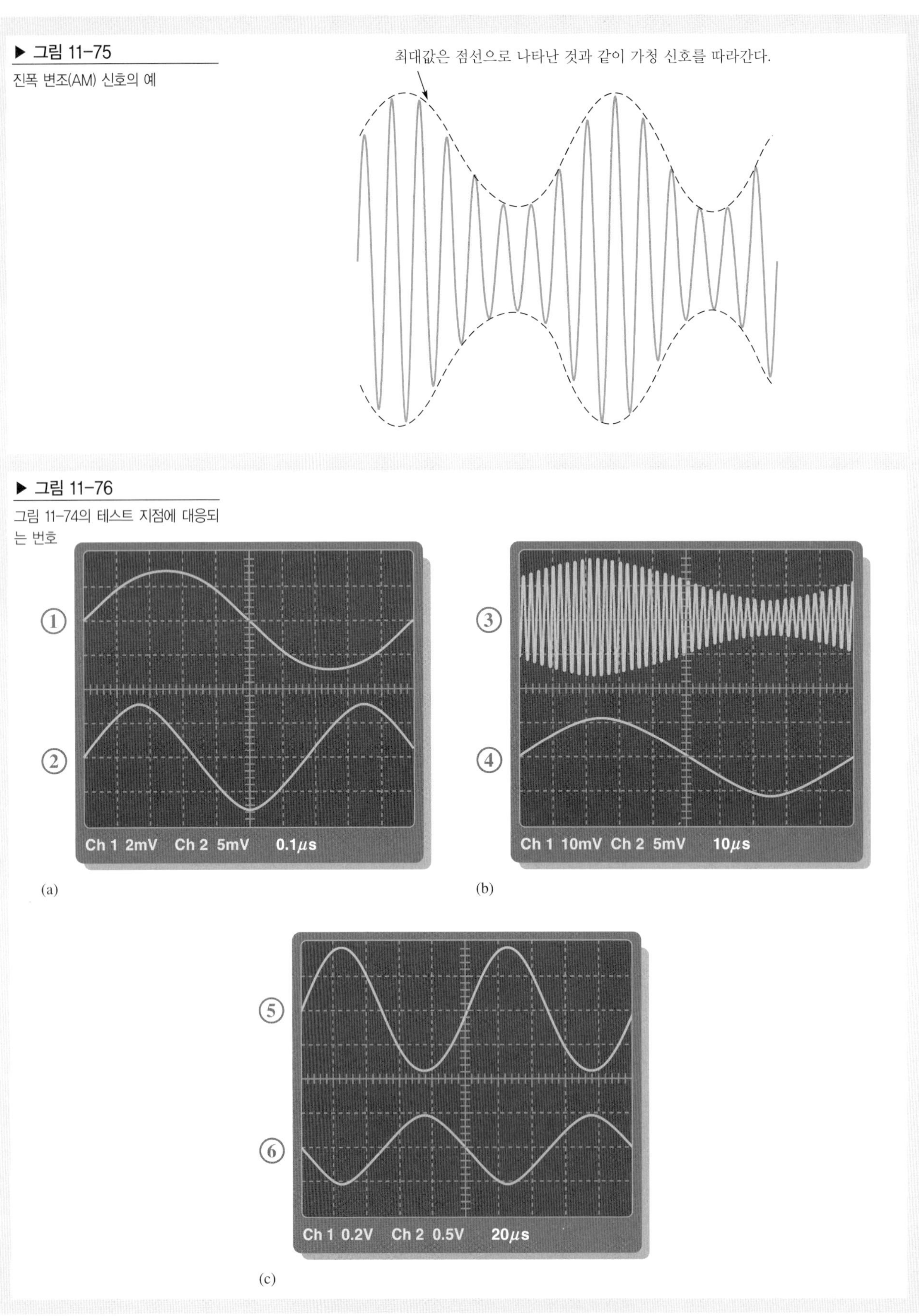

수를 확인하기 어렵다. AM 수신기에서 중간 주파수는 455 kHz이다. 정확한 실제 상황에서 3번 지점의 변조된 캐리어 신호는 안정적인 형태를 얻기 위한 동기화가 어려운 두 개의 주파수를 포함하고 있어 스코프를 통해 쉽게 볼 수 없다. 어떤 외부의 트리거나 TV 장은 안정된 화면을 얻는 데 사용된다. 이 경우에 안정된 형태를 통해 변조된 파형이 어떻게 보이는지를 알 수 있다.

◆ 그림 11-76의 3번 지점을 제외한 각각의 파형에 대한 주파수와 rms 값을 결정하라. 4번 지점의 신호는 높은 중간 주파수(455 kHz)로부터 검출기에 의해 추출된 변조 음질이다.

### 증폭기 분석

◆ 모든 전압 증폭기는 전압 이득의 성질을 갖고 있다. 전압 이득은 입력 신호의 진폭보다 출력 신호의 진폭이 얼마나 커졌는가를 나타내는 양이다. 위의 정의와 적절한 스코프 측정을 통해 본 특정 수신기의 가청 전치증폭기의 이득을 결정하라.

◆ 전기 신호가 스피커를 통해 소리로 변화할 때 소리의 크기는 스피커에 적용되는 신호의 진폭에 의해 결정된다. 이 내용을 기초로 어떻게 볼륨 제어 분압기가 소리의 크기를 조절하기 위해 사용되는지 설명하고 스피커의 rms 진폭을 결정하라.

### 복습문제

1. RF는 무엇을 의미하는가?
2. IF는 무엇을 의미하는가?
3. 캐리어 신호와 가청 신호 중 어떤 것의 주파수가 더 높은가?
4. AM 신호에서 변수는 무엇인가?

## 요약

- 정현파는 시간에 따라 변하는 주기파이다.
- 교류 전류는 전원 전압의 극성 변화에 따라 흐르는 방향이 바뀐다.
- 교류 정현파의 한 사이클은 양의 변화와 음의 변화로 이루어진다.
- 일반적으로 정현파를 발생시키는 두 가지는 전자기 교류 발전기와 전자 발진 회로이다.
- 정현파의 완전한 사이클은 360° 또는 $2\pi$라디안이다. 1/2사이클은 180° 또는 $\pi$라디안이다. 1/4사이클은 90° 또는 $\pi/2$라디안이다.
- 정현 전압은 자기장 속에서 도체를 회전시켜 얻을 수 있다.
- 위상각은 기준 정현파와 주어진 정현파 사이의 차를 각 또는 라디안으로 표시한 것이다.
- 페이저의 각도는 0°를 기준으로 한 정현파의 각을 의미하며, 페이저의 길이 또는 크기는 진폭을 의미한다.
- 펄스는 기준선에서 진폭값으로의 천이와 그 뒤에 다시 기준선으로의 천이로 이루어진다.
- 삼각파 또는 톱니파는 증가 램프와 감소 램프로 이루어진다.
- 고조파 주파수는 비정현파 반복률의 홀수배 또는 짝수배이다.
- 정현파 값 사이의 변환을 표 11-2에 요약하였다.

표 11-2

| 변환 전 | 변환 후 | 곱하는 수 |
|---|---|---|
| 최대 | rms | 0.707 |
| 최대 | 최소-최대 | 2 |
| 최대 | 평균 | 0.637 |
| rms | 최대 | 1.414 |
| 최소-최대 | 최대 | 0.5 |
| 평균 | 최대 | 1.57 |

## 핵심 용어

**rms 값**(root-mean-square value): 열 효과를 나타내는 정현파 전압 값, 실효값으로도 알려져 있다. 최대값의 0.707배임.

**각속도**(angular velocity): 정현파의 주파수를 갖는 페이저의 회전율

**고조파**(harmonics): 합성파에 포함된 주파수로 펄스 반복 주파수(기본 주파수)의 정수배이다.

**기본 주파수**(fundamental frequency): 파형의 반복률

**도**(degree): 완전한 회전의 1/360에 해당하는 각도 측정 단위

**듀티 사이클**(duty cycle): 한 사이클 동안 펄스가 존재하는 시간의 백분율을 나타내는 펄스파의 특성. 주기에 대한 펄스폭의 비는 비율이나 백분율로 표시함.

**라디안**(radian): 각도 측정의 단위. 360°는 $2\pi$라디안, 1라디안은 57.3°임.

**램프**(ramp): 전압 또는 전류가 선형적으로 증가하거나 감소하는 것으로 규정되는 파형의 형태

**발진기**(oscillator): 양의 귀환을 이용해서 외부 입력 신호 없이 시변 신호를 발생시키는 전자 회로

**사이클**(cycle): 주기 파형의 1회 반복

**상승 시간**(rise time, $t_r$): 펄스 진폭이 10%에서 90%까지 변화하는 데 필요한 시간

**순시값**(instantaneous value): 주어진 순간 파형의 전압 또는 전류 값

**오실로스코프**(oscilloscope): 화면에 신호 파형을 표시하는 측정 장비

**위상**(phase): 시간에 대해 변하는 파가 발생할 때, 어떤 기준에 대해 발생하는 상대적 각도 편차

**정현파**(sine wave): 공식 $y = A \sin \theta$에 의해 정의되는 주기적인 정현 패턴을 보여주는 형태의 파형

**주기**(period, $T$): 주기 파형이 하나의 완전한 사이클이 되는 데 필요한 시간

**주기적**(periodic): 고정된 시간 간격으로 반복되는 특성

**주파수**(frequency, $f$): 주기 함수의 변화율 수치. 1초에 완성되는 사이클의 수. 주파수의 단위는 헤르츠임.

**진폭**(amplitude, $A$): 전압 또는 전류의 최대값

**최대값**(peak value): 파형의 양 또는 음의 최대점의 전압 또는 전류 값

**최소-최대값**(peak-to-peak value): 파형의 최소점에서 최대점까지 측정한 전압 또는 전류 값

**파형**(waveform): 시간에 따른 전압 또는 전류의 변화를 보여주는 패턴

**펄스**(pulse): 전압 또는 전류가 시간 간격을 갖는 두 개의 동일한 혹은 반대되는 스텝으로 구성된 파형의 형태

**펄스폭**(pulse width, $t_W$): 이상적인 펄스의 반대되는 스텝 사이의 시간. 실제 펄스의 경우 선행과 후행 모서리의 50%가 되는 지점 사이의 시간

**페이저**(phasor): 크기(진폭)와 방향(위상각)으로 정현파를 표현하는 형태

**평균값**(average value): 1/2사이클 동안 정현파의 평균. 최대값의 0.637배임.

**하강 시간**(fall time, $t_f$): 펄스가 그 전체 진폭의 90%에서 10%로 변할 때 필요로 하는 시간

**함수발생기**(function generator): 하나 이상의 파형을 생성하는 기기

**헤르츠**(Hertz, Hz): 주파수의 단위. 1헤르츠는 초당 1사이클과 같다.

## 주요 공식

**11-1** $f = \dfrac{1}{T}$ 주파수

**11-2** $T = \dfrac{1}{f}$ 주기

**11-3** $f =$ **(쌍을 이루는 극의 수)(rps)** 발전기의 출력 주파수

11-4 $V_{pp} = 2V_p$ 정현파의 최소-최대값 전압

11-5 $I_{pp} = 2I_p$ 정현파의 최소-최대값 전류

11-6 $V_{rms} = 0.707V_p$ 정현파의 rms 전압 값

11-7 $I_{rms} = 0.707I_p$ 정현파의 rms 전류 값

11-8 $V_p = 1.414V_{rms}$ 정현파의 최대 전압

11-9 $I_p = 1.414I_{rms}$ 정현파의 최대 전류

11-10 $V_{pp} = 2.828V_{rms}$ 정현파의 최소-최대값 전압

11-11 $I_{pp} = 2.828I_{rms}$ 정현파의 최소-최대값 전류

11-12 $V_{avg} = 0.637V_p$ 정현파의 1/2사이클 평균 전압

11-13 $I_{avg} = 0.637I_p$ 정현파의 1/2사이클 평균 전류

11-14 $\text{rad} = \left(\frac{\pi\ \text{rad}}{180°}\right) \times \text{degrees}$ 도를 라디안으로 환산

11-15 $\text{degrees} = \left(\frac{180°}{\pi\ \text{rad}}\right) \times \text{rad}$ 라디안을 도로 환산

11-16 $y = A\sin\theta$ 정현파의 일반 공식

11-17 $y = A\sin(\theta - \phi)$ 기준보다 늦은 정현파

11-18 $y = A\sin(\theta + \phi)$ 기준보다 앞선 정현파

11-19 $\omega = 2\pi f$ 각속도

11-20 $\theta = \omega t$ 위상각

11-21 $v = V_p \sin 2\pi ft$ 정현파 전압

11-22 $\text{듀티 사이클 백분율} = \left(\frac{t_W}{T}\right)100\%$ 듀티 사이클

11-23 $V_{avg} = \text{기준선} + (\text{듀티 사이클})(\text{진폭})$ 펄스파의 평균값

## 자기 진단

**1.** 직류와 교류 사이의 차이점은 무엇인가?

(a) 교류는 값이 변하고 직류는 변하지 않는다.

(b) 교류는 방향이 바뀌고 직류는 바뀌지 않는다.

(c) (a), (b) 모두

(d) (a), (b) 모두 아님

**2.** 매 사이클 동안 정현파는 최대값에 몇 번 도달하는가?

(a) 한 번 (b) 두 번

(c) 네 번 (d) 주파수에 따라 그 수가 다르다

**3.** 주파수가 12 kHz인 정현파는 어느 주파수를 갖는 정현파보다 빠르게 변하는가?

(a) 20 kHz (b) 15,000 Hz

(c) 10,000 Hz (d) 1.25 MHz

**4.** 주기가 2 ms인 정현파는 어느 주기를 갖는 정현파보다 빠르게 변하는가?

(a) 1 ms (b) 0.0025 s (c) 1.5 ms (d) 1200 ms

**5.** 정현파 주파수가 60 Hz이면, 10초 동안 몇 사이클을 지나가는가?

(a) 6사이클 (b) 10사이클
(c) 1/16사이클 (d) 600사이클

**6.** 정현파의 최대값이 10 V라면, 최소-최대값은 얼마인가?
(a) 20 V (b) 5 V (c) 100 V (d) 답 없음

**7.** 정현파의 최대값이 20 V라면, rms 값은 얼마인가?
(a) 14.14 V (b) 6.37 V (c) 7.07 V (d) 0.707 V

**8.** 최대값이 10 V인 정현파의 한 사이클 평균값은 얼마인가?
(a) 0 V (b) 6.37 V (c) 7.07 V (d) 5 V

**9.** 최대값이 20 V인 정현파의 1/2사이클 평균값은 얼마인가?
(a) 0 V (b) 6.37 V (c) 12.74 V (d) 14.14 V

**10.** 한 정현파가 10°일 때 양의 방향으로 영점을 지났고 다른 정현파는 45°에서 양의 방향으로 영점을 지났다. 두 파형 사이의 위상각은 얼마인가?
(a) 55° (b) 35° (c) 0° (d) 답 없음

**11.** 최대값이 15 A인 정현파에서, 영 교차점으로부터 양의 방향으로 32° 떨어진 지점의 순시값은 얼마가 되는가?
(a) 7.95 A (b) 7.5 A (c) 2.13 A (d) 7.95 V

**12.** 페이저는 무엇을 나타내는가?
(a) 양의 크기 (b) 양의 크기와 방향
(c) 위상각 (d) 양의 길이

**13.** 10 kΩ 저항에 실효 전류 5 mA가 흘렀다면, 저항 양단의 실효 전압 강하는 얼마인가?
(a) 70.7 V (b) 7.07 V (c) 5 V (d) 50 V

**14.** 직렬 연결된 두 개의 저항이 교류 전원에 연결되어 있다. 하나의 저항에 6.5 V의 실효 전압이 걸리고 다른 하나에는 3.2 V의 실효 전압이 걸렸다. 교류 전원의 최대값은 얼마인가?
(a) 9.7 V (b) 9.19 V (c) 13.72 V (d) 4.53 V

**15.** 펄스폭이 10 μs인 10 kHz 펄스파가 있다. 듀티 사이클은 얼마인가?
(a) 100 % (b) 10 % (c) 1 % (d) 계산 불가능

**16.** 구형파의 듀티 사이클은 얼마인가?
(a) 주파수에 따라 다르다 (b) 펄스폭에 따라 다르다
(c) (a), (b) 모두 (d) 50%

## 퀴즈

그림 11-81을 보면서 다음 물음에 답하라.

**1.** 전압원이 증가하면 $R_3$에 걸리는 전압은?
(a) 증가한다 (b) 감소한다 (c) 변하지 않는다

**2.** $R_4$가 개방되면 $R_3$에 걸리는 전압은?
(a) 증가한다 (b) 감소한다 (c) 변하지 않는다

**3.** 전압원의 반사이클 평균값이 감소하면 $R_2$에 걸리는 실효 전압은?
(a) 증가한다 (b) 감소한다 (c) 변하지 않는다

그림 11-83을 보면서 다음 물음에 답하라.

**4.** 직류 전압이 감소하면, $R_L$의 평균 전류는?

(a) 증가한다 (b) 감소한다 (c) 변하지 않는다

**5.** 직류 전압원이 반전되면, $R_L$의 실효 전류는?

(a) 증가한다 (b) 감소한다 (c) 변하지 않는다

그림 11-90을 보면서 다음 물음에 답하라.

**6.** 프로토보드의 왼쪽 위쪽 저항이 그림의 색띠 대신 청색, 회색, 갈색, 금색의 색띠 부호를 가지면, 오실로스코프로 측정한 CH2의 전압은?

(a) 증가한다 (b) 감소한다 (c) 변하지 않는다

**7.** 저항의 오른쪽 모서리에 연결된 CH2의 프로브가 저항의 왼쪽 모서리로 이동하면, 측정 전압의 크기는?

(a) 증가한다 (b) 감소한다 (c) 변하지 않는다

**8.** 오른쪽 끝에 있는 저항의 아래쪽 연결부가 열리면, CH2의 전압은?

(a) 증가한다 (b) 감소한다 (c) 변하지 않는다

**9.** 입력 신호원의 로드 효과를 바꿔 두 개의 위쪽 저항을 연결하는 선이 끊어지면, CH1의 전압은?

(a) 증가한다 (b) 감소한다 (c) 변하지 않는다

그림 11-91을 보면서 다음 물음에 답하라.

**10.** 오른쪽 끝에 있는 저항의 세 번째 띠가 적색 대신 주황색이 되면 CH1의 전압은?

(a) 증가한다 (b) 감소한다 (c) 변하지 않는다

**11.** 왼쪽 위의 저항이 개방되면, CH1의 전압은?

(a) 증가한다 (b) 감소한다 (c) 변하지 않는다

**12.** 왼쪽 아래의 저항이 개방되면, CH1의 전압은?

(a) 증가한다 (b) 감소한다 (c) 변하지 않는다

## 문제

### 11-1 정현파

**1.** 다음의 주기에 대해 주파수를 계산하라.

(a) 1 s (b) 0.2 s (c) 50 ms

(d) 1 ms (e) 500 μs (f) 10 μs

**2.** 다음 주파수에 대해 주기를 계산하라.

(a) 1 Hz (b) 60 Hz (c) 500 Hz

(d) 1 kHz (e) 200 kHz (f) 5 MHz

**3.** 정현파가 10 μs 동안 5개의 사이클이 있다. 주기는 얼마인가?

**4.** 정현파의 주파수가 50 kHz이다. 10 ms 동안 몇 개의 사이클이 있겠는가?

### 11-2 정현파 전압원

**5.** 2극 단일 위상 발전기의 회전자의 도체 루프가 250 rps로 회전한다. 출력되는 유도 전압의 주파수는 얼마인가?

**6.** 어떤 4극 발전기가 3600 rpm의 속도로 회전하고 있다. 이 발전기에서 발생하는 전압의 주파수는 얼마인가?

**7.** 4극 발전기로 400 Hz의 정현파 전압을 발생시키려면 회전 속도는 얼마가 되어야 하는가?

## 11-3 정현파의 전압 및 전류 값

**8.** 정현파 전압의 최대값이 12 V이다. 다음을 계산하라.

(a) rms 값 (b) 최소-최대값 (c) 평균값

**9.** 정현파 전류의 rms 값이 5 mA이다. 다음을 계산하라.

(a) 최대값 (b) 평균값 (c) 최소-최대값

**10.** 그림 11-77의 정현파에 대해 최대값, 최소-최대값, rms 값, 평균값을 계산하라.

▶ 그림 11-77

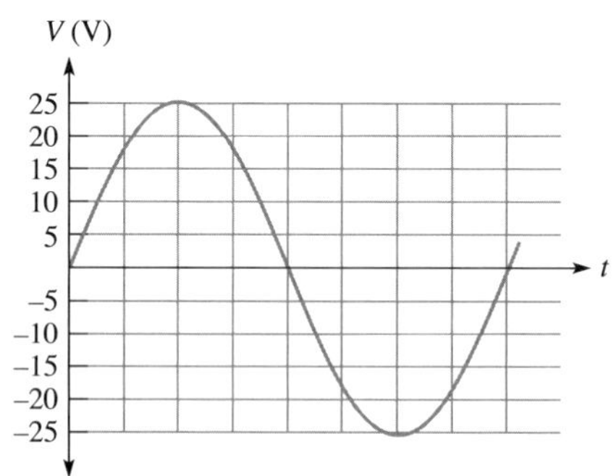


## 11-4 정현파의 각도 측정

**11.** 다음 도 단위의 각도를 라디안 단위로 변환하라.

(a) 30° (b) 45° (c) 78°

(d) 135° (e) 200° (f) 300°

**12.** 다음 라디안 단위의 각도를 도 단위로 변환하라.

(a) $\pi/8$ rad (b) $\pi/3$ rad (c) $\pi/2$ rad

(d) $3\pi/5$ rad (e) $6\pi/5$ rad (f) $1.8\pi$ rad

**13.** 정현파 *A*가 30°에서 양(+) 방향 영 교차점을 갖는다. 정현파 *B*는 45°에서 양(+) 방향 영 교차점을 갖는다. 두 신호 사이의 위상각을 계산하라. 어느 신호가 앞서는가?

**14.** 한 정현파가 75°에서 양의 최대값이 되고 다른 하나는 100°에서 양의 최대값이 되었다. 이들 정현파는 기준점 0°에서 얼마나 이동하였는가? 이 두 정현파 사이의 위상각은 얼마인가?

**15.** 다음에 따라 두 개의 정현파를 그려라. 정현파 *A*가 기준이고 정현파 *B*는 *A*보다 90° 뒤진다. 두 파의 진폭은 같다.

## 11-5 정현파 공식

**16.** 어떤 정현파가 0°에서 양(+) 방향 영 교차점을 갖고 rms 값이 20 V이다. 아래의 각 각도에서 순시값을 계산하라.

(a) 15° (b) 33° (c) 50° (d) 110°

(e) 70° (f) 145° (g) 250° (h) 325°

**17.** 0° 기준 정현파 전류가 최대값이 100 mA이다. 다음의 각 지점에서 순시값을 계산하라.

(a) 35° (b) 95° (c) 190°
(d) 215° (e) 275° (f) 360°

**18.** 0° 기준 정현파의 rms 값이 6.37 V이다. 다음의 각 지점에서 순시값을 계산하라.

(a) $\pi/8$ rad (b) $\pi/4$ rad (c) $\pi/2$ rad (d) $3\pi/4$ rad
(e) $\pi$ rad (f) $3\pi/2$ rad (g) $2\pi$ rad

**19.** 정현파 $A$가 정현파 $B$보다 30° 뒤진다. 두 정현파의 최대값이 15 V이다. 정현파 $A$가 0°에서 양(+) 방향 영 교차점을 갖는다. 30°, 45°, 90°, 180°, 200°, 300°일 때 정현파 $B$의 순시값을 계산하라.

**20.** 정현파 $A$가 정현파 $B$를 30° 앞선 경우에 대해 문제 19를 반복하라.

***21.** 어떤 정현파의 주파수가 2.2 kHz이고 rms 값이 25 V이다. 사이클이 $t = 0$ s일 때 시작된다면, 0.12 ms에서 0.2 ms 사이의 전압 변화는 얼마인가?

### 11-6 페이저의 소개

**22.** 0°를 기준으로 그림 11-78의 정현파를 페이저도로 표현하라.

▶ 그림 11-78

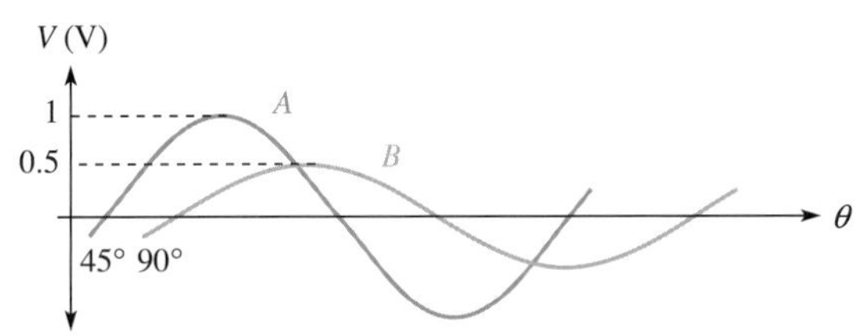


**23.** 그림 11-79에 페이저도로 표현되어 있는 정현파를 그려라. 페이저 길이는 최대값을 의미한다.

▶ 그림 11-79

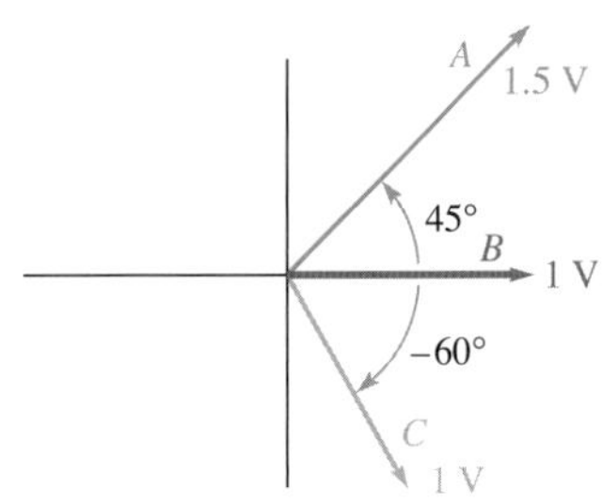


**24.** 다음 각속도의 주파수를 결정하라.

(a) 60 rad/s (b) 360 rad/s (c) 2 rad/s (d) 1256 rad/s

**25.** 양(+) 방향 영 교차점에서 측정한 아래의 시간에서 그림 11-78의 정현파 $A$의 값을 결정하라. 주파수는 5 kHz라고 가정하자.

(a) 30 $\mu$s (b) 75 $\mu$s (c) 125 $\mu$s

### 11-7 교류 회로의 해석

**26.** 정현파 전압이 그림 11-80의 저항 회로에 인가되었다. 다음을 계산하라.

(a) $I_{rms}$ (b) $I_{avg}$ (c) $I_p$
(d) $I_{pp}$ (e) 양의 최대값 $i$

▶ 그림 11-80

**27.** 그림 11-81에서 저항 $R_1$과 $R_2$에 걸리는 전압의 1/2사이클 평균값을 구하라. 표시된 모든 수치는 rms 값이다.

▶ 그림 11-81

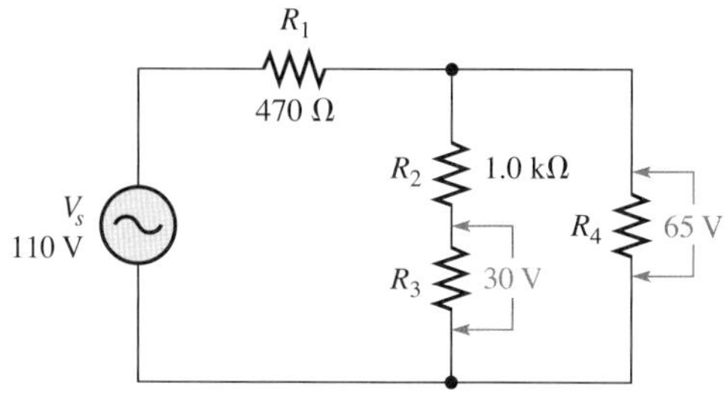


**28.** 그림 11-82의 $R_3$에 걸리는 rms 전압을 계산하라.

▶ 그림 11-82

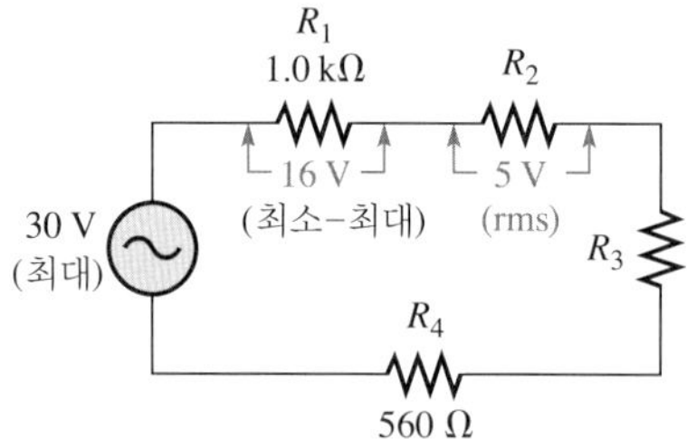


### 11-8 직류와 교류가 혼재된 회로

**29.** 10.6 V의 rms 값을 갖는 정현파가 직류 24 V와 더해졌다. 그 결과 파형의 최대값과 최소값은 얼마인가?

**30.** 3 V의 rms 값을 갖는 정현파에 몇 V의 직류 전압을 더해야 전압이 교번하지 않는가(음의 값이 없는가)?

**31.** 최대값이 6 V인 정현파가 8 V 직류 전압과 더해졌다. 직류 전압이 5 V로 감소하면, 정현파가 얼마나 음의 값으로 가는가?

***32.** 그림 11-83에 직류 전압원과 정현파 전압원이 직렬로 연결되어 있다. 실제 두 전압은 더해진다. 부하 저항에서 소비되는 전력을 계산하라.

▶ 그림 11-83

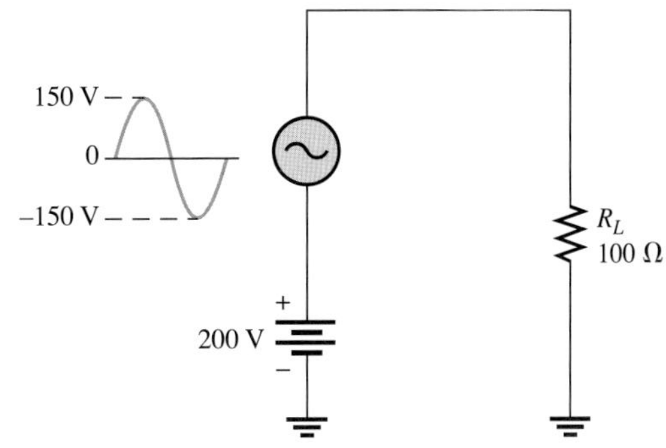


### 11-9 비정현파

**33.** 그림 11-84로부터 대략적인 $t_r$, $t_f$, $t_W$ 및 진폭을 구하라.

▶ 그림 11-84

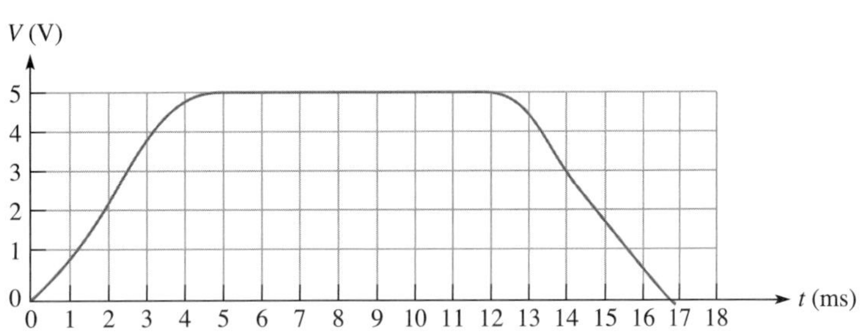


**34.** 펄스폭이 1 μs인 펄스파가 2 kHz로 반복된다. 백분율로 나타낸 듀티 사이클은 얼마인가?

**35.** 그림 11-85에서 펄스파의 평균값을 계산하라.

▶ 그림 11-85

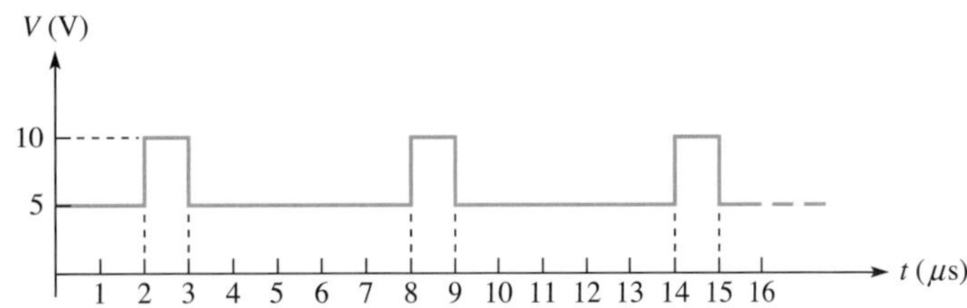


**36.** 그림 11-86에서 각 파형에 대해 듀티 사이클을 계산하라.

**37.** 그림 11-86에서 각 펄스파의 평균값을 구하라.

**38.** 그림 11-86에서 각 파형의 주파수는 얼마인가?

▶ 그림 11-86

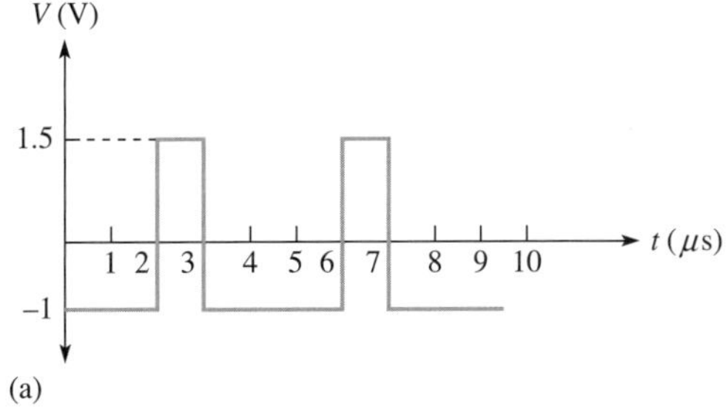

(a)

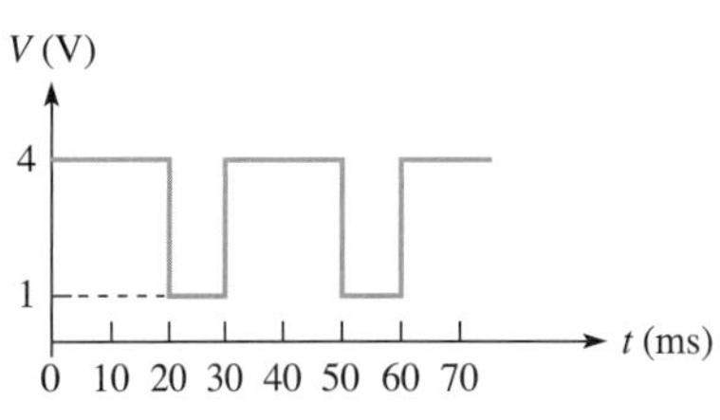

(b)

**39.** 그림 11-87에서 각 톱니파의 주파수는 얼마인가?

▶ 그림 11-87

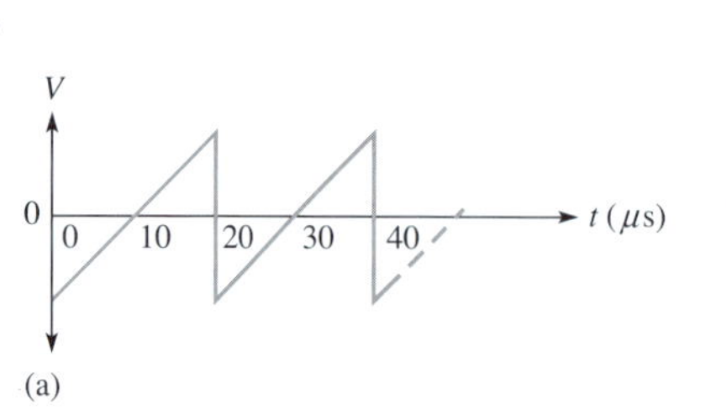


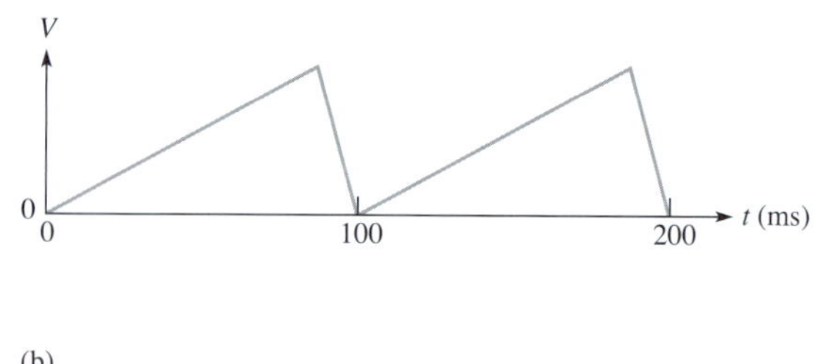


***40.** 그림 11-88은 계단(stairstep)이라고 부르는 비정현파이다. 평균값을 계산하라.

▶ 그림 11-88

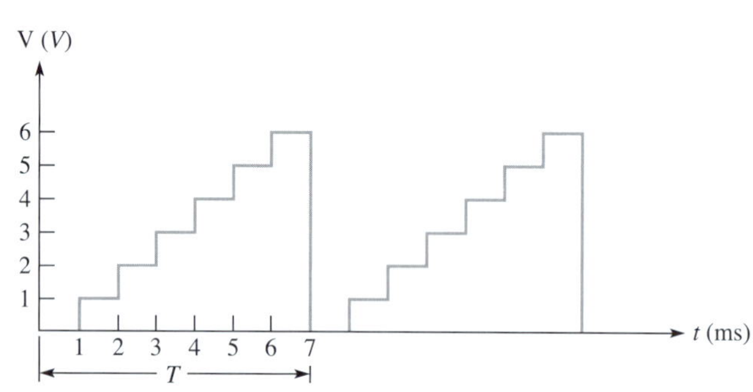


**41.** 구형파의 주기가 40 μs이다. 앞의 6개 홀수 고조파 항목을 만들어라.

**42.** 문제 41 구형파의 기본 주파수는 얼마인가?

### 11-10 오실로스코프

**43.** 그림 11-89의 스코프 화면에 표시된 정현파의 최대값과 주기를 계산하라.

▶ 그림 11-89

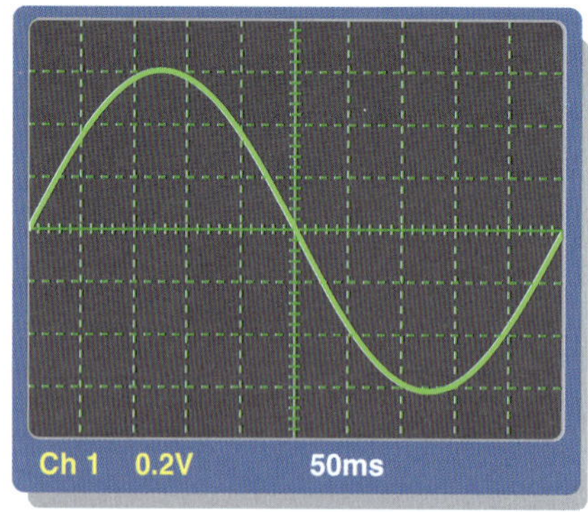


***44.** 그림 11-90에서 스코프의 설정사항과 화면, 회로기판을 조사하여 입력 신호와 출력 신호의 주파수와 최대값을 계산하라. 화면의 파형은 채널 1이다. 스코프에 설정된 것을 바탕으로 채널 2의 예상 파형을 그려라. 화면의 좌측 아래는 채널 1 설정치이고 우측 아래는 채널 2 설정치이다.

▶ 그림 11-90

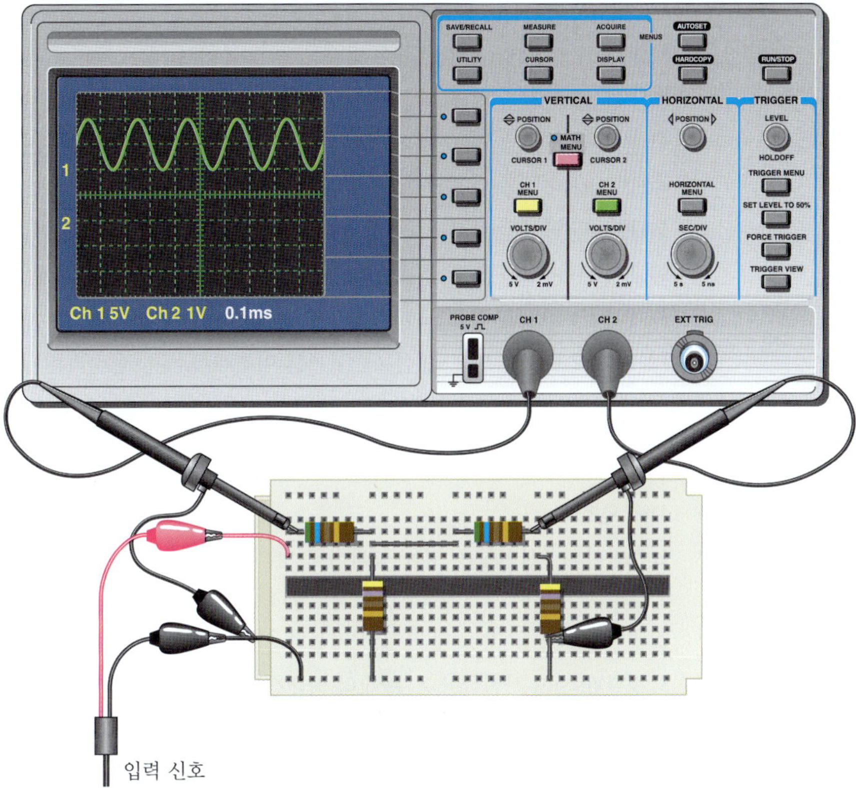


*45. 그림 11-91의 오실로스코프 화면과 회로기판을 조사하여, 미지의 입력 신호의 주파수와 최대값을 계산하라.

▶ 그림 11-91

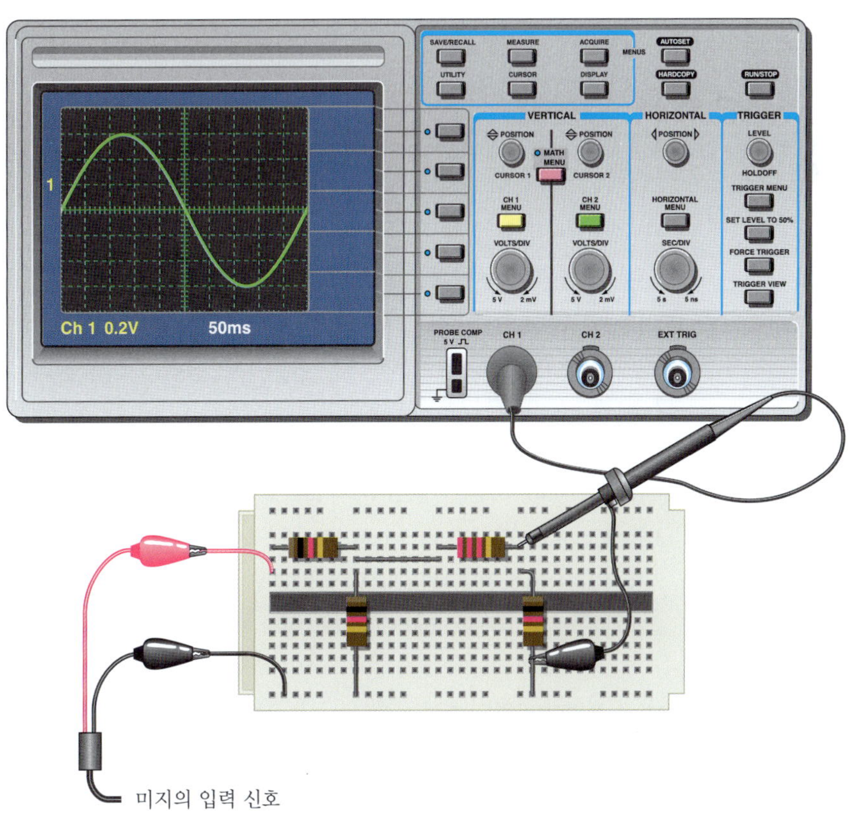

### Multisim 고장진단과 분석

Multisim CD-ROM을 사용하여 다음 문제를 풀어 보라.

**46.** P11-46 파일을 열고, 각 저항에 걸리는 전압의 최대값과 rms 값을 측정하라.

**47.** P11-47 파일을 열고, 각 저항에 걸리는 전압의 최대값과 rms 값을 측정하라.

**48.** P11-48 파일을 열고, 회로에 고장이 있는지 검사하라. 고장이 있으면 어떤 고장인지 알아내어라.

**49.** P11-49 파일을 열고, 각 가지에 흐르는 전류의 rms 값을 측정하라.

**50.** P11-50 파일을 열고, 회로에 고장이 있는지 검사하라. 고장이 있으면 어떤 고장인지 알아내어라.

**51.** P11-51 파일을 열고, 오실로스코프를 이용해서 저항에 걸리는 총 전압을 측정하라.

**52.** P11-52 파일을 열고, 오실로스코프를 이용해서 저항에 걸리는 총 전압을 측정하라.

## 복습문제 해답

### 11-1 정현파

**1.** 정현파의 1사이클은 영을 통과하고 양의 최대값이 된 다음, 영을 지나고 음의 최대값이 되어 다시 영을 통과한다.

**2.** 정현파는 영을 지날 때 극성이 바뀐다.

**3.** 정현파는 매 사이클마다 두 개의 최대점을 갖는다.

**4.** 주기는 하나의 영 교차점에서 다음의 영 교차점까지, 또는 하나의 최대점에서 다음의 최대점까지이다.

**5.** 주파수는 1초 동안의 사이클 수이다. 주파수의 단위는 헤르츠이다.

**6.** $f = 1/T = 200$ kHz

**7.** $T = 1/f = 8.33$ ms

### 11-2 정현파 전압원

**1.** 정현파는 전자기적 방법과 전자적 방법으로 발생된다.

**2.** 속도와 주파수는 직접 비례한다.

**3.** 발진기는 반복적인 파형을 발생시키는 전자 회로이다.

### 11-3 정현파의 전압 및 전류 값

**1.** (a) $V_{pp} = 2(1\text{ V}) = 2\text{ V}$

(b) $V_{pp} = 2(1.414)(1.414\text{ V}) = 4\text{ V}$

(c) $V_{pp} = 2(1.57)(3\text{ V}) = 9.42\text{ V}$

**2.** (a) $V_{\text{rms}} = (0.707)(2.5\text{ V}) = 1.77\text{ V}$

(b) $V_{\text{rms}} = (0.5)(0.707)(10\text{ V}) = 3.54\text{ V}$

(c) $V_{\text{rms}} = (0.707)(1.57)(1.5\text{ V}) = 1.66\text{ V}$

**3.** (a) $V_{\text{avg}} = (0.637)(10\text{ V}) = 6.37\text{ V}$

(b) $V_{\text{avg}} = (0.637)(1.414)(2.3\text{ V}) = 2.07\text{ V}$

(c) $V_{\text{avg}} = (0.637)(0.5)(60\text{ V}) = 19.1\text{ V}$

### 11-4 정현파의 각도 측정

**1.** (a) 90°에서 양의 최대값

(b) 180°에서 음의 방향으로 0점 교차

(c) 270°에서 음의 최대값

(d) 360°에서 사이클 완료

**2.** 1/2사이클: 180°; $\pi$

**3.** 1사이클: 360°; $2\pi$

**4.** 90° − 45° = 45°

### 11-5 정현파 공식

**1.** $v = 10\sin(120°) = 8.66$ V

**2.** $v = 10\sin(45° + 10°) = 8.19$ V

**3.** $v = 5\sin(90° - 25°) = 4.53$ V

### 11-6 페이저의 소개

**1.** 시간에 따라 변하는 크기와 각의 그래프 표현

**2.** 9425 rad/s

**3.** 100 Hz

**4.** 그림 11-92 참조

▶ 그림 11-92

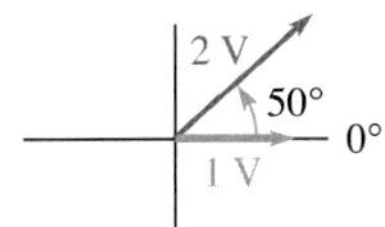


### 11-7 교류 회로의 해석

**1.** $I_p = V_p/R = (1.57)(12.5\text{ V})/330\ \Omega = 59.5$ mA

**2.** $V_{s(\text{rms})} = (0.707)(25.3\text{ V}) = 17.9$ V

### 11-8 직류와 교류가 혼재된 회로

**1.** $+V_{max} = 5\text{ V} + 2.5\text{ V} = 7.5$ V

**2.** 교번할 것이다.

**3.** $+V_{max} = 5\text{ V} - 2.5\text{ V} = 2.5$ V

### 11-9 비정현파

**1.** (a) 상승 시간은 펄스 상승 모서리의 10%에서 90%까지 걸리는 시간이다.

(b) 하강 시간은 펄스 하강 모서리의 90%에서 10%까지 걸리는 시간이다.

(c) 펄스폭은 선행 펄스 모서리의 50% 지점에서 후행 펄스 모서리의 50% 지점 사이의 시간이다.

**2.** $f = 1/1\text{ ms} = 1$ kHz

**3.** 듀티 사이클 = (1/5)100% = 20%; 진폭 = 1.5 V; $V_{\text{avg}} = 0.5\text{ V} + 0.2(1.5\text{ V}) = 0.8$ V

**4.** $T = 16$ ms

**5.** $f = 1/T = 1/1\ \mu\text{s} = 1$ MHz

**6.** 기본 주파수는 파형의 반복률이다.

**7.** 제2차 고조파 주파수: 2 kHz

**8.** $f = 1/10\ \mu\text{s} = 100$ kHz

### 11-10 오실로스코프

**1.** 아날로그: 신호가 직접 표시된다.
디지털: 신호가 디지털로 변환되어 처리된 후 다시 표시된다.

**2.** 전압은 수직축으로 측정한다. 시간은 수평축으로 측정한다.

**3.** Volts/Div 제어는 전압 단위를 조정한다.

**4.** Sec/Div 제어는 시간 단위를 조정한다.

**5.** 항상, 매우 작고 낮은 주파수 신호를 측정할 때를 제외하고.

### 회로 응용

**1.** RF는 라디오 주파수이다.

**2.** IF는 중간 주파수이다.

**3.** 반송파 주파수는 음보다 높다.

**4.** AM 신호는 진폭이 변한다.

## 관련 문제 해답

**11-1** 2.4 s

**11-2** 1.5 ms

**11-3** 20 kHz

**11-4** 200 Hz

**11-5** 66.7 kHz

**11-6** 30 rps

**11-7** $V_{pp} = 50$ V; $V_{\text{rms}} = 17.7$ V; $V_{\text{avg}} = 15.9$ V

**11-8** (a) $\pi/12$ rad (b) 112.5°

**11-9** 8°

**11-10** 18.1 V

**11-11** 10.6 V

**11-12** −85°에서 5 V

**11-13** 34.2 V

**11-14** $I_{\text{rms}} = 4.53$ mA; $V_{1(\text{rms})} = 4.53$ V; $V_{2(\text{rms})} = 2.54$ V; $P_{tot} = 32.0$ mW

**11-15** 23.7 V

**11-16** (a)의 파형은 음이 되지 않는다. (b)의 파형은 사이클에 비례해서 음이 된다.

**11-17** 5%

**11-18** 1.2 V

**11-19** 120 V

**11-20** (a) 1.06 V, 50 Hz
(b) 88.4 mV, 1.67 kHz
(c) 4.81 V, 5 kHz
(d) 7.07 V, 250 kHz

## 자기 진단 해답

**1.** (b) **2.** (b) **3.** (c) **4.** (b) **5.** (d) **6.** (a) **7.** (a) **8.** (a)
**9.** (c) **10.** (b) **11.** (a) **12.** (b) **13.** (d) **14.** (c) **15.** (b) **16.** (d)

## 퀴즈 해답

**1.** (a) **2.** (a) **3.** (b) **4.** (b) **5.** (c) **6.** (b) **7.** (a) **8.** (a)
**9.** (a) **10.** (a) **11.** (b) **12.** (a)

CHAPTER 12

# 커패시터

## 이 장의 차례



## 이 장의 목표

- 커패시터의 기본 구조와 특성을 살펴본다.
- 커패시터의 종류를 논의한다.
- 직렬 연결된 커패시터를 분석한다.
- 병렬 연결된 커패시터를 분석한다.
- 용량성 직류 스위치 회로를 분석한다.
- 용량성 교류 회로를 분석한다.
- 커패시터의 응용 예를 살펴본다.
- 스위치드 커패시터 회로의 동작을 살펴본다.

## 핵심 용어

- *RC* 시정수
- VAR
- 리플 전압
- 무효 전력
- 순시 전력
- 용량성 리액턴스
- 유전체
- 유효 전력
- 커패시터
- 쿨롱의 법칙
- 패럿(F)

## 회로 응용 소개

회로 응용에서는 커패시터가 증폭기와 신호 전압의 결합에 어떻게 사용되는가를 알아본다. 또한 오실로스코프 파형을 이용하여 증폭기의 고장을 진단할 것이다.

## 인터넷 학습자료

http://www.prenhall.com/floyd

## 이 장의 소개

앞 장에서는 수동 소자로 저항에 대해서만 다루었다. 커패시터와 인덕터는 다른 종류의 기본적인 수동 전기 소자이다. 인덕터는 13장에서 살펴볼 것이다.

이번 장에서는 커패시터의 정의와 특성에 대하여 알아본다. 물리적인 구조와 전기적인 성질들을 알아보고, 직렬 연결과 병렬 연결에 대한 효과를 분석한다. 직류 및 교류 회로에서 커패시터의 동작은 리액티브 회로의 주파수 응답과 시간 응답에 대한 기본적인 학습의 범위와 형태를 결정하는 중요한 부분이다.

*커패시터*는 전하를 저장하여 에너지를 저장하는 전계를 만드는 전기 소자이다. *커패시턴스*는 커패시터가 에너지를 저장할 수 있는 능력을 나타낸다. 정현파 신호가 커패시터에 인가되었을 때, 인가된 신호의 주파수에 의존하는 교류 저항이 발생하며, 이 교류 저항 값을 *용량성 리액턴스*라고 한다.

# 12-1 커패시터의 기초

**커패시터**(capacitor)는 전하를 저장하고 커패시턴스의 특성을 갖는 수동 전기 소자이다.

이 절의 학습 내용은 다음과 같다.

- **커패시터의 기본적인 구조와 특성**
  - 커패시터가 전하를 저장하는 방법
  - *커패시턴스*의 정의 및 단위
  - 쿨롱의 법칙
  - 커패시터가 에너지를 저장하는 방법
  - 정격 전압과 온도 계수에 대한 논의
  - 커패시터의 누설 전류에 대한 설명
  - 물리적인 특성이 커패시턴스에 미치는 영향

## 기본 구조

전하를 저장하는 전기적인 소자인 간단한 구조의 커패시터는 **유전체**(dielectric)라 불리는 절연 물질로 분리된 두 개의 평행한 도체판으로 구성되어 있다. 연결 도선은 평행판에 부착되어 있다. 기본적인 커패시터는 그림 12-1(a)와 같고 그 기호는 그림 12-1(b)에 표시하였다.

▶ 그림 12-1

기본적인 커패시터

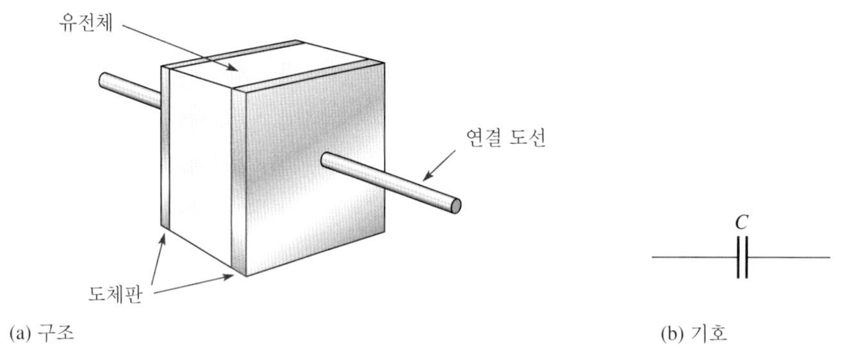


(a) 구조 (b) 기호

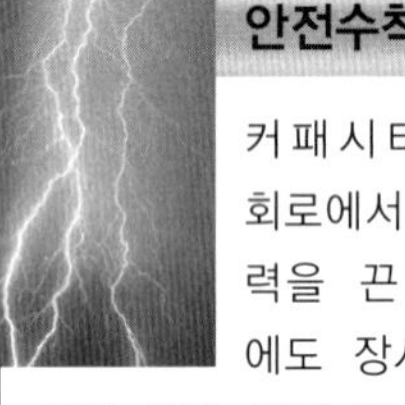

**안전수칙**

커패시터는 회로에서 전력을 끈 후에도 장시간 동안 강한 전기 전하를 저장할 수 있다. 따라서 커패시터를 회로에 삽입하거나 제거할 때 접촉을 주의해야 한다. 만약 도선을 만질 경우 커패시터 방전에 의한 충격이 있을 수 있다. 일반적으로 커패시터를 조작하기 전에 절연 손잡이를 가진 방전기구를 이용하여 커패시터를 방전시키는 것이 좋다.

## 커패시터가 전하를 저장하는 방법

커패시터의 두 도체판은 중성 상태에서는 그림 12-2(a)에서와 같이 같은 수의 자유전자를 갖고 있다. 커패시터가 저항을 통해 전압원에 연결되면 그림 12-2(b)에 나타낸 것처럼 전자(음전하)들이 도체판 $A$에서 제거되고 같은 수의 전자들이 도체판 $B$에 모인다. 도체판 $A$가 전자를 잃고 도체판 $B$가 전자를 얻으면 도체판 $A$는 도체판 $B$에 대해 양전하를 갖는다. 이러한 대전 과정 중에 전자들은 단지 연결선을 통해서만 흐른다. 커패시터의 유전체는 절연체이므로 전자가 통과할 수 없다. 그림 12-2(c)와 같이 커패시터에 형성된 전압이 전원 전압과 같아질 때 전자의 이동이 멈추게 된다. 커패시터가 전원으로부터 분리되면 그림 12-2(d)와 같이 커패시터는 오랜 시간 동안 저장된 전하가 남아 있고, 전압이 유지된다(그 시간은 커패시터의 종류에 따라 다르다). 충전된 커패시터는 일시적으로 축전지와 같이 동작한다.

◀ 그림 12-2
전하를 저장하는 커패시터

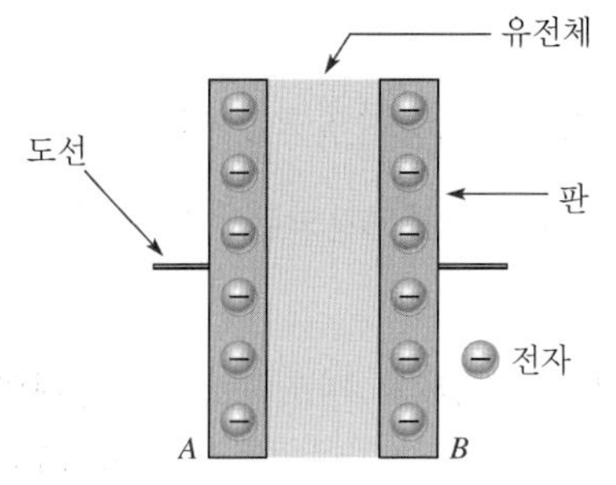


(a) 중성의(충전되지 않은) 커패시터 (양쪽 판이 같은 전하를 가짐)

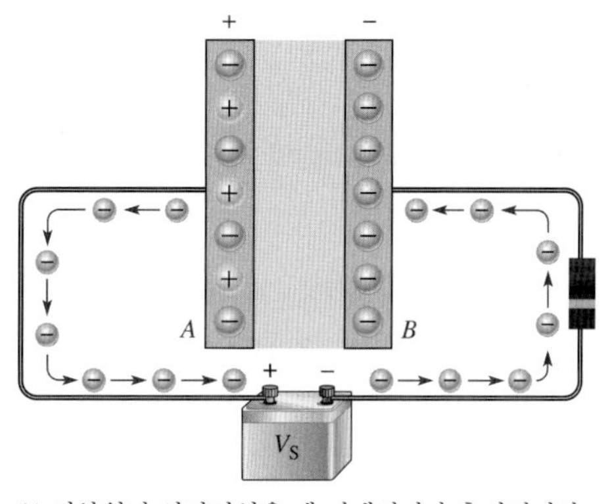


(b) 전압원이 연결되었을 때 커패시터가 충전되면서 전자는 판 *A*에서 판 *B*로 흐른다.

(c) 전압원이 연결되어 있는 동안 커패시터는 $V_S$로 충전된 후 더 이상 전자는 흐르지 않는다.

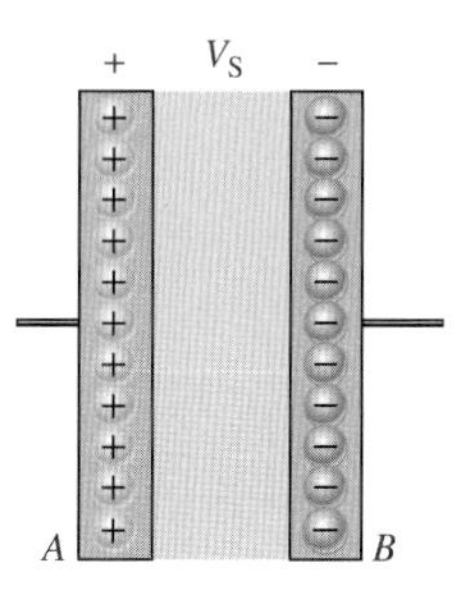


(d) 이상적인 커패시터는 전압원으로부터 분리되어도 전하를 유지한다.

## 커패시턴스

커패시터가 도체판 양단에 저장할 수 있는 단위 전압당 전하의 양을 커패시턴스라 하고 *C*로 표시한다. 즉, **커패시턴스**(capacitance)는 전하를 저장하기 위한 커패시터의 능력 정도를 나타낸다. 커패시터가 저장할 수 있는 단위 전압당 전하가 많으면 많을수록 커패시턴스는 커지며, 다음 식으로 표현된다.

$$C = \frac{Q}{V} \qquad (12\text{-}1)$$

여기서 *C*는 커패시턴스이고, *Q*는 전하, *V*는 전압이다.

식 (12-1)로부터 다음 두 식을 구할 수 있다.

$$Q = CV \qquad (12\text{-}2)$$

$$V = \frac{Q}{C} \qquad (12\text{-}3)$$

### 커패시턴스의 단위

패럿(F)은 커패시턴스의 기본 단위이다. 쿨롱(coulomb, C)은 전하의 단위임을 상기하자.

**1패럿(farad, F)은 1 C의 전하가 1 V의 전압으로 도체판 양단에 저장되는 커패시턴스의 크기이다.**

전자공학에서 사용되는 대부분의 커패시터는 마이크로패럿($\mu$F)과 피코패럿(pF) 단위의 커패시턴스 값을 갖는다. 1 $\mu$F = 1 × $10^{-6}$ F이고, 1 pF = 1 × $10^{-12}$ F이다. 패럿, 마이크로패럿, 피코패럿 간의 변환을 표 12-1에 나타내었다.

표 12-1

| 변환 전 | 변환 후 | 소수점의 이동 |
|---|---|---|
| 패럿 | 마이크로패럿 | 오른쪽으로 6자리 이동 (× $10^6$) |
| 패럿 | 피코패럿 | 오른쪽으로 12자리 이동 (× $10^{12}$) |
| 마이크로패럿 | 패럿 | 오른쪽으로 6자리 이동 (× $10^{-6}$) |
| 마이크로패럿 | 피코패럿 | 오른쪽으로 6자리 이동 (× $10^6$) |
| 피코패럿 | 패럿 | 오른쪽으로 12자리 이동 (× $10^{-12}$) |
| 피코패럿 | 마이크로패럿 | 오른쪽으로 6자리 이동 (× $10^{-6}$) |

**예제 12-1**

(a) 어떤 커패시터가 도체판 사이에 10 V가 가해질 때 50 $\mu$C이 저장된다. 커패시턴스는 $\mu$F 단위로 얼마인가?

(b) 2.2 $\mu$F 커패시터의 도체판에 100 V가 가해졌다. 커패시터에 저장되는 전하는 얼마인가?

(c) 20 $\mu$C의 전하를 저장하는 1000 pF의 커패시터에 걸리는 전압은 얼마인가?

풀이

(a) $C = \dfrac{Q}{V} = \dfrac{50\ \mu\text{C}}{10\ \text{V}} = \mathbf{5\ \mu F}$

(b) $Q = CV = (2.2\ \mu\text{F})(100\ \text{V}) = \mathbf{220\ \mu C}$

(c) $V = \dfrac{Q}{C} = \dfrac{20\ \mu\text{C}}{1000\ \text{pF}} = \mathbf{20\ kV}$

관련 문제 $C$ = 1000 pF이고 $Q$ = 100 $\mu$C이면 $V$는 얼마인가?

**예제 12-2**

다음 값들을 마이크로패럿으로 변환하라.

(a) 0.00001 F (b) 0.0047 F (c) 1000 pF (d) 220 pF

풀이

(a) 0.00001 F × $10^6$ $\mu$F/F = **10 $\mu$F**

(b) 0.0047 F × $10^6$ $\mu$F/F = **4700 $\mu$F**

(c) 1000 pF × $10^{-6}$ $\mu$F/pF = **0.001 $\mu$F**

(d) 220 pF × $10^{-6}$ $\mu$F/pF = **0.00022 $\mu$F**

관련 문제 47,000 pF을 마이크로패럿으로 변환하라.

**예제 12-3** 다음 값들을 피코패럿으로 변환하라.

(a) $0.1 \times 10^{-8}$ F (b) 0.000022 F (c) 0.01 $\mu$F (d) 0.0047 $\mu$F

**풀이** (a) $0.1 \times 10^{-8}\ \text{F} \times 10^{12}\ \text{pF/F} = \mathbf{1000\ pF}$

(b) $0.000022\ \text{F} \times 10^{12}\ \text{pF/F} = \mathbf{22 \times 10^6\ pF}$

(c) $0.01\ \mu\text{F} \times 10^{6}\ \text{pF}/\mu\text{F} = \mathbf{10{,}000\ pF}$

(d) $0.0047\ \mu\text{F} \times 10^{6}\ \text{pF}/\mu\text{F} = \mathbf{4700\ pF}$

**관련 문제** 100 $\mu$F을 피코패럿으로 변환하라.

## 커패시터가 에너지를 저장하는 방법

커패시터는 반대 극성을 갖는 전하에 의해 두 도체판에 형성되는 전계의 형태로 에너지를 저장한다. 그림 12-3에서와 같이 전계는 유전체 내에 집중되어 있으며, 양전하와 음전하 사이의 전력선으로 나타난다.

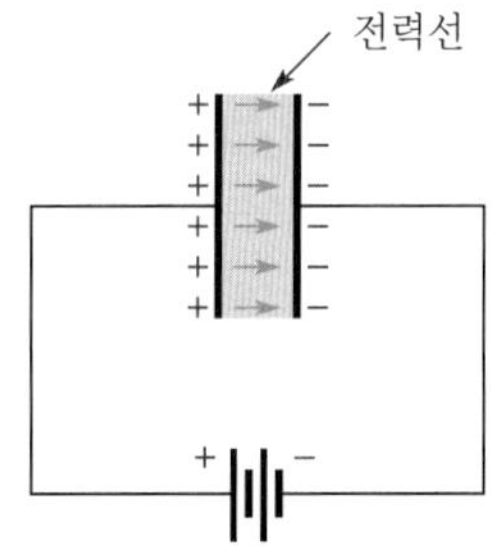


◀ **그림 12-3**
커패시터 내에 에너지를 저장하는 전계

**쿨롱의 법칙**(Coulomb's law)은 다음과 같다.

**두 점 전하($Q_1$, $Q_2$) 사이에 존재하는 힘($F$)은 두 전하의 곱에 비례하고 두 전하 간의 거리($d$) 제곱에 반비례한다.**

그림 12-4(a)는 양전하와 음전하 사이의 전력선을 보여준다. 그림 12-4(b)는 커패시터의 도체판에 상반되는 여러 전하가 많은 전력선을 만들고 유전체 내에서 에너지를 저장하는 전계를 형성하는 것을 나타낸 것이다. 비록 분포된 전하는 더 이상 점전하 같지 않고 쿨롱의 법칙에도 정확히 맞지는 않지만, 도체판 사이의 거리와 전하의 양은 여전히 전력선의 힘에 영향을 준다.

커패시터 도체판에서 전하들 사이의 힘이 크면 클수록 더 많은 에너지가 저장된다. 쿨롱의 법칙에 따라 저장되는 전하가 많을수록 힘이 더 커지므로 커패시터에 저장되는 에너지의 양은 커패시턴스에 비례한다.

또한 식 (12-2)로부터 저장되는 전하량은 커패시턴스뿐만 아니라 전압에도 비례한다. 따라서 저장되는 에너지의 양은 커패시터의 도체판 사이에 걸리는 전압의 제곱에 비례한다. 커패시터에 의해 저장되는 에너지에 대한 식은 다음과 같다.

▶ 그림 12-4
상반되는 전하에 의해 형성된 전력선

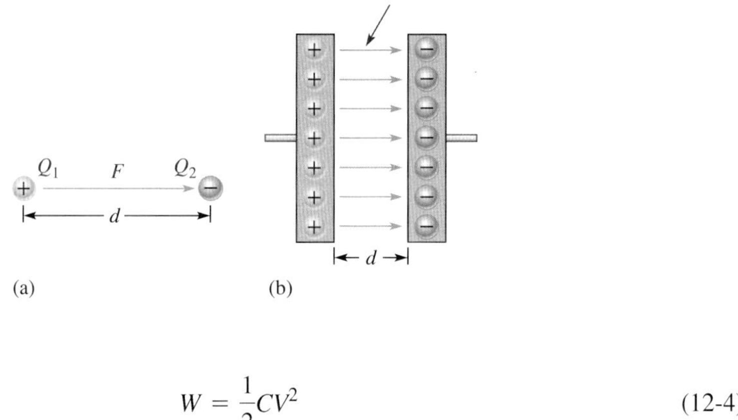


$$W = \frac{1}{2}CV^2 \tag{12-4}$$

여기서 커패시턴스($C$)는 패럿(F), 전압($V$)은 볼트(V), 에너지($W$)는 줄(J)의 단위를 갖는다.

## 정격 전압

모든 커패시터는 도체판 사이에서 견딜 수 있는 전압에 한계가 있다. 정격 전압은 소자에 손상을 주지 않고 가할 수 있는 최대 직류 전압을 의미한다. 만약 **파괴 전압**(breakdown voltage) 또는 **동작 전압**(working voltage)이라고 부르는 최대 전압을 초과하면 커패시터는 영구적인 손상을 받을 수 있다.

따라서 커패시터를 회로에 실제로 사용하기 전에 커패시턴스와 정격 전압을 고려해야 한다. 커패시턴스 값은 특정 회로의 요구에 따라 결정된다. 정격 전압은 사용될 회로에서 예상되는 최대 전압보다 항상 커야 한다.

## 유전 강도

커패시터의 파괴 전압은 사용되는 유전체의 **유전 강도**(dielectric strength)에 의해 결정된다. 유전 강도의 단위는 V/mil이다(1 mil = 0.001 in. = $2.54 \times 10^{-5}$ m). 표 12-2는 몇 가지 재질의 전형적인 유전 강도를 보여준다. 정확한 값은 재질의 구성비에 따라 변화한다.

**표 12-2** 일반적인 유전체 및 유전 강도

| 재질 | 유전 강도(V/MIL) |
|---|---|
| 공기 | 80 |
| 기름 | 375 |
| 세라믹 | 1000 |
| 종이(파라핀지) | 1200 |
| 테플론® | 1500 |
| 운모 | 1500 |
| 유리 | 2000 |

예를 통해 유전 강도를 이해하기로 하자. 어떤 커패시터의 판 간 거리가 1 mil이고 유전체로는 세라믹이 사용되었다면, 세라믹의 유전 강도가 1000 V/mil이므로 이 커패시터는 최대 1000 V까지 견딜 수 있다. 만약 최대 전압이 초과되면 유전체가 파괴되고 전류가 흘러 커패시터에 영구적인 손상을 줄 수 있다. 세라믹 커패시터의 판 간 거리가 2 mil이라면 이 커패시터의 파괴 전압은 2000 V이다.

### 온도 계수

**온도 계수**(temperature coefficient)는 온도에 따른 커패시턴스가 변화하는 정도와 방향을 나타낸다. 양의 온도 계수는 온도가 증가함에 따라 커패시턴스가 증가하고, 온도가 감소하면 커패시턴스가 감소하는 것을 의미한다. 음의 온도 계수는 온도가 증가함에 따라 커패시턴스가 감소하고 온도가 감소하면 커패시턴스가 증가하는 것을 의미한다.

온도 계수는 통상 ppm/°C(parts per million per Celsius degree)로 나타낸다. 예를 들어, 1 $\mu$F인 커패시터의 음의 온도 계수가 150 ppm/°C이면 온도가 1도 상승할 때마다 커패시턴스가 150 pF씩 감소한다.

### 누설 전류

완전한 절연 물질은 없다. 어떠한 커패시터의 유전체라도 아주 작은 양의 전류는 흐를 수 있다. 따라서 커패시터에서의 전하는 결국 누출된다. 큰 전해질 형태의 커패시터는 다른 종류보다 누출이 더 심하다. 그림 12-5는 비이상적인 커패시터의 등가 회로이다. 병렬 저항 $R_{leak}$은 누설 전류가 있는 유전체의 매우 높은 저항(수백 kΩ 이상)을 나타낸다.

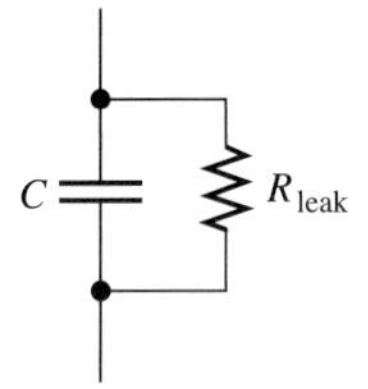


◀ 그림 12-5
비이상적인 커패시터의 등가 회로

### 커패시터의 물리적인 특성

도체판의 면적과 판 간 거리, 유전 상수 등은 커패시턴스와 정격 전압을 결정하는 중요한 변수들이다.

#### 도체판의 면적

커패시턴스는 도체판의 면적으로 결정되는 도체판의 크기에 비례한다. 판 면적이 크면 클수록 커패시턴스는 커지고 판 면적이 작으면 작을수록 커패시턴스는 작아진다. 그림 12-6(a)는 평판 커패시터의 판 면적이 한 개의 판 면적과 같은 경우를 보여준 것이다. 그림 12-6(b)와 같이 판들이 서로에 대해 이동하면, 겹치는 부분의 면적이 유효 판 면적이 된다. 특정 종류의 가변 커패시터는 이러한 유효 판 면적의 변화를 이용한다.

▶ 그림 12-6

커패시턴스는 판 면적($A$)에 비례한다.

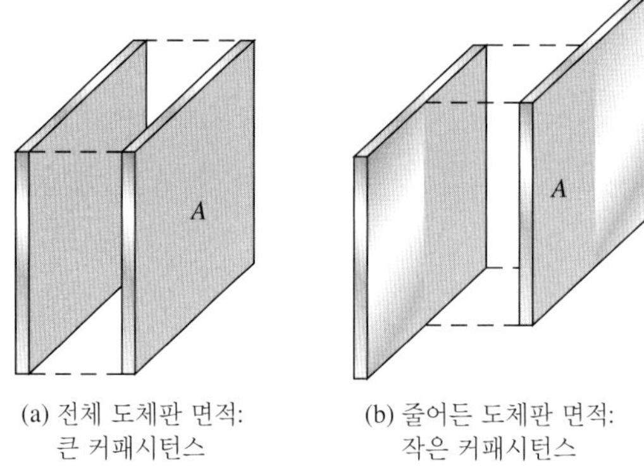


(a) 전체 도체판 면적: 큰 커패시턴스

(b) 줄어든 도체판 면적: 작은 커패시턴스

### 판 간 거리

**커패시턴스는 판 간 거리에 반비례한다.** 판 간 거리는 그림 12-7에서와 같이 $d$로 표시한다. 그림과 같이 판 간 거리가 클수록 커패시턴스는 작아진다. 이전에 논의되었듯이 파괴 전압은 판 간 거리에 비례한다. 판 간 거리가 클수록 파괴 전압이 커진다.

▶ 그림 12-7

커패시턴스는 판 간 거리에 반비례한다.

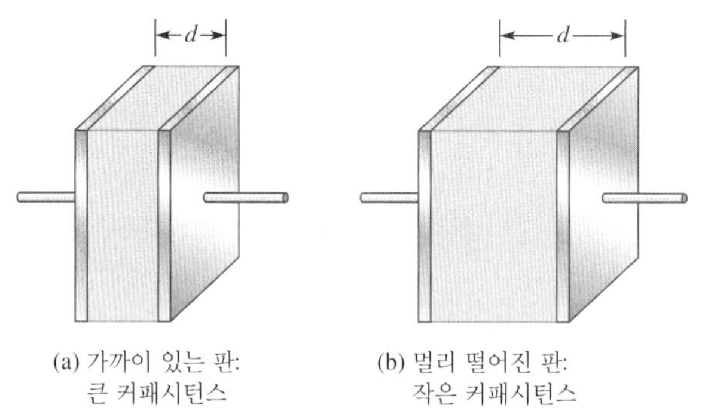


(a) 가까이 있는 판: 큰 커패시턴스

(b) 멀리 떨어진 판: 작은 커패시턴스

### 유전 상수

커패시터의 판 사이에 있는 절연 물질을 **유전체**라고 한다. 전하가 일정할 때 유전체 물질은 판 사이의 전압을 감소시켜, 결과적으로 커패시턴스를 증가시킨다. 전압이 일정하면 유전체가 있을 때 유전체가 없는 경우에 비해 더 많은 전하가 저장된다. 전계를 형성하는 정도를 나타내는 재료의 성질을 **유전 상수**(dielectric constant) 또는 **비유전율**(relative permittivity)이라 하며, 기호로는 $\varepsilon_r$($\varepsilon$는 그리스 문자 입실론)을 사용한다.

**커패시턴스는 유전 상수에 비례한다.** 진공의 유전 상수를 '1'로 정의하면 공기의 유전 상수는 '1'에 매우 가깝다. 다른 재료들은 진공이나 공기의 유전 상수를 기준으로 하여 정해지는 $\varepsilon_r$을 갖는다. 예를 들어, $\varepsilon_r = 8$인 재료는 다른 모든 조건들이 같다면 공기의 커패시턴스보다 8배가 크다.

표 12-3은 몇 가지 유전체에 대한 전형적인 유전 상수를 나타낸 것이다. 그 값들은 재료의 구성에 따라 다를 수 있다.

**표 12-3** 일반적인 유전체 및 유전 상수

| 재료 | 일반적인 $\varepsilon_r$ 값 |
|---|---|
| 공기(진공) | 1.0 |
| 테플론® | 2.0 |
| 종이(파라핀지) | 2.5 |
| 기름 | 4.0 |
| 운모 | 5.0 |
| 유리 | 7.5 |
| 세라믹 | 1200 |

유전 상수(또는 비유전율)는 상대적인 값이므로 단위가 없다. 진공 중의 유전율 $\varepsilon_0$에 대한 어떤 물질의 절대 유전율 $\varepsilon$의 비로서 다음 식으로 표현된다.

$$\varepsilon_r = \frac{\varepsilon}{\varepsilon_0} \tag{12-5}$$

$\varepsilon_0$의 값은 $8.85 \times 10^{-12}$ F/m(미터당 패럿)이다.

## 공식

커패시턴스는 판 면적 $A$와 유전 상수 $\varepsilon_r$에 비례하고 판 간 거리 $d$에 반비례한다. 이 세 변수로 커패시턴스를 계산하기 위한 정확한 식은 다음과 같다.

$$C = \frac{A\varepsilon_r(8.85 \times 10^{-12}\ \text{F/m})}{d} \tag{12-6}$$

여기서 $A$의 단위는 제곱미터($m^2$), $d$의 단위는 미터(m), $C$의 단위는 패럿(F)이다. 진공 중의 절대 유전율 $\varepsilon_0$는 $8.85 \times 10^{-12}$ F/m이고 유전체의 절대 유전율($\varepsilon$)은 식 (12-5)에서 유도되며 다음과 같다.

$$\varepsilon = \varepsilon_r(8.85 \times 10^{-12}\ \text{F/m})$$

**예제 12-4** 판 면적이 0.01 $m^2$이고 판 간 거리가 1 mil($2.54 \times 10^{-5}$ m)인 평판 커패시터의 커패시턴스를 구하라. 유전체는 유전 상수가 5.0인 운모이다.

**풀이** 식 (12-6)을 이용하자.

$$C = \frac{A\varepsilon_r(8.85 \times 10^{-12}\ \text{F/m})}{d} = \frac{(0.01\ \text{m}^2)(5.0)(8.85 \times 10^{-12}\ \text{F/m})}{2.54 \times 10^{-5}\ \text{m}} = \mathbf{0.017\ \mu F}$$

**관련 문제** $A = 0.005\ \text{m}^2$, $d = 3$ mil($7.62 \times 10^{-5}$ m)이고, 유전체는 세라믹인 경우의 $C$를 구하라.

**복습문제 12-1**

1. *커패시턴스*를 정의하라.
2. (a) 1 F은 몇 마이크로패럿인가?
   (b) 1 F은 몇 피코패럿인가?
   (c) 1 $\mu$F은 몇 피코패럿인가?
3. 0.0015 $\mu$F을 피코패럿과 패럿으로 변환하라.
4. 도체판 사이에 15 V가 인가된 0.01 $\mu$F의 커패시터에 의하여 저장된 에너지는 줄(joule)로 나타내면 얼마인가?
5. (a) 커패시터의 판 면적이 증가하면 커패시턴스는 증가하는가 감소하는가?
   (b) 커패시터의 판 간 거리가 증가하면 커패시턴스는 증가하는가 감소하는가?
6. 세라믹 커패시터의 판 간 거리가 2 mil이라면 파괴 전압은 얼마인가?
7. 양(+)의 온도 계수가 50 ppm/°C이고 25°C에서 2 $\mu$F인 커패시터가 있다. 온도가 125°C일 때 커패시턴스는 얼마인가?

# 12-2 커패시터의 종류

커패시터는 일반적으로 유전체의 종류가 극성인가 무극성인가에 따라 분류된다. 가장 일반적인 유전체로는 운모, 세라믹, 플라스틱 박막, 전해질(알루미늄 산화물, 탄탈 산화물) 등이 있다.

이 절의 학습 내용은 다음과 같다.

- **여러 가지 종류의 커패시터**
  - 운모, 세라믹, 플라스틱 박막, 전해 커패시터의 특성
  - 가변 커패시터의 종류
  - 커패시터 표기법
  - 커패시턴스의 측정

## 고정 용량 커패시터

### 운모 커패시터

운모 커패시터의 종류에는 겹겹으로 쌓인 형(stacked-foil type)과 은-운모(silver-mica)의 두 가지가 있다. 겹겹으로 쌓인 형의 기본적인 구조를 그림 12-8에 나타내었다. 금속막과 운모의 얇은 층이 교대로 겹쳐진 형태이다. 금속막이 도체판을 형성하고 판 면적을 증가시키기 위해 한 층 건너씩 서로 연결되어 있다. 더 많은 층이 연결되면 판 면적이 증가하여 커패시턴스가 증가한다. 운모/금속막 층은 그림 12-8(b)에서처럼 베이클라이트(Bakelite®)와 같은 절연 물질로 둘러싸여 있다. 은-운모 커패시터는 은으로 된 전극 사이를 운모로 채우는 유사한 방법으로 만들어진다.

운모 커패시터는 1 pF ~ 0.1 $\mu$F의 커패시턴스 값과 100 V ~ 2500 V의 정격 전압을 갖는다. 일반적으로 온도 계수의 범위는 −20 ppm/°C + 100 ppm/°C이며, 운모의 일반적인 유전 상수는 '5'이다.

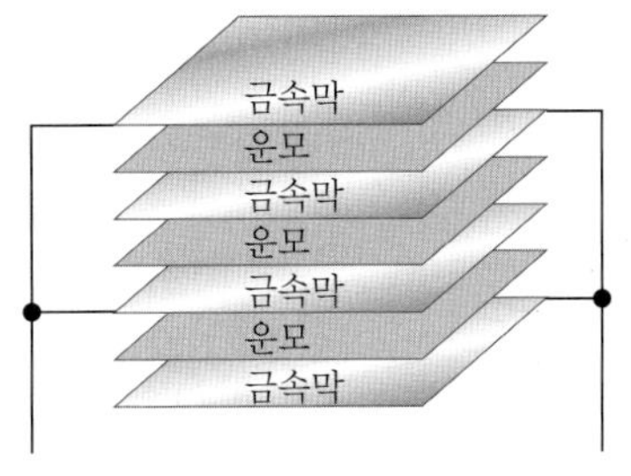


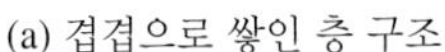
(a) 겹겹으로 쌓인 층 구조

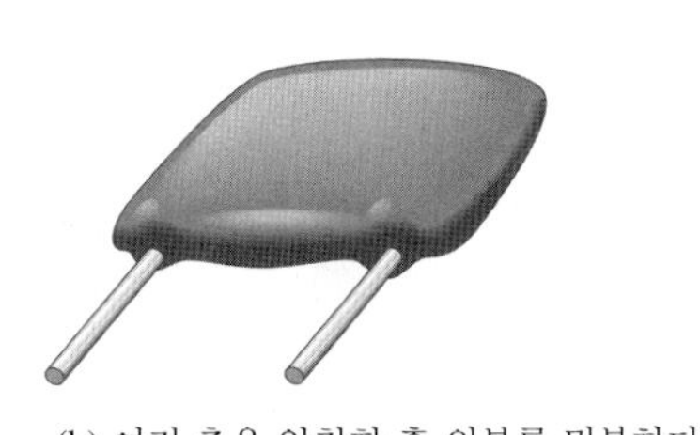
(b) 여러 층을 압착한 후 외부를 밀봉한다.

◀ **그림 12-8**

도선이 원주 방향으로 설치된 (radial-lead) 운모 커패시터의 구조

## 세라믹 커패시터

세라믹 유전체는 '1200' 정도의 매우 높은 유전 상수를 갖는다. 따라서 세라믹 커패시터는 작은 크기로 상당히 높은 커패시터 값을 얻을 수 있다. 세라믹 커패시터는 일반적으로 그림 12-9와 같은 세라믹 원판 모양이나, 그림 12-10과 같이 래디얼 리드(radial-lead) 형태의 다층 구조, 또는 그림 12-11과 같이 인쇄회로기판에 끼워 놓을 수 있도록 선이 밖으로 나와 있지 않은 세라믹 칩 등이 있다.

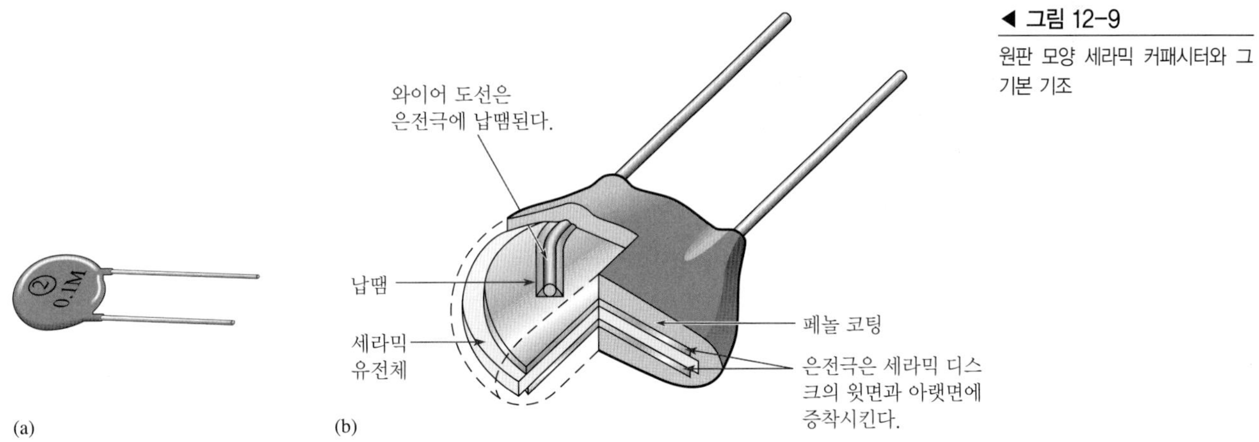


◀ **그림 12-9**

원판 모양 세라믹 커패시터와 그 기본 기조

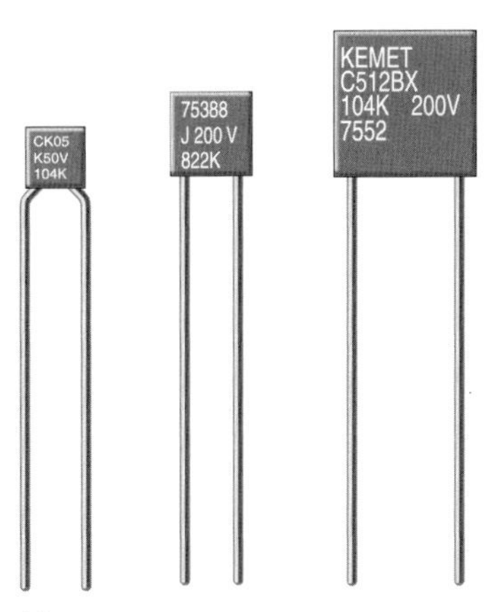

(a)

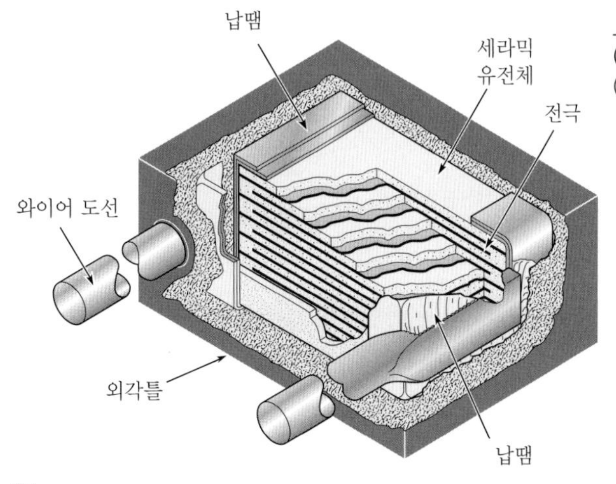

(b)

◀ **그림 12-10**

(a) 일반적인 세라믹 커패시터
(b) 내부 구조

▶ 그림 12-11
인쇄회로기판에 표면 실장할 수 있는 세라믹 칩 커패시터의 내부

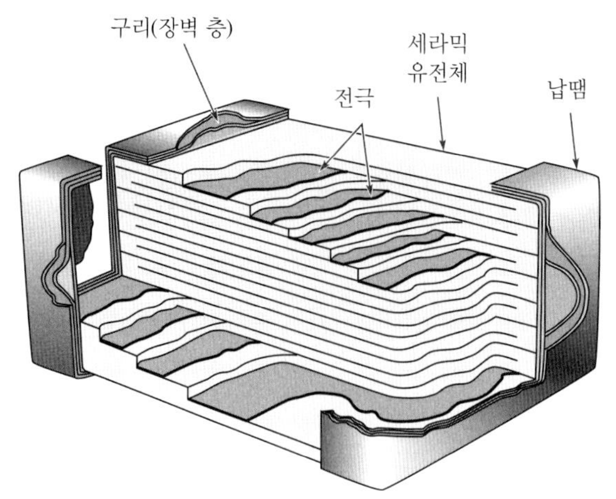


세라믹 커패시터는 일반적으로 6 kV 이상의 정격 전압을 가지고 1 pF ~ 2.2 $\mu$F의 커패시턴스 값을 갖는다. 일반적인 세라믹 커패시터의 온도 계수는 200,000 ppm/℃이다. 원판 모양의 특수한 세라믹은 온도 계수가 '0' 이다.

### 플라스틱 박막 커패시터

일반적으로 쓰이는 유전 재질로는 폴리카보네이트, 프로필렌, 폴리에스테르, 폴리스티렌, 폴리프로필렌, 마일라 등이 있다. 이들 중 일부는 100 $\mu$F 이상의 커패시턴스를 갖는 것도 있지만 대부분은 1 $\mu$F보다 적다.

그림 12-12는 여러 플라스틱 박막 커패시터에 사용되는 일반적인 기본 구조를 나타낸다. 도체판으로 쓰이는 두 개의 얇은 금속 사이에 얇은 플라스틱 유전체가 끼워져 있다. 하나의 선은 안쪽 판에 연결되어 있고, 다른 하나는 바깥쪽 판에 연결되어 있다. 이것을 둥글게 말아서 원통 모양의 커패시터를 만든다. 이런 방법으로 면적이 넓으면서도 크기는 작고 용량이 큰 커패시터를 만들 수 있다. 박막 유전체에 직접 금속을 증착하는 방법도 있다.

▶ 그림 12-12
축류도선의 원통 모양 플라스틱 박막 커패시터의 기본 구조

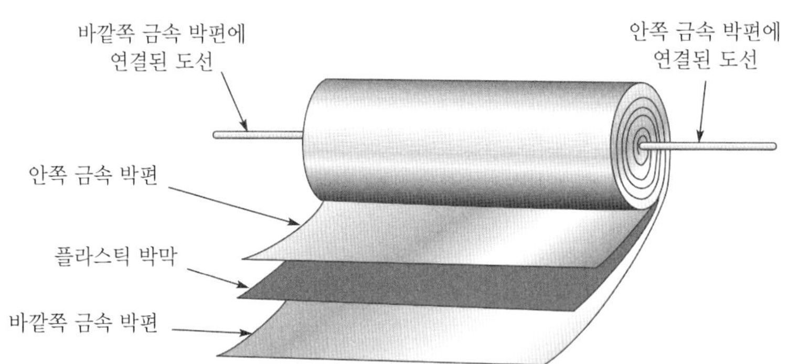


그림 12-13(a)는 전형적인 플라스틱 박막 커패시터를, 그림 12-13(b)는 플라스틱 박막 커패시터의 한 종류에 대한 내부 구조를 보여준다.

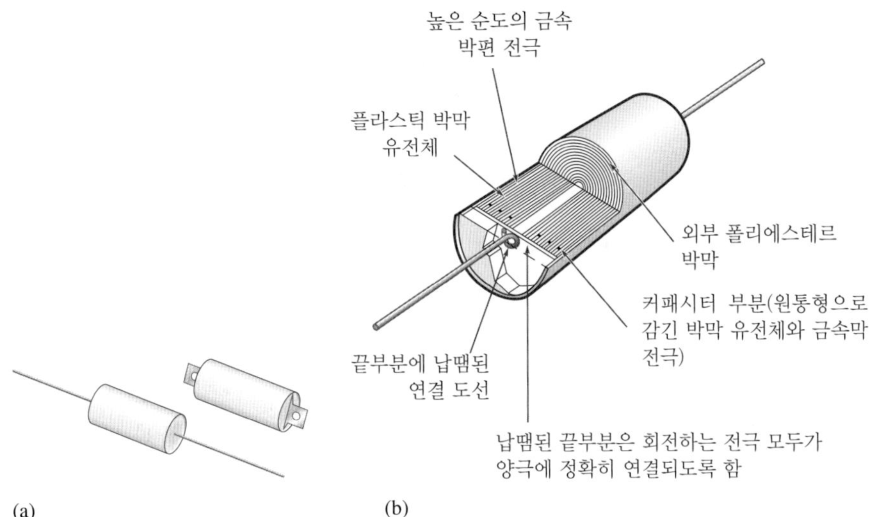


◀ 그림 12-13

(a) 일반적인 커패시터 (b) 플라스틱 박막 커패시터의 내부 구조

## 전해 커패시터

전해 커패시터는 한쪽 판은 양으로, 다른 판은 음으로 대전되도록 분극이 되어 있다. 이러한 커패시터는 1 μF에서 200,000 μF 이상의 높은 커패시턴스를 가질 수 있으나 비교적 낮은 파괴 전압(최대 350 V 정도)과 높은 누설 전류를 갖는다. 여기서는 1 μF 이상의 커패시터가 고려된다.

전해 커패시터는 운모 커패시터나 세라믹 커패시터보다 커패시턴스가 훨씬 높지만 정격 전압은 더 낮다. 알루미늄 전해질이 가장 보편적으로 사용된다. 다른 커패시터들은 두 개의 유사한 도체판을 사용하는 반면, 전해 커패시터의 도체판은 한쪽은 알루미늄 막, 다른 한쪽은 플라스틱 박막과 같은 재료가 붙은 전도성 전해질로 되어 있다. 두 도체판은 알루미늄 도체판 표면에 형성된 알루미늄 산화막에 의해 분리되어 있다. 그림 12-14(a)는 도선이 양쪽으로 나온 전형적인 알루미늄 전해 커패시터의 기본 구조를 보여준다. 그림 12-14(b)는 도선이 한쪽으로 나온 전해 커패시터이며, 전해 커패시터의 기호는 그림 12-14(c)에 나타나 있다.

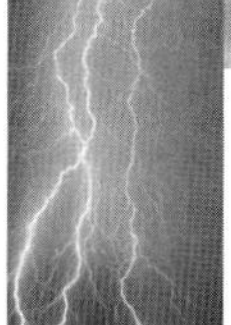

**안전 수칙**

전해 커패시터는 연결하는 방법에 따라 동작이 다르므로 극도로 주의해야 한다. 항상 극성이 맞는지 확인해야 한다. 만약 극성을 갖는 커패시터가 반대 방향으로 연결되면 폭발하여 부상을 입을 수도 있다.

탄탈 전해 커패시터는 그림 12-14와 유사한 원통 모양이거나 그림 12-15에 보이는 물방울 모양이다. 물방울 모양의 구조에서 양극판은 얇은 막이 아닌 탄탈 가루로 만든 알갱이이다. 탄탈 산화물은 유전체를 형성하고, 이산화망간은 음(−)극판을 형성한다.

산화 유전체를 절연하기 위하여 사용되므로 알루미늄이나 탄탈로 된 금속판은 항상 전해질판에 대해 양의 극성을 갖도록 연결되어 있고, 따라서 모든 전해 커패시터는 극성을 갖는다. 금속판(양의 단자)은 + 기호나 어떤 명확한 표시로서 나타내며, 커패시터는 교류 신호가 들어와도 전압의 극성이 바뀌지 않는 직류 회로에 연결되어야 한다. 전압 극성이 바뀌어 연결되면 커패시터는 완전히 못쓰게 된다.

대부분의 전해 커패시터에서 커패시터가 완전히 방전하지 못하고 잔여 전하를 가질 때 유전체 흡수 같은 문제가 발생한다. 결함이 있는 커패시터의 약 25% 정도가 이와 같은 문제를 보인다.

▶ 그림 12-14
전해 커패시터의 예

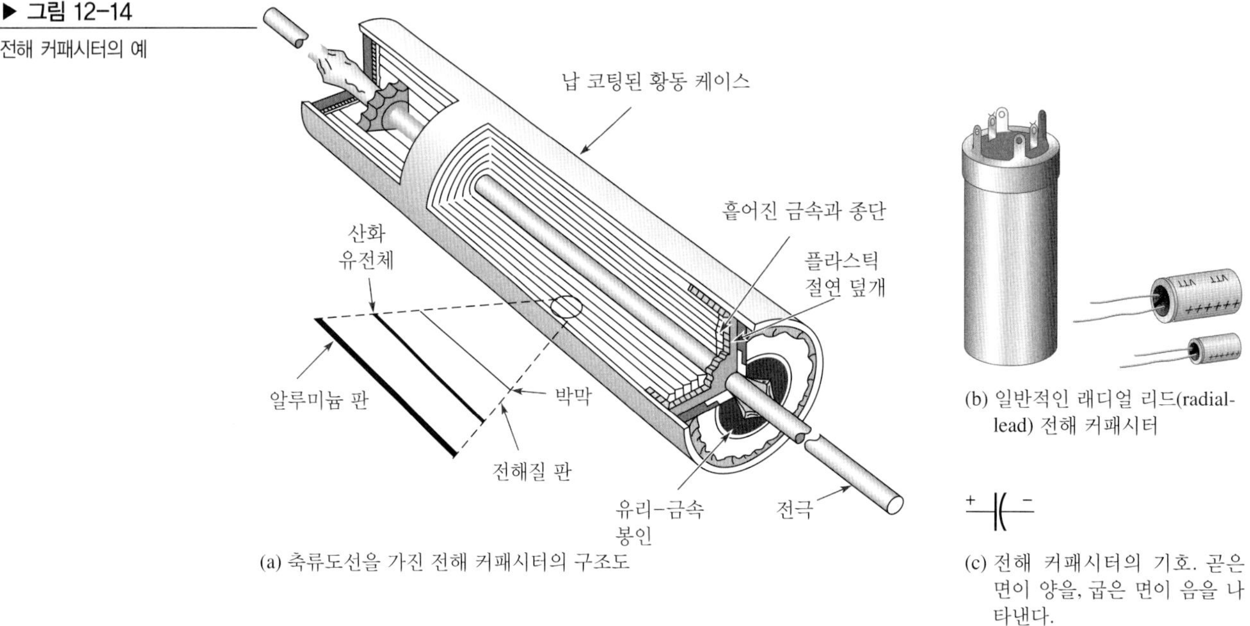

(a) 축류도선을 가진 전해 커패시터의 구조도

(b) 일반적인 래디얼 리드(radial-lead) 전해 커패시터

(c) 전해 커패시터의 기호. 곧은 면이 양을, 굽은 면이 음을 나타낸다.

▶ 그림 12-15
물방울 모양의 탄탈 전해 커패시터의 내부 구조

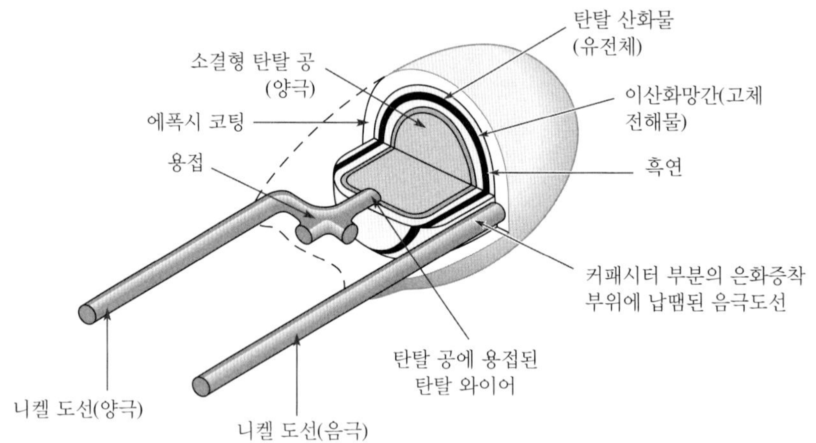

## 가변 커패시터

가변 커패시터는 커패시턴스 값을 수동이나 자동으로 조절할 필요가 있는 회로에서 사용된다. 이러한 커패시터는 일반적으로 300 pF보다 적지만, 특별한 분야에 활용되는 경우는 큰 값을 갖기도 한다. 그림 12-16은 가변 커패시터의 기호를 나타낸 것이다.

▶ 그림 12-16
가변 커패시터의 기호

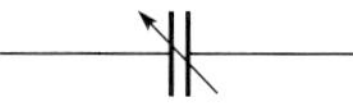

조절할 수 있는 커패시터는 일반적으로 홈이 파인 나사 형태를 가지며, 회로에서 매우 정밀하게 조절하는 데 사용되어 **트리머**(trimmer)라고 부른다. 이러한 형태의 커패시터는 일반적으

로 세라믹이나 운모 유전체이며, 커패시턴스는 판 간 거리를 조절함으로써 변화될 수 있다. 일반적으로 트리머 커패시터는 100 pF보다 작은 값을 갖는다. 그림 12-17은 몇 가지 가변 커패시터들을 보인 것이다.

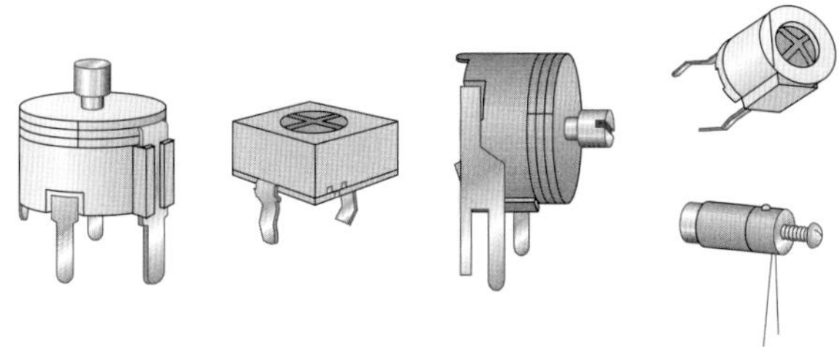

◀ 그림 12-17
트리머 커패시터의 예

**버랙터**(varactor)는 단자에 걸리는 전압을 바꾸면 커패시턴스 특성이 변화하는 반도체 소자이다. 이 소자는 전자 소자를 다루는 과목에서 상세히 다루어진다.

## 커패시턴스 표기법

커패시터 값은 커패시터의 겉에 라벨 인쇄나 색띠 부호로 나타낸다. 라벨 인쇄는 커패시턴스와 정격 전압, 허용오차 등의 여러 변수를 나타내는 문자와 숫자로 구성된다.

어떤 커패시터에는 커패시턴스에 대한 단위가 표기되어 있지 않다. 이러한 경우 단위는 표기된 값과 경험으로부터 알아내야 한다. 예를 들면, pF의 단위는 너무 작아서 이 종류의 커패시터로는 만들지 않으므로 .001이나 .01로 표기된 세라믹 커패시터는 $\mu$F의 단위를 갖는다. 다른 예로서 50이나 330으로 표기된 세라믹 커패시터의 단위는 $\mu$F의 경우 너무 커서 pF의 단위를 갖는다. 어떤 경우에는 세 자리의 숫자가 사용되기도 한다. 앞의 두 자리는 커패시턴스의 처음 두 숫자를 나타내고 세 번째 숫자는 커패시턴스의 두 자릿수 다음에 오는 영의 개수를 나타낸다. 예를 들면, 103은 10,000 pF을 나타낸다. 때로는 단위가 pF이나 $\mu$F으로 표기되기도 하며, 어떤 경우에는 $\mu$F이 MF 또는 MFD로 표기된다.

정격 전압은 어떤 종류의 커패시턴스에는 WV 또는 WVDC로 표기되고 때로는 생략되기도 한다. 생략된 경우에는 제조업체에 의하여 공급되는 정보로부터 정격 전압을 얻을 수 있다. 커패시터의 오차는 ±10% 같은 백분율로 표기된다. 온도 계수는 ppm(parts per million)으로 나타낸다. 이러한 경우에는 숫자 앞에 P나 N이 표기된다. 예를 들면, N750은 음의 온도 계수 750 ppm/°C를 의미하며, P30은 양의 온도 계수 30 ppm/°C를 의미한다. NP0으로 표기된 커패시터는 양과 음의 온도 계수가 0이며, 커패시턴스가 온도에 따라 변하지 않음을 뜻한다. 어떤 종류의 커패시터는 색띠 부호로 표시되어 있다. 색띠 부호에 대한 정보는 부록 C를 참조하라.

## 커패시턴스 측정

그림 12-18에 나타나 있듯이 *LCR* 미터로 커패시터의 값을 측정할 수 있다. 또한 많은 DMM들도 커패시턴스 측정 기능이 있다. 대부분의 커패시터는 시간이 지남에 따라 값이 변하며, 그 정도는 종류에 따라 다르다. 예를 들어, 세라믹 커패시터는 1년 동안 10% ~ 15% 정도 변하는

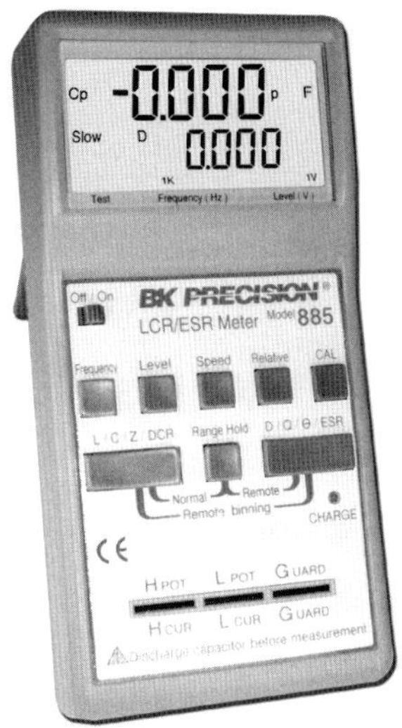


▶ 그림 12-18
기본적인 *LCR* 미터
(B + K Precision 제공)

경우가 많다. 특히 전해 커패시터는 전해 용액이 말라 값이 변화되기 쉽다. 또 다른 경우로는, 부정확하게 표기되거나 잘못된 값을 갖는 커패시터가 회로에 장착되기도 한다. 비록 불량 커패시터의 변화 값이 25%보다 작더라도, 회로 검토 시 커패시턴스 값 확인으로 문제의 소지가 있는 원인을 회로에서 빨리 제거할 수 있다.

일반적으로 200 pF에서 20 mF까지의 커패시터 값은 *LCR* 미터를 커패시터에 연결하여 스위치를 켜고, 화면의 값을 읽어 간단히 측정할 수 있다. 어떤 *LCR* 미터는 커패시터의 누설 전류를 확인할 수도 있다. 누설 전류를 확인하기 위해서는 동작 조건을 만족하는 충분한 전압을 커패시터를 통해 공급해야 한다. 그 과정은 실험기기에 의해 자동으로 실행된다. 결함이 있는 커패시터의 40% 이상이 과도한 누설 전류를 가지며, 특히 전해 커패시터가 이러한 문제를 갖기 쉽다.

**복습문제 12-2**

1. 커패시터를 분류하는 방법 한 가지를 들어 보아라.
2. 고정 커패시터와 가변 커패시터의 차이는 무엇인가?
3. 어떤 종류의 커패시터에서 분극이 발생하는가?
4. 회로에 분극 커패시터를 설치할 때 주의해야 할 점은 무엇인가?

## 12-3 직렬 커패시터

직렬로 연결된 커패시터의 총 커패시턴스는 각각의 커패시턴스보다 작다. 직렬로 연결된 커패시터는 전압을 커패시턴스에 비례하여 나눈다.

이 절의 학습 내용은 다음과 같다.

- **커패시터의 직렬 연결을 분석**
  - 총 커패시턴스를 구하는 방법
  - 커패시터의 전압을 구하는 방법

## 총 커패시턴스

커패시터가 직렬로 연결되면 유효 판 간 거리가 증가하므로 총 커패시턴스는 가장 작은 커패시턴스보다도 작아진다. 직렬로 연결된 총 커패시턴스의 계산은 병렬로 연결된 저항의 합성 저항 값을 계산하는 것과 유사하다(6장).

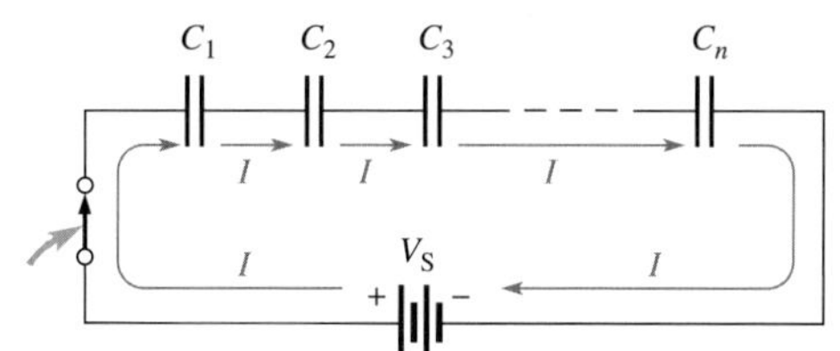


(a) 각각의 커패시터에서 충전 전류는 동일하다. $I = Q/t$이다.

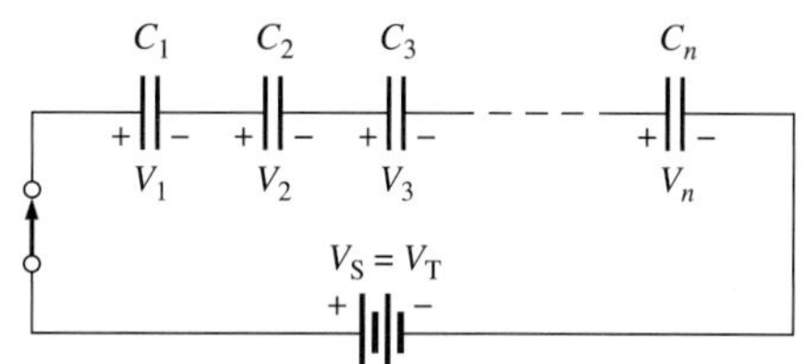


(b) 모든 커패시터는 동일한 양의 전하를 저장하며, $V = Q/C$이다.

◀ 그림 12-19
직렬 용량성 회로

전압원과 스위치가 있는 $n$개의 커패시터가 직렬로 연결된 그림 12-19(a)를 살펴보자. 스위치를 닫으면 회로를 통하여 전류가 흐르므로 커패시터가 충전된다. 이미 설명한 것처럼 직렬 회로는 모든 점에서 전류가 같다. 한편, 전류는 단위 시간당 전하의 흐름으로 나타내므로 각각의 커패시터에 저장되는 전하량은 총 전하량과 같으며, 다음 식으로 표현된다.

$$Q_T = Q_1 = Q_2 = Q_3 = \cdots = Q_n \tag{12-7}$$

키르히호프의 전압 법칙에 따르면 충전된 커패시터 양단에 걸리는 전압의 합은 그림 12-19(b)에 나타낸 것처럼 총 전압 $V_T$와 같으며, 다음 식으로 표현된다.

$$V_T = V_1 + V_2 + V_3 + \cdots + V_n$$

식 (12-3)에서 $V = Q/C$이다. 이것이 전압 방정식의 항으로 대치되면 다음 관계식을 얻을 수 있다.

$$\frac{Q_T}{C_T} = \frac{Q_1}{C_1} + \frac{Q_2}{C_2} + \frac{Q_3}{C_3} + \cdots + \frac{Q_n}{C_n}$$

모든 커패시턴스에서의 전하가 같으므로 양변을 $Q$로 나누면 다음과 같다.

$$\frac{1}{C_T} = \frac{1}{C_1} + \frac{1}{C_2} + \frac{1}{C_3} + \cdots + \frac{1}{C_n} \tag{12-8}$$

식 (12-8)의 양변을 역수로 바꾸면 총 직렬 커패시턴스에 대한 공식은 다음과 같다.

$$C_T = \frac{1}{\dfrac{1}{C_1} + \dfrac{1}{C_2} + \dfrac{1}{C_3} + \cdots + \dfrac{1}{C_n}} \tag{12-9}$$

**총 직렬 커패시턴스는 가장 작은 커패시턴스보다도 항상 더 작다.**

### 직렬 연결된 두 개의 커패시터

두 개의 커패시터가 직렬로 연결되었을 때, 식 (12-8)은 다음과 같이 사용될 수 있다.

$$\frac{1}{C_T} = \frac{1}{C_1} + \frac{1}{C_2} = \frac{C_1 + C_2}{C_1C_2}$$

따라서 두 개의 커패시터가 직렬로 연결되었을 때의 총 커패시턴스는 다음 식과 같다.

$$C_T = \frac{C_1C_2}{C_1 + C_2} \qquad (12\text{-}10)$$

### 직렬 연결된 같은 값의 커패시터

이러한 특별한 경우는 커패시터 값이 모두 $C$로 같기 때문에 식 (12-8)로부터 다음과 같이 변환될 수 있다.

$$\frac{1}{C_T} = \frac{1}{C} + \frac{1}{C} + \frac{1}{C} + \cdots + \frac{1}{C}$$

우변 항을 모두 더하면

$$\frac{1}{C_T} = \frac{n}{C}$$

여기서 $n$은 같은 값의 커패시터 개수이다. 양변의 역을 취하면 다음과 같다.

$$C_T = \frac{C}{n} \qquad (12\text{-}11)$$

동일한 커패시터들로 연결된 커패시턴스 값은 전체 커패시턴스를 직렬 연결된 커패시터의 개수로 나누면 된다.

**예제 12-5** 그림 12-20에서 점 $A$와 $B$ 사이의 총 커패시턴스를 구하라.

▶ 그림 12-20

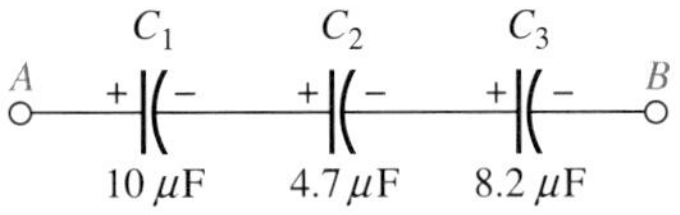

A ─ $C_1$ (10 μF) ─ $C_2$ (4.7 μF) ─ $C_3$ (8.2 μF) ─ B

**풀이** 식 (12-9)를 사용하자.

$$C_T = \frac{1}{\dfrac{1}{C_1} + \dfrac{1}{C_2} + \dfrac{1}{C_3}} = \frac{1}{\dfrac{1}{10\ \mu F} + \dfrac{1}{4.7\ \mu F} + \dfrac{1}{8.2\ \mu F}} = \mathbf{2.30\ \mu F}$$

**관련 문제** 그림 12-20에서 세 개의 커패시터가 모두 4.7 μF이면 $C_T$는 얼마인가?

**예제 12-6** 그림 12-21에서 총 커패시턴스 $C_T$를 구하라.

▶ 그림 12-21

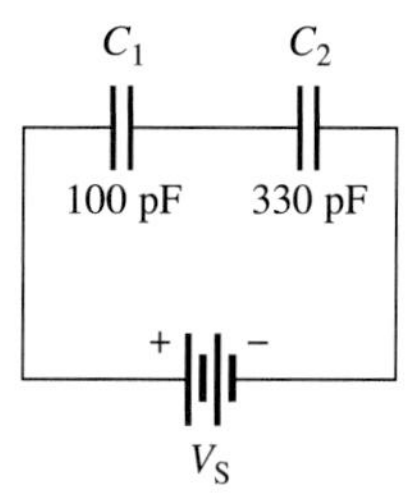


**풀이** 식 (12-10)으로부터

$$C_T = \frac{C_1 C_2}{C_1 + C_2} = \frac{(100\text{ pF})(330\text{ pF})}{430\text{ pF}} = \mathbf{76.7\ pF}$$

또한 식 (12-9)를 이용할 수도 있다.

$$C_T = \frac{1}{\dfrac{1}{100\text{ pF}} + \dfrac{1}{330\text{ pF}}} = \mathbf{76.7\ pF}$$

**관련 문제** 그림 12-21에서 $C_1 = 470$ pF이고 $C_2 = 680$ pF일 때 $C_T$를 구하라.

**예제 12-7** 그림 12-22에서 직렬 커패시터에 대한 $C_T$를 구하라.

▶ 그림 12-22

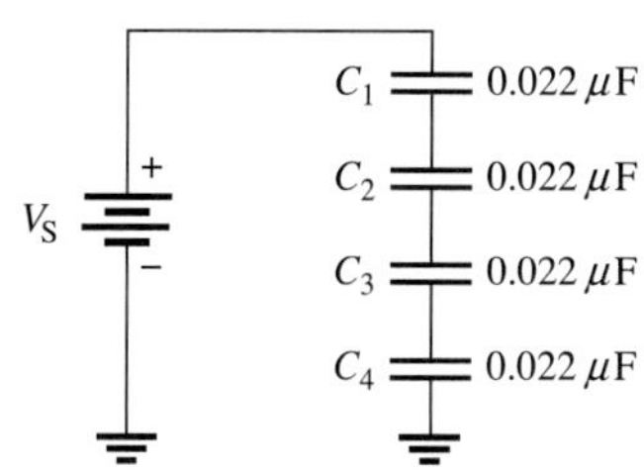


**풀이** $C_1 = C_2 = C_3 = C_4 = C$이므로, 식 (12-11)을 사용하면 $C_T$는 다음과 같다.

$$C_T = \frac{C}{n} = \frac{0.022\ \mu\text{F}}{4} = \mathbf{0.0055\ \mu F}$$

**관련 문제** 그림 12-22에서 커패시터 값을 두 배로 했을 때의 $C_T$를 구하라.

## 커패시터의 전압

직렬 접속의 커패시터들은 전압 분배기로서 동작한다. 식 $V = Q/C$에 의해 직렬 연결된 각 커패시터 양단에 걸리는 전압은 커패시턴스 값에 반비례한다. 직렬로 연결된 커패시터에 걸리는 전압은 다음 식으로부터 구할 수 있다.

$$V_x = \left(\frac{C_T}{C_x}\right)V_T \qquad (12\text{-}12)$$

여기서 $C_x$는 $C_1, C_2, C_3$와 같은 직렬로 연결된 커패시터를 나타내고, $V_x$는 $C_x$ 양단에 걸리는 전압이며, $V_T$는 커패시터에 걸리는 전체 전압이다. 직렬 접속에서 각 커패시터에서의 전하는 전체 전하와 같고($Q_x = Q_T$), $Q_x = V_xC_x$, $Q_T = V_TC_T$이므로

$$V_xC_x = V_TC_T$$

따라서 $V_x$를 구하면

$$V_x = \frac{C_TV_T}{C_x}$$

**직렬에서 가장 큰 값의 커패시터는 가장 작은 전압을 갖고, 가장 작은 값의 커패시터는 가장 큰 전압을 갖는다.**

예제 12-8　그림 12-23에서 각각의 커패시터에 걸리는 전압을 구하라.

▶ 그림 12-23

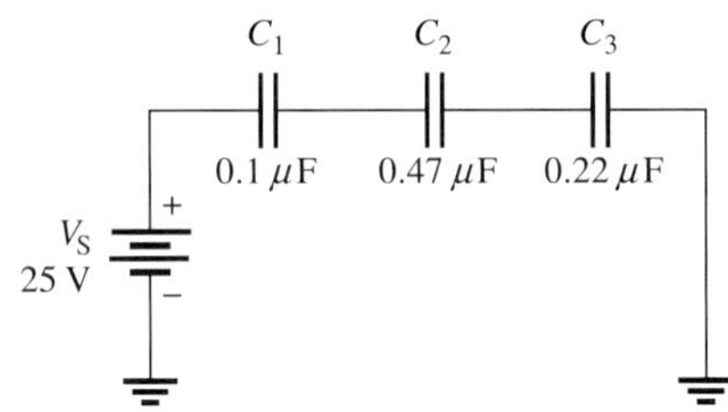


풀이　총 커패시턴스를 계산하자.

$$\frac{1}{C_T} = \frac{1}{C_1} + \frac{1}{C_2} + \frac{1}{C_3} = \frac{1}{0.1\,\mu\text{F}} + \frac{1}{0.47\,\mu\text{F}} + \frac{1}{0.22\,\mu\text{F}}$$
$$C_T = 0.06\,\mu\text{F}$$

그림 12-24로부터 $V_S = V_T = 25$ V이다. 그러므로 식 (12-12)를 이용하여 각 커패시터에 걸리는 전압을 계산하자.

$$V_1 = \left(\frac{C_T}{C_1}\right)V_T = \left(\frac{0.06\,\mu\text{F}}{0.1\,\mu\text{F}}\right)25\text{ V} = \mathbf{15.0\ V}$$
$$V_2 = \left(\frac{C_T}{C_2}\right)V_T = \left(\frac{0.06\,\mu\text{F}}{0.47\,\mu\text{F}}\right)25\text{ V} = \mathbf{3.19\ V}$$

$$V_3 = \left(\frac{C_T}{C_3}\right)V_T = \left(\frac{0.06\ \mu F}{0.22\ \mu F}\right)25\ V = \mathbf{6.82\ V}$$

**관련 문제** 0.47 $\mu$F의 또 다른 커패시터를 그림 12-23의 커패시터에 직렬로 연결했다. 모든 커패시터가 처음에 충전되어 있지 않다고 가정했을 때 새로운 커패시터에 걸리는 전압을 구하라.

**복습문제 12-3**

1. 직렬 연결된 커패시터의 총 커패시턴스는 가장 작은 커패시터의 값보다 큰가 작은가?
2. 100 pF, 220 pF, 560 pF의 커패시터가 직렬로 연결되었다. 총 커패시턴스는 얼마인가?
3. 0.01 $\mu$F과 0.015 $\mu$F의 커패시터가 직렬로 연결되었다. 총 커패시턴스를 구하라.
4. 100 pF의 커패시터 5개가 직렬로 연결되었다. $C_T$ 값은 얼마인가?
5. 그림 12-24에서 $C_1$에 걸리는 전압을 구하라.

▶ 그림 12-24

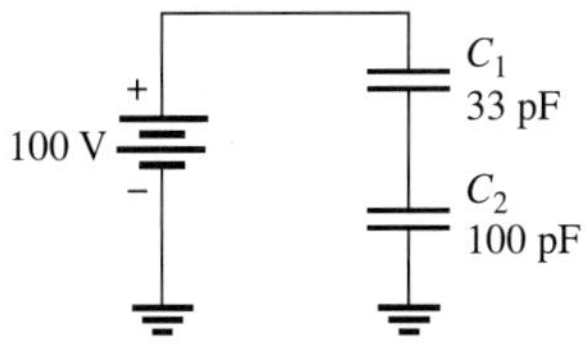


## 12-4 병렬 커패시터

커패시터가 병렬로 연결되어 있는 경우에 커패시턴스는 더한다.

이 절의 학습 내용은 다음과 같다.

- **병렬 커패시터의 분석**
  - 총 커패시턴스 값을 계산하는 방법

커패시터가 병렬로 연결되어 있을 때, 유효 판 면적이 증가하므로 총 커패시턴스는 각 커패시턴스의 합이 된다. 병렬일 때의 총 커패시턴스를 계산하는 것은 직렬일 때의 합성 저항을 계산하는 것과 유사하다(5장).

그림 12-25에서 스위치가 닫혀 있을 때를 살펴보자. 전원으로부터 전체 충전 전류가 병렬 가지의 접합점에서 나뉜다. 각 가지로 분리된 충전 전류는 각 커패시터에 저장될 수 있다. 키르히호프의 전류 법칙에 의하여 충전 전류의 총합은 전체 전류와 같다. 그러므로 각 커패시터에서의 전하의 합은 전체 전하와 같다. 그리고 병렬 가지들에 걸리는 전압은 모두 같다. 따라서 $n$개의 커패시터가 병렬로 접속된 경우 총 전하는 다음 식과 같이 된다.

$$Q_T = Q_1 + Q_2 + Q_3 + \cdots + Q_n \qquad (12\text{-}13)$$

식 (12-2)로부터, $Q = CV$를 식 (12-13)에 대입하면 다음과 같은 결과를 얻을 수 있다.

▶ 그림 12-25

병렬 커패시터

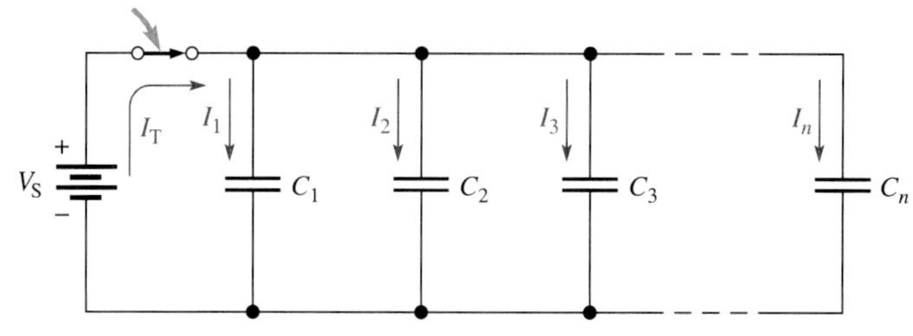


$$C_T V_T = C_1 V_1 + C_2 V_2 + C_3 V_3 + \cdots + C_n V_n$$

$V_T = V_1 = V_2 = V_3 = \cdots = V_n$이므로, 전압 항이 삭제되어 다음과 같이 된다.

$$C_T = C_1 + C_2 + C_3 + \cdots + C_n \tag{12-14}$$

식 (12-14)는 $n$개의 커패시터가 병렬로 접속된 경우 총 커패시턴스를 구하는 식이다.

**병렬 연결에서의 총 커패시턴스는 모든 커패시터들의 합과 같다.**

병렬 연결에서 커패시터들이 모두 $C$로 같은 값을 갖는 경우에는 커패시터의 개수 $n$을 곱한다.

$$C_T = nC \tag{12-15}$$

**예제 12-9** 그림 12-26에서 총 커패시턴스는 얼마인가? 또한 각 커패시터에 걸리는 전압은 얼마인가?

▶ 그림 12-26

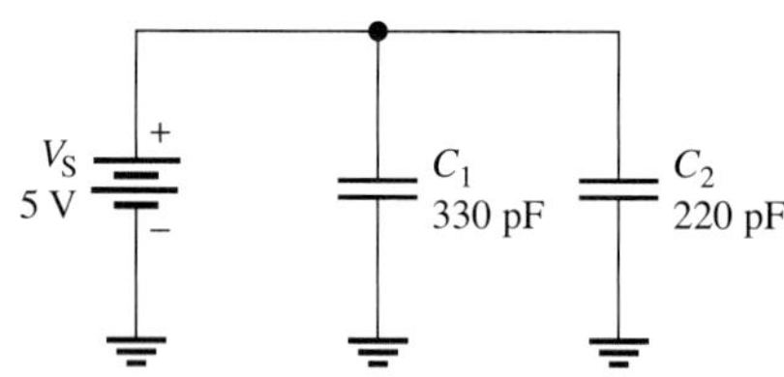


풀이 총 커패시턴스는 다음과 같다.

$$C_T = C_1 + C_2 = 330\,\text{pF} + 220\,\text{pF} = \mathbf{550\,pF}$$

각 커패시터에 걸리는 전압은 전압원과 동일하다.

$$V_S = V_1 = V_2 = \mathbf{5\,V}$$

관련 문제 그림 12-26에서 100 pF의 커패시터가 $C_2$에 병렬로 연결된다면 $C_T$는 얼마인가?

**예제 12-10** 그림 12-27에서 $C_T$를 구하라.

▶ 그림 12-27

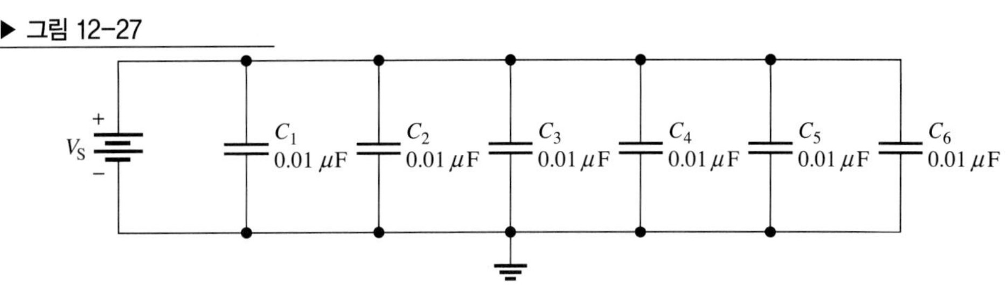


**풀이** 병렬 회로에서 6개의 커패시터 값이 같으므로 $n = 6$이다.

$$C_T = nC = (6)(0.01\ \mu\text{F}) = \mathbf{0.06\ \mu F}$$

**관련 문제** 그림 12-27에서 0.01 μF 커패시터 3개를 병렬로 연결하면, 총 커패시턴스는 얼마인가?

**복습문제 12-4**

1. 총 병렬 커패시턴스는 어떻게 구하는가?
2. 어떤 응용에서 0.05 μF이 필요하다. 단지 0.01 μF의 값을 갖는 커패시터를 여러 개 갖고 있다. 원하는 총 커패시턴스를 얻기 위해 어떻게 해야 하는가?
3. 10 pF, 56 pF, 33 pF, 68 pF의 커패시터가 병렬로 연결되어 있다. $C_T$는 얼마인가?

# 12-5 직류 회로에서의 커패시터

커패시터는 직류 전압원에 연결되면 충전된다. 회로에서의 커패시턴스와 저항 값을 알고 있다면 판 양단에 걸리는 전하의 축적을 예측할 수 있다.

이 절의 학습 내용은 다음과 같다.

- **용량성 직류 회로의 분석**
  - 커패시터의 충전 및 방전
  - *시정수*의 정의
  - 시정수와 충전 및 방전의 관계
  - 충전 및 방전 곡선에 대한 방정식
  - 커패시터가 직류를 차단하는 이유

## 커패시터의 충전

그림 12-28과 같이 커패시터가 직류 전압원에 연결되면 충전된다. 그림 12-28(a)의 커패시터는 충전되지 않은 상태이다. 즉, 도체판 $A$와 $B$의 자유전자의 수는 같다. 그림 12-28(b)에서와 같이 스위치가 닫히면 전자가 화살표 방향으로 도체판 $A$에서 $B$로 이동한다. 도체판 $A$는 전자를 잃고 도체판 $B$는 전자를 얻게 되어 도체판 $A$는 $B$에 대해서 (+)극을 띠게 된다. 그림 12-28(c)와

▶ 그림 12-28
커패시터의 충전

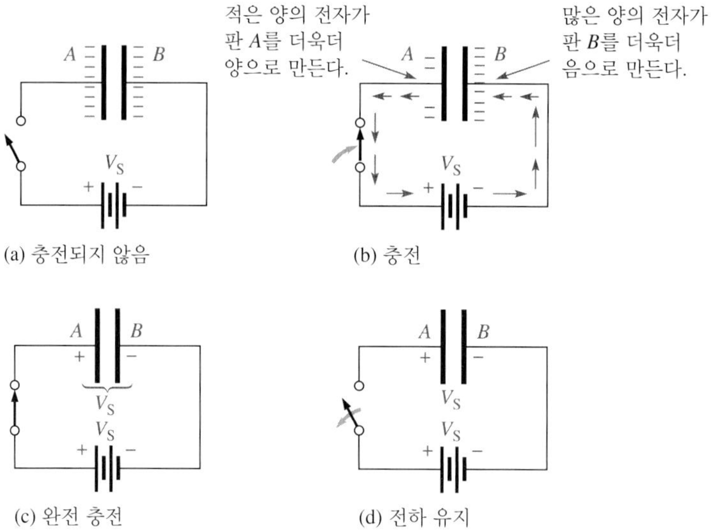


같이 충전이 계속되면, 도체판 사이의 전압은 인가 전압 $V_S$와 크기는 같고 극성이 반대인 전압이 될 때까지 빠르게 형성된다. 커패시터가 완전히 충전되면 전류는 더 이상 흐르지 않는다.

**커패시터는 일정한 직류를 차단한다.**

그림 12-28(d)에서와 같이 충전된 커패시터가 전원으로부터 분리되면, 커패시터는 오랜 시간 동안 충전된 상태를 유지하는데, 커패시터가 충전을 유지하는 기간은 누설 저항에 따라 달라지며, 심한 전기적인 충격을 일으킬 수 있다. 일반적으로 전해 커패시터가 다른 종류의 커패시터보다 빨리 방전된다.

## 커패시터의 방전

그림 12-29에서와 같이 충전된 커패시터 양단에 전선을 연결하면 커패시터는 방전된다. 이러한 특별한 경우에는 저항이 매우 낮은 전선이 스위치를 거쳐서 커패시터 양단에 연결된다. 그림 12-29(a)에서와 같이 스위치를 닫기 전에는 커패시터가 50 V로 충전되어 있었다. 그림 12-29(b)와 같이 스위치가 닫히면, 도체판 $B$에 있던 과잉 전자들이 도체판 $A$로 화살표 방향을 따라 이동하여 전류가 전선을 따라 흐르게 되며, 커패시터에 저장되어 있던 에너지는 전선에서 소비된다. 두 도체판의 자유전자의 수가 다시 같아지면, 전하는 중성이 된다. 이때 커패시터의 전압은 0이 되어 커패시터는 그림 12-29(c)와 같이 완전히 방전된다.

▶ 그림 12-29
커패시터의 방전

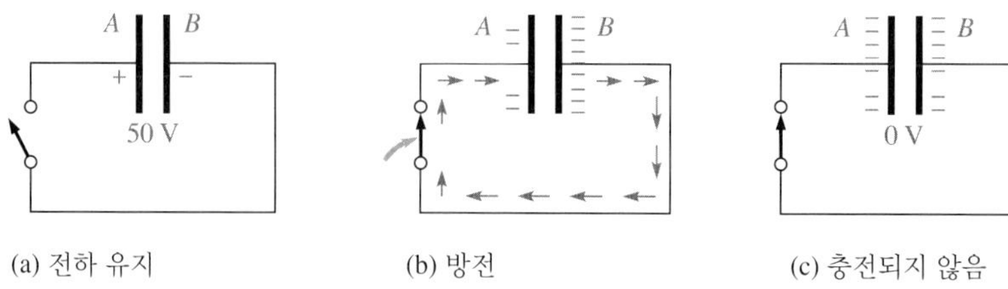

## 충전 및 방전 시 전류와 전압

그림 12-28과 12-29에서 방전 전류와 충전 전류는 서로 반대 방향이라는 것에 유의해야 한다. **유전체는 절연 물질이므로 충전이나 방전하는 동안에는 커패시터의 유전체를 통해서 흐르는 전류는 없다.** 한 도체판에서 다른 도체판으로 흐르는 전류는 외부 회로를 통해서만 흐를 수 있다.

그림 12-30(a)는 커패시터가 직류 전압원에 저항과 스위치를 통해서 직렬로 연결되어 있음을 보여준다. 처음에 스위치는 열려 있으며 커패시터에는 양단 전압이 '0'으로 방전되어 있다. 어느 순간에 스위치가 닫히면 최대값의 전류가 흐르고 커패시터는 충전되기 시작한다. 커패시터의 양단 전압이 0 V이므로 최대 전류가 흘러 커패시터는 마치 단락 회로인 것처럼 작동되며 전류는 저항에 의해서만 제한을 받는다. 시간이 경과하여 커패시터가 충전됨에 따라, 전류는 감소하고 커패시터 전압($V_C$)은 증가한다. 충전 기간 동안 저항의 전압은 전류에 비례한다.

어느 정도의 시간이 경과한 후에는 커패시터가 완전히 충전된다. 그림 12-30(b)에서와 같이 전류는 더 이상 흐르지 않고 커패시터의 전압은 전원 전압과 같아진다. 다시 스위치를 열어 놓아도 커패시터는 완전 충전 상태를 유지한다(어떠한 누설도 무시).

◀ 그림 12-30

커패시터의 충전 및 방전 시 전류와 전압

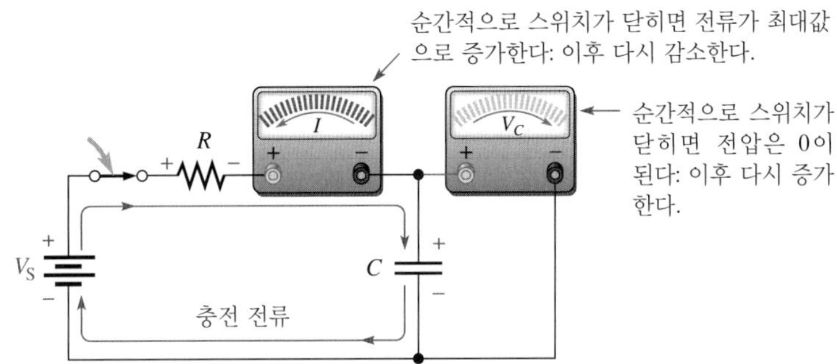


(a) 충전: 전류와 저항 전압이 감소하면서 커패시터의 전압은 증가한다.

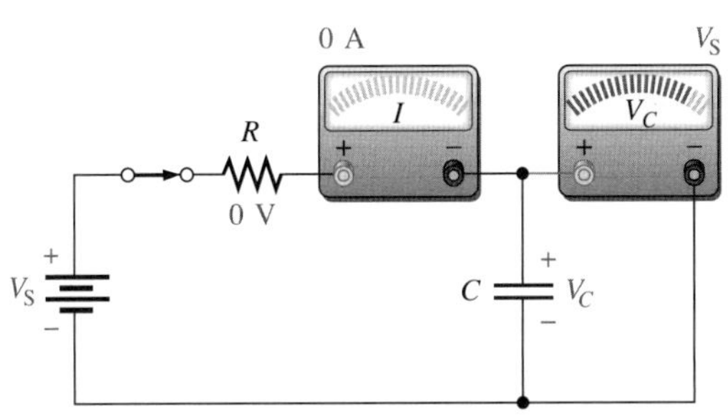


(b) 완전 충전: 커패시터 전압은 전압원과 같다. 전류는 0이다.

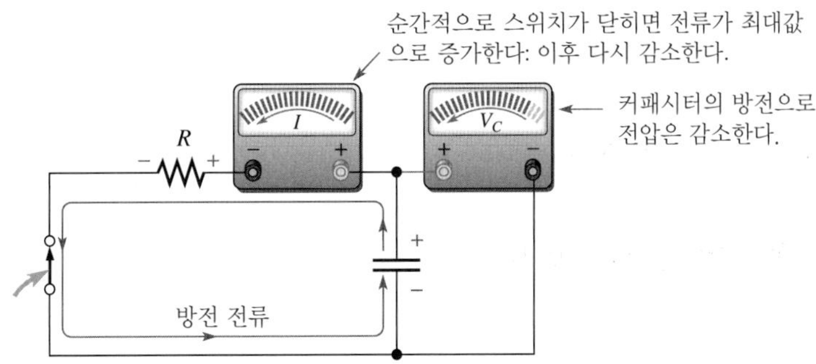


(c) 방전: 커패시터 전압, 저항 전압 그리고 전류는 초기의 최대값에서 감소한다. 방전 전류는 충전 전류와 반대 방향인 것을 주목하자.

그림 12-30(c)에서는 전압원이 제거되었다. 스위치를 닫으면 커패시터는 방전하기 시작한다. 처음에는 충전될 때와 반대 방향으로 최대 전류가 흐른다. 시간이 경과함에 따라 전류와 커패시터 전압은 감소한다. 저항에 걸리는 전압은 항상 전류에 비례한다. 커패시터가 완전히 방전되면 전류와 커패시터 전압은 '0'이 된다.

직류 회로에서 커패시터에 관한 다음 법칙을 기억하자.

**1.** 커패시터는 일정한 전압에 대해 **개방** 회로로서 나타난다.

**2.** 커패시터는 순간적으로 변화하는 전압에 대해 **단락** 회로로서 나타난다.

이제 용량성 회로에서 전압과 전류가 시간에 따라 어떻게 변화하는지 좀더 자세히 알아보기로 하자.

## *RC* 시정수

실제 회로에 있어서, 커패시턴스에는 어느 정도의 저항 성분이 존재한다. 이 저항 성분은 단순히 전선의 작은 저항일 수도 있고, 테브냉 전원 저항이나 물리적 저항일 수도 있다. 따라서 커패시터의 충전과 방전 특성은 이러한 저항과 함께 고려되어야 한다. 저항은 커패시터의 충/방전에 있어서 **시간**이라는 요소를 갖게 한다.

커패시터가 저항을 통해서 충전 및 방전될 때 커패시터가 완전히 충전되거나 방전되기 위해서는 어느 정도의 시간이 필요하다. 전하가 어느 점에서 다른 점으로 이동하기 위해서는 어느 정도의 시간이 필요하므로 커패시터에 걸리는 전압은 순간적으로 변화할 수 없다. 커패시터가 충전되거나 방전되는 비율은 그 회로의 시정수에 의해 결정된다.

**직렬 *RC* 회로의 시정수(time constant)는 저항과 커패시턴스의 곱과 같은 시간 간격이다.**

시정수의 단위는 저항이 Ω, 커패시턴스가 F일 때 초(sec)로 표현되고, 기호는 $\tau$(그리스 문자 타우)이며 구하는 식은 다음과 같다.

$$\tau = RC \tag{12-16}$$

$I = Q/t$이므로, 전류는 단위 시간당 이동하는 전하량이다. 저항이 증가하면 충전 전류는 감소하고, 따라서 커패시터의 충전 시간이 증가한다. 커패시턴스가 증가하면 전하량이 증가하여, 같은 전류에 대해서 커패시터를 충전하는 데 더 많은 시간이 필요하다.

**예제 12-11** 1.0 MΩ의 저항과 4.5 μF의 커패시터가 직렬로 연결되어 있다. 시정수는 얼마인가?

**풀이**

$$\tau = RC = (1.0 \times 10^{6}\ \Omega)(4.7 \times 10^{-6}\ \text{F}) = \mathbf{4.7\ s}$$

**관련 문제** 270 kΩ의 저항과 3300 pF의 커패시터가 직렬로 연결되어 있다. 시정수는 얼마인가?

시정수만큼의 시간이 경과하면 커패시터의 전하량이 대략 63% 변화한다. 충전되지 않은 커패시터는 시정수($1\tau$)에서 완전히 충전된 전압의 63%까지 충전된다. 또한 커패시터가 방전되면 1시정수만큼의 시간이 경과한 후에 전압이 대략 초기값의 100% − 63% = 37%로 떨어진다. 즉, 63%가 변화된다.

## 충전 및 방전 곡선

커패시터는 그림 12-31과 같이 비선형 곡선을 따라 충전되거나 방전된다. 이 그래프에서, 완전 충전 시의 백분율을 각 시정수 구간마다 표시하였다. 이 곡선은 **지수함수**에 따라 변화한다. 충전 곡선은 지수함수적으로 증가하고, 방전 곡선은 지수함수적으로 감소한다. 시정수의 5배의 시간이 지나면 대략 최종값의 99%에 접근한다. 대략 시정수의 5배가 되는 시간에서 커패시터가 완전히 충전되었다고 하며, 이 시간을 **과도 시간**(transient time)이라고 한다.

◀ 그림 12-31

*RC* 회로의 충전 및 방전 지수 전압 곡선

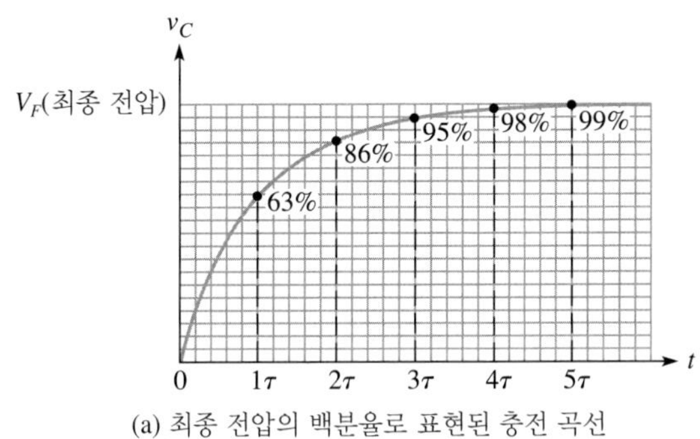


(a) 최종 전압의 백분율로 표현된 충전 곡선

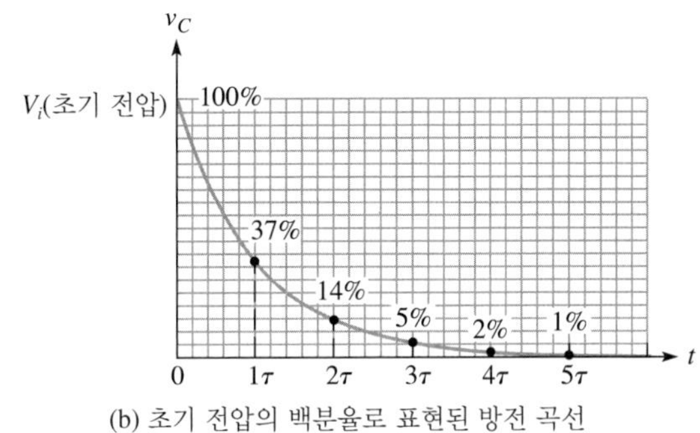


(b) 초기 전압의 백분율로 표현된 방전 곡선

### 일반적인 공식

증가하거나 감소하는 지수함수 곡선에 대한 일반적인 표현은 전압과 전류의 순시값에 대해서 다음 공식으로 주어진다.

$$v = V_F + (V_i - V_F)e^{-t/\tau} \tag{12-17}$$

$$i = I_F + (I_i - I_F)e^{-t/\tau} \tag{12-18}$$

여기서 $V_F$와 $I_F$는 전압과 전류의 최종값을 나타내고, $V_i$와 $I_i$는 전압과 전류의 초기값을 나타낸다. $v$와 $i$는 시간 $t$에서의 커패시터 전압과 전류의 순시값을 나타내고, $e$는 자연대수의 밑수이다. 지수 항은 계산기에서 $e^x$ 기능 단자를 사용하여 계산할 수 있다.

### '0' 으로부터 충전

그림 12-31(a)에서와 같이 전압이 0($V_i$ = 0)인 상태에서부터 증가하는 지수함수 전압 곡선은 식 (12-19)로 주어진다. 이 식은 식 (12-17)로부터 다음과 같이 유도된다.

$$v = V_F + (V_i - V_F)e^{-t/\tau} = V_F + (0 - V_F)e^{-t/RC} = V_F - V_F e^{-t/RC}$$

전압 최종값 $V_F$는 다음과 같다.

$$v = V_F(1 - e^{-t/RC}) \qquad (12\text{-}19)$$

초기에 충전되지 않은 상태였다면, 어느 순간의 커패시터의 충전 전압은 식 (12-19)를 사용하여 계산할 수 있다. 증가하는 전류에 대해서도 식 (12-19)에서 $V_F$를 $I_F$로 $v$를 $i$로 대신해서 계산할 수 있다.

**예제 12-12** 그림 12-32에서 커패시터가 처음에 방전 상태에 있었다면 스위치를 닫고 50 μs 후에 커패시터 전압을 구하라.

▶ 그림 12-32

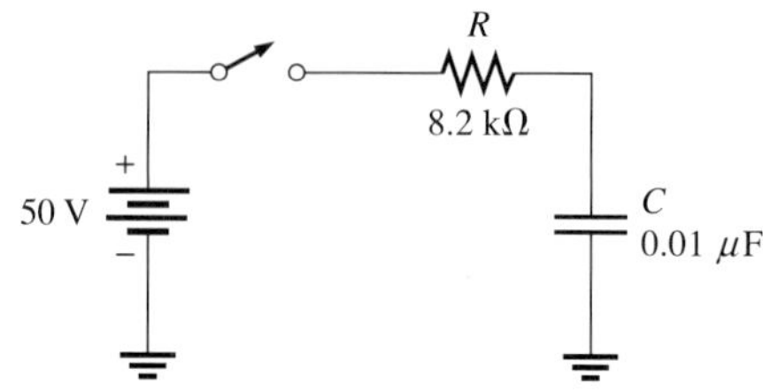


**풀이** 시정수는 $RC$ = (8.2 kΩ)(0.01 μF) = 82 μs이다. 커패시터가 완전히 충전되면 전압($V_F$)은 50 V이다. 초기 전압은 0이다. 50 μs는 시정수보다 작으므로, 커패시터는 완전 충전된 전압의 63%보다 작을 것이다.

$$v_C = V_F(1 - e^{-t/RC}) = (50\text{ V})(1 - e^{-50\mu s/82\mu s})$$
$$= (50\text{ V})(1 - e^{-0.61}) = (50\text{ V})(1 - 0.543) = \mathbf{22.8\text{ V}}$$

그림 12-33은 커패시터의 충전 곡선을 보여주고 있다.

▶ 그림 12-33

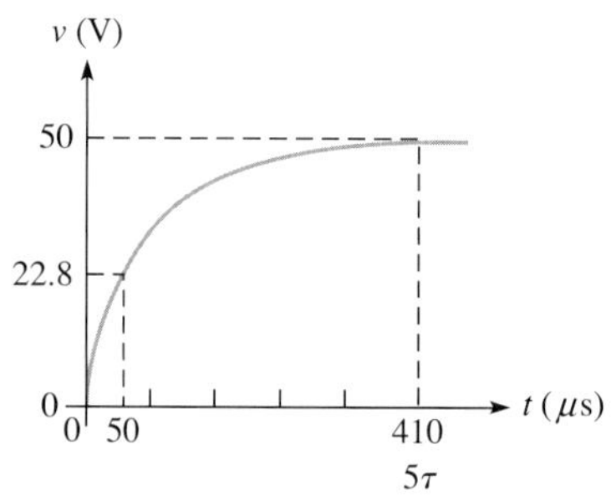


계산기를 이용하여 $e^x$ 키나 $e$의 지수부분 값을 입력함으로써 지수함수를 구할 수 있다.

**관련 문제** 그림 12-32에서 스위치를 닫은 지 15 μs 후의 커패시터 전압을 구하라.

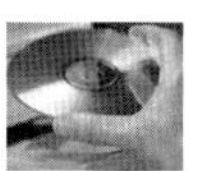

Multisim 파일 E12-12를 사용하여 [예제 12-12]와 [관련 문제]의 계산 결과를 확인하라.

### '0' 으로 방전

그림 12-31(b)와 같이 지수함수적으로 감소하여 $V_F = 0$으로 끝나는 전압 곡선에 대한 공식은 다음과 같은 일반적인 식으로부터 유도된다.

$$v = V_F + (V_i - V_F)e^{-t/\tau} = 0 + (V_i - 0)e^{-t/RC}$$

다음과 같이 줄일 수 있다.

$$v = V_i e^{-t/RC} \qquad (12\text{-}20)$$

여기서 $V_i$는 방전이 시작되는 순간의 전압이다. 이 식으로부터 임의의 순간에서의 방전 전압을 구할 수 있다([예제 12-13] 참조).

**예제 12-13** 그림 12-34에서 스위치를 닫고 6 ms 후의 커패시터 전압을 구하라. 방전 곡선을 그려라.

▶ 그림 12-34

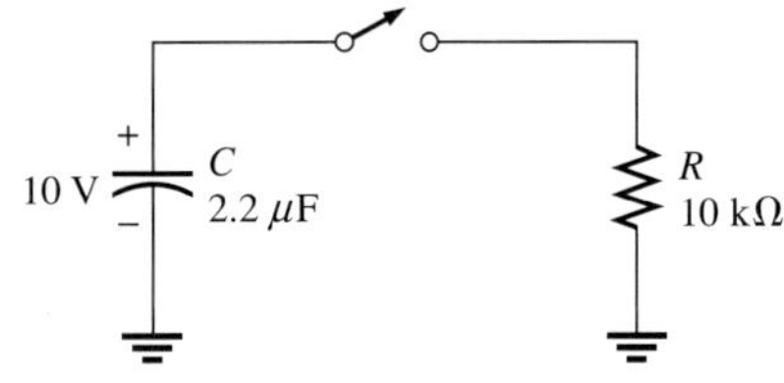


**풀이** 방전 시정수는 $RC = (10\ \text{k}\Omega)(2.2\ \mu\text{F}) = 22$ ms이다. 초기 커패시터 전압이 10 V이다. 6 ms는 시정수보다 작으므로 커패시터는 63%보다 작게 방전된다. 따라서 6 ms에서 전압은 초기 전압의 37%보다 클 것이다.

$$v_C = V_i e^{-t/RC} = (10\ \text{V})e^{-6\text{ms}/22\text{ms}} = (10\ \text{V})e^{-0.27} = (10\ \text{V})(0.761) = \mathbf{7.61\ V}$$

커패시터의 방전 곡선은 그림 12-35에 나타내었다.

▶ 그림 12-35

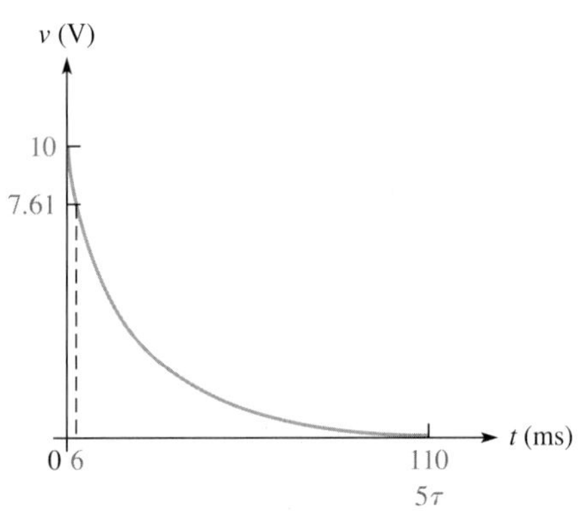


**관련 문제** 그림 12-34에서 $R$을 2.2 kΩ으로 바꾸면 스위치를 닫고 1 ms 후에 커패시터 전압을 구하라.

### 일반적인 지수함수 곡선을 이용하는 방법

그림 12-36의 곡선을 이용하여 커패시터의 충전 및 방전 시의 그래프적인 해를 구할 수 있다. [예제 12-14]는 그래프로 해석하는 방법을 설명한다.

▶ 그림 12-36

정규화된 일반 지수함수 곡선

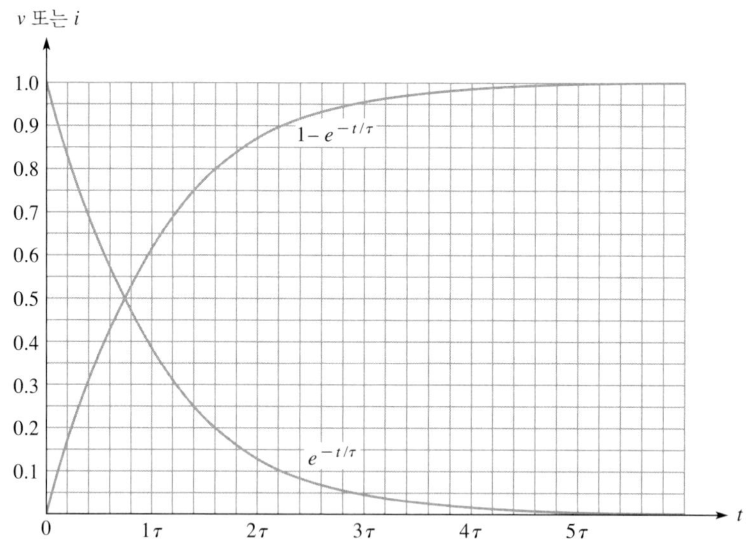


**예제 12-14** 그림 12-37에서 초기에 충전되지 않은 커패시터가 75 V까지 충전되는 데 얼마나 걸리는가? 스위치를 닫고 2 ms 후의 커패시터 전압은 얼마인가? 그림 12-36의 정규화된 지수함수 곡선을 이용하라.

▶ 그림 12-37

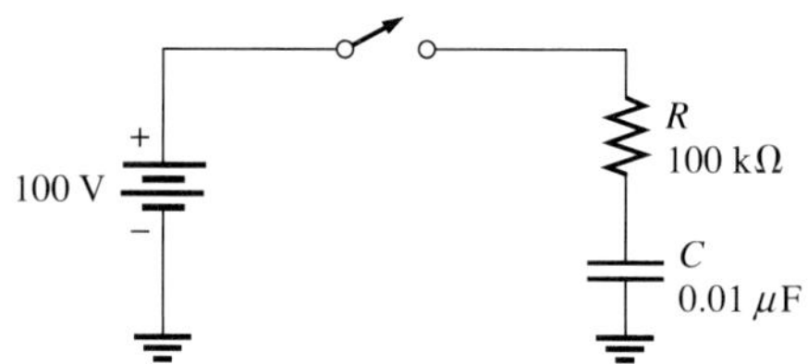


**풀이** 그래프의 수직축 눈금에서의 100%(1.0)는 완전 충전 시의 전압인 100 V를 나타낸다. 75 V는 최대의 75% 또는 그래프에서 0.75가 된다. 이 값은 시정수 1.4 ms에서 발생할 수 있다. 회로에서 시정수는 $RC = (100\ \text{k}\Omega)(0.01\ \mu\text{F}) = 1\ \text{ms}$이다. 그래서 커패시터 전압은 스위치를 닫은 지 1.4 ms 후에 75 V에 도달한다.

지수함수 곡선에서 시정수의 두 배인 2 ms 후의 커패시터는 약 86 V(수직축에 0.86)가 된다. 그래프로 해석하는 방법을 그림 12-38에 나타내었다.

▶ 그림 12-38

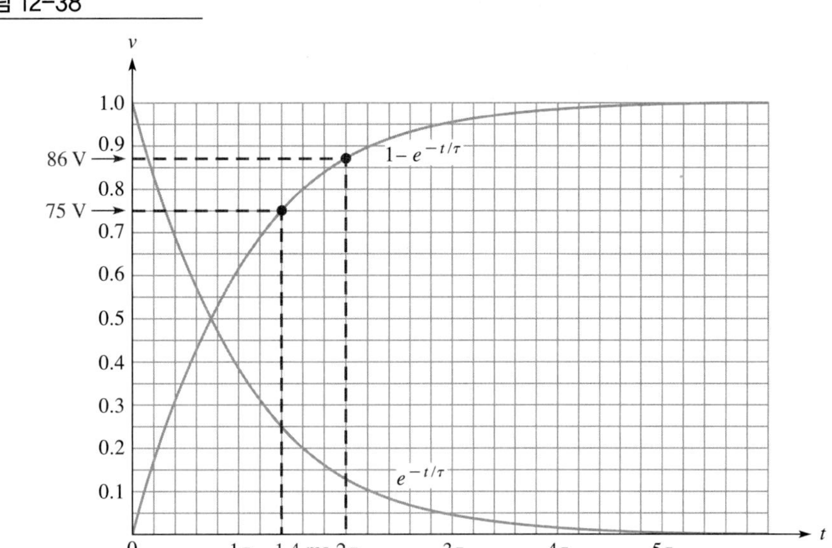


**관련 문제** 정규화된 지수함수 곡선을 사용하여 그림 12-37에서 커패시터가 50 V까지 충전하는 데 걸리는 시간을 구하라. 스위치를 닫은 지 3 ms 후의 커패시터 전압은 얼마인가?

Multisim 파일 E12-14를 사용하여 [예제 12-14]와 [관련 문제]의 계산 결과를 확인하라. 직류 전압원과 스위치를 대신하는 데 구형파를 사용하자.

## 시정수 백분율 표

시정수 간격에서의 충전과 방전에 대한 백분율은 지수함수식을 사용하여 계산하거나, 지수함수 곡선으로부터 얻을 수 있다. 그 결과를 표 12-4와 12-5에 요약하였다.

**표 12-4** 각 시정수의 충전 백분율

| 시정수의 수 | 최종 전하의 대약적인 백분율 |
|---|---|
| 1 | 63 |
| 2 | 86 |
| 3 | 95 |
| 4 | 98 |
| 5 | 99(100%로 봄) |

**표 12-5** 각 시정수의 방전 백분율

| 시정수의 수 | 최종 전하의 대약적인 백분율 |
|---|---|
| 1 | 37 |
| 2 | 14 |
| 3 | 5 |
| 4 | 2 |
| 5 | 1(0으로 봄) |

## 시간에 대한 해석

때때로 한정된 전압으로 커패시터가 충전 또는 방전되기 위하여, 어느 정도의 시간이 걸리는가를 결정할 필요가 있다. $v$를 알면 시간 $t$에서의 식 (12-17)과 (12-19)를 구할 수 있다. $e^{-t/RC}$의 자연로그(단축해서 ln)는 지수 $-t/RC$이다. 따라서 식의 양변에 자연로그를 취하면 시간에 대한 해를 구할 수 있다. 이 과정은 $V_F = 0$인 감소 지수함수식(식 (12-20))에서 다음과 같이 적용된다.

$$v = V_i e^{-t/RC}$$

$$\frac{v}{V_i} = e^{-t/RC}$$

$$\ln\left(\frac{v}{V_i}\right) = \ln e^{-t/RC}$$

$$\ln\left(\frac{v}{V_i}\right) = \frac{-t}{RC}$$

$$t = -RC\ln\left(\frac{v}{V_i}\right) \quad (12\text{-}21)$$

위와 같은 절차를 따르면, 식 (12-19)의 증가 지수함수식은 다음과 같다.

$$v = V_F(1 - e^{-t/RC})$$

$$\frac{v}{V_F} = 1 - e^{-t/RC}$$

$$1 - \frac{v}{V_F} = e^{-t/RC}$$

$$\ln\left(1 - \frac{v}{V_F}\right) = \ln e^{-t/RC}$$

$$\ln\left(1 - \frac{v}{V_F}\right) = \frac{-t}{RC}$$

$$t = -RC\ln\left(1 - \frac{v}{V_F}\right) \quad (12\text{-}22)$$

**예제 12-15** 그림 12-39에서 스위치를 닫을 때, 커패시터가 25 V로 방전되는 데 얼마나 걸리는가?

▶ **그림 12-39**

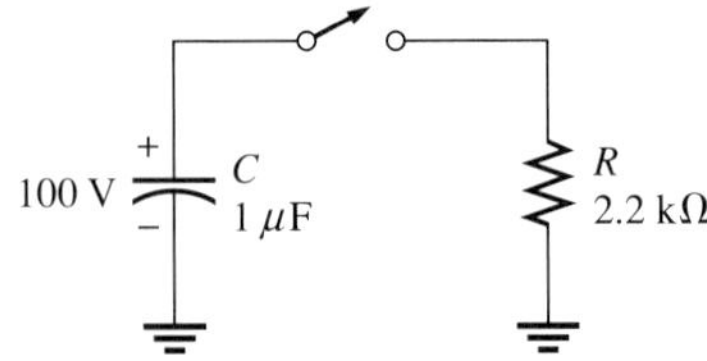


**풀이** 방전 시간을 구하기 위해 식 (12-21)을 이용하자.

$$t = -RC\ln\left(\frac{v}{V_i}\right) = -(2.2\,\text{k}\Omega)(1\,\mu\text{F})\ln\left(\frac{25\,\text{V}}{100\,\text{V}}\right)$$

$$= -(2.2\text{ ms})\ln(0.25) = -(2.2\text{ ms})(-1.39) = \mathbf{3.05\text{ ms}}$$

계산기의 LN 키를 사용해서 ln(0.25)를 계산할 수 있다.

**관련 문제** 그림 12-39에서 커패시터가 50 V로 방전되는 데 얼마의 시간이 걸리는가?

## 구형파에 대한 *RC* 반응

*RC* 회로에 시정수와 비교해서 긴 주기를 갖는 구형파가 인가될 때 지수 상승과 하강이 일반적으로 발생한다. 구형파는 켜짐, 꺼짐 동작을 제공하나, 단일 스위치와는 다르게 파형이 0으로 떨어지면서 발전기의 방전 궤도를 제공한다.

구형파가 증가할 때 커패시터에 걸리는 전압은 구형파의 최대값으로 지수적으로 증가하며, 증가에 걸리는 시간은 시정수에 영향을 받는다. 구형파가 0 값으로 돌아올 때, 커패시터 전압은 지수적으로 감소하며, 걸리는 시간은 역시 시정수의 영향을 받는다. 발전기의 테브냉 저항도 *RC* 시정수의 한 부분이나, 그 값이 *R*과 비교해서 작으면 무시할 수 있다. [예제 12-16]은 시정수와 비교해서 긴 주기를 갖는 경우의 파형을 보여주고 있다. 다른 경우들은 20장에서 자세히 다룰 것이다.

**예제 12-16** 그림 12-40에서 입력 신호의 1주기 동안 매 0.1 ms 단위로 커패시터에 걸리는 전압을 계산하라. 커패시터 파형을 그려라. 발전기의 테브냉 저항은 무시한다.

▶ 그림 12-40

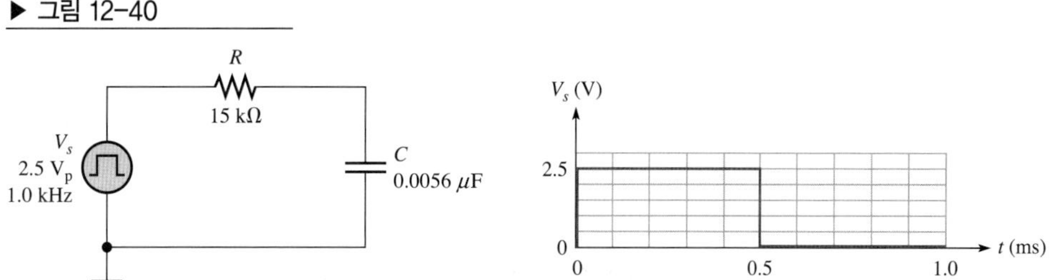


**풀이**

$$\tau = RC = (15\text{ k}\Omega)(0.0056\ \mu\text{F}) = 0.084\text{ ms}$$

구형파의 주기는 약 $12\tau$인 1 ms이다. 이는 커패시터가 완전 충전 및 완전 방전에 걸리는 시간이 $6\tau$인 것을 의미한다.

지수 상승을 이용하여

$$v = V_F(1 - e^{-t/RC}) = V_F(1 - e^{-t/\tau})$$

0.1 ms일 때 $v = 2.5\text{ V}(1 - e^{-0.1\text{ms}/0.084\text{ms}}) = 1.74\text{ V}$

0.2 ms일 때 $v = 2.5\text{ V}(1 - e^{-0.2\text{ms}/0.084\text{ms}}) = 2.27\text{ V}$

0.3 ms일 때 $v = 2.5\text{ V}(1 - e^{-0.3\text{ms}/0.084\text{ms}}) = 2.43\text{ V}$

$$0.4\text{ ms}일\ 때\ v = 2.5\text{ V}(1 - e^{-0.4\text{ms}/0.084\text{ms}}) = 2.48\text{ V}$$
$$0.5\text{ ms}일\ 때\ v = 2.5\text{ V}(1 - e^{-0.5\text{ms}/0.084\text{ms}}) = 2.49\text{ V}$$

지수 하강을 이용하여

$$v = V_i(e^{-t/RC}) = V_i(e^{-t/\tau})$$

이 식에서 시간은 변화가 발생하는 순간부터로 볼 수 있다(실제 시간으로부터 0.5 ms를 빼야 함). 예로 0.6 ms에서 $t = 0.6\text{ ms} - 0.5\text{ ms} = 0.1\text{ ms}$이다.

$$v = V_F(1 - e^{-t/RC}) = V_F(1 - e^{-t/\tau})$$
$$0.6\text{ ms}일\ 때\ v = 2.5\text{ V}(1 - e^{-0.1\text{ms}/0.084\text{ms}}) = 0.76\text{ V}$$
$$0.7\text{ ms}일\ 때\ v = 2.5\text{ V}(1 - e^{-0.2\text{ms}/0.084\text{ms}}) = 0.23\text{ V}$$
$$0.8\text{ ms}일\ 때\ v = 2.5\text{ V}(1 - e^{-0.3\text{ms}/0.084\text{ms}}) = 0.07\text{ V}$$
$$0.9\text{ ms}일\ 때\ v = 2.5\text{ V}(1 - e^{-0.4\text{ms}/0.084\text{ms}}) = 0.02\text{ V}$$
$$1.0\text{ ms}일\ 때\ v = 2.5\text{ V}(1 - e^{-0.5\text{ms}/0.084\text{ms}}) = 0.01\text{ V}$$

그림 12-41은 이 결과를 그린 것이다.

▶ 그림 12-41

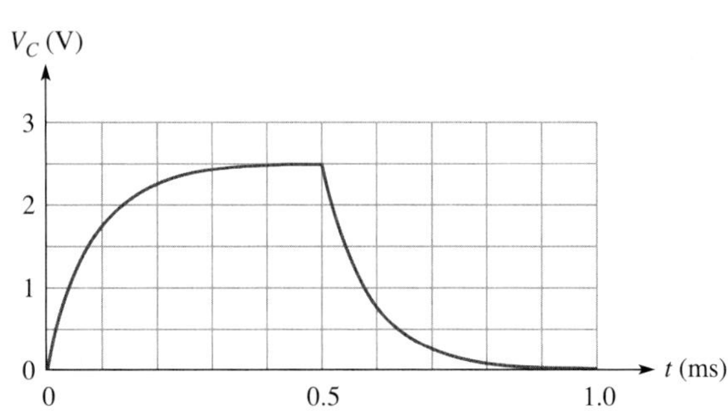


**관련 문제** 0.65 ms에서 커패시터 전압은 얼마인가?

**복습문제 12-5**

1. $R = 1.2\text{ k}\Omega$이고, $C = 1000\text{ pF}$일 때의 시정수를 구하라.
2. 문제 1의 회로에서 5 V의 전원으로 충전되어 있다면, 커패시터가 완전히 충전되는 데 걸리는 시간은 얼마인가? 완전 충전 시 커패시터 전압은 얼마인가?
3. 1 ms의 시정수를 가진 회로가 10 V의 전지로 충전되었다면 2 ms, 3 ms, 4 ms, 5 ms의 시간이 흐른 후 커패시터의 전압은 얼마가 되는가?
4. 커패시터가 100 V로 충전되어 있다. 커패시터가 방전된다면, 1시정수에서 커패시터 전압은 얼마인가?

# 12-6 교류 회로에서의 커패시터

앞 절에서 살펴보았듯이 커패시터는 직류를 차단한다. 커패시터는 교류는 통과시키지만, 주파수에 의존하는 용량성 리액턴스라는 저항 값을 갖는다.

이 절의 학습 내용은 다음과 같다.

- **용량성 교류 회로의 분석**
  - 커패시터에서 전류와 전압 사이의 위상 차이가 발생하는 이유
  - *용량성 리액턴스*의 정의
  - 주어진 회로에서 용량성 리액턴스의 값을 구하는 방법
  - 커패시터의 순시 전력, 유효 전력, 무효 전력에 대한 논의

교류 회로에서 커패시터의 동작을 완전히 이해하기 위해서, 미분의 개념을 도입해야 한다. 시간에 따라 변하는 물리량의 미분은 그 양의 순시 변화율이다.

전류는 전하(전자)의 흐름 비율이므로, 순시 전류 $i$는 시간 $t$에 대한 전하 $q$의 순시 변화율로 표현된다.

$$i = \frac{dq}{dt} \tag{12-23}$$

$dq/dt$ 항은 시간에 대한 $q$의 미분이며, $q$의 순시 변화율을 나타낸다. 또한 순시값 $q = Cv$이므로 미분의 기본 방식에 의해 $q$의 시간에 대한 미분인 $dq/dt$는 $C(dv/dt)$가 된다. $I = dq/dt$이므로 다음 식을 얻을 수 있다.

$$i = C\left(\frac{dv}{dt}\right) \tag{12-24}$$

이 식으로부터,

**순시 전류는 커패시터 양단에 걸리는 전압의 순시 변화율과 커패시턴스를 곱한 것과 같다.**

커패시터 양단에 걸리는 전압이 빠르게 변할수록 전류가 커짐을 알 수 있다.

## 커패시터에서의 전압과 전류의 위상관계

그림 12-42(a)와 같이 커패시터 양단에 정현파 전압이 인가되었을 때 어떻게 되는가를 알아보자. 그림 12-42(b)에서 보는 바와 같이 전압 파형은 영 교차점에서 최대의 변화율을 갖고, 피크점에서 최소의 변화율($dv/dt = 0$)을 갖는다.

식 (12-24)를 이용하여, 커패시터에 대한 전류와 전압 사이의 위상관계를 알 수 있다. $dv/dt = 0$일 때, $i = C(dv/dt) = C(0) = 0$이므로 $i$도 0이다. $dv/dt$가 양(+) 방향으로 최대가 될 때, $i$는 (+) 최대가 되며, $dv/dt$가 음(−) 방향으로 최대가 될 때, $i$는 (−) 최대가 된다.

용량성 회로에서 정현파 전압은 항상 정현파 전류를 만든다. 따라서 전압 곡선으로부터 전류 곡선을 도시할 수 있으며, 전압이 최대인 점에서 전류가 0이 된다. 이는 그림 12-43(a)를 통해 알 수 있다. 전류는 전압보다 항상 위상이 90° 앞선다는 것을 주목하라. 이는 순수한 용량성

▶ 그림 12-42
커패시터에 인가된 정현파

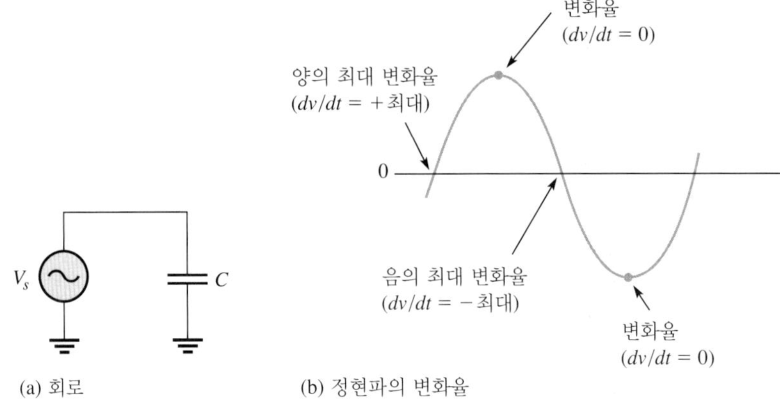


▶ 그림 12-43
커패시터에서 $V_C$와 $I_C$의 위상관계. 전류는 커패시터 전압보다 90° 앞선다.

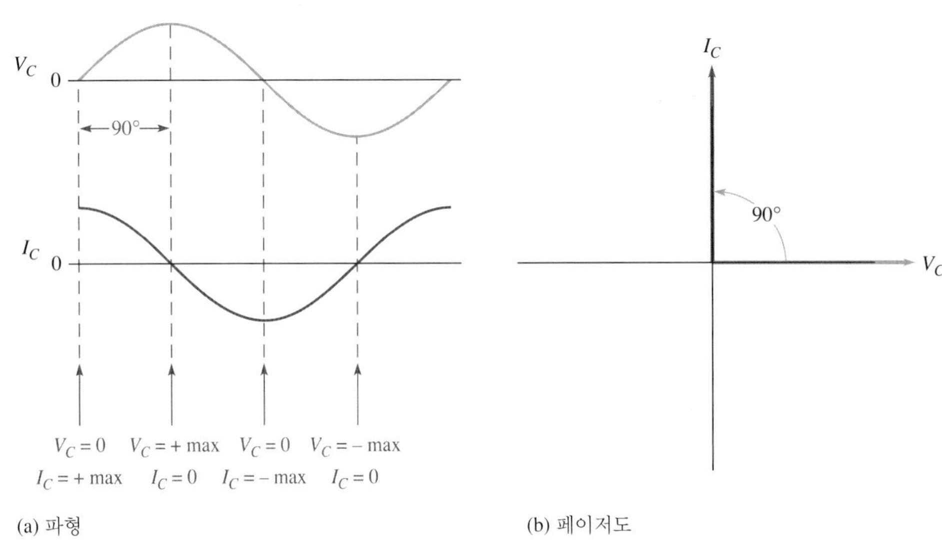


회로에 항상 적용된다. 전압과 전류의 위상관계는 그림 12-43(b)와 같다.

## 용량성 리액턴스, $X_C$

**용량성 리액턴스**(capacitive reactance)는 정현파 전류를 방해하며, 옴(Ω)으로 표현되고 기호는 $X_C$이다.

그림 12-44에서의 곡선과 $i = C(dv/dt)$를 이용하여, $X_C$에 대한 식을 구할 수 있다. 전압의 변화율은 주파수와 직접적인 관계가 있다. 전압의 변화가 클수록 주파수의 변화가 크다. 예를 들면, 그림 12-44의 영 교차점에서 정현파 $A$의 경사가 정현파 $B$의 경사보다 크다는 것을 알 수 있다. 한 점에서의 경사는 그 점에서의 변화율을 나타낸다. 파형 $A$는 파형 $B$보다 주파수가 높기 때문에 더 큰 변화율을 나타낸다($dv/dt$는 영 교차점에서 가장 크다).

주파수가 증가하면 $dv/dt$가 증가하며 $i$도 증가한다. 또한 주파수가 감소하면 $dv/dt$가 감소하며 $i$도 감소한다.

$$\overset{\uparrow}{i} = C(\overset{\uparrow}{dv}/dt) \quad \text{그리고} \quad \underset{\downarrow}{i} = C(\underset{\downarrow}{dv}/dt)$$

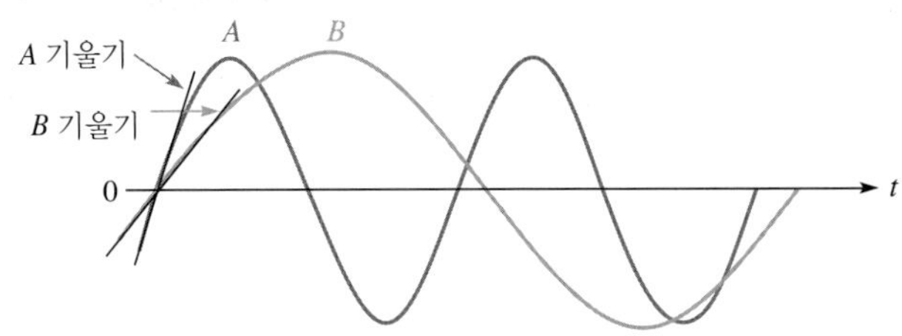


◀ 그림 12-44

높은 주파수 파형($A$)이 영 교차점에서 경사가 크고 변화율이 높다.

$i$가 증가하는 것은 $X_C$가 작다는 것을 의미하며, $i$가 감소한다는 것은 $X_C$가 크다는 것을 의미한다. 따라서 $X_C$는 $i$와 주파수에 반비례한다.

**$\frac{1}{f}$ 처럼, $X_C$는 $f$와 반비례한다.**

$i = C(dv/dt)$의 관계로부터 $dv/dt$가 일정하고 $C$가 변화하면 $C$가 증가함에 따라 $i$가 증가하고, $C$가 감소함에 따라 $i$가 감소함을 알 수 있다.

$$\uparrow \quad \uparrow \qquad\qquad\qquad\qquad$$
$$i = C(dv/dt) \text{ 그리고 } i = C(dv/dt)$$
$$\qquad\qquad\qquad\qquad \downarrow \quad \downarrow$$

다시 말해, $i$가 증가하는 것은 $X_C$가 작다는 것을 의미하며 $i$가 감소한다는 것은 $X_C$가 크다는 것을 의미하므로, $X_C$는 $i$와 커패시턴스에 반비례한다.

용량성 리액턴스는 $f$와 $C$ 모두에 반비례한다.

**$\frac{1}{fC}$ 처럼, $X_C$는 $fC$와 반비례한다.**

그러므로 $X_C$와 $1/fC$의 비례관계를 알 수 있다. 식 (12-25)는 $X_C$를 계산해서 완벽한 공식이 되며, 부록 B에 유도되어 있다.

$$X_C = \frac{1}{2\pi fC} \tag{12-25}$$

$f$가 헤르츠(Hz), $C$가 패럿(F)으로 나타날 때, 용량성 리액턴스 $X_C$는 옴(Ω)으로 표시할 수 있다. 여기서 분모의 $2\pi$는 비례 상수이며, 정현파의 회전운동 관계로 유도된다.

**예제 12-17** 그림 12-45와 같이 정현파 전압이 커패시터에 인가되었다. 정현파 주파수는 1 kHz이다. 용량성 리액턴스를 구하라.

▶ 그림 12-45

**풀이**

$$X_C = \frac{1}{2\pi fC} = \frac{1}{2\pi(1 \times 10^3\text{ Hz})(0.0047 \times 10^{-6}\text{ F})} = \mathbf{33.9\ k\Omega}$$

관련 문제 그림 12-45에서 용량성 리액턴스를 10 kΩ과 같게 만들기 위한 주파수는 얼마인가?

Multisim 파일 E12-17을 사용하여 [예제 12-17]과 [관련 문제]의 계산 결과를 확인하라.

## 옴의 법칙

그림 12-46과 같이 커패시터의 리액턴스는 저항 소자의 저항 성분과 유사하다. 사실 모두 옴으로 표현된다. $R$과 $X_C$가 전류와 반대되는 형태이므로 옴의 법칙은 저항 회로와 같이 용량성 회로에서도 적용된다.

$$I = \frac{V}{X_C}$$

▶ 그림 12-46

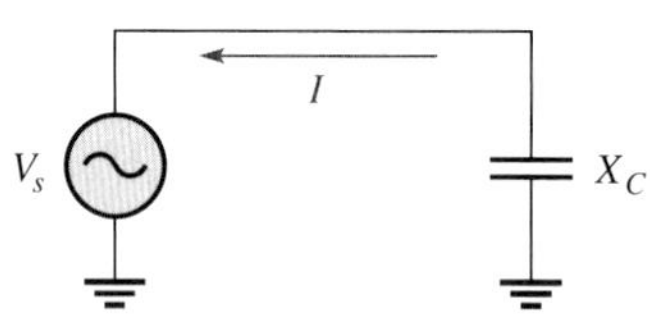


교류 회로에 옴의 법칙을 적용할 때, 전류와 전압은 모두 rms로 나타내거나 모두 최대값으로 나타내는 방법으로 반드시 통일하여 표현해야 한다.

예제 12-18 그림 12-47의 실효 전류를 구하라.

▶ 그림 12-47

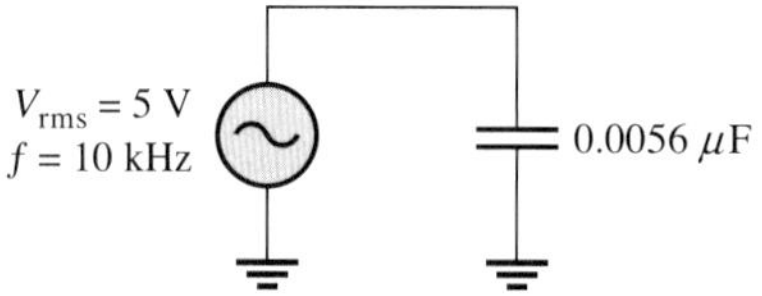


풀이 먼저, 용량성 리액턴스를 구한다.

$$X_C = \frac{1}{2\pi fC} = \frac{1}{2\pi(10 \times 10^3\text{ Hz})(0.0056 \times 10^{-6}\text{ F})} = 2.84\text{ k}\Omega$$

다음 옴의 법칙을 적용한다.

$$I_{\text{rms}} = \frac{V_{\text{rms}}}{X_C} = \frac{5\text{ V}}{2.84\text{ k}\Omega} = \mathbf{1.76\text{ mA}}$$

관련 문제 그림 12-47에서 주파수를 25 kHz로 바꿨을 때, 실효 전류를 계산하라.

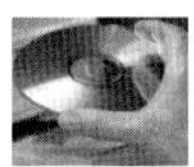

Multisim 파일 E12-18을 사용하여 [예제 12-18]과 [관련 문제]의 계산 결과를 확인하라.

## 커패시터에서의 전력

이미 논의된 바와 같이 충전된 커패시터는 유전체 내에 존재하는 전계에 에너지를 저장한다. 이상적인 커패시터에서는 에너지가 손실되지 않는다. 교류 전압이 커패시터에 인가되면 전압 사이클의 일부분 동안 에너지는 커패시터에 저장된다. 저장된 에너지는 다른 사이클 동안 전원으로 되돌아간다. 따라서 궁극적인 에너지 손실은 없다. 그림 12-48은 커패시터 전압과 전류의 한 사이클 동안에 나타나는 전력 곡선을 보여준다.

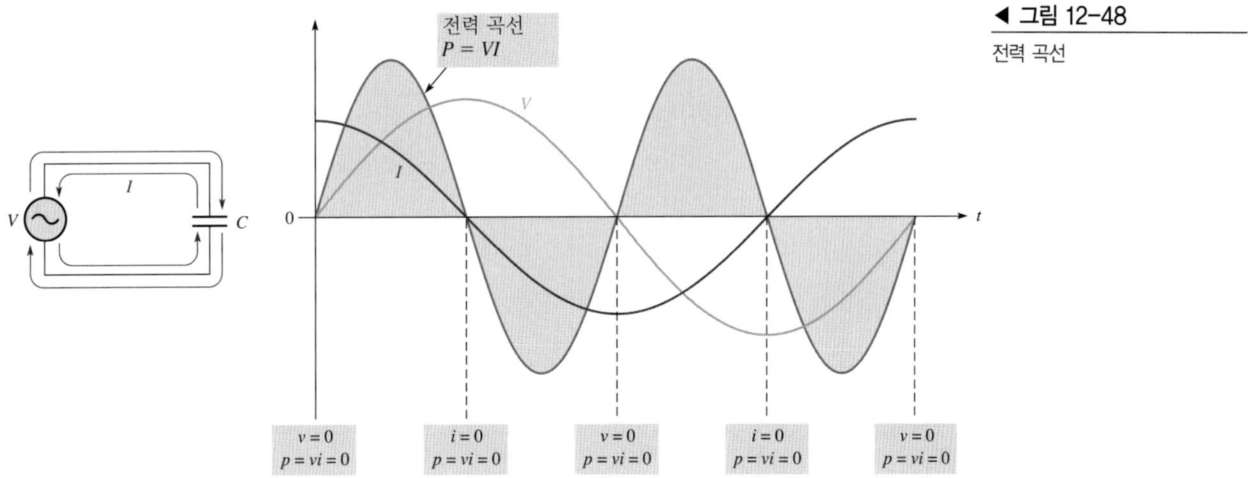


◀ 그림 12-48
전력 곡선

### 순시 전력($p$)

순시 전압 $v$와 순시 전류 $i$를 곱한 값이 **순시 전력**(instantaneous power)이 된다. $v$나 $i$가 0인 지점에서 $p$ 역시 0이다. $v$와 $i$가 모두 양(+)의 값을 가지면 $p$는 양(+)이다. $v$와 $i$가 하나는 양(+)이고 다른 하나는 음(−)이면 $p$는 음(−)이다. $v$와 $i$가 둘 다 음(−)이면 $p$는 양(+)이 된다. 전력은 정현파형의 곡선을 따라 변화한다. 전력의 (+) 값은 에너지가 커패시터에 의해 저장됨을 의미한다. 전력의 (−) 값은 에너지가 커패시터에서 전원으로 되돌아감을 나타낸다. 에너지가 저장되거나 전원으로 되돌아가면서 전력은 전압이나 전류보다 두 배의 주파수를 갖는다.

### 유효 전력($P_{true}$)

이상적으로, 전력 사이클의 (+) 부분 동안 커패시터에 의해 저장된 모든 에너지는 (−) 부분 동안 전원으로 되돌아간다. 커패시터에서는 에너지 소모가 없으므로 **유효 전력**(true power)은 0이다. 실제 커패시터에서는 누설 전류와 도체판의 저항으로 인해 약간의 전력이 유효 전력의 형태로 손실된다.

### 무효 전력($P_r$)

커패시터가 에너지를 저장하거나 돌려보내는 비율을 **무효 전력**(reactive power)이라 한다. 어느 순간이든 커패시터는 에너지를 전원으로부터 받고 있거나 전원으로 돌려보내고 있으므로 영이 아닌 값을 갖는다. 무효 전력은 에너지 손실을 나타내는 것이 아니다. 무효 전력을 구하는 식은 다음과 같다.

$$P_r = V_{rms} I_{rms} \tag{12-26}$$

$$P_r = \frac{V_{rms}^2}{X_C} \tag{12-27}$$

$$P_r = I_{rms}^2 X_C \tag{12-28}$$

이러한 식들은 4장에서 다루었던 저항에서의 전력에 대한 식과 같은 형태로 되어 있다. 전압과 전류는 실효값으로 표현된다. 무효 전력의 단위는 **VAR**(volt-ampere reactive)이다.

**예제 12-19** 그림 12-49에서 유효 전력과 무효 전력을 구하라.

▶ 그림 12-49

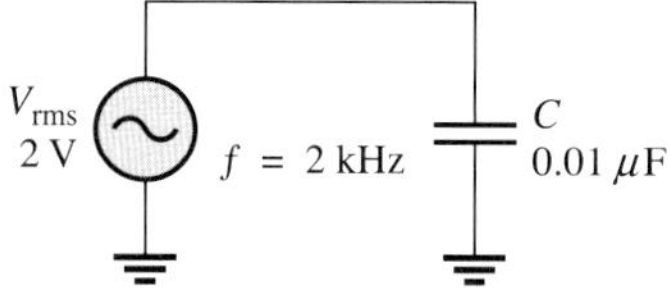


**풀이** 유효 전력 $P_{true}$는 이상적인 커패시터에서 **항상 0**이다. 무효 전력은 먼저 식 (12-27)을 이용하여 용량성 리액턴스를 찾음으로써 구할 수 있다.

$$X_C = \frac{1}{2\pi f C} = \frac{1}{2\pi(2 \times 10^3\ \text{Hz})(0.01 \times 10^{-6}\ \text{F})} = 7.96\ \text{k}\Omega$$

$$P_r = \frac{V_{rms}^2}{X_C} = \frac{(2\ \text{V})^2}{7.96\ \text{k}\Omega} = 503 \times 10^{-6}\ \text{VAR} = \mathbf{503\ \mu VAR}$$

**관련 문제** 그림 12-49에서 주파수가 두 배가 되면 유효 전력과 무효 전력은 얼마인가?

**복습문제 12-6**

1. 커패시터에서 전류와 전압의 위상관계를 말하라.
2. $f = 5$ kHz, $C = 50$ pF일 때 $X_C$를 구하라.
3. 0.1 μF 커패시터의 리액턴스가 2 kΩ이 되려면 주파수는 얼마가 되어야 하는가?
4. 그림 12-50에서 실효 전류를 구하라.
5. 1 μF의 커패시터가 12 V rms의 교류 전압원과 연결되어 있다. 유효 전력은 얼마인가?
6. 문제 5에서 500 Hz 주파수에서의 무효 전력을 구하라.

▶ 그림 12-50

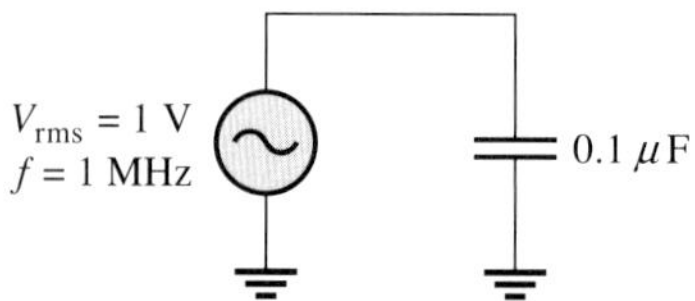

# 12-7 커패시터의 응용

커패시터는 전기, 전자 분야에서 광범위하게 사용된다.

이 절의 학습 내용은 다음과 같다.

- **커패시터의 몇 가지 응용**
  - 전원 공급기 필터에 대한 기술
  - 결합 커패시터와 바이패스 커패시터의 사용 목적
  - 동조 회로와 타이밍 회로, 컴퓨터 메모리에 응용되는 커패시터의 기본적인 사항

회로기판이나 전원 공급기, 전자 장비 등에는 한 가지 종류 이상의 커패시터가 사용된다. 커패시터는 직류나 교류에서 다양한 목적으로 사용된다.

## 축전

커패시터의 가장 기본적인 응용 중의 하나는 컴퓨터에 있는 반도체 메모리와 같이 저전력 회로에 대해 보조 전압원으로 사용하는 것이다. 이 목적으로 사용되는 커패시터는 커패시턴스가 대단히 커야 하고 누설 전류가 무시할 수 있을 정도로 작아야 한다.

축전 커패시터는 회로에서 직류 전원 공급기 입력과 접지 사이에 연결된다. 회로가 전원 공급기로 동작될 때, 커패시터는 직류 전원 공급기의 전압까지 완전히 충전된다. 만약 전원에 문제가 발생하면 축전 커패시터가 회로의 임시적인 전원이 된다.

커패시터는 전하가 충분히 남아 있는 동안 회로에 전압과 전류를 공급한다. 회로에 전류가 흐르면 커패시터로부터 전하는 제거되며 전압은 감소한다. 따라서 축전 커패시터는 단지 일시적인 전원으로 쓰일 수 있을 뿐이다. 커패시터가 회로에 충분한 전원을 공급할 수 있는 시간은 회로에 흐르는 전류량과 커패시턴스에 의해 결정된다. 전류가 적고 커패시턴스가 클수록 커패시터가 회로에 전력을 공급할 수 있는 시간은 길어진다.

## 전원 공급기의 필터

기본적인 직류 전원 공급기는 **정류기**(rectifier)와 **필터**(filter)로 구성된다. 정류기는 110 V, 60 Hz의 정현파 전압을 정류기 종류에 따라 반파 정류 전압이나 전파 정류 전압인 맥동 직류 전압으로 바꾼다. 그림 12-51(a)에서와 같이 반파 정류기는 정현파 전압의 (−)쪽 1/2사이클을 제거한다. 그림 12-51(b)에서와 같이 전파 정류기는 각 사이클에서 (−)쪽 부분의 극성을 바꾼다. 반파 및 전파 정류 전압은 그 크기가 변하더라도 극성이 바뀌지 않으므로 직류이다.

모든 회로는 일정한 전원이 요구되므로 전자 회로에 유용하게 쓰이기 위해서 정류된 전압은 일정한 직류 전압으로 바뀌어야 한다. 그림 12-52에 나타난 것과 같이 필터는 정류된 전압에서의 맥동을 제거하고, 일정한 값의 직류 전압으로 바꾸어 전자 회로에 공급한다.

▶ 그림 12-51

반파, 전파 정류기의 동작

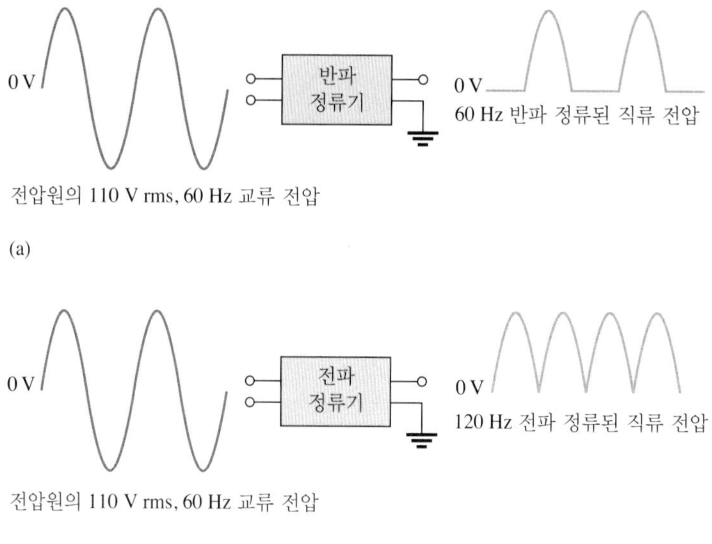


▶ 그림 12-52

직류 전원 공급기의 동작을 보이는 기본 파형

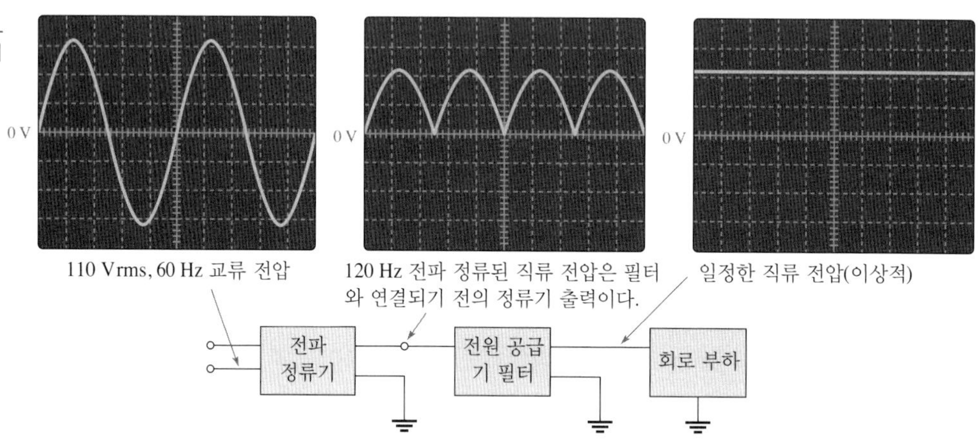


## 전원 공급기 필터로서의 커패시터

커패시터는 전하를 저장할 수 있으므로 직류 전원 공급기에서 필터로 사용된다. 그림 12-53(a)는 전파 정류기와 커패시터 필터를 갖는 직류 전원 공급기를 나타낸 것이다. 그 동작을 충전과 방전의 관점으로 설명할 수 있다. 커패시터가 처음에는 충전되지 않았다고 가정하면, 전원을 인가한 후 정류된 전압의 첫 번째 사이클 동안 커패시터는 정류기의 낮은 순방향 저항을 통해서 빠르게 충전된다. 커패시터 전압은 정류 전압의 최대값까지 정류 전압 곡선을 따라 증가한다. 정류 전압이 최대값을 지나 감소하기 시작하면, 커패시터는 그림 12-53(b)에 나타낸 것과 같이 높은 저항을 갖는 부하 회로를 통해서 천천히 방전되기 시작하며, 방전되는 양은 아주 적다. 정류 전압의 다음 사이클에서 방전된 적은 양의 전하가 커패시터에 다시 채워진다. 이러한 소량의 충전 및 방전 과정은 전원이 켜져 있는 동안 계속된다.

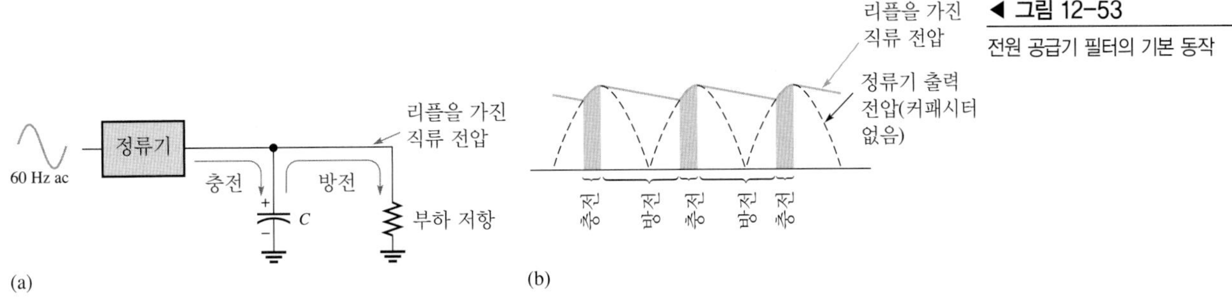


◀ 그림 12–53
전원 공급기 필터의 기본 동작

정류기는 전류가 커패시터를 충전하는 방향으로만 흐르도록 한다. 커패시터는 정류기 방향으로 방전하지 않고 큰 저항을 갖는 부하로 적은 양의 전하만을 방전한다. 커패시터의 충전과 방전으로 인한 전압의 작은 맥동을 **리플 전압**(ripple voltage)이라고 한다. 좋은 직류 전원 공급기는 직류 출력에 있어서 아주 작은 맥동을 갖는다. 전원 공급기 필터 커패시터의 방전 시정수는 커패시턴스와 부하의 저항에 의존되므로, 커패시턴스가 클수록 방전 시간이 길고 리플 전압이 작다.

## 직류 차단과 교류 결합

커패시터는 일정한 직류 전압이 회로의 한 부분에서 다른 부분으로 인가되는 것을 차단하기 위해서도 사용된다. 그러한 예로, 그림 12-54에서와 같이 커패시터가 증폭기의 두 단 사이에 연결되어, 두 번째 단 입력의 직류 전압에 첫 번째 단 출력의 직류 전압이 영향을 미치지 못하도록 하는 역할을 한다. 이 회로가 정상적으로 작동하기 위해서는 첫 번째 단의 출력에서 직류 전압이 0이 되어야 하고, 두 번째 단의 입력에는 3 V의 직류 전압이 가해져야 한다고 가정하자. 커패시터는 두 번째 단의 3 V와 첫 번째 단의 '0' 값이 서로 영향을 미치는 것을 막아준다.

정현파 신호 전압이 첫 번째 단에 인가되면, 그림 12-54에서와 같이 그 신호 전압은 증폭되어 첫 번째 단의 출력에 나타난다. 증폭된 신호 전압은 커패시터를 통해서 두 번째 단에 결합

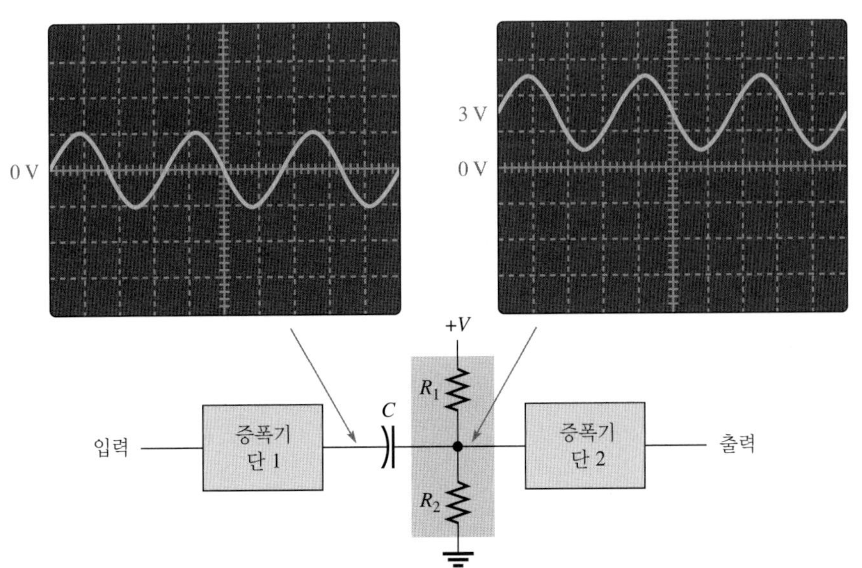


◀ 그림 12–54
증폭기에서 직류 차단 및 교류 결합의 커패시터 응용

되어 직류 3 V와 중첩되고 다시 두 번째 단에 의해 증폭된다. 신호 전압이 커패시터를 통과한 후에 감소하지 않기 위해서는, 신호 전압의 주파수에서 리액턴스가 무시될 수 있을 정도로 커패시터의 용량이 충분히 커야 한다. 이러한 목적으로 사용되는 커패시터를 **결합 커패시터**(coupling capacitor)라고 하며 이상적으로는 직류에서 개방 회로로 작용하고 교류에서는 단락 회로로 작용한다. 신호의 주파수가 감소함에 따라 용량성 리액턴스가 증가하여, 어느 점 이상에서는 용량성 리액턴스가 너무 커져서 첫 번째와 두 번째 단 사이에서 교류 전압이 상당히 감소한다.

### 전원 공급선의 완충

직류 전원선으로부터 접지로 연결된 커패시터는 디지털 회로의 빠른 개폐로 인해 직류 공급 전압에서 발생하는 원치 않는 과도 전압이나 스파이크를 완충(decoupling)하기 위하여 사용된다. 과도 전압은 회로의 정상 작동에 영향을 주는 높은 주파수를 포함한다. 이러한 과도 전압은 리액턴스가 매우 낮은 완충 커패시터를 통해 접지와 단락된다. 일반적으로 회로의 전압 공급선을 따라 여러 곳에 완충 커패시터가 사용된다.

### 바이패스

커패시터는 회로상의 어떤 저항 양단의 직류 전압은 바꾸지 않고 교류 전압을 바이패스(bypass)하기 위해서도 사용된다. 예를 들면, **바이어스 전압**(bias voltage)이라 불리는 직류 전압은 증폭기 회로의 여러 점에서 요구된다. 증폭기가 정상적으로 작동하려면 바이어스 전압은 일정하게 유지되어야 하므로, 교류 전압은 제거되어야 한다. 바이어스 점으로부터 접지로 결합된 충분한 용량의 커패시터는 교류 전압에 대해서는 리액턴스가 매우 낮은 경로를 공급하여, 일정한 직류 바이어스 전압만이 남도록 한다. 낮은 주파수에서는 바이어스 커패시터의 리액턴스가 증가하므로 그 효과가 감소한다. 바이패스 응용을 그림 12-55에 나타내었다.

### 신호 필터

커패시터는 여러 주파수의 신호들로부터 특정 주파수를 갖는 하나의 교류 신호를 고르거나, 특정 주파수대만을 통과시키고 다른 주파수는 모두 제거하기 위해 사용되는 **필터**(filter)에 필수적으로 쓰인다. 이러한 응용의 일반적인 예로 라디오나 TV 수신기를 들 수 있는데, 한 방송국에서 보내는 신호만을 선택하고 다른 방송국에서 보내는 신호를 제거하는 데 사용된다.

라디오나 TV의 방송국을 선택하기 위해 다이얼을 돌리면, 필터의 일종인 동조 회로의 커패시턴스가 변화하여 원하는 방송국의 신호만이 수신기 회로를 통과하게 된다. 커패시터는 저항과 인덕터(다음 장에서 다룰 것임) 등 다른 소자들과 함께 사용된다. 필터에 대해서는 18장에서 자세히 다룰 것이다.

필터의 주된 특징은 주파수를 선택할 수 있다는 데 있으며, 커패시터의 리액턴스는 주파수에 의해 결정($X_C = 1/2\pi fC$)된다는 사실에 기반을 둔다.

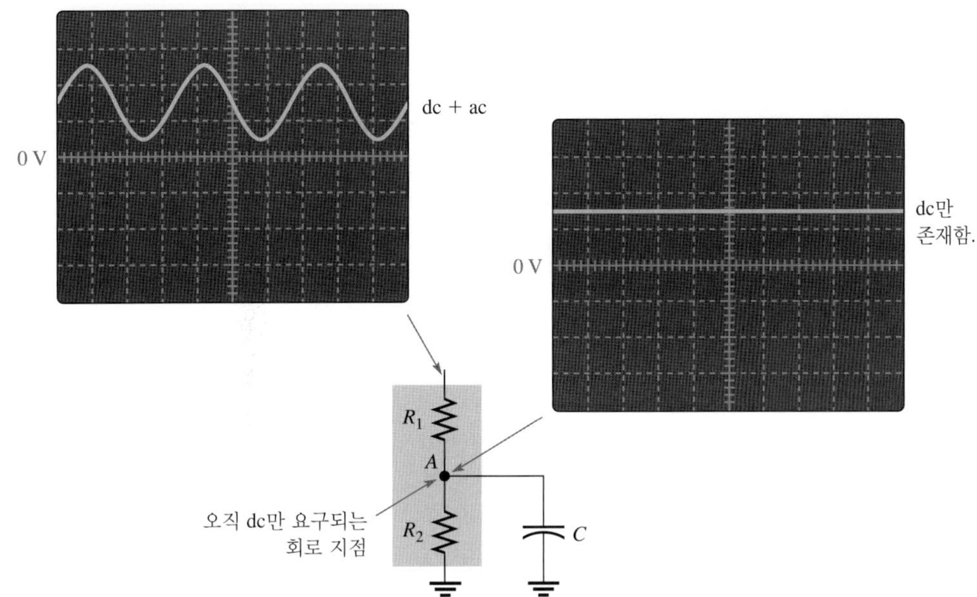


◀ 그림 12-55

바이패스 커패시터 동작의 예. 점 $A$는 커패시터를 통한 낮은 저항 경로 때문에 교류 접지이다.

## 타이밍 회로

시간을 지연시키거나 특정한 성질을 갖는 파형을 발생시키는 타이밍 회로에서도 커패시터가 사용된다. 저항과 커패시턴스를 갖는 회로의 시정수는 $R$과 $C$의 값을 적당한 값으로 변화시킴으로써 조절할 수 있다. 커패시터의 충전 시간은 여러 종류의 회로에서 시간을 지연시키는 데 사용될 수 있다. 그 예로는 규칙적으로 깜빡이는 자동차의 방향 지시등을 조절하는 회로가 있다.

## 컴퓨터 메모리

컴퓨터 D램에는 1과 0으로 구성된 2진법 정보를 저장하는 기본 축전 소자로서 커패시터가 사용된다. 충전된 커패시터는 1을 지시하며, 방전된 커패시터는 0을 지시한다. 2진법 데이터를 구성하는 1과 0의 집합이 일련의 커패시터로 이루어진 메모리에 저장된다. 컴퓨터나 디지털 기본 과정에서 배울 것이다.

**복습문제 12-7**

1. 반파 정류 및 전파 정류된 직류 전압이 필터 커패시터에 의해 어떻게 일정하게 되는가를 설명하라.
2. 결합 커패시터의 사용 목적을 설명하라.
3. 결합 커패시터의 용량은 얼마나 커야 하는가?
4. 완충 커패시터의 사용 목적을 설명하라.
5. 주파수와 용량성 리액턴스의 관계가 신호 필터와 같은 주파수 선택 회로에 있어서 어떻게 중요한가를 설명하라.
6. 커패시터의 특성 중 시간 지연 응용에 가장 중요한 특성은 무엇인가?

# 12-8 스위치드 커패시터 회로

커패시터는 집적 회로(IC: integrated circuit) 형태로 구현할 수 있는 PAA(programmable analog arrays)에 적용된다. 스위치드 커패시터(switched-capacitor)는 커패시터를 저항으로 대치할 수 있는 다양한 종류의 PA(programmable analog) 회로 구현에 사용된다. 커패시터는 저항보다 더 쉽게 IC 칩에 장착할 수 있으며, 0 전력(zero power) 소모와 같은 장점이 있다. 회로에서 저항이 필요할 때 스위치드 커패시터가 저항을 에뮬레이션할 수 있다. 스위치드 커패시터 에뮬레이션을 사용함으로써, 저항 값은 재프로그래밍을 통해 쉽게 바뀔 수 있으며, 정확하고 안정된 저항 값을 얻을 수 있다.

이 절의 학습 내용은 다음과 같다.

- **스위치드 커패시터 회로의 기본 동작**
  - 스위치드 커패시터가 저항을 에뮬레이션하는 방법

전류는 전하 $Q$와 시간 $t$에 의해 정의된다.

$$I = \frac{Q}{t}$$

이 공식에서 전류는 회로를 통과한 전하 흐름의 비율임을 보여준다. 또한 커패시터와 전압의 형태인 전하의 기본적인 정의를 상기하자.

$$Q = CV$$

$CV$로 $Q$를 대치하면 전류는 다음과 같이 표현된다.

$$I = \frac{CV}{t}$$

## 기본 동작

그림 12-56은 스위치드 커패시터 회로의 일반적인 모형이다. 스위치드 커패시터는 커패시터와 두 개의 임의 전압원($V_1$과 $V_2$)과 두 개의 폴 스위치로 구성된다. 반복되는 특정 주기 구간 $T$에서 이 회로를 검토해 보자. $V_1$과 $V_2$는 주기 $T$시간 동안 일정하다고 가정하자.

▶ 그림 12-56

스위치드 커패시터 회로의 기본 동작. 전압원 기호는 시간에 따라 변하는 기호를 나타낸다.

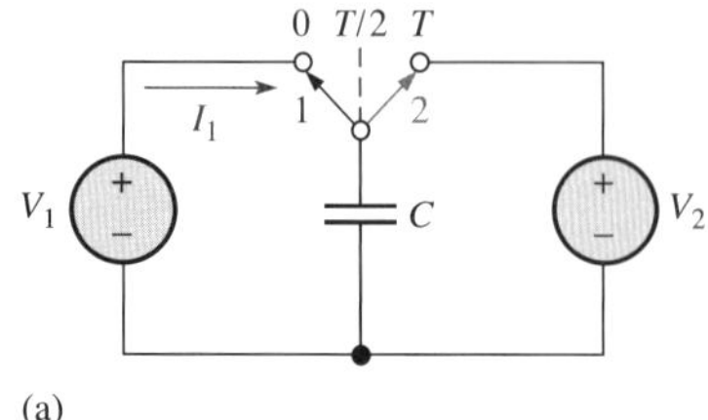


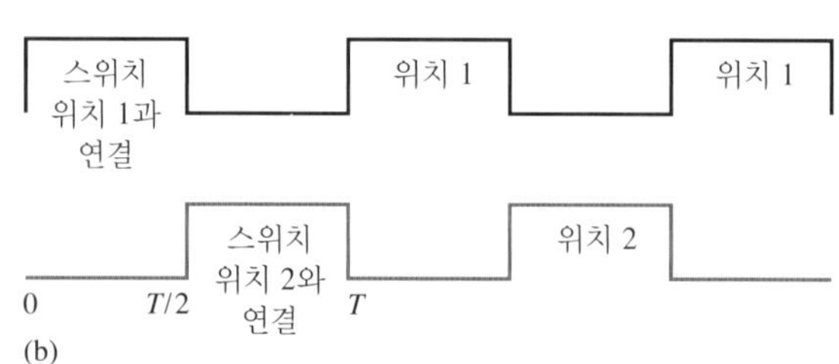

주기 $T$시간 동안의 전압원 $V_1$에서 나오는 평균 전류 $I_1$이 특별한 관심사이다. 그림 12-56에서 보는 바와 같이 시간 주기 $T$의 처음 절반 동안 스위치는 위치 1에 있다. 따라서 $t = 0$에서 $t = T/2$까지의 시간 동안 $V_1$에 의해서 커패시터의 충전으로 전류 $I_1$이 생긴다. 시간 주기의 나머지 절반 동안 스위치는 위치 2에 있으며, 표시된 바와 같이 $V_1$으로부터 전류는 흐르지 않는다. 따라서 시간 주기 $T$ 동안 전압원 $V_1$에서 나오는 평균 전류는 다음과 같다.

$$I_{1(\text{avg})} = \frac{Q_{1(T/2)} - Q_{1(0)}}{T}$$

여기서 $Q_{1(0)}$은 $t = 0$일 때 전하이고, $Q_{1(T/2)}$는 $t = T/2$일 때 전하이다. 따라서 $Q_{1(T/2)} - Q_{1(0)}$은 스위치가 위치 1에 있는 동안 옮겨진 총 전하이다.

$T/2$에서의 커패시터 전압은 $V_1$과 같으며, 0과 $T$에서의 커패시터 전압은 $V_2$와 같다. 공식 $Q = CV$를 사용하여 이전의 방정식에 대입하면 다음과 같다.

$$I_{1(\text{avg})} = \frac{CV_{1(T/2)} - CV_{2(0)}}{T} = \frac{C(V_{1(T/2)} - V_{2(0)})}{T}$$

$V_1$과 $V_2$는 주기 $T$ 동안 일정하므로 평균 전류는 다음과 같다.

$$I_{1(\text{avg})} = \frac{C(V_1 - V_2)}{T} \qquad (12\text{-}29)$$

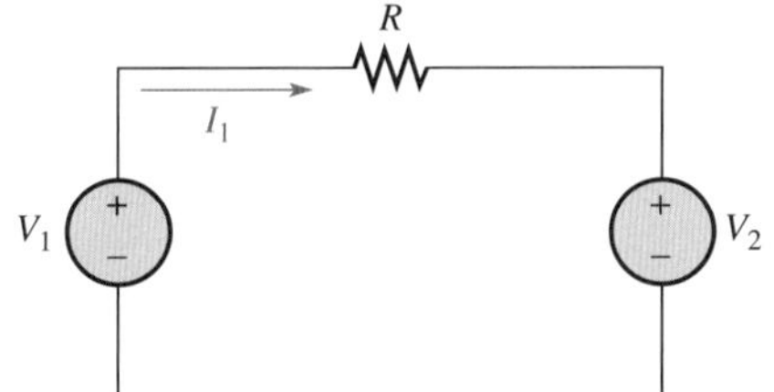


◀ 그림 12-57
저항 회로

그림 12-57은 커패시터와 스위치를 저항으로 대체한 등가 회로를 보여주고 있다.

저항 회로에 옴의 법칙을 적용하면 전류는 다음과 같다.

$$I_1 = \frac{V_1 - V_2}{R}$$

스위치드 커패시터 회로에서 $I_{1(\text{avg})}$을 저항 회로에서의 전류와 같다고 설정하면 다음과 같이 표현할 수 있다.

$$\frac{C(V_1 - V_2)}{T} = \frac{V_1 - V_2}{R}$$

$V_1 - V_2$를 삭제하고 $R$에 대하여 풀면 다음과 같은 등가 저항을 구할 수 있다.

$$R = \frac{T}{C} \qquad (12\text{-}30)$$

위 식은 저항을 스위치드 커패시터 회로에서 시간 $T$와 커패시턴스 $C$로 에뮬레이션할 수 있다는 중요한 결과를 보여준다. 스위치의 위치는 주기 $T$의 절반마다 바뀌며, 스위치가 위치를 바꾸는 주파수를 변화시켜 주기 $T$를 변경할 수 있다. PA 소자에서 스위칭 주파수는 각 저항의 에뮬레이션을 위해 프로그램할 수 있는 매개변수이며, 설정을 통해 정확한 저항 값을 얻을 수 있다. $T = 1/f$이므로, 주파수에 의한 저항 값은 다음과 같다.

$$R = \frac{1}{fC} \tag{12-31}$$

## 실제 스위치

스위치드 커패시터 회로의 기본적인 개념을 설명하는 데 사용되었던 양극 스위치는 프로그램 가능한 증폭기나 다른 아날로그 회로의 활용에 있어 실용적이지 않은 형태이다. 그림 12-58은 간단한 양극 스위치가 기계적으로 유사한 두 개의 단극 스위치에 의해 대치될 수 있음을 보여주고 있다. SW1이 닫혀 있고 SW2가 열려 있을 때 위치 1에 있는 양극 스위치와 같음을 확인할 수 있으며, SW1이 열려 있고 SW2가 닫혀 있을 때 위치 2에 있는 양극 스위치와 같음을 확인할 수 있다.

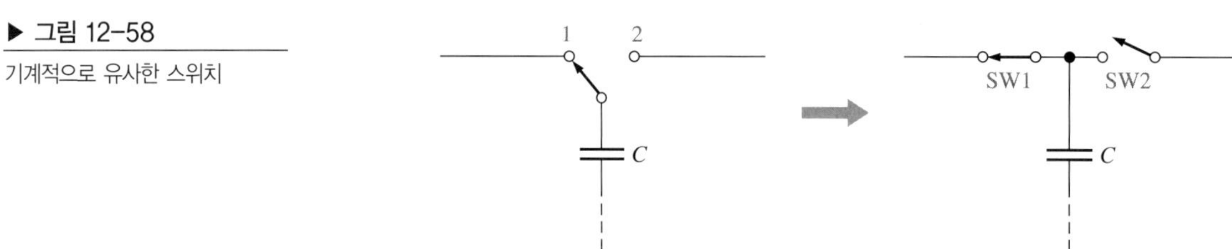


▶ 그림 12-58
기계적으로 유사한 스위치

전자 회로에서 스위치는 트랜지스터로 구현한다. 그림 12-59에서 보여주는 스위치드 커패시터 회로는 스위치의 역할을 하는 두 개의 트랜지스터($Q_1$과 $Q_2$)를 갖고 있다. 스위치의 **켜짐**과 **꺼짐** 시간은 프로그램이 가능한 펄스 파형 전압에 의해 조절된다. 트랜지스터를 켜고 끄는 두 개의 펄스 파형은 페이저가 180° 천이되어 있어, 그 결과 하나의 트랜지스터가 **켜지면** 다른 하나는 **꺼지고**, 반대의 경우에도 겹치지 않는다.

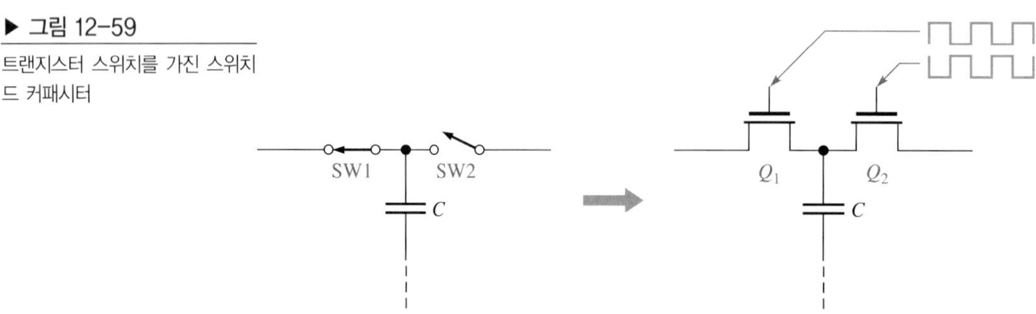


▶ 그림 12-59
트랜지스터 스위치를 가진 스위치드 커패시터

**예제 12-20** 스위치드 커패시터 회로인 그림 12-60의 증폭기 회로에서 입력 저항 $R$이 놓여 있다. 삼각 기호는 다음 과정에서 배울 연산 증폭기(op 앰프: operational amplifier)를 나타내고 있다. 지금은 입력 저항만을 고려하자.

▶ 그림 12-60

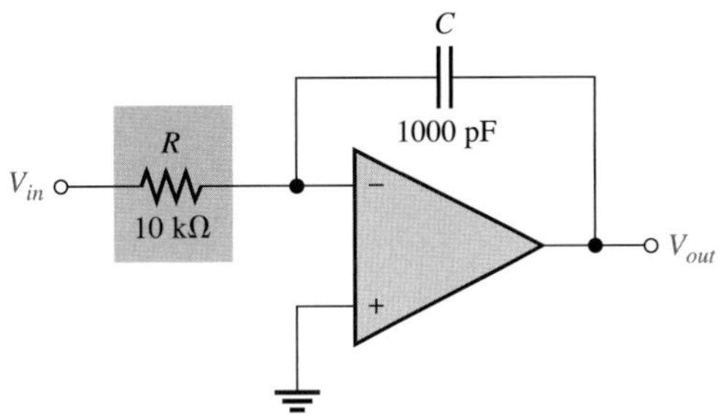

**풀이** 스위치드 커패시터 값을 1000 pF이라고 가정하자. 실제 저항과 같은 전류 평균값을 효과적으로 제공하는 10 kΩ 저항을 에뮬레이션하는 스위치드 커패시터를 원한다. 공식 $R = T/C$를 이용하자.

$$T = RC = (10\,\text{k}\Omega)(1000\,\text{pF}) = 10\,\mu\text{s}$$

이는 각각의 스위치에 다음과 같은 주파수를 동작시켜야 한다.

$$f = \frac{1}{T} = \frac{1}{10\,\mu\text{s}} = \mathbf{100\,kHz}$$

듀티 사이클이 50%이므로 스위치는 1/2주기의 위치에 존재한다. 주파수가 100 kHz이고 서로 겹치지 않으며 위상 반전(out-of-phase)된 두 개의 50% 듀티 사이클의 전압이 그림 12-61처럼 트랜지스터에 적용된다.

▶ 그림 12-61

그림 12-60의 스위치드 커패시터의 등가 회로

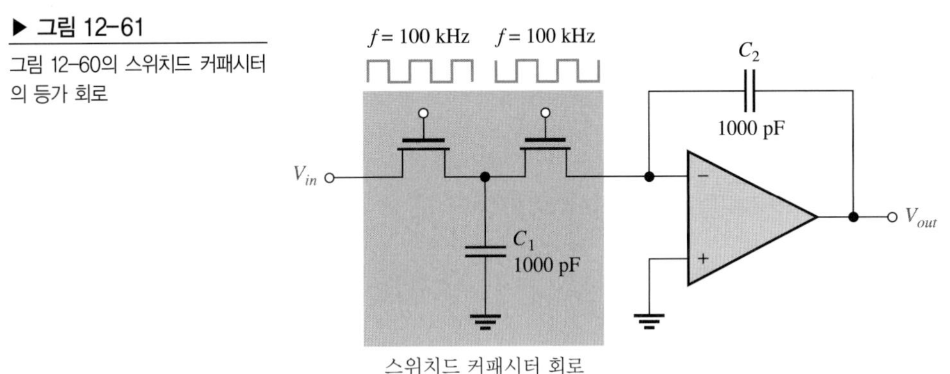


**관련 문제** 그림 12-61에서 5.6 kΩ 저항을 에뮬레이션하기 위해 트랜지스터의 스위치는 어떤 주파수에서 동작해야 하는가?

**복습문제 12-8**

1. 스위치드 커패시터가 어떻게 저항을 에뮬레이션하는가?
2. 주어진 스위치드 커패시터 회로에서 에뮬레이션하는 저항 값을 결정하는 요소는 무엇인가?
3. 실제 구현에서, 무슨 소자가 스위치로 사용되는가?

# 회로 응용

커패시터는 특정 종류의 증폭기에서 직류 전원을 차단하고 교류 신호를 결합시키기 위해 사용된다. 커패시터는 많은 응용 분야에서 사용되지만, 이번 응용에서는 증폭 회로의 결합 커패시터에 중점을 두자. 이 주제는 12-7절에서 소개했다. 증폭기 회로에 대한 지식이 없어도 이 문제를 풀 수 있다.

모든 증폭기 회로는 교류 신호를 증폭하기 위한 적절한 동작 조건을 설정해야 하며 이를 위해 직류 전압을 필요로 하는 트랜지스터를 포함한다. 이러한 직류 전압을 바이어스 전압이라고 한다. 그림 12-62(a)에서 보여주고 있는 $R_1$과 $R_2$로 구성된 전압 분배기는 증폭기에 사용되는 일반적인 직류 바이어스 회로로서 증폭기 입력단에 적절한 직류 전압을 제공한다.

교류 신호 전압이 증폭기에 인가될 때, 입력 결합 커패시터인 $C_1$은 신호의 내부 저항이 직류 바이어스 전압에 의해 변하는 것을 방지한다. 커패시터가 없을 경우 전원의 내부 저항은 $R_2$와 병렬로 나타나고 직류 전압의 값을 급격하게 변화시킨다.

결합 커패시턴스는 교류 신호의 주파수에서 리액턴스($X_C$) 값이 바이어스 저항 값보다 훨씬 작도록 선택한다. 따라서 결합 커패시턴스는 소스인 교류 신호를 효과적으로 증폭기의 입력단에 결합시킨다. 그림 12-62(a)에서 볼 수 있듯이, 입력 결합 커패시터의 전원부에는 교류만 존재하지만, 증폭기 부분은 교류와 직류가 같이 존재한다(신호 전압은 전압 분배기에 의해 만들어진 직류 바이어스 전압 위에 겹쳐진다). 커패시터 $C_2$는 증폭된 교류 신호를 출력단에 연결된 다른 증폭기에 다시 결합시키는 출력 결합 커패시터이다.

그림 12-62(b)와 같은 증폭기판에서 적절한 입력 전압을 갖도록 오실로스코프를 사용하여 3개의 증폭기판을 확인할 것이다. 전압이 맞지 않으면 가장 가능성이 큰 잘못을 예측할 것이다. 모든 장비에서 증폭기는 전압 분배기 바이어스 회로에 의한 직류 로딩 효과가 없다고 가정하자.

## 인쇄된 회로기판과 회로도

◆ 그림 12-62(b)의 인쇄된 회로기판이 그림 12-62(a)의 증폭기 회로도와 일치하는지 확인하라.

## 테스트 기판 1

오실로스코프 프로브는 그림 12-63에서 보는 것과 같이 채널 1로부터 기판으로 연결되었다. 정현 전압원으로부터 입력 신호는 기판에 연결되어 있고 크기는 1 V rms이고 주파수는 5 kHz로 설정되어 있다.

◆ 스코프에 표시된 전압과 주파수가 맞는지 결정하라. 스코프 측정이 맞지 않다면, 회로에서의 잘못을 기술하라.

▶ **그림 12-62**

커패시터에 의해 연결된 증폭기

+24 V dc
교류 신호와 이 지점의 직류가 더해짐
이 지점에서는 교류 신호만 존재함
$R_3$ 10 kΩ
100 kΩ $R_1$
$C_2$
$C_1$
C
출력
B
10 μF
10 μF
교류 전원
E
트랜지스터 기호
27 kΩ $R_2$
$R_4$ 2.7 kΩ
직류 전압 분배기 바이어스 회로

(a) 증폭기 회로도

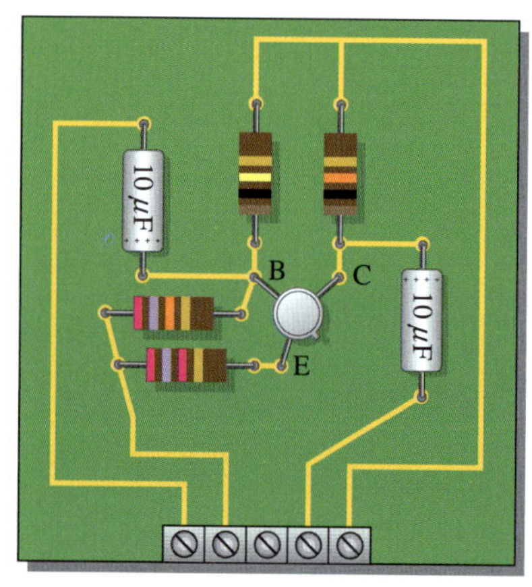


(b) 증폭기 기판

### 테스트 기판 2

오실로스코프 프로브는 그림 12-63에서 보는 것과 같이 채널 1로부터 기판 2로 연결되어 있다. 정현 전압원으로부터 입력 신호는 기판 1에서와 동일하다.

◆ 그림 12-64의 스코프 화면이 맞는지 결정하라. 스코프 측정이 맞지 않다면 회로에서의 잘못을 기술하라.

### 테스트 기판 3

오실로스코프 프로브는 그림 12-63에서 보는 것과 같이 채널 1로부터 기판 3으로 연결되어 있다. 정현 전압원으로부터 입력 신호는 전과 동일하다.

◆ 그림 12-65의 스코프 화면이 맞는지 결정하라. 스코프 측정이 맞지 않다면 회로에서의 잘못을 기술하라.

### 복습문제

1. 교류 전원을 증폭기에 연결할 때 입력 결합 커패시터가 필요한 이유를 설명하라.
2. 그림 12-62의 커패시터 $C_2$는 출력 결합 커패시터이다. 교류 입력 신호가 증폭기에 인가되었을 때, 일반적으로 C의 지점과 회로의 출력에서 어떤 측정값이 나올 것으로 예측되는가?

▶ 그림 12-63

테스트 기판 1

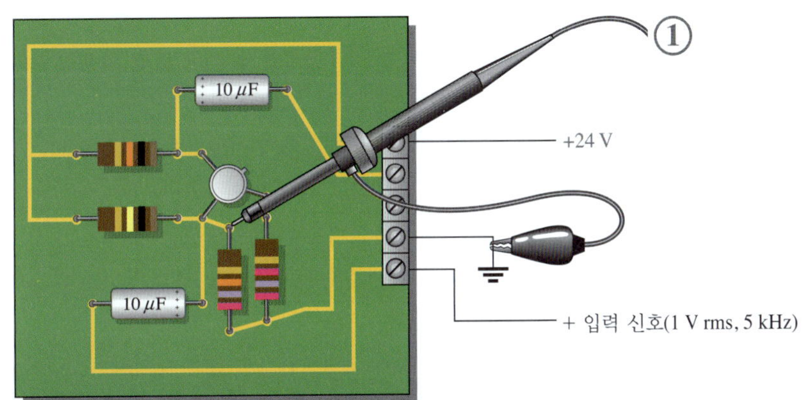


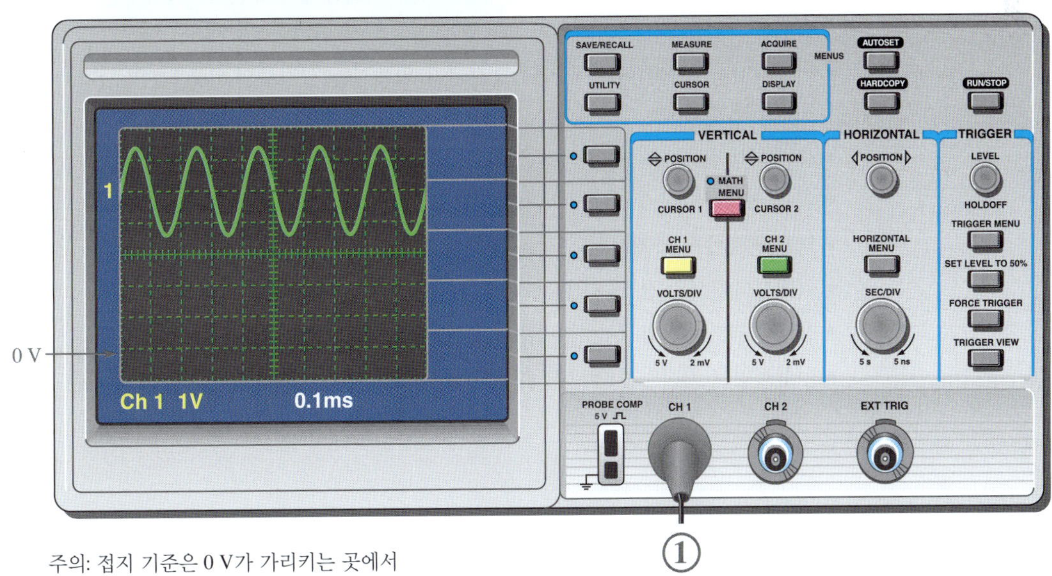


주의: 접지 기준은 0 V가 가리키는 곳에서 정해진다.

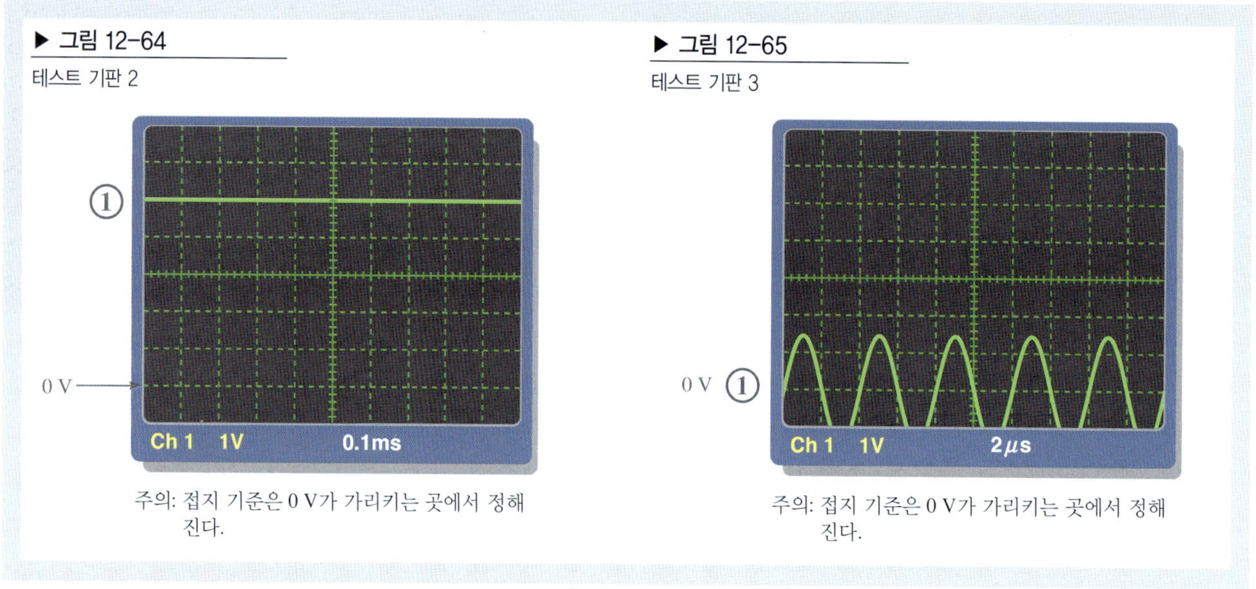

▶ 그림 12-64

테스트 기판 2

주의: 접지 기준은 0 V가 가리키는 곳에서 정해진다.

▶ 그림 12-65

테스트 기판 3

주의: 접지 기준은 0 V가 가리키는 곳에서 정해진다.

## 요약

- 커패시터는 **유전체**라 불리는 절연 물질로 분리된 두 개의 병렬 도체판으로 구성된다.
- 커패시터는 도체판 사이의 전계에 에너지를 저장한다.
- 1 F은 1 C의 전하가 판 사이에 1 V를 저장할 때의 커패시턴스의 양이다.
- 커패시턴스는 판 면적에 비례하고 판 간 거리에 반비례한다.
- 유전 상수는 전계를 형성하는 절연 물질의 능력을 나타낸다.
- 유전 강도는 커패시터의 파괴 전압을 결정하는 한 요소이다.
- 커패시터는 일정한 직류를 차단한다.
- 직렬 *RC* 회로에서의 시정수는 저항과 커패시턴스를 곱한 것이다.
- *RC* 회로에서, 충전 또는 방전 커패시터에서의 전압과 전류는 각 시정수만큼의 시간 동안 63%가 변화한다.
- 커패시터가 완전히 충전되거나 방전되기 위해서는 시정수의 5배만큼의 시간이 필요하며, 이를 **과도 시간**이라 한다.
- 충전과 방전은 지수함수 곡선을 따른다.
- 직렬 커패시터의 총 커패시턴스는 가장 작은 커패시턴스보다 작다.
- 병렬 연결에서 커패시턴스 값은 합하여 구한다.
- 커패시터에서의 전류는 전압보다 위상이 90° 앞선다.
- 용량성 리액턴스인 $X_C$는 주파수와 커패시턴스에 반비례한다.
- 이상적인 커패시터는 에너지 손실이 없기 때문에 커패시터에서의 유효 전력은 '0'이다.

## 핵심 용어

**$RC$ 시정수**($RC$ time constant): $R$과 $C$ 값으로 결정되는 시간 구간으로서 직렬 $RC$ 회로의 시간 응답을 결정함. 저항과 커패시턴스의 곱과 같음.

**VAR**(volt-ampere reactive): 무효 전력의 단위

**리플 전압**(ripple voltage): 커패시터의 충전과 방전으로 인한 전압의 작은 맥동

**무효 전력**(reactive power, $P_r$): 커패시터에 의하여 저장되거나 전원으로 되돌려지는 에너지의 비율로서, 단위는 VAR.

**순시 전력**(instantaneous power, $p$): 주어진 시간에서 회로의 전력 값

**용량성 리액턴스**(capacitive reactance): 정현파 전류에 대한 커패시터의 저항으로서, 단위는 옴($\Omega$).

**유전체**(dielectric): 커패시터 판 사이의 절연 물질

**유효 전력**(true power, $P_{true}$): 회로에서 일반적으로 열로 소모되는 전력

**커패시터**(capacitor): 절연 물질로 분리된 두 개의 도체판으로 구성된 전기적인 소자로서 커패시턴스의 특성을 가짐

**쿨롱의 법칙**(Coulomb's law): 두 대전체 사이에 존재하는 힘은 두 전하의 곱에 비례하고 두 전하 간의 거리 제곱에 반비례하는 상태를 나타내는 물리적인 법칙

**패럿**(Farad, F): 커패시턴스의 단위

## 주요 공식

**12-1** $$C = \frac{Q}{V}$$ 전하와 전압으로 나타낸 커패시턴스

**12-2** $$Q = CV$$ 커패시턴스와 전압으로 나타낸 전하

**12-3** $$V = \frac{Q}{C}$$ 전하와 커패시턴스로 나타낸 전압

**12-4** $$W = \frac{1}{2}CV^2$$ 커패시터에 저장되는 에너지

**12-5** $$\varepsilon_r = \frac{\varepsilon}{\varepsilon_0}$$ 유전 상수(비유전율)

**12-6** $$C = \frac{A\varepsilon_r(8.85 \times 10^{-12}\ \text{F/m})}{d}$$ 물리적인 변수로 나타낸 커패시턴스

**12-7** $$Q_T = Q_1 = Q_2 = Q_3 = \cdots = Q_n$$ 직렬 커패시터의 총 전하

**12-8** $$\frac{1}{C_T} = \frac{1}{C_1} + \frac{1}{C_2} + \frac{1}{C_3} + \cdots + \frac{1}{C_n}$$ 총 직렬 커패시턴스의 역수

**12-9** $$C_T = \frac{1}{\frac{1}{C_1} + \frac{1}{C_2} + \frac{1}{C_3} + \cdots + \frac{1}{C_n}}$$ 총 직렬 커패시턴스

**12-10** $$C_T = \frac{C_1C_2}{C_1 + C_2}$$ 두 개의 직렬 커패시터의 커패시턴스

**12-11** $$C_T = \frac{C}{n}$$ $n$개의 같은 커패시터가 직렬로 연결되었을 때의 커패시턴스

**12-12** $$V_x = \left(\frac{C_T}{C_x}\right)V_T$$ 직렬 연결된 커패시터의 전압

| | | |
|---|---|---|
| 12-13 | $Q_T = Q_1 + Q_2 + Q_3 + \cdots + Q_n$ | 병렬 커패시터의 총 전하 |
| 12-14 | $C_T = C_1 + C_2 + C_3 + \cdots + C_n$ | 총 병렬 커패시턴스 |
| 12-15 | $C_T = nC$ | $n$개의 같은 커패시터가 병렬로 연결되었을 때의 커패시턴스 |
| 12-16 | $\tau = RC$ | 시정수 |
| 12-17 | $v = V_F + (V_i - V_F)e^{-t/\tau}$ | 지수함수적인 전압 |
| 12-18 | $i = I_F + (I_i - I_F)e^{-t/\tau}$ | 지수함수적인 전류 |
| 12-19 | $v = V_F(1 - e^{-t/RC})$ | 0 V에서 시작하여 지수함수적으로 증가하는 전압 |
| 12-20 | $v = V_i e^{-t/RC}$ | 0 V까지 지수함수적으로 감소하는 전압 |
| 12-21 | $t = -RC \ln\left(\frac{v}{V_i}\right)$ | 지수함수적으로 감소하는 시간($V_F = 0$) |
| 12-22 | $t = -RC \ln\left(1 - \frac{v}{V_F}\right)$ | 지수함수적으로 증가는 시간($V_i = 0$) |
| 12-23 | $i = \frac{dq}{dt}$ | 전하를 유도 함수로 사용한 순시 전류 |
| 12-24 | $i = C\left(\frac{dv}{dt}\right)$ | 전압을 유도 함수로 사용한 순시 커패시터 전류 |
| 12-25 | $X_C = \frac{1}{2\pi fC}$ | 용량성 리액턴스 |
| 12-26 | $P_r = V_{rms}I_{rms}$ | 커패시터의 무효 전력 |
| 12-27 | $P_r = \frac{V_{rms}^2}{X_C}$ | 커패시터의 무효 전력 |
| 12-28 | $P_r = I_{rms}^2 X_C$ | 커패시터의 무효 전력 |
| 12-29 | $I_{1(avg)} = \frac{C(V_1 - V_2)}{T}$ | 스위치드 커패시터의 평균 전류 |
| 12-30 | $R = \frac{T}{C}$ | 스위치드 커패시터의 등가 저항 |
| 12-31 | $R = \frac{1}{fC}$ | 스위치드 커패시터의 등가 저항 |

## 자기 진단

**1.** 다음 중 커패시터를 올바르게 나타낸 것은 무엇인가?
(a) 판은 도체이다.
(b) 유전체는 판 사이의 절연체이다.
(c) 일정한 직류는 완전히 충전된 커패시터를 통해서 흐른다.
(d) 실제의 커패시터는 전원으로부터 분리될 때 무한히 전하를 저장한다.
(e) 답이 없다.
(f) 모두 맞다.
(g) (a)와 (b)만 맞다.

**2.** 다음 중 어느 것이 맞는가?
(a) 충전되는 커패시터의 유전체를 통해 흐르는 전류가 있다.
(b) 커패시터가 직류 전압원에 연결되면 전원 전압으로 충전된다.
(c) 이상적인 커패시터는 전압원으로부터 분리할 때 방전된다.

**3.** 0.01 mF의 커패시턴스는 다음의 어느 것보다 큰가?
(a) 0.00001 F (b) 100,000 pF (c) 1000 pF (d) 앞의 보기 모두

**4.** 1000 pF의 커패시턴스는 다음의 어느 것보다 작은가?
(a) 0.01 $\mu$F (b) 0.001 $\mu$F (c) 0.00000001 F (d) (a)와 (c)

**5.** 커패시터에 걸리는 전압이 증가하면 저장되는 전하는 어떻게 되는가?
(a) 증가한다 (b) 감소한다 (c) 일정하다 (d) 계속 변화한다

**6.** 커패시터에 걸리는 전압이 두 배로 되면 저장되는 전하는 어떻게 되는가?
(a) 변화가 없다 (b) 반으로 된다 (c) 네 배로 증가한다 (d) 두 배가 된다

**7.** 다음 중 어느 경우에 커패시터의 정격 전압이 증가하는가?
(a) 판 간 거리가 증가할 때 (b) 판 간 거리가 감소할 때
(c) 판 면적이 증가할 때 (d) (b)와 (c)

**8.** 다음 중 어느 경우에 커패시턴스의 값이 증가하는가?
(a) 판 면적이 감소할 때 (b) 판 간 거리가 증가할 때
(c) 판 간 거리를 줄일 때 (d) 판 면적이 증가할 때
(e) (a)와 (b) (f) (c)와 (d)

**9.** 1 $\mu$F, 2.2 $\mu$F, 0.05 $\mu$F의 커패시터들이 직렬로 연결되어 있다. 총 커패시턴스는 다음의 어느 것보다 작은가?
(a) 1 $\mu$F (b) 2.2 $\mu$F (c) 0.047 $\mu$F (d) 0.001 $\mu$F

**10.** 0.022 $\mu$F의 커패시터 4개가 병렬로 연결되면 총 커패시턴스는 얼마인가?
(a) 0.022 $\mu$F (b) 0.088 $\mu$F (c) 0.011 $\mu$F (d) 0.044 $\mu$F

**11.** 충전되지 않은 커패시터와 저항이 12 V 전지와 스위치를 통하여 직렬로 연결되어 있다. 스위치를 닫는 순간에 커패시터에 걸리는 전압은 얼마인가?
(a) 12 V (b) 6 V (c) 24 V (d) 0 V

**12.** 문제 11에서 커패시터가 완전히 충전될 때 걸리는 전압은 얼마인가?
(a) 12 V (b) 6 V (c) 24 V (d) −6 V

**13.** 문제 11에서 커패시터가 완전히 충전되는 시간은 대략 얼마인가?
(a) $RC$ (b) 5$RC$ (c) 12$RC$ (d) 예측할 수 없다

**14.** 정현파 전압이 커패시터 양단에 인가된다. 주파수가 증가하면 전류는 어떻게 되는가?

(a) 증가한다 (b) 감소한다

(c) 일정하다 (d) 더 이상 흐르지 않는다

**15.** 커패시터와 저항이 정현파 발생기에 직렬로 연결되어 있다. 용량성 리액턴스가 저항과 같도록 주파수가 맞추어져 있기 때문에, 같은 크기의 전압이 각 소자 양단에 나타난다. 주파수가 감소하면 어떻게 되는가?

(a) $V_R > V_C$ (b) $V_C > V_R$ (c) $V_R = V_C$

**16.** 스위치드 커패시터는 다음의 어느 용도로 사용되는가?

(a) 커패시턴스를 증가시키기 위해 (b) 인덕터를 에뮬레이션하기 위해

(c) 저항을 에뮬레이션하기 위해 (d) 정현파 전압을 발생시키기 위해

## 퀴즈

그림 12-73을 보면서 다음 물음에 답하라.

**1.** 커패시터가 처음에 충전되지 않고 스위치가 닫힌 위치에 놓여 있을 때 $C_1$의 전하는?

(a) 증가한다 (b) 감소한다 (c) 변하지 않는다

**2.** 스위치가 닫혀 $C_4$가 단락된다면 $C_1$의 전하는?

(a) 증가한다 (b) 감소한다 (c) 변하지 않는다

**3.** 스위치가 닫히고 $C_2$가 개방되지 않으면 $C_1$의 전하는?

(a) 증가한다 (b) 감소한다 (c) 변하지 않는다

그림 12-74를 보면서 다음 물음에 답하라.

**4.** 스위치가 닫혀 있고 $C$가 완전히 충전되었다고 가정하자. 스위치를 열었을 때 $C$에 걸리는 전압은?

(a) 증가한다 (b) 감소한다 (c) 변하지 않는다

**5.** 스위치가 닫혀 있을 때 $C$가 개방되지 않으면, $C$에 걸리는 전압은?

(a) 증가한다 (b) 감소한다 (c) 변하지 않는다

그림 12-77을 보면서 다음 물음에 답하라.

**6.** 스위치가 닫혀 커패시터가 충전된 후 스위치가 열리면, 커패시터에 걸리는 전압은?

(a) 증가한다 (b) 감소한다 (c) 변하지 않는다

**7.** $R_2$가 열린다면 커패시터가 완전히 충전되는 데 걸리는 시간은?

(a) 증가한다 (b) 감소한다 (c) 변하지 않는다

**8.** $R_4$가 열린다면 커패시터에 충전할 수 있는 최대 전압은?

(a) 증가한다 (b) 감소한다 (c) 변하지 않는다

**9.** $V_S$가 줄어든다면 커패시터가 완전히 충전되는 데 요구되는 시간은?

(a) 증가한다 (b) 감소한다 (c) 변하지 않는다

그림 12-80(b)를 보면서 다음 물음에 답하라.

**10.** 교류 전압원의 주파수가 증가되면 전체 전류는?

(a) 증가한다 (b) 감소한다 (c) 변하지 않는다

**11.** $C_1$ 열리면 $C_2$를 통과하는 전류는?

(a) 증가한다 (b) 감소한다 (c) 변하지 않는다

**12.** $C_2$ 값이 1 $\mu$F으로 변하면, $C_2$를 통과하는 전류는?

(a) 증가한다 (b) 감소한다 (c) 변하지 않는다

## 문제

### 12-1 커패시터의 기초

**1.** (a) $Q = 50\ \mu C$, $V = 0$ V일 때, 커패시턴스를 구하라.

(b) $C = 0.001\ \mu F$, $V = 1$ kV일 때, 전하량을 구하라.

(c) $Q = 2$ mC, $C = 200\ \mu F$일 때, 전압을 구하라.

**2.** 다음 값들을 $\mu$F으로부터 pF으로 변환하라.

(a) 0.1 $\mu$F (b) 0.0025 $\mu$F (c) 4.7 $\mu$F

**3.** 다음 값들을 pF으로부터 $\mu$F으로 변환하라.

(a) 1000 pF (b) 3500 pF (c) 250 pF

**4.** 다음 값들을 F에서 $\mu$F으로 변환하라.

(a) 0.0000001 F (b) 0.0022 F (c) 0.0000000015 F

**5.** 500 V까지 충전 가능한 1000 $\mu$F 커패시터에 저장되는 에너지는 얼마인가?

**6.** 100 V의 전압이 걸릴 때 10 mJ의 에너지를 저장할 수 있는 커패시터의 용량은 얼마인가?

**7.** 표 12-3의 $\varepsilon_r$ 값을 참조하여 다음 각각의 재질에 대한 절대 유전율 $\varepsilon$을 구하라.

(a) 공기 (b) 기름 (c) 유리 (d) 테플론®

**8.** 운모 커패시터의 한쪽의 길이가 3.8 cm인 사각판이고 2.5 mil 떨어져 있다. 커패시턴스는 얼마인가?

**9.** 공기 커패시터의 판 면적이 0.05 m$^2$이고 판 간 거리가 $4.5 \times 10^{-4}$ m이다. 커패시턴스를 계산하라.

***10.** 한 학생이 과학 전시회 프로젝트로 두 개의 사각판을 사용하여 1 F의 커패시터를 만들려고 한다. 유전율이 $\varepsilon_r = 2.5$이고 두께가 $8 \times 10^{-5}$인 종이를 사용할 계획이다. 과학 박람회는 아스트로돔에서 개최된다. 그 커패시터를 아스트로돔 안에 전시할 수 있는가? 커패시터를 만들려면 판의 크기는 얼마로 해야 하는가?

**11.** 한 학생이 한쪽 크기가 30 cm인 두 개의 전도성 판을 사용하여 커패시터를 만들려고 한다. 유전율이 $\varepsilon_r = 2.5$인 종이로 판 간 거리가 $8 \times 10^{-5}$ m가 되도록 하였다. 이 커패시터의 커패시턴스는 얼마인가?

**12.** 대기 온도(25°C)에서 어떤 커패시터의 용량이 1000 pF이다. 이 커패시터가 200 ppm/°C의 음(−)의 온도 계수를 갖는다면 75°C에서 커패시턴스는 얼마인가?

**13.** 0.001 $\mu$F의 커패시터가 500 ppm/°C의 양(+)의 온도 계수를 갖는다. 온도가 25°C 증가하면 커패시턴스는 얼마나 증가하는가?

### 12-2 커패시터의 종류

**14.** 겹겹이 쌓은 운모 커패시터의 구조에서 판 면적은 어떻게 증가하는가?

**15.** 운모 커패시터와 세라믹 커패시터 중 유전 상수가 가장 큰 것은 무엇인가?

**16.** 그림 12-66에서 점 $A$와 $B$ 사이의 $R_2$ 양단에 전해 커패시터를 연결하는 법을 보여라.

▶ 그림 12-66

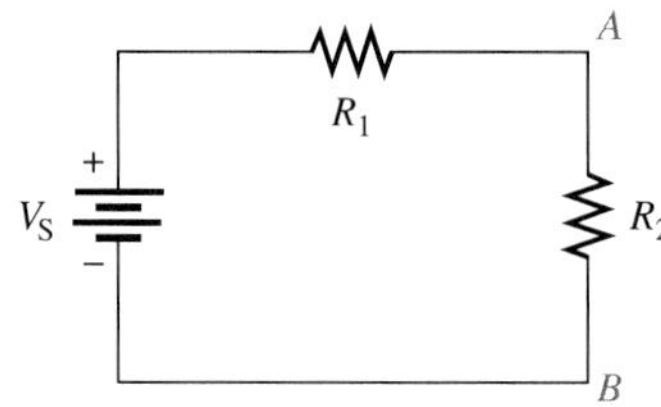


**17.** 전해 커패시터 두 가지를 적어라. 전해 커패시터는 다른 커패시터와 무엇이 다른가?

**18.** 그림 12-67의 단면도에 보이는 세라믹 디스크 커패시터 부분의 명칭을 적어라.

▶ 그림 12-67

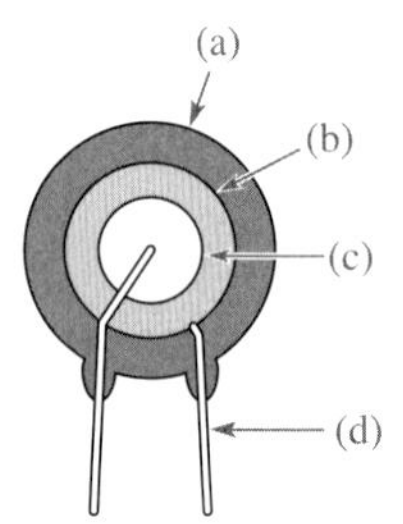


**19.** 그림 12-68의 숫자로 용량이 적힌 세라믹 디스크 커패시터의 값을 구하라.

▶ 그림 12-68

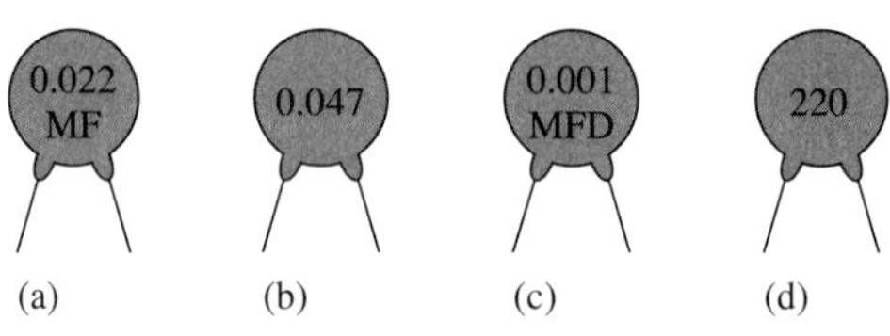


### 12-3 직렬 커패시터

**20.** 1000 pF의 커패시터 5개가 직렬로 연결되면 총 커패시턴스는 얼마인가?

**21.** 그림 12-69에서 각 회로의 총 커패시턴스를 구하라.

**22.** 그림 12-69의 각 회로에서 각 커패시터에 걸리는 전압을 구하라.

▶ 그림 12-69

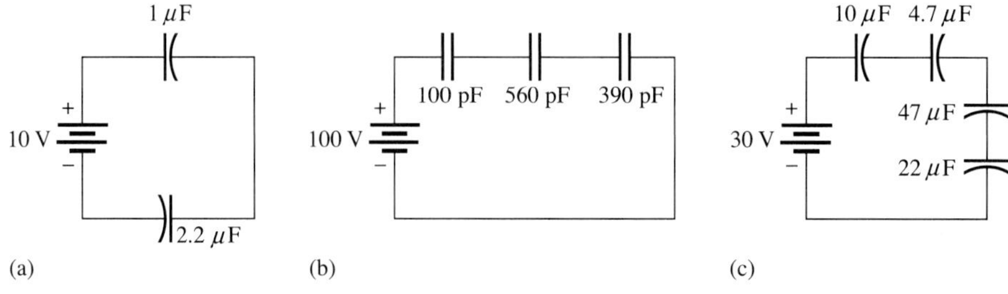

**23.** 1 $\mu$F 커패시터 1개와 용량을 모르는 커패시터 1개를 직렬로 12 V의 전원에 연결하였다. 1 $\mu$F의 커패시터는 8 V로 충전되었고 다른 하나는 4 V로 충전되었다. 용량을 모르는 커패시터의 용량은 얼마인가?

**24.** 그림 12-70의 직렬 커패시터에 저장된 총 전하량이 10 $\mu$C이다. 각 커패시터 양단에 걸리는 전압을 구하라.

▶ 그림 12-70

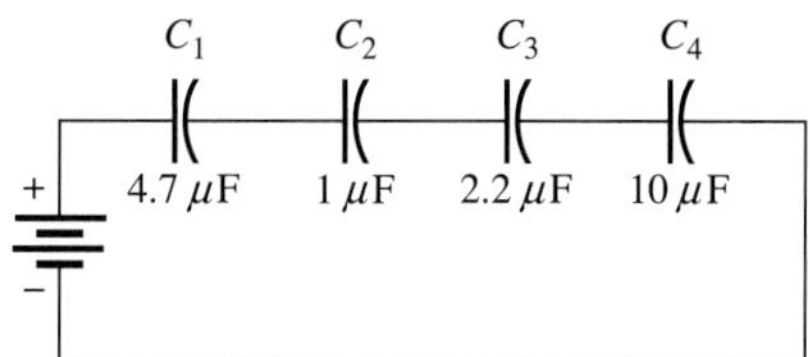


### 12-4 병렬 커패시터

**25.** 그림 12-71의 각 회로에서 $C_T$를 구하라.

**26.** 그림 12-71의 각 커패시터의 전하는 얼마인가?

▶ 그림 12-71

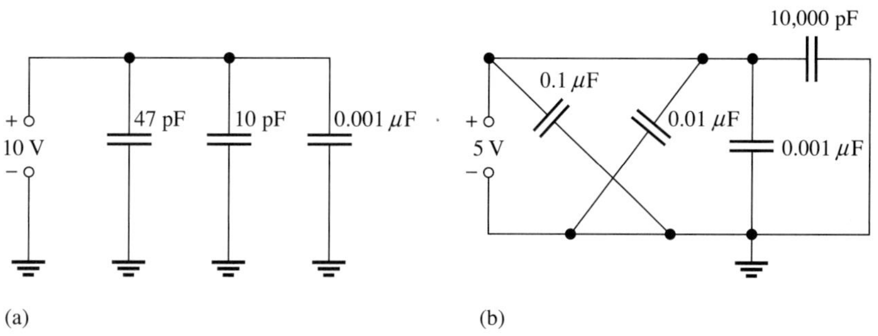


**27.** 그림 12-72의 각 회로에서 $C_T$를 구하라.

**28.** 그림 12-72의 각 회로에서 점 $A$와 $B$ 사이의 전압은 얼마인가?

▶ 그림 12-72

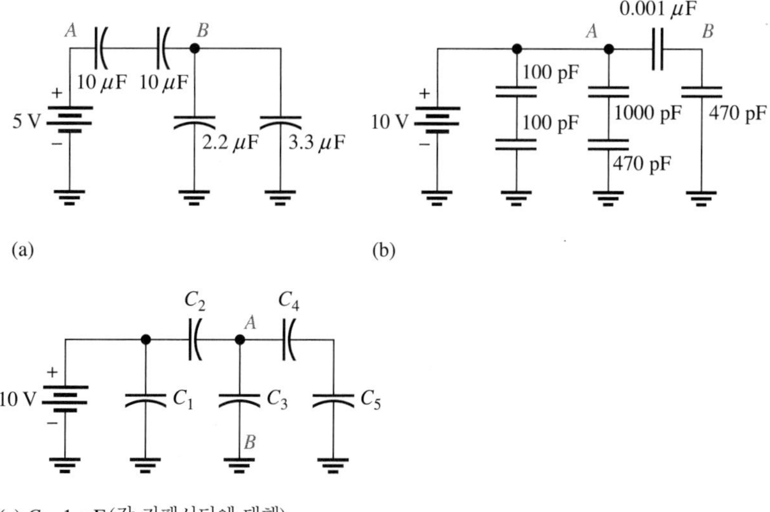


(c) $C = 1\ \mu$F(각 커패시터에 대해)

***29.** 그림 12-73의 회로에서 커패시터는 처음에 충전되어 있지 않았다.

(a) 스위치가 닫힌 후에 전원에 의해 공급되는 총 전하는 얼마인가?

(b) 각각의 커패시터에 걸리는 전압은 얼마인가?

▶ 그림 12-73

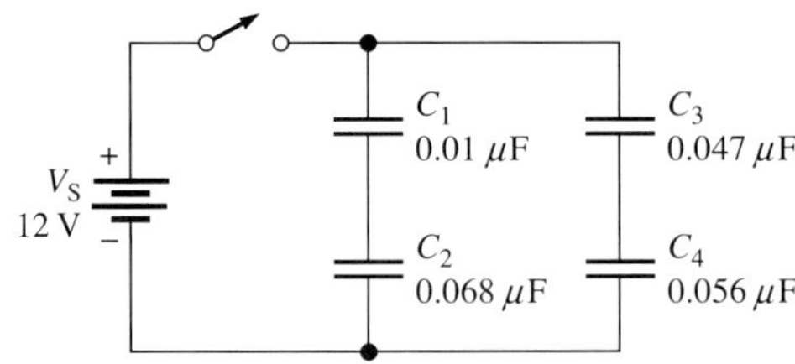


## 12-5 직류 회로에서의 커패시터

**30.** 다음 각각의 직렬 *RC* 결합에 대한 시정수를 구하라.

(a) $R = 100\ \Omega, C = 1\ \mu F$
(b) $R = 10\ M\Omega, C = 47\ pF$
(c) $R = 4.7\ k\Omega, C = 0.0047\ \mu F$
(d) $R = 1.5\ M\Omega, C = 0.01\ \mu F$

**31.** 다음 각각의 결합에서 커패시터가 완전히 충전되는 데 걸리는 시간은 얼마인가?

(a) $R = 56\ \Omega, C = 47\ \mu F$
(b) $R = 3300\ \Omega, C = 0.015\ \mu F$
(c) $R = 22\ k\Omega, C = 100\ pF$
(d) $R = 5.6\ M\Omega, C = 10\ pF$

**32.** 그림 12-74의 회로에서 커패시터는 처음에 충전되지 않았다. 스위치를 닫고 다음의 시간이 경과한 후의 커패시터 전압을 구하라.

(a) 10 μs
(b) 20 μs
(c) 30 μs
(d) 40 μs
(e) 50 μs

▶ 그림 12-74

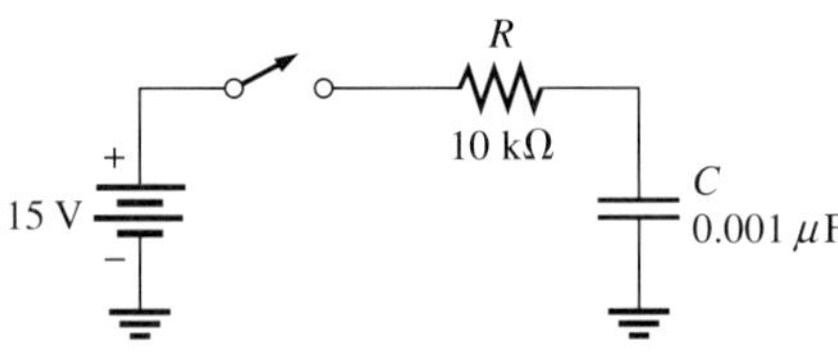


**33.** 그림 12-75에서 커패시터가 25 V로 충전되었다. 스위치를 닫고 다음 시간이 경과한 후의 커패시터 전압은 얼마인가?

(a) 1.5 ms
(b) 4.5 ms
(c) 6 ms
(d) 7.5 ms

▶ 그림 12-75

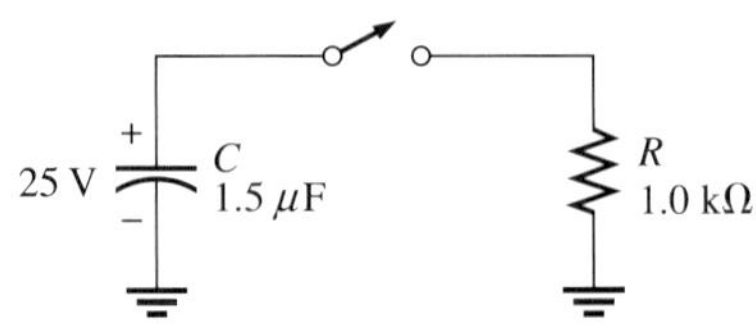


**34.** 문제 32를 다음 시간 간격에 대하여 반복하라.

(a) 2 μs
(b) 5 μs
(c) 15 μs

**35.** 문제 33을 다음 시간에 대하여 반복하라.

(a) 0.5 ms　　(b) 1 ms　　(c) 2 ms

***36.** 지수함수적으로 증가하는 전압 곡선상의 임의의 점에서 시간을 구하기 위한 공식을 구하라. 이 공식으로 그림 12-76에서 스위치를 닫은 후 6 V가 될 때의 시간을 구하라.

▶ 그림 12-76

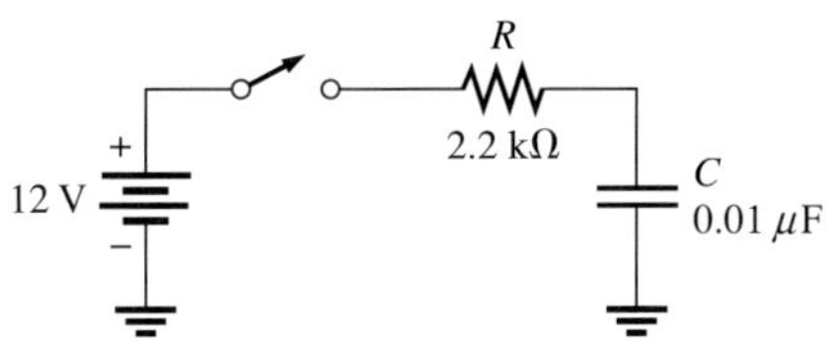


**37.** 그림 12-74에서 $C$가 8 V로 충전되는 시간은 얼마인가?

**38.** 그림 12-75에서 $C$가 3 V까지 방전되는 시간은 얼마인가?

**39.** 그림 12-77에서 회로의 시정수를 구하라.

▶ 그림 12-77

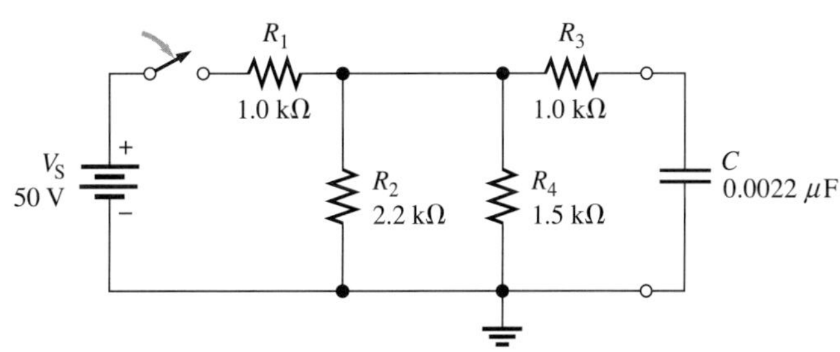


***40.** 그림 12-78에서 커패시터는 처음에 충전되지 않았다. 스위치를 닫고 10 μs가 지난 후 커패시터 전압의 순시값은 7.2 V이다. $R$의 값을 구하라.

▶ 그림 12-78

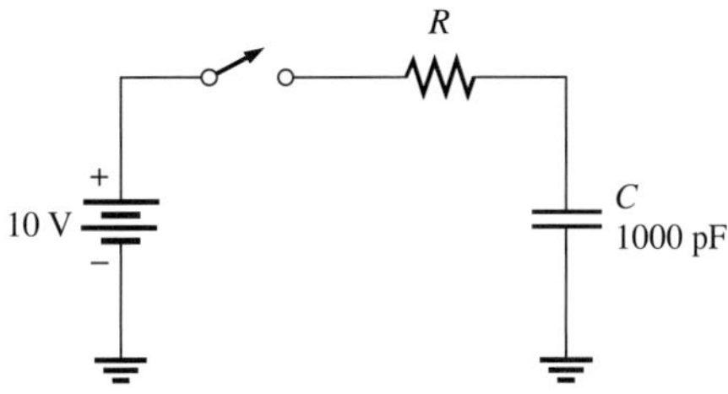


***41.** (a) 그림 12-79에서 스위치가 1의 위치로 올 때 커패시터가 방전된다. 스위치가 1의 위치에 10 ms 동안 머무른 뒤 위치 2로 옮겨졌다. 커패시터 전압의 완전한 파형을 그려라.

(b) 스위치가 위치 2에서 5초 동안 머무른 후 다시 위치 1로 바뀐다면 파형은 어떻게 되는가?

▶ 그림 12-79

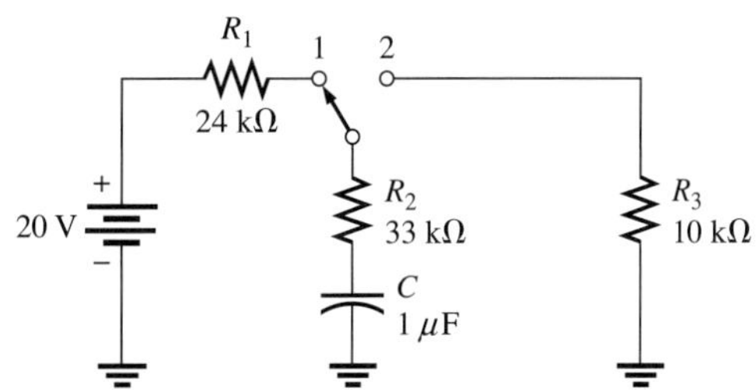

## 12-6 교류 회로에서의 커패시터

**42.** 그림 12-80의 각 회로에서 총 용량성 리액턴스는 얼마인가?

▶ 그림 12-80

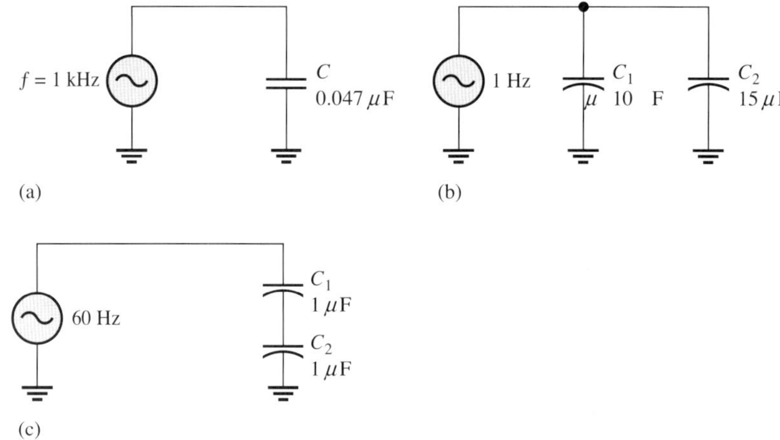


**43.** 그림 12-72에서 각 직류 전압원이 10 V rms, 2 kHz인 교류 전원으로 바뀌었다. 각 경우에서의 총 리액턴스를 구하라.

**44.** 그림 12-80의 각 회로에서 $X_C$가 100 Ω이 되려면 주파수는 얼마여야 하는가? 또한 $X_C$가 1 kΩ이 되려면 주파수가 얼마여야 하는가?

**45.** 어떤 커패시터가 연결되었을 때 실효값 20 V의 정현파 전압에서 100 mA의 실효 전류가 흐른다. 리액턴스는 얼마인가?

**46.** 10 kHz의 전압이 0.0047 μF의 커패시터에 인가될 때 1 mA의 실효 전류가 측정되었다. 전압은 얼마인가?

**47.** 문제 46에서 유효 전력과 무효 전력을 구하라.

***48.** 그림 12-81의 회로에서 각 커패시터 양단에서의 교류 전압과 각 가지의 전류를 구하라.

▶ 그림 12-81

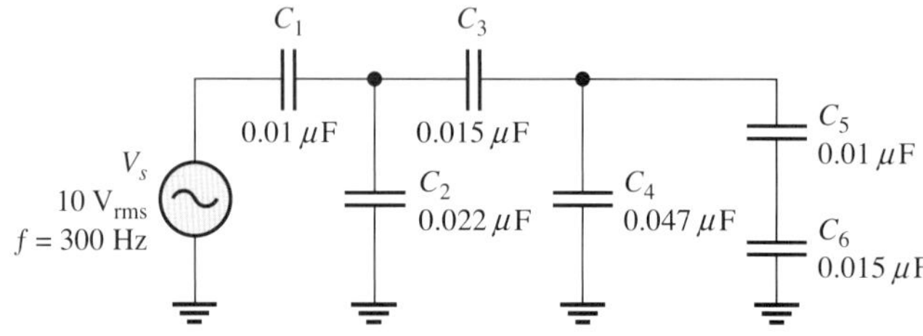


**49.** 그림 12-82에서 $C_1$의 값을 구하라.

***50.** 그림 12-81에서 $C_4$가 개방되는 경우 다른 커패시터 양단에 걸리는 전압은 얼마인가?

▶ 그림 12-82

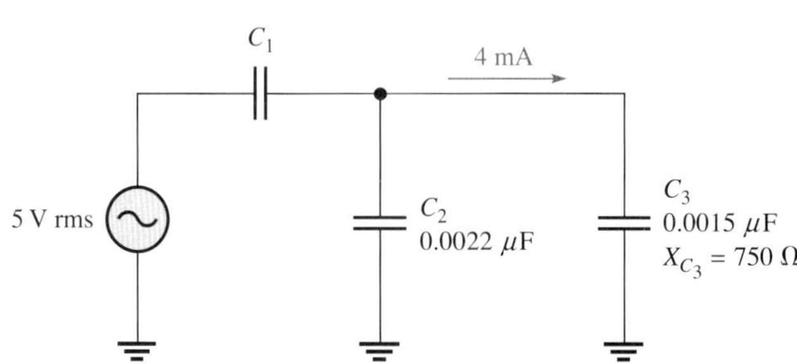

### 12-7 커패시터의 응용

**51.** 그림 12-53의 전원 공급기 필터에서 커패시터에 다른 커패시터가 병렬로 연결된다면 리플 전압은 어떻게 되는가?

**52.** 증폭기 회로의 어떤 점에서 10 kHz 교류 전압을 제거하려면 이상적인 바이패스 커패시터의 리액턴스는 얼마가 되어야 하는가?

### 12-8 스위치드 커패시터 회로

**53.** 스위치드 커패시터 회로의 커패시터 값은 2200 pF이고 10 $\mu s$의 주기를 갖는다. 이 회로가 에뮬레이션하는 저항의 값을 결정하라.

**54.** 스위치드 커패시터 회로에서 100 pF의 커패시터가 주파수 8 kHz로 스위칭된다. 이 회로가 에뮬레이션하는 저항의 값은 얼마인가?

### Multisim 고장진단과 분석

Multisim CD-ROM을 사용하여 다음 문제를 풀어 보라.

**55.** P12-55 파일을 열고, 각 커패시터에 걸리는 전압을 측정하라.

**56.** P12-56 파일을 열고, 각 커패시터에 걸리는 전압을 측정하라.

**57.** P12-57 파일을 열고, 전류를 측정한다. 주파수를 반으로 줄이고 다시 전류를 측정한다. 원래 주파수의 두 배로 하여 다시 전류를 측정한다. 실험 결과를 설명하라.

**58.** P12-58 파일을 열고, 개방된 커패시터가 있는지 조사하라.

**59.** P12-59 파일을 열고, 단락된 커패시터가 있는지 조사하라.

## 복습문제 해답

### 12-1 커패시터의 기초

**1.** 커패시턴스는 전하를 저장하는 능력(용량)이다.

**2.** (a) 1 F은 1,000,000 $\mu$F이다. (b) 1 F은 $1 \times 10^{12}$ pF이다. (c) 1 $\mu$F은 1,000,000 pF이다.

**3.** 0.0015 $\mu$F = 1500 pF, 0.0015 $\mu$F = 0.0000000015 F

**4.** $W = 1/2\ CV^2 = 1.125\ \mu J$

**5.** (a) $C$는 증가한다. (b) $C$는 감소한다.

**6.** (1000 V/mil)(2 mil) = 20 kV

**7.** $C = 2.01\ \mu F$

### 12-2 커패시터의 종류

**1.** 커패시터는 유전체의 재질에 따라 분류된다.

**2.** 고정 커패시터는 바꿀 수가 없고 가변 커패시터는 바꿀 수 있다.

**3.** 전해 커패시터는 분극되어 있다.

**4.** 정격 전압이 충분한지 확인하고 분극 커패시터를 연결해야 하며, 회로의 (+)쪽을 커패시터의 (+)쪽으로 연결한다.

### 12-3 직렬 커패시터

**1.** 직렬 $C_T$는 가장 작은 $C$보다 작다.

**2.** $C_T = 61.2\text{ pF}$

**3.** $C_T = 0.006\ \mu\text{F}$

**4.** $C_T = 20\text{ pF}$

**5.** $V_{C1} = 75.2\text{ V}$

### 12-4 병렬 커패시터

**1.** 각각의 커패시터 값은 병렬인 경우 더한다.

**2.** 0.01 $\mu$F 커패시터 5개를 병렬로 연결하면 $C_T$를 구할 수 있다.

**3.** $C_T = 167\text{ pF}$

### 12-5 직류 회로에서의 커패시터

**1.** $\tau = RC = 1.2\ \mu\text{s}$

**2.** $5\tau = 6\ \mu\text{s}$; $V_C = 4.97\text{ V}$

**3.** $v_{2\text{ms}} = 8.65\text{ V}$; $v_{3\text{ms}} = 9.50\text{ V}$; $v_{4\text{ms}} = 9.82\text{ V}$; $v_{5\text{ms}} = 9.93\text{ V}$

**4.** $v_C = 36.8\text{ V}$

### 12-6 교류 회로에서의 커패시터

**1.** 커패시터에서의 전류는 전압보다 90° 앞선다.

**2.** $X_C = 1/2\pi fC = 637\text{ k}\Omega$

**3.** $f = 1/2\pi X_C C = 796\text{ Hz}$

**4.** $I_{\text{rms}} = 629\text{ mA}$

**5.** $P_{\text{true}} = 0\text{ W}$

**6.** $P_r = 0.453\text{ VAR}$

### 12-7 커패시터의 응용

**1.** 커패시터가 최대값으로 일단 충전되면, 다음 피크까지는 매우 천천히 방전한다. 따라서 정류된 전압을 일정하게 한다.

**2.** 결합 커패시터는 교류를 한 점으로부터 다른 점으로 통과시키지만, 직류는 차단한다.

**3.** 결합 커패시터는 통과시키려는 주파수에서 리액턴스가 무시될 수 있을 정도로 용량이 충분히 커야 한다.

**4.** 완충 커패시터(decoupling capacitor)는 전력선의 과도 전압을 접지와 단락시킨다.

**5.** $X_C$는 주파수에 반비례하며, 교류 신호를 통과시키는 필터의 능력이다.

**6.** 커패시턴스

### 12-8 스위치드 커패시터 회로

**1.** 등가 저항의 전류에 대응하는 같은 양의 전하를 움직임으로써

**2.** 스위칭 주파수와 커패시턴스 값

**3.** 트랜지스터

### 회로 응용

**1.** 결합 커패시터는 전원이 직류 전압에 영향을 미치지 않도록 하는 반면, 교류 신호는 통과시킨다.

**2.** 직류 전압과 합쳐진 교류 전압이 점 $C$의 전압이다. 교류 전압은 출력에만 존재한다.

## 관련 문제 해답

**12-1** 100 kV

**12-2** 0.047 $\mu$F

**12-3** $100 \times 10^6$ pF

**12-4** 0.697 $\mu$F

**12-5** 1.54 $\mu$F

**12-6** 278 pF

**12-7** 0.011 $\mu$F

**12-8** 2.83 V

**12-9** 650 pF

**12-10** 0.09 $\mu$F

**12-11** 891 $\mu$s

**12-12** 8.36 V

**12-13** 8.13 V

**12-14** $\approx$ 0.74 ms; 95 V

**12-15** 1.52 ms

**12-16** 0.42 V

**12-17** 3.39 kHz

**12-18** $4.40 \angle 90°$ mA

**12-19** 0 W; 1.01 mVAR

**12-20** 178.57 kHz

## 자기 진단 해답

**1.** (g) **2.** (b) **3.** (c) **4.** (d) **5.** (a) **6.** (d) **7.** (a) **8.** (f)
**9.** (c) **10.** (b) **11.** (d) **12.** (a) **13.** (b) **14.** (a) **15.** (b) **16.** (c)

## 퀴즈 해답

**1.** (a) **2.** (c) **3.** (c) **4.** (c) **5.** (a) **6.** (b) **7.** (a) **8.** (a)
**9.** (c) **10.** (a) **11.** (c) **12.** (b)

CHAPTER

# 인덕터 13

## 이 장의 차례



## 이 장의 목표

- 인덕터의 기본 구조와 특성을 기술한다.
- 인덕터의 종류를 논의한다.
- 직렬 및 병렬 인덕터를 해석한다.
- 유도성 직류 스위치 회로를 해석한다.
- 유도성 교류 회로를 해석한다.
- 몇 가지 인덕터 응용을 살펴본다.

## 핵심 용어

- *RL* 시정수
- 권선
- 양호도(*Q*)
- 유도 전압
- 유도성 리액턴스
- 인덕터
- 인덕턴스
- 헨리(H)

## 회로 응용 소개

회로 응용에서는 오실로스코프의 파형을 이용하여 시험 회로의 시정수를 측정함으로써 코일의 인덕턴스를 구해 볼 것이다.

## 인터넷 학습자료

http://www.prenhall.com/floyd

## 이 장의 소개

지금까지 저항과 커패시터에 대하여 알아보았다. 이번 장에서는 세 번째 기본 수동 소자인 *인덕터*에 대하여 배우고 인덕터의 특성도 공부할 것이다.

인덕터의 기본적인 구조와 전기적인 특성에 대하여 논의하며, 직렬 및 병렬로 연결되었을 때의 효과도 분석할 것이다. 직류 및 교류 회로에서 인덕터의 동작을 살펴보고, 이를 토대로 리액티브 회로의 주파수 응답과 시간 응답에 대해 알아본다. 또한 불량 인덕터를 확인하는 방법도 배울 것이다.

10장에서 살펴본 것처럼 기본적으로 선의 코일인 인덕터는 전자기 유도 현상의 원리를 기초로 하고 있다. 인덕턴스는 전류 변화를 방해하는 코일의 특성이다. 인덕턴스에 대한 기초는 전류가 흐르는 도체 주위에 형성되는 전자장이다. 인덕턴스의 특성을 갖는 전기 소자를 *인덕터*, *코일* 또는 어떤 분야에서는 *초크*라고 한다. 이러한 용어들은 모두 같은 소자를 일컫는다.

# 13-1 인덕터의 기초

**인덕터**(inductor)는 코어 둘레를 선으로 감싼 형태이며 인덕턴스의 특성을 보이는 수동 전기 소자이다.

이 절의 학습 내용은 다음과 같다.

- **인덕터의 기본 구조 및 특성**
  - *인덕턴스*의 정의 및 단위
  - 유도 전압에 대한 논의
  - 인덕터가 에너지를 저장하는 방법
  - 물리적인 성질이 인덕턴스에 미치는 영향
  - 권선 저항과 권선 커패시턴스에 대한 논의
  - 패러데이의 법칙
  - 렌츠의 법칙

**BIOGRAPHY**

요셉 헨리 (Joseph Henry, 1797~1878)

헨리는 뉴욕 올버니의 조그마한 학교에서 교수로 그의 경력을 시작하였다. 후에 스미스소니언 협회의 초대 협회장이 된다. 그는 과학 실험을 떠맡은 프랭클린 이후의 첫 미국인이다. 철 코어에 코일을 둘러싸고 전자기 유도 현상을 패러데이보다 1년 전인 1830년에 관찰하였으나 자신의 발견을 출판하지 않았다. 그러나 헨리는 자기-유도의 발견으로 명성을 얻었다. 그의 업적을 기리기 위해 인덕턴스의 단위로 그의 이름을 사용한다.

그림 13-1과 같이 도선을 감아서 코일로 만들면 기본적인 인덕터가 된다. 인덕터는 **코일**이라고도 한다. 이미 설명한 바와 같이 코일에 흐르는 전류가 전자장을 형성한다. 코일의 각 **권선**(winding) 주위의 자력선이 더해져서 코일 내부와 주위에 강한 전자장을 형성한다. 이때 전체 전자장의 방향이 N극과 S극을 만든다.

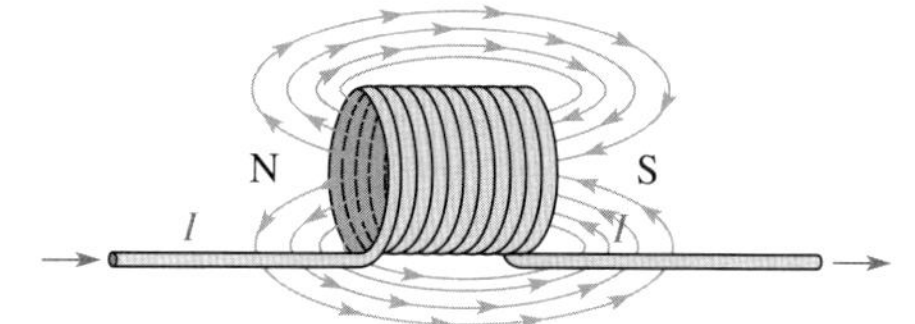


**▶ 그림 13-1**

도선을 감은 코일은 인덕터가 된다. 전류가 흐르면 코일을 둘러싼 모든 방향에서 3차원 전자기장이 생성된다.

코일에서 전체 전자장이 형성되는 과정을 이해하기 위하여 인접한 두 개의 루프 주위 전자장의 상호관계를 살펴보기로 하자. 루프가 서로 밀접하면, 인접한 루프 주위의 자력선은 각각 단일 외곽의 경로로 편향된다. 이러한 현상은 그림 13-2에 나타낸 것과 같이 인접한 루프 사이에서 반대 방향으로 발생한 자력선은 루프가 서로 가까워지면 소멸되기 때문이다. 두 루프에서의 전체 전자장이 그림 13-2에 묘사되었다. 코일에 인접한 루프가 많을수록 이러한 현상은 증가된다. 즉, 각각의 부수적인 루프는 전자장의 강도를 증가시켜 준다. 실제로 많은 자력선이 있지만 간단히 하기 위해 단지 하나의 자력선만을 표시하였다. 그림 13-3은 인덕터의 규격화된 기호이다.

**▶ 그림 13-2**

코일의 인접한 두 개의 루프에서 자력선의 상호관계

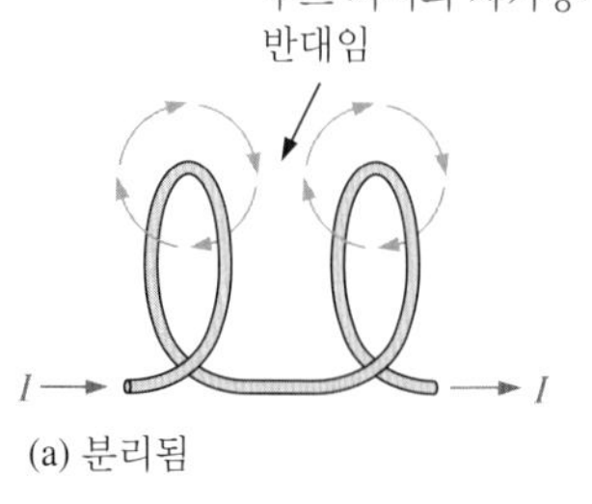


(a) 분리됨

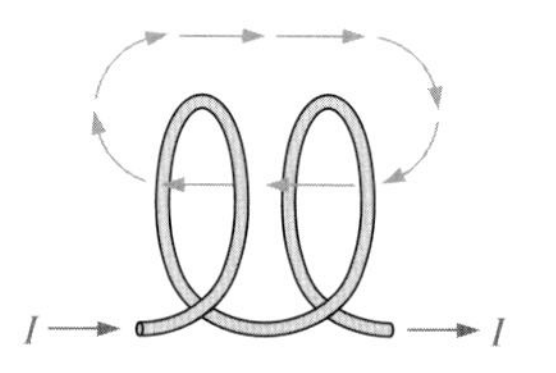


(b) 근접한 루프들; 루프 사이의 반대되는 자기장은 상쇄된다.

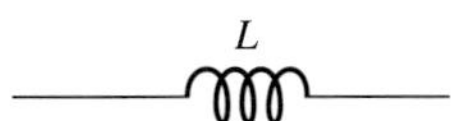


◀ 그림 3-3
인덕터의 기호

## 인덕턴스

인덕터에 전류가 흐를 때 전자장이 형성된다. 전류가 변하면 전자장도 변화한다. 즉, 전류가 증가하면 전자장이 확장되고, 전류가 감소하면 전자장은 축소된다. 그러므로 변화하는 전류는 인덕터 주위의 전자장을 변화시킨다. 또한 전자장이 변화하면 전류의 변화를 방해하는 방향으로 코일 양단에 **유도 전압**(induced voltage)이 발생된다. 이러한 성질을 **자기 인덕턴스**(self-inductance) 또는 간단히 **인덕턴스**(inductance)라고 하며, 기호로는 $L$을 사용한다.

**인덕턴스(inductance)는 전류가 변화함에 따라 유도 전압을 만들어내는 코일의 능력을 말하며, 유도 전압은 전류의 변화를 방해하는 방향으로 형성된다.**

코일의 인덕턴스($L$)와 전류의 시간 변화율($di/dt$)은 유도 전압($v_{ind}$)을 결정한다. 전류가 변화하면 전자장이 변화되어 코일 양단 간에 유도 전압이 발생된다. 이때 유도 전압은 $L$과 $di/dt$에 비례하며, 다음 식으로 표현된다.

$$v_{ind} = L\left(\frac{di}{dt}\right) \tag{13-1}$$

이 공식은 인덕턴스가 클수록 유도 전압이 크다는 것을 나타낸다. 또한 코일의 전류 변화가 빠를수록 유도 전압이 크다는 것을 의미한다. 식 (13-1)은 $i = C(dv/dt)$로 표현되는 식 (12-24)와 유사하다.

### 인덕턴스의 단위

**헨리**(henry, H)는 인덕턴스의 기본 단위이다. 코일에 흐르는 전류가 1초당 1암페어의 비율로 변화하고 1볼트의 전압이 유도될 때의 인덕턴스를 1 H로 정의한다. 헨리는 큰 단위로 실제로는 밀리헨리(mH)나 마이크로헨리($\mu$H)가 더 많이 사용된다.

**예제 13-1** 전류가 2 A/s의 비율로 변할 때 1헨리(1 H) 인덕터에 걸리는 유도 전압을 구하라.

풀이

$$v_{ind} = L\left(\frac{di}{dt}\right) = (1\ \text{H})(2\ \text{A/s}) = \mathbf{2\ V}$$

관련 문제 10 A/s 비율로 변하는 전류가 50 V를 유도했을 때 인덕턴스를 구하라.

### 에너지 저장

인덕터는 전류에 의하여 형성된 전자장 내에 에너지를 저장한다. 저장되는 에너지는 다음 식으로 표현된다.

$$W = \frac{1}{2}LI^2 \tag{13-2}$$

저장되는 에너지는 인덕턴스와 전류의 제곱에 비례한다. 전류($I$)의 단위가 암페어이고 인덕턴스($L$)의 단위가 헨리이면, 에너지($W$)의 단위는 줄(joule)이 된다.

## 인덕터의 물리적인 특성

코어의 투자율, 권선수, 코어의 길이, 코어의 단면적 등은 코일의 인덕턴스를 형성하는 데 있어서 중요한 요소이다.

### 코어의 재료

인덕터는 **코어**(core)라고 불리는 자성 물질이나 비자성 물질에 도선을 감아서 코일로 만든 것이다. 자성 물질의 예로는 철, 니켈, 강철, 코발트, 합금 등이 있다. 이러한 물질들의 투자율은 진공에서의 투자율보다 수백에서 수천 배가 크며 **강자성체**로 분류된다. 강자성 코어는 자력선이 형성되기가 더 쉽기 때문에 더 강한 자계가 형성된다. 비자성 물질의 예로는 공기, 나무, 구리, 플라스틱, 유리 등이 있다. 이러한 재료들의 투자율은 진공에서의 투자율과 같다.

10장에서 다루었듯이, 코어 재료의 투자율($\mu$)은 자계가 얼마나 쉽게 형성되는가를 결정하며, H/m 단위와 같은 Wb/At·m의 단위를 갖는다. 인덕턴스는 코어 재료의 투자율에 비례한다.

### 물리적인 파라미터

그림 13-4에서와 같이 권선수, 코어의 길이, 코어의 단면적이 인덕턴스 값을 결정하는 요소이다. 인덕턴스는 코어의 길이에 반비례하고 단면적에 비례한다. 또한 인덕턴스는 권선수의 제곱에 비례한다. 이것을 식으로 나타내면 다음과 같다.

$$L = \frac{N^2\mu A}{l} \tag{13-3}$$

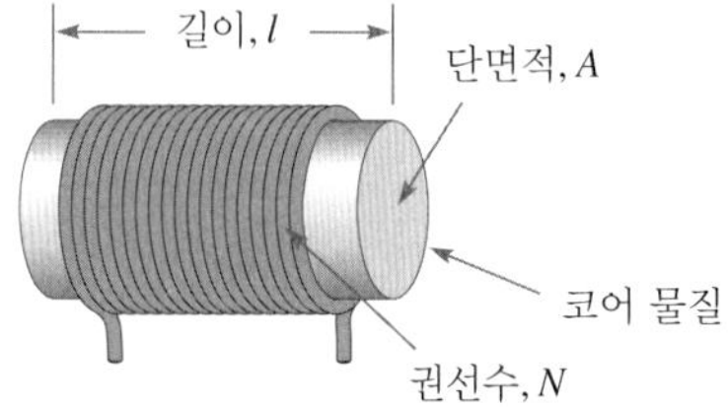


▶ 그림 13-4
인덕터의 물리적인 파라미터

여기서 $L$은 단위가 헨리(H)인 인덕턴스이고, $N$은 권선수, $\mu$는 단위가 미터당 헨리(H/m)인 투자율, $A$는 단위가 $m^2$인 단면적, $l$은 단위가 m인 길이이다.

**예제 13-2** 그림 13-5에서 코일의 인덕턴스를 구하라. 코일의 투자율은 $0.25 \times 10^{-3}$ H/m이다.

▶ 그림 13-5

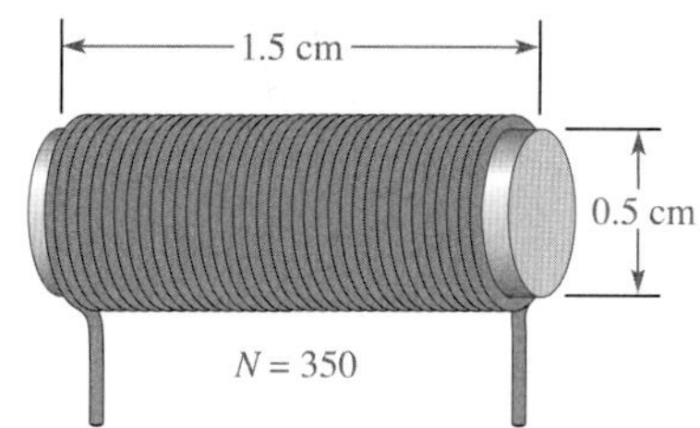


**풀이** 먼저 길이와 면적을 미터 단위로 바꾸자.

$$l = 1.5\,\text{cm} = 0.015\,\text{m}$$
$$A = \pi r^2 = \pi(0.25 \times 10^{-2}\,\text{m})^2 = 1.96 \times 10^{-5}\,\text{m}^2$$

코일의 인덕턴스는 다음과 같다.

$$L = \frac{N^2\mu A}{l} = \frac{(350)^2(0.25 \times 10^{-3}\,\text{H/m})(1.96 \times 10^{-5}\,\text{m}^2)}{0.015\,\text{m}} = \mathbf{40\,mH}$$

**관련 문제** 길이가 1.0 cm이고 직경이 0.8 cm인 코어 주위에 90번 감은 코일의 인덕턴스는 얼마인가? 투자율은 $0.25 \times 10^{-3}$ H/m이다.

## 권선 저항

예를 들어 절연된 구리선으로 코일을 만들면 그 도선은 단위 길이당 어떤 저항 값을 갖는다. 도선을 여러 번 감아서 코일을 만들면 전체 저항이 상당히 커질 수도 있다. 이 고유 저항을 **직류 저항**(dc resistance) 또는 **권선 저항**(winding resistance, $R_W$)이라고 한다.

그림 13-6에서 볼 수 있듯이 권선 저항은 도선의 전 길이에 걸쳐 분포되어 있지만, 효율적으로는 코일의 인덕턴스와 직렬 형태로 나타낼 수 있다. 많은 응용에서 권선 저항은 무시할 수 있을 정도로 작으며, 이때의 코일을 이상적인 인덕터로 간주한다. 다른 경우에는 권선 저항을 반드시 고려해야 한다.

(a) 와이어는 전 길이에 분포된 저항을 갖는다.

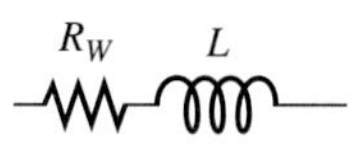

(b) 등가 회로

◀ 그림 13-6
코일의 권선 저항

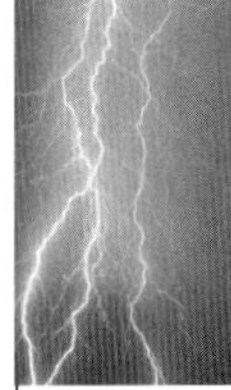

**안전수칙**

인덕터를 가지고 작업할 때 빠른 자기장의 변화로 인해 높은 유도 전압이 발생할 수 있으므로 주의하라. 전류가 가로막히거나 그 값이 급격하게 변할 때 발생할 수 있다.

## 권선 커패시턴스

두 개의 도체가 나란히 놓이면 그 사이에는 커패시턴스 성분이 존재한다. 감은 선이 서로 가까이에 놓이면 **권선 커패시턴스**(winding capacitance, $C_W$)라고 하는 표류 커패시턴스가 어느 정도 있게 된다. 대개의 경우 이 권선 커패시턴스는 매우 작아서 별로 영향을 미치지 않는다. 하지만 높은 주파수를 갖는 경우와 같이 특정 경우에는 권선 커패시턴스가 상당히 중요할 수 있다.

그림 13-7은 권선 저항($R_W$)과 권선 커패시턴스($C_W$)를 함께 나타낸 등가 회로이다. 커패시턴스는 병렬로 나타난다. 그림 13-7(b)와 같이 각 루프 사이의 표류 커패시턴스 총합은 코일의 커패시턴스 및 권선 저항과 병렬로 표현된다.

▶ 그림 13-7

코일의 권선 커패시턴스

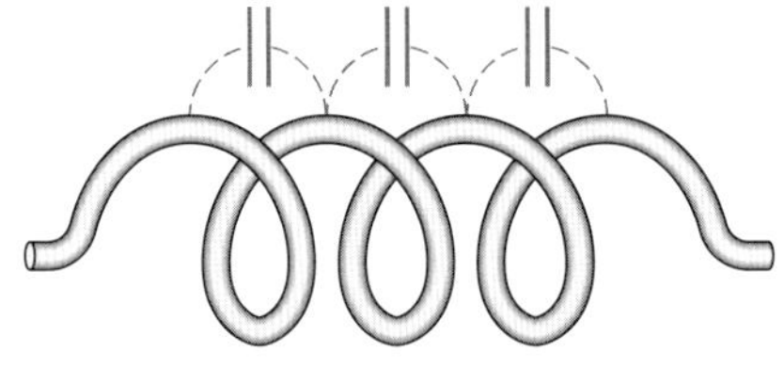

(a) 각각의 루프 사이의 공전 커패시턴스는 전체 병렬 커패시턴스로 나타낼 수 있다.

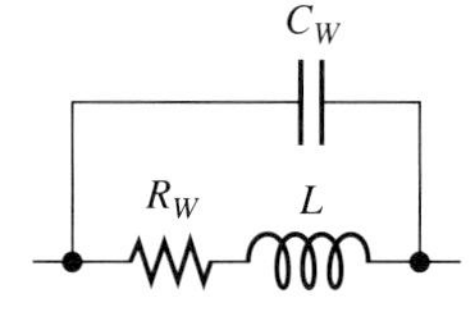


(b) 등가 회로

## 패러데이의 법칙 복습

패러데이의 법칙은 10장에서 다루었지만 인덕터를 공부하는 데 매우 중요하므로 여기서 다시 살펴보기로 한다. 패러데이는 1831년에 전자기 유도의 원리를 발견하였다. 코일 내에서 자석을 움직이면 전압이 코일에 걸쳐 유도되고, 폐회로를 형성하면 이 유도 전압은 유도 전류를 발생시키는 것을 발견하였다.

**패러데이는 코일에 유도된 전압의 총량은 코일에 대한 자계의 변화율에 비례한다는 것을 관측하였다.**

그림 13-8에서는 막대자석을 코일 내에서 움직여서 이러한 원리를 설명하였다. 유도 전압은 코일 양단에 연결된 전압계에 나타난다. 자석이 빠르게 움직일수록 유도 전압은 더 크다.

▶ 그림 13-8

자계의 변화에 의해 생성되는 유도 전압

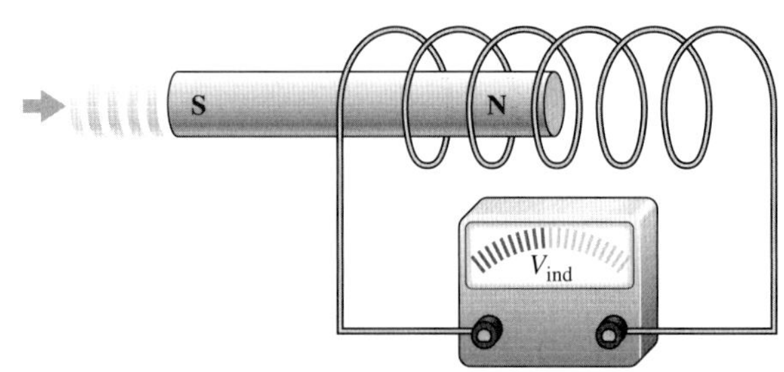


도선을 감아서 몇 개의 루프로 만들고 변화하는 자계 내에 놓으면 코일에 전압이 유도된다. 유도 전압은 코일의 권선수 $N$과 자계가 변화하는 비율에 비례한다. 자계의 변화율은 $d\phi/dt$로 표현되며, $\phi$는 자속이다. $d\phi/dt$의 단위는 초당 웨버(Wb/s)이다. 패러데이의 법칙은 코일에 걸리는 유도 전압은 권선수와 자속의 변화율을 곱한 것과 같다는 것이며, 다음 식으로 표현된다.

$$v_{\text{ind}} = N\left(\frac{d\phi}{dt}\right) \tag{13-4}$$

**예제 13-3** 5 Wb/s 비율로 변화하는 자계 내에서 500회 감긴 코일에 걸리는 유도 전압을 찾기 위해 패러데이의 법칙을 적용하라.

**풀이**

$$v_{\text{ind}} = N\left(\frac{d\phi}{dt}\right) = (500\text{ t})(5\text{ Wb/s}) = \mathbf{2.5\text{ kV}}$$

**관련 문제** 1000번 감긴 코일에 500 V의 전압이 유도되었다. 자계의 변화율은 얼마인가?

## 렌츠의 법칙

**렌츠의 법칙**(Lenz's law)은 10장에서 소개되었지만, 여기서 다시 언급하기로 한다.

> **코일에 흐르는 전류가 변화하고 변화하는 전자장으로 인하여 전압이 유도될 때 유도 전압은 항상 전류의 변화를 방해하는 방향으로 결정된다.**

그림 13-9는 렌츠의 법칙을 설명한다. 그림 13-9(a)에서 전류는 $R_1$을 통해 일정하게 흐른다. 전자장이 변하지 않으므로 유도 전압이 없다. 그림 13-9(b)에서 스위치를 갑자기 닫으면, $R_2$가 $R_1$에 병렬로 연결되어 저항이 감소한다. 따라서 전류는 증가하고 전자장이 확장되려고 하지만, 이 순간에 유도 전압은 전류가 증가하는 것을 방해한다.

그림 13-9(c)에서 유도 전압은 점차적으로 감소하여 전류가 증가하게 된다. 그림 13-9(d)에서는 전류가 병렬 저항에 의해 결정되는 일정한 값으로 흐르고 유도 전압은 영이 된다. 그림 13-9(e)에서 스위치를 갑자기 열면 그 순간에 유도 전압은 전류가 감소하는 것을 방해하며, 스위치 접지면에서 전기 불꽃을 일으킨다. 그림 13-9(f)에서 유도 전압은 점차적으로 감소하고 전류는 $R_1$에 의해 결정되는 값으로 감소한다. 유도 전압은 전류의 변화를 방해하는 극성을 갖는다. 유도 전압의 극성은 전류를 증가시키기 위해 전지 전압과 반대의 극성을 가지며, 전지 전압이 전류를 감소시키는 것을 도와준다.

**BIOGRAPHY**

헤인리치 렌츠 (Heinrich F. E. Lenz, 1804~1865)

렌츠는 에스토니아(그 당시 러시아)에서 태어났으며 상트페테르부르크 대학교의 교수로 재직하였다. 그는 패러데이의 인도로 많은 실험을 하였고 코일의 유도 전압의 극성에 대한 정의를 전자기학의 원리를 이용하여 정식화했다. 그의 업적을 기리기 위해 이 원리의 이름을 그의 이름으로 사용한다.

**▶ 그림 13-9**

유도 회로에서 렌츠의 법칙 실례: 전류가 갑자기 변화하려고 하면, 전자기장은 변하고 전류 변화와 반대되는 방향으로 전압을 유도한다.

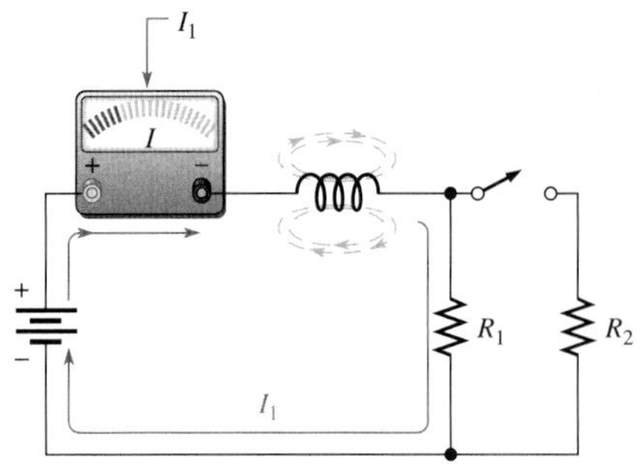


(a) 스위치 열림: 일정한 전류와 일정한 자기장; 유도 전압은 없음.

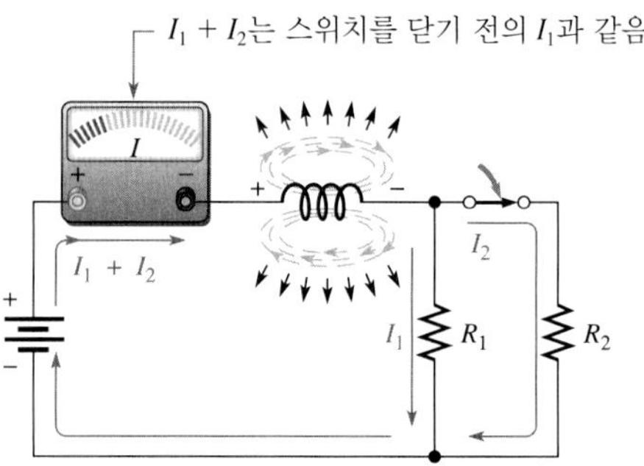


(b) 순간적으로 스위치를 닫음: 전체 전류의 증가를 반대하는 방향으로 확장된 자기장은 전압을 유도한다. 전체 전류는 순시값과 같게 된다.

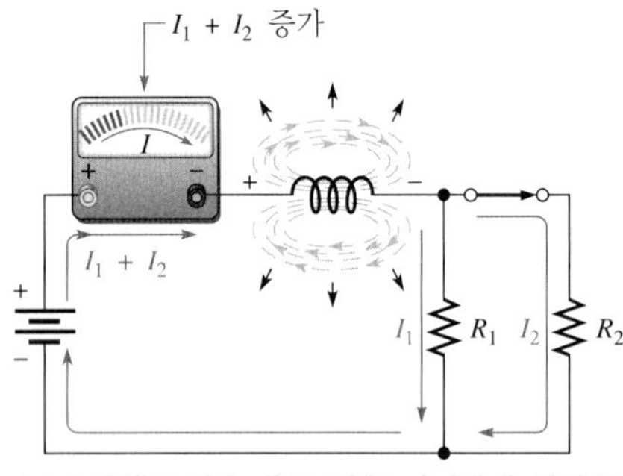


(c) 스위치를 닫은 바로 직후: 자기장의 확장률은 감소하고 따라서 전류는 유도 전압의 감소에 따라 지수함수적으로 증가한다.

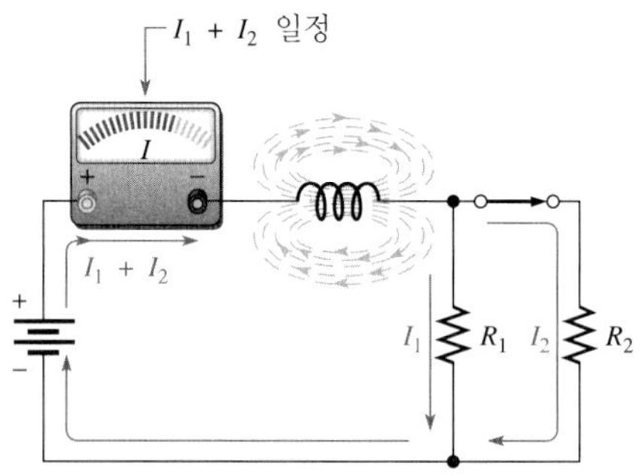


(d) 스위치 닫음 상태 지속: 전류와 자기장은 일정한 값에 도달한다.

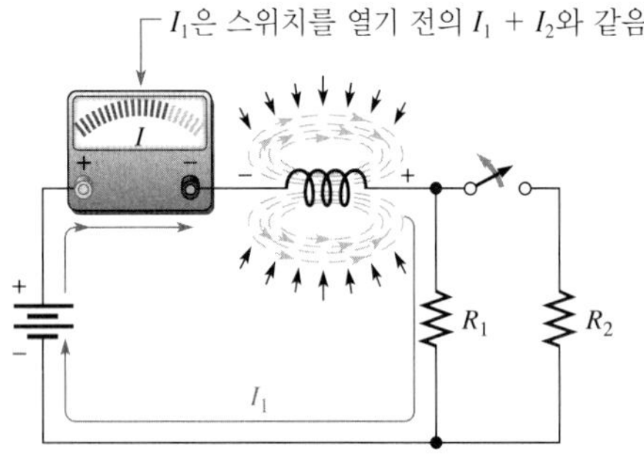


(e) 순간적으로 스위치 열림: 자기장이 약해지기 시작하면서 전류의 감소를 반대하는 방향으로 유도 전압을 발생시킨다.

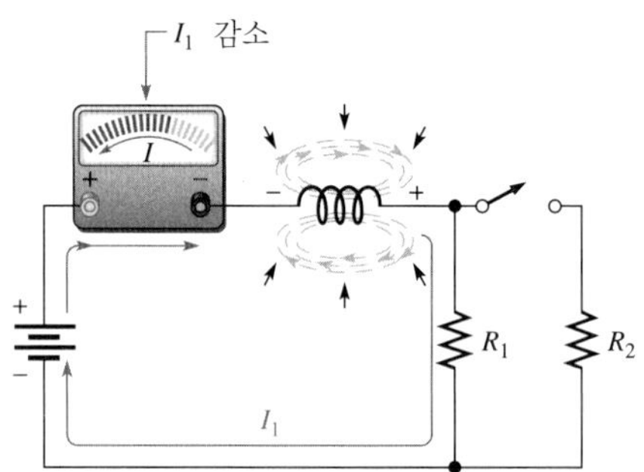


(f) 스위치를 연 이후: 자기장의 감소율이 감소하며, 따라서 전류는 지수함수적 감소로 초기값으로 귀환한다.

**복습문제 13-1**

1. 코일의 인덕턴스 값에 영향을 미치는 변수를 적어라.
2. 15 mH의 인덕터에 흐르는 전류가 500 mA/s의 비율로 변화할 때 유도 전압은 얼마인가?
3. 다음의 경우에 $L$은 어떻게 되는가?
   (a) $N$이 증가한다.
   (b) 코어의 길이가 증가한다.
   (c) 코어의 단면적이 감소한다.
   (d) 강자성 코어가 공기 코어로 바뀐다.
4. 인덕터가 권선 저항을 갖는 이유를 설명하라.
5. 인덕터가 권선 커패시턴스를 갖는 이유를 설명하라.

# 13-2 인덕터의 종류

인덕터는 일반적으로 코어의 재료에 따라 분류된다.

이 절의 학습 내용은 다음과 같다.

- **여러 종류의 인덕터에 대한 논의**
  - 고정 인덕터의 기본적인 종류
  - 고정 인덕터와 가변 인덕터의 구분

인덕터는 여러 가지 모양과 크기로 만들어진다. 기본적으로는 고정형과 가변형 두 가지가 있다. 그림 13-10은 표준 기호를 보여주고 있다.

고정 인덕터와 가변 인덕터는 코어의 재료에 따라 분류될 수 있다. 일반적으로 쓰이는 세 가지는 공기 코어, 철 코어, 페라이트 코어이다. 그림 13-11과 같이 각각 고유의 기호가 있다.

가변 인덕터는 일반적으로 코어의 안과 밖으로 이동하는 나사를 갖고 있으며, 그 결과 인덕턴스가 변한다. 다양한 인덕터가 존재하며 그 중 일부를 그림 13-12에 나타내었다. 고정 인덕터는 흔히 코일의 가는 선을 보호하는 절연 물질로 둘러싸여 있다. 캡슐로 된 인덕터는 저항과 유사한 모양을 갖는다.

◀ 그림 13-10
고정 및 가변 인덕터의 기호

◀ 그림 13-11
인덕터 기호

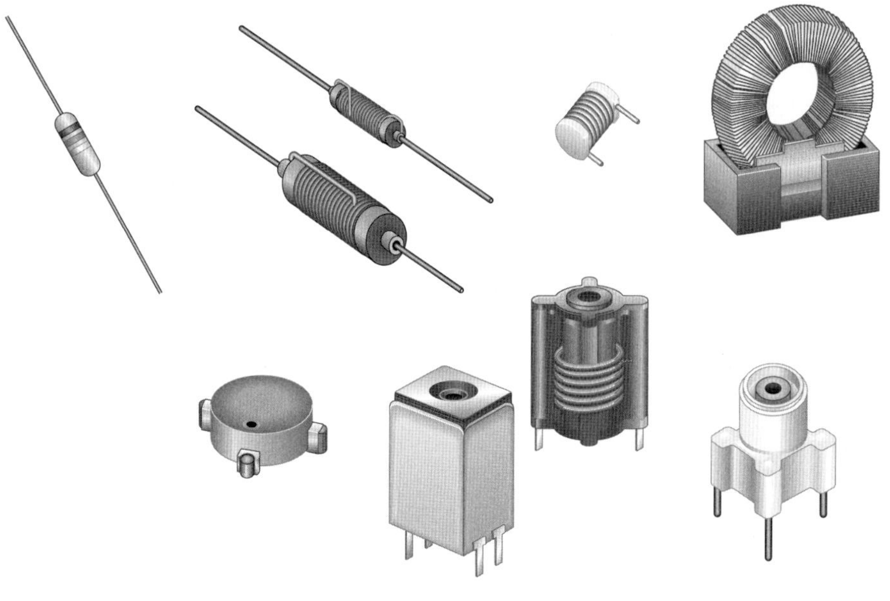

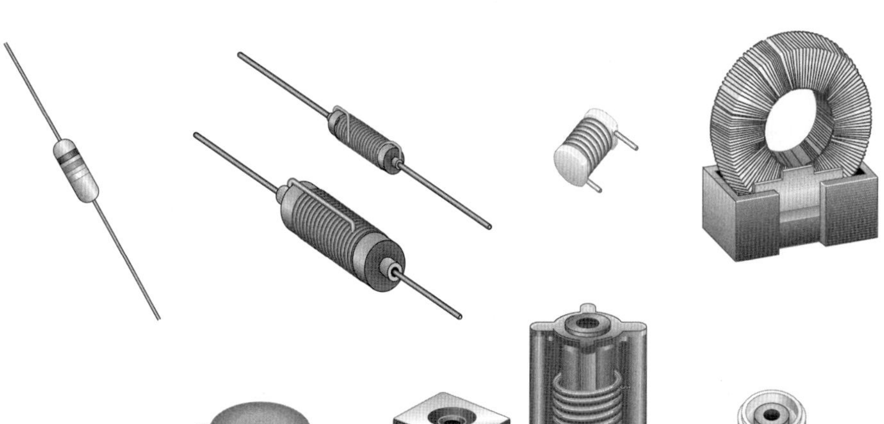

◀ 그림 13-12
일반적인 인덕터

**복습문제 13-2**

1. 인덕터의 두 가지 일반적인 종류를 써라.
2. 그림 13-13의 인덕터 기호들은 무엇을 나타내는가?

▶ 그림 13-13

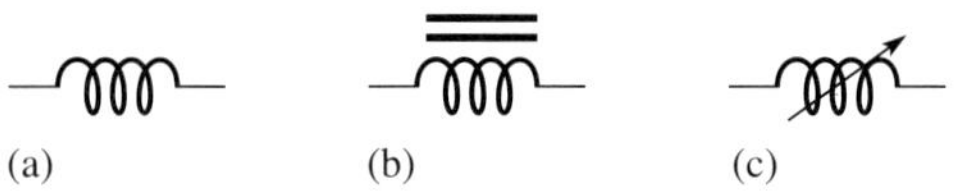

(a) (b) (c)

# 13-3 직렬 및 병렬 인덕터

인덕터가 직렬로 연결되어 있으면, 전체 인덕턴스는 증가한다. 이와 반대로 인덕터가 병렬로 연결되면, 전체 인덕턴스는 감소한다.

이 절의 학습 내용은 다음과 같다.

- **직렬 및 병렬 인덕터의 분석**
  - 전체 직렬 인덕턴스를 계산하는 방법
  - 전체 병렬 인덕턴스를 계산하는 방법

## 전체 직렬 인덕턴스

그림 13-14에서와 같이 인덕터가 직렬로 연결되었을 때, 전체 인덕턴스 $L_T$는 각 인덕턴스의 합이 된다. $n$개의 인덕터가 직렬로 연결되면 전체 인덕턴스는 다음 식으로 표현된다.

$$L_T = L_1 + L_2 + L_3 + \cdots + L_n \tag{13-5}$$

▶ 그림 13-14

직렬 인덕터

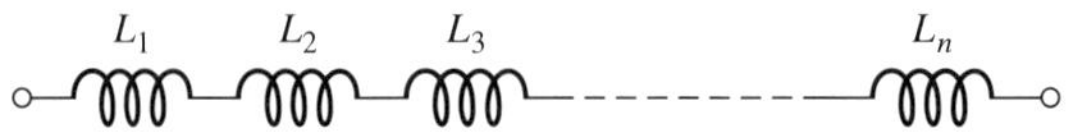

$L_1$ $L_2$ $L_3$ $L_n$

직렬에서의 전체 인덕턴스에 대한 공식은 직렬에서의 전체 저항에 대한 공식(5장)과 유사하며, 병렬에서의 전체 커패시턴스에 대한 공식(12장)과 유사하다.

**예제 13-4** 그림 13-15에서 직렬로 연결된 각 인덕터의 총 인덕턴스를 구하라.

▶ 그림 13-15

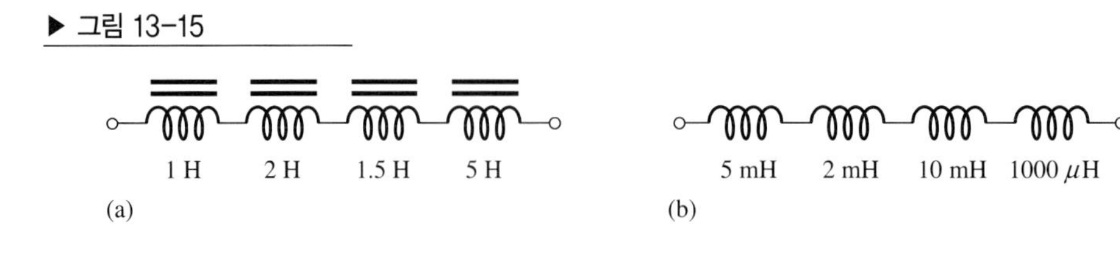


(a) (b)

**풀이** 그림 13-15(a)에서

$$L_T = 1\,\text{H} + 2\,\text{H} + 1.5\,\text{H} + 5\,\text{H} = \mathbf{9.5\,H}$$

그림 13-15(b)에서

$$L_T = 5\,\text{mH} + 2\,\text{mH} + 10\,\text{mH} + 1\,\text{mH} = \mathbf{18\,mH}$$

주의: 1000 $\mu$H = 1 mH

**관련 문제** 50 $\mu$H 인덕터 3개가 직렬로 연결되면 총 인덕턴스는 얼마인가?

## 전체 병렬 인덕턴스

그림 13-16에서와 같이 인덕터가 병렬로 연결되면 전체 인덕턴스는 가장 작은 인덕턴스보다 작다. 이 공식은 전체 인덕턴스의 역수는 각 인덕턴스의 역수의 합과 같다는 것을 나타낸다.

$$\frac{1}{L_T} = \frac{1}{L_1} + \frac{1}{L_2} + \frac{1}{L_3} + \cdots + \frac{1}{L_n} \qquad (13\text{-}6)$$

전체 인덕턴스 $L_T$는 식 (13-6)의 양변에 역수를 취하여 얻을 수 있다.

$$L_T = \frac{1}{\left(\frac{1}{L_1}\right) + \left(\frac{1}{L_2}\right) + \left(\frac{1}{L_3}\right) + \cdots + \left(\frac{1}{L_n}\right)} \qquad (13\text{-}7)$$

병렬에서의 전체 인덕턴스에 대한 공식은 저항의 병렬 연결 공식(6장) 및 커패시턴스의 직렬 연결 공식(12장)과 유사하다. 인덕터가 직·병렬 조합으로 되어 있을 때, 전체 인덕턴스는 저항 회로에서 전체 저항 계산 공식과 방법으로 계산하면 된다.

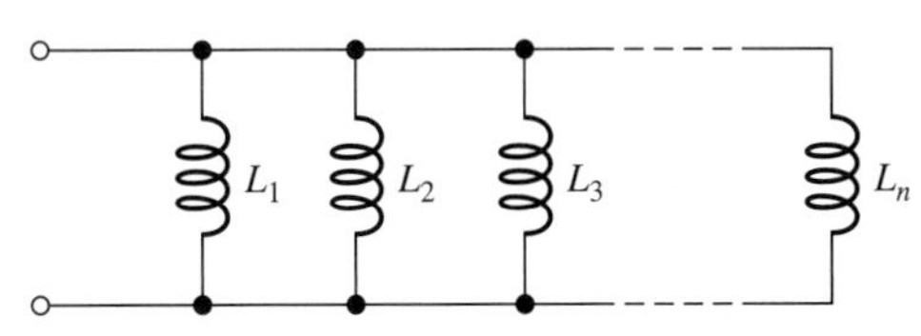


◀ 그림 13-16
병렬 인덕터

**예제 13-5** 그림 13-17에서 $L_T$를 구하라.

▶ 그림 13-17

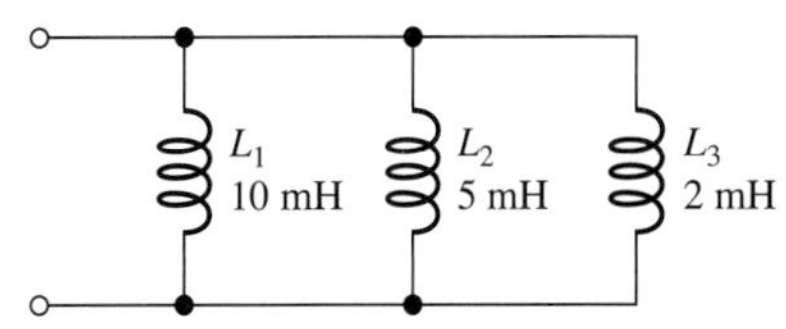


**풀이** 총 인덕턴스를 구하기 위해 식 (13-7)을 이용하자.

$$L_T = \frac{1}{\left(\frac{1}{L_1}\right)+\left(\frac{1}{L_2}\right)+\left(\frac{1}{L_3}\right)} = \frac{1}{\frac{1}{10\text{ mH}}+\frac{1}{5\text{ mH}}+\frac{1}{2\text{ mH}}} = \mathbf{1.25\text{ mH}}$$

관련 문제 50 $\mu$H, 80 $\mu$H, 100 $\mu$H, 150 $\mu$H가 병렬로 연결될 때 $L_T$를 구하라.

복습문제 13-3

1. 인덕터를 직렬로 연결할 때의 규칙을 설명하라.
2. 100 $\mu$H, 500 $\mu$H, 2 mH를 직렬로 연결하면 $L_T$는 얼마인가?
3. 5개의 100 mH 코일이 직렬로 연결되어 있다. 총 인덕턴스는 얼마인가?
4. 병렬 연결된 인덕터의 총 인덕턴스와 가장 작은 인덕턴스를 비교하라.
5. 총 병렬 인덕턴스의 계산은 총 병렬 저항의 계산과 유사하다. (참 또는 거짓)
6. 각각의 병렬 조합에서 $L_T$를 구하라.
   (a) 40 $\mu$H와 60 $\mu$H
   (b) 100 mH, 50 mH, 10 mH

# 13-4 직류 회로에서의 인덕터

인덕터를 직류 전압원에 연결하면 에너지는 전자장의 형태로 저장된다. 인덕터에 흐르는 전류는 회로의 인덕턴스와 저항을 통해 결정되는 시정수로 예측 가능하다.

이 절의 학습 내용은 다음과 같다.

- **유도성 직류 스위칭 회로의 해석**
  - 인덕터에 전류가 증가하고 감소하는 현상을 기술
  - *RL 시정수*의 정의
  - 유도 전압에 대한 설명
  - 인덕터에서의 전류에 대한 지수함수식을 구하는 방법

인덕터에 일정한 직류 전류가 흐를 때는 유도 전압이 발생하지 않는다. 그러나 코일의 권선 저항으로 전압 강하가 발생한다. 인덕턴스 자체는 직류 전류에 대해서 단락한 것과 같이 작용한

▶ 그림 13-18
직류 회로 인덕터에서의 에너지 저장과 열로의 변환

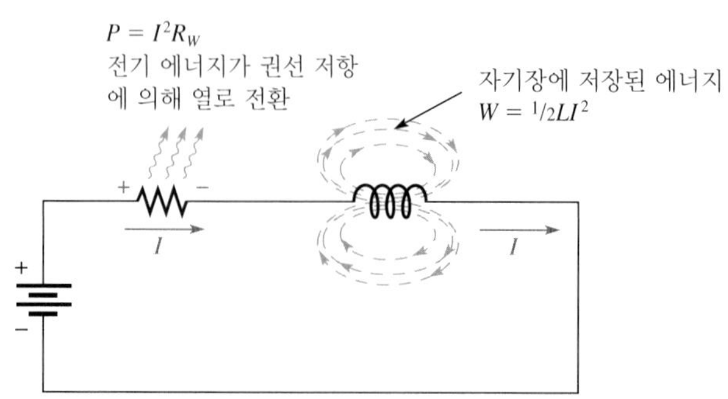

다. 식 (13-2)에서와 같이 전자장에 저장되는 에너지는 $W = 1/2LI^2$이다. 열에 의한 에너지 전환은 권선 저항에서만 발생한다($P = I^2R_W$). 이러한 조건을 그림 13-18에 설명하였다.

## *RL* 시정수

인덕터의 기본적인 동작은 전류의 변화를 방해하는 것이므로, 인덕터에서의 전류는 순간적으로 변하지 않는다. 전류가 다른 값으로 변화하려면 시간이 필요하다. 전류가 변화하는 비율은 시정수에 의해 결정된다.

***RL* 시정수(time constant)는 고정된 시간 구간에서 저항에 대한 인덕턴스의 비율과 같다.**

$$\tau = \frac{L}{R} \tag{13-8}$$

여기서 $\tau$는 초(sec)이고 인덕턴스($L$)는 헨리, 저항($R$)은 옴(ohm)의 단위를 갖는다.

**예제 13-6** 직렬 *RL* 회로가 1.0 kΩ의 저항과 1 mH의 인덕턴스를 갖는다. 시정수는 얼마인가?

풀이

$$\tau = \frac{L}{R} = \frac{1\,\text{mH}}{1.0\,\text{k}\Omega} = \frac{1 \times 10^{-3}\,\text{H}}{1 \times 10^{3}\,\Omega} = 1 \times 10^{-6}\,\text{s} = \mathbf{1\,\mu s}$$

관련 문제 $R = 2.2\,\text{k}\Omega$이고 $L = 500\,\mu\text{H}$일 때의 시정수를 구하라.

## 인덕터에서의 전류

### 증가하는 전류

직렬 *RL* 회로에서 전류는 전압이 인가된 후 한 시정수($1\tau$) 구간에서 최종값의 대략 63%까지 증가할 수 있다. 이러한 전류의 증가 현상은 *RC* 회로에서 전하가 충전되는 동안 커패시터 전압이 증가하는 현상과 유사하다. 즉, 전류는 지수함수적으로 증가하여 표 13-1과 그림 13-19에 나타난 바와 같이 최종값에 대한 백분율에 도달한다.

시정수의 5배가 되는 시간 동안의 전류의 변화를 그림 13-20에 나타내었다. 전류는 대략 $5\tau$ 후에 최종값에 도달하여 변화를 멈춘다. 이때 인덕터는 (권선 저항을 제외한) 일정한 전류에 대해 단락 회로로 작용한다. 전류의 최종값은 다음과 같다.

$$I_F = \frac{V_S}{R} = \frac{10\,\text{V}}{1.0\,\text{k}\Omega} = 10\,\text{mA}$$

**표 13-1** 전류가 증가하는 동안 각 시정수 시간 후에 최종 전류에 대한 백분율

| 시정수의 수 | 최종 전류의 대략적인 백분율(100%로 간주함) |
|---|---|
| 1 | 63 |
| 2 | 86 |
| 3 | 95 |
| 4 | 98 |
| 5 | 99(100%로 간주함) |

▶ **그림 13-19**

인덕터의 증가하는 전류

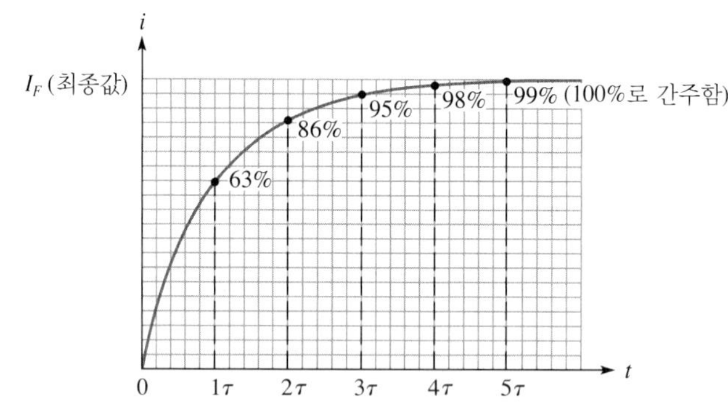


▶ **그림 13-20**

인덕터에서의 지수함수적 전류 증가. 전류는 스위치가 닫힌 후에 각 시정수 구간 동안 약 63% 증가한다. 전압($v_L$)은 전류의 증가에 반대하는 경향으로 코일에 유도된다.

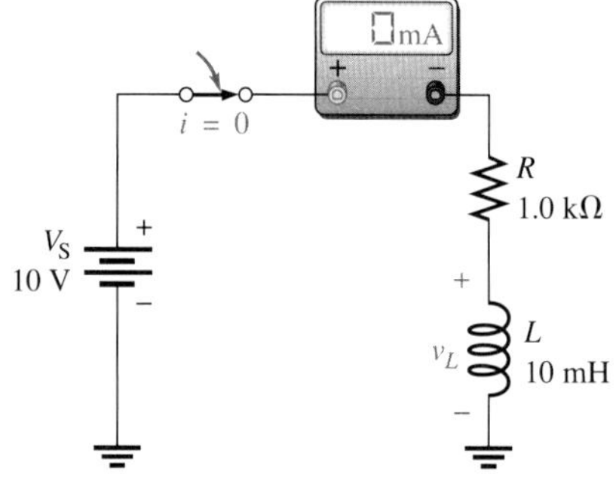

(a) 초기 상태($t = 0$)

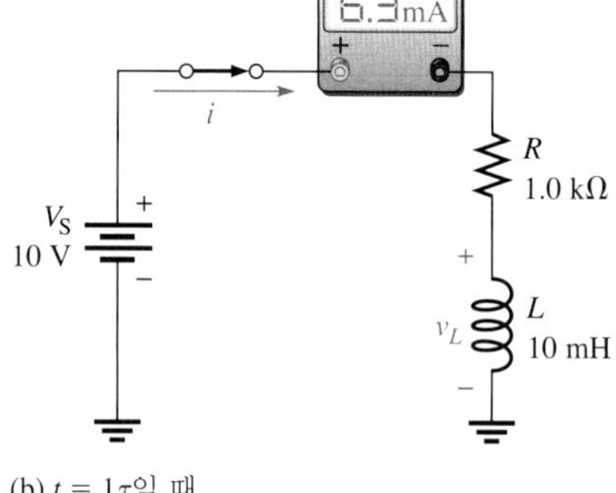


(b) $t = 1\tau$일 때

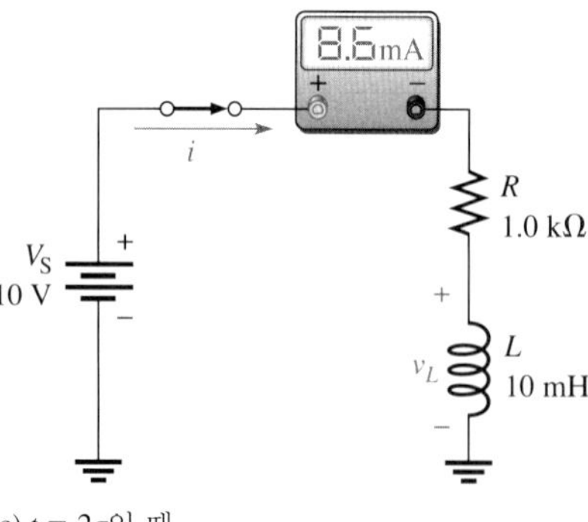


(c) $t = 2\tau$일 때

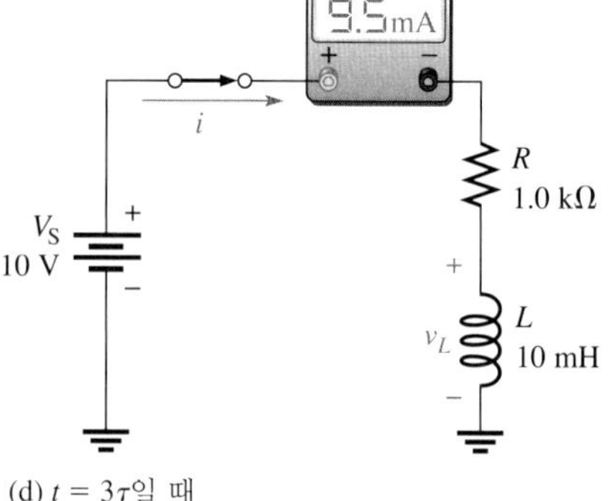


(d) $t = 3\tau$일 때

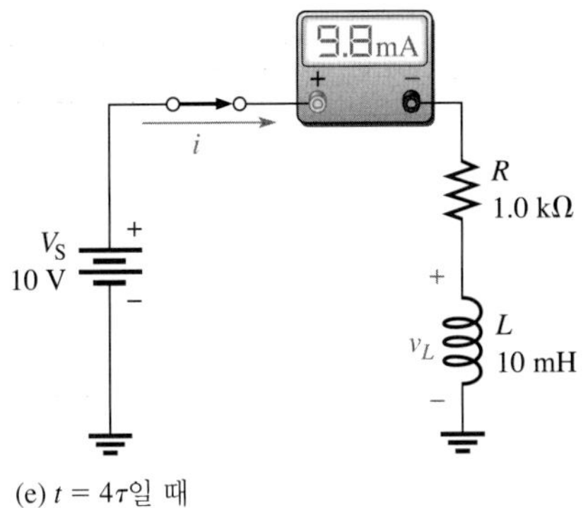


(e) $t = 4\tau$일 때

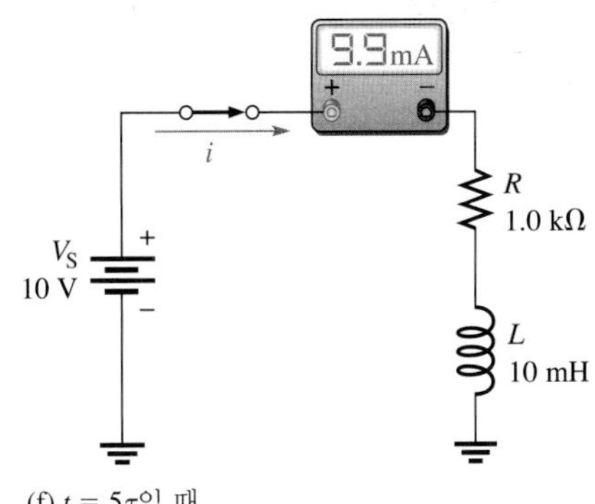


(f) $t = 5\tau$일 때

◀ 그림 13-20 (계속)

**예제 13-7** 그림 13-21의 시정수를 구하라. 스위치가 닫힌 순간부터 각 시정수 기간 후의 시간과 전류를 구하라.

▶ 그림 13-21

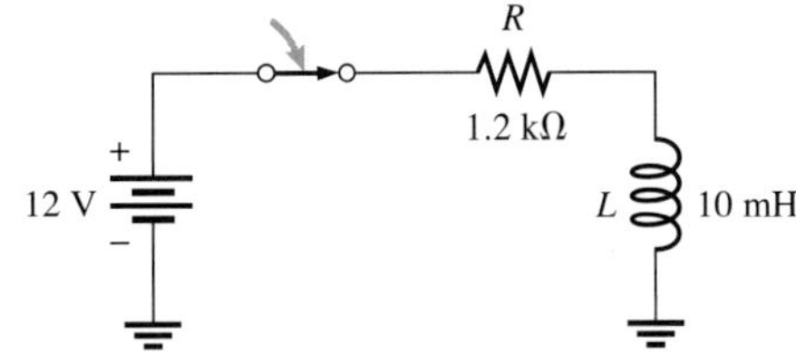


**풀이** 시정수는 다음과 같다.

$$\tau = \frac{L}{R} = \frac{10\,\text{mH}}{1.2\,\text{k}\Omega} = \mathbf{8.33\ \mu s}$$

각 시정수 후의 전류는 최종 전류에 대한 일정 비율이다. 최종 전류는 다음과 같다.

$$I_F = \frac{V_S}{R} = \frac{12\text{ V}}{1.2\,\text{k}\Omega} = 10\,\text{mA}$$

표 13-1로부터 시정수 백분율 값을 이용하면

$1\tau$일 때: $i = 0.63(10\text{ mA}) = \mathbf{6.3\ mA}$, $t = \mathbf{8.33\ \mu s}$
$2\tau$일 때: $i = 0.86(10\text{ mA}) = \mathbf{8.6\ mA}$, $t = \mathbf{16.7\ \mu s}$
$3\tau$일 때: $i = 0.95(10\text{ mA}) = \mathbf{9.5\ mA}$, $t = \mathbf{25.0\ \mu s}$
$4\tau$일 때: $i = 0.98(10\text{ mA}) = \mathbf{9.8\ mA}$, $t = \mathbf{33.3\ \mu s}$
$5\tau$일 때: $i = 0.99(10\text{ mA}) = 9.9\text{ mA} \cong \mathbf{10\ mA}$, $t = \mathbf{41.7\ \mu s}$

**관련 문제** $R$이 680 Ω이고 $L$이 100 μH일 때, 계산을 반복하라.

Multisim 파일 E13-07을 사용하여 [예제 13-7]과 [관련 문제]의 계산 결과를 확인하라. 직류 전압원과 스위치를 대신하는 데 구형파를 사용하자.

**표 13-2** 전류가 감소하는 동안 각 시정수 시간 후에 최종 전류에 대한 백분율

| 시정수의 수 | 최종 전류의 대략적인 백분율(0으로 간주함) |
|---|---|
| 1 | 37 |
| 2 | 14 |
| 3 | 5 |
| 4 | 2 |
| 5 | 1(0으로 간주함) |

## 감소하는 전류

인덕터에서 전류는 표 13-2와 그림 13-22에 주어진 백분율 값까지 지수함수적으로 감소한다.

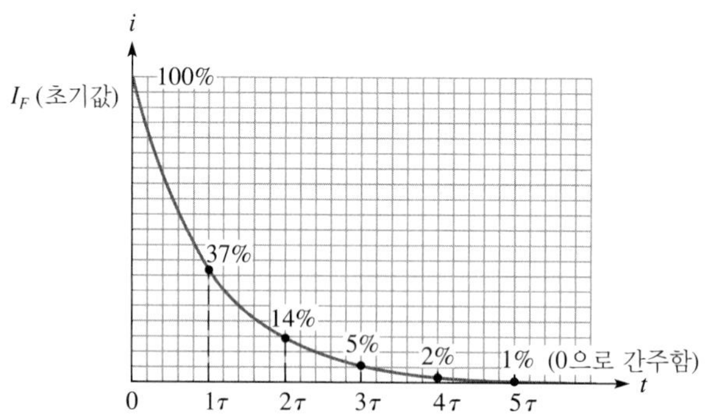


▶ **그림 13-22**
인덕터의 감소하는 전류

그림 13-23은 시정수의 5배가 되는 시간 동안의 전류의 변화를 보여주고 있다. 전류의 최종값이 대략 0 A에 도달했을 때 변화가 중지된다. 스위치가 열리기 전에 $L$은 단락처럼 동작하여 전류는 $R_1$에 의해 결정되고, 이때 $L$에 흐르는 전류는 10 mA로 일정하다. 스위치가 열리면 유도된 인덕터 전압은 $R_2$에 10 mA의 초기 전류가 흐르도록 한다. 각각의 시정수 구간 동안 전류는 63%씩 감소한다.

*RL* 회로에서 전류의 증가와 감소를 설명하기 가장 좋은 방법은 입력으로 구형파 전압을 이용하는 것이다. 스위치와 유사한 켜짐과 꺼짐 동작을 자동으로 제공하기 때문에 구형파는 회로의 dc 응답을 확인하는 데 유용한 신호이다(시간 응답은 20장에서 더 자세히 살펴볼 것이다). 구형파가 낮은 값에서 높은 값으로 변할 때 회로의 전류는 최종값으로 지수함수적으로 증가하는 반응을 보인다. 구형파가 0으로 돌아올 때 전류는 0으로 지수함수적으로 감소한다. 그림 13-24는 입력 전압과 전류의 파형을 보여주고 있다.

▶ **그림 13-23**
인덕터의 지수함수적 전류 감소. 전류는 스위치가 열린 후에 각 시정수 구간 동안 약 63% 감소한다. 전압($v_L$)은 전류의 감소를 반대하는 방향으로 코일에 유도된다.

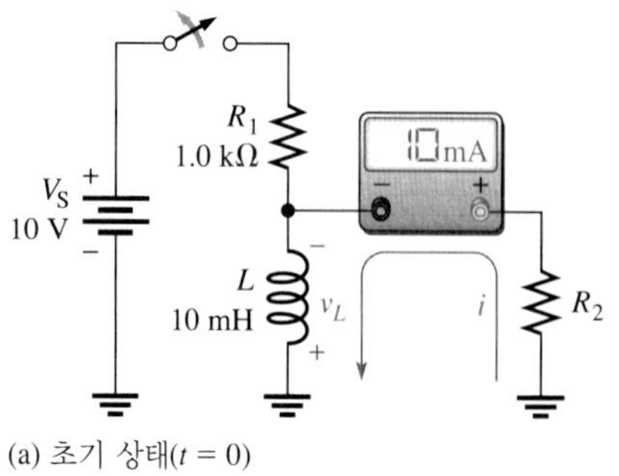


(a) 초기 상태($t$ = 0)

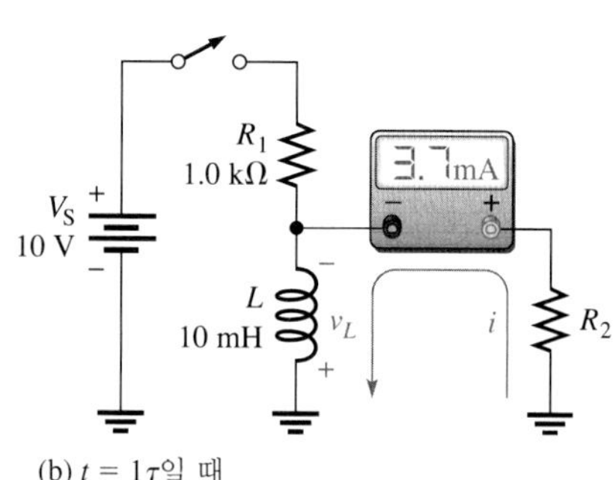


(b) $t$ = 1τ일 때

◀ 그림 13-23 (계속)

(c) $t = 2\tau$일 때

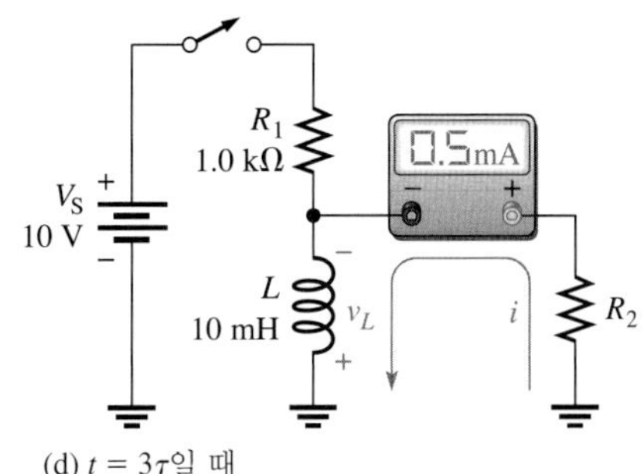


(d) $t = 3\tau$일 때

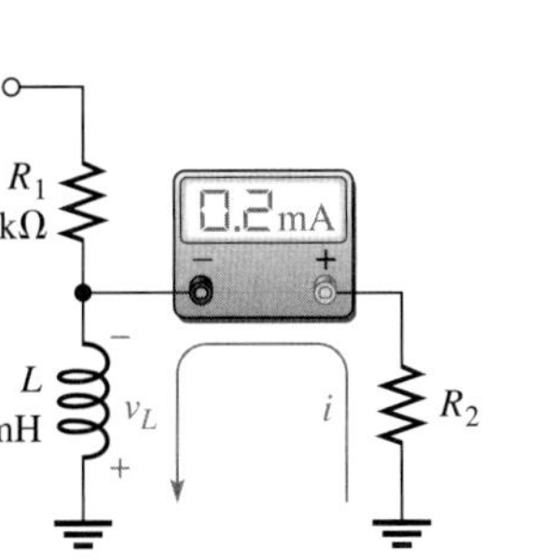


(e) $t = 4\tau$일 때

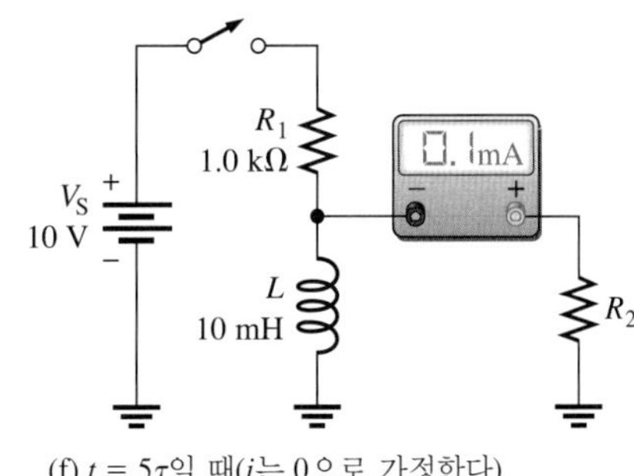


(f) $t = 5\tau$일 때($i$는 0으로 가정한다)

◀ 그림 13-24

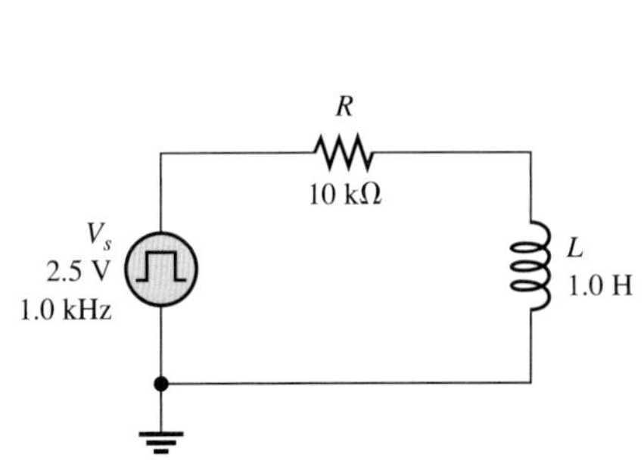


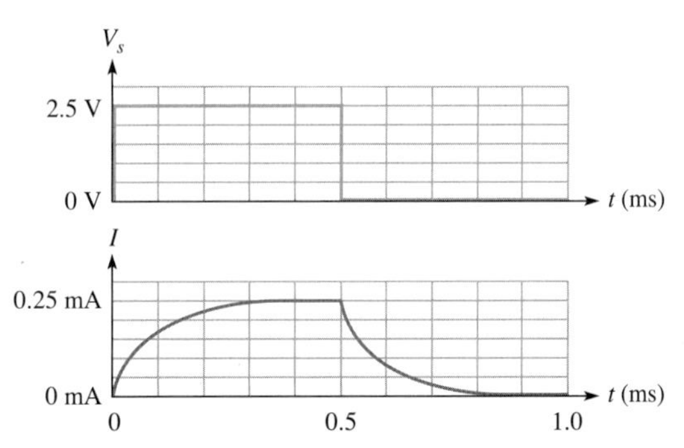


**예제 13-8** 그림 13-24의 회로에서 0.1 ms와 0.6 ms에서의 전류는 얼마인가?

**풀이** 회로의 $RL$ 시정수는 다음과 같다.

$$\tau = \frac{L}{R} = \frac{1.0\,\text{H}}{10\,\text{k}\Omega} = 0.1\,\text{ms}$$

구형파 발전기 주기가 $5\tau$에서 최대값에 도달하는 전류에 비해 충분히 길면 전류는 지수함수적으로 증가할 것이고 각각의 시정수 구간 동안 표 13-1에 주어진 최종 전류의 백분율과 같아질 것이다. 최종 전류는 다음과 같다.

$$I_F = \frac{V_S}{R} = \frac{2.5\,\text{V}}{10\,\text{k}\Omega} = 0.25\,\text{mA}$$

0.1 ms에서의 전류는

$$i = 0.63(0.25\text{ mA}) = \mathbf{0.158\text{ mA}}$$

0.6 ms에서는 구형파 입력이 0.1 ms 또는 $1\tau$ 동안 0 V 범위에 있고 전류는 최대값으로부터 0 mA의 최종값의 63%로 감소한다. 따라서

$$i = 0.25\text{ mA} - 0.63(0.25\text{ mA}) = \mathbf{0.092\text{ mA}}$$

관련 문제 0.2 ms와 0.8 ms일 때 전류는 얼마인가?

## 직렬 *RL* 회로에서의 전압

인덕터에서 전류가 변화할 때 전압이 유도된다. 그림 13-25에서는 입력 구형파의 완전한 한 사이클 동안 직렬 회로에서 인덕터의 유도 전압이 어떻게 변하는지 살펴보자. 발생기는 직류 전압원을 켰을 때와 같은 값을 생성한 후, 0의 값으로 돌아온다. 발생기가 0의 값을 갖는 것은 매우 낮은 저항 값의 선로가 전압원을 통과하도록 연결한 것과 같다는 것을 기억하자.

▶ 그림 13-25

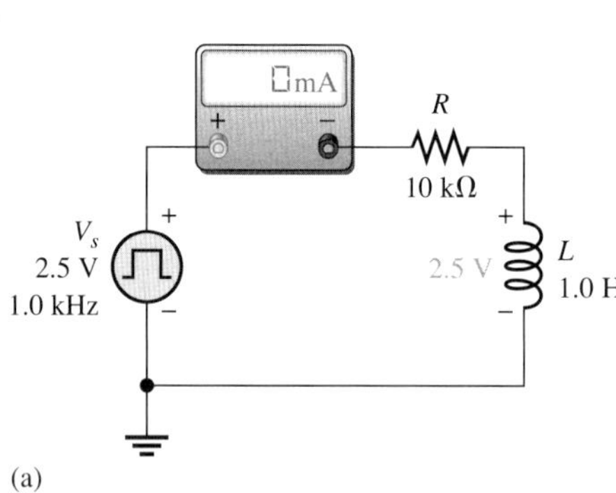


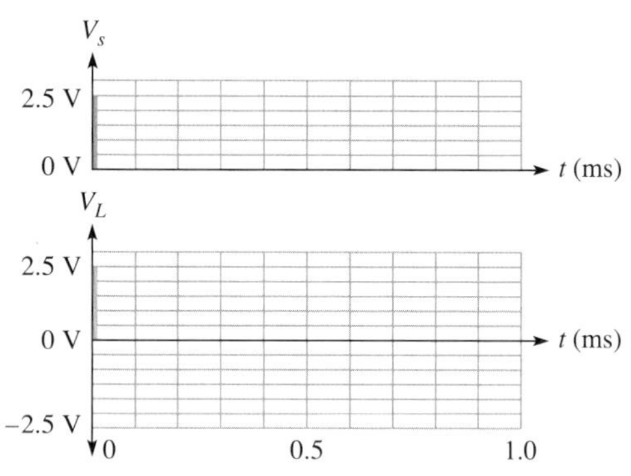


(a)

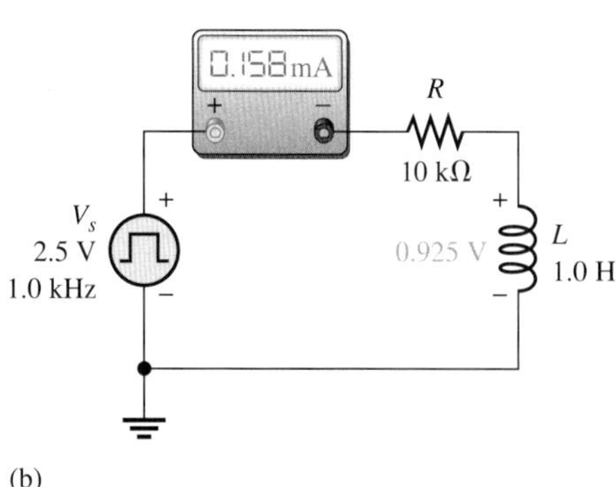


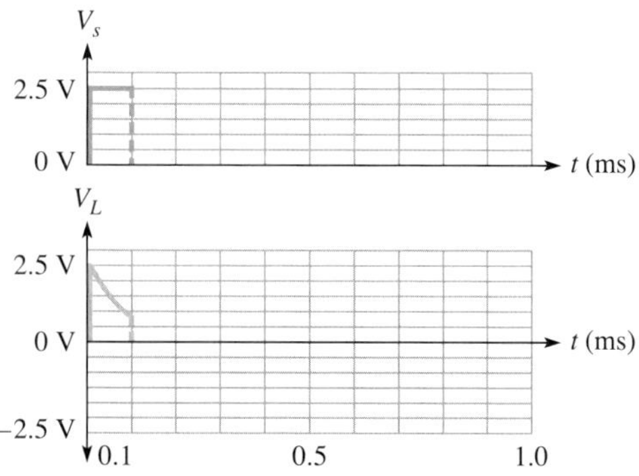


(b)

◀ 그림 13-25 (계속)

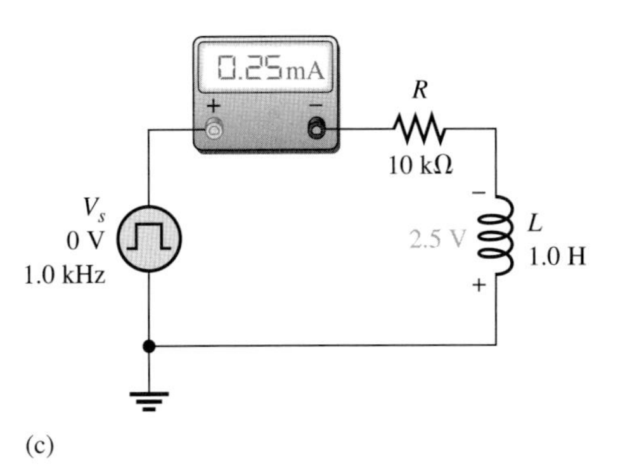


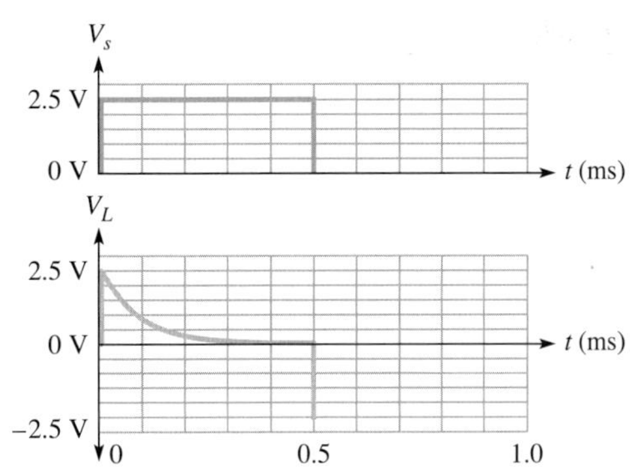


(c)

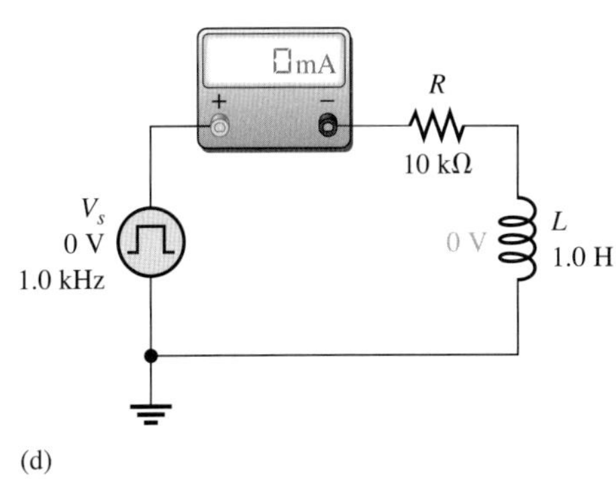


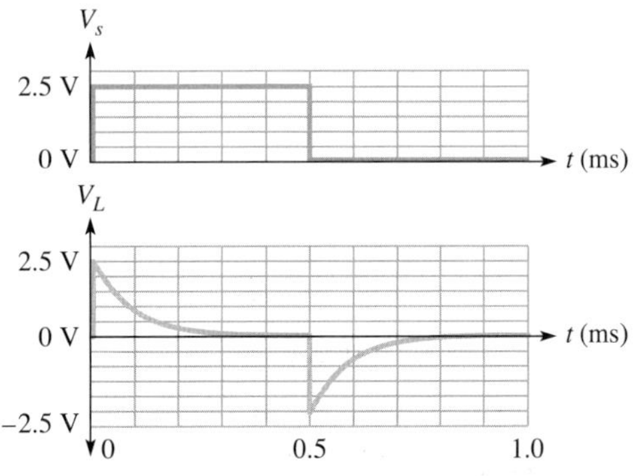


(d)

회로에 연결되어 있는 전류계는 임의의 시간에 회로의 전류를 보여준다. $V_L$ 파형은 인덕터에 걸리는 전압이다. 그림 13-25(a)에서 구형파는 0에서 최대값인 2.5 V로 변한다. 렌츠의 법칙에 의해, 인덕터에 걸리는 유도 전압은 인덕터 주변 자계의 **변화**를 반대하는 방향으로 생성된다. 변화를 반대하는 방향의 전압과 변화하는 방향의 전압이 동일하여 회로에 전류는 흐르지 않는다.

자계가 생성됨에 따라, 인덕터에 걸리는 유도 전압은 감소하고 회로에서 전류가 흐르게 된다. $1\tau$ 후에 인덕터에 걸리는 유도 전압은 63%로 감소하며, 전류는 63% 증가하여 0.158 mA가 된다. 그림 13-25(b)는 1시정수(0.1 ms)일 때의 값을 보여주고 있다.

인덕터의 전압이 0으로 지수함수적 감소를 한 후 그 순간의 전류는 회로 저항에 의해 결정된다. 그림 13-25(c)와 같이 구형파는 $t = 0.5$ ms일 때 0으로 돌아온다. 다시 전압은 이 변화를 반대하는 방향으로 인덕터에 유도된다. 이번에는 자계가 약해지기 때문에 인덕터 전압의 극성이 반대가 된다. 그림 13-25(d)에서처럼, 전압원은 0이지만 자계의 변화는 전류가 0으로 감소할 때까지 같은 방향으로 전류를 흐르게 한다.

**예제 13-9**

(a) 그림 13-26의 회로는 구형파 입력을 갖고 있다. 인덕터의 완전한 파형을 유지하면서 사용할 수 있는 가장 높은 주파수는 얼마인가?

(b) 발전기는 (a)에서 결정한 주파수로 설정된다고 가정하자. 저항에 걸리는 전압 파형을 설명하라.

▶ 그림 13-26

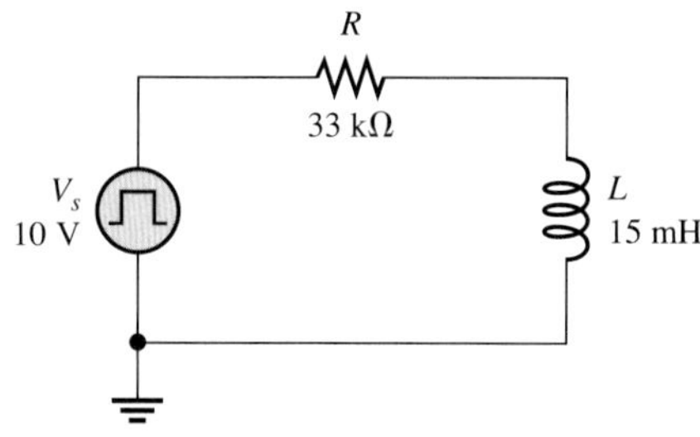


풀이 (a) $\tau = \dfrac{L}{R} = \dfrac{15\text{ mH}}{33\text{ k}\Omega} = 0.454\ \mu\text{s}$

주기는 전체 파형을 관찰하기 위해 $\tau$의 10배가 필요하다.

$$T = 10\tau = 4.54\ \mu\text{s}$$

$$f = \frac{1}{T} = \frac{1}{4.54\ \mu\text{s}} = \mathbf{220\ kHz}$$

(b) 저항에 걸리는 전압은 전류 파형과 같다. 일반적인 모양은 그림 13-24에 나타나 있고 최대값이 10 V이다(권선 저항이 없다고 가정한 $V_s$와 같음).

관련 문제 $f$ = 220 kHz인 저항에 걸리는 최대 전압은 얼마인가?

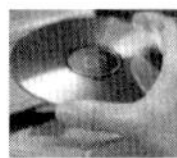

Multisim 파일 E13-09를 사용하여 [예제 13-9]와 [관련 문제]의 계산 결과를 확인하라.

## 지수함수식

*RL* 회로에서 지수함수적인 전압과 전류에 대한 식은 12장에서 다루었던 *RC* 회로의 경우와 유사하고, 그림 12-36의 일반 지수함수 곡선은 커패시터뿐만 아니라 인덕터에도 적용된다. *RL* 회로의 일반식은 다음과 같다.

$$v = V_F + (V_i - V_F)e^{-Rt/L} \qquad (13\text{-}9)$$

$$i = I_F + (I_i - I_F)e^{-Rt/L} \qquad (13\text{-}10)$$

여기서 $V_F$와 $I_F$는 전압과 전류의 최종값이고, $V_i$와 $I_i$는 전압과 전류의 초기값이다. 이태릭 소문자 $v$와 $i$는 시간 $t$에서의 인덕터 전압이나 전류의 순시값이다.

### 증가하는 전류

전류가 0에서부터 지수함수적으로 증가하는 특별한 경우는 식 (13-10)에서 $I_i$ = 0으로 설정하여 유도된다.

$$i = I_F(1 - e^{-Rt/L}) \qquad (13\text{-}11)$$

식 (13-11)을 사용하여 임의의 시간에 증가하는 인덕터 전류 값을 계산할 수 있다. 식 (13-11)에서 $i$를 $v$로 $I_F$를 $V_F$로 대체하여 전압을 계산할 수 있다. 지수 $Rt/L$은 $t/(L/R) = t/\tau$로 쓰일 수 있음을 주목하라.

**예제 13-10** 그림 13-27에서 스위치가 닫힌 지 30 $\mu$s 후의 인덕터 전류를 구하라.

▶ 그림 13-27

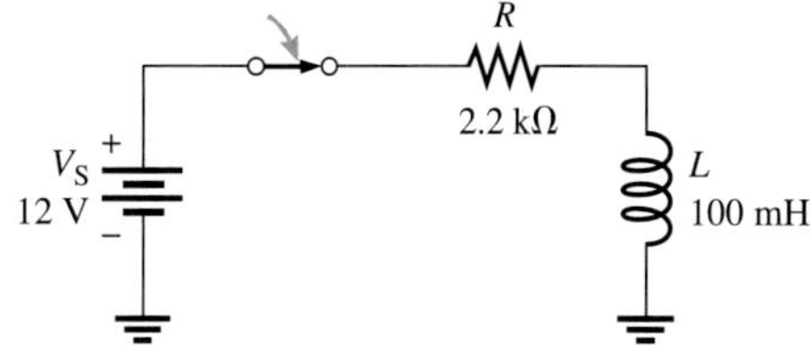


풀이 시정수는 다음과 같다.

$$\tau = \frac{L}{R} = \frac{100\,\text{mH}}{2.2\,\text{k}\Omega} = 45.5\,\mu\text{s}$$

최종 전류는 다음과 같다.

$$I_F = \frac{V_S}{R} = \frac{12\text{ V}}{2.2\,\text{k}\Omega} = 5.45\text{ mA}$$

초기 전류는 0이다. 30 $\mu$s는 1시정수보다 짧으므로 전류는 최종값의 63%보다 작다.

$$i_L = I_F(1 - e^{-Rt/L}) = 5.45\text{ mA}(1 - e^{-0.66}) = 5.45\text{ mA}(1 - 0.517) = \mathbf{2.63\text{ mA}}$$

관련 문제 그림 13-27에서 스위치가 닫힌 지 55 $\mu$s 후의 인덕터 전류를 구하라.

## 감소하는 전류

전류가 최종값 0으로 지수함수적으로 감소하는 특별한 경우는 식 (13-10)에서 $I_F = 0$으로 설정하여 유도된다.

$$i = I_i e^{-Rt/L} \qquad (13\text{-}12)$$

이 식은 다음 예제에서 볼 수 있듯이 임의의 시간에 감소하는 인덕터 전류를 계산하는 데 사용된다.

**예제 13-11** 그림 13-28에서 입력 구형파의 완전한 1사이클 동안 각각의 마이크로초에 흐르는 전류는 얼마인가? 각 시간에 전류를 계산한 후에 $V_s$를 구하고 전류 파형을 그려라.

▶ 그림 13-28

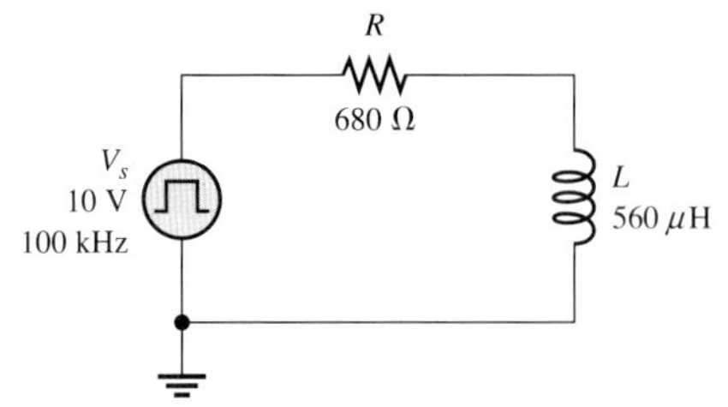


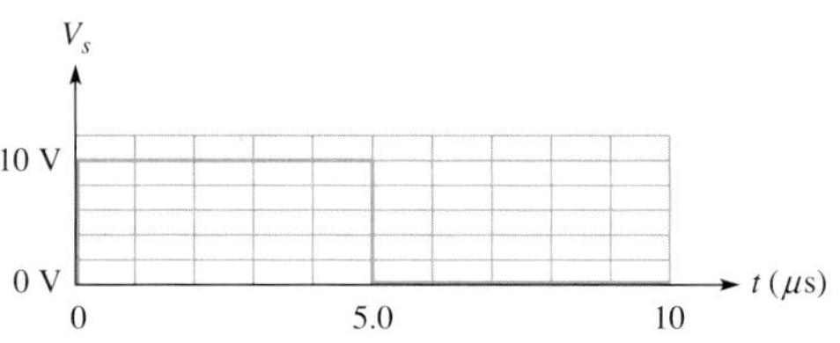


**풀이**

$$\tau = \frac{L}{R} = \frac{560\,\mu\text{H}}{680\,\Omega} = 0.824\,\mu\text{s}$$

$t = 0$일 때 펄스는 0 V에서 10 V까지 변하므로, 최종 전류는 다음과 같다.

$$I_F = \frac{V_s}{R} = \frac{10\text{ V}}{680\,\Omega} = 14.7\text{ mA}$$

증가하는 전류는 다음과 같다.

$$i = I_F(1 - e^{-Rt/L}) = I_F(1 - e^{-t/\tau})$$

1 μs일 때: $14.7\text{ mA}(1 - e^{-1\,\mu\text{s}/0.824\,\mu\text{s}}) =$ **10.3 mA**

2 μs일 때: $14.7\text{ mA}(1 - e^{-2\,\mu\text{s}/0.824\,\mu\text{s}}) =$ **13.4 mA**

3 μs일 때: $14.7\text{ mA}(1 - e^{-3\,\mu\text{s}/0.824\,\mu\text{s}}) =$ **14.3 mA**

4 μs일 때: $14.7\text{ mA}(1 - e^{-4\,\mu\text{s}/0.824\,\mu\text{s}}) =$ **14.6 mA**

5 μs일 때: $14.7\text{ mA}(1 - e^{-5\,\mu\text{s}/0.824\,\mu\text{s}}) =$ **14.7 mA**

$t = 5\,\mu\text{s}$에서 펄스가 10 V에서 0 V로 변할 때, 전류는 지수함수적으로 감소한다.
감소하는 전류는 다음과 같다.

$$i = I_i(e^{-Rt/L}) = I_i(e^{-t/\tau})$$

초기 전류는 5 μs에서의 값인 14.7 mA이다.

6 μs일 때: $14.7\text{ mA}(e^{-1\,\mu\text{s}/0.824\,\mu\text{s}}) =$ **4.37 mA**

7 μs일 때: $14.7\text{ mA}(e^{-2\,\mu\text{s}/0.824\,\mu\text{s}}) =$ **1.30 mA**

8 μs일 때: $14.7\text{ mA}(e^{-3\,\mu\text{s}/0.824\,\mu\text{s}}) =$ **0.38 mA**

9 μs일 때: $14.7\text{ mA}(e^{-4\,\mu\text{s}/0.824\,\mu\text{s}}) =$ **0.11 mA**

10 μs일 때: $14.7\text{ mA}(e^{-5\,\mu\text{s}/0.824\,\mu\text{s}}) =$ **0.03 mA**

그림 13-29는 이 결과에 대한 그래프이다.

▶ 그림 13-29

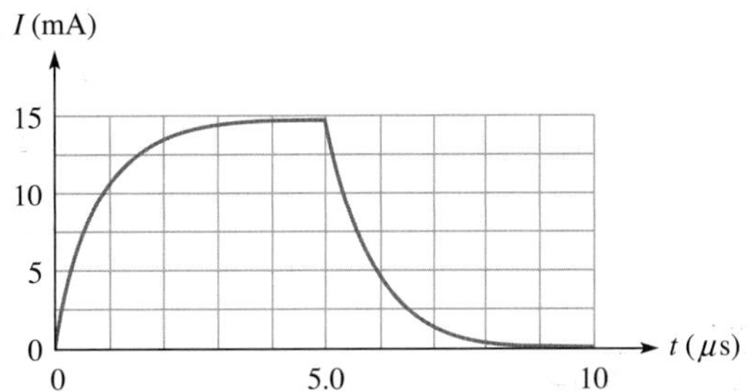


관련 문제 0.5 $\mu$s일 때 전류는 얼마인가?

Multisim 파일 E13-11을 사용하여 [예제 13-11]과 [관련 문제]의 계산 결과를 확인하라.

**복습문제 13-4**

1. 권선 저항이 10 Ω인 15 mH의 인덕터에 10 mA의 일정한 직류 전류가 흐른다. 인덕터에서의 전압 강하는 얼마인가?
2. 20 V의 직류 전원이 직렬 $RL$ 회로에 스위치를 통해 연결되었다. 스위치를 닫는 순간 $i$와 $v_L$은 얼마인가?
3. 문제 2와 같은 회로에서 스위치를 닫은 지 $5\tau$ 후의 $v_L$은 얼마인가?
4. $R = 1.0$ kΩ, $L = 500$ $\mu$H인 직렬 $RL$ 회로에서 시정수는 얼마인가? 스위치를 닫아 10 V의 전원이 연결되었다면 0.25 $\mu$s 후의 전류를 구하라.

# 13-5 교류 회로에서의 인덕터

인덕터에서 교류가 통과할 때 갖는 저항 값을 유도성 인덕턴스라고 하며, 이 값은 교류의 주파수에 따라 달라진다. 미분의 개념은 12장에서 소개했고 인덕터의 유도 전압은 식 (13-1)에 서술되었다. 위의 개념은 이번 장에 다시 사용될 것이다.

이 절의 학습 내용은 다음과 같다.

- **유도성 교류 회로의 해석**
  - 인덕터가 전압과 전류 사이의 위상차를 일으키는 방법
  - 유도성 리액턴스의 정의
  - 주어진 회로에서 유도성 리액턴스를 계산하는 방법
  - 인덕터에서의 순시 전력, 유효 전력, 무효 전력에 대한 논의

## 인덕터에서 전압과 전류의 위상관계

유도 전압에 대한 식 (13-1)로부터 인덕터에서의 전류 변화가 빠를수록 유도 전압이 커짐을 알 수 있다. 예를 들어, 전류의 변화율이 0이면 전압은 0이다[$v_{ind} = L(di/dt) = L(0) = 0$ V]. $di/dt$가 양(+)으로 최대가 되면 $v_{ind}$는 양(+)의 최대값을 갖고, $di/dt$가 음(−)으로 최대가 되면 $v_{ind}$는 음(−)의 최대값을 갖는다.

유도 회로에서 정현파 전류는 항상 정현파 전압을 만든다. 따라서 전류 곡선상에서 전압이 0이 되는 점과 최대가 되는 점을 알면 전류에 대한 전압을 도시할 수 있다. 이러한 위상관계를 그림 13-30(a)에 표시하였다. 전압이 전류보다 90° 앞서고, 이는 순수한 유도성 회로의 경우 항상 성립한다. 전압과 전류의 위상관계를 그림 13-30(b)에 페이저로 표현하였다.

▶ 그림 13-30

인덕터에서 $V_L$과 $I_L$의 위상관계. 전류는 전압보다 항상 90° 뒤진다.

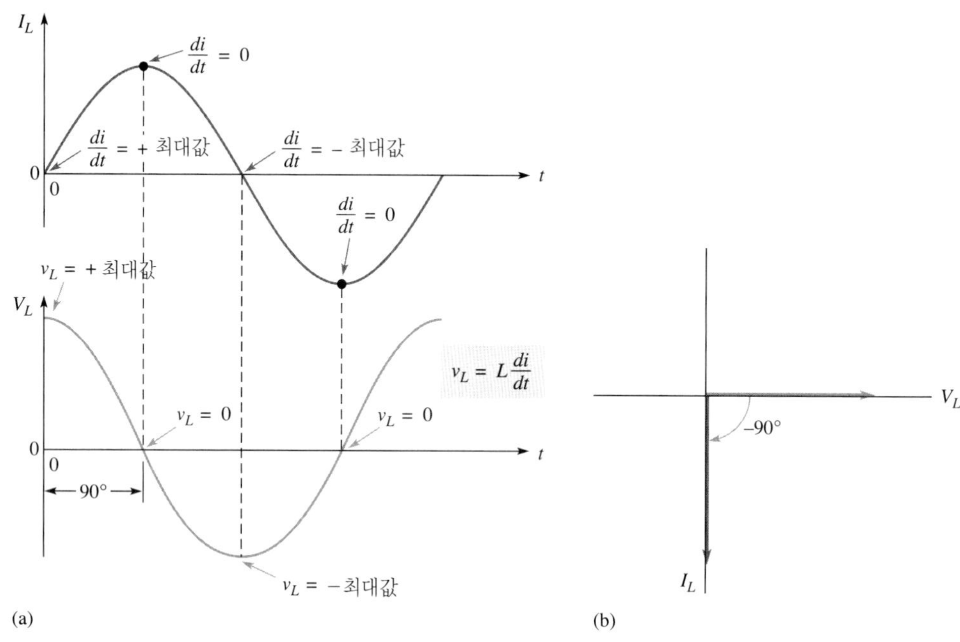


## 유도성 리액턴스, $X_L$

**유도성 리액턴스**(inductive reactance)는 정현파 전류에 대한 저항 값이며, 옴(ohm)으로 표현한다. 유도성 리액턴스의 기호는 $X_L$이다.

$X_L$에 대한 공식을 유도하기 위해서는 $v_{ind} = L(di/dt)$의 관계와 그림 13-31의 곡선을 이용해야 한다. 전류의 변화율은 주파수와 직접적인 관계가 있다. 전류 변화가 빠를수록 주파수가 높다. 예를 들어, 그림 13-31을 보면 영 교차점에서 정현파 $A$의 경사가 정현파 $B$의 경사보다 크다. 어떤 점에서 곡선의 경사는 그 점에서의 변화율을 나타낸다. 그러므로 정현파 $A$는 정현파 $B$보다 변화율이 크므로 주파수가 높다(영 교차점에서 $di/dt$가 크다).

▶ 그림 13-31

기울기는 변화율을 나타낸다. 정현파 $A$가 정현파 $B$보다 0을 지나는 지점의 변화율이 크므로 주파수가 높다.

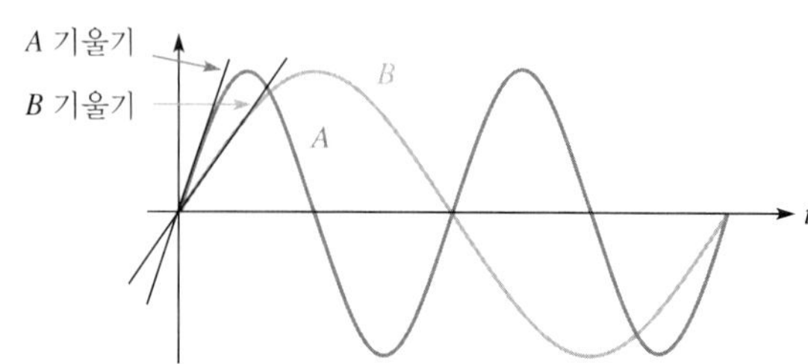

주파수가 증가하면 $di/dt$가 증가하고 $v_{ind}$가 증가한다. 주파수가 감소하면 $di/dt$가 감소하고 $v_{ind}$도 감소한다. 유도 전압은 주파수와 직접적인 관계가 있다.

$$\overset{\uparrow}{v_{ind}} = L(\overset{\uparrow}{di/dt}) \quad \text{그리고} \quad \underset{\downarrow}{v_{ind}} = L(\underset{\downarrow}{di/dt})$$

유도 전압이 증가한다는 것은 저항이 크다($X_L$이 크다)는 것을 나타낸다. 그러므로 $X_L$은 유도 전압에 비례하여, 주파수에 비례한다.

**$X_L$은 $f$에 비례한다.**

$di/dt$가 일정하고 인덕턴스가 변화하는 경우, $L$이 증가하면 $v_{ind}$가 증가하고 $L$이 감소하면 $v_{ind}$가 감소한다.

$$\overset{\uparrow}{v_{ind}} = \overset{\uparrow}{L}(di/dt) \quad \text{그리고} \quad \underset{\downarrow}{v_{ind}} = \underset{\downarrow}{L}(di/dt)$$

다시 말해, $v_{ind}$가 증가한다는 것은 저항이 크다($X_L$이 크다)는 것을 나타낸다. 그러므로 $X_L$은 유도 전압에 비례하여, 인덕턴스에 비례한다. 유도성 리액턴스는 $f$와 $L$ 모두에 비례한다.

**$X_L$은 $f_L$에 비례한다.**

유도성 리액턴스 $X_L$의 완전한 식(부록 B에 유도됨)은 다음과 같다.

$$X_L = 2\pi fL \qquad (13\text{-}13)$$

$f$의 단위가 헤르츠(Hz), $L$의 단위가 헨리(H)일 때 유도성 리액턴스 $X_L$의 단위는 옴($\Omega$)이다. 용량성 리액턴스처럼 $2\pi$는 식의 상수 값이며, 정현파와 회전운동 간의 관계로부터 나온다.

**예제 13-12** 그림 13-32의 회로에 정현파가 인가되었다. 주파수는 10 kHz이다. 유도성 리액턴스를 구하라.

▶ 그림 13-32

**풀이** 10 kHz는 $10 \times 10^3$ Hz이고 5 mH는 $5 \times 10^{-3}$ H이다. 따라서 유도성 리액턴스는 다음과 같다.

$$X_L = 2\pi fL = 2\pi(10 \times 10^3\text{ Hz})(5 \times 10^{-3}\text{ H}) = \mathbf{314\ \Omega}$$

**관련 문제** 그림 13-32에서 주파수가 35 kHz로 증가한다면 $X_L$은 얼마인가?

### 옴의 법칙

인덕터의 리액턴스는 그림 13-33에서 보는 것과 같이 저항의 저항 값과 유사하다. $X_C$ 그리고 $R$과 같은 $X_L$은 옴으로 표현된다. 유도성 리액턴스는 전류에 반대하는 형태이며, 옴의 법칙은 저항 회로나 용량성 회로에서와 같이 유도성 회로에도 다음 식과 같이 적용된다.

$$I = \frac{V}{X_L}$$

교류 회로에서 옴의 법칙을 적용할 때 실효값이나 최대값 등과 같이 동일한 방법으로 전류와 전압 모두를 표현해야 한다.

▶ 그림 13-33

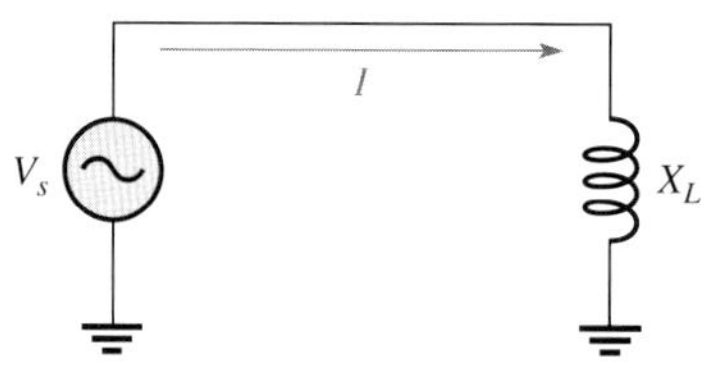


**예제 13-13** 그림 13-34에서 rms 전류를 구하라.

▶ 그림 13-34

**풀이** 10 kHz는 $10 \times 10^3$ Hz이고 100 mH는 $100 \times 10^{-3}$ H이다. 유도성 리액턴스를 구하면

$$X_L = 2\pi fL = 2\pi(10 \times 10^3\ \text{Hz})(100 \times 10^{-3}\ \text{H}) = 6283\ \Omega$$

rms 전류를 구하기 위해 옴의 법칙을 적용하자.

$$I_{rms} = \frac{V_{rms}}{X_L} = \frac{5\ \text{V}}{6283\ \Omega} = \mathbf{796\ \mu A}$$

**관련 문제** 그림 13-34에서 rms 전류를 구하라. $V_{rms} = 12$ V, $f = 4.9$ kHz, $L = 680$ mH이다.

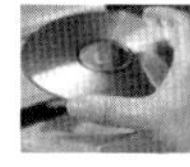

Multisim 파일 E13-13을 사용하여 [예제 13-13]과 [관련 문제]의 계산 결과를 확인하라.

## 인덕터에서의 전력

이미 언급한 바와 같이 인덕터에 전류가 흐르면 인덕터는 자계 내에 에너지가 저장된다. 이상적인 인덕터(권선 저항이 없다고 가정)는 에너지를 소비하지 않고 저장한다. 교류 전압이 이상적인 인덕터에 가해지면 에너지가 사이클의 일부분 동안 인덕터에 저장되며, 저장된 에너지는 사이클의 다른 부분 동안에 전원으로 돌아간다. 이상적인 인덕터는 열에 의한 에너지 손실이 없다. 그림 13-35는 한 사이클 동안의 인덕터 전압 및 전류의 전력 곡선을 나타내고 있다.

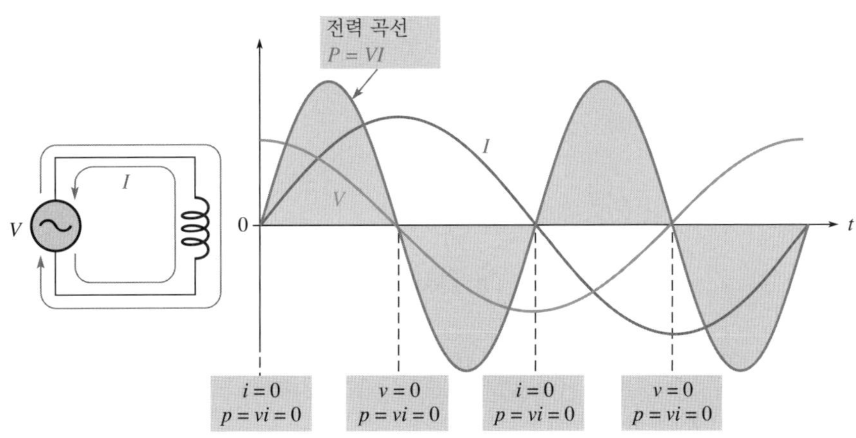


◀ 그림 13-35
전력 곡선

### 순시 전력($p$)

순시 전압 $v$와 순시 전류 $i$를 곱하면 순시 전력 $p$가 된다. $v$나 $i$가 0인 곳에서 $p$는 0이다. $v$와 $i$가 모두 (+)의 값을 가지면 $p$도 (+)의 값을 갖는다. $v$와 $i$가 하나는 (+)이고 다른 하나는 (−)라면 $p$는 (−)가 된다. 또한 $v$와 $i$가 모두 (−)이면 $p$는 (+)가 된다. 그림 13-35에서 알 수 있듯이 전력은 정현파의 곡선을 따라서 변화한다. 전력의 (+) 값은 에너지가 인덕터에 저장되는 것을 나타낸다. 전력의 (−) 값은 에너지가 인덕터에서 전원으로 돌아가는 것을 나타낸다. 에너지는 반복적으로 인덕터에 저장되거나 전원으로 돌아가므로, 전력의 주파수는 전압이나 전류 주파수의 두 배 값을 갖는다.

### 유효 전력($P_{true}$)

이상적으로 전력 사이클이 (+) 값을 갖는 동안 인덕터에 의해 저장된 모든 에너지는 (−) 값을 갖는 동안에 전원으로 되돌려진다. 열에 의한 에너지는 손실이 없으므로 유효 전력은 0이다. 실제 인덕터에서는 권선 저항 때문에 항상 약간의 전력이 소비되며, 매우 작은 양의 유효 전력이 존재한다. 그러나 이 유효 전력은 대부분의 경우에 무시된다.

$$P_{true} = (I_{rms})^2 R_W \tag{13-14}$$

### 무효 전력($P_r$)

인덕터가 에너지를 저장하거나 돌려보내는 비율을 **무효 전력**(reactive power) $P_r$이라고 하며, 단위는 VAR(volt-ampere reactive)이다. 매 순간 인덕터는 에너지를 전원으로부터 가져오거나 전원으로 돌려보내므로 무효 전력은 0이 아니다. 무효 전력은 열로 변환되는 에너지 손실을 의미하는 것이 아니다. 다음의 식이 적용된다.

$$P_r = V_{\text{rms}} I_{\text{rms}} \tag{13-15}$$

$$P_r = \frac{V_{\text{rms}}^2}{X_L} \tag{13-16}$$

$$P_r = I_{\text{rms}}^2 X_L \tag{13-17}$$

**예제 13-14** 주파수가 1 kHz이고 10 V rms인 신호가 무시할 만한 권선 저항을 가진 10 mH의 코일에 인가되었다. 무효 전력을 구하라.

**풀이** 먼저 유도성 리액턴스와 전류를 계산하자.

$$X_L = 2\pi fL = 2\pi(1\text{ kHz})(10\text{ mH}) = 62.8\ \Omega$$

$$I = \frac{V_s}{X_L} = \frac{10\text{ V}}{62.8\ \Omega} = 159\text{ mA}$$

식 (13-17)을 사용하여 무효 전력을 구하면 다음과 같다.

$$P_r = I^2 X_L = (159\text{ mA})^2(62.8\ \Omega) = \mathbf{1.59\ VAR}$$

**관련 문제** 주파수가 증가하면 무효 전력은 어떻게 되는가?

## 코일의 양호도($Q$)

**양호도**(quality factor, $Q$)는 코일의 권선 저항이나 코일과 직렬 연결된 저항의 유효 전력에 대한 인덕터의 무효 전력의 비이다. 즉, $R_W$에서의 전력에 대한 $L$에서의 전력의 비이다. 양호도는 17장에서 학습할 공진 회로에서 매우 중요하다. $Q$에 대한 식은 다음과 같다.

$$Q = \frac{\text{무효 전력}}{\text{유효 전력}} = \frac{I^2 X_L}{I^2 R_W}$$

전류는 $L$과 $R_W$에서 똑같으며 그 결과 $I^2$으로 약분하면 식 (13-18)이 된다.

$$Q = \frac{X_L}{R_W} \tag{13-18}$$

저항이 코일의 권선 저항이면 회로의 $Q$와 코일의 $Q$는 같다. $Q$는 비율과 유사하여 자체 단위를 갖지 않는다. 코일에 걸리는 부하가 없다고 정의되기 때문에 양호도는 또한 부하 없는 양호도(unloaded $Q$)로도 통용된다.

**복습문제 13-5**

1. 인덕터에서 전류와 전압 사이의 위상관계를 말하라.
2. $f = 5$ kHz이고 $L = 100$ mH일 때 $X_L$을 구하라.
3. 50 $\mu$H인 인덕터의 리액턴스가 800 Ω이 되는 주파수는 얼마인가?
4. 그림 13-36에서 rms 전류 값을 계산하라.
5. 50 mH 인덕터가 12 V rms의 전원에 연결되었다. 유효 전력은 얼마인가? 1 kHz 주파수에서 무효 전력은 얼마인가?

▶ 그림 13-36

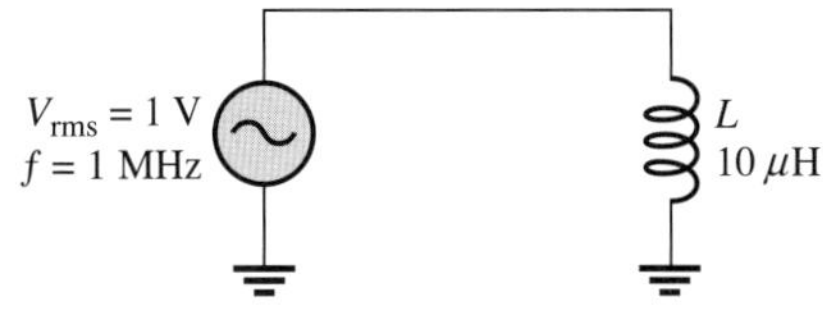


# 13-6 인덕터의 응용

인덕터는 부품의 크기, 가격, 비선형적 특성 때문에 실제 응용에 있어서 제한을 많이 받으며, 이 때문에 커패시터만큼 다양하게 사용되지 않는다. 인덕터에서 가장 흔한 응용은 노이즈 감소 응용이다.

이 절의 학습 내용은 다음과 같다.

- **인덕터 응용의 몇 가지 예**
  - 회로에 노이즈가 생기는 두 가지 이유
  - 전자파 방해의 억제에 대한 논의
  - 페라이트 구슬이 사용되는 방법
  - 동조 회로의 기본

## 노이즈 억제

인덕터의 가장 중요한 응용 중의 하나가 원하지 않는 전기 노이즈를 억제하는 것이다. 이러한 응용에 사용되는 인덕터는 일반적으로 인덕터가 복사되는 노이즈원이 되는 것을 피하도록 닫힌 코어에 감겨 있다. 노이즈의 두 가지 형태는 전도성 노이즈와 복사성 노이즈이다.

### 전도성 노이즈

많은 시스템들은 시스템의 부분들을 연결하는 전도성 선로를 갖고 있으며, 이 전도성 선로를 통해 고주파 노이즈가 전달된다. 그림 13-37(a)와 같이 두 회로가 하나의 전도성 선로로 연결된 경우를 생각해 보자. 고주파 노이즈의 경로가 **접지 루프**(ground loop)로 알려진 공통 접지면을 통해 형성된다. 특히 변환기(transducer)가 녹음 시스템으로부터 일정 거리에 위치하는 기기의 경우 접지 루프는 노이즈 전류가 신호에 영향을 미치도록 하는 문제를 갖는다.

신호가 천천히 변하면, **경도 초크**(longitudinal choke)라고 불리는 특별한 인덕터를 그림 13-37(b)와 같이 신호선에 설치할 수 있다. 경도 초크는 각각의 신호선에서 인덕터와 같이 동작하는 변압기(14장에서 다룸) 형태이다. 접지 루프는 높은 임피던스 경로를 갖게 되어 노이즈가 감

▶ 그림 13-37

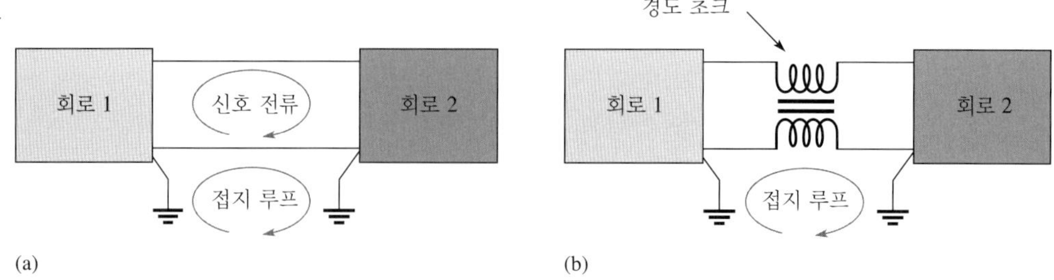


소하지만, 낮은 주파수의 신호는 초크의 낮은 임피던스를 통해 연결된다.

스위칭 회로는 고주파 성분을 가지므로 고주파 노이즈(약 10 MHz)를 발생시키는 경향이 있다(11-9절에서 펄스 파형은 고주파의 많은 고조파를 포함한다는 것을 상기하자). 어떤 형태의 전원 공급기는 전도성 노이즈의 근원인 높은 속도의 스위칭 회로를 사용한다.

인덕터의 임피던스는 주파수에 따라 증가하기 때문에 직류만을 공급하는 전원 공급기의 전기적 노이즈 차단에 유용하게 사용될 수 있다. 인덕터는 전원 공급기에서 전도성 노이즈를 억제하기 위해 종종 설치되며 그 결과 하나의 회로는 다른 회로에 나쁜 영향을 주지 않는다. 하나 또는 그 이상의 커패시터가 여과 동작을 향상하기 위해 인덕터와 함께 사용될 수 있다.

### 복사성 노이즈

노이즈는 또한 전계에 의해 회로에 삽입될 수 있다. 노이즈원은 인접한 회로나 전원 공급기일 수 있다. 복사성 노이즈 효과를 줄이기 위한 몇 가지 방법이 있다. 일반적으로 첫 번째 단계는 노이즈의 원인을 확인하고 차폐나 여과를 사용하여 노이즈를 분리시킨다.

인덕터는 RF 노이즈를 제거하는 데 사용되는 필터에 널리 적용된다. 노이즈 제거에 사용된 인덕터는 그 자신이 복사성 노이즈의 공급원이 되지 않도록 하기 위해 주의하여 선택해야 한다. 고주파(> 20 MHz)에서는 높은 투자율을 갖는 도넛형의 코어에 감긴 인덕터가 널리 사용된다. 이는 도넛형의 코어가 자속을 코어 내부에만 형성되도록 하기 때문이다.

## RF 초크

매우 높은 주파수를 차단하기 위해 사용되는 인덕터를 RF **초크**(radio frequency choke)라고 한다. RF 초크는 전도성 노이즈나 복사성 노이즈에 사용된다. RF 초크는 고주파에 대해 높은 임피던스를 가져, 고주파 성분이 시스템에 들어오거나 나가는 것을 차단하도록 설계된 특별한 인덕터이다. 일반적으로 초크는 RF 억제가 필요한 선로에 직렬로 놓인다. 노이즈원의 주파수에 따라 다른 형태의 초크가 필요하다. 전자파 방해(EMI: electromagnetic interference) 필터의 가장 흔한 형태는 도넛형의 코어에 신호선을 여러 번 감은 것이다. 도넛 형태는 자계를 내부에 유지하여 초크 자신이 노이즈원이 되지 않게 하므로 바람직한 구조이다.

RF 초크의 다른 흔한 형태는 그림 13-38과 같은 페라이트 구슬이다. 모든 도선은 인덕턴스를 가지며, 페라이트 구슬은 도선의 인덕턴스를 증가시키기 위해 매달아 주는 조그만 강자성 물질이다. 구슬에 의해 발생하는 임피던스는 구슬의 크기뿐만 아니라 물질의 종류와 주파수 모두의 함수관계를 갖는다. 높은 주파수에서 초크는 효과적이고 값이 싸다. 페라이트 구슬은

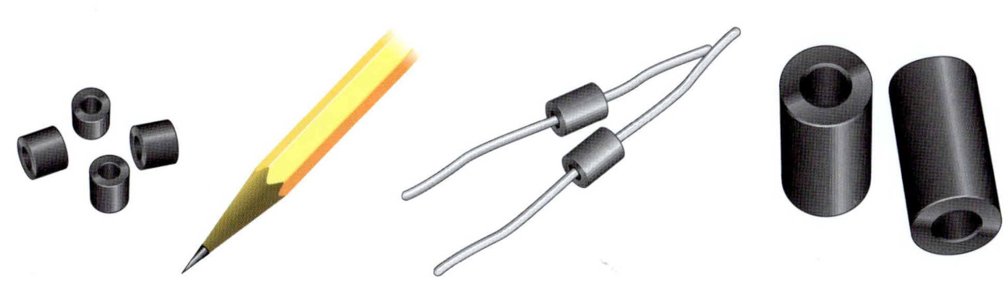

◀ 그림 13-38
페라이트 구슬. 연필은 상대적 크기를 보여주고 있다.

고주파 통신 시스템에서 흔하게 쓰인다. 때때로 유효 인덕턴스를 증가시키기 위해 페라이트 구슬을 직렬 형태로 배열하기도 한다.

## 동조 회로

인덕터는 커패시터와 함께 통신 시스템에서 주파수를 선택하는 데 사용된다. 동조 회로는 특정한 좁은 주파수대역만을 선택하고 나머지 주파수들은 제거하는 데 사용된다. TV나 라디오 수신기의 튜너는 이러한 원리를 이용하여 여러 방송국 중에서 원하는 방송국만을 선택할 수 있게 한다.

주파수 선택도는 주파수에 따른 커패시터와 인덕터의 리액턴스와 병렬 혹은 직렬로 연결되었을 때의 두 소자 간의 상호작용에 의해 결정된다. 커패시터와 인덕터는 정반대의 위상 천이를 만들기 때문에, 두 소자의 전류에 대한 반발을 적절히 조합함으로써 선택된 주파수에서 원하는 응답을 얻을 수 있다. 동조(공진) *RLC* 회로는 17장에서 자세히 다룰 것이다.

**복습문제 13-6**

1. 원하지 않는 노이즈 두 종류를 말하라.
2. EMI는 무엇을 의미하는가?
3. 페라이트 구슬은 어떻게 사용하는가?

## 회로 응용

이번 회로 응용에서는 코일의 인덕턴스 값을 구형파 발생기와 오실로스코프로 이루어진 테스트 장비를 이용하여 어떻게 측정하는지 배울 것이다. 인덕턴스 값을 모르는 두 개의 코일이 있다. 인덕턴스 값을 결정하기 위해 간단한 실험 장비를 이용하여 코일을 테스트할 것이다. 저항 값이 주어진 저항을 코일과 직렬로 연결해서 시정수를 구하는 방식을 사용한다. 시정수와 저항 값을 알면 $L$을 계산할 수 있다.

시정수를 구하는 방법은 회로에 구형파를 적용하고 저항에 걸리는 전압을 측정하면 된다. 구형파의 입력 전압이 높아질 때마다 인덕터는 활성화되고 구형파의 전압이 0으로 돌아갈 때마다 인덕터는 비활성화된다. 지수함수적인 저항 전압이 최종값과 같아지도록 증가하는 데 걸리는 시간은 시정수의 5배이다. 그림 13-39에서 이 동작을 설명하였다. 코일의 권선 저항을 무시하기 위해서는, 회로에 사용될 저항은 권선 저항과 전원 저항보다 상대적으로 큰 것을 선택해야 한다.

### 권선 저항

그림 13-40에서 코일의 권선 저항은 저항계로 측정하여 85 Ω을 얻었다고 가정하자. 시정수 측정에서 권선 저항과 전원 저항을 무시하기 위해 10 kΩ 직렬 저항을 회로에서 사용하였다.

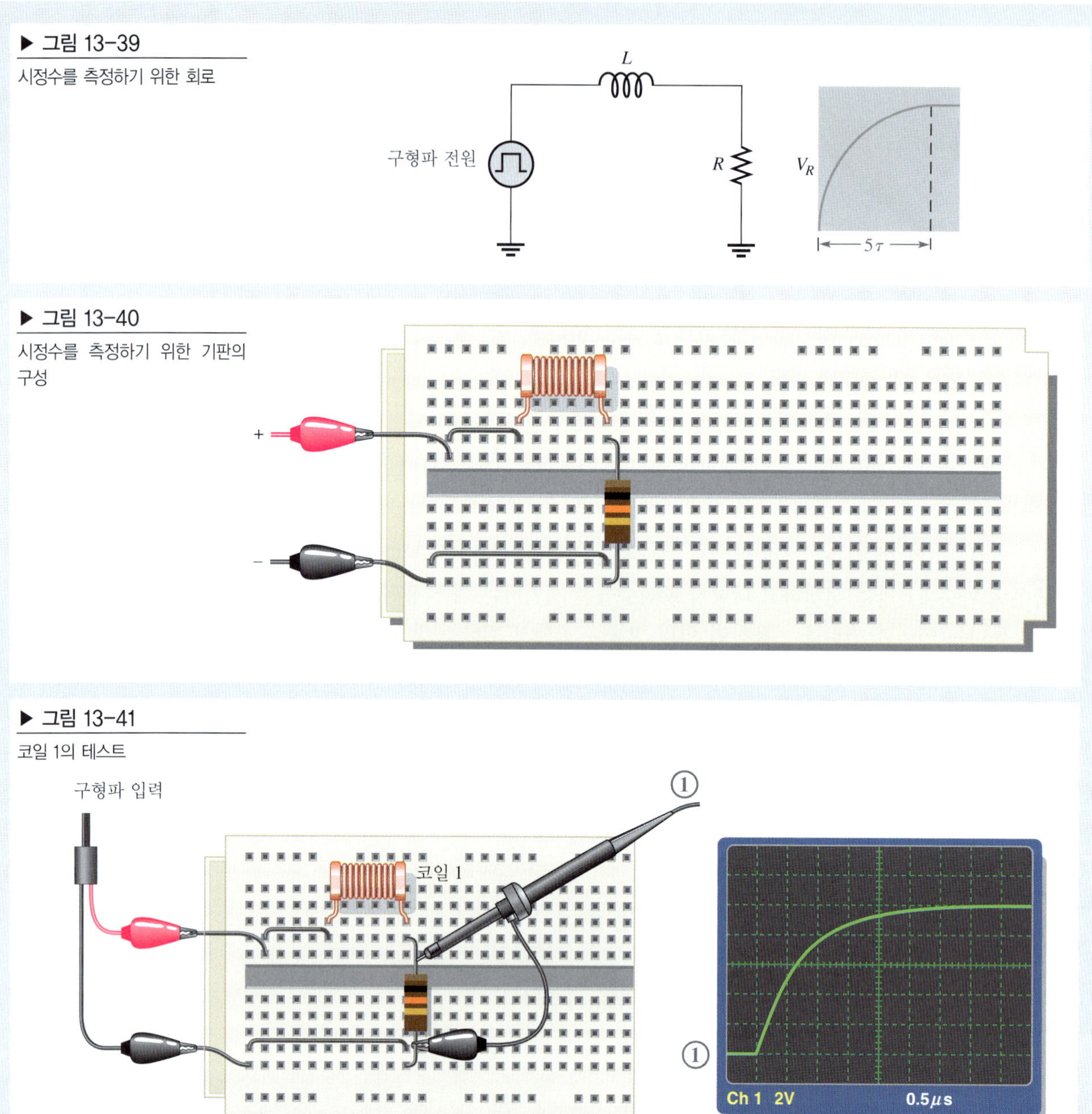


▶ 그림 13-39
시정수를 측정하기 위한 회로

▶ 그림 13-40
시정수를 측정하기 위한 기판의 구성

▶ 그림 13-41
코일 1의 테스트

- 직류 10 V가 보는 것과 같이 칩의 도선에 연결되었다면 $t = 5\tau$ 후의 회로에 흐르는 전류는 얼마인가?

## 코일 1의 인덕턴스

그림 13-41을 참조하자. 코일 1의 인덕턴스를 측정하기 위해 구형파의 전압을 회로에 적용하였다. 구형파의 크기는 10 V로 조정하였다. 주파수를 조정하여 인덕터가 각각의 구형파 펄스 구간 동안 완전히 활성화할 수 있도록 하였다. 스코프는 보는 것과 같이 완전한 활성화 곡선을 볼 수 있도록 설정된다.

- 대략적인 회로의 시정수를 구하라.
- 코일 1의 인덕턴스를 계산하라.

## 코일 2의 인덕턴스

코일 1을 코일 2로 교체한 그림 13-42를 참조하자. 인덕턴스를 구하기 위해 10 V 구형파를 회로기판에 적용하였다. 구형파의 주파수를 조절하여 인덕터가 각각의 구형파 펄스 구간 동안 완전히 활성화할 수 있도록 하였다. 스코프는 보는 것과 같이 완전한 활성화 곡선을 볼 수 있도록 설정된다.

- 대략적인 회로의 시정수를 구하라.
- 코일 2의 인덕턴스를 계산하라.

▶ 그림 13-42
코일 2의 테스트

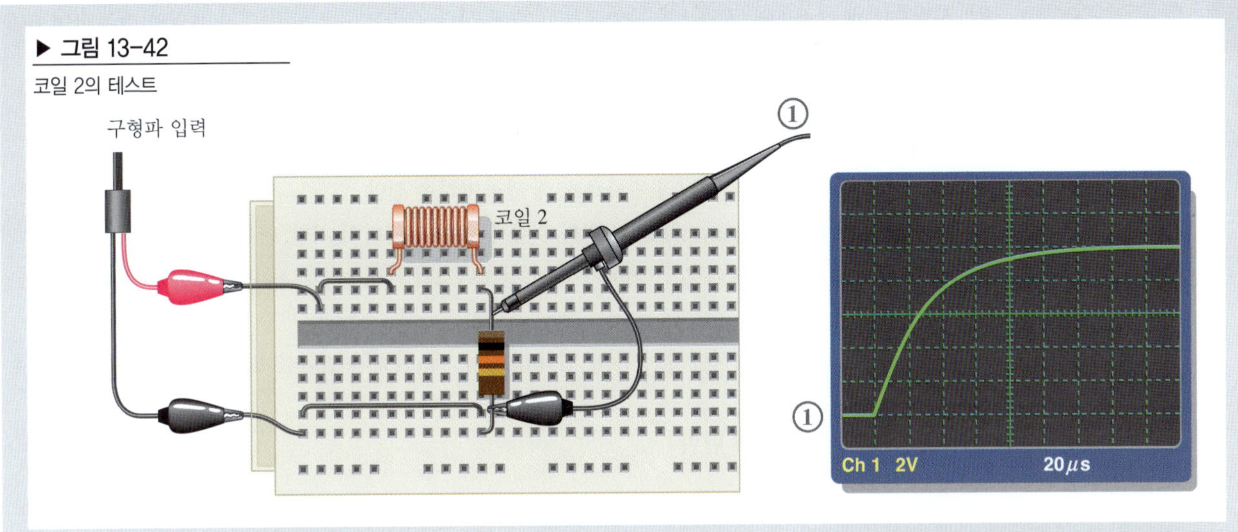


- 이 방법을 사용하는 것에 어떤 어려움이 있는지 토론하라.
- 인덕턴스를 구하기 위해 구형파 대신에 정현파 입력 전압을 어떻게 사용해야 하는지 설명하라.

### 복습문제

1. 그림 13-41에서 사용할 수 있는 구형파 주파수의 최대값은 얼마인가?
2. 그림 13-42에서 사용할 수 있는 구형파 주파수의 최대값은 얼마인가?
3. 문제 1번과 2번에서 구한 최대값을 초과한 주파수에서 무슨 일이 발생하는가? 이러한 상황이 측정하는 데 어떠한 영향을 주는지 설명하라.

## 요약

- 자기 인덕턴스는 전류의 변화에 따라 유도 전압이 형성되는 코일의 능력을 나타낸다.
- 인덕터는 자체에 흐르는 전류의 변화를 방해한다.
- 패러데이의 법칙은 자계와 코일 간의 상대적인 운동이 코일 양단에 전압을 유도한다는 것이다.
- 유도 전압은 인덕턴스와 전류의 변화율에 비례한다.
- 렌츠의 법칙은 자계 내에서의 변화를 방해하는 방향으로 유도 전류가 흐르도록 유도 전압의 극성이 결정된다는 것이다.
- 인덕터에 의하여 자계 내에 에너지가 저장된다.
- 1 H는 1초당 1 A의 비율로 변화하는 전류가 인덕터에 1 V의 전압을 유도할 때의 인덕턴스 값이다.
- 인덕턴스는 권선수의 제곱과 투자율, 코어의 단면적에 비례하지만, 코어의 길이에는 반비례한다.
- 코어 물질의 투자율은 자계를 형성하는 물질의 능력을 나타낸다.
- 직렬 *RL* 회로의 시정수는 인덕턴스를 저항으로 나눈 값이다.
- *RL* 회로의 인덕터에서 증가하거나 감소하는 전류와 전압은 각 시정수 구간 동안 63%씩 변화한다.
- 증가하거나 감소하는 전류와 전압은 지수함수 곡선을 따른다.
- 직렬 연결된 인덕터는 그 값을 더한다.
- 병렬 연결에서 전체 병렬 인덕턴스는 연결된 인덕터 중에서 가장 작은 인덕턴스보다 작다.
- 인덕터에서 전압은 전류보다 위상이 90° 앞선다.
- 유도성 리액턴스 $X_L$은 주파수와 인덕턴스에 비례한다.
- 인덕터에서의 유효 전력은 0이다. 즉, 이상적인 인덕터에서는 열로 변환되는 에너지 손실이 없고, 단지 권선 저항으로 인한 손실만 있다.

## 핵심 용어

***RL* 시정수**(time constant): $R$과 $L$로 주어지는 고정된 시간 간격으로 회로의 시간 응답을 결정하며 $L/R$과 같음

**권선**(winding): 인덕터에서 선의 루프나 회전

**양호도**(quality factor, $Q$): 인덕터에서 유효 전력에 대한 무효 전력의 비

**유도 전압**(induced voltage): 자계의 변화로 인해 만들어지는 전압

**유도성 리액턴스**(inductive reactance): 정현파 전류에 대한 인덕터의 저항. 단위는 옴(Ω).

**인덕터**(inductor): 코어 둘레에 감긴 선에 의하여 인덕턴스의 특성을 갖도록 만들어진 전기적인 소자로서, 코일이라고도 함.

**인덕턴스**(inductance): 인덕터에서 전류의 변화가 있을 때, 전류의 변화를 방해하는 전압을 생성하는 특성

**헨리**(henry, H): 인덕턴스의 단위

## 주요 공식

| | | |
|---|---|---|
| **13-1** | $v_{ind} = L\left(\dfrac{di}{dt}\right)$ | 유도 전압 |
| **13-2** | $W = \dfrac{1}{2}LI^2$ | 인덕터에 의하여 저장되는 에너지 |
| **13-3** | $L = \dfrac{N^2\mu A}{l}$ | 물리적인 파라미터 형태의 인덕턴스 |
| **13-4** | $v_{ind} = N\left(\dfrac{d\phi}{dt}\right)$ | 패러데이의 법칙 |
| **13-5** | $L_T = L_1 + L_2 + L_3 + \cdots + L_n$ | 직렬 인덕턴스 |
| **13-6** | $\dfrac{1}{L_T} = \dfrac{1}{L_1} + \dfrac{1}{L_2} + \dfrac{1}{L_3} + \cdots + \dfrac{1}{L_n}$ | 전체 병렬 인덕턴스의 역수 |
| **13-7** | $L_T = \dfrac{1}{\left(\dfrac{1}{L_1}\right) + \left(\dfrac{1}{L_2}\right) + \left(\dfrac{1}{L_3}\right) + \cdots + \left(\dfrac{1}{L_n}\right)}$ | 전체 병렬 인덕턴스 |
| **13-8** | $\tau = \dfrac{L}{R}$ | 시정수 |
| **13-9** | $v = V_F + (V_i - V_F)e^{-Rt/L}$ | 지수함수적인 전압(일반적인 경우) |
| **13-10** | $i = I_F + (I_i - I_F)e^{-Rt/L}$ | 지수함수적인 전류(일반적인 경우) |
| **13-11** | $i = I_F(1 - e^{-Rt/L})$ | 0 V에서 시작하여 지수함수적으로 증가하는 전류 |
| **13-12** | $i = I_i e^{-Rt/L}$ | 0 V까지 지수함수적으로 감소하는 전류 |
| **13-13** | $X_L = 2\pi fL$ | 유도성 리액턴스 |
| **13-14** | $P_{true} = (I_{rms})^2 R_W$ | 유효 전력 |
| **13-15** | $P_r = V_{rms} I_{rms}$ | 무효 전력 |

**13-16** $P_r = \dfrac{V_{rms}^2}{X_L}$ 무효 전력

**13-17** $P_r = I_{rms}^2 X_L$ 무효 전력

**13-18** $Q = \dfrac{X_L}{R_W}$ 양호도

## 자기 진단

**1.** 0.05 μH의 인덕턴스는 다음의 어느 것보다 큰가?

(a) 0.0000005 H (b) 0.000005 H (c) 0.000000008 H (d) 0.00005 mH

**2.** 0.33 mH의 인덕턴스는 다음의 어느 것보다 작은가?

(a) 33 μH (b) 330 μH (c) 0.05 mH (d) 0.0005 H

**3.** 인덕터에 흐르는 전류가 증가하면 전자장 내에 저장되는 에너지는 어떻게 되는가?

(a) 감소한다 (b) 일정하게 유지된다

(c) 증가한다 (d) 2배로 된다

**4.** 인덕터에 흐르는 전류가 2배로 되면 저장되는 에너지는 어떻게 되는가?

(a) 2배로 된다 (b) 4배로 된다

(c) 반으로 된다 (d) 변화가 없다

**5.** 다음 중 어느 경우에 코일의 권선 저항이 감소하는가?

(a) 권선수가 감소할 때 (b) 더 긴 선을 사용할 때

(c) 코어의 재료가 변화할 때 (d) (a)와 (b) 모두

**6.** 다음 중 어느 경우에 철 코어의 인덕턴스가 증가하는가?

(a) 코일의 권선수가 증가할 때 (b) 철 코어를 제거할 때

(c) 코어의 길이가 증가할 때 (d) 더 긴 선을 사용할 때

**7.** 10 mH의 인덕터 4개가 직렬로 연결되었을 때 전체 인덕턴스는 얼마인가?

(a) 40 mH (b) 2.5 mH (c) 40,000 μH (d) (a)와 (c) 모두

**8.** 1 mH, 3.3 mH, 0.1 mH의 인덕터가 병렬로 연결되어 있다. 전체 인덕턴스는 얼마인가?

(a) 4.4 mH (b) 3.3 mH보다 크다

(c) 0.1 mH보다 작다 (d) (a)와 (b) 모두

**9.** 인덕터와 저항이 12 V 전지와 스위치를 통하여 직렬로 연결되어 있다. 스위치를 닫는 순간에 인덕터에 걸리는 전압은 얼마인가?

(a) 0 V (b) 12 V (c) 6 V (d) 4 V

**10.** 정현파 전압이 인덕터 양단에 인가된다. 주파수가 증가하면 전류는 어떻게 되는가?

(a) 감소한다 (b) 증가한다

(c) 일정하다 (d) 순간적으로 0이 된다

**11.** 인덕터와 저항이 정현파 전원에 직렬로 연결되어 있다. 유도성 리액턴스가 저항과 같도록 주파수가 맞추어져 있다. 주파수가 증가하면 어떻게 되는가?

(a) $V_R > V_L$ (b) $V_L < V_R$ (c) $V_L = V_R$ (d) $V_L > V_R$

**12.** 인덕터 양단에 저항계를 연결하였다. 지침이 ∞를 지시한다. 인덕터는 어떠한가?

(a) 양호하다 (b) 개방되었다 (c) 단락되었다 (d) 저항성이다

## 퀴즈

그림 13-45를 보면서 다음 물음에 답하라.

**1.** 스위치가 위치 1에 있다. 위치 2로 바꾸면, $A$와 $B$ 사이의 인덕턴스는?

(a) 증가한다 (b) 감소한다 (c) 변하지 않는다

**2.** 스위치가 위치 3에서 위치 4로 이동하면, $A$와 $B$ 사이의 인덕턴스는?

(a) 증가한다 (b) 감소한다 (c) 변하지 않는다

그림 13-48을 보면서 다음 물음에 답하라.

**3.** $R$을 1.0 kΩ 대신에 10 kΩ으로 하고 스위치를 닫으면 전류가 최대값에 도달하는 데 걸리는 시간은?

(a) 증가한다 (b) 감소한다 (c) 변하지 않는다

**4.** $L$이 10 mH에서 1 mH로 감소하고 스위치를 닫으면 시정수는?

(a) 증가한다 (b) 감소한다 (c) 변하지 않는다

**5.** 전압원을 +15 V에서 +10 V로 줄이면 시정수는?

(a) 증가한다 (b) 감소한다 (c) 변하지 않는다

그림 13-51을 보면서 다음 물음에 답하라.

**6.** 전압원의 주파수가 증가하면 전체 전류는?

(a) 증가한다 (b) 감소한다 (c) 변하지 않는다

**7.** $L_2$가 열리면 $L_1$에 흐르는 전류는?

(a) 증가한다 (b) 감소한다 (c) 변하지 않는다

**8.** 전압원의 주파수가 감소하면 $L_2$와 $L_3$에 흐르는 전류 값의 비는?

(a) 증가한다 (b) 감소한다 (c) 변하지 않는다

그림 13-52를 보면서 다음 물음에 답하라.

**9.** 전압원의 주파수가 증가하면 $L_1$에 걸리는 전압은?

(a) 증가한다 (b) 감소한다 (c) 변하지 않는다

**10.** $L_3$가 열리면 $L_2$에 걸리는 전압은?

(a) 증가한다 (b) 감소한다 (c) 변하지 않는다

## 문제

### 13-1 인덕터의 기초

**1.** 다음 값들을 mH로 변환하라.

(a) 1 H (b) 250 $\mu$H (c) 10 $\mu$H (d) 0.0005 H

**2.** 다음 값들을 $\mu$H로 변환하라.

(a) 300 mH (b) 0.08 H (c) 5 mH (d) 0.00045 mH

**3.** $di/dt$ = 10 mA/$\mu$s이고, $L$ = 5 $\mu$H일 때 코일 양단 간의 전압은 얼마인가?

**4.** 25 mH의 코일 양단 간에 50 V의 전압이 유도되었다. 전류 변화율은 얼마인가?

**5.** 100 mH의 코일에 흐르는 전류가 200 mA/s의 비율로 변화할 때 코일 양단 간에 유도되는 전압은 얼마인가?

**6.** 단면적이 $10 \times 10^{-5}$ m$^2$이고, 길이가 0.05 m인 코어가 30 mH의 인덕턴스가 되려면 권선수는 얼마가 되어야 하는가? 단, 코어의 투자율은 $1.2 \times 10^{-6}$ H/m이다.

**7.** 4.7 mH의 인덕터에 흐르는 전류가 20 mA일 때 저장되는 에너지는 얼마인가?

**8.** 인덕터 2가 인덕터 1보다 2배의 권수를 감은 것을 제외하고 모두 동일하다. 두 인덕터의 인덕턴스를 비교하라.

**9.** 비투자율이 150인 철 코일로 감겨 있는 인덕터 2는 비투자율이 200인 약탄소강 코어로 감겨 있는 인덕터 1과 다른 조건은 동일하다. 두 인덕터의 인덕턴스를 비교하라.

**10.** 그림 13-43과 같이 직경이 7 mm인 연필에 권선을 100번 감았다. 연필은 비자성 물질이므로 공기와 같은 $4\pi \times 10^{-6}$ H/m의 투자율을 갖고 있다. 이와 같은 형태에서 코일의 인덕터는 얼마인가?

▶ 그림 13-43

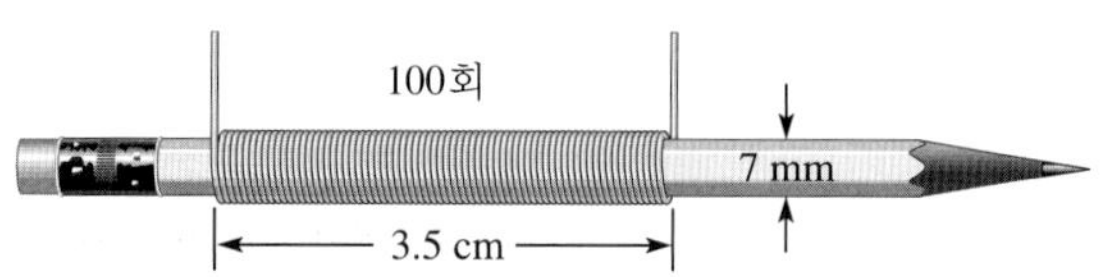


## 13-3 직렬 및 병렬 인덕터

**11.** 5개의 인덕터가 직렬로 연결되었다. 가장 작은 값이 5 μH이다. 각 인덕터의 값이 이전 값의 두 배가 되고, 인덕터가 증가하는 값의 순서로 연결된다면 전체 인덕턴스는 얼마인가?

**12.** 50 mH의 전체 인덕턴스가 필요하다고 가정하자. 10 mH와 22 mH의 코일을 사용할 수 있다. 인덕턴스가 얼마나 더 필요한가?

**13.** 그림 13-44에서 전체 인덕턴스를 구하라.

▶ 그림 13-44

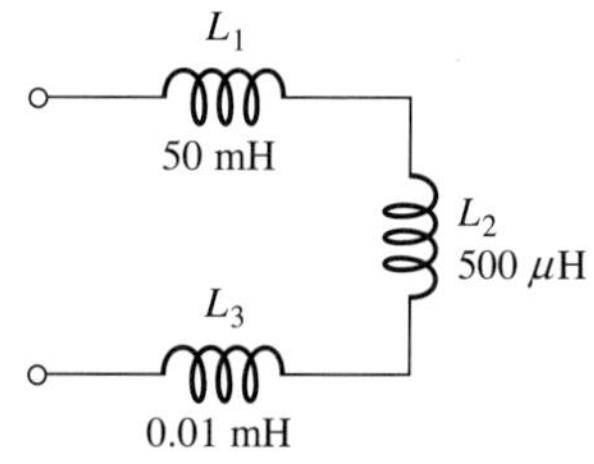


**14.** 그림 13-45에서 각 스위치 위치에 대한 점 $A$와 $B$ 사이의 전체 인덕턴스를 구하라.

▶ 그림 13-45

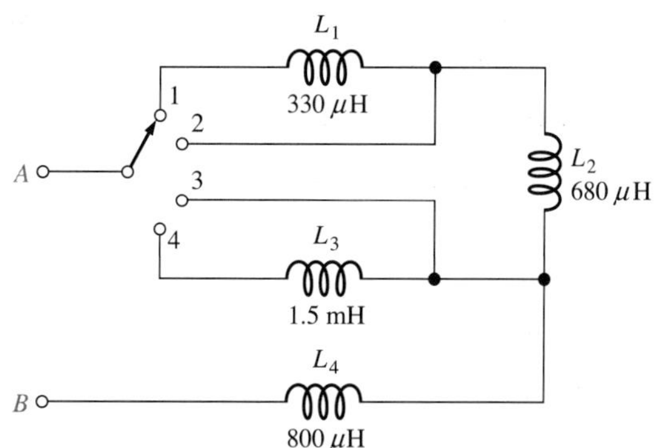


**15.** 75 μH, 50 μH, 25 μH, 15 μH의 코일이 병렬로 연결되어 있다. 전체 병렬 인덕턴스를 구하라.

**16.** 보유하고 있는 인덕터 중에 가장 작은 인덕턴스 값이 12 mH이다. 8 mH의 인덕턴스가 필요하다. 전체 병렬 인덕턴스의 값을 8 mH로 하려면 12 mH와 병렬로 연결할 인덕터의 인덕턴스 값은 얼마인가?

**17.** 그림 13-46의 각 회로에 대한 전체 인덕턴스를 구하라.

▶ 그림 13-46

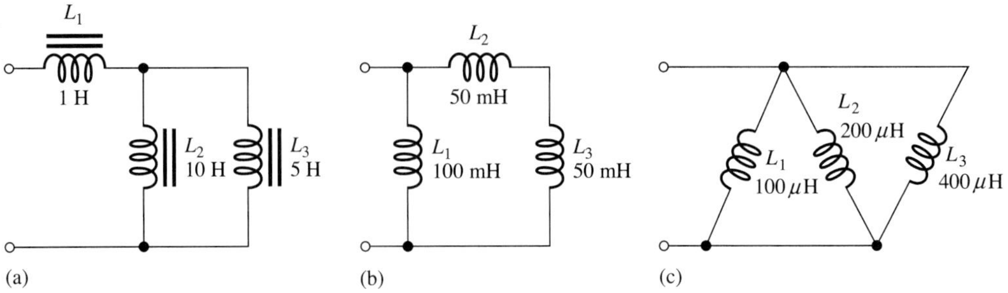

**18.** 그림 13-47의 각 회로에 대한 전체 인덕턴스를 구하라.

▶ 그림 13-47

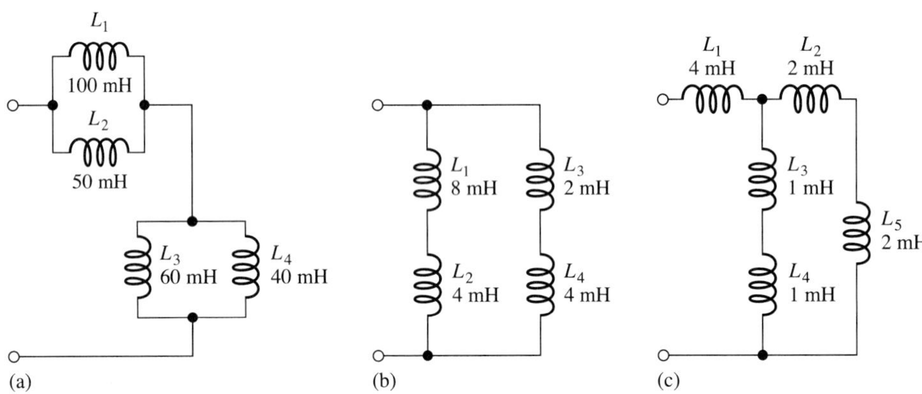


## 13-4 직류 회로에서의 인덕터

**19.** 다음 각각의 *RL* 직렬 조합에 대한 시정수를 구하라.

(a) $R = 100\ \Omega, L = 100\ \mu\text{H}$

(b) $R = 4.7\ \text{k}\Omega, L = 10\ \text{mH}$

(c) $R = 1.5\ \text{M}\Omega, L = 3\ \text{H}$

**20.** 다음 각각의 *RL* 직렬 조합에 있어서 전류가 최종값에 이를 때까지 걸리는 시간은 얼마인가?

(a) $R = 56\ \Omega, L = 50\ \mu\text{H}$

(b) $R = 3300\ \Omega, L = 15\ \text{mH}$

(c) $R = 22\ \text{k}\Omega, L = 100\ \text{mH}$

**21.** 그림 13-48의 회로에서 초기 전류는 없었다. 스위치를 닫고 다음의 시간이 경과한 후의 인덕터 전압을 구하라.

(a) 10 $\mu$s (b) 20 $\mu$s (c) 30 $\mu$s

(d) 40 $\mu$s (e) 50 $\mu$s

▶ 그림 13-48

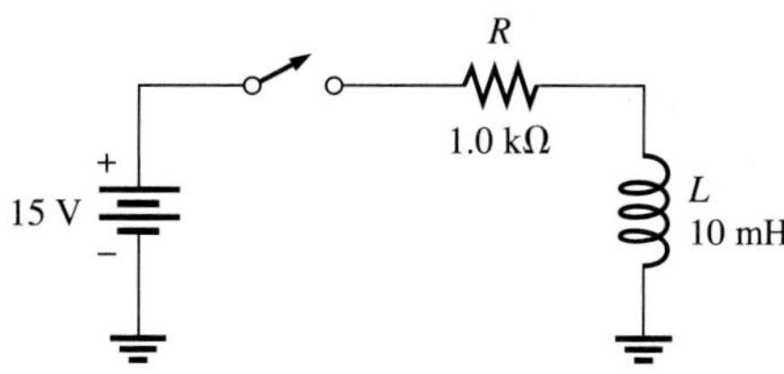


***22.** 그림 13-49의 이상적인 인덕터에서 다음의 시간이 경과한 후의 전류를 계산하라.

(a) 10 μs (b) 20 μs (c) 30 μs

▶ 그림 13-49

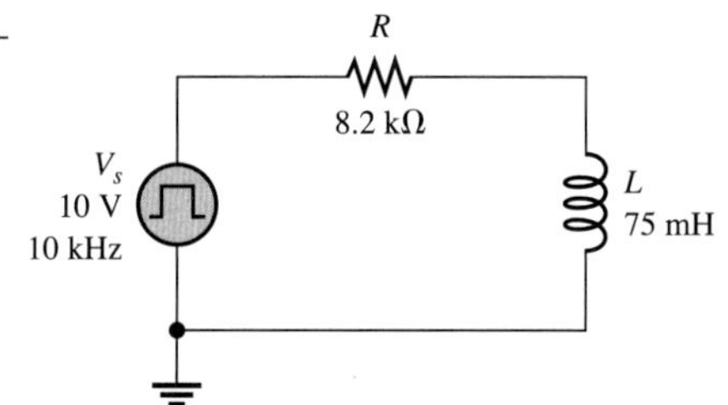


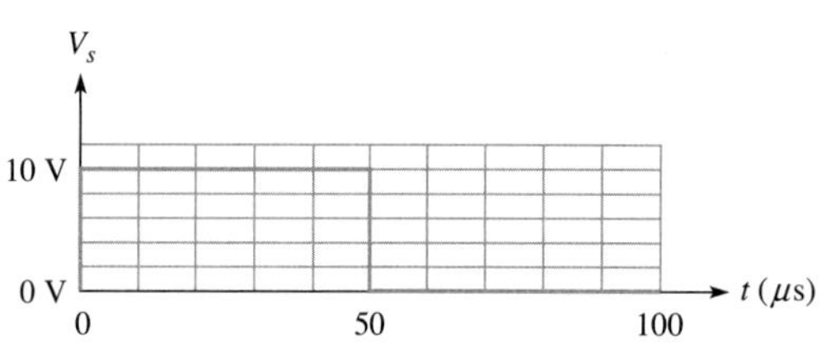


**23.** 다음 시간에 대하여 문제 21을 반복하라.

(a) 2 μs (b) 5 μs (c) 15 μs

***24.** 다음 시간에 대하여 문제 22를 반복하라.

(a) 65 μs (b) 75 μs (c) 85 μs

**25.** 그림 13-48에서 스위치를 닫은 후 인덕터 전압이 5 V가 될 때의 시간을 구하라.

**26.** (a) 그림 13-49에서 구형파가 증가할 때 인덕터에 걸리는 유도 전압의 극성은 무엇인가?

(b) 구형파가 0으로 떨어지기 직전의 전류는 얼마인가?

**27.** 그림 13-50에서 회로의 시정수를 구하라.

▶ 그림 13-50

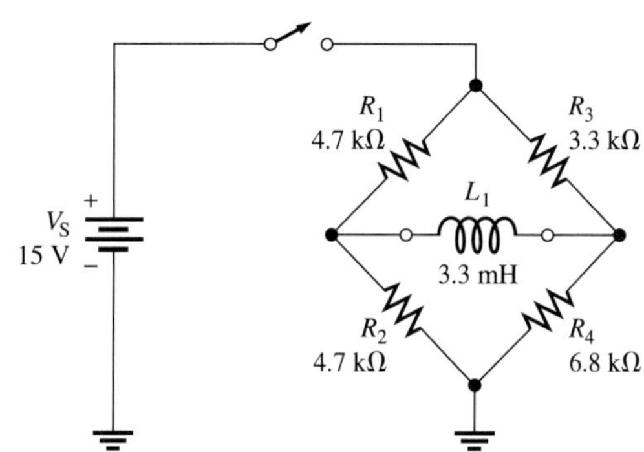


***28.** (a) 그림 13-50에서 스위치가 닫히고 1.0 μs 후에 인덕터에 흐르는 전류는 얼마인가?

(b) 5τ가 지난 후의 전류는 얼마인가?

***29.** 그림 13-50에서 스위치가 5τ 동안 닫혀 있고 다시 열린다고 가정하자. 스위치가 열리고 1.0 μs 후 인덕터에 흐르는 전류는 얼마인가?

## 13-5 교류 회로에서의 인덕터

**30.** 주파수가 5 kHz인 전압이 단자들 사이에 연결되었을 때 그림 13-46의 각 회로에 대한 전체 리액턴스를 구하라.

**31.** 400 Hz인 전압이 연결되어 있을 때 그림 13-47의 각 회로에 대한 전체 리액턴스를 구하라.

**32.** 그림 13-51의 회로에서 전체 실효 전류를 구하라. $L_2$와 $L_3$에 흐르는 전류는 얼마인가?

**33.** 그림 13-47의 각 회로에 10 Vrms의 입력 전압이 인가되었을 때 500 mA의 전체 rms 전류가 흐르려면 주파수는 얼마가 되어야 하는가?

**34.** 그림 13-51에서 무효 전력을 구하라.

**35.** 그림 13-52에서 $I_{L2}$를 구하라.

▶ 그림 13-51

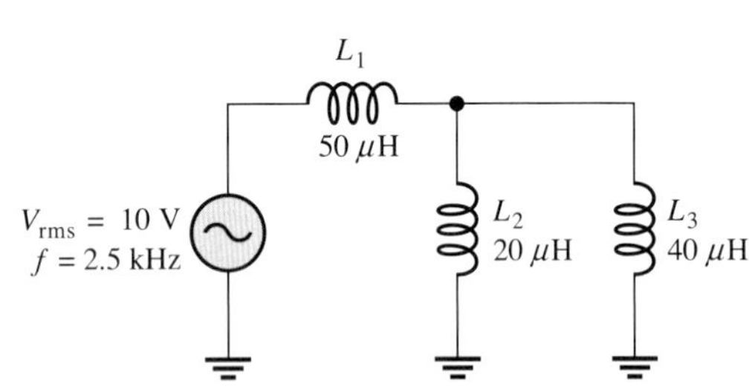


▶ 그림 13-52

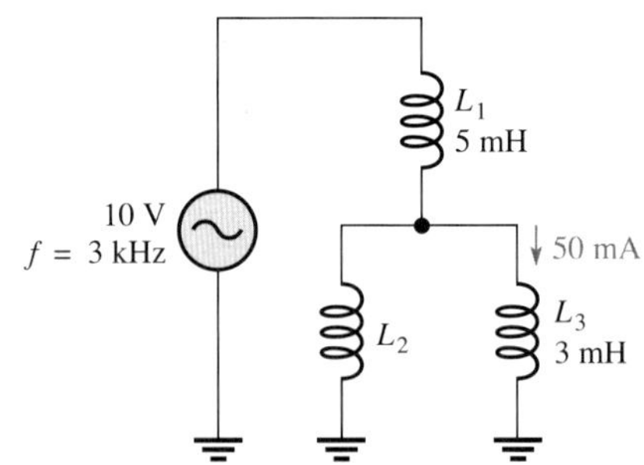

## Multisim 고장진단과 분석

Multisim CD-ROM을 사용하여 다음 문제를 풀어 보라.

**36.** P13-36 파일을 열고, 각각의 인덕터에 걸리는 전압을 측정하라.

**37.** P13-37 파일을 열고, 각각의 인덕터에 걸리는 전압을 측정하라.

**38.** P13-38 파일을 열고, 전류를 측정하라. 주파수를 두 배로 하고 다시 전류를 측정하라. 원래 주파수의 1/2로 낮추고 전류를 측정하라. 관찰 내용을 설명하라.

**39.** P13-39 파일을 열고, 회로에 고장이 있는지 검사하라.

**40.** P13-40 파일을 열고, 회로에 고장이 있는지 검사하라.

## 복습문제 해답

### 13-1 인덕터의 기초

**1.** 인덕턴스는 코어의 권선수, 투자율, 단면적, 길이에 의존한다.

**2.** $v_{ind}$ = 7.5 mV

**3.** (a) $N$이 증가하면 $L$은 증가한다.

(b) 코어의 길이가 증가하면 $L$은 감소한다.

(c) 코어의 단면적이 감소하면 $L$은 감소한다.

(d) 강자성 코어를 공기 코어로 바꾸면 $L$은 감소한다.

**4.** 모든 선은 저항 성분을 갖고 있으며, 인덕터는 선을 감아서 만들었기 때문에, 인덕터에는 항상 저항이 존재한다.

**5.** 코일의 인접한 권선은 커패시터에서의 판과 같이 동작한다.

### 13-2 인덕터의 종류

**1.** 인덕터에는 고정형과 가변형의 두 종류가 있다.

**2.** (a) 공기 코어 (b) 철 코어 (c) 가변

### 13-3 직렬 및 병렬 인덕터

**1.** 직렬 접속의 인덕터는 그 값을 더한다.

**2.** $L_T = 2.60$ mH

**3.** $L_T = 5(100 \text{ mH}) = 500$ mH

**4.** 병렬 접속의 전체 병렬 인덕턴스는 연결된 인덕터 중 가장 작은 인덕턴스보다 작다.

**5.** 그렇다. 인덕턴스의 계산과 저항의 계산은 유사하다.

**6.** (a) $L_T = 24\ \mu$H

(b) $L_T = 7.69$ mH

### 13-4 직류 회로에서의 인덕터

**1.** $V_L = IR_W = 100$ mV

**2.** $i = 0$ V, $v_L = 20$ V

**3.** $v_L = 0$ V

**4.** $\tau = 500$ ns, $i_L = 3.93$ mA

### 13-5 교류 회로에서의 인덕터

**1.** 인덕터에서의 전압은 전류보다 90° 앞선다.

**2.** $X_L = 2\pi fL = 3.14$ kΩ

**3.** $f = X_L/2\pi L = 2.55$ MHz

**4.** $I_{rms} = 15.9$ mA

**5.** $P_{true} = 0$ W; $P_r = 458$ mVAR

### 13-6 인덕터의 응용

**1.** 전도성과 복사성

**2.** 전자파 방해

**3.** 인덕턴스를 증가시키기 위해 강자성 구슬을 도선에 설치하여 RF 초크를 만든다.

### 회로 응용

**1.** $f_{max} = 125$ kHz$(5\tau = 4$ ms$)$

**2.** $f_{max} = 3.13$ kHz$(5\tau = 160\ \mu$s$)$

**3.** $f > f_{max}$이면, $T/2 < 5\tau$이므로 인덕터는 완전히 충전되지 못할 것이다.

## 관련 문제 해답

**13-1** 5 H

**13-2** 10.1 mH

**13-3** 0.5 Wb/s

**13-4** 150 $\mu$H

**13-5** 20.3 $\mu$H

**13-6** 227 ns

**13-7** $I_F$ = 17.6 mA, $\tau$ = 147 ns

1$\tau$일 때 $i$ = 11.1 mA; $t$ = 147 ns

2$\tau$일 때 $i$ = 15.1 mA; $t$ = 294 ns

3$\tau$일 때 $i$ = 16.7 mA; $t$ = 441 ns

4$\tau$일 때 $i$ = 17.2 mA; $t$ = 588 ns

5$\tau$일 때 $i$ = 17.4 mA; $t$ = 735 ns

**13-8** 0.2 ms일 때, $i$ = 0.215 mA

0.8 ms일 때, $i$ = 0.035 mA

**13-9** 10 V

**13-10** 3.83 mA

**13-11** 6.7 mA

**13-12** 1.1 kΩ

**13-13** 573 mA

**13-14** $P_r$ 감소

## 자기 진단 해답

**1.** (c) **2.** (d) **3.** (c) **4.** (b) **5.** (d) **6.** (a) **7.** (d) **8.** (c)
**9.** (b) **10.** (a) **11.** (d) **12.** (b)

## 퀴즈 해답

**1.** (a) **2.** (b) **3.** (b) **4.** (b) **5.** (b) **6.** (b) **7.** (b) **8.** (c)
**9.** (c) **10.** (a)

CHAPTER

# 변압기 14

## 이 장의 차례



## 이 장의 목표

- 상호 인덕턴스에 대해 설명한다.
- 변압기의 구조와 동작원리를 설명한다.
- 승압 변압기와 강압 변압기의 동작원리를 설명한다.
- 2차 권선에 부하를 연결할 때 1차, 2차 회로에 일어나는 현상을 알아본다.
- 반사 부하의 개념을 알아본다.
- 변압기를 이용한 임피던스 정합 방법을 알아본다.
- 실제 변압기의 특성을 설명한다.
- 변압기의 종류와 특성을 설명한다.
- 변압기의 고장을 진단한다.

## 핵심 용어

- 1차 권선
- 2차 권선
- 권수비($n$)
- 반사 저항
- 변압기
- 상호 인덕턴스($L_M$)
- 임피던스 정합
- 자기적 결합
- 중간탭(CT)
- 피상 전력 정격

## 회로 응용 소개

회로 응용에서는 콘센트의 교류 전원에 연결된 변압기를 사용한 직류 전원 공급기의 고장을 진단한다. 전원 공급기 회로의 여러 곳에서 전압을 측정하여 고장이 있는지 없는지를 알아보고 있다면 어떤 부분이 고장인지 찾아본다.

## 인터넷 학습자료

http://www.prenhall.com/floyd

## 이 장의 소개

13장에서는 자기 인덕턴스에 대해서 알아보았다. 이 장에서는 변압기의 기본 동작원리인 상호 인덕턴스에 대해 알아본다. 변압기는 전원 공급기, 전력 분배 시스템(배전 시스템), 그리고 통신 시스템에서 신호의 결합 등의 여러 분야에 응용되고 있다.

변압기 동작의 기본 원리는 상호 인덕턴스에 의한 상호 유도 작용이다. 상호 유도 작용은 두 개 이상의 코일이 서로 가깝게 놓여 있을 때 일어난다. 실제로 두 개의 코일로 간단히 변압기를 만들 수 있는데, 이때 두 코일은 코일 사이에 존재하는 상호 인덕턴스에 의해 전자기적으로 결합되어 있다. 두 개의 코일이 전기적으로는 서로 연결되어 있지 않고 자기적으로만 결합되어 있으므로, 전기적으로 완전히 끊어져 있는 전기적 절연 상태에서 한 코일로부터 다른 코일로 에너지를 전달할 수 있다. 변압기에서는 1차 권선, 1차 코일, 2차 권선, 2차 코일과 같이 권선과 코일이라는 단어를 보통 함께 사용한다.

# 14-1 상호 인덕턴스

두 개의 코일이 서로 가까이 놓여 있을 때, 어느 한 코일에 흐르는 전류의 크기가 시간에 따라 변화하면 이 전류에 의해 역시 시간에 따라 변화하는 전계와 자계가 발생하며, 이 전계와 자계가 다른 코일에 유도 전압을 발생시킨다. 이를 코일의 상호 유도 작용이라고 하며 이것은 두 코일 사이의 상호 인덕턴스 때문에 일어난다.

이 절의 학습 내용은 다음과 같다.

- **상호 인덕턴스의 원리**
  - 자기적 결합의 의미
  - *전기적 절연*의 정의
  - *결합 계수*의 정의
  - 상호 인덕턴스에 영향을 주는 요소들과 관련 공식

10장에서 살펴보았듯이 코일에 흐르는 전류가 증가하거나 감소하거나 또는 흐르는 방향이 바뀌는 경우, 코일 주위에 발생하는 전계와 자계도 전류의 변화와 마찬가지로 증가하거나 감소하거나 또는 방향이 바뀌게 된다.

그림 14-1을 보자. 두 코일이 매우 가까이 놓여 있으므로 첫 번째 코일에 의해 발생된 자기력선(이를 자속(magnetic flux)이라고 함)들이 두 번째 코일의 내부 공간을 관통하고 있다. 이렇게 두 코일이 자기적으로 결합(연결)되어 전압이 유도된 것을 볼 수 있다. 이와 같이 두 코일이 자기적으로 결합되어 있을 때, 두 코일은 도선에 의한 전기적 연결 없이 자계로만 연결되므로 **전기적 절연**(electrical isolation) 상태에 있게 된다. 첫 번째 코일에 흐르는 전류가 정현파(사인파)이면 두 번째 코일에 유도되는 전압도 역시 정현파가 된다. 첫 번째 코일에 흐르는 전류에 의해 두 번째 코일에 유도되는 전압의 크기는 두 코일 사이의 **상호 인덕턴스**(mutual inductance, $L_M$)에 의해 결정된다. 각 코일의 인덕턴스와 두 코일 사이의 결합 계수($k$)를 알면 상호 인덕턴스를 구할 수 있다.

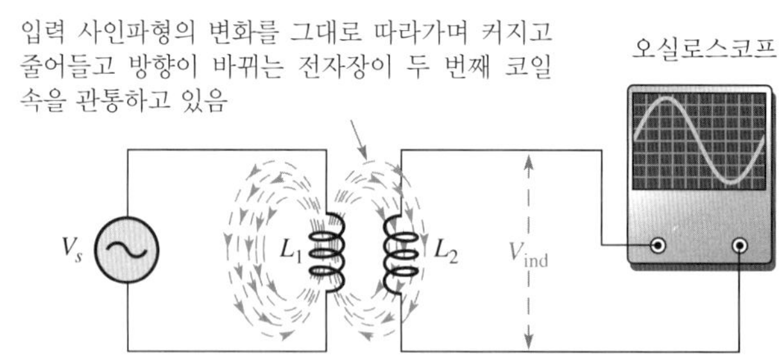


▶ 그림 14-1
첫 번째 코일에 흐르는 교류 전류에 의해 시간에 따라 변하는 전자기장이 발생된다. 이 전자기장이 두 번째 코일에 결합되어 전압이 유도된다.

## 결합 계수

두 코일 사이의 **결합 계수**(coefficient of coupling) $\boldsymbol{k}$는 식 (14-1)에 나타나 있듯이, 코일 1에 의해 발생된 전체 자기력선(자속) 중에서 코일 2를 관통하는 자속을 코일 1에 의해 발생된 전체 자속으로 나눈 값이다.

$$k = \frac{\phi_{1\text{-}2}}{\phi_1} \tag{14-1}$$

예를 들어, 코일 1에 의해 발생된 전체 자속의 1/2이 코일 2와 결합된 경우, $k = 0.5$가 된다. 코일 1에 흐르는 전류의 변화율이 일정한 경우, $k$ 값이 클수록 코일 2에 유도되는 전압의 크기는 커진다. 결합 계수 $k$의 단위는 없다. 자속의 단위는 웨버(weber)이며, 줄여서 Wb로 나타낸다는 것은 앞에서 이미 설명하였다.

결합 계수 $k$의 값은 두 코일 사이의 간격과 코일이 감겨 있는 코어의 재질에 따라 달라진다. 또한 코어의 재질이 같은 경우에도 구조와 형태에 따라 차이가 있다.

## 상호 인덕턴스 공식

상호 인덕턴스 $L_M$의 값에 영향을 주는 세 가지 요소($k, L_1, L_2$)를 그림 14-2에 나타내었다. $L_M$을 구하는 공식은 다음과 같다.

$$L_M = k\sqrt{L_1L_2} \tag{14-2}$$

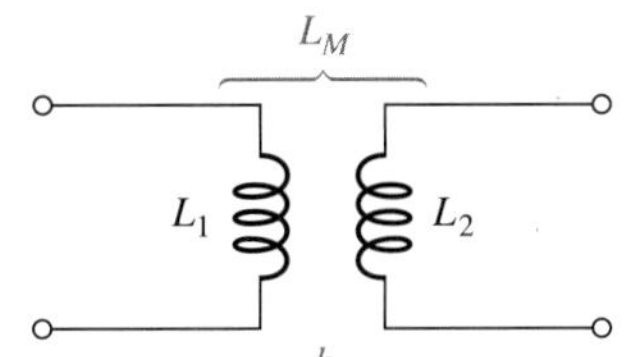


◀ 그림 14-2
두 코일의 상호 인덕턴스

**예제 14-1** 한 코일이 모두 50 μWb의 자속을 발생시키고, 이 가운데 20 μWb의 자속이 코일 2를 관통하고 있다. 결합 계수 $k$를 구하라.

풀이

$$k = \frac{\phi_{1\text{-}2}}{\phi_1} = \frac{20\,\mu\text{Wb}}{50\,\mu\text{Wb}} = \mathbf{0.4}$$

관련 문제 $\phi_1 = 500\,\mu\text{Wb}$, $\phi_{1-2} = 375\,\mu\text{Wb}$일 때, 결합 계수 $k$를 구하라.

**예제 14-2** 두 코일이 한 개의 코어에 감겨 있다. 결합 계수 $k$는 0.3이다. 코일 1의 인덕턴스가 10 μH, 코일 2의 인덕턴스가 15 μH일 때, 상호 인덕턴스 $L_M$을 구하라.

풀이

$$L_M = k\sqrt{L_1L_2} = 0.3\sqrt{(10\,\mu\text{H})(15\,\mu\text{H})} = \mathbf{3.67\,\mu H}$$

관련 문제 $k = 0.5$, $L_1 = 1\text{ mH}$, $L_2 = 600\,\mu\text{H}$일 때, 상호 인덕턴스 $L_M$을 구하라.

**복습문제 14-1**

1. *상호 인덕턴스*의 정의를 내려라.
2. 인덕턴스가 50 mH로 서로 같은 두 코일의 결합 계수 $k$ = 0.9이다. 상호 인덕턴스 $L_M$을 구하라.
3. $k$ 값이 커지면 한 코일의 전류 변화에 의해 발생되는 다른 코일의 유도 전압의 크기는 어떻게 되는지 설명하라.

## 14-2 기본 변압기

기본 **변압기**(transformer)는 서로 가까이 놓여 있는 두 개의 코일로 구성된 전기 소자이다. 따라서 두 코일 사이에는 상호 인덕턴스가 존재한다.

이 절의 학습 내용은 다음과 같다.

- **변압기의 구조와 동작원리**
  - 기본 변압기의 각 부분의 명칭
  - 코어 재질의 중요성
  - *1차 권선*과 *2차 권선*의 정의
  - *권수비*의 정의
  - 권선 방향과 1, 2차 전압의 극성과의 관계

변압기의 회로 기호를 그림 14-3(a)에 나타내었다. 그림에서 볼 수 있듯이 두 코일 가운데 한쪽 코일을 **1차 권선**(primary winding), 다른 쪽 코일을 **2차 권선**(secondary winding)이라고 한다. 그림 14-3(b)와 같이 전압원을 변압기의 1차 권선에 연결하고 부하를 2차 권선에 연결한다. 따라서 1차 권선은 입력 권선이 되고 2차 권선은 출력 권선이 된다. 보통 변압기에서 전압원이 연결된 쪽을 1차, 부하가 연결된 쪽을 2차라고 말한다.

▶ 그림 14-3
기본 변압기

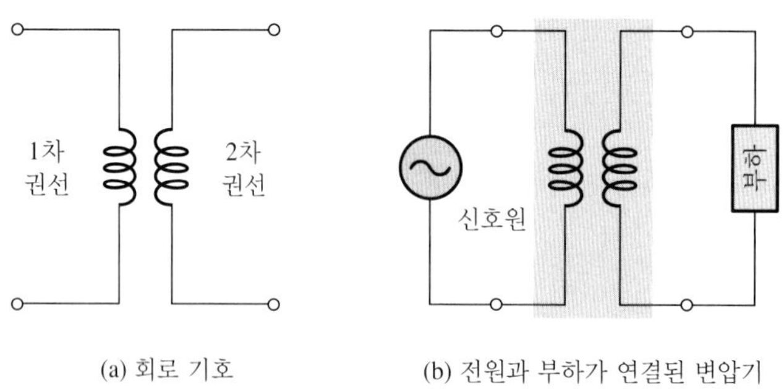


변압기의 두 권선은 코어(core)에 감겨 있다. 권선을 감는 데 사용되는 코어는 자속이 지나는 자기 경로의 역할도 하므로 자속이 코일 근처로 집중된다. 코어의 재료로는 일반적으로 공기(air), 철(iron), 페라이트(ferrite)의 세 가지가 많이 사용된다. 이들로 만든 코어의 회로 기호를 그림 14-4에 나타내었다.

고주파 신호를 다루는 회로에서 주로 사용되는 공기 코어(공심) 변압기와 페라이트 코어 변압기는 그림 14-5에 나타나 있듯이 속이 빈 원통형의 절연판 위에 코일을 감아 제작하는데, 공

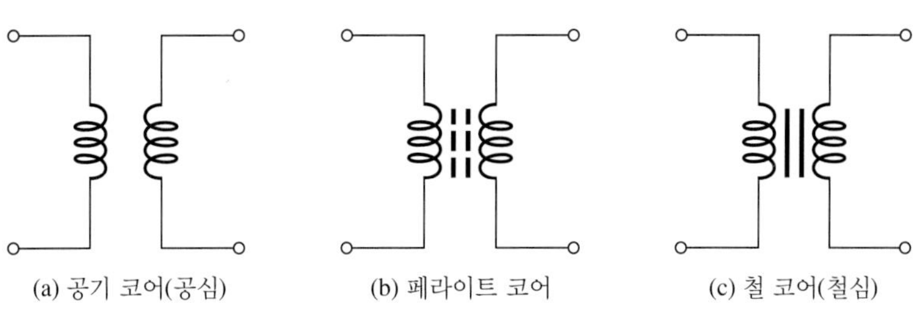


◀ 그림 14-4
코어의 종류와 회로 기호

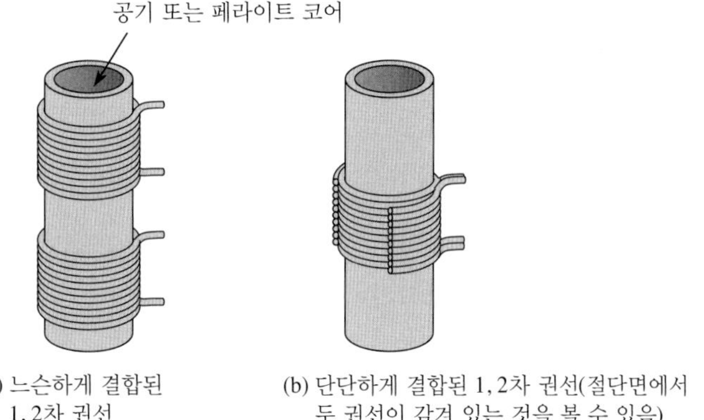


◀ 그림 14-5
원통형 코어 구조의 변압기

기 코어에서는 절연판의 속을 비워 두므로 공기로 채워진 셈이 되고, 페라이트 코어에서는 절연판 속에 페라이트를 넣는다. 권선에는 코팅을 하여 권선들이 서로 단락(short)되지 않도록 한다. 1차 권선과 2차 권선 사이에서 **결합되는 자속**(magnetic coupling)의 양은 코어의 재료와 두 권선 사이의 간격에 따라 달라진다. 그림 14-5(a)의 변압기에서는 두 코일이 서로 떨어져 있으므로 느슨하게 결합되어 있지만, 그림 14-5(b)에서는 두 코일이 겹쳐 있으므로 단단하게 결합된다. 코일 사이의 결합이 단단할수록, 같은 크기의 1차 권선의 전류에 대해 2차 코일에 더 큰 전압이 유도된다.

철 코어(철심) 변압기는 가청 주파수(음성) 신호를 다루는 회로나 전원 공급 회로 등에 주로 사용된다. 이 변압기는 그림 14-6처럼 강자성체로 만든 얇은 판을 여러 장 겹쳐서 코어를 만들고(이때 각 판은 서로 절연되도록 한다) 그 위에 코일을 감아서 제작한다. 이와 같은 구조로 하면 자속이 코어를 잘 통과하게 되므로 두 코일 사이에서 결합되는 자속의 양이 증가한다. 그림 14-6의 (a)와 (b)는 철 코어 변압기의 대표적인 구조이다. (a)의 코어형 구조에서는 두 권선이 분리되어 있고 (b)의 셸형(shell-type) 구조에서는 두 권선이 한 곳에 겹쳐 있다. 저마다 구조에 따른 장점이 있다. 보통 (a)의 구조가 절연 성능이 좋으므로 더욱 큰 고전압을 다룰 수 있다.

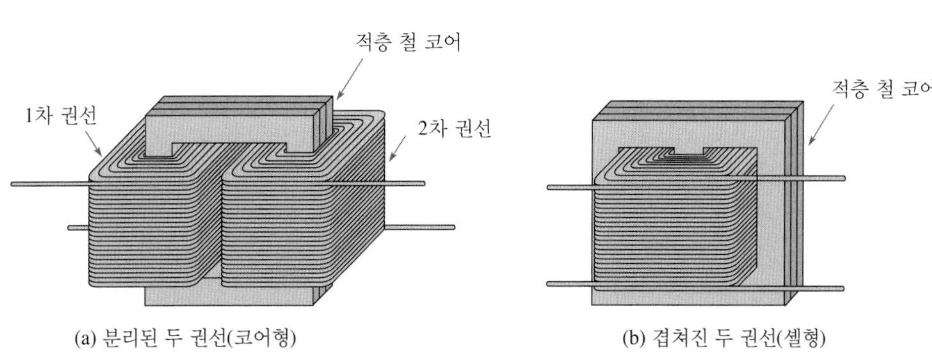


◀ 그림 14-6
철 코어 변압기의 구조

▶ 그림 14-7
여러 종류의 변압기

(b) 구조에서는 코어에 더 많은 자속이 모이므로 코일을 더 적게 감아도 된다. 그림 14-7에 여러 종류의 변압기가 나타나 있다.

## 권수비

변압기의 여러 파라미터들 가운데 변압기의 동작을 이해하는 데 도움이 되는 것이 권수비이다. **권수비**(turns ratio, $n$)는 식 (14-3)과 같이 2차 권선의 감은 횟수(이를 권수라고 함, $N_{sec}$)와 1차 권선의 권수($N_{pri}$)와의 비로 정의된다.

$$n = \frac{N_{sec}}{N_{pri}} \tag{14-3}$$

권수비에 대한 이 정의는 IEEE 사전에 수록된 내용으로 전력용 변압기(power transformer)에 대한 IEEE 규격에 근거한 것이다. 다른 종류의 변압기에 대해서는 $N_{pri}/N_{sec}$처럼 권수비 정의가 달라질 수도 있다. 어떤 정의를 사용하든 분명하게 정한 후 일관되게 적용하기만 하면 문제가 되지 않는다. 변압기의 특성을 대개 입력 전압, 출력 전압, 전력 정격으로 나타내며 권수비까지 표시하는 경우는 아주 드물다. 그렇지만 변압기의 동작원리를 공부하는 데 권수비가 도움이 된다.

**예제 14-3** 1차 권선의 권수가 100회, 2차 권선의 권수가 400회인 변압기의 권수비를 구하라.

풀이 $N_{sec} = 400$, $N_{pri} = 100$ 이므로 권수비는

$$n = \frac{N_{sec}}{N_{pri}} = \frac{400}{100} = \mathbf{4}$$

관련 문제 권수비가 10인 트랜스에서 $N_{pri} = 500$일 때 $N_{sec}$를 구하라.

## 권선 방향

권수비 외에 변압기에서 중요한 파라미터가 코어에 감겨 있는 권선의 방향이다. 그림 14-8에서 알 수 있듯이 권선 방향에 따라 1차 권선 양단(양쪽 끝)의 전압(1차 전압)에 대한 2차 권선 양단 전압(2차 전압)의 극성이 결정된다. 그림 14-9와 같이 1차 전압과 2차 전압의 극성관계를

알 수 있도록 권선에 위상점(phase dot)을 찍는다.

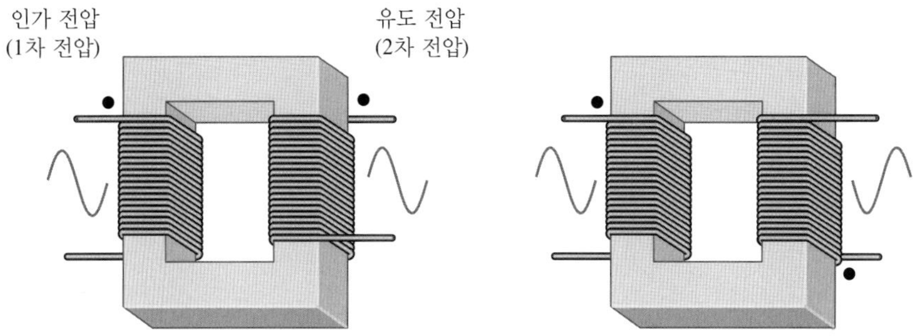

인가 전압
(1차 전압)

유도 전압
(2차 전압)

(a) 1차 권선과 2차 권선이 같은 방향으로 감겨 있으면 1차 전압과 2차 전압의 위상은 서로 같다.

(b) 1차 권선과 2차 권선이 서로 반대 방향으로 감겨 있으면 1차 전압과 2차 전압의 위상은 180° 차이가 난다.

◀ **그림 14-8**

권선 방향과 전압 극성의 관계

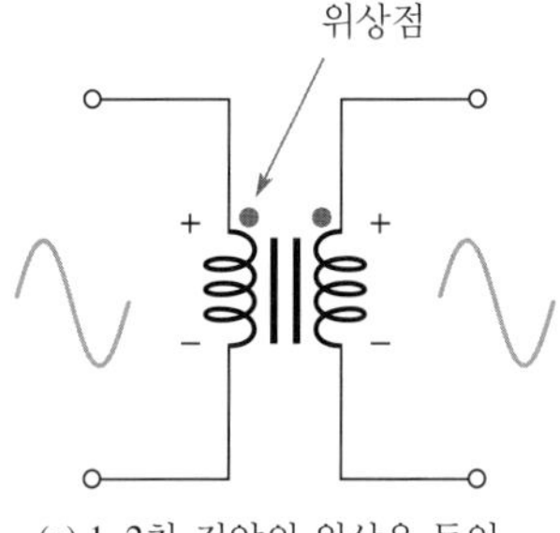


(a) 1, 2차 전압의 위상은 동일

(b) 1, 2차 전압의 위상차는 180°

◀ **그림 14-9**

1차 전압과 2차 전압 사이의 위상 관계를 나타내는 위상점

**복습문제 14-2**

1. 변압기의 동작원리를 설명하라.
2. *권수비*를 정의하라.
3. 변압기 권선의 감겨진 방향이 중요한 이유는 무엇인가?
4. 1차 권선의 권수가 500, 2차 권선의 권수가 250인 변압기의 권수비를 구하라.

# 14-3 승압 변압기와 강압 변압기

승압 변압기에서는 1차 권선보다 2차 권선의 권수가 크므로 교류 전압의 크기를 증가시키는 데 사용된다. 반대로 강압 변압기에서는 1차 권수가 2차 권수보다 크므로 전압을 낮추는 데 사용된다.

이 절의 학습 내용은 다음과 같다.

- **변압기로 전압을 높이거나 낮추는 방법**
  - 승압 변압기의 동작원리
  - 승압 변압기의 권수비
  - 1차, 2차 전압과 권수비 사이의 관계
  - 강압 변압기의 동작원리
  - 강압 변압기의 권수비
  - 직류 절연

## 승압 변압기

2차 전압의 크기가 1차 전압보다 큰 변압기를 **승압 변압기**(step-up transformer)라고 한다. 2차 전압의 크기는 권수비로 결정된다.

**2차 전압($V_{sec}$)과 1차 전압($V_{pri}$)의 전압비는 2차 권선의 권수($N_{sec}$)와 1차 권선의 권수($N_{pri}$)와의 비율인 권수비와 같다.**

$$\frac{V_{sec}}{V_{pri}} = \frac{N_{sec}}{N_{pri}} \tag{14-4}$$

$N_{sec}/N_{pri}$가 권수비 $n$이므로 식 (14-4)를 다음과 같이 쓸 수 있다.

$$V_{sec} = nV_{pri} \tag{14-5}$$

식 (14-5)에서 알 수 있듯이 2차 전압의 크기는 1차 전압에 권수비를 곱한 값과 같다. 이것이 성립하려면 결합 계수 $k = 1$이 되어야 하는데, 품질이 좋은 철 코어 변압기의 결합 계수는 실제로 거의 1과 같다.

승압 변압기에서 2차 권선의 권수($N_{sec}$)는 1차 권선의 권수($N_{pri}$)보다 크므로, 권수비는 항상 1보다 크다.

**예제 14-4** 그림 14-10에서 변압기의 권수비가 3일 때, 2차 권선 양단에 나타나는 전압 $V_{sec}$를 구하라.

▶ 그림 14-10

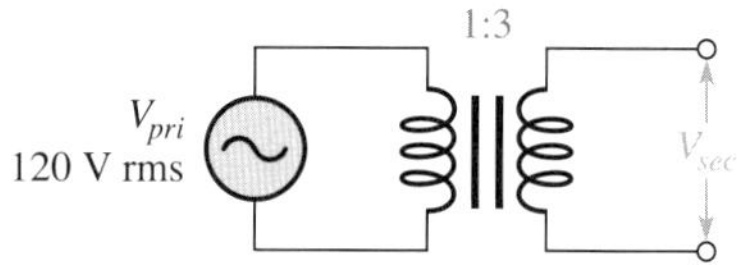


풀이 2차 전압 $V_{sec}$는

$$V_{sec} = nV_{pri} = (3)120\text{ V} = \mathbf{360\text{ V}}$$

그림에서 알 수 있듯이 권수비 3을 회로도에는 1:3으로 표시한다. 이것은 2차 권선을 감은 횟수가 1차 권선의 3배라는 것을 뜻한다.

관련 문제 그림 14-10에서 권수비가 4인 변압기로 바꿀 때, 2차 전압 $V_{sec}$를 구하라.

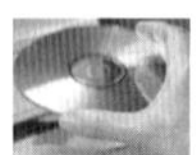

Multisim 파일 E14-04를 사용하여 [예제 14-4]와 [관련 문제]의 계산 결과를 확인하라.

## 강압 변압기

2차 전압의 크기가 1차 전압보다 작은 변압기를 **강압 변압기**(step-down transformer)라고 한다. 2차 전압이 낮아지는 정도는 권수비에 의해 결정되며 승압 변압기에서 사용한 식 (14-5)가 마찬가지로 적용된다.

강압 변압기에서 2차 권수가 1차 권수보다 작으므로, 권수비는 항상 1보다 작아진다.

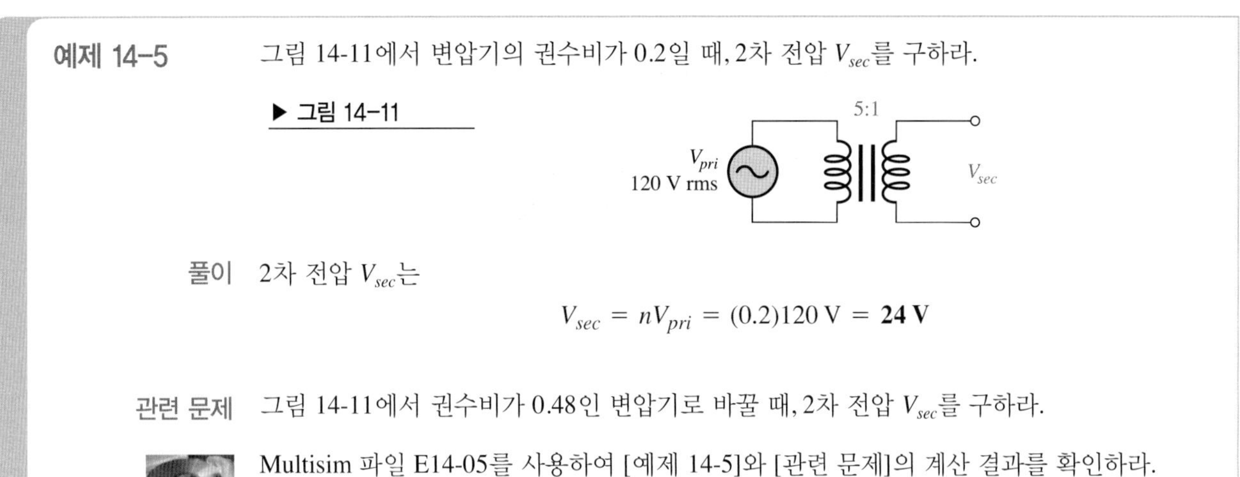


**예제 14-5** 그림 14-11에서 변압기의 권수비가 0.2일 때, 2차 전압 $V_{sec}$를 구하라.

▶ 그림 14-11

**풀이** 2차 전압 $V_{sec}$는

$$V_{sec} = nV_{pri} = (0.2)120\text{ V} = \mathbf{24\ V}$$

**관련 문제** 그림 14-11에서 권수비가 0.48인 변압기로 바꿀 때, 2차 전압 $V_{sec}$를 구하라.

Multisim 파일 E14-05를 사용하여 [예제 14-5]와 [관련 문제]의 계산 결과를 확인하라.

## 직류 절연

그림 14-12(a)에서 볼 수 있듯이 변압기의 1차 회로에 '직류' 전류가 흘러도, 2차 회로에는 아무런 일도 일어나지 않는다. 2차 권선에 전압이 유도되려면 그림 14-12(b)처럼 1차 회로에 흐르는 전류의 크기가 반드시 시간에 따라 변해야 한다. 따라서 변압기를 사용하면 1차 회로에 흐르는 직류 전류로부터 2차 회로를 전기적으로 완전히 분리(즉, 절연)시킬 수 있다.

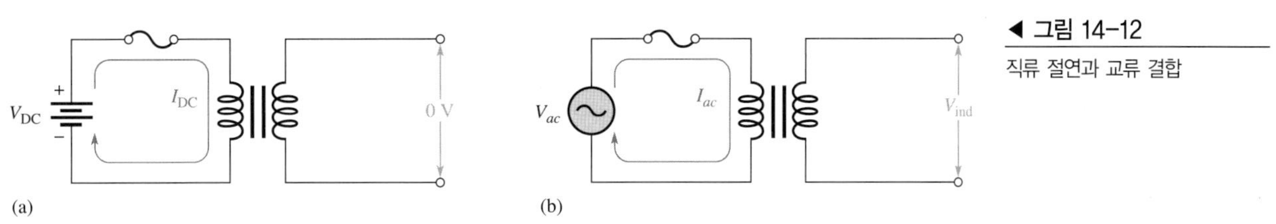


◀ 그림 14-12
직류 절연과 교류 결합

그림 14-13은 고주파(high frequency) 회로에서 볼 수 있는 변압기의 대표적인 응용 예 가운데 하나로서, 첫 번째 단의 증폭기(amplifier)의 출력에 섞여 있는 직류 성분이 다음 단 증폭기의 직류 바이어스(dc bias)에 영향을 주지 않도록 두 증폭기 사이에 소형 변압기를 연결한 것이다. 그림에서 알 수 있듯이 첫 번째 단의 교류 신호만이 변압기를 통하여 다음 단에 전달된다.

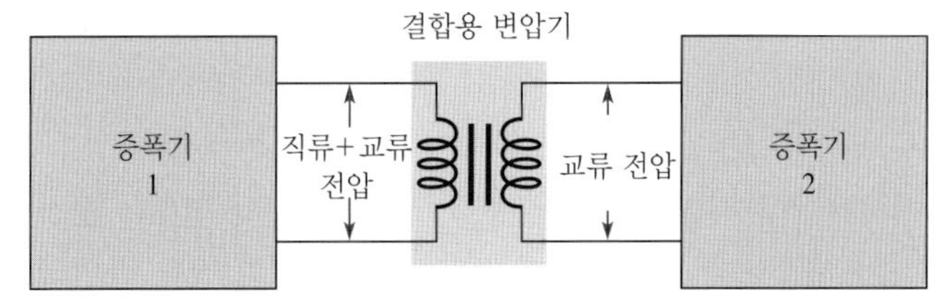


◀ 그림 14-13
직류 절연을 위해 두 증폭기 사이에 연결된 변압기

**복습문제 14-3**

1. 승압 변압기의 동작을 설명하라.
2. 권수비가 5일 때, 2차 전압의 크기는 1차 전압의 몇 배가 되는가?
3. 권수비가 10인 변압기의 1차 권선에 교류 240 V를 인가할 때 2차 전압의 크기를 구하라.
4. 강압 변압기의 동작을 설명하라.
5. 권수비가 0.5인 변압기의 1차 권선에 교류 120 V를 인가할 때 2차 전압의 크기를 구하라.
6. 변압기에서 1차 전압이 교류 120 V일 때, 2차 전압이 교류 12 V로 낮아졌다. 권수비를 구하라.
7. *직류 절연*에 대해 설명하라.

# 14-4 부하 연결

저항 성분을 가진 부하를 변압기의 2차 권선에 연결하면 이 부하에 전류가 흐르는데, 부하 전류(즉, 2차 전류)의 크기는 1차 전류의 크기와 권수비에 의해 결정된다.

이 절의 학습 내용은 다음과 같다.

- **2차 권선에 부하를 연결할 때 1, 2차 회로에 일어나는 현상**
  - 승압 변압기에 부하를 연결할 때 1차 전류와 2차 전류의 크기 비교
  - 강압 변압기에 부하를 연결할 때 1차 전류와 2차 전류의 크기 비교
  - 변압기의 1차 전력과 2차 전력 사이의 관계

그림 14-14에서 볼 수 있듯이 2차 권선에 부하 저항을 연결하면 2차 권선에 발생된 유도 전압에 의해 2차 회로에는 전류(2차 전류)가 흐르게 된다. 이때 1차 전류($I_{pri}$)와 2차 전류($I_{sec}$)의 전류비는 식 (14-6)처럼 권수비와 같다.

$$\frac{I_{pri}}{I_{sec}} = n \tag{14-6}$$

▶ 그림 14-14

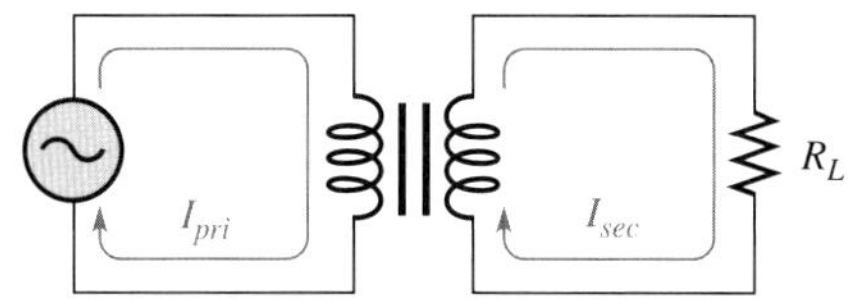


식 (14-6)을 2차 전류 $I_{sec}$에 대해 정리하면 식 (14-7)과 같이 쓸 수 있다. 이 식에서 알 수 있듯이 $I_{sec}$는 $I_{pri}$에 권수비의 역수를 곱한 값이 된다.

$$I_{sec} = \left(\frac{1}{n}\right)I_{pri} \tag{14-7}$$

승압 변압기의 경우, 권수비 $N_{sec}/N_{pri}$는 1보다 크므로 2차 전류는 항상 1차 전류보다 작다. 반대로 강압 변압기에서는 권수비 $N_{sec}/N_{pri}$가 1보다 작으므로 2차 전류는 항상 1차 전류보다 크다. 즉, 2차 전압이 1차 전압보다 크면 2차 전류가 1차 전류보다 작은 반면, 2차 전압이 작으면 2차 전류가 크다.

**예제 14-6** 그림 14-15(a), (b)의 부하가 연결된 변압기 회로에서 1차 전류가 100 mA일 때, 부하에 흐르는 전류의 크기를 구하라.

▶ 그림 14-15

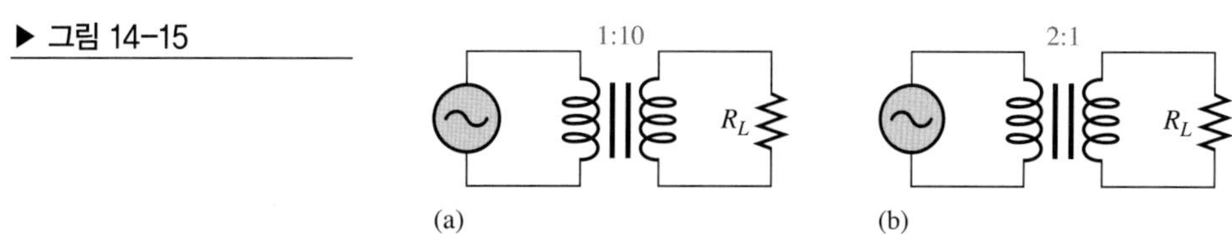


**풀이** 그림 14-15(a)에서 권수비가 10이므로, 부하에 흐르는 전류는 다음과 같다.

$$I_{sec} = \left(\frac{1}{n}\right)I_{pri} = (0.1)100\,\text{mA} = \mathbf{10\,mA}$$

그림 14-15(b)에서 권수비가 0.5이므로, 부하에 흐르는 전류는 다음과 같다.

$$I_{sec} = \left(\frac{1}{n}\right)I_{pri} = (2)100\,\text{mA} = \mathbf{200\,mA}$$

**관련 문제** 그림 14-15(a)의 회로에서 1차 전류는 변하지 않고 권수비만 2배로 될 때, 2차 전류를 구하라. 또한 그림 14-15(b)의 회로에서 1차 전류는 변하지 않고 권수비만 1/2배로 될 때, 2차 전류를 구하라.

## 1차 전력과 2차 전력(부하 전력)의 크기는 동일

부하가 변압기의 2차 권선에 연결될 때, 이 부하에 전달되는 전력은 1차 권선에 인가한 전력보다 절대로 커질 수 없다. 2차 전력의 크기가 1차 전력의 크기와 같은 완벽한 특성을 갖는 변압기를 이상 변압기(ideal transformer)라고 한다. 실제 변압기에서는 1차 전력의 일부가 손실되기 마련이므로 부하 전력(2차 전력)은 1차 전력보다 항상 작다.

변압기는 전력을 증가시키지 못한다. 전력이 전압과 전류의 곱이므로 전압이 커지면 전류는 작아지고, 반대로 전압이 낮아지면 전류는 커진다. 이상 변압기에서는 권수비의 값에 관계없이 2차 전력의 크기($P_{sec}$)는 1차 전력($P_{pri}$)과 같다. 즉, 1차 전력은

$$P_{pri} = V_{pri}I_{pri}$$

부하에 전달되는 2차 전력은

$$P_{sec} = V_{sec}I_{sec}$$

이므로, 식 (14-7)과 (14-5)의

$$I_{sec} = \left(\frac{1}{n}\right)I_{pri} \quad \text{그리고} \quad V_{sec} = nV_{pri}$$

을 위 식에 대입하면, 2차 전력 $P_{sec}$는

$$P_{sec} = \left(\frac{1}{\not{n}}\right)\not{n}V_{pri}I_{pri}$$

이 되므로, 다음의 관계식을 유도할 수 있다.

$$P_{sec} = V_{pri}I_{pri} = P_{pri}$$

실제로 사용되는 전력용 변압기의 경우 효율이 매우 좋으므로 이 관계식을 거의 만족한다.

**복습문제 14-4**

1. 변압기의 권수비가 2일 때, 2차 전류와 1차 전류의 크기를 비교하라.
2. 1차 권수가 1000, 2차 권수가 250인 변압기에서 $I_{pri}$가 0.5 A일 때, $I_{sec}$를 구하라.
3. 위의 문제 2에서 부하에 흐르는 2차 전류를 10 A로 하기 위해 필요한 1차 전류의 크기를 구하라.

# 14-5 부하의 반사

1차 회로에서 2차 회로에 연결된 부하를 바라보면, 변압기가 가진 권수비의 영향으로 실제 저항 값과는 다른 값을 갖는 부하로 보이게 된다. 따라서 변압기 회로를 해석할 때는 권수비를 사용하여 부하의 실제 저항 값을 1차 회로에서 보이는 저항 값으로 바꾼 다음, 1차 회로에 연결해야 한다. 이와 같이 변압기의 권수비에 의해 저항 값이 바뀐 부하를 반사 부하(reflected load)라고 한다(2차 회로의 부하가 1차 회로로 되돌아가서 연결되므로 '반사'라는 말을 사용한다). 이 반사 부하가 바로 1차 회로에서 실제로 작용하는 저항이 되므로 이 반사 부하의 저항 값에 의해 1차 전류의 크기가 결정된다.

이 절의 학습 내용은 다음과 같다.

- **반사 부하의 개념**
  - *반사 저항*의 정의
  - 권수비와 반사 저항과의 관계
  - 반사 저항의 계산 방법

**반사 부하**(reflected load) 개념을 그림 14-16에 설명하였다. 변압기 2차 회로에 있는 부하($R_L$)는 변압기의 작용으로 1차 회로 안으로 반사된다. 즉, 부하($R_L$)는 새로운 저항 값 $R_{pri}$로 변환되므로, 1차 회로의 전원에서 바라보면 원래 $R_L$ 값을 가진 부하가 $R_{pri}$ 값을 가진 것으로 보인다. 이 $R_{pri}$를 **반사 저항**(reflected resistance)이라고 하며, 그 저항 값은 부하의 원래 저항 값($R_L$)과 권수비에 의해 결정된다.

그림 14-16에서 1차 회로의 저항은 $R_{pri} = V_{pri}/I_{pri}$이며, 2차 회로의 저항은 $R_L = V_{sec}/I_{sec}$이다. 식 (14-4)와 (14-6)에서 $V_{sec}/V_{pri} = n$, $I_{pri}/I_{sec} = n$이 된다는 것을 알 수 있다. 이 관계식을 이용하여 $R_{pri}/R_L$을 구해 보면

$$\frac{R_{pri}}{R_L} = \frac{V_{pri}/I_{pri}}{V_{sec}/I_{sec}} = \left(\frac{V_{pri}}{V_{sec}}\right)\left(\frac{I_{sec}}{I_{pri}}\right) = \left(\frac{1}{n}\right)\left(\frac{1}{n}\right) = \left(\frac{1}{n}\right)^2$$

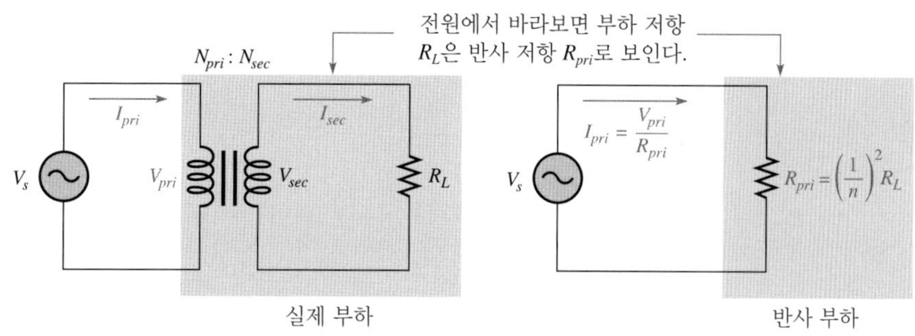


◀ 그림 14-16
변압기 회로에서의 반사 부하

이므로, 반사 저항 $R_{pri}$의 값은 다음과 같다.

$$R_{pri} = \left(\frac{1}{n}\right)^2 R_L \tag{14-8}$$

식 (14-8)로부터 2차 회로에서 1차 회로로 반사된 반사 저항 $R_{pri}$는 원래 부하 저항 $R_L$에 권수비 역수의 제곱을 곱한 값이 된다는 것을 알 수 있다.

**예제 14-7** 그림 14-17에서 신호원이 변압기를 통하여 100 Ω 부하와 연결되어 있다. 변압기의 권수비가 4일 때, 신호원에서 바라본 반사 저항 값을 구하라.

▶ 그림 14-17

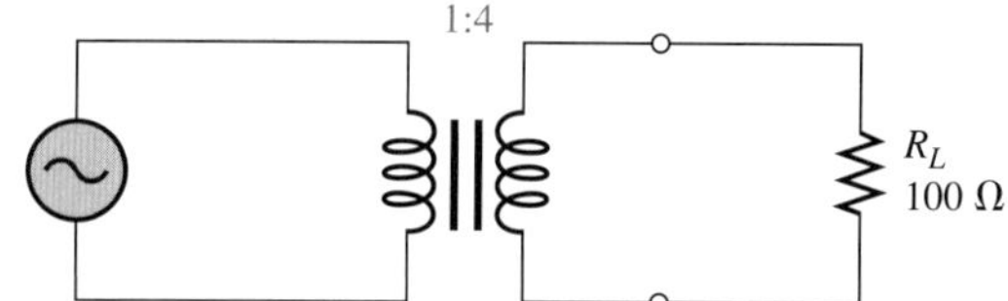


**풀이** 식 (14-8)을 이용하여 반사 저항 값을 구해 보면

$$R_{pri} = \left(\frac{1}{n}\right)^2 R_L = \left(\frac{1}{4}\right)^2 R_L = \left(\frac{1}{16}\right) 100\ \Omega = \mathbf{6.25\ \Omega}$$

즉, 100 Ω 부하는 신호원에서 바라볼 때 6.25 Ω으로 보인다. 따라서 그림 14-18처럼 신호원과 6.25 Ω의 저항을 직접 연결하여 그림 14-18의 등가 회로를 만들 수 있다.

▶ 그림 14-18

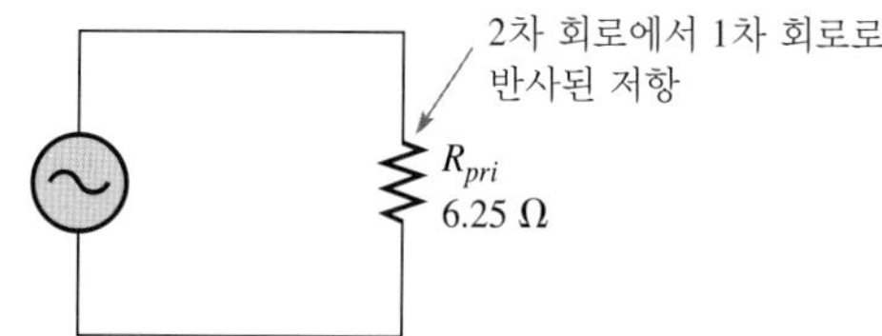


**관련 문제** 그림 14-17의 회로에서 권수비가 10, $R_L$이 600 Ω일 때, 반사 저항 값을 구하라.

**예제 14-8** 그림 14-17의 회로에서 변압기의 권수비가 0.25일 때, 반사 저항 값을 구하라.

풀이 식 (14-8)에서

$$R_{pri} = \left(\frac{1}{n}\right)^2 R_L = \left(\frac{1}{0.25}\right)^2 100\ \Omega = (4)^2 100\ \Omega = \mathbf{1600\ \Omega}$$

이 결과로부터 권수비의 값이 반사 저항 값에 미치는 영향을 알 수 있다.

관련 문제 그림 14-17의 회로에서 신호원에서 바라본 반사 저항이 800 Ω이 되려면 변압기의 권수비는 얼마가 되어야 하는가?

승압 변압기($n > 1$)에서는 반사 저항의 값이 실제 부하 저항 값보다 작다. 이와 반대로 강압 변압기($n < 1$)에서는 반사 저항의 값이 실제 부하 저항 값보다 크다. [예제 14-7]과 [예제 14-8]에서 이 사실을 실제로 확인할 수 있다.

**복습문제 14-5**

1. *반사 부하*를 정의하라.
2. 변압기의 파라미터 중 반사 부하의 값에 영향을 주는 것은 무엇인가?
3. 권수비가 10인 변압기에 50 Ω의 부하가 연결되어 있다. 이 부하는 변압기의 1차 회로에서 몇 Ω으로 보이는가?
4. 4 Ω의 부하가 1차 회로에서 400 Ω의 저항으로 작용하려면 변압기의 권수비는 얼마가 되어야 하는가?

## 14-6 임피던스 정합

신호원으로부터 부하로 전력을 최대로 전달하기 위해서는 신호원의 저항 값과 부하의 저항 값이 서로 같아야 한다. 신호원과 부하의 저항 값이 서로 다를 때, 이들 사이에 변압기를 연결하여 두 저항 값을 일치시킬 수 있다. 이렇게 하는 방법을 임피던스 정합이라고 한다. 최대 전력 전달에 대해서는 8장에서 이미 설명하였다. 실제로 대부분의 음향 시스템에서는, 권수비를 적절히 선택한 임피던스 정합용 변압기를 사용하여 증폭기에서 증폭된 신호가 스피커에 최대로 전달되도록 하고 있다.

이 절의 학습 내용은 다음과 같다.

- **변압기를 이용한 임피던스 정합**
  - 임피던스의 정의
  - *임피던스 정합*의 정의
  - 임피던스 정합의 목적
  - 변압기를 사용한 임피던스 정합의 실제 응용 예

임피던스(impedance)라는 용어는 15장부터 많이 다루게 된다. 여기서는 일단 임피던스를 전류의 흐름을 방해하는 정도를 나타내는 양이라는 정도로만 설명한다(즉, 임피던스가 큰 회로에는 전류가 흐르기 어렵다). 임피던스에는 두 가지 성질, 즉 저항(resistance)과 리액턴스(reactance)가 모두 포함되지만, 이 장에서는 임피던스의 저항 성질만을 이용하여 설명하기로 한다.

그림 14-19의 기본 회로에 전력 전달의 개념을 설명하였다. 그림 14-19(a)를 보면 저항 $R_{int}$가 교류 전압원 $V_s$와 직렬로 연결되어 있다. 이 $R_{int}$를 전압원의 내부 저항(internal resistance)이라고 한다. 신호원 속에 실제 저항이 들어 있지 않아도 신호원을 구성하는 전자 부품과 회로에는 크든 작든 고유한 저항 성분이 포함되어 있으므로 모든 신호원은 내부 저항을 갖는다. 일반적으로, 신호원에 부하를 연결할 때는 신호원에서 발생되는 전력을 최대한 많이 부하로 전달하는 것을 목적으로 한다. 하지만 신호원의 내부 저항에 의해 신호원에서 발생되는 전력의 일부분이 내부 저항에서 소모되므로 그 나머지 전력만 부하로 전달된다.

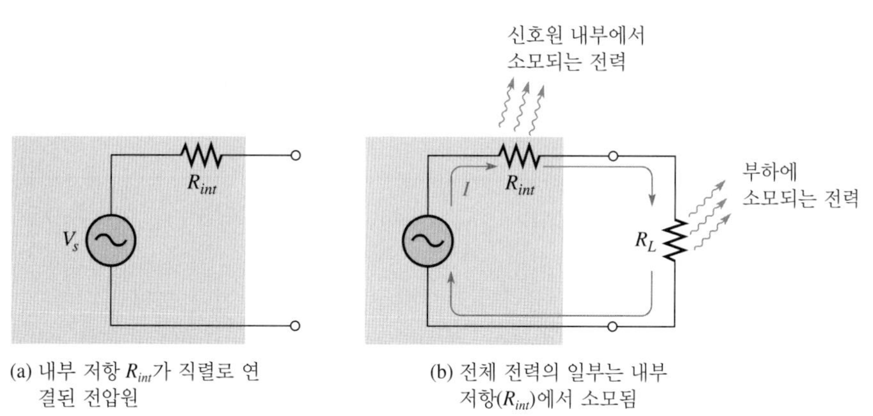


(a) 내부 저항 $R_{int}$가 직렬로 연결된 전압원

(b) 전체 전력의 일부는 내부 저항($R_{int}$)에서 소모됨

◀ 그림 14-19
내부 저항이 있는 전원과 부하 사이의 전력 전달

실제로 사용되고 있는 신호원들은 대부분 저마다 어떤 고정된 값의 내부 저항을 갖고 있다. 또한 부하로 사용되는 전자 장치들도 저마다 고정된 저항 값을 갖고 있으며, 사용자가 이 값을 마음대로 바꿀 수 없는 것이 보통이다. 이 내부 저항 값은 신호원과 부하 장치의 종류마다 다르므로 어떤 신호원과 부하를 연결하면 신호원과 부하의 저항 값이 서로 다르게 되는 것이 대부분이다. 이러한 경우에 변압기를 사용하여 두 장치의 저항 값을 일치시킬 수 있다. 즉, 변압기의 권수비를 적절하게 선택하여, 이 권수비에 의해 변환된 부하 저항(즉, 반사 저항)이 신호원의 저항과 같은 값이 되도록 할 수 있으므로, 결국 저항 값이 서로 다른 신호원과 부하가 정합되는 것이다. 이 방법을 **임피던스 정합**(impedance matching)이라고 하며, 여기에 사용하는 변압기를 임피던스 정합용 변압기(impedance-matching transformer)라고 한다.

실제 우리 주변에서 볼 수 있는 변압기의 응용 예를 통해 임피던스 정합의 개념을 알아보자. 텔레비전 수신기의 입력 저항은 300 Ω인 경우가 대부분이다. 수신기는 신호를 수신하기 위해 인입선(lead-in cable)을 통해 안테나와 연결되어 있다. 이 경우, 그림 14-20에서 볼 수 있듯이 안테나와 인입선은 신호원이 되고 수신기의 입력 저항은 부하가 된다.

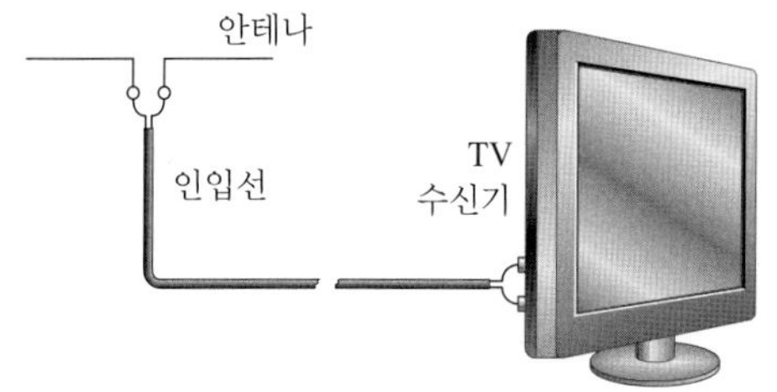


(a) 신호원: 안테나 + 인입선, 부하: TV 수신기 입력 단자

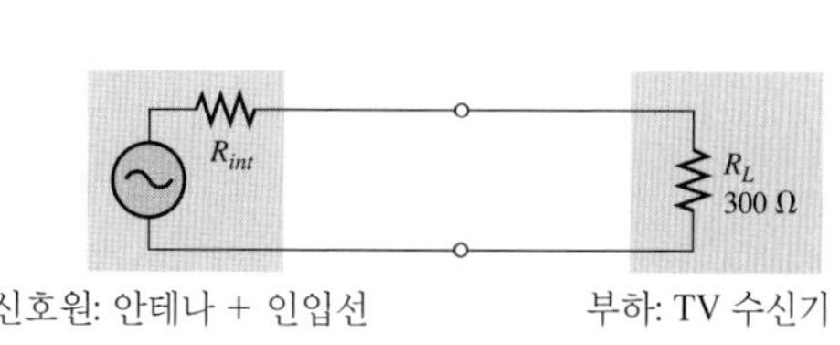


(b) 안테나와 TV 수신기의 등가 회로

◀ 그림 14-20
안테나와 TV 수신기를 직접 연결한 예

안테나 시스템은 대개 75 Ω의 특성 임피던스를 갖는다. 따라서 75 Ω의 신호원(안테나와 인입선)을 300 Ω의 부하(텔레비전 수신기)와 직접 연결하면 텔레비전에 최대 전력이 전달되지 않으므로 제대로 된 선명한 화면을 볼 수 없게 된다. 이 문제의 해결책이 바로 정합용 변압기를 사용하는 것이다. 이 변압기는 그림 14-21과 같이 300 Ω의 부하 저항과 75 Ω의 신호원 저항 사이에 연결되어 두 저항 값이 같아지게 해 준다.

▶ 그림 14-21

최대 전력을 전달하기 위해 변압기로 신호원과 부하 저항을 정합시킨 예

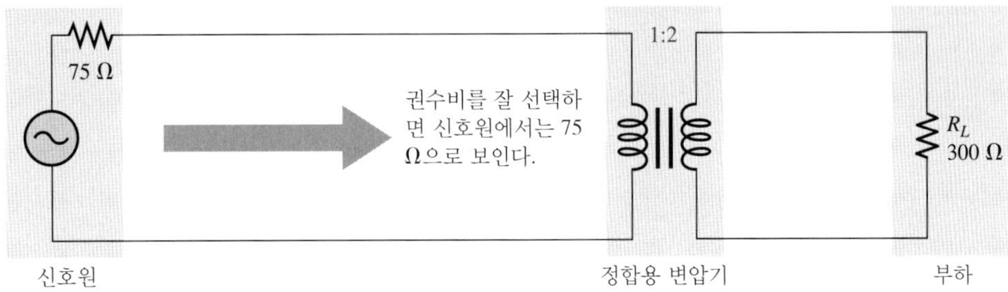


두 저항을 정합하려면 신호원에서 바라본 부하 저항($R_L$)의 값이 신호원의 내부 저항 $R_{int}$와 같아져야 한다. 이를 위해서는 변압기의 권수비($n$)를 정확하게 선택해야 한다. 이 예에서는 300 Ω의 부하가 75 Ω으로 보여야 한다. 즉, $R_L = 300$일 때 $R_{pri} = 75$이어야 하므로, 식 (14-8)의

$$R_{pri} = \left(\frac{1}{n}\right)^2 R_L$$

에서 양변을 $R_L$로 나누고 좌변과 우변을 서로 바꾸면

$$\left(\frac{1}{n}\right)^2 = \frac{R_{pri}}{R_L}$$

을 얻을 수 있다. 이 식의 양변에 제곱근을 취하면 다음과 같다.

$$\frac{1}{n} = \sqrt{\frac{R_{pri}}{R_L}}$$

양변의 역수를 취하면 다음과 같이 권수비 공식을 얻을 수 있다.

$$n = \sqrt{\frac{R_L}{R_{pri}}} \tag{14-9}$$

이 식에 $R_L = 300$, $R_{pri} = 75$를 대입하면 다음과 같이 권수비를 구할 수 있다.

$$n = \sqrt{\frac{R_L}{R_{pri}}} = \sqrt{\frac{300\ \Omega}{75\ \Omega}} = \sqrt{4} = 2$$

즉, 이 응용 예에서는 권수비가 2인 변압기를 임피던스 정합용으로 사용해야 한다.

**예제 14-9** 내부 저항이 800 Ω인 증폭기가 있다. 저항 값이 8 Ω인 스피커에 최대 전력을 전달하려면 권수비가 얼마인 변압기를 사용해야 하는가?

**풀이** 증폭기에서 바라본 스피커의 저항인 반사 저항 값은 800 Ω이 되어야 한다. 따라서 권수비는 다음과 같다.

$$n = \sqrt{\frac{R_L}{R_{pri}}} = \sqrt{\frac{8\ \Omega}{800\ \Omega}} = \sqrt{0.01} = \mathbf{0.1}$$

따라서 1차 권선과 2차 권선의 권수 비율은 10:1이 되어야 한다. 변압기를 사이에 연결한 회로와 그 등가 회로를 그림 14-22에 나타내었다.

▶ 그림 14-22

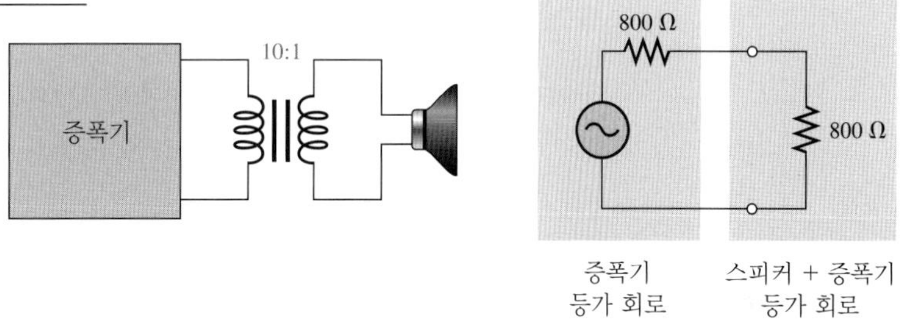


**관련 문제** 그림 14-22의 회로에서 병렬로 접속된 2개의 8 Ω 스피커에 최대 전력을 전달하려면 권수비를 얼마로 해야 하는가?

**복습문제 14-6**

1. 임피던스 정합의 뜻을 설명하라.
2. 부하 저항과 신호원 저항이 정합되면 어떤 장점이 있는가?
3. 권수비가 0.5인 변압기의 2차 권선에 100 Ω의 부하가 연결되어 있을 때, 1차 권선에서 부하를 바라본 반사 저항 값을 구하라.

# 14-7 실제 변압기의 특성

이제까지는 변압기의 동작을 쉽게 이해할 수 있도록 변압기가 이상적인 특성을 갖고 있는 것으로 가정하여 설명하였다. 다시 말해, 변압기 권선의 저항과 권선의 커패시턴스를 모두 무시하였고 코어의 특성도 이상적이라 가정했으며, 변압기의 효율도 100%로 간주하였다. 기본 개념을 이해하는 데는 이처럼 이상적인 변압기를 가정해도 상관없지만 여기서는 산업현장에서 적용할 수 있도록 실제 변압기가 가진 여러 가지 비이상적인 특성에 대해 알아본다.

이 절의 학습 내용은 다음과 같다.

- **실제 변압기의 특성**
  - 실제 변압기의 비이상적인 특성
  - 변압기의 전력 정격
  - 변압기 효율의 정의

## 권선 저항

13장에서 살펴본 것처럼 인덕터에는 어느 정도의 저항 성분이 포함되어 있으므로 실제 변압기의 1차, 2차 권선은 모두 권선 저항(winding resistance)을 갖고 있다. 실제 변압기의 권선 저항은 그림 14-23과 같이 1차, 2차 권선에 저마다 직렬로 연결된 저항으로 나타낼 수 있다.

▶ 그림 14-23
실제 변압기의 권선 저항

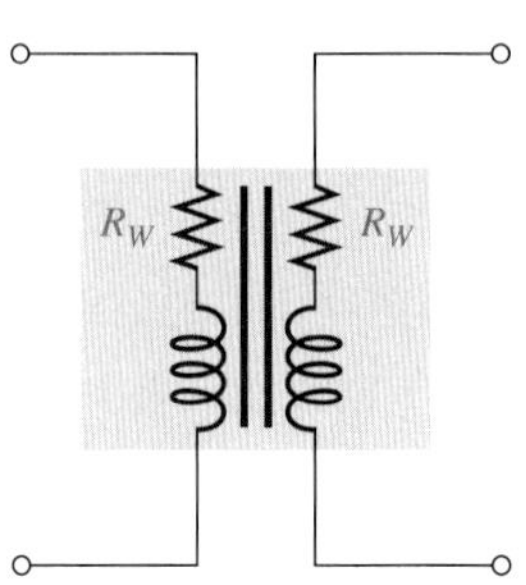


이 권선 저항 때문에 2차 권선에 연결된 부하에 유도되는 전압의 크기가 줄어든다. 즉, 권선 저항이 없는 경우에는 $V_{sec} = nV_{pri}$만큼의 전압이 부하에 전달되지만 권선 저항이 있으면 권선 저항에서 발생한 전압 강하만큼 1, 2차 권선의 전압이 줄어들게 된다. 대부분의 경우, 이 전압 강하의 크기가 매우 작으므로, 권선 저항에 의한 영향을 무시할 수 있다.

## 코어 손실

실제 변압기의 코어를 만드는 데 사용되는 재료에서는 약간의 에너지 손실이 있게 마련이다. 페라이트나 철 코어에서는 에너지가 열로 손실되지만, 공기 코어에서는 열 손실이 일어나지 않는다. 이러한 에너지의 손실은 1차 전류에 의해 생기는 자계의 방향이 이 1차 전류가 흐르는 방향에 대응하여 계속해서 바뀌면서 발생되는 것인데, 이를 히스테리시스 손실(hysteresis loss)이라고 한다. 또한 자속이 변화하면, 패러데이(Faraday) 법칙에 따라 코어에 전압이 유도되며, 이 유도 전압에 의해 에디 전류(eddy current)가 발생한다. 이 전류는 소용돌이 모양으로 코어에 흐르는데, 코어가 갖고 있는 저항 성분에 의해 에너지가 열로 소모된다. 철 코어를 얇은 판을 겹쳐 만들면 이러한 열 손실을 크게 줄일 수 있다. 즉, 절연판을 사이에 넣고 강자성체 물질을 여러 층으로 겹쳐서 코어를 만들면 에디 전류가 좁은 영역(즉, 얇은 각 층)에서만 발생하므로 코어의 손실을 최소로 할 수 있다.

## 누설 자속

이상 변압기에서는 1차 전류에 의해 발생된 자속이 모두 코어를 통과하므로 발생된 자속 전체가 2차 권선을 관통하게 된다. 그러나 실제 변압기에서는 그림 14-24에서 볼 수 있듯이, 1차 전류에 의해 발생된 자속의 일부가 코어 속으로 들어가지 않고 권선 주위의 공기를 지나 권선의 가장자리 부분을 통과하게 된다. 이 자속을 누설 자속(magnetic flux leakage)이라고 하며, 이것 때문에 2차 전압의 크기가 줄어든다.

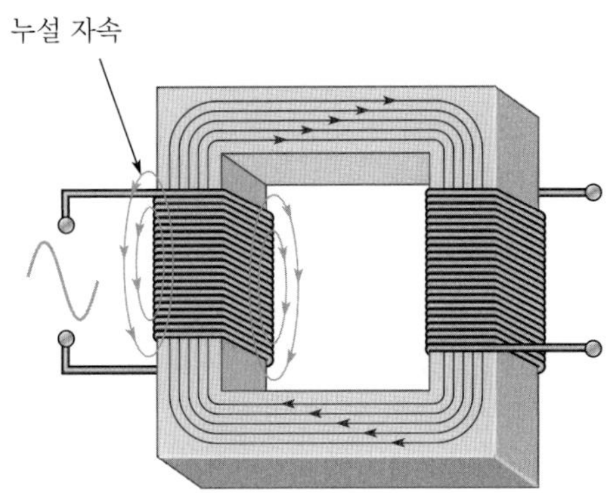


◀ 그림 14-24
실제 변압기의 누설 자속

발생된 전체 자속 가운데 실제로 2차 권선을 관통하는 자속의 비율에 의해 변압기의 결합 계수가 결정된다. 예를 들어 10개의 자속선이 발생하여 9개가 코어를 통과하면 결합 계수는 0.9, 즉 90%가 된다. 철심 변압기는 대부분 0.99 이상의 매우 큰 결합 계수를 갖는 반면, 페라이트 및 공기 코어 변압기의 결합 계수 값은 이보다 작다.

## 권선 커패시턴스

13장에서 살펴본 것처럼 권선을 만들기 위해 감은 선들 사이에는 어느 정도의 기생(또는 부유) 커패시턴스(stray capacitance) 성분이 생기기 마련이므로 실제 변압기의 1, 2차 권선은 모두 권선 커패시턴스(winding capacitance)를 갖고 있다. 1, 2차 권선의 권선 커패시턴스를 그림 14-25와 같이 1, 2차 권선과 각각 병렬로 연결된 커패시터로 나타낼 수 있다.

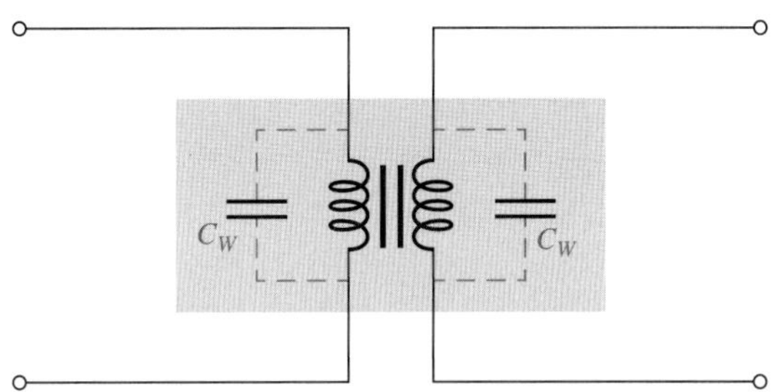


◀ 그림 14-25
실제 변압기의 권선 커패시턴스

낮은 주파수(예를 들어, 60 Hz의 교류 전원 주파수) 영역에서는 이 기생 커패시턴스의 리액턴스($X_C$)가 매우 큰 값이 되므로, 변압기의 동작에는 거의 영향을 미치지 않는다. 그러나 주파수가 높아지면 리액턴스 값이 작아지므로 1차, 2차 권선의 전류와 전압에 영향을 주게 된다. 즉, 1차, 2차 전류의 일부가 커패시터를 통해 흐르므로 1차 권선과 2차 부하에 흐르는 전류의 양이 줄어든다. 따라서 주파수가 높아질수록 부하 전압의 크기는 감소한다.

## 변압기 전력 정격

변압기 정격(transformer rating)을 표시할 때는 2 kVA, 500/50, 60 Hz의 예에서 알 수 있듯이 '전력', '1차/2차 전압', '동작 주파수' 등의 여러 항목을 함께 사용한다. 여기서 2 kVA는 **피상 전력 정격**(apparent power rating), 500/50은 1차/2차 전압, 60 Hz는 동작 주파수를 뜻한다. 500/50이 2차/1차 전압을 나타내는 경우도 있을 수 있다.

변압기를 어떤 전기 회로에 사용할 경우에는 각 항목의 정격 값을 검토하여 가장 적합한 것을 선정하게 된다. 정격 값이 위의 예와 같은 변압기로 구성된 2차 회로에 흘릴 수 있는 최대 부하 전류를 구해 보자. 먼저, 위의 정격 항목에서 50 V가 2차 전압이라면 최대 부하 전류는

$$I_L = \frac{P_{sec}}{V_{sec}} = \frac{2\text{ kVA}}{50\text{ V}} = 40\text{ A}$$

이 되고, 500 V가 2차 전압인 경우에는 다음과 같다.

$$I_L = \frac{P_{sec}}{V_{sec}} = \frac{2\text{ kVA}}{500\text{ V}} = 4\text{ A}$$

이 전류가 각 경우에 2차 권선에 흐를 수 있는 최대 전류가 된다.

그런데 전력 정격을 실제(유효) 전력(단위: W)이 아닌 피상 전력(단위: VA)으로 표시하는 이유는 무엇일까? 변압기의 부하가 저항 성분을 전혀 갖고 있지 않고 오직 커패시턴스 성분이나 인덕턴스 성분만을 갖는다면 부하에 공급되는 유효 전력은 0 W가 된다. 만일 위에서 예를 든 변압기에 연결된 부하가 60 Hz에서 리액턴스 값이 $X_C = 100\ \Omega$인 커패시터라고 가정하면, 변압기 2차 전압 $V_{sec} = 500$ V에 대해서 부하에 5 A의 전류가 흐르게 된다. 이 전류는 위에서 계산한 변압기 2차 권선이 흘릴 수 있는 최대 전류 값 4 A를 넘어서므로(결국 최대 전력 정격 2 kVA도 넘어선다), 변압기는 손상되고 만다. 따라서 변압기의 정격을 와트(W) 단위의 유효 전력으로 표시하는 것은 아무런 의미가 없는 것이다.

## 변압기 효율

이상적인 변압기에서는 부하로 전달되는 2차 전력의 크기가 1차 전력과 같다. 그러나 실제 변압기에서는 전력 손실이 일어나므로 2차 전력(출력 전력)이 1차 전력(입력 전력)보다 항상 작다. 변압기의 **효율**(efficiency, $\eta$)은 입력 전력 가운데 출력으로 전달되는 전력의 비율을 나타내며, 다음 식으로 표시된다.

$$\eta = \left(\frac{P_{out}}{P_{in}}\right)100\% \qquad (14\text{-}10)$$

큰 전력을 다루는 전력용 변압기(power transformer)의 효율은 대부분 95% 이상이다.

**예제 14-10** 1차 전압과 전류가 각각 4800 V, 5 A이고 2차 전압과 전류가 각각 240 V, 90 A인 변압기의 효율($\eta$)을 구하라.

**풀이** 입력 전력은

$$P_{in} = V_{pri}I_{pri} = (4800\,\text{V})(5\,\text{A}) = 24\,\text{kVA}$$

출력 전력은

$$P_{out} = V_{sec}I_{sec} = (240\,\text{V})(90\,\text{A}) = 21.6\,\text{kVA}$$

이므로, 변압기의 효율은 다음과 같다.

$$\eta = \left(\frac{P_{out}}{P_{in}}\right)100\% = \left(\frac{21.6\,\text{kVA}}{24\,\text{kVA}}\right)100\% = \mathbf{90\%}$$

**관련 문제** 1차 전압과 전류가 각각 440 V, 8 A이고 2차 전압과 전류가 각각 100 V, 30 A인 변압기의 효율($\eta$)을 구하라.

**복습문제 14-7**

1. 실제 변압기와 이상적인 변압기의 차이점을 설명하라.
2. 변압기의 효율이 0.85라는 것은 어떤 의미인가?
3. 정격이 10 kVA인 변압기가 있다. 2차 전압이 250 V일 때, 변압기가 공급할 수 있는 최대 부하 전류를 구하라.

# 14-8 여러 가지 변압기

기본 변압기의 구조에서 변형된 여러 가지 형태의 변압기가 있다. 그 중 대표적인 것이 탭 변압기(tapped transformer), 다중권선 변압기(multiple-winding transformer), 단일권선 변압기(autotransformer)이다.

이 절의 학습 내용은 다음과 같다.

- **변압기의 종류와 특성**
  - 중간탭 변압기의 구조와 동작
  - 다중권선 변압기의 구조와 동작
  - 단일권선 변압기의 구조와 동작

## 탭 변압기

그림 14-26(a)에 2차 권선의 가운데에 탭(tap)이 달려 있는 변압기의 회로도를 나타내었다. 한 가운데에 위치한 탭을 **중간탭**(CT: center tap)이라고 하며, 2차 전압은 이 탭을 중심으로 위, 아래에 절반씩 나뉜다.

▶ 그림 14-26
중간탭 변압기의 동작

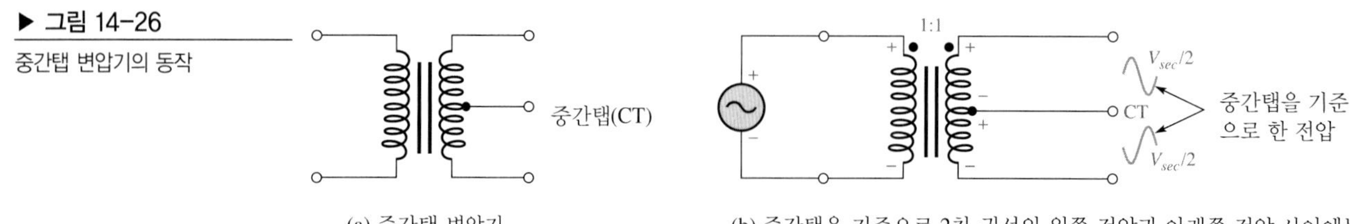


(a) 중간탭 변압기

(b) 중간탭을 기준으로 2차 권선의 위쪽 전압과 아래쪽 전압 사이에는 180°의 위상차가 있으며, 각 전압의 크기는 전체 2차 전압의 1/2이 된다.

중간탭을 기준으로 한 2차 권선 양끝의 전압은 그림 14-26(b)에 나타나 있듯이 크기는 서로 같지만 극성이 반대가 된다. 예를 들어 어느 순간에 2차 권선의 위쪽 단자가 (+), 아래쪽 단자가 (−) 전위가 되었다고 가정하자(즉, 위쪽 단자의 전압이 아래쪽 단자보다 크다). 이 경우 중간탭을 기준으로 2차 권선의 위쪽과 아래쪽 단자의 전압을 측정하면, 위쪽 단자의 전압은 중간탭의 전압보다 크고(즉, + 값), 아래쪽 전압은 중간탭의 전압보다 작게(즉, − 값) 된다. 따라서 중간탭을 기준으로 위쪽 단자가 (+) 전위, 아래쪽 단자가 (−) 전위가 된다. 중간탭 변압기는 그림 14-27에서 볼 수 있듯이 직류 전원 공급기 내부에서 교류를 직류로 변환해 주는 정류기(rectifier)에 연결되어 사용된다.

2차 권선의 한가운데가 아닌 곳에 탭이 달려 있는 변압기도 있다. 경우에 따라서는 1차와 2차 권선에 탭이 한 개 또는 여러 개가 달려 있는 변압기도 사용되는데, 이들 중에서 임피던스 정합용으로 사용되는 변압기에는 1차 권선의 한가운데에 탭이 달려 있는 것이 보통이다. 그림 14-28에 이러한 형태의 변압기를 나타내었다.

1차 권선에 탭이 여러 개 달려 있고, 2차 권선에 중간탭이 달린 변압기는 주상 변압기(utility-pole transformer)로서 많이 사용된다. 그림 14-29에 나타나 있듯이 주상 변압기는 전력회사에서 전력선을 통해 전달하는 고전압(수천 볼트)을 110/220 V로 낮추어 가정이나 산업체에 공급하기 위해 설치된 것이다. 1차 권선에 여러 개의 탭이 달려 있는 것은 전력선의 전압이

▶ 그림 14-27
교류 직류 변환(정류)에 사용되는 중간탭 변압기

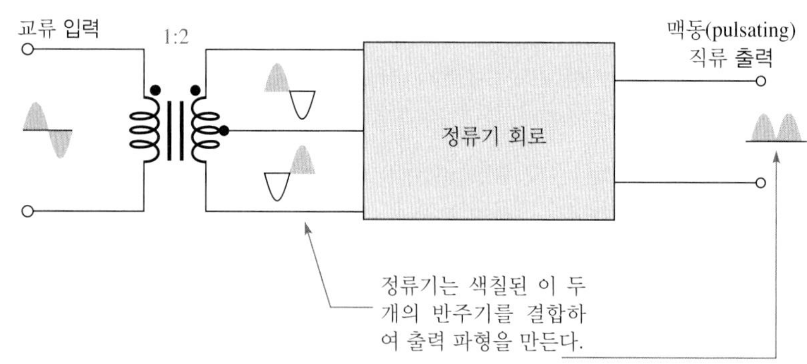


▶ 그림 14-28
여러 형태의 탭 변압기

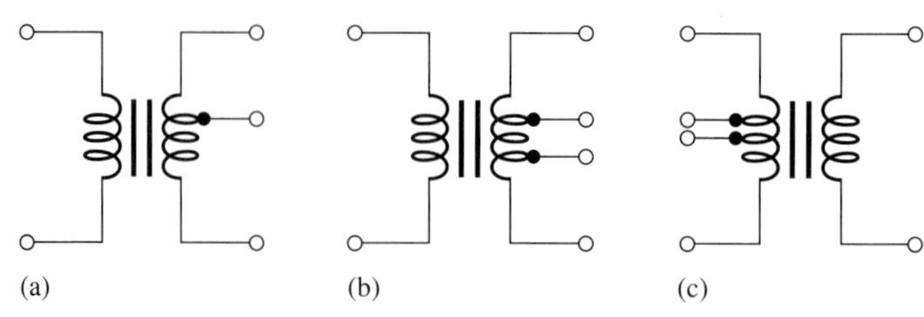

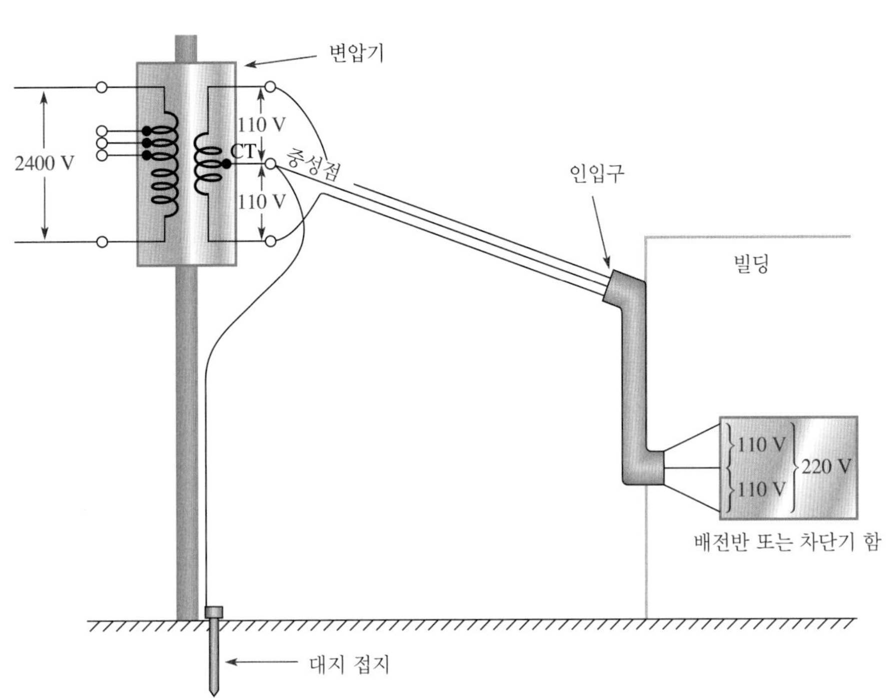


◀ 그림 14-29
전력 분배 시스템(배전 시스템)에 사용되는 주상 변압기

정해진 값보다 높거나 낮아지는 경우에 이들 탭으로 권수비를 세밀하게 조정하여 언제나 일정한 2차 전압을 유지하기 위해서이다.

### 다중권선 변압기

교류 110 V와 220 V의 두 전압 모두에 대해 동작할 수 있도록 설계된 변압기도 있다. 이 변압기는 보통 교류 110 V용으로 설계된 1차 권선을 두 개 갖고 있다. 그림 14-30과 같이 두 개의 1차 권선을 직렬로 연결하면 이 변압기를 220 V에서도 사용할 수 있다.

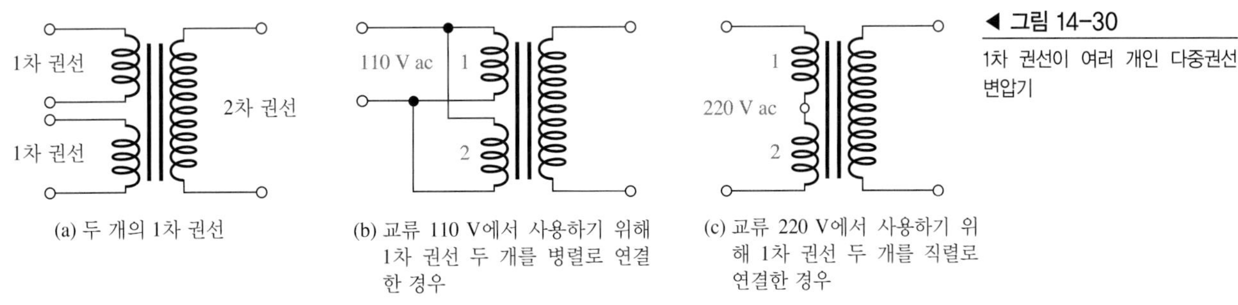


(a) 두 개의 1차 권선

(b) 교류 110 V에서 사용하기 위해 1차 권선 두 개를 병렬로 연결한 경우

(c) 교류 220 V에서 사용하기 위해 1차 권선 두 개를 직렬로 연결한 경우

◀ 그림 14-30
1차 권선이 여러 개인 다중권선 변압기

두 개 이상의 2차 권선을 한 개의 코어에 감은 것도 있다. 2차 코일이 여러 개 있는 변압기는 하나의 1차 전압으로부터 여러 종류의 출력 전압을 동시에 얻기 위해 사용되는 것이 보통이다. 이러한 변압기는 전자기기를 동작시키기 위해 여러 종류의 전압을 제공해야 하는 직류 전원 공급기에서 주로 사용된다.

▶ 그림 14-31

2차 권선이 세 개인 다중권선 변압기

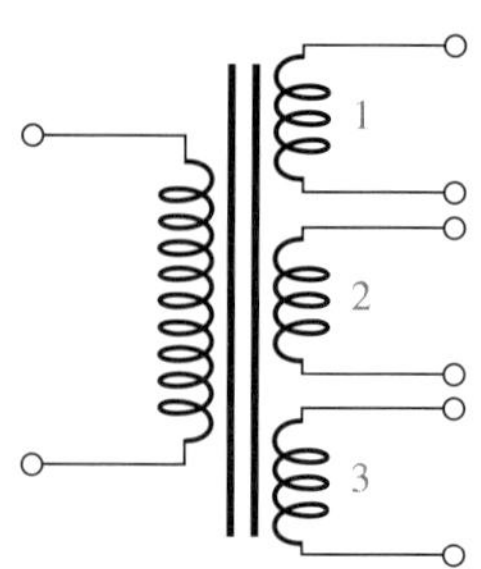


그림 14-31에 세 개의 2차 권선이 있는 다중권선 변압기의 회로도를 나타내었다. 변압기에는 1차 권선과 2차 권선이 모두 여러 개 들어 있고, 탭도 여러 개가 달려 있는 복잡한 구조로 되어 있는 것도 있다.

**예제 14-11** 그림 14-32에 표시된 권수를 갖는 변압기가 있다. 세 개의 2차 권선 중에서 한 개에는 중간탭이 있다. 교류 120 V를 1차 권선에 인가한 경우, 각 권선의 2차 전압을 구하라. 중간탭이 있는 2차 권선에서는 중간탭을 기준으로 한 전압을 구하라.

▶ 그림 14-32

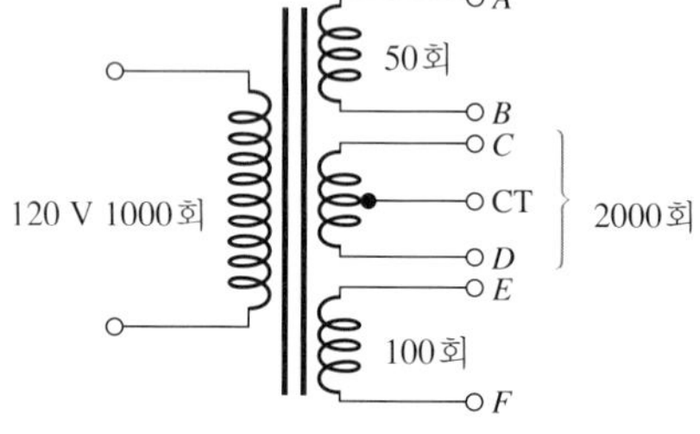


**풀이**

$$V_{AB} = n_{AB}V_{pri} = (0.05)120\text{ V} = \mathbf{6\ V}$$

$$V_{CD} = n_{CD}V_{pri} = (2)120\text{ V} = \mathbf{240\ V}$$

$$V_{(\text{CT})C} = V_{(\text{CT})D} = \frac{240\text{ V}}{2} = \mathbf{120\ V}$$

$$V_{EF} = n_{EF}V_{pri} = (0.1)120\text{ V} = \mathbf{12\ V}$$

**관련 문제** 1차 권선의 권수를 500으로 하여 [예제 14-11]을 다시 풀어라.

## 단일권선 변압기

**단일권선 변압기**(autotransformer)에서는 한 개의 권선이 1차와 2차 권선의 역할을 동시에 수행한다. 권선의 적절한 위치에 설치된 탭에 의해 권수비가 결정되는데, 이 권수비에 따라 원하는 만큼 전압을 높이거나 낮출 수 있다.

단일권선 변압기는 한 개의 권선으로 구성되어 있으므로 다른 변압기와는 달리 1차와 2차 권선이 전기적으로 절연되지 않는다. 이 변압기는 동급의 다른 종류의 변압기(즉, 부하에 동일한 전력을 공급하는 변압기)와 비교하여, 동일 부하에 대한 전력 정격(kVA) 값이 훨씬 낮으므로 더욱 작고 가볍게 만들 수 있다는 장점이 있다. 단일권선 변압기는 대부분 손잡이를 돌려 탭의 위치를 조정할 수 있도록 제작되므로, 출력 전압을 자유롭게 변화시킬 수 있다(이 변압기를 보통 배리악(variac)이라고 함). 그림 14-33에 대표적인 단일권선 변압기의 회로 기호를 나타내었다. 단일권선 변압기는 산업용 유도 전동기(induction motor)를 기동(starting)하고 전송선로의 전압을 일정한 값으로 조정하여 유지하는 데 사용된다.

[예제 14-12]를 풀어 보면서 단일권선 변압기의 정격 전력(kVA)이 실제 입·출력 전력(kVA)보다 작게 되는 이유를 알아본다.

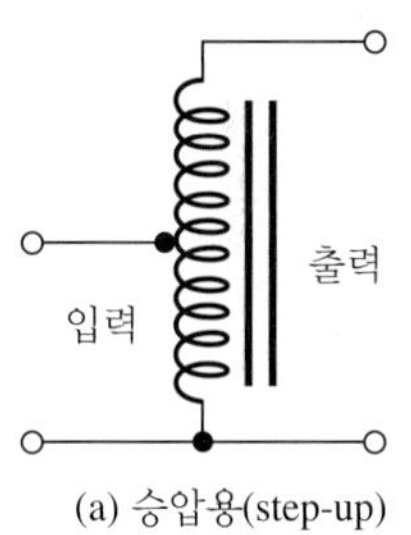

(a) 승압용(step-up)

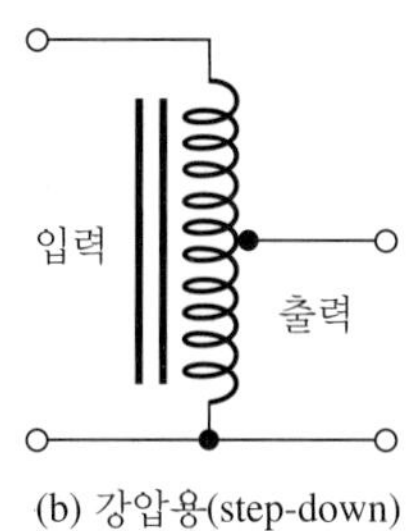

(b) 강압용(step-down)

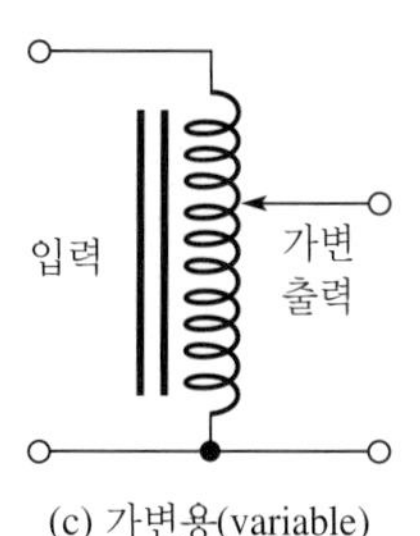

(c) 가변용(variable)

◀ 그림 14-33
단일권선 변압기

**예제 14-12** 그림 14-34를 보면, 단일권선 변압기를 사용하여 220 V의 전원 전압을 160 V로 낮추어 8 Ω 부하에 전달하고 있다. 입력과 출력 전력(kVA)을 각각 구하고 실제 변압기의 전력 정격이 계산한 부하 전력보다 작게 됨을 보여라. 단, 변압기는 이상적인 특성을 갖는다.

**풀이** 편의상 그림 14-34와 같이 전류의 방향을 표시한다.

▶ 그림 14-34

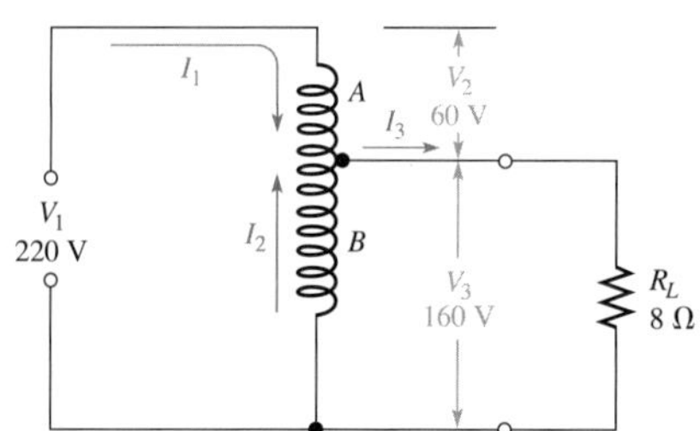


부하 전류 $I_3$는 다음과 같이 구할 수 있다.

$$I_3 = \frac{V_3}{R_L} = \frac{160\text{ V}}{8\ \Omega} = 20\text{ A}$$

입력 전력 $P_{in}$은 전원 전압($V_1$)과 전체 전원 전류($I_1$)와의 곱이 되므로

$$P_{in} = V_1 I_1$$

출력 전력 $P_{out}$은 부하 전압($V_3$)과 부하 전류($I_3$)와의 곱이므로

$$P_{out} = V_3 I_3$$

이상적인 변압기에서는 $P_{in} = P_{out}$이므로

$$V_1 I_1 = V_3 I_3$$

위 식을 $I_1$에 대해 풀면 전체 전류 $I_1$은

$$I_1 = \frac{V_3 I_3}{V_1} = \frac{(160\text{ V})(20\text{ A})}{220\text{ V}} = 14.55\text{ A}$$

탭의 위치에서 키르히호프의 전류 법칙(Kirchhoff's current law)을 적용하면, 다음을 얻을 수 있다.

$$I_1 = I_2 + I_3$$

위 식을 $I_2$에 대해 풀면 권선 $B$를 통해 흐르는 전류는

$$I_2 = I_1 - I_3 = 14.55\text{ A} - 20\text{ A} = -5.45\text{ A}$$

여기서 (−) 부호는 $I_1$과 위상이 정반대(180° 차이)라는 것을 나타낸다.

입·출력 전력을 구해 보면

$$P_{in} = P_{out} = V_3 I_3 = (160\text{ V})(20\text{ A}) = \mathbf{3.2\ kVA}$$

권선 $A$의 전력은

$$P_A = V_2 I_1 = (60\text{ V})(14.55\text{ A}) = 873\text{ VA} = 0.873\text{ kVA}$$

권선 $B$의 전력은

$$P_B = V_3 I_2 = (160\text{ V})(5.45\text{ A}) = 872\text{ VA} = 0.872\text{ kVA}$$

따라서 각 권선에 요구되는 전력 정격, 다시 말해 단일권선 변압기의 전력 정격은 부하에 공급되는 전력보다 작게 된다. 권선 $A$와 권선 $B$의 전력 값에 차이가 조금 난 것은 계산할 때 반올림하는 과정에서 생긴 것이다.

**관련 문제** 그림 14-34의 회로에서 부하가 4 Ω인 경우, 변압기에 요구되는 최소 전력 정격을 구하라.

**복습문제 14-8**

1. 2차 권선이 두 개인 변압기가 있다. 이 가운데 한 2차 권선의 1차 권선에 대한 권수비는 10이고, 다른 2차 권선의 권수비는 0.2이다. 1차 전압이 교류 240 V일 때, 각 2차 권선의 2차 전압을 구하라.
2. 다른 변압기와 비교하여 단일권선 변압기의 장점과 단점을 한 가지씩 들어라.

# 14-9 고장진단

변압기를 정해진 정상 범위 안에서 동작시키면 거의 고장이 나지 않는다. 변압기에서 일어나는 고장은 주로 1차 권선이나 2차 권선이 끊어지는 경우이다(개방: open). 이러한 고장은 변압기를 정격 값을 넘어서는 조건으로 동작시킬 때 발생된다. 변압기에 생긴 고장을 고치는 것이 매우 어렵기 때문에 고장난 변압기를 교체하는 것이 가장 간단한 해결 방법이다. 이 절에서는 변압기 고장의 종류와 해당 고장에 따라 나타나는 전기적인 증상에 대해 알아본다.

이 절의 학습 내용은 다음과 같다.

- **변압기의 고장진단 방법**
  - 개방된 1차 권선과 2차 권선의 고장진단 방법
  - 완전히 단락되거나 부분적으로 단락된 1차 권선과 2차 권선의 고장진단 방법

## 1차 권선의 개방

1차 권선이 개방되면 1차 전류가 흐를 수 없으므로 2차 회로에도 유도 전압과 전류가 발생하지 않는다. 그림 14-35(a)에 이 경우의 회로 상태를 설명하였다. 그림 14-35(b)에는 저항계를 사용하여 1차 권선의 개방 상태를 검사하는 방법을 나타내었다.

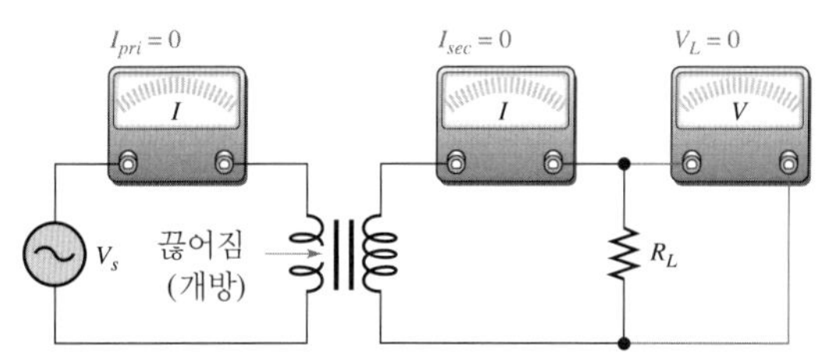


(a) 1차 코일이 개방된 경우 회로의 상태

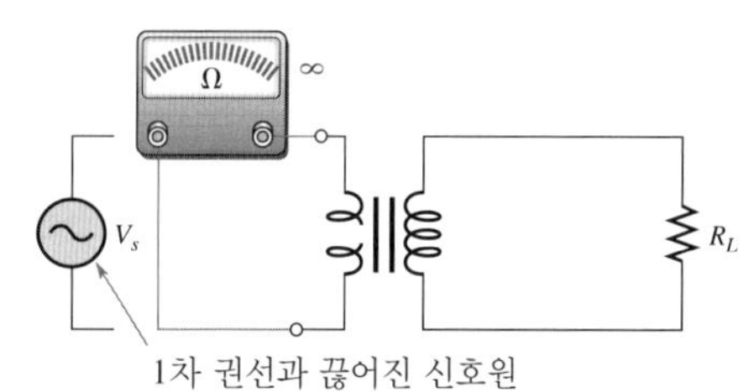


(b) 저항계를 이용한 1차 권선의 상태 검사

◀ 그림 14-35
개방된 1차 권선

## 2차 권선의 개방

2차 권선이 개방되면 2차 전류가 흐를 수 없으므로 2차 회로에 연결된 부하에 전압이 나타나지 않게 된다. 또한 2차 권선이 개방되면 2차 회로의 저항이 무한대가 되므로 1차 회로에는 아주 작은 크기의 1차 전류만 흐르게 된다(이 전류를 자화 전류(magnetizing current)라고 한다). 실제로 1차 전류의 크기는 거의 0에 가깝게 된다. 그림 14-36(a)는 이 경우의 회로 상태이고, 그림 14-36(b)에 저항계를 사용하여 2차 권선의 개방 상태를 검사하는 방법을 나타내었다.

## 권선의 완전 단락이나 부분 단락

권선이 단락(쇼트: short)되는 것은 무척 드문 경우이다. 권선이 단락되더라도 눈으로 확인하기 어렵거나 감은 선들이 아주 많이 단락되지 않으면 이것을 알아내기가 매우 어렵다. 1차 권선

▶ 그림 14-36
개방된 2차 권선

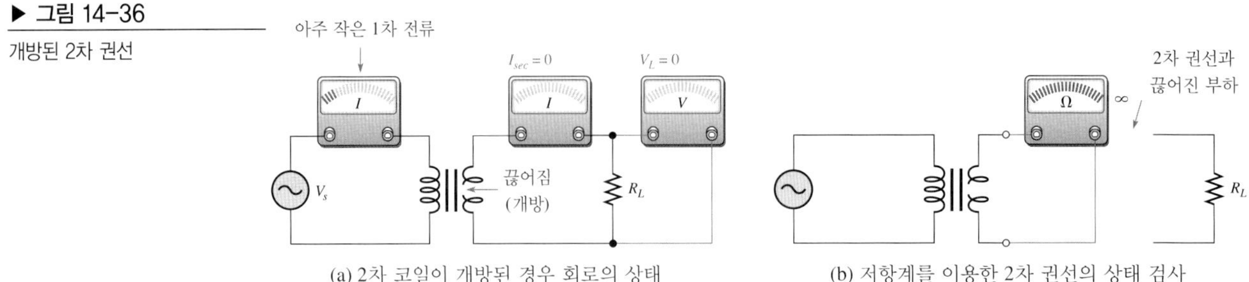


(a) 2차 코일이 개방된 경우 회로의 상태

(b) 저항계를 이용한 2차 권선의 상태 검사

이 완전히 단락되면 전원으로부터 매우 큰 전류가 흐르게 된다. 따라서 이 경우에 회로에 퓨즈(fuse)나 회로 차단기(circuit breaker)가 없으면 전원이나 변압기가 타버리게 된다. 1차 권선이 부분적으로 단락되더라도 정상적인 전류에 비해서는 상당히 큰 전류가 흐르게 된다.

2차 권선이 완전히 또는 부분적으로 단락된 경우에도 매우 큰 1차 전류가 흐른다. 단락으로 인해 2차 회로의 저항이 매우 작아지면, 1차 회로 쪽으로 반사되는 저항(반사 저항)도 마찬가지로 아주 작아지기 때문이다. 1차 회로에 흐르는 매우 큰 전류에 의해 1차 권선이 타버려 끊어지는 일도 자주 일어난다. 그림 14-37(a), (b)에서 알 수 있듯이 2차 권선이 완전히 단락되면 부하에 흐르는 전류는 0이 되며, 부분적으로 단락되면 정상적인 경우의 부하 전류에 비해 훨씬 작아진다. 그림 14-37(c)에 저항계를 사용하여 2차 권선의 단락 상태를 검사하는 방법을 나타내었다.

▶ 그림 14-37
단락된 2차 권선

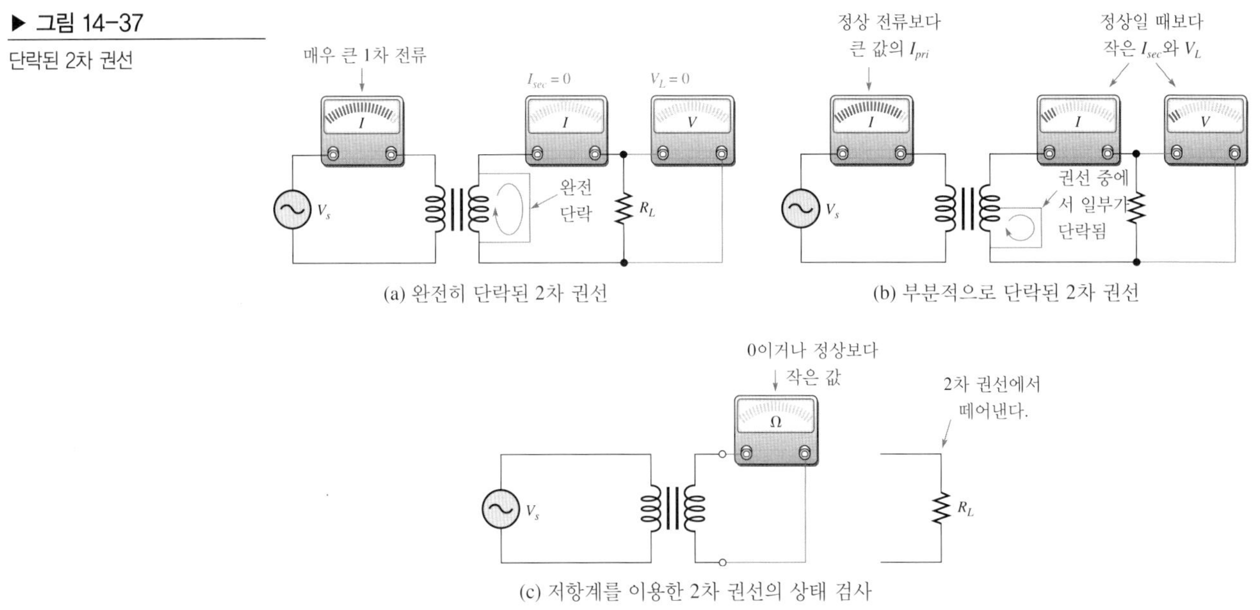


(a) 완전히 단락된 2차 권선

(b) 부분적으로 단락된 2차 권선

(c) 저항계를 이용한 2차 권선의 상태 검사

**복습문제 14-9**

1. 변압기에서 발생할 수 있는 고장의 종류를 두 개만 들어라.
2. 변압기에 고장을 일으키는 원인은 주로 무엇인가?

# 회로 응용

직류 전원 공급기(dc power supply)의 내부를 보면 변압기를 쉽게 찾아볼 수 있다. 변압기는 전력선을 통해 입력되는 교류 전압의 크기를 바꾸어 전원 공급기 회로로 전달한다. 전원 공급기 회로는 전달된 교류 전압을 직류 전압으로 변환한다. 여기서는 변압기가 들어 있는 전원 공급기 4개를 실험하면서 회로의 동작을 살펴보고 고장이 발생된 부분을 찾아본다.

그림 14-38의 전원 공급기 회로도를 보면 변압기($T_1$)가 콘센트로 들어오는 교류 110 V rms를 낮추어 2차 전압으로 출력하고 있다. 변압기에서 출력되는 2차 교류 전압은 다이오드로 구성된 브리지 정류기(diode rectifier), 커패시터 필터, 전압 안정기(정전압기: voltage regulator)를 거치면서, 6 V의 일정한 값을 갖는 직류로 변환된다. 다이오드 정류기는 교류 전압을 맥동 성분이 들어 있는 전파 정류된 직류 전압으로 변환시키며, 이 전압은 커패시터 필터 $C_1$에 의해 평활(맥동 성분을 제거하는 것)되어 거의 일정한 형태의 직류 전압이 된다. 집적 회로로 만든 부품인 전압 안정기는 부하의 저항 값이나 전원선으로 공급되는 교류 전압이 변동해도 항상 6 V의 일정한 직류 전압을 출력시키는 역할을 한다. 커패시터 $C_2$는 더욱 완전한 직류 성분이 출력되도록 추가로 맥동 성분을 제거한다. 이 회로에 대해서는 나중에 '전자 회로' 과목에서 자세히 다루게 된다. 그림 14-39는 그림 14-38의 회로도에 따라 제작한 회로기판으로, 두 그림에서 숫자가 같은 점은 같은 곳을 나타낸다.

## 전원 공급기

이제 여러분들은 그림 14-39의 전원 공급기 회로기판 4개를 가지고 실험을 하게 된다. 회로기판을 보호하기 위해 전원선과 변압기 $T_1$의 1차 권선 사이에는 퓨즈 $F_1$이 연결되어 있다. 2차 권선은 회로기판과 연결되어 있는데, 이 기판은 정류기, 필터, 전압 안정기로 구성되어 있다. 동그라미 안의 숫자는 전압의 측정점을 나타낸다.

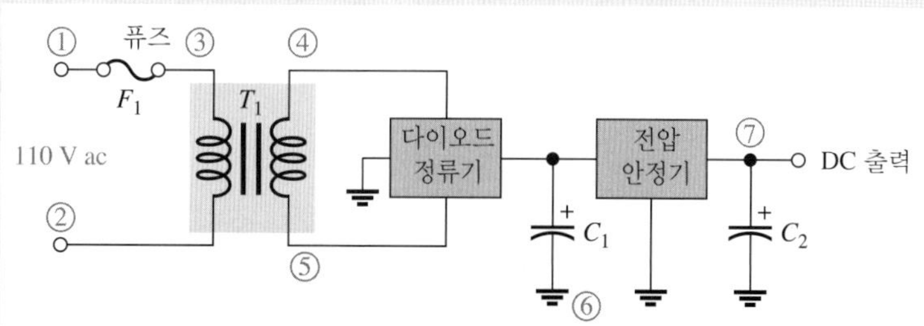


▶ 그림 14-38
대표적인 직류 전원 공급기의 구성

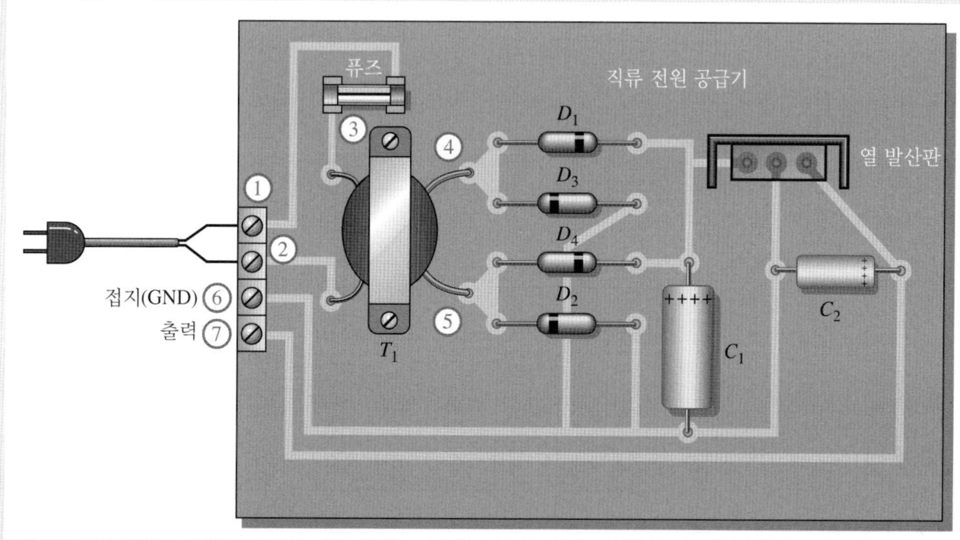


▶ 그림 14-39
전원 공급기 회로기판
(위에서 본 그림)

### 전원 공급기 회로기판 1의 전압 측정

전원 공급기의 플러그를 콘센트에 연결하여 전원을 인가한 다음, 휴대용 멀티미터를 사용하여 전압을 측정한다. 자동범위설정기능(autoranging)을 갖춘 멀티미터는 알맞은 측정범위를 자동으로 선택하므로 사용자가 측정범위를 수동으로 맞춰주지 않아도 된다.

◆ 그림 14-40과 같이 멀티미터로 측정된 경우, 전원 공급기는 정상적으로 동작하고 있는가? 그렇지 않다면, 다음 중 어느 부분이 고장인가?

- 정류기, 필터, 전압 안정기로 구성된 회로기판
- 변압기
- 퓨즈
- 전원선에서 입력되는 교류 전압

### 전원 공급기 회로기판 2, 3, 4의 전압 측정

◆ 그림 14-41과 같이 멀티미터로 측정된 경우, 전원 공급기는 정상적으로 동작하고 있는가? 그렇지 않다면, 다음 중 어느 부분이 고장인가?

- 정류기, 필터, 정전압기로 구성된 회로기판
- 변압기
- 퓨즈
- 전원선에서 입력되는 교류 전압

### 복습문제

1. 변압기의 권선이 개방된 경우와 단락된 경우에, 어떻게 이 고장을 알아낼 수 있는가?
2. 변압기에 어떤 고장이 발생할 때, 퓨즈가 끊어지는가?

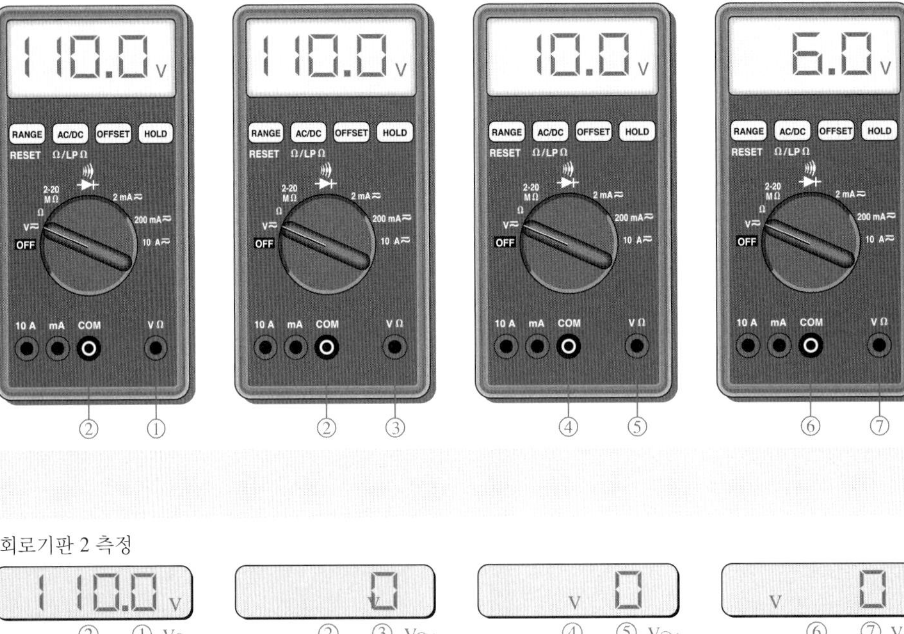


▶ 그림 14-40
전원 공급기 회로기판 1의 전압 측정 결과

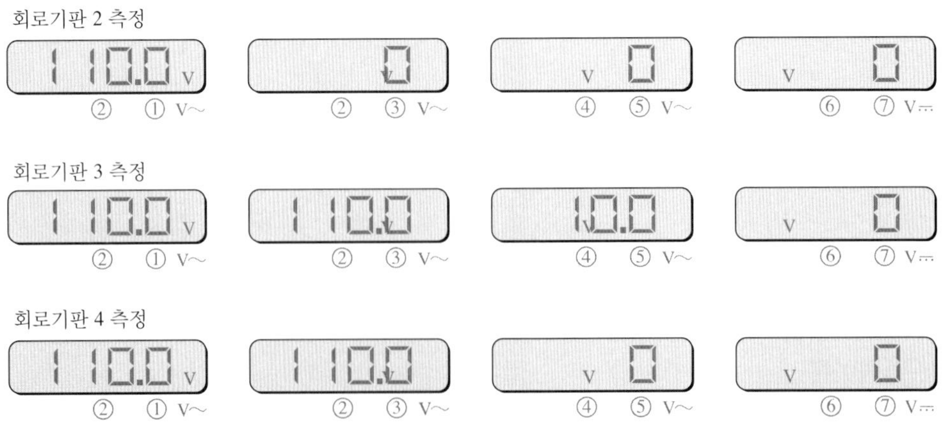

회로기판 3 측정

110.0 V | 110.0 | 10.0 | V 0
② ① V~ | ② ③ V~ | ④ ⑤ V~ | ⑥ ⑦ V⎓

회로기판 4 측정

110.0 V | 110.0 | V 0 | V 0
② ① V~ | ② ③ V~ | ④ ⑤ V~ | ⑥ ⑦ V⎓

▶ 그림 14-41
전원 공급기 회로기판 2, 3, 4의 전압 측정 결과

## 요약

- 변압기에는 두 개 이상의 코일이 한 개의 코어에 감겨 있으며, 각 코일은 다른 코일과 자기적으로 결합된다.
- 자기적으로 결합되어 있는 두 코일 사이에는 상호 인덕턴스가 존재한다.
- 한 코일에 흐르는 전류가 변하면 다른 코일에 전압이 유도된다.
- 1차 권선은 신호원(source)과 연결되며, 2차 권선은 부하(load)와 연결된다.
- 권수비는 2차 권선의 권수와 1차 권선의 권수와의 비이다.
- 1차 전압과 2차 전압 사이의 상대적인 극성(위상)은 코어에 감긴 권선의 방향에 의해 결정된다.
- 승압 변압기의 권수비는 1보다 크다.
- 강압 변압기의 권수비는 1보다 작다.
- 전력은 전압기에서 커질 수 없다(2차 전력은 1차 전력보다 커질 수 없다).
- 신호원의 전력(입력 전력)이 부하에 공급된 전력(출력 전력)과 같은 변압기를 이상 변압기(ideal transformer)라고 한다.
- 변압기에 의해 전압을 증가시키면, 전류는 그만큼 감소한다. 반대로 전압을 낮추면 전류는 그만큼 증가한다.
- 1차 권선에 연결된 전원에서 2차 권선에 연결된 부하를 바라보면, 부하는 원래 저항 값과는 다른 값(반사 저항 값)으로 보이며 그 값은 '1/권수비'의 제곱에 비례한다.
- 변압기의 권수비를 적절히 선택하면 서로 다른 저항 값을 갖는 부하와 신호원을 정합시킬 수 있으며, 이렇게 하면 신호원에서 부하로 최대 전력 전달이 이루어진다.
- 직류(dc)는 변압기를 통해 전달되지 못한다.
- 실제 변압기에서는 권선 저항, 권선 커패시턴스, 코어의 히스테리시스 손실, 에디 전류, 누설 자속 등에 의해 전기 에너지가 열로 소모되는 에너지 손실이 일어난다.

## 핵심 용어

**1차 권선**(primary winding) 변압기의 입력 권선. 줄여서 1차라고도 함.

**2차 권선**(secondary winding) 변압기의 출력 권선. 줄여서 2차라고도 함.

**권수비**(turn ratio, $n$) 2차 권선의 권수와 1차 권선과의 권수와의 비

**반사 저항**(reflected resistance) 2차 회로에서 1차 회로로 이동(반사)되면서 값이 바뀐 저항

**변압기**(transformer) 전자기적으로 결합되어 있는 두 개 이상의 코일로 구성되어 코일 사이에서 전력 전달이 이루어지는 전기 장치

**상호 인덕턴스**(mutual inductance, $L_M$) 변압기에 들어 있는 코일과 같이 서로 분리되어 있는 두 코일 사이에 존재하는 인덕턴스

**임피던스 정합**(impedance matching) 신호원에서 부하로 최대 전력을 전달하기 위해 신호원의 저항 값과 부하의 저항 값이 같아지게 하는 방법

**자기적 연결**(magnetic coupling) 한 코일에서 발생한 시간에 따라 변하는 자속선이 다른 코일 속을 관통함으로써 이 두 코일이 자속으로 연결된 것

**중간탭**(CT: center tap) 2차 권선의 한가운데에 달린 연결 단자

**피상 전력 정격**(apparent power rating) 변압기의 정격 전력을 피상 전력(단위: VA)으로 표시한 것

## 주요 공식

14-1 $k = \frac{\phi_{1-2}}{\phi_1}$ 결합 계수

14-2 $L_M = k\sqrt{L_1L_2}$ 상호 인덕턴스

14-3 $n = \frac{N_{sec}}{N_{pri}}$ 권수비

14-4 $\frac{V_{sec}}{V_{pri}} = \frac{N_{sec}}{N_{pri}}$ 전압비

14-5 $V_{sec} = nV_{pri}$ 2차 전압

14-6 $\frac{I_{pri}}{I_{sec}} = n$ 전류비

14-7 $I_{sec} = \left(\frac{1}{n}\right)I_{pri}$ 2차 전류

14-8 $R_{pri} = \left(\frac{1}{n}\right)^2 R_L$ 반사 저항

14-9 $n = \sqrt{\frac{R_L}{R_{pri}}}$ 임피던스 정합에 대한 권수비

14-10 $\eta = \left(\frac{P_{out}}{P_{in}}\right)100\%$ 변압기 효율

## 자기 진단

**1.** 변압기는 다음 중 어느 것에 사용되는가?

(a) 직류 전압 (b) 교류 전압 (c) 직류 전압과 교류 전압 둘 다

**2.** 다음 중 변압기의 권수비에 의해 영향을 받는 것은 무엇인가?

(a) 1차 전압 (b) 직류 전압 (c) 2차 전압 (d) 답이 없음

**3.** 권수비가 1인 변압기의 1차, 2차 권선이 서로 반대 방향으로 감겨 있을 때, 2차 전압은

(a) 1차 전압의 위상과 같다 (b) 1차 전압보다 크기가 작다

(c) 1차 전압보다 크기가 크다 (d) 1차 전압의 위상과 180° 차이가 난다

**4.** 권수비가 10인 변압기의 1차 전압이 교류 6 V일 때, 2차 전압은 얼마인가?

(a) 60 V (b) 0.6 V (c) 6 V (d) 36 V

**5.** 권수비가 0.5인 변압기의 1차 전압이 교류 100 V일 때, 2차 전압은 얼마인가?

(a) 200 V (b) 50 V (c) 10 V (d) 100 V

**6.** 1차 권선의 권수가 500회, 2차 권선의 권수가 2500회인 변압기의 권수비는 얼마인가?

(a) 0.2 (b) 2.5 (c) 5 (d) 0.5

**7.** 권수비가 5인 이상 변압기의 1차 권선에 10 W의 전력을 인가할 때, 2차 권선에 연결된 부하로 전달되는 전력은 얼마인가?

(a) 50 W (b) 0.5 W (c) 0 W (d) 10 W

**8.** 부하가 연결되어 있는 변압기에서, 2차 전압의 크기가 1차 전압의 1/3배가 되었다. 2차 전류의 크기는

(a) 1차 전류의 1/3배이다 (b) 1차 전류의 3배이다

(c) 1차 전류와 같다 (d) 1차 전류보다 작다

**9.** 권수비가 2인 변압기의 2차 권선 양단에 1 kΩ의 부하 저항이 연결되어 있다. 신호원에서 바라본 반사 부하의 값은 얼마인가?

(a) 250 Ω (b) 2 kΩ (c) 4 kΩ (d) 1 kΩ

**10.** 문제 9에서 권수비가 0.5로 바뀌면, 반사 부하의 값은 얼마인가?

(a) 1 kΩ (b) 2 kΩ (c) 4 kΩ (d) 500 Ω

**11.** 50 Ω의 신호원과 200 Ω의 부하를 정합시키기 위해 필요한 변압기의 권수비는 얼마인가?

(a) 0.25 (b) 0.5 (c) 4 (d) 2

**12.** 변압기 결합 회로에서 신호원으로부터 부하로 최대 전력을 전달하기 위해 필요한 조건은 무엇인가?

(a) $R_L > R_{int}$ (b) $R_L < R_{int}$ (c) $(1/n)^2R_L = R_{int}$ (d) $R_L = nR_{int}$

**13.** 권수비가 4인 변압기의 1차 권선 양단에 12 V 배터리가 연결되어 있다. 2차 전압은 얼마인가?

(a) 0 V (b) 12 V (c) 48 V (d) 3 V

**14.** 권수비가 1, 결합 계수가 0.95인 변압기가 있다. 1차 권선에 1 V의 교류 전압을 인가할 때, 2차 전압은 얼마인가?

(a) 1 V (b) 1.95 V (c) 0.95 V

## 퀴즈

그림 14-43(c)를 보면서 다음 물음에 답하라.

**1.** 교류 전원이 단락되면 $R_L$ 양단의 전압은?

(a) 증가한다 (b) 감소한다 (c) 변하지 않는다

**2.** 직류 전원이 단락되면 $R_L$ 양단의 전압은?

(a) 증가한다 (b) 감소한다 (c) 변하지 않는다

**3.** $R_L$이 개방되면 이 $R_L$ 양단의 전압은?

(a) 증가한다 (b) 감소한다 (c) 변하지 않는다

그림 14-45를 보면서 다음 물음에 답하라.

**4.** 퓨즈가 끊어지면 $R_L$ 양단의 전압은?

(a) 증가한다 (b) 감소한다 (c) 변하지 않는다

**5.** 권수비가 2로 바뀌면 $R_L$ 양단의 전압은?

(a) 증가한다 (b) 감소한다 (c) 변하지 않는다

**6.** 교류 전원의 주파수가 증가하면 $R_L$ 양단의 전압은?

(a) 증가한다 (b) 감소한다 (c) 변하지 않는다

그림 14-49를 보면서 다음 물음에 답하라.

**7.** 교류 전원의 전압 크기가 증가하면 스피커에서 나오는 소리의 세기는?

(a) 커진다 (b) 작아진다 (c) 변하지 않는다

**8.** 권수비가 증가하면 스피커에서 나오는 소리의 세기는?

(a) 커진다 (b) 작아진다 (c) 변하지 않는다

그림 14-50을 보면서 다음 물음에 답하라.

**9.** 1차 권선에 10 V rms의 전압을 인가하였다. 왼쪽의 스위치가 1번 위치에서 2번 위치로 움직이면 $R_1$의 위쪽 단자와 접지 사이의 전압은?

(a) 증가한다　　(b) 감소한다　　(c) 변하지 않는다

**10.** 1차 권선에 10 V rms의 전압을 인가하였다. 두 스위치는 모두 그림처럼 1번 위치에 있을 때 $R_1$이 개방되면 $R_1$ 양단의 전압은?

(a) 증가한다　　(b) 감소한다　　(c) 변하지 않는다

## 문제

### 14-1 상호 인덕턴스

**1.** $k = 0.75$, $L_1 = 1\ \mu H$, $L_2 = 4\ \mu H$일 때, 상호 인덕턴스는 얼마인가?

**2.** $L_M = 1\ \mu H$, $L_1 = 8\ \mu H$, $L_2 = 2\ \mu H$일 때, 결합 계수는 얼마인가?

### 14-2 기본 변압기

**3.** 1차 권선의 권수가 250, 2차 권선의 권수가 1000인 변압기의 권수비는 얼마인가? 또한 1차 권수가 400, 2차 권수가 100인 변압기의 권수비는 얼마인가?

**4.** 1차 권수가 205인 변압기가 있다. 전압을 2배로 하기 위해 필요한 2차 권수는 얼마인가?

**5.** 그림 14-42의 각 변압기에 대해서 위상관계를 잘 고려하여 1차, 2차 전압의 파형을 그리고 각 파형에 전압의 크기(진폭)를 함께 표시하라.

▶ 그림 14-42

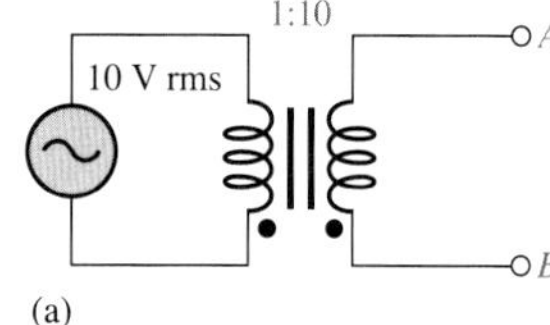

(a)

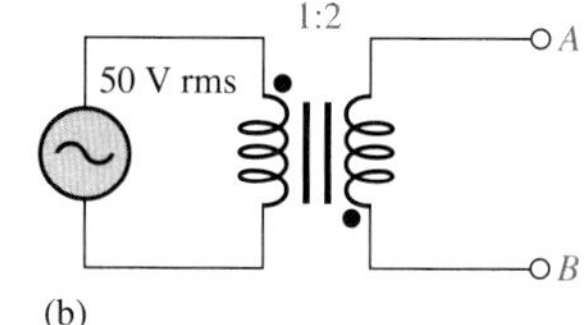

(b)

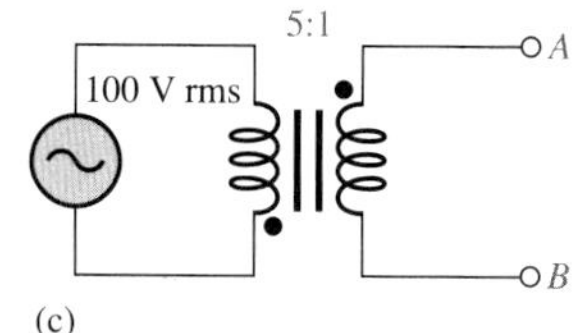

(c)

### 14-3 승압 변압기와 강압 변압기

**6.** 교류 240 V를 교류 720 V로 높이기 위해 필요한 변압기의 권수비는 얼마인가?

**7.** 권수비가 5인 변압기의 1차 권선에 교류 120 V가 인가되고 있다. 2차 전압의 크기는 얼마인가?

**8.** 권수비가 10인 변압기의 2차 전압이 교류 60 V일 때, 1차 전압의 크기는 얼마인가?

**9.** 교류 120 V를 30 V로 낮추기 위해 필요한 변압기의 권수비는 얼마인가?

**10.** 권수비가 0.2인 변압기의 1차 권선에 교류 1200 V가 인가되고 있다. 2차 전압의 크기는 얼마인가?

**11.** 권수비가 0.1인 변압기의 2차 전압이 교류 6 V일 때, 1차 전압의 크기는 얼마인가?

**12.** 그림 14-43의 각 회로에서 부하 $R_L$ 양단의 전압을 구하라.

▶ 그림 14-43

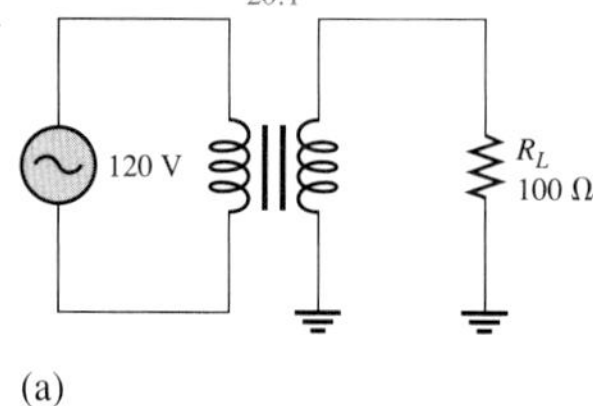

(a)

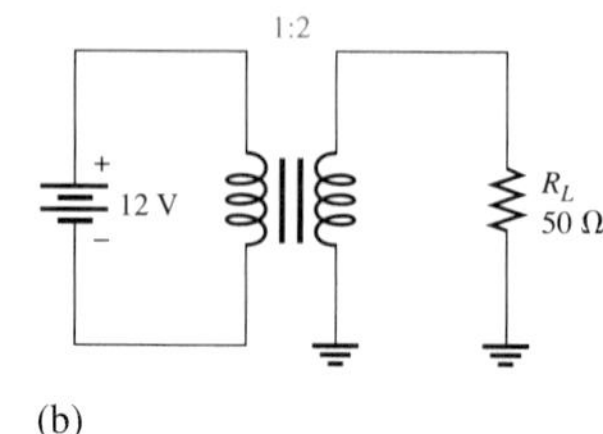

(b)

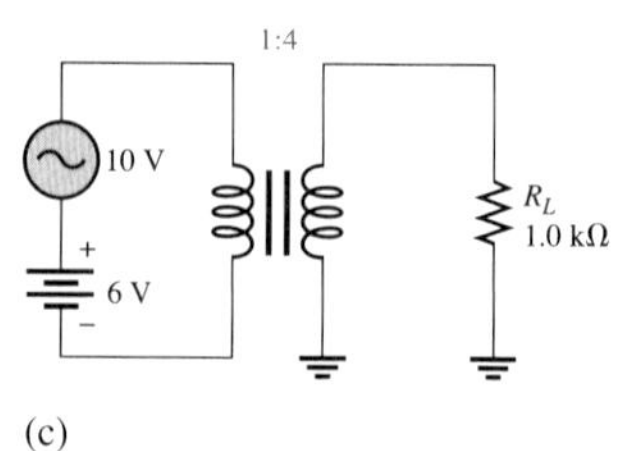

(c)

**13.** 그림 14-44에서 전압계의 측정값을 구하라.

▶ 그림 14-44

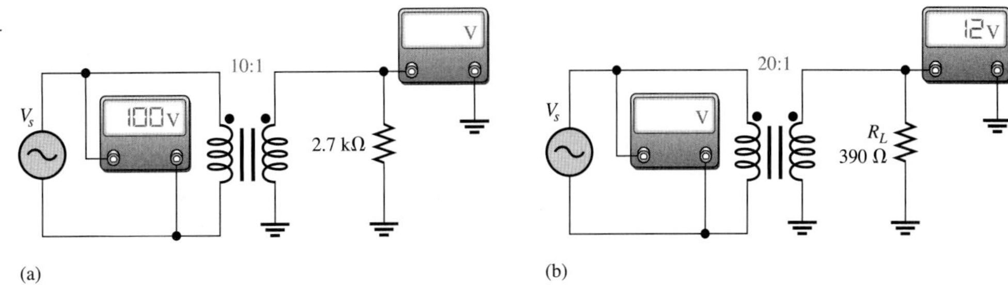


### 14-4 부하 연결

**14.** 그림 14-45에서 $I_s$를 구하라. 또한 $R_L$ 값은 얼마인가?

▶ 그림 14-45

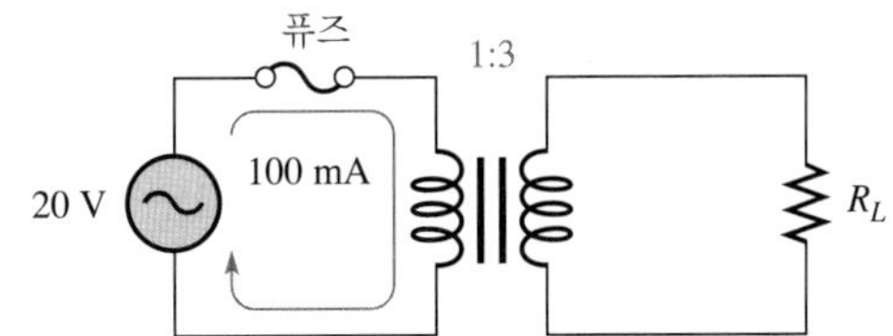


**15.** 그림 14-46에서 다음을 구하라.

(a) 1차 전류 (b) 2차 전류 (c) 2차 전압 (d) 부하의 전력

▶ 그림 14-46

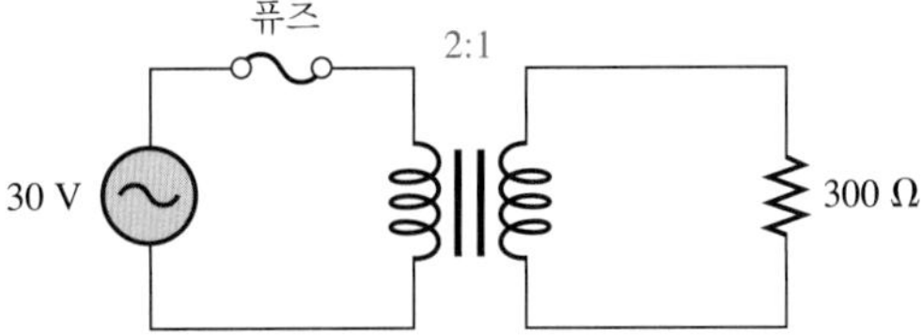


### 14-5 부하의 반사

**16.** 그림 14-47에서 신호원에서 바라본 부하 저항의 값은 얼마인가?

▶ 그림 14-47

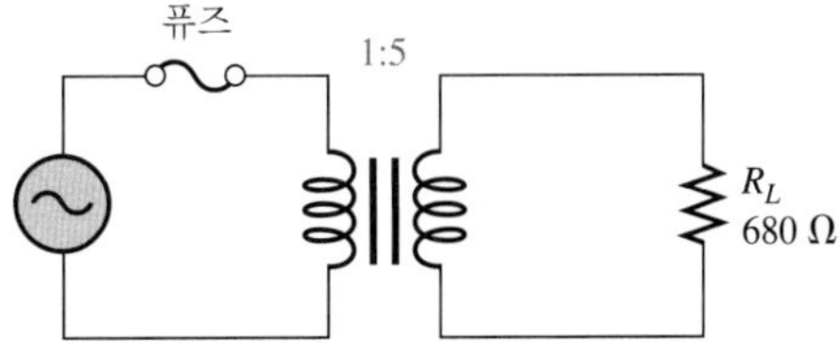


**17.** 그림 14-48에서 1차 회로로 반사된 저항의 값이 300 Ω일 때, 권수비는 얼마인가?

▶ 그림 14-48

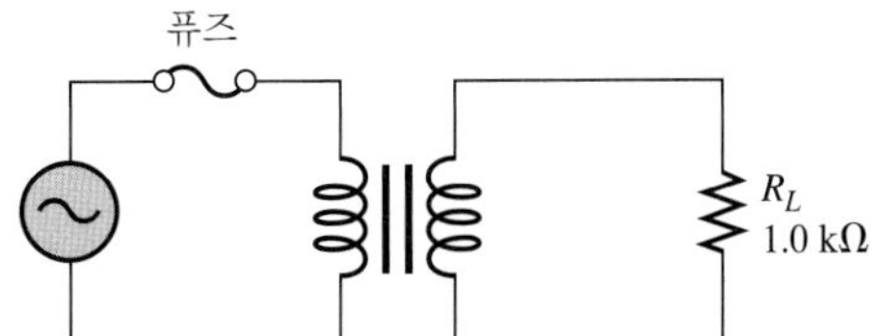

### 14-6 임피던스 정합

**18.** 그림 14-49의 회로에서, 4 Ω 스피커에 최대 전력을 전달하기 위한 변압기의 권수비를 구하라.

**19.** 그림 14-49에서, 4 Ω 스피커에 전달 가능한 최대 전력의 크기를 구하라.

▶ 그림 14-49

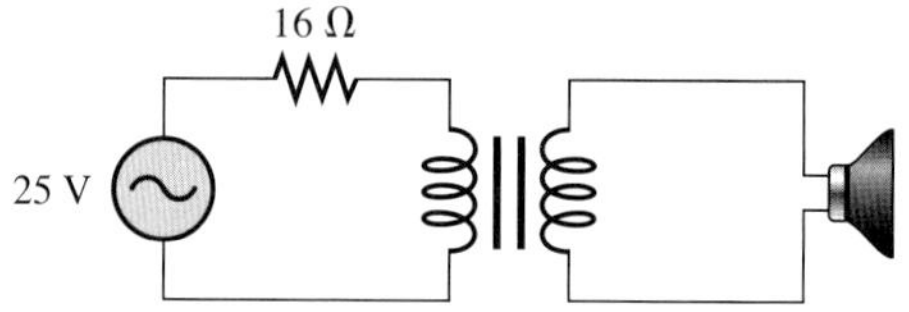


*__20.__ 그림 14-50에서 내부 저항이 10 Ω인 신호원이 변압기 1차 권선에 연결되어 있다고 가정할 때, 그림에 표시된 스위치의 각 접점 위치에 대해서, 부하에 최대 전력을 전달하기 위한 권수비를 구하라. 이 결과를 이용하여, 1차 권선의 권수를 1000이라고 할 때, 2차 권선의 권수를 구하라.

▶ 그림 14-50

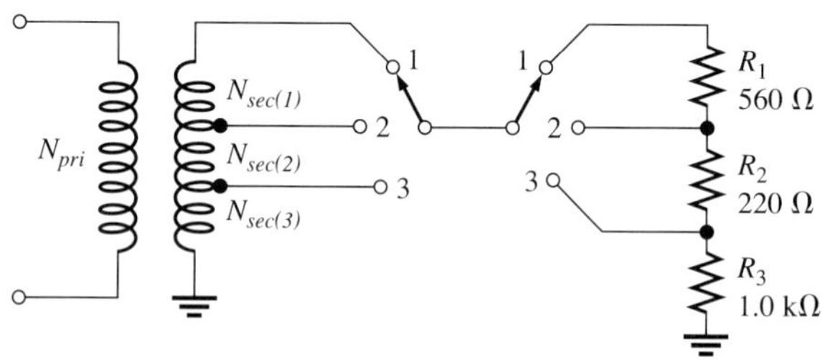


### 14-7 실제 변압기의 특성

**21.** 변압기의 1차에 100 W의 전력을 인가하였다. 이 가운데 5.5 W의 전력이 권선 저항에서 소모되었다. 더 이상의 전력 손실이 없다고 가정할 때, 부하에 전달되는 전력의 크기는 얼마인가?

**22.** 문제 21에서 변압기의 효율은 얼마인가?

**23.** 변압기의 1차 권선에서 발생된 전체 자속의 2%가 2차 권선을 관통하지 않고 누설될 때, 결합 계수는 얼마인가?

*__24.__ 전력 정격이 1 kVA인 변압기가 60 Hz, 120 V에서 동작하고 있다. 2차 전압이 600 V일 때,

(a) 최대 부하 전류를 구하라.

(b) 이 변압기에 연결하여 사용할 수 있는 부하 저항 $R_L$의 최소값을 구하라.

(c) 이 변압기에 연결하여 사용할 수 있는 부하 커패시턴스의 최대값을 구하라.

**25.** 2차 전압 2.5 kV일 때, 최대 10 A의 부하 전류를 흘릴 수 있으려면 변압기의 전력 정격은 몇 kVA이어야 하는가?

*__26.__ 변압기의 정격이 60 Hz에서 5 kVA, 2400/120 V일 때,

(a) 120 V가 2차 전압이라면 권수비는 얼마인가?

(b) 2400 V가 1차 전압이라면 2차 권선의 전류 정격은 얼마인가?

(c) 2400 V가 1차 전압이라면 1차 권선의 전류 정격은 얼마인가?

### 14-8 여러 가지 변압기

**27.** 그림 14-51에서 전압 $V_1$, $V_2$, $V_3$, $V_4$를 구하라.

▶ 그림 14-51

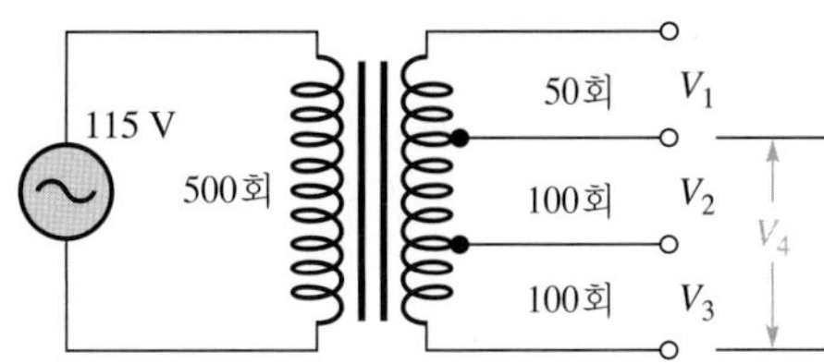


**28.** 그림 14-52에 표시된 2차 전압의 크기를 사용하여 2차 권선에서 탭이 달린 각 부분과 1차 권선 사이의 권수비를 구하라.

▶ 그림 14-52

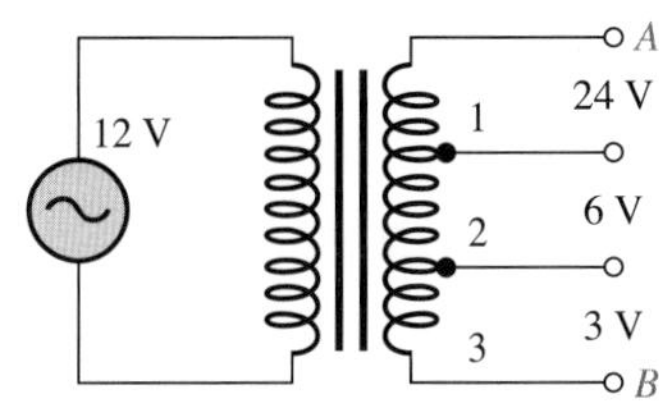


**29.** 그림 14-53의 각 단일권선 변압기에서 2차 전압을 구하라.

▶ 그림 14-53

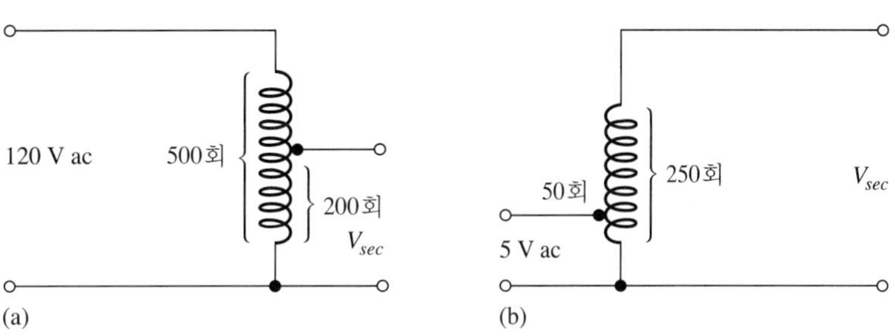


**30.** 그림 14-54에서 두 1차 권선은 각각 교류 120 V에서 동작할 수 있도록 제작된 것이다. 교류 240 V에서 동작시키려면 1차 권선을 어떻게 연결해야 하는가? 또한 240 V에서 동작할 때 각 2차 권선의 전압을 모두 구하라.

▶ 그림 14-54

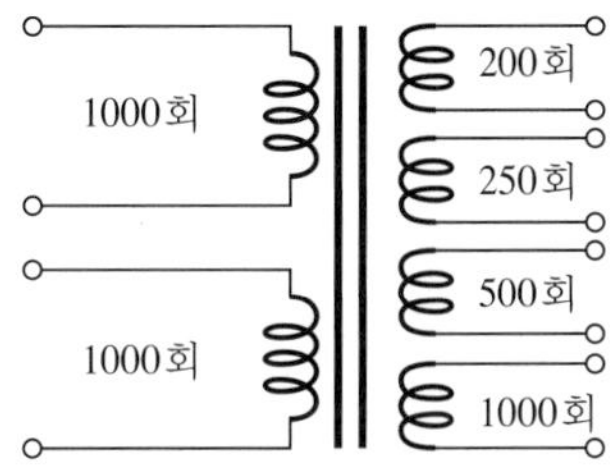


***31.** 그림 14-55에 대해서 다음을 구하라.

(a) $R_L$과 $X_{CL}$의 전압과 전류

(b) 1차 회로로 반사된 저항

▶ 그림 14-55

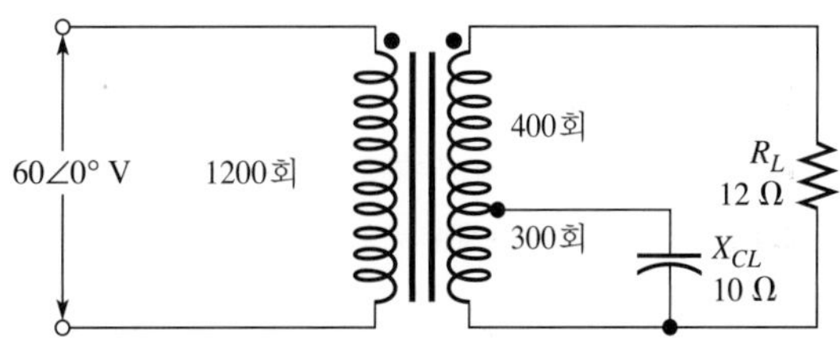

### 14-9 고장진단

**32.** 1차 권선 양단에 교류 120 V를 인가한 변압기에서, 2차 전압을 측정하였더니 0 V였고, 1차 전류와 2차 전류를 측정한 결과도 모두 0 A였다. 일어날 수 있는 고장의 종류를 모두 나열해 보라. 또한 실제 고장의 원인을 찾기 위해 다음으로 검사해야 할 단계가 무엇인지 설명하라.

**33.** 변압기의 1차 권선이 단락된 경우, 변압기 회로에 나타나는 증상에 대해 설명하라.

**34.** 변압기를 검사해 보니 2차 전압이 완전한 0 V는 아니지만 정상적인 경우보다 작게 출력되었다. 어떤 고장일 확률이 가장 높은가?

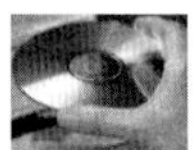

### Multisim 고장진단과 분석

Multisim CD-ROM을 사용하여 다음 문제를 풀어 보라.

**35.** P14-35 파일을 열고 2차 전압을 측정하고, 권수비를 구하라.

**36.** P14-36 파일을 열고 2차 전압을 측정하여 개방된 권선이 있는지 확인하라.

**37.** P14-37 파일을 열고 회로에 고장이 있는지 검사하라.

## 복습문제 해답

### 14-1 상호 인덕턴스

**1.** 상호 인덕턴스는 두 코일 사이에 존재하는 인덕턴스이다.

**2.** $L_M = k\sqrt{L_1 L_2} = 45\text{ mH}$

**3.** $k$가 증가하면 유도 전압도 증가한다.

### 14-2 기본 변압기

**1.** 상호 인덕턴스

**2.** 2차 권선의 권수와 1차 권선의 권수와의 비

**3.** 권선이 감긴 방향에 따라 1차 전압과 2차 전압의 상대적인 극성(위상)이 결정된다.

**4.** $n = 250/500 = 0.5$

### 14-3 승압 변압기와 강압 변압기

**1.** 2차 전압이 1차 전압보다 크게 된다.

**2.** $V_{sec}$가 $V_{pri}$보다 5배 크다.

**3.** $V_{sec} = nV_{pri} = 10(240\text{ V}) = 2400\text{ V}$

**4.** 2차 전압이 1차 전압보다 작게 된다.

**5.** $V_{sec} = nV_{pri} = 0.5(120\text{ V}) = 60\text{ V}$

**6.** $n = 12\text{ V}/120\text{ V} = 0.1$

**7.** 두 코일이 전기적으로 연결되지 않은 분리된 상태에서 자속에 의해 자기적으로만 연결되어 있는 상태를 전기적 절연이라고 한다.

### 14-4 부하 연결

**1.** 2차 전류($I_{sec}$)는 1차 전류($I_{pri}$)의 1/2이 된다.

**2.** $I_{sec} = (1000/250)0.5\text{ A} = 2\text{ A}$

**3.** $I_{pri}$ = (250/1000)10 A = 2.5 A

### 14-5 부하의 반사

**1.** 2차 회로에서 1차 회로로 반사된 저항으로 2차 회로에 연결된 원래 부하 저항 값에 (1/권수비)의 제곱을 곱한 값이 된다. 이 반사 저항이 1차 회로에 연결되어 있는 것으로 볼 수 있다.

**2.** 권수비

**3.** $R_{pri} = (0.1)^2 50\ \Omega = 0.5\ \Omega$

**4.** $n = 0.1$

### 14-6 임피던스 정합

**1.** 부하 저항 값을 신호원 저항 값과 같아지게 하는 것

**2.** $R_L = R_s$일 때, 부하에 최대 전력이 전달된다.

**3.** $R_{pri} = (100/50)^2 100\ \Omega = 400\ \Omega$

### 14-7 실제 변압기의 특성

**1.** 이상 변압기의 효율은 100%인 반면, 실제 변압기에서는 에너지 손실이 일어나므로 효율이 감소한다.

**2.** 1차 권선에서 발생한 자속의 85%가 2차 권선을 관통한다.

**3.** $I_L$ = 10 kVA/250 V = 40 A

### 14-8 여러 가지 변압기

**1.** $V_{sec}$ = (10)240 V = 2400 V, $V_{sec}$ = (0.2)240 V = 48 V

**2.** 전력 정격이 같은 다른 변압기에 비해 작고 가볍다. 1차와 2차 사이가 전기적으로 절연되지 않는다.

### 14-9 고장진단

**1.** 고장 종류: 권선의 개방, 권선의 단락. 이 중에서 더 흔히 발생하는 고장은 권선의 개방이다.

**2.** 변압기의 정격 값 이상으로 동작시키면 고장이 발생한다.

### 회로 응용

**1.** 저항계를 사용하면 권선이 개방되었는지 알아낼 수 있다. 2차 전압을 측정하여 정상 값이 나오지 않으면 권선이 단락된 것을 알아낼 수 있다.

**2.** 권선의 단락

## 관련 문제 해답

**14-1** 0.75

**14-2** 387 μH

**14-3** 500회

**14-4** 480 V

**14-5** 57.6 V

**14-6** 5 mA; 400 mA

**14-7** 6 Ω

**14-8** 0.354

**14-9** 0.0707 또는 14.14:1

**14-10** 85.2%

**14-11** $V_{AB} = 12$ V, $V_{CD} = 480$ V, $V_{(CT)C} = V_{(CT)D} = 240$ V, $V_{EF} = 24$ V

**14-12** 1.75 kVA로 증가한다.

## 자기 진단 해답

**1.** (b) **2.** (c) **3.** (d) **4.** (a) **5.** (b) **6.** (c) **7.** (d) **8.** (b)
**9.** (a) **10.** (c) **11.** (d) **12.** (c) **13.** (a) **14.** (c)

## 퀴즈 해답

**1.** (b) **2.** (c) **3.** (c) **4.** (b) **5.** (a) **6.** (c) **7.** (a) **8.** (a)
**9.** (b) **10.** (c)

CHAPTER 15

# *RC* 회로

## 이 장의 차례



## 이 장의 목표

**1부: 직렬 회로**
- 복소수를 사용하여 페이저 양을 나타낸다.
- *RC* 직렬 회로에서 전압과 전류 사이의 관계를 설명한다.
- *RC* 직렬 회로의 임피던스를 구한다.
- *RC* 직렬 회로를 해석한다.

**2부: 병렬 회로**
- *RC* 병렬 회로의 임피던스와 어드미턴스를 구한다.
- *RC* 병렬 회로를 해석한다.

**3부: 직·병렬 회로**
- *RC* 직·병렬 회로를 해석한다.

**4부: 특별 주제**
- *RC* 회로의 전력을 구한다.
- *RC* 회로의 응용 예를 살펴본다.
- *RC* 회로의 고장을 진단한다.

## 핵심 용어

- 극좌표 형식
- 대역폭
- 복소평면
- 실수
- 어드미턴스($Y$)
- 역률
- 용량성 서셉턴스($B_C$)
- 임피던스
- 주파수 응답
- 직각좌표 형식
- 차단주파수
- 피상 전력($P_a$)
- 필터
- 허수

## 회로 응용 소개

회로 응용에서는 증폭기의 일부를 이루고 있는 *RC* 입력 회로의 주파수 응답을 실험으로 알아본다. 이 회로의 동작은 12장에서 배운 회로와 비슷하므로 다시 읽어 보면서 참고하기 바란다.

## 인터넷 학습자료

http://www.prenhall.com/floyd

## 이 장의 소개

*RC* 회로는 저항과 커패시터로 이루어진 회로이다. 이 장에서는 기본적인 *RC* 직렬 회로, *RC* 병렬 회로, *RC* 직·병렬 회로에 정현파(사인파) 교류 전압이 입력될 때 이들 회로가 어떻게 동작하는지 살펴본다. 그리고 *RC* 회로에서의 유효 전력, 무효 전력, 피상 전력에 대해 알아보고, *RC* 회로의 응용 예를 몇 가지 소개한다. *RC* 회로는 필터, 증폭기 결합 회로, 발진기, 파형 정형 회로(wave-shaping circuit) 등에 널리 응용되고 있다. *RC* 회로의 고장진단 방법에 대해서도 알아본다.

이 장의 첫 번째 절에서는 교류 회로의 해석에 사용되는 중요한 수학적 도구인 복소수를 다룬다. 복소수를 사용하면 페이저 양을 수학적으로 표현할 수 있으므로 페이저 양끼리 더하고 빼고 곱하고, 나누는 사칙연산을 할 수 있게 된다. 이 방법을 사용하여 15장, 16장, 17장에서 회로를 해석해 본다.

## 학습 방법의 선택

15장, 16장, 17장의 내용은 크게 다음 네 가지 주제로 구성되어 있다: 직렬 회로, 병렬 회로, 직·병렬 회로, 특별 주제. 이러한 구성 방식을 택한 것은 15, 16, 17장이 모두 리액턴스 회로라는 공통 주제를 다루고 있으므로, 다음에 제시하는 두 가지 학습 방법 중 하나를 고르도록 하여 그 내용을 더욱 효과적으로 이해할 수 있도록 하기 위한 것이다.

**학습 방법 1:** 15장의 *RC* 회로, 17장의 *RL* 회로, 18장의 *RLC* 회로를 차례대로 공부한다.

**학습 방법 2:** 15장, 16장, 17장의 내용 중에서 공통 주제를 다루고 있는 절을 서로 비교해 가면서 공부한다. 즉, 15, 16, 17장의 1부 직렬 회로에 대해서만 차례대로 학습하고, 다음으로 2부 병렬 회로(15, 16, 17장의 차례로), 그 다음으로 3부 직·병렬 회로의 차례로 공부하고 마지막에 4부 특별 주제를 다루는 방법이다.

# 01 직렬 회로

## 15-1 복소수

복소수를 사용하면 페이저 양끼리 수학 연산을 할 수 있으므로 교류 회로를 해석하는 데 유용하다. 즉, 복소수 연산을 이용하여 정현파(사인파)처럼 크기(진폭)와 각도(위상)를 모두 가진 양들에 대해 덧셈, 뺄셈, 곱셈, 나눗셈을 할 수 있다. 과학용(또는 공학용) 계산기는 대부분 복소수 계산 기능을 보유하고 있으므로 사용설명서를 찾아보면서 정확한 사용법을 익히도록 한다.

이 절의 학습 내용은 다음과 같다.

- **복소수를 사용하여 페이저 양을 나타내는 방법**
  - 복소평면에 대한 설명
  - 복소평면 위에 점을 표시하는 방법
  - 실수와 허수에 대한 논의
  - 페이저 양을 직각좌표 형식과 극좌표 형식으로 나타내는 방법
  - 직각좌표 형식과 극좌표 형식의 상호 변환
  - 복소수 연산의 수행

### 양수와 음수

그림 15-1(a)의 그래프에서 볼 수 있듯이 양수를 수평축 원점의 오른쪽에 위치한 점으로 나타낼 수 있으며 음수를 원점의 왼쪽에 위치한 점으로 나타낼 수 있다. 또한 그림 15-1(b)에서처럼 양수를 수직축 원점의 위쪽에 위치한 점으로, 음수를 아래쪽에 위치한 점으로 나타낼 수 있다.

▶ 그림 15-1
양수와 음수의 표시 방법

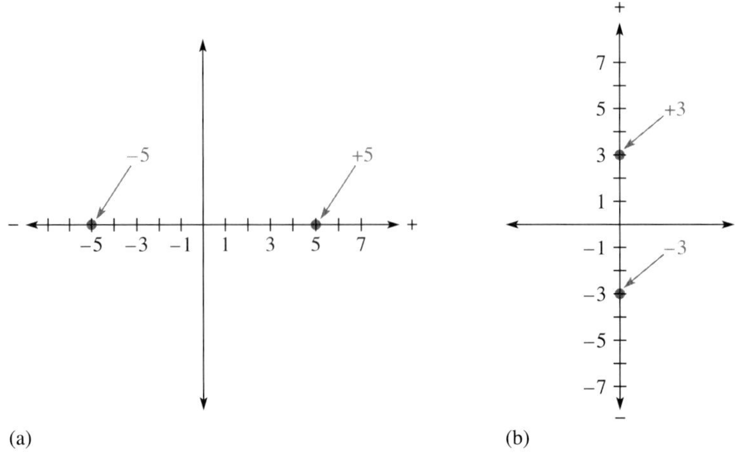

## 복소평면

수평축의 수와 수직축의 수를 구별하기 위해 **복소평면**(complex plane)을 사용한다. 그림 15-2에 표시된 것처럼 복소평면에서는 수평축을 실수축(real axis), 수직축을 허수축(imaginary axis)이라고 한다. 허수축의 숫자 앞에는 $\pm j$를 붙여 실수축의 숫자와 구별할 수 있도록 한다. 수학에서는 $j$ 대신 $i$를 사용하지만 전기 회로에서는 전류를 가리키는 데 $i$를 사용하므로 혼동하지 않도록 $i$ 대신 $j$를 사용하는 것이다.

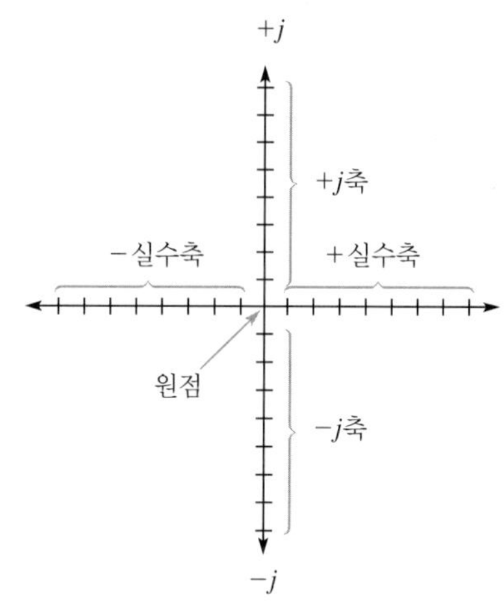


◀ 그림 15-2
복소평면

### 복소평면 위의 각도 표현

복소평면에서 각도는 그림 15-3과 같이 표현된다. 양(+)의 실수축이 기준인 0°를 나타낸다. 여기에서 반시계 방향을 따라 돌면서 $+j$축이 90°, 음(−)의 실수축이 180°, $-j$축이 270°를 나타내며 360° 한 바퀴를 돈 다음에는 +실수축으로 되돌아온다. 복소평면은 네 개의 사분면(quadrant)으로 나뉜다.

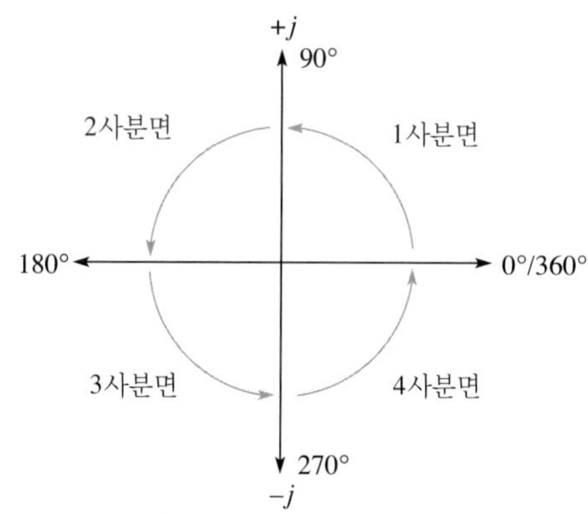


◀ 그림 15-3
복소평면 위의 각도

### 복소평면 위의 한 점 표현

복소평면 위에 찍힌 한 점은 실수나 허수($\pm j$), 또는 실수와 허수가 결합된 복소수를 나타낸다.

예를 들어 그림 15-4(a)와 같이 +실수축의 원점에서 4칸 떨어진 점은 **실수**(real number) +4가 된다. 그림 15-4(b)처럼 −실수축의 원점에서 2칸 떨어진 점은 실수 −2가 된다. 그림 15-4(c)와 같이 +$j$축에서 6번째 눈금에 찍힌 점은 **허수**(imaginary number) +$j$6이 된다. 그림 15-4(d)처럼 −$j$축에서 5번째 눈금에 놓인 점은 허수 −$j$5이다.

▶ 그림 15-4

복소평면 위의 실수와 허수($j$)

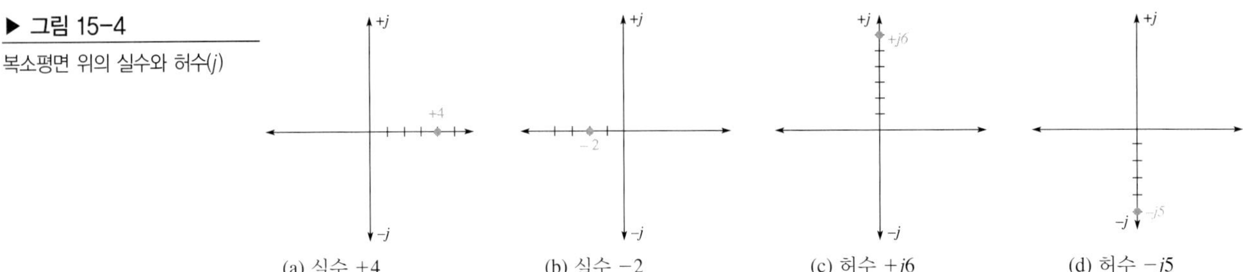


어떤 점이 실수축이나 허수축 위가 아닌 곳에 있으면 복소수가 된다. 예를 들어 그림 15-5에서 1사분면에 있는 점은 실수값 +4와 허수값 +$j$4를 함께 나타내므로 +4, +$j$4로 표시한다. 2사분면에 있는 점의 좌표는 −3과 +$j$2이다. 3사분면에 있는 점의 좌표는 −3과 −$j$5이다. 4사분면에 있는 점의 좌표는 +6과 −$j$4이다.

▶ 그림 15-5

복소평면 위에 표시한 몇 개의 점들

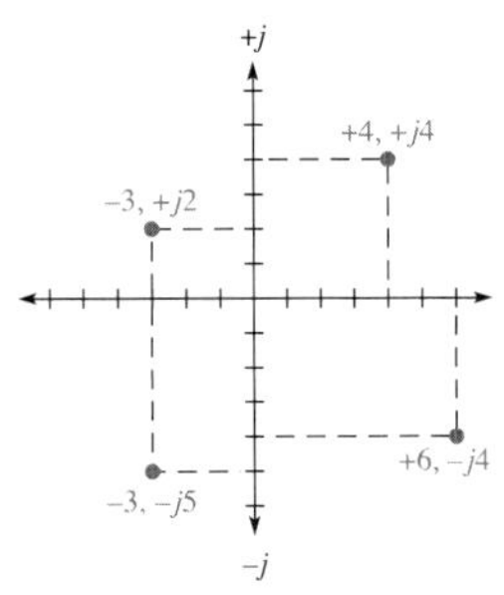


**예제 15-1**

(a) 다음 점들을 복소평면 위에 표시하라. 7, $j$5; 5, −$j$2; −3.5, $j$1; −5.5, −$j$6.5.

(b) 그림 15-6에 표시한 각 점의 좌표를 구하라.

▶ 그림 15-6

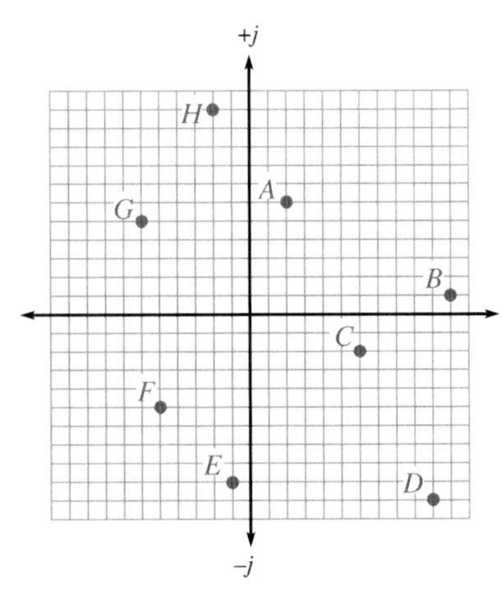

풀이 (a) 그림 15-7 참조

▶ 그림 15-7

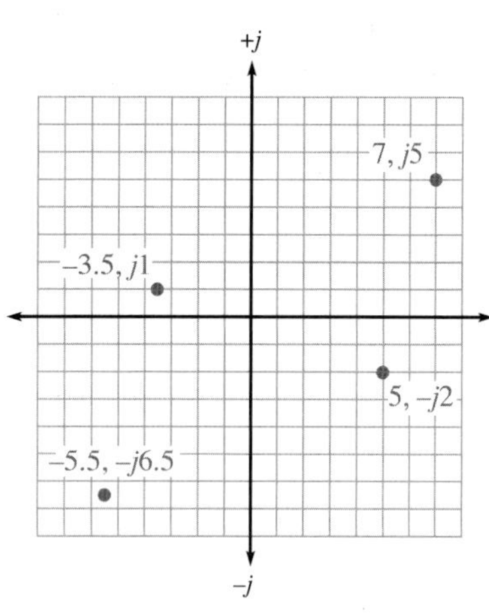


(b) $A$: **2, $j$6** $B$: **11, $j$1** $C$: **6, −$j$2** $D$: **10, −$j$10**
$E$: **−1, −$j$9** $F$: **−5, −$j$5** $G$: **−6, $j$5** $H$: **−2, $j$11**

관련 문제 다음 각 점은 복소평면 위의 몇 사분면에 있는가?
(a) +2.5, +$j$1 (b) 7, −$j$5 (c) −10, −$j$5 (d) −11, +$j$6.8

## $j$의 값

양의 실수 +2에 $j$를 곱하면 +$j$2가 된다. 즉, +2에 곱한 $j$는 +2를 90°만큼 회전시켜 +$j$축으로 옮긴다. 이와 마찬가지로 +2에 −$j$를 곱하면 +2는 −90°만큼 회전하여 −$j$축으로 옮겨간다. 그래서 $j$를 회전 연산자라고 한다.

수학적으로 $j$의 값은 $\sqrt{-1}$과 같다. 따라서 +$j$2에 $j$를 곱하면

$$j^2 2 = (\sqrt{-1})(\sqrt{-1})(2) = (-1)(2) = -2$$

가 되므로, 결국 +2에 $j$를 두 번 곱하면 음의 실수축으로 옮겨간다. 따라서 양의 실수에 $j^2$을 곱하면 음의 실수가 되므로 복소평면 위에서 180° 회전한 셈이 된다. 그림 15-8에 이 연산을 나타내었다.

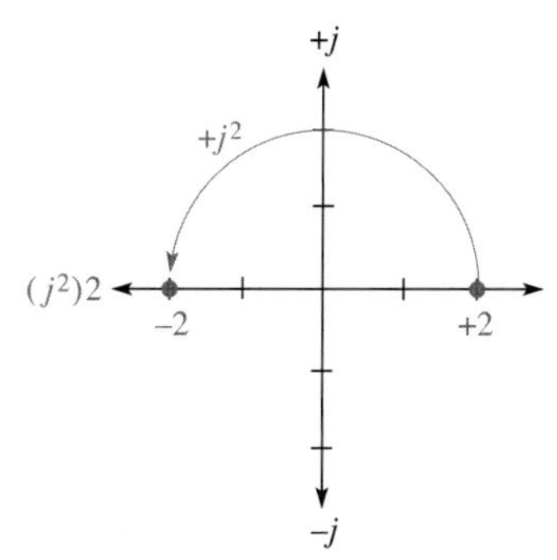


◀ 그림 15-8
복소평면에서 $j$ 연산자에 의한 수의 위치 변화

## 직각좌표 형식과 극좌표 형식

페이저 양을 표시하는 데 사용되는 복소수 형식에 직각좌표 형식과 극좌표 형식의 두 가지가 있다. 이들을 회로 해석에 사용할 때 어느 형식이 더 좋은지는 경우에 따라 다르다. 페이저 양에는 크기(magnitude)와 위상(phase)의 두 값이 함께 들어 있다. 이 책에서는 크기만을 나타내는 양을 $V, I$와 같이 기울임꼴의 보통 굵기 문자로 표시하고 페이저 양을 나타낼 때는 **V**, **I**와 같이 기울임꼴인 아닌 로만체의 굵은 문자를 사용한다.

### 직각좌표 형식

페이저 양을 **직각좌표 형식**(rectangular form)으로 나타내면 다음과 같이 좌표의 실수($A$)와 허수($B$)의 합이 된다.

$$A + jB$$

$1 + j2, 5 - j3, -4 + j4, -2 - j6$은 모두 페이저 양으로 이들을 복소평면에 표시한 것이 그림 15-9이다. 그림에서 볼 수 있듯이 직각좌표 형식에서는 페이저를 실수축, 허수축과 직각으로 만나는 점의 실수값과 허수값으로 나타낸다. 페이저 양을 복소평면 위에 그래프로 나타낼 때는 원점에서 그 페이저 점까지 화살표를 그린다.

▶ 그림 15-9

직각좌표 형식으로 표시한 페이저 양

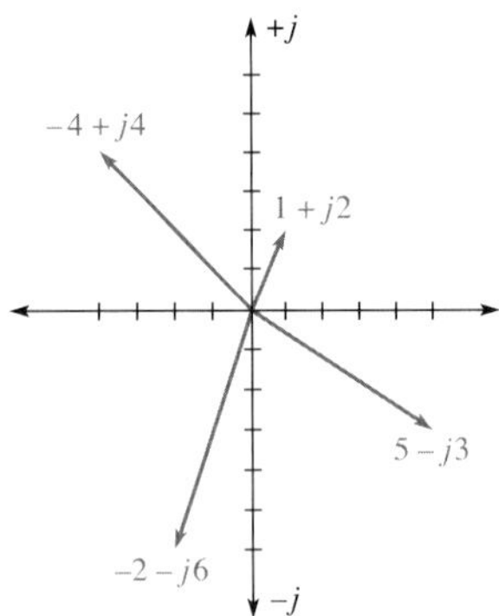


### 극좌표 형식

페이저 양을 나타내는 또 다른 방법인 **극좌표 형식**(polar form)은 다음과 같이 페이저 양을 페이저의 크기($C$)와 +실수축을 기준으로 잰 각도($\theta$)로 표시한다.

$$C\angle \pm \theta$$

$2\angle 45^\circ, -5\angle 120^\circ, -4\angle -110^\circ, 8\angle -30^\circ$는 모두 극좌표 형식으로 나타낸 페이저 양이다. 여기서 맨 앞의 숫자는 크기, $\angle$ 기호 다음의 숫자는 각도이다. 이 페이저를 복소평면에 표시한 것이 그림 15-10이다. 당연히 페이저의 길이가 페이저 양의 크기를 나타낸다. 어떤 페이저라도 극좌표 형식과 직교좌표 형식의 두 가지로 모두 나타낼 수 있다.

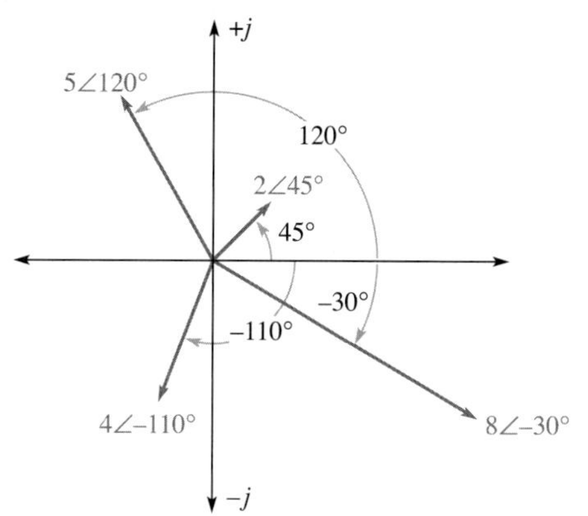


◀ 그림 15-10
극좌표 형식으로 표시한 페이저 양

## 직각좌표 형식을 극좌표 형식으로 변환하는 방법

그림 15-11에서 볼 수 있듯이 페이저는 복소평면에서 네 개 사분면의 어느 곳이든 위치할 수 있다. 어느 곳에 자리를 잡든 위상각 $\theta$를 +실수축을 기준(즉, 0°)으로 하여 측정한다. $\phi$는 −실수축을 기준으로 측정된 2사분면과 3사분면에 있는 각이다.

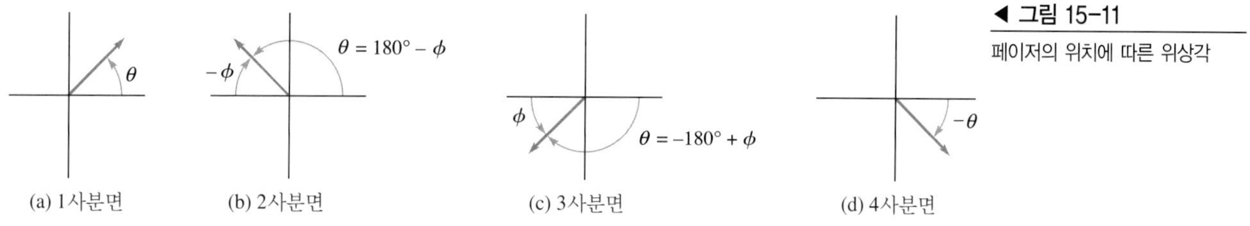


◀ 그림 15-11
페이저의 위치에 따른 위상각

직각좌표 형식을 극좌표 형식으로 변환하는 과정을 살펴보자. 그 첫 단계로 페이저의 크기를 구한다. 그림 15-12에서 볼 수 있듯이 복소평면의 어느 사분면에서나 페이저를 직각삼각형의 형태로 나타낼 수 있다. 이때 삼각형의 세 변 중에서 수평으로 놓인 변은 실수값 $A$가 되고 수직으로 놓인 변은 허수값 $jB$가 된다. 삼각형의 빗변은 페이저의 길이 $C$가 되는데, 이것이 페이저의 크기를 나타내며 피타고라스 정리를 사용하여 다음과 같이 쓸 수 있다.

$$C = \sqrt{A^2 + B^2} \tag{15-1}$$

변환의 다음 단계로 페이저의 위상각 $\theta$를 구한다. 그림 15-12의 (a)와 (d)에 표시된 각도 $\theta$를 역탄젠트(inverse tangent) 함수를 사용하여 다음과 같이 쓸 수 있다.

$$\theta = \tan^{-1}\left(\frac{\pm B}{A}\right) \tag{15-2}$$

그림 15-12의 (b)와 (c)에 표시된 각도 $\theta$는

$$\theta = \pm 180° \mp \phi$$

이므로

▶ 그림 15-12
페이저의 위치와 직각삼각형의 형태

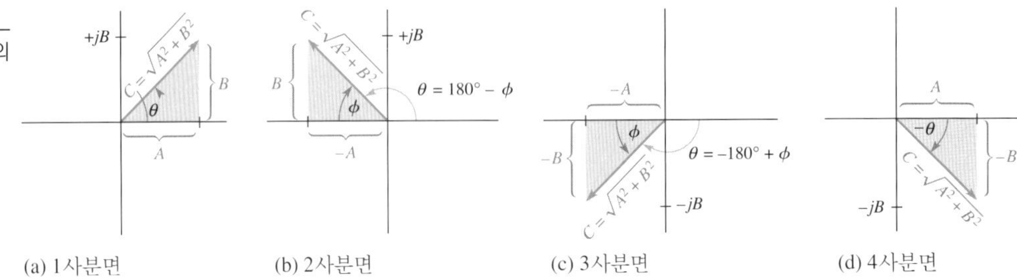


$$\theta = \pm 180° \mp \tan^{-1}\left(\frac{B}{A}\right)$$

가 된다. 여기서 (b)와 (c)의 두 경우를 한 식으로 쓰기 위해 ±, ∓의 이중부호를 사용하였으므로 각도를 계산할 때는 경우에 맞는 부호를 사용해야 한다.

직각좌표 형식을 극좌표 형식으로 변환하는 일반적인 공식은 다음과 같다.

$$\pm A \pm jB = C\angle \pm\theta \tag{15-3}$$

[예제 15-2]를 풀어 보면서 변환 과정을 살펴보자.

**예제 15-2** 다음의 직각좌표 형식으로 표시된 복소수를 극좌표 형식으로 변환하라.

(a) $8 + j6$ (b) $10 - j5$

**풀이** (a) $8 + j6$으로 표시한 페이저의 크기는

$$C = \sqrt{A^2 + B^2} = \sqrt{8^2 + 6^2} = \sqrt{100} = 10$$

이 페이저는 1사분면에 있으므로 위상각은 식 (15-2)를 이용하여

$$\theta = \tan^{-1}\left(\frac{\pm B}{A}\right) = \tan^{-1}\left(\frac{6}{8}\right) = 36.9°$$

여기서 $\theta$는 +실수축을 기준으로 한 각도이다. 따라서 $8 + j6$을 극좌표 형식으로 표시하면

$$C\angle\theta = \mathbf{10\angle 36.9°}$$

(b) $10 - j5$로 표시한 페이저의 크기는

$$C = \sqrt{10^2 + (-5)^2} = \sqrt{125} = 11.2$$

이 페이저는 4사분면에 있으므로 위상각은 식 (15-2)를 이용하여

$$\theta = \tan^{-1}\left(\frac{-5}{10}\right) = -26.6°$$

여기서 $\theta$는 +실수축을 기준으로 한 각도이다. 따라서 $10 - j5$를 극좌표 형식으로 표시하면

$$C\angle\theta = \mathbf{11.2\angle -26.6°}$$

관련 문제 $18 + j23$을 극좌표 형식으로 변환하라.

### 극좌표 형식을 직각좌표 형식으로 변환하는 방법

그림 15-13에서 볼 수 있듯이 극좌표 형식은 페이저를 크기($C$)와 위상각($\theta$)으로 나타내는 것이다.

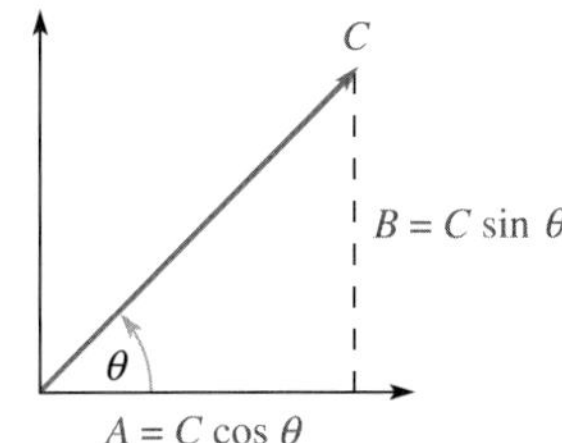


◀ 그림 15-13
페이저의 극좌표 성분

극좌표 형식을 직각좌표 형식으로 변환하려면 직각삼각형의 밑변 $A$와 높이 $B$를 알아야 한다. 삼각함수 법칙을 이용하면 $A$와 $B$는 다음과 같이 쓸 수 있다.

$$A = C\cos\theta \tag{15-4}$$

$$B = C\sin\theta \tag{15-5}$$

따라서 극좌표 형식을 직각좌표 형식으로 변환하는 공식은 다음과 같다.

$$C\angle\theta = A + jB \tag{15-6}$$

다음 예제를 풀어 보면서 변환 과정을 살펴보자.

**예제 15-3** 다음의 극좌표 형식으로 표시된 복소수를 직각좌표 형식으로 변환하라.

(a) $10\angle 30°$ (b) $200\angle -45°$

풀이 (a) $10\angle 30°$로 표시한 페이저의 실수 부분은

$$A = C\cos\theta = 10\cos 30° = 10(0.866) = 8.66$$

이 페이저의 허수 부분은

$$jB = jC\sin\theta = j10\sin 30° = j10(0.5) = j5$$

따라서 $10\angle 30°$를 직각좌표 형식으로 표시하면

$$A + jB = \mathbf{8.66 + j5}$$

(b) 200 ∠ −45°로 표시한 페이저의 실수 부분은

$$A = 200\cos(-45°) = 200(0.707) = 141$$

이 페이저의 허수 부분은

$$jB = j200\sin(-45°) = j200(-0.707) = -j141$$

따라서 200 ∠ −45°를 직각좌표 형식으로 표시하면

$$A + jB = \mathbf{141 - j141}$$

관련 문제 78 ∠ −26°를 직각좌표 형식으로 변환하라.

## 복소수 연산

### 복소수 덧셈

복소수끼리 덧셈을 하려면 복소수를 반드시 직각좌표 형식으로 표시해야 한다. 복소수의 덧셈 규칙은 다음과 같다.

**실수부는 각 복소수의 실수부끼리 더하여 구한다. 허수부는 각 복소수의 허수부끼리 더하여 구한다.**

예제 15-4 다음 복소수의 덧셈을 하라.

(a) $8 + j5$ 더하기 $2 + j1$ (b) $20 - j10$ 더하기 $12 + j6$

풀이 (a) $(8 + j5) + (2 + j1) = (8 + 2) + j(5 + 1) = \mathbf{10 + j6}$

(b) $(20 - j10) + (12 + j6) = (20 + 12) + j(-10 + 6) = 32 + j(-4) = \mathbf{32 - j4}$

관련 문제 $5 - j11$ 더하기 $-6 + j3$을 구하라.

### 복소수 뺄셈

복소수끼리 뺄셈을 하려면 덧셈과 마찬가지로 복소수를 반드시 직각좌표 형식으로 표시해야 한다. 복소수의 뺄셈 규칙은 다음과 같다.

**실수부는 각 복소수의 실수부끼리 뺄셈을 하여 구한다. 허수부는 각 복소수의 허수부끼리 뺄셈을 하여 구한다.**

**예제 15-5** 다음 복소수의 뺄셈을 하라.

(a) $3 + j4$ 빼기 $1 + j2$ (b) $15 + j15$ 빼기 $10 - j8$

풀이 (a) $(3 + j4) - (1 + j2) = (3 - 1) + j(4 - 2) = \mathbf{2 + j2}$

(b) $(15 + j15) - (10 - j8) = (15 - 10) + j[15 - (-8)] = \mathbf{5 + j23}$

관련 문제 $-10 - j9$ 빼기 $3.5 - j4.5$를 구하라.

### 복소수 곱셈

직각좌표 형식으로 표시한 두 복소수의 곱셈을 할 때는 한 복소수의 실수를 다른 복소수의 실수와 허수에 차례로 곱하고, 다음으로 허수를 다른 복소수의 실수와 허수에 차례로 곱한 뒤에 각 곱셈 결과를 실수는 실수끼리, 허수는 허수끼리 합하여 계산한다($j \times j = -1$이 되는 것을 잘 기억하기 바란다). 예를 들어 보면

$$(5 + j3)(2 - j4) = 10 - j20 + j6 + 12 = 22 - j14$$

두 복소수를 극좌표 형식으로 표시하면 더욱 쉽게 곱셈을 할 수 있으므로 직각좌표 형식으로 된 복소수끼리 곱셈을 하기 전에 미리 극좌표 형식으로 변환해 두는 것이 좋다. 극좌표 형식으로 된 복소수의 곱셈 규칙은 다음과 같다.

**크기는 서로 곱하고, 각은 서로 더한다.**

**예제 15-6** 다음 복소수의 곱셈을 하라.

(a) $10 \angle 45°$ 곱하기 $5 \angle 20°$ (b) $2 \angle 60°$ 곱하기 $4 \angle -30°$

풀이 (a) $(10 \angle 45°)(5 \angle 20°) = (10)(5) \angle (45° + 20°) = 50 \angle 65°$

(b) $(2 \angle 60°)(4 \angle -30°) = (2)(4) \angle [60° + (-30°)] = 8 \angle 30°$

관련 문제 $50 \angle 10°$ 곱하기 $30 \angle -60°$를 구하라.

### 복소수 나눗셈

직각좌표 형식으로 표시한 두 복소수의 나눗셈을 할 때는 분자와 분모에 저마다 '분모의 **켤레복소수**(complex conjugate, 공액복소수)'를 곱한 다음, 계산 결과를 실수는 실수끼리, 허수는 허수끼리 합하여 간단히 한다. 여기서 분모의 켤레복소수는 허수부의 부호만 반대인 복소수이다. 예를 들어 보면

$$\frac{10 + j5}{2 + j4} = \frac{(10 + j5)(2 - j4)}{(2 + j4)(2 - j4)} = \frac{20 - j30 + 20}{4 + 16} = \frac{40 - j30}{20} = 2 - j1.5$$

곱셈과 마찬가지로 두 복소수를 극좌표 형식으로 표시하면 더욱 쉽게 나눗셈을 할 수 있으므로 직각좌표 형식으로 된 복소수끼리 나눗셈을 하기 전에 미리 극좌표 형식으로 변환해 두는 것이 좋다. 극좌표 형식으로 된 복소수의 나눗셈 규칙은 다음과 같다.

**크기는 서로 나누고, 각은 서로 뺀다.**

**예제 15-7** 다음 복소수의 나눗셈을 하라.

(a) $100\angle 50°$ 나누기 $25\angle 20°$ (b) $15\angle 10°$ 나누기 $3\angle -30°$

풀이

(a) $$\frac{100\angle 50°}{25\angle 20°} = \left(\frac{100}{25}\right)\angle(50° - 20°) = \mathbf{4\angle 30°}$$

(b) $$\frac{15\angle 10°}{3\angle -30°} = \left(\frac{15}{3}\right)\angle[10° - (-30°)] = \mathbf{5\angle 40°}$$

관련 문제 $24\angle -30°$ 나누기 $6\angle 12°$를 구하라.

**복습문제 15-1**

1. $2 + j2$를 극좌표 형식으로 변환하라. 또한 이 페이저는 몇 사분면에 있는지 말하라.
2. $5\angle -45°$를 직각좌표 형식으로 변환하라. 또한 이 페이저는 몇 사분면에 있는지 말하라.
3. $1 + j2$ 더하기 $3 - j1$을 구하라.
4. $15 + j25$ 빼기 $12 + j18$을 구하라.
5. $8\angle 45°$ 곱하기 $2\angle 65°$를 구하라.
6. $30\angle 75°$ 나누기 $6\angle 60°$를 구하라.

## 15-2 *RC* 직렬 회로의 정현파 응답

정현파(사인파) 전압을 *RC* 직렬 회로에 인가하면, 저항과 커패시터에 나타나는 전압과 전류도 마찬가지로 정현파가 되며, 이 정현파의 주파수도 인가한 정현파의 주파수와 같아진다. 다만, 커패시턴스의 영향으로 전압과 전류 사이에는 위상차(phase difference)가 발생하며, 위상차의 값은 저항 값과 커패시터의 용량성 리액턴스 값에 의해 결정된다.

이 절의 학습 내용은 다음과 같다.

- ***RC* 직렬 회로에서 전압과 전류 사이의 관계**
  - *RC* 직렬 회로에서 전압과 전류 파형
  - 전압 파형, 전류 파형들 사이의 위상차

그림 15-14에서 볼 수 있듯이, 저항의 전압 파형($V_R$)과 커패시터의 전압 파형($V_C$), 그리고 회로에 흐르는 전류 파형은 전원 전압과 똑같은 주파수를 가진 정현파이다. 여기서 전원 전압과 각

부품의 전압, 전류들 사이에 **위상차**가 발생한 것은 커패시턴스 때문이다. 그림을 살펴보면 저항의 전압과 전류는 전원 전압보다 **위상이 앞서며**(phase lead), 커패시터의 전압은 이와는 반대로 전원 전압보다 **위상이 뒤지게**(phase lag) 된다. 커패시터를 통해 흐르는 전류와 커패시터 양단의 전압 사이의 위상차는 언제나 90°가 된다. 이 일반화된 위상관계가 그림 15-14에 나타나 있다.

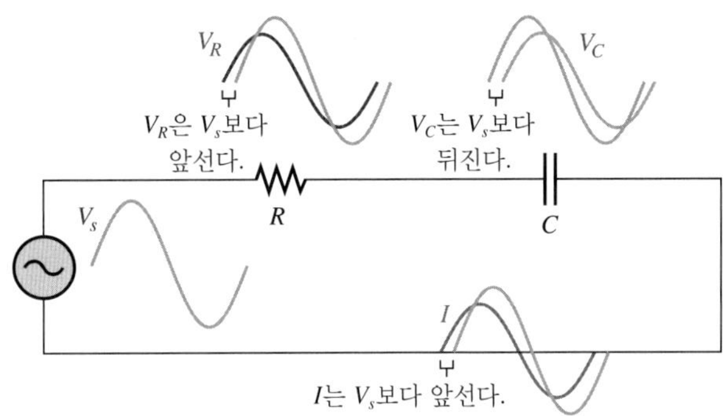


◀ **그림 15-14**
*RC* 직렬 회로에서, $V_R$, $V_C$, $I$와 전원 전압 $V_s$ 사이의 위상관계: $V_R$과 $I$는 위상이 서로 같다(동상). $V_R$과 $V_C$의 위상차는 90°이다.

전압과 전류의 진폭(amplitude)과 이들 사이의 위상관계는 저항 값과 **용량성 리액턴스**(capacitive reactance) 값에 따라 정해진다. 회로가 저항 성분만을 갖고 있다면, 전원 전압과 회로 전체에 흐르는 전류 사이의 위상차는 0°가 된다. 회로가 커패시턴스 성분만을 갖고 있다면, 전원 전압과 전류 사이의 위상차는 90°가 되며 전류가 그 각도만큼 앞선다. 따라서 회로에 저항 성분과 커패시턴스 성분이 모두 포함되어 있으면 전압과 전류 사이의 위상차는 0°～90° 사이의 값이 되며, 정확한 위상차의 값은 저항 값과 리액턴스 값에 의해 결정된다.

**복습문제 15-2**

1. 60 Hz 정현파 전압이 *RC* 회로에 인가되었다. 커패시터 양단 전압의 주파수를 구하라. 또한 회로에 흐르는 전류의 주파수를 구하라.
2. *RC* 직렬 회로에서 $V_S$와 $I$ 사이의 위상차를 발생시키는 것은 무엇인가?
3. 저항 값이 용량성 리액턴스 값보다 큰 *RC* 회로가 있다. 회로에 인가된 전압과 회로의 전체 전류 사이의 위상차는 0°와 90° 중 어느 쪽에 가까운 값이 되는가?

# 15-3 *RC* 직렬 회로의 임피던스

*RC* 회로의 **임피던스**(impedance)는 정현파 전류의 흐름을 방해하는 성질을 나타내는 양으로서 단위는 옴(Ω)이다. 위상각(phase angle)은 전체 전류와 전원 전압 사이의 위상차를 말하는데, 임피던스가 이 위상차를 발생시킨다.

이 절의 학습 내용은 다음과 같다.

- ***RC* 직렬 회로의 임피던스**
  - *임피던스*의 정의
  - 용량성 리액턴스를 복소수 형식으로 표현하는 방법
  - 전체 임피던스를 복소수 형식으로 표현하는 방법
  - 임피던스 삼각도를 그리는 방법
  - 임피던스의 크기와 위상각을 구하는 방법

저항만 들어 있는 회로에서는 전체 저항 값이 바로 임피던스가 된다. 커패시터만으로 이루어진 회로의 임피던스는 전체 용량성 리액턴스 값과 같다. $RC$ 직렬 회로의 전체 임피던스는 저항과 리액턴스를 더한 값이 된다. 이 내용을 그림 15-15에 나타내었다. $Z$로 임피던스의 크기를 표시한다.

▶ 그림 15-15
세 종류 회로의 임피던스

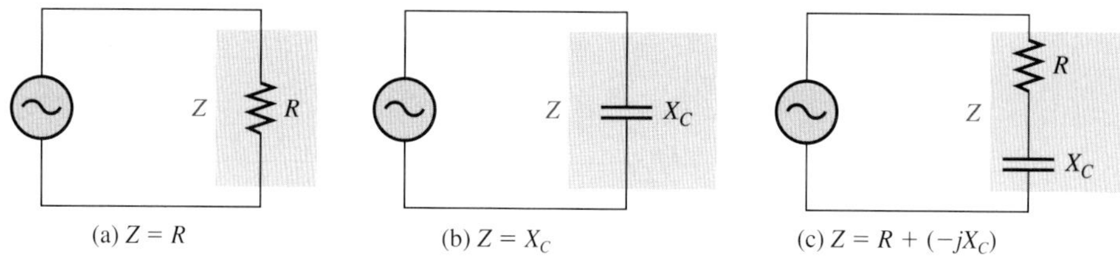


페이저 양인 용량성 리액턴스를 직각좌표 형식으로 표시하면 다음과 같은 복소수가 된다.

$$\mathbf{X}_C = -jX_C$$

여기서 굵은체로 표시한 $\mathbf{X}_C$는 크기와 각도를 함께 표시하는 페이저(phasor) 양이며, 보통 굵기의 문자로 표시한 $X_C$는 오직 크기만을 나타낸다.

그림 15-16에 표시된 $RC$ 직렬 회로의 전체 임피던스는 $R$과 $-jX_C$를 더한 것이므로, 다음과 같이 쓸 수 있다.

$$\mathbf{Z} = R - jX_C \tag{15-7}$$

▶ 그림 15-16
$RC$ 직렬 회로의 임피던스

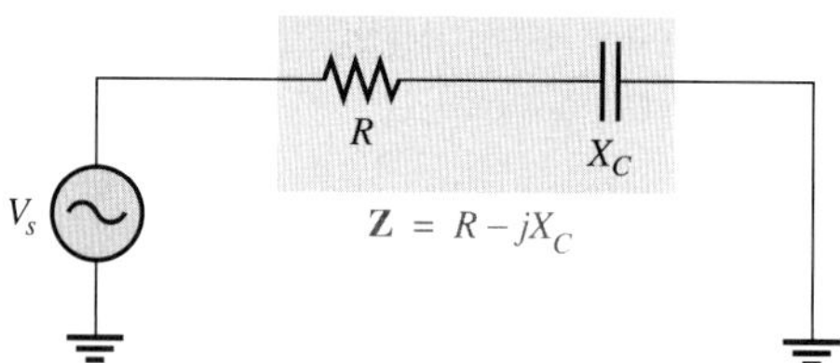


교류 회로를 해석하기 위해 $R$과 $X_C$를 페이저도(phase diagram)에 나타낸 것이 그림 15-17(a)이다. 그림에서 볼 수 있듯이 $R$을 기준으로 $X_C$는 $-90°$의 위치에 표시된다. 이렇게 한 것은 $RC$ 직렬 회로에서는 커패시터의 전압이 전류보다 90°만큼 뒤지므로, 결국 저항의 전압과 비교해도 90°만큼 뒤지기 때문이다. $\mathbf{Z}$는 페이저 $R$과 $-jX_C$의 합이 되므로, $\mathbf{Z}$를 페이저 형태로 표시하면 그림 15-17(b)가 된다. 페이저 $X_C$의 위치를 오른쪽으로 이동시키면 그림 15-17(c)와 같이 직각삼각형을 만들 수 있는데, 이것을 **임피던스 삼각형**(impedance triangle)이라고 한다. 여기서 각 페이저의 길이는 크기(단위는 Ω)를 나타내며, 각도 $\theta$는 $RC$ 회로의 위상각으로 결국 인가 전압과 전류 사이의 위상차를 나타낸다.

▶ 그림 15-17
$RC$ 직렬 회로의 임피던스 삼각형을 그리는 방법

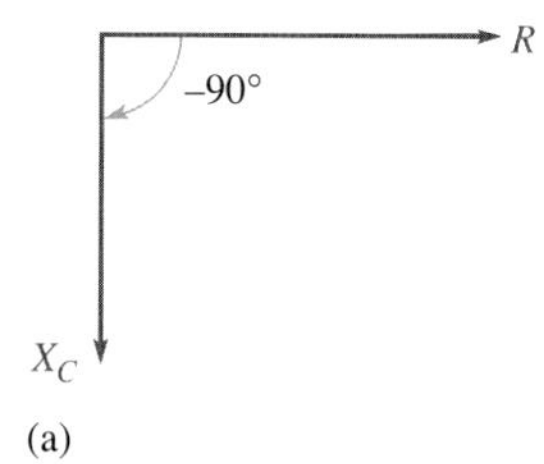

(a)

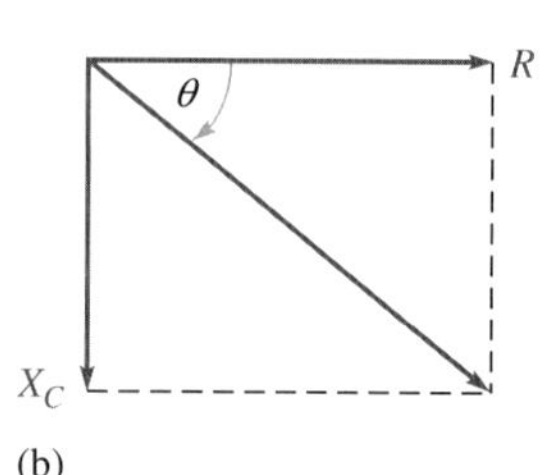

(b)

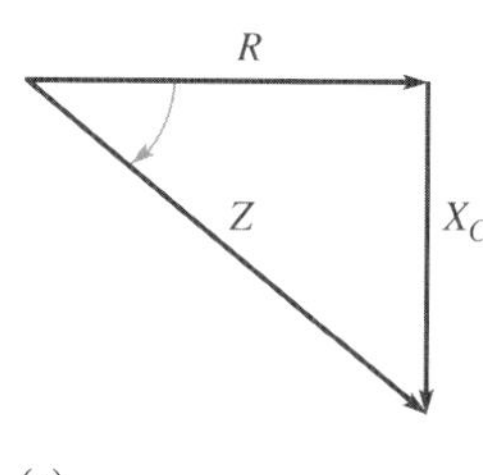

(c)

그림 15-17(c)의 직각삼각형에 피타고라스 정리를 적용하면 임피던스의 크기(빗변의 길이)를 저항과 리액턴스의 값을 사용하여 다음과 같이 쓸 수 있다.

$$Z = \sqrt{R^2 + X_C^2}$$

여기서 기울임꼴인 $Z$는 페이저 양인 **Z**의 크기로 단위는 옴(Ω)이다.

위상각 $\theta$를 다음과 같이 쓸 수 있다.

$$\theta = -\tan^{-1}\left(\frac{X_C}{R}\right)$$

$\tan^{-1}$은 역탄젠트(inverse tangent) 함수로서, 계산기로 이 함수의 값을 계산할 수 있다. 임피던스 페이저를 크기와 위상을 함께 표시하는 극좌표 형식으로 나타내면 다음 식과 같다.

$$\mathbf{Z} = \sqrt{R^2 + X_C^2}\angle -\tan^{-1}\left(\frac{X_C}{R}\right) \tag{15-8}$$

**예제 15-8**

그림 15-18에 있는 세 회로의 임피던스를 직각좌표 형식과 극좌표 형식을 사용하여 페이저로 표시하라.

▶ 그림 15-18

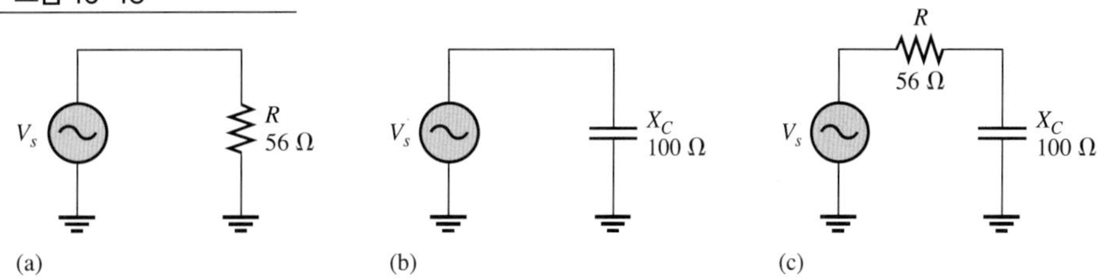

(a) $V_s$, $R$ 56 Ω　(b) $V_s$, $X_C$ 100 Ω　(c) $V_s$, $R$ 56 Ω, $X_C$ 100 Ω

**풀이** 그림 15-18(a)의 회로에서 임피던스는

$$\mathbf{Z} = R - j0 = R = \mathbf{56\ \Omega} \quad \text{(직각좌표 형식, } X_C = 0)$$
$$\mathbf{Z} = R\angle 0^\circ = \mathbf{56\angle 0^\circ\ \Omega} \quad \text{(극좌표 형식)}$$

이 되므로, 저항 성분만을 갖는다. 저항은 전압과 전류 사이에 위상차를 발생시키지 않으므로 위상각은 0°가 된다.

그림 15-18(b)의 회로에서 임피던스는

$$\mathbf{Z} = 0 - jX_C = \mathbf{-j100\ \Omega} \quad \text{(직각좌표 형식, } R = 0)$$
$$\mathbf{Z} = X_C\angle -90^\circ = \mathbf{100\angle -90^\circ\ \Omega} \quad \text{(극좌표 형식)}$$

이 되므로, 리액턴스 성분만을 갖는다. 커패시턴스에 의해 전류가 전압보다 90°만큼 앞서게 되므로 위상각은 −90°가 된다.

그림 15-18(c)의 회로에서 임피던스는

$$\mathbf{Z} = R - jX_C = \mathbf{56\ \Omega - j100\ \Omega} \quad \text{(직각좌표 형식)}$$

$$\mathbf{Z} = \sqrt{R^2 + X_C^2}\angle -\tan^{-1}\left(\frac{X_C}{R}\right)$$

$$= \sqrt{(56\ \Omega)^2 + (100\ \Omega)^2}\angle -\tan^{-1}\left(\frac{100\ \Omega}{56\ \Omega}\right) = \mathbf{115\angle -60.8°\ \Omega}\ \text{(극좌표 형식)}$$

이 되므로, 임피던스는 저항과 용량성 리액턴스의 페이저 합이 된다. 따라서 $X_C$와 $R$ 값에 의해 위상각이 결정된다. 계산기를 사용하여 직각좌표를 극좌표 형식으로 변환할 수 있으므로 사용설명서를 잘 살펴보기 바란다.

**관련 문제** 계산기를 사용하여 그림 15-18(c) 회로의 임피던스를 직각좌표에서 극좌표 형식으로 변환하라. 또한 임피던스 페이저도를 그려라.

**복습문제 15-3**

1. 임피던스가 150 Ω − $j$220 Ω인 *RC* 회로에서 저항의 값과 용량성 리액턴스의 값을 구하라.
2. 저항이 33 kΩ, 용량성 리액턴스가 50 kΩ인 *RC* 직렬 회로에서 임피던스 페이저를 직각좌표 형식으로 나타내어라.
3. 위 문제 2의 회로에 대해, 임피던스의 크기와 위상각을 구하라.

# 15-4 *RC* 직렬 회로의 해석

이 절에서는 옴의 법칙과 키르히호프의 전압 법칙을 써서 *RC* 회로를 해석하여 전압, 전류, 임피던스를 구해 본다.

이 절의 학습 내용은 다음과 같다.

- ***RC* 직렬 회로의 해석 방법**
  - 옴의 법칙과 키르히호프 전압 법칙을 *RC* 직렬 회로에 적용하는 방법
  - 전압과 전류를 페이저 양으로 표시하는 방법
  - 주파수의 값에 따른 임피던스와 위상각의 변화
  - *RC* 지상 회로의 동작과 해석 방법
  - *RC* 진상 회로의 동작과 해석 방법

## 옴의 법칙

옴의 법칙(Ohm's law)을 적용하여 *RC* 직렬 회로를 해석하는 경우에는 반드시 페이저 양 **Z**, **V**, **I**를 사용해야 한다. 크기와 위상을 동시에 나타내는 페이저 양은 반드시 기울임꼴이 아닌 굵은체로 표기한다는 것을 다시 한 번 명심하기 바란다. 페이저 양 **Z**, **V**, **I**에 대해서 옴의 법칙은 다음의 세 가지 형태로 쓸 수 있다.

$$\mathbf{V} = \mathbf{IZ} \tag{15-9}$$

$$\mathbf{I} = \frac{\mathbf{V}}{\mathbf{Z}} \tag{15-10}$$

$$\mathbf{Z} = \frac{\mathbf{V}}{\mathbf{I}} \tag{15-11}$$

앞서 배운 페이저 연산 방법에서 알아보았듯이 페이저를 극좌표 형식으로 표시하면 곱셈과 나눗셈을 아주 쉽게 할 수 있다. 옴의 법칙이 페이저 사이의 곱셈과 나눗셈으로 표시되므로 전압, 전류, 그리고 임피던스를 극좌표 형식으로 나타내도록 한다. 다음의 두 예제를 풀면서 전원 전압과 전원 전류 사이의 관계를 알아본다. 단, [예제 15-9]에서는 전류를 기준으로 삼고, [예제 15-10]에서는 전압을 기준으로 삼는다. 페이저도를 그릴 때는 기준이 되는 양을 x축에 나타내었다.

**예제 15-9** 그림 15-19의 회로에 극좌표 형식으로 $\mathbf{I} = 0.2\angle 0°$ mA로 표시되는 전류가 흐르고 있다. 전원 전압을 극좌표 형식으로 구하라. 또한 전원 전압과 전류 사이의 관계를 표시하는 페이저도를 그려라.

▶ 그림 15-19

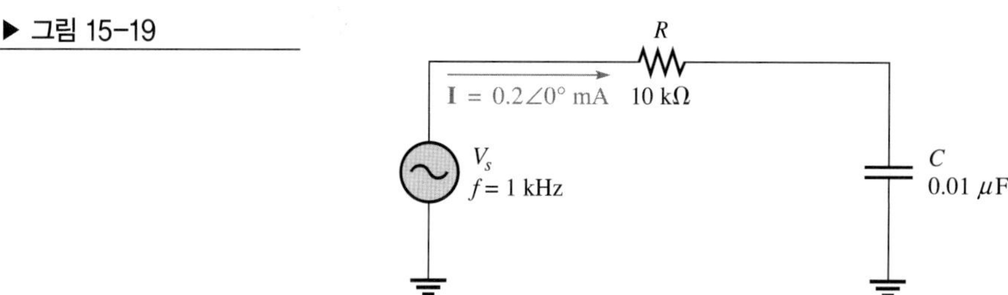


**풀이** 용량성 리액턴스의 크기는

$$X_C = \frac{1}{2\pi fC} = \frac{1}{2\pi(1000\,\text{Hz})(0.01\,\mu\text{F})} = 15.9\,\text{k}\Omega$$

회로 전체의 임피던스는

$$\mathbf{Z} = R - jX_C = 10\,\text{k}\Omega - j15.9\,\text{k}\Omega$$

이를 극좌표 형식으로 변환하면

$$\mathbf{Z} = \sqrt{R^2 + X_C^2}\angle -\tan^{-1}\left(\frac{X_C}{R}\right)$$

$$= \sqrt{(10\,\text{k}\Omega)^2 + (15.9\,\text{k}\Omega)^2}\angle -\tan^{-1}\left(\frac{15.9\,\text{k}\Omega}{10\,\text{k}\Omega}\right) = 18.8\angle -57.8°\,\text{k}\Omega$$

옴의 법칙을 사용하면 전원 전압은

$$\mathbf{V}_s = \mathbf{IZ} = (0.2\angle 0°\,\text{mA})(18.8\angle -57.8°\,\text{k}\Omega) = \mathbf{3.76\angle -57.8°\,V}$$

이 결과를 보면 전원 전압의 크기는 3.76 V이고, 전원 전압의 각도는 전류를 기준으로 −57.8°임을 알 수 있다. 즉, 전압이 전류에 비해 57.8°만큼 뒤지고 있음을 알 수 있다. 이러한 위상관계를 그림 15-20의 페이저도에 표시하였다.

▶ 그림 15-20

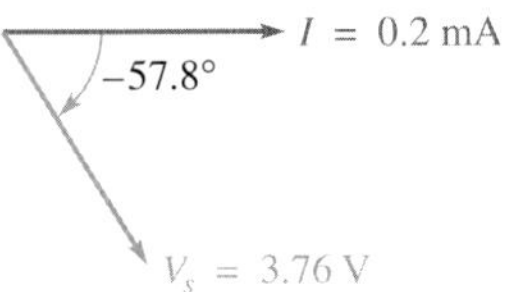


**관련 문제** 그림 15-19에서 $f = 2$ kHz, $\mathbf{I} = 0.2\angle 0°$ A일 때, $\mathbf{V}_s$를 구하라.

**예제 15-10** 그림 15-21의 회로에 흐르는 전류를 구하고, 전원 전압과 전류 사이의 관계를 표시하는 페이저도를 그려라.

▶ 그림 15-21

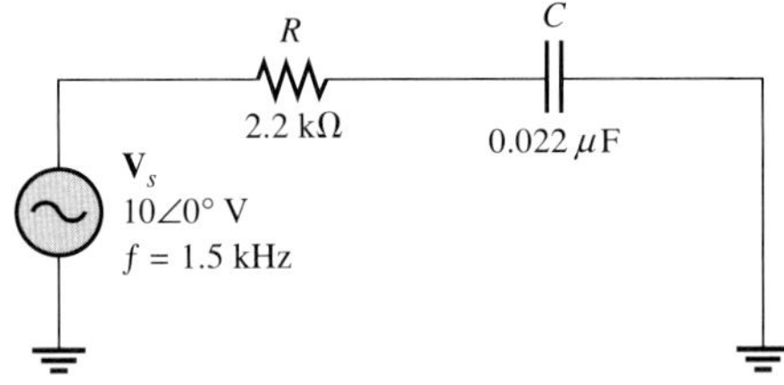


**풀이** 용량성 리액턴스의 크기는

$$X_C = \frac{1}{2\pi fC} = \frac{1}{2\pi(1.5\,\text{kHz})(0.022\,\mu\text{F})} = 4.82\,\text{k}\Omega$$

회로 전체의 임피던스는

$$\mathbf{Z} = R - jX_C = 2.2\,\text{k}\Omega - j4.82\,\text{k}\Omega$$

이를 극좌표 형식으로 변환하면

$$\mathbf{Z} = \sqrt{R^2 + X_C^2}\angle -\tan^{-1}\left(\frac{X_C}{R}\right)$$

$$= \sqrt{(2.2\,\text{k}\Omega)^2 + (4.82\,\text{k}\Omega)^2}\angle -\tan^{-1}\left(\frac{4.82\,\text{k}\Omega}{2.2\,\text{k}\Omega}\right) = 5.30\angle -65.5°\,\text{k}\Omega$$

옴의 법칙을 사용하면 전체 전류는

$$\mathbf{I} = \frac{\mathbf{V}}{\mathbf{Z}} = \frac{10\angle 0°\,\text{V}}{5.30\angle -65.5°\,\text{k}\Omega} = \mathbf{1.89\angle 65.5°\,mA}$$

이 결과를 보면 전류의 크기는 1.89 mA이고, 위상각은 +67.5°이므로 전류가 전압보다 이 각도만큼 앞서고 있음을 알 수 있다. 이 위상관계를 그림 15-22의 페이저도에 표시하였다.

▶ 그림 15-22

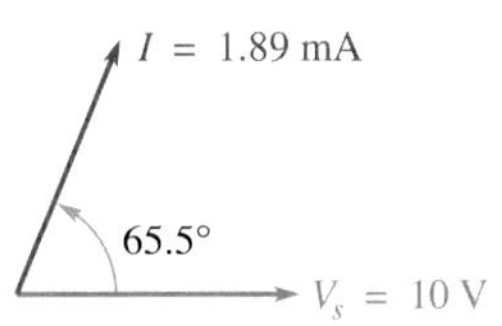

**관련 문제** 그림 15-21의 회로에서 주파수 $f$가 5 kHz로 증가할 때, 전류 $\mathbf{I}$를 구하라.

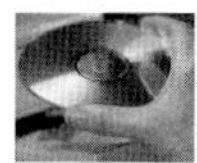

Multisim 파일 E15-10을 사용하여 [예제 15-10]과 [관련 문제]의 계산 결과를 확인하라.

## RC 직렬 회로에서 전류와 전압의 관계

*RC* 직렬 회로에서, 저항과 커패시터에는 같은 전류가 흐른다. 따라서 저항의 전압과 전류의 위상은 서로 같고, 커패시터의 전압은 전류보다 90°만큼 뒤진다. 그러므로 그림 15-23에 나타나 있듯이 저항 전압 $V_R$과 커패시터 전압 $V_C$ 사이에는 90°의 위상차가 발생한다.

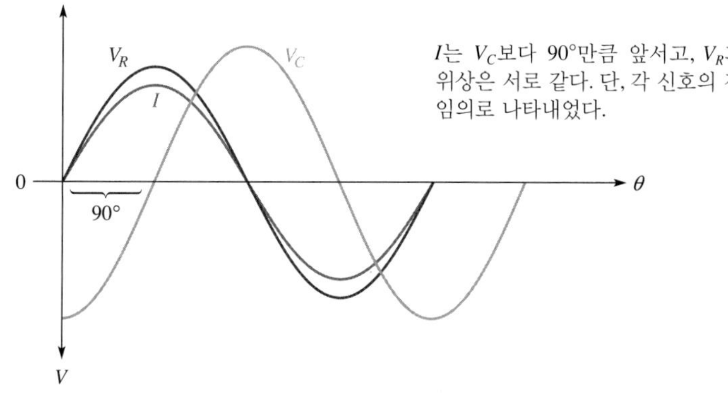


◀ 그림 15-23
*RC* 직렬 회로의 전압과 전류 사이의 위상관계

*RC* 회로에 키르히호프 법칙을 적용해 보면 각 부품에서 발생하는 전압 강하의 합은 인가 전압과 같아야 한다는 것을 알 수 있다. 그러나 그림 15-24(a)에서 보듯이 $V_R$과 $V_C$ 사이에는 90°의 위상차가 있으므로, 이 두 전압을 더할 때는 페이저 덧셈을 해야 한다. 즉, 그림 15-24(b)와 같이 $\mathbf{V}_s$는 $V_R$과 $V_C$의 페이저 합이 되므로, 다음 식과 같이 직각좌표 형식으로 쓸 수 있다.

$$\mathbf{V}_s = V_R - jV_C \tag{15-12}$$

이 식을 극좌표 형식으로 변환하면 다음과 같다.

$$\mathbf{V}_s = \sqrt{V_R^2 + V_C^2}\angle -\tan^{-1}\left(\frac{V_C}{V_R}\right) \tag{15-13}$$

여기서 전원 전압의 크기는

$$V_s = \sqrt{V_R^2 + V_C^2}$$

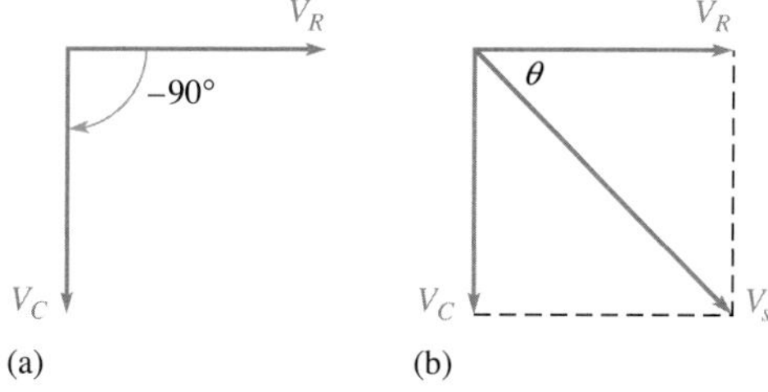


◀ 그림 15-24
*RC* 직렬 회로의 전압 페이저도

이고, 저항 전압과 전원 전압 사이의 위상각은 다음과 같다.

$$\theta = -\tan^{-1}\left(\frac{V_C}{V_R}\right)$$

저항의 전압과 전류의 위상은 서로 같으므로, 위에서 구한 위상각 $\theta$는 전원 전압과 전류 사이의 위상각도 될 수 있다. 그림 15-25의 페이저도는 그림 15-23의 전압, 전류 파형을 페이저로 나타낸 것이다.

▶ 그림 15-25

그림 15-23의 파형에 대한 전압, 전류 페이저도

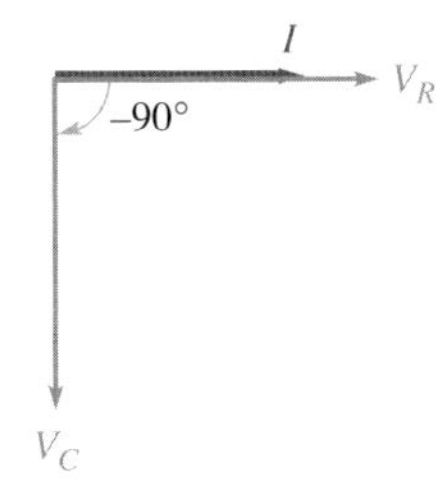


## 주파수 값에 따른 임피던스의 변화

앞에서 살펴보았듯이 용량성 리액턴스의 크기는 주파수에 반비례한다. $Z = \sqrt{R^2 + X_C^2}$ 이므로 $X_C$가 증가하면 전체 임피던스의 크기도 증가하며, 반대로 $X_C$가 감소하면 임피던스의 크기도 따라서 감소한다. 따라서 **$RC$ 회로에서 임피던스 크기 $Z$는 주파수 값에 반비례한다.**

그림 15-26에 주파수 값의 변화가 전압과 전류의 크기에 미치는 영향을 자세히 설명하였다. 그림을 보면 신호발생기의 전압 크기를 일정하게 유지시키고 주파수만을 변화시키고 있다. 그림 15-26(a)에 나타나 있듯이 주파수가 증가하면 $X_C$는 감소한다. 따라서 커패시터 양단의 전압도 줄어들게 된다. 또한 $X_C$가 감소하면 $Z$도 감소하므로 전류는 증가한다. 전류가 증가하면 저항 $R$ 양단의 전압은 커지게 된다.

그림 15-26(b)를 보면 주파수가 감소함에 따라 $X_C$는 증가한다. 따라서 커패시터의 전압도 커지게 된다. 또한 $X_C$가 증가하면 $Z$도 증가하므로 전류는 감소한다. 전류가 감소하면 저항 $R$의 전압은 작아진다.

▶ 그림 15-26

전원의 주파수 값에 따른 전압과 전류의 변화. 여기서 전원 전압(신호발생기)의 진폭을 일정하게 유지한다.

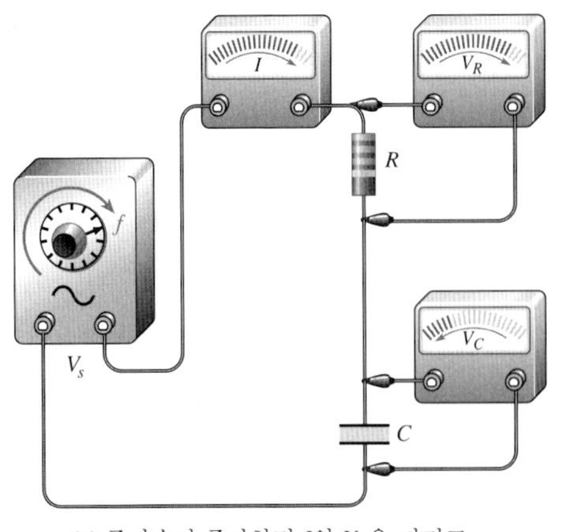


(a) 주파수가 증가하면 $I$와 $V_R$은 커지고, $V_C$는 작아진다.

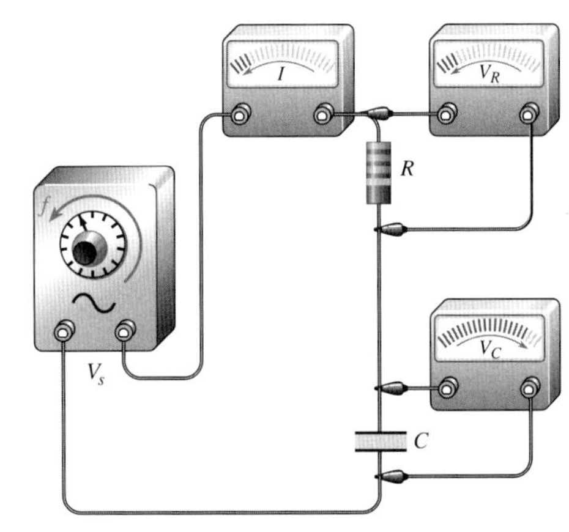


(b) 주파수가 감소하면 $I$와 $V_R$은 작아지고 $V_C$는 커진다.

그림 15-27을 보면서 주파수의 변화가 Z와 $X_C$에 미치는 영향을 살펴보자. 전원(신호발생기)의 주파수가 증가해도 전원의 진폭(크기) $V_s$를 일정하게 유지시키고 있으므로, Z에 걸리는 전압도 변화 없이 일정하게 유지된다. C 양단의 전압은 주파수가 증가함에 따라 감소하고 있다. 전류는 증가하고 있는데, 옴의 법칙($Z = V_Z/I$, $X_C = V_C/I$)을 생각해 보면 Z와 $X_C$ 모두 감소하고 있다는 것을 알 수 있다. $X_C$가 감소하므로 $V_C$도 줄어들게 된다.

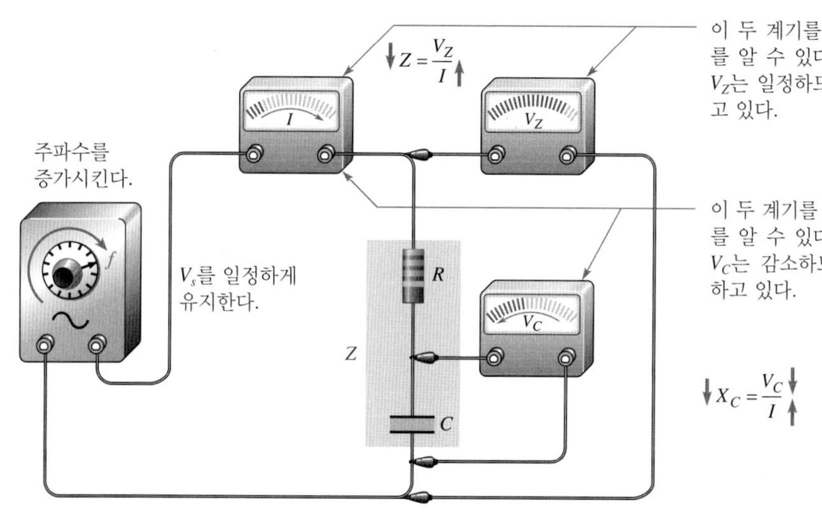


◀ 그림 15-27
주파수 값에 따른 Z와 $X_C$의 변화

RC 직렬 회로에서는 $X_C$에 의해 위상차가 발생하므로, $X_C$ 값의 변화는 회로의 위상각을 변화시킨다. 주파수가 증가하면 $X_C$ 값이 작아지므로 위상각도 작아진다. 주파수가 감소하면 $X_C$ 값이 커지므로 위상각도 커지게 된다. I와 $V_R$의 위상은 서로 같으므로, $V_s$와 $V_R$의 위상이 결국 회로의 위상각이 된다. I의 위상을 구할 때는 $V_R$의 위상을 대신 측정하면 된다. 보통 오실로스코프로 $V_s$와 회로의 부품 중에 한 부품의 전압 파형 사이의 시간 차이를 측정하여 위상각을 구한다.

그림 15-28에 임피던스 삼각형을 이용하여, 주파수 값의 변화에 따른 $X_C$, Z, $\theta$의 변화를 설명하였다. 물론 R은 주파수의 변화에 관계없이 일정한 값을 갖는다. 하지만 $X_C$ 값이 주파수에 반비례하므로 전체 임피던스의 크기와 위상각도 주파수에 반비례한다는 것을 이해하는 것이 중요하다. [예제 15-11]을 풀어 보면서 이를 확인해 보기로 하자.

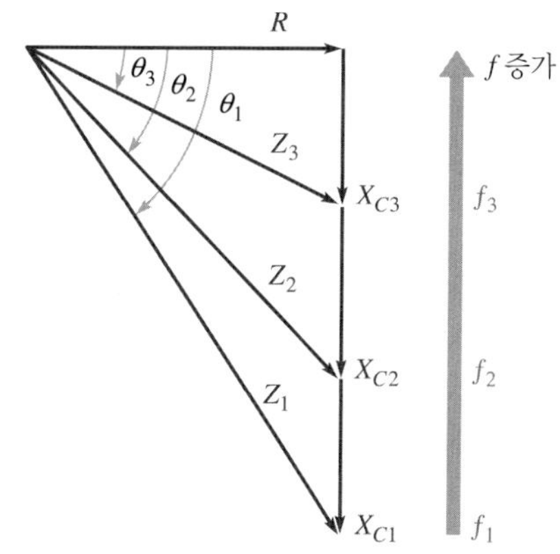


◀ 그림 15-28
주파수에 따른 임피던스 삼각형의 변화: 주파수가 증가함에 따라 $X_C$, Z, $\theta$의 값이 모두 감소한다는 것을 보여주고 있다.

**예제 15-11** 그림 15-29의 $RC$ 직렬 회로에서, 다음의 세 주파수에 대해 회로 전체 임피던스의 크기와 위상각을 각각 구하라.

(a) 10 kHz (b) 20 kHz (c) 30 kHz

▶ 그림 15-29

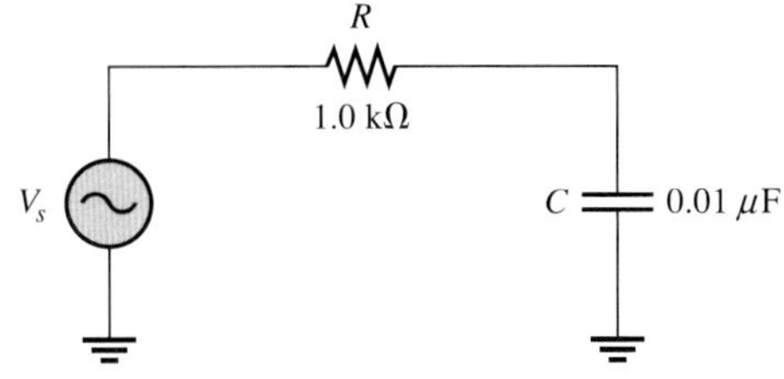


풀이 (a) $f$ = 10 kHz에 대해서

$$X_C = \frac{1}{2\pi fC} = \frac{1}{2\pi(10\,\text{kHz})(0.01\,\mu\text{F})} = 1.59\,\text{k}\Omega$$

$$\mathbf{Z} = \sqrt{R^2 + X_C^2}\angle -\tan^{-1}\left(\frac{X_C}{R}\right)$$

$$= \sqrt{(1.0\,\text{k}\Omega)^2 + (1.59\,\text{k}\Omega)^2}\angle -\tan^{-1}\left(\frac{1.59\,\text{k}\Omega}{1.0\,\text{k}\Omega}\right) = 1.88\angle -57.8°\,\text{k}\Omega$$

따라서 $Z$ = **1.88 kΩ**이고, $\theta$ = **−57.8°**가 된다.

(b) $f$ = 20 kHz에 대해서

$$X_C = \frac{1}{2\pi(20\,\text{kHz})(0.01\,\mu\text{F})} = 796\,\Omega$$

$$\mathbf{Z} = \sqrt{(1.0\,\text{k}\Omega)^2 + (796\,\Omega)^2}\angle -\tan^{-1}\left(\frac{796\,\Omega}{1.0\,\text{k}\Omega}\right) = 1.28\angle -38.5°\,\text{k}\Omega$$

따라서 $Z$ = **1.28 kΩ**이고, $\theta$ = **−38.5°**가 된다.

(c) $f$ = 30 kHz에 대해서

$$X_C = \frac{1}{2\pi(30\,\text{kHz})(0.01\,\mu\text{F})} = 531\,\Omega$$

$$\mathbf{Z} = \sqrt{(1.0\,\text{k}\Omega)^2 + (531\,\Omega)^2}\angle -\tan^{-1}\left(\frac{531\,\Omega}{1.0\,\text{k}\Omega}\right) = 1.13\angle -28.0°\,\text{k}\Omega$$

따라서 $Z$ = **1.13 kΩ**이고, $\theta$ = **−28.0°**가 된다.

이상의 결과로부터 주파수가 증가하면 $X_C$, $Z$, $\theta$가 감소함을 알 수 있다.

관련 문제 그림 15-29의 회로에서 $f$ = 1 kHz일 때, 전체 임피던스의 크기와 위상각을 구하라.

## RC 지상 회로

$RC$ 지상 회로(lag circuit)는 위상 천이(또는 편이) 회로(phase shift circuit)의 한 종류로서, 출력 전압의 위상이 입력 전압보다 어떤 정해진 각도만큼 뒤지도록(지연되도록) 해 주는 역할을 한

다. 그림 15-30(a)의 $RC$ 회로를 보면 신호원의 전압을 입력 전압 $V_{in}$, 커패시터 양단의 전압을 출력 전압 $V_{out}$으로 하고 있다. 앞에서 살펴본 것처럼 위상각 $\theta$는 전류와 입력 전압 사이의 위상차이다. 또한 $V_R$과 $I$의 위상은 서로 같으므로 $\theta$는 저항 전압과 입력 전압 사이의 위상각이라고도 할 수 있다.

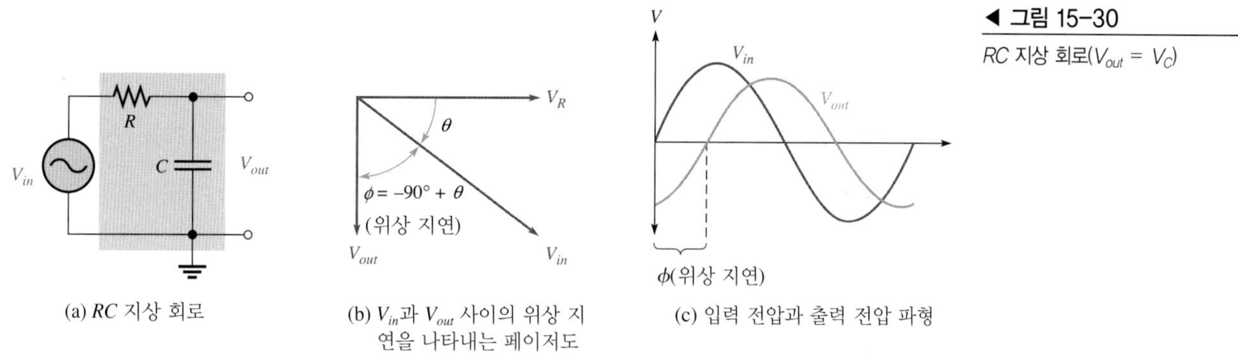

(a) $RC$ 지상 회로

(b) $V_{in}$과 $V_{out}$ 사이의 위상 지연을 나타내는 페이저도

(c) 입력 전압과 출력 전압 파형

◀ 그림 15-30
$RC$ 지상 회로($V_{out} = V_C$)

$V_C$는 $V_R$보다 90°만큼 뒤지므로, 커패시터 전압과 입력 전압 사이의 위상차는 그림 15-30(b)에서 알 수 있듯이 $-90° \sim \theta$ 사이의 값을 갖게 된다. 커패시터 전압이 출력 전압이므로, 출력 전압은 입력 전압보다 항상 뒤지게 된다. 따라서 이 형태의 $RC$ 회로는 지상 회로로서 동작한다.

입력 전압과 출력 전압을 오실로스코프로 측정해 보면, 그림 15-30(c)의 관계를 갖는 두 파형을 스크린으로 관찰할 수 있다. 회로의 용량성 리액턴스 값과 저항 값의 상대적인 크기에 의해 출력 전압의 크기와 입력 전압에 대한 위상차 $\phi$가 결정된다.

### 입력과 출력 사이의 위상차

앞에서 설명했듯이, $\theta$는 $I$와 $V_{in}$ 사이의 위상각이다. 지금부터 $V_{out}$과 $V_{in}$ 사이의 위상각 $\phi$를 구해 보자.

입력 전압과 전류를 각각 $V_{in} \angle 0°$, $I \angle \theta$라고 하면, 출력 전압은 다음과 같이 나타낼 수 있다.

$$\mathbf{V}_{out} = (I\angle\theta)(X_C\angle -90°) = IX_C\angle(-90° + \theta)$$

위 식에서, 출력 전압은 입력 전압에서 $-90° + \theta$만큼 떨어진 각도에 위치하고 있음을 알 수 있다. $\theta = -\tan^{-1}(X_C/R)$이므로, 입력과 출력 전압 사이의 위상각 $\phi$는

$$\phi = -90° + \tan^{-1}\left(\frac{X_C}{R}\right)$$

이 되며, 다음과 같이 간단하게 쓸 수 있다.

$$\phi = -\tan^{-1}\left(\frac{R}{X_C}\right) \qquad (15\text{-}14)$$

위 식에서 각도 $\phi$는 언제나 (−) 값이 되므로 그림 15-31의 페이저도에 나타나 있듯이 출력 전압은 입력 전압보다 항상 이 각도만큼 뒤지게 된다.

▶ 그림 15-31

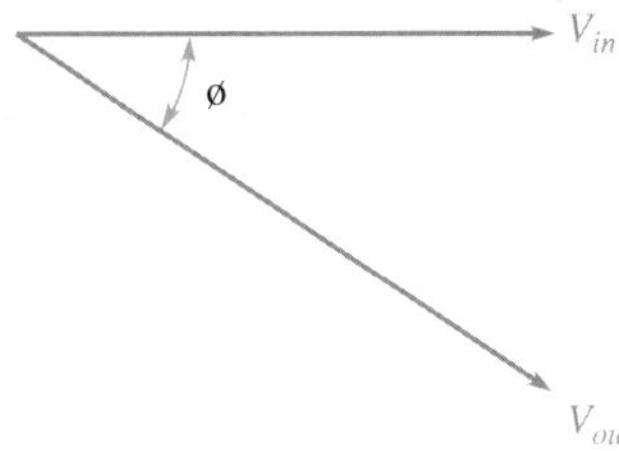


예제 15-12 그림 15-32의 *RC* 지상 회로에서 입력과 출력 사이에서 지연되는 위상의 크기를 구하라.

▶ 그림 15-32

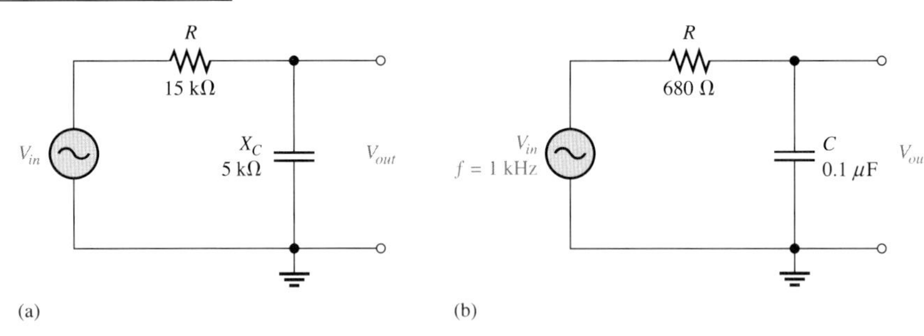


풀이 그림 15-32(a)의 지상 회로에서

$$\phi = -\tan^{-1}\left(\frac{R}{X_C}\right) = -\tan^{-1}\left(\frac{15\text{ k}\Omega}{5\text{ k}\Omega}\right) = \mathbf{-71.6°}$$

따라서 출력은 입력보다 71.6°만큼 뒤진다.

그림 15-32(b)의 지상 회로에서, 먼저 용량성 리액턴스를 계산한다.

$$X_C = \frac{1}{2\pi fC} = \frac{1}{2\pi(1\text{ kHz})(0.1\ \mu\text{F})} = 1.59\text{ k}\Omega$$

$$\phi = -\tan^{-1}\left(\frac{R}{X_C}\right) = -\tan^{-1}\left(\frac{680\ \Omega}{1.59\text{ k}\Omega}\right) = \mathbf{-23.2°}$$

따라서 출력은 입력보다 23.2°만큼 뒤진다.

관련 문제 *RC* 지상 회로에서, 주파수 *f*가 증가하면 위상 지연 양은 어떻게 변화하는가?

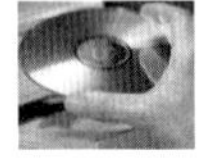

Multisim 파일 E15-12A와 E15-12B를 사용하여 [예제 15-12]와 [관련 문제]의 계산 결과를 확인하라.

### 출력 전압의 크기

*RC* 지상 회로에서 출력 전압의 크기를 구해 보자. 이 회로는 전체 입력 전압이 *R*과 *C*에 각각 나눠지고 있는 전압 분배 회로의 형태이므로, 전압 분배 법칙을 사용하거나 옴의 법칙($V_{out}$ =

$IX_C$)을 적용하여 다음과 같이 쓸 수 있다.

$$V_{out} = \left(\frac{X_C}{\sqrt{R^2 + X_C^2}}\right)V_{in} \tag{15-15}$$

*RC* 지상 회로의 출력 전압을 페이저 형식으로 표시하면 다음과 같다.

$$\mathbf{V}_{out} = V_{out}\angle\phi$$

**예제 15-13** [예제 15-12]에 있는 그림 15-32(b)의 지상 회로에서 입력 전압의 실효값이 10 V일 때, 출력 전압을 페이저 형식으로 구하라. 또한 입·출력 전압 사이의 관계를 잘 나타낼 수 있도록 입력 전압, 출력 전압의 파형을 그려라.

**풀이** [예제 15-12]의 결과에서 $X_C = 1.59\ \text{k}\Omega$, $\phi = -23.2°$이므로, 이 값을 이용하여 출력 전압을 페이저 형식으로 구해 보면

$$\mathbf{V}_{out} = V_{out}\angle\phi = \left(\frac{X_C}{\sqrt{R^2 + X_C^2}}\right)V_{in}\angle\phi$$

$$= \left(\frac{1.59\ \text{k}\Omega}{\sqrt{(680\ \Omega)^2 + (1.59\ \text{k}\Omega)^2}}\right)10\angle -23.2°\ \text{V} = \mathbf{9.20\angle -23.2°\ V\ rms}$$

입·출력 전압 파형을 그려 보면 그림 15-33과 같다. 그림에서 알 수 있듯이 출력 파형은 입력 파형보다 23.2°만큼 뒤진다.

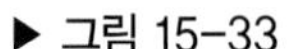
▶ 그림 15-33

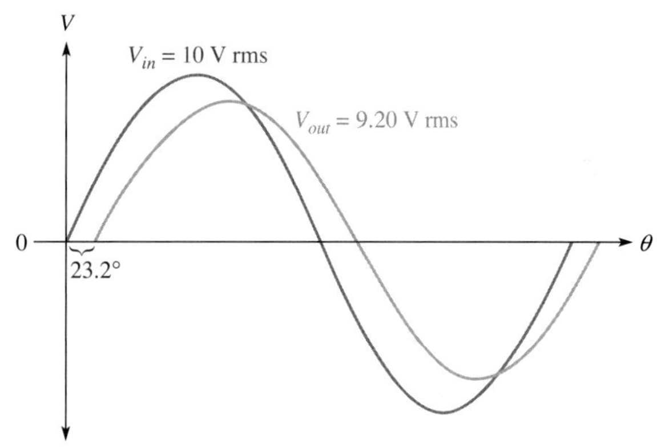


**관련 문제** 지상 회로에서, 주파수가 증가하면 출력 전압의 크기는 어떻게 변화하는가?

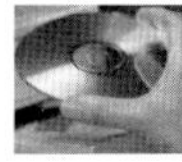
Multisim 파일 E15-13을 사용하여 [예제 15-13]과 [관련 문제]의 계산 결과를 확인하라.

## *RC* 진상 회로

*RC* 진상 회로(lead circuit)는 출력 전압의 위상이 입력 전압보다 어떤 정해진 각도만큼 앞서도록 해 주는 위상 천이 회로의 한 종류이다. 그림 15-34(a)에서 볼 수 있듯이 진상 회로에서는 지상 회로와는 반대로 커패시터 대신 저항 양단의 전압을 출력으로 한다. 따라서 출력 전압이 입력 전압보다 위상이 앞서게 된다.

▶ 그림 15-34

*RC* 진상 회로($V_{out} = V_R$)

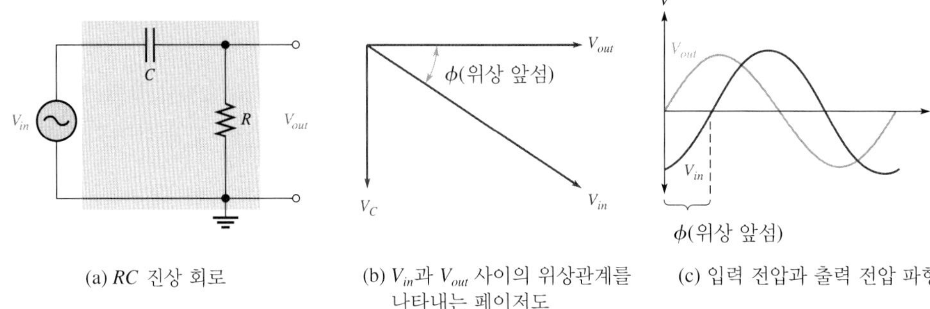


(a) *RC* 진상 회로　(b) $V_{in}$과 $V_{out}$ 사이의 위상관계를 나타내는 페이저도　(c) 입력 전압과 출력 전압 파형

### 입력과 출력 사이의 위상차

*RC* 직렬 회로에서, 전류는 항상 전압보다 앞선다. 또한 앞서 알아본 것처럼 저항 전압과 전류의 위상은 서로 같다. 진상 회로의 출력 전압은 저항 양단의 전압이므로, 그림 15-34(b)의 페이저도에 나타난 것처럼 출력은 입력보다 항상 앞서게 된다. 오실로스코프로 입·출력을 측정한다면, 스크린 위에 그림 15-34(c)와 같은 전압 파형이 나타나게 된다.

지상 회로와 마찬가지로, 진상 회로에서도 입력과 출력 전압 사이의 위상차와 출력 전압의 크기는 저항 값과 용량성 리액턴스 값의 상대적 크기에 따라 정해진다. 저항 전압(즉, 출력 전압)과 전체 전류의 위상은 서로 같으므로, 입력 전압의 위상을 0°로 가정하여 기준으로 삼으면, 출력 전압의 위상은 $\theta$(전체 전류와 인가 전압 사이의 위상각)가 된다. 이 경우 $\phi = \theta$이므로, 입력과 출력 전압 사이의 위상각 $\phi$는 다음과 같다.

$$\phi = \tan^{-1}\left(\frac{X_C}{R}\right) \tag{15-16}$$

위 식에서 각 $\phi$는 언제나 (+) 값이 되므로 출력은 입력보다 항상 이 각도만큼 앞선다.

**예제 15-14**　그림 15-35의 *RC* 진상 회로에서 출력의 위상각을 구하라.

▶ 그림 15-35

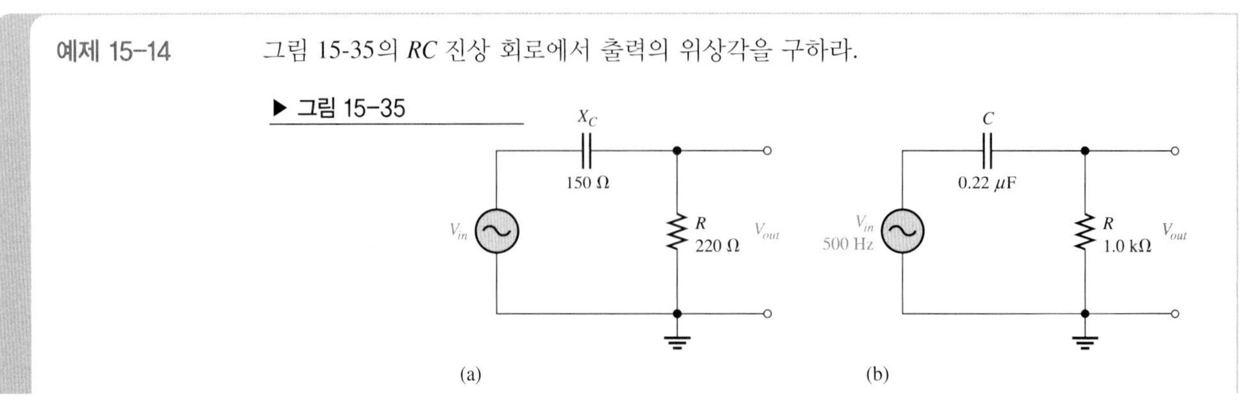


(a)　(b)

풀이 그림 15-35(a)의 진상 회로에서

$$\phi = \tan^{-1}\left(\frac{X_C}{R}\right) = \tan^{-1}\left(\frac{150\ \Omega}{220\ \Omega}\right) = \mathbf{34.3°}$$

따라서 출력은 입력보다 34.3°만큼 앞선다.

그림 15-35(b)의 진상 회로에서는 먼저 용량성 리액턴스를 구한다.

$$X_C = \frac{1}{2\pi fC} = \frac{1}{2\pi(500\ \text{Hz})(0.22\ \mu\text{F})} = 1.45\ \text{k}\Omega$$

$$\phi = \tan^{-1}\left(\frac{X_C}{R}\right) = \tan^{-1}\left(\frac{1.45\ \text{k}\Omega}{1.0\ \text{k}\Omega}\right) = \mathbf{55.4°}$$

따라서 출력은 입력보다 55.4°만큼 앞선다.

관련 문제 *RC* 진상 회로에서, 주파수 $f$가 증가하면 입·출력 사이의 위상각은 어떻게 변화하는가?

Multisim 파일 E15-14A와 E15-14B를 사용하여 [예제 15-14]와 [관련 문제]의 계산 결과를 확인하라.

## 출력 전압의 크기

*RC* 진상 회로의 출력 전압은 저항 양단의 전압이므로, 전압 분배 법칙이나 옴의 법칙을 이용하면 다음 식과 같이 쓸 수 있다.

$$V_{out} = \left(\frac{R}{\sqrt{R^2 + X_C^2}}\right)V_{in} \tag{15-17}$$

진상 회로의 출력 전압을 페이저 형식으로 표시하면 다음과 같다.

$$\mathbf{V}_{out} = V_{out}\angle\phi$$

**예제 15-15** [예제 15-14]에 있는 그림 15-35(b)의 진상 회로에서 입력 전압의 실효값이 10 V일 때, 출력 전압을 페이저 형식으로 구하라. 또한 입·출력 전압 사이의 관계가 잘 나타나도록 입력 전압과 출력 전압의 파형을 그리고 각 전압의 최대값을 구하여 그림 위에 함께 표시하라.

풀이 [예제 15-14]의 결과에서 $X_C = 1.45\ \text{k}\Omega$, $\phi = 55.4°$이므로, 이 값을 이용하여 출력 전압 페이저를 구하면

$$\mathbf{V}_{out} = V_{out}\angle\phi = \left(\frac{R}{\sqrt{R^2 + X_C^2}}\right)V_{in}\angle\phi$$

$$= \left(\frac{1.0\ \text{k}\Omega}{1.76\ \text{k}\Omega}\right)10\angle 55.4°\ \text{V} = \mathbf{5.68\angle 55.4°\ V\ rms}$$

입력 전압의 최대값은

$$V_{in(p)} = 1.414V_{in(rms)} = 1.414(10\text{ V}) = 14.14\text{ V}$$

출력 전압의 최대값은

$$V_{out(p)} = 1.414V_{out(rms)} = 1.414(5.68\text{ V}) = 8.03\text{ V}$$

입·출력 전압 파형을 그려 보면 그림 15-36과 같다.

▶ 그림 15-36

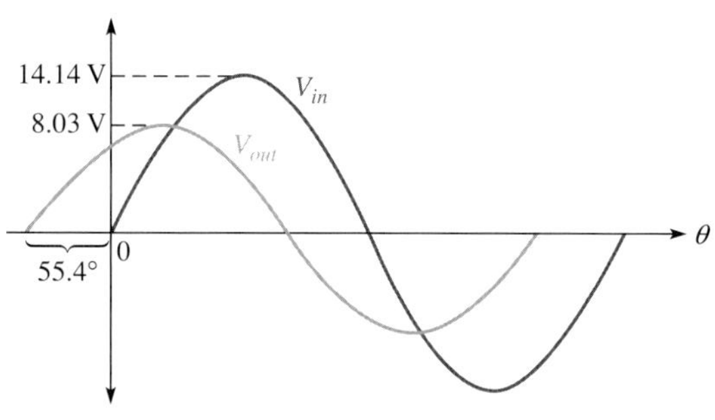


관련 문제 진상 회로에서, 주파수가 감소하면 출력 전압의 크기는 어떻게 변화하는가?

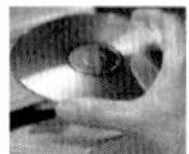

Multisim 파일 E15-15를 사용하여 [예제 15-15]와 [관련 문제]의 계산 결과를 확인하라.

**복습문제 15-4**

1. $V_R$ = 4 V, $V_C$ = 6 V인 *RC* 직렬 회로에서, 회로 전체 전압의 크기를 구하라.
2. 위의 문제 1의 회로에 대해, 회로 전체 전압과 전류 사이의 위상각을 구하라.
3. *RC* 직렬 회로에서 커패시터 전압과 저항 전압 사이의 위상차를 구하라.
4. *RC* 직렬 회로에서 인가 전압의 주파수가 증가하면 용량성 리액턴스의 크기는 어떻게 되는가? 또한 전체 임피던스의 크기와 위상각은 어떻게 되는지 설명하라.
5. 저항 값이 4.7 kΩ, 커패시턴스 값이 0.0022 μF인 *RC* 지상 회로에서, 주파수가 3 kHz일 때 입력과 출력 사이의 위상각을 구하라.
6. 위의 문제 5와 저항 값, 커패시턴스 값이 같은 진상 회로에서, 주파수가 3 kHz이고 입력 전압의 크기가 10 V rms일 때 출력 전압의 크기를 구하라.

학습 방법 2를 선택한 사람들은 여기에서 16장의 1부 직렬 회로로 옮겨가서 공부한다.

# 02 병렬 회로

## 15-5 *RC* 병렬 회로의 임피던스와 어드미턴스

이 절에서는 *RC* 병렬 회로의 임피던스와 위상각을 구하는 방법에 대해 공부한다. 또한 *RC* 병렬 회로의 용량성 서셉턴스와 어드미턴스에 대해서도 알아본다.

이 절의 학습 내용은 다음과 같다.

- ***RC* 병렬 회로의 임피던스와 어드미턴스**
  - 전체 임피던스를 복소수로 표시하는 방법
  - *컨덕턴스*, *용량성 서셉턴스*, *어드미턴스*의 정의와 계산 방법

그림 15-37에 교류 전압원과 연결되어 있는 기본적인 형태의 *RC* 병렬 회로가 나타나 있다.

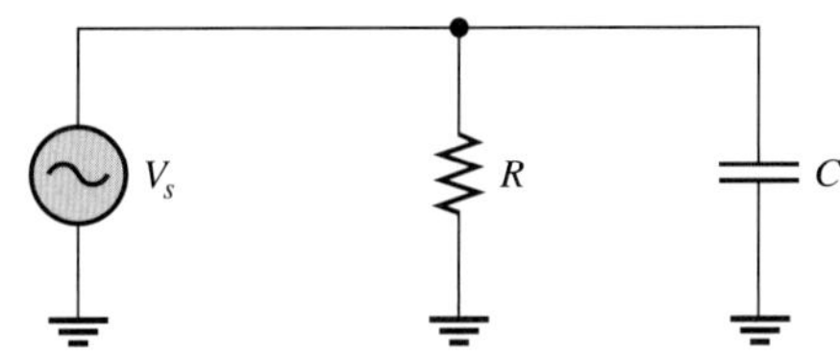


◀ 그림 15-37
기본 *RC* 병렬 회로

페이저 연산을 사용하여 이 회로의 전체 임피던스를 다음과 같은 과정으로 구할 수 있다. 회로에는 오직 두 부품 *R*, C만 들어 있으므로 '합 분의 곱 규칙'으로 전체 임피던스를 구해 보면 다음과 같다.

$$\mathbf{Z} = \frac{(R\angle 0^\circ)(X_C\angle -90^\circ)}{R - jX_C}$$

페이저끼리의 곱셈에서는 각 페이저의 크기를 서로 곱하고 위상각을 더하면 되므로, 이 식의 분자를 쉽게 계산할 수 있다. 또한 분모를 극좌표 형식으로 변환하면 다음 식을 얻을 수 있다.

$$\mathbf{Z} = \frac{RX_C\angle(0^\circ - 90^\circ)}{\sqrt{R^2 + X_C^2}\angle -\tan^{-1}\left(\frac{X_C}{R}\right)}$$

페이저끼리의 나눗셈에서는 분자와 분모의 크기를 서로 나누고, 위상각을 빼면 되므로

$$\mathbf{Z} = \left(\frac{RX_C}{\sqrt{R^2 + X_C^2}}\right)\angle\left(-90^\circ + \tan^{-1}\left(\frac{X_C}{R}\right)\right)$$

이 된다. 위 식을 다음과 같이 간단한 형태로 쓸 수 있다.

$$\mathbf{Z} = \frac{RX_C}{\sqrt{R^2 + X_C^2}} \angle -\tan^{-1}\left(\frac{R}{X_C}\right) \tag{15-18}$$

**예제 15-16** 그림 15-38의 두 회로에 대해, 전체 임피던스의 크기와 위상각을 구하라.

**▶ 그림 15-38**

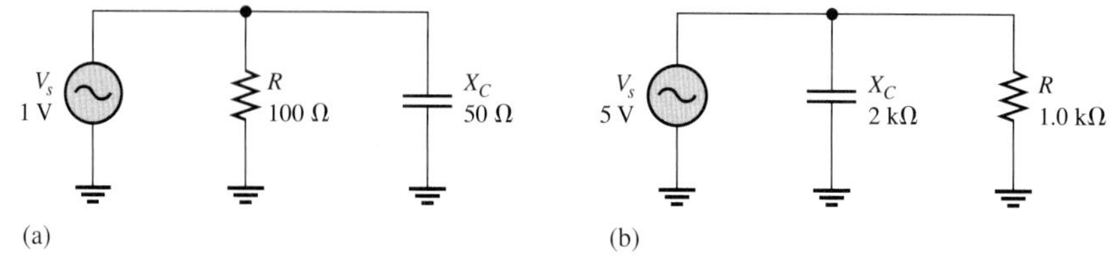

**풀이** 그림 15-38(a)의 회로에서, 전체 임피던스는

$$\mathbf{Z} = \left(\frac{RX_C}{\sqrt{R^2 + X_C^2}}\right) \angle -\tan^{-1}\left(\frac{R}{X_C}\right)$$

$$= \left(\frac{(100\ \Omega)(50\ \Omega)}{\sqrt{(100\ \Omega)^2 + (50\ \Omega)^2}}\right) \angle -\tan^{-1}\left(\frac{100\ \Omega}{50\ \Omega}\right) = \mathbf{44.7 \angle -63.4^\circ\ \Omega}$$

따라서 $Z = 44.7\ \Omega$이고, $\theta = -63.4°$이다.

그림 15-38(b)의 회로에서, 전체 임피던스는

$$\mathbf{Z} = \left(\frac{(1.0\ \text{k}\Omega)(2\ \text{k}\Omega)}{\sqrt{(1.0\ \text{k}\Omega)^2 + (2\ \text{k}\Omega)^2}}\right) \angle -\tan^{-1}\left(\frac{1.0\ \text{k}\Omega}{2\ \text{k}\Omega}\right) = \mathbf{894 \angle -26.6^\circ\ \Omega}$$

따라서 $Z = 894\ \Omega$이고, $\theta = -26.6°$이다.

**관련 문제** 그림 15-38(a)의 회로에서 주파수가 두 배가 될 때, **Z**를 구하라.

## 컨덕턴스, 서셉턴스, 어드미턴스

**컨덕턴스**(conductance) $G$는 저항 $R$의 역수이므로, 페이저로 표시하면 다음과 같다.

$$\mathbf{G} = \frac{1}{R\angle 0^\circ} = G\angle 0^\circ$$

*RC* 병렬 회로를 쉽게 해석할 수 있도록 두 가지 새로운 양을 정의한다. **용량성 서셉턴스**(capacitive susceptance, $B_C$)는 용량성 리액턴스의 역수이다. 따라서 용량성 서셉턴스를 페이저로 표시하면 다음과 같다.

$$\mathbf{B}_C = \frac{1}{X_C\angle -90^\circ} = B_C\angle 90^\circ = +jB_C$$

**어드미턴스**(admittance, $Y$)는 임피던스의 역수이다. 따라서 이를 페이저로 표시하면 다음과 같다.

$$\mathbf{Y} = \frac{1}{Z\angle \pm\theta} = Y\angle \mp\theta$$

$G, B_C, Y$의 단위는 모두 옴(Ω)의 역수인 지멘스(S)이다.

*RC* 병렬 회로를 해석하는 경우에는 $R, X_C, Z$보다 $G, B_C, Y$를 사용하는 쪽이 훨씬 간편하다. 그림 15-39의 병렬 회로에서, 전체 어드미턴스를 다음과 같이 컨덕턴스와 용량성 서셉턴스의 페이저 합으로 간단히 나타낼 수 있다.

$$\mathbf{Y} = G + jB_C \qquad (15\text{-}19)$$

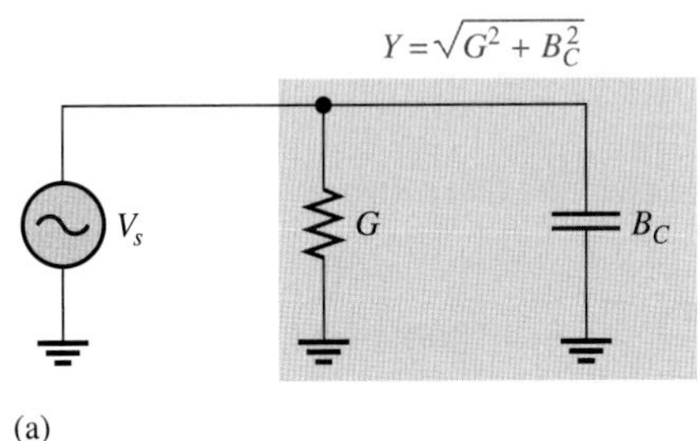

(a)

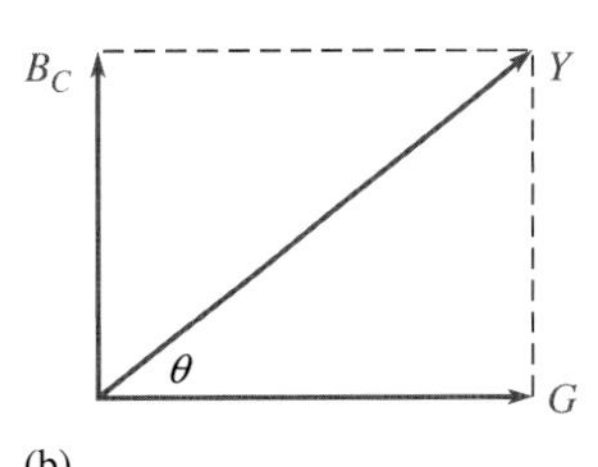

(b)

◀ 그림 15-39

*RC* 병렬 회로의 어드미턴스

**예제 15-17** 그림 15-40에 있는 회로의 전체 어드미턴스(**Y**)와 전체 임피던스(**Z**)를 구하고, 어드미턴스 페이저도를 그려라.

▶ 그림 15-40

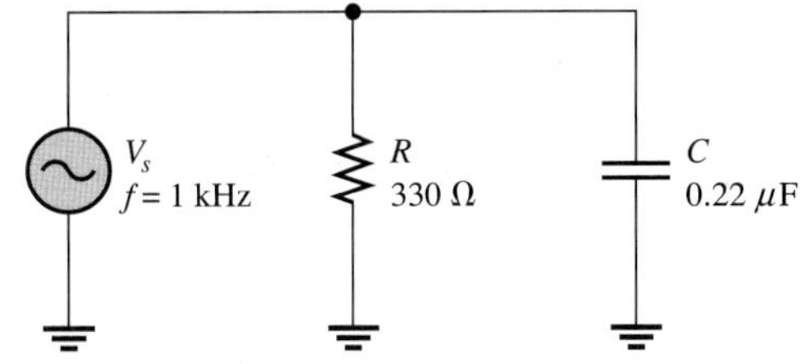


**풀이** 그림 15-40의 회로에서 $R$ = 330 Ω이다. 따라서 $G = 1/R = 1/330\ \Omega = 3.03$ mS가 된다. 용량성 리액턴스의 크기는

$$X_C = \frac{1}{2\pi fC} = \frac{1}{2\pi(1000\text{ Hz})(0.22\ \mu\text{F})} = 723\ \Omega$$

이므로, 용량성 서셉턴스의 크기는

$$B_C = \frac{1}{X_C} = \frac{1}{723\ \Omega} = 1.38\text{ mS}$$

따라서 전체 어드미턴스는

$$\mathbf{Y}_{tot} = G + jB_C = \mathbf{3.03\ mS} + \boldsymbol{j}\mathbf{1.38\ mS}$$

가 되며, 이를 극좌표 형식으로 표시하면

$$\mathbf{Y}_{tot} = \sqrt{G^2 + B_C^2}\angle\tan^{-1}\left(\frac{B_C}{G}\right)$$

$$= \sqrt{(3.03\ \text{mS})^2 + (1.38\ \text{mS})^2}\angle\tan^{-1}\left(\frac{1.38\ \text{mS}}{3.03\ \text{mS}}\right) = \mathbf{3.33\angle 24.5°\ mS}$$

어드미턴스의 페이저도를 그려 보면 그림 15-41과 같다.

▶ 그림 15-41

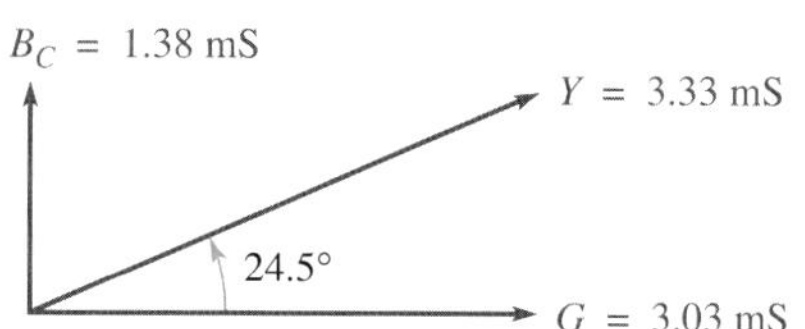


앞에서 계산한 전체 어드미턴스의 역수를 취하여 전체 임피던스를 구하면 다음과 같다.

$$\mathbf{Z}_{tot} = \frac{1}{\mathbf{Y}_{tot}} = \frac{1}{(3.33\angle 24.5°\ \text{mS})} = \mathbf{300\angle{-24.5°}\ \Omega}$$

관련 문제 그림 15-40의 회로에서, $f$가 2.5 kHz로 증가한 경우에 전체 어드미턴스를 구하라.

**복습문제 15-5**

1. *컨덕턴스*, *용량성 서셉턴스*, *어드미턴스*의 정의를 내려라.
2. $Z$ = 100 Ω일 때, $Y$를 구하라.
3. $R$ = 47 kΩ, $X_C$ = 75 kΩ인 *RC* 병렬 회로에서 **Y**를 구하라.
4. 위의 문제 3에서, **Z**를 구하라.

# 15-6 *RC* 병렬 회로의 해석

이 절에서는 옴의 법칙과 키르히호프의 전류 법칙을 사용하여 *RC* 병렬 회로를 해석하고, 전류와 전압과의 관계에 대해 살펴본다.

이 절의 학습 내용은 다음과 같다.

- ***RC* 병렬 회로의 해석 방법**
  - 옴의 법칙과 키르히호프 전류 법칙을 *RC* 병렬 회로에 적용하는 방법
  - 전압과 전류를 페이저 양으로 표시하는 방법
  - 주파수 값에 따른 임피던스와 위상각의 변화
  - 병렬 회로를 등가 직렬 회로로 변환하는 방법

병렬 회로를 쉽게 해석할 수 있도록, $Y = 1/Z$의 관계를 이용하여 옴의 법칙을 $Y$의 형태로 나타내면 다음과 같다. 여기서 굵은체는 페이저 양임을 표시하고 있다.

$$\mathbf{V} = \frac{\mathbf{I}}{\mathbf{Y}} \tag{15-20}$$

$$\mathbf{I} = \mathbf{VY} \tag{15-21}$$

$$\mathbf{Y} = \frac{\mathbf{I}}{\mathbf{V}} \tag{15-22}$$

**예제 15-18** 그림 15-42의 회로에서 전체 전류와 위상각을 구하라. 또한 $\mathbf{V}_s$와 $\mathbf{I}_{tot}$의 페이저도를 그려라.

▶ 그림 15-42

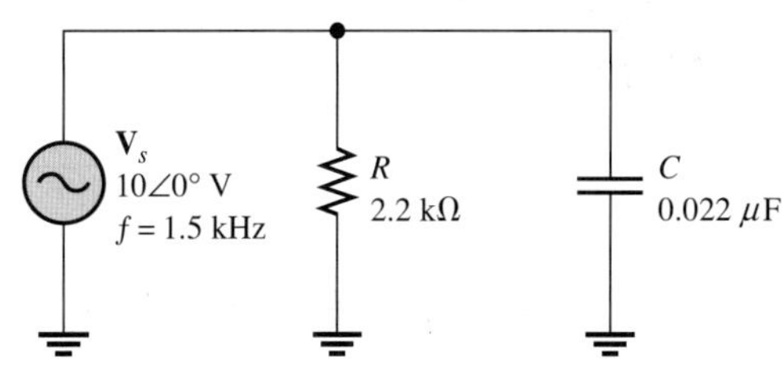


**풀이** 용량성 리액턴스는

$$X_C = \frac{1}{2\pi fC} = \frac{1}{2\pi(1.5\text{ kHz})(0.022\ \mu\text{F})} = 4.82\text{ k}\Omega$$

따라서 용량성 서셉턴스의 크기는

$$B_C = \frac{1}{X_C} = \frac{1}{4.82\text{ k}\Omega} = 207\ \mu\text{S}$$

컨덕턴스의 크기는

$$G = \frac{1}{R} = \frac{1}{2.2\text{ k}\Omega} = 455\ \mu\text{S}$$

회로의 전체 어드미턴스는

$$\mathbf{Y}_{tot} = G + jB_C = 455\ \mu\text{S} + j207\ \mu\text{S}$$

이 결과를 극좌표 형식으로 변환하면,

$$\mathbf{Y}_{tot} = \sqrt{G^2 + B_C^2}\angle\tan^{-1}\left(\frac{B_C}{G}\right)$$
$$= \sqrt{(455\ \mu\text{S})^2 + (207\ \mu\text{S})^2}\angle\tan^{-1}\left(\frac{207\ \mu\text{S}}{455\ \mu\text{S}}\right) = 500\angle 24.5^\circ\ \mu\text{S}$$

가 되므로, 위상각은 24.5°이다.

옴의 법칙을 사용하면 전체 전류를 다음과 같이 구할 수 있다.

$$\mathbf{I}_{tot} = \mathbf{V}_s\mathbf{Y}_{tot} = (10\angle 0°\text{ V})(500\angle 24.5°\ \mu\text{S}) = \mathbf{5.00\angle 24.5°\ mA}$$

이 결과에서 전체 전류의 크기는 5.00 mA이고, 전류가 인가 전압보다 **24.5°**만큼 앞서고 있음을 알 수 있다. 그림 15-43의 페이저도에 이 위상관계가 표시되어 있다.

▶ 그림 15-43

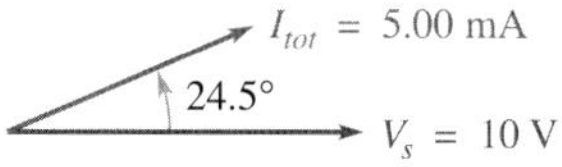

$I_{tot}$ = 5.00 mA
24.5°
$V_s$ = 10 V

관련 문제 그림 15-42의 회로에서, 주파수가 두 배가 된 경우에 전류 페이저를 극좌표 형식으로 구하라.

Multisim 파일 E15-18을 사용하여 [예제 15-18]과 [관련 문제]의 계산 결과를 확인하라.

## *RC* 병렬 회로의 전류와 전압의 관계

그림 15-44(a)에는 기본 *RC* 병렬 회로에 흐르는 전류가 모두 표시되어 있다. 전체 전류 $I_{tot}$는 $I_C$와 $I_R$로 나눠지고 있다. 인가 전압 $V_s$는 저항과 커패시터 양단에 병렬로 연결되어 있으므로 전압 $V_s$, $V_R$, $V_C$는 크기와 위상이 모두 같다는 것을 알 수 있다.

▶ 그림 15-44

*RC* 병렬 회로의 전류: 그림 (a)에 표시한 전류의 방향은 어떤 순간의 방향을 나타낸 것으로 전원 전압의 극성이 바뀌게 되면 전류의 방향도 반대가 된다.

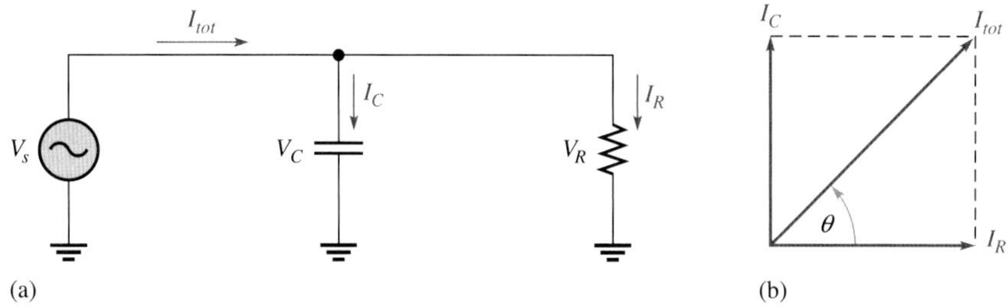


저항 양단의 전압과 저항을 통해 흐르는 전류의 위상은 서로 같다. 또한 커패시터를 통해 흐르는 전류는 커패시터 양단의 전압보다 90°만큼 앞선다. 따라서 커패시터를 통해 흐르는 전류는 저항을 통해 흐르는 전류보다 90°만큼 앞서게 된다. 키르히호프의 전류 법칙에 의해 전체 전류는 이 두 전류의 페이저 합이 된다. 이 관계를 그림 15-44(b)의 페이저도에 나타내었다. 전체 전류를 구해 보면 다음과 같다.

$$\mathbf{I}_{tot} = I_R + jI_C \tag{15-23}$$

이를 극좌표 형식으로 변환하면,

$$\mathbf{I}_{tot} = \sqrt{I_R^2 + I_C^2}\angle\tan^{-1}\left(\frac{I_C}{I_R}\right) \tag{15-24}$$

이 된다. 여기서 전체 전류의 크기는

$$I_{tot} = \sqrt{I_R^2 + I_C^2}$$

이고, 저항 전류와 전체 전류 사이의 위상각은 다음과 같다.

$$\theta = \tan^{-1}\left(\frac{I_C}{I_R}\right)$$

저항 전류와 인가 전압의 위상이 서로 같으므로, $\theta$는 전체 전류와 인가 전압 사이의 위상각도 될 수 있다. 그림 15-45는 *RC* 병렬 회로 각 부분의 전압, 전류 파형에 대한 페이저도이다.

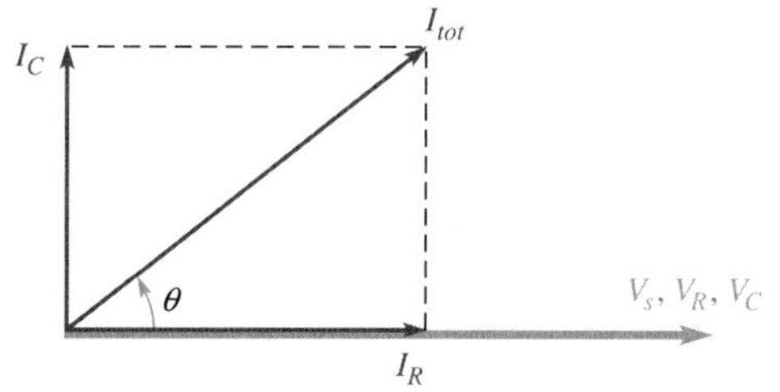


◀ 그림 15-45

*RC* 병렬 회로의 전압, 전류 페이저도

**예제 15-19** 그림 15-46의 *RC* 병렬 회로에서, 인가 전압과 회로에 표시된 각 전류 사이의 위상관계를 구하라. 또한 이들의 페이저도를 그려라.

▶ 그림 15-46

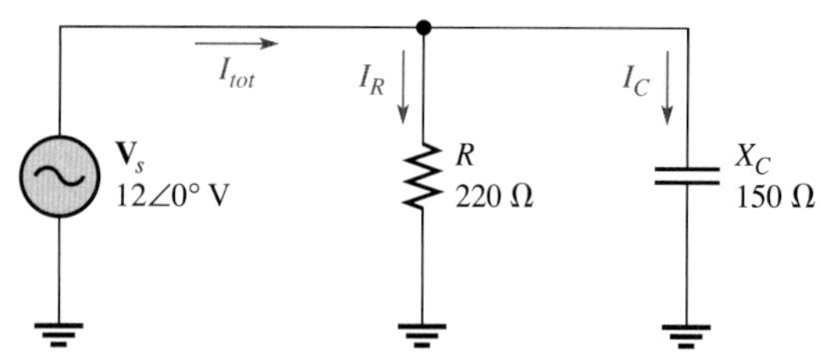


**풀이** 저항 전류, 커패시터 전류, 전체 전류를 각각 다음과 같이 구할 수 있다.

$$\mathbf{I}_R = \frac{\mathbf{V}_s}{\mathbf{R}} = \frac{12\angle 0°\ \text{V}}{220\angle 0°\ \Omega} = \mathbf{54.5\angle 0°\ mA}$$

$$\mathbf{I}_C = \frac{\mathbf{V}_s}{\mathbf{X}_C} = \frac{12\angle 0°\ \text{V}}{150\angle -90°\ \Omega} = \mathbf{80\angle 90°\ mA}$$

$$\mathbf{I}_{tot} = I_R + jI_C = 54.5\ \text{mA} + j80\ \text{mA}$$

전체 전류 $\mathbf{I}_{tot}$를 극좌표 형식으로 변환하면 다음과 같다.

$$\mathbf{I}_{tot} = \sqrt{I_R^2 + I_C^2}\angle\tan^{-1}\left(\frac{I_C}{I_R}\right)$$

$$= \sqrt{(54.5\ \text{mA})^2 + (80\ \text{mA})^2}\angle\tan^{-1}\left(\frac{80\ \text{mA}}{54.5\ \text{mA}}\right) = \mathbf{96.8\angle 55.7°\ mA}$$

이 결과에서 알 수 있듯이 저항 전류의 크기는 54.5 mA이고, 위상은 전압과 같다. 커패시터 전류의 크기는 80 mA이고, 전압보다 90°만큼 앞선다. 전체 전류는 96.8 mA이고 전압보다 55.7°만큼 앞선다. 그림 15-47의 페이저도에 이 관계를 나타내었다.

▶ 그림 15-47

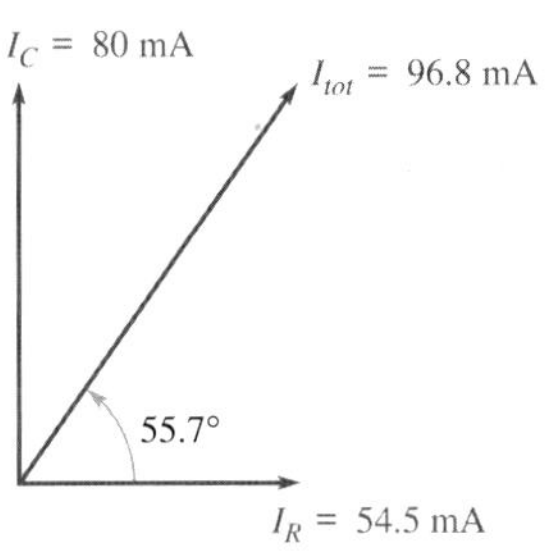


**관련 문제** 전류가 각각 $\mathbf{I}_R = 100\angle 0°$ mA, $\mathbf{I}_C = 60\angle 90°$ mA인 *RC* 병렬 회로의 전체 전류 $\mathbf{I}_{tot}$를 구하라.

## 병렬 회로를 등가 직렬 회로로 변환하기

어떤 *RC* 병렬 회로라도 그 회로와 등가가 되는 *RC* 직렬 회로로 변환할 수 있다. 어떤 회로의 단자(terminal)에서 측정한 임피던스가 다른 회로의 단자 임피던스와 같을 때, 이 두 회로는 서로 등가(equivalent)라고 한다. 다시 말해 단자에서 임피던스의 크기와 위상이 동일한 두 회로는 서로의 등가 회로(equivalent circuit)가 된다.

주어진 *RC* 병렬 회로의 등가 직렬 회로를 구하기 위해서, 먼저 병렬 회로의 전체 임피던스를 극좌표 형식으로 표시한다. 이렇게 해서 얻은 Z와 θ를 사용하여 그림 15-48과 같이 임피던스 삼각형을 그린다. 그림에 표시된 것과 같이 삼각형의 수직 성분이 등가 직렬 회로의 저항이 되고 수평 성분이 등가 직렬 회로의 용량성 리액턴스가 된다. 이 두 값은 삼각함수의 성질을 이용하면 다음 식과 같이 표시된다.

$$R_{eq} = Z\cos\theta \qquad (15\text{-}25)$$

$$X_{C(eq)} = Z\sin\theta \qquad (15\text{-}26)$$

▶ 그림 15-48

*RC* 병렬 회로의 등가 직렬 회로를 구하기 위한 임피던스 삼각형: *Z*와 θ는 병렬 회로의 임피던스 크기와 위상각이며, $R_{eq}$와 $X_{C(eq)}$는 등가 직렬 회로의 저항과 리액턴스이다.

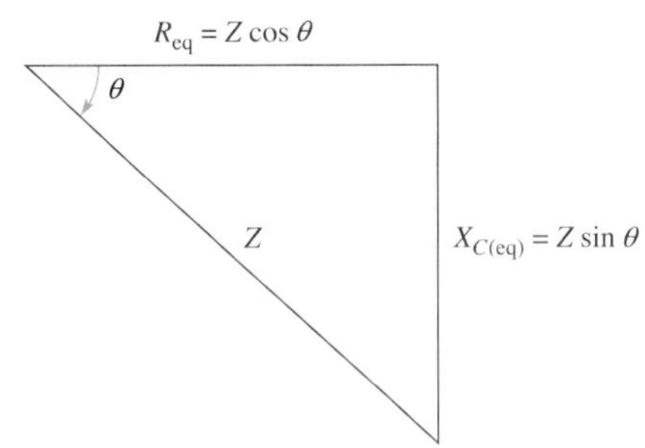


**예제 15-20** 그림 15-49의 병렬 회로를 등가 직렬 회로로 변환하라.

▶ 그림 15-49

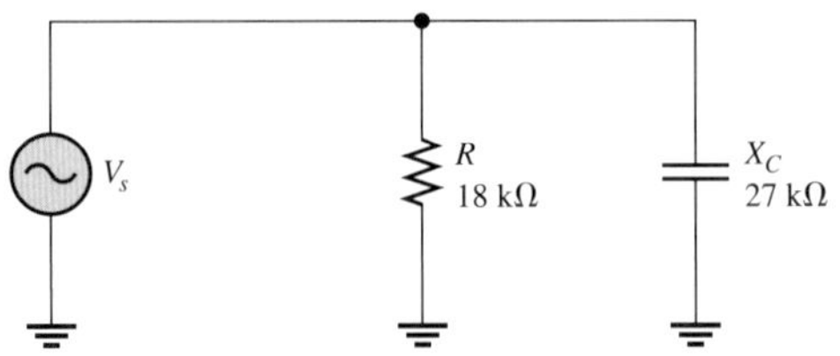

$V_s$   *R* 18 kΩ   $X_C$ 27 kΩ

**풀이** 먼저, 다음과 같이 병렬 회로의 어드미턴스를 구한다.

$$G = \frac{1}{R} = \frac{1}{18\,\text{k}\Omega} = 55.6\,\mu\text{S}$$

$$B_C = \frac{1}{X_C} = \frac{1}{27\,\text{k}\Omega} = 37.0\,\mu\text{S}$$

$$\mathbf{Y} = G + jB_C = 55.6\,\mu\text{S} + j37.0\,\mu\text{S}$$

어드미턴스를 극좌표 형식으로 나타내면,

$$\mathbf{Y} = \sqrt{G^2 + B_C^2}\angle\tan^{-1}\left(\frac{B_C}{G}\right)$$

$$= \sqrt{(55.6\,\mu\text{S})^2 + (37.0\,\mu\text{S})^2}\angle\tan^{-1}\left(\frac{37.0\,\mu\text{S}}{55.6\,\mu\text{S}}\right) = 66.8\angle 33.6^\circ\,\mu\text{S}$$

가 되므로, 전체 임피던스는 다음과 같다.

$$\mathbf{Z}_{tot} = \frac{1}{\mathbf{Y}} = \frac{1}{66.8\angle 33.6^\circ\,\mu\text{S}} = 15.0\angle -33.6^\circ\,\text{k}\Omega$$

이를 직각좌표 형식으로 변환하면 다음과 같다.

$$\mathbf{Z}_{tot} = Z\cos\theta - jZ\sin\theta = R_{\text{eq}} - jX_{C(\text{eq})}$$

$$= 15.0\,\text{k}\Omega\cos(-33.6^\circ) - j15.0\,\text{k}\Omega\sin(-33.6^\circ) = 12.5\,\text{k}\Omega - j8.31\,\text{k}\Omega$$

따라서 등가 *RC* 직렬 회로는 그림 15-50과 같이 저항(12.5 kΩ)과 커패시터(용량성 리액턴스 8.31 kΩ)가 직렬로 연결된 회로가 된다.

▶ 그림 15-50

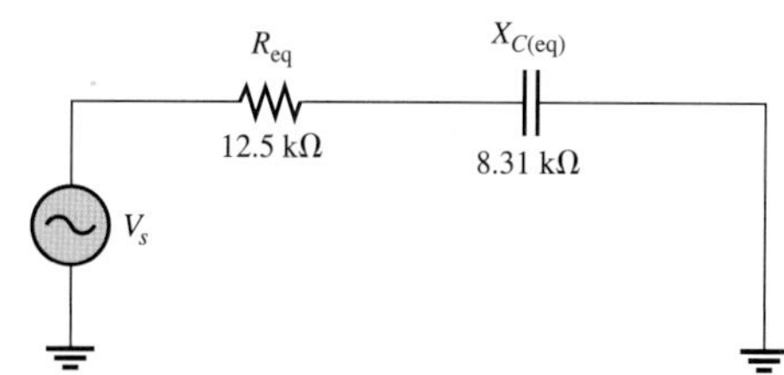


**관련 문제** 전체 임피던스가 $\mathbf{Z} = 10\angle -26^\circ\,\text{k}\Omega$인 *RC* 병렬 회로를 등가 직렬 회로로 변환하라.

**복습문제 15-6**

1. 전체 어드미턴스가 3.50 mS인 *RC* 회로에 6 V의 전압이 인가되고 있다. 회로의 전체 전류를 구하라.
2. 저항 전류가 10 mA, 커패시터 전류가 15 mA인 *RC* 병렬 회로에서, 회로에 흐르는 전체 전류의 크기와 위상각을 구하라. 이때 위상각은 무엇을 기준으로 한 각도인가?
3. *RC* 병렬 회로에서 커패시터 전류와 인가 전압 사이의 위상각은 얼마인가?

학습 방법 2를 선택한 사람들은 여기에서 16장의 2부 병렬 회로로 옮겨가서 공부한다.

# 03 직·병렬 회로

## 15-7 *RC* 직·병렬 회로의 해석

이 절에서는 지금까지 알아본 직렬 회로, 병렬 회로의 개념을 바탕으로 하여 *RC* 직렬 회로와 병렬 회로가 결합된 복잡한 회로를 해석해 본다.

이 절의 학습 내용은 다음과 같다.

- ***RC* 직·병렬 회로의 해석 방법**
  - 전체 임피던스를 구하는 방법
  - 전류와 전압을 구하는 방법
  - 임피던스와 위상각의 실제 측정 방법

[예제 15-21]에 직렬 회로와 병렬 회로가 섞여 있는 회로를 해석하는 방법을 설명하였다. 먼저, 회로에서 직렬 부분의 임피던스를 직각좌표 형식으로 나타내고, 병렬 부분의 임피던스를 극좌표 형식으로 나타낸다. 다음으로, 병렬 부분의 임피던스를 직각좌표 형식으로 변환한 다음에 직렬 부분의 임피던스와 더하여 전체 임피던스를 구한다. 이 전체 임피던스를 극좌표 형식으로 변환하면 크기와 위상각을 구할 수 있으며 전체 전류도 계산할 수 있다.

**예제 15-21** 그림 15-51의 회로에서, 다음을 구하라.

(a) 전체 임피던스 (b) 전체 전류 (c) $V_s$를 기준으로 한 $I_{tot}$의 위상각

▶ 그림 15-51

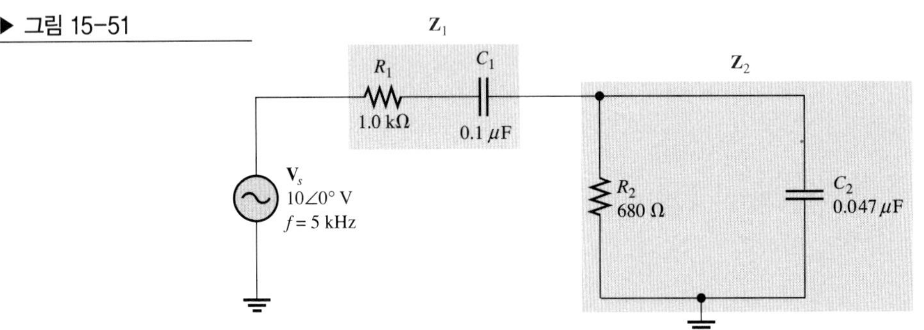


**풀이** (a) 먼저, 용량성 리액턴스의 크기를 계산한다.

$$X_{C1} = \frac{1}{2\pi fC} = \frac{1}{2\pi(5\text{ kHz})(0.1\ \mu\text{F})} = 318\ \Omega$$

$$X_{C2} = \frac{1}{2\pi fC} = \frac{1}{2\pi(5\text{ kHz})(0.047\ \mu\text{F})} = 677\ \Omega$$

전체 임피던스를 구하기 위해 다음의 방법을 사용해 본다. 먼저, 회로를 소자들이 직렬

로 연결된 부분과 병렬로 연결된 부분으로 구분한 뒤, 직렬 부분의 임피던스와 병렬 부분의 임피던스를 각각 구한다. 그 다음, 이 두 임피던스를 서로 결합하여 전체 임피던스를 구한다. 우선, $R_1$과 $C_1$이 직렬로 연결된 부분의 임피던스는 다음과 같다.

$$\mathbf{Z}_1 = R_1 - jX_{C1} = 1.0\,\text{k}\Omega - j318\,\Omega$$

$R_2$와 $C_2$가 병렬로 연결된 부분의 임피던스를 구하기 위해, 먼저 어드미턴스를 구해 보면 다음과 같은 과정으로

$$G_2 = \frac{1}{R_2} = \frac{1}{680\,\Omega} = 1.47\,\text{mS}$$

$$B_{C2} = \frac{1}{X_{C2}} = \frac{1}{677\,\Omega} = 1.48\,\text{mS}$$

$$\mathbf{Y}_2 = G_2 + jB_{C2} = 1.47\,\text{mS} + j1.48\,\text{mS}$$

이 된다. 이 어드미턴스를 극좌표 형식으로 나타내면,

$$\mathbf{Y}_2 = \sqrt{G_2^2 + B_{C2}^2}\angle\tan^{-1}\left(\frac{B_{C2}}{G_2}\right)$$

$$= \sqrt{(1.47\,\text{mS})^2 + (1.48\,\text{mS})^2}\angle\tan^{-1}\left(\frac{1.48\,\text{mS}}{1.47\,\text{mS}}\right) = 2.09\angle 45.2^\circ\,\text{mS}$$

가 되므로, 병렬 부분의 전체 임피던스는

$$\mathbf{Z}_2 = \frac{1}{\mathbf{Y}_2} = \frac{1}{2.09\angle 45.2^\circ\,\text{mS}} = 478\angle -45.2^\circ\,\Omega$$

이를 직각좌표 형식으로 변환하면,

$$\mathbf{Z}_2 = Z_2\cos\theta - jZ_2\sin\theta$$

$$= (478\,\Omega)\cos(-45.2^\circ) - j(478\,\Omega)\sin(-45.2^\circ) = 337\,\Omega - j339\,\Omega$$

전체 회로에는 직렬 부분과 병렬 부분이 서로 직렬로 연결되어 있으므로, $\mathbf{Z}_1$과 $\mathbf{Z}_2$를 더하면 전체 임피던스를 구할 수 있다.

$$\mathbf{Z}_{tot} = \mathbf{Z}_1 + \mathbf{Z}_2$$

$$= (1.0\,\text{k}\Omega - j318\,\Omega) + (337\,\Omega - j339\,\Omega) = 1337\,\Omega - j657\,\Omega$$

$\mathbf{Z}_{tot}$를 극좌표 형식으로 변환하면,

$$\mathbf{Z}_{tot} = \sqrt{Z_1^2 + Z_2^2}\angle -\tan^{-1}\left(\frac{Z_2}{Z_1}\right)$$

$$= \sqrt{(1338\,\Omega)^2 + (657\,\Omega)^2}\angle -\tan^{-1}\left(\frac{657\,\Omega}{1337\,\Omega}\right) = \mathbf{1.49\angle -26.2^\circ\,k\Omega}$$

(b) 옴의 법칙을 사용하여 전체 전류를 다음과 같이 구할 수 있다.

$$\mathbf{I}_{tot} = \frac{\mathbf{V}_s}{\mathbf{Z}_{tot}} = \frac{10\angle 0^\circ\,\text{V}}{1.49\angle -26.2^\circ\,\text{k}\Omega} = \mathbf{6.71\angle 26.2^\circ\,mA}$$

(c) (b)의 결과에서 전체 전류가 인가 전압보다 **26.2°**만큼 앞선다.

**관련 문제** 그림 15-51의 회로에서 $\mathbf{Z}_1$과 $\mathbf{Z}_2$ 양단의 전압을 극좌표 형식으로 구하라.

Multisim 파일 E15-21을 사용하여 [예제 15-21]의 (b)와 [관련 문제]의 계산 결과를 확인하라.

[예제 15-22]의 회로에는 부품이 직렬로 연결된 부분 두 개가 서로 병렬로 연결되어 있다. 해석 방법을 설명해 보면, 먼저 각 직렬 부분의 임피던스를 직각좌표 형식으로 구한 뒤 이들을 극좌표 형식으로 변환한다. 그 다음, 각 직렬 부분에 흐르는 전류를 계산한다. 이 두 전류를 직각좌표 형식으로 바꾼 다음 서로 더하면 전체 전류를 구할 수 있다. 이렇게 하면 전체 임피던스를 구하지 않고도 회로를 해석할 수 있다.

**예제 15-22** 그림 15-52의 회로에서 각 부분의 전류를 모두 구하라. 또한 이들 전류에 대해 페이저도를 그려라.

▶ 그림 15-52

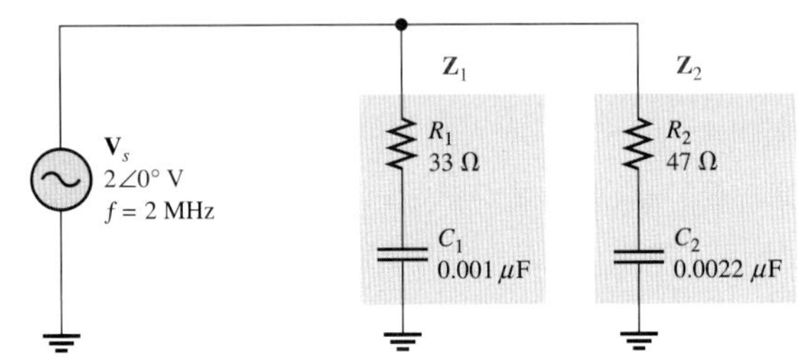


**풀이** 먼저, 용량성 리액턴스의 크기 $X_{C1}, X_{C2}$를 계산한다.

$$X_{C1} = \frac{1}{2\pi fC} = \frac{1}{2\pi(2\text{ MHz})(0.001\ \mu\text{F})} = 79.6\ \Omega$$

$$X_{C2} = \frac{1}{2\pi fC} = \frac{1}{2\pi(2\text{ MHz})(0.0022\ \mu\text{F})} = 36.2\ \Omega$$

다음에, 저항과 커패시터가 직렬로 연결되어 있는 두 부분의 임피던스를 각각 구한다.

$$\mathbf{Z}_1 = R_1 - jX_{C1} = 33\ \Omega - j79.6\ \Omega$$

$$\mathbf{Z}_2 = R_2 - jX_{C2} = 47\ \Omega - j36.2\ \Omega$$

각각의 임피던스를 극좌표 형식으로 변환하면 다음과 같다.

$$\mathbf{Z}_1 = \sqrt{R_1^2 + X_{C1}^2}\angle -\tan^{-1}\left(\frac{X_{C1}}{R_1}\right)$$

$$= \sqrt{(33\ \Omega)^2 + (79.6\ \Omega)^2}\angle -\tan^{-1}\left(\frac{79.6\ \Omega}{33\ \Omega}\right) = 86.2\angle -67.5°\ \Omega$$

$$\mathbf{Z}_2 = \sqrt{R_2^2 + X_{C2}^2}\angle -\tan^{-1}\left(\frac{X_{C2}}{R_2}\right)$$

$$= \sqrt{(47\ \Omega)^2 + (36.2\ \Omega)^2}\angle -\tan^{-1}\left(\frac{36.2\ \Omega}{47\ \Omega}\right) = 59.3\angle -37.6°\ \Omega$$

옴의 법칙을 사용하면 $Z_1$과 $Z_2$를 통해 흐르는 전류를 다음과 같이 구할 수 있다.

$$\mathbf{I}_1 = \frac{\mathbf{V}_s}{\mathbf{Z}_1} = \frac{2\angle 0°\ \text{V}}{86.2\angle -67.5°\ \Omega} = \mathbf{23.2\angle 67.5°\ mA}$$

$$\mathbf{I}_2 = \frac{\mathbf{V}_s}{\mathbf{Z}_2} = \frac{2\angle 0°\ \text{V}}{59.3\angle -37.6°\ \Omega} = \mathbf{33.7\angle 37.6°\ mA}$$

전체 전류를 구하기 위해서, 위에서 구한 전류를 각각 직각좌표 형식으로 변환하면

$$\mathbf{I}_1 = 8.89\ \text{mA} + j21.4\ \text{mA}$$
$$\mathbf{I}_2 = 26.7\ \text{mA} + j20.6\ \text{mA}$$

이 되므로, 전체 전류는

$$\mathbf{I}_{tot} = \mathbf{I}_1 + \mathbf{I}_2$$
$$= (8.89\ \text{mA} + j21.4\ \text{mA}) + (26.7\ \text{mA} + j20.6\ \text{mA}) = 35.6\ \text{mA} + j42.0\ \text{mA}$$

$\mathbf{I}_{tot}$를 극좌표 형식으로 변환하면 다음과 같다.

$$\mathbf{I}_{tot} = \sqrt{(35.6\ \text{mA})^2 + (42.0\ \text{mA})^2}\angle \tan^{-1}\left(\frac{42.0\ \Omega}{35.6\ \Omega}\right) = \mathbf{55.1\angle 49.7°\ mA}$$

전류 페이저도를 그려 보면 그림 15-53과 같다.

▶ 그림 15-53

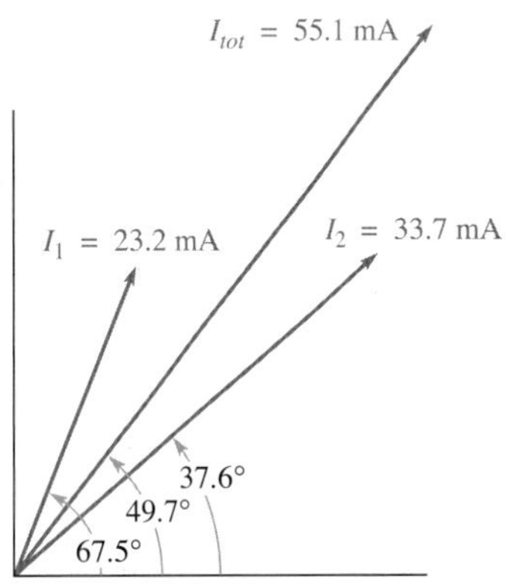


**관련 문제** 그림 15-52의 회로에 대해, 각 부품 양단의 전압을 모두 구하고 이들 전압에 대해 페이저도를 그려라.

Multisim 파일 E15-22를 사용하여 [예제 15-22]와 [관련 문제]의 계산 결과를 확인하라.

## 전체 임피던스 $Z_{tot}$의 측정 방법

[예제 15-21]에서는 그림 15-51의 회로를 이론적으로 해석하여 전체 임피던스 $Z_{tot}$와 위상각 $\theta$를 구해 보았는데, 여기서는 $Z_{tot}$와 $\theta$ 값을 실제로 회로에서 어떻게 측정하는지 알아본다. 먼저, 전체 임피던스 $Z_{tot}$를 다음의 세 단계를 통해 측정하는데 이를 그림 15-54에 표시하였다(이 밖에도 여러 가지 방법이 있다).

1단계: 정현파 신호발생기에서 발생하는 전원 전압의 크기(진폭)를 어떤 일정한 값(여기서는 10 V)으로 맞추고, 전원 전압의 주파수도 5 kHz가 되도록 조정한다. 이때 신호발생기의 실제 값이 정확하지 않을 수도 있으므로 신호발생기의 주파수, 진폭 조절 손잡이의 눈금을 설정값(10 V, 5 kHz)에 맞추는 것만으로 조정을 끝내지 말고, 교류 전압계와 주파수 카운터를 사용하여 신호발생기에서 출력되는 신호가 실제 위에서 맞춘 값과 같은지 확인해 보는 것이 좋다.

2단계: 그림 15-54와 같이 회로에 교류 전류계를 연결하여 전체 전류를 측정한다. 이렇게 하지 않고 교류 전압계로 $R_1$의 전압을 측정한 다음 전류를 계산해도 된다.

3단계: 옴의 법칙을 사용하여 전체 임피던스를 계산한다.

▶ 그림 15-54

$V_s$와 $I_{tot}$를 측정하여 $Z_{tot}$를 구하는 방법

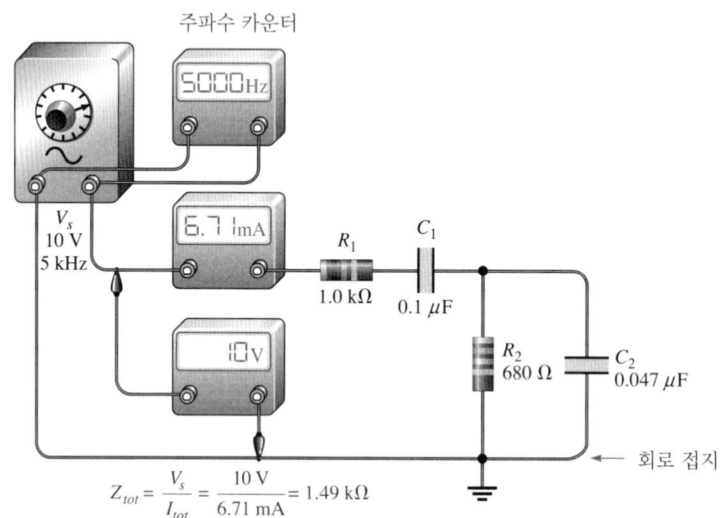


## 위상각 $\theta$의 측정 방법

오실로스코프로 위상각 $\theta$를 측정하려면 전원 전압과 전체 전류를 스크린 위에 나타나도록 해 주어야 한다. 오실로스코프에서는 파형을 측정하는 데 두 종류의 프로브(probe)가 사용되는데, 전압 프로브(voltage probe)와 전류 프로브(current probe)가 바로 그것이다. 전류 프로브를 사용하면 위상각을 간편하게 측정할 수 있지만 전압 프로브처럼 주변에서 쉽게 구하기는 어렵다. 그러므로 여기서는 오실로스코프와 전압 프로브만을 사용하여 위상각을 측정하는 방법을 살펴보기로 한다. 일반적으로 전압 프로브에는 프로브 팁(probe tip)과 접지 단자(ground lead)라고 하는 두 개의 단자가 달려 있어, 이 두 단자를 회로에 연결하여 파형을 측정하게 된다. 프로브를 통해 오실로스코프로 측정되는 모든 전압은 프로브의 접지 단자를 기준(0 V)으로 한 것이다.

전압 프로브를 사용하므로 전체 전류를 직접 측정할 수는 없다. 그렇지만 저항 $R_1$ 양단 전압의 위상이 전체 전류의 위상과 같다는 사실을 이미 이론에서 배웠으므로, 이를 이용하면 전류의 위상각을 측정할 수 있다.

위상 측정을 시작하기 전에, $R_1$ 양단 전압 $V_{R1}$을 측정하는 데 한 가지 문제점이 있다는 것을 반드시 알아야 한다. 그림 15-55(a)와 같이 스코프 프로브를 저항 양단에 연결하면 스코프의 접지 단자에 의해 $B$점이 회로의 접지와 단락되므로, $R_1$을 통과한 전류가 회로에 있는 다른 부품들을 통해 흐르지 못하고 회로 접지로 흘러버리게 된다. 결국, 그림 15-55(b)와 같이 $R_1$을 제외한 나머지 부품들을 회로에서 모두 제거한 셈이 되는 것이다(지금까지의 내용은 스코프의 접지가 신호발생기의 접지와 분리되어 있지 않은 경우를 가정하여 설명한 것이다).

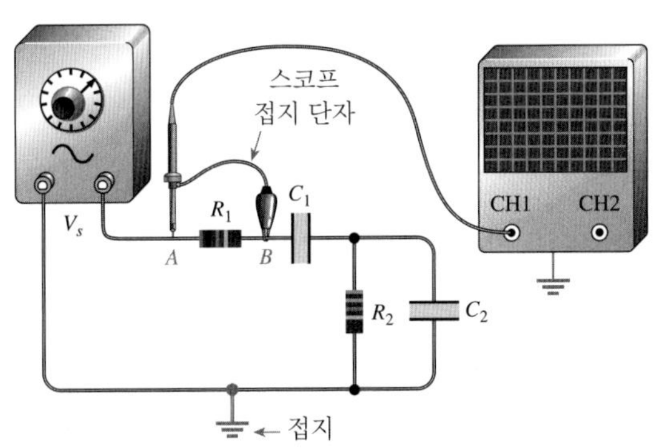

(a) 스코프 프로브의 접지 단자에 의해 $B$점과 접지가 단락됨.

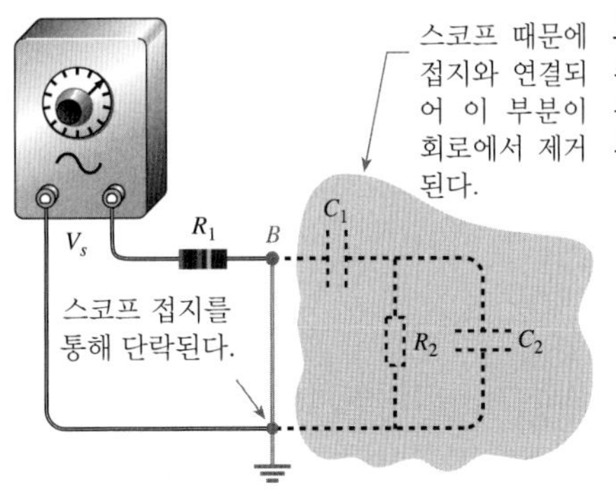

(b) $B$점이 접지가 되어, 회로의 나머지 부분이 회로에서 제거된 것과 마찬가지의 효과를 내게 됨.

◀ **그림 15-55**
스코프와 회로의 접지가 같은 경우, 회로에서 부품의 전압 파형을 측정할 때 조심해야 할 상황

이와 같은 일이 일어나지 않도록, 그림 15-56(a)와 같이 신호발생기의 두 출력 단자를 서로 바꾸어 회로와 연결한다. 이렇게 하면 저항 $R_1$의 한쪽 단자가 회로 접지에 연결된다. 이와 같이 연결해도 저항 $R_1$이 회로에 직렬로 연결된 상태에는 변함이 없으므로, 이 회로는 변경 전과 전기적으로 동일하다. 이제는 그림 15-56(b)와 같이 스코프로 저항 $R_1$에 연결하여 $V_{R1}$을 측정할 수 있다. 그림 15-56(b)와 같이 전압 프로브를 하나 더 사용하여, 전원 전압 양단에 연결하고 $V_s$를 측정한다. 이제 스코프의 채널 1에는 $V_{R1}$이, 채널 2에는 $V_s$ 신호가 입력되고 있다. 이때 스코프의 조절판에 있는 '트리거 신호원(trigger source) 스위치'를 '채널 2'로 맞춘다. 이렇게 하면 채널 2로 들어오는 전원 전압을 기준으로 하여 스코프 스크린에 측정 신호가 나타난다.

프로브를 회로에 연결하기 전에, 두 채널의 0 V 기준인 수평선(트레이스: trace)을 스크린의 중앙에 맞추어 마치 중앙에 한 개의 수평선만 있는 것처럼 보이도록 한다. 두 프로브의 팁을 접지와 각각 연결한 다음, '수직위치 조정손잡이(vertical position knob)'를 돌리게 되면 이렇게 되도록 쉽게 조정할 수 있다. 이렇게 조정을 하는 것은 두 파형이 0이 되는 위치를 스크린상에서 일치시켜, 정확한 위상 측정을 하기 위해서이다.

스코프 스크린에 안정된 파형이 나타나면 전원 전압 파형의 주기를 측정할 수 있다. 스코프의 'Volts/Div 조정손잡이'를 적당한 값으로 맞추어 두 파형의 진폭이 서로 비슷하게 되도록 조정한다. 측정 파형의 수평축(시간) 크기를 조절하는 'Sec/Div 조정손잡이'를 적당한 값으로 맞추어 두 파형 사이의 수평 간격을 측정하기에 알맞도록 한다. 이 수평 간격으로 두 파형 사이의 시간차를 구할 수 있다. 두 파형 사이의 시간차 $\Delta t$는 '(두 파형 사이의 칸 수) × (Sec/Div 설정값)'과 같다. 스코프에 커서 기능이 갖추어져 있으면 이것을 사용하여 시간차 $\Delta t$를 구할 수 있다.

▶ 그림 15-56

회로에 영향을 주지 않고 전압 파형을 측정할 수 있도록 신호발생기의 연결 방법을 바꾼다.

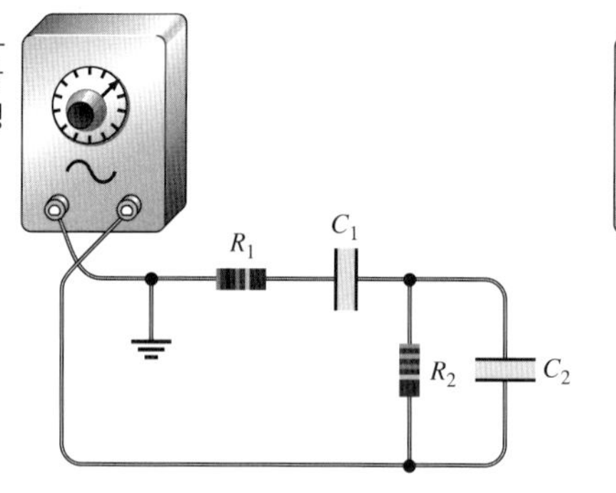


(a) $R_1$의 한쪽 단자가 접지와 연결되도록 신호발생기의 두 단자를 바꾸어 연결한다.

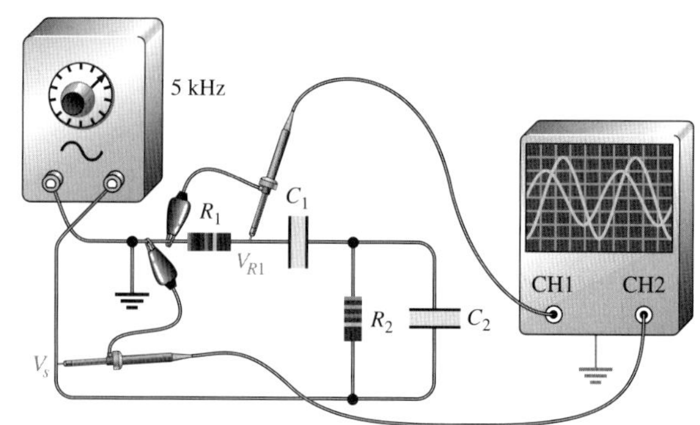


(b) 스크린에 측정된 $V_{R1}$, $V_s$의 파형. $V_{R1}$의 위상은 전체 전류의 위상과 같다.

파형의 주기 $T$와 $\Delta t$ 파형 사이의 시간차 $\Delta t$의 측정을 끝마치게 되면 다음 식을 사용하여 위상차를 계산할 수 있다.

$$\theta = \left(\frac{\Delta t}{T}\right)360° \qquad (15\text{-}27)$$

예를 들어, 그림 15-57과 같이 스코프 화면으로 파형이 측정되었다고 하자. 그림을 보면 두 파형 사이의 수평축 간격은 1.5칸(division; Div)이고 Sec/Div 손잡이는 10 $\mu$s로 맞추어져 있다. 이 파형의 한 주기가 200 $\mu$s이므로, 두 파형 사이의 시간차 $\Delta t$는 다음과 같다.

$$\Delta t = 1.5 \text{ divisions} \times 10\ \mu\text{s/division} = 15\ \mu\text{s}$$

따라서 위상각을 다음과 같이 계산할 수 있다.

$$\theta = \left(\frac{\Delta t}{T}\right)360° = \left(\frac{15\ \mu\text{s}}{200\ \mu\text{s}}\right)360° = 27°$$

▶ 그림 15-57

스코프를 이용한 위상각의 측정

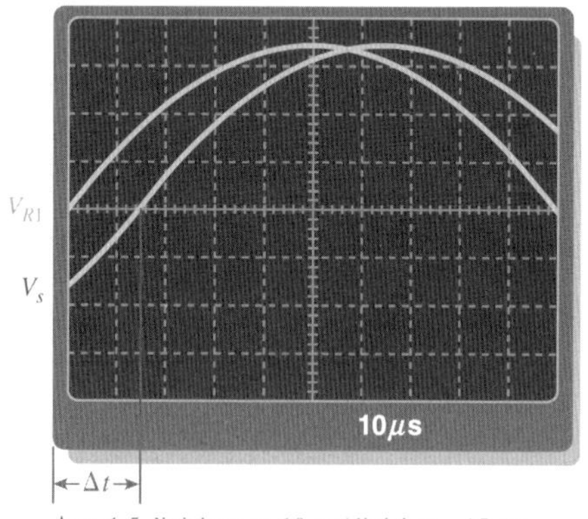


$\Delta t$ = 1.5 divisions × 10 $\mu$s/division = 15 $\mu$s

**복습문제 15-7**

1. 그림 15-51의 *RC* 직·병렬 회로를 등가 *RC* 직렬 회로로 변환하라.
2. 그림 15-52의 회로에서, 전체 임피던스를 극좌표 형식으로 구하라.

학습 방법 2를 선택한 사람들은 여기에서 16장의 3부 직·병렬 회로로 옮겨가서 공부한다.

## 15-8 *RC* 회로의 전력

어떤 교류 회로가 저항만으로 구성되어 있을 때, 전원이 공급하는 에너지는 모두 저항에서 열로 소모된다. 커패시터만으로 이루어진 교류 회로에서는, 교류 전원의 반주기 동안에는 전원이 공급하는 모든 에너지가 커패시터에 저장되고, 다음 반주기 동안에는 커패시터에 저장되어 있던 에너지가 다시 전원으로 반환된다. 결국, 커패시터만으로 이루어진 회로에서는 에너지가 열로 변환되지 않으므로 손실이 없다. 회로에 저항과 커패시터가 함께 들어 있는 경우, 전체 에너지 중의 일부는 커패시터에서 저장과 반환이 되풀이되고, 그 나머지 에너지는 저항에서 소모된다. 열로 소모되는 에너지의 양은 저항 값과 용량성 리액턴스 값의 상대적인 크기에 의해 결정된다.

이 절의 학습 내용은 다음과 같다.

- ***RC* 회로의 전력을 구하는 방법**
  - 유효 전력과 피상 전력의 의미와 계산 방법
  - 전력 삼각형을 그리는 방법
  - *역률*의 정의
  - 피상 전력의 의미와 계산 방법
  - *RC* 회로의 전력을 계산하는 방법

*RC* 직렬 회로에서 저항 값이 용량성 리액턴스 값보다 큰 경우에는 당연히 저항에서 소모되는 에너지의 양이 커패시터에 저장되는 에너지의 양에 비해 크게 된다. 즉, 리액턴스 값이 저항 값에 비해 크다면, 소모되는 에너지의 양보다는 저장되고 반환되는 에너지의 양이 크다.

이미 앞에서 설명했듯이 저항에서 소모되는 전력을 **유효 전력**(true power) $P_{true}$라고 하며, 커패시터에 저장되는 전력을 **무효 전력**(reactive power) $P_r$이라고 한다. 유효 전력 $P_{true}$의 단위는 와트(W)이고, 무효 전력 $P_r$의 단위는 바알(VAR: volt-ampere reactive)이다.

$$P_{true} = I^2R \tag{15-28}$$

$$P_r = I^2X_C \tag{15-29}$$

### *RC* 회로의 전력 삼각형

*RC* 직렬 회로의 대표적인 임피던스 페이저도를 그림 15-58(a)에 나타내었다. 전력에 대해서도 이와 비슷한 방식으로 페이저 관계를 그림 15-58(b)와 같이 그릴 수 있다. 다만 전력 페이저에서는 그림 15-38(b)와 같이 $R$과 $X_C$에 $I^2$을 곱한 것이 $P_{true}$, $P_r$의 크기가 된다.

▶ 그림 15-58

*RC* 직렬 회로의 전력 삼각형을 그리는 방법

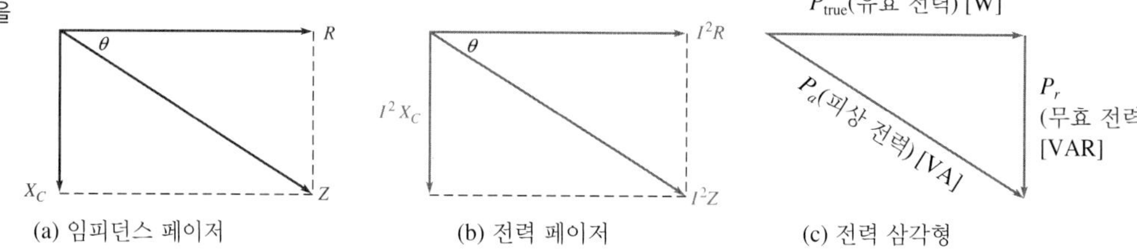


$P_{true}$와 $P_r$의 페이저 합인 전력 페이저 $I^2Z$가 **피상 전력**(apparent power) $P_a$가 된다. 피상 전력 $P_a$는 신호원에서 *RC* 회로로 전달되는 것처럼 보이는 겉보기 전력이다. 단위는 볼트-암페어(VA)이다. 피상 전력은 다음 식으로 표시된다.

$$P_a = I^2Z \qquad (15\text{-}30)$$

그림 15-58(b)의 페이저도를 다시 그려 보면 그림 15-58(c)와 같은 직각삼각형의 형태를 만들 수 있다. 이 삼각형을 **전력 삼각형**(power triangle)이라고 한다. 삼각함수 법칙을 이용하면, $P_{true}$는

$$P_{true} = P_a \cos\theta$$

이 된다.

$P_a$는 $I^2Z$, 즉 $VI$이므로 이 중에서 *RC* 회로에서 실제 소모되는 전력인 유효 전력은

$$P_{true} = VI\cos\theta \qquad (15\text{-}31)$$

로 쓸 수 있다. 여기서 $V$는 인가 전압, $I$는 전체 전류이다.

저항만으로 구성된 회로에서는, $\theta = 0°$이므로 $\cos 0° = 1$이 되어 $P_{true}$는 $VI$와 같게 된다. 커패시터만으로 이루어진 회로에서는, $\theta = 90°$이므로 $\cos 90° = 0$이 되어 $P_{true}$는 0이 된다. 즉, 앞에서 살펴본 것처럼 이상적인 커패시터에서는 전력 소모가 없다.

## 역률

전력을 표시하는 식에 포함되어 있는 $\cos\theta$ 항을 **역률**(power factor)이라고 하며, 다음과 같이 쓸 수 있다.

$$PF = \cos\theta \qquad (15\text{-}32)$$

인가 전압과 전체 전류 사이의 위상각이 증가하면 역률은 감소한다. 위상각이 증가한다는 것은 회로의 성질이 용량성 회로에 가깝게 된다는 것을 나타내는 것이다. 역률이 작을수록 소모되는 전력도 작아진다.

역률의 값은 커패시턴스 성분만을 갖는 회로의 역률인 0과, 저항 성분만을 갖는 회로의 역률인 1 사이의 숫자가 된다. *RC* 회로에서는 전류가 전압보다 앞서므로, 이때의 역률을 진상 역률(leading power factor)이라고 한다.

**예제 15-23** 그림 15-59의 회로에서 역률과 유효 전력을 구하라.

▶ **그림 15-59**

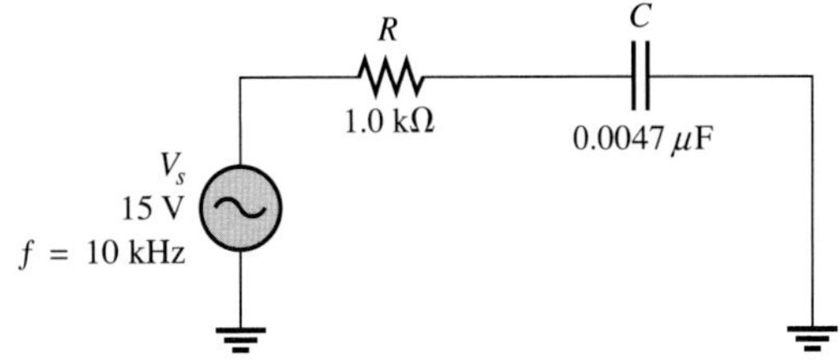


**풀이** 용량성 리액턴스를 계산하면

$$X_C = \frac{1}{2\pi fC} = \frac{1}{2\pi(10\,\text{kHz})(0.0047\,\mu\text{F})} = 3.39\,\text{k}\Omega$$

전체 임피던스를 직각좌표 형식으로 구해 보면

$$\mathbf{Z} = R - jX_C = 1.0\,\text{k}\Omega - j3.39\,\text{k}\Omega$$

이를 극좌표 형식으로 변환하면

$$\mathbf{Z} = \sqrt{R^2 + X_C^2}\angle -\tan^{-1}\left(\frac{X_C}{R}\right)$$

$$= \sqrt{(1.0\,\text{k}\Omega)^2 + (3.39\,\text{k}\Omega)^2}\angle -\tan^{-1}\left(\frac{3.39\,\text{k}\Omega}{1.0\,\text{k}\Omega}\right) = 3.53\angle -73.6^\circ\,\text{k}\Omega$$

임피던스의 위상 $\theta$는 인가 전압과 전체 전류 사이의 위상각이므로, 역률은

$$PF = \cos\theta = \cos(-73.6^\circ) = \mathbf{0.282}$$

이고, 전류의 크기는 다음과 같다.

$$I = \frac{V_s}{Z} = \frac{15\,\text{V}}{3.53\,\text{k}\Omega} = 4.25\,\text{mA}$$

유효 전력을 다음과 같이 구할 수 있다.

$$P_{\text{true}} = V_s I\cos\theta = (15\,\text{V})(4.25\,\text{mA})(0.282) = \mathbf{18.0\ mW}$$

**관련 문제** 그림 15-59의 회로에서, 주파수 $f$가 1/2로 감소한 경우에 역률을 구하라.

## 피상 전력의 중요성

앞에서 설명했듯이 피상 전력은 신호원과 부하 사이에 전달되는 것으로 보이는 겉보기 전력으로 유효 전력과 무효 전력의 두 가지 성분으로 구성되어 있다.

모든 전기·전자 시스템에서, 실제로 일을 하는 데 사용되는 전력은 오직 유효 전력뿐이다. 무효 전력은 단지 신호원과 부하 사이를 왔다 갔다 할 뿐이다. 전력이 모두 유용한 일을 하는 데 사용되는 이상적인 경우를 생각하면, 부하로 공급되는 전력의 전체가 유효 전력이 되어야 한다(즉, 무효 전력이 전혀 없어야 한다). 그러나 실제로 우리가 사용하는 부하는 리액턴스 성분을 갖고 있으므로, 유효 전력뿐만 아니라 무효 전력도 반드시 고려해야 한다.

14장에서는 변압기와 관련하여 피상 전력을 살펴보았다. 리액턴스 성분을 가진 부하에 흐르는 전체 전류는 두 가지 성분, 즉 저항성 전류와 리액턴스성 전류로 이루어져 있다. 부하의 전력 중에서 유효 전력을 구할 때는, 신호원에서 부하로 흐르는 전체 전류의 성분 중에 저항성 전류만을 고려하면 된다. 부하에 실제로 흐르는 전류를 정확하게 알려면 반드시 피상 전력을 고려해야 한다.

교류 발전기와 같은 신호원은 어떤 정해진 최대값, 다시 말해 최대 정격을 넘지 않는 범위 안에서 부하에 전류를 공급할 수 있다. 만일 부하가 이 최대값보다 큰 전류를 신호원으로부터 뽑아내려 한다면, 신호원은 손상을 입고 만다. 그림 15-60(a)에 있는 120 V 발전기는 최대 5 A의 전류까지 부하에 공급할 수 있다. 전력 정격이 600 W인 이 발전기가 그림처럼 24 Ω의 저항성 부하에 연결된 경우를 생각해 본다(즉, 역률은 1이다). 전류계는 5 A를 표시하고 있으며, 전력계는 600 W를 가리키고 있다. 이 상태에서는, 비록 발전기를 최대 전압과 최대 전류로 동작시키고 있지만 정격을 넘어서지는 않고 있으므로 발전기에는 아무런 문제가 없다.

**▶ 그림 15-60**

리액턴스 성분을 갖는 부하에 대해서는 신호원의 정격 전력을 표시할 때, 반드시 유효 전력(W) 대신에 피상 전력(VA)을 사용해야 한다.

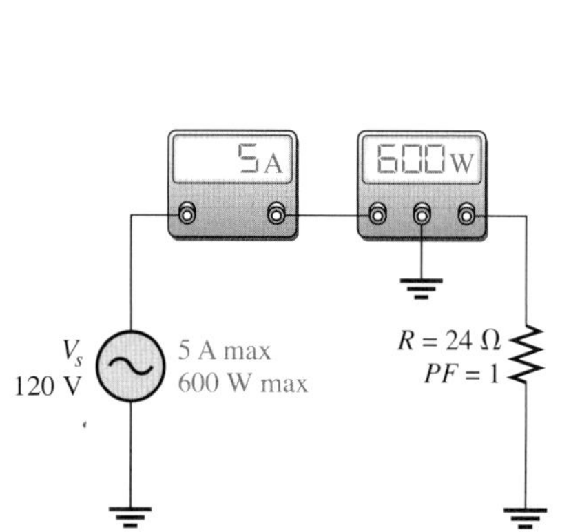

(a) 저항성 부하에 대해 최대 전력 정격과 전류 정격으로 동작하고 있는 발전기

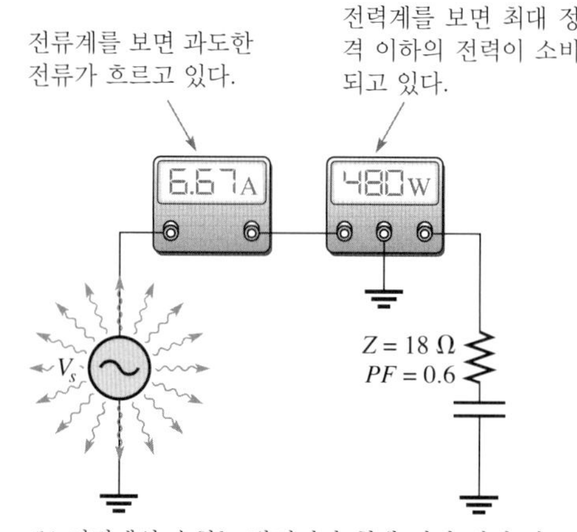

(b) 전력계의 수치는 발전기가 최대 전력 정격 이하로 동작하는 것으로 표시하고 있지만, 최대 전류 정격을 넘어서는 과도한 전류가 흐르고 있으므로 발전기는 손상을 입게 된다.

이제 그림 15-60(b)와 같이, 리액턴스 성분이 포함된 부하가 연결된 경우를 생각해 보자. 부하의 임피던스 크기는 18 Ω, 역률은 0.6으로 가정한다. 그러면 회로에 흐르는 전체 전류는 120 V/18 Ω = 6.67 A가 되므로 발전기의 최대 전류 정격을 넘어서게 된다. 비록 전력계는 발전기의 전력 정격인 600 W보다는 작은 480 W를 가리키고 있지만, 정격을 넘어선 과도 전류에 의해 발전기는 손상을 입고 만다. 이상의 예에서 살펴본 바와 같이, 교류 신호원에 대해서는 유효 전력이 실제의 전력과 차이가 나므로 유효 전력으로 전력 정격을 표시하는 것은 적절하지 못하다. 따라서 교류 발전기의 전력을 600 W와 같이 유효 전력으로 표기하지 말고 실제 대부분의 제조회사에서 사용하는 것처럼 반드시 피상 전력을 사용하여 600 VA와 같이 써주어야 한다.

**예제 15-24** 그림 15-61의 회로에서 유효 전력, 무효 전력, 피상 전력을 구하라.

▶ 그림 15-61

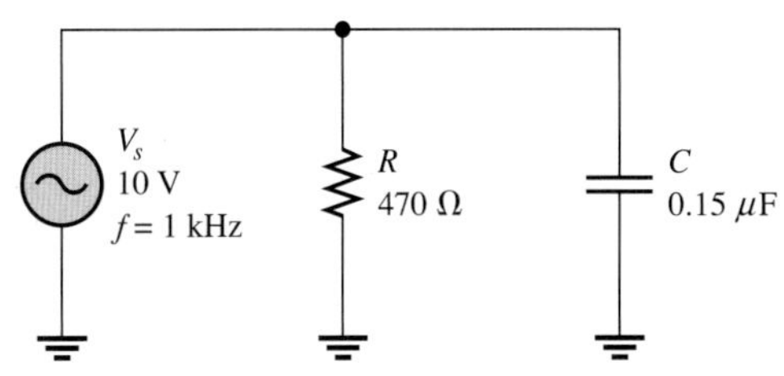


**풀이** $R$과 C를 통해 흐르는 전류를 다음과 같이 계산할 수 있다.

$$X_C = \frac{1}{2\pi fC} = \frac{1}{2\pi(1000\text{ Hz})(0.15\ \mu\text{F})} = 1061\ \Omega$$

$$I_R = \frac{V_s}{R} = \frac{10\text{ V}}{470\ \Omega} = 21.3\text{ mA}$$

$$I_C = \frac{V_s}{X_C} = \frac{10\text{ V}}{1061\ \Omega} = 9.43\text{ mA}$$

따라서 유효 전력은

$$P_{\text{true}} = I_R^2 R = (21.3\text{ mA})^2(470\ \Omega) = \mathbf{213\ mW}$$

무효 전력은

$$P_r = I_C^2 X_C = (9.43\text{ mA})^2(1061\ \Omega) = \mathbf{94.3\ mVAR}$$

피상 전력은

$$P_a = \sqrt{P_{\text{true}}^2 + P_r^2} = \sqrt{(213\text{ mW})^2 + (94.3\text{ mVAR})^2} = \mathbf{233\ mVA}$$

**관련 문제** 그림 15-61의 회로에서, 주파수가 2 kHz로 변한 경우에 유효 전력을 구하라.

**복습문제 15-8**

1. *RC* 회로에서는 어떤 부품에서 에너지가 소모되는가?
2. 위상각 $\theta$ = 45°일 때, 역률을 구하라.
3. $R$ = 330 Ω, $X_C$ = 460 Ω, $I$ = 2 A인 *RC* 직렬 회로의 유효 전력, 무효 전력, 피상 전력을 구하라.

# 15-9 *RC* 회로의 응용

*RC* 회로의 응용 범위는 매우 넓으며, 복잡한 회로의 일부분으로서 많이 사용된다. 이 절에서는 *R*과 *C*로 구성된 회로로서 널리 응용되고 있는 위상 천이(편이) 발진기, 주파수 선택성 회로인 필터, 교류 결합 회로에 대해 설명한다.

이 절의 학습 내용은 다음과 같다.

- ***RC* 회로의 응용 예**
  - *RC* 회로로 이루어진 발진기
  - *RC* 회로로 이루어진 필터
  - *RC* 회로로 이루어진 교류 결합 회로

## 위상 천이 발진기

앞에서 살펴본 것과 같이 *RC* 직렬 회로를 통과하면 출력 전압의 위상이 변하는데, 위상의 변화량은 *R* 값, *C* 값, 신호의 주파수 값에 따라 달라진다. 주파수에 따른 이 위상 변화가 피드백(feedback) 발진 회로에서는 꼭 필요하다. **발진기**(oscillator)는 주기 파형을 발생시키는 회로로 전자시스템에 널리 사용되는 중요한 회로이다. 발진기에 대한 자세한 내용은 나중에 '전자 회로' 과목에서 배우게 되므로, 여기서는 위상을 바꾸는 데 사용되는 *RC* 회로에 초점을 맞추기로 한다. 발진기 회로에서 발진이 일어나게 하려면 출력의 일부를 입력으로 되돌려보내면서(즉, 피드백하면서) 위상도 어떤 정해진 값으로 맞춰 주어야 한다. 보통, 전체 위상 변화를 180°로 하여 신호를 피드백하게 된다.

한 개의 *RC* 회로에서 일어나는 위상 변화는 90°보다 작다. 따라서 그림 15-62의 위상 천이 발진기 회로에서 볼 수 있듯이 15-4절의 *RC* 지상 회로를 여러 개 연결한다. 발진기가 만들어 내는 신호의 주파수인 발진기의 동작주파수에서 180°의 위상 변화를 일으키려면 똑같은 *RC* 회로 세 개가 필요하다. 증폭기의 출력은 *RC* 회로를 지날 때마다 위상이 변화된 다음, 증폭기의 입력으로 되돌아가는데, 이 신호에 의해 증폭기의 이득은 발진이 계속해서 일어나게 하는 데 충분한 값이 된다.

*RC* 회로를 여러 개 연결한 경우, 각 회로가 부하 효과(loading effect)를 일으키게 된다. 따라서 각 *RC* 회로의 위상 변화를 모두 더한다고 전체 회로의 위상 변화가 되지는 않는다. 세 *RC*

▶ 그림 15-62
위상 천이 발진기

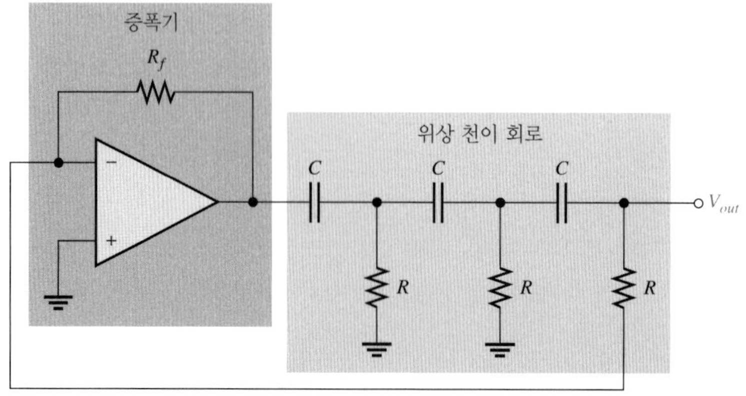

회로의 부품 값이 모두 같을 때, 180°의 위상 변화를 일으키는 주파수를 다음 식으로 계산할 수 있다. 자세한 유도 과정을 부록 B에 수록하였다.

$$f_r = \frac{1}{2\pi\sqrt{6}RC} \tag{15-33}$$

또한 증폭기에서 출력되는 신호는 *RC* 회로에 의해 29분의 1로 줄어든다. 따라서 이를 보상하려면 증폭기의 이득은 −29가 되어야 한다. 위상 지연을 고려하여 (−) 부호를 붙였다.

**예제 15-25** 그림 15-63에서 출력 $V_{out}$의 주파수를 계산하라.

▶ **그림 15-63**

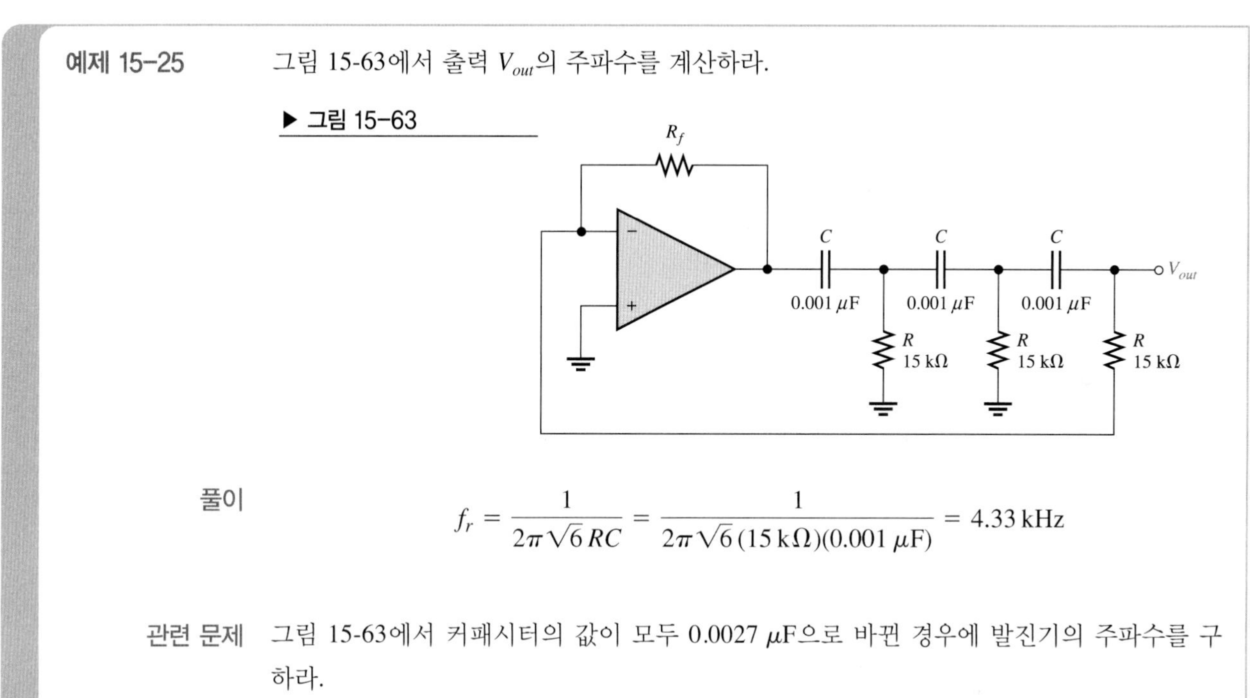


**풀이**

$$f_r = \frac{1}{2\pi\sqrt{6}RC} = \frac{1}{2\pi\sqrt{6}(15\,\text{k}\Omega)(0.001\,\mu\text{F})} = 4.33\,\text{kHz}$$

**관련 문제** 그림 15-63에서 커패시터의 값이 모두 0.0027 μF으로 바뀐 경우에 발진기의 주파수를 구하라.

## *RC* 필터

**필터**(filter)는 특정 범위의 주파수를 갖는 신호를 입력에서 출력 쪽으로 잘 통과시키고, 이를 제외한 나머지 범위의 주파수를 갖는 신호를 통과하지 못하도록 막아 주는 회로이다. 즉, 특정 범위의 주파수를 제외한 나머지 주파수를 갖는 신호는 필터에 의해 걸러져서, 출력에 나타나지 않게 된다. 필터에 대한 자세한 내용은 18장에서 다루기로 하고, 여기서는 *RC* 회로 응용 예의 하나로서 간단히 설명하기로 한다.

*RC* 직렬 회로는 주파수 선택성(frequency selectivity)을 나타내므로, 역시 필터의 역할을 한다. 이 *RC* 필터에는 두 가지 종류가 있다. 그 하나가 **저역통과 필터**(low-pass filter)로, 지상 회로와 마찬가지로 *RC* 직렬 회로에서 커패시터 양단 전압을 출력으로 취한 것이다. 나머지 하나를 **고역통과 필터**(high-pass filter)라고 하며, 진상 회로와 같이 저항 양단 전압이 출력이 된다.

### 저역통과 필터

지상 회로에서 출력의 크기와 위상각에 대해서는 앞에서 이미 살펴보았다. 입력 신호를 걸러내는 필터의 동작을 이해하기 위해서는 우선 입력 신호의 주파수에 따라 출력이 어떻게 변화하는지 알아보아야 한다.

그림 15-64는 필터의 기능을 하는 *RC* 직렬 회로의 동작을 이해할 수 있도록 몇 가지 입력 신호의 주파수에 대해 해당 출력을 각각 구해 본 것이다. 그림 15-64(a)에서 입력 신호는 직류이며, 따라서 주파수는 0 Hz이다. 직류는 커패시터를 통과하지 못하므로(직류에 대해서는 용량성 리액턴스 값이 ∞ Ω이므로) 저항에서의 전압 강하는 0 V가 된다. 결국, 출력 전압의 크기는 입력 전압과 같아진다. 즉, 이 *RC* 회로는 입력 전압 10 V를 그대로 통과시켜 출력에 10 V가 나타나게 한다.

그림 15-64(b)와 같이 입력 전압의 주파수가 1 kHz로 증가하면, 회로의 용량성 리액턴스는 159 Ω으로 감소한다. 따라서 전압 분배 법칙이나 옴의 법칙을 사용하여 계산해 보면, 입력 전압의 실효값이 10 V rms일 때 출력 전압의 크기는 약 8.5 V rms가 된다.

그림 15-64(c)와 같이 입력 전압의 주파수가 10 kHz로 증가하면, 회로의 용량성 리액턴스는 15.9 Ω으로 더욱 감소한다. 따라서 실효값이 10 V rms인 입력 전압에 대해, 출력 전압의 크기는 약 1.57 V rms가 된다.

그림 15-64(d)와 같이 입력 전압의 주파수가 20 kHz로 계속 증가하면, 출력 전압은 더욱더 감소하게 된다. 주파수와 리액턴스 값은 반비례하므로, 입력 신호의 주파수가 증가함에 따라 리액턴스 값은 점점 0 Ω에 가까워진다.

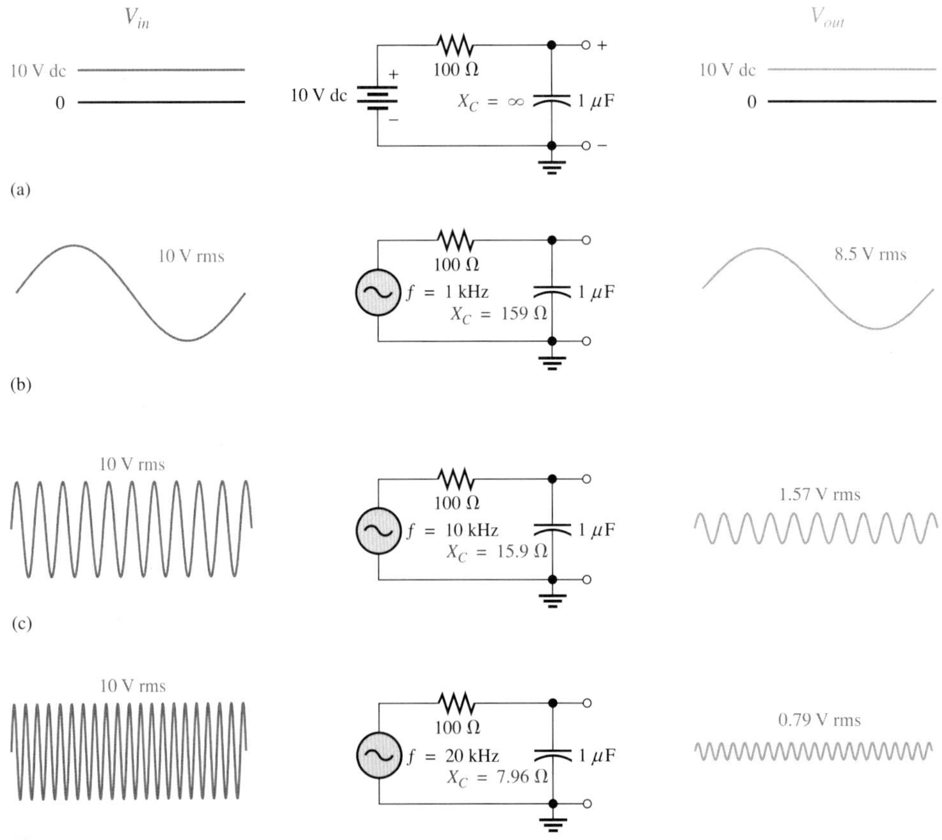


▶ 그림 15-64
저역통과 필터의 동작(위상각은 표시하지 않음)

이 회로의 동작을 설명하면 다음과 같다. 회로의 저항은 주파수 크기에 상관없이 일정하고 용량성 리액턴스의 값은 점점 감소하므로, 전압 분배 법칙에 의해 커패시터 양단 전압(출력 전압)의 크기도 주파수의 증가에 따라 계속 감소하게 된다. 리액턴스 값이 저항 값에 비해 무시될 수 있을 정도로 작아질 때까지 입력 주파수를 증가시키면, 출력 전압도 무시될 수 있을 정도로 작아진다. 결국, 이 주파수 값에서 회로가 입력 신호의 통과를 완전하게 저지하는 것으로 볼 수 있다.

그림 15-64를 다시 보면, 이 회로는 직류(주파수 0 Hz)를 그대로 통과시킨다. 입력의 주파수가 증가할수록 입력 신호의 일부만이 출력까지 도달할 수 있으며, 그 크기는 점점 작아진다. 즉, 주파수가 증가할수록 출력 전압의 크기는 작아진다. 따라서 낮은 주파수 범위의 신호가 높은 주파수 범위의 신호에 비해 회로를 잘 통과하므로 이 *RC* 회로를 저역통과 필터라고 한다.

그림 15-64의 저역통과 필터 회로가 주파수의 변화에 어떻게 반응하는지 쉽게 알아보기 위해, 주파수와 출력 전압과의 관계를 표시하는 그래프인 **주파수 응답 곡선**(frequency response curve)을 그려 보면 그림 15-65와 같은 형태가 된다. 이 응답 곡선을 보면 주파수가 증가함에 따라 출력이 감소하는 것을 알 수 있다.

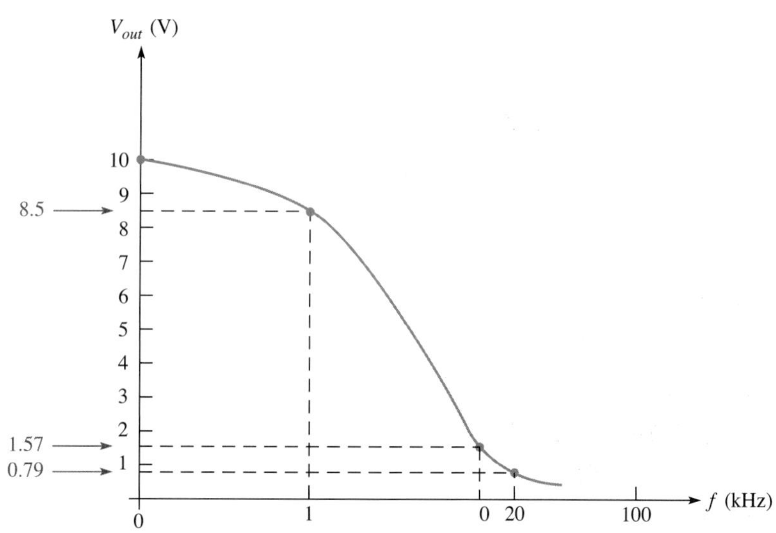


◀ 그림 15-65

그림 15-64의 저역통과 필터의 주파수 응답 곡선

## 고역통과 필터

고역통과 필터에서는 그림 15-66에서 볼 수 있듯이 진상 회로와 마찬가지로 저항 양단의 전압이 출력 전압으로 되어 있다. 직류(주파수 0 Hz)는 커패시터를 통과하지 못하므로 저항에서의 전압 강하는 0 V이다. 따라서 그림 15-66(a)와 같이 입력 전압이 직류이면 출력 전압의 크기는 0 V가 된다.

그림 15-66(b)와 같이 실효값이 10 V rms인 입력 전압의 주파수를 100 Hz로 증가시키고, 출력 전압을 구해 보면 약 0.63 V rms가 된다. 따라서 이 주파수에서는 입력 전압의 극히 일부만이 출력에 나타나게 된다.

그림 15-66(c)와 같이 입력 전압의 주파수를 1 kHz로 증가시키면, 회로의 용량성 리액턴스 값은 더욱 감소하므로 10 V rms인 입력 전압에 대해, 출력 전압의 크기는 약 5.32 V rms가 된다. 따라서 주파수가 증가하면 출력 전압도 증가함을 알 수 있다. 그림 15-66(d)와 같이, 리액턴

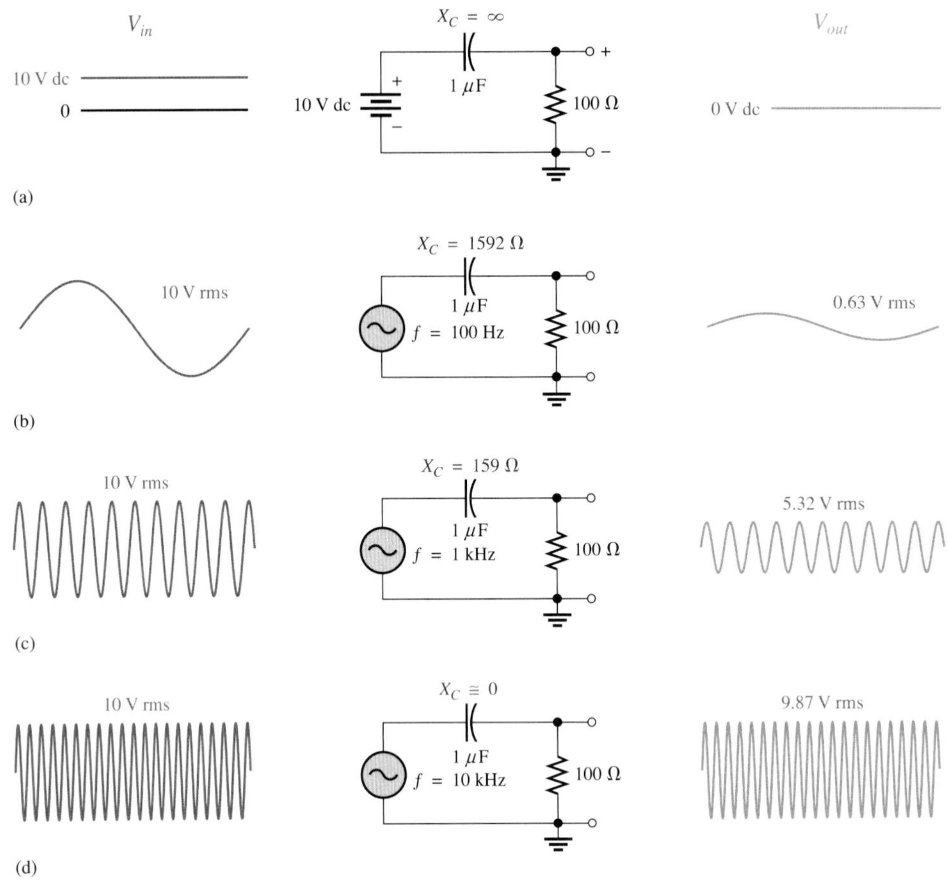


▶ 그림 15-66

고역통과 필터의 동작(위상각은 표시하지 않음)

스 값이 저항 값에 비해 무시될 수 있을 정도로 작아질 때까지 입력 주파수를 증가시키면, 입력 전압의 대부분이 저항 양단에 걸리게 된다.

지금까지 살펴본 바와 같이 이 회로는 낮은 주파수를 갖는 입력 신호를 출력 쪽으로 통과시키지 않지만, 높은 주파수를 갖는 신호를 출력 쪽으로 잘 통과시키는 성질을 갖고 있다. 따라서 이 *RC* 회로를 고역통과 필터라고 한다.

그림 15-66의 고역통과 필터 회로의 주파수 응답을 알아보기 위해 주파수에 따른 출력 전압의 변화를 나타내는 주파수 응답 곡선을 그려 보면 그림 15-67과 같은 형태가 된다. 이 응답 곡선을 보면 주파수가 증가함에 따라 출력도 증가하며, 출력이 입력 전압의 크기에 접근함에 따라 곡선의 기울기가 완만해진다는 것을 알 수 있다.

## 필터의 차단주파수와 대역폭

저역통과 필터나 고역통과 필터 회로에서 저항 값과 리액턴스 값이 같아지는 주파수를 **차단주파수**(cutoff frequency)라고 하며 $f_c$로 표시한다. 즉, $1/(2\pi f_c C) = R$의 조건을 $f_c$에 대해 풀면 차단주파수 $f_c$를 다음 식으로 나타낼 수 있다.

$$f_c = \frac{1}{2\pi RC} \tag{15-34}$$

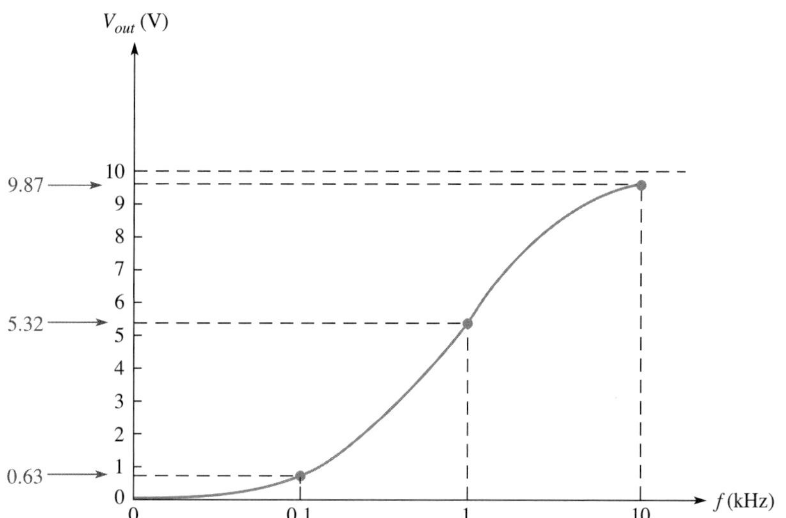


◀ 그림 15-67
그림 15-66의 고역통과 필터의 주파수 응답 곡선

차단주파수 $f_c$에서, 필터의 출력 전압은 최대값의 70.7%가 된다. 필터의 특성을 말할 때, 이 차단주파수를 입력 신호를 통과시키거나 차단시키는 경계로 삼는 것이 일반적이다. 예를 들어, 고역통과 필터에서는 $f_c$ 이상의 주파수는 필터에 의해 통과되고, $f_c$ 이하의 주파수는 차단되는 것으로 간주한다. 저역통과 필터의 경우는 그 반대이다.

필터에 의해 통과되는 주파수의 범위를 **대역폭**(BW: bandwidth)이라고 한다. 그림 15-68에 저역통과 필터의 대역폭과 차단주파수를 나타내었다.

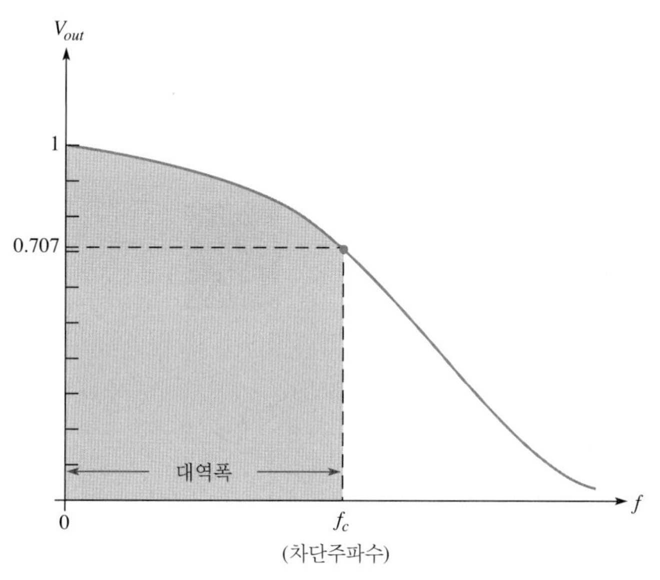


◀ 그림 15-68
저역통과 필터의 대표적인 주파수 특성

## 직류 바이어스 회로에 교류 신호의 결합

그림 15-69에서 *RC* 회로는 교류 전압에 직류 전압을 더해 주기 위하여 사용된 것이다. 이러한 형태의 회로는 증폭기 회로에서 주로 사용된다. 여기서 직류 전압은 증폭기의 동작점이 적절한 위치에 놓이도록 하며, 커패시터를 통과하는 교류 전압은 이 직류 **바이어스**(bias) 전압에 더해진 다음, 증폭기에서 증폭된다. 교류 신호원의 작은 내부 저항으로 인해 직류 바이어스 전압

▶ 그림 15-69

증폭기의 직류 바이어스 회로와 교류 신호 결합 회로

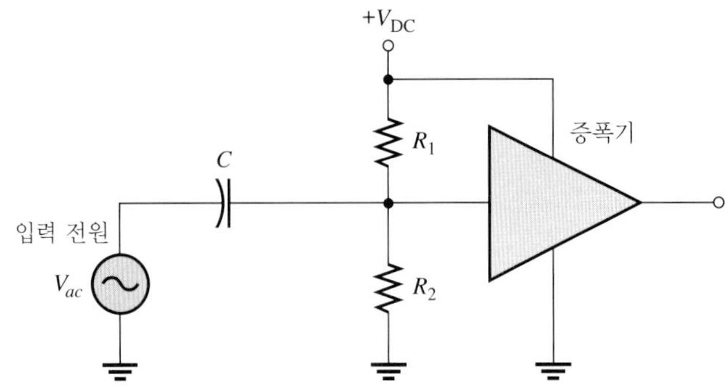


이 영향을 받지 않도록 하는 역할을 커패시터가 하고 있다.

이러한 목적으로 사용할 경우에는 커패시턴스 값이 큰 커패시터를 선택하는 것이 바람직하다. 이렇게 해야 입력 교류 신호의 전체 주파수 범위에 대해서 커패시터가 갖는 용량성 리액턴스 값이 바이어스 회로의 저항 값에 비해 아주 작아지게 된다. 리액턴스 값이 0 Ω에 가까운 아주 작은 값이 되어야 교류 신호가 커패시터를 통과할 때, 전압 강하나 위상 변화가 거의 일어나지 않게 된다. 이렇게 되면 교류 신호 전압은 아무런 변화 없이 증폭기의 입력에 도달할 수 있다.

그림 15-70을 보면 중첩 정리를 사용하여 그림 15-69 회로의 동작을 해석하고 있다. 그림 15-70(a)에서는 회로에 직류 전압만이 존재하는 경우를 해석하기 위해, 교류 신호원을 회로에서 제거하고 그 자리를 단락시킨다. 여기서는 교류 신호원의 내부 저항을 0 Ω(이상적인 신호원)으로 가정한 것으로, 내부 저항이 존재한다면 교류 신호원을 단락도선 대신에 이 내부 저항으로 대체해야 한다(실제 신호발생기의 내부 저항은 대부분 50 Ω이나 600 Ω이므로 이 저항을 연결하면 된다). *C*는 직류에 대해서는 개방(open)된 것으로 볼 수 있으므로 *A*점의 전압은 전압 분배 법칙에 따라 $V_{DC} \cdot R_2/(R_1 + R_2)$가 된다.

▶ 그림 15-70

중첩 정리를 이용한 바이어스 회로와 교류 신호 결합 회로의 해석

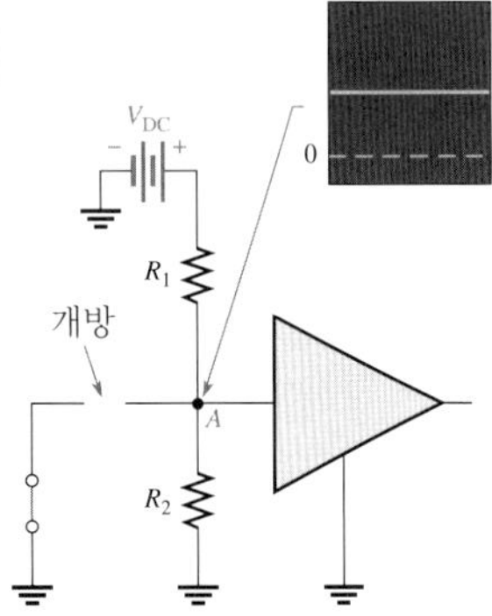


(a) 직류 해석: 교류 신호원을 제거하고 단락도선으로 대체함. *C*는 직류에 대해서는 개방됨. 직류 전압이 $R_1$과 $R_2$에 나뉨.

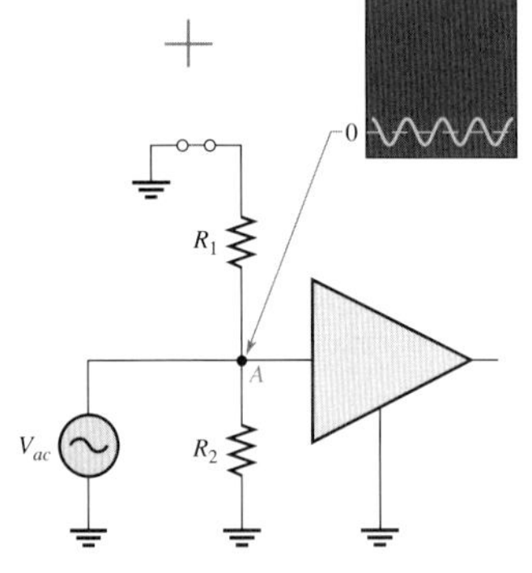


(b) 교류 해석: 직류 신호원을 제거하고 단락도선으로 대체함. *C*는 교류에 대해서는 단락됨. 교류 전압이 *A*점에 그대로 전달됨.

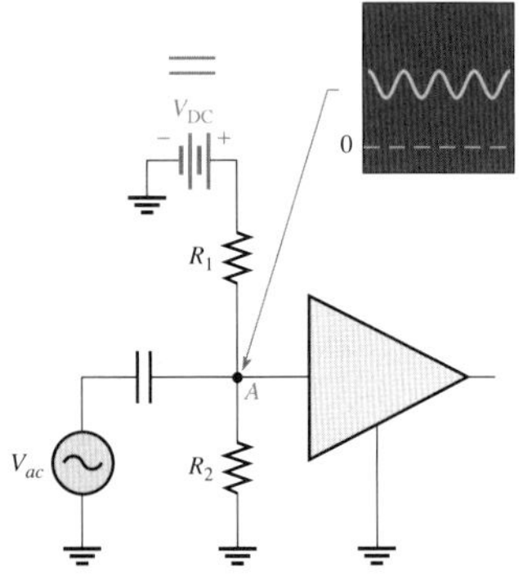


(c) 직류 해석 + 교류 해석: *A*점의 직류 전압과 교류 전압을 서로 더함.

그림 15-70(b)는 교류 신호원만 존재할 때의 해석으로, 이번에는 직류 전원을 제거하고 그 자리를 단락시킨다. 내부 저항을 가진 직류 전원이라면, 완전히 단락시키는 대신 이 내부 저항으로 대체해야 한다. 교류 신호에 대해서는 $C$를 단락도선으로 바꿀 수 있으므로 교류 신호원은 $A$점에 직접 전달되어 $R_1$과 $R_2$가 병렬로 연결된 곳에 걸리게 된다.

중첩 정리를 적용하면, 교류 신호원과 직류 전원이 함께 연결된 원래 회로의 $A$점에서의 전압은 (a)와 (b)의 경우를 합한 것이 된다. 결국 (c)와 같이 교류 전압은 (a)에서 구한 직류 전압만큼 전체적으로 상승한다.

**복습문제 15-9**

1. 위상 천이 발진기에서 $RC$ 회로에서 생기는 전체 위상 변화량은 얼마인가?
2. $RC$ 회로를 저역통과 필터로 사용하려면, 어떤 부품의 전압을 출력으로 해야 하는가?

## 15-10 고장진단

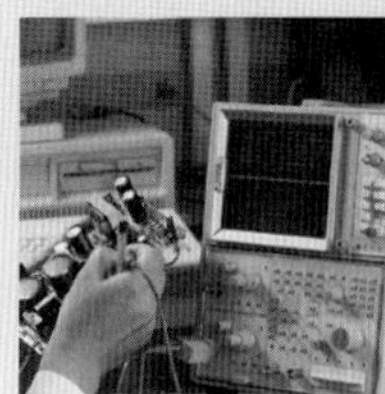

이 절에서는 $R$, $C$ 부품에서 발생하는 대표적인 고장이나 성능저하(degradation)의 종류를 알아보고 이것이 $RC$ 회로의 주파수 응답에 미치는 영향을 살펴본다.

이 절의 학습 내용은 다음과 같다.

- **$RC$ 회로의 고장진단 방법**
  - 개방된 저항의 고장진단 방법
  - 개방된 커패시터의 고장진단 방법
  - 단락된 커패시터의 고장진단 방법
  - 누설 전류가 흐르는 커패시터의 고장진단 방법

### 개방된 저항의 영향

그림 15-71에서 볼 수 있듯이 개방된 저항이 $RC$ 회로의 동작에 미치는 영향을 쉽게 이해할 수 있다. 저항이 끊어져 있으므로 전류가 흐를 수 있는 경로가 없다. 따라서 커패시터의 전압은 0 V가 되며, 전체 전압 $V_s$는 모두 개방된 저항의 양단에 나타나게 된다.

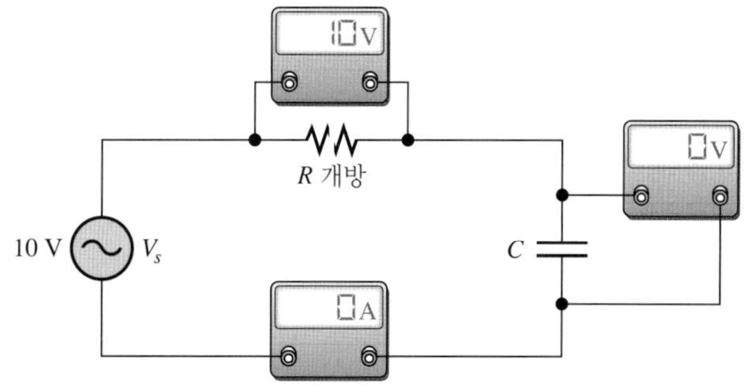


◀ 그림 15-71
개방된 저항의 영향

### 개방된 커패시터의 영향

커패시터가 개방된 경우에도 회로에 전류가 흐를 수 없다. 따라서 저항 양단의 전압은 0 V가 되므로 그림 15-72와 같이 전체 전압 $V_s$는 모두 개방된 커패시터의 양단에 나타나게 된다.

▶ 그림 15-72
개방된 커패시터의 영향

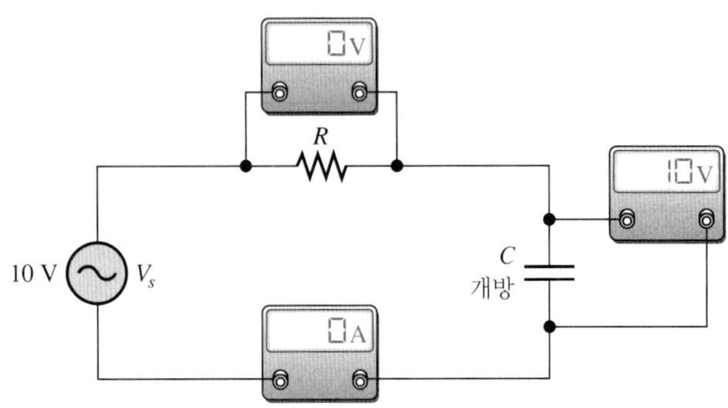


### 단락된 커패시터의 영향

커패시터가 단락되는 것은 매우 드문 경우이다. 커패시터가 단락되면 이 커패시터 양단의 전압은 당연히 0 V가 된다. 따라서 전체 전류는 $V_s/R$이 되며, 전체 전압 $V_s$는 그림 15-73과 같이 모두 저항의 양단에 나타나게 된다.

▶ 그림 15-73
단락된 커패시터의 영향

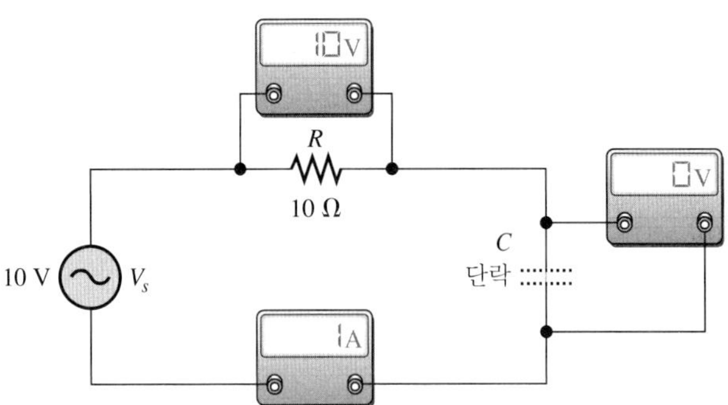


### 누설 전류가 흐르는 커패시터의 영향

한 단자에서 다른 단자로 누설 전류(leakage current)가 많이 흐르는 커패시터는 그림 15-74(a)와 같이 누설 전류가 없는 이상적인 커패시터에 누설 저항 $R_{leak}$가 병렬로 연결된 등가 회로로 나타낼 수 있다. 이 누설 저항의 값이 회로의 저항인 $R$의 크기와 비슷한 정도인 경우에는 회로의 동작에 큰 영향을 미치게 된다. 이 영향을 알아보기 위해 그림 15-74(b)에 설명한 방법대로 회로를 커패시터에서 전원 쪽을 바라볼 때의 테브냉 등가 회로(Thevenin equivalent circuit)로 바꾸어 본다. 여기서 테브냉 등가 저항 $R_{th}$는 $R$과 $R_{leak}$의 병렬 합성 저항이 된다(즉, 전원을 단락시킨 상태에서 커패시터에서 왼쪽을 바라본 저항 값이 된다). 또한 테브냉 등가 전압 $V_{th}$는 $R_{leak}$ 양단의 전압이 되므로, 전압 분배 법칙을 적용하여 다음과 같이 구할 수 있다.

$$R_{th} = R \| R_{leak} = \frac{RR_{leak}}{R + R_{leak}}$$

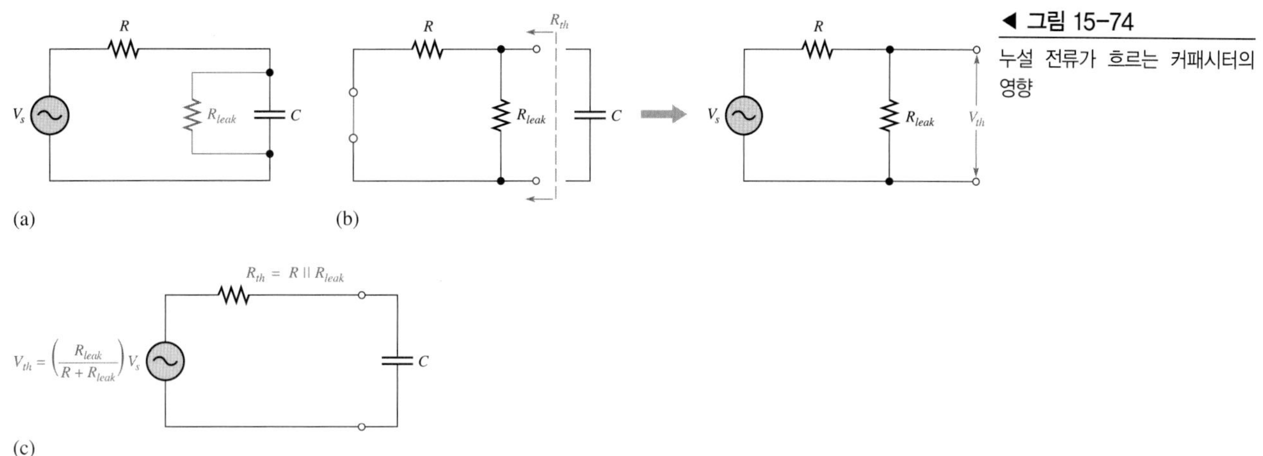


◀ 그림 15-74
누설 전류가 흐르는 커패시터의 영향

$$V_{th} = \left(\frac{R_{leak}}{R + R_{leak}}\right)V_s$$

여기서 알 수 있듯이 $V_{th} < V_s$가 되므로, 누설 전류가 있는 커패시터에 충전되는 전압의 크기는 누설 전류가 없는 것에 비해 작아지게 된다. 또한 회로의 시정수(time constant)도 작아지며, 이와 반대로 전류는 증가한다. 그림 15-74(b)의 과정으로 구한 테브냉 등가 회로를 그림 15-74(c)에 나타내었다.

**예제 15-26** 그림 15-75의 회로에 있는 커패시터의 성능이 저하되어, 누설 저항이 10 kΩ이 되었다고 가정할 때, 출력 전압을 구하라.

▶ 그림 15-75

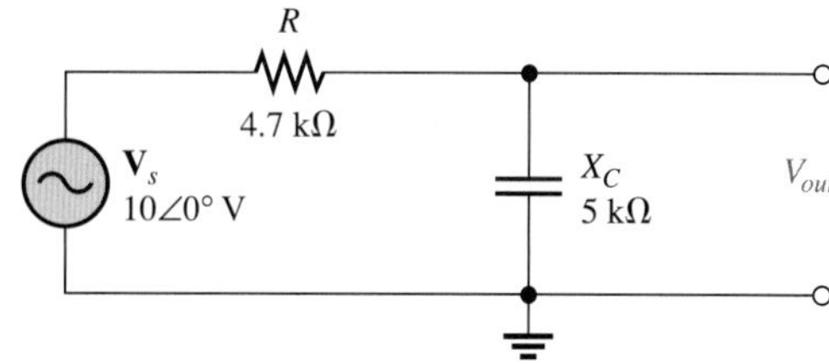


**풀이** 커패시터의 누설 저항까지 고려한 이 회로의 실제 저항(테브냉 저항)을 구해 보면,

$$R_{th} = \frac{RR_{leak}}{R + R_{leak}} = \frac{(4.7\,\text{k}\Omega)(10\,\text{k}\Omega)}{14.7\,\text{k}\Omega} = 3.20\,\text{k}\Omega$$

출력 전압을 구하기 위해, 먼저 테브냉 등가 전압을 구해 보면

$$V_{th} = \left(\frac{R_{leak}}{R + R_{leak}}\right)V_s = \left(\frac{10\,\text{k}\Omega}{14.7\,\text{k}\Omega}\right)10\text{ V} = 6.80\text{ V}$$

따라서 출력 전압은 다음과 같다.

$$V_{out} = \left(\frac{X_C}{\sqrt{R_{th}^2 + X_C^2}}\right)V_{th} = \left(\frac{5\,\text{k}\Omega}{\sqrt{(3.2\,\text{k}\Omega)^2 + (5\,\text{k}\Omega)^2}}\right)6.80\text{ V} = \mathbf{5.73\text{ V}}$$

관련 문제 위의 예에서 커패시터가 누설 전류가 흐르지 않는 이상적인 커패시터라면, 출력 전압은 어떻게 되는가?

## 그 밖의 고려 항목

지금까지 몇 가지 고장의 예를 들어가며 그때마다 전압이 어떻게 측정되는지 살펴보았다. 하지만 회로가 제대로 동작하지 않는다고 해서 무조건 부품에 고장이 생긴 것이라고 단정할 수는 없다. 부품과 도선의 접촉이 나쁘거나 납땜이 제대로 되지 않아도 회로가 개방될 수 있다. 또한 납이 번져 인접한 부품과 함께 납땜이 되는 '솔더 스플래시(solder splash)'에 의해 회로가 단락되는 경우도 일어날 수 있다. 직류 전원 공급기나 함수발생기의 전원 스위치를 올리는 것을 깜빡한 아주 간단한 실수가 아닌 다른 고장의 원인들이 생각보다 훨씬 자주 발생한다. 회로를 구성하는 부품의 실제 값이 정상적인 값에서 변한 경우, 함수발생기의 주파수를 제대로 맞추지 못한 경우, 잘못된 출력을 회로에 연결한 경우에도 회로가 제대로 동작하지 않을 수 있다.

회로에 문제가 생기면 전원 공급기나 함수발생기가 회로와 콘센트에 제대로 연결되어 있는지 항상 확인해야 한다. 또한 어디 끊어진 곳은 없는지, 커넥터에 플러그가 제대로 꽂혀 있는지, 도선조각이나 솔더 브리지(solder bridge)로 인해 단락된 곳은 없는지, 눈으로 살펴볼 수 있는 사항을 확인하도록 한다.

여기서 강조하고 싶은 것은 단지 부품의 고장만이 아니라 그 밖에 고장을 일으킬 가능성이 있는 것들을 모두 고려해야 한다는 점이다. 다음 예제에서는 APM법(Analysis, Planning, Measurement: 분석, 계획, 측정)을 사용하여 간단한 회로에서 일어난 고장을 찾아내는 방법을 설명한다.

**예제 15-27** 그림 15-76의 회로를 브레드보드에 제작한 다음, 커패시터 양단의 출력 전압을 측정해 보니 전압이 전혀 나타나지 않았다(즉, 0 V). 정상이라면 7.4 V의 전압이 나타나야 한다. 고장의 원인을 찾아보아라.

▶ 그림 15-76

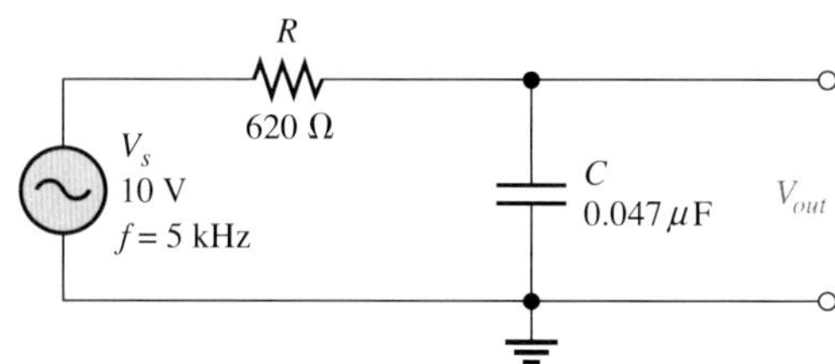


풀이 APM법을 적용하여 고장의 원인을 찾아보자.

**Analysis**(분석): 출력 전압을 나타나지 않게 할 가능성이 있는 모든 원인을 생각해 본다.

예상원인 1. 신호원(함수발생기)의 전압이 0 V이면 당연히 출력 전압이 0 V가 된다. 함수발생기의 주파수가 너무 높아서 커패시터의 용량성 리액턴스 값이 거의 0 Ω이 되면 출력 전압도 0 V가 된다.

예상원인 2. 출력 단자 사이가 단락되면 출력 전압이 0 V가 된다. 커패시터의 내부가 단락되거나 회로의 어떤 부분이 단락되면 이런 일이 생긴다.

예상원인 3. 함수발생기와 출력 단자 사이가 개방되면 전류가 흐르지 않으므로 출력 전압이 0 V가 된다. 저항이 개방되거나 연결도선이 끊어지거나 브레드보드의 접촉이 나쁘면 이런 일이 생긴다.

예상원인 4. 부품의 값이 회로도와 다른 경우를 생각해 볼 수 있다. 저항의 값이 너무 커서 전류가 거의 흐르지 않으면 출력 전압도 거의 0 V가 될 수 있다. 또한 커패시터의 값이 너무 크면 신호원의 주파수에서 리액턴스의 값이 거의 0 Ω이 되어 출력 전압도 0 V가 된다.

**Planning**(계획): '함수발생기의 전원 코드가 제대로 꽂혀 있는지', '주파수의 값을 제대로 맞추었는지'와 같이 눈으로 검사할 수 있는 것을 확인한다. 이 밖에도 '끊어진 단자나 단락된 단자는 없는지', '저항의 색띠가 저항 값과 맞는지', '커패시터의 표시 값은 정확한지'도 역시 눈으로 확인할 수 있다. 눈으로 확인한 결과에 이상이 없으면 회로 각 부분의 전압을 측정하면서 고장을 일으킨 원인을 추적한다. 이때 오실로스코프와 디지털 멀티미터(DMM)를 사용하여 전압을 측정한다.

**Measurement**(측정): 함수발생기에 전원이 제대로 들어가 있고 주파수의 값이 정확하게 맞추어져 있는 것을 확인했다고 가정하자. 또한 눈으로 확인한 결과 개방이나 단락된 부품, 도선, 단자가 없고 부품의 값도 정확하였다. 이제 고장의 원인을 조사하기 위한 측정을 해보기로 하자.

측정 과정의 첫 단계는 함수발생기에서 출력되는 신호원의 전압을 스코프로 측정하여 검사하는 것이다. 그림 15-77(a)와 같이 주파수가 5 kHz이고 실효값이 10 V rms인 사인파가 스코프의 스크린에 측정되었다고 하자. 정확한 주파수와 진폭이 측정되었으므로 앞서 분석 단계의 예상원인 1을 제외시킨다.

다음으로 예상원인 2를 검사하기 위해 함수발생기를 회로에서 떼어내고 DMM(저항 기능으로 설정)을 커패시터 양단에 갖다 댄다. 커패시터가 정상이면 DMM의 표시창에 'OL(overload)'이 나타난다. 그림 15-77(b)와 같이 커패시터의 검사 결과가 정상이었다고 가정하면 분석 단계의 예상원인 2도 제외된다.

입력과 출력 사이의 어떤 곳에서 전압을 잃어버린 것이므로 그 사이에서 전압을 측정해 보기로 하자. 위에서 떼어낸 함수발생기를 회로에 다시 연결하고 DMM(전압 기능으로 설정)의 두 측정막대를 저항의 양쪽 단자에 하나씩 갖다 대어 저항 전압을 측정한다. 측정 결과 저항 전압이 0 V가 되었다. 이것은 전류가 흐르지 않는다는 것을 뜻하는 것이다. 따라서 회로의 어느 곳이 개방되어 있다는 것을 알 수 있다.

이제 개방된 것을 알았으므로 출력에서 신호원 쪽으로 거슬러 올라가면서 전압을 측정해 보자(신호원에서 출력 쪽으로 가면서 전압을 측정해도 좋다). 스코프나 DMM 중 어느 것을 써도 되지만 여기서는 DMM을 사용하기로 한다. DMM의 검은색 측정막대를 회로의 접지(GND)에 갖다 대고 빨간색 측정막대로 회로 각 부분의 전압을 검사한다. 그림 15-77(c)와 같이, 저항의 오른쪽 단자인 점 ①의 전압은 0 V로 측정되었다. 앞에서 저항 양단의 전압이

▶ 그림 15-77

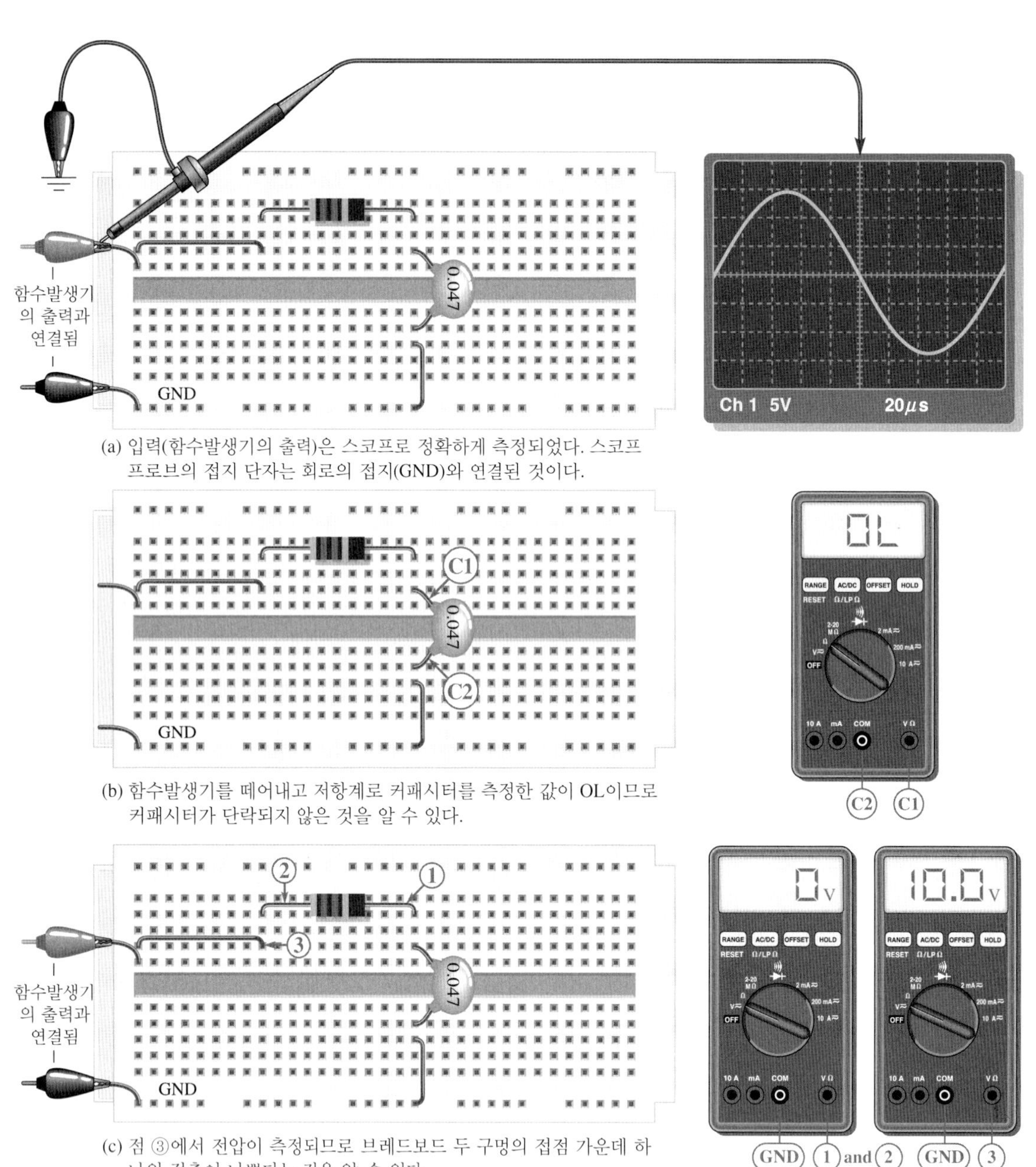


(a) 입력(함수발생기의 출력)은 스코프로 정확하게 측정되었다. 스코프 프로브의 접지 단자는 회로의 접지(GND)와 연결된 것이다.

(b) 함수발생기를 떼어내고 저항계로 커패시터를 측정한 값이 OL이므로 커패시터가 단락되지 않은 것을 알 수 있다.

(c) 점 ③에서 전압이 측정되므로 브레드보드 두 구멍의 접점 가운데 하나의 접촉이 나쁘다는 것을 알 수 있다.

0 V로 측정되었으므로 저항의 왼쪽 단자인 점 ②의 전압도 0 V로 측정되었다. 다음으로 빨간 막대를 점 ③으로 옮겼더니 10 V가 측정되었다. 전압이 측정되다니! 저항 왼쪽 단자의 전압은 0 V인데, 점 ③의 전압이 10 V가 된 것은 저항 단자와 도선 단자가 꽂힌 브레드보드 두 구멍의 접점 가운데 하나의 접촉이 나쁘기 때문이다. 작은 접점이 안으로 너무 밀려들어가 구부러지거나 끊어지게 되면 여기에 꽂은 단자가 연결되지 않는다.

저항 단자와 도선 가운데 하나를 같은 줄의 다른 구멍으로 옮겨본다(둘 다 옮겨도 된다). 저항 단자를 한 칸 위의 구멍으로 옮겨 꽂았더니 회로의 출력(커패시터 양단)에 전압이 제대로 측정되었다.

**관련 문제** 저항 양단의 전압을 측정하였더니 10 V가 되었다. 예상되는 원인을 분석하라. 단, 아직 커패시터를 검사하지 않았다.

**복습문제 15-10**

1. 누설 전류가 흐르는 커패시터가 $RC$ 회로의 동작에 미치는 영향을 설명하라.
2. $RC$ 직렬 회로에서, 커패시터 양단의 전압이 인가 전압과 같다면 어떤 고장 때문인가?
3. $RC$ 직렬 회로에서, 신호원이 정상적으로 동작하는데도 커패시터의 양단 전압이 0 V라면 어떤 고장 때문인가?

# 회로 응용

12장에서는 전압 분배 바이어스 회로가 들어 있는 증폭기 회로에 대해 살펴보았다. 이 증폭기 회로에서, 증폭기의 입력 단자와 교류 신호원 사이에는 결합 커패시터(coupling capacitor)가 직렬로 연결되어 있었다. 이 절에서는 증폭기의 입력 회로에 대해서 출력 전압과 위상 지연을 측정하고, 이 값들이 주파수에 따라 어떻게 변하는지를 알아본다. 결합 커패시터 양단에서 큰 전압 강하가 발생하면 증폭기의 성능에 좋지 않은 영향을 주게 된다.

12장에서 이미 알아보았듯이, 그림 15-78의 회로에서 결합 커패시터 $C_1$은 입력 교류 전압이, 저항 $R_1$, $R_2$로 구성된 전압 분배 회로에서 만들어진 $B$점의 직류 전압에 영향을 주지 않고 증폭기에 입력되도록 한다. 주파수가 매우 높아서 결합 커패시터의 리액턴스 값이 무시될 수 있을 정도로 작은 경우에는, 커패시터 양단에서 전압 강하가 일어나지 않는 것으로 볼 수 있으므로, 입력 교류 전압이 결합 커패시터를 통과해도 전압의 크기는 줄어들지 않게 된다. 주파수가 이 값보다 낮아지게 되면 커패시터의 용량성 리액턴스 값이 커지므로 커패시터 양단에서의 전압 강하도 증가하게 된다. 결국, 증폭기 전체의 이득이 감소하므로 증폭기의 성능이 저하된다.

그림 15-78의 회로에서, 전체 신호원 전압($A$점) 중에서 증폭기 입력($B$점)까지 도달하는 전압의 크기는 커패시터와 직류 바이어스 회로를 구성하는 두 저항의 값에 의해 결정된다(증폭기 내부의 입력 저항은 ∞ Ω으로 가정하여 증폭기에 의한 부하 효과는 없는 것으로 한다). 그런데 $C$와 두 개의 저항은 그림 15-79에서 알 수 있듯이 고역통과 필터로 동작한다. 직류 전원 공급기의 내부 저항은 0 Ω이므로 교류 신호원에 대해서는 두 개의 저항이 병렬로 연결된 것으로 볼 수 있다. 그림 15-79(a)를 보면, 전압 분배 바이어스 회로에서 10 kΩ 저항의 아래쪽 단자는 접지되어 있고, 47 kΩ 저항의 위쪽 단자는 18 V의 직류 전압에 연결되어 있다. 여기서 47 kΩ 저항과 연결된 18 V 직류 전압 단자에는 교류 전압이 인가되어 있지 않으므로, 이 단자의 교류 전압은 0 V가 된다. 따라서 이 단자를 **교류 신호에 대한 접지**로 볼 수 있다. 따라서 그림 15-79(b)와 같이 두 저항은 교류 신호와 병렬로 연결된 것으로 취급할 수 있으므로, 결국 그림 15-79(c)와 같은 $RC$ 고역통과 필터로 간단하게 나타낼 수 있다.

## 증폭기 입력 회로

- $RC$ 입력 회로의 등가 저항을 구하라. 단, 증폭기(그림 15-80의 점선 내부)의 입력 저항을 ∞로 가정하여 증폭기에 의한

▶ 그림 15-78

커패시터 결합 증폭기

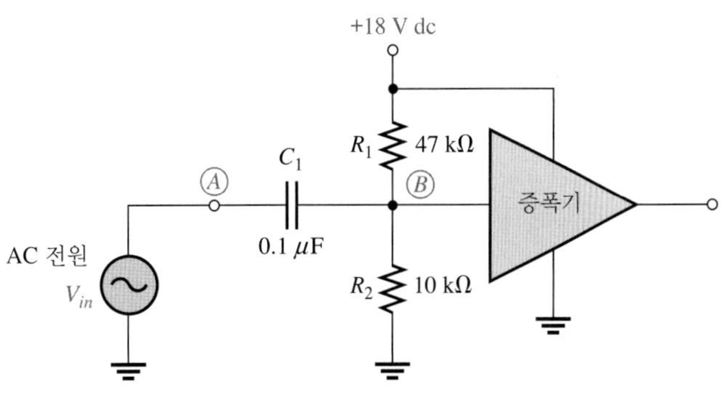

**▶ 그림 15-79**

*RC* 입력 회로는 고역통과 필터로 동작한다.

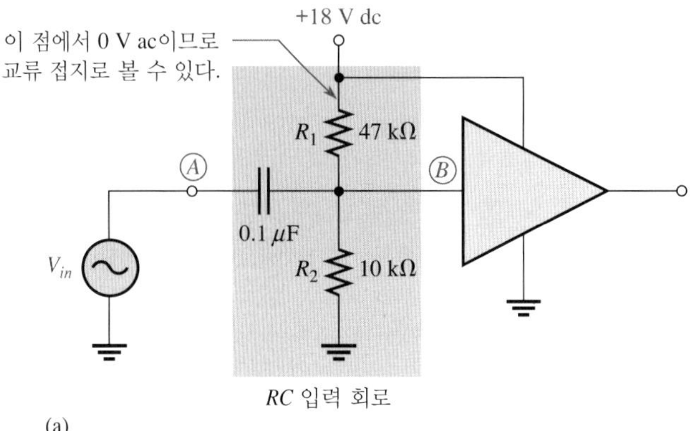


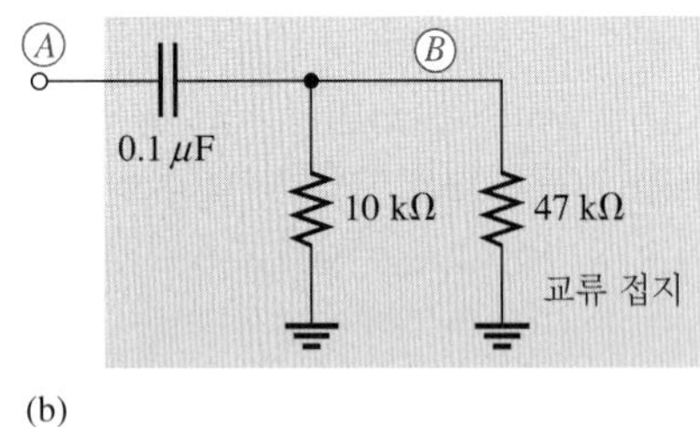


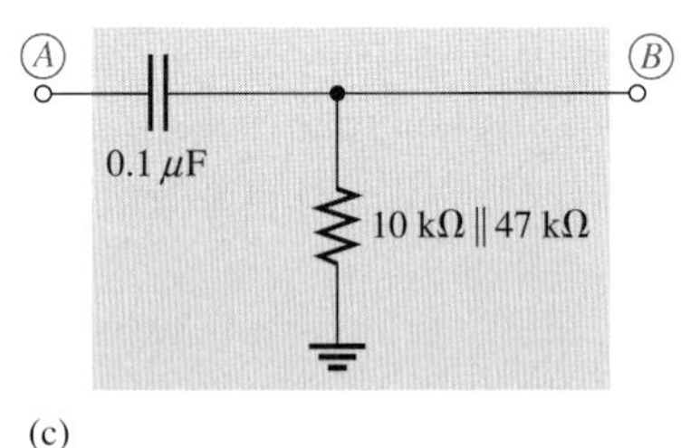


부하 효과(loading effect)를 무시한다.

### 주파수 $f = f_1$일 때의 응답

그림 15-80에서 스코프의 채널 1에 연결된 프로브로 측정하고 있는 전압 파형은 증폭기 회로기판에 인가되는 입력 신호 전압이다.

- 스코프의 채널 2에 연결된 프로브로는 그림 15-80 회로의 어느 부분의 전압을 측정하고 있는가? 또한 측정되어야 하는 전압 파형의 크기와 주파수를 구하여 스크린에 그려 보아라.

### 주파수 $f = f_2$일 때의 응답

그림 15-81에서 스코프의 채널 1에 연결된 프로브로 측정하고 있는 전압 파형은 증폭기 회로기판에 인가되는 입력 신호 전압이다.

- 스코프의 채널 2로 측정되어야 하는 전압 파형의 크기와 주파수를 구하여 스크린에 그려 보아라.
- 위에서 구한 전압 파형과 주파수가 $f_1$일 때 구한 전압 파형의 차이점은 무엇인가? 그리고 이러한 차이는 무엇 때문에 생긴 것인가?

### 주파수 $f = f_3$일 때의 응답

그림 15-82에서 스코프의 채널 1에 연결된 프로브로 측정하고 있는 전압 파형은 증폭기 회로기판에 인가되는 입력 신호 전압이다.

- 스코프의 채널 2에 측정되어야 하는 전압 파형의 크기와 주파수를 구하여 스크린에 그려 보아라.
- 위에서 구한 전압 파형과 주파수가 $f_2$일 때 구한 전압 파형의 차이점은 무엇인가? 그리고 이러한 차이는 무엇 때문에 생긴 것인가?

### 증폭기 입력 회로의 응답 곡선

- 그림 15-78 회로에서 *B*점의 전압이 최대 전압의 70.7%가 되는 주파수를 구하라.
- 위에서 구한 결과와 주파수가 $f_1, f_2, f_3$일 때의 실험 결과를 이용하여 주파수 응답 곡선을 그려라.
- 위에서 그린 응답 곡선은 입력 회로가 고역통과 필터로 동작하고 있음을 보여주고 있는가?
- 전압이 최대 전압의 70.7%가 되는 주파수를 지금보다 낮게 하려면 그림 15-78 회로의 어느 부분을 어떻게 변경해야 하는가? 단, 직류 바이어스 전압에 영향을 주어서는 안 된다.

▶ 그림 15-80

주파수 $f = f_1$일 때 입력 회로의 응답 측정: 동그라미 안의 숫자는 스코프의 입력 채널 번호와 여기에 연결된 프로브를 뜻한다. 스크린에 표시된 파형은 채널 1의 파형이다.

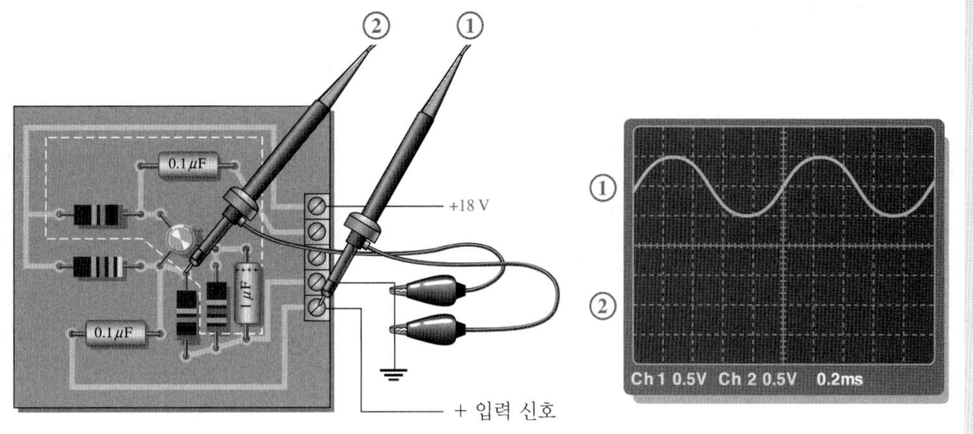


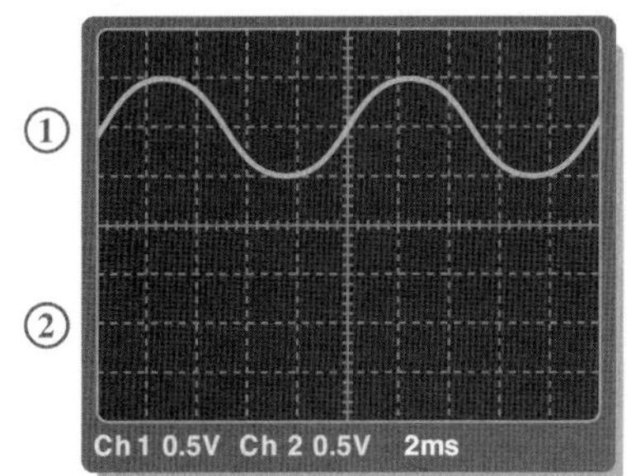


▶ 그림 15-81

주파수 $f = f_2$일 때 입력 회로의 응답 측정: 스크린에 표시된 파형은 채널 1의 파형이다.

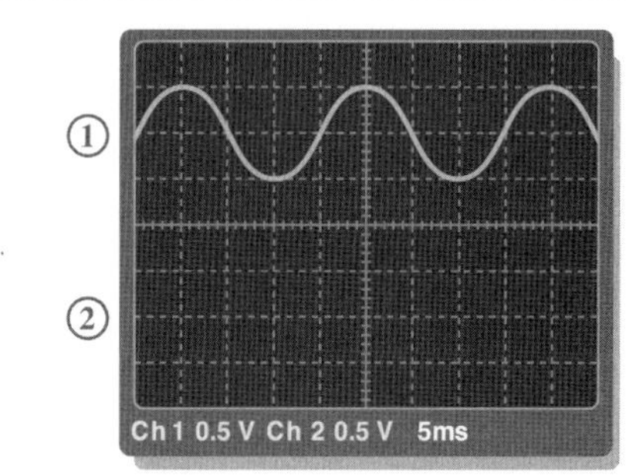


▶ 그림 15-82

주파수 $f = f_3$일 때 입력 회로의 응답 측정: 스크린에 표시된 파형은 채널 1의 파형이다.

## 복습문제

1. 증폭기 입력 회로에서 결합 커패시터의 커패시턴스 값을 작게 하면, 회로의 응답에는 어떤 영향을 미치는가?
2. 그림 15-78 회로에서, 교류 입력 전압이 10 mV rms이고 결합 커패시터가 개방되었다면 $B$점의 전압은 얼마인가?
3. 그림 15-78 회로에서, 교류 입력 전압이 10 mV rms이고 저항 $R_1$이 개방되었다면 $B$점의 전압은 얼마인가?

학습 방법 2를 선택한 사람들은 여기에서 16장의 4부 특별 주제로 옮겨가서 공부한다.

## 요 약

- 복소수로 페이저 양을 나타낸다.
- 복소수의 직각좌표 형식에서는 $A + jB$와 같이 복소수를 실수부와 허수부의 합으로 표시한다.
- 복소수의 극좌표 형식에서는 $C \angle \pm \theta$와 같이 복소수를 크기와 각도로 표시한다.
- 복소수끼리 덧셈, 뺄셈, 곱셈, 나눗셈을 할 수 있다.
- *RC* 회로에 정현파(사인파) 전압이 인가되면, 회로에 흐르는 전류와 각 부품에서 발생하는 전압도 모두 정현파가 된다.
- *RC* 직렬 회로이든 병렬 회로이든 전체 전류는 인가 전압보다 위상이 언제나 앞선다.
- 저항을 통해 흐르는 전류와 그 저항 전압의 위상은 언제나 같다.
- 커패시터의 전압은 그 커패시터를 통해 흐르는 전류보다 언제나 90°만큼 뒤진다.
- 지상 회로에서, 출력 전압은 입력 전압보다 위상이 뒤진다.
- 진상 회로에서, 출력 전압은 입력 전압보다 위상이 앞선다.
- *RC* 회로의 임피던스는 저항과 용량성 리액턴스의 페이저 합이 된다.
- 임피던스의 단위는 옴(Ω)이다.
- 회로의 위상각($\theta$)은 회로 전체의 전류와 인가(전원) 전압 사이의 각도이다.
- *RC* 직렬 회로의 임피던스 크기는 주파수에 반비례한다.
- *RC* 직렬 회로의 위상각($\theta$)은 주파수에 반비례한다.
- 주어진 주파수에 대해, 어떤 병렬 *RC* 회로라도 자신과 등가인 직렬 *RC* 회로로 변환될 수 있다.
- 주어진 주파수에 대해, 어떤 직렬 *RC* 회로라도 자신과 등가인 병렬 *RC* 회로로 변환될 수 있다.
- 회로의 임피던스는 회로의 전체 전류와 인가 전압을 측정한 다음, 옴의 법칙을 적용하여 구할 수 있다.
- *RC* 회로에서 전체 전력은 저항의 전력인 유효 전력과 커패시터의 전력인 무효 전력으로 나누어진다.
- 유효 전력과 무효 전력의 페이저 합을 **피상 전력**이라고 한다.
- 피상 전력의 단위는 VA(volt-ampere)이다.
- 역률(PF: power factor)로 피상 전력 중에서 유효 전력이 차지하는 비율을 알 수 있다.
- 저항 성분만을 갖는 회로의 역률은 1이며, 리액턴스 성분만을 갖는 회로의 역률은 0이다.
- 필터는 특정 범위의 주파수는 잘 통과시키고, 그 범위 외의 모든 주파수는 차단시킨다.
- 위상 천이 발진기에서는 180°의 위상 지연을 일으키기 위해 *RC* 회로를 사용한다.

## 용어 해설

**고역통과 필터**(high-pass filter): 필터의 한 종류로서, 높은 주파수 신호는 통과시키고 낮은 주파수 신호는 차단시키는 회로

**극좌표 형식**(polar form): 복소수를 크기와 각도로 표시하는 방식

**대역폭**(bandwidth): 필터에 의해 통과되는 주파수 범위

**복소평면**(complex plane): 크기와 방향을 모두 가진 양을 표시할 수 있는 네 개의 사분면으로 구성된 영역

**실수**(real number): 복소평면의 수평축에 존재하는 수

**어드미턴스**(admittance, $Y$): 리액턴스 성분을 갖는 회로의 성질을 표시하는 용어로, 그 회로에 얼마나 전류가 잘 흐를 수 있는가를 나타내는 양. 이 값이 클수록 전류가 잘 흐른다. 임피던스의 역수이며 단위는 S(지멘스).

**역률**(power factor): 피상 전력과 유효 전력 사이의 관계를 표시하는 용어로, 피상 전력에 역률을 곱하면 유효 전력이 된다.

**용량성 서셉턴스**(capacitive susceptance, $B_C$): 커패시터의 성질을 표시하는 용어로, 그 커패시터에 얼마나 전류가 잘 흐를 수 있는가를 나타내는 양. 이 값이 클수록 전류가 잘 흐른다. 용량성 리액턴스의 역수이며 단위는 S.

**임피던스**(impedance): 정현파 전류가 흐르는 것을 방해하는 성질을 표시하는 양. 이 값이 클수록 전류는 잘 흐르지 못한다. 단위는 Ω.

**주파수 응답**(frequency response): 전자 회로에서, 특정한 주파수 범위 안에서 주파수에 따른 출력(전압 또는 전류)의 변화

**직각좌표 형식**(rectangular form): 복소수를 실수부와 허수부의 합으로 표시하는 방식

**차단주파수**(cutoff frequency): 출력 전압이 최대 출력 전압의 70.7%가 되는 주파수

**피상 전력**(apparent power): 저항의 전력(유효 전력)과 리액턴스 부품의 전력(무효 전력)의 페이저 합으로 표시되는 전력으로 단위는 VA(볼트-암페어).

**필터**(filter): 특정 범위의 주파수는 잘 통과시키고, 그 범위 외의 모든 주파수는 차단시키는 기능을 가진 회로

**허수**(imaginary number): 복소평면의 수직축에 존재하는 수

## 주요 공식

### 복소수

**15-1** $C = \sqrt{A^2 + B^2}$

**15-2** $\theta = \tan^{-1}\left(\frac{\pm B}{A}\right)$

**15-3** $\pm A \pm jB = C\angle \pm\theta$

**15-4** $A = C\cos\theta$

**15-5** $B = C\sin\theta$

**15-6** $C\angle\theta = A + jB$

### *RC* 직렬 회로

**15-7** $\mathbf{Z} = R - jX_C$

**15-8** $\mathbf{Z} = \sqrt{R^2 + X_C^2}\angle -\tan^{-1}\left(\frac{X_C}{R}\right)$

**15-9** $\mathbf{V} = \mathbf{IZ}$

**15-10** $\mathbf{I} = \frac{\mathbf{V}}{\mathbf{Z}}$

**15-11** $\mathbf{Z} = \frac{\mathbf{V}}{\mathbf{I}}$

**15-12** $\mathbf{V}_s = V_R - jV_C$

**15-13** $\mathbf{V}_s = \sqrt{V_R^2 + V_C^2}\angle -\tan^{-1}\left(\frac{V_C}{V_R}\right)$

### 지상 회로

**15-14** $\phi = -\tan^{-1}\left(\frac{R}{X_C}\right)$

**15-15** $V_{out} = \left(\frac{X_C}{\sqrt{R^2 + X_C^2}}\right)V_{in}$

### 진상 회로

**15-16** $\phi = \tan^{-1}\left(\frac{X_C}{R}\right)$

**15-17** $V_{out} = \left(\frac{R}{\sqrt{R^2 + X_C^2}}\right)V_{in}$

### *RC* 병렬 회로

**15-18** $\mathbf{Z} = \left(\frac{RX_C}{\sqrt{R^2 + X_C^2}}\right)\angle -\tan^{-1}\left(\frac{R}{X_C}\right)$

**15-19** $\mathbf{Y} = G + jB_C$

**15-20** $\mathbf{V} = \frac{\mathbf{I}}{\mathbf{Y}}$

**15-21** $\mathbf{I} = \mathbf{VY}$

**15-22** $\mathbf{Y} = \frac{\mathbf{I}}{\mathbf{V}}$

**15-23** $\mathbf{I}_{tot} = I_R + jI_C$

**15-24** $\mathbf{I}_{tot} = \sqrt{I_R^2 + I_C^2}\angle\tan^{-1}\left(\frac{I_C}{I_R}\right)$

**15-25** $R_{eq} = Z\cos\theta$

**15-26** $X_{C(eq)} = Z\sin\theta$

**15-27** $\theta = \left(\frac{\Delta t}{T}\right)360°$

### *RC* 회로의 전력

**15-28** $P_{true} = I^2R$

**15-29** $P_r = I^2X_C$

**15-30** $P_a = I^2Z$

**15-31** $P_{true} = VI\cos\theta$

**15-32** $PF = \cos\theta$

### 회로 응용

**15-33** $f_r = \frac{1}{2\pi\sqrt{6}RC}$

**15-34** $f_c = \frac{1}{2\pi RC}$

## 자기 진단

**1.** +20°는 (−) 몇 도와 같은가?
(a) −160° (b) −340° (c) −70° (d) −20°

**2.** 복소평면에서, 복소수 3 + *j*4는 몇 사분면에 위치하는가?
(a) 1사분면 (b) 2사분면 (c) 3사분면 (d) 4사분면

**3.** 복소평면에서, 복소수 12 − *j*6은 몇 사분면에 위치하는가?
(a) 1사분면 (b) 2사분면 (c) 3사분면 (d) 4사분면

**4.** 복소수 5 + *j*5와 같은 것은?
(a) $5 \angle 45°$ (b) $25 \angle 0°$ (c) $7.07 \angle 45°$ (d) $7.07 \angle 135°$

**5.** 복소수 $35 \angle 60°$와 같은 것은?
(a) 35 + *j*35 (b) 35 + *j*60 (c) 17.5 + *j*30.3 (d) 30.3 + *j*17.5

**6.** (4 + *j*7) + (−2 + *j*9)와 같은 것은?
(a) 2 + *j*16 (b) 11 + *j*11 (c) −2 + *j*16 (d) 2 − *j*2

**7.** (16 − *j*8) − (12 + *j*5)와 같은 것은?
(a) 28 − *j*13 (b) 4 − *j*13 (c) 4 − *j*3 (d) −4 + *j*13

**8.** $(5 \angle 45°)(2 \angle 20°)$와 같은 것은?
(a) $7 \angle 65°$ (b) $10 \angle 25°$ (c) $10 \angle 65°$ (d) $7 \angle 25°$

**9.** $(50 \angle 10°) / (25 \angle 30°)$와 같은 것은?
(a) $25 \angle 40°$ (b) $2 \angle 40°$ (c) $25 \angle -20°$ (d) $2 \angle -20°$

**10.** *RC* 직렬 회로에서 저항 양단의 전압은
(a) 신호원 전압과 위상이 서로 같다 (b) 신호원 전압보다 90°만큼 뒤진다
(c) 전류와 위상이 같다 (d) 전류보다 90°만큼 뒤진다

**11.** *RC* 직렬 회로에서 커패시터 양단의 전압은
(a) 신호원 전압과 위상이 서로 같다 (b) 저항 양단의 전압보다 90°만큼 뒤진다
(c) 전류와 위상이 같다 (d) 신호원 전압보다 90°만큼 뒤진다

**12.** *RC* 직렬 회로에 인가되는 전압의 주파수가 증가하면 임피던스는
(a) 증가한다 (b) 감소한다 (c) 변하지 않는다 (d) 두 배가 된다

**13.** *RC* 직렬 회로에 인가되는 전압의 주파수가 감소하면 위상각은
(a) 증가한다 (b) 감소한다
(c) 변하지 않는다 (d) 불규칙적으로 변한다

**14.** *RC* 직렬 회로에서 주파수와 저항 값이 모두 2배가 되면 임피던스는
(a) 2배가 된다 (b) 1/2배가 된다
(c) 4배가 된다 (d) 값을 모르므로 구할 수 없다

**15.** *RC* 직렬 회로에서 저항 양단의 전압이 10 V rms, 커패시터 양단의 전압이 10 V rms이다. 신호원 전압의 실효값은 얼마인가?
(a) 20 V rms (b) 14.14 V rms (c) 28.28 V rms (d) 10 V rms

**16.** 문제 15의 각 전압이 어떤 주어진 주파수에서 측정된 값이라고 가정할 때, 저항 양단의 전압이 커패시터 양단의 전압보다 커지도록 하려면 주파수를
(a) 증가시켜야 한다 (b) 감소시켜야 한다 (c) 일정하게 유지해야 한다
(d) 아무런 영향도 미치지 않으므로 어떤 값으로 하여도 상관없다

**17.** $R = X_C$일 때 위상각은 얼마인가?

(a) 0° (b) +90° (c) −90° (d) 45°

**18.** 위상각을 45° 이하로 감소시키기 위한 조건은 무엇인가?

(a) $R = X_C$ (b) $R < X_C$ (c) $R > X_C$ (d) $R = 10X_C$

**19.** 신호원 전압의 주파수가 증가하면 *RC* 병렬 회로의 임피던스는

(a) 증가한다 (b) 감소한다 (c) 변하지 않는다

**20.** *RC* 병렬 회로에서 저항을 통해 흐르는 전류가 1 A rms, 커패시터를 통해 흐르는 전류가 1 A rms이다. 전체 전류의 실효값은 얼마인가?

(a) 1 A rms (b) 2 A rms (c) 2.28 A rms (d) 1.414 A rms

**21.** 역률이 1이면 회로의 위상각은 얼마인가?

(a) 90° (b) 45° (c) 180° (d) 0°

**22.** 어떤 부하의 유효 전력이 100 W, 무효 전력이 100 VAR일 때, 피상 전력은 얼마인가?

(a) 200 VA (b) 100 VA (c) 141.4 VA (d) 141.4 W

**23.** 에너지원(energy source)의 정격은 일반적으로 어떤 단위로 표시되는가?

(a) W (b) VA (c) VAR (d) 답이 없음

## 퀴즈

그림 15-86을 보면서 다음 물음에 답하라.

**1.** *C*가 개방되면 *C* 양단의 전압은?

(a) 증가한다 (b) 감소한다 (c) 변하지 않는다

**2.** *R*이 개방되면 *C* 양단의 전압은?

(a) 증가한다 (b) 감소한다 (c) 변하지 않는다

**3.** 주파수가 증가하면 *R* 양단의 전압은?

(a) 증가한다 (b) 감소한다 (c) 변하지 않는다

그림 15-87을 보면서 다음 물음에 답하라.

**4.** $R_1$이 개방되면 $R_2$ 양단의 전압은?

(a) 증가한다 (b) 감소한다 (c) 변하지 않는다

**5.** $C_2$가 0.47 μF으로 증가하면 $C_2$ 양단의 전압은?

(a) 증가한다 (b) 감소한다 (c) 변하지 않는다

그림 15-93을 보면서 다음 물음에 답하라.

**6.** *R*이 개방되면 커패시터 양단의 전압은?

(a) 증가한다 (b) 감소한다 (c) 변하지 않는다

**7.** 신호원의 전압이 증가하면 $X_C$ 값은?

(a) 증가한다 (b) 감소한다 (c) 변하지 않는다

그림 15-98을 보면서 다음 물음에 답하라.

**8.** $R_2$가 개방되면 $R_2$의 위쪽 단자와 접지 사이의 전압은?

(a) 증가한다 (b) 감소한다 (c) 변하지 않는다

**9.** $C_2$가 단락되면 $C_1$ 양단의 전압은?

(a) 증가한다 (b) 감소한다 (c) 변하지 않는다

**10.** 신호원 전압의 주파수가 증가하면 저항을 통해 흐르는 전류는?

(a) 증가한다 (b) 감소한다 (c) 변하지 않는다

**11.** 신호원 전압의 주파수가 감소하면 커패시터를 통해 흐르는 전류는?

(a) 증가한다 (b) 감소한다 (c) 변하지 않는다

그림 15-103을 보면서 다음 물음에 답하라.

**12.** $C_3$가 개방되면 $B$점과 접지 사이의 전압은?

(a) 증가한다 (b) 감소한다 (c) 변하지 않는다

**13.** $C_2$가 개방되면 $B$점과 접지 사이의 전압은?

(a) 증가한다 (b) 감소한다 (c) 변하지 않는다

**14.** $C$점과 접지 사이가 단락되면 $A$점과 접지 사이의 전압은?

(a) 증가한다 (b) 감소한다 (c) 변하지 않는다

**15.** $C_3$가 개방되면 $B$점과 $D$점 사이의 전압은?

(a) 증가한다 (b) 감소한다 (c) 변하지 않는다

**16.** 신호원 전압의 주파수가 증가하면 $C$점과 접지 사이의 전압은?

(a) 증가한다 (b) 감소한다 (c) 변하지 않는다

**17.** 신호원 전압의 주파수가 증가하면 신호원으로부터 흐르는 전류는?

(a) 증가한다 (b) 감소한다 (c) 변하지 않는다

**18.** $R_2$가 단락되면 $C_1$ 양단의 전압은?

(a) 증가한다 (b) 감소한다 (c) 변하지 않는다

## 문제

### 1부: 직렬 회로

#### 15-1 복소수

**1.** 복소수로 표시하는 페이저 양은 어떤 두 가지 값을 함께 가지고 있는가?

**2.** 다음 수를 복소평면에 표시하라.

(a) $+6$ (b) $-2$ (c) $+j3$ (d) $-j8$

**3.** 다음 좌표가 나타내는 점들을 복소평면에 표시하라.

(a) $3, j5$ (b) $-7, j1$ (c) $-10, j10$

***4.** 문제 3의 각 점과 크기는 같고 각도가 180° 차이가 나는 점의 좌표를 구하라.

***5.** 문제 3의 각 점과 크기는 같고 각도가 90° 차이가 나는 점의 좌표를 구하라.

**6.** 각 점들이 복소평면에서 아래에 설명한 곳에 놓여 있다. 이 점들을 직각좌표 형식의 복소수로 표시하라.

(a) 실수축의 원점에서 오른쪽으로 3칸, 허수축의 원점에서 위로 5칸

(b) 실수축의 원점에서 왼쪽으로 2칸, 허수축의 원점에서 위로 1.5칸

(c) 실수축의 원점에서 왼쪽으로 10칸, 허수축의 원점에서 아래로 14칸

**7.** 직각삼각형의 밑변과 높이가 각각 10과 15일 때, 빗변의 길이는 얼마인가?

**8.** 다음 직각좌표 형식의 복소수를 극좌표 형식으로 변환하라.

(a) $40 - j40$ (b) $50 - j200$ (c) $35 - j20$ (d) $98 + j45$

**9.** 다음 극좌표 형식의 복소수를 직각좌표 형식으로 변환하라.

(a) $1000 \angle -50°$ (b) $15 \angle 160°$ (c) $25 \angle -135°$ (d) $3 \angle 180°$

**10.** 다음 극좌표 형식의 복소수를 (−) 각도를 사용하여 다시 나타내어라.

(a) $10 \angle 120°$ (b) $32 \angle 85°$ (c) $5 \angle 310°$

**11.** 문제 8의 각 점은 몇 사분면에 위치하는가?

**12.** 문제 10의 각 점은 몇 사분면에 위치하는가?

**13.** 그림 15-83의 각 페이저를 (+) 각도를 사용하여 극좌표 형식으로 나타내어라.

▶ 그림 15-83

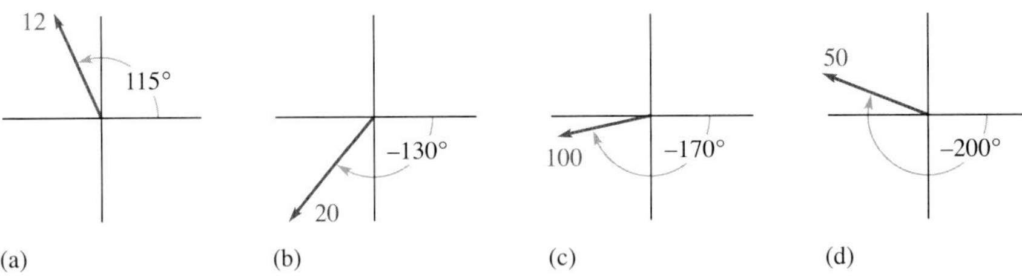


**14.** 다음 복소수의 덧셈을 하라.

(a) $(9 + j3) + (5 + j8)$ (b) $(3.5 - j4) + (2.2 + j6)$

(c) $(-18 + j23) + (30 - j15)$ (d) $12 \angle 45° + 20 \angle 32°$

(e) $3.8 \angle 75° + (1 + j1.8)$ (f) $(50 - j39) + 60 \angle -30°$

**15.** 다음 복소수의 뺄셈을 하라.

(a) $(2.5 + j1.2) - (1.4 + j0.5)$ (b) $(-45 - j23) - (36 + j12)$

(c) $(8 - j4) - 3 \angle 25°$ (d) $48 \angle 135° - 33 \angle -60°$

**16.** 다음 복소수의 곱셈을 하라.

(a) $4.5 \angle 48° \times 3.2 \angle 90°$ (b) $120 \angle -220° \times 95 \angle 200°$

(c) $-3 \angle 150° \times (4 - j3)$ (d) $(67 + j84) \times 102 \angle 40°$

(e) $(15 - j10) \times (-25 - j30)$ (f) $(0.8 + j0.5) \times (1.2 - j1.5)$

**17.** 다음 복소수의 나눗셈을 하라.

(a) $\dfrac{8\angle 50°}{2.5\angle 39°}$ (b) $\dfrac{63\angle -91°}{9\angle 10°}$ (c) $\dfrac{28\angle 30°}{14 - j12}$ (d) $\dfrac{40 - j30}{16 + j8}$

**18.** 다음을 계산하라.

(a) $\dfrac{2.5\angle 65° - 1.8\angle -23°}{1.2\angle 37°}$ (b) $\dfrac{(100\angle 15°)(85 - j150)}{25 + j45}$

(c) $\dfrac{(250\angle 90° + 175\angle 75°)(50 - j100)}{(125 + j90)(35\angle 50°)}$ (d) $\dfrac{(1.5)^2(3.8)}{1.1} + j\left(\dfrac{8}{4} - j\dfrac{4}{2}\right)$

## 15-2 *RC* 직렬 회로의 정현파 응답

**19.** *RC* 직렬 회로에 8 kHz의 정현파(사인파)가 인가되고 있다. 저항 양단 전압의 주파수와 커패시터 양단 전압의 주파수를 각각 구하라.

**20.** 문제 19에서 전류 파형은 어떤 모양인가?

## 15-3 *RC* 직렬 회로의 임피던스

**21.** 그림 15-84의 각 회로에 대해 전체 임피던스를 극좌표 형식과 직각좌표 형식으로 구하라.

▶ 그림 15-84

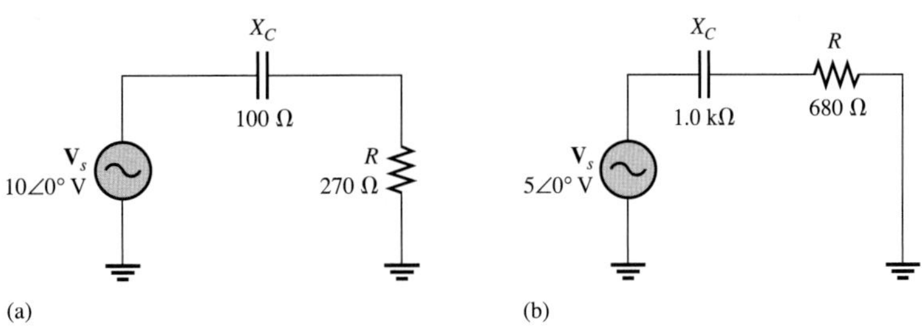


**22.** 그림 15-85의 각 회로에 대해 임피던스의 크기와 위상각을 구하라.

▶ 그림 15-85

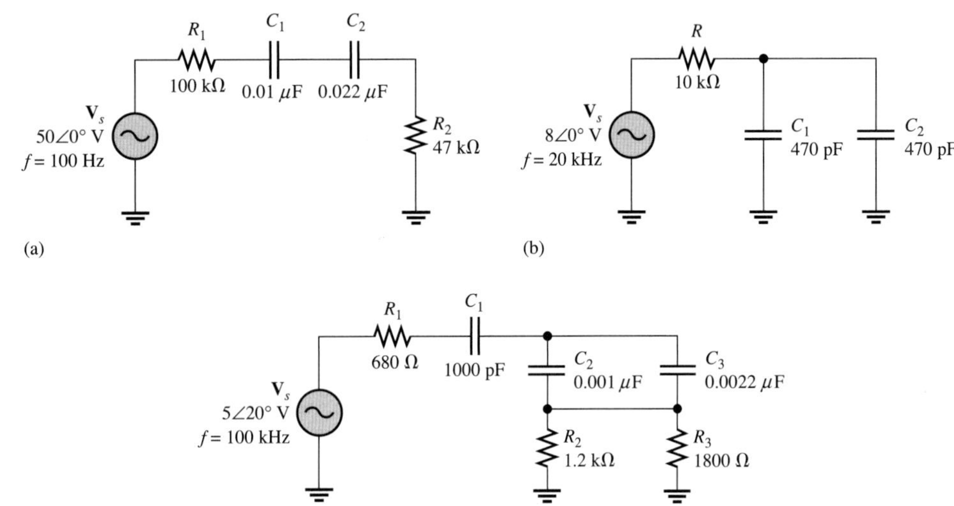


**23.** 다음의 여러 주파수에 대해, 그림 15-86 회로의 임피던스를 직각좌표 형식으로 구하라.

(a) 100 Hz (b) 500 Hz (c) 1 kHz (d) 2.5 kHz

▶ 그림 15-86

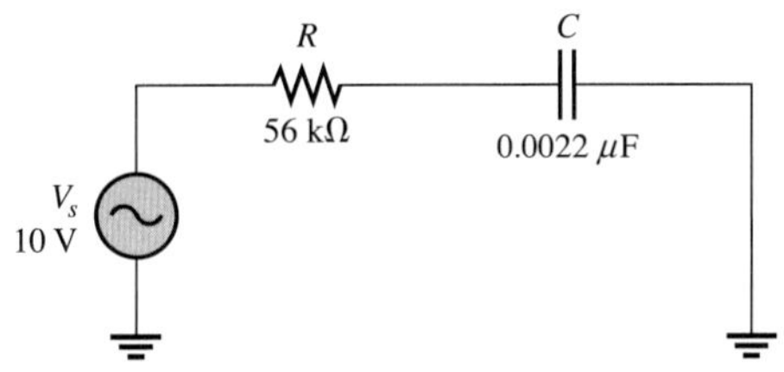


**24.** $C = 0.0047\ \mu\text{F}$로 하여 문제 23을 다시 풀어라.

**25.** *RC* 직렬 회로의 전체 임피던스가 다음과 같을 때, $R$ 값과 $X_C$ 값을 각각 구하라.

(a) $\mathbf{Z} = 33\ \Omega - j50\ \Omega$ (b) $\mathbf{Z} = 300\angle -25°\ \Omega$

(c) $\mathbf{Z} = 1.8\angle -67.2°\ \text{k}\Omega$ (d) $\mathbf{Z} = 789\angle -45°\ \Omega$

## 15-4 *RC* 직렬 회로의 해석

**26.** 그림 15-84의 각 회로에 대해 전류를 극좌표 형식으로 구하라.

**27.** 그림 15-85의 각 회로에 대해 전체 전류를 극좌표 형식으로 구하라.

**28.** 그림 15-85의 각 회로에 대해 인가 전압과 전류 사이의 위상각을 구하라.

**29.** 그림 15-86의 회로에 대해 $f$ = 5 kHz로 하여 문제 28을 다시 풀어라.

**30.** 그림 15-87의 회로에 대해 모든 전압과 전체 전류에 대한 페이저도를 그린 다음 위상각을 써 넣어라.

**31.** 그림 15-88의 회로에서, 다음을 극좌표 형식으로 구하라.

(a) $\mathbf{Z}$　(b) $\mathbf{I}_{tot}$　(c) $\mathbf{V}_R$　(d) $\mathbf{V}_C$

▶ 그림 15-87

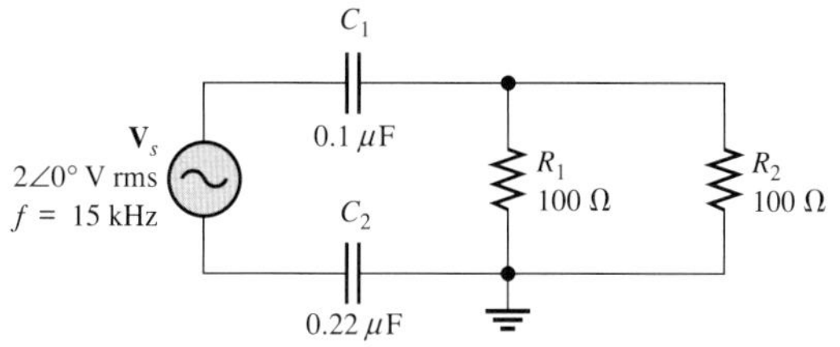

▶ 그림 15-88

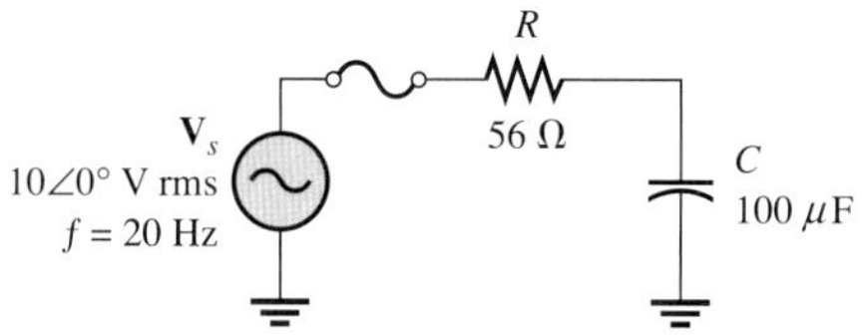

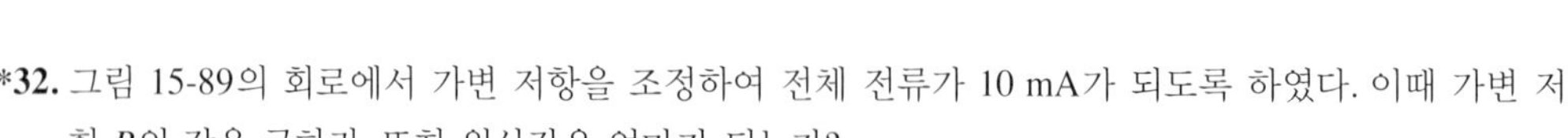

***32.** 그림 15-89의 회로에서 가변 저항을 조정하여 전체 전류가 10 mA가 되도록 하였다. 이때 가변 저항 $R$의 값을 구하라. 또한 위상각은 얼마가 되는가?

***33.** 그림 15-90의 회로에서 유효 전력이 $P_{\text{true}}$ = 400 W이고 회로의 역률이 진상 역률($I_{\text{tot}}$가 $V_s$보다 앞섬)이 되었다. 회로의 블록 안에는 어떤 부품(또는 부품들)이 직렬로 연결되어 있는지 구해 보라.

▶ 그림 15-89

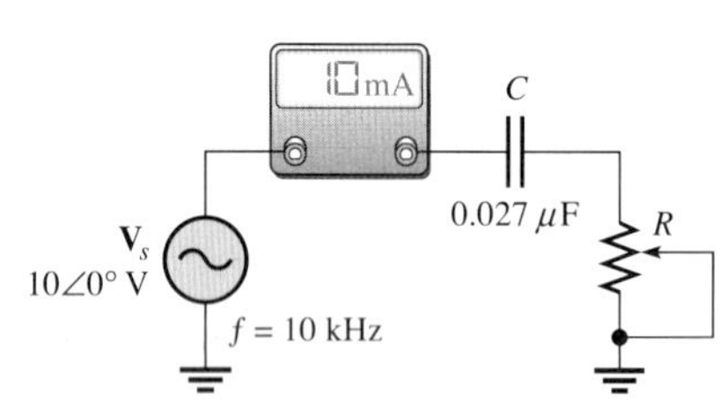


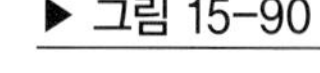

▶ 그림 15-90

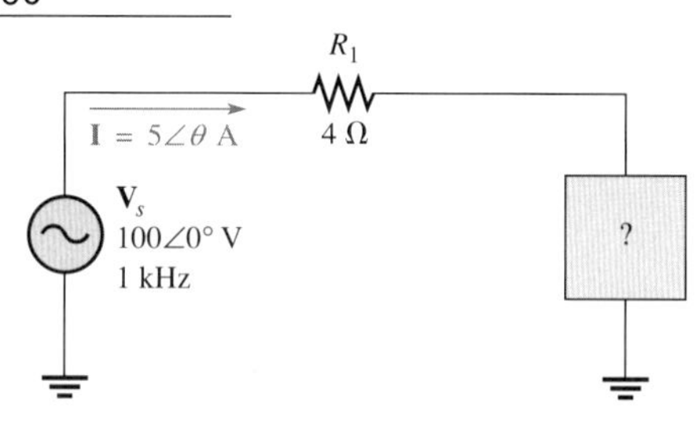


**34.** 그림 15-91의 지상 회로에서, 다음의 여러 주파수에 대해 입력 전압과 출력 전압 사이의 위상차를 구하라.

(a) 1 Hz　(b) 100 Hz　(c) 1 kHz　(d) 10 kHz

**35.** 그림 15-91의 지상 회로는 저역통과 필터로도 동작한다. 0 Hz에서 10 kHz까지 주파수를 1 kHz씩 증가시켜 가면서 출력 전압을 구하여 회로의 주파수 응답 곡선을 그려라.

**36.** 그림 15-92의 진상 회로에 대해 문제 34를 다시 풀어라.

**37.** 그림 15-92의 진상 회로에 대해 0 Hz에서 10 kHz까지 주파수를 1 kHz씩 증가시켜 가면서 출력 전압을 구하여 회로의 주파수 응답 곡선을 그려라.

**38.** 그림 15-91의 회로에서 $V_s$ = 1 V rms, $f$ = 5 kHz일 때 전압 페이저도를 그려라.

**39.** 그림 15-92의 회로에서 $V_s$ = 10 V rms, $f$ = 1 kHz일 때 전압 페이저도를 그려라.

▶ 그림 15-91

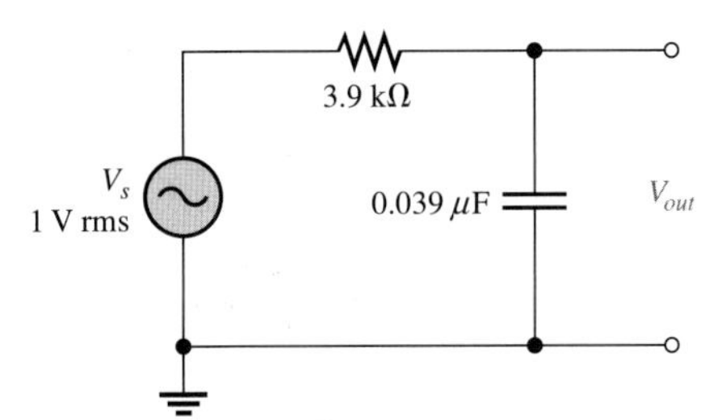


▶ 그림 15-92

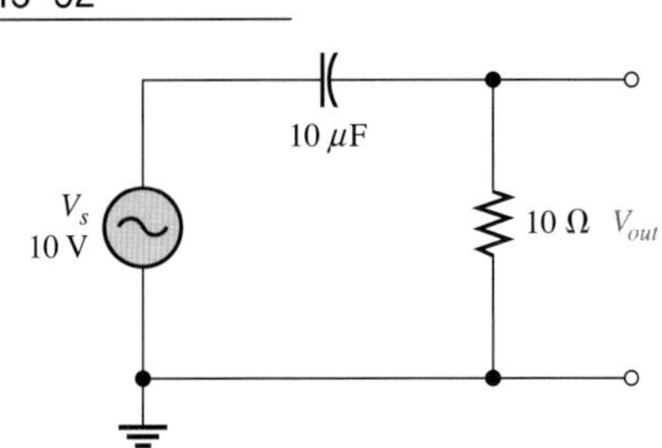


## 2부: 병렬 회로

### 15-5 *RC* 병렬 회로의 임피던스와 어드미턴스

**40.** 그림 15-93의 회로에서, 전체 임피던스를 극좌표 형식으로 구하라.

▶ 그림 15-93

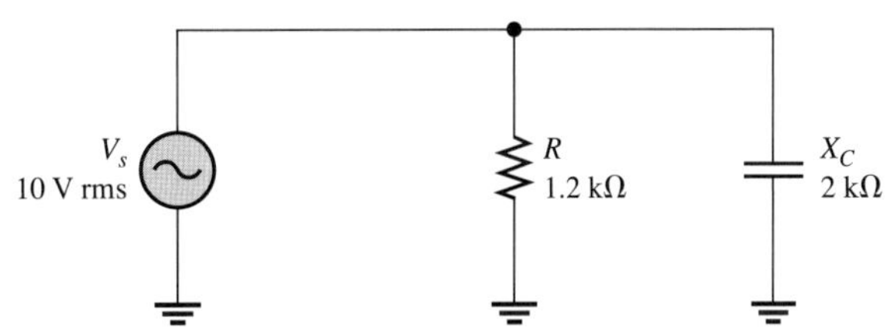


**41.** 그림 15-94에서 임피던스의 크기와 위상각을 구하라.

▶ 그림 15-94

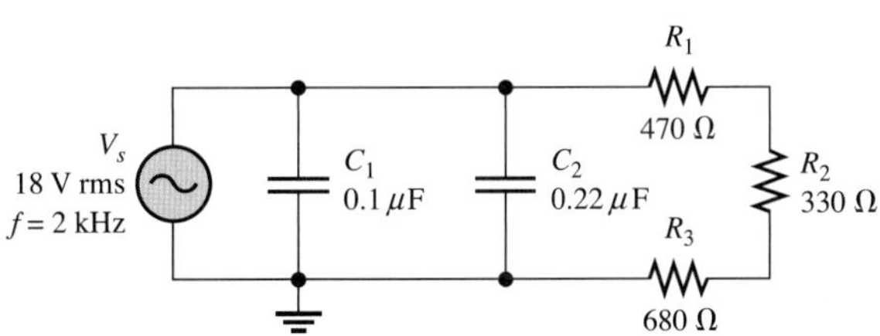


**42.** 다음의 여러 주파수에 대해 문제 41을 다시 풀어라.

(a) 1.5 kHz (b) 3 kHz (c) 5 kHz (d) 10 kHz

### 15-6 *RC* 병렬 회로의 해석

**43.** 그림 15-95의 회로에서, 모든 전류와 전압을 극좌표 형식으로 구하라.

▶ 그림 15-95

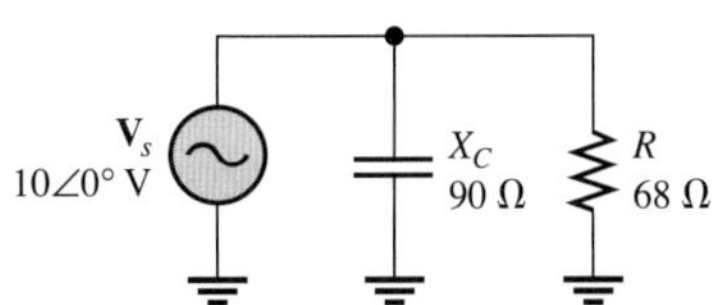

**44.** 그림 15-96의 병렬 회로에서, 각 소자를 통해 흐르는 전류와 전체 전류의 크기를 구하라. 또한 인가 전압과 전체 전류 사이의 위상각을 구하라.

▶ 그림 15-96

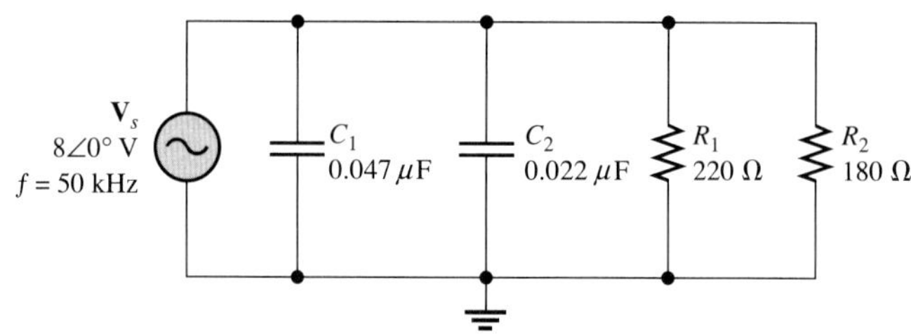


**45.** 그림 15-97의 회로에서, 다음을 구하라.

(a) $\mathbf{Z}$ (b) $\mathbf{I}_R$ (c) $\mathbf{I}_{C(tot)}$ (d) $\mathbf{I}_{tot}$ (e) $\theta$

▶ 그림 15-97

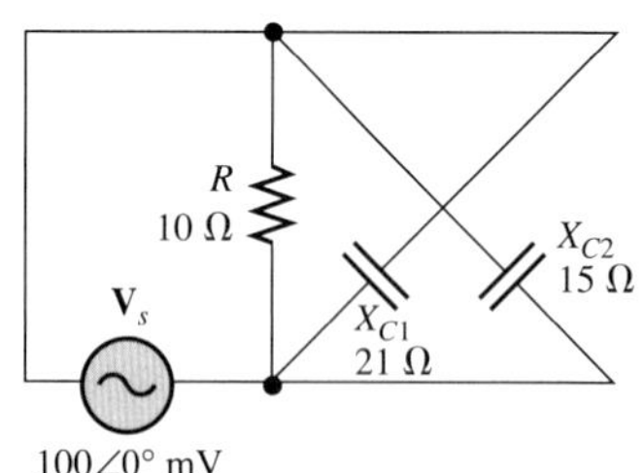


**46.** $R = 5.6\ \text{k}\Omega$, $C_1 = 0.047\ \mu\text{F}$, $C_2 = 0.022\ \mu\text{F}$이고 $f = 500$ Hz일 때, 문제 45를 다시 풀어라.

***47.** 그림 15-98의 회로를 등가 직렬 회로로 변환하라.

***48.** 그림 15-99의 회로에서, 가변 저항 $R_1$을 조정하여 인가 전압과 전체 전류 사이의 위상각이 30°가 되도록 하였다. 이때 $R_1$의 값을 구하라.

▶ 그림 15-98

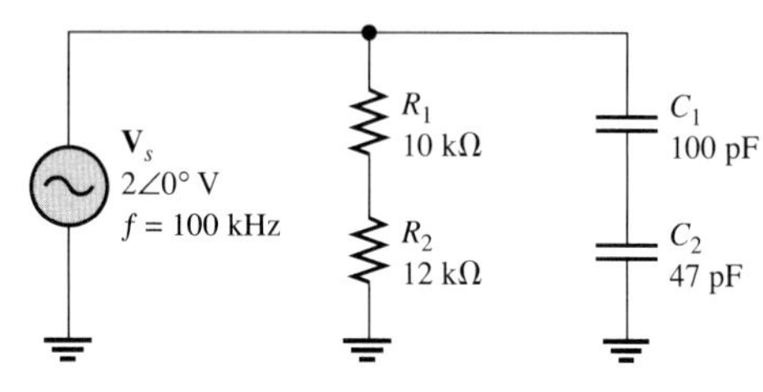


▶ 그림 15-99

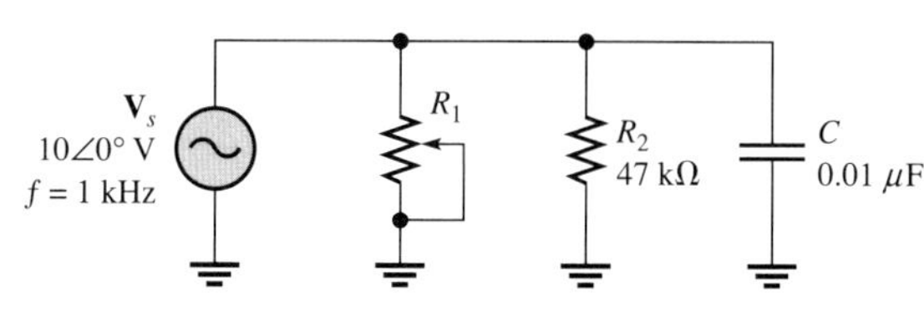


## 3부: 직·병렬 회로

### 15-7 *RC* 직·병렬 회로의 해석

**49.** 그림 15-100에서 각 부품 양단의 전압을 극좌표 형식으로 모두 구하라. 또한 전압 페이저도를 그려라.

**50.** 그림 15-100의 회로는 저항성 회로인가, 아니면 용량성 회로인가?

**51.** 그림 15-100에서 회로의 각 부품을 통해 흐르는 전류와 전체 전류를 구하여 극좌표 형식으로 나타내어라. 또한 전류 페이저도를 그려라.

▶ 그림 15-100

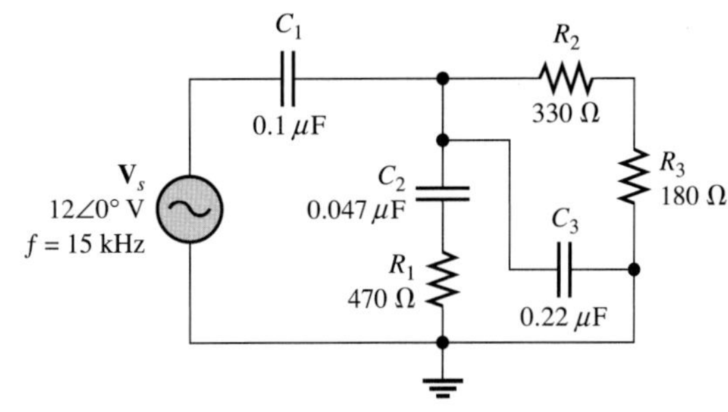


**52.** 그림 15-101의 회로에서, 다음을 구하라.

(a) $\mathbf{I}_{tot}$ (b) $\theta$ (c) $\mathbf{V}_{R1}$
(d) $\mathbf{V}_{R2}$ (e) $\mathbf{V}_{R3}$ (f) $\mathbf{V}_C$

***53.** 그림 15-102에서 $V_A = V_B$일 때, $C_2$ 값을 구하라.

▶ 그림 15-101

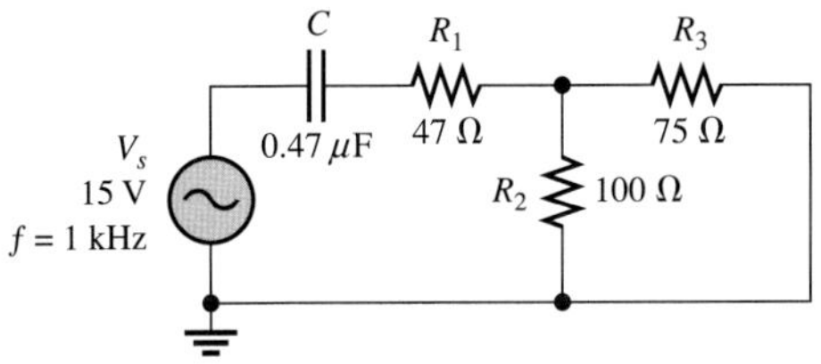

▶ 그림 15-102

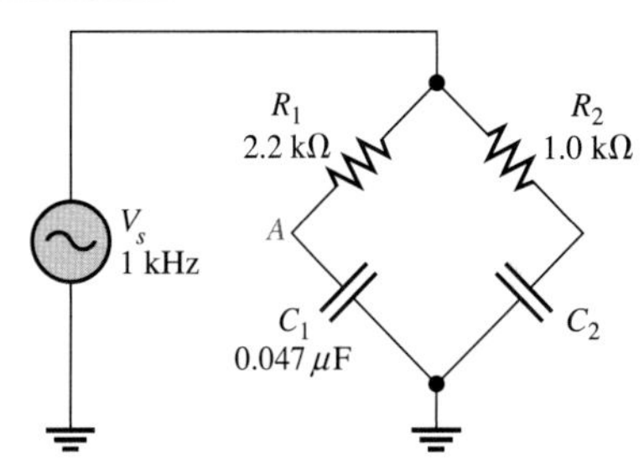


***54.** 그림 15-103에서 $A, B, C, D$로 표시된 각 점에서의 전압의 크기와 위상각을 구하라.

***55.** 그림 15-103에서 각 부품을 통해 흐르는 전류를 구하라.

***56.** 그림 15-103의 회로에 대해 전압과 전류 페이저도를 그려라.

▶ 그림 15-103

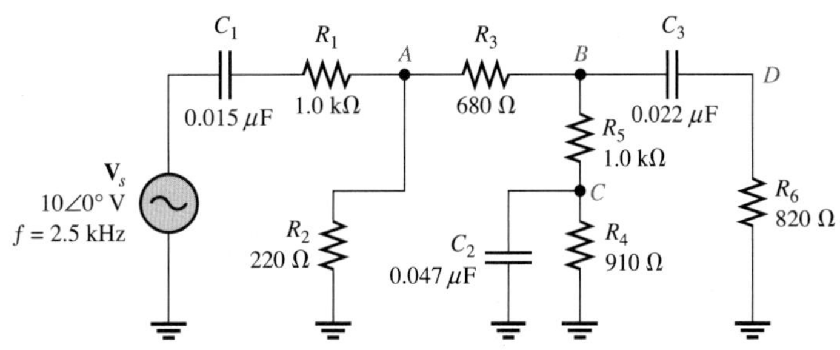


## 4부: 특별 주제

### 15-8 *RC* 회로의 전력

**57.** 어떤 *RC* 직렬 회로의 유효 전력이 2 W이고 무효 전력이 3.5 VAR이다. 피상 전력을 구하라.

**58.** 그림 15-88에서 유효 전력과 무효 전력을 구하라.

**59.** 그림 15-98 회로의 역률을 구하라.

**60.** 그림 15-101의 회로에서, $P_{\text{true}}, P_r, P_a, PF$를 구하라. 또한 전력 삼각형을 그려라.

*61. 240 V, 60 Hz의 신호원이 두 개의 부하를 구동하고 있다. 부하 $A$의 임피던스는 50 Ω, 역률은 0.85이다. 또한 부하 $B$의 임피던스는 72 Ω, 역률은 0.95이다.

(a) 각 부하에 흐르는 전류를 구하라.
(b) 각 부하의 무효 전력을 구하라.
(c) 각 부하의 유효 전력을 구하라.
(d) 각 부하의 피상 전력을 구하라.
(e) 신호원과 부하를 연결하는 도선에서 전압 강하가 발생한다고 가정할 때, 어느 부하와 연결된 도선에서 더 큰 전압 강하가 발생되는가?

## 15-9 RC 회로의 응용

**62.** 그림 15-62의 회로에서 모든 $C$의 값이 0.0022 $\mu$F, 모든 $R$의 값이 10 kΩ일 때, 발진 주파수를 계산하라.

*63. 그림 15-104에서, 증폭기 2에 입력되는 신호의 전압 크기가 증폭기 1에서 출력되는 전압의 70.7% 이상이 되도록 하려면 결합 커패시터의 값을 얼마로 해야 하는가? 단, 신호의 주파수는 20 Hz이다.

**64.** 그림 15-105에서 증폭기 $A$에서 출력되는 전압의 실효값이 50 mV이다. 증폭기 $B$의 입력 저항 값이 10 kΩ이라면 결합 커패시터 양단에 걸리는 전압의 크기는 얼마인가? 단, 주파수는 3 kHz이다.

▶ 그림 15-104

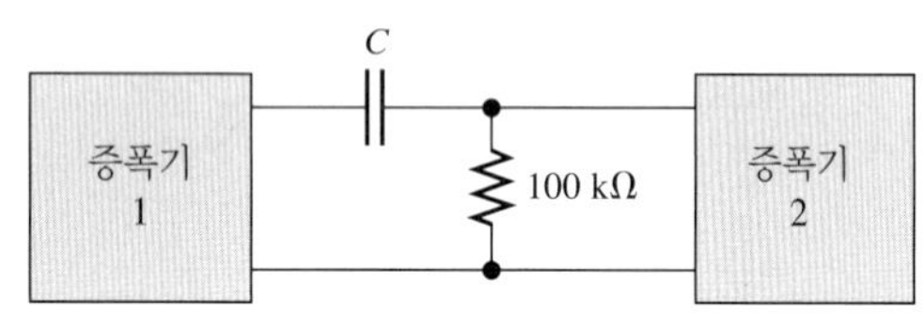


▶ 그림 15-105

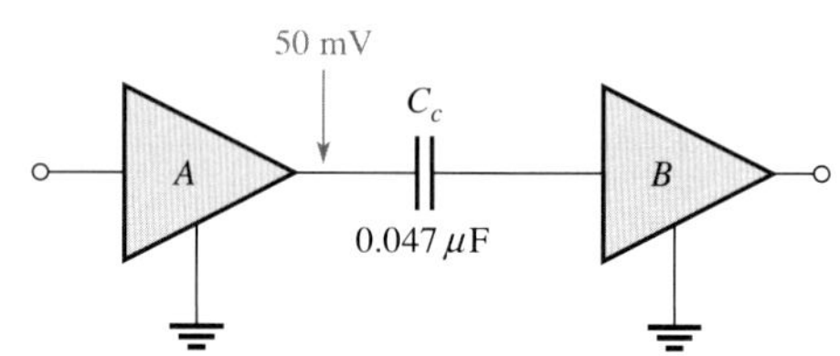


## 15-10 고장진단

**65.** 그림 15-106에 있는 커패시터에는 매우 큰 누설 전류가 흐른다고 가정한다. 이 커패시터의 누설 저항이 10 Hz의 주파수에서 5 kΩ이라고 할 때, 이 커패시터의 누설 특성이 출력 전압과 위상각에 미치는 영향을 구하라.

▶ 그림 15-106

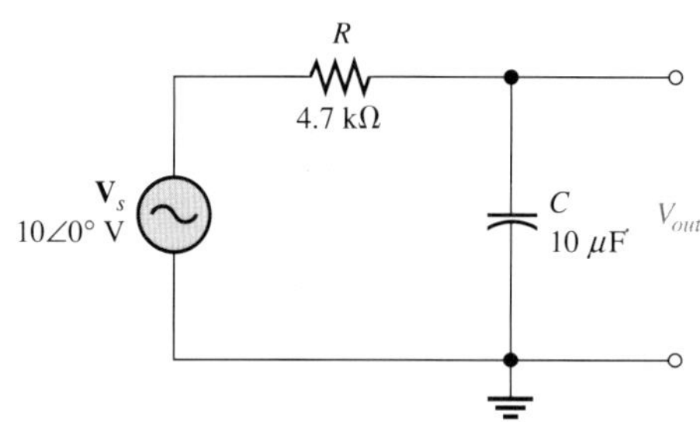


*66. 그림 15-107에 있는 각 커패시터의 누설 저항이 2 kΩ일 때, 출력 전압을 각각 구하라.

**67.** 그림 15-107(a)의 회로에서 다음의 여러 고장에 대하여 출력 전압을 구하고 이를 정상적인 경우의 출력 전압과 비교하라.

(a) $R_1$ 개방
(b) $R_2$ 개방
(c) $C$ 개방
(d) $C$ 단락

**68.** 그림 15-107(b)의 회로에서 다음의 여러 고장에 대하여 출력 전압을 구하고 이를 정상적인 경우의 출력 전압과 비교하라.

(a) $C$ 개방 (b) $C$ 단락 (c) $R_1$ 개방

(d) $R_2$ 개방 (e) $R_3$ 개방

▶ 그림 15-107

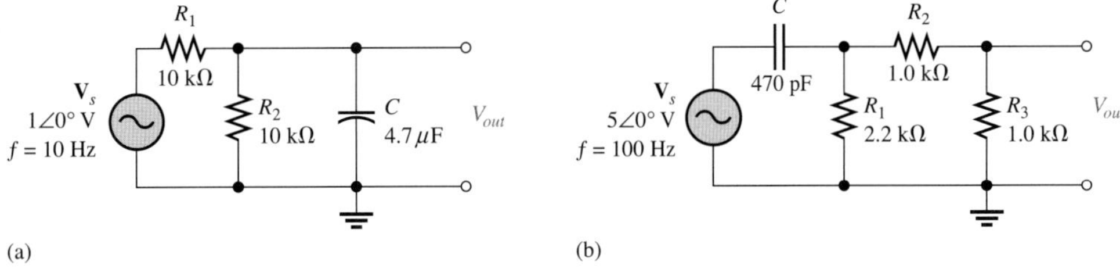

### Multisim 고장진단과 분석

Multisim CD-ROM을 사용하여 다음 문제를 풀어 보라.

**69.** P15-69 파일을 열고 회로에 고장이 있는지 검사하라. 고장이 있으면 어떤 고장인지 알아내어라.

**70.** P15-70 파일을 열고 회로에 고장이 있는지 검사하라. 고장이 있으면 어떤 고장인지 알아내어라.

**71.** P15-71 파일을 열고 회로에 고장이 있는지 검사하라. 고장이 있으면 어떤 고장인지 알아내어라.

**72.** P15-72 파일을 열고 회로에 고장이 있는지 검사하라. 고장이 있으면 어떤 고장인지 알아내어라.

**73.** P15-73 파일을 열고 회로에 고장이 있는지 검사하라. 고장이 있으면 어떤 고장인지 알아내어라.

**74.** P15-74 파일을 열고 회로에 고장이 있는지 검사하라. 고장이 있으면 어떤 고장인지 알아내어라.

**75.** P15-75 파일을 열고 필터의 주파수 응답을 구하라.

**76.** P15-76 파일을 열고 필터의 주파수 응답을 구하라.

## 복습문제 해답

### 1부: 직렬 회로

### 15-1 복소수

**1.** $2.828 \angle 45°$; 1사분면

**2.** $3.54 - j3.54$; 4사분면

**3.** $4 + j1$

**4.** $3 + j7$

**5.** $16 \angle 110°$

**6.** $5 \angle 15°$

### 15-2 *RC* 직렬 회로의 정현파 응답

**1.** 전압의 주파수는 60 Hz, 전류의 주파수는 60 Hz

**2.** 용량성 리액턴스

**3.** 위상각은 0°에 가까운 값이 된다.

### 15-3 *RC* 직렬 회로의 임피던스

**1.** $R = 150\ \Omega$; $X_C = 220\ \Omega$

**2.** $\mathbf{Z} = 33\ \text{k}\Omega - j50\ \text{k}\Omega$

**3.** $Z = \sqrt{R^2 + X_C^2} = 59.9\ \text{k}\Omega$; $\theta = -\tan^{-1}(X_C/R) = -56.6°$

### 15-4 *RC* 직렬 회로의 해석

**1.** $V_s = \sqrt{V_R^2 + V_C^2} = 7.21\ \text{V}$

**2.** $\theta = -\tan^{-1}(X_C/R) = -56.3°$

**3.** $\theta = 90°$

**4.** $f$가 증가하면 $X_C$는 감소, $Z$는 감소, $\theta$는 감소한다.

**5.** $\phi = -90° + \tan^{-1}(X_C/\text{R}) = -62.8°$

**6.** $V_{out} = (\text{R}/\sqrt{R^2 + X_C^2})V_{in} = 8.90\ \text{V rms}$

## 2부: 병렬 회로

### 15-5 *RC* 병렬 회로의 임피던스와 어드미턴스

**1.** 컨덕턴스는 저항의 역수, 용량성 서셉턴스는 용량성 리액턴스의 역수, 어드미턴스는 임피던스의 역수이다.

**2.** $Y = 1/Z = 1/100\ \Omega = 10\ \text{mS}$

**3.** $\mathbf{Y} = 1/\mathbf{Z} = 25.1 \angle 32.1°\ \mu\text{S}$

**4.** $\mathbf{Z} = 39.8 \angle -32.1°\ \text{k}\Omega$

### 15-6 *RC* 병렬 회로의 해석

**1.** $I_{tot} = V_s Y = 21\ \text{mA}$

**2.** $I_{tot} = \sqrt{I_R^2 + I_C^2} = 18\ \text{mA}$; $\theta = \tan^{-1}(I_C/I_R) = 56.3°$; $\theta$는 인가 전압을 기준으로 한다.

**3.** $\theta = 90°$

## 3부: 직·병렬 회로

### 15-7 *RC* 직·병렬 회로의 해석

**1.** 그림 15-108 참조

▶ 그림 15-108

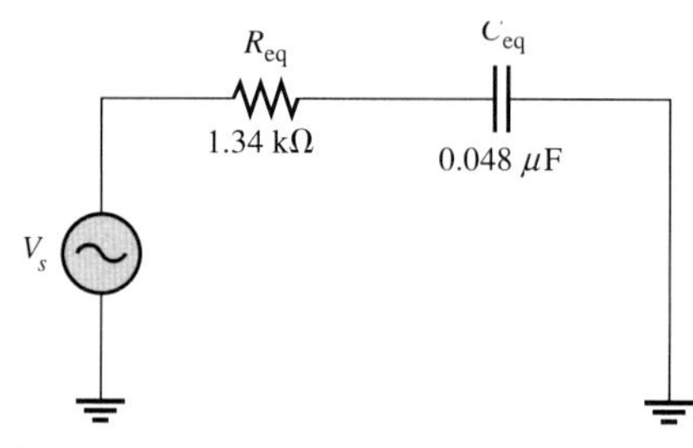


**2.** $\mathbf{Z}_{tot} = \mathbf{V}_s/\mathbf{I}_{tot} = 36.9 \angle -51.6°\ \Omega$

## 4부: 특별 주제

### 15-8 *RC* 회로의 전력

**1.** 저항에서 전력이 소모된다.

**2.** $PF = \cos\theta = 0.707$

**3.** $P_{\text{true}} = I^2R = 1.32\ \text{kW}$; $P_r = I^2X_C = 1.84\ \text{kVAR}$; $P_a = I^2Z = 2.26\ \text{kVA}$

### 15-9 $RC$ 회로의 응용

**1.** 180°

**2.** 커패시터 양단이 출력이 된다.

### 15-10 고장진단

**1.** 누설 저항이 $C$와 병렬로 연결되므로 회로의 시정수가 바뀐다.

**2.** 커패시터가 개방됨.

**3.** 저항이 개방되거나 커패시터가 단락되면 커패시터 양단의 전압이 0 V가 된다.

### 회로 응용

**1.** 커패시턴스의 값이 작아지면 같은 주파수에 대해서 커패시터의 전압 강하가 작아지기 전보다 줄어든다. 즉, 커패시터에서 상당한 전압 강하가 일어나는 주파수가 더 높아진다.

**2.** $V_B$ = 3.16 V dc

**3.** $V_B$ = 10 mV rms

## 관련 문제 해답

**15-1** (a) 1사분면 (b) 4사분면 (c) 3사분면 (d) 2사분면

**15-2** $29.2 \angle 52°$

**15-3** $70.1 - j34.2$

**15-4** $-1 - j8$

**15-5** $-13.5 - j4.5$

**15-6** $1500 \angle -50°$

**15-7** $4 \angle -42°$

**15-8** $114.612390255 \angle -60.75 \ldots$
그림 15-109 참조

▶ 그림 15-109

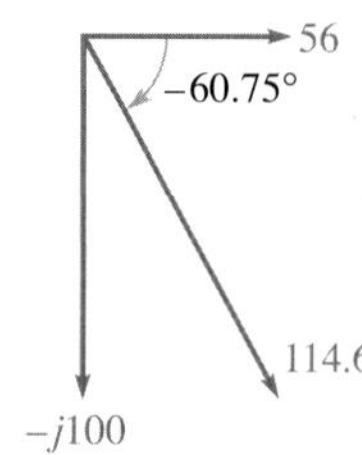


**15-9** $\mathbf{V}_s = 2.56 \angle -38.5°$ V

**15-10** $\mathbf{I} = 3.80 \angle 33.4°$ mA

**15-11** $Z = 15.9$ kΩ, $\theta = -86.4°$

**15-12** 위상 지연이 증가한다.

**15-13** 출력 전압이 감소한다.

**15-14** 위상각이 감소한다.

**15-15** 출력 전압이 증가한다.

**15-16** $\mathbf{Z} = 24.3 \angle -76.0° \ \Omega$

**15-17** $\mathbf{Y} = 4.60 \angle 48.8° \text{ mS}$

**15-18** $\mathbf{I} = 6.16 \angle 42.4° \text{ mA}$

**15-19** $\mathbf{I}_{tot} = 117 \angle 31.0° \text{ mA}$

**15-20** $R_{eq} = 8.99 \text{ k}\Omega$, $X_{C(eq)} = 4.38 \text{ k}\Omega$

**15-21** $\mathbf{V}_1 = 7.05 \angle 8.9° \text{ V}$, $\mathbf{V}_2 = 3.21 \angle -18.9° \text{ V}$

**15-22** $\mathbf{V}_{R1} = 766 \angle 67.5° \text{ mV}$; $\mathbf{V}_{C1} = 1.85 \angle -22.5° \text{ V}$; $\mathbf{V}_{R2} = 1.58 \angle 37.6° \text{ V}$; $\mathbf{V}_{C2} = 1.22 \angle -52.4°$ V; 그림 15-110 참조

▶ 그림 15-110

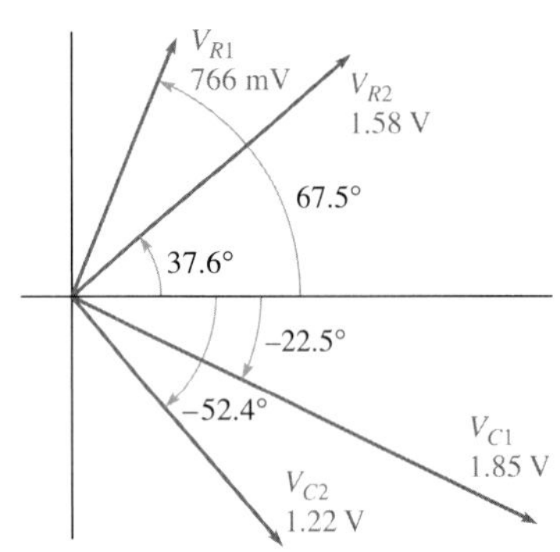


**15-23** $PF = 0.146$

**15-24** $P_{true} = 213 \text{ mW}$

**15-25** 1.60 kHz

**15-26** $V_{out} = 7.29 \text{ V}$

**15-27** 저항 개방

## 자기 진단 해답

**1.** (b) **2.** (a) **3.** (d) **4.** (c) **5.** (c) **6.** (a) **7.** (b) **8.** (c)
**9.** (d) **10.** (c) **11.** (b) **12.** (b) **13.** (a) **14.** (d) **15.** (b) **16.** (a)
**17.** (d) **18.** (c) **19.** (b) **20.** (d) **21.** (d) **22.** (c) **23.** (b)

## 퀴즈 해답

**1.** (a) **2.** (b) **3.** (a) **4.** (a) **5.** (b) **6.** (c) **7.** (c) **8.** (a)
**9.** (a) **10.** (c) **11.** (b) **12.** (a) **13.** (a) **14.** (b) **15.** (a) **16.** (b)
**17.** (a) **18.** (a)

CHAPTER

# *RL* 회로 16

## 이 장의 차례



## 이 장의 목표

**1부: 직렬 회로**
- *RL* 직렬 회로에서 전압과 전류 사이의 관계를 설명한다.
- *RL* 직렬 회로의 임피던스를 구한다.
- *RL* 직렬 회로를 해석한다.

**2부: 병렬 회로**
- *RL* 병렬 회로의 임피던스와 어드미턴스를 구한다.
- *RL* 병렬 회로를 해석한다.

**3부: 직·병렬 회로**
- *RL* 직·병렬 회로를 해석한다.

**4부: 특별 주제**
- *RL* 회로의 전력을 구한다.
- *RL* 회로의 응용 예를 살펴본다.
- *RL* 회로의 고장을 진단한다.

## 핵심 용어

- 유도성 리액턴스
- 유도성 서셉턴스($B_L$)

## 회로 응용 소개

회로 응용에서는 *RL* 회로에 대한 이론을 바탕으로 밀봉된 필터 모듈의 몇 가지 항목을 측정하여 이 필터의 종류와 필터를 구성하는 부품들의 값을 구해 본다.

## 인터넷 학습자료

http://www.prenhall.com/floyd

## 이 장의 소개

이 장에서는 *RL* 직렬 회로, 병렬 회로에 대해 알아본다. *RC* 회로와 *RL* 회로의 동작은 비슷하다. 다만, *RL* 회로에 있는 인덕터의 유도성 리액턴스 값은 주파수가 증가하면 함께 증가하지만 *RC* 회로에 있는 커패시터의 용량성 리액턴스 값은 주파수가 증가하면 반대로 감소하므로, 두 회로의 위상 응답이 정반대가 된다는 큰 차이점이 있다.

*RL* 회로는 저항과 인덕터로 구성되어 있다. 이 장에서는 기본적인 *RL* 직렬 회로, 병렬 회로, 직·병렬 회로에 정현파(사인파) 교류 전압이 입력될 때 이들 회로가 어떻게 동작하는지 살펴본다. 그리고 *RL* 회로에서의 유효 전력, 무효 전력, 피상 전력에 대해 알아보고, 이 회로의 응용 예를 몇 가지 소개한다. *RL* 회로는 필터, 스위칭 전압조정기 등에 널리 응용되고 있다. *RL* 회로의 고장진단 방법에 대해서도 알아본다.

## 학습 방법의 선택

15장에서 학습 방법 1을 선택하여 *RC* 회로의 1부~4부 전체를 이미 학습한 경우에는 이번의 16장도 15장과 마찬가지로 전체를 한꺼번에 공부하는 것이 좋다.

그러나 학습 방법 2를 선택하여 15장 *RC* 회로의 네 부분 가운데 어느 한 부를 학습한 경우에는 이번의 16장에서도 같은 부분을 공부하고, 그 다음에 17장의 같은 부분을 공부하는 것이 좋다.

# 01 직렬 회로

## 16-1 $RL$ 직렬 회로의 정현파 응답

*RC* 회로와 마찬가지로, 정현파(사인파) 전압을 *RL* 회로에 인가하면 회로에 발생하는 모든 전압과 전류도 정현파가 된다. 인덕턴스에 의해 이 전압과 전류 사이에는 위상차가 발생하며 위상차의 값은 저항 값과 유도성 리액턴스 값에 의해 결정된다.

이 절의 학습 내용은 다음과 같다.

- **$RL$ 직렬 회로에서 전류와 전압 사이의 관계**
  - *RL* 직렬 회로에서의 전압과 전류 파형
  - 전압 파형, 전류 파형들 사이의 위상차

*RL* 직렬 회로에서는 저항 양단의 전압과 전류는 인가 전압보다 뒤진다. 그리고 인덕터 양단의 전압은 인가 전압보다 앞선다. 인덕터에 흐르는 전류와 인덕터 전압 사이의 위상각은 언제나 90°가 된다. 이 위상관계를 그림 16-1에 나타내었다. 그림에서 알 수 있듯이 *RL* 회로의 위상관계는 15장에서 배운 *RC* 회로의 위상관계와 반대가 된다.

▶ 그림 16-1

*RL* 직렬 회로에서, $V_R$, $V_L$, $I$와 전원 전압 $V_S$ 사이의 위상관계: $V_R$과 $I$는 위상이 서로 같다(동상). $V_R$과 $V_L$의 위상차는 90°이다.

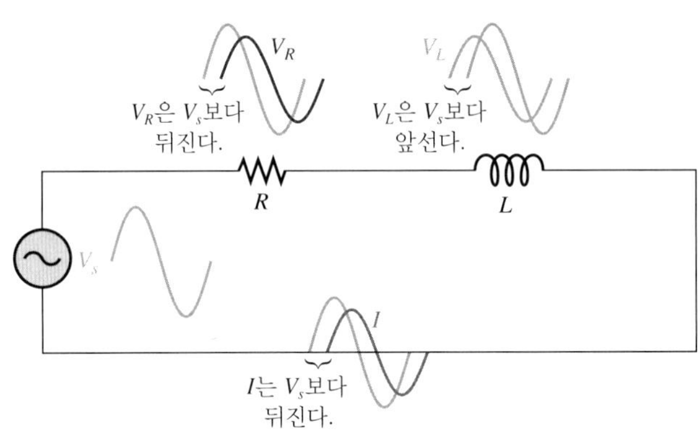


전압과 전류의 크기와 이들 사이의 위상관계는 저항 값과 **유도성 리액턴스**(inductive reactance)의 값에 의해 정해진다. 회로가 저항 성분만을 갖고 있다면, 전원 전압과 회로 전체에 흐르는 전류 사이의 위상차는 0°가 된다. 회로가 인덕턴스 성분만을 갖고 있다면, 인가 전압과 전체 전류 사이의 위상각은 90°가 되며 전류가 이 각도만큼 뒤진다. 따라서 회로에 저항 성분과 유도성 리액턴스 성분이 모두 포함되어 있으면 위상각은 0°～90° 사이의 값이 되며, 정확한 위상각의 값은 저항 값과 리액턴스 값에 의해 결정된다.

이상적인 인덕터는 권선 저항과 권선 커패시턴스 성분이 없는 완벽한 특성을 가진 것으로 가정하지만 실제 인덕터는 이 성분들을 갖고 있기 마련이다. 따라서 실제 회로에서는 이 성분들에 의한 영향이 크게 나타날 수 있다. 그렇지만 이 장에서 회로 응용 절을 제외한 나머지 부분에서는 인덕터를 모두 이상적인 인덕터로 가정하여 다른 성분들에 의한 영향을 배제하고 오직 인덕터의 영향만을 살펴본다.

**복습문제 16-1**

1. 1 kHz의 정현파 전압이 *RL* 회로에 인가되었다. 이 회로에 흐르는 전류의 주파수를 구하라.
2. 저항의 값이 유도성 리액턴스의 값보다 큰 *RL* 회로가 있다. 회로에 인가된 전압과 회로에 흐르는 전체 전류 사이의 위상각은 0°와 90° 중 어느 쪽에 가까운 값이 되는가?

## 16-2 *RL* 직렬 회로의 임피던스

*RL* 직렬 회로의 임피던스는 정현파 전류의 흐름을 방해하는 성질을 나타내는 양으로서 단위는 옴(Ω)이다. 위상각은 전체 전류와 전원 전압 사이의 위상차를 말한다.

이 절의 학습 내용은 다음과 같다.

- ***RL* 직렬 회로의 임피던스와 위상각**
  - 유도성 리액턴스를 복소수 형식으로 표현하는 방법
  - 전체 임피던스를 복소수 형식으로 표현하는 방법
  - 임피던스의 크기와 위상각을 구하는 방법

*RL* 직렬 회로에서 저항과 유도성 리액턴스 값을 알면 임피던스를 구할 수 있다. 유도성 리액턴스를 직각좌표 형식의 페이저 양으로 표시하면,

$$\mathbf{X}_L = jX_L$$

그림 16-2의 *RL* 직렬 회로에서 전체 임피던스는 $R$과 $jX_L$의 페이저 합이 되므로 다음과 같이 쓸 수 있다.

$$\mathbf{Z} = R + jX_L \tag{16-1}$$

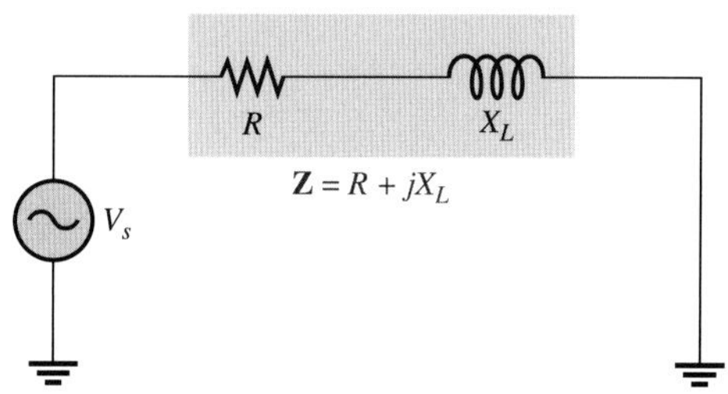


◀ **그림 16-2**

*RL* 직렬 회로의 임피던스

교류 회로를 해석하기 위해 $R$과 $X_L$을 페이저도에 나타낸 것이 그림 16-3(a)이다. 그림에서 볼 수 있듯이 $X_L$은 $R$을 기준으로 +90°의 위치에 표시된다. 이렇게 한 것은 *RL* 직렬 회로에서는 인덕터의 전압이 전류보다 90°만큼 앞서므로, 저항의 전압과 비교해도 90°만큼 앞서기 때문이다. $\mathbf{Z}$는 $R$과 $X_L$의 페이저 합이므로, 이를 페이저로 표시하면 그림 16-3(b)가 된다. 페이저 $X_L$의 위치를 오른쪽으로 옮기면 그림 16-3(c)와 같은 직각삼각형을 만들 수 있는데, 이를 **임피던스 삼각형**(impedance triangle)이라고 한다. 각 페이저의 길이는 크기(단위는 Ω)를 나타내며, 각도 $\theta$는 *RL* 회로에서 인가 전압과 전류 사이의 위상각이 된다.

▶ 그림 16-3

*RL* 직렬 회로의 임피던스 삼각형을 그리는 방법

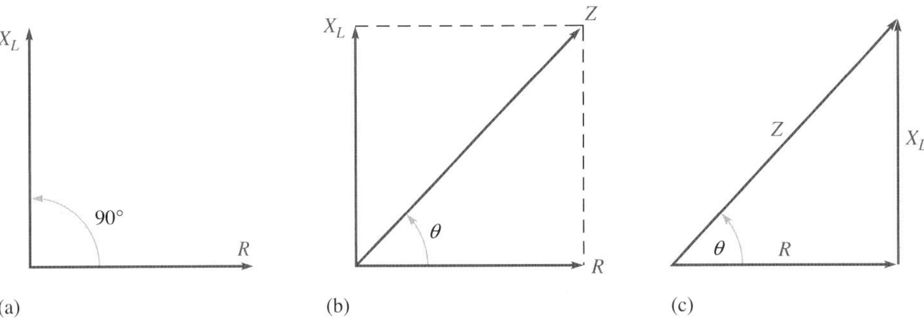


*RL* 직렬 회로에서 임피던스의 크기는 저항과 리액턴스의 크기를 사용하여 다음과 같이 나타낼 수 있다.

$$Z = \sqrt{R^2 + X_L^2}$$

여기서 임피던스의 크기인 $Z$의 단위는 옴(Ω)이다.

위상각 $\theta$를 다음과 같이 쓸 수 있다.

$$\theta = \tan^{-1}\left(\frac{X_L}{R}\right)$$

극좌표 형식을 사용하여, 임피던스의 크기와 위상을 함께 표시하면 다음 식과 같다.

$$\mathbf{Z} = \sqrt{R^2 + X_L^2}\angle\tan^{-1}\left(\frac{X_L}{R}\right) \tag{16-2}$$

**예제 16-1** 그림 16-4에 있는 세 회로의 임피던스를 직각좌표 형식과 극좌표 형식을 사용하여 페이저로 표시하라.

▶ 그림 16-4

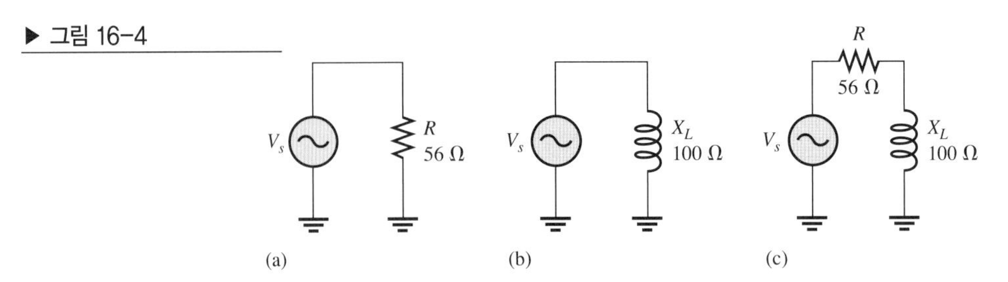

**풀이** 그림 16-4(a)의 회로에서 임피던스는

$$\mathbf{Z} = R + j0 = R = \mathbf{56\ \Omega} \quad (\text{직각좌표 형식}, X_L = 0)$$

$$\mathbf{Z} = R\angle 0° = \mathbf{56\angle 0°\ \Omega} \quad (\text{극좌표 형식})$$

이므로, 저항과 같다. 저항의 경우에는 전압과 전류 사이의 위상차를 발생시키지 않으므로 위상각은 0°가 된다.

그림 16-4(b)의 회로에서 임피던스는

$$\mathbf{Z} = 0 + jX_L = \boldsymbol{j}\mathbf{100\ \Omega} \quad (\text{직각좌표 형식}, R = 0)$$

$$\mathbf{Z} = X_L\angle 90° = \mathbf{100\angle 90°\ \Omega} \quad (\text{극좌표 형식})$$

이므로, 유도성 리액턴스와 같다. 인덕턴스에 의해 전류는 전압보다 90°만큼 뒤지게 되므로 위상각은 90°가 된다.

그림 16-4(c)의 회로에서 임피던스는 다음과 같다.

$$\mathbf{Z} = R + jX_L = \mathbf{56\ \Omega} + \boldsymbol{j}\mathbf{100\ \Omega}$$

이것을 극좌표 형식으로 변환하면 다음과 같이 나타낼 수 있다.

$$\mathbf{Z} = \sqrt{R^2 + X_L^2}\angle\tan^{-1}\left(\frac{X_L}{R}\right)$$

$$= \sqrt{(56\ \Omega)^2 + (100\ \Omega)^2}\angle\tan^{-1}\left(\frac{100\ \Omega}{56\ \Omega}\right) = \mathbf{115\angle 60.8°\ \Omega}$$

이 경우 임피던스는 저항과 유도성 리액턴스의 페이저 합으로 표시되며, 위상각은 $X_L$과 $R$ 값에 따라 정해진다.

**관련 문제** $R = 1.8\ \text{k}\Omega, X_L = 950\ \Omega$인 *RL* 직렬 회로의 임피던스를 구하여 직각좌표 형식과 극좌표 형식으로 나타내어라.

**복습문제 16-2**

1. 임피던스가 $150\ \Omega + j220\ \Omega$인 *RL* 회로에서 저항과 유도성 리액턴스의 크기는 각각 얼마인가?
2. 저항이 33 kΩ, 유도성 리액턴스가 50 kΩ인 *RL* 직렬 회로에서 임피던스 페이저를 직각좌표 형식으로 나타내어라. 또한 이 결과를 극좌표 형식으로 변환하라.

# 16-3 *RL* 직렬 회로의 해석

이 절에서는 옴의 법칙과 키르히호프의 전압 법칙을 써서 *RL* 직렬 회로를 해석하여 전압, 전류, 임피던스를 구해 본다. 또한 *RL* 진상 회로와 지상 회로에 대해서도 알아본다.

이 절의 학습 내용은 다음과 같다.

- ***RL* 직렬 회로의 해석 방법**
  - 옴의 법칙과 키르히호프 전압 법칙을 *RL* 직렬 회로에 적용하는 방법
  - 전압과 전류를 페이저 양으로 표시하는 방법
  - 주파수 값에 따른 임피던스와 위상각의 변화
  - *RL* 진상 회로의 동작과 해석 방법
  - *RL* 지상 회로의 동작과 해석 방법

## 옴의 법칙

*RL* 직렬 회로의 해석에 옴의 법칙(Ohm's law)을 적용할 때는 반드시 페이저 양인 **Z**, **V**, **I**를 사용해야 한다. 이 세 가지 양에 대한 옴의 법칙에 대해서는 이미 15장의 *RC* 회로에서 언급했는데, *RL* 회로에도 마찬가지로 적용되며, 편의상 여기에 다시 써 보면 다음과 같다.

$$\mathbf{V} = \mathbf{IZ} \qquad \mathbf{I} = \frac{\mathbf{V}}{\mathbf{Z}} \qquad \mathbf{Z} = \frac{\mathbf{V}}{\mathbf{I}}$$

15장에서 이미 설명한 대로 옴의 법칙은 페이저 사이의 곱셈과 나눗셈으로 표시되므로 전압, 전류 그리고 임피던스를 극좌표 형식으로 나타내도록 한다.

**예제 16-2** 그림 16-5의 회로에 극좌표 형식으로 $\mathbf{I} = 0.2\angle 0°$ mA로 표시되는 전류가 흐르고 있다. 전원 전압을 극좌표 형식으로 구하라. 또한 전원 전압과 전류 사이의 관계를 알 수 있도록 페이저도를 그려라.

▶ 그림 16-5

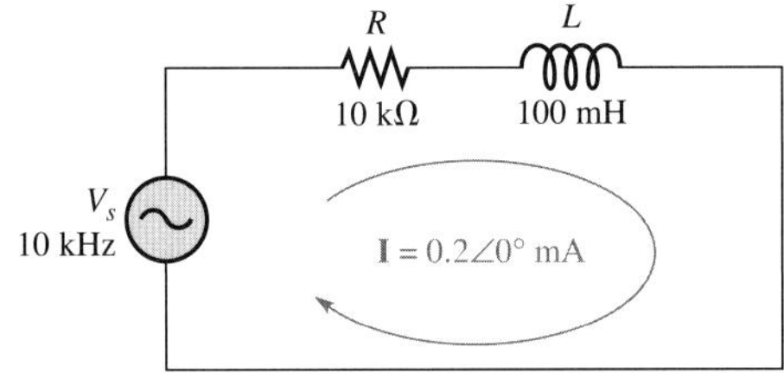


**풀이** 유도성 리액턴스의 크기는

$$X_L = 2\pi fL = 2\pi(10\text{ kHz})(100\text{ mH}) = 6.28\text{ k}\Omega$$

회로 전체의 임피던스를 직각좌표 형식으로 쓰면

$$\mathbf{Z} = R + jX_L = 10\text{ k}\Omega + j6.28\text{ k}\Omega$$

이를 극좌표 형식으로 변환하면

$$\mathbf{Z} = \sqrt{R^2 + X_L^2}\angle\tan^{-1}\left(\frac{X_L}{R}\right)$$

$$= \sqrt{(10\,\text{k}\Omega)^2 + (6.28\,\text{k}\Omega)^2}\angle\tan^{-1}\left(\frac{6.28\,\text{k}\Omega}{10\,\text{k}\Omega}\right) = \mathbf{11.8\angle 32.1°\ k\Omega}$$

옴의 법칙을 사용하여 전원 전압을 구하면

$$\mathbf{V}_s = \mathbf{IZ} = (0.2\angle 0°\ \text{mA})(11.8\angle 32.1°\ \text{k}\Omega) = \mathbf{2.36\angle 32.1°\ V}$$

이 결과를 보면 전원 전압의 크기는 2.36 V이고, 위상각은 전류를 기준으로 32.1°임을 알 수 있다. 즉, 전압이 전류보다 32.1°만큼 앞서고 있다. 그림 16-6에 전압과 전류의 페이저를 표시하였다.

▶ 그림 16-6

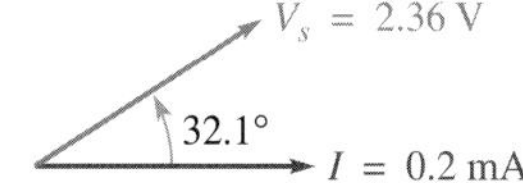


**관련 문제** 그림 16-5에서 전원 전압이 $V_s = 5\angle 0°$ V인 경우, 전류를 극좌표 형식으로 구하라.

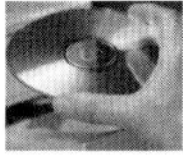

Multisim 파일 E16-02를 사용하여 [예제 16-2]와 [관련 문제]의 계산 결과를 확인하라.

## *RL* 직렬 회로에서 전류와 전압의 위상관계

*RL* 직렬 회로에서, 저항과 인덕터에는 똑같은 전류가 흐른다. 따라서 저항의 전압과 전류의 위상은 서로 같으며, 인덕터 전압은 전류보다 90°만큼 앞선다. 결국, 그림 16-7에서 볼 수 있듯이 저항 전압 $V_R$과 인덕터 전압 $V_L$ 사이의 위상차는 90°이다.

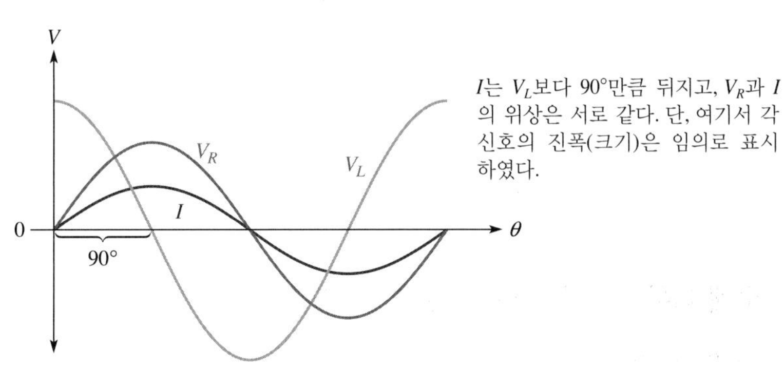


◀ 그림 16-7
*RL* 직렬 회로에서 전압과 전류의 위상관계

키르히호프의 전압 법칙에 의해, 각 부품에서 발생하는 전압 강하의 합은 인가 전압과 같아야 한다. 그러나 $V_R$과 $V_L$ 사이에는 그림 16-8(a)와 같이 90°의 위상차가 있으므로, 이들의 합을 구할 때는 반드시 페이저를 사용해야 한다. 그림 16-8(b)와 같이 $\mathbf{V}_s$는 $V_R$과 $V_L$의 페이저 합이 되므로, 다음 식으로 쓸 수 있다.

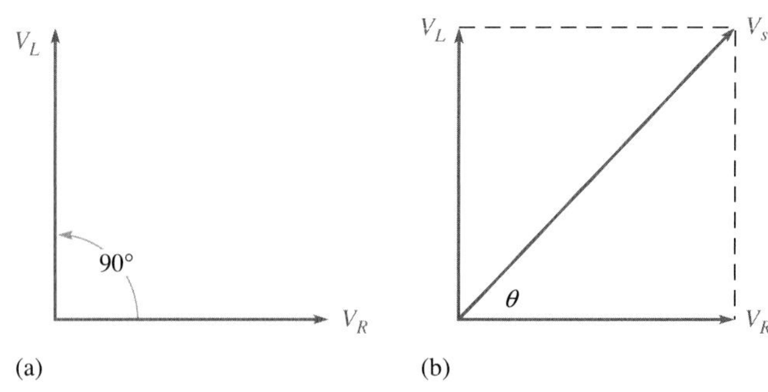


▶ 그림 16-8
RL 직렬 회로의 전압 페이저도

$$\mathbf{V}_s = V_R + jV_L \tag{16-3}$$

이 식을 극좌표 형식으로 변환하면 다음과 같다.

$$\mathbf{V}_s = \sqrt{V_R^2 + V_L^2}\angle\tan^{-1}\left(\frac{V_L}{V_R}\right) \tag{16-4}$$

여기서 전원 전압의 크기는

$$V_s = \sqrt{V_R^2 + V_L^2}$$

이고, 저항 전압과 전원 전압 사이의 위상각은 다음과 같다.

$$\theta = \tan^{-1}\left(\frac{V_L}{V_R}\right)$$

저항 전압과 전류의 위상은 서로 같으므로, 위에서 구한 위상각 $\theta$는 전원 전압과 전류 사이의 위상각도 될 수 있다. 그림 16-9의 페이저도는 그림 16-7의 전압 파형과 전류 파형을 페이저로 나타낸 것이다.

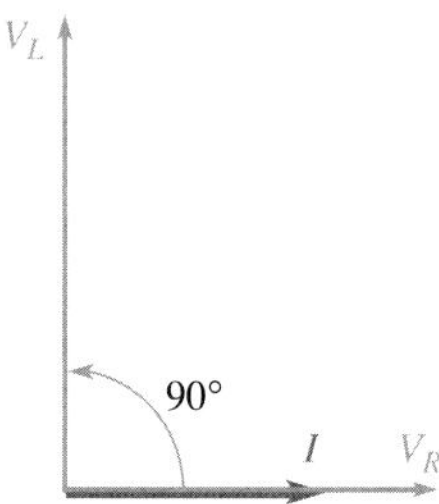


▶ 그림 16-9
그림 16-7의 전압, 전류 파형들에 대한 페이저도

## 주파수 값에 따른 임피던스와 위상각의 변화

임피던스 삼각형을 이용하면, RL 회로에서 인가 전압의 주파수가 변함에 따라 회로에 어떤 변화가 일어나는지 눈으로 쉽게 확인할 수 있다. 앞에서 살펴보았듯이, 유도성 리액턴스 값은 주파수에 정비례한다. $X_L$이 증가하면 전체 임피던스의 크기도 증가하며, 반대로 $X_L$이 감소하면 임피던스의 크기도 감소한다. 그러므로 임피던스의 크기 $Z$는 주파수 값에 비례하여 변하게 된다. 위상각 $\theta$도 $\theta = \tan^{-1}(X_L/R)$이므로 마찬가지로 주파수 값에 비례하여 변한다. 즉, 주파수가 증가하면 $X_L$이 증가하므로 $\theta$도 증가하고, 주파수가 낮아지면 $X_L$이 감소하므로 $\theta$도 감소한다.

그림 16-10에서는 임피던스 삼각형을 이용하여, 주파수의 변화가 $X_L$, $Z$, $\theta$의 값에 미치는 영향을 설명하고 있다. $R$은 주파수의 변화에 관계없이 일정한 값을 갖는다. 그러나 $X_L$이 주파수에 정비례하므로 전체 임피던스의 크기와 위상각도 주파수에 비례하여 변한다는 점을 명심하기 바란다. [예제 16-3]을 풀어 보면서 이 내용을 설명하기로 한다.

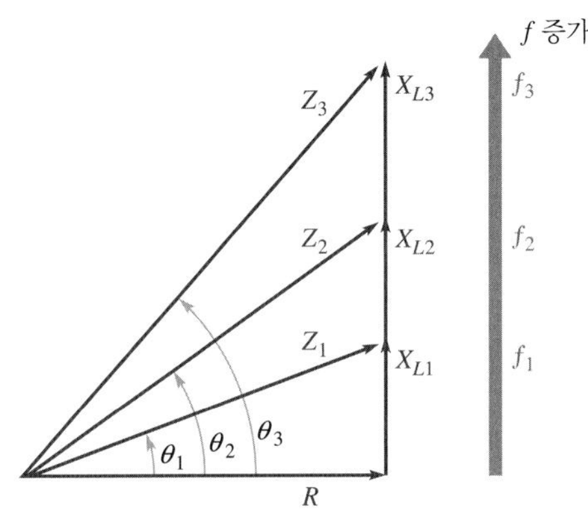


◀ 그림 16-10

여러 주파수 값에 대한 임피던스 삼각형: 주파수가 증가함에 따라 $X_L$, $Z$, $\theta$의 값도 모두 증가한다는 것을 보여주고 있다.

**예제 16-3** 그림 16-11의 *RL* 직렬 회로에서, 다음의 세 주파수에 대해 회로 전체 임피던스의 크기와 위상각을 각각 구하라.

(a) 10 kHz (b) 20 kHz (c) 30 kHz

▶ 그림 16-11

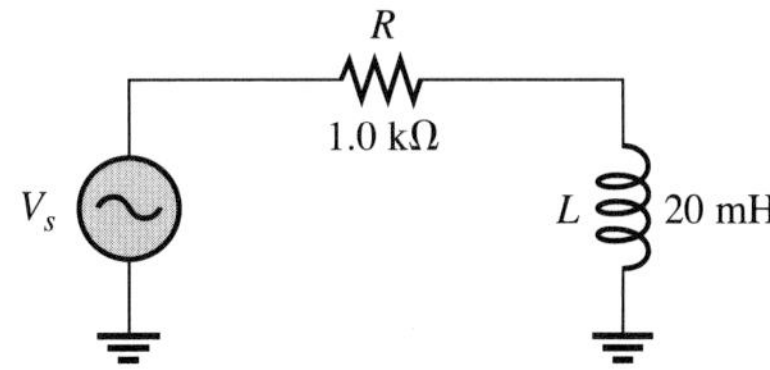


**풀이** (a) $f$ = 10 kHz일 때

$$X_L = 2\pi fL = 2\pi(10\text{ kHz})(20\text{ mH}) = 1.26\text{ k}\Omega$$

$$\mathbf{Z} = \sqrt{R^2 + X_L^2}\angle\tan^{-1}\left(\frac{X_L}{R}\right)$$

$$= \sqrt{(1.0\text{ k}\Omega)^2 + (1.26\text{ k}\Omega)^2}\angle\tan^{-1}\left(\frac{1.26\text{ k}\Omega}{1.0\text{ k}\Omega}\right) = 1.61\angle 51.6^\circ\text{ k}\Omega$$

따라서 $Z$ = **1.61 kΩ**이고 $\theta$ = **51.6°**가 된다.

(b) $f$ = 20 kHz일 때

$$X_L = 2\pi(20\text{ kHz})(20\text{ mH}) = 2.51\text{ k}\Omega$$

$$\mathbf{Z} = \sqrt{(1.0\text{ k}\Omega)^2 + (2.51\text{ k}\Omega)^2}\angle\tan^{-1}\left(\frac{2.51\text{ k}\Omega}{1.0\text{ k}\Omega}\right) = 2.70\angle 68.3^\circ\text{ k}\Omega$$

따라서 $Z$ = **2.70 kΩ**이고 $\theta$ = **68.3°**가 된다.

(c) $f$ = 30 kHz일 때

$$X_L = 2\pi(30\,\text{kHz})(20\,\text{mH}) = 3.77\,\text{k}\Omega$$

$$\mathbf{Z} = \sqrt{(1.0\,\text{k}\Omega)^2 + (3.77\,\text{k}\Omega)^2}\angle\tan^{-1}\left(\frac{3.77\,\text{k}\Omega}{1.0\,\text{k}\Omega}\right) = \mathbf{3.90\angle 75.1°\,k\Omega}$$

따라서 $Z$ = **3.90 kΩ**이고 $\theta$ = **75.1°**가 된다.

이상의 결과에서 알 수 있듯이 주파수가 증가하면, $X_L$, $Z$, $\theta$도 함께 증가한다.

**관련 문제** 그림 16-11의 회로에서 주파수가 $f$ = 100 kHz인 경우에 $Z$와 $\theta$를 구하라.

## *RL* 진상 회로

*RL* 진상 회로(lead circuit)는 위상 천이 회로의 한 종류로서, 출력 전압이 입력 전압보다 어떤 정해진 각도만큼 앞서도록 하는 역할을 한다. 그림 16-12(a)의 *RL* 직렬 회로를 보면 인덕터 양단의 전압을 출력 전압으로 하고 있다. 15장의 *RC* 진상 회로에서는 출력을 저항 양단에서 취하였다. 전원 전압이 입력 전압 $V_{in}$이 된다. 앞에서 살펴보았듯이 위상각 $\theta$는 전류와 입력 전압 사이의 위상차이다. 또한 $V_R$과 $I$의 위상은 서로 같으므로 위상각 $\theta$는 저항 전압 $V_R$과 입력 전압 $V_{in}$ 사이의 위상각이라고도 할 수 있다.

▶ 그림 16-12

*RL* 진상 회로($V_{out}$ = $V_L$)

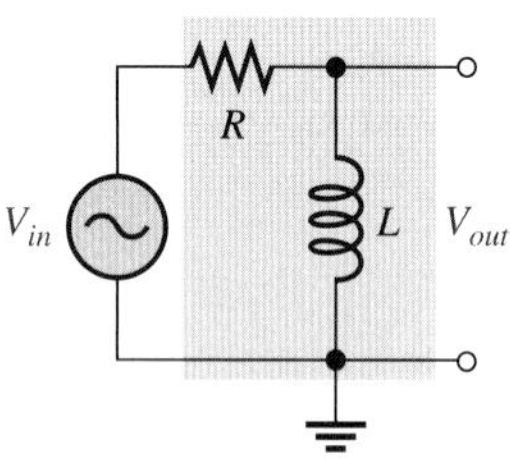


(a) 기본 *RL* 진상 회로

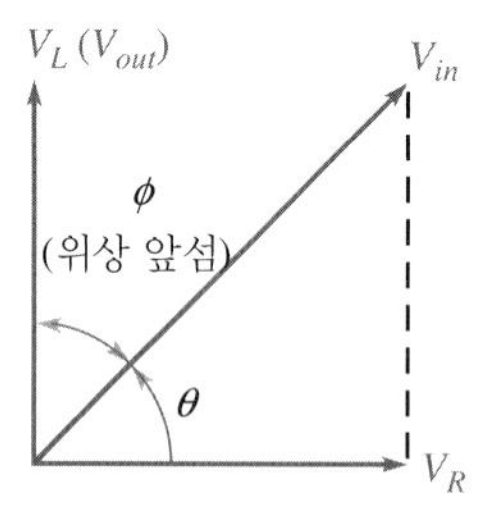


(b) $V_{in}$과 $V_{out}$ 사이의 위상을 나타내고 있는 페이저도

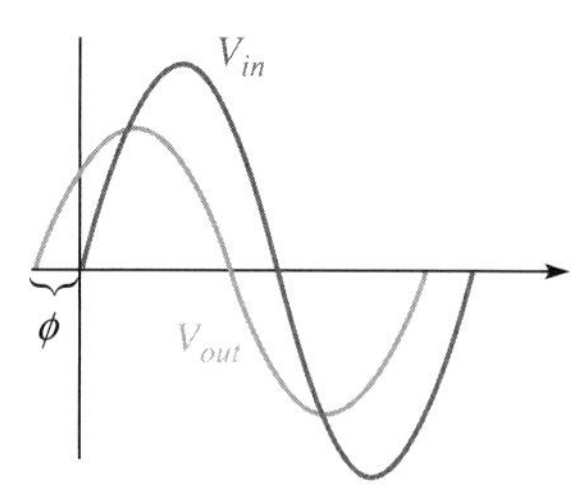


(c) 입력 전압과 출력 전압 파형

$V_L$은 $V_R$보다 90°만큼 앞서므로, 인덕터 전압과 입력 전압 사이의 위상차는 그림 16-12(b)에서 알 수 있듯이 $\theta$~90° 사이의 값이 된다. 인덕터 전압이 출력 전압이므로, 출력 전압은 입력 전압보다 앞서게 된다. 따라서 이 형태의 *RL* 회로는 진상 회로로 동작한다.

진상 회로의 입력 파형과 출력 파형은 그림 16-12(c)와 같다. 회로의 유도성 리액턴스 값과 저항 값의 상대적인 크기에 의해 출력 전압과 입력 전압 사이의 위상차 $\phi$와 출력 전압의 크기가 결정된다.

### 입력과 출력 사이의 위상차

$V_{out}$과 $V_{in}$ 사이의 위상각을 $\phi$라고 할 때, 이 각도를 다음과 같은 과정으로 구할 수 있다. 입력 전압과 전류를 각각 $V_{in}\angle 0°$, $I\angle -\theta$라고 할 때, 출력 전압을 극좌표 형식으로 구해 보면 다음과 같다.

$$\mathbf{V}_{out} = (I\angle -\theta)(X_L\angle 90°) = IX_L\angle(90° - \theta)$$

위 식을 보면 출력 전압이 입력 전압으로부터 90° − $\theta$의 각도만큼 떨어진 곳에 위치하고 있음을 알 수 있다. $\theta = \tan^{-1}(X_L/R)$이므로, 입력 전압과 출력 전압 사이의 위상각 $\phi$는 다음과 같이 나타낼 수 있다.

$$\phi = 90° - \tan^{-1}\left(\frac{X_L}{R}\right)$$

위 식을 다음과 같이 간단히 쓸 수 있다.

$$\phi = \tan^{-1}\left(\frac{R}{X_L}\right) \qquad (16\text{-}5)$$

위 식에서 각 $\phi$는 언제나 (+) 값이 되므로, 그림 16-13의 페이저도에서 볼 수 있듯이 출력 전압은 입력 전압보다 항상 이 각도만큼 앞서게 된다.

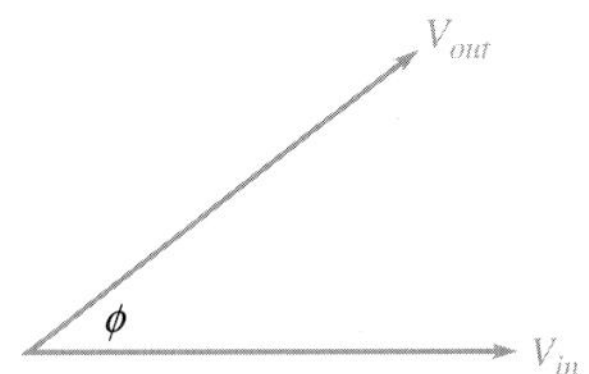


◀ 그림 16-13

**예제 16-4** 그림 16-14의 *RL* 진상 회로에서, 입력과 출력 사이의 위상각을 구하라.

▶ 그림 16-14

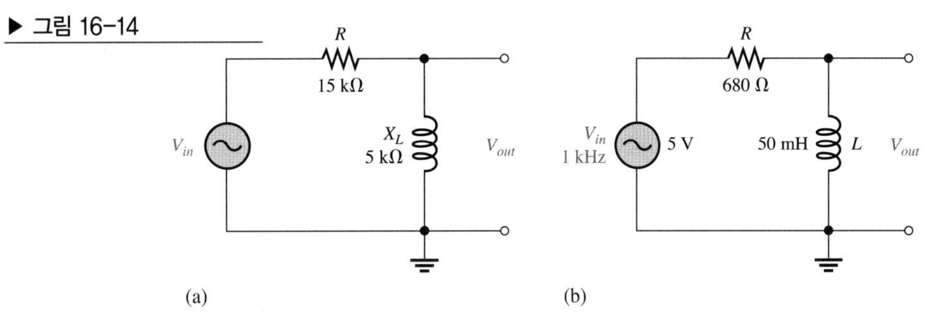


풀이 그림 16-14(a)의 진상 회로에서

$$\phi = \tan^{-1}\left(\frac{R}{X_L}\right) = \tan^{-1}\left(\frac{15\text{ k}\Omega}{5\text{ k}\Omega}\right) = \mathbf{71.6°}$$

따라서 출력은 입력보다 71.6°만큼 앞선다.

그림 16-14(b)의 진상 회로에 대해서는, 먼저 유도성 리액턴스를 구한다.

$$X_L = 2\pi fL = 2\pi(1\text{ kHz})(50\text{ mH}) = 314\ \Omega$$

$$\phi = \tan^{-1}\left(\frac{R}{X_L}\right) = \tan^{-1}\left(\frac{680\ \Omega}{314\ \Omega}\right) = \mathbf{65.2°}$$

따라서 출력은 입력보다 65.2°만큼 앞선다.

관련 문제 $R = 2.2\ \text{k}\Omega$, $X_L = 1\ \text{k}\Omega$인 *RL* 진상 회로에서, 입력과 출력 사이의 위상각을 구하라.

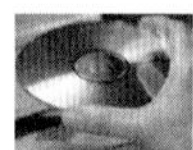

Multisim 파일 E16-04A와 E16-04B를 사용하여 [예제 16-4]와 [관련 문제]의 계산 결과를 확인하라.

### 출력 전압의 크기

이제 *RL* 진상 회로에서 출력 전압의 크기를 구해 본다. 전체 입력 전압이 *R*과 *L*에 각각 나눠지고 있는 전압 분배 회로의 형태를 하고 있으므로 전압 분배 법칙을 사용하거나 옴의 법칙($V_{out} = IX_L$)을 사용하여 *L*의 전압인 출력 전압을 다음과 같이 계산할 수 있다.

$$V_{out} = \left(\frac{X_L}{\sqrt{R^2 + X_L^2}}\right)V_{in} \tag{16-6}$$

*RL* 진상 회로의 출력 전압을 페이저 형식으로 표시하면 다음과 같다.

$$\mathbf{V}_{out} = V_{out}\angle\phi$$

**예제 16-5** 그림 16-14(b)(예제 16-4)의 진상 회로에서 입력 전압의 실효값이 5 V일 때, 출력 전압을 페이저 형식으로 구하라. 또한 입력 전압과 출력 전압의 파형을 그리고, 파형의 최대값을 함께 표시하라.

풀이 [예제 16-4]의 결과에서 $X_L = 314\ \Omega$, $\phi = 65.2°$이므로, 이 값을 이용하여 출력 전압의 페이저를 구하면

$$\mathbf{V}_{out} = V_{out}\angle\phi = \left(\frac{X_L}{\sqrt{R^2 + X_L^2}}\right)V_{in}\angle\phi$$
$$= \left(\frac{314\ \Omega}{\sqrt{(680\ \Omega)^2 + (314\ \Omega)^2}}\right)5\angle 65.2°\ \text{V} = \mathbf{2.10\angle 65.2°\ V}$$

입력 전압과 출력 전압의 최대값은

▶ 그림 16-15

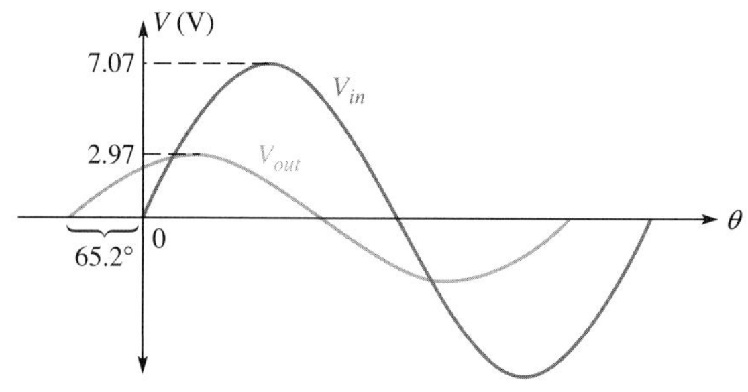

$$V_{in(p)} = 1.414V_{in(rms)} = 1.414(5\text{ V}) = 7.07\text{ V}$$
$$V_{out(p)} = 1.414V_{out(rms)} = 1.414(2.10\text{ V}) = 2.97\text{ V}$$

입력과 출력 전압 파형을 그려 보면 그림 16-15와 같다. 파형에 최대값을 함께 표시하였다. 그림을 보면 출력 전압이 입력 전압보다 65.2°만큼 앞서고 있음을 알 수 있다.

**관련 문제** 진상 회로에서, 주파수가 증가하면 출력 전압의 크기는 증가하는가, 아니면 감소하는가?

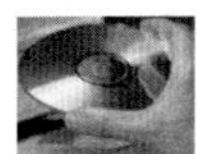

Multisim 파일 E16-05를 사용하여 [예제 16-5]와 [관련 문제]의 계산 결과를 확인하라.

## *RL* 지상 회로

*RL* 지상 회로(lag circuit)는 출력 전압이 입력 전압보다 어떤 정해진 각도만큼 뒤지도록 하는 위상 천이 회로이다. 그림 16-16(a)에서 볼 수 있듯이 지상 회로의 출력은 진상 회로와는 달리 인덕터가 아닌 저항 양단의 전압이므로, 출력 전압이 입력 전압보다 뒤지게 된다.

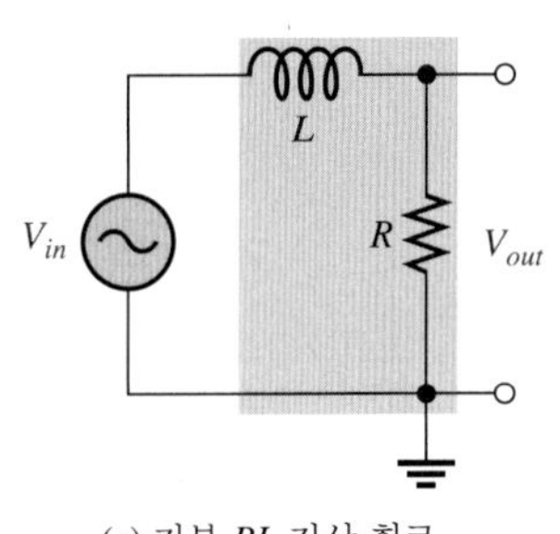


(a) 기본 *RL* 지상 회로

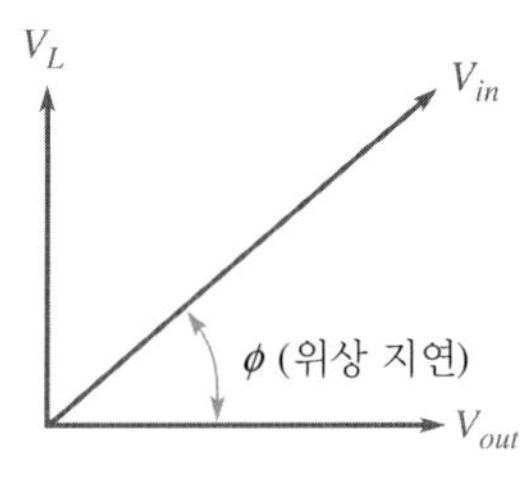


(b) $V_{in}$과 $V_{out}$ 사이의 위상 지연을 나타내는 페이저도

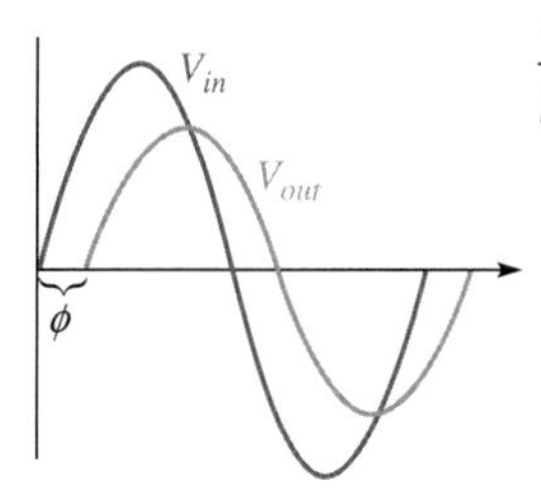


(c) 입력 전압과 출력 전압 파형

◀ 그림 16-16
*RL* 지상 회로($V_{out} = V_R$)

### 입력과 출력 사이의 위상차

*RL* 직렬 회로에서, 전류는 항상 입력 전압보다 뒤진다. 지상 회로의 출력 전압은 저항의 전압이므로, 그림 16-16(b)의 페이저도에서 볼 수 있듯이 출력은 언제나 입력보다 뒤지게 된다. 이 회로의 입·출력 파형을 그림 16-16(c)에 나타내었다.

진상 회로와 마찬가지로 지상 회로에서도 입력과 출력 전압 사이의 위상차와 출력 전압의 크기는 저항 값과 유도성 리액턴스 값의 상대적 크기에 따라 정해진다. 저항 전압(출력 전압)과 전체 전류의 위상이 서로 같으므로, 입력 전압의 위상을 0°로 놓아 기준으로 삼으면, 출력 전압의 위상 $\phi$는 $\theta$와 같게 된다. 즉, $\phi = \theta$이므로 입력 전압과 출력 전압 사이의 위상각 $\phi$는 다음과 같다.

$$\phi = -\tan^{-1}\left(\frac{X_L}{R}\right) \tag{16-7}$$

위 식에서 각 $\phi$는 언제나 (−) 값이 되므로 출력은 입력보다 항상 이 각도만큼 뒤진다.

**예제 16-6** 그림 16-17의 두 회로에 대해, 출력의 위상각을 구하라.

▶ **그림 16-17**

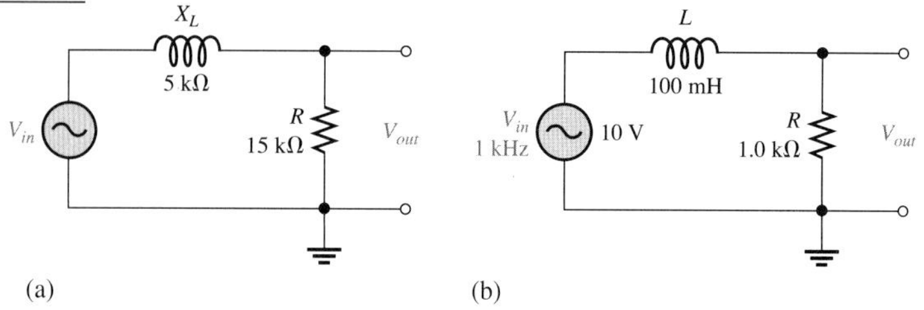

**풀이** 그림 16-17(a)의 지상 회로에서

$$\phi = -\tan^{-1}\left(\frac{X_L}{R}\right) = -\tan^{-1}\left(\frac{5\text{ k}\Omega}{15\text{ k}\Omega}\right) = \mathbf{-18.4°}$$

따라서 출력은 입력보다 18.4°만큼 뒤진다.

그림 16-17(b)의 지상 회로에서는, 먼저 유도성 리액턴스를 구한다.

$$X_L = 2\pi fL = 2\pi(1\text{ kHz})(100\text{ mH}) = 628\ \Omega$$
$$\phi = -\tan^{-1}\left(\frac{X_L}{R}\right) = -\tan^{-1}\left(\frac{628\ \Omega}{1.0\text{ k}\Omega}\right) = \mathbf{-32.1°}$$

따라서 출력은 입력보다 32.1°만큼 뒤진다.

**관련 문제** $R = 5.6\text{ k}\Omega$, $X_L = 3.5\text{ k}\Omega$인 *RL* 지상 회로의 위상각을 구하라.

Multisim 파일 E16-06A와 E16-06B를 사용하여 [예제 16-6]과 [관련 문제]의 계산 결과를 확인하라.

### 출력 전압의 크기

*RL* 지상 회로의 출력 전압은 저항 양단의 전압이므로, 전압 분배 법칙이나 옴의 법칙을 사용하여 구해 보면 다음과 같다.

$$V_{out} = \left(\frac{R}{\sqrt{R^2 + X_L^2}}\right)V_{in} \tag{16-8}$$

이 출력 전압을 페이저 형식으로 표시하면 다음과 같다.

$$\mathbf{V}_{out} = V_{out}\angle\phi$$

**예제 16-7** 그림 16-17(b)(예제 16-6)의 회로에서 입력 전압의 실효값이 10 V일 때, 출력 전압을 페이저 형식으로 구하라. 또한 입력 전압과 출력 전압의 파형을 그려라.

**풀이** [예제 16-6]의 결과에서 $X_L = 628\ \Omega$, $\phi = -32.1°$이므로, 이 값을 이용하여 출력 전압 페이저를 구하면

$$\mathbf{V}_{out} = V_{out}\angle\phi = \left(\frac{R}{\sqrt{R^2 + X_L^2}}\right)V_{in}\angle\phi$$

$$= \left(\frac{1.0\ \text{k}\Omega}{1181\ \Omega}\right)10\angle -32.1°\ \text{V} = \mathbf{8.47\angle -32.1°\ V\ rms}$$

입력 파형과 출력 파형을 그려 보면 그림 16-18과 같다.

▶ 그림 16-18

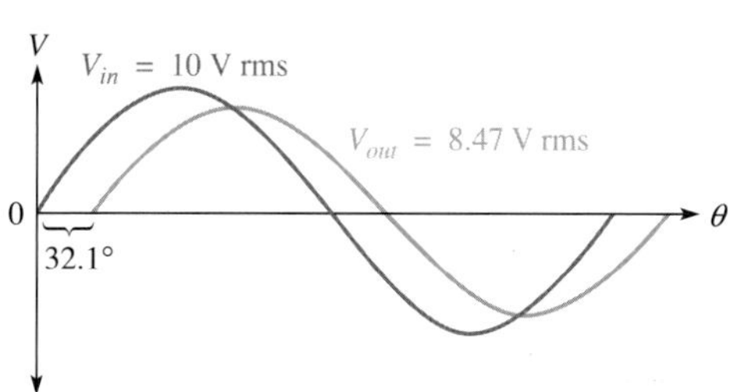


**관련 문제** $R = 4.7\ \text{k}\Omega$, $X_L = 6\ \text{k}\Omega$인 지상 회로에서, 입력 전압의 실효값이 20 V일 때, 출력 전압을 구하라.

Multisim 파일 E16-07을 사용하여 [예제 16-7]과 [관련 문제]의 계산 결과를 확인하라.

**복습문제 16-3**

1. $V_R$ = 2 V, $V_L$ = 3 V인 *RL* 직렬 회로에서, 회로 전체 전압(전원 전압)의 크기를 구하라.
2. 위의 문제 1의 회로에 대해, 회로 전체 전압과 전류 사이의 위상각을 구하라.
3. *RL* 직렬 회로에서 인가 전압의 주파수가 증가하면 유도성 리액턴스의 크기는 어떻게 되는가? 또한 전체 임피던스의 크기와 위상각은 어떻게 되는지 설명하라.
4. $R$ = 3.3 kΩ, $L$ = 15 mH인 *RL* 진상 회로에서, 입력 신호의 주파수가 $f$ = 5 kHz일 때, 입력과 출력 사이의 위상차를 구하라.
5. 위의 문제 4와 부품의 값이 같은 *RL* 지상 회로에서, 입력 전압의 크기가 10 V rms, 주파수가 5 kHz일 때, 출력 전압의 크기를 구하라.

학습 방법 2를 선택한 사람들은 여기에서 17장의 1부 직렬 회로로 옮겨가서 공부한다.

# 02 병렬 회로

## 16-4 *RL* 병렬 회로의 임피던스와 어드미턴스

이 절에서는 *RL* 병렬 회로의 임피던스와 위상각을 구하는 방법을 설명한다. 또한 *RL* 병렬 회로의 유도성 서셉턴스와 어드미턴스에 대해서도 알아본다.

이 절의 학습 내용은 다음과 같다.

- ***RL* 병렬 회로의 임피던스와 어드미턴스**
  - 전체 임피던스를 복소수로 표시하는 방법
  - *유도성 서셉턴스* 및 *어드미턴스*의 정의와 계산 방법

그림 16-19에는 교류 전압원이 연결된 기본적인 형태의 *RL* 병렬 회로가 나타나 있다.

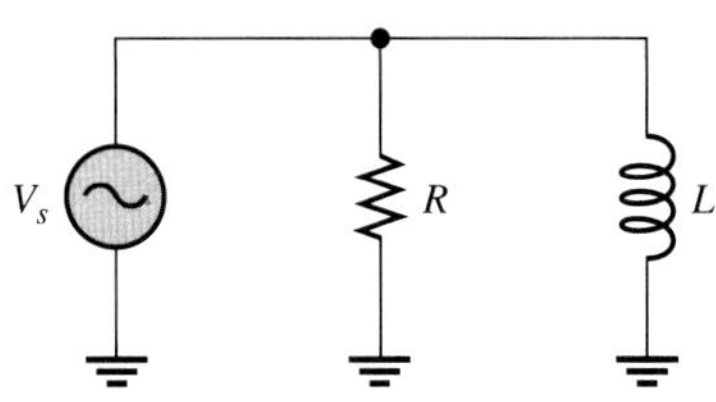


▶ 그림 16-19

*RL* 병렬 회로

이 *RL* 병렬 회로의 전체 임피던스를 구해 보자. 두 개의 부품이 병렬로 연결되어 있으므로 '합 분의 곱 규칙'을 사용하여 페이저 연산을 하면 다음과 같다.

$$\mathbf{Z} = \frac{(R\angle 0°)(X_L\angle 90°)}{R + jX_L} = \frac{RX_L\angle(0° + 90°)}{\sqrt{R^2 + X_L^2}\angle\tan^{-1}\left(\frac{X_L}{R}\right)}$$

$$= \left(\frac{RX_L}{\sqrt{R^2 + X_L^2}}\right)\angle\left(90° - \tan^{-1}\left(\frac{X_L}{R}\right)\right)$$

이 식을 다음과 같이 더욱 간단하게 나타낼 수 있다.

$$\mathbf{Z} = \left(\frac{RX_L}{\sqrt{R^2 + X_L^2}}\right)\angle\tan^{-1}\left(\frac{R}{X_L}\right) \qquad (16\text{-}9)$$

**예제 16-8** 그림 16-20의 두 회로에 대해, 전체 임피던스와 위상각을 각각 구하라.

▶ 그림 16-20

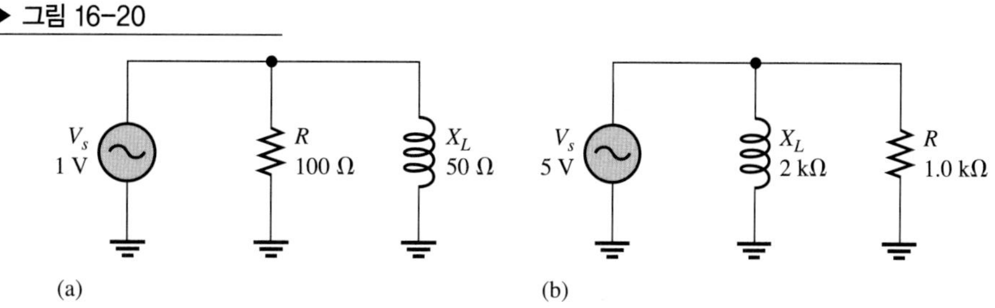


**풀이** 그림 16-20(a)의 회로에서, 전체 임피던스는

$$\mathbf{Z} = \left(\frac{RX_L}{\sqrt{R^2 + X_L^2}}\right)\angle\tan^{-1}\left(\frac{R}{X_L}\right)$$

$$= \left(\frac{(100\ \Omega)(50\ \Omega)}{\sqrt{(100\ \Omega)^2 + (50\ \Omega)^2}}\right)\angle\tan^{-1}\left(\frac{100\ \Omega}{50\ \Omega}\right) = \mathbf{44.7\angle 63.4°\ \Omega}$$

따라서 $Z = 44.7\ \Omega$이고 $\theta = 63.4°$이다.

그림 16-20(b)의 회로에서, 전체 임피던스는

$$\mathbf{Z} = \left(\frac{(1.0\ \text{k}\Omega)(2\ \text{k}\Omega)}{\sqrt{(1.0\ \text{k}\Omega)^2 + (2\ \text{k}\Omega)^2}}\right)\angle\tan^{-1}\left(\frac{1.0\ \text{k}\Omega}{2\ \text{k}\Omega}\right) = \mathbf{894\angle 26.6°\ \Omega}$$

따라서 $Z = 894\ \Omega$이고 $\theta = 26.6°$이다.

위상각이 (+) 값이므로, 전압이 전류보다 앞서는 것을 알 수 있다. 이 결과는 전압이 전류보다 뒤지는 *RC* 회로와 반대이다.

**관련 문제** $R = 10\ \text{k}\Omega, X_L = 14\ \text{k}\Omega$인 *RL* 병렬 회로의 임피던스를 구하여 극좌표 형식으로 나타내어라.

## 컨덕턴스, 서셉턴스, 어드미턴스

15장에서 설명한 바와 같이, 컨덕턴스($G$)는 저항의 역수, 서셉턴스($B$)는 리액턴스의 역수, 어드미턴스($Y$)는 임피던스의 역수로 각각 정의된다.

*RL* 병렬 회로에서, **유도성 서셉턴스**(inductive susceptance, $B_L$)를 페이저로 나타내면 다음과 같다.

$$\mathbf{B}_L = \frac{1}{X_L\angle 90°} = B_L\angle -90° = -jB_L$$

그리고 **어드미턴스**(admittance)를 페이저로 나타내면 다음과 같다.

$$\mathbf{Y} = \frac{1}{Z\angle \pm\theta} = Y\angle \mp\theta$$

그림 16-21에 나타낸 기본 *RL* 병렬 회로의 전체 임피던스는 컨덕턴스와 유도성 서셉턴스와의 페이저 합이므로 다음과 같이 나타낼 수 있다.

$$\mathbf{Y} = G - jB_L \tag{16-10}$$

*RC* 회로에서와 마찬가지로 $G$, $B_L$, $Y$의 단위는 지멘스(S)이다.

▶ 그림 16-21
*RL* 병렬 회로의 어드미턴스

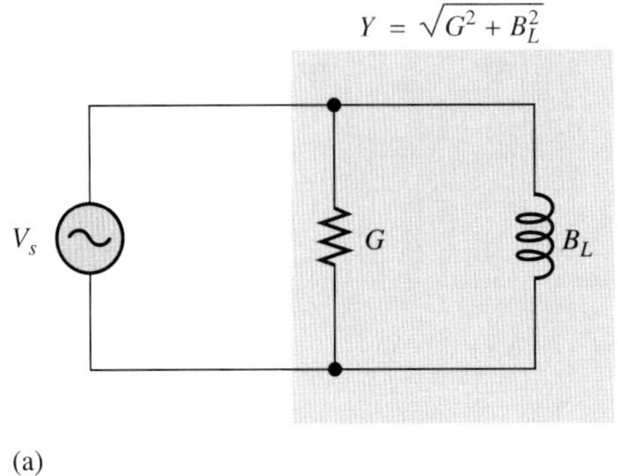

(a)

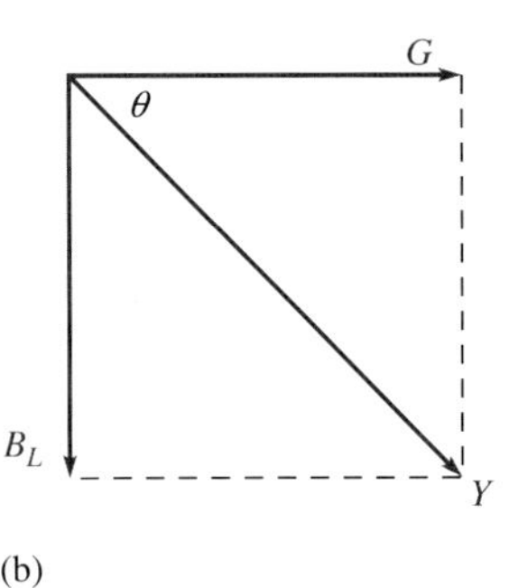

(b)

**예제 16-9** 그림 16-22 회로의 전체 어드미턴스와 임피던스를 구하고, 어드미턴스에 대한 페이저도를 그려라.

▶ 그림 16-22

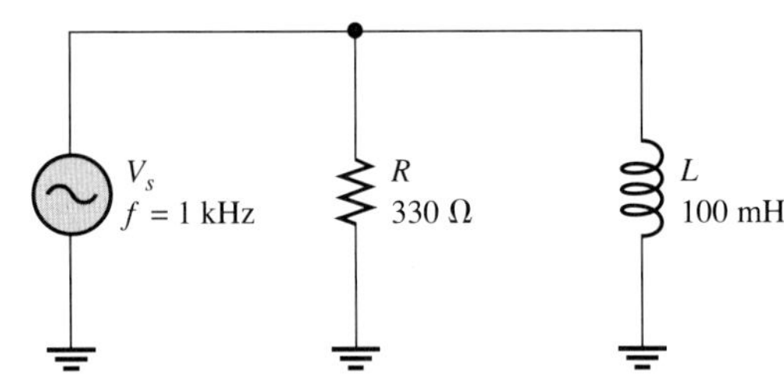


**풀이** 먼저, 컨덕턴스의 크기를 구해 본다. $R = 330\ \Omega$이므로

$$G = \frac{1}{R} = \frac{1}{330\ \Omega} = 3.03\ \text{mS}$$

다음으로, 유도성 리액턴스는

$$X_L = 2\pi fL = 2\pi(1000\ \text{Hz})(100\ \text{mH}) = 628\ \Omega$$

이므로, 유도성 서셉턴스는

$$B_L = \frac{1}{X_L} = \frac{1}{628\ \Omega} = 1.59\ \text{mS}$$

가 된다. 따라서 전체 어드미턴스는 다음과 같다.

$$\mathbf{Y}_{tot} = G - jB_L = 3.03\ \text{mS} - j1.59\ \text{mS}$$

$Y_{tot}$를 극좌표 형식으로 표시하면,

$$\mathbf{Y}_{tot} = \sqrt{G^2 + B_L^2}\angle -\tan^{-1}\left(\frac{B_L}{G}\right)$$
$$= \sqrt{(3.03\text{ mS})^2 + (1.59\text{ mS})^2}\angle -\tan^{-1}\left(\frac{1.59\text{ mS}}{3.03\text{ mS}}\right) = \mathbf{3.42\angle -27.7^\circ\ mS}$$

이 결과의 역수를 취해 전체 임피던스를 구하면,

$$\mathbf{Z}_{tot} = \frac{1}{\mathbf{Y}_{tot}} = \frac{1}{3.42\angle -27.7^\circ\text{ mS}} = \mathbf{292\angle 27.7^\circ\ \Omega}$$

위상각이 (+) 값이므로, 전압이 전류보다 앞서는 것을 알 수 있다. 어드미턴스의 페이저도는 그림 16-23과 같다.

▶ 그림 16-23

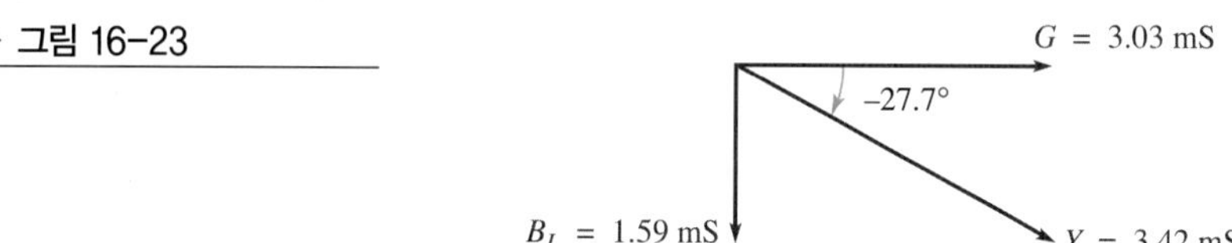


관련 문제 그림 16-22의 회로에서 $f$가 2 kHz로 증가된 경우에 전체 어드미턴스를 구하라.

**복습문제 16-4**

1. Z = 500 Ω일 때, 어드미턴스의 크기 $Y$를 구하라.
2. $R$ = 47 Ω, $X_L$ = 75 Ω인 *RL* 병렬 회로에서 어드미턴스의 크기 $Y$를 구하라.
3. 위의 문제 2의 회로에서, 회로 전체 전류와 인가 전압 사이의 위상각을 구하고, 이 각도만큼 어느 것이 앞서는지 말하라.

# 16-5 *RL* 병렬 회로의 해석

이 절에서는 옴의 법칙과 키르히호프의 전류 법칙을 사용하여 *RL* 병렬 회로를 해석하고, 전류와 전압과의 관계를 살펴본다.

이 절의 학습 내용은 다음과 같다.

- ***RL* 병렬 회로의 해석 방법**
  - 옴의 법칙과 키르히호프의 전류 법칙을 *RL* 병렬 회로에 적용하는 방법
  - 전압과 전류를 페이저 양으로 표시하는 방법

다음 예제에서는 옴의 법칙을 적용하여 *RL* 병렬 회로를 해석한다.

**예제 16-10** 그림 16-24의 회로에서 전체 전류와 위상각을 구하라. 또한 $\mathbf{V}_s$와 $\mathbf{I}_{tot}$의 관계를 알 수 있도록 페이저도를 그려라.

▶ 그림 16-24

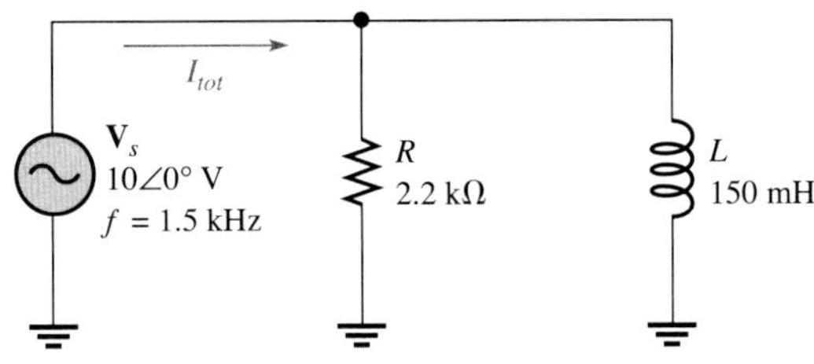


**풀이** 유도성 리액턴스는

$$X_L = 2\pi fL = 2\pi(1.5\,\text{kHz})(150\,\text{mH}) = 1.41\,\text{k}\Omega$$

따라서 유도성 서셉턴스의 크기는

$$B_L = \frac{1}{X_L} = \frac{1}{1.41\,\text{k}\Omega} = 709\,\mu\text{S}$$

이다. 컨덕턴스의 크기는

$$G = \frac{1}{R} = \frac{1}{2.2\,\text{k}\Omega} = 455\,\mu\text{S}$$

이므로, 회로의 전체 어드미턴스는

$$\mathbf{Y}_{tot} = G - jB_L = 455\,\mu\text{S} - j709\,\mu\text{S}$$

가 된다. 이 결과를 극좌표 형식으로 변환하면

$$\begin{aligned}\mathbf{Y}_{tot} &= \sqrt{G^2 + B_L^2}\angle -\tan^{-1}\left(\frac{B_L}{G}\right)\\ &= \sqrt{(455\,\mu\text{S})^2 + (709\,\mu\text{S})^2}\angle -\tan^{-1}\left(\frac{709\,\mu\text{S}}{455\,\mu\text{S}}\right) = 842\angle -57.3°\,\mu\text{S}\end{aligned}$$

가 되므로, 위상각은 −57.3°이다.

옴의 법칙을 사용하면 전체 전류를 다음과 같이 구할 수 있다.

$$\mathbf{I}_{tot} = \mathbf{V}_s\mathbf{Y}_{tot} = (10\angle 0°\,\text{V})(842\angle -57.3°\,\mu\text{S}) = \mathbf{8.42\angle -57.3°\,mA}$$

이 결과를 보면 전체 전류는 크기가 8.42 mA이고, 인가 전압보다 **57.3°**만큼 뒤지고 있음을 알 수 있다. 그림 16-25의 페이저도에 이 위상관계를 표시하였다.

▶ 그림 16-25

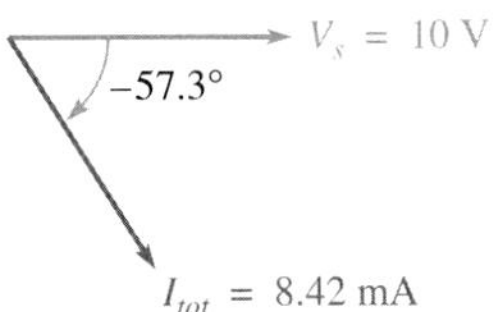

**관련 문제** 그림 16-24의 회로에서 주파수가 $f$ = 800 Hz로 감소한 경우에 전류 페이저를 극좌표 형식으로 구하라.

Multisim 파일 E16-10을 사용하여 [예제 16-10]과 [관련 문제]의 계산 결과를 확인하라.

## *RL* 병렬 회로의 전류와 전압의 위상관계

그림 16-26(a)에는 기본 *RL* 병렬 회로에 흐르는 전류가 모두 표시되어 있다. 전체 전류 $I_{tot}$는 $I_R$과 $I_L$로 나눠지고 있다. 인가 전압 $V_s$는 저항과 인덕터 양단에 병렬로 연결되어 있으므로 전압 $V_s$, $V_R$, $V_L$은 크기와 위상이 모두 같다.

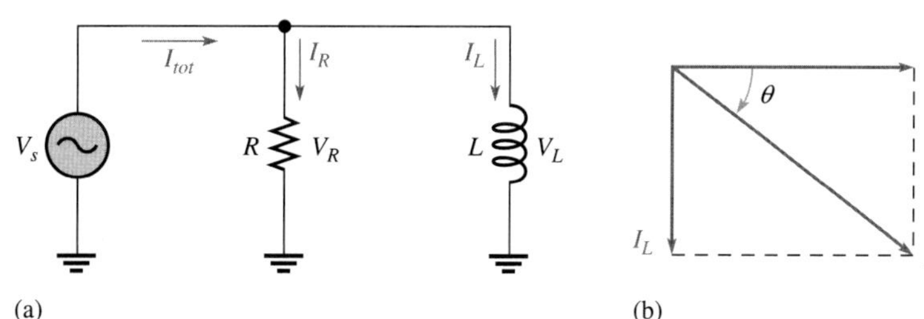


◀ 그림 16-26

*RL* 병렬 회로의 전류와 전압: 그림 (a)에 표시한 전류의 방향은 어떤 순간의 방향을 나타낸 것으로 전원 전압의 극성이 바뀌게 되면 전류의 방향도 반대가 된다.

저항 양단의 전압과 저항을 통해 흐르는 전류의 위상은 서로 같다. 인덕터를 통해 흐르는 전류는 인덕터 양단의 전압보다 90°만큼 뒤지므로, 결국 인덕터를 통해 흐르는 전류는 저항을 통해 흐르는 전류보다 90° 뒤지게 된다. 키르히호프 전류 법칙에 의해 전체 전류는 이 두 전류의 페이저 합이 된다. 이 관계를 그림 16-26(b)의 페이저도에 나타내었다. 전체 전류를 구해 보면 다음과 같다.

$$\mathbf{I}_{tot} = I_R - jI_L \tag{16-11}$$

이를 극좌표 형식으로 변환하면 다음과 같다.

$$\mathbf{I}_{tot} = \sqrt{I_R^2 + I_L^2}\angle -\tan^{-1}\left(\frac{I_L}{I_R}\right) \tag{16-12}$$

여기서 전체 전류의 크기는

$$I_{tot} = \sqrt{I_R^2 + I_L^2}$$

이고, 저항 전류와 전체 전류 사이의 위상각은 다음과 같다.

$$\theta = -\tan^{-1}\left(\frac{I_L}{I_R}\right)$$

저항 전류와 인가 전압의 위상은 서로 같으므로, $\theta$는 전체 전류와 인가 전압 사이의 위상각도 될 수 있다. 그림 16-27은 *RL* 병렬 회로 각 부분의 전압 파형과 전류 파형에 대한 페이저도이다.

▶ 그림 16-27

*RL* 병렬 회로의 전압과 전류 페이저도(크기는 임의로 나타내었음)

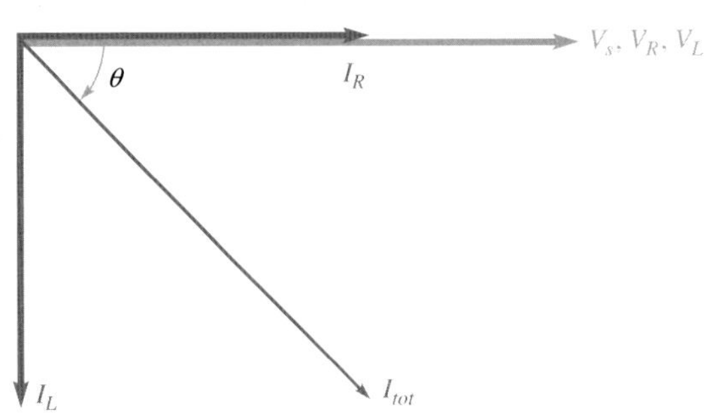


**예제 16-11** 그림 16-28의 *RL* 병렬 회로에서, 회로에 표시된 각 전류와 인가 전압 사이의 위상관계를 모두 구하라. 또한 이들의 페이저도를 그려라.

▶ 그림 16-28

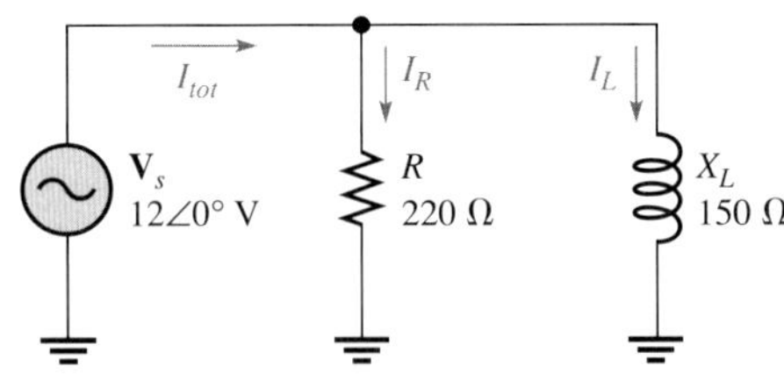


**풀이** 저항 전류, 인덕터 전류, 전체 전류를 각각 다음과 같이 구할 수 있다.

$$\mathbf{I}_R = \frac{\mathbf{V}_s}{\mathbf{R}} = \frac{12\angle 0°\ \text{V}}{220\angle 0°\ \Omega} = \mathbf{54.5\angle 0°\ mA}$$

$$\mathbf{I}_L = \frac{\mathbf{V}_s}{\mathbf{X}_L} = \frac{12\angle 0°\ \text{V}}{150\angle 90°\ \Omega} = \mathbf{80\angle -90°\ mA}$$

$$\mathbf{I}_{tot} = I_R - jI_L = 54.5\ \text{mA} - j80\ \text{mA}$$

전체 전류 $I_{tot}$를 극좌표 형식으로 변환하면, 다음과 같다.

$$\mathbf{I}_{tot} = \sqrt{I_R^2 + I_L^2}\angle -\tan^{-1}\left(\frac{I_L}{I_R}\right)$$

$$= \sqrt{(54.5\ \text{mA})^2 + (80\ \text{mA})^2}\angle -\tan^{-1}\left(\frac{80\ \text{mA}}{54.5\ \text{mA}}\right) = \mathbf{96.8\angle -55.7°\ mA}$$

이 결과에서 알 수 있듯이 저항 전류는 크기가 54.5 mA이고, 위상은 인가 전압과 같다.

▶ 그림 16-29

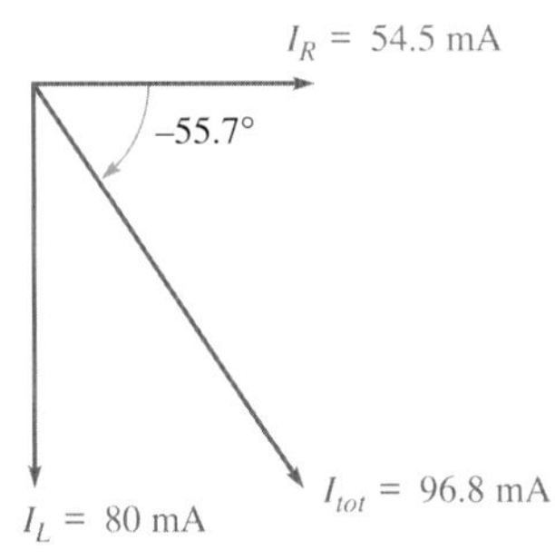

인덕터 전류는 크기가 80 mA이고, 인가 전압보다 90°만큼 뒤진다. 전체 전류는 크기가 96.8 mA이고 인가 전압보다 55.7°만큼 뒤진다. 그림 16-29의 페이저도에 이 관계가 잘 나타나 있다.

**관련 문제** 그림 16-28의 회로에서, $X_L = 300\ \Omega$일 때 전체 전류 $\mathbf{I}_{tot}$의 크기와 회로의 위상각을 구하라.

**복습문제 16-5**

1. 전체 어드미턴스가 4 mS인 *RL* 회로에 8 V의 전압이 인가되고 있다. 회로의 전체 전류를 구하라.
2. 저항 전류가 12 mA, 인덕터 전류가 20 mA인 *RL* 병렬 회로에서, 회로에 흐르는 전체 전류의 크기와 위상각을 구하라. 이때 위상각은 무엇을 기준으로 한 각도인가?
3. *RL* 병렬 회로에서 인덕터 전류와 인가 전압 사이의 위상각은 얼마인가?

학습 방법 2를 선택한 사람들은 여기에서 17장의 2부 병렬 회로로 옮겨가서 공부한다.

# 03 직·병렬 회로

## 16–6 *RL* 직·병렬 회로의 해석

이 절에서는 지금까지 살펴본 직렬 회로, 병렬 회로의 개념을 사용하여 *RL* 직렬 회로와 병렬 회로가 함께 연결된 복잡한 회로를 해석해 본다.

이 절의 학습 내용은 다음과 같다.

- ***RL* 직·병렬 회로의 해석 방법**
  - 전체 임피던스를 구하는 방법
  - 전류와 전압을 구하는 방법

15장의 15-1절에서 알아보았듯이 부품이 직렬로 연결된 부분의 임피던스를 구할 때는 직각좌표 형식을 사용하는 것이 편리하며 병렬로 연결된 부분의 임피던스를 구할 때는 극좌표 형식을 사용하는 것이 좋다. [예제 16-12]에 직렬 회로와 병렬 회로가 섞여 있는 회로를 해석하는 방법을 설명하였다. 먼저, 회로에서 직렬 부분의 임피던스를 직각좌표 형식으로 나타내고, 병렬 부분의 임피던스를 극좌표 형식으로 나타낸다. 다음으로, 병렬 부분의 임피던스를 직각좌표 형식으로 변환한 다음에 직렬 부분의 임피던스와 더하여 전체 임피던스를 구한다. 이 전체 임피던스를 극좌표 형식으로 변환하면 크기와 위상각을 구할 수 있으며 전체 전류도 계산할 수 있다.

**예제 16–12** 그림 16-30의 회로에서, 다음을 구하라.

(a) 전체 임피던스 $\mathbf{Z}_{tot}$　(b) 전체 전류 $\mathbf{I}_{tot}$　(c) 위상각 $\theta$

▶ 그림 16–30

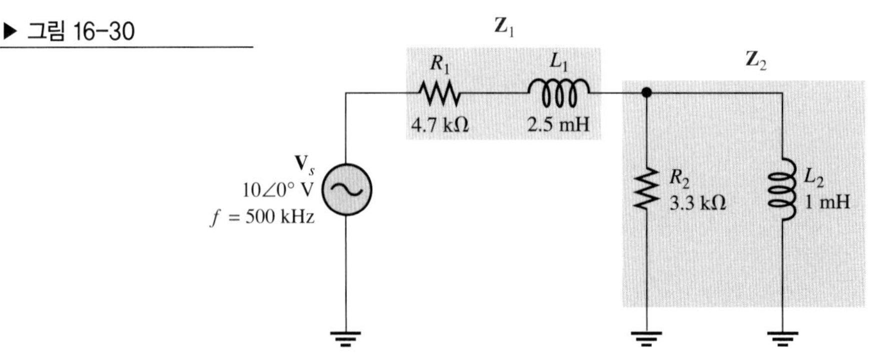


풀이 (a) 먼저, 유도성 리액턴스의 크기를 계산한다.

$$X_{L1} = 2\pi f L_1 = 2\pi(500\,\text{kHz})(2.5\,\text{mH}) = 7.85\,\text{k}\Omega$$
$$X_{L2} = 2\pi f L_2 = 2\pi(500\,\text{kHz})(1\text{mH}) = 3.14\,\text{k}\Omega$$

다음 방법을 사용하여 전체 임피던스를 구해 본다. 먼저, 회로를 소자들이 직렬로 연결된 부분과 병렬로 연결된 부분으로 구분하여, 직렬 부분의 임피던스와 병렬 부분의 임피던스를 각각 구한다. 다음에, 이 두 임피던스를 서로 합성하여 전체 임피던스를 구한다. $R_1, L_1$이 직렬로 연결된 부분의 임피던스는

$$\mathbf{Z}_1 = R_1 + jX_{L1} = 4.7\,\text{k}\Omega + j7.85\,\text{k}\Omega$$

$R_2, L_2$가 병렬로 연결된 부분의 임피던스를 구하기 위해, 먼저 어드미턴스를 구해 보면

$$G_2 = \frac{1}{R_2} = \frac{1}{3.3\,\text{k}\Omega} = 303\,\mu\text{S}$$

$$B_{L2} = \frac{1}{X_{L2}} = \frac{1}{3.14\,\text{k}\Omega} = 318\,\mu\text{S}$$

$$\mathbf{Y}_2 = G_2 - jB_L = 303\,\mu\text{S} - j318\,\mu\text{S}$$

이 어드미턴스를 극좌표 형식으로 변환하면

$$\mathbf{Y}_2 = \sqrt{G_2^2 + B_{L2}^2}\angle -\tan^{-1}\left(\frac{B_{L2}}{G_2}\right)$$

$$= \sqrt{(303\,\mu\text{S})^2 + (318\,\mu\text{S})^2}\angle -\tan^{-1}\left(\frac{318\,\mu\text{S}}{303\,\mu\text{S}}\right) = 439\angle -46.4^\circ\,\mu\text{S}$$

가 되므로, 병렬 부분의 임피던스는

$$\mathbf{Z}_2 = \frac{1}{\mathbf{Y}_2} = \frac{1}{439\angle -46.4^\circ\,\mu\text{S}} = 2.28\angle 46.4^\circ\,\text{k}\Omega$$

이를 직각좌표 형식으로 변환하면 다음과 같다.

$$\mathbf{Z}_2 = Z_2\cos\theta + jZ_2\sin\theta$$

$$= (2.28\,\text{k}\Omega)\cos(46.4^\circ) + j(2.28\,\text{k}\Omega)\sin(46.4^\circ) = 1.57\,\text{k}\Omega + j1.65\,\text{k}\Omega$$

전체 회로는 직렬 부분과 병렬 부분이 서로 직렬로 연결되어 있으므로, $\mathbf{Z}_1$과 $\mathbf{Z}_2$를 더하면 전체 임피던스를 구할 수 있다.

$$\mathbf{Z}_{tot} = \mathbf{Z}_1 + \mathbf{Z}_2$$

$$= (4.7\,\text{k}\Omega + j7.85\,\text{k}\Omega) + (1.57\,\text{k}\Omega + j1.65\,\text{k}\Omega) = 6.27\,\text{k}\Omega + j9.50\,\text{k}\Omega$$

$\mathbf{Z}_{tot}$를 극좌표 형식으로 변환하면 다음과 같다.

$$\mathbf{Z}_{tot} = \sqrt{Z_1^2 + Z_2^2}\angle\tan^{-1}\left(\frac{Z_2}{Z_1}\right)$$

$$= \sqrt{(6.27\,\text{k}\Omega)^2 + (9.50\,\text{k}\Omega)^2}\angle\tan^{-1}\left(\frac{9.50\,\text{k}\Omega}{6.27\,\text{k}\Omega}\right) = \mathbf{11.4\angle 56.6^\circ\,k\Omega}$$

(b) 옴의 법칙을 사용하여 전체 전류를 다음과 같이 구할 수 있다.

$$\mathbf{I}_{tot} = \frac{\mathbf{V}_s}{\mathbf{Z}_{tot}} = \frac{10\angle 0°\text{ V}}{11.4\angle 56.6°\text{ k}\Omega} = \mathbf{877\angle -56.6°\ \mu A}$$

(c) (b)의 결과를 보면 전체 전류는 인가 전압보다 **56.6°**만큼 뒤진다.

관련 문제 (a) 그림 16-30의 회로에서, $R$, $L$이 직렬로 연결되어 있는 부분의 양단 전압을 구하라.
(b) 그림 16-30의 회로에서, $R$, $L$이 병렬로 연결되어 있는 부분의 양단 전압을 구하라.

Multisim 파일 E16-12를 사용하여 [예제 16-12]의 (b)와 [관련 문제] (b)의 계산 결과를 확인하라.

[예제 16-13]의 회로에는 부품이 직렬로 연결된 부분 두 개가 서로 병렬로 연결되어 있다. 이 회로를 해석하는 방법을 설명해 보면, 먼저 각 직렬 부분의 임피던스를 직각좌표 형식으로 구한 뒤 이들을 극좌표 형식으로 변환한다. 그 다음, 각 직렬 부분에 흐르는 전류를 계산한다. 이 두 전류를 직각좌표 형식으로 바꾼 다음 서로 더하면 전체 전류를 구할 수 있다. 이렇게 하면 전체 임피던스를 구하지 않고도 회로를 해석할 수 있다.

**예제 16-13** 그림 16-31의 회로를 구성하는 모든 부품의 전압을 구하라. 또한 전압과 전류의 페이저도를 그려라.

▶ 그림 16-31

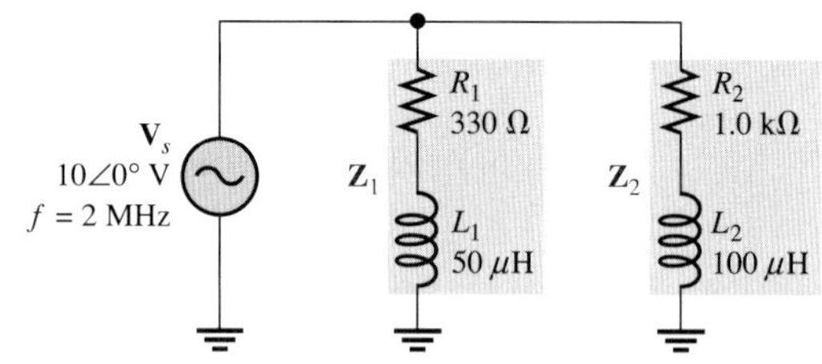


풀이 먼저, 유도성 리액턴스 $X_{L1}$, $X_{L2}$의 값을 계산한다.

$$X_{L1} = 2\pi fL_1 = 2\pi(2\text{ MHz})(50\ \mu\text{H}) = 628\ \Omega$$
$$X_{L2} = 2\pi fL_2 = 2\pi(2\text{ MHz})(100\ \mu\text{H}) = 1.26\text{ k}\Omega$$

다음에, 저항과 인덕터가 직렬로 연결된 두 부분의 임피던스를 각각 구한다.

$$\mathbf{Z}_1 = R_1 + jX_{L1} = 330\ \Omega + j628\ \Omega$$
$$\mathbf{Z}_2 = R_2 + jX_{L2} = 1.0\text{ k}\Omega + j1.26\text{ k}\Omega$$

위의 두 임피던스를 극좌표 형식으로 변환하면

$$\mathbf{Z}_1 = \sqrt{R_1^2 + X_{L1}^2}\angle\tan^{-1}\left(\frac{X_{L1}}{R_1}\right)$$
$$= \sqrt{(330\ \Omega)^2 + (628\ \Omega)^2}\angle\tan^{-1}\left(\frac{628\ \Omega}{330\ \Omega}\right) = 709\angle 62.3°\ \Omega$$

$$\mathbf{Z}_2 = \sqrt{R_2^2 + X_{L2}^2}\angle\tan^{-1}\left(\frac{X_{L2}}{R_2}\right)$$
$$= \sqrt{(1.0\,\mathrm{k\Omega})^2 + (1.26\,\mathrm{k\Omega})^2}\angle\tan^{-1}\left(\frac{1.26\,\mathrm{k\Omega}}{1.0\,\mathrm{k\Omega}}\right) = 1.61\angle 51.6^\circ\,\mathrm{k\Omega}$$

옴의 법칙을 이용하면 $\mathbf{Z}_1$과 $\mathbf{Z}_2$를 통해 흐르는 전류를 다음과 같이 구할 수 있다.

$$\mathbf{I}_1 = \frac{\mathbf{V}_s}{\mathbf{Z}_1} = \frac{10\angle 0^\circ\,\mathrm{V}}{709\angle 62.3^\circ\,\Omega} = 14.1\angle -62.3^\circ\,\mathrm{mA}$$
$$\mathbf{I}_2 = \frac{\mathbf{V}_s}{\mathbf{Z}_2} = \frac{10\angle 0^\circ\,\mathrm{V}}{1.61\angle 51.6^\circ\,\mathrm{k\Omega}} = 6.21\angle -51.6^\circ\,\mathrm{mA}$$

이제, 옴의 법칙을 사용하여 각 부품 양단의 전압을 구한다.

$$\mathbf{V}_{R1} = \mathbf{I}_1\mathbf{R}_1 = (14.1\angle -62.3^\circ\,\mathrm{mA})(330\angle 0^\circ\,\Omega) = \mathbf{4.65\angle -62.3^\circ\,V}$$
$$\mathbf{V}_{L1} = \mathbf{I}_1\mathbf{X}_{L1} = (14.1\angle -62.3^\circ\,\mathrm{mA})(628\angle 90^\circ\,\Omega) = \mathbf{8.85\angle 27.7^\circ\,V}$$
$$\mathbf{V}_{R2} = \mathbf{I}_1\mathbf{R}_2 = (6.21\angle -51.6^\circ\,\mathrm{mA})(1\angle 0^\circ\,\mathrm{k\Omega}) = \mathbf{6.21\angle -51.6^\circ\,V}$$
$$\mathbf{V}_{L2} = \mathbf{I}_2\mathbf{X}_{L2} = (6.21\angle -51.6^\circ\,\mathrm{mA})(1.26\angle 90^\circ\,\mathrm{k\Omega}) = \mathbf{7.82\angle 38.4^\circ\,V}$$

전압 페이저도와 전류 페이저도를 그림 16-32와 그림 16-33에 각각 나타내었다.

▶ 그림 16-32

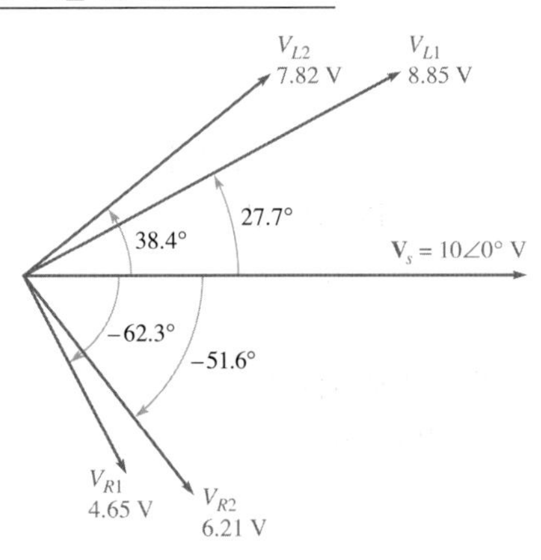


▶ 그림 16-33

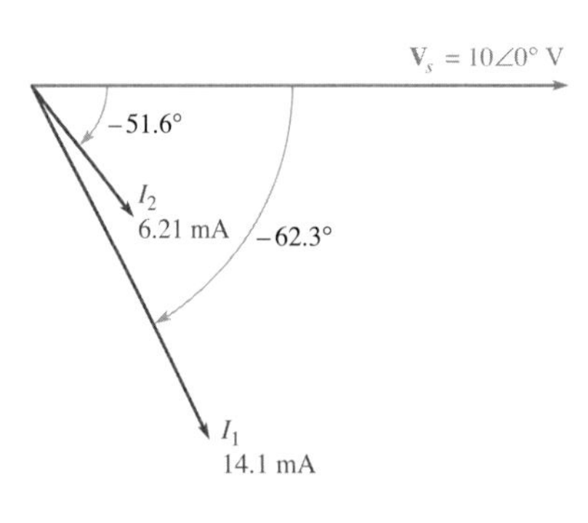


**관련 문제** 그림 16-31의 회로에서, 전체 전류를 극좌표 형식으로 구하라.

Multisim 파일 E16-13을 사용하여 [예제 16-13]과 [관련 문제]의 계산 결과를 확인하라.

**복습문제 16-6**

1. 그림 16-31의 회로에서, 전체 임피던스를 극좌표 형식으로 구하라.
2. 그림 16-31의 회로에서, 전체 전류를 직각좌표 형식으로 구하라.

학습 방법 2를 선택한 사람들은 여기에서 17장의 3부 직·병렬 회로로 옮겨가서 공부한다.

# 04 특별 주제

## 16-7 *RL* 회로의 전력

어떤 교류 회로가 저항만으로 이루어져 있다면, 전원이 공급하는 에너지는 모두 저항에서 열로 소모된다. 인덕턴스만으로 구성된 교류 회로에서는, 교류 전원의 반주기 동안에는 전원에서 공급하는 모든 에너지가 인덕터에 저장되고, 다음 반주기 동안에는 인덕터에 저장되었던 에너지가 다시 전원으로 반환된다. 결국, 인덕터만으로 이루어진 회로에서는 에너지가 열로 변환되지 않으므로 손실이 없다. 회로에 저항과 인덕턴스가 모두 들어 있는 경우, 전체 에너지 중의 일부는 인덕터에서 저장과 반환이 되풀이되고, 그 나머지 에너지는 저항에서 소모된다. 열로 소모되는 에너지의 양은 저항 값과 유도성 리액턴스 값의 상대적인 크기에 의해 결정된다.

이 절의 학습 내용은 다음과 같다.

- ***RL* 회로의 전력을 구하는 방법**
  - 유효 전력과 피상 전력의 의미와 계산 방법
  - 전력 삼각형을 그리는 방법
  - 역률 개선

*RL* 직렬 회로에서 저항 값이 유도성 리액턴스 값보다 큰 경우에는 당연히 저항에서 소모되는 에너지의 양이 인덕터에 저장되는 에너지의 양에 비해 크게 된다. 마찬가지로 리액턴스 값이 저항 값에 비해 크다면, 소모되는 에너지의 양보다는 저장되고 반환되는 에너지의 양이 더 커진다.

이미 앞에서 공부했듯이 저항에서 소모되는 전력을 **유효 전력**(true power)이라고 한다. 또한 인덕터에 저장되는 전력을 무효 전력(reactive power)이라고 하며, 다음 식으로 쓸 수 있다.

$$P_r = I^2X_L \tag{16-13}$$

### 전력 삼각형

그림 16-34에 *RL* 직렬 회로의 대표적인 전력 삼각형을 나타내었다. **피상 전력**(apparent power) $P_a$는 유효 전력(평균 전력) $P_{true}$와 무효 전력 $P_r$을 합성(페이저 합)하여 구할 수 있다.

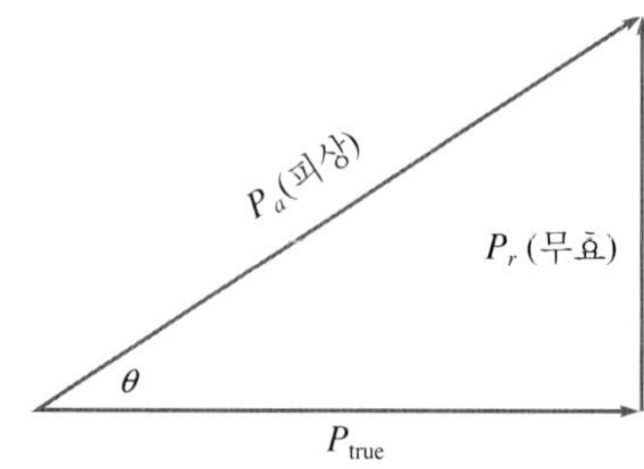


▶ 그림 16-34

*RL* 회로의 전력 삼각형

역률(PF: power factor)이 임피던스의 위상에 코사인을 취한 값이라는 것은 이미 앞에서 살펴보았다(즉, $PF = \cos\theta$). 따라서 인가 전압과 전체 전류 사이의 위상각이 커질수록, 역률은 작아진다. 위상각이 증가한다는 것은 회로에서 리액턴스 값의 크기가 저항 값에 비해 커지고 있음을 뜻하는 것으로, 회로의 성질이 유도성 회로에 점점 가까워진다고도 할 수 있다. 역률이 작을수록 유효 전력의 크기는 무효 전력에 비해 작아진다.

**예제 16-14** 그림 16-35의 회로에서 역률, 유효 전력, 무효 전력, 피상 전력을 각각 구하라.

▶ 그림 16-35

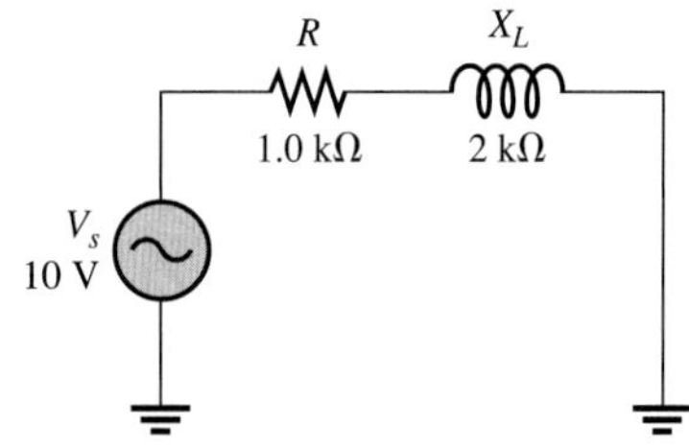


**풀이** 전체 임피던스를 직각좌표 형식으로 구해 보면

$$\mathbf{Z} = R + jX_L = 1.0\,\text{k}\Omega + j2\,\text{k}\Omega$$

이를 극좌표 형식으로 변환하면

$$\mathbf{Z} = \sqrt{R_2^2 + X_L^2}\angle\tan^{-1}\left(\frac{X_L}{R}\right)$$

$$= \sqrt{(1.0\,\text{k}\Omega)^2 + (2\,\text{k}\Omega)^2}\angle\tan^{-1}\left(\frac{2\,\text{k}\Omega}{1.0\,\text{k}\Omega}\right) = 2.24\angle 63.4^\circ\,\text{k}\Omega$$

전류의 크기는

$$I = \frac{V_s}{Z} = \frac{10\,\text{V}}{2.24\,\text{k}\Omega} = 4.46\,\text{mA}$$

위에서 구한 임피던스로 **Z**로부터 위상각 $\theta$는

$$\theta = 63.4^\circ$$

가 되므로, 역률은 다음과 같다.

$$PF = \cos\theta = \cos(63.4^\circ) = \mathbf{0.448}$$

유효 전력은

$$P_{\text{true}} = V_s I\cos\theta = (10\,\text{V})(4.46\,\text{mA})(0.448) = \mathbf{20\,mW}$$

무효 전력은

$$P_r = I^2X_L = (4.46\,\text{mA})^2(2\,\text{k}\Omega) = \mathbf{39.8\,mVAR}$$

피상 전력은

$$P_a = I^2 Z = (4.46\,\text{mA})^2(2.24\,\text{k}\Omega) = \mathbf{44.6\,mVA}$$

관련 문제 그림 16-35의 회로에서, 주파수가 증가하면 $P_{\text{true}}$, $P_r$, $P_a$의 크기는 어떻게 되는가?

## 역률과 피상 전력의 중요성

15장에서 설명한 바와 같이, **역률**($PF$)은 전체 전력 중에서 얼마나 많은 양의 유용한 전력(유효 전력)이 부하에 전달되는가를 구하는 데 사용된다. 역률의 최대값은 1이며, 이것은 부하에 흐르는 전류와 부하 전압 사이의 위상차가 0°라는 것을 나타낸다(즉, 부하는 저항 성분만을 갖는다). 역률이 최소값인 0인 경우는 부하에 흐르는 전류와 부하 전압 사이의 위상차가 90°라는 것을 뜻한다(즉, 부하는 리액턴스 성분만을 갖는다).

대부분의 경우 역률이 1에 가까울수록 바람직하다고 할 수 있는데, 그 이유는 전원에서 부하로 전달되는 전력은 되도록이면 부하에서 실제로 유용한 일을 하는 데 사용되는 유효 전력이 되어야 하기 때문이다. 유효 전력은 한쪽 방향, 즉 전원에서 부하 쪽으로만 전달되며, 부하는 이 에너지를 소모하면서 유용한 일을 수행한다. 무효 전력은 전원과 부하 사이를 왕복하게 되므로, 이 전력에 의해 실제로 수행되는 일은 전혀 없다. 일이 수행되려면 반드시 에너지가 사용되어야 한다.

실제로 여러 분야에서 사용되는 부하들 중에는 인덕턴스를 갖고 있는 것이 많다. 어떤 부하가 인덕턴스를 갖는 이유는 자신의 기능을 제대로 수행하기 위해서 반드시 인덕터가 필요하기 때문이다. 이러한 부하 장치의 예로는 변압기, 전기모터, 스피커 등을 들 수 있다. 이와 같은 유도성 부하나 용량성 부하는 실제로 우리 주변의 일상생활 속에서 널리 사용되고 있으므로, 이들의 전기적인 특성에 대해 잘 알고 있어야 한다.

그림 16-36을 보면서, 역률이 전기·전자 시스템이 갖추어야 할 성능요건(system requirement)에 어떤 영향을 미치는지 자세히 알아보기로 한다. 이 그림에 있는 두 부하는 유도성 부하로, 이 유도성 부하를 인덕턴스와 저항이 병렬로 연결된 회로로 등가적으로 나타낼 수 있다. 그림의 (a)와 (b)를 비교하면 (a) 부하의 역률($PF = 0.75$)이 (b) 부하의 역률($PF = 0.95$)보다 작

▶ 그림 16-36

역률이 시스템이 갖추어야 할 성능요건(전원의 전력 정격(VA)과 도선의 직경)에 미치는 영향

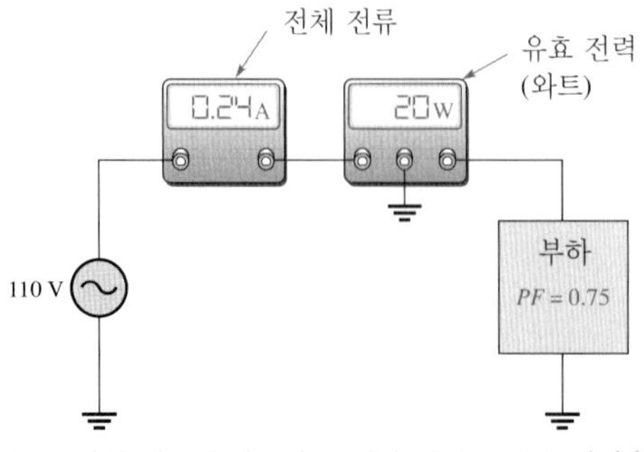


(a) 부하의 역률이 작으면, 부하가 어떤 일정한 전력을 소모하기 위해서는 더욱 큰 전류를 필요로 한다. 따라서 피상 전력 정격(VA)이 더 큰 전원을 부하에 연결해야 한다.

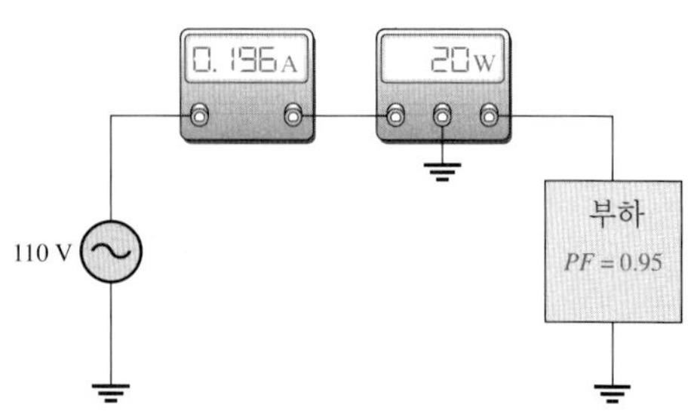


(b) 부하의 역률이 크면, 부하가 어떤 일정한 전력을 소모하는 데 작은 전류가 흘러도 된다. 따라서 (a)보다 피상 전력 정격이 작은 전원으로도 (a)와 똑같은 유효 전력을 부하에 공급할 수 있게 된다.

다. 회로에 연결된 전력계의 측정값을 읽어 보면 두 부하가 같은 양의 전력을 소모하고 있음을 알 수 있다. 따라서 두 부하가 하는 일의 양은 서로 같다고 할 수 있다.

그런데 두 부하가 하는 일의 양, 다시 말해 유효 전력은 같지만, 전류계의 측정값을 보면 알 수 있듯이 그림 16-36(a)의 역률이 낮은 부하는 (b)의 역률이 높은 부하에 비해 더 큰 전류를 필요로 한다. 따라서 (a)에 있는 전원은 (b)에 있는 전원보다 피상 전력(VA) 정격이 더 커야 한다. 또한 전원과 부하를 연결하는 도선의 굵기를 고려해 보면, (a)에서 사용되는 도선의 직경이 (b)보다 굵어야 된다. 전력을 전달하는 송전선과 같이 전원으로부터 부하까지 매우 긴 전송선을 연결해야 하는 경우에는 이 도선의 직경 차이가 매우 중요하다(굵은 도선의 가격이 비싸다).

그림 16-36의 예는 부하로 에너지를 전송할 때, 효율적인 에너지 전송의 측면에서 역률이 큰 부하가 얼마나 유리한가를 잘 보여주고 있다.

## 역률 개선

그림 16-37과 같이 유도성 부하에 커패시터를 병렬로 연결하면 이 유도성 부하의 역률이 커지게 된다. 커패시터, 즉 용량성 부품에 흐르는 전류는 인덕터와 같은 유도성 부품을 흐르는 전류와 180°의 위상차를 가지므로, 유도성 부하에 추가로 연결한 커패시터에 의해 전체 전류의 위상각을 보상할 수 있게 된다. 즉, 그림 16-37에서 알 수 있듯이, 커패시터에 흐르는 전류만큼 리액턴스 전류가 감소하여 전체 전류는 물론 위상각도 작아지게 되므로 역률이 커진다.

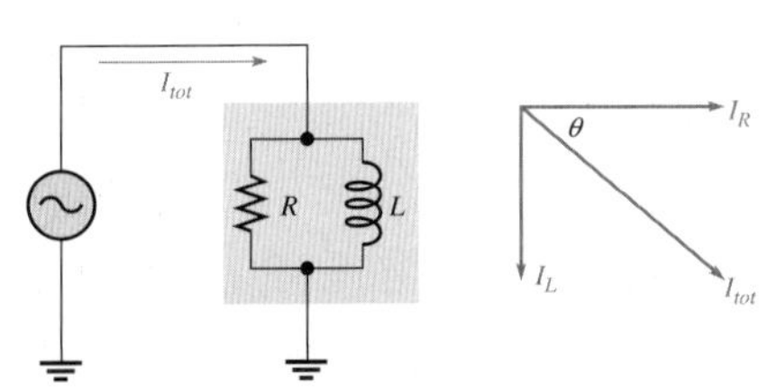


(a) 전체 전류($I_{tot}$)는 $I_R$과 $I_L$의 합이 된다.

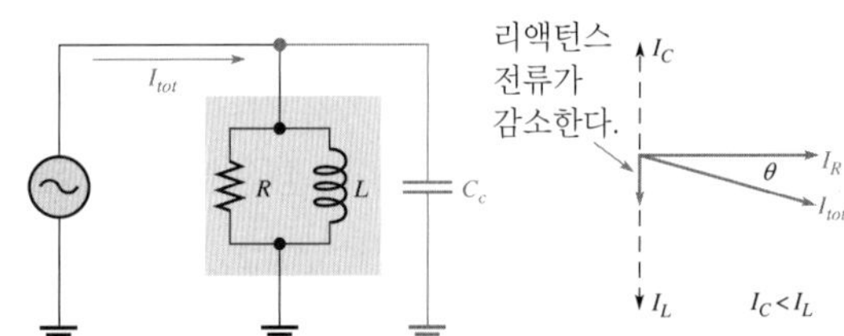


(b) 보상용 커패시터에 흐르는 전류($I_C$)는 $I_L$의 부호와 반대가 되므로, 리액턴스 전류의 크기가 줄어든다. 따라서 $I_{tot}$의 크기도 줄어들고, 위상각도 줄어든다.

◀ 그림 16-37

유도성 부하에 보상용 커패시터를 병렬로 연결하면 역률을 증가시킬 수 있다.

**복습문제 16-7**

1. *RL* 회로에서는 어느 부품에서 에너지가 소모되는가?
2. 위상각 $\theta = 50°$일 때, 역률을 구하라.
3. 어떤 주파수에서, 부품의 값이 $R = 470\ \Omega$, $X_L = 620\ \Omega$인 *RL* 회로가 있다. 회로의 전체 전류가 $I = 100$ mA일 때, 유효 전력, 무효 전력, 피상 전력을 각각 구하라.

# 16-8 *RL* 회로의 응용

이 절에서는 *RL* 회로의 응용 예로서, 실제로 우리 주변에서 널리 사용되는 주파수 선택성 회로인 필터 회로와 스위칭 전압조정기(switching regulator) 회로에 대해 살펴본다. 스위칭 전압조정기는 효율이 높으므로 전원 공급기에 아주 널리 쓰이고 있다. 스위칭 전압조정기는 여러 가지 부품으로 구성되지만, 여기서는 *RL* 회로 부분만 살펴본다.

이 절의 학습 내용은 다음과 같다.

- ***RL* 회로의 응용 예**
  - *RL* 필터 회로의 동작과 해석
  - 스위칭 전압조정기 회로에서 인덕터의 역할

## *RL* 필터

*RC* 회로와 마찬가지로, *RL* 직렬 회로도 주파수 선택성을 나타내므로 **필터**(filter)로 동작한다.

### 저역통과 필터

지상 회로에서의 출력의 크기와 위상각에 대해서는 앞에서 이미 살펴보았다. 입력 신호를 걸러내는 필터의 동작을 이해할 수 있도록 입력 신호의 주파수에 따라 출력 신호의 크기가 어떻게 변화하는지 자세히 살펴본다.

그림 16-38은 필터의 기능을 하는 *RL* 직렬 회로의 동작을 이해할 수 있도록 몇 가지 입력 신호의 주파수에 대해 해당 출력을 각각 나타낸 것이다. 그림 16-38(a)에서 입력 신호는 직류이며, 따라서 주파수는 0 Hz이다. 인덕터는 직류에 대해서는 저항이 0 Ω인 도선으로 취급할 수 있으므로(권선 저항을 무시하면 유도성 리액턴스 값이 0 Ω이므로) 출력 전압은 입력 전압과 같아진다. 즉, 이 *RL* 회로는 입력 전압을 그대로 통과시켜 출력에 나타나게 한다(10 V가 입력되어, 10 V가 출력된다).

그림 16-38(b)와 같이 입력 전압의 주파수가 1 kHz로 증가하면, 회로의 유도성 리액턴스는 62.83 Ω으로 증가한다. 따라서 전압 분배 법칙이나 옴의 법칙으로 출력 전압을 구해 보면, 입력 전압의 실효값 10 V rms에 대해 출력 전압의 크기는 약 8.47 V rms가 된다.

그림 16-38(c)와 같이 입력 전압의 주파수가 10 kHz로 증가하면, 회로의 유도성 리액턴스는 628.3 Ω으로 더욱 증가한다. 따라서 실효값이 10 V rms인 입력 전압에 대해, 출력 전압의 크기는 약 1.57 V rms가 된다.

그림 16-38(d)와 같이 입력 전압의 주파수가 20 kHz로 더욱 증가하면, 출력 전압은 더 감소하게 된다.

주파수와 리액턴스 값은 정비례하므로 입력 신호의 주파수가 증가함에 따라서 리액턴스 값은 점점 더 커진다. 회로의 저항 값은 주파수 크기에 상관없이 일정하고 유도성 리액턴스의 값은 점점 증가하므로 저항 양단 전압(출력 전압)은 계속해서 감소하게 된다. 저항 값이 무시될 수 있을 정도로 리액턴스 값이 커질 때까지 입력 주파수를 증가시키면, 출력 전압도 입력 전압에 비해 무시될 수 있을 정도로 작아진다.

그림 16-38을 다시 보면, 이 회로는 직류(주파수 0 Hz)는 그대로 통과시킨다. 입력의 주파수

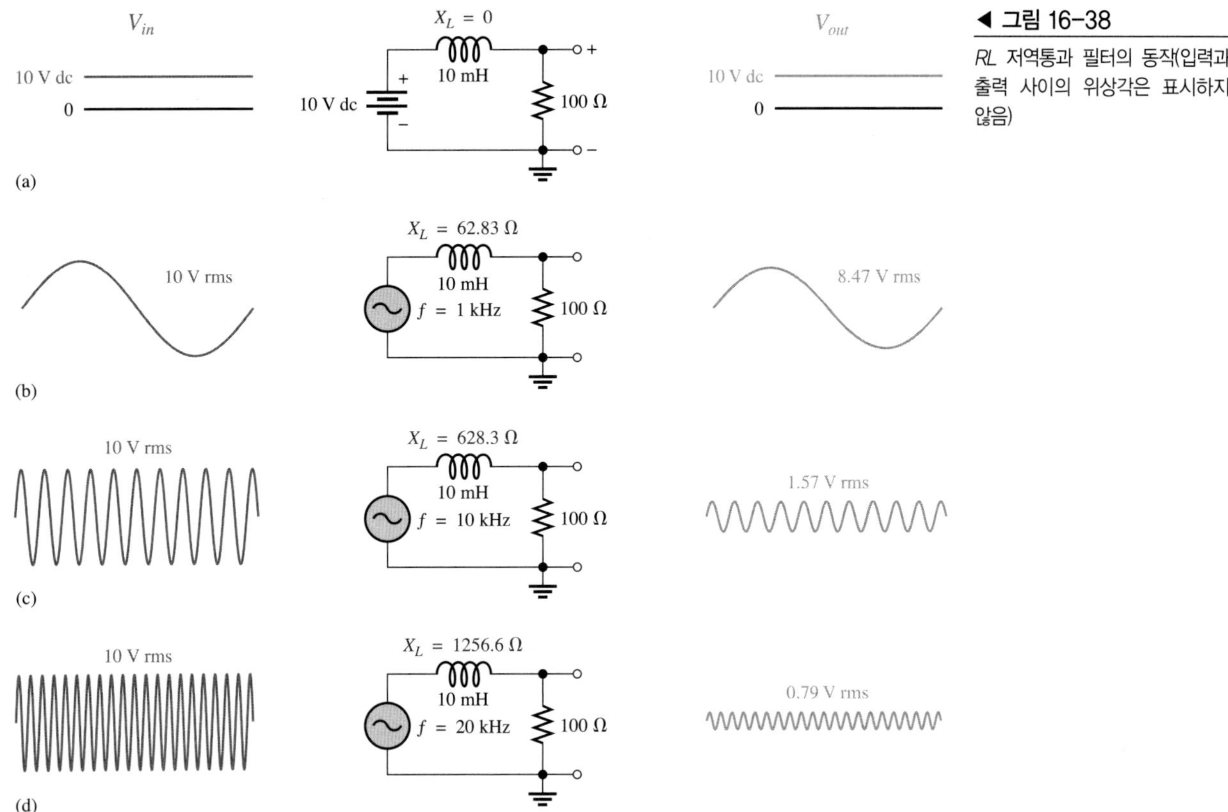


◀ 그림 16-38
*RL* 저역통과 필터의 동작(입력과 출력 사이의 위상각은 표시하지 않음)

가 증가할수록 입력 신호의 일부만이 출력까지 도달할 수 있으며, 출력으로 전달되는 신호의 크기도 점점 작아진다. 즉, 주파수가 증가하면 출력 전압의 크기는 작아진다. 따라서 낮은 주파수 범위의 신호가 높은 주파수 범위의 신호에 비해 회로를 잘 통과하므로 이 *RL* 회로를 저역통과 필터라고 한다.

그림 16-39는 저역통과 필터의 주파수 응답 곡선이다.

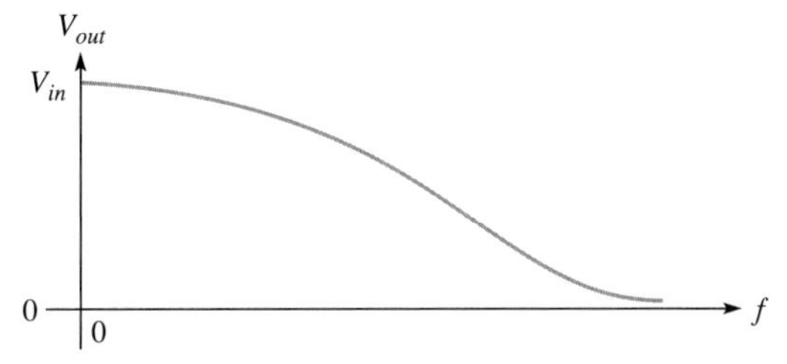


◀ 그림 16-39
저역통과 필터의 주파수 응답 곡선

## 고역통과 필터

그림 16-40은 고역통과 필터의 기능을 하는 *RL* 직렬 회로로, 인덕터 양단의 전압이 출력 전압으로 되어 있다. 그림 16-40(a)와 같이 입력 전압이 직류($f$ = 0 Hz)이면 인덕터를 저항이 0 Ω인 도선으로 볼 수 있으므로, 출력 전압의 크기는 0 V가 된다.

그림 16-40(b)와 같이 실효값이 10 V rms인 입력 전압의 주파수를 100 Hz로 증가시키고, 출력 전압을 구해 보면 약 0.63 V rms가 된다. 따라서 이 주파수에서는 입력 전압의 극히 일부만이 출력에 나타나게 된다.

그림 16-40(c)와 같이 입력 전압의 주파수를 1 kHz로 더욱 증가시키면, 회로의 유도성 리액턴스가 주파수에 따라 더욱 커지므로 10 V rms인 입력 전압에 대해, 출력 전압의 크기는 약 5.32 V rms가 된다. 이 결과로부터 주파수가 증가하면 출력 전압도 증가함을 알 수 있다. 그림 16-40(d)와 같이 리액턴스가 저항 값을 무시할 수 있을 정도의 큰 값이 될 때까지 입력 주파수를 증가시키면, 입력 전압의 대부분이 인덕터 양단에 걸리게 된다.

이상에서 알 수 있듯이, 이 회로는 낮은 주파수를 갖는 입력 신호를 출력 쪽으로 통과시키지 않지만, 높은 주파수를 갖는 신호를 출력으로 잘 통과시키는 성질을 갖고 있다. 따라서 이 *RL* 회로를 고역통과 필터라고 한다.

▶ 그림 16-40

*RL* 고역통과 필터의 동작(입력과 출력 사이의 위상각은 표시하지 않음)

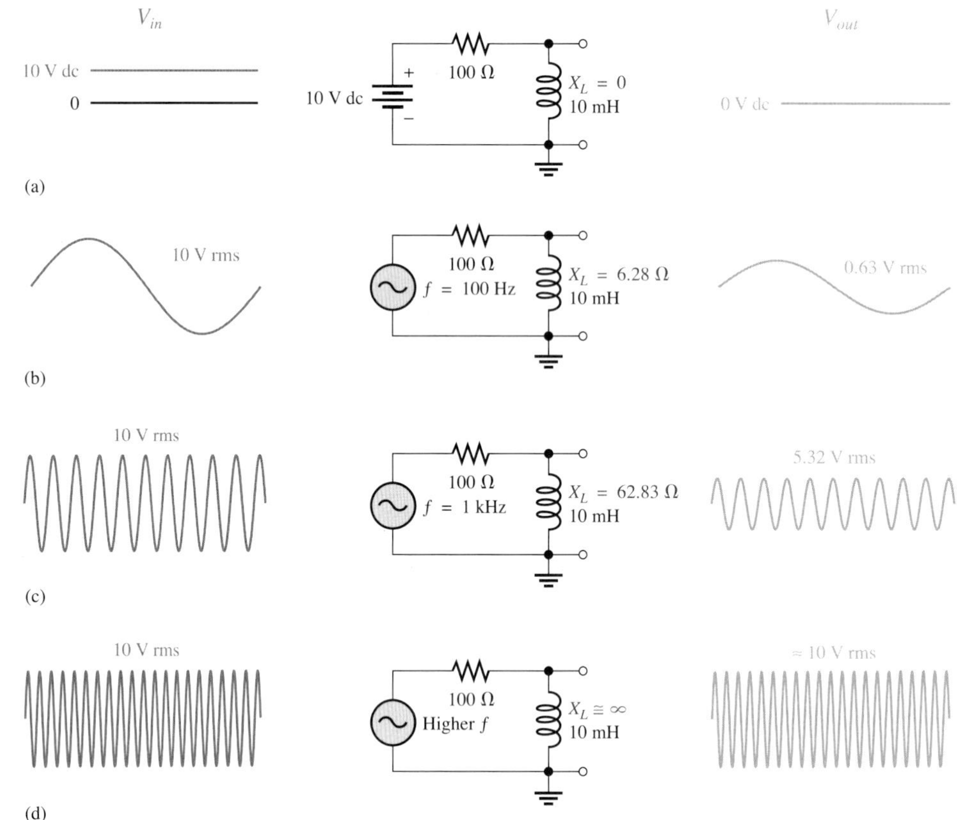


그림 16-41의 주파수 응답 곡선을 보면 주파수가 증가함에 따라 출력도 증가하며, 출력이 입력 전압의 크기와 점점 같아짐에 따라 곡선의 기울기가 완만해지고 있음을 알 수 있다.

▶ 그림 16-41

고역통과 필터의 주파수 응답 곡선

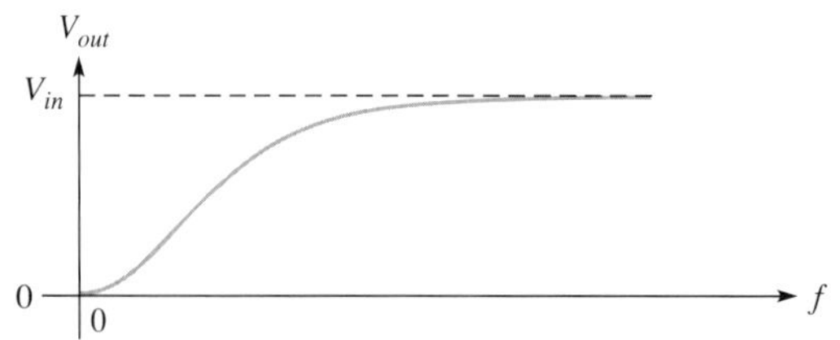

## 스위칭 전압조정기

고주파 스위칭 전압조정기에서 작은 인덕터는 필터부를 구성하는 주요 부품이다. 스위칭 방식의 전원 공급기는 교류를 직류로 변환하는 효율이 다른 방식의 전원 공급기에 비해 월등히 높다. 이러한 까닭으로 컴퓨터나 그 밖에 여러 전자시스템의 전원으로 널리 사용되고 있다. 스위칭 전압조정기는 직류 전압을 일정한 값이 되도록 조정하는 회로로 그림 16-42에 회로구성도를 나타내었다. 회로에서 전자스위치는 조정되지 않은 직류 전압을 높은 주파수의 펄스로 변환한다. 출력 $V_{out}$은 이 펄스의 평균값이 된다. 펄스폭 변조기(pulse width modulator)는 트랜지스터 스위치를 빠른 속도로 온/오프(on/off)하는데, 온/오프 시간을 제어하여 펄스의 폭을 조정한다. 이 펄스는 필터 부분에서 조정된 직류 전압으로 변환된다(그림에서는 주기를 알아볼 수 있도록 리플을 실제보다 크게 그렸다). 펄스폭 변조기는 필터의 출력 전압이 정해진 값보다 낮아지면 펄스폭을 증가시키고, 출력 전압이 정해진 값보다 높아지면 펄스폭을 감소시켜 어떤 경우에도 출력 전압이 정해진 값으로 일정하게 유지되도록 한다.

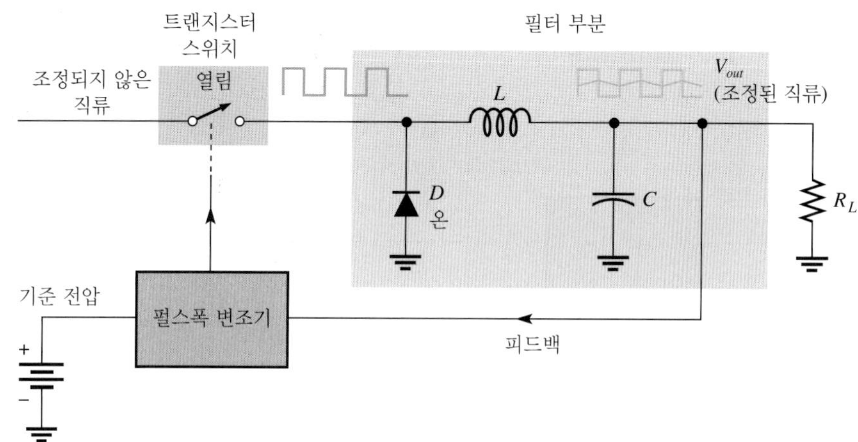


◀ 그림 16-42
스위칭 전압조정기 회로구성도

그림 16-43에 필터 부분의 동작을 설명하였다. 필터는 다이오드, 인덕터, 커패시터로 구성되어 있다. 다이오드는 한쪽 방향으로만 전류를 흘려주는 부품으로 '전자 회로' 과목에서 자세히 공부하게 된다. 필터에서 다이오드는 한쪽 방향으로만 전류가 흐르도록 하는 온-오프 스위치의 기능을 하고 있다.

필터에서 아주 중요한 부품인 인덕터로 인해 전압조정기에는 언제나 전류가 흐르게 된다. 회로에 흐르는 전류의 크기는 평균 전압과 부하 저항의 값에 의해 결정된다. 앞에서 배운 렌츠의 법칙에 따르면 인덕터의 코일에 흐르는 전류에 변화가 생기면 이 변화를 방해하는 유도 전압이 코일의 양단에 발생하게 된다. 그림 16-43(a)와 같이 트랜지스터 스위치가 닫히면(on) 펄스는 'High'가 되어 전류는 인덕터를 지나 부하로 흐른다. 이때 다이오드는 오프 상태이다. 또한 인덕터의 양단에는 이 전류의 변화를 방해하는 유도 전압이 발생한다. 그림 16-43(b)와 같이 트랜지스터 스위치가 열리면(off) 펄스는 'Low'가 된다. 이때 (a)의 경우와는 반대 극성으로 인덕터에 유도 전압이 발생된다. 또한 다이오드는 온되어 닫힌 스위치로 동작하므로 전류가 흐르는 경로가 만들어진다. 따라서 트랜지스터 스위치가 닫혀 있든 열려 있든 관계없이 부하에는 항상 일정한 전류가 흐르게 된다. 이 과정에서 커패시터는 작은 양의 충전과 방전을 되풀

▶ 그림 16-43

스위칭 전압조정기의 동작

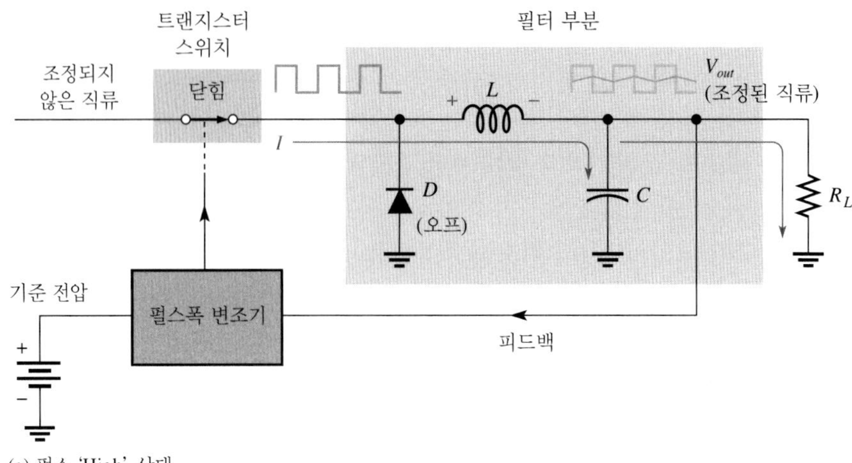


(a) 펄스 'High' 상태

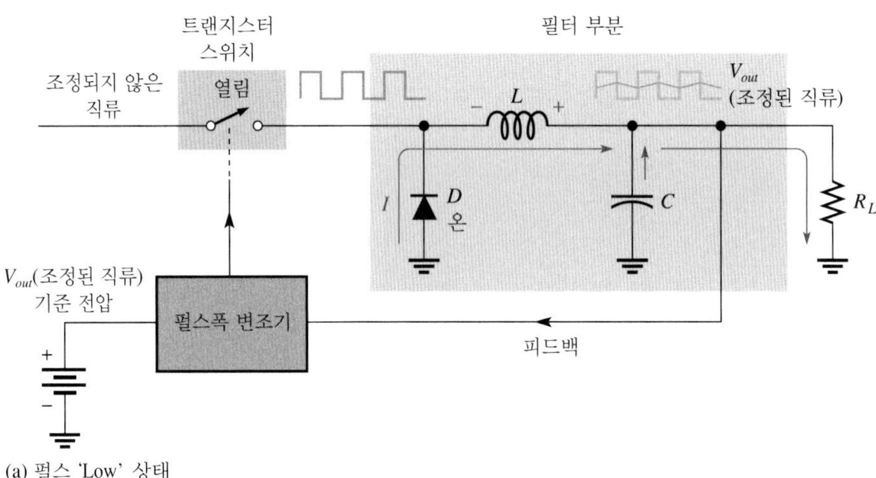


(a) 펄스 'Low' 상태

이하면서 출력 전압이 더욱 평평하게 유지되도록 한다.

**복습문제 16-8**

1. *RL* 회로를 저역통과 필터로 사용하려면, 어떤 부품 양단의 전압을 출력으로 취해야 하는가?
2. 스위칭 전압조정기의 가장 큰 장점은 무엇인가?
3. 스위칭 전압조정기에서 출력 전압이 낮아지면 펄스폭은 어떻게 되는가?

# 16-9 고장진단

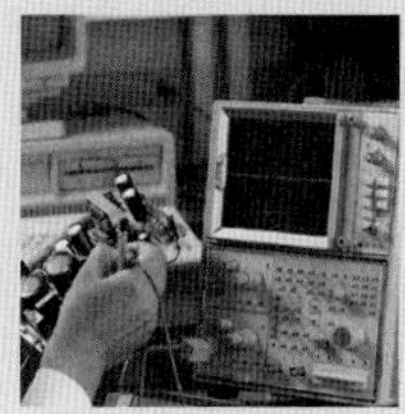

이 절에서는 *R*, *L* 부품에서 흔히 발생하는 고장의 종류를 알아보고, 이것이 *RL* 회로의 주파수 응답에 미치는 영향을 살펴본다.

이 절의 학습 내용은 다음과 같다.

- ***RL* 회로의 고장진단 방법**
  - 개방된 인덕터의 고장진단 방법
  - 개방된 저항의 고장진단 방법
  - 병렬 회로에서 개방된 부품의 고장진단 방법

## 개방된 인덕터의 영향

인덕터에서 가장 많이 발생하는 고장의 유형은 인덕터에 과도 전류(excessive current)가 흘러서 권선(코일)이 끊어지거나 기계적인 접촉이 이루어지지 않는 경우이다. 그림 16-44에서 보듯이 개방된 인덕터가 *RL* 회로의 동작에 미치는 영향을 쉽게 알 수 있다. 코일이 끊어져 있으므로 전류가 흐를 수 있는 경로가 없다. 따라서 저항 양단의 전압은 0 V이며, 전체 전압 $V_s$는 모두 인덕터 양단에 나타나게 된다. 인덕터가 개방된 것으로 의심이 가면, 인덕터를 회로에서 떼어내거나 한쪽 단자만 떼어낸 다음, 저항계로 인덕터 두 단자의 저항을 측정하여 확인한다.

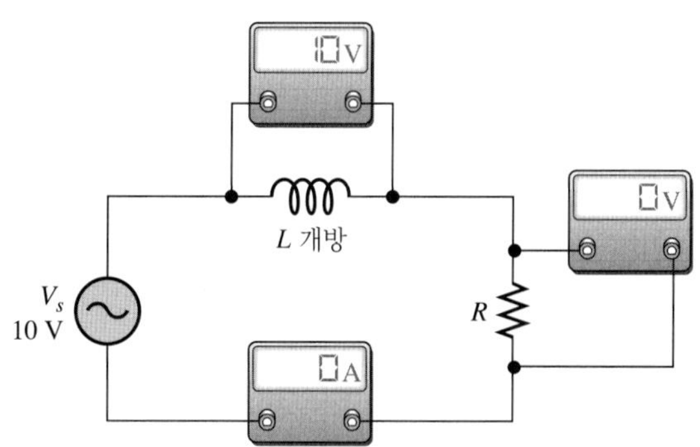


◀ 그림 16-44

개방된 인덕터의 영향

## 개방된 저항의 영향

저항이 개방되어도 인덕터가 개방된 경우와 마찬가지로 전류가 흐를 수 없게 된다. 따라서 그림 16-45와 같이 전원 전압 $V_s$는 모두 개방된 저항 양단에 나타나게 된다.

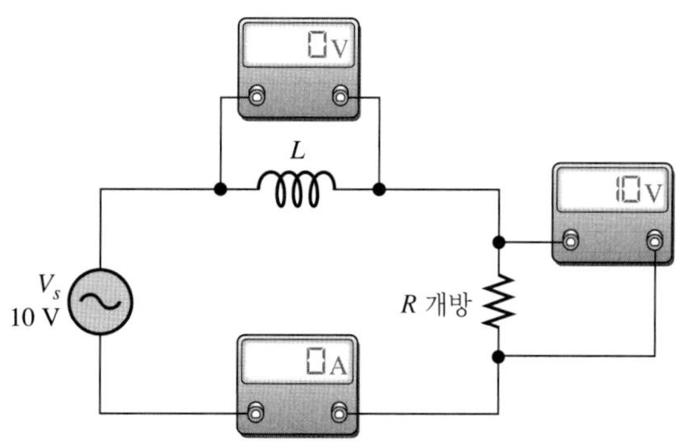


◀ 그림 16-45

개방된 저항의 영향

### 병렬 회로에서 개방된 부품의 영향

*RL* 병렬 회로에서, 저항이나 인덕터 중의 어느 한 부품이 개방되면 회로의 전체 임피던스가 증가하게 되므로, 전체 전류는 감소한다. 그리고 개방된 소자가 있는 경로로는 전류가 흐르지 않게 된다. 그림 16-46에 이러한 상태를 나타내었다.

▶ 그림 16-46
병렬 회로에서 개방된 부품의 영향(회로에서 $V_S$는 일정하다.)

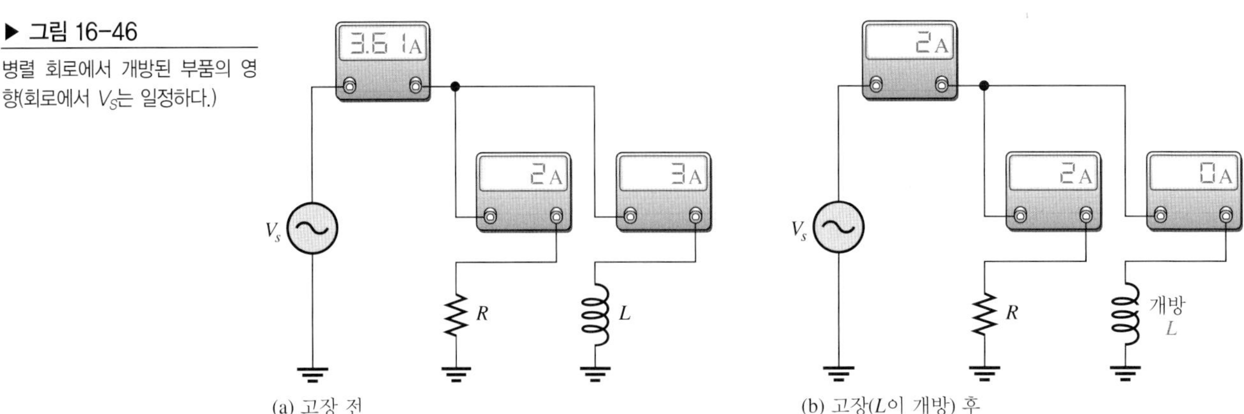


### 권선이 단락된 인덕터의 영향

과도 전류가 인덕터에 흘러 권선 사이의 절연이 파괴되면 인덕터 권선(코일)의 일부가 단락되는 고장도 발생할 수 있다. 이러한 고장은 코일이 완전히 개방되는 고장보다는 훨씬 드물게 발생하며 고장을 알아내기도 어렵다. 권선의 일부가 단락되면 코일의 권수가 감소된다. 코일의 인덕턴스는 권수의 제곱에 비례하므로, 권선의 일부가 단락된 인덕터의 인덕턴스는 감소하게 되어 회로에 나쁜 영향을 미칠 수 있다.

## 그 밖의 고려 항목

이미 앞에서 설명하였듯이 회로가 제대로 동작하지 않는다고 해서 무조건 부품에 고장이 생긴 것이라고 단정할 수는 없다. 부품과 도선의 접촉이 나쁘거나 납땜이 제대로 되지 않아도 회로가 개방될 수 있다. 또한 납이 번져 인접한 부품과 함께 납땜이 되는 '솔더 스플래시(solder splash)'에 의해서 회로가 단락되는 경우도 일어날 수 있다. 직류 전원 공급기나 함수발생기의 전원 스위치를 올리는 것을 깜빡한 아주 간단한 실수가 아닌 다른 고장의 원인들이 생각보다 훨씬 자주 발생한다. 회로를 구성하는 부품의 실제 값이 정상적인 값에서 변한 경우, 함수발생기의 주파수를 제대로 맞추지 못한 경우, 잘못된 출력을 회로에 연결한 경우에도 회로가 제대로 동작하지 않을 수 있다.

회로에 문제가 생기면 전원 공급기나 함수발생기가 회로와 콘센트에 제대로 연결되어 있는지 항상 확인해야 한다. 또한 어디 끊어진 곳은 없는지, 커넥터에 플러그가 제대로 꽂혀 있는지, 도선조각이나 솔더 브리지(solder bridge)로 인해 단락된 곳은 없는지, 눈으로 살펴볼 수 있는 사항을 확인하도록 한다.

다음 예제에서는 APM법(Analysis, Planning, Measurement: 분석, 계획, 측정)을 사용하여 간단한 회로에서 일어난 고장을 찾아내는 방법을 설명한다.

**예제 16-15** 그림 16-47의 회로를 브레드보드에 제작한 다음, 출력 전압 $V_{out}$을 측정해 보니 전압이 전혀 나타나지 않았다(즉, 0 V). 고장의 원인을 찾아보라.

▶ 그림 16-47

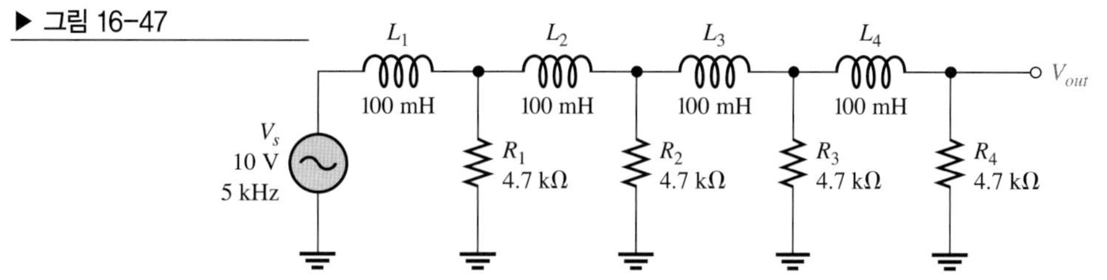


**풀이** APM법을 적용하여 고장의 원인을 찾아보자.

**Analysis**(분석): 출력 전압을 나타나지 않게 할 가능성이 있는 모든 원인을 생각해 본다.

예상원인 1. 신호원(함수발생기)의 전압이 0 V이면 당연히 출력 전압이 0 V가 된다. 함수발생기의 주파수가 너무 높아서 인덕터의 유도성 리액턴스의 값이 저항의 값에 비해 아주 커지면 인덕터는 거의 개방된 것처럼 동작하게 된다.

예상원인 2. 출력 단자 사이가 단락되면 출력 전압이 0 V가 된다. 저항의 내부가 단락되거나 회로의 어떤 부분이 단락되면 이런 일이 생긴다.

예상원인 3. 함수발생기와 출력 단자 사이가 개방되면 전류가 흐르지 않으므로 출력 전압이 0 V가 된다. 인덕터가 개방되거나 연결 도선이 끊어지거나 브레드보드의 접촉이 나쁘면 이런 일이 생긴다.

예상원인 4. 부품의 값이 회로도와 다른 경우를 생각해 볼 수 있다. 저항의 값이 너무 작으면 출력 전압이 거의 0 V가 될 수 있다. 또한 인덕터의 값이 너무 크면 신호원의 주파수에서 리액턴스의 값이 아주 커져서 출력 전압이 거의 0 V가 된다.

**Planning**(계획): '함수발생기의 전원 코드가 제대로 꽂혀 있는지', '주파수의 값을 제대로 맞추었는지'와 같이 눈으로 검사할 수 있는 것을 확인한다. 이 밖에도 '끊어진 단자나 단락된 단자는 없는지', '저항의 색띠가 저항 값과 맞는지', '커패시터의 표시값은 정확한지'도 역시 눈으로 확인할 수 있다. 눈으로 확인한 결과에 이상이 없으면 회로 각 부분의 전압을 측정하면서 고장을 일으킨 원인을 추적한다. 이때 오실로스코프와 디지털 멀티미터(DMM)를 사용하여 전압을 측정하게 되는데, 고장을 찾을 때까지 남은 부분을 계속해서 절반씩 나누어 측정하는 '반분법(half-splitting method)'을 적용하여 고장의 원인을 더욱 빨리 찾아본다.

**Measurement**(측정): 함수발생기에 전원이 제대로 들어가 있고 주파수의 값이 정확하게 맞추어져 있는 것을 확인했다고 가정하자. 또한 눈으로 확인한 결과 개방이나 단락된 부품, 도선, 단자가 없고 부품의 값도 정확하였다. 이제 고장의 원인을 조사하기 위한 측정을 해 보기로 하자.

측정 과정의 첫 단계는 함수발생기에서 출력되는 신호원의 전압을 스코프로 측정하여 검사하는 것이다. 그림 16-48(a)와 같이 주파수가 5 kHz이고 실효값이 10 V rms인 사인파가 스코프의 스크린에 측정되었다고 하자. 정확한 주파수와 진폭이 측정되었으므로 앞서 분석 단계의 예상원인 1을 제외시킨다.

▶ 그림 16-48

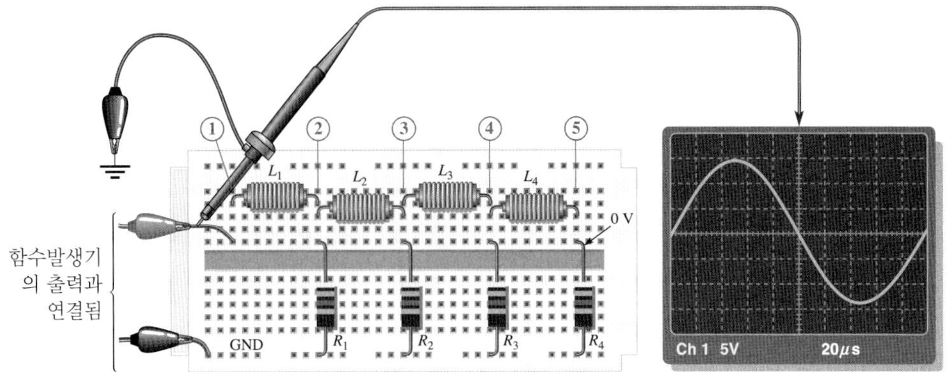


(a) 입력(함수발생기의 출력)은 스코프로 정확하게 측정되었다. 스코프 프로브의 접지 단자는 회로의 접지(GND)와 연결된 것이다.

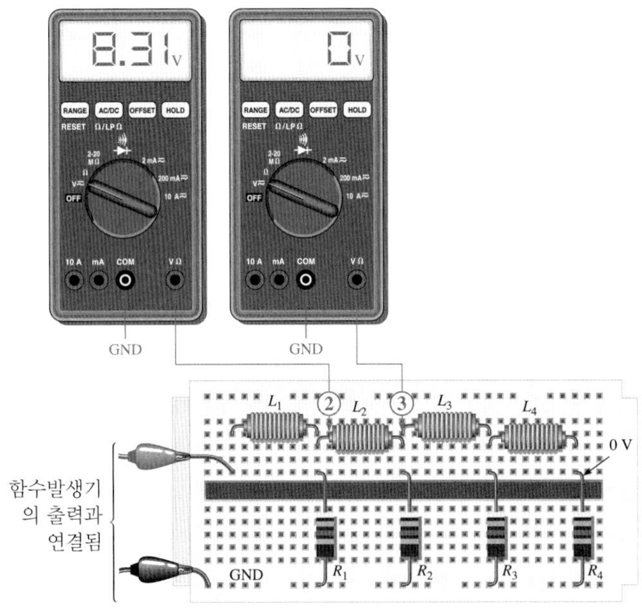


(b) ③점의 전압이 0 V로 측정된 것은 ③점과 신호원 사이에 고장이 있다는 것을 나타낸다. ②점의 측정 전압이 10 V이므로 $L_2$가 고장난 것을 알 수 있다.

다음으로 예상원인 2를 검사하기 위해 함수발생기를 회로에서 떼어내고 DMM(저항 기능으로 설정)을 각 저항의 양단에 갖다 댄다. 아주 드문 일이지만 저항이 단락되면 DMM의 표시창에는 0이나 아주 작은 값이 나타난다. 저항의 검사 결과가 정상이었다고 가정하면 **분석 단계의 예상원인 2도 제외된다.**

입력과 출력 사이의 어떤 곳에서 전압을 잃어버린 것이므로 그 사이에서 전압을 측정해 보기로 하자. 위에서 떼어낸 함수발생기를 회로에 다시 연결하고 '반분법'을 적용하여 먼저 전체 회로의 중간(절반)이 되는 ③점과 접지 사이의 전압을 측정한다. 즉, 그림 16-48(b)와 같이 DMM의 빨간색 측정막대를 인덕터 $L_2$의 오른쪽 단자(③점)에, 검은색 측정막대를 접지(GND)에 갖다 댄다. 전압을 측정한 결과, 그림 16-48(b)처럼 0 V가 표시되었다고 하자. 이것은 회로에서 ③점을 기준으로 오른쪽 절반은 정상이고 왼쪽 절반(신호원과 ③점 사이)에 고장이 있다는 것을 알려 주는 것이다.

이제 고장이 난 범위를 좁혔으므로 ③점에서 신호원 쪽으로 거슬러 올라가면서 전압을 측정해 보자(신호원에서 ③점 쪽으로 가면서 전압을 측정해도 좋다). 전압계의 검은색 측정막대를 여전히 접지(GND)에 대고 빨간색 측정막대를 인덕터 $L_2$의 왼쪽 단자인 ②점에 갖다 대었더니 그림 16-48(b)처럼 8.31 V가 측정되었다. 이것은 인덕터 $L_2$가 개방되었다는 것을 나타내는 것이다. 원인을 조사해 보았더니 브레드보드의 접촉에 문제가 있는 것이 아니라 부품이 고장난 것이었다. 브레드보드의 접촉 불량을 수리하는 것보다는 부품을 교체하는 것이 간단한 일이므로 다행이라고 할 수 있다.

**관련 문제** 접지를 기준으로 인덕터 $L_2$ 왼쪽 단자의 전압은 0 V, $L_1$ 오른쪽 단자의 전압은 10 V로 측정되었다. 예상되는 원인을 분석하라.

**복습문제 16-9**

1. *RL* 직렬 회로에서, 권선의 일부나 전부가 단락된 인덕터가 회로의 동작에 미치는 영향에 대해 설명하라.
2. 그림 16-49의 회로에서, $L$이 개방되면 $I_{tot}$, $V_{R1}$, $V_{R2}$의 값은 증가하는가, 아니면 감소하는가?

▶ 그림 16-49

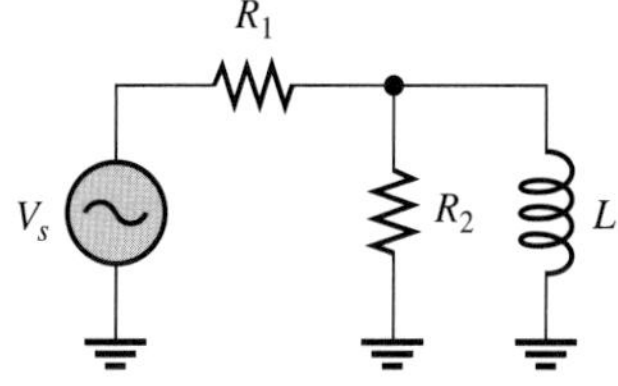

## 회로 응용

어떤 통신 시스템 내부로부터 두 개의 밀봉된 모듈을 꺼내었다. 이 모듈에는 세 개의 단자가 있고 겉면에 '*RL* 필터 모듈' 이라고 적혀 있다. 이 모듈의 특성을 알 수 있는 명세서(specification)를 갖고 있지 않으므로, 실험을 통해 필터의 종류와 필터를 구성하는 각 부품의 값을 구해 본다.

밀봉된 *RL* 필터 모듈의 외형은 그림 16-50과 같으며, 세 개의 단자의 이름은 각각 IN, GND, OUT이다. *RL* 직렬 회로에 대한 지식으로 이 모듈을 실험하여 얻은 측정 결과를 분석하여 모듈 안에 들어 있는 회로의 형태와 회로를 구성하는 부품의 값을 구해 보자.

▶ 그림 16-50

*RL* 필터 모듈 1의 저항 측정

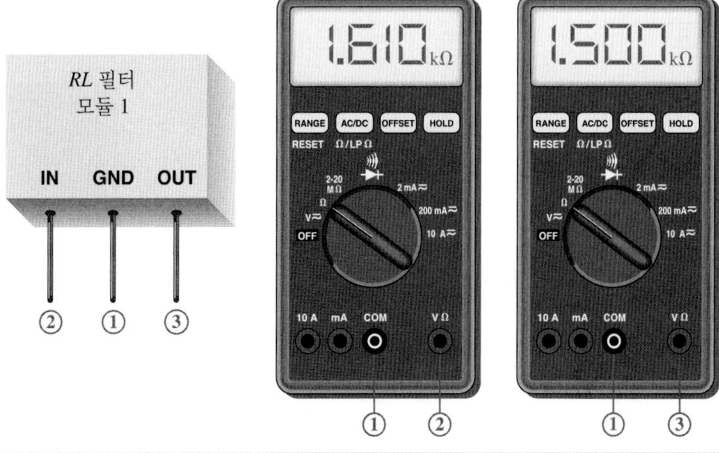

### 모듈 1의 저항 측정

◆ 그림 16-50에 표시된 디지털 멀티미터의 측정값을 보고 모듈 1 내부에서 두 부품(저항, 인덕터)이 어떻게 연결되어 있는지 회로도를 그리고, 저항의 값과 인덕터의 권선 저항 값을 구하라.

### 모듈 1의 교류 측정

◆ 그림 16-51과 같이 스코프로 측정된 파형을 보고 모듈 1 내부에 들어 있는 인덕터의 인덕턴스 값을 구하라.

### 모듈 2의 저항 측정

◆ 그림 16-52에 표시된 디지털 멀티미터의 측정값을 보고 모

▶ 그림 16-51

*RL* 필터 모듈 1의 교류 측정

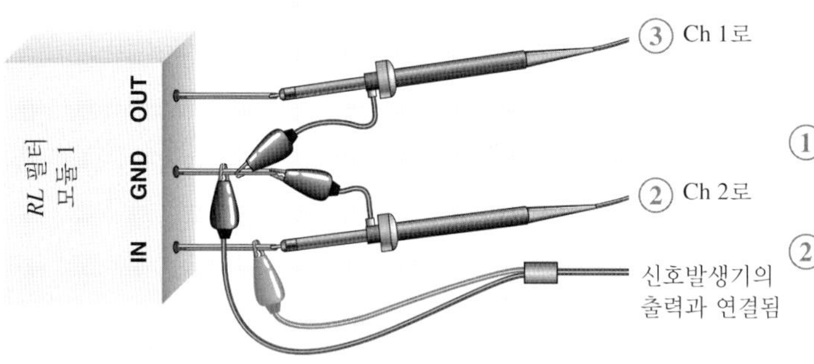


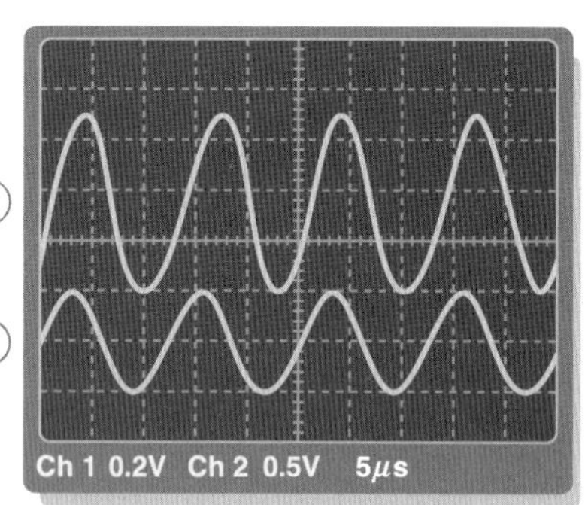


▶ 그림 16-52

*RL* 필터 모듈 2의 저항 측정

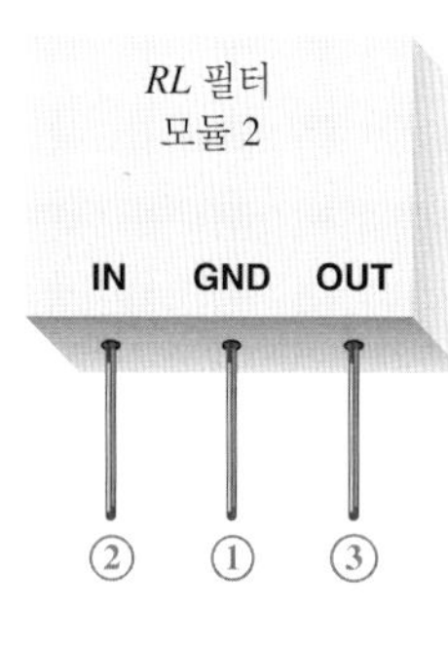


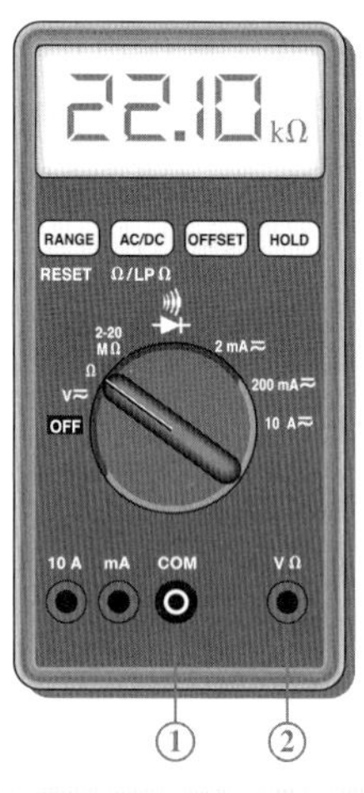


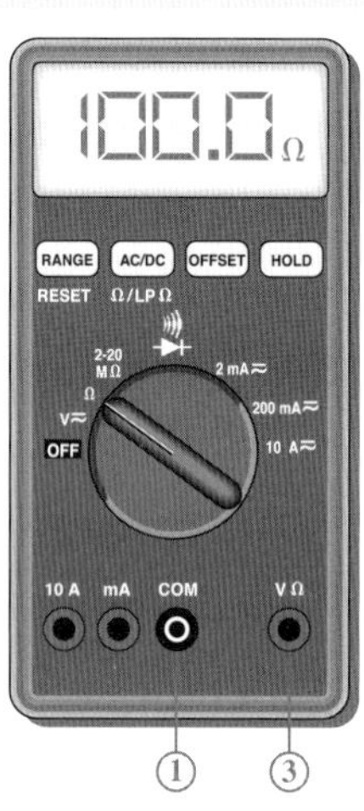


▶ 그림 16-53

*RL* 필터 모듈 2의 교류 측정

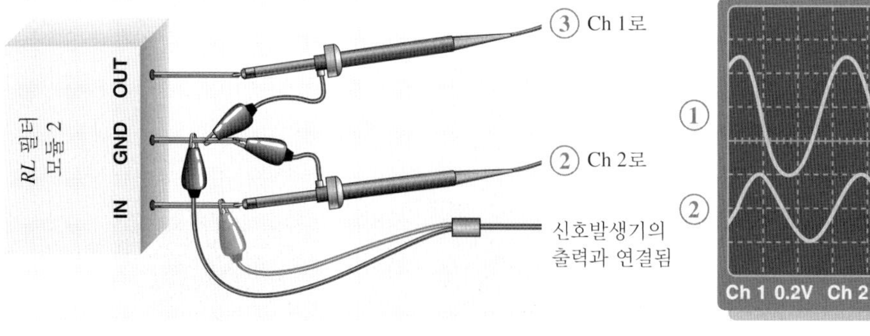

듈 1 내부에서 두 부품(저항, 인덕터)이 어떻게 연결되어 있는지 회로도를 그리고, 저항의 값과 인덕터의 권선 저항 값을 구하라.

### 모듈 2의 교류 측정

- 그림 16-53과 같이 스코프로 측정된 파형을 보고 모듈 2 내부에 들어 있는 인덕터의 인덕턴스 값을 구하라.

### 복습문제

1. 그림 16-51의 실험에서, 모듈 1의 인덕터가 개방되었을 때, 출력 파형을 구하라.
2. 그림 16-53의 실험에서, 모듈 2의 인덕터가 개방되었을 때, 출력 파형을 구하라.

학습 방법 2를 선택한 사람들은 여기에서 17장의 4부 특별 주제로 옮겨가서 공부한다.

## 요약

- *RL* 회로에 정현파(사인파) 전압을 인가하면 회로에 흐르는 전류와 회로의 각 부품에서 발생하는 전압 강하도 모두 정현파가 된다.
- *RL* 직렬 회로이든 병렬 회로이든 전체 전류는 항상 인가 전압보다 뒤진다.
- 저항을 통해 흐르는 전류와 그 저항 전압의 위상은 언제나 같다.
- 인덕터 양단의 전압은 그 인덕터를 통해 흐르는 전류보다 언제나 90°만큼 앞선다.
- 지상 회로에서, 출력 전압은 입력 전압보다 위상이 뒤진다.
- 진상 회로에서, 출력 전압은 입력 전압보다 위상이 앞선다.
- *RL* 회로의 임피던스는 저항과 유도성 리액턴스의 페이저 합이 된다.
- 임피던스의 단위는 옴(Ω)이다.
- *RL* 직렬 회로의 임피던스 크기는 주파수에 비례한다.
- *RL* 직렬 회로의 위상각($\theta$)은 주파수에 비례한다.
- 회로의 임피던스는 회로의 전체 전류와 인가 전압을 측정한 다음, 옴의 법칙을 적용하여 구할 수 있다.
- *RL* 회로에서 전체 전력은 저항의 전력인 유효 전력과 인덕터의 전력인 무효 전력으로 나뉜다.
- 역률로 피상 전력 중에서 유효 전력이 차지하는 비율을 알 수 있다.
- 저항 성분만을 갖는 회로의 역률은 1이며, 리액턴스 성분만을 갖는 회로의 역률은 0이다.
- 필터는 특정 범위의 주파수는 잘 통과시키고, 그 범위 외의 모든 주파수는 차단시킨다.

## 핵심 용어

**유도성 리액턴스**(inductive reactance): 인덕터의 성질을 표시하는 용어로 전류가 흐르는 것을 방해하는 정도를 나타내는 양. 이 값이 클수록 전류가 잘 흐르지 못한다. 단위는 Ω.

**유도성 서셉턴스**(inductive susceptance, $B_L$): 인덕터의 성질을 표시하는 용어로, 그 인덕터에 얼마나 전류가 잘 흐를 수 있는가를 나타내는 양. 이 값이 클수록 전류가 잘 흐른다. 유도성 리액턴스의 역수이며 단위는 S.

## 주요 공식

### *RL* 직렬 회로

**16-1** $\mathbf{Z} = R + jX_L$

**16-2** $\mathbf{Z} = \sqrt{R^2 + X_L^2}\angle\tan^{-1}\left(\frac{X_L}{R}\right)$

**16-3** $\mathbf{V}_s = V_R + jV_L$

**16-4** $\mathbf{V}_s = \sqrt{V_R^2 + V_L^2}\angle\tan^{-1}\left(\frac{V_L}{V_R}\right)$

### 진상 회로

**16-5** $\phi = \tan^{-1}\left(\frac{R}{X_L}\right)$

**16-6** $\mathbf{V}_{out} = \left(\frac{X_L}{\sqrt{R^2 + X_L^2}}\right)V_{in}$

### 지상 회로

**16-7** $\phi = -\tan^{-1}\left(\frac{X_L}{R}\right)$

**16-8** $\mathbf{V}_{out} = \left(\frac{R}{\sqrt{R^2 + X_L^2}}\right)V_{in}$

### *RL* 병렬 회로

**16-9** $\mathbf{Z} = \left(\frac{RX_L}{\sqrt{R^2 + X_L^2}}\right)\angle\tan^{-1}\left(\frac{R}{X_L}\right)$

**16-10** $\mathbf{Y} = G - jB_L$

**16-11** $\mathbf{I}_{tot} = I_R - jI_L$

**16-12** $\mathbf{I}_{tot} = \sqrt{I_R^2 + I_L^2}\angle -\tan^{-1}\left(\frac{I_L}{I_R}\right)$

### *RL* 회로의 전력

**16-13** $P_r = I^2X_L$

## 자기 진단

**1.** *RL* 직렬 회로에서 저항의 전압은

(a) 인가 전압보다 앞선다 (b) 인가 전압보다 뒤진다

(c) 인가 전압과 위상이 서로 같다 (d) 전류와 위상이 서로 같다

(e) (a)와 (d) 모두 (f) (b)와 (d) 모두

**2.** *RL* 직렬 회로에 인가되는 전압의 주파수가 증가하면 임피던스는

(a) 감소한다 (b) 증가한다 (c) 변하지 않는다

**3.** *RL* 직렬 회로에 인가되는 전압의 주파수가 감소하면 위상각은

(a) 감소한다 (b) 증가한다 (c) 변하지 않는다

4. *RL* 직렬 회로에서 주파수가 2배, 저항 값이 1/2배가 되면 임피던스는
   (a) 2배가 된다 (b) 1/2배가 된다 (c) 변하지 않는다
   (d) 정확한 값이 주어지지 않았으므로 구할 수 없다
5. *RL* 직렬 회로에서 전류를 감소시키려면 주파수를
   (a) 증가시켜야 한다 (b) 감소시켜야 한다 (c) 일정하게 유지시켜야 한다
6. *RL* 직렬 회로에서 저항 양단의 전압이 10 V rms, 인덕터 양단의 전압이 10 V rms이다. 신호원 전압의 최대값은 얼마인가?
   (a) 14.14 V (b) 28.28 V (c) 10 V (d) 20 V
4. 문제 6의 각 전압이 어떤 주어진 주파수에서 측정된 값이라고 할 때, 저항 양단의 전압이 인덕터 양단의 전압보다 커지도록 하려면 주파수는
   (a) 증가되어야 한다 (b) 감소되어야 한다 (c) 2배가 되어야 한다
   (d) 아무런 영향도 미치지 않으므로 어떤 값이라도 상관없다
8. *RL* 직렬 회로에서 저항의 전압이 인덕터의 전압보다 점점 커질수록, 위상각은
   (a) 증가한다 (b) 감소한다 (c) 아무런 영향을 받지 않는다
9. *RL* 병렬 회로에서 신호원의 주파수가 증가하면 임피던스는
   (a) 증가한다 (b) 감소한다 (c) 변하지 않는다
10. *RL* 병렬 회로에서 저항을 통해 흐르는 전류가 2 A rms, 인덕터를 통해 흐르는 전류가 2 A rms이다. 전체 전류의 실효값은 얼마인가?
   (a) 4 A rms (b) 5.656 A rms (c) 2 A rms (d) 2.828 A rms
11. 오실로스코프로 두 개의 전압 파형을 관찰하고 있다. 스코프의 시간축 조정 손잡이(시간/칸: time/division)를 조정하여 10칸(division)으로 나뉘어 있는 스코프의 스크린에 전압 파형의 반주기가 나타나도록 하였다. 두 파형 중에서 한 파형은 제일 왼쪽 끝 칸에서 0(스크린의 중앙)과 만나며 이 점을 지나면서 증가하고 있다. 다른 파형은 왼쪽 끝 칸으로부터 오른쪽으로 세 번째 떨어진 칸에서 0과 만나고 이 점을 지나면서 증가하고 있다. 두 파형 사이의 위상각은 얼마인가?
   (a) 18° (b) 36° (c) 54° (d) 180°
12. *RL* 회로에서, 다음 역률 중 회로에서 열로 소모되는 에너지가 가장 작은 것은 무엇인가?
   (a) 1 (b) 0.9 (c) 0.5 (d) 0.1
13. 부하가 순수하게 유도성이고 무효 전력이 10 VAR일 때 피상 전력은 얼마인가?
   (a) 0 VA (b) 10 VA (c) 14.14 VA (d) 3.16 VA
14. 어떤 부하의 유효 전력이 10 W, 무효 전력이 100 VAR일 때, 피상 전력은 얼마인가?
   (a) 5 VA (b) 20 VA (c) 14.14 VA (d) 100 VA

## 퀴즈

그림 16-56을 보면서 다음 물음에 답하라.

1. *L*이 개방되면 *L* 양단의 전압은?
   (a) 증가한다 (b) 감소한다 (c) 변하지 않는다
2. *R*이 개방되면 *L* 양단의 전압은?
   (a) 증가한다 (b) 감소한다 (c) 변하지 않는다
3. 주파수가 증가하면 *R* 양단의 전압은?
   (a) 증가한다 (b) 감소한다 (c) 변하지 않는다

그림 16-63을 보면서 다음 물음에 답하라.

**4.** $L$이 개방되면 $R$ 양단의 전압은?

(a) 증가한다 (b) 감소한다 (c) 변하지 않는다

**5.** 주파수가 증가하면 $R$을 통해 흐르는 전류는?

(a) 증가한다 (b) 감소한다 (c) 변하지 않는다

그림 16-69를 보면서 다음 물음에 답하라.

**6.** $R_1$이 개방되면 $L_1$ 양단의 전압은?

(a) 증가한다 (b) 감소한다 (c) 변하지 않는다

**7.** $L_2$가 개방되면 $R_2$ 양단의 전압은?

(a) 증가한다 (b) 감소한다 (c) 변하지 않는다

그림 16-70을 보면서 다음 물음에 답하라.

**8.** $L_2$가 개방되면 $B$점과 접지 사이의 전압은?

(a) 증가한다 (b) 감소한다 (c) 변하지 않는다

**9.** $L_1$이 개방되면 $B$점과 접지 사이의 전압은?

(a) 증가한다 (b) 감소한다 (c) 변하지 않는다

**10.** 신호원 전압의 주파수가 증가하면 저항 $R_1$을 통해 흐르는 전류는?

(a) 증가한다 (b) 감소한다 (c) 변하지 않는다

**11.** 신호원 전압의 주파수가 감소하면 A점과 접지 사이의 전압은?

(a) 증가한다 (b) 감소한다 (c) 변하지 않는다

그림 16-73을 보면서 다음 물음에 답하라.

**12.** $L_2$가 개방되면 $L_1$ 양단의 전압은?

(a) 증가한다 (b) 감소한다 (c) 변하지 않는다

**13.** $R_1$이 개방되면 출력 전압은?

(a) 증가한다 (b) 감소한다 (c) 변하지 않는다

**14.** $R_3$가 개방되면 출력 전압은?

(a) 증가한다 (b) 감소한다 (c) 변하지 않는다

**15.** $L_1$이 부분적으로 단락되면 신호원으로부터 흐르는 전류는?

(a) 증가한다 (b) 감소한다 (c) 변하지 않는다

**16.** 신호원 전압의 주파수가 증가하면 출력 전압은?

(a) 증가한다 (b) 감소한다 (c) 변하지 않는다

## 문제

### 1부: 직렬 회로

### 16-1 *RL* 직렬 회로의 정현파 응답

**1.** *RL* 직렬 회로에 15 kHz의 정현파가 인가되고 있다. $I$, $V_R$, $V_L$의 주파수를 구하라.

**2.** 문제 1에서 $I$, $V_R$, $V_L$의 파형은 어떤 모양인가?

## 16–2 *RL* 직렬 회로의 임피던스

**3.** 그림 16-54의 각 회로에 대해 전체 임피던스를 극좌표 형식과 직각좌표 형식으로 구하라.

▶ 그림 16–54

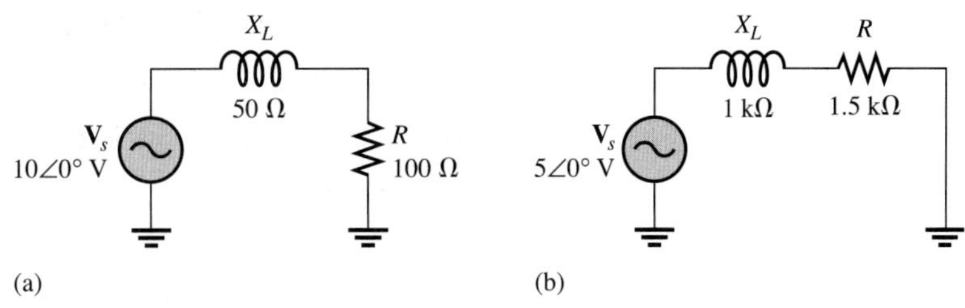


**4.** 그림 16-55의 각 회로에 대해 임피던스의 크기와 위상각을 구하라. 또한 임피던스 페이저도를 그려라.

▶ 그림 16–55

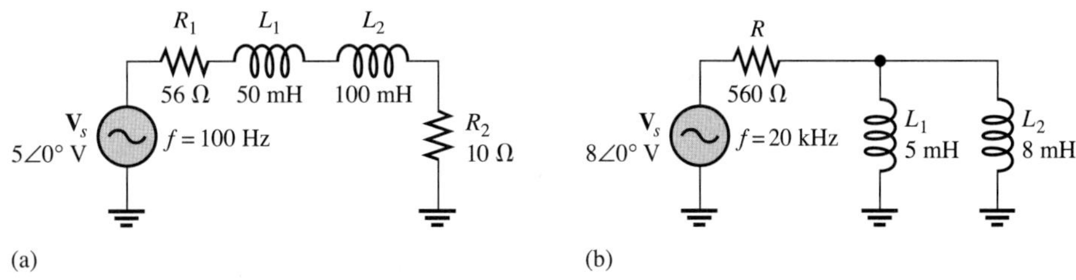


**5.** 다음의 네 주파수에 대해 그림 16-56 회로의 임피던스를 구하라.

(a) 100 Hz (b) 500 Hz (c) 1 kHz (d) 2 kHz

▶ 그림 16–56

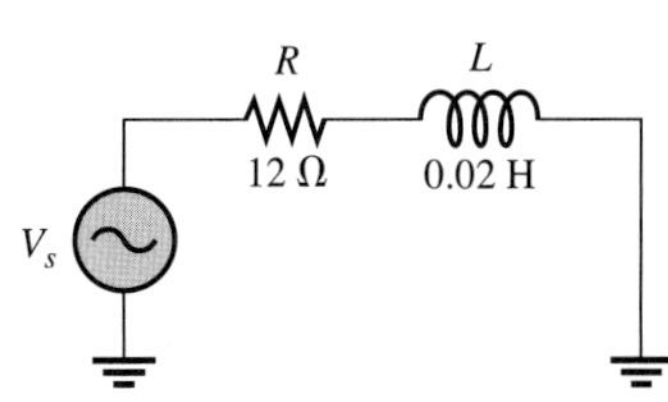


**6.** *RL* 직렬 회로의 전체 임피던스가 다음과 같을 때, $R$ 값과 $X_L$ 값을 각각 구하라.

(a) $\mathbf{Z} = 20\ \Omega + j45\ \Omega$ (b) $\mathbf{Z} = 200 \angle 35°\ \Omega$ (c) $\mathbf{Z} = 2.5 \angle 72.5°\ \text{k}\Omega$ (d) $\mathbf{Z} = 998 \angle 45°\ \Omega$

**7.** 그림 16-57의 회로를 한 개의 저항과 한 개의 인덕터가 직렬로 연결된 형태의 회로로 변환하라.

▶ 그림 16–57

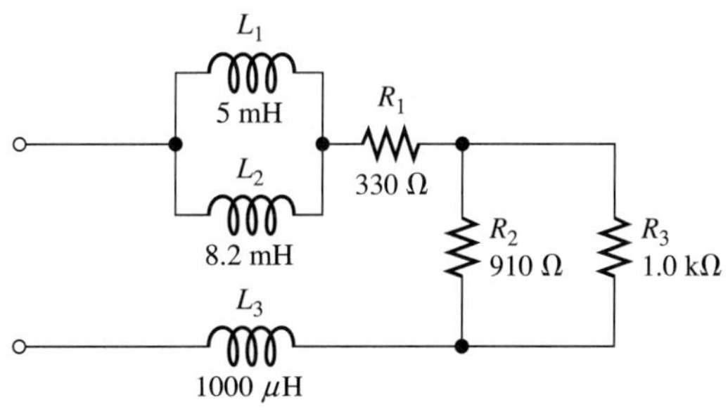

## 16-3 *RL* 직렬 회로의 해석

**8.** 그림 16-57의 회로에 5 V, 10 kHz의 정현파가 인가될 때, 문제 7에서 하나로 합성한 전체 저항에 걸리는 전압을 구하라.

**9.** 그림 16-57의 회로에 5 V, 10 kHz의 정현파가 인가될 때, $L_3$ 양단의 전압을 구하라.

**10.** 그림 16-54의 각 회로에 대해 전류를 극좌표 형식으로 구하라.

**11.** 그림 16-55의 각 회로에 대해 전체 전류를 극좌표 형식으로 구하라.

**12.** 그림 16-58의 회로에서 $\theta$를 구하라.

▶ 그림 16-58

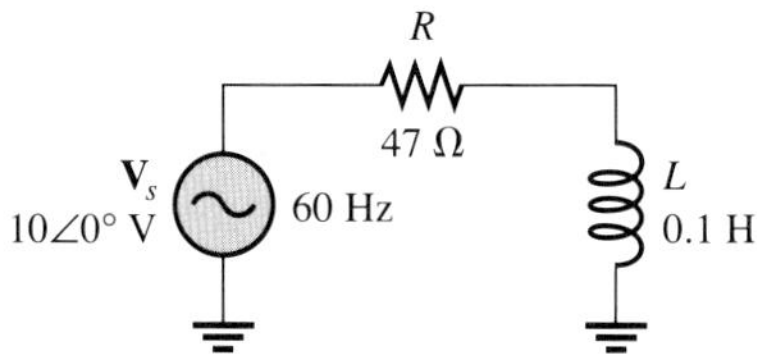


**13.** 그림 16-58에서 인덕턴스가 2배가 되면 $\theta$는 증가하는가, 아니면 감소하는가? 또한 이때 증가하거나 감소하는 각도는 얼마인지 구하라.

**14.** 그림 16-58에서 $\mathbf{V}_s$, $\mathbf{V}_R$, $\mathbf{V}_L$의 파형을 그리고, 파형에 각 전압 파형 사이의 위상관계를 함께 표시하라.

**15.** 다음의 네 주파수에 대해서 그림 16-59 회로의 $\mathbf{V}_R$과 $\mathbf{V}_L$을 구하라.

(a) 60 Hz (b) 200 Hz (c) 500 Hz (d) 1 kHz

▶ 그림 16-59

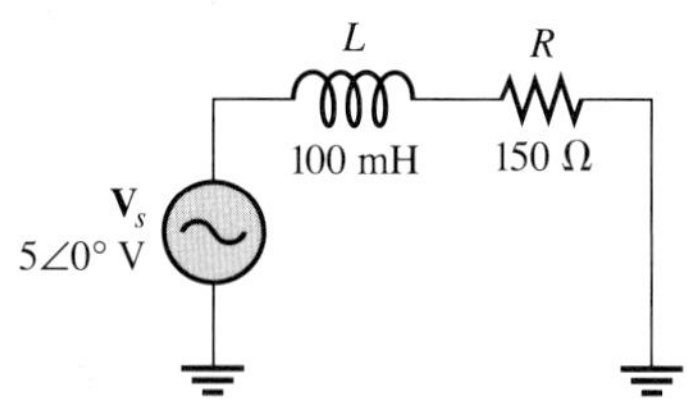


**16.** 그림 16-60에서 신호원 전압의 크기와 위상각을 구하라.

▶ 그림 16-60

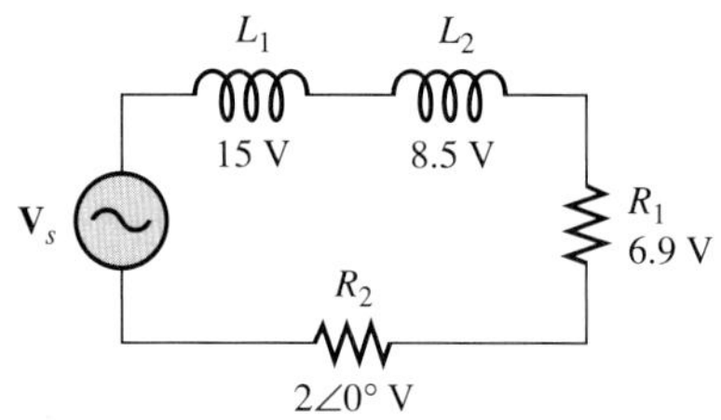


**17.** 그림 16-61의 지상 회로에서, 다음의 네 주파수에 대하여 입력 전압과 출력 전압 사이의 위상차를 구하라.

(a) 1 Hz (b) 100 Hz (c) 1 kHz (d) 10 kHz

**18.** 그림 16-62의 진상 회로에 대해 문제 17을 다시 풀어라.

▶ 그림 16-61

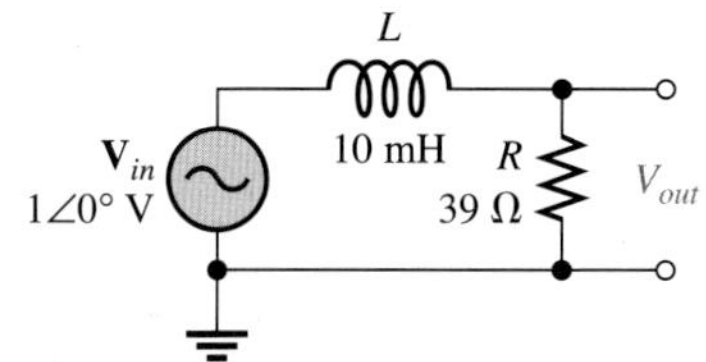


▶ 그림 16-62

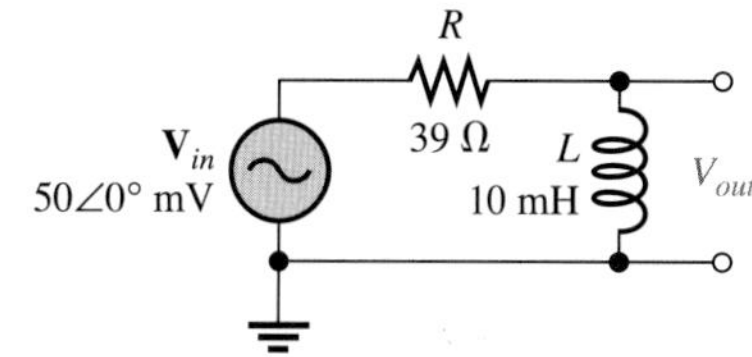


## 2부: 병렬 회로

### 16-4 *RL* 병렬 회로의 임피던스와 어드미턴스

**19.** 그림 16-63의 회로에서, 전체 임피던스를 극좌표 형식으로 구하라.

**20.** 다음의 네 주파수에 대해 문제 19를 다시 풀어라.

(a) 1.5 kHz (b) 3 kHz (c) 5 kHz (d) 10 kHz

**21.** 그림 16-63의 회로에서, $R$과 $X_L$이 같아지는 주파수를 구하라.

▶ 그림 16-63

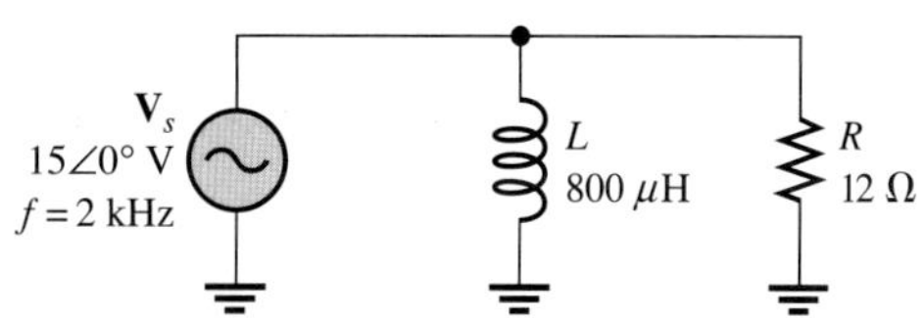


### 16-5 *RL* 병렬 회로의 해석

**22.** 그림 16-64에서 각 부품을 통해 흐르는 전류와 전체 전류를 구하라.

▶ 그림 16-64

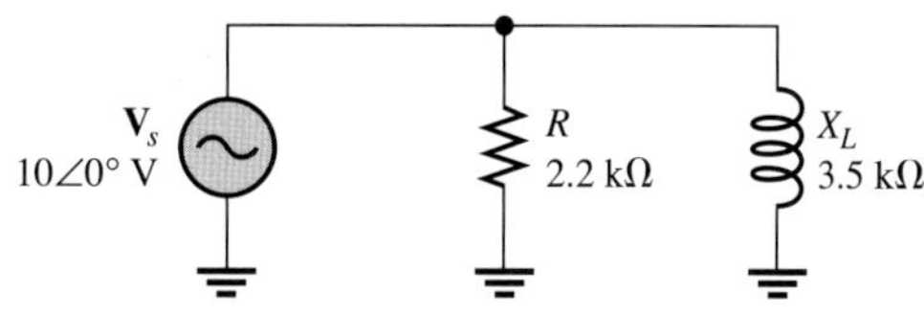


**23.** 그림 16-65의 회로에서 다음을 구하라.

(a) $\mathbf{Z}$ (b) $\mathbf{I}_R$ (c) $\mathbf{I}_L$ (d) $\mathbf{I}_{tot}$ (e) $\theta$

▶ 그림 16-65

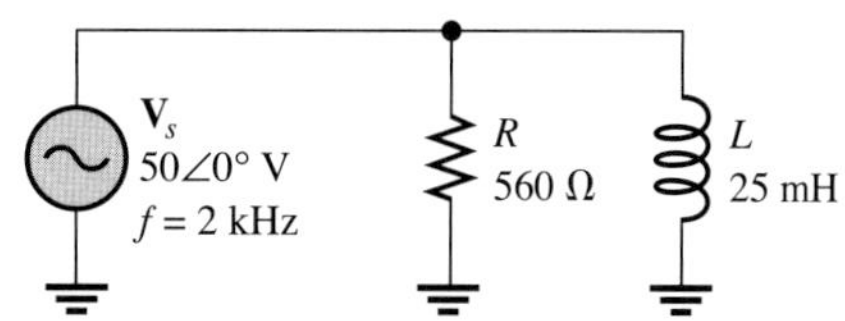

**24.** $R = 56\ \Omega$, $L = 330\ \mu\text{H}$일 때, 문제 23을 다시 풀어라.

**25.** 그림 16-66의 회로를 등가 직렬 회로로 변환하라.

**26.** 그림 16-67의 회로에서 전체 전류의 크기와 위상각을 구하라.

▶ 그림 16-66

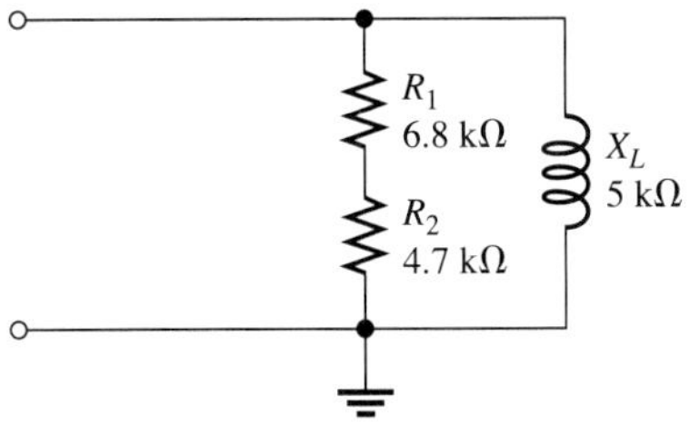

▶ 그림 16-67

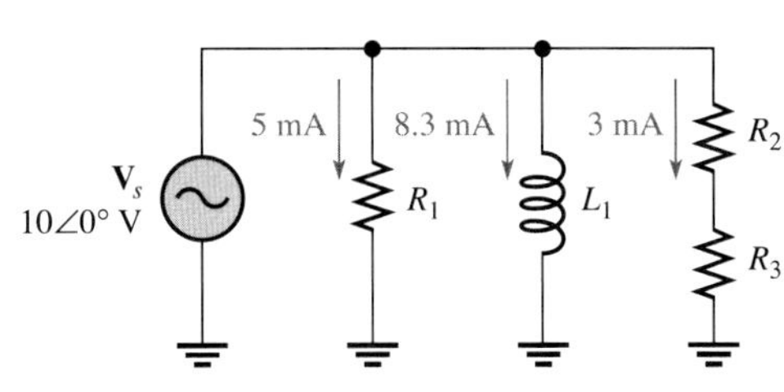


### 3부: 직·병렬 회로

### 16-6 *RL* 직·병렬 회로의 해석

**27.** 그림 16-68에서 각 부품 양단의 전압을 극좌표 형식으로 모두 구하라. 또한 전압 페이저도를 그려라.

**28.** 그림 16-68의 회로는 저항성 회로인가, 아니면 유도성 회로인가?

**29.** 그림 16-68에서 회로의 각 부품을 통해 흐르는 전류와 전체 전류를 구하여 극좌표 형식으로 나타내어라. 또한 전류 페이저도를 그려라.

▶ 그림 16-68

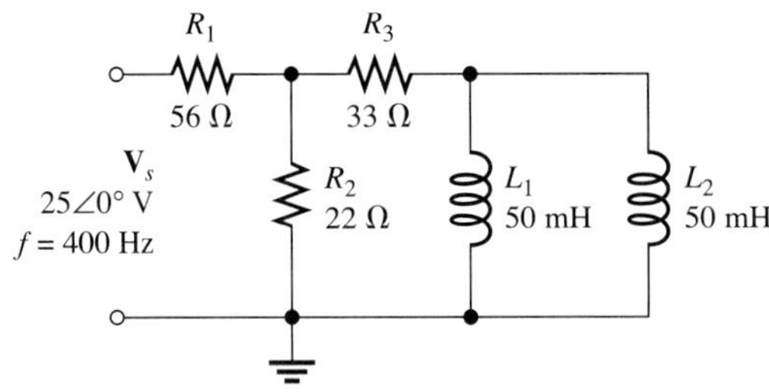


**30.** 그림 16-69의 회로에서 다음을 구하라.

(a) $\mathbf{I}_{tot}$ (b) $\theta$ (c) $\mathbf{V}_{R1}$ (d) $\mathbf{V}_{R2}$

(e) $\mathbf{V}_{R3}$ (f) $\mathbf{V}_{L1}$ (g) $\mathbf{V}_{L2}$

▶ 그림 16-69

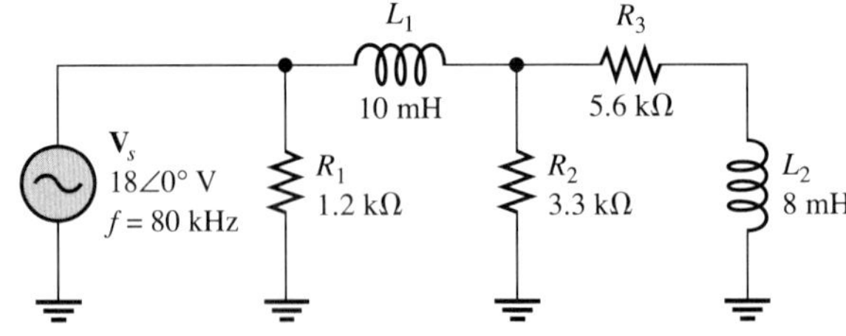


***31.** 그림 16-70의 회로에서 다음을 구하라.

(a) $\mathbf{I}_{tot}$ (b) $\mathbf{V}_{L1}$ (c) $\mathbf{V}_{AB}$

***32.** 그림 16-70에서 모든 부품의 전압과 전류의 페이저도를 그려라.

▶ 그림 16-70

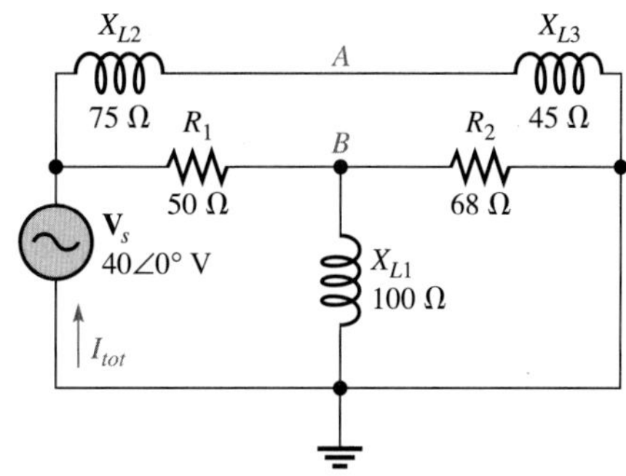


**33.** 그림 16-71의 회로에서, 입력과 출력 사이의 위상차를 구하라. 또한 입력과 출력 사이에서 발생하는 감쇠율을 구하라(감쇠율 = $V_{out}/V_{in}$).

▶ 그림 16-71

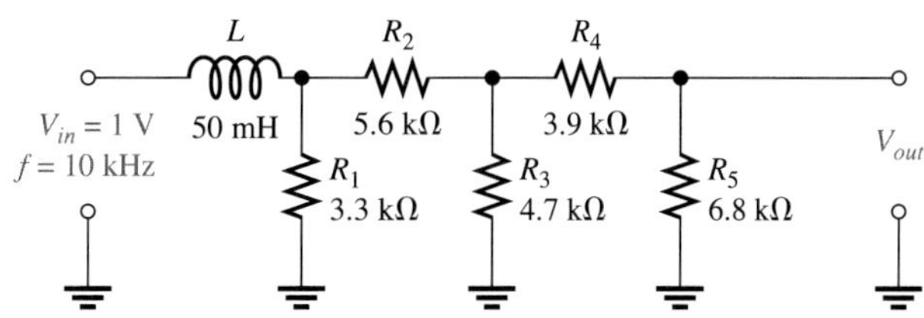


***34.** 그림 16-72의 사다리 회로에서, 입력과 출력 사이의 위상차와 감쇠율을 구하라.

▶ 그림 16-72

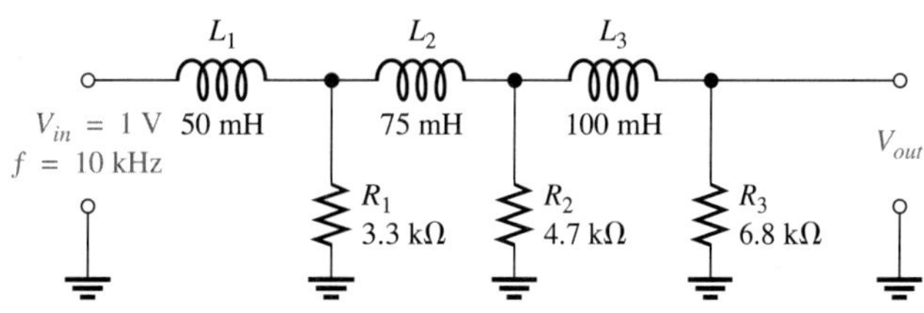


**35.** 스위치의 팔이 한 접점에서 다른 접점으로 옮겨지면 신호원이 12 V 직류 전원에서 2.5 kV의 교류 전원으로 전환되는 유도성 스위칭 회로(switching circuit)를 설계하라. 단, 신호원에서 공급되는 전류가 1 A를 넘지 않도록 하라.

### 4부: 특별 주제

#### 16-7 *RL* 회로의 전력

**36.** 어떤 *RL* 직렬 회로의 유효 전력이 100 mW이고 무효 전력이 340 mVAR이다. 피상 전력을 구하라.

**37.** 그림 16-58에서 유효 전력과 무효 전력을 구하라.

**38.** 그림 16-64 회로의 역률을 구하라.

**39.** 그림 16-69의 회로에서 $P_{true}$, $P_r$, $P_a$, $PF$를 구하라. 또한 전력 삼각형을 그려라.

***40.** 그림 16-70 회로의 유효 전력을 구하라.

#### 16-8 *RL* 회로의 응용

**41.** 그림 16-61의 지상 회로에 대해서, 0 Hz에서 5 kHz까지 주파수를 1 kHz씩 증가시켜 가면서 출력

전압을 구하여 회로의 주파수 응답 곡선을 그려라.

**42.** 그림 16-62의 진상 회로에 대해, 문제 41과 같은 방법으로 회로의 주파수 응답 곡선을 그려라.

**43.** 그림 16-61과 그림 16-62의 회로에 대해서, $f = 8$ kHz일 때 전압 페이저도를 그려라.

### 16-9 고장진단

**44.** 그림 16-73에서 $L_1$이 개방되었을 때, 각 부품 양단의 전압을 구하라.

**45.** 그림 16-73의 회로에서 다음의 여러 고장에 대하여 출력 전압을 구하라.

(a) $L_1$ 개방　(b) $L_2$ 개방　(c) $R_1$ 개방　(d) $R_2$ 단락

▶ 그림 16-73

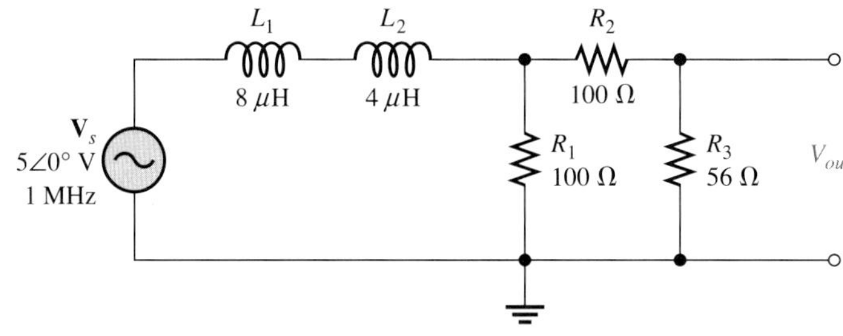

### Multisim 고장진단과 분석

Multisim CD-ROM을 사용하여 다음 문제를 풀어 보라.

**46.** P16-46 파일을 열고 회로에 고장이 있는지 검사하라. 고장이 있으면 어떤 고장인지 알아내어라.

**47.** P16-47 파일을 열고 회로에 고장이 있는지 검사하라. 고장이 있으면 어떤 고장인지 알아내어라.

**48.** P16-48 파일을 열고 회로에 고장이 있는지 검사하라. 고장이 있으면 어떤 고장인지 알아내어라.

**49.** P16-49 파일을 열고 회로에 고장이 있는지 검사하라. 고장이 있으면 어떤 고장인지 알아내어라.

**50.** P16-50 파일을 열고 회로에 고장이 있는지 검사하라. 고장이 있으면 어떤 고장인지 알아내어라.

**51.** P16-51 파일을 열고 회로에 고장이 있는지 검사하라. 고장이 있으면 어떤 고장인지 알아내어라.

**52.** P16-52 파일을 열고 필터의 주파수 응답을 구하라.

**53.** P16-53 파일을 열고 필터의 주파수 응답을 구하라.

## 복습문제 해답

### 1부: 직렬 회로

### 16-1 RL 직렬 회로의 정현파 응답

**1.** 전류의 주파수는 1 kHz이다.

**2.** 위상각은 0°에 가까운 값이 된다.

### 16-2 RL 직렬 회로의 임피던스

**1.** $R = 150\ \Omega;\ X_L = 220\ \Omega$

**2.** $\mathbf{Z} = R + jX_L = 33\text{ k}\Omega + j50\text{ k}\Omega;\ \mathbf{Z} = \sqrt{R^2 + X_L^2}\angle\tan^{-1}(X_L/R) = 59.9\angle 56.6°\text{ k}\Omega$

### 16-3 RL 직렬 회로의 해석

**1.** $V_s = \sqrt{V_R^2 + V_L^2} = 3.61\text{ V}$

**2.** $\theta = \tan^{-1}(V_L/V_R) = 56.3°$

**3.** 주파수 $f$가 증가하면 $X_L, Z, \theta$는 증가한다.

**4.** $\phi = 81.9°$

**5.** $V_{out} = 9.90\text{ V}$

## 2부: 병렬 회로

### 16-4 *RL* 병렬 회로의 임피던스와 어드미턴스

**1.** $Y = \dfrac{1}{Z} = \dfrac{1}{\sqrt{R^2 + X_L^2}} = 2\text{ mS}$

**2.** $Y = \dfrac{1}{Z} = 25.1\text{ mS}$

**3.** 전체 전류 **I**가 $V_s$보다 뒤진다. $\theta = 32.1°$

### 16-5 *RL* 병렬 회로의 해석

**1.** $I_{tot} = 32\text{ mA}$

**2.** $\mathbf{I}_{tot} = 23.3 \angle -59.0°\text{ mA}$; $\theta$는 입력 전압을 기준으로 한다.

**3.** $\theta = -90°$

## 3부: 직·병렬 회로

### 16-6 *RL* 직·병렬 회로의 해석

**1.** $\mathbf{Z} = 494\angle 59.0°\ \Omega$

**2.** $\mathbf{I}_{tot} = 10.4\text{mA} - j17.3\text{ mA}$

## 4부: 특별 주제

### 16-7 *RL* 회로의 전력

**1.** 저항에서 전력이 소모된다.

**2.** $PF = 0.643$

**3.** $P_{\text{true}} = 4.7\text{ W}$; $P_r = 6.2\text{ VAR}$; $P_a = 7.78\text{ VA}$

### 16-8 *RL* 회로의 응용

**1.** 저항을 출력으로 한다.

**2.** 다른 방식보다 효율이 높다.

**3.** 펄스폭 변조기에 의해 펄스폭이 증가한다.

### 16-9 고장 진단

**1.** 권선이 단락되면 $L$이 감소하므로 주어진 주파수에서의 $X_L$도 감소한다.

**2.** $I_{tot}$ 감소, $V_{R1}$ 감소, $V_{R2}$ 증가

### 회로 응용

**1.** $V_{out} = 0\text{ V}$

**2.** $V_{out} = V_{in}$

## 관련 문제 해답

**16-1** $\mathbf{Z} = 1.8\text{ k}\Omega + j950\ \Omega$; $\mathbf{Z} = 2.04\angle 27.8°\text{ k}\Omega$

**16-2** $\mathbf{I} = 423\angle -32.1°\ \mu\text{A}$

**16-3** $Z = 12.6\text{ k}\Omega$; $\theta = 85.5°$

**16-4** $\phi = 65.6°$

**16-5** $V_{out}$은 증가한다.

**16-6** $\phi = -32°$

**16-7** $V_{out} = 12.3\text{ V rms}$

**16-8** $\mathbf{Z} = 8.14\angle 35.5°\text{ k}\Omega$

**16-9** $\mathbf{Y} = 3.03\text{ mS} - j0.796\text{ mS}$

**16-10** $\mathbf{I} = 14.0\angle -71.1°\text{ mA}$

**16-11** $I_{tot} = 67.6\text{ mA}$; $\theta = 36.3°$

**16-12** (a) $\mathbf{V}_1 = 8.04\angle 2.52°\text{ V}$ (b) $\mathbf{V}_2 = 2.00\angle -10.2°\text{ V}$

**16-13** $\mathbf{I}_{tot} = 20.2\angle -59.0°\text{ mA}$

**16-14** $P_{\text{true}}, P_r, P_a$는 감소한다.

**16-15** $L_1$과 $L_2$ 사이의 연결이 끊어져 있다.

## 자기 진단 해답

**1.** (f) **2.** (b) **3.** (a) **4.** (d) **5.** (a) **6.** (d) **7.** (b) **8.** (b)
**9.** (a) **10.** (d) **11.** (c) **12.** (d) **13.** (b) **14.** (c)

## 퀴즈 해답

**1.** (a) **2.** (b) **3.** (b) **4.** (c) **5.** (c) **6.** (c) **7.** (a) **8.** (c)
**9.** (a) **10.** (b) **11.** (c) **12.** (b) **13.** (a) **14.** (a) **15.** (a) **16.** (b)

CHAPTER 17

# RLC 회로와 공진

## 이 장의 차례



## 이 장의 목표

**1부: 직렬 회로**
- *RLC* 직렬 회로의 임피던스를 구한다.
- *RLC* 직렬 회로를 해석한다.
- 직렬 공진 회로를 해석한다.

**2부: 병렬 회로**
- *RLC* 병렬 회로의 임피던스를 구한다.
- *RLC* 병렬 회로를 해석한다.
- 병렬 공진 회로를 해석한다.

**3부: 직·병렬 회로**
- *RLC* 직·병렬 회로를 해석한다.

**4부: 특별 주제**
- 공진 회로의 대역폭을 구한다.
- 공진 회로의 응용 예를 살펴본다.

## 핵심 용어

- 공진주파수($f_r$)
- 반전력 주파수
- 병렬 공진
- 선택성
- 직렬 공진
- 탱크 회로

## 회로 응용 소개

AM 라디오 수신기 안에는 RF 증폭기가 들어 있는데, 회로 응용에서는 이 RF 증폭기를 구성하는 동조 회로를 공부한다. 동조 회로는 공진 현상을 이용하여 전체 AM 주파수대역 내에서 원하는 특정 방송국에서 보내는 신호의 주파수에 맞추어(동조하여), 그 신호만을 선택하여 수신하는 데 사용된다.

## 인터넷 학습자료

http://www.prenhall.com/floyd

## 이 장의 소개

이 장에서는 15장과 16장에서 배운 회로의 해석 방법을 확장하여 저항, 인덕터, 커패시터가 모두 포함되어 있는 회로를 해석해 본다. 여기서 다루는 회로는 *RLC* 직렬 회로, 병렬 회로, 직·병렬 회로이다.

인덕턴스와 커패시턴스 모두를 갖고 있는 회로는 공진(resonance)이라고 하는 특성을 나타낸다. 이 공진 특성은 실제로 우리 주변의 여러 전기·전자 분야에서 다양하게 응용되고 있다. 공진은 통신 시스템에서 사용되는 주파수 선택성의 기본이 되는 원리이다. 예를 들어, 라디오나 텔레비전 수신기가 여러 방송국에서 한꺼번에 송신되는 신호 중에서 특정 방송국의 신호만을 선택하여 수신하고 나머지 신호들을 받아들이지 않는 것은 바로 이 공진의 원리에 바탕을 두고 있는 것이다. 이 장에서는 *RLC* 회로에서 공진이 일어나는 조건과 공진이 일어났을 때의 특성에 대해 자세히 알아본다.

## 학습 방법의 선택

학습 방법 1을 선택하여 15장 *RC* 회로의 1부~4부 전체, 16장 *RL* 회로의 1부~4부 전체의 순서로 학습한 경우에는, 17장도 마찬가지로 전체를 한꺼번에 공부하는 것이 좋다.

그러나 학습 방법 2를 선택하여 15장 *RC* 회로, 16장 *RL* 회로의 네 부분 가운데 어느 한 부를 학습한 경우에는, 17장에서도 같은 부분을 공부하는 것이 좋다.

# 01 직렬 회로

## 17-1 *RLC* 직렬 회로의 임피던스

*RLC* 직렬 회로는 저항과 인덕턴스와 커패시턴스를 모두 갖고 있다. 유도성 리액턴스와 용량성 리액턴스는 회로의 위상각에 대해서 서로 정반대의 영향을 주므로, 이 두 종류의 리액턴스를 합한 전체 리액턴스의 값은 각각의 리액턴스 값보다 작아진다.

이 절의 학습 내용은 다음과 같다.

- ***RLC* 직렬 회로의 임피던스를 구하는 방법**
  - 전체 리액턴스를 구하는 방법
  - 회로의 특성이 유도성인지 용량성인지 알아보는 방법

그림 17-1의 *RLC* 직렬 회로에는 저항, 인덕턴스, 커패시턴스가 모두 포함되어 있다.

▶ 그림 17-1

*RLC* 직렬 회로

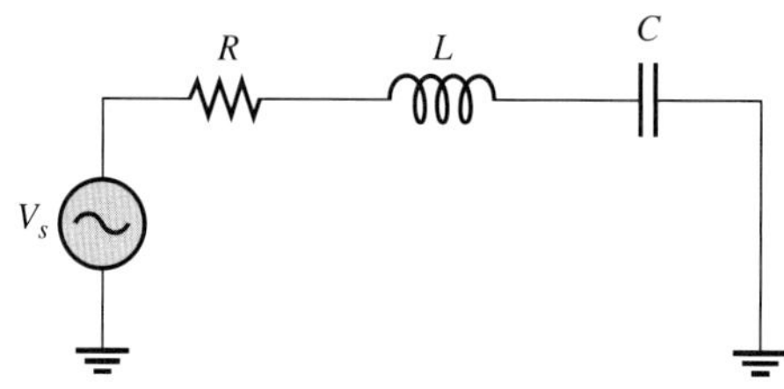


앞에서 알아보았듯이, 유도성 리액턴스($\mathbf{X}_L$)는 전체 전류를 인가 전압보다 뒤지도록 한다. 반대로 용량성 리액턴스($\mathbf{X}_C$)는 전체 전류를 인가 전압보다 앞서도록 한다. 즉, $\mathbf{X}_L$과 $\mathbf{X}_C$는 서로 반대되는 성질을 갖고 있으므로, $\mathbf{X}_L$과 $\mathbf{X}_C$가 함께 존재하는 경우에는 서로 상대편의 성질을 없애려는 경향이 있다. $\mathbf{X}_L$과 $\mathbf{X}_C$의 크기가 서로 같으면, 이 둘은 완전히 상쇄되어 전체 리액턴스가 0이 된다. 따라서 직렬 회로에서 전체 리액턴스의 크기는 다음과 같다.

$$X_{tot} = |X_L - X_C| \tag{17-1}$$

이 식에서, $|X_L - X_C|$은 두 리액턴스 값의 차이를 구한 다음에 절대값을 취한다는 의미이다. 따라서 $X_L$과 $X_C$ 중 어느 것이 크든 상관없이 전체 리액턴스의 값은 언제나 (+) 값이 된다. 예를 들어 $3 - 7 = -4$이지만, 절대값을 취하면 $|3 - 7| = 4$와 같이 된다.

$X_L > X_C$인 경우, 회로에서 유도성 리액턴스 값이 더 크므로 이 회로는 유도성 리액턴스의 성질이 우세한 유도성(inductive) 회로가 되며, $X_C > X_L$인 경우, 반대로 용량성 리액턴스의 성질이 우세한 용량성(capacitive) 회로가 된다.

*RLC* 직렬 회로의 전체 임피던스를 직각좌표 형식과 극좌표 형식을 사용하여 나타내면 각각 식 (17-2) 및 (17-3)과 같이 된다.

$$\mathbf{Z} = R + jX_L - jX_C \tag{17-2}$$

$$\mathbf{Z} = \sqrt{R^2 + (X_L - X_C)^2} \angle \pm \tan^{-1}\left(\frac{X_{tot}}{R}\right) \tag{17-3}$$

식 (17-3)에서 임피던스의 크기는 $\sqrt{R^2 + (X_L - X_C)^2}$ 이고, 전체 전류와 인가 전압 사이의 위상각은 $\tan^{-1}(X_{tot}/R)$이 된다. 회로가 유도성이면 위상각은 (+) 값이 되며, 용량성이면 (−) 값이 된다.

**예제 17-1** 그림 17-2의 *RLC* 직렬 회로에서, 전체 임피던스를 직각좌표 형식과 극좌표 형식으로 각각 구하라.

▶ 그림 17-2

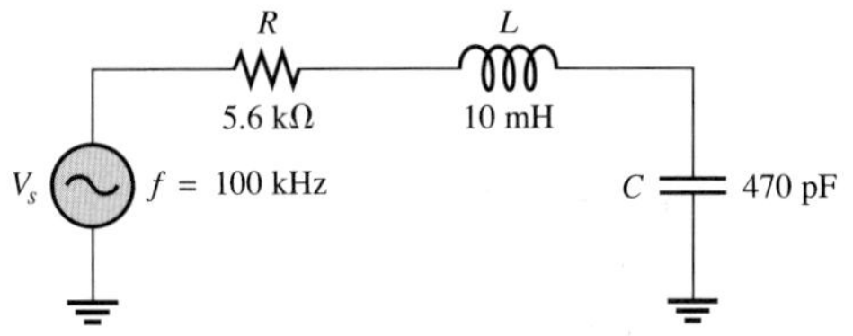

**풀이** 먼저 $X_L$과 $X_C$를 구해 보면

$$X_C = \frac{1}{2\pi fC} = \frac{1}{2\pi(100\text{ kHz})(470\text{ pF})} = 3.39\text{ k}\Omega$$
$$X_L = 2\pi fL = 2\pi(100\text{ kHz})(10\text{ mH}) = 6.28\text{ k}\Omega$$

이 경우에는 $X_L$이 $X_C$보다 크므로, 이 회로는 유도성 회로가 된다. 전체 리액턴스의 크기는

$$X_{tot} = |X_L - X_C| = |6.28\text{ k}\Omega - 3.39\text{ k}\Omega| = 2.89\text{ k}\Omega \quad (\text{유도성})$$

임피던스를 직각좌표 형식으로 구해 보면

$$\mathbf{Z} = R + (jX_L - jX_C) = 5.6\text{ k}\Omega + (j6.28\text{ k}\Omega - j3.39\text{ k}\Omega) = \mathbf{5.6\text{ k}\Omega + \mathit{j}2.89\text{ k}\Omega}$$

또한 임피던스를 극좌표 형식으로 구해 보면

$$\mathbf{Z} = \sqrt{R^2 + X_{tot}^2} \angle \tan^{-1}\left(\frac{X_{tot}}{R}\right)$$
$$= \sqrt{(5.6\text{ k}\Omega)^2 + (2.89\text{ k}\Omega)^2} \angle \tan^{-1}\left(\frac{2.89\text{ k}\Omega}{5.6\text{ k}\Omega}\right) = \mathbf{6.30 \angle 27.3^\circ\text{ k}\Omega}$$

회로가 유도성이므로 위상각이 (+) 값이 된 것이다.

**관련 문제** 주파수가 $f = 200$ kHz로 증가한 경우에 임피던스 **Z**를 극좌표 형식으로 구하라.

지금까지 살펴본 것처럼, 회로에서 유도성 리액턴스가 용량성 리액턴스보다 크면 이 회로는 유도성 회로가 된다. 따라서 전류는 인가 전압보다 뒤진다. 반대로 용량성 리액턴스가 유도성 리액턴스보다 크면, 이 회로는 용량성이 되어 전류가 인가 전압보다 앞서게 된다.

**복습문제 17-1**

1. $X_C$ = 150 Ω, $X_L$ = 80 Ω인 *RLC* 직렬 회로의 전체 리액턴스를 구하라. 이 회로는 유도성 회로인가, 아니면 용량성 회로인가?
2. 위의 문제 1의 회로에서 $R$ = 47 Ω인 경우에 회로 전체의 임피던스를 극좌표 형식으로 구하라. 이 결과로부터 임피던스의 크기, 위상각, 그리고 전류와 전압과의 위상관계를 말하라.

# 17-2 *RLC* 직렬 회로의 해석

앞에서 용량성 리액턴스는 주파수에 반비례하고, 유도성 리액턴스는 주파수에 비례한다는 것을 배웠다. 이 절에서는 용량성 리액턴스와 유도성 리액턴스가 서로 결합되면, 주파수 변화에 대한 특성을 알아본다.

이 절의 학습 내용은 다음과 같다.

- ***RLC* 직렬 회로의 해석 방법**
  - *RLC* 직렬 회로에서 전류를 구하는 방법
  - *RLC* 직렬 회로에서 각 부품의 전압을 구하는 방법
  - 위상각을 구하는 방법

그림 17-3을 보면 대표적인 *RLC* 직렬 회로에서 전체 리액턴스의 값이 주파수에 따라 어떻게 변하는지 알 수 있다. 먼저 주파수가 아주 낮은 영역에서는 $X_C$ 값은 크고 $X_L$ 값은 작으므로, 회로는 용량성이 된다. 주파수가 점점 증가하면, $X_C$의 값은 점점 감소하고 $X_L$의 값은 계속 증가한다. 이때 두 리액턴스 값이 같아지는 점, 즉 $X_L = X_C$가 되는 주파수에서는 두 리액턴스가 서로 상쇄되어 전체 리액턴스의 값은 0 Ω이 되므로, 회로는 순수한 저항성 회로가 되어 버린다. 바로 이 상태를 **직렬 공진**(series resonance)이라고 한다. 주파수가 여기서 더욱 증가하면, $X_L$이 $X_C$보다 커지므로 회로는 유도성이 된다. [예제 17-2]를 풀어 보면서 신호원의 주파수에 따라 임피던스와 위상각이 어떻게 변하는지 알아보기로 한다.

▶ **그림 17-3**

주파수 값에 따른 $X_C$와 $X_L$의 변화

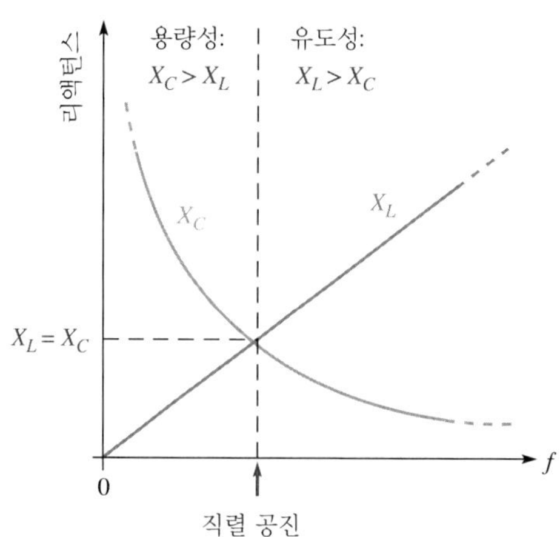


그림 17-3에서 볼 수 있듯이 $X_L$의 그래프는 직선이고 $X_C$의 그래프는 곡선이다. 직선을 수식으로 나타내면 $y = mx + b$가 된다. 여기서 $m$은 직선의 기울기이고, $b$는 $y$축과 만나는 점($y$절편)이다. 이 직선의 식에 유도성 리액턴스의 식 $X_L = 2\pi fL$을 맞추어 보면, 두 변수는 $y = X_L$, $x$

$= f$, 기울기는 $m = 2\pi L$, $y$절편은 $b = 0$이므로 $X_L = 2\pi Lf + 0$과 같이 쓸 수 있다.

$X_C$ 곡선을 **쌍곡선**(hyperbola)이라고 한다. 쌍곡선을 수식으로 나타내면 $y = k/x$가 된다. 용량성 리액턴스의 식 $X_C = 1/2\pi fC$을 쌍곡선의 식에 맞추어 보면, 두 변수는 $y = X_C$, $x = f$, 상수는 $k = 1/2\pi C$이므로 $X_C = (1/2\pi C)/f$로 쓸 수 있다.

**예제 17–2** 다음의 여러 입력 주파수에 대해, 그림 17-4 회로의 임피던스를 극좌표 형식으로 구하라. 또한 이 결과로부터 임피던스의 크기와 위상각이 주파수에 따라 어떻게 변하는지 설명하라.

(a) $f = 1$ kHz (b) $f = 2$ kHz (c) $f = 3.5$ kHz (d) $f = 5$ kHz

▶ 그림 17–4

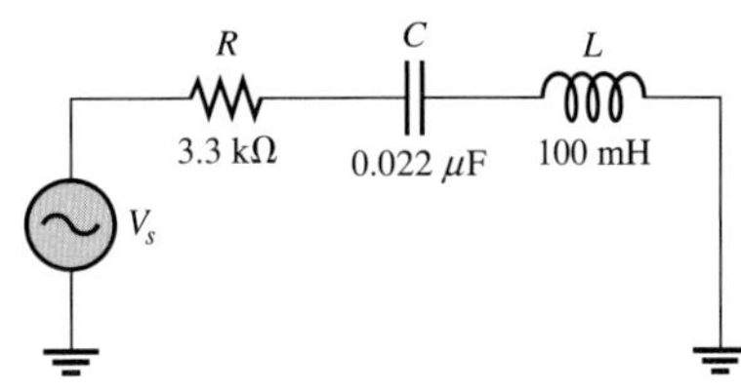


**풀이** (a) $f = 1$ kHz일 때,

$$X_C = \frac{1}{2\pi fC} = \frac{1}{2\pi(1\text{ kHz})(0.022\ \mu\text{F})} = 7.23\text{ k}\Omega$$

$$X_L = 2\pi fL = 2\pi(1\text{ kHz})(100\text{ mH}) = 628\ \Omega$$

이 경우 $X_C$가 $X_L$보다 크므로, 이 회로는 용량성이 된다. 임피던스를 극좌표 형식으로 구해 보면

$$\mathbf{Z} = \sqrt{R^2 + (X_L - X_C)^2}\angle -\tan^{-1}\left(\frac{X_{tot}}{R}\right)$$

$$= \sqrt{(3.3\text{ k}\Omega)^2 + (628\ \Omega - 7.23\text{ k}\Omega)^2}\angle -\tan^{-1}\left(\frac{6.60\text{ k}\Omega}{3.3\text{ k}\Omega}\right) = \mathbf{7.38\angle -63.4^\circ\ k\Omega}$$

용량성 회로이므로 위상각의 부호는 (−)가 된다.

(b) $f = 2$ kHz일 때,

$$X_C = \frac{1}{2\pi(2\text{ kHz})(0.022\ \mu\text{F})} = 3.62\text{ k}\Omega$$

$$X_L = 2\pi(2\text{ kHz})(100\text{ mH}) = 1.26\text{ k}\Omega$$

회로는 여전히 용량성이다. 임피던스는 다음과 같다.

$$\mathbf{Z} = \sqrt{(3.3\text{ k}\Omega)^2 + (1.26\text{ k}\Omega - 3.62\text{ k}\Omega)^2}\angle -\tan^{-1}\left(\frac{2.36\text{ k}\Omega}{3.3\text{ k}\Omega}\right)$$

$$= \mathbf{4.06\angle -35.6^\circ\ k\Omega}$$

(c) $f = 3.5$ kHz일 때,

$$X_C = \frac{1}{2\pi(3.5\text{ kHz})(0.022\ \mu\text{F})} = 2.07\text{ k}\Omega$$

$$X_L = 2\pi(3.5\text{ kHz})(100\text{ mH}) = 2.20\text{ k}\Omega$$

이 경우 $X_L$과 $X_C$의 값이 거의 같으므로 순수한 저항성 회로에 매우 가깝게 된다. 하지만 회로는 아주 조금의 차이로 약한 유도성을 나타낸다. 임피던스는 다음과 같다.

$$\mathbf{Z} = \sqrt{(3.3\,\text{k}\Omega)^2 + (2.20\,\text{k}\Omega - 2.07\,\text{k}\Omega)^2}\angle\tan^{-1}\left(\frac{0.13\,\text{k}\Omega}{3.3\,\text{k}\Omega}\right)$$
$$= \mathbf{3.3\angle 2.26^\circ\ k\Omega}$$

(d) $f = 5\ \text{kHz}$일 때,

$$X_C = \frac{1}{2\pi(5\,\text{kHz})(0.022\,\mu\text{F})} = 1.45\,\text{k}\Omega$$
$$X_L = 2\pi(5\,\text{kHz})(100\,\text{mH}) = 3.14\,\text{k}\Omega$$

이제는 회로가 강한 유도성으로 바뀐다. 임피던스는 다음과 같다.

$$\mathbf{Z} = \sqrt{(3.3\,\text{k}\Omega)^2 + (3.14\,\text{k}\Omega - 1.45\,\text{k}\Omega)^2}\angle\tan^{-1}\left(\frac{1.69\,\text{k}\Omega}{3.3\,\text{k}\Omega}\right)$$
$$= \mathbf{3.71\angle 27.1^\circ\ k\Omega}$$

지금까지의 결과를 살펴볼 때, 주파수가 증가하면 회로가 용량성에서 유도성 회로로 변한다. 위상의 변화를 살펴보면 각의 부호 변화에서 알 수 있듯이, 전류가 인가 전압을 앞서다가 나중에는 뒤지게 된다. 임피던스의 크기는 주파수가 증가함에 따라 저항 값과 같게 될 때까지는 감소하다가 이 값에서 다시 증가하게 된다. 또한 위상각은 주파수가 증가함에 따라 (−) 값에서 0°가 될 때까지는 점점 감소하다가 0°에서 다시 (+) 값으로 증가하는데, 이것이 주파수의 증가에 따라 회로가 용량성에서 순수 저항성을 거쳐 유도성으로 변한다는 것을 알려 주고 있다.

관련 문제 [예제 17-2]에서 주파수 $f = 7\ \text{kHz}$일 때의 임피던스 **Z**를 극좌표 형식으로 구하라. 또한 이 결과와 [예제 17-2]의 결과를 사용하여 주파수와 임피던스의 관계를 그래프로 그려라.

*RLC* 직렬 회로에서, 커패시터 전압과 인덕터 전압 사이의 위상차는 항상 180°이다. 따라서 그림 17-5의 전압계와 그림 17-6의 파형을 보면 알 수 있듯이, 전압 $V_L$과 $V_C$의 부호는 반대가

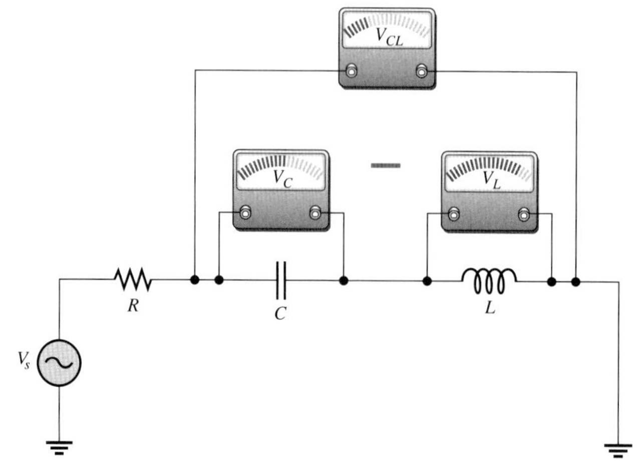


▶ 그림 17-5

*C*와 *L*이 직렬로 연결된 부분 전체의 전압 $V_{CL}$은 각 부품의 전압 $V_C$와 $V_L$ 중 큰 전압보다 항상 작은 값이 된다.

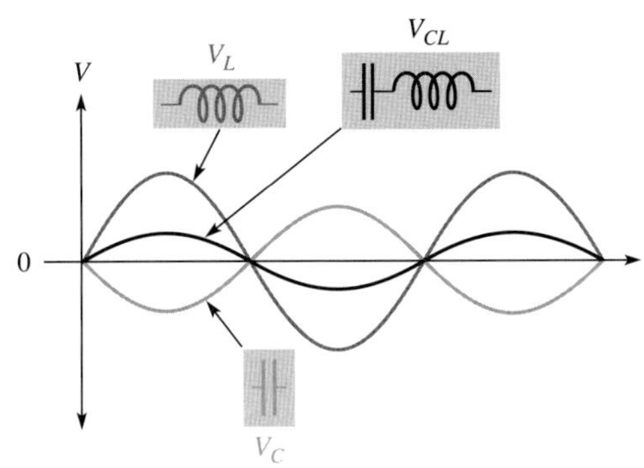


◀ 그림 17-6

$V_{CL} = V_L + V_C$이지만 $V_L$과 $V_C$의 위상차가 180°이므로, 두 전압을 더하면 오히려 크기가 줄어든다.

되므로, 두 부품의 전압을 더하면 각 부품의 전압 $V_C$와 $V_L$ 중 큰 전압보다는 항상 작은 값이 된다.

다음 예제에서는 옴의 법칙을 적용하여 *RLC* 직렬 회로의 전류와 전압을 구해 본다.

**예제 17-3** 그림 17-7의 회로에서, 회로에 흐르는 전류와 각 부품 양단의 전압 강하를 구하라. 이때 모든 결과를 극좌표 형식으로 표시하라. 또한 전압 페이저도를 그려라.

▶ 그림 17-7

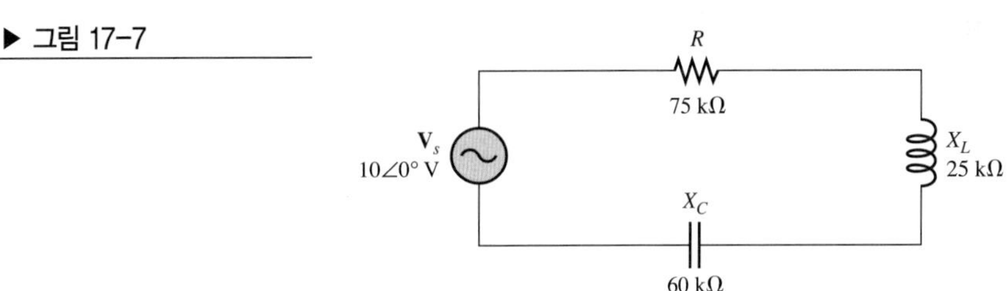


**풀이** 먼저 전체 임피던스를 구해 본다.

$$\mathbf{Z} = R + jX_L - jX_C = 75\,\text{k}\Omega + j25\,\text{k}\Omega - j60\,\text{k}\Omega = 75\,\text{k}\Omega - j35\,\text{k}\Omega$$

위의 결과를 옴의 법칙을 적용하여 극좌표 형식으로 변환하면

$$\mathbf{Z} = \sqrt{R^2 + X_{tot}^2}\angle -\tan^{-1}\left(\frac{X_{tot}}{R}\right)$$

$$= \sqrt{(75\,\text{k}\Omega)^2 + (35\,\text{k}\Omega)^2}\angle -\tan^{-1}\left(\frac{35\,\text{k}\Omega}{75\,\text{k}\Omega}\right) = 82.8\angle -25°\,\text{k}\Omega$$

여기서 $X_{tot} = |X_L - X_C|$이다.

옴의 법칙을 적용하여 전체 전류를 구해 보면

$$\mathbf{I} = \frac{\mathbf{V}_s}{\mathbf{Z}} = \frac{10\angle 0°\,\text{V}}{82.8\angle -25°\,\text{k}\Omega} = \mathbf{121\angle 25.0°\,\mu A}$$

다시 옴의 법칙을 사용하여 각 부품 양단의 전압을 구한다.

$$\mathbf{V}_R = \mathbf{IR} = (121\angle 25.0°\,\mu\text{A})(75\angle 0°\,\text{k}\Omega) = \mathbf{9.08\angle 25.0°\,V}$$
$$\mathbf{V}_L = \mathbf{IX}_L = (121\angle 25.0°\,\mu\text{A})(25\angle 90°\,\text{k}\Omega) = \mathbf{3.03\angle 115°\,V}$$
$$\mathbf{V}_C = \mathbf{IX}_C = (121\angle 25.0°\,\mu\text{A})(60\angle -90°\,\text{k}\Omega) = \mathbf{7.26\angle -65.0°\,V}$$

전압 페이저도를 그려 보면 그림 17-8과 같다. 여기서는 페이저의 크기를 실효값으로 나타내었다. 이 페이저도를 보면 $V_L$은 $V_R$보다 90°만큼 앞서고, 반대로 $V_C$는 $V_R$보다 90°만큼 뒤지므로, $V_L$과 $V_C$ 사이의 위상차는 180°가 되는 것을 알 수 있다. 여기에 함께 그리지는 않았지만, 전류 페이저의 위상은 $V_R$과 같다. 따라서 전류가 인가 전압 $V_s$보다 25°만큼 앞서므로 이 회로가 용량성 회로($X_C > X_L$)임을 알려 주고 있다. 이 페이저도는 인가 전압 $V_s$의 위상을 기준인 0°(즉, $x$축)로 하여 그린 것이다. 이 그림을 25°만큼 오른쪽으로 회전하면 저항 전압 $V_R$을 기준으로 그리는 통상적인 페이저도가 된다.

▶ 그림 17-8

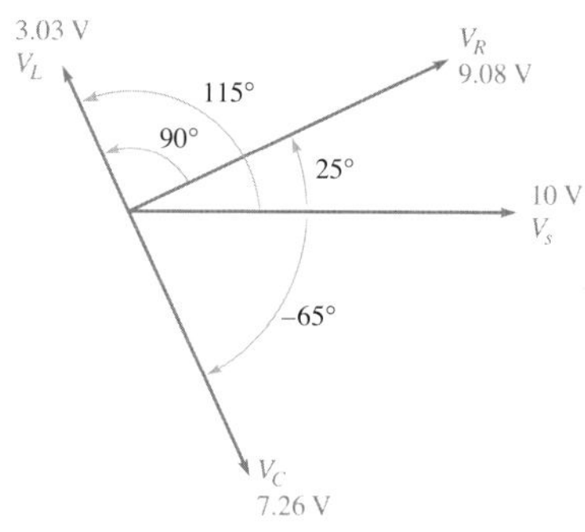


관련 문제 그림 17-7의 회로에서, 인가 전압의 주파수가 증가하면 회로에 흐르는 전류의 크기는 어떻게 되는가?

**복습문제 17-2**

1. 어떤 *RLC* 직렬 회로에서 각 부품의 전압 강하가 다음과 같을 때, 전원 전압을 구하라.

$$\mathbf{V}_R = 24 \angle 30° \text{ V}, \mathbf{V}_L = 15 \angle 120° \text{ V}, \mathbf{V}_C = 45 \angle -60° \text{ V}$$

2. $R = 1.0 \text{ k}\Omega$, $X_C = 1.8 \text{ k}\Omega$, $X_L = 1.2 \text{ k}\Omega$인 *RLC* 직렬 회로에서 전류는 인가 전압보다 앞서는가, 아니면 뒤지는가?
3. 위의 문제 2에서 전체 리액턴스를 구하라.

# 17-3 직렬 공진

*RLC* 직렬 회로에서, $X_L = X_C$일 때 직렬 공진이 발생한다. 공진이 일어나는 주파수를 **공진주파수**(resonant frequency)라고 하며, $f_r$로 표시한다.

이 절의 학습 내용은 다음과 같다.

- **직렬 공진 회로의 해석 방법**
  - *직렬 공진*의 정의
  - 공진 상태에서 임피던스를 구하는 방법
  - 공진 상태에서 리액턴스가 0이 되는 이유
  - 직렬 공진주파수를 구하는 방법
  - 공진 상태에서 전류, 전압, 위상각을 계산하는 방법

그림 17-9에 공진이 일어난 경우의 회로 상태를 나타내었다.

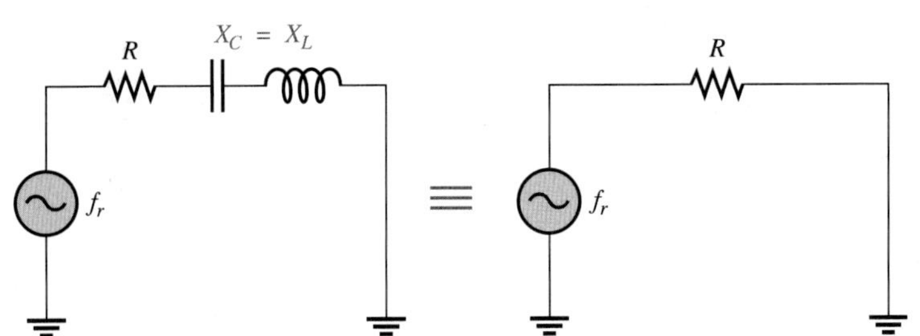


◀ 그림 17–9

직렬 공진: $X_L$과 $X_C$가 상쇄되어 0이 되므로 회로는 오직 저항 성분만을 갖는다.

*RLC* 직렬 회로에서, 용량성 리액턴스와 유도성 리액턴스의 크기가 같아질 때 **공진**(resonance)이 일어난다. 따라서 공진 상태에서는 두 리액턴스가 상쇄되어 0이 되므로, 회로의 임피던스는 오직 저항 성분만을 갖게 된다. *RLC* 직렬 회로에서 전체 임피던스는 다음 식과 같다.

$$\mathbf{Z} = R + jX_L - jX_C$$

공진 상태에서는 $X_L = X_C$이므로 허수부는 0이 된다. 따라서 임피던스는 저항만으로 표시된다. 회로의 공진 상태를 식으로 나타내면 다음과 같다.

$$X_L = X_C$$
$$Z_r = R$$

**예제 17–4** 그림 17-10의 *RLC* 직렬 회로가 공진 상태에 있을 때, $X_C$와 $\mathbf{Z}$를 구하라.

▶ 그림 17–10

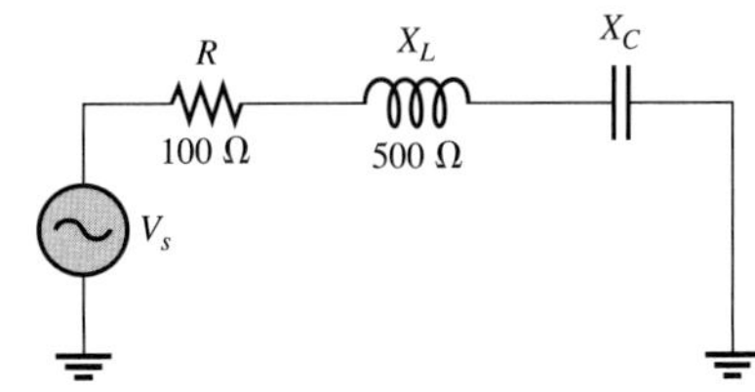


**풀이** 공진주파수에서는 $X_L = X_C$이므로, $X_C = X_L = \mathbf{500\ \Omega}$이 된다. 공진 상태에서 임피던스는 다음과 같다.

$$\mathbf{Z}_r = R + jX_L - jX_C = 100\ \Omega + j500\ \Omega - j500\ \Omega = \mathbf{100\angle 0^\circ\ \Omega}$$

공진 상태에서 두 리액턴스의 크기는 서로 같으므로 상쇄되어 0이 된다. 따라서 임피던스는 저항 값과 같아진다.

**관련 문제** 공진주파수보다 낮은 주파수영역에서 회로는 유도성인가, 아니면 용량성인가?

## 공진 상태에서 $X_L$과 $X_C$가 상쇄되는 이유

인가 전원의 주파수가 직렬 공진주파수와 같아지면 $C$와 $L$의 리액턴스 크기가 서로 같아진다. $C$와 $L$에는 똑같은 전류가 흐르므로 공진 상태에서는 $C$와 $L$의 전압인 $V_L$, $V_C$의 크기가 서로 같아진다($IX_L = IX_C$). 또한 $V_L$과 $V_C$ 사이의 위상차는 항상 180°가 된다.

그림 17-11(a)와 (b)에서 볼 수 있듯이, $V_C$와 $V_L$의 극성은 항상 반대가 된다. 즉, $L$과 $C$ 양단의 전압은 크기가 같고 부호가 반대이므로, (a), (b)에 나타낸 것처럼 두 전압의 합인 $A$점과 $B$점 사이의 전압은 항상 0 V가 된다. $A$에서 $B$로 전류가 흐르는 상태에서 $A$와 $B$ 사이의 전압이 0 V가 되려면, 그림 17-11(c)와 같이 $A$와 $B$ 사이의 전체 리액턴스가 0 Ω이 되어야만 한다. 그림 17-11(d)의 전압 페이저도를 보면 $V_C$와 $V_L$은 크기가 서로 같고, 위상차가 180°가 되는 것을 알 수 있다.

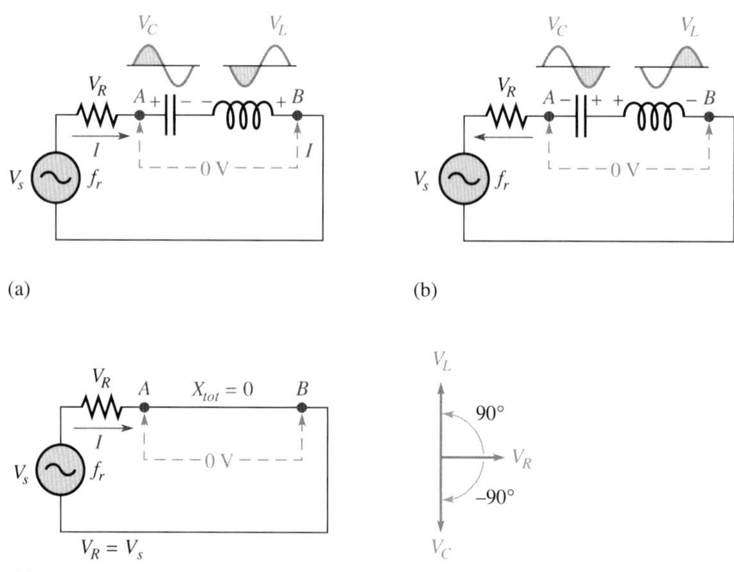


▶ 그림 17-11

공진주파수 $f_r$에서는 $C$와 $L$ 양단 전압의 크기는 서로 같고 위상차가 180°가 된다. 따라서 $C$와 $L$이 직렬로 연결된 부분($A$점과 $B$점 사이)의 양단 전압은 0 V가 된다. 결국, 공진 상태에서 $A$점과 $B$점 사이의 회로는 단락된 것으로 볼 수 있다.

## 직렬 공진주파수

$RLC$ 직렬 회로에서, 공진은 오직 한 주파수에서만 일어난다. 이 공진주파수는 아래의 공진조건으로부터 다음과 같이 구할 수 있다. 즉,

$$X_L = X_C$$

의 공진조건에 $L$과 $C$의 리액턴스 공식을 대입하면,

$$2\pi f_r L = \frac{1}{2\pi f_r C}$$

이 식을 $f_r$에 대해 풀어 보면

$$f_r^2 = \frac{1}{4\pi^2 LC}$$

이 되므로, 이 식의 양변에 제곱근을 취하면 공진주파수는 다음과 같다.

$$f_r = \frac{1}{2\pi\sqrt{LC}} \qquad (17\text{-}4)$$

**예제 17-5** 그림 17-12 회로의 직렬 공진주파수를 구하라.

▶ **그림 17-12**

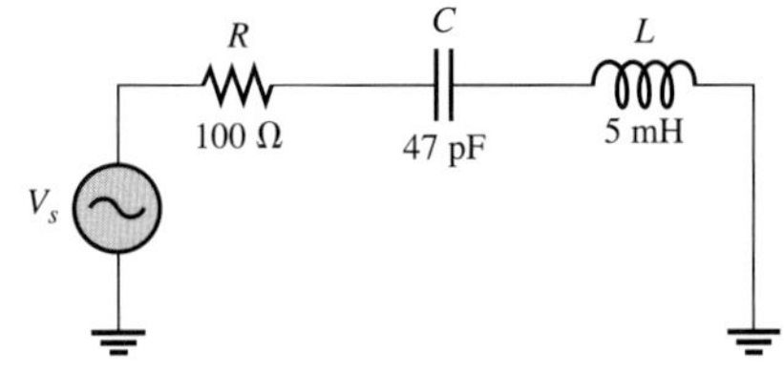


**풀이** 식 (17-4)로부터 공진주파수는 다음과 같이 구할 수 있다.

$$f_r = \frac{1}{2\pi\sqrt{LC}} = \frac{1}{2\pi\sqrt{(5\text{ mH})(47\text{ pF})}} = \mathbf{328\ kHz}$$

**관련 문제** 그림 17-12의 회로에서 $C = 0.01\ \mu\text{F}$인 경우에 공진주파수를 구하라.

Multisim 파일 E17-05를 사용하여 [예제 17-5]와 [관련 문제]의 계산 결과를 확인하라.

## *RLC* 직렬 회로의 전류와 전압

직렬 공진주파수에서, 전류의 크기는 최대가 된다($I_{max} = V_s/R$). 이 공진주파수에서 양쪽으로 멀어지면(낮아지거나 높아지면), 회로의 임피던스가 증가하므로 전류는 감소한다. 그림 17-13(a)의 주파수 응답 곡선은 주파수에 대한 전류 크기의 변화를 나타내고 있다. 저항 전압 $V_R$은 그림 17-13(b)에서 볼 수 있듯이 전류와 동일한 형태의 주파수 특성을 갖는다. 즉, 공진주파수에서 최대 전압($V_{Rmax} = V_s$)이 되고, $f = 0$과 $f = \infty$에서 최소 전압 0이 된다. $V_L$과 $V_C$에 대한 대표적인 형태의 주파수 응답 곡선을 그림 17-13(c), (d)에 나타내었다. $f = 0$일 때, 커패시터가 개방된 것으로 볼 수 있으므로 $V_C = V_s$가 된다. 또한 주파수 $f$의 값이 무한대에 접근하면 인덕터가 개방된 것으로 볼 수 있으므로 $V_L = V_s$가 된다. $V_C$와 $V_L$은 모두 공진주파수 $f_r$에서 최대가 되며, $f_r$에서 양쪽으로 멀어질수록 작아진다. $C$와 $L$이 직렬로 연결된 부분의 양단의 전압(즉, $V_C$와 $V_L$의 합)은 그림 17-13(e)와 같이 공진주파수 $f_r$에서 최소인 0 V가 되며, $f_r$에서 양쪽으로 멀어질수록 증가한다.

전압은 공진주파수 $f_r$에서 최대가 되며, $f_r$에서 양쪽으로 멀어질수록 감소한다. 공진주파수에서 $L$과 $C$ 양단 전압의 크기는 서로 같고, 위상차는 180°이므로 상쇄되어 0 V가 된다. 따라서 그림 17-14에 표시된 것처럼 $L$과 $C$의 전압을 합하면 0 V가 되어 $V_R = V_s$가 된다. 나중에 다시

**▶ 그림 17-13**

*RLC* 직렬 회로에서 주파수에 따른 전압과 전류 크기의 변화: $V_C$와 $V_L$ 각각의 크기는 전원 전압보다 훨씬 큰 값이 될 수도 있다. 그래프에서 곡선의 형태는 *R*, *L*, *C*의 값에 따라 달라진다.

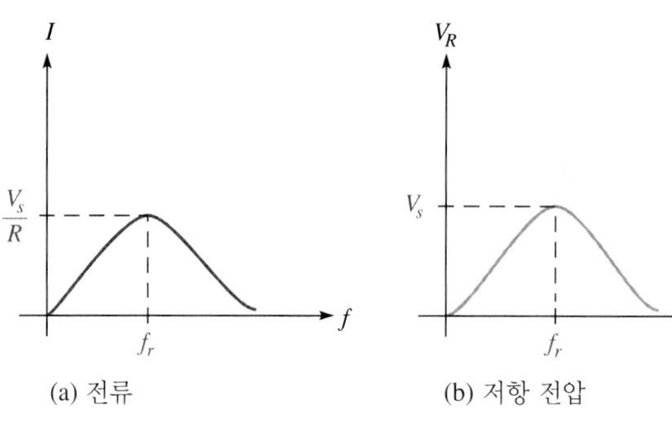


(a) 전류 (b) 저항 전압

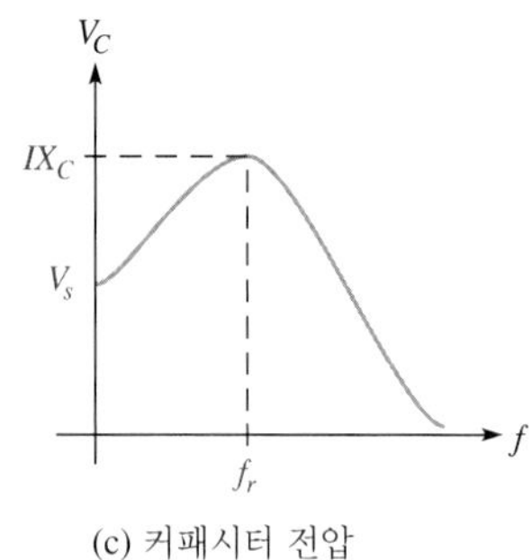


(c) 커패시터 전압

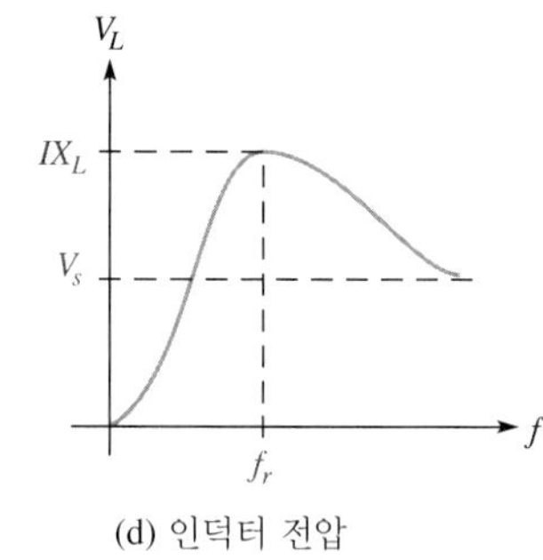


(d) 인덕터 전압

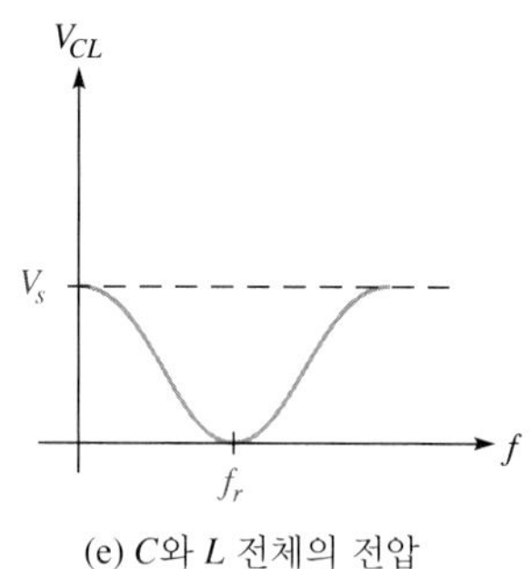


(e) *C*와 *L* 전체의 전압

**▶ 그림 17-14**

공진주파수에서 *RLC* 직렬 회로의 상태

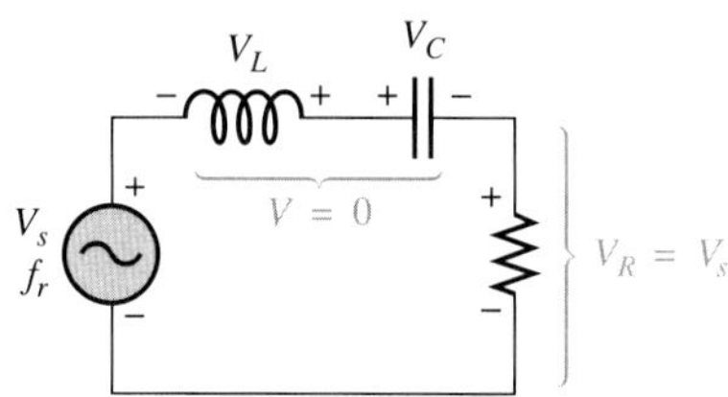


설명하겠지만, 공진 상태에서 $V_L$과 $V_C$의 합은 0 V가 되어도 $V_L$과 $V_C$ 각각의 크기는 전원 전압보다 훨씬 큰 값이 될 수도 있다. $V_L$과 $V_C$는 주파수 값에 관계없이 언제나 극성이 서로 반대가 되고, 특히 공진주파수에서는 크기가 서로 같아진다는 것을 잘 기억해야 한다.

**예제 17-6** 그림 17-15의 회로에 대해 공진 상태에서 $I$, $V_R$, $V_L$, $V_C$를 구하라. 회로에 표시한 부품의 값은 공진이 일어난 주파수에서의 $X_L$, $X_C$ 값이다.

**▶ 그림 17-15**

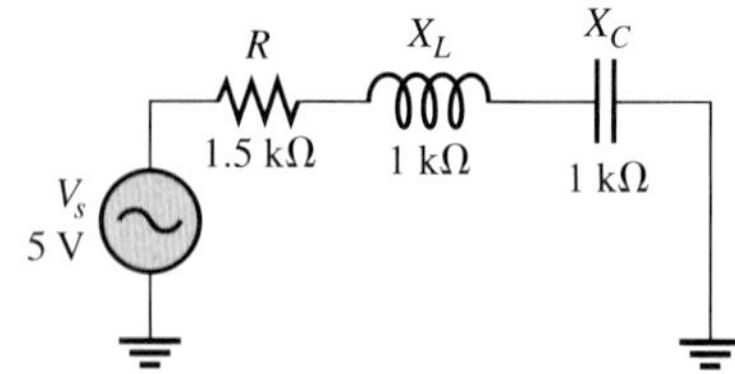


**풀이** 그림의 회로에서 두 리액턴스의 값이 서로 같으므로 회로는 공진 상태에 있다는 것을 알 수 있다. 공진 상태에서 전류 $I$는 최대값인 $V_s/R$이 되므로

$$I = \frac{V_s}{R} = \frac{5\ \text{V}}{1.5\ \text{k}\Omega} = \mathbf{3.33\ mA}$$

이 된다. 옴의 법칙을 적용하여 각 전압의 크기를 구해 보면 다음과 같다.

$$V_R = IR = (3.33\ \text{mA})(2.2\ \text{k}\Omega) = \mathbf{7.33\ V}$$
$$V_L = IX_L = (3.33\ \text{mA})(1\ \text{k}\Omega) = \mathbf{3.33\ V}$$
$$V_C = IX_C = (3.33\ \text{mA})(1\ \text{k}\Omega) = \mathbf{3.33\ V}$$

이 결과를 살펴보면 공진 상태에서 전원 전압이 모두 저항 양단에 걸린다는 것을 알 수 있다. 물론 $V_L$과 $V_C$는 크기가 서로 같고 부호는 반대가 된다. 따라서 이 두 전압은 서로 상쇄되므로 두 리액턴스 부품의 전압 강하를 더하면 0 V가 된다.

**관련 문제** 그림 17-15의 회로에서 주파수가 두 배가 된 경우에 위상각을 구하라.

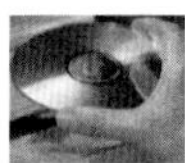

Multisim 파일 E17-06을 사용하여 [예제 17-6]과 [관련 문제]의 계산 결과를 확인하라.

## *RLC* 직렬 회로의 임피던스

공진주파수보다 낮은 주파수영역($f < f_r$)에서는 $X_C > X_L$이므로, 회로는 용량성 회로가 된다. 공진주파수에서는($f = f_r$), $X_C = X_L$이므로 회로는 순수한 저항성 회로가 된다. 공진주파수보다 높은 주파수영역($f > f_r$)에서는, $X_L > X_C$이므로 회로는 유도성 회로가 된다.

임피던스의 크기는 공진주파수에서 최소값($Z = R$)이 되며, 공진주파수에서 양쪽으로 멀어질수록 크기가 증가한다. 그림 17-16의 그래프는 주파수에 따라 임피던스 크기가 어떻게 변화하는지를 보여주고 있다. 주파수가 0 Hz일 때 커패시터를 개방된 도선으로, 인덕터를 단락된 도선으로 볼 수 있으므로, $X_L$은 0 Ω, $X_C$는 ∞ Ω이 되어 결국 Z도 ∞ Ω이 된다. 주파수가 증가하면 $X_C$의 값은 감소하고, $X_L$의 값은 증가한다. 그런데 $f_r$보다 낮은 주파수에서는 $X_C > X_L$이 되므로, Z는 $X_C$가 변화하는 형태를 따라 함께 감소하게 된다. $f_r$에서는 $X_C = X_L$이므로, $Z = R$이 된다. $f_r$보다 높은 주파수에서는 $X_L > X_C$이므로, Z는 $X_L$가 변화하는 형태를 따라 함께 증가한다.

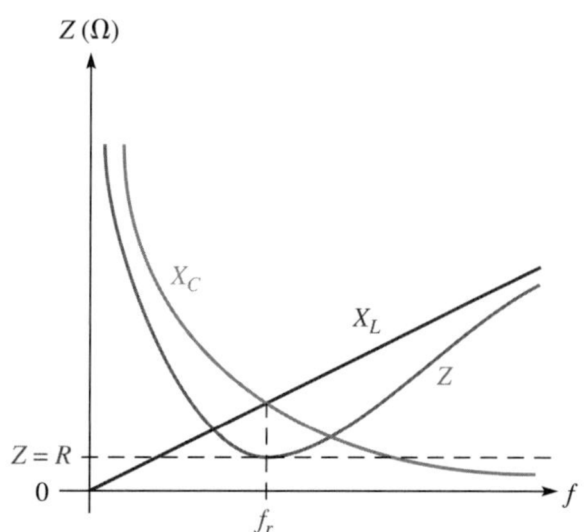


◀ 그림 17-16
주파수에 따른 *RLC* 직렬 회로의 임피던스의 변화

**예제 17-7** 그림 17-17의 회로에 대해, 다음 세 주파수에서 임피던스의 크기를 구하라.

(a) 공진주파수 $f_r$　　(b) $f_r - 1\text{ kHz}$　　(c) $f_r + 1\text{ kHz}$

▶ 그림 17-17

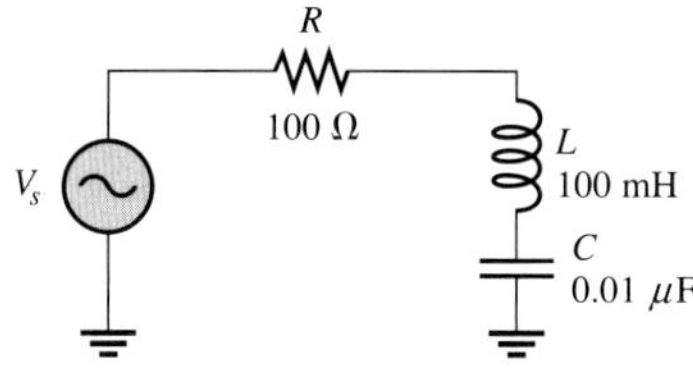


**풀이** (a) $f = f_r$일 때, 즉 공진 상태에서 임피던스는 저항과 같아지므로

$$Z = R = \mathbf{100\ \Omega}$$

여기서 공진주파수 $f_r$을 다음과 같이 계산할 수 있다.

$$f_r = \frac{1}{2\pi\sqrt{LC}} = \frac{1}{2\pi\sqrt{(100\text{ mH})(0.01\ \mu\text{F})}} = 5.03\text{ kHz}$$

(b) $f_r - 1\text{ kHz} = 5.03\text{ kHz} - 1\text{ kHz} = 4.03\text{ kHz}$이므로, $f = 4.03\text{ kHz}$일 때 $X_C$, $X_L$를 다음과 같이 구할 수 있다.

$$X_C = \frac{1}{2\pi fC} = \frac{1}{2\pi(4.03\text{ kHz})(0.01\ \mu\text{F})} = 3.95\text{ k}\Omega$$
$$X_L = 2\pi fL = 2\pi(4.03\text{ kHz})(100\text{ mH}) = 2.53\text{ k}\Omega$$

따라서 임피던스는

$$Z = \sqrt{R^2 + (X_L - X_C)^2} = \sqrt{(100\ \Omega)^2 + (2.53\text{ k}\Omega - 3.95\text{ k}\Omega)^2} = \mathbf{1.42\text{ k}\Omega}$$

이 경우에 회로는 $X_C > X_L$이므로, 용량성이 된다.

(c) $f_r + 1\text{ kHz} = 5.03\text{ kHz} + 1\text{ kHz} = 6.03\text{ kHz}$이므로, $f = 6.03\text{ kHz}$일 때 $X_C$, $X_L$을 다음과 같이 구할 수 있다.

$$X_C = \frac{1}{2\pi(6.03\text{ kHz})(0.01\ \mu\text{F})} = 2.64\text{ k}\Omega$$

$$X_L = 2\pi(6.03\text{ kHz})(100\text{ mH}) = 3.79\text{ k}\Omega$$

따라서 임피던스는

$$Z = \sqrt{(100\ \Omega)^2 + (3.79\text{ k}\Omega - 2.64\text{ k}\Omega)^2} = \mathbf{1.15\text{ k}\Omega}$$

이 경우에 회로는 $X_L > X_C$이므로, 유도성이 된다.

**관련 문제** [예제 17-7]에서 주파수 $f$가 4.03 kHz보다 낮아지면 임피던스의 크기는 어떻게 변하는가? 또한 $f$가 6.03 kHz보다 높아지면 임피던스의 크기는 어떻게 변하는가?

## *RLC* 직렬 회로의 위상각

공진주파수보다 낮은 주파수영역에서는, $X_C > X_L$이므로 그림 17-18(a)와 같이 전류가 전원 전압보다 앞선다. 주파수가 공진주파수에 접근함에 따라 위상각은 점점 감소하여, 공진주파수와 같아지면 0°가 된다(그림 17-18(b)). 주파수가 계속 증가하여 공진주파수를 넘어서면, $X_L > X_C$가 되므로 전류는 전원 전압보다 뒤진다(그림 17-18(c)). 주파수가 더욱 증가하면, 위상각은 점점 90°에 가까워진다. 그림 17-18(d)는 지금까지 설명한 주파수와 위상각 사이의 관계를 잘 보여주고 있다.

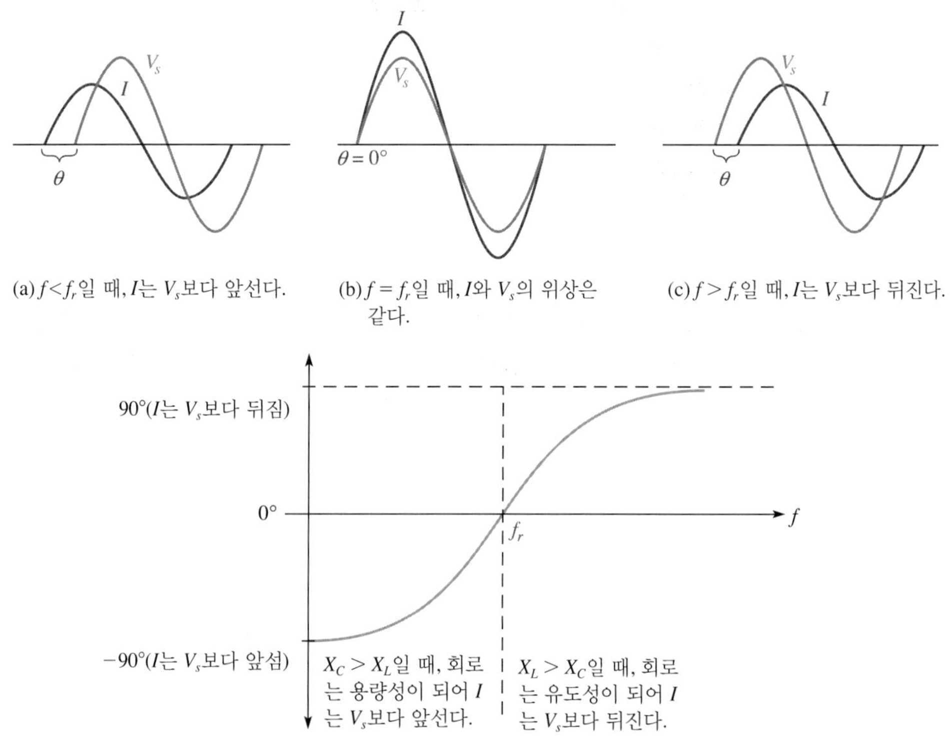


◀ 그림 17-18
*RLC* 직렬 회로에서, 주파수에 따른 위상각의 변화

**복습문제 17-3**

1. 직렬 공진이 일어나기 위한 조건은 무엇인가?
2. 공진주파수에서 전류의 크기가 최대가 되는 이유는 무엇인가?
3. $C$ = 1000 pF, $L$ = 1000 μH일 때, 공진주파수를 구하라.
4. 위의 문제 3에서, $f$ = 50 kHz일 때 회로는 용량성인가, 아니면 유도성인가?

학습 방법 2를 선택한 사람들은 이제 15장에서 17장까지 모든 직렬 회로의 학습을 끝마쳤으므로 여기에서 15장의 2부 병렬 회로로 옮겨가서 공부한다.

# 02 병렬 회로

## 17-4 *RLC* 병렬 회로의 임피던스

이 절에서는 *RLC* 병렬 회로의 임피던스와 위상각을 구하는 방법에 대해 알아본다. 또한 *RLC* 병렬 회로의 컨덕턴스, 서셉턴스, 어드미턴스도 함께 구해 본다.

이 절의 학습 내용은 다음과 같다.

- ***RLC* 병렬 회로의 임피던스를 구하는 방법**
  - 컨덕턴스, 서셉턴스, 어드미턴스를 계산하는 방법
  - 회로의 특성이 용량성인지 유도성인지 구하는 방법

그림 17-19의 *RLC* 병렬 회로에서 전체 임피던스를 구해 보자. 전체 임피던스는 앞에서 배웠던 병렬 합성 저항을 구하는 방법(각 병렬 저항들의 역수를 취한 다음 더하는 방법)을 여기에 그대로 적용하여,

$$\frac{1}{\mathbf{Z}} = \frac{1}{R\angle 0^\circ} + \frac{1}{X_L\angle 90^\circ} + \frac{1}{X_C\angle -90^\circ}$$

또는

$$\mathbf{Z} = \frac{1}{\dfrac{1}{R\angle 0^\circ} + \dfrac{1}{X_L\angle 90^\circ} + \dfrac{1}{X_C\angle -90^\circ}} \qquad (17\text{-}5)$$

로 나타낼 수 있다.

▶ 그림 17-19

*RLC* 병렬 회로

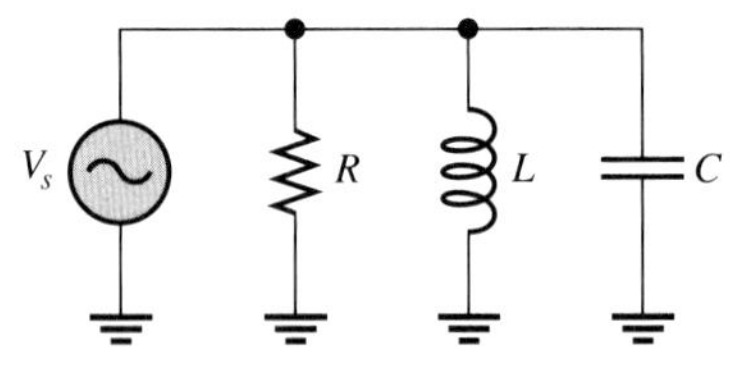


예제 17-8

그림 17-20의 회로에서, **Z**를 극좌표 형식으로 구하라.

▶ 그림 17-20

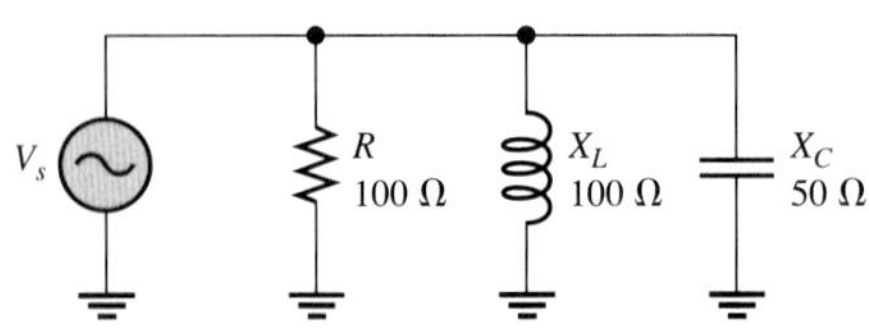

**풀이** 부품들이 병렬로 연결되어 있으므로, 각 부품의 임피던스에 역수를 취하여 모두 더하면

$$\frac{1}{\mathbf{Z}} = \frac{1}{R\angle 0^\circ} + \frac{1}{X_L\angle 90^\circ} + \frac{1}{X_C\angle -90^\circ} = \frac{1}{100\angle 0^\circ\ \Omega} + \frac{1}{100\angle 90^\circ\ \Omega} + \frac{1}{50\angle -90^\circ\ \Omega}$$

극좌표 형식으로 표시된 두 페이저의 나눗셈은 분자의 크기를 분모의 크기로 나누고, 분자의 위상각에서 분모의 위상각을 빼면 되므로 다음과 같이 나타낼 수 있다.

$$\frac{1}{\mathbf{Z}} = 10\angle 0^\circ\ \text{mS} + 10\angle -90^\circ\ \text{mS} + 20\angle 90^\circ\ \text{mS}$$

이 결과를 보면 분모에 있는 위상각의 부호가 바뀐 것을 알 수 있다.

이제 위 식의 각 항을 직각좌표 형식으로 변환하여 더하면,

$$\frac{1}{\mathbf{Z}} = 10\ \text{mS} - j10\ \text{mS} + j20\ \text{mS} = 10\ \text{mS} + j10\ \text{mS}$$

이 결과에 역수를 취하여 **Z**를 구한 다음에 극좌표 형식으로 변환하면,

$$\mathbf{Z} = \frac{1}{10\ \text{mS} + j10\ \text{mS}} = \frac{1}{\sqrt{(10\ \text{mS})^2 + (10\ \text{mS})^2}\angle \tan^{-1}\left(\dfrac{10\ \text{mS}}{10\ \text{mS}}\right)}$$

$$= \frac{1}{14.14\angle 45^\circ\ \text{mS}} = \mathbf{70.7\angle -45^\circ\ \Omega}$$

위상각이 (−)이므로, 이 회로는 용량성 회로이다. 회로를 보면 $X_L > X_C$이므로 회로가 용량성이라는 것이 이상하게 생각될지도 모른다. 그러나 병렬 회로에서는 리액턴스의 값이 작은 부품이 전체 전류에 더 큰 영향을 미치게 된다. 즉, 저항으로만 구성되어 있는 병렬 회로와 마찬가지로 리액턴스의 값이 작은 부품에 더 큰 전류가 흐르게 되므로, 리액턴스 값이 작은 부품이 전체 전류에 더 큰 영향을 주게 되는 것이다.

이 회로에서 전체 전류는 전체 전압보다 45°만큼 위상각이 앞선다.

**관련 문제** 그림 17-20의 회로에서 주파수가 증가하면 임피던스는 증가하는가, 아니면 감소하는가?

## 컨덕턴스, 서셉턴스, 어드미턴스

컨덕턴스, 서셉턴스, 어드미턴스의 개념에 대해서는 이미 15장과 16장에서 설명하였다. 이들에 대한 수식을 페이저로 다시 한 번 써 보면 다음과 같다.

$$\mathbf{G} = \frac{1}{R\angle 0^\circ} = G\angle 0^\circ \qquad (17\text{-}6)$$

$$\mathbf{B}_C = \frac{1}{X_C\angle -90^\circ} = B_C\angle 90^\circ = jB_C \qquad (17\text{-}7)$$

$$\mathbf{B}_L = \frac{1}{X_L \angle 90°} = B_L \angle -90° = -jB_L \quad (17\text{-}8)$$

$$\mathbf{Y} = \frac{1}{Z \angle \pm\theta} = Y \angle \mp\theta = G + jB_C - jB_L \quad (17\text{-}9)$$

잘 알고 있듯이, 위에 표시한 모든 양의 단위는 지멘스(S)이다.

**예제 17-9** 그림 17-21의 *RLC* 회로에서 컨덕턴스, 용량성 서셉턴스, 유도성 서셉턴스 및 전체 어드미턴스를 각각 구하라. 또한 전체 임피던스도 함께 구하라.

▶ 그림 17-21

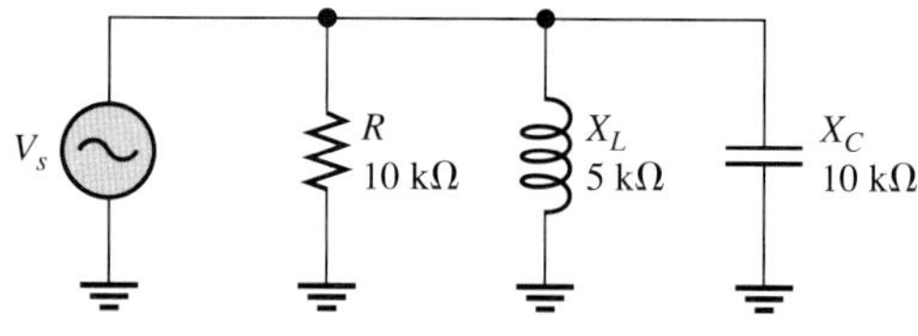


**풀이**

$$\mathbf{G} = \frac{1}{R \angle 0°} = \frac{1}{10 \angle 0° \text{ k}\Omega} = \mathbf{100 \angle 0° \ \mu S}$$

$$\mathbf{B}_C = \frac{1}{X_C \angle -90°} = \frac{1}{10 \angle -90° \text{ k}\Omega} = \mathbf{100 \angle 90° \ \mu S}$$

$$\mathbf{B}_L = \frac{1}{X_L \angle 90°} = \frac{1}{5 \angle 90° \text{ k}\Omega} = \mathbf{200 \angle -90° \ \mu S}$$

$$\mathbf{Y}_{tot} = G + jB_C - jB_L = 100\,\mu\text{S} + j100\,\mu\text{S} - j200\,\mu\text{S}$$
$$= 100\,\mu\text{S} - j100\,\mu\text{S} = \mathbf{141.4 \angle -45° \ \mu S}$$

$\mathbf{Y}_{tot}$의 역수를 취해 $\mathbf{Z}_{tot}$를 구해 보면 다음과 같다.

$$\mathbf{Z}_{tot} = \frac{1}{\mathbf{Y}_{tot}} = \frac{1}{141.4 \angle -45° \ \mu\text{S}} = \mathbf{7.07 \angle 45° \ k\Omega}$$

**관련 문제** 그림 17-21의 회로는 유도성 회로인가, 아니면 용량성 회로인가?

**복습문제 17-4**

1. 용량성 리액턴스가 60 Ω, 유도성 리액턴스가 100 Ω인 *RLC* 병렬 회로는 유도성 회로인가, 아니면 용량성 회로인가?
2. $R = 1$ kΩ, $X_C = 500$ Ω, $X_L = 1.2$ kΩ인 *RLC* 병렬 회로의 전체 어드미턴스를 구하라.
3. 위의 문제 2에서 임피던스를 구하라.

# 17–5 *RLC* 병렬 회로의 해석

앞에서 알아보았듯이 병렬 회로에서는 리액턴스의 값이 작은 부품에 더 큰 전류가 흐르므로, 회로는 리액턴스 값이 작은 부품이 가진 성질을 더욱 크게 나타내게 된다.

이 절의 학습 내용은 다음과 같다.

- ***RLC* 병렬 회로의 해석 방법**
  - *RLC* 병렬 회로를 흐르는 각 전류 사이의 위상관계
  - *RLC* 병렬 회로의 임피던스, 전류, 전압을 계산하는 방법

용량성 리액턴스의 값은 주파수에 반비례하고, 유도성 리액턴스의 값은 주파수에 비례한다. 낮은 주파수영역에서는 *RLC* 병렬 회로의 유도성 리액턴스의 값이 용량성 리액턴스보다 작다. 따라서 회로는 유도성이 된다. 주파수가 증가하면 $X_L$은 증가하고 $X_C$는 감소한다. 이 과정에서 $X_L = X_C$가 되는 주파수에서 **병렬 공진**(parallel resonance)이 발생한다. 주파수가 이 값에서 더욱 증가하면 $X_C$는 $X_L$보다 작아지므로 회로는 용량성이 된다.

## 전류 사이의 관계

*RLC* 병렬 회로에서, 커패시터를 통해 흐르는 전류와 인덕터를 통해 흐르는 전류 사이에는 180°의 위상차가 발생한다(코일의 권선 저항 성분을 0 Ω으로 가정한다). 따라서 $I_L$과 $I_C$의 부호는 반대가 되므로, 그림 17-22의 전류계 눈금과 그림 17-23의 파형에서 알 수 있듯이 이 두 전류의 합인 전체 리액턴스 전류($I_{CL}$)는 $I_L$, $I_C$ 중 큰 전류보다 작은 값이 된다. 물론 저항을 통해 흐르는 전류($I_R$)와 각 리액턴스 소자를 통해 흐르는 전류($I_L$, $I_C$) 사이에는 그림 17-24의 페이저도와 같이 90°의 위상차가 있다.

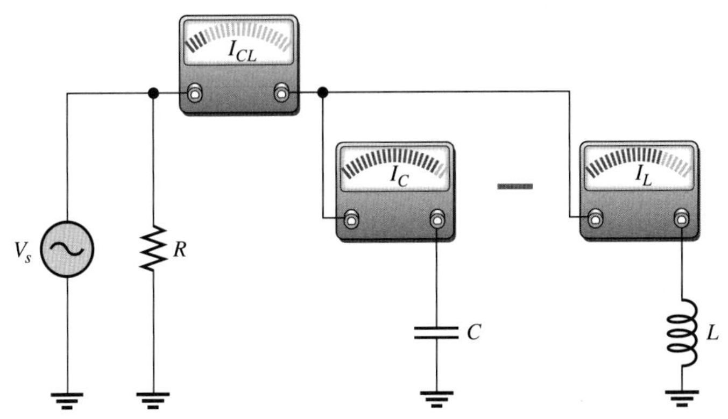


◀ 그림 17–22

*C*와 *L*이 병렬로 연결된 부분을 향해 흐르는 전체 리액턴스 전류($I_{CL}$)는 *C*를 통해 흐르는 전류($I_C$)와 *L*을 통해 흐르는 전류($I_L$)의 차이가 된다.

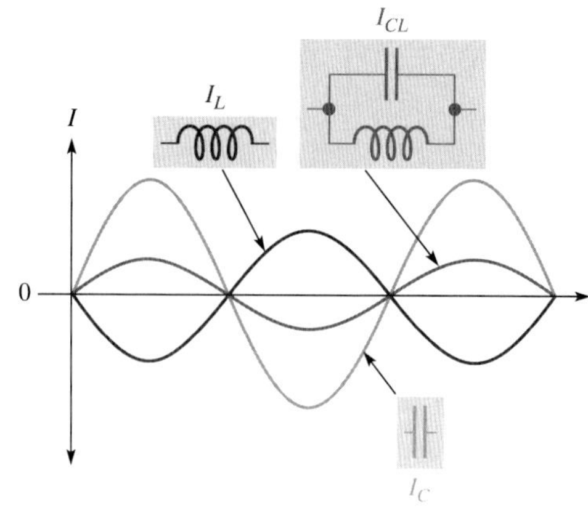


▶ 그림 17-23

$I_L$과 $I_C$의 위상차가 180°이므로, 두 전류를 합한 전류의 크기는 결국 두 전류 값의 차가 된다.

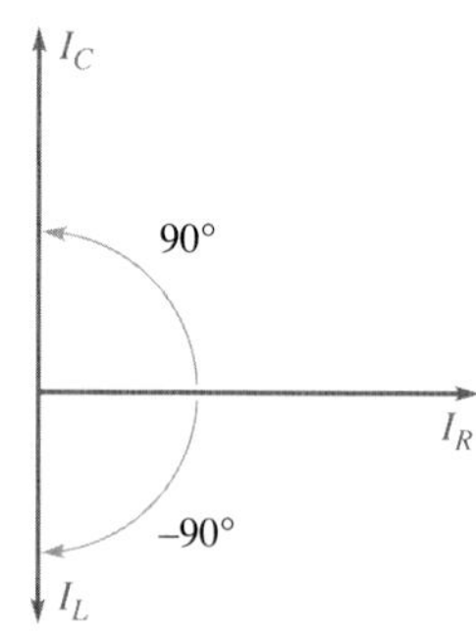


▶ 그림 17-24

*RLC* 병렬 회로의 전류 페이저도

전체 전류는 다음 식으로 표시된다.

$$\mathbf{I}_{tot} = \sqrt{I_R^2 + (I_C - I_L)^2}\angle\tan^{-1}\left(\frac{I_{CL}}{I_R}\right) \tag{17-10}$$

여기서 $I_{CL}$은 $I_C - I_L$로 $L$과 $C$가 병렬로 연결된 부분으로 흘러들어가는 전류이다.

**예제 17-10** 그림 17-25의 회로에서, 각 부품에 흐르는 전류와 전체 전류를 각각 구하라.

▶ 그림 17-25

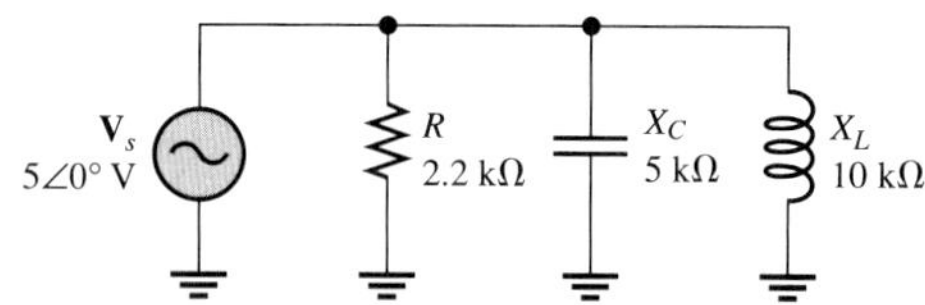


풀이 옴의 법칙을 사용하여 각 부품에 흐르는 전류를 페이저 형식으로 구해 보면 다음과 같다.

$$\mathbf{I}_R = \frac{\mathbf{V}_s}{\mathbf{R}} = \frac{5\angle 0°\ \text{V}}{2.2\angle 0°\ \text{k}\Omega} = \mathbf{2.27\angle 0°\ mA}$$

$$\mathbf{I}_C = \frac{\mathbf{V}_s}{\mathbf{X}_C} = \frac{5\angle 0°\ \text{V}}{5\angle -90°\ \text{k}\Omega} = \mathbf{1\angle 90°\ mA}$$

$$\mathbf{I}_L = \frac{\mathbf{V}_s}{\mathbf{X}_L} = \frac{5\angle 0°\ \text{V}}{10\angle 90°\ \text{k}\Omega} = \mathbf{0.5\angle -90°\ mA}$$

키르히호프 법칙을 적용하면 각 전류 페이저를 모두 더한 것이 전체 전류가 된다.

$$\mathbf{I}_{tot} = \mathbf{I}_R + \mathbf{I}_C + \mathbf{I}_L$$
$$= 2.27\angle 0^\circ \text{ mA} + 1\angle 90^\circ \text{ mA} + 0.5\angle -90^\circ \text{ mA}$$
$$= 2.27 \text{ mA} + j1 \text{ mA} - j0.5 \text{ mA} = 2.27 \text{ mA} + j0.5 \text{ mA}$$

이를 극좌표 형식으로 변환하면

$$\mathbf{I}_{tot} = \sqrt{I_R^2 + (I_C - I_L)^2}\angle\tan^{-1}\left(\frac{I_{CL}}{I_R}\right)$$
$$= \sqrt{(2.27 \text{ mA})^2 + (0.5 \text{ mA})^2}\angle\tan^{-1}\left(\frac{0.5 \text{ mA}}{2.27 \text{ mA}}\right) = \mathbf{2.32\angle 12.4^\circ \text{ mA}}$$

따라서 전체 전류는 크기가 2.32 mA이고, 전압 $V_s$보다 12.4°만큼 앞선다. 그림 17-26은 전류 페이저도이다.

▶ 그림 17-26

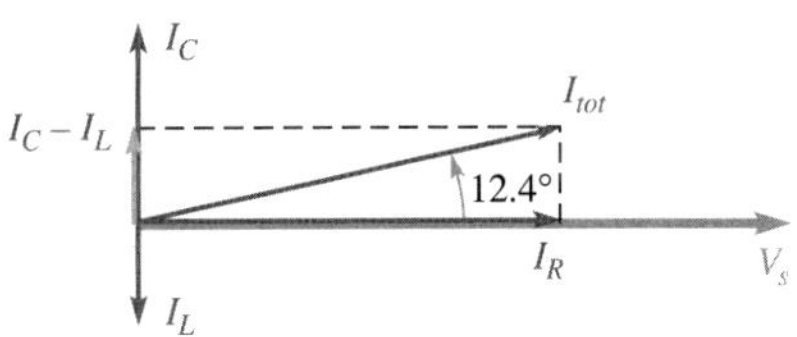


**관련 문제** 그림 17-25의 회로에서 주파수가 증가하면 전체 전류의 크기는 증가하는가, 아니면 감소하는가?

**복습문제 17-5**

1. $R = 150\ \Omega$, $X_C = 100\ \Omega$, $X_L = 50\ \Omega$인 $RLC$ 병렬 회로에서, $V_s = 12$ V일 때, 각 부품에 흐르는 전류를 구하라.
2. 임피던스가 $2.8\angle -38.9^\circ$ kΩ인 $RLC$ 병렬 회로는 용량성 회로인가, 아니면 유도성 회로인가?

# 17-6 병렬 공진

이 절에서는 먼저, 이상적인 $RLC$ 병렬 회로의 공진조건에 대해 알아본다. 그 다음에는 실제적인 경우로, 코일의 권선 저항을 고려한 병렬 회로의 공진조건에 대해서 알아본다.

이 절의 학습 내용은 다음과 같다.

- **공진 상태에서 *RLC* 병렬 회로의 해석 방법**
  - 이상적인 *RLC* 회로의 병렬 공진
  - 실제 *RLC* 회로의 병렬 공진
  - 주파수에 따른 임피던스의 변화
  - 병렬 공진 상태에서 전류와 위상각을 구하는 방법
  - 병렬 공진주파수의 계산 방법

## 이상적인 병렬 공진조건

이상적인 경우(인덕터 $L$의 권선 저항이 0 Ω)의 병렬 공진은 $X_C = X_L$일 때 일어난다. 병렬 공진이 일어나는 주파수를 직렬 공진의 경우와 마찬가지로 **공진주파수**라고 한다. $X_C = X_L$일 때, $C$와 $L$을 통해 흐르는 전류 $I_C$와 $I_L$은 크기가 서로 같고 위상차는 물론 180°가 된다. 따라서 그림 17-27과 같이 두 전류는 서로 상쇄되어 전체 전류는 0이 된다.

▶ 그림 17-27

공진주파수에서 이상적인 *LC* 병렬 회로의 상태

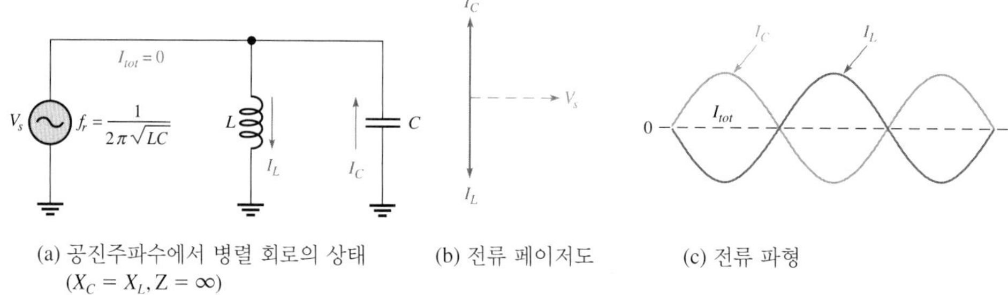


병렬 공진 상태에서 전체 전류는 0이 되므로, *LC* 병렬 회로의 임피던스는 무한대(∞)가 된다. 이와 같은 이상적인 병렬 공진조건을 정리해 보면 다음과 같다.

$$X_L = X_C$$
$$Z_r = \infty$$

## 이상적인 병렬 공진주파수

저항이 없는 이상적인 병렬 공진 회로에서, 공진이 일어나는 공진주파수를 직렬 공진 회로의 경우와 같은 공식으로 구할 수 있다. 즉, 병렬 공진주파수는 다음과 같다.

$$f_r = \frac{1}{2\pi\sqrt{LC}}$$

## 탱크 회로

**탱크 회로**(tank circuit)는 병렬 공진 회로의 또 다른 이름으로 코일에서는 자계(magnetic field)에, 커패시터에서는 전계(electric field)에 에너지를 저장하기 때문에 생겨난 용어이다. 병렬 회로에 저장된 에너지는 바뀌는 전류의 방향에 맞추어 반주기마다 번갈아 가면서 커패시터와 인덕터 사이를 왕복한다. 즉, 처음에 에너지가 인덕터에 저장되어 있었다면, 이 에너지는 반주기 동안에 인덕터로부터 빠져나와 커패시터를 충전시킨다. 다음 반주기 동안에는 커패시터에 충전된 에너지가 다시 인덕터로 전달되어 저장되는데, 이 과정이 인덕터와 커패시터 사이에서 끊임없이 반복된다. 이러한 개념을 그림 17-28에 설명하였다.

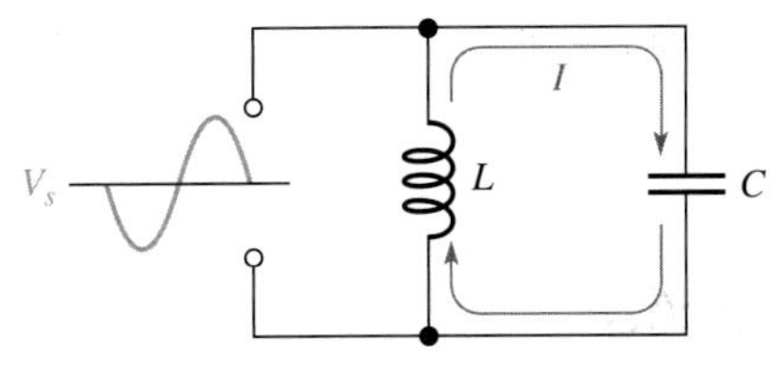


(a) 인덕터에서 빠져나온 에너지가 커패시터를 충전함

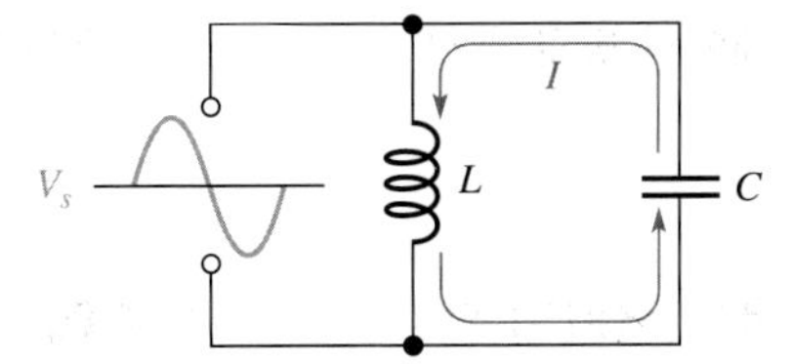


(b) 커패시터에서 방전된 에너지가 인덕터에 전달되어 저장됨

◀ 그림 17-28

이상적인 병렬 공진 탱크 회로에서 에너지의 저장

## 주파수에 따른 임피던스의 변화

이상적인 병렬 공진 회로에서는 공진주파수에서 임피던스가 무한대가 된다. 그렇지만 실제 병렬 공진 회로의 임피던스는 그림 17-29에 나타나 있듯이 공진주파수에서 무한대가 아닌 어떤 유한한 최대값을 가지며 공진주파수에서 양쪽으로 멀어질수록 크기가 감소한다.

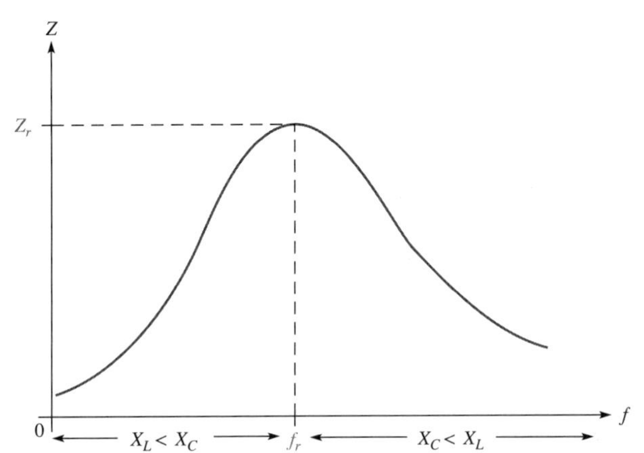


◀ 그림 17-29

병렬 공진 회로의 임피던스 곡선: $f < f_r$일 때, 회로는 유도성이 된다. $f = f_r$일 때 회로는 저항성이 된다. $f > f_r$일 때 회로는 용량성이 된다.

아주 낮은 주파수에서는 $X_L$ 값이 매우 작고 $X_C$ 값은 반대로 아주 큰 값이 되므로 전체 임피던스는 유도성 리액턴스 $X_L$의 값과 거의 같아진다. 주파수가 증가하면 $X_L$ 값이 증가함에 따라 임피던스도 함께 증가한다(이것은 공진주파수에 도달하기 전까지는 $X_L$이 $X_C$보다 작기 때문이다). 공진주파수에서는 당연히 $X_L \cong X_C$($Q > 10$인 조건에서)이며, 임피던스는 최대가 된다. 주파수가 공진주파수에서 더욱 증가하면 $X_C$ 값이 $X_L$보다 작아지므로, 회로는 용량성이 되어 임피던스는 감소하게 된다.

## 공진 상태에서 전류와 위상각

이상적인 탱크 회로에서는, 공진 상태에서 회로의 임피던스가 무한대이므로 전원으로부터 공급되는 전체 전류가 0 A가 된다. 그러나 실제의 탱크 회로에서는 공진주파수에서도 전체 전류가 조금 흐르게 되는데, 이 전류의 크기는 식 (17-11)과 같이 공진 상태에서의 임피던스에 의해 정해진다.

$$I_{tot} = \frac{V_s}{Z_r} \tag{17-11}$$

공진 상태에서 병렬 공진 회로의 임피던스는 저항 성분만을 가지므로, 위상각은 0°가 된다.

## 코일의 권선 저항이 병렬 공진주파수에 미치는 영향

코일의 권선 저항을 고려하면 실제 병렬 공진 회로의 공진조건을 다음과 같이 쓸 수 있다.

$$2\pi f_r L\left(\frac{Q^2 + 1}{Q^2}\right) = \frac{1}{2\pi f_r C}$$

여기서 $Q$는 코일의 **양호도**(quality factor)로, $Q = X_L/R_W$이다. 이 식을 $f_r$에 대해서 풀면

$$f_r = \frac{1}{2\pi\sqrt{LC}}\sqrt{\frac{Q^2}{Q^2 + 1}} \qquad (17\text{-}12)$$

을 얻을 수 있다. 여기서 $Q \geq 10$인 경우에는

$$\sqrt{\frac{Q^2}{Q^2 + 1}} = \sqrt{\frac{100}{101}} = 0.995 \cong 1$$

이 된다. 따라서 $Q \geq 10$인 경우, 병렬 공진주파수를 직렬 공진주파수와 같은 것으로 볼 수 있다. 즉, 다음과 같은 근사식으로 쓸 수 있다.

$$f_r \cong \frac{1}{2\pi\sqrt{LC}} \quad (\text{단, } Q \geq 10\text{인 경우})$$

이 근사식 대신 회로를 구성하는 각 부품의 값으로 표현된 다음 식을 사용하면 회로의 병렬 공진주파수 $f_r$을 정확하게 구할 수 있다.

$$f_r = \frac{\sqrt{1 - (R_W^2 C/L)}}{2\pi\sqrt{LC}} \qquad (17\text{-}13)$$

대부분의 경우에는 $f_r = 1/(2\pi\sqrt{LC})$의 간단한 근사식으로 계산해도 상당히 정확하므로 식 (17-13)은 별로 사용되지 않는다. 식 (17-13)의 유도 과정을 부록 B에 수록하였다.

**예제 17-11** 그림 17-30의 회로에 대해, 정확한 공진주파수와 $Q$ 값을 구하라.

▶ 그림 17-30

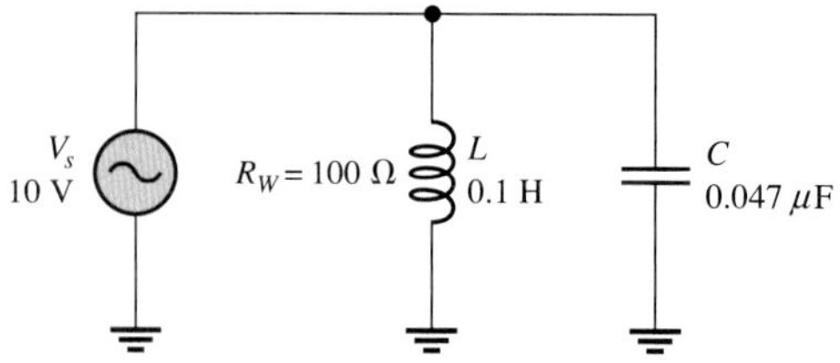

풀이 식 (17-13)을 사용하여 공진주파수를 구해 보면

$$f_r = \frac{\sqrt{1 - (R_W^2 C/L)}}{2\pi\sqrt{LC}} = \frac{\sqrt{1 - [(100\ \Omega)^2(0.047\ \mu\text{F})/0.1\ \text{H}]}}{2\pi\sqrt{(0.047\ \mu\text{F})(0.1\ \text{H})}} = \mathbf{2.32\ kHz}$$

양호도 $Q$를 계산하기에 앞서 먼저 $X_L$을 구한다.

$$X_L = 2\pi f_r L = 2\pi(2.32\ \text{kHz})(0.1\ \text{H}) = 1.46\ \text{k}\Omega$$

$$Q = \frac{X_L}{R_W} = \frac{1.46\ \text{k}\Omega}{100\ \Omega} = \mathbf{14.6}$$

이 회로는 $Q > 10$이므로 공진주파수 $f_r$을 구하는 데 근사식 $f_r \cong 1/(2\pi\sqrt{LC})$을 사용할 수도 있다.

관련 문제 [예제 17-11]에서 $R_W$가 작아지면 $f_r$은 2.32 kHz보다 작아지는가, 아니면 커지는가?

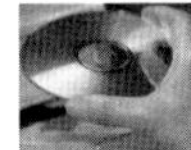

Multisim 파일 E17-11을 사용하여 [예제 17-11]과 [관련 문제]의 계산 결과를 확인하라.

**복습문제 17-6**

1. 병렬 공진 상태에서 회로의 임피던스는 최소가 되는가, 아니면 최대가 되는가?
2. 병렬 공진 상태에서 회로의 전체 전류는 최소가 되는가, 아니면 최대가 되는가?
3. 이상적인 병렬 공진 상태에서 $X_L = 1500\ \Omega$일 때 $X_C$를 구하라.
4. $R_W = 4\ \Omega$, $L = 50$ mH, $C = 10$ pF인 병렬 탱크 회로의 공진주파수를 구하라.
5. $Q = 25$, $L = 50$ mH, $C = 1000$ pF일 때 $f_r$을 구하라.
6. 위의 문제 5에서, $Q = 2.5$일 때 $f_r$을 구하라.

학습 방법 2를 선택한 사람들은 이제 15장에서 17장까지 모든 병렬 회로의 학습을 끝마쳤으므로 여기에서 15장의 3부 직·병렬 회로로 옮겨가서 공부한다.

# 03 직·병렬 회로

## 17-7 *RLC* 직·병렬 회로의 해석

이 절에서는 예제를 몇 개 풀어 보면서 *R*, *L*, *C* 부품이 직렬과 병렬로 복잡하게 연결된 *RLC* 직·병렬 회로의 해석 방법을 익히도록 한다. 또한 직·병렬 회로를 등가 병렬 회로로 변환하는 방법에 대해서도 함께 알아보며 실제 병렬 회로에서의 공진에 대해서도 살펴본다.

이 절의 학습 내용은 다음과 같다.

- ***RLC* 직·병렬 회로의 해석 방법**
  - *RLC* 직·병렬 회로의 전류, 전압을 구하는 방법
  - 직·병렬 회로를 등가 병렬 회로로 변환하는 방법
  - 권선 저항이 있는 실제 병렬 공진 회로의 해석 방법
  - 저항 부하가 연결된 탱크 회로의 동작

다음 두 예제를 풀어 보면서 저항, 인덕터, 커패시터가 직렬과 병렬로 연결된 복잡한 회로를 해석하는 방법을 살펴본다.

**예제 17-12** 그림 17-31의 회로에서, 커패시터 양단의 전압을 극좌표 형식으로 구하라. 또한 이 회로가 유도성인지, 용량성인지 구하라.

▶ 그림 17-31

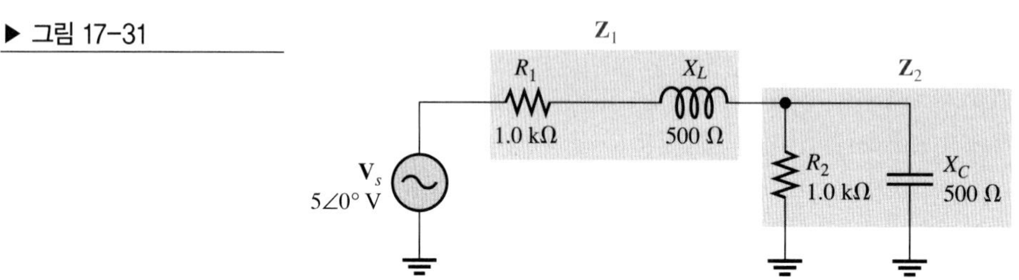


**풀이** 여기서는 전압 분배 법칙을 사용하여 회로를 해석해 본다. $R_1$과 $X_L$이 직렬로 연결된 부분의 합성 임피던스를 $\mathbf{Z}_1$이라고 하면, $\mathbf{Z}_1$은 직각좌표 형식으로 다음과 같이 나타낼 수 있다.

$$\mathbf{Z}_1 = R_1 + jX_L = 1000\ \Omega + j500\ \Omega$$

이를 극좌표 형식으로 변환하면

$$\mathbf{Z}_1 = \sqrt{R_1^2 + X_L^2}\angle\tan^{-1}\left(\frac{X_L}{R_1}\right)$$

$$= \sqrt{(1000\ \Omega)^2 + (500\ \Omega)^2}\angle\tan^{-1}\left(\frac{500\ \Omega}{1000\ \Omega}\right) = 1118\angle 26.6°\ \Omega$$

$R_2$와 $X_C$가 병렬로 연결되어 있는 부분의 합성 임피던스를 $\mathbf{Z}_2$라고 하면, $\mathbf{Z}_2$는 극좌표 형식으로 다음과 같이 나타낼 수 있다.

$$\mathbf{Z}_2 = \left(\frac{R_2X_C}{\sqrt{R_2^2 + X_C^2}}\right)\angle -\tan^{-1}\left(\frac{R_2}{X_C}\right)$$
$$= \left[\frac{(1000\ \Omega)(500\ \Omega)}{\sqrt{(1000\ \Omega)^2 + (500\ \Omega)^2}}\right]\angle -\tan^{-1}\left(\frac{1000\ \Omega}{500\ \Omega}\right) = 447\angle -63.4^\circ\ \Omega$$

이를 직각좌표 형식으로 변환하면

$$\mathbf{Z}_2 = Z_2\cos\theta + jZ_2\sin\theta$$
$$= (447\ \Omega)\cos(-63.4^\circ) + j447\sin(-63.4^\circ) = 200\ \Omega - j400\ \Omega$$

따라서 전체 임피던스 $\mathbf{Z}_{tot}$를 극좌표 형식으로 구하면

$$\mathbf{Z}_{tot} = \mathbf{Z}_1 + \mathbf{Z}_2 = (1000\ \Omega + j500\ \Omega) + (200\ \Omega - j400\ \Omega) = 1200\ \Omega + j100\ \Omega$$

이를 극좌표 형식으로 변환하면

$$\mathbf{Z}_{tot} = \sqrt{(1200\ \Omega)^2 + (100\ \Omega)^2}\angle\tan^{-1}\left(\frac{100\ \Omega}{1200\ \Omega}\right) = 1204\angle 4.76^\circ\ \Omega$$

전압 분배 법칙을 사용하여 $\mathbf{V}_C$를 구하면

$$\mathbf{V}_C = \left(\frac{\mathbf{Z}_2}{\mathbf{Z}_{tot}}\right)\mathbf{V}_s = \left(\frac{447\angle -63.4^\circ\ \Omega}{1204\angle 4.76^\circ\ \Omega}\right)5\angle 0^\circ\ \text{V} = \mathbf{1.86\angle -68.2^\circ\ V}$$

따라서 $V_C$는 1.86 V이고, $V_s$보다 68.2°만큼 뒤진다.

전체 임피던스 $\mathbf{Z}_{tot}$의 허수부의 부호가 (+)이므로 위상각도 (+) 값을 갖는다. 따라서 회로는 유도성이 된다. 유도성이기는 하지만 위상각이 작으므로 이 회로는 유도성의 성질을 아주 약하게 나타내고 있다는 것을 알 수 있다. 그림 17-31의 회로에서 $X_L = X_C = 500\ \Omega$인데, 회로가 유도성이라는 것이 이상하게 생각될지도 모른다. 그러나 커패시터와 병렬로 저항이 연결되어 있으므로 커패시터는 인덕터에 비해 전체 임피던스에 미치는 영향이 작다. 그림 17-32의 페이저도는 $V_C$와 $V_s$의 위상관계를 보여주고 있다. $X_C = X_L$이지만 $X_C$와 $R_2$가 병렬로 연결되어 있으므로 전체 임피던스의 허수부($j$항)가 0이 되지 않는다. 따라서 이 회로는 공진 상태에 있지 않다. $\mathbf{Z}_{tot}$의 위상각이 0°가 아닌 4.76°라는 것으로도 이 사실을 알 수 있다.

▶ 그림 17-32

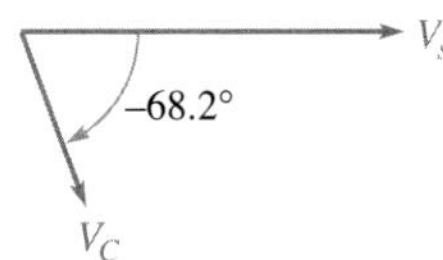


**관련 문제** 그림 17-31의 회로에서, $R_1$이 2.2 kΩ으로 증가한 경우에 커패시터 양단의 전압을 극좌표 형식으로 구하라.

**예제 17-13** 그림 17-33의 회로에서, $B$점과 접지 사이의 전압을 구하라.

▶ 그림 17-33

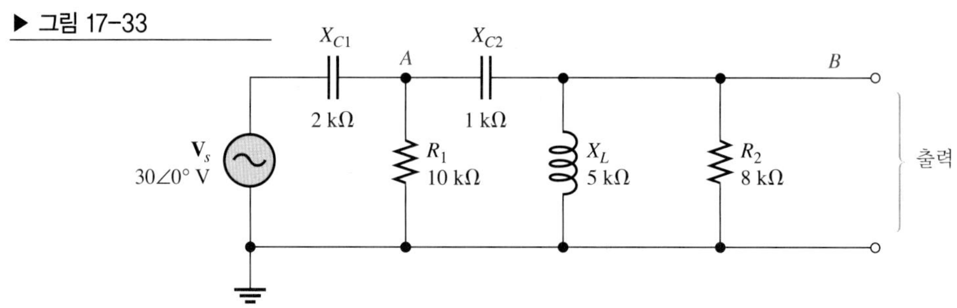


**풀이** $B$점의 전압($\mathbf{V}_B$)은 개방되어 있는 두 출력 단자 사이의 전압이다. 전압 분배 법칙을 사용하여 이 전압을 구해 본다. 이를 위해서는 우선 $A$점의 전압($\mathbf{V}_A$)을 알아야 한다. $\mathbf{V}_A$를 구하기 위해 먼저 $A$점과 접지 사이의 임피던스를 구한다.

회로를 보면 $X_L$과 $R_2$가 병렬로 연결된 부분이 있고, 또한 이 부분은 $X_{C2}$와 직렬로 연결되어 있다. $A$점과 접지 사이의 임피던스를 $\mathbf{Z}_A$라고 하자. 이제 다음 몇 단계의 과정을 통해 이를 구해 본다. $R_2$와 $X_L$이 병렬로 연결된 부분의 임피던스를 $\mathbf{Z}_1$로 하여, 이를 구해 보면

$$\mathbf{Z}_1 = \left(\frac{R_2X_L}{\sqrt{R_2^2 + X_L^2}}\right)\angle\tan^{-1}\left(\frac{R_2}{X_L}\right)$$
$$= \left(\frac{(8\text{ k}\Omega)(5\text{ k}\Omega)}{\sqrt{(8\text{ k}\Omega)^2 + (5\text{ k}\Omega)^2}}\right)\angle\tan^{-1}\left(\frac{8\text{ k}\Omega}{5\text{ k}\Omega}\right) = 4.24\angle 58.0°\text{ k}\Omega$$

여기서 구한 $\mathbf{Z}_1$과 $\mathbf{X}_{C2}$는 직렬로 연결되어 있으므로, $\mathbf{Z}_1$과 $\mathbf{X}_{C2}$의 직렬 합성 임피던스 $\mathbf{Z}_2$는

$$\mathbf{Z}_2 = \mathbf{X}_{C2} + \mathbf{Z}_1$$
$$= 1\angle -90°\text{ k}\Omega + 4.24\angle 58°\text{ k}\Omega = -j1\text{ k}\Omega + 2.25\text{ k}\Omega + j3.6\text{ k}\Omega$$
$$= 2.25\text{ k}\Omega + j2.6\text{ k}\Omega$$

이를 극좌표 형식으로 변환하면

$$\mathbf{Z}_2 = \sqrt{(2.25\text{ k}\Omega)^2 + (2.6\text{ k}\Omega)^2}\angle\tan^{-1}\left(\frac{2.6\text{ k}\Omega}{2.25\text{ k}\Omega}\right) = 3.44\angle 49.1°\text{ k}\Omega$$

여기서 구한 임피던스 $\mathbf{Z}_2$와 $\mathbf{R}_1$은 병렬로 연결되어 있으므로, $\mathbf{Z}_2$와 $\mathbf{R}_1$의 병렬 합성 임피던스 $\mathbf{Z}_A$는

$$\mathbf{Z}_A = \frac{\mathbf{R}_1\mathbf{Z}_2}{\mathbf{R}_1 + \mathbf{Z}_2} = \frac{(10\angle 0°\text{ k}\Omega)(3.44\angle 49.1°\text{ k}\Omega)}{10\text{ k}\Omega + 2.25\text{ k}\Omega + j2.6\text{ k}\Omega}$$
$$= \frac{34.4\angle 49.1°\text{ k}\Omega}{12.25\text{ k}\Omega + j2.6\text{ k}\Omega} = \frac{34.4\angle 49.1°\text{ k}\Omega}{12.5\angle 12.0°\text{ k}\Omega} = 2.75\angle 37.1°\text{ k}\Omega$$

따라서 그림 17-33의 회로를 그림 17-34와 같이 더욱 간단한 회로로 바꾸어 그릴 수 있다.

▶ 그림 17-34

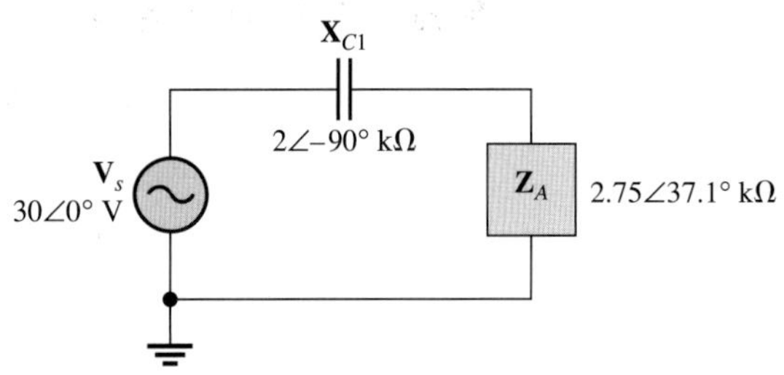


그림 17-33의 회로에서 $A$점의 전압 $\mathbf{V}_A$는 그림 17-34의 회로에서 $\mathbf{Z}_A$ 양단의 전압이 되므로, 전압 분배 법칙을 사용하여 다음의 과정으로 구할 수 있다. 먼저 전체 임피던스 $\mathbf{Z}_{tot}$는

$$
\begin{aligned}
\mathbf{Z}_{tot} &= \mathbf{X}_{C1} + \mathbf{Z}_A \\
&= 2\angle -90^\circ\,\text{k}\Omega + 2.75\angle 37.1^\circ\,\text{k}\Omega = -j2\,\text{k}\Omega + 2.19\,\text{k}\Omega + j1.66\,\text{k}\Omega \\
&= 2.19\,\text{k}\Omega - j0.340\,\text{k}\Omega
\end{aligned}
$$

이를 극좌표 형식으로 변환하면

$$\mathbf{Z}_{tot} = \sqrt{(2.19\,\text{k}\Omega)^2 + (0.340\,\text{k}\Omega)^2}\angle -\tan^{-1}\left(\frac{0.340\,\text{k}\Omega}{2.19\,\text{k}\Omega}\right) = 2.22\angle -8.82^\circ\,\text{k}\Omega$$

이므로, $A$점의 전압은 다음과 같다.

$$\mathbf{V}_A = \left(\frac{\mathbf{Z}_A}{\mathbf{Z}_{tot}}\right)\mathbf{V}_s = \left(\frac{2.75\angle 37.1^\circ\,\text{k}\Omega}{2.22\angle -8.82^\circ\,\text{k}\Omega}\right)30\angle 0^\circ\,\text{V} = 37.2\angle 45.9^\circ\,\text{V}$$

다음으로 그림 17-35의 회로에서 $B$점의 전압을 구해 본다. 그림 17-35의 회로에서 알 수 있듯이 $B$점의 전압은 $\mathbf{Z}_1$ 양단의 전압이 되고, 위에서 구한 $\mathbf{V}_A$가 $\mathbf{X}_{C2}$와 $\mathbf{Z}_1$에 나누어지므로

$$\mathbf{V}_B = \left(\frac{\mathbf{Z}_1}{\mathbf{Z}_2}\right)\mathbf{V}_A = \left(\frac{4.24\angle 58^\circ\,\text{k}\Omega}{3.44\angle 49.1^\circ\,\text{k}\Omega}\right)37.2\angle 45.9^\circ\,\text{V} = \mathbf{45.9\angle 54.8^\circ\,V}$$

가 된다. 이 결과를 살펴보면 놀랍게도 $V_A$가 인가 전압 $V_s$보다 크고, $V_B$도 $V_A$보다 크다! 이러한 현상이 일어날 수 있는 것은 리액턴스 전압 사이에는 특별한 위상관계(즉, 180° 위상차)가 존재하기 때문이다. $X_C$와 $X_L$ 양단 전압의 부호는 서로 반대가 된다는 사실을 명심하기 바란다.

▶ 그림 17-35

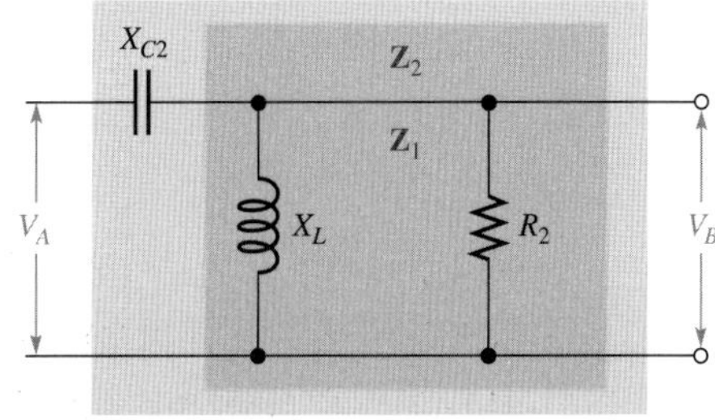


**관련 문제** 그림 17-33의 회로에서, $C_1$ 양단의 전압을 극좌표 형식으로 구하라.

## 직·병렬 회로를 등가 병렬 회로로 변환하는 방법

그림 17-36에는 매우 중요한 형태의 직·병렬 회로가 나타나 있다. 이것은 실제 $L$과 $C$ 부품이 병렬로 연결된 것을 회로도로 나타낸 것으로, 실제의 인덕터에는 권선 저항이 포함되어 있으므로, $L$과 직렬로 권선 저항 $R_W$가 연결된 것으로 표시되어 있다.

▶ 그림 17-36

*RLC* 직·병렬 회로($Q = X_L/R_W$)

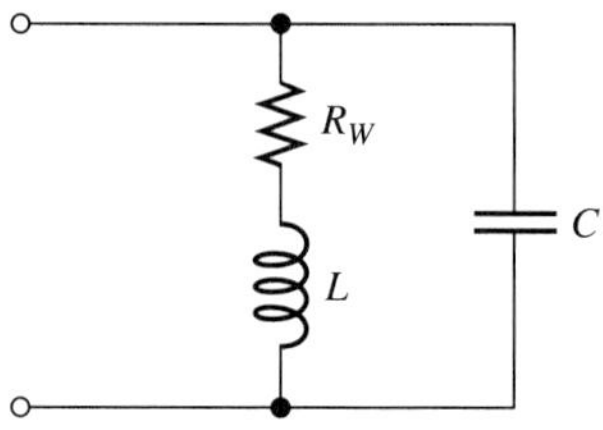


그림 17-36의 직·병렬 회로에 대한 등가 병렬 회로를 그림 17-37과 같이 나타낼 수 있다. 그림 17-37의 등가 병렬 회로를 이용하면 앞으로 다루게 될 병렬 공진의 특성을 해석하는 데 도움이 된다.

▶ 그림 17-37

그림 17-36의 등가 병렬 회로

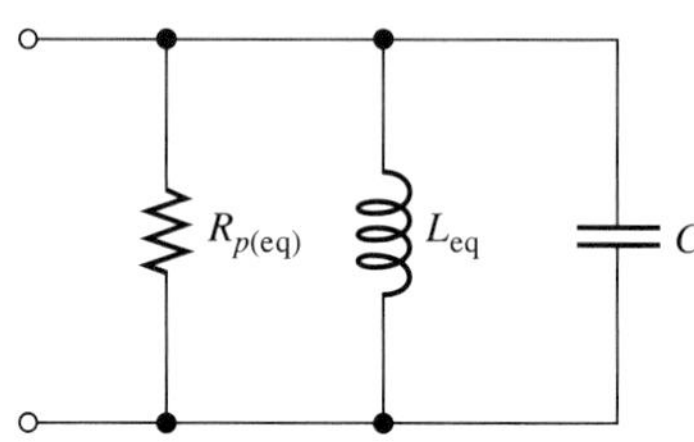


그림 17-37의 회로가 그림 17-36 회로의 등가 회로가 되려면 등가 인덕턴스 $L_{\mathrm{eq}}$와 등가 병렬 저항 $R_{p(\mathrm{eq})}$가 다음 식을 만족해야 한다.

$$L_{\mathrm{eq}} = L\left(\frac{Q^2 + 1}{Q^2}\right) \tag{17-14}$$

$$R_{p(\mathrm{eq})} = R_W(Q^2 + 1) \tag{17-15}$$

여기서 $Q$는 코일의 양호도(quality factor)로 $X_L/R_W$와 같다. 위의 두 식의 유도 과정은 매우 복잡하므로 여기서는 생략하기로 한다. 위의 두 식에서 $Q \geq 10$인 경우, $L_{\mathrm{eq}}$의 값은 $L$ 값과 거의 같아지므로 $L_{\mathrm{eq}} \cong L$로 쓸 수 있다. 예를 들어 $L = 10$ mH인 인덕터의 $Q$가 $Q = 10$일 때,

$$L_{\mathrm{eq}} = 10\,\mathrm{mH}\left(\frac{10^2 + 1}{10^2}\right) = 10\,\mathrm{mH}(1.01) = 10.1\,\mathrm{mH}$$

로 $L_{\mathrm{eq}}$는 거의 $L$과 같아진다. 그림 17-36과 그림 17-37의 두 회로가 어떤 주어진 주파수에서 등가라는 것은 그 주파수의 교류 전압을 같은 크기로 두 회로에 각각 인가하면 두 회로에 흐르는 전류와 위상각이 서로 같게 된다는 것을 의미한다. 일반적으로 어떤 회로의 해석이 복잡한 경우에는 이 회로의 등가 회로를 구하여 회로를 더욱 쉽게 해석하는 방법을 많이 사용한다.

**예제 17-14** 그림 17-38에 표시된 직·병렬 회로에 대해, 주파수 $f = 15.9\ \text{kHz}$에서 등가 병렬 회로를 구하라.

▶ **그림 17-38**

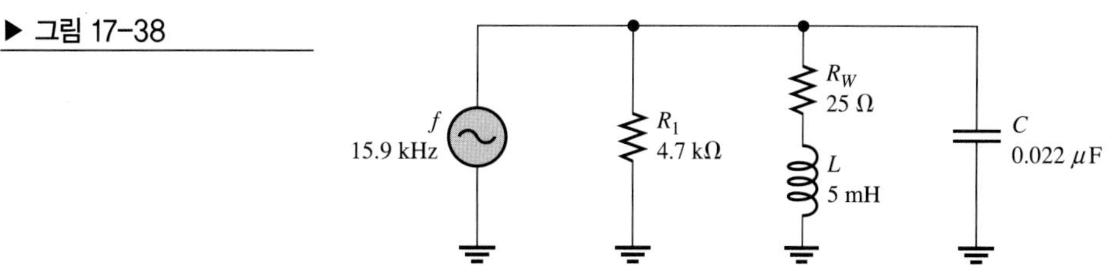


**풀이** 유도성 리액턴스를 구해 보면

$$X_L = 2\pi fL = 2\pi(15.9\ \text{kHz})(5\ \text{mH}) = 500\ \Omega$$

코일의 $Q$는

$$Q = \frac{X_L}{R_W} = \frac{500\ \Omega}{25\ \Omega} = 20$$

$Q > 10$이므로, $L_{eq} \cong L = 5\ \text{mH}$로 쓸 수 있다.

등가 병렬 저항은

$$R_{p(\text{eq})} = R_W(Q^2 + 1) = (25\ \Omega)(20^2 + 1) = 10\ \text{k}\Omega$$

그림 17-39(a)와 같이 이 등가 저항 $R_{p(\text{eq})}$는 저항 $R_1$과 병렬로 연결된다. 이 두 병렬 저항을 합성하여 전체 병렬 저항($R_{p(tot)}$)을 구하면 3.2 kΩ이 되어, 그림 17-39(b)의 회로를 얻을 수 있다.

▶ **그림 17-39**

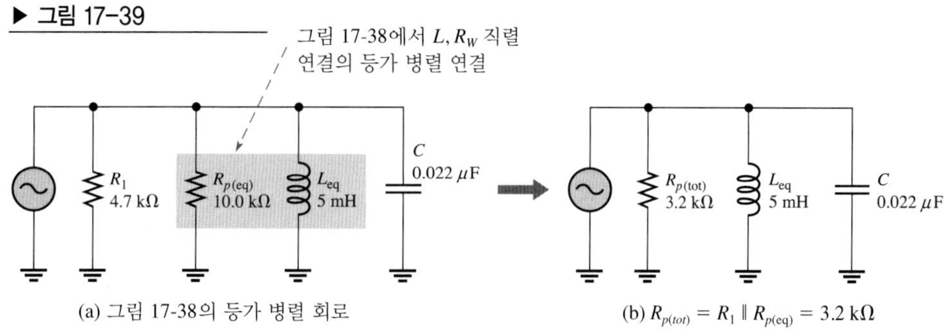


(a) 그림 17-38의 등가 병렬 회로

(b) $R_{p(tot)} = R_1 \parallel R_{p(\text{eq})} = 3.2\ \text{k}\Omega$

**관련 문제** 그림 17-38의 회로에서, $R_W = 10\ \Omega$일 때 등가 병렬 회로를 구하라.

## 실제 회로의 병렬 공진조건

17-6절에서는 이상적인 *LC* 병렬 공진 회로의 공진에 대해서 알아보았다. 여기서는 실제적인 경우로서, 코일의 권선 저항을 고려하여 탱크 회로의 공진을 살펴본다. 그림 17-40에 권선 저항이 포함된 실제의 탱크 회로와 이것의 등가 *RLC* 병렬 회로를 나타내었다.

▶ 그림 17-40

실제 병렬 공진 회로에는 권선 저항이 반드시 들어 있다.

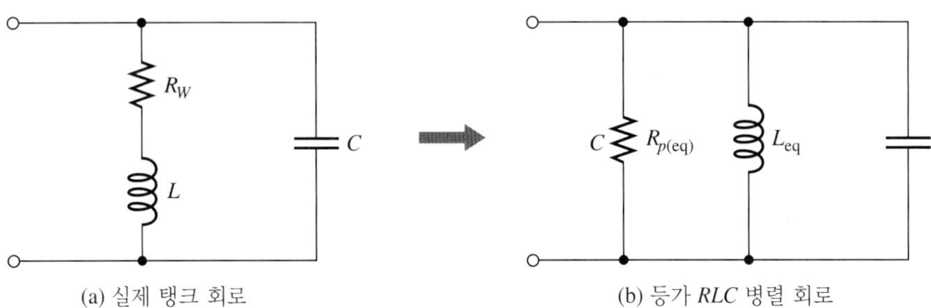


(a) 실제 탱크 회로 (b) 등가 *RLC* 병렬 회로

공진 상태에서 회로의 양호도 $Q$는 코일의 $Q$와 같다. 즉,

$$Q = \frac{X_L}{R_W}$$

탱크 회로의 인덕턴스, 저항에 대한 등가 인덕턴스, 등가 병렬 저항을 식 (17-14), (17-15)로 나타낼 수 있다.

$$L_{eq} = L\left(\frac{Q^2 + 1}{Q^2}\right)$$

$$R_{p(eq)} = R_W(Q^2 + 1)$$

여기서 $Q \geq 10$이면 $L_{eq} \cong L$로 쓸 수 있다.

병렬 공진 상태에서

$$X_{L(eq)} = X_C$$

이 된다. 그림 17-41의 등가 병렬 회로에서, $R_{p(eq)}$는 이상적인 코일 $L$과 커패시터 $C$에 병렬로 연결되어 있다. 이 회로에서 병렬로 연결된 $L$과 $C$는 이상적인 탱크 회로가 되므로 공진 상태에서 이 탱크 회로의 임피던스는 그림에 표시된 것처럼 무한대가 된다. 따라서 저항이 있는 실제 탱크 회로에서 공진 상태의 임피던스는 등가 병렬 저항과 같아진다. 즉,

$$Z_r = R_W(Q^2 + 1) \qquad (17\text{-}16)$$

식 (17-16)의 유도 과정을 부록 B에 수록하였다.

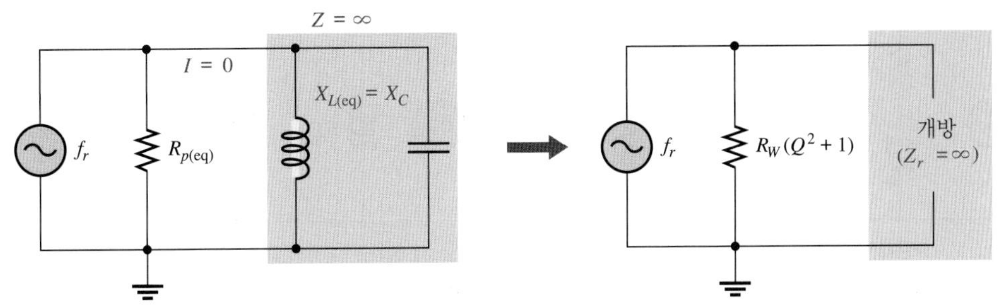


◀ 그림 17-41

공진 상태에서 *L*과 *C*가 병렬로 연결된 부분은 개방된 것으로 볼 수 있으므로, 회로에는 전원과 $R_{p(eq)}$만이 남게 된다.

**예제 17-15** 그림 17-42의 회로에서, 공진주파수($f_r \cong$ 17,794 Hz)에서의 회로의 임피던스를 구하라.

▶ 그림 17-42

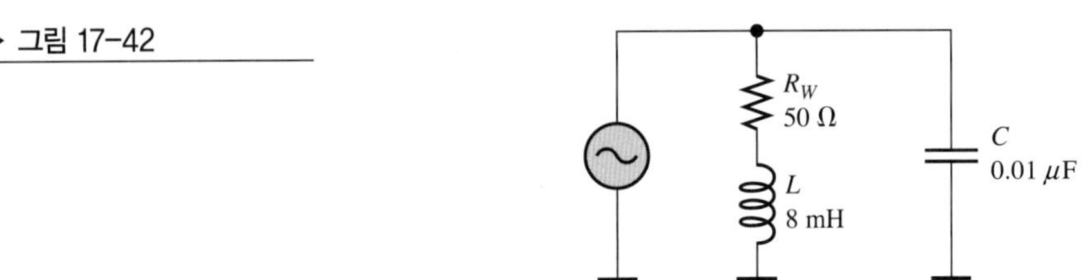


**풀이** 식 (17-16)을 사용하여 임피던스를 계산하려면 회로의 $Q$를 알아야 한다. 회로의 $Q$를 구하기 위해, 먼저 유도성 리액턴스를 구한다.

$$X_L = 2\pi f_r L = 2\pi(17{,}794\text{ Hz})(8\text{ mH}) = 894\ \Omega$$

$$Q = \frac{X_L}{R_W} = \frac{894\ \Omega}{50\ \Omega} = 17.9$$

$$Z_r = R_W(Q^2 + 1) = 50\ \Omega(17.9^2 + 1) = \mathbf{16.1\ k\Omega}$$

**관련 문제** 그림 17-42의 회로에서 $R_W = 10\ \Omega$일 때, $Z_r$을 구하라.

## 부하 저항이 연결된 탱크 회로의 동작

탱크 회로는 전기·전자 분야에서 널리 응용되고 있는데, 이때 탱크 회로에 부하가 연결되는 것이 가장 일반적인 사용 방식이다. 이 경우에는 그림 17-43(a)와 같이 탱크 회로와 병렬로 외부에 부하 저항($R_L$)이 연결된 것으로 볼 수 있다. 이 외부 저항 $R_L$은 전원에서 공급되는 전력의 일부를 소모하게 되므로, 회로의 $Q$ 값이 낮아진다. 외부 저항 $R_L$이 코일의 병렬 등가 저항($R_{p(eq)}$)과 병렬로 연결된 형태가 되므로, 이 $R_L$과 $R_{p(eq)}$의 병렬 합성 저항이 그림 17-43(b)의 회로에 표시된 전체 병렬 저항 $R_{p(tot)}$가 된다. 즉,

$$R_{p(tot)} = R_L \parallel R_{p(eq)}$$

회로 전체의 $Q$를 $Q_O$로 표기하면, 그림 17-43(b)의 *RLC* 병렬 회로의 $Q_O$는 다음과 같이 직렬 회로의 $Q$와 다르게 표현된다. 즉,

▶ 그림 17-43

부하가 연결된 탱크 회로와 그 등가 회로

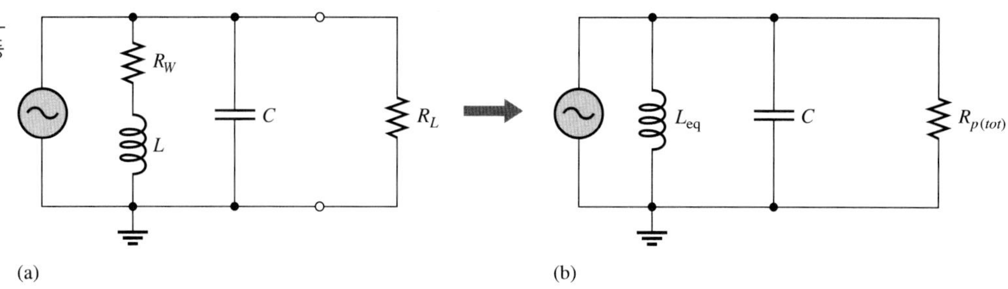


$$Q_O = \frac{R_{p(tot)}}{X_{L(eq)}} \quad (17\text{-}17)$$

이상에서 알 수 있듯이, 부하가 연결된 탱크 회로의 $Q_O$는 코일의 $Q$(즉, 부하가 연결되지 않은 탱크 회로의 $Q$)보다 작아진다.

**복습문제 17-7**

1. 권선 저항이 2 Ω인 100 μH의 인덕터가 0.22 μF의 커패시터와 병렬로 연결된 공진 회로가 있다. $Q = 8$일 때, 이 회로의 병렬 등가 회로를 구하라.
2. 권선 저항이 10 Ω인 20 mH의 인덕터가 있다. 주파수 $f = 1$ kHz에서, 이 인덕터의 등가 병렬 인덕턴스와 등가 병렬 저항을 구하라.

학습 방법 2를 선택한 사람들은 이제 15장에서 17장까지 모든 직·병렬 회로의 학습을 끝마쳤으므로 여기에서 15장의 4부 특별 주제로 옮겨가서 공부한다.

# 04 특별 주제

## 17-8 공진 회로의 대역폭

앞에서 살펴본 것처럼 공진주파수에서 *RLC* 직렬 회로의 리액턴스들은 서로 상쇄되어 0이 되므로 회로에 흐르는 전류의 크기는 최대가 된다. 반대로 *RLC* 병렬 회로에서는 커패시터와 인덕터를 통해 흐르는 전류가 서로 상쇄되어 0이 되므로 회로에 흐르는 전류는 최소가 된다. 이 절에서는 이러한 공진 특성과 대역폭의 관계에 대해 살펴본다.

이 절의 학습 내용은 다음과 같다.

- **공진 회로의 대역폭을 구하는 방법**
  - 직렬, 병렬 공진 회로의 대역폭
  - 대역폭 공식
  - *반전력 주파수*의 정의
  - *선택도*의 정의
  - *Q*와 대역폭의 관계

### 직렬 공진 회로

*RLC* 직렬 회로에 흐르는 전류는 공진주파수(중심주파수라고도 함)에서 최대가 되며, 주파수가 공진주파수에서 양쪽으로 멀어짐에 따라 감소한다. 대역폭(bandwidth)은 공진 회로의 특성을 표시하는 중요한 항목으로 줄여서 BW로 표기한다. 대역폭은 최대 전류 크기(즉, 공진주파수일 때의 전류의 크기)의 70.7% 이상이 되는 전류가 흐르는 주파수의 범위로 정의된다.

그림 17-44를 보면, *RLC* 직렬 회로의 주파수 응답 곡선 위에 대역폭이 표시되어 있다. 여기서 대역폭을 결정하는 두 주파수 $f_1, f_2$에 대해 알아본다. $f_1$과 $f_2$는 각각 전류의 크기가 $0.707I_{max}$가 되는 주파수로 차단주파수(cutoff frequency)라고 한다. 공진주파수 $f_r$보다 작은 값을 갖는 $f_1$을 **저주파 차단주파수**(lower cutoff frequency), 반대로 큰 값을 갖는 $f_2$를 **고주파 차단주파수**(upper cutoff frequency)라고 한다. 차단주파수 $f_1, f_2$를 **−3 dB 주파수**, **임계 주파수**(critical frequency),

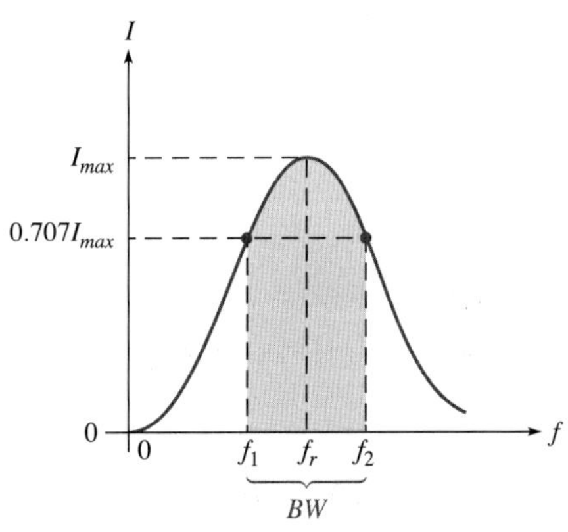


◀ 그림 17-44

전류 *I*에 대한 직렬 공진주파수 응답 곡선과 대역폭

반전력 주파수(half-power frequency) 등과 같이 또 다른 이름으로도 부른다. 반전력 주파수의 의미에 대해서는 이 장의 뒷부분에서 설명한다.

**예제 17-16** 어떤 직렬 공진 회로에서, 공진주파수에서 회로에 흐르는 최대 전류의 크기가 100 mA이다. 차단주파수에서의 전류 크기를 구하라.

**풀이** 차단주파수에서의 전류는 최대값의 70.7%가 되므로

$$I_{f1} = I_{f2} = 0.707I_{max} = 0.707(100\text{ mA}) = \mathbf{70.7\text{ mA}}$$

**관련 문제** 어떤 직렬 공진 회로에서, 차단주파수에서 회로에 흐르는 전류가 25 mA이다. 공진주파수에서 전류의 크기를 구하라.

## 병렬 공진 회로

공진주파수에서 병렬 공진 회로의 임피던스는 최대가 되므로, 회로에 흐르는 전체 전류는 최소가 된다. 직렬 회로에서 전류 곡선을 이용하여 대역폭을 정의했던 것과 같은 방식으로 병렬 공진 회로에는 임피던스 곡선을 사용하여 대역폭을 구할 수 있다. 임피던스 곡선에서 $Z$가 최대가 되는 주파수는 공진주파수 $f_r$이다. $Z = 0.707Z_{max}$가 되는 두 주파수가 저주파 차단주파수 $f_1$과 고주파 차단주파수 $f_2$이다. 그림 17-45에 표시한 것처럼 대역폭은 $f_1$과 $f_2$ 사이의 주파수영역이 된다.

▶ 그림 17-45

$Z_{tot}$에 대한 병렬 공진주파수 응답 곡선과 대역폭

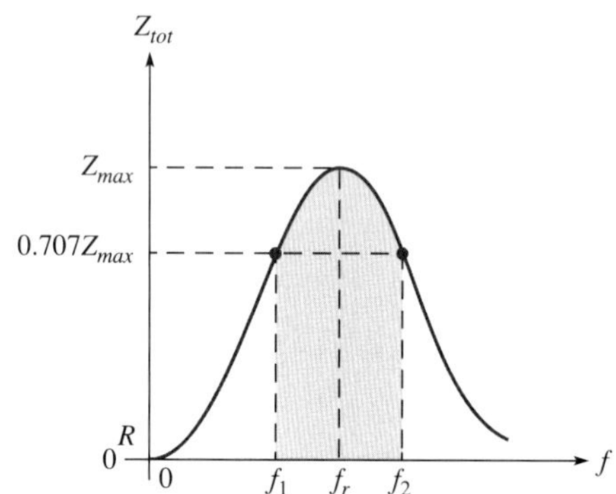


## 대역폭 공식

직렬 공진 회로나 병렬 공진 회로의 대역폭은 회로의 $I$ 또는 $Z$에 대한 주파수 응답 곡선에서 최대값의 0.707배가 되는 두 차단주파수 사이의 주파수대역으로 정의된다. 따라서 대역폭은 $f_2$와 $f_1$의 주파수 차가 되므로

$$BW = f_2 - f_1 \tag{17-18}$$

이상적인 경우에 공진주파수 $f_r$은 중심주파수가 되므로, 이를 다음 식으로 계산할 수 있다.

$$f_r = \frac{f_1 + f_2}{2} \tag{17-19}$$

**예제 17-17** 저주파 차단주파수가 8 kHz, 고주파 차단주파수가 12 kHz인 공진 회로에서, 대역폭과 중심주파수를 구하라.

풀이

$$BW = f_2 - f_1 = 12\,\text{kHz} - 8\,\text{kHz} = \mathbf{4\,kHz}$$

$$f_r = \frac{f_1 + f_2}{2} = \frac{12\,\text{kHz} + 8\,\text{kHz}}{2} = \mathbf{10\,kHz}$$

관련 문제 대역폭이 2.5 kHz, 중심주파수가 8 kHz인 공진 회로의 저주파 차단주파수, 고주파 차단주파수를 구하라.

## 반전력 주파수

앞에서 말했듯이, 두 차단주파수를 **반전력 주파수**(half-power frequency)라고도 한다. 이것은 차단주파수에서의 전력이 공진주파수에서의 전력의 1/2이 되므로 붙여진 이름이다. 직렬 공진 회로에서 이 내용을 증명해 보면 다음과 같다(병렬 공진 회로에서도 같은 결과를 얻을 수 있다). 공진 상태에서 전력은

$$P_{max} = I_{max}^2 R$$

$f_1$, $f_2$에서의 전력은

$$P_{f1} = I_{f1}^2 R = (0.707 I_{max})^2 R = (0.707)^2 I_{max}^2 R = 0.5 I_{max}^2 R = 0.5 P_{max}$$

## 선택도

그림 17-44와 그림 17-45의 주파수 응답 곡선을 **선택도 곡선**(selectivity curve)이라고도 한다. 공진 회로에서 **선택도**(selectivity)는 그 회로가 갖고 있는 주파수 선택성의 정도, 즉 회로가 특정 주파수에 대해서는 어느 정도로(얼마나 잘) 응답하고 그 밖의 모든 주파수에 대해서는 응답하지 않는지를 나타낸다. 따라서 **대역폭이 좁을수록 선택도는 커진다.**

공진 회로는 대역폭 내의 주파수는 잘 받아들이고 대역폭 밖의 주파수는 완전히 제거한다고 생각하기 쉽다(그림 17-46(b)). 그러나 실제로는 그림 17-46(a)와 같이 대역폭 밖의 주파수를 갖는 신호는 크기가 작아지긴 해도 완전히 제거되지 않는다. 다만, 신호의 주파수가 차단주파수에서 멀어질수록 신호의 크기가 더욱 작아진다. 그림 17-46(b)는 이상적인 선택도 곡선이다.

그림 17-46에서 알 수 있듯이 선택도에 영향을 주는 또 다른 요소가 응답 곡선의 기울기이다. 회로는 대역폭 내의 신호에 대해서만 응답하므로, 차단주파수에서 곡선의 기울기가 클수록

(크기가 빨리 감소할수록), 회로의 선택도는 커진다. 그림 17-47은 선택도의 크기에 따라 응답 곡선이 어떻게 변하는지 보여주고 있다.

▶ 그림 17-46
대역통과 필터의 선택도 곡선

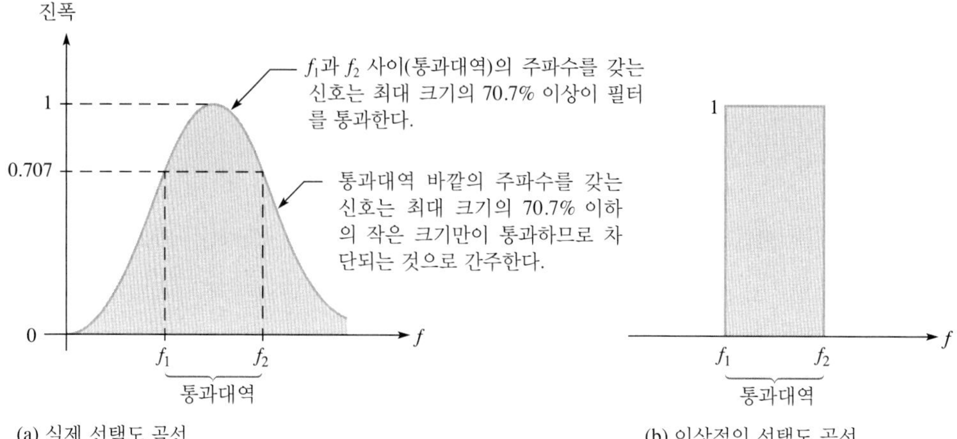

(a) 실제 선택도 곡선 (b) 이상적인 선택도 곡선

▶ 그림 17-47
선택도와 대역폭의 관계

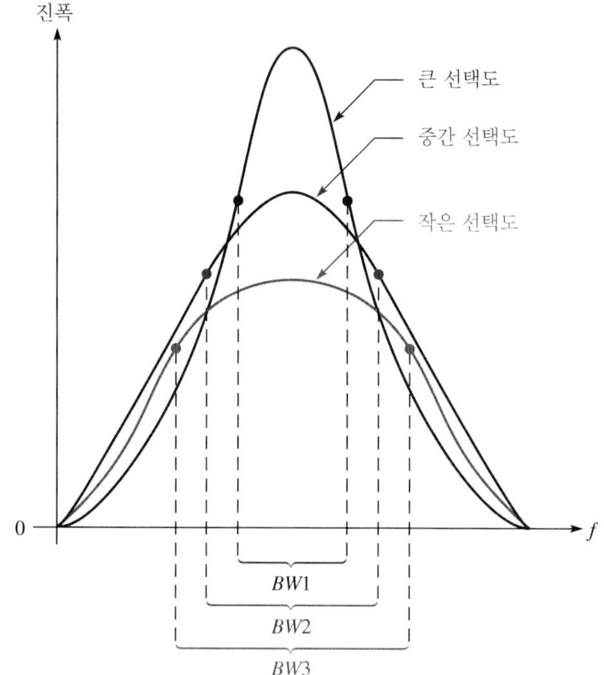


## $Q$가 대역폭에 미치는 영향

회로의 $Q$가 클수록 대역폭은 좁아진다. 반대로 $Q$ 값이 작을수록 대역폭은 넓어진다. 회로의 $Q$로써 대역폭을 구하는 식을 나타내면 다음과 같다.

$$BW = \frac{f_r}{Q} \tag{17-20}$$

**예제 17-18** 그림 17-48에서 두 회로의 대역폭을 각각 구하라.

▶ **그림 17-48**

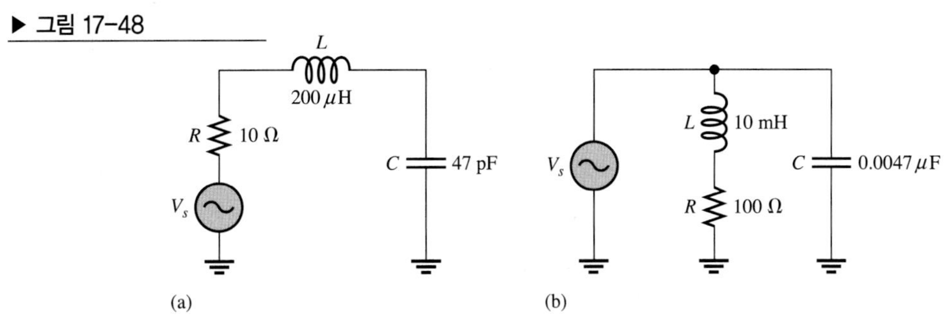


**풀이** 그림 17-48(a)의 회로에서

$$f_r = \frac{1}{2\pi\sqrt{LC}} = \frac{1}{2\pi\sqrt{(200\ \mu\text{H})(47\text{pF})}} = 1.64\ \text{MHz}$$
$$X_L = 2\pi f_r L = 2\pi(1.64\ \text{MHz})(200\ \mu\text{H}) = 2.06\ \text{k}\Omega$$
$$Q = \frac{X_L}{R} = \frac{2.06\ \text{k}\Omega}{10\ \Omega} = 206$$
$$BW = \frac{f_r}{Q} = \frac{1.64\ \text{MHz}}{206} = \mathbf{7.96\ kHz}$$

그림 17-48(b)의 회로에서

$$f_r = \frac{\sqrt{1-(R_W^2C/L)}}{2\pi\sqrt{LC}} \cong \frac{1}{2\pi\sqrt{LC}} = \frac{1}{2\pi\sqrt{(10\ \text{mH})(0.0047\ \mu\text{F})}} = 23.2\ \text{kHz}$$
$$X_L = 2\pi f_r L = 2\pi(23.2\ \text{kHz})(10\ \text{mH}) = 1.46\ \text{k}\Omega$$
$$Q = \frac{X_L}{R} = \frac{1.46\ \text{k}\Omega}{100\ \Omega} = 14.6$$
$$BW = \frac{f_r}{Q} = \frac{23.2\ \text{kHz}}{14.6} = \mathbf{1.59\ kHz}$$

**관련 문제** 그림 17-48(a)의 회로에서, $C = 1000$ pF인 경우에 대역폭을 구하라.

Multisim 파일 E17-18A를 사용하여 [예제 17-18]과 [관련 문제]의 계산 결과를 확인하라.

**복습문제 17-8**

1. 차단주파수가 $f_2 = 2.2$ MHz, $f_1 = 1.8$ MHz일 때 대역폭을 구하라.
2. 위의 문제 1에서 중심주파수를 구하라.
3. 공진 상태에서 전력이 1.8 W일 때, 고주파 차단주파수에서의 전력을 구하라.
4. $Q$가 클수록 대역폭은 좁아지는가, 아니면 넓어지는가?

# 17-9 공진 회로의 응용

공진 회로는 여러 분야에 응용되고 있으며, 특히 통신 시스템에 널리 사용된다. 이 절에서는 몇 가지 통신 시스템에서 실제로 사용되고 있는 공진 회로에 대해 간단히 살펴보면서 전자통신 분야에서 공진 회로의 중요성에 대해 알아보기로 한다.

이 절의 학습 내용은 다음과 같다.

- **공진 회로의 응용 예**
  - 동조 증폭기의 응용 예
  - 공진 회로를 이용한 안테나와 수신기의 결합
  - 동조 증폭기의 동작
  - 공진 회로를 이용한 수신기의 신호 분리
  - AM 라디오 수신기의 동작

## 동조 증폭기

동조 증폭기(tuned amplifier)는 어떤 특정한 주파수대역의 신호만을 증폭시키는 회로이다. 보통, 동조 증폭기는 병렬 공진 회로와 증폭기로 구성되므로 주파수 선택성을 갖게 된다. 동조 증폭기의 동작을 살펴보면, 먼저 넓은 주파수 범위를 가진 입력 신호가 증폭기에서 증폭된다. 공진 회로는 넓은 주파수 범위를 갖는 증폭된 신호 중에서 특정한 좁은 범위의 주파수를 갖는 신호만을 통과시킨다. 이때 그림 17-49와 같이 가변 커패시터의 값을 변화시켜 원하는 주파수 대역에 맞도록 공진주파수를 조정할 수 있으므로, 원하는 주파수의 신호만을 선택하여 통과시킬 수 있다.

▶ 그림 17-49

기본 형태의 대역통과 동조 증폭기

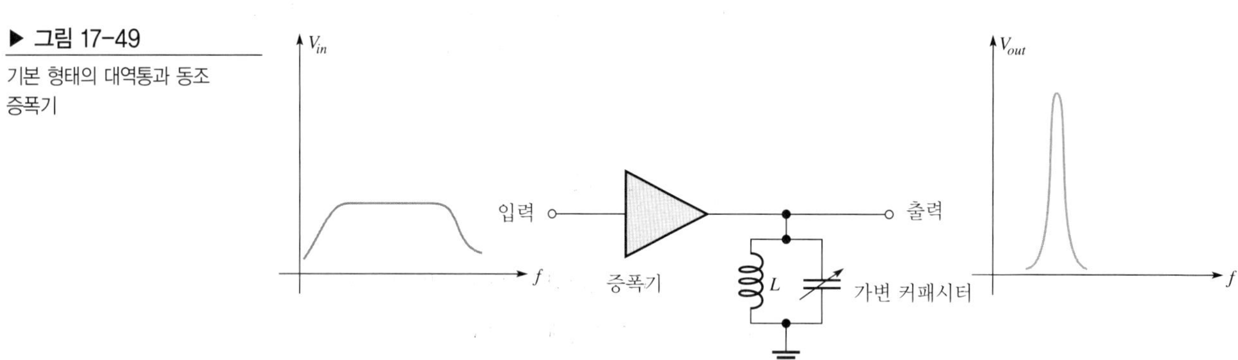


## 안테나 수신부 회로

송신기에서 발생된 무선 신호는 전자기파(electromagnetic wave)의 형태로 공간을 전파하게 된다. 이 전자기파가 수신 안테나에 도달하면 안테나에 작은 크기의 유도 전압이 발생한다. 이때 안테나는 어떤 주파수를 갖는 전자기파라도 수신하게 되므로 아주 넓은 주파수 범위 중에서 원하는 특정 주파수대역의 신호만을 선택할 수 있어야 한다. 그림 17-50은 일반적인 안테나 수신부의 회로로서 안테나에서 수신된 신호를 변압기를 거쳐 수신기까지 전달하는 역할을 하고 있다. 변압기의 2차 측에 병렬로 연결된 가변 커패시터는 2차 코일과 함께 병렬 공진 회로를 구성하고 있다.

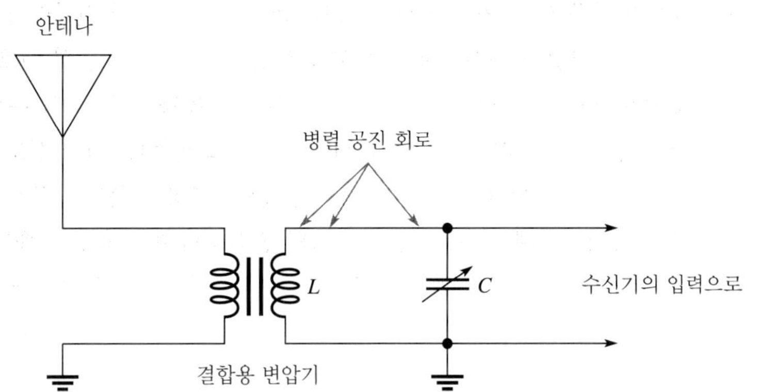


◀ 그림 17-50
안테나 수신부의 공진 회로

## 복동조 증폭기(double-tuned amplifier)

통신수신기 중에는 신호의 증폭도를 높이기 위해 그림 17-51과 같이 여러 개의 동조 증폭기를 변압기를 사이에 두고 직렬로 연결하여 사용하는 것도 있다. 이때 변압기의 1, 2차 코일과 병렬로 가변 커패시터가 연결되는데, 각 코일과 커패시터가 병렬 공진 회로를 구성하므로 대역통과 필터의 역할을 하게 된다. 그림 17-51 회로의 공진 곡선은 여러 개의 병렬 공진 회로에 의해 더욱 넓은 대역폭과 큰 기울기(급한 경사도)를 갖게 되므로, 이러한 구성 방식을 사용하면 원하는 주파수대역에 대한 선택도를 크게 할 수 있다.

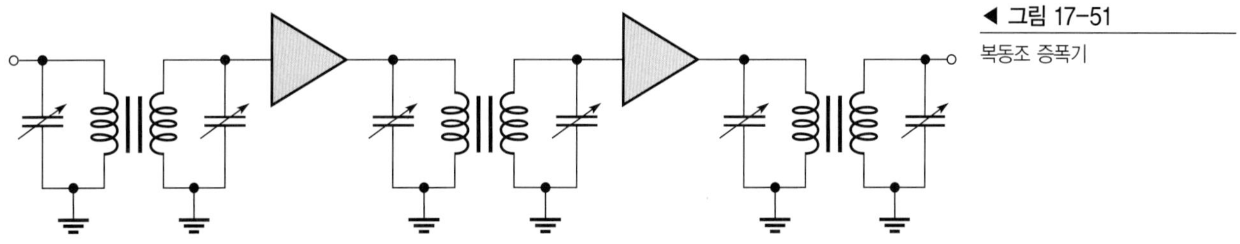

◀ 그림 17-51
복동조 증폭기

## TV 수신기의 신호 수신과 신호 분리

텔레비전 수신기는 영상 신호(video signal)와 음성 신호(audio signal)를 모두 수신할 수 있어야 한다. 여러 TV 방송국에서는 이 영상 신호와 음성 신호를 함께 송신하는데, 각 TV 방송국마다 6 MHz의 주파수대역폭이 할당되어 있다. 실제로 채널별로 할당되어 있는 주파수대역을 살펴보면, 채널 2의 54 MHz~59 MHz 대역에서 시작하여, 그 다음 채널 3은 60 MHz~65 MHz, 채널 4는 66 MHz~71 MHz와 같은 방식으로 채널 13의 210 MHz~215 MHz까지, 6 MHz의 간격으로 차례대로 배열되어 있다. 텔레비전 수상기의 앞면에 있는 채널조정 손잡이나 버튼으로 어떤 한 채널을 선택하면 동조 증폭기의 주파수가 그 채널의 주파수로 조정되어 여러 채널의 신호 중에서 선택된 채널의 신호만이 증폭기를 통과하게 된다. 이때 동조 증폭기를 통과하는 신호는 어느 채널이 선택되든 관계없이 언제나 41 MHz~46 MHz의 대역폭을 갖게 된다. 이 주파수대역을 **중간주파수(intermediate frequency)** 대역이라고 하며, 간단히 IF 대역이라고 쓴다. 이 IF 대역에는 영상 신호와 음성 신호가 함께 포함되어 있다. 동조 증폭기는 IF 대역의 신호를 증폭시켜 다음 단에 있는 영상 증폭기(video amplifier)에 전달한다.

그림 17-52에서 볼 수 있듯이 영상 증폭기에서 증폭된 신호 가운데 음성 신호는 4.5 MHz 대역저지 필터(band-stop filter)에 의해 제거되고 영상 신호만 통과하여 TV의 수상관(화면)에 전달된다. 이 대역저지 필터를 '웨이브 트랩(wave trap)' 이라고 하는데, 영상 신호가 음성 신호에 의해 간섭을 받지 않도록 두 신호를 분리하는 역할을 한다. 영상 증폭기의 출력 신호는 대역통과 필터에도 동시에 가해지는데, 이 대역통과 필터의 중심주파수가 음성 반송파 주파수(sound carrier frequency)인 4.5 MHz로 맞추어져 있으므로 음성 신호만이 이 필터를 통과하게 된다. 대역통과 필터를 통과한 음성 신호는 그림 17-52에 표시된 것처럼 FM 검파기(detector)를 거쳐 스피커로 전달된다.

▶ 그림 17-52

TV 수신기 회로의 구성도와 공진 회로의 응용

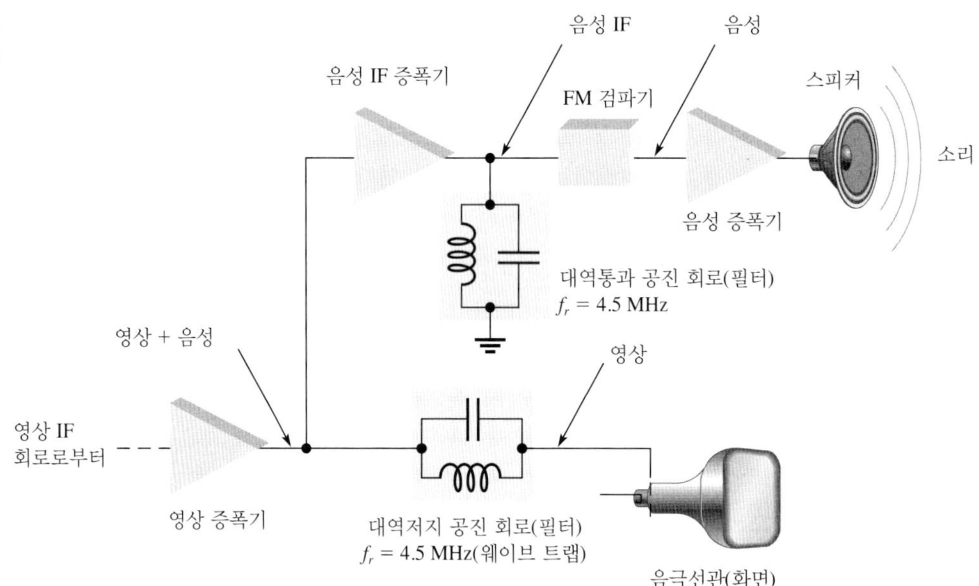


## 슈퍼헤테로다인 수신기

이번에는 AM(amplitude modulation) 수신기에서 널리 쓰이고 있는 공진 회로의 응용 예에 대해서 설명한다. AM 방송의 주파수대역은 535 kHz～1605 kHz이다. 여러 AM 방송국마다 이 방송주파수대역 내에서 각각 일정한 대역폭(10 kHz)이 할당되어 있다. 그림 17-53에 슈퍼헤테로다인(superheterodyne) 수신기의 구성도를 나타내었다.

동조 회로는 원하는 방송국의 신호만을 통과시키고 나머지 모든 방송국의 신호들을 제거할 수 있어야 한다. 이렇게 하려면 선택한 방송국의 대역폭이 10 kHz인 신호를 모두 통과시키고 다른 방송국의 신호들을 제거할 수 있는 주파수 선택성을 가져야 한다. 선택성이 너무 커서 대역폭이 이보다 좁아져서는 안 된다. 대역폭이 너무 좁으면 AM 변조 신호 가운데 주파수가 높은 신호는 동조 회로에서 차단되므로 음성을 충실히(정확하게) 재생할 수 없게 된다.

이 시스템의 앞단에는 병렬 공진을 이용한 세 개의 대역통과 필터가 있다. 이 세 개의 공진회로는 조정 손잡이에 의해 동시에 조정된다. 즉, 각 필터를 구성하는 세 개의 커패시터가 기계적(또는 전자적)으로 함께 연결되어 있으므로 조정 손잡이를 돌리면 한꺼번에 움직이게 되어 커패시턴스의 값이 동시에 변한다. 예를 들어, 여러 방송국의 송신 신호 중에서 중심주파수가

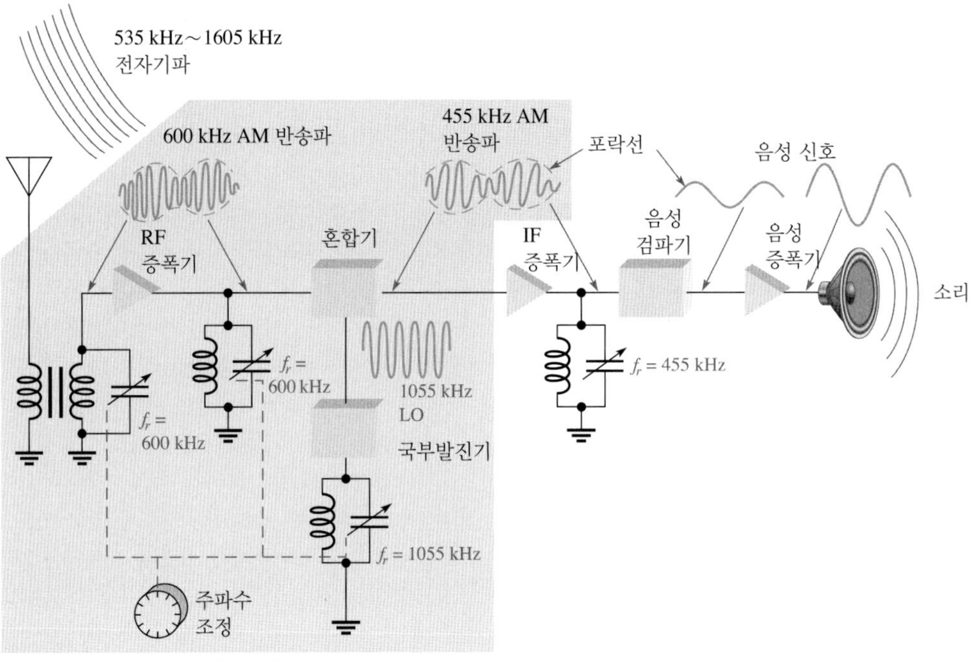

◀ 그림 17-53
슈퍼헤테로다인 AM 방송 수신기의 구성도와 공진 회로의 응용

600 kHz인 방송국의 신호만을 수신하는 경우를 생각해 보자. 첫 번째 필터의 공진주파수 $f_r$을 600 kHz로 조정하면, 안테나로부터 들어오는 여러 주파수 신호 중에서 600 kHz 대역의 신호만이 첫 번째 필터를 통과하여 RF(radio frequency) 증폭기로 전달된다.

AM 변조 방식에서 600 kHz의 반송파(carrier)의 진폭은 음성 신호의 진폭에 비례하여 변하게 되므로, 반송파 신호의 전체적인 모양은 음성 신호의 형태를 따라가게 된다. 여기서 음성 신호에 따라 변하는 반송파의 진폭을 **포락선**(envelope)이라고 하는데, 바로 이 포락선이 실제의 음성 신호이다. 그림 17-53의 AM 반송파 신호 파형에서 점선으로 표시된 것이 바로 포락선이다. 600 kHz 신호는 **혼합기**(믹서: mixer)라고 하는 회로에 가해진다.

**국부발진기**(LO: local oscillator)는 항상 선택된 신호(여기서는 600 kHz)보다 455 kHz만큼 높은 주파수(여기서는 600 kHz + 455 kHz = 1055 kHz)로 조정된다. 600 kHz의 AM 신호는 혼합기 회로에서 1055 kHz의 국부발진기 신호와 혼합되어 이 두 신호의 차인 455 kHz(1055 kHz − 600 kHz = 455 kHz)의 신호로 변환된다. 이 변환 과정을 **헤테로다인 과정**(heterodyning, 또는 **비팅**(beating) 과정)이라고 한다.

이 455 kHz가 표준 AM 수신기의 중간주파수(IF)이다. 어떤 AM 방송국의 신호를 동조 회로에서 선택하든 관계없이 선택된 방송국의 신호는 혼합기에 의해 언제나 455 kHz로 바뀐다. 다음으로 **음성 검파기**(audio detector)는 진폭 변조된 IF 신호 중에서 IF 신호(455 kHz)만을 제거하여, 실제 음성 신호인 포락선만을 통과시킨다. 이 음성 신호는 증폭기에서 증폭된 다음 스피커로 전달된다.

**복습문제 17-9**

1. 안테나와 수신기의 입력 단자 사이에 동조 필터가 필요한 이유는 무엇인가?
2. TV 수신기에서 사용되는 대역저지 필터(wave trap)에 대해 설명하라.
3. 슈퍼헤테로다인 방식의 AM 수신기에 들어 있는 필터는 어떤 방식으로 조정되는가?

## 회로 응용

11장의 회로 응용에서는 수신기 시스템을 실험하면서 기본적인 교류 측정 방법을 배웠다. 이 절에서는 11장에서 다루어 본 수신기를 다시 사용하여 공진 회로가 어떻게 응용되는지 살펴보기로 한다. 여기서는 특히 수신기의 앞단에 위치한 공진 회로의 동작에 대해 중점적으로 알아본다. 일반적으로 수신기 앞단은 RF 증폭기(RF amplifier), 국부발진기(local oscillator), 혼합기(mixer)로 구성되어 있다. 이 절의 핵심 주제는 RF 증폭기로, 증폭기 회로에 대해 잘 알지 못해도 이 절의 내용을 공부하는 데 큰 어려움은 없다.

AM 라디오 수신기의 구성도가 그림 17-54에 나타나 있다. 이 시스템의 앞단에 위치한 회로는 주파수를 조정(튜닝)하여 원하는 방송국의 신호를 선택하고, 선택된 신호의 주파수를 중간주파수(IF)로 낮추어 주는 역할을 한다. AM 방송에 사용되는 주파수대역은 535 kHz～1605 kHz이다. 이 절에서 가장 중요하게 다룰 RF 증폭기는 안테나에서 수신된 여러 방송국의 신호 중에서 원하는 방송국의 신호를 제외한 나머지 모든 신호를 제거한 다음, 그 선택된 방송국의 신호만을 증폭한다.

그림 17-55에 RF 증폭기의 회로도를 나타내었다. 병렬 공진 회로 형태인 동조 회로는 $L$, $C_1$, $C_2$로 구성되어 있다. 공진 회로는 이 RF 증폭기의 출력 쪽이 아닌 입력 쪽에 연결되어 있다. $C_1$은 가변용량 다이오드(버랙터: varactor)라고 하는 반도체 부품이다. 가변용량 다이오드에 대해서는 나중에 '전자 회로' 과목에서 자세히 배우게 된다. 여기서는 일단 이 부품이 양단에 걸리는 직류 전압의 크기에 따라 부품의 커패시턴스 값이 변하는 가변 커패시터의 한 종류라는 정도만 알고 있도록 한다. 이 회로에서는 수신기의 주파수 조정에 사용되는 가

▶ 그림 17-54

라디오 수신기의 구성도

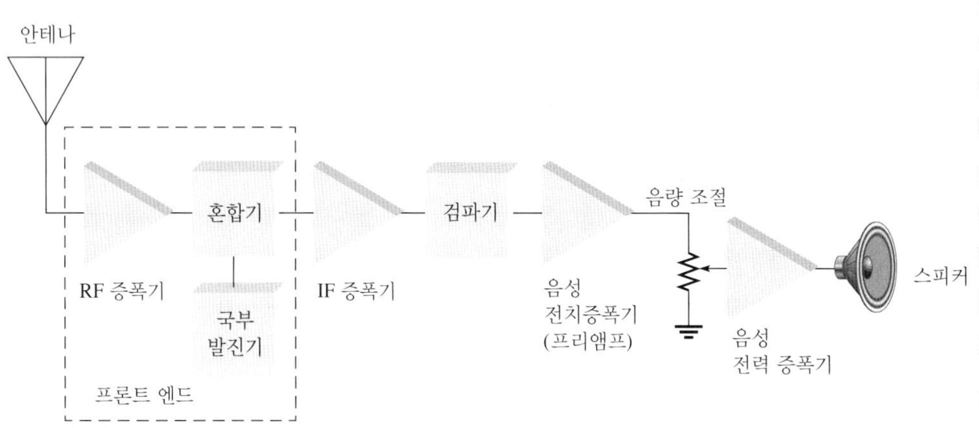


▶ 그림 17-55

병렬 공진을 이용한 RF 증폭기의 동조 회로

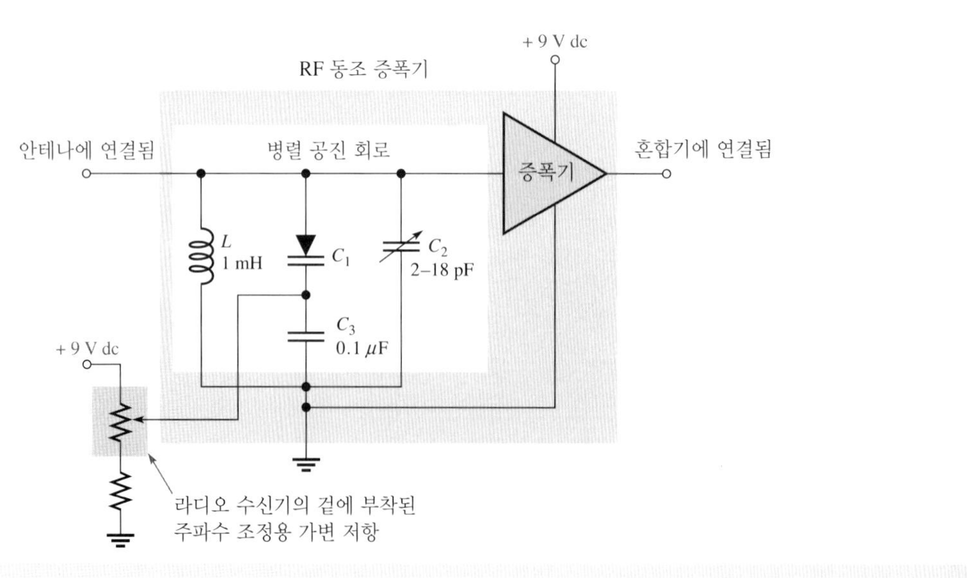

▶ 그림 17-57
실험장치

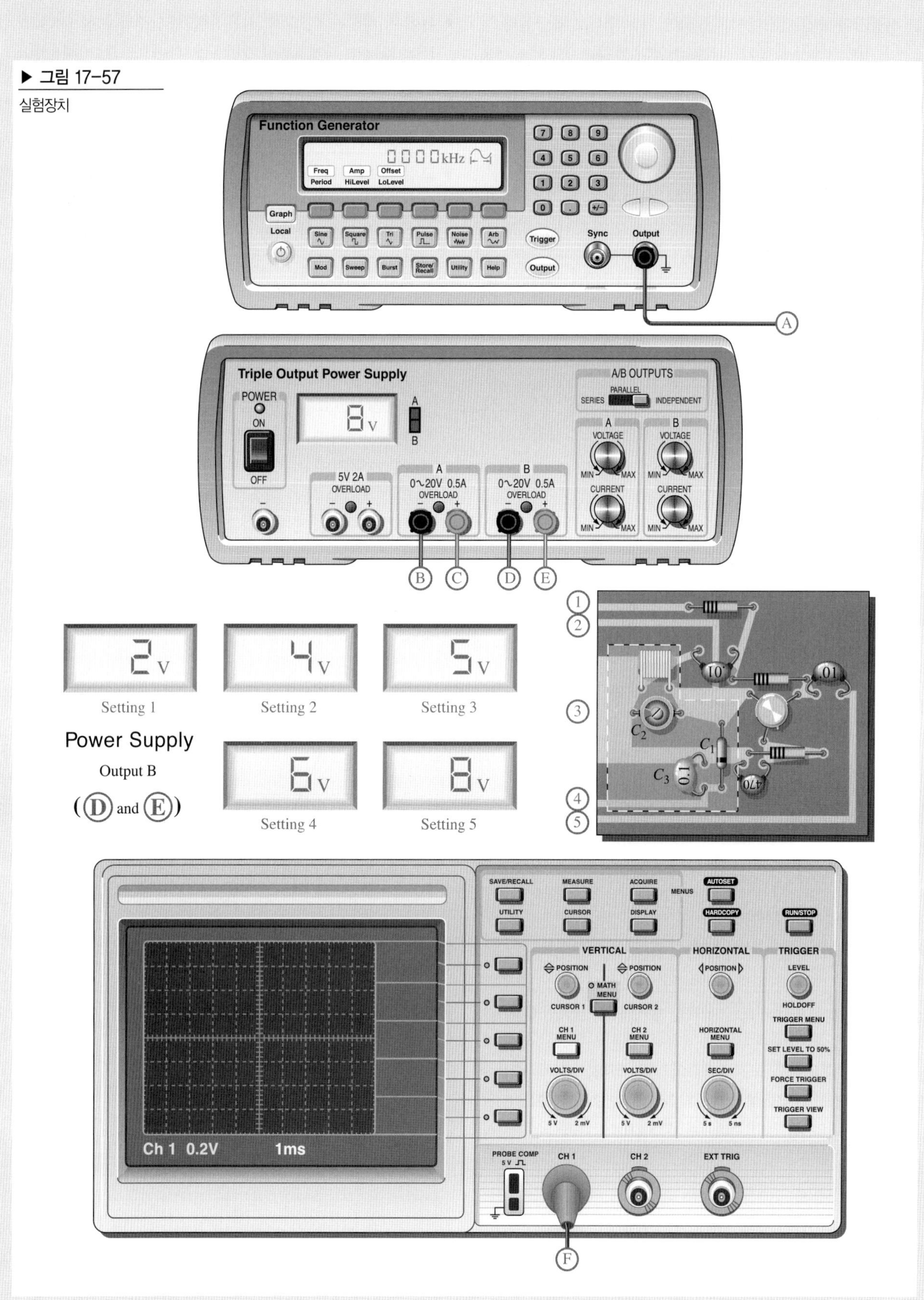
Function Generator
kHz
Freq
Period
Amp
HiLevel
Offset
LoLevel
Graph
Local
Sine
Square
Tri
Pulse
Noise
Arb
Mod
Sweep
Burst
Store/Recall
Utility
Help
Trigger
Output
Sync
Output
A
Triple Output Power Supply
POWER
ON
OFF
8 V
A
B
A/B OUTPUTS
PARALLEL
SERIES
INDEPENDENT
VOLTAGE
CURRENT
MIN
MAX
5V 2A
OVERLOAD
0~20V 0.5A
OVERLOAD
B
C
D
E
2 V
Setting 1
4 V
Setting 2
5 V
Setting 3
Power Supply
Output B
(D and E)
6 V
Setting 4
8 V
Setting 5
1
2
3
4
5
10
01
$C_2$
$C_1$
$C_3$
470
SAVE/RECALL
MEASURE
ACQUIRE
MENUS
AUTOSET
UTILITY
CURSOR
DISPLAY
HARDCOPY
RUN/STOP
VERTICAL
HORIZONTAL
TRIGGER
POSITION
MATH MENU
CURSOR 1
CURSOR 2
LEVEL
HOLDOFF
TRIGGER MENU
CH 1 MENU
CH 2 MENU
HORIZONTAL MENU
SET LEVEL TO 50%
VOLTS/DIV
SEC/DIV
FORCE TRIGGER
TRIGGER VIEW
5 V
2 mV
5 s
5 ns
Ch 1 0.2V
1ms
PROBE COMP
5 V
CH 1
CH 2
EXT TRIG
F

변 저항기의 중간 단자에서 직류 전압이 버랙터로 공급된다.

가변 저항기에서 조절되는 직류 전압의 범위는 +1 V ~ +9 V이다. 이 회로에서 사용된 가변용량 다이오드의 커패시턴스는 이 전압에 의해 200 pF(+1 V일 때) ~ 5pF(+9 V일 때) 범위의 값을 갖는다. 커패시터 $C_2$는 미세조정용 커패시터(trimmer capacitor)로 맨 처음에 공진 회로를 원하는 어떤 값(초기값)으로 설정하는 데 사용된다. 따라서 $C_2$가 일단 어떤 초기값으로 설정된 다음에는, 그 값이 계속 유지된다. 병렬로 연결된 $C_1$, $C_2$의 합성 커패시턴스인 $C_1 + C_2$가 공진 회로의 전체 커패시턴스가 된다. $C_3$는 공진 회로에 아무런 영향을 주지 않는다. $C_3$의 역할은 직류는 가변용량 다이오드에 가해지도록 하고, 교류는 접지와 바로 연결되도록 해 주는 것이다.

이 절에서 실험에 사용할 회로는 그림 17-56의 RF 증폭기 기판이다. 그림에 표시된 증폭기 기판의 모든 부품 가운데, 점선으로 표시된 부분의 공진 회로에 대해서 자세히 살펴보기로 한다.

▶ 그림 17-56

RF 증폭기 회로 기판

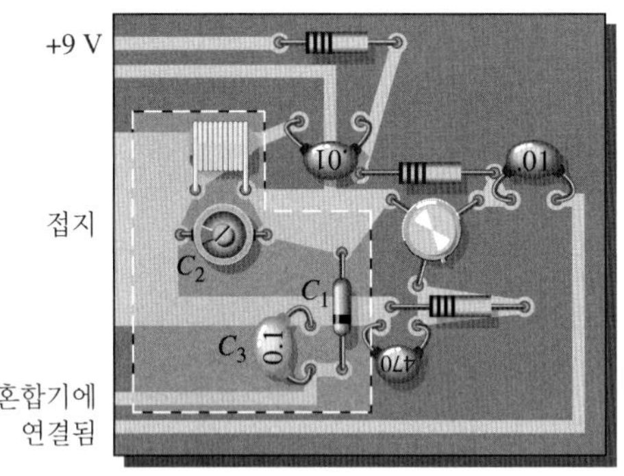


## 공진 회로의 커패시턴스

◆ 가변용량 다이오드가 갖는 커패시턴스 값의 범위는 그림 17-58의 그래프와 같다. 이 가변용량 다이오드로 AM 주파수대역 내의 모든 신호를 선택할 수 있도록 하려면 $C_2$의 값을 얼마로 설정해야 하는지 계산하라. 동조 회로로 사용되는 공진 회로에서 공진주파수의 변화 범위는 전체 AM 주파수대역보다 넓어야 한다. 따라서 가변용량 다이오드의 값이 최대일 때, 공진주파수는 535 kHz 이하가 되어야 하며, 가변용량 다이오드의 값이 최소일 때는 공진주파수가 1605 kHz 이상이 되어야 한다.

◆ 위에서 계산한 $C_2$ 값을 사용하여, 공진주파수가 535 kHz, 1605 kHz가 되게 하는 가변용량 다이오드의 커패시턴스 값을 각각 구하라.

## 공진 회로의 테스트

◆ 그림 17-57에 있는 증폭기 기판과 실험장비들에 표시되어 있는 각 점(숫자와 알파벳)을 서로 적절히 연결하여 공진 회로를 테스트하기 위한 실험장치도를 구성하라. 또한 이 실험장치도를 사용하여 공진 회로를 테스트하는 실험순서를 만들어 보아라.

◆ 인가 전압에 따른 가변용량 다이오드의 커패시턴스 범위를 나타내고 있는 그림 17-58의 그래프를 사용하여 직류 전원 공급기(dc power supply)의 '출력 *B*'(오른쪽의 두 출력 단자 Ⓓ, Ⓔ)로 인가되는 전압(setting 1 ~ setting 5)에 대해 공진주파수를 구하라. 여기서 직류 전원 공급기의 '출력 *A*'의 전압을 증폭기에 직류 +9 V를 공급하는 데 사용하고, '출력 *B*'의 전압을 가변 저항기의 중간 단자에서 공급하는 직류 전압을 대신하여 사용하고 있다.

▶ 그림 17-58

전압에 따른 가변용량 다이오드의 커패시턴스 값의 변화

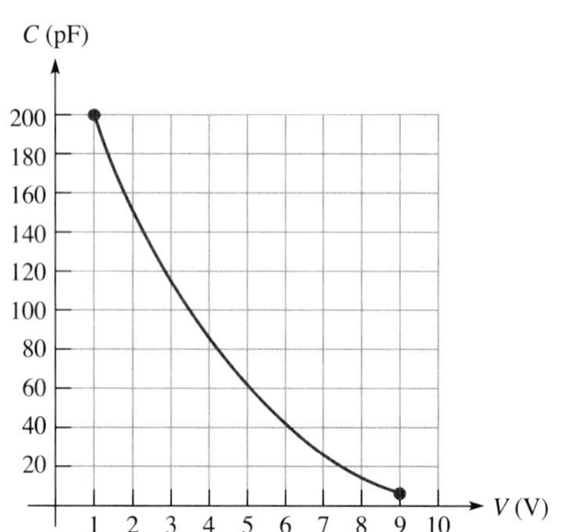


## 복습문제

1. AM 방송의 주파수대역은 어디인가?
2. RF 증폭기의 기능에 대해 설명하라.
3. AM 방송 주파수대역 내의 여러 신호 중에서 특정 주파수의 신호만을 선택하는 방법을 설명하라.

## 요약

- *RLC* 회로에서, $X_L$과 $X_C$가 회로에 미치는 영향은 서로 반대가 된다.
- *RLC* 직렬 회로에서, 회로의 전체 리액턴스는 두 종류의 리액턴스 중에서 리액턴스 값이 큰 부품과 같은 종류가 된다.
- 직렬 공진이 일어날 때 유도성 리액턴스와 용량성 리액턴스의 값은 서로 같다.
- 공진 상태에서 *RLC* 직렬 회로의 임피던스는 최소가 되며, 저항 성분만을 갖는다.
- 공진 상태에서 *RLC* 직렬 회로에 흐르는 전류는 최대가 된다.
- 공진 상태에서 *RLC* 직렬 회로의 두 리액턴스 부품의 전압 $V_L$과 $V_C$는 크기가 같고 위상차가 180°이므로 두 전압을 더하면 0이 된다.
- *RLC* 병렬 회로에서, 회로의 전체 리액턴스는 두 종류의 리액턴스 중에서 리액턴스 값이 작은 부품과 같은 종류가 된다.
- 공진 상태에서 *RLC* 병렬 회로의 임피던스는 최대가 된다.
- 병렬 공진 회로를 흔히 **탱크 회로**라고 한다.
- 공진 상태에서 *RLC* 병렬 회로의 임피던스는 저항 성분만을 갖는다.
- 직렬 공진 회로의 대역폭은 0.707 $I_{max}$ 이상의 전류가 흐르는 주파수 범위이다.
- 병렬 공진 회로의 대역폭은 0.707 $Z_{max}$ 이상의 임피던스를 갖는 주파수 범위이다.
- 공진 회로의 차단주파수는 회로의 응답이 최대 응답의 70.7%가 되는 주파수로서, 공진주파수의 아래쪽과 위쪽에 각각 하나씩 존재한다.
- 회로의 $Q$가 클수록 대역폭은 좁아진다.

## 핵심 용어

**공진주파수**(resonant frequency): 회로에서 공진이 일어나는 주파수로 **중심주파수**라고도 함.

**반전력 주파수**(half-power frequency): 필터의 출력 전력이 최대값의 절반인 50%(전압으로는 최대값의 70.7%)가 되는 주파수로서 **임계 주파수**(critical frequency) 또는 **차단주파수**(cutoff frequency)라고도 함.

**병렬 공진**(parallel resonance): *RLC* 병렬 회로에서, 전체 리액턴스가 0이 되어 임피던스가 최대가 되는 상태

**선택도**(selectivity): 필터가 얼마나 효과적으로 특정 주파수를 통과시키고 그 밖의 모든 주파수를 제거하는지를 나타내는 척도. 대역폭이 작을수록 선택도가 커지는 것이 일반적임.

**직렬 공진**(series resonance): *RLC* 직렬 회로에서, 전체 리액턴스가 0이 되어 임피던스가 최소가 되는 상태

**탱크 회로**(tank circuit): 병렬 공진 회로를 가리키는 말

## 주요 공식

*RLC* 직렬 회로

**17-1** $X_{tot} = |X_L - X_C|$

**17-2** $\mathbf{Z} = R + jX_L - jX_C$

**17-3** $\mathbf{Z} = \sqrt{R^2 + (X_L - X_C)^2}\angle \pm \tan^{-1}\left(\frac{X_{tot}}{R}\right)$

### 직렬 공진

**17-4** $f_r = \dfrac{1}{2\pi\sqrt{LC}}$

### *RLC* 병렬 회로

**17-5** $\mathbf{Z} = \dfrac{1}{\dfrac{1}{R\angle 0^\circ} + \dfrac{1}{X_L\angle 90^\circ} + \dfrac{1}{X_C\angle -90^\circ}}$

**17-6** $\mathbf{G} = \dfrac{1}{R\angle 0^\circ} = G\angle 0^\circ$

**17-7** $\mathbf{B}_C = \dfrac{1}{X_C\angle -90^\circ} = B_C\angle 90^\circ = jB_C$

**17-8** $\mathbf{B}_L = \dfrac{1}{X_L\angle 90^\circ} = B_L\angle -90^\circ = -jB_L$

**17-9** $\mathbf{Y} = \dfrac{1}{Z\angle \pm\theta} = Y\angle \mp\theta = G + jB_C - jB_L$

**17-10** $\mathbf{I}_{tot} = \sqrt{I_R^2 + (I_C - I_L)^2}\angle \tan^{-1}\left(\dfrac{I_{CL}}{I_R}\right)$

### 병렬 공진

**17-11** $I_{tot} = \dfrac{V_s}{Z_r}$

**17-12** $f_r = \dfrac{1}{2\pi\sqrt{LC}}\sqrt{\dfrac{Q^2}{Q^2 + 1}}$

**17-13** $f_r = \dfrac{\sqrt{1 - (R_W^2 C/L)}}{2\pi\sqrt{LC}}$

**17-14** $L_{eq} = L\left(\dfrac{Q^2 + 1}{Q^2}\right)$

**17-15** $R_{p(\mathrm{eq})} = R_W(Q^2 + 1)$

**17-16** $Z_r = R_W(Q^2 + 1)$

**17-17** $Q_O = \dfrac{R_{p\,(tot)}}{X_{L(\mathrm{eq})}}$

**17-18** $BW = f_2 - f_1$

**17-19** $f_r = \dfrac{f_1 + f_2}{2}$

**17-20** $BW = \dfrac{f_r}{Q}$

## 자기 진단

**1.** 공진 상태에서 *RLC* 직렬 회로의 전체 리액턴스는

(a) 0 (b) 저항 값과 같다 (c) 무한대 (d) 용량성

**2.** 공진 상태에서 *RLC* 직렬 회로의 위상각은

(a) $-90°$ (b) $+90°$

(c) $0°$ (d) 리액턴스 값에 의해 결정된다

**3.** 공진주파수에서 $L = 15$ mH, $C = 0.015$ $\mu$F, $R_W = 80$ Ω인 *RLC* 직렬 회로의 임피던스는 얼마인가?

(a) 15 kΩ (b) 80 Ω (c) 30 Ω (d) 0 Ω

**4.** *RLC* 직렬 회로가 공진주파수보다 낮은 주파수영역에서 동작할 때, 회로에 흐르는 전류는

(a) 인가 전압과 위상이 서로 같다

(b) 인가 전압보다 위상이 뒤진다

(c) 인가 전압보다 위상이 앞선다

**5.** *RLC* 직렬 회로에서, *C* 값이 증가하면 공진주파수는

(a) 영향을 받지 않는다 (b) 증가한다 (c) 변하지 않는다 (d) 감소한다

**6.** $V_C = 150$ V, $V_L = 150$ V, $V_R = 50$ V인 *RLC* 직렬 공진 회로의 인가 전압은 얼마인가?

(a) 150 V (b) 300 V (c) 50 V (d) 350 V

**7.** 어떤 *RLC* 직렬 공진 회로의 대역폭이 1 kHz이다. 이 회로의 *L*을 *Q* 값이 더 작은 다른 *L*로 바꾸면 회로의 대역폭은

(a) 증가한다 (b) 감소한다 (c) 변하지 않는다 (d) 선택도가 커진다

**8.** *RLC* 병렬 회로가 공진주파수보다 낮은 주파수영역에서 동작할 때, 전류는

(a) 전원 전압보다 위상이 앞선다

(b) 전원 전압보다 위상이 뒤진다

(c) 전원 전압과 위상이 서로 같다

**9.** 공진 상태일 때, 이상적인 *RLC* 병렬 회로에서 *L*과 *C*가 병렬로 연결된 부분으로 흘러들어가는 전체 전류는

(a) 최대값이 된다 (b) 작은 값이 된다 (c) 큰 값이 된다 (d) 0이 된다

**10.** *RLC* 병렬 회로의 공진주파수를 낮추려면 회로의 커패시턴스를

(a) 증가시킨다 (b) 감소시킨다

(c) 그대로 둔다 (d) 인덕턴스로 바꾼다

**11.** 다음 중에서 *RLC* 병렬 회로의 공진주파수가 *RLC* 직렬 회로의 공진주파수와 같은 것으로 어림잡을 수 있는 경우는 어느 것인가?

(a) *Q*가 매우 낮을 때 (b) *Q*가 매우 높을 때

(c) 회로에 저항이 없을 때 (d) (b), (c) 모두

**12.** *RLC* 병렬 회로에서 저항 값이 감소하면 대역폭은

(a) 없어진다 (b) 감소한다 (c) 뾰족해진다 (d) 증가한다

## 퀴즈

그림 17-60을 보면서 다음 물음에 답하라.

**1.** $R_1$이 개방되면 전체 전류는?

(a) 증가한다 (b) 감소한다 (c) 변하지 않는다

**2.** $C_1$이 개방되면 $C_2$ 양단의 전압은?

(a) 증가한다 (b) 감소한다 (c) 변하지 않는다

**3.** $L_2$가 개방되면 $L_2$ 양단의 전압은?

(a) 증가한다 (b) 감소한다 (c) 변하지 않는다

그림 17-63을 보면서 다음 물음에 답하라.

**4.** L이 개방되면 $R$ 양단의 전압은?

(a) 증가한다 (b) 감소한다 (c) 변하지 않는다

**5.** 주파수를 공진주파수가 되도록 맞추면 $R$을 통해 흐르는 전류는?

(a) 증가한다 (b) 감소한다 (c) 변하지 않는다

그림 17-64를 보면서 다음 물음에 답하라.

**6.** $L$이 100 mH로 증가하면 공진주파수는?

(a) 증가한다 (b) 감소한다 (c) 변하지 않는다

**7.** $C$가 100 pF으로 증가하면 공진주파수는?

(a) 증가한다 (b) 감소한다 (c) 변하지 않는다

**8.** $L$이 개방되면 $C$ 양단의 전압은?

(a) 증가한다 (b) 감소한다 (c) 변하지 않는다

그림 17-66을 보면서 다음 물음에 답하라.

**9.** $R_2$가 개방되면 $L$ 양단의 전압은?

(a) 증가한다 (b) 감소한다 (c) 변하지 않는다

**10.** $C$가 단락되면 $R_1$ 양단의 전압은?

(a) 증가한다 (b) 감소한다 (c) 변하지 않는다

그림 17-69를 보면서 다음 물음에 답하라.

**11.** $L_1$이 개방되면 $a$점과 $b$점 사이의 전압은?

(a) 증가한다 (b) 감소한다 (c) 변하지 않는다

**12.** 전원 전압의 주파수가 증가하면 $a$점과 $b$점 사이의 전압은?

(a) 증가한다 (b) 감소한다 (c) 변하지 않는다

**13.** 전원 전압의 주파수가 증가하면 $R_1$을 통해 흐르는 전류는?

(a) 증가한다 (b) 감소한다 (c) 변하지 않는다

**14.** 전원 전압의 주파수가 감소하면 $C$ 양단의 전압은?

(a) 증가한다 (b) 감소한다 (c) 변하지 않는다

## 문제

### 1부: 직렬 회로

#### 17-1 RLC 직렬 회로의 임피던스

**1.** $R = 10\ \Omega$, $C = 0.047\ \mu F$, $L = 5$ mH인 $RLC$ 직렬 회로가 있다. 임피던스를 극좌표 형식으로 구하라.

또한 전체 리액턴스를 구하라. 단, 신호원의 주파수는 5 kHz이다.

**2.** 그림 17-59에서 임피던스를 구하여 극좌표 형식으로 표시하라.

**3.** 그림 17-59에서 전원 전압의 주파수가 그림에 표시된 리액턴스의 값을 발생시킨 주파수의 2배가 될 때, 임피던스의 크기를 구하라.

**4.** 그림 17-59의 회로에서, 전체 임피던스의 크기가 100 Ω이 되려면 전체 리액턴스의 크기는 얼마가 되어야 하는가?

▶ 그림 17-59

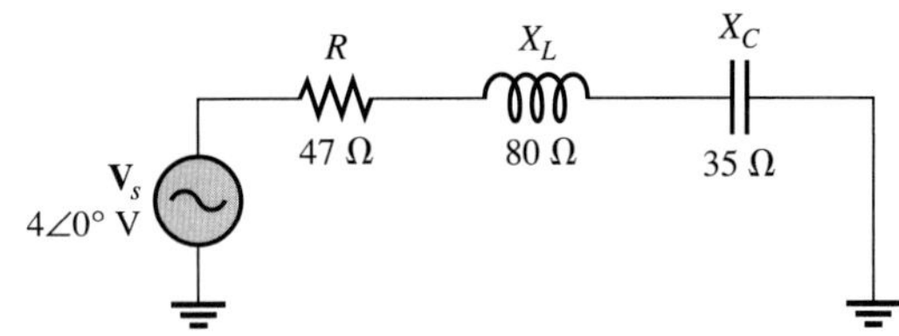


## 17-2 *RLC* 직렬 회로의 해석

**5.** 그림 17-59의 회로에서 $\mathbf{I}_{tot}$, $\mathbf{V}_R$, $\mathbf{V}_L$, $\mathbf{V}_C$를 극좌표 형식으로 구하라.

**6.** 그림 17-59의 회로에 대해 전압 페이저도를 그려라.

**7.** 그림 17-60의 회로에서 다음을 구하라(단, $f$ = 25 kHz).

(a) $\mathbf{I}_{tot}$ (b) $P_{\text{true}}$ (c) $P_r$ (d) $P_a$

▶ 그림 17-60

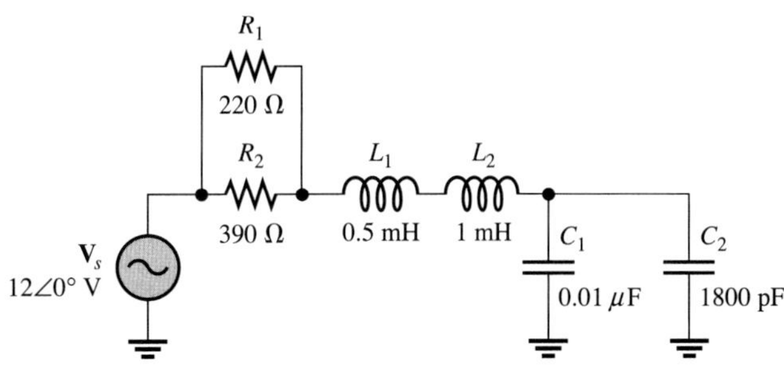


## 17-3 직렬 공진

**8.** 그림 17-59의 회로에서, 그림에 표시된 리액턴스 값을 발생시킨 주파수는 공진주파수보다 높은가, 아니면 낮은가?

**9.** 그림 17-61의 회로에 대해, 공진 상태에서 $R$ 양단의 전압을 구하라.

**10.** 그림 17-61의 회로에 대해, 공진주파수에서 $X_L$, $X_C$, $Z$, $I$를 구하라.

▶ 그림 17-61

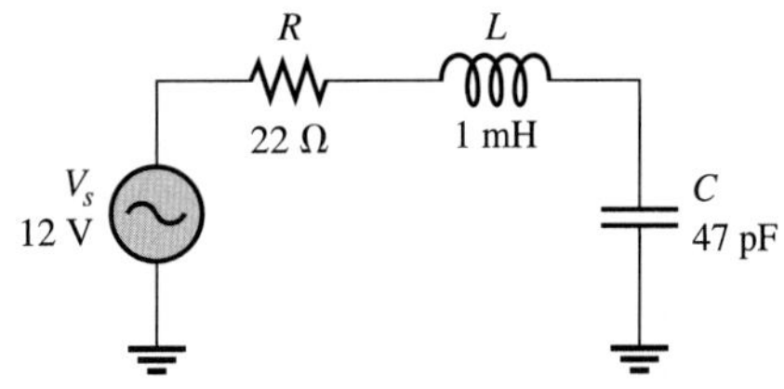

**11.** 최대 전류가 50 mA, $V_L$이 100 V인 공진 회로가 있다. 인가 전압은 10 V이다. $Z$, $X_L$, $X_C$를 각각 구하라.

**12.** 그림 17-62의 *RLC* 회로에 대해 공진주파수를 구하라.

**13.** 그림 17-62에서 반전력 주파수에서의 전류의 값을 구하라.

**14.** 그림 17-62의 회로에 대해, 차단주파수에서 인가 전압과 전류 사이의 위상각을 구하라. 또한 공진주파수에서 위상각을 구하라.

▶ 그림 17-62

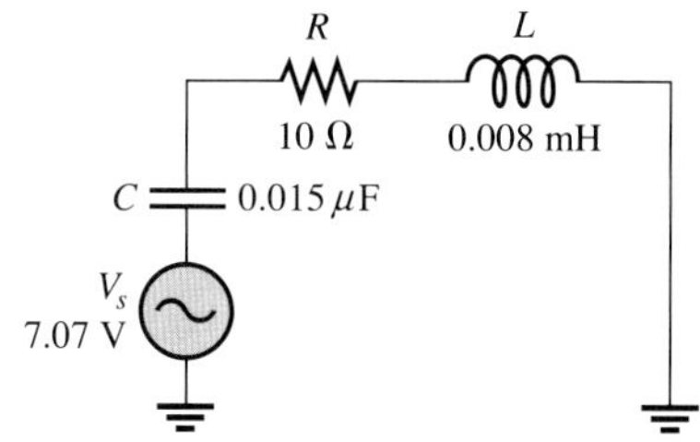


* **15.** 다음의 네 가지 공진주파수를 스위치로 선택할 수 있는 공진 회로를 설계하라.

(a) 500 kHz (b) 1000 kHz (c) 1500 kHz (d) 2000 kHz

## 2부: 병렬 회로

### 17-4 *RLC* 병렬 회로의 임피던스

**16.** 그림 17-63의 회로에 대해, 전체 임피던스를 극좌표 형식으로 구하라.

**17.** 그림 17-63의 회로는 용량성인가, 아니면 유도성인가? 그 이유도 함께 설명하라.

**18.** 그림 17-63의 회로가 용량성에서 유도성(또는 유도성에서 용량성)으로 성질이 바뀌는 주파수를 구하라.

▶ 그림 17-63

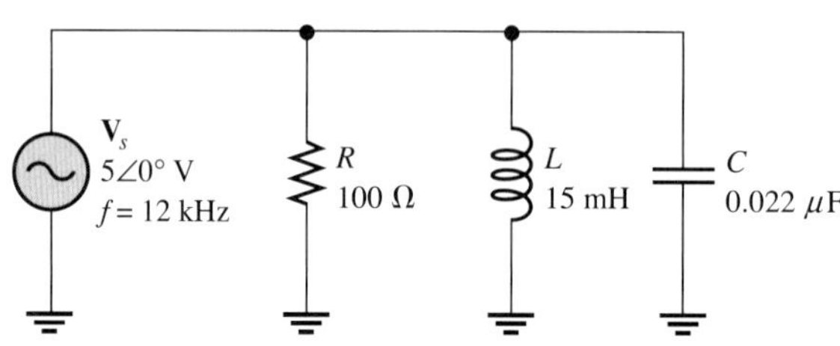


### 17-5 *RLC* 병렬 회로의 해석

**19.** 그림 17-63의 회로에 대해 모든 전류와 전압을 극좌표 형식으로 구하라.

**20.** 그림 17-63의 회로에서, $f$ = 50 kHz일 때 전체 임피던스를 구하라.

**21.** 그림 17-63의 회로에서, $f$ = 100 kHz일 때 문제 19를 다시 풀어라.

### 17-6 병렬 공진

**22.** 이상적인 병렬 공진 회로(병렬 저항이 없는 회로)의 임피던스는 얼마인가?

**23.** 그림 17-64의 탱크 회로에 대해 공진주파수 $f_r$과 이 공진주파수에서의 $Z$를 구하라.

▶ 그림 17-64

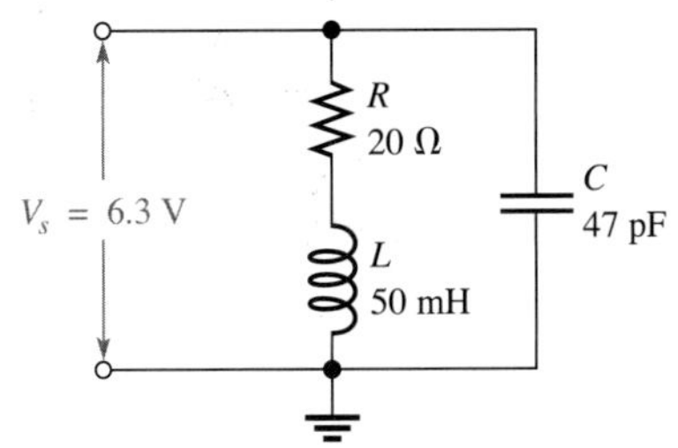


24. 그림 17-64에서, 공진 상태에서 신호원에서 회로로 흐르는 전체 전류를 구하라. 또한 공진주파수에서 회로에 흐르는 유도성 전류와 용량성 전류를 각각 구하라.

25. 그림 17-64의 회로에 대해, 공진 상태에서 $P_{true}$, $P_r$, $P_a$를 구하라.

## 3부: 직·병렬 회로

### 17-7 *RLC* 직·병렬 회로의 해석

26. 그림 17-65의 각 회로에 대해 전체 임피던스를 구하라.

27. 그림 17-65의 각 회로에 대해, 전원 전압과 전체 전류 사이의 위상각을 구하라.

▶ 그림 17-65

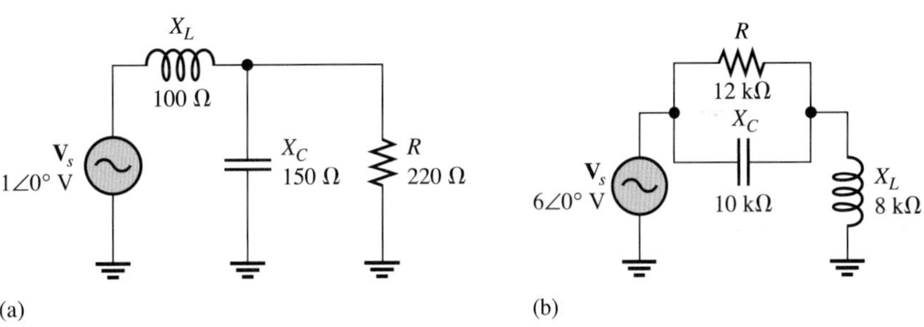


28. 그림 17-66에서 각 부품 양단의 전압을 구하고 이를 극좌표 형식으로 나타내어라.

29. 그림 17-66의 회로를 등가 직렬 회로로 변환하라.

30. 그림 17-67에서 $R_2$를 통해 흐르는 전류를 구하라.

31. 그림 17-67에서 $I_2$와 전원 전압 사이의 위상각을 구하라.

▶ 그림 17-66

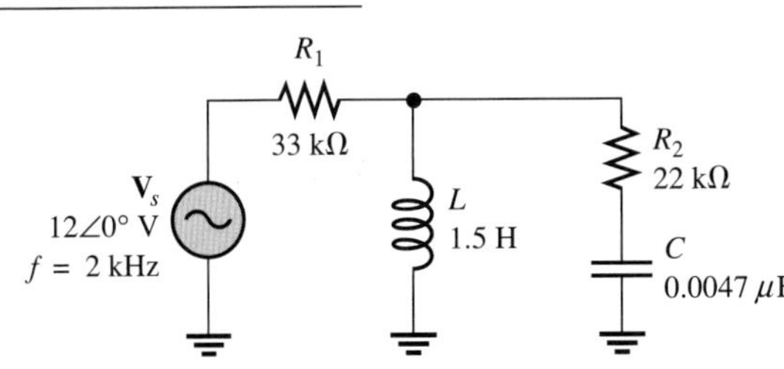


▶ 그림 17-67

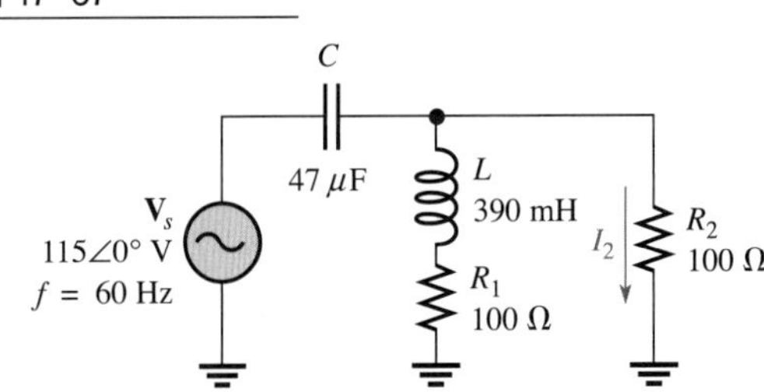


*32. 그림 17-68에서 전체 저항과 전체 리액턴스를 각각 구하라.

*33. 그림 17-68에서 각 부품을 통해 흐르는 전류를 모두 구하라. 또한 각 부품 양단의 전압을 모두 구하라.

▶ 그림 17-68

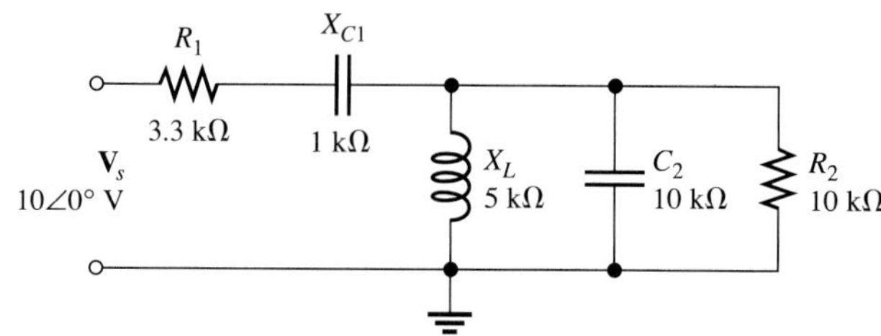


**34.** 그림 17-69에서 $V_{ab} = 0$ V로 하는 $C$ 값이 있는가? 있다면 그 값을 구하고, 없다면 그 이유를 밝혀라.

***35.** 그림 17-69에서 $C = 0.22\ \mu$F이고, $a$와 $b$ 사이에 100 Ω의 저항이 연결될 때, 이 저항을 통해 흐르는 전류를 구하라.

▶ 그림 17-69

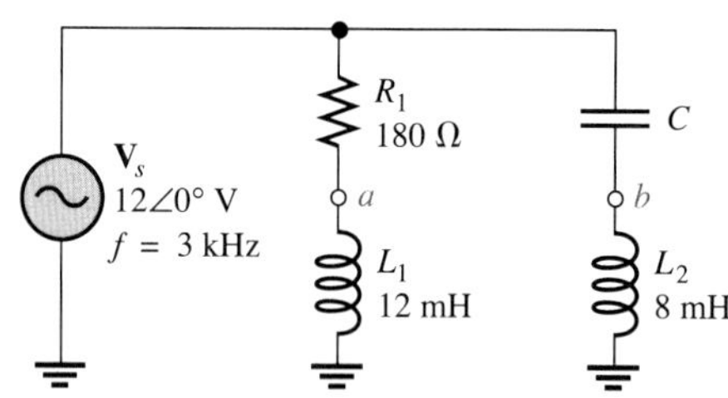


***36.** 그림 17-70의 회로에는 몇 개의 공진주파수가 있는가? 그 이유를 함께 밝혀라.

***37.** 그림 17-70에서 회로의 공진주파수를 구하고, 각 공진주파수에서의 출력 전압을 구하라.

▶ 그림 17-70

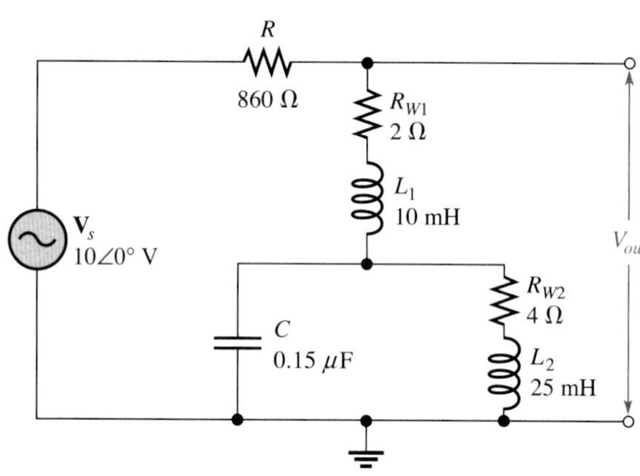


***38.** 다음의 여러 공진주파수를 스위치로 선택할 수 있는 병렬 공진 회로를 설계하라. 공진 회로는 한 개의 코일과 스위치, 그리고 스위치로 선택되는 여러 개의 커패시터로 구성한다. 단, 코일의 인덕턴스는 10 $\mu$F이고 5 Ω의 권선 저항을 갖는다.

공진주파수: 8 MHz, 9 MHz, 10 MHz, 11 MHz

### 4부: 특별 주제

#### 17-8 공진 회로의 대역폭

**39.** *RLC* 병렬 공진 회로에서 공진 상태일 때, $X_L = 2$ kΩ, $R_W = 25$ Ω이 되었다. 공진주파수는 5 kHz이다. 대역폭을 구하라.

**40.** 저주파 차단주파수가 2400 Hz, 고주파 차단주파수가 2800 Hz인 공진 회로의 대역폭과 공진주파수를 구하라.

**41.** 어떤 *RLC* 공진 회로의 공진 상태에서 전력이 2.75 W이다. 저주파 차단주파수에서의 전력을 구하라.

***42.** 탱크 회로의 공진주파수가 8 kHz가 되기 위한 $L$, $C$ 값을 구하라. 단, 대역폭은 800 Hz이고 코일의 권선 저항은 10 Ω이다.

**43.** $Q$가 50, 대역폭이 400 Hz인 병렬 공진 회로가 있다. $f_r$은 변하지 않고 $Q$ 값만 2배가 될 때, 대역폭은 얼마가 되는가?

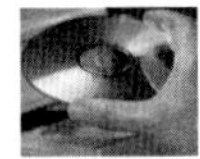

### Multisim 고장진단과 분석

Multisim CD-ROM을 사용하여 다음 문제를 풀어 보라.

**44.** P17-44 파일을 열고 회로에 고장이 있는지 검사하라. 고장이 있으면 어떤 고장인지 알아내어라.

**45.** P17-45 파일을 열고 회로에 고장이 있는지 검사하라. 고장이 있으면 어떤 고장인지 알아내어라.

**46.** P17-46 파일을 열고 회로에 고장이 있는지 검사하라. 고장이 있으면 어떤 고장인지 알아내어라.

**47.** P17-47 파일을 열고 회로에 고장이 있는지 검사하라. 고장이 있으면 어떤 고장인지 알아내어라.

**48.** P17-48 파일을 열고 회로에 고장이 있는지 검사하라. 고장이 있으면 어떤 고장인지 알아내어라.

**49.** P17-49 파일을 열고 회로에 고장이 있는지 검사하라. 고장이 있으면 어떤 고장인지 알아내어라.

**50.** P17-50 파일을 열고 회로의 공진주파수를 구하라.

**51.** P17-51 파일을 열고 회로의 공진주파수를 구하라.

## 복습문제 해답

### 1부: 직렬 회로

#### 17-1 *RLC* 직렬 회로의 임피던스

**1.** $X_{tot} = 70\ \Omega$; 용량성

**2.** $\mathbf{Z} = 84.3 \angle -56.1°\ \Omega$; $Z = 84.3\ \Omega$; $\theta = -51.6°$; 전류가 $V_s$보다 앞선다.

#### 17-2 *RLC* 직렬 회로의 해석

**1.** $\mathbf{V}_s = 38.4 \angle -21.3°\ \Omega$

**2.** 전류가 전압보다 앞선다.

**3.** $X_{tot} = 600$ V

#### 17-3 직렬 공진

**1.** $X_L = X_C$일 때 직렬 공진이 일어난다.

**2.** 임피던스가 최소이므로 전류가 최대가 된다.

**3.** $f_r = 159$ kHz

**4.** 회로는 용량성이다.

### 2부: 병렬 회로

#### 17-4 *RLC* 병렬 회로의 임피던스

**1.** 회로는 용량성이다.

**2.** $\mathbf{Y} = 1.54 \angle 49.4°$ mS

**3.** $\mathbf{Z} = 651 \angle -49.4°\ \Omega$

### 17-5 *RLC* 병렬 회로의 해석

**1.** $I_R = 80$ mA, $I_C = 120$ mA, $I_L = 240$ mA

**2.** 회로는 용량성이다.

### 17-6 병렬 공진

**1.** 병렬 공진 상태에서 임피던스는 최대이다.

**2.** 전류는 최소이다.

**3.** $X_C = 1500\ \Omega$

**4.** $f_r = 225$ kHz

**5.** $f_r = 22.5$ kHz

**6.** $f_r = 20.9$ kHz

## 3부: 직·병렬 회로

### 17-7 *RLC* 직·병렬 회로의 해석

**1.** $R_{p(\text{eq})} = 130\ \Omega$, $L_{\text{eq}} = 101.6\ \mu$H, $C = 0.22\ \mu$F

**2.** $L_{(\text{eq})} = 20.1$ mH, $R_{p(\text{eq})} = 1.59$ kΩ

## 4부: 특별 주제

### 17-8 공진 회로의 대역폭

**1.** $BW = f_2 - f_1 = 400$ kHz

**2.** $f_r = 2$ MHz

**3.** $P_{f2} = 0.9$ W

**4.** $Q$가 클수록 대역폭은 좁아진다.

### 17-9 고장진단

**1.** 동조 필터는 좁은 주파수대역 내의 신호만을 선택하기 위해 사용된다.

**2.** 웨이브 트랩(wave trap)은 음성 주파수대역의 신호를 제거하는 대역저지 필터(band-stop filter)이다.

**3.** 각 필터를 구성하는 여러 커패시터가 조정 손잡이와 공통으로 연결되어 있어서 한 번 조정으로 여러 커패시턴스의 값이 동시에 변한다.

### 회로 응용

**1.** AM 주파수대역은 535 kHz ~ 1605 kHz이다.

**2.** RF 증폭기는 먼저 원하는 한 방송국의 신호를 제외한 나머지 방송국의 신호를 모두 제거한 다음, 선택된 방송국의 신호만을 증폭한다.

**3.** 버랙터(가변용량 커패시터)에 인가하는 직류 전압의 크기로 커패시턴스의 값을 조정하여 원하는 AM 주파수 신호만을 선택한다.

## 관련 문제 해답

**17-1** $\mathbf{Z} = 12.7\angle 82.3°\ \text{k}\Omega$

**17-2** $\mathbf{Z} = 4.72\angle 45.6°\ \text{k}\Omega$. 그림 17-71 참조

▶ 그림 17-71

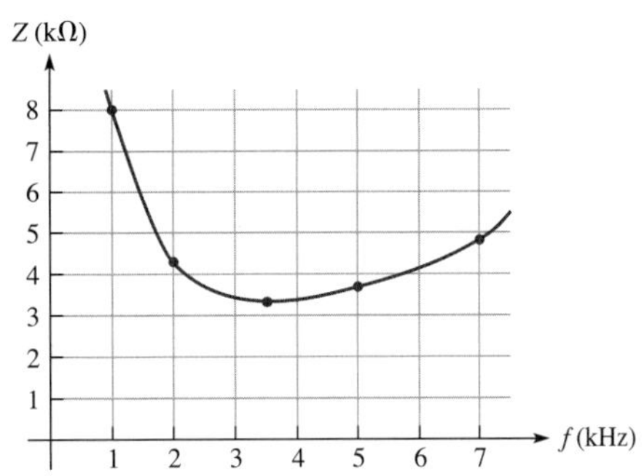


**17-3** 전류의 크기는 어떤 주파수까지는 주파수에 비례하여 계속 증가하다가 그 주파수를 넘어서면 반대로 계속 감소한다.

**17-4** 회로는 용량성이다.

**17-5** $f_r = 22.5$ kHz

**17-6** 45°

**17-7** Z는 증가한다; Z는 증가한다.

**17-8** Z는 감소한다.

**17-9** 유도성

**17-10** $I_{tot}$는 증가한다.

**17-11** 커진다.

**17-12** $\mathbf{V}_C = 0.93\angle -65.8°\text{V}$

**17-13** $\mathbf{V}_{C1} = 27.1\angle -81.1°\text{V}$

**17-14** $R_{p(\text{eq})} = 25\ \text{k}\Omega, L_{\text{eq}} = 5\ \text{mH}; C = 0.022\ \mu\text{F}$

**17-15** $Z_r = 79.9\ \text{k}\Omega$

**17-16** $I = 35.4$ mA

**17-17** $f_1 = 6.75$ kHz; $f_2 = 9.25$ kHz

**17-18** $BW = 7.96$ kHz

## 자기 진단 해답

**1.** (a) **2.** (c) **3.** (b) **4.** (c) **5.** (d) **6.** (c) **7.** (a) **8.** (b)
**9.** (d) **10.** (a) **11.** (b) **12.** (d)

## 퀴즈 해답

**1.** (b) **2.** (a) **3.** (a) **4.** (c) **5.** (c) **6.** (b) **7.** (b) **8.** (c)
**9.** (a) **10.** (a) **11.** (a) **12.** (a) **13.** (b) **14.** (a)

CHAPTER 18

# 수동 필터

## 이 장의 차례



## 이 장의 목표

- *RC* 및 *RL* 저역통과 필터의 동작을 분석한다.
- *RC* 및 *RL* 고역통과 필터의 동작을 분석한다.
- 대역통과 필터의 동작을 분석한다.
- 대역차단 필터의 동작을 분석한다.

## 핵심 용어

- 감쇠
- 고역통과 필터
- 대역차단 필터
- 대역통과 필터
- 데케이드
- 롤오프
- 보드선도
- 임계 주파수($f_c$)
- 저역통과 필터
- 중심주파수($f_0$)
- 통과대역

## 회로 응용 소개

회로 응용에서는 오실로스코프를 이용하여 측정한 필터의 주파수 응답을 그리고 필터의 유형을 구별해 볼 것이다.

## 인터넷 학습자료

http://www.prenhall.com/floyd

## 이 장의 소개

필터의 개념은 15장, 16장 및 17장에서 *RC*, *RL*, *RLC* 회로의 응용을 다루면서 소개되었다. 이 장에서는 앞에서 학습한 내용을 확장하여 필터와 관련된 여러 가지 중요 사항들을 보충할 것이다.

여기서는 수동 필터에 대해 살펴볼 것이다. 수동 필터는 저항, 커패시터 및 인덕터들의 조합으로 구성되며 증폭기와 수동소자들로 구성되는 능동 필터는 다음 과정에서 공부하게 될 것이다. *RC*, *RL* 및 *RLC* 회로들이 어떻게 필터로 동작하는지는 이미 살펴보았으므로 이 장을 통해서는 그 필터들의 응답 특성에 따라 네 가지 유형, 즉 저역통과 필터, 고역통과 필터, 대역통과 필터, 대역차단 필터 등으로 구별할 수 있을 것이다

# 18-1 저역통과 필터

**저역통과 필터**(low-pass filter)는 입력되는 낮은 주파수대역의 신호는 출력으로 통과시키는 반면 고주파 대역의 신호는 차단한다.

이 절의 학습 내용은 다음과 같다.

- ***RC* 및 *RL* 저역통과 필터의 동작 해석**
  - 필터 입출력의 전압비와 전력비를 데시벨로 나타내는 방법
  - 저역통과 필터의 임계 주파수를 구하는 방법
  - 저역통과 필터의 실제 응답 곡선과 이상적인 응답 곡선의 차이
  - *롤오프*의 정의
  - 저역통과 필터의 보드선도 작성
  - 저역통과 필터의 위상 천이

그림 18-1은 저역통과 필터의 블록도와 일반적인 응답 곡선을 보여주고 있다. 저역통과 필터를 통과하는 주파수의 범위를 필터의 **통과대역**(passband)이라고 한다. 그림 18-1(b)에 나타난 것처럼, 통과대역의 높은 주파수 쪽 끝 지점의 주파수를 **임계 주파수**(critical frequency, $f_c$)라고 한다. 임계 주파수는 필터의 출력 전압이 최대값의 70.7%가 되는 주파수이다. 필터의 임계 주파수는 차단주파수(cutoff frequency), 절점주파수(break frequency) 또는 −3 dB 주파수라고 불리는데, 이 주파수에서 출력 전압이 최대값보다 3 dB 낮기 때문이다. dB(decibel)이라는 용어는 필터의 주파수 응답에서 일반적으로 사용되므로 반드시 알아두어야 한다.

▶ 그림 18-1

저역통과 필터의 블록도와 일반적인 응답 곡선

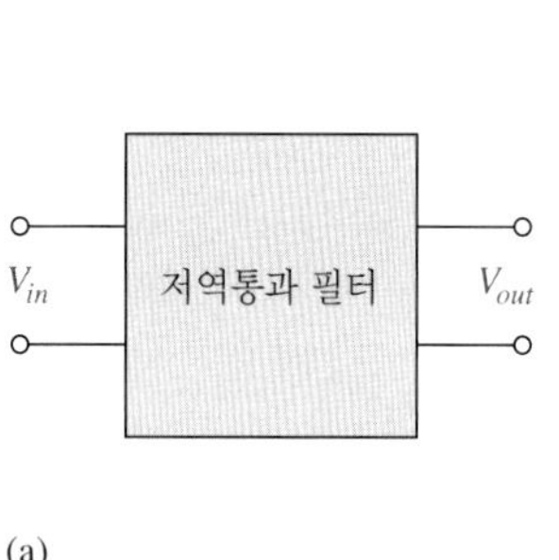


(a)

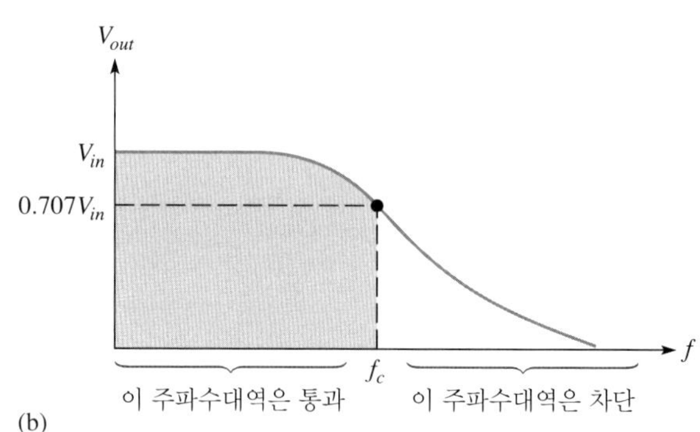


(b)

## 데시벨

데시벨 단위는 인간의 귀가 소리의 세기에 대해 응답하는 정도를 대수적으로 표현한 것이다. **데시벨**은 필터의 입력에 대한 출력의 관계를 표현하는 데 사용되며 한 전력에 대한 다른 전력의 비, 또는 한 전압에 대한 다른 전압의 비의 대수적 측정 단위이다. 다음 식은 전력비를 데시벨 단위로 나타낸 것이다.

$$\text{dB} = 10\log\left(\frac{P_{out}}{P_{in}}\right) \tag{18-1}$$

대수의 성질을 이용하면 전압비에 대한 데시벨은 다음 식과 같이 된다.

$$\mathrm{dB} = 20\log\left(\frac{V_{out}}{V_{in}}\right) \tag{18-2}$$

**예제 18-1** 임의의 주파수에서 필터의 출력 전압은 5 V이고 입력 전압은 10 V이다. 전압비를 데시벨로 표현하라.

**풀이**

$$20\log\left(\frac{V_{out}}{V_{in}}\right) = 20\log\left(\frac{5\text{ V}}{10\text{ V}}\right) = 20\log(0.5) = \mathbf{-6.02\ dB}$$

**관련 문제** $V_{out}/V_{in} = 0.85$를 데시벨로 표현하라.

## *RC* 저역통과 필터

기본적인 *RC* 저역통과 필터는 그림 18-2와 같다. 이 회로에서 출력 전압은 커패시터의 양단의 전압임을 주목해야 한다.

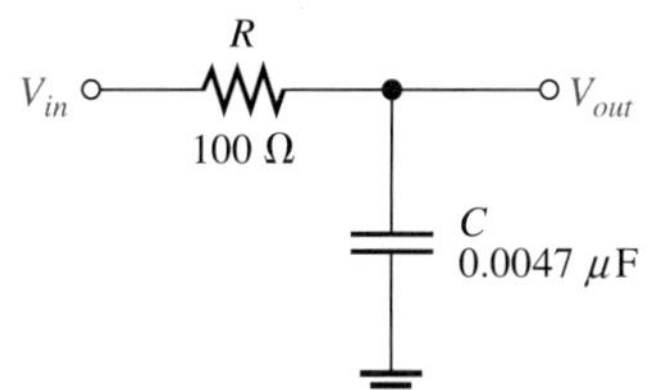


◀ 그림 18-2

입력이 dc(0 Hz)일 때 $X_C$가 무한대로 큰 수이기 때문에 출력 전압은 입력 전압과 같다. 입력 주파수가 증가함에 따라 $X_C$는 감소하게 되고 그 결과 $V_{out}$은 $X_C = R$이 되는 주파수까지 감소하게 된다. 이 주파수가 필터의 임계 주파수 $f_c$이다.

$$X_C = \frac{1}{2\pi f_c C} = R$$

이 식을 $f_c$에 대해 정리하면 다음과 같다.

$$f_c = \frac{1}{2\pi RC} \tag{18-3}$$

어떠한 주파수에서도 출력 전압의 크기는 전압 분배 법칙에 따라 다음과 같다.

$$V_{out} = \left(\frac{X_C}{\sqrt{R^2 + X_C^2}}\right)V_{in}$$

주파수 $f_c$에서는 $X_C = R$이기 때문에 임계 주파수의 출력 전압은 다음과 같이 표현된다.

$$V_{out} = \left(\frac{R}{\sqrt{R^2 + R^2}}\right)V_{in} = \left(\frac{R}{\sqrt{2R^2}}\right)V_{in} = \left(\frac{R}{R\sqrt{2}}\right)V_{in} = \left(\frac{1}{\sqrt{2}}\right)V_{in} = 0.707V_{in}$$

이 계산은 $X_C = R$일 때 출력 전압이 입력 전압의 70.7%임을 나타내며, 이때의 주파수를 임계 주파수로 정의하는 것이다.

임계 주파수에서 입력 전압에 대한 출력 전압의 비는 다음과 같이 데시벨로 표현될 수 있다.

$$V_{out} = 0.707V_{in}$$

$$\frac{V_{out}}{V_{in}} = 0.707$$

$$20\log\left(\frac{V_{out}}{V_{in}}\right) = 20\log(0.707) = -3\text{ dB}$$

**예제 18-2** 그림 18-2의 $RC$ 저역통과 필터의 임계 주파수를 구하라.

$$f_c = \frac{1}{2\pi RC} = \frac{1}{2\pi(100\ \Omega)(0.0047\ \mu\text{F})} = \mathbf{339\ kHz}$$

**풀이** 출력 전압은 이 주파수에서 $V_{in}$에 비해 3 dB 낮다($V_{out}$은 $V_{in}$의 최대값을 갖는다).

**관련 문제** 어떤 $RC$ 저역통과 필터에서 $R = 1.0\ \text{k}\Omega$이고 $C = 0.022\ \mu\text{F}$이다. 임계 주파수를 구하라.

## 응답 곡선의 롤오프

그림 18-3에서 저역통과 필터의 실제 응답 곡선을 살펴보자. 최대 출력은 0 dB로 정의되어 있으며 기준값이 된다. $20\log(V_{out}/V_{in}) = 20\log 1 = 0$ dB이므로 0 dB은 $V_{out} = V_{in}$을 의미한다. 임계 주파수에서 출력은 0 dB에서 −3 dB로 감소하며 이후에는 일정한 비율로 지속적으로 감소한다. 이렇게 감소하는 형태를 주파수 응답의 **롤오프**(roll-off)라고 한다. 이상적인 출력 응답 곡선은 $f_c$까지 평탄하다가 이후 일정한 비율로 감소한다.

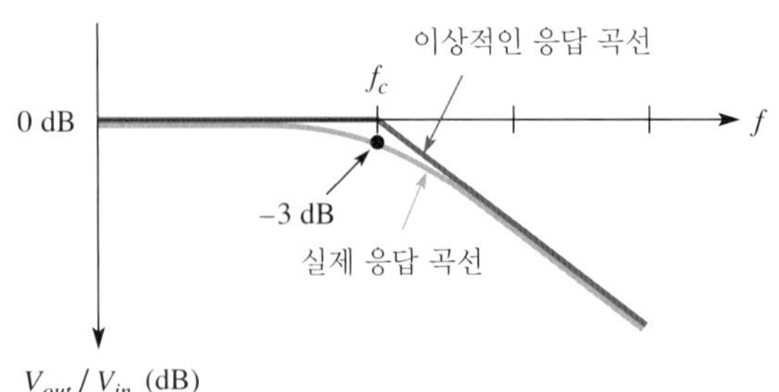


▶ 그림 18-3
실제 및 이상적인 저역통과 필터의 응답 곡선

이처럼 저역통과 필터의 출력 전압은 주파수가 임계값 $f_c$로 증가할 때 3 dB로 감소한다. 주파수가 $f_c$ 이상으로 계속 증가하면 출력 전압은 계속 감소한다. 다음 단계에서 보여주는 것과 같이 실제로 $f_c$ 이후, 주파수가 10배로 증가할 때마다, 출력은 20 dB씩 감소한다.

임계 주파수의 10배가 되는 주파수를 예로 들어 보자($f = 10f_c$). $f_c$에서 $R = X_C$이고 $10f_c$에서는 $R = 10X_C$가 되는데, 이는 $X_C$와 $f$가 역수관계이기 때문이다.

$RC$ 회로의 **감쇠**(attenuation)는 $V_{out}/V_{in}$의 비이고 다음과 같은 순서로 구한다.

$$\frac{V_{out}}{V_{in}} = \frac{X_C}{\sqrt{R^2 + X_C^2}} = \frac{X_C}{\sqrt{(10X_C)^2 + X_C^2}}$$

$$= \frac{X_C}{\sqrt{100X_C^2 + X_C^2}} = \frac{X_C}{\sqrt{X_C^2(100 + 1)}} = \frac{X_C}{X_C\sqrt{101}} = \frac{1}{\sqrt{101}} \cong \frac{1}{10} = 0.1$$

dB 감쇠는

$$20\log\left(\frac{V_{out}}{V_{in}}\right) = 20\log(0.1) = -20\text{ dB}$$

주파수가 10의 배수로 변화하는 것을 **데케이드**(decade)라고 한다. $RC$ 회로에서 입력의 주파수가 데케이드로 증가할 경우 출력 전압은 20 dB씩 감소한다. 고역통과 회로에서도 이와 비슷한 결과가 유도된다. 기본적인 $RC$ 필터와 $RL$ 필터에서 롤오프는 $-20$ dB/decade로 일정하다. 그림 18-4는 반대수 눈금(semilog scale)으로 이상적인 주파수 응답선도를 나타낸 것으로, 수평축의 간격은 10배수의 주파수 변화를 나타낸다. 이러한 응답 곡선을 **보드선도**(Bode plot)라고 한다.

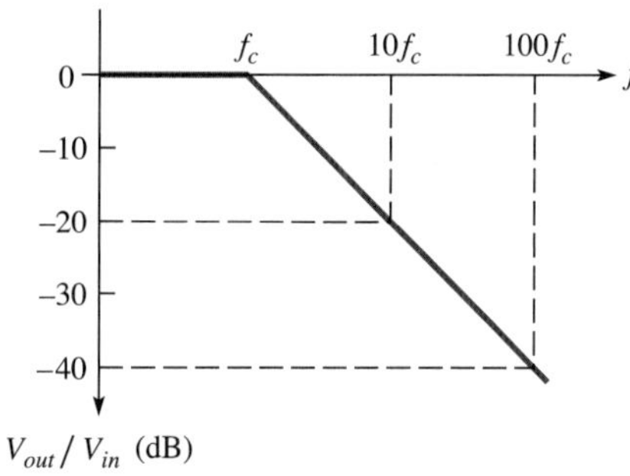


◀ 그림 18-4

$RC$ 저역통과 필터의 주파수 롤오프(보드선도)

**예제 18-3** 그림 18-5의 필터에 대한 보드선도를 3데케이드의 주파수에 대해 작성하라. 반대수 그래프 용지를 사용하라.

▶ 그림 18-5

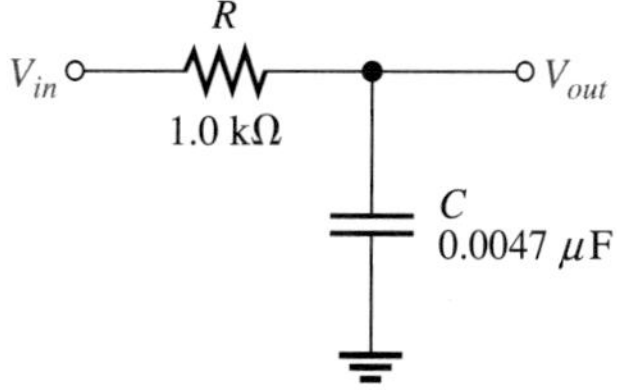

**풀이** 저역통과 필터의 임계 주파수는 다음과 같다.

$$f_c = \frac{1}{2\pi RC} = \frac{1}{2\pi(1.0\,\text{k}\Omega)(0.0047\,\mu\text{F})} = 33.9\,\text{kHz}$$

그림 18-6의 반대수 그래프에서 이상적인 보드선도는 위쪽의 선으로, 대략적인 실제의 응답 곡선은 아래쪽의 선으로 나타나 있다. 수평축은 대수 눈금으로 주파수를, 수직축은 선형 눈금으로 데시벨 단위의 필터 출력을 나타낸다.

출력은 $f_c$(33.9 kHz) 이하에서는 일정한 값을 나타내고 주파수가 $f_c$ 이상으로 증가할 경우 −20 dB/decade의 비율로 감소한다. 따라서 이상적인 곡선에서는 주파수가 10배로 증가할 때마다 출력 값은 20 dB씩 감소한다. 실제 경우에는 이와 약간 차이가 있는데, 임계 주파수에서 출력 값은 0 dB이 아니라 −3 dB이다.

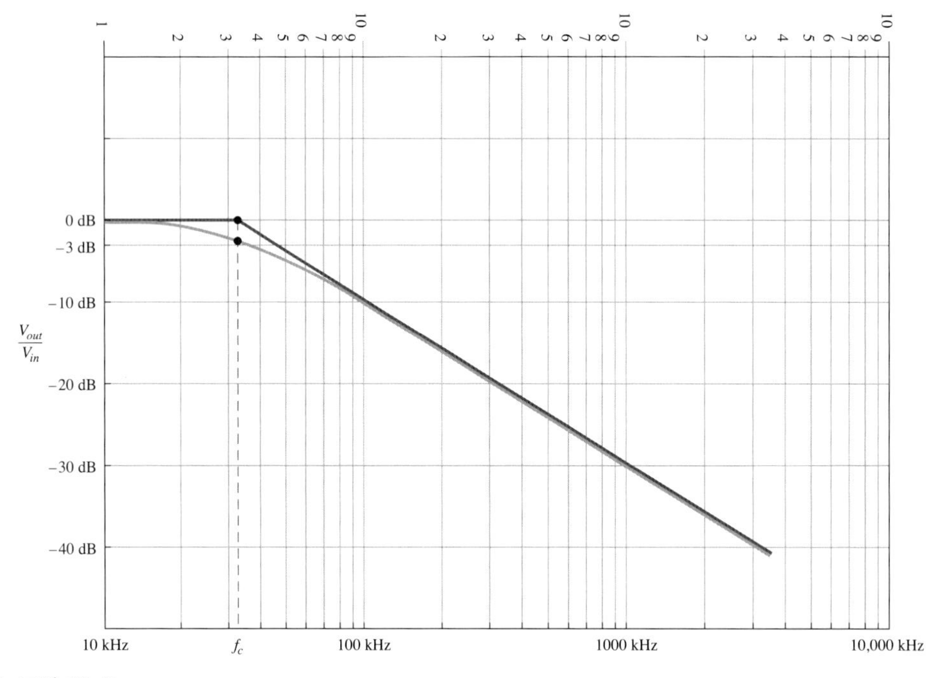


▲ 그림 18-6

그림 18-5에 대한 보드선도. 위쪽의 선은 이상적인 응답 곡선이고 아래쪽의 선은 실제 응답 곡선이다.

**관련 문제** 그림 18-5에서 $C$가 0.001 $\mu$F으로 줄어들면 임계 주파수와 롤오프율은 어떻게 되는가?

## *RL* 저역통과 필터

기본적인 $RL$ 저역통과 필터는 그림 18-7과 같다. 출력 전압은 저항의 양단에 나타난다.

입력이 dc(0 Hz)일 때, $X_L$은 단락되기 때문에($R_W$는 무시) 출력 전압은 입력 전압과 같아진다. 그리고 입력 주파수가 증가함에 따라 $X_L$이 증가하며, 그 결과 $V_{out}$은 임계 주파수가 될 때까지 감소한다. 임계 주파수에서 $X_L = R$이 되고 주파수는 다음과 같다.

$$2\pi f_c L = R$$

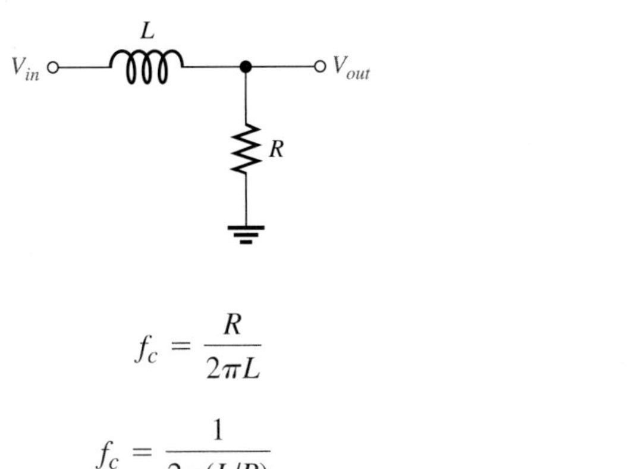


◀ 그림 18-7

*RL* 저역통과 필터

$$f_c = \frac{R}{2\pi L}$$

$$f_c = \frac{1}{2\pi(L/R)} \qquad (18\text{-}4)$$

*RC* 저역통과 필터처럼 $V_{out} = 0.707V_{in}$이며, 임계 주파수에서 출력 전압은 입력 전압의 −3 dB 이 된다.

**예제 18-4** 그림 18-8의 필터에 대한 보드선도를 3데케이드의 주파수에 대해 작성하라. 반대수 그래프 용지를 사용하라.

▶ 그림 18-8

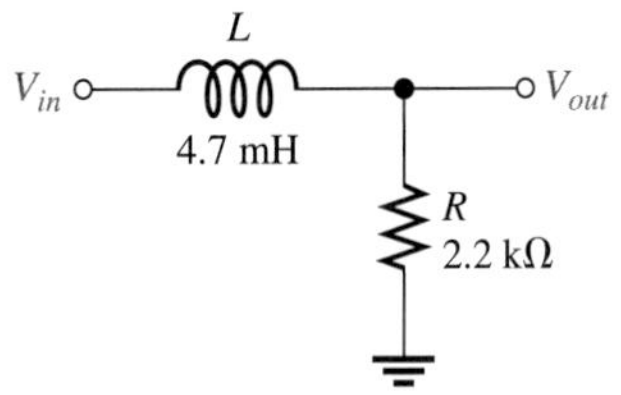

풀이 저역통과 필터의 임계 주파수는 다음과 같다.

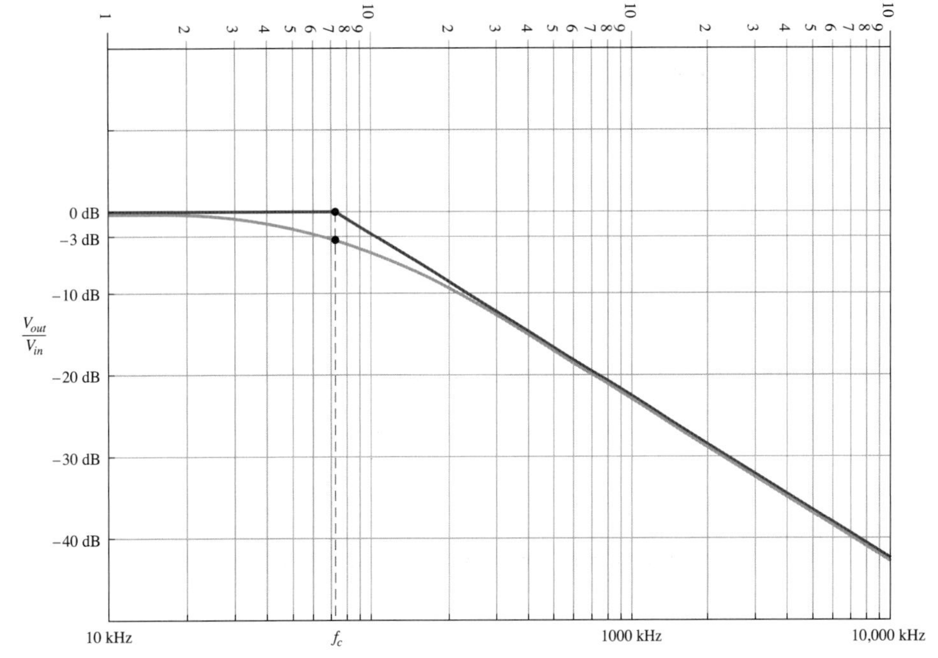


▲ 그림 18-9

그림 18-8에 대한 보드선도. 위쪽의 선은 이상적인 응답 곡선이고 아래쪽의 선은 실제 응답 곡선이다.

$$f_c = \frac{1}{2\pi(L/R)} = \frac{1}{2\pi(4.7\ \text{mH}/2.2\ \text{k}\Omega)} = 74.5\ \text{kHz}$$

그림 18-9의 반대수 그래프에서 이상적인 보드선도는 위쪽의 선으로, 대략적인 실제의 응답 곡선은 아래쪽의 선으로 나타나 있다. 수평축은 대수 눈금으로 주파수를, 수직축은 선형 눈금으로 데시벨 단위의 필터 출력을 나타낸다.

출력은 $f_c$(74.5 kHz) 이하에서는 일정한 값을 나타내고 주파수가 $f_c$ 이상으로 증가할 경우 −20 dB/decade의 비율로 감소한다. 따라서 이상적인 곡선에서는 주파수가 10배로 증가할 때마다 출력 값은 20 dB씩 감소한다. 실제 경우에는 이와 약간 차이가 있는데 임계 주파수에서 출력 값은 0 dB이 아니라 −3 dB이다.

**관련 문제** 그림 18-8에서 $L$이 1 mH로 줄어들면 임계 주파수와 롤오프율은 어떻게 되는가?

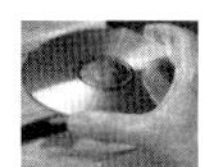

Multisim 파일 E18-04를 사용하여 [예제 18-4]와 [관련 문제]의 계산 결과를 확인하라.

## 저역통과 필터의 위상 천이

$RC$ 저역통과 필터는 지상 회로(lag circuit)로 동작한다. 15장에서 설명한 것처럼 입력과 출력 사이의 위상 천이(phase shift)는 다음과 같이 표현된다.

$$\phi = -\tan^{-1}\left(\frac{R}{X_C}\right)$$

임계 주파수에서 $X_C = R$이므로 $\phi = -45°$이다. 입력 주파수가 감소함에 따라 $\phi$도 감소하여 주파수가 0에 근접하면 $\phi$도 0°로 근접한다. 그림 18-10은 이 위상 특성을 보여준다.

▶ 그림 18-10
저역통과 필터의 위상 특성

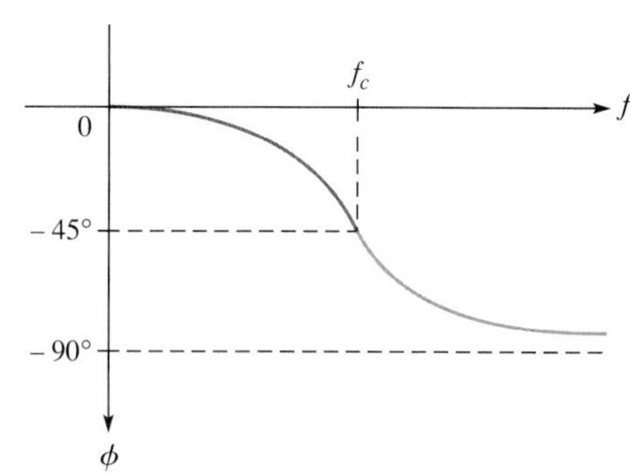


$RL$ 저역통과 필터 또한 지상 회로로 동작한다. 16장에서 설명한 것처럼 위상 천이는 다음 식과 같이 표현된다.

$$\phi = -\tan^{-1}\left(\frac{X_L}{R}\right)$$

*RC* 필터에서와 같이 입력과 출력 사이의 위상 천이는 임계 주파수에서는 −45°이고 $f_c$ 이하의 주파수에서는 감소한다.

**복습문제 18-1**

1. 저역통과 필터에서 $f_c$ = 2.5 kHz일 때, 통과대역은 얼마인가?
2. 저역통과 필터에서, $R$ = 100 Ω이고 임의의 주파수 $f_1$에서 $X_C$ = 2 Ω이다. $V_{in}$ = 5 ∠ 0° V rms일 때 $f_1$에서 $V_{out}$을 구하라.
3. $V_{out}$ = 400 mV, $V_{in}$ = 1.2 V이다. $V_{out}/V_{in}$을 dB로 표현하라.

# 18-2 고역통과 필터

**고역통과 필터**(high-pass filter)는 입력되는 높은 주파수대역의 신호는 출력으로 통과시키는 반면 저주파 대역의 신호는 차단한다.

이 절의 학습 내용은 다음과 같다.

- ***RC* 및 *RL* 고역통과 필터의 동작 해석**
  - 고역통과 필터의 임계 주파수를 구하는 방법
  - 고역통과 필터의 실제 응답 곡선과 이상적인 응답 곡선의 차이
  - 고역통과 필터의 보드선도 작성
  - 고역통과 필터의 위상 천이

그림 18-11은 고역통과 필터의 블록도와 일반적인 응답 곡선을 나타낸 것이다. 통과대역의 낮은 주파수 쪽 끝 지점의 주파수를 **임계 주파수**라 한다. 저역통과 필터에서처럼, 출력이 최대값의 70.7%가 되는 주파수이다.

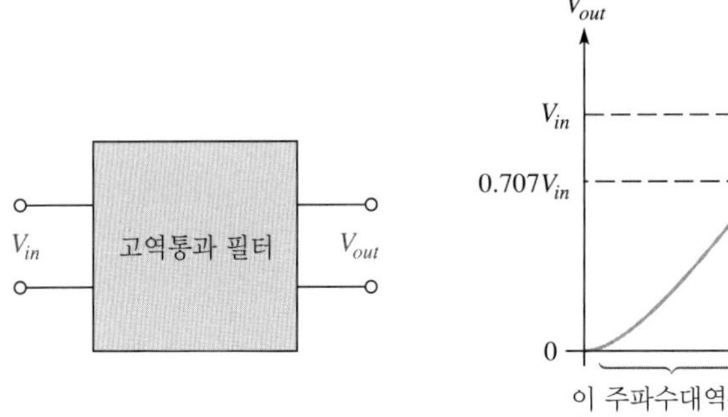


◀ **그림 18-11**
고역통과 필터의 블록도와 일반적인 응답 곡선

## *RC* 고역통과 필터

기본적인 *RC* 고역통과 필터는 그림 18-12와 같다. 출력 전압은 저항 양단의 전압이다.

▶ 그림 18-12

*RC* 고역통과 필터

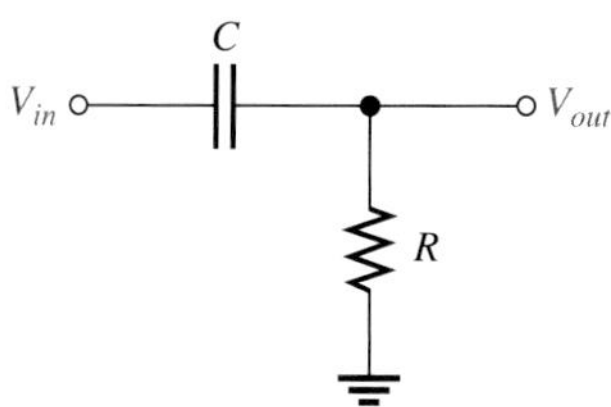


입력 주파수가 임계 주파수일 때, 저역통과 필터에서처럼 $X_C = R$이고 출력 전압은 $0.707V_{in}$이다. 입력 주파수가 $f_c$ 이상으로 증가하면 $X_C$는 감소하고, 그 결과 출력 전압은 증가하여 입력 전압 $V_{in}$의 값과 같아진다. 고역통과 필터의 임계 주파수는 저역통과 필터와 같다.

$$f_c = \frac{1}{2\pi RC}$$

$f_c$ 이하에서 출력 전압은 −20 dB/decade의 비율로 감소(롤오프)한다. 그림 18-13은 고역통과 필터에 대한 실제 및 이상적인 응답 곡선을 나타낸다.

▶ 그림 18-13

실제 및 이상적인 고역통과 필터의 응답 곡선

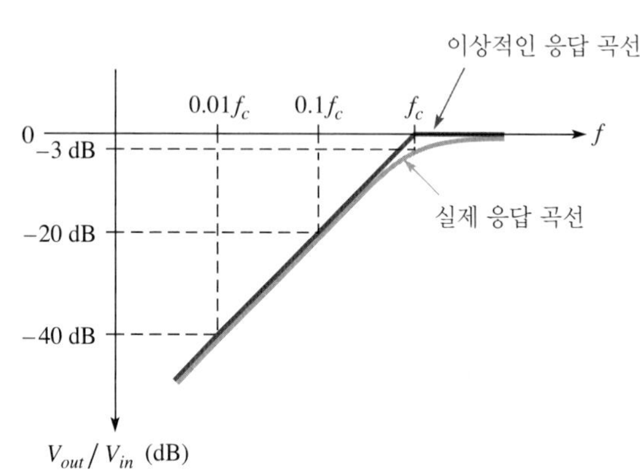


**예제 18-5** 그림 18-14의 필터에 대한 보드선도를 3데케이드의 주파수에 대해 작성하라. 반대수 그래프 용지를 사용하라.

▶ 그림 18-14

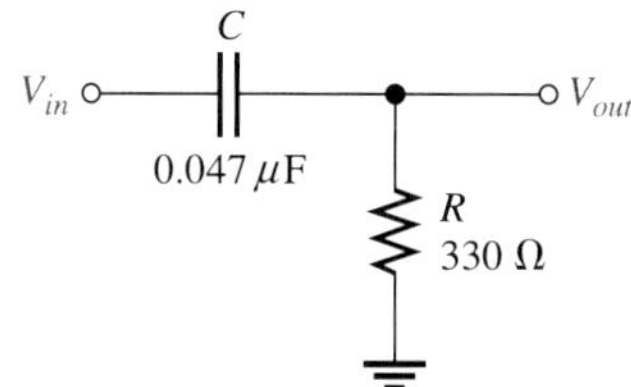


**풀이** 이 고역통과 필터의 임계 주파수는 다음과 같다.

$$f_c = \frac{1}{2\pi RC} = \frac{1}{2\pi(330\ \Omega)(0.047\ \mu\text{F})} = 10.3\ \text{kHz} \cong 10\ \text{kHz}$$

그림 18-15의 반대수 그래프에서 이상적인 보드선도는 위쪽의 선으로, 대략적인 실제의

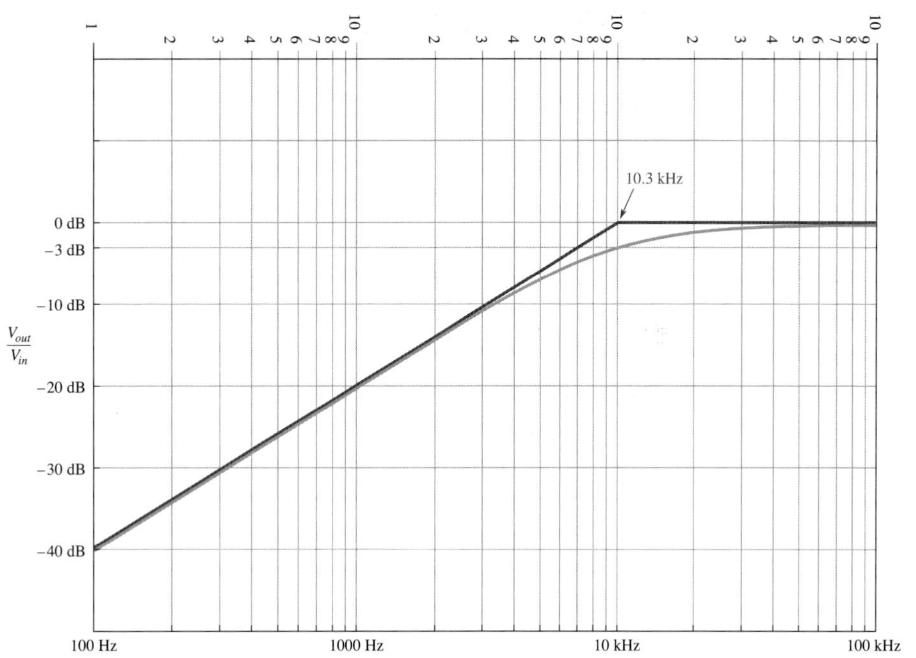


▶ 그림 18-15

그림 18-14에 대한 보드선도. 위쪽의 선은 이상적인 응답 곡선이고 아래쪽의 선은 실제 응답 곡선이다.

응답 곡선은 아래쪽의 선으로 나타나 있다. 수평축은 대수 눈금으로 주파수를, 수직축은 선형 눈금으로 데시벨 단위의 필터 출력을 나타낸다.

출력은 $f_c$(약 10 kHz) 이상에서는 일정한 값을 나타내고, 주파수가 $f_c$ 이하로 감소할 경우 −20 dB/decade의 비율로 감소한다. 따라서 이상적인 곡선에서는 주파수가 10배로 증가할 때마다 출력 값은 20 dB씩 감소한다. 실제 경우에는 이와 약간 차이가 있는데, 임계 주파수에서 출력 값은 0 dB이 아니라 −3 dB이다.

관련 문제 고역통과 필터의 주파수가 10 Hz로 감소할 때 입력에 대한 출력의 비를 데시벨로 나타내어라.

Multisim 파일 E18-05를 사용하여 [예제 18-5]와 [관련 문제]의 계산 결과를 확인하라.

## *RL* 고역통과 필터

기본적인 고역통과 필터는 그림 18-16과 같다. 출력은 인덕터 양단의 전압이다.

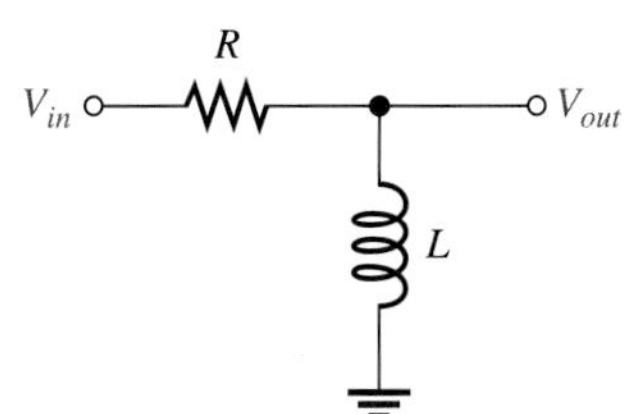


◀ 그림 18-16

*RL* 고역통과 필터

입력 주파수가 임계값일 때 $X_L = R$이고 출력 전압은 $0.707V_{in}$이다. 주파수가 $f_c$ 이상으로 증가하면 $X_L$은 증가하고, 그 결과 출력 전압은 $V_{in}$과 같아질 때까지 증가한다. 고역통과 필터의 임계 주파수에 대한 표현은 저역통과 필터와 같다.

$$f_c = \frac{1}{2\pi(L/R)}$$

## 고역통과 필터의 위상 천이

*RC* 및 *RL* 고역통과 필터 모두 진상 회로로 동작한다. 15장과 16장에서 설명한 것처럼 진상 회로의 입력과 출력 사이의 위상 천이는 다음과 같다.

$$\phi = \tan^{-1}\left(\frac{X_C}{R}\right)$$

*RL* 진상 회로망의 입력과 출력 사이의 위상 천이는 다음과 같다.

$$\phi = \tan^{-1}\left(\frac{R}{X_L}\right)$$

임계 주파수에서 $X_L = R$이므로 $\phi = 45°$이다. 그림 18-17에서처럼 주파수가 증가함에 따라 $\phi$는 감소하여 0°로 근접한다.

▶ 그림 18-17

고역통과 필터의 위상 특성

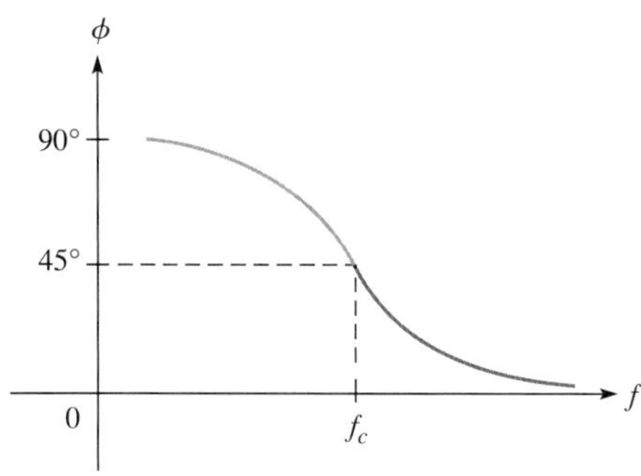


**예제 18-6**

(a) 그림 18-18에서, 10 kHz의 입력 주파수에서 $X_C$가 $R$보다 10배 이하가 되는 $C$의 값을 구하라.

(b) 10 V의 직류 전압이 더해진 5 V 정현파를 인가하면 출력 전압의 크기와 위상 천이는 얼마인가?

▶ 그림 18-18

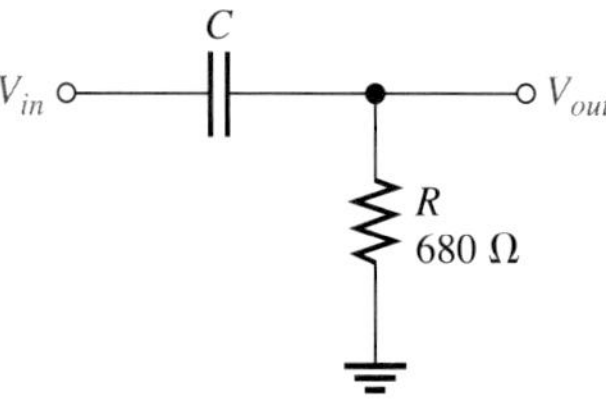

**풀이** (a) $C$의 값은 다음과 같이 구한다.

$$X_C = 0.1R = 0.1(680\ \Omega) = 68\ \Omega$$

$$C = \frac{1}{2\pi f X_C} = \frac{1}{2\pi(10\ \text{kHz})(68\ \Omega)} = \mathbf{0.234\ \mu F}$$

$C$의 근사 표준값은 0.22 $\mu$F이다.

(b) 정현파 출력의 진폭은

$$V_{out} = \left(\frac{R}{\sqrt{R^2 + X_C^2}}\right)V_{in} = \left(\frac{680\ \Omega}{\sqrt{(680\ \Omega)^2 + (68\ \Omega)^2}}\right)5\ \text{V} = \mathbf{4.98\ V}$$

위상 천이는

$$\phi = \tan^{-1}\left(\frac{X_C}{R}\right) = \tan^{-1}\left(\frac{68\ \Omega}{680\ \Omega}\right) = \mathbf{5.7°}$$

임계 주파수 10 이상인 $f = 10$ kHz에서 정현파 출력의 진폭은 입력과 거의 같으며 위상 천이는 매우 적다. 10 V 직류 값은 필터링되어 출력에서는 나타나지 않는다.

**관련 문제** $R$을 220 Ω으로 하여 이 예제의 (a)와 (b)를 풀어라.

Multisim 파일 E18-06을 사용하여 [예제 18-6]과 [관련 문제]의 계산 결과를 확인하라.

**복습문제 18-2**

1. 고역통과 필터의 입력 전압이 1 V이다. 임계 주파수에서 $V_{out}$은 얼마인가?
2. 어떤 고역통과 필터에서 $\mathbf{V}_{in} = 10 \angle 0°$ V, $R = 1.0$ kΩ이고 $X_L = 15$ kΩ이다. $\mathbf{V}_{out}$을 구하라.

# 18-3 대역통과 필터

**대역통과 필터**(band-pass filter)는 특정한 주파수대역의 신호는 통과시키고 이 통과대역 주파수 이상과 이하의 모든 주파수는 차단하는 필터이다.

이 절의 학습 내용은 다음과 같다.

- **대역통과 필터의 동작 해석**
  - *대역폭*의 정의
  - 저역통과 및 고역통과 필터로 대역통과 필터의 구현
  - 직렬 공진 대역통과 필터에 대한 설명
  - 병렬 공진 대역통과 필터에 대한 설명
  - 대역통과 필터의 대역폭 및 출력 전압을 계산하는 방법

**대역통과 필터의 대역폭은 전류 혹은 전압이 공진주파수에서 그 값에 비해서 같거나 또는 70.7%보다 큰 주파수의 범위이다.**

대역폭은 약자로 $BW$이며 다음 식과 같이 계산할 수 있다.

$$BW = f_{c2} - f_{c1}$$

여기서 $f_{c1}$은 낮은 쪽 차단주파수이며, $f_{c2}$는 높은 쪽 차단주파수이다.

그림 18-19는 일반적인 대역통과 필터의 응답 곡선을 나타낸 것이다.

▶ **그림 18-19**
일반적인 대역통과 필터의 응답 곡선

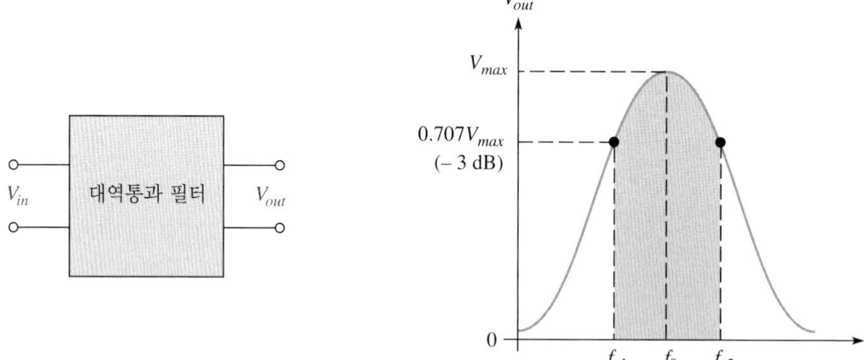


## 저역통과/고역통과 필터

그림 18-20에서처럼 저역통과 필터와 고역통과 필터를 결합하여 대역통과 필터를 구성할 수 있다. 이때 2차 필터에 대한 1차 필터의 부하 효과(loading effect)가 고려되어야 한다.

▶ **그림 18-20**
저역통과 필터와 고역통과 필터를 이용한 대역통과 필터

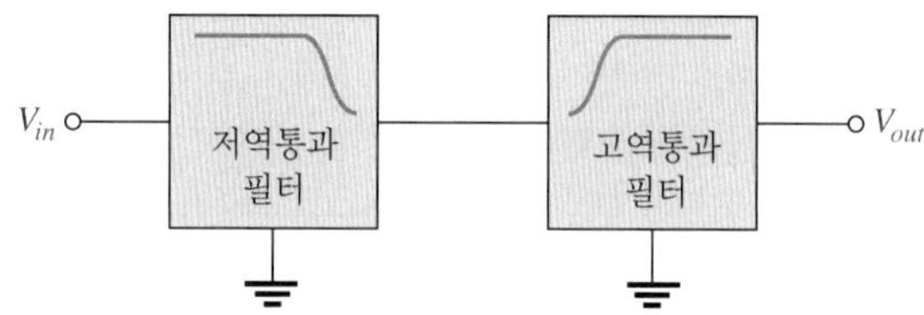


만약 저역통과 필터의 임계 주파수 $f_{c(l)}$가 고역통과 필터의 임계 주파수 $f_{c(h)}$보다 높다면, 응답 특성은 서로 겹쳐지게 된다. 따라서 그림 18-21에 나타난 바와 같이 $f_{c(h)}$와 $f_{c(l)}$ 사이의 주파수를 제외한 모든 주파수는 제거된다.

▶ **그림 18-21**
저역통과/고역통과 필터의 겹쳐진 응답 곡선

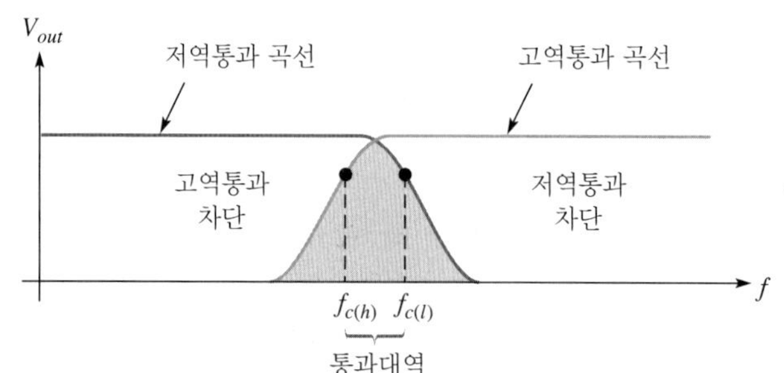

**예제 18-7** $f_c = 2\text{ kHz}$인 고역통과 필터와 $f_c = 2.5\text{ kHz}$인 저역통과 필터가 대역통과 필터를 구성하고 있다. 부하 효과가 없다면 통과대역의 대역폭은 얼마인가?

**풀이**

$$BW = f_{c(l)} - f_{c(h)} = 2.5\text{ kHz} - 2\text{ kHz} = \mathbf{500\text{ Hz}}$$

**관련 문제** $f_{c(l)} = 9\text{ kHz}$이고 대역폭이 $1.5\text{ kHz}$라면 $f_{c(h)}$는 얼마인가?

## 직렬 공진 대역통과 필터

직렬 공진 대역통과 필터가 그림 18-22에 나타나 있다. 17장에서 설명한 것처럼 직렬 공진 회로는 공진주파수 $f_r$에서 임피던스가 최소이고 전류는 최대가 된다. 따라서 공진주파수에서 입력 전압의 대부분이 저항 양단에서 전압 강하된다. 따라서 저항 $R$ 양단의 출력은 공진주파수에서 최대가 되는 대역통과 필터의 특성을 갖는다. 이 공진주파수는 **중심주파수**(center frequency) $f_0$라 한다. 17장에서 살펴보았듯이 대역폭은 회로의 양호도(quality factor) $Q$와 공진주파수에 의해 결정된다. 즉, $Q = X_L/R$이다.

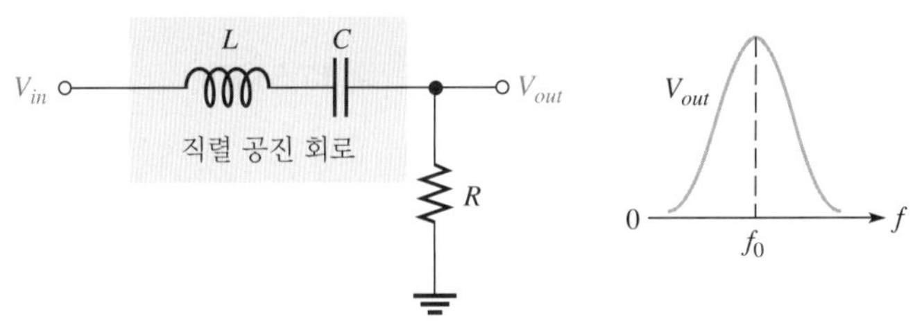


◀ 그림 18-22
직렬 공진 대역통과 필터

$Q$의 값이 클수록 대역폭은 좁으며 $Q$의 값이 작을수록 대역폭은 넓다. 공진 회로의 대역폭에 대한 공식은 다음과 같다.

$$BW = \frac{f_0}{Q} \tag{18-5}$$

**예제 18-8** 그림 18-23의 필터에 대해 중심주파수($f_0$)에서 출력 전압 크기와 대역폭을 구하라.

▶ 그림 18-23

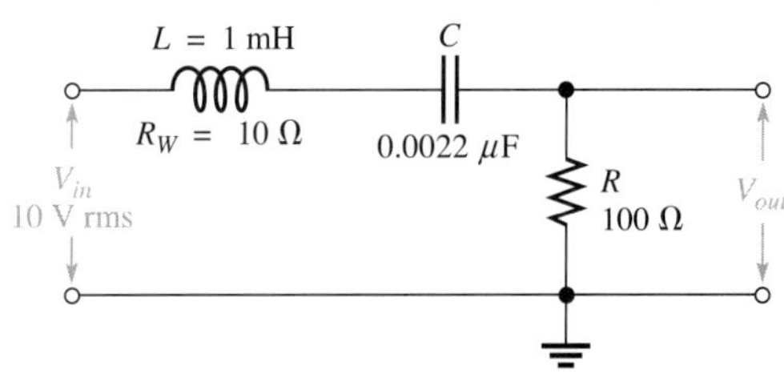


**풀이** $f_0$에서 공진 회로의 임피던스는 인덕터의 권선 저항 $R_W$와 같다. 전압 분배 법칙에 따라

$$V_{out} = \left(\frac{R}{R + R_W}\right)V_{in} = \left(\frac{100\ \Omega}{110\ \Omega}\right)10\ \text{V} = \mathbf{9.09\ V}$$

중심주파수는

$$f_0 = \frac{1}{2\pi\sqrt{LC}} = \frac{1}{2\pi\sqrt{(1\ \text{mH})(0.0022\ \mu\text{F})}} = 107\ \text{kHz}$$

$f_0$에서 유도성 리액턴스는

$$X_L = 2\pi fL = 2\pi(107\ \text{kHz})(1\ \text{mH}) = 672\ \Omega$$

총 저항 값은

$$R_{tot} = R + R_W = 100\ \Omega + 10\ \Omega = 110\ \Omega$$

그러므로 회로의 $Q$는

$$Q = \frac{X_L}{R_{tot}} = \frac{672\ \Omega}{110\ \Omega} = 6.11$$

대역폭은

$$BW = \frac{f_0}{Q} = \frac{107\ \text{kHz}}{6.11} = \mathbf{17.5\ kHz}$$

**관련 문제** 그림 18-23의 코일을 권선 저항 18 Ω의 1 mH 코일로 바꾼다면 대역폭은 얼마인가?

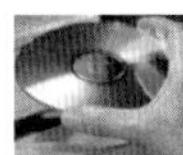

Multisim 파일 E18-08을 사용하여 [예제 18-8]과 [관련 문제]의 계산 결과를 확인하라.

## 병렬 공진 대역통과 필터

병렬 공진 회로를 사용한 대역통과 필터가 그림 18-24에 나타나 있다. 공진 상태에서 병렬 공진 회로는 임피던스가 최대가 된다. 그림 18-24의 회로는 전압 분배기처럼 동작한다. 공진 상태에서 탱크의 임피던스는 저항보다 훨씬 크다. 따라서 공진주파수에서 입력 전압의 대부분이 탱크 양단에 걸려 최대 출력을 발생한다.

▶ 그림 18-24

병렬 공진 대역통과 필터

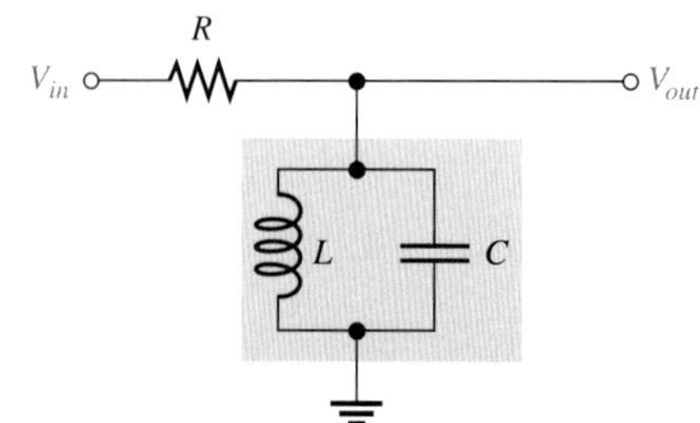

공진주파수보다 높거나 낮은 주파수에 대해서, 탱크 임피던스는 작아지게 되고, 더 많은 입력 전압이 $R$ 양단에 걸리게 된다. 그 결과 탱크 양단의 출력 전압은 떨어지고 대역통과 특성이 생긴다.

**예제 18-9** 그림 18-25의 필터에서 중심주파수는 얼마인가? 단, $R_W = 0\ \Omega$으로 가정한다.

▶ 그림 18-25

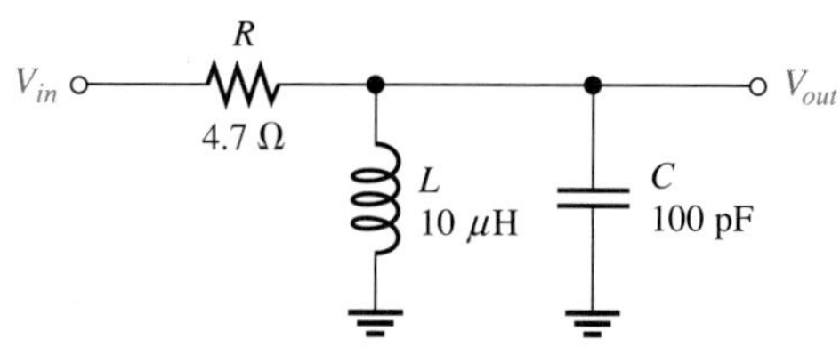


풀이 필터의 중심주파수는 이 회로의 공진주파수이다.

$$f_0 = \frac{1}{2\pi\sqrt{LC}} = \frac{1}{2\pi\sqrt{(10\ \mu\text{H})(100\ \text{pF})}} = \mathbf{5.03\ MHz}$$

관련 문제 그림 18-25에서 $C$가 1000 pF일 때 $f_0$를 구하라.

Multisim 파일 E18-09를 사용하여 [예제 18-9]와 [관련 문제]의 계산 결과를 확인하라.

**예제 18-10** 그림 18-26의 대역통과 필터에서 중심주파수와 대역폭을 구하라. 단, 인덕터는 15 Ω의 권선 저항을 갖는다.

▶ 그림 18-26

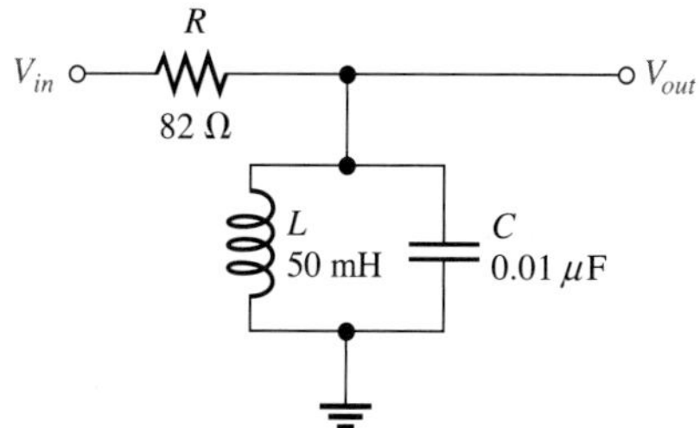


풀이 17장의 식 (17-13)을 이용하면 실제 탱크 회로의 중심주파수는

$$f_0 = \frac{\sqrt{1 - (R_W^2 C/L)}}{2\pi\sqrt{LC}} = \frac{\sqrt{1 - (15\ \Omega)^2(0.01\ \mu\text{F})/50\ \text{mH}}}{2\pi\sqrt{(50\ \text{mH})(0.01\mu\text{F})}} = \mathbf{7.12\ kHz}$$

공진 상태에서 코일의 $Q$는

$$Q = \frac{X_L}{R_W} = \frac{2\pi f_0 L}{R_W} = \frac{2\pi(7.12\ \text{kHz})(50\ \text{mH})}{15\ \Omega} = 149$$

필터의 대역폭은

$$BW = \frac{f_0}{Q} = \frac{7.12\text{ kHz}}{149} = \mathbf{47.8\text{ Hz}}$$

$Q > 10$이므로 $f_0$를 간단하게 계산하기 위해 $f_0 = 1/(2\pi\sqrt{LC})$를 사용할 수 있다.

관련 문제 $Q$를 알고 있다고 할 때, $f_0$를 식 $f_0 = 1/(2\pi\sqrt{LC})$를 사용하여 구하라.

**복습문제 18-3**

1. 대역통과 필터에서 $f_{c(h)}$ = 29.8 kHz이고 $f_{c(l)}$ = 30.2 kHz이다. 대역폭은 얼마인가?
2. 어떤 병렬 공진 대역통과 필터에서 $R_W$ = 15 Ω, $L$ = 50 μH, $C$ = 470 pF이다. 중심주파수를 구하라.

# 18-4 대역차단 필터

응답 특성의 관점에서 볼 때 **대역차단 필터**(band-stop filter)는 근본적으로 대역통과 필터와 반대로서 대역차단 필터는 특정한 차단대역을 제외한 나머지의 모든 주파수를 통과시키는 필터이다.

이 절의 학습 내용은 다음과 같다.

- **대역차단 필터의 동작 해석**
  - 저역통과 필터 및 고역통과 필터로 대역차단 필터의 구현
  - 직렬 공진 대역차단 필터에 대한 설명
  - 병렬 공진 대역차단 필터에 대한 설명
  - 대역차단 필터의 대역폭 및 출력 전압을 계산하는 방법

그림 18-27은 일반적인 대역차단 응답 곡선을 나타낸다.

▶ 그림 18-27

일반적인 대역차단 필터

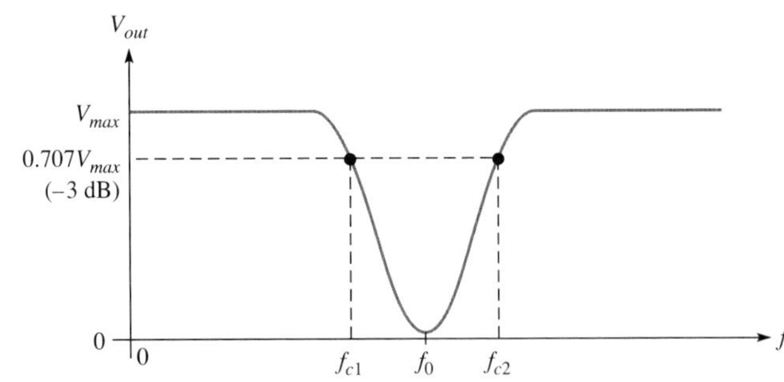


## 저역통과/고역통과 필터

대역차단 필터는 그림 18-28과 같이 저역통과 필터와 고역통과 필터로 구성할 수 있다.

저역통과 대역의 임계 주파수 $f_{c(l)}$를 고역통과 대역의 임계 주파수 $f_{c(h)}$보다 낮게 하면, 그림 18-29처럼 대역차단 특성을 나타낸다.

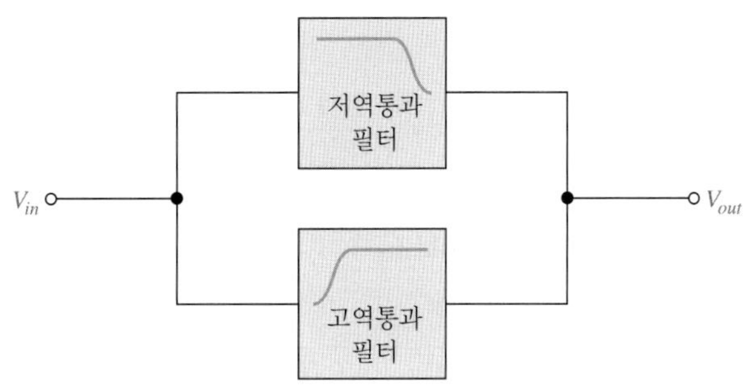


◀ 그림 18-28

저역통과 필터와 고역통과 필터를 사용한 대역차단 필터

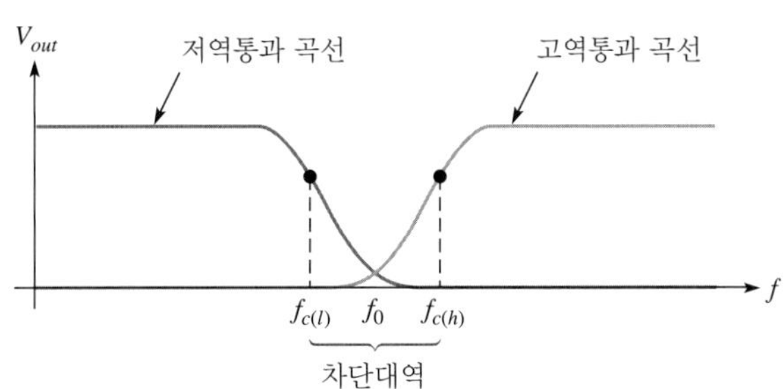


◀ 그림 18-29

대역차단 응답 곡선

## 직렬 공진 대역차단 필터

대역차단 필터로 동작하는 직렬 공진 회로는 그림 18-30과 같다. 기본적으로 이 회로는 다음과 같이 동작한다. 공진주파수에서 임피던스는 최소이므로 출력 전압은 최소가 된다. 입력 전압의 대부분은 $R$ 양단에서 강하된다. 공진주파수보다 높거나 낮은 주파수에서는 임피던스가 커지므로 출력에는 더 높은 전압이 나타난다.

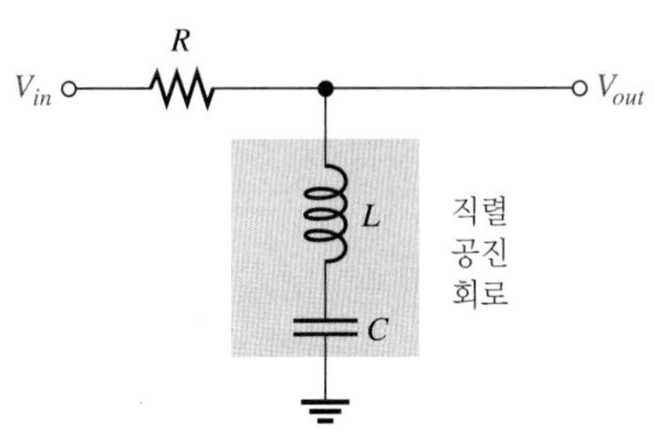


◀ 그림 18-30

직렬 공진 대역차단 필터

**예제 18-11** 그림 18-31의 회로에서 공진주파수 $f_0$일 때 출력 전압을 구하라.

▶ 그림 18-31

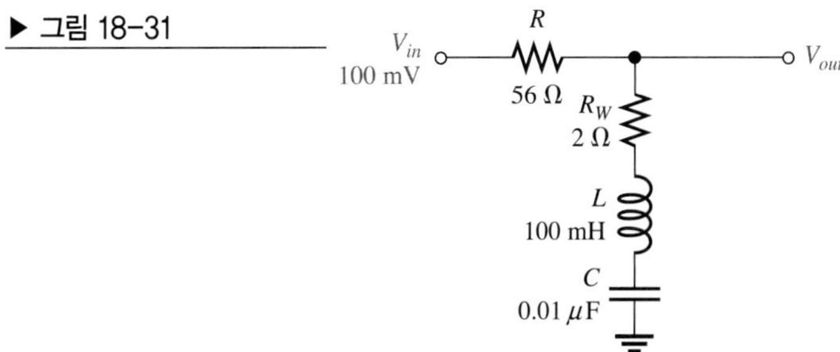

**풀이** 공진조건에서 $X_L = X_C$이므로 출력 전압은

$$V_{out} = \left(\frac{R_W}{R + R_W}\right)V_{in} = \left(\frac{2\,\Omega}{58\,\Omega}\right)100\,\text{mV} = \mathbf{3.45\,mV}$$

대역폭을 구하기 위해 먼저 중심주파수와 $Q$ 값을 구한다.

$$f_0 = \frac{1}{2\pi\sqrt{LC}} = \frac{1}{2\pi\sqrt{(100\,\text{mH})(0.01\,\mu\text{F})}} = 5.03\,\text{kHz}$$

$$Q = \frac{X_L}{R} = \frac{2\pi fL}{R} = \frac{2\pi(5.03\,\text{kHz})(100\,\text{mH})}{58\,\Omega} = \frac{3.16\,\text{k}\Omega}{58\,\Omega} = 54.5$$

$$BW = \frac{f_0}{Q} = \frac{5.03\,\text{kHz}}{54.5} = \mathbf{92.3\,Hz}$$

**관련 문제** 그림 18-31에서 $R_W = 10\,\Omega$일 때 $V_{out}$을 구하라.

Multisim 파일 E18-11을 사용하여 [예제 18-11]과 [관련 문제]의 계산 결과를 확인하라.

## 병렬 공진 대역차단 필터

대역차단 필터로 동작하는 병렬 공진 회로는 그림 18-32와 같다. 공진주파수에서 탱크 임피던스는 최대가 되어 대부분의 입력 전압은 탱크의 양단에 걸리게 된다. 공진 상태에서는 저항 $R$ 양단의 전압이 거의 없다. 공진주파수보다 높거나 낮은 주파수에서는 탱크 임피던스가 감소하므로 출력 전압은 증가한다.

▶ 그림 18-32

병렬 공진 대역차단 필터

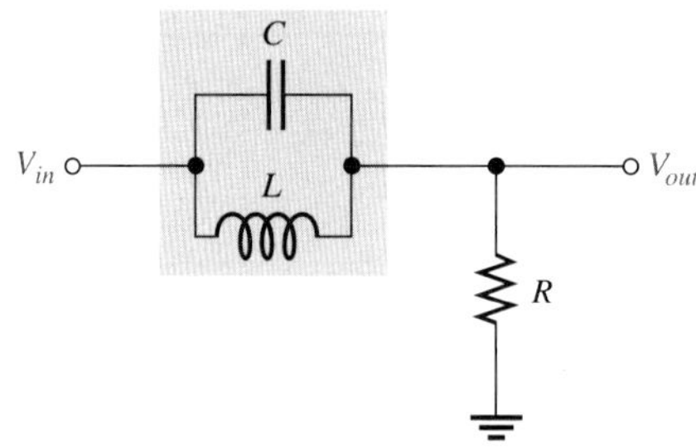


**예제 18-12** 그림 18-33에 나타나 있는 필터의 중심주파수를 구하라. 출력 전압의 최소값과 최대값이 나타나도록 출력 응답 곡선을 그려라.

▶ 그림 18-33

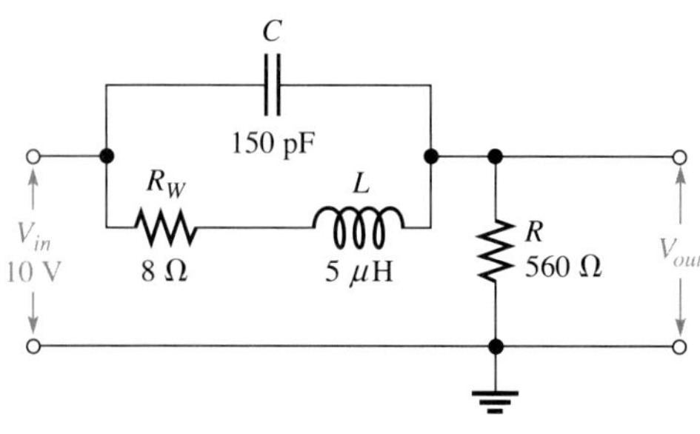

**풀이** 중심주파수는

$$f_0 = \frac{\sqrt{1 - R_W^2 C/L}}{2\pi\sqrt{LC}} = \frac{\sqrt{1 - (8\ \Omega)^2(150\ \text{pF})/5\ \mu\text{H}}}{2\pi\sqrt{(5\ \mu\text{H})(150\ \text{pF})}} = \mathbf{5.79\ MHz}$$

중심(공진)주파수에서

$$X_L = 2\pi f_0 L = 2\pi(5.79\ \text{MHz})(5\ \mu\text{H}) = 182\ \Omega$$

$$Q = \frac{X_L}{R_W} = \frac{182\ \Omega}{8\ \Omega} = 22.8$$

$$Z_r = R_W(Q^2 + 1) = 8\ \Omega(22.8^2 + 1) = 4.17\ \text{k}\Omega\ (\text{순수저항성})$$

다음은 최소 출력 전압을 구하기 위해 전압 분배 공식을 이용한다.

$$V_{out(min)} = \left(\frac{R}{R + Z_r}\right)V_{in} = \left(\frac{560\ \Omega}{4.73\ \text{k}\Omega}\right)10\ \text{V} = 1.18\ \text{V}$$

주파수 0에서 $X_C = \infty$이므로 탱크 회로의 임피던스는 $R_W$이며 $X_L = 0\ \Omega$이다. 따라서 공진을 벗어날 때 최대 출력 전압은

$$V_{out(max)} = \left(\frac{R}{R + R_W}\right)V_{in} = \left(\frac{560\ \Omega}{568\ \Omega}\right)10\ \text{V} = 9.86\ \text{V}$$

주파수가 $f_0$보다 높을수록 $X_C$는 0 Ω에 접근하고 $V_{out}$은 $V_{in}$(10 V)에 가깝게 된다. 주파수 응답 곡선이 그림 18-34에 나타나 있다.

▶ 그림 18-34

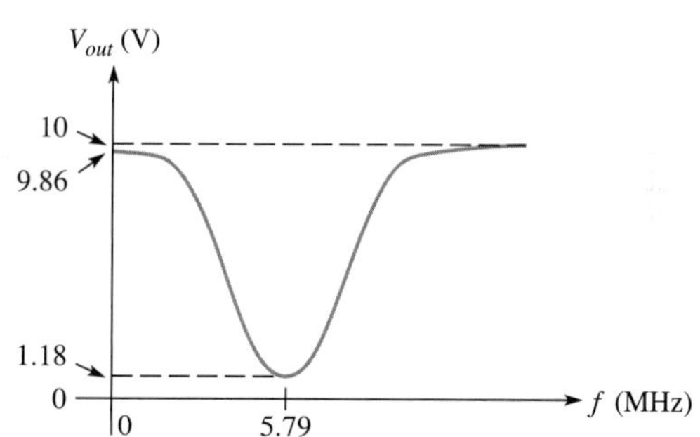


**관련 문제** 그림 18-33에서 $R = 1.0\ \text{k}\Omega$일 때 출력 전압은 얼마인가?

Multisim 파일 E18-12를 사용하여 [예제 18-12]와 [관련 문제]의 계산 결과를 확인하라.

**복습문제 18-4**

1. 대역차단 필터는 대역통과 필터와 어떻게 다른가?
2. 대역저지 필터를 구성하는 기본적인 세 가지 방법을 써라.

# 회로 응용

이 회로 응용에서는 두 종류의 필터를 오실로스코프를 이용하여 주파수 응답을 알아내고 각 필터가 어떤 필터인지 구별해 볼 것이다. 필터는 그림 18-35에 나타나 있듯이 밀봉 케이스에 담겨 있다. 따라서 내부 구성회로 부품이 아니라 필터의 응답 특성만 결정하면 된다.

## 필터 측정과 분석

◆ 그림 18-36에 나타난 4개의 오실로스코프 측정 결과를 이용하여 필터의 보드선도를 그려서 가용 주파수 범위를 정하고 필터의 형태를 정의하라.

◆ 그림 18-37에 나타난 6개의 오실로스코프 측정 결과를 이용하여 필터의 보드선도를 그려서 가용 주파수 범위를 정하고 필터의 형태를 정의하라.

## 복습문제

1. 그림 18-36에 나타난 파형은 어떤 필터를 나타내는지 설명하라.
2. 그림 18-37에 나타난 파형은 어떤 필터를 나타내는지 설명하라.

▶ 그림 18-35

필터 모듈

▶ 그림 18-36

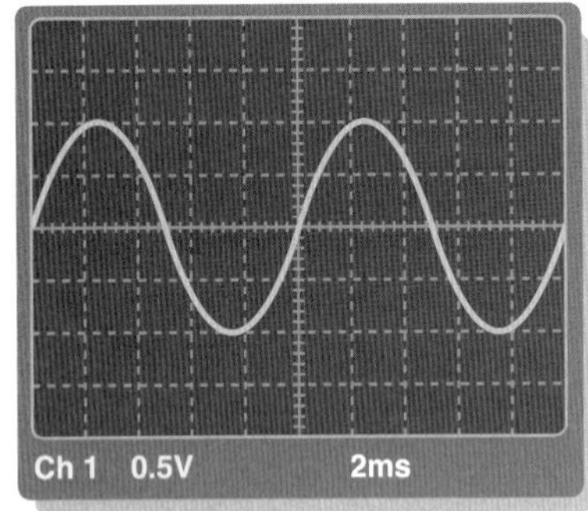


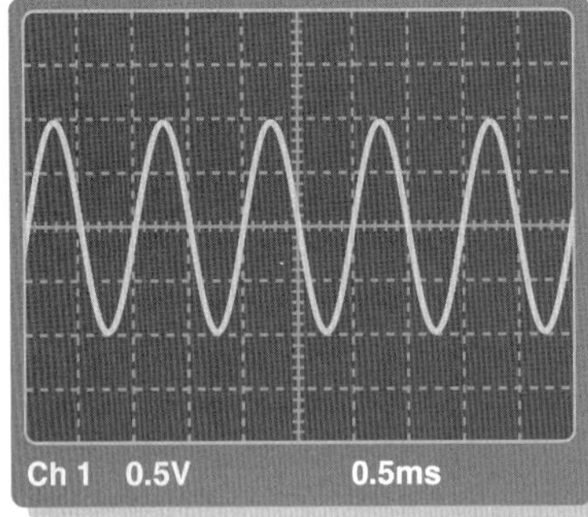


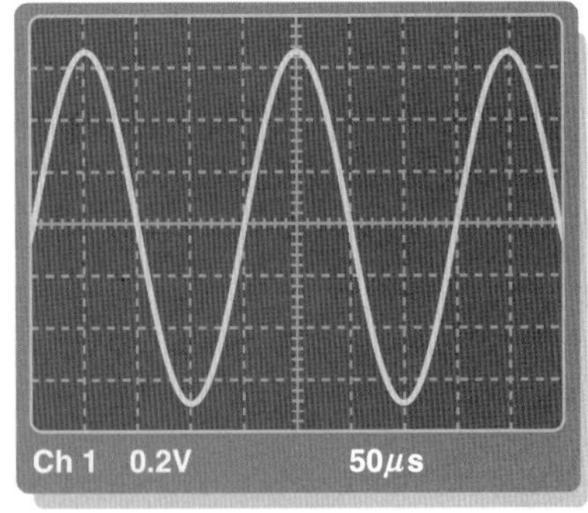


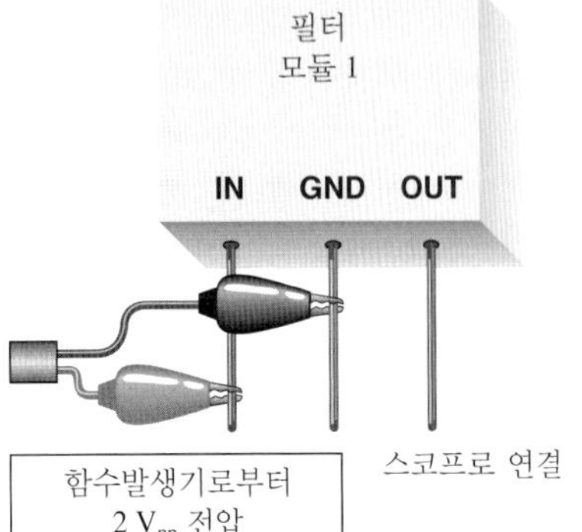


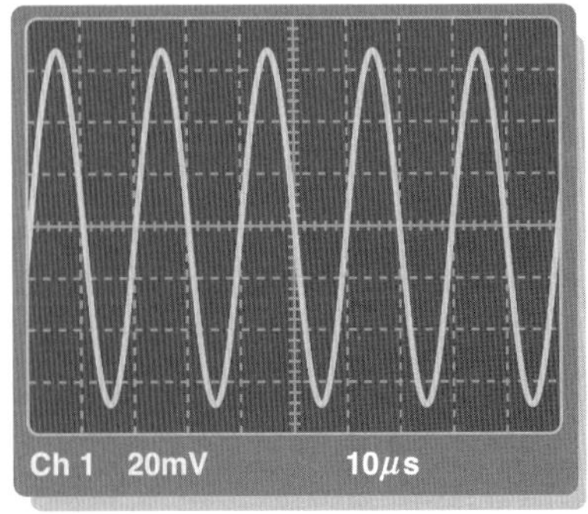

▶ 그림 18-37

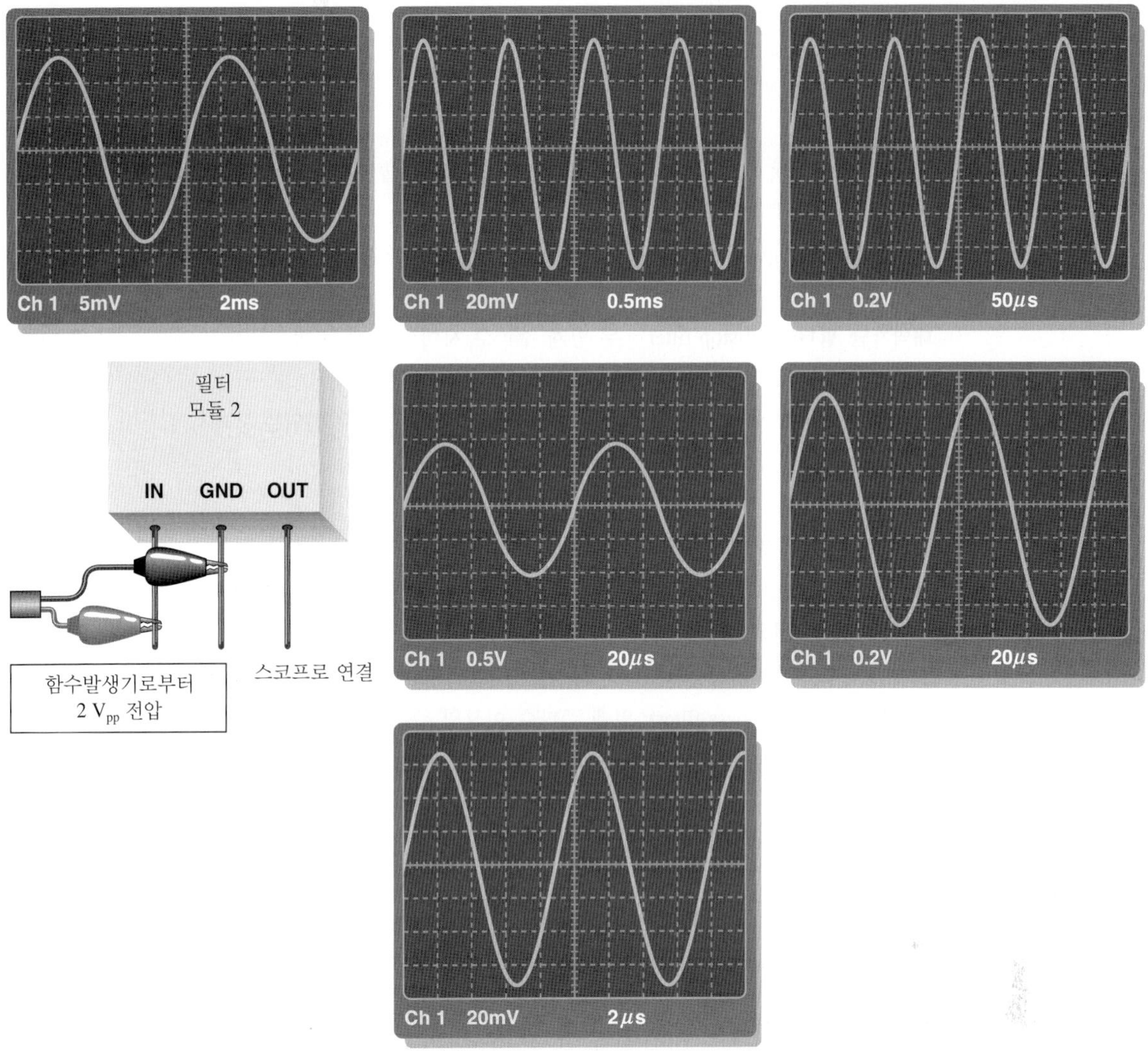

Ch 1 5mV 2ms

Ch 1 20mV 0.5ms

Ch 1 0.2V 50$\mu$s

필터
모듈 2

IN GND OUT

함수발생기로부터
2 $V_{pp}$ 전압

스코프로 연결

Ch 1 0.5V 20$\mu$s

Ch 1 0.2V 20$\mu$s

Ch 1 20mV 2$\mu$s

## 요약

- 필터의 응답 특성에 따라 저역통과, 고역통과, 대역통과, 대역차단 등 네 종류의 수동 필터 부류로 나누어진다.
- *RC* 저역통과 필터에서 출력 전압은 커패시터 양단에서 나타나며 출력은 입력에 비해 지상이다.
- *RL* 저역통과 필터에서 출력 전압은 저항 양단에서 나타나며 출력은 입력에 비해 지상이다.
- *RC* 고역통과 필터에서 출력 전압은 저항 양단에서 나타나며 출력은 입력에 비해 진상이다.
- *RL* 고역통과 필터에서 출력 전압은 인덕터 양단에서 나타나며 출력은 입력에 비해 진상이다.
- 기본적인 *RC*나 *RL* 필터의 롤오프율은 데케이드당 −20 dB이다.
- 대역통과 필터는 상측 및 하측의 임계 주파수 사이는 통과하고 다른 주파수는 차단한다.
- 대역차단 필터는 상측 및 하측의 임계 주파수 사이는 차단하고 다른 주파수는 통과한다.

- 공진 필터의 대역폭은 회로의 양호도 $Q$와 공진주파수에 의해 결정된다.
- 임계 주파수를 −3 dB 주파수라고 한다.
- 임계 주파수에서 출력 전압은 최대 전압의 70.7%이다.

## 핵심 용어

**감쇠**(attenuation): 입력 신호와 비교할 때 출력 신호가 줄어드는 것으로, 회로의 입력 전압에 대한 출력 전압의 비가 1보다 작음.

**고역통과 필터**(high-pass filter): 임계 주파수 이상의 주파수는 통과하고 임계 주파수 이하의 주파수는 차단하는 필터

**대역차단 필터**(band-stop filter): 두 임계 주파수 사이의 주파수 범위는 차단하고 이 범위보다 높거나 낮은 주파수는 통과시키는 필터

**대역통과 필터**(band-pass filter): 두 임계 주파수 사이의 주파수 범위는 통과시키고 이 범위보다 높거나 낮은 주파수는 차단하는 필터

**데케이드**(decade): 주파수나 다른 파라미터의 10배 변화

**롤오프**(roll-off): 필터의 주파수 응답의 감소 비율

**보드선도**(Bode plot): 필터의 주파수 응답을 나타내는 그래프로서, 주파수에 따른 입력 전압에 대한 출력 전압의 비를 dB로 표시

**임계 주파수**(critical frequency, $f_c$): 필터의 출력 전압이 최대값의 70.7%가 되는 주파수

**저역통과 필터**(low-pass filter): 임계 주파수 이상의 주파수는 차단하고 임계 주파수 이하의 주파수는 통과하는 필터

**중심주파수**(center frequency, $f_0$): 대역통과나 대역차단 필터의 공진주파수

**통과대역**(passband): 필터에 의하여 통과되는 주파수 범위

## 주요 공식

**18-1** $$\mathrm{dB} = 10\log\left(\frac{P_{out}}{P_{in}}\right)$$ 전력비의 데시벨 값

**18-2** $$\mathrm{dB} = 20\log\left(\frac{V_{out}}{V_{in}}\right)$$ 전압비의 데시벨 값

**18-3** $$f_c = \frac{1}{2\pi RC}$$ 임계 주파수

**18-4** $$f_c = \frac{1}{2\pi(L/R)}$$ 임계 주파수

**18-5** $$BW = \frac{f_0}{Q}$$ 대역폭

## 자기 진단

**1.** 어떤 저역통과 필터의 최대 출력 전압이 10 V이다. 임계 주파수에서 출력 전압은 얼마인가?

(a) 10 V (b) 0 V (c) 0.07 V (d) 1.414 V

**2.** 15 V의 최대-최소(peak-to-peak) 값을 가진 정현파 전압이 $RC$ 저역통과 필터에 인가된다. 입력 주

파수에서 리액턴스가 0이면, 출력 전압은 얼마인가?

(a) 15 $V_{pp}$ (b) 0 (c) 10.6 $V_{pp}$ (d) 7.5 $V_{pp}$

**3.** 문제 2에서 같은 신호가 *RC* 고역통과 필터에 인가된다. 입력 주파수에서 리액턴스가 0이면, 출력 전압은 얼마인가?

(a) 15 $V_{pp}$ (b) 0 (c) 10.6 $V_{pp}$ (d) 7.5 $V_{pp}$

**4.** 임계 주파수에서, 필터의 출력은 최대값으로부터 얼마나 감소하는가?

(a) 0 dB (b) −3 dB (c) −20 dB (d) −6 dB

**5.** *RC* 저역통과 필터의 출력이 $f = 1$ kHz에서 최대값보다 12 dB 낮은 값을 갖는다. $f = 10$ kHz에서는 출력이 최대값보다 얼마나 감소하는가?

(a) 3 dB (b) 10 dB (c) 20 dB (d) 32 dB

**6.** 능동 필터에서, $V_{out}/V_{in}$의 비를 무엇이라 하는가?

(a) 롤오프 (b) 이득 (c) 감쇠 (d) 임계 감소

**7.** 임계 주파수보다 높은 주파수에서는 데케이드로 증가할 때 저역통과 필터의 출력은 얼마나 감소하는가?

(a) 20 dB (b) 3 dB (c) 10 dB (d) 0 dB

**8.** 임계 주파수에서 고역통과 필터를 통한 위상 천이는 얼마인가?

(a) 90° (b) 0°

(c) 45° (d) 리액턴스에 의존

**9.** 직렬 공진 대역통과 필터에서, $Q$의 값이 클수록

(a) 공진주파수가 커진다 (b) 대역폭이 작아진다

(c) 임피던스가 커진다 (d) 대역폭이 커진다

**10.** 직렬 공진에서,

(a) $X_C = X_L$ (b) $X_C > X_L$ (c) $X_C < X_L$

**11.** 어떤 병렬 공진 대역통과 필터에서 공진주파수가 10 kHz이다. 대역폭이 2 kHz이면 하측 임계 주파수는 얼마인가?

(a) 5 kHz (b)12 kHz (c) 9 kHz (d) 구할 수 없다

**12.** 대역통과 필터에서 공진주파수에서의 출력 전압은 어떠한가?

(a) 최소 (b) 최대

(c) 최대값의 70.7% (d) 최소값의 70.7%

**13.** 대역차단 필터에서, 임계 주파수에서의 출력 전압은 어떠한가?

(a) 최소 (b) 최대

(c) 최대값의 70.7% (d) 최소값의 70.7%

**14.** $Q$의 값이 매우 클 때, 병렬 공진 필터의 공진주파수는 이상적으로 다음의 어느 경우인가?

(a) 직렬 공진 필터의 공진주파수보다 훨씬 크다

(b) 직렬 공진 필터의 공진주파수보다 훨씬 작다

(c) 직렬 공진 필터의 공진주파수와 같다

## 퀴즈

그림 18-38(a)를 보면서 다음 물음에 답하라.

**1.** 입력 전압의 주파수가 증가하면 $V_{out}$은?

(a) 증가한다 (b) 감소한다 (c) 변하지 않는다

**2.** $C$가 증가하면 출력 전압은?

(a) 증가한다 (b) 감소한다 (c) 변하지 않는다

그림 18-38(d)를 보면서 다음 물음에 답하라.

**3.** 입력 전압의 주파수가 증가하면 $V_{out}$은?

(a) 증가한다 (b) 감소한다 (c) 변하지 않는다

**4.** $L$이 증가하면 출력 전압은?

(a) 증가한다 (b) 감소한다 (c) 변하지 않는다

그림 18-40을 보면서 다음 물음에 답하라.

**5.** 스위치가 1의 위치에서 2의 위치가 되었다면 임계 주파수는?

(a) 증가한다 (b) 감소한다 (c) 변하지 않는다

**6.** 스위치가 2의 위치에서 3의 위치가 되었다면 임계 주파수는?

(a) 증가한다 (b) 감소한다 (c) 변하지 않는다

그림 18-41(a)를 보면서 다음 물음에 답하라.

**7.** 입력 전압의 주파수가 증가하면 $V_{out}$은?

(a) 증가한다 (b) 감소한다 (c) 변하지 않는다

**8.** $R$이 180 Ω으로 증가하면 출력 전압은?

(a) 증가한다 (b) 감소한다 (c) 변하지 않는다

그림 18-42를 보면서 다음 물음에 답하라.

**9.** 스위치가 1의 위치에서 2의 위치가 되었다면 임계 주파수는?

(a) 증가한다 (b) 감소한다 (c) 변하지 않는다

**10.** 스위치가 3의 위치에 있고 $R_5$가 개방되면 $V_{out}$은?

(a) 증가한다 (b) 감소한다 (c) 변하지 않는다

그림 18-48을 보면서 다음 물음에 답하라.

**11.** $L_2$가 개방되면 출력 전압은?

(a) 증가한다 (b) 감소한다 (c) 변하지 않는다

**12.** $C$가 단락되면 출력 전압은?

(a) 증가한다 (b) 감소한다 (c) 변하지 않는다

## 문제

### 18-1 저역통과 필터

**1.** 어떤 저역통과 필터에서 $X_C = 500\ \Omega$이고, $R = 2.2\ \text{k}\Omega$이다. 입력이 10 Vrms일 때 출력 전압($\mathbf{V}_{out}$)은 얼마인가?

**2.** 어떤 저역통과 필터가 3 kHz의 임계 주파수를 갖는다. 다음 주파수가 통과되는지 차단되는지를 말하라.

(a) 100 Hz (b) 1 kHz (c) 2 kHz

(d) 3 kHz (e) 5 kHz

**3.** 그림 18-38에 주어진 각 필터에서, $V_{in} = 10$ V일 때 주어진 주파수에서 출력 전압($\mathbf{V}_{out}$)을 구하라.

**4.** 그림 18-38에 주어진 각 필터의 $f_c$는 얼마인가? $V_{in} = 5$ V일 때 각각의 $f_c$에 대한 출력 전압을 구하라.

▶ 그림 18-38

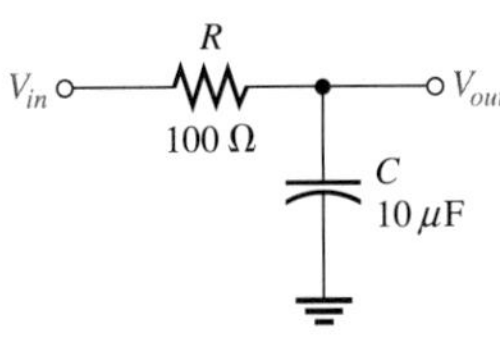

(a) $f$ = 60 Hz

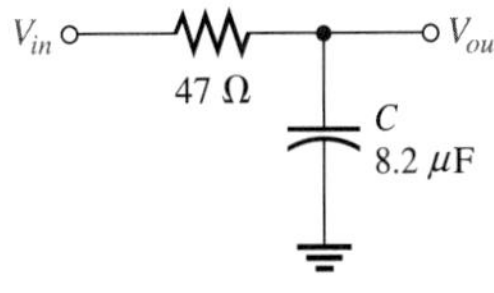

(b) $f$ = 400 Hz

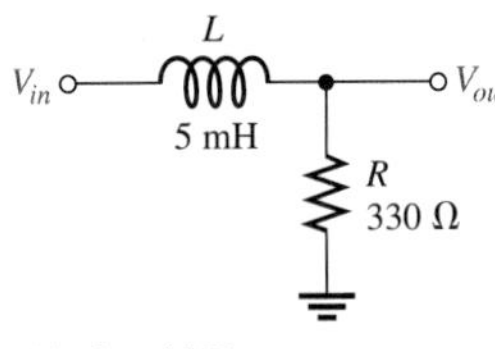

(c) $f$ = 1 kHz

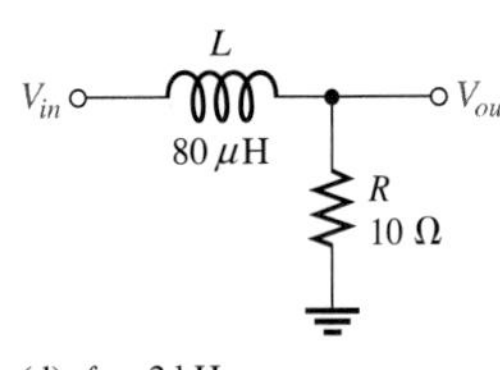

(d) $f$ = 2 kHz

**5.** 그림 18-39의 필터에서 다음의 각 임계 주파수에서 요구되는 $C$의 값을 계산하라.

(a) 60 Hz (b) 500 Hz (c) 1 kHz (d) 5 kHz

▶ 그림 18-39

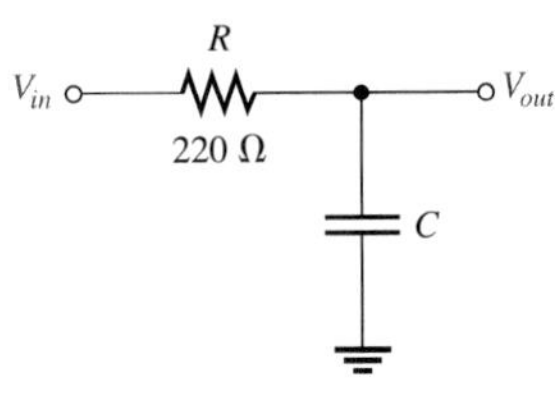


***6.** 그림 18-40의 스위치 필터 회로망에서, 각 스위치의 위치에 대한 임계 주파수를 구하라.

▶ 그림 18-40

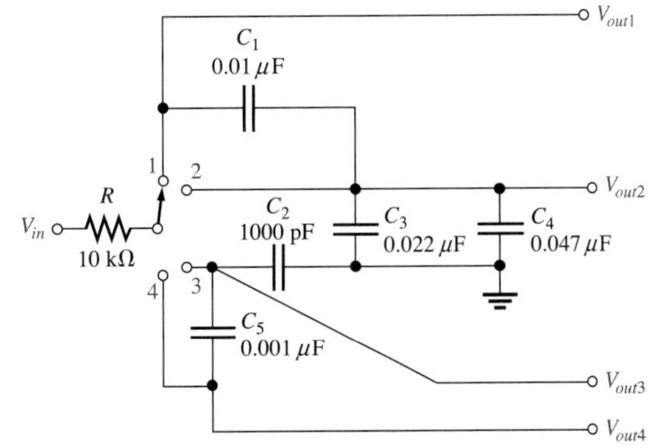

**7.** 문제 5의 각 부분에 대한 보드선도를 그려라.

**8.** 다음의 각각에 대하여, dB로 전압비를 표시하라.

(a) $V_{in} = 1\ \text{V}, V_{out} = 1\ \text{V}$ (b) $V_{in} = 5\ \text{V}, V_{out} = 3\ \text{V}$

(c) $V_{in} = 10\ \text{V}, V_{out} = 7.07\ \text{V}$ (d) $V_{in} = 25\ \text{V}, V_{out} = 5\ \text{V}$

**9.** *RC* 저역통과 필터의 입력 전압이 8 V rms이다. 다음의 dB 레벨에 대한 출력 전압을 구하라.

(a) −1 dB (b) −3 dB (c) −6 dB (d) −20 dB

**10.** 기본적인 *RC* 저역통과 필터에서, 다음 주파수에서 0 dB 입력에 대한 출력 전압을 dB로 표시하라($f_c$ = 1 kHz).

(a) 10 kHz (b) 100 kHz (c) 1 MHz

## 18-2 고역통과 필터

**11.** 고역통과 필터에서 $X_C = 500\ \Omega$, $R = 2.2\ \text{k}\Omega$이다. 입력이 10 V rms일 때 출력 전압($\mathbf{V}_{out}$)은 얼마인가?

**12.** 어떤 저역통과 필터가 50 Hz의 임계 주파수를 갖는다. 다음 주파수가 통과되는지 차단되는지를 결정하라.

(a) 1 Hz (b) 20 Hz (c) 50 Hz

(d) 60 Hz (e) 30 kHz

**13.** 그림 18-41의 각 필터에 대하여, $V_{in} = 10$ V일 때 주어진 주파수에서 출력 전압을 구하라.

**14.** 그림 18-41의 각 필터에 대한 $f_c$는 얼마인가? $V_{in} = 10$ V일 때 각 경우의 $f_c$에 대한 출력 전압을 구하라.

**15.** 그림 18-41의 각 필터에 대하여 보드선도를 그려라.

▶ 그림 18-41

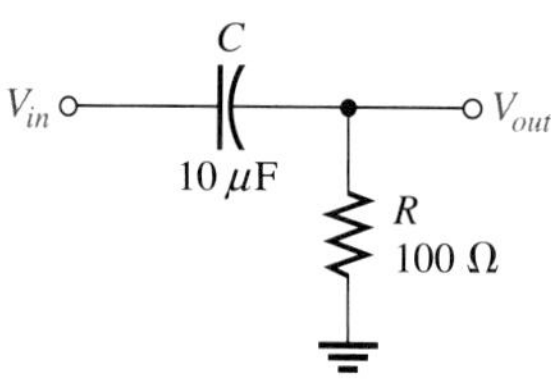


(a) $f$ = 60 Hz

(b) $f$ = 400 Hz

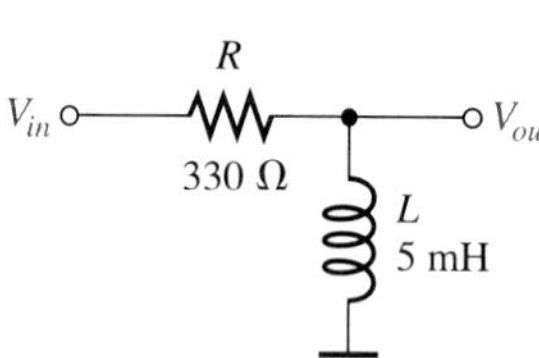

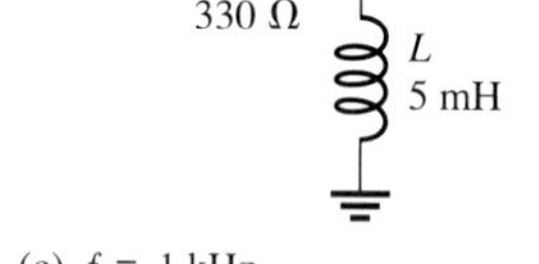

(c) $f$ = 1 kHz

(d) $f$ = 2 kHz

***16.** 그림 18-42의 각 스위치 위치에서 $f_c$를 구하라.

▶ 그림 18-42

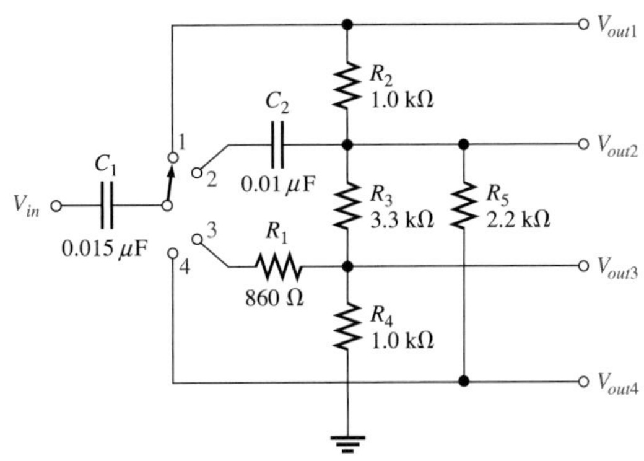


18-3 대역통과 필터

**17.** 그림 18-43의 각 필터에 대한 중심주파수를 구하라.

**18.** 그림 18-43의 코일이 10 Ω의 권선 저항을 갖는다고 가정하고, 각 필터에 대한 대역폭을 구하라.

**19.** 그림 18-43의 각 필터에 대한 상측과 하측 임계 주파수는 각각 얼마인가?

▶ 그림 18-43

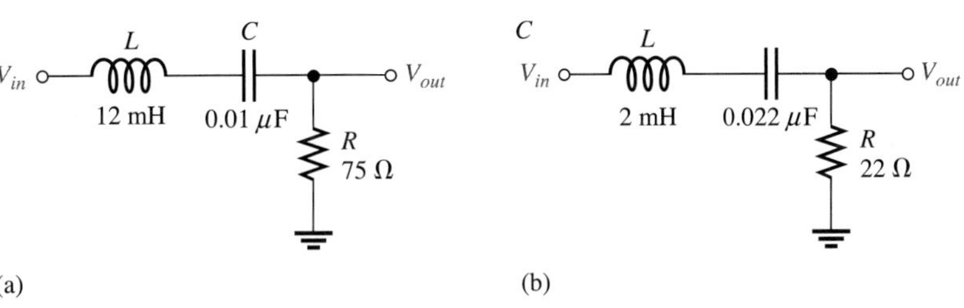


**20.** 그림 18-44의 필터에 대하여, $R_W$를 무시할 경우 통과대역의 중심주파수를 구하라.

**21.** 그림 18-44에서 코일이 4 Ω의 권선 저항을 갖는다면, $V_{in}$ = 120 V일 때 출력 전압은 얼마인가?

▶ 그림 18-44

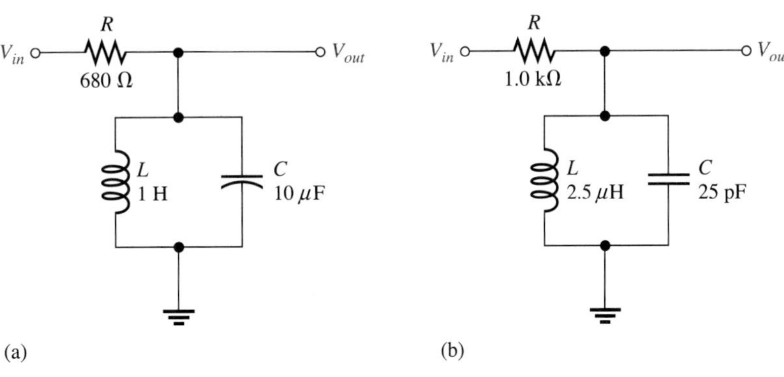

***22.** 그림 18-45에서 각 스위치의 위치에서 중심주파수들의 간격을 구하라. 동일한 응답 특성을 갖는 경우가 있는가? 각 코일에 대해 $R_W = 0\ \Omega$으로 가정한다.

▶ 그림 18-45

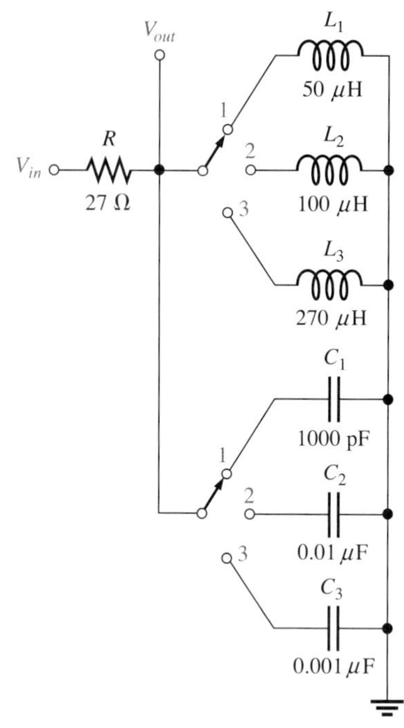


***23.** 다음의 주어진 사양에 대하여 병렬 공진 회로를 사용한 대역통과 필터를 설계하라: $BW = 500$ Hz, $Q = 40$, $I_{C(max)} = 20$ mA, $V_{C(max)} = 2.5$ V.

## 18-4 대역차단 필터

**24.** 그림 18-46의 각 필터에 대하여 중심주파수를 구하라.

▶ 그림 18-46

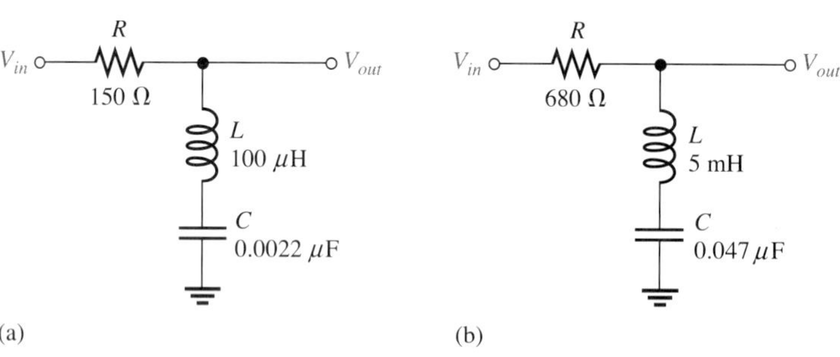


**25.** 그림 18-47의 각 필터에 대해 차단대역의 중심주파수를 구하라.

**26.** 그림 18-47의 코일이 8 Ω의 권선 저항을 갖는다면, $V_{in} = 50$ V인 경우 공진 상태에서 출력 전압은 얼마인가?

▶ 그림 18-47

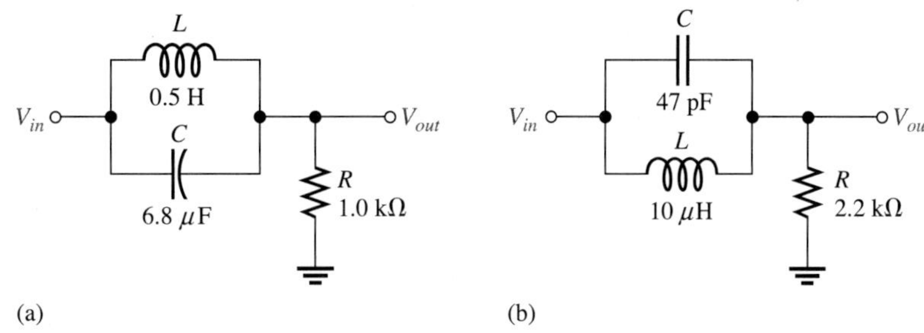


***27.** 그림 18-48에서 1200 kHz의 주파수는 통과시키고 456 kHz의 주파수는 차단시키는 $L_1$과 $L_2$의 값을 구하라.

▶ 그림 18-48

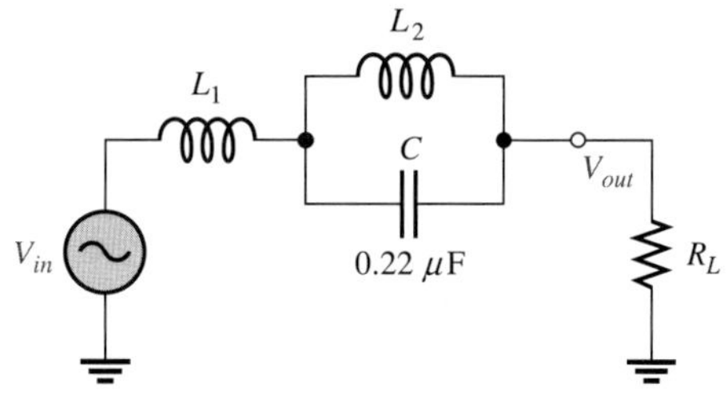

## Multisim 고장진단과 분석

Multisim CD-ROM을 사용하여 다음 문제를 풀어 보라.

**28.** P18-28 파일을 열고, 회로에 고장이 있는지 검사하라. 고장이 있으면 어떤 고장인지 알아내어라.

**29.** P18-29 파일을 열고, 회로에 고장이 있는지 검사하라. 고장이 있으면 어떤 고장인지 알아내어라.

**30.** P18-30 파일을 열고, 회로에 고장이 있는지 검사하라. 고장이 있으면 어떤 고장인지 알아내어라.

**31.** P18-31 파일을 열고, 회로에 고장이 있는지 검사하라. 고장이 있으면 어떤 고장인지 알아내어라.

**32.** P18-32 파일을 열고, 회로에 고장이 있는지 검사하라. 고장이 있으면 어떤 고장인지 알아내어라.

**33.** P18-33 파일을 열고, 회로에 고장이 있는지 검사하라. 고장이 있으면 어떤 고장인지 알아내어라.

**34.** P18-34 파일을 열고, 회로의 중심주파수를 구하라.

**35.** P18-35 파일을 열고, 회로의 대역폭을 구하라.

## 복습문제 해답

### 18-1 저역통과 필터

**1.** 통과대역은 0 Hz ~ 2.5 kHz이다.

**2.** $\mathbf{V}_{out} = 100 \angle -88.9°$ mV rms

**3.** $20 \log(V_{out}/V_{in}) = -9.54$ dB

### 18-2 고역통과 필터

**1.** $V_{out} = 0.707$ V

**2.** $\mathbf{V}_{out} = 9.98 \angle 3.81°$ V

### 18-3 대역통과 필터

**1.** $BW = 30.2\ \text{kHz} - 29.8\ \text{kHz} = 400\ \text{Hz}$

**2.** $f_0 \cong 1.04\ \text{MHz}$

### 18-4 대역차단 필터

**1.** 대역차단 필터는 특정한 대역의 주파수는 차단하고 나머지는 통과시킨다.

**2.** 고역통과/저역통과 혼합 필터, 직렬 공진 회로, 병렬 공진 회로

### 회로 응용

**1.** 저역통과 필터에서처럼 주파수의 증가에 따라 출력의 크기가 감소하는 파형을 나타낸다.

**2.** 대역통과 필터에서처럼 출력의 크기는 10 kHz에서 최대이고 공진주파수보다 높거나 낮은 경우는 감소되는 파형을 나타낸다.

## 관련 문제 해답

**18-1** $-1.41$ dB

**18-2** 7.23 kHz

**18-3** $f_c$는 159 kHz로 증가한다. 롤오프율은 여전히 $-20$ dB/decade이다.

**18-4** $f_c$는 350 kHz로 증가한다. 롤오프율은 여전히 $-20$ dB/decade이다.

**18-5** $-60$ dB

**18-6** $C = 0.723\ \mu\text{F}$; $V_{out} = 4.98\ \text{V}$; $\phi = 5.7°$

**18-7** 10.5 kHz

**18-8** $BW$는 18.8 kHz로 증가한다.

**18-9** 1.59 MHz

**18-10** 7.12 kHz(큰 차이 없음)

**18-11** $V_{out} = 15.2\ \text{mV}$; $BW = 105\ \text{Hz}$

**18-12** 1.94 V

## 자기 진단 해답

**1.** (c) **2.** (b) **3.** (a) **4.** (b) **5.** (d) **6.** (c) **7.** (a) **8.** (c)
**9.** (b) **10.** (a) **11.** (c) **12.** (b) **13.** (c) **14.** (c)

## 퀴즈 해답

**1.** (b) **2.** (b) **3.** (b) **4.** (b) **5.** (b) **6.** (a) **7.** (a) **8.** (a)
**9.** (a) **10.** (c) **11.** (b) **12.** (a)

# 교류 회로의 해석 이론

CHAPTER 19

## 이 장의 차례



## 이 장의 목표

- 교류 회로 해석에 중첩 정리를 적용한다.
- 해석을 위해 리액턴스 교류 회로를 단순화하는 데 테브냉 정리를 적용한다.
- 해석을 위해 리액턴스 교류 회로를 단순화하는 데 노튼 정리를 적용한다.

## 핵심 용어

- 공액복소수
- 등가 회로
- 테브냉 정리
- 노튼 정리
- 중첩 정리

## 회로 응용 소개

회로 응용에서는 대역통과 필터 모듈의 내부 소자 값을 구해 볼 것이다. 그리고 최대 전력 전달을 위한 최적의 부하 임피던스를 구하기 위해 테브냉 정리를 활용해 볼 것이다.

## 인터넷 학습자료

http://www.prenhall.com/floyd

## 이 장의 소개

8장에서는 직류 회로 해석에 매우 중요한 네 가지 정리를 언급하였다. 이의 연장선으로서 이 장에서는 리액턴스 소자로 구성되는 교류 회로 해석에 필수적인 정리들을 설명한다.

이런 정리들을 이용하면 회로 해석을 용이하게 할 수 있다. 이런 방법은 옴의 법칙이나 키르히호프의 법칙을 대신하는 것은 아니다. 그렇지만 어떤 경우에 있어서는 그러한 법칙들과 혼용해서 적용된다.

중첩 정리는 여러 개의 전원이 있는 회로를 해석하는 데 사용되며 테브냉 및 노튼 정리는 회로 해석이 쉬운 간단한 등가 회로로 변환하는 데 사용된다. 최대 전력 전달 이론은 주어진 회로에서 부하에 최대 전력을 공급하는 것이 중요한 경우에 사용된다.

# 19-1 중첩 정리

중첩 정리는 8장에서 직류 회로 해석에 이용하기 위해 소개한 바 있다. 이 절에서는 교류 전원과 리액턴스 소자로 구성된 회로에 중첩 정리를 적용한다.

이 절의 학습 내용은 다음과 같다.

- **중첩 정리를 교류 회로의 해석에 적용**
  - 중첩 정리의 정의
  - 정리의 적용 단계

**중첩 정리**(superposition theorem)는 다음과 같다.

**여러 개의 전원이 있는 회로에서 특정 가지 전류는 각 전원이 단독으로 동작할 때의 가지 전류들의 페이저 합이다. 이때 다른 모든 전원은 각각 그들의 내부 임피던스로 대치한다.**

중첩 정리를 적용하는 과정은 다음과 같다.

1단계: 회로에서 하나의 전원만 남기고, 다른 모든 전원은 내부 임피던스로 대치한다. 이상적인 전압원의 내부 임피던스는 영(단락)이고, 이상적인 전류원의 내부 임피던스는 무한대(개방)이다. 이러한 과정을 전원의 **영점화**(*zeroing*)라 부를 것이다.

2단계: 남아 있는 하나의 전원에 의한 가지 전류를 구한다.

3단계: 모든 전원에 대해 1단계와 2단계를 반복한다. 이 과정을 마치면 회로 전원의 수량과 같은 수의 전류 값들을 얻게 된다.

4단계: 각 전류의 페이저 값들을 더한다.

[예제 19-1]은 이 과정을 두 개의 이상적인 전압원 $V_{s1}$과 $V_{s2}$가 연결된 회로에 적용하는 예를 보여준다.

**예제 19-1** 그림 19-1에서 중첩 정리를 이용하여 $R$을 구하라. 전원의 내부 임피던스는 0으로 가정한다.

▶ 그림 19-1

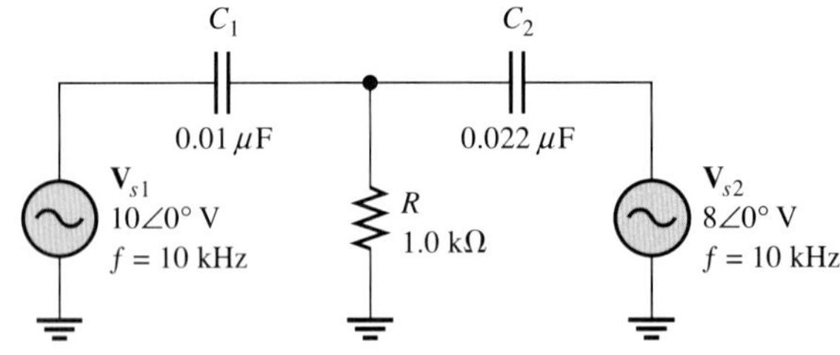


풀이 1단계: 그림 19-2에 나타난 바와 같이 $V_{s2}$를 내부 임피던스(= 0)로 대치하고, $V_{s1}$에 의해 $R$에 흐르는 전류를 구한다.

$$X_{C1} = \frac{1}{2\pi f C_1} = \frac{1}{2\pi(10\text{ kHz})(0.01\ \mu\text{F})} = 1.59\text{ k}\Omega$$

$$X_{C2} = \frac{1}{2\pi f C_2} = \frac{1}{2\pi(10\text{ kHz})(0.022\ \mu\text{F})} = 723\ \Omega$$

▶ 그림 19-2

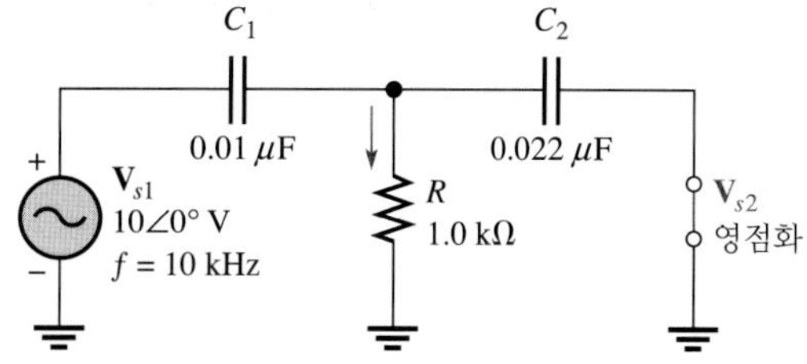


$V_{s1}$에서 볼 때 임피던스는

$$\mathbf{Z} = \mathbf{X}_{C1} + \frac{\mathbf{R}\mathbf{X}_{C2}}{\mathbf{R} + \mathbf{X}_{C2}} = 1.59\angle -90^\circ\ \text{k}\Omega + \frac{(1.0\angle 0^\circ\ \text{k}\Omega)(723\angle -90^\circ\ \Omega)}{1.0\ \text{k}\Omega - j723\ \Omega}$$
$$= 1.59\angle -90^\circ\ \text{k}\Omega + 588\angle -54.1^\circ\ \Omega$$
$$= -j1.59\ \text{k}\Omega + 345\ \Omega - j476\ \Omega = 345\ \Omega - j2.07\ \text{k}\Omega$$

극좌표 형식으로 바꾸면

$$\mathbf{Z} = 2.10\angle -80.5^\circ\ \text{k}\Omega$$

$V_{s1}$에서 나오는 총 전류는

$$\mathbf{I}_{s1} = \frac{\mathbf{V}_{s1}}{\mathbf{Z}} = \frac{10\angle 0^\circ\ \text{V}}{2.10\angle -80.5^\circ\ \text{k}\Omega} = 4.76\angle 80.5^\circ\ \text{mA}$$

전류 분배 법칙을 이용하여, $V_{s1}$에 의해 $R$에 흐르는 전류를 구하면

$$\mathbf{I}_{R1} = \left(\frac{X_{C2}\angle -90^\circ}{R - jX_{C2}}\right)\mathbf{I}_{s1} = \left(\frac{723\angle -90^\circ\ \Omega}{1.0\ \text{k}\Omega - j723\ \Omega}\right)4.76\angle 80.5^\circ\ \text{mA}$$
$$= (0.588\angle -54.9^\circ\ \Omega)(4.76\angle 80.5^\circ\ \text{mA}) = 2.80\angle 25.6^\circ\ \text{mA}$$

2단계: 그림 19-3과 같이 $V_{s1}$을 내부 임피던스(= 0)로 대치하고, $V_{s2}$에 의해 $R$에 흐르는 전류를 구한다.

▶ 그림 19-3

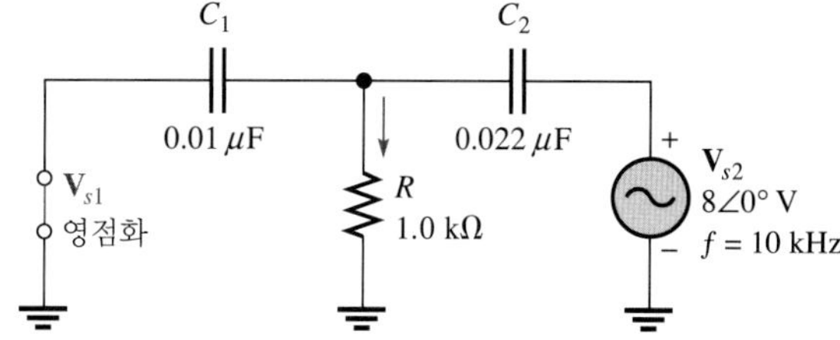


$V_{s2}$에서 볼 때 임피던스는

$$\mathbf{Z} = \mathbf{X}_{C2} + \frac{\mathbf{R}\mathbf{X}_{C1}}{\mathbf{R} + \mathbf{X}_{C1}} = 723\angle -90^\circ\ \Omega + \frac{(1.0\angle 0^\circ\ \text{k}\Omega)(1.59\angle -90^\circ\ \text{k}\Omega)}{1.0\ \text{k}\Omega - j1.59\ \text{k}\Omega}$$
$$= 723\angle -90^\circ\ \Omega + 847\angle -32.2^\circ\ \Omega$$
$$= -j723\ \Omega + 717\ \Omega - j451\ \Omega = 717\ \Omega - j1174\ \Omega$$

극좌표 형식으로 바꾸면

$$\mathbf{Z} = 1376\angle -58.6^\circ\ \Omega$$

$V_{s2}$에서 나오는 총 전류는

$$\mathbf{I}_{s2} = \frac{\mathbf{V}_{s2}}{\mathbf{Z}} = \frac{8\angle 0^\circ\ \text{V}}{1376\angle -58.6^\circ\ \Omega} = 5.81\angle 58.6^\circ\ \text{mA}$$

전류 분배 법칙을 이용하여, $V_{s1}$에 의해 $R$에 흐르는 전류를 구하면

$$\mathbf{I}_{R2} = \left(\frac{X_{C1}\angle -90^\circ}{R - jX_{C1}}\right)\mathbf{I}_{s2}$$
$$= \left(\frac{1.59\angle -90^\circ\ \text{k}\Omega}{1.0\ \text{k}\Omega - j1.59\ \text{k}\Omega}\right)5.81\angle 58.6^\circ\ \text{mA} = 4.91\angle 26.4^\circ\ \text{mA}$$

3단계: 두 개의 개별 저항에 흐르는 전류를 직각좌표 형식으로 바꾸어 더하면, 저항 $R$에 흐르는 총 전류를 얻는다.

$$\mathbf{I}_{R1} = 2.80\angle 25.6^\circ\ \text{mA} = 2.53\ \text{mA} + j1.21\ \text{mA}$$
$$\mathbf{I}_{R2} = 4.91\angle 26.4^\circ\ \text{mA} = 4.40\ \text{mA} + j2.18\ \text{mA}$$
$$\mathbf{I}_R = \mathbf{I}_{R1} + \mathbf{I}_{R2} = 6.93\ \text{mA} + j3.39\ \text{mA} = \mathbf{7.71\angle 26.1^\circ\ mA}$$

관련 문제 그림 19-1에서 $\mathbf{V}_{s2} = 8\angle 180^\circ$ V일 때 $\mathbf{I}_R$을 구하라.

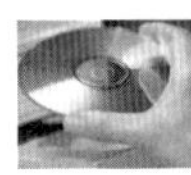

Multisim 파일 E19-01을 사용하여 [예제 19-1]과 [관련 문제]의 계산 결과를 확인하라.

[예제 19-2]는 두 개의 전류원 $I_{s1}$과 $I_{s2}$가 있는 회로에 중첩 정리를 적용하는 예를 보여준다.

예제 19-2 그림 19-4에서 인덕터에 흐르는 전류를 구하라. 이상적인 전류원이라고 가정한다.

▶ 그림 19-4

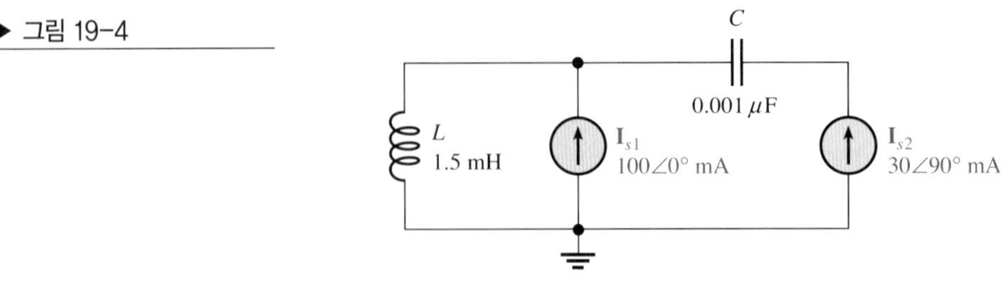


풀이 1단계: 그림 19-5에 나타난 바와 같이 전원 $I_{s2}$를 개방하고 전류원 $I_{s1}$에 의해 인덕터에 흐르는 전류를 구한다. 그림에서 알 수 있듯이 전류원 $I_{s1}$에서 나온 100 mA는 모두 인덕터로 흐른다는 것에 주의한다.

▶ 그림 19-5

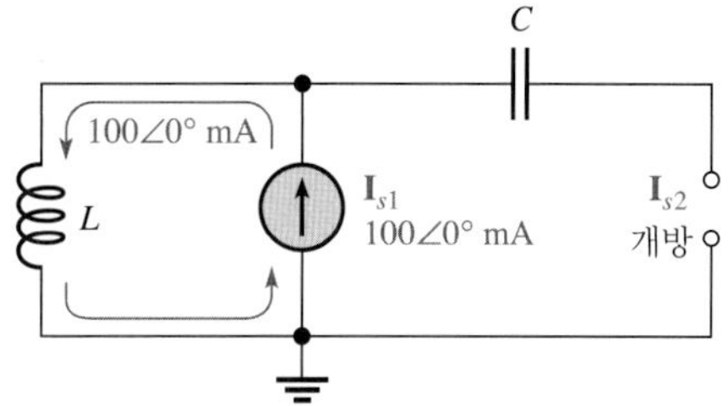


2단계: 그림 19-6과 같이 전원 $I_{s1}$을 개방하고 전류원 $I_{s2}$에 의해 인덕터에 흐르는 전류를 구한다. 전원 $I_{s2}$에서 나온 30 mA는 모두 인덕터로 흐른다.

▶ 그림 19-6

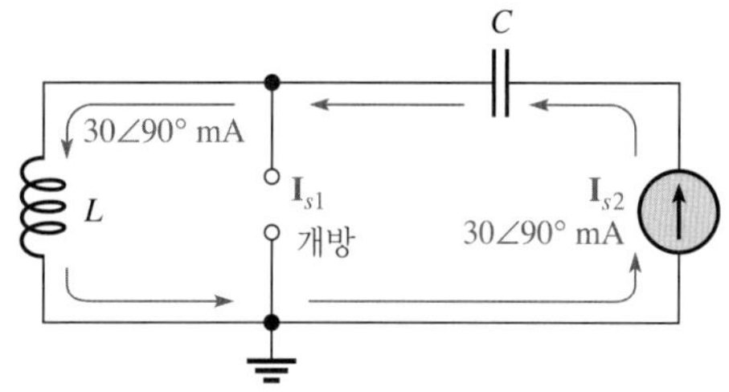


3단계: 총 인덕터 전류를 구하기 위해 개별적인 두 전류의 페이저를 더한다.

$$\begin{aligned}\mathbf{I}_L &= \mathbf{I}_{L1} + \mathbf{I}_{L2} \\ &= 100\angle 0^\circ \text{ mA} + 30\angle 90^\circ \text{ mA} = 100 \text{ mA} + j30 \text{ mA} \\ &= \mathbf{104\angle 16.7^\circ \text{ mA}}\end{aligned}$$

관련 문제 그림 19-4에서 커패시터에 흐르는 전류를 구하라.

[예제 19-3]은 교류 전원과 직류 전원이 있는 회로를 해석하는 예를 보여준다. 이런 예는 증폭기 회로에서 볼 수 있는 일반적인 예이다.

**예제 19-3** 그림 19-7에서 $R_L$의 총 전류를 구하라. 전원은 이상적인 것으로 가정한다.

▶ 그림 19-7

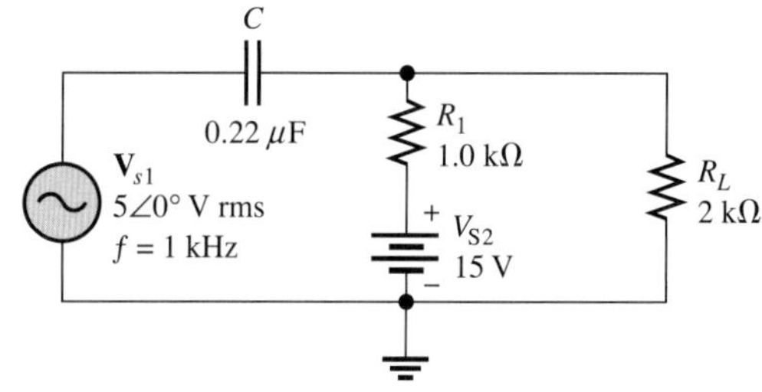


풀이 1단계: 그림 19-8에 나타난 바와 같이 직류 전원 $V_{S2}$를 0으로 하고(내부 임피던스로 대치), 전원 $V_{s1}$에 의해 $R_L$로 흐르는 전류를 구한다. $V_{s1}$에서 볼 때 임피던스는

$$\mathbf{Z} = \mathbf{X}_C + \frac{\mathbf{R}_1\mathbf{R}_L}{\mathbf{R}_1 + \mathbf{R}_L}$$

$$X_C = \frac{1}{2\pi(1.0\,\text{kHz})(0.22\,\mu\text{F})} = 723\,\Omega$$

$$\mathbf{Z} = 723\angle -90°\,\Omega + \frac{(1.0\angle 0°\,\text{k}\Omega)(2\angle 0°\,\text{k}\Omega)}{3\angle 0°\,\text{k}\Omega}$$

$$= -j723\,\Omega + 667\,\Omega = 984\angle -47.3°\,\Omega$$

교류 전원에 의한 총 전류는

$$\mathbf{I}_{s1} = \frac{\mathbf{V}_{s1}}{\mathbf{Z}} = \frac{5\angle 0°\,\text{V}}{984\angle -47.3°\,\Omega} = 5.08\angle 47.3°\,\text{mA}$$

전류 분배 법칙을 이용하여 $V_{s1}$에 의해 $R_L$로 흐르는 전류를 구하면

$$\mathbf{I}_{RL(s1)} = \left(\frac{R_1}{R_1 + R_L}\right)\mathbf{I}_{s1} = \left(\frac{1.0\,\text{k}\Omega}{3\,\text{k}\Omega}\right)5.08\angle 47.3°\,\text{mA} = 1.69\angle 47.3°\,\text{mA}$$

▶ 그림 19-8

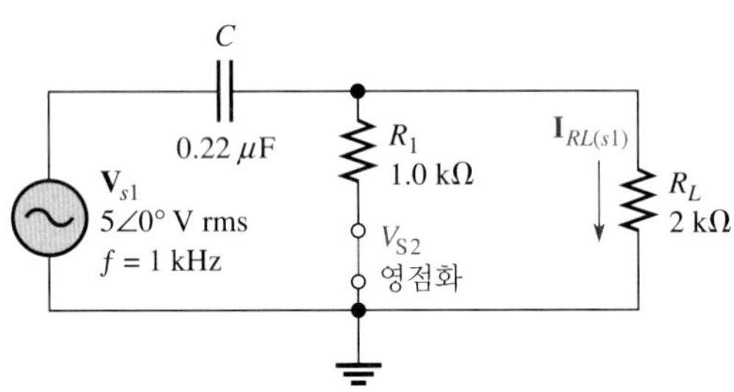


2단계: 그림 19-9와 같이 $V_{s1}$을 0으로 하고(내부 임피던스로 대치), 직류 전원 $V_{S2}$에 의해 $R_L$로 흐르는 전류를 구한다. $V_{S2}$에서 본 임피던스는

$$Z = R_1 + R_L = 3\,\text{k}\Omega$$

$V_{S2}$에 의한 전류는

$$I_{RL(S2)} = \frac{V_{S2}}{Z} = \frac{15\,\text{V}}{3\,\text{k}\Omega} = 5\,\text{mA dc}$$

▶ 그림 19-9

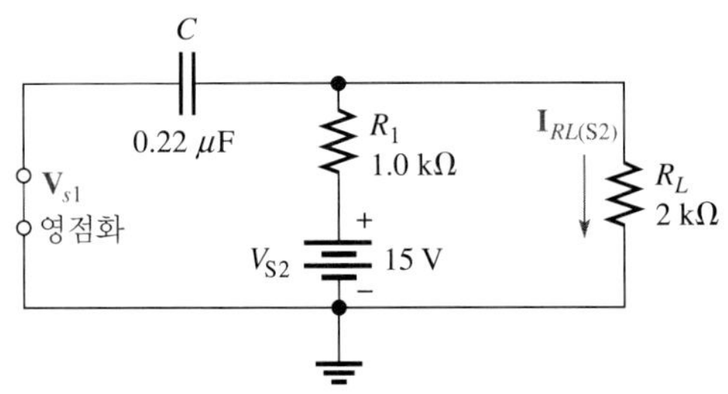


3단계: 중첩 정리에 의해, $R_L$의 총 전류는 그림 19-10과 같이 5 mA의 직류가 더해진 1.69 ∠ 47.3°이다.

▶ 그림 19-10

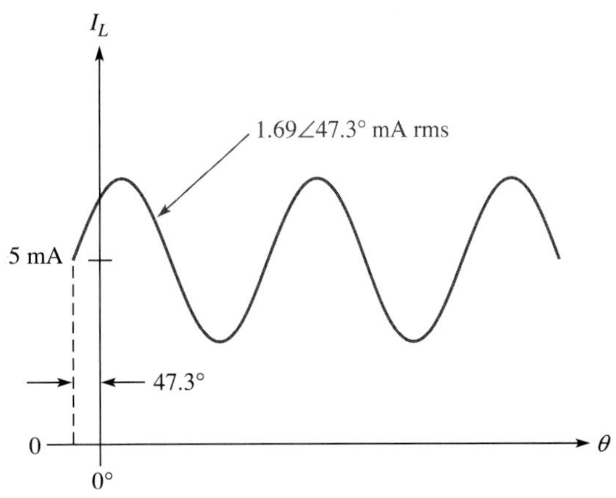


관련 문제 $V_{S2}$가 9 V로 바뀔 경우 $R_L$에 흐르는 전류를 구하라.

Multisim 파일 E19-03을 사용하여 [예제 19-3]과 [관련 문제]의 계산 결과를 확인하라.

**복습문제 19-1**

1. 회로의 어떤 가지에 같은 크기의 두 전류가 반대 방향으로 흐른다면, 그 순간의 전류는 얼마인가?
2. 중첩 정리가 여러 전원을 가진 회로의 해석에 유용한 이유는 무엇인가?
3. 중첩 정리를 사용하여 그림 19-11에서 $R$에 흐르는 전류를 구하라.

▶ 그림 19-11

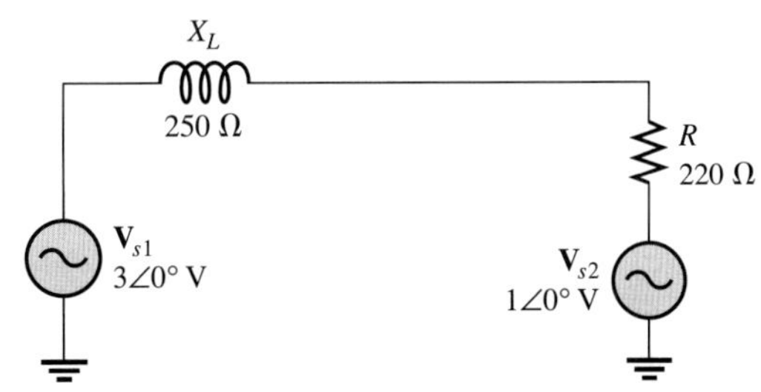


# 19-2 테브냉 정리

**테브냉 정리**(Thevenin's theorem)를 활용하면 복잡한 교류 회로를 등가의 교류 전압원과 등가의 임피던스가 직렬 연결된 등가 회로로 만들 수 있다.

이 절의 학습 내용은 다음과 같다.

- **리액턴스 교류 회로 해석을 단순화하기 위한 테브냉 정리의 적용**
  - 테브냉 등가 회로의 형태
  - 테브냉 등가 교류 전압원을 구하는 방법
  - 테브냉 등가 임피던스를 구하는 방법
  - 테브냉 정리를 교류 회로에 적용

## 등가성

테브냉 **등가 회로**(equivalent circuit)의 형태는 그림 19-12와 같다. 원래의 회로가 아무리 복잡하더라도 항상 이와 같은 등가 회로 형태로 단순화할 수 있다. 등가 전압원은 $\mathbf{V}_{th}$로, 등가 임피던스는 $\mathbf{Z}_{th}$로 표시된다(소문자의 첨자는 교류를 나타낸다). 그리고 회로도에서 블록으로 표시되어 있는 등가 임피던스는 저항 회로, 커패시터 회로, 인덕터 회로 또는 이와 같은 리액턴스와 저항의 조합으로 이루어진 여러 형태의 등가 회로가 될 수 있다.

▶ 그림 19-12

테브냉 등가 회로

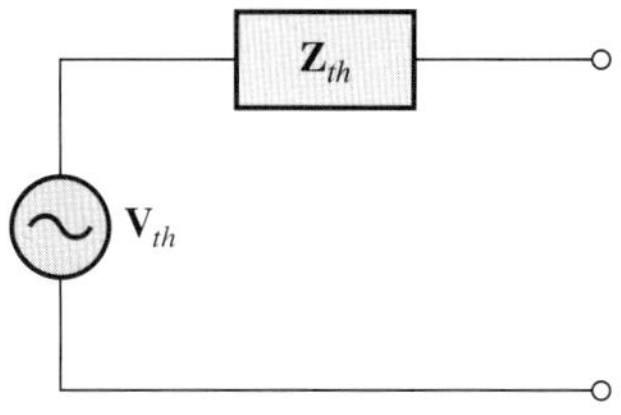


그림 19-13(a)는 어떤 복잡한 교류 회로를 나타내는 블록도이다. 이 회로는 두 개의 출력 단자 $A$와 $B$를 가지며, 부하 임피던스 $\mathbf{Z}_L$은 이 두 단자 사이에 연결되어 있다. 이 회로는 그림에 나타난 것처럼 전압 $\mathbf{V}_L$과 전류 $\mathbf{I}_L$을 발생시킨다.

▶ 그림 19-13

복잡한 교류 회로는 테브냉 등가 회로로 줄여서 해석한다.

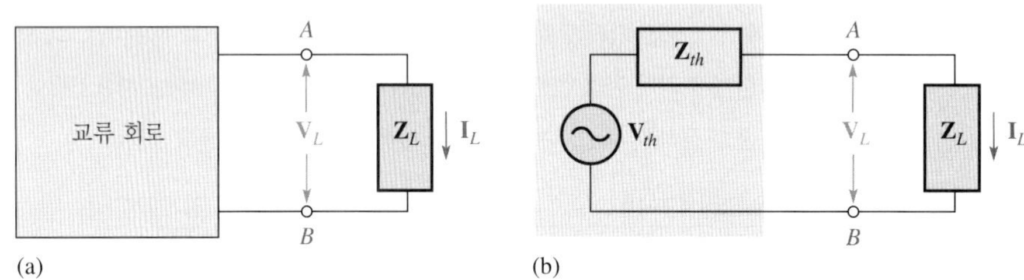


테브냉 정리를 이용하면 블록 속의 회로를 그림 19-13(b)와 같은 등가 회로로 변환할 수 있다. '등가'란 용어는 동일한 부하가 원래 회로에 연결된 경우와 테브냉 등가 회로에 연결된 경우 모두 부하 전압과 전류가 같다는 것을 의미한다. 그러므로 부하 측에서 보면 원래 회로와 테브냉 등가 회로 사이에 차이가 없다. 그러나 교류 회로의 등가 회로는 특정한 한 주파수에만 적용된다. 즉, 주파수가 변하면 등가 회로는 다시 계산되어야 한다.

## 테브냉 등가 전압($V_{th}$)

앞에서 본 바와 같이 등가 전압 $\mathbf{V}_{th}$는 테브냉 등가 회로의 일부분이다.

**테브냉 등가 전압은 주어진 회로에서 임의의 두 단자 사이의 개방 회로 전압이다.**

이를 설명하기 위해 그림 19-14(a)와 같이 어떤 교류 회로에 지정된 두 단자 $A$와 $B$ 사이에 저항이 연결되어 있다고 가정하자. 이때 $R$이 '바라본' 회로의 테브냉 등가 회로를 구하는 것이다. $\mathbf{V}_{th}$는 그림 19-14(b)와 같이 $R$을 제거한 단자 $A$와 $B$ 사이의 전압이다. 회로는 개방된 단자 $A$와 $B$에서 바라보게 되고, $R$은 테브냉 등가 회로를 구하려는 회로에 포함되지 않는 외부 소자로 취급한다.

다음 세 예제는 $\mathbf{V}_{th}$를 구하는 방법을 보여준다.

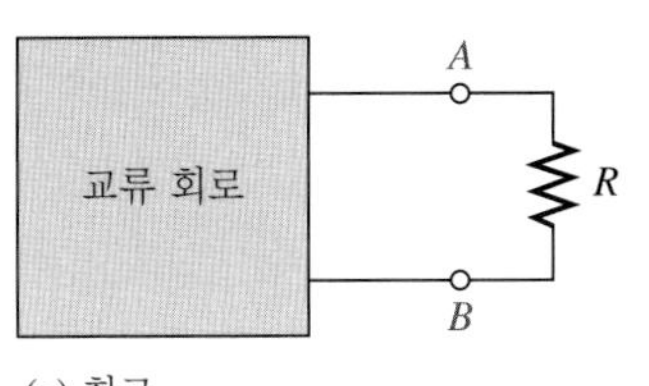

(a) 회로

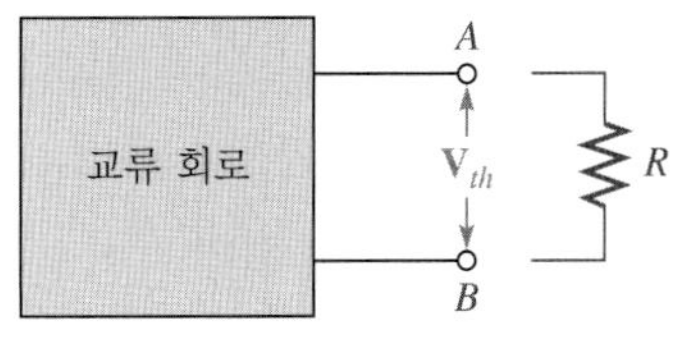

(b) $R$을 제거한 회로

◀ 그림 19-14

$V_{th}$를 구하는 방법

**예제 19-4** 그림 19-15 회로의 단자 $A$, $B$에서 바라본 $\mathbf{V}_{th}$를 구하라.

▶ 그림 19-15

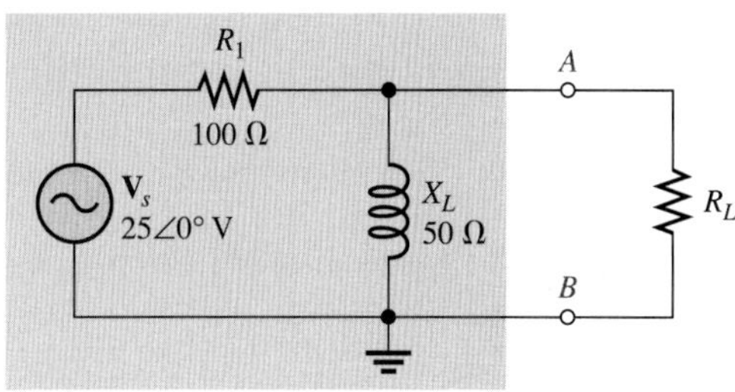


**풀이** $R_L$을 제거하고 $A$와 $B$ 사이의 전압($\mathbf{V}_{th}$)을 구한다. 이 경우 $A$에서 $B$까지의 전압은 $X_L$의 양단 전압과 같다. 이것은 전압 분배 법칙을 사용하여 구한다.

$$\mathbf{V}_L = \left(\frac{X_L\angle 90^\circ}{R_1 + jX_L}\right)\mathbf{V}_s$$

$$= \left(\frac{50\angle 90^\circ\ \Omega}{100\ \Omega + j50\ \Omega}\right)$$

$$= \left(\frac{50\angle 90^\circ\ \Omega}{112\angle 26.6^\circ\ \Omega}\right)25\angle 0^\circ\ \text{V} = 11.2\angle 63.4^\circ\ \text{V}$$

$$\mathbf{V}_{th} = \mathbf{V}_{AB} = \mathbf{V}_L = \mathbf{11.2\angle 63.4^\circ\ V}$$

**관련 문제** 그림 19-15에서 $R_1$이 47 Ω인 경우 $\mathbf{V}_{th}$를 구하라.

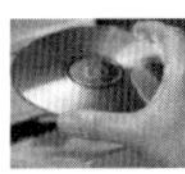

Multisim 파일 E19-04를 사용하여 [예제 19-4]와 [관련 문제]의 계산 결과를 확인하라.

**예제 19-5** 그림 19-16 회로의 단자 $A$, $B$에서 바라본 테브냉 전압을 구하라.

▶ 그림 19-16

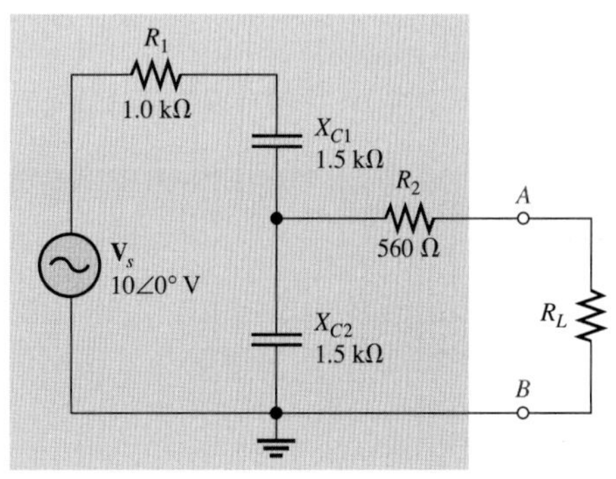

**풀이** 회로에서 단자 $A$와 $B$ 사이의 테브냉 전압은 $R_L$을 제거하여 $A$와 $B$ 사이에 나타나는 전압이다.

단자 $A$와 $B$가 개방되어 전류가 흐르지 않으므로 $R_2$ 양단에서 전압 강하는 없다. 따라서 $\mathbf{V}_{AB}$는 $\mathbf{V}_{C2}$와 같으며 전압 분배 법칙으로 계산한다.

$$\mathbf{V}_{AB} = \mathbf{V}_{C2} = \left(\frac{X_{C2}\angle -90^\circ}{R_1 - jX_{C1} - jX_{C2}}\right)\mathbf{V}_s = \left(\frac{1.5\angle -90^\circ\ \text{k}\Omega}{1.0\ \text{k}\Omega - j3\ \text{k}\Omega}\right)10\angle 0^\circ\ \text{V}$$
$$= \left(\frac{1.5\angle -90^\circ\ \text{k}\Omega}{3.16\angle -71.6^\circ\ \text{k}\Omega}\right)10\angle 0^\circ\ \text{V} = 4.75\angle -18.4^\circ\ \text{V}$$
$$\mathbf{V}_{th} = \mathbf{V}_{AB} = \mathbf{4.75\angle -18.4^\circ\ V}$$

**관련 문제** 그림 19-16에서 $R_1$이 2.2 kΩ인 경우 $\mathbf{V}_{th}$를 구하라.

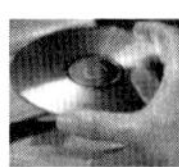

Multisim 파일 E19-05를 사용하여 [예제 19-5]와 [관련 문제]의 계산 결과를 확인하라.

**예제 19-6** 그림 19-17 회로의 단자 $A, B$에서 바라본 $\mathbf{V}_{th}$를 구하라.

▶ 그림 19-17

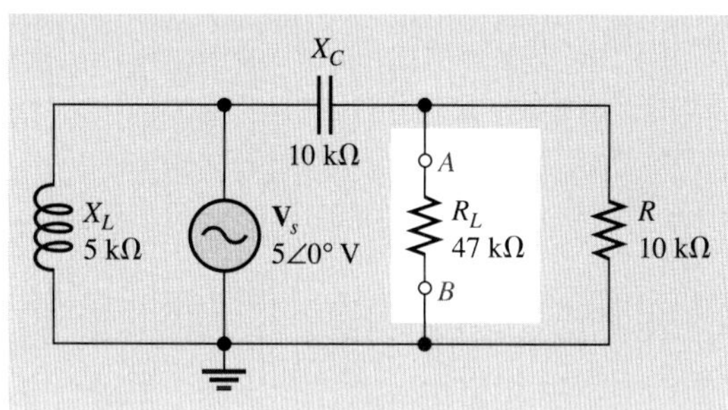


**풀이** 먼저 $R_L$을 제거하고 개방된 단자 양단 전압, 즉 $\mathbf{V}_{th}$를 구한다. $X_C$와 $R$에 전압 분배 법칙을 적용하면 $\mathbf{V}_{th}$를 구할 수 있다.

$$\mathbf{V}_{th} = \mathbf{V}_R = \left(\frac{R\angle 0^\circ}{R - jX_C}\right)\mathbf{V}_s = \left(\frac{10\angle 0^\circ\ \text{k}\Omega}{10\ \text{k}\Omega - j10\ \text{k}\Omega}\right)5\angle 0^\circ\ \text{V}$$
$$= \left(\frac{10\angle 0^\circ\ \text{k}\Omega}{14.1\angle -45^\circ\ \text{k}\Omega}\right)5\angle 0^\circ\ \text{V} = \mathbf{3.55\angle 45^\circ\ V}$$

5 V 전원은 $X_C$와 $R$이 직렬 연결된 양단에 나타나므로 $X_L$은 결과에 영향을 주지 않는다.

**관련 문제** 그림 19-17에서 $R$이 22 kΩ이고 $R_L$이 39 kΩ일 때 $\mathbf{V}_{th}$를 구하라.

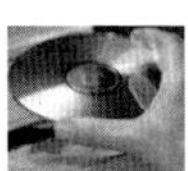

Multisim 파일 E19-06을 사용하여 [예제 19-6]과 [관련 문제]의 계산 결과를 확인하라.

## 테브냉 등가 임피던스($Z_{th}$)

앞의 예제들은 $\mathbf{V}_{th}$를 구하는 방법을 보여주었다. 이제 테브냉 등가 임피던스 $\mathbf{Z}_{th}$를 구한다. 테브냉 정리에서 정의한 것처럼,

**테브냉 등가 임피던스는 회로에 포함되어 있는 모든 전원들을 내부 임피던스로 대치하고, 지정된 두 단자 사이에 나타나는 총 임피던스이다.**

따라서 회로의 어떤 두 단자 사이의 $\mathbf{Z}_{th}$를 구하려면 모든 전압원은 단락(내부 임피던스는 직렬로 남는다), 모든 전류원은 개방(내부 임피던스는 병렬로 남는다)시키고, 두 단자 사이의 총 임피던스를 구하면 된다. 다음의 세 예제는 $\mathbf{Z}_{th}$를 구하는 방법을 보여준다.

**예제 19-7** 그림 19-18 회로의 단자 $A$, $B$에서 바라본 $\mathbf{Z}_{th}$를 구하라. 이 회로는 [예제 19-4]의 회로와 같다.

▶ 그림 19-18

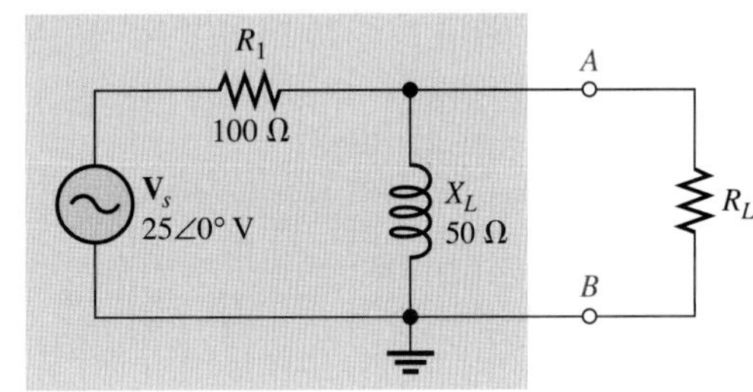


**풀이** 먼저 그림 19-19와 같이 $\mathbf{V}_s$를 내부 임피던스로 대치한다(단락시켜 0으로 만든다).

▶ 그림 19-19

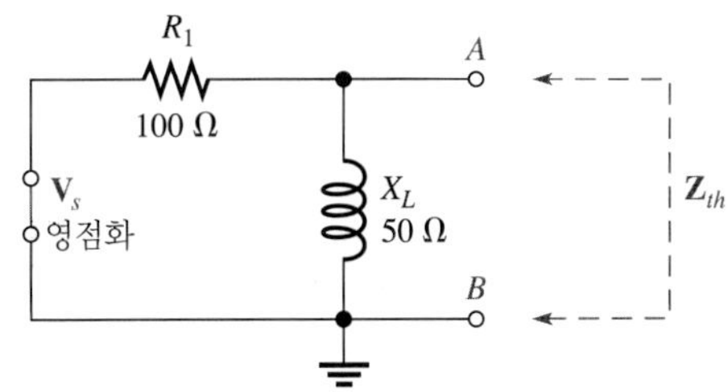


단자 $A$와 $B$에서 보면 $R_1$과 $X_L$은 병렬이다. 따라서

$$\mathbf{Z}_{th} = \frac{(R_1\angle 0^\circ)(X_L\angle 90^\circ)}{R_1 + jX_L} = \frac{(100\angle 0^\circ\ \Omega)(50\angle 90^\circ\ \Omega)}{100\ \Omega + j50\ \Omega}$$

$$= \frac{(100\angle 0^\circ\ \Omega)(50\angle 90^\circ\ \Omega)}{112\angle 26.6^\circ\ \Omega} = \mathbf{44.6\angle 63.4^\circ\ \Omega}$$

**관련 문제** $R_1$이 47 Ω인 경우 $\mathbf{Z}_{th}$를 구하라.

**예제 19-8** 그림 19-20 회로의 단자 $A, B$에서 바라본 $\mathbf{Z}_{th}$를 구하라. 이 회로는 [예제 19-5]의 회로와 같다.

▶ 그림 19-20

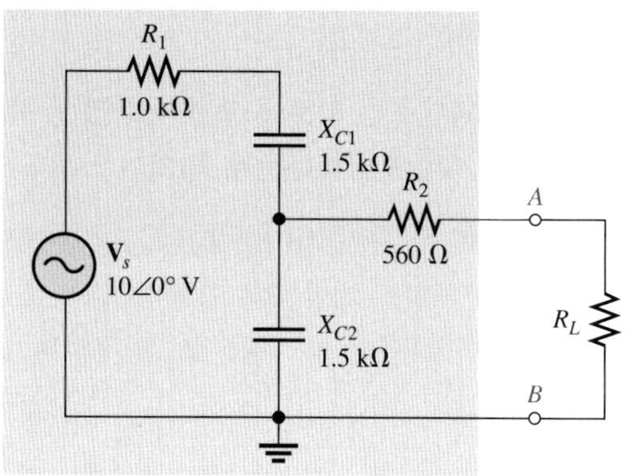


**풀이** 먼저 그림 19-21과 같이 전압원을 내부 임피던스로 대치한다(0으로 만든다).

▶ 그림 19-21

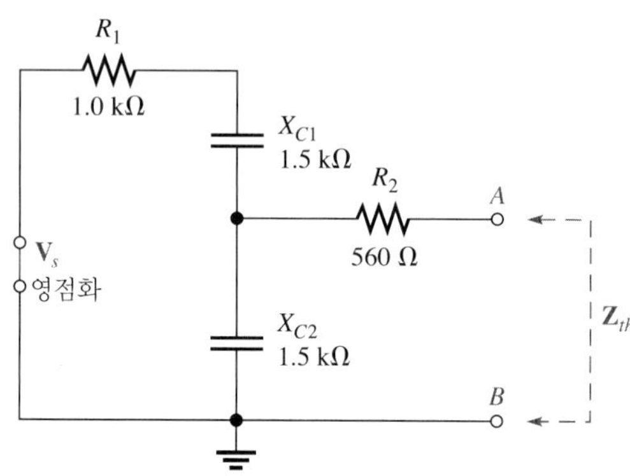


단자 $A$와 $B$에서 보면 $C_2$는 각각 $R_1$과 $C_1$의 직렬과 병렬 연결된다. 이 조합 회로는 $R_2$와 직렬 연결되어 있다. $\mathbf{Z}_{th}$의 계산은 다음과 같다.

$$\begin{aligned}
\mathbf{Z}_{th} &= R_2\angle 0^\circ + \frac{(X_{C2}\angle -90^\circ)(R_1 - jX_{C1})}{R_1 - jX_{C1} - jX_{C2}} \\
&= 560\angle 0^\circ\ \Omega + \frac{(1.5\angle -90^\circ\ \text{k}\Omega)(1.0\ \text{k}\Omega - j1.5\ \text{k}\Omega)}{1.0\ \text{k}\Omega - j3\ \text{k}\Omega} \\
&= 560\angle 0^\circ\ \Omega + \frac{(1.5\angle -90^\circ\ \text{k}\Omega)(1.8\angle -56.3^\circ\ \text{k}\Omega)}{3.16\angle -71.6^\circ\ \text{k}\Omega} \\
&= 560\angle 0^\circ\ \Omega + 854\angle -74.7^\circ\ \Omega = 560\ \Omega + 225\ \Omega - j824\ \Omega \\
&= 785\ \Omega - j824\ \Omega = \mathbf{1138\angle -46.4^\circ\ \Omega}
\end{aligned}$$

**관련 문제** 그림 19-20에서 $R_1 = 2.2\ \text{k}\Omega$일 때 $\mathbf{Z}_{th}$를 구하라.

**예제 19-9** 그림 19-22 회로의 단자 $A, B$에서 바라본 $\mathbf{Z}_{th}$를 구하라. 이 회로는 [예제 19-6]의 회로와 같다.

▶ 그림 19-22

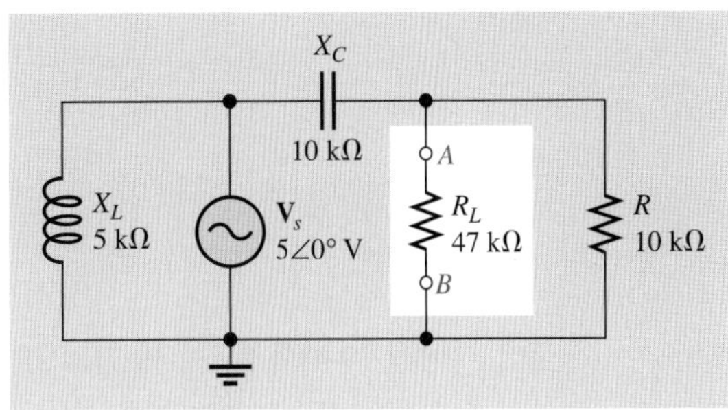


풀이 전압원을 내부 임피던스 0으로 대치하면 $X_L$은 사실상 회로에서 제거된다. 그림 19-23과 같이 개방된 단자에서 보면 $R$과 $C$는 병렬 연결로 나타난다. $\mathbf{Z}_{th}$의 계산은 다음과 같다.

$$\mathbf{Z}_{th} = \frac{(R\angle 0^\circ)(X_C\angle -90^\circ)}{R - jX_C} = \frac{(10\angle 0^\circ\ \text{k}\Omega)(10\angle -90^\circ\ \text{k}\Omega)}{10\ \Omega - j10\,\text{k}\Omega}$$

$$= \frac{(10\angle 0^\circ\ \text{k}\Omega)(10\angle -90^\circ\ \text{k}\Omega)}{14.1\angle -45^\circ\ \text{k}\Omega} = \mathbf{7.07\angle -45^\circ\ k\Omega}$$

▶ 그림 19-23

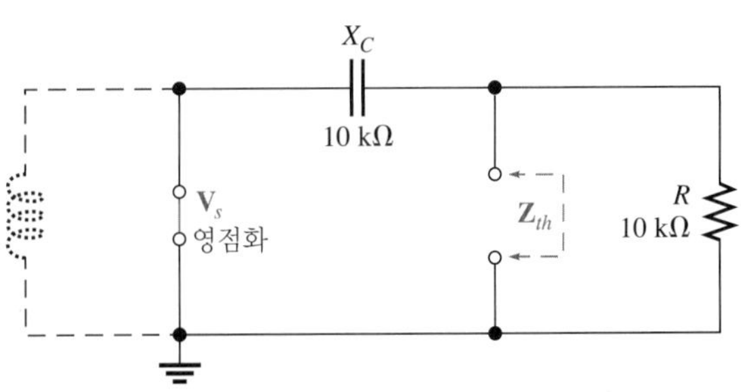


관련 문제 그림 19-22에서 $R = 22\ \text{k}\Omega$이고 $R_L = 39\ \text{k}\Omega$일 때 $\mathbf{Z}_{th}$를 구하라.

## 테브냉 등가 회로

앞의 예제들은 테브냉 등가 회로를 구성하는 두 가지 등가 소자, $\mathbf{V}_{th}$와 $\mathbf{Z}_{th}$를 구하는 방법을 보여준다. 이 두 값은 어떤 교류 회로에 대해서도 구할 수 있다. 이 값들을 결정하여 직렬 연결하면 테브냉 등가 회로를 얻을 수 있다. 다음 예제는 이러한 테브냉 등가 회로를 구하는 방법을 보여줄 것이다.

**예제 19-10** 그림 19-24 회로의 단자 $A, B$에서 바라본 테브냉 등가 회로를 그려라. 이 회로는 [예제 19-4]와 [예제 19-7]의 회로와 같다.

▶ 그림 19-24

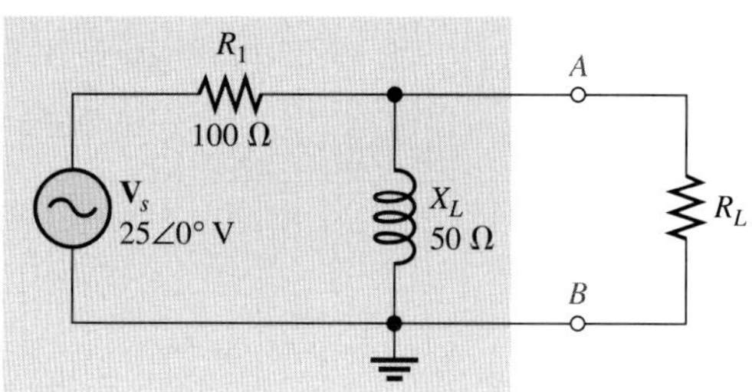


풀이 [예제 19-4]와 [예제 19-7]의 결과로부터 $\mathbf{V}_{th} = 11.2\angle 63.4°$ V이고, $\mathbf{Z}_{th} = 44.6\angle 63.4°$ Ω이다. 임피던스를 직각좌표 형식으로 표현하면

$$\mathbf{Z}_{th} = 20\ \Omega + j40\ \Omega$$

이것은 임피던스가 40 Ω의 유도성 리액턴스에 직렬로 연결된 20 Ω의 저항임을 나타낸다. 테브냉 등가 회로는 그림 19-25와 같다.

▶ 그림 19-25

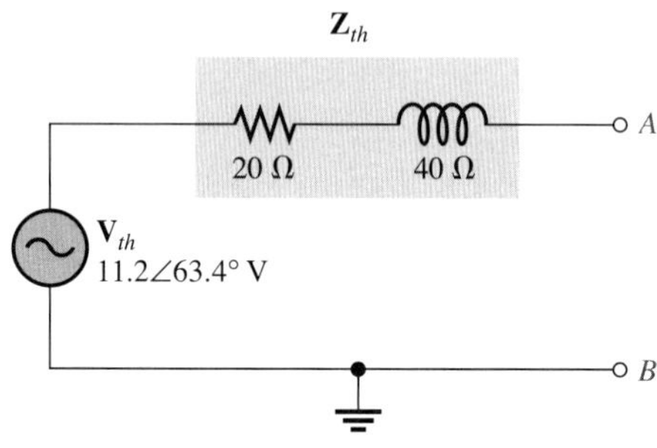


관련 문제 그림 19-24에서 $R_1 = 47\ \Omega$일 때 테브냉 등가 회로를 그려라.

예제 19-11 그림 19-26 회로의 단자 $A, B$에서 바라본 테브냉 등가 회로를 그려라. 이 회로는 [예제 19-5]와 [예제 19-8]의 회로와 같다.

▶ 그림 19-26

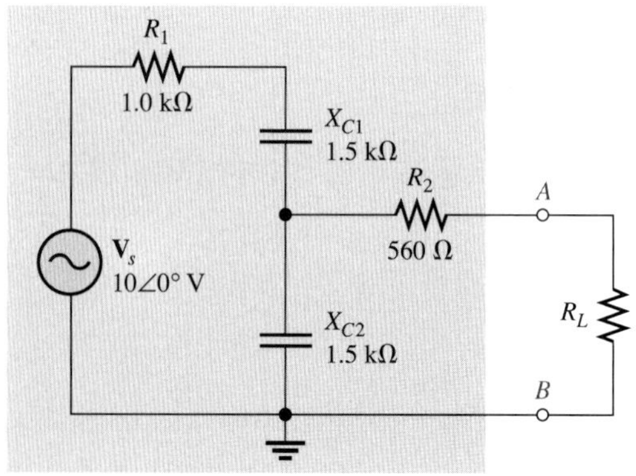


풀이 [예제 19-5]와 [예제 19-8]로부터 $\mathbf{V}_{th} = 4.75\angle -18.4°$ V이고, $\mathbf{Z}_{th} = 1138\angle -46.4°$ Ω이다.

임피던스를 직각좌표 형식으로 표현하면

$$\mathbf{Z}_{th} = 785\,\Omega - j824\,\Omega$$

테브냉 등가 회로는 그림 19-27과 같다.

▶ 그림 19-27

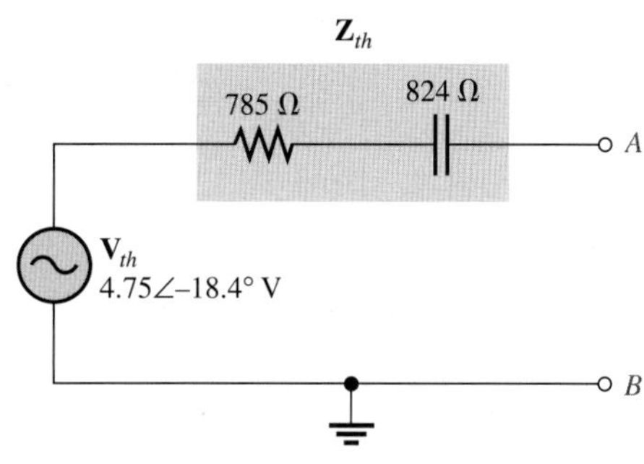


관련 문제 그림 19-26에서 $R_1 = 2.2\,\text{k}\Omega$인 경우 테브냉 등가 회로를 그려라.

**예제 19-12** 그림 19-28 회로의 단자 *A*, *B*에서 바라본 테브냉 등가 회로를 그려라. 이 회로는 [예제 19-6]과 [예제 19-9]의 회로와 같다.

▶ 그림 19-28

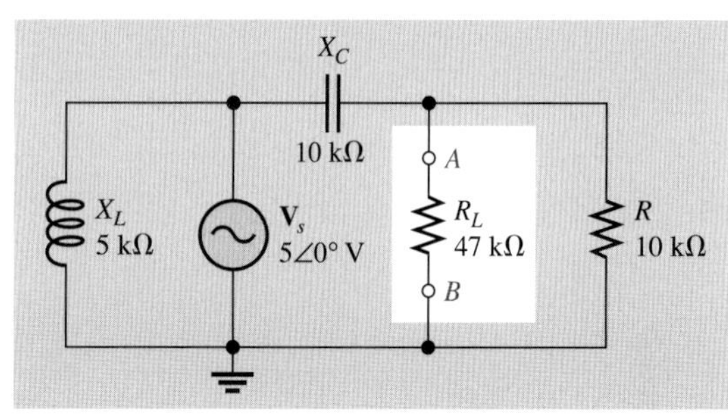


풀이 [예제 19-6]과 [예제 19-9]로부터 $\mathbf{V}_{th} = 3.54\angle 45°$ V이고, $\mathbf{Z}_{th} = 7.07\angle -45°\,\text{k}\Omega$이다. 임피던스를 직각좌표 형식으로 표현하면

$$\mathbf{Z}_{th} = 5\,\text{k}\Omega - j5\,\text{k}\Omega$$

따라서 테브냉 등가 회로는 그림 19-29와 같다.

▶ 그림 19-29

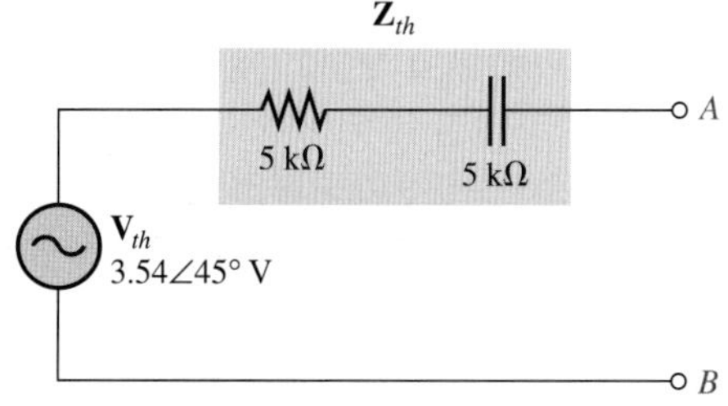


관련 문제 그림 19-28에서 $R = 22\,\text{k}\Omega$, $R_L = 39\,\text{k}\Omega$인 경우 테브냉 등가 회로를 그려라.

### 테브냉 정리 요약

테브냉 등가 회로는 전압원과 이 전압원과 직렬 연결되는 저항 회로 형태로 구성된다. 테브냉 정리에서 중요한 사항은 원래 회로의 외부 부하에서 바라보는 등가 회로가 원래의 회로를 대신할 수 있다는 것이다. 따라서 테브냉 등가 회로의 단자에 연결된 부하에는 원래의 회로에 연결된 것과 동일한 전류와 전압이 걸린다.

테브냉 정리를 적용하는 단계를 요약하면 다음과 같다.

1단계: 테브냉 회로를 구하려는 두 단자를 개방한다. 이것은 두 단자에 연결된 소자를 제거하면 된다.

2단계: 개방된 두 단자 양단의 전압을 구한다.

3단계: 모든 전원을 0으로 두고(이상적인 전압원은 단락하고 전류원은 개방함), 개방된 두 단자에서 바라본 임피던스를 계산한다.

4단계: $\mathbf{V}_{th}$와 $\mathbf{Z}_{th}$를 직렬로 연결하여 테브냉 등가 회로를 완성한다.

**복습문제 19-2**

1. 테브냉 등가 교류 회로에서 두 가지 기본 소자는 무엇인가?
2. 어떤 회로에서 $Z_{th} = 25\ \Omega - j50\ \Omega$이고 $V_{th} = 5 \angle 0°$ V일 때 테브냉 등가 회로를 그려라.
3. 그림 19-30에서 단자 $A$, $B$에서 바라본 테브냉 등가 회로의 소자 값($Z_{th}$, $V_{th}$)을 구하라.

▶ 그림 19-30

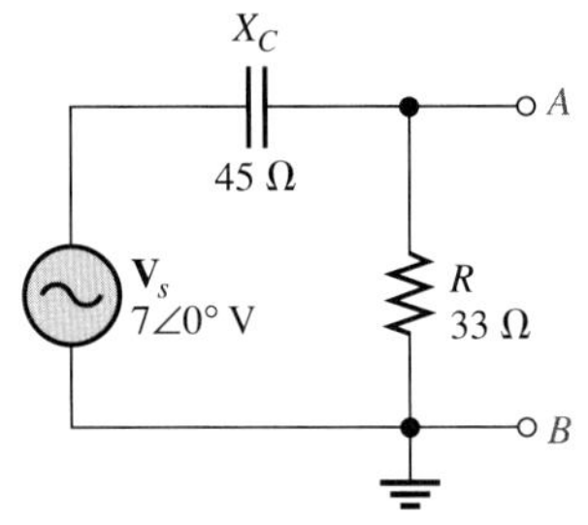


## 19-3 노튼 정리

테브냉 정리처럼 노튼 정리는 복잡한 회로를 간단하고 해석이 용이한 회로로 줄이는 데 이용된다. **노튼 정리**(Norton theorem)는 등가 임피던스와 병렬로(직렬이 아닌) 연결된 등가 전류원(전압원이 아닌)을 사용한다.

이 절의 학습 내용은 다음과 같다.

- **리액티브 회로를 단순화하기 위한 노튼 정리의 적용**
  - 노튼 등가 회로의 형태
  - 노튼 등가 교류 전류원을 구하는 방법
  - 노튼 등가 임피던스를 구하는 방법

노튼 등가 회로의 형태는 그림 19-31과 같다. 원래의 회로가 아무리 복잡하더라도 항상 이와 같은 등가 회로 형태로 단순화할 수 있다. 등가 전류원은 $\mathbf{I}_n$으로, 등가 임피던스는 $\mathbf{Z}_n$으로 각각 표시된다(소문자의 첨자는 교류를 나타낸다).

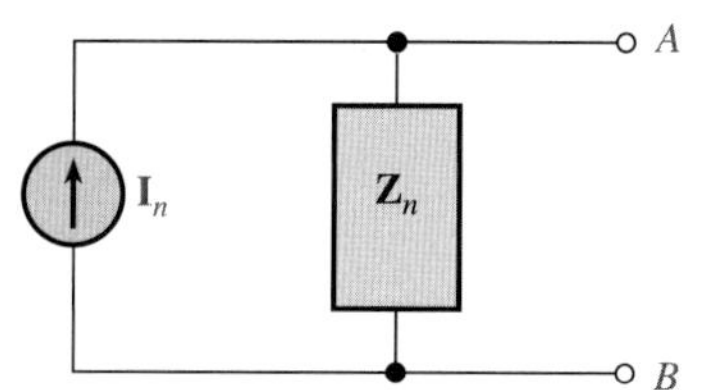


◀ 그림 19-31
노튼 등가 회로

노튼 정리는 $\mathbf{I}_n$과 $\mathbf{Z}_n$을 구하는 방법을 보여준다. 이 두 값을 구하여 병렬로 연결하면 완전한 노튼 등가 회로가 된다.

## 노튼 등가 전류원($I_n$)

$\mathbf{I}_n$은 노튼 등가 회로의 한 축을 이루며, $\mathbf{Z}_n$은 나머지 다른 한 축을 이룬다.

**노튼 등가 전류는 주어진 회로에서 임의의 두 단자 사이를 흐르는 단락 회로 전류이다.**

이 두 단자에 연결된 부하는 사실상 $\mathbf{Z}_n$과 병렬 연결된 전류원 $\mathbf{I}_n$을 바라본다.

이를 설명하기 위해 그림 19-32(a)와 같이 단자 $A$와 $B$에 부하 저항이 연결되어 있을 때 단자 $A$, $B$에서 바라본 노튼 등가 회로를 구해 보자. $\mathbf{I}_n$을 구하기 위해 그림 19-32(b)와 같이 단자 $A$, $B$를 단락시키고 이 점에 흐르는 전류를 계산한다. [예제 19-13]은 $\mathbf{I}_n$을 구하는 방법을 보여준다.

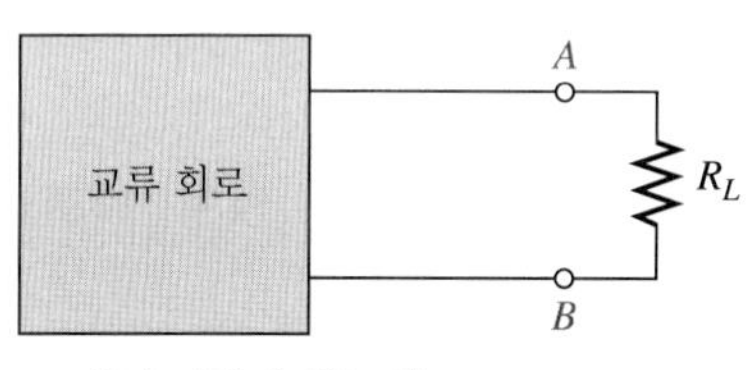


(a) 부하 저항이 있는 회로

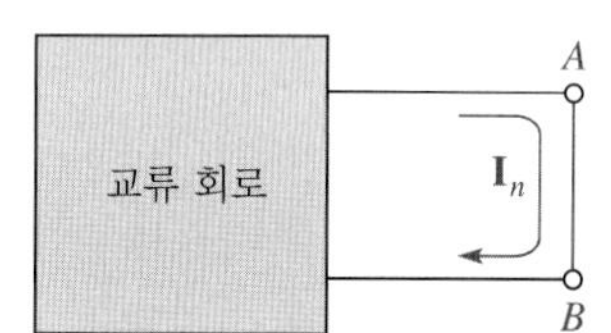


(b) 부하는 단락되어 단락 회로 전류 $\mathbf{I}_n$이 흐른다.

◀ 그림 19-32
$I_n$을 구하는 방법

**예제 19-13** 그림 19-33의 부하 저항에서 바라본 $\mathbf{I}_n$을 구하라.

▶ 그림 19-33

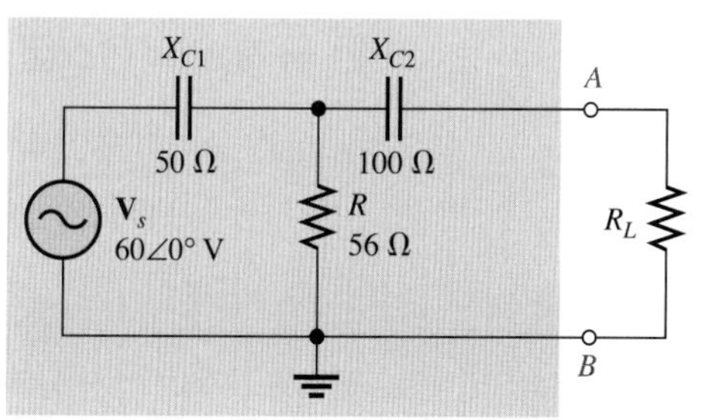


**풀이** 그림 19-34와 같이 단자 $A$, $B$를 단락시킨다.

▶ 그림 19-34

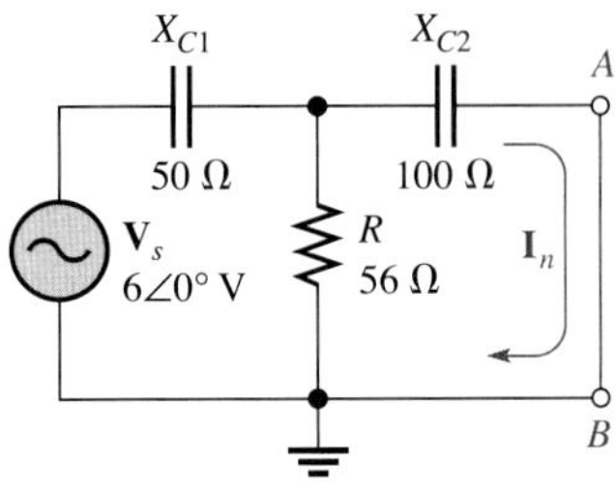


$\mathbf{I}_n$은 단락된 점을 흐르는 전류로서 다음과 같이 계산된다. 먼저, 전원에서 바라본 총 임피던스는

$$\mathbf{Z} = \mathbf{X}_{C1} + \frac{\mathbf{R}\mathbf{X}_{C2}}{\mathbf{R} + \mathbf{X}_{C2}} = 50\angle -90°\ \Omega + \frac{(56\angle 0°\ \Omega)(100\angle -90°\ \Omega)}{56\ \Omega - j100\ \Omega}$$
$$= 50\angle -90°\ \Omega + 48.9\angle -29.3°\ \Omega$$
$$= -j50\ \Omega + 42.6\ \Omega - j23.9\ \Omega = 42.6\ \Omega - j73.9\ \Omega$$

이를 극좌표 형식으로 바꾸면

$$\mathbf{Z} = 85.3\angle -60.0°\ \Omega$$

다음으로 전원에서 흐르는 총 전류는

$$\mathbf{I}_s = \frac{\mathbf{V}_s}{\mathbf{Z}} = \frac{6\angle 0°\ \text{V}}{85.3\angle -60.0°\ \Omega} = 70.3\angle 60.0°\ \text{mA}$$

마지막으로 $\mathbf{I}_n$(단자 $A, B$의 단락된 점을 흐르는 전류)을 구하기 위해 전류 분배 법칙을 이용하면

$$\mathbf{I}_n = \left(\frac{\mathbf{R}}{\mathbf{R} + \mathbf{X}_{C2}}\right)\mathbf{I}_s = \left(\frac{56\angle 0°\ \Omega}{56\ \Omega - j100\ \Omega}\right)70.3\angle 60.0°\ \text{mA} = \mathbf{34.4\angle 121°\ mA}$$

이것이 등가 노튼 전류원의 값이다.

관련 문제 그림 19-33에서 $\mathbf{V}_s = 2.5\angle 0°$ V이고 $R = 33\ \Omega$일 때 $\mathbf{I}_n$을 구하라.

## 노튼 등가 임피던스($\mathbf{Z}_n$)

$\mathbf{Z}_n$은 $\mathbf{Z}_{th}$와 동일하게 정의된다. 즉, 주어진 회로에서 모든 전원을 내부 임피던스로 대치하고 개방된 단자에서 바라본 임피던스이다.

**예제 19-14** 그림 19-33 회로에서 단자 $A, B$를 개방하고 바라본 $\mathbf{Z}_n$을 구하라.

풀이 먼저 그림 19-35와 같이 $\mathbf{V}_s$를 내부 임피던스인 0으로 만든다.

▶ 그림 19-35

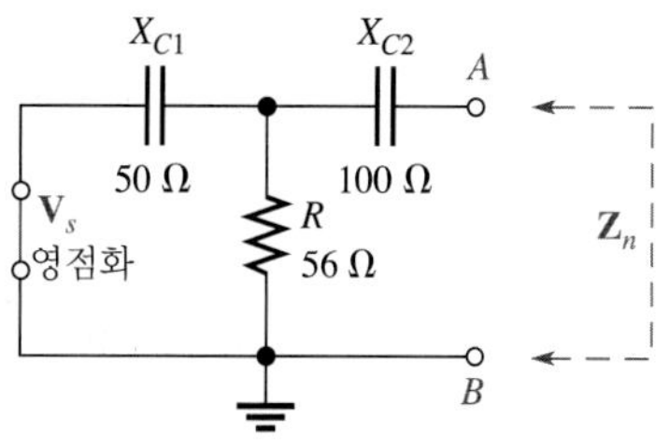


단자 $A, B$에서 보면 $C_2$는 $R$과 $C_1$의 병렬 연결 회로와 직렬이다.

$$\mathbf{Z}_n = \mathbf{X}_{C2} + \frac{\mathbf{R}\mathbf{X}_{C1}}{\mathbf{R} + \mathbf{X}_{C1}} = 100\angle -90^\circ\ \Omega + \frac{(56\angle 0^\circ\ \Omega)(50\angle -90^\circ\ \Omega)}{56\ \Omega - j50\ \Omega}$$
$$= 100\angle -90^\circ\ \Omega + 37.3\angle -48.2^\circ\ \Omega$$
$$= -j100\ \Omega + 24.8\ \Omega - j27.8\ \Omega = \mathbf{24.8\ \Omega - j128\ \Omega}$$

노튼 등가 임피던스는 128 Ω의 용량성 리액턴스와 직렬 연결된 24.8 Ω의 저항이다.

**관련 문제** 그림 19-33에서 $R$ = 33 Ω일 때 $\mathbf{Z}_n$을 구하라.

[예제 19-13]과 [예제 19-14]는 노튼 등가 회로를 구성하는 두 가지 등가 소자, $\mathbf{I}_n$와 $\mathbf{Z}_n$을 구하는 방법을 보여준다. 이 두 값은 어떤 교류 회로에 대해서도 구할 수 있다. 이 값들을 결정하여 병렬 연결하면 노튼 등가 회로를 얻을 수 있다. 다음 예제는 이러한 테브냉 등가 회로를 구하는 방법을 보여줄 것이다.

**예제 19-15** 그림 19-33(예제 19-13) 회로의 노튼 등가 회로를 완성하라.

**풀이** [예제 19-13]과 [예제 19-14]로부터 $\mathbf{I}_n = 34.4\angle 121^\circ$ mA이고 $\mathbf{Z}_n = 24.8\ \Omega - j128\ \Omega$이다. 노튼 등가 회로는 그림 19-36에 나타나 있다.

▶ 그림 19-36

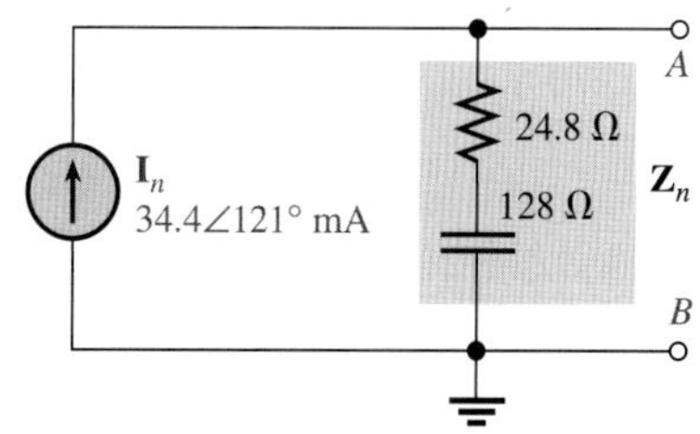


**관련 문제** 그림 19-33에서 $\mathbf{V}_s = 2.5\angle 0^\circ$ V이고 $R$ = 33 Ω일 때 노튼 등가 회로를 그려라.

## 노튼 정리 요약

노튼 등가 회로의 단자 사이에 연결된 부하에는 원래의 회로에 연결된 것과 동일한 전류가 흐르고 동일한 전압이 걸린다. 노튼 정리를 이론적으로 적용하는 단계를 요약하면 다음과 같다.

1단계: 노튼 등가 회로를 구하려는 두 단자에 연결된 부하를 제거하고 단락시킨다.
2단계: 단락된 점의 전류를 구한다. 이 값이 $\mathbf{I}_n$이다.
3단계: 단락시킨 단자를 개방한 후 모든 전원을 내부 임피던스로 대치하고 개방된 두 단자 사이의 임피던스 $\mathbf{Z}_n$을 구한다.
4단계: $\mathbf{I}_n$과 $\mathbf{Z}_n$을 병렬로 연결한다.

**복습문제 19-3**

1. 어떤 회로에서 $I_n = 5 \angle 0°$ mA이고 $Z_n$ = 150 Ω + *j*100 Ω이다. 이 회로의 노튼 등가 회로를 그려라.
2. 그림 19-37의 $R_L$에서 바라본 노튼 등가 회로를 구하라.

▶ 그림 19-37

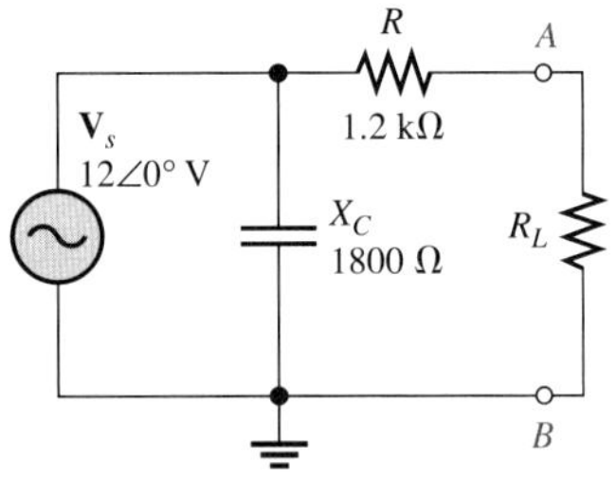


# 19-4 최대 전력 전달 이론

부하 임피던스가 출력 임피던스의 공액복소수이면 부하로 전달되는 전력은 최대가 된다.

이 절의 학습 내용은 다음과 같다.

- **최대 전력 전달 이론의 적용**
  - 최대 전력 전달 이론에 대한 설명
  - 최대 전력을 전달하기 위한 부하 임피던스 값을 계산하는 방법

$R - jX_C$와 $R + jX_L$은 서로 **공액복소수**(complex conjugate)이다. 이때 저항과 리액턴스의 절대값은 각각 같지만 부호는 서로 반대이다. 어떤 회로의 출력 임피던스는 출력 단자에서 바라본 테브냉 등가 임피던스이다. $\mathbf{Z}_L$이 $\mathbf{Z}_{out}$의 공액복소수일 때, 회로에서 부하에 전달되는 전력은 최대로서 역률이 1이다. 출력 임피던스와 부하를 포함하는 등가 회로는 그림 19-38과 같다.

▶ 그림 19-38
부하가 있는 등가 회로

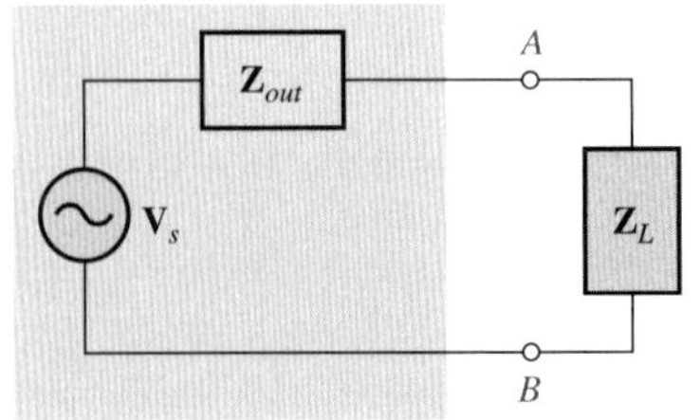


[예제 19-16]은 임피던스가 공액복소수로 정합될 때, 최대 전력이 발생함을 보여준다.

**예제 19-16** 그림 19-39의 단자 $A$, $B$를 기준으로 왼쪽에 있는 회로는 부하 $\mathbf{Z}_L$에 전력을 공급한다. 이것은 전력을 복소부하로 전달하는 전력 증폭기의 모형으로 볼 수 있으며 복잡한 회로의 테브냉 등가 회로이다. 10 kHz, 30 kHz, 50 kHz, 80 kHz, 100 kHz에서 부하에 전달되는 전력을 계산하고 그래프를 그려라.

▶ 그림 19-39

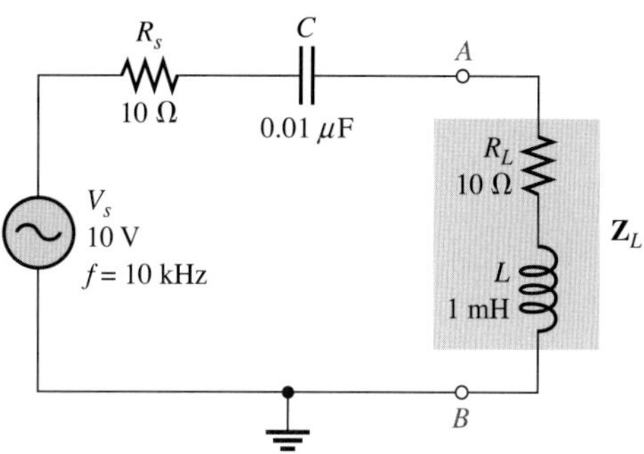


풀이 $f$ = 10 kHz일 때

$$X_C = \frac{1}{2\pi fC} = \frac{1}{2\pi(10\text{ kHz})(0.01\ \mu\text{F})} = 1.59\text{ k}\Omega$$

$$X_L = 2\pi fL = 2\pi(10\text{ kHz})(1\text{ mH}) = 62.8\ \Omega$$

총 임피던스의 크기는

$$Z_{tot} = \sqrt{(R_s + R_L)^2 + (X_L - X_C)^2} = \sqrt{(20\ \Omega)^2 + (1.53\text{ k}\Omega)^2} = 1.53\text{ k}\Omega$$

전류는

$$I = \frac{V_s}{Z_{tot}} = \frac{10\text{ V}}{1.53\text{ k}\Omega} = 6.54\text{ mA}$$

부하에 전달되는 전력은

$$P_L = I^2R_L = (6.54\text{ mA})^2(10\ \Omega) = \mathbf{428\ \mu W}$$

$f$ = 30 kHz일 때

$$X_C = \frac{1}{2\pi(30\text{ kHz})(0.01\ \mu\text{F})} = 531\ \Omega$$
$$X_L = 2\pi(30\text{ kHz})(1\text{ mH}) = 189\ \Omega$$
$$Z_{tot} = \sqrt{(20\ \Omega)^2 + (342\ \Omega)^2} = 343\ \Omega$$
$$I = \frac{V_s}{Z_{tot}} = \frac{10\text{ V}}{343\ \Omega} = 29.2\text{ mA}$$
$$P_L = I^2R_L = (29.2\text{ mA})^2(10\ \Omega) = \mathbf{8.53\ mW}$$

$f$ = 50 kHz일 때

$$X_C = \frac{1}{2\pi(50\text{ kHz})(0.01\ \mu\text{F})} = 318\ \Omega$$

$$X_L = 2\pi(50\,\text{kHz})(1\,\text{mH}) = 314\,\Omega$$

$X_L$과 $X_C$는 거의 같은 값으로 임피던스는 서로 공액복소수가 된다. $X_L = X_C$가 되는 정확한 주파수는 50.3 kHz이다.

$$Z_{tot} = \sqrt{(20\,\Omega)^2 + (4\,\Omega)^2} = 20.4\,\Omega$$
$$I = \frac{V_s}{Z_{tot}} = \frac{10\,\text{V}}{20.4\,\Omega} = 490\,\text{mA}$$
$$P_L = I^2R_L = (490\,\text{mA})^2(10\,\Omega) = \mathbf{2.40\,W}$$

$f = 80$ kHz일 때

$$X_C = \frac{1}{2\pi(80\,\text{kHz})(0.01\,\mu\text{F})} = 199\,\Omega$$
$$X_L = 2\pi(80\,\text{kHz})(1\,\text{mH}) = 503\,\Omega$$
$$Z_{tot} = \sqrt{(20\,\Omega)^2 + (304\,\Omega)^2} = 305\,\Omega$$
$$I = \frac{V_s}{Z_{tot}} = \frac{10\,\text{V}}{305\,\Omega} = 32.8\,\text{mA}$$
$$P_L = I^2R_L = (32.8\,\text{mA})^2(10\,\Omega) = \mathbf{10.8\,mW}$$

$f = 100$ kHz일 때

$$X_C = \frac{1}{2\pi(100\,\text{kHz})(0.01\,\mu\text{F})} = 159\,\Omega$$
$$X_L = 2\pi(100\,\text{kHz})(1\,\text{mH}) = 628\,\Omega$$
$$Z_{tot} = \sqrt{(20\,\Omega)^2 + (469\,\Omega)^2} = 469\,\Omega$$
$$I = \frac{V_s}{Z_{tot}} = \frac{10\,\text{V}}{469\,\Omega} = 21.3\,\text{mA}$$
$$P_L = I^2R_L = (21.3\,\text{mA})^2(10\,\Omega) = \mathbf{4.54\,mW}$$

위의 결과에서 볼 수 있듯이, 부하 임피던스가 출력 임피던스의 공액복소수와 같아지는 주파수에서(리액턴스의 크기가 같아질 때) 부하에 전달되는 전력은 최대가 된다. 주파수에 따른 부하 전력의 그래프는 그림 19-40과 같다.

▶ 그림 19-40

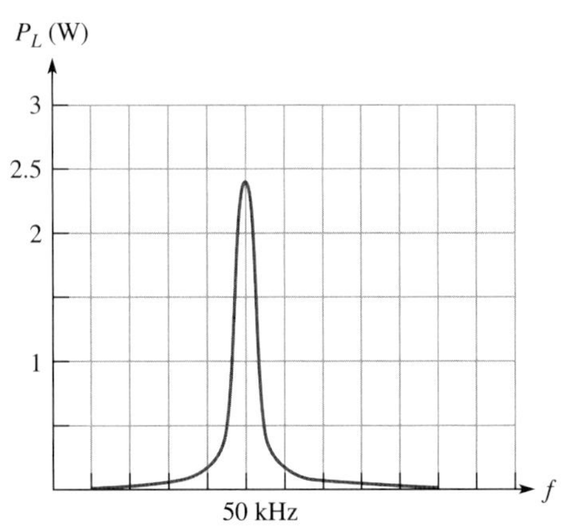

**관련 문제** 직렬 $RC$ 회로에서 $R = 47\ \Omega$이고 $C = 0.022\ \mu$F이면 100 kHz에서 임피던스의 공액복소값은 얼마인가?

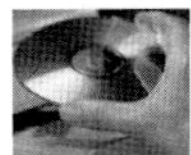

Multisim 파일 E19-16을 사용하여 [예제 19-16]과 [관련 문제]의 계산 결과를 확인하라.

[예제 19-17]은 부하 전력이 최대가 되는 주파수는 전원 임피던스와 부하 임피던스가 공액복소수가 되는 주파수임을 보여준다.

**예제 19-17**

(a) 그림 19-41(a)에서 증폭기로부터 스피커로 최대 전력이 전달되는 주파수를 구하라. 그림 19-41(b)의 등가 회로와 같이 증폭기와 결합 커패시터는 전원의 역할이고 스피커가 부하가 된다.

(b) $V_s = 3.8$ Vrms이면 이 주파수에서 스피커로 전달되는 전력은 몇 W인가?

▶ 그림 19-41

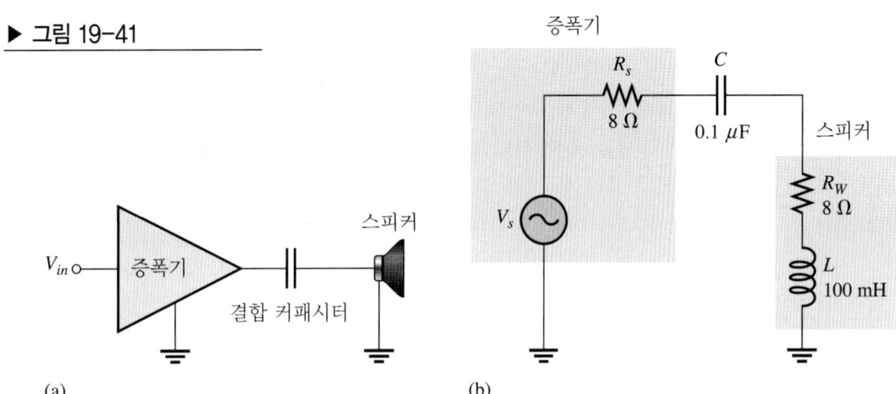


**풀이** (a) 스피커에 전력이 최대로 전달되면 전원 임피던스($R_s - jX_C$)와 부하 임피던스($R_W + jX_L$)는 공액복소수이므로

$$X_C = X_L$$
$$\frac{1}{2\pi fC} = 2\pi fL$$

$f$에 대해 풀면

$$f^2 = \frac{1}{4\pi^2 LC}$$
$$f = \frac{1}{2\pi\sqrt{LC}} = \frac{1}{2\pi\sqrt{(100\text{ mH})(0.1\ \mu\text{F})}} \cong \mathbf{1.59\ kHz}$$

(b) 스피커로 전달되는 전력은 다음과 같이 계산된다.

$$Z_{tot} = R_s + R_W = 8\ \Omega + 8\ \Omega = 16\ \Omega$$
$$I = \frac{V_s}{Z_{tot}} = \frac{3.8\text{ V}}{16\ \Omega} = 238\text{ mA}$$

$$P_{max} = I^2R_W = (238\ \text{mA})^2(8\ \Omega) = \mathbf{453\ mW}$$

**관련 문제** 그림 19-41에서 결합 커패시터가 1 $\mu$F일 때 증폭기에서 스피커로 전력이 최대로 전달되는 주파수를 구하라.

**복습문제 19-4**

1. 어떤 구동 회로의 출력 임피던스가 50 Ω − $j$10 Ω일 때 부하에 전력이 최대로 전달되는 부하 임피던스는 얼마인가?
2. 문제 1의 회로에서 부하 임피던스가 출력 임피던스의 공액복소수이고 부하 전류가 2 A이면 부하에 전달되는 전력은 얼마인가?

# 회로 응용

어떤 시스템에서 떼어낸 대역통과 필터 모듈과 두 개의 회로도가 있다. 두 회로도에 의하면 대역통과 필터는 저역통과/고역통과 필터의 조합으로 이루어져 있는데 어느 회로도가 그 필터의 회로도인지는 모른다. 측정을 통하여 어느 회로도인지 알아낼 것이며 또한 최대 전력 전달을 위해 적합한 부하를 결정할 것이다. 그 대역통과 필터 모듈과 둘 중에 하나는 그 필터의 회로도인 두 개의 회로도가 그림 19-42에 나타나 있다.

## 필터 측정과 분석

- 그림 19-43에 있는 필터 출력의 오실로스코프 측정 그림을 보고 그림 19-42의 두 회로도 중에서 어느 회로도가 그 필터의 회로도인지 결정하라. 이때 입력 전압은 10 $V_{pp}$이다.
- 그림 19-43에 있는 필터 출력의 오실로스코프 측정 그림을 보고 필터가 중심주파수에서 동작하고 있는 것인지 결정하라.
- 테브냉 정리를 활용하여 중심주파수에서 필터 출력으로 전력이 최대로 전달되는 부하 임피던스를 구하라.

## 복습문제

1. 그림 19-42의 두 회로 중 주어진 필터 모듈의 회로가 아닌 것으로 판정된 회로에 대해 그림 19-43에 나타난 주파수에서 출력 전압의 최대-최소값을 구하라.
2. 그림 19-42의 두 회로 중 주어진 필터 모듈의 회로가 아닌 것으로 판정된 회로에 대해 중심주파수를 구하라.

▶ 그림 19-42

필터 모듈 및 회로도

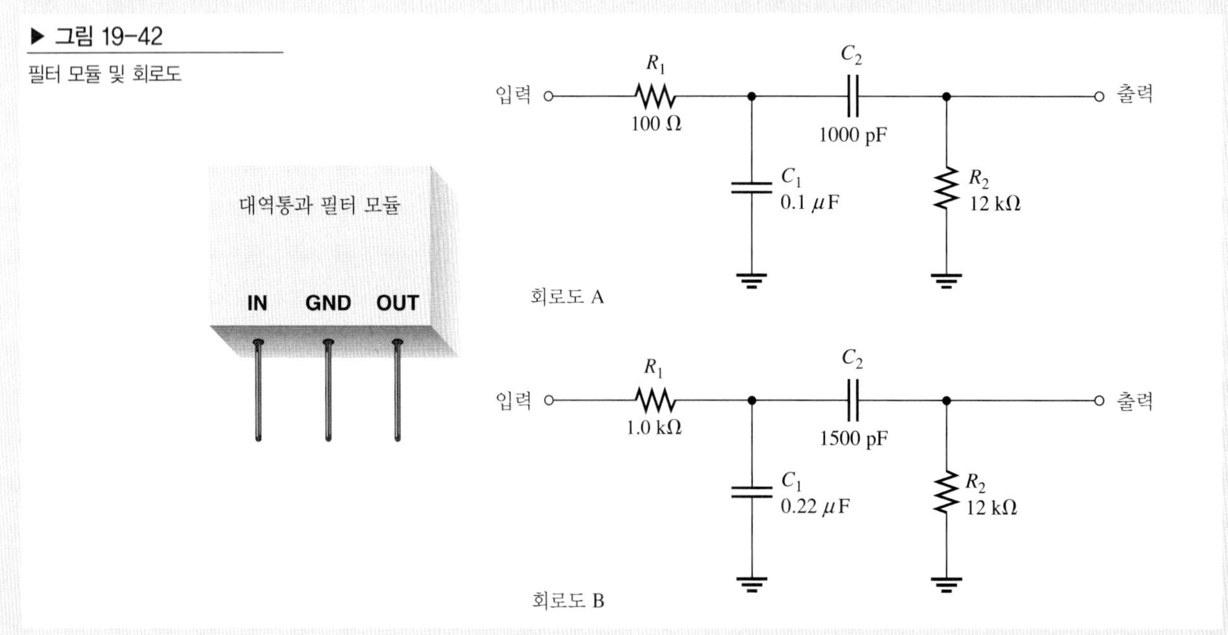

▶ 그림 19-43

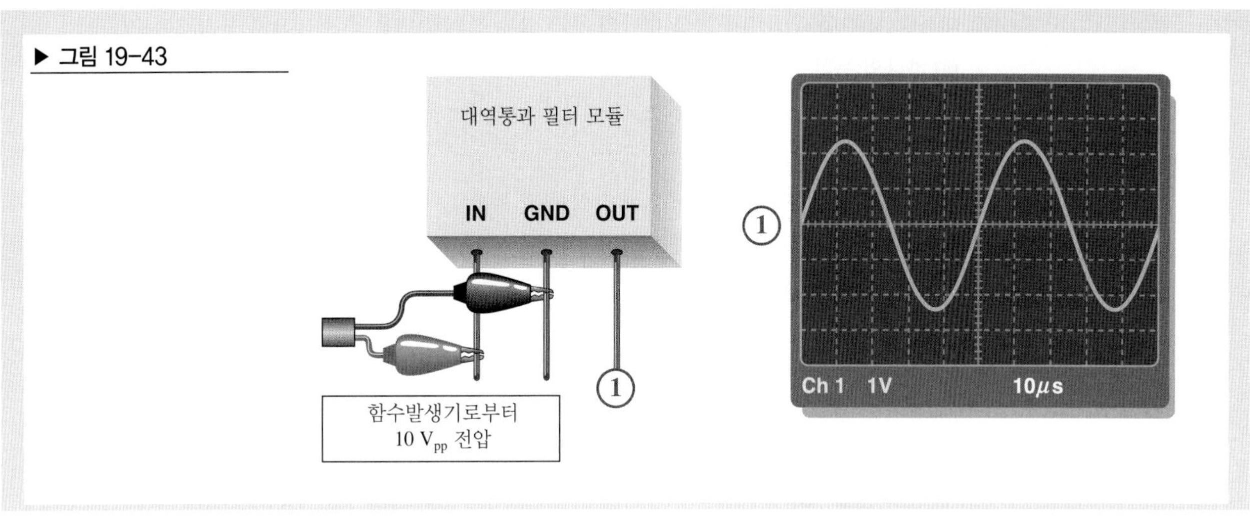


## 요약

- 중첩 정리는 교류와 직류의 여러 전원을 가진 회로의 해석에 유용하다.
- 테브냉 정리는 임의의 교류 회로를 등가 임피던스와 등가 전압원이 직렬로 연결된 등가 회로로 단순화하는 방법을 제시한다.
- 테브냉 정리와 노튼 정리에서 쓰이는 **등가성**(equivalency)이라는 용어는 주어진 부하 임피던스가 등가 회로에 연결될 때 생기는 전압과 흐르는 전류는 그 부하가 원래의 회로에 연결될 때의 전압 및 전류 값과 같다는 것을 의미한다.
- 노튼 정리는 임의의 교류 회로를 등가 임피던스와 등가 전류원이 병렬 연결된 등가 회로로 단순화하는 방법을 제시한다.
- 부하 임피던스가 구동 회로의 출력 임피던스와 공액복소수 관계라면, 부하에 최대의 전력이 전달된다.

## 핵심 용어

**공액복소수**(complex conjugate): 실수부의 크기가 같고 허수부의 부호는 반대이며 크기가 같은 복소수; 저항 및 리액턴스의 크기는 같고 위상이 반대인 임피던스

**노튼 정리**(Norton theorem): 복잡한 2단자 회로를 임피던스와 전류원이 병렬 연결된 등가 회로로 단순화하는 방법

**등가 회로**(equivalent circuit): 주어진 부하가 원래의 회로에 연결되었을 때와 동일한 부하 전압과 전류를 내는 회로

**중첩 정리**(superposition theorem): 여러 개의 전원을 가진 회로를 해석하는 방법

**테브냉 정리**(Thevenin theorem): 복잡한 2단자 회로를 임피던스와 전압원이 직렬 연결된 등가 회로로 단순화하는 방법

## 자기 진단

**1.** 중첩 정리를 적용할 때

(a) 모든 전원을 동시에 고려한다.

(b) 모든 전압원을 동시에 고려한다.

(c) 다른 전원은 단락시키고 한 번에 한 전원만 고려한다.

(d) 다른 전원은 내부 임피던스로 대치하고(0으로 하고) 한 번에 한 전원만 고려한다.

**2.** 테브냉 교류 등가 회로는 항상 하나의 등가 교류 전원과 다음 중 무엇으로 구성되는가?
   (a) 하나의 등가 커패시터
   (b) 하나의 등가 유도성 리액턴스
   (c) 하나의 등가 임피던스
   (d) 하나의 등가 용량성 리액턴스를 가진 직렬 회로

**3.** 한 회로가 다른 회로와 등가가 되려면 어떠해야 하는가?
   (a) 어떠한 회로가 연결되더라도 같은 부하는 같은 전압과 전류를 갖는다.
   (b) 어떠한 회로가 연결되더라도 다른 부하는 같은 전압과 전류를 갖는다.
   (c) 주어진 회로는 같은 전압원과 같은 직렬 임피던스를 갖는다.
   (d) 주어진 회로는 같은 출력 전압을 발생시킨다.

**4.** 테브냉 등가 전압은 무엇인가?
   (a) 개방 회로 전압
   (b) 단락 회로 전압
   (c) 등가 부하 양단의 전압
   (d) 답이 없다

**5.** 테브냉 등가 임피던스는 어디에서 바라본 임피던스인가?
   (a) 단락된 출력을 가진 전원
   (b) 개방된 출력을 가진 전원
   (c) 모든 전원을 그 내부 임피던스로 대치한 두 개의 개방 단자
   (d) 모든 전원을 단락시킨 두 개의 개방 단자

**6.** 노튼 교류 등가 회로는 무엇으로 구성되어 있는가?
   (a) 하나의 등가 교류 전류와 직렬로 연결된 하나의 등가 임피던스
   (b) 하나의 등가 교류 전류와 병렬로 연결된 하나의 등가 리액턴스
   (c) 하나의 등가 교류 전류와 병렬로 연결된 하나의 등가 임피던스
   (d) 하나의 등가 교류 전압과 병렬로 연결된 하나의 등가 임피던스

**7.** 노튼 등가 전류란 무엇인가?
   (a) 전원으로부터 들어오는 총 전류
   (b) 단락 전류
   (c) 등가 부하로 흐르는 전류
   (d) 답이 없다

**8.** $50\ \Omega + j100\ \Omega$의 공액복소수는 무엇인가?
   (a) $50\ \Omega - j50\ \Omega$
   (b) $100\ \Omega + j50\ \Omega$
   (c) $100\ \Omega - j50\ \Omega$
   (d) $50\ \Omega - j100\ \Omega$

**9.** 용량성 전원으로부터 최대 전력을 전달하기 위하여 부하는 어떠해야 하는가?
   (a) 전원과 같은 커패시턴스를 가져야 한다.
   (b) 전원 임피던스와 같은 크기의 임피던스를 가져야 한다.
   (c) 유도성이어야 한다.
   (d) 전원 임피던스의 공액복소수인 임피던스를 가져야 한다.
   (e) (a)와 (d)

## 퀴즈

그림 19–47을 보면서 다음 물음에 답하라.

**1.** 직류 전원이 단락되면 GND에 대해 $A$점의 전압은?
(a) 증가한다 (b) 감소한다 (c) 변하지 않는다

**2.** $C_2$가 개방되면 $R_5$ 양단의 전압은?
(a) 증가한다 (b) 감소한다 (c) 변하지 않는다

**3.** $C_2$가 개방되면 $R_5$ 양단의 직류 전압은?
(a) 증가한다 (b) 감소한다 (c) 변하지 않는다

그림 19–49(c)를 보면서 다음 물음에 답하라.

**4.** $V_2$가 0 V로 줄어들면 $R_L$ 양단의 전압은?
(a) 증가한다 (b) 감소한다 (c) 변하지 않는다

**5.** 전압원의 주파수가 증가하면 $R_L$을 흐르는 전류는?
(a) 증가한다 (b) 감소한다 (c) 변하지 않는다

그림 19–50을 보면서 다음 물음에 답하라.

**6.** 전압원의 주파수가 증가하면 $R_1$을 흐르는 전류는?
(a) 증가한다 (b) 감소한다 (c) 변하지 않는다

**7.** $R_L$이 개방되면 그 사이의 전압은?
(a) 증가한다 (b) 감소한다 (c) 변하지 않는다

그림 19–51을 보면서 다음 물음에 답하라.

**8.** 전원의 주파수가 증가하면 $R_3$ 양단의 전압은?
(a) 증가한다 (b) 감소한다 (c) 변하지 않는다

**9.** 커패시터 값이 감소하면 전원으로부터 공급되는 전류는?
(a) 증가한다 (b) 감소한다 (c) 변하지 않는다

그림 19–54를 보면서 다음 물음에 답하라.

**10.** $R_2$가 개방되면 전류원에 의한 전류는?
(a) 증가한다 (b) 감소한다 (c) 변하지 않는다

**11.** 전압원의 주파수가 증가하면 $X_{C2}$는?
(a) 증가한다 (b) 감소한다 (c) 변하지 않는다

**12.** 부하가 제거되면 $R_3$ 양단의 전압은?
(a) 증가한다 (b) 감소한다 (c) 변하지 않는다

**13.** 부하가 제거되면 $R_2$ 양단의 전압은?
(a) 증가한다 (b) 감소한다 (c) 변하지 않는다

## 문제

### 19-1 중첩 정리

**1.** 중첩 정리를 사용하여 그림 19-44에서 $R_3$를 통하여 흐르는 전류를 계산하라.

▶ 그림 19-44

$X_C$
1 kΩ
$R_1$
1.0 kΩ
$R_2$
1.0 kΩ
$R_3$
2.2 kΩ
$\mathbf{V}_1$
2∠0° V
$X_L$
2 kΩ
$\mathbf{V}_2$
3∠30° V


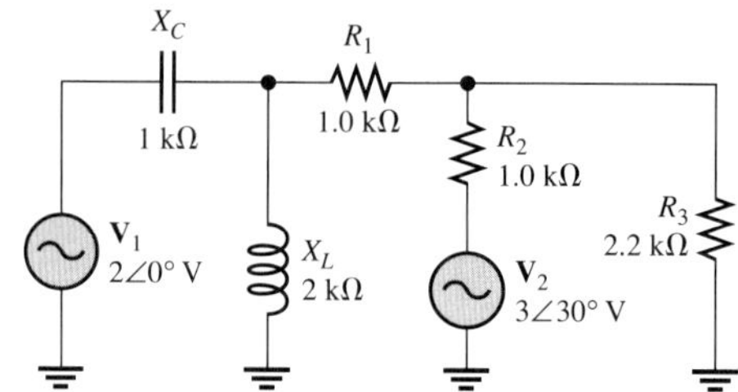

**2.** 중첩 정리를 사용하여 그림 19-44에서 가지 $R_2$에 흐르는 전류와 양단의 전압을 구하라.

**3.** 중첩 정리를 사용하여 그림 19-45에서 $R_1$을 통하여 흐르는 전류를 계산하라.

▶ 그림 19-45

$C$
0.0022 μF
$R_1$
1.8 kΩ
$L$
10 mH
$\mathbf{I}_s$
100∠0° mA
$f$ = 30 kHz
$\mathbf{V}_s$
75∠0° V
$f$ = 30 kHz
$R_2$
4.7 kΩ


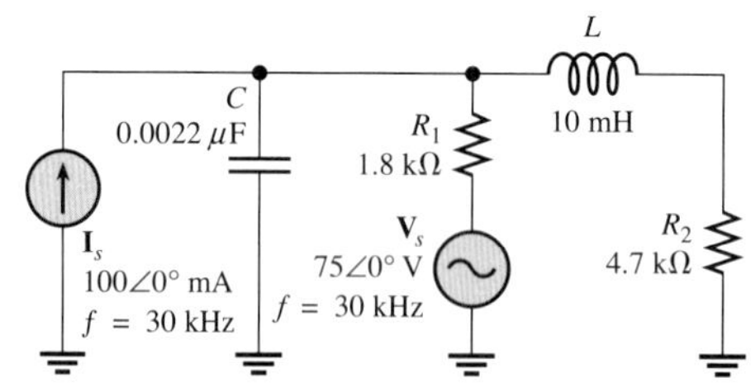

**4.** 중첩 정리를 사용하여 그림 19-46의 각 회로에서 $R_L$을 통하여 흐르는 전류를 계산하라.

▶ 그림 19-46

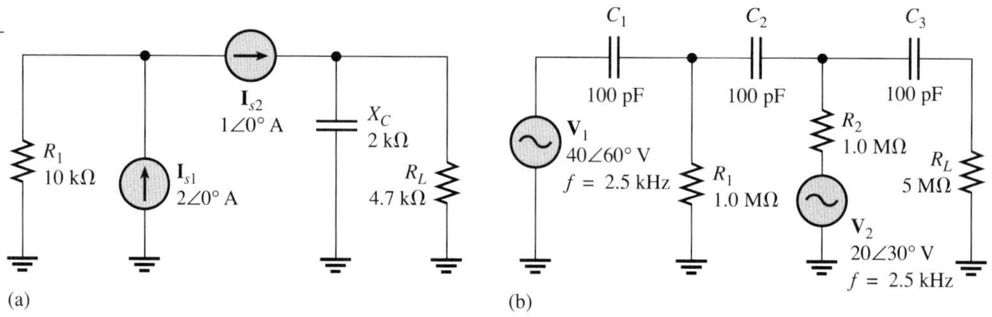

$R_1$
10 kΩ
$\mathbf{I}_{s1}$
2∠0° A
$\mathbf{I}_{s2}$
1∠0° A
$X_C$
2 kΩ
$R_L$
4.7 kΩ
(a)
$C_1$
100 pF
$C_2$
100 pF
$C_3$
100 pF
$\mathbf{V}_1$
40∠60° V
$f$ = 2.5 kHz
$R_1$
1.0 MΩ
$R_2$
1.0 MΩ
$\mathbf{V}_2$
20∠30° V
$f$ = 2.5 kHz
$R_L$
5 MΩ
(b)


***5.** 그림 19-47에서 각 점 $A, B, C, D$에서의 전압을 계산하라. 단, 모든 커패시터의 $X_C = 0$으로 가정한다. 또한 각 지점에서 전압의 파형을 그려라.

▶ 그림 19-47

$A$
$C_1$
$R_1$
1.2 kΩ
$B$
$R_2$
1.0 kΩ
$C$
$C_3$
$D$
$\mathbf{V}_{in}$
9 V
(peak)
$R_3$
3.9 kΩ
20 V
$R_4$
10 kΩ
$C_2$
$R_5$
5.1 kΩ
$R_6$
10 kΩ

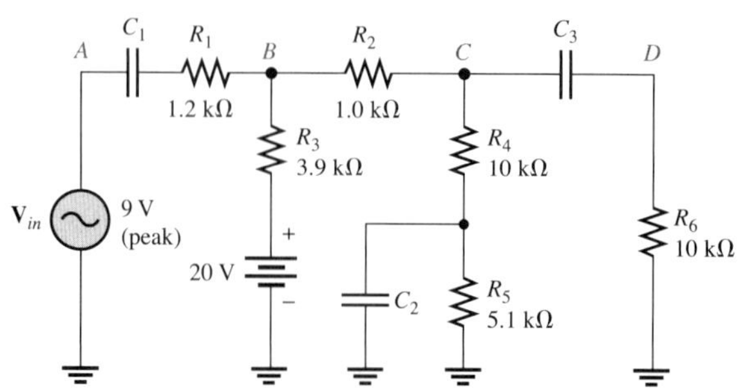

***6.** 중첩 정리를 사용하여 그림 19-48에서 커패시터에 흐르는 전류를 구하라.

▶ 그림 19-48

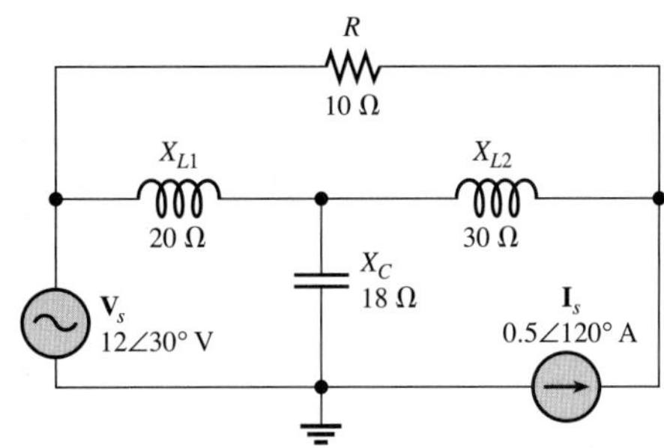


## 19-2 테브냉 정리

**7.** 그림 19-49의 각 회로에서, $R_L$에서 바라본 회로의 부분에 대한 테브냉 등가 회로를 구하라.

▶ 그림 19-49

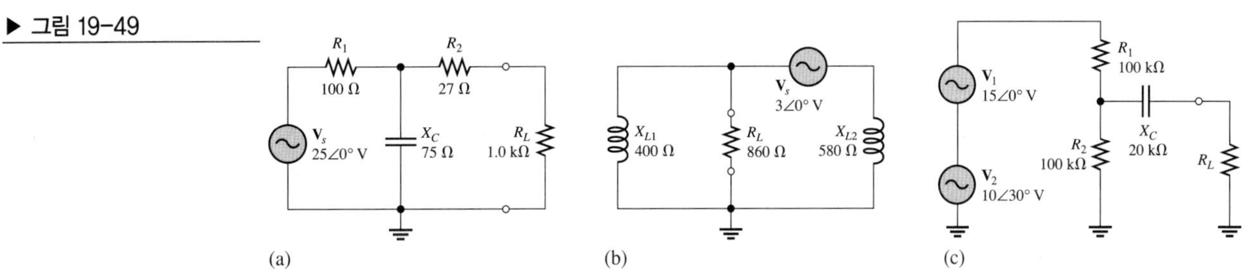


**8.** 테브냉 정리를 사용하여, 그림 19-50에서 부하 $R_L$을 통하여 흐르는 전류를 계산하라.

▶ 그림 19-50

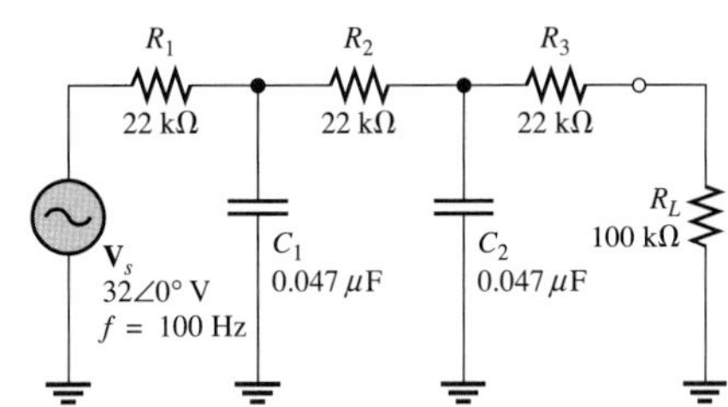


***9.** 테브냉 정리를 사용하여, 그림 19-51에서 $R_4$ 양단의 전압을 구하라.

▶ 그림 19-51

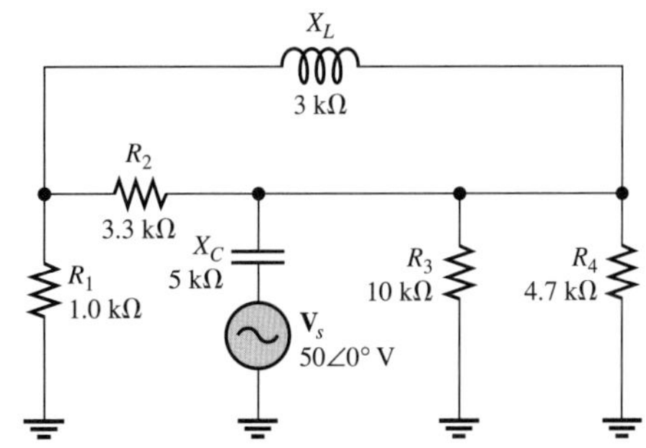

***10.** 그림 19-52에서 테브냉 등가 회로를 사용하여 $R_3$에서 바라본 회로를 간략하게 하라.

▶ 그림 19-52

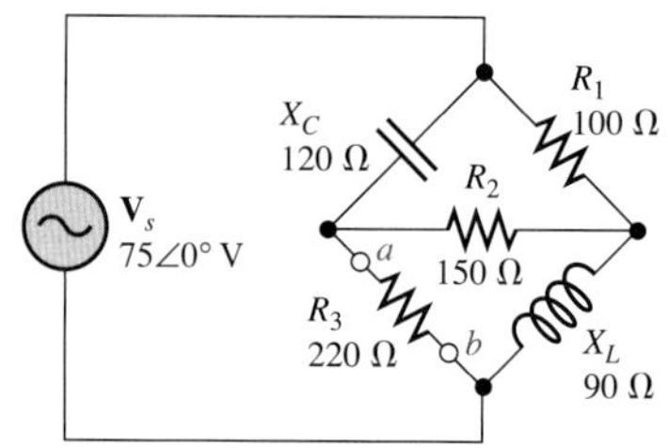


## 19-3 노튼 정리

**11.** 그림 19-49의 각 회로에 대하여, $R_L$에서 바라본 노튼 등가 회로를 구하라.

**12.** 노튼 정리를 사용하여 그림 19-50에서 부하 저항 $R_L$을 통하여 흐르는 전류를 구하라.

***13.** 노튼 정리를 사용하여 그림 19-51에서 $R_4$ 양단의 전압을 구하라.

## 19-4 최대 전력 전달 이론

**14.** 그림 19-53의 각 회로에서, 최대 전력이 부하로 전달되고 있다. 각 경우에 대한 부하 임피던스의 대략적인 값을 계산하라.

▶ 그림 19-53

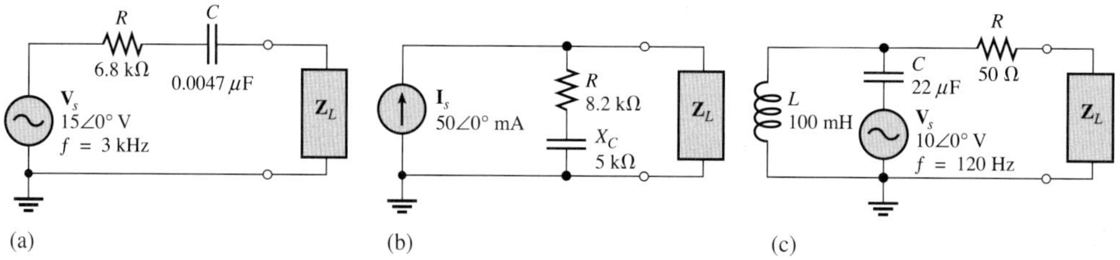

(a) (b) (c)

***15.** 그림 19-54에서 최대 전력을 위한 $\mathbf{Z}_L$의 값을 구하라.

▶ 그림 19-54

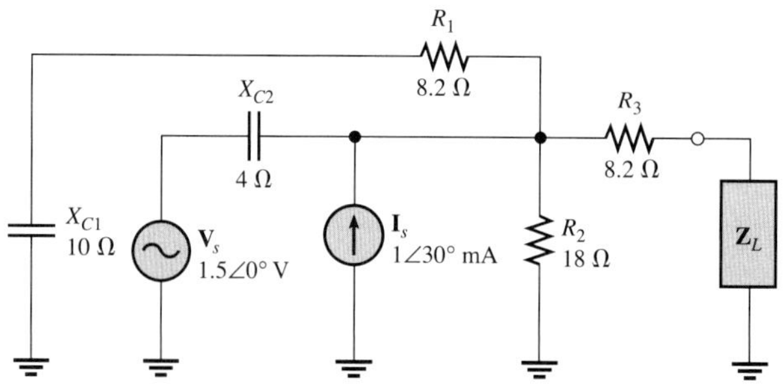

***16.** 그림 19-55에서 $Z_L$에 최대 전력을 전달하기 위한 부하 임피던스를 계산하라. 또한 최대 유효 전력은 얼마인가?

▶ 그림 19-55

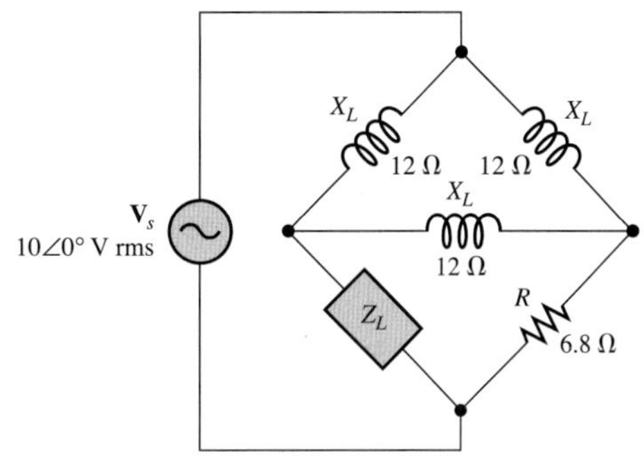


***17.** 그림 19-52에서 최대 전력을 전달하기 위해 $R_2$ 대신에 부하가 연결되어 있다. 부하의 종류를 구하고, 직각좌표 형식으로 표시하라.

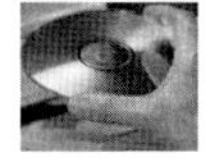

## Multisim 고장진단과 분석

Multisim CD-ROM을 사용하여 다음 문제를 풀어 보라.

**18.** P19-18 파일을 열고, 회로에 고장이 있는지 검사하라. 고장이 있으면 어떤 고장인지 알아내어라.

**19.** P19-19 파일을 열고, 회로에 고장이 있는지 검사하라. 고장이 있으면 어떤 고장인지 알아내어라.

**20.** P19-20 파일을 열고, 회로에 고장이 있는지 검사하라. 고장이 있으면 어떤 고장인지 알아내어라.

**21.** P19-21 파일을 열고, 회로에 고장이 있는지 검사하라. 고장이 있으면 어떤 고장인지 알아내어라.

**22.** P19-22 파일을 열고, 점 $A$에서 바라본 측정값을 사용하여 테브냉 등가 회로를 구하라.

**23.** P19-23 파일을 열고, 점 $A$에서 바라본 측정값을 사용하여 노튼 등가 회로를 구하라.

## 복습문제 해답

### 19-1 중첩 정리

**1.** 총 전류는 0이다.

**2.** 중첩 정리를 사용하여 한 번에 하나의 전원을 해석할 수 있다.

**3.** $I_R = 12$ mA

### 19-2 테브냉 정리

**1.** 테브냉 등가 교류 회로의 소자는 등가 전압과 등가 직렬 임피던스이다.

**2.** 그림 19-56 참조

**3.** $\mathbf{Z}_{th} = 21.5\ \Omega - j15.7\ \Omega$; $\mathbf{V}_{th} = 4.14\ \angle\ 53.8°$ V

▶ 그림 19-56

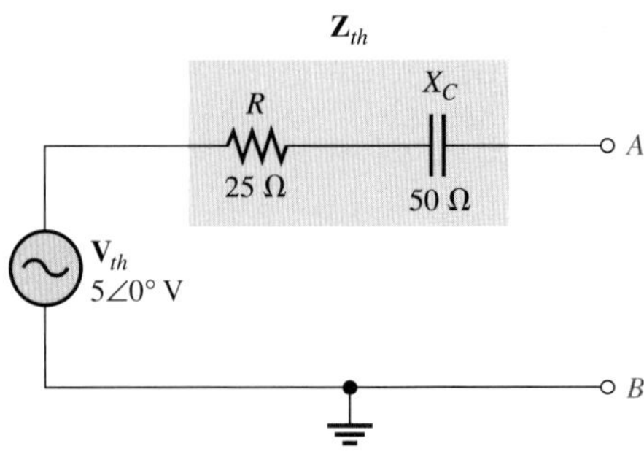


### 19-3 노튼 정리

**1.** 그림 19-57 참조

**2.** $\mathbf{Z}_n = R \angle 0° = 1.2 \angle 0°$ kΩ; $\mathbf{I}_n = 10 \angle 0°$ mA

▶ 그림 19-57

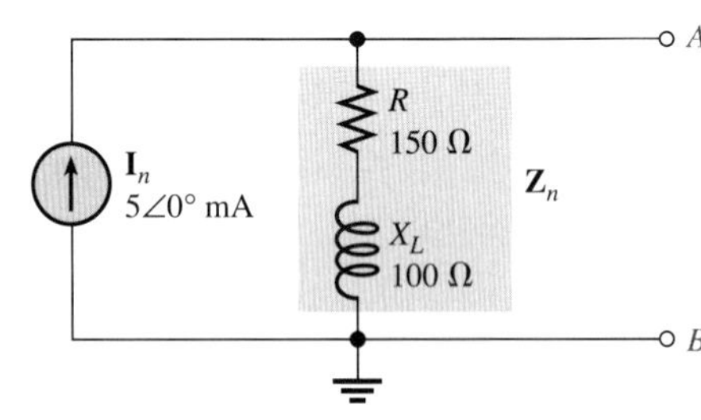


### 19-4 최대 전력 전달 이론

**1.** $\mathbf{Z}_L = 50\ \Omega + j10\ \Omega$

**2.** $P_L = 200$ W

### 회로 응용

**1.** $\mathbf{V}_{out} = 166 \angle -66.1°$ mV pp

**2.** $f_0 = 4.76$ kHz

## 관련 문제 해답

**19-1** 2.11 ∠ −153° mA

**19-2** 30 ∠ 90° mA

**19-3** 직류 3 mA에 더해진 1.69 ∠ 47.3° mA

**19-4** 18.2 ∠ 43.2° V

**19-5** 4.03 ∠ −36.3° V

**19-6** 4.55 ∠ 24.4° V

**19-7** 34.3 ∠ 43.2° Ω

**19-8** 1.37 ∠ −47.8° kΩ

**19-9** 9.10 ∠ −65.6° kΩ

**19-10** 그림 19-58 참조

**19-11** 그림 19-59 참조

**19-12** 그림 19-60 참조

**19-13** 11.7 ∠ 135° mA

**19-14** 117 ∠ −78.7° Ω

**19-15** 그림 19-61 참조

**19-16** 47 Ω + $j$72.3 Ω

**19-17** 503 Hz

▶ 그림 19-58

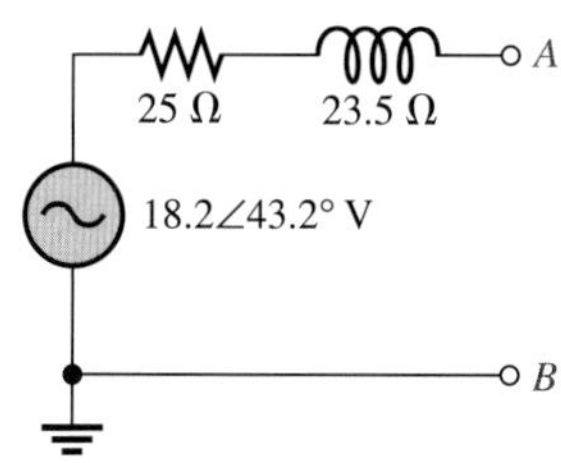


▶ 그림 19-59

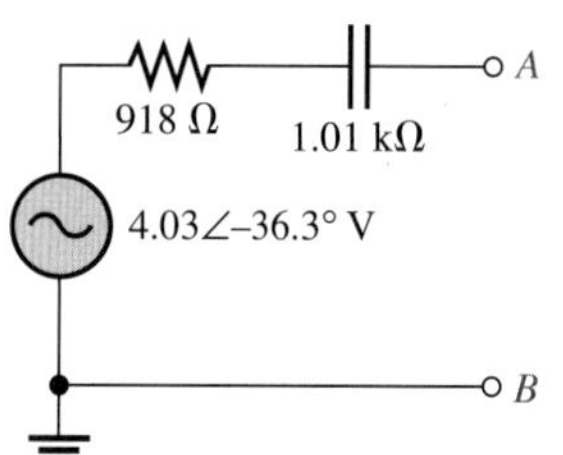


▶ 그림 19-60

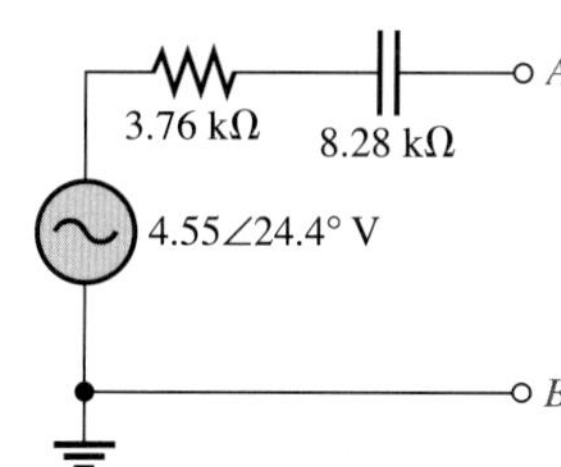


▶ 그림 19-61

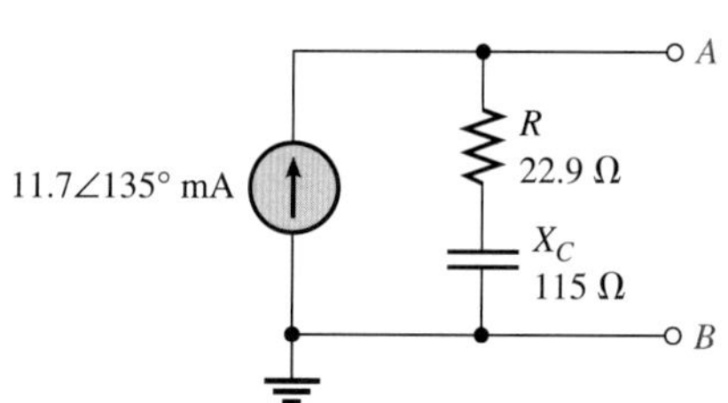


## 자기 진단 해답

**1.** (d) **2.** (c) **3.** (a) **4.** (a) **5.** (c) **6.** (c) **7.** (b) **8.** (d)
**9.** (d)

## 퀴즈 해답

**1.** (c) **2.** (a) **3.** (c) **4.** (b) **5.** (a) **6.** (a) **7.** (a) **8.** (a)
**9.** (b) **10.** (c) **11.** (b) **12.** (b) **13.** (a)

CHAPTER 20

# 리액티브 회로의 시간 응답

## 이 장의 차례



## 이 장의 목표

- *RC* 적분기 동작을 설명한다.
- 단일 입력 펄스로 *RC* 적분기를 분석한다.
- 연속 입력 펄스로 *RC* 적분기를 분석한다.
- 단일 입력 펄스로 *RC* 미분기를 분석한다.
- 연속 입력 펄스로 *RC* 미분기를 분석한다.
- *RL* 적분기의 동작을 분석한다.
- *RL* 미분기의 동작을 분석한다.
- 시간 응답과 주파수 응답의 관계를 설명한다.
- *RC* 적분기와 *RC* 미분기의 문제를 해결한다.

## 핵심 용어

- 미분기
- 시정수
- 안정 상태
- 적분기
- 직류 소자
- 천이 시간

## 회로 응용 소개

회로 응용에서는 시간 지연 회로의 결선 방법을 정의하게 된다. 또한 임의의 사양에 맞는 회로 소자 값을 결정하며 그 회로를 측정하기 위해 장비 설정을 해야 한다.

## 인터넷 학습자료

http://www.prenhall.com/floyd

## 이 장의 소개

15장과 16장에서 *RC* 회로와 *RL* 회로의 주파수 응답에 대해서 언급하였고 이 장에서는 *RC*와 *RL* 회로의 펄스 입력에 대한 시간 응답을 살펴본다. 커패시터나 인덕터에 전압 혹은 전류가 지수함수적으로 충전되는 현상은 시간 응답을 학습하기 위해 반드시 이해해야 하므로 이 장을 시작하기 전에 12-5절과 13-4절의 내용을 복습하는 것이 좋다.

펄스 입력에 의한 회로 응답은 중요하다. 펄스 회로나 디지털 회로에서 전류나 전압이 얼마나 빠르게 변화될 수 있는지가 매우 중요할 때가 있다. 왜냐하면 회로 시정수가 펄스폭과 펄스 주기와 같은 입력 펄스의 특성에 따라 회로의 전압 파형이 결정되기 때문이다.

이 장에서 다루는 *적분기*와 *미분기*는 임의의 조건에서 근사적인 수학적 기능을 하는 회로이다. 여기서 수학적인 적분이라 함은 어떤 값의 평균값을, 미분이란 어떤 값의 순간적인 변화율을 구하는 과정이다.

# 20-1 *RC* 적분기

펄스 응답의 관점에서, 커패시터 양단에서 출력 전압을 얻는 *RC* 직렬 회로를 **적분기**(integrator)라 한다. 이 회로는 주파수 응답의 관점에서는 저역통과 필터이다. 적분기라는 명칭이 사용되는 것은 이 회로가 어떤 조건에서 근사적으로 수학적인 적분 과정을 수행하기 때문이다.

이 절의 학습 내용은 다음과 같다.

- ***RC* 적분기의 동작**
  - 커패시터의 충전 및 방전 방법
  - 전압이나 전류의 순간적인 변화에 대한 커패시터의 반응
  - 기본적인 출력 전압 파형의 표현

## 펄스 입력에 대한 커패시터의 충전과 방전

그림 20-1과 같이 펄스 발생기가 *RC* 적분기의 입력에 연결되면, 커패시터는 펄스에 대한 응답으로 충전이 되거나 또는 방전이 될 것이다. 입력이 낮은 전압에서 높은 전압으로 가면 커패시터는 저항을 통해서 펄스의 높은 전압으로 충전된다. 이러한 충전 작용은 그림 20-2(a)와 같이 닫힌 스위치가 *RC* 회로를 통하여 전지에 연결되는 것과 유사하다. 펄스가 높은 전압에서 낮은 전압으로 되돌아가면 커패시터는 전원을 통해 반대로 방전된다. 전원의 내부 저항은 *R*에 비해 무시할 만큼 작다고 가정한다. 이러한 방전 동작은 그림 20-2(b)와 같이 전원을 닫힌 스위치로 대치하는 것과 유사하다.

▶ 그림 20-1

펄스 발생기가 연결된 *RC* 적분기

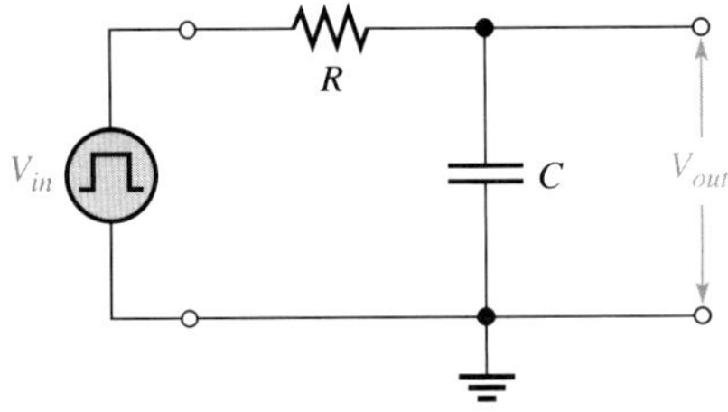


▶ 그림 20-2

펄스 전원이 커패시터에서 충전되고 방전되는 등가적인 동작

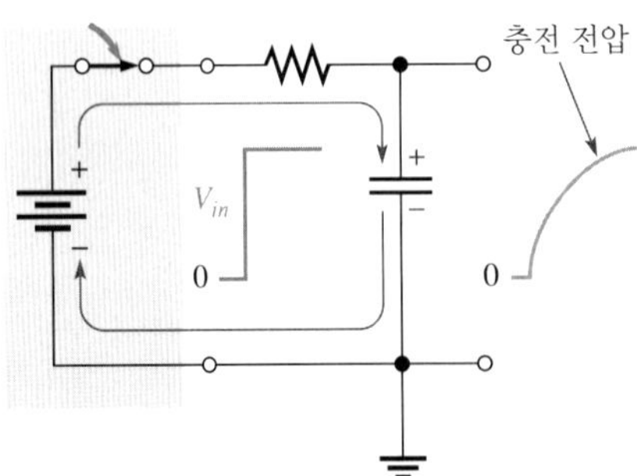


(a) 입력 펄스가 상승할 때, 전원은 닫힌 스위치와 직렬 연결된 배터리로 동작하므로 커패시터가 충전된다.

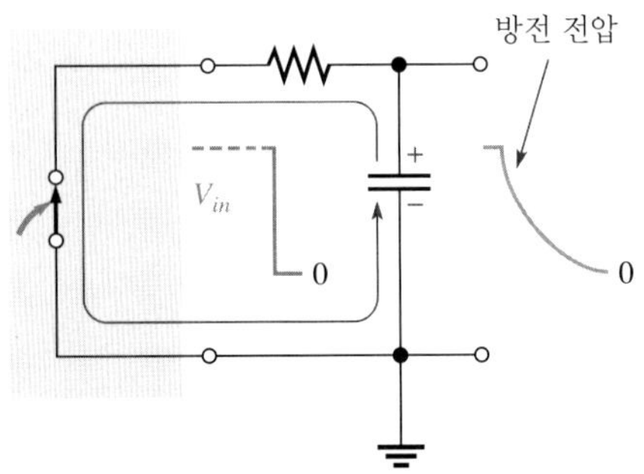


(b) 입력 펄스가 하강할 때, 전원은 닫힌 스위치로 동작하므로 커패시터가 방전되는 선로가 된다.

12장에서 배운 바와 같이 커패시터는 지수함수 곡선을 따라 충전 및 방전된다. 물론 충전과 방전의 속도는 *RC* **시정수**(time constant, $\tau = RC$)에 따라 결정된다.

펄스는 양쪽의 모서리(에지) 부분이 급격히 발생하는 이상적인 펄스라고 가정한다. 커패시터 동작에 있어 기본적인 두 가지 특성은 *RC* 회로의 펄스 응답을 이해하는 데 도움이 된다.

1. 커패시터는 순간적인 전류 변화에 대해서는 단락 회로로 동작하고, 직류에 대해서는 개방 회로로 동작한다.
2. 커패시터 양단의 전압은 순간적으로 변화할 수 없고 지수함수적으로 변화한다.

### 커패시터 전압

*RC* 적분기에서 출력은 커패시터 양단의 전압이다. 커패시터는 펄스가 높은 전압인 동안에 충전된다. 펄스가 충분히 긴 시간 동안 높은 전압으로 있을 경우, 그림 20-3에 나타난 바와 같이 커패시터는 펄스의 크기와 같은 전압으로 완전히 충전되며 펄스 전압이 0일 때 방전된다. 펄스 전압이 0인 시간이 충분히 길면, 그림에서 보는 바와 같이 커패시터는 완전히 0으로 방전되고 다음 펄스가 발생되면 다시 충전된다.

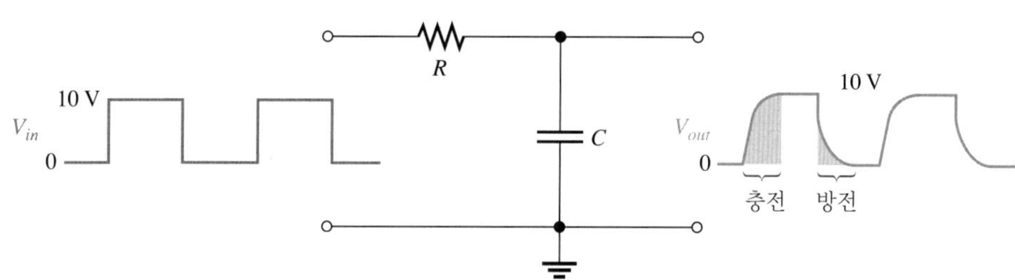


◀ 그림 20-3
펄스가 입력되었을 때 완전 충전/방전되는 커패시터

**복습문제 20-1**

1. *RC* 회로와 연관시켜 *적분기*라는 용어를 정의하라.
2. *RC* 회로에서 커패시터가 충전 또는 방전되는 원인은 무엇인가?

## 20-2 단일 펄스에 대한 *RC* 적분기의 응답

앞 절에서 *RC* 적분기가 어떻게 펄스 입력에 응답하는지에 대해 개략적으로 살펴보았다. 이 절에서는 단일 펄스에 대한 응답을 상세히 살펴본다.

이 절의 학습 내용은 다음과 같다.

- **단일 펄스가 입력되는 *RC* 적분기의 해석**
  - 회로 시정수의 중요성에 대해 논의한다.
  - *과도 시간*의 정의
  - 펄스폭이 시정수의 5배 이상일 때의 응답 구하기
  - 펄스폭이 시정수의 5배 미만일 때의 응답 구하기

펄스 응답의 두 가지 조건을 고려해야 한다.

**1.** 입력 펄스폭($t_W$)이 시정수의 5배 이상일 때($t_W \geq 5\tau$)
**2.** 입력 펄스폭($t_W$)이 시정수의 5배 미만일 때($t_W < 5\tau$)

시정수의 5배는 커패시터가 완전히 충전되거나 완전히 방전되는 시간으로 간주된다. 이 시간을 **과도 시간**(transient time)이라 한다. 펄스폭이 시정수의 5배($5\tau$) 이상일 때 커패시터는 완전히 충전되며, 이 조건을 $t_W \geq 5\tau$로 표시한다. 펄스가 끝나면 커패시터는 반대로 전원을 통해 완전히 방전된다.

그림 20-4는 *RC* 시정수 값이 다를 때 입력 펄스에 대한 출력 파형을 보여주는데, 과도 시간이 펄스폭에 비해 작을수록 출력 펄스의 모양은 입력 펄스의 모양과 흡사하다. 이때 각 경우의 출력 전압은 최대 입력의 진폭까지 도달한다.

▶ 그림 20-4
시정수에 따라 변화하는 *RC* 적분기의 출력 펄스 파형. 음영 처리된 부분은 커패시터가 충전 또는 방전되는 구간을 나타낸다.

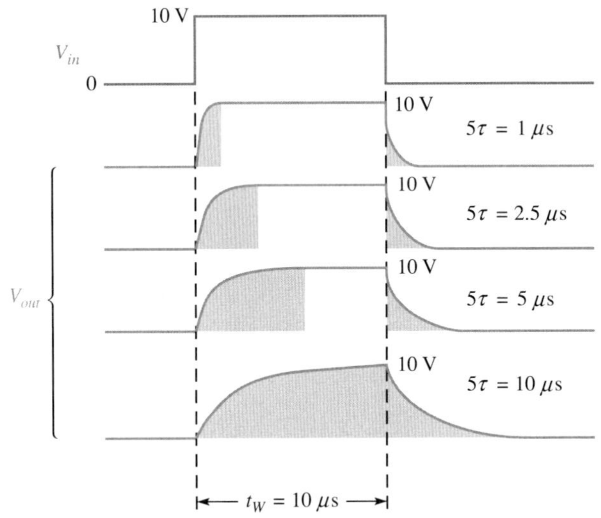


그림 20-5는 시정수가 일정하고 입력 펄스폭이 변화할 때 적분기의 출력은 어떻게 영향을 받는지를 보여주고 있다. 펄스폭이 증가함에 따라 출력 펄스의 모양은 입력 펄스의 모양과 흡사해짐을 주목하라. 다시 말해, 이것은 과도 시간이 펄스폭에 비해 짧음을 의미한다.

▶ 그림 20-5
입력 펄스폭에 따라 변화하는 *RC* 적분기의 출력 펄스 파형(시정수는 동일). 짙은 선은 입력 신호를, 옅는 선은 출력 신호를 나타낸다.

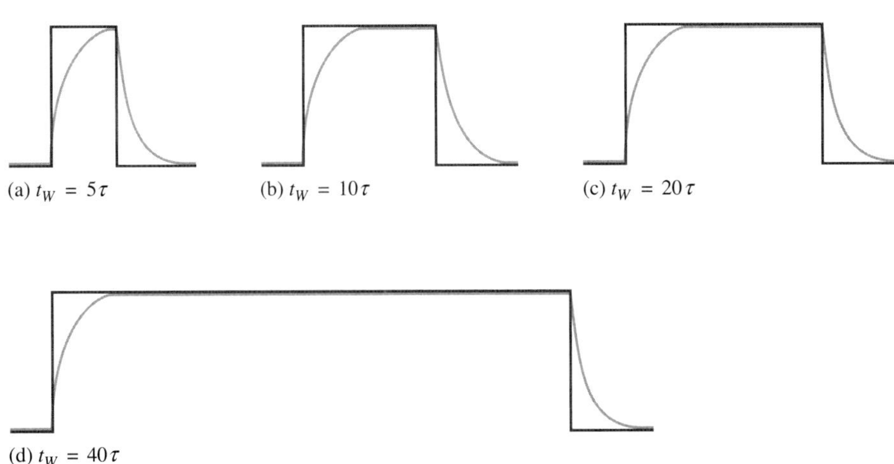

이제 입력 펄스의 폭이 적분기 시정수의 5배 미만인 경우를 살펴보자. 이 조건은 $t_W < 5\tau$로 표시한다. 앞의 경우처럼 커패시터는 펄스 구간에서 충전된다. 그러나 커패시터가 완전히 충전될 때까지 소요되는 시간($5\tau$)보다 펄스폭이 짧으므로 출력 전압은 펄스가 끝날 때까지도 입력 전압 값까지 완전하게 도달하지 못한다. 그림 20-6에서 보는 바와 같이 여러 가지 *RC* 시정수에 대해 커패시터는 부분적으로만 충전된다. 시정수가 커질수록 커패시터는 그만큼 더 충전될 수가 없으므로 출력 전압은 더 낮다. 물론 단일 펄스 입력인 경우에는 펄스가 끝나면 커패시터는 완전히 방전된다.

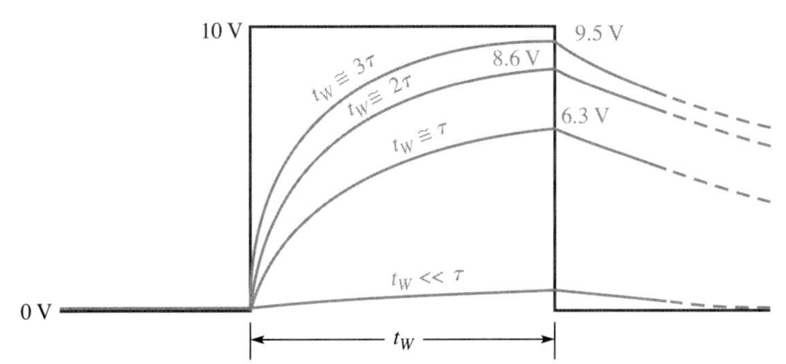


◀ 그림 20-6

입력 펄스폭보다 긴 시정수 값에 대한 커패시터 전압. 짙은 선은 입력 신호를, 옅은 선은 출력 신호를 나타낸다.

그림 20-6에서 보는 바와 같이 시정수가 입력 펄스폭보다 훨씬 크면 커패시터는 거의 충전되지 않으므로 출력 전압은 무시할 수 있을 정도로 낮다.

그림 20-7은 시정수를 일정하게 두고 입력 펄스폭을 감소시킬 때의 영향을 보여준다. 입력 펄스폭이 짧아질수록 커패시터의 충전 시간이 짧아지므로 출력 전압은 낮아진다. 각 경우에 펄스가 끝난 후에는 커패시터가 0으로 방전하는 데 대략적으로 걸린 시간($5\tau$)은 같다.

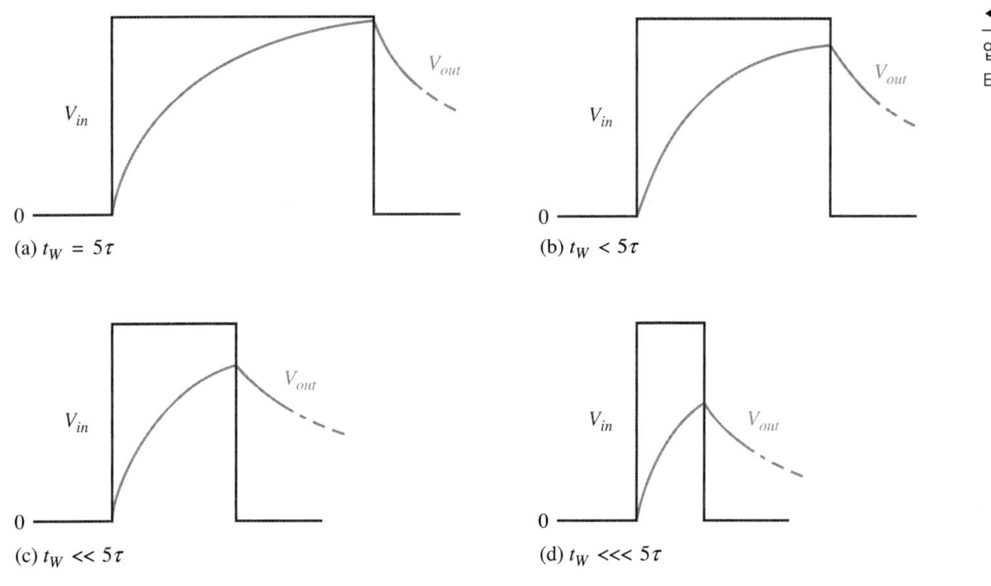


◀ 그림 20-7

입력 펄스폭이 감소될 때 커패시터의 충전. 시정수는 일정하다.

**예제 20-1** 그림 20-8과 같이 10 V이고 폭이 100 $\mu$s인 단일 펄스가 *RC* 적분기에 입력된다.

(a) 커패시터는 몇 V로 충전되는가?

(b) 펄스 전원의 내부 저항이 50 Ω이라고 하면 커패시터가 방전될 때까지 걸리는 시간은 얼마인가?

(c) 출력 전압의 파형을 그려라.

▶ 그림 20-8

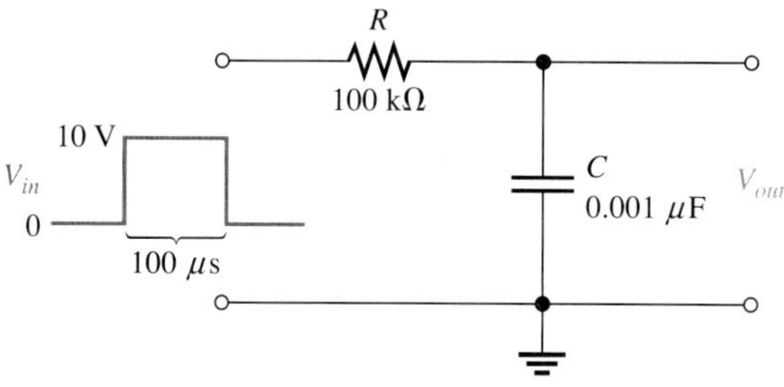


**풀이** (a) 회로 시정수는

$$\tau = RC = (100\,\text{k}\Omega)(0.001\,\mu\text{F}) = 100\,\mu\text{s}$$

로서, 펄스폭은 시정수와 동일하다. 따라서 커패시터는 시정수 동안에 입력 전압의 약 63%까지 충전된다. 따라서 출력이 최대로 도달하는 전압은 다음과 같다.

$$V_{out} = (0.63)10\text{ V} = \mathbf{6.3\text{ V}}$$

(b) 펄스가 끝나면 커패시터는 전원을 통하여 방전되며 100 kΩ과 직렬 연결된 전원의 내부 저항 50 Ω을 무시할 수 있다. 따라서 총 방전소요시간은 대략 다음과 같다.

$$5\tau = 5(100\,\mu\text{s}) = \mathbf{500\,\mu s}$$

(c) 충방전 출력 파형은 다음 그림 20-9와 같다.

▶ 그림 20-9

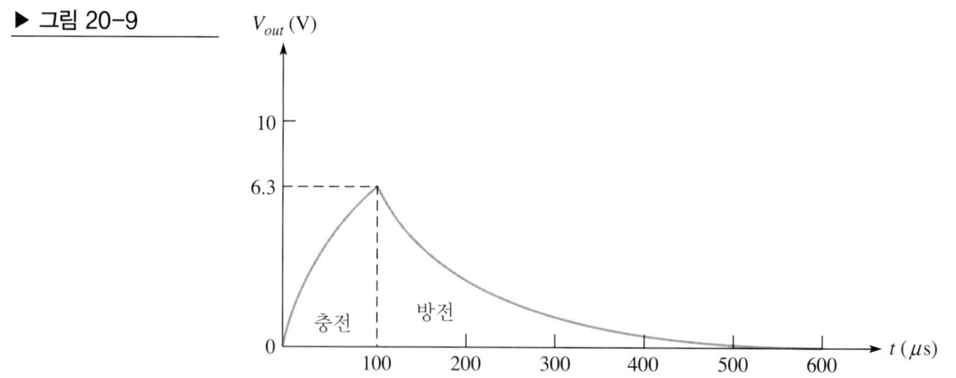


**관련 문제** 그림 20-8에서 입력 펄스폭이 증가하면 커패시터에 충전되는 전압은 얼마인가?

**예제 20-2** 그림 20-10의 회로에 단일 펄스가 입력될 때 커패시터에 충전되는 전압은 얼마인가?

▶ 그림 20-10

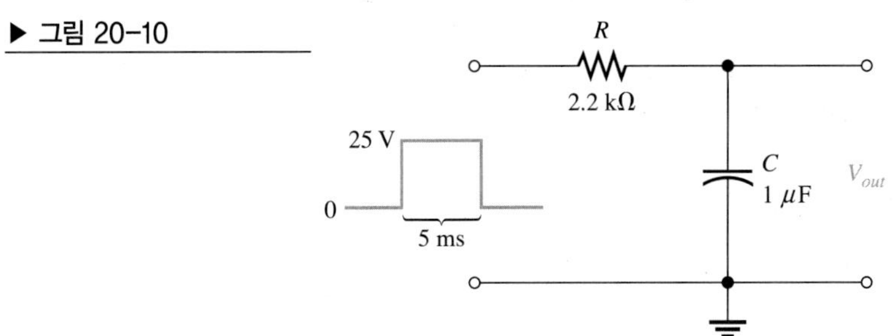


**풀이** 시정수를 계산하면

$$\tau = RC = (2.2\,\text{k}\Omega)(1\,\mu\text{F}) = 2.2\,\text{ms}$$

펄스폭은 5 ms이므로 커패시터는 시정수에 2.27배 시간 동안 충전된다(5 ms/2.2 ms = 2.27). 식 (12-19)의 지수식을 이용하여 커패시터에 충전되는 전압을 구한다. $V_F$ = 25 V이고 $t$ = 5 ms를 대입하면

$$\begin{aligned} v &= V_F(1 - e^{-t/RC}) \\ &= (25\,\text{V})(1 - e^{-5\text{ms}/2.2\text{ms}}) = (25\,\text{V})(1 - e^{-2.27}) \\ &= (25\,\text{V})(1 - 0.103) = (25\,\text{V})(0.897) = \mathbf{22.4\,V} \end{aligned}$$

이 계산을 통해 입력 펄스의 지속 시간 5 ms 동안 커패시터는 22.4 V로 충전되는 것을 알 수 있다. 이 전압은 펄스가 0으로 떨어지면 0 V로 방전된다.

**관련 문제** 펄스폭이 10 ms로 증가하면 $C$에 충전되는 전압은 얼마인가?

**복습문제 20-2**

1. 입력 펄스가 *RC* 적분기에 입력될 때, 출력 전압이 최대 진폭에 도달하기 위해 필요한 조건은 무엇인가?
2. 그림 20-11에서 단일 펄스가 입력될 때 최대 출력 전압은 얼마이며, 커패시터가 방전하는 데는 얼마나 걸리는가?
3. 그림 20-11에서 입력 펄스에 대해 출력 전압의 파형을 개략적으로 그려라.
4. 적분기의 시정수가 입력 펄스폭과 같다면 커패시터는 완전히 충전될 수 있는가?
5. 출력 전압이 거의 구형파인 입력 펄스와 흡사하게 나타나게 하려면 어떤 조건이 필요한가?

▶ 그림 20-11

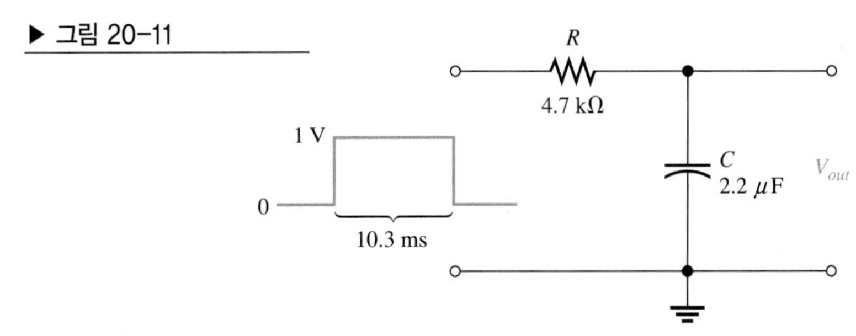

## 20-3 연속적인 펄스에 대한 *RC* 적분기의 응답

앞 절에서 단일 펄스 입력에 대해 *RC* 적분기가 어떻게 응답하는지를 살펴보았다. 이 절에서는 한 단계 더 나아가 연속적인 펄스에 대한 적분기의 응답을 살펴볼 것이다. 전자시스템에서는 단일 펄스보다 연속적인 펄스 파형을 훨씬 많이 취급하지만, 연속적인 펄스에 대한 적분기의 응답을 이해하기 위해서는 단일 펄스에 대한 적분기의 응답을 이해해야 한다.

이 절의 학습 내용은 다음과 같다.

- **연속적인 펄스가 입력되는 *RC* 적분기의 해석**
  - 커패시터가 완전히 충전 또는 방전되지 못할 경우의 응답
  - *정상 상태*의 정의
  - 회로 응답에서 시정수의 증가에 따른 영향

그림 20-12와 같이 **주기적인**(periodic) 펄스 파형이 *RC* 적분기에 인가되면 출력 파형의 모양은 회로 시정수와 입력 펄스의 주파수(주기)에 따라 달라진다. 물론 커패시터는 펄스 입력에 대한 응답으로 충전 및 방전된다. 앞에서 언급했듯이 커패시터가 충전 및 방전되는 양은 회로의 시정수와 입력 주파수에 따라 결정된다.

▶ 그림 20-12

연속적인 펄스 파형이 입력되는 *RC* 적분기($T = 10\tau$)

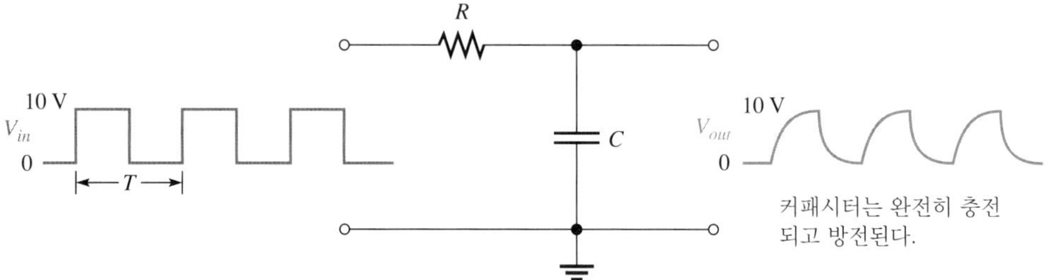


펄스폭과 펄스 사이의 시간이 시정수의 5배 이상이면 커패시터는 입력 파형의 매 주기마다 완전히 충전되거나 완전히 방전된다. 그림 20-12는 이런 경우를 보여준다.

그림 20-13에서 보는 바와 같은 구형파에서 펄스폭과 펄스 간격이 시정수의 5배 이하인 경우 커패시터는 완전하게 충전 및 방전되지 못할 것이다. 이러한 입력이 *RC* 적분기의 출력 전압에 미치는 영향을 살펴보자.

▶ 그림 20-13

*RC* 적분기의 커패시터가 완전 충전 또는 방전이 되지 않을 입력 파형

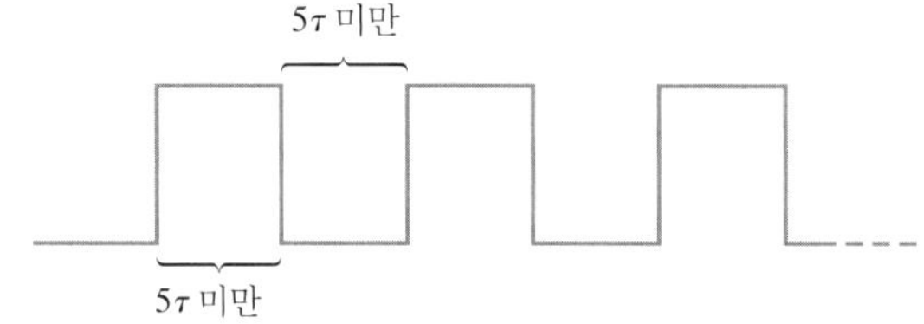


그림 20-14와 같이 충전 시정수와 방전 시정수가 펄스폭과 같고 전압이 10 V인 구형파가 입력되는 *RC* 적분기의 예를 들어 보자. 이 예는 해석이 쉬우며 적분기의 기본 동작을 잘 보여준다. 여기서 *RC* 회로는 시정수 동안 대략 63%까지 충전된다는 것을 알고 있으므로 정확한 시

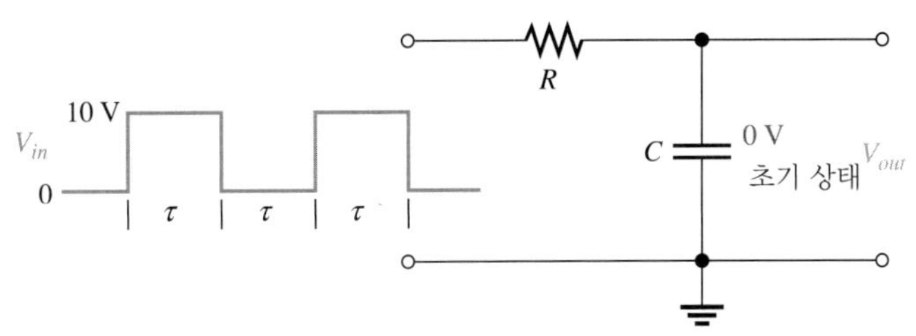


◀ 그림 20-14
주기가 시정수의 2배인 구형파가 입력되는 적분기($T = 2\tau$)

정수 값을 구하려 할 필요가 없다.

그림 20-14의 커패시터가 초기 상태에는 충전되지 않은 것으로 가정하여 각 펄스별로 출력 전압을 조사해 보면 그림 20-15와 같다.

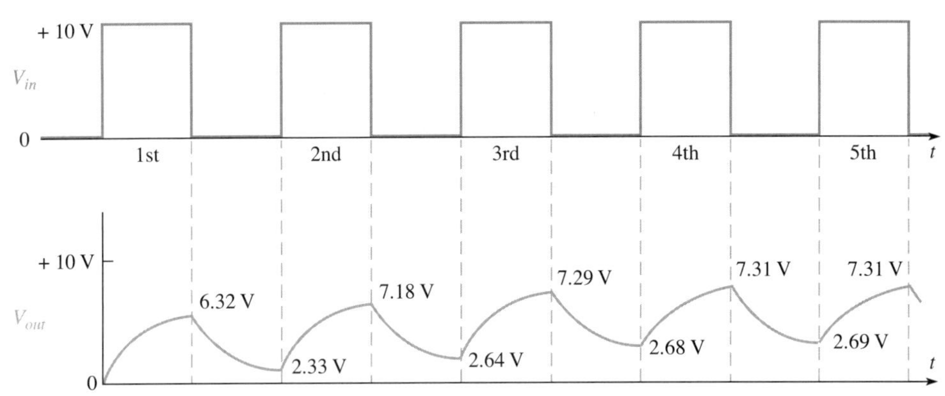


◀ 그림 20-15
그림 20-14의 적분기의 입출력

**첫 번째 펄스:** 첫 번째 펄스 동안에 커패시터는 충전된다. 출력 전압은 그림 20-15와 같이 6.32 V (10 V의 63.2%)까지 도달한다.

**첫 번째와 두 번째 펄스의 사이:** 커패시터가 방전되어 전압은 이 구간이 시작될 때의 전압의 36.8%까지 감소한다. 즉, 0.368(6.32 V) = 2.33 V이다.

**두 번째 펄스:** 커패시터는 2.33 V에서 시작하여 10 V로 상승하면서 63.2%까지 증가한다. 이 계산은 다음과 같다. 전체 충전 범위는 10 V − 2.33 V = 7.67 V이다. 커패시터 전압은 7.67 V의 63.2%, 즉 4.85 V 더 증가한다. 따라서 그림 20-15에서 보는 바와 같이 두 번째 펄스의 끝에서 출력 전압은 2.33 V + 4.85 V = 7.18 V이다. 평균 전압이 상승하고 있음에 주목하라.

**두 번째와 세 번째 펄스의 사이:** 이 시간 동안 커패시터는 방전되므로 전압이 줄어들며, 두 번째 펄스의 끝에서는 초기 전압의 36.8%까지 줄어든다. 즉, 0.368(7.18 V) = 2.64 V이다.

**세 번째 펄스:** 세 번째 펄스 시작 시점의 커패시터 전압은 2.64 V이다. 커패시터는 2.64 V에서 10 V로 상승하면서 63.2%까지 충전된다. 즉, 0.632(10 V − 2.64 V) = 4.65 V이다. 그러므로 세 번째 펄스의 끝에서 전압은 2.64 V + 4.65 V = 7.29 V이다.

**세 번째와 네 번째 펄스의 사이:** 이 구간에서 커패시터가 방전되므로 전압은 감소한다. 세 번째 펄스가 끝나는 시간에서 값의 36.8%까지 감소한다. 이 구간에서 최종 전압은 0.368(7.29 V) = 2.68 V이다.

**네 번째 펄스:** 네 번째 펄스의 시작점에서 커패시터 전압은 2.68 V이다. 전압은 0.632(10 V −

2.68 V) = 4.63 V만큼 증가한다. 그러므로 네 번째 펄스의 끝 지점에서 커패시터 전압은 2.68 V + 4.63 V = 7.31 V이다. 펄스가 연속됨에 따라 전압이 일정한 값이 되어가는 것에 주목하라.

**네 번째와 다섯 번째 펄스의 사이:** 이 펄스 사이에서 커패시터 전압은 0.368(7.31 V) = 2.69 V까지 떨어진다.

**다섯 번째 펄스:** 다섯 번째 펄스 동안 커패시터는 0.632(10 V − 2.69 V) = 4.62 V만큼 충전된다. 전압은 2.69 V부터 시작하므로 펄스가 끝나는 시간에서 전압은 2.69 V + 4.62 V = 7.31 V이다.

## 정상 상태 응답

앞의 진행 과정을 통하여 출력 전압은 점차적으로 상승하면서 일정한 값이 되어간다는 것을 알 수 있었다. 이와 같이 출력 전압이 일정한 평균값으로 상승하는 데는 대략 $5\tau$의 시간이 걸린다. 이 구간이 회로의 과도 시간이다. 출력 전압이 입력 전압의 평균값에 도달하면, 연속적이고 주기적인 입력이 계속되는 동안 **정상 상태**(steady-state) 조건에 도달된다. 이 상태는 앞에서 구한 값을 바탕으로 그림 20-16에 나타내었다.

▶ 그림 20-16

$5\tau$ 후에 정상 상태에 도달한 출력

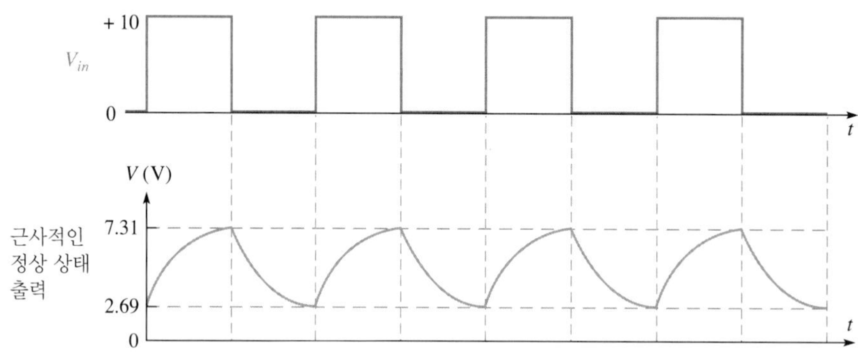


예로든 이 회로의 과도 시간은 첫 번째 펄스의 시작부터 세 번째 펄스 끝까지의 시간이다. 이 구간을 과도 시간으로 한 이유는 세 번째 펄스의 끝에서 커패시터 전압이 최종 전압의 약 99%인 7.29 V이기 때문이다.

## 시정수 증가의 영향

그림 20-17과 같이 가변 저항에 의해 적분기의 *RC* 시정수가 증가되면 출력 전압은 어떻게 될까? 시정수가 증가하면 커패시터는 펄스가 있는 동안은 더 적게 충전되고 펄스 사이에는 더 적게 방전된다. 그림 20-18에서 보는 바와 같이 시정수가 증가될수록 출력 전압의 변동은 더 작아진다.

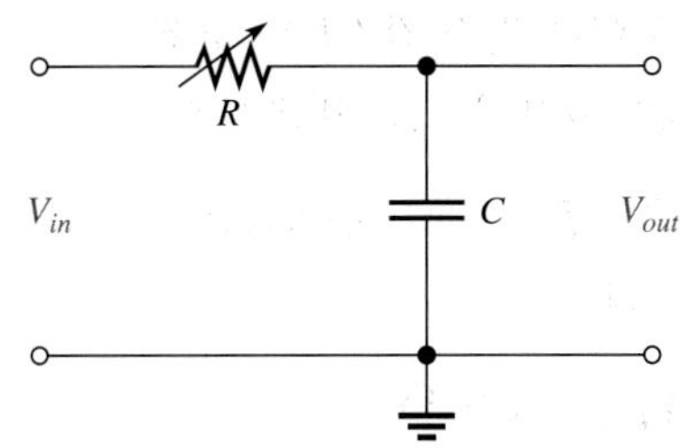


◀ 그림 20-17

RC 시정수를 가변할 수 있는 적분기

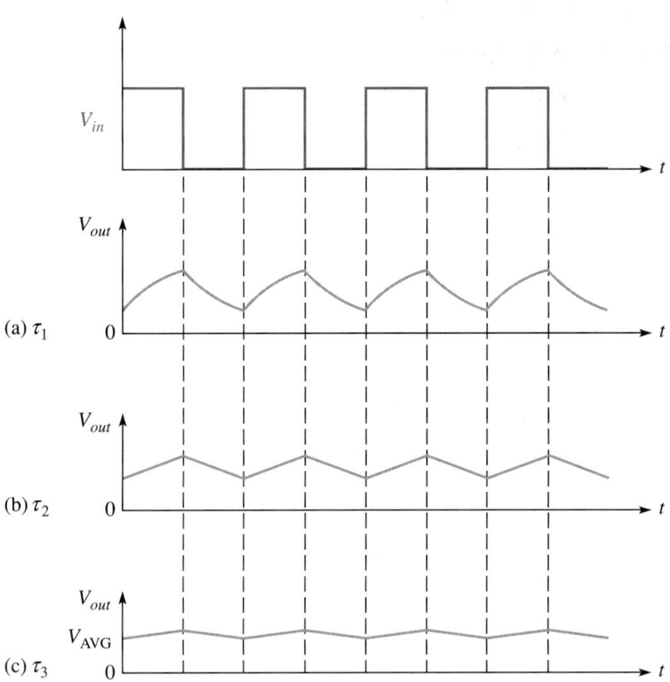


◀ 그림 20-18

RC 적분기의 출력에서 큰 시정수의 영향($\tau_3 > \tau_2 > \tau_1$)

시정수가 펄스폭에 비해 극단적으로 길어지면 출력 전압은 그림 20-18(c)와 같이 일정한 직류 전압에 접근한다. 이 값이 입력의 평균값이다. 구형파에서 평균값은 진폭의 반이다.

**예제 20-3** 그림 20-19의 RC 적분기에 입력되는 첫 두 개의 펄스에 대한 출력 전압 파형을 구하라. 커패시터의 초기 상태는 충전되지 않았으며 가변 저항기는 5 kΩ으로 설정되었다고 가정한다.

▶ 그림 20-19

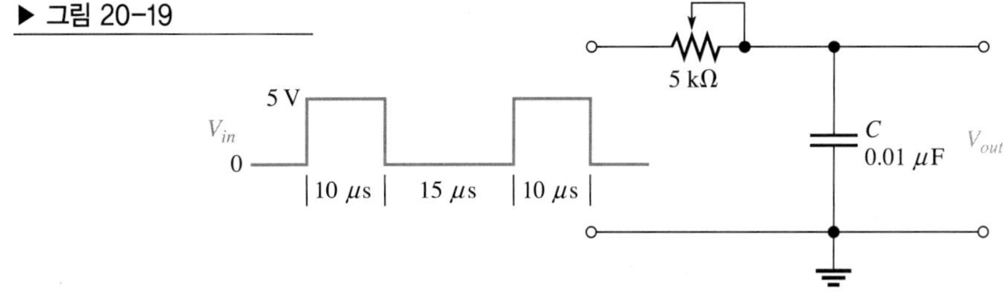


**풀이** 먼저 이 회로의 시정수를 구한다.

$$\tau = RC = (5\,\text{k}\Omega)(0.01\,\mu\text{F}) = 50\,\mu\text{s}$$

명백하게 시정수는 입력 펄스폭이나 펄스 간격보다 훨씬 길다(입력은 구형파가 아님에 유의하라). 이 경우 지수식을 이용해야 하며 분석은 비교적 어렵다.

1. **첫 번째 펄스에 대한 계산:** $C$가 충전되므로 증가하는 지수함수를 이용한다. 이때 $V_F = 5\text{ V}$이고, 펄스폭은 10 $\mu$s이다. 따라서

$$v_C = V_F(1 - e^{-t/RC}) = (5\text{ V})(1 - e^{-10\mu\text{s}/50\mu\text{s}})$$
$$= (5\text{ V})(1 - 0.819) = \mathbf{906\text{ mV}}$$

이 결과는 그림 20-20(a)에 나타나 있다.

2. **첫 번째와 두 번째 펄스의 사이:** $C$가 방전되므로 감소하는 지수함수를 이용한다. 그리고 $V_i = 960\text{ mV}$이다. 왜냐하면 첫 번째 펄스의 끝 지점에서 이 값에서 $C$가 방전하기 시작하기 때문이다. 방전 시간은 15 $\mu$s이다. 따라서

$$v_C = V_i e^{-t/RC} = (906\text{ mV})e^{-15\mu\text{s}/50\mu\text{s}}$$
$$= (906\text{ mV})(0.741) = \mathbf{671\text{ mV}}$$

이 결과는 그림 20-20(b)에 나타나 있다.

3. **두 번째 펄스에 대한 계산:** 두 번째 펄스가 시작되는 순간에 출력 전압은 671 mV이며 두 번째 펄스가 지속되는 동안 커패시터는 다시 충전된다. 이때 0 V에서 시작하는 것이 아니고 이전의 충전과 방전에 의해 이미 도달된 671 mV의 값에서 시작하게 된다. 이 경우에는 일반식을 이용한다.

$$v = V_F + (V_i - V_F)e^{-t/\tau}$$

▶ **그림 20-20**

(a)

$V_{out}$
906 mV
671 mV
0
10 $\mu$s
25 $\mu$s
t

(b)

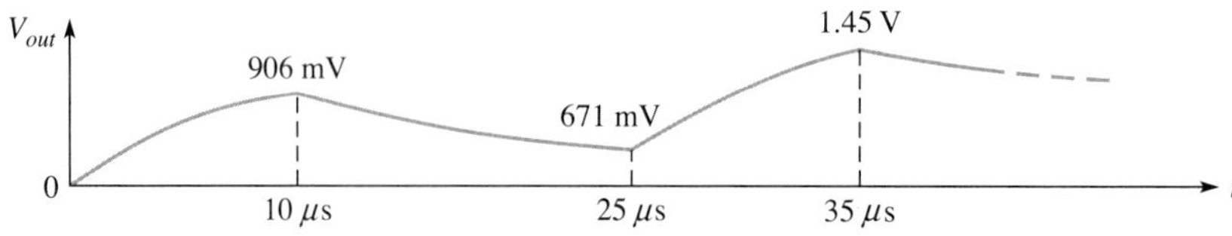

(c)

이 식을 이용하면 두 번째 펄스가 끝나는 시점에서 커패시터 양단의 전압을 다음과 같이 계산할 수 있다.

$$\begin{aligned} v_C &= V_F + (V_i - V_F)e^{-t/RC} \\ &= 5\text{ V} + (671\text{ mV} - 5\text{ V})e^{-10\mu s/50\mu s} \\ &= 5\text{ V} + (-4.33\text{ V})(0.819) = 5\text{ V} - 3.55\text{ V} = \mathbf{1.45\text{ V}} \end{aligned}$$

이 결과는 그림 20-20(c)에 나타나 있다.

출력 파형은 연속적인 입력 펄스에 대해 완성됨에 유의하라. 약 $5\tau$ 후에 정상 상태가 되어 일정한 최대값과 최소값 사이에서 변동되며 이 값의 평균은 입력의 평균값이다.

**관련 문제** 세 번째 펄스가 시작되는 점에서 $V_{out}$을 구하라.

Multisim 파일 E20-03을 사용하여 [예제 20-3]과 [관련 문제]의 계산 결과를 확인하라.

**복습문제 20-3**

1. 주기적인 펄스가 입력될 때 *RC* 적분기의 커패시터가 완전한 충전 및 방전이 되기 위한 조건은 무엇인가?
2. 구형파 입력의 펄스폭에 비해 시정수가 매우 작으면 출력 파형은 어떻게 되는가?
3. $5\tau$ 값이 입력 구형파의 펄스폭에 비해 커서 출력 전압이 일정한 평균값을 나타내는 데 소요되는 시간을 무엇이라 하는가?
4. *정상 상태 응답*을 설명하라.
5. 정상 상태 동안 적분기 출력 전압의 평균값은 얼마인가?

# 20-4 단일 펄스에 대한 *RC* 미분기의 응답

펄스 응답의 관점에서, 저항 양단에서 출력 전압을 얻는 직렬 *RC* 회로를 **미분기**(differentiator)라 한다. 주파수 응답의 관점에서 이 회로는 고역통과 필터이다. 미분기라는 명칭이 사용되는 것은 이 회로가 어떤 조건에서 근사적으로 수학적인 미분 과정을 수행하기 때문이다.

이 절의 학습 내용은 다음과 같다.

- **단일 입력 펄스가 입력되는 *RC* 미분기의 해석**
  - 입력 펄스의 상승 모서리에서의 응답
  - 여러 가지 펄스폭과 시정수 조건에서 펄스가 지속되는 동안과 펄스 모서리에서의 응답

그림 20-21은 펄스 입력이 연결된 *RC* 미분기이다. 이 미분기는 출력 전압을 커패시터가 아니라 저항 양단에서 얻는다는 차이가 있을 뿐 적분기와 동일한 작동을 하는 것이다. 커패시터는 *RC* 시정수에 따라 지수함수적으로 충전된다. 미분기 저항 양단의 전압 형상은 커패시터의 충전 및 방전 동작에 의해 결정된다.

▶ 그림 20-21
펄스 발생기가 연결된 *RC* 미분기

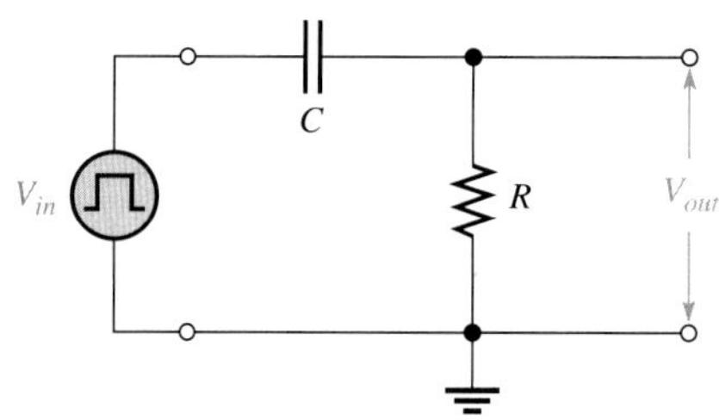


## 펄스 응답

미분기에 의해 어떻게 출력 전압이 형성되는지를 이해하려면 다음을 고려해 보아야 한다.

**1.** 펄스의 상승 모서리에 대한 응답
**2.** 상승 모서리와 하강 모서리 사이의 응답
**3.** 펄스의 하강 모서리에 대한 응답

### 입력 펄스의 상승 모서리에 대한 응답

상승 모서리 이전의 초기에는 커패시터가 충전되지 않은 것으로 가정하므로 펄스가 인가되기 전의 입력은 0 V이다. 따라서 그림 20-22(a)와 같이 커패시터 양단의 전압뿐만 아니라 저항 양단의 전압도 0 V이다.

입력되는 펄스는 10 V로 가정한다. 상승 모서리가 발생할 때, 점 *A*는 +10 V가 된다. 커패시터 양단의 전압은 급격하게 변화하지 않으므로 순간적으로 커패시터는 단락 회로처럼 역할을 한다. 그러므로 점 *A*가 순간적으로 +10 V가 되면, 커패시터 전압은 0이 유지되면서 점 *B*는 순간적으로 +10 V가 되어야 한다. 여기서 커패시터 전압이라 함은 점 *A*, *B* 사이의 전압이다.

▶ 그림 20-22
두 조건($t_W \geq 5\tau$와 $t_W < 5\tau$)의 단일 입력 펄스에 대한 *RC* 미분기의 응답 예

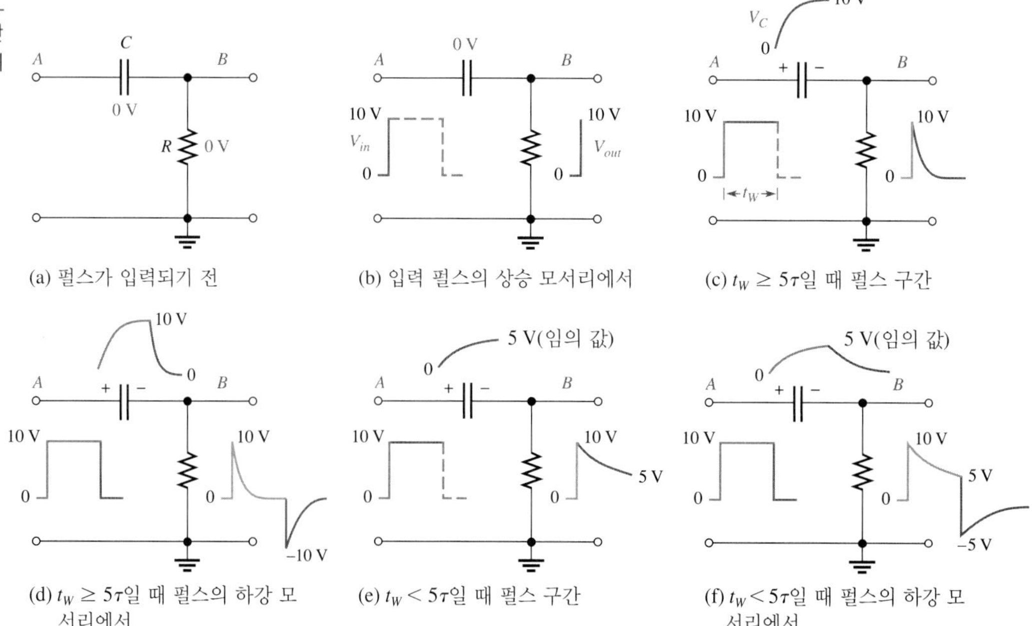

접지에 대한 점 $B$의 전압은 저항 양단의 전압(출력 전압)이다. 따라서 그림 20-22(b)에 나타난 바와 같이 상승 펄스 모서리에 대한 응답으로 출력 전압은 급격하게 +10 V가 된다.

### $t_W \geq 5\tau$일 때 펄스 구간의 응답

펄스의 상승 모서리와 하강 모서리 구간에서 커패시터는 충전된다. 펄스폭이 시정수의 5배 이상($t_W \geq 5\tau$)이면, 커패시터는 완전히 충전될 것이다.

커패시터 양단의 전압이 지수함수적으로 상승하면 저항 양단의 전압은 지수함수적으로 감소하여 커패시터가 완전히 충전(이 경우 +10 V)될 때는 0 V가 된다. 키르히호프의 전압 법칙($v_C + v_R = v_{in}$)에 따라 임의의 순간에 커패시터 전압과 저항 전압의 합은 인가된 전압과 같아야 하므로, 저항 양단의 전압은 감소하는 것이다. 이 응답은 그림 20-22(c)에 나타나 있다.

### $t_W \geq 5\tau$일 때 하강 모서리에 대한 응답

펄스의 끝부분($t_W \geq 5\tau$)에서 커패시터가 완전히 충전된 경우에 대하여 살펴보자. 하강 모서리에서 입력 펄스는 급격하게 +10 V에서 0 V로 떨어진다. 하강 모서리 이전에는 커패시터가 10 V로 충전되어 있었으므로, 점 $A$는 +10 V이고 점 $B$는 0 V이다. 그러나 커패시터 양단 전압은 급격하게 변화되지 않으므로, 하강 모서리에서 점 $A$가 +10 V에서 0 V로 떨어질 때, 마찬가지로 점 $B$에서 10 V 변환이 되어야 하므로 0 V이던 점 $B$는 −10 V로 되어야 한다. 이로 인해 하강 모서리가 발생하는 순간에 커패시터 양단 전압은 10 V로 유지되는 것이다.

커패시터는 이때 지수함수적으로 방전되기 시작한다. 따라서 저항 양단 전압은 그림 20-22(d)에서처럼 지수함수 곡선으로 −10 V에서 0 V로 된다.

### $t_W < 5\tau$일 때 펄스 구간의 응답

펄스폭이 시정수의 5배 미만($t_W < 5\tau$)이면, 커패시터는 완전히 충전될 수 없다. 이때 부분 충전된 양은 시정수와 펄스폭과의 관계에서 결정된다.

커패시터 전압은 +10 V까지 다다르지 못하기 때문에, 저항 양단의 전압은 펄스가 끝나는 순간에도 0 V가 되지 못한다. 예를 들어, 그림 20-22(e)와 같이 커패시터 전압이 펄스 구간에 +5 V로 충전되었다면 저항 양단의 전압은 +5 V까지 감소할 것이다.

### $t_W < 5\tau$일 때 하강 모서리에 대한 응답

커패시터가 펄스가 끝나는 시점($t_W < 5\tau$)에서 부분 충전되어 있는 경우를 살펴보자. 예를 들어, 커패시터가 +5 V까지 충전되어 있다면 커패시터 전압과 저항 전압의 합은 +10 V가 되어야 하므로 그림 20-22(e)와 같이 하강 모서리 직전의 저항 전압은 +5 V이다.

하강 모서리가 발생하면 +10 V이던 점 $A$는 0 V가 되고 그 결과, 그림 20-22(f)에 나타난 바와 같이 +5 V인 점 $B$는 −5 V가 된다. 그 이유는 하강 모서리의 순간에 커패시터 전압은 급격하게 변할 수 없기 때문이다. 하강 모서리 직후에 커패시터는 0으로 방전되기 시작한다. 결과적으로 저항 전압은 그림에서처럼 −5 V에서 0 V가 된다.

## 단일 펄스에 대한 *RC* 미분기 응답의 요약

시정수가 극단적인 경우인 $5\tau$가 펄스폭보다 매우 짧은 경우에서 펄스폭보다 매우 긴 경우까지 미분기의 일반적인 출력 파형을 관찰하여 이 단원의 내용을 요약한다. 이런 내용을 그림 20-23에 나타내었다. 그림 20-23(a)에서 출력은 폭이 좁은 양과 음의 값을 갖는 '스파이크'로 나타나며, 그림 20-23(e)에서 출력은 입력의 모양에 비슷하게 접근한다. 그리고 이 두 조건 사이의 여러 가지 값에 대한 응답은 그림 20-23(b), (c), (d)에 나타나 있다.

펄스를 오실로스코프로 측정할 때 교류 결합 모드로 설정하면 그림 20-23(e)와 같은 펄스를 관찰할 수 있을 것이다. 이때 오실로스코프의 결합 회로에 포함되어 있는 커패시터가 적분 회로 역할을 하여 펄스가 늘어지는 현상이 나타나는 것이다. 따라서 이러한 문제를 일으키지 않기 위해서는 오실로스코프를 직류 결합 모드로 설정해야 하며 프로브의 커패시턴스를 보정해 준다.

▶ 그림 20-23

시정수 변화가 *RC* 미분기 출력 전압의 형상에 미치는 영향

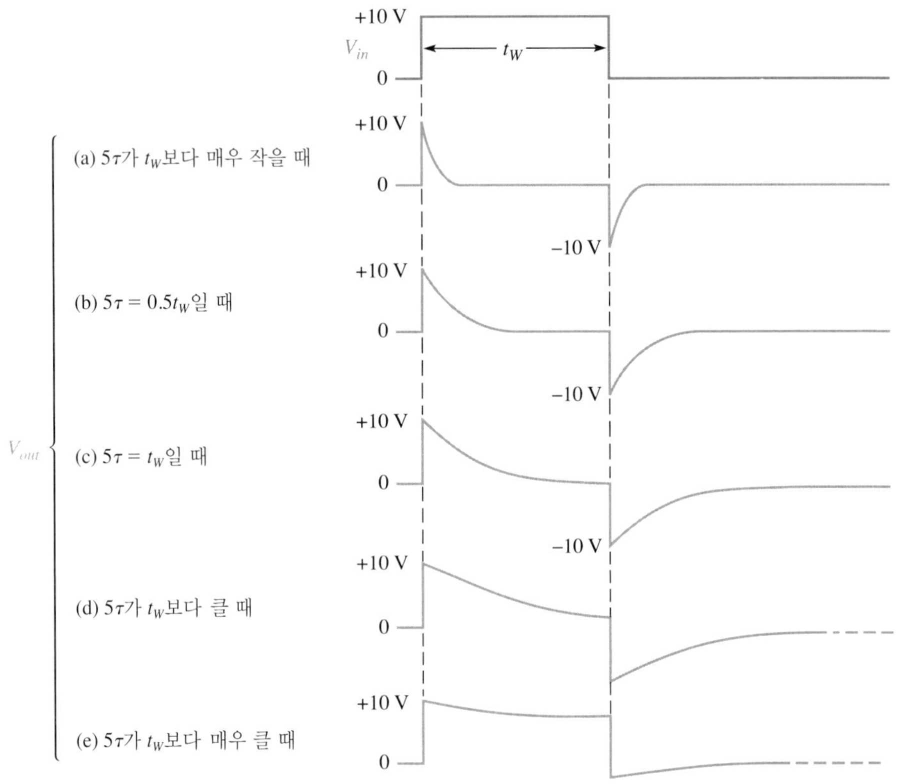


**예제 20-4** 그림 20-24의 *RC* 미분기의 출력 전압을 그려라.

▶ 그림 20-24

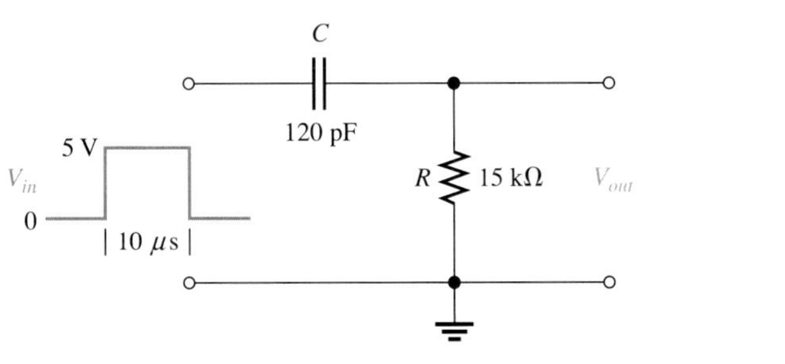

**풀이** 먼저 시정수를 계산한다.

$$\tau = RC = (15\,\text{k}\Omega)(120\,\text{pF}) = 1.8\,\mu\text{s}$$

이 경우 $t_W > 5\tau$이므로 커패시터는 펄스가 끝나기 이전에 완전히 충전된다.

상승 모서리에서 저항의 전압은 +5 V로 급상승하며 펄스가 끝날 때까지는 지수함수적으로 0으로 감소한다. 하강 모서리에서 저항의 전압은 −5 V로 급강하되며 0까지 지수함수적으로 상승한다. 물론 저항의 전압은 바로 출력 전압이며 그 형상은 그림 20-25와 같다.

▶ 그림 20-25

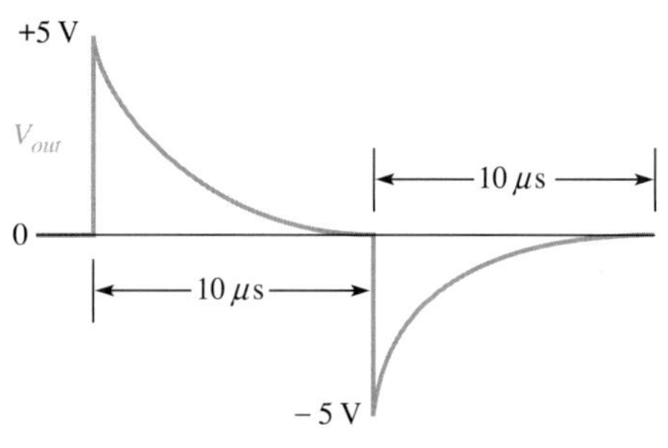


**관련 문제** 그림 20-24에서 $C$가 12 pF일 때 출력 전압을 그려라.

Multisim 파일 E20-04를 사용하여 [예제 20-4]와 [관련 문제]의 계산 결과를 확인하라. 단일 펄스를 모의실험하기 위해 펄스폭은 주어진 값으로 하고 대신 듀티비를 작게(주기를 길게) 정의하라.

**예제 20-5** 그림 20-26에서 가변 저항기 $R_1$과 저항 $R_2$의 전체 저항이 2 kΩ일 때 $RC$ 미분기의 출력 파형을 구하라.

▶ 그림 20-26

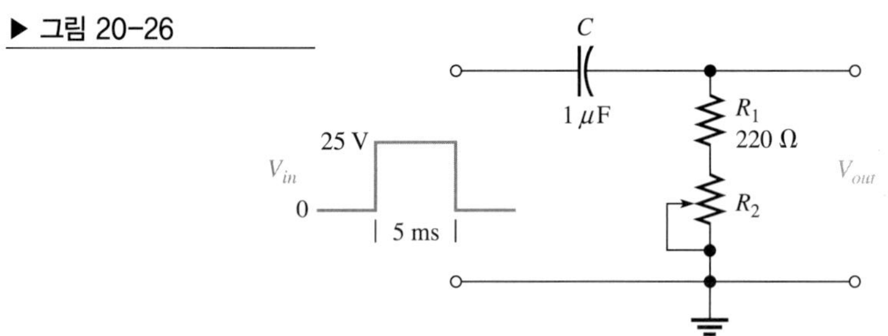


**풀이** 먼저 시정수를 구한다.

$$\tau = R_{tot}C = (2\,\text{k}\Omega)(1\,\mu\text{F}) = 2\,\text{ms}$$

상승 모서리에서 저항의 전압은 즉각 +25 V로 급상승한다. 펄스폭은 5 ms이므로 커패시터는 시상수의 2.5배 시간 동안 충전되지만 완전히 충전되지는 못한다. 따라서 펄스가 끝나는 시점까지 감소하는 전압을 계산하기 위해서는 감소하는 지수함수식을 이용해야 한다.

$$v_{out} = V_i e^{-t/RC} = 25e^{-5\text{ms}/2\text{ms}} = 25(0.082) = 2.05\,\text{V}$$

여기서 $V_i = 25$ V이고 $t = 5$ ms이다. 이 계산을 통하여 펄스폭이 5 ms인 펄스가 끝날 때 저항 전압($v_{out}$)을 구할 수 있다.

하강 모서리에서 저항 전압은 +2.05 V에서 −22.95 V(25 V 변화)로 급격하게 변화한다. 결과적으로 출력 전압 파형은 그림 20-27과 같다.

▶ 그림 20-27

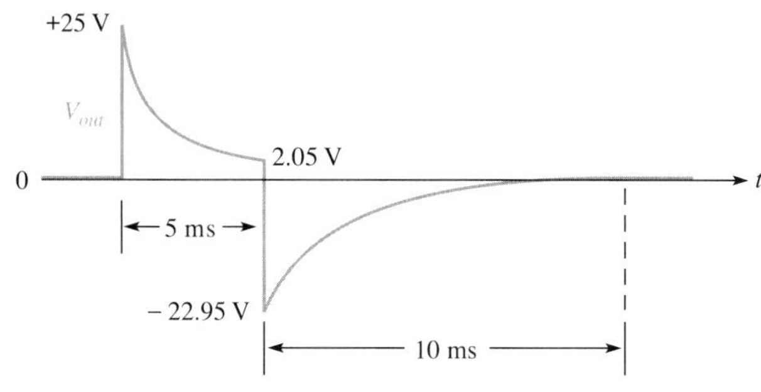


관련 문제 그림 20-26에서 총 저항이 1.5 kΩ인 가변 저항 값일 때 펄스가 끝나는 점에서 출력 전압을 구하라.

Multisim 파일 E20-05를 사용하여 [예제 20-5]와 [관련 문제]의 계산 결과를 확인하라. 단일 펄스를 모의실험하기 위해 펄스폭은 주어진 값으로 하고 대신 듀티비를 작게 정의하라.

**복습문제 20-4**

1. $5\tau = 0.5t_W$일 때 10 V 입력 펄스에 대한 미분기의 출력을 그려라.
2. 미분기 출력 전압이 입력 전압과 거의 일치하기 위한 조건은 무엇인가?
3. $5\tau$가 입력 펄스폭에 비해 매우 작을 때 미분기 출력은 어떤 형상인가?
4. 15 V 펄스가 입력되는 미분 회로에서 펄스가 끝날 때 저항 전압이 +5 V로 떨어진다면 이 입력의 하강 모서리에 대한 응답으로 출력 전압은 (−) 몇 볼트가 되는가?

# 20-5 연속적인 펄스에 대한 *RC* 미분기의 응답

앞 절에서 배운 단일 펄스에 대한 *RC* 미분기의 응답을 이 절에서는 연속적인 펄스에 대한 응답으로 확장하여 살펴본다.

이 절의 학습 내용은 다음과 같다.

- **연속적인 펄스가 입력되는 *RC* 미분기의 해석**
  - 펄스폭이 시정수의 5배 미만일 때의 응답

주기적인 펄스 파형이 *RC* 미분 회로에 인가될 때, $t_W \geq 5\tau$와 $t_W < 5\tau$의 두 가지 조건이 있을 수 있다. 그림 20-28은 $t_W = 5\tau$일 때의 출력을 나타낸다. 시정수가 짧아질수록 출력의 양전압 부분과 음전압 부분의 폭은 더욱 좁아지며, 이때 출력의 평균값은 0이다. 평균값이 0이라는 것

은 양전압과 음전압이 균등하다는 의미이며 어떤 파형의 평균값은 **직류 성분**(dc component)을 나타낸다. 커패시터는 직류를 차단하므로 입력의 직류 성분은 출력에 나타날 수 없으므로 출력의 평균값은 0이다.

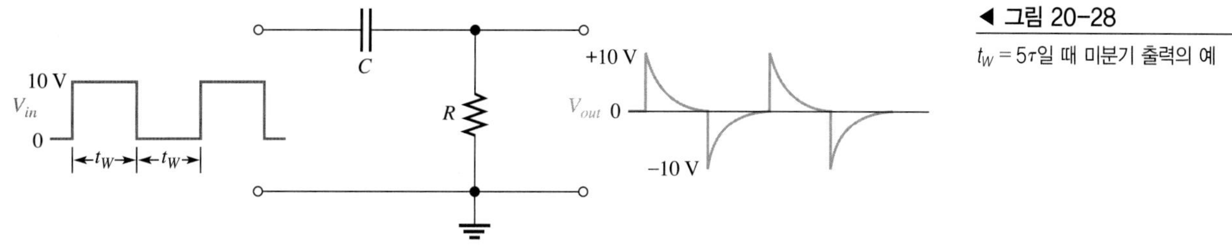


◀ 그림 20-28
$t_W = 5\tau$일 때 미분기 출력의 예

그림 20-29는 $t_W < 5\tau$일 때 정상 상태의 출력을 나타낸다. 시정수가 커질수록 양과 음의 기울어진 부분은 더 평탄해진다. 시정수가 매우 커지면 출력은 입력의 모양에 접근하나 평균값은 0이다.

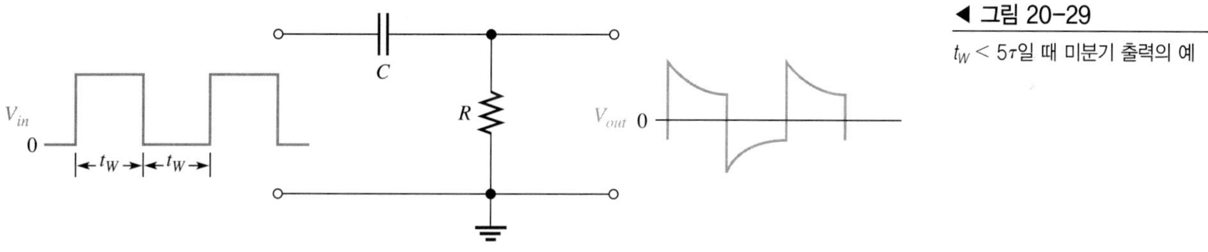


◀ 그림 20-29
$t_W < 5\tau$일 때 미분기 출력의 예

## 반복 파형의 해석

적분기의 경우처럼 미분기 출력이 정상 상태에 도달하기까지는 시간($5\tau$)이 걸린다. 응답을 설명하기 위해 시정수가 입력 펄스폭과 같은 경우의 예를 들어 보자. 이 경우에는 저항의 전압이 1개의 펄스 동안($1\tau$)에 최대값 대비 약 37% 정도까지 감소한다는 것을 알고 있으므로 회로 시정수를 고려할 필요가 없다.

그림 20-30에서 초기에 커패시터가 충전되지 않은 것으로 가정하고, 각 펄스별로 출력을 조사한다. 해석의 결과가 그림 20-31에 나타나 있다.

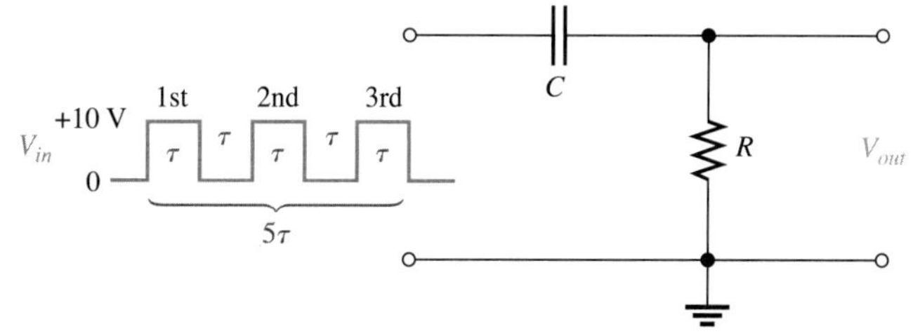


◀ 그림 20-30
$\tau = t_W$일 때 RC 미분기

▶ 그림 20-31

그림 20-30의 회로에서 과도 시간 동안의 미분기 출력 파형

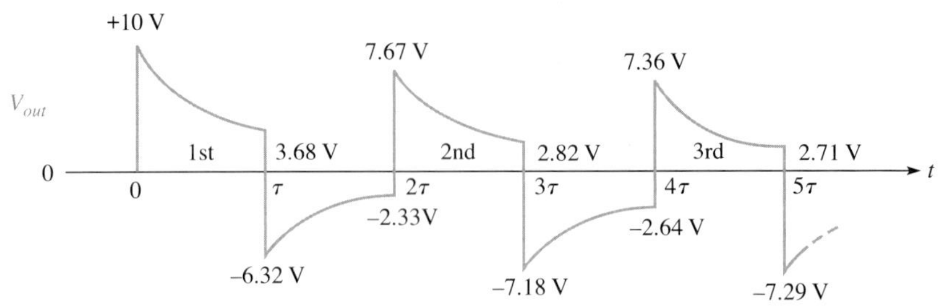


**첫 번째 펄스:** 상승 모서리에서 출력은 순간적으로 +10 V로 상승한다. 그리고 커패시터는 10 V의 63.2%인, 6.32 V까지 부분 충전된다. 따라서 출력 전압은 그림 20-31에서 보는 바와 같이 3.68 V로 감소해야 한다. 하강 모서리에서 출력은 순간적으로 −6.32 V(−10 V + 3.68 V = −6.32 V)로 10 V만큼 하강한다.

**첫 번째와 두 번째 펄스의 사이:** 커패시터는 6.32 V의 36.8%인 2.33V까지 방전된다. 따라서 저항 전압은 −6.32 V부터 시작하여 −2.33 V까지 증가해야 하는데, 다음 펄스 직전까지의 입력 전압이 0이기 때문이다. 그러므로 $v_C$와 $v_R$의 합은 0이 되어야 한다(2.33 V − 2.33 V = 0). 키르히호프의 전압 법칙에 따라 항상 $v_C + v_R = v_{in}$임을 기억하라.

**두 번째 펄스:** 상승 모서리에서 출력은 순간적으로 −2.33 V에서 7.67 V까지, 10 V만큼 상승한다. 그리고 커패시터는 펄스의 끝에서 0.632 × (10 V − 2.33 V) = 4.85 V 충전된다. 따라서 커패시터 전압은 2.33 V에서 2.33 V + 4.85 V = 7.18 V로 증가한다. 출력 전압은 0.368 × 7.67 V = 2.82 V로 떨어진다.

하강 모서리에서 출력은 그림 20-31과 같이 2.82에서 −7.18 V로 순간적으로 감소된다.

**두 번째와 세 번째 펄스의 사이:** 커패시터는 7.18 V의 36.8%인 2.64 V까지 방전된다. 따라서 출력 전압은 −7.18 V에서 시작하여 −2.64 V까지 증가한다. 세 번째 펄스의 직전까지 커패시터 전압과 저항 전압의 합은 0이 되어야 하기 때문이다(입력은 0).

**세 번째 펄스:** 상승 모서리에서 출력은 −2.64 V에서 +7.36 V까지 10 V의 순간적인 천이를 보인다. 그리고 커패시터는 0.632 × (10 V − 2.64 V) = 4.65 V만큼 충전되어 2.64 V + 4.65 V = 7.29 V가 된다. 이 결과 출력 전압은 0.368 × 7.36 V = 2.71 V로 강하된다. 하강 모서리에서 출력은 순간적으로 +2.71 V에서 −7.29 V로 떨어진다.

세 번째 펄스가 끝나면 시정수의 5배가 경과되었으므로 출력 전압은 정상 상태에 가까워진다. 따라서 출력은 0 V의 평균값을 가지면서, 약 +7.3 V의 양의 최대값과 약 −7.3 V의 음의 최소값 사이에서 연속적으로 변화한다.

**복습문제 20-5**

1. *RC* 미분기에 연속적인 펄스가 입력될 때 완전 충전 또는 방전이 되기 위한 조건은 무엇인가?
2. 시정수가 입력 구형파의 펄스폭에 비해 매우 작다면 출력 파형은 어떤 형상인가?
3. 정상 상태 동안 미분기 출력의 평균 전압은 얼마인가?

# 20-6 펄스 입력에 대한 *RL* 적분기의 응답

저항 양단에서 출력 전압을 얻는 직렬 *RL* 회로를 펄스 응답의 관점에서 적분기라 한다. 단일 펄스에 대해서 설명할 것이지만 *RC* 적분기에서와 마찬가지로 반복적인 펄스에 대한 응답 해석으로 확대할 수 있을 것이다.

이 절의 학습 내용은 다음과 같다.

- ***RL* 적분기 동작의 해석**
  - 단일 입력 펄스에 대한 응답

그림 20-32는 *RL* 적분기를 나타낸다. 동일한 조건하에서 저항 양단의 출력 파형은 *RC* 적분기에서와 같은 모양이다. *RC* 적분기에서 출력 전압은 *C*의 양단 전압임을 상기하자.

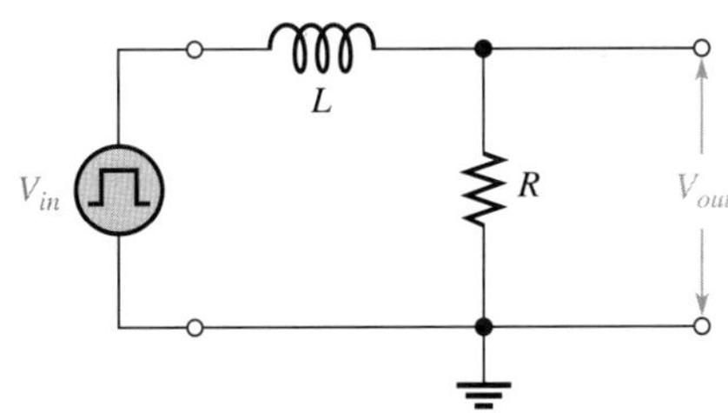


◀ 그림 20-32

펄스 발생기가 연결된 *RL* 적분기

이상적인 펄스의 각 모서리는 순간적으로 발생하는 것으로 간주한다. 인덕터의 기본적인 두 가지 법칙은 펄스 입력에 대한 *RL* 회로의 응답 해석에 도움이 될 것이다.

**1.** 인덕터는 전류의 순간적인 변화에 대해서는 개방 회로처럼 동작하고 직류에 대해서는 (이상적인 경우) 단락 회로로 동작한다.

**2.** 인덕터에서 전류는 순간적으로 변화할 수 없고 단지 지수함수적으로만 변화한다.

## 단일 펄스에 대한 *RL* 적분기의 응답

펄스 발생기가 적분기의 입력에 연결되고 펄스 전압이 낮은 값에서 높은 값으로 변하면, 인덕터는 이와 같은 전류의 급격한 변화를 방해한다. 결과적으로 상승 펄스 모서리의 순간에서 인덕터는 개방 회로로 동작하므로 모든 입력 전압은 인덕터 양단에 걸리게 된다. 이러한 동작이 그림 20-33(a)에 나타나 있다.

그림 20-33(b)와 같이 상승 모서리 이후에 전류는 지수함수적으로 상승하며 출력 전압도 전류의 변화를 따른다. 과도 시간이 펄스폭보다 짧으면(이 예에서는 $V_p = 10$ V이다) 전류는 $V_p/R$의 최대값까지 도달할 수 있다.

펄스가 높은 값에서 낮은 값으로 변하면, 전류를 $V_p/R$로 유지하기 위해 코일 양단에 반대 극성의 유도 전압이 생성된다. 출력 전압은 그림 20-33(c)와 같이 지수함수적으로 감소하기 시작한다.

▶ 그림 20-33

*RL* 적분기의 펄스 응답($t_W > 5\tau$)

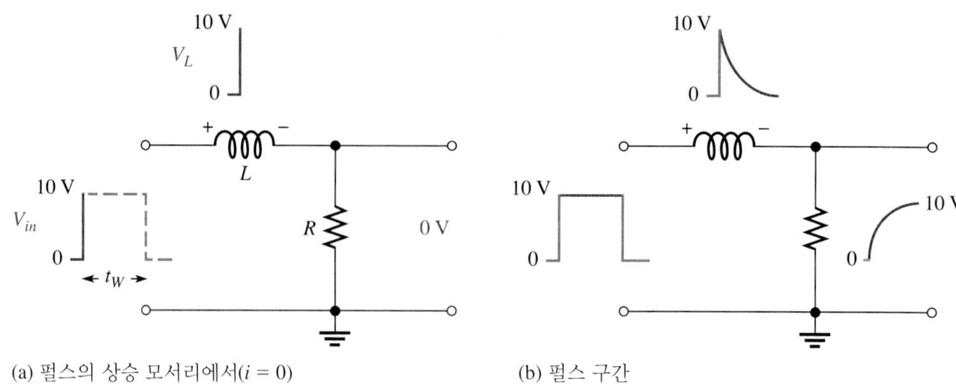


(a) 펄스의 상승 모서리에서($i = 0$)

(b) 펄스 구간

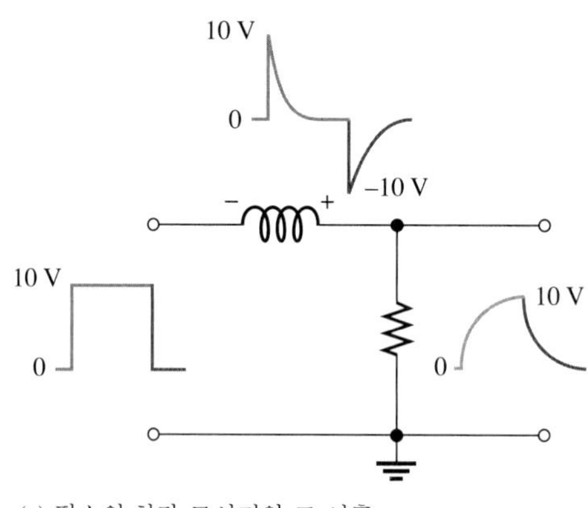


(c) 펄스의 하강 모서리와 그 이후

출력의 정확한 모양은 $L/R$ 시정수에 따라 달라지며, 시정수와 펄스폭 사이의 여러 가지 관계에 따른 출력 파형은 그림 20-34에 요약되어 있다. *RL* 회로의 출력 파형은 *RC* 적분기의 출력 파형과 같다는 것을 유의하자. 입력 펄스폭과 $L/R$ 시정수의 관계는 이 장의 앞에서 살펴본 *RC* 시정수의 경우와 같다. 예를 들어, $t_W < 5\tau$이면 출력 전압은 그 최대값까지 도달하지 못한다.

▶ 그림 20-34

여러 시정수 값에 따른 *RL* 적분기 출력 펄스 파형

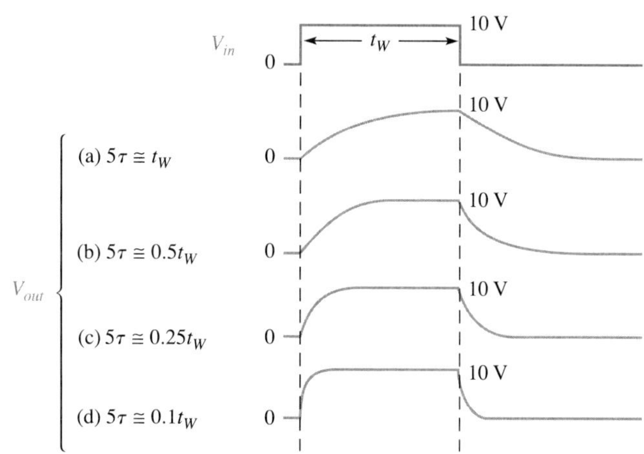

**예제 20-6** 그림 20-35에서 그림과 같이 단일 펄스가 입력될 때 *RL* 적분기의 최대 출력 전압을 구하라. 이때 총 저항이 50 Ω이 되도록 가변 저항은 조절되어 있다.

▶ 그림 20-35

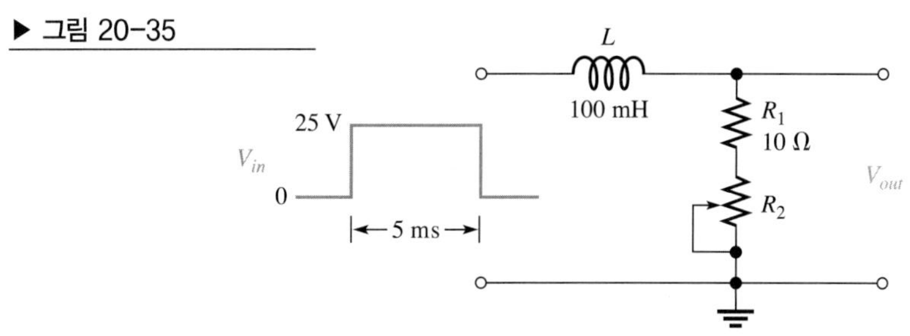


풀이 시정수를 계산한다.

$$\tau = \frac{L}{R} = \frac{100\,\text{mH}}{50\,\Omega} = 2\,\text{ms}$$

펄스폭이 5 ms이므로 인덕터는 2.5$\tau$ 동안 충전된다. 지수함수식을 이용하면

$$\begin{aligned} v_{out(max)} &= V_F(1 - e^{-t/\tau}) = 25(1 - e^{-5\text{ms}/2\text{ms}}) \\ &= 25(1 - e^{-2.5}) = 25(1 - 0.082) = 25(0.918) = \mathbf{22.9\,V} \end{aligned}$$

관련 문제 그림 20-35에서 출력 전압이 25 V까지 도달하기 위해서는 $R_2$가 얼마로 조절되어야 하는가?

**예제 20-7** 그림 20-36의 *RL* 적분기에 펄스가 입력된다. $I$, $V_R$ 및 $V_L$의 파형을 그리고 값을 구하라.

▶ 그림 20-36

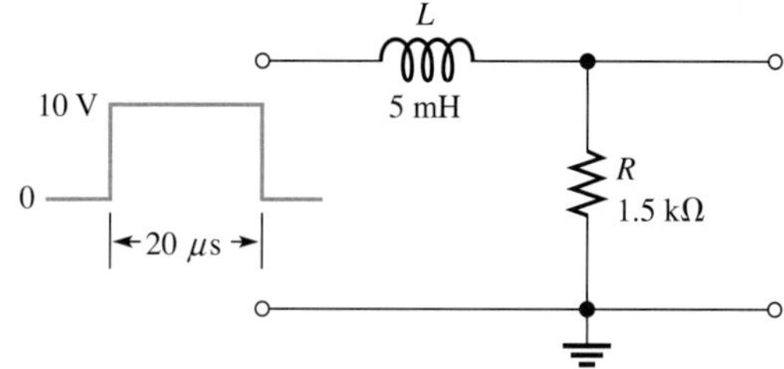


풀이 시정수는 다음과 같다.

$$\tau = \frac{L}{R} = \frac{5\,\text{mH}}{1.5\,\text{k}\Omega} = 3.33\,\mu\text{s}$$

$5\tau = 16.7\,\mu$s는 $t_W$에 비해 작으므로 전류는 최대값에 도달하며 펄스가 끝날 때까지 지속될 것이다.

상승 모서리에서

$$i = 0\text{ A}$$
$$v_R = 0\text{ V}$$
$$v_L = 10\text{ V}$$

초기에 인덕터는 개방 회로로 동작하므로 모든 입력 전압은 $L$ 양단에 나타난다.

펄스 구간에서는

$i$는 16.7 μs 내에 $\dfrac{V_p}{R} = \dfrac{10\text{ V}}{1.5\text{ k}\Omega} = 6.67\text{ mA}$ 까지 지수함수적으로 증가한다.

$v_R$은 16.7 μs 내에 10 V까지 지수함수적으로 증가한다.

$v_L$은 16.7 μs 내에 0까지 지수함수적으로 감소한다.

하강 모서리에서는

$$i = 6.67\text{ mA}$$
$$v_R = 10\text{ V}$$
$$v_L = -10\text{ V}$$

펄스가 끝난 이후에는

$i$는 16.7 μs 내에 지수함수적으로 감소한다.

$v_R$은 16.7 μs 내에 0까지 지수함수적으로 감소한다.

$v_L$은 16.7 μs 내에 0까지 지수함수적으로 증가한다.

결과는 그림 20-37과 같다.

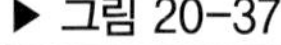
▶ 그림 20-37

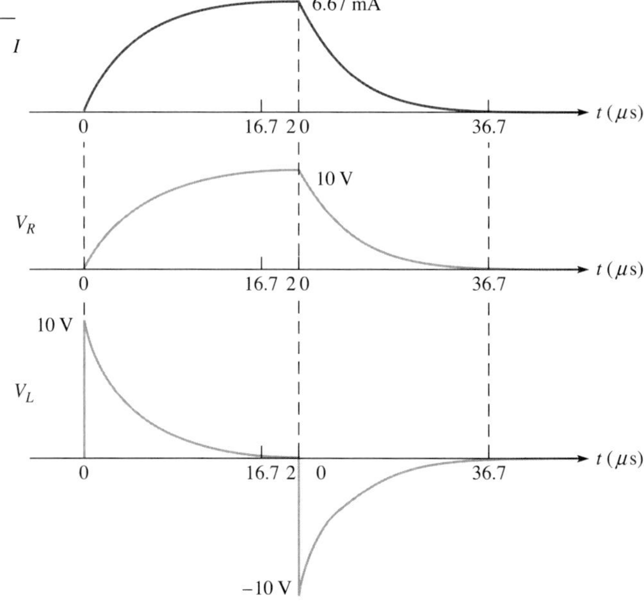


**관련 문제** 그림 20-36에서 입력 펄스의 진폭이 20 V로 증가하면 최대 출력 전압은 얼마인가?

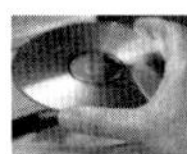

Multisim 파일 E20-07을 사용하여 [예제 20-7]과 [관련 문제]의 계산 결과를 확인하라. 단일 펄스를 모의실험하기 위해 펄스폭은 주어진 값으로 하고 대신 듀티비를 작게 정의하라.

**예제 20-8** 폭이 1 ms이고 크기가 10 V인 펄스를 그림 20-38의 *RL* 적분기에 입력할 때 펄스 구간 동안의 출력이 도달하는 전압 크기를 구하라. 전원의 내부 저항이 30 Ω이라고 하면 출력이 0으로 줄어들 때까지 얼마나 걸리겠는가? 출력 전압 파형을 그려라.

▶ 그림 20-38

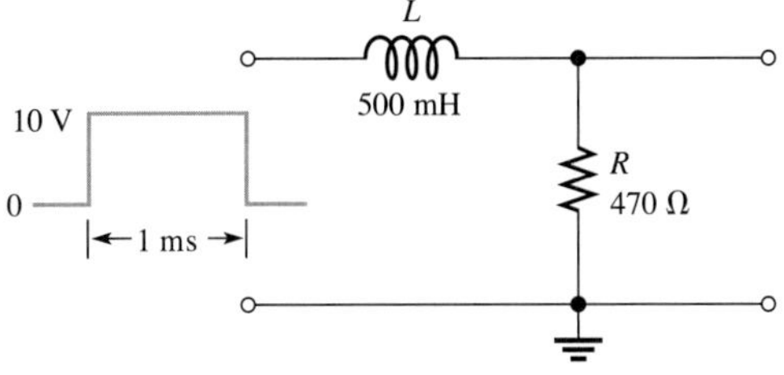


**풀이** 인덕터는 30 Ω 내부 저항과 470 Ω 저항을 통하여 충전된다. 시정수는

$$\tau = \frac{L}{R_{tot}} = \frac{500\,\text{mH}}{470\,\Omega + 30\,\Omega} = \frac{500\,\text{mH}}{500\,\Omega} = 1\,\text{ms}$$

펄스폭은 정확히 $\tau$이므로 출력 $V_R$은 $1\tau$ 내에 입력 전압의 약 63%까지 충전될 것이다. 그러므로 출력 전압은 펄스의 끝에서 **6.3 V**가 된다.

펄스가 끝난 이후에 인덕터는 전원 내부 저항 30 Ω과 470 Ω 저항을 통하여 방전된다. 출력 전압이 완전히 0으로 감소하기까지는 **5$\tau$**가 소요된다.

$$5\tau = 5(1\,\text{ms}) = 5\,\text{ms}$$

출력 전압의 파형은 그림 20-39와 같다.

▶ 그림 20-39

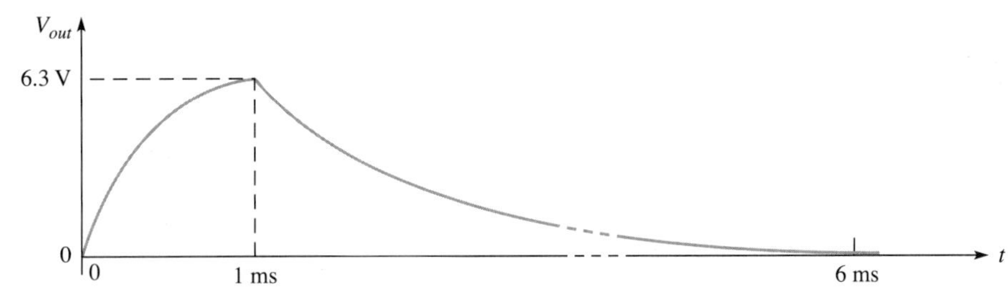


**관련 문제** 출력 전압이 펄스 구간에서 입력 전압 크기가 되기 위해서는 *R*이 얼마가 되어야 하는가?

Multisim 파일 E20-08을 사용하여 [예제 20-8]과 [관련 문제]의 계산 결과를 확인하라. 단일 펄스를 모의실험하기 위해 펄스폭은 주어진 값으로 하고 대신 듀티비를 작게 정의하라.

**복습문제 20-6**

1. *RL* 적분기에서 출력 전압은 어느 소자에서 얻어야 하는가?
2. *RL* 적분기에 펄스가 인가될 때 출력 전압이 입력 전압 크기까지 도달하기 위해서 필요한 조건은 무엇인가?
3. 어떤 조건에서 출력 전압이 입력 전압 펄스와 거의 흡사하게 나타나는가?

# 20-7 펄스 입력에 대한 *RL* 미분기의 응답

인덕터 양단에서 출력 전압을 얻는 직렬 *RL* 회로를 미분기라 한다. 단일 펄스에 대해서 설명할 것이지만 *RC* 미분기에서와 마찬가지로 반복적인 펄스에 대한 응답 해석으로 확대할 수 있을 것이다.

이 절의 학습 내용은 다음과 같다.

- ***RL* 미분기 동작의 해석**
  - 단일 입력 펄스에 대한 응답

## 단일 펄스에 대한 *RL* 미분기의 응답

그림 20-40은 펄스 발생기가 입력에 연결된 *RL* 미분기를 나타낸다.

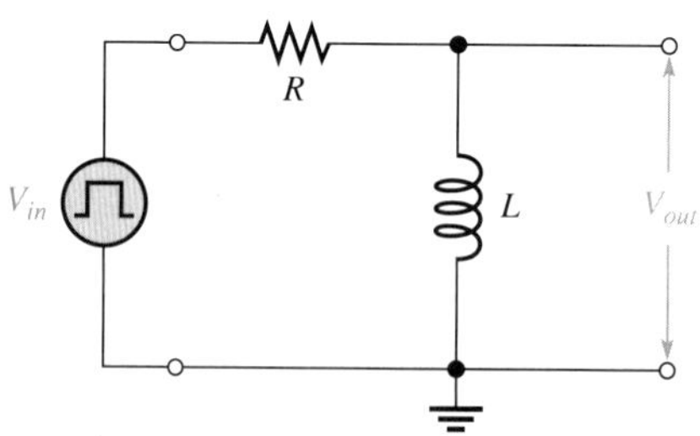


▶ 그림 20-40
펄스 발생기가 연결된 *RL* 미분기

펄스가 발생하기 이전의 초기에는 회로에 전류가 없다고 가정한다. 입력 펄스가 낮은 값에서 높은 값으로 변화하면, 인덕터는 전류의 급격한 변화를 방해한다. 유도된 전압은 입력과 같은 크기이고 반대 극성이다. 따라서 *L*은 개방 회로처럼 보이고, 모든 입력 전압은 상승 모서리 순간에 그림 20-41(a)와 같이 양단에 10 V 펄스로 나타난다.

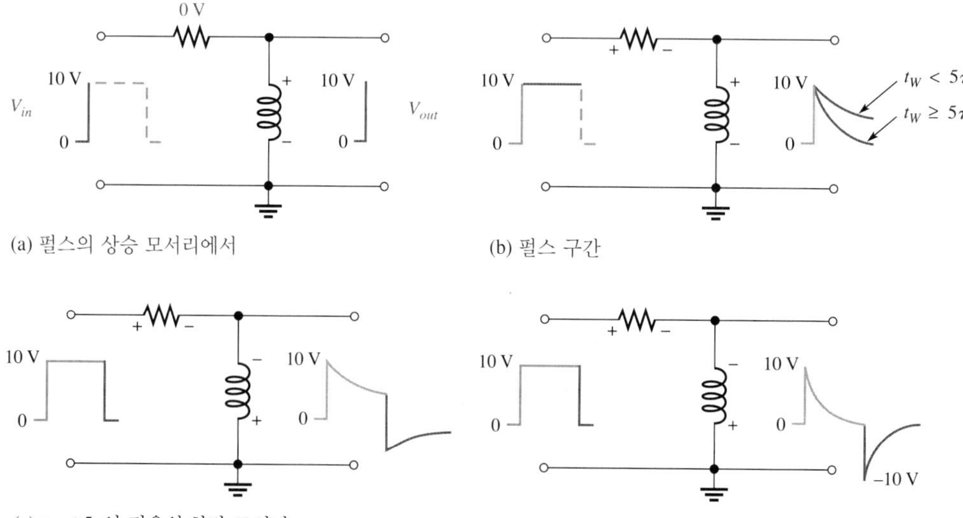


▶ 그림 20-41
두 시정수 조건에 대한 *RL* 미분기의 응답

펄스가 있는 동안 전류는 지수함수적으로 상승하며 결과적으로 인덕터 전압은 그림 20-41(b)에 나타난 것처럼 감소한다. 감소하는 비율은 $L/R$ 시정수에 따라 달라진다. 입력의 하강 모서리가 나타날 때, 인덕터는 그림 20-41(c)에 표시한 극성으로 유도 전압을 발생시켜서 전류를 일정하게 유지하려고 한다. 이러한 작용은 그림 20-41(c), (d)에 나타난 바와 같이 인덕터 전압이 급격하게 (−) 값으로 천이하는 형태로 나타난다.

그림 20-41(c)와 (d)의 두 가지 조건이 있을 수 있다. 그림 20-41(c)에서 $5\tau$는 입력 펄스폭보다 길기 때문에 출력 전압은 0으로 감소될 시간을 갖지 못한다. 그림 20-41(d)에서 $5\tau$는 펄스폭보다 짧으므로 출력은 펄스가 끝나기 전에 0으로 감소된다. 이 경우 하강 모서리에서는 전체 10 V만큼 하강 천이가 발생한다.

입력과 출력 파형의 관점에서 보면 *RL* 적분기와 미분기는 각각의 *RC* 회로에서와 동일하게 동작한다는 점을 유의하자.

여러 시정수와 펄스폭의 관계에 대한 *RL* 미분기 응답을 요약하여 그림 20-42에 나타내었다.

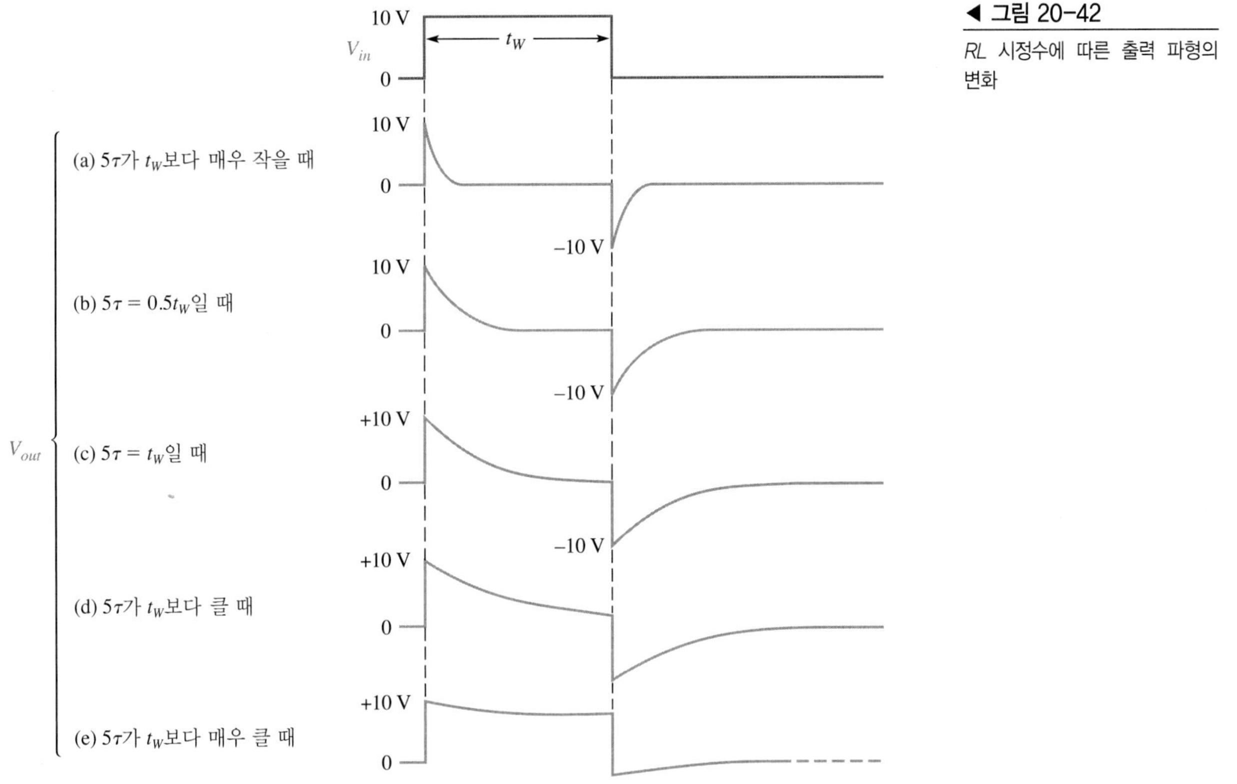


◀ 그림 20-42
*RL* 시정수에 따른 출력 파형의 변화

**예제 20-9** 그림 20-43의 *RL* 미분기 출력 전압의 파형을 그려라.

▶ 그림 20-43

5 V
$V_{in}$
0
10 μs
*R*
100 Ω
*L*
200 μH
$V_{out}$

**풀이** 먼저 시정수를 계산한다.

$$\tau = \frac{L}{R} = \frac{200\,\mu\text{H}}{100\,\Omega} = 2\,\mu\text{s}$$

$t_W = 5\tau$이므로 펄스가 끝날 때 출력은 0으로 감소한다.

상승 모서리에서 인덕터 전압은 +5 V로 순간적으로 상승한 다음 지수함수적으로 감소하여 하강 모서리 순간에서 거의 0에 이른다. 하강 모서리에서 인덕터 전압은 순간적으로 −5 V가 되었다가 다시 0으로 돌아간다. 출력 파형은 그림 20-44와 같다.

▶ 그림 20-44

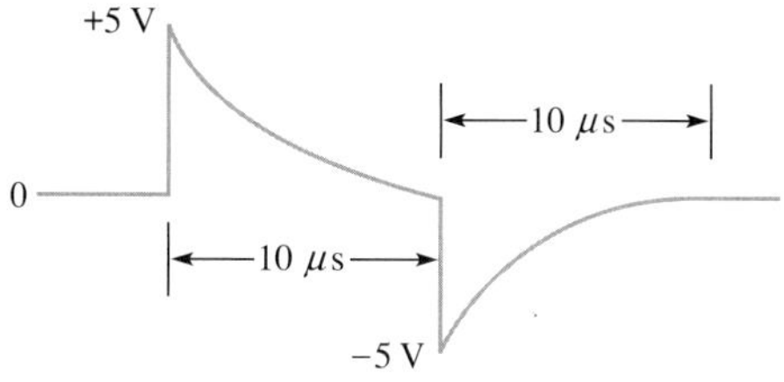


**관련 문제** 그림 20-43에서 펄스폭이 5 μs로 줄어든다고 할 때 출력 전압을 그려라.

**예제 20-10** 그림 20-45의 *RL* 미분기에 대한 출력 전압 파형을 그려라.

▶ 그림 20-45

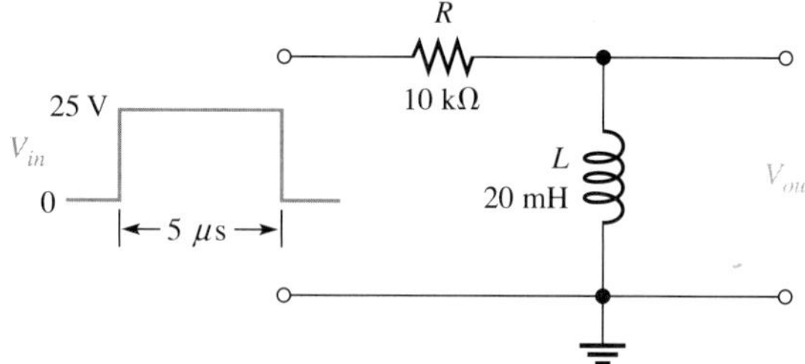


**풀이** 먼저 시정수를 계산한다.

$$\tau = \frac{L}{R} = \frac{20\,\text{mH}}{10\,\text{k}\Omega} = 2\,\mu\text{s}$$

상승 모서리에서 인덕터 전압은 순간적으로 +25 V로 상승한다. 펄스폭이 5 μs이므로 인덕터는 단지 $2.5\tau$ 동안 충전된다. 지수함수식을 적용하면

$$v_L = V_i e^{-t/\tau} = 25e^{-5\mu\text{s}/2\mu\text{s}} = 25e^{-2.5} = 25(0.082) = 2.05\text{ V}$$

이 결과는 입력 펄스가 끝나는 5 μs 후에 도달하는 인덕터 전압이다.

하강 모서리에서 출력은 순간적으로 +2.05 V에서 −22.95 V(25 V 하강 천이)로 하강한다. 완성된 출력 파형은 그림 20-46과 같다.

▶ 그림 20-46

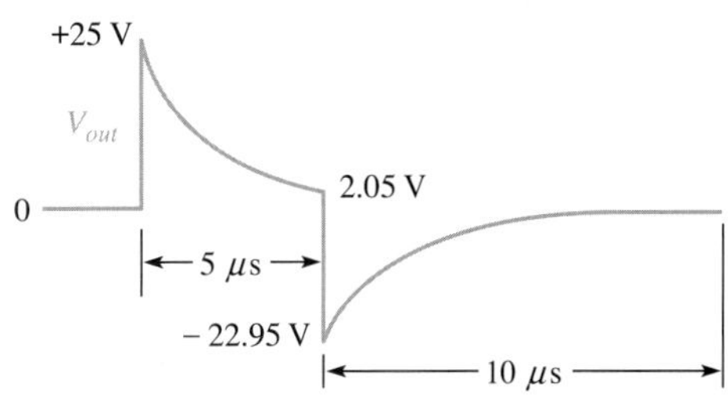


**관련 문제** 그림 20-45에서 펄스가 끝날 때 출력 전압이 0이 되는 $R$의 값을 구하라.

Multisim 파일 E20-10을 사용하여 [예제 20-10]과 [관련 문제]의 계산 결과를 확인하라. 단일 펄스를 모의실험하기 위해 펄스폭은 주어진 값으로 하고 대신 듀티비를 작게 정의하라.

**복습문제 20-7**

1. $RL$ 미분기에서 출력 전압은 어느 소자에서 얻어야 하는가?
2. 어떤 조건에서 출력 전압이 입력 전압 펄스와 거의 흡사하게 나타나는가?
3. $RL$ 미분기에서 인덕터 전압이 +10 V 펄스가 끝날 때 +2 V로 감소한다면 입력의 하강 모서리에 대한 응답으로 출력에 나타나는 (−) 전압은 얼마인가?

# 20-8 시간 응답과 주파수 응답의 관계

시간(펄스) 응답과 주파수 응답 간에는 명확한 관계가 있다. 펄스 파형의 빠른 상승 모서리와 하강 모서리는 고주파 성분을 포함하고 있고 펄스 파형의 평평한 부분, 즉 펄스의 정상 부분은 느린 변화, 즉 저주파 성분을 나타낸다. 펄스 파형의 평균값은 이 파형의 직류 성분이다.

이 절의 학습 내용은 다음과 같다.

- **시간 응답과 주파수 응답의 관계**
  - 주파수 성분의 관점에서 펄스 파형을 기술
  - 필터로서의 $RC$ 및 $RL$ 적분기
  - 필터로서의 $RC$ 및 $RL$ 미분기
  - 주파수와 상승 및 하강 시간의 관계식

펄스의 특성과 펄스 파형의 주파수 성분의 관계를 그림 20-47에 나타내었다.

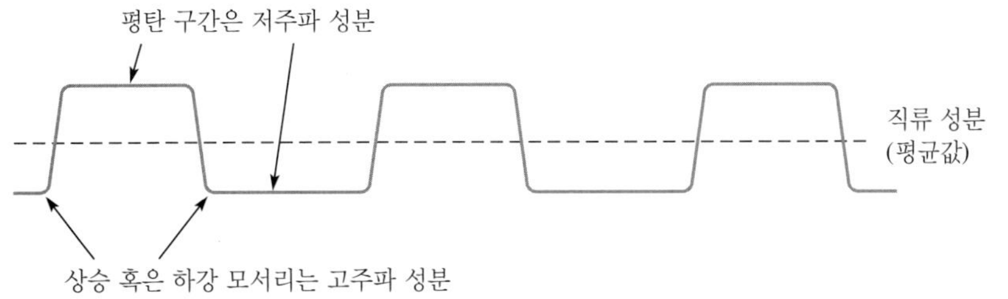


◀ 그림 20-47
펄스 파형의 주파수 성분

## 적분기

### *RC* 적분기

주파수 응답 관점에서 *RC* 적분기는 저역통과 필터로 동작한다. 적분기는 인가된 펄스의 모서리를 지수함수 모양으로 '둥글게' 만드는 경향이 있다. 둥글게 나타나는 정도는 펄스폭과 주기에 대한 시정수와의 관계에 따라 달라진다. 그림 20-48에서 보는 바와 같이 모서리를 둥글게 하는 것은 적분기가 펄스 파형의 고주파 성분을 감소시키는 경향이 있다는 것을 나타낸다.

▶ 그림 20-48

*RC* 적분기에서 시간 응답과 주파수 응답의 관계(반복적인 펄스 중 한 펄스만 나타냄)

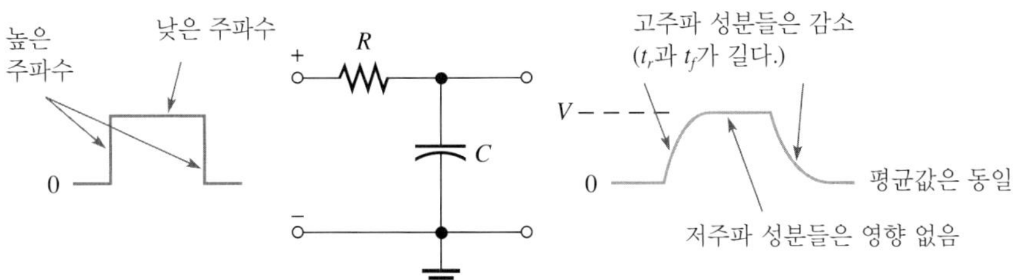


### *RL* 적분기

*L*이 입력과 출력 사이에 직렬로 연결되어 있기 때문에 *RL* 적분기도 *RC* 적분기처럼 기본적인 저역통과 필터로 동작한다. 저주파에서는 유도성 리액턴스 $X_L$이 작으므로 저항은 거의 없고 고주파에서는 그 반대이다. 이 값은 주파수와 정비례하므로 높은 주파수에서 대부분의 전압은 *L*에서 강하되고, *R*에서 강하되는 전압은 적다. 입력이 직류이면 *L*은 단락 회로($X_L = 0$)와 같다. 고주파에서 *L*은 그림 20-49와 같이 개방 회로처럼 된다.

▶ 그림 20-49

저역통과 필터 동작

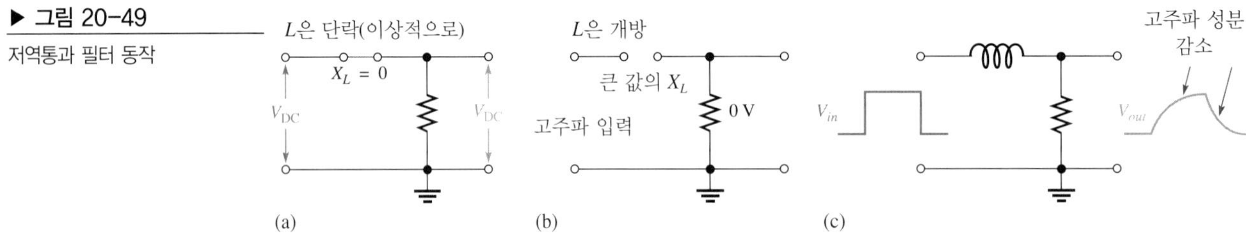


## 미분기

### *RC* 미분기

주파수 응답 관점에서 *RC* 미분기는 고역통과 필터로 동작한다. 미분기는 펄스의 평평한 부분을 기울어지게 만드는 경향이 있다. 즉, 펄스 파형의 저주파 성분을 감소시키는 경향이 있다. 또한 입력의 직류 성분은 완전히 제거하고 출력의 평균값을 0이 되게 한다. 이러한 동작을 그림 20-50에 나타내었다.

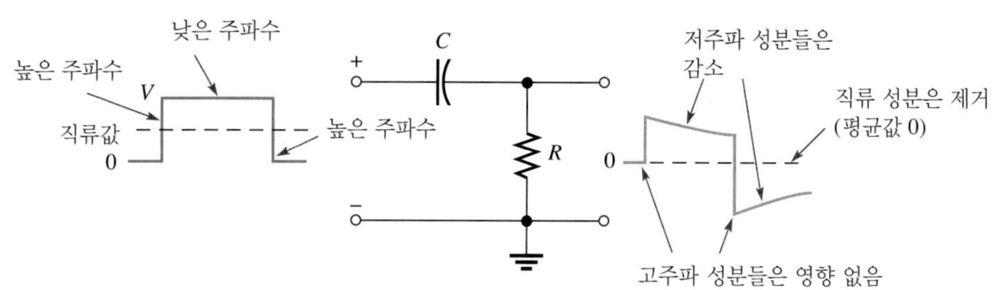


◀ 그림 20-50
$RC$ 미분기에서 시간 응답과 주파수 응답의 관계(반복적인 펄스 중 한 펄스만 나타냄)

## *RL* 미분기

*RC* 미분기처럼 *RL* 미분기도 기본적인 고역통과 필터로 동작한다. *L*이 출력의 양단에 연결되어 있으므로 고주파일 때보다 저주파일 때 더 낮은 전압이 양단에 나타난다. 직류일 때 출력 양단의 전압은 0 V가 된다(권선 저항은 무시). 고주파에서 입력 전압의 대부분은 출력 코일 양단에서 강하된다(직류에서 $X_L = 0$, 고주파에서 $X_L \cong$ 개방). 그림 20-51은 고역통과 필터의 동작을 나타낸다.

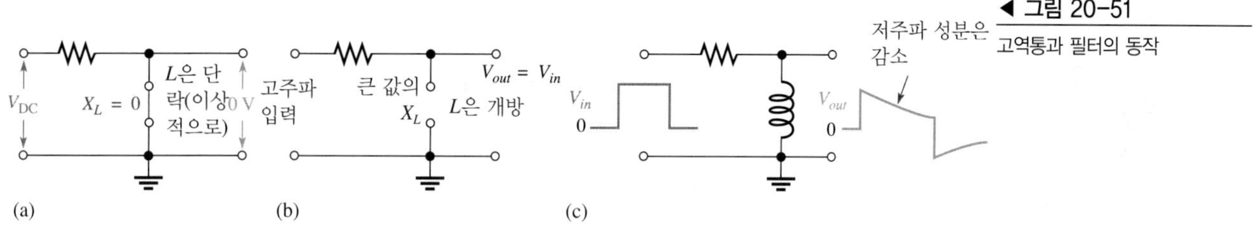


◀ 그림 20-51
고역통과 필터의 동작

## 주파수에 대한 상승 시간과 하강 시간의 관계식

펄스의 빠른 천이(상승 시간 $t_r$과 하강 시간 $t_f$)는 그 펄스의 가장 높은 주파수 성분 $f_h$와 다음과 같은 관계가 있다.

$$t_r = \frac{0.35}{f_h} \tag{20-1}$$

이 식은 하강 시간에도 적용되며 가장 빠른 변화는 펄스 파형의 가장 높은 주파수를 결정한다. 식 (20-1)을 가장 높은 주파수에 대해 정리하면 다음과 같다.

$$f_h = \frac{0.35}{t_r} \tag{20-2}$$

또한

$$f_h = \frac{0.35}{t_f} \tag{20-3}$$

**예제 20-11** 상승 시간과 하강 시간이 10 ns인 펄스에 포함된 최고 주파수는 얼마인가?

**풀이**

$$f_h = \frac{0.35}{t_r} = \frac{0.35}{10 \times 10^{-9}\,\text{s}} = 0.035 \times 10^9\,\text{Hz}$$
$$= 35 \times 10^6\,\text{Hz} = \mathbf{35\,MHz}$$

**관련 문제** $t_r = 20$ ns이고 $t_f = 15$ ns인 펄스에서 최고 주파수는 얼마인가?

**복습문제 20-8**

1. 적분기는 어떤 유형의 필터인가?
2. 미분기는 어떤 유형의 필터인가?
3. $t_r$과 $t_f$가 1 μs인 펄스에서 가장 높은 주파수 성분은 얼마인가?

## 20-9 고장진단

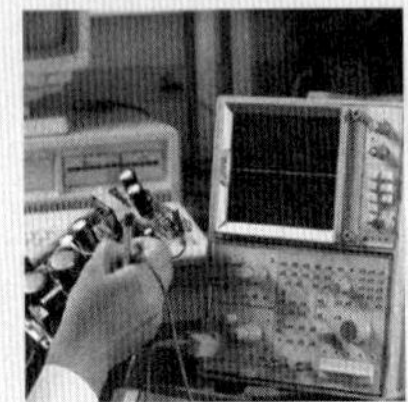

이 절에서는 일반적인 소자의 결함에 따른 영향을 알아보기 위하여 펄스 입력을 가진 *RC* 회로를 살펴본다. 이 개념은 *RL* 회로에도 연관시킬 수 있다.

이 절의 학습 내용은 다음과 같다.

- ***RC* 미분기와 *RC* 적분기의 고장진단**
  - 개방된 커패시터가 회로에 미치는 영향
  - 누설되는 커패시터가 회로에 미치는 영향
  - 단락된 커패시터가 회로에 미치는 영향
  - 개방된 저항이 회로에 미치는 영향

### 개방된 커패시터

*RC* 적분기에서 커패시터가 개방되면, 그림 20-52(a)에 나타난 바와 같이 출력은 입력 파형의 모양과 같다. 적분기에서 커패시터가 개방되면, 출력은 0이 된다. 이것은 그림 20-52(b)에서처럼 저항을 통하여 접지로 연결되기 때문이다.

▶ 그림 20-52

개방된 커패시터의 영향

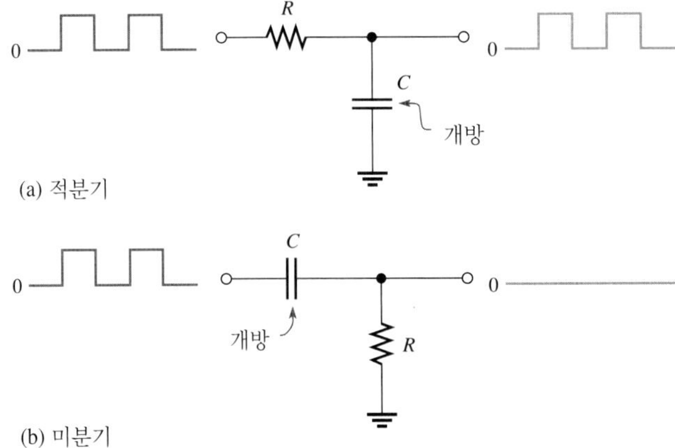

## 누설되는 커패시터

*RC* 적분기에서 커패시터가 누설되면, 세 가지 현상이 일어난다. (a) 시정수는 누설 저항으로 인하여 사실상 감소될 것이다(테브냉 정리에 따라 *C*로부터 보면 *R*과 병렬로 나타난다). (b) 충전 시간이 짧아져서 출력 전압(*C* 양단) 파형의 모양이 비정상이다. (c) *R*과 $R_{leak}$이 전압 분배 작용을 함으로써 출력의 진폭은 감소한다. 그림 20-53(a)는 이러한 영향을 보여준다.

미분기에서 커패시터가 누설되면 시정수는 적분기에서처럼 감소한다(이들 모두 *RC* 직렬 회로이다). 커패시터가 완전히 충전되면 그림 20-53(b)처럼 *R*과 $R_{leak}$의 전압 분배 작용으로 출력 전압(*R* 양단)이 정해진다.

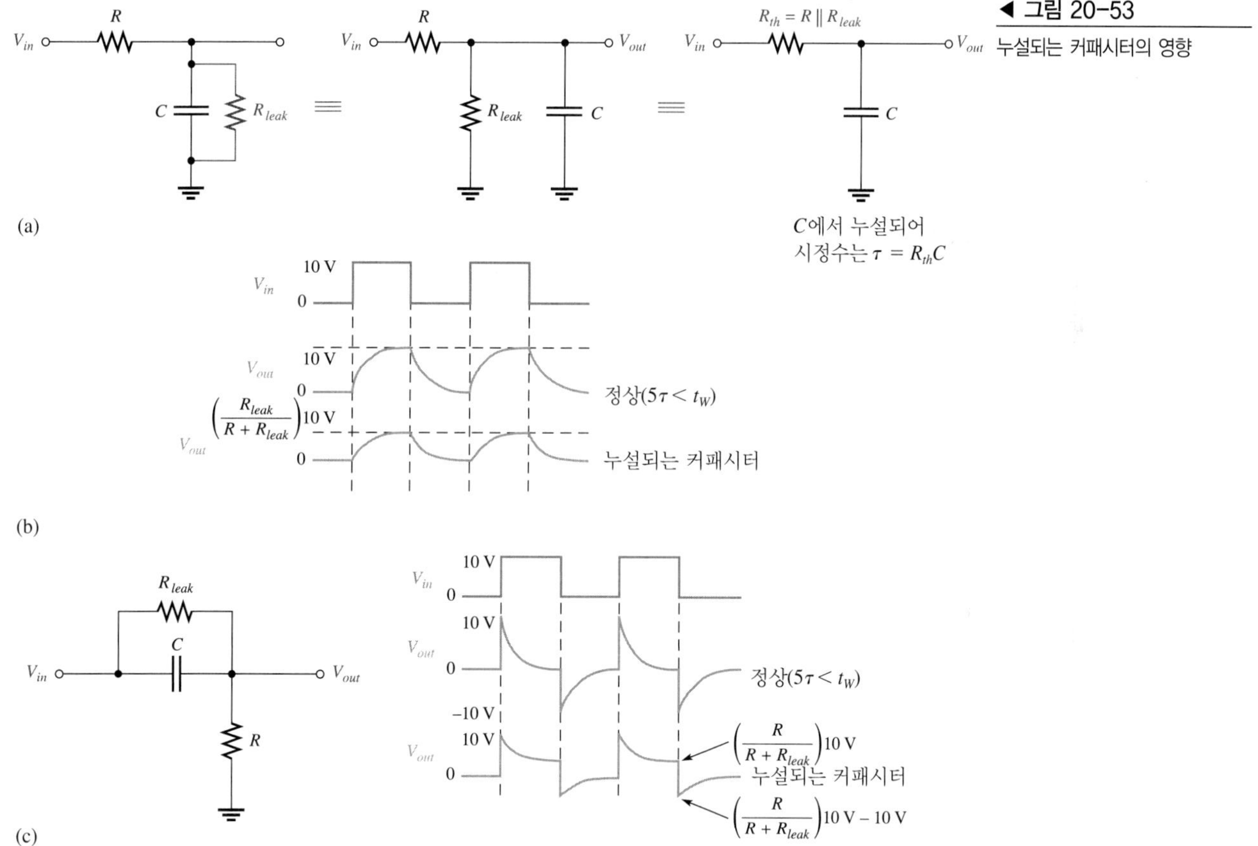


◀ 그림 20-53
누설되는 커패시터의 영향

## 단락된 커패시터

*RC* 적분기에서 커패시터가 단락되면, 그림 20-54(a)에서 보는 바와 같이 출력은 접지된다. 미분기에서 커패시터가 단락되면 출력 전압은 그림 20-54(b)에서처럼 입력과 같다.

▶ 그림 20-54
단락된 커패시터의 영향

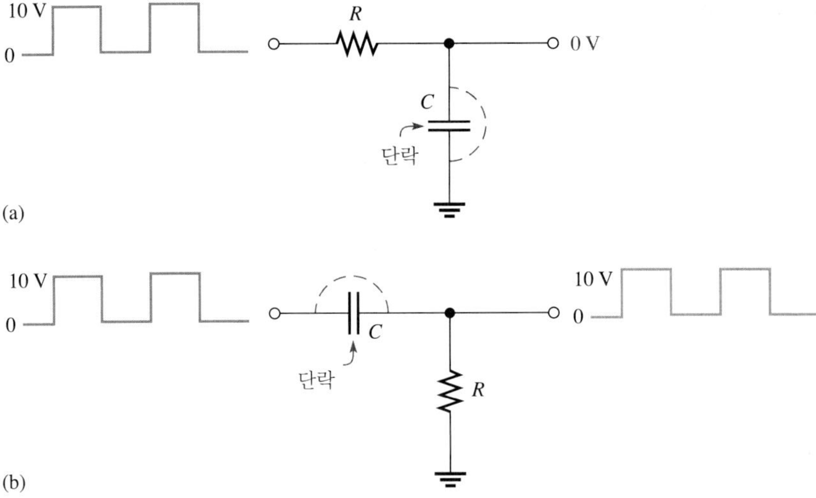


## 개방된 저항

*RC* 적분기에서 저항이 개방되면, 방전 경로가 없으므로 이상적인 경우 커패시터는 충전된 상태로 고정된다. 실제 상황에서는 전하가 점차적으로 누설되거나, 커패시터는 출력에 연결된 측정 장치를 통하여 서서히 방전될 것이다. 이것은 그림 20-55(a)에 나타나 있다.

미분기에서 저항이 개방되면, 출력은 직류 레벨을 제외하고는 입력과 같다. 이것은 그림 20-55(b)에서 보는 바와 같이 오실로스코프의 매우 높은 단자 저항을 통하여 충전 및 방전되어야 하기 때문이다.

▶ 그림 20-55
개방된 저항의 영향

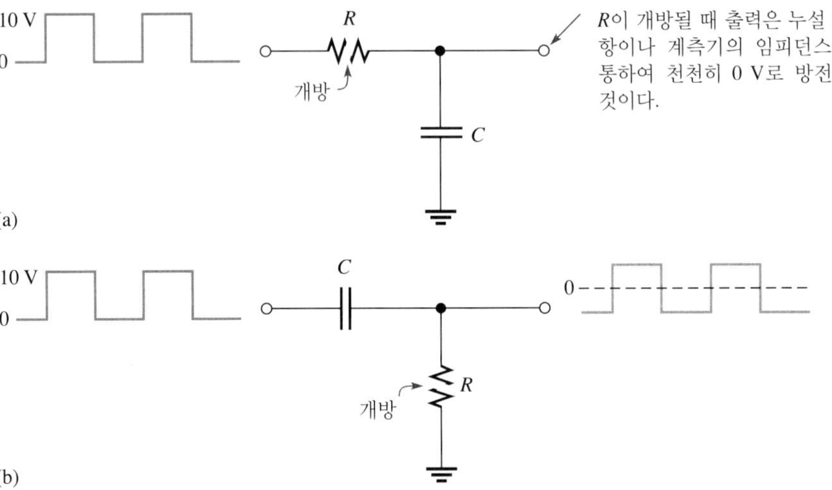


**복습문제 20-9**

1. *RC* 적분기는 구형파 입력에 대해 0 V의 출력을 갖는다. 이 문제의 원인은 무엇인가?
2. 미분기에서 커패시터가 단락되면, 구형파 입력에 대한 출력은 얼마인가?

# 회로 응용

이 회로 응용은 스위치로 선택할 수 있는 5개의 시간 지연 회로를 제작하고 지연 시간을 측정하는 것이다. 이런 회로로는 *RC* 적분기가 사용된다. 이 회로의 입력은 지속 시간이 긴 5 V 펄스이며 출력은 이 입력 펄스 발생 후 5개 중에 선택된 시간 지연 후에 시스템 전력을 제어 역할을 하는 문턱전압 트리거 회로에 연결된다.

선택 가능한 시간 지연 적분 회로도는 그림 20-56과 같다. *RC* 적분기는 펄스 입력에 의해 동작하고 출력은 지수함수적으로 증가하는 전압으로써 문턱전압 3.5 V에서 시스템의 전원을 켜는 신호로 역할을 한다. 기본적인 개념은 그림 20-57에 나타나 있다. 이 응용에서 적분기의 지연 시간은 입력 펄스의 상승 모서리부터 출력 전압이 3.5 V에 도달하는 점까지의 시간으로 정의한다. 정의된 지연 시간은 표 20-1에 정리되어 있다.

## 커패시터 값

- 정의된 지연 시간의 10% 이내가 되는 커패시터 값들을 구하라. 단, 다음에 나열된 표준값에서 선택한다(모두 $\mu$F): 0.1, 0.12, 0.15, 0.18, 0.22, 0.27, 0.33, 0.39, 0.47, 0.56, 0.68, 0.82, 1.0, 1.2, 1.5, 1.8, 2.2, 2.7, 3.3, 3.9, 4.7, 5.6, 6.8, 8.2.

표 20-1

| 스위치 위치 | 자연 시간 |
|---|---|
| A | 10 ms |
| B | 25 ms |
| C | 40 ms |
| D | 65 ms |
| E | 85 ms |

## 회로 결선

그림 20-58을 참조하라. 그림 20-56의 *RC* 적분기를 구성하는 소자들은 회로기판에 꽂혀는 있지만 결선은 되어 있지 않다.

- 적절한 회로 결선이 되도록 점대점 연결을 원 안에 표기된 번호를 사용하여 열거하라.
- 계측기들은 시험할 회로에 어떻게 연결해야 하는지 원 안에 표기된 번호를 사용하여 나타내어라.

▶ 그림 20-56

적분기 시간 지연 회로

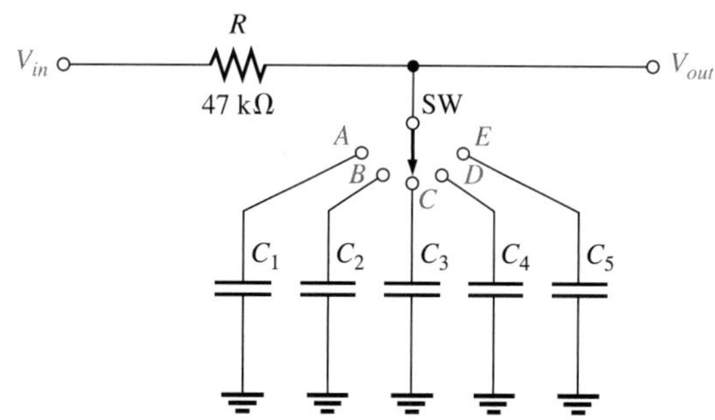


▶ 그림 20-57

시간 지연 응용의 예

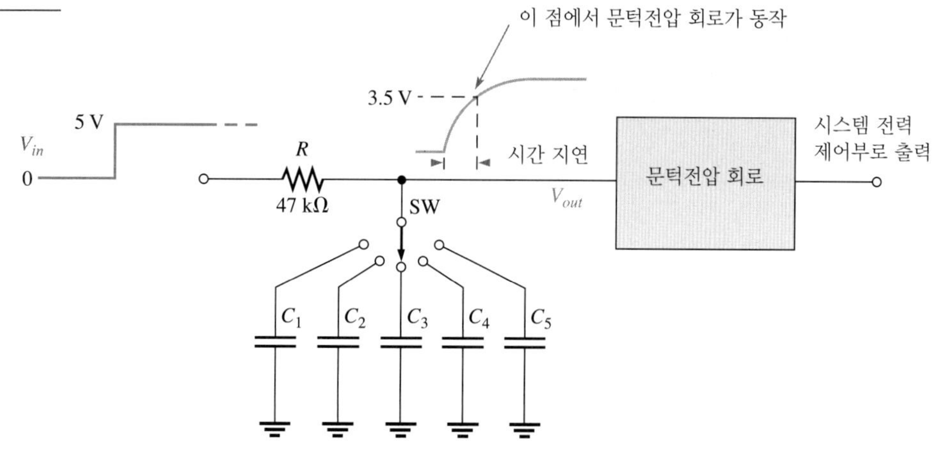

## 시험 절차

- 그림 20-58에서 모든 출력을 측정하기 위한 함수발생기의 기능, 진폭 그리고 주파수를 어떻게 설정해야 하는지 설명하라.
- 그림 20-58에서 정의된 지연 시간을 측정하기 위해 필요한 최소한의 오실로스코프 설정을 설명하라.

## 복습문제

1. 그림 20-57의 회로에 지연 시간을 늘리기 위해 무엇을 바꾸어야 하는가?
2. 시간 지연 회로에서 100 ms의 지연 시간을 늘리기 위해 추가되어야 하는 커패시터 값은 얼마인가?

▶ 그림 20-58

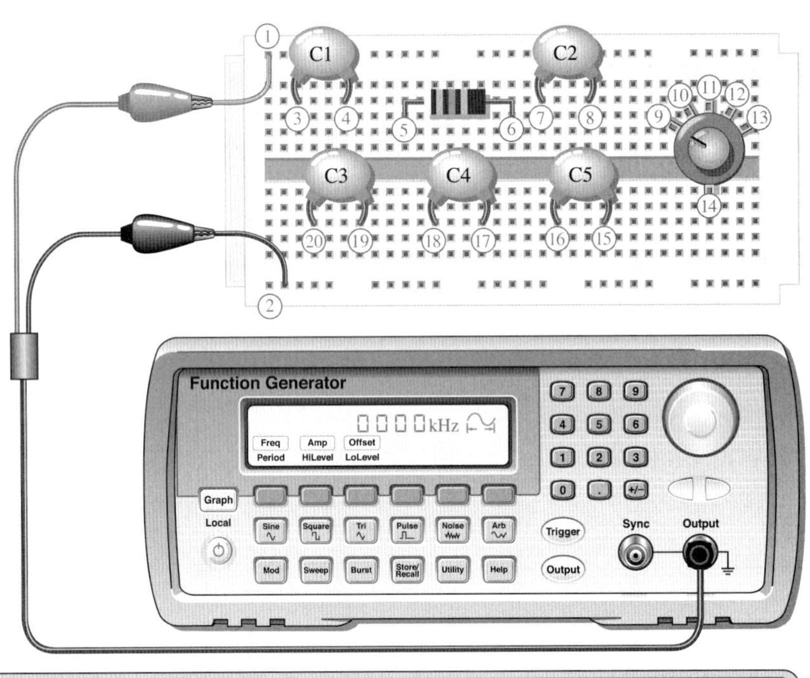


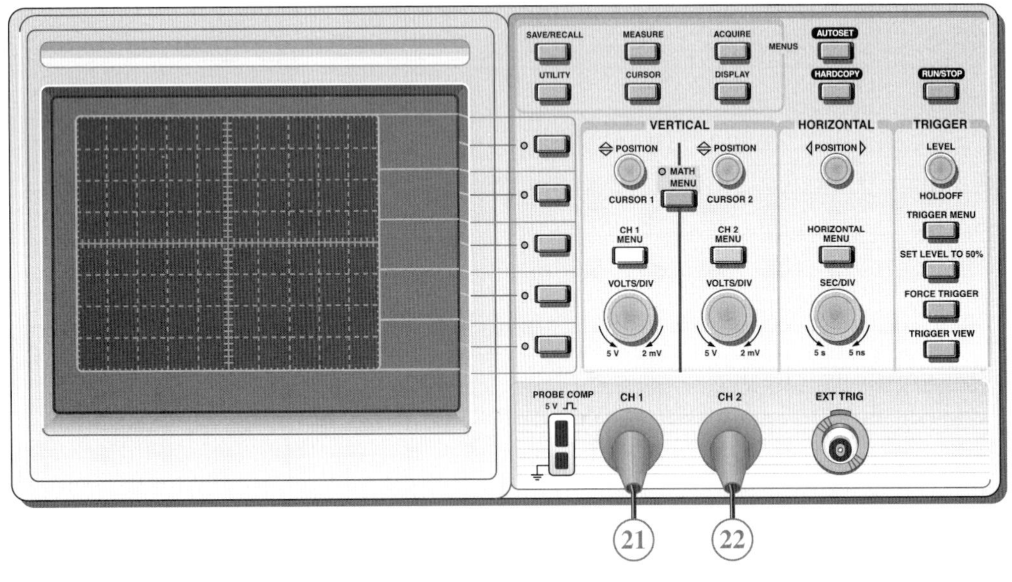

## 요약

- $RC$ 적분 회로에서 출력 전압은 커패시터의 양단에서 얻는다.
- $RC$ 미분 회로에서 출력 전압은 저항의 양단에서 얻는다.
- $RL$ 적분 회로에서 출력 전압은 저항의 양단에서 얻는다.
- $RL$ 미분 회로에서 출력 전압은 인덕터의 양단에서 얻는다.
- 적분기에서 입력의 펄스폭($t_W$)이 과도 시간보다 훨씬 짧은 경우, 출력 전압은 입력의 평균값에 접근하는 일정한 값이 된다.
- 적분기에서 입력의 펄스폭이 과도 시간보다 훨씬 긴 경우, 출력 전압은 입력과 거의 유사해진다.
- 미분기에서 입력의 펄스폭이 과도 시간보다 훨씬 짧은 경우, 출력 전압은 입력과 거의 유사해지나 평균값은 0이다.
- 미분기에서 입력의 펄스폭이 과도 시간보다 훨씬 긴 경우, 출력 전압은 입력 펄스의 상승 모서리와 하강 모서리에서 양과 음의 값을 갖고 폭이 좁은 스파이크로 구성된다.
- 펄스 파형의 상승 모서리와 하강 모서리는 고주파 성분을 포함한다.
- 펄스의 평평한 부분은 저주파 성분을 포함한다.

## 핵심 용어

**과도 시간**(transient time): 시정수의 약 5배인 시간

**미분기**(differentiator): 입력의 수학적인 미분값에 근접한 신호를 출력하는 회로

**시정수**(time constant): $R$과 $C$ 혹은 $R$과 $L$ 값에 의해 정의되는 시간으로 회로의 시간 응답을 결정

**적분기**(integrator): 입력의 수학적인 적분값에 근접한 신호를 출력하는 회로

**정상 상태**(steady state): 초기 과도 시간 이후 회로가 평형 상태가 되는 조건

**직류 성분**(dc component): 펄스 파형의 평균값

## 주요 공식

**20-1** $$t_r = \frac{0.35}{f_h}$$ 상승 시간

**20-2** $$f_h = \frac{0.35}{t_r}$$ 상승 시간에 의해 결정되는 최고 주파수

**20-3** $$f_h = \frac{0.35}{t_f}$$ 하강 시간에 의해 결정되는 최고 주파수

## 자기 진단

**1.** $RC$ 적분기의 출력은 어디에서 얻는가?

(a) 저항 (b) 커패시터 (c) 전원 (d) 코일

**2.** 펄스폭이 시정수와 같은 10 V의 입력 펄스가 $RC$ 적분기에 인가되면, 커패시터는 몇 V로 충전되는가?

(a) 10 V (b) 5 V (c) 6.3 V (d) 3.7 V

**3.** 펄스폭이 시정수와 같은 10 V의 입력 펄스가 $RC$ 미분기에 인가되면, 커패시터는 몇 V로 충전되는가?

(a) 6.3 V (b) 10 V (c) 0 V (d) 3.7 V

**4.** *RC* 적분기에서 출력 펄스가 입력 펄스와 매우 유사하기 위한 조건은 무엇인가?
(a) $\tau$가 펄스폭보다 훨씬 길다 (b) $\tau$가 펄스폭과 같다
(c) $\tau$가 펄스폭보다 짧다 (d) $\tau$가 펄스폭보다 훨씬 짧다

**5.** *RC* 미분기에서 출력 펄스가 입력 펄스와 매우 유사하기 위한 조건은 무엇인가?
(a) $\tau$가 펄스폭보다 훨씬 길다 (b) $\tau$가 펄스폭과 같다
(c) $\tau$가 펄스폭보다 짧다 (d) $\tau$가 펄스폭보다 훨씬 짧다

**6.** 미분기 출력이 양의 전압과 음의 전압 부분이 같기 위한 조건은 무엇인가?
(a) $5\tau < t_W$ (b) $5\tau > t_W$ (c) $5\tau = t_W$
(d) $5\tau > 0$ (e) (a)와 (c) (f) (b)와 (d)

**7.** *RL* 적분기의 출력은 어디에서 얻는가?
(a) 저항 (b) 코일 (c) 전원 (d) 커패시터

**8.** *RL* 적분기에서 가능한 최대 전류는 얼마인가?
(a) $I = V_p/X_L$ (b) $I = V_p/Z$ (c) $I = V_p/R$

**9.** *RL* 미분기에서 전류가 최대값까지 도달하는 경우는 어느 것인가?
(a) $5\tau = t_W$ (b) $5\tau < t_W$ (c) $5\tau > t_W$ (d) $\tau = 0.5t_W$

**10.** 시정수가 같은 *RC*와 *RL* 미분기를 나란히 놓고 같은 입력 펄스를 인가하면 어떠한가?
(a) *RC*는 가장 넓은 출력 펄스를 갖는다.
(b) *RL*은 가장 좁은 스파이크 출력을 갖는다.
(c) 한 출력은 증가하는 지수함수이고, 다른 출력은 감소하는 지수함수이다.
(d) 출력 파형을 관측해서는 차이를 알 수 없다.

## 퀴즈

그림 20-60을 보면서 다음 물음에 답하라.

**1.** $R_2$가 개방되면 출력 전압의 진폭은?
(a) 증가한다 (b) 감소한다 (c) 변하지 않는다

**2.** *C* 값이 두 배가 되면 시정수는?
(a) 증가한다 (b) 감소한다 (c) 변하지 않는다

**3.** $R_1$ 값이 줄어들면 출력 전압의 진폭은?
(a) 증가한다 (b) 감소한다 (c) 변하지 않는다

그림 20-63을 보면서 다음 물음에 답하라.

**4.** $R_3$가 개방되면 출력 전압의 진폭은?
(a) 증가한다 (b) 감소한다 (c) 변하지 않는다

**5.** 직류 전압이 입력되면 출력 전압은?
(a) 증가한다 (b) 감소한다 (c) 변하지 않는다

**6.** $R_1$ 값이 2.2 kΩ이 아니라 3.3 kΩ이라면 시정수는?
(a) 증가한다 (b) 감소한다 (c) 변하지 않는다

그림 20-66을 보면서 다음 물음에 답하라.

**7.** $L$이 증가하면 출력의 상승 시간은?

(a) 증가한다 (b) 감소한다 (c) 변하지 않는다

**8.** 입력 펄스폭이 5 ms로 증가하면 출력 펄스의 진폭은?

(a) 증가한다 (b) 감소한다 (c) 변하지 않는다

그림 20-68을 보면서 다음 물음에 답하라.

**9.** $R_1$이 개방되면 출력의 최대 진폭은?

(a) 증가한다 (b) 감소한다 (c) 변하지 않는다

**10.** $R_2$가 단락되면 출력의 최대 진폭은?

(a) 증가한다 (b) 감소한다 (c) 변하지 않는다

## 문제

### 20-1 *RC* 적분기

**1.** 적분 회로에서 $R = 2.2\ \text{k}\Omega$이 $C = 0.047\ \mu\text{F}$과 직렬로 연결되어 있다. 시정수는 얼마인가?

**2.** 다음과 같은 값을 갖는 $RC$가 직렬로 연결된 적분 회로에서 커패시터가 완전히 충전되는 데 걸리는 시간은 각각 얼마인가?

(a) $R = 56\ \Omega, C = 47\ \mu\text{F}$ (b) $R = 3300\ \Omega, C = 0.015\ \mu\text{F}$

(c) $R = 22\ \text{k}\Omega, C = 100\ \text{pF}$ (d) $R = 5.6\ \text{M}\Omega, C = 10\ \text{pF}$

### 20-2 단일 펄스에 대한 *RC* 적분기의 응답

**3.** 20 V 펄스가 $RC$ 적분기에 인가된다. 이들 펄스폭은 시정수와 같다. 초기 충전값은 없다고 가정한다. 펄스 기간 동안 커패시터는 몇 V로 충전되겠는가?

**4.** $t_W$가 다음 값일 때 문제 3을 반복하라.

(a) $2\tau$ (b) $3\tau$ (c) $4\tau$ (d) $5\tau$

**5.** $5\tau$가 10 V인 구형파 입력 펄스보다 훨씬 작은 경우 적분기 출력 전압의 대략적인 모양을 그려라. 또한 $5\tau$가 펄스폭보다 훨씬 큰 경우에 대하여 반복하라.

**6.** 그림 20-59에서 단일 입력 펄스를 가진 적분기의 출력 전압을 계산하라. 연속적인 펄스에 대하여, 이 회로가 정상 상태에 도달하는 데 걸리는 시간은 얼마인가?

▶ 그림 20-59

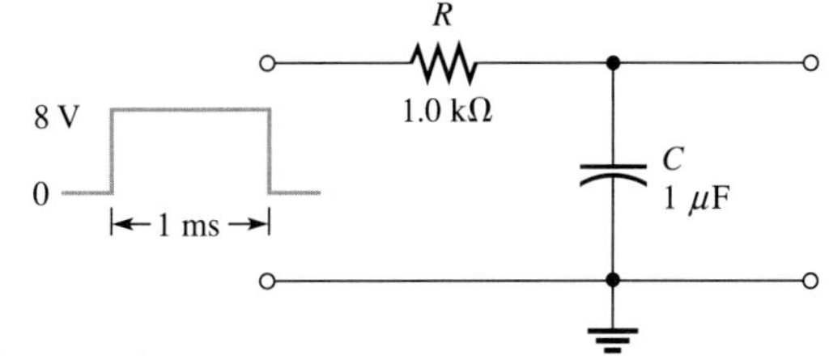

**7.** (a) 그림 20-60에서 $\tau$는 얼마인가?

(b) 출력 전압을 그려라.

**8.** 그림 20-60에서 펄스폭이 1.25 s일 때 출력 전압을 그려라.

▶ 그림 20-60

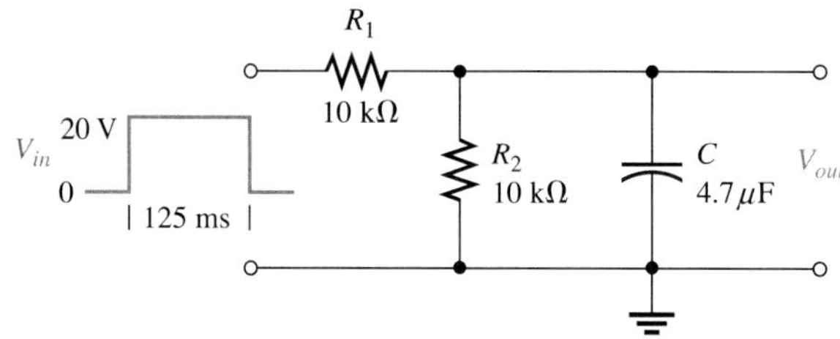


## 20-3 연속적인 펄스에 대한 *RC* 적분기의 응답

**9.** 그림 20-61의 적분기 출력 전압을 그려라.

▶ 그림 20-61

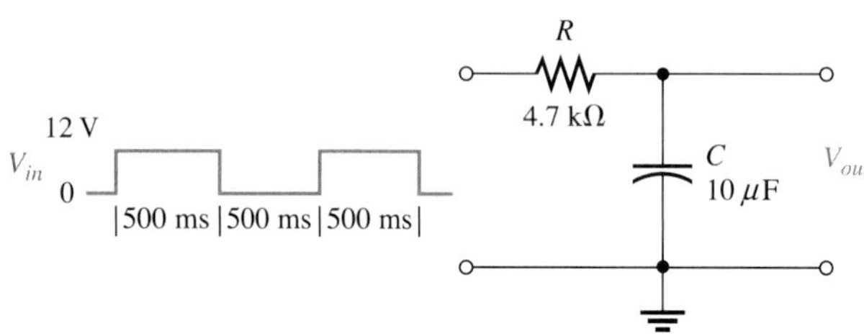


**10.** 그림 20-60에서 $V_{in}$의 펄스폭이 47 ms이고 주파수는 그대로라고 할 때 출력 전압을 그려라.

**11.** 듀티비가 25%인 1 V, 10 kHz 펄스 파형이 $\tau = 25\ \mu$s인 적분기에 입력된다. 처음 세 개의 펄스 입력에 대한 출력 전압을 그려라. 초기에 $C$는 충전되지 않았다.

**12.** 그림 20-62와 같이 구형파 입력을 가진 *RC* 적분기의 정상 상태에서 출력 전압은 얼마인가?

▶ 그림 20-62

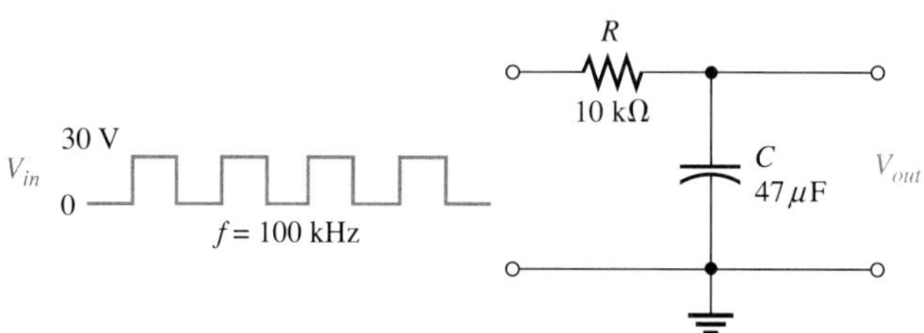


## 20-4 단일 펄스에 대한 *RC* 미분기의 응답

**13.** *RC* 미분기에 대해 5번 문제를 반복하라.

**14.** 그림 20-59의 회로가 미분기가 되도록 재구성하여 그리고, 6번 문제를 반복하라.

**15.** (a) 그림 20-63에서 $\tau$는 얼마인가?

(b) 출력 전압을 그려라.

▶ 그림 20-63

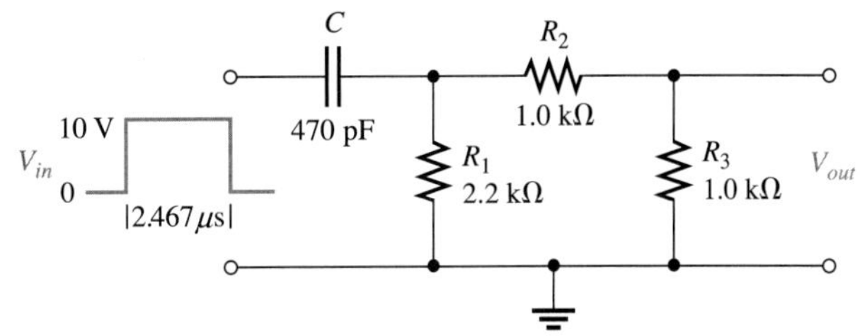


## 20-5 연속적인 펄스에 대한 *RC* 미분기의 응답

**16.** 그림 20-64의 적분기 출력 전압을 그려라.

▶ 그림 20-64

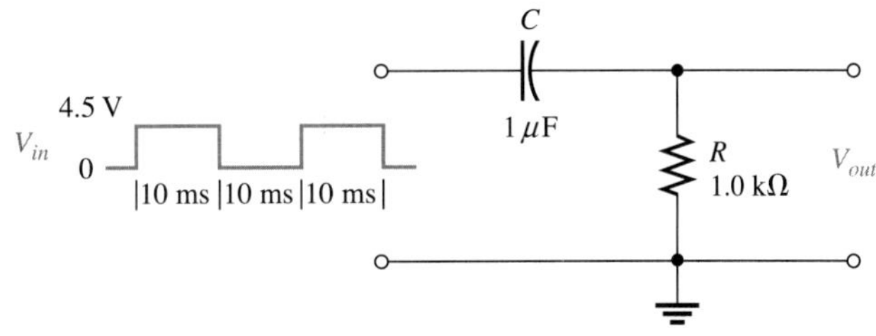


**17.** 그림 20-65의 구형파 입력을 가진 미분기의 정상 상태 출력 전압은 얼마인가?

▶ 그림 20-65

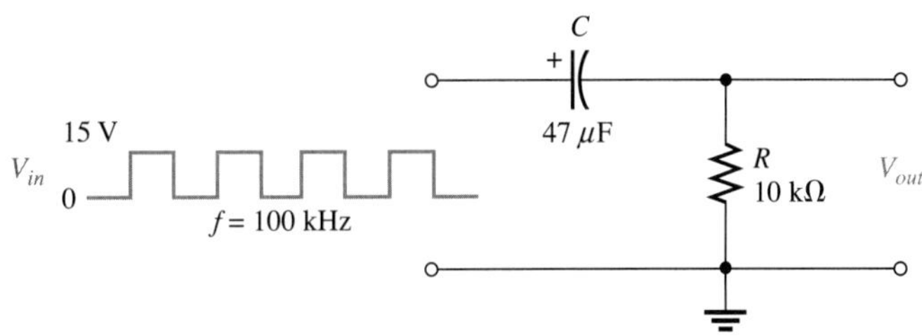


## 20-6 펄스 입력에 대한 *RL* 적분기의 응답

**18.** 그림 20-66의 회로에 단일 입력 펄스가 인가될 때, 출력 전압을 계산하라.

▶ 그림 20-66

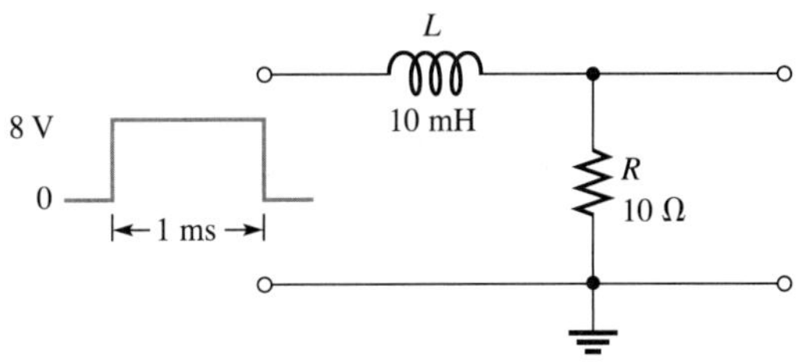

**19.** 그림 20-67의 적분기 출력 전압을 그려라.

▶ 그림 20-67

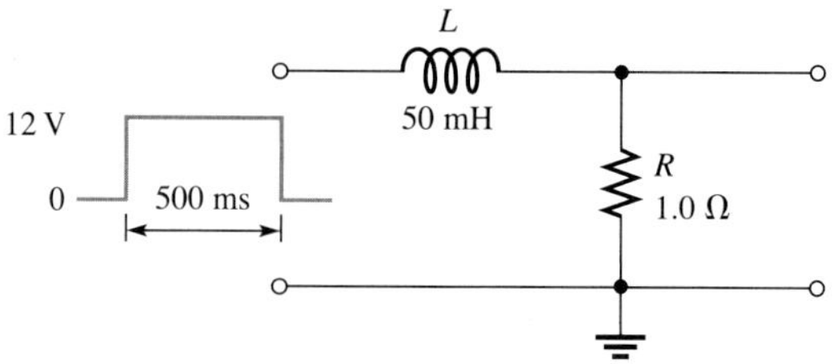


**20.** 그림 20-68에서 시정수를 계산하라. 이 회로는 미분기인가 적분기인가?

▶ 그림 20-68

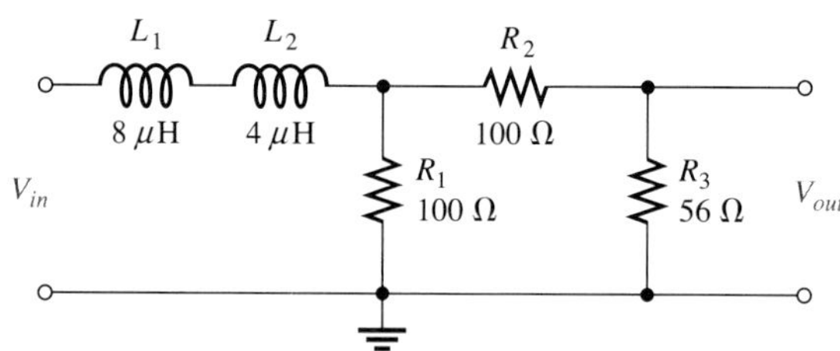


### 20-7 펄스 입력에 대한 *RL* 미분기의 응답

**21.** (a) 그림 20-69에서 $\tau$는 얼마인가?

(b) 출력 전압을 그려라.

**22.** 그림 20-69에서 $t_W$ = 25 μs이고 $T$ = 60 μs인 펄스 파형이 입력될 때, 출력 전압의 파형을 그려라.

▶ 그림 20-69

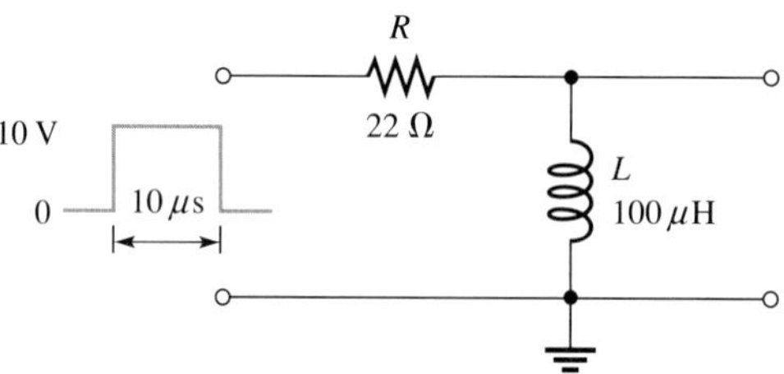


### 20-8 시간 응답과 주파수 응답의 관계

**23.** $\tau$ = 10 μs인 적분기에서 출력되는 최고 주파수는 얼마인가? $5\tau < t_W$로 가정한다.

**24.** 어떤 펄스 파형의 상승 시간은 55 ns이고 하강 시간은 42 ns이다. 이 파형에서 최고 주파수는 얼마인가?

### 20-9 고장진단

**25.** 그림 20-70(a)의 회로에서 신호 파형이 (b)~(d)와 같다고 할 때 각 경우의 결함을 찾아라. $V_{in}$은 주기가 8 ms인 구형파이다.

▶ 그림 20-70

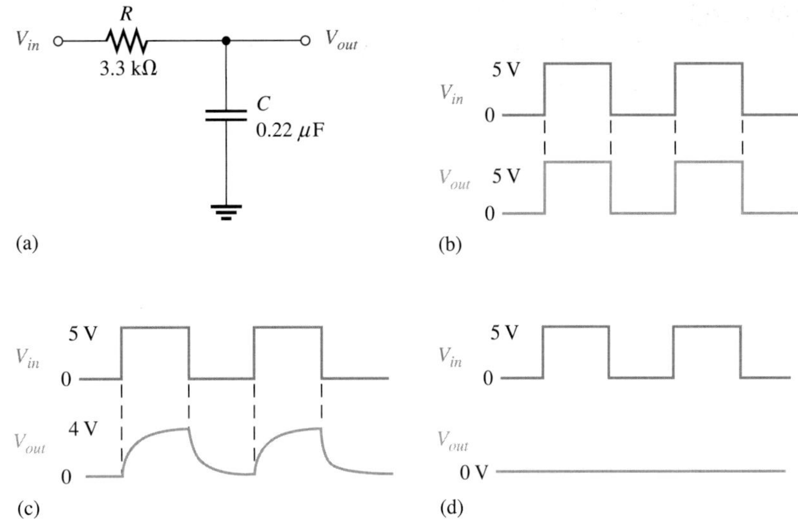


**26.** 그림 20-71(a)의 회로에서 신호 파형이 (b)~(d)와 같다고 할 때 각 경우의 결함을 찾아라. $V_{in}$은 주기가 8 ms인 구형파이다.

▶ 그림 20-71

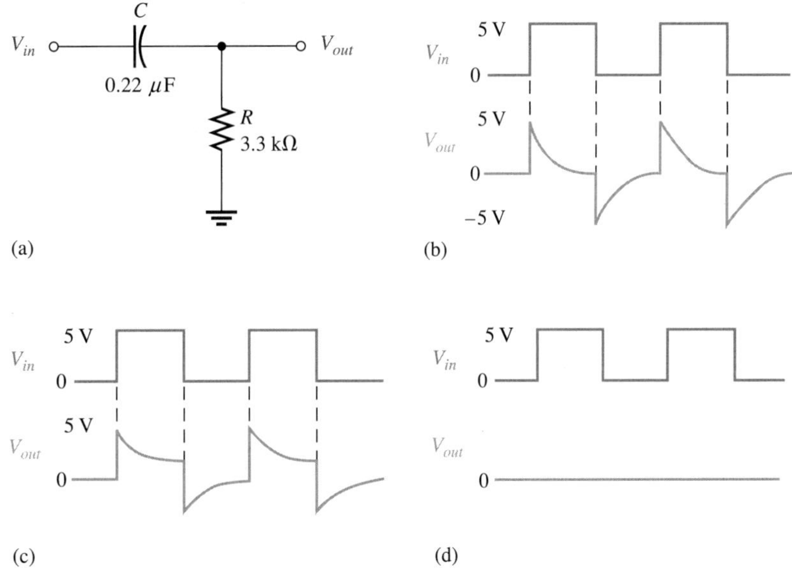

### Multisim 고장진단과 분석

Multisim CD-ROM을 사용하여 다음 문제를 풀어 보라.

**27.** P20-27 파일을 열고 회로에 고장이 있는지 검사하라. 고장이 있으면 어떤 고장인지 알아내어라.

**28.** P20-28 파일을 열고 회로에 고장이 있는지 검사하라. 고장이 있으면 어떤 고장인지 알아내어라.

**29.** P20-29 파일을 열고 회로에 고장이 있는지 검사하라. 고장이 있으면 어떤 고장인지 알아내어라.

**30.** P20-30 파일을 열고 회로에 고장이 있는지 검사하라. 고장이 있으면 어떤 고장인지 알아내어라.

## 복습문제 해답

### 20-1 *RC* 적분기

**1.** 적분기는 출력을 커패시터의 양단 전압으로 하는 *RC* 직렬 회로이다.

**2.** 입력에 인가된 전압은 커패시터를 충전시키고, 입력 양단의 단락은 커패시터를 방전시킨다.

### 20-2 단일 펄스에 대한 *RC* 적분기의 응답

**1.** 적분기의 출력이 진폭에 도달하려면, $5\tau \leq t_W$이어야 한다.

**2.** $V_{out(max)} = 630$ mV; $t_{\text{disch}} = 51.7$ ms

**3.** 그림 20-72 참조

▶ 그림 20-72

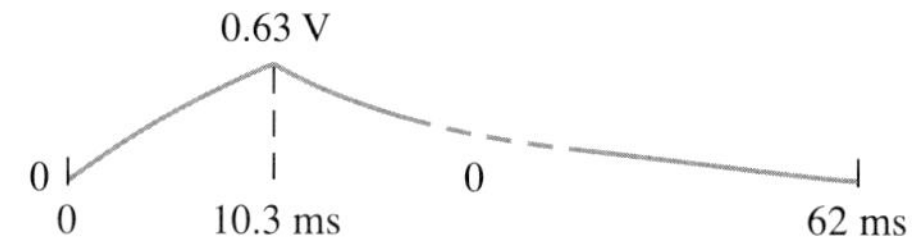


**4.** 아니다. *C*는 완전히 충전되지 않는다.

**5.** $5\tau << t_W$($5\tau$가 $t_W$보다 훨씬 작음)인 경우, 출력은 입력과 유사한 모양이다.

### 20-3 연속적인 펄스에 대한 *RC* 적분기의 응답

**1.** $5\tau \leq t_W$이고 $5\tau \leq$ 펄스 간격일 때, *C*는 완전히 충전 및 방전된다.

**2.** $\tau << t_W$일 때, 출력은 입력과 유사하다.

**3.** 과도 시간

**4.** 정상 상태의 응답은 과도 시간이 지난 다음의 응답이다.

**5.** 출력 전압의 평균값은 입력 전압의 평균값과 같다.

### 20-4 단일 펄스에 대한 *RC* 미분기의 응답

**1.** 그림 20-73 참조

▶ 그림 20-73

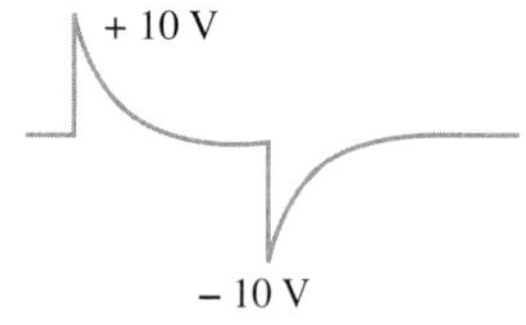


**2.** $5\tau >> t_W$일 때, 출력은 입력과 유사하다.

**3.** 출력은 양과 음의 값을 갖는 스파이크로 나타난다.

**4.** $V_R$은 $-10$ V가 될 것이다.

### 20-5 연속적인 펄스에 대한 *RC* 미분기의 응답

**1.** $5\tau \leq t_W$이고 $5\tau \leq$ 펄스 간격일 때, *C*는 완전히 충전 및 방전될 것이다.

**2.** 출력은 양과 음의 값을 갖는 스파이크가 나타난다.

**3.** 평균 전압은 0 V이다.

### 20-6 펄스 입력에 대한 $RL$ 적분기의 응답

**1.** 출력은 저항 양단에서 취한다.

**2.** $5\tau \leq t_W$일 때, 출력은 입력의 크기에 도달한다.

**3.** $5\tau << t_W$일 때, 출력은 입력과 유사한 모양을 갖는다.

### 20-7 펄스 입력에 대한 $RL$ 미분기의 응답

**1.** 출력은 인턱터 양단에서 얻는다.

**2.** $5\tau >> t_W$일 때, 출력은 입력과 유사한 모양을 갖는다.

**3.** $V_L$은 −8 V가 될 것이다.

### 20-8 시간 응답과 주파수 응답의 관계

**1.** 적분기는 저역통과 필터이다.

**2.** 미분기는 고역통과 필터이다.

**3.** $f_{max}$ = 350 kHz

### 20-9 고장진단

**1.** 0 V 출력은 저항이 개방되었거나 커패시터가 단락된 경우이다.

**2.** $C$가 단락되었다면, 출력은 입력과 같다.

### 회로 응용

**1.** 반드시 커패시터를 추가하고 여섯 개의 접점 중의 한 접점으로 스위치를 절환한다.

**2.** $C_6$ = 100 ms/[(1.204)(47 kΩ)] = 1.77 μF(1.8 μF 사용)

## 관련 문제 해답

**20-1** 8.65 V

**20-2** 24.7 V

**20-3** 1.08 V

**20-4** 그림 20-74 참조

▶ 그림 20-74

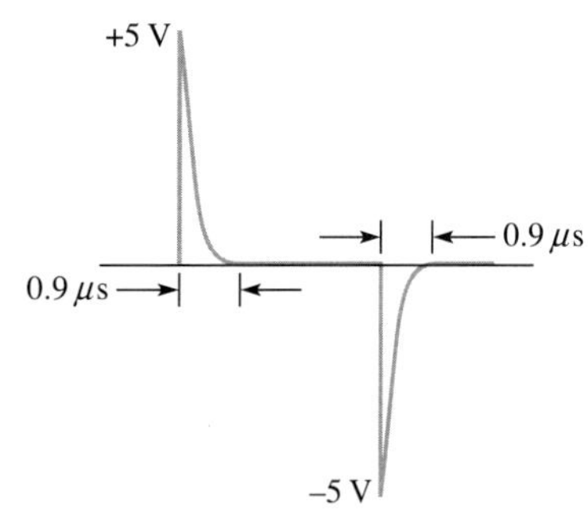


**20-5** 892 mV

**20-6** 50 Ω 가변 저항은 불가능

**20-7** 20 V

**20-8** 2.5 kΩ

**20-9** 그림 20-75 참조

▶ 그림 20-75

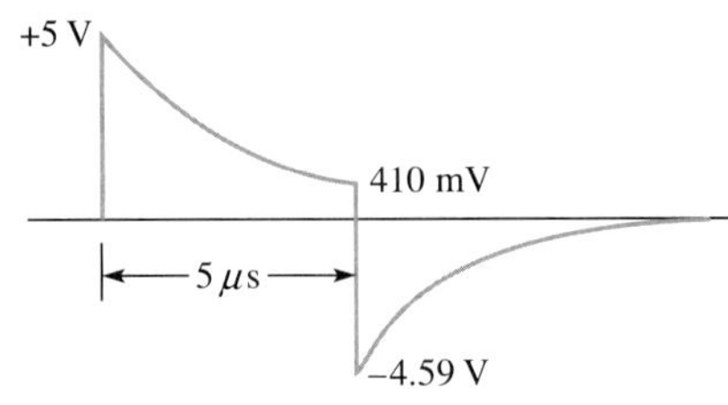


**20-10** 20 kΩ

**20-11** 23.3 MHz

## 자기 진단 해답

**1.** (b) **2.** (c) **3.** (a) **4.** (d) **5.** (a) **6.** (e) **7.** (a) **8.** (c) **9.** (b) **10.** (d)

## 퀴즈 해답

**1.** (b) **2.** (a) **3.** (c) **4.** (a) **5.** (b) **6.** (a) **7.** (a) **8.** (a) **9.** (c) **10.** (a)

CHAPTER 21

# 전력 응용에서의 3상 시스템

## 이 장의 차례



## 이 장의 목표

- 기본적인 3상 기기를 이해한다.
- 전력 응용에서 3상 발전의 장점을 이해한다.
- 3상 발전기의 결선을 해석한다.
- 3상 부하가 있는 3상 발전기를 해석한다.
- 3상 시스템에서 전력 측정을 이해한다.

## 핵심 용어

- 계자 권선
- 고정자
- 상전류($I_\theta$)
- 상전압($V_\theta$)
- 선간전압($V_L$)
- 선전류($I_L$)
- 평형 부하
- 회전자

## 인터넷 학습자료

http://www.prenhall.com/floyd

## 이 장의 소개

앞 장의 교류 해석에서는 단상의 정현파 전원만을 언급하였다. 11장에서 이 도체가 자계 안에서 일정한 속도로 회전하면 정현파 전압이 발생되는 교류 발전기의 기본적인 개념이 설명되었다.

이 장에서는 3상의 정현파 발생과 전력 응용에서 3상 시스템의 장점과 3상 결선의 여러 가지 종류 그리고 전력 측정에 대해 알아본다.

# 21-1 3상 기기

3상 발전기는 어떤 일정한 위상 차이가 나는 세 개의 정현파 전압을 동시에 발생한다. 이런 다상 발전은 자기장에서 회전하는 여러 개의 권선에 의하여 만들어진다. 같은 원리로 3상 전동기는 3상의 정현파 전압 입력으로 동작된다.

이 절의 학습 내용은 다음과 같다.

- **기본적인 3상 기기**
  - 기본적인 3상 발전기
  - 3상 발전기의 구조
  - 기본적인 3상 유도 전동기

## 발전기

그림 21-1(a)는 회전자 둘레에 120° 간격으로 배치된 세 개의 도체 권선으로 구성되어 있는 발전기를 보여주고 있다. 이 구조는 그림 21-1(b)에 나타난 것처럼 각각 120° 위상차를 갖는 세 개의 정현파 전압을 발생한다.

▶ 그림 21-1

기본적인 3상 발전기

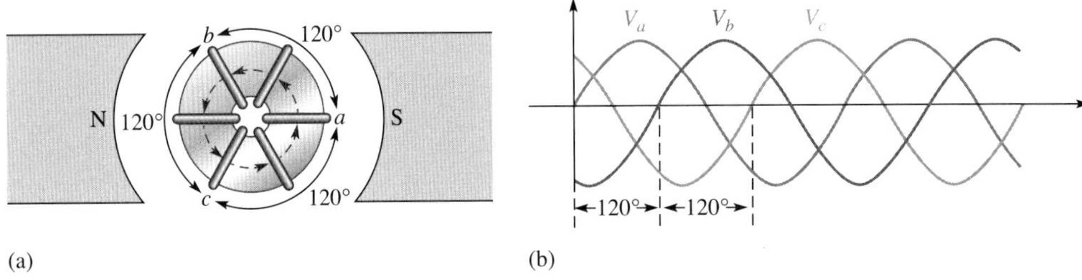


그림 21-2는 쌍극, 3상 발전기의 구조이다. 대부분의 실용 발전기는 이와 같은 구조로 되어 있는데, 고정되어 있는 영구자석보다는 회전하는 전자석을 사용한다. 이 그림에서 보는 바와 같이 **회전자**(rotor) 둘레에 감겨져 있는 권선에 직류 전류($I_F$)를 흘려서 전자석이 만들어진다.

▶ 그림 21-2

쌍극, 3상 발전기

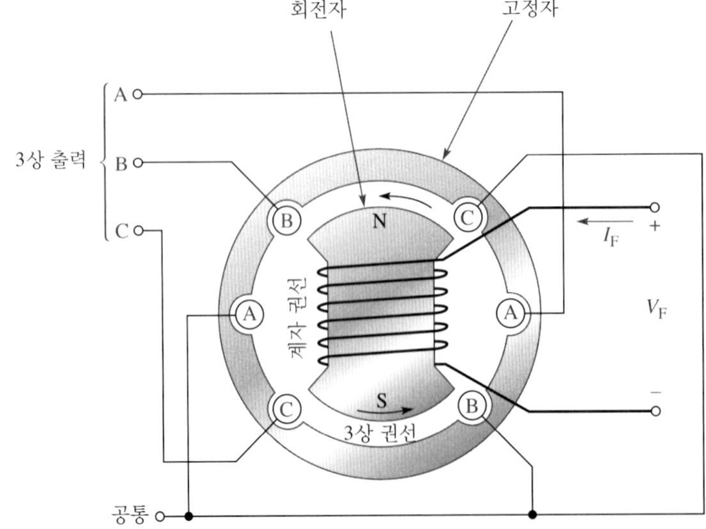

이 권선을 **계자 권선**(field winding)이라고 한다. 이때 직류 전류는 브러시나 슬립 링 부품을 통하여 공급된다. 발전기의 외곽에 있으며 고정되어 있는 부분을 **고정자**(stator)라고 한다. 세 개의 권선은 고정자 둘레에 120° 간격으로 배치되어 있으며 그림 21-1(b)와 같이 자기장이 회전하면 이들 권선에서 3상 전압이 유도된다.

## 전동기

가장 일반적인 교류 전동기는 3상 유도 전동기이다. 기본적으로 3상 유도 전동기는 고정자 권선이 장치된 고정자와 도전성 금속봉이 **원통형**(squirrel-cage) 구조로 배열되어 조립된 회전자로 구성되어 있는데, 단면도는 그림 21-3과 같다.

3상 전압이 고정자 권선에 인가될 때, 회전 자기장이 형성된다. 자기장이 회전함에 따라 전류가 회전자의 도전성 금속봉에 유도되고, 이 전류와 자기장의 상호작용으로 회전자에 회전력을 발생시킨다.

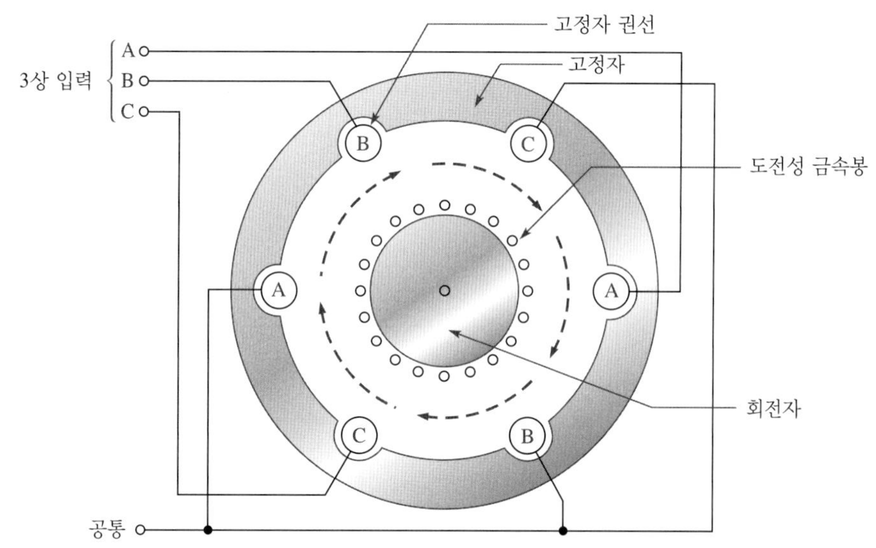


◀ 그림 21-3
기본적인 3상 유도 전동기

**복습문제 21-1**

1. 교류 발전기에 이용되는 기본 원리를 설명하라.
2. 3상 발전기에서 요구되는 독립된 전기자 권선은 몇 개인가?

# 21-2 전력 응용분야의 발전기

전력을 부하로 공급할 때 단상 기기보다 3상 발전기를 사용하는 것이 여러 가지 장점을 갖고 있다. 이 절에서는 그 장점에 대하여 살펴본다.

이 절의 학습 내용은 다음과 같다.

- **전력 응용에서 다상 발전기의 장점**
  - 전선 규격의 감소 측면
  - 구리전선 측면에서 단상과 2상 및 3상 시스템의 비교
  - 일정한 전력이 갖는 장점
  - 일정한 회전 자계가 갖는 장점

단상 발전기보다 3상 발전기를 사용하면 발전기에서 부하로 전류를 전달하는 구리선의 규격을 작게 할 수 있다.

그림 21-4는 저항성 부하가 연결된 단상 발전기를 간략하게 나타낸 것이다. 코일 기호는 발전기의 권선을 나타낸다.

▶ 그림 21-4

저항성 부하가 연결된 단상 발전기

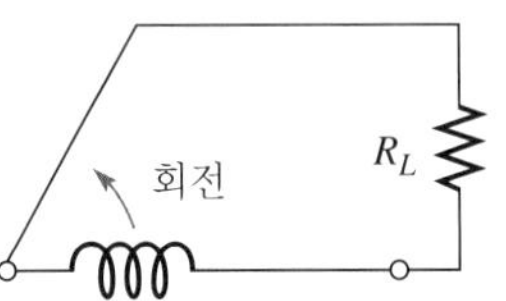


예를 들어, 그림 21-5와 같이 단상 정현파 전압이 권선에 유도되어 60 Ω의 부하에 공급된다면, 결과적으로 부하 전류는 다음 식과 같다.

$$\mathbf{I}_{RL} = \frac{120\angle 0^\circ \text{ V}}{60\angle 0^\circ \ \Omega} = 2\angle 0^\circ \text{ A}$$

▶ 그림 21-5

단상 발전기의 예

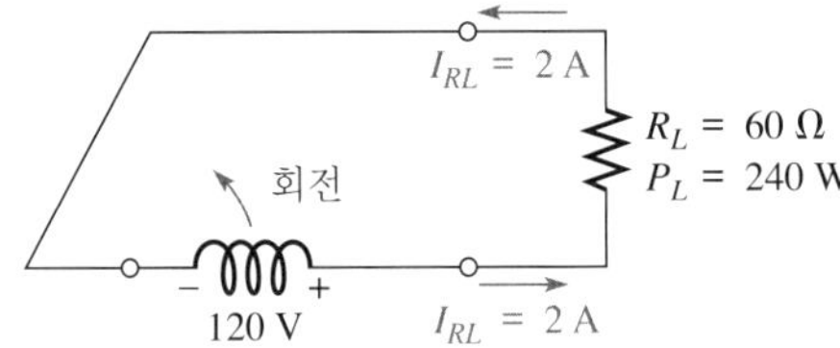


발전기에서 부하로 공급해야 할 총 전류는 2 ∠ 0° A이다. 이것은 전류를 부하로 전달하는 두 개의 전선이 각각 2 A의 용량을 가져야 한다는 것을 의미한다. 그러므로 구리전선은 4 A 용량의 단면적을 가져야 한다(구리전선의 단면적은 소요되는 전선의 총 양의 척도이다). 총 부하 전력은 다음과 같다.

$$P_{L(tot)} = I_{RL}^2 R_L = 240 \text{ W}$$

그림 21-6은 180 Ω의 부하 저항 세 개 간 연결된 3상 발전기를 간략하게 나타낸 그림이다. 이 시스템은 등가의 단상 시스템이 병렬 연결된 세 개의 180 Ω에 전력을 공급하는 형태이므로

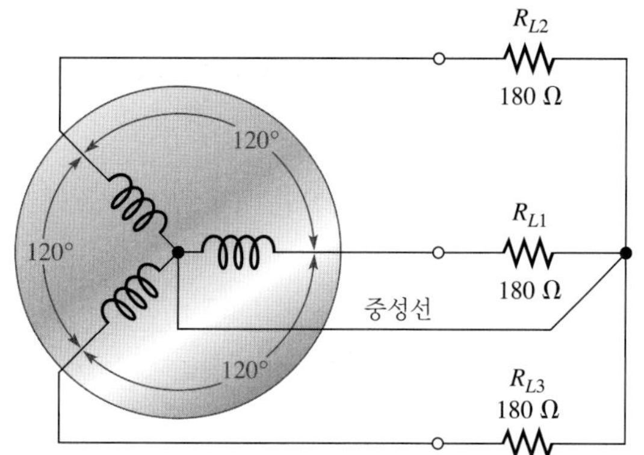


◀ 그림 21-6

각각의 단상에 180 Ω이 연결된 3상 발전기

실효 부하 저항은 60 Ω이다. 코일은 120° 간격으로 배치된 발전기 권선을 나타낸다.

그림 21-7(a)에서 보는 바와 같이 $R_{L1}$ 양단의 전압은 120 ∠ 0° V, $R_{L2}$ 양단의 전압은 120 ∠ 120° V 그리고 $R_{L3}$ 양단의 전압은 120 ∠ −120° V이다. 각 권선에서 부하까지 전달되는 전류는 다음과 같다.

$$\mathbf{I}_{RL1} = \frac{120\angle 0^\circ\ \text{V}}{180\angle 0^\circ\ \Omega} = 667\angle 0^\circ\ \text{mA}$$

$$\mathbf{I}_{RL2} = \frac{120\angle 120^\circ\ \text{V}}{180\angle 0^\circ\ \Omega} = 667\angle 120^\circ\ \text{mA}$$

$$\mathbf{I}_{RL3} = \frac{120\angle -120^\circ\ \text{V}}{180\angle 0^\circ\ \Omega} = 667\angle -120^\circ\ \text{mA}$$

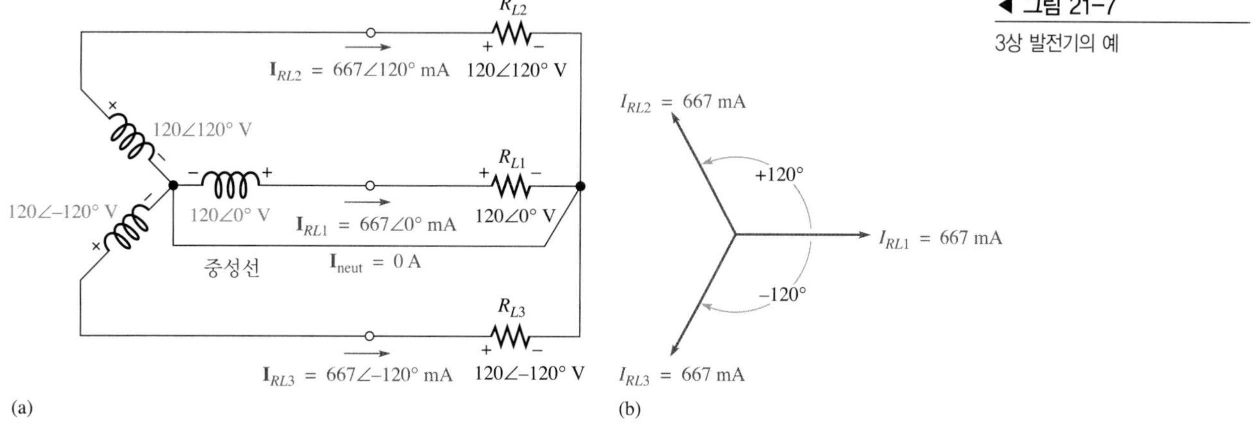


◀ 그림 21-7

3상 발전기의 예

전체 부하 전력은 다음과 같다.

$$P_{L(tot)} = I_{RL1}^2 R_{L1} + I_{RL2}^2 R_{L2} + I_{RL3}^2 R_{L3} = 240\ \text{W}$$

이 값은 앞서 언급한 단상 시스템에 의해 전달되는 전체 부하 전력과 같다.

부하에 전류를 전달하기 위해 중성 도선을 포함한 네 개의 도선이 필요하며 그림 21-7(a)에 나타난 바와 같이 세 도선 각각에 흐르는 전류는 667 mA이다. 중성 도선에 흐르는 전류는 그림 21-7(b)를 참조하여 다음 식과 같이 세 부하 전류의 페이저 합으로 0이 된다.

$$\mathbf{I}_{RL1} + \mathbf{I}_{RL2} + \mathbf{I}_{RL3} = 667\angle 0^\circ \text{ mA} + 667\angle 120^\circ \text{ mA} + 667\angle -120^\circ \text{ mA}$$
$$= 667 \text{ mA} - 333.5 \text{ mA} + j578 \text{ mA} - 333.5 \text{ mA} - j578 \text{ mA}$$
$$= 667 \text{ mA} - 667 \text{ mA} = 0 \text{ A}$$

모든 부하 전류의 크기가 동일하고 중성 전류가 0인 이런 상태를 **평형 부하**(balanced load) 조건이라고 한다.

구리선의 규격은 667 mA + 667 mA + 667 mA + 0 mA = 2 A가 된다. 이 결과는 단상 시스템에 비해 3상 시스템은 동일한 부하 전력을 전달하는 데 구리선의 구경이 더 작아도 된다는 것을 보여준다. 구리선의 구경은 전력 배전 시스템에서는 매우 중요하게 고려되는 요소이다.

**예제 21-1** 실효 부하 저항이 12 Ω인 단상 그리고 3상 120 V 시스템에 필요한 구리선 단면을 전류 전달 용량 측면에서 비교하라.

**풀이** 단상 시스템: 부하 전류는

$$I_{RL} = \frac{120 \text{ V}}{12\ \Omega} = 10 \text{ A}$$

부하까지 도선은 10 A를 전달해야 하며, 그 반대로도 10 A를 전달해야 한다.

따라서 전체 구리선 단면은 2 × 10 A = 20 A의 용량이어야 한다.

3상 시스템: 실효 부하 저항 12 Ω에 대해, 3상 발전기는 36 Ω인 부하 저항 세 개에 각각 공급하므로 각 부하 저항에 흐르는 전류는 다음과 같다.

$$I_{RL} = \frac{120 \text{ V}}{36\ \Omega} = 3.33 \text{ A}$$

평형 부하에 공급하는 세 개의 도선 각각은 3.33 A를 전달할 수 있어야 하며 중성 전류는 0이다.

따라서 전체 구리선 단면은 3 × 3.33 A ≅ 10 A 용량을 가져야 한다. 이 결과는 동일한 부하가 연결된 단상 시스템에 비해서 현저히 작은 값이다.

**관련 문제** 실효 부하 저항이 100 Ω인 단상 그리고 3상 240 V 시스템에 필요한 구리선 단면을 전류 전달 용량 측면에서 비교하라.

3상 시스템의 두 번째 장점은 부하에 전력을 균일하게 전달한다는 점이다. 그림 21-8에 나타난 바와 같이 부하 전력은 정현파 전압의 제곱을 부하 저항으로 나눈 값으로서 공급되는 전압의 두 배 주파수로 최대 $V^2_{RL(\max)}/R_L$에서 최소 0까지 변동된다.

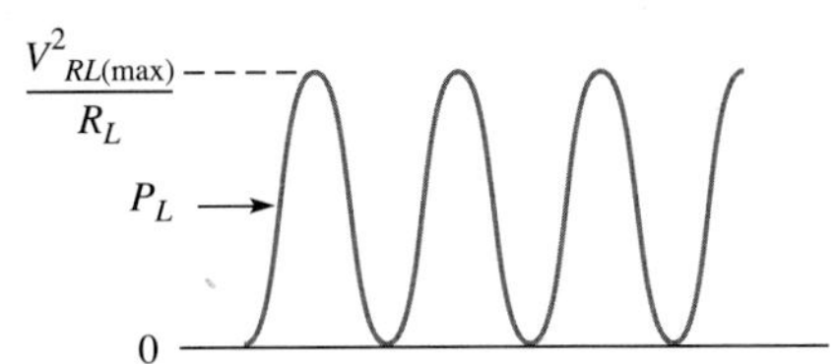


◀ 그림 21-8

단상 부하 전력($\sin^2$ 곡선)

3상 시스템에서 각 부하에서의 전력 파형은 그림 21-9에서와 같이 다른 부하 전력에 비해 120° 위상차를 갖는다. 이 세 전압의 순시값들이 더해져서 $V^2_{RL(\max)}/R_L$이 되며 이 값은 변동이 없는 일정한 값이다. 이와 같이 부하 전력이 균일하다는 것은 기계 에너지가 전기 에너지로 일정하게 변환된다는 의미로서 전력 응용 시스템에서 대단히 중요하게 취급되는 사항이다.

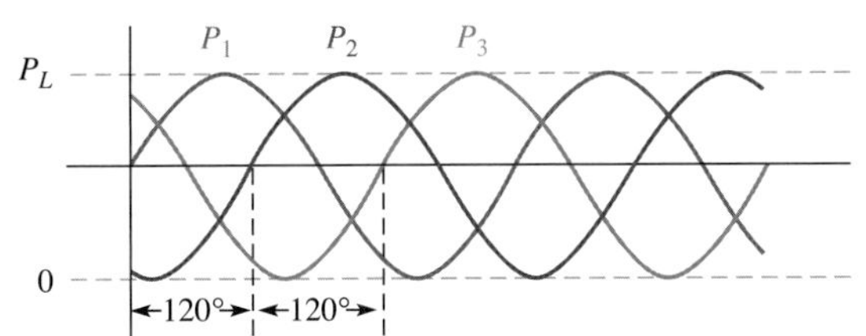


◀ 그림 21-9

3상 전력($P_L = V^2_{RL(\max)}/R_L$)

다양한 응용 분야에서 교류 발전기는 전기 에너지를 전동기의 회전축을 회전시키는 기계 에너지로 변환하기 위해 이용된다. 발전기가 동작하는 근원적인 에너지는 수력이나 증기 시스템과 같은 것들이다. 그림 21-10은 이러한 기본적인 개념을 나타낸 그림이다.

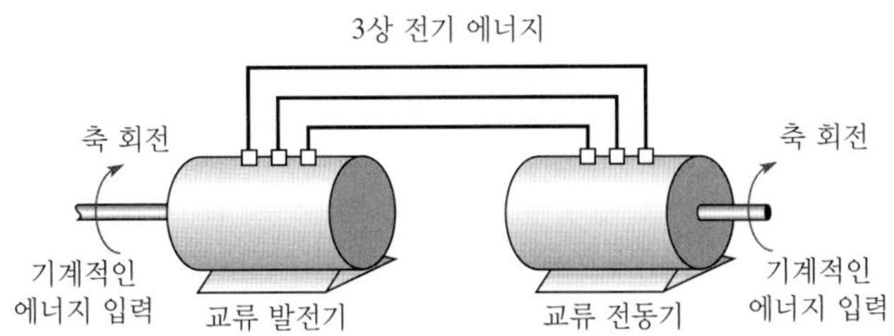


◀ 그림 21-10

기계-전기-기계 에너지 변환의 예

3상 발전기가 전동기 권선에 연결되면 전동기 안에는 자속 밀도가 균일한 자기장이 형성되어 전동기는 3상 사인파의 주파수로 회전하게 된다. 전동기의 회전자는 회전 자계에 의하여 일정한 회전 속도로 전동기 축을 회전시키는데, 이 점이 3상 시스템의 장점이다.

단상 시스템은 여러 응용분야에서 적절하지 못하다. 왜냐하면 자속 밀도의 변동이 심하고, 각 사이클 동안 반대 방향의 자기장을 생성하여 균일한 회전 자계의 발생이 이루어지지 않기 때문이다.

**복습문제 21-2**

1. 단상 시스템에 비해 3상 시스템의 장점을 나열하라.
2. 기계-전기 에너지 변환에서 어떤 장점이 가장 중요한가?
3. 전기-기계 에너지 변환에서 어떤 장점이 가장 중요한가?

# 21-3 3상 발전기의 종류

앞 절에서 설명을 위하여 Y-결선이 사용되었다. 이 절에서는 Y-결선에 대한 특징을 깊이 있게 조사하고, 그 다음으로 Δ-결선에 대하여 설명한다.

이 절의 학습 내용은 다음과 같다.

- **3상 발전기 구성의 해석**
  - Y-결선 발전기의 해석
  - Δ-결선 발전기의 해석

## Y-결선 발전기

그림 21-11에서 보는 바와 같이 Y-결선 시스템은 3선식이나, 중성선을 사용하는 4선식으로 할 수 있다. 부하가 완전하게 평형을 이루면 중성선의 전류는 0이 되어 중성선은 필요치 않다. 그러나 부하가 불균형인 경우는 중성선의 전류가 0이 아니기 때문에 되돌아오는 전류의 경로를 제공하기 위하여 중성선은 필수적으로 있어야 한다.

▶ 그림 21-11

Y-결선 발전기

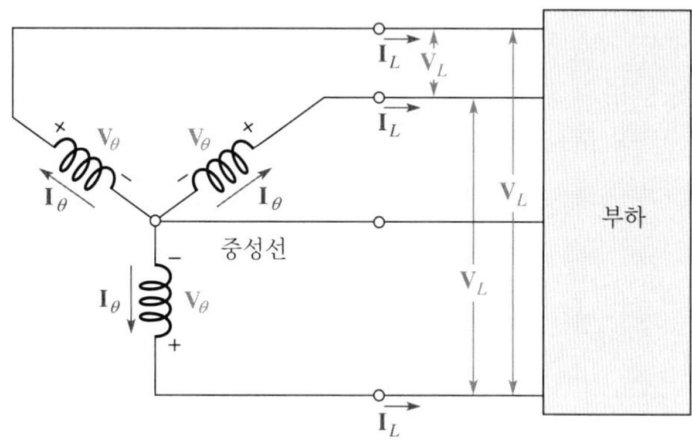


발전기 권선 양단의 전압을 **상전압**(phase voltages, $V_\theta$)이라 하고, 권선을 통하여 흐르는 전류를 **상전류**(phase currents, $I_\theta$)라 한다. 또한 발전기 권선에서 부하로 연결된 선에 흐르는 전류를 **선전류**(line currents, $I_L$)라 하며, 이들 선 사이의 전압을 **선간전압**(line voltages, $V_L$)이라 한다. Y-결선 회로에서 각 선전류의 크기는 상전류와 같다.

$$I_L = I_\theta \tag{21-1}$$

그림 21-12에서 보는 바와 같이 일반적으로 권선의 종단점들을 $a, b, c$라 하고, 중성점을 $n$이라 표시하고 이들 문자들은 위상을 표시하기 위해 상전류와 선전류 그리고 상전압에 첨자로 사용한다. 상전압은 항상 권선의 종단점에서는 (+), 중성점에서는 (−) 값이 되는 것에 유의한다. 선간전압은 첨자를 겹쳐서 표시한다. 예를 들면, $\mathbf{V}_{L(ba)}$은 $b$에서 $a$로의 선간전압이다.

그림 21-13(a)는 상전압의 페이저도를 나타낸 것이다. 그림 21-13(b)에 나타난 것처럼, 페이저의 회전에 의하여 $V_{\theta a}$는 기준 각으로 0이다. 이들 페이저 전압을 극좌표 형식으로 표시하면 다음과 같다.

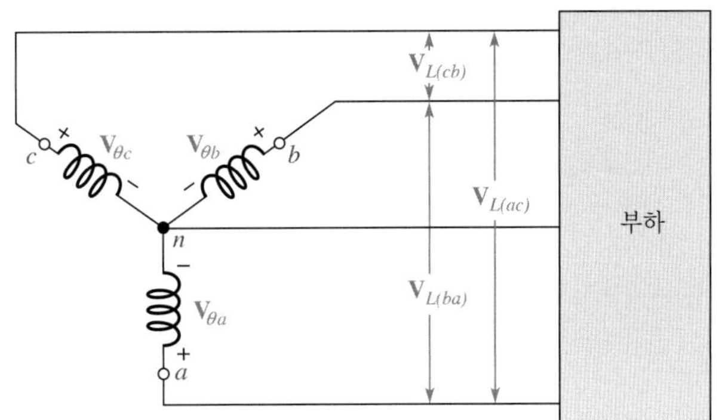


◀ 그림 21-12
Y-결선된 시스템에서 상전압과 선간전압

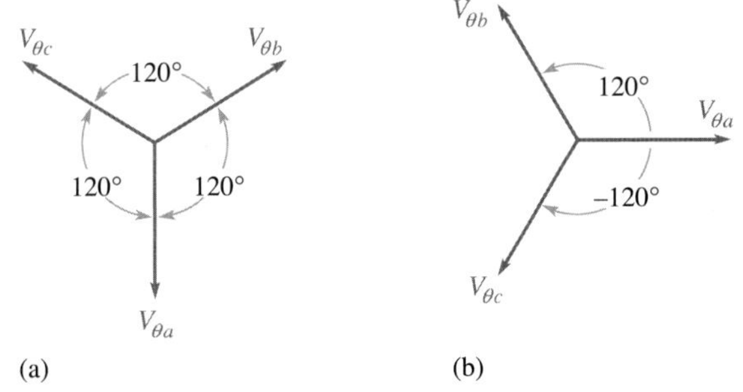


◀ 그림 21-13
상전압

$$\mathbf{V}_{\theta a} = V_{\theta a}\angle 0^\circ$$
$$\mathbf{V}_{\theta b} = V_{\theta b}\angle 120^\circ$$
$$\mathbf{V}_{\theta c} = V_{\theta c}\angle -120^\circ$$

선간전압은 세 가지이다. 하나는 $a$와 $b$ 사이, 다른 하나는 $a$와 $c$ 사이 그리고 또 다른 하나는 $b$와 $c$ 사이의 전압이다. 이런 각 선간전압의 크기는 상전압 크기의 3배이며 각 선간전압과 가장 인접한 선간전압 사이의 위상각은 30°이다.

$$V_L = \sqrt{3}V_\theta \tag{21-2}$$

모든 상전압의 크기는 동일하므로

$$\mathbf{V}_{L(ba)} = \sqrt{3}V_\theta\angle 150^\circ$$
$$\mathbf{V}_{L(ac)} = \sqrt{3}V_\theta\angle 30^\circ$$
$$\mathbf{V}_{L(cb)} = \sqrt{3}V_\theta\angle -90^\circ$$

그림 21-14는 선간전압 페이저도와 상전압의 페이저도를 겹쳐서 보여준다. 각각의 선간전압과 가장 가까이에 있는 상전압 사이의 위상각은 30°이고, 이들 선간전압 사이의 위상각은 120°이다.

▶ 그림 21-14

3상 시스템의 Y-결선에서 상전압과 선간전압의 페이저도

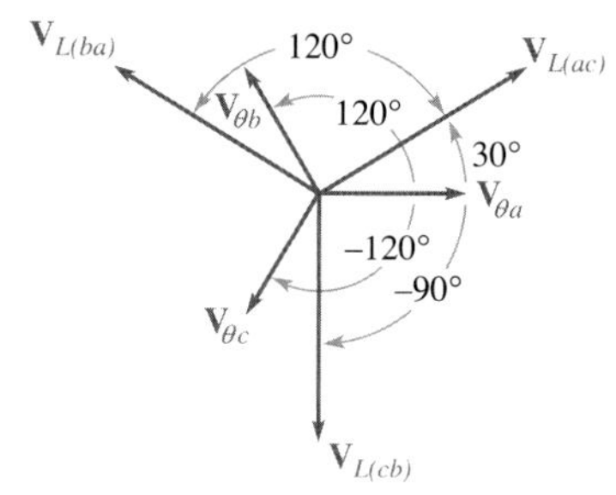


**예제 21-2** Y-결선된 교류 발전기의 어느 순간에서의 위치가 그림 21-15와 같다. 각 상전압의 크기가 120 V rms라고 할 때, 각 선간전압의 크기를 구하고 페이저도를 그려라.

▶ 그림 21-15

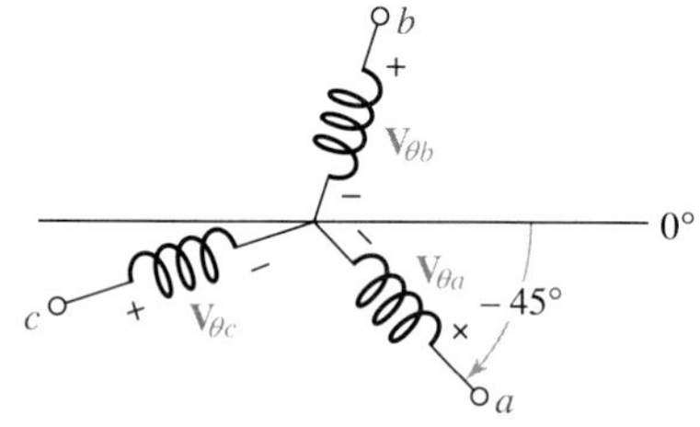


**풀이** 각 선간전압의 크기는 다음과 같다.

$$V_L = \sqrt{3}V_\theta = \sqrt{3}(120\ \text{V}) = \mathbf{208\ V}$$

주어진 순간의 발전기 위치에서 페이저도는 그림 21-16과 같다.

▶ 그림 21-16

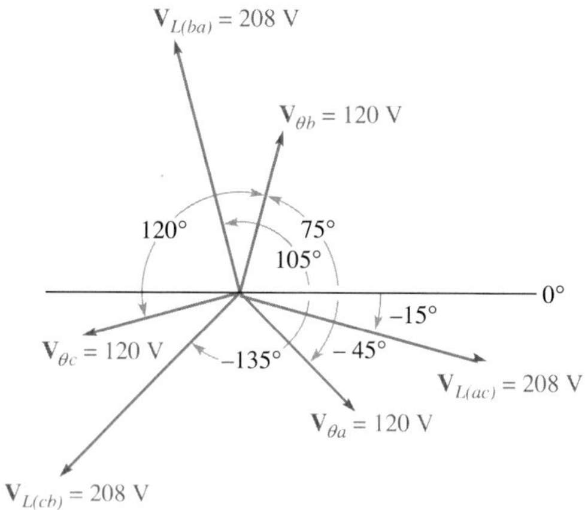


**관련 문제** 그림 21-16에서 발전기의 위치가 시계 방향으로 45° 더 회전하였을 때 선간전압 크기를 구하라.

## Δ-결선 발전기

Y-결선 발전기의 경우, 4선 시스템의 단자에서 상전압과 선간전압, 두 가지 전압을 이용할 수 있었다. 또한 Y-결선 발전기에서 선전류는 상전류와 같았다. Δ-결선 발전기 시스템도 이와 같은 특성을 갖는다는 것을 기억하자.

그림 21-17에서 보는 바와 같이 3상 발전기의 권선들을 Δ-결선 발전기의 형태로 재배치할 수 있다. 이 블록도에서 알 수 있듯이 선간전압과 상전압의 크기는 같지만, 선전류는 상전류와 같지 않다.

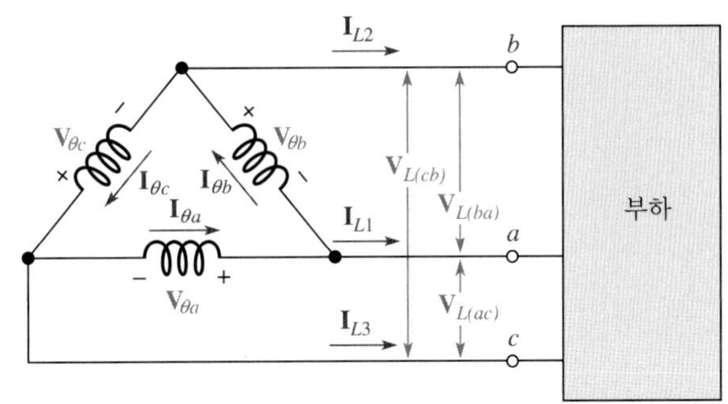


◀ 그림 21-17
Δ-결선 발전기

3선 시스템이므로 한 종류의 전압 크기만을 이용할 수 있으며, 다음 식으로 표시할 수 있다.

$$V_L = V_\theta \qquad (21\text{-}3)$$

모든 상전압의 크기는 같으므로 선간전압을 극좌표 형식으로 표시하면 다음과 같다.

$$\mathbf{V}_{L(ac)} = V_\theta\angle 0^\circ$$
$$\mathbf{V}_{L(ba)} = V_\theta\angle 120^\circ$$
$$\mathbf{V}_{L(cb)} = V_\theta\angle -120^\circ$$

상전류의 페이저도는 그림 21-18에 나타나 있는데 각 전류를 극좌표 형식으로 표현하면 다음과 같다.

$$\mathbf{I}_{\theta a} = I_{\theta a}\angle 0^\circ$$
$$\mathbf{I}_{\theta b} = I_{\theta b}\angle 120^\circ$$
$$\mathbf{I}_{\theta c} = I_{\theta c}\angle -120^\circ$$

각 선전류의 크기는 상전류 크기의 $\sqrt{3}$ 배이며 각 선전류와 인접한 상전류 사이의 위상각은 30°이다.

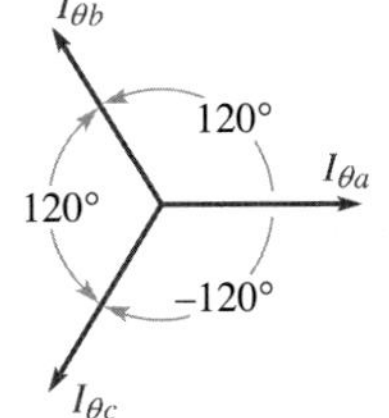


◀ 그림 21-18
Δ-결선 시스템의 상전류도

$$I_L = \sqrt{3}I_\theta \tag{21-4}$$

모든 상전류는 크기가 동일하므로

$$\mathbf{I}_{L1} = \sqrt{3}I_\theta\angle -30^\circ$$
$$\mathbf{I}_{L2} = \sqrt{3}I_\theta\angle 90^\circ$$
$$\mathbf{I}_{L3} = \sqrt{3}I_\theta\angle -150^\circ$$

전류의 페이저도는 그림 21-19와 같다.

▶ 그림 21-19
상전류와 선전류의 페이저도

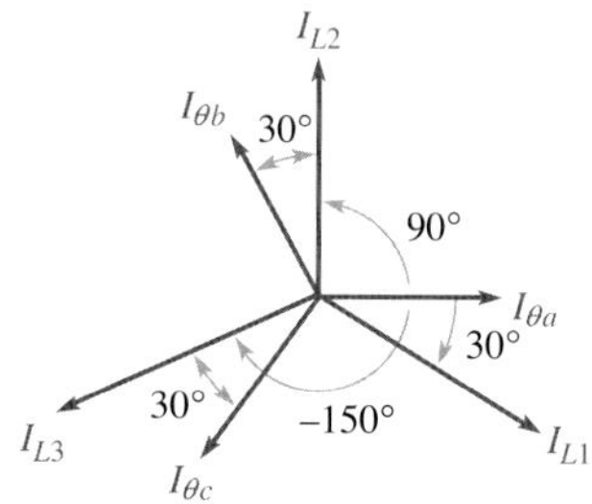


**예제 21-3** 그림 21-20의 3상 Δ-결선 발전기가 평형 부하 조건에서 상전류는 크기가 10 A이다. $\mathbf{I}_{\theta a} = 10\angle 30^\circ$ A일 때 다음을 구하라.

(a) 나머지 상전류를 극좌표 형식으로 써라.
(b) 선전류들을 극좌표 형식으로 써라.
(c) 전류의 페이저도를 그려라.

▶ 그림 21-20

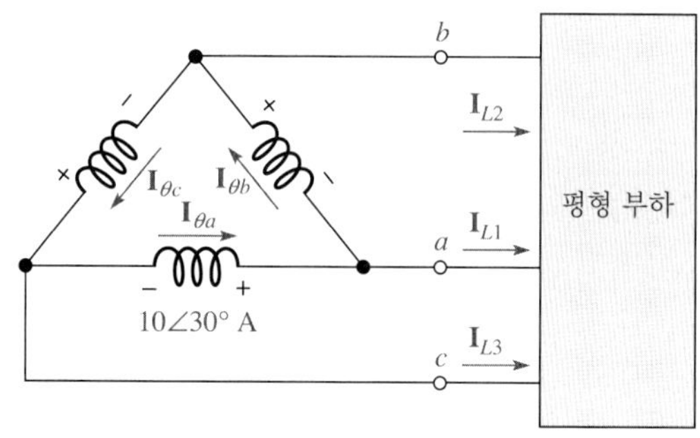


풀이 (a) 상전류는 120° 위상차를 가지므로

$$\mathbf{I}_{\theta b} = 10\angle(30^\circ + 120^\circ) = \mathbf{10\angle 150^\circ\ A}$$
$$\mathbf{I}_{\theta c} = 10\angle(30^\circ - 120^\circ) = \mathbf{10\angle -90^\circ\ A}$$

(b) 선전류는 인접한 상전류와 30° 차이가 나므로

$$\mathbf{I}_{L1} = \sqrt{3}I_{\theta a}\angle(30^\circ - 30^\circ) = \mathbf{17.3\angle 0^\circ\ A}$$
$$\mathbf{I}_{L2} = \sqrt{3}I_{\theta b}\angle(150^\circ - 30^\circ) = \mathbf{17.3\angle 120^\circ\ A}$$
$$\mathbf{I}_{L3} = \sqrt{3}I_{\theta c}\angle(-90^\circ - 30^\circ) = \mathbf{17.3\angle -120^\circ\ A}$$

(c) 페이저도는 그림 21-21과 같다.

▶ 그림 21-21

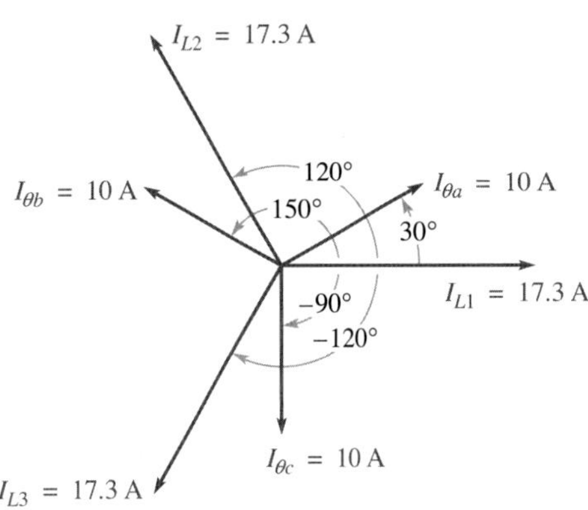


관련 문제 $\mathbf{I}_{\theta a} = 8 \angle 60°$ A일 때 (a)와 (b)를 반복하라.

**복습문제 21-3**

1. 어떤 3선 Y-결선 발전기에서 상전압은 1 kV이다. 선간전압의 크기를 구하라.
2. 1번 문제의 Y-결선 발전기에서 모든 상전류가 5 A이다. 선전류의 크기는 얼마인가?
3. Δ-결선 발전기에서 상전압이 240 V이다. 선간전압은 얼마인가?
4. Δ-결선 발전기에서 상전류는 2 A이다. 선전류의 크기를 구하라.

# 21-4 3상 전원/부하 해석

이 절에서는 전원과 부하를 구성하는 기본적인 네 가지 형태를 살펴본다. 발전기 결선에서처럼 부하도 Y 또는 Δ 형태로 결선할 수 있다.

이 절의 학습 내용은 다음과 같다.

- **3상 부하를 갖는 3상 발전기의 해석**
  - Y-Y 전원/부하 결선 구조의 해석
  - Y-Δ 전원/부하 결선 구조의 해석
  - Δ-Y 전원/부하 결선 구조의 해석
  - Δ-Δ 전원/부하 결선 구조의 해석

Y-결선된 부하는 그림 21-22(a)에, Δ-결선된 부하는 그림 21-22(b)에 각각 나타나 있다. 여기서 $\mathbf{Z}_a$, $\mathbf{Z}_b$, $\mathbf{Z}_c$ 블록은 저항, 리액턴스 또는 두 가지 성분으로 구성된 부하 임피던스이다.

전원/부하의 네 가지 구성방식은 다음과 같다.

**1.** Y-결선 전원이 Y-결선 부하를 구동(Y-Y 시스템)

**2.** Y-결선 전원이 Δ-결선 부하를 구동(Y-Δ 시스템)

**3.** Δ-결선 전원이 Y-결선 부하를 구동(Δ-Y 시스템)

**4.** Δ-결선 전원이 Δ-결선 부하를 구동(Δ-Δ 시스템)

▶ 그림 21-22
3상 부하

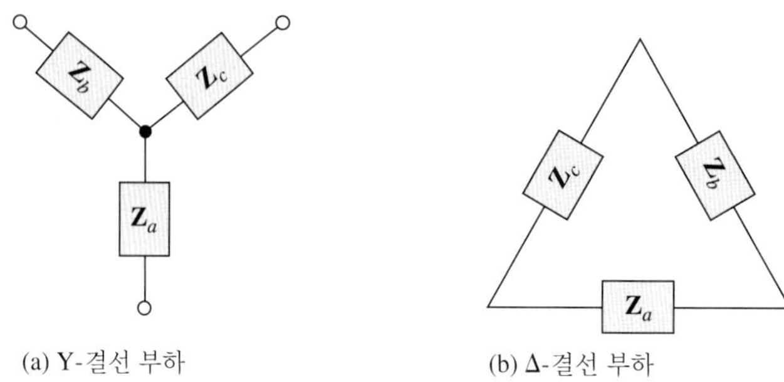


(a) Y-결선 부하　　(b) Δ-결선 부하

## Y-Y 시스템

그림 21-23은 Y-결선 전원이 Y-결선 부하를 구동하는 시스템을 보여주고 있다. 이때 부하는 $\mathbf{Z}_a = \mathbf{Z}_b = \mathbf{Z}_c$인 3상 전동기와 같은 평형 부하이거나, $\mathbf{Z}_a$는 전등 회로, $\mathbf{Z}_b$는 전열기, $\mathbf{Z}_c$는 공조기 같이 각각 독립적인 세 개의 단상 부하일 수도 있다.

Y-결선 전원에서 중요한 특징은 각각 다른 값의 두 3상 전압을 이용할 수 있다는 것이다. 예를 들어, 표준 배전 시스템에서 3상 변압기는 120 V와 208 V를 공급하는 3상 전압원이 될 수 있는 것이다. 120 V인 상전압을 이용하려면 부하는 Y-결선이어야 하며, 208 V 선간전압을 사용하려면 부하는 Δ-결선이면 된다.

▶ 그림 21-23
Y-결선된 부하를 구동하는 Y-결선된 전원

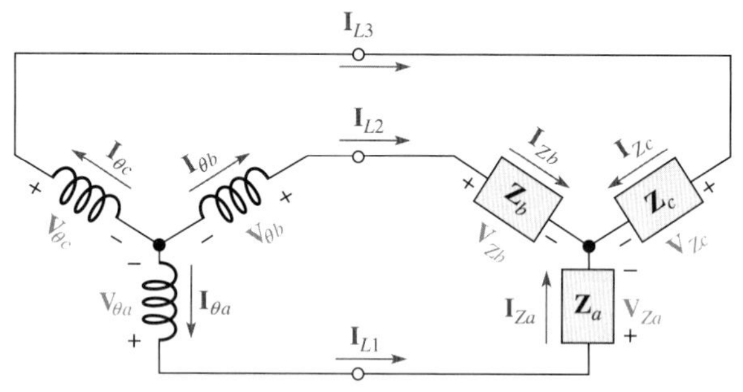


그림 21-23의 Y-Y 시스템에서 상전류, 선전류 및 부하 전류는 임의의 위상에서 그 크기가 같다는 사실에 주목하라. 또한 각각의 부하 전압은 그에 대응되는 상전압과 같다. 이런 관계는 다음 식과 같으며, 평형 혹은 불균형 부하에서도 적용된다.

$$I_\theta = I_L = I_Z \tag{21-5}$$

$$V_\theta = V_Z \tag{21-6}$$

여기서 $V_Z$와 $I_Z$는 부하 전압과 전류이다.

평형 부하의 경우, 모든 상전류는 같고 중성선의 전류는 0이다. 그리고 불균형 부하의 경우 각 상전류는 같지 않으며 중성선의 전류도 0이 아니다.

**예제 21-4** 그림 21-24의 Y-Y 시스템에서 다음에 답하라.

(a) 각각의 부하 전류 (b) 각각의 선전류 (c) 각각의 상전류
(d) 중성 전류 (e) 각각의 부하 전압

▶ 그림 21-24

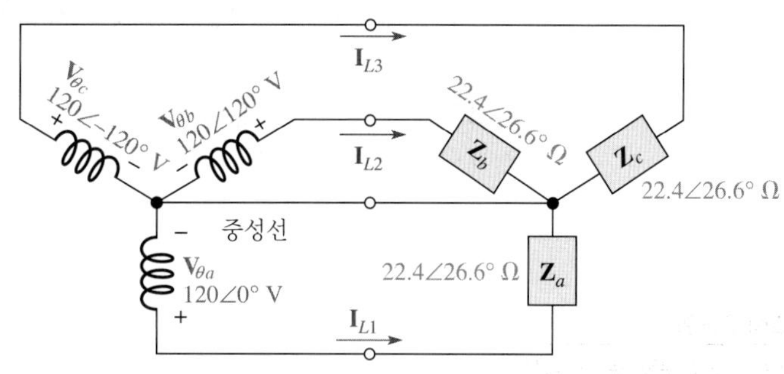


**풀이** 이 시스템의 부하는 평형 부하이다. $\mathbf{Z}_a = \mathbf{Z}_b = \mathbf{Z}_c = 22.4\angle 26.6°\ \Omega$

(a) 부하 전류는

$$\mathbf{I}_{Za} = \frac{\mathbf{V}_{\theta a}}{\mathbf{Z}_a} = \frac{120\angle 0°\text{ V}}{22.4\angle 26.6°\ \Omega} = \mathbf{5.36\angle -26.6°\ A}$$

$$\mathbf{I}_{Zb} = \frac{\mathbf{V}_{\theta b}}{\mathbf{Z}_b} = \frac{120\angle 120°\text{ V}}{22.4\angle 26.6°\ \Omega} = \mathbf{5.36\angle 93.4°\ A}$$

$$\mathbf{I}_{Zc} = \frac{\mathbf{V}_{\theta c}}{\mathbf{Z}_c} = \frac{120\angle -120°\text{ V}}{22.4\angle 26.6°\ \Omega} = \mathbf{5.36\angle -147°\ A}$$

(b) 선전류는

$$\mathbf{I}_{L1} = \mathbf{5.36\angle -26.6°\ A}$$
$$\mathbf{I}_{L2} = \mathbf{5.36\angle 93.4°\ A}$$
$$\mathbf{I}_{L3} = \mathbf{5.36\angle -147°\ A}$$

(c) 상전류는

$$\mathbf{I}_{\theta a} = \mathbf{5.36\angle -26.6°\ A}$$
$$\mathbf{I}_{\theta b} = \mathbf{5.36\angle 93.4°\ A}$$
$$\mathbf{I}_{\theta c} = \mathbf{5.36\angle -147°\ A}$$

(d) $\mathbf{I}_{\text{neut}} = \mathbf{I}_{Za} + \mathbf{I}_{Zb} + \mathbf{I}_{Zc}$
$= 5.36\angle -26.6°\text{ A} + 5.36\angle 93.4°\text{ A} + 5.36\angle -147°\text{ A}$
$= (4.80\text{ A} - j2.40\text{ A}) + (-0.33\text{ A} + j5.35\text{ A}) + (-4.47\text{ A} - j2.95\text{ A}) = \mathbf{0\ A}$

부하 임피던스들이 같지 않다면(불균형 부하) 중성 전류는 0이 아니다.

(e) 부하 전압은 그에 해당하는 전원 상전압과 같다.

$$\mathbf{V}_{Za} = \mathbf{120\angle 0°\ V}$$
$$\mathbf{V}_{Zb} = \mathbf{120\angle 120°\ V}$$
$$\mathbf{V}_{Zc} = \mathbf{120\angle -120°\ V}$$

**관련 문제** 그림 21-24에서 $\mathbf{Z}_a$와 $\mathbf{Z}_b$는 같고 $\mathbf{Z}_c = 50\angle 26.6°\ \Omega$일 때 중성 전류를 구하라.

## Y-Δ 시스템

그림 21-25는 Y-결선 전원이 Δ-결선 부하를 구동하는 시스템을 보여주고 있다. 이 결선의 중요한 특성은 부하의 각 상전압이 그 양단에 전체의 선간전압을 갖는다는 것이다.

$$V_Z = V_L \tag{21-7}$$

선전류는 그에 대응되는 상전류와 같고, 각 선전류는 그림에서 보는 바와 같이 두 개의 부하 전류로 나누어진다. 평형 부하의 경우($\mathbf{Z}_a = \mathbf{Z}_b = \mathbf{Z}_c$), 각 부하에서 전류는 다음과 같다.

$$I_L = \sqrt{3}I_Z \tag{21-8}$$

▶ 그림 21-25

Δ-결선 부하를 구동하는 Y-결선 전원

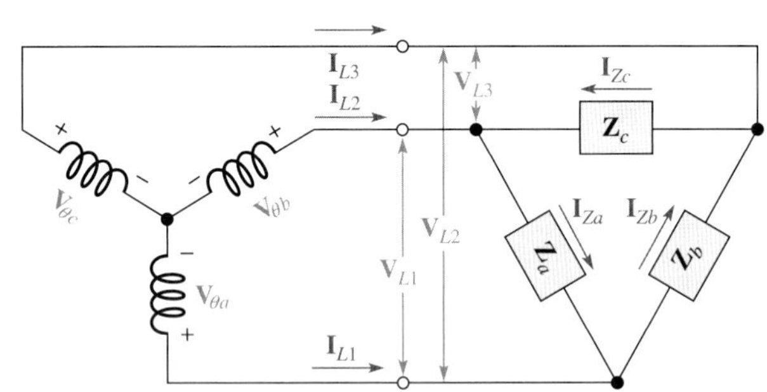


**예제 21-5** 그림 21-26에서 부하 전압과 부하 전류를 구하고 그 관계를 페이저도로 표시하라.

▶ 그림 21-26

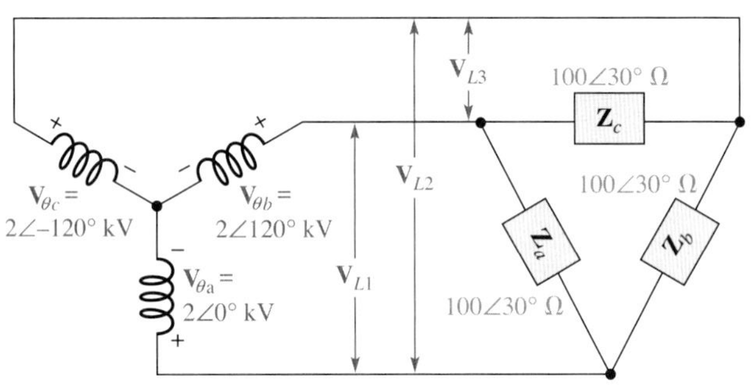


**풀이** $V_L = \sqrt{3}\,V_\theta$(식 (21-2))와 각 선간전압과 인접한 상전압 사이에는 30°의 차이가 있다는 사실을 이용하면 부하 전압은 다음과 같다.

$$\mathbf{V}_{Za} = \mathbf{V}_{L1} = 2\sqrt{3}\angle 150^\circ\text{ kV} = \mathbf{3.46\angle 150^\circ\ kV}$$
$$\mathbf{V}_{Zb} = \mathbf{V}_{L2} = 2\sqrt{3}\angle 30^\circ\text{ kV} = \mathbf{3.46\angle 30^\circ\ kV}$$
$$\mathbf{V}_{Zc} = \mathbf{V}_{L3} = 2\sqrt{3}\angle -90^\circ\text{ kV} = \mathbf{3.46\angle -90^\circ\ kV}$$

부하 전류는 다음과 같다.

$$\mathbf{I}_{Za} = \frac{\mathbf{V}_{Za}}{\mathbf{Z}_a} = \frac{3.46\angle 150^\circ\text{ kV}}{100\angle 30^\circ\ \Omega} = \mathbf{34.6\angle 120^\circ\ A}$$
$$\mathbf{I}_{Zb} = \frac{\mathbf{V}_{Zb}}{\mathbf{Z}_b} = \frac{3.46\angle 30^\circ\text{ kV}}{100\angle 30^\circ\ \Omega} = \mathbf{34.6\angle 0^\circ\ A}$$

$$\mathbf{I}_{Zc} = \frac{\mathbf{V}_{Zc}}{\mathbf{Z}_c} = \frac{3.46\angle -90°\ \text{kV}}{100\angle 30°\ \Omega} = \mathbf{34.6\angle -120°\ A}$$

페이저도는 그림 21-27과 같다.

▶ 그림 21-27

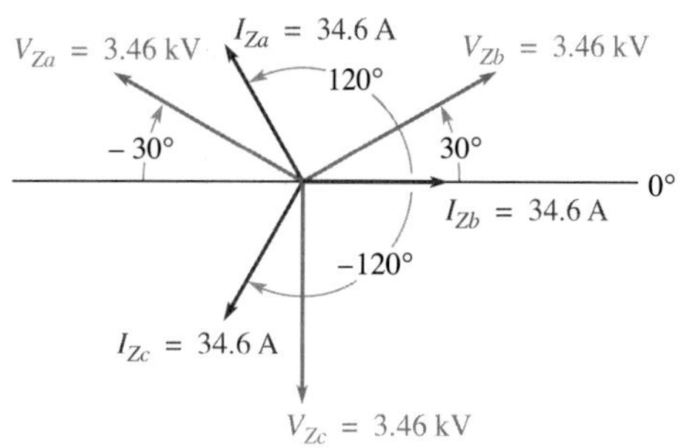


**관련 문제** 그림 21-26에서 상전압의 크기가 240 V라고 할 때 부하 전류를 구하라.

## Δ-Y 시스템

그림 21-28은 Y-결선 평형 부하에 Δ-결선 전원이 공급되는 시스템을 보여주고 있다. 그림에서 선간전압은 그에 대응되는 전원의 전압과 같다. 그리고 극성을 보면 각 상전압은 그에 대응되는 부하 전압의 차와 같음을 알 수 있다.

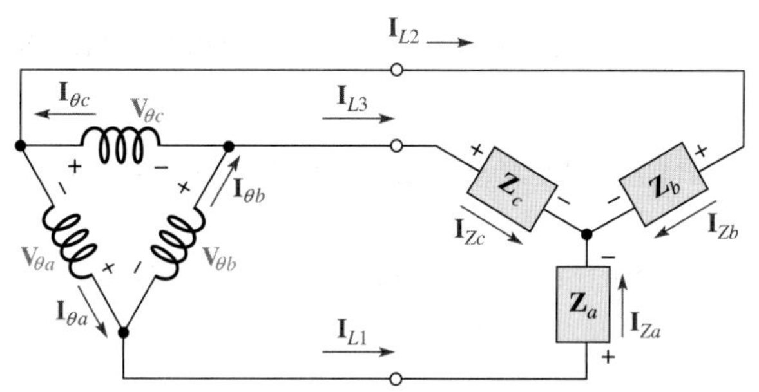


◀ 그림 21-28
Y-결선 부하를 구동하는 Δ-결선 전원

각 부하 전류는 대응되는 선전류와 같다. 부하가 평형이기 때문에 부하 전류의 합은 0이다. 따라서 중성선은 필요가 없다.

부하 전압과 그에 대응되는 상전압 사이의 관계는 다음 식과 같다.

$$V_\theta = \sqrt{3}V_Z \qquad (21\text{-}9)$$

선전류와 그에 대응되는 부하 전류는 같으며, 평형 부하인 경우 부하 전류의 합은 영이다.

$$\mathbf{I}_L = \mathbf{I}_Z \qquad (21\text{-}10)$$

그림 21-28에서 알 수 있듯이 각 선전류는 두 상전류의 차이다.

$$\mathbf{I}_{L1} = \mathbf{I}_{\theta a} - \mathbf{I}_{\theta b}$$
$$\mathbf{I}_{L2} = \mathbf{I}_{\theta c} - \mathbf{I}_{\theta a}$$
$$\mathbf{I}_{L3} = \mathbf{I}_{\theta b} - \mathbf{I}_{\theta c}$$

**예제 21-6** 그림 21-29에서 평형 부하일 때 전류와 전압 그리고 선간전압의 크기를 구하라.

▶ **그림 21-29**

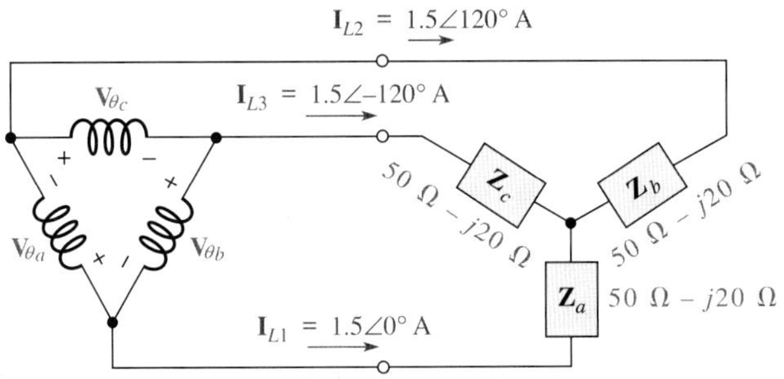

**풀이** 부하 전류는 정의된 선전류와 같다.

$$\mathbf{I}_{Za} = \mathbf{I}_{L1} = \mathbf{1.5\angle 0° \ A}$$
$$\mathbf{I}_{Zb} = \mathbf{I}_{L2} = \mathbf{1.5\angle 120° \ A}$$
$$\mathbf{I}_{Zc} = \mathbf{I}_{L3} = \mathbf{1.5\angle -120° \ A}$$

부하 전압은

$$\begin{aligned}\mathbf{V}_{Za} &= \mathbf{I}_{Za}\mathbf{Z}_a \\ &= (1.5\angle 0° \text{ A})(50\ \Omega - j20\ \Omega) \\ &= (1.5\angle 0° \text{ A})(53.9\angle -21.8°\ \Omega) = \mathbf{80.9\angle -21.8° \ V}\end{aligned}$$

$$\begin{aligned}\mathbf{V}_{Zb} &= \mathbf{I}_{Zb}\mathbf{Z}_b \\ &= (1.5\angle 120° \text{ A})(53.9\angle -21.8°\ \Omega) = \mathbf{80.9\angle 98.2° \ V}\end{aligned}$$

$$\begin{aligned}\mathbf{V}_{Zc} &= \mathbf{I}_{Zc}\mathbf{Z}_c \\ &= (1.5\angle -120° \text{ A})(53.9\angle -21.8°\ \Omega) = \mathbf{80.9\angle -142° \ V}\end{aligned}$$

선간전압의 크기는

$$V_L = V_\theta = \sqrt{3}V_Z = \sqrt{3}(80.9 \text{ V}) = \mathbf{140 \ V}$$

**관련 문제** 선전류 크기가 1 A일 때 부하 전류는 얼마인가?

## Δ-Δ 시스템

그림 21-30은 Δ-결선 전원이 Δ-결선 부하를 구동하는 시스템을 보여주고 있다. 주어진 위상에서 부하 전압, 선간전압 및 전원 상전압은 모두 같음을 기억하자.

$$V_{\theta a} = V_{L1} = V_{Za}$$
$$V_{\theta b} = V_{L2} = V_{Zb}$$
$$V_{\theta c} = V_{L3} = V_{Zc}$$

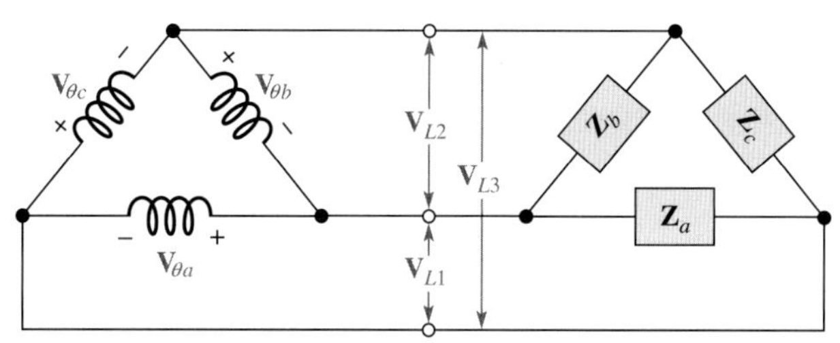


◀ 그림 21-30

Δ-결선 부하를 구동하는 Δ-결선 전원

물론 부하가 평형일 때, 모든 전압은 같으며 다음과 같이 표현할 수 있다.

$$V_\theta = V_L = V_Z \tag{21-11}$$

평형 부하 및 동일한 전원 상전압일 경우에는 다음 식과 같이 표현할 수 있다.

$$I_L = \sqrt{3}I_Z \tag{21-12}$$

**예제 21-7** 그림 21-31에서 부하 전류와 선전류의 크기를 구하라.

▶ 그림 21-31

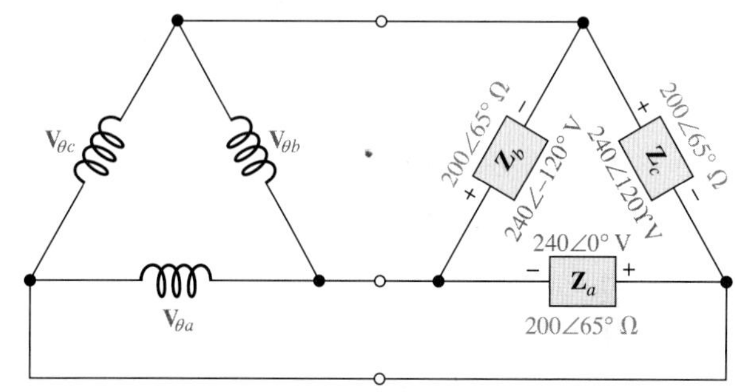


**풀이**

$$V_{Za} = V_{Zb} = V_{Zc} = 240\text{ V}$$

부하 전류의 크기는

$$I_{Za} = I_{Zb} = I_{Zc} = \frac{V_{Za}}{Z_a} = \frac{240\text{ V}}{200\ \Omega} = \mathbf{1.20\ A}$$

선전류의 크기는

$$I_L = \sqrt{3}I_Z = \sqrt{3}(1.20\text{ A}) = \mathbf{2.08\ A}$$

**관련 문제** 그림 21-31에서 부하 전압의 크기가 120 V이고 임피던스가 600 Ω일 때 부하 전류와 선전류를 구하라.

**복습문제 21-4**

1. 네 가지의 3상 전원/부하 결선 방식을 나열하라.
2. 어떤 Y-Y 시스템에서 전원의 상전류 크기가 각각 3.5 A이다. 평형 부하인 경우 각 부하 전류의 크기를 구하라.
3. 주어진 Y-Δ 시스템에서 $V_L = 220$ V이다. $V_Z$를 구하라.
4. 평형 Δ-Y 시스템에서 전원의 상전압이 60 V일 때 선간전압을 구하라.
5. 평형 Δ-Δ 시스템에서 선전류의 크기가 3.2 A일 때 부하 전류의 크기를 구하라.

## 21-5 3상 전력

이 절에서는 3상 시스템의 전력에 대하여 알아보고 전력 측정 방법을 살펴본다.

이 절의 학습 내용은 다음과 같다.

- **3상 시스템에서의 전력 측정**
  - 3-전력계법
  - 2-전력계법

각각의 3상 평형 부하들의 위상 전력은 동일하다. 그러므로 총 실제 부하 전력은 각각의 위상에서의 부하 전력의 3배이다.

$$P_{L(tot)} = 3V_Z I_Z \cos\theta \tag{21-13}$$

여기서 $V_Z$와 $I_Z$는 부하의 각 위상에서의 전압과 전류이고, cos $\theta$는 역률이다.

평형 Y-결선 시스템에서 선간전압과 선전류는 다음과 같다.

$$V_L = \sqrt{3}V_Z \qquad \text{그리고} \qquad I_L = I_Z$$

그리고 평형 Δ-결선 시스템에서 선간전압과 선전류는 다음과 같다.

$$V_L = V_Z \qquad \text{그리고} \qquad I_L = \sqrt{3}I_Z$$

이 관계식들을 식 (21-13)으로 치환하여 정리하면, Y-결선과 Δ-결선 시스템의 총 유효 전력은 다음 식으로 표시된다.

$$P_{L(tot)} = \sqrt{3}V_L I_L \cos\theta \tag{21-14}$$

**예제 21-8**

어떤 Δ-결선 평형 부하에서 선간전압은 250 V이고 임피던스는 50 ∠ 30° Ω이다. 총 부하 전력을 구하라.

**풀이** Δ-결선 시스템에서 $V_Z = V_L$이고 $I_L = \sqrt{3}I_Z$이다. 부하 전류의 크기는

$$I_Z = \frac{V_Z}{Z} = \frac{250\text{ V}}{50\ \Omega} = 5\text{ A}$$

그리고

$$I_L = \sqrt{3}I_Z = \sqrt{3}(5\text{ A}) = 8.66\text{ A}$$

역률은

$$\cos\theta = \cos 30° = 0.866$$

그러므로 총 부하 전력은

$$P_{L(tot)} = \sqrt{3}V_L I_L \cos\theta = \sqrt{3}(250\text{ V})(8.66\text{ A})(0.866) = \mathbf{3.25\ kW}$$

**관련 문제** $V_L = 120$ V이고 $\mathbf{Z} = 100\angle 30°\ \Omega$일 때 총 부하 전력을 구하라.

## 전력 측정

3상 시스템에서 전력 측정은 전력계를 이용한다. 전력계는 일반적으로 두 개의 코일로 구성되어 있는 동력전류계(electrodynamometer) 형태의 구동장치가 사용된다. 한 개의 코일은 전류를 측정하는 데 사용되고, 다른 하나의 코일은 전압을 측정하는 데 사용된다. 전력계의 지침은 부하를 통하여 흐르는 전류와 부하 양단의 전압에 비례하여 전력을 표시한다. 그림 21-32는 부하에서 전력을 측정하는 전력계의 기본적인 구조와 결선을 보여주고 있다. 전압 코일에 직렬 연결된 저항은 코일 양단의 전압에 비례하여 적은 전류가 코일을 통하여 흐르도록 하여 전류를 제한한다.

◀ 그림 21-32

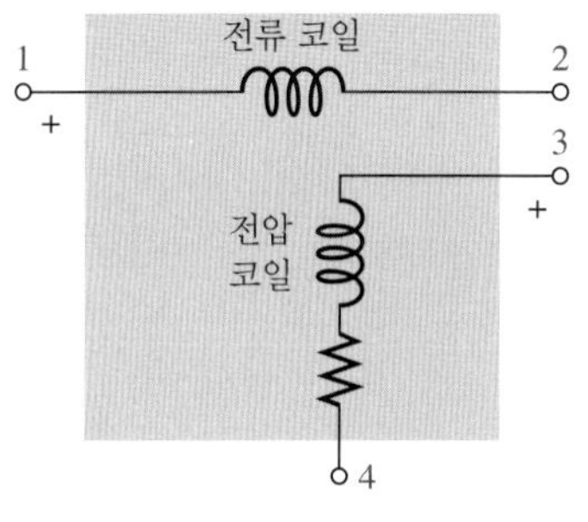


(a) 전력계 구조

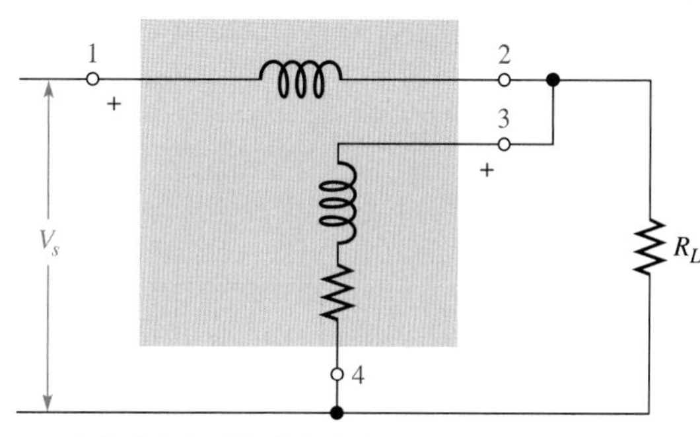


(b) 부하 전력 측정을 위해 연결된 전력계

### 3-전력계법

그림 21-33에서 보는 바와 같이 3개의 전력계를 사용하여 Y 또는 Δ-결선된 평형 또는 불균형 3상 부하 전력을 쉽게 측정할 수 있다. 이런 방법은 **3-전력계법**(three-wattmeter method)으로 알려져 있다.

▶ 그림 21-33
3-전력계법

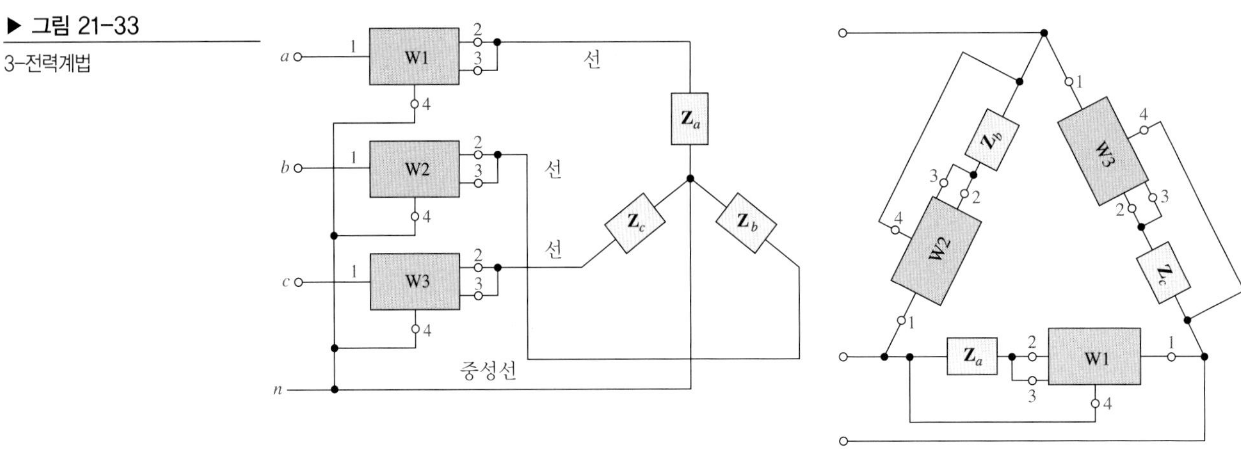


(a) Y-결선된 부하 (b) Δ-결선된 부하

총 전력은 전력계들이 측정한 값을 더하여 구한다.

$$P_{tot} = P_1 + P_2 + P_3 \tag{21-15}$$

만약 부하가 평형이면, 총 전력은 한 전력계가 측정한 값의 3배이다.

3상 부하가 여러 개일 때, 특히 Δ-결선에서는 3상 부하 내부의 연결점을 확보하기가 대단히 어려우므로 전압 코일이 부하 양단에 연결되거나 전류 코일이 부하와 직렬이 되도록 전력계를 연결하기가 쉽지 않다.

## 2-전력계법

3상 전력을 측정하는 다른 방법은 두 개의 전력계를 사용하는 것이다. 이 2-전력계법을 위한 결선은 그림 21-34에 나타나 있다. 전력계의 전압 코일은 선간전압 양단에 연결되어 있고, 전류 코일은 선전류를 통하여 연결되어 있다. Y-결선이나 Δ-결선에서 두 전력계 측정값의 대수적인 합은 총 전력과 같다.

$$P_{tot} = P_1 \pm P_2 \tag{21-16}$$

▶ 그림 21-34
2-전력계법

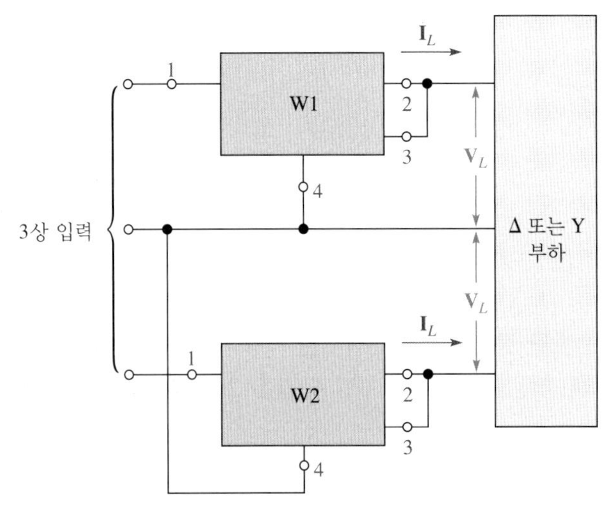

**복습문제 21-5**

1. $V_L = 30$ V, $I_L = 1.2$ A이고 역률은 0.257이다. 평형 Y-결선 부하에 전달되는 총 전력은 얼마인가? 평형 Δ-결선 부하의 경우는 얼마인가?
2. 어떤 평형 부하의 전력을 측정하기 위해 세 개의 전력계를 연결하여 측정한 총 전력이 2678 W이다. 각각의 전력계에 측정된 전력은 얼마인가?

## 요약

- 3상 발전기는 120° 간격으로 나누어진 세 개의 권선으로 구성되어 있다.
- 단상 시스템에 비해 3상 시스템의 세 가지 장점은, 동일한 전력을 부하로 공급한다고 할 때, 구리전선의 단면적을 줄일 수 있고, 부하에 변동이 없는 일정한 전력이 공급되며, 균일한 회전 자계를 만든다는 것이다.
- Y-결선 발전기에서 $I_L = I_\theta$이고 $V_L = \sqrt{3}\,V_\theta$이다.
- Y-결선 발전기에서 각각의 선간전압과 인접한 상전압 사이의 위상차는 30°이다.
- Δ-결선 발전기에서 $V_L = V_\theta$이고 $I_L = \sqrt{3}\,I_\theta$이다.
- Δ-결선 발전기에서 각 선전류와 인접한 상전류 사이의 위상차는 30°이다.
- 평형 부하는 모든 부하 임피던스가 같은 것이다.
- 3상 부하의 전력 측정은 3-전력계법이나 2-전력계법이 이용된다.

## 핵심 용어

**계자 권선**(field winding): 교류 발전기의 회전자 권선
**고정자**(stator): 발전기나 전동기의 고정된 외곽 부분
**상전류**(phase current, $I_\theta$): 발전기 권선에 흐르는 전류
**상전압**(phase voltage, $V_\theta$): 발전기 권선 양단의 전압
**선간전압**(line voltage, $V_L$): 부하에 공급되는 선간 사이의 전압
**선전류**(line current, $I_L$): 부하에 전선을 통하여 공급되는 전류
**평형 부하**(balanced load): 모든 부하가 같고 중성선의 전류가 영이 되는 부하 조건
**회전자**(rotor): 발전기나 전동기의 회전하는 부분

## 주요 공식

Y 발전기

**21-1** $\quad I_L = I_\theta$

**21-2** $\quad V_L = \sqrt{3}V_\theta$

Δ 발전기

**21-3** $\quad V_L = V_\theta$

**21-4** $\quad I_L = \sqrt{3}I_\theta$

Y-Y 시스템

**21-5** $\quad I_\theta = I_L = I_Z$

**21-6** $\quad V_\theta = V_Z$

Y–Δ 시스템

**21-7** $V_Z = V_L$

**21-8** $I_L = \sqrt{3}I_Z$

Δ–Y 시스템

**21-9** $V_\theta = \sqrt{3}V_Z$

**21-10** $I_L = I_Z$

Δ–Δ 시스템

**21-11** $V_\theta = V_L = V_Z$

**21-12** $I_L = \sqrt{3}I_Z$

3상 전력

**21-13** $P_{L(tot)} = 3V_Z I_Z \cos\theta$

**21-14** $P_{L(tot)} = \sqrt{3}V_L I_L \cos\theta$

3–전력계법

**21-15** $P_{tot} = P_1 + P_2 + P_3$

2–전력계법

**21-16** $P_{tot} = P_1 \pm P_2$

## 자기 진단

**1.** 3상 시스템에서 전압의 위상차는 얼마인가?

(a) 90° (b) 30° (c) 180° (d) 120°

**2.** 원통형(squirrel-cage)이란 용어는 어떤 기계의 형태를 말하는 것인가?

(a) 3상 교류 발전기 (b) 단상 교류 발전기

(c) 3상 유도 전동기 (d) 직류 전동기

**3.** 발전기의 중요한 두 가지 요소는 무엇인가?

(a) 회전자와 고정자 (b) 회전자와 균형기

(c) 전압안정기와 슬립 링 (d) 자석과 브러시

**4.** 단상 시스템에 비해 3상 시스템의 장점은 무엇인가?

(a) 구리 도체의 단면적이 작다 (b) 회전자 속도가 느리다

(c) 전력이 균일하다 (d) 온도 특성이 우수하다

(e) (a)와 (c) (f) (b)와 (c)

**5.** Y-결선 발전기에서 240 V 전압이 인가될 때 상전류가 12 A이다. 선전류는 얼마인가?

(a) 36 A (b) 4 A (c) 12 A (d) 6 A

**6.** 어떤 Δ-결선 발전기가 상전압 30 V를 발생시킨다. 선간전압의 크기는 얼마인가?

(a)10 V (b) 30 V (c) 90 V (d) 답이 없다

**7.** 어떤 Δ-Δ 시스템이 5 A의 상전류를 발생시킨다. 선전류는 얼마인가?

(a) 5 A (b) 15 A (c) 8.66 A (d) 2.87 A

**8.** 어떤 Y-Y 시스템이 15 A의 상전류를 발생시킨다. 각 선전류와 부하 전류는 얼마인가?

(a) 26 A (b) 8.66 A (c) 5 A (d) 15 A

**9.** Δ-Y 시스템의 전원 상전압이 220 V이면, 부하 전압의 크기는 얼마인가?

(a) 220 V (b) 381 V (c) 127 V (d) 73.3 V

## 문제

### 21-1 3상 기기

**1.** 교류 발전기의 최대 출력이 250 V이다. 순시값이 75 V가 되는 위상각은 얼마인가?

**2.** 어떤 쌍극 3상 발전기가 60 rpm으로 회전하고 있다. 발전기에서 발생되는 전압의 주파수는 얼마인가? 각 전압 간의 위상각은 얼마인가?

### 21-2 전력 응용분야의 발전기

**3.** 단상 발전기가 200 Ω인 저항과 리액턴스가 175 Ω인 커패시터로 구성되어 있는 부하에 전력을 공급하고 있다. 발전기는 100 V의 전압을 발생시킨다. 부하 전류의 크기를 구하라.

**4.** 문제 3에서 발전기 전압에 대한 부하 전류의 위상을 구하라.

**5.** 어떤 4선 시스템에서 3상 불균형 부하에 $2 \angle 20°$ A, $3 \angle 140°$ A, $1.5 \angle -100°$ A의 전류가 흐른다. 중성선의 전류를 계산하라.

### 21-3 3상 발전기의 종류

**6.** 그림 21-35에서 선간전압을 구하라.

▶ 그림 21-35

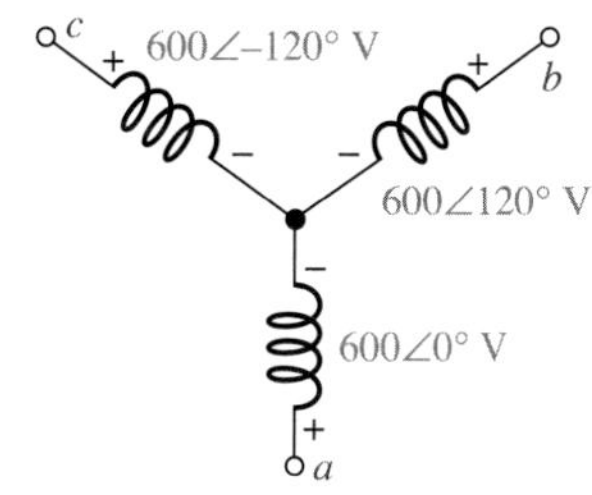


**7.** 그림 21-36에서 선전류를 구하라.

**8.** 그림 21-36에 대한 전류 페이저도를 그려라.

▶ 그림 21-36

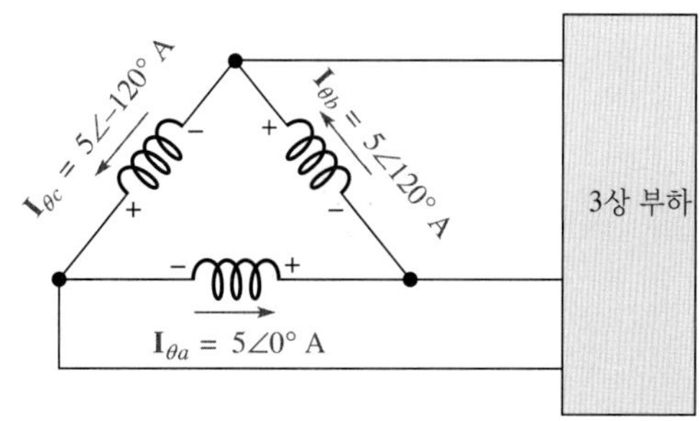

## 21-4 3상 전원/부하 해석

**9.** 그림 21-37에서 Y-Y 시스템에 대한 다음의 값을 계산하라.

(a) 선간전압 (b) 상전류 (c) 선전류

(d) 부하 전류 (e) 부하 전압

▶ 그림 21-37

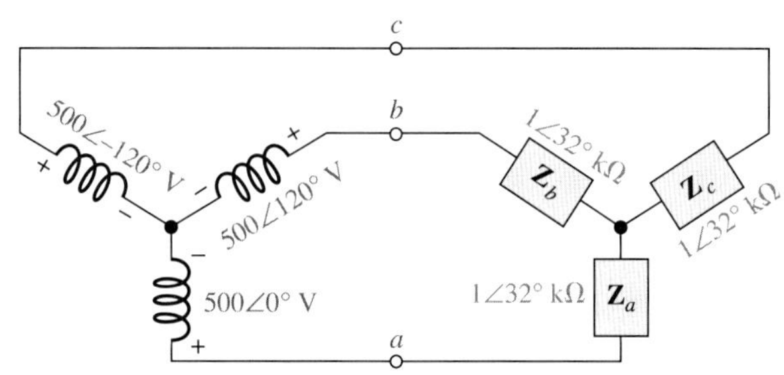


**10.** 그림 21-38의 시스템에 대해 문제 9를 반복하라. 그리고 중성선의 전류를 구하라.

▶ 그림 21-38

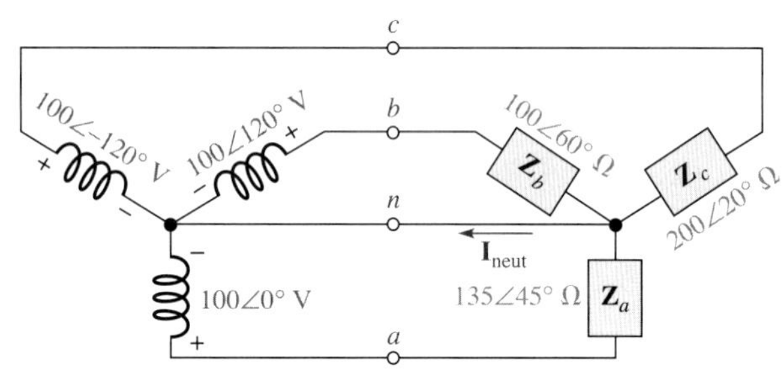


**11.** 그림 21-39의 시스템에 대해 문제 9를 반복하라.

▶ 그림 21-39

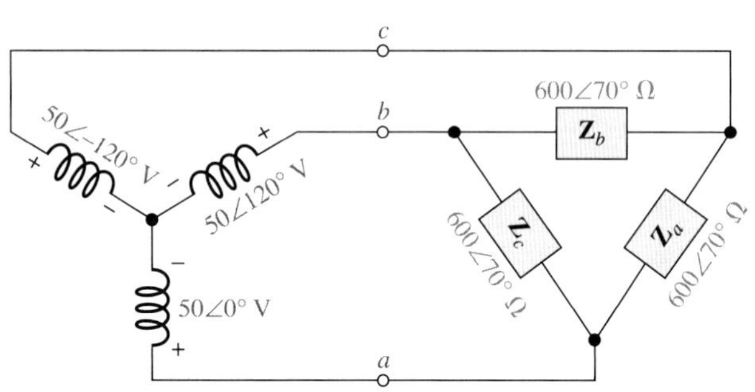


**12.** 그림 21-40의 시스템에 대해 문제 9를 반복하라.

▶ 그림 21-40

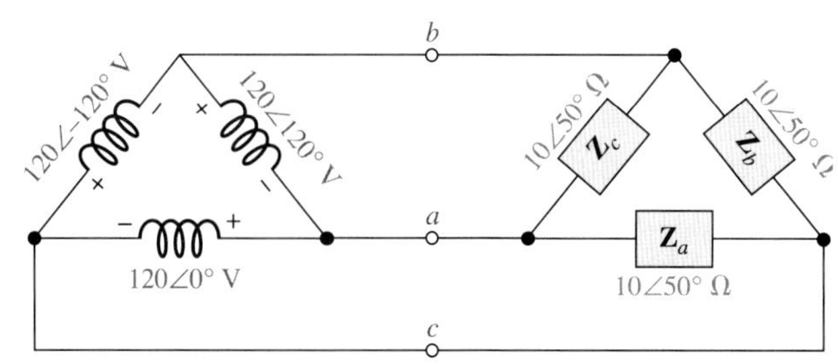

**13.** 그림 21-41의 시스템에 대한 선간전압과 부하 전류를 계산하라.

▶ 그림 21-41

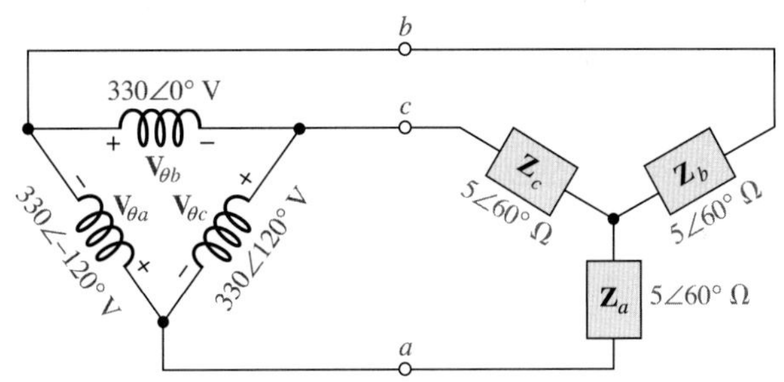


### 21-5 3상 전력

**14.** 평형 3상 시스템에서 각 상에 대한 전력이 1200 W이다. 총 전력은 얼마인가?

**15.** 그림 21-37에서 그림 21-41까지의 전력 시스템에 대하여 부하 전력을 각각 계산하라.

**16.** 그림 21-42에서 총 부하 전력을 구하라.

▶ 그림 21-42

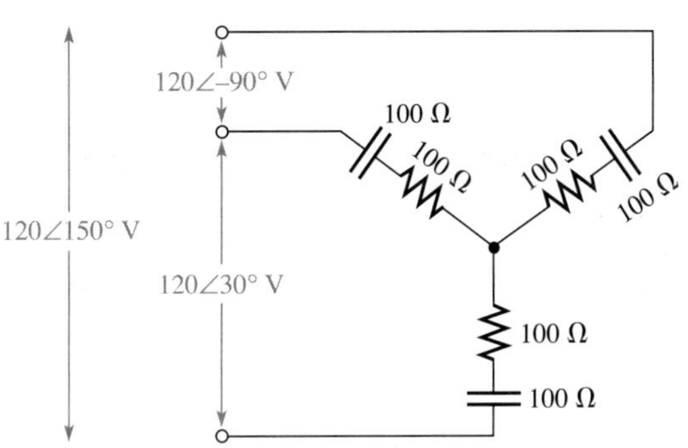


***17.** 그림 21-42와 같은 시스템에서 3-전력계법을 사용하면 각 전력계의 지시 값은 얼마인가?

***18.** 2-전력계법을 사용하여 문제 17을 반복하라.

## 복습문제 해답

### 21-1 3상 기기

**1.** 교류 발전기에서 권선이 자계 안에서 일정한 속도로 회전할 때 정현파 전압이 유도된다.

**2.** 세 개의 전기자 권선

### 21-2 전력 응용분야의 발전기

**1.** 다상 시스템의 장점은 구리전선 규격이 작고, 부하로 균일한 전력이 전달되며, 균일한 회전 자계가 발생된다는 것이다.

**2.** 균일한 전력

**3.** 균일한 자계

### 21-3 3상 발전기의 종류

**1.** $V_L = 1.73$ kV

**2.** $I_L = 5$ A

**3.** $V_L = 240$ V

**4.** $I_L = 3.46$ A

## 21-4 3상 전원/부하 해석

**1.** 전원/부하 구성은 Y-Y, Y-Δ, Δ-Y, Δ-Δ이다.

**2.** $I_L = 3.5$ A

**3.** $V_Z = 220$ V

**4.** $V_L = 60$ V

**5.** $I_Z = 1.85$ A

## 21-5 3상 전력

**1.** $P_Y = 16.0$ W; $P_\Delta = 16.0$ W

**2.** $P = 893$ W

## 관련 문제 해답

**21-1** 단상에 대해 총 4.8 A; 3상에 대해 총 2.4 A

**21-2** 208 V

**21-3** (a) $\mathbf{I}_{\theta b} = 8 \angle 180°$ A, $\mathbf{I}_{\theta c} = 8 \angle -60°$ A

(b) $\mathbf{I}_{L1} = 13.9 \angle 30°$ A, $\mathbf{I}_{L2} = 13.9 \angle 150°$ A, $\mathbf{I}_{L3} = 13.9 \angle -90°$ A

**21-4** $2.96 \angle 33.4°$ A

**21-5** $\mathbf{I}_{Za} = 4.16 \angle 120°$ A, $\mathbf{I}_{Zb} = 4.16 \angle 0°$ A, $\mathbf{I}_{Zc} = 4.16 \angle -120°$ A

**21-6** $\mathbf{I}_{L1} = \mathbf{I}_{Za} = 1 \angle 0°$ A, $\mathbf{I}_{L2} = \mathbf{I}_{Zb} = 1 \angle 120°$ A, $\mathbf{I}_{L3} = \mathbf{I}_{Zc} = 1 \angle -120°$ A

**21-7** $I_Z = 200$ mA, $I_L = 346$ mA

**21-8** 374 W

## 자기 진단 해답

**1.** (d) **2.** (c) **3.** (a) **4.** (e) **5.** (c) **6.** (b) **7.** (c) **8.** (d) **9.** (c)

APPENDIX A

# 표준 저항 값 표

저항 값 허용오차(resistance tolerance) [±%]

| 0.1%<br>0.25%<br>0.5% | 1% | 2%<br>5% | 10% | 0.1%<br>0.25%<br>0.5% | 1% | 2%<br>5% | 10% | 0.1%<br>0.25%<br>0.5% | 1% | 2%<br>5% | 10% | 0.1%<br>0.25%<br>0.5% | 1% | 2%<br>5% | 10% | 0.1%<br>0.25%<br>0.5% | 1% | 2%<br>5% | 10% | 0.1%<br>0.25%<br>0.5% | 1% | 2%<br>5% | 10% |
|---|---|---|---|---|---|---|---|---|---|---|---|---|---|---|---|---|---|---|---|---|---|---|---|
| 10.0 | 10.0 | 10 | 10 | 14.7 | 14.7 | — | — | 21.5 | 21.5 | — | — | 31.6 | 31.6 | — | — | 46.4 | 46.4 | — | — | 68.1 | 68.1 | 68 | 68 |
| 10.1 | — | — | — | 14.9 | — | — | — | 21.8 | — | — | — | 32.0 | — | — | — | 47.0 | — | 47 | 47 | 69.0 | — | — | — |
| 10.2 | 10.2 | — | — | 15.0 | 15.0 | 15 | 15 | 22.1 | 22.1 | 22 | 22 | 32.4 | 32.4 | — | — | 47.5 | 47.5 | — | — | 69.8 | 69.8 | — | — |
| 10.4 | — | — | — | 15.2 | — | — | — | 22.3 | — | — | — | 32.8 | — | — | — | 48.1 | — | — | — | 70.6 | — | — | |
| 10.5 | 10.5 | — | — | 15.4 | 15.4 | — | — | 22.6 | 22.6 | — | — | 33.2 | 33.2 | 33 | 33 | 48.7 | 48.7 | — | — | 71.5 | 71.5 | — | — |
| 10.6 | — | — | — | 15.6 | — | — | — | 22.9 | — | — | — | 33.6 | — | — | — | 49.3 | — | — | — | 72.3 | — | — | — |
| 10.7 | 10.7 | — | — | 15.8 | 15.8 | — | — | 23.2 | 23.2 | — | — | 34.0 | 34.0 | — | — | 49.9 | 49.9 | — | — | 73.2 | 73.2 | — | — |
| 10.9 | — | — | — | 16.0 | — | 16 | — | 23.4 | — | — | — | 34.4 | — | — | — | 50.5 | — | — | — | 74.1 | — | — | — |
| 11.0 | 11.0 | 11 | — | 16.2 | 16.2 | — | — | 23.7 | 23.7 | — | — | 34.8 | 34.8 | — | — | 51.1 | 51.1 | 51 | — | 75.0 | 75.0 | 75 | — |
| 11.1 | — | — | — | 16.4 | — | — | — | 24.0 | — | 24 | — | 35.2 | — | — | — | 51.7 | — | — | — | 75.9 | — | — | — |
| 11.3 | 11.3 | — | — | 16.5 | 16.5 | — | — | 24.3 | 24.3 | — | — | 35.7 | 35.7 | — | — | 52.3 | 52.3 | — | — | 76.8 | 76.8 | — | — |
| 11.4 | — | — | — | 16.7 | — | — | — | 24.6 | — | — | — | 36.1 | — | 36 | — | 53.0 | — | — | — | 77.7 | — | — | — |
| 11.5 | 11.5 | — | — | 16.9 | 16.9 | — | — | 24.9 | 24.9 | — | — | 36.5 | 36.5 | — | — | 53.6 | 53.6 | — | — | 78.7 | 78.7 | — | — |
| 11.7 | — | — | — | 17.2 | — | — | — | 25.2 | — | — | — | 37.0 | — | — | — | 54.2 | — | — | — | 79.6 | — | — | — |
| 11.8 | 11.8 | — | — | 17.4 | 17.4 | — | — | 25.5 | 25.5 | — | — | 37.4 | 37.4 | — | — | 54.9 | 54.9 | — | — | 80.6 | 80.6 | — | — |
| 12.0 | — | 12 | 12 | 17.6 | — | — | — | 25.8 | — | — | — | 37.9 | — | — | — | 56.2 | — | — | — | 81.6 | — | — | — |
| 12.1 | 12.1 | — | — | 17.8 | 17.8 | — | — | 26.1 | 26.1 | — | — | 38.3 | 38.3 | — | — | 56.6 | 56.6 | 56 | 56 | 82.5 | 82.5 | 82 | 82 |
| 12.3 | — | — | — | 18.0 | — | 18 | 18 | 26.4 | — | — | — | 38.8 | — | — | — | 56.9 | — | — | — | 83.5 | — | — | — |
| 12.4 | 12.4 | — | — | 18.2 | 18.2 | — | — | 26.7 | 26.7 | — | — | 39.2 | 39.2 | 39 | 39 | 57.6 | 57.6 | — | — | 84.5 | 84.5 | — | — |
| 12.6 | — | — | — | 18.4 | — | — | — | 27.1 | — | 27 | 27 | 39.7 | — | — | — | 58.3 | — | — | — | 85.6 | — | — | — |
| 12.7 | 12.7 | — | — | 18.7 | 18.7 | — | — | 27.4 | 27.4 | — | — | 40.2 | 40.2 | — | — | 59.0 | 59.0 | — | — | 86.6 | 86.6 | — | — |
| 12.9 | — | — | — | 18.9 | — | — | — | 27.7 | — | — | — | 40.7 | — | — | — | 59.7 | — | — | — | 87.6 | — | — | — |
| 13.0 | 13.0 | 13 | — | 19.1 | 19.1 | — | — | 28.0 | 28.0 | — | — | 41.2 | 41.2 | — | — | 60.4 | 60.4 | — | — | 88.7 | 88.7 | — | — |
| 13.2 | — | — | — | 19.3 | — | — | — | 28.4 | — | — | — | 41.7 | — | — | — | 61.2 | — | — | — | 89.8 | — | — | — |
| 13.3 | 13.3 | — | — | 19.6 | 19.6 | — | — | 28.7 | 28.7 | — | — | 42.2 | 42.2 | — | — | 61.9 | 61.9 | 62 | — | 90.9 | 90.9 | 91 | — |
| 13.5 | — | — | — | 19.8 | — | — | — | 29.1 | — | — | — | 42.7 | — | — | — | 62.6 | — | — | — | 92.0 | — | — | — |
| 13.7 | 13.7 | — | — | 20.0 | 20.0 | 20 | — | 29.4 | 29.4 | — | — | 43.2 | 43.2 | 43 | — | 63.4 | 63.4 | — | — | 93.1 | 93.1 | — | — |
| 13.8 | — | — | — | 20.3 | — | — | — | 29.8 | — | — | — | 43.7 | — | — | — | 64.2 | — | — | — | 94.2 | — | — | — |
| 14.0 | 14.0 | — | — | 20.5 | 20.5 | — | — | 30.1 | 30.1 | 30 | — | 44.2 | 44.2 | — | — | 64.9 | 64.9 | — | — | 95.3 | 95.3 | — | — |
| 14.2 | — | — | — | 20.8 | — | — | — | 30.5 | — | — | — | 44.8 | — | — | — | 65.7 | — | — | — | 96.5 | — | — | — |
| 14.3 | 14.3 | — | — | 21.0 | 21.0 | — | — | 30.9 | 30.9 | — | — | 45.3 | 45.3 | — | — | 66.5 | 66.5 | — | — | 97.6 | 97.6 | — | — |
| 14.5 | — | — | — | 21.3 | — | — | — | 31.2 | — | — | — | 45.9 | — | — | — | 67.3 | — | — | — | 98.8 | — | — | — |

주: 이 표에 수록된 값에 0.1, 1, 10, 100, 1 k, 1 M를 곱한 값이 표준 저항 값으로 널리 사용되고 있다.

APPENDIX

# B 수식 유도

## 식 (7-3): 온도 측정용 브리지 회로의 출력 전압

평형 상태에서 출력 전압 $V_{OUT} = 0$이고 서미스터(thermistor)와 다른 모든 저항의 값은 $R$로 같다. 서미스터의 저항 값이 $R$에서 $\Delta R_{THERM}$만큼 변하여 평형 상태가 깨지면

$$V_B = \frac{V_S}{2} \text{ 이고 } \left(\frac{R}{2R + \Delta R_{THERM}}\right)V_S$$

$$\begin{aligned}\Delta V_{OUT} = V_B - V_A &= \frac{V_S}{2} - \left(\frac{R}{2R + \Delta R_{THERM}}\right)V_S \\ &= \left(\frac{1}{2} - \frac{R}{2R + \Delta R_{THERM}}\right)V_S \\ &= \left(\frac{2R + \Delta R_{THERM} - 2R}{2(2R + \Delta R_{THERM})}\right)V_S \\ &= \left(\frac{\Delta R_{THERM}}{4R + 2\Delta R_{THERM}}\right)V_S\end{aligned}$$

$2\Delta R_{THERM} << 4R$로 가정하면

$$\Delta V_{OUT} \cong \left(\frac{\Delta R_{THERM}}{4R}\right)V_S = \Delta R_{THERM}\left(\frac{V_S}{4R}\right)$$

## 식 (11-6): 정현파의 RMS 값(실효값)

'rms'는 root(제곱근), mean(평균), square(제곱)의 첫 글자를 따서 만든 용어로 이 세 가지 연산 과정으로 rms 값을 구하게 된다. 구하는 과정을 살펴보면 먼저 정현파의 식을 제곱한다.

$$v^2 = V_p^2 \sin^2\theta$$

다음으로 $v^2$의 평균을 구하는데, 반주기 구간에서 $v^2$ 곡선 아래의 면적을 $\pi$로 나누면 된다

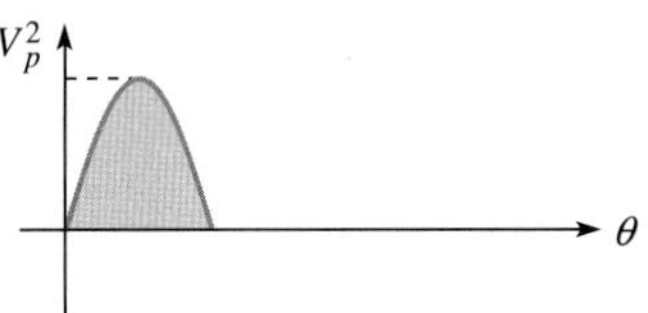


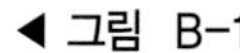

(그림 B-1 참조). 다음과 같이 삼각함수의 성질을 이용하여 $v^2$을 적분하면 면적을 구할 수 있다.

$$\begin{aligned} V_{\text{avg}}^2 &= \frac{\text{면적}}{\pi} = \frac{1}{\pi}\int_0^{\pi} V_p^2 \sin^2\theta \, d\theta \\ &= \frac{V_p^2}{2\pi}\int_0^{\pi}(1 - \cos 2\theta)d\theta = \frac{V_p^2}{2\pi}\int_0^{\pi} 1 \, d\theta - \frac{V_p^2}{2\pi}\int_0^{\pi}(-\cos 2\theta)\, d\theta \\ &= \frac{V_p^2}{2\pi}(\theta - \tfrac{1}{2}\sin 2\theta)_0^{\pi} = \frac{V_p^2}{2\pi}(\pi - 0) = \frac{V_p^2}{2} \end{aligned}$$

마지막으로 $V_{\text{avg}}^2$의 제곱근을 취하면 실효값 $V_{\text{rms}}$를 구할 수 있다.

$$V_{\text{rms}} = \sqrt{V_{\text{avg}}^2} = \sqrt{V_p^2/2} = \frac{V_p}{\sqrt{2}} = 0.707V_p$$

## 식 (11-12): 정현파의 반주기 평균값

한 주기 구간에서 정현파의 평균값은 0이므로 반주기 구간에서 정현파의 평균값을 구해 본다.

정현파를 수식으로 나타내면

$$v = V_p \sin\theta$$

반주기 평균값은 곡선 아래와 수평축 사이의 면적을 수평축의 길이로 나눈 값이다(그림 B-2 참조).

$$V_{\text{avg}} = \frac{\text{면적}}{\pi}$$

◀ 그림 B-2

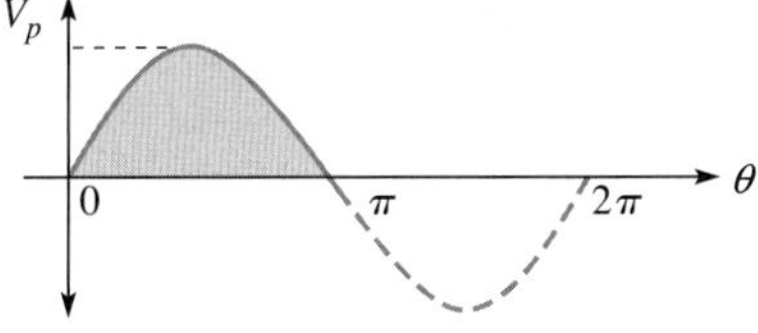


면적을 구하기 위해 적분을 사용하면

$$V_{avg} = \frac{1}{\pi}\int_0^{\pi} V_p \sin\theta\, d\theta = \frac{V_p}{\pi}(-\cos\theta)\Big|_0^{\pi}$$
$$= \frac{V_p}{\pi}[-\cos\pi - (-\cos 0)] = \frac{V_p}{\pi}[-(-1) - (-1)]$$
$$= \frac{V_p}{\pi}(2) = \frac{2}{\pi}V_p = 0.637V_p$$

## 식 (12-25)와 식 (13-13): 리액턴스 수식 유도

### 용량성 리액턴스의 유도

$$\theta = 2\pi f t = \omega t$$
$$i = C\frac{dv}{dt} = C\frac{d(V_p \sin\theta)}{dt} = C\frac{d(V_p \sin\omega t)}{dt} = \omega C(V_p \cos\omega t)$$
$$I_{rms} = \omega C V_{rms}$$
$$X_C = \frac{V_{rms}}{I_{rms}} = \frac{V_{rms}}{\omega C V_{rms}} = \frac{1}{\omega C} = \frac{1}{2\pi f C}$$

### 유도성 리액턴스의 유도

$$v = L\frac{di}{dt} = L\frac{d(I_p \sin\omega t)}{dt} = \omega L(I_p \cos\omega t)$$
$$V_{rms} = \omega L I_{rms}$$
$$X_L = \frac{V_{rms}}{I_{rms}} = \frac{\omega L I_{rms}}{I_{rms}} = \omega L = 2\pi f L$$

## 식 (15-33): 위상 천이 발진기의 발진주파수

위상 천이 발진기의 피드백 회로는 그림 B-3과 같이 세 단의 $RC$ 회로로 구성되어 있다. 그림과 같이 루프를 정하고 루프 해석법을 사용하여 감쇠를 나타내는 수식을 유도해 본다. 모든 저항의 값은 $R$로 같고, 모든 커패시터의 값도 $C$로 같다.

$$(R - j1/2\pi fC)I_1 - RI_2 + 0I_3 = V_{in}$$
$$-RI_1 + (2R - j1/2\pi fC)I_2 - RI_3 = 0$$
$$0I_1 - RI_2 + (2R - j1/2\pi fC)I_3 = 0$$

▶ 그림 B-3

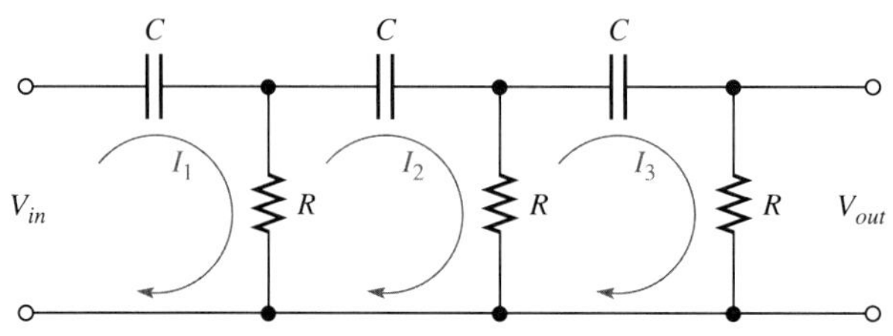

$V_{out}$을 구하려면 $I_3$를 알아야 하므로 다음과 같이 행렬식을 사용하여 $I_3$를 계산한다.

$$I_3 = \frac{\begin{vmatrix} (R - j1/2\pi fC) & -R & V_{in} \\ -R & (2R - j1/2\pi fC) & 0 \\ 0 & -R & 0 \end{vmatrix}}{\begin{vmatrix} (R - j1/2\pi fC) & -R & 0 \\ -R & (2R - j1/2\pi fC) & -R \\ 0 & -R & (2R - j1/2\pi fC) \end{vmatrix}}$$

$$I_3 = \frac{R^2V_{in}}{(R - j1/2\pi fC)(2R - j1/2\pi fC)^2 - R^2(2R - j1/2\pi fC) - R^2(R - 1/2\pi fC)}$$

$$\frac{V_{out}}{V_{in}} = \frac{RI_3}{V_{in}}$$

$$= \frac{R^3}{(R - j1/2\pi fC)(2R - j1/2\pi fC)^2 - R^3(2 - j1/2\pi fRC) - R^3(1 - 1/2\pi fRC)}$$

$$= \frac{R^3}{R^3(1 - j1/2\pi fRC)(2 - j1/2\pi fRC)^2 - R^3[(2 - j1/2\pi fRC) - (1 - j1/2\pi fRC)]}$$

$$= \frac{R^3}{R^3(1 - j1/2\pi fRC)(2 - j1/2\pi fRC)^2 - R^3(3 - j1/2\pi fRC)}$$

$$\frac{V_{out}}{V_{in}} = \frac{1}{(1 - j1/2\pi fRC)(2 - j1/2\pi fRC)^2 - (3 - j1/2\pi fRC)}$$

분모를 전개하여 실수 항과 허수($j$) 항을 따로 묶어서 정리하면

$$\frac{V_{out}}{V_{in}} = \frac{1}{\left(1 - \frac{5}{4\pi^2f^2R^2C^2}\right) - j\left(\frac{6}{2\pi fRC} - \frac{1}{(2\pi f)^3R^3C^3}\right)}$$

위상 천이 증폭기에서 발진이 일어나려면 $RC$ 회로를 지나면서 180°의 위상 변화가 생겨야 한다. 이러한 상태가 되려면 발진주파수 $f_r$에서 허수($j$) 항이 0이 되어야 한다. 따라서

$$\frac{6}{2\pi f_rRC} - \frac{1}{(2\pi f_r)^3R^3C^3} = 0$$

$$\frac{6(2\pi)^2f_r^2R^2C^2 - 1}{(2\pi)^3f_r^3R^3C^3} = 0$$

$$6(2\pi)^2f_r^2R^2C^2 - 1 = 0$$

$$f_r^2 = \frac{1}{6(2\pi)^2R^2C^2}$$

$$f_r = \frac{1}{2\pi\sqrt{6}RC}$$

## 식 (17-13): 실제 병렬 공진 회로의 공진주파수

$$\frac{1}{\mathbf{Z}} = \frac{1}{-jX_C} + \frac{1}{R_W + jX_L}$$

$$= j\left(\frac{1}{X_C}\right) + \frac{R_W - jX_L}{(R_W + jX_L)(R_W - jX_L)} = j\left(\frac{1}{X_C}\right) + \frac{R_W - jX_L}{R_W^2 + X_L^2}$$

둘째 항을 실수와 허수로 분리한 다음, 첫째 항과 둘째 항의 허수($j$) 항을 모아서 정리하면

$$\frac{1}{\mathbf{Z}} = j\left(\frac{1}{X_C}\right) - j\left(\frac{X_L}{R_W^2 + X_L^2}\right) + \frac{R_W}{R_W^2 + X_L^2}$$

허수부($j$)가 0이 되어야 하므로 두 허수 항이 서로 같아야 한다.

$$\frac{1}{X_C} = \frac{X_L}{R_W^2 + X_L^2}$$

따라서

$$R_W^2 = X_L^2 = X_L X_C$$

$$R_W^2 + (2\pi f_r L)^2 = \frac{2\pi f_r L}{2\pi f_r C}$$

$$R_W^2 + 4\pi^2 f_r^2 L^2 = \frac{L}{C}$$

$$4\pi^2 f_r^2 L^2 = \frac{L}{C} - R_W^2$$

$f_r^2$에 대해 풀면

$$f_r^2 = \frac{\left(\frac{L}{C}\right) - R_W^2}{4\pi^2 L^2}$$

분자와 분모에 $C$를 각각 곱하면

$$f_r^2 = \frac{L - R_W^2 C}{4\pi^2 L^2 C} = \frac{L - R_W^2 C}{L(4\pi^2 LC)}$$

분자를 $L$로 묶어 정리한 다음, 분모의 $L$과 상쇄시키면

$$f_r^2 = \frac{1 - (R_W^2 C/L)}{4\pi^2 LC}$$

양변에 제곱근을 취하면 다음과 같이 $f_r$을 구할 수 있다.

$$f_r = \frac{\sqrt{1 - (R_W^2 C/L)}}{2\pi\sqrt{LC}}$$

## 식 (17-16): 공진 상태에서 실제 탱크 회로의 임피던스

앞에서 알아본 식 (17-13)의 유도 과정에서 1/**Z**는 다음으로 쓸 수 있었다.

$$\frac{1}{\mathbf{Z}} = j\left(\frac{1}{X_C}\right) - j\left(\frac{X_L}{R_W^2 + X_L^2}\right) + \frac{R_W}{R_W^2 + X_L^2}$$

공진 상태에서 **Z**는 저항 성분만을 가지므로 허수부($j$ 항)가 없어진다. 따라서 다음 식과 같이 공진 상태에서 Z에는 실수부만 남게 된다.

$$Z_r = \frac{R_W^2 + X_L^2}{R_W}$$

두 항으로 분리하여 정리하면

$$Z_r = \frac{R_W^2}{R_W} + \frac{X_L^2}{R_W} = R_W + \frac{X_L^2}{R_W}$$

$R_W$로 묶어서 정리하면

$$Z_r = R_W\left(1 + \frac{X_L^2}{R_W^2}\right)$$

$X_L^2/R_W^2 = Q^2$이므로 다음 식을 얻을 수 있다.

$$Z_r = R_W(Q^2 + 1)$$

APPENDIX

# C 커패시터의 색 부호

어떤 커패시터에는 색 부호(color code)가 표시되어 있다. 커패시터에 사용되는 색 부호는 기본적으로 저항에 사용되는 색띠 부호와 같지만 허용오차를 표시하는 데는 차이가 있다. 표 C-1에 기본 색 부호를 수록하였다. 그림 C-1에 색 부호가 표시된 대표적인 형태의 커패시터를 몇 가지 나타내었다.

표 C-1 커패시터에 사용되는 대표적인 색 부호(단위: 피코패럿[pF])

| 색상 | 숫자 | 곱하는 수 | 허용오차 |
|---|---|---|---|
| 흑색(black) | 0 | 1 | 20% |
| 갈색(brown) | 1 | 10 | 1% |
| 적색(red) | 2 | 100 | 2% |
| 주황색(orange) | 3 | 1000 | 3% |
| 황색(yellow) | 4 | 10000 | |
| 녹색(green) | 5 | 100000 | 5%(EIA) |
| 청색(blue) | 6 | 1000000 | |
| 보라색(violet) | 7 | | |
| 회색(gray) | 8 | | |
| 백색(white) | 9 | | |
| 금색(gold) | | 0.1 | 5%(JAN) |
| 은색(silver) | | 0.01 | 10% |

주: EIA는 미국 전자공업협회(Electronic Industries Association)를 나타내며, JAN은 미국 육해군 연합(Joint Army-Navy) 군용규격(military standard)을 나타낸다.

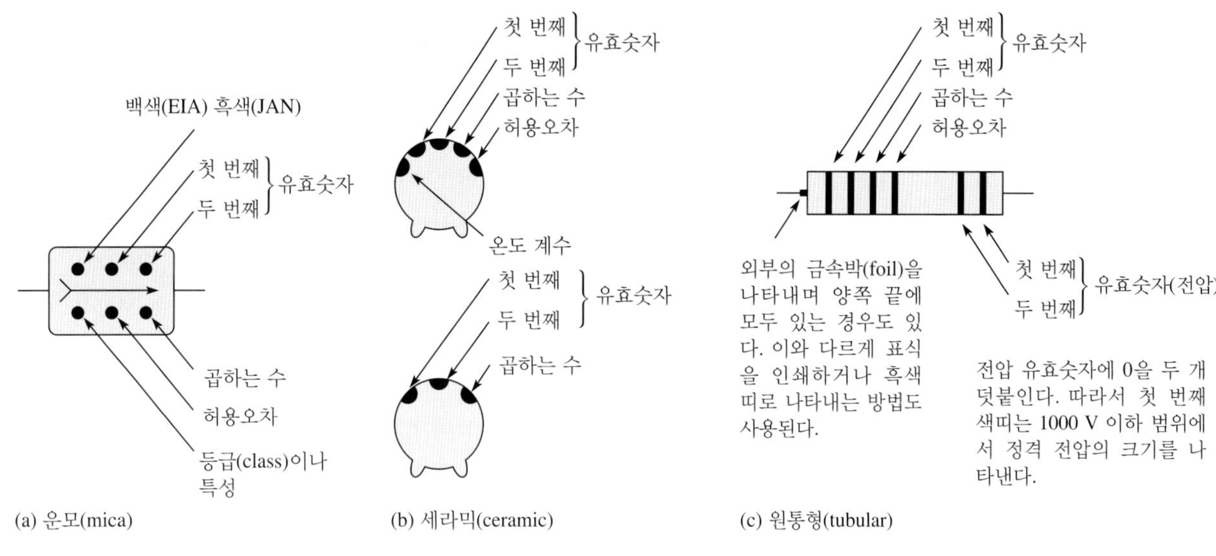


▲ 그림 C-1
색 부호가 표시된 여러 가지 형태의 커패시터

## 표시 방식

그림 C-2의 커패시터의 특징을 살펴보면 다음과 같다.

- 몸체(body)는 한 종류의 색으로 전체가 균일하게 칠해져 있다(노란빛이 도는 백색(off-white), 베이지(beige)색, 회색, 황갈색(tan), 갈색 중 한 색).
- 끝에 있는 전극(end electrode)은 부품의 끝을 완전히 감싸고 있다.
- 크기가 다양한 여러 가지 타입이 있다.
  1. 1206 타입: 길이 폭 = 0.125인치 × 0.063인치(3.2 mm × 1.6 mm), 두께와 색깔은 다양함.
  2. 0805 타입: 길이 폭 = 0.080인치 × 0.050인치(2.0 mm × 1.25 mm), 두께와 색깔은 다양함.
  3. 한 색(황갈색이나 갈색)으로 되어 있는 타입으로 다음과 같이 다양한 크기가 있다. 길이는 0.059인치(1.5 mm) ~ 0.220인치(5.6 mm), 폭은 0.032인치(0.8 mm) ~ 0.197인치(5.0 mm) 범위에 있다.
- 표시 방식에는 다음의 세 가지가 있다.
  1. 두 자리 코드(문자와 숫자를 하나씩 표시)
  2. 두 자리 코드(문자와 숫자를 하나씩 표시하거나 숫자 두 개를 표시)
  3. 한 자리 코드(색깔을 달리하여 문자를 표시)

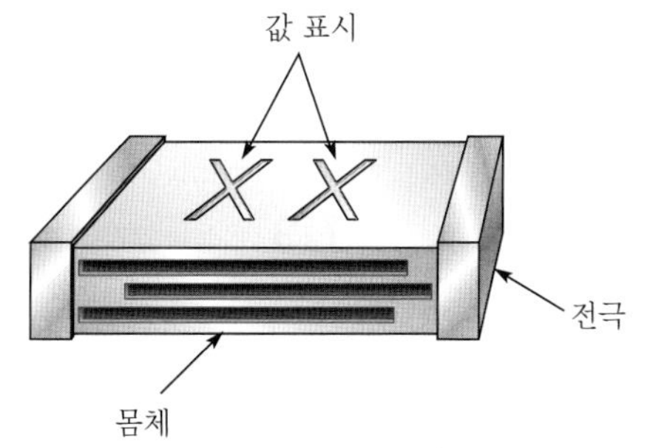


◀ 그림 C-2
커패시터 표시 방식

표 C-2

| 값 | | | | | | 곱하는 수 |
|---|---|---|---|---|---|---|
| A | 1.0 | L | 2.7 | T | 5.1 | 0 = ×1.0 |
| B | 1.1 | M | 3.0 | U | 5.6 | 1 = ×10 |
| C | 1.2 | N | 3.3 | m | 6.0 | 2 = ×100 |
| D | 1.3 | b | 3.5 | V | 6.2 | 3 = ×1000 |
| E | 1.5 | P | 3.6 | W | 6.8 | 4 = ×10000 |
| F | 1.6 | Q | 3.9 | n | 7.0 | 5 = ×100000 |
| G | 1.8 | d | 4.0 | X | 7.5 | etc. |
| H | 2.0 | R | 4.3 | t | 8.0 | |
| J | 2.2 | e | 4.5 | Y | 8.2 | |
| K | 2.4 | S | 4.7 | y | 9.0 | |
| a | 2.5 | f | 5.0 | Z | 9.1 | |

* 대문자와 소문자를 잘 구별해야 한다.

## 표준 두 자리 코드

표 C-2를 참조한다.

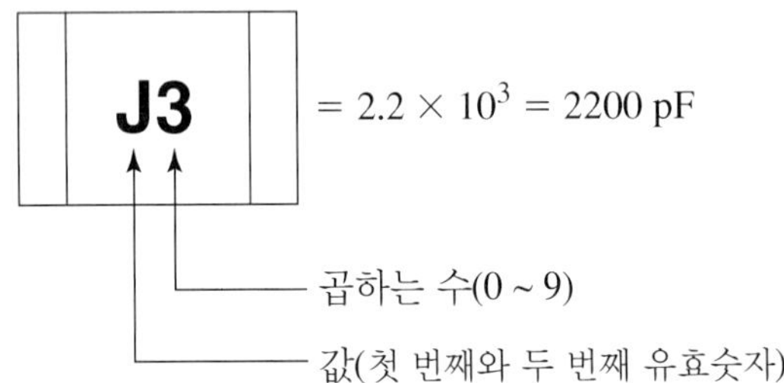


예: S2 = 4.7 × 100 = 470 pF

b0 = 3.5 × 1.0 = 3.5 pF

## 표준 두 자리 코드

표 C-3을 참조한다.

- 100 pF 미만인 경우 — 값을 그대로 읽는다.

**05** = 5 pF　　**82** = 82 pF

- 100 pF 이상인 경우 — 문자/숫자 코드

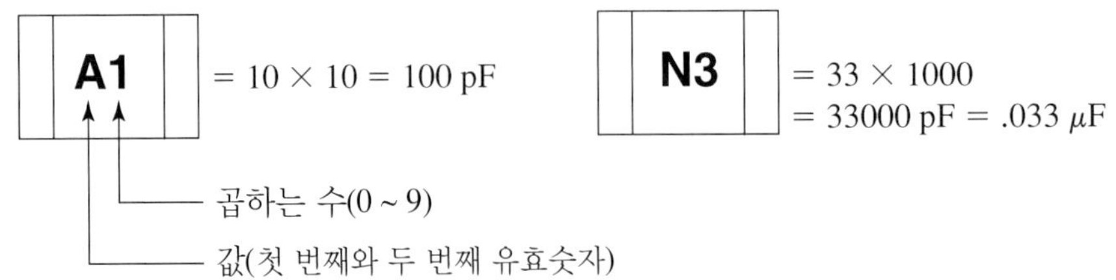

표 C-3

| 값 | | | | | | 곱하는 수 |
|---|---|---|---|---|---|---|
| A | 10 | J | 22 | S | 47 | 1 = ×10 |
| B | 11 | K | 24 | T | 51 | 2 = ×100 |
| C | 12 | L | 27 | U | 56 | 3 = ×1000 |
| D | 13 | M | 30 | V | 62 | 4 = ×10000 |
| E | 15 | N | 33 | W | 68 | 5 = ×100000 |
| F | 16 | P | 36 | X | 75 | etc. |
| G | 18 | Q | 39 | Y | 82 | |
| H | 20 | R | 43 | Z | 91 | |

* 대문자만 사용된다.

## 표준 한 자리 코드

표 C-4를 참조한다.

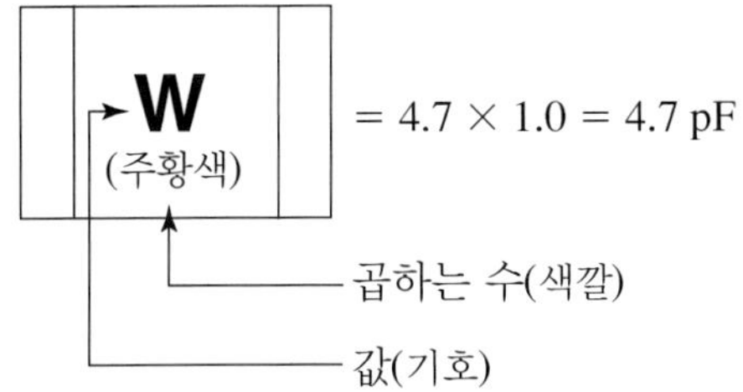


예: R(녹색) = 3.3 × 100 = 330 pF
7(청색) = 8.2 × 1000 = 8200 pF

표 C-4

| 값 | | | | | | 곱하는 수(색깔) |
|---|---|---|---|---|---|---|
| A | 1.0 | K | 2.2 | W | 4.7 | 주황색 = ×1.0 |
| B | 1.1 | L | 2.4 | X | 5.1 | 흑색 = ×10 |
| C | 1.2 | N | 2.7 | Y | 5.6 | 녹색 = ×100 |
| D | 1.3 | O | 3.0 | Z | 6.2 | 청색 = ×1000 |
| E | 1.5 | R | 3.3 | 3 | 6.8 | 보라색 = ×10000 |
| H | 1.6 | S | 3.6 | 4 | 7.5 | 적색 = ×100000 |
| I | 1.8 | T | 3.9 | 7 | 8.2 | |
| J | 2.0 | V | 4.3 | 8 | 9.1 | |

# 홀수번호 문제 해답

## 제1장

**1.** **(a)** $3 \times 10^3$ **(b)** $7.5 \times 10^4$ **(c)** $2 \times 10^6$

**3.** **(a)** $8.4 \times 10^3$ **(b)** $9.9 \times 10^4$ **(c)** $2 \times 10^5$

**5.** **(a)** $3.2 \times 10^4$ **(b)** $6.8 \times 10^{-3}$ **(c)** $8.7 \times 10^{10}$

**7.** **(a)** 0.0000025 **(b)** 500 **(c)** 0.39

**9.** **(a)** $4.32 \times 10^7$ **(b)** $5.00085 \times 10^3$
**(c)** $6.06 \times 10^{-8}$

**11.** **(a)** $2.0 \times 10^9$ **(b)** $3.6 \times 10^{14}$ **(c)** $1.54 \times 10^{-14}$

**13.** **(a)** $89 \times 10^3$ **(b)** $450 \times 10^3$ **(c)** $12.04 \times 10^{12}$

**15.** **(a)** $345 \times 10^{-6}$ **(b)** $25 \times 10^{-3}$ **(c)** $1.29 \times 10^{-9}$

**17.** **(a)** $7.1 \times 10^{-3}$ **(b)** $101 \times 10^6$ **(c)** $1.50 \times 10^6$

**19.** **(a)** $22.7 \times 10^{-3}$ **(b)** $200 \times 10^6$ **(c)** $848 \times 10^{-3}$

**21.** **(a)** 345 $\mu$A **(b)** 25 mA **(c)** 1.29 nA

**23.** **(a)** 3 $\mu$F **(b)** 3.3 MΩ **(c)** 350 nA

**25.** **(a)** $7.5 \times 10^{-12}$ A **(b)** $3.3 \times 10^9$ Hz
**(c)** $2.8 \times 10^{-7}$ W

**27.** **(a)** 5000 $\mu$A **(b)** 3.2 mW
**(c)** 5 MV **(d)** 10,000 kW

**29.** **(a)** 50.68 mA **(b)** 2.32 MΩ **(c)** 0.0233 $\mu$F

## 제2장

**1.** $4.64 \times 10^{-18}$ C

**3.** $80 \times 10^{12}$ C

**5.** **(a)** 10 V **(b)** 2.5 V **(c)** 4 V

**7.** 20 V

**9.** 33.3 V

**11.** 0.2 A

**13.** 0.15 C

**15.** **(a)** 200 mS **(b)** 40 mS **(c)** 10 mS

**17.** 직류 전원 공급기, 태양전지, 발전기, 배터리(전지)

**19.** 전원 공급기는 교류 전압을 직류 전압으로 바꾼다.

**21.** **(a)** 27 kΩ ± 5% **(b)** 1.8 kΩ ± 10%

**23.** 330 Ω: 주황색, 주황색, 갈색, 금색
2.2 kΩ: 적색, 적색, 적색, 금색
56 kΩ: 녹색, 청색, 주황색, 금색
100 kΩ: 갈색, 흑색, 황색, 금색
39 kΩ: 주황색, 백색, 주황색, 금색

**25.** **(a)** 황색, 보라색, 은색, 금색
**(b)** 적색, 보라색, 황색, 금색
**(c)** 녹색, 갈색, 녹색, 금색

**27.** **(a)** 갈색, 황색, 보라색, 적색, 갈색
**(b)** 주황색, 백색, 적색, 금색, 갈색
**(c)** 백색, 보라색, 청색, 갈색, 갈색

**29.** 4.7 kΩ

**31.** 램프 2를 통하여 흐른다.

**33.** 회로 (b)

**35.** 그림 P-1 참조

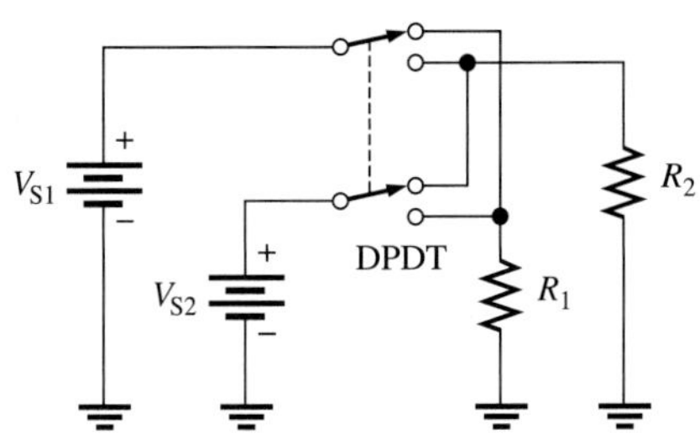


▲ 그림 P-1

**37.** 그림 P-2 참조

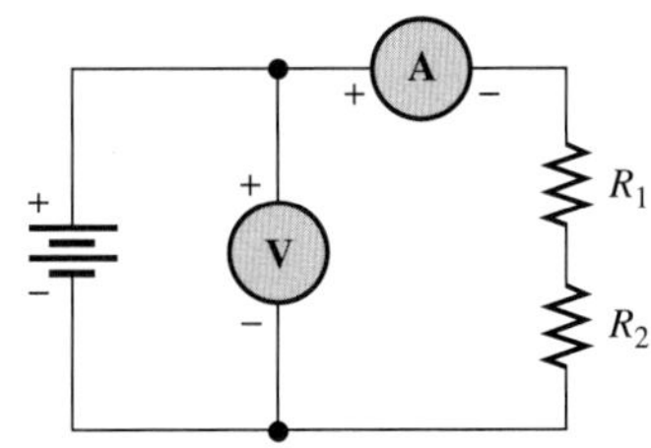


▲ 그림 P-2

**39.** 위치 1: V1 = 0 V, V2 = $V_S$
위치 2: V1 = $V_S$, V2 = 0 V

**41.** 그림 P-3 참조

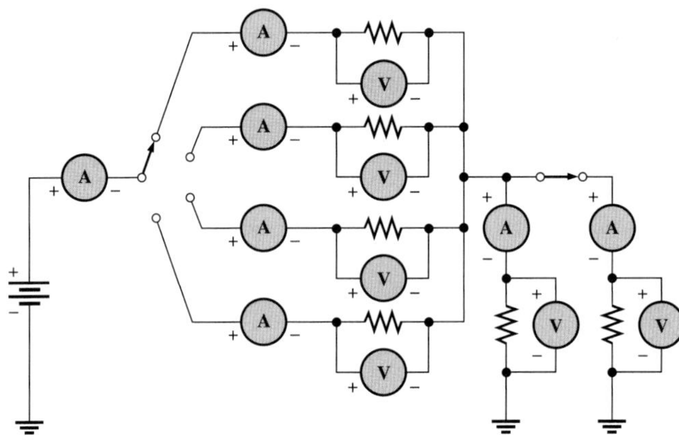

▲ 그림 P-3

**43.** 250 V

**45.** **(a)** 20 Ω **(b)** 1.50 MΩ **(c)** 4500 Ω

**47.** 그림 P-4 참조

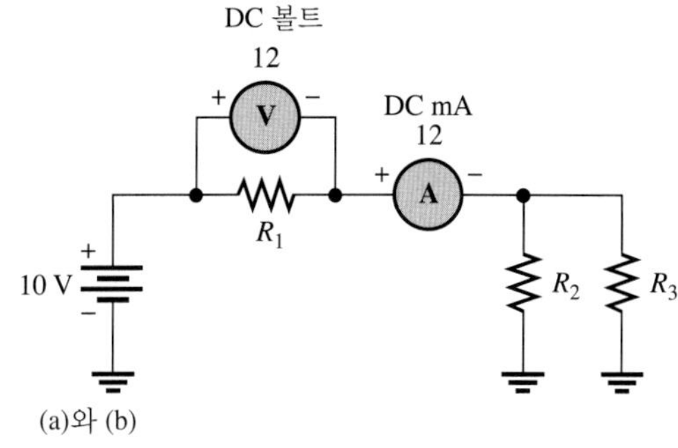


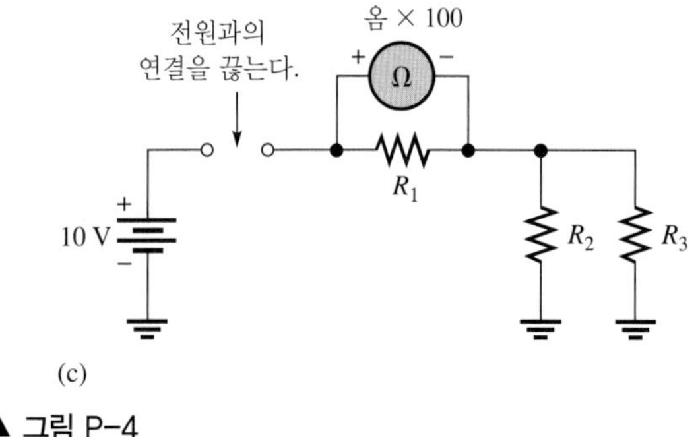


▲ 그림 P-4

## 제3장

**1.** **(a)** 전류가 3배로 된다. **(b)** 전류가 75% 감소한다.
**(c)** 전류가 반으로 준다. **(d)** 전류가 54% 증가한다.
**(e)** 전류가 4배로 된다. **(f)** 전류는 변하지 않는다.

**3.** $V = IR$

**5.** 그래프는 직선이다. 직선 그래프는 $V$와 $I$가 선형관계임을 나타낸다.

**7.** $R_1 = 0.5\ \Omega, R_2 = 1.0\ \Omega, R_3 = 2\ \Omega$

**9.** 그림 P-5 참조

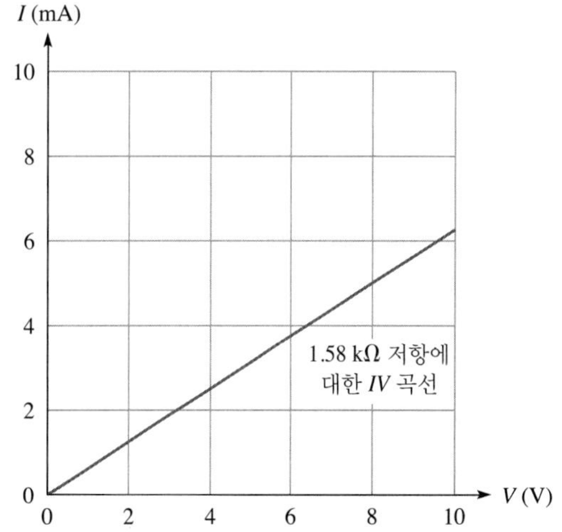


▲ 그림 P-5

**11.** 전압은 4 V 감소한다(10 V에서 6 V로).

**13.** 그림 P-6 참조

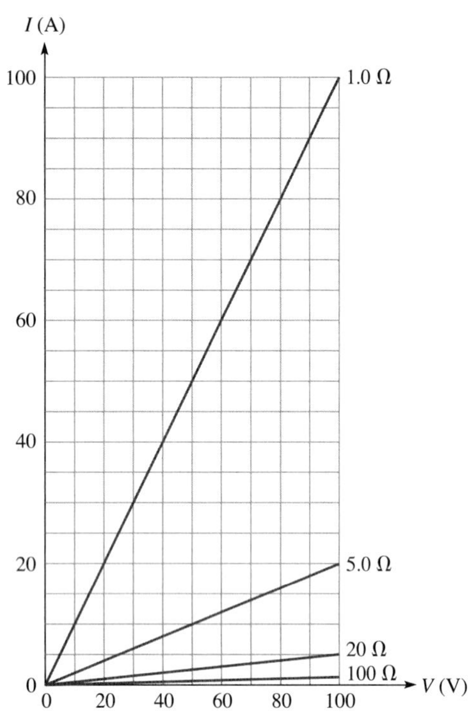


▲ 그림 P-6

**15.** **(a)** 5 A **(b)** 1.5 A **(c)** 500 mA
**(d)** 2 mA **(e)** 44.6 μA

**17.** 1.2 A

**19.** 532 μA

**21.** 전류는 0.642 A로 퓨즈의 정격을 넘어서므로 끊어진다.

**23.** **(a)** 36 V **(b)** 280 V **(c)** 1700 V
**(d)** 28.2 V **(e)** 56 V

**25.** 81 V

**27.** **(a)** 59.9 mA **(b)** 5.99 V **(c)** 4.61 mV

**29.** **(a)** 2 kΩ **(b)** 3.5 kΩ **(c)** 2 kΩ
**(d)** 100 kΩ **(e)** 1.0 MΩ

**31.** 150 Ω

**33.** 가변 저항의 값이 0 Ω이 되면 전원이 단락된다.

**35.** 95 Ω

**37.** Five

**39.** $R_A$ = 560 kΩ; $R_B$ = 2.2 MΩ;
$R_C$ = 1.8 kΩ; $R_D$ = 33 Ω

**41.** $V$ = 18 V; $I$ = 5.455 mA;
$R$ = 3.3 kΩ

## 제4장

**1.** 전압[V] = 에너지[J]/전하[$Q$]
전류[A] = 전하[$Q$]/시간[sec]
전압 × 전류 = 에너지[J]/전하[$Q$] × 전하[$Q$]/시간[sec]
= 에너지[J]/시간[sec] × 전력[W]

**3.** 350 W

**5.** 20 kW

**7.** **(a)** 1 MW **(b)** 3 MW
**(c)** 150 MW **(d)** 8.7 MW

**9.** **(a)** 2,000,000 μW
**(b)** 500 μW
**(c)** 250 μW
**(d)** 6.67 μW

**11.** 8640 J

**13.** 2.02 kW/day

**15.** 0.00186 kWh

**17.** 37.5 Ω

**19.** 360 W

**21.** 100 μW

**23.** 40.2 mW

**25.** **(a)** 0.480 Wh **(b)** 같다

**27.** 안전을 위해 적어도 20%의 여유를 확보할 수 있도록 12 W 이상으로 한다.

**29.** 7.07 V

**31.** 50,544 J

**33.** 8 A

**35.** 100 mW, 80%

**37.** 0.08 kWh

**39.** $V$ = 5 V; $I$ = 5 mA;
$R$ = 1 kΩ

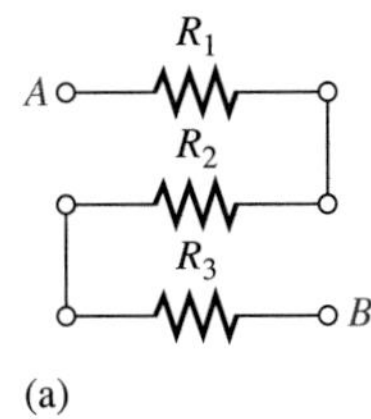


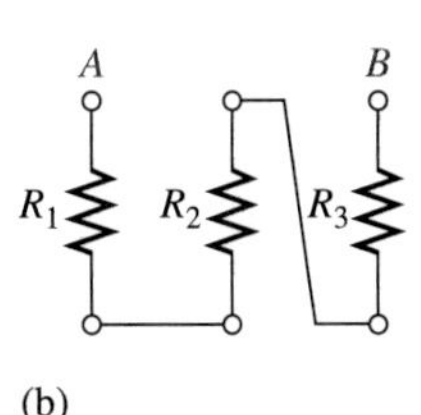


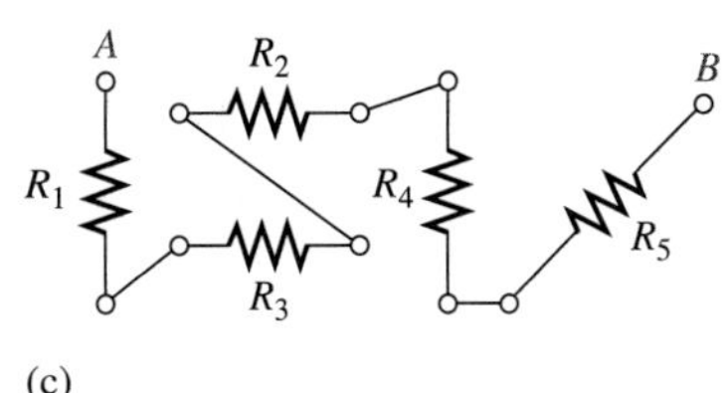


▲ 그림 P-7

## 제5장

**1.** 그림 P-7 참조

**3.** 170 kΩ

**5.** $R_1, R_7, R_8, R_{10}$

$R_2, R_4, R_6, R_{11}$

$R_3, R_5, R_9, R_{12}$

**7.** 5 mA

**9.** 그림 P-8 참조

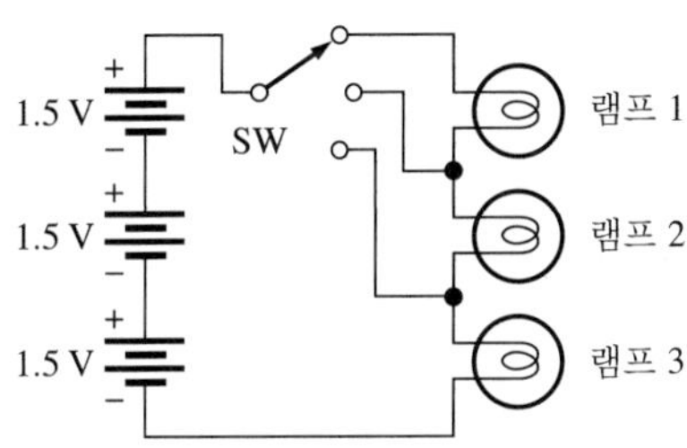


▲ 그림 P-8

**11.** **(a)** 1560 Ω **(b)** 103 Ω

**(c)** 13.7 kΩ **(d)** 3.671 MΩ

**13.** 67.2 kΩ

**15.** 3.9 kΩ

**17.** 17.8 MΩ

**19.** **(a)** 625 μA **(b)** 4.26 μA

**21.** **(a)** 34 mA **(b)** 16 V **(c)** 0.543 W

**23.** $R_1 = 330\ \Omega, R_2 = 220\ \Omega, R_3 = 100\ \Omega, R_4 = 470\ \Omega$

**25.** **(a)** 331 Ω

**(b)** 위치 $B$: 9.15 mA

위치 $C$: 14.3 mA

위치 $D$: 36.3 mA

**(c)** 아니다

**27.** 14 V

**29.** **(a)** 23 V **(b)** 35 V **(c)** 0 V

**31.** 4 V

**33.** 22 Ω

**35.** 위치 $A$: 4.0 V

위치 $B$: 4.5 V

위치 $C$: 5.4 V

위치 $D$: 7.2 V

**37.** 4.82%

**39.** $A$ 출력 = 15 V

$B$ 출력 = 10.6 V

$C$ 출력 = 2.62 V

**41.** $V_R = 6$ V, $V_{2R} = 12$ V, $V_{3R} = 18$ V

$V_{4R} = 24$ V, $V_{5R} = 30$ V

**43.** $V_2 = 1.79$ V, $V_3 = 1$ V, $V_4 = 17.9$ V

**45.** 그림 P-9 참조

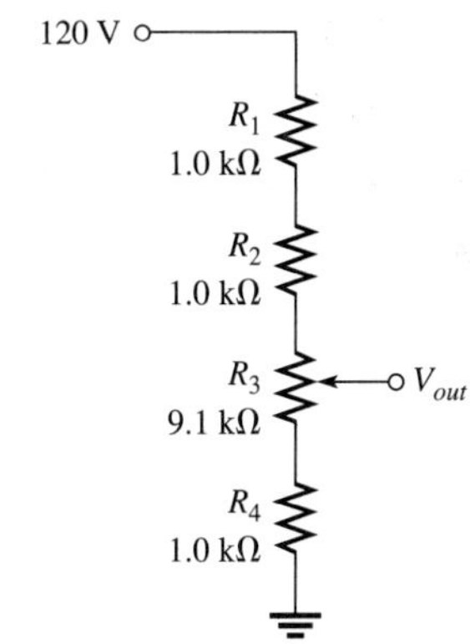


▲ 그림 P-9

**47.** 54.9 mW

**49.** 12.5 MΩ

**51.** $V_A = 100$ V, $V_B = 57.7$ V, $V_C = 15.2$ V, $V_D = 7.58$ V

**53.** $V_A = 14.82$ V, $V_B = 12.97$ V, $V_C = 12.64$ V,

$V_D = 9.34$ V

**55.** **(a)** $R_4$가 개방 **(b)** $A$와 $B$ 사이가 단락

**57.** 표 5-1은 맞다.

**59.** 문제가 있다. 핀 4와 $R_{11}$의 위쪽 단자 사이가 단락되어 있다.

**61.** $R_T = 7.481\ \text{k}\Omega$

**63.** $R_3 = 22\ \Omega$

**65.** $R_1$ 단락

## 제6장

**1.** 그림 P-10 참조

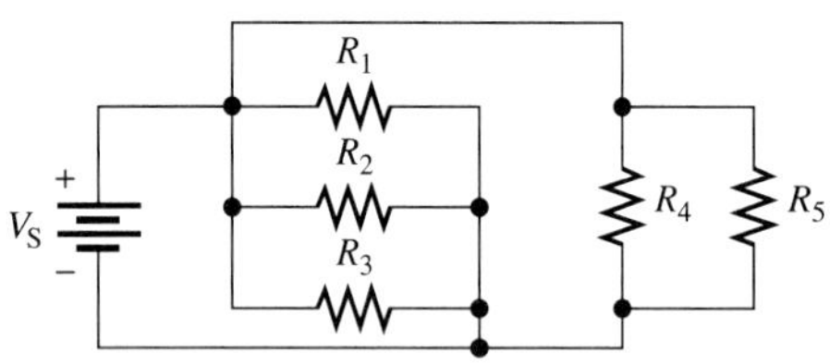


▲ 그림 P-10

**3.** $R_1, R_2, R_5, R_9, R_{10}, R_{12}$
$R_4, R_6, R_7, R_8$
$R_3, R_{11}$

**5.** 100 V

**7.** 위치 A: $V_1 = 15$ V, $V_2 = 0$ V, $V_3 = 0$ V, $V_4 = 15$ V
위치 B: $V_1 = 15$ V, $V_2 = 0$ V, $V_3 = 15$ V, $V_4 = 0$ V
위치 C: $V_1 = 15$ V, $V_2 = 15$ V, $V_3 = 0$ V, $V_4 = 0$ V

**9.** 1.35 A

**11.** $R_2 = 22\ \Omega, R_3 = 100\ \Omega, R_4 = 33\ \Omega$

**13.** 11.4 mA

**15.** **(a)** 359 Ω **(b)** 25.6 Ω **(c)** 819 Ω **(d)** 997 Ω

**17.** 567 Ω

**19.** 24.6 Ω

**21.** **(a)** 510 kΩ **(b)** 245 kΩ **(c)** 510 kΩ **(d)** 193 kΩ

**23.** 10 A

**25.** 50 mA; 한 개의 전구가 타버려서 끊어져도 다른 전구들은 켜져 있다.

**27.** 53.7 Ω

**29.** $I_2 = 167$ mA, $I_3 = 83.3$ mA, $I_T = 300$ mA, $R_1 = 2\ \text{k}\Omega$, $R_2 = 600\ \Omega$

**31.** 위치 $A$: 2.25 mA
위치 $B$: 4.75 mA
위치 $C$: 7 mA

**33.** **(a)** $I_1 = 6.88\ \mu\text{A}, I_2 = 3.12\ \mu\text{A}$
**(b)** $I_1 = 5.25$ mA, $I_2 = 2.39$ mA, $I_3 = 1.59$ mA, $I_4 = 772\ \mu\text{A}$

**35.** $R_1 = 3.3\ \text{k}\Omega, R_2 = 1.8\ \text{k}\Omega, R_3 = 5.6\ \text{k}\Omega, R_4 = 3.9\ \text{k}\Omega$

**37.** **(a)** 1 mΩ **(b)** 5 μA

**39.** **(a)** 68.8 μW **(b)** 52.5 mW

**41.** $P_1 = 1.25$ W, $I_2 = 75$ mA, $I_1 = 125$ mA, $V_S = 10$ V, $R_1 = 80\ \Omega, R_2 = 133\ \Omega$

**43.** 682 mA, 3.41 A

**45.** 8.2 kΩ의 저항이 개방되어 있다.

**47.** 저항계를 다음 핀들 사이에 연결한다:

핀 1-2
정상일 때 측정값: $R = 1.0\ \text{k}\Omega \parallel 3.3\ \text{k}\Omega = 767\ \Omega$
$R_1$ 개방: $R = 3.3\ \text{k}\Omega$
$R_2$ 개방: $R = 1.0\ \text{k}\Omega$

핀 3-4
정상일 때 측정값: $R = 270\ \Omega \parallel 390\ \Omega = 159.5\ \Omega$
$R_3$ 개방: $R = 390\ \Omega$
$R_4$ 개방: $R = 270\ \Omega$

핀 5-6
정상일 때 측정값:
$R = 1.0\ \text{M}\Omega \parallel 1.8\ \text{M}\Omega \parallel 680\ \text{k}\Omega \parallel 510\ \text{k}\Omega = 201\ \text{k}\Omega$
$R_5$ 개방: $R = 1.8\ \text{M}\Omega \parallel 680\ \text{k}\Omega \parallel 510\ \text{k}\Omega = 251\ \text{k}\Omega$
$R_6$ 개방: $R = 1.0\ \text{M}\Omega \parallel 680\ \text{k}\Omega \parallel 510\ \text{k}\Omega = 226\ \text{k}\Omega$
$R_7$ 개방: $R = 1.0\ \text{M}\Omega \parallel 1.8\ \text{M}\Omega \parallel 510\ \text{k}\Omega = 284\ \text{k}\Omega$
$R_8$ 개방: $R = 1.0\ \text{M}\Omega \parallel 1.8\ \text{M}\Omega \parallel 680\ \text{k}\Omega = 330\ \text{k}\Omega$

**49.** 핀 3과 4 사이는 단락되어 있다:
**(a)** $R_{1-2} = (R_1 \parallel R_2 \parallel R_3 \parallel R_4 \parallel R_{11} \parallel R_{12}) + (R_5 \parallel R_6 \parallel R_7 \parallel R_8 \parallel R_9 \parallel R_{10}) = 940\ \Omega$
**(b)** $R_{2-3} = R_5 \parallel R_6 \parallel R_7 \parallel R_8 \parallel R_9 \parallel R_{10} = 518\ \Omega$
**(c)** $R_{2-4} = R_5 \parallel R_6 \parallel R_7 \parallel R_8 \parallel R_9 \parallel R_{10} = 518\ \Omega$
**(d)** $R_{1-4} = R_1 \parallel R_2 \parallel R_3 \parallel R_4 \parallel R_{11} \parallel R_{12} = 422\ \Omega$

**51.** $R_2$ 개방

**53.** $V_S = 3.30$ V

## 제7장

**1.** 그림 P-11 참조

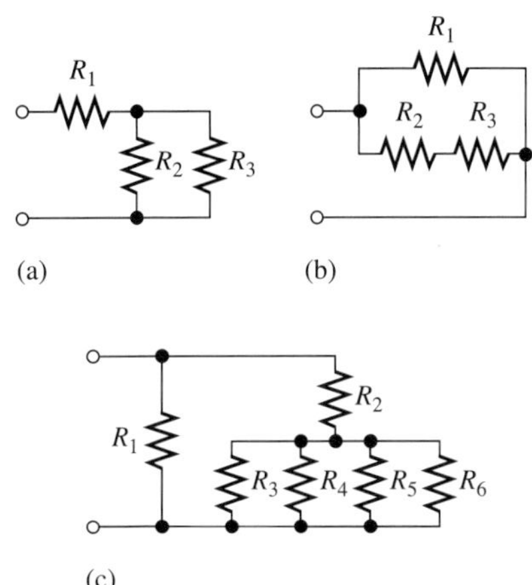


▲ 그림 P-11

**3. (a)** $R_2$와 $R_3$가 병렬로 연결되고, 이 부분과 $R_1$, $R_4$가 직렬로 연결됨.

**(b)** $R_2$와 $R_3$와 $R_4$가 병렬로 연결되고, 이 부분과 $R_1$이 직렬로 연결됨.

**(c)** $R_2$와 $R_3$가 병렬로 연결되고, $R_4$와 $R_5$가 병렬로 연결되며, 이 두 부분이 직렬로 연결됨. 또 이 전체가 $R_1$과 병렬로 연결됨.

**5.** 그림 P-12 참조

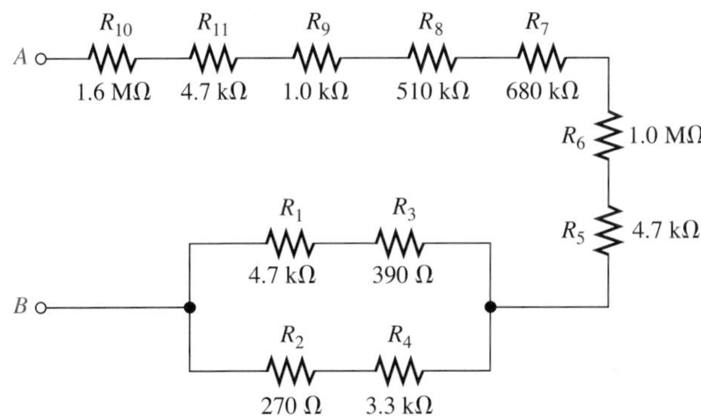


▲ 그림 P-12

**7.** 그림 P-13 참조

**9. (a)** 133 Ω **(b)** 779 Ω **(c)** 852 Ω

**11. (a)** $I_1 = I_4 = 11.3$ mA, $I_2 = I_3 = 5.64$ mA,
$V_1 = 633$ mV, $V_2 = V_3 = 564$ mV,

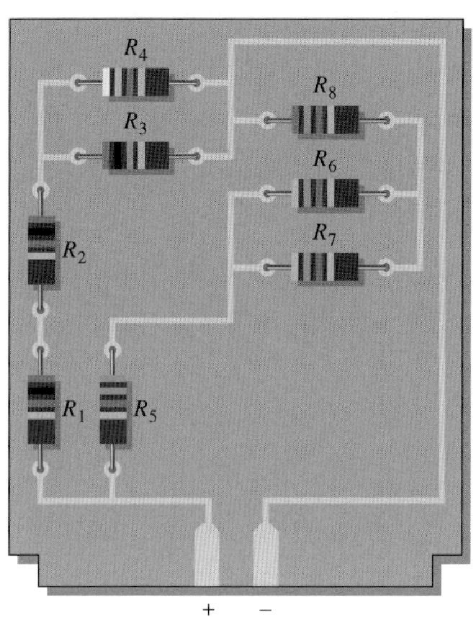


▲ 그림 P-13

$V_4 = 305$ mV

**(b)** $I_1 = 3.85$ mA, $I_2 = 563$ μA,
$I_3 = 1.16$ mA, $I_4 = 2.13$ mA, $V_1 = 2.62$ V,
$V_2 = V_3 = V_4 = 383$ mV

**(c)** $I_1 = 5$ mA, $I_2 = 303$ μA,
$I_3 = 568$ μA, $I_4 = 313$ μA,
$I_5 = 558$ μA, $V_1 = 5$ V,
$V_2 = V_3 = 1.88$ V, $V_4 = V_5 = 3.13$ V

**13.** SW1 닫힘, SW2 열림: 220 Ω
SW1 닫힘, SW2 닫힘: 200 Ω
SW1 열림, SW2 열림: 320 Ω
SW1 열림, SW2 닫힘: 300 Ω

**15.** $V_A = 100$ V, $V_B = 61.5$ V, $V_C = 15.7$ V,
$V_D = 7.87$ V

**17.** 점 $A$와 접지 사이의 전압, 점 $B$와 접지 사이의 전압을 각각 측정한다. 이 두 전압의 차이가 $V_{R2}$이다.

**19.** 303 kΩ

**21. (a)** 110 kΩ **(b)** 110 mW

**23.** $R_{AB} = 1.32$ kΩ
$R_{BC} = 1.32$ kΩ
$R_{CD} = 0$ Ω

**25.** 부하를 연결하지 않을 때: 7.5 V,
부하를 연결할 때: 7.29 V

**27.** 47 kΩ

**29.** 8.77 V

**31.** $R_1 = 1000\ \Omega$; $R_2 = R_3 = 500\ \Omega$;
부하를 위쪽 탭에 연결할 때: $V_{lower} = 1.82$ V, $V_{upper} = 4.55$ V
부하를 아래쪽 탭에 연결할 때: $V_{lower} = 1.67$ V, $V_{upper} = 3.33$ V

**33.** **(a)** $V_G = 1.75$ V, $V_S = 3.25$ V
**(b)** $I_1 = I_2 = 6.48\ \mu$A, $I_D = I_S = 2.17$ mA
**(c)** $V_{DS} = 2.55$ V, $V_{DG} = 4.05$ V

**35.** 1000 V

**37.** **(a)** 0.5 V 범위 **(b)** 약 1 mV

**39.** **(a)** 271 Ω **(b)** 221 mA **(c)** 58.7 mA **(d)** 12 V

**41.** 621 Ω, $I_1 = I_9 = 16.1$ mA, $I_2 = 8.27$ mA, $I_3 = I_8 = 7.84$ mA, $I_4 = 4.06$ mA, $I_5 = I_6 = I_7 = 3.78$ mA

**43.** 971 mA

**45.** **(a)** 9 V **(b)** 3.75 V **(c)** 11.25 V

**47.** 6 mV(오른쪽을 (+), 왼쪽을 (−)로 할 때)

**49.** 아니다. 4.39 V가 되어야 한다.

**51.** 2.2 kΩ 저항($R_3$) 개방

**53.** 3.3 kΩ 저항($R_4$) 개방

**55.** $R_T = 296.7\ \Omega$

**57.** $R_3 = 560$ kΩ

**59.** $R_5$ 단락

## 제8장

**1.** $I_S = 6$ A, $R_S = 50\ \Omega$

**3.** 200 mΩ

**5.** $V_S = 720$ V, $R_S = 1.2$ kΩ

**7.** 845 μA

**9.** 1.6 mA

**11.** $V_{max} = 3.72$ V; $V_{min} = 1.32$ V

**13.** 90.7 V

**15.** $I_{S1} = 2.28$ mA, $I_{S2} = 1.35$ mA

**17.** 116 μA

**19.** $R_{TH} = 88.6\ \Omega$, $V_{TH} = 1.09$ V

**21.** 100 μA

**23.** **(a)** $I_N = 110$ mA, $R_N = 76.7\ \Omega$
**(b)** $I_N = 11.1$ mA, $R_N = 73\ \Omega$
**(c)** $I_N = 50\ \mu$A, $R_N = 35.9$ kΩ
**(d)** $I_N = 68.8$ mA, $R_N = 1.3$ kΩ

**25.** 17.9 V

**27.** $I_N = 953\ \mu$A, $R_N = 1175\ \Omega$

**29.** $I_N = -48.2$ mA, $R_N = 56.9\ \Omega$

**31.** 11.1 Ω

**33.** $R_{TH} = 48\ \Omega$, $R_4 = 160\ \Omega$

**35.** **(a)** $R_A = 39.8\ \Omega$, $R_B = 73\ \Omega$, $R_C = 48.7\ \Omega$
**(b)** $R_A = 21.2$ kΩ, $R_B = 10.3$ kΩ, $R_C = 14.9$ kΩ

**37.** $R_1$ 불량(전류 누설)

**39.** $I_N = 0.383$ mA; $R_N = 9.674$ kΩ

**41.** $I_{AB} = 1.206$ mA; $V_{AB} = 3.432$ V; $R_L = 2.846$ kΩ

## 제9장

**1.** $I_1 = 371$ mA; $I_2 = 143$ mA

**3.** $I_1 = 0$ A, $I_2 = 2$ A

**5.** **(a)** −16,470 **(b)** −1.59

**7.** $I_1 = 1.24$ A, $I_2 = 2.05$ A, $I_3 = 1.89$ A

**9.** X1 = .371428571429 ($I_1 = 371$ mA)
X2 = −.142857142857 ($I_2 = -143$ mA)

**11.** $I_1 - I_2 - I_3 = 0$

**13.** $V_1 = 5.66$ V, $V_2 = 6.33$ V, $V_3 = 325$ mV

**15.** −1.84 V

**17.** $I_1 = -5.11$ mA, $I_2 = -3.52$ mA

**19.** $V_1 = 5.11$ V, $V_3 = 890$ mV, $V_2 = 2.89$ V

**21.** $I_1 = 15.6$ mA, $I_2 = -61.3$ mA, $I_3 = 61.5$ mA

**23.** −11.2 mV

**25.** 주: 저항(즉, 식의 계수)의 단위는 모두 kΩ이다.
루프 A: $5.48I_A - 3.3I_B - 1.5I_C = 0$
루프 B: $-3.3I_A + 4.12I_B - 0.82I_C = 15$
루프 C: $-1.5I_A - 0.82I_B + 4.52I_C = 0$

**27.** $I_1 = 20.6$ mA, $I_3 = 193$ mA, $I_2 = -172$ mA

**29.** $V_A = 1.5$ V, $V_B = -5.65$ V

**31.** $I_1 = 193\ \mu$A, $I_2 = 370\ \mu$A, $I_3 = 179\ \mu$A, $I_4 = 328\ \mu$A, $I_5 = 1.46$ mA, $I_6 = 522\ \mu$A, $I_7 = 2.16$ mA, $I_8 = 1.64$ mA, $V_A = -3.70$ V, $V_B = -5.85$ V, $V_C = -15.7$ V

**33.** 고장 없음

**35.** $R_4$ 개방

**37.** 아래쪽 퓨즈 개방

**39.** $R_4$ 개방

## 제10장

**1.** 감소한다

**3.** 37.5 $\mu$Wb

**5.** 1000 G

**7.** 597

**9.** 150 At

**11.** **(a)** 전자기장 **(b)** 스프링

**13.** 전자기장과 영구자석의 자기장 사이의 상호작용에 의하여 발생하는 힘

**15.** 전류를 변화시킨다.

**17.** 물질(재질) A

**19.** 자기장의 세기, 자기장 속에 놓인 도체(도선)의 길이, 도체의 회전속도

**21.** 렌츠의 법칙으로 유도 전압의 극성을 알 수 있다.

**23.** 정류자와 브러시는 루프를 외부 회로와 전기적으로 연결한다.

**25.** 그림 P-14 참조

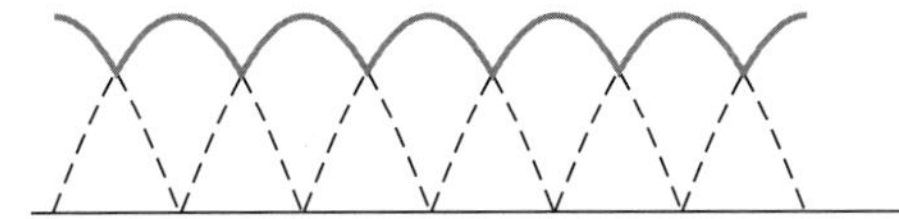

▲ 그림 P-14

## 제11장

**1.** **(a)** 1 Hz **(b)** 5 Hz **(c)** 20 Hz
**(d)** 1 kHz **(e)** 2 kHz **(f)** 100 kHz

**3.** 2 $\mu$s

**5.** 250 Hz

**7.** 200 rps

**9.** **(a)** 7.07 mA
**(b)** 0 A(한주기) , 4.5 mA(반주기)
**(c)** 14.14 mA

**11.** **(a)** 0.524 또는 $\pi/6$ rad **(b)** 0.785 또는 $\pi/4$ rad
**(c)** 1.361 또는 $39\pi/90$ rad **(d)** 2.356 또는 $3\pi/4$ rad
**(e)** 3.491 또는 $10\pi/9$ rad **(f)** 5.236 또는 $5\pi/3$ rad

**13.** 15°, $A$가 앞선다.

**15.** 그림 P-15 참조

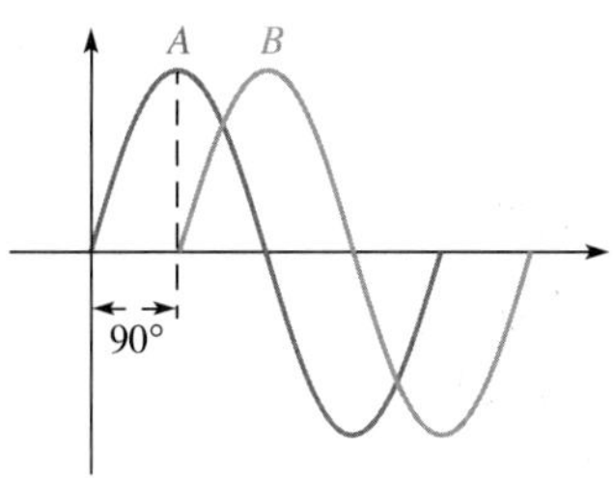


▲ 그림 P-15

**17.** **(a)** 57.4 mA **(b)** 99.6 mA **(c)** −17.4 mA
**(d)** −57.4 mA **(e)** −99.6 mA **(f)** 0 mA

**19.** 30°: 13.0 V
45°: 14.5 V
90°: 13.0 V
180°: −7.5 V
200°: −11.5 V
300°: −7.5 V

**21.** 22.1 V

**23.** 그림 P-16 참조

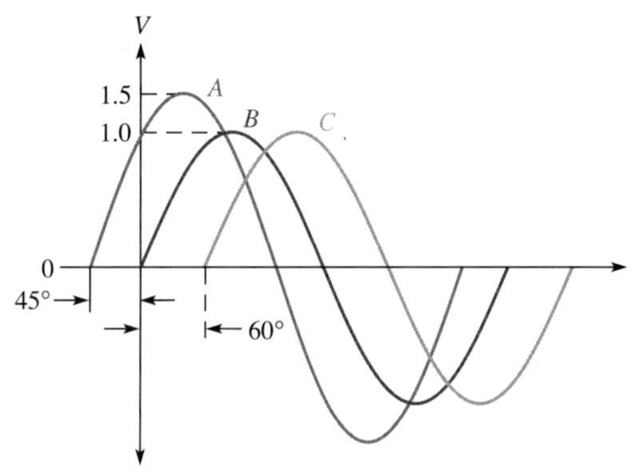


▲ 그림 P-16

**25.** **(a)** 156 mV **(b)** 1 V **(c)** 0 V

**27.** $V_{1(avg)} = 40.5$ V, $V_{2(avg)} = 31.5$ V

**29.** $V_{max} = 39$ V, $V_{min} = 9$ V

**31.** −1 V

**33.** $t_r \cong 3.0$ ms, $t_f \cong 3.0$ ms, $t_W \cong 12.0$ ms, 진폭(크기) $\cong$ 5 V

**35.** 5.84 V

**37.** **(a)** −0.375 V **(b)** 3.01 V

**39.** **(a)** 50 kHz **(b)** 10 Hz

**41.** 75 kHz, 125 kHz, 175 kHz, 225 kHz, 275 kHz, 325 kHz

**43.** $V_p = 600$ mV, $T = 500$ ms

**45.** $V_{p(in)} = 4.44$ V, $f_{in} = 2$ Hz

**47.** $V_1 = 16.717\ V_{pp}$; $V_1 = 5.911\ V_{rms}$;
$V_2 = 36.766\ V_{pp}$; $V_2 = 13.005\ V_{rms}$;
$V_3 = 14.378\ V_{pp}$; $V_3 = 5.084\ V_{rms}$

**49.** 고장 없음

**51.** $V_{min} = 2.000\ V_p$; $V_{max} = 22.000\ V_p$

## 제12장

**1.** **(a)** 5 $\mu$F **(b)** 1 $\mu$C **(c)** 10 V

**3.** **(a)** 0.001 $\mu$F **(b)** 0.0035 $\mu$F **(c)** 0.00025 $\mu$F

**5.** 125 J

**7.** **(a)** $8.85 \times 10^{-12}$ F/m **(b)** $35.4 \times 10^{-12}$ F/m
**(c)** $66.4 \times 10^{-12}$ F/m **(d)** $17.7 \times 10^{-12}$ F/m

**9.** 983 pF

**11.** 0.0249 $\mu$F

**13.** 12.5 pF 증가

**15.** 세라믹

**17.** 알루미늄, 탄탈; 이들의 경우에는 분극이 일어난다.

**19.** **(a)** 0.022 $\mu$F **(b)** 0.047 $\mu$F
**(c)** 0.001 $\mu$F **(d)** 220 pF

**21.** **(a)** 0.688 $\mu$F **(b)** 69.7 pF **(c)** 2.64 $\mu$F

**23.** 2 $\mu$F

**25.** **(a)** 1057 pF **(b)** 0.121 $\mu$F

**27.** **(a)** 2.62 $\mu$F **(b)** 689 pF **(c)** 1.6 $\mu$F

**29.** **(a)** 0.411 $\mu$C
**(b)** $V_1 = 10.47$ V
$V_2 = 1.54$ V
$V_3 = 6.52$ V
$V_4 = 5.48$ V

**31.** **(a)** 13.2 ms **(b)** 247.5 $\mu$s **(c)** 11 $\mu$s **(d)** 280 $\mu$s

**33.** **(a)** 9.20 V **(b)** 1.24 V **(c)** 0.458 V **(d)** 0.168 V

**35.** **(a)** 17.9 V **(b)** 12.8 V **(c)** 6.59 V

**37.** 7.62 $\mu$s

**39.** 3.00 $\mu$s

**41.** 그림 P-17 참조

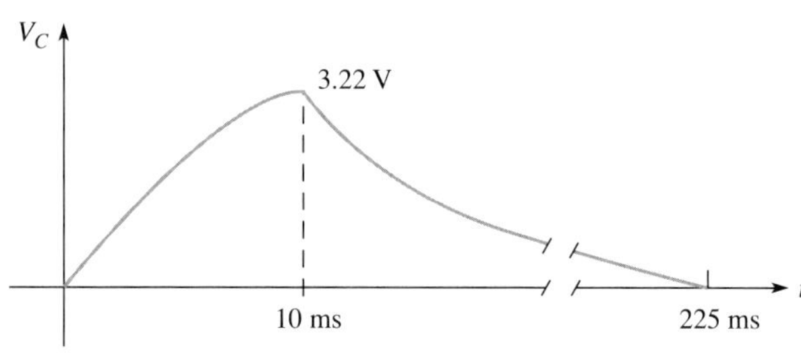


(a)

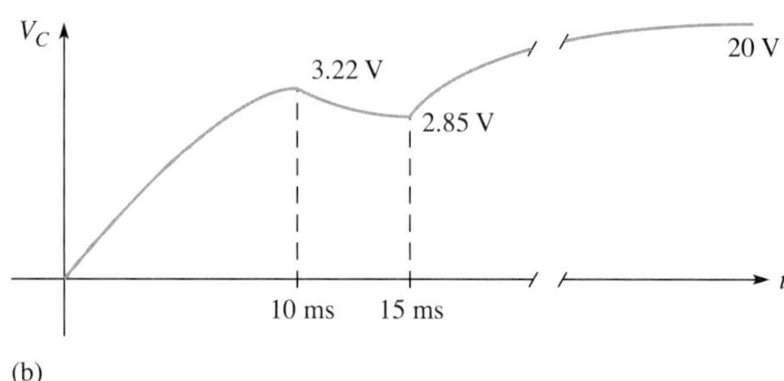


(b)

▲ 그림 P-17

**43.** **(a)** 30.4 Ω **(b)** 116 kΩ **(c)** 49.7 Ω

**45.** 200 Ω

**47.** 0 W, 3.39 mVAR

**49.** 0.00541 $\mu$F

**51.** 리플이 줄어든다.

**53.** 4.55 kΩ

**55.** $V_1 = 3.103$ V; $V_2 = 6.828$ V; $V_3 = 2.069$ V

**57.** $I_C$ @ 1 kHz = 1.383 mA; $I_C$ @ 500 Hz = 0.691 mA
$I_C$ @ 2 kHz = 2.768 mA

**59.** $C_4$ 단락

## 제13장

**1.** **(a)** 1000 mH **(b)** 0.25 mH
**(c)** 0.01 mH **(d)** 0.5 mH

**3.** 50 mV

**5.** 20 mV

**7.** 0.94 $\mu$J

**9.** 인덕터 2의 인덕턴스는 인덕터 1의 3/4이다.

**11.** 155 $\mu$H

**13.** 50.5 $\mu$H

**15.** 7.14 $\mu$H

**17.** **(a)** 4.33 H **(b)** 50 mH **(c)** 57.1 $\mu$H

**19.** **(a)** 1 $\mu$s **(b)** 2.13 $\mu$s **(c)** 2 $\mu$s

**21.** **(a)** 5.52 V **(b)** 2.03 V **(c)** 747 mV
**(d)** 275 mV **(e)** 101 mV

**23.** **(a)** 12.3 V **(b)** 9.10 V **(c)** 3.35 V

**25.** 11.0 $\mu$s

**27.** 0.722 $\mu$s

**29.** 136 $\mu$A

**31.** **(a)** 144 Ω **(b)** 10.1 Ω **(c)** 13.4 Ω

**33.** **(a)** 55.5 Hz **(b)** 796 Hz **(c)** 597 Hz

**35.** 26.1 mA

**37.** $V_1$ = 12.953 V; $V_2$ = 11.047 V; $V_3$ = 5.948 V;
$V_4$ = 5.099 V; $V_5$ = 5.099 V

**39.** $L_3$ 개방

## 제14장

**1.** 1.5 $\mu$H

**3.** 4; 0.25

**5.** **(a)** 100 V rms; 위상이 같다(동상)
**(b)** 100 V rms; 180° 위상차
**(c)** 20 V rms; 180° 위상차

**7.** 600 V

**9.** 0.25 (4:1)

**11.** 60 V

**13.** **(a)** 10 V **(b)** 240 V

**15.** **(a)** 25 mA **(b)** 50 mA **(c)** 15 V **(d)** 750 mW

**17.** 1.83

**19.** 9.76 W

**21.** 94.5 W

**23.** 0.98

**25.** 25 kVA

**27.** $V_1$ = 11.5 V, $V_2$ = 23.0 V, $V_3$ = 23.0 V, $V_4$ = 46.0 V

**29.** **(a)** 48 V **(b)** 25 V

**31.** **(a)** $V_R$ = 35 V, $I_R$ = 2.92 A, $V_C$ = 15 V, $I_C$ = 1.5 A
**(b)** 34.5 Ω

**33.** 아주 큰 1차 전류가 흐른다. 따라서 1차 권선에 퓨즈가 연결되어 있지 않으면 변압기나 전원이 타버릴 수도 있다.

**35.** 권수비 0.5

**37.** $R_2$ 개방

## 제15장

**1.** 크기, 위상(각)

**3.** 그림 P-18 참조

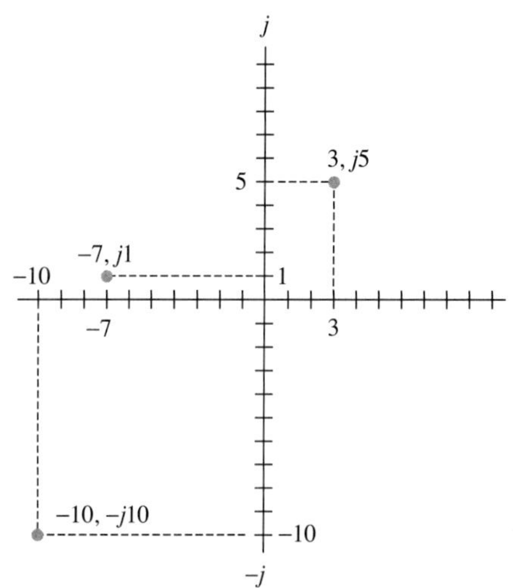


▲ 그림 P-18

**5.** **(a)** −5, +j3과 5, −j3
**(b)** −1, −j7과 1, + j7
**(c)** −10, +j10과 10, −j10

**7.** 18.0

**9.** **(a)** 643 − j766 **(b)** −14.1 + j5.13
**(c)** −17.7 − j17.7 **(d)** −3 + j0

**11.** **(a)** 4사분면 **(b)** 4사분면
**(c)** 4사분면 **(d)** 1사분면

**13.** **(a)** 12 ∠ 115° **(b)** 20 ∠ 230°
**(c)** 100 ∠ 190° **(d)** 50 ∠ 160°

**15.** **(a)** 1.1 + j0.7 **(b)** −81 − j35
**(c)** 5.28 − j5.27 **(d)** −50.4 + j62.5

**17.** **(a)** 3.2 ∠ 11° **(b)** 7 ∠ −101°

**(c)** $1.52 \angle 70.6°$ **(d)** $2.79 \angle -63.5°$

**19.** 8 kHz, 8 kHz

**21. (a)** $270\ \Omega - j100\ \Omega$, $288 \angle -20.3°\ \Omega$

**(b)** $680\ \Omega - j1000\ \Omega$, $1.21 \angle -55.8°\ \text{k}\Omega$

**23. (a)** $56\ \text{k}\Omega - j723\ \text{k}\Omega$

**(b)** $56\ \text{k}\Omega - j145\ \text{k}\Omega$

**(c)** $56\ \text{k}\Omega - j72.3\ \text{k}\Omega$

**(d)** $56\ \text{k}\Omega - j28.9\ \text{k}\Omega$

**25. (a)** $R = 33\ \Omega, X_C = 50\ \Omega$

**(b)** $R = 272\ \Omega, X_C = 127\ \Omega$

**(c)** $R = 698\ \Omega, X_C = 1.66\ \text{k}\Omega$

**(d)** $R = 558\ \Omega, X_C = 558\ \Omega$

**27. (a)** $183 \angle 57.5°\ \mu\text{A}$

**(b)** $611 \angle 40.3°\ \mu\text{A}$

**(c)** $1.98 \angle 76.2°\ \text{mA}$

**29.** $-14.5°$

**31. (a)** $97.3 \angle -54.9°\ \Omega$

**(b)** $103 \angle 54.9°\ \text{mA}$

**(c)** $5.76 \angle 54.9°\ \text{V}$

**(d)** $8.18 \angle -35.1°\ \text{V}$

**33.** $R_X = 12\ \Omega$, $C_X = 13.3\ \mu\text{F}$을 직렬로 연결

**35.**

| | |
|---|---|
| 0 Hz | 1 V |
| 1 kHz | 723 mV |
| 2 kHz | 464 mV |
| 3 kHz | 329 mV |
| 4 kHz | 253 mV |
| 5 kHz | 205 mV |
| 6 kHz | 172 mV |
| 7 kHz | 148 mV |
| 8 kHz | 130 mV |
| 9 kHz | 115 mV |
| 10 kHz | 104 mV |

**37.**

| | |
|---|---|
| 0 Hz | 0 V |
| 1 kHz | 5.32 V |
| 2 kHz | 7.82 V |
| 3 kHz | 8.83 V |
| 4 kHz | 9.29 V |
| 5 kHz | 9.53 V |
| 6 kHz | 9.66 V |
| 7 kHz | 9.76 V |
| 8 kHz | 9.80 V |
| 9 kHz | 9.84 V |
| 10 kHz | 9.87 V |

**39.** 그림 P-19 참조

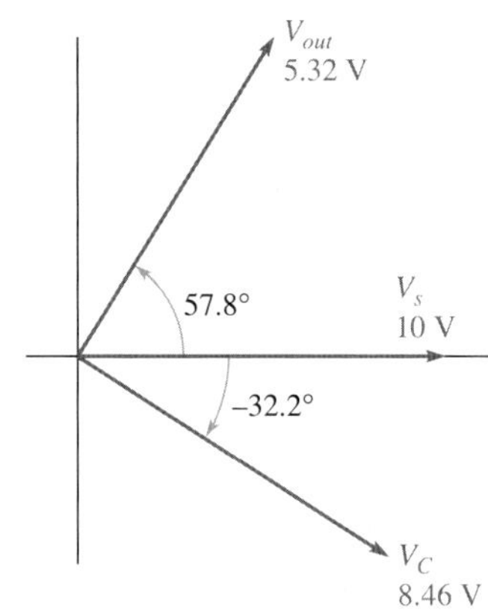


▲ 그림 P-19

**41.** $245\ \Omega$, $-80.5°$

**43.** $\mathbf{V}_C = \mathbf{V}_R = 10 \angle 0°\ \text{V}$

$\mathbf{I}_{tot} = 184 \angle 37.1°\ \text{mA}$

$\mathbf{I}_R = 147 \angle 0°\ \text{mA}$

$\mathbf{I}_C = 111 \angle 90°\ \text{mA}$

**45. (a)** $6.59 \angle -48.8°\ \Omega$ **(b)** $10 \angle 0°\ \text{mA}$

**(c)** $11.4 \angle 90°\ \text{mA}$ **(d)** $15.2 \angle 48.8°\ \text{mA}$

**(e)** $-48.8°$ ($\boldsymbol{I}_{tot}$는 $V_s$보다 앞선다)

**47.** 18.4 kΩ 저항과 196 pF 커패시터가 직렬로 연결된 회로

**49.** $\mathbf{V}_{C1} = 8.42 \angle -2.9°\ \text{V}$, $\mathbf{V}_{C2} = 1.58 \angle -57.5°\ \text{V}$

$\mathbf{V}_{C3} = 3.65 \angle 6.8°\ \text{V}$, $\mathbf{V}_{R1} = 3.29 \angle 32.5°\ \text{V}$

$\mathbf{V}_{R2} = 2.36 \angle 6.8°\ \text{V}$, $\mathbf{V}_{R3} = 1.29 \angle 6.8°\ \text{V}$

**51.** $\mathbf{I}_{tot} = 79.5 \angle 87.1°\ \text{mA}$, $\mathbf{I}_{C2R1} = 6.99 \angle 32.5°\ \text{mA}$

$\mathbf{I}_{C3} = 75.7 \angle 96.8°\ \text{mA}$, $\mathbf{I}_{R2R3} = 7.16 \angle 6.8°\ \text{mA}$

**53.** $0.103\ \mu\text{F}$

**55.** $\mathbf{I}_{C1} = \mathbf{I}_{R1} = 2.27 \angle 74.5°\ \text{mA}$

$\mathbf{I}_{R2} = 2.04 \angle 72.0°\ \text{mA}$

$\mathbf{I}_{R3} = 246 \angle 84.3°\ \mu\text{A}$

$\mathbf{I}_{R4} = 149 \angle 41.2°\ \mu\text{A}$

$\mathbf{I}_{R5} = 180 \angle 75.1°\ \mu\text{A}$

$\mathbf{I}_{R6} = \mathbf{I}_{C3} = 101 \angle 135°\ \mu\text{A}$

$\mathbf{I}_{C2} = 101 \angle 131°\ \mu\text{A}$

**57.** 4.03 VA

**59.** 0.914

**61.** **(a)** $I_{LA} = 4.8$ A, $I_{LB} = 3.33$ A

**(b)** $P_{rA} = 606$ VAR, $P_{rB} = 250$ VAR

**(c)** $P_{\text{true}A} = 979$ W, $P_{\text{true}B} = 759$ W

**(d)** $P_{aA} = 1151$ VA, $P_{aB} = 799$ VA

**(e)** 부하 $A$

**63.** 0.0796 $\mu$F

**65.** $V_{out}$을 2.83 V로, $\theta$를 $-56.7°$로 감소된다.

**67.** **(a)** 출력 전압 없음 **(b)** $320 \angle -71.3°$ mV

**(c)** $500 \angle 0°$ mV **(d)** 0 V

**69.** 고장 없음

**71.** $R_1$ 개방

**73.** 고장 없음

**75.** 48.4 Hz

## 제16장

**1.** 15 kHz

**3.** **(a)** $100\ \Omega + j50\ \Omega$; $112 \angle 26.6°\ \Omega$

**(b)** $1.5\ \text{k}\Omega + j1\ \text{k}\Omega$; $1.80 \angle 33.7°\ \text{k}\Omega$

**5.** **(a)** $17.4 \angle 46.4°\ \Omega$ **(b)** $64.0 \angle 79.2°\ \Omega$

**(c)** $127 \angle 84.6°\ \Omega$ **(d)** $251 \angle 87.3°\ \Omega$

**7.** 806 Ω, 4.11 mH

**9.** 0.370 V

**11.** **(a)** $43.5 \angle -55°$ mA **(b)** $11.8 \angle -34.6°$ mA

**13.** $\theta$는 38.7°에서 58.1°로 증가한다.

**15.** **(a)** $\mathbf{V}_R = 4.85 \angle -14.1°$ V

$\mathbf{V}_L = 1.22 \angle 75.9°$ V

**(b)** $\mathbf{V}_R = 3.83 \angle -40.0°$ V

$\mathbf{V}_L = 3.21 \angle 50.0°$ V

**(c)** $\mathbf{V}_R = 2.16 \angle -64.5°$ V

$\mathbf{V}_L = 4.51 \angle 25.5°$ V

**(d)** $\mathbf{V}_R = 1.16 \angle -76.6°$ V

$\mathbf{V}_L = 4.86 \angle 13.4°$ V

**17.** **(a)** $-0.0923°$ **(b)** $-9.15°$

**(c)** $-58.2°$ **(d)** $-86.4°$

**19.** $7.75 \angle 49.9°\ \Omega$

**21.** 2.39 kHz

**23.** **(a)** $274 \angle 60.7°\ \Omega$ **(b)** $89.3 \angle 0°$ mA

**(c)** $159 \angle -90°$ mA **(d)** $182 \angle -60.7°$ mA

**(e)** 60.7° ($I_{tot}$는 $V_s$보다 뒤진다)

**25.** 1.83 kΩ 저항과 4.21 kΩ 유도성 리액턴스가 직렬로 연결된 회로

**27.** $\mathbf{V}_{R1} = 21.8 \angle -3.89°$ V

$\mathbf{V}_{R2} = 7.27 \angle 9.61°$ V

$\mathbf{V}_{R3} = 3.38 \angle -53.3°$ V

$\mathbf{V}_{L1} = \mathbf{V}_{L2} = 6.44 \angle 37.3°$ V

**29.** $\mathbf{I}_{R1} = I_{\text{T}} = 389 \angle -3.89°$ mA

$\mathbf{I}_{R2} = 330 \angle 9.61°$ mA

$\mathbf{I}_{R3} = 102 \angle -53.3°$ mA

$\mathbf{I}_{L1} = \mathbf{I}_{L2} = 51.3 \angle -52.7°$ mA

**31.** **(a)** $588 \angle -50.5°$ mA

**(b)** $22.0 \angle 16.1°$ V

**(c)** $8.63 \angle -135°$ V

**33.** $\theta = 52.5°$($V_{out}$은 $V_{in}$보다 뒤진다) , 0.143

**35.** 그림 P-20 참조

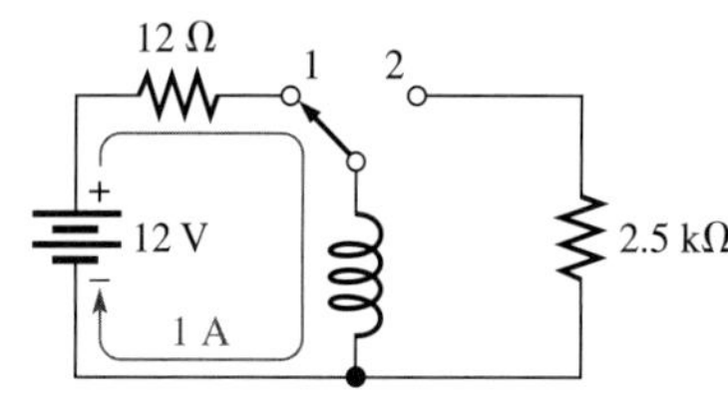


▲ 그림 P-20

**37.** 1.29 W, 1.04 VAR

**39.** $P_{\text{true}} = 290$ mW; $P_r = 50.8$ mVAR;

$P_a = 296$ mVA; $PF = 0.985$

**41.** 식 $V_{out} = \left(\dfrac{R}{Z_{tot}}\right)V_{in}$을 사용한다. 그림 P-21 참조

| 주파수(kHz) | $X_L$ | $Z_{tot}$ | $V_{out}$ |
|---|---|---|---|
| 0 | 0 Ω | 39.0 Ω | 1 V |
| 1 | 62.8 Ω | 73.9 Ω | 528 mV |
| 2 | 126 Ω | 132 Ω | 296 mV |
| 3 | 189 Ω | 193 Ω | 203 mV |
| 4 | 251 Ω | 254 Ω | 153 mV |
| 5 | 314 Ω | 317 Ω | 123 mV |

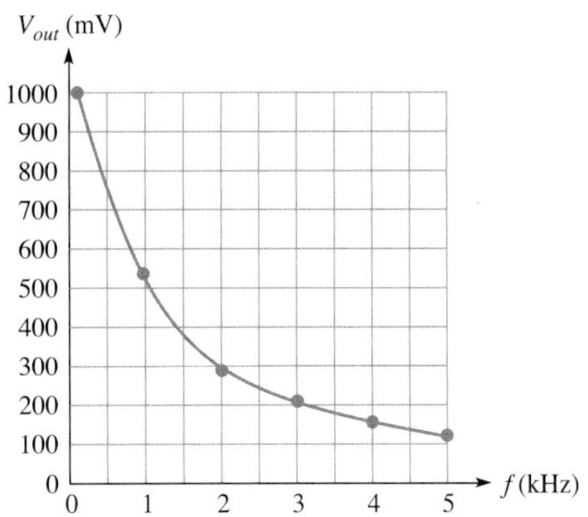

▲ 그림 P-21

**43.** 그림 P-22 참조

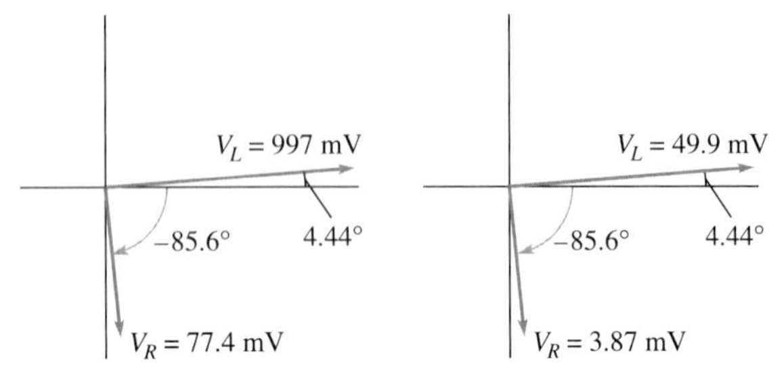

▲ 그림 P-22

**45.** **(a)** 0 V **(b)** 0 V
**(c)** $1.62 \angle -25.8°$ V **(d)** $2.15 \angle -64.5°$ V

**47.** $L_1$ 불량(전류 누설)

**49.** $L_1$ 개방

**51.** 고장 없음

**53.** $f_c \approx 53.214$ kHz

## 제17장

**1.** $520 \angle -88.9°\ \Omega$; 520° Ω 용량성

**3.** 임피던스는 150 Ω으로 증가한다.

**5.** $\mathbf{I}_{tot} = 61.4 \angle -43.8°$ mA
$\mathbf{V}_R = 2.89 \angle -43.8°$ V
$\mathbf{V}_L = 4.91 \angle 46.2°$ V
$\mathbf{V}_C = 2.15 \angle -134°$ V

**7.** **(a)** $35.8 \angle 65.1°$ mA
**(b)** 181 mW
**(c)** 390 mVAR
**(d)** 430 mVA

**9.** 12 V

**11.** $Z = 200\ \Omega$, $X_C = X_L = 2\ \text{k}\Omega$

**13.** 500 mA

**15.** 그림 P-23 참조

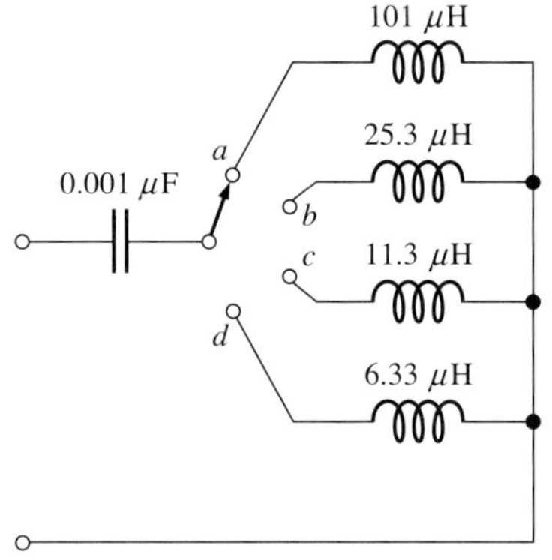

▲ 그림 P-23

**17.** 위상각이 −4.43°이므로 약간의 용량성을 갖는 회로임을 알 수 있다.

**19.** $\mathbf{I}_R = 50 \angle 0°$ mA
$\mathbf{I}_L = 4.42 \angle -90°$ mA
$\mathbf{I}_C = 8.29 \angle 90°$ mA
$\mathbf{I}_{tot} = 50.2 \angle 4.43°$ mA
$\mathbf{V}_R = \mathbf{V}_L = V_C = 5 \angle 0°$ V

**21.** $\mathbf{I}_C = 69.1 \angle 90°\ \mu$A , $\mathbf{I}_{tot} = 84.9 \angle 53.9°$ mA,
$\mathbf{I}_R = 50 \angle 0°$ mA, $\mathbf{I}_L = 531 \angle -90°\ \mu$A

**23.** 53.5 MΩ, 104 kHz

**25.** $P_r = 0$ VAR, $P_a = 7.45\ \mu$VA, $P_{\text{true}} = 538$ mW

**27.** **(a)** −1.97°($V_s$는 $I_{tot}$보다 뒤진다)
**(b)** 23.0°($V_s$는 $I_{tot}$보다 앞선다)

**29.** 49.1 kΩ 저항과 1.38 H 인덕터가 직렬로 연결된 회로

**31.** 45.2°($I_2$는 $V_s$보다 앞선다)

**33.** $\mathbf{I}_{R1} = \mathbf{I}_{C1} = 1.09 \angle -25.7°$mA
$\mathbf{I}_{R2} = 767 \angle 19.3°\ \mu$A
$\mathbf{I}_{C2} = 767 \angle 109.3°\ \mu$A
$\mathbf{I}_L = 1.53 \angle -70.7°$ mA
$\mathbf{V}_{R2} = \mathbf{V}_{C2} = \mathbf{V}_L = 7.67 \angle 19.3°$ V
$\mathbf{V}_{R1} = 3.60 \angle -25.7°$ V
$\mathbf{V}_{C1} = 1.09 \angle -116°$ V

**35.** $52.2 \angle 126°$ mA

**37.** $f_{r(series)} = 4.11$ kHz

$\mathbf{V}_{out} = 4.83 \angle -61.0°$ V

$f_{r\,(parallel)} = 2.6$ kHz

$\mathbf{V}_{out} \cong 10 \angle 0°$ V

**39.** 62.5 Hz

**41.** 1.38 W

**43.** 200 Hz

**45.** $C_1$ 불량(전류 누설)

**47.** $C_1$ 불량(전류 누설)

**49.** 고장 없음

**51.** $f_c \approx 338.698$ kHz

## 제18장

**1.** $2.22 \angle -77.2°$ V rms

**3.** **(a)** $9.36 \angle -20.7°$ V

**(b)** $7.18 \angle -44.1°$ V

**(c)** $9.96 \angle -5.44°$ V

**(d)** $9.95 \angle -5.74°$ V

**5.** **(a)** 12.1 $\mu$F **(b)** 1.45 $\mu$F

**(c)** 0.723 $\mu$F **(d)** 0.144 $\mu$F

**7.** 그림 P-24 참조

**9.** **(a)** 7.13 V **(b)** 5.67 V

**(c)** 4.01 V **(d)** 0.800 V

**11.** $9.75 \angle 12.8°$ V

**13.** **(a)** $3.53 \angle 69.3°$ V

**(b)** $4.85 \angle 61.0°$ V

**(c)** $947 \angle 84.6°$ mV

**(d)** $995 \angle 84.3°$ mV

**15.** 그림 P-25 참조

**17.** **(a)** 14.5 kHz

**(b)** 24.0 kHz

**19.** **(a)** 15.06 kHz, 13.94 kHz

**(b)** 25.3 kHz, 22.7 kHz

**21.** **(a)** 117 V **(b)** 115 V

**23.** $C = 0.064$ $\mu$F, $L = 989$ $\mu$H, $f_r = 20$ kHz

**25.** **(a)** 86.3 Hz

**(b)** 7.34 MHz

**27.** $L_1 = 0.08$ $\mu$H

$L_2 = 0.554$ $\mu$H

**29.** $C_2$ 불량(전류 누설)

**31.** $C_1$ 단락

**33.** 고장 없음

**35.** $BW \approx 88.93$ MHz

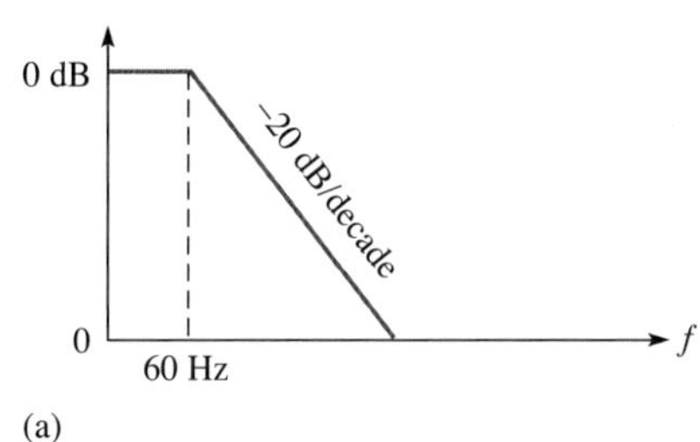

(a)

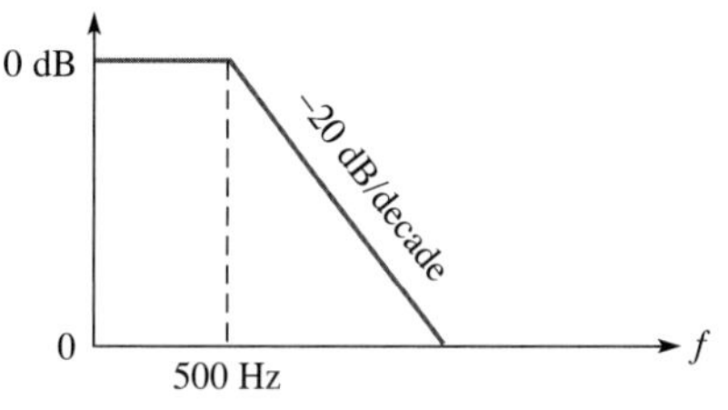

(b)

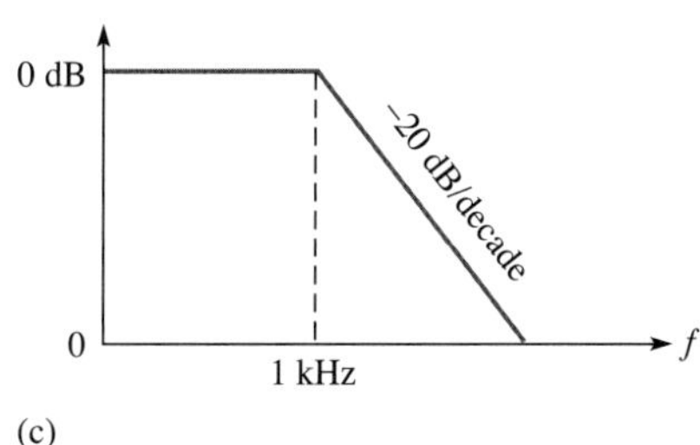

(c)

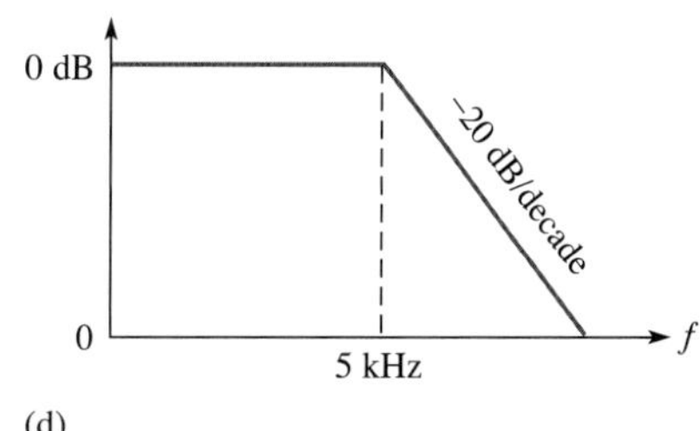

(d)

▲ 그림 P-24

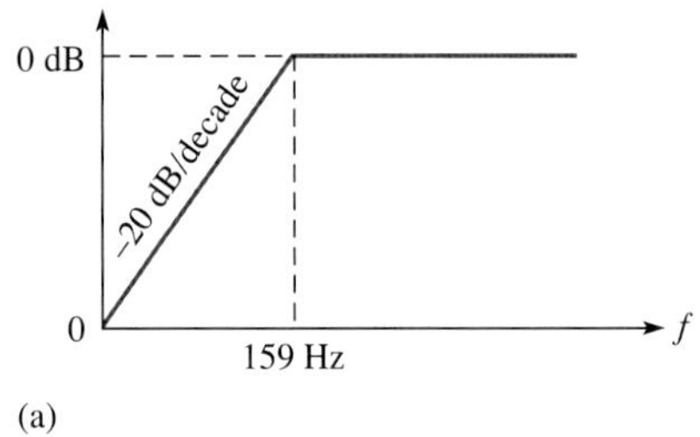

(a)

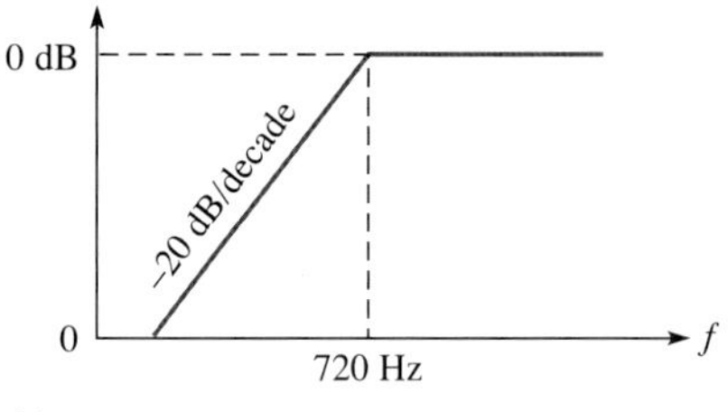

(b)

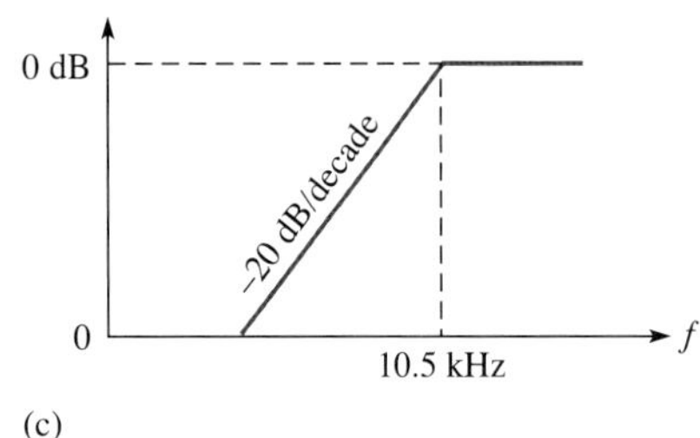

(c)

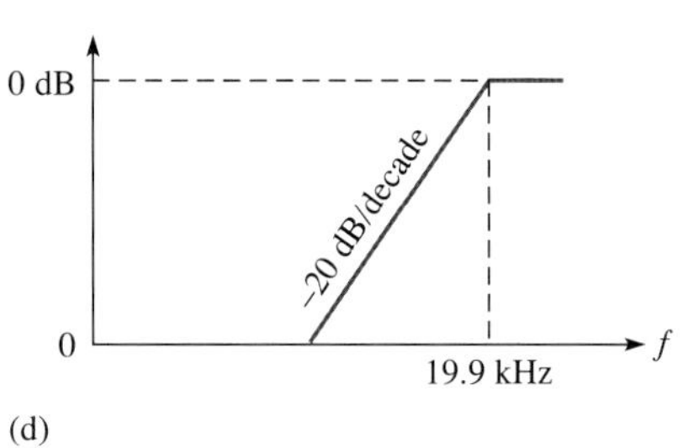

(d)

▲ 그림 P-25

## 제19장

**1.** $1.22 \angle 28.6°$ mA

**3.** $81.0 \angle -11.9°$ mA

**5.** $V_{A(\text{dc})} = 0$ V, $V_{B(\text{dc})} = 16.1$ V, $V_{C(\text{dc})} = 15.1$ V
$V_{D(\text{dc})} = 0$ V, $V_{A(\text{peak})} = 9$ V, $V_{B(\text{peak})} = 5.96$ V
$V_{C(\text{peak})} = V_{D(\text{peak})} = 4.96$ V

**7.** **(a)** $\mathbf{V}_{th} = 15 \angle -53.1°$ V
$\mathbf{Z}_{th} = 63\ \Omega - j48\ \Omega = 79.2 \angle -37.3°\ \Omega$
**(b)** $\mathbf{V}_{th} = 1.22 \angle 0°$ V
$\mathbf{Z}_{th} = j237\ \Omega = 237 \angle 90°\ \Omega$
**(c)** $\mathbf{V}_{th} = 12.1 \angle 11.9°$ V
$\mathbf{Z}_{th} = 50\text{ k}\Omega - j20\text{ k}\Omega = 53.9 \angle -21.8°\text{ k}\Omega$

**9.** $16.9 \angle 88.2°$ V

**11.** **(a)** $\mathbf{I}_n = 189 \angle -15.8°$ mA
$\mathbf{Z}_n = 63\ \Omega - j48\ \Omega$
**(b)** $\mathbf{I}_n = 5.15 \angle -90°$ mA
$\mathbf{Z}_n = j237\ \Omega$
**(c)** $\mathbf{I}_n = 224 \angle 33.7°\ \mu$A
$\mathbf{Z}_n = 50\text{ k}\Omega - j20\text{ k}\Omega$

**13.** $16.8 \angle 88.5°$ V

**15.** $9.18\ \Omega + j2.90\ \Omega$

**17.** $95.2\ \Omega + j42.7\ \Omega$

**19.** $C_2$ 불량(전류 누설)

**21.** 고장 없음

**23.** $\mathbf{I}_n = 30.142 \angle -113.1°\ \mu$A
$\mathbf{Z}_n = 30.3 \angle 64.28°\text{ k}\Omega$

## 제20장

**1.** 103 $\mu$s

**3.** 12.6 V

**5.** 그림 P-26 참조

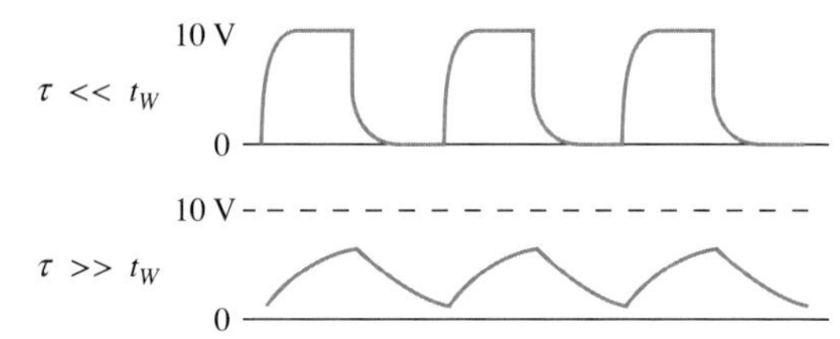

▲ 그림 P-26

**7.** **(a)** 23.5 ms
**(b)** 그림 P-27 참조

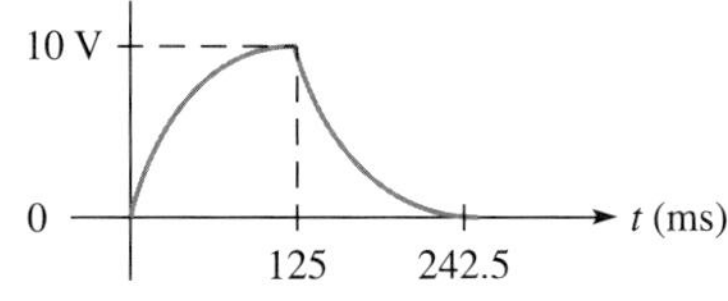

▲ 그림 P-27

**9.** 그림 P-28 참조

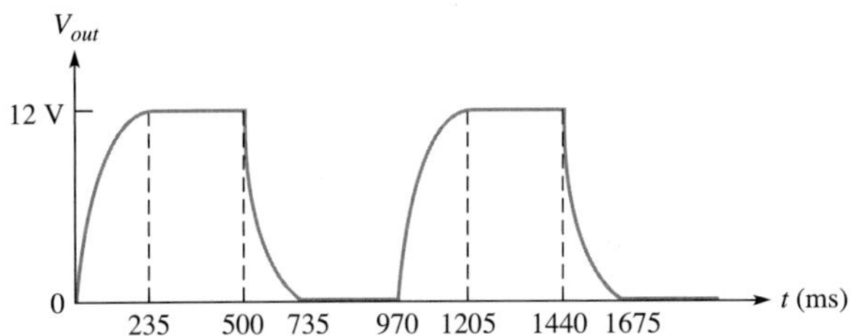


▲ 그림 P-28

**11.** 그림 P-29 참조

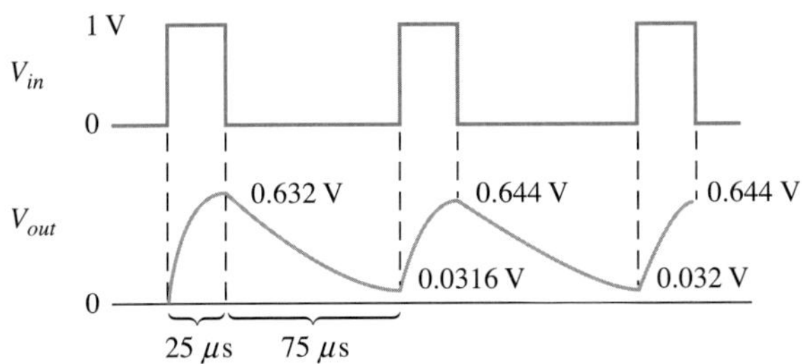


▲ 그림 P-29

**13.** 그림 P-30 참조

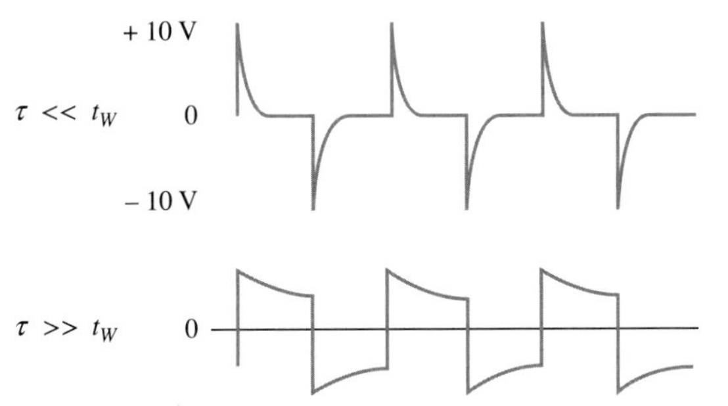


▲ 그림 P-30

**15.** **(a)** 493.5 ns

**(b)** 그림 P-31 참조

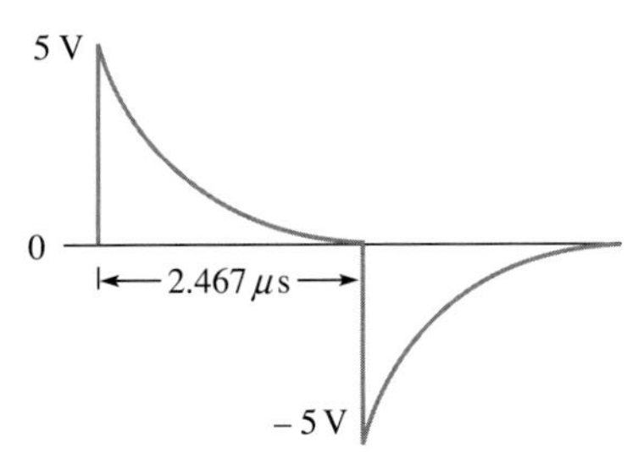


▲ 그림 P-31

**17.** 평균값이 0인 약간 변형된 구형파(사각파)

**19.** 그림 P-32 참조

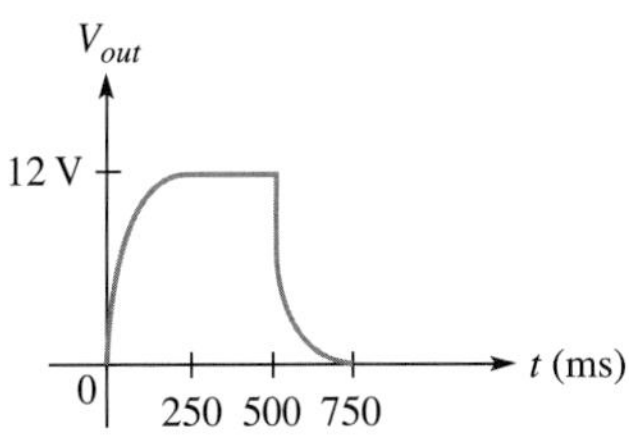


▲ 그림 P-32

**21.** **(a)** 4.55 μs

**(b)** 그림 P-33 참조

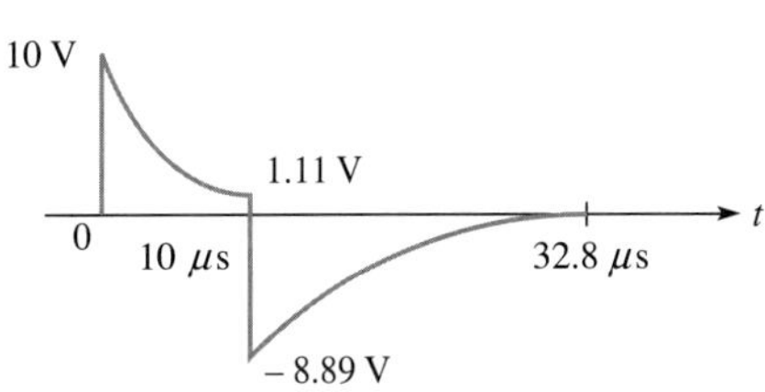


▲ 그림 P-33

**23.** 15.9 kHz

**25.** **(a)** 커패시터 개방 또는 $R$ 단락

**(b)** $C$가 불량(전류 누설)이거나 $R > 3.3\ \text{k}\Omega$ 또는 $C > 0.22\ \mu\text{F}$

**(c)** 저항 개방 또는 커패시터가 단락

**27.** $C_1$ 개방 또는 $R_1$ 단락

**29.** $R_1$ 또는 $R_2$ 개방

## 제21장

**1.** 17.5°

**3.** 376 mA

**5.** 1.32 ∠ 121° A

**7.** $\mathbf{I}_{La} = 8.66 \angle -30°$ A

$\mathbf{I}_{Lb} = 8.66 \angle 90°$ A

$\mathbf{I}_{Le} = 8.66 \angle -150°$ A

**9.** **(a)** $\mathbf{V}_{L(ab)} = 866 \angle -30°$ V

$\mathbf{V}_{L(ca)} = 866 \angle -150°$ V

$\mathbf{V}_{L(bc)} = 866 \angle 90°$ V

**(b)** $\mathbf{I}_{\theta a} = 500 \angle -32°$ mA

$\mathbf{I}_{\theta b} = 500 \angle 88°$ mA

$\mathbf{I}_{\theta c} = 500 \angle -152°$ mA

**(c)** $\mathbf{I}_{La} = 500 \angle -32°$ mA

$\mathbf{I}_{Lb} = 500 \angle 88°$ mA

$\mathbf{I}_{Le} = 500 \angle -152°$ mA

**(d)** $\mathbf{I}_{Za} = 500 \angle -32°$ mA

$\mathbf{I}_{Zb} = 500 \angle 88°$ mA

$\mathbf{I}_{Zc} = 500 \angle -152°$ mA

**(e)** $\mathbf{V}_{Za} = 500 \angle 0°$ V

$\mathbf{V}_{Zb} = 500 \angle 120°$ V

$\mathbf{V}_{Zc} = 500 \angle -120°$ V

**11. (a)** $\mathbf{V}_{L(ab)} = 86.6 \angle -30°$ V

$\mathbf{V}_{L(ca)} = 86.6 \angle -150°$ V

$\mathbf{V}_{L(bc)} = 86.6 \angle 90°$ V

**(b)** $\mathbf{I}_{\theta a} = 250 \angle 110°$ mA

$\mathbf{I}_{\theta b} = 250 \angle -130°$ mA

$\mathbf{I}_{\theta c} = 250 \angle -10°$ mA

**(c)** $\mathbf{I}_{La} = 250 \angle 110°$ mA

$\mathbf{I}_{Lb} = 250 \angle -130°$ mA

$\mathbf{I}_{Le} = 250 \angle -10°$ mA

**(d)** $\mathbf{I}_{Za} = 144 \angle 140°$ mA

$\mathbf{I}_{Zb} = 144 \angle 20°$ mA

$\mathbf{I}_{Zc} = 144 \angle -100°$ mA

**(e)** $\mathbf{V}_{Za} = 86.6 \angle -150°$ V

$\mathbf{V}_{Zb} = 86.6 \angle 90°$ V

$\mathbf{V}_{Zc} = 86.6 \angle -30°$ V

**13.** $\mathbf{V}_{L(ab)} = 330 \angle -120°$ V

$\mathbf{V}_{L(ca)} = 330 \angle 120°$ V

$\mathbf{V}_{L(bc)} = 330 \angle 0°$ V

$\mathbf{I}_{Za} = 38.2 \angle -150°$ A

$\mathbf{I}_{Zb} = 38.2 \angle -30°$ A

$\mathbf{I}_{Zc} = 38.2 \angle 90°$ A

**15.** 그림 21–37: 636 W

그림 21–38: 149 W

그림 21–39: 12.8 W

그림 21–40: 2.78 kW

그림 21–41: 10.9 kW

**17.** 24.2 W

# 용어 해설

**가감저항기**(rheostat) 두 개의 단자를 가진 가변 저항

**가우스**(gauss, G) 자속 밀도의 CGS 단위

**가전자**(valance electron) 원자의 최외각에 존재하는 전자

**가전자대**(valance) 원자의 최외각이나 궤도에 관련된

**가지**(branch) 병렬 회로에서 하나의 전류 경로; 두 절점을 연결하는 하나의 전류 경로

**가지 전류**(branch current) 가지에 흐르는 실제 전류

**각**(shell) 전자가 회전하는 궤도

**각속도**(angular velocity) 정현파의 주파수를 갖는 페이저의 회전율

**감쇠**(attenuation) 입력 신호와 비교할 때 출력 신호가 줄어드는 것으로 회로의 입력 전압에 대한 출력 전압의 비가 1보다 작다.

**감전**(electrical shock) 신체에 전류가 흐르기 때문에 발생하는 신체적인 감각

**강압 변압기**(step-down transformer) 2차 전압의 크기가 1차 전압보다 작은 변압기

**개방**(open) 전류의 경로가 끊어진 회로의 상태

**개회로**(open circuit) 전류의 완전한 경로가 형성되지 못한 개방 회로

**결합 계수**(coefficient of coupling, $k$) 1차 자속에 대한 2차 자속의 비를 나타내는 변압기의 상수. 이상적인 결합 계수 1은 1차 권선의 모든 자속이 2차 권선과 결합하였음을 의미한다.

**계수**(coefficient) 변수 앞에 붙이는 상수

**계자 권선**(field winding) 교류 발전기의 회전자 권선

**고역통과 필터**(high-pass filter) 필터의 한 종류로 임계 주파수 이상의 주파수는 통과하고 임계 주파수 이하의 주파수는 차단한다.

**고장진단**(troubleshooting) 회로나 시스템의 오류를 찾고 확인하고 수정하는 체계적인 접근 방법

**고정자**(stator) 발전기나 전동기의 고정된 외곽부분

**고조파**(harmonics) 합성파에 포함된 주파수로 펄스 반복 주파수(기본 주파수)의 정수배이다.

**공액복소수**(complex conjugate) 실수부의 크기가 같고 허수부는 부호가 반대이고 크기가 같은 복소수; 저항의 크기 및 리액턴스의 크기는 같고 위상이 반대인 임피던스

**공진**(resonance) *RLC* 회로의 용량성 리액턴스와 유도성 리액턴스의 값이 서로 같아져서 상쇄되므로 임피던스가 저항 성분만을 갖는 상태

**공진주파수**(resonant frequency) 회로에서 공진이 일어나는 주파수로 **중심주파수**라고도 한다.

**공통**(common)　기준 접지

**공학표기법**(engineering notation)　어떤 수를 1~3자리 수와 지수가 3의 배수인 십의 거듭제곱의 곱으로 표시하는 방법

**과도 시간**(transient time)　시정수의 약 5배인 시간

**과학표기법**(scientific notation)　어떤 수를 1과 10 사이의 수와 10의 거듭제곱의 곱으로 표시하는 방법

**광기전력 효과**(photovoltaic effect)　광 에너지가 전기 에너지로 전환되는 과정

**광전도 셀**(photoconductive cell)　빛을 감지하는 가변 저항의 일종

**권선**(winding)　인덕터에서 선의 루프나 회전

**권수비**(turns ratio, *n*)　2차 권선의 권수와 1차 권선과의 권수와의 비

**극좌표 형식**(polar form)　복소수를 크기와 각도로 표시하는 방식

**기본 주파수**(fundamental frequency)　파형의 반복률

**기준선**(baseline)　펄스 파형의 정상 레벨, 펄스가 없는 경우의 기준 레벨

**기준 접지**(reference ground)　조립 회로를 감싼 금속 상자나 회로기판의 넓은 도체 부분을 공통 또는 기준점으로 접지하는 방법

**노튼 정리**(Norton's theorem)　2단자 선형 회로를 하나의 전류원과 이에 병렬로 연결된 저항으로 구성되는 등가 회로로 단순화하는 방법

**다람쥐장**(squirrel-cage)　ac 유도 모터의 일종

**단락**(short)　두 점 사이에 0이나 비정상적으로 작은 저항의 경로가 있는 회로. 보통 부주의하게 회로를 다루는 경우에 발생한다.

**단일권선 변압기**(autotransformer)　한 개의 권선이 1차와 2차의 역할을 동시에 수행하는 변압기

**단자 등가성**(terminal equivalency)　주어진 부하 저항이 서로 다른 두 전원에 연결되었을 때 동일한 부하 전압과 동일한 부하 전류가 두 전원에 의해 공급된다는 개념

**대역차단 필터**(bnd-stop filter)　두 임계 주파수 사이의 주파수 범위는 차단하고 이 범위보다 높거나 낮은 주파수는 통과시키는 필터

**대역통과 필터**(band-pass filter)　두 임계 주파수 사이의 주파수 범위는 통과시키고 이 범위보다 높거나 낮은 주파수는 차단하는 필터

**대역폭**(bandwidth)　필터에 의해 통과되는 주파수 범위

**데시벨**(decibel)　데시벨은 필터의 입력에 대한 출력의 관계를 표현하는 데 사용되며 한 전력에 대한 다른 전력의 비, 또는 한 전압에 대한 다른 전압의 비의 대수적 측정 단위이다.

**데케이드**(decade)　주파수나 다른 파라미터의 10배 변화

**도**(degree)　완전한 회전의 1/360에 해당하는 각도 측정 단위

**도체**(conductor)　전류가 잘 흐르는 물질로 대표적인 물질로는 구리가 있다.

**뒤처짐**(lag)　한 파형이 다른 파형보다 위상이나 시간이 뒤쳐져 있는 상태를 의미한다.

**듀티 사이클**(duty cycle)　한 사이클 동안 펄스가 존재하는 시간의 백분율을 나타내는 펄스파의 특성. 주기에 대한 펄스폭의 비는 비율이나 백분율로 표시한다.

**등가 회로**(equivalent circuit)　원래의 회로를 대치하더라도 주어진 부하에 연결되었을 때와 동일한 부하 전압과 전류를 내는 회로

**디지털 멀티미터**(digital multimeter, DMM)　전압, 전류 및 저항을 모두 측정할 수 있는 전자 장비

**라디안**(radian)　각도 측정의 단위. 360°는 $2\pi$라디안, 1라디안은 57.3°임

**램프**(ramp)　전압 또는 전류가 선형적으로 증가하거나 감소하는 것으로 규정되는 파형의 형태

**렌츠의 법칙**(Lenz's law)　코일에 흐르는 전류가 변할 때, 자기장 변화의 결과로 유도 전압이 발생하며 유도 전압의 극성은 항상

전류의 변화 방향에 반대되는 방향이다. 전류는 순간적으로 변하지 않는다.

**롤오프**(roll-off) 필터의 주파수 응답의 감소 비율

**리플 전압**(ripple voltage) 커패시터의 충전과 방전으로 인한 전압의 작은 맥동

**릴럭턴스**(reluctance) 물질의 자기장 생성을 방해하는 것

**릴레이**(relay) 전자기로 제어되는 기계 소자로서 전기 접점이 자화 전류에 의해 온–오프(on-off)된다.

**망**(loop) 회로에서 닫힌 전류 경로

**망 전류**(loop current) 회로를 수학적으로 해석하기 위해서 가정한 전류로서 일반적으로 실제 전류를 의미하지는 않는다.

**멀티미터**(multimeter) 전압, 전류 및 저항을 측정하는 장치

**무효 전력**(reactive power) 커패시터에 의하여 저장되거나 전원으로 되돌려지는 에너지의 비율로서, 단위는 VAR이다.

**미국전선규격**(American wire gauge, AWG) 도선의 직경을 바탕으로 한 미국의 전선규격

**미분기**(differentiator) 입력의 수학적인 미분값에 근접한 신호를 출력하는 회로

**미터법 접두기호**(metric prefix) 공학표기법에서 십의 거듭제곱을 표시하는 접두사

**바이어스**(bias) 원하는 동작을 위하여 전자 장비에 인가하는 dc 전압

**반도체**(semiconductor) 도체와 절연체 중간 정도의 전도성을 가진 물체. 실리콘, 게르마늄 등이 있다.

**반분법**(half-splitting) 회로나 시스템의 중앙에서 시작하여 첫 번째 측정 결과를 바탕으로 입력단이나 출력단으로 이동하면서 오류를 찾아내는 고장진단 절차

**반사 부하**(reflected load) 변압기의 1차 측의 전원 쪽에서 바라본 부하

**반사 저항**(reflected resistance) 2차 회로에서 1차 회로로 이동(반사)되면서 값이 바뀐 저항

**반전력 주파수**(half-power frequency) 필터의 출력 전력이 최대값의 절반인 50%(전압으로는 최대값의 70.7%)가 되는 주파수로서 임계 주파수 또는 차단주파수라고도 한다.

**발전기**(generator) 전기적인 신호를 발생하는 에너지원

**발진기**(oscillator) 양의 귀환을 이용해서 외부 입력 신호 없이 시변 신호를 발생시키는 전자 회로

**버랙터**(varactor) 단자에 걸리는 전압을 바꾸면 커패시턴스 특성이 변화하는 반도체 소자

**변압기**(transformer) 전자기적으로 결합되어 있는 두 개 이상의 코일로 구성되어 코일 사이에서 전력 전달이 이루어지는 전기 장치

**병렬**(parallel) 두 절점 사이에 두 개 또는 그 이상의 전류 경로가 연결된 전기 회로 관계

**병렬 공진**(parallel resonance) *RLC* 병렬 회로에서, 전체 리액턴스가 0이 되어 임피던스가 최대가 되는 상태

**보드선도**(Bode plot) 필터의 주파수 응답을 나타내는 그래프로서, 주파수에 따른 입력 전압에 대한 출력 전압의 비를 dB로 표시

**보자력**(retentivity) 한 번 자화된 물질이 자기장이 제거된 뒤에도 자화된 상태를 유지하는 능력

**복소평면**(complex plane) 크기와 방향을 모두 가진 양을 표시할 수 있는 네 개의 사분면으로 구성된 영역

**볼트**(volt) 전압 또는 기전력의 단위

**부하**(load) 회로의 출력단에 연결되어 전류를 소모하고 일을 하는 회로 소자

**분압기 전류**(bleeder current) 회로의 총 전류에서 총 부하 전류를 뺀 나머지 전류

**분해도**(resolution) DMM이 측정할 수 있는 양의 최소 증분값

**불평형 브리지**(unbalanced bridge) 평형 상태에서 벗어난 양에 비례하는 출력 전압으로 표시되는 불평형 상태의 브리지 회로

**사이클**(cycle) 주기 파형의 1회 반복

**삼각파형**(triangular waveform) 두 램프파로 구성된 전기적 파형의 일종

**상승 모서리**(rising edge) 펄스가 양의 방향으로 진행하는 천이 상태

**상승 시간**(rise time, $t_r$) 펄스 진폭이 10%에서 90%까지 변화하는 데 필요한 시간

**상전류**(phase current, $I_0$) 발전기 권선에 흐르는 전류

**상전압**(phase voltage, $V_0$) 발전기 권선 양단의 전압

**상호 인덕턴스**(mutual inductance) 변압기에 들어 있는 코일과 같이 서로 분리되어 있는 두 코일 사이에 존재하는 인덕턴스

**서미스터**(thermistor) 온도를 감지하는 가변 저항의 일종

**선간 전압**(line voltage) 부하에 공급되는 선간 사이의 전압

**선전류**(line current) 부하에 전선을 통하여 공급되는 전류

**선택도**(selectivity) 필터가 얼마나 효과적으로 특정 주파수를 통과시키고 그 밖의 모든 주파수를 제거하는지를 나타내는 척도. 대역폭이 작을수록 선택도가 커지는 것이 일반적이다.

**선행 모서리**(leading edge) 펄스가 제일 처음 변하는 단계(천이 과정)

**선형**(linear) 직선관계의 특징을 가짐

**솔레노이드**(solenoid) 전자기로 제어되는 기계 소자로서 축 또는 플런저가 자화 전류에 의해 활성화되어 기계적 움직임을 갖는다.

**솔레노이드 밸브**(solenoid valve) 공기, 물, 스팀, 기름, 냉각제 그리고 다른 유체의 흐름을 제어를 담당하는 전기로 제어되는 밸브

**순시값**(instantaneous value) 주어진 순간 파형의 전압 또는 전류 값

**순시 전력**(instantaneous power) 주어진 시간에서 회로의 전력 값

**스위치**(switch) 전류 경로를 열거나 닫는 데 사용하는 전기 소자

**스피커**(speaker) 전기 신호를 음성으로 전환시키는 전자기 소자

**승압 변압기**(step-up transformer) 2차 전압의 크기가 1차 전압보다 큰 변압기

**시정수**(time constant) $R$과 $C$ 혹은 $R$과 $L$ 값에 의해 정의되는 고정된 시간 구간으로 회로의 시간 응답을 결정함

**실수**(real number) 복소평면의 수평축에 존재하는 수

**실효값**(effective value) 정현파의 가열 효과를 측정한 것으로 rms(root mean square) 값이라고도 한다.

**십의 거듭제곱**(power of ten) 밑수 10과 지수로 구성된 수의 표시 방법; 숫자 10의 몇 제곱 형태로 표시한다.

**암페어**(ampere, A) 전류의 단위

**암페어-권수**(ampere-turn) 자기원동력(mmf)의 단위로 1번 감겨진 도선에 흐르는 전류를 기준으로 한다.

**암페어시 정격**(ampere-hour rating) 전류(A)와 전지가 전류를 부하에 전달할 수 있는 시간의 길이(h)를 곱하여 결정된 값

**압전 효과**(piezoelectric effect) 기계적인 진동이 크리스털 양단에 전압을 발생시키는 크리스털의 특성

**앞섬**(lead) 한 파형이 다른 파형보다 위상이나 시간이 앞서 있는 상태를 의미한다. 또는 도선이나 선로 등이 부품이나 장비에 연결되는 부분을 의미한다.

**양성자**(proton) 양으로 대전된 원자의 입자

**양호도**(quality factor, $Q$) 인덕터에서 유효 전력에 대한 무효 전력의 비

**어드미턴스**(admittance, $Y$) 리액턴스 성분을 갖는 회로의 성질을 표시하는 용어로, 그 회로에 얼마나 전류가 잘 흐를 수 있는가를 나타내는 양. 이 값이 클수록 전류가 잘 흐른다. 임피던스의 역수이며 단위는 S(지멘스)이다.

**에너지**(energy) 일을 하는 능력

**역률**(power factor) 피상 전력과 유효 전력 사이의 관계를 표시하는 용어로, 피상 전력에 역률을 곱하면 유효 전력이 된다.

**연립방정식**(simultaneous equations) $n$개의 미지수를 포함하는 $n$개 방정식의 집합으로, 여기서 $n$은 2 이상의 숫자이다.

**열전지**(thermocouple) 온도를 감지하는 데 주로 사용되는 열전기(thermoelectric)형의 전압원

**오실로스코프**(oscilloscope) 화면에 신호 파형을 표시하는 측정 장비

**온도 계수**(temperature coefficient) 온도 변화에 따른 어떤 양의 변화를 규정한 상수

**옴**(Ohm, Ω) 저항의 단위

**옴의 법칙**(Ohm's law) 전류는 전압과 비례하고 저항과 반비례한다는 것을 나타내는 법칙

**와트**(Watt, W) 전력의 단위. 1 W는 1 J의 에너지가 1초 동안 사용될 때의 전력

**와트의 법칙**(Watt's law) 전력과 전류, 전압 및 저항 사이의 관계를 나타낸 법칙

**용량성 리액턴스**(capacitive reactance) 정현파 전류에 대한 커패시터의 저항으로서, 단위는 옴(Ω)이다.

**용량성 서셉턴스**(capacitive susceptance, $B_C$) 커패시터의 성질을 표시하는 용어로, 그 커패시터에 얼마나 전류가 잘 흐를 수 있는가를 나타내는 양. 이 값이 클수록 전류가 잘 흐른다. 용량성 리액턴스의 역수이며 단위는 S이다.

**원소**(element) 만물을 구성하는 가장 특이한 물질. 각 원소들은 독특한 원자 구조를 갖고 있다.

**원자 번호**(atomic number) 핵 안의 양성자 수

**원자**(atom) 각 물질의 고유 특성을 지닌 가장 작은 입자

**웨버**(weber) 자속의 SI 단위로, $10^8$개의 자기력선을 의미한다.

**위상**(phase) 시간에 대해 변하는 파가 발생할 때, 어떤 기준에 대해 발생하는 상대적 각도 편차

**유도성 리액턴스**(inductive reactance) 정현파 전류에 대한 인덕터의 저항. 단위는 옴(Ω)이다.

**유도성 서셉턴스**(inductive susceptance) 인덕터의 성질을 표시하는 용어로, 그 인덕터에 얼마나 전류가 잘 흐를 수 있는가를 나타내는 양. 이 값이 클수록 전류가 잘 흐른다. 유도성 리액턴스의 역수이며 단위는 S이다.

**유도 전류**(induced current, $i_{ind}$) 도선이 자기장에서 움직일 때 도선에 유도되는 전류

**유도 전압**(induced voltage, $v_{ind}$) 자기장의 변화로 인해 만들어지는 전압

**유전 강도**(dielectric strength) 절연이 파괴되지 않고 전압을 견디는 정도를 나타내는 유전체의 성질

**유전 상수**(dielectric constant) 전계를 형성하는 정도를 나타내는 유전체의 성질

**유전체**(dielectric) 커패시터 판 사이의 절연 물질

**유효 전력**(true power) 회로에서 일반적으로 열로 소모되는 전력

**이온**(ion) 순전하가 양성 또는 음성을 띤 전자

**인덕터**(inductor) 코어 둘레에 감긴 선에 의하여 인덕턴스의 특성을 갖도록 만들어진 전기적인 소자로서, **코일**이라고도 한다.

**인덕턴스**(inductance) 인덕터에서 전류의 변화가 있을 때, 전류의 변화를 방해하는 전압을 생성하는 특성

**임계 주파수**(critical frequency, $f_c$) 필터의 출력 전압이 최대값의 70.7%가 되는 주파수

**임피던스**(impedance) 정현파 전류가 흐르는 것을 방해하는 성질을 표시하는 양. 이 값이 클수록 전류는 잘 흐르지 못한다. 단위는 옴(Ω)이다.

**임피던스 정합**(impedance matching) 신호원에서 부하로 최대 전력을 전달하기 위해 신호원의 저항 값과 부하의 저항 값이 같아지게 하는 방법

**자계 강도**(magnetic field intensity) 자기 물질의 단위 길이당 자기원동력(mmf), 또는 **자화력**이라고도 한다.

**자기원동력**(magnetomotive force, mmf) 자기장을 만드는 힘. 단위는 암페어-권수이다.

**자기장**(magnetic field) 자석이 N극에서 S극으로 방사되어 생기는 힘의 장

**자기적 결합**(magnetic coupling) 한 코일에서 발생한 시간에 따라 변하는 자속선이 다른 코일 속을 관통함으로써 이 두 코일이 자속으로 연결된 것

**자속**(magnetic flux) 영구자석이나 전자석의 N극과 S극 사이의 힘의 선

**자속 밀도**(magnetic flux density) 자기장에 수직한 단위 면적당 자속의 양

**자유전자**(free electron) 모원자에서 떨어져 나와 물체의 원자 구조 내에서 원자와 원자 사이를 자유롭게 오가는 최외각 전자(가전자)

**저역통과 필터**(low-pass filter) 임계 주파수 이상의 주파수는 차단하고 임계 주파수 이하의 주파수는 통과하는 필터

**저항**(resistance) 전류를 흐르지 못하게 하는 성질. 단위는 V이다.

**저항**(resistor) 저항 성질을 갖도록 특별하게 만들어진 전자 부품

**저항계**(Ohmmeter) 저항을 측정하는 장비

**적분기**(integrator) 입력의 수학적인 적분값에 근접한 신호를 출력하는 회로

**전기적 절연**(electrical isolation) 두 코일이 자기적으로 결합(연결)되어 그들 사이에 전기적 연결이 없는 상태

**전기적인**(electrical) 원하는 결과를 얻기 위하여 전압과 전류를 사용하는 것과 관계가 있는

**전력**(power) 에너지 사용 속도

**전력 정격**(power rating) 과도한 열에 의해서도 손상되지 않고 저항이 소모할 수 있는 최대 전력

**전류**(current) 전하(전자) 흐름의 변화율

**전류계**(ammeter) 전류를 측정하기 위한 장비

**전류 분배기**(current divider) 병렬 가지 저항에 반비례하여 전류가 분배되는 병렬 회로

**전류원**(current source) 부하가 변해도 항상 일정한 전류를 공급하는 장치

**전류원**(voltage source) 부하에 일정한 전류를 공급하는 장치

**전압**(voltage) 전자를 회로의 한 점에서 다른 점으로 이동하게 하는 단위 전하당 에너지

**전압 강하**(voltage drop) 에너지 손실로 인하여 저항 양단에서 발생하는 전압 감소

**전압계**(voltmeter) 전압을 측정하기 위한 계기

**전압 분배기**(voltage divider) 직렬로 연결된 저항에서 하나 이상의 출력 전압을 제공하는 회로

**전원**(source) 전기 에너지를 발생시키는 장치

**전원 공급기**(power supply) 부하에 전력을 공급하는 장치

**전위차계**(potentiometer) 세 개의 단자를 가진 가변 저항

**전자**(electron) 물체를 구성하는 기본 입자. 전자는 음전하를 띤다.

**전자기**(electromagnetism) 도체에 흐르는 전류에 의해 자기장이 생성

**전자기 유도**(electromagnetic induction) 도체와 자기장 또는 전자기장 사이의 상대적인 움직임으로 인해 도체에 전압이 발생되는 과정 또는 현상

**전자기장**(electromagnetic field) 도체에 흐르는 전류에 의해 도체 주위에 발생되는 자력선 그룹

**전자적인**(electronic) 반도체나 진공장비에서 자유전자의 이동이나 제어에 관련된

**전자 전원 공급기**(electronic power supply) 벽면 콘센트의 ac 전압을 전자장비에서 필요로 하는 일정한 dc 전압으로 변환하는 전압원

**전지**(battery) 화학 에너지를 전기 에너지로 변환하는 화학적 반응을 이용하는 전압원

**전하**(charge) 전자의 과잉이나 부족으로 인해 발생하는 물체의 전기적 특성. 전하는 양전하와 음전하가 있다.

**절연체**(insulator) 정상 상태에서는 전류가 흐르지 않는 물체

**절점**(node) 회로에서 두 개 이상의 소자가 연결되는 점. **접합점**(junction)이라고도 한다.

**접지**(ground, G) 회로의 공통단자 또는 기준점

**접촉자**(wiper) 전위차계에서 이동하는 접촉 부위

**접합**(junction) 두 개 이상의 부품이 서로 연결된 점

**정류기**(rectifier) ac를 맥동파를 포함하는 dc로 바꾸는 전기 회로. 전원 공급기의 일부이다.

**정밀도**(accuracy) 측정값이 물리량의 참값을 정확히 나타내는 정도

**정상 상태**(steady state) 초기 과도 시간 이후 회로가 평형 상태가 되는 조건

**정현파**(sine wave) 공식 $y = A \sin \theta$에 의해 정의되는 주기적인 정현 패턴을 보여주는 형태의 파형

**제벡 효과**(Seebeck effect) 두 서로 다른 물질의 접합 사이에서 온도 차이가 발생하면 전압이 발생하는 현상

**주기**(period, $T$) 주기 파형이 하나의 완전한 사이클이 되는 데 필요한 시간

**주기적**(periodic) 고정된 시간 간격으로 반복되는 특성

**주파수**(frequency) 주기 함수의 변화율 수치. 1초에 완성되는 사이클의 수. 주파수의 단위는 헤르츠이다.

**주파수 응답**(frequency response) 전자 회로에서, 특정한 주파수 범위 안에서 주파수에 따른 출력(전압 또는 전류)의 변화

**줄**(joule, J) 에너지의 SI 단위

**중간탭**(center tap, CT) 변압기의 권선 한가운데에 달린 연결 단자

**중성자**(neutron) 전하의 전기적인 특성을 갖지 않은 원자 내의 입자

**중심주파수**(center frequency, $f_0$) 대역통과나 대역차단 필터의 공진주파수

**중첩 정리**(superposition theorem) 전원이 한 개 이상인 회로를 해석하기 위한 방법

**지멘스**(siemens, S) 컨덕턴스의 단위

**지수**(exponent) 밑수(base number)를 몇 번 제곱하는지 표시하는 수

**직각좌표 형식**(rectangular form) 복소수를 실수부와 허수부의 합으로 표시하는 방식

**직렬**(series) 전기 회로에서 두 점 사이에 하나의 전류 경로만이 존재하는 소자들의 연결 상태

**직렬 공진**(series resonance) *RLC* 직렬 회로에서, 전체 리액턴스가 0이 되어 임피던스가 최소가 되는 상태

**직류 성분**(DC component) 펄스 파형의 평균값

**진폭**(amplitude) 전압 또는 전류의 최대값

**진폭**(magnitude) 전압의 전압 값 또는 전류의 암페어 값과 같은 양의 크기

**차단주파수**(cutoff frequency, $f_c$) 출력 전압이 최대 출력 전압의 70.7%가 되는 주파수

**초크**(choke) 고주파 성분을 막거나 차단하기 위한 인덕터의 일종

**최대 전력 전달**(maximum power transfer) 주어진 전원 전압에 대하여, 전원에서 부하로의 최대 전력 전달은 부하 저항 값이 내부 전원 저항 값과 같을 때 발생한다.

**최대값**(peak value) 파형의 양 또는 음의 최대점의 전압 또는 전류 값

**최소-최대값**(peak-to-peak value) 파형의 최소점에서 최대점까지 측정한 전압 또는 전류 값

**커패시터**(capacitor) 절연 물질로 분리된 두 개의 도체판으로 구성된 전기적인 소자로서 커패시턴스의 특성을 갖는다.

**커패시턴스**(capacitance) 커패시터가 에너지를 저장할 수 있는 능력

**컨덕턴스**(conductance, *G*) 회로에서 전류를 흘리는 능력. 단위는 지멘스(S)이다.

**코어**(core) 인덕터를 감기 위한 물리적 구조, 코어 물질은 인덕터의 전자기적인 특성에 영향을 미친다.

**쿨롱**(Coulomb, C) 전하의 단위. 1 C은 $6.25 \times 10^{18}$개의 전자로 구성되어 있다.

**쿨롱의 법칙**(Coulomb's law) 두 대전체 사이에 존재하는 힘은 두 전하의 곱에 비례하고 두 전하 간의 거리 제곱에 반비례하는 상태를 나타내는 물리적인 법칙

**키르히호프의 전류 법칙**(Kirchhoff's current law) 하나의 절점에 유입되는 총 전류는 그 절점에서 유출되는 총 전류와 같다는 것에서 출발하는 전류 법칙. 동일한 의미로, 한 절점에서 유입되고 유출되는 전류의 대수적인 합은 0이다.

**키르히호프의 전압 법칙**(Kirchhoff's voltage law) (1) "회로의 폐루프를 따라 강하된 전압을 모두 더하면 그 폐루프의 전원 전압의 합과 같다" 또는 (2) "회로의 폐루프에서 모든 전압의 대수합은 0이다"를 뜻하는 법칙

**킬로와트시**(kilowatt-hour, kWh) 전력회사에서 주로 사용하는 에너지의 단위

**탱크 회로**(tank circuit) 병렬 공진 회로를 가리키는 말

**테브냉 정리**(Thevenin's theorem) 복잡한 2단자 회로를 임피던스와 전압원이 직렬 연결된 등가 회로로 단순화하는 방법

**테슬라**(tesla, T) 자속 밀도의 SI 단위

**테이퍼형**(tapered) 테이퍼 전위차계와 같은 비선형

**톱니파형**(sawtooth waveform) 램프파로 구성된 전기적 파형의 일종으로, 한쪽 램프가 다른 쪽보다 훨씬 짧은 삼각파형의 특수한 경우이다.

**통과대역**(passband) 필터에 의하여 통과되는 주파수 범위

**투자율**(permeability) 물질이 얼마나 쉽게 자기장을 만들 수 있는지를 나타내는 척도

**트리거**(trigger) 전자 소자나 장비의 기동 신호

**트리머**(trimmer) 작은 가변 커패시터

**파형**(waveform) 시간에 따른 전압 또는 전류의 변화를 보여주는 패턴

**패러데이의 법칙**(Faraday's law) 코일에 유도되는 전압은 코일을 감은 횟수에 자속의 변화율을 곱한 것과 같다.

**패럿**(farad, F) 커패시턴스의 단위

**펄스**(pulse) 전압 또는 전류가 시간 간격을 갖는 두 개의 동일한 혹은 반대되는 스텝으로 구성된 파형의 형태

**펄스 반복 주파수**(pulse repetition frequency) 반복되는 펄스 파형의 기본 주파수. 펄스가 반복되는 속도는 Hz 또는 pps(pulses per second)로 표시한다.

**펄스폭**(pulse width, $t_W$) 이상적인 펄스의 반대되는 스텝 사이의 시간. 실제 펄스의 경우 선행과 후행 모서리의 50%가 되는 지점 사이의 시간

**페이저**(phasor) 크기(진폭)와 방향(위상각)으로 정현파를 표현하는 형태

**평균값**(average value) 사인파 1/2사이클 동안 정현파의 평균. 최대값의 0.637배이다.

**평형 부하**(balanced load) 모든 부하 전류가 같고 중성 전류가 영이 되는 상태

**평형 브리지**(balanced bridge) 출력 양단의 전압이 0 V가 되어 평형 상태를 지시하는 브리지 회로

**폐회로**(closed circuit) 전류의 경로가 형성되어 있는 회로

**퓨즈**(fuse) 회로에 과도한 전류가 흐르면 타버리면서 개방되는 보호장치

**피상 전력**(apparent power) 저항의 전력(유효 전력)과 리액턴스 부품의 전력(무효 전력)의 페이저 합으로 표시되는 전력으로, 단위는 VA(볼트-암페어)이다.

**피상 전력 정격**(apparent power rating) 변압기의 정격 전력을 피상 전력(단위: VA)으로 표시한 것

**필터**(filter) 특정 범위의 주파수는 잘 통과시키고, 그 범위 외의 모든 주파수는 차단시키는 기능을 가진 회로

**하강 모서리**(falling edge) 펄스가 음의 방향으로 진행하는 천이 상태

**하강 시간**(fall time, $t_f$) 펄스가 그 전체 진폭의 90%에서 10%로 변할 때 필요로 하는 시간

**함수발생기**(function generator) 하나 이상의 파형을 생성하는 기기

**핵**(nucleus) 양자와 중성자로 구성된 원자의 중앙 부분

**행렬**(matrix) 수들의 배열

**행렬식**(determinant) 연립방정식에서 계수와 상수들의 배열로 구성된 행렬의 풀이

**허수**(imaginary number) 복소평면의 수직축에 존재하는 수

**허용오차**(tolerance) 부품 값이 변동할 수 있는 허용 범위

**헤르츠**(hertz, Hz) 주파수의 단위. 1헤르츠는 초당 1사이클과 같다.

**헨리**(henry, H) 인덕턴스의 단위

**회로**(circuit) 원하는 결과를 얻기 위한 전기 소자들의 상호연결. 기본 전기 회로는 전원과 부하, 그리고 전류의 경로(도선)로 구성되어 있다.

**회로도**(schematic) 전기 또는 전자 회로를 기호를 사용하여 그림으로 알기 쉽게 나타낸 것

**회로 차단기**(circuit breaker) 전기 회로의 과도한 전류를 막아주는 보호장치로서 다시 설정하여 재사용 가능하다.

**회전자**(rotor) 발전기나 전동기의 회전하는 부분

**효율**(efficiency) 회로의 입력 전력에 대한 출력 전력의 비를 백분율로 나타낸 것

**후행 모서리**(trailing edge) 펄스가 두 번째 변하는 단계(천이 과정)

**휘트스톤 브리지**(Wheatstone bridge) 평형 상태를 이용하여 정확히 측정될 수 있는 미지의 저항을 가진 네 가지 형태의 브리지 회로. 저항 값의 벗어남 정도는 불평형 상태를 이용해서 측정할 수 있다.

**히스테리시스**(hysteresis) 자성 물질에 자계 강도가 주어졌을 때 자화가 지연되는 특성

**힘의 선**(lines of force) N극에서 S극으로 방사되는 자기장의 자속선

**1차 권선**(primary winding) 변압기의 입력 권선. 줄여서 1차라고도 한다.

**2차 권선**(secondary winding) 변압기의 출력 권선. 줄여서 2차라고도 한다.

**CM**(circular mil) 도선의 단면적의 단위

***RC* 시정수, *RC* 시상수**(*RC* time constant) 직렬 *RC* 회로의 시간 응답을 결정하는 *R*과 *C*의 값으로서 고전된 시간 구간을 갖는다. 이 값은 *R*과 *C*의 곱과 같다.

***RL* 시정수**(*RL* time constant) *RL* 회로의 시간 응답을 결정하는 *R*과 *L*의 값으로서 고정된 시간 구간을 갖는다. 이 값은 $L/R$과 같다.

**rms 값**(rms value) 열 효과를 나타내는 정현파 전압 값, 실효값으로도 알려져 있다. 최대값의 0.707배이다.

**SI** 모든 과학 및 공학 분야에서 사용되는 표준화된 국제 단위체계; 프랑스어 *Le Système International d'Unités*의 약자이다.

**VAR**(volt-ampere reactive) 무효 전력의 단위

# 찾아보기